Gesamtverzeichnis des deutschsprachigen Schrifttums (GV) 1700 – 1910

Bearbeitet unter der Leitung von
Hilmar Schmuck und Willi Gorzny
Bibliographische und redaktionelle Beratung:
Hans Popst und Rainer Schöller

24

Cf - Cn

K · G · Saur München · New York · London · Paris 1980

Redaktion:
Monika Eichler, Ursula Geier, Robert Mittelstaedt, Sabine Nebinger,
Hildegard Roßberg, Hermann Schrott, Brigitte Semmler,
Eva von Troschke, Helga Werner, Gabriele Winter

CIP-Kurztitelaufnahme der Deutschen Bibliothek

Gesamtverzeichnis des deutschsprachigen Schrifttums :
(GV). – München, New York, London, Paris : Saur.
Bd. 1 – 6 bearb. unter d. Leitung von Peter Geils
u. Willi Gorzny.
ISBN 3-598-30000-X

1700 – 1910 / bearb. unter d. Leitung von Hilmar
Schmuck u. Willi Gorzny. Bibliograph. u. red.
Beratung: Hans Popst u. Rainer Schöller

NE: Schmuck, Hilmar [Bearb.]

24. Cf – Cn. – 1980.

Techn. Realisierung und Druck: Norbert Gärtner, Mainz-Kastel
Binden: Karl Schaumann, Darmstadt
Printed in the Federal Republic of Germany
ISBN 3-598-30000-X (Gesamtwerk)

C-Feder, Die, eine Erzählung zum Festgeschenk für Christenkinder . . . Basel 1838. V: *Barth, Chn Glob.* (Mitth. A. Rosenbaum.)

C-Feder, die, eine Erzähl. zum Festgeschenk f. Christenkinder. Vom Verf. d. Rabenfeder. 16. (6 B.) Basel 838, Schneider.

χξς. gr. 8. (16 S.) Berlin 847, Simion. n. 1/12 ₰

Chabacuci, s. *Habakuk*.

Chabakuk aus dem Ebräischen übersetzt v. Fuchel. 8. Copenh. Bonnier. 815.

Chabakuk, lyrischer Gesang m. Anm. 8. Lpz. Jacobäer. 796.

— vaticinium, comment. illustr. a Kofod. 8. maj. Havn. Vandenhoek. 792.
Schreibp.

Mélanges **Chabaneau**. Festschrift Camille Chabaneau z. Vollendung s. 75. Lebensjahres 1906 dargebr. von s. Schülern, Freunden u. Verehrern. (T. 1. 2.) Erlangen: F. Junge 1907. (XVI, 1117 S.) 8°
— **Forschungen**, Romanische. Bd 23, H. 1. 2. (06. 62) 9

Chabannes, de, lettres à Mr. de Blacas suivies de quelques eclaircissements et extraits de memoires relatifs aux evenemens présens. 8. Frankf. Wilmanns. 813.
Schreibp.

Chabannes, Gräfin A. de, das seraphische Leben des hl. Franziskus v. Assisi, s.: Propaganda-Schriften, kathol. Nr. 21.

Chabanon's Abentheuer im Gebiete der Liebe, herausgegeben von St. Ange. Aus d. Franz. übers. 2te Ausg. 8. Frankfurt a. M., Sauerländer. 819.

Chabanos Liebschaften v. St. Ange, a. d. Franz. 8° Leipzig: Schmidt 1796.

CHABANON. — Meine Liebschaften. Ein nachgelassenes Werk von *Chabanon*, hrsg. von Saint-Ange. Aus d. Französ. übers. Leipzig, Pet. Phil. Wolf (1797). 8°. (2 Mk. Max Harrwitz, 1891.)
Liederlich. VIII—205 SS.
Orig.: Tableau de quelques circonstances de ma vie .... Paris 1795. 8°.

Chabas, F., deux papyrus, s. Lieblein, J.

Chabat, Pierre, Bâtiments de chemins de fer. Embarcadères, plans de gares, stations, abris, maisons de garde, remises de locomotives etc. Accompagné d'un texte explicatif. Livr. 1—20. gr. Fol. (à Livr. 5 Kpfrt.) Leipzig 860—62, A. Dürr. à Livr. * 1 Thlr. Thlr. *

Chabaussiere, catéchisme français, ou principes de philosophie, de morale et de politique républicaine. 8. Paris 796. Frankf., Streng. 2 gr

Chabbas, Jos., über die Secretion des humor aqueus in Bezug auf die Frage nach den Ursachen der Lymphbildung. Inaugural-Dissertation. gr. 8. (32 S.) Königsberg 878, (Beyer's Verlag.) *

Les Rhinanthus des Alpes Maritimes par Alfred **Chabert**. *Genève & Bâle: Georg & Cie 1900.* (16 S.) 8°
— **Mémoires** de l'Herbier Boissier. No 8. (00. 496)

Chabert, Aug., Bruchstücke einer Staats- und Rechtsgeschichte der Deutsch-Oesterreichischen Länder. (Aus d. Denkschr. d. k. Akad. d. W. abgedr.) Wien 852. (Gerold.) Imp.-4. (172 S.) n. 3 ₰ 10 ngr

Chabert August, Dr., Bruchstück einer Staats- und Rechtsgeschichte der deutsch-österreichischen Länder 1. Teil. D 3. II. 47 . . . . 10.—
— — 2. Teil. D 4. II. 1 . . . . vgr.
Separatabdruck

Chabert, Philibert

Chabert, P., Abhandl. von d. Wurmkrankheiten d. europ. Hausthiere, aus d. Säugthier-Classe, besonders d. Pferde, d. Hornviehes, d. Schaafe u. Hunde. A. d. Französ. v. F. A. A. Meyer. 8. Götting. 789. Dieterich. 8 gr

— Anweisung den Rotz d. Pferde zu erkennen, zu verhüthen u. zu heilen. Nach d. 3. ... Ausg. aus d. Franz. übers. Leipz. 1796. 52 S. P.

— Anweis., d. Rotz d. Pferde zu erkennen. Aus d. Französ. 8. Lpz. 797. Linke. 3 gr

— Handb. d. Vieharzneikunst, s. Handb. d. Landwirthschaft.

Chabert, P., P. Flandrin u. Huzard, Handbuch der Vieharzneikunde. Aus dem Französischen. 2 Teile. Berlin 788. Pauli. M. 9.—

Chabert, Philibert. Handbuch der Vieharzneikunst. Berlin 1798. Ü: *Loos, Ph.* (Ky)

Chabert, Phil.: Über die Tollehundeswuth und deren Heilung durch zweckmässigen Gebrauch des Gauchheils. (Anagallis arvensis L.) E. franz. Original-Abh. Für Deutsche bearb. .. hrsg. von J. C. Ribbe. Berlin u. Stettin 1812. XIV, 96 S.

— über d. tolle Hundswuth u. deren Heilung durch zweckmäßigen Gebrauch d. Gauchheils (Anagallis arvensis L.) Für Deutsche bearb. u. mit e. Vorrede v. G. F. Sick, herausg. v. J. C. Ribbe. 8. Berl. 813. Nicolai. 9 gr

Chabert P.: Ausführlicher Unterricht üb. zweckmässige Wartung u. Behandlung d. Kühe. Aus d. Franz. Leipz. 1798. 29 S. P.

Chabert, P., Unterr. über Wartung u. Pflege d. Kühe. Aus d. Französ. 8. Leipz. 798. Rein. 2 gr

Chabert, Thom., s. Latifi, oder biograph. Nachrr. ꝛc.

Χαβιαρα, Ἰωάννου Χ. Ν., Ἱστορία τῆς παλαιᾶς Ἑλλάδος. Μετὰ συνοπτικῆς Ἑλληνικῆς ἀρχαιολογίας ἐκ τῆς γερμανικῆς εἰς τὴν καθομιλουμένην γλῶσσαν τῶν Ἑλλήνων πρὸς χρῆσιν τῶν σπουδαζόντων νέων μεταφρασθεῖσα. gr. 8. *Βιέννη* 836. (Volke.) n. 1 1/7 ₰

Chable, der ehrwürdige Vater, und die deutsche Mission in Paris. Mit dem Bildnisse des P. Chable. 8. (96 S. mit 1 Stahlst.) Paris 860, Haar und Steinert. **

Chable, E., die Arbeiten d. Amateur-Photographen im Winter. Nach der 2. französ. Aufl. übers. 12. (VIII, 283 S. m. Abbildgn.) Neuchâtel 892. Gebr. Attinger. n. 3. —

Chable, Florenz, d. Wunder Jesu i. ihrem Zusammenhange betrachtet, s. a. Studien, Strassburger theolog.

Chable, Florenz, Die Wunder Jesu in ihrem innern Zusammenhange betrachtet. (Straßburger theol. Studien. Bd. 2 Heft 4.) Freiburg, Herder, 1897, gr. 8°, XII, 106 S., 2 Mk.
Die vorlieg. Studie, ihrem wesentl. Inhalte nach ursprünglich Inauguraldiss. zur Erlangung des theol. Doktorates, ist ihrer Tendenz nach apolog. Charakters u. stellt sich die Aufgabe, zur Widerlegung der modernen Angriffe auf das Wunder „das Verhältnis der Wunder Jesu zum Christentum als Verwirklichung des Gottes- u. Messiasreiches darzustellen" (S. 3), u. untersucht zu diesem Zwecke dieselben „nach ihrem innern Werte, ihrer Stellung zur Person Jesu u. seiner Aufgabe als Welterlöser u. Gründer des Gottesreiches" (S. 6 ꝛc. Vgl. Meisl, Linzer Quartalschr. 1898, S. 152 f.

Chablot, M. B., der Todeskampf d. brit. Leoparden. Betrachtn. üb. uns. Zeit u. nächste Zukunft. gr. 8. (8 1/2 B.) Weimar 837, Voigt.

Chabloz, Edouard. Vade-Mecum des Bourses de Bâle, Zurich et Genève. 1907/1908. (Publié par la) Société de Crédit Suisse, Zurich, Bâle, Genève, St-Gall .... [Illustré.] 192 p. 8. ([Zurich, Orell Füssli,] 1907.) [relié souscr. fr. 2. 50, en libr. 5.—]

Chabol, s.: Schabol.

Chabot, la jeune Marraine, Comédie-Vaud., s. Répertoire du Théâtre franç., No. 11.

Chabot, la jeune Marraine, Comédie-Vaud., s. Théâtre francais moderne.

Chabot, Alphonse, Grammaire hébraïque élémentaire. 8. (120 S. mit 1 Taf. in gr. 4.) Freiburg i. Br. 876, Herder'sche Verlagsh. * *M* 1,60.; geb. *

Chabot, Alphonse, Grammaire hébraïque élémentaire. 2e édit. revue et corrigée. 8. (IV, 114 S. mit 1 Tab.) Freiburg i. Br. 881, Herder'sche Verlagsh. *

Chabot, A., Grammaire hébraïque élémentaire. Troisième édition revue et corrigée. Freiburg, Herder, 1889. VIII und 126 S., samt einer Tabelle. 1,60 Mk.
Recens. Moniteur de Rome 1889, Nr. 97.

Chabot, Alphonse, grammaire hébraïque élémentaire. 4. éd. revue, corrigée et augmentée. gr. 8. (X, 170 S.) Freiburg i/B. 895. Herder. n. 1. 60;
Einbd. in Halbleinw. n.n.n. — 30

Chabot, Alphonse, grammaire hébraïque élémentaire. 5. éd., revue, corrigée et augmentée. gr. 8. (VIII, 177 S.) Freiburg i/B. 900. Herder. n. 1. 60;
Einbd. in Halbleinw. n.n.n. — 30

Chabot, Alphonse, grammaire hébraïque élémentaire. 6. éd. (VIII, 177 S.) 8. Freiburg i./B. 908. Herder. 1.80; geb. in Halbleinw. 2. 20

Chabot, Bar., Ueber Geburtsgesellschaften, oder wie man die junge Bevölkerung in Geburtsgruppen eintheilen, ihre Einkünfte in ihrem Alter und ihren Nachkommen Erbschaften sichern kann. Hamburg 1841.

Chabot, Ernst. Des Königs Geige. Eine Weihnachtsgeschichte. 16. (33 S.) Konstanz 890, Meck. geb. m. Goldschn. * 2 —

Chabot, E., meines Onkels Irrfahrten. Novellen. 8. (IX, 219 S.) Konstanz 890. Meck. n. 3. —; geb. n.n. 3. 50

Chabot, E., Katharina Elsmere's Wittwenschaft. Eine Kritiknovelle. 8. (XI, 126 S.) Konstanz 891. Meck. n. 2. —

Chabot, Jean-Baptiste

Chabot, I.-B., s.: Chronica minora (syriaca).

Chabot, I.-B., s.: Corpus scriptorum christianorum orientalium.

— s.: Documenta ad origines monophysitarum illustrantia.

Katalog der reichhaltigen Kunst-Sammlung des zu Biel verstorbenen Herrn Ch. **Chabot**-Karlen, früher in Fontenay-Le-Comte (Vendée). Versteig. zu Zürich 1901 unter Leitung von Heinr. Lempertz jr., Köln. *Köln (1901: M. DuMont Schauberg).* (61 S.) 4° [01. 10117 6

Chaboulon s. Fleury de Chaboulon.

— — Denkwürdigkeiten über Napoleons Privatleben, Rückkehr und Regierung im Jahre 1815, aus dem Französ. übersetzt, ate verb. u. verm. Aufl. gr. 8. Leipzig, Baumgärtner. 820.

Chaboulon, Fleury de, Memoires pour servir à l'histoire de la vie privée, du retour et du règne de Napoléon en 1815. 4 Vol. 8. Hamburg, Hoffmann et C. 820.
— — le même livre. II Vol. gr. in 8. London, (Leipsic, Brockhaus). 820.

Die Braut von Korinth. (Briséis.) Drama in 3 Akten von Ephraim Mikhaël u. Catulle Mendès. Deutsch von Emma Klingenfeld. Musik (nur d. 1. Akt hat d. Comp. vor s. Tode vollenden können) von Emanuel **Chabrier**. [Textbuch.] Paris: Enoch; Braunschweig: Litolff [um 1894]. 20 S. 8°
(Collection Litolff.) A 18. 11704

Die Braut von Korinth. '(Briséis).' Drama in 3 Akten. Mus. '(unvollendet)' v. Emanuel **Chabrier**. Text v. Ephraim Mikhaël u. Catulle Mendès. Deutsch v. Emma Klingenfeld ... Clavierauszug m. Text v. Componisten ... *Paris: Enoch & C.; Braunschweig: H. Litolff [1897].* (1 Bl., 126 S.) 1 Bd 4.
= Collection Litolff. No 2223. [99. 996

Lazuli. Burleske Oper in 3 Akten. Text von E[ugène] Letterier u. A[lbert] Vanloo. Musik von Emanuel **Chabrier**. Köln: Ahn [um 1909]. 24 S. 8°
(Ahns Operntext-Bibliothek. Nr 137.) [10. 9733

de Chabrillan, C., die Sappho, s. Novellen-Sammlung.

CHABRILLAN, Mme. C. de (ps.?), Die Sappho. Berlin, o. J. (c. 1860). 8°. 312 S. Selten! (8 Mk. 50 Pfg. Hugo Streisand, Berlin, 1908.)
Nicht in Weller's Lex. Ps.

Chacana [Schlagwort]

Chacana, s.: Vulkanberge.

Chachamowicz, Stanislaus [pr. Arzt aus Warschau]: Ein Fall von primärem Gallenblasenkrebs bei Steinbildung in der Gallenblase. ... Greifswald, Druck v. Julius Abel, 1890; 82 S. u. 1 Taf. 8°
Greifswald, Med. Fak., Inaug.-Diss. v. 8. Jul. 1890

Chacón, Roberto, a. San José de Costarica: Uber (sic!) die conservative Behandlung der chronisch entzündlichen Adnextumoren nebst Statistik der Heidelberger Frauenklinik in den Jahren 1902—1905. Leipzig 1906: G. Fock. (41 S.) 8°
Heidelberg, Med. Fak., Ref. v. Rosthorn, Diss. v. 1. März 1900
[Geb. 24. Febr. 82 San José; Wohnort: Costa-Rica; Staatsangeh.: Costa-Rica; Vorbildung: Gymn. San José Reife M. 99; Studium: Heidelberg 4. Kiel 1, Breslau 2, Heidelberg 3 S.; Rig. 1. März 06.]

Chadwick, John W. Religion ohne Dogma. Sechs Vorträge. Aus d. Engl. von Alex. Fleischmann. 1.—4. Aufl. gr. 8. (IV, 145 S.) Berl. 891,92, Bibliograph. Bureau. * 2 50
—— dass. — Neue Folge. 8. (IV, 124 S.) Ebd. 893. * 2 50

Chadwick, John W., Religion ohne Dogma. 6 Vorträge. Autoris. Übertragg. aus dem Engl. v. Alex. Fleischmann. 1.—4. Tausend. 8. (IV, 145 S.) Berlin 892. Bibliograph. Bureau. n. 2. 50

Chadwick, John W., Religion ohne Dogma. 6 Vorträge. A. d. Engl. v. A. Fleischmann. 8. (IV, 145 S.) Berlin 892. [Bibl. Bureau.] Carlshorst, H. Friedrich. 2.50; erm. Pr. n. 2.—

Chaffak, Berthold, Referendar in Seidenberg O.-L.: Fundsache und Schatz nach römischem und bürgerlichem Recht. *Borna-Leipzig 1903: R. Noske.* (VIII, 70 S.) 8°
Leipzig, Jur. Diss. v. 1903

Chaffak, Victor, Referendar: Die Rechte des Bürgen bei Wandelungs- u. Minderungseinrede des Hauptschuldners. Breslau 1910: Schenkalowsky. VI, 50 S. 8°
Breslau, Jur. Diss. v. 17. Febr. 1910, Ref. Schott, Meyer
[Geb. 6. Jan. 84 Breslau; Wohnort: Berlin; Staatsangeh.: Preußen; Vorbildung: Gymn. Bunzlau Reife O. 03; Studium: Heidelberg 4, Breslau 2 S.; Rig. 12. Juni 07.] [U 10. 475

Chaffonsei paratitla in Georgi IX. Decretales. 8. Lps Comt. f. Lit. 735.

Chaho, Augustin, Reise in Navarra während d. Aufstandes d. Basken. Deutsch v. L. v. Alvensleben. Mit Portr. Zumalacarreguy's. gr. 12. (16½ B.) Grimma 836, Verlags-Comptoir.

Chaie Adam. Handbuch der israelitischen Ritualgesetze. gr. 8. (482 S.) Königsberg 847, Samter. *

Chajes, Adph., ueber die hebräische Grammatik Spinoza's. Promotions-Schrift. Breslau 869. (Schletter.) gr. 8. (32 S.) n. 10 *ngr.*

Chajes, Adph., ueber die hebräische Grammatik Spinoza's. Promotions-Schrift. gr. 8. (32 S.) Breslau 869, (Skutsch.) *

Chajes, B., Haut- u. Haarpflege. (19 S. m. 1 Abbildg.) 8. Berlin 909. Buchh. Vorwärts. — 50

Nahrung und Ernährung. Von Dr. B[enno] Chajes-Schöneberg. Mit 1 Taf. Berlin: Vorwärts 1905. (16 S.) 8° [J.]
– Arbeiter-Gesundheits-Bibliothek. H. 8.

Chajes, Benno, approb. Arzt aus Danzig: Die nervösen Störungen der Herztätigkeit. *Freiburg i. B.: Speyer & Kaerner 1903.* (41 S.) 8°
Freiburg i. B., Med. Diss. v. 1903

Chajes, H. P., Beiträge zur nordsemitischen Onomatologie. gr. 8. (50 S.) Wien 900. (C. Gerold's Sohn.) n. 1.20
Sonderabdruck aus „Sitzungsber. d. k. Akad. d. Wiss."

Chajes, H. P., jüdische u. jüdisch-indische Grabinschriften aus Aden. Mit e. Besprechg. der ind. Texte v. J. Kirste. (30 S. m. 8 Abbildgn. u. 1 Taf.) gr. 8. Wien 903. (A. Hölder.) n. 1.50
Sonderabdruck aus: „Sitzungsber. d. k. Akad. d. Wissensch."

— Markus-Studien. gr. 8. (VIII, 78 S.) Berlin 899. C. A. Schwetschke & Sohn. n. 2.—

Chajes, H. P., Proverbia-Studien zu der sogen. Salomonischen Sammlung C. X.—XXII, 16. gr. 8. (VII, 46 S.) Berlin 899. C. A. Schwetschke & Sohn. n. 1.60

Chajes Hersch: Studium zum Ev: Marci bezüglich der semitischen Vorlage desselben.
H. 1898 PN 1124 Diss. Wien. Univ.

Chajes-Hirsch, Mewo Hatalmud. 4. ($7^1/_4$ B.) Zolkiew 846. (Leipzig, C. L. Fritzsche.) *

Chaignon, Pierre

Chaignon, Belehrungen und Betrachtungen über die unbefleckte Empfängniß der allerseligsten Jungfrau und Mutter Gottes Maria und den Eifer und das Gebet für die Bekehrung der Sünder, nebst einem Unterricht über Ablässe, Jubiläen, die gegenwärtige Gnadenzeit und die Weise, sie zu benützen; sowie einem Anhange von Gebeten. Nach dem Französ. von einem Priester der Diöcese Mainz. Mainz 855. Kirchheim. 16. (VIII, 190 S.) 10 ngr

[J.] Betrachtungen für Ordensleute oder d. Vollkommenheit d. Ordensstandes als Frucht d. betrachtenden Gebetes v. P. Chaignon S. J. ... M. Ermächtigg d. Vfs aus d. Französ. nach d. neuesten '(5.)' Aufl. v. H[einr.] Lenarz, ... Pfarrer in Illingen '(Diöc. Trier)'. Bd I—III. *Trier: F. Lintz 1894—1897.* 3 Bde 8.
I. 1894. (XVI, 438 S.) II. 1895. (VI, 422 S.) III. 1897. (VII, 412 S.)

Chaignon, S. J., Betrachtungen f. Ordensleute od. die Vollkommenheit des Ordensstandes als Frucht des betrachtenden Gebetes. Aus dem Franz. übers. v. H. Lenarz. 2. neu bearb. Aufl. von Jos. Froberger. 2 Bde. (IV, 554 u. 550 S.) kl. 8. Trier 906. F. Lintz. n. 6.—; geb. in Leinw. n. 7.60

Chaignon, Betrachtungen für Priester oder der Priester geheiligt durch die Uebung des Gebetes. Mit Autorisation des Verf. aus dem Französ. nach der 2. Aufl. von H. Lenarz. (In 3 Bdn.) 1. Bd. gr. 8. (XXX und 336 S.) Trier 861, Lintz' Verlag.

Chaignon, Betrachtungen für Priester oder der Priester geheiligt durch die Uebung des betrachtenden Gebetes. Mit Autorisat. des Verf. aus dem Französ. nach der 2. Aufl. von H. Lenarz. 2.—5. Bd. gr. 8. (385 S., III und 400 S., V und 334 S., 354 S.) Trier 862—67, Lintz' Verlag. à Bd. 1 Thlr. 5 Ngr.
1. Bd. Ebendas. 861. 1 Thlr. 5 Ngr.

—— dass. — 2., genau revid. Aufl. 1.—4. Bd. gr. 8. (XXXIV und 336 S., 385 S., V und 334 S., III und 354 S.) Ebendas. 866,67. à Bd. 1 Thlr. 5 Ngr.

—— dass. — oder der Priester geheiligt durch die Uebung des betrachtenden Gebetes. Mit Autoris. des Verf. aus dem Französ. nach der 2. Aufl. von H. Lenarz. 3. genau revid. Aufl. 1. und 2. Bd. gr. 8. (XXXIII, 336; 385 S.) Trier 869,70, Lintz' Verlag. à Bd.

— dasselbe. Mit ausschließl. Autoris. d. Verf. aus dem Franz. nach der 8. sehr verm. Aufl. v. H. Lenarz. 3. umgearb. Aufl. 4. Bd. gr. 8. (483 S.) Trier 872. Lintz. 3. 50

Chaignon, Betrachtungen für Priester oder die Priester geheiligt durch die Uebung des Gebetes. Mit Autoris. des Verf. aus dem Französ. nach der 6. Aufl. von einem Priester der Diözese Brixen. 4 Bde. gr. 8. (274; XVIII, 287; X, 283; VIII, 263 S.) Brixen 870—72, Weger's Buchh. à Bd. * ℳ 2. *

— dasselbe. 4. genau rev. Aufl. 1. Bd. gr. 8 (XXXVIII, 401 S.) Ebend. 877. 3. 50

Chaignon, Betrachtungen für Priester oder der Priester geheiligt durch die Uebung des betrachtenden Gebetes. Mit ausschließl. Autoris. des Verf. aus dem Französ. nach der 9. verm. Aufl. von H. Lenarz. 4. genau revid. Aufl. 5 Bde. gr. 8. (XXXVIII, 401; 443; IV, 454; 483; 425 S.) Trier 876—78, Lintz'sche Buchh. à Bd. ℳ 3,50.

—— dass. — (2. Aufl.) Mit Autoris. des Verf. aus dem Französ. nach der 9. Aufl. von J. C. Mitterrutzner. 1.—3. Bd. gr. 8. (VIII, 294; VIII, 303; VIII, 325 S.) Brixen 879, Theolog. Verlags-Anstalt. à Bd. ℳ 2,40.

—— Betrachtungen für Priester oder der Priester geheiligt durch die Uebung des Gebetes. Mit Autorisation des Verf. aus dem Französ. nach der 9. Aufl. von J. C. Mitterrutzner. 4. und 5. (Schluß-)Bd. 2. Aufl. gr. 8. (X, 346; IX, 343 S.) Brixen 880, Theolog. Verlags-Anstalt. à Bd. * ℳ 2,40. *
1.—3. Bd. Ebendas. 1879. à Bd. * ℳ 2,40.

—— dass. — 3. genau revid. Aufl. 1. und 2. Bd. gr. 8. (IV, (296; 304 S.) Ebendas. 884. à Bd. * ℳ 2,40. *

Chaignon, Betrachtungen für Priester oder der Priester geheiligt durch die Übung des Gebetes. Mit Autoris. des Verf. aus dem Französ. nach der 9. Aufl. von J. C. Mitterrutzner. 3. genau revid. Aufl. 3.—5. Bd. gr. 8. (330; 350; 339 S.) Brixen 885, Weger's Buchh. à Bd. *
1. und 2. Bd. Ebendas. 1884. à * ℳ 2.40.

Chaignon, Betrachtungen f. Priester od. der Priester geheiligt durch die Uebg. d. betracht. Gebetes. Mit ausschließl. Autorisation d. Verf. aus dem Franz. nach der 9., verm. Aufl. v. H. Lenarz. 6., genau rev. Aufl. (In 5 Bdn.) 1. u. 2. Bd. gr. 8. (XXXI, 300 u. 324 S.) Trier 888 u. 89. Lintz. à n. 2. 50

— Betrachtungen f. Priester od. der Priester geheiligt durch die Uebg. des betracht. Gebetes. Mit ausschließl. Autorisation des Verf. aus dem Franz. nach der 9., verm. Aufl. v. H. Lenarz. 6., genau rev. Aufl. 3.—5. (Schluß-) Bd. gr. 8. Trier, F. Lintz. à n. 2. 50
3. (358 S.) 891. — 4. 5. (376 u. 344 S.) 893.

Chaignon. Betrachtungen f. Priester od. der Priester geheiligt durch die Uebg. d. Gebetes. Mit Autoris. d. Verf. aus dem Französ. nach der 9. Aufl. v. J. C. Mitterrutzner. 4. Aufl. I.—V. Bd. gr. 8. (IV, 296; 301; 330; 350; 339 S.) Brixen 891,92, Weger. à Bd. * 2 40; * 12 —

— Betrachtungen f. Priester od. d. Priester geheiligt durch d. Uebg. d. betracht. Gebetes. M. ausschließl. Ermächtigg. d. Verf. a. d. Franz. nach d. 9., verm. Aufl. v. H. Lenarz. 7., genau rev. Aufl. 1.—3. Bd. gr. 8. (XXXI, 300; 324 u. 324 S.) Trier 896. 96. 97. F. Lintz. à n. 2. 50; Einbde. in Halbldr. à n.n.n. — 70

Chaignon, S. J., Betrachtungen f. Priester od. der Priester geheiligt durch die Uebg. des betracht. Gebetes. Mit Ermächtigg. des Verf. a. d. Franz. nach der 9. verm. Aufl. v. H. Lenarz. 7. genau rev. Aufl. 4. u. 5. (Schluß-)Bd. gr. 8. (376 u. 355 S.) Trier 899. F. Lintz. à n. 2. 50; geb. in Halbfrz. à n. 3. 50

Betrachtungen für Priester oder der Priester geheiligt durch d. Übung d. betrachtenden Gebetes [Nouveau cours de méditations sacerdotales] von P. [Pierre] Chaignon S. J. Mit Ermächtigung d. Verf. aus d. Franz. von H[einrich] Lenarz. 8. Aufl. Bd 3. Trier: F. Lintz 1905. 8° [J.]

Chaignon, Betrachtungen f. Priester, in kurz gefaßten Auszügen v. H. Lenarz. 8. (XXXIV, 514 S.) Trier 883. Lintz. n. 3.—

—— Beweggründe zum Eifer für die Bekehrung der Sünder. Ein Betrachtungsbüchlein für die Mitglieder der Erzbruderschaft vom hochheiligen und unbefleckten Herzen Mariä. 8. (18 S.) Mainz 855, Kirchheim. *

— Concil u. Jubiläum. Leichtfaßlicher Unterricht über das Concil u. den bei Gelegenheit desselben verliehenen Jubel-Ablaß. Autorisirte Uebersetzung aus dem Französ. von C. Pr. Clasen. Regensburg 870. Pustet. 16. (64 S.) 3 ngr.

—— Concil und Jubiläum. Leichtfaßlicher Unterricht über das Concil und den bei Gelegenheit desselben verliehenen Jubel-Ablaß. Autoris. Uebers. aus dem Französ. von C. Pr. Clasen. 16. (64 S.) Regensburg 871, Pustet.

— das Concil u. die getreuen Kinder der Kirche. Einzige für Deutschland gestattete Uebersetzung aus dem Französ. von Carl Prosp. Clasen. Regensburg 870. Pustet. 16. (288 S.) 10 ngr.

—— das Concil und die getreuen Kinder der Kirche. Einzige für Deutschland gestattete Uebers. aus dem Französ. von Carl Prosp. Clasen. 16. (288 S.) Regensburg 871, Pustet.

—— der Priester am Altar oder die würdige Darbringung des heil. Meßopfers. Mit einem Anhang, enthaltend eine Sammlung von vollkommenen Ablässen für alle Tage des Monats und Gebete vor und nach der Feier der heil. Geheimnisse. Zum Andenken an die Priester-Exercitien. Aus dem Französ. von einem Priester der Diöcese Mainz. gr. 12. (VIII und 287 S.) Mainz 854, Kirchheim.

—— dass. — 3. Aufl. gr. 12. (VIII und 286 S.) Ebds. 856.

—— der Priester am Altare oder die würdige Darbringung des heiligen Meßopfers. Mit einem Anh., enth. eine Sammlung von vollkommenen Ablässen für alle Tage des Monats und Gebete vor und nach der Feier der heil. Geheimnisse. Aus dem Französ. von Friedr. Clericus. 4. Aufl. 8. (VIII, 286 S.) Mainz 868, Kirchheim.

— der Priester am Altar od. die würd. Darbringg. d. heil. Meßopfers. Mit e. Anh. enth. e. Sammlg. v. vollkommenen Ablässen f. alle Tage d. Monats, e. Gebete vor u. nach der Feier der heil. Geheimnisse. Zum Andenken an die Priester-Exercitien. Aus dem Franz. v. e. Priester der Diözese Mainz. 5. Aufl. 8. (VIII, 286 S.) Mainz 873. Kirchheim. 1. 50

—— der Priester am Altar oder würdige Darbringung des heil. Meßopfers. Mit einem Anhang, enthaltend eine Sammlung von vollkommenen Ablässen für alle Tage des Monats und Gebete vor und nach der Feier der heil. Geheimnisse. Zum Andenken an die Priester-Exercitien. Aus dem Französ. von einem Priester der Diöcese Mainz. 6. Aufl. 8. (VIII, 286 S.) Mainz 887, Kirchheim.

— der Priester am Altar od. die würd. Darbringg. des hl. Meßopfers. Mit e. Anh., enth. e. Sammlg. v. vollkommenen Ablässen f. alle Tage des Monats u. Gebete vor u. nach der Feier der hl. Geheimnisse. Zum Andenken an die Priester-Exercitien. Aus dem Franz. v. e. Priester der Diöcese Mainz. 7., im Anh. umgearb. Aufl. 8. (VIII, 295 S.) Mainz 894. F. Kirchheim. n. 1. 80

— der Priester am Altar od. die würdige Darbringung des hl. Meßopfers. Mit e. Anh., enth. e. Sammlg. v. vollkommenen Ablässen f. alle Tage des Monats u. Gebete vor u. nach der Feier der hl. Geheimnisse. Zum Andenken an die Priester-Exercitien. Aus d. Franz. v. e. Priester der Diöcese Mainz. 8. Aufl. 8. (VIII, 295 S.) Mainz 901. F. Kirchheim. n. 1. 80; geb. n. 2. 50

-- der Priester am Altar od. die würd. Darbringg. des hl. Meßopfers. Mit e. Anh, enth. e. Sammlg. v. vollkommenen Ablässen f. alle Tage des Monats u. Gebete vor u. nach der Feier der hl. Geheimnisse. Zum Andenken an die Priesterexerzitien aus dem Französ. v. e. Priester der Diözese Mainz. 9. Aufl. (XI, 299 S.) kl. 8. Mainz 906. Kirchheim & Co. n. 1. 80; geb. in Leinw. n. 2 50

— der Seeleneifer e. Himmelsschlüssel. Nach d. Franz. v. M. Hoffmann. gr. 16. (XI, 198 S.) Ebd. 902. n. 1. 50; geb. n. 2. —

— der Seelenfriede, e. Frucht der Andacht zum allerheiligsten Altarsakramente u. der Hingabe an die göttl. Vorsehung. Autoris. Bearbeitg. nach d. Franz. v. M. Hoffmann. 8. (VIII, 456 S.) Ebd. 901. n. 3. —; geb. n. 4. —

Chaignon, S. J., der Seelenfriede e. Frucht der Andacht zum allerheiligsten Altarsakramente u. der Hingabe an die göttliche Vorsehung. Autoris. Bearbeitg. nach dem Franz. v. M. Hoffmann. 2. verb. Aufl. (VIII, 461 S.) kl. 8. Mainz 908. Kirchheim & Co. 3.—; geb. in Leinw. 4. —

Chajjim Aschkenasi b. Isaak b. Mose Or Serua, Sammlung von 261 Rechtsgutachten über alle 4 Theile des Ritual-Codex. Dazu Scholien, Anmerkungen und Stellennachweise aus Talmud und Decisoren von Mard. Mich. Jafé. Aus einer alten Handschrift des Hrn. Benj. Niederhofheim hrsg. von Jeh. Alex. Rosenberg. (In hebr. Sprache.) 4. (XIV und 190 S.) Leipzig 860, (C. L. Fritzsche.) *

Chaikis, Schulim (Salomon Haikis), a. Rußland: Was lehrt das Röntgenverfahren über die Lösung der croupösen Pneumonie? Berlin-Charlottenburg (1905): J. Zalachowski. (35 S.) 8°
Berlin, Med. Fak., Ref. Kraus, Diss. v. 24. Juni 1905
[Geb. 28. Juli 78 Janoff, Rußland; Heimatsort: Janoff; Staatsangeh.: Rußland; Vorbildung: 1. Gymn. Schitomir Reife Sommer 99; Studium: Wien 8, Berlin 2 S.; Rig. 14. Juni 05.]

Chaillets, ..., geistl. Reden; nach d. Französ. frei bearb. v. L. E. v. Eichorius; nebst e. Abhandl. über d. höchste Wirkung schöner Darstell. geistlicher Stoffe in Werken d. Redekunst v. Prof. Heydenreich. 8. Leipz. 797.

Chailley-Bert, Jos., Pierre, le jeune commerçant. Hrsg. v. J. Kammerer, s. a. Prosateurs français. 128. Lfg.

Pierre, le jeune commerçant par Joseph Chailloy-Bert. Für d. Gebr. in d. höh. Klassen d. Realanstalten, Realgymn. u. Handelslehranst. im Ausz. hrsg. von J. Kammerer, Institutslehrer. [Nebst] Wörterbuch. *Bielefeld & Leipzig: Velhagen & Klasing 1902.* 2 Bde. 8°
— Sammlung, Velhagen & Klasings, franz. u. engl. Schulausg. Prosateurs franç. Lfg 128. [illegible]

Chailley-Bert, Jos., tu seras commerçant, s. a. Prosateurs français.

Tu seras commerçant. Par Joseph Chailley-Bert. Ausg. f. kaufmänn. Lehranst. von Dr. Ludwig Voigt, Dir. in Frankfurt a. M. Bielefeld & Leipzig: Velhagen & Klasing 1907. (VII, 116 S.) 8°
— Sammlung, Velhagen & Klasings, franz. u. engl. Schulausgaben. Prosateurs franç. Lfg 167 B. [illegible]

Chaillu, Paul du, Reisen in Centralafrika, s. Volksbibliothek, deutsche.

Chailly, J., Anlage u. Bau der Abzugscanäle. Vortrag, geh. im österr. Ingenieur- u. Architekten-Vereine. [Aus: „Zeitschr. d. österr. Ingen.- u. Archit.-Ver."] gr. 8. (83 S. m. eingedr. Holzschn.) Wien 876. v. Waldheim. n. 1. —

Chaimowitsch, Basia. Zur Kenntnis der Cumarongruppe. Diss. Phil. Bern. 27 S. 8. Bern, W. Wälchli, 1910.

Chaimowitsch, L[ea], Hadiatsch (Russland): Aus dem hygienischen Institut der Universität Zürich. Untersuchungen über die Ventilation der Krankenräume im Kinderspital Zürich. Zürich 1906. 30 + 2 S. 8°. [31. VII. 06.]
Zürich. Med. Diss. 1905/1906.

Chaimowitsch, L[ea]. Untersuchungen über die Ventilation der Krankenräume im Kinderspital Zürich. Diss. Med. Univ. Zürich. *Kopftitel:* Aus dem hygienischen Institut der Universität Zürich. 31 S. 8. Zürich, Emil Rüegg, 1906.

Chain, Mowscha, aus Mohilew (Russland): Ueber Hydrazine in der Chinolinreihe. *Berlin (1899): E. Ebering.* (35 S.) 8°
Berlin, Phil. Diss. v. 8. Juli 1899

La **Chaine** du Mont-Blanc. Carte au 1/50,000°. Dressée sur l'ordre de Albert Barbey. Relevés de X. Imfeld. Documents de Louis Kurz. 1906. Feuille 1. Berne: A. Francke (1906). [lith.] [kol.] [illegible]

Chaine, M., S. J., s.: Apocrypha de B. Maria virgine.

Chainowsky, I[saak]. Delirium tremens ⟨eine klinisch-statistische Studie⟩. Nach dem Materiale der Basler psychiatrischen Klinik aus den Jahren 1887—1907. Diss. Med. Basel. 28 S. 8. Basel, J. Kohlhepp, 1909.

Chais, C., Versuch e. Vertheidigung d. Einpfropfens d. Blattern. 8. Braunschw. 756. Schröder. 2 gr (Ettinger in Gotha). 5 gr

Chaisen- und Wagenbau, der. Organ und Verbandszeitung der deutschen Stellmacher, Wagenbauer und Schmiede. Zeitschrift für Fuhrwesen, Sport und verwandte Gewerbe. Hrsgbr.: Geo. Meitinger. 1. und 2. Jahrg. 1880 und 1881. à Jahrg. 24 Nrn. (à Nr. 2 Bog. mit eingedr. Holzschn. und Taf.) gr. 4. München, Meitinger. à Jahrg. *
Ohne Taf. à Jahrg.

—— dass. — Technologische Zeitschrift für Wagenbau-Gewerbe, Hufbeschlag und Veterinärwesen, Fahr- und Reit-Sport. Verbandszeitung der deutschen Stellmacher und Schmiede, Sattler und Wagenbauer, Lackirer und anderer Geschäftsgenossen. Hrsgbr.: Geo. Meitinger. 3. Jahrg. 1882. 6 Nrn. (à Nr. 2 Bog. mit eingedr. Holzschn. und Stnt.) gr. 4. Ebendas. *
Ohne Taf.

Chaisen- u. Wagenbau, der. Technologische Zeitschrift f. Wagenbau-Gewerbe, Hufbeschlag u. Veterinärwesen, Fahr- u. Reit-Sport. Verbandszeitung der deutschen Stellmacher u. Schmiede u. Mustersammlg. eleganter Wagen u. Schlitten. Hrsg.: Gg. Meitinger. 4. u. 5. Jahrg. 1883 u. 1884. 12 Nrn. (B. m. eingedr. Holzschn. u. Steintaf.) gr. 4. München, Meitinger, Karlstr. 51. à Jahrg. n. 16.—;
m. color. Taf. n. 20.—; ohne Taf. 12.—

Chaisen- und Wagenbau, der. Technolog. Zeitschrift für Wagenbau-Gewerbe. Verbandszeitung der Stellmacher, Schmiede und Wagenbauer und Mustersammlung eleganter Wagen und Schlitten. Hrsgbr.: Gg. Meitinger. 6. Jahrg. 1885. 12 Nrn. (Bog. mit eingedr. Holzschn. und Stnt.) gr. 4. München, Expedition. (Gg. Meitinger.) *
Mit color. Taf. *ℳ 20.—.; ohne Taf.
Mit Planzeichnungen

—— dass. — Technolog. Zeitschrift für alle einschläg. Gewerbebetriebe. Hrsgbr.: Gg. Meitinger. 7. Jahrg. 1886. 12 Nrn. (Bog. mit eingedr. Holzschn. und 1 Stnt.) Lex.-8. Ebendas. *
Mit color. Taf. *ℳ 20.—.; ohne Taf.
Mit Planzeichnungen

Chaisen- u. Wagenbau, der. Technologische Zeitschrift f. Stellmacherei, Schmiederei, Sattlerei etc. Hrsg.: Gg. Meitinger. 8. Jahrg. 1887. 12 Nrn. (B. mit eingedr. Holzschn. u. Steintaf.) Lex.-8. München, Exped. (Gg. Meitinger). n. 16.—; mit color. Taf. n. 20.—; ohne Taf. 12.—

— dasselbe. 9. Bd. 1888. 12 Nrn. (B. m. eingedr. Holzschn. u. Steintaf.) Lex.-8. Ebd. n. 16.—; mit color. Taf. n. 20.—; ohne Taf. 10.—

Chaisen- u. Wagenbau, der. Technolog. Zeitschrift f. Stellmacherei, Schmiederei, Sattlerei etc. Hrsgbr.: Geo. Meitinger. 10. Bd. 1889. 12 Nrn. (Bog. m. eingedr. Holzschn.) Lex.-8. Münch., Exped. * 6 —; für Gesellen * 4 60
—— dass. — 11. Bd. 1890. 12 Nrn. (Bog. m. eingedr. Holzschn.) Lex.-8. Ebd. * 8 —; für Gesellen ** 5 —
Mit 16 farb. Wagenmustern * 20 —
—— dass. — 29. u. 30. Jahrg. 1891 u. 1892. 12. u. 13. Bd. a Bd. 12 Nrn. (Bog. m. eingedr. Holzschn.) Lex.-8. Ebd. à Bd. * 8 —; m. 4 Planbeilagen * 10 —; m. 12 schwarzen Beilagen * 12 —; m. 20 schwarzen Beilagen * 14 —; m. 8 farb. u. 12 schwarzen Beilagen * 16 —; m. 8 farb. u. 20 schwarzen Beilagen * 18 —; m. 16 farb. u. 12 schwarzen Beilagen * 20 —; Gesellen-Ausgaben nur direct v. der Redact.

Chaisen- u. Wagenbau, der. Technologische Zeitschrift f. Wagner, Schmiede, Sattler, Lackirer etc. Hufbeschlag, Fahr- u. Reitsport. Universal-Blatt f. Wagenbauer, Mustersammlg. eleganter Wagen u. Schlitten. Hrsg.: Gg. Meitinger. 29.—32. Jahrg. 1891—1894. 12.—15. Bd. à 12 Nrn. (à ca. 1 Bog. m. Abbildgn.) Lex.-8. München, Gg. Meitinger. à Jahrg. n. 10.—; m. Beilagen n. 12.—; n. 14.—; n. 16.—; n. 17.—; n. 18.—; n. 19.— u. n. 20.—; Gesellen-Ausgaben nur direct v. der Red.

Chaisen- u. Wagenbau, der. Technolog. Zeitschrift f. Wagner, Schmiede, Sattler, Lackirer etc. Hufbeschlag, Fahr- u. Reitsport. Universal-Blatt f. Wagenbauer Mustersammlg. eleganter Wagen u. Schlitten. Hrsg.: Gg. Meitinger. 33. Jahrg. 1895. 16. Bd. 12 Nrn. (à ca. 1 Bog. m. Holzschn. u. Taf.) Lex.-8. München, Gg. Meitinger. n. 10.—; m. Beilagen n. 20.—

Chaisen- u. Wagenbau, der. Technolog. Zeitschrift f. Wagner, Schmiede, Sattler, Lackirer etc. Hufbeschlag, Fahr- u. Reitsport. Universal-Blatt f. Wagenbauer, Mustersammlg. eleganter Wagen u. Schlitten. Hrsg.: Gg. Meitinger. 34.—36. Jahrg. 1896—1898. 17.—19. Bd. à 12 Nrn. (à ca 12 S. m. Abb. u. Taf.) Lex.-8. München, Gg. Meitinger. à Jahrg. n. 8.—;
m. Beilagen n. 20—

Chaisen- u. Wagenbau, der. Technologisch-prakt. Wagenbaukunst-Journal. Patent- u. Anzeigeblatt üb. die Bedarfs-Artikel d. Stellmacher-, Schmiede-, Lackier- u. Sattlereien. Universal-Blatt f. Wagenbauer u. Mustersammlg. schönster Wagen u. Schlitten, inhaltlich Automobil-Wagenbau. Hrsg.: Gg. Meitinger. 37.—40. Jahrg. 1899—1902. 20.—23. Bd. à 12 Nrn. Lex.-8. (à ca. 8 S. m. Abbildgn.) München, G. Meitinger. à Jahrg. n. 8.—; m. 36 Beilagen à Jahrg. n.n. 20.—

Chaisen- u. Wagenbau, der. Technologisch-prakt. Wagenbaukunst-Journal. Patent- u. Anzeigeblatt üb. d. Bedarfs-Artikel d. Stellmacher-, Schmiede-, Lackier- u. Sattlereien. Universalblatt f. Wagenbauer u. Mustersammlung schönster Wagen u. Schlitten, inhaltlich Automobil-Wagenbau. Gegründet 1863. Hrsg.: Gg. Meitinger. 41.—44. Jahrg. 1903—1906. 24.—27. Bd. à 12 Nrn. (144, 138, 138 u. 110 S. mit Abbildgn.) Lex.-8. München, G. Meitinger. à Jhrg. n. 8.—;
m. 24 Beilagen n.n. 20.—

Chaisen- u. Wagenbau, der, Luxuswagen- u. Automobilbau. Universal-Blatt f. Wagenbauer. Offizielles Organ des Landesverbandes der bayer. Wagner-Innungn., Vereiniggn. u. Wagnermeister. Patent- u. Anzeigeblatt üb. die Bedarfsartikel der Stellmacher, Schmiede, Lackierer u. Sattlereien. Red.: Jos. Gäßler. 47. u. 48. Jahrg. 1909 u. 1910. à 24 Nrn. (à ca. 16 S. m. Abbildgn.) 32,5×23,5 cm. München, (Rumfordstr. 15) Jos. Gäßler.
à Jahrg. 12.—

Chaisenhausiade, humoristisch-phantastisch-poetisches Zeitgemälde in Bild und Vers von Mir. 16. (18 S. mit eingedr. Holzschn.) Dresden 878, Heinrich. *

Chaisneau, Charl., Atlas d'histoire naturelle, ou collection de trente-huit tableaux relatifs à la zoologie, à la botanique et à la mineralogie etc. fol. Par. (Levrault. Strsb.)

Chait, Jochewed, aus Poltawa (Russland): Aus der medizinischen Universitätsklinik Zürich. (Direktor: Herr Professor Dr. H. Eichhorst.) Ueber Untersuchungen über die Atmungsfrequenz mit besonderer Berücksichtigung im Kindesalter. Zürich 1907. 34 S. 8°. [18. VII. 07.]
Zürich. Med. Diss. 1906/1907.

Chait, Jochewed. Ueber Untersuchungen über die Atmungsfrequenz mit besonderer Berücksichtigung im Kindesalter. Diss. Med. Univ. Zürich. *Kopftitel:* Aus der Medicinischen Universitätsklinik Zürich. ⟨Direktor: Herr Professor Dr. H(ermann) Eichhorst⟩. 34 S. 8. Zürich, J. J. Meier, 1907.

Chaix's neuer Führer durch Paris. 18. (464 S. mit lithogr. Plan in qu. Imp.-Fol. und 28 Holzschn. in 8. und qu. 8.) Paris 859. (Leipzig, Brockhaus' Sortiment und Antiquarium.) geb. *

Chaix, E. Carta volcanologica e topografica dell' Etna. Color. Scala 1 : 100.000. Gr. in-fol. Ginevra, Basilea e Lione, H. Georg. 1892 8 —

Chakrabarti, Gyanendra Nath, d. Weltberuf d. theosoph. Gesellschaft, s.: Schriften, theosophische.

A travers la France. Par A[ntoine] **Chalamet**. In gekürzter Fassung und mit Komm. hrsg. von Dr. Max Pfläuzel, Oberl. Mit 1 Karte u. 12 Bild. Berlin: Weidmann 1907. (VII, 109 S.) 8°
— **Schulbibliothek** franz. u. engl. Prosaschriften aus d. neueren Zeit. Bdch. 58. [07. 4061

Chalanay, *Luka* [aus Kischineff '(Russl.)']: Über raumisomere Diphenylbernsteinsäurenitrile ... Heidelberg, Univ.-Buchdr. v. J. Hörning, 1892; 47 S. 8.
Heidelberg, Naturw.-math. Fak., Inaug.-Diss. v. [3. Mai] 1892

Chalas, Prosper: Octavia, s. Monglave, Eug. Garay de

Chalaumes mit Backfisch, s. Gedichte und Scherze in jüdischer Mundart.

Chalaupka, Frz., Leitfaden zum Unterricht im Säbel-Fechten. Für Truppenschulen der k. k. Armee. 8. (40 S. mit 1 lithogr. Taf. in qu. gr. 4.) Teschen 875, Prochaska. *

Chalef Elahmar's Quasside, s. Ahlwardt, W.

Chalender d'Engiadina pel ann 1891. In-16°. 40 p. Chur (Jul. Rich). — 60

Chalender. Il Ch' Ladin. Cudesch per la famiglia romantscha. I. Annada: 1911. [Con 4 tevlas our dal text.] IV + 74 p. 4. Samaden, Engadin Press Co., 1910. (commembers fr. 1.—, nel commerzi 1.50)
Publicaziun dell' Uniun dels Grischs. No. 6.
Bildet die Fortsetzung von: Uniun dels Grischs. [Publicaziun] Nr. 1—5.

Chales de Beaulieu, Erich [pr. Arzt zu Radevormwald '(Rheinprov.)']: Beiträge zur infantilen Hysterie nach einigen Beobachtgn aus eigener Praxis ... Leipzig, Druck v. A. Edelmann, Univ.-Buchdr., *1895;* 34 S. 8.
Leipzig, Med. Fak., Inaug.-Diss. v. 12. Dez. 1895

Chales de Beaulieu, Gertraud, s.a. Beaulieu, Gertraut von

Chales de Beaulieu, Gertraut

Neu-Berlin. Was Frau Guticke in der Reichshauptstadt erlebt. Von Gertraut von Beaulieu [d.i. Gertraut Chales de Beaulieu]. Mit einem Vorwort von Julius Stettenheim.
Breslau: Schles. Verl.-Anst. 1890. 259 S. 8°

Châlet-Katalog für's Berner Oberland. Verzeichnis möblierter Sommer-Wohnungen und Berg-Châlets. [Hrg. von der] Liegenschafts- und Wohnungs-Agentur H[ugo] v. Wattenwyl, Bern... [Illustriert.] IV + 77 S. 8. Bern, Harald Jensen, [April 1903]. [fr. 2.50]

Chalewsky, Fanny, aus Rostoff a. D (Russland): Aus der Universitäts-Frauenklinik in Zürich. Ueber 2 Fälle von spontaner Uterusruptur. [Mit 2 Abbildungen.] Zürich 1907. 19 S. 8°. [8. III. 07.]
Zurich. Med. Diss. 19/6/1907

Chalewsky, Fanny. Ueber 2 Fälle von spontaner Uterusruptur. Diss. Med. Univ. Zürich. [Mit 2 Tafeln.] *Kopftitel:* Aus der Universitäts-Frauenklinik in Zürich. 19 S. 8. Zürich, J. J. Meier, 1907.

Chaleyé, Joannès, Le Puy-Spitzen. Kompositionen. (30 photolith. Taf.) 42×32 cm. Plauen (910). C. F. Schulz & Co. In Halbleinw.-Mappe 86. —

[Kopftit.:] Solution de la question d'Orient au point de vue politique & géographique. Décadence de la Turquie. Par un Philanthrope [ɪɪ: S. Chalikian.] [Partie I. II.] *[Berlin:] 1895.* 2 Bde 8.
[I.] 1895. (2 Bl.)
[II.] La paix sanglante. La guerre occulte dans les ténèbres de la nuit contre l'Arménie inoffensive. [o. J.] (2 Bl.) [97. 8506

Landschafts-, Wirtschafts-, Gesellschafts-, Kulturtypen. Geogr. Skizzen von Dr. L[eonidas] **Chalikiopoulos**. Leipzig: B. G. Teubner 1906. (X, 111 S.) 4°(8°) [06. 10539

Chalikiopoulos, Leonidas, aus Kairo: **Sitia,** die Osthalbinsel **Kreta's.** Eine geogr. Studie. *Berlin 1902: E. S. Mittler & Sohn.* (46 S.) 8° ¶(Erscheint vollst. u. mit Karten in: Veröffentl. d. Inst. f. Meereskunde u. des geogr. Inst. an d. Univ. Berlin.)
Berlin, Phil. Diss. v. 13. Aug. 1902

Sitia, die Osthalbinsel Kreta's. Eine geogr. Studie von Dr. phil. L(eonidas) **Chalikiopoulos**. Mit 3 Taf. u. 8 Abb. *Berlin: E. S. Mittler & Sohn (1903).* (VIII, 138 S.) 4°(8°)
— **Veröffentlichungen** d. **Instituts** f. **Meereskunde**. H. 4. [03. 1077

Chalippe, Candide, das Leben des heiligen Franziskus von Assisi. Nach der neuesten Ausgabe deutsch bearb. von C. B. Reiching. Mit 1 Stahlst. Regensburg 855. Manz. gr. 8. (XX. 505 S.) 1 ℛ 21 ngl.

Das Lied vom Schlangentöter ['Οφιοκτονεια] und die Eugeniade. Zwei neu-gefundene Epen in altgriechischer Sprache übers. von d. Hrsg. Dr. H. **Chalkeus**. *Hagen i. W.: C. Stracke 1899.* (19 S.) 8° [00. 3184

Chalkiopulos, N., De sonorum affectionibus quae percipiuntur in dialecto neolocrica. Diss. 1878. 85 S. 1.50

Challam, W. O., die Braut v. Varzin od. die gräulichen Brüder, s. a. Wallner's Thespiskarren.

Die Braut von Varzin oder: Die gräulichen Brüder. Fastnachtsschwank aus d. Stegreif von W. O. **Challam**. *Berlin: E. Bloch [1891].* (S. 67—80. 8° [illegible]
— **Thespiskarren. Wallner's.** Lfg 22. [illegible]

Challande, J., Thiergruppen aus der Alpenwelt. Bern (862). Fiala in Comm. Fol. (5 Holzschntaf. in Tondr.) 2 ℛ 12 ngr.

Challandes, Leo: Das Prinzip der Minoritätenvertretung und die Proportionalwahl. St. Petersburg, Buchdr. v. Trenke & Füsnot, 1894; 48 S. 8.
Heidelberg, Phil. Fak., Inaug.-Diss. v. [30. Okt.] 1893

Challemel-Lacour, Studien u. Betrachtungen e. Pessimisten. Einzig autoris. Ausg. Übers. v. M. Blaustein. gr. 8. (III, 259 S.) Leipzig 902. H. Seemann Nachf. n. 6. —: geb. n. 7. 50

Challenor, W. L., deutsch französisches Konversationsbuch, s.: **Connor, James.**

Challenor, W. B., Konversationsbücher, s.: Connor, James.

v. Challié, Frau, Freiheit, Gleichheit, Brüderlichkeit od. was wir wollen, was wir sollen u. was wir können. Beantwortet aus dem Gesichtspunkte der Religion, d. Staats u. der Persönlichkeit. Nach dem Franz. Deutsch m. Randbemerkungen von Ferd. Frhrn. v. Biedenfeld. gr. 8. (X u. 302 S.) Weimar 850, Voigt 1 ℛ

Challier, Ernst

Die Anstalt für Musikalisches Aufführungsrecht in Berlin. Eine Gefahr f. d. gesamte deutsche Konzertleben, f. d. Musikhandel u. d. Komponisten. Sowie d. Möglichkeit e. Beseitigung dieser Gefahr von Ernst **Challier** sen. Giessen: E. Challier 1905. (25 S.) 8° [06. 6466

Challier's Ernst, grosser Chor-Katalog. Ein alphabetisch geordnetes Verzeichniss sämmtl. gemischten Chöre m. u. ohne Begleitung. (843 S.) hoch 4. Giessen 903. E. Challier. n. 18. —

— dasselbe. 1. Nachtrag, enth. die neuesten Erscheingn. vom Januar 1903 bis Juli 1905, sowie eine Anzahl älterer, noch nicht aufgenommener Lieder. (S. 845—884.) Lex.-8. Ebd. 905. n. 2. 40

Challier's, Ernst, grosser Chor-Katalog. 2. Nachtrag, enth. die neuesten Erscheingn. v. Aug. 1905 bis Febr. 1910 sowie e. Anzahl älterer, noch nicht aufgenommener Lieder. (S. 885—437.) Lex. 8. Giessen 910. E. Challier. 4. —
Hauptwerk u. 1. Nachtr. Ebd. 903. 05. 20.40.

Challier, Ernst, Doppel-Handbuch der Gesangs- u. Clavierlitteratur. Ein alphabetisch geordnetes Verzeichniss aller transcribirten Lieder, Arien u. Gesänge, ein- u. mehrstimmig, m. allen ihren Clavier-Transcriptionen, Fantasien etc. Lex.-8. (109 S.) Berlin 881. Giessen, E. Challier. 7. 40

— dasselbe. 1.—4. Nachtrag Ebd. 2. 80
1. Octbr. 1881—Octbr. 1883, sowie die einschlägigen Veröffentlichungen französischer u. englischer Verleger aus älterer u. neuerer Zeit. (S. 111—125.) 883. 1.—
2. Octbr. 1883—Septbr. 1887. (S. 127—136.) 887. — 60
3. Octbr. 1887—Aug. 1890. (S. 137—143.) 890. — 60
4. Septbr. 1890—Aug. 1893. (S. 145—152.) 893. — 60

Challier, Ernst, Doppel-Handbuch d. Gesangs- u. Clavierlitteratur. E. alphabet. geordn. Verzeichniss aller transcrib. Lieder, Arien u. Gesänge, ein- u. mehrstimm., m. allen ihren Clavier-Transcriptionen, Fantasien etc. 5. Nachtrag, umfass. d. Zeit v. Septbr. 1893 b. Aug. 1897. Lex.-8. (S. 153—160.) Giessen 897. E. Challier. — 75 (Hauptw. m. 1.—5. Nachtr.: 10.95)

Challier, Ernst, Doppel-Handbuch der Gesangs- u. Clavier-Literatur. 6. Nachtrag, umfassend die Zeit vom Septbr. 1897 bis Juli 1901. 4. (S. 163—167.) Giessen 901. E. Challier. — 75
Hauptwerk m. Nachtr. 1—5. Ebd. 10. 95.

— Doppel-Handbuch der Gesangs- u. Klavier-Literatur. 7. Nachtr., umfassend die Zeit vom Aug. 1901 bis Febr. 1910. (S. 171—180.) Lex. 8. Ebd. 910. 1. 10
Hauptwerk u. Nachtr. 1—6. Ebd. 11.70.

Ernst Challier's Grosser Duetten-Katalog. E. alphab. geordn. Verzeichniss sämmtl. zweistimm. Lieder m. Begl. *Giessen: E. Challier 1898.* (118 S.) 1 Bd 4. [98. 7706]

— grosser Duetten-Katalog, 1. Nachtrag, enth. die neueren Erscheingn. von Febr. 1898 bis 1901, sowie e. Anzahl älterer, bisher noch nicht aufgenommener Lieder. 4. (S. 123—139.) Ebd. 901. 1. 20
Hauptwerk. Ebd. 898. 7. 50.

— grosser Duetten-Katalog, 2. Nachtrag, enth. die neuen Erscheingn. vom Juli 1901 bis Febr. 1906, sowie e. Anzahl älterer, bisher noch nicht aufgenommener Duette. (S. 141—161.) Lex.-8. Ebd. 906. n. 1. 40
Hauptwerk u. 1. Nachtr. Ebd. 898. 901. n. 8. 70.

Ernst Challier's Großer Frauen- und Kinderchor-Katalog mit e. Anh. Terzette (3 gemischte Stimmen, 3 Männerstimmen). Ein alphab. geordn. Verzeichniß sämmtl. Chöre u. Terzette mit u. ohne Begleitung. *Gießen: Selbstverl. 1904.* (166 S.) 4° [04. 11468]

— Grosser Frauen- u. Kinderchor-Katalog, m. e. Anh. Terzette. 1. Nachtrag, enth. die neuen Erscheingn. von März 1904 bis März 1909, sowie einige ältere, bisher noch nicht aufgenomm. Lieder. (Lexikon des Liedes V. Tl.) (S. 167—203.) Lex. 8. Ebd. 909. 3. —
Hauptwerk. Ebd. 904. 9.—.

Katalog der Gelegenheits-Musik. E. classificirtes Verzeichniss v. Compositionen f. Gelegenheiten aller Art der Vocal- u. Instrumental-Mus. in d. verschiedensten Besetzgn. Ges., zsgest. u. hrsg. v. Ernst Challier. *Giessen: Selbstv.; (r. Münchow'sche Hof-Dr.) 1897.* (182 S., 1 Bl.) 1 Bd 4. [97. 1256]

— Katalog der Gelegenheits-Musik. 1. Nachtrag. 4. (S. 187—232.) Ebd. 901. n. 2. 70
Hauptwerk. Ebd. 897. 10. —.

— Katalog der Gelegenheits-Musik. 2. Nachtr., enth. die Erscheingn. der letzten 6 Jahre. (S. 233—274.) Lex. 8. Ebd. 907. 3. 40
Hauptwerk u. 1 Nachtr. Ebd. 897. 901. 12.70.

Challier's, Ernst, grosser Lieder-Katalog. Ein alphabet. geordnetes Verzeichniss sämmtl. einstimm. Lieder mit Begleitung des Pianoforte, sowie mit Begleitung des Pianoforte und eines oder mehrerer anderer Instrumente. Mit 1. Nachtrag. Lex.-8. (1054 S.) Giessen 886,87, Challier's Selbstverlag.

dasselbe. II. Nachtrag, enth. die neuen Erscheingn. von Octbr. 1886—Septbr. 1888, sowie eine Anzahl älterer, bisher noch nicht aufgenommener Lieder. Lex.-8. (S. 1055—1114.) Ebd. 888. 3. —

— grosser Lieder-Katalog. Ein alphabet. geordnetes Verzeichniss sämmtl. einstimm. Lieder m. Begleitg. des Pianoforte, sowie m. Begleitg. des Pianoforte u. eines od. mehrerer anderer Instrumente. 3.—5. Nachtrag, enth. die neuen Erscheingn. vom Oktbr. 1888—Juli 1894, sowie e. Anzahl älterer bisher noch nicht aufgenommener Lieder. Lex.-8. Ebd. 14. —
(kplt. m. 1.—5. Nachtrag: n. 67. —)
3. Oktbr. 1888—Aug. 1890. (S. 1115—1194.) 890. 3. 75
4. Septbr. 1890—Juli 1892. (S. 1195—1289.) 893. 5. 25
5. Juli 1892—Juli 1894. (S. 1291—1382.) 894. 5. —

— grosser Lieder-Katalog. 6. Nachtrag, enth. d. neuen Erscheingn. v. Juli 1894 b. Juli 1896, sow. e. Anzahl ält. bisher noch nicht aufgenomm. Lieder. 4. (S. 1383—1466.) Ebd. 896. 5. 25
(Kplt. m. 1.—6. Nachtrag: n. 75. —)

— grosser Lieder-Katalog. 7.—9. Nachtrag, enth. die neuen Erscheingn. vom Juli 1896 bis Juli 1902, sowie e. Anzahl älterer bisher noch nicht aufgenommener Lieder. 4. Ebd. n. 18. 10
7. Juli 1896—Juli 1898. (S. 1467—1568.) 898. n. 5. 40
8. Juli 1898—Juli 1900. (S. 1569—1675.) 900. n. 6. —
9. Juli 1900—Juli 1902. (S. 1678—1803.) 902. n. 6. 70
Hauptwerk u. Nachtr. 1—6. Ebd. n. 75. —.

— grosser Lieder-Katalog. 10. Nachtrag, enth. die neuen Erscheingn. vom Juli 1902 bis Juli 1904, sowie e. Anzahl älterer bisher noch nicht aufgenommener Lieder. (S. 1805—1926.) Lex. 8. Ebd. 904. n. 7. —
Hauptwerk u. Nachtr. 1.—9. Ebd. n. 93. 10.

— Grosser Lieder-Katalog. 11.—13. Nachtr., enth. die neuen Erscheingn. vom Juli 1904 bis Juli 1910 sowie e. Anzahl älterer bisher noch nicht aufgenommener Lieder. (S. 1927—2241.) Lex. 8. Ebd. 906. 908. à 7. —
Hauptwerk u. Nachtr. 1—10. Ebd. 100.10.

— grosser Männergesang-Katalog. Ein alphabetisch geordnetes Verzeichniss sämmtl. Männer-Chöre m. u. ohne Begleitg. Mit 1. Nachtrag. hoch. 4. (648 S.) Ebd. 900. n. 82. 40

— dasselbe Hilfs-Register zum Hauptband. hoch 4. (45 S.) Ebd. 901. 3. —

— dasselbe. 2. Nachtrag, enth. die neuen Erscheingn. vom April 1900 bis Febr. 1902, sowie e. Anzahl älterer, bisher noch nicht aufgenommener Lieder. gr. 4. (S. 651—724.) Ebd. 902. n. 4. —

— grosser Männergesang-Katalog. 3. Nachtrag, enth. die neuen Erscheingn. vom März 1902 bis Febr. 1905, sowie e. Anzahl älterer bis jetzt noch nicht aufgenomm. Lieder. (S. 725—819.) Lex.-8. Ebd. 905. n. 4 80
Hauptwerk m. Register u. Nachtr. 1 u. 2. Ebd. n. 39. 40.

— Grosser Männergesang-Katalog. 4. Nachtrag, enth. die neuen Erscheingn. vom März 1905 bis Aug. 1907 sowie e. Anzahl älterer bis jetzt noch nicht aufgenommener Lieder. (S. 820—905.) Lex. 8. Ebd. 907. un 5. —

— dasselbe. 5. Nachtrag, enth. die neuen Erscheingn. vom August 1907 bis August 1909. (S. 907—962.) Lex. 8. Ebd. 909. 4. —
Hauptwerk m. Reg. u. Nachtr. 1—3. Ebd. 44.20.

— Sonaten-Tabelle. Eine nach Tonarten alphabetisch geordnete Aufstellung sämmtlicher Clavier-Sonaten von Clementi, Haydn, Mozart in allen Ausgaben. 2. Aufl. Berlin 1884.

Sonaten-Tabelle: Eine nach Tonarten alphab. geordn. Aufstellung sämmtl. Clavier-Sonaten von Clementi, Haydn, Mozart in allen Ausg. hrsg. von Ernst **Challier**. 4. verm. u. verb. Aufl. Giessen: Selbstverl. 1907. (16 S.) 4° [07. 8835

— Special-Handbuch. Ein alphabetisch geordnetes Verzeichniss sämmtl. gemischter Potpourris (Fantasien, Quodlibets), melodramat. Werke (m. Pianofortebegleitg.), Werke f. die linke Hand, Werke m. Begleitg. v. Kinderinstrumenten. Mit 1.—3. Nachtrag. gr. 8. Ebd. 3. 30
Hauptwerk. (40 S.) Berlin 883. 1. 50
Nachtrag 1. März 1883—Septbr. 1887. (S. 41—52.) Berlin 887. — 60
Nachtrag 2. Octbr. 1887—Aug. 1890. (S. 53—60.) 890. — 60
Nachtrag 3. Septbr. 1890—Aug. 1893. (S. 61—70.) 893. — 60

— Special-Handbuch. E. alphabet. geordn. Verzeichniss sämmtl. gemischter Potpourris (Fantasien, Quodlibets), melodram. Werke (m. Pianofortebegleitg.), Werke f. d. linke Hand, Werke f. d. Begleitg. von Kinderinstrumenten. 4. Nachtrag, umfass. d. Zeit v. Septbr. 1893 b. Aug. 1897. gr. 8. (S. 71—86.) Ebd. 897. — 90 (Hauptwerk m. 1.—4. Nachtr. 4. 20)

— Special-Handbuch. Ein alphabetisch geordnetes Verzeichniss sämmtl. gemischter Potpourris (Fantasien u. Quodlibets), melodramat. Werke (m. Pianofortebegleitg.), Werke f. die linke Hand, Werke f. die Begleitg. v. Kinderinstrumenten. 5. Nachtrag, umfassend die Zeit vom Septbr. 1897—Juli 1901. gr. 8. (S. 89—100. Giessen 901. E. Challier. — 75
Hauptwerk m. Nachtr. 1—4. Ebd. 4. 20.

— Special-Handbuch. Ein alphabetisch geordnetes Verzeichnis sämtl. gemischter Potpourris (Fantasien u. Quodlibets), melodramat. Werke (m. Pianofortebegleitg.), Werke f. die linke Hand, sowie Werke f. die Begleitg. v. Kinder-Instrumenten. 6. Nachtrag, umfassend die Zeit vom Aug. 1901 bis Febr. 1910. (S. 105—124.) 8. Ebd. 1. 10
Hauptwerk m. Nachtr. 1—5. Ebd. 4.05.

— tabellarische Uebersicht sämmtlicher Clavier-Sonaten von L. v. Beethoven in allen jetzt noch vorhandenen Ausgaben, dreimal alphabetisch geordnet nach Tonarten — Revisoren — Verlegern, einmal nach den Opuszahlen m. Angabe der Widmgn. — Preise — Titel — Orig.-Verleger u. des Jahres der 1. Ausg. 8. (16 S.) Ebd. 887. — 90

Das Urheberrecht an Werken der Tonkunst. Ein unausführbares Deutsches Reichsgesetz. Von Ernst **Challier** sen., Gießen. Gießen: Selbstverl. 1905. (14 S.) 8° [05. 20843

Verlags-Nachweis im Musikalienhandel. Eine Aufstellung aller Verkäufe u. Übergänge geschlossener Verlage, Verlagsteile u. einzelner Werke mit Angabe d. jetzigen Besitzer. Bearb. u. hrsg. von Ernst **Challier** sen. Gießen: Selbstverl. 1908. (48 S.) 8° [08. 6253

Challier, Ernst, Verzeichniss sämmtlicher komischer Duette u. Terzette, alphabetisch geordnet, zusammengestellt u. hrsg. Mit 1.—3. Nachtrag. gr. 8. Berlin 887. Giessen, E. Challier. 4. 50
Hauptwerk (42 S.) Berlin 884. 1. 50
Nachtrag 1. Septbr. 1884—Septbr. 1887. (S. 43—58.) Berlin 887. — 60
Nachtrag 2. Septbr. 1887—Aug. 1890. (S. 59—85.) 890. 1. 5
Nachtrag 3. Septbr. 1890—Aug. 1893. (S. 87—121.) 893. 1. 35

— Verzeichniss sämmtl. kom. Duette u. Terzette, alphabet. geordnet, zusammengest. u. hrsg. 4. u. 5. Nachtrag, umfass. d. Zeit v. Septbr. 1893 b. Septbr. 1897. gr. 8. (S. 123—181.) Ebd. 895. 2. 70
(Hauptwerk m. 1.—5. Nachtrag: 7. 20)

Challier, Ernst, Verzeichniss sämmtl. kom. Duette u. Terzette. Alphabetisch geordnet, zusammengestellt u. hrsg. 6. Nachtrag, umfassend die Zeit vom Oktbr. 1897 bis Juli 1901. gr. 8. (S. 185—236.) Ebd. 901. n. 1. 60
Hauptwerk m. Nachtr. 1—5. Ebd. n. 7. 20.

Challis, J., über d. gegenwärt. Zustand d. analyt. Theorien d. Hydrostatik u. Hydrodynamik. — Die mathemat. Theorien d. Elektricität, d. Magnetismus u. d. Wärme v. W. Whewell. — Der Erd-Magnetismus v. H. Christie. A. d. Reports of the third and fifth Meetings of the British Association for the Advancement of Science, 1833 u. 1835; übers. v. G. A. Klöden. gr. 8. (10 B.) Berlin 838, Lüderitz'sche Vrlsbuchh.

Challoner, Rich., Betrachtungen über die vorzüglichsten Glaubens- u. Sittenlehren der christlichen Religion, auf alle Tage des Jahres. Aus dem Engl. übers. von A. Ehrensberger. 2 Bde. gr. 8. (VIII, 448 u. 488 S.) Regensburg 879. Pustet. 4. 50

Challoner, Rich., Betrachtungen üb. die großen Heilswahrheiten d. christl. Religion auf jeden Tag des Monats. Aus d. Engl. frei übers. v. einem kathol. Geistlichen (E. W. Westhoff). Nebst einem Anhang v. Morgen-, Abend-, Meß- etc. Gebeten. 8. (XXXII u. 236 S.) Berlin 848, Aschendorff. n. 1/3 ₰

Challoner, R., Betrachtungen über die großen Heilswahrheiten der christl. Religion, auf jeden Tag des Monats. Nach dem Engl. bearb. von einem kathol. Geistlichen (E. W. Westhoff.) Nebst einem Anhang von Morgen-, Abend-, Meß-, Beicht-, Communion-, und mehrern andern Gebeten. 1. Aufl. (XXXI und 236 S.) Berlin 848. * 10 Ngr., 2. Aufl. (XXXVI und 362 S.) 849. und 3. Aufl. 8. (XLVIII und 456 S.) Münster 850, (Theissingsche Buchh.) Thlr. *

— Betrachtungen üb. die großen Heilswahrheiten der christl. Religion, auf jeden Tag des Monats. Nach d. Engl. bearb. v. einem kathol. Geistlichen (E. W. Westhoff). Nebst einem Anh. v. Morgen-, Abend-, Meß-, Beicht-, Communion-, Ablaß- u. mehrern andern Gebeten. (2. Aufl.) 8. (XXXVI u. 362 S.) Münster 849, Theissing in Comm. — 3. Aufl. 8. (XLVIII u. 456 S.) Ebd. 851. n. 16 ngl

— Betrachtungen über die großen Heilswahrheiten der christlichen Religion, auf jeden Tag des Monats. Nach dem Engl. bearb. von einem kathol. Geistlichen. Nebst einem Anhange von Morgen-, Abend-, Meß-, Beicht-, Communion-, Ablaß-, und mehreren andern Gebeten. 4. Aufl. Münster 854. (Coesfeld, Wittneven Sohn in Comm.) 8. (XLIII, 475 S.) n. 15 ngl

Challoner, R., Betrachtungen über die großen Heilswahrheiten der christl. Religion, auf jeden Tag des Monats. Nach dem Engl. bearbeitet von einem kathol. Geistlichen. Nebst einem Anhang von Morgen-, Abend-, Meß-, Beicht- etc. Gebeten. 5. Aufl. gr. 16. (XLIII und 883 S.) Münster 859, Mitsdörffer. *

Nach dem Engl. bearb. von einem kathol. Geistlichen. 6. Aufl. Ebend. 860. 16. (XLIII, 152 S.) n. 7½ ngr.

Challoner, Bischof R., Betrachtungen über die großen Heilswahrheiten der christl. Religion auf jeden Tag des Monats. Nach dem Engl. bearb. von einem kathol. Geistlichen. Nebst einem Anhang von Morgen-, Abend-, Meß-, Beicht-, Communion-, Ablaß- und mehrern andern Gebeten. 6. Aufl. 8. (383 S.) Münster 873, Mitsdörffer. *

Challoner, R., Betrachtungen üb. die großen Heilswahrheiten der christl. Religion auf jeden Tag d. Monats. Nach dem Engl. bearb. v. e. kathol. Geistlichen. Nebst e. Anhang. v. Morgen-, Abend-, Meß-, Beicht-, Communion-, Ablaß- u. mehreren andern Gebeten. 6. Aufl. 8. (383 S.) Münster 874. Mitsdörffer. n. 1. 50

— Betrachtungen über die Wahrheiten und Pflichten des Christenthums für jeden Tag im Jahre. Aus dem Engl. übers. 2 Bde. 24. (1778 S.) Regensburg 856, Manz.

Challoner, R., Betrachtungen über die Wahrheiten und Pflichten des Christenthums für jeden Tag im Jahre. Aus dem Engl. übers. 2 Bde. Ebend. 855, 56. 24. (871; 907 S.) 1 ₰

Challoner, R., Betrachtungen über die Wahrheiten und Pflichten des Christenthums für jeden Tag im Jahre. Aus dem Engl. übers. 2 Bde. 2. Aufl. 82. (1774 S.) Regensburg 864, Manz.

—— Betrachtungen über die Wahrheiten und Pflichten des Christenthums für jeden Tag im Jahre. Aus dem Engl. übers. 2 Bdchn. 3. Aufl. 32. (861; 898 S.) Regensburg 874, Manz.

— Betrachtungen über die Wahrheiten u. Pflichten des Christenthums für jeden Tag im Jahre. Aus dem Engl. übers. 2 Bdchn. 3. Aufl. 32. (861 u. 898 S.) Regensburg 875. Manz.

— Denkwürdigkeiten der Missionspriester u. anderer Katholiken, die in England ihrer Religion wegen den Tod erlitten haben. Aus d. Engl. [Bevorw. v. W. Junkmann.] 2 Bde. [Unter Königin Elisabeth, 1577—1603. — Unter den Stuarts u. der Republik, 1604—1684.] gr. 8. (XXIV u. 775 S.) Paderborn 852, Schöningh. 1 1/2 ß

— der Seelengarten. Ein kathol. Unterrichts- u. Gebetbuch. Aus d. Engl. übers. 18. (430 S. m. 1 Stahlst.) Aachen 851, ter Meer. 5/12 ß; Velinpap. 3/4 ß

Chalmer, A. C., s. Shakspeares sämmtl. Werke. Supplement.

Chalmers, George. Maria Königin von Schottland. Aus dem Englischen. Halberstadt 1824. Ü: *Becker, Gottfried Wilhelm* [?]. (BrMm)

— Maria, Königin v. Schottland. Aus d. Engl. Seitenstück zu Elisabeth, ihr Hof u. ihre Zeit, von Lucie Aickin. Mit d. Bildn. d. Königin. gr. 8. Halberst. 824. Brüggemann. 1 ß 12 Gr

Chalmers, Geo., Maria, Königin v. Schottland. Aus d. Engl. gr. 8. Leipzig 824. (L. Schreck.) 1 1/2 ß

Chalmers, Geo., Schätzung d. Stärke v. Großbritannien während d. gegenwärt. u. d. vier vorhergehenden Regierungen. Aus d. Engl. v. W. H. Heinze. gr. 8. Berl. 786. Nicolai. 1 ß

Chalmers, J., Concise Dictionary of Chinese on the Basis of K'anghi. Part I—III 3 voll. Leipzig 1881.

Chalmers, James, und W. Wyatt Gill, Neuguinea. Reisen und Missionsthätigkeit während der J. 1877 bis 1885. Autoris. deutsche Ausg. gr. 8. (XXXIV, 304 S. mit Abbild. und 1 Karte.) Leipzig 886, Brockhaus. *ℳ 9.—.; geb. *

CHALMERS, Lionel 1715? - 1777
Lionel Chalmer's Nachrichten über die Witterung und Krankheiten in Südcarolina. Nebst John Linings Tabelle über die Aus- und Absonderungen des Körpers im dortigen Klima.
Aus dem Englischen übersetzt.
Erster [- Zweyter] Band.
Stendal: Franz und Groß. 1788 [- 1792]. 8°.
Sächsische Landesbibliothek Dresden
Übers. v. An Account of the Weather and Diseases of South-Carolina, London 1776
Ausg. 1796 [Sabin 11773] konnte nicht gefunden werden.
John Lining, 1708-1760

Chalmers, Lionel, Versuch über d. Fieber. Aus d. Engl. 8. Riga 773. Hartknoch in Leipz. 5 Gr

Chalmers, Thomas, die kirchliche Armenpflege. Nach d. Engl. bearb. v. O. v. Gerlach. gr. 8. (XXIV u. 245 S.) Berlin 847. Thome. 1 1/3 ß

— —s. Feldner, L.: Grundzüge der christl. Armenpflege.

Chalmers histor. Glaubwürdigkeit d. christl. Offenbarung, übers. v. Phil. Jac. Oster. gr. 12. (11 1/2 B.) Frankfurt a. M. 834, Schmerber.

— der Kaufmann als Christ. Festgabe für Jünglinge, die sich dem Handel widmen, und für Männer, die ihn treiben. 8. Stuttgart 841, Neff. 3/4 ß

Chalmers, Thom. Ausgewählte Predigten u. Casualreden, s. Predigt, die, der Kirche.

Chalmers, Th., Reden, s. Proben schott. Beredtsamkeit. 1r Bd.

Chalmers, Thom., Reden über die christliche Offenbarung in Beziehung auf die neuere Astronomie. Nach der 12. Ausg. aus dem Engl. übersetzt von C. F. A. Reinecke. Mit einem Vorwort von A. Tholuck. gr. 8. Rinteln 841, literar.-artist. Verlags-Institut. (Bösendahl.) 5/8 ß

— die innere Welt, s. Natur, d., ihre Wunder u. Geheimn. 9r Bd.

Chalmers, W[illia]m P., aus Arbroath (Schottl.): Charakteristische Eigenschaften von R. L. Stevensons Stil. *Marburg 1902: R. Friedrich.* (56 S.) 8°
Marburg, Phil. Diss. v. [6. Aug.] 1902

Charakteristische Eigenschaften von R. L. Stevensons Stil. Von W[illia]m P. Chalmers, Dr. phil. *Marburg: N. G. Elwert 1903.* (56 S.) 8°
[Erschien zuerst als Inaug.-Diss. Marburg 1902.]
— Studien, Marburger, z. engl. Philologie. H. 4. [illegible]

Chalmkoff, Mich., die russische Frage. [Fragment.] gr. 8. (IV, 65 S.) Leipzig 883. Kasprowicz. n. 1. 50

de Chalmot, Guillaume *L. J.* [aus Zwolle '(Holland)']: [I.] Eine gewichtsanalytische Bestimmungsmethode der Penta-Glycosen '(Pentosen)' und [II.] Ueber Condensationsproducte von Furfurol mit aromatischen Basen ... Göttingen, Buch- u. Steindr. v. L. Hofer, 1891; 1 Bl., 68 S., 1 Bl., 1. Taf. 8.
Göttingen, Phil. Fak., Inaug.-Diss. v. [23. Juli] 1891

Chalmot, Guillaume de, e. gewichtsanalytische Bestimmungsmethode der Penta-Glycosen [Pentosen] u. Ueber Condensationsproducte v. Furfurol m. aromatischen Basen. Diss. gr. 8. (68 S. m. 1 Taf.) Göttingen 891. (Vandenhoeck & Ruprecht.) n. 1. 40

Chalon, Rénier, Recherches sur la monnaies des comtes de Hainaut. gr. 4. (XII u. 242 S. m. 27 lith. Taf. u. 1 lith. u. color. Karte in qu. gr. Fol.) Bruxelles 848. Bonn, Marcus. n. 8 2/3 ß

Châlons [Schlagwort]

Châlons-Strassburg, s.: Automobilkarten. Mittelbach.

Châlons, (Henr. Adolph.) Guil. (geb. Guben 28. 6. 1819): De pathologia arthritidis et haemorrhoidis earumque consensu. Berolini (1842). (33 S.) 8°
Berlin, Med. Diss. v. 3. März 1842

Châlons-sur-Marne [Schlagwort]

Châlons-sur-Marne, s: Europa. Liebenow.

Châlons — Lager von — 1868. Photogr. von Hpt. Albert im top. Bur. zu München. 10,000. 1 Bl.

Chalubinski. Ueber die Behandlung während der Cholera. Aus dem Poln. übers. von v. Krzywicki. gr. 8. (16 S.) Königsb. i. Pr. 892, Hartung. * — 50

— über die Cholera asiatica vom praktischen Standpunkte. Aus dem Poln. übers. von v. Krzywicki. gr. 8. (31 S.) Ebd. 892. n. — 80

Chalupka, Johann, Prediger an der evangelischen Gemeinde zu Bries in Ungarn. Die mit der ersten österreichischen Spar-Casse vereinigte allgemeine Versorgungs-Anstalt in ihrem Wesen gemeinfasslich dargestellt. Zweite Aufl. 8. Wien 1844.

Chalupka Stan.: Demeter und Persephone. Ein Beitrag zur griech. Mythologie. (55.) Braunau 84.
Progr.

Chalüş, he-. Wissenschaftliche Abhandlungen über jüdische Geschichte, Literatur und Alterthumskunde. VI. Jahrgang. Breslau 1861.

Chalybaeus, Albert, Pfarrer zu Knautnaundorf: Die Durchführung des Leipziger Interims. Chemnitz 1905: F. H. Oehme. (78 S.) 8°
Leipzig, Phil. Fak., Ref. Brandenburg u. Lamprecht, Diss. v. 29. Juni 1905
[Geb. 5. Juni 68 Chemnitz; Wohnort: Knautnaundorf; Staatsangeh.: Sachsen; Vorbildung: Gymn. Chemnitz Reife O. 88; Studium: Tübingen 1, Leipzig 8 S.; Rig. 14. Dez. 05.]

Chalybäus, F. W., s.: Exerzir-Reglement.

Chalybaeus, Georg Theodor (Dresden), Nonnulla de varietatibus circulationis sanguineae. Diss. med. Präs. Otto Bernhard Kuehn. Lpz., 28. XI. 1863. Dresden (C. Heinrich). 64 S. mit Biogr. (M.: M. Florey.) (4.—) 5106
Oppon.: Jacobi, Just, Meischner.

Chalybaeus, Heinrich Franz

Chalybäus, Heinr. Frz., Kirchengemeinde u. Synodalordnung, s.: Mommsen, F.

Chalybäus, H. F., s.: Kirchengemeinde- u. Synodalordnung f. Schleswig-Holstein.

Chalybäus, H. F., s.: Lohmann, Th., Kirchengesetze der evangel.-luther. Kirche der Prov. Hannover.

Chalybaeus, Henr. Franc., de renuntiatione societatis ab uno sociorum facta ejusque effectu ex jure Romanorum. Dissertatio inauguralis juridica. gr. 4. (25 S.) Kiel 864, (Schwers'sche Buchh.)

Chalybaeus, Heinr. Frz., Sammlung der Vorschriften und Entscheidungen betr. das Schleswig-Holsteinische Kirchenrecht. Ein Handbuch für Geistliche, Kirchenälteste und Synodale. gr. 8. (IX, 557 S.) Kiel 882, Homann.

Chalybaeus, Heinr. Frz., Sammlung der Vorschriften u. Entscheidungen betr. das Schleswig-Holsteinische Kirchenrecht. Ein Handbuch f. Geistliche, Kirchenälteste u. Synodale. 2. Thl. gr. 8. (VIII, 329 S.) Kiel 894. H. Eckardt. n. 8. — (1 u. 2.: n. 19. —)

Chalybaeus, Heinr. Frz., Sammlung der Vorschriften u. Entscheidungen betr. das schleswig-holstein. Kirchenrecht. Ein Handbuch f. Geistliche, Kirchenälteste u. Synodale. 2. Aufl. gr. 8. (XI, 1027 S.) Schleswig 902. J. Bergas Verl. n. 17. —; geb. n. 19. —

Chalybaeus, Heinrich Moritz

Chalybäus, Heinr. Mor., phänomenolog. Blätter. gr. 8. ($4^3/_4$ B.) Kiel 840, Schwers'sche Buchh.

—— histor. Entwickelung d. speculat. Philosophie v. Kant bis Hegel. Zu näherer Verständig. d. wissenschaftl. Publicums mit d. neuesten Schule dargestellt. 1. Aufl. (22 B.) Dresden 837, Grimmer. $1^7/_8$ Thlr., 2., verb. u. verm. Aufl. gr. 8, ($27^3/_4$ B.) Dresden u. Leipzig 839, Arnoldische Buchh.

Chalybäus, Heinr. Mor., historische Entwickelung d. speculativen Philosophie von Kant bis Hegel. Zu näherer Verständig. d. wissenschaftl. Publicums mit der neuesten Schule dargestellt. 3., theilw. umgearb. Aufl. gr. 8. ($23^1/_8$ B.) Dresden 843, Arnoldische Buchh.

Chalybäus, Heinr. Mor., historische Entwickelung der speculativen Philosophie von Kant bis Hegel. Zu näherer Verständigung des wissenschaftl. Publicums mit der neuesten Schule dargestellt. 4., revid. und verm. Aufl. gr. 8. (XII und 451 S.) Leipzig 848, Arnoldische Buchh.

Chalybäus, Heinr. Mor., historische Entwickelung der speculativen Philosophie von Kant bis Hegel. Zu näherer Verständigung des wissenschaftl. Publicums mit der neuesten Schule dargestellt. 5., durchgängig revid. und theilweis umgearb. Aufl. gr. 8. (XV und 367 S.) Leipzig 860, Arnoldische Buchh.

—— Entwurf eines Systems d. Wissenschaftslehre. gr. 8. (23 B.) Kiel 846, Schwers'sche Buchh.

—— Fundamentalphilosophie. Ein Versuch das System der Philosophie auf ein Realprincip zu gründen. gr. 8. (V und 155 S.) Kiel 861, Homann. *

— Geschichte der Römer, s. Taschenbibliothek, histor. 30r Thl.

Chalybäus, H. M., die Geschichte d. Römer v. der Gründung d. Stadt b. zum Untergange d. abendländ. Kaiserthums. 1—3. Bdchn. 8. ($26^5/_8$ B.) Dresden 829—32. [Zittau, Birr u. Nauwerck.] 1 Thlr. 3 Gr., hrbgf. Pr. Thlr.
A. d. „Allgem. histor. Taschenbibliothek" besond. abgedruckt.

Chalybäus, H. M., Geschichte d. Römer von d. Gründung der Stadt bis zum Untergange d. Abendländ. Kaiserthums. 2 Bdch. 8. Dresd. 830, 31. Hilscher. 1 ℛ︎ 3 gr (A. u. d. T.: Histor. Taschenbibl. 8(?)r Bd.)

Chalybäus, H(einr.) M(oritz), Philosophie und Christenthum. Ein Beitrag zur Begründung der Religionsphilosophie. gr. 8. (VII und 138 S.) Kiel 853, Schwers'sche Buchh. *

—— die moderne Sophistik, beleuchtet. gr. 8. (2 B.) Kiel 842, Schwers'sche Buchh.

— System der speculativen Ethik, od. Philosophie der Familie, d. Staates u. der religiösen Sitte. 2 Bde. gr. 8. (XXVIII u. 1143 S.) Leipzig 850, Brockhaus. 5 ℛ︎

— Liebegott Michael (Görlitz), De ingravidatione dissimulata ac dissimulandi mediis. Diss. med.-for. Präs. Abraham Vater. Wittbg. (Gerdes) 12. XII. 1724. 32 S. (5.—) 5107

Chalybaeus, Robert

Chalybaeus, Rob., Geschichte Ditmarschens bis zur Eroberung des Landes im J. 1559. gr. 8. (XII, 329 S. mit 1 Karte des Landes Ditmarschen.) Kiel 888, Lipsius und Tischer. *
geb. *

Chalybaeus, Rob., Lippstadt. Ein Beitrag zur deutschen Städtegeschichte. 8. (295 S.) Lippstadt 876. Staats. n. 3. —; geb. n. 3. 50; geb. m. Goldschn. n. 4. 50

Chalybaeus, Rob. Albius Tibullus, sein Leben und seine Elegieen. 20 S. Progr. *Meldorf* 1879.

Chalybäus, Th., das Amt der Krankenpflege. Ein Vortrag. gr. 8. (IV und 27 S.) Leipzig 865, Naumann. *

Chalybäus, Th., die Kindersterblichkeit in der großen Stadt u. der Einfluß der Milchnahrung auf dieselbe. gr. 8. (16 S.) Dresden 879. v. Zahn. n. — 50

Chalybäus, Th., Pfarrer Kneipp u. seine Kur. Ein Kapitel aus der neuesten Geschichte d. Wasserheilverfahrens. Vortrag, geh. am 30. Novbr. 1892 im gemeinnütz. Verein zu Dresden. gr. 8. (80 S.) Neuwied 893. Heuser's Verl. n. 1. 25

Chalybäus, Th., Pfarrer Kneipp u. seine Kur. Vortrag. gr. 8. (80 S.) Neuwied 893. Leipzig, E. Fiedler. n. 1. 25

Chalybäus, Th., welche Anforderungen stellt die öffentliche Gesundheitspflege an eine Bauordnung und Wohnungsordnung für die Stadt Dresden? Vortrag gehalten im Dresdner ärztl. Zweigverein. gr. 8. (III, 40 S.) Dresden 870, (Schönfeld's Verlagsh.) *

Chalybäus, Walth., Predigt über 1. Corinther 13, 13 am Sonntage Invocavit d. J. gehalten. gr. 8. (14 S.) Kiel 866, (Universitäts-Buchh.) **

(Chalybaeus, Walther Heinrich:) Beiträge zur Chronik Altrahlstedts. Altrahlstedt: Lübsen 1909. 14 S. 8°

Aus der kirchlichen Chronik Altrahlstedts. Zsgest. u. bearb. von Propst **Chalybaeus**. Altrahlstedt: G. Lübsen 1908. (42 S.) 8° [J.] [illegible]

Cham, s.: Woerl's Reisehandbücher.

Cham und seine Umgebung. Ein Landschaftsbild aus dem bayer. Walde. Hrsg. von der Wald-Vereins-Sektion Cham. 8. (32 S.) Cham 888. (Regensburg, Wunderling.) *

Chamäleon; eine Wochenschrift. Berlin 1756. H: *Mückler, Joh. Georg.* (MGT)

Chamäleon oder das Thier mit allen Farben. Köln 1795—1800. H: *Rebmann, Andreas Georg Friedrich.* (WT)

Chamäleon, Das, eine Zeitschrift. Berlin 1803. H: *Guchery, Louis Amanley von.* (Ky) (MGT)

Chambalu, August Die wiederverschüttete Besitzung der Julia Felix beim Amphitheater in Pompeji. 4 (S. 1—20, 1 Taf.).
In: Festschrift d. 43. Versammlung d. Phil. u. Schulmänner dargeboten von d. höh. Lehranstalten Kölns. *Bonn* 1895. (Kgl. kath. G. an Aposteln).
Progr.

Chambalu, August Die holländisch-ostindische Gesellschaft (1602—1798) kein Vorbild für unsere Kolonisationsgesellschaften. 4 (28 S.). Progr. Kgl. kath. G. an Aposteln *Köln* 1891 (426).

Chambalv, Avgvstvs (geb. am 4 Nov. 1859 in Köln): De magistratibvs Flaviorvm … Bonnae, typ. C. Georgi 1881. 31 S., 1 Bl. 8.
¶ Erschien 1882 selbständig bei Strauss in Bonn m. d. Zusatz: Adiecta est appendix de Titi nomine imperatoris.
Bonn, Phil. Fak., Diss. v. 10 Aug. 1881

Chambalu, August: Präparation zu Horaz' Briefen, Epoden, Oden u. Satiren, s.a. Krafft u. Ranke's Präparationen f. die Schullektüre.

Chambalu, A., Präparation zu Horaz' Briefen,
— Präparation zu Horaz' Epoden,
— Präparation zu Horaz' Oden,
— Präparation zu Horaz' Satiren,
s.: Präparationen f. die Schullektüre griechischer u. lateinischer Klassiker.

Präparation zu Horaz' Briefen. Von Prof. Dr. A[ugust] **Chambalu.** 2. Aufl. Hannover: Norddeutsche Verlagsanst. 1907. (64 S.) 8° [Umschlagt. F.]
— **Präparationen,** Krafft u. Rankes, f. d. Schullektüre. H. 74. (07. 17336 7

Chambalu, August [Dr.]: Die Stromveränderungen des Niederrheins seit der vorrömischen Zeit. E. Beitr. z. Erdkunde u. z. Altertumsforschg. Stromtechn. Tl. M. e. Taf. in Steindr. Köln, Druck v. J. P. Bachem, 1892; 1—28 S., 2 Bl., 1 Kt. 4.
Köln, k. kath. G an Aposteln, P 1892 (420)

Chambalu, August Das Verhältnis der vierten katilinarischen Rede zu den von Cicero in der Senatssitzung des 5. Dezember 63 wirklich gehaltenen Reden. 4 (S. 3—24).
Progr. G. u. Rprg. *Neuwied* 1888 (424).

Chambalu, Aug., das Verhältnis der 4. katilinarischen Rede zu den von Cicero in der Senatssitzung des 5. Dezbr. 63 wirklich gehaltenen Reden. 4. (24 S.) Neuwied 888, (Heuser's Verlag.)

Chambaud, …, Choix des idiotismes de la langue anglaise, s. J. Perrin, the elements etc.

Chambaud-Charrier, Auguste v., Betrachtgn. für d. Anbetungsstunde d. allerheil. Eucharastie. (Ascet. Biblioth.) 12. (IX, 488 S.) Freiburg i/B. 897. Herder. 2. 70; geb. in Leinw. n. 3. 40

Chambaud, Auguste v., s.: Maris stella.

Chambeau, 24 Vorlegeblätter zum Planzeichnen. Auf dienstl. Verlassung u. den Musterblättern der königl. Landesaufnahme entsprechend entworfen. Lith. Mit Text. qu. 8. (28 S.) Berlin 882. Mittler & Sohn. n. 3. —

Chambeau, Carl, Handbuch zum Uebersetzen aus dem Deutschen ins Französische. Zum Gebrauche für höhere Militär-Anstalten. 8. (IV, 185 S.) Berlin 868, Weber. *

Chambeau, Karl, Handbuch zum Uebersetzen aus dem Deutschen in's Französische. Zum Gebrauch f. Gymnasien u. Realschulen. gr. 8. (III, 192 S.) Berlin 871. Guttentag. n. 1. 50

Chambeau, C., Handbuch zum Uebersetzen aus dem Deutschen in's Französische. Zum Gebrauche für Gymnasien und Realschulen. 8. Berlin 871, H. W. Müller. *

Chambeau, Charl., Manuel d'histoire universelle. gr. in-16. (16 B.) Berlin 837, Behr.

Chambeau, Charl., Manuel d'histoire universelle. 2. et 3. édit., revue et corrigée. 8. (16 u. 15⅞ B.) Berlin 843, 46, Behr. à

Chambeau, Charles, manuel d'histoire universelle. 4. édit. entièrement refondue etc. Berlin 856. Behr. 8. (4 Bl., 248 S.) 22½ ngr

— manuel d'histoire universelle. 5. ed. augmentée d'un aperçu des principaux événements arrivés depuis la paix de Paris en 1856. gr. 8. (VIII 272 S.) Berlin 872. Behr. n. 2. 25

Chambeau, Karl: Notices histor. s. le collège royal français de Berlin.
Schul-/Univ.-Schrift Berlin 1864. 38 S. 4°.

Chambeau, Paul. Car. (geb. Berlin 2. 3. 1809): De Alcibiade. Berolini (1835). (74 S.) 8°
Berlin, Phil. Diss v. 21. März 1835

Chamberlain, Houston Stewart, die Grundlagen des 19. Jahrh., besprochen v. H. C. gr. 8. (44 S.) Dresden 901. E. Pierson. n. 1. —

Die Grundlagen des neunzehnten Jahrhunderts von Houston Stewart Chamberlain. Kritische Urteile. *München: F. Bruckmann 1901.* (VIII, 108 S.) 8° (03. 0300 10

Die Grundlagen des Neunzehnten Jahrhunderts von Houston Stewart Chamberlain. Kritische Urteile. 2. verm. Ausg. *München: F. Bruckmann A.-G. 1902.* (VIII, 124 S.) 8° (03. 3884

— dasselbe u. Immanuel Kant. Kritische Urteile. 3. verm. Aufl. (157 S. m. eingedr. Kartenskizzen.) 8. Ebd. 909. — 50

Chamberlain, der Lügner. Deutsche Volksproteste gegen die Verleumdgn. des engl. Colonialministers Chamberlain. 8. (32 S.) Leipzig '01, O. Gracklauer. —. 30.

Chamberlain, der Lügner. Deutsche Volksproteste gegen die Verläumdgn. des engl. Colonialministers Chamberlain. 8. (32 S.) Leipzig 901. (Leipziger Verlags-Comptoir.) n. — 30

Chamberlain, B. H., the silly Jelly-fish, s. Fairy tale series, Japanese.

Chamborlain, Houston Stewart, 1876—1896. D. orston 20 Jahro d. Bayrouthor Bühnonfestspiolo. gr. 8. (69 S.) Bayrouth 896. (Niohronheim & Bayorloin.) n. 1. —

Chamberlain, Houston Stewart, drei Bühnendichtungen. Lex.-8. (VII, 209 S.) München, Verlagsanstalt F. Bruckmann. n 6. —

Houston Stewart Chamberlain. Dilettantismus, Rasse, Monotheismus, Rom. Vorwort z. 4. Aufl. d. Grundlagen d. 19. Jahrhunderts. *München: F. Bruckmann 1903.* (80 S.) 4°(8°) (03. 400 2

Chamberlain, Houston Stewart, das Drama Richard Wagnor's. Eine Anregg. gr. 8. (VIII, 144 S.) Leipzig 892. Breitkopf & Härtel. n. 3. —; geb. n. 4. —

Chamberlain, Houston Stowart, das Drama Richard Wagner's. Eine Anregg. 2. Aufl. (VIII, 150 S.) gr. 8. Leipzig 906. Breitkopf & Härtel. n. 3. —; geb. in Leinw. n. 4. —

Chamberlain, Houston Stewart, das Drama Richard Wagner's. Eine Anregg. 3. u. 4. Aufl. (150 S.) gr. 8. Leipzig 908 910. Breitkopf & Härtel. 3. —; geb. n 4. —

Chamberlain, H. S., Die Grundlagen des 19. Jahrh. 2. Aufl. 2 Bde. gr. 8. (1034 S.) München, Verlagsanstalt F. Bruckmann. 1900 18. —; geb. in Halbfrz. 22. —; in Ldr. 30. —

— dasselbe. 3. Aufl. 2 Bde. gr. 8. (XXXI, 1054 S.) Ebd. 901. n. 18. —; geb. in Halbfrz. n. 22. —; in Ldr. n. 30. —

— dasselbe. Vorwort u. Nachträge. gr. 8. (40 S.) Ebd. 901. n. 1. —

— dasselbe. 4. Aufl. 2 Bde. gr. 8. (CVI, 1055 S.) Ebd. 903. n. 18. —; geb. in Halbfrz. n. 22. —; in Ldr. n. 30. —

Houston Stewart Chamberlain. Die Grundlagen des Neunzehnten Jahrhunderts. Hälfte 1. 2. München: F. Bruckmann 1903–04. 2 Bde 4°(8°) 1. 4. (auf d. Umschl. 5.) Aufl. 1903. 2. 5. Aufl. 1904. [03. 431

Chamberlain HS, die Grundlagen des 19. Jahrh. 5. Aufl. 2 Bde München 1904

— die Grundlagen des 19. Jahrh. 2 Hälften. (VI. Aufl.) Volksausg. (XXIII, 1240 S.) 8. München (906). Verlagsanstalt F. Bruckmann. n. 6. —; in 2 Leinw.-Bdn. n. 7. 20

— Die Grundlagen des 19. Jahrh. 2 Hälften. (VIII. u. X. Aufl.) Volksausg. (XXI, 1240 S.) 8. München 907. 09. F. Bruckmann. 6. —; geb. 7. 20

— das XIX. Jahrhundert. (In 2 Bdn.) I. Bd. Die Grundlagen des XIX. Jahrhunderts. gr. 8. (XVII, 1031 S). Ebd. 899. n. 18. —; in 2 Halbfrzbdn. n. 22. —; in 2 Ldrbdn. n. 30. —
Erschien auch in Lfgn. à n. 6. —.

Houston Stewart Chamberlain. Immanuel Kant. Die Persönlichkeit als Einführung in d. Werk. München: F. Bruckmann 1905. (XI, 786 S.) 4°(8°) [05. 15340

— Immanuel Kant. Die Persönlichkeit als Einführg. in das Werk. 2. Aufl. (XI, 982 S m. Abbildgn.) 8. Ebd. 909. 5. —: geb. 6. —

— Kritik der Praeger'schen Veröffentlichungen, s.: Wagner, Rich., echte Briefe an Ferd. Praeger.

— Parsifal-Märchen. 4. (65 S.) Ebd. 900. n. 5. —; Luxusausg. auf altjapan. Büttenpap., geb. in Pergament n. 25. —

— u. Frdr. Poske, Heinrich v. Stein u. seine Weltanschauung. Nebst Heinrich v. Steins „Vermächtnis." (IV, 122 S.) 8. Berlin 903. München, G. Müller. n. 1. 50: geb. n. 2. 20

— — dasselbe. 2. Aufl. (IV, 122 S.) 8. München 905. G. Müller. n. 1. 50; geb. n. 2. 20

— „Katholische" Universitäten. 8. (32 S.) Wien 902. Verlag „Die Fackel". n. — 50
Sonderabdruck aus: „Die Fackel".

— Richard Wagner. M. zahlr. Porträts, Faksimiles, Ill. u. Beilagen. gr. 4. (XI, 368 S.) München 896. Verlagsanst. f. Kunst u. Wissenschaft. n. 24. —; geb. in Ldr. n. 30. —; Luxusausg. n. 48. —; geb. n. 60. —

— Richard Wagner. Neue (wohlf. Text-)Ausg. Lex.-8. (XVI, 526 S. m. 1 Bildnis.) München 901. Verlagsanstalt F. Bruckmann. n. 8. —; geb. in Leinw. n. 10. —; in Halbmaroquin n. 12. —
Der Preis der 4. Ausg. ist erhöht worden; geb. auf n. 34. —; in Leder geb. auf n. 40. —.

— Richard Wagner. 3. Aufl. (XVI, 526 S. m. 1. Bildnis.) Lex.-8. Ebd. 904. n. 8. —; geb. in Leinw. n. 10. —; in Halbfrz. n. 12. —

Houston Stewart **Chamberlain**. Richard Wagner. 4. Aufl. München: F. Bruckmann 1907. (XVI, 526 S.) 4°(8°) [07. 15010

Houston Stewart **Chamberlain**. Richard Wagner. 5. Aufl. München: Bruckmann 1910. XVI, 526 S. 4°(8°) [10. 17333 10

— dasselbe. Translated from the German by G. Ainslie. Hight and revised by the author. With photogravures and collotypes, facsimiles and engravings. 4. (XVII, 402 S.) Ebd. 897. Geb. in Leinw. n. 25. —

— Richard Wagner, sa vie et ses oeuvres. Traduit de l'allemand. 8. (XII, 395 S.) Ebd. 899. 3. —

Arische Weltanschauung von Houston Stewart Chamberlain. Berlin: Bard, Marquardt & Co. [1905]. (VI, 86 S.) 8°
= Kultur, Die. Bd 1. [05. 15889

— s.: Worte. Christi.

Chamberlain, W., von d. Kräften d. Stizolobium, oder d. Kuhkrätze wider d. Würmer; aus d. Engl. 8. Altenb. 786. (Hennings in Neisse). 4 gr

Chamberlain, W., v. d. Krdft. d. Stizolobium, od. der Kuhkrätze wid. d. Würmer, a. d. Engl. 8. Altbg. (Acad. Hdl. in Jena.) 786.

Education in India. By William J. Chamberlain. *New York: The Macmillan Co.; Berlin: Mayer & Müller 1899.* (VII, 106 S.) 8°
= Columbia University contributions to philosophy, psychology and education. Vol. 7, No 3. [00. 9974

Chamberlain's, Missionar J., Leben. 8. (31 S.) Basel 877. Missionsbuchhandlung. n. — 20

Chamberlan. Der Weltweise wider seinen Willen; in Briefen abgefasset; aus dem Französischen ins Teutsche übersetzet. Ulm 1761. Ü: *Schultes, Jacob.* (ML)

Chamberlayne, Churchill Gibson, a. Richmond ⟨Virginien⟩: Die Heirat Richards II. von England mit Anna von Luxemburg. Halle a. S. 1906: C. A. Kaemmerer. (82 S.) 8°
Halle, Phil. Fak., Ref. Lindner, Diss. v. 20. April 1906
[Geb. 23. Dez. 76 Richmond, Verein. Staaten; Wohnort: Halle a. S.; Staatsangeh.: Verein. Staaten; Vorbildung: University of Virginia Juni 01 Bacc. Art.; Studium: Protestant Episcopal Theological Seminary Virginia 6, Halle 3 S.; Rig. 15. Febr. 06.]

Chamberlayne, Ludovicus Parke, Virginiensis: De Hymno in Apollinem Homerico. Halis Sax. 1908: E. Karras. (42 S.) 8°
Halle, Phil. Fak., Ref. Kern, Diss. v. 1. Mai 1908
[Geb. 3. Juni 79 Richmond, Virginia (U. S. A.); Wohnort: Athen; Staatsangeh.: Vereinigte Staaten; Vorbildung: Univ. of Virginia B. A. u. M. A. Juni 02; Studium: Berlin 1. Halle 4 S.; Rig. 6. März 08.]

Chamberlin, T. C. Uebersichtskarte über die Endmoräne der zweiten Glacialepoche Nord-Amerikas. 1:15 000 000. Gotha 1885. 1 Bl. c. A.

Chambers, Leben Walt. Scotts, s. W. Scott, sämmtl. Werke. 3e Abthl. Supplement.

Chambers, die Mechanik, od. Anleit. zur prakt. Maschinenkunde u. zur Beurtheil. u. Leitung bewegender Kräfte. A. d. Engl. n. dess. Erziehungs-Cursus übers. v. (W.) Mensing. M. 87 erläut. Abbildn. gr. 12. (4½ B.) Erfurt 840, Hilsenberg.

Chambers, Arth., unser Leben nach dem Tode. Nach der 35. Aufl. des engl. Originals übertr. v. Gräfin Ida Schwerin. Mit e. Vorwort v. Fricke. 8. (XII, 180 S.) Leipzig 899. P. Spindler. n. 3. —; geb. in Halbfrz. n. 4. 50

Chambers, Mary Kath. Elis., Leben der Maria Ward [1585 1645]. Hrsg. von Henry James Coleridge. Aus dem Engl. Allein autoris. Übersetzung. 1. Bd. gr. 8. (XXXII, 431 S. mit 1 Stahlst.) Regensburg 888, Pustet. *

Chambers, Mary Kath. Elis. Leben der Maria Ward [1585–1645]. Hrsg. v. Henry James Coleridge. Aus dem Engl. 2. Bd. gr. 8. (XXXI, 482 S. m. 2 Stahlst.) Regensb. 889, Pustet. * 3 30
1. Bd. Ebd. 1888. * 3 20.

Chambers, Elis., Leben der Maria Ward, Gründerin der englischen Fräulein I. B. M. V. Auszug aus dem größeren Werke, nach der deutschen Uebersetzg. v. Henry James Coleridge, S. J. (64 S. m. 4 Abbildgn.) kl. 8. Regensburg 905. F. Pustet. n. — 80

Chambers, Robert

Chambers, the Age of the Stuarts, s. Rauch's English Readings.

Chambers, Robert: Aus d. zool. Inst. München. Einfluss der Eigrösse und der Temperatur auf das Wachstum und die Grösse des Frosches und dessen Zellen. Hierzu 9 Textfig. Bonn: Cohen 1908. S. 607—661. 8° [Umschlagt.] ¶(Aus: Archiv. f. mikrosk. Anatomie u. Entwicklungsgesch. Bd 72.)
München, Phil. Diss. v. 5. März 1908, Ref. Hertwig
[Geb. 23. Okt. 80 Erzerum; Wohnort: Woodstork, Canada; Staatsangeh.: Großbritannien; Vorbildung: Robert Coll. Konstantinopel B. A. Juni 00; Studium: Queen's Univ. Canada 4, Jena 1, München 4 S.; Rig. 5. März 08.]
[U 09. 3453

[Robert] **Chambers's** History of England 55 B. C. to the present time. Für d. Schul- u. Privatgebr. hergerichtet von Prof. Dr. J[osef] Klapperich. (Ausg. A.) [Text.] Glogau: C. Flemming [1907]. 8°
— **Schriftsteller**, Englische u. franz., d. neueren Zeit. Bdch. 45. [08. 4380

Chambers English history. Für den Schulgebrauch hrsg. von Geo. Dubislav u. Paul Boek. Rechtmässige Ausg. gr. 8. (III, 122 S.) Berl. 890, Gaertner. * 1 20; geb. ** 1 50

Chambers' English history. Für den Schulgebrauch hrsg. v. Geo. Dubislav u. Paul Boek. 2., verm. Aufl. Rechtmässige Ausg. gr. 8. (III, 127 S. m. 1 Karte.) Berlin 892. R. Gaertner. n. 1. 20; geb. in Leinw. n. 1. 50; Vorbereitungen u. Wörterverzeichnis dazu (S. 129—177) n. — 50

— dasselbe. 3. Aufl. Rechtmässige Ausg. gr. 8. (III, 127 S. m. 1 Karte.) Ebd. 893. n. 1. 20; geb. n.n. 1. 50

Chambers's English history. F. d. Schulgebr. hrsg. v. Geo. Dubislav u. Paul Boek. 5. Aufl. Rechtmäss. Ausg. gr. 8. (III, 127 S. m. 1 Karte.) Berlin 897. R. Gaertner. n. 1. 20; Einbd. in Leinw. n.n. — 30

Chambers's English history. Für den Schulgebrauch hrsg. v. Geo. Dubislav u. Paul Boek. 6. Aufl. Rechtmäss. Ausg. gr. 8. (III, 127 S. m. 1 Karte.) Berlin 899. [R. Gaertner.] Weidmann. n. 1. 20; geb. in Leinw. n.n. 1. 50

[Robert] Chambers's English history [Ausz.]. Überblick über d. engl. Geschichte von ihren ersten Anfängen bis auf d. Gegenwart unter bes. Berücks. d. brit. Kolonialpolitik. Mit Anm. [= Anhang] z. Schulgebr. hrsg. von Gerhard Budde, Oberl. zu Hannover. Mit 3 Karten. [Nebst] Wörterbuch. *Bielefeld & Leipzig: Velhagen & Klasing 1904.* 3 Bde 8°
— **Sammlung**, Velhagen & Klasings, franz. u. engl. Schulausgaben. English authors. Lfg 96 B. [04 8098

Chambers's English history, hrsg. v. Gerh. Budde, s.a. Authors, English, 96. Lfg.

Chambers's English history. Für den Schulgebrauch hrsg. v. Geo. Dubislav u. Paul Boek. 9. Aufl. Mit e. Karte v. England. Rechtmässige Ausg. (III, 127 S.) gr. 8. Berlin 905. Weidmann. Geb. in Leinw. n. 1. 50; Vorbereitungen u. Wörterverzeichnis. (51 S.) n. — 50

[Robert] Chambers's English History. Für d. Schulgebr. hrsg. von Dr. Georg Dubislav u. Paul Boek, Prof. 10. Aufl. Mit 1 Karte von England. Rechtmäß. Ausg. Berlin: Weidmann 1907. (127 S.) 8° [08. 9123

Chambers's English history. Für den Schulgebrauch hrsg. v. Geo. Dubislav u. Paul Boek. 12. Aufl. Mit 1 (farb.) Karte v. England. Rechtmässige Ausg. (III, 127 S.) 8. Berlin 910. Weidmann. Geb. 1.50; Vorbereitungen u. Wörterverzeichnis. (51 S.) 910. — 50

— dasselbe, hrsg. v. A. v. Roden, s.: Schulbibliothek, französische u. englische. A 132. Bd.

[Robert] Chambers's History of the Victorian era. The reign of Queen Victoria. Ausgew. u. erl. von Dr. J[osef] Klapperich. [Nebst] Wörterbuch, bearb. von Ludwig Hasberg, Barmen. *Glogau: C. Flemming 1901–02.* 2 Bde 8°
— **Schriftsteller**, Englische u. französische, d. neueren Zeit. Bdch. 5. Ausg. A. [04. 9029

[Robert] **Chambers's** History of the Victorian era. The reign of Queen Victoria. Ausgewählt u. erl. von Dr. J[osef] Klapperich. Rechtmäß. Ausg. (A). 3. Aufl. [Text.] Glogau: C. Flemming [1907]. 8°
— **Schriftsteller**, Englische u. franz., d. neueren Zeit. Bdch. 5. [08. 4374

Chambers, W., politische und sociale Oeconomie für die Arbeiterclassen. [Aus „Social science tracts."] Aus dem Engl. frei übers. von F. Migerka. gr. 8. (20 S.) Brünn 870, (Winiker.) *

Chambers, William. Ueber die orientalische Gartenkunst. Leipzig 1768. 8°.

Chambers, William. Abhandlung über die orientalische Gartenkunst; aus dem Englischen. Gotha 1775. Ü: *Ewald, Schack Hermann.* (MGT)

Chambers, Wilh., üb. d. orientalische Gartenkunst. Aus d. Engl. v. Joh. Herrm. Ewald. 8. Gotha, 1775. Ettinger. (Halle, Heynemann.) — 8¾

Chambersburg Correspondent und Allgemeiner Volksberichter: 1829—1830
Weekly. Edited & published by Heinrich Ruby [with Hartney in 1830], 1829—30.
Chambersburg, PA

**Chambion, Franz Anton, De praebendis quatenus liberae dantur. Diss. canon. Präs. Franz Joseph Hartleben. Mainz (J. J. Alef Nchf. Haeffner) 13. IX. 1784. 76 S. (5.—) 5108
Gew.: Loth. Franz Mich. Frh. v. Erthal.**

Chambon, Aug., Handbuch d. Bienenzucht; aus d. Französ. (v. Louise u. Wilhelm. Riem), mit Anmerkk. v. J. Riem. 8. Dresd. 804. Walther. 18 gr

Chambon, Ed.: A c t i o quae dicitur quod iussu adumbrata.
Hab.-Schr. Jena 1848.

Chambon, Ed.: Beiträge zum Obligationenrecht. Bd 1. [einz.] Jena 1851.
[Inhalt:]
Die Lehre von dem contractus aestimatorius.
Ueber die const. 2. Cod. de rescindenda venditione (4. 44).
Ueber die actio quod iussu.

Chambon, Ed., Beiträge zum Obligationenrecht. 1. Bd. gr. 8. (VIII und 272 S.) Jena 851, Mauke. *

—— die Negotiorum Gestio. Eine civilistische Abhandlung. gr. 8. (VIII und 216 S.) Leipzig 847, Hinrichssche Buchh.

Chambon, E.: Die negotiorum gestio. Eine civilist. Abh. Leipzig 1848.

Chambon de Montaux, N., s. Monteaux.

Chambon de Montaux, Nicolas: (Des Maladies des femmes. Deutsch:) Medicinisch-practische A b h a n d l u n g von den Krankheiten der Frauen. Aus d. Franz. übers. von C(arl) H(einrich) Spor (Spohr). Erfurt: Keyser. 8°
Bd 1: 1789.

Chambon de Montaux, (Nicolas): Medicinisch-praktische Abhandlung von den Krankheiten unverheiratheter Frauenzimmer. (Des Maladies des femmes. Première partie: Maladies des filles. Dt.) Übers. von K(arl) H(einrich) Spohr. 491 S., gbd.

Nürnberg u. Leipzig: Weigel & Schneider 1787

Chambon de Montaux, von d. Krankheiten unverheiratheter Frauenzimmer. 2., umgearb. u. mit d. neuesten Erfahrn. bereich. Ausg. 8. (15 B.) Nürnberg 834, Schneider u. Weigel.

Chambon de Montaux, Nic., Convulsionum causa refrigorium, lectus ad parietem humidum positus. Lps. 8°.
1791

Chambon, (N.,) üb. d. Krankh. d. Kinder, aus d. Französ. übers. mit Anmerkk. v. Becker. 1r Bd. 1e u. 2e Abtheilg. gr. 8. Berlin 801, Flittner.

Chambord, Le comte de, defendu par l'histoire contre les insultes du Corrier de la Bourse, de Berlin et du Fremdenblatt, de Vienne. Vienne 1871. V: *Saucherès, Hercule de.* (EB)

Chambray

Chants des sauvages et scènes poét. indiennes (p. Chambray). 8. Berl. 800. Quien. 1 ₰

Chambray, G. Marq. de. Geschichte des Feldzugs gegen Rußland im Jahre 1812. Frei aus dem Franz. übs. und mit Anm. vers. von F. v. Kausler. Mit Krt. u. 1 Pl. Bd 1. 2. Stuttgart 1824. Brodhag

de Chambray, Markis, üb. d. Infanterie. Aus d. Französ. gr. 8. Berl. 824. Reimer. 10 gr

— s. Napoleons Feldzug.

(Chambray, Marquis de.) Napoleons Feldzug in Russland 1812. Aus dem Französischen übersetzt und mit neuen Plänen, Karten und Erläuterungen versehen durch L. Blesson. (2 Bde.)
8. Berlin 1824.

Chambray, Marquis v., über d. Veränderungen in d. Kriegskunst seit 1700—1815. Folgerungen hieraus auf d. Festungs-System. A. d. Franz. übers. v. e. Officier d. Berliner Garnison. 8. (8¼ B.) Berlin 830, Schlesinger.

Chambre. –

MEMOIREN einer Bettstelle. — Richtiger Titel ist: Chambre séparée. (Extrazimmer.) Ragout für Gourmands. 1. Theil: Memoiren einer Bettstelle. Nach den Aufzeichnungen des Herzogs von B . . . . New-York 1877. Verlag von Chiavatutti & Co. (Berlin, L. Löwinsohn, oder Stuttgart, J. Scheible). 12°. 147 S. Mit 36 Bildern. Längst vergriffen und sehr rar! (Ohne Bilder 4 Mk. A. Bielefeld, vor 1885; 7 Mk. 50 Pfg. Adolf Weigel, 1907.)

IM Chambre séparée. Leipzig, Flodas Verlag (um 1910). 8°. Verb. d. Ldg. Leipzig 4 A. 34/12.

. De la Chambre's Anleit. z. Menschenkenntn. a. d. Franz. übers. m. e. Vorr. u. Abhandl. h. v. K. Ch. Erh. Schmid. *Jena*, akad. B. 794. 8° 1 ₰ 8 gr

— Anleit. zur Menschenkenntniß. Aus d. Französ. u. mit e. Abhandl. herausg. v. K. Chr. E. Schmid. 8. Jena 794. (Hennings in Neisse). 1 ₰ 8 gr

de la Chambre, Betrachtt. über d. Erkenntniß d. Thiere. 8. Lemgo 751. (Hahn in Leipz.) 5 gr

— von den Kennzeichen d. Leidenschaften d. Menschen u. Thiere. Aus d. Französ. 2 Thle. gr. 8. Münster 784. Coppenrath. 1 ₰ 20 gr

Chambrez, Ign.

— kurze u. faßl. Anweis. zum Selbstunterrichte für Landmaurermeister, Zimmerleute, Wirthschaftsbeamte u. andere baulustige Landwirthe; wie man über e. Bauplan d. erforderl. Voraus-maaß u. d. Kostenüberschlag selbst verfassen, d. Maurer-, Handlanger- u. Zimmermannslohn berechnen u. s. w. kann. Mit 1 Kpf. 4. Brünn 822. Traßler. 16 gr

Chambrez, Ign., Betrachtt. über d. Charakter d. Gebäude u. die darauf anzubringenden architekton. Verzierungen. 8. Wien 807. (Liebeskind in Leipz.) 14 gr

Chambrier. Alfred de. Die letzten Hohenstaufen und das Papstthum. 8. Basel 1876.
Oeffentliche Vorträge gehalten in der Schweiz. Band 4. (Heft 2.)

Chambrier, Alfr. de, die letzten Hohenstaufen und das Papstthum, s. Vorträge, öffentliche, gehalten in der Schweiz.
—— die Rolle der phönizischen Rasse in der alten Welt, s. Vorträge, öffentliche, gehalten in der Schweiz.

Chambrier, A[lfred] de. Die Rolle der Phönizischen Rasse in der alten Welt. 8. Basel 1878.
Oeffentliche Vorträge gehalten in der Schweiz. Band 5. (Heft 4.)

Chambrun de Rosemont, A. de. Le préhistorique rajeuni par l'histoire et la géologie. In-8°. Genève et Bâle, Georg. 1878 1 —
*** Extrait du Bulletin de la Société Niçoise des sciences naturelles et historiques.

de Chambure, s.: Maillard de Chambure.

Chambure, Auguste de, Napoléon I. u. seine Zeitgenossen. Bilder d. Heldentum, Güte, Edelmut u. Volksliebe. Aus dem französ. Originale aus dem J. 1824 ins Deutsche übers. v. Frdr. Netto. (XV, 303 S. m. 20 Taf.) gr. 8. Weißensee (905). E. Bartels. n. 6. —; geb. in Leinw. n. 8. —

Chamedri, Lilio: Der auf alle Fälle wohleingerichtete Jungfern-Advocat wider die sogenannte Jungfern-Anatomie . . . o.O. 1729. 32 S. 8°

Chamfort, Nicolas, Aphorismen u. Anekdoten, s. Fruchtschale, die.

(Sébastien Roche) Nicolas Chamfort Aphorismen und Anekdoten. Mit e. Essay von Hermann Eßwein u. 1 Portr. München & Leipzig: Piper [1906]. XLVI, 227 S. 8°
(Die Fruchtschale. Bd 9.)

CHAMFORT, (Sébastien-Roch-) Nicolas 1740? - 1794
Die junge Indianerinn
Ein Lustspiel in einem Aufzuge.
Aus dem Französischen des Herrn von Chamfort übersetzt.
[Wien 1777]. 41 S. 8°.
Ehem. Schloßbibliothek Radenin, jetzt Nationalmuseum Prag
Übers. v. La jeune indienne, 1764.
Katalog der Teatralia-Sammlung Radenin, Nr. 1709.

Chamfort, ..., Pensées, Maximes et Anecdotes. 8. Dresd. 803. Walther. 20 gr

Chamfort, Maximes, pensées, anecdotes, caractères et dialogues. Précédé de l'histoire de Chamfort par P.-J. Stahl. Suivi de fragments complètement inédits. 16. (LVII und 264 S.) Leipzig 857, A. Dürr.

Champfort, de, Théatre. 1 Vol. in 18. édit. stéréot. (Leipz. Barth). (pap. ord. broché, 9 Gr. papier fin, 12 Gr. papier vélin, 1 Rthlr. format in-12, pap. vél. Rthlr. 1 8 Gr.)

— Werke. 1r Thl. Maximen, Charakterzüge u. Anekdoten. Aus d. Französ. v. N. P. Stampeel. 2 Bde. 8. Leipz. 797. (Cnobloch). 1 ₰ 12 gr

— Werke, a. d. Franz. 1r Thl. Maxim. Characterz. 1c. 2 Bde. 8. Lpz. Martini. 797.

Chamier, Frederick

Chamier, Fr., Jack Adams, der Meuterer, s. Marryat, sämmtl. Werke. 51r–53r u. 66r–68r Bd. — Bibliothek d. neuesten u. besten Romane d. engl. Literatur.

Chamier, Freder., die Arethusa. Dem Engl. nacherzählt v. G. N. Bärmann. 3 Thle. gr. 12. (34⅙ B.) Braunschweig 837, Vieweg u. Sohn. Thlr.

—— Banana u. sein Neffe, od: Der unglücklichste Mann d. Welt. Dem Engl. nach erzählt v. G. N. Bärmann. 3 Thle. gr. 12. (28⅚ B.) Braunschweig 837, Vieweg u. Sohn.

—— Ben Brace, der Letzte v. Nelson's Agamemnonen. Dem Engl. nacherzählt v. G. N. Bärmann. 3 Thle. gr. 12. (32⅓ B.) Braunschweig 836, Vieweg u. Sohn.

—— das Leben eines Seemannes. A. d. 2. Aufl. a. d. Engl. übers. v. K. H. Jürgens. 3 Thle. gr. 16. (57⅓ B.) Braunschweig 835, Vieweg u. Sohn.

Chamier, Friedr., Leidenschaft u. Grundsatz. Ein Roman. Aus d. Engl. von W. Schultze. 4 Thle. 8. Braunschweig 843, Leibrock. [1. (16½ B.) 2. (23½ B.) 3. u. 4. (50 B.)]

Chamier, Freder., sämmtl. Werke. 1—12. Bd. Uebers. v. G. N. Bärmann, s. Bibliothek d. neuesten u. best. Romane d. engl. Literatur, 51—53., 66—68., 91—93. u. 109—111 Bd.

Chamier, Frederick

Capt. Chamier's sämmtliche Werke. (Aus d. Engl. von G.N.Bärmann). Bd. 10 - 12.
Braunschweig: Vieweg 1841. 8°
(Inhalt: Tom Bowling, der Glücksschiffer. Ein See-Roman.)

Chamisso, Adelbert von Ch., Njbl. Winterthur 1868 s. [Morf, Heinrich].

—— als Naturforscher, s. Du Bois-Reymond, Emil.

Chamisso und seine Zeit, s. Fulda, Karl.

Chamisso, Adelbert von

v. Chamisso de Boncourt, Ldw. Adalb., de animalibus quibusdam e classe vermium Linn. in circumnavigatione terrae, auspicante Comite N. Romanzoff, duce O. de Kotzebue annis 1815 ad 18. peracta. Fasc. 1. de Salpa, (cum 1 tab. aen.) 4maj. Berl. 819. Dümmler. 12 gGr.

Chamisso, Adelbert von (Übers.), s. Baumann, Joh. Friedr. Theodor von: De l'administration prussienne . . .

von Chamisso, Adelbert: Bemerkungen und Ansichten auf einer Entdeckungs-Reise, unternommen in den Jahren 1815—1818 . . . auf dem Schiffe Rurick unter dem Befehle des Lieutenants Otto von Kotzebue. Weimar 1821. 240 S., 13 Tf., 1 Krt. = von Kotzebue: Entdeckungsreise in die Süd-See und nach der Berings-Strasse. Bd. 3. 4°.

s. Beranger's Lieder.

— sämtliche Dichtungen in 2 Bdn. Mit des Dichters Bildnis u. e. Einleitg. hrsg. v. Karl Siegen. 12. (244 u. 288 S.) Leipzig (902). M. Hesse. In 1 Leinw.-Bd. 1.25

— Erzählungen, s.: Siegfried's's illustr. Mädchenbücher.

— Frauen Liebe u. Leben, s. Frz. Kugler, Skizzenbuch.

dasselbe, s.: Heidelmann's, A., lebende Bilder.

—— Frauen-Liebe und Leben. Lieder-Cyclus. Illustr. von Paul Thumann. 1.—10. Aufl. gr. 4. (9 Lichtdr. mit 9 Bl. Text.) Leipzig 880—83, Titze. geb. mit Goldschn. *

Chamisso, Adb. v., Frauen-Liebe und Leben. Lieder-Cyclus. Illustrirt von Paul Thumann. 11.—15. Aufl. gr. 4. (9 Lichtdr.-Taf. und 9 Bl. Text mit eingedr. Holzschn. und Titelbild in Holzschn.) Leipzig 884—88, Titze. geb. mit Goldschn. *

— Frauen-Liebe u. Leben. Lieder-Cyclus. Illustrirt v. P. Thumann. 14.—16. Aufl. gr. 4. (9 Lichtdr. m. 9 Bl. Text m. eingedr. Holzschn. u. Titelbild in Holzschn.) Leipzig 888—890. Titze. geb. m. Goldschn. n. 20. —

dasselbe. 17. Aufl. 4. (9 Lichtdr. m. 12 Bl. Text u. Thumann's Portr.) Ebd. 890. geb. m. Goldschn. n. 7. 50

—— Frauen-Liebe u. Leben. Lieder-Cyclus. Illustrirt v. Paul Thumann. 16., 19.—21. Aufl. gr. 4. (16. u. 19. Aufl. 9 Lichtdr.; 20. u. 21. Aufl. 9 Heliograv. m. 15 Bl. Text m. eingedr. Holzschn. u. Portr.) Lpz. 889—92, Titze. geb. m. Goldschn. * 20 —

— Frauen-Liebe u. Leben. Lieder-Cyklus. Oktav-Ausg. 18. Aufl. 8. (9 Taf. in Lichtdr. m. 15 Bl. Text u. 1 Bildnis). Leipzig 892. A. Titze. Geb. in Leinw. m. Goldschn. n. 7. 50

— dasselbe. 20.—22. Aufl. gr. 4. (9 Taf. in Heliograv. m. 15 Blatt illustr. Text u. 1 Portr.-Taf. in Holzschn.) Ebd. 891—893. Geb. in Leinw. m. Goldschn. n. 20. —

— dasselbe. 23. Aufl. (Kleine Ausg.) br. 8. (9 Lichtdr.-Taf. m. 27 Bl. Text u. Bildnis.) Ebd. 894. Geb. in Leinw. m. Goldschn. 7. 50

— dasselbe u. Lebens-Lieder u. Bilder. Mit Illustr. v. Alex. Zick. gr. 4. (64 S. m. 31 Illustr. u. 11 Taf. in Kpfrdr.) Berlin 894. G. Grote. Geb. in Leinw. m Goldschn. 10. —

Chamisso's, Adb. v., Frauen-Liebe u. Leben. Lieder-Cyklus. Oktav-Ausg. Illustrirt v. Paul Thumann. 24. Aufl. gr. 4 (9 Taf in Heliograv. m. 15 Bl. illustr. Text u. 1 Bildnis-Taf. in Holzschn.) Leipzig 894 A. Titze. Geb. in Leinw. m. Goldschn. n. 20. —

— dasselbe. Illustr. v. E. Klein u. R. E. Kepler. 8. (9 Bilder m. 16 Bl. Text.) Stuttgart 894. Greiner & Pfeiffer. Geb. in Celluloid m. Goldschn. n. 6. 50

— dasselbe. E. Lieder-Cyclus. Ill. v. E. Klein u. R. E. Kepler. 2. Aufl. 8. (35 Bl.) Stuttgart 895. Greiner & Pfeiffer. Geb. in Celluloid m. Goldschn. n. 6. 50

— dasselbe. (Min.-Ausg.) gr. 16. (36 Bl.) Ebd. 895. Geb. in Leinw. m. Goldschn. n. 3. —

Chamisso's, Adb. v., Frauen-Liebe u. Leben. E. Lieder-Cyklus. Ill. v. R. Schoebel. gr. 4. (61 S) Leipzig 897. W. Fiedler. Geb. in Damast m. Goldschn. 6. —

— dasselbe. Lebens-Lieder u. Bilder. Zwei Lieder-Kreise. M. Bild. u. Zeichngn. v. Paul Thumann. gr. 4. (70 S. m. 17 Autotyp.) Leipzig 897. A. Titze. Geb. in Leinw m. Goldschn. n. 8. —

— dasselbe. 26. Aufl. gr. 4. (9 Taf. in Heliograv. m. m. 15 Bl. ill. Text u. 1 Bildn.-Taf. in Holzschn.) Ebd. 897. Geb. in Leinw. m. Goldschn. n. 20. —

— dasselbe. Lieder-Kreis. Ill. v. Paul Thumann. 27. Aufl. 8. (9 Taf. i. Heliograv. m. 16 Bl. ill. Text u. 1 Bildnistaf. in Holzschn.) Leipzig 898. A. Titze. Geb. in Leinw. m. Goldschn. 6. —

— Frauen-Liebe u. Leben. Lieder-Kreis. Illustrirt v. Paul Thumann. 28. Aufl. gr. 4. (9 Taf. in Heliograv. m. 16 Bl. illustr. Text u. 1 Bildnistaf. in Holzschn.) Leipzig (900). A. Titze. Geb. in Leinw. m. Goldschn. 20. —

— dasselbe. Ein Lieder-Cyclus. Illustriert v. E. Klein u. R. E. Kepler. 5. Aufl. 14.—16. Taus. 8. (23 Bl. Text m. 9 Vollbildern.) Stuttgart (900). Greiner & Pfeiffer. Geb. in Celluloid m. Goldschn. n. 6. 50

— Frauen-Liebe u. Leben. — Lebens-Lieder u. Bilder. Mit Illustr. v. Alex. Zick. 4. Taus. (64 S. m. 31 Abbildgn. u. 11 Kupferdr.) gr. 4. Berlin 903. G. Grote. Geb. in Leinw. m. Goldschn. n. 10. —

Frauen-Liebe und Leben. Von Adelbert v. Chamisso. Für d. Darstellung mit 7 lebenden Bild. u. Musikbegleitung eingerichtet von Demetrius Schrutz. Bonn: A. Heidelmann [1904]. (10 S.) 8° [F.]
— Theaterbibliothek, A. Heidelmann's. H. 130. 1-A. 2674

— dasselbe, eingerichtet v. Demetr. Schrutz, s. a. Heidelmann's, A., Theaterbibliothek 130. Heft.

Frauenliebe und Leben von A[dalbert] v. Chamisso. Ill. von Prof. Friedrich Klein-Chevalier. Berlin: Neufeld & Henius 1910. 75 S. 4° II. 14658

— Frauen-Liebe u. Leben. Lieder-Kreis, m. Bildern u. Zeichngn. v. Paul Thumann. 30. Aufl. (49 S. m. 9 Taf. u. 1 Bildnistaf.) Lex. 8. Leipzig (910). A. Titze. Geb. in Leinw. m. Goldschn. 20. —

Chamisso, A. v. (1781—1838), die Gauner, oder: Gallerie der pfiffigsten Schliche u. Kniffe berüchtigter Menschen. (36 meist kurze Criminal-Erzähl.) Nach gedr. u. hdschr. Quellen hrsg. Sondershausen. In Commiss. bei F. A. Eupel. 1830. Kl. 8°. Gering papierfleckig. Ppb. 190 S. u. 1 Bl. Inh. — Vergriffen!

Chamisso, Adelbert v., Gedichte. 1. Aufl. (17½ B.) 831. gr. 8. 2 Thlr., 2. A. (23 B., Chamisso's Bildn. in Kpfrst. u. 6 Bild. v. Otto Speckter.) gr. 12. Leipzig 834, Weidmann.

—— Gedichte. 3. u. 4. Aufl. (à 25 B.) 836, 37., 5. A. (26¾ B.) 840. u. 6. Aufl. gr. 12. (27 B.) Leipzig 841, Weidmann'sche Bh. à

Chamisso, Adelbert v., Gedichte. 7. u. 8. Aufl. 12. (à 26⅓ B.) Leipzig 843, 45, Weidmann'sche Buchh. à

Chamisso, Adelb. v., Gedichte. 9. und 11. Aufl. (Miniat.-Ausg.) 16. (VIII und 616 S. mit 1 Stahlst.) Leipzig 847,50, Weidmann'sche Buchh.

—— dass. — 10. und 12. Aufl. 8. (X und 630 S. mit des Dichters Portr. in Stahlst.) Ebds. 848,51.

—— Gedichte. 13. Aufl. (VIII und 616 S. mit 1 Stahlst.) 1852. und 14. Aufl. 16. (VIII und 614 S. mit 1 Stahlst.) Berlin 855, Weidmannsche Buchh.
Vgl.: Klassiker, moderne.

Chamisso, Adalb. v., Gedichte. 15. Aufl. 8. (VIII und 594 S.) Berlin 857, Weidmann'sche Buchh. *

Chamisso, Adalb. v., Gedichte. 14. u. 16. Aufl. Berlin 855, 58. Weidmann. 16. (VIII, 614 S. und 1 Stahlst.) geb. 3 ℳ

—— dass. — 17. Aufl. 8. (VIII und 594 S.) Ebendas. 861. *

—— Gedichte. 18. Aufl. 8. (VIII und 594 S.) Berlin 865, Weidmann'sche Buchh. *

—— Gedichte. 19. Aufl. 8. (VIII, 594 S.) Berlin 870, Weidmann'sche Buchh. *

— dasselbe. 20. Aufl. gr. 16. (VIII, 496 S.) Berlin 874. Weidmann. n. 2. —

— Gedichte. Mit Zeichngn. v. Paul Thumann, Eug. Klimsch, Adf. Schmitz ꝛc., geschnitten v. H. Käseberg u. H. Günther, u. e. Einleitg. v. Wilh. Rauschenbusch. 8. (XX, 482 S. m. Holzschntaf. u. eingedr. Holzschn.) Berlin 874. Grote. n. 3. —; geb. n. 4. —; geb. m. Goldschn. n. 4. 50

—— dass. — Hrsg. von Wilh. Rauschenbusch. Mit Zeichnungen von Paul Thumann, Eug. Klimsch, Alex. Zick u. A., in Holz geschnitten von Rich. Bong und H. Günther. 2. und 3. Aufl. (XX, 482 S.) 1876,81. * ℳ 3., geb. * ℳ 4,50.; 4. Aufl. 8. (XX, 482 S.) Berlin 883, Grote'sche Verlagsh. geb. *

—— Gedichte. gr. 16. (543 S.) Berlin 879, Hempel. geb. *
—— dass. — 21. Aufl. 8. (VIII, 496 S.) Berlin 879, Weidmann'sche Buchh. *

Chamisso, Adb. v., Gedichte. 22. Aufl. 8. (VIII, 496 S.) Berlin 881, Weidmann'sche Buchh. *

— Gedichte. 23. Aufl. 8. (VIII, 496 S.) Berlin 886. Weidmann. n. 1. 60

— dasselbe. 8. (VIII, 360 S.) Halle 886. Hendel. geb. m. Goldschn. 1. 50

— dasselbe. Für die Frauenwelt ausgewählt v. Klara Braun. Mit 8 Illustr. v. R. E. Kepler. 16. (XXIV, 271 S.) Stuttgart 888. Greiner & Pfeiffer. geb. m. Goldschn. n. 3. 50

—— dass. — 12. (VI, 334, 54 S.) Berl. 890, Bibliogr. Anstalt A. Warschauer. geb. * 1 20; m. Irisfarbendr. * 1 50

—— Gedichte. Hrsg. v. Wilh. Rauschenbach. Mit Holzschn. nach Zeichngn. v. Paul Thumann, Eug. Klimsch, Alex Zick u. A. 5. Aufl. 8. (XX, 482 S.) Berl. 891, Grote. geb. in Leinw. * 4 — In Renaissance-Bd. m. Goldschn. * 5 —

— dasselbe. 16. (427 S.) Leipzig 892. Versandt-Bureau (W. Fiedler). Geb. m. Goldschn. n. 1. 50

— Gedichte. 8. (VI, 410 S.) Leipzig (893). Berlin, Th. Knaur Nachf. Geb. in Leinw. 1. 25; m. Goldschn. 1. 80; in Seidendamast m. Goldschn. 2. 50

— dasselbe. Mit biograph. Einleitg. hrsg. v. Max Koch. 2 Bde. 8. (360 u. 348 S. m. Bildnis.) Stuttgart 893. J. G. Cotta Nachf. In 1 Leinwdbd. n. 2. —

— Gedichte. Mit Einleit. u. zahlr. Ill. namhafter Künstler. gr. 8. (240 S.) Berlin 896. Leipzig, Verlag d. Literaturwerke „Minerva". Geb. in Leinw. 3. —; in Liebhaberbd. 4. —

— dasselbe. F. d. Frauenwelt ausgew. v. Clara Braun. M. 8 Lichtdr.-Ill. n. Orig.-Zeichngn. v. R. E. Kepler. 5. Aufl. 16. (VIII, 287 S.) Stuttgart 896. Greiner & Pfeiffer. Geb. in Leinw. m. Goldschn. n. 2. 50

— dasselbe. Für die Frauenwelt ausgewählt v. Klara Braun. Mit 8 Illustr. v. R. E. Kepler. 20.—22. Taus. 16. (XXIII, 260 S.) Stuttgart (902). Greiner & Pfeiffer. Geb. in Leinw. m. Goldschn. n. 2. 50

— dasselbe, s.: Bibliothek der Gesamt-Litteratur d. In- u. Auslandes.

— dasselbe, s.: Hempel's Klassiker-Bibliothek.

— dasselbe, s.: Klassiker-Ausgaben, ill., Minerva.

— dasselbe, s.: Klassiker-Bibliothek, illustr.

— dasselbe, s.: Litteraturwerke „Minerva".

— dasselbe, s.: Meyer's Volksbücher.

—— dass. — s. Museum.

—— dass. — s. Universal-Bibliothek Nr. 314—317.

Chamisso's ausgewählte Gedichte. 12. (IV, 304 S.) Leipzig 889. Fock. geb. m. Goldschn. n. 2. —

— ausgewählte Gedichte. 16. (238 S.) Leipzig 894. W. Fiedler. Geb. in Damast m. Goldschn. 1. 50

Ausgewählte Gedichte. Von Adelbert v. Chamisso. Taschenausg. mit großer Schrift u. in neuester Rechtschreibung. Breslau: F. Goerlich [1905]. (VIII, 336 S.) 8° [F.]
— Hausbibliothek, Franz Webers. No 76—84. 07. 8943

— ausgewählte Gedichte, s. a. Weber's, Frz., Hausbibliothek.

— dasselbe, s.: Reuter's Bibliothek f. Gabelsberger-Stenographen.

— Peter Schlemihls wundersame Geschichte; herausg. v. La Motte Fouqué. 8. Nürnb. 814. 2e mit den Liedern u. Balladen d. Verfass. verm. Ausg., mit 6 Vign. u. 1 Kpf. 8. Ebd. 827. Schrag. 1 ₰ 12 ℊℊ

— Peter Schlemihls wunderbare Geschichte. 3e Aufl. Mit 9 Kpfrtaf. 8. Nürnberg 835. Schrag. 1⅓ ₰ — Nach dessen Tode herausg. von Jul. Ed. Hitzig. Stereotypausgabe mit Holzschn. gr. 8. Ebd. 839. ½ ₰ — 4e Aufl. Mit 9 Kpfr. 12. Ebd. 840. 1 ₰

— Peter Schlemihl's wundersame Geschichte. 4. Aufl. Mit 6 (7 neuen) Stahlst. 16. Nürnberg 842, Schrag. 1¼ ₰ — In gepreßt. Einband n. 1½ ₰ — 5. Aufl. ... 6. Aufl. Mit 1 Stahlst. 16. Ebend. 845. geb. n. 1⅓ ₰

— Peter Schlemihl's wundersame Geschichte. Nach des Dichters Tode neu herausg. von Jul. Ed. Hitzig. (Neue) Stereotypausg. mit Holzschn. (im Text.) Nürnberg 856. Schrag. (Leipzig, Brandstetter.) 16. (XVI, 83 S.) 15 ℊℊ

—— Peter Schlemihl's wundersame Geschichte. Nach des Dichters Tode neu hrsg. von Jul. Ed. Hitzig. Neue Ster.-Ausg. 8. (XVI und 83 S. mit eingedr. Holzschn.) Leipzig 860, Schrag's Verlag.

—— dass. — 7. Aufl. 16. (198 S. mit Portr. des Verf. in Stahlst.) Ebendas. 860. geb. *

—— dass. — Illustrirte Pracht-Ausg. Lex.-8. (XXI und 119 S. mit eingedr. Holzschn., 6 Stahlst. und Titel in Stahlst.) Ebendas. 860. geb. *

—— Peter Schlemihls wundersame Geschichte. Berichtigte Ausg. Mit den verschied. Lesarten ɪc. gr. 16. (84 S.) Leipzig 869, Dyk'sche Buchh. *

—— dass. — Nach des Dichters Tode neu hrsg. von Jul. Ed. Hitzig. Illustr. Pracht-Ausg. 8. Aufl. in 4 Lfgn. gr. 8. (XXI, 62 S. mit eingedr. Holzschn. und 6 Stahlst.) Hamburg 868—70, Richter. à Lfg. *ℳ 1,50.; geb. *

—— dass. — Mit Anmerkungen und Vocabulair zum Uebersetzen in's Engl. von F. Schröer. Ster.-Schulausg. 9. Aufl. 8. (XXII und 98 S. mit eingedr. Holzschn.) Ebendas. 867.

—— dass. — Illustr. Schul-Ausg. Nach des Dichters Tode neu hrsg. von Jul. Ed. Hitzig. Mit Anmerkungen und Vocabulair zum Uebersetzen in's Englische von F. Schröer. 10. Aufl. 16. (XXII, 98 S.) Ebendas. 869. *

—— dass. — Min.-Ausg. 8. Aufl. 16. Ebendas. 870. (*ℳ 3.) *

— Peter Schlemihl's wundersame Geschichte. Nach d. Dichters Tod neu hrsg. v. Jul. Ed. Hitzig. 10. Aufl. Illustr. Ster.-Volks-Ausg. 8. (82 S. m. eingedr. Holzschn.) Hamburg 873. Richter. n. — 40

— dasselbe. Illustrirte Schulausgabe. Mit Anmerkgn. u. Vocabulair zum Uebersetzen in's Englische v. F. Schröer. 10. Aufl. 16. (XXII, 98 S.) Ebend. 874. n. — 40

— dasselbe. Mit Zeichnungen v. W. Seinhausen u. Adolf Schmitz, in Holz geschn. v. R. Brend'amour u. Th. Knesing, u. einer Einleitung v. Wilh. Rauschenbusch. 8. (XIII, 74 S.) Berlin 876. Grote. geb. n. 2. —

Chamisso, Adb. v., Peter Schlemihl's wundersame Geschichte. Nebst Anhang: Adelberts Fabel. gr. 16. (96 S.) Berlin 879, Hempel. geb. *.

— dasselbe. Nach des Dichters Tode neu hrsg. v. Jul. Ed. Hitzig. Mit Anmerkungen u. Vocabulair zum Uebersetzen ins Englische v. F. Schroer. 11. Aufl. 8. (93 S. m. eingedruckten Holzschn.) Hamburg 879. J. F. Richter. n. — 40

—— Peter Schlemihl's wundersame Geschichte. Nach des Dichters Tode neu hrsg. von Jul. Ed. Hitzig. Mit Anmerkungen und Vocabulair zum Uebersetzen ins Englische von F. Schröer. 12. Aufl. Illustrirte Schulausg. 8. (93 S.) Hamburg 884, J. F. Richter. *

Peter Schlemihls wundersame Geschichte. Von Adelbert v. **Chamisso.** Taschenausg. mit großer Schrift u. in neuester Rechtschreibung. Breslau: F. Goerlich [1905]. (82 S.) 8° [F.]
— **Hausbibliothek,** Franz Webers. No 25—27. [illegible]

— dasselbe, s. a. Weber's, Frz., Hausbibliothek.

— **Peter Schlemihls wundersame Geschichte.** In vereinfachter deutscher Stenographie. (88 S.) 8. Berlin 906. Frz. Schulze. •Geb. in Leinw. n. 1.50

Peter Schlemihls wundersame Geschichte. Mitgeteilt von Adelbert v. **Chamisso.** Für d. reifere Jugend neu hrsg. Köln a. Rh.: H. & F. Schaffstein 1906. (72 S.) 8° [F.]
— **Volksbücher,** Schaffsteins, f. d. Jugend. Bd 21. [illegible]

— dasselbe, s. a. Schaffstein's Volksbücher f. die Jugend.

— Peter Schlemihls wundersame Geschichte. (Neudr. der 1. Ausg. Mit 11 Vollbildern, 23 Vignetten u. Umschlagzeichng. v. Emil Preetorius. 2. Aufl.) (59 S.) gr. 8. München 908. H. v. Weber. 4.50; Büttenausg. kart. 6.—; Luxusausg., geb. in Ldr. 18. —

— dasselbe, s.: Bibliothek der Gesamt-Litteratur d. In- u. Auslandes. — Hausbibliothek f. Stolze'sche Stenographen. — Meyer's Volksbücher. — Schiff, J., stenographisches Lese-Cabinet.

— dasselbe, nebst Anh.: Adelberts Fabel, s.: Hempel's Klassiker-Bibliothek.

— dasselbe, s.: Meister des Märchens.

— dasselbe. s.: Meisterwerke unserer Dichter.

— dasselbe. s.: Museum. Sammlg. litterar. Meisterwerke.

—— dass. — s. Nationalbibliothek deutscher Classiker. — Universal-Bibliothek.

— Peter Schlemihls wundersame Geschichte, s.: Verein f. Verbreitung guter Schriften, Basel. Nr. 33.

— dasselbe, s.: Volkes, des, Lieblingsbücher Nr. 20.

— Peter Schlemihl's wundersame Geschichte, s.: Volksbibliothek d. Lahrer Hinkenden Boten.

— dasselbe, s.: Von Buch zu Buch 62. Bdchn.

— Peter Schlemihl. Fortges. v. F. Förster, s.: Förster, Frdr.

— Fortunati Glücksseckel u. Wunschhütlein, s.: Litteraturdenkmale, deutsche, d. 18. u. 19. Jahrh.

—— merveilleuse histoire de Pierre Schlémihl. Enrichie d'une savante préface où les curieux pourront apprendre ce que c'est que l'ombre. Edit. orig. Avec Fig. 8. (8⅛ B.) Nuremberg 838, Schrag. *

—— merveilleuse histoire de Pierre Schlémihl. Enrichie d'une savante préface où les curieux pourront apprendre ce que c'est que l'ombre. Édition orig. avec fig. 16. (X und 120 S. mit 9 Kpfrst.) Leipzig 860, Schrag's Verlag. Thlr.

v. Chamisso, Adelbert, the wonderful history of Peter Schlemihl. Translated by William Howitt. With 6 illustrations. Original-Edition. (Deutsch u. Englisch.) 16. Nürnberg 843, Schrag. n. 1½ ₰

—— dass. — The wonderful history of Peter Schlemihl. Translated by William Howitt. gr. 16. (XV und 283 S.) Ebendas. 860. mit 6 Stahlst. und Titel in Stahlst.

Chamisso A. de: Cetaceorum maris Kamtschatici imagines ab Aleutis e ligno fictæ. [Bonnæ 1825]. (14) S. 5 Tvl. (Særtr.). 4°.

—— Lebens-Lieder u. Bilder. Für e. Sopran- u. e. Baritonstimme, mit Begleit. d. Pianof., comp. v. L. Hetsch. 4 Lfg. gr. Lex.-8. (18 halbe B.) Berlin 840, Simion. *

— Lebens-Lieder u. -Bilder. Lieder-Cyclus. Illustrirt v. Paul Thumann. gr. 4. (48 Bl. m. Holzschn.-Ornament. u. 9 Lichtdr.) Leipzig 880. Titze. geb. mit Goldschn. n. 20.—

—— Lebens-Lieder und Bilder. Illustr. von Paul Thumann. 1.—6. Aufl. gr. 4. (48 Bl. mit Holzschn.-Ornamenten und 9 Lichtdr.) Leipzig 881—84, Titze. geb. mit Goldschn. *

—— Lebens-Lieder und Bilder. Lieder-Cyclus. Illustrirt von Paul Thumann. 7. und 8. Aufl. gr. 4. (48 Bl. mit Holzschn.-Ornamenten und 9 Lichtdr.-Taf.) Leipzig 886,88, Titze. geb. mit Goldschn. *

—— dass. — 9. und 10. Aufl. 8. (96 S. mit 9 Lichtdr. und 1 Holzschn.-Portr.) Ebendas. 886. geb. mit Goldschn. *

-- Lebens-Lieder u. Bilder. Lieder-Kreis. Illustr. v. Paul Thumann. (Kleine Ausg.) 11. Aufl. 8. (96 S. m. 9 Lichtdr. u. Bildnis.) Leipzig 892. A. Titze. Geb. in Leinw. m. Goldschn. 6.—

—— dass. — (Neue Ausg.) 12. Aufl. kl. 4. (96 S. m. Umrandgn., 9 Lichtdr. u. 1 Bildnis.) Ebd. 892. geb. in Leinw. m. Goldschn. * 10 —

— Lebens-Lieder u. Bilder. Lieder-Kreis. Ill. v. Paul Thumann. 13. Aufl. gr. 4. (48 Bl. m. 9 Lichtdr.-Taf.) Leipzig 895. A. Titze. Geb. in Leinw. m. Goldschn. n. 12. —

—— der Mann ohne Schatten, s. a. Hausbibliothek, kleine, für die Jugend.

— der Mann ohne Schatten od. Peter Schlemihl's wundersame Geschichte. Der Jugend erzählt. 12. (48 S.) Leipzig 893. Greßner & Schramm. Kart. n. — 50

Chamisso, L. A. v., und K. A. Varnhagen, Musen-Almanach auf d. Jahr 1804. und 5. gr. 8. Berlin, Dunker u. Hanbold. (Jahrg. 1 Rthlr.)

Chamisso, L. A. von, u. K. A. Varnhagen, Musen-Almanach auf d. Jahr 1806. gr. 8. Berlin, Dunker und Humblott.

—— und G. Schwab, Musenalmanach, s. Musenalmanach, deutscher.

— Reise um die Welt, s. a. Museum.

— dasselbe, s. a. Hempel's Klassiker-Bibliothek.

— Reise um die Welt. 2 Thle. gr. 16. (295 u. 378 S.) Berlin 879. Hempel. In 1 Bd. geb. n. 3. —

— Reise um die Welt m. der Romanzoffischen Entdeckungs-Expedition in den J. 1815—18. 2 Bde. 12. (242 u. 228 S.) Leipzig (902). M. Hesse. Geb. in 1 Leinw.-Bd. 1.20

- Peter Schlemihl, s.: Elzevier-Ausgaben, illustr.

—— Peter Schlemihl. Fortgesetzt von F. Förster, s. Förster, Friedr.

—— über die hawaiische Sprache. (Versuch e. Grammatik d. Sprache d. Sandwich-Inseln.) Vorgelegt d. kgl. Akad. d. Wissensch. zu Berlin am 12. Jan. 1837. gr. 4. (10¼ B.) Leipzig 837, Weidmann'sche Buchh.

v. Chamisso, (Ad.) Uebersicht d. nutzbarsten u. schädl. Gewächse, welche wild od. angebaut in Norddeutschland vorkommen. Nebst Ansichten v. d. Pflanzenkunde u. d. Pflanzenreiche. gr. 8. Berlin 827, Dümmler.

Chamisso, Adelb. v., Uebersicht d. nutzbarsten u. d. schädlichsten Gewächse, welche wild od. angebaut in Norddeutschland vorkommen. Nebst Ansichten v. d. Pflanzenkunde u. d. Pflanzenreiche. gr. 8. Berlin, 1827. (Leipzig, T. O. Weigel.) (2. —) — 15

Chamisso, Adelbert v., Werke. 6 Bde. gr. 12. Leipzig, Weidmann'sche Buchh. *
Bd. 1., 2. Reise um d. Welt. 2 Thle.
" 3. Gedichte.
" 4. Gedichte. Adelberts Fabel. Peter Schlemihl.
(65 B., 4 Radier., 1 ill. u. 2 schw. Stnt. u. C's. Portr., Stahlst.) 836. * 4 Thlr. 12 Gr.
" 5., 6. Nach seinem Tode hrsg. v. Jul. Ed. Hitzig. — A. u. d. T.: Leben u. Briefe. 2 Bde. (29½ B. u. C's. Portr.) 839. * 2 Thlr. 16 Gr.

v. Chamisso, Adalbert, († ...) Werke. 4 Bde. Mit 1 Bildn., 3 Steintaf. u. 1 Tabelle. gr. 12. Leipz. 836. Weidmann. 4½ ℛ — 5r u. 6r Bd. Nach seinem Tode neu herausgeg. v. Jul. Ed. Hitzig. A. u. d. T.: Leben u. Briefe. 2 Bde. Mit Bildniß. gr. 12. Ebd. 839, 40. 2⅔ ℛ

—— dies. — 2. Aufl. 6 Bde. 16. (138⅓ B. C's. Bildn. nach d. Medaillon v. David.) Ebds. 842. *

v. Chamisso, Adelb., Werke 3. Aufl. 6 Bde. gr. 16. (1: VIII u. 338 S. m. Portr. in Stahlst. 2: VIII u. 319 S. 3: VIII u. 363 S. 4: VI u. 323 S. 5: XVI u. 395 S. 6: VIII u. 358 S.) Leipzig 852, Weidmann. (à n. ½ ℛ) n. 3 ℛ

— Werke. (Classiker-Ausg.) 4. Aufl. 6 Bde. (Mit Bildniß in Stahlst.) Berlin 856. Weidmann. 16. (1. Bd.: VIII, 338 S.; 2. Bd.: VIII, 319 S. u. 1 Tab. in 4.; 3. Bd.: VIII, 363 S.; 4. Bd.: VI, 323 S.; 5. Bd.: XV, 395 S.; 6. Bd.: 2 Bl., 360 S.) n. 2 ℛ 12 ngℛ

Chamisso's, Adelb. v., Werke. 5. Aufl. 6 Bde. in 12 Halbbdn. 8. (XLI und 2086 S. mit 1 Tab. in 4., 2 Karten und 1 Portr. in Kpfrst.) Berlin 864, Weidmann'sche Buchh. à Halbbd. 7½ Ngr.

Chamisso's, Adelb. v., Werke. 6. Aufl. 4 Bde. 8. (VIII, 308; VIII, 300; VIII, 313 u. VIII, 316 S.) Berlin 874. Weidmann. n. 4.

— dasselbe. Hrsg. von Wilh. Rauschenbusch. 1. illustr. Ausg. 2 Bde. 8. (XX, 482 u. XX, 512 S. m. eingedr. Holzschn. u. Holzschntafeln.) Berlin 876. Grote. n. 5. 60; geb. n. 7. 50

Chamisso's, Adb. v., Werke. Nebst einer Biographie Chamisso's v. G. Hesekiel. 4 Thle. gr. 16. (543, 96, 295 u. 378 S.) Berlin 879. Hempel. In 2 Bde. geb. n. 4. 50

— dasselbe. 1. Bd. 8. Elberfeld 882. Loll's Nachf. geb. n. 1. 50
Gedichte. Peter Schlemihl. Adalberts Fabeln. (VIII, 422; 54 u. 8 S.)

Chamisso's, Adb. v., Werke. 2. Bd. 8. Elberfeld 883. Berlin, Friedberg & Mode. Sep.-Conto. geb. à n. 1. 50
Reise um die Welt. (512 S.)

— dasselbe. Hrsg. v. Wilh. Rauschenbusch. 1. illustr. Ausg. 2 Bde. 5. Aufl. 8. (XXXIV, 482 u. XX, 512 S.) Ebd. 889. 892. Geb. in Leinw. n. 7. 50

— Werke in 2 Bdn. 8. (VI, 474 u. IV, 476 S.) Leipzig (893). Berlin, Th. Knaur Nachf. Geb. 3. 50; 4. —; 5. —; 6. — u. 7. 50; in 1 Bd. 3. —; 3. 50; 3. 75; 4. — u. 5. —

— dasselbe. Hrsg. v. Wilh. Rauschenbusch. 2 Bde. 8. (XX, 414 u. XX, 477 S.) Berlin 894. G. Grote. Geb. in Leinw. n. 4. —; in Halbfrz. n. 5. —

Chamisso's, Adelb. v., Werke. Hrsg. v. Herm. Tardel. Kritisch durchgeseh. u. erläuterte Ausg. 3 Bde. (75, 458, 480 u. 528 S. m. Bildnis u. 2 Fksms.) 8. Leipzig (907. 08). Bibliograph. Institut. Geb. in Leinw. à 2.—; in Saff. à 3.—

(Adelbert v.) Chamissos Werke. Hrsg. von Dr. Hermann Tardel. Kritisch durchges. u. erl. Ausg. Bd 1–3. Leipzig & Wien: Bibliogr. Inst. (1907[–08]). 3 Bde 8° [F.]
1. (1907.) 2. [1907.] 3. [1908.]
(Meyers Klassiker-Ausgaben.) [08. 17477

(Adelbert v.) Chamissos Werke in 3 Tlen. Auf Grund d. Hempelschen Ausg. neu hrsg., mit Einl. u. Anm. versehen von Max Sydow. T. 1–3 [in 1 Bd]. Berlin, Leipzig, Wien, Stuttgart: Bong&Co. [1908]. 3 Bde 8° [F.]
1. Gedichte. 1. Hrsg. u. mit e. Lebensbild versehen. 2. Gedichte. 2. 3. Dramatisches. Übersetzungen. Erzählungen. Vermischtes in Prosa.
(Goldene Klassiker-Bibliothek.) [08. 6139

— dasselbe, s. a. Klassiker-Bibliothek, goldene.

—— dass. — s. Bibliothek der deutschen Nationalliteratur.

— dasselbe, s.: National-Bibliothek sämmtl. deutschen Classiker.

Adelbert v. Chamissos Ausgewählte Werke. Mit Biogr. u. Bildnis d. Dichters. Taschenausg. mit großer Schrift u. in neuester Rechtschreibung. Breslau: F. Goerlich [1905]. (XXVI, 425 S.) 8° [F.]
(Franz Webers Hausbibliothek.) [07. 11540

—— gesammelte Werke, s. Bibliothek, Cotta'sche, der Weltlitteratur.

— dasselbe, s.: National-Litteratur, deutsche.

— dasselbe, s.: Volksbibliothek, Cotta'sche.

Chamisso's, Adb. v., gesammelte Werke. Neu durchgeseh. u. verm. Ausg. in 4 Bdn. Mit biograph. Einleitg. hrsg. v. Max Koch. 8. (360, 348, 279 u. 304 S. m. Bildnis.) Stuttgart 893. J. G. Cotta Nachf. In 2 Leinw.-Bdn. n. 4. —

— dasselbe. in 4 Bdn. 16. (279, 319, 251 u. 282 S. m. Bildnis.) Ebd. 893. In 2 Leinw.-Bdn. n. 2. —

— gesammelte Werke. Neu durchgeseh. u. verm. Ausg. in 4 Bdn. M. biograph Einleitg. hrsg. v. Max Koch. 8. (360, 348, 279 u. 304 S. m. Bildn.) Stuttgart 898. J. G. Cotta Nachf. In 2 Halbfrz.-Bdn. n. 6. —

Adelbert (v.) Chamissos gesammelte Werke. Neue ill. Ausg. Hrsg. von Prof. Dr. K[arl] Macke. Ill. von Edmund Brüning. 34. Aufl. Berlin: Herlet [1909]. XV, 448 S. 8° [09. 13936

—— poetische Werke. 2 Bde. 1868, und neue Ausg. 8. (VIII, 308; VIII, 300 S.) Berlin 872, Weidmann'sche Buchh. à Bd. *M 80 Pf. *

—— poetische Werke. Neue Ausg. 2 Bde. 8. (VIII, 308; VIII, 300 S.) Berlin 878, Weidmann'sche Buchh. *

—— poetische Werke. Neue Ausg. 2 Bde. 8. (VIII, 308; VIII, 300 S.) Berlin 881, Weidmann'sche Buchh. *

— Poetische u. erzählende Werke in 2 Bdn. Mit e. Anzahl bisher ungedruckter Gedichte. Hrsg. u. eingeleitet v. Ludw. Geiger. (272 u. 320 S. m. Bildnis.) kl. 8. Lpz.: Reclam 1907 Geb. in Leinw. 1. 50

Chamisso's [Adb. v.] sämtliche Werke. Mit e. biograph. Einleitg. v. Rob. Böttcher. 2 Bde. 8. (XXVII, 334; V, 547 S.) Berl. 890, Bibliogr. Anst. A. Warschauer. geb. * 2 50; in 1 Bd. * 1 75

Chamisso's, Adb. v., sämtl. Werke in 4 Bdn. M. e. biograph. Einleitg. v. Karl Siegen. 8. (244, 224, 242 u. 228 S. m. Bildn.) Leipzig (897). M. Hesse. 1. 25; in 1 Leinw.-Bd. 1. 75; feine Ausg. in 1 Halbfrzbd. 2. 50; Luxusausg. in 1 Liebhaber-Halbfrzbd. 3. 50

Chamisso's, Adelb. v., sämtliche Werke in 4 Bdn. Mit Portr., e. Biographie u. Charakteristik Chamissos v. Adf. Bartels. 12. (IV, 244; 224, 242 u. 228 S.) Leipzig (902). M. Hesse. 1. 25; geb. in 1 Leinw.-Bd. n. 1. 75; auf besserem Pap. in Halbfrz. 2. 70; Luxus-Ausg. in Liebh.-Halbfrz. 3. 50

Chamisso's, Adelb. v., sämtliche Werke, m. e. Biographie v. Max Mendheim u. dem Bildnis des Dichters. 2 Bde. Ausg. in neuester Rechtschreibg. (XXVI, 564 u. IV, 642 S.) 8. Leipzig (904). C. Grumbach. Geb. in Leinw. n. 4. —; in Halbfrz. n. 6. —; Luxusausg., geb. in Halbkalbldr. n. 11. —

— Sämtliche Werke in 4 Bdn. Mit e. Anzahl bisher ungedruckter Gedichte. Hrsg. u. eingeleitet v. Ludw. Geiger. (272, 320, 240 u. 272 S. m. 2 Bildnissen.) kl. 8. Leipzig (907). Ph. Reclam jun. In 2 Bde. geb. 2. —; geb. 3. —

Adelbert v. Chamissos sämtliche Werke in 4 Bden. Mit e. Anzahl bisher ungedr. Gedichte. Hrsg. u. eingel. von Prof. Dr. Ludwig Geiger. Mit 2 Bildn. Bd 1–4 (in 2 Bden.) Leipzig: Ph. Reclam jun. [1908]. 4 Bde 8° [F.] [08. 2663

de Chamisso, Herm. Freimund. (geb. Berlin 16. 10. 1832): De atropini vi mydriatica eiusque usu ophthalmiatrico. Berolini (1855). (20 S.) 8°
Berlin, Med. Diss. v. 17. Aug. 1855

Chamisso, Osc., d. Kunst d. Schattenbilderdarstellg., theor. u. prakt. erläut., s.: Wallner, Edm., Schattentheater.

Chamisso de Boncourt, Adelbert von: Die Struma der Zungenwurzel. *Tübingen: H. Laupp 1897.* (54 S.) 8° ¶(Aus: Beiträge zur klinischen Chirurgie, Bd 19 H. 2.)
Freiburg i. B., Med. Diss. v. 1897

Chamizer, Erwin, aus Leipzig: Natur, Gebiet und Grenzen der Wahlschuld nach deutschem bürgerlichen Recht. *Leipzig 1902: W. Drugulin.* (VIII, 88 S.) 8°
Leipzig, Jur. Diss. v. 1902

Chamizer, Raphael, Medizinalpraktikant a. Leipzig: Über den physiologischen und pathologischen Zusammenhang zwischen den weiblichen Brustdrüsen und der Genitalsphäre. Leipzig 1908: W. Drugulin. (70 S.) 8°
Leipzig, Med. Fak., Ref. Zweifel, Diss. v. 9. Jan. 1908
[Geb. 10. Mai 82 Leipzig; Wohnort: Leipzig; Staatsangeh.: Sachsen; Vorbildung: Realgymn. Leipzig Reife O. 02; Studium: Leipzig 10 S.; Coll. 30. Jan. 08; Approb. 6. Juni 08.]

Chamizer-Lenoir, M., kleiner Wörterschatz der russischen Umgangssprache. Für die Reise, Schule u. zum Selbstunterricht zusammengest. u. durchgehends mit Aussprache versehen. 16. (VI, 90 S.) Leipzig 880. C. A. Koch. n. 1. —; cart. n. 1. 20

Chamloth, F. Joh. Valentin Andreä redivivus. Eine Pastoraltheologie in Versen. 12. (150 S.) Braunschw. 890, Wollermann. geb. * 1 80

Chamloth, F., Verhandlungen der Braunschweig. Vorsynode, s. Verhandlungen.

Chammbrez, Ign., s. Chambrez, Ign.

Chamney, Sophia, üb. die Anatomie u. Aetiologie der Wanderniere. Diss. gr. 8. (27 S.) London 893. (Bern, H. Koerber.) n. — 60

Chamois: Le Chamois
① Journal scientifique, historique et littéraire ⑤ 1. 1. 1869—décembre 1872 ⑥ in-4° (les 3 premières années 33 × 22,5 cm; la 4e année: 28,2 × 22 cm) ⑦ mensuel ⑧ Fribourg: Lithographie Lanz (1869—1871); Stuttgart ⑩ Joseph Reichlen, Hauterive A. Reichlen, Bulle (1872) ⑪ Josef Reichlen, qui est aussi le dessinateur des illustrations ⑭ Fr: C ⑮ Revue illustrée contenant des biographies

Chamony und B. Nicolai, romant. Erzähln. Nebst Titlbild. 8. (16½ B.) Guben 839, (Berger.) *

Chamossaire [Schlagwort]

Chamossaire, s.: Schweiz. Atlas.

de Champ, C. A. Erinnerungen an den Feldzug in Italien 1848. 8. Leitmeritz 1850.

Champ-Renaud, Abraham v. (Biennensi) u. Abrah. v. **Champ-Renaud** (Ollonensis), Antelcana exundatio Birsici, rivi Basileam urb. interluentis 6. VII. 1701 tempestatesque horrendae passim locorum insecutae carmine heroico enarratae ac publ. recit. Basel (Joh. Brandmüller). 6 Blatt. (4.50) 5109
Gew.: Elis. Malacrida (Bern). — Widm. v.: Joh. Jac. Battieri, J. J. Hofmann. — Rector: J. R. Wetsten, Decan: Jac. Bernoulli.

— **Isaac Benjamin** (Loniacensis, Culliacensis), Systhematis physici disput. vigesima. Präs. J. P. v. Crosa. Bern, Mai 1714. 27 S. (4.80) 5110
De calore et frigore et in specie de caloris effectibus et fermentatione praesertim. — Gew.: Carey, Hollard, Mayor, Grobety, Ribet, Roy, Hollard, De-Saussure, Aubry, Dance, Jordan, Malherbe, Grand Champ, Dufrene, Regis, Bouquet, Abrah. u. Ger. Champ-Renaud. — Widm. v.: Sam. Petitmaitre (Ebrod.), Joh. Frz. Delestraz (Morgiensis), Joh. Pet. Christienus (Verbigenensis).

Champagnac, J. B. J., Abendunterhaltungen, s. Volks- u. Jugend-Bibliothek.

Champagnac, J. B. J., Abendunterhaltungen e. Familienvaters od. die christl. Sittenlehre in Beispielen f. die heranwachsende Jugend. Aus d. Franz. 2 Bdchn. 2. (Titel-) Aufl. gr. 16. (VIII u. 188 S. m. 1 Stahlst.) Augsburg 850, Schlosser. 1/4 ₰

Champagner u. Bier. Anweisung aus unschädlichen Stoffen e. dem echten ganz gleichkommenden Champagner u. ein lieblichschmeckendes u. dabei sehr gesundes Hausbier, wovon d. Quart nur 3 ₰ herzustellen kostet, ohne große Mühe u. Aufwand zu bereiten. 2. Abdr. 16. Weißenfels 846. (Sueß.) verklebt. 1/4 ₰

Champagner u. Bier. Anweisung aus unschädl. Stoffen einen dem echten ganz gleichkommenden Champagner u. ein gesundes Hausbier, wovon das Quart nur 3 Pf. herzustellen kostet, zu bereiten. 2. Abdr. Weißenfels 847, Sueß in Comm. Versiegelt. 1/4 ₰

Champagner, François, naturgemäße Behandlung u. Heilung der Krankheiten d. Menschen vom zartesten Jugend- bis zum höchsten Greisenalter. Auf Grundlage langjähriger prakt. Erfahrungen bearbeitet. 8. (XVI, 232 S.) Volkmarsdorf 877. (Leipzig, Rohn.) 3. —

Champagner-Schaum. Geschöpft u. auf Flaschen gezogen f. Freunde d. Scherzes u. d. ungeheuren Heiterkeit. Eine pikante Samml. d. Neuesten u. Interessant. auf d. Felde d. Jocosus. Hrsg. v. Bruder Chamäleon. Mitglied d. Pickwick-Clubbs. I—IV. Batterie. 8. (à 6 B.) Berlin 838—41, Schroeder. à 6 Gr.

Champagny, François de

Champagny, Graf de, die Antonine, 69—180 nach Christi. Nach dem v. der französ. Akademie gekrönten Werke deutsch bearb. v. Ed. Doehler. 1. Bd. Nerva u. Trajanus. gr. 8. (XII, 255 S.) Halle 876. Buchh. d. Waisenh. n. 3. —

Champagny, Graf de, die Antonine. 69—180 n. Christus. Nach dem v. der französischen Akademie gekrönten Werke deutsch bearb. von Ed. Doehler. 2. Bd. Hadrianus u. Antoninus Pius. gr. 8. (XIV, 414 S.) Halle 877. Buchh. d. Waisenh. n. 5. — (1. u. 2.: n. 8. —)

v. Champagny, Graf Frz., die Cäsaren. Geschichte der Cäsaren bis auf Nero. Aus dem Französ. von Albin Bischoff. 1.—3. Bd. gr. 8. Wien 845, 46, Mechitaristen-Congreg.-Buchhdlg. à 1 1/6 ₰

Champagny, Graf Frz., die Cäsaren. Gemälde der römischen Welt unter d. ersten Kaisern. A. d. Franz. v. Albin Bischoff. 4. Bd. gr. 8. (317 S.) Wien 847, Mechitaristen-Congreg.-Buchh. 1 1/6 ₰ (cplt. 4 2/3 ₰)

Champaign County Bote: 1870--1871. Bloomington, IL
Weekly. Circulation: 1871, 465 (est.). Edited & published by T. Käster.

Champavert, die Macht des Geschickes. Drei Erzählungen; aus d. Franz. gr. 12. Ludwigsburg 833. (Baumann.) auch Liesching in Stuttg. 3/4 ₰

Champblanc, F. D. Das Kriegsspiel oder das Schachspiel im Großen. Mit Taf. Wien 1824. 35 S.

Champeau, Leben des heil. Joseph. Nach dem Französ. bearb. von Conr. Sickinger. Mit einem empfehlenden Schreiben des hochwürdigsten Hrn. Augustinus Egger, Bischof von St. Gallen. Lex.-8. (XX, 296 S. mit 2 Chromolithogr., 2 ganzseitigen Lichtdr., 140 Holzschn. und 1 Karte.) Einsiedeln 888, Benziger und Comp. M 10.—; geb.
Die Ausgabe erfolgte in 10 Lfgn. à M 1.—.

Leben des Heiligen Joseph [Vie de saint Joseph]. Nach d. Franz. des P. **Champeau** bearb. von Conrad Sickinger, Pfarrer in Heppenheim. Mit e. empfehlenden Schreiben d. Augustinus Egger, Bischof von St. Gallen. 2. Ausg. Mit 4 Lichtdruckbild. u. 144 Holzschn. *Einsiedeln, Köln: Benziger & Co. 1900.* (XV, 294 S.) 8° [F.]

Champeaux u. Faissole, Erfahr. über d. Ursachen d. Todes d. Ertrunkenen. 8. Danzig 772. Flörke. 10 gr

Champeaux u. Faissole. Wahrnehmungen über d. Ursache d. Todes d. Ertrunkenen. A. d. Franz. Danzig 1772.

Champelle, Claude: Neue und geprüfte Mittel den Krebs und alle bösartige fressende skrophulöse Geschwüre, wie auch den Krebs der Gebärmutter zu heilen. (Essai sur le traitement du cancer, des ulcères maligne... Dt.) 36 S., gbd.

Leipzig: Reinicke & Hinrichs 1801

Champelle, C., neue u. geprüfte Mittel, den Krebs u. alle bösartige rc. Geschwüre, so wie auch d. Krebs d. Gebärmutter zu heilen. Aus d. Französ., mit e. Einleit. u. Anmerkk. v. J. C. W. Lehmann. 8. Leipz.... 2e A. 802. Reinecke u. C. in Halle. 5 gr

— — dasselbe. 8. Leipzig, Hinrichs. 809.

Champerlain's Offenbarung, s. Offenbarung.

Champfleury, la Bohême amoureuse. Confessions de Sylvius. Clémence. Mme. André. Eugénie la Blanchisseuse. Mariana la peintre. Édit. autorisée. Leipzig 857. A. Dürr. 32. (96 S.) 15 ngr

— Monsieur de Boisdhyver. 3 vols. Edit. autorisée. Ebend. 857. 32. (207; 215; 247 S.) 1 ₰ 15 ngr

— grandeurs de la vie domestique. Monsieur de Boisdhyver. 4 vols. Leipzig 856. Gerhard. 16. (160; 160; 160; 134 S. und: Le secret d'Albertine. Par Ant. Watripon. (S. 135—159.) 1 ₰ 10 ngr

— Histoire de Richard Loyauté et de la belle Soubise. 16. (127 S.) Leipzig 857, A. Dürr.

Champfleury, die schöne Pauline, s. Frankreich, belletristisches.

— les propos amoureux. Madame Vatinelle. Mademoiselle Aurore. Victorine. 16. (168 S.) Leipzig 857. A. Dürr. *

— les sensations de Josquin, s. Musset, P. de, le cavalier servant.

— la succession de Le Camus. 2 vols. Edit. autorisée. Leipzig 857. A. Dürr. 32. (231; 247 S.) 1 ₰

Champfleury. Richard Wagner in Paris. Leipzig & New-York 1860.

Champignon auf eine neue, leichte u. wohlf. Art zu ziehen. A. d. Franz. Lex.-8. (1¼ B.) Berlin 841, Nauck'sche Buchh.
Aus der: Allgem. Gartenzeitung v. Otto u. Dietrich, abgedruckt.

Champin, ..., s. Paris historique.

Champin-Aimé, der Weinstock, seine Cultur und Veredlung. Vom Verf. autoris. deutsche Uebersetzung, hrsg. von L. Roesler. Mit 70 (eingedr.) Abbild., nach der Natur gezeichnet von Frl. Aimée Champin. gr. 8. (VIII, 192 S.) Wien 882, Hartleben's Verlag.

Champion of Fair Play : vol. 1—30, 1874—1907.

Anti-prohibition weekly, published in English and German. Sub-title: A Journal devoted to the Interests of the Retail Liquor Trade. Title varies: MIXED DRINKS, 1874—94; FAIR PLAY, 1894—97. Absorbed CHAMPION OF FREEDOM AND RIGHT. Small folio, each 8 pages. Illustrated, including portraits. Circulation: 1900, 8000; 1905, 17,850. Edited & published by Robert J. Halle, 1874—1907 (Halle was Chairman of Fair Play Publishing Co.).
Chicago, IL

Champion of Freedom and Right : 1878—1897.

Anti-prohibition weekly, published in English and German. Title varies: CHAMPION OF RIGHT AND FREEDOM, 1878—96. Place of publication varies. Indianapolis, Ind., 1878—96. Merged with FAIR PLAY, to form CHAMPION OF FAIR PLAY. Circulation: 1895, 3500; 1897, 4900. Edited & published by James B. Wilson, 1878?—92; by Enos B. Reed & James B. Wilson, 1893—96, by J. F. Baker, 1897.
Chicago, IL

Champion, der rote. Roman v. Marie-Madeleine. (192 S. m. Bildnis.) 8. Leipzig (906). Grethlein & Co. n. 3. 50; geb. in Leinw. n. 4. 50

Champion, Neuer Atlas von Deutschland und den angränzenden Staaten; mit genauer Angabe aller Gränzen, Flüsse, Städte, Postrouten u. s. w.; nach dem Pressburger Frieden, und mit Bezug auf die Rhein-Conföderation abgeth. ... und illum. in 30 Bll.; nebst Erklär. in französ. und deut. Sprache. Leipzig, Hinrichs, 18[03—]7. Fol.

Champion, Hand-Atlas, s. Hand-Atlas.

(Champion), Neue politisch-militärische Karte von Deutschland, welche Dänemark, die Schweiz, einen grossen Theil von Frankreich u. Italien u. alle Besitzungen der Fürsten, Grafen u. s. w., Routen u. Poststationen enthält. In 35 color. Blättern im M. 1: 1000000, nebst Erläuterungen u. 1 historischen, statistischen, politischen und militärischen Tabelle. Leipzig, Hinrichs, 1813. Fol. (6 ℛ)

Champion u. Baumann, Politisch-statistische Karte von Deutschland, nebst dem grössten Theile von Polen, einem grossen Theile von Frankreich u. Norditalien, durchaus mit genauer Bezeichnung der Strassen zum Gebrauch für Reisende versehen. Leipzig, Mitzky & Co., 1810.
—, — Leipzig, E. Klein, 1821. gr. Imp.-Fol. Kupf. u. kol.

Champion und Baumann, Politisch-statistische Charte von Deutschland ... Leipzig, G. A. Mitzky [1811]. gr. qu.-Fol. Kupf. u. kol. . . . .

Champion, Louise, un cadeau de noël. 8. (XVI, 359 S. mit 1 Holzschntaf. in Tondr.) Troppau 870, (Buchholz und Diebel.) geb. *

Champion, Louise, premier livre de lecture à l'usage des Allemands. 8. (VIII und 77 S.) Wien 862, (Gerold's Sohn.) *

Champion de Crespigny, Philip, s. Crespigny, Philip Champion de

Champion-Romane. 1.—4. Bd. kl 8. Berlin, H. Seemann Nachf. (Urspr. Pr. à 1.80; geb. 3.—)

Hoffmann, Osk., Bezwinger der Natur. Phantasieroman. (180 S.) (908.) (Bd. 3)
— Die vierte Dimension. Metaphysischer Phantasieroman. (200 S.) (909.) (Bd. 4)
— Die Eroberung der Luft. Kulturroman vom J. 1910. (240 S.) (908.) (Bd. 2)
— Der Goldtrust. Internationaler Finanzroman. (301 S.) (907.) (Bd. 1) (Erschien ohne Sammeltitel.) 4.Aufl.1908.

Champol, C., goldene Blumen, s.: Engelhorn's allgem. Roman-Bibliothek.

— eine Gewissensfrage. s.: Universal-Bibliothek.

— feindliche Mächte, s.: Sunlicht-Roman-Bibliothek.

— die Rivalin, s.: Braun's Novellen- u. Roman-Sammlung.

Schwester Alexandrine [Soeur Alexandrine]. Preisgekr. Pariser Roman von [F.] Champol. Köln: J. P. Bachem [1908]. (230 S.) 8° [F.] (08. 11133)

Champol, M., Schwester Alexandrine. Von der französ. Akademie preisgekrönter Pariser Roman. 2. Aufl. (220 S.) 8. Köln (909). J. P. Bachem. 3.—; geb. 4.50

Champol, F.: Die kleine Diplomatin, s. Enßlin's Roman- u. Novellenschatz.

— Simones Gatte. Roman. Autoris. Übersetzg. a. d. Franz. v. Ernst Brausewetter. 8. (312 S.) Leipzig (899). Ph. Reclam jun. n. 3.—; geb. n. 4.—

— Übers Grab hinaus. Roman. Autoris. Übersetzg. aus dem Franz. v. Ludw. Wechsler. (434 S.) kl. 8. Regensburg (910). F. Habbel. Geb. in Leinw. 4.—

Herzog Hans [Le Duc Jean]. Novelle von [F.] Champol. Genehmigte Uebertragung von E. v. Sichart. Köln: J. P. Bachem [1902]. (195 S.) 8° [F.] (03. 3004)

— Der Hochstapler. Roman. Autoris. Übersetzg. aus dem Franz. v. Ludw. Wechsler. (349 S.) kl. 8. Ebd. (910). (Reg.: Habbel) Geb. in Leinw. 3.—

— Klippen der Liebe, s. Kürschner's Bücherschatz.

Klippen der Liebe. Roman von [F.] Champol. Deutsch von Ludwig Wechsler. Berlin, Leipzig: Hillger [1910]. 127 S. 8°
(Kürschners Bücherschatz. Nr 732.) (11. 1403)

Champol, (F.): Fürstin Saliakoff. Roman. Von d. Acad. franç. preisgekr. Deutsch von Ludwig Wechsler. Kevelaer: Thum (1900). 400 S. 8°
(= Die Bücherhalle. Bd 8.)

Champol, M. Zurückgekehrt. Zeitgeschichtliche Novelle. Autorisierte Uebersetzung von F. von Barmen [pseud. = Emma Feld]. eingeleitet durch eine literarisch-biographische Skizze ([von] Franz von Matt). Mit dem Bildnis des Verfassers [Tafel]. XII + 344 S. 8. Einsiedeln..., Benziger & Co. A. G., 1910. [fr. 4.—, geb. 5.—]

Champollion-Figeac, Abbildung u. Beschreibung d. nach Paris geschafften Obelisk v. Luxor. Nach d. Zeichnungen u. handschriftl. Bemerkn. Champollion's d. Jüng. A. d. Franz. M. 2 Taf. Abbild. (in ½ gr. Fol. u. gr. 4) gr. 8. (3 B.) Quedlinburg 834, Basse.

— Aegypten, s. (Gemälde d. Länder u. Völker. —) l'Univers pittoresque. — Welt-Gemälde-Gallerie.

— Archäologie, s. Taschen-Encyklopädie.

— Gemälde von Aegypten. Mit 92 Stahlst. gr. 8. Frankf. 839. Schmerber. n. 2⅔ ℛ

Champollion-Figeac, Gemälde von Aegypten in Bezug auf Geographie, Geschichte, Mythologie, Archäologie, Wissenschaft, Kunst u. Leben. Neue (Titel-)Ausg. Mit 92 Kpfrtaf. gr. 8. (IV u. 803 S.) Leipzig (835) 852, O. A. Schulz. 1½ ℛ in Engl. Einb. 1 ℛ 27 ngr

— Geschichte u. Beschreibung v. Egypten. A. d. Franz. M. 92 Kpfr. u. 1 Karte. gr. 8. (49¾ B.) Stuttgart 840, Schweizerbarts Vrlsh.
Aus der: Welt-Gemälde-Gallerie, abgedruckt.

Champollion-Figeak, monographie du palais de Fontainebleau, s. Pfnor, Rud., châteaux de la renaissance.

Champollion (-Figeac, Jean Franc.,) des Jüng. Briefe aus Aegypten u. Nubien, geschrieb. in d. J. 1828 u. 1829. Vollständ., m. 3 Abhandln. u. m. 7 Taf. Abbild. vers. Ausg.: A. d. Franz. übers. v. Eugen Frhr. v. Gutschmid. gr. 8. (20 B.) Quedlinburg 835, Basse.

Champollion, le jeune, J. F., Dictionnaire égyptien en écriture hiéroglyphique, publié d'après les manuscrits autographes, et sous les auspices de M. Villemain, Ministre de l'instruction publique, par M. Champollion Figeac. Lithograph. Fol. Paris 841, Didot Frères. n. $4^2/_3$ ℛ

Champorcin, kurze Belehrung üb. Verhüt. d. asiat. Cholera, u. erste Hülfsleistung bei d. davon Befallenen. Nach d. neuesten u. geprüft. Erfahrn. bearb., auf höchste Veranlass. v. d. Fürstl. Sanitätsbehörde zu Schleiz bekannt gemacht. gr. 8. (1 B.) Schleiz 831, Richel.

Champs, Jean de, Sermons sur div. Textes etc. 8. Berl. 740.

Chamrath, L., Anleitung f. das Maschinenschreiben nach dem Zehnfingersystem (Blindschreibmethode). 3. Aufl. (16 S.) gr. 8. Wien 908. A. Hölder. — 50; Übungsstoff. 2 Tle. (60 u. 53 autogr. Blätt.) 33,5× 22,5 cm. Geb. in Leinw. à 2. 90

Chamrath L., Anleitung für das Maschinschreiben nach dem Zehnfingersystem (Blindschreibmethode). 4. Auflage. Wien 1910. Alfred Hölder. Geb. K —.60.

Chananel, Migdal. Ueber Leben und Schriften Chananel's in Kairvan, nebst hebr. Beilagen, enth. Chananel's Commentar zum Tr. Makkoth, Erklärungen zum Pentateuch und zum Buche Jecheskel. (Von Berliner.) gr. 8. (XXXII, 52 S.) Leipzig 876, (Hinrichs'sche Buchh.)

Chanard, J. B., schweizerischer Generalanzeiger enth. für alle Kantone der Schweiz in alphabet. Reihenfolge, sowie nach den Berufsarten geordnet die Namen und Adressen des Handels, der Industrie, der Magistrate und der eidgenöss. und der kantonalen Behörden. — Annuaire général de la Suisse publié à Genève. gr. 4. (XX, 784 S. mit 1 Stnt. und chromolithogr. Karte in qu. Fol.) Brügg 872. (Zürich, Schabelitz'sche Buchh.) *

Chanard, J.-B., schweizerischer Generalanzeiger enth. f. alle Kantone der Schweiz in alphabet. Reihenfolge, sowie nach den Berufsarten geordnet die Namen u. Adressen d. Handels, der Industrie, der Magistrate u. der eidgenöss. u. kantonalen Behörden. — Annuaire général de la Suisse publié à Genève. gr. 4. (XX, 784 S. m. 1 Steintaf. u. chromolith. Karte in qu. Fol.) Brügg 872. (Zürich, Schmidt.) n. 20. —

Chancerelle, P., voir: *Dillon, C.-F.*

Chancerelle, P., vie de la sainte vierge, racontée aux enfants. Avec 4 chromolith. et 42 illustr. 16. (VI, 188 S.) Einsiedeln 890. Benziger & Co. Kart. n. 1,30; geb. in Leinw. m. Goldschn. n. 2. —

Chançun, la, de Guillelme, hrsg. v. Herm. Suchier, s.: Bibliotheca normannica.

Chancun. – Larchanz. (La Chançon de Willelme.) (La Chançun de Guillelme.) (Hrsg.: (Gottfried) Baist.) Freiburg i.Br. 1908: (Wagner). 100 S. 8°
(Umschlagt.:) L'Archanz ... 1909.

Chandani, Edw., s. Tennhardt, drei Rufe Gottes.

Chandler, Bernard: Untersuchungen über die verschiedenen Theorien und Heilmethoden der Schlagflüsse und Lähmungen. (An Enquiry into the various theories and methods of cure in apoplexies and palsies. Dt.) 156 S., gbd.
Leipzig: Weygand 1787

Chandler, Bernard. Versuch über die verschiedenen Theorien und Heilmethoden der Schlagflüsse ... aus dem Englischen übersetzt ... Stendal 1787. Ü: *Spohr, Carl Heinrich.* (Ky) (MGT)

Chandler, Benjamin: (An Inquiry into the various theories and methods of cure in apoplexies and palsies. Deutsch:) V e r s u c h über die verschiedenen Theorien und Heilmethoden bey Schlagflüssen und Lähmungen. Aus d. Engl. übers. u. mit Anm. vers. Stendal: Franz & Grosse 1787. 166 S. 8°

Chandler, Charles F., miscellaneous chemical researches. Inaugural dissertation. gr. 8. (50 S.) Göttingen 856, (Vandenhoeck und Ruprecht's Vrlgsh.) *

Chandler, G., Abhandl. über d. Krankheiten d. Auges; aus d. Engl., mit Kpf. 8. Leipz. 782. Weygand. 10 gr

Chandler, Rich., Reisen in Griechenland. Aus d. Engl. übers. (v. Jh. Hnr. Voß u. Hnr. Chr. Boie). Mit Kpf. gr. 8. Leipz. 777. Weidmann. 1 Thlr 8 gr

— Reisen in Kleinasien. Aus d. Engl. übers. (v. Jh. Hnr. Voß u. Hnr. Chr. Boie.) gr. 8. Ebd. 776. Ebd. 1 Thlr 4 gr

Chandler, Richard. Reisen in Kleinasien unternommen ... (A. d. Engl.) Leipz. 1776. Ü: *Boie, Heinrich Christian.* (GGr) »1777« (EngG) (MGT) Ü: *Voss, Jul. Herm. & H. C. Boie.* (Ky)

Chandler, Sam.

— v. Beschaffenheit d. Wasserwerke m. Anmerkungen v. Wollen. Lpz. 729.

Chandler, Sam. Kritische Geschichte des Lebens Davids. A. d. Engl. von J. Chr. W. Diederichs. 2 Bd. 8. Bremen, Leipzig 1777—80.

— krit. Lebensgeschichte Davids; aus d. Engl. 2 Thle. gr. 8. Brem. 777—80. (Hilscher in Leipz.) 1 Thlr 6 gr

Chandler, Sam., fester Grund d. christl. Religion in Weissagung d. Propheten; aus d. Engl. v. Rambach. 4. Rostock 756. Koppe. 6 gr

CHANDON, Carl (Waldmohr): Beiträge zur Lehre von der Peritonitis mit besonderer Berücksichtigung der Perforationen des Bauchfelles.- München: Schurich 1856. 53 S.
19.7.1855 - Urk (Titel: De peritonide et perforatione peritonaei.); P 68
Diss. Ingolst.-Landsh.-Mchn.

Chandon, P. F., Kanzelreden. 8. Hanau 772. Schulz. 16 gr

CHANDON, Theodor: Ein Beitrag zur Casuistik der Sublimatvergiftung.- München: Kastner & Lossen 1894. 49 S.
10.5.1898 - Chr 1897/98,70; Jv 1897/98,209
Diss. Ingolst.-Landsh.-Mchn.

Chanel, Paul, Lettres françaises dediées aux jeunes demoiselles. 8. (IV u. 125 S.) Dresde 849, Adler & Dietze. 1/2 Thlr

— Muster-Briefe f. die weibl. Jugend. Mit e. Vorworte von Georgens. gr. 8. (VIII u. 112 S.) Gießen 849, Ricker. 12 ngr

Chaney, Eugene [aus Bristol, U.-S.-A.]: Ueber den diagnostischen Werth der Durchleuchtung bei Empyema antri Highmori ... Heidelberg, Univ.-Buchdr. v. J. Hörning, 1894; 26 S., 1 Bl. 8.
Heidelberg, Med. Fak., Inaug.-Diss. v. [23. Febr.] 1894

Changarnier, die Reorganisation der französischen Armee. Mit Genehmigung des Verf. ins Deutsche übertragen von S. v. Bosse. gr. 8. (29 S.) Stuttgart 867, Aue. *

Changuion, Franç. Dan., Virgil a. Pollio. An essay on Virgil's eclogus II—V. gr. 8. (34 S.) Basel 876. (Schwabe.) n. 1. —

Chanlaroff, Mchsin Beg [aus Baku]: Ueber das Butyrolacton und α-Aethylbutyrolacton. Strassburg, Universitäts-Buchdruckerei von Johann Heinrich Eduard Heitz. 1883. 8. 41 S.

From Lincoln to Mac Kinley. Forty-one years of the history of the United States (1860–1901). Adapted, with some Additions, from A Student's History of the United States by Edward **Channing**, Prof. Mit Anm. z. Schulgebr. hsg. von Prof. Dr. (J[ohannes]) Péronne, Oberl. Mit 1 Übersichtskarte u. 3 Kartenskizzen. [Nebst] Anh. [&] Wörterbuch. Bielefeld & Leipzig: Velhagen & Klasing 1906. 3 Bde 8°
— **Sammlung**, Velhagen & Klasings, franz. u. engl. Schulausgaben. English Authors. Ausg. B. Lfg 108. (07. 3633

Channing, Edward, The United States, their origin and growth, hrsg. v. J. Péronne, s. Authors, English.

Channing, William Ellery

(—) kurze Betrachtungen, über einige wichtige Gegenstände des Glaubens und Lebens aus W. E. Channing's Schriften. Ein Erbauungsbüchlein für denkende Freunde des Christenthums. Oldenburg 855. Stalling. 8. (1 Bl., 39 S.) n. 5 ngr

Channing, William Ellery, über Christus. Aus dem Engl. von Ad. Sydow. gr. 8. (V und 59 S.) Berlin 847, J. Schmidt. Thlr.

— der große Endzweck des Christenthums und die Ehre, welche allen Menschen gebührt. 2 Predigten. Aus dem Engl. gr. 8. (42 S.) Berlin 847, (Leipzig) Herm. Schultze. 1/6 Thlr

Channing, Will. E., üb. die Erhebung der niedern Volksklassen, s. Reden.

— Gedanken über Glaubensbekenntnisse. Ein Beitrag zur Beurtheilung des jüngsten Vorganges in der St. Stephani-Gemeinde zu Bremen. Von Schücking. Bremen 852. Geisler. gr. 8. (16 S.) 3 ngr

—— Gottähnlichkeit und geistl. Freiheit. Zwei geistl. Reden. Aus dem Engl. gr. 8. (72 S.) Berlin 847, [Leipzig,] Herm. Schultze.

—— die Kirche. Eine Predigt, gehalt. zu Philadelphia 1841. Aus d. Engl. Nebst ein. Anh. üb. Channings Leben u. Wirken. gr. 8. (3¼ B.) Berlin 846, Herm. Schultze.

Channing, W. E. Napoleon sein Charakter und seine Zeit. Nach der 3 Auflage mit einer Einleitung und Anmerkungen von Dr. Karl Heinrich Hermes übersetzt 8. Leipzig 1831.

— Zwei Reden über die Erhebung der niederen Volksklassen. 8°. Zürich 1843.

Channing: Zwei Reden über die Erhebung der niedern Volksklassen. (Frei bearb.) 4 Aufl. Leipzig: Verlagsbureau 1850.

Channing, William Ellery, Sociale Schriften. 5 Bde. 16°. Berlin, Schultze, 1850—51. (Channings Werke. In einer Auswahl aus dem Engl. übers. u. hrsg. v. F. A. Schulze und Ad. Sydow, 12 Bde. 16°. Berlin, Schulze, 1850—52.)

Channing, Wm. E., Seid mäßig! Ein Sendschr. an Alle. A. d. Engl. v. Theob. Wolkoff. 8. (2½ B.) Berlin 841, Wohlgemuth's Buchh.

—— üb. Unsterblichkeit, s. Ueber.

— Vorlesungen über die Hebung der arbeitenden Classe der Staatsbürger. Aus dem Engl. übers. von A. C. Ott. 8°. Freiberg, J. G. Engelhardt, 1846. (Stimmen aus dem Auslande über sociale Zustände, III.)

—— Vorlesung üb. die Hebung rc., s. a. Stimmen.

Channings, William Ellery, Werke. In einer Auswahl aus dem Engl. übers. u. hrsg. v. F. A. Schulze u. Ad. Sydow. 1—12. Bdchn. 16. 1. Bdchn. Religiöse Schriften. 1. Bdchn. (XXVIII u. 180 S.) Berlin 850, (Leipzig) H. Schultze. 5/12 Thlr — 2. Bdchn. Sociale Schriften. 1. Bdchn. (VIII u. 188 S.) Ebd. 850. 5/12 Thlr — 3. Bdchn. Religiöse Schriften. 2 Bdchn. (188 S.) Ebd. 850. 12 ngr — 4. Bdchn. Sociale Schriften. 2 Bdchn. (IV u. 204 S.) Ebd. 850. 13 ngr — 5. Bdchn. Religiöse Schriften. 3. Bdchn. (VI u. 177 S.) Leipzig 850, Herm. Schultze. 11 ngr — 6. Bdchn. Sociale Schriften. 3. Bdchn. (VI u. 199 S.) Ebd. 850. 13 ngr — 7. Bdchn. Religiöse Schriften. 4. Bdchn. (IV u. 217 S.) Ebd. 850. 11 ngr — 8. Bdchn. Sociale Schriften. 4. Bdchn. (IV u. 199 S.) Ebd. 850. 13 ngr — 9. Bdchn. Religiöse Schriften. 5. Bdchn. (VI u. 201 S.) Ebd. 851. 13 ngr — 10. Bdchn. Sociale Schriften. 5. Bdchn. (VI u. 201 S.) Ebd. 851. 13 ngr — 11 u. 12. Bdchn. Religiöse Schriften. 6. u. 7. Bdchn. (X u. 392 S.) Ebd. 852. 27 ngr (1—12: 5 Thlr 4 ngr)

Channing's, William Ellery, Werke. In einer Auswahl aus dem Engl. übers. u. herausg. von F. A. Schulze und Ad. Sydow. 13—15. Bdchn. A. u. d. T.: Religiöse Schriften. 8—10. Bd. Leipzig 855. H. Schultze. 16. (2 Bl., 207 S.; 2 Bl., 247 S.; 2 Bl., 208 S.) 1 Thlr 13 ngr

Chanson de geste des Loherains, s. Büchner, Georg.

Chanson --- Chanson [illegible] sur les // J[illegible], // Das ist // eines Sinnreichen Frantzosen // Vortreffliches Lied // Auf die Jesuiten /// [illegible] aber um seiner Vor- // trefflichkeit willen auch in Teutschland // nachgedruckt, und in Teutsche Reime // übersetzt, auch mit Historischen // Anmerckungen erläutert. // Nebst einer Zuschrifft // An den Ehrwürdigen // PATER // Johann Krauser /// der Societät JEsu Priester, und // Controvers-Prediger zu Prag // Von // Einem Liebhaber Jesu. // Frantzösisch und Teutsch. // Mit Erlaubniß der Obern, 1723. - 29 S.

Chanson maçonnique à l'honneur du roi. o. O. u. J. 2 Bl. 8° [Kopftit.]
Die weitere Literatur üb. Friedrich d. Gr. findet man in Dahlmann-Waitz: Quellenkunde 7. Aufl. 1906 S. 597 ff.; Löwe: Bücherkunde der deutschen Geschichte 3. Aufl. 1910 S. 50 ff.

Chanson, la, de Roland, s. a. Bibliotheca romanica 53. 54.

Chanson, la, de Roland. Nach der Oxforder Handschrift von Neuem hrsg., erläutert und mit einem vollständ. Glossar versehen von Thdr. Müller. 1. Hälfte. gr. 8. (276 S.) Göttingen 863, Dieterich'sche Buchh. *

Chanson de Roland, la. Genauer Abdruck der Venetianer Handschrift IV, besorgt von Eug. Kölbing. gr. 8. (VI, 175 S.) Heilbronn 877, Gebr. Henninger. *

—— dass. — Nach der Oxforder Handschrift hrsg., erläutert und mit einem Glossar versehen von Thdr. Müller. 1. Thl. 2. völlig umgearb. Aufl. gr. 8. (IX, 454 S.) Göttingen 878, Dieterich'sche Verlagsh. *

Rolandslied [**Chanson de Roland**]. Das älteste französ. Epos übs. v. G[ustav] Schmilinsky. *Halle a. d. S.: O. Hendel (1896).* (2 Bl., 122 S.) 1 Bd 8.
= **Bibliothek** d. Gesamtlitteratur d. In- u. Auslandes. No 907. 908.

Das altfranzösische Rolandslied [**Chanson** de Roland]. Krit. Ausg. besorgt von E(dmund) Stengel. Bd 1. *Leipzig: Dieterich 1900.* 8° [illegible]

Das Lied vom Roland und Kaiser Karl [**Chanson** de Roland]. Wie es uns vorliegt in Handschriften d. 12. u. 13. Jhs in altfranz. Sprache, deutsch von Werner Schwartzkopff. Gross-Lichterfelde: Charonverl. 1910. 7, CIII S. 8° 10. 1951

Karls des Grossen Reise nach Jerusalem und Konstantinopel [**Chanson** du voyage de Charlemagne à Jérusalem et à Constantinople]. Ein altfranzös. Heldengedicht hrsg. von Dr. Eduard Koschwitz, weil. Prof. 5., verb. Aufl. besorgt von Dr. Gustav Thurau, Privatd. Leipzig: O. R. Reisland 1907. (XL a [vielm. IX a], XL, 120 S.) 8°
= **Bibliothek**, Altfranzösische. Bd 2. 07. 104[illegible]

Le **Chansonnier** de l'arsenal (trouvères du XIIe XIIIe siècle). Reprod. phototyp. du ms. 5198 de la Bibliothèque de l'arsenal. Transcr. du texte musical en notation moderne par Pierre Aubry. Introd. et notices par A. Jeanroy. Livr. 1. Paris: Geuthner; Leipzig: Harrassowitz [1909]. 4°
(Publications de la Soc. internat. de musique. Section de Paris.) 10,6061

Chansonnier. Le Chansonnier Fribourgeois. [Illustré.] 108 p. 8. Fribourg, Josué Labastrou, 1902. [relié fr. 1. 50]

Chansonnier **français, nouv., ou Choix des meilleures chansons tirés des Dîners du Vaudeville. 12. Braunschw. 799. Vieweg. 8 gr.**

Chansonnier de la paix, voyez Pixerecourt.

— le petit, des armées. II Vol. 18. Paris. (Strasb. Levrault.)

— prussien ou recueil de chansons d'occasion. 8. Berl. 814. Dunker u. H. 6 gr.

Les plus anciens **chansonniers** français. '(Forts. d. 1891 in Paris bei E. Bouillon erschien. ersten Teiles.)' Publ. d'apr. tous l. ms. p. Jules Brakelmann. (Hrsg.: E[dmund] Stengel.) *Marburg: N. G. Elwert 1896.* (VI, 120 S.) 1 Bd 8.
= Ausgaben u. Abhandlgn aus d. Gebieted, roman. Philologie. [No] 94.

Chansons, choisies avec les airs notes. VI Vol. avec 168 pages de Musique. 12. Leips. Sommer.

Chansons choisies de P. J. de Béranger. Etrennes pour les Dames. 16. (20 B. u. Bildn. in Stahlst.) Bielefeld 839, Velhagen u. Klasing.

Chansons, Cinq, maçonniques. Berlin 1777. V: *Hymmen, Joh. Wilh. Bernh.* (SJL)

Chansons. cinq. Maçonniques. Berlin. Decker. 24. Juni 1777. 8. 16 S.
Kloss 99. — Von Hymmen dem Prinzen Louis von Hessen-Darmstadt gewidmet.

Chansons de la très-vénérable confrérie des francs-maçons, precedées [!] de quelques pièces de poësie. [Nebentit.:] Lieder der ehrwürdigen Brüderschaft der Freymäurer, nebst einigen vorhergehenden poetischen Stücken. o. O. u. J. 45 S., 5 Bl. gestochene Noten. 8°.
Sehr selten.

Chansons et coraules fribourgeoises. Les chants du rond d'Estavayer. Mis en musique par B. E. et illustrés par J. V. In-4°. Fribourg, Librairie Josué Labastrou. Cart. 1894 4 —

Chansons, deutsche, (Brettl-Lieder) v. Bierbaum, Dehmel, Falke, Finckh, Heymel, Holz, Liliencron, Schröder, Wedekind, Wolzogen. Mit den Portr. der Dichter u. e. Einleitg. v. O. J. Bierbaum. 1.—8. Taus. gr. 16. (XVI, 223 S.) Berlin 900. [Schuster & Loeffler.] Leipzig, Insel-Verlag. n. 1. —

— dasselbe. 21.—40. Taus. gr. 16. (à XXX, 225 S.) Ebd. 901. n. 1. —

— dasselbe. 41.—52. Taus. gr. 16. (XXXVI, 225 S.) Leipzig 902. Insel-Verlag. n. 1.—; geb. n. 2. —

Douze **Chansons** pour la Loge aux vrais Amis à Dresde. [Dresden]: 1783. 17 S. 8°
Kl. 1563. Selten. Ohne Noten.

Chansons des francs-maçons à l'usage de la □ j. et p. Joseph à l'union. Ce ☩☩: l'an 1801. [Nürnberg 1801.] 4 Bl. 8° [Umschlagtit.]
Selten. 3 Lieder ohne Noten.

— maçonniques, avec fig., franzöf. u. holländ. Frauen-Lieder. 8. Amsterd. 811. Sülpke. 2 rth. 22 gr.

Chansons masoniques et d'obligation pour la L∴ du secret des trois rois, à l'Or. [de Cologne]. Cologne: 1778. 8 S. 8° [Umschlagtit.]
2 Lieder ohne Noten, und 9 Bestimmungen.

Chansons, **qui n'ont pû être imprimés etc. 12. Leipz., (W. Nauck). 10 gr.**

Chansons, qui n'ont pû être imprimés etc. 12. Lpz. Sommer.

Chansons sur la Retraite de l'Armée Françoise. 1758. 4. 4 Bl.
1) La pelle au Cul!
C'est ici, François, qu'on gagne, 9 Str.
2) Vous allez commander l'Armée
Brave Clermont. 6 Str.

Chansons, Six, maçonniques. Berlin 1777. V: *Burja.* (SJL)

Chansons. six. Maçonniques. Berlin. Decker. 1777. 8. 16 S.

Chantal, Traité de Civilité, s. Ricard, A., Buch der Höflichkeit.

Chantal, Johanna Franciska v. Leben, s. Clarus, Ludw. Leben d. heil. Franz v. Sales.

Chantal, Franziska v., Leben u. Wirken des heil. Franz von Sales. Ein Handbüchl. f. Priester, sowie f. alle, welche in den Geist des heil. Bischofes von Genf eindringen wollen. Mit ergänz. Zusätzen des Abbé Baudry. Aus d. Franz. gr. 12. (6½ B.) München 842, Lentner'sche Buchh.

—— Lobsprüche, s. Blumenlese, geistliche.

Chanteloup, Jean Antoine Claude Chaptal Comte de

s.: Chaptal Comte de Chanteloup, Jean Antoine Claude

Chantepie de la Saussaye, s. a. Saussaye, P. D. Ch.

Chantepie de la Saussaye, D., la crise religieuse en Hollande. Souvenirs et impressions. gr. 8. (VI und 203 S.) Leyden 860. Leipzig, T. O. Weigel. *

Chantepie de la Saussaye, P. D., Lehrbuch Religionsgeschichte. 1. 2. Bd. gr. 8. Freiburg J. C. B. Mohr. à n. 9. —; geb. n.n.
1. (X, 465 S.) 887. — 2. (XVI, 406 S.) 889.

Lehrbuch der Religionsgeschichte in Verb. m. ... hrsg. v. P[ierre] D[aniel] **Chantepie** de La Saussaye, Dr. u. o. Prof. ... in Amsterdam. 2. völlig neu gearb. Aufl. Bd 1. 2. (Subscr.-Ausg. in 18 Lfgn.) *Freiburg i. B. & Leipzig: J. C. B. Mohr 18(96.)97.* 2 Bde 8.
1. 18(96.)97. (XII, 399 S.) 2. 1897. (XVII, 512 S.)
(Sammlung theologischer Lehrbücher. [No 3.]) 97.7713

Die vergleichende Religionsforschung und der religiöse Glaube. Vortrag geh. auf d. ersten religionswiss. Kongresse in Stockholm am 31. Aug. 1897 v. P[ierre] D[aniel] **Chantepie** de la Saussaye, ... Prof. in Amsterdam. (Vorr.: S. A. Fries.) *Freiburg i. B., Leipzig & Tübingen: J. C. B. Mohr 1898.* (2 Bl., 36 S.) 1 Bd 8. 98.1840

Die vergleichende Religionsforschung und der religiöse Glaube. Vortrag geh. auf d. 1. religionswiss. Kongr. in Stockholm 1897 von P[ierre] D[aniel] **Chantepie** de la Saussaye. Freiburg i. B., Leipzig & Tübingen: J. C. B. Mohr 1898. (36 S.) 8°
= [**Sammlung** gemeinverständl. Vorträge u. Schriften aus d. Geb. d. Theol. u. Religionsgeschichte. 7.] 10.9376

Chantepie de la Saussaye's, D., ausgewählte kleinere Schriften. Mit dem photogr. Bildniß und Facs. des Verf. Ins Hochdeutsche übertr. von R. Greeven. Mit einem Nekrolog als Vorwort von Friedr. Fabri. 2 Bde. 8. Gotha 876, F. A. Perthes. [1. Bd. (XXXVI, 894 S.) * M 6.; 2. Bd. (VIII, 296 S.) * M 4.] *

Chantepleure, Guy, Huguettes Abenteuer. Claude Chamboches Sekretär, s.: Engelhorn's allgemeine Roman-Bibliothek.

Chantepleure, Guy, ein Aprilschern, s.: Engelhorn's allgemeine Roman-Bibliothek. 21. Jahrg. 13/14. Bd.

— mein Gewissen im Rosakleide. Preisgekrönt v. der Académie française. Autoris. Uebersetzg. v. Marianne Stein. (215 S.) 8. Leipzig (903). B. Elischer Nachf. n. 3. —; geb. in Leinw. n. 4. —

— eine Heiratskomödie, s.: Engelhorn's allgemeine Roman-Bibliothek. 22. VIII.

— blütenumrankte Ruinen, s.: Engelhorn's allgemeine Roman-Bibliothek. XX. 15.

Chantraine, Wilhelm (geb. am 23 Jan. 1852 in Lontzen Kr. Eupen): Ueber Keratitis bullosa ... Cöln, Druck v. Th. Quos (1877). 22 S., 1 Bl. 8.

Bonn, Med. Fak., Diss. v. 2 Aug. 1877

Chantre, A. Du séjour et de l'expulsion des étrangers. Thèse. In-8°. 131 p. Genève, Bâle, Lyon, H. Georg. 1891 Pour l'Étranger Mk. 3 —

Chantre, E. Étude sur l'organisation et le fonctionnement des policliniques en Allemagne et en Autriche-Hongrie. Rapport de mission adressé à M. le ministre de l'instruction publique. In-4°. 73 p. (Lyon, Bâle, Genève, H. Georg.) 1892

Chantre, E. Voir: „Falsan".

Chantre, Ernest

Chantre, E., l'âge de la Pierre et l'âge du Bronze en Troade et en Grèce. gr. 8. (23 S.) Lyon 874. Genf, Georg. n. 2. —

Chantre, Ernest. Etudes paléontologiques dans le bassin du Rhône. Premier âge du fer. Nécropoles et tumulus. In-4°, 58 p. av. gravures sur bois. Avec un album de 50 planches lithographiées en portefeuille. Gr. in-fol. Bâle, Genève et Lyon, H. Georg. 1880 60 —

Chantre, Ernest. Recherches anthropologiques dans le Caucase. 4 tomes et 1 atlas. Gr. in-4°. Tome I. Période préhistorique. XXXVI et 93 p., 1 carte, 2 portraits en héliograv., 6 planches et 30 fig. dans le texte. Tome II. 236 p. 184 fig. dans le texte. Atlas. Période protohistorique. 67 planches lithogr. Tome III. Période historique; époque scytho-byzantine. 136 p. 28 pl. lithogr. Tome IV. Période historique; populations actuelles. 284 p., 31 pl. en héliogr., 1 carte et 52 fig. dans le texte. Lyon, Genève, Bâle, H. Georg. 1887 300 —

Chantreau, Pierre Nicolas

— merkw. Nachrr. über d. neuesten Zustand Spaniens rc. im Anfange d. Kriegs mit Frankreich. Aus d. Französ. gr. 8. Leipz. 796. Weygand. 16 gl

— Reisen in Spanien oder merkwürdige Nachrichten über den neuesten Zustand Spaniens, und die innere Verfassung dieses Reiches im Anfange des Krieges mit Frankreich, über dessen politisches Benehmen gegen die dahin geflüchteten Emigranten und über das thörichte Betragen und die lächerlichen Projekte der leztern. Nebst Bemerkungen über den jetzigen Zustand der Land- und Seemacht, den Handel, die Fabriken, die neueste Literatur etc. Aus dem Französischen. 8. Leipzig 1797.

— Russland, s. Rußland.

Chantreau, Pierre Nicolas.

Russland aus philosophischem ... Gesichtspunkt betrachtet ... aus dem Franz. Berlin 1794—95. Ü: *Mylius, Wilhelm Christhelf Siegmund.* (BrMm) (EngG) (Ky) (MGT)

Chantreau, P. N., Rußland aus philosoph., histor., statist. u. literar. Gesichtspunkt betrachtet auf e. Reise in d. J. 1788 u. 89. Aus d. Französ. (v. W. C. S. Mylius). 3 Thle. 8. Berl. 794, 95. (Wienbrack in Leipz.) 2 Rß

Chantreau, P. N., Science de l'histoire. III Tom. 4. Par. et Strasb. Treuttel et W. 804—807. (Tom. I cont. Chronolog. Tom. II, et III. cont. Géographie. à 12 Rthlr.) !

Chantrel, J., populäre Geschichte der Päpste. Aus dem Französ. übers. von einem Priester der Erzdiöcese Freiburg. (In ca. 20 Bdchn.) 1. Bdchn.: Der heil. Petrus und das apostolische Zeitalter. (1. Jahrh.) 8. (156 S.) Sigmaringen 860, Tappen. *

populäre Geschichte der Päpste. Aus dem Französ. übers. von einem Priester der Erzdiöcese Freiburg. 1. Bdchn. Sigmaringen 861. Tappen. 8. (156 S.) n. 10 ngr.
Inhalt: Der heilige Petrus u. das apostolische Zeitalter. [1. Jahrh.]

Chantrel, J., der Pfarrer von Ars. Biographische Nachrichten über Jean Baptiste Marie Viannay, gestorben im Rufe der Heiligkeit am 1. Aug. 1859. Aus dem Französ. übers. Soest 863. Nasse. 12. (VIII, 90 S.) n. 4 ngr.

Chants populaires de la Suisse romande pour voix mixtes publiés sous les auspices des Sociétés de Belles-Lettres des Cant. de Neuchâtel, Vaud et Genève. 2e éd. In-12°. IX, 224 p. Genève, Carey. (Bâle, H. Georg.) 892 Rel. toile 2 —

Chants, les, du Salutiste. Pet. in-4°, 128 p., avec musique. Zurich, imprimerie Zurcher & Furrer. 1888

Chanuckah. Ausgewählte Gedichte, s.: Mendelssohn-Bibliothek.

Die Chanukalichter. Meisternovellen von Beno de Majo [u. a.] Berlin & Leipzig: H. Seemann [1910]. 328 S. 8°
(Jüdischer Novellenschatz. 8.) A 12.1312

Chanykoff, Nik., Reise im nördlichen Kleinasien im Jahre 1846. [Zeitschr. d. Gesellsch. f. Erdk. Bd. I.]

Chanzy, Antoine Eugène Alfred

Chanzy, General, Feldzug von 1870—1871. Die zweite Loire-Armee. Einzigste autoris. deutsche Ausg. Uebersetzt von O. v. Busse. 1. Lfg. 1. und 2. Aufl. gr. 8. (VI, S. 1—128.) Hannover 873, Helwing'sche Hofbuchh. *

— dass. — 2. (Schluß-)Lfg. gr. 8. (S. 129—620 mit 1 Atlas, enth. 5 chromolithogr. Karten in Fol.) Ebendas. 873. *

Chaos, Das; eine vermischte Wochenschrift. Steinfurt 1757. V: *Tiessen, Johann Alexander.* (MGT)

Chaos, Das, oder für jedem (!) etwas. Eine Wochenschrift; enth.: Philos., moral., histor. u. poet. etc. Abhandlgn., hrsg. v. A. August Darmstädter. Cassel 1785. 8°.
Bibl. Kürschner. Lpz., Mai-Auct. 1904, no. 50. Sehr rare Casseler Wochenschrift, kaum noch bekannt.

Chaos. [Jahrg. I. II.] [Weimar 1829-31.] H: *Goethe, Ottilie v. geb. v. Pogwisch.* (Hirzel) (GGr)

CHAOS, Das politische, oder Geschichte des grossen und weisen Schah Bahmu. London 1788. (Weller, fing. Dr.)

Chapalay & Mottier. Schweizerisches Handelsadressbuch, 1887. In-8°, 2500 S. Genf. 20 —

Chapat, L., Opuscule poét. 8. Lpz. 765.

Chapeau, le pratique. Nouveautés parisiennes Administrateur-gérant: A. Bachwitz. Jhrg. 1910. 6 Nrn. (à ca. 16 S. Abbild. m. französ., engl. u. deutschem Text auf dem Umschlag.) 45×33 cm. Wien, Verlag der Modejournale „Chic parisien" usw. 17.—; einz. Hefte 3. —

Chapeau, le, smart. Le plus élégant des journaux internationaux, reproduisant les creations des grandes modistes. Éditeur: Gust. Fournes. 2. u. 3. Jahrg. 1905 u. 1906. à 10 Hefte. (à Heft ca. 6 farb. Taf. u. 1 farb. Doppeltaf. m. 1 S. deutschem u. französ. Text.) Fol. Perchtolsdorf b/Wien, Wiener Modefachblätter H. Fournes & Co. à Jhrg. n. 22. —; halbjährlich n. 13. —; einzelne Hefte n. 3. —

— le, smart. Le plus élégant des journaux internationaux, reproduisant les creations des grandes modistes. Éd.: Gust. Fournes. 3. Jhrg. 1907. 10 Hefte. (à ca. 7 farb. Taf. u. 1 farb. Doppeltaf. m. 3 S. deutschem u. französ. Text.) 44,5×32,5 cm. Perchtoldsdorf b/Wien, Wiener Modefachblätter H. Fournes & Co. 22. —
Erscheint nicht mehr. Firma erloschen.

CHAPEAUBASIST, Der, oder der gereisete Juncker. Eine Erzehlung (in Reimen). O. O. 1746. 8°. 16 Bll. Rar! (In Berlin: an Zk 17.598) (Auch in Warmbrunn.) (1 Mk. 20 Pfg. L. St. Goar, ca. 1885; 5 Mk. Alfr. Lorentz, Lpz., 1909.)
Unter d. Titel d. Verse: „Die Teutschen plagt d. Reise-Geist. Ein Fremdling seyn im Vaterlande ist heutzutage keine Schande. Was nur Frantzösch und Englisch heißt wird schon den Kindern angepreist. Die Teutschen plagt d. Reisegeist."

Chapeaubasist, Der, oder der gereisete Juncker. Eine Erzählung. Die Teutschen plagt der Reise-Geist. Ein Fremdling seyn im Vaterlande, Ist heut zu Tage kein Schande, Was nur Französisch und Englisch heist wird Schon den Kindern angepreist, die Teutschen plagt der Reisegeist. O. O. u. V. 1746. V: *Wittekind (Wedekind), Chph. Fch.* pseud. *Crescentius Koromandel.* (Der grundgescheute Antiquarius, Jg. I, Heft 6 [März 1922], S. 188—190)

Chapeaurouge, A. de, Beitrag z. Äthernarkose, s.: Jahrbücher d. hamburg. Staatskrankenanstalten.

Chapeaurouge, A. de, Einiges üb. Inzucht u. ihre Leistung auf verschied. Zuchtgebieten. (III, 98 S.) Lex. 8. Hamburg 909. F. W. Rademacher. 8. —

— Die Stamm-Mütter des engl. Vollblutpferdes, s.: Goos, Herm.

Chapeaurouge, A. de: Ueber Vererbung und Auswahl. Hannover 1910. 28 S.
(Flugschrift der Deutschen Gesellschaft für Züchtungskunde. No 11.)

Chapeaux modernes. Editeur: Gust. Lyon. Red. des deutschen Textes: M. Frölian. Aug. 1910—Juli 1911. (In französ. u. deutscher Sprache.) 6 Nrn. (à ca. 8 S. m. Abb., farb. Taf. u. Schnittbog.) 40×30 cm. Berlin. (Leipzig, W. Opetz.) 10.—; halbjährl. 6.—; einz. Hefte 2. 50

Chapel. – Cäcilie von Chapel, s. Chapell.

Chapelain, ..., Anmuthungen bei d. heil. Meßopfer. 12. München 784. Lentner. 3 gl

Chapelain, Anmuthungen b. d. heiligen Meßopfer. 12. München, Lentner. 794.

— Predigten aus d. Advent u. Fasten; aus d. Französ. v. A. Stribel. 2 Thle. 8. Augsb. 772. Wolff. 1 ℛ 4 gl

— neue Predigten über d. wichtigsten Gegenstände d. Religion. 4 Bde. 8. Augsb. 772. Wolff. 2 ℛ

Chapel. – Cäcilie von Chapel, od. Schicksale e. Emigrantin. 8° Bremen: Müller 1808.

v. Chapell, Cäcilie; od. Geschichte e. Emigrantin. 8. Bremen 808. N. A. 8. Leipz. 818. Kollmann. 1 ℛ 8 gl

Chapell, Jenny, gerettet! Eine Erzählg. Ins Deutsche übertr. v. J. Kienert. 8. (72 S. m. Abbildgn.) Stuttgart 894. Christliches Verlagshaus. n. — 50

Chapell, Jennie, immer glücklich od. die Lebensgeschichte v. Helene Keller. Ins Deutsche übertr. v. Frau Frobenius. (109 S. m. 1 Bildnis.) 8. Herborn 905. Buchh. des nass. Colportagevereins. n. — 80; geb. in Bibliothekbd. n. 1. 20; eleg. geb. n. 1. 40

la Chapelle de la forêt. Conte p. l. enfans (p. Chr. Schmid) trad. de l'Allemand. (Mit 2 Steindr. u. 1 Vign.) 12. Paris u. Strassb. 829. Levrault. 4 gl

de la Chapelle, s.a. Lachapelle.

la Chapelle, s. Catull.

De la Chapelle, A. Salomon. Documents sur la révolution. Lyon et ses environs sous la terreur, 1793/94. Gr. in-8°, 244 p. Lyon et Bâle, H. Georg. 1885 8 —

de la Chapelle, Arm., Abhandl. von d. Kegelschnitten u. and. Linien d. Alten u. d. Cycloide; aus d. Französ. mit Anmerkk. v. Jh. Lor. Bockmann. Mit 11 Kpf. gr. 8. Karlsr. 770. N. A. 791. Macklott. (Braun). 1 ℛ 20 gl

Des Herrn *de la Chapelle* Königl. Französ. Censors, der Akademie zu Lion, zu Rouen, und der Königl. Societät zu London Mitglieds Abhandlung von den Kegelschnitten, von den andern krummen Linien der Alten und der Cycloide nebst ihren Anwendungen auf verschiedene Künste, Uebersetzt und mit Anmerkungen versehen von *Johann Lorenz Böckmann*, des Hochfürstl. Markgräfl. Baden-Durlach. Kirchenraths Assessor und der Mathematik und Naturlehre ordentlicher Professor, Mit 11. Kupfertafeln. Carlsruhe druckts und verlegts Michael Maklot Markgräfl. Baden-Durlach. Hofbuchhändler und Hofbuchdrucker. 8. 520 S. (1 thlr. 20 gr.) 1771

de la Chapelle, Arm., Abhandl. v. d. Kegelschnitten rc., übers. v. Wolf. Mit Kpf. gr. 8. Braunschw. 801. Reichard. 2 ℛ 6 gl

Chapelle, A. de, la necessité du culte public parmi les Chrétiens. à la Haye 1746. 8; rec. Frcft. 1747. 12.

— nécessité du culte public parmi les Chrétiens, etc. II. Vol. 12. Lausanne, Pott et C. 747.

— Scaphander, oder Anweis. zum Gebrauch d. Schwimmkleides; aus d. Französ. (v. K. Spener). Mit Kpf. 8. Dresd. 776. Gröll. 16 gr

— Vertheidigung d. Nothwendigkeit d. öffentl. Gottesdienstes. 8. Leipz. 769. Hilscher. 12 gr

Chapelle, M. de la, 160 000 Mark Brillanten. Kriminal-Roman. (260 S.) 8. Berlin (906). C. Duncker. n. 3.50

Chapelle, M. de la, der Halbmond. Roman. (261 S.) 8. Berlin (908). C. Duncker. 3.50

— ein Sohn Germaniens, s.: Schmidt & Spring's Volks- u. Ju[gen]dbibliotheken. 288.

Chapelle, Mathilde de la, Lilli's Sommerfrische. Eine Backfischgeschichte. 12. (VII, 221 S. m. Abbildgn.) Stuttgart (899). E. Barth. Geb. in Leinw. 4.—

Chapelle-Noobol, Suse la, Trotzkopf als Großmutter. Autoris. Uebersetzg. aus dem Holl. v. Anna Herbst. Mit 8 Tonbildern v. Willy Planck. 1—6. Taus. (205 S.) 8 Stuttgart (905). G. Weise. Geb. in Leinw. 3.50

Chapelle-Roobol, Suse la, Trotzkopf als Großmutter. Autoris. Übersetzg. aus dem Holl. v. Anna Herbst. Mit 8 Tonbildern v. Willy Planck. 7—11. Taus. (205 S.) 8. Stuttgart (907). G. Weise. Geb. in Leinw. 3.50

-- dasselbe, s.: Rhoden, Emmy v., Trotzkopf-Serie.

Chaperon, le petit, rouge. (12 S. m. 6 Farbdr.) 16. Ebd. (903). —10; 4. —15

Chaperon rouge ou la désobéissance punie. Avec 6 planches cromolithogr. gr. 8. (5 S.) Paris 873. (Leipzig, Opetz.) *

Chapin, Paul: Einfluß der Kohlensäure auf das Wachsthum. *München 1902: V. Höfling.* (38 S.) 8° * Aus: Flora od. Allgem. Bot. Zeitung, Erg.Bd. 1902
Leipzig, Phil. Diss. v. [2., Okt.] 1902

Chapison's, A., Rundschriftsvorschriften. qu. 8. (25 Bl. m. 4fachem Linienblatt.) Leipzig 892. A. Chapison, An der Pleisse 9 c. n.n. — 30

Chapitre, le, second. Opéra comique en un acte p. Dupaty, Mus. de Solié. Braunschw. Pluchart.

Chaplet, the, of Pearls, s. Collection of British Authors.

Chaplin, Edward M. [aus Wakefield '(Engl.)']: Über einige Hydrazide der Camphersäure … Würzburg, Becker's Univ.-Buchdr., 1893; 23 S. 8.
Würzburg, Phil. Fak., Inaug.-Diss. v. 1893

Chaplin, G. C. Child, Benedicite oder der Gesang der drei Männer im feurigen Ofen. Gottes Verherrlichung durch seine Werke. Frei übersetzt nach der 3. engl. Aufl. gr. 8. (VIII, 224 S.) Leipzig 870, Grunow. *

Chaplin, Thom., das Klima v. Jerusalem. Nach eig. Beobachtgn. dargest. (Bearb. v. Otto Kersten.) gr. 8. (20 S. m. 12 Tab. auf 7 Bl.) Leipzig (891). K. Baedeker. n. 1.20
Sonderabdruck aus: „Ztschr. d. deutschen Palästinavereins".

Chapman, s.a. Chapmann.

Chapman, Edward J., practical mineralogy; or, a compendium of the distinguishing characters of minerals. Illustrated with 13 engravings. gr. 8. London 844. Leipzig, T. O. Weigel. In Leinwand geb. n. $3^1/_8$ ₰

Chapman, Ernest Theophron: Analyse des Wassers, s. Wanklyn, James Alfred

Chapman's, Geo., Tragedy of Alphonsus, emperor of Germany. Edited with an introduction and notes by Karl Elze. 8. (152 S.) Leipzig 867, Brockhaus' Sortiment und Antiquarium. *

Chapman, J. Wilbur, die Kraft e. übergebenen Lebens. Deutsch v. Cl. F. (109 S.) 8. Neumünster (910). Vereinsbuchh. G. Ihloff & Co. — 75

Chapman, R., näher zu Gott. Schriftgedanken f. aufricht. Christen. Frei nach dem Engl. übers. von St. v. Pelet-Narbonne. gr. 16. (152 S.) Berlin 895. Evangel. Vereins-Buchh. Kart. n. 1. —

Chapman, William John, a. Wakefield (Kansas): Die Teleologie Kant's. Halle a. S. 1904: C. A. Kaemmerer & Co. (54 S.) 8°
Halle, Phil. Fak., Ref. Riehl, Diss. v. 6. Jan. 1905
[Geb. 15. Nov. 69 Stoke-sub-Hamden, Grfsch. Somerset, Engl.; Wohnort: Wakefield, Kansas; Staatsangeh.: Ver. St.; Vorbildung: Great Bend Reife 94; Studium: Chicago 6, Berlin 3, Halle 2 S.; Rig. 21. Dez. 04.]

Chapman, William John, die Teleologie Kant's. (55 S.) gr. 8. Halle 905. C. A. Kaemmerer & Co. n. — 80

Chapmann, s.a. Chapman.

v. Chapmann, …, s. J. A. Clemens, Darstellung.

Chapmann, Edm., Abhandl. zur Verbesserung d. Hebammenkunst. 8. Magdeb. 768. Hechtel. 6 gr

Chapmann, Edward J., practical mineralogy; or, a compendium of the distinguishing charakters of minerals. Illustr. with 13 engrav. gr. 8. ($13^1/_8$ B.) London 844. (Leipzig, T. O. Weigel.) *

Chapmann, Jh., Eusebius, oder gute Sache d. Christenthums u. Jos. Hallets Abhandl. von d. Unsittlichkeit des sittl. Weltweisen; herausg. v. J. F. C. Steffens. 2 Thle. 8. Hamb. 759—61. Brandt. 3 ₰

Chapone, Frau, Briefe zur Ausbildung d. Gemüths, an e. junges Frauenzimmer; nebst d. Vermächtniß e. Vaters an seine Tochter. Aus d. Engl. des Gregory. 8. Leipz. 774. Weidmann. 8 gr (vergl. H. More, Versuch.)

Chaponnière, Ernest. La question de l'Hymne national suisse. Extrait du Centralblatt des Schweiz. Zofingervereins, Jahrg. 47 [1906/1907, No. 5—8]. II + 81 p. 8. Zurich, F. Lohbauer, 1907.

Chappaz, A[chille]. Les Trappistes en Valais. (Mél. Soc. Helvét. St-Maurice. [Vol.] 1.) 8. Fribourg 1893.

Chappaz, J. M. La parlographie française. Simplification complète de l'orthographie. Méthode pour apprendre sans maître en quatre leçons de chacune une demi heure à lire et à écrire couramment la langue française, indispensable aux enfants, aux illettrés, aux colons, aux étrangers qui désirent apprendre le français rapidement et sans dépenser. Avec 4 tableaux. In-8°. 28 p. Genève, Bâle, Lyon, H. Georg. 1892

Chappe d'Auteroche, Jean

Chappe, mémoire du passage de Vénus sur le soleil. 4. Lps, Hartknoch. 762. Rthlr.

Chappe, Abbé, mémoire du passage de Vénus le soleil. 4. St. Petersb. 762. Acad. B. 4 gr

Chappe d'Auteroche. Reise nach Mexiko und Californien im Jahre 1769 — aus dem Französischen. Hamburg 1781. [= NSR. Theil 2.]

Chappel, E., Reise nach Neufoundland u. d. südl. Küste v. Labrador. Aus d. Engl. gr. 8. Jena 819. Bran. 18 gr (Aus dem ethnograph. Archiv besond. abgedr.)

Chappelsmith, John. Ueber Minimal-Barometerstände und Stürme, über wechselseitige Unabhängigkeit beider dieser Erscheinungen, wenn die Stürme von elektrischen Ausbrüchen begleitet sind und über einige Irrthümer der rotatorischen oder cyclonischen Sturm-Theorie. *Wien*. Druck von *M. Auer*. 6 S. 4°.
Aus den Mittheilungen der k. k. geogr. Gesellschaft. I. Jahrg. 1857. II. Heft, besond. abgedruckt.

Chappon, Louis. Theoretisch-practische Anleitung zur Fecht-Kunst ... Mit ... Tafeln. Pesth 1839, Gedrukt auf Kosten des Verfassers.
54 S., 1 Bl.; 81 Taf. in Lithogr. 8°.
Galli S. 540.

Chappuis, Alfred von

v. Chappuis, ..., kurze Darstell. d. preuß. Staats, oder Versuch einer Geschichte u. Geographie desselben, mit Bezug auf d. Weltgeschichte. gr. 8. Berl. 818. Mittler. 12 gl.

Chappuis, Alfred v., Die unbedingte Gewerbefreiheit und die progressive Güterzerstückelung in ihren desorganisirenden Folgen nebst Vorschlägen zur gründlichen Abhülfe derselben, mit besond. Berücksichtigung des Grundbesitzes. gr. 8°. Berlin (Mittler) 1842.

Chappuis, v. Organisation oder Desorganisation? Barmen 1864. 8°.

Chappuis, Carl v., Kreuz u. Schwert. Ein Rittersang aus der hohen Rhön. 8. (V, 331 S.) Braunschweig 901. R. Sattler. n. 3. 50; geb. in Leinw. n. 5. —

[Chappuis, Edgar.] Bergfrieden. Ein Bergroman aus der Gegenwart von Hally Heimfried. 212 S. 8. Leipzig, Verlag für Literatur, Kunst und Musik, 1908. [M. 3. —]

[Chappuis, Edgar.] Dennoch! Vier Skizzen aus dem Leben. Von Hally Heimfried. 60 S. 8. Berlin-Leipzig, Modernes Verlagsbureau Curt Wigand, 1910. [M. 1. 20]

Chappuis, Herm. v., bei Hofe u. im Felde. Lebenserinnerungen. gr. 8. (VII, 198 S. m. Bildnis.) Frankfurt a/M. 902. C. Jügel Verl. n. 3.—; geb. n. 4. —

Chappuis, Jean. Christliche Betrachtungen auf alle Täge des Jahrs ... Ingolstadt 1732. Ü: *Gögger, Franz.* (so) (jes)

Chappuis, P. J., christl. Betrachtt. auf alle Tage im Jahre. 2 Thle. 8. Ingolst. 759. Krüll. 1 Rthlr

Chappuis, W. v., des Invaliden Liederbuch. 16. (XIII und 313 S.) Schweidnitz 853, Weigmann.

Chappus, A. M., temporum omnium tabellae chronologicae etc. Fol. Insbr. 800. Schiffner. 16 Kr

Rede, welche den 25. Jan. 1776 in der Freymaurer Loge zum goldnen Schwerd [!] zu Wesel bey Gelegenheit ihrer ersten besonders feyerlichen Zusammenkunft zur Begehung des hohen Geburtsfestes Seiner Majestät d. Königes von dem Mstr. v. St. [d. i. v. Chappuzeau] gehalten worden. Meurs 1776: Funcke. 7 Bl. 4° [Umschlagtit.]
Abgedr. in: Zur Erinnerung an d. 25. Jan. 1776 u. 1836 in d. L. z. gold. Schwerdt in Wesel. 1836 S. 7—16; Fiedler, F.: Blätter d. Erinnerung. 1875 S. 9—16.
Aufforderung, die frmrischen Pflichten zu erfüllen.

[N. Ausg. u. d. Tit.:]
Zur Erinnerung an den 25. Jan. 1776 und 1836 in der ger. und vollk. St. Johannis-Loge zum goldenen Schwerdt Or. Wesel. [Hrsg. von Franz Fiedler.] Wesel 1836: Becker. 16 S. 8° [Umschlagtit.]

Die moderne Theologie auf der hannoverschen Landessynode. Aktenmäßiger Bericht mit Einl. u. Erl. von A. Chappuzeau, Pastor. Göttingen: Vandenhoeck & Rupprecht 1906. (86 S.) 8° [J.] 1.6. 1930

Chappuzeau, Conrad Nicolaus (Celle), De pactis invalidis. Medit. ad pandectas spec. 39. Präs. Aug. Leyser. Helmstedt (G. W. Hamm) 19. VI. 1715. 4 Bl. (3.50) 5111

Chapsal et Noël, abrégé de la grammaire française, s. Noël.

Chapsal et Noël, nouvelle grammaire française, s. Noël, M.

—— —— neue französische Grammatik, s. Noël.

Chapsal, Emil, der kleine französ. Hexenmeister od. die Kunst in überraschend kurzer Zeit französisch zu lernen, comme il faut. gr. 16. (IV u. 124 S.) Heidelberg 850, Jacobi. n. 8 ngr

Chaptal, des Ministers Grafen, und Dr. Galls Weinbereitungs-Methoden vor dem Gesetz. 8. (IV und 78 S.) Trier 854, Gall's Vrlgsh.

Chaptal de Chanteloup, Jean Antoine Claude

Chaptal, J[ean] A[ntoine Claude]: Abhandlung über den Bau, die Bereitung und Aufbewahrung der Weine. Aus d. Franz. übers., und mit Anmerkungen und Zusäzen hrsg. von Carl Wilhelm Böckmann. Carlsruhe: Macklots Hofbuchh. 1801. XVI. 244 S. -- 12.16*.17.21.29. Frei 100*. Rüd.*
--- Dass. Neueste Aufl. Carlsruhe 1803. XII. 204 S. -- 25.31.107*. UB Brünn. Rüd.*
2., verb. Aufl. u.d.T.: Chaptal: Über den Bau, die Bereitung und Aufbewahrung der Weine ... 1806. --

— Abhandl. über d. Bau, d. Bereitung u. Aufbewahr. d. Weine; u. Parmentier, d. Bereit. d. Essigs rc.; aus d. Französ. mit Anmerkk. v. K. W. Böckmann. 8. Karlsr. 801. 2e A. 806. Macklott. (Braun). 1 Rthlr 5 Kr (Gebhardt u. K. in Frkf.) 20 Kr

— — dasselbe. 8. Gebhardt. Frankf. 805.

— Rozier, Parmentier u. Dussieux, theoret.-prakt. Abhandl. üb. d. Weinbau, nebst d. Kunst, Wein, Branntwein u. dergl. z. bereiten. 2 Thle. Mit 21 Kpf. gr. 8. Wien, 1804. Armbruster (5. 15) 2. 25

— Abhandlung üb. den Weinbau, u. Kunst Wein u. s. w. 2 Thle. mit 21 K. 8. Wien, Degen, 804.
Schreibv.

Chaptal (Hrsg.), s. Abhandlungen, Theoret.-prakt. über den Weinbau.

Chaptal J. A.: Die Agriculturchemie. M. Zusätzen u. Anmerkungen übers. durch H. F. Eisenbach. Und m. einem Anh. v. G. Schübler. 2 Bd. (1 Vol.). Stuttg. 1824. 207, 376 S.

Chaptal, Graf J. A., († d. ... Juli 1831.) d. Agriculturchemie. M. Zusätzen u. Anmerkk. übersetzt durch H. F. Eisenbach, u. mit Anhang v. G. Schübler. 2 Bde. gr. 8. Stuttg. 824. Metzler. 2 Rthlr 8 Kr

Chaptal (Comte de Chanteloup), J(ean) A(ntoine Claude): Anfangsgründe der Chemie. (Éléments de chimie. Dt.) Übers. von Friedrich Wolff. Th. 1 - 3, gbd.

Königsberg: Nicolovius 1791 - 1792

— Anfangsgründe d. Chemie; aus d. Französ. v. Fr. Wolf, mit e. Vorr. u. Anmerkk. v. S. F. Hermbstädt. 4 Thle. gr. 8. Königsb. 791—804. (Leipz., Rein). 7 Rthlr Hbd. Pr. 4 Rthlr

——— Anfangsgründe der Chemie. Aus dem Französischen übersetzt von Wolff. Theil 1—4. Königsberg 1791—1805. 8.

--- Ders.: Über den Bau, die Bereitung und Aufbewahrung der Weine und Parmentier über die Bildung, Bereitung, Aufbewahrung und Anwendung der verschiedenen Arten von Essig. Aus d. Franz. übers., und mit Anmerkungen, Zusäzen und neuen Erfahrungen hrsg. von Carl Wilhelm Böckmann. 2., verb. Aufl. Carlsruhe: Macklots Hofbuchh. 1806. XVI, 324 S. -- 121*. F 1. Frei 100*
1. Aufl. u. d. T.: Chaptal: Abhandlung über den Bau, die Bereitung und Aufbewahrung der Weine. 1801. --

Chaptal, Jean Antoine. Die Chemie in ihrer Anwendung auf Künste und Gewerbe dargestellt. Aus d. Franz. übers.... Berlin 1808. Ü: *Hitzig, Julius Eduard.* (MGT) (Hitzig) (NN)

— die Chemie in Anwendung auf Künste u. Gewerbe dargestellt; aus d. Französ. v. S. F. Hermbstädt. 2 Bde, mit 12 Kpf. gr. 8. Berl. 808. Reimer. 5 rß

— Élémens du Chymie. III Vols. gr. 8. Strassb. 790. Acad. B. 6 rß 8 gl

— O'Reilly's, Vauquelins u. A. Entdeckl. im Gebiete d. Chemie, s. Annalen d. Gewerbskunde.

— u. a. Entdeckungen im Gebiet d. Chemie, Physik rc. a. d. Französischen v. Gottburd. m. Kupf. B.-Mayns, Wellmer. 804.

— über künstl. Erzeugung u. Läuterung d. Salpeters. gr. 8. Königsb. 805. Nicolovius. 8 gl

— d. wohlunterrichtete Essigbrauer. 8. Leipz.... 2e Aufl. 804. Mittler. 6 gl

— d. Fleckenkünstler nach chem. Grundsätzen. Mit 1 Kpft. 8. Wien 809. Wimmer. 8 gl

— chemische Grundsätze über d. Kunst, Flecke auszumachen; aus d. Französ. v. F. Wurzer. Mit 1 Kpf. gr. 8. 809. Krieger in Marb. 8 gl

— chemische Grundsätze üb. die Kunst Flecke auszumachen. a. d. Franz. v. Wurzer. m. K. gr. 8. Kummer in Leipzig. (auch Kupfer in Wien.) 809.

--- Ders.: Des Grafen Chaptal ... neubearbeitetes Handbuch des Weinbaues, der Kelterung, Weinbereitung, Weinpflege und Kellerwirthschaft. Nebst wichtigen Winken für Branntweinbrenner und Essigbrauer. Nach der 3. Originalausg. bearbeitet und mit einer Beschreibung und bildlichen Darstellung der neuesten Keltermaschine von L. von Valcourt versehen von L[ouis] Bouchard-Huzard. Nach d. Franz. mit Berücksichtigung deutscher Kultur und Verfahrens. Weimar: Voigt 1840. XVI, 269 S. -- 32*
--- Dass. 2., um 3 Bogen verm. Aufl. Ebd. 1856. XXIV, 312 S. -- 121*. B 14

Chaptal, des Grafen, neu bearbeitetes Handbuch d. Weinbaues, der Kelterung, Weinbereitung, Weinpflege und Kellerwirthschaft. Nebst wichtigen Winken für Branntweinbrenner und Essigbrauer. Nach der 3. Originalausg. bearb. rc. von L. Bouchard-Huzard. Nach dem Französ. mit Berücksichtigung deutscher Cultur und Verfahrens. 2. verm. Aufl. Mit 1 Steindr. Weimar 856. Voigt. 8. (XXIV, 312 S.) 1 rß

Chaptal, Comte, de l'industrie française. 2 Vol. in 8. Paris. Treuttel et Würz. 819.

— u. Parmentier, Kunst, alle Arten Branntwein zu verfertigen; aus d. Französ., mit Kpf. 8. Leipz. 802. 2e A. 804. Mittler. 12 gl

Chaptal, J. A. Kunst, Baumwolle türkisch-roth zu färben. Aus dem Französ. Aarau 1807. Ü: *Hagnauer, G. A.* (AarF)

— die Kunst, Baumwolle ächt türkisch roth zu färben; aus d. Französ. gr. 8. Aarau 807. Sauerländer. 10 gl

— Kunst, die Baumwolle roth zu färben, oder türkisch Garn zu bereiten. Mit 4 Kpf. gr. 8. Leipz. 808. Kummer. 10 gl

— Lehrbuch d. theoret. u. prakt. Chemie. A. d. Franz. 8. Wien 823, Bauer.

Chaptal, ..., bekannt gemachtes geheimes Mittel zur Reinigung d. gelben engl. Stiefelstolpen. Altona. Bechtold. 5 gl

— s. P. O'Reilly, Kunst zu bleichen.

— Versuch über d. Vervollkommnung d. chem. Kunstgewerbe in Frankreich; aus d. Französ. v. H. W. Heerwagen. 8. Berl. 802. (Reimer). 12 gl

— Vers. üb. d. Vervollkomm. d. chem. Kunstgewerbe in Frankreich. a. d. Fr. v. Herrwagen. 8. Berl. Unger. 802.

Chapter, the 53., of Isaiah according to the jewish interpreters. 2 vols. 8. Oxford 877. (Leipzig, T. O. Weigel.) geb. n. 30. —
1. Texts, ed. from printed books and mss. by Ad. Neubauer. (XXIV, 402 u. 170 S.) n. 18. —
2. Translations by S. R. Driver and Ad. Neubauer. With an introduction to the translations by E. B. Pusey. (LXXVI, 574 S.) n. 12. —

Chapuis, F., et G. Dewalque, description des fossiles des terrains secondaires de la province de Luxembourg. Mémoire couronné par l'Académie royale de Belgique, au concours de 1851. Bruxelles 853. (Bonn, Marcus.) gr. 4. (2 Bl., 303 S., 38 lith. Taf. u. 19 Bl. Erklärung.) n. 6 rß

[F.] Sind wir noch Christen? Von Paul Chapuis, Pfarrer u. Prof. ... in Chexbres-Lausanne. 1. Taus. *Leipzig: J. C. B. Mohr 1897.* (24 S.) 1 Bd 8.
— Hefte z. 'Christlichen Welt'. No 26. [97. 6023

Chapuis, Robert. Contribution à l'étude du pneumothorax artificiel suivant la méthode Forlanini. Travail de la Clinique Médicale de l'Université de Genève.... Thèse Méd. Genève: No 253. 34 p. 8. Bâle, Wackernagel, 1910.

Chapuisat, Edouard. Le cautionnement des fonctionnaires publics. Extrait de la «Schweiz. Zentralblatt für Staats- und Gemeinde-Verwaltung», 4e année (1903/04) nos 3 et 4.... II + 23 p. 8. Brougg, «Effingerhof», 1903.

Chapuset, Bernhard Gf.

— Predigten über alle Sonn- u. festtägl. Evangelien d. Jahres, nach seinem Tode herausg. gr. 8. Nürnb. 798.

Chapuset, Bhrd. Gf., († d. 13. März 1794.) Samml. aller in d. Geschichtsbüchern rc. enthalt. Worte u. Reden Jesu, gr. 4. Nürnb. 790. Stein. 3 rß 4 gl

Chapuset, Johann Karl

— unentbehrl. Anfangsgründe d. französ. Sprache u. derselben nützl. Anwendung rc. 8. Nürnb. 750.

— Beschreib. verschied. bequemer Oefen, zur Beförderung d. Holzmenage. Nürnb. 754.

CHAPUSET, Johann Karl: Beschreibung verschiedener bequemer und nützlicher Oefen zur Beförderung der Holtz-Menage. - Nürnberg 1757. 38 S.

Chapuset, J. K., Beschr. versch. bequem. Oefen rc. m. K. 8. Nürnb. Monath. 757.

— Fabeln zum Uebersetzen ins Französ. 8. Basel... Schweighäuser. 9 gl

— Grammaire für d. Anfänger, oder unentbehrl. Anfangsgründe d. französ. Sprache. 8. Nürnb. 769. Bauer u. Raspe. 8 gl

— französ. Grammaire, nach Girards Grundsätzen. 8. Nürnb. 754. Monath u. K. 8 gl

— Recueil des Historiettes et des maxim. moral. chinois. 8. ibid. 747.

Chapuset, J. C., Samml. deutscher Aufs. und Fabeln z. Uebers. ins Franz. 8. Wien, Camesina. 788.

Chapuset, Jh. Karl, († d. 29. Dec. 1770.) Samml. deutscher Aufsätze u. Fabeln zum Uebersetzen ins Französ. 8. Wien 788. Volke. 10 gr s. auch unten Fabeln.

— Samml. deutscher Fabeln, aus d. Natur- u. Weltgeschichte gezogener Begebenheiten ꝛc. zum Uebersetzen ins Französ., mit Phraseologie. 8. Nürnb. 767. N. A. unt. d. T.: Samml. deutscher Aufsätze, Fabeln, Begebenheiten, Briefe ꝛc.; verbess. u. verm. v. Colom. 8. Ebd. 784. N. A. 788, 92 u. 800. Monath u. K. 12 gr

— Samml. deutsch-französ. Gespräche. Mit e. Anh. 8. Nürnb. 753. N. verb. Aufl. v. J. H. Meynier. 8. Ebd. 799. Monath u. K. 14 gr

Chapuy und **Fiedler**, Südbahn-Album. Malerische Ansichten in der Nähe der k. k. Staatsbahn von Wien nach Triest. Nach der Natur aufgenommen und von bewährten Künstlern in Stahl gestochen. Triest (857). Literar.-artist. Abth. d. österreich. Lloyd. qu. 4. (31 Bl.) n. 1 ß 10 ngr

Char, F. C., Wegweiser durch Cleve und dessen nächste Umgebung, s. Album von Cleve.

Char, Fr, Bad Cleve. Führer durch die Stadt u. die Umgegend. Mit einer histor. Uebersicht, einem poet. Nachtrage u. einer neu revid. (lith.) Specialkarte des Kreises Cleve u. des Reichswaldes. 2., verb. u. verm. Aufl. 8. (52 S.) Cleve 881. Char. n.n. 1. 25

Char, Fr., Geschichte des Herzogthums Cleve, seit der ersten histor. Kenntniss bis auf unsere Zeit. Mit besond. Rücksicht auf die Hauptstadt Cleve. In volksthümlicher Darstellung. 8. (18½ B.) Cleve 845, Char. *

Char, Fritz, d. Schelm v. Bergen, s.: Mockel's Operntextbibliothek.

Character . . ., s. Charakter . . .

CHARACTERES der Menschen: Oder die Entlarvete Welt, in ihrer innerlichen Eigenschafft, Handlung u. Betrüglichkeit, worinnen allen Ständen der Welt, die Farbe der Falschheit abgezogen, an dero statt aber ihnen die Tugend, Thor- u. Schwachheiten in ihrer Natürlichen Blösse, als in einem Hell-leuchtenden (sic!) Spiegel deutlich vorgestellet, u. mittelst eines jeden CHARACTERIS oder Gestalts-Beschreibung öffentlich zu Tage geleget, auch nach Beschaffenheit gerühmet oder beschämet werden . . . . (6 Verszeilen) AMSTERDAM: Gedruckt bey Siebert Siebertsen auff Kattenburg, in dem gekröhnten Philosopho. Im Jahre 1701. 8°. (Expl. in Breslau, Kgl. u. Univ.-Bibl. Litt. Teut. II. 8°. 760.)

Charade für den Abend des 24. Junius 1808. o. O. [1808.]
[*Will, F.: Gesch. d. L. Libanon z. d. 3 Cedern, Erlangen. 1907 S. 286.*]

Charade gewidmet dem Andenken des 30. März XIII [1813]. [Erlangen 1813.]
Gedicht.
[*Will, F.: Gesch. d. L. Libanon z. d. 3 Cedern, Erlangen. 1907 S. 287*]

Charaden, eine angenehme Uebung des Witzes . . . Leipzig 1784. V: *Salzmann, Chn Gotthilf.* (Centr. VII 528) (Ky) (MGT)

— eine angenehme Uebung d. Witzes u. Nachdenkens f. Kinder, (v. Chr. G. Salzmann). 12. Leipz. 784. (W. Vogel). 12 gr

Charaden, u. Anagrammen-Spiel, neues, ꝛc. Lpz. Benj. Fleischer.

— Aufgaben u. Räthsel, dem gesell. Leben gewidmet. 8. Bresl. 815. W. G. Korn. 12 gr

Charaden, Worträthsel und Räthselfragen, 300 geographische, zur Belehrung und Unterhaltung für die reifere Jugend. Hrsg. und bevorwortet von Frz. Hoffmann. 1—3. Aufl. gr. 16. (94 S.) Stuttgart 849—50, Ed. Hallberger.

—— —— —— 300 naturgeschichtliche, zur Belehrung und Unterhaltung für die Jugend. Vom Verf. der, von Frz. Hoffmann bevorworteten 300 geograph. Charaden ꝛc. gr. 16. (87 S.) Stuttgart 850, Ed. Hallberger.

Charaden, 30 deutsche. 8. Wien 804. Rehm. 4 gr

Charaden u. Räthsel, 80 neue, f. Liebhaber u. Liebhaberinnen. Von J. J. J. H—n. (Hoffmann.) 16. (2 B.) Mainz 833, Kupferberg.

Charaden oder Sylbenräthsel, 100, von S**. Neue Aufl. 8. Leipzig, liter. Central-Compt. 819.
— — Dasselbe. 8. Leipzig, Commiss. Buchh. 820.

Charaden, Fünfundzwanzig neue, zur Unterhaltung für die elegante Welt. Als Fortsetzung und Beschluss der jüngst vorhergegangenen fünfzig Charaden. Wien 1803. 14 S., 1 Bl. Auflösung. V: *Richter, Josef.* (wrztg 1803, Nr. 106, S. 2578) (Hans Viktor Pisk: Josef Richter. Diss. Wien 1927. S. 158—159) (GGr VI/580, Nr. 56/B)

Charaden, Fünfzig neue, zur Unterhaltung für die elegante Welt. Wien bey Peter Rehm seel. Witwe 1803. 16 S., 2 Bl. (Auflösung), 8°. V: *Richter, Josef.* (GGr VI/580, Nr. 56/A) (Annalen der Literatur und Kunst in den österreichischen Staaten 1803, II/1, S. 822) (Hans Viktor Pisk: Josef Richter. Diss. Wien 1927. S. 158) (Ky 1/429) (Hdschr. Mitth. von Gustav Gugitz, Wien.)

Charaden, Fünfzig neue, zum gesellschaftlichen Vergnügen. Altdorf 1802. V: *Münch, Johann Gottlieb & Fabrice.* (Fiker)

— 50, zur Verkürzung d. Winterabende in gesellschaftl. Zirkeln. 8. Prag 798. Neureutter. 3 gr

— u. Logogryphen, s. Logogryphen.

Charaden und Logogryphen. Eine Centurie. Stuttg. [18??] V: *Haug, Johann Christoph Friedrich.* (EE)

Charaden und Logogryphen nach Salzmann's Methode . . . Nürnberg 1789. H: *Schaumann, Gg Ad. & G. F. B . . r* (Ky) (MI.)

— u. Logogryphen, aus allen Wissenschaften, nach Salzmanns Methode. 8. Nürnb. 789. Bieling. (Fr. Fleischer in Lpz.) 5 gr

Charaden, neue, ein Beitrag zur gesell. Unterhaltung. 8. Nürnb. (823), Monath u. K.

Charaden u. Räthsel von einer Berlinerin. Eine Weihnachtsgabe. 8. (5¾ B.) Berlin 844. (Ensslin'sche Buchh.) * —

— Räthsel u. Gedankenspiele. Deutsch u. Französ. 8. Berl. 784. Rellstab. 9 gr

— Räthsel, Logogryphen. 12. Ebd. 790. Ebd. 8 gr.

— Räthsel, Logogryphen. 2 Bdchen. 16. Berl. 796. Nauck. 8 gr.

— oder Sylbenräthsel, zur Unterhaltung. 8. Leipz. 805. (W. Nauck). 8 gr.

— od. Sylbenräthsel z. Unterh. rc. 8. Lpz. Sommer. 811.

— zur angenehmen Unterhaltung in freundl. Zirkeln. 8. Stendal 802. Franzen u. Gr. 2 gr.

—— Räthsel, Logogriphen, 456, u. dergleichen von C. J. v. A. 8. (9 B.) Ulm 845, Ebner.

Charaden-Almanach, 1834. — A. u. d. T.: Charaden. Von M. Enk. gr. 12. (10 B.) Wien, Gerold.

Charaden-Aufführungen. Theatralische Darstellungen von Wörtern für Jung und Alt von einer Frau. Breslau, Ed. Trewendt, [c. 1865]. VIII, 160 S. 8°. Sehr hübscher chromolithogr. Or.-Pappband. 14.—

Charaden-Aufführungen. Theatralische Darstellungen von Wörtern für Jung und Alt. Von einer Frau. 8. (VIII und 159 S.) Breslau 867, Trewendt.

Charaden- u. Räthselkranz. Gewunden zum freundl. Angebinde f. Zirkel geselliger u. angenehmer Unterhaltung. Mit 1 Vign. 16. Magdeb. 824. Rubach. 16 gr.

Charadenlese, neueste, gesammelt auf den Gefilden d. Witzes u. d. Laune. 8. Pesth 817. Müller. (Wien, Haas). 20 gr.

Charadomanie, oder eine Portion mittelmäß. u. schlechter gereimter Worte rc., Sylben- u. Buchstabenräthsel. f. a. Ruhrmann an d. Ruhr.

Charadomanie, oder eine Portion mittelmäß. u. schlechter gereimter Worte rc., Silben- u. Buchstabenräthseln. Von Ruhrmann an der Ruhr. 8. Essen 822. (Bädecker.)

Der Character der verstorbenen Königin von Gross-Britannien etc. etc. Carolina, Aus dem Englischen übersetzt von Conrad Heinrich Völcksen .... Hannover, o. J. (1738). 8°. (In Berlin 2 Expll.: Tu 1582, an Tu 1576.) (50 Pfg. E. Frensdorff, c. 1905.)

Character, Der, der Königin Caroline von Grossbritannien. Aus dem Engl. v. C. H. Völcksen. Hannover 1738. V: *Clarke.* (JStBbH)

Character, Der, eines Christen und ehrlichen Mannes am Hofe. Frankfurt 1751. V: *Moser, Friedrich Carl Freiherr von.* (Ky) (MGT) (ML)

— der, e. Christen u. ehrl. Mannes bei Hofe, in e. Schreiben rc. (v. F. K. v. Moser). Frankf. 751. Raspe. 3 gr.

Character, Der, eines wahren Christen ... 1738 in einer Gast-Predigt vorgestellt ... Nürnberg. V: *Vogt.* (Bibliotheca Norica Williana. Altdorf 1772—78. I, 3, 189.)

Character einer wahren Christin ... Leipzig 1803. V: *Seiler, Georg Friedrich.* (Fiker) (MGT)

— einer wahren Christin rc. d. Fr. o. Oehlefeld. v. G. F. Seiler. 8. Lpz. Kummer. 803.

Character, Der, eines Ciceronianers. Leipzig 1759. V: *Pölitz, Johann Gotthilf.* (Ky) (MGT) (Adel)

Character in der Deklamation. [Leipzig 1794.] V: *Wedag, Friedrich Wilhelm.* (ML)

Charakter, der deutsche. gr. 16. (41 S.) Münch. 891, Wilhelm. * — 60; geb. * 1 —

Charakter der Ehen nach der Harmonie der Seele und des Leibes geschildert, als ... Herr Alexander Christoph von Fanck, mit ... Fräulein Sophia Albertina von der Gröben; Imgleichen ... Herr Carl, Freyherr von Hoverbeck ... mit ... Fräulein Helena Henrietta von der Gröben, Ihr doppelt hohes Vermählungsfest den 4. Jenner 1753. feyerten. Königsberg, gedruckt mit Driestischen Schriften. fol.

Ueber den **Charakter** des Hochseligen Erbprinzen Ernst, eine Trauervorlesung, gehalten den 21sten Dec. 1779 in der vollk. und ger. Loge zum Rautenkranz in Gotha. [Gotha: Selbstverl. d. Loge 1780.] 24 S. 8° [Kupfertit.]
Kl. 1345.

Charakter, der, des Flüssigen. Versuch, den Zwiespalt zu beseitigen, welchen die Erklärung der Erscheinung des Drucks und der Hebung von Flüssigkeiten veranlaßt hat. Von B. T. gr. 8. (22 S.) Berlin 850, Decker'sche geheime Ober-Hofbuchdr.

CHARACTER, Der, eines vollkommenen Frauenzimmers, in den klugen Regeln, welche die Hertzogin von C*** der Printzeßin Celimene gegeben. Zelle, b. Ges. Conr. Gsellius. 8°.
O. M. V. 1749. E 2 b.

— der, eines vollkommenen Frauenzimmers rc. 8. Celle 763. Gsellius. 4 gr.

— — Dasselbe, titulo: Der vortreffliche Charakter eines vollkommnen Frauenzimmers in d. klugen Regeln, welche die Herzoginn von C*** unter d. Namen *Ariste* der Prinzessin Celimene gegeben. Leipzig 1763. Kl.-8°. (5 Kr. Gilhofer & Ranschburg, Wien, 1904.)

Character, Der, eines rechtschaffenen F. M. ... geschildert in einer Rede ... Berlin 1763. V: *Assum, J. W. von.* (Kl)

Character, der, Friedrich Wilhelm's IV., Königs von Preußen. Eine Rede am 15. Oktbr. 1847 in einer Preuß. Lehranstalt f. Jünglinge gehalten. gr. 8. (26 S.) Frankfurt a. O. 848, Hoffmann in Comm. n. 4 ngr

Character der Teutschen Gedichte. [Zürich 1734.] V: *Bodmer, Johann Jacob.* (GGr) (Mn) (Seufferts DLD XII, 1.)

Helds politischer Charakter von C—r. Druck von A. Obiz. 1 Bl. Fol.
Flugblatt. Berlin, 18. Sept. 1848.

Character, Der katholische, der Wiener Universität. Eine Denkschrift der theologischen Facultät. Wien 1863. V: *Tosi, Joseph.* (EB)

Charakter, der katholische, der Wiener Universität. Eine Denkschrift der theolog. Facultät. gr. 8. (XV und 168 S.) Wien 863, Mechitharisten-Congregations-Buchh. *

Der Character eines guten Landesherrn in einer Rede zur Feyer des hohen Geburts-Festes des grossen und besten Kôniges Friederichs des Grossen vorgestellet von dem Redner der ehrw. Frey-Mâurer-Loge zur Eintracht [in Berlin]. Berlin 1764: Decker. 19 S. 8⁰
Kl. 861. Selten.

Character und kurzgefasste Lebensbeschreibung des Abts Winckelmann zu Rom. O. O. 1764. V: *Paalzow, Johann Gottfried.* (Adel)

Character des Grafen von Mansfield, aus dem Engl. übers. [Bayr. 1797.] Ü: *Gumpelzhaimer, Christian Gottlieb.* (MGT)

Character des Maurer-Bundes F. L. Graf v. M. [Lübeck 1810.] V: *Moltke, Friedrich Ludwig Graf von.* (wolfstieg I, 116)

— über den, d. Medea, (v. J. C. Kapp). (Altenb.) 789. (Hennings in Neisse). 3 gr.

— über den, der Medea. 8. Altbg. (Academ. Hdl. in Jena. 789.

Character und Handlungen, Napoleon Buonopartes, ehemaligen Beherrschers der Franzosen, nach der Wahrheit geschildert . . . Germanien [Hamburg] 1814. V: *Knüppeln, August Friedrich Julius.* (A) (Schr) (Wr)

Character, Ostfrieslands politischer, historisch beleuchtet. Berlin 1867. V: *Linsingen, C. O. von.* (JStBbH)

Character, Der, und die Pflichten der ächten Humanität. Wien 1831. V: *Koch, S.* (Wiener Ztschr. 1831, Nr. 149. S. 1196.) (Mitth. A. Rosenbaum.)

Charakter, der, u. die Pflichten d. ächten Humanität. gr. 12. (6 B.) Wien 831, Gollinger.

Character, Lehre und Wandel, Ronge's. Nach der Wahrheit beleuchtet. 2. Aufl. Ulm. O. J. V: *Chownitz (Chowanetz), Jos.* [?] (Th)

— des Thaddäus Surer, dermal. Franz Wadler, Mechanikus u. Holzuhrmacher zu Nürnberg, gezeichnet von dem Revisor d. Augsb. Kritiken u. berichtigt von ihm selbst. 8. Nürnb. 791. Raw. 3 gr.

Charakter. – Der v o r t r e f f l i c h e Charakter eines vollkommenen Frauenzimmers, . . . , s. C h a r a k t e r , Der , eines vollkommenen F r a u e n z i m m e r s , . . .

— der vortreffliche, Gellerts. 8. Leipz. 770. Müller. 1 gr.

C h a r a k t e r , D e r w a h r e , d e s H e r r n D o c t o r C. F. B a h r d t. In vertrauten (oft recht derben) Briefen geschrieben von einem Niederländischen Bürger an Seinen Freund in London. O. O. (Gera, Rothe) 1779. 8⁰.
S k a n d a l s c h r i f t , voll der schärfsten Angriffe gegen Bahrdt. 80 S. (incl. Titel). — Weller, fing. Dr., hat irrig: „London 1778".

Charakter, d. wahre, d. Dr. Bahrdt. 8. Gera 780. Rothe. 4 gr.

Character und Wandel, Der, des weiblichen Geschlechts und die Vorteile, so Jünglinge aus dem Umgange mit tugendhaften Frauenzimmern ziehen können. A. d. Engl. Leipzig 1776. V: *Fordyce, Jacob.* (RHMBF I, 60)

Character des Prinzen Wilhelm Adolph von Braunschweig. Berlin 1771. V: *Jerusalem, Johann Friedr. Wilh.* (ML)

Charakter, über den, unsrer Zeit und den Mißklang im constitution. Leben. Ein Beitrag zur richtigen Würdigung der Mißgriffe von Seiten der Stände u. der Regierungen in Deutschland, und zur Erzielung u. Befestigung eines freundl. Einverständnisses zwischen Beiden, von Einem, der nicht im Dienste der sogenannten Legitimitat u. Volkssouverainetät, sondern in dem d. Patriotismus stehet. gr. 8. Heidelb. 835. Groos. 1/2 rf

Charakterbild, e., d. verewigten Schulvorstehers zu Remberti, Martin Grelle. Zum Andenken f. seine vielen Verehrer. gr. 8. (32 S.) Bremen 889. Meierdierks. — 50

Charakter-Bilder. Erzählungen, gesamm. v. W. Kölbel. 8. (10½ B.) Leipzig 838, Kupfer. (?)
Erschien früher unt. d. T.: Blüthen rc.

Charakterbilder, architektonische. Eine Auswahl deutscher u. fremder baukünstler. Werke unserer Zeit. Hrsg. v. Bruno Möhring. 1. u. 2. Jahrg. 1900 u. 1901. à 6 Lfgn. Fol. (à Jahrg. 100 Lichtdr.-Taf. m. 28 S. illustr. Text.) Stuttgart, C. Ebner.
In Mappe à Jahrg. n. 30. —

— dasselbe. Hrsg. v. Rich. Katz. 3. Jahrg. (1902.) 6 Lfgn. Fol. (à ca. 13 Taf. m. illustr. Text. Nebst: Katz, Rich., Wilhelm Kreis. Seine Ideen u. ausgeführten Werke. 1. Tl. hoch 4. [12 Taf. m. 4 S. Text.]) Ebd. In Mappe n. 30. —; einzelne Lfgn. n. 5. —

Charakterbilder aus dem deutschen Bühnenleben. Unter Mitwirkung verschiedener Autoren hrsg. von Gerhardt Penzler. 1. Bd. 1. Heft: Johanna Schwartz, königl. Hofschauspielerin zu Berlin. Ein Charakterbild von Gerhardt Penzler. (III, 30 S. mit Portr.) gr. 8. Berlin 887, (Lassar's Buchh.) *

Charakterbilder, christliche. 8. Stuttgart, Verlag der ev. Gesellschaft.
Baun, Fr., Johann Michael Hahn, der Gründer der Hahnschen Gemeinschaften in Württemberg. (1758—1819.) Mit 2 Bildern. 2. Aufl. (47 S.) 908. (Nr. 8) — 25
— Der blinde Hansjörg. Ein Führer vieler Sehenden. (1781—1863.) Neu hrsg. (47 S.) (909.) — 25
— Der Hansmartin v. Mägerkingen. (1804—1856.) Vom Wirt zum Stundenhalter. (51 S.) 909. — 25
— Der Karle v. Beuren. (Karl Buck, 1813—1898.) Ein Stiller im Lande. (39 S.) 909 — 25
— Schultheiß Klaß v. Beuren. (1822—1888.) Ein schwäb. Gemeinschaftspfleger. (48 S.) 909. — 25
Baun, Fr., der Glemser Marte. (1767—1856.) Ein schwäb. Bauer u. Gemeinschaftsmann. 2. Aufl. (47 S.) 908. (Nr. 5) — 25
Ledderhose, Karl Frdr., aus dem Leben des württemberg. Pfarrers Johann Friedrich Flattich. 8. Aufl. — Zeller, Christ. Heinr., u. Joh. Frdr. Flattich, Geheimnis des christlichen Haushalts od. Hausregeln. 16. Aufl. (32 u. 32 S.) 908. Nr. 7) — 20

Charakterbilder der Erd- und Völkerkunde. Mit kurzen erläut. Texten der Zeitschrift Globus entnommen. (In 20 Lfgn.) 1.—9. Lfg. hoch 4. (1. Bd. VIII und 432 S. mit eingedr. Holzschn.) Hildburghausen 867,68, Bibliographisches Institut. à Lfg. 10 Ngr.

Charakterbilder der Erd- und Völkerkunde. Mit kurzen erläut. Texten der Zeitschrift Globus entnommen. 2. Bd. in 7 Heften. hoch 4. (VI, 336 S. mit eingedr. Holzschn.) Hildburghausen [Leipzig] 868—70, Bibliographisches Institut.
à Heft *M 1. *
1. Bd. Ebendas. 1867,68. *M 9.

—— in Erzählungen f. d. reif. Jugend, v. K. Dielitz, C. Glocke, A. Hillert, G. Holting u. H. Smidt. M. 8. ill. Bildern. 8. (17¾ B.) Berlin 841, Winckelmann u. Söhne.

Charakterbilder, geographische, aus Österreich-Ungarn. Farbdr. Wien. A. Pichler's Wwe. & Sohn.
Mit Leinw.-Rand u. Ösen à Bl. 8. —
Heilmann, A., Aussig. 66,5×77,5 cm. (909.) (Bl. 18)
— Das Donautal m. Ruine Aggstein. 60×79 cm. (908.)
— Der Erzberg in Steiermark. 66×88 cm. (908.)
— Linz. 66×88 cm. (909.) (Bl. 20)
— Der Rosengarten (Tiroler Dolomiten). 66×88 cm. (910.) (Bl. 19)
— Das Salzbergwerk v. Wieliczka. 59,5×77,5 cm. (909.) (Bl. 16)
— Salzburg. 65×85,5 cm. (908.)
— Die Salzgärten bei Capo d'Istria. 59,5×77,5 cm. (910.) (Bl. 17)
Kircher, Alex., der Kriegshafen v. Pola. 66×88 cm. (910.) (Bl. 21)
Pendl, E., die Stilfserjochstrasse. 60,5×70 cm. (908.)
Vergl.: Gerasch, A. u. E. Pendl.

Charakterbilder, Geograph., aus Österreich-Ungarn. Begleitwort zu den Bildern v. Ant. Wollensack. Mit 20 nach den Wandbildern verkleinert angefertigten Abbild. (53 S.) Wien: Pichler 1909. gr. 8.

Charakterbilder, geographische, für Schule und Haus. Hrsg. unter pädagog. und wissenschaftl. Leitung von Jos. Chavanne, V. v. Haardt, A. Ritter Kerner v. Marilaun etc. unter Mitwirkung vieler anderer namhafter Fachmänner. (In 2 Serien à 10 Lfgn.) 1.—8. Lfg. Oelfarbendr. Imp.-Fol. Wien, Hölzel. Subscr.-Pr. à Lfg. *M 12.; Ladenpr. *
Auf Deckel oder weissen Carton gespannt *
Ladenpr. *
Einzeln à Bl. *
Auf Deckel oder weissen Carton gespannt *
Inhalt:
Lfg. 1. No. 1. Aus dem Ortler-Gebiete. — No. 2. Die Cañons und Wasserfälle des Shoshone. — No. 3. Der Golf von Pozzuoli mit der Bucht von Bajae und dem Cap Miseno. 881.
» 2. No. 4. Die Wüste. — No. 5. 6. Das Berner Oberland. 881.
» 3. No. 7. Otukapuarangi am Rotomahana [ein kochender Sprudel]. — No. 8. Aus der Sierra Nevada Californiens. — No. 9. Der Ostrand des Plateau's von Anahuac. 882.
» 4. No. 10. Neapel mit dem Vesuv. — No. 11. Pasterzengletscher. — No. 12. Das Nilthal. 882.
» 5. No. 13. Säulencap auf Kronprinz Rudolph-Land. — No. 14. Die Düne und das Felseneiland Helgoland. — No. 15. Tropen-Urwald im Tieflande am Amazonas. 883.
» 6. No. 16. Hafen von Nagasaki. — No. 17. Der Calvarienberg in der Adelsberger Grotte. — No. 18. Thalsperre bei Kronburg im Ober-Innthale. 883.
» 7. No. 19. Die Weckelsdorfer Felsen. — No. 20. Die Donau bei Wien. — No. 21. Mangrove-Küste bei Venezuela. 884.
» 8. No. 22. Aus dem Riesengebirge. — No. 23. 24. Das Stettiner Haff. 884.

Charakterbilder, geographische, für Schule und Haus. Hrsg. unter pädagog. und wissenschaftl. Leitung von Jos. Chavanne, V. v. Haardt, A. Ritter Kerner v. Marilaun etc. unter Mitwirkung vieler anderer namhafter Fachmänner. 9. und 10. (Schluss-)Lfg. [Nr. 25—30.] Oelfarbendr. Imp.-Fol. Wien 885,86, Hölzel. Subscr.-Pr. à Lfg.
Auf Deckel oder weissen Carton gespannt à Lfg.
Einzeln à Bl.
Auf Deckel oder weissen Carton gespannt à Bl.
Inhalt:
Lfg. 9. Nr. 25: Die Bocche di Cattaro. — Nr. 26: Hammerfest. — Nr. 27: Der Tafelberg mit der Capstadt.
» 10. Nr. 28: Pleaskin Head. — Nr. 29: Das ungarische Tiefland. — Nr. 30: Der Grand Cañon des Colorado.
1.—8. Lfg. Ebendas. 1881—84.

—— dass. — Text-Beilage mit Lichtdr.-Bildern, Karten etc. 1.—7. Heft. Lex.-8. Ebendas. [1. Heft. (S. 1—33.) 881. *M 1,60.; 2.—4. Heft. (S. 34—78 mit 7 eingedr. und 1 photolithogr. Karte.) 882,83. à Heft *M 1,20.; 5. Heft. (S. 79—110 mit 3 eingedr. Orientirungskarten.) 883. *M 1,20.; 6. Heft. (S. 111—129 mit 1 photolithogr. Karte.) 884. *M 1,20.; 7. Heft. (S. 130—149 mit 1 chromolithogr. Karte.) 884. *M 1,20.] *

—— dass. — Text-Beilage. 8. und 9. Heft [zur 9. und 10. Lfg.]. Lex.-8. Ebendas. [8. Heft. (S. 151—179 mit 1 eingedr. und 1 chromolithogr. Karte.) 885; 9. Heft. (S. 181—226 mit 2 Illustr. und 1 Panorama.) 886. à *M 1.20.] *
1.—7. Heft. Ebendas. 1881—84. *M 8.80.

Charakterbilder, geographische, f. Schule u. Haus. Hrsg. unter pädagog. u. wissenschaftl. Leitg. v. V. v. Haardt, A. Ritter Kerner v. Marilaun, V. Prausek etc. u. Mitwirkg. vieler anderer namhafter Fachmänner. Nr. 31 u. 32. Oelfarbendr. Imp.-Fol. Wien 889, Hölzel. à Bl. 4 —; 8 —
Auf Deckel od. weissen Carton gespannt à Bl. 5 —; 10 —
31. Der Halemaumau-Lavasee d. Kilauea-Kraters auf Hawaii.
32. Ansicht des Kintschindschinga m. den Vorketten d. Himalaya.
1.—30. Nr. Ebd. 1881—84. [M. 180 — resp. M. 210 —] M. 130 30 resp. M. 160 30.

— dasselbe. Text-Beilage zum 1. Suppl. Mit 7 Textbildern. Lex.-8. (22 S.) Ebd. 889. n. 1. —
(Textbeil. zum Hauptwerk u. 1. Suppl.: n. 12. 20)

Charakterbilder, geographische, f. Schule u. Haus. Hrsg. unter pädagog. u. wissenschaftl. Leitg. v. Jos. Chavanne, V. v. Haardt, V. Prausek etc. u. Mitwirkung vieler anderer namhafter Fachmänner. 2. Suppl. [Nr. 33 u. 34.] Oelfarbendr. Imp.-Fol Wien 893. E. Hölzel. n. 8. —; auf Deckel od. weissen Karton gespannt n. 10. —; einzeln à Blatt n. 4. —; auf Deckel od. weissen Karton gespannt n. 5. —
33. Reise auf den Lofoten. 34. Der Mont Perdu u. der Circus v. Gavarnie in den Hochpyrenäen.

— dasselbe. Text-Beilage zum 2. Suppl. Mit 2 Textbildern, 2 Karten u. 2 Profilen. Lex.-8. (25 S.) Ebd. 893. n. — 90

Charakterbilder, geographische, f. Schule u. Haus. Hrsg. unt. pädagog. u. wissenschaftl. Leitg. von V. v. Haardt, Albr. Penck, V. Prausek etc. u. Mitwirkg. viel. and. namhafter Fachmänner. 3. Suppl. [Nr. 35—37.] Oelfarbendr. Imp.-Fol. Wien 896. E. Hölzel. n. 8. —; auf Deckel gespannt n. 12. —; einz. Blatt n. 4. —; auf Deckel gesp. n. 5. —
35. D. Fischsee u. d. Meeraugspitze i. d. Hohen Tatra.
36. Massai-Steppe m. Kilima-Ndjaro.
37. D. Rhein b. St. Goar.

— dasselbe. Text-Beilage. M. 1 Titelbilde u. 2 Profilen. Lex.-8. (45 S.) Ebd. 896. n. 1. —

Charakterbilder, geographische, Fortsetzg., s.: Hölzel.

[E.] Hölzel's Geographische Charakterbilder [in verkleinerten Abb.] nebst 1 Titelbilde. Glogau: C. Flemming 1906. (IV S., 33 Taf.) 8° [J.]
— Pahde, Adolf: Leitfaden d. Erdkunde f. höh. Lehranstalten. II. 6. [07. 3799]

— geographische, aus Schwaben. Hrsg. v. E. Hörle. Gemalt v. Paul Schmalzried. 1. Reihe. 1.—6. Blatt à 80×60 cm. Farbdr. Nebst Text v. E. Hörle. gr. 8. Stuttgart 900. 901. Hobbing & Büchle.
Für die Reihe v. 6 Blatt n.n. 12—; einz. Bl. 3. —;
Texthefte à n.n. — 25
1. Der Lichtenstein m. dem Echatzthal. Text. Mit 1 Abbildg. nach e. Aquarell v. Paul Schmalzried. (IV, 16 S.)
2. Die Nebelhöhle m. Frühlingsfest. Text. Mit 1 Abbildg. des Inneren nach e. Orig.-Aquarell v. P. Schmalzried u. e. Lageplan. (15 S.)
3. Der Hohenzollern. Text. Mit e. Ansicht des Hohenzollern vom Zeller Horn aus nach e. Aquarell v. Paul Schmalzried u. e. solchen v. Westen aus gesehen. (16 S.)
4. Der Hohenstaufen. Text. Mit 2 Abbildgn., e. Gesamtansicht nach dem Aquarell v. Paul Schmalzried u. e. Ansicht des Barbarossakirchleins. (16 S.)
5. Der Uracher Wasserfall u. seine Umgebung. Text. Mit e. Abbildg. des Wasserfalls nach dem Aquarell v. Paul Schmalzried. (16 S. m. 1 Abbildg.)
6. Ulm u. sein Münster. Text. Mit 1 Abbildg. nach dem Aquarell v. Paul Schmalzried. (20 S.)

— geographische, aus Schwaben. Hrsg. v. E. Hörle. Gemalt v. Fr. Reinfort u. Paul Schmalzried. 2. u. 3. Reihe. Je 6 Blatt je 80×60 cm. Farbdr. Nebst Text v. E. Hörle. gr. 8. Stuttgart [Hobbing & Büchle], Holland & Josenhans. Für die Reihe n.n. 13.—; aufgezogen n.n. 15. —; Mappe n.n. 2. —; einzelne Bl. n.n. 3. —; Texthefte allein je n.n. — 25; 7/8 n. — 40 (Vollständig: Ermäss. Preis n.n. 36. —; aufgezogen n.n. 42. —)
7. 8. Stuttgart. Text. Mit 2 Ansichten nach Aquarellen v. Fr. Reinfort u. e. weiteren Abbildg. (33 S.) 901.
9. Rotenberg u. Neckarthal. Text. Mit e. Ansicht nach dem Aquarell v. Fr. Reinfort u. 2 weiteren Abbildgn. (18 S.) 902.
10. Der Asperg u. das lange Feld. Text. Mit 1 Abbildg. nach dem Aquarell v. Fr. Reinfort. (16 S.) 901.

11. Die Riede Oberschwabens. Text. Mit 1 Ansicht nach dem Aquarell v. Fr. Monfort u. e. weiteren Abbildg. (20 S.) 902.
12. Der Bodensee. Text. Mit e. Abbildg. des Bodensee's m. Alpenkette vom Heiligenberg aus, nach dem Aquarell v. Fr. Monfort. (24 S.) 901.
13. Der Schwarzwald. I. Land u. Leute im Schwarzwalde. Text. Mit e. Ansicht u. e. Titelbilde. (20 S.) 902.
14. Dasselbe. II. Der Gebirgscharakter. Text. Mit e. Ansicht nach dem Aquarell v. Fr. Monfort. (24 S.) 902.
15. Das Algäu. Text. Mit e. Ansicht nach dem Aquarell v. Fr. Monfort u. e. Höhenbilde. (20 S.) 902.
16. Wildbad im Schwarzwalde. Text. Mit e. Ansicht nach dem Aquarell v. Fr. Monfort. (16 S.) 902.
17. Heilbronn. Text. Mit e. Ansicht nach dem Aquarell v. Fr. Monfort. (19 S.) 902.
18. Schwäbisch-Hall. Text. (17 S. m. 1 Abbildg.)
1. Reihe. Bl. 1—6 jetzt Ebd. 900. 901.

-- geologische. Hrsg. v. H. Stille. 1—3. Heft. 30,5 ×24 cm. Berlin, Gebr. Borntraeger. Subskr.-Pr. nn 12. --

Grund, A., das Karstphänomen. (6 Lichtdr.-Taf. m. 23 S. Text.) 910. (Hft. 3) nn 4. 80
Philippi, E., Eisberge u. Inlandeis in der Antarktis. (6 Taf. m. 6 Bl. Erklärgn.) 910. (Hft. 1) nn 3. 60
Wahnschaffe, F., grosse erratische Blöcke im norddeutschen Flachlande. (6 Lichtdr.-Taf. u. 5 S. Text m. 1 Abbildg.) 910. (Hft. 2) nn 3. 60

Charakterbilder aus der jüdischen Geschichte von der Erbauung des zweiten Tempels bis auf die neueste Zeit. Hrsg. von Ignaz Friedmann. I. Lfg. 8. Pest 860, Lampel.

— graphologische. I. gr. 8. Leipzig 898. P. List. n. 1.—
Bismarcks Charakter. E. grapholog. Studie. M. 40 Handschriften-Proben v. Bismarck u. And. Von Hans H. Busse. (38 S.)

Characterbilder, Grossstädtische. Berlin 1892. V: *Wimmer, Adolph.* (Berl)

Characterbilder, Grossstädtische. Wien und die Wiener. Berlin 1893. V: *Linden, Oscar.* (Mitth. d. Verlagsbuchh.)

— großstädtische. I. Wien u. die Wiener. Ungeschminkte Schildergn. e. fahr. Gesellen. 1. u. 2. Aufl. gr. 8. (V, III, 350 S.) Berlin 893. E. Rentzel. n. 3. --

Charakterbilder bedeutender Künstler. 1. Heft: Filippo Bruneleschi von F. Holtzhausen. 8. (52 S. mit Portr. in Holzschn.) Leipzig 881, Morgenstern.
Nicht weiter erschienen.

— militärische, hrsg. v. Herm. Barth u. Paul Kolbe. 1—8. u. 10. Heft. gr. 8. Leipzig, F. Engelmann. 18. —

Barth, Herm., August v. Goeben. Ein Gedächtnisblatt an e. großen Mann aus großer Zeit. Mit e. Bildnis. (122 S.) 907. (Hft. 4) 2.—; geb. 2. 60
Boysen, Adalb., aus der Heldenzeit der Nordfriesen u. Dithmarschen. (21 S.) 907. (Hft. 8) 80
— Die Sulioten. Aus der Geschichte e. Heldenvolkes. Mit dem Bild e. Suliotenkriegers. (24 S.) 907. (Hft. 3) 60
Kolbe, Paul, Fürst Blücher. Eine kurze Lebensbeschreibung. (75 S. m. 1 Bildnis.) 907. (Hft. 1) 2.
— Unsere Helden in Südwestafrika. I. Die Kämpfe m. den Hereros. Mit 1 Übersichtskarte, 12 Abbildgn. v. Mitkämpfern u. 6 Abbildgn. vom Kriegsschauplatz. (85 S.) 907. (Hft. 2) 2. 50
— dasselbe. II. Die Kämpfe m. den Hottentotten. Mit 12 Abbildgn. v. Mitkämpfern u. 6 Abbildgn. vom Kriegsschauplatz. (S. 86—175.) 907. (Hft. 7) 2. 60
— dasselbe. III. Die Niederwerfg. der Hottentotten Mit 1 Übersichtskarte, 32 Abbildgn. v. Mitkämpfern, 10 Abbildgn. vom Kriegsschauplatz u. 2 Gedenkblättern. (S. 175—309.) 907. (Hft. 10) 4. —
— Joachim Nettelbeck. Eine kurze Lebensbeschreibung. Mit e. Bildnis Nettelbecks, des Denkmals Nettelbeck-Gneisenau u. dem Plan Kolbergs im J. 1807. (101 S.) 907. (Hft. 5) 2.40; geb. 3. —
Nordmann, Mich., Friedrich Wilhelm I. u. die Organisation der preuß. Armee. Mit e. Bildnis Friedrich Wilhelms I. (45 S.) 907. (Hft. 6) 1. 20

Characterbilder der französischen Revolution. Leipzig 1848. V: *Weller, Emil.* (EB)

Charakterbilder deutscher Waldbäume. 17 Kupferstiche von A. Krause, A. Neumann u. E. Heyn, mit Text von E. A. Rossmässler. Leipzig 1863. Fol. . . .

Charaktere. –

Charactere und Anecdoten aus Soulavies Denkwürdigkeiten der Regierung Ludwigs XVI. 8. Fürth 1802.

— u. Anekdoten aus Soulavies Denkwürdigk. Ludwig d. XVI. Mit 8 Portr. 8. Nürnb. 803. Campe. 1 Rthlr 8 gr

— u. Anecdot. a. d. Denkwürdigk. Soulavies. d. Nürnb. Campe. (Heerbrand in Stuttg.) 803.

Charactere und Anekdoten vom Schwedischen Hofe. A. d. Engl. mit Anmerkungen vom Prof. Ferd. Aug. Lueder . . . Braunschweig 1790. V: *Ristel, A. Friedrich.* (Bygdén, Svenskt anon. och pseud. lex. Upsala 1898 ff. I.) (RHMB VI, 246)

— u. Anekdoten vom schwedischen Hofe; aus d. Engl. v. A. F. Lüder. gr. 8. Braunschw. 790. Schulbuchh. 1 Rthlr 8 gr

Charaktere, christliche, s. Familien-Bibliothek, kleine.

Charaktere, christliche, oder: Gehet hin und thuet desgleichen! (Von Rosalie Koch.) 1. u. 2. Thl. Breslau (854). Hirt. br. 8.
1. Thl.: August Hermann Francke, oder: Macht und Segen des Gebetes und Gottvertrauens. Von der Verfasserin von „Stillleben und Weltleben." Mit Illustr. (Holzschnitten im Text): Portraits, Scenen aus Francke's Leben und Ansichten des Halle'schen Waisenhauses, nach Original-Zeichnungen von Georgy, Kretschmer u. Neumann. (4 Bl., 127 S.) 1 Rthlr 5 ngr
2. Thl.: Elisabeth Fry und Sara Martin oder: Auch ein Frauenberuf! Von der Verf. von „Stillleben und Weltleben". Mit Illustr. (Holzschn. im Text) nach Original-Zeichngn. von H. Bürkner. (3 Bl., 164 S.) 1 Rthlr 5 ngr

Charaktere, christliche, oder: Gehet hin und thuet desgleichen! Lebensbilder von der Verf. von „Stillleben und Weltleben" (Rosalie Koch). 2 Thle. 2. Ausg. Mit in den Text gedr. Illustr. (in Holzschn.) 8. Breslau 863, Hirt's Verlag. à Thl. * 17½ Ngr. *

Inhalt:

Thl. 1. August Hermann Franke, der Armen- und Waisen-Freund. Jubel-Ausg. bearb. von F. A. Eckstein. (V und 140 S.) (Volks-Ausg. * 10 Ngr.)
" 2. Elisabeth Fry und Sara Martin oder: Auch ein Frauenberuf. (VIII und 164 S.)

Charaktere deutscher Dichter u. Prosaisten, von Karl d. Großen bis 1780. (Herausg. v. K. A. Küttner.) 2 Thle. 8. Berl. 780 u. 81. Voß. 1 Rthlr 6 gr

— d. vornehmsten Dichter aller Nationen, s. Nachträge zu Sulzers allgem. Theorie.

Charactere der vornehmsten Dichter aller Nationen . . . Leipzig 1792-1808. H: *Dyk, Johann Gottfried & Georg Schatz.* (BrMm) (EE)

— d. vornehm. Dichter aller Nation, als Nachtr. z. Sulzers allgem. Theorie rc. 1 bis 8r Bd. à 2 Stck. gr. 8. Lpz. Dyk 792—808. (d. Bd. à 2 Stck., d. Stck à 16 gr.

CHARAKTERE und Erzählungen, aus verschiedenen Sprachen übers. u. zusammen getragen. 2 Thle. Frankfurt u. Leipzig (Karl Gli. Strauß in Frankfurt a. O.) 1778. 8°.
O. M. V. 1778. S. 411; M. M. V. 1778. S. 542; Cat. libr. H. G. Franckii, III. Graizae 1784. p. 346.

Charaktere u. Erzähll. aus verschied. Sprachen. 3 Thle. 8. Frankf. a. d. O. 778. Acad. B. 1 Rthlr

Charactere des häuslichen Lebens . . . Frankf. a. M. 1821. V: *Gebhardt, Cora Natalia geb. Naumann.* (Ky) (MGT)

Charactere aus dem häuslichen Leben ... Frankfurt a. M. 1825. V: *Gebhardt, Cora. Nat.* (MGT) (Zeitschr. f. Büch. 1923, S. 81)

— aus d. häusl. Leben. Ein Lesebuch für Kinder v. reiferem Alter. Von d. Verf. d. Samml. kl. Erzähll. f. Sophie, Marie u. Friedrich. 8. Frankf. 825. Wilmans. 18 gr (Gebhardt in Grimma). Hbg. Pr. 12 gr

— interessanter Menschen unsrer Zeit. 2 Thle. gr. 8. Gießen 805. (Heyer). 2 fl 8 gr (A. u. d. T.: Darstell. merkw. Personen etc.) Vergl. auch unten: Charakterschilderungen jetzt lebender ber. Männer Großbritanniens etc.

Charactere interessanter Menschen uns. Zeit. 2 Thle. Auch unt. d. Titel: Darstellung merkwürdiger Männer. gr. 8. Gießen, Müller. 805.

— inter. ssanter Menschen uns. Zeit. 2 Thle. gr. 8. Gießen, Tasché. 805.

Charactere, Die, der Herrn Siegwart-Müller und Vincenz Müller aus Uri ... blossgelegt durch Thatsachen. [St. Gallen 1867.] V: *Curti, Alb.* (Cat. d. Stadtbibl. Zürich. Zürich 1864—97.)

Charactere, oder unpartheyische Musterung des öffentlichen Betragens und der Fähigkeiten der vornehmsten Personen im Parlemente von Grosbritannien; betrachtet als Staatsmänner, Senatoren, und öffentliche Sprecher.
Aus dem Englischen übersetzt.
Altona: Eckhardt. 1778. XVI, 200 S. 8°.
Landesbibliothek Gotha
Übers. v. Characters containing an impartial Review of the public Conduct and Abilities of the most eminent Personages in the Parliament of Great-Britain; considered as Statesmen, Senators and Public Speakers. London 1777.

— oder unpartheiische Muster d. öffentl. Betragens d. vornehmsten Personen im Parlament v. Großbrit. gr. 8. Altona 778. Bohné. in Hamb. 20 gr

Charaktere, politische, in Oestreich. 1. Hft. gr. 8. (63 S.) Leipzig 849. Keil. 9 ngr

Politische Charaktere in Oestreich. Heft 1: Schnitzelka. Leipzig, E. Keil 1850. 63 S. 8.

— sittl., u. Betrachtt. zur Beförderung d. Tugend u. Rechtschaffenheit; nach Chevreau; aus d. Französ. übers. (v. B. Köberlin). 8. Augsb. 771. N. A. 786. Veith. 12 gr

Charactere und Betrachtungen, Sittliche, zur Beförderung der Tugend und Rechtschaffenheit; a. d. Franz. 3. Aufl. Augsburg 1786. V: *Chevreau, Urbain.* Ü: *Köberlin, Balth.* (CLzür Forts. I)

Charaktere u. Situationen. Vier Bücher Novellen, Skizzen, Wanderungen auf Reisen u. durch d. neueste Literatur. Von Th. M. (Theod. Mundt.) 2 Thle. 8. (45½ B.) Wismar 837, Schmidt u. v. Cossel's Rathsbuchh.
Inh. I. Novellen. II. Deutsche Gestalten u. Richtungen. — III. Skizzen. IV. Charaktere u. Probleme.

Charactere, Ungarns politische. Gezeichnet von F. R. Mainz 1851. V: *Reisinger, Franz.* (Ky)

Characterentwicklung, Ludwig Feuerbachs Philosophische. Leipzig 1874. V: *Grün, Carl Theodor Ferd.* (ADB)

Charakter-Epigrammen über ausgezeichn. historische Personen d. alten u. neuen Zeit, e. Versuch v. D. S. 12. Lpz. 809. Baumgärtner. 1 fl

Charaktergemälde von Dresden, grau in grau; f. Alle, welche d. Elbresidenz bewohnen od. kennen zu lernen wünschen, aufgestellt v. Janus. 8. (22½ B.) Pößneck 833. (Leipzig, Hartmann.)

Charaktergemälde berühmter deutscher Frauen d. frühern u. spätern Zeit. Allen edlen Frauen u. deren erwachsenen Töchtern als Muster aufgestellt. 16 Bdchen. 8. Frankf. 826. H. Wilmans. 1 fl 6 gr (Gebhardt in Grimma). Hbg. Pr. 18 gr

Charakter-Gemälde, Getreue, aus Schwaben, oder Beschreibung aller Stände, Sitten und Gebräuche des Landes. Erste (einz.?) Lfrg. O. O. u. J. (c. 1845?). 8°. 16 S. (1 Mk. 50 Pfg. Schaper, Hannover, 1902.) Selten!
Darin: Ein Stuttgarter alter Junggeselle. — Eine alte Schwaben-Jungfer. — Ein öffentliches Stuttgarter Mädchen.

Characterisierung einer kleinen Art von Taschen-Krebsen ... Hamburg [1780]. V: *Schultz, Er. Chph.* (BrMm) (EBHN)

Charakteristik

— d. Adels d. Vorzeit, in Anekdoten. 8. Zwickau 804. Schumann. 18 gr

Characteristik von Berlin ... Philadelphia [Leipzig] 1785. V: *Knüppeln, Julius Friedrich.* (Wr)

— v. Berlin; Stimme e. Kosmopoliten in d. Wüste. 3 Thle. 8. Philadelphia 785—89. (Kummer in Leipz.) 2 fl 8 gr

— d. Bibel, s. Aug. H. Niemeyer.

Charakteristik des Generals Bonaparte. Deutschland (G. Fleischer in Leipzig) 1797.

Zur Charakteristik des ehemaligen kath. Vikars Czerski. (Aus dem kath. Wochenblatte abgedr.) Marienburg, Dormann, 1845. 8°. 10 Bl.

Characteristik der wichtigsten Ereignisse des siebenjährigen Krieges ... Berl. 1802. V: *Retzow, J. A. von.* (Ky) (MGT)

- der wichtigsten Ereignisse des siebenjähr. Krieges u. s. w. 2 Thle. gr. 8. Berl. Himburg. 802.

— d. Erziehungsschriftsteller Deutschlands, (v. Sam. Baur). 8. Leipz. 790. Fr. Fleischer. 1 fl 12 gr Holl. P. 2 fl

Charakteristik. – Zur Charakteristik des Euripides u. seiner Zeit. Einsiedeln. 4. 28 S.
Schul-/Univ.-Schrift 1865.

— d. Frauenzimmers, (v. Sam. Baur). 2 Thle. (2r Thl. A. u. d. T.: Liebe, was sie ist u. sein sollte etc. 790. 14 gr) 8. Gotha 788, 90. Ettinger. 1 fl 6 gr

Characteristik des Frauenzimmers ... Gotha 1789. V: *Baur, Samuel.* (MGT) »1788—90« (Ky)

Characteristik, Friedrichs des Einzigen authentische, aus seinen eignen Geständnissen ... Berlin 1790. V: *André, Christian Carl.* (BrMm) (MGT)

Characteristik Friedrichs II. Berlin 1789. V: *Stein, Christian Gottfried Daniel.* (Ky) (MGT) (Pr)

— Friedrich II., König v. Preußen, (v. Chr. G. D. Stein). 3 Bde. 8. Berl. 798. (Herbig). 3 Thlr. Schrbp. 4 Thlr. (Vergl. Anekdoten u. Charakterzüge Fr. II. in 19. Bdchn.)

— Friedrich II. König von Preußen. 3 Bde. 8. Berl. Unger (a. Schade. 798.)

Belins.

Charakteristik Friedrich Wilhelm III. und der bedeutendsten Personen an seinem Hofe. Gesammelt und bekannt gemacht von M. W. Aus dem Französischen übersetzt. O. O. 1808. V: *Buchholz, Friedrich.* (stadtBiblBerlin XII, S. 170)

— Friedrich Wilhelm III. u. d. bedeutendsten Personen an seinem Hofe. 8. Leipz. 808. (Wienbrack). 1 Thlr.

Charakteristik, Zur, der Gegenwart in Ungarn. 8. 1842.

— d. kathol. u. protestant. Geistlichen; e. Skizze. 8. Liegnitz 788. Siegert. 4 gr.

— etlicher preuß. Geistlichen. 8. Berl. 796. Matzdorf. 14 gr.

— d. Geistlichkeit voriger Jahrhh. 8. Zwickau 804. Schumann. 18 gr.

— u. Gemälde aus Berlin, s. a. Cranz.

— oder Gemälde aus d. jetzt lebenden Berlin f. d. J. 1784. (v. A. F. Cranz). 4 Stcke. 8. Philadelphia. (Berl.) 784. Hesse. 16 gr.

CHARACTERISTIK (sic!) oder (versificirte) Gemälde aus dem itztlebenden Berlin für's Jahr 1784. Von dem Verfasser der Berlinischen Correspondenz *(Aug. Friedr. Cranz).* 4 Stücke. Philadelphia (Berlin) 1784. 8°. (In Dresden nur Stück 1—3.) (4 Mk. Kühl, Berlin, c. 1883.) (In Breslau, Kgl. u. Univ.-Bibl., cplt. in 4 Stücken.)
— — Dasselbe. 2. Aufl. 3 Bde. Ebd. 1785. 8°. (1—2 auch in d. Bibl. d. Vereins f. d. Gesch. Berlins, ein Druck o. J. in der Berliner Magistratsbibl.)
Das Anon.-Lex. hat 4 Stücke. Philadelphia (Berlin) 1783 bis 84.

(Charakteristik der Generalität der österr. Nord-armee.) (Berlin 1866.) 8°.

— d. schön. Geschlechts. 8. Wien. (Hertel, Lpz.) 796.

Charakteristik d. menschl. Herzens, in Darstellungen aus d. wirkl. Welt, (v. K. F. Benkowitz). Mit 1 Kpf. 8. Bresl. 798. W. G. Korn. 20 gr.

— d. Hundes, e. Samml. vieles Interessanten, insbesondere über d. Eigenschaften u. den Nutzen dieses Geschöpfs, zur Unterhaltung für allerlei Leser. 8. (Leipz. 819. Andrä). 12 gr.

CHARAKTERISTIK, Kleine, von Hamburg, (typ. Ornam.) von einem Kosmopoliten, drey Treppen hoch. (Zierstock.) O. O. 1782. 8°. (In Hamburg, Stadtbibl.) (8 Mk. M. Glogau jr., Hamburg, 1906.)
96 S. (incl. Tit. u. 3 Bll. „Dedikazion oder Gevatterbrief, an das hochweise, grossachtbare Kirchenkollegium, der Kayserl. Freyen Reichs-Stadt Hamburg). Satyrisch, z. Theil grob. Nichts Erotisches.

— —, Kleine, von Hamburg. Von Einem — (wie oben). — Neue mit dazu gehörigen Anmerkungen vermehrte Ausgabe. (Dicker Druckerstock.) Hamburg und Leipzig, 1783. 8°. (Ebd., dem vorigen Expl. angebd.) (8 Mk. der Vorige; 3 Mk., etwas wasserfl., Taussig, Prag, 1904.)
94 S. (incl. Titel u. 4 Bll. doppelte Zuschr. an das obige Kirchenkollegium), 1 weisses Bl.

— Kleine, von Hamburg. 8. Hamb. u. Leipz. 783. Hellmann. 6 gr.

Characteristik, Kurze, des Schriftchens: Über den gegenwärtigen Zustand der Universität Tübingen. Tübingen 1826. V: *Klaiber, Chr.* (Kat. der ständ. Bibliothek Stuttgart. S. 51.)

Charakteristik, Kurze, d. Schrift: Ueber d. gegenwärtigen Zustand d. Universität Tübingen, u. d. leichteste Mittel, Ordnung etc. wieder herzustellen. gr. 8. Tübing. 826. Osiander.

Characteristik und Lebensgeschichte des Königs in Preussen Friedrichs II. Nürnberg 1786. V: *Neusinger, Johann Leonhard.* (will)

Zur Charakteristik der Dt. Legion von 1851 im Kaiserl. Brasilianischen Dienste. Nebst einem Anh.: Mitth. und Fingerzeige für Auswanderer nach der Brasilianischen Provinz Rio Grande do Sul. — Marburg: Elwert 1853. 110 S.

— Leopold II., v. Verf. d. österr. Biographien. 8. Wien 792. Degen. 1 Thlr.

— M. Luthers, von C. K. Wieland. 8. Chemn. Maule. 801.

— maler., d. Länder u. Nationen, f. Kinder u. Erwachsene ꝛc. 1s Heft. Mit 5 ill. Kpf. 4. Leipz. 804. Voß. 1 Thlr. 8 gr.

Characteristick [!] der Alten Mysterien für Gelehrte und Ungelehrte, Freymåurer und Fremde, aus den Original-Schriftstellern. Franckfurt u. Leipzig [Marburg: Krieger] 1787. 12, 432 S. 8°
cf. D. neuesten Religionsbegebenheiten. 10 (1787) S. 65—73; Encyclopädie d. Frmrei von C. Lenning. 1 (1822) S. 145.
Kl. 3831.

Characteristik der aussereuropäischen Nationen, welche noch wenig bekannt sind . . . Naumburg und Zeitz 1793. H: *Graupner, Joh. Friedrich.* (MGT)

— der außereuropäischen Nationen. 3 Thle. 8. Zeitz. Heinse. 793.

— einiger außereuropäischen Nationen, (v. Jh. Fr. Graupner). 3 Thle. 8. Zeitz 793. Webel. 1 Thlr. 16 gr.

— d. merkwürd. asiat. Nationen, (v. J. F. Poppe). 2 Thle. 8. Bresl. 776 u. 77. (Gosohorsky). 1 Thlr. 6 gr.

— einig. asiatischen Nationen. 2 Thle. 8. Bresl. Meyer 776. 77.

Characteristik der vornehmsten europäischen Nationen aus dem Engl. Leipzig 1772. Ü: *Schmid, Christian Heinrich.* (Ky) (MI.)

— — — 2 Thle. 8. Leipzig. Schwickert. 772.

— d. vornehmsten europ. Nationen. Mit 6 ill. Kpf. 8. Nürnb. 784. Schneider u. W. 4 gr.

Charakteristik der Niederländer, oder philosophisches Gemählte (!) ihres Geistes, Charakters, ihrer Sitten, Regierungsform und Politik. Aus dem Engl. Gotha 1790. 8°. (1 Mk. 50 Pfg. Paul Neubner, 1892.) Selten!

— d. Niederländer; aus d. Engl. 8. Gotha 790. Ettinger. 12 gr.

Zur Charakteristik neupreußischer Politik. Ein Sendschreiben an Herrn Professor Stahl in Berlin. Weimar 1854. 105 S. 8.

Characteristik der Quäcker. A. d. Franz. Boston [Heidelberg] 1792. V: *Brissot, P. S.* Ü: *Friedrich, Carl Jul.* (Wr)

— d. Quäker. 8. Heidelb. 792. Br[illegible]un. 6 gr.

Charakteristik ausgezeichneter Räuber u. Spitzbuben. gr. 8. Marb. (Leipz. Cnobloch in Comm.) 811.

Characteristik des Schauspielers aus dem Wochenbl. (gen. Carl Ackermann) . . . Riga 1807. V: *Brosse, Friedrich Christoph.* (GGr) (R-N)

Characteristik der Sitten Berlins . . . [Gera 1783-84.] V: *Frentzel, Carl Heinrich.* (MGT)

Characteristik des Spieles der Madame Sacco als Eugenie. [Gotha 1778.] V: *Schmid, Johann Friedrich.* (Mi.)

Characteristik Joh. Jak. Steinbrüchels, gewesenen Professors der griechischen Literatur und Canonicus am Stifte beym großen Münster, in Zürich . . . Zürich 1797. V: *Hess, Hans Caspar.* (Schlichtegr. 1796. 2, 309.) (Cat. d. Stadtbibl. Zürich.)

Characteristik des noch unaufgeklärten und ungebildeten Theils der protestantischen und katholischen Geistlichkeit in Franken. . . . Nürnberg 1799. V: *Hagen, Friedrich Wilhelm.* (Fiker) (Ky) (NN) & *Fick, Joh. Gg Chn.* (MGT)

— des noch unaufgeklärten Theils der Geistlichkeit in Franken. 1s Heft gr. 8. Erlangen, Gredy u. Br. 799.

— des noch unaufgeklärten Theils d. Geistlichkeit in Franken, (v. F. W. Hagen). 1s Heft. gr. 8. Erlang. 799. (Heyder). 10 gr.

Charakteristik der jetzt lebenden bekanntesten Hessen-Darmstädt. Theologen u. Prediger, (v. F. L. Textor). 8. Frankf. a. M. 801. Körner. 10 gr.

— der jetzt lebenden bekanntesten Hessen-Darmstädtischen Theologen und Prediger. 8. Frankfurt, Körner. 802.

— über die, d. Tonarten, (v. G. Chr. Kellner). . . .

Charakteristik, auch eine, des liberalen Abgeordneten Frhrn. v. Vincke, od. erbauliche Geschichte d. Sprockhövel-Elberfelder Wegebaues. Mit 1 lith. Karte (in qu. Fol.) gr. 8. (IV u. 74 S.) Hagen 849, Butz in Comm. 1/4 Thlr

Charakteristik, vollständ., d. Gartennelke, s.: Sirisa.

Charakteristik, wahre, d. Adels u. s. w. 8. London 798. (Claß in Heilbr.) 5 gr.

— d. sieben Weisen Griechenlands. 8. Nürnb. 797. Zeh. 6 gr.

Characteristik der verschiedenen Wirkwaaren. Limbach [1875]. V: *Willkomm, G.* (Kat. d. stat. Bureaus. Dresden 1890.)

Charakteristisches aus dem Privatleben berühmter Personen älterer und neuester Zeit. 1—6. Liefg. Leipzig 855. Literatur-Bureau. 8. (1. Bd.: 2 Bl., 476 S.) n. 1 Thlr

Charakterkopf e. protestantischen Polemikers, s.: Flugschriften, katholische, zur Wehr u. Lehr'.

Charakterköpfe aus dem deutschen Befreiungskriege. Zur Erinnerung an das J. 1813. 3 Bde. gr. 8. Hamburg 863, Verlag der modernen Klassiker. à Bd. 15 Ngr.

Inhalt:

Bd. 1. Hans David Ludwig v. York, Graf v. Wartenburg. Eine Biographie. (260 S. mit Portr. in Stahlst.)
„ 2. Karl Freiherr vom Stein. Eine Biographie. (280 S. mit Portr. in Stahlst.)
„ 3. Luise Königin von Preußen. Eine Biographie. (308 S. mit Portr. in Stahlst.)

Charakterköpfe, Deutsche. —

Denkmäler deutscher Persönlichkeiten aus ihren Schriften. Begründet v. Wilh. Capelle. 8 Bd. 8. Leipzig, B. G. Teubner. Geb. in Leinw. 15.40

Elisabeth Charlotte, Herzogin v. Orleans. Eine Auswahl aus ihren Briefen, hrsg. u. eingeleitet v. J. Wille. Mit 13 Abb. auf Taf. (VI, 160 S.) 907. (Bd. I). Geb. 2. —

Gneisenau. Eine Auswahl aus seinen Briefen u. Denkschriften, hrsg. u. eingeleitet v. Wilh. Capelle. (VII, 174 S. m. 10 Bildertaf.) 911. (Bd. VIII) Geb. 2. 40

Goethes Freundinnen. Briefe zu ihrer Charakteristik. ausgewählt u. eingeleitet v. Gertr. Bäumer. Mit 12 Bildnissen. (IV, 320 S.) 909. (Bd. V. VI) Geb. 3. —

Humboldt, Wilhelm v., in seinen Briefen. Ausgewählt u. eingeleitet v. Karl Sell. Mit 2 Bildnissen. (V, 164 S.) 909. (Bd. VII) Geb. 2. —

Nettelbeck, Joachim, Bürger zu Kolberg. Eine Lebensbeschreibg., von ihm selbst aufgezeichnet. Aus der Hakenschen Ausg. in Auswahl hrsg. v. Max-Schmitt-Hartlieb. Mit 15 Abbildgn. im Text u. 8 Taf. (VI, 152 S.) 909. (Bd. IV.) Geb. 2. —

Pestalozzi, Heinrich. Eine Auswahl aus seinen Briefen u. kleineren Schriften, hrsg. u. eingeleitet v. Herm. Walsemann. Mit 10 Abb. im Text u. auf 7 Taf. (VI, 180 S.) 909. (Bd. III.) Geb. 2. —

Zucker, Markus, Albrecht Dürer in seinen Briefen. Mit 20 Abb. im Text u. auf 12 Taf. (IV, 128 S.) 908. (Bd. II.) Geb. 2. —

Charakterköpfe, große, in Crayonmanier v. Lebrün, f. Zeichner. 3 Hefte. gr. 4. Hof 802 u. 3. Grau. 3 Thlr 18 gr. (vergl. Zeichenbuch, neues theoret.-prakt.)

Charakter-Kostüme auf d. beiden königl. Theatern zu Berlin. 1s Heft. gr. 8. Berl. 832. Wittich. 1 Thlr 16 gr.

Charakter-Modelle, d. beweglichen. Ein Gesellschaftsspiel für Kinder u. Erwachsene. Mit deutscher u. französ. Erklärung. Wien, Müller. 20 gr.

Character-Probleme, oder Waldhütte und Ringe . . . Gotha 1800. V: *Kosegarten, Friedrich Franz.* (MGT) (R-N)

Ettinger

CHARAKTERSCHILDERUNG der Franzosen vor der Revolution. Aufgestellt, in einer Sammlung interessanter und mehrentheils unbekannter Anecdoten. Aus d. Englischen Altona, bey J. F. Hammerich, 1795. 8⁰. (2 Mk. Paul Neubner, Cöln, c. 1890.)

Interessant und rar! Fehlt im Anon.-Lex. — XIV, 1 Bl. Inh., 430 S. 1. Die Philosophen. 2. Die Geistlichkeit. 3. Der Hof. 4. Die Minister und ihre Untergebenen. 5. National-Leichtsinn. 6. Theater, Schauspieler u. s. w. 7. Bücher. 8. Ludwig XV. (S. 353—364). 9. Königinn Marie Antoinette (S. 365—392). 10. Ludwig XVI. (S. 393—410). — Beschluß.

Charakterschilderung v. Napoleon Buonaparte. Aus d. Französ. 8. Quedlinb. 815. Basse. 16 gr.

Charakterschilderungen der jetzt lebenden berühmten Männer v. Großbritannien. Aus d. Engl. (v. J. G. C. Fick). 2 Thle. gr. 8. Chemnitz u. Gießen 804 u. 5. Tasché. 2 Thlr 8 gr. (A. u. d. T.: Darstellungen d. jetzt lebenden ber. Männer etc. 805.) (Vgl. auch oben: Charaktere interessant. Menschen unsrer Zeit etc.)

Charakterschilderungen vorzüglich interessanter Personen gegenwärtiger und älterer Zeiten. 2 Bde. Berlin 1795—96. 8°. 332 u. 336 S. (2 Mk. 30 Pfg., W. H. Kühl, Berlin, 1880; jetzt theurer:

— interessanter Personen gegenwärt. u. ält. Zeit. 3 Bde. 8. Berl. 795—97. (Steinacker in Leipz.) 3 ℛ

Charakterzeichner, der, oder Anleit., Affekten u. Leidenschaften auszudrücken, nach le Brün u. Chodowiecky. Mit Kpf. Leipz. 796. Pott. 1 ℛ 12 gr (Vergl. auch: le Brün, Charakterköpfe.)

Charakterzeichnungen interess. Menschen aus d. neuern Geschichte. 2 Thle. s. Sam. Baur, Gallerie histor. Gemälde. 5r, 6r Thl.

Charakterzeichnungen aus Röschens Portefeuille. 8. Halle 800. Hendel. 18 gr

CHARAKTERZEICHNUNGEN, Drey, aus Röschens Portefeuille. Mit TVign. (hübsche Radirung). Halle, bey Joh. Chrn. Hendel, 1801. 8°. (1/3 Rthl.) (3 Mk., Th. Ackermann, München.)

Tit., IV—273 SS. Inh.: 1. Etwas Altes und Neues. 2. Der Weihnachtsabend, ein kleines Gemälde aus d. häusl. Leben. 3. Die Ohnhosen von Bullenruh. (Nr. 3 satyrisch u. derb.)

Characterzüge und Anekdoten als Bilder der Güte und Wohlthätigkeit aus dem Leben Maximilian Joseph I. Königs von Bayern. München 1827. V: *Bruckbräu, Frdr. Wilh.* (Bücher-Samml. d. hist. Ver. v. u. f. Oberbayern. Münch. 1867.)

Charakterzüge u. Anekdoten als Bilder d. Güte u. Wohlthätigkeit a. d. Leben Maximil. Joseph I., Königs von Baiern. Mit feinen Bildn. gr. 12. Münch. 827, Fleischmann.

Charakterzüge und Anekdoten als Bilder der Güte und Wohlthätigkeit aus dem Leben Maximilian Joseph I., Königs von Bayern. Ein bayrisches Volksbuch. 2. Aufl., durchges., verm. u. mit einer geschichtlichen Schilderung: „Das beste Herz," eingeleitet von F. W. Bruckbräu. Mit 1 Titelkpfr. München 856. Fleischmann. 8. (X, 290 S.) n. 20 ngr

Characterzüge, Anekdoten ... russischer Krieger ... Leipzig 1814. V: *Becker, Gottfried Wilhelm.* (BrMm) (MGT)

— Anekdoten ꝛc. russ. Krieger. Ein Beitrag zur Zeitgeschichte, (v. G. W. Becker). 8. Leipz. 814. Joachim. 4 gr

——, Anekdoten u. Skizzen aus d. Leben Friedr. Wilhelms III., Königs v. Preußen. Hrsg. v. Präsident ***. 1—3. Hft. 8. (à 4 B.) Quedlinburg 841, Basse. à 8 Gr.

Characterzüge und Aussprüche der grössten Naturforscher ... der neuesten Zeit zur Beurtheilung ihres religiösen Standpunktes. Zürich [1896]. V: *Engel, Eduard.* (Cat. d. Stadtbibl. Zürich. Zürich 1864—97.)

Charakterzüge u. Anekdoten, 300 histor.-militair., bei Gelegenheit d. berühmt. u. wichtigsten Kämpfe, Schlachten u. Belagerungen, vorzügl. unt. Friedrich d. Gr., Napoleon u. Friedrich Wilhelm III. 8. (14½ B.) Quedlinburg 838, Ernst.

Characterzüge, Edle, schöne und grosse Handlungen ... berühmter Männer. Wien 1804. V: *Schulz, L. F.* (MüF)

Characterzüge mit freiem Geist entworfen. [Wien 1783.] V: *Berghofer, Amand.* (EB)

— Franz II. 4. Wien 797. Degen. 3 gr Daff., Ofen, Univers.: B. 9 gr

Characterzüge von Franz II. 4. Wien 1797. — 4. Ofen 1798.

— Grundsätze u. Meinungen d. Königin Christine v. Schweden. gr. 8. Winterth. 801. Steiner. 1 ℛ 4 gr

Charakterzüge, Heldenthaten und Anecdoten aus dem deutschen Kriege gegen Frankreich im J. 1870. 16. (48 S.) Pyritz, Backe.

— zur Kenntniß d. weibl. Herzens, (v. C. F. L. Hahn). 8. Frankf. a. d. O. 793. Acad. B. 12 gr

Charakterzüge aus dem Leben des Kaisers und Königs Friedrich III. Für Schule und Haus von Lehrern gesammelt und hrsg. 8. (31 S.) Essen 888, Silbermann.

Charakterzüge aus dem Leben d. deutschen Kaisers u. Königs v. Preußen Friedrich. Für Schule u. Haus. 1. u. 2. Aufl. 8. (III, 128 S.) Langensalza 890,92, Schulbuchh. — 90

Characterzüge aus dem Leben König Friedrich Wilhelms I. Berlin 1787—89. V: *Benckendorf, C. F. von.* (Dn) (Pr)

— aus d. Leben König Friedrich Wilhelm I. 12 Stcke. 8. Berl. 787—98. Schöne. 4 ℛ

— a. d. Leben edler Geschäftsmänner u. Kaufleute. gesamm. v. S. G. Meißner. 8. Elberfeld, Büschler. 805.

Characterzüge aus dem Leben [der] römischen Kirche ... Göttingen 1845. V: *Kleine.* (ZU)

Charakterzüge aus d. Leben d. römischen Kirche. Ein Beitrag z. Volksbelehrung. 1. Hft. Geschichte d. Cölibats. gr. 8. (5½ B.) Göttingen 845, Vandenhoeck u. Ruprecht. ⅓ Thlr. *

—— aus dem Leben edler Menschen, s. Beumer, P. J.; auch: Prämien-Bibliothek f. d. liebe Jugend, 2. Bdchn.

— aus d. Leben Napoleon Buonapartes. 8. Pesth 815. Hartleben. 6 gr

— aus d. Leben d. Hrn. C. F. Krescho. Mit 1 Kpf. 6. Königsb. 808. Unzer. 6 gr

CHARAKTERZÜGE einiger beruhmten(!) Maitressen, wie auch Nachrichten über alle Landungen in England. Halle, o. J. (Ende XVIII. Jahrh.?) 8°. (In Berlin: B. Diez. 8°. 10773.) Rar!

Charakterzüge u. Mannigfaltigkeiten aus d. Geschichte ꝛc., s. Lanner.

—— Memorabilien u. histor. Anekdoten v. Kaiser Joseph II. u. seiner Zeit. Hrsg. v. keinem Reichshistoriographen. 2 Bde. 8. (30 B.) Meißen 846, Gödsche.

Charakterzüge und andere interessante Mittheilungen aus dem Leben Friedrichs des Grossen. Lieferung 1. 2. Naumburg 1852. 8.

— des bürgerl. Verordneten P. v. St. Mit Beilagen. 8. Landsh. 802. Krüll. 4 gr

— wahre, aus Buonapartes Jugendjahren. 8. Leipz. 802. Hinrichs. 8 gr

CHARACTERZÜGE merkwürdiger Weiber, nicht Roman (6 stellenw. etwas freie biogr. Skizzen). Gera, bei H. G. Rothe, 1795. 8°. (3 Mk. 50 Pfg. Paul Neubner, Cöln, 1892; 3 Mk. Adolf Weigel, 1904.)
2 Bll., 156 S. Enth.: Sophie Dorothea od. Prinzessinnen dürfen nicht lieben. — Die Gräfin Nadasdi od.: was rathen alte Weiber nicht. — Maria, Königin v. Schottland. — Elisabeth, Königin v. England. — Laura de Sades, Petrarchs Geliebte. — Johanna Grey od. die Königin von neun Tagen.

Charanza, J., theoret.-prakt. englische Sprachlehre, od. vollständ. Lehrgebäude d. engl. Sprache f. Deutsche. Mit steter Hinweis. auf die Regeln d. deutschen u. das Verwandte anderer Sprachen. Für den Selbstunterr. u. die Lehrstunde nach wissenschaftl. Grundsätzen u. auf eigene Erfahrung gegründet. Kritisch bearbeitet. gr. 8. (20 B.) Wien 842. (Gerold, Berl.) *

—— theoret.-prakt. französische Sprachlehre in der faßlichsten u. leichtesten Methode u. mit der größten Vollständigkeit verfaßt. gr. 8. (31¾ B.) Wien 846. (Gerold, Berl.) *

Charanza, J., theoret.-prakt. span. Sprachlehre. Krit. bearb. zum Selbstunterr. gr. 8. (24¾ B.) Wien 839, (Rohrmann.) *

Charas, Pharmacopée Royal Galénique et Chymique. II Tom gr. 4. Lyon. (Wolff in Augsb.) 755.

Charas, Heinr., s.: Hilfe, erste ärztliche.

Charas, H., Erste ärztliche Hilfe. Leitfaden für Ärzte. Gr.-8°. (ill. XII, 346 S.) geb. K 6.—
Wien: Braumüller 1908

Charas, H., üb. Krankentransportwesen i. Städten u. auf d. flachen Lande, s.: Volksschriften d. österr. Gesellschaft f. Gesundheitspflege.

Charas, Heinr., das Rettungswesen in Oesterreich, s.: Verwaltung, sociale, in Oesterreich. II. 4.

Charas, Heinrich: Der Sanitäts-Ambulanzwaggon der Wiener Freiwilligen Rettungs-Gesellschaft. (Wien) Selbstverl. d. Ges. [1901]. (12 S.) 8° (Umschlagt.)

Charasoff, Georg von. Karl Marx über die menschliche und kapitalistische Wirtschaft. Eine neue Darstellung seiner Lehre von Dr. G' von Ch' (Zürich). XII + 106 + *Errata* 1 S. 8. Berlin, Hans Bondy, 1909. [M. 1. 50]

Das System des Marxismus. Darstellung u. Kritik. Von Dr. Georg **Charasoff**. Berlin: Bondy 1910. XXVII, 347 S. 8° 10. 17499

Charasoff, Georg, aus Tiflis (Rußl.): Arithmetische Untersuchungen über Irreduktibilität. *Heidelberg 1902: J. Hörning.* (67 S.) 8°
Heidelberg, Naturw.-math. Diss. v. 1902

Charavay, Etienne, Autographe u. Autographensammlungen. Uebers. von E. Fischer v. Röslerstamm. gr. 8. (43 S.) Graz 888 (Dresden, R Bertling.) n. 1.—

Charbonah, M. S., s. Briefe eines jüdischen Gelehrten.

Charbonnel, J., 60 Jahre noch!!! u. die Welt ist nicht mehr. Neue u. scharfsinnigste Erklärung der Offenbarung Johannis. 32. (160 S.) Stuttgart 849, Scheible. 5½ ngr

— 1929 oder: Noch 60 Jahre u. die Welt ist nicht mehr, so spricht die Offenbarung Johannis. Nach d. Franz. v. Ferd. Frhrn. v. Biedenfeld. gr. 8. (XX u. 159 S.) Weimar 850, Voigt. ⅔ ℛ

† Charbonnier, Louis de, (Louis Köhler,) enthülltes Geheimniß mit geringer Mühe einen Champagner zu fabriciren, durch welches sich die ¾ Quartflasche mit 1½ Sgr. calcul., verbunden mit d. Anweis., wie aus Birkenwasser e. dem ächten Champagner ganz ähnl. Wein am billigsten u. leichtesten herzustellen ist. Durch mehrfache Versuche aufs beste gerechtfertigt. Ein versiegeltes Couvert. Magdeburg (838,) Verf.

de Charbonnier, Louis, enthüllt. Geheimniß mit geringer Mühe einen Champagner zu fabric., durch welches sich die ¾ Quartflasche mit 1½ sgl. calculirt, verbunden mit der Anweisung, wie aus Birkenwasser ein dem ächten Champagner ganz ähnlicher Wein am billigsten u. leicht. herzustellen ist. .. (Magdeburg 838. Richter.) 1 ℛ

Zur Reform der österreichischen Staatsforstverwaltung. Eine Studie von Friedrich **Charbula**. Wien: Hitschmann 1909. 54 S. 4°(8°)
(Archiv f. Land- u. Forstwirtschaft. 44.) 09. 7344

Charbula, F., Zur Reform der österreichischen Staatsforstverwaltung. Eine Studie. (54 S.) Lex.-8. Wien, C. Gerold's Sohn. 1909 1. 60.
Archiv f. Land- u. Forstwirtschaft, XLIV.

Charcot, Jean Martin

Charcot, J. M., über die Localisationen der Gehirn-Krankheiten. Vorlesungen, gehalten in der Faculté de Médecine zu Paris im J. 1875. Gesammelt und veröffentlicht von Bourneville, ins Deutsche übertr. von Berth. Fetzer. 1. Abthl. Autoris. Uebersetzung. gr. 8. (173 S. mit 45 eingedr. Holzschn.) Stuttgart 878, Bonz und Comp. *

Charcot, J. M., über die Localisationen der Gehirn- und Rückenmarks-Krankheiten. Vorlesungen, gehalten an der medicin. Facultät von Paris. Gesammelt und veröffentlicht von Bourneville und E. Brissaud. Ins Deutsche übers. von Berth. Fetzer. 2. (Schluss-)Abth. Autoris. Uebersetzung. gr. 8. (260 S. mit 44 eingedr. Holzschn.) Stuttgart 881, Bonz und Comp.)
1. Abthl. Ebendas. 1878. * ℳ 3.

Charcot, J. M., neue Vorlesungen üb. die Krankheiten d. Nervensystems, insbesondere üb. Hysterie. Autoris. deutsche Ausg. v. Sigm. Freud. Mit 59 Abbildgn. gr. 8. (XI, 357 S.) Wien 886. Toeplitz & Deuticke. n. 9. —

Charcot, J. M., klinische Vorträge üb. Krankheiten d. Nervensystems nach der Redaktion v. Bourneville ins Deutsche übertragen von Berth. Fetzer. Mit 25 in den Text gedr. Holzschn. u. 8 Taf. in Chromolith. gr. 8. (XIII, 402 S.) Stuttgart 874. Bonz & Co. n. 9. —

Charcot, J. M., klinische Vorträge über Krankheiten des Nervensystems nach der Redaction von Bourneville ins Deutsche übertragen von Berth. Fetzer. Mit 25 in den Text gedr. Holzschn. und 8 Taf. in Chromolithogr. gr. 8. (XIII, 402 S.) Stuttgart 874, Metzler's Verlag.

— dasselbe. 2. Abth. 1. Thl. gr. 8. (77 S. m. e. Chromolith.) Ebend. 876. n. 1. 60

— klinische Vorträge über Krankheiten des Nervensystems. Nach der Red v. Bourneville ins Deutsche übertragen v. Berth. Fetzer. Autoris. Uebersetzung. 2. Abth. 2—4. Thl. gr. 8. (S. 81—532 m. 27 eingedr. Holzschn. u. 9 zum Thl. farb. Steintaf.) Ebend. 877. 78. n. 8. 40 (I—II, 4.: n. 19. —)

Charcot, J. M. Poliklinische Vorträge. Übers. v. Sigm. Freud. 1. u. 2. Lfg. gr. 8. (I. Bd. VI, S. 1—192 m. Holzschn.) Wien 892.93. Deuticke. à Lfg. * 2 —: * 4 —

Poliklinische Vorträge (Leçons du mardi à la Salpetriere) von Prof. J[ean] M[artin] **Charcot**. Mit Holzschn. Bd 1. 2. *Leipzig & Wien: F. Deuticke 1894–95.* 2 Bde 8°
1. Übers. von Dr. Sigm. Freud. Schuljahr 1887–1888. 1894.
2. Übers. von Dr. Max Kahane. Schulj. 1888–1889. 1895.
= Bibliothek neurolog. Werke d. In- u. Auslandes. Bd 5. [o.] 93. 11698

Charcot, J. M., wie Wunder entstehen! Der Heilglaube (the faith healing). Autoris. Uebersetzung. gr. 8. (23 S.) Bamberg (900). Handels-Druckerei u. Verlagshaus. n. — 60

Chardin, Siméon, s.: Wessely, J. E.

Chardon, G., Memoiren e. Schutzengels. Mit Autorisation des Verf. übers. von J. M. Mit Bild in Farbendr. Regensburg 870. Pustet. 16. (XVI, 269 S.) 12 ngr

Chardon, G., Memoiren eines Schutzengels. Autoris. Uebersetzung. 2. verb. Aufl. Mit Bild in Farbendr. 16. (VI, 240 S.) Regensburg 879. Pustet. — 90; geb. n. 1. 40

Chardonne [Schlagwort]

Chardonne, s.: Schweiz. Atlas.

Chardry's, Josaphaz, Set Dormanz u. Petit Plet, s.: Bibliothek, altfranzösische.

Chäreas u. Callirrhoe. Liebesgesch. a. d. Griech. d. Charitons. 8° Leipzig: Gleditsch 1753.

Chäreas u. Callirrhoe, oder d. Folgen d. Eifersucht, eine Novelle a. d. Griech. d. Chariton v. C. Schmieder. 8° Leipzig: Bauer 1807.

Charette, oder: Der Krieg in d. Vendée. Histor. Gemälde aus d. Revolutionszeit. Frei n. d. Franz. v. Ferd. Marckwort. 8. (19½ B.) Breslau 839, Leuckart.

Charfreitag, Der, eine Betrachtung der sieben Worte ... O. O. 186? V: *Freitag, Hans Hnr.* (Cat. d. Stadtbibl. Zürich. Zürich 1864—97.)

Charfreitags-Andachten, zwei liturgische, zu kirchlicher und häuslicher Erbauung, mit Liedern und Gebeten. 6. Aufl. Schreiberhau 862. (Breslau, Dülfer.) 8. (19 S.) 1½ ngr.

Charfreitags-Andachten, zwei liturgische, zu kirchlicher u. häuslicher Erbauung, mit Liedern u. Gebeten. 7. Aufl. Breslau 866. Dülfer in Comm. 8. (19 S.) 1½ ngr.

Charfreytagsbegebenheit in Straubing. Ein Stück zur Aufklärung. (Kl. Hlzsch.-Vign.) Gedruckt im Morgenlande ehe die Sonne aufgieng (!). 1786. Unbeschn. Cart. Beibd.
12 S. Drastische Philippica gegen die Straubinger und ihren Hokuspokus in abergläubiger Verehrung eines hölzernen Kruzifixes, dem Haar und Bart wachsen sollten, am Charfreitag auf dem Kräutermarkte, trotz des Verbotes der Behörde, welche bei versuchter Wegschaffung des mit vielen grünen „Daxbäumen" umstellten Kruzifixes vom fanatischen Pöbel thätlich angegriffen u. verjagt wurde. — Sehr seltene Schrift!

Charfreitagsfeier. Eine Festgabe für Kirchen, Schulen und Hausgemeinden ... Neu-Ruppin 1859. V: *Räthjen, C.* (Ky)

Charfreitagsfeier, Katholische, ins Deutsche übersetzt ... Ulm 1808. Ü: *Storr, Amand.* (schmal)

Charfreitagsgedanken in sechs Betrachtungen ... Hamb. 1767. V: *Dreyer, Johann Matthias.* (schr)

Charfreitagspredigt gehalten in der Pfarrkirche Siedelburg den 18. April 1783. Wien 1783. V: *Huber, Karl Josef.* (Bibl port)

Chargé, J. N. H., De fati, quale Sophocles sibi finxerit, natura eiusque cum humanis actionibus necessitudine. Diss. 1858. 56 S.

Chargenfrage, die, und ihre Lösung. Eine militär. Studie von C. Sch. gr. 8. (III, 23 S.) Metz 881, Herlet.

Chargenverkauf, der,. Lustsp. 8. Altenb. Richter. (Akad. Buchhdl. in Jena). 780.

Chargenverkauf, Der. Ein Lustspiel. Salzburg 1780. V: *Fellner.* (GGr) (MGT) »1790« (Ky) V: *Lederer, Joseph* (Stockmayer, Deutsches Soldatenstück. Weimar 1898 S. 106.)

Chariclea die Freudenspenderin, od. Taschenb. unterhalt. Spiele im Zimmer u. im Freien. Zur Belebung d. Frohsinns in gesellschaftl. Kreisen. 16. (17½ B.) Leipzig 835, [Jackowitz.]

Chariclea, die Freudenspenderin, oder Taschenbuch unterhalt. Spiele im Zimmer u. im Freien. Zur Belebung des Frohsinns in gesellschaftl. Kreisen. 16. Leipzig 835. Vetter u. Rostosky. ¾ rf. (Hat mit Euphrasia 24 Bdchn gleichen Inhalt.)

Charidion; dramatische Scenen und historische Gemälde. Mannheim 1793. V: *Kellner, Georg Christoph.* (Ky)

Charidion; dramat. Scenen u. histor. Gemälde, (v. G. Chr. Kellner). 2 Thle. gr. 8. Manh. 793. Schwan u. G. 3 ß

Chariel. Ein Vermächtnis. Hamburg 1863. V: *Hardt. Carl.* (Mitth. d. Stadtbibl. Hamburg. 26. XI. 1892.)

Chariel, ein Vermächtniß. Roman. 8. (240 S.) Hamburg 863, Hoffmann und Campe.

Charierto. Rent Kammer Bibliotheca, darinnen die meisten Authores zu finden, deren man sich in vielerley Casibus, welche bey Rent-Kammern und Rechnungs-Aemtern vorkommen, sowol consulendo als decidendo nützlich bedienen kan, mit Anführung derer Materiarum so eigentlich dahin gehören. Nach Ordnung des A. B. C. mit Fleiss zusammengetragen. 8°. Büdingen 1716.

Charigenia, s. Dielitz.

Charikles, s. Reisebriefe eines Diplomaten.

Charikles. Reisebriefe eines Diplomaten. 1. Briefe aus Constantinopel an eine Freundin 1876. Epilog. 1880. 2. Ein Ausflug nach dem Thurme von Babel. (1850). 3. Von Bagdad nach Ispahan. (1851.) 4. Vor 30 Jahren. (1846.) (Erste Ferienreise.) 8. Wismar 1880.

Charikles, türkische Skizzen in Briefen an eine Freundin, s. a. Zeit- und Streit-Fragen, deutsche.

Charikles, türkische Skizzen. (Zeit- und Streitfragen 83-84) Berlin 1877

Charilaos, E. Die Bibliothek d. Hrn. Dukas, s. Erzählungen aus dem illustr. schweizer. Unterhaltungsblatt.

Charilinus [Pseud.], s. Brunemannus, J.

Chariner, Maximil. (geb. Lissa in Posen 17. 7. 1842): Die acute Phosphorvergiftung mit besonderer Rücksicht auf die Wirkung des Phosphors in den ersten Wegen. Berlin (1867). (48 S.) 8°
Berlin, Med. Diss. v. 10. Aug. 1867

Charis, s. Lehr.

Charis oder Moden-Magazin, herausg. von Kerndörffer, S. G. Baumgärtner u. A. 1799—1806. ... gr. 4.
(Später: Allgem. Moden-Zeitung.)

Charis. Ein Magazin f. d. Neueste in Kunst, Geschmack u. Mode, Lebensgenuß u. Lebensglück. Hrsg. v. J. G. Gruber u. M. A. Berrin. Leipzig, im Industrie-Comptoir, 1802. Mit 28 Kupfertafeln (davon 16 kolor. Modekupfer, d. übr. Öfen, Möbel etc. darstellend und 1 Musikstück). Titelbl., 410 S. (= XII Stücke), 1 Bl. Anzgn. 4°. Pp. 45.—
Lipperheide 4588. Literatur- und Modeblatt. Mit Beiträgen von Herder. (Über Oper im allg. und unsere jetzige Oper insbes.), F. J. H. v. Soden, A. W. Iffland, K. H. Heydenreich, K. Streckfuß, A. Kerndörffer, Sophie Schlegel u. a.

CHARIS. Ein Magazin f. d. Neueste in Kunst, Geschmack u. M o d e, Lebensgenuss u. Lebensglück. Hrsg. v. J. G. G r u b e r u. M. A. B e r r i n. Jahrg. 1—8. Leipzig, Industrie-Comptoir, 1802—1806. Mit vielen handkolorierten Modekupfern, Stoffmustern u. Musikbeilagen. In-4. (400 Mk., nur Jahrg. 4—8 in prächt. Expl., L. Rosenthal, 1912.)

Forts.(Jg.9-37)unt.d.T.: M o d e n - z e i t u n g , Allgemeine.

Charis, oder über die Würde des weiblichen Geschlechts; nach dem Englischen. Hamburg 1806. V: *Kochem, Albert Heinrich Matthias.* (Ky)

Charis, oder über d. Würde d. weibl. Geschlechts; nach d. Engl. (v. A. H. M. Kochem). 8. Hamb. 806. N. A. unt. d. T.: Dr. Gregory, Vermächtniß an seine Töchter; nach d. Engl. frei bearb. v. A. H. M. Kochem. 8. Ebd. 820. A. Campe. 1 ℛ︎

Charis; Rheinische Morgenzeitung. Unterhaltungsblatt f. Leben u. Literatur ꝛc. Herausg. v. Frhrn. Fr. K. v. Erlach. 1r Jahrg. f. 1824. 4. Manh., Schwan u. G. 3 ℛ︎ 2r—4r J. (4r J. mit Blättern f. Kunst, Litt. u. Alterthum) f. 1822—24. gr. 4. Heidelb., Groos. (2r J. 4 ℛ︎ 3r J. 6 ℛ︎ 4r J. 7 ℛ︎) 17 ℛ︎

Charis, Unterhaltungsblatt, s. a. F. K. E r l a c h.

Charis, Joh. Fridericus: P r o b l e m a t a quaedam medica ... s. B a i e r , Johann Jacob (Praes.)

Charisius, Diss. de vertigine. Regiom. 4°. 1715

Charisius, Arnold, C h r o n i k des Geschlechts Charisius 1550—1908, welches, aus Schlesien stammend, heute in Preußen, Rheinland, Holland, Dänemark u. Schweden blüht. (V, 74 S.) gr. 8. Königsberg 908. Akadem. Buchh. v. Schubert & Seidel. 2. —

— S t a m m b a u m des Geschlechts Charisius, d. h. aller im Mannsstamme v. d. Bürgermeister Balthasar Charisius als gemeinsamem Stammherrn ihren Ursprung herleitend. Personen. (1 Taf.) 56,5×68,5 cm. Ebd. 908. 6. —

Charisius, C. E., praes. Chr. Steph. **Scheffel,** De olfactu deficiente. 56 pp. Gryph. 4°. 1747

Chph. Lud. C h a r i s i u s diss. de meliceria Celsi. Regiomont. 1717. 4. (Ad Cels. V. 26. 28.)

Charisii, Fl. Sosipatri, artis grammaticae libri V ex recensione H. Keilii, s. G r a m m a t i c i latini.

Charisii Sosipatri, Flavii, Insitut. gramm., ed. Lindemannus. s. Corpus Gramm. lat. vet.

— **Johann Georg** (Schweidnitz / Schlesien), De civium Svidnicensium jure emendi feuda nobilia diss. I. Präs. Adam Balthasar Werner. Altdorf (J. W. Kohles) 24. I. 1703. 18 S. (4.80) 5113

— **Leucon Jan.,** Super caussis quae litterarum humaniorum contemtum pariunt quibusdam praecipuis diss. epist. Lpz. (Stopfel) 1751. 23 S. (4.50) 5114
Gew.: Joh. Friedr. Fischer, Friedr. Platner, Gg. Theoph. Boerner.

Charisius, Magdalene

[Kopft.:] [F.] Bismarck-Hymne. Männer-Chor. Dichtg v. Felix Dahn. Musik v. M. **Charisius.** *(Königsberg: Hartung 1895.)* 2 Bl. 4. [96. 431

[Umschlagt.:] [F. u. Ant.] Heimkehr. Lied f. e. Singst. Dichtg v. Johanna Ambrosius ... Musik v. M. **Charisius.** (F. hohe Stimme.) *Königsberg i/Pr.: Hartung 1895.* (2 Bl.) 1 Bd 4. [96. 183

[Umschlagt.:] [F. u. Ant.] Heimkehr. Lied f. e. Singst. Dichtg. v. Johanna Ambrosius ... Musik v. M. **Charisius.** (F. tiefe Stimme.) *Königsberg i/Pr.: Hartung 1895.* (2 Bl.) 1 Bd 4. [96. 184

Hohenzollern-Herrscher in Ostpreussen. Festliturgie f. vaterländ. Gedenktage z. Aufführung in Kirche, Schule u. Haus. Dichtung d. Gesänge von Helene E i l s b e r g e r, Musik von **Magdalene Charisius.** 1. Zur Krönungsfeier. (18. Jan.) 2. Die Pest in Litthauen 1709—1716. König Friedrich Wilh. I. nimmt d. vertriebenen Salzburger auf. 3. Des Preussenvolks Trauer um Königin Luise 1810. 4. Die Enthüllung d. Denkmals Kaiser Wilhelm I. (Text u. Noten.) *(Königsberg i. Pr. [1901]: Ostpr. Zeitung.)* (Getr. Pag.) 4° [Umschlagt. Ant. u. F.] [01. 3350 10

[Kopft.:] Ostpreussen, du mein Heimatland, wie bist du wunderschön! [Für hohe Stimme]. [Dichtg v.] Johanna Ambrosius. [Musik v.] M. **Charisius.** *(Königsberg: Hartung 1895.)* 2 Bl. 4. [96. 430

[Kopft.:] Ostpreussen, du mein Heimatland, wie bist du wunderschön! '(Für tiefe Stimme.)' [Dichtg v.] Johanna Ambrosius. [Musik v.] M. **Charisius.** *(Königsberg: Hartung 1895.)* 2 Bl. 4. [96. 433

M[agdalene] **Charisius.** Weihnachts-Lied. (Einstimmig, auch zweistimmig zu singen.) (Dichtung von H[elene] E[ilsberger]. Königsberg [um 1895]: Hartung.) (1 Bl.) 4° [Kopft.] 05. 0008 10

Charisius, Rob., Bei d. Achtundzwanzigern 1866. Kriegs-Erinnergn. 8. (IV, 59 S.) Düsseldorf 898. Schmitz & Olberts. n. 1. —

[F.] Bei den Achtundzwanzigern 1870/71. Kriegs-Erinnergn v. [R o b e r t] **Charisius,** Hauptm. a. D. M. 3 Anl. *Düsseldorf: Schmitz & Olbertz 1896.* (3 Bl., 89 S.) 1 Bd 8. [97. 87

Charitakis, Georg, bacc. iur. a. Athen: Die Stellung des Bürgermeisters in der griechischen Gesetzgebung. Leipzig 1907: Greßner & Schramm. (VIII, 41 S.) 8°
Leipzig, Jur. Fak., Diss. v. 26. Juni 1908
[Geb. 6. Okt. 85 Athen; Wohnort: Mansourah (Ägypten); Staatsangeh.: Griechenland; Vorbildung: Gymn. I Athen Reife Juni 01; Studium: Athen 3, Leipzig 6 S.; Rig. 14. Juli 06.]

Charitakis, Geo., die Stellung d. Bürgermeisters in der griech. Gesetzgebg. (VIII, 41 S.) gr. 8. Leipzig 908. A. Deichert Nachf. 1. —

Charitas s. a.: Caritas.

Charitas. Eine Samml. v. Gedichten vermischten Inhalts, herausgeg. v. Teophania. 8. Dresden 827. (Arnold.)

Charitas. Festgabe, s. a. Schenk, Ed. v.

Charitas. Festgabe f. . . . . Hg.: Ed. v. Schenk, ab 1845 = C. Fernau (Seb. Daxenberger.)
1834. 7 Bl., X, 350 S. M. 5 Kpf.
1835. 4 Bl., X, 413 S. u. 1 Bl. M. 2 Kpf.
1836. 4 Bl., VIII, 462 S. u. 1 Bl. M. 2 Kpf.
1837. nicht erschienen.
1838. 4 Bl., XII, 372 S. u. 1 Bl.
1839. nicht erschienen.
1840. 3 Bl., XIII, 345 S. (N. F. 1. Jg.)
1841. nicht erschienen.
1842. XXXII, 446 S. u. 1 Bl. (N. F. 2. Jg.) M. 5 Stahlst.
1843. XXXI, 448 S.
1844. XXX, 3 1. Bl., 372 S.
1845. XXIV, 360 S.
1846. XXIV, 359 S.
1847. XVIII, 390 S.
Regensburg u. Landshut. Goed. VIII, 580/81.

Charitas. Festgabe für ... Gestiftet durch Eduard von Schenk. Fortges. v. Carl Fernau [d. i. Sebastian Franz von Daxenberger].
Regensburg: G. Jos. Manz 1843—1847. 8°
1843: XXXI, 448 S., 1 Titelbild, 4 Taf.
1844: XXX, 372 S., 1 Titelbild, 4 Taf.
1847: XVIII, 390 S., 1 Titelbild, 3 Taf.

Charitas. Festgabe für 1842, von Ed. v. Schenk. (Für 1843—1846 fortges. v. Carl Fernau.) Neuer Folge 2.—6. Jahrg. Mit Beiträgen von König Ludwig von Bayern, Kronprinz Maximilian von Bayern, L. Aurbacher, A. v. Maltitz, G. v. Neumayr, C. Fernau, F. Baron v. la Motte Fouqué, A. Liepel, F. Grafen v. Pocci, J. N. Pangkofer, F. Thiersch, C. A. Ph. v. Martius u. d. Herausgeber. Mit (à 5) Stahlst. gr. 12. Regensburg, Manz. geb. 2. Jahrg. n. 1⅔ ℛ︎ — 3.—6. Jahrg. à n. 2 ℛ︎

Charitas. Erzählungen für die weibliche Jugend. Greifswald 853. Herwig. 8. (3 Bl., 124 S.) n. 20 ngl

Charitas, Kalender für 1860 und 1861. Der astronomische Theil von J. Böhm. Der belletristische Theil mit Beiträgen von Eschenbach, Carl von Holtei, S. Kapper, Löschner, T. Pisling ꝛc. ꝛc. 2. und 3. Jahrg. 8. (87 S., 179 S. und 1 Stahlst.) Prag Tempsky. à Jahrg.
Vgl.: Caritas.

Charitas! Katholische Sonntags-, Fest-, Gelegenheits- und Fastenpredigten beliebtester Kanzelredner. [Original-Arbeiten] gesammelt und hrsg. von Ant. Jarisch. 6 Bde. in 52 Lfgn. gr. 8. Wien 869,70, Mayer und Comp. à Lfg. * 60 Pf. *

Inhalt:

Bd. 1. Lfg. 1. (1. und 2. Abdruck.) 3. 4. 9—12.: Predigten auf die Feste des Herrn. (IV, 429 S.)
" 2. Lfg. 2. 5—8. 19—24. 26. 27.: Predigten auf die Feste Mariä und der Heiligen. (IV, 787 S.)
" 3. Lfg. 13—18. Gelegenheits-Reden. (416 S.)
" 4. 5. Lfg. 25. 28—40. 45—48.: Predigten auf die Sonntage des ganzen Kirchenjahres. 2 Bde. (622; 458 S.)
" 6. Lfg. 41—44. 49—52.: Predigten für die heilige Fastenzeit. (III, 524 S.)

—— dass. — Supplementband. 53.—60. Lfg.: Predigten des hochsel. Bischofes Augustin Bartholomäus Hille. gr. 8. (480 S.) Ebendas. 872. à Lfg. 60 Pf.

—— dass. — 2. verm. Aufl. 1.—31. Lfg. Lex.-8. Ebendas. 874. à Lfg. 60 Pf.

Inhalt:

Lfg. 1—4. 10—13. (1. Bd. 1.—3. Heft.) Predigten auf die Feste des Herrn. (403 S.)
" 5—9. (2. Bd. 1. Thl. 1. und 2. Heft.) Predigten auf die Feste Mariä. (310 S.)
" 14—22. (2. Bd. 2. Thl. 1.—4. Heft.) Predigten auf die Feste der Heiligen. (583 S.)
" 23. 24. 29—31. (3. Bd. 1. und 2. Heft.) Fastenpredigten. (S. 1—304.)
" 25—28. (4. Bd. 1. und 2. Heft.) Gelegenheits-Predigten. (S. 1—256.)

Charitas! Katholische Sonn- und Festtags-, Gelegenheits- und Fastenpredigten beliebtester Kanzelredner [Original-Arbeiten] gesammelt und hrsg. von Ant. Jarisch. 2. verm. Aufl. 32.—69. (Schluß-)Lfg. Lex.-8. Wien 875,76, Mayer und Comp. à Lfg. * 60 Pf. *

Inhalt:

Lfg. 32—34. (3. Bd. 3. Heft.) Fastenpredigten. (S. 305—505.)
" 35—44. (4. Bd. 1. und 2. Heft.) Predigten des hochsel. Bischofs A. B. Hille. (608 S.)
" 45—51. (4. Bd. 3. und 4. Heft.) Gelegenheits-Predigten. (S. 257—551.)
" 52—61. (5. Bd. 4 Hefte.) Predigten auf die Sonntage des Kirchenjahres. 1. Thl. (648 S.)
" 62—69. (6. Bd. 3 Hefte.) —— dass. — 2. Thl. (540 S.)

Charitas. Ein Almanach in Wort und Bild, zusammengestellt und hrsg. von Eufemia Gräfin Ballestrem. 12. (VIII, 194 S. mit 10 Lichtdr.-Bildern.) Breslau 880, Schottländer. geb. mit Goldschn.

Charitas. Zeitschrift f. d. Werke d. Nächstenliebe i. kathol. Deutschland. Unt. Mitwirkg. v. Fachmännern hrsg. v. Charitas-Comité z. Freiburg i/B. Red.: L. Werthmann. 1.—3. Jahrg. 1896—1898. à 12 Nrn. (à ca. 1 Bog.) gr. 8. Freiburg i/B., Geschäftsstelle d. Charitas-Verbandes. à Jahrg. n. 3. —

Charitas. Zeitschrift f. die Werke der Nächstenliebe im kathol. Deutschland. Unter Mitwirkg. v. Fachmännern hrsg. vom Vorstand des Charitasverbandes f. d. kathol. Deutschland. Mit der Beilage: Katholische Mäßigkeitsblätter. (6 Nrn.) Red.: Lor. Werthmann. 4.—7. Jahrg. 1899—1902. à 12 Nrn. gr. 8. (à ca. 24 S.) Freiburg i/B., Geschäftsstelle des Charitas-Verbandes f. das kathol. Deutschland. à Jahrg. n. 3. —; einz. Nrn. n. — 30

Charitas. Zeitschrift f. die Werke der Nächstenliebe im kathol. Deutschland. Unter Mitwirkg. v. Fachmännern hrsg. vom Vorstand des Charitasverbandes f. das kathol. Deutschland. Red.: Lor. Werthmann. 8.—11. Jahrg. Oktbr. 1902—Septbr. 1906. à 12 Nrn. (à ca. 24 S.) Lex.-8. Freiburg i/B., Geschäftsstelle des Charitas-Verbandes f. das kathol. Deutschland. à Jhrg. n. 3. —

— Zeitschrift f. die Werke der Nächstenliebe im kathol. Deutschland. Unter Mitwirkg. v. Fachmännern hrsg. v. Vorstand d. Charitasverbandes f. d. kathol. Deutschland. Red.: Lor. Werthmann. 12.—14. Jahrg. Oktbr. 1906—Septbr. 1909 à 12 Nrn. (IV, 304; IV, 332 u. IV, 348 S. m. Abb.) Lex. 8. Freiburg i/B., Charitas-Verlag. 12. u. 13. Jhrg. à 3. —; 14. Jhrg. 4. —
Fortsetzung s.: Caritas.

Charitas vom Kindlein Jesu, O. S. F., Adventsbüchlein f. liebe Kinder. Zur Vorbereitg. auf das hl. Weihnachtsfest. 16. (63 S. m. Titelbild.) Regensburg (901). J. Habbel. Geb. in Leinw. n. — 30

Charitas, s.: Kultus, der, des modernen Klavierspieles etc.

Charitas, s.: Liberalkatholizismus, der.

Charitas, Der Liberalkatholizismus. Stuttgart 1901. 8°.

Charitasblatt, österreichisches. Vormals „Der barmherz. Samaritan". Organ u. Herausg. d. Reichsverbandes d. kath. Wohltätigkeits-Organisationen in Oesterreich. Red. v. Heinr. Giese u. Gust. Grüneis. 9. u. 10. Jahrg. 1909 u. 1910. à 12 Hefte. (à ca. 16 S.) Lex. 8. Wien, H. Kirsch. à Jahrg. 4. —

Charitas-Bote. [Mit Kalender f. 1892.] Ein Jahrbuch d. christl. Krankenpflege zur Erbaug., Belehrg. u. Vereinigg. der Pfleger u. Pflegerinnen, sowie ein belehr. Rundschauer u. Berather üb. das Neueste in d. Gesundheits- u. Krankenpflege f. Klöster, Erziehungs-Anstalten, Familien u Leidende, unter Mitwirkg. Anderer hrsg. v. M. Kinn. 8. (152 S.) Trier 891. Paulinus-Druckerei. n. — 90

Charitas-Führer f. d. Stadt Essen. Hrsg. v. d. kathol. charitativen Vereinigg. 12. (47 S.) Essen 897. (Fredebeul & Koenen.) — 30

Charitas-Kalender f. die Katholiken deutscher Zunge f. d. J. 1903. Hrsg. v. J. Neubauer. 2. Jahrg. 4. (115 S. m. Abb.) Stuttgart. München, J. Roth. n. — 85

(F) **Charitas-Kalender** auf das Jahr 1904. 3. Jahrg. Lex.-8°. (111, XXXIV S.) † Wien: Kirsch K —.80

(F) **Charitas-Kalender** auf das Jahr 1905. 4. Jahrg. Lex.-8°. (ill. 132 S.) † Wien: Kirsch K —.70

(F) **Charitaskalender** auf das Jahr 1906. 5. Jahrg. Gr.-8°. (139 S.) † Wien: Kirsch K —.80

Charitas-Kalender auf d. J. 1907. Hrsg. v. J. Neubauer. 6. Jahrg. (97 S. m. Abbildgn. u. Titelbild.) gr. 8. Wien (H. Kirsch). n. — 80

Charitas-Kalender auf d. J. 1908. Hrsg. v. J. Neubauer. 7. Jahrg. (101 S. m. Abbildgn. u. Titelbild.) gr. 8. Wien (H. Kirsch). — 80

Charitas-Schriften. 1.—8. Hft. 8. Freiburg i/B., Geschäftsstelle des Charitasverbandes f. das kathol. Deutschland. n. 7. 30

1. Das deutsche Armenrecht in seiner Bedeutung f. die Privatwohlthätigkeits-Vereine u. -Anstalten. Mit e. Anh. üb. die öffentl. Armenpflege in Bayern. Von Brandts u. Frhr. v. Aufseß. 2., verb. Aufl. (XI, 97 S.) 902. n. — 80
   1. Aufl. (ohne Ang. d. Verf.) (VIII, 91 S.) Ebd. 898. n. — 80
2. Das Armenrecht in Elsaß-Lothringen u. seine Bedeutung f. die Privatwohlthätigkeits-Vereine u. Anstalten. Von Rud. Schwander. (VII, 272 S.) 899. n. 2. —
3. Wohlthätigkeits-Anstalten u. Vereine, die katholischen, sowie das katholisch-soziale Vereinswesen in der Diözese Straßburg. Hrsg. v. dem kathol. Charitas-Sekretariate zu Straßburg. (VII, 140 S.) 900. n. — 80

4. Leitfaden, kurzer, zum Unterricht in der Krankenpflege. Hrsg. v. e. Kommission des Charitasverbandes f. das katholische Deutschland. (VII, 76 S.) 900. n. — 70
5. Der St. Raphaelsverein zum Schutze katholischer deutscher Auswanderer. Sein Werden, Wirken u. Kämpfen während des 30jähr. Bestehens, erzählt v. dessen derzeit. Präsidenten. Von Pet. Paul Cahensly. (VIII, 96 S.) 900. n. — 80
6. Die katholischen Wohlthätigkeits-Anstalten u. -Vereine, sowie das katholisch-soziale Vereinsleben in der Diöcese Ermland. Von Geo. Matern. (V, 74 S.) 900. n. — 80
7. Die Reichsgesetze üb. die Kranken-, Unfall- u. Invaliden-Versicherung. In kurzem Auszuge nach dem Stande der Gesetzgebung vom 1. I. 1901 dargestellt. Von Joh. Nikel. (XI, 140 S.) 901. n. — 80
8. Die Übung der Charitas durch die Frauen u. an d. Frauen. Von Aug. Rösler, C. Ss. R. (VII, 69 S.) 901. — 60

Charitas-Schriften. 9. u. 10. Hft. kl. 8. Freiburg i/B., Geschäftsstelle des Charitasverbandes f. das kathol. Deutschland. n. 1. 60
9. Die Pflichten der höheren Stände auf sozialem u. charitativem Gebiet. Von Karl Trimborn. — Die ersten 5 Jahre des Charitasverbandes f. das kathol. Deutschland. Von Werthmann. (132 S.) 903. n. — 70
10. Handbüchlein der Jugend-Fürsorge, zunächst f. die Hand der christl. Lehrerin u. Frau. Hrsg. vom Verein kathol. deutscher Lehrerinnen. (VIII, 136 S.) 903. n. — 90

— dasselbe. 8.—17. Heft. kl. 8. Ebd. Geb. in Leinw. u. geh. n. 14. 95
8. Die Übung der Charitas durch die Frauen u. an d. Frauen. Von Aug. Rösler, C. Ss. R. 2. verm. Aufl. (VIII, 87 S.) 903. n. — 70
9. Die Pflichten der höheren Stände auf sozialem u. charitativem Gebiet. Von Karl Trimborn. 2. Aufl. Mit e. Anh.: Die Tätigkeit des Charitasverbandes u. dessen Satzg. (45 S.) 906. n. — 30; geb. n. — 60
   1. Aufl. m. „Werthmann, die ersten 5 Jahre des Charitasverbandes". (132 S.) 903. n. — 70.
10. Wegweiser der Jugendrettung. Zunächst f. christl. Lehrerinnen u. die Mitglieder kathol. Frauenvereine. Hrsg. vom Verein kathol. deutscher Lehrerinnen. 2., verb. u. verm. Aufl. des Handbüchleins der Jugendfürsorge". (VII, 172 S.) 905. Geb. in Leinw. n. 1. 50
   1. Aufl. u. d. T.: Handbüchlein der Jugend-Fürsorge. (VIII, 136 S.) 903. n. — 90.
11. Die katholischen Wohltätigkeits-Anstalten u. -Vereine sowie das katholisch-soziale Vereinsleben in der Diözese Limburg. Von J. Strieth. (VIII, 117 S.) 903. n. — 80
12. Das Kinderschutzgesetz vom 30. III. 1903. Für die Praxis insbesondere zum Gebrauch f. charitative u. soziale Vereine bearb. v. Ant. Retzbach. (50 S.) 904. n. — 25
13. Handbuch des Mädchenschutzes. Insbesondere f. Priester u. die Mitglieder charitativer Vereine. Von Wilh. Liese. (VII, 313 S.) 904. Geb. in Leinw. n. 3. —
14. Die katholischen Wohltätigkeits-Anstalten u. -Vereine, sowie das katholisch soziale Vereinswesen in der Diözese Breslau preußischen Anteils, einschließlich des Delegaturbezirks. Von A. Saltzgeber. (VII, 244 S.) 904. n. 1. 50
15. Laienapostolat u. Volkspflege auf Grundlage der christlichen Charitas. Nach dem auf dem Charitastag in Dortmund am 5. X. 1905 geh. Vortrage erweitert dargestellt. Von Mart. Faßbender. (82 S.) 906. n. — 75; geb. n. 1. 10
16. Handbuch f. katholische Jugendvereinigungen. Ein Wegweiser f. Leiter u. Mitarbeiter. Von Johs. Honnef. (XVI, 328 S.) 906. n. 2 50; geb. n. 3. —
17. Die katholischen Wohltätigkeits-Anstalten u. sozialen Vereine in der Diözese Paderborn. Von Wilh. Liese. (VII, 216 S.) 906. n. 2. —; geb. n. 2. 50

Charitas-Schriften. 1., 10., 13. u. 18. Heft. kl. 8. Freiburg i/B., Caritas-Verlag. Geb. 8. —
Brandts u. Frhr. v. Aufseß, das deutsche Armenrecht in seiner Bedeutung f. die Privatwohltätigkeits-Vereine u. -Anstalten. Mit e. Anh. üb. die öffentl. Armenpflege in Bayern. 3., verb. Aufl., besorgt v. Schmeddina. (VIII, 90 S.) 909. (Heft 1.) — 80; geb. 1. 20
Liese, Wilh., Handbuch des Mädchenschutzes. 2., umgearb. u. stark verm. Aufl. (VIII, 426 S.) 908. (Heft 13.) Geb. in Leinw. 3. 80
Marx, der Kampf gegen die öffentl. Unsittlichkeit. (III, 63 S.) 907. (Heft 18.) — 75; geb. 1. —
Wegweiser der Jugendrettung. Hrsg. vom Verein kathol. deutscher Lehrerinnen. 3., verb. u. verm. Aufl. des „Handbüchleins der Jugendfürsorge". (VII, 200 S.) 909. (Heft 10.) Geb. in Leinw. 2. —
Fortsetzg., s.: Caritas-Schriften.

Charite u. Polydor. e. Liebesgesch.
8⁰ Frankfurt: Garbe 1762.

Charite u. Polydor, a. d. Franz. nebst Nachricht v. d. Verf. Barthelemy's Leben u. Verd.
8⁰ Altona: Hammerich 1800.

Charité-Annalen. Hrsg. von der Direction des königl. Charité-Krankenhauses in Berlin. Redig. von Mehlhausen. 1.—4. Jahrg. [1874—1877.] Lex.-8. (VIII, 752; V, 800; IV, 767; IV, 806 S. mit lithogr. Taf. und Tab.) Berlin, Hirschwald. à Jahrg. *

Charité-Annalen. Hrsg. von der Direction des königl. Charité-Krankenhauses in Berlin, redig. von Mehlhausen. 5.—9. Jahrg. Lex.-8. (IV, 741 S. mit 2 lithogr. Taf. und Tab.; IV, 687 S. mit 5 lithogr. Taf. und Tab.; VI, 822 S. mit 2 lithogr. Taf. und Tab.; IV, 700 S. mit 2 lithogr. Taf. und Tab.; IV, 716 S. mit 3 lithogr. Taf. und Tab.) Berlin 880—84, Hirschwald. à Jahrg. *

Charité-Annalen. Hrsg. von der Direction des königl. Charité-Krankenhauses in Berlin. Redig. von Mehlhausen. 10.—13. Jahrg. gr. 8. Berlin, Hirschwald. [10. Jahrg. (IV, 755 S. mit 1 lithogr. Taf. und Tab.) 885; 11. Jahrg. (IV, 835 S. mit 4 lithogr. Taf. und Tab.) 886; 12. Jahrg. (IV, 799 S. mit 3 lithogr. Taf. und Tab.) 887; 13. Jahrg. (IV, 768 S. mit 3 lithogr. Taf. und Tab.) 888.] à Jahrg. *

Charité-Annalen. Hrsg. v. der Direction d. königl. Charité-Krankenhauses zu Berlin. Redig. v. Mehlhausen. 14.—17. Jahrg. gr. 8. (IV, 781 S. m. 1 lithogr. Taf. u. Tabellen; IV, 695 S. m. 1 lithogr. Taf. u. Tabellen; VI, 799 S. m. 1 lithogr. Taf. u. Tabellen; IV, 871 S. m. 2 lithogr. u. 1 Curven-Taf. u. Tabellen.) Berl. 889—92, Hirschwald. à Jahrg. * 20 —

— dasselbe. Red. v. Schaper. 18. u. 19. Jahrg. Mit Holzschn. u. Tabellen. gr. 8. (IV, 759; IV, 862 S.) Ebd. 893. 894. à Jahrg. n. 20. —

Charité-Annalen. Hrsg. v. d. Direction d. kgl. Charité-Krankenhauses z. Berlin. Red. v. Schaper. 20.—23. Jahrg. M. Holzschn. u. Tabellen. gr. 8. Berlin, A. Hirschwald. 92. —
20. (IV, 722 S.) 895. n. 20. —. — 21. (IV, 905 S.) 896. n. 24. —. — 22. (IV, 830 S.) 897. n. 24. —. — 23. (IV, 817 S. m. Bildn.) 898. n. 24. —.

Charité-Annalen. Hrsg. v. der Direction des königl. Charité-Krankenhauses zu Berlin. Red. v. Schaper. 24.—26. Jahrg. gr. 8. Berlin, A. Hirschwald. à Jahrg. n. 24. —
24. (IV, 716 S. mit 2 Taf., Holzschn. u. Tabellen.) 899.
25. (IV, 555 S. mit 6 Taf., Holzschn. u. Tabellen.) 900.
26. (IV, XI, 515 S. mit 1 Portr., Holzschn. u. Tabellen.) 902.

Charité-Annalen. Hrsg. v. der Direction des königl. Charité-Krankenhauses zu Berlin. Red. v. Schaper u Müller. 27. Jahrg. Mit 3 Portr., 1 Taf., 5 Holzschn. u. Tabellen. (V, 714 S.) gr. 8. Berlin 903. A. Hirschwald. n. 24. —

— dasselbe. Red. v. Schaper. 28. Jahrg. Mit 1 Portr., Tabellen u. zahlr. Abbildgn. im Text. (VIII, 822 S.) gr. 8. Ebd. 904. n. 24. —

— dasselbe Red. v. Scheibe. 29. Jahrg Mit 1 Portr., 1 Taf., Tabellen u. zahlreichen Abbildgn. im Text. (XV, 832 u. 53 S.) Lex.-8. Ebd. 905. n. 24. —

Charité-Annalen. Hrsg. v. d. Direktion d. kgl. Charité-Krankenhauses zu Berlin. Red. v. Scheibe. 30.—34. Jahrg. Lex. 8. Berlin, A. Hirschwald. à Jahrg. 24. —
30. Mit Tab. u. zahlr. Abb. im Text. (VII, 183, 732 u. 27 S.) 906. — 31. Mit 1 farb. Taf., Tab. u. Abb. im Text. (VII, 87, 733 u. 58 S.) 907. — 32. Mit 1 Taf., Tab. u. Abb im Text. (V, 79, 495 u. 33 S.) 908. — 33. Mit 1 Taf. Tab. u. Abb. im Text. (X, 81, 764 u. 40 S.) 909. — 34. (Jubiläums-)Jahrg. (X, 75, 673 u. 46 S. m. Abb., Titelbild, 8 Taf. u. Tab.) 910.

Charites und Demophil, oder die schönen Abende. Leipzig 1775. V: *Niemeyer, August Hermann.* (MGT) (Ky)

Charites u. Demophil, oder d. schönen Abende, (v. A. H. Niemeyer). 8. Leipz. 775. Weidmann. 6 gr

Chariti, Johannes (Pseud.), s.a. P i e n i n g , Johannes (wirkl. Name)

Chariti, Johannes: H a n n i b a l . Ein Drama in 4 Akten. 8. (IV, 94 S.) Dresden 901. E. Pierson.

Charitinus, Aloys., Discurs von betrüglichen Kennzeichen der Zauberey, worinnen viel abergläubische Meinungen vernunfftmäßig untersucht und verworffen; wie auch *Carpzovii, Berlichii, Crusii*, und andere so woll Päbstlicher, als Protestantischer jure consultorum mißliche und leichtgläubige Lehr-Sätze von der Zauberey, erwogen und beleuchtet worden, allen Gerichtshaltern, dann auch Land-Predigern, zu vernünfftiger Führ- und Beurtheilung eines Hexen-Processes. 94 S. Starrgard 1708. 4°.

Charitius, Carl Christian Ernst

— — (Präs.) u. (Bruder) **Ernst Christian Ludwig Charitius,** De lectione poetarum praecipuo popularis orationis adjumento. Disp. philos. Wittbg. (Tzschiedrich) 15. III. 1793. 40 S. (4.80) 5117

— — Ad solemnitatem lycei Sorani anniversariam. — Quibus commotus argumentis S. V. Eckermannus fidei moralis addubitare coeperit gravitatem, enarratur; adjectis nonnullis, quae judicio hac de re accuratius instituendo inservire posse videbantur, observ. Sorau (Winkler) 1795. 20 S. mit Namen. (4.—) 5118

— — De Theophane Ceramico disputatio pars I: de Theophane interprete. Präs. Christian Friedr. Matthaei. Wittbg. (C. Ch. Dürr) 6. X. 1792. 34 Seiten. (4.80) 5116
Ab S. 19 Mitverf.: Joh. Christian Gottfried Praedicov (Wittenberg).

Charitius, Carl Chn. Ernst, Utrum satis fide digna sint, quae Tacitus in libello de moribus Germaniae tradit? Diss. hist.-philos. Präs. Franz. Volkm. Reinhard. Wittenbg. (C. Chn. Dürr) 6. III. 1792. 28 S. (4.50) 5115
Widm. v. Präs.

Charitius, Ernst Christian Ludwig

— — De arteria crurali ossea per oedema gangraenamque siccam lethali. Wittenbg. (Adam Ludw. Charisius) Jan. 1799. 12 S. (3.80) 5120

— **Ernst Chn. Ludw.** (Wittenberg), De hypothesibus medicis recte aestimandis. Diss. med. Wittenberg (Tzschiedrich) 23. IX. 1796. 32 Seiten. (4.80) 5119
Widm. v.: Friedr. Gg. Victor Mayer.

Charitius, Franz: Anschaulichkeit. Landsberg a. W. 1909: Dermietzel & Schmidt. S. 1—11. 8°
Landsberg a. W., k. G u. R, in Festschr. z. 50j. Jubil. T. 2. OP 1909 (93)**

Charitius, F. Die Schicksale der Stadt Landsberg während der Invasion 1758. Landsberg a. W. 1898. 8°. (Aus: Schriften d. Vereins f. Gesch. d. Neumark.)

[F.] **Charitius,** Franz [Dr.]: Das Übersetzen aus dem Deutschen in das Lateinische. Frankfurt a. d. O., Druck d. Kgl. Hofbuchdr. Trowitzsch & Sohn, 1892; 20 S. 4.
Landsberg a. d. W., k. G u. RG, OP 1892 (83 [vielm. 81])

Wie betrachten wir Gemälde und Werke der Bildhauerei? Vortrag geh. 1905 zu Landsberg a. W. von Dr. Franz **Charitius,** Prof. Als Ms. gedr. Landsberg a W. (1905): Dermietzel & Schmidt. 29 S. 8°
(11. 18734 7

Chariton Aphrodisiensis, s. Scriptores, erotici, graeci.

Charitonis Aphrodiens., de Chaera et Callirrhoe amator. narrat. libb. VIII gr. et lat. Jak. Ph. d'Orville publicav. et animadvers. adj. III Pts. 4. Amsterd. 750. 5 Rthlr. Ed. II. emend. viror. doctr. adj. J. J. Reiske latine vertit (c. Chr. Dn. Beck). 8maj. Leipz. 783. Schwickert. 2 Rthlr.

Chariton. Liebesgeschichte des Chäreas und der Callirrhoe, aus dem Griechischen übersetzt. Leipzig 1753. Ü: *Heyne, Chn Gottlob.* (Hoff) (DegG)

— Liebesgeschichte d. Chareas u. d. Callirrhoe; aus d. Griech. v. Chr. Gli. Heyne. 8. Leipz. 753. Eurich. (Brockhaus). 6 gr.

CHARITON Aphrodisiensis. — *Charitons* Liebesgeschichte des Chäreas und der Callirrhoe, Aus dem Griechischen übersetzt (von Christian Gottlieb H e y n e). Leipzig, bey Friedrich Lankischens Erben. 1753. 8°. (In Berlin: Vz. 2540).
Tit., 7 Bll. Vorr., 207 S. (8 Bücher).

Chaerea u. Callirrhoe oder die Folgen der Eifersucht. Eine antike Novelle. Aus dem Griechischen von Schmieder. Leipz. 806. 8. 1 rthlr. 8 gr.

— Chareas u. Callirrhoe, oder d. Folgen d. Eifersucht. Aus d. Griech. v. C. Schmieder. 8. Leipz. 807. Andrä. 1 Rthlr.

— — Chäreas und Kallirrhoe oder die Folgen der Eifersucht. Eine antike Novelle aus dem Griechischen des *Chariton*, von Dr. C. S c h m i e d e r. Leipzig, in der von Kleefeldschen Buchhandlung. 1807. 8°. (In Berlin: Vs 2550.)
VIII u. 430 S. (8 Bücher).
— — Dasselbe. Ebd. 1811. 8°. (2 Mk. Franz Teubner, Bonn, c. 1898.)

— *Ἐκδοθεὶς ὑπὸ Σπυριδίωνος Βλάντη.* *Βιέννη* 812. 4.

Chariton, F[eiga]. Beitrag zur Kenntnis der epithelialen Auskleidung des Vestibulum nasi des Menschen und der Säugetiere. Mit 5 Figuren auf den Tafeln XI/XV. ⟨Aus dem Privatlaboratorium von ... Dr. [Adolf] Schönemann in Bern.⟩ (Separat-Abdruck aus Zeitschrift für Ohrenheilkunde, mit besonderer Berücksichtigung der Rhinologie und der übrigen Grenzgebiete. Band 49. Heft 2.) II S. + S. 143—164. 8. (Wiesbaden, J. F. Bergmann, [1905].)

Chariton, F[eiga]. Beitrag zur Kenntnis der epithelialen Auskleidung des Vestibulum nasi des Menschen und der Säugetiere. Diss. Med. Bern ... von Fräulein F. Ch'. (Mit 5 Figuren auf den Tafeln XI/XV. Separat-Abdruck aus Zeitschrift für Ohrenheilkunde.... Band 49. Heft 2....) II + II S. + S. 143—164. 8. Bern, (Verlag J. F. Bergmann, Wiesbaden,) Februar 1906.
Ausg. B. —

Charitonoff, Simon: Ein Beitrag zur Schafttuberkulose der grossen Röhrenknochen. (Berlin 1909: Siebert.) 22 S. 8°
Berlin, Med. Diss. v. 2. März 1909, Ref. Hildebrand
[Geb. 10. Jan. 81 Kertsch; Wohnort: Kertsch; Staatsangeh.: Rußland; Vorbildung: Alexander-Gymn. Kertsch Reife M. 00; Studium: Paris 3, Berlin 8 S.; Rig. 26. Febr. 09.] [U 09. 40

Charivari. Redigirt von Ed. Maria Oettinger. 1. Jahrg. 1842. October—December. 13 Nummern. (Bogen.) Mit vielen Vignetten u. 2.—5. Jahrg. 1843—1846 à 52 Numm. gr. 8. Leipzig, Reclam jun. 1. Jahrg. 1⅓ Rthlr. — 2.—5. Jahrg. à n. 5⅓ Rthlr.

Charivari. Red. v. Ed. Maria Oettinger. [Nr. 223—412.] 6—8. Jahrg. 1847—1849. à 52 Nrn. Mit Holzschn. u. Kunstbeilagen etc. gr. 8. (Bog.) Leipzig, Ph. Reclam jun. à Jahrg. n. 5⅓ Rthlr.

Charivari. Redig. von Ed. Maria Oettinger. (7—10.) Jahrg. 1848—51. à 52 Nrn. (Bog.) Mit Holzschn., Kunstbeilagen etc. gr. 8. Leipzig 848, Ph. Reclam jun. à Jahrg. *

— ders. (Neue Folge.) Nr. 1—3. (9—11.) Jahrg. 1850—1852. à 52 Nrn. gr. 8. Leipzig, Literar. Museum in Comm. à Jahrg. n. 5⅓ Rthlr. Halbjährlich n. 3 Rthlr.

Charivari. Album für komische Deklamation. Unter Mitwirkung von Schauspielern hrsg. von Ed. Bloch. 8. (188 S. mit 20 Illustr. in eingedr. Holzschn.) Berlin 855, Lassar's Separat-Conto. *
Erschien bereits 1853 u. d. T.: Gevatter Dachsbein und Muhme Klatschmund

—— komischer Volkskalender für Christen, Juden, Türken, Russen, Griechen, Berliner, Chinesen und Azteken auf das gemeine Jahr 1857. Vom Verf. des „Figaro." Mit nicht ganz mehreren Tausend Illustr. 8. (XXXII und 100 S. mit eingedr. Holzschn.) Wien 856, Dirnböck.

— Berliner. Red. v. Satan. Nr. 1—6. hoch 4. (à 2 B. m. eingedr. Holzschn.) Berlin 847. 48, Hirschfeld. (à n. 1/12 Thlr. u. 1/2 Thlr.

Charivari, berliner. Wochenblatt für Wahrheitsfreunde. Redig. von Held. Jahrg. 1859 und 60. à Jahrg. 52 Nrn. (Bog.) Fol. Berlin, Nöhring. [Jahrg. 1859. 1 Thlr. 2 Ngr., 1860. 2 Thlr.]

Charivari, der pesther, belletrist. Lokal-Blätter. Hrsg. J. F. Chownitz. 1—3. Hft. gr. 8. (9 B.) Pesth 839, (Kilian u. Cp.) *

Posener Charivari. No 1. *Posen: L. Kapela (1904).* 8° :64. 5741

Charivari: Schweizerisches Charivari (Lu)
③ Luzerner Intelligenzblatt (II) ⑤ 7. 1. 1843—25. 3. 1843 ⑥ 4° ⑦ Wochenblatt ⑧ Luzern: Rudolf Jenni ⑩ Rudolf Jenni ⑪ freisinnig ⑫ BGSZ: 1028; «Eidgenosse v. Luzern» 1843, Nr. 1, 2 ⑭ Lu: Z ⑮ Dieses satirische Wochenblatt, das ganz dem Berner «Gukkasten» des gleichen Herausgebers entspricht, führte eine Unterabteilung, betitelt «Intelligenzblatt», in welcher Inserate Aufnahme fanden.

Charivari: Schweizerisches Charivari (Be—So)
③ Der neue Gukkasten ⑤ 1851—1852; lt. Redaktionsvermerk in Nr. 52, 26. 12. 1852 erscheint das Blatt ab 1853 in Basel ⑥ 2°, 4° (1852) ⑦ Wochenblatt ⑧ Bern: Vereinsdruckerei (1851, Nummern 1—41); Solothurn: Fr. X. Zepfel (ab Nummer 42, 1851) ⑪ S. Haberstich (Arthur Bitter), Volksschriftsteller. Utzendorf ⑫ politisch-satirisches Oppositionsblatt gegen das konservative Regiment in Bern ⑬ BGSZ: 973 ⑭ Be: L, S; Lu: Z.

Charivari Suisse (Fr)
⑤ 1852 ⑧ Morat (Murten): Karl Delosea (?) ⑬ Der Murtenbieter 1955, Nr. 9.

Charizi, Jehuda, s. H a r i z i u s , Juda und J e h u d a ben Salomon al- Charisi

Charla, der Begleiter in Seebäder. Eine kurzgefaßte Anleitung zur Meer-Botanik. Mit 12 Kpfrtaf. gr. 12. (56 S.) Hamburg 851, Hoffmann & Campe. 2/3 Thlr.; color. 1 1/3 Thlr.

Charlamboff, Lazarus [aus Odessa, Russland]: Synthetische Versuche in der Oxalsäurereihe. Ueber α-Methylglutarsäure. . . . Odessa, Druck v. L. Nitzsche, 1889; 31 S. 8°
Jena, Phil. Fak., Inaug.-Diss. v. 1889

Le Charlatan démasqué, ou Les avantures [!] et exploits du Comte de Cagliostro, préc. d'une lettre de Mr. le Comte de Mirabeau. Francf. 1786. 62 S.
Kl. 3363
[Deutsche Übers. u. d. Tit.:]
Der entlarvte Charlatan, oder Abentheuer und Thaten des Grafen v. Cagliostro. Mit einem Briefe des Grafen v. Mirabeau statt einer Vorr. Aus d. Franz. übers. Frankfurt a. M. [Lübeck: Niemann] 1787. 52 S. 8°
[Dasselbe.] Ebendas. 1787. 87 S. 8°
Kl. 3364. Der angebl. Brief von Mirabeau ist von J. Mauvillon.

CHARLATANERIE, D i e g e l e h r t e , i n W u n d e r n u n d W e i s s a g u n g e n. Gasconien (Andreä in Frankfurt). 1746. Rar! 2 Tle.

Charlatanerie, üb. d. d. Gelehrten seit Menken m. K. 8. Lpz. Büschel. (Joachim.) 790.

Charlatanerie, über die, d. Gelehrten seit Menken. (v. J. P. G. Büschel). Mit 1 Kpf. 8. Leipz. 791. Büschel. (Joachim.) 20 gr.

Charlatanerie der Homöopathie. Eine Stimme der Belehrung und Warnung an's Publikum. Erstes Wort. 8. (63 S.) Weimar 853, Jansen und Comp. *

Charlatanerie der Homöopathie. Zur Belehrung u. Warnung. 2. Ausg. Berlin 868. Mode. 8. (63 S.) 10 ngr.

Charlatanerie der Homöopathie. Zur Belehrung und Warnung. 2. (Titel-)Ausg. 8. (63 S.) Berlin (853)69, Mode's Verlag.

Charlatanerie, die, und ihre Parteigänger. Eine naturwissenschaftlich-kommerzielle Studie von Theofrastus Bombastus Paracelsus dem Jüngern. Wien 858. Lechner. 16. (VIII, 183 S.) n. 20 ngr.

Charlatanerie, die, und ihre Parteigänger. Eine naturwissenschaftlich kommerzielle Studie von Theofrastus Bombastus Paracelsus dem Jüngern. 2. Aufl. Wien 859. Lechner. 16. (4 Bll., 183 S.) n. 20 ngr.

Charlatanerie, die, und ihre Parteigänger. Eine naturwissenschaftlich-commercielle Studie von Theophrastus Bombastus Paracel Jüngern. 3 Aufl. kl. 8. (183 S.) Wien, Lechner. 1860

Charlatanerien der neuesten Forstwirthschaftskunde ... Erlangen 1802. V: *Slevogt, Carl.* (Engoec) (Ky)

Charlatanerien in alphab. Ordnung. (A. F. Cranz.)

Charlatanerien in alphab. Ordnung. (v. A. F. Cranz). 4 Stcke. 8. Berl. 780. Hesse. 1 Thlr. 8 gr.

CHARLATANERIEN i n a l p h a b e t i s c h e r O r d n u n g als Beyträge zur Abbildung und zu den Meinungen des Jahrhunderts (von *Aug. Friedr. Cranz*). Abschnitt 1. 4. Aufl. Berlin, gedruckt bey Friedr. Wilh. Birnstiel. 1781. Abschn. 2. 2te Aufl. Ebd. 1781. Abschn. 3. Ebd. 1781. Abschn. 4. Ebd. 1781. 8°. (In Berlin, 4 in 1 vol.: Tc 7138 no. 4; auch in d. Magistratsbibl.) (4 Mk. G. Priewe; 4 Mk. v. Zahn & Jaensch, Dresden, c. 1803.)
99, 96, 96, 102 Seiten. Th. 1 zuerst gedr. ebd. 1780. Vgl. Chrn. G i e s e k e , Handbuch f. Dichter u. Litteratoren. Th. 1. Magdeb. 1793. Gr. 8°. S. 424.
— — Dasselbe. 4 Abschnitte (cplt.). Ebd. 1783. 8°.
Anon.-Lex. I. p. 318 hat: „1780—81" und „1783". — Seiner Zeit v e r b o t e n!
— — K o r r e k t u r d e r C h a r l a t a n e r i e n. Abschnitt 1. Ebd. 1782. 8°. (In Berlin: Ic 7138, no. 6.)

— theologische. 8. Leipz. 789. v. Mößle in Wien. 8 gr.

Charlatanerien von Wien. Belgrad 1788. V: *Richter, Joseph.* (Familien-Fid.-Comiss-Bibl., Katalog II, S. 699, Nr. 13580.) (Hans Viktor Pisk: Josef Richter. Diss. Wien 1927. S. 114)

CHARLATANERIEN v o n W i e n. Belgrad (Wien, Wucherer) 1788.
Weller, fing. Dr. — Rar!

Charlatanerien Wiens. [Wien ca. 1800?] V: *Richter, Joseph.* [?] (WBL)

Charlatans, die, od. d. Kranke in d. Einbildung. E. Posse in 3 Akten von J. F. Jünger. 8. Regensb. Montag u. W. 803.

Charlburger, Osk., was muß Jedermann v. der Feuerversicherung unbedingt wissen, um sich vor Schaden zu bewahren! 8. (15 S.) Ulm (902). Verlag der Ulmer Zeitg. n. — 30

Charlemagne und Napoleon. [Berl. 1806.] V: *Voss, Julius von.* (MGT)

Charlemagne et Napoléon, parallèle de nouvelle date; Karl d. Große u. Napoleon, eine Vergleichung d. jüngsten Zeit. (Französ. u. deutsch.) 8. Brüssel 819. (Boselli in Frankf. a. M.) 3 gr.

Charlemagne. A. Die russische Armee. Paris 1854. 12 farb. Bl. 2°

Charles Ball der Negersclave, s. Ball, Charles.

Charles Clairon. s. Abentheuer e. Emigranten.

Charles Mandel et son fils, ou le bienfait récompensé. 12. ($4\frac{1}{2}$ B. u. 2 Stnt.) Strassbourg 844, Levrault'sche Buchh.

Charles, le Margrave, et la Marquise de Salmour Dalbiau. Anecdote histor. du 17 Siècle. 8. Berl. Dunker et H. 801.

Charles, neuf, ou les maîtresses parisiennes. Comédie. gr. 8. Strasb. König. 790.

Charles d'Orléans, s. Kuhl, Ferdinand.

Charles-Quint
s. Karl V. Kaiser von Deutschland. (10. 10532 3

Charles et de Villeneuve, la fille de Dominique, s.: Répertoire du théâtre Français à Berlin, Nr. 350.

Charles de la paix de l'église dans les états de la confédération rhénale. 8. Hamb 810. Perthes u. B. 4 gr.

Charles, A. L., deutsches Börsenbuch. Ein Handbuch für Banquiers, Kaufleute und Cassenbeamte, enthaltend ausführl. Vergleichungs- und Zinsentabellen von 1 Pfg. bis zu 100,000 Thlr. nach allen vorkommenden Coursen und Procenten auf Grund der Münz-Vereinbarung vom 24. Januar 1857 berechnet und hrsg. (In 4 Bdn.) 1. Bd. Königr. Preußen. (In 6 Heften.) 1—3. Heft. Lex.-8. (1. Abthl.: Uebergangs-Periode XV und S. 1—168.) Hannover 858, C. Rümpler. à Heft * 12 Ngr. *

—— dass. — 2. Bd. Königreiche Hannover und Sachsen. (In 6 Heften.) 1—3. Heft. Lex.-8. (1. Abthl. Uebergangs-Periode XV und S. 1—168.) Ebendas. 858. à Heft * 12 Ngr. *
Beide Bände sind nicht weiter erschienen.

Charles, A. L., die Kleinkinder-Bewahranstalt. Ein Büchlein f. Schule u. Haus. 8. ($7\frac{1}{2}$ B. u. $\frac{1}{2}$ B. Lieder u. 8 Holzschn.) Hannover 845, Pockwitz.

Charles, A. L., Materialien f. d. ersten evangel.-luther. Religions-Unterricht u. zu Gedächtnißübungen. Für Lehrer an d. unt. Classen d. allgem. Schule rc. gr. 8. (22 B.) Hannover 841, Hahn'sche Hofbuchh.

—— kleines Religions- u. Lesebuch f. Kinder. Ein Auszug aus den „Materialien f. d. ersten evangelisch-luther. Religions-Unterricht", neben denselben zu gebrauchen u. mit einer Sammlung leichter Lesestücke versehen. 8. ($13\frac{1}{2}$ B.) Hannover 842, Hahn'sche Hofbuchh.

— Tabelle zur Berechnung des neuen Geldes und Gewichtes gegen das alte. Hannover (858). Rümpler. (1 Bgn. in Fol.) $2\frac{1}{2}$ ngr

Charles, A. L., vollständige Zinsen- und Vergleichungs-Tabellen. Mit besond. Rücksicht auf die Staaten der Münz-Vereinbarung vom 24. Januar 1857 und für Hannover, Sachsen und Preußen berechnet und hrsg. Lex.-8. (VIII und 117 S.) Hannover 857, C. Rümpler. Thlr. —

Charles, Emmy, die Herrin v. Rabenstein, s. a. Braun's Novellen- u. Roman-Sammlg. 21. Bd.

Charles, Emmy, d. Herrin v. Rabenstein. Roman. A. d. Franz. frei bearb. v. Ch. 8. (398 S.) Leipzig (894). B. Braun. n. 3. —

Charles, F. W., „Selbsthilfe" od. d. verliebte Dienstherr. Standesehre. 2 Deklamationen. gr. 8. (11 S.) Berlin 898. A. Hoffmann. — 10

Charles, Francis, Warnung vor Vergiftung durch Kuhpocken-eiter. Heilung der Inficirten und Vertreibung des Blatternstoffs bei Kindern und Erwachsenen rc. Ein ernstes Wort an alle Eltern, denen Leben und Gesundheit ihrer Kinder am Herzen liegt, an Erwachsene und an die Behörden aller europ. Staaten. gr. 8. (IX und 88 S.) Hamburg 861, Falcke. *

(Charles, Hubert.) Aufruf des Freiburger Volkes an die Schweizerische Nation. (Den 10. Dezember 1852.) [Aus dem Französischen übersetzt.] 8. Bern 1853.

Charles, H[ubert]. Coup-d'oeil sur la situation politique du Canton de Fribourg en 1838. 8. Fribourg en Suisse 1838.

Charles, (H[ubert]). Discours prononcé par M. Charles au Conseil national le 18 juillet 1853. 8. (Berne 1853.)
(*Mit Nachtrag, datiert:* Berne, 22 juillet 1853.)

(Charles, H[ubert].) Notice biographique sur feu M. l'Avoyer (Jean de) Montenach (1766–1842), avec quelques aperçus sur l'histoire contemporaine. [E.] 8. Fribourg en Suisse 1842.

Charles, Hugo, Referendar in Meseritz: Die Haftung aus dem Verkaufe einer Forderung im römischen und im heutigen Rechte. *Stargard i. P. [1901]: A. Mensor.* (37 S.) 8° [5.-]
Rostock, Jur. Diss. v. [14. Juni] 1901

Charles, Jean [Pseud.], s.a. Braun von Braunthal, Karl Johann

Charles, Jean, s. a. Jean Charles.

Charles, Jean, Dichterleben aus unserer Zeit. Novelle. 8. Leipzig 842, Bösenberg. n. $1\frac{1}{3}$ ß

Charles, Jean, Dichterleben aus unserer Zeit. Novelle. 8. (18 B.) Leipzig 842. [Verlags-Magazin.] *

Charles, Jean, das Leben kein Traum. Roman. 3 Bde. gr. 16. (36 B.) Stuttgart 840, Metzler'sche Buchh.

—— die Marquise von L***. Roman. 3 Bde. 8. (11 B.) Berlin 844, Duncker u. Humblot.

CHARLES, Jean (d. i. *Carl Johann Braun v. Braunthal*), Donna Quixote, oder: Leben, Abenteuer und Meinungen einer scharfsinnigen Edlen aus Jungdeutschland. Roman. 2 Bde. Leipzig, C. P. Melzer, 1844. 8°. (8 Mk. Frensdorff, c. 1905.)
Interessanter Roman. I: 1 Bl., 308 S. II: 1 Bl., 300 S. — Weller, Lex. Ps. p. 106.

Charles, J., Realisten und Idealisten, s. Album. Bibliothek deutscher Orig.-Romane.

—— die Stimme des Blutes. Roman. 2 Thle. gr. 12. (16 B.) Leipzig 842, Fr. Fleischer.

—— schöne Welt. Roman. 2 Thle. gr. 12. ($23\frac{3}{4}$ B.) Leipzig 841, Brockhaus.

— s. Wien und die Wiener.

—— Wien u. die Wiener, ihr öffentl. u. häusl., geist. u. materielles Leben. Ein Wegweiser f. Einheimische u. Fremde. gr. 12. ($6\frac{1}{2}$ B.) Stuttgart 840, Metzler'sche Buchh.

Charles, M., s. a. Chop, M.

Charles, M., Dictionnaire de poche français et allemand, entièrement mis à jour avec la prononciation exacte. 2. partie. Français-allemand. 16. (544 S.) Brüssel (902). M. Charles. Geb. in Leinw. 1. 20

— Englisch f. Auswanderer m. genauer Aussprache aller Wörter u. Ratschlägen f. Auswanderer. qu. 16. (94 S.) Ebd. 901. n. — 50

— Fremdenführer durch Brüssel, dessen Sehenswürdigkeiten u. Umgebung. Mit ausführl. Katalog d. Kunstgallerien. Mit Plan von Brüssel u. Karte des Schlachtfeldes v. Waterloo. 12. (102 S.) Ebd. 899. — 80

Charles, M., grosser illustr. Führer durch Brüssel, dessen Sehenswürdigkeiten u. Umgebg. f. Fremde u. Einheimische. Mit ausführl. Katalog d. Wiertz-Museums. Mit Plan v. Brüssel u. Karte d. Schlachtfeldes v. Waterloo (u. farb. Plan d. Brüsseler Weltausstellg.) (70 S., Bl. I—XI u. S. XII—XV.) kl. 8. Brüssel (910). Librairie étrangère. 1. —

— Führer durch d. Brüsseler Weltausstellung 1910 nebst kolor. Plan u. Festkalender, Kunst- (Cinquantenaire) u. Kolonialausstellg. (Tervueren), sowie Plan u. Führ. v. Brüssel. (16 S.) kl. 8. Ebd. (910). — 50

— kompleter Katalog der königl. Gemäldesammlung alter Meister (im Palais des Beaux Arts), der Sammlung moderner Gemälde u. des Wiertz-Museums in Brüssel, nach Sälen geordnet m. Plänen der 3 Museen. 12. (27 S.) Ebd. (899). n. — 40

Charles, M., deutsch-engl. Conversationsbuch f. d. Buchhandel u. verw. Geschäftszweige. (Leihbibliotheken, Antiquare, Schreibmaterialien-, Musikalien- u. Kunsthändler, Buchbinder u. Buchdrucker.) Nebst techn. Vocabular. 12. (II, 56 S.) Leipzig 896. (K. F. Koehler, Barsort.) n.n.n. 1. 50

Charles, M., deutsch-englisches Konversationsbuch f. den Buchhandel u. verwandte Geschäftszweige. (Leihbibliotheken, Antiquare, Schreibmaterialien-, Musikalien- u. Kunsthändler, Buchbinder u. Buchdrucker.) Mit Aussprache. Nebst techn. Vokabular. Neue rev. Ausg. (60 S.) 12. Leipzig 903. (K. F. Koehler, Barsort.) n.n.n. 1. 50

— deutsch u. französ. Conversationsbuch f. d. Buchhandel u. verw. Geschäftszweige (Leihbibliotheken, Antiquare, Schreibmaterialien-, Musikalien- u. Kunsthändler, Buchbinder u. Buchdrucker). Nebst techn. Vocabular. 12. (88 S.) Ebd. 897. n.n.n. 2. —

— deutsch u. französisches Konversationsbuch f. den Buchhandel u. verwandte Geschäftszweige (Leihbibliotheken, Antiquare, Schreibmaterialien-, Musikalien- u. Kunsthändler, Buchbinder u. Buchdrucker.) Nebst techn. Vokabular. (Neue Aufl.) (72 S.) 12. Bruxelles 903. (Leipzig, K. F. Koehler, Barsort.) n.n.n. 1. 50

Charles, M.: Perfekt Englisch, m. genauer Aussprache. qu. 16. (94 S.) Brüssel: M. Charles 1901.

— perfekt Französisch! Deutsch-franz. Gesprächsbuch nebst Vokabular, alphabetisch geordnet m. genauer Aussprache. qu. gr. 16. (334 S.) Ebd. 899. 1. —; kart. 1.25

— perfekt Französisch, m. genauer Aussprache aller Wörter. qu. 16. (119 S.) Ebd. (901). n. — 50

— perfekt Italienisch m. genauer Aussprache aller Wörter. qu. 16. (96 S.) Ebd. (901). n. — 50

— deutsch u. französisches Taschenwörterbuch m. genauer Aussprachebezeichnung. 1. Tl. Deutsch-Französisch. 16. (388 S.) Ebd. (902). Geb. in Leinw. 1.20

Charles, M. [Max Chop], zeitgenössische Tondichter. Studien u. Skizzen. gr. 8. (VII, 304 S.) Leipzig 888. Rossberg. n. 4. —; geb. n. 5. 50

— dasselbe. Neue Folge. gr. 8. (VII, 294 S.) Ebd. 890. Jetzt: Lpz.: Serig n. 4. —; geb. n.n. 5. 50

Charles, Thdr., s. Komus.

CHARLES, Theod., Komus, schwarze und bunte Bilder aus der Coulissenwelt. Königsberg 1845. 8°. (Weller, Lex. Ps. p. 106.)

[Charles-Rundle, Mrs. Elizabeth.] Die Familie Schönberg-Cotta. Ein Charakter- und Sittengemälde aus der Reformationszeit. Autorisierte Uebersetzung aus dem Englischen von Charlotte Philippi. 13. Aufl. der feinen Ausgabe. IV + 502 S. 8. Basel, Basler Buch- und Antiquariatsh., 1904. [fr. 3. 75, geb. 5. 35]

(Charles-Rundle, Mrs. [Elizabeth].) Die Familie Schönberg-Cotta. Ein Charakter- und Sittengemälde aus der Reformationszeit ([von] Frau R'-Ch'). Autorisierte Uebersetzung aus dem Englischen von Charlotte Philippi. 14. Aufl. Volks-Ausgabe. IV + 502 S. 8. Basel, Basler Buch- und Antiquariatshandlung, 1904. [geb. fr. 3. 50]

Charles de Saint-Felix, W. C., Morisoniana, od. neue Heilmethode d. Hygeist Morison, Präsident d. britt. Gesundheitkollegiums. Nebst e. Abriß d. Geschichte d. Medicin u. e. vergleich. Darstell. ihrer verschied. Systeme v. d. frühesten bis auf uns. Zeit. N. d. Franz. gr. 12. (6½ B.) Leipzig 837, Michelsen.

Charles City Journal: 1887?—1888.
Non-political weekly. Edited by J. J. Reuter, 1887; by M. Schany, 1888; published by N. G. Parker, 1887—88.
Charles City, IA

Charleston 1860—1865, s.: Beiheft z. Militär-Wochenblatt.

Charleston Zeitung: Aug.? 1852—Sept.? 1853. Charleston, SC
Weekly. Edited & published by H. M. Hunck.

Charleswang, J. N., das todte Parlament. Gedichte in 130 Canzonen. gr. 8. Darmstadt 835. Heil. ¾ ₰ — dass. Ebd. Dingeldey. ⅓ ₰

Charleswang, Z. N., das todte Parlament. Gedichte in 130 Canzonen. gr. 8. (8¾ B.) Darmstadt 835, [Dingeldey.]

Charlesworth, Maria Louise, die kleinen Arbeiter im Weinberge des Herrn. Eine Erzählung für Kinder. Nach dem Engl. 3. Aufl. gr. 16. (515 S.) [Hamburg 871, Oncken.] Basel, Spittler. *

Charlesworth, Maria Louise, die kleinen Arbeiter im Weinberge des HErrn. Eine Erzählung f. Kinder. Nach dem Engl. 4. Aufl. gr. 16. (515 S.) Hamburg 871. Basel, Spittler. n. 2. —

Charlesworth, Maria Louisa, ministering children, s. Series for the young.

Charlesworth, Maria Louisa. Kinder im Dienste der Liebe oder die kleinen Arbeiter im Weinberge des Herrn. Eine Erzählung für Jung und Alt. 4. verbesserte Auflage. In-8°, VII u. 387 S. Basel, C. F. Spittler. 1880 2 50

Charlesworth, Maria Louisa, Kinder im Dienst d. Liebe od. die kleinen Arbeiter im Weinberge des HErrn. Eine Erzählg. f. jung u. alt. 5. Aufl. 8. (408 S.) Basel 894. Jaeger & Kober. n. 2. —

Charlesworth, M. L., Oliver of the mill, s., Collection of brit. authors.

— Oliver v. der Mühl. Eine Erzählung. Aus dem Engl. Autoris. Uebersetzung. 8. (VI, 385 S.) Basel 881. Schneider. n. 3. 60; geb. n. 4. 80

Charléty, S., La France littéraire. s.: Kühn. Karl.

Charleville, Der Ritter von, oder der unglückliche Maedchenfreund. Frankfurt und Leipzig 1780. V: *Braun, Johann Adam.* (Gradmann, Joh. Jac., Das gelehrte Schwaben. Ravensburg 1802, S. 60) (BGE I³, 599)

Charleville, Ritter von, oder der unglückliche Mädchenfreund, 8. Nürnberg, 780. Zeh. 5 sgl.

Charleville, Raucourt de, s. Raucourt de Charleville.

Charleville, N. de, die Kunst, gute Mörtel zu bereiten u. vortheilhaft anzuwenden. Oder allgem. prakt., in jed. Lande anwendbare Methode z. Fabrikation d. best. u. wohlf. Kalke, Cemente u. Mörtel. N. d. 2. franz. Orig.-Ausg. übers. v Fr. J. Hartmann. 8. (15 B., 1 Tab. in qu. Fol. u. 2 Stnt. in qu. gr. Fol.) Quedlinburg 831, Basse.

Charleville, Naucourt de, die Kunst, gute Mörtel zu bereiten und vortheilhaft anzuwenden. Oder allgemeine praktische, in jedem Lande anwendbare Methode zur Fabrikation der besten und wohlfeilsten Kalke, Cemente und Mörtel. Für Fabrikanten ꝛc. Nach der 2. französ. Originalausg. übers. von Fr. J. Hartmann. Mit 2 (lith). Taf. Abbildgn. (in qu. Fol.) 2. Aufl. Quedlinburg 857. Basse. gr. 8. (VIII, 190 S.) 1 ℳ

de Charlevoix, Pierre François Xavier: Geschichte von Paraguay und dem Missionswerke der Jesuiten in diesem Lande. Aus dem Französischen. Bd. 1. Mit einer Charte vom südlichen America. Bd. 2. Nebst einer Charte von Paraguay. Nürnberg 1768. 2 Bde. 394; 312 S. 8⁰.

Charlevoix, Frz. Xav., Geschichte v. Peraguay u. den Missionen d. Jesuiten. Aus d. Französ. v. G. W. Panzer. Mit Kpf. 2 Thle. gr. 8. Nürnb. 767 u. 68. Bauer u. R. 2 ℳ Dass., e. andere Uebersetzung. 2 Bde. 8. Wien 830. Mechitaristen-Congreg. B. 1 ℳ 6 gl

Charlevoix, Frz. Xav. de, Geschichte von Paraguay, und den Missionen der Gesellschaft Jesu in diesen Ländern. Nach dem Franz. 2 Bde. (1. Bd. 2. Aufl.) M. 1 Karte. 8. (44½ B.) Wien 830, 31, Mechitaristen-Congreg.-Buchh.

Charley, Fr. Collection of standard operas, } s. Barker, John E.
—— The new opera glass, }

Charley, Fr., the new opera glass: Containing the plots of the most popular operas and a short biography of the composers. 4. ed., rev. and augmented. 12. (190 S.) Leipzig (901). F. Reinboth. Geb. in Leinw. n. 2.— Jetzt: Lpz.: Esseger.

Charlier, Der Sonntag und die Beziehungen zum öffentlichen Verkehr, besonders zu den Eisenbahnen. 8⁰. Bern 1880.

Charlier, A., Lectures instructives et amusantes à l'usage des classes moyennes et inférieures des gymnases, des écoles et des pensionnats de jeunes demoiselles. 2. édition. 8. (187 S.) Dresde 849, Adler & Dietze. ⅓ ℳ

Charlier, B. Julie Billiart, Stifterin der Congregation der Schwestern U. L. Frau zu Namur in Belgien. Ein Lebensbild. Autoris. Uebersetzung aus dem Französischen. Nebst einem Anhang über die Congregation der Schwestern U. L. Frau zu Amersfoort und Coesfeld-Cleveland. In-16⁰, 72 S., mit 5 Illustr. Einsiedeln, Benziger & Cie. 1888 In Carton 1 —

Charlier, Carl Vilhelm Ludwig

Charlier, Carl V. Ludw., über die Acceleration der mittleren Bewegung der Kometen. (12 S.) 8. Uppsala 906. (Berlin. R. Friedländer & Sohn.) n.n. 1.—

Charlier, C. V. L. Ueber die Anwendung der Sternphotographie zu Helligkeitsmessungen der Sterne. Publication der Astronom. Gesellschaft XIX. gr. 4. (VII, 31 S) Lpz. 889, (W. Engelmann). * 8 —

— über die Attraktion zweier festen Centra auf e. beweglichen Punkt u. die Beziehung dieses Problems zum Problem der zwei Körper. (10 S.) 8. Ebd. 906. n.n. — 80

Charlier, C. V. L., über eine mit dem Problem der drei Körper verwandte Aufgabe, s. Mémoires de l'Académie impériale des sciences de St.-Pétersbourg.

— über die Darstellung willkürlicher Funktionen. (35 S.) 8. Ebd. 906. n.n. 1.60

Charlier, Carl V. Ludw., die strenge Form des Bernouilli'schen Theorems. (22 S.) 8. Uppsala 909. Berlin, R. Friedländer & Sohn. nn 1.—

— über die trigonometrische Form der Integrale des Problems der drei Körper. (S. 449—465.) gr. 8. Stockholm 904. (Berlin, R. Friedländer & Sohn.) n.n. — 70
Sonderabdr. a.: „Arkiv f. matematik. astronomi och fysik".

Über den Gang des Lichts durch ein System von sphærischen Linsen. Von C[arl] V[ilhelm] L[udvig] Charlier. *Upsala 1893: E. Berling.* (48 S.) 4°
in: Acta, Nova, Reg. Societatis Scient. Upsaliensis. Ser. 3. Vol. 16. [illegible]

— Partikulare Integrale d. Rotationsproblems. (13 S. m. 1 Fig.) 8. Ebd. 908. nn — 60
Sonderabdr. a. „Arkiv f. matematik, astronomi och fysik".

Charlier, Carl Ludw., die Mechanik d. Himmels. Vorlesungen. 1. Bd. gr. 8. (VIII, 488 S. m. Fig.) Leipzig 902. Veit & Co. n. 18.—; geb. in Halbfrz. n. 20.50

— die Mechanik des Himmels. Vorlesungen. II. Bd. 1. Abth. (320 S. m. Fig.) gr. 8. Leipzig 905. Veit & Co. n. 12.—
Bd. I. Ebd. 902. n. 18 —: geb. n. 20.50.

— Die Mechanik des Himmels. Vorlesungen. II. Bd. 2. Abth. (VIII u. S. 321—479 m. Fig.) gr. 8. Leipzig 907. Veit & Co. 6.—; (II. Bd.: 18.—; geb. in Halbfrz. 20.50; (kplt. 36; geb. 41.—)

— Eine neue Methode zur Behandlung d. Rotationsproblems. (19 S. m. 2 Fig.) 8. Uppsala 908. (Berlin, R. Friedländer & Sohn.) nn — 90

— Die Rotation d. Planeten Merkur u. Venus. (19 S.) 8. Ebd. 908. nn — 60

— Das planetarische Rotationsproblem. (14 S.) 8. Ebd. 908. nn — 60

— Ein Transformationstheorem in d. Mechanik. (13 S.) 8. Ebd. 907. nn — 60

Charlier, C. V. L. Untersuchungen über die allgemeinen Jupiter-Störungen des Planeten Thetis. Stockholm 1887. 4.

— Weiteres üb. das Fehlergesetz. (9 S.) 8. Ebd. 908. nn — 60

— Wie e. unendliche Welt aufgebaut sein kann. (15 S.) 8. Ebd. 908. nn — 60
6 Sonderabdr. a. „Arkiv f. matematik, astronom. och fysik".

Charlier, L., der geplagte Hauswirt, s.: Theater, kleines.

Charlier, P., das Castriren der Kühe, s. Bibliothek, landwirthschaftliche.

Charlier, P., Das Kastrieren der Kühe. Mit Abbildungen. (XI, 113 S.) Leipzig 56. Reichenbach. M. 1.50

Charlime, A., Guide de Salzbourg, ou descript. abrégée de la Ville de Salzbourg, et manuel de voyage à Berchtesgaden, Reichenhall, Hallein et Golling, aux bains d'Ischl et de Gastein, et aux lacs du Salzkammergut. Avec le cours des postes, 1 carte du pays, 1 table des hauteurs et plus. (2) vues. 16. (7 B.) Salzbourg 838, Mayr. Thlr.

Charlot oder die Gräfin von Givry. Lustspiel in 3 Akten nach dem Franz. [des Voltaire]. Prag 1720. V: *Brunian, Johann.* (GGr) »*Charlotte*«. (Fernbach, Theaterfreund. Berlin 1830—50.)

Charlot, ou la Comtesse de Giyri. Comédie p. Voltaire. 8. Dresden, Walther. 770.

Charlot oder die Gräfin von Givry. Lustspiel in 3 Akten nach dem Französischen [des Voltaire]. Prag 1772. V: *Brunian, Johann.* (GGr V, 347)

Charlot, Ed., kleine Geographie f. die elsaß-lothringischen Schulen. (122 S. m. Abbildgn. u. 1 farb. Karte.) gr. 8. Metz 902. P. Even. Kart. n. — 95

Charlot, Ed., kleine Geographie f. die elsaß-lothringischen Schulen. 4. Aufl. (III, 136 S. m. Abbildgn. u. 1 farb. Karte.) 8. Metz 910. P. Even. Geb. 1. —

Charlot, E., Repetitionsbüchlein zum Geschichtsunterricht für die elsaß-lothring. Schulen mit französ. Unterrichtssprache. 2.–4. verb. Aufl. 8. (37 S.) Metz 886—88, Gebr. Even. cart. *

— **Repetitionsbüchlein zum Geschichtsunterricht f. die elsaß-lothringischen Schulen.** 10. Aufl. (56 S.) 8. Ebd. 903. n. — 35

Charlot, Werner O., s.: **Klostergeheimnisse.**

CHARLOT, W. O., Klostergeheimnisse. Ernstes und Heiteres hinter Kutte u. Schleier. 2 Bde. Dresden 1903. 8°. (Mk. 2—.) (1 Mk. 50 Pfg., Ottmar Schönhuth, München, 1906.)

Charlot, Wern. O., Josef Petrosino, der Schrecken d. schwarzen Hand. Volksroman nach d. Leben. (In 100 Heften.) 1. Heft. (S. 1—32 m. Abbildgn.) gr. 8. Berlin (910). Verlagshaus f. Volksliteratur u. Kunst. — 10

Charlotta oder: Ich werde im Himmel singen. 3. Aufl. 32. (15 S.) Nonnenweiler 869. (Barmen, Klein.)

CHARLOTTE (,) die Geschichte der Fräulein von Weissensee. (Signet-Kpf.-Vign., J. Haas sc. Haf.) Kopenhagen, Auf Kosten der Rothenschen Buchhandlung, 1758. 8°. Selten!

Charlotte, od. der großmüth. Freund; e. engl. Geschichte (v. Chr. Hnr. Korn). 8. Stuttg. 770. Metzler. 5 gr

Charlotte, od. Geschichte d. Fräuleins v. Weißensee. 2 Thle. 8. Kopenh. 771. (Brummer). 1 ₰

— **oder die Gräfin von Givri. Lustsp. von Voltaire. 8. Prag, Widtmann. 772.**

— aus authentischen Quellen herausgegeben von Hrn Welton, 8. Jena, 778. 8 gl. Gollner

CHARLOTTE, oder sie hintergeht und wird hintergangen. Eine Geschichte aus dem Holländischen. Mit 6 Kupfern. Frankfurt und Leipzig 1779. 8°. 309 S. (5 Mk. Adolf Weigel, 1905.) Selten! Nicht in Weller's fing. Dr.

— **od. sie hintergeht u. wird hintergangen, e. Geschichte; aus d. Holländ. 8. Frankf. 779. Fleischer. 12 gr**

CHARLOTTE, oder die berufene Nonne, eine komische Erzählung. Bethlehem 1782.

CHARLOTTE von B., oder wer lernt je die Weiber aus? Ein unentbehrliches Taschenbuch für heirathslustige Männer und leichtgläubige Jünglinge. (Zahmer Roman.) Coburg, Ahl, 1802. 8°. (In Dresden.) 349 S. Rar!

— **v. B., wer lernt je die Weiber aus? 8. Coburg 802. (Riemann). 1 ₰**

Charlotte und Marie. Briefe über die Gefahren des Pietismus für das weibl. Geschlecht. 16. Leipzig 842, Binder. (Bamberg.) 1/2 ₰

Charlotte u. Marie. Briefe üb. die Gefahren d. Pietismus f. das weibliche Geschlecht. 16. (5 1/2 B.) Leipzig 842. [Schäfer.]

Charlotte, ein Opfer des Aberglaubens. Trauersp. 8. Lüneburg, Lemke. 779.

— **die schöne, aus Baiern, od. Lebensgeschichte e. Seeräuberin. 8. Erf. 805. Keyser. 1 ₰ 20 gr**

Charlotte von Russland, die Kronprinzessin, Schwiegertochter Peters des Grossen, nach ihren noch ungedruckten Briefen 1707—1715. gr. 8. (173 S.) Bonn 875, Cohen und Sohn.

Charlotte Elisabeth, Herzogin von Orleans, s. Elisabeth Charlotte.

Charlotten, die drei, oder d. Gesch dreyer Tage; e. kom. Roman, v. J. Cl. Tode. 3 Thle. 8° Copenhagen: Schubothe 1798.

Charlottenbrunn, s.a. Salzbrunn.

Charlottenbrunn, Bad, s.a. Woerl's Reisehandbücher.

Bad **Charlottenbrunn** (in Schlesien. Hrsg. von d. Bade-Verwaltung.) (Wüstegiersdorf [1904]: M. Jacob.) (28 S.) quer-8° [4. 1904 2

Bad **Charlottenbrunn** in Schlesien. Althewährter klimat. u. Höhenkurort. (Hrsg. von d. Bade-Verwaltung.) Wüstegiersdorf [1904]: M. Jacob. (24 S.) 8° [F.] [4. 1904 2

CHARLOTTEN-Burg, Die Insul. Und der darauf befindliche Herculsberg, oder Liebes-Geschichte der geliebten Charlotte verlobte Hercules. (So der Titel!) Mit Titelkpfr. Franckfurt und Leipzig 1753. 8°. Sehr rar! (In Dresden.)
(Vorrede, unterzeichnet „Des dienstfertigen Autoris unbekannte Feder", 4 SS.; Text S. 9—215.) — Ullrich, S. 157. Nr. 40. Fehlt in Weller's fing. Dr.

Charlottenburg [Schlagwort]

— **s.a. Berlin. Sineck. — Straube, J.**

— s.a. Deutschland. Karte. (Abt. Preussen). **Übersichtskarte.**

Charlottenburg, s.a. Deutschland. Kürschner-Peip.

— s. a.: **Preussen. Messtischblätter.**

Charlottenburg — Plan von — Berlin bey Sim. Schropp. Aufgenom. und grav. v. Ing. Geogr. Glaeser. 1824. 1 : 8400. 1 Bl.

Charlottenburg. Kiessling's Plan von Charlottenburg u. Westend, nebst den angrenz. Theilen von Berlin. 1:15,000. Mit alphabet. Verzeichniss sämmtl. Strassen, Plätze u. Brücken Charlottenburgs u. Westends, sowie der angrenzenden Theile von Berlin, Wilmersdorf etc. In 5farb. Druck. Berlin 888. Kiessling. n. 1. —

Charlottenburg. Kiessling's Plan v. Charlottenburg u. Westend, nebst d. angrenz. Theilen v. Berlin m. eingetrag. Bebauungsplan. M. Angabe d. Weichbildgrenze v. Charlottenburg, sämmtl. project. Strassen u. Plätze (Bebauungsplan), der Strassen- u. Häuser-Numerirg., sow. d. Eisenbahn-, Dampfstrassenbahn- u. Pferdebahn-Linien nach amtl. Mittheilgn. 1 : 15,000. 2. Aufl. 47 × 59 cm. In 5farb. Druck. M. alphabet. Verzeichn. sämmtl. Strassen, Plätze u. Brücken Charlottenburgs u. Westends, sow. d. angrenz. Theile v. Berlin, Wilmersdorf etc. 8. (5 S.) Berlin 893. A. Kiessling. 1. —

— — neuer Verkehrsplan v. Charlottenburg u. angrenz. Gebieten. 1 : 20,000. 43 × 51 cm. In 3farb. Druck. Mit allen Verkehrslinien u. Verzeichnis der Strassen u. Sehenswürdigkeiten. 8. (5 S.) Ebd. 898. n. — 50; in 5farb. Druck n. 1. —

Charlottenburg. Pharus-Plan v. Charlottenburg. Urheber: Cornel. Loewe. 1 : 18,000. 38,5×50,5 cm. Farbdr. Berlin (910). Pharus-Verlag. — 50

— Straube, Jul., amtliche Karte zur Baupolizeiordnung des Regierungs-Präsidenten in Potsdam vom 22. VIII. 1898 für Charlottenburg, Plötzensee u. für die Gemeinden Rummelsburg, Lichtenberg, Stralau, Deutsch-Wilmersdorf, Schöneberg, Tempelhof, Rixdorf u. Treptow, soweit diese innerh. der Ringbahn liegen, u. zur Baupolizeiordnung für den Stadtkreis Berlin v. 15. VIII. 1897 m. Angabe d. Bau-Inspektionsgrenzen. Im Auftr. d. königl. Regiorg. bearb. u. hrsg. 1 : 17,777. 62,5 × 78 cm. 8farbig. Nebst Text. gr. 8. (31 S.) Berlin 898. J. Straube. n. 5. —

Charlottenburg. Straube, Jul., neuester Plan v. Charlottenburg u. Umgebung, wie Westend, Halensee, Villenkolonie Grunewald, Schmargendorf, Dtsch.-Wilmersdorf, Schöneberg, Plötzensee, sowie den angrenz. Theilen v. Berlin. 1 : 17,777. 48,5×58 cm. 3farbig. Nebst e. Verzeichnis sämtl. Strassen, Plätze u. Brücken etc. 8. (8 S.) Berlin 893. J. Straube. n. — 75; 6farbig n. 1. —

— — neuester Plan von Charlottenburg u. Umgebung, wie Westend, Halensee, Villenkolonie Grunewald, Schmargendorf, Deutsch-Wilmersdorf, Schöneberg, Plötzensee u. d. angrenz. Teilen v. Berlin. 1 : 17,777. Ausg. 1898. 48,5 × 60 cm. 6farbig. Mit Strassenverzeichnis. 12. (8 S.) Ebd. 898. n. 1. —; 3farb. n. — 50

Charlottenburg. Uebersichtsplan von Charlottenburg. Nach vorhandenen Plänen des städt. Vermessungsamtes zusammengestellt im J. 1906. 1 : 6250. 2 Blatt à 109×82,5 cm. Farbdr. Berlin, D. Reimer. n.n. 6. —

Charlottenburg, Gustav Albrecht, s. Albrecht-Charlottenburg.

Charlottenhof, Sr. Maj. dem Könige Friedrich Wilhelm IV. von Preussen gehörig. Erbaut von Schinkel. 10 (in Kpfr. gest.) Blatt mit (1 Bl.) Text. (Neue Aufl.) gr. Fol. Berlin 854, Riegel's Verlag. *

Charlottenhof. Sr. Maj. d. Könige Friedrich Wilhelm IV. v. Preussen gehörig. Erbaut v. Schinkel. 10 Bl. in Kupfer gest., mit 1 Bl. Text. Neue Ausg. gr. Fol. Berlin, Ernst & Korn. 1861. In Mappe. n. 2 Rth.

Charlottens Ankunft in d. bessern Welt, (v. A. Cph. Kayser). 12. Regensb. 790.

Charly, eine kleine Garnison in Frankreich. Aus dem Militärleben unter der dritten Republik. Autoris. Übersetzg. aus dem Franz. v. E.-B. de Nehle u. A. Negrelsz. (313 S.) kl. 8. Braunschweig 904. [R. Sattler]. Mainz, Saarbach's News Exchange. n. 3. 50, erm. Pr. n. 3. 25

Charmak, M[artin], Referendar: **Mora accipiendi nach gemeinem Recht und Gläubigerverzug nach Bürgerlichem Gesetz-Buch.** *Greifswald 1902: J. Abel.* (102 S.) 8°
Greifswald, Jur. Diss. v. [23. Mai] 1902

Adolf Fischhof. Das Lebensbild e. österr. Politikers. Von Richard **Charmatz.** Mit 2 Abb. Stuttgart & Berlin: Cotta 1910. XVI, 461 S. 8°
[?r. 4348 B]

— Österreichs innere Gesch. v. 1848 bis 1907, s. aNu s Natur u. Geisteswelt.

Österreichs innere Geschichte von 1848 bis 1907. Von Richard **Charmatz.** 1. 2. Leipzig: Teubner 1909. 8°
1. Die Vorherrschaft der Deutschen. 2. Der Kampf d. Nationen.
(Aus Natur u. Geisteswelt. Bdch. 242. 243.)
[09. 11212]

Charmatz, Rich., der demokratisch-nationale Bundesstaat Österreich. Betrachtungen. (71 S.) gr. 8. Frankfurt a/M. 904. Neuer Frankfurter Verlag. n. 1. —

— Deutsch-österreich. Politik. Studien üb. d. Liberalismus u. üb. die auswärt. Politik Österreichs. (X, 402 S.) gr. 8. Leipzig 907. Duncker & Humblot. 8. —

des Charmes, ..., Bleichkunst, s. *Pajot.*

les Charmes de ma solitude, par le Comte de la V—e. 8. Berl. 805. Schmidt. 16 gr.

Charmes, Thom.: Compendium Theologiae. 8°. Augsb.: Rieger 1780.

Charmes, Thom.; Theologia universa. VIII Tom. 8. Augsb. ... Ed. nova emend. 780. Rieger. 4 Thlr

Charmeton, G., Ornamente, } s. Meister, alte.
— Plafonds, }

Charmides und Theone oder die sittliche Grazie, 8. Halberstadt, 774. Großens. 7. sgl.

Charmillot, C., Lexikon der Handelskorrespondenz, s.: Loewe, Heinr.

Charmillot, C., französische Unterrichtsbriefe. s.: Loewe, Heinr.

Charmoy, Franc. Bern., s. Chòref-ou'ddîne.

Charnock, John. Leben und Kriegsthaten des Admirals Nelson. 8. Mit 6 Plän. A. d. Engl. Altenburg 1807. — A. d. Engl. von J. G. H. Baumann. 8. Bremen 1807.

Charnock, John, Nelsons Lebensbeschreibung, nach d. Engl. v. J. G. H. Baumann. 2 Bde, mit 7 Kpft. gr. 8. Brem. 807. (Petersen in Altenb.) 3 Thlr 12 gr.

Charon; Beylage zur Bambergischen politischen Zeitung. [Bamberg] 1798. V: *Soden, Fr. Jul. Hnr. Reichsgraf von.* (MGT)

Charon. Monatsschrift: Dichtung, Philosophie, Darstellg. Hrsg.: Rud. Pannwitz, Otto zur Linde. Red.: Rud. Pannwitz. 1. Jahrg. 1904. 12 Hefte. (à ca. 16 S.) 4. Berlin-Westend, Charonverlag. (Leipzig, K. G. Th. Scheffer.) n.n. 5. —

— dasselbe. 2. Jahrg. 1905. 12 Nrn. gr. 8. Ebd. n.n 5. 25

— dasselbe. 3. Jahrg. 1906. 12 Hefte. (à ca. 32 S.) Lex 8. Leipzig, K. G. Th. Scheffer. n. 6. —

Charon. Monatsschrift f. modernes geist. Leben, insbesondere: Reform d. Lyrik. Publikationsorgan der „Berliner Dichterschule". Gründer, Hrsg. u. Red.: Otto zur Linde. 4.—7. Jahrg. 1907—1910 à 12 Hefte. (à Jahrg. ca. 480 S.) gr. 8. Gross-Lichterfelde, Charonverlag. à Jahrg. 6. —

Charondas, Lud.

Charondae, L., (JCti Paris.) de jurisdictione et imperio libellus. Paris 1554 et recusa. Halle 771. Hendel. 2 gr.

Charousek, Vinc. Ueber Käsefabrication in Frankreich. 8. (19 S.) Wien 890, Frick. * — 40
Aus: Oesterr. landw. Wochenblatt, besonders abgedruckt.

Charousek, V., unsere Milchwirtschaft, s. a. Publikationen des österreichischen Centralvereins f. Milchwirthschaft.

Charousek V.: Unsere Milchwirtschaft. Vortr. Wien 1893. 21 S. P.
(Publicationen d. österr. Centralvereines f. Milchwirthschaft No. 2).

— Ueber die Obstmostbereitung in Frankreich. gr. 8. (28 S.) Ebd. 890. * — 40
Aus: Der prakt. Obstzüchter, besonders abgedruckt.

Charpentier: Le Charpentier
v. Der Zimmermann — Le Charpentier.

Charpentier, ..., les Elémens de la langue russe ou méthode courte et facile pour apprendre cette langue conformément à l'usage. 8. Petersb. ... Acad. Buchh. (Schwetschke in Halle). 2 Thlr

Charpentier, les Elemens de la langue russe. 8. Petersb (Hartknoch. Lpz.)

Charpentier, Entwickelungsgeschichte d. Kolonialpolitik d. Deutschen Reiches. gr. 8. (III, 88 S.) Berlin 886. Bahr. n. 2. —

Charpentier, Alfr., russische Wanderbilder. 1. u. 2. Aufl. 8. (V, 191 S.) Oldenburg 889. 890. Schulze. n. 3. —; geb. n. 4. —

Charpentier, Franç.,
— Leben des Socrates. Aus dem Französ. von C. Thomas. Halle 720. 8. 9 gr.

Charpentier, G. v., Frz. Volkmar Reinhard gemalt, s. K. A. Böttiger.

Louise. Musik-Roman in 4 Akten u. 5 Bildern. Dichtung u. Musik von Gustave Charpentier. Ins Deutsche übertr. von Otto Neitzel. [Text.] *Paris: Heugel & Cie.; Berlin, Köln, Leipzig: A. Ahn 1901.* (60 S.) 8° [F.]
= Operntext-Bibliothek. Ahns. No 81. [03. 10443

La vie du poète. Dichterschicksal. Paroles et musique de Gustave Charpentier. *Paris: Choudens; Berlin, Köln, Leipzig: A. Ahn [1904].* (19 S.) 8°
= Operntext-Bibliothek, Ahns. No 93. [04. 7311

Charpentier, J. G., De sensationibus brutorum imperfectis. Witenb. 4°.
1726

Charpentier, J. P., Geschichte der französischen Literatur des 19. Jahrh. Autoris. Uebersetzung von E. Ch. Otto. gr. 8. (VII, 319 S.) Stuttgart 877, Krabbe. * ℳ 6.; geb. *

Charpentier, J. P., Studien über die Kirchenväter. Aus dem Französ. frei übers. u. herausg. von Bittner. Mainz 855. Kupferberg. gr. 8. (X, 422 S.) 1 ℛ 27 ngr

Charpentier, Jarl, Studien zur indischen Erzählungsliteratur. I. Paccekabuddhageschichten. (Uppsala universitets årsskrift 1908. Filosofi, språkvetenskap och historiska vetenskaper. 4.) (IX, 174 S.) gr. 8. Upsala 908. Akadem. Buchh. nn 3. 50

Charpentier, Jean de, Catalogue des Mollusques terrestres et fluviatiles de la Suisse, s. Fauna helvetica, 2. Thl.

Charpentier, J. de, Horner und Studer. Einladung zu Unterschriften für Aufnahme und Ausgabe einer topograph. Specialkarte der Schweizer-Alpen. 1820. 4.

—— **Essai sur les glaciers et sur le terrain erratique du bassin du Rhône. Avec des vign., des plchs., et 1 carte du terrain erratique du bassin du Rhône. Lex.-8. (23¾ B. u. 9 artist. Beil.) Lausanne 841. (Solothurn, Jent et Gassmann.)** *

Charpentier, Johann Friedrich Wilhelm von

— **Beitrr. zur geognost. Kenntniß d. Riesengebirges Schles. Antheils. Mit 3 Kpft. gr. 4. Leipz. 804. W. Vogel. 3 ℛ**

Charpentier J. F. W. v.: Beobachtungen üb. die Lagerstätte d. Erze, hauptsächlich aus den sächsischen Gebirgen. Ein Beytrag z. Geologie. Leipz. 1799. (10) 206 S. 7 Tvl. 4°. Göschen

Charpentier, Johann Friedrich Willhelm: Mineralogische Geographie der Chursächsischen Lande. Mit Kupfern. Leipzig 1778. XLIV, XVI, 434 S., 7 Tf., 1 Krt. 4°.

v. Charpentier, Jh. Fr. Wlh., (✝ d. 27. Juli 1805.) mineralog. Geographie d. sächs. Lande. Mit 6 Kpf. u. 1 Karte. gr. 4. Lpz. 779. (W. Vogel). 4 ℛ 12 gr Schrbp. 5 ℛ 12 gr Die Karte apart 16 gr

Charpentier, Toussaint von

— **Bemerkk. auf e. Reise v. Breslau über Salzburg durch Tyrol, die südl. Schweiz, nach Rom, Neapel u. Pästum im J. 1818. 2 Thle. 8. Leipz. 820. Göschen. 2 ℛ 8 gr**

v. Charpentier, Toussaint, kurze Beschreib. sämmtl. bei d. Amalgamirwerke auf d. Halsbrücke bei Freiberg vorkommenden Arbeiten. 8. Leipz. 802. (W. Vogel). 8 gr

Charpentier, Toussaint v., k. preuss. Ober-Berg-Rath etc. Darstellung der Höhen verschiedener Berge, Flüsse und Orte Schlesiens. 4. Breslau 1812.

Charpentier, T. v., Darstellung d. Höhen verschiedener Berge, Flüsse u. Orte Schlesiens. Mit 1 illum. K. gr. 4. Bresl. Holäufer. 813.

v. Charpentier, s. E. J. C. Esper, Naturgeschichte der Schmetterlinge. 21s Hft.

Charpentier, Toussaint de (Hrsg.):

s.: Esper, Eugenius Johann Christoph: Die Schmetterlinge in Abbildungen nach der Natur... Th. 4 - 5. Erlangen (1802 - 1805)

de Charpentier, (Toussaint,) Horae entomologicae, adjectis tabulis novem coloratis. 4 maj. Wratislaviae 825, Gosohorsky.

über einige fossile Insekten aus Radoboj in Croatien, s. Acta n. phys.-med. Acad. Caes. Leopold. Carol. XX. Prs. I.

Charpentier, Touss. v. Ueber einige fossile Insecten aus Radoboj in Croatien. (Aus Act. Acad. Nat. Cur.) Bonn. 1843. 4.

v. Charpentier's, Toussaint, (✝ 4. März 1847.), letzte Insectenabbildung [Barbitistes Ocskayi]. Mitgetheilt v. Ocskay v. Öcskö, (J. L. C.) Gravenhorst u. (C. G.) Nees v. Esenbeck. Mit 1 (color.) Steindrtaf. [Für d. kais. Leopold.-Carol. Akad. d. Naturforscher.] gr. 4. (6 S.) Breslau u. Bonn 850, Weber. n. 6 ngr

Charpentier, Toussaint de, Libellulinae europaeae, descriptae et depictae. C. tab. XLVIII col. Imp.-4. (23 B.) Lipsiae 840, Voss. *

—— **Orthoptera descripta et depicta. Fasc. I — VI. 4maj. (8½ B. u. 35 illum. Stnt.) Lipsiae 841, 42, Voss. à F. * 1½ Thlr.** *

Charpentier, Toussaint de, Orthoptera descripta et depicta. Fasc. VII—X. (Schluss.) 4 maj. (24 ill. Taf. u. 6¾ B. Text.) Lipsiae 843, Voss. à * 1½ Thlr. *
Fasc. I—VI. Ebendas. 1841, 42. à * 1 Thlr. 15 Ngr. * 9 Thlr.

Charpentier, Toussaint v., s. Rinmann: Bergwerks-Lexikon.

—— die europäischen Schmetterlinge, } s. Esper, E.
—— die ausländischen Schmetterlinge, } J. Chr.

— d. Zieckler, Wickler, Schaben u. Geistchen des systemat. Verzeichnisses d. Schmetterlinge d. Wiener Gegend, verglichen mit den in d. Schiffermillerschen Sammlung in Wien befindl. u. von J. Hübner in seinem großen Kupferwerke abgebild. Arten dieser Gattungen. Mit Anmerkk. versehen v. Jh. L. Th. Fr. Zincken, genannt Sommer. 8. Braunschw. 821. Schulbuchh. 18 gr

Charpentier, Toussaint v., Zusätze zu Esper's Schmetterlinge, s. Esper, E. J. C.

Charpentier-Cossigny de Palma, Joseph François. Reise nach China und Bengalen ... aus dem Französischen übersetzt ... Berlin 1801. Ü: *Babié de Bercenay, Franç.* (BrMm)

Charpentier-Cossigny, Reise nach China u. Bengalen; aus d. Französ. mit Anmerkk. v. Dr. Tanzler. Mit 1 Karte. gr. 8. Berl. 801. Voß. 1 ℛ 20 gr (Vergl. Magazin d. Reisen. 22r Bd.)

Charpie u. Bandagen — ein zwiefaches Gesetz d. Menschenliebe. Von einem Patrioten. 1813.

Charpie u. Bandagen. Ein zweifaches Gesetz d. Menschenliebe. Nebst einer Anleitung z. zweckmäßigen Herbeischaffung derselben. 8. Leipz. B. Fleischer. (in Comm.) 814. -

Charpie u. Bandagen. Ein zweifaches Gesetz d. Menschenliebe. Nebst e. Anleit. zur zweckmäßigen Herbeischaffung derselben. 8. Leipz. 814. (Rein). 6 gr

Charpillot, Jo. Friedr. Rosselet von (Bern/Schweiz), Jus mundi universale. Präs. Carl Ferdin. Hommel. Lpz. (Langenheim) 3. XI. 1763. 42 S. u. 1 Kpf. (Püschel sc.) (5.—) 5121

Charras, Jean Baptiste Adolphe
Charras, 1815, s. Sammlung französ. Lesestücke.

Charras, Geschichte des Feldzuges von 1815. Waterloo. Autorisirte deutsche Ausg. nebst 5 (lith.) Plänen u. Karten (in gr. Fol. mit 13 S. Erklärung in 8.). Dresden 858. Kuntze. 8. (VIII, 544 S.) n. 2 ₰

Charras, Geschichte des Krieges von 1813 in Deutschland. Autorisirte deutsche Uebersetzung. gr. 8. (XX und 436 S. mit 2 lithogr. Karten, wovon 1 in Buntdr., in 4. und gr. Fol.) Leipzig 867, Brockhaus' Sortiment und Antiquarium. *

—— histoire de la campagne de 1815. Waterloo. gr. 8. (VIII und 505 S. mit Special-Atlas, bestehend in 5 lithogr. Plänen und Karten, gez. von Vandermaelen in qu. Imp.-Fol., und 15 S. Text.) Leipzig 857, A. Dürr. *

— — 2. édit. Ebend. 858. 8. (2 Bl., 438 S. und: Atlas etc. mit 15 S. Text.) n. 2 ₰ 20 ngr

—— Histoire de la campagne de 1815. Waterloo. 2 Vols. 8. (XVI und 781 S. avec Atlas spécial composé de 5 plans et cartes lithogr. in qu. Imp.-Fol. mit 14 S. Text.) Leipzig 867, Brockhaus' Sortiment und Antiquarium. *

—— Histoire de la guerre de 1813 en Allemagne. Derniers jours de la retraite de Russie; insurrection de l'Allemagne; armements; diplomatie; entrée en campagne. gr. 8. (528 S. mit 2 lithogr. Specialkarten in 4. und qu. Fol.) Leipzig 866, Brockhaus' Sortiment und Antiquarium. *

(Charras, Oberst.) Die drei Marschälle, Herr v. St. Arnaud Magnan — Castellane. A. d. Französ. (28) 8. Hamburg 1853. 0,50.

Charrier, ..., Abrégé de la Grammaire anglaise. 8. Leipz. 805. Rabenhorst. 9 gl

Charrier, Paul: Die sogen. Retorsion bei Beleidigungen und Körperverletzungen (§§ 199. 233 St.G.B.). Heidelberg 1909: Hörning. 142 S. 8°
Heidelberg, Jur. Diss. v. 22. Juli 1909, Ref. v. Lilienthal
[Geb. 1. Juni 80 Berlin; Wohnort: Heidelberg; Staatsangeh.: Preußen; Vorbildung: Bismarck-Gymn. Pyritz Reife M. 02; Studium: Berlin 8, Tübingen 1, Heidelberg 1 S.; Rig. 8. Juli 09.] [U 09. 1765

Charrier, Pet., S. J., Leben u. Wirken des ehrwürdigen P. Claudius de la Colombière S. J., durch ungedruckte Dokumente vervollständigt. (Eine Episode aus der Kirchengeschichte.) Aus dem Franz. Übers. v. Matthias Gruber, S. J. (III, VII, 312 u. IV S. m. 1 Bildnis.) gr. 8. Agram 899. A. Scholz. n. 2, 60

Charrier, de la Roche, Examen des Principes sur les droits de la religion. 8. Straßb. Treuttel. 791.

— Prüfung d. Grundsätze d. Rechte d. Religion etc. Setr. 8. Ebend. 790.

— vergl. *Laroche-Charrier.*

Charrière, E. Ward-de, Schuld u. Sühne. Ein dunkles Blatt aus neuer Zeit. Autoris. Übertragg. aus dem Franz. v. J. Brüschweiler-Wilhelm. 8. (VII, 223 S.) Bonn 889. Schergens. n. 2. 40

Charriere, Jos. de la, Abhl. üb. chirurg. Handgr. 8. Frkf. 715.

Charrière, Isabelle Agnès Elis. van Tuyll etc., dame de (wirkl. Name), s.a. de Latour (Pseud.)

Charrière, Isabelle Agnès Elisabeth van Tuyll van Serooskerken van Zuylen, dame de

Honorine von Userche, oder die Gefahr der Systeme. Novelle. Von dem Abbé de la Tour [d.i. I.A.E. van Tuyll van Serooskerken van Zuylen, dame de Charrière]. Aus dem französischen Manuskript übers. von Ludwig Ferdinand Huber.
Frankfurt a.M.: Sauerländer 1819. 205 S. 8°

de Charrier, Madame, Oeuvres. III Vols., avec fig. 8. Lpz., Wolff. (Schmidt). 2 ₰ 12 gl

Charrière, Isabelle Agnès Elisabeth van Tuyll van Serooskerken van Zuylen, dame de

Drei Weiber. Novelle. Von dem Abbé de la Tour [d.i. I.A.E. van Tuyll van Serooskerken van Zuylen, dame de Charrière]. Aus dem französischen Manuskript übers. von Ludwig Ferdinand Huber.
Leipzig: Wolf 1795. 248 S. 8°

Charrin, P. J., Pariser Abendunterhaltungen, s. Bibliothek, wohlf., v. Unterhaltungsschriften. 1s—3s Bdchen.

Charrin, Pierre - Joseph

Der Damen - Erzähler. Aus d.Französ. von L.Hermann. Bd.2.3.
Leipzig: Klein 1826. 8°

Charron, Louis. Der Parvenu in Paris. Lustspiel in einem Akt. Aus dem Französischen. Leipzig 1801. Ü: *Wagner, Johann Jacob.* (MGT) (Ky)

Charron, Pierre

Charron, Pet., wahre Weisheit, oder Sittenlehre d. Weltbürgers. Aus d. Französ. (v. Mdme Möller). 2 Thle. gr. 8. Dresd. 778. Walther. 1 ₰ 8 gl

Charron, P., wahre Weisheit od. Sittenlehre d. Weltbürgers. Aus dem Franz. gr. 8. München, Fleischmann. 780.

Charron, Pet., wahre Weisheit etc. Aus d. Französ., mit e. Vors. (v. Lor. Hübner). 2 Bde. gr. 8. Münch. 782. Fleischmann. 1 ₰ 8 gl

— über d. Weisheit, übersetzt v. W. F. Hufnagel. 8. Erlang. 800. (Palm). 10 gl

(Pt.) Charron's drey Bücher von d. Weisheit; a. d. Altfranz. frey übers. u. abgekürzt. *Frankf. a. M.*, Jäger. 801. 8° 1 ₰

— drei Bücher von d. Weisheit. Aus d. Französ. 8. Frankf. 801. N. X. 803. (Schäfer). 1 ₰ 20 gl Dass. frei übers. u. abgekürzt. 8. Ebd. 803. Ebd. 20 gl

— drey Bücher v. d. Weisheit, a. d. Altfranz. frey übers. u. abgekürzt. 8. Frkf. Esslinger. 803.

Charron, P. Drei Bücher über die Weisheit. A. d. Altfranz. frey übers. . . . Frankf. a. M. 1804. Ü: *Willemer, Joh. Jac.* (MGT)

Chart of the World, zur Uebersicht der regelmässigen Dampfschifffahrts-Linien etc. von Heinr. Berghaus und Friedr. v. Stülpnagel. 2. Auflage. Gotha, Justus Perthes. 1863. 8 Bl. nebst Bemerkung.

Charta magna v. Gallizien, s. Magna.

Charta, Magna, von Galizien, oder Untersuchung der Beschwerden des galizischen Adels pohlnischer Nation über die österreichische Regierung. Jassy [Lemberg] 1780. V: *Kortum, Ernst Traugott v.* (Gilhofer & Ranschburg-Wien. Kat. 70, S. 24.)

Charta magna v. Galizien. *Jassy*, (v. Mösle u. Braumüller in *Wien.*) 790. gr. 8. (20 Gr.)

Chartarium eccles. Ulciens. animadv. Ill. str. fol. Aug. Taur. 753.

Charte chorographique et militaire de la partie de la Saxe et de la Bohême, où les armées combinées de Prusse et de Saxe sont entrees en Bohême. av. fig. fol. Lpz. Crus. 778.

Charte chronographique et militaire de la partie de la Saxe et de la Bohème, ou les armées combinées des Prusses et des Saxes sont entrées en Bohème. av. fig. Fol. Leipz. 778. W. Vogel. 15 ℳ

Charte, la. constitutionelle de l'empire de Russie. Publiée d'après l'original des archives de St. Pétersbourg. Préface de Thdr. Schiemann. (In französ. u. russ. Sprache.) (128 S.) gr. 8. Berlin 903. Charlottenburg, F. Gottheiner. n. 4. 20

Charte, la, constitution(n)elle de la France, das ist: Verfassungs-Urkunde d. Franzosen. Französisch u. deutsch. gr. 8. (2½ B.) Berlin 830, [Jonas's Vrlsb.] Thlr

—— la même, nouvelle, du 7 Août 1830, d. i. Neues Grundgesetz od. constit. Charte d. Franzosen v. 7. Aug. 1830. Franz. u. deutsch. Mit Hinzufügung derjen. Artikel d. alten Charte (v. 4. Juni 1814), welche in d. neuen veränd. od. aus ders. gänzl. fortgeblieben sind. 12. (1 B.) Berlin 830, Laue.

—— la même. Lois sur les Elections. Du 5 févr. 1817 et 29 juin 1820. Lois sur les Délits de la Presse. Du 17 mai 1819, du 26 mai 1819 et du 25 mars 1822. Loi relative aux Journaux. Du 19 juin 1819. Ordonnances du Roi. Du 25 juillet 1830. 12. (3 B.) Berlin 830, Schlesinger.

—— la même. — Les Ordonnances. 12. (1 B.) Le même 830.

Charte, la, constitution(n)elle de la France, du 4. Juin 1814; et un Appendice, cont. les Lois sur les Elections, du 2. Mai 1828, et sur les journaux et écrits périodiques, du 18. Juillet 1828. 8. (2 B.) Leipsic 830, (Schumann.)

—— constit. des Français etc. — A. u. d. T.: Constitutions-Urkunde d. Franzosen, beginnend mit d. Deklaration d. Deputirten-Kammer u. schließend mit d. Verbal-Prozeß üb. d. Eidesleistung Sr. Maj. Ludwig Philipps I. Ausg. f. d. Bürgerstand, franz. u. deutsch; hrsg. zum Besten d. Schlachtopfer v. 27—29. Juli 1830. gr. 12. (1½ B.) Straßburg 830, Levrault.

—geographique de la partie orientale de l'empire du Bresil, en IV feuilles, cont: les provinces maritimes de Pernambuco jusqu' à Rio de Janeiro, celle de Minas Geraes et une partie des provinces limitrophes. Redigée par W. de Eschwege et C. F. Ph. de Martius. Imp.-Fol. Münch. 831. (Leipz., Fr. Fleischer). 4 ℳ

—— die constit., der Franzosen, s. Ereignisse, die, in Paris ꝛc.

Charte. Neue konstitutionnelle Ch', so wie dieselbe durch die Kammer der Deputirten in der Sitzung vom 7. August 1830 angenommen und am 9. August durch Philipp I., König der Franzosen, sanctionnirt und beschworen worden. 4. (Zürich, Orell Füssli [1830].)

Charten, s. Karten.

Charter, Constitution und Neben Gesetze der Lutherischen Emigranten-Haus-Association in New York:
1890
Printed by Wartburg-Druckerei, Mt. Vernon
Mount Vernon, NY

Charter u Statuten der Dten Gesell d Stadt NY. NY, 1900.

Deutscher Liederkranz d Stadt NY. Charter u Statuten, 1901-05. NY, 1901-05.

Literarische Gesell v Morrisania. Charter und revidierte Statuten ... NY, 1897.

Charterer, der. Ein Hülfsbuch zur Befrachtung der Schiffe nach richtigen Grundsätzen, enthaltend Regeln und Tafeln die Quantität einer Ladung, welche ein Schiff tragen kann, und darnach die Fracht, welche es verdienen wird, zu finden. Aus dem Engl. übers. von C. Th. v. Soden. 8. (XII und 114 S.) Hamburg 854, (Th. Niemeyer.) *

Chartes de la famille de Reinach déposées aux archives du grand-duché de Luxembourg. [Années 1221 à 1455. — Nos. 1 à 1673.] 1er Fasc. gr. 8. (288 S.) Luxembourg 877, (Bück.)

Chartes de la famille de Reinach déposées aux archives du grand-duché de Luxembourg. 2e Fasc. (fin.) gr. 8. (CLXXI, S. 289—806.) Luxembourg 879, (Bück.) *
1er Fasc. (Ebendas.) 1877. *ℳ 4.
Bildet Jahrg. 1879 der Publications de la section historique de l'Institut royal grand-ducale de Luxembourg.

Chartier, Alain, le curial. Texte français du XVe siècle avec l'original latin publiés d'après les manuscrits par Ferd. Heuckenkamp. gr. 8. (XLV, 54 S.) Halle 899. M. Niemeyer. n. 2. 80

Chartier, A. M., die Lustfeuerwerkerei, s. Schauplatz, neuer, der Künste ꝛc., 92. Bd.

Chartistenbewegung, d., in England. M. Anlag.: a) Rede v. Jos. Rayner Stephens, geh. am 10. Febr. 1839 in Staleybridge. b) Beschlüsse d. Chartisten-Konferenz vom Apr. 1851. gr. 8. (56 S.) Hottingen-Zürich 887. Berlin, Buchh. Vorwärts. n. — 25

Chartistenbewegung (Die) in England. 8°.
Hottingen-Zürich, 1887. (Socialdemokratische Bibliothek, 16.)

Charton, Gratien, die Schwierigkeiten der französischen Sprache. Gebrauchsanweisg. v. „en, ne, y u. Subjonctif". Bearb. u. m. vielen Beispielen versehen. gr. 8. (64 S.) München 902. H. Martin. n. 1.—

Die Kultur und Treiberei der Rosen. Preisgekrönte Arbeit von Paul Charton. Mit 11 Handzeichn. Anh.: Liste von 300 d. besten Rosen aller Klassen. *Berlin: Allgem. Deutsch. Gärtnerver. 1901.* (32 S.) 8° [Umschlagt.]
— Fachbibliothek, Gärtnerische. No 1.

Charton, Richard, approb. Arzt: Über Veränderungen der Akkommodationsbreite in fieberhaften Krankheiten. *Northeim i. H. 1903: W. A. Röhrs.* (41 S.) 8°
Halle, Med. Diss. v. 10. Juli 1903

Charton, W. F., auserles. Samml. von neuen geschmackvollen u. kunstreichen Originalmustern z. Stricken u. Brodiren in Perlen, Seide u. Wolle. 2 Hefte. gr. 8. Nürnb., Campe. (à 3 ℳ) 6 ℳ

Charton, W. F., elegante Strickmuster im neuesten Geschmack. gr. 4. Nürnb. Campe. Rthlr.

Chartreuse. La Ch' de la Valsainte près Bulle, Ct. Fribourg-Suisse. [Album-Souvenir. Avec Introduction par le P. Gabriel de Massiac et Titre illustré.] II + IV p. + 30 planches. 8-obl. [Zürich, Bürgisser, 1903.] [relié fr. 2.—]

Charvat, Franz, Schematismus der Schulbehörden, Lehrerbildungs-Anstalten, sowie auch der Volks- und Bürgerschulen in Mähren pro 1884. Nach amtlichen Quellen zusammengestellt. 8. (293 S.) Brünn, C. Winkler's Buchh. Geb. 1 fl. 40 kr.

Schematismus der Volks- u. Bürgerschulen Mährens mit einem Repertorium der Schulgesetze 1882 bearb. v. Franz Chawát. 8. (255 u. LIX S.) geh. 1 fl. 20 kr. Brünn: Winkler 1882

Charvát, Karl, u. Ed. Dufednicek, Lehrgang d. böhmischen Sprache f. deutsche Mittelschulen. 1. Thl. gr. 8. (85 S.) Olmütz 891. E. Hölzel. Geb. in Leinw. n. 1.-

Charvát, Karl u. Ed. Dufednicek, Lehrgang der böhm. Sprache f. deutsche Mittelschulen. 2. Thl. gr. 8. (188 S.) Olmütz 893. E. Hölzel. Geb. in Leinw. n. 1. 60
1. u. 3. Thl. Ebd. 891. 895. n. 3. 40.

Charvát, Karl, u. Ed. Dufednicek, Lehrg. d. böhm. Sprache f. deutsche Mittelschulen. 3. Thl. gr. 8. (IV, 221 S.) Olmütz 895. E. Hölzel. Geb. in Leinw. n. 2. 40
(1—3: n. 5. —)

Charvát, Karl, Lehrgang der böhmischen Sprache für deutsche Mittel- und Bürgerschulen. I. Thl. 2. verb. Aufl. Olmütz 1897. Ed. Hölzel. (Min. Erl. v. 14. Juni 1897, Z. 13992.) Geb. — .75

Charvát, Karl, Lehrgang der böhmischen Sprache für deutsche Mittel- und Bürgerschulen. I. Theil. Olmütz 1902. Ed. Hölzel. Preis, gebunden 1 K 50 h.

Charvát Karl, Lehrgang der böhmischen Sprache. II. Teil. 3., unveränderte Auflage. Olmütz 1906. Ed. Hölzel. Geb. K 2.—, geb. K 2.50.

Charvát Karl, Lehrgang der böhmischen Sprache für deutsche Mittel- und Bürgerschulen. I. Teil. 4., unveränderte, somit nach Min.-Erl. vom 22. Februar 1902, Z. 4754, allgemein zulässige Auflage. Olmütz 1907. Ed. Hölzel. Geb. K 1.65.

Charvát Karl, Lehrgang der böhmischen Sprache für deutsche Mittel- und Bürgerschulen. I. Teil. 5., unveränderte, somit nach Min.-Erl. vom 1. August 1907, Z. 30882, zulässige Auflage. Olmütz 1910. Ed. Hölzel. Geb. K 1.65.

Charvé, Cl. Fastes de la ville de Vienne, publ. par E. J. Savigné. (XXIV. 257) 8. Vienne 1869.

Charvet, A. Moderne italien. Decken- u. Wanddecorationen in Stuck u. Malerei. 62 Taf. (in Lichtdr.). Fol. Berl. 889, [Claesen u. Comp.] Hessling u. Spielmeyer. In Mappe * 75 —

— reiche Plafonds aus italienischen Schlössern u. Palästen des 16., 17., 18. Jahrh. u. der Neuzeit. 1. Sammlg. 40 Taf. (in Lichtdr.). Fol. Ebd. 889. In Mappe. n. 64. —

Charvet, Pierre Alexandre

Charvet, ..., d. Wirkung des Opiums u. seine constituirenden Bestandtheile auf d. Thier-Oekonomie durch Beobachtt. u. Versuche an Menschen u. Thieren. Aus d. Französ. v. ...f. gr. 8. Leipz. 827. Baumgärtner. 1 Thlr

Charwoche. –

— f. Gebetbüchlein f. kathol. Christen.

Charwoche. Für die Charwoche. 8. (38 S.) Darmstadt 893. J. Waitz. n. —60

Charwoche, d. geheiligte, oder christl. Anleit., diese heil. Zeit durch Gebet u. Betrachtt. andächtig u. nützl. zuzubringen; aus d. h. Schrift, d. Kirchenvätern u. d. röm. Meßbuche zusammengetragen. gr. 12. Straßb. 826. (Mainz, Müller). 20 Gr

— dem leidenden Heilande geheiligte. 8. Würzb. 773. Rienner. 6 Gr

— heil., oder kathol. Gottesdienst vom Palmsonntage bis Ostern. Aus Missal u. Brevier übers. v. A. Stribel. Mit Kpf. 8. Augsb. 784. Veith. 16 Gr

— d. heil., oder Anleit., wie man diese heil. Zeit mit Beten, Betrachten, Kirchenbesuchen ꝛc. zubringen soll. Mit Kpf. 8. Augsb.., N. A. verb. v. L. B. Mayr. 8. Ebd. 796. N. A. 808. N. verb. Aufl. 832. M. Rieger. 16 Gr

Charwoche, die heilige. Ausführlichstes Erbauungsbuch für diese heiligste Zeit des ganzen Kirchenjahres. Aus den besten Schriften zusammengestellt und hrsg. von einem kathol. Priester. 8. (428 S.) Schaffhausen 851, Hurter'sche Buchh. Thlr

Charwoche, die heilige. Ausführlichstes Erbauungsbuch für diese heiligste Zeit des ganzen Kirchenjahres. Aus den besten Schriften zusammengestellt und hrsg. von einem kathol. Priester. 8. (428 S. mit 1 Stahlst.) Schaffhausen 854, Hurter'sche Buchh.

— heilige z. Gebrauch frommer Christen, m. K. 8. Augsb. Doll. 790.

— dass., zum allgem. Gebrauche frommer u. gottsel. Christen. Nach d. Geiste d. Kirche abgefaßt. 2e rechtmäß. Aufl. Mit 4 Steindr. gr. 12. Einsiedeln u. Schwyz 834. (Augsb., Math. Rieger; Himmer.) 2/3 Thlr

Charwoche, die heilige, in ihren Gebeten u. Ceremonien. Zur Belehr. u. Erbauung nach d. Ritus der kathol. Kirche. gr. 12. (3½ B.) Karlsruhe 843, Müller'sche Hofbuchh. *

Charwoche, Die heilige, nach dem Ritus der römischen katholischen Kirche ... 2. Aufl. 1818. V: *Mastiaux, Caspar Anton von.* (Ky)

— d. heilige, nach d. Ritus d. röm.-kathol. Kirche. Herausg. v. d. deutschen Bürger-Congregation zu München. Mit e. Vorr. von J. M. Sailer. Mit 1 Kpf. gr. 8. München ... 2e Aufl. 818. (Landsh., Krüll). 1 Thlr 8 Gr

—— die heil., sammt den in der Kirche allgemein üblichen Segnungen. Aus d. Missale u. der Agende übers. u. mit Anmerkgn. erläut. v. Joh. Mart. Heyden. Im Anhange: Morgen-, Abend-, Meß-, Beicht- u. Communiongebete. 12. (12 B.) Aachen 812, Cremersche Buchh.

Charwoche die heilige, worinn die Ceremonien u. Gebethe, wie sie in der kathol. Kirche gehalten werden, begriffen sind. Mit 1 Steindr. 12. Augsb. 834. (Landsh., Krüll.) 7 Gr

Charwoche, die heil., worinn d. Ceremonien u. Gebethe, wie sie in d. kathol. Kirche gehalten werden, begriffen sind. 12. (10½ B. u. 1 Stndr.) Augsburg 834. (Landshut, Manz.)

— römisch-katholische. m. K. 8. Augsb. 1

Charwoche, die, in ihren Ceremonien, Gebeten und Gesängen. 2. Aufl. gr. 16. (108 S.) Speyer 857(61), (Bregenzer.) * Mit Passionsgesängen (III und 130 S.)

Charwoche, die, in ihren Ceremonien und Gebeten. Hrsg. von einem Priester des Bisth. Speyer. 3. Aufl. 16. (107 S.) Speyer 877, Kleeberger'sche Buchh.

Charwochen-Buch; oder Gebete u. Ceremonien, wie sie in d. heil. Charwoche, nach Vorschrift d. Kirche abgehalten werden können. Neu übers. mit Erklär. v. Frz. Hald. Mit Kpf. 8. Wien 821. Grund. 1 Thlr 4 Gr Schrbp. 1 Thlr 12 Gr

— das, d. kathol. Kirche. In e. neuen Uebersetzung mit erklär. Einleit. u. Anmerkk. herausg. v. J. R. Khünl. 12. Wien 817. Wallishauser. 1 Thlr 8 Gr Schrbp. 2 Thlr

Charwochenbuch für das Volk. Mit einer Einleitung v. L. C. Businger. 16. (332 S. m. 1 Steintaf.) Einsiedeln 879. Benziger. — 80

Charwochen-Büchlein f. Pfarrkirchen. Enth. die Palmenweihe, Prozession u. das Passionsamt am Palmsonntag: die Passionen nach Marcus u. Lucas (deutsch): die Metten (Lamentationen) der drei Chartage; die Vormittagsliturgie des Gründonnerstags, Charfreitags u. Charsamstags, einschließlich der Vesper; die Ostermette nebst der Auferstehungsfeier: Hochamt u. Vesper am Ostersonntag; das Amt am Ostermontag; sowie Hochamt u. Vesper an Christi Himmelfahrt. (278 u. X S.) gr. 16. Bamberg 902. (Schmidt.) Kart. n. — 60

Chary, Felix, Referendar a. Jünkerath: Das Verhältnis zwischen dem Vermieter und dem Untermieter nach dem Bürgerlichen Gesetzbuch. Crefeld 1907: W. Greven. (48 S.) 8°

Leipzig, Jur. Fak., Diss. v. 1. Mai 1907

[Geb. 26. Nov. 78 Döhlen b. Dresden; Wohnort: Jünkerath, Bez. Cöln: Staatsangeh.: Preußen; Vorbildung: Eberhard-Ludwigs-Gymn. Stuttgart Reife Juli 99; Studium: Freiburg i. B. 2, Berlin 1, Straßburg 1, Bonn 3 S.; Rig. 23. Juni 04.]

Chas, Joh. Napoleon Bonaparte als Mensch, Held und Staatsmann. A. d. Französ. 2 Bde. 8. Leipzig 1802 – 2 Bde. 8. ib. 1805. 1,50.

Chas de Nimes, Napoleon Buonaparte, als Mensch, Held u. Staatsmann. Aus d. Französ. 2 Bde, mit Portr. 8. Leipz... N. A. 805. Hinrichs. 1 Thlr 12 Gr

Chasanow, J., der Keimgehalt d. Dorpater Universitätsleitungswassers in den Monaten Januar, Februar u. März 1892. Diss. gr. 8. (45 S.) Jurjew (Dorpat) 892. (E. J. Karow.) n. 1. —

CHASANOWITSCH, LASAR. Ueber die Frage der Einwirkung von Phosphorpentachlorid auf Salicylsäure. Bern, 1888.

Chase, A. W., Recepte oder Belehrung für Jedermann, eine sehr werthvolle Sammlung von ungefähr 500 prakt. Recepten für Kaufleute, Specereihändler, Salonhalter rc. Angeordnet nach den betr. Gebieten, mit Anmerkungen u. Erklärungen. Ins Deutsche übers. von Ch. F. Spring. Ann Arbor, Mich., 865. (Philadelphia, Schaefer & Koradi.) gr. 8. (X, 282 S. m. Holzschn.) n. 2 ℛ 15 ngr.

Chase, Frank H., a bibliographical guide to old English syntax. 8. (27 S.) Leipzig 896. G. Fock. n. 1. —

Chase, Horatius (geb. (Hampshire in Nordamerika) 21. 12. 1831): De acidi hippurici excretione in hominum et carnivororum corpore. Berolini (1865). (31 S.) 8°
Berlin, Med. Diss. v. 27. Febr. 1865

Chasin-Sobol, N[echa] I[ta]. Ueber die Ernährung kranker Säuglinge mit Gärtner'scher Fettmilch. Aus dem Kinderspital in Zürich V. Diss. Med. Univ. Zürich. 53 S. 8. Zürich, Gebr. Leemann & Co., 1909.

Chasle, Louis, Schwester Maria vom göttlichen Herzen Droste zu Vischering, Ordensfrau v. guten Hirten. Nach dem Franz. unter Benutzg. deutscher Orig.-Texte frei bearb. v. Leo Sattler, O. S. B. 3. Aufl. (XV, 367 S. m. 5 Taf.) 8. Freiburg i/B. 909. Herder. 3.40; geb. in Leinw. 4.20

Chasles, Michel

Chasles. Ueber die Anziehung homogener Ellipsoide, s. Klassiker der exakten Wissenschaften.

Chasles, üb. die Anziehung homogener Ellipsoide, s.: Ostwald's, W., Klassiker d. exakten Wissenschaften.

Chasles, Geschichte d. Geometrie, hauptsächl. mit Bezug auf d. neueren Methoden. A. d. Franz. übertr. durch L. A. Sohncke. gr. 8. (42 B.) Halle 839, Gebauersche Buchh.

Chasles, die Grundlehren der neuern Geometrie, s. Schnuse.

Chasles, Philarète

Chasles, Ph., Karl der Erste, s.: Bibliothek, Europäische, 371. Bd.

Chasles, Philarete, Karl I. u. die englische Revolution. Bearb. v. Karl Bölsche. 8. (26 B.) Mainz 845, v. Zabern.
Vgl. Bibliothek, europäische, 56. Bd. — Echo.

Chasles, Philaret, Lebensbeschreib. Dan. v. Foës, s. D. v. Foë, Robinson Krusoe Leben.

— die englische Revolution, s. Echo. —

— die englische Revolution. — Karl I., sein Hof, Volk u. Parlament, s. Sammlung französ. Autoren, X.

Chasles, Philaret, und F. Guizot, William Shakspeare, sein Leben, seine Werke und seine Zeit. Hrsg. von P. H. Sillig. (Shakspeare's dramatische Werke. Ergänzungsbd.) gr. 16. (XVI und 382 S.) Leipzig 855, Dyk'sche Buchh. *

Chassaing, Juan, s.: Dichtungen, argentinische.

CHASSANAEUS, Alex.: Paratitla in Gregorii IX. Decrett. Edid. et diss. de usu tituli I. Decretall. praemisit J. Ulr. CRAMER. *Marburg*. 735. 8. (Fra.: Hermann)

— paratitla institutionum juris civilis. 8. Traj. (Pott. et C. Lausanne.) 758.

Châsse, la, de sainte Ursule, gravée au trait par Charles Onghéna d'après Jean Memlin, avec texte par Octave Delepierre et Auguste Voisin, dédié à la Reine des Belges. Imp.-4. (13 Taf. u. mit Titelvign.) Bruxelles 841. (Muquardt.) n. $4^1/_2$ ℛ

— la même; peinte par Memling, lithographiée par MM. Ghemar et Manche, de la grandeur des panneaux, Texte par M. Octave Delepierre, Archiviste provincial. Roy.-Fol. (15 Taf. u. Text.) Bruges 841. (Bruxelles, Muquardt.) n. $21^1/_3$ ℛ — Chines. Pap. n. $29^1/_3$ ℛ — Coloriée d'après l'original, par M. Malherbe, fils, n. $53^1/_3$ ℛ

Chasseboeuf, C. F., s. *Volney*.

Chasseloup

Versuche über einige Theile der Artillerie und der Befestigungskunst. Aus dem Französischen übersetzt und mit einem Nachtrage begleitet von Ignaz Rueber. (Mit 9 Taf.) 8. Wien 1826.

Chassepot-Gewehr, das, und die Chassepot-Taktik der Franzosen. gr. 8. (18 S.) Darmstadt 868, Zernin.
Aus: Allgem. Militär-Zeitung, besonders abgedruckt.

Chasses, les, et le sport en Hongrie. D'après l'original hongrois de Mrs. Mrs. les Comtes Emman. Andrásy, Maur. Sándor, Béla Festetits, et les Barons Béla Orczy, F. Podmaniczky, Béla Wenckheim et G. Szálbek. Traduit par J. B. Durringer et F. A. Schwiedland. Orné de 25 tableaux lithogr. en couleurs. Pest (857). Geibel. Imp.-Fol. (Nebst 28 Bl. Text mit Holzschn.) n. 30 ℛ

Chasses, les, et le sport en Hongrie. D'après l'original hongrois de les comtes Emman. Andrásy, Maur. Sándor, Béla Festetits, et les barons Béla Orczy, Fréd. Podmaniczky, Béla Wenckheim et George Szálbek. Traduit par J. B. Durringer et F. A. Schwiedland, Orné de 25 tableaux lith. en coleurs. gr. Fol. (III und 50 S. mit eingedr. Holzschn.) Pest 858, Geibel. *

Chasseurs, les deux, et la Laitière. Com. p. Anseaume. 8. Dresden, Walther. 765.

Chasseurs, les, de France à la réorganisation de l'armée en 1871 par le comte Frédér. de C***. 2 Ed. gr. 8. (43 S.) Aachen 871. (Mayer.) n. — 80

Chassin. Raschel. aus Cherson (Russland): Neue Versuche über die Haemolyse durch Salze. ⟨Aus dem physiologischen Institut Zürich.⟩ Zürich 1910. 18 S. 8°. [9. VII. 10.]
Zürich. Univ. Med. Diss. 1909/10.

Chassin, Raschel. Neue Versuche über die Haemolyse durch Salze. Aus dem physiologischen Institut Zürich. Diss. Med. Univ. Zürich. 18 S. 8. Zürich, Haensler & Co., 1910.

Chassinat, Emile, la seconde trouvaille de Deir el-Bahari (Sarcophages), s.: Catalogue général des antiquités égyptiennes du musée du Caire. vol. 44.

Chassot, Henri. Des propriétés de l'anesthésine Ritsert. Thèse Méd. Lausanne. 83 p. 8. Fribourg, Impr. catholique suisse, 1903.

Chassot v. Florencourt, s. *Florencourt*.

Chaste, J. Fr., theoret.-prakt. lateinische Grammatik. 1r Cursus. gr. 8. Berl. 825. Reimer. 8 gr.

Chasté, W., Delia. Eine Russische Novelle, für Deutsche bearb. 8. Berlin 828. (A. Förstner.) $^{11}/_{12}$ ℛ

Chasté, W., Delia. Eine Russ. Novelle, f. Deutsche bearb. 8. ($11^1/_2$ B.) Berlin 828, Schüppel.

Chastel, (Etienne), über Autorität und Respect, s. Werner, P.

Chastel, E., Reden üb. die Geschichte des Christenthums in den drei ersten Jahrhunderten. Nach d. Franz. bearb. v. Ad. Reinecke. gr. 8. ($11^1/_2$ B.) Hildesheim 841, Gerstenbergsche Buchh. Thlr.

Chastel, Etienne, historische Studien über den Einfluß der christlichen Barmherzigkeit in den ersten sechs Jahrhunderten der Kirche. Aus dem Französ. übers. von *** mit einem Vorwort von J. H. Wichern. Hamburg 854. Agentur d. Rauhen Hauses. gr. 8. (XXX, 272 S.) 1 ℛ

Chastel, Franz Thomas
Chastel, Frz. Thom. method. Abhandl. üb. d. rechte franz. Aussprache u. Rechtschreibung. 8. Gieß. Krieger. 781.

***Chastel,* Frz. Thom., Alphabet d'Histoire naturelle ou Représentations et Descript. de quelques animaux remarquables, tirés de Mr. Schreber et Büffon. 8. Offenb. 792. Brede. 12 gr. ill. 1 Rthl.**

— Anleit. zum Lesen französ. Poesien, mit nützl. u. angenehmen Rhapsodien. 3 Bde. 8. Gießen 788. Krieger. 1 Rthl. 20 gr. Französ.: Introduction à la lecture des ouvrages en vers franç. III Tom. 8. Ebd. 788. 1 Rthl. 12 gr.

Chastel, Franz Thomas, s. Bilderbuch, neues, f. Kinder.

— Dialogen über e. Gegenstände d. polit. Oekonomie u. Philosophie. 8. Gießen 789. Krieger. 5 gr.

— essai d'une grammaire achevée du traité de l'étymologie et de la syntaxe franç. II Vols. 8. Frankf. 792. Pech. 1 Rthl. 8 gr.

— neue kürzere französ. Grammatik für Schulen. 8. Gießen 796. Heyer. 12 gr.

Chastel, Franz Thomas, s. H. Mt. Gf. Köster: Anleitung.

Chastel, Franz Thomas, s. Lafitte: das Orakel.

— petit recueil de fables, contes et petits drames etc. pour la jeunesse. 8. Giessen 778. Ed. II. 785. Krieger. 12 gr.

— Samml. kl. Aufsätze über Handwerker, Künste u. Wissenschaften; deutsch u. französ. 8. Frankf. a. M. 794.

— Samml. v. Fabeln, Erzähl. rc. 8. Ebend. 778.

— petite Terminologie portative. 2 Tom. gr. 8. Frankf. Jaeger. (1r 1 Rthlr. 8 gr., 2r 1 Rthlr. 4 gr.) 797.

— petite Terminologie portative. II Vols. gr. 8. Frankf. 798, 800. Jäger. 2 Rthl. 12 gr. Dass. mit deutschem Titel: kleine wissenschaftl. Terminologie rc. Ebd. 2 Rthl. 12 gr.

— traité méthodique de la bonne prononciation de l'orthographie françaisc. 8. Marb. 781. Krieger. 12 gr.

Chasteler de Courcellus. Nekrolog des k. österr. Feldzeugmeister Johann Gabriel Marquis v. . . . . . Aus dem ersten Hefte der „Oesterr. milit. Zeitschrift" 1827 besonders abgedruckt. 8. Wien 1827.

Chastelet, Fr. Marq. v.: Naturlehre an ihr. Sohn. 1. Thl. übers. v. Steinwehr m. K. 8. Halle, Renger. 1743.

[CHASTELLUX, François Jean Marquis de] 1734 - 1788
Abhandlung über die Vortheile und Nachtheile die für Europa aus der Entdeckung von America entstehen. Auf Veranlassung eines von dem Herrn Abt Raynal ausgesetzten Preises. Von Herrn P*** Vice-Consul zu E***.
Aus dem Französischen übersetzt [von Johann August Eberhard].
Halle: Gebauer. 1788. XVI, 84 S. 8°.
Universitätsbibliothek Wien
Übers. v. Discours sur les avantages et les désavantages qui résultent pour l'Europe de la découverte de l'Amérique, London-Paris 1787.
Frankfurt-Leipziger Meßkatalog, Ostermesse 1788, S. 4.
Palmer: mit Verfasser u. ohne Übersetzer.
Angabe des Übersetzers bei Meusel, II, 129.
Johann August Eberhard, 1739-1809
Guillaume-Thomas-François Raynal, 1713-1796

CHASTELLUX, François Jean Marquis de 1734 - 1788
Des Herrn Ritters von Chastellux Reise durch Amerika.
Aus dem Französischen.
Frankfurt-Leipzig: Stahel. 1786. 213 S. 8°.

Bayerische Staatsbibliothek München
Übers. v. Voyage en Amérique.
Weitere dt. Ausg. 1785
Franz. Ausg. 1785,
Dt. Ausg. Hamburg: Chaidron, 1786 [Frankfurt-Leipziger Meßkatalog, Ostermesse 1786, S. 270, Sabin 12231 u. Palmer] u. dt. Ausg. Wien: Schaumburg, 1786 [Sabin 12232 u. Palmer] konnten nicht gefunden werden.
Frankfurt-Leipziger Meßkatalog, Ostermesse 1786, S. 270.
Sabin 12232. Palmer.

CHASTELLUX, François Jean Marquis de 1734 - 1788
Des Ritters von Chastellux Reisebeobachtungen über Amerika.
[A. d. Franz.]
Hamburg: Nordische typographische litterärische Gesellschaft. 1785.
VIII, 182 S. 8°.
Stadtbibliothek Mainz
Übers. v. Voyage en Amérique.

v. Chastelux, Marquis, Reisebeobachtungen über Amerika. 8. Hamb. 786. Chaidron. 8 gr.

CHASTELLUX, François Jean Marquis de 1734 - 1788
Voyage de Mr. le Chevalier de Chastellux en Amérique.
[Kassel ?]. 1785. 191 S. 8°.
Universitätsbibliothek Münster
Weitere franz. Ausg. 1785
Dt. Ausg. 1785 u. 1786,
Vermutlich diese identisch mit Ausg. Leipzig 1785 [Kayser, I, 432; Sabin 12228]; konnte nicht gefunden werden.

— Voyage en Amérique. gr. 8. Leipz. 785. (W. Nauck). 12 gr.

— Voyage en Amérique. gr. 8. Lpz. Sommer. 785.

Chastellux, P. L. de: „Ueber die Glückseeligkeit der Völker". aus dem Französischen übersetzt, Leipzig 1780.

Chastenet Marquis de Puységur, Jacques François de. Grundsätze und Regeln der Kriegs-Kunst . . . Aus dem Französischen . . . Leipzig 1753-54. H: *Chastenet Marquis de Puységur, Jacques François Maxime de.* (BrMm)

Chastinet, Mathias, approb. Arzt aus Meppen i. Hann.: Aus d. Kgl. Psychiatr. u. Nervenklinik zu Kiel. Casuistischer Beitrag zur tabes dorsalis mit Ophthalmoplegie und Muskelatrophie. *Kiel 1902: H. Fiencke.* (17 S.) 8°
Kiel, Med. Diss. v. [18. Aug.] 1902

CHASTONAY, Nikolaus Kaspar von (Wallis/Schweiz): De influxu pubertatis in senationem morborum.
(Titel nach der Urkunde)
2.12.1828 - Urk; F 59
Diss. Ingolst.-Landsh.-Mchn.

Chastonay, Otto de, l'Économie alpestre du Bas-Valais, s.: Strüby, A.

Chastonay. P. de, S. J., Entwickelung der deutsch-protestantischen Theologie im letzten Jahrhundert. (16 S.) gr. 8. Trier 904. Paulinus-Druckerei. n. — 40
Sonderabdruck aus: „Pastor bonus".

Chat, le, botté. (12 S. m. 6 Farbdr.) 16. Stuttgart (903). G. Weise. n. — 10; 4. n. — 15

Chataubillard, Graf de, Duell-Codex. Aus dem Französ. übers. von C. v. L.**. 8. (VIII, 53 S.) Karlsruhe 888, (A. Bielefeld's Hofbuchh.) ***

Château. Le vieux ch' d'Hermance en 1904 s. [Meyer de Stadelhofen née Boggio, Comtesse Louise].

Chateau, Ed. Leitfaden f. den Heizerunterricht d. pfälz. Dampfkessel-Revisions-Vereins. 16. (96 S. m. 42 Abbildgn.) Kaiserslautern 890, (Gotthold). cart. * 1 50

Chateau, Thdr., die Fette. Lehre von den natürl. Fettkörpern, welche techn. Anwendung finden. Vorkommen, Gewinnung, Handel, Eigenschaften rc. Bearb. und mit Zusätzen verm. von Hugo Hartmann. gr. 8. (XVI und 364 S.) Leipzig 864, Gerhard. *

Chateaubriand, François René Auguste de

— Ansichten üb. Frankreich seit d. Juli 1830. Deutsch nach dessen: de la Restauration et de la Monarchie élective. v. Fr. Gleich. (1. Hft.) 1. u. 2. Aufl. (à 2¼ B.) 8. Leipzig 831, Allgem. Niederländ. Buchh. à

Chateaubriand, Atala ou les amours de deux sauvages dans le désert. s.: Bibliotheca romanica 64. 65.

Chateaubriand, Atala, s. Bibliothek gediegener und interessanter französischer Werke.

– dasselbe, hrsg. v. E. Kröger, s.: Simlon, Leonh., Nfs. Sammlung französischer Schulausgaben 4. Bd.

— Atala, oder die Liebe zweier Wilden in der Wüste, s. Taschenbibliothek class. Romane d. Auslandes, 1. Br.

— Atala ou les Amours de deux Sauvages. 8. Dresd. 801. Walther. 9 gl

— le même. 18. Braunschw. u. Petersb., Plüchart. 12 gl

— Atala. 12. Halle 801. Waisenhaus-B. 9 gl

— Dass. aus d. Französ. v. K. F. Cramer. Mit 1 Kpf. 8. Leipz. 801. 2e A. 805. Voß. 22 gl

— Atala, o gli amori di due selvaggi nel deserto; traduzione dal Francese, di P. L. Costantini. 16. Berl. 802. (Duncker u. H.) 12 gl

— Atala, o gli amori di due selvaggi nel deserto. 8. Strassb. 802. König. 9 gl

— le même. 12. Chemn. 805. Mauke. 18 gl

— Atala. (Edition de Campe). schmal 12. Nürnb. u. New-York 831. Campe u. C. 8 gl

— Atala. Edition de Younges. 32. New York 833. (Cöln, Ritzefeld.) 1/6 ß

—— Atala, ou les amours de deux sauvages. 16. (4½ B.) Stouttgart 834, Erhard.

—— dass. Mit franz.-deutsch. Wörterverzeich. (8¼ B.) Ebds. 834.

—— Atala. — Die indische Hütte. Von Bernard. de St. Pierre. 16. (18¼ B.) Dresden 841, Bromme.

—— Atala. 16. (7½ B. u. 1 Kpfr.) Leipzig 845, Schäfer. ⅓ Thlr. In Leinw. geb. m. Goldschn.

— Atala. (Neue Titelausg.) 16. (118 S. m. 1 Titelkpfr.) Leipzig 849, Rubach. [Bänsch.] ⅓ ß

—— Atala, oder die Liebe zweier Wilden. Erzählung für die reifere Jugend. Frei aus dem Französ. von Ad. Jos. Cüppers. 16. (112 S. mit 4 Stahlst.) Regensburg 873, Manz. cart.

—— Atala u. die Abenteuer des letzten d. Abencerragen. Uebers. v. H. Elsner. gr. 8. (8¾ B. u. 1 Stahlst.) St. Gallen 843, Scheitlin u. Zollikofer. –

Chateaubriand, F. A. v., Atala und die Abenteuer des letzten der Abenceragen. Uebers. von H. Elsner. Wohlf. (Titel-) Ausg. Mit 1 Stahlst. St. Gallen (843). 855. Scheitlin u. Zollikofer. (Constanz, Meck.) 8. (139 S.) 7½ ngl

—— Atala und (:) Les aventures du dernier Abencérage. Mit grammatikal. Erläutern. u. Hinweisn. auf d. Sprachlehren v. Hirzel, Mozin u. Sanguin, u. e. Wörterbuche. 1. Aufl. (6 B.) 831., 2., verm. A. (7½ B.) gr. in-12. Leipzig 833, Baumgärtner. à

Chateaubriand, F. A., Atala u. les aventures du dernier Abencerage. Mit grammatik. Erläuterungen u. Hinweisungen auf die Sprachlehren von Hirzel, Mozin u. Sanguin, u. einem Wörterbuche. 3. verm. Aufl. gr. 12. Leipzig 842, Baumgärtner. 12 ngl

—— Atala, René. Mit grammat., geograph. u. geschichtl. Anmerkungen, nebst ein. vollständ. Wörterbuche u. einer Zusammenstell. d. unregelmässigen Zeitwörter d. französ. Sprache (v. Karl Wilh. Schiebler.) Zum Schul- u. Privatgebr. hrsg. v. L. C. Schnabel. 16. (13½ B.) Leipzig 845. [Renger'sche Bh.]

— Atala-René. Mit grammat., geograph. u. geschichtl. Anmerkungen, nebst einem vollständ. Wörterbuche u. einer Zusammenstellung d. unregelmäßigen Zeitwörter d. französ. Sprache (v. Karl Wlh. Schiebler). Zum Schul- u. Privatgebrauche herausgeg. von L. C. Schnabel. 16. Leipzig 845, Beldmar. ⅓ ß

— Atala-René. Mit grammatischen, geographischen und geschichtlichen Anmerkungen, nebst einem vollständigen Wörterbuche und einer Zusammenstellung der unregelmässigen Zeitwörter der französischen Sprache. Zum Schul- und Privatgebrauche. Herausg. von L. C. Schnabel. 2. Aufl. Leipzig (854). Renger. 8. (188 S. u.: Die unregelmässigen Zeitwörter der französischen Sprache. Zur leichtern Erlernung derselben zusammengestellt durch K. W. Schiebler. 24 S.) 10 ngl

— Atala-René. Zum Uebersetzen aus dem Deutschen ins Französische und versehen mit Noten für die obern Klassen von Gymnasien, Real- und Bürgerschulen. Leipzig 855. Baensch. (Gräbner.) 16. (2 Bl., 130 S.) n. 10 ngl

Chateaubriand, F. A. de, Atala-René. Mit grammat., geograph. und geschichtl. Anmerkungen, nebst einem vollständ. Wörterbuche und einer Zusammenstellung der unregelmäss. Zeitwörter der französ. Sprache. Zum Schul- und Privatgebrauche. Hrsg. von L. C. Schnabel. 3. Aufl. 8. (212 S.) Berlin 864, Renger'sche Buchh.

Chateaubriand, F. A. de, Atala—René. Mit grammatischen, geographischen und geschichtlichen Anmerkungen, nebst einem vollständigen Wörterbuche und einer Zusammenstellung der unregelmässigen Zeitwörter der französischen Sprache. Zum Schul- und Privatgebrauche hrsg. von L. C. Schnabel. 4. Aufl. gr. 16. (188 S.) Berlin 869, Renger'sche Buchh.

de Chateaubriand, F. A., Atala-René. Mit grammat., geograph. u. geschichtlichen Anmerkungen nebst e. vollständ. Wörterbuche u. e. Zusammenstellung der unregelmässigen Zeitwörter d. französ. Sprache. Zum Schul- u. Privatgebrauche hersg. von L. C. Schnabel 4. Aufl. Berlin 870. Renger. 16. (188 S.) n. 10 ngl

— Atala. René. Les aventures du dernier Abencerage. Précédés d'un avant-probos. Nouvelle éd. 8. (172 S.) Leipzig 872. Wilfferodt. n. 1. —

Chateaubriand, F. A. de. Atala. René. Nouvelle édit. 12. (179 S.) Berl. 890, Neufeld u. Henius. 1 20
—— dass. — Mit grammat., geograph. u. geschichtl. Anmerkgn., nebst e. vollständ. Wörterbuche. Hrsg. v. L. C. Schnabel. Neue Ster.-Ausg. 8. (188 S.) Lpz. 890, Renger. * 1 —

Atala. René. Von F(rançois) R(ené) A(uguste) de Chateaubriand. Deutsch von Hans Willy Mertens. *Hamm i. W.: Breer u. Thiemann [1903].* (165 S.) 8° [☐]
= Bibliothek, Kleine. No 84 85.

— Atala René et le dernier des Abencérages. gr. 12. Stuttg. 831. Hoffmann. 16 gl

—— Atala, Réné et le dernier des Abencérages. gr. in-12. (11 B.) Stouttgart 831, [Scheible.] 16 Gr., hrbgs. Pr.

—— Atala, René, le dernier des Abencerrages. Mit einem Wörterb. versehen. Zum Schulgebr. 8. (11 B.) Quedlinburg 844, Basse.

— Atala, René u. der Letzte der Abenceragen, deutsch von M. v. Andechs, s. Bibliothek ausländ. Klassiker.

— Atala René; der Letzte d. Abenceragen; aus d. Französ. v. C. Stöber. gr. 12. Paris 826. Levrault. 1 ß 6 gl

de Chateaubriand, François Auguste Vicomte, l'avenir de la France. Opuscule extrait des mémoires d'outre-tombe et précédé d'une correspondance de Chateaubriand avec la reine Hortense et le prince Louis-Napoléon. Avec des notes par Georges Simler. 8. (85 S.) Francfort s. le M. 852, Auffarth. n. 16 ngl

—— les aventures du dernier Abencérage. 16. (15½ B.) Vienne 828, Schrämbl. (Leipzig, Liebeskind.)

— politische Bemerkungen über einige Flugschriften u. d. Heil aller Franzosen. gr. 8. Leipz. 815. Bran in Jena. 12 gl

— politische Bemerkungen üb. einige Flugschriften, und das Heil aller Franzosen. gr. 8. Leipzig, Expedition der Minerva. 815.

— Dass.; aus d. Französ. 8. Wien 815. Schaumburg u. C. 16 gl

— polit. Betrachtungen üb. einige Tagesschriften und üb. d. Vortheile aller Franzosen, aus dem Franz. übers. v. Th. v. Haupt. gr. 8. Wien, Camesina. 815.

— polit. Betracht. über einige Tagesschriften u. über d. Vortheile aller Franzosen; aus d. Französ. übers. v. Th. v. Haupt. gr. 8. Wien 815. (Heubner). 10 gr.

Chateaubriand, F. A. de, de Bonaparte et des Bourbons, voyez Observations.

— de Buonaparte et des Bourbons. 8. Braunschw. 814. Pluchert. 8 gr.

— le même. 8. Berl. 814. Dümmler. 8 gr.

— le même. 8. Hamb. Hofmann et Campe. 814.

— le même. gr. 8. Köln 814. Rommerskirchen. 14 gr.

Chateaubriand, F[rançois-René] de. De Buonaparte, des Bourbons, et de la nécessité de se rallier à nos princes légitimes, pour le bonheur de la France et celui de l'Europe. Par F. A[uguste] de Ch'. 6. Zuric 1814. Orell

— le même. 8. Hamb. 815. (Campe). 12 gr.

— Supplement à l'ouvrage de Buonaparte et des Bourbons. 8. Braunschw. 815. Pluchart. 6 gr.

— Buonaparte u. d. Bourbons, oder über d. Nothwendigkeit, daß sich Frankreich mit seinem rechtmäßigen Fürsten vereinige, übers. von S. Ponge. 8. Berl. 814. Heyn. 8 gr.

v. Chateaubriand, Graf Frz. Aug., über Buonaparte u. die Bourbonen; aus d. Französ. übers., verm. durch einen Brief d. Verf. u. mit beleucht. Anmerkk. von e. Deutschen. 2 Hefte. 8. Hamb. 814. (Tübing.) Osiander. 10 gr.

— Buonaparte u. d. Bourbons, oder von d. Nothwendigkeit, sich wieder mit unserm rechtmäßigen Fürsten zu verbinden; zum Wohl Frankreichs u. ganz Europas. Aus d. Französ. (v... Kelter). gr. 8. Deutschland, Karlsr. 814.

Chateaubriand, F. A. Vicomte de. Buonaparte und die Bourbonen... Aus d. Franz. Deutschland [Karlsruhe] 1824. Ü: *Keller-Schleidheim, Franz de Paula Ign. Jos. Freih. von.* (Ky) (MGT) (Wr)

Chateaubriand, F[rançois-René] de. Ueber Buonaparte, das Haus Bourbon und die Nothwendigkeit, dass sich Frankreich zu seinem eigenen Besten so wohl, als zu dem von ganz Europa, mit seinen rechtmässigen Fürsten wieder verbinde. Von F. A[uguste] von Ch'. 8. Zürich 1814. Orell

— über Buonaparte u. d. Bourbons. 8. Wien 814. Schaumburg. 16 gr.

— üb. Bonaparte u. die Bourbons. 8. Wien, Schaumburg. 815.

—— Congrès de Vérone. Guerre d'Espagne. Négotiations: Colonies espagnoles. II Ts. Edit. orig. gr. in-8. (60⅓ B.) Leipzig et Paris 838, Brockhaus et Avenarius.

Chateaubriand, François Auguste Vicomte de. Congreß von Verona. Deutsch mit Einleitung. Hamburg 1837. Ü: *Werner, George Johann Peter.* (Schr)

—— der Congreß zu Verona. Der Krieg in Spanien. Verhandlungen. Die span. Colonien. A. d. Franz. übers. u. mit Zusätzen v. G. W. Mit d. Portr. Ch's. 2 Bde. 8. (58¼ B.) Hamburg 838, Berendsohn.

— Denkwürdigkeiten, Briefe u. Urkunden aus d. Leben u. Tod des Herzogs v. Berry rc. Aus d. Französ. von A. Räß u. N. Weis. gr. 8. Mainz 820. Müller. 1 Thlr.

Chateaubriand, F. A. Vicomte de. Denkwürdigkeiten, Briefe und Urkunden, das Leben und den Tod S. K. H. Karl Ferdinand von Artois ... betreffend. Mainz 1821. Ü: *Räss, Andreas & Nic. Weiss.* (Th) (AarF)

de Chateaubriand, François Auguste Vicomte, Denkwürdigkeiten nach dem Tode. Aus dem Franz. übers. v. W. Rave. 1. Bd. 1 u. 2. Hft. (S. 1—240.) Elberfeld 848. 49, Lucas. (à Hft. 1/6 Thlr) 1/3 Thlr

—— Denkwürdigkeiten. Von Jenseit des Grabes. Deutsch von L. Meyer. 16 Thle. (2030 S.) Leipzig 849—50, [Costenoble.] à Thl. 10 Ngr.

—— Denkwürdigkeiten. Von Jenseit des Grabes. Deutsch von L. Meyer. 2. (Titel-)Ausg. 4 Bde. (oder 16 Thle.) 8. (2028 S.) Leipzig 852, Costenoble.

—— le dernier des Abencerages, s. Bibliothèque française. Tome XI.

— Discours prononcé dans la Chambre des Pairs le 7. Août pour la défense des droits du Duc de Bordeaux à la couronne. Rede des Hrn. v. Chateaubriand, gehalten in d. Sitzung d. Pairs-Kammer am 7. August, zur Vertheidigung d. Thronrechte d. Herzogs v. Bordeaux. Französ. u. deutsch. 8. Berl. 830. Laue. 4 gr.

— dies. Rede, s. das sich vor Europas Richterstuhle rechtfertigende Frankreich.

— Erinnerungen aus Italien, England u. Amerika. Aus d. Franz. v. W. A. Lindau. 8. Leipzig... (Melzer.) 1/1 Thlr

— Erinnerungen aus Italien, England u. Amerika, a. dem Franz. übers. v. W. A. Lindau. 8. Dresd. Hilscher. 816.

— Erinnerungen aus Italien, England u. Amerika; aus d. Französ. übers. v. W. A. Lindau. 8. Dresd. 816. (Leipz., Reimann). 1 Thlr

—— Erzählungen, s. Meyer's Volksbücher.

— Essai historique politique et moral, sur les révolutions anciennes et modernes. II Vols. 12. Leips. Brockhaus. 815.

Chateaubriand, François-René Vte de
Essai historique, politique et moral sur les révolutions, anciennes et modernes. T. 1.2. Paris, Leipzig: Brockhaus 1816. 8°

— Extraits du Genie du christianisme et des Martyrs, hrsg. v. Fr. Lotsch, s.: Collection des auteurs célèbres.

— Geist des Christenthums. Uebers. v. Herm. Kurtz. 3 Abthl. 16. Ulm 844, Heerbrandt u. Thämel. 1¾ Thlr

—— Der Geist des Christentums. Übersetzt von J. F. Schneller, zweite nach der neuesten Originalausgabe revidierte und teilweise berichtigte Ausgabe, besorgt von Joseph König. Freiburg, Wagner, 1856 57. 8°, 2 Bde., VIII, 583 u. VIII, 715 S., 8 Mk.

— — Génie du christianisme. 2 Vols. 12. Paris, Herhan. (Leipzig, Fr. Fleischer.)

Chateaubriand, F. de, génie du christianisme (existence de Dieu prouvée par les merveilles de la nature). Zum Schul- u. Privatgebrauch hrsg. v. J. Bauer u. Th. Link. Mit Wörterverzeichnis u. Karte. 8. (VI, 86 S.) München 892. J. Lindauer. n. 1. 20

Chateaubriand, Franz August, Genius des Christentums oder Schönheiten der christlichen Religion. Aus dem Französ. übersetzt und mit Anmerkungen begleitet von Dr. Karl Venturini. Münster, Waldeck, jetzt Theissing, 1803—4, gr. 8°, 4 Teile, 464, 410, 408 u. 496 S., 12 Mk. (Augsb.: Doll)

Chateaubriand, jeunesse de Chateaubriand, hrsg. v. Emil Grube, s.: Prosateurs français.

— ma jeunesse, extrait des mémoires d'outre-tombe, arrangé à l'usage des écoles et des maisons d'éducation par P. Brée, Mit e. erläut. Wörterbuche. 8. (VI u. 255 S.) Leipzig 849. Baumgärtner. 18 ngr

— ma jeunesse, extrait des mémoires d'outre-tombe. Arrangé à l'usage des écoles et des maisons d'éducation par P. Brée. 2. édit. Leipzig 869. Baumgärtner. 8. (232 S.) 18 ngr

— itinéraire de Paris à Jérusalem, s.a. Bibliothèque française. —

— Itinéraire de Paris à Jerusalem, hrsg. v. Otto Ritter, s.a. Prosateurs français.

—— Itinéraire de Paris à Jérusalem. Reisebilder aus dem Süden [Griechenland, Palaestina, Nordafrika] im Auszuge zusammengestellt für die oberen Klassen höherer Lehranstalten von Wilh. Kühne. gr. 8. (X, 108 S.) Berlin 876, Weidmann'sche Buchh. *

— itinéraire de Paris à Jérusalem im Auszuge. Reisebilder aus dem Süden [Griechenland, Palaestina, Nordafrika]. Zusammengestellt u. erklärt v. Wilh. Kühne. 2. durchgeseh. Aufl. gr. 8. (112 S.) Berlin 881. Weidmann. — 90

— itinéraire de Paris à Jérusalem im Auszuge. Reisebilder aus dem Süden [Griechenland, Palästina, Nordafrika]. Zusammengestellt u. erklärt v. W. Kühne. 3., durchgesch. Aufl. gr. 8. (112 S.) Berlin 889. Weidmann. n. 1. —

—— Leben des Armand Jean le Bouthillier de Rancé, Wiederhersteller d. Trappisten-Ordens. A. d. Französ. 16. (14½ B.) Ulm 841, Heerbrandt u. Thämel.

—— aux Lecteurs. — Chateaubriand, an die Leser meiner Schrift: Die neue Proposition in Bezug auf die Verbannung Karls X. u. seiner Familie. gr. 8. (1½ B.) Leipzig 831, Allgem. Niederl. Buchh.
Vgl. dess. de la nouv. proposition etc.

Chateaubriand, der Letzte der Abenceragen, s.: Meyer's Volksbücher.

Chateaubriand, François-Auguste de

Die Martyrn oder der Triumph des Christenthums. Nach dem Französ. Frei bearb. von Theodor von Haupt. Th. 1. Darmstadt: Leske 1810. XXVI, 341 S. 8°

— Dass., übers. v. Th. v. Haupt. 2 Bde. gr. 8. Darmst. 809 u. 10. Leske. 3 ß Schrbp. 4 ß

— d. Märtyrer, oder d. Triumph d. christl. Religion; aus d. Französ. v. L. Ant. Haßler. 3 Bde. 8. Frburg 810. 2e A. 816. Herder. 3 ß Hbg. Pr. 1 ß 12 ngr

—— die Märtyrer. Aus dem Französ. übers. von J. Fesenmair. 12. (XV und 599 S.) München 864, Lentner'sche Buchh.

— les martyrs, siehe a. Bibliothèque Française, serie II, tome I. II.

— les Martyrs ou le Triomphe de la religion chrétienne. III Vols. 8. Leipz. 809. Er. Fleischer. 3 ß

— — le même II Vol. 8. Paris, Schoell. 809. 1

Chateaubriand, Frç. Aug. Vicomte de, Mémoire sur la captivité de Mme. la Duchesse de Berry. gr. in-16. (4½ B.) Berlin 833, Schlesinger. Thlr.

—— Memoire üb. d. Gefangenschaft d. Fr. Herzogin v. Berry. A. d. Franz. v. Neurohr. gr. 12. (4½ B.) Mainz 833, [Kirchheim, Schott u. Thielmann.]

— Memoiren über die Gefangenschaft der Frau Herzogin von Berry. Aus d. Franz. von Dr. Neurohr. gr. 12. Mainz 833. (Kirchheim, Schott u. Thielmann.) ½ ß

— Memoiren, s.: Weltpanorama, 160—192. Bd.

— — Mémoires, lettres et pièces authentiques touchant la vie et la mort de S. A. R. Mgr. Charles-Ferdinand d'Artois Duc de Berry. 2de édit. in 8. Paris. 820.

—— Mémoires d'outre-tombe, s.a. Prosateurs français.

—— mémoires d'outre-tombe. XII Tomes. 8. (2217 S.) Berlin 848—50, libr. Behr. à Tome 20 Ngr.

— mémoires d'outre tombe. 14 tomes. 8. (155. 150. 161. 153. 199. 191. 151. 148. 118. 167. 154. 158. 160 u. 199 S.) Leipzig 849. 50, Brockhaus. (à ½ ß) 7 ß

— — de la Monarchie selon la Carte. gr. 8. Francfort s. l. M., Brönner. 816.

— de la Monarchie selon la Carte. gr. 8. Frankf. a. M. 816. 1 ß 4 ngr Nouv. Ed. gr. 8. Hamb. 816. Perthes u. B. 12 ngr

— Napoléon, hrsg. v. P. Schlesinger, s.a. Prosateurs français.

Napoléon. Aus Mémoires d'outre-tombe par [François René de] Chateaubriand. Im Ausz. z. Schulgebr. hrsg. von Prof. Paul Schlesinger, Oberl., Berlin. [Nebst] Anh. [u.] Wörterbuch. Bielefeld & Leipzig: Velhagen & Klasing 1908. 3 Bde 8°
— Sammlung, Velhagen & Klasings, franz. u. engl. Schulausgaben. Prosateurs franç. Ausg. B. Lfg 174. 108. 3386

—— les Natchez. Zum Schulgebrauch mit einem Wörterbuche versehen von Carl Ludwig. 8. (178 S.) Quedlinburg 851, Basse.

—— die neue Proposition in Bezug auf d. Verbannung Karls X. u. seiner Familie, od. Fortsetz. meiner Schrift: Ueber die Restauration u. die Wahlmonarchie. A. d. Franz. übers. durch L. v. Alvensleben. gr. 8. (6¼ B.) Leipzig 831, Allgem. Niederl. Buchh.

— die neue Proposition in Bezug auf d. Verbannung Karls X. u. seiner Familie, oder Fortsetz. meiner Schrift: über d. Restauration u. die Wahlmonarchie. Aus d. Französ. übers. durch L. v. Alvensleben. gr. 8. Leipz. 832. Allgem. Niederl. B. 12 ngr

—— de la nouvelle proposition relative au bannissement de Charles X. et de sa famille. — Aux Lecteurs. 2 Cah. gr. in-8. (6¼ B.) (Paris.) Leipsic 831. Michelsen.

— de la nouvelle proposition relative au bannissement de Charles X. et de sa famille. II Cah. 8. Leipz. 832. Michelsen. 20 ngr

— ausgewählte Reden, s.: Schullektüre, französische u. englische.

— polit. Reflexionen üb. einige Schriften d. Tages und üb. das Interesse aller Franzosen. Frei bearbeitet von Th. v. Haupt. gr. 8. Tübing. Cotta. 815.

— Reflexions polit. sur quelques écrits du jour et sur les intérêts de tous les français. gr. 8. Paris. (Haude à Berl.) 815.

— Reise von Paris nach Jerusalem. Aus dem Französ. von K. L. M. Müller und W. A. Lindau. Leipz. 811. 3 Th. 8. 2 rthl. 12 gr. Ebend. 815. 3 Thle. 8. 2 rthl. 12 gr.
Vgl. Chateaubriand: Tagebuch...

— Reise von Paris nach Jerusalem, in den Jahren 1806 u. 1807. Im Auszuge. gr. 8. Wien 813. (Gerold). 8 ngr Schrbp. 9 ngr

— Reise von Paris nach Jerusalem durch Griechenland, u. von Jerusalem zurück nach Paris, durch Egypten, d. Barbarei u. Spanien. Für Deutsche v. K. L. M. Müller. 3 Bde, mit Kpf. u. Kart. 2e Aufl. gr. 8. Leipz. 815. Hinrichs. ohne Kpf. 1 ß 16 ngr Weiß Drckp. 2 ß 12 ngr Schrbp. 3 ß Velinp. 4 ß

Chateaubriand, F. A., Reise nach Jerusalem durch Griechenland und Kleinasien, und Rückreise nach Paris durch Ägypten, Nordafrika und Spanien. Aus d. Französ. übers. und mit Anmerkungen versehen von L. A. Haßler. Drei Teile. Freiburg, Herder, 1816, 8°, 616 S., 2. Aufl., 4,50 Mk.

— Reise nach Jerusalem, durch Griechenland u. Kleinasien, u. Rückreise nach Paris. Uebers. mit Anmerkk. von L. A. Haßler. 3 Bde. gr. 8. Frburg 817. Herder. 3 ß Hbg. Pr. 2 ß

— René, s.: Bibliothek, kleine.

— René, ou les effets des Passions. 12. Leipz. 802. Voss. 8 gGr.

— Dass. deutsch. 8. Leipz. 802. Voß. 8 gGr.
Weitere Ausg. s. Chateubriand: Atala, René.

Chateaubriand, François-René Vte de

De la restauration et de la monarchie élective, ou réponse a l'interpellation de quelques journaux sur mon refus de servir le nouveau gouvernement. Par M. de Chateaubrind.
Stuttgart: Hoffmann 1831. 45 S. 8°

2. Béranger, Pierre Jean de
Poniatowski.- Hatons-nous.
3. Duel poétique entre MM. Barthélemy et de Lamartine.]

— de la restauration. 8. Stuttg. 832. Scheible. 5 gGr.

—— von der Restauration u. von d. Wahlmonarchie, od. Antwort an einige öffentl. Blätter, üb. meine Weigerung, mich d. neuen Regierung anzuschließen. A. d. Franz. 8. (3 B.) Aachen 831, Mayer.
Vgl. dess. Ansichten ꝛc.

— d. Schönheiten d. Christenthums, oder Religion u. Gottesdienst d. Katholiken. gr. 8. Solothurn 820. (München, Weber). 1 Rthlr. 4 gGr.

—— die Schönheiten d. Christenthums, od.: Religion u. Gottesdienst d. Katholiken. gr. 8. (27 B. u. 1 Kpfr.) Mainz 828, [Kirchheim, Schott u. Thielmann.]

Chateaubriand, Graf Frz. Aug., die Schönheiten d. Christenthums, oder: Religion u. Gottesdienst d. Katholiken. Mit 1 Kpf. gr. 8. Mainz 828. Müller. 1 Rthlr. 6 gGr.

— souvenir d'Italie, d'Angleterre et d'Amérique. 12. là même. 815.

— le même. 1 Vol. gr. 8. Braunschw. 817. Pluchart. 1 Rthlr.

— Souvenirs d'Italie d'Angleterre et d'Amérique. Seconde édition. 12. Leipz. 817. Brockhaus. 1 Rthlr. 8 gGr.

— Extraits de ses Souvenirs, voyez Morceaux.

— Tagebuch einer Reise von Paris nach Jerusalem durch Griechenland, und von Jerusalem durch Egypten, durch d. Staaten d. Barbarey und durch Spanien zurück nach Paris. Uebers. u. m. Anmerk. begleitet von J. H. Eichholz 3 Bde m. 8 Kupf. gr. 8. Elberf. Büschler. 812.
Vgl. Chateaubriand: Reise... ohne Kupf.

— Tagebuch einer Reise von Paris nach Jerusalem durch Griechenland, u. von Jerusalem durch Egypten, durch d. Staaten d. Barbarei u. durch Spanien zurück nach Paris. Uebers. u. mit Anmerkk. begleitet von J. H. Eichholz. 3 Bde, mit 8 Kpf. gr. 8. Elberf. 812. (Schönian). 3 Rthlr. 16 gGr. ohne Kpf. 2 Rthlr. 8 gGr.

—— Versuch üb. d. engl. Literatur u. Betrachtungen üb. d. Geist der Menschen, d. Zeiten u. d. Revolutionen. 2 Bde. gr. 8. (30½ B.) Stuttgart 836, Metzler'sche Buchh.

Chateaubriand's, F. A. de, Werke, s.: Collection Spemann.

Chateaubriand's, F. de, ausgewählte Werke, s. Universal-Bibliothek Nr. 976 und 977.

Chateaubriand, Frz. Aug. v., ausgewählte Werke. Uebers. v. Herm. Kurtz. 12 Bdchn. Ulm 844, Heerbrandt u. Thämel.
Inhalt:
Bdchn. 1. Atala. (6⅔ B.) 10 Ngr.
" 2. René. Der letzte der Abencerragen. (6⅓ B.) 5 Ngr.
" 3–12. Geist des Christenthums. 3 Abthlgn. (57¾ B.) 1 Thlr. 22½ Ngr.

— ausgewählte Werke. Uebers. von Herm. Kurtz. 12 Bdchen. gr. 16. Ulm 844–46, Stettin'sche Sortim.-Buchh. (à ⅙ Rthlr.) compl. 2 Rthlr. — Inhalt: I. Atala. II. René, der Letzte der Abenceragen. III. Geist des Christenthums. 1. Abthl. 1.—6. Buch. 2. Abthl. 1.—5. Buch. 3. Abthl. 1.—3. Buch.

Chateaubriand, Frz. Aug. Vicomte v., sämmtl. Werke. Nach d. neuesten Orig.-Ausg. übers. v. e. Gesellsch. v. Gelehrten. 53 Bdchn. gr. 16. ... Freiburg 827—32, Wagner.
Zusammen genommen
Einzeln:
Bdchn. 1–7. Tagebuch ein. Reise v. Paris nach Jerusalem, übers. v. K. v. Kronfels. 1 Thlr. 18 Gr.
" 8. Atala, übers. v. Schnetzler. 6 Gr.
" 9. Renéler. Der letzte Abenderage, übers. v. Schnetzler. 6 Gr.
" 10–15. Die Natchez, eine wilde amerikan. Völkerschaft, übers. v. Zell. 1 Thlr. 12 Gr.
" 16–19. Reden in d. beiden Kammern, übers. v. K. v. Kronfels. 1 Thlr.
" 20–23. Reise in Amerika, übers. v. K. J. Perleb. 1 Thlr.
" 24., 25. Denkschrift üb. Se. Kgl. Hoh. d. Herzog v. Berry, übers. v. C. Münch. 12 Gr.
26. Ueber d. Tod d. Königs Ludwig XVIII., übers v. F. Weißgerber. 6 Gr.
27–28 Reise nach Italien, übers. v. Schnetzler. 12 Gr.
" 29–40. Genius d. Christenthums, übers. v. Schneller. 8 Thlr.
" 41., 42. Die vier Stuarte, übers. v. Schnetzler. 12 Gr.
" 43–46 Literar. Mißzellen, übers. v. K. v. Kronfels. 1 Thlr.
" 47–52. Die Märtyrer, od. d. Triumph d. christl. Religion, übers. v. K. v. Kronfels. 1 Thlr. 12 Gr.
63. Karl X. u. seine Familien-Verbannung. 12 Gr.

Chateaubriand, (Frz. Aug.) Vicomte v., sämmtl. Werke 54—66. Bdchn. Histor. Studien. Ueber d. Verfall d. röm Reichs, die Entstehung u. Fortschritte d. Christenthums u. d. Einbruch d. Barbaren, nebst e. krit. Analyse d. Geschichte Frankreichs. Deutsch bearb. v. A. Neurohr. 1—13. Thl. gr. 16 (85¾ B.) Freiburg 836 – 38, Wagner'sche Buchh. à 6 Gr. 1—53. Bdchn. Ebendas. 1827—32. 8 Thlr. 20 Gr.

Château-d'Oex, s.: Schweiz. Atlas.

CHÂTEAUNEUF, A. H. (de la Pierre de), Die Favoritinnen der Könige von Frankreich, seit Agnes Sorel. Nach d. glaubwürdigsten Quellen. Aus d. Französ. 2 Thle. Quedlinburg u. Leipzig, Verlag v. Gfr. Basse. 1828. 8°. (6 Mk., br., unbeschn., Adolf Weigel, 1905; 7 Mk., schönes Expl., Frdr. Klüber, c. 1900.)

Chateauneuf, Alexis de

Chateauneuf, A. de, einige Andeutungen u. Wünsche üb. d. hamburg. Staates Bauwesen. gr. 8. (1 B.) Hamburg 836, [Perthes-Besser u. Mauke.]

—— Architectura Domestica. Fol. (19 Kpfrt. u. 6 Bl. deutscher u. engl. Text.) Hamburg 839, Meissner. *

Chateauneuf, Alexis de, Architectura publica. Nachgelassenes Werk. Imp.-Fol. (14 Stut., wovon 8 in Tondr., mit 2 S. Text.) Berlin 860, Ernst und Korn. *

—— Entwurf zur Boerse auf d. Adolphs Platze in Hamburg. ½ Imp.-Fol. (3 lith. Taf. u. 3 Bl. Text m. 2 Vign.) Berlin 838, Gropius. *

Chateauneuf, B. de, Recherches sur les consommations de tout genre de la ville de Paris en 1817. Comparées à ce qu'elles étaient en 1789. 8. Paris, Martinet. 820.

de Chateauvieux, F. L., Briefe über Italien. Aus d. Französ. v. H. Hirzel. 2 Thle, mit Kpf. 8. Leipz. 820. Reclam. 2 Rthlr. 12 gGr.

Chateauvieux, F. Lullin v.: Briefe üb. Italien. Aus d. Franz. v. H. Hirzel. 2 Th. Leipz. 1821. (517) S. 2 Tvl.

Châteaux nobles de Bohême comme sièges d'efforts philanthropiques et d'économie nationale. I. Partie: Le château de Tetschen. Traduit de l'Allemand de Fr. Klutschak. Lex.-8. (IX und 152 S. mit 8 Stnt.) Prague 855, (Credner.) *

Chatel, F., kleine Abhandlg. üb. d. Zerstreugn. b. Gebet. Auszug a. d. Theologie u. Ascese v. Ch. Autor. Uebersetzg. v. G. P. 16. (60 S.) Kevelaer 896. Butzon & Bercker. — 30

[F.] Kleine Abhandlung über die Zerstreuungen beim Gebet. Auszug aus d. Theol. u. Ascese v. Abbé F. Chatel, Beichtvater im Kloster du Val d. Roses de Marie in Louvain. Autoris. Uebs. v. G. P. *Kevelaer: Butzon & Bercker 1898.* (60 S.) 1 Bd 8. (9a. 67b)

Chatelain. Das Irresein. Plaudereien üb. die Geistesstörgn., ins Deutsche übertr. v. Otto Dornblüth. Mit e. Vorwort v. Frhr. v. Krafft-Ebing. 8. (XVI, 273 S.) Neuchatel 891, Gebr. Attinger. * 3 ..

Chatelain, les lunettes de mon grand-père, s.: Textausgaben französ. u. engl. Schriftsteller f. d. Schulgebrauch.

Chatelain, ..., Theorie d. Fechtkunst ꝛc., s. A. Lüpscher.

Chatélain, Abraham, s. Chatélain, Henri Abraham

Châtelain, A(uguste). Contes du Soir par A. Chatelain. Zum Schulgebrauch ausgewählt und erklärt von Professor Dr. K[arl] Sachs. [2 Teile.] 8. Bielefeld und Leipzig, Velhagen & Klasing, 1906. (zus. M. 1. —)
[Teil 1: Text.] IV + 118 S. *geb.*
[Teil 2] *u. d. T.:* Anhang zu Contes du Soir par Ch'. Bearb. von Prof. Dr. K. Sachs. (Anmerkungen.) II + 16 S. (B' und L', V' & K', [1906].) *br.*
(Velhagen & Klasings Sammlung französischer und englischer Schulausgaben:) Prosateurs français. Liefg. 164.

Châtelain, (Auguste). Erinnerungen. Neue Novellen von Dr. Châtelain. Mit Anhang und Nachtrag. Einzig autorisierte Uebersetzung von Gustav Herwig. Vorwort von Gaston Boissier ..., Einleitung von Professor Dr. Max Dessoulavy. XXXVI + 314 S. 8. Bern, Eugen Sutermeister, 1904. [fr. 3. 50]

Châtelain, Auguste, ausgew. Erzählgn., s.a. Conteurs mod.

Châtelain, A(uguste). Ausgewählte Erzählungen von Dr. A. Ch'. Für den Schulgebrauch erklärt von Prof. Dr. K[arl] Sachs. VIII + 74 S. 8. Berlin und Glogau, Carl Flemming, 1908. [geb. M. 1.25]
Englische und französische Schriftsteller der neueren Zeit. Für Schule und Haus hrg. von (Professor Dr.) J[oseph] Klapperich. Bändchen 49. Ausgabe A (Einleitung und Anmerkungen in deutscher Sprache)....

— **Alte Freunde, s. a. Verein f. Verbreitg. guter Schriften, Basel Nr. 84.**

Châtelain, Auguste. Alte Freunde und fünf andere ausgewählte Erzählungen. Für die gebildete deutsche Jugend übersetzt von Professor Dr. A[lois] Mühlan. Mit einem Bildnisse des Dichters [Tafel]. 144 S. 8. Breslau, Franz Goerlich, [1909]. [M. 1. —, geb. 1. 50]

Châtelain, Auguste. Alte Freunde. Autorisierte Übersetzung aus dem Französischen von Marguerite Gysin. [Mit 1 Porträt-Tafel und illustriertem Titel.] II + 62 S. 8. Basel, Verein für Verbreitung guter Schriften, Januar 1910. fr. —. 15

Châtelain, [Auguste]. Der neue Grundbesitzer (* *Umschlag:* Gutsbesitzer). Erzählung von Dr. Chatelain. 18 S. 8. Wetzikon bei Zürich, Hermann Bebie, 1902. (fr. —. 40)
Erzählungen aus dem Schweizerischen Unterhaltungsblatt (* *Umschlag:* aus dem «U' für Stenographen»). No. 10.

Châtelain, Auguste. Zwölf Meistererzählungen von Dr. A' Ch'. Autorisierte Übersetzung für die deutsche Jugend von Professor Dr. A[lois] Mühlau. Mit Dr. Châtelains Bildnis [Tafel]. 136 S. 8. Breslau, Franz Goerlich, (1908). [geb. M. 1. 50]

Chatelain, C. v. (Pseud.), s.a. Scheidlein, Cäsar (wirkl. Name)

Chatelain, C. von. Patriotisches Gedenkblatt zur Enthüllungsfeier des Kaiserin Maria Theresia-Monumentes in Wien am 13. Mai 1888. (Mit zahlreichen Abbildg. im Text.) Fol. Wien 1888.

Chatelain. Aemil., s.: Lucretius.

— dasselbe, erkl. v. K. Sachs, s. Schriftsteller, englische u. französische, der neueren Zeit.

Chatelain, E., Quintilien, s.: Recueil de travaux originaux.

Chatelain, Aemil., uncialis scriptura codicum latinorum novis exemplis illustrata. gr. Fol. (60 Taf. in Phototyp. m. VIII S. Text.) Explanatio tabularum. gr. 8. (VIII, 104 S.) Paris 901. H. Welter. n.n. 48. —

Chatelain, Heli. Kimbundu grammar. Grammatica elementar do Kimbundu ou lingua de Angola. gr. 8. (XXIV, 172 S.) Genebra 888—89. (Basel, Georg u. Comp.) * ♯ 7 50

Chatélain, Henri Abraham

***Chatélain,* Abr., l'éducation mise à la portée de tout le monde. 8. Lausanne 781. Pott. 10 ℊℊ**

Chatélain, Hnr. A., Erziehungskatechismus. Aus d. Französ. 8. Zürich 782. Orell. 6 ℊℊ

— **Predigten über d. wichtigsten Glaubenswahrheiten. Aus d. Französ. v. Rambach. 5 Thle. 8. Magdeb. 782. Scheidhauer. 2 ℛℊ 6 ℊℊ**

— **heil. Reden üb. Sprüche d. h. Schr. a. d. Frz. 1r Thl. 8. Cöthen. 749.**

— **Sermons. VI Vols. 12. Lausanne 775. (Neukirch in Basel). 2 ℛℊ 16 ℊℊ**

— **Sermons. 6 Vol. 12. Lausanne. (Flick, Bas.) 775.**

Chatelan, Alfred *Alexander Carl:* Über o-Amidobenzoylphenylhydrazin und einige Derivate desselben ... Leipzig, Druck v. Pöschel & Trepte, 1895; 2 Bl., 26 S., 1 Bl. 8.
Leipzig, Phil. Fak., Inaug.-Diss. v. [23. Febr.] 1895

Chatelanat, A., Die schweizerische Demokratie in ihrer Fortentwickelung. 1879.

Chatelanat, A. Statist. Handbuch, siehe: *Handbuch, Statistisches.*

Chatelanat, A., die Lebensvertheuerung und die Staatsdienerbesoldungen. 1. Thl. Die Lebensvertheuerung. 20 Stn. 4. Bern (statist. Bureau.)
1873

Chatelanat, A., Statistische Untersuchung des Werthes der Brustmessung mit Beziehung auf Militärtauglichkeit. (Separatabzug aus der Zeitschrift für schweiz. Statistik). 8. 16 S. 4.
1876

Chatelanat, A., Wie viel Steuern bezahlen wir im Kt. Bern? Statist. Darstellg. d. Steuerlast. Bern 1871.

Chatelanat, A. Wie viel Steuern bezahlen wir im Kanton Bern? Nach statist. Quellen beantwortet. 8°. Bern, J. Dalp'sche B., 1872.

Chatelanat, Charles. Erinnerungen an Heinrich Euler (1813—1866), von Karl Ch', Pfarrer. Uebersetzt von Th[eophil] W[ilhelm] Ecklin, Pfarrer. 8. Basel 1872.

Chatelanat, Ch., Trostbüchlein für Mühselige u. Beladene, ins Deutsche übertr. 12. (XVII, 82 S.) Straßburg 894. C. A. Bomhoff. n. — 80

Chatelanat, Ch., Trostbüchlein f. Mühselige u. Beladene, ins Deutsche übertr. 12. (XVII, 82 S.) Straßburg 895. C. A. Bomhoff. n. — 80; geb. in Leinw. n. 1. 60

Chatelanat, Ch., zeitliche Trübsal und himmlischer Trost. Worte der Aufmunterung für Leidende und Betrübte. Aus dem Französ. übers. von J. Goßweiler. gr. 8. (V und 47 S.) Basel 867, Riehm.

Chatelanat, Ch., zeitliche Trübsal u. himmlischer Trost. Worte der Aufmunterg. f. Leidende u. Betrübte. Aus dem Franz. übers. v. J. Goßweiler. 2. Aufl. gr. 8. (47 S.) Basel 871. Riehm. — 60

Chatelanat, Ch., zeitliche Trübsal und himmlischer Trost. Worte der Aufmunterung für Leidende und Betrübte. Aus dem Französ. übers. von J. Goßweiler. 3. Aufl. 8. (47 S.) Basel 882, Riehm. geb.

Chatelein, das Geheimnis d. Notars, s.: Verein f. Verbreitg. guter Schriften. Zürich.

du Chateler, Herzog, Beschreib. seiner Reise in Portugal in Hinsicht auf Kultur, Wissenschaft u. Künste ꝛc. Aus d. Französ. 8. Leipz. 799. Andrä. 1 ℛℊ

Chatelet, du, Beschr. s. Reise in Portugall. a. d. Frz. Lpz. Bauer. 799.

Chatelet, Friedr., aphoristische Betrachtung zweier Episoden aus Gretchen in Goethe's „Faust." gr. 16. (18 S.) Leipzig 867, Rhode. *

Aus: Neue allgem. Zeitschrift für Theater und Musik, besonders abgedruckt.

Chatelin, Theorie d. Fechtkunst etc. s. Lüpsch e r. A.

Châtel-St.Denis [Schlagwort]

Châtel-St. Denis, s.: Schweiz. Atlas.

Chater, C. H., feierst du das Abendmahl? od.: Warum, wann, wo u. wie sollten die Gläubigen das Abendmahl des Herrn feiern? 12. (16 S.) Bohwinkel 893. (Elberfeld, J. Faßbender.) n. — 10

of Chatham, Earl, Lettres to his nephew Th. Pitt. 8. Gött. 805. Dieterich. 12 gr

Des Freiherrn Traum [Le rève du baron]. Dem franz. Orig. des Louis de **Châtillon** [Verf. vielm. Mme Louise de Chatillon] nacherzählt. Paderborn. Bonifacius-Dr. 1908. (124 S.) 8° [ß.] 08. 1397

Châtiments usités chez les Chinois. 4 cah. av. pl. enlum. fr. et allem. 4. Leipzig. Ind. Comt.

— — en Russie, avec pl. enlum. franc. et allem. 4. ibid.

Chatinka, die unglückl. Fürstentochter, v. K— l. 2 Thle. 8. Erfurt u. Gotha 805. Hennings. 1 rß 16 gr

Chatonier, P., die Kunst in Gesellschaften zu glänzen. Ein Taschenbüchlein für Alle, welche sich in Cirkeln, auf Bällen, bei Hochzeiten, Taufen, Festen, Besuchen, Gesellschaftsspielen, in Briefen etc., aufs Feinste benehmen u. über die Regeln der Toilette, des Anordnens der Tafel etc. vollständig belehrt sein wollen. Nach d. 10n franz. Ausg. 32. Stuttg. 833. Scheible. 1/2 rß — 2e Aufl. 32. Ludwigsb. 835. Imle u. Krauß. 1/2 rß

Chatonier, P., pariser Complimentirbuch, od. d. Kunst in Gesellschaften zu glänzen. N. d. 10. franz. Ausg. 2. Aufl. (222 Seit.) Ludwigsburg 835. 1/2 Thlr., 3. Aufl. 32. (224 Seit.) Hall 839, Haspel'sche Buchh.

Chatrian, s.: Erckmann-Chatrian.

Chats et chiens. 2. serie. qu. 8. (4 Farbdr.) Berlin (899). W. Schultz-Engelhard. 1.50

Chatschatrjanz, Arsen, a. Schuscha in Russ.-Armenien: Periostitis typhosa. Halle a. S. 1904: C. A. Kaemmerer & Co. (32 S.) 8°

Halle, Med. Fak., Ref. v. Mering, Diss. v. 14. Dez. 1904

[Geb. 1. Nov. 81 Schuscha, Russ.-Armenien; Wohnort: Schuscha, Russ.-Armenien; Staatsangeh.: Rußland; Vorbildung: Staatsrealschule Schuscha Reife M. 99; Studium: Leipzig Naturw. 1, Halle Med. 9 S.; Rig. 5. Dez. 04.]

Chatschatrianz, W[alodimir] Aw Ueber Triphenylarsin, Triphenylmonomethylarsoniumjodid und seine pharmakologische Wirkung. Aus dem pharmakologischen und medizinisch-chemischen Institute der Universität Bern.... Diss. Med. Basel. II + 18 S. 8. Basel. Brin & Cie., 1910.

Chattanooga Volksfreund: 1894 -1901/ Chattanooga, TN

Republican weekly. Circulation: 1900, 2100. Edited & published by Emil J. Meyer & Co.

Chattaway, Frederick D. [Christ Church, Oxford]: Ueber Picen und Chrysen ... München, kgl. Hof- u. Univ.-Buchdr. v. Dr. C. Wolf & Sohn, 1893; 91 S. 8.

München, Phil. Fak., Inaug.-Diss. v. 1893

Chatterji, J. C., s.: Bodhabhikshu, Bramacharin.

Chatterji, J. C., s.: Bramacharin Bodhabhikshu.

Chatterji, Mohini, s.: Sankaracharya, d. Palladium d. Weisheit.

Chatterji, J. C., der Pfad der Vervollkommnung. Das göttl. Schauen der Weisen Indiens, s.: Vorträge, geisteswissenschaftliche. Hft. 7. 8.

Chatterton, s. H. Püttmann.

Chatterton, Will., die neuesten Geheimnisse der Tuilerien. Eine romant. Geschichte. 2 Bde. 8. (XII, 236; V, 253 S.) Leipzig 870, Fritsch. [Moderne Antiquariatsbuchh.] (*M 8.) *

Chattopâdhyâya, Bunkim Chandra, Kopal-Kundala. Ein bengal. Roman. Deutsch von Curt Klemm. 8. (200 S.) Leipzig 886, Friedrich. *M 3.—; geb. *

Chattopâdhyâya, Nisikânta, indische Essays. gr. 8. (VI, 136 S.) Zürich 883, Rudolphi und Klemm.

geb. *

Chatzidakis, Georgios N., s. Hatzidakis, Georgios N.

Chatzopulos, Constantin [aus Adrianopel]: Ueber die orthopädische Verwerthung des Wasserglasverbandes .... Leipzig, Druck v. Bär & Hermann, 1885; 32 S. 8°.

Strassburg, Med. Fak., Inaug.-Diss. v. 1885.

Chatzopulos, Constantin, über die orthopädische Verwerthung des Wasserglasverbandes. Diss. Strassburg i. Els. 1885, Trübners Buchh. u. Antiqu. (E. d'Oleire). 8°. 32 S.

Chauber, Theobald (i. e. Berthold Auerbach), Friedrich der Grosse König von Preussen. Sein Leben und Wirken, nebst einer Geschichte des 7 jährigen Krieges. Mit 5 Stahlstichen u. 24 Holzschnittbildern. Stuttgart 1834. 8.

Chauber, Theod., Friedrich d. Große, König v. Preußen. Sein Leben u. Wirken; nebst e. gedrängten Geschichte d. 7jähr. Krieges. Für Leser aller Stände nach den besten Quellen historisch-biograph. bearbeitet. 5 Lfrgg. Mit 5 Stahlst. u. 24 Holzschn., nebst v. Blüchers Leben v. Burckhardt, mit 2 Abbildd. in 1 Bde. gr. 8. Stuttg. 834, 35. Scheible; jetzt Gaul u. Tonger in Cöln. 2 1/4 rß — 3e Aufl. in 2 Bdn., mit 6 Stahlst., 3 Lithogr. u. 25 Holzschn. (Als Anhang: Gebhard Lebrecht v. Blücher, preuß. Feldmarschal, geschildert von W. Burckhardt. Mit 3 Abbildd. gr. 8. Ebd. 837, 35. Ebendies. 3 1/4 rß

— dass. Pracht-Ausg. ohne Blüchers Biographie. 4. Ebd. 835. (Ebendies.) 2 1/2 rß

— Friedrich der Große, König v. Preußen. Seine sämmtl. Werke in einer Auswahl des Geistvollsten für Leser aller Stände bearb. 4 Lfrgg. Mit 4 Stahlst. Lex.-8. Stuttg. 835, 36. Scheible; jetzt Gaul u. Tonger in Cöln. 1 1/2 rß

Chaucer, Geoffrey

Chaucer, s. Brink, Bernh. ten.

Chaucer, s. Gesenius, Fr. W.
Mc. Clumpha, Charles Flint.

Chaucer, the Book of the Tales of Canterbury. Prolog [A 1—858] mit Varianten, zum Gebrauch bei Vorlesungen hrsg. von Jul. Zupitza. 8. (32 S.) Berlin 882, Weidmann'sche Buchh.

Chaucer, the book of the tales of Canterbury. Prolog (A 1—858). M. Varianten z. Gebrauch b. Vorlesgn. hrsg. v. Jul. Zupitza. 2., unveränd. Aufl. 8. (32 S.) Berlin 896. Weidmann. n. — 60

Chaucers Canterbury-Erzählungen. Uebers., mit Einleitn. u. Anmerkungen begl. v. Ed. Fiedler. 1 Bd. gr. 8. (15 B.) Deßau 844, Fritsche u. Sohn.

CHAUCER, Geoffrey (1328—1400), Canterbury-Erzählungen. Uebers. von E. Fiedler. Bd. 1. (Nicht mehr ersch.) . . . 1844. 8°. (Mk. 3—.) (1 Mk. 80 Pfg. Alfr. Lorentz, Lpz., 1898.)

Chaucer's, G., Canterbury-Geschichten, s. Bibliothek ausländischer Klassiker.

— — Canterbury-Geschichten. Uebers. in den Versmassen der Urschrift und durch Einleit. u. Anmerkungen erläutert von Wilh. Hertzberg. Hildburghaus., Bibliogr. Institut, 1866. 8°. (1 Mk. 80 Pfg. Lehmann & Lutz, c. 1885.)

Bibl. ausländ. Klassiker 41—43.

Zuerst gedr. Leipzig, Bibliogr. Institut, o. J. (1865). 8°. (Origbd. Mk. 4—.) (2 Mk. 50 Pfg. H. Hugendubel, c. 1902.)

— — Dasselbe. 3 Thle. (soviel ersch.). Hildburghausen 1871. 8°. (Mk. 3,20.) (2 Mk. Völcker.)

—— ausgewählte kleinere Dichtungen. Im Versmaasse des Orig. in das Deutsche übertragen und mit Eröterungen versehen von John Koch. 12. (XXIII, 66 S.) Leipzig 880, Friedrich. *
geb. mit Goldschn. *

The Pardoner's Prologue and Tale by Geoffrey Chaucer. A crit. ed. by John Koch, (Lichterfelde). *Berlin: E. Felber 1902.* (LXXII, 164 S.) 8°
= Textbibliothek, Englische. 7.

Chaucer, Stories, Wörterbuch v. M. Seymour, s.: Schulbibliothek, französische u. englische. A 109.

— — Uebersetzungen aus *Chaucer* und Barton von Jacob. Lübeck 1849. 4°. (8 Sgr. Calvary & Co., c. 1870.)

— — Werke, übers. von Adolf v. Düring. 3 Bde. Strassburg, Trübner, 1883—86. 8°. (Mk. 11—.) (5 Mk. 50 Pfg. Carl Uebelen, München, 1894.) (Expl. in 3 Orig.-Prachtbdn. [Ldpr. Mk. 14—], 7 Mk. 50 Pfg. A. Graeper, Barmen 1897.)
Schön gedruckte Ausgabe, vergriffen!
I: Das Haus der Fama. — Die Legende von guten Weibern. — Das Parlament der Vögel. II. u. III: Canterbury-Erzählungen. (Ungekürzt.)

Chaucer's Werke. Übers. von Adf. v. Düring. 1. Bd.: Das Haus der Fama. Die Legende von guten Weibern. Das Parlament der Vögel. 8. (VIII, 340 S.) Straßburg 883, Trübner. *
Ausg. auf holländ. Pap. *

Chaucer's, Geoffrey, Werke. Übersetzt von Adf. v. Düring. 2. und 3. Bd.: Canterbury-Erzählungen. 2 Thle. 8. Straßburg, Trübner. [1. Thl. (XII, 409 S.) 885. * ℳ 3.—; geb. * ℳ 5.—; 2. Thl. (483 S.) 887. * ℳ 5.—; geb. * ℳ 7.—.] *
geb.
1. Bd. Ebendas. 1883. * ℳ 3.—; geb. * ℳ 5.—.

Chaudes-Aigues, J., der Rapin, s. Franzosen, die, der neuesten Zeit.

Chaudet. L'art d'essayer. Deutsch von C. Hartmann. Weimar, 1838.

Chaudet, ..., die Probirkunst, s. Schauplatz, neuer, der Künste u. Handwerke. 97r Bd.

Chaudoir, M. de

— siehe: Enumération des Carabiques.

— description d'une espèce nouvelle de Cicindèle et de quelques Carabes inédits, s.: Bulletin de la Société Impériale des Naturalistes de Moscou. Tome XXI. P. 2.

— mémoire sur la famille des Carabiques, s.: ebend. Tome XXI. P. 1. Tome XXIII u. Tome XXV. P. 1.

de Chaudoir, baron M., mémoires sur les Carabiques. (Extraits du Bull. de la Soc. Imp. des Nat. de Moscou. 1842—1846.) gr. 8. (235 S.) Moscou 847. (Leipzig, G. Wigand.) n. 1½ ₰

Chaudoir, S. de, Aperçu sur les monnaies russes et sur les monnaies étrangères qui ont eu cours en Russie. Depuis les temps les plus reculés jusqu'à nos jours. II Part. avec Plchs. (81 Stnt. u. 2½ B. Erklär.) Lex.-8. (39¼ B.) St. Pétersbourg 836, 37. (Leipsic, Voss.) Thlr. *

Chaudon et Delandine, nouv. historique, ou histoire abrégée de tous les hommes. XIII Vol. gr. 8. Par. et Strasbourg König.

— — le même. gr. 8. XIII Vol. Lyon (Breslau, G. Korn.) 805.

Chaufepié, Hermannus de: De pemphigo. Halae [1825]: Grunert. 70 S. 8°
Halle-Wittenberg, Med. Diss., nachgeliefert von dem am 24. Juli 1824 auf Thesen, [Praeses:] Curtius Sprengel, promovierten Verf.
[Beigedr.:] Sprengel, Curtius: Quid collegia iurata sive sodalitia arcana, sacramento in silentium rogata, ad medicinam augendam fecerint? [1825] Geb. Hamburg [11. 9. 1801]. [V. in Sprengel's Progr.]

de Chaufepié, Jak. Geo., die Wahrheit d. christl. Religion auf d. gegenwärtigen Zustand des jüdischen Volks, in Predigten; aus d. Französ. v. S. G. Petzold. 8. Bresl. 758. Seibel. 5 ℊℊ

Chaufepié, Pierre Samuel de
CHAUFEPIE, P. S. DE, Handbuch zum Gebrauch der Hebammen. Neue verbesserte Aufl. Altona. 1783. (Leipz.: Brockhaus)

Chaufepie, P. S., Handb. z. Gebr. der Hebammen. Altona, (Comt. f. Litt. in Leipz. auch b. Gleditsch in Leipz.) 783.

Chaufepié, Pierre Samuel de: Neuer Hebammen-Wegweiser, oder deutl. Unterricht, wie eine Wehemutter, bey allen in der Geburts-Hülfe vorkommenden Umständen, sich zu verhalten hat. . . . Lübeck & Altona: Jversen 1758. 204 S. 8°

de Chaufepié, Petr. Sam., De lege naturae, quod in corpore animali sensationem excipiat motus sensationi proportionatus. 48 pp. Hal. 4°.
1751

le Chauffage économique, ou examen critique du chauffage qu'on obtient des cheminées à la française et des forneaux à l'allemande etc.; avec estampes. gr. 8. Wien 794. Blumauer. 1 ₰ 4 ℊℊ

Chauffeur, der, s.: Miniatur-Bibliothek.

Chauffeur (Der). seit 1908. wöchentl. 4°. Berlin.
1912. jährl. M. 8.—

Chauffeur-Kalender, allgemeiner, 1910. Prakt. Handbuch f. das gesamte Kraftfahrwesen. (357 u. II S. m. Abbildgn.) kl. 8. Berlin (W. 50, Schaperstr. 30), Der Chauffeur. Geb. in Leinw. 2. —

Chauffour, d. Jüng., ..., Betrachtt. über d. Anwendung d. kais. Decrets in Betreff d. Schuldforderungen d. Juden. Aus d. Französ. u. mit e. Nachschrift v. Fr. Buchholz. 8. Berl. 809. Amelang. 12 ℊℊ

Chauffour, Félix-Henri-Joseph, Chronique de Colmar, suivie des listes nominatives des obrist maistres, prévôts, stett maistros, conseillers et syndics de Colmar. Publiée par André Waltz. (XI, 189 S.) gr. 8. Colmar 903. (H. Hüffel.) n.n. 2. —

v. **Chaugy**, Franciska Magdalena, das Leben der heiligen Mutter Johanna Franciska Fremiot v. Chantal, Stifterin des Ordens von der Heimsuchung Mariä. Aus d. Französ. 3 Bde. 8. Wien 844, Mechitaristen Congreg.-Buchh. 1⅔ ₰

Chaulieu et Lafare. 1 Vol. Paris, Herhan. (Leipzig, Fr. Fleischer.) Rthlr.

Chaulin, G. de, une petite fille de Charles Auguste. 12. (VIII und 45 S.) Jena 859, Frommann.

de Chaulnes, ..., neue Art, mathemat. u. astronom. Instrumente abzutheilen; aus d. Französ. v. J. S. Halle. Mit 10 Kpf. gr. 4. Berl. 788. (Reimer; a. Rücker). 20 ℊℊ (Aus d. Schauplatz d. Künste ꝛc. 17r Bd. apart abgedr.)

Chaulnes neue Art, mathemat. u. astronom. Instrumente abzutheilen. a. d. Fr. m. K. gr. 4. Berlin, Pauli. 788.

Chaumière. la, indienne.
12° Straßburg: König

Chaumiere, la, irlandaise Conte destiné à la jeunesse. (Traduit de l'allemand.) Mit 4 Steindr. 12. Paris et Strasbourg ... Levrault. geb. 5 ℊℊ mit ill. Abbildd. ⅟₁ ₰

CHAUSSÉ, Jacques, Sieur de la Terrière, Tractat von der Vortrefflichkeit des Ehestandes. (Aus dem Französ.) Franckfurt und Leipzig, 1715. 12°. 604 S. (1 Rthl. Scheible, c. 1872; jetzt theurer!) Rar!

Chaussée, de la, Oeuvres choisies. 2 Vol. in 18. édit. stéréot. (Leipz. Barth.) (pap. ord. brochés, 18 Gr. papier fin, Rthlr. 1. papier vélin, Rthl. 2. format in-12, papier vél., Rthlr. 2 16 Gr.)

Chaussée-Ordnung der chur-pfälzischen Regierung (de dato Mannheim, d. 25. May 1764). Fol. 3 bedruckte Bll., fleckig u. ausgebess. Cart.

Chaussee-Verordnung in der Bad. Markgr. 8. Karlsruh Müller. 805.

Chaussergue, s. Clausel de Chaussergue.

Chaussier, s. neue Erdbeschreibung v. Frankreich.

Chaussier, neue Erdbeschr. von Frankr. n. d. 83 Departem. a. d. Franz. von Rotermund. 8. Hamburg, Hoffmann. 792.

Chaussier, die Naturheilkraft, s. Naturheilkraft.

Chaussier, die Naturheilkraft und die vereinfachte naturgemäße Heilmethode aller Entzündungen, Wunden und Geschwüre mittelst des Rosen-Balsam ꝛc. nebst Angabe der Behandlung jeder einzelnen Krankheit. 2—4. Aufl. Tangermünde (858). Doeger. gr. 8. (VIII, 68 S.) n. 8 ngr

Chaussier, observ. chirurg.-légales sur un point important de la Jurisprudence criminelle. gr. 8. Strasb. Treuttel. 791. Rthlr.-

Chaussier, Recueil anatomique à l'usage des jeunes gens qui se destinent à l'étude de la chirurgie, de la médecine, de la peinture et de la scripture. Avec 17 planches in 4. Paris. 820.

Chaussier, (H.,) Gedanken, Betrachtt., Grundsätze u. Ansichten Napoleons. Auszüge aus seinen Schriften, Reden ꝛc., v. Auguste v. Faurax. 2 Bdchn. 8. Dresd. 827, Hilscher.

Chaussier, Hekt., Gedanken, Betrachtt., Grundsätze u. Ansichten Napoleons. Auszüge aus seinen Schriften, Reden, Proclamationen ꝛc., deutsch herausg. v. Auguste v. Faurax. 2 Bdchen. 8. Dresd. 828. Hilscher. (Leipz., Focke). 1 Rthlr 12 gr Hbg. Pr. 1 Rthlr

Chaussier, Hekt., Gedanken, Betrachtungen, Grundsätze u. Ansichten Napoleons. Auszüge a. sein. Schriften, Reden, Proclamationen, sein. Ansichten im Staatsrathe, sein. offic. Briefen, Tagesberichten, seiner Denkschrift v. St. Helena ꝛc. Rechtmäß. deutsche Ausg. v. Auguste v. Faurax. 2 Bdchn. 8. (20 B.) Dresden 828. [Leipzig, Weinedel.]

Chaussy, Franz, aus Kupferberg, Schlesien: Ueber Stereoisomerie bei Dichloroaethylendiamindiammin-Cobaltisalzen. Borna-Leipzig 1909. X + 36 S. 8°. [20. IX. 09.]
Zürich. Univ. Phil. Diss. II. S. 1909 10.

Chaussy, Franz. Über Stereoisomerie bei Dichloroæthylendiamindiamminecobaltisalzen. Diss. Phil. [II.] Univ. Zürich. X + 36 S. 8. Borna-Leipzig, Robert Noske, 1909.

Chaussy, Georg. Assistent am Allerheiligen-Hospital in Breslau: Beiträge zur Klinik und Pathologie des Lupus erythematodes. Leipzig (1906): A. Edelmann. (23 S.) 8°
Leipzig, Med. Fak., Ref. Hoffmann, Diss. v. 26. Febr. 1906
[Geb. 15. Sept. 79 Kupferberg, Schl.; Wohnort: Breslau; Staatsangeh.: Preußen; Vorbildung: Gymn. Hirschberg Reife O. 00; Studium: München 2, Kiel 2, Jena 1, Berlin 1, Breslau 3 S.; Coll. 26. Febr. 06; Approb. 28. Juni 05.]

Chauveau, Gust., d. Gasmaschinen, s. a. Ihering, A. v.

Chauveau, Gust., die Gasmaschinen. Theorie u. Konstruktion der m. Leuchtgas, Generatorgas, Petroleum- u. Benzindämpfen betriebenen Motoren. Autoris., m. mehrfachen Ergänzgn. verseh., deutsche Uebersetzg. von Albr. v. Ihering. gr. 8. (X, 370 S. m. 224 Fig.) Leipzig 895. W. Engelmann. n. 14. —; geb. n.n. 15.25

Chauveau, G: Die Gasmaschinen. 2. Aufl. von A. v. Jhering. Leipzig 1901
Chauveau, G: Die Gasmaschinen. 3. Aufl. von A. v. Jhering. Leipzig
T. 1. Die Generatoren zur Gaserzeugung. 1907
T. 2. Die Verbrennungsmaschinen. 1909

(Chauvelot, Sylvestre:) Introduction à la géométrie, ou développement de l'idée de l'étendu. Par l'auteur du livre des vérités. Brunswick 1795: Maison des Orphelins. XVI, 112 S. 8°

de Chauvelot, ..., s. 1) *Introduction* à la Géométrie. 2) *Lettre*. à Mr. Kant. 3) *Livre* des vérités.

Chauvet, üb. die Behandlung der Zuckerharnruhr an den Quellen v. Royat. Aus dem Franz. übers. v. F. C. Müller. [Aus: „Balneolog. Centralbl."] gr. 8. (10 S.) Leipzig 892. Verlag d. Reichs-Medicinal-Anzeigers, B. Konegen. n.n. — 25

Chauvet, Dr. A. H., de la pléotomie sans ouverture du sac herniaire. 77 pp. in-8. Berne, Huber & Co. 1873 1. 60

Chauvin, v., Organisation der elektrischen Telegraphie in Deutschland für die Zwecke des Krieges. Mit 1 (lithogr.) Uebersichtskarte des in Frankreich im Kriege von 1870/71 ausgeführten Kriegstelegraphen-Netzes. gr. 8. (VI, 111 S.) Berlin 884, Mittler und Sohn. *

Chauvin, C., die Inspiration d. hl. Schrift u. d. Lehre d. Tradition u. d. Encyklika „Providentissimus Deus". Eine theologisch-krit. Studie. In autor. Übersetzg. v. Geo. Pletl. gr. 8. (XII, 143 S.) Regensburg 899. Nationale Verlagsanstalt. n. 2. 50

Chauvin, F., das Bergzeichnen rationell entwickelt. Berlin 854. Nauck'sche Buchhdlg. gr. 8. (VI, 58 S.) n. 10 ngr

—— die Darstellung der Berge in Karten und Plänen, mit besonderer Rücksicht auf ihre Anwendbarkeit im Felde. Lex.-8. (48 S. mit 1 Kpfrt.) Berlin 852, Nauck'sche Buchh. *

Chauvin, Vict., Bibliographie des ouvrages arabes ou relatifs aux Arabes publiés dans l'Europe chrétienne de 1810 à 1885. II. et III. gr. 8. Liège. Leipzig (O. Harrassowitz). n.n. 9. 60
II. Kalîlah. (IX, 239 S.) 897. n.n. 6. —
III. Louqmâne et les fabulistes. — Barlaam. — 'Antar et les romans de chevalerie.' (151 S.) 898. n.n. 3. 60

Chauvin, Vict., Bibliographie des ouvrages arabes ou relatifs aux Arabes publiés dans l'Europe chrétienne de 1810 à 1885. IV. Les mille et une nuits. (1. partie.) gr. 8. (228 S.) Liège 900. (Leipzig, O. Harrassowitz.) n.n. 5. 60
I—III. Ebd. 892—898. n. 14. 40.

Chauvin, Vict., bibliographie des ouvrages arabes ou relatifs aux Arabes publiés dans l'Europe chrétienne de 1810 à 1885. V—IX. gr. 8. Liège (Leipzig, O. Harrassowitz). n.n. 25. 20
V. Les mille et une nuits. (2. partie.) (XII, 297 S.) 901. n.n. 7. 20
VI. Dasselbe (3. partie.) (204 S.) 902. n.n. 4. 80
VII. Dasselbe. (4. partie.) (192 S.) 903. n.n. 4. 80
VIII. Syntipas. (219 S.) 904. n.n. 5. 20
IX. Pierre Alphonse. — Secundus. — Recueils orientaux. — Tables de Henning et de Mardrus. — Contes occidentaux. — Les maqâmes. (186 S.) 905. n.n. 3. 20
I—IV. Ebd. 892—900. n. 20. —.

Chauvin, Vict., Bibliographie des ouvrages arabes ou relatifs aux Arabes publiés dans l'Europe chrétienne de 1810 à 1885. Ouvrage couronné par l'Académie d. inscript. et belles lettres (prix Delalande-Guerineau et prix Saintour) et subventionné par la Deutsche morgenländ. Gesellschaft. X et XI. Lex. 8. Liège. (Leipzig, O. Harrassowitz.) nn 10. —
X. Le Coran et la tradition. (146 S.) 907. nn 3. 60
XI. Mahomet. (255 S.) 909. nn 6. 40

—— La grammaire hébraïque de Clénard (Cleynaerts). [SA. aus dem Centralblatt für Bibliothekswesen.] Leipzig o. J.

Chauvinismus, der, in Ungarn. Nachtrag zu der Broschüre: Die ungar. Armeefordergn. u. die Machtstellg. Oesterreich-Ungarns. Denkschr. e. Patrioten im Auslande. Eine Abhandlg. üb. d. staatl. Verhältn. Oesterreich-Ungarns, speziell aber den Chauvinismus in Ungarn, m. besond. Rücksicht auf Deutschland. (58 S.) 8. Berlin (S. O., Köpenickerstr. 76) 907. (Ernst Niemeyer.) 1.35; m. „Die ung. Armeefordergn." zusammen 1.70

Chauvinus: Lexicon philosoph. fol. Leovard. 713.

— theol. christ. fundam. et elem. 8. Lausanne. 772.

de Chaux, ..., des héroiques et morales. 8. Manh. 768.

— s. Voltaire, Henriades.

Chaux-de-Fonds, Locle, Brenets and their Environs, s. Europe, illustrated.

Chaux-de-Fonds, Locle, Brenets und ihre Umgebungen. <Le Clods de la Franchise.> (Mit 17 Illustrationen von J[ohann] Weber [wovon 5 Tafeln] und einer Karte. Europäische Wanderbilder. № 40. 41.) 8. Zürich (Paris, London [1883]).

— — s. Wanderbilder, europäische.

Chavallier, s. Chevallier

Chavanieux, Abrégé de l'histoire sainte, s. Gérard.

Chavanne, Josef

Chavanne, Jos., Afghanistan. Mit Rücksicht auf den englisch-afghan. Krieg geschildert. Mit 6 (Holzschn.-) Illustr. u. 1 (chromolith.) Karte (in qu. gr. 4.). 8. (84 S.) Wien 879. Hartleben. 1. —

Chavanne, Jos., Afrika im Lichte unserer Tage. Bodengestalt und geolog. Bau. Mit 1 hypsometr. (chromolithogr.) Karte von Afrika. 8. (VII, 181 S.) Wien 881, Hartleben's Verlag. *M* 3.; geb. *

—— s. Balbi's, Adrian, allgemeine Erdbeschreibung.

Chavanne, Jos., Beiträge zur Klimatologie von Oesterreich-Ungarn. gr. 8. (III, 76 S.) Wien 872, Gerold's Sohn. *

Chavanne, Josef: Zur Erinnerung an die Feier des fünfundzwanzigjährigen Bestandes der k. k. Geographischen Gesellschaft am 22 December 1881. ([S.-A.] Mittheilungen der k. k. Geographischen Gesellschaft in Wien. Bd. 24. 1881.) Wien 1881. 129 S. 4°.

— physikalisch-statistischer Hand-Atlas v. Oesterreich-Ungarn in 24 (chromolith.) Karten m. erläuterndem Text, unter Mitwirkung v. Vinz v. Haardt, Anton Kerner Ritter v. Marilaun, Frz. Ritter v. Le Monnier etc. hrsg., u. ausgeführt in Ed. Hölzel's geograph. Institute. (In 8 Lfgn.) 1. u. 2. Lfg. Fol. (à 3 Karten m. 10 Bl. Text.) Wien 882. Hölzel. à n. 7. —; einzelne Karten à n. 3. —

— physikalisch-statistischer Hand-Atlas v. Oesterreich-Ungarn in 24 (chromolith.) Karten m. erläuterndem Text, unter Mitwirkg. von Vinz. v. Haardt, Ant. Kerner Ritter v. Marilaun, Frz. Ritter v. Le Monnier etc. hrsg., u. ausgeführt in Ed. Hölzel's geograph. Institute. 3—7. Lfg. Fol. (à 3 Karten m. 3 Bl. Text.) Wien 883—86. à n. 7. —; einzelne Karten à n. 3. —

—— die mittlere Höhe Afrika's. Mit 1 hypsometr. (chromolithogr.) Karte von Afrika und 6 (eingedr.) Profilen. gr. 8. (38 S.) Wien 881, (Gerold und Comp.) *
Aus: Mittheilungen der k. k. geographischen Gesellschaft in Wien, besonders abgedruckt.

-- Karte von Centralafrika. 1 : 5 000 000. kart. 4° Wien. Pest. Leipzig 1878

Chavanne, Dr. Josef, Karte von Central-Afrika. Nach den neuesten Forschungen bearbeitet. Massstab 1 : 5,000.000. In sechsfachem Farbendruck ausgeführt. Papiergrösse 59/86 Cent.; Kartenfläche 51/77 Cent. Cartonnirt. 2 fl. 20 kr.
Wien: Hartleben 1881

Chavanne Jos, Karte von Centralamerika und Westindien. 1 : 6500000. Kart. 4° Wien. Pest. Leipzig

— Karte von Central-Asien. Nach den neuesten Quellen bearbeitet. Massstab 1 : 5,000.000. In siebenfachem Farbendruck ausgeführt. Papiergrösse 59/86 Cent.; Kartenfläche 53/83 Ct. 1880. Cartonnirt. 2 fl. 20 kr. Wien: Hartleben

— Das Klima von Graz. Untersuchung der klimatischen Verhältnisse der Stadt und Umgebung. (Mit Begleitschreiben an Dove.) (Separ.-Abdr. a. d. III. B., III. H. d. Mitth. d. naturw. Vereins f. Steiermark 1871.)

——, Al. Karpf und Frz. Ritter v. Le Monnier, die Literatur über die Polar-Regionen der Erde. Hrsg. von der k. k. geograph. Gesellschaft in Wien. gr. 8. (XVI, 335 S.) Wien 878, (Hölzel.) *

— Jan Mayen u. die österreichische arktische Beobachtungsstation. Geschichte u. vorläuf. Ergebnisse derselben. Nach den Aufzeichngn. u. Berichten d. Leiters E. v. Wohlgemuth bearb. Mit 6 Illustr. u. 1 Karte. gr. 8. (67 S.) Wien 884. Hartleben. 1. 50

— die englische Nordpolexpedition 1875—1876 unter Capitän Nares u. ihre Resultate, s.: Sammlung gemeinnütz. populär-wissenschaftl. Vorträge.

Chavanne, Dr. J. Originalkarte des Gebietes der Muschi-Congo im portugiesischen West-Afrika. 1 : 400 000. Gotha 1886. 1 Bl. A. Sch.

Chavanne, Jos., Reisen und Forschungen im alten und neuen Kongostaate in den J. 1884 und 1885. Lex.-8. (X, 508 S. mit zahlreichen Orig.-Holzschn. nach Aufnahmen des Verf. und 2 Karten.) Jena 887, Costenoble. *

Chavanne, Jos., die Sahara oder von Oase zu Oase. Bilder aus dem Natur- und Volksleben in der großen afrikan. Wüste. Mit 7 Illustr. in Farbendr., 64 (eingedr.) Holzschn. und einer Karte der Sahara. 20 Lfgn. gr. 8. (XVI, 639 S.) Wien 878, Hartleben's Verlag. à Lfg. * 60 Pf.; * *M* 10,80.; geb. *

Chavanne, Josef: Die Sahara, oder Von Oase zu Oase. Bilder aus dem Natur- und Volksleben in der grossen afrikanischen Wüste. Mit 7 Illustrationen in Farbendruck, 61 Holzschnitten und einer Karte der Sahara. Wien 1879. XVI, 639 S. 8°.

Chavanne, Jos., Afrikas Ströme u. Flüsse. Ein Beitrag zur Hydrographie d. dunklen Erdtheils. Mit e. hydrograph. (chromolith.) Uebersichtskarte Afrika's. 8. (232 S.) Wien 883. Hartleben. 4. —; geb. 5. 40

— die Temparaturverhältnisse v. Oesterreich-Ungarn dargestellt durch Isothermen. [Mit 3 Tab. u. 14 (lith.) Taf. (in qu. 4.)] gr. 8. (III, 56 S.) Wien 871. Gerold's Sohn in Comm. n. 3. —

Dr. Josef Chavanne. Die Temperatur- und Regenverhältnisse Argentiniens <mit 3 Taf.>. *Buenos Aires: G. van Woerden & Cia [1903].* (40 S.) 8° = Veröffentlichungen d. Deutschen Akad. Vereinigung zu Buenos Aires. Bd 1, H. 7. [03. 13045 4

Chavanne, Jos., physikalische Wandkarte von Afrika. 1 : 8,000,000. 4 Bl. Chromolithogr. Imp.-Fol. Nebst Erläuterungen. gr. 8. (24 S.) Wien 878, Hölzel. *
Auf Leinw. in Mappe * *M* 16.; mit Stäben *

Chavanne, Dr. Josef, Physikalische Wandkarte von Asien. Massstab: 1 : 8,000.000. 6 Blatt in Farbendruck nebst einem erläuternden Texthefte. Preis, unaufgespannt in Umschlag 8 fl., aufgespannt in Mappe 11 fl., aufgespannt mit Stäben 12 fl. Wien. Eduard Hölzel. 1881

— Central-Afrika u. die neueren Expeditionen zu seiner Erforschung, s.: Sammlung gemeinnütz. populär-wissenschaftl. Vorträge.

Chavannes, A. C., Exposé de la méthode élémentaire de Pestalozzi, av. fig. gr. 8. Bern, Typogr. Soc. 16 K
Vgl. Chavannes, D.A.

Chavannes, Alfr. (geb. Lausanne 7. 11. 1823): De lupo. Berolini (1848). (31 S.) 8°
Berlin, Med. Diss. v. 12. Febr. 1848

Chavannes, Cornelia, die Hauswirthschaftskunde. A. d. Franz. übers. u. für Deutschland bearb. 8. (20 B. u. 1 Kpfrt. in 4.) Leipzig 843, Rein'sche Buchh.

Chavannes, D. A., Méthode élémentaire de H. Pestalozzi. Suivi d'une notice sur les travaux de cet homme célèbre, son institut et ses principaux collaborateurs. gr. 8. (Marb. Krieger). 819.
Vgl. Chavannes, A.C.

Chavannes, Edouard, s.: T'oung Pao.

Chavannes, Fernand [Helvetius]: De Palladii raptu . . . Berolini, Heinrich & Kemke, 1891; 2 Bl., 83 S. 8°
Berlin, Phil. Fak., Inaug.-Diss. v. 13. März 1891

Chavannes, S[ylvius]. Notice nécrologique sur Ch(arles) Adolphe Morlot (1820—1867) <lue le 11 Sept. 1867. à la réunion de la Société helvétique des sciences naturelles à Rheinfelden>. [E.] 8. (Aarau [1868].)

(Chavannes, Sylvius].) Eugène Rambert. [Notice nécrologique. E.] 8. [Frauenfeld 1887.]

[Chavannes, Virgile.] Vers le progrès. Récit historique. [Illustré. Extrait de l'Almanach du Jura 1909.] II + 10 p. 8. [Zurich Jacques Bollmann, 1909.]

Chavanni: C o n s e i l s sur les Etudes nécessair. à ceux qui aspirent au St. Ministère. 8. Bern: Typ. Soc. 1771.

Chavard, F., (abbé) le célibat des prêtres et ses conséquences. Genève et Bâle, H. Georg. XVII, 605 pp. in-12. 1875 **5. —**

Chavée, H.-J., Lexicologie indo-européenne ou essai sur la science des mots sanskrits, grecs, latins, français, lithuaniens, russes, allemands, anglais etc. Lex.-8. (VIII und 420 S.) Paris 849, Franck. *

Chaves: M é m o i r e sur la graine de trèfle. gr. 8. Bern: Typ. Soc.

Chaves H. C.: Abhandlung üb. die vortheilhafteste u. wohlfeilste Manier den Kleesamen einzusammeln. Gekr. Preisschr. [Bern 1777]. 11 S. P.

Chavet, Heinrich: Beantwortung zweer Briefe, welche Herr (Ernst Gottfried) Baldinger... in sein Magazin für Aerzte gegen Herrn C(hristoph) L(udwig) Hoffmanns...Abhandlung von den Pocken hat einrücken lassen. 71 S., gbd.

Münster: Perrenon 1777

— Beantwortung zweier Briefe gegen Hofmanns Abhandl. von d. Pocken. gr. 8. Münster 777. Coppenrath. 5 gl

— s. C. L. Hoffmann, Opuscula

Chavet, Heinrich (Hrsg.):

s.: Hoffmann, C(hristoph) L(udwig): Vermischte medicinische Schriften. Th. 1 - 2. Münster: 1790 - 1791

Chavet, Heinrich: De P h t i s i pulmonali haereditaria. Münster: Perrenon (Coppenrath) 1787. 183 S. 8°.

Chavet, H. Vorschlag z. gänzl. Ausrott. d. vener. Krankhn. Düsseldorf 1781.

Chavet, Hnr., (†d. 29. Sept. 1820.) Vorschlag zur gänzl. Ausrottung d. vener. Krankheiten. 8. Düsseld. 782. Perrenon in Münster. 5 gl

Chavette, Eugène, die E r b s c h a f t e. Schmarotzers. Roman. Nach dem Franz. von v. V o l l m a r - V e l t h e i m. Autoris. Ausg. 3 Thle. in 2 Bdn. 8. (335, 336 u. 64 S.) Berlin 875. Janke. 9. —

Chavette, E., die kleinen Komödien der Sünde, s. B i b l i o t h e k französischer Humoristen und Realisten.

Chavette, Eug., die kleinen Komödien der Sünde. 2. Aufl. gr. 8. (191 S.) Leipzig 894. Greßner & Schramm. 1. 60

— der verschollene M i l l i o n ä r, }
— der S c h e e r e n s c h l e i f e r, } s. L e s e - C a b i n e t, neues belletristisches.
— das Z i m m e r des Verbrechens, }

Chaviaras, D., F. Hiller v. Gaertringen, u. S. Saridakis. Inschriften v. Syme, Teutlussa u. Rhodos. S. A. 1904. 14 S. m. Abb. —.90

[Chavigny-Beaunois, Jean Aimé de]. Die Liebes-Geschichte Der entführten Amsterdamischen Helena, Samt der Nachricht Von der Kurtzweiligen Vermählung Einer schönen Hermaphroditin, Aus dem Frantzösischen übersetzet. [O. O. und Dr.] Anno 1725. 8°. Titel (in Rot und Schwarz), 318 S. Etwas benutzter Ldbd. d. Z. mit einigen Wurmspuren.

Selten. H.-G. 153. Nicht bei Fromm. Zweite deutsche Ausgabe zweier Liebesromane von D. Chavigny: La belle Hollandoise (bezw. Ravissement de l'Hélène d'Amsterdam) Col. 1681, bezw. Amst. 1683, und La Galante Hermaphrodite, Amst. 1683, cf. Gay III, 936. & II, 370. Wie stets bei dieser Art Romane mit vielen Briefen. Die Übersetzung ähnelt etwas dem Stile Bohse-Talanders. —

RITTER, D e r e n t l a r f f t e, i m N o n n e n - K l o s t e r durch artige Begebenheiten und seltsame Liebes-Intriguen vorgestellet. (Aus d. Französ. des Sieur *Jean Aymé de Chavigny*.) Leipzig, verlegts Joh. Gabr. Grahl. 1711. 12°.

Frkf. u. Lpz. O. M. V. 1711. G 2a.

O r i g.: *Chavigny*, Sieur *de*, L a R e l i g i e u s e C a v a l i e r. Memoyres galands. Par le —. 2de Edit. A la Haye, Adr. Moetjens, 1691. 12°. (In Stuttgart.) (Ed. I. vers 1690.) — La Haye, Moetjens, 1693. 12°. Bibl. clerico-galante, p. 49.) Bruxelles 1693; 1699; 1710. 12°. Avec gravures. (2 Rthlr. Scheible, v o r 1875.) — Rep. tit.: L a R e l i g i e u s e c a v a l i e r, é p o u x e t c h a n o i n e, histoire galante et tragique. Cologne, à la Sphère (Paris) 1717, 12°. (Barbier IV, 237.)

— — Dasselbe. Prag 1717. 12°. (Georgi's Europ. B.-Lex.)
Beide Ausgaben höchst selten.

I t a l i e n. U e b e r s t z g.: L a M o n a c a C a v a l i e r e. Memori galanti. Trad. dal Francese. Al mondo, nella Stamperia dello Stampatore 1771. 8°. Titre gravé avec fleuron. (5 Mk. 50 Pfg., grand de marges, Scheible, 1892.)

C h a v i n de Malan, F. E., Geschichte des heil. Franciscus von Assisi. 1182—1226. Aus d. Französ. 1. Aufl. (28¾ B.) 842. 1 Thlr. 18¾ Ngr. u. 2. Aufl. gr. 8. (20 B.) München 844, Literar.-artist. Anstalt. —

Chavin de Malan, F. E., Geschichte des heiligen Franciscus von Assisi. 1182--1226. Aus dem Französ. 2. Aufl. München 862. Literar.-artist. Anstalt. 8. (XXXII, 331 S.) 18 ngr.

Chavin de Malan, F. E., Geschichte des heil. Franciscus von Assisi. 1182—1226. Aus dem Französ. 2. Aufl. 8. (XXXII und 884 S.) München 862. [Regensburg, Pustet.]

C h a v i n v. M a l a n, Emil, Geschichte der heil. Katharina von Siena. (1317—1380.) Aus dem Franz. 3 Thle. gr. 8. (767 S. und 1 Stahlst.) Regensburg 847, Manz. à Thl. 22½ Ngr.

C h a v i n de Malan, E., die heil. Helena, s. L e b e n, das, der Heiligen.

Chavis (Hrsg.), s. N a c h t, Neue tausendundeine.

C h a v o t, d. in Portugal bestiegene, 4. Bgmh, 759.

Chawát, Franz, s. C h a r v á t

Chaym, Gust. (geb. Murowana-Goslin 26. 1. 1861): Die Tracheotomie bei Kindern unter zwei Jahren. Berlin (1883). (40 S.) 8°

Berlin, Med. Diss. v. 11. Mai 1883

Die specifischen **Lebenserscheinungen** im weiblichen Organismus von **Samuel Chazan**, (Grodno). *Leipzig: Breitkopf & Härtel 1900.* (22 S.) 8° [F.]
— **Sammlung** Klinischer Vorträge. N. F. No 269.

Chazan, Sam., Physiologie u. Diätetik der Nachgeburtsperiode, }
— die Placentarretention nach rechtzeitiger Geburt, } s.: **Sammlung klinischer Vorträge.**
— die Streitpunkte in d. Puerperalfieberfrage, }

Chazanowsky, Leiba, Hilfsassistent am chem. Univ.-Laboratorium zu Königsberg i. Pr.: **Ueber die Bildung von Jodaten aus chlorsauren und aus bromsauren Salzen.** Königsberg i. Pr. 1908: H. Jaeger. (52 S.) 8°
Königsberg, Phil. Fak., Ref. Klinger, Diss. v. 22. Juli 1908
[Geb. 10. April 79 Kopzlowo; Wohnort: Königsberg i. Pr.; Staatsangeh.: Rußland; Vorbildung: Realsch.; Studium: Königsberg 12 S.; Rig. 24. Juli 08.]

Chazel, P., histoire d'un forestier, s. B i b l i o t h è q u e française.

Chazelle, N., premier livre de lecture française à l'usage des écoles des contrées où l'on parle les deux langues (écoles dites: groupe II) en Alsace-Lorraine. 2. éd. (81 S.) gr. 8. Metz 902. P. Even. Kart. n. — 50

Chazrewin, Ester-Rosa, aus Witebsk (Russland): Klinische Studien über den Gelenkrheumatismus. ⟨Aus der medizinischen Klinik Zürich. Prof. Eichhorst.⟩ Zürich 1910. 39 S. 8°. [24. VI. 10.]
Zürich. Univ. Med. Diss. 1909/10.

C h a z r e w i n, Ester-Rosa. Klinische Studien über den Gelenkrheumatismus. Aus der medizinischen Klinik Zürich .... Diss. Med. Univ. Zürich. 39 S. 8. Zürich, Schereschewsky, 1910.

CHEC (= Cheic)-Z a d é, H i s t o r i e d e r S u l t a n i n a u s P e r s i e n u n d I h r e r V e z i e r e, O d e r a n g e n e h m e (19) T ü r c k i s c h e H i s t o r i e n, in Türckischer Sprache verfasset von —. (Aus dem Französischen.) Mit Titelkpf. LEIPZIG, In der Weidmannischen Handlung. 1738. 8°. (In Berlin: an Yv 1026.)

240 S. (incl. 3 S. Vorst.). — Zuerst gedr. ebd. 1717. 8°. 368 S. Mit 2 Kpfrn. (5 Mk. Friedr. Klüber, München, c. 1905.) Rep. ibid. 1728. 8°. (In Breslau, Kgl. u. Univ.-Bibl.: Litt. Gall.: an III. 8°. 103.)

— — Dasselbe. Leipzig 1773. 8°. (In Berlin: an Yv 1031.)

Checcacci, Girolamo, das Leben unseres Heilandes Jesu Christi. Nach dem Italien. mit Erlaubniß des Verf. deutsch bearb. von W. v. Hilmsen. 16. (103 S.) Münster 879, Theissing'sche Buchh.

Checchi, Eug., a basso porto, s.: Spinelli, Niccola.

Check. Der Ch'. [Eine Anleitung. Herausgeber:] Schweizerischer Bankverein 1907. 16 S. 8. [Basel, Gasser & Cie.]

Checkverkehr. Über den Ch'; [Anleitung,] hrg. vom Berner Börsenverein 1908. II + 12 S. 8. [Bern, H. Jent.]

Check-, der, und Clearing-Verkehr des k. k. österr. Postsparcassenamtes. Mit 2 Beispielen: a) Für die Führung des Check-Contobuches, b. für die Zinsenberechnung der Einlagen und Auszahlungen und dem Entwurfe eines allg. Checkgesetzes. 8°. Prag, Bellmann. fl. —.60. 1886

Chefs, die Herren, im Buchhandel. Randglossen z. Zeitgeschichte. gr. 8. (8 S.) Leipzig 898. Hygiea-Verl. — 60

Chefs-d'oeuvre d'art de la Hongrie. (Magyar Mükincsek.) Rédigé par Eug. de Radisics avec le concours de Jean Szendrei. 2 vols. Imp.-4. (XX, 126 u. IX, 147 S. m. üb. 100 Textabbildgn. u. 41 Taf. in Heliograv., Radierg. u. Farbdr.) Budapest 897.899. (Leipzig, K. W. Hiersemann.) n. 170.—

Chefs-d'oeuvre d'art de la Hongrie. (Magyar Mükincsek.) Tome III. Rédigé avec le concours de M. Jean Szendrei. (VIII, 104 S. m. Abbildgn. u. 18 Taf.) Imp.-4. Budapest 902. (Leipzig, K. W. Hiersemann.) n. 85. — (I—III.: n. 255. —)

Chefs-d'oeuvre des classiques français avec commentaires choisis des meilleurs commentateurs augmentés de remarques par O. Fiebig et St. Leportier. Leipzig 854—56. Voigt u. Günther. 8.

I. Les plaideurs. Comédie par Jean Racine. Avec des remarques de Louis Racine, Luneau de Boisjermain et La Harpe choisies et augmentées par O. Fiebig. (XVI, 100 S.) 7½ ngr

II. Phèdre. Tragédie par Jean Racine. Avec commentaires etc. par O. Fiebig et Stanisl. Leportier. (111 S.) 7½ ngr

III. Athalie. Tragédie par Jean Racine. Avec commentaires etc. (140 S.) n. 10 ngr

IV. Iphigénie. Tragédie par Jean Racine. Avec commentaires etc. (131 S.) 7½ ngr

V. Andromaque. Tragédie par Jean Racine. Avec commentaires etc. (140 S.) 9 ngr

VI. Britannicus. Tragédie par Jean Racine. Avec commentaires etc. (146 S.) 9 ngr

VII. Esther. Tragédie par Jean Racine. Avec commentaires etc. (106 S.) 7½ ngr

VIII. Le Cid. Tragédie par P. Corneille. Précédé de la vie de Corneille. Avec commentaires etc. (163 S.) 12 ngr

IX. Horace. Tragédie par P. Corneille. Précédé de la vie de Corneille. Avec commentaires etc. (142 S.) 9 ngr

X. Le menteur. Comédie par P. Corneille. (163 S.) n. 10 ngr

XI. L'avare. Comédie par Molière. Avec commentaires etc. (139 S.) 9 ngr

XII. Le Tartufe. Comédie par Molière. Avec commentaires etc. (170 S.) n. 10 ngr

Chefs-d'oeuvre des classiques français avec commentaires choisis des meilleurs commentateurs augmentés de remarques par O. Fiebig et St. Leportier. (Livr.) 13 et 14. 8. Leipzig 863,64, Günther. à 9 Ngr.

Inhalt:

(Livr.) 13. Molière, le misanthrope. Comédie. (128 S.)

» 14. Corneille, P., Cinna ou la clémence d'Auguste. Tragédie. (126 S.)

1—12. [Ebendas.] 1854—56.

Chefs-d'œuvre des classiques français avec commentaires choisis des meilleurs commentateurs augmentés de remarques par Otto Fiebig, St. Leportier et F. Courvoisier. Nr. 1—3, 11, 15—18. 8. Leipzig, E. J. Günther. [Dresden, Ehlermann.] cart. *

Inhalt:

Nr. 1. Racine, Jean, Les plaideurs. Comédie. Avec commentaires choisis des meilleurs commentateurs etc. par Otto Fiebig. 2e édit. (XVI, 101 S.) 869. (75 Pf.) * 80 Pf.

» 2. —— Phèdre, tragédie. 2e édit. (VIII, 107 S.) 868. (75 Pf.) * 80 Pf.

» 3. —— Athalie. Tragédie. 2e édit. (144 S.) 868. * 90 Pf.

» 11. Molière, L'Avare. Comédie. 2e édit. (139 S.) 870. * 90 Pf.

» 15. —— Les précieuses ridicules. Comédie. (XVI, 48 S.) 868. (45 Pf.) * 50 Pf.

» 16. —— L'étourdi ou les contre-temps. Comédie. (VI, 130 S.) 868. * 90 Pf.

» 17. Voltaire, Tancrède. Tragédie. (XI, 82 S.) 870. (75 Pf.) * 80 Pf.

» 18. —— Zaïre. Tragédie. (VI, 74 S.) 871. (75 Pf.) * 80 Pf.

—— dass. — avec un choix de meilleurs commentaires français et des remarques par O. Fiebig et St. Leoportier revue par A. Peschier. Nr. 4, 7, 19, 20. 8. Dresden, Ehlermann. cart. *

Inhalt:

Nr. 4. Racine, Jean, Iphigénie. Tragédie. 2e édit. (VI, 100 S.) 873. (75 Pf.) * 80 Pf.

» 7. —— Esther. Tragédie. 2e édit. (84 S.) 874. (* 75 Pf.) * 80 Pf.

» 19. Molière, Les Fourberies de Scapin. Comédie. (64 S.) 873. * 60 Pf.

» 20. —— Les femmes savantes. Comédie. (88 S.) 873. (* 75 Pf.) * 80 Pf.

Chefs-d'œuvre des classiques français avec un choix de commentaires augmentés de remarques par Otto Fiebig et St. Leportier. Nr. 6, 8, 12, 13 und 21. 8. Dresden, Ehlermann. cart. *

Inhalt:

Nr. 6. Racine, Jean, Britannicus. Tragédie. Avec un choix de commentaires et de remarques par O. Fiebig et St. Leportier. 2e édit. revue par A. Peschier. (100 S.) 877. * 90 Pf.

» 8. Corneille, Pierre, Le Cid. Tragédie. Avec commentaires choisis des meilleurs commentateurs français et augmentés de remarques par O. Fiebig et St. Leportier. 2e édit. (167 S.) 872. *ℳ 1,20.

» 12. Molière, le Tartufe. Comédie. Avec un choix des meilleurs commentaires français, et des remarques par O. Fiebig et St. Leportier. 2e édit. revue par A. Peschier. (87 S.) 875. *ℳ 1.

» 13. —— le Misanthrope. Comédie. 2e édit. revue par A. Peschier. (88 S.) 877. * 90 Pf.

» 21. Montesquieu, C. de, Considérations sur les causes de la grandeur des Romains et de leur décadence. Mit geschichtl. und geograph. Noten, grammat. Erläuterungen und einem biograph. Verzeichnisse der von dem Verf. citirten griech. und röm. Classiker versehen von A. E. Prölss. 3. Aufl. (180 S.) 875. *ℳ 1,40.

Nr. 1—5, 7, 9—11 und 14—20. Ebendas. *ℳ 13,10.

Chefs-d'œuvre dramat. de P. Corneille, J. Racine et Voltaire mis en prose. A. u. d. T.: Sechs Tragödien von Corneille, Racine et Voltaire, für hdh. Classen d. Gymnasien bearb. v. C. H. Hänle. 8° Gießen: Heyer 1827.

Chefs-d'oeuvre dramatiques de la littérature française, s. Élite des classiques français.

— épistolaires, s.: Bibliothek gediegener u. interessanter französischer Werke.

Chefs-d'œuvre, les, de la galerie de tableaux de l'Ermitage impérial à St.-Petersbourg. 239 illustr. d'après les originaux. Texte par Baron Nicolas Wrangell. (XXXII S. u. 239 S. Abbildgn.) Lex. 8. München (909). F. Hanfstaengl. Geb. in Leinw. 12. —

Chefs-d'oeuvre de littérature et de morale, ou recueil en prose et en vers de plus beaux morceaux de la langue française etc. II Vols. gr. 8. Frankf. 806. Andreä. 2 ℛ

Chefs-d'oeuvre de Littérature et de Morale, ou Recueil en Prose et en Vers de plus beaux morceaux de la langue. Grammaire, enrichi de notes explicat. etc. Tom. I. et II. 2e Aufl. gr. 8. Frankf. a. M. 824—25, Andreae.

Chefs-d'oeuvre poétiques d'Alphonse de Lamartine, Casimir Delavigne et Victor Hugo. Publiés par H. M. Melford. I et II. Alphonse de Lamartine. — Casimir Delavigne. kl. 16. Bielefeld 841, Velhagen u. Klasing. à 1/8 ℛ — III et IV. Victor Hugo. kl. 16. Ebend. 841. à 1/8 ℛ

—politiques et littéraires de la fin du 18. siècle. III Vols. 8. Mainz 789. Kupferberg. 2 ℛ

Cheic-Zadé, s. Chec-Zadé.

Cheikho, L., S.J., s.: Eutychii Patriarchae Alexandrini annales.

— s.: Petrus Ibn Rahib, chronicon orientale.

Cheirisophos des Spartiaten Reise durch Böotien. Bei Isfarlik als griechisches Manuscript aufgefunden und in's Deutsche übers. von Schliemann d. j. gr. 8. (XVI, 112 S.) Gotha 872, F. A. Perthes. *

Cheirisophos, des Spartiaten, Reise durch Böotien. Bei Isfarlik als griech. Manuscript aufgefunden und in's Deutsche übers. von Schliemann d. j. 2. und 3. Aufl. 1872; 4. Aufl. 8. (XIV, 112 S.) Gotha 878, F. A. Perthes. *

Cheirisophos. 4. Aufl. Gotha 1878. V: *Ebrard, Joh. Hnr. Aug.* (Hauptkat. d. Univ.-Bibl. Tübingen. F, Nachtr. 11.)

Cheiroelectromagnetismus, der, oder die Selbstbewegung u. das Tanzen der Tische (Tischrücken). Eine Anweisung in Gesellschaften das merkwürdige Phänomen einer neu entdeckten menschlichen Urkraft hervorzubringen. Nach eigenen pract. Versuchen u. unter Vergleich aller bisher veröffentlichten Proben mitgetheilt von Dr. C..... u. G. D...... Berlin 853. Lassar. gr. 16. (16 S.) 3 ℊ

Chelchowski, F. v., üb. die Grundzüge f. die Beurtheilung der Pferde auf Leistungsfähigkeit, s.a. Vorträge, thiermedizinische. Bd.3.H.4.

Chelchowski, F. v., Über die Grundz. für die Beurteilung der Pferde auf Leistungsfähigkeit. S. A. Mit Abb. (28 S.) Lpzg., 93. Felix. M. 1.50

Chelchowski, F. v., Die Sterilität d. Pferdes, ihre Ursachen und Behandlung. (Sep.-Abdr. aus der „Oesterr. Monatschrift für Thierheilkunde". Jahrgang 1894. Heft 1—6.) Mit Abbildungen. Gr.-8. (91 S.) 1.
Wien: Perles 1894.

Chelidonostruthiomachia oder Schwalben- und Spatzenkrieg. Epos in 12 Gesängen verfaßt von H. A. P. gr. 16. (34 S. mit 1 Holzschntaf.) Malchin 865, Wendt. cart. *

Cheliel, Wm., Werden d. Juden d. Herren v. Europa? E. zeitgem. Betrachtg. gr. 8. (39 S.) Münster 898. W. Capito. n. — 60

Chelius, Carl

Chelius (C.), Beiträge zur geologischen Karte des Grossherzogthums Hessen. (Notizblatt d. Vereins f. Erdk. Darmstadt 1884.) 8.

Chelius, Carl, geologischer Führer durch den Odenwald. Mit 9 Abbildgn. im Text u. 1 farb. geolog. Übersichtskarte im Maßstabe 1 : 250000. (80 S.) 8. Stuttgart 905. [Hobbing & Büchle.] Gießen, E. Roth. n: 1.50

— dasselbe. 2. Aufl., s.: Roth's illustr. Führer. Nr. 7.

— dasselbe, durch den Vogelsberg, s.: Roth's illustr. Führer. Nr. 6.

— Grundzüge der Bergbaukunde, s.: Hillger's illustr. Volksbücher.

Grundzüge der Bergbaukunde von Prof. Dr. Carl **Chelius**, Oberbergrat. Mit 44 Ill. Berlin, Leipzig: H. Hillger [1906]. (104 S.) 8° [G.]
— **Volksbücher**, Hillgers illustrierte. Bd 48. [07. 16099]

Chelius, Carl, die Quarzite und Schiefer am Ostrande des rheinischen Schiefergebirges und deren Umgebung. gr. 8. (41 S. mit 1 lithogr. und color. Karte und 2 eingedr. Holzschn.) Bonn 881. (Berlin, Schropp'sche Hof-Landkartenh.) *
Aus: Verhandlungen des naturhistorischen Vereines der preuss. Rheinlande und Westfalens, besonders abgedruckt.

Chelius, C., chronologische Uebersicht der geologischen u. mineralogischen Literatur üb. das Grossherzogth. Hessen, s.: Abhandlungen der grossherzogl. geolog. Landesanstalt zu Darmstadt.

Chelius, Franz, über die Amputation im Fussgelenke. gr. 4. (3¼ B. u. 4 Taf.) Heidelberg 846, Groos. *

— über das Staphylom der Hornhaut. gr. 8. (90 S.) Heidelberg 847, Groos. *

Chelius, Franz, aus Wiesbaden: Lotze's **Wertlehre**. *Erlangen 1904: Junge & Sohn.* (VIII, 83 S.) 8°
Erlangen, Phil. Diss. v. 20. Jan. 1904

Chelius, Georg Kaspar

— gründl. u. deutl. Anleit. zur Verfertigung solcher logarithm. Arbitrage-Tafeln, vermittelst welcher d. Facit jederzeit blos durch eine leichte Addition erhalten wird. gr. 8. Frankf. a. M. 820. Jäger. 8 ℊ (vergl. Comptoir-Handbuch.)

Chelius, Geo. Ksp., theoret.-prakt. Anleit. zur Verfertigung zwei neuer Arten von Arbitrage-Tabellen. gr. 8. Frankf. a. M. 819. Jäger. 1 ℛ 8 ℊ (vergl. Comptoir-Handbuch.)

— s. Aphorismen aus d. Fache d. Münzgesetzgebung.

(Chelius, G. K.): Aphorismen aus dem Fache der Münzgesetzgebung u. des Münzwesens der vergangenen u. gegenwärtigen Zeit. *Frkf.*, Jäger. 817. 8. (1 Thl. 16 Gr.)

— die acht Hauptfälle d. Wechsel-Commissions-Rechnung durch die Ziffernrechnung etc. 4. Frankf. 811. Brönner. 1 ℛ 8 ℊ

Chelius, G. K., die acht Hauptfälle d. Wechsel-Kommissions-Rechnung durch die Ziffernrechnung etc. 4. Frankf. Brönner. 813.

— d. Frankfurter Lehrer d. Wechselrechnung. 1r Thl. gr. 8. Frkf. a. M. 805. Brönner. 12 ℊ

Chelius, Geo. Ksp., über d. wahre kölnische Mark. gr. 8. Frkf. a. M. 820. Jäger. 10 ℊ (vergl. Comptoir-Handbuch.)

Chelius, Geo. Kasp., Maß- u. Gewichtebuch, s. Comptoir-Handbuch, 9. Thl.

— Tabelle zur Erleichterung u. Abkürzung d. Interessen-Berechnung etc. gr. 8. Frkf. a. M. 819. Jäger. 20 ℊ (vergl. Comptoir-Handbuch.)

— Tabellen zur leichten u. geschwinden Berechn., wie viel Gulden im 24 Fl. Fuße die nach d. Schiffspfund u. in Rthlrn bedungene Fracht von angekomm. Gütern im Ganzen beträgt. Fol. Frkf. a. M. 815. Andreä. 16 ℊ

— zuverlässige Vergleichung sämmtl. Maaße u. Gewichte d. Handelsstadt Frankfurt a. M., sowohl gegen einander selbst, als auch gegen d. französ. u. viele andere auswärtige, deren Inhalt als zuverlässig bekannt ist. gr. 8. Frankf. a. M. 805. 2e A. 808. Hermann. 1 ℛ (vergl. Comptoir-Handbuch. 9r Thl.)

— die Frankfurter gemeine Wechselrechnung, oder gründl. Anleit., alle hier gangbare Geldsorten etc. zu berechnen. 8. Frankf. 798. Brönner. 10 ℊ

Chelius, J., leichte Krankenkost, s.: Elfeld, E.

Chelius, J., u. D. Moeller, festliche Stunden. Aufführungen u. Prologe, der deutschen Schule gewidmet. (120 S.) 8. Leipzig 908. F. A. Berger. 1. —

Chelius, Jo. Gerh. Franz (Mengerskirch/Nassau), De jurejurando Judaei per procuratorem Christianum. Exercit. jur. Präs. Friedr. Andr. Gottlieb Gnüge. Jena (Fickelscherr) Sept. 1740. 48 S. (5.—) 5123

Chelius, Maximilian Joseph (Hrsg.):
s.: Annalen, Heidelberger klinische. Bd 1-9, Suppl.4. Heidelberg 1825-1835

Chelius, Max. Jos., medic. Annalen, s. Annalen.

—— das chirurg. u. Augenkranken-Klinikum d. Universität Heidelberg in d. J. 1830—1834. M. 4 Stnt. gr. 8. (8 B.) Heidelberg 835, J. Ch. B. Mohr.
Aus den: Medicin. Annalen, abgedruckt.

Chelius, Max. Jos., üb. d. Errichtung d. chirurg. u. ophthalmolog. Klinik an d. hohen Schule zu Heidelberg, u. Uebersicht d. Ereignisse derselben. Mit 2 Kpft. u. 1 Pl. gr. 4. Heidelb. 819. Groos. 1 ℛ

Chelius, Maximilian Joseph: Handbuch der Augenheilkunde zum Gebrauche bei seinen Vorlesungen. Bd 1: Die Entzündungen und Nevrosen des Auges; Bd 2: Organische Krankheiten des Auges; gbd.

Stuttgart: Schweizerbart { Bd 1: 1843
Bd 2: 1839

Chelius, Max. Jos., Handbuch d. Augenheilkunde, zum Gebr. bei seinen Vorlesungen. I. Bd. Die Entzündungen u. Nevrosen des Auges. gr. 8. (28½ B.) Stuttgart 844, Schweizerbart'sche Buchh.

— Handbuch d. Chirurgie. 2 Bde. gr. 8. Heidelb. 822. Groos. 7 ℛ Weiß P. 10 ℛ 2e A. 2 Bde in 4 Abthll. 826, 27. 7 ℛ Weiß P. 10 ℛ 3e A. 828, 29. 8 ℛ Weiß P. 10 ℛ 4e A. gr. 8. Wien 833. (832.) Gerold. 6 ℛ 8 gr Abbildungen dazu, s. Ott.

Chelius, Maximilian Joseph: Handbuch der Chirurgie zum Gebrauche bei seinen Vorlesungen. 2.verm.und verbess.Aufl. Bd 1 - 2, gbd.

Wien: v.Haykul & Lechner 1828

Chelius, Max. Jos., Handbuch d. Chirurgie, zum Gebr. bei sein. Vorlesungen. 2 Bde. in 4 Abthln. 3., verm. u. verb. Orig.-Aufl. (115 B.) 828. 10 Thlr., 4., verm. u. verb. O.-A. (98½ B.) gr. 8. Heidelberg 833, 34, Groos.
Abbildungen hierzu, vgl. Ott, F. A.

Chelius, Maximilian Joseph: Handbuch der Chirurgie zum Gebrauche bei seinen Vorlesungen. 3.verm.und verbess.Aufl. Bd $1/_{1-2}$ - $2/_{1-2}$, gbd.

Wien: Lechner 1831

Chelius, Maximilian Joseph: Handbuch der Chirurgie zum Gebrauche bei seinen Vorlesungen. 4.verm.und verbess.Original-Aufl. Bd $2/_{1-2}$, gbd.

Heidelberg u.Leipzig: Groos
Wien: Gerold } 1833 - 1834

Chelius, Maximilian Joseph: Handbuch der Cl rurgie zum Gebrauche bei seinen Vorlesungen 5.verm.und verbess.Original-Aufl. Bd 1 - 2, gbd.

Heidelberg u.Leipzig: Groos
Wien: Gerold } 1839 - 1841

Chelius, Maxirilian Joseph: Handbuch der Chirurgie zum Gebrauche bei seinen Vorlesungen. 6.Aufl. Bd 1 - $2/_1$, gbd.

Heidelberg u.Leipzig: Groos
Wien: Gerold } 1843 - 1845

—— Handbuch der Chirurgie zum Gebrauche bei seinen Vorlesungen. 2 Bde. in 4 Abthlgn. 7., verm. und verb. Orig.-Aufl. gr. 8. Heidelberg 851, Groos. *

Chelius, Max. Jos., Handbuch der Chirurgie zum Gebrauche bei seinen Vorlesungen. 2 Bde. in 4 Abthlgn. 7. verm. u. verb. Orig.-Aufl. gr. 8. (I. Bd. 1. Abth. XXXII u. 644 S. 2. Abthl. VI S. u. S. 645—1130. II. Bd. 1. Abthl. 409 S. 2. Abthl. ... S.) Heidelberg 847—52, Groos. n. 10 ℛ

Chelius, Max. Jos., Handbuch der Chirurgie zum Gebrauche bei seinen Vorlesungen. 7. verm. u. verb. Orig.-Aufl. 2. Bd. 2. Abth. Heidelberg 853. J. Groos. gr. 8. (VIII, S. 411—958.) n. 2 ℛ

Chelius, Max. Jos., Handbuch der Chirurgie zum Gebrauche bei seinen Vorlesungen. 2 Bde. 8. verm. u. verb. Orig.-Aufl. Heidelberg 857. J. Groos. gr. 8. (XXXII, 1176; VIII, 1000 S.) n. 10 ℛ

Chelius, Mar. Jos., über die Heilung der Blasen-Scheidenfisteln durch Cauterisation. Ein Sendschreiben an rc. Dieffenbach zu Berlin. gr. 8. Heidelberg 845, Groos. ⅓ ℛ

Chelius, Maximilian Joseph: Ueber die durchsichtige Hornhaut des Auges, ihre Function und ihre krankhaften Veränderungen. 88 S., gbd.

Karlsruhe: Müller 1818

— s. a. Jahrbücher d. deutschen Medicin.

—— zur Lehre v. d. schwamm. Auswüchsen d. harten Hirnhaut u. d. Schädelknochen. M. 11 (lith.) Taf. Fol. (21 B.) Heidelberg 831, Mohr.

—— zur Lehre von den Staphylomen des Auges. gr. 8. (80 S. mit 1 Stnt. in qu. 4.) Heidelberg 858, Groos' Verlag. *

Chelius, Max. Jos., Traité pratique d'Ophthalmologie. Traduit avec l'approbation de l'auteur par M. Ruef et J. Deyber. 2e Vol. Maladies organiques de l'oeil. gr. in-8. Stuttg. 839. Schweizerbarts Verlagsh.; Paris, Baillière. n. 2⅔ ℛ

Haschisch. Oper in 1 Aufz. Dichtung von Axel Delmar [d. i. Axel v. Demandowski]. Musik von Oscar v. Chelius. [Textbuch.] *Berlin: E. Bote & G. Bock [1897].* (31 S.) 8° [... 5585]

Haschisch. Oper in 1 Aufz. Dichtg v. Axel Delmar. Mus. v. Oscar v. Chelius. Vollst. Klav.-Ausz. m. deutschem Text ... *Berlin: Bote & Bock (1897).* (115 S.) 1 Bd 4. [97. 2369]

Haschisch. Oper in 1 Aufz. Dichtung von Axel Delmar [d. i. Axel v. Demandowski]. Musik von Siegfried Berger [d. i. Oscar v. Chelius]. [Textbuch.] Als Ms. gedr. (Dresden [1897]: Meinhold.) 23 S. 8° A 11 1509

Chelius, Otto *Heinrich Friedrich* [app. Arzt]: Über Zersetzungen in der Kleidung. (Aus d. hygien. Institut zu Marburg.) . . . Marburg, Univ.-Buchdr. (R. Friedrich), 1891: 26 S. 1 Bl. 8°
Marburg, Med. Fak., Inaug.-Diss. v. [23 Febr.] 1891

Chella, S., die Radioaktivität, s.: Battelli, A.

Chelmce [Schlagwort]

Chelmce, s.: Preussen. Messtischblätter.

Chełmecki, Joh., König Johann Sobieski und die Befreiung Wiens. Eine krit. Abhandlung anlässlich der 2. Säcularfeier des am 12. Septbr. 1683 erfolgten Entsatzes von Wien. gr. 8. (38 S.) Wien 883, Braumüller. *

Chelmicki, Julianus (geb. Gnesen 18. 4. 1825): De puerperarum cura. Berolini (1850). (30 S.) 8°
Berlin, Med. Diss. v. 9. Febr. 1850

Chelmicki, Stanislas von. Ueber das Carbonyl-o-Amidophenol und Thiacarb-o-Amidophenol. Bern, 1887.

Chelucci, s. *Paulini* a S. Josepho.

Chemel, Jos., s. Bibliothek des litterarischen Vereins in Stuttgart X.

Chemie. Tages-Zeitung f. d. gesamte chemische Industrie. Jg. 1, Nr 1. Berlin: Verl. f. Chem. Industrie 1908. gr. 2° [11. 3779]

Chemie. Tages-Zeitung f. d. gesamte chem. Industrie. Red. A. Buntrock. 3. Jahrg. Juli 1910—Juni 1911. 312 Nrn. (à 4 S.) 48×32,5 cm. Berlin, Verlag f. chem. Industrie. 10.

Chemie, die, allgemein faßlich dargestellt, s. Paven.

Chemie, Analyse, Gewinnung der Öle, Fette und Wachse. Allgem. T. bearb. von ... hrsg. von Dr. L[eo] Ubbelohde. Mit 424 Abb. u. 12 Taf. Leipzig: S. Hirzel 1908. (XIV, 832 S.) 4°(8°)
— Handbuch d. Chemie u. Technologie d. Öle u. Fette. Bd 1. [08. 5616]

Chemie, Analyse, Technologie der Fettsäuren, des Glyzerins, der Türkischrotöle und der Seifen. Bearb. von ... red. von Dr. F(ranz) Goldschmidt. (In 2 Abt.) Leipzig: Hirzel 1910. 8°
(Handbuch d. Chemie u. Technologie d. Öle u. Fette. Bd 3.) (11, 17365

Chemie, Anorganische. Berlin 1897. V: *Hauser, Carl.* (Berl)

Chemie, die, in ihrer Anwendung auf Künste ꝛc., s. Bouchardat, A.

Chemie, Die, im Dienste der öffentlichen Gesundheitspflege. O. O. [1877]. V: *Schär, Eduard.* (Cat. d. Stadtbibl. Zürich. Zürich 1864—97.)

Chemie, die ganz höhere, u. Naturwissenschaft, in allgem. Grundsätzen, nach drei Uranfängen u. Grundkräften d. ganzen Natur; aus d. Latein., mit Anmerkk. von Adam Booz. gr. 8. Leipz. 787. (Brockhaus). 1 ℛ

Chemie, die ganz höhere, und Naturwissenschaft, in allgem. Grundsätzen, nach drey Uranfängen und Grundkräften d. ganzen Natur, a. d. Latein. m. Anmerk. v. Adamah Booz. gr. 8. Leipz. Glebitsch. 787.

Ganze (Die) höhere Chemie und Naturwissenschaft in allgemeinen Grundsätzen, nach den drei Uranfängen und Grundkräften der ganzen Natur. Aus dem lateinischen übersetzt, mit beygefügten Anmerkungen von AdaMah Booz [Adam Michael Birkholz]. Leipzig, bei Johann Friedrich Junius, 1787. pp. [xvi]–366, 8vo.

— zum Gebrauch an der landwirtsch. Schule Marienberg zu Helmstedt. (Als Mskr. gedr.) gr. 8. (80 S.) Helmstedt 899. F. Richter. Geb. u. durchsch. n. 2. 60

Die Chemie der Gegenwart. Leipzig, 1875. 8vo. III.

Chemie, die, in ihren Grundzügen, s.: Miniatur-Bibl.

Chemie, Die organische, in ihren Beziehungen zu den Herren Dr. Gruber in Wien und Dr. Sprengel beleuchtet ... Heidelberg 1841. V: *Liebig, Justus Baron von.* (BrMm) (Bibl. chem.)

Chemie. Physikalische Ch' und Medizin. Ein Handbuch. Unter Mitwirkung von Dr. J Bence, Budapest; Prof. Dr. H[einrich] Boruttau, Berlin; ... Priv.-Doz. Dr. R(udolf) Höber, Zürich; ... Prof. Dr. H[ermann] Strauss, Berlin; hrg. von A[lexander] v[on] Korányi, Budapest. und P[aul] F[riedrich] Richter, Berlin. Band 1. Mit 27 Abbildungen. VIII + 575 S. gr.-8. Leipzig, Georg Thieme, 1907. [M. 16.—]
Darin S. 294—419: ... Von Dr. Rudolf Höber, Privatdozent an der Universität Zürich.

Physikalische **Chemie** und Medizin. Ein Handbuch. Unter Mitw. von ... hrsg. von A[lexander] v. Korányi, Budapest, u. P[aul] F[riedrich] Richter, Berlin. Mit Abb. Bd 1. 2. Leipzig: Thieme 1907–08. 4°(8°) (10. 2443
1. (VII, 575 S. m. 27 Abbildgn.) 907. 10.—; geb. 19.—
2. (VII, 484 S. m. 24 Abbildgn.) 908. 10.—; geb. 13.—

Chemie praktische Staatsärzte

Praktische Chemie für Staatsärzte, hrsg.von Otto Bernhard Kühn.

Leipzig: Hartmann 1829
Th.1: Anweisung, Praktische, die in gerichtlichen Fällen vorkommenden chemischen Untersuchungen anzustellen. 1829

JB 5.336

Chemie, die, f. das Tentamen physicum. (Von Hartmann.) gr. 4. (III, 31 u. 19 S.) Leipzig 888. Deichert Nachf. n. 2. 40

Chemiers Freiheitshymnen, s. Chénier, Marie Joseph de

Chemikalien-Zeitung. Enzyklopädische Zeitschrift f. Laboratorium, chem. Betrieb u. Handel. Hrsg.: R. Pauli. 1. Jahrg. Septbr.—Dezbr. 1904. 8 Nrn. (96 S.) Lex.-8. Berlin [Dr. R. Pauli]. Charlottenburg, G. Heydenreich. n. 4. 50

— dasselbe. 2. Jahrg. 1905. 26 Nrn. (226 S.) Lex.-8. Ebd. n. 18.—

— dasselbe. Enzyklopädische Zeitschr. f. „Chemo-Technik". Hrsg.: R. Pauli. 3. Jahrg. 1906. 24 Nrn. (XII, 328 S.) Lex.-8. Berlin. (Charlottenburg, G. Heydenreich.) n. 18.—

Chemiker u. Drogist, der, Haupt-Organ f. Chemiker, Drogisten, Gewerbetreibende, Maschinenfabrikanten, Techniker u. Laboranten. Central-Insertions-Organ der gesammten chem. Industrie u. deren Nebenzweige. Mit der Gratis-Beilage: Handelsblatt d. „Chemiker u. Drogist". Hrsg. u. Red.: Herm. Krätzer. Jahrg. 1885. 24 Nrn. (3 B.) Fol. Leipzig, Klötzsch. n. 12.—

—— dass. — Correspondenz-Blatt des Vereins deutscher Berufs-Chemiker. Haupt-Organ für Chemiker, Drogisten, Gewerbetreibende, Maschinenfabrikanten, Techniker und Laboranten. Central-Insertions-Organ der gesammten chem. Industrie und deren Nebenzweige. Mit der Gratis-Beilage: Handelsblatt des „Chemiker und Drogist". Hrsgbr. und Redact.: Herm. Krätzer. 2. Jahrg. 1886. 52 Nrn. (à Nr. 3 Bog.) Fol. Ebendas.

Chemiker u. Drogist, der. Correspondenz-Blatt des Vereins deutscher Berufs-Chemiker. Haupt-Organ f. Chemiker, Drogisten, Pharmaceuten, Gewerbetreibende, Techniker u. Laboranten. Central-Insertions-Organ der gesammten chem. Industrie u. deren Nebenzweige. Mit der Gratis-Beilage: „Handbuch f. d. Chemikalien-, Drogen- etc. Handel". Hrsg. u. Red.: H. Krätzer. 3. Jahrg. 1887. 52 Nrn. (3 B.) Fol. Leipzig, Klötzsch. n. 12.—

— dasselbe. Mit der Gratis-Beilage: „Handbuch f. den Chemikalien-, Drogen- etc. Handel". Red : H. Kühn. 4.—6. Jahrg. 1888—1890. à 52 Nrn. (3 B.) Fol. Dresden, Albanus'sche Buchdr. à Jahrg. n. 8.—

Chemiker u. Drogist. Organ f. Drogisten, Pharmaceuten, Chemiker etc. Korrespondenzblatt d. Reform-Vereins deutscher Apotheker. Red.: H. Kühn. 7. u. 8. Jahrg. 1891. 1892. à 52 Nrn. (2 Bog.) Fol. Dresden, Albanus. à Jahrg. n. 8.—
Fortsetzung s.: Gewerbeblatt, chemisch-technisches.
Bis 1891 lag der Zeitschrift die Gratisbeigabe: „Handbuch f. d. Chemikalien-, Drogen- etc. Handel", bei.

Chemiker, der, fürs Haus. Oder prakt. Anweisung zur Auffindung der Verfälschungen bei vielen sowohl im gewöhnl. Leben als in d. Medicin u. d. Künsten angewendeten Stoffen, so wie d. Vergiftungen in Speisen ꝛc. Nebst e. popularen Darstellung d. Anfangsgründe d. analyt. Chemie. Durch zahlreiche Holzschnitte erläutert. Aus d. Engl. übers. 16. Leipzig 833. Weidmann. 1 1/4 ℛ

Chemiker (Der) für's Haus. Aus dem englischen übersetzt. Leipzig, 1853. 8vo.

Der junge **Chemiker.** Mit 78 Abb. Hrsg. von d. Red. d. Guten Kameraden. *Stuttgart, Berlin, Leipzig: Union [1902].* (142 S.) 8° [F.]
= Taschenbücher, Illustrierte, f. d. Jugend. 20. (03. 1395

— der **praktische.** Eine Anleitg. z. Apparaten-Samml. f. das Studium der Experimental-Chemie. 3., verb. u. verm. Aufl. Mit 263 Versuchen u. 32 Abbildgn. im Text. gr. 8. (IV, 128 S.) Leipzig 902. Leipziger Lehrmittel-Anstalt. n. 2.—
2. Aufl. (VII, 111 S.) Ebd. 899. n. 2.—.

Chemiker, der praktische. Eine Anleitg. zur Apparaten-Sammlg. f. das Studium der Experimental-Chemie. 4. verb. u. verm. Aufl. Mit 263 Versuchen u. 32 Abbildgn. im Text. (IV, 124 S.) gr. 8. Leipzig 906. Leipziger Lehrmittel-Anstalt. n. 2.—; geb. n. 3.—

Chemiker-Kalender auf das J. 1880. Unter Mitwirkung des akadem. Chemiker-Vereins zu Berlin hrsg. von Rud. Biedermann. 1. Jahrg. 2 Thle. gr. 16. (CXCVI, 283; 344 S.) Berlin, Springer. geb. *
Jeder Thl. allein à *

Chemiker-Kalender auf die J. 1881 und 1882. Hrsg. von Rud. Biedermann. 2. und 3. Jahrg. à 2 Thle. gr. 16. (VIII, 378, IV, 318; XII, 429, VI, 417 S.) Berlin, Springer. geb. à Jahrg. *
Einzeln à Thl. *

—— dass. — 1883. Ein Hülfsbuch für Chemiker, Physiker, Mineralogen etc. Von Rud. Biedermann. 4. Jahrg. Mit einer Beilage. gr. 16. (XII, 353, 101 S.) Ebendas. geb. in Leinw. *
geb. in Ldr. *

—— dass. — 1884. 5. Jahrg. Mit einer Beilage. gr. 16. (XII, 369, 108 S. mit 1 chromolithogr. Eisenbahnkarte.) Ebendas. geb. in Leinw. *
geb. in Ldr. *

—— dass. — 1885. 6. Jahrg. Mit einer Beilage. gr. 16. (XII, 379, 113 S. mit 1 chromolithogr. Eisenbahnkarte.) Ebendas. geb. in Leinw. *
geb. in Ldr. *

Chemiker-Kalender 1886. 7. Jahrg. Ein Hülfsbuch für Chemiker, Physiker, Mineralogen etc. Von Rud. Biedermann. Mit einer Beilage. gr. 16. (XII, 385, 138 S. mit 1 chromolithogr. Eisenbahnkarte.) Berlin, Springer.
geb. in Leinw. *ℳ 3.—.; in Leder

Chemiker-Kalender 1887. Ein Hülfsbuch f. Chemiker, Physiker, Mineralogen etc. Von Rud. Biedermann. 8. Jahrg. Mit e. Beilage. gr. 16. (XVIII, 395 u. 142 S. m. 1 chromolith. Eisenbahnkarte.) Berlin, Springer. geb. in Leinw. u. geh. n. 3. --; in Ldr. n. 3. 50

—— dass. — 1888. 9. Jahrg. Mit einer Beilage. gr. 16. (XVIII, 106, 293, 158 S. mit 1 chromolithogr. Eisenbahnkarte.) Ebendas. geb. in Leinw. *ℳ 3.—.; in Leder *

—— dass. — 1889. 10. Jahrg. Mit einer Beilage. gr. 16. (XVI, 106, 297, 170 S. mit 1 chromolithogr. Eisenbahnkarte.) Ebendas. geb. in Leinw. *ℳ 3.—.; in Leder *

Chemiker-Kalender 1890—1893. Ein Hülfsbuch f. Chemiker, Physiker, Mineralogen, Industrielle, Pharmaceuten, Hüttenmänner etc. Von Rud. Biedermann. 11.—14. Jahrg. Mit je 1 Beilage. gr. 16. (XVI, 106, 315, 165; XVI S., Schreibkal., 315, 204; XVIII S., Schreibkal., 333, 193 S. m. Fig.; XVIII S., Schreibkal., 377, X, 193 S. m. Fig.) Berl., Springer.
à Jahrg. geb. in Leinw. u. geh. * 3 —; in Ldr. u geh. * 3 50

Chemiker-Kalender 1895. Ein Hülfsbuch f. Chemiker, Physiker, Mineralogen, Industrielle, Pharmaceuten, Hüttenmänner etc. Von Rud. Biedermann. 16. Jahrg. Mit 1 Beilage. gr. 16. (XVIII S., Schreibkalender, 405 u. IV, 226 S.) Berlin 894. J. Springer. Geb. in Leinw. u. geh. n. 4. —; in Ldr. u. geh. n. 4. 50

Chemiker-Kalender 1899. E. Hilfsbuch f. Chemiker, Physiker, Mineralogen, Industrielle, Pharmaceuten, Hüttenmänner u. s. w. Von Rud. Biedermann. 20. Jahrg. M. 1 Beilage. 12. (XIV S., Schreibkal., 321 u. VI, 382 S. m. Fig.) Berlin, J. Springer. Geb. in Leinw. u. geh. n. 4. —; in Ldr. u. geh. n. 4. 50

Chemiker-Kalender 1903. Ein Hülfsbuch f. Chemiker, Physiker, Mineralogen, Industrielle, Pharmazeuten, Hüttenmänner u. s. w. Von Rud. Biedermann. 24. Jahrg. Mit 1 Beilage. 12. (XVIII S., Schreibkalender, 358 u. VII, 476 S. m. Fig.) Berlin, J. Springer. Geb. in Leinw. u. geh. n. 4. —; in Ldr. u. geh. n. 4. 50

Chemiker-Kalender 1907. Ein Hilfsbuch f. Chemiker, Physiker, Mineralogen, Industrielle, Pharmazeuten, Hüttenmänner u. s. w. Von Rud. Biedermann. 2 Tle. 28. Jahrg. (XX S., Schreibkalender, 378 u. VIII, 532 S. m. Fig.) kl. 8. Berlin, J. Springer. Geb. in Leinw. u. geh. n. 4. —; in Ldr. u. geh. n. 4. 50

Chemiker-Kalender 1911. Ein Hilfsbuch f. Chemiker, Physiker, Mineralogen, Industrielle, Pharmazeuten, Hüttenmänner u. s. w. Von Rud. Biedermann. 2 Tle. 32. Jahrg. (XX S., Schreibkalender, 389 u. IX, 608 S. m. Fig.) kl. 8. Berlin, J. Springer. Geb. in Leinw. u. geh. 4.—; in Ldr. u. geh. n 4. 50

Chemiker-Kalender, deutscher. Jahrbuch und Notizbuch für den theoret. und prakt. Chemiker, Fabrikanten, Bierbrauer etc. hrsg. von H. v. Gehren. 1. Jahrg. 1875. 8. (142 S.) Dresden, v. Zahn's Verlag. geb. * 3 50

—— deutscher. Jahrbuch und Notizbuch für den theoret. und prakt. Chemiker, Fabrikanten, Bierbrauer, Branntweinbrenner, Zuckerfabrikanten hrsg. von Paul Bennewitz. 2. Jahrg. 1876. gr. 16. (X, 95 S.) Dresden, v. Zahn's Verlag. *

-- dasselbe, hrsg. v. Paul Bennewitz. 3. Aufl. 2. Jahrg. 1877. gr. 16. (X, 95 S.) Ebend. n. 3. 50

—— dass. — hrsg. von H. v. Gehren. 3. Jahrg. 1877. gr. 16. (VIII, 95 S.) Ebendas. geb. *
Nicht weiter erschienen.

— deutscher. Jahrbuch u. Notizbuch f. den theoret. u. prakt. Chemiker, Fabrikanten, Bierbrauer, Branntweinbrenner, Zuckerfabrikanten, hrsg. von H. v. Gehren. 4. Aufl. 3. Jahrg. 1877. gr. 16. (VIII, 95 S.) Dresden, v. Zahn. geb. n. 3. 50

Chemiker-Kalender. — Österreichischer Chemiker-Kalender für das Jahr 1883. 4. Jg. 2 Thle.

Chemiker- und Ingenieur-Korrespondenz (H. 1–6: Chemiker-Korrespondenz). Organ z. Vertretung d. Standesinteressen von Chemikern u. Ingenieuren. Schriftleiter: Dr. Werner Heffter. Jg. [1.] 2. 1902–03. Berlin: W. Heffter 1902–03. 2 Bde 4°
Forts. s. u. d. T.: Technisch Gewerbl. Zeitschrift. 1904.

Chemiker- u. Ingenieur-Korrespondenz. Monatsblatt. Hrsg. u. Schriftleitg.: Werner Heffter. 1. Jhrg. 1902. 12 Hefte. (VIII, 141 S. m. 59 Abbildgn.) gr. 4. Berlin. Leipzig, C. A. Fischer. n. 2 40

— — dasselbe. Wochenblatt. Schriftleitung: Werner Heffter. 2. Jahrg. 1903. 52 Nrn. (à ca. 8 S. m. Abbildgn.) gr. 4. Ebd. n. 5 —
Fortsetzg. s.: Zeitschrift, techn.-gewerbl., bezw.: Korrespondenz der technischen Stände.

Chemiker-Schematismus. Hrsg. v. d. Stellenvermittlungscommission d. Vereines österreich. Chemiker i. Wien. I. Ausg. gr. 8. (XII, 134 S.) Leipzig 898. E. Baldamus. n. 5. —

CHEMIKER-TASCHENBUCH ... nebst Mitgliederliste und Vereinsmitteilungen. Im Auftrage des Berliner Bezirksvereins deutscher Chemiker
unter Mitwirkung von J. EPHRAIM, W. KARSTEN und F. REGELSBERGER, herausgegeben von FRANZ PETERS.
für 1899. ib. —
unter Mitwirkung von H. ALEXANDER, J. EPHRAIM, S. FERENCZI, H. HERZFELD und M. STANGE herausgegeben von FRANZ PETERS.
für 1900. ib. Druck von R. F. Funcke.
unter Mitwirkung von H. ALEXANDER, J. EPHRAIM, S. FERENCZI, W. HEFFTER und H. HERZFELD herausgegeben von A. BUSS.
für 1901. ib. Nauck'sche Buchdruckerei.
unter Mitwirkung von H. ALEXANDER, W. BEIN, J. EPHRAIM, H. HERZFELD, A. NEUBURGER, G. RAUTER und E. SAUER herausgegeben von A. BUSS.
für 1902. ib. —

Chemiker-Zeitung. Jg. 5 ff. 1881 ff. Erschien bis Jg. 4 (1880) u.d.T. Allgemeine Chemiker-Zeitung.

Chemiker-Zeitung. Central-Organ für Chemiker, Apotheker, Techniker, Ingenieure, Fabrikanten. Chemisches Central-Annoncenblatt. Hrsgbr.: G. Krause. 4. und 5. Jahrg. 1880 und 1881. à Jahrg. 52 Nrn. (à Nr. 1—1½ Bog.) gr. 4. Köthen, Verlag der Chemiker-Zeitung. à Jahrg. **

—— Central-Organ für Chemiker, Techniker, Fabrikanten, Apotheker, Ingenieure. Chemisches Central-Annoncenblatt. Hrsgbr.: G. Krause. 6. Jahrg. 1882. 52 Nrn. (à Nr. 1—2½ Bog.) gr. 4. Ebendas. *

Chemiker-Zeitung. Central-Organ f. Chemiker, Techniker, Fabrikanten, Apotheker, Ingenieure. Chemisches Central-Annoncenblatt. Mit der Beilage: Handelsblatt der Chemiker-Zeitung. Hrsg.: G. Krause. 7—10. Jahrg. 1883—1886. à 52 Nrn. (à 1—2½ B.) gr. 4. Köthen, Verlag der Chemiker-Zeitg. à Jahrg. n. 16. —

Chemiker-Zeitung. Central-Organ f. Chemiker, Techniker, Fabrikanten, Apotheker, Ingenieure. Mit dem Suppl.: Chemisches Repertorium. Hrsg. u. Red.: G. Krause. 11.—14. Jahrg. 1887—1890. à 104 Nrn. (à 1—2¾ B.) gr. 4. Köthen, Verlag der Chemiker-Zeitung. à Jahrg. n. 16. —

Chemiker-Zeitung. Central-Organ f. Chemiker, Techniker, Fabrikanten, Apotheker, Ingenieure. Mit dem Suppl.: Chemisches Repertorium. Hrsg. u. Red.: G. Krause. 15. u. 16. Jahrg. 1891. 1892. à 104 Nrn. (à 1—2¾ Bog.) gr. 4. Köthen, Verlag der Chemiker-Zeitg. à Jahrg. n. 16. —

— dasselbe. 17. u. 18. Jahrg. 1893. 1894. à 104 Nrn. (à 1—2¾ Bog.) gr. 4. Ebd. à Jahrg. n. 20. —

Chemiker-Zeitung. Central-Organ f. Chemiker, Techniker, Fabrikanten, Apotheker, Ingenieure. M. d. Suppl.: Chem. Repertorium. Hrsg. u. Red.: G. Krause. 19.—22. Jahrg. 1895—1898. à 104 Nrn. (à 2—3 Bog.) gr. 4. Cöthen, Verlag d. Chemiker-Zeitg. à Jahrg. n. 20. —
Kann auch vierteljährlich bezogen werden.

Chemiker-Zeitung. Central-Organ f. Chemiker, Techniker, Fabrikanten, Apotheker, Ingenieure. Mit dem Suppl.: Chemisches Repertorium. Hrsg. u. Red.: G. Krause. 23.—26. Jahrg. 1899—1902. à 104 Nrn. gr. 4. (LXIV, 1472; LXVIII, 1536; LXXII, 1548 u. LXVIII, 1608 S. m. Abbildgn.) Cöthen, Verlag der Chemiker-Zeitg. à Jahrg. n. 20. —

Chemiker-Zeitung. Central-Organ f. Chemiker, Techniker, Fabrikanten, Apotheker, Ingenieure. Mit dem Suppl.: Chemisches Repertorium. Hrsg. u. Red.: G. Krause. 27.—30. Jahrg. 1903—1906. à 104 Nrn. gr. 4. Cöthen, Verlag der Chemiker-Ztg. à Jhrg. n. 20. —
1903. (XX, XII, XVIII, XIV, 1282 u. 332 S. m. 165 u. 20 Abb.)
1904. (XX, XIV, XX, XVI, 1278 u. 396 S. m. 209 u. 24 Abb.)
1905. (XX, XIV, XVIII, XVI, 1332 u. 416 S. m. 261 u. 25 Abb.)
1906. (XVI, XIII, XIV, XXII, 1314 u. 480 S. m. 254 u. 342 Abb.)

Chemiker-Zeitung. Fach- u. Handelsblatt f. Chemiker, Hüttenleute, Ingenieure, Fabrikanten, Apotheker, Grosshändler. Mit der Beilage: Chemisch-techn. Repertorium. Begründet v. G. Krause. Chef-Red.: v. Vietinghoff-Scheel. 31—34. Jg. 1907—1910. à 156 Nrn. (1320 u. 652; 1284 u. 692; 1364 u. 676 u. 1392 u. 644 S. m. Abb.) 35×26,5 cm. Cöthen, Verlag der Chemiker-Zeitg. à Jhrg. 20. —

Chemiker-Zeitung, allgemeine. Central-Organ für Chemiker, Techniker, Ingenieure etc. Correspondenzblatt chem., techn. und Gewerbe-Vereine. Chemisches Central-Annoncenblatt. Hrsg. von G. Krause. 1. Jahrg. 1877. 52 Nrn. (à 1½ Bog. mit eingedr. Holzschn.) gr. 4. Köthen, Krause. *
—— dass. — Hrsg. von G. Krause. 2. Jahrg. 1878. 52 Nrn. (à 1—1½ Bog.) gr. 4. Köthen, Expedition. *
—— dass. — Fachblatt für Chemiker, Techniker, Fabrikanten, Apotheker, Ingenieure. Chemisches Central-Annoncenblatt. Hrsgbr.: G. Krause. 3. Jahrg. 1879. 52 Nrn. (à 1—1½ Bog.) gr. 4. Ebendas. **

Chemiker-Zeitung. Jg. 2. 1878ff. Coethen. Darin seit 1879 die Beil.: Handelsblatt der Chemiker-Zeitung.
Darin von 1885—1889, 1 das Suppl.: Repertorium, Chemisches.

— dasselbe. 3—6. Jahrg. 1879—1882. à 52 Nrn. (à 1—1½ B.) gr. 4. Ebend. à Jahrg. n.n. 12. —
Erschien ab Jg. 5 (1881) u.d.T. Chemiker-Zeitung.

— allgemeine. (Früher „Süddeutsche Chemiker-Zeitung, Mannheim".) Central-Organ f. die gesamten wirtschaftl. u. wissenschaftl. Interessen der chem. Industrie Deutschlands. Red.: Carl Mannich. Jahrg. 1904. 52 Nrn. (à ca. 8 S.) gr. 4. Apolda, Verlag der allg. Chemiker-Zeitg. (Nur direkt.) n. 8. —

— dasselbe. Zeitschrift f. die wirtschaftl. u. wissenschaftl. Interessen der chem. Industrie. Red.: W. Lohmann. 5. u. 6. Jahrg. 1905 u. 1906. à 52 Nrn. (1906: 1044 S.) 4. Lübeck, Ch. Coleman. à Jhrg. n. 10. —
Erschien bis März 1905 noch in Apolda.

— 7. Jahrg. 1907. No. 1—39 (à ca. 16 S.) 32×24 cm. Lübeck, Ch. Coleman. 7.50
Erscheint nicht mehr.

ALLGEMEINE ÖSTERREICHISCHE CHEMIKER- UND TECHNIKER-ZEITUNG. Organ des allgemeinen technischen Vereines in Wien. Central-Organ für Petroleum-Industrie. Fach-Organ der Bohrtechniker. Sammt dem Beiblatte "Die Oel- und Fett-Industrie." Herausgeber, Hans Urban. 10 vols., 4to. Wien, 1883–92+

[Chemikerzeitung.] Allgemeine österreichische Chemiker- und Techniker-Zeitung. Mit der Beilage „Organ des Vereins der Bohrtechniker". Hrsg. von H. Urban. 12.—21. Jg. (1894—1903). Wien, 1894—1903 u. ff.

Chemiker- u. Techniker-Zeitung, allgemeine österreichische. Central-Organ f. Petroleum-Industrie m. der Beilage: Organ des „Verein der Bohrtechniker". Hrsg.: Hans Urban. Red.: Jul. Gerhard. 19. u. 20. Jahrg. 1901 u. 1902. à 24 Nrn. gr. 4. (à ca. 32 S.) Wien (XVIII/2, Scheidlstr. 26), H. Urban. à Jahrg. n. 16. —

Chemiker- u. Techniker-Zeitung, allgemeine österreichische. Zentral-Organ f. Petroleum-Industrie m. der Beilage: Organ des „Verein der Bohrtechniker". Hrsg. u. Red.: Hans Urban. 21.—24. Jahrg. 1903—1906. à 24 Nrn. (à ca. 8 u. 12 S.) 4. Wien (XVIII/2, Scheidlstr. 26), H. Urban. à Jhrg. n. 16. —

Chemiker- u. Techniker-Zeitung, allgemeine österreichische. Zentral-Organ f. Petroleum-Industrie m. der Beilage: Organ des „Verein der Bohrtechniker". Hrsg. u. Red.: Hans Urban. 25—28. Jahrg. 1907—1910 à 24 Nrn. (à ca. 12 S.) 31×23 cm. Wien (XVIII/2, Scheidlstrasse 26), H. Urban. à Jhrg. 16. —

— deutsche. Centralblatt f. die chem. Praxis u. öffentl. Gesundheitspflege. Unter Mitwirkg. bewährter Fachgelehrten hrsg. u. red. v. Breslauer. 1. Jahrg. 1886. 52 Nrn. (ca. 2 B.) gr. 4. Berlin, Grosser. n. 12. —

— deutsche. Centralblatt f. die Gesamtinteressen der chem. Praxis etc. 2.—5. Jahrg. 1887—1890. à 52 Nrn. (B.) gr. 4. Berlin, Grosser. à Jahrg. n. 12. —

— deutsche. 6.—9. Jahrg. 1891—1894. à 52 Nrn. (Bog.) gr. 4. Berlin, E. Grosser. à Jahrg. n. 12. —

— deutsche. 10. Jahrg. 1895. 52 Nrn. (à 1 Bog.) gr. 4. Berlin, E. Grosser. n. 12. —

— dasselbe u. chem.-techn. **Centralanzeiger.** Wochenschrift f. chem. Praxis u. Industrie. Anzeigenblatt f. alle Zweige d. chem. Gewerbsthätigkeit. 11.—13. Jahrg. 1896—1898. à 52 Nrn (à ca. 12 S.) gr. 4. Ebd. à Jahrg. n. 12. —
Kann auch vierteljährlich bezogen werden.

— deutsche, u. chemisch-technischer Centralanzeiger. Wochenschrift f. chem. Praxis u. Industrie. Anzeigenblatt f. alle Zweige der chem. Gewerbsthätigkeit. 14. u. 15. Jahrg. 1899 u. 1900. à 52 Nrn. gr. 4. (à ca. 8 S.) Berlin, E. Grosser. à Jahrg. n. 12. —

— dasselbe. 16. Jahrg. 1. Sem. Jan.-Juni 1901. 26 Nrn. gr. 4. (à ca. 8 S.) Ebd. n. 6. —
Fortsetzung s.: Central-Anzeiger, chem.-techn.

— österreichische, u. Zeitschr. f. Nahrungsmittel-Untersuchung, Hygiene u. Warenkunde. Offic. Organ d. „Vereines österr. Chemiker in Wien". Unt. stünd. Mitwirkg. v. Bauer, Bersch, Eder etc. Hrsg.: Hans Heger u. Ed. Stiasny. Red.: Alois Köhler. 1. Jahrg. (12. Jahrg. d. „Zeitschrift f. Nahrungsmitteluntersuchung, Hygiene u. Warenkunde".) Mai b. Dezbr. 1898. 16 Nrn. (à ca. 50 S. m. Abb.) gr. 4. Wien (M. Perles). n. 10. —; postfrei n. 12. —
Die ersten 8 Nrn. d. Jahrg. erschienen noch unter dem Titel „Zeitschrift f. Nahrungsmitteluntersuchung" etc.

— österreichische, vormals Zeitschrift f. Nahrungsmittel-Untersuchung, Hygiene u. Warenkunde. Gegr. 1887. — Erweitert 1898. Officielles Organ des „Vereines österreich. Chemiker in Wien". Unter stünd. Mitwirkg. v. Arche, Bauer, J. Bersch u. v. A. Hrsg.: Hans Heger u. Ed. Stiasny. Red.: Alois Köhler. 2. Jahrg. Neue Folge. 1899. 24 Nrn. hoch 4. (à ca. 32 S. m. Abbildgn.) Wien (M. Perles). n. 14. —

— dasselbe. 1898. Officielles Organ des „Vereines österreich. Chemiker in Wien", der „Oesterreich. Gesellschaft zur Förderg. der chem. Industrie, zugleich Verbandes chem. Industrieller Oesterreichs" in Prag u. der „Internationalen Commission z. Bekämpfg. der Lebensmittelverfälschg." Unter stünd. Mitwirkg. von Arche, Bauer, J. Bersch u. v. A. Hrsg.: Hans Heger u. Ed. Stiasny. Red.: Alois Köhler. 3.—5. Jahrg. Neue Folge. 1900—1902. à 24 Nrn. hoch 4. (à ca. 24 S. m. Abbildgn.) Ebd. à Jahrg. n.n. 12. —

— österreichische, vormals Zeitschrift f. Nahrungsmittel-Untersuchg., Hygiene u. Warenkunde. Gegr. 1887. — Erweitert 1898. Offizielles Organ des „Vereines österreich. Chemiker" in Wien, der „Oesterreich. Gesellschaft zur Förderg. der chem. Industrie, zugleich Verbandes chem. Industrieller Oesterreichs" in Prag u. der „Internationalen Kommission zur Bekämpfg der Lebensmittelverfälschg." Unter ständ. Mitwirkg. v. Arche, Bauer, J. Bersch u. v. A. Hrsg.: Hans Heger u. Eduard Stiassny. Red.: Alois Köhler. 6.—9. Jhrg. Neue Folge. 1903—1906. à 24 Nrn. (à ca. 24 S.) 4. Wien (M. Perles). à Jhrg. n.n. 12. —

— österreichische, vorm. Zeitschrift f. Nahrungsmittel-Untersuchg., Hygiene u. Warenkunde. Gegr. 1887. — Erweitert 1898. Offiziell. Org. des „Vereines österreich. Chemiker" in Wien u. der „Oesterreich. Gesellschaft zur Förderg. d. chem. Industrie, zugleich Verbandes chem. Industrieller Oesterreichs" in Prag. Hrsg.: Hans Heger u. Eduard Stiassny. Red.: Alois Köhler. 10—13. Jahrg. Neue Folge. 1907—1910 à 24 Nrn. (à ca. 16 S. m. Abb.) 33,5×24,5 cm. Wien, M. Perles. à Jhrg. nn 12.

— süddeutsche, s.: Chemiker-Zeitung, allgemeine.

Chemin, le, du bonheur, tracé aux jeunes gens, par un de leurs meilleurs amis. 12. Hamburg, (Kupferberg in Mainz,

le Chemin du bonheur, tracé aux jeunes gens par un de leurs meilleurs amis. gr. 12. Hamb. (Streng in Frankf.) 10 gr.

Chemin, Le, du bonheur, tracé aux jeunes gens ... Hambourg 1791. V: *Girard, Johann Franz.* (MGT)

Chemin, le, du bonheur. gr. 12. Hambourg. 791. Jetzt Frankfrt a. M., Streng.

Chemin, le, du ciel. Recueil de prières à l'usage du chrétien. 32. (400 S. m. 1 Stahlst.) Einsiedeln 881. Benziger. — 55

Chemin, le, du ciel, par lequel les âmes sont élevées à Dieu et conduites à une heureuse éternité. Nouv. édit. avec les 15 tabl. du Chemin de la croix. in-18. Einsiedeln 842, Gebr. Benziger. 1/6 ℳ

— le, de la croix, distribué en 14 stations. Avec 15 tabl. in-18. Ebend. 842. 3/4 ngl

Chemin, le, de la croix avec gravures d'après M. P. Deschwanden. Exercice de piété pour honorer la douloureuse passion de Notre Seigneur Jésus-Christ. 32. (32 S. mit eingedr. Holzschn.) Einsiedeln 866, Gebr. Benziger.

Chemin de fer. Compte-rendu des opérations effectuées jusqu'au 31 Decembre 1841. Rapport présenté aux Chambres législatives, le 2 Juin 1842, par le ministre des travaux publics. kl. Fol. (81¼ B., 10 Tab. u. 4 Stnt.) Bruxelles 842. (Muquardt.) *

Chemin de fer des Alpes de la Suisse orientale: Demande de concession pour un chemin de fer Biasca-Greina-Coire (Ch' de fer de la Greina). (1906 octobre.) 20 p. fol. St-Gall, Wildhaber Frères.

Chemin de fer. Le Ch' de Fer Arth-Righi (de Arth au Righi-Koulm). Par A M . Avec 20 vignettes (*Umschlag: gravures [dont 6 planches]) et 1 carte. (La Suisse illustrée. [N° 1.]) 8. Zurich [1876].

Chemin de fer, le, Arth-Rigi. Par A. M. Avec 20 vignettes (in Holzschn.) et 1 (lith.) carte. 8. (42 S.) Zürich 876. Orell, Füssli & Co. n. — 50

Chemin de fer. Le ch' de fer à crémaillère Arth-Righi, Zurich-Zoug-Arth et Lucerne-Goldau au Righi-Koulm. Avec 16 gravures par J[ohann] Weber [dont plusieurs planches] et une carte. [Nouvelle éd.] (L'Europe illustrée. № 1.) 8. Zurich (18[87]).

Chemin de fer, Le, à crémaillère du Gaisberg ... Salzbourg [1888. V: *Freisauff, Rudolph von.* (11r)

Chemins de fer de montagne autrichiens. Nr. 1: Le chemin de fer à crémaillère du Gaisberg près Salzbourg. Système du Righi. 8. (23 S. mit 1 Panorama, 10 Illustr. und 2 Plänen.) Salzburg 888, Kerber. *

Chemin de fer, Le, du Gothard au point de vue militaire. Aarau 1865. V: *Schwarz, S. & Herm. Siegfried.* (Zuwachsverz. d. Bibliotheken in Zürich 1898 ff.)

Chemin de fer de la Jungfrau, Oberland Bernois (Suisse). [Description illustrée publiée par la Société du Ch' de fer de la J'.] 2e éd. ([Avec] Appendice (1903).) II + 24 + *Appendice* 1 p. 8. Zurich, Hofer & Co, [1902].

Chemin de fer de Martigny au Châtelard par la Forclaz (avec prolongement sur Chamonix). Echelle = 1:100.000. [Carte, publiée par le] Bureau topogr. fédéral. Transport 1901. 276/225 mm. 1 feuille fol. Berne, Imp. Lips.

Chemin de fer régional Glovelier-Undervelier. Carte de Situation. Echelle 1:100000. [Publié par le] Bureau topographique fédéral. Report sur pierre 1901. 268/325 mm. 1 feuille fol. Berne, H. & A. Kümmerly & Frey.

Chemin de fer du Rigi Lucerne-Vitznau-Rigi-Kulm s. [Türler, Emil August].

Chemin de fer et Route du Simplon. 40 Vues = Simplon-Bahn und Pass. 40 Ansichten = Simplon Railway and Road. 40 Views = Ferrovia e Strada del Sempione. 40 Vedute. Edition Illustrato (publiée par la maison Wehrli A.-G., à Kilchberg près Zurich). [Couverture illustrée.] [II + 44 p.] 4. [1906.] [fr. 2. —]
(Souvenir-Albums Ed' Illustrato... .)

Chemin de fer, le, du Saint-Gothard et ses concurrents. Réponse à la Brochure „Simplon, Saint-Gothard et Lukmanier". Zürich 865. (Schabelitz.) gr. 8. (52 S.) n. 4 ngr.

Chemin de fer. le, du Saint-Gotthard sous le rapport commercial. gr. 8. Zürich, (Schabelitz). 1864. n. 12 Sgr.

—— le, du Saint-Gothard et le Lukmanier. Réponse à la brochure: Le chemin de fer du Lukmanier sous le rapport technique, commercial et financier. gr. 8. (83 S.) Zürich 865, (Schabelitz'sche Buchh.) *

— de fer, le, du Saint-Gothard sous le rapport commercial. gr. 8. (V und 142 S. mit 1 lithogr. Karte in Imp.-Fol.) Zürich 864, (Schabelitz'sche Buchh.) *

— le, du Saint-Gothard sous le rapport technique. Calcul du rendement. gr. 8. (X und 825 S.) Zürich 865, (Schabelitz'sche Buchh.) *

Chemin de fer à voie étroite Alpnach-Stans-Altdorf, Jonction Brünig-Gothard. [Carte.] Masstab 1 : 100.000. [Publié par le] Bureau topogr. fédéral. Transport 1901. 224/356 mm. 1 feuille fol.-obl. Berne, Lips.

Chemin de fer Vouvry Gare-Au Cormat. [Carte.] Echelle = 1 : 100.000. [Publié par le] Bureau topogr. fédéral. Transport 1902. 191/192 mm. 1 feuille 4. Berne, Lips.

Chemin-Petit, Hans, Inhalt u. Chöre zum Heraklos des Euripides. s.a. Brandt, Karl.

Inhalt und Chöre zum Herakles des Euripides. Zsgest. u. metrisch übers. von Prof. Dr. Karl Brandt, Oberl. Musik von Hans **Chemin**-Petit. Berlin-Gr.Lichterfelde: Ch. F. Vieweg [um 1907]. (32 S.) 8° [07. 1913]

Chemin-Petit, Carl Julius (Leipzig), Nonnulla de teleangiectasia, addita teleangiectasiae historia in instituto chirurgico Lipsiensi observatae. Diss. med.-chir. Lpz. (Ph. Reclam jr.) 1. XI. 1844. 16 S. u. 1 Abb. (gez.: C. Schmiedel, Steindr.: A. Kneisel.) (4.—) 5124
Gew.: Joh. Chn. Aug. Clarus, Gust. Biedermann Guenther.

CHEMINAIS, TIMOLEON: Timoleon Cheminais der Gesellschaft Jesu Priesters Sammtliche Predigten. Aus dem Französischen nach der letzten verbesserten und vermehrten Ausgabe neu übersetzt von P. Franz Xaver Klaus. Pressburg: Bey Aloys Doll und Schwaiger. - 170 mm
1. Bd. 1788. (14) 333 (3) S.
2. Bd. 1788. (2) 380 S.
3. Bd. 1788. (2) 388 S.
4. Bd. 1788. (2) 296 S.
5. Bd. 1788. (2) 2, 246 (2) S.

Chemins de fer de montagne autrichiens, s. Chemin de fer à crémaillère du Gaisberg.

Chemlin, F., neues ABC- u. Lesebuch für Schule u. Haus. Nach einer sorgf. geprüften u. verb. Lehr- u. Lese-Methode. Mit 1 Titelkupf. u. 36 color. Abbild. 8. Jüterbog 843, Colditz. geb. 1/3 ß

CHEMLIN, F. (ps.?), Mauro Carossini der große Bandit, oder: Der Felsen von Minorbino. Ein Räubergemälde, Leipzig, bei Lud. Schreck. 1837. Kl. 8°. (2 Mk. Jul. Neumann, Magdeb., 1908.)
167 S. Theilweise anstößig. Nicht in Weller's Lex. Ps.

— der Schmidt von Jüterbogk. Nach e. Chronikensage bearbeit. 8. Jüterbogk 837. Colditz. 1/2 ß

Chemnicer, s. Chemnizer

Chemnicius, s. Chemnitz

Chemnitius, s.a. Chemnitz

Chemnitii, Chr.,
— — de sanctis angelis diss. Viteb. 701. 4.

Chemnitius, Chr., Jenisches Handbuch. 12. Jena. 722.

— **Christ. Anthon** (Eilenburg), De non praeferendis sumtibus curationis ultimi morbi. Dissert. jur. Präs. Heinrich Bodin. Halle (Ch. A. Zeitler) 5. IX. 1703. 23 S.. tlws. dtsch. (5.—) 5130
Gew.: Joh. Jacobs, Lüder Mencken.

Chemnitius, Christian: De arbore vitae. Quadriga disputationum theolog. Respondenten: Joh. Quir. Heden, Joh. Knopff, Abrah. Leube, Joh. Chn. Schlegel. 36 Bl. Wittenberg 1703.

Chemnitius, J. H.: De tabe dorsuali, s. Brendel, Johann Gottfried [Praes.]

Chemnitius, M., genealogia Chr., tabulis illustrata. Viteb. 1690. 4; rec. Magdeb. 1696. 4; Lips. 1707. 4.

Chemnitz [Sachliches OW]

Chemnitz, buntes, oder Chemnitz, wie es lebt und webt. Von einem lebenden Weber. 1. Heft. Mit Titelbild. 8. Chemnitz 842. (Goedsche Sohn.) n. 8 ngl

Chemnitz, wie es ist, nebst kurzem Rückblick auf die Vergangenheit für Einheimische u. Fremde, von Th. E(ccarius). Mit Abbild. des Marktplatzes. breit gr. 16. Grimma 840. Verl.-Compt. n. 1/3 ß

Chemnitz [Schlagwort]

— s. a.: **Deutschland. Grundkarte.**

— s. a.: **Deutschland. Karte.** (Abt. Sachsen.)

– s. a. Erzgebirge. Hjorth.

– s. a. Europa. Liebenow.

– s. a. Geologische Karten. Spezialkarte (Sachsen) bzw. Sterzel.

– s. a. Limbach.

– s. a. Radfahrerkarten. Mittelbach.

– s. a. Sachsen. Karte. Mittelbach.

— s. a. Sachsen. Messtischblätter.

— s. a.: **Wanderkarten.**

Chemnitz-Pilsen, s.: Automobilkarten. Automobil-Tourenkarte.

Chemnitz, Umgegend. Gaebler, Ed., Uebersichtskarte (Umschlag Touristenkarte) d. Umgegend v. Chemnitz. Burgstaedt — Frankenberg — Hohenstein-Ernstthal — Limbach — Lunzenau — Penig — Schellenberg — Stollberg — Thum — Zschopau — Zwönitz. Auf Grund der Generalstabskarte gezeichnet. 1 : 125,000. 2. Aufl. 41,5 × 35 cm. Farbdr. Chemnitz 898. B. Troitzsch Nachf. n. — 60

Chemnitz. Gaebler, Eduard, Uebersichtskarte (Umschlag: Touristen-Karte) der Umgegend v. Chemnitz. Burgstaedt — Frankenberg — Hohenstein-Ernstthal — Limbach — Lunzenau — Penig — Schellenberg — Stollberg — Thum — Zschopau — Zwönitz. Auf Grund der Generalstabskarte gezeichnet. 1 : 125,000. (4. verb. Aufl.) 47 × 40 cm. Farbdr. Chemnitz (905). B. Troitzsch Nachf. n. — 60

— Kuhnert, M., Heimatkarte von Stadt u. Amtshauptmannschaft Chemnitz. In Verbindg. m. Merkel gezeichnet. 31,5 × 27,5 cm. Farbdr. Dresden (906). A. Müller-Fröbelhaus. n.n. — 20; auf Pappe n.n. — 30

Chemnitz. Kuhnert, M., Heimatskarte v. Chemnitz u. Umgebung. 1 : 100,000. 20,5 × 26,5 cm. Farbdr. Chemnitz (902). (C. Strauss.) n. — 10; auf Pappe n. — 20

Chemnitz. Kuhnert, M., Schulwandkarte v. Chemnitz u. Umgebg. 1 : 16,666. 4 Blatt à 58,5 × 75 cm. Farbdr. Chemnitz 897. (A. Seyffort.) n.n. 20. —

Chemnitz. Pharus-Plan v. Chemnitz. 1 : 16,500. 37 × 50 cm. Farbdr. Nebst: Führer durch Chemnitz u. Vororte m. Hinweis auf den Pharus-Plan. (12 S.) 18 × 11 cm. Chemnitz (907). (C. Winter.) — 50

— **Plan v. Chemnitz 1898.** Bearb. v. der Stadtbauverwaltg. 1 : 10,000. 90 × 75 cm. Farbdr. M. Strassenverzeichnis an d. Seiten. Chemnitz 898. (M. Bülz.) n. 2. —

— **Plan von Chemnitz.** 1902. 5. Aufl. Bearb. v. Stadtbauamt. 1 : 10,000. 98 × 83 cm. Farbdr. Chemnitz (M. Bülz). n. 2.20

— **Plan v. Chemnitz. 1904.** 7. Aufl. Bearb. vom Stadtvermessungsamt. 1 : 10,000. 98 × 83 cm. Farbdr. Chemnitz (M. Bülz). n. 2. —

Chemnitz. Plan der Fabrik- u. Handelsstadt Chemnitz. Aufgenommen u. gezeichnet v. der Stadtbauverwaltg. 1894. 1 : 10,000. 65,5×52,8 cm. Lith. u. kolor. Chemnitz, M. Bülz. n. 1. 50

— — der Stadt Chemnitz. 5. Aufl. 54×40,5 cm. Farbdr. Mit Strassenverzeichnis am Fusse. Chemnitz (902). B. Troitzsch Nachf. n. — 35

Chemnitz. Plan von Chemnitz m. nächster Umgeb., bearb. u. hrsg. v. der Stadtbauverwaltg. 1890. 1:10,000. Chromolith. gr. Fol. Chemnitz, Bülz. In Carton. n. 1. 50

— — dasselbe m. nächster Umgebung, bearb. u. hrsg. v. d. Stadtbauverwaltg. 1897. 1:10,000. 95,5 × 53 cm. Farbdr. Mit Strassenverzeichnis etc. an den Seiten. Ebd. 897. In Karton n. 1. 60

— Stadtplan v. Chemnitz m. Verzeichn. der Strassen u. Plätze. 1:10,000. gr. Fol. Chemnitz 888. Troitzsch. n. — 30

Chemnitz. Stadt-Plan v. Chemnitz m. Verzeichniss der Strassen u. Plätze (an den Seiten). 42×47,5 cm. Lith. Chemnitz 894. B. Troitzsch. n. — 30

— Umgebungskarte, neueste, v. Chemnitz. 1: 120,000. 39×39,5 cm. Farbdr. Chemnitz, B. Troitzsch Nf. — 80

Chemnitz [Verfasser], s.a. Chemnitius

Chemnitz, die Volksschule u. ihre Gegner, s.: Kell, Karl Jul.

Chemnitz, Dr., Wangeroge und das Seebad. (Neue und die seit 1821 vorgefallenen Veränderungen enthalt. Aufl.) gr. 8. Jever 833. (Bremen, Kaiser.) 1/2 Thlr.

Chemnitz, *Friedrich Hermann* Adolf [aus Clötze in d. Altmark]: Über Stich- und Schussverletzungen des Kniegelenks ... Salzwedel, Buchdr. v. A. Menzel, 1895; 30 S., 1 Bl. 8.
Berlin, Med. Fak., Inaug.-Diss. v. 9. Aug. 1895

Chemnitz, Aug., Zeichnungen für den theoretischen und praktischen Gebrauch des Bau-Schlossers. 5 Lfgn. Fol. (50 autogr. Taf. in Farbendr.) Leipzig 876, Scholtze.
Subscr.-Pr. à Lfg. * ℳ 2,40. *
Einzelpr. à Lfg. * ℳ 3. *

Chemnitz, Aug., Zeichnungen für den theoretischen u. praktischen Gebrauch des Bau-Schlossers. 2. Aufl. 10 Lfgn. Imp.-4. (à 5 autogr. u. color. Taf.) Leipzig 878. Scholtze. à n. 1. —

v. **Chemnitz,** Bogisl. Phil. Königlichen Schwedischen in Teutschland geführten Krieges 1. Th. [1630—32]. (478.) fol. Stettin 1648. 2. Th. [1633—35]. (1046.) fol. Stockholm 1653. — 1. u. 2. Th. fol. ib. 1703. — 3. u. 4. Th. [1636—46], hrsg. von F. A. Dahlgren. (LXI. 1205.) fol. ib. 1855—59. 57,75.

Chemnitz, Bogislaff Phil. v., Königlich Schwedischen in Teutschland geführten Kriegs 3. Thl., Worin Dessen völliger rechter verlauff vnter des Feld Marschalcks H. Johan Baners ꝛc. Kriegs-Direction, von des Reichs Cantzlers H. Axel Oxenstiernas ꝛc. abreisen aus Teutschland, bis auf itzgemeldeten Feld Marschalcks tödtlichen hintritt, beschrieben wird. Aus glaubwürdigen vnd mehrentheils Original-Acten, Documenten vnd Relationen zusammengetragen, vnd in sechs Bücher abgefasset ꝛc. Nach Handschriften im Schwed. Reichsarchive herausg. (Von J. J. Nordström.) 1. Liefg. Stockholm 855. (Bonnier.) Fol. (4 Bl., S. 1—91.) n. 1 Thlr. 24 Ngr.
1. Thl. Stettin 1648; 2. Thl. Stockholm 1653.

—— dass. — (2. Lfg.) 4. Thl., Worin dessen völliger rechter verlauff vnter des Feld Marschalln H. Leonhard Torstenssons ꝛc. Kriegs-Direction, von des Feld Marschalln H. Johan Baners ꝛc. tödtlichen hintritt, bis auf erstgemeldten Feld-Marschalln abreisen aus Teutschland, beschrieben wird. Aus glaubwürdigen vnd mehrentheils Original-Acten, Documenten vnd Relationen zusammengetragen, vnd in sechs Bücher abgefasset. Fol. (Das 1. Buch. Nach der Handschrift des Verf. hrsg. VII und S. 1—116.) (Ebds.) 856. *

—— dass. — (3. Lfg.) 4. Thl., Worin dessen völliger rechter verlauff vnter des Feld Marschalln H. Leonhard Torstenssons ꝛc. Kriegs-Direction, von des Feld Marschalln H. Johan Baners ꝛc. tödtlichen hintritt, bis auf erstgemeldten Feld-Marschalln abreisen aus Teutschland, beschrieben wird. Aus glaubwürdigen vnd mehrentheils Original-Acten, Documenten und Relationen zusammengetragen, vnd in sechs Bücher abgefasset. Fol. (Das 2. Buch. Nach der Handschrift des Verf. hrsg. VIII und 160 S.) (Ebds.) 856. *

Chemnitz, Bogislaff Philip v., königlichen schwedischen in Teutschland geführten Kriegs. (4—7. Lfg.) 4. Thl., Worin dessen völliger rechter verlauff vnter des Feld Marschalln H. Leonhard Torstenssons ꝛc. Kriegs-Direction, von des Feld Marschalln H. Johan Baners ꝛc. tödtlichen hintritt, bis auf erstgemeldten Feld Marschalln abreisen aus Teutschland, beschrieben wird. Aus glaubwürdigen vnd mehrentheils Original-Acten, Documenten vnd Relationen zusammengetragen, vnd in sechs Bücher abgefasset. Fol. Das 3—6. Buch. Nach der Handschrift des Verf. hrsg. 3. und 4. Buch. (XIX und 366 S.) 5. (VIII und 200 S.) 6. (IX und 272 S.) Stockholm 857—59, (Bonnier.) [4. Lfg. * 3 Thlr., 5. * 2 Thlr. 24 Ngr., 6. * 4 Thlr. 7½ Ngr., 7. * 3 Thlr. 6 Ngr.] Thlr. *
1—3. Lfg. (Ebendas.) 1855,56. * 6 Thlr.

Chemnitz, Bogislaff Phil. v., Königlichen Schwedischen in Teutschland geführten Kriegs [6. u. 7. Liefg.] 4. Thl., worin dessen völliger rechter Verlauff vnter des Feld Marschalln Leonhard Torstenssons ꝛc. Kriegs-Direction, von des Feld Marschalln Joh. Baners ꝛc. tödtlichen hintritt, bis auf erstgemeldten Feld Marschalln abreisen aus Teutschland, beschrieben wird. 5. u. 6. Buch. Nach der Handschrift des Verf. herausg. Stockholm 858, 59. (Bonnier.) Fol. (IX, 272; VIII, 200 S.) 5.: n. 4 Thlr. 7½ ngr.; 6.: n. 3 Thlr. 6 ngr.

CHEMNITZ, C. W., Ueber den nachtheiligen Einfluß der jetzt gewöhnlichen Marionettenspiele auf den religiösen und sittlichen Zustand der unteren Volksklassen. Leipzig, Joachim, 1805. 8°. (1/3 Rthl.)

Chemnitz, C. W., über den nachtheil. Einfluß der gewöhnl. Marionetten-Spiele. 8. Zerbst. (Bruder in Leipzig in Commiss.) 806.

Chemnitz, C. W., über den nachtheiligen Einfluß d. gewöhnlichen Marionettenspiele. 8. Zerbst 806. (Leipz., Centr.-Compt.) 6 gr.

Chemnitz, Chrn Gfrd, De duellis Germanorum praeses C. G. Chemnitius et resp. G. Bellitz disputabunt. Vitembergae 1717. 4. . . . . (D.)

—— De duellorum origine et progressu praeside Jo. G. Jano disputabit. Vitembergae 1717. 4. . . . . (D.)

Chemnitz, F. W., Das österreichische Gesetz vom 6. März 1906 über Gesellschaften mit beschränkter Haftung. Gr.-8°. (27 S.) K 1.20

Chemnitz, Gustav (Zerbst), De hydatidibus echinococci hominis comment. Dissertat. med. Halle (Ploetz) 1. XI. 1834. 40 S. mit Biogr. (M.: W. Marschall v. Bieberstein) u. Abb. (4.—) 5133
Oppon.: Fr. Buettner, H. Parreidt, G. Wolff. — Gew.: Joh. Aug. Chemnitz.

Chemnitz, Johann Hieronymus

— ausführl. Abhandl. von d. Links-Schnecken od. von den verkehrt gewundenen Conchylien. Mit 14 ill. Kpft. gr. 4. Ebd. 786. Ebd. 8 Thlr.

Chemnitz, Jh. Hieron., († d. 12. Oct. 1800.) Abhandl. v. e. Geschlechte vielschaalichter Conchylien, mit sichtbaren Gelenken, welche Linné Chitons nennet. Mit 2 ill. Kpft. gr. 4. Nürnb. 784. Bauer u. R. 16 gr.

— Abhandl. von d. Land- u. Flußschnecken, oder von solchen Conchylien, welche auf d. Erde u. im süßen Wasser zu leben pflegen. Mit 20 ill. Kpft. gr. 4. Nürnb. 786. Bauer u. R. 10 Thlr.

— Abschiedsrede in d. königl. Dän. Gesandtschafts-Kapelle gehalten. gr. 4. Regensb. 768. Montag u. W. 3 gr.

— Beyträge zur Testaceotheologie od. Erkenntniß Gottes aus den Conchylien, in einigen Sendschr. m. K. gr. 4. Nrnb. Seligmann. (Campe) 760.

Chemnitz, [Joh. Hieron.], systematisches Conchylien-Cabinet, — systematisches Conchylienwerk, } s. Martini, [Friedr. Heinr. Wilh.]

— erste Nachricht von einer neu angelegten Schule bei d. Dän. Gesandtsch.-Kapelle in Wien. 4. Wien 763. Zweite Nachr. von e. kl. Schule. 8. Ebd. 764. 3e Nachr. 4. 768.

— Nachr. v. d. Zustande d. Dän. Gesandtschafts-Kapelle in Wien. 4. Wien 761.

Chemnitz, Joh. Hier., Predigten bey Einweihung einiger Altäre. Fol. Leipz. 758. 0 Rthlr.

— s. G. C. Rumpf, ambeln. Raritätenkabinet.

— von dem Zustande d. Evangelischen u. ihrem Gottesdienste in Wien. 4. Wien 761.

Chemnitz, Jh. Edw., zur Erbauung u. Belehrung, hauptsächl. für nicht gelehrte Christen; e. willkürl. Anh. zum Jeverschen Gesangbuche. 8. Jever 792.

— s. Gesangbuch, Jeversches.

Chemnitz, M. F., s.a. Chemnitz, Matthäus Friedrich

Chemnitz MF, der Polytechnische Verein zu Würzburg in den ersten 50 Jahren seines Bestehens. 4° Würzburg 1856

Chemnitz, M. L. M. v. (Mor. Lilie), Don Guano od. d. steinerne Gastwirth, — d. blut. Pantoffel an d. Kirchhofsmauer, od. d. vergiftete Dreierbrödchen, — Spiritus u. Seifenschaum od.: d. Ueberrumpelg. a. d. Kampfplatze, } s.: Fastnachts-Bühne.

Chemnitz, M. L. v., der blutige Pantoffel an der Kirchhofsmauer, s.: Wallner's Thespiskarren.

Chemnitz, M. L. v., Spiritus u. Seifenschaum, s.: Wallner's Thespiskarren.

Chemnitz, Martin

— Abbildung der Jesuiter-Theologie. 8 Dresden, 730.

Chemnitius, Mart., Biblia parva, od. Erklär. der merkw. Oerter der H. Schrift. 8. Dresden. 710.

Chemnitz, Mart., Enchiridion. Handbüchlein der vornehmsten Hauptstücke der christl. Lehre, durch Frage und Antwort aus Gottes Wort einfältig und gründlich erkläret, anfänglich gestellet zum Unterricht der Pastoren in der Visitation des Fürstent. Braunschweig, jetzund von neuem überlesen und gebessert durch M. Ch. Neu hrsg. von A. L. Gräbner. 8. (223 S.) Milwaukee, Wis. 886. (Dresden, H. J. Naumann.) *
geb. *

Chemnitz, Martin. Enchiridion: Handbüchlein der chrl Lehre. Ed: A. L. Gräbner. Milwaukee, 1896.

— examen concilii Tridentini. IV Part. et. Append. fol. Francof. 707.

Chemnicius, Mart., Examen concilii Tridentini. Secundum ed. 1578 Francofurtensem, collata editione a. 1707 denuo typis exscribendum curavit, indice locupletissimo adornavit, vindicias Chemnicianas adversus pontificios praecipue adversus Bellarminum ad calcem adjecit Ed. Preuss. (In 4 Lfgn.) 1—3. Lfg. Lex-8. (XIX und 848 S.) Berlin 861, Schlawitz. à Lfg. * 28 Ngr. *

Chemnicius, Mart., Examen concilii Tridentini. Secundum ed. 1578 Francofurtensem, collata editione a. 1707 denuo typis exscribendum curavit, indice locupletissimo adornavit, vindicias Chemnicianas adversus pontificios praecipue adversus Bellarminum ad calcem adjecit Ed. Preuss. 4. Lfg. Lex.-8. (S. 849—1050 mit lithogr. Portr.) Berlin 862, Schlawitz. *
1.—3. Lfg. Ebendas. 1861. * 2 Thlr. 24 Ngr.

Chemnitz, Mart., examen concilii Tridentini, d. h. Prüfung des Concils von Trient, worin die Hauptlehren des ganzen Papstthums sowohl aus den Quellen der heiligen Schrift, als auch aus dem Consens der rechtgläubigen Väter gründlich u. vollständig widerlegt werden. Aus dem Lateinischen auf's neue in's Deutsche übertragen von etlichen lutherischen Pastoren. (1. Thl.) gr. 8. (XX, 256 S.) St. Louis, Mo. 875. (Dresden, H. J. Naumann.) geb. n. 7. 50

Chemnitz, Mart., Examen Concilii Tridentini d. i. Beleuchtung u. Widerlegung der Beschlüsse d. Tridentinischen Konzils. Deutsch bearb. v. R. Bendixen in Verbindg. m. Chr. E. Luthardt. gr. 8. (XVI, 487 S.) Leipzig 884. Dörffling & Franke. n. 7. —

— et Polyc. Leyser, it. Io. Gerhard Harmonia Evangelistarum. III Tmi. fol. Hamb. 704.

Chemnitius, Mart., Leyser u. Gerhard, Harmonie d. vier Evangelisten von D. R. Nicolai. 2 Thle. 4. Magdeb. 764. Scheidhauer. 6 ₰

Chemnicius, Mart., de incarnatione filii dei item de officio et majestate Christi tractatus. Ex M. Chemnicii autographo cum praefatione edid. Arm. Hachfeld. 8. (X und 82 S.) Berlin 865, Schlawitz. *

Chemnitz, Martin. Zwo gründliche Schriften von der Rechtfertigung ... Schwabach 1737. Il: *Oeder, Gg Ludw.* (MI.)

— zwey Schriften von der Rechtfertigung und dem rechtfertigenden Glauben. a. d. Lat. v. G. W. Oeder, mit Anm. 4. Schwabach. 737.

Chemnitz, Mart., v. der Ursache der Sünde u. v. der Zufälligkeit. Aus M. Ch.'s Locis übers. v. W. Hübener. gr. 8. (IV, 87 S.) Dresden 891. [H. J. Naumann.] Calw u. Stuttgart, Vereinsbuchhdlg. n. 1.—

CHEMNITZ, MATTHÆUS CHR., Ad thoriam alienatæ mentis symbola. Kiliæ. 1804. (Defekt).

Chemnitz, M. C., symbola ad theoriam alienae mentis. 8. Kiel 805. Hesse. 8 gl

Lied an Schleswig-Holstein. Dichtung v. Matthäus Friedrich Chemnitz. Zeichnung v. E. Haasen. Flugblätter Nr. 21. Druck und Verlag von Breitkopf & Härtel in Leipzig. o. J. 1 Bl. Fol.

⊙ An Schleswig-Holstein! Aufruf zum Kampf. ⟨Melodie der Marseillaise.⟩ Gedicht v. Matthias Friedrich Chemnitz. Altona. 1848. 8°.

Chemnitz, M. F., Schleswig-Holstein! Aufruf zum Kampf. (Melodie der Marseillaise.) Gedicht. gr. 8. (4 S.) Altona 848, Lehmkuhl. *

„Wanke nicht mein Vaterland!" An Schleswig-Holstein [von Matthäus Friedrich Chemnitz]. o. O. u. J. 1 Bl. 8°.

Wanke nicht mein Vaterland! Lied v. M[atthäus] F[riedrich] Chemnitz und C. G. Bellmann. o. O. (1846.) 1 Bl. 8°, geb. in 4°

Chemnitzer, Bernhard: Coordinaten-Transformationen auf beliebiger Oberfläche in conjugiert-complexen Variabeln. Annaberg, Buchdr. v. C. O. Schreiber, 1896; 1—32 S. 4.
Annaberg, k. RG nebst PG, OP 1896 (559)

Chemnizer, Iwan Iwanowitsch

Chemnicer, Jwan Jwannowič, s. Beguelin, Max von.

Chemnitzer, s.: Fabelschatz, russischer.

Chems-ed-Din Abou Abdallah Mohammed ed-Dimichqui, cosmographie. Texte arabe, publié d'après l'édition commencée par Fraehn et d'après les manuscrits de St.-Pétersbourg, de Paris, de Leyde et de Copenhague par A. F. Mehren. St.-Pétersbourg 866. — Leipzig, Voss. gr. 4. (XC, 287 S. m. Holzschn. im Text.) n. 3 ₰ 10 ngr.

Chemulpo [Schlagwort]

Chemulpo, s.: **Korea.**

Chemung County Journal: Apr.? 1874—1879?

Weekly, 1874—78; tri-weekly, 1879. Independent, supported Tilden. Edited & published by Friedrich Wagner, 1874—78; published by Elmira Printing Association, 1879. Issue of Sept. 14, 1876 contains very interesting report on Rowell's newspaper exhibit at World Exposition in Philadelphia.
Elmira, NY

de la Chenal,* s. *Lachenal.

Chenânischô, s. Ḥenān-Ješu'

Chénard, L s. [Defilippis, Eugenio.] Guide pratique de Lugano. 1891.

Chenart. Betrachtungen üb. die vorzüglichsten Pflichten d. christl. u. priesterl. Lebens, nebst e. leichten Methode zur Uebg. d. innerl. Gebets. Ins Deutsche übertr. v. Joh. Petry. 8. (VIII, 320; VII, 344 S.) Mainz 889, Kirchheim. 4 50

Chenaux, J., petits traités de botanique populaire. I. La sauge officinale. 26 pp. in-12. Bulle, impr. J. Ackermann. 1871. —. 30.

Chenaux, J., petits traités de botanique populaire L'Ethuse des jardins. 46 pp. in-16. Bulle, Ackermann. 1874. —. 50

Chenaux-Repond, Jul., der Apotheker als Kaufmann. (144 S. m. 1 Tab.) gr. 8. Stuttgart 909. Muth. Geb. in Leinw. 3. —

Chenaux-Repond, Julius. Die kaufmännische Bilanz und der Bücherabschluss, für den Unterricht an Handelsschulen und zur Selbsterlernung von J' Ch'-R' [von Pont-en-Ogoz], Hauptlehrer... in Stuttgart. [Mit 1 Tabelle.] 64 S. 8. Stuttgart, Holland & Josenhans, (1906). [M. 1. 50]

— Die kaufmännische Bilanz u. der Bücherabschluß. Für den Unterr. an Handelsschulen u. z. Selbsterlerng. (Neue [Titel-]Ausg.) (64 S. m. 1 Tab.) 8. Ebd. [906] 907. 1. 50

Chenaux-Repond, J., d. kaufmänn. Bilanz. Jetzt: Stuttgart, Muth.

— die doppelte Buchführung. Kurz u. gemeinverständlich dargestellt nebst e. Besprechg. der verschied. Systeme. (IV, 73 S. m. 2 Formularen.) 8. Stuttgart 905. Muth. n. 1. 50

— Einführung in die Bankbuchhaltung. Zweimonat. Geschäftsgang e. Bankhauses m. Aufgaben f. d. Bankkorrespondenz. Für Handelsschulen u. zum Selbstunterricht. (46 S.) 8. Ebd. 908. — 60

— Kaufmann u. Bank im Kontokorrentverkehr. Einführung in die Praxis des Rechnungs-Abschlusses m. den wichtigsten Bedinggn. f. den Bank-Kontokorrentverkehr. Mit zahlr. Beispiel. (Umschlag: 1—4. Taus.) (63 S.) gr. 8. Ebd. 911. 1. —

— Tuch-Großhandlung, s.: Geschäftsgänge zum Unterricht in der doppelten Buchführung. 1. Hft.

— Wie prüft der Kapitalist den Rechnungsauszug seiner Bank? Gemeinverständliche Anleitg. zur Kontrolle des Bank-Kontokorrents. Mit zahlr. Beispielen. (Umschlag: 1—4. Taus.) (35 S.) gr. 8. Ebd. 911. 1. —

Chenevière, Adolphe, Frauenehre, s.: Deva-Roman-Sammlung. 2. Bd.

Chenevière, Adph., Frauenehre, s.: Romansammlung „Deva". Bd. 2.

Chenevière, Charles. (pasteur de l'église de Genève). Sermons et fragments divers, précédés d'une notice biographique. In-12°. 480 p. Bâle, Genève et Lyon, H. Georg. 1881. 4 —

Chenevière, J. J., Dogmatique chrétienne. gr. in-8. Genève 840. (Kessmann) 1 3/4 ₰

Chenevix, Rich., krit. Bemerkk., Gegenstände d. Naturlehre betreffend, geschrieben während seines Aufenthalts in Deutschland. (Aus Gilberts Annalen deutsch bearb., mit Zusätzen v. L. Giesebrecht, einzeln abgedruckt). gr. 8. Halle 805. Renger. 8 ₰

Richard Chenevix phrenology. Article of the foreign quart. Review. With notes by G. Spurzheim. Lond. 1830. 8. — *German. vert.* Bernh. Cotta: über Geschichte und Wesen der Phrenologie. Dresden und Leipzig 1838. 8. (Cranioscopiae ata a Josepho Gall usque ad novissima tempora; cfr. quoque *C. A. Diez ältere Spuren der Gallschen Beurtheilung der Geisteskräfte* in Medic. chir. Zeitung 1830. III. N. 75. S. 431 fg.; G. n. 1758, † 1828; Sp. n. 1776, † 1832.)

Chenevix, Rich., über Geschichte u. Wesen d. Phrenologie. A. d. Engl. übers. v. Bernh. Cotta. gr. 8. (9 B.) Dresden u. Leipzig 838, Arnoldische Buchh.

Chenevix, Richard, Untersuchungen, betreffend die Beschaffenheit einer metallischen Substanz, welche kurzlich in London unter dem Namen: Palladium für ein neues Metall verkauft wurde.

— Chemische Zergliederung der arseniksauren Kupfer- und Eisenerze.

— Zerlegung des Corundum und einiger dasselbe begleitenden Substanzen; nebst Bemerkungen über die Verwandtschaften, welche die Erden auf nassem Wege gegen einander haben sollen. 1803.

Cheney, J. L. The sources of Tindale's New Testament. Diss. Leipzig 1883. 40 S.

Chénier, bataille d'Arminius, s.: Hartmann, K. A. Mart., Chénier-Studien.

Chénier, André. Auswahl, f. die Prima der höheren Lehranstalten u. zum Gebrauche in Universitätsseminaren hrsg. v. Osc. Schultz. 8. (XII, 78 S.) Halle a/S. 891. M. Niemeyer. n. 1. —; geb. in Leinw. n.n. 1. 25

Chénier, André, poésies. Ausgewählt u. erklärt von H. Bihler. gr. 8. (75 S.) Berlin 879. Weidmann. — 75

Chenier, Marie Joseph de. Freiheitshymnen, nach bekannten Volksmelodien. Aus dem Französischen übersetzt. Paris [Strassburg] 1793. Ü: *Müller, Nicolaus.* (GGr) (Ky) (Wr)

Cheniers Freiheitshymnen, nach bekannten Volksmelodien. Aus d. Französ. übers. (v. N. Müller). Paris 793. Straßb. 794.

Chenier, M. J. de. Geschichte und Staatsverfassung der Königreiche Marokko und Fetz. Aus dem Französischen ... Leipzig 1788. Ü: *Cuhn, Ernst Wilhelm.* (Ky)

v. Chenier, ..., Geschichte u. Staatsverfassung d. Königr. Marokko u. Fez. Aus d. Französ., mit Anmerkk. d. deutschen Herausgebers (E. W. Cuhn). gr. 8. Leipz. 788. Weygand. 1 ₰ 4 ₰

Chenot, Adam: Abhandlung von der Pest. (Tractatus de peste. Dt.) Übers. von Joseph Willhelm Schweigart. 302 S., gbd.

Dresden: Gröll 1776

Chenot, Adm., († d. ... Sept. 1789.) Abhandl. von d. Pest; aus d. Latein. v. J. W. Schweigart. 8. Dresd. 776. Gröll. (W. Nauck in Leipz.) 10 ₰

— historia Pestis Transilvanicae anno 1770 et 771 – opus posthumum. 8. maj. Budae, Univ. Buchh. (Eggenberg in Pest) 799.

— historia pestis Transsylvaniae annor. 1770 et 1771, opus posthum. 8maj. Ofen 799. (Eggenberger in P.) 10 ₰

Chenot, Adam: Hinterlassene Schriften über die ärztlichen und politischen Anstalten der Pestseuche. 238 S., gbd.

Wien: typ.v.Trattnern 1798

JB 5.006

— hinterlassene Schriften über d. ärztl. u. polit. Anstalten d. Pestseuche. gr. 8. Wien 798. Trattner. (Eggenberger in Pesth). 8 ℛ

Chenot, Adam: Tractatus de peste. 246 S., gbd.

Vindobonae: typ.de Trattnern 1766

JB 5.004

— tractatus de peste. gr. 8. Wien, Trattner. (Tendler.) 766.

Chenre, Fidèle. Le pape, les papes et les antipapes. In-12°, 214 p. Porrentruy, Gürtler. 1 —
1878.

Chenu (Chirurgien aide-major Dr.), Essai sur l'action thérapeutique des eaux ferrugineuses de Passy. gr. in-12. Paris 841, Brockhaus et Avenarius. n. 1/2 ℛ

Chenû, A., d. Verschwörer, od. wie man Emeuten u. e. Republik macht. Aus d. Franz. v. Herm. Bischoff. 32. (264 S.) Stuttgart 850. Scheible. 14 ℊℊ (siehe auch: Bibliothek, Europäische, 297. Bd. — Lese-Cabinet, historisches. 21 u. 22. Lfg.

— 3. Die Verschwörer. Die geheimen Gesellschaften. Die Polizei-Präfectur unter Caussidière. Die Freicorps. 8°. Wien, Pest. Leipzig, Hartleben, 1850. (Histor. Lese-Cabinet, Bd. 11.)

Chenu, Jean Charles

Chenu, (J. C.), Bibliothéque conchyliologique. 1. Serie. Tome I—IV. 2. Serie. Tome I. Lex. 8. J. E. Donovan. Hist. nat. des coquilles d'Angleterre, classées d'aprés le systéme de Linné; trad. p. J. C. Chenu. (133 S. u. 48 Taf.) II. Le conchyliologiste universel ou figures des coquilles par Thomas Martyn, revu p. J. C. Chenu. (32 S. u. 56 Taf.) III. Th. Say conchyliologie Américaine, trad. p. Chenu. — W. E. Leach. Mélanges zoologiques, trad. p. Chenu. — T. A. Conrad. Nouvelles coquilles d'eau douce des Etats-Unis, trad. P. Chenu. — Monographie des coquilles bivalves fluviatiles de la riv. Ohio p. C. S. Rafinisque. (150 S. u. 31 Taf.) IV. Montagu. Testacea Britannica ou hist. nat. des coquilles marines, fluviatiles et terrestres d'Angleterre, trad. p. Chenu. (361 S. u. 12 Taf.) 2. Serie. I. Transactions de la société Linnéenne de Londres. Partie conchyliologique. Trad. p. Chenu. (376 S. u. 43 Taf.) Paris 1845. 46, Franck. (à n. 8 ℛ) n. 10 ℛ

Chepmell, E. C., der homöopathische Hausarzt. Eine gemeinfaßl. Anleitung zur Behandlung einfacher Krankheitsformen und zu natur- und vernunftgemäßem Verhalten im gesunden und kranken Zustande. Frei nach der 2. Ausg. der domestic homöopathy bearb. von einem prakt. Arzte. gr. 12. (VIII und 269 S.) Wien 850, Seidel. *

Chéranco, Leop. de, der heilige Franciscus v. Assisi [1182—1226]. Autoris. Uebersetzg. aus dem Franz. Von e. Priester der rheinisch-westphäl. Provinz d. Capuziner-Ordens. Mit 1 Photograv. u. 8 Holzschn. 8. (379 S.) Einsiedeln 885. Benziger. 2.25; geb. 3. —

Chérancé, L. de. Der heilige Franziskus v. Assisi. In 8°. Einsiedeln, Gebr. Benziger.
1893. br. 2 75 geb. 3 75

Der heilige Franciscus von Assisi [St. François d'Assise] ⟨1182—1226⟩. Von P. Léopold de Chérancé, aus d. Orden d. Capuziner. Autor. Uebers. aus d. Franz. von e. Priester d. rhein.-westph. Prov. d. Capuziner-Ordens. Mit 1 Titelb. u. 8 Holzschn. 5. Aufl. *Einsiedeln, Köln: Benziger & Co. [um 1902].* (379 S.) 8° [F.] 03. 11440

Chérancé, Leop. de, O. M. C., Leben des hl. Antonius v. Padua. Nach d. Franz. bearb. v. M. Paula. 8. (IV, 180 S. m. 12 Abbildgn.) Regensburg 900. J. Habbel. 1.50; geb. in Leinw. n. 2. —

Cheraskoff, Numa Pompilius, od. das blühende Rom a. d. Russischen. 8. Petersburg. (Wittekind in Eisenach. 782.

v. Cheroskoff, ..., Numa Pompilius, od. d. blühende Rom; aus d. Russ. übersetzt. 8. Petersb. 782. (Bäreke in Eisenach). 14 ℊℊ

— Schlacht bei Tschesme; e. Heldengedicht. 8. Ebd. 773. (Ebd.) 8 ℊℊ

Cherblanc, Fel., die Anwendung des Wasserdampfes bei der Gruben-Wetterhaltung. Uebers. von Heinr. Krause. hoch 4. (26 S. mit 1 Stnt. in Fol.) Gleiwitz 848, Landsberger. (Leipzig, Beyer.) *

Cherbuin, F., et V. Gilliéron, Choix de lectures françaises. Morceaux tirés des principaux écrivains du 17e, 18e et 19e siècle. Avec notices littéraires. 2e édit. gr. 8. (336 S.) Basel 873, Schweighauser'sche Buchh. * 2 50

Cherbuin, F., choix de lectures françaises à l'usage des écoles de jeunes filles 3 tomes. 3. éd. gr. 8. Basel 882. Schwabe. n. 6. 80
1. (169 S.) n. 1. 80. — 2. 3. (243 u. 236 S.) à n. 2. 50

Cherbuin, F., choix de lectures françaises a l'usage des écoles de jeunes filles. Tome 1. 4. éd. gr. 8. (169 S.) Basel 886. Schwabe. n. 1. 80; cart. n. 2. —

Cherbuin, F. Choix de lectures françaises à l'usage des écoles de jeunes filles. Tome II. 4e édit. gr. 8. (243 S.) Basel 890, Schwabe. cart. * 2 80
Ir Tome. Ebd. 1886. * 1 80; cart. * 2 —.

Cherbuin, F., choix de lectures françaises à l'usage des écoles de jeunes filles. Tome I. 5. éd. gr. 8. (169 S.) Basel 894. B. Schwabe. n. 1. 80; kart. n. 2. —

Cherubin, F., Choix de lectures françaises à l'usage des écoles de jeunes filles. Tome II et III. gr. 8. Basel 897. B. Schwabe. à n. 2. 50
II. 5. éd. (239 S.)
III. Morceaux tirés des principaux écrivains du XVII., XVIII., et XIX. siècle avec notices littéraires. 4. éd (236 S.)

Cherbuliez, Emil

Cherbulier, E., Ueber einige physikalische Arbeiten Eulers. Bern 1872. Progr.

Cherbuliez, Dr. E., über einige physikalische Arbeiten Euler's. Ein Beitrag zur Geschichte der physikal. Theorien im 18. Jahrhundert. 63 Stn. 4. Bern, Huber & Co. 1873. 3. 20

Cherbuliez, E. Vier kinematische Aufgaben in elementarer Behandlung-weise. Mülhausen 1874.

Cherbuliez, A.-E(mile), (von Genf, Lehrer der Mathematik in Bern): Essai historique sur les précurseurs de la théorie des ondes lumineuses. Berne R. F. Haller Impr. 1863. VII, 86 S., 1 Bl., 1 Bl. Errata. 8°.
[Zürich, Phil. Diss. v. 16. Dec. 1863].

Cherbuliez, E(mil): [Lebensabriss des Direktors a. D. Geheimen Regierungsraths Dr. A. G. Benguerel.] *Strassburg 1898: M. DuMont-Schauberg.* (20—21 S.) 4°
Strassburg i. E., OR, MP 1898 (554)

Cherbuliez. E. Geschichtliche Mittheilungen aus d. Gebiete der mechanischen Wärmetheorie. 1871.

Cherbuliez. E. Geschichtl. Übersicht der Untersuchungen über die Schallfortpflanzungsgeschwindigkeit. 1870—71.

Cherbuliez. Emil:
Vergleichende Übersicht über die Schülerzahl seit Herbst 1892 (Errichtung der Oberrealschule). 4 (S. 24).
Progr. Oberrsch. *Straßburg i. E.* 1900

Cherbuliez, E[mil]: Vergleichende Übersicht über die Schülerzahl seit Herbst 1892 (Errichtung der Oberrealschule). S. 25. 4.
Progr. Oberrealschule *Straßburg i. E.* 1901 (576).

Cherbuliez, E*mil* [Dir., Dr.]: Vergleichende Uebersicht der Schülerzahl seit der Reorganisation der Gewerbeschule. Mülhausen, Druck v. Wwe Bader & C., 1895; S. 26. 4.
Mülhausen, OR (GwS), MP 1895 (538)

Cherbuliez, E*mil* [Dir., Dr.]: Vergleichende Uebersicht der Schülerzahl seit der Reorganisation der Oberrealschule-Gewerbeschule. [Vgl. P-Beil. 1895.] Mülhausen, Druck v. Wwe Bader & C., 1896; S. 26. 4.
Mülhausen, OR (GwS), MP 1896 (537)

Cherbuliez, E*mil* [Dir., Dr.]: Vergleichende Uebersicht der Schülerzahl seit der Reorganisation der Oberrealschule-Gewerbeschule. [Vgl. P-Beil. 1895. 96.] Mülhausen, Druck v. Wwe Bader & C., 1897; S. 25. 4.
Mülhausen, OR (GwS), MP 1897 (548)

Cherbuliez, Vict., der König Apepi. Erzählg. Aus dem Franz. 8. (130 S.) Berlin (899). W. Werther. n. 1.25

Cherbuliez, Vict., Samuel Brohl & Co. Roman. Nach der 3. Aufl. des französ. Originals deutsch von Emil Lehmann. Autoris. Uebersetzung. 2 Bde. 8. (232; 184 S.) Bremen 879, Kühtmann und Comp. *

— Samuel Brohl & Co. Roman. Nach der 3. Aufl. d französ. Originals deutsch von Emil Lehmann. Autorisirte Uebersetzung. 2 Bde. 8. (232 u. 184 S.) Norden 879. Fischer Nachf. n. 6. —

Cherbuliez, Vict., un cheval de Phidias — causeries Athéniennes. Erklärt von H. Fritsche. Mit 2 in den Text eingedr. Holzschn. gr. 8. (250 S.) Berlin 880. Weidmann. 2. 25

Cherbuliez, Victor. Un cheval de Phidias. Causeries athéniennes von V' Ch'. Erklärt von Dr. H Fritsche.... 2. verbesserte Aufl. von Dr. J[oseph] Hengesbach.... [2 Teile.] 8. Berlin, Weidmann, 1908. [zus. — Teil 1 geb. — M. 2.60]
[Teil 1: Text] Mit zwei in den Text gedruckten Abbildungen. LVI + 148 S. - [Teil 2:] Anmerkungen. 68 S.
(Weidmannsche Sammlung französischer und englischer Schriftsteller mit deutschen Anmerkungen. Hrg. von L[eopold] Bahlsen u. J. Hengesbach.)

— das politische Deutschland seit dem Prager Frieden [1866—1870.] Autorisirte Uebersetzg. 8. (XXVIII, 316 S.) Bern 870. Haller. n. 3. —

Cherbuliez, Victor. Das politische Deutschland seit dem Prager Frieden ‹1866–1870›. Autorisirte Uebersetzung. 8. Bern 1870 (° *Umschlag:* 1871).

— der schöne Edwards. — Die Inconsequenzen d. Herrn Drommel. 2 Erzählgn. Aus dem Franz. 8. (175 S.) Ebd. 899. n. 1. 50

Cherbuliez, Vict., das Geheimnis des Hauslehrers, s.: Engelhorn's allgemeine Romanbibliothek.

—— Jean Têterol's Idee, s. Universal-Bibliothek Nr. 1383—1385.

Cherbuliez, V., Isabella, s. Romane, moderne, des Auslandes.

Cherbuliez, V., der Graf Kostia, s.a. Novellen Bibliothek.

Cherbuliez, V., der Graf Kostia, s.a. Universal-Bibliothek Nr. 2296—2298.

—— le comte Kostia. 3 Vols. (Bibliothèque choisie. Vols. 550—552.) 16. (480 S.) Naumburg 863, Pätz.

—— Graf Kostia. Roman. Mit Autorisation des Verf. in's Deutsche übertragen von Th. Wellauer. 2 Thle. 8. (576 S.) Jena 864, Mauke's Verlag.

Cherbuliez, Victor. Die Kunst und die Natur. (2 Bände.) Uebersetzt von H[ermann] Weber.... 125 u. 108 S. 8. Ascona, C. v. Schmidtz, 1905. [*je* fr. 2. 90]
2. [Titel-] Aufl. 1905.

Ⓑ — Die Kunst u. d. Natur. 905. (KBL 33.) Jetzt: Lorch, K. Rohm. Erm. Pr. 3. —

—— Paule Méré. 2 Vols. (Bibliothèque choisie. Vols. 713 et 714.) 16. (310 S.) Naumburg 864, Pätz.

— ein Pferd des Phidias. Plaudereien aus Athen. Aus dem Französ. von Ida Steinmetz. Mit 1 (lith.) Abbildg. Jena 861. Mauke. 8. (VIII, 211 S.) n. 1 Thlr.

Cherbuliez, Victor. Athenische Plaudereien über ein Pferd des Phidias. Übersetzt von Ida Riedisser, mit einem Nachwort begleitet von Walther Amelung. Mit einer Tafel und 75 Abbildungen im Text. IV + 325 S. 8. Strassburg, J. H. Ed. Heitz, 1903. [M. 8. -]

— reich geworden, s.: Universal-Bibliothek.

Cherbuliez, Vict. Der Roman e. ehrbaren Frau. Berechtigte Uebersetzg. 8. (325 S.) Dresd. 892, Pierson. * 3 —

Ⓑ — Der Roman e. ehrbaren Frau. 892. (KBL 27.) Jetzt: Berlin, Verlag Berlin-Wien.

Cherbuliez, Mad. Tourte, Anette Gervais. Familiengemälde, frei nach d. Franz. Bearb. v. J. S. 8. (12¾ B. u. Titlbld.) Hamburg 843. [Leipzig, Berger's Buchh.] Thlr. -

Cherbuliez, Madame Tourte, Anette Gervais. Familiengemälde, frei nach d. Französ. Bearbeitet von J. S. (Mit Titelbild.) kl. 8. Hamburg 843, Herold'sche Buchh. ¾ Thlr.

Cherbuliez, Mad. Tourte, Annette Gervais. Familiengemälde, frei nach dem Franz. bearb. von J. S. Neue wohlf. (Titel-) Ausg. 8. (IV und 198 S. mit 1 Stnt.) Hamburg 850, Heroldsche Buchh. Thlr. *

— der Verlobte des Fräulein v. Saint-Maur. Autoris. Uebersetzung von G. Neuda. gr. 8. (163 S.) Berlin 881. Grosser. 3. —

Cherbuliez, Vict., Ladislaus Bolski, s.: Lese-Cabinet, belletristisches.

Chèref-ou'ddine, Chéref-Nâmeh ou fastes de la nation Kourde. Traduits du Persan et commentés par Franc. Bern. Charmoy. Tome I., première partie, cont. l'introduction éthnographique et géographique suivie des 709 notes qui s'y rattachent. St. Pétersbourg 868. - Leipzig, Voss. Lex.-8. (852 S.) n. 3 Thlr. 18 ngr.

Chèref-ouddine, Chèref-Nâmeh ou Fastes de la nation Kourde. Traduits du Persan et commentés par Franç. Bernard Charmoy. Tome I., 2. partie. Lex.-8. (502 S.) St. Pétersbourg 870. Leipzig, Voss. n. 6 30

—— dass. — Tome IIe, 1re partie. Lex.-8. (705 S.) Ebendas. 873. *

Chèref-ou'ddîne, Prince, Chèref-Nâmeh ou Fastes de la nation kourde. Traduits du persan et commentés par Franç. Bernard Charmoy. Tome II, 2e partie. Lex.-8. (712 S.) St.-Pétersbourg 875. (Leipzig, Voss' Sortiment.) *
Tome I et Tome II 1re partie. (Ebendas.) 1868—73. *M. 25,90.

Chéret, Jos., Terracotten. Eine Studienmappe f. Bildhauer, Maler, Stuckateure etc. 1. Serie. 2. Aufl. Fol. (25 Taf. in Heliograv.) Berlin 886. Claesen & Co. In Mappe. n. 35. —; in 5 Lfgn. à n. 7. —

Chéret J. la terre cuite française. Serie I. (25 T) fol Berlin 1885

Cherhal-Montréal, s. Montréal Cherhal

Cherier, s. Cherrier

Chernel, L. v., Jagdpech u. andere Jagdhumoresken. (Umschlagzeichnung v. Fritz Schönpflug.) (138 S.) kl. 8. Wien 909. Huber & Lahme Nachf. 1.—; geb. 1.50

— Weidmannsheil! Geschichten aus dem Jägerleben. (Umschlagzeichnung v. Fritz Schönpflug.) (147 S.) kl. 8. Ebd. 910. 1.—; geb. 1.50

Cherno, Franz, prakt. Arzt von Dornach (Kt. Solothurn): Ueber die unter dem Namen Blepharitis ciliaris bekannten Erkrankungen des Lidrandes. Berlin 1907. 23 S. 8°. S.-A. a. d. Zeitschrift für Augenheilkunde Bd. 17. [19. XII. 06.]
Bern. Med. Diss. 1906/1907.

Auguste Rodin. Essai de nomenclature de ses oeuvres par ordre chronol. Par René **Chérny**. (Berlin): Verein f. Kunst 1906. (16 S.) 8° [07. 7605 11

Chernyschewsky (N.) — La monarchie de Juillet (en russe) 195 p. in-8. H. Georg, Genève et Bâle. 1876. 2. 50

— — que faire? (en russe) 2° édition XXVIII. 412 p. in-8. H. Georg, Genève et Bâle. 5. — 1876.

Chéron de la Bruyère, Prinzessie Rosalba, deutsche Bearbeitg., s. Helm, Clementine, d. kleine Herrin.

Chérot, Henri

Chérot, H., S. J., d. hl. Aloysius v. Gonzaga, e. Vorbild f. d. studier. Jugend. Z. s. 300jähr. Gedenkfeier. A. dem Franz. übers. 8. (71 S. m. Abb.) Münster (891). [A. Russell.] H. Schöningh, Sep.-Cto. n. —90; geb. n.n. 1.40

[F. u. Ant.] Der hl. Aloysius von Gonzaga, e. Vorbild f. d. studierende Jugend. Zu s. dreihundertj. Gedenkfeier. Von P. Henri **Chérot**, S. J. Aus d. Franz. übs. *Münster i. W.: A. Russell [1895].* (71 S.) 1 Bd 8. [96. 4363

Cherpillod, A[rmand]. Handbuch des Dschiu-Dschitsu. Die Gebräuchlichsten Kunstgriffe bearb. für die Turnvereine, die Armee und für weitere Kreise. 90 Illustrationen nach der Natur. Deutsche Ausgabe besorgt von Fritz Briggen. 129 S. 8. Neuenburg ‹Schweiz›, Gebrüder Attinger; Leipzig, H. G. Wallmann, [1906]. ([cart.] fr. 2. 50)

Cherpillod, A(rmand). Meine Selbsthilfe. Einige Kunstgriffe des Dschiu-Dschitsu für Damen. 36 Illustrationen nach der Natur. [Umschlag illustriert.] 98 S. 8. Neuenburg ‹Schweiz›, Gebruder Attinger; Leipzig, H.-G. Wallmann, [1906]. [cart. fr. 2. —]

Cherier, Nicol. Joan., Enchiridion Juris Eccl., cum singulari ad alienas confessiones attentione. II Tomi. 8maj. Tirnau 837 Wachter. 2⅔ ß Edit. II. locuplet. 8maj. Pestini 839. Hartleben (Lipsiae, Frohberger.) 3½ ß

Cherrier, Nicol. Joan., Enchiridion juris ecclesiastici cum singulari ad alienas confessiones attentione. II Tomi. [Jus ecclesiasticum publicum. — Jus ecclesiasticum privatum.] Editio latina IV. per auctorem reformata et locupletata. 8maj. (XXII, 330; XV, 400 S.) Pestini 855, [Pfeifer.]

— epitome historiae ecclesiasticae N. F. II tomi. Viennae 853, 54. Wallishausser. gr. 8. (XI, 325; X, 556 S.) 3 ß 22 ngl

—— christkatholisches Erbauungsbuch zur Belehrung, zum Troste und zur Beruhigung häuslicher Kreise. Dargestellt in Kanzel-Reden auf alle Sonn- und Feiertage des Jahres. 2 Bde. A. u. d. T.: Katholische Glaubens- und Sittenlehre. 2 Bde. gr. 8. (XII und 771 S.) Preßburg 852, Krapp. à Bd. * 1 Thlr. 10 Ngr. *

CHERRIER, NIKOLAUS: Gott erhört und hilft zur rechten Zeit. Bearbeitet und am 21. November 1827. als am Erinnerungstage wegen aufgehörter Pest in der Stadt-Pfarrkirche zu Tyrnau vorgetragen von J. Nicolaus Cherrier, Weltpriester. Auf gütiges Verlangen zum Druck befördert. Tyrnau 1828: Bey Felix Wachter. Druck J. B. Jelinek. 21 S. - 8°

Cherier, Nicol. Joan., Institutiones Historiae Ecclesiasticae N. F. IV Tomi. 8maj. Pestini 840, 41, Hartleben. (Lipsiae, Frohberger.) 6¾ ß

CHERRIER, NIKOLAUS: Nachahmung der Geduld Jesu im Leiden. Bearbeitet und am Freytage der Charwoche 1827. In der Stadt-Pfarrkirche zu Tyrnau vorgetragen. Tyrnau 1827: F. Wachter. 19 S. - 8°

CHERRIER, NIKOLAUS: Rede am Feste der heil. Cäcilia, bei der Gründung der Kirchenmusik-Vereines in Tirnau. Pressburg 1838. Gedr. bey C. Fr. Wigand. 4, 16 S. - 8°

CHERRIER, NIKOLAUS: Der Tod Jesu und unsere Erlösung. Bearbeitet und am Freytage der Charwoche in der Stadtpfarrkirche zu Tyrnau 1826 vorgetragen. Gran 1828. Gedr. bey Jos. Beimel. 22 S. - 8°

CHERRIER, NIKOLAUS: Die Tonkunst als Mittel zur Tugend und Verherrlichung Gottes. Eine Rede, als der neu gebildete Kirchenmusik-Verein der k. Freistadt Tirnau ins Leben trat, bearbeitet und vorgetragen am Festtage der heil. Cäcilie 1838 von Nikolaus Cherrier. Preßburg 1839: Carl Friedrich Wigand. 16 S. - 8°

Chertier, F. M., die excellir. Lustfeuerwerker, s. Lustfeuerwerkerei, die.

Chertier, ..., der excellirende Lustfeuerwerker, s. Schauplatz der Künste u. Handwerke. 92r Bd.

— Lustfeuerwerkerei, im Ausz., s. Websky, M., Lustfeuerwerkerei.

[F.] **Cherubim,** *Ludwig Albert* Carl [aus Lindenau i. Schles.]: Flüsse als Grenzen von Staaten und Nationen in Mitteleuropa. E. Beitr. z. Anthropogeographie ... (Hauptabschn. 2 e. gröss. Arb.) Halle a. S., Hofbuchdr. v. C. A. Kaemmerer & C., 1897; 33 S., 1 Bl. 8.
Halle, Phil. Fak., Inaug.-Diss. v. 20. Febr. 1897

Cherubin, s. Cherbuin

Cherubini, Luigi; seine kurze Biographie, u. ästhet. Darstellung seiner Werke. 8. Erfurt 810. Müller. (Leipz., Weygand). 16 gl

Cherubini, Luigi. Eine Biographie. 2. verm. und verb. Aufl. 16. (32 S. mit 1 Stahlst.) Leipzig 880, Pfeil. *

Mangner, Edu.: Arie für Tenor mit Flöte und Pianoforte. Komponiert von Cherubini. [Leipzig 1908: Vogel.] 1 Bl. 4°.
„Sei gegrüsst, Latomia, himmlische Göttin"...

Graf Armand oder: Der Wasserträger. (Les deux Journées.) Große Oper in 3 Akten. Musik von (Luigi) **Cherubini**. Mit Angabe d. Inhalts d. Oper (von K[arl] Brüning). Wiesbaden: Bechtold [um 1892]. 14 S. 8°
(Opern-Text-Bibliothek.) [11. 11389

Cherubini, L., Faniska, — Loboiska, — Medea, } s. Mode's Opern-Text-Bibliothek.

Cherubini, Medea, — Requiem. C-moll, } s.: Breitkopf & Härtel's Textbibliothek. 83. 104.

Cherubini, L., Theorie d. Contrapunktes u. d. Fuge. A. d. Franz. übers. v. Frz. Stoepel. Dieses Werk ist als Lehrb. f. d. Classen des Conservator. d. Musik in Paris angenommen. (Deutsch u. Franz.) Fol. (48¼ B.) Leipzig (835) 840, Kistner.

Cherubini, L., Theorie des Contrapunktes u. d. Fuge. — Cours de Contrepoint et de Fugue. Deutsch u. Franz. Aus dem Franz. übers. von Frz. Stöpel. VIII. Lfrgg. Fol. Leipzig 835, 36 Probst. (Kistner.) 8 ß N. Ausg. Fol. Ebd. 840. 8 ß

Cherubini, L., Theorie d. Kontrapunktes u. d. Fuge, in neuer Übersetzg. Bearb., m. Anmerkgn. u. e. Anh. üb. d. alten Kirchentonarten vers. v. Gust. Jensen. gr. 8. (VIII, 168 u. 30 S.) Köln 896. H. vom Ende. n. 4. —

—— der Wasserträger, s. a. Breitkopf und Härtel's Textbibliothek Nr. 4. 210.

– Dass., s.a. Mode's Opern-Text-Bibliothek.

Cherubini, Luigi, u. Jean Nic. Bouilly, der Wasserträger, s. a. Universal-Bibliothek.

Der Wasserträger [Les deux journées]. Oper in 3 Akten nebst e. Vorspiel: Die Reise über d. Sankt Bernhard. Von [Luigi] **Cherubini**. Neue Bearb. d. Handlung u. d. Textes von Ernst Pasqué. Ausg. f. d. Bühnengebr. Berlin, Köln, Leipzig: Ahn [1905]. 64 S. 8°
(Ahns Operntext-Bibliothek. Nr 110.) [09. 9131

CHERUBINUS F. A SMA. TRINITATE. Zwey Früchten-volle Ehren- und Wunder-Bäume. Das ist: eine kurtze Ehren- und Lob-Rede von S. Aloisio Gonzaga und S. Stanislao Kostka Soc. Jesu, welche zu Beschliessung der solemnen Canonizations-Octav in der Haupt-Pfarr- und Societatis Jesu-Kirchen der königl. Haupt- u. Residentz-Stadt Ofen, den 7. Sept. 1727, abends nach vorhergehendem musikalischen Oratorio vorgetragen der Wohl-Ehrwürdige F. Cherubinus a S. S. Trinitate, S. Ord. Fratrum B. V. Mariae de monte Carmelo concionator emeritus. Ofen 1727. Gedruckt bey Veronica Landerin. 36 S. - 4°

CHERUBINUS A SANCT. TRINITATE. Kurtze Ehren-Rede, welche bey solemner Bischöfflicher Benedicirung dess den 4. Martii 1725. feyerlich-gelegten ersten Steine, zu der künfftig neuen Kirchen, deren PP. Carmelitern in der Haubt-Stadt u. Vestung Ofen. Gedr. zu Ofen, bey Joh. Seb. Landerer. o. J. (1725) 8 f. - kl. 4

CHERUBINUS A SANCTISSIMA TRINITATE. Schuldigste und höchst-nützliche Gegen-Lieb einer rühmwürdigsten Congregation von und zu der allerheiligsten Drey-Einigkeit. Ofen 1728. Druck. Nottenstein. 30 S.

Cheruscia, Der A. T.-V., zu Göttingen 1860—1885. Festschrift . . . Göttingen 1886. V: *Benshausen, L.* (Erman & Horn, Bibl. d. dtsch. Universitäten. 2. Leipzig u. Berl. 1904.)

Cherusken, Die. Ein politisches Schauspiel . . . Augsb. 1778. V: *Bodmer, Johann Jacob.* (vetter) »1761« (GGr) (Ky) (ML)

Der Cherusker.
Monthly, first appearing Jan. 1, 1905 & published by Grand Lodge of the Order of Herman Sons of the State of Wisconsin.
Milwaukee, WI

Der Cherusker : 1907- 1930?
Monthly. Quarto, each issue 4--8 pages. Circulation: 1915, 1000; 1920, 865; 1925, 800. Edited & published by C. J. Gasch, 1907- 30.
Seattle, WA

Der Cherusker. 1909 Spokane, WI
Edited & published by W. L. Wolter. Monthly Circulation 1000.

Cheruskerfamilie, Eine, oder der Sieg der Besiegten . . . Übersetzung von Charlotte Philippi. Basel 1872. V: *Bundel-Charles, Bessy.* (zuwzür 1910)

Cheruskerfamilie, eine, oder der Sieg der Besiegten. Von der Verfasserin der „Familie Schönberg-Cotta." Autorisirte Uebersetzung von Charl. Philippi. 2 Bde. VI u. 242 u. 240 Stn. 8. Basel, F. Schneider. 1872. 6. 40

Cherville, G. de, la chasse aux souvenirs. Des derniers péchés du chevalier de Vaucelas. 8. (356 S.) Paris 875. Didot & Co. n. 3. —

Chéseaux, Jean Philippe Loys de: (Discours philosophique sur la physique et l'histoire naturelle. Deutsch:) Philosophische Abhandlung über die Physik und die Naturhistorie. Aus d. Franz. des (Jean Philippe Loys) de Chéseaux übers. Augspurg: Stage 1762. 96 S. 8⁰

Cheseaux, philosoph. Abhandl. üb. die Physik u. Naturhist. 8. Augsb. Stage. 763.

Cheselden, W(illiam): Anatomie des menschlichen Körpers. (The Anatomy of the human body. Ed.12. Dt.) Übers.von August Ferdinand Wolff. 339 S., gbd., 40 Taf.

Göttingen: Dieterich 1790

JB 667

Chesne, C. du, der Prozeßgang des formalen Grundbuchrechtes. Grundlegung u. Versuch zu e. Systematik des Grundbuchverfahrens. (60 S.) gr. 8. Leipz. 908. Dieterich. 1. 60

Chesnelong, der soziale Einfluß des Christenthums. Rede, geh. zu Paris am 6. Febr. 1877, im kathol. Vereine d. Luxembourg. Aus dem Franz. übersetzt. gr. 8. (23 S.) Wien 877. Mayer & Co. n. — 24

(**Chesney.**) Englands Ende in der Schlacht bei Dorking. Erinnerungen eines alten Britten im nächsten Jahrhundert. Eine Studie aus dem Engl. Hamburg 1879. 8⁰.

Chesney, Charles, étude de la campagne de 1815. Waterloo. Avec 1 carte (lith.). Berlin 870. Mittler & Sohn. Lex.-8. (VII, 342 S.) n. 2 Thlr

—— Waterloo-Vorlesungen. Studien zum Feldzuge von 1815. 2. verm. Aufl. Mit Genehmigung des Verf. übersetzt von der kriegsgeschichtl. Abtheilung des königl. preuß. großen Generalstabes. Mit einem (lithogr.) Plane (in qu. Fol.) gr. 8. (X, 188 S.) Berlin 869, Mittler und Sohn.

Chesney, Francis Rawdon

Chesney, F. R., das türkische Reich, s. Molbech, Ch.

Chesney, Weatherby, der gläserne Dolch, s.a. Kürschner's, Jos., Bücherschatz.

Der gläserne Dolch. Von Weatherby Chesney. Mit Ill. von Martin Ränike. Berlin, Eisenach, Leipzig: H. Hillger [1899]. (128 S.) 8⁰
= Bücherschatz, Kürschner's. No 168.

Chesney, Weatherby, der gebrandmarkte Prinz, s.a. Hillger's, Herm., Sammlung illustr. Kriminalromane 8. Bd.

Der gebrandmarkte Prinz [The branded prince] von Weatherby **Chesney.** Autor. Übers. aus d. Engl. von B. Treumann-Koner. Mit Ill. von W. Roegge jr. Berlin & Leipzig: H. Hillger 1907. (164 S.) 8⁰ [J.]
= **Sammlung,** Hillgers, illustrierter Kriminalromane. Bd 8. '07. 1934

Chessex, D'Arcy. Über einen Fall von malignem Lymphom von Hals-, Axillar- und Retroperitonealdrüsen mit eigentümlichen, epithelartigen Zellsträngen. Aus dem pathologischen Institut Bern.... Diss. Med. Bern. [Mit 1 Tafel.] 26 S. 8. Bern, Stämpfli & Cie., 1910.

Chestänä-Igel. Der Ch'-I'. Central (*2: Z')-Organ für die Fastnacht in der Walachei und den angrenzenden Landschaften. Erscheint alljährlich an der jungen Fastnacht. Jahrg. 1 u. 2. Nr. 1 u. 2. Walchwil, den 27. Februar 1906 u. den 12. Februar 1907.
Jahrg. 1. ... 1906. [4 S.] 4. (Zug, J. Speck & Cie.) fr. —. 20
Jahrg. 2. ... 1907. [Mit Vignetten.] [4 S.] fol. [Zug, J. Speck & Cie.] fr. —. 30

Chestänä-Igel. Der Ch'-I'. Zentral-Organ für die Fastnacht in und um die Walachei des hohen Standes Zug. Erscheint alljährlich ... an der jungen Fastnacht. Jahrg. 3. Nr. 3. Walchwil, den 3. März 1908. 2 Blätter. [6 S.] fol. (Zug, Rey & Kalt.)

Chestänä-Igel. Der Ch'-I'. Zentral-Organ für die Fastnacht in und um die Walachei des hohen Standes Zug. Erscheint alljährlich ... an der jungen Fastnacht. Jahrg. 4. Nr. 4. Walchwil, den 23. Februar 1909. 3 Blätter. [10 S.] fol. (Zug, Rey & Kalt.) fr. —. 40

Chestänä-Igel. Der Ch'-I'. Zentral-Organ für die Fastnacht in und um die Walachei des hohen Standes Zug. Erscheint alljährlich ... an der jungen Fastnacht. Jahrg. 5. Nr. 5. Walchwil, den 8. Februar 1910. [8 S.] gr.-4. (Zug, Rey & Kalt.) fr. —.40

[J.] Peter, der Holzschnitzer. Von Norley **Chester.** *Berlin: Christl. Zeitschriftenver. 1896.* (50 S.) 1 Bd 8.
= **Jugend-Bibliothek** [d. Christl. Zeitschriftenvereins]. [No 16.] '98. 9378

Chester County Post : 1885?--1899?
Democratic weekly. Circulation: 1886, 150; 1898, 310. Edited & published by George R. Guss, 1885- 91; edited by George R. Guss, & published by Post Publishing Co., 1892 –99.
West Chester, PA

Chesterfield, Philip Dormer Stanhope Earl of

Chesterfield, s.a. Lord Stanhope.

Chesterfield's Advice to his Son, on Men and Manners. 8. Wien, Sammer. 799.

— l'art de vivre heureux dans la Société. 8. Dresden, Walther. 798.

Chesterfield, Briefe a. s. Sohn. Grundsätze d. Lebensweisheit, s.a. Volksbibliothek, wissenschaftliche.

Ph. Dormer Stanhope's Gr. v. Chesterfield's Briefe an seinen Sohn; a. d. Engl. *Lpz.,* Weidmann. B. 774-77. 6 Bde. 8⁰ 3 Thlr

Chesterfield, Graf v., erkenne dich selbst. Früchte vom Baume der Erkenntnis. Ein Buch zur Erbaug. (187 S.) 8. Leipzig (904). Jaeger. Geb. in Leinw. n. 4. —

CHESTERFIELD [Philip Dormer Stanhope Earl of]. Klugheitslehren fur Junglinge. Aus des Grafen von Chesterfields Briefen an seinen Sohn . . . (Übersetzung von Rudolphi). . . mit nothigen Abanderungen, gebracht von J[oachim] H[einrich] Campe. 2. besondere Aufl. Sammer, Wien 1793. 1 vol. 183 S. + 3 Bl.

Klugheitslehren f. Jünglinge, a. des Gr. v. Chesterfield Briefen an sn. Sohn in e. zweckmäss. Ausz. (v. L.. E.. G.. Rudolphi) m. nöth. Abänderr. gebracht v. Jo. H. Campe. *Braunschw.*, Schulbuchh. (2^e besond. A. 793. 3-5^e A. 806. . . .) 6^e A. unt. d. Tit.: Jo. H. Campe's Klugheitsll. f. Jüngll., welche im Begriff stehen, in d. Welt zu treten; a. d. Brr. d. Gr. v. Ch. in e. zweckm. Ausz. gebr. 821. 12° 8 gl

— die Kunst unt. Menschen glücklich zu leben. a. d. Franz. v. Schrettinger. 8. München. Fleischmann. 802.

— s.a. Lebensweisheit, die, der Hindus.

Die Lebensweisheit der Hindus. Aus der Handschrift eines alten Brahminen in englischer Sprache herausgegeben vom Grafen von Chesterfield. In treuer Übersetzung seinen deutschen Landsleuten gewidmet von J. Schmitz. Düsseldorf, Schreiner, 1825, gr. 8°.

Chesterfield, letters to his son, s.a. Bauer, F., a selection of the most beautiful thoughts etc.

Chesterfield, Lord P. D. St., Letters to his son, with some account of his life. In three volumes. 16. with engravings. London. (Leipzig, Hinrichs) 816. 3 18

Chesterfield's, Lord, Letters to his son. Im Auszuge. Mit zahlreichen, unter dem Texte angebrachten Bedeutungen der Wörter, und einer ausführl. Tabelle der unregelmäßigen Zeitwörter. Für den öffentl. u. Privatunterricht bearb. von H. Grell. 16. Stuttgart 812, Erhard. 1/2 ℛ

Chesterfield's, Lord, letters to his son on men and manners: The principles of politeness. Zum Schul- und Privatgebrauche ausgewählt und mit grammat. und erklär. Anmerkungen versehen von Frz. Bauer. 2. Aufl. 12. (IV und 128 S.) Celle 861, Schulze'sche Buchh. *

— Lettres à son fils. 12 Vols, 8. Bâle, Decker. 796.

Chesterfield, Lord, Quintessenz der Lebensweisheit und Weltkunst. Nach den Briefen an seinen Sohn frei bearb. von Karl Munding. 1. und 2. (unveränd.) Aufl. 8. (XVI, 230 S.) Stuttgart 885,86, Levy und Müller. *
geb. *

Chesterfield's, Lord, Quintessenz der Lebensweisheit u. Weltkunst. Nach Briefen an seinen Sohn frei bearb. v. Karl Munding. 4., unveränd. Aufl. 8. (XVI, 246 S.) Stuttgart 892. Schwabacher. n. 3. 60; geb. n. 5.--

— Quintessenz d. Lebensweisheit u. Weltkunst. Nach Ch.'s Briefen a. s. Sohn frei bearb. v. Karl Munding. 5. Aufl. 8. (XVI, 246 S.) Stuttgart 895. Schwabacher. n. 1. 50; geb. in Leinw. n. 2.--

Chesterfield, Lord, Quintessenz der Lebensweisheit u. Weltkunst. Nach Lord Chesterfields Briefen an sein. Sohn frei bearb. v. Karl Munding. (22-25. Taus.) (254 S.) 8. Stuttgart (908.) Schwabacher. 3. 60

Chesterfield's, Lord, rules a. maxims to form the man of honour, taste a. fashion. Carefully selected by Geo. Sidney. 16. (129 S.) Leipzig 874. Siegesmund & Volkening in Comm. n. 1. 20

Chesterfould, E., untrügl. Geheimniß, in e. Stunde ohne Lehrer das Reiten zu erlernen, u. rohe Pferde abzurichten. Aus d. Engl. N. A. 8. (Berl. 819. Schöne; a. Taubert in Lpz.) 9 K

Chesterfould, Ed., die engl. Pferdedressur, s. Gorden, Edw.

Chesterton, Gilbert Keith

Chesterton, G. K., the man who was thursday, s.a. Collection of British authors.

The Man who was thursday. A nightmare. By G[ilbert] K[eith] **Chesterton.** Copyright ed. Leipzig: Tauchnitz 1908. 296 S. 8°
(Collection of British authors. Tauchnitz Ed. Vol. 4034.) [11. 8776]

— Der Mann, der Donnerstag war. Eine Nachtmahr. (Roman.) (Die autoris. Übersetz. besorgte Heinr. Lautensack.) (265 S.) 8. München 910. Hyperion-Verlag. 3.50; geb. 4.50; Luxus-Ausg. 15.

Orthodoxie (Orthodoxy). Von G(ilbert) K(eith) C(hesterton). München: v. Weber 1909. 225 S. 8°

C[hesterton], G[ilbert] K[eith], Orthodoxie. München 1910. 8°.

What's wrong with the world. By G[ilbert] K[eith] **Chesterton.** Copyright ed. Leipzig: Tauchnitz 1910. 280 S. 8°
(Collection of Brit. Authors. Tauchnitz Ed. Vol. 4202.) [10. 1143]

Cheston, Richard Browne: Pathologische Untersuchungen und Beobachtungen in der Wundarztneikunst durch Zergliederung krankhafter Leichname. Nebst einem Anhang von 12 verschiedenen Wahrnehmungen. (Pathological Inquiries and observations in surgery, from the dissections of morbid bodies...with an appendix containing twelve cases on different subjects. Dt.) Übers. von Johann Christian Friedrich Scherff. 176 S., gbd.
Gotha: Ettinger 1780
an: Morand, Sauveur François: Vermischte Schriften. (Opuscules de chirurgie. Dt.) 1776

JB 3.259

de la Chetardie, Lehren für junge Standespersonen. Französ. u. deutsch. 4. Schwerin 766. Bärensprung. 8 K

— Unterr. f. einen jungen Herrn. Aus d. Französ. 8. Berl. 759. Rüdiger.

Chetiel (Römling u. Pfarrer), Matthäi oder das Falk'sche „Ich der Liebe" und seine Wahlverwandten. gr. 8. Neisse 845, Burckhardt. n. 5/12 ℛ

Chettle, Henry, u. John Day, the blind beggar of Bednall Green, s.: Materialien zur Kunde des älteren engl. Dramas. 1. Bd.

Chettle, Henry, Thomas **Dekker,** William **Haughton,** the pleasant comodie of patient Grissill, s.: Beiträge, Erlanger, zur englischen Philologie u. vergleichenden Litteraturgeschichte.

Chettle, Henry, the tragedy of Hoffman or, a revenge for a father. Nach dem Quarto v. 1631 im British Museum hrsg. v. Rich. Ackermann. gr. 8. (XXIII, 86 S.) Bamberg 894. (H. Uhlenhuth.) n. 1. 50

CHETWOOD, William Rufus - Richard CASTELMAN
Des Schiffs-Kapitains Robert Boyle merkwürdige Reisen und Begebenheiten, nebst Bericht von seinen Unternehmungen zur See, und seinem Aufenthalt in Mexico, Peru, und andern Gegenden des spanischen Amerikas.
Anbei Richard Castelmanns Reisen und Nachrichten von Pensylvanien und Philadelphia und seinen überstandenen Schiffbruch.
Leipzig: Weygand. 1793. 342 S. 8°.
Universitätsbibliothek Wien
Übers. v. The Voyages and adventures of Captain Robert Boyle ... To Which is Added The Voyage, Shipwreck ... of Richard Castelman ... With a Description of the City of Philadelphia..., London 1726.
Sabin 12557. Palmer.
William Rufus Chetwood, -1766
Richard Castelman
Robert Boyle

Cheval, le, mécanique de M. de Hamel. gr. 8. (24 S.) Stuttgart 862, Schaber. *

Chevalier de l'Aigle; du Pélican; ou Rosecroix. [Hrsg. von Joh. Joachim Christoph Bode.] [Weimar ca 1792: Bode.] 48 S. 3 Kupfertaf. 8°
cf. Lenning, C.: Encyclopädie d. Frmrei. 1 (1822) S. 419—425; Chemin-Dupontès, J. B.: Cours pratique. 4 (1841) S. 271—283; L. 23 (1864) S. 110 (G. Merkel); L. 6 (1883) S. 186 (K. Rohstein).
Kl. 1930. Sehr selten. Ritual.

Le **Chevalier** de la triple croix. [Hrsg. u. m. Anm. vers. von Joh. Joachim Christoph Bode.] [Weimar ca 1792: Bode.] 36 S. 1 Kpfr. 8°
Deutsche Übers. in: Lenning, C.: Encyclopädie d. Frmrei. 2 (1824) S. 229—237.
cf. L. 23 (1864) S. 110 (G. Merkel); L. 6 (1883) S. 186 (K. Rohstein).
Kl. 1931. Sehr selten. Ritual.

Chevalier, le, au cygne et Godefroid de Bouillon, s. Collection de chroniques Belges, tome XIII.

Chevalier u. Menschenfreund, der, od. Geschichte d. Barons v. Grantoms, (von Edw. Ferd. v. Hopffgarten). 2 Thle. 8. Leipz. 773, 74. (Brockhaus). 18 gl

Chevalier du Papegau, le. Nach d. einzigen Pariser Handschrift z. ersten Mal hrsg. v. Ford. Heuckenkamp. 8. (LXIII, 143 S.) Halle 896. M. Niemeyer. n. 5. —

Chevalier, s.a. Chevallier

Chevalier, le, voyez Lechevalier.

Chevalier, Hauptm., die Elb-Armee im Feldzuge von 1866. Mit den (lithogr.) Plänen der Gefechtsfelder bei Münchengrätz und Königgrätz (in qu. Fol.). gr. 8. (IV, 78 S. mit 4 Tab. in gr. 8., qu. 4. und gr. Fol.) Breslau 869, Mälzer. [Gera, Reisewitz' Verlag.] *

Chevalier's Rezeptbuch für Gewerbe, Land- und Hauswirthschaft. Enthltd. mehr als 600 bisher meist geheim gehaltene Rezepte. Nach der 8. Aufl. aus dem Französ. übers. von H. K. Kießling. Ulm 857. Hödel. 12. (IV, 236 S.) 12 ngl

—— s. Struensee, v., der Infanterie-Pionier-Dienst.

Chevalier: Unterricht über die Reagentien . . ., s. Payen

Chevalier, A., über Betriebseinrichtungen auf engl. Eisenbahnen, s.: Wild, Otto.

Chevalier, Charles, die Camera lucida. Eine gründl. Anweis. für Künstler u. Liebhaber der Zeichnenkunst, über den Gebrauch dieses neuen optischen Instruments, das jetzt in Frankreich vielfach angewendet wird. Aus d. Franz. Mit Abbild. gr. 8. Quedlinb. 839. Basse. $1/3$ ℳ

Chevallier, Ch., Handbuch der Photographie auf collodionirten u. albuminirtem Glase, auf Papier u. auf silberplattirten Kupfertafeln, nach den neuesten Verfahrungsarten der ausgezeichnetsten Photographen Englands, Amerika's u. Frankreichs. Mit 3 (lith.) Taf. Abbildgn. (in 4.) Quedlinburg 857. Basse. gr. 8. (VIII, 192 S.) 20 ngl

Chevalier, Charl., die Mikroskope u. ihr Gebrauch. Oder vollständ. Handbuch der Mikrographie. Bearbeitet u. mit Anmerk., sowie mit e. Abhandlung über die katadioptrischen Linsen, von Fr. Sylv. Kerstein. Mit 6 Taf. gr. 8. Quedlinburg 843, Basse. $1 1/2$ ℳ

Chevalier, Charles, die Mikroskope und ihr Gebrauch. Oder vollständ. Handbuch der Mikrographie, enth. eine Beschreibung der neuesten Methoden und Apparate zu mikroskop. Beobachtungen. Bearb. und mit Anmerkungen, sowie mit einer Abhandlung über die katadioptr. Linsen versehen von Friedr. Sylv. Kerstein. 2. (Titel-)Ausg. gr. 8. (X und 181 S. mit 6 Stnt. Abbild. in gr. 4.) Quedlinburg (843)64, Basse.

Chevalier, L.

Chevallier, L., notes sur la flore du Sahara, s.a. Mémoires de l'horbier Boissior. Nr. 7.

Notes sur la flore du Sahara par l'Abbé L. Chevalier. *Genève & Bâle: Georg & Cie 1900.* (15 S.) 8°
= Mémoires de l'Herbier Boissier. No 7.

Chevalier, Ludwig

Chevalier Dr. L.: Die Einfälle der Gallier in Griechenland. (Olymp. 125. 2. u. 3.) 37. Smichow 78.
Progr.

Chevalier, Ludwig: Das Entstehen und Werden des Selbstbewufstseins. Eine psychologische Abhandlung. 8 (S. 3—43).
II. 8 (S. 3—34). (III.) 8 (S. 3—28).
Progr. K. k. Staats-Oberg. (Stephansg.) *Prag-Neustadt* 1897. 1899. 1900.

Chevalier, Ludwig: Das Entstehen und Werden des Selbstbewußtseins. IV. S. 3—15. 8.
Progr. K. k. Staats-Obergymn. (Stephansgasse) *Prag-Neustadt* 1901.

Chevalier, L., Entstehung u. Bedeutung der griech. Söldnerheere u. ihre Teilnahme an den von Anfang des 4. bis in die Mitte des 8. Jahrh. v. Ch. in Europa, Asien u. Afrika geführten grösseren Kriegen. Pr. 1869. 82 S. 4°. 1.50

Chevalier. Entstehung und Bedeutung der griechischen Söldnerheere und ihre Theilnahme an den vom Anfang des 5. bis in die Mitte des 2. Jahrhunderts geführten grösseren Kriegen. Prag 1869

Chevalier Dr. L.: Das eddische Lied „Fiölsvinnsmâl." Versuch einer Deutung desselben. 20. Mies 74.
Progr

Chevalier Dr. L.: Die Gallier in Kleinasien bis zum Tode des Königs Eumenes II. v. Pergamon (159 v. Chr.) 19. Prag Stef. 83.
Progr

Chevalier Dr. L.: Der deutsche Mythus in der Pflanzenwelt. 44. Smichow 76.
Progr.

Chevalier, L., der deutsche Mythus in der Pflanzenwelt. gr. 8. (44 S.) Prag 876. (Dominicus.) n. 1. —

Chevalier, L.: Die Parteikämpfe in Italien vom Regierungsantritte Kaiser Karl des Dicken bis zum Tode Berengars von Friaul (881-924). 60 S. 8°
– Mies, ROG., Progr. 1873.

Chevalier, L.: Die Philosophie A. Schopenhauer's in ihren Uebereinstimmungs- und Differenzpunkten mit der Kantischen Philosophie. 24 S. 4° – Prag. OG. Kl., Progr. 1870.

Chevalier, Ludwig Zur Poetik der Ballade. I. 8 (S. 3—61).
II. 8 (S. 3—56). III. 8 (S. 3—39). IV. (Umschlagtitel: . .
(IV.) Schluſs.) 8 (S. 3—26).
K. k. Staats-Oberg. in *Prag-Neustadt* (Stephansgasse) 1891. 1892. 1894. 1895.
Progr.

Chevalier, L. Das Realgymnasium. Einige Worte über dessen Stellung im Organismus des Unterrichtes zur Verständigung mit dem Publikum. Mies, R.- u. O. G., 1871. 34 S. Progr.

Chevalier Dr. L.: Über den Unterricht in der phil. Propädeutik an österr. Gymnasien. 37. 30. 26. Prag Stef. 85. 86. 87.
Progr

Chevalier, Ludwig Über den Unterricht in der philosophischen Propädeutik an österreichischen Gymnasien. II. 8 (S. 3—32).
III. 8 (S. 3—28).
Progr. Staats-Unterg. *Prag-Neustadt* (Stephansg.) 1886. 1887

Chevalier, L.: Ueber den Unterricht in der deutschen Sprache an anderssprachigen Gymnasien mit besonderer Rücksicht auf čechische Obergymnasien. 35 S. 8° – Mies ROG. Progr. 1872.

Chevalier, L.: Goethes Gedicht „Zueignung". Eine Abhandlung. 24 S. Prag. Stef., P 1882

Chevalier, Martial, s.: Hassenstein, C. H.

Chevalier, Martial, Taschenbuch für Locomotivführer, s. Taschenbuch.

Chevalier, Michel, über die Arbeiterfrage. Deutsch v. Frz. Hauser. 8. (IV u. 168 S.) Aachen 848, (Düsseldorf) Schulz. ⅔ Rthlr

— Briefe über Nord-Amerika, oder Schilderung der jetzigen politischen, statistischen, geselligen u. religiösen Zustände der Vereinigten Staaten, mit besond. Berücksichtigung der Ackerbau-, Handels- u. Eisenbahn-Verhältnisse. Ein brauchbares Handbuch für Auswanderer jeden Standes. Aus d. Franz. 4 Bde. 8. Leipzig 837. Reclam jun. 4 Rthlr

Chevalier, Mich., die Eisenbahnen im Vergleich mit den Wasserstraßen. Auf Befehl Sr. Maj. des Königs von Würtemberg aus d. Franz. übers. v. Friedr. Ludw. Lindner. gr. 8. Stuttgart u. Tübingen 838. Cottasche Buchh. ¼ Rthlr

—— die Freiheit in den vereinigten Staaten von Nord-Amerika. 8. (81 S.) Grimma 850, Verlags-Comptoir.

Chevalier, Mich., die heutige Industrie, ihre Fortschritte und die Voraussetzungen ihrer Stärke. Welt-Ausstellung von 1862. Aus dem Französ. übers. gr. 8. (IV und 88 S.) Berlin 863, v. Decker'sche geheime Ober-Hofbuchdruckerei.

— Louis Blanc's Organisation der Arbeit beleuchtet. gr. 8. (15 S.) Breslau 848, Kern. 2 Ngr

—— Studien über die nordamerikan. Verfassung. Nach dem Franz bearb. von M. Engel. gr. 8. (VI und 155 S.) Wien 849, Beck'sche Universitäts-Buchh.

Chevalier, Michel, zwölf national-ökonomische Vorträge. Gehalten im Collège de France bei Eröffnung der Jahreskurse 1840—41 bis 1851—52. Rechtmäßige deutsche Ausg. Besorgt von J. E. Horn. Leipzig 856. Hübner. 8. (VIII, 259 S.) 1 Rthlr

Chevalier, Mich., die Weltindustrie in der zweiten Hälfte des 19. Jahrhunderts. Aus dem Französ. von J. E. Horn. Alleinberechtigte deutsche Ausg. Stuttgart 869. Kröner. gr. 8. (XXVIII, 375 S.) n. 2 Rthlr

— geheimnißvolle Wunder-Quelle. Ausgewählte Sammlung von mehr als 600 bisher meist geheim gehaltenen probaten Geheimnissen u. Recepten aus allen Fächern der Gewerbe, Künste, Haus- u. Landwirthschaft ꝛc. Stuttgart 866. Fischhaber. 12. (236 S.) 21 Ngr

Chevalier, Mich. A., Schatzkammer der Künste und Gewerbe, s. Büchermarkt, deutscher.

— schmackhafter u. gesunder Wein ohne Trauben, s. Büchermarkt, deutscher.

Chevalier, M.: Schmackhafter und gesunder Wein ohne Trauben mit außerordentlich geringen Kosten; oder: Anweisung, wie ein Jeder alle Arten von Wein und anderen wohlfeilen Getränken selbst bereiten kann, namentlich auch das Vortrefflichste Haus-Bier für die kleinsten Verhältnisse und die beliebtesten Obst-, Blüthen- und Frucht-Weine. In Einhundert Vorschriften, deren manche als Geheimnisse zu hohen Preisen ausgeboten werden. Nach der 12. franz. Original Ausg. Stuttgart: Scheible 1874. 96 S. -- 24°.31°.107

--- Dass. Ebd. 1856. 98 S. (Deutscher Bücher-Markt zur Belehrung und Unterhaltung, für geistigen und weltlichen Erwerb, umfassend: Nützliche Beschäftigungen u. Erholungen, Erfindungen etc. Th. 3.) -- [Zit. nach Kayser]

Chevalier, U., repertorium hymnologicum. Catalogue des chants, hymnes, proses, séquences, tropes en usage dans l'église latine depuis les origines jusqu'à nos jours. [Aus: „Analecta Bollandiana".] (En 4 fasc.) 1. fasc. gr. 8. (272 S.) Louvain 889. (Basel, Georing.) n.n. 10. - -

Chevalier, Ulysse, repertorium hymnologicum. Catalogue des chants, hymnes, proses, séquences, tropes en usage dans l'église latine depuis les origines jusqu'à nos jours. [Aus: „Analecta Bollandiana".] 2. fasc. gr. 8. (8 u. S. 273—601.) Louvain 893. (Basel, A. Georing.) n.n 10. — (1. 2.: n.n. 20. —)

Chevalier, Ulysse, repertorium hymnologicum. Catalogue des chants, hymnes, proses, séquences, tropes en usage dans l'ogliso latine depuis los origines jusqu'à nos iours. [Aus: „Analecta Bollandiana".] 3 fasc. gr. 8. (2. Bd. S. 1—388.) Louvain 894. (Basol, A. Gooring.) n.n. 10. —

Chevaliers. – Les chevaliers du cygne, ou la cour de Charlemagne, p. Mad. de Genlis. 3 Vol. 12°
Hambourg: Fauche 1795.

Chevaliers, li, as deus espees. Altfranzösischer Abenteuerroman. Zum ersten Mal hrsg. von Wendelin Foerster. gr. 8. (LXVI, 429 S.) Halle 877. Niemeyer. n. 15. —

Chevaliers, Les, du Lion, histoire du 12me siècle, d'après l'Allemande. Par M. R. de St. Q. 4 Vol.
Berlin: Frölich (Dunker & H.) 1800. V: *Spiess, Chn. Hch.* (KY 8/133) (GGr V/507, Nr. 9/21) (Hdschr. Mitth. von Gustav Gugitz, Wien.) (BiblPort)

Chevallerie, de la, s.a. La Chevallerie, de

Chevallerie, A. de la, Armengesetzgebung u. Armenpflege. Ein Beitrag zur Reform d. Armenwesens. 8. (55 S.) Düsseldorf 884. Schwann. — 90

Chevallerie, A. de la, zur Bekämpfung der Bettelei u. Vagabondage. Kritisirende Abhandlung über die Entstehungsursachen der Bettelei u. Vagabondage, den Werth der bis jetzt gegen dieselbe angewendeten Mittel, sowie Vorschläge über die zu ihrer Unterdrückung gerathen erscheinenden Maßnahmen. gr. 8. (48 S.) Münster 882. Schöningh. — 75

de la Chevallerie, A. F. L., preußische Waffenlehre, mit Einschluß d. Artillerie, Fortifikation u. Taktik, patriotisch abgefaßt, u. logisch geordnet, in 33 Vorlesungen für d. prakt. Dienst. gr. 8. Königsb. 828. Bornträger. 2 Rthlr

Chevallerie, A. J. L. de la. Preußische Waffenlehre mit Einschluß der Artillerie, Fortifikation u. Taktik. Königsberg 1828. 404 S.

de la Chevallerie, Otto, der 6. August u. die Preuß. Armee in Schleswig-Holstein. Ein Brief aus dem Kriegslager. gr. 8. (12 S.) Berlin 848, Schneider & Co. n. 2 Ngr

—— das vereinbarte Militair-Avancement. Eine Beleuchtung der Cabinetsordre vom 19. Septbr. 1848. gr. 8. (16 S.) Berlin 848, L. Schlesinger.

Chevallerie, Otto de la, die schwebende Militairfrage. Ein Beitrag zur Lösung derselben im wahren Interesse des preuß. Volkes. gr. 8. (31 S.) Berlin 862, Schlesier. *

Carmen. Oper in 4 Akten. Dichtung nach d. Novelle von Prosper Mérimée von H. Meilhac u. L. Halévy. Musik von Georges Bizet. Textl. u. musikal. erl. von Heinrich Chevalley. *Leipzig: H. Seemann Nachf. [1901].* (38 S.) 8° [F.]
— Opernführer. No 47. [o]. 3144

Fra Diavolo oder Das Gasthaus in Terracina. Komische Oper in 3 Aufz. Text von Eugène Scribe (Deutsche Uebers. von Carl Blum). Musik von D. F. E. Auber. Textl. u. musikal. erl. von Heinrich Chevalley. *Leipzig: H. Seemann Nachf. [1903].* (37 S.) 8° [F.]
— Opernführer. No 90. [c]. 6000

Der schwarze Domino. Komische Oper in 3 Akten. Text von Eugène Scribe, Musik von D. F. E. Auber. Textlich u. musikal. erl. von Heinrich Chevalley. Leipzig: H. Seemann Nachf. [1904]. (38 S.) 8° [F.]
= Opernführer. No 103. [c]. 5823

— durch das Mittelmeer nach dem Kaukasus. Feuilletonistische Momentaufnahmen v. der ersten Orientreise der Lustyacht „Prinzessin Victoria Luise". 8. (VIII, 179 S.) Leipzig 901. H. Seemann Nachf. n. 2. 50; geb. n. 3. 50

Chevalley, Heinr., rund um Afrika. Skizzen u. Miniaturen. (210 S. m. Abb.) 8. Berlin (904). Vita. n. 3. —

Chevallier, s.a. Chevalier

Chevallier: Über die Kultur... der Kartoffeln, s. Payen

Chevallier, (Jean Baptiste) Alphonse

Chevallier, ..., über die Anwendung des Chlors rc., s. Cotteraut.

Chevallier, A., Untersuchungen über die Gefahren, welche das Schweinfurter Grün, das arsenik-saure Kupfer durch Anwendung in den Gewerben verursachen, sowie über die Mittel, diese Gefahren zu verhindern. Aus dem Französ. übersetzt und mit Anmerkungen versehen von Willib. Artus. Weimar 860. Voigt. gr. 8. (VIII, 100 S.) 12½ ngr.

Chevallier, A., Untersuchungen über die Gefahren, welche das Schweinfurter Grün, das Arsenikgrün, das arsenik-saure Kupfer durch Anwendung in den Gewerben verursachen, sowie über die Mittel, diese Gefahren zu verhindern. Aus dem Französ. übers. u. mit Anmerkungen versehen von Wilib. Artus. 2. unveränd. Aufl. Weimar 866. B. F. Voigt. gr. 8. (VIII, 100 S.) 12½ ngr.

Chevallier's, M. A., Wörterbuch der Verunreinigungen und Verfälschungen der Nahrungsmittel, Arzneikörper u. Handelswaaren nebst Angabe der Erkennungs- u. Prüfungsmittel. Frei nach dem Französ. in alphabet. Ordnung bearb. u. mit Zusätzen versehen von A. H. L. Westrumb. 2 Bde. Göttingen 856, 57. Vandenhoeck u. Ruprecht. gr. 8. (VIII, 482; 1 Bl., 512 S.) n. 3 ₰ 20 ngr.

Chevallier, François Fulgis

Chevallier, F. Fulg., Graphidearum historia, sistens descript. horum vegetabil. c. anatom. et physiolog. observationibus, et tabula diversor. generum et affinium tabulisque specierum color. orn. Fasc. I—IV. 4maj. (13¼ B. u. 21 col. Kpfrt.) Parisiis 836, 37. (Fribourgi, libr. Wagner.) Thlr. *

Chevallier, F. Fulg., Fungorum et Byssorum illustrationes quos ut plurimum novos, trecentos et ultra c. caeteris minus bene cognitis, in diversis Europae regionibus collegit, ad vivum delineavit, sculpsit et coloribus naturalibus decoravit. Tom. I. (C. tab. LII col.) Imp.-4. (7¾ B.) Lipsiae 837. (Fribourgi, libr. Wagner.) *

Chevallier, H., der Chorsänger. Ein Vademecum f. Mitglieder v. Gesangvereinen, f. Chorschüler, sowie zum theilweisen Gebrauch beim Schulgesangunterricht. 8. (31 S.) Hamburg 891. Crono & Martinot. Kart. n. — 60

Chevallier, Henri, Cérémonial de l'achèvement des travaux de Hoa Syeng (Corée). (1800.) Traduit et résumé. gr. 8. (15 S. m. 13 Taf.) Leiden 898. Buchh. u. Druckerei vorm. E. J. Brill. n.n. 4. —
Sonderabdruck aus: „T'oung-pao".

Chevallier, Johann Ludwig (Potsdam), Aneurysmatum adumbratio anatomico-pathologica. Diss. med. Bln. (Brueschck) 24. IV. 1821. 29 S. mit Biogr. (4.—) 5136
Oppon.: E. Cohen, E. Haaseloff, G. Lieber.

Chevallier, L.-Antoine. Der Brand von Glarus und seine Folgen, beleuchtet aus dem Standpunkte der kantonalen und eidgenössischen Versicherung in der Schweiz. Von L. Anton Ch'.... 8. Genf 1861.

Chevallier, P., oratio de literis humanioribus, optimo religionis Christ. praesidio. 4. Leyd. 764.

Chevandier, E., die mechanischen Eigenschaften d. Holzes, s.: Exner, W. F.

Chevassu, Joseph. Sonntagspredigten, a. d. Franz. Th. 1-4. Augsb. 1770. Ü: *Dilg, Johann Baptist.* (Ky) (MGT)

Chevassu, M., Betrachtungen für Geistliche, gezogen aus den Episteln und Evangelien der heil. Messe, auf alle Tage und die vornehmsten Feste des Jahres. Aus dem Französ. übertragen von Jak. Kraft. (In 3 Bdn.) 1. und 2. Bd. gr. 8. (XXII und 640 S., VIII und 555 S.) Trier 860. 61, Lintz' Verlag. [1. Bd. 1 Thlr. 27 Ngr.; 2. Bd. 1 Thlr. 15 Ngr.]

Chevassu, M., Betrachtungen für Geistliche, gezogen aus den Episteln und Evangelien der heil. Messe, auf alle Tage und die vornehmsten Feste des Jahres. Aus dem Französ. übertragen von Jak. Kraft. 3. Bd. gr. 8. (589 S.) Trier 863, Lintz' Verlag.
1. und 2. Bd. Ebendas. 1860,61. 3 Thlr. 12 Ngr.

Chevaux célèbres d'après Victor Adam. qu. Imp.-Fol. (6 sauber lith. Bl.) Dusseldorf 842, Arnz et Co. n. 2 ₰

Chevauxlegers, bayerische, in 6 Radirungen von B. Sillig. Mit Text u. 7 Kupfertaf. qu. 4. München 841, Jaquet. ¾ ₰ chines. Pap. 1 ₰

Cheveley, Lady, od. d. Frau v. Ehre. Eine neue Version v. Cheveley, d. Mann v. Ehre. A. d. Engl. übers., n. d. 2. Aufl. 16. (1½ B.) Stuttgart 840, Metzler'sche Buchh.

CHEVERT, Rudolph (Untergünzburg): Ueber den Rauchtabak.- München (1836). 25 S. 18.7.1836 - Urk (Titel: De tabaco.); F 62
Diss. Ingolst.-Landsh.-Mchn.

Chevilla das Buch, s. Buch, das.

Chevilla, Das neue geheime Buch. O. O. 1786. V: *Ziehen, Conrad Siegmund.* (EB)

Chevolot, Lucien, aus Selongey (Frankr.): Wie hat Chateaubriand in seinen späteren Werken seine früheren benutzt? Ein Beitrag zur Beurteilung d. Technik seiner Kunst. *Heidelberg 1901: Moriell.* (116 S.) 8°
Heidelberg, Phil. Diss. v. 1901

Chèvre, F(idèle). Histoire de St-Ursanne, du Chapitre, de la Ville et de la Prévôté de ce nom. [Avec 6 planches.] 8. Porrentruy 1887.

Chèvre, F[idèle]. Notice historique sur le château de St-Ursanne. [E.] 8. [Porrentruy 1885.]

Chèvre, F(id[èle]). Les papes du nom de Léon. [Avec des vignettes et 1 portrait hors texte.] 8. Fribourg 1878.

Chèvre, Mar.: Les suffragants de l'ancien évêché de Bâle, s. Revue d'Alsace. 8.

Chèvremont, Baron, Choix d'articles tirés d'un Dictionnaire de la vie sociale. gr. in-16. (42½ B.) Carlsruhe 834. Marx.

Chevreul, (Michel) Eugène

Chevreul, M. E., allgem. Anleit. zur Analyse d. organ. Körper, u. Betracht. über ihre Anwendungen. Aus d. Französ. übers. v. J. B. Trommsdorff. gr. 8. Gotha 826. Hennings. 1 ₰

Chevreul, E., die Farbenharmonie, in ihrer Anwend. bei d. Malerei, bei d. Fabrication v. farbigen Waaren jeder Art, von Tapeten, Zeugen, Teppichen, Möbeln, in d. Buchdruckerkunst beim Coloriren v. Karten u. Bildern, bei d. Anlegung v. Gärten, bei d. Dekoration v. Kirchen, Theatern, Wohngebäuden, in d. Kleidermacherkunst u. bei d. männl. u. weibl. Toilette. A. d. Franz. v. ein. deutschen Techniker. 16. (26 B. u. 1 Stnt.) Stuttgart 840, Neff.

Chevreul, E., die Farbenharmonie in ihrer Anwendung bei der Malerei, bei der Fabrication von farbigen Waaren jeder Art, von Tapeten, Zeugen, Möbeln, in der Buchdruckerkunst, beim Coloriren von Karten rc., bei der Anlegung von Gärten, bei der Dekoration von Kirchen, Theatern rc., in der Kleidermacherkunst und bei der Toilette. Aus dem Franz. von einem deutschen Techniker. 2. Ausg. gr. 16. (VIII und 301 S. mit 1 Taf. in 4.) Stuttgart 847, Neff.

Chevreul, E., die Farbenharmonie mit besonderer Rücksicht auf den gleichzeitigen Contrast in ihrer Anwendung in der Malerei, in der dekorativen Kunst, bei der Ausschmückung der Wohnräume, sowie in Kostüm u. Toilette. 2., gänzlich umgearb. Aufl., hrsg. von F. Jännicke. Mit 9 (lith.) Farbentaf., entworfen von Jos. Hirrlinger. 8. (VIII, 273 S.) Stuttgart 878. Neff. n. 6. —

Chevreul, C., Farbenharmonie. 3. Aufl., s.: Jaennicke, Frdr.

CHEVREUSE, Die Herzogin von. Palastdame der Kaiserin Josephine. Ein Kampf zwischen ihm und ihr. Übertragen und bearbeitet von O. Marschall v. Bieberstein. Leipzig 1905. 8°.

Chevrier, Franç. Ant.

— Grundsäulen der Unternehmungen Mariä Theresiä u. Friedrichs; oder: Milit. polit. u. krit. Gedanken über den gegenwärtigen Krieg u. Zustand in Europa. Aus dem Französischen übersetzt u. mit Anmerkungen vermehret. 1758. 4.

de Chevrier, F. A. Histoire de la campagne de 1757 par les armées de la France et de l'Empire contre celle du Roi de Prusse; ce qui s'est passé dans l'electorat d'Hanovre dep. le 10. Sept. au 1. Janv. 1758. 1e (anon.) — 3e éd. 8. Francfort 1758.

— Histoire de la campagne de mil sept cent cinquante sept, par les armées combinées de la France et de l'Empire contre celle du roi de Prusse, à laquelle on a joint, tout ce qui s'est passé d'important, dans l'électorat d'Hanovre depuis le 10. Septbr. jusqu'au 1 Janv. 1758. Edition 2. Franckfort 1758. 8.

— Dasselbe. Edit. 3. ib. eod. 8.

(de Chevrier, F. A.) Histoire de la campagne de 1757 sur le Bas-Rhin, dans l'électorat d'Hanovre et autres pays conquis. (180.) 8. Francfort 1757.

Chevrier, Franç. Ant., Le point d'appui entre Thérèse et Frédéric ou pensées milit. polit. crit. mais impartiales et libres sur la guerre et l'état présent de l'Europe. Francfort 1758. 8.

Chevrier, Fréd., essai monographique sur les Nysson du bassin du Léman [insectes hyménoptères]. Basel 867. Georg. gr. 8. (31 S.) n. 16 ngr.

Chevtchenko, Taras. Le Kobzar (en russe-ukrainien). In-48°. XXI et 126 p. Genève et Bâle, Georg. 1 — 1878.

Chevtchenko, T. Poésies (en langue russe). In-16°. VII, 248 p. Genève, Bâle, Lyon, H. Georg. 3 — 1890. Pour l'Étranger Mk. 3 —

Chewings, Charles [aus Süd-Australien]: Beiträge zur Kenntnis der Geologie Süd- und Central-Australiens nebst e. Uebersicht d. Lake Eyre Beckens u. seiner Randgebirge ... Heidelberg, Univ.-Buchdr. v. J. Hörning, 1894: 2 Bl., 41 S. 8.
Heidelberg, Naturw.-math. Fak., Inaug.-Diss. v. [3. März] 1894

Cheyney, Georg, Hygiene, Unterr. z. Gesundheit rc. durch Didt. a. d. Engl. 8. Frankf. Stock. 744.

Cheyne, Georg

— Regeln zur Erhaltung d. Gesundheit; aus d. Engl. gr. 8. Dresd. 800. Walther. 4 gr.

Cheyne, Geo., d. Weg d. Gesundheit. Aus d. Engl. v. N. H. Julius. 8. Leipz. 823. Rein. 16 gr.

Cheyne, John

Cheyne, Jh., Versuch über d. akuten Wasserkopf; aus d. Engl. v. Dr. Ad. Müller. gr. 8. Brem. 808. Heyse. 1 rß 4 gr.

• Cheyne, J., Versuch über den acuten Wasserkopf, aus d. Engl. von Müller. gr. 8. Brem. Heyse. 810.

Cheyne, John: Versuch über den akuten Wasserkopf oder die Wassersucht im Gehirn. (An Essay on hydrocephalus acutus, or dropsy in the brain. Dt.) Übers. von Adolph Müller. 168 S., gbd.

Wien: Doll 1810

Cheyne, Thomas Kelly

Cheyne, T. K., the book of the Prophet Isaiah, s.: Books, the sacred, of the Old Testament, part 10.

Einleitung in das Buch Jesaja v. T. K. Cheyne, Prof. ... zu Oxford ... Deutsche Übs. unt. durchgäng. Mitw. d. Vfs. hrsg. v. Julius Böhmer. *Giessen: J. Ricker 1897.* (XVI, 24, 408 S.) 1 Bd 8. [97. 6046

— das religiöse Leben der Juden nach dem Exil. Deutsche Uebersetzg. unter durchgäng. Mitwirkg. d. Verf. von H. Stocks. gr. 8. (XII, 264 S.) Giessen 899. J. Ricker. n. 5. —; geb. n. 6. 20

Das religiöse Leben der Juden nach dem Exil [Jewish Religious Life after the Exile] von Rev. T[homas] K[elly] **Cheyne**, Prof., Oxford. Deutsche Übers. unter durchgängiger Mitw. d. Verf. von H[ermann] Stocks. 2. wohlf. Ausg. Giessen: A. Töpelmann 1905. (XII, 204 S.) 8°
= **Vorlesungen**, Amerikan. religionswiss. 3. Reihe. 1897-98. [05. 14,47 8

Cheyne, W. Watson, die antiseptische Chirurgie. Ihre Grundsätze, Ausübg., Geschichte u. Resultate. Ins Deutsche übertr. v. F. Kammerer. Mit Vorwort v. H. Maas. Mit 84 (eingedr.) Abbildgn. u. 5 (lith.) Taf. gr. 8. (XXIV, 585 S.) Leipzig 883. F. C. W. Vogel. n. 15. —

Cheyne, William Stiell (Edinburg)
De Apoplexia.
[lt. Dekanatsbuch >zu den Akten gelegt<.]
Dr. med. Giessen 3.4.1830.

Social changes in England in the sixteenth century as reflected in contemporary literature. Edward P[otts] Cheyney. P. 1. *Boston: Ginn & Co.; Halle a. S.: M. Niemeyer 1895.* 8°
— **Publications** of the University of Pennsylvania. Ser. in Philol., Literat. and Archaeol. Vol. 4, No 2. [94. 0351 11

Chezy, Helmina von, s.a. Hastfer, Freiin Helmine von

v. Chezy, Helmina, (Wlh. Chr.), geb. Freyin v. Klenke, Auriteln, e. Blumengabe. 1r Bd. 8. Berl. 818. Duncker u. H. 1 rß 12 gr

— Blume in d. Lorbeern von Deutschlands Rettern gewunden. 8. Heidelb. 813. Mohr. 8 gr

Chezy, Helmina von, Blume in d. Lorbeern v. Deutschlands Rettern gewunden. 8. Heidelberg, Mohr u. Winter. 814.

— Emma. 8. Heidelb. 818. Engelmann. 21 gr

— Erzähll. u. Novellen. 2 Thle. 8. Leipz. 822. Rein. Rein. 3 rß

Chézy, Wilhelmina Christ
(Helmina)

Erzählungen und Novellen. Th. 1.
Leipzig: Rein 1822. 296 S. 8°

— Eglair in Wien. 8. Wien 824. Wallishauser. 4 gr

Chezy, H. v., Euryanthe, s. a. Mode's Opern-Text-Bibliothek.

Chezy, Helmine v., Euryanthe, s. Universal-Bibliothek Nr. 2677.

v. Chezy, (Helmine,) Euryanthe. Große romant. Oper in 3 Aufz. gr. 8. Wien 824, Wallishauser.

Euryanthe. Romant. Oper in 3 Akten. Dichtung von Helmina v. Chezy. Musik von Karl Maria v. **Weber**. Halle a. S.: Hendel [1900]. 42 S. 8°
(Hendels Operntexte. 20.) [10. 8386

— Euryanthe v. Savoyen, 8. Berlin 825, Vereinsbuchh.

— Gedichte. 2 Thle. 8. Aschaffenb. 812. (Mohr in Heidelb.) 2 Rthlr.

— Gemälde von Heidelberg, Manheim, Schwetzingen, dem Odenwalde u. dem Neckarthale, Wegweiser für Reisende u. Freunde dieser Gegenden. Mit 1 Karte. 8. Heidelb. 818. Engelmann. 1 Rthlr. 20 gr. Dass. a. u. d. T.: Handbuch für Reisende rc. nach Manheim, Schwetzingen, dem Odenwalde u. dem Neckarthale. 2e Aufl. Mit 24 Ansichten, 4 Plänen u. 1 Karte. Ausg. für 821, mit Zusätzen u. Verbesser. bis zum 1. Jan. 1821. 4 Rthlr. Die Ansichten apart ill. 4 Rthlr. 16 gr.

— le Guide des Voyageurs à Heidelberg, Manheim, Schwetzingen, à l'Odenwald et à la vallée du Nécre. Traduit de l'allemand. II. Edition, Avec 1 carte et 4 plans. Heidelb. 824. Engelmann. 2 Rthlr. Avec 24 vues et 2 plans. 4 Rthlr.

Chezy, Helmina von, s. Helmina.

— Herzenstöne auf Pilgerwegen. (Gedichte.) gr. 12. Sulzbach 833. v. Seidel. 1 Rthlr. ungeleimt Velip. 1 1/3 Rthlr. geleimt Velinp. 1 2/3 Rthlr.

Chezy, Helmina von, s. Iduna. Schr. deutscher Frauen.

—— Jugendgeschichte, Leben u. Ansichten e. papiernen Kragens. Von ihm selbst erzählt. Seitenstück zu d. Novelle: Die Zeit ist hin, wo Bertha spann. gr. 12. (2 2/3 B.) Wien 829, Adolph. (Leipzig, Cnobloch.)

Chezy, Helmina von, s. Miscellen, Französische.

Chezy, Wilhelmine Helmina Christiane v., † (Sylvandro,) Norika. Neues ausführl. Handbuch f. Alpenwanderer u. Reisende durch d. Hochland in Oesterreich ob d. Enn's, Salzburg, die Gastein, die Kammergüter, Lilienfeld, Mariazell, St. Florian u. d. obere Steyermark. M. 1 Charte (in Fol.) u. 1 Ansicht. gr. 8. (19 B.) München 833, Fleischmann.

v. Chezy, Wlh. Christ., geb. Freiin Klencker, Emmas Prüfungen. 8. 817. Jetzt Dörffling in Leipzig. 7/8 Rthlr.

Chezy, Helmina von, s. Sammlung romantischer Dichtungen ...

v. Chezy, Wilhelm. Christiane, geb. Freiin v. Klenke, neue auserlese Schriften, s. Schriften.

— Stundenblumen; eine Samml. v. Erzähll. u. Novellen. 4 Bdchen. gr. 12. Wien 824—27. Tendler. (à 1 Rthlr. 4 gr.) 4 Rthlr. 16 gr.

(v. Chézy.) — Unvergessenes. Denkwürdigkeiten aus dem Leben von Helmina v. Chézy. Von ihr selbst erzählt. 2 Thle. Leipzig 858. Brockhaus. gr. 12. (XVII, 377; 3 Bl., 411 S.) n. 3 Rthlr.

Chezy, Helmina von, s. Valerie, oder Briefe ...

Chezy, Wilhelm von

Chézy, Wilh., der böse Anselmo, s. Erzählungen und Novellen, neue.

—— und K. L. Schmidt, Bildergallerie, s. Bildergallerie, histor.-romantische.

Chézy, Wilh. v., Camoens. Trauersp. in 5 Act. 8. (11 B.) Bayreuth 832, Grau.

v. Chezy, Wilh., der Ehrenherold. Eine Uebersicht des Wissenswertheften aus d. Wappenkunst. gr. 8. (VIII u. 82 S. m. 3 lith. Taf.) Stuttgart 848, Cast. n. 1 Rthlr.

Chezy, Wilh., Erinnerungen aus meinem Leben. 1. u. 2. Buch. Schaffhausen 863, 64. Hurter. 8. 4 Rthlr. 19½ ngr.
1. Buch: Helmina u. ihre Söhne. 2 Bdchn. (631 S.) 2 Rthlr. 12 ngr.
2. Buch: Helle u. dunkle Zeitgenossen. 2 Bdchn. (VIII, 628 S.) 2 Rthlr. 7½ ngr.

v. Chezy, der letzte Janitschar, s. Janitschar.

Chézy, Wilh. v., der fromme Jude. Eine Familiengeschichte unserer Tage. 4 Thle. (in 2 Bdn.). Stuttgart, Franckh, 1844—45. 8°. Elег. Hsrslde., schönes Expl.
I: 319 S. II: 315 S. (215 ist Druckf.) III: 335 S. IV: 285 S., 1 S. Anm., 1 Bl. Ltr. Am Ende von 1, 2 u. 4 Erklärung „jussnekoudischer" Worte.

Chézy, Wilh. v., vom tanzenden Knochenmann. Hans Schrätzenstaller, s.: Bücher, bunte.

— Fräulein Lucifer, } s. Montepin, die Strol-
— die Straße Quincampoix, } che d. Regentschaft.

HÄMMERLING, Meister (Scharfrichter in München). — Chézy, Wilh. v., Das große Malefizbuch. 2 Bde. (I: Meister Hämmerling, der Scharfrichter. II: Hildebrand Pfeiffer.) Landshut 1847. 8°. (6 Mk., Expl. im Orig.-Umschl., Südd. Antiqu., München, 1907.)

—— das große Malefizbuch. 1—3. Thl. gr. 8. Landshut 847, Rietsch. à Thl.
Thl. 1. Zehn Geschichten aus Meister Hämmerlings Leben und Denkwürdigkeiten. Nach des Meisters eigenen Aufzeichnungen. (232 S.)
2. Hildebrand Pfeiffer. Eine Lebensgeschichte aus dem 17. Jahrhundert. (219 S.)
3. Galgenvogel. Allerhand Stücklein von Verbrechen und Strafen. (239 S.)

— die Martins-Vögel. Bilder aus dem 14. Jahrh. mit Arabesken aus unserer Zeit. 8. Carlsruhe 837. Creuzbauer-sche Buchh. 1 1/2 Rthlr.

Chézy, Wilh. v., die Martins-Vögel. Bilder a. d. 14. Jahrh. mit Arabesken aus uns. Zeit. 8. (19 B.) Carlsruhe 837, [Nöldeke.]

—— die sechs noblen Passionen. (Das Waidwerk. — Die ritterlichen Uebungen. — Das Mäcenat. — Die Galanterie. — Das Spiel. — Das Zechen.) Festgeschenk für junge Cavaliere. 16. (13 B.) Stuttgart 842, Krabbe.

—— Petrarca. Künstler-Drama in 5 Act. 8. (9½ B.) Bayreuth 832, Grau.

Chezy, W., Fräulein Lucifer, } s. Montépin, v., die Strolche
—— die Straße Quincampoir, } der Regentschaft.

CHEZY, WILHELM VON. *Das Ritterthum in Bild und Wort.* Zur Belehrung und Unterhaltung für die Jugend ... Mit 17 Stahlstichen [auf 9 Tafeln] und 2 Tafeln mit 64 heraldischen Figuren von E. DERTINGER. Stuttgart, J. F. Cast, 1848. 2 Bl. 228 S. 2 Bl. Sehr hübsch illustr. Or.-Kartonbd. 16.—
Geschichte und Sitten des Rittertums, Rittersagen etc. — Einige Stockfl. Einbd. leicht beschäd. u. fleckig.

—— Rundgemälde von Baden-Baden, seinen nähern u. fern. Umgebungen. Ein Taschenb. f. Kurgäste u. Reisende. (M. 20 Holzschn.) 18. (376 Seit.) Carlsruhe 835, Marx'sche Buchh.

— dass. 2e Aufl. mit 12 Stahlst. 16. Ebd. 839. Creuzbauersche Buchh. n. 1 2/3 Rthlr.

—— dass. — 2. Aufl. M. 12 Stahlst. v. H. A. Payne. 16. (12 B.) Carlsruhe 839, [Nöldeke.]

v. Chézy, Wilh. Christ., Rundgemälde von Baden-Baden, seinen näheren u. fernern Umgebungen. 3. Aufl. Mit 12 Stahlstichen. 12. Carlsruhe 841, Creuzbauer u. Nöldeke. geb. 1 2/3 Rthlr.

—— der fahrende Schüler. 3 Thle. 8. (38¼ B.) Zürich 835, Orell, Füßli u. Comp.

— Tableau de Bade-Bade et ses environs. Trad. de l'Allemand par M. Varnier. Orné de 12 Vues, dessinées et gravées par A. A. Payne. 16. Carlsruhe 839. Creuzbauersche Buchh. 1 2/3 Rthlr.

— tableau de Bade-Bade et de ses environs. Trad. de l'allemand par M. Varnier; orné de 12 Vues dessinées et grav. par A. A. Payne. 2. édit. 12. Ebend. 841. relié $1^2/_3$ ₰

—— Tableau de Bade-Bade et ses environs. Trad. de l'allemand par Varnier. 1. édit. 839. * $1^1/_3$ Thlr., 2. édit. Orné de 12 vues, dessinées et gravées p. H. A. Payne. 16. (à $9^1/_4$ B.) Carlsrouhe 841, [Nöldeke.]

Chezy, Wilhelm von: Türkenwelt in Ungarn, s. Jokai, Maurus

— Meister Johannes Wacht u. and. Erzählgn., s.: Hoffmann, E. T. A.

—— Wanda Wielopolska, od.: das Recht d. Gewaltigen. Erzähl. a. d. Zeiten d. ersten Theilung Polens. gr. 12. (12 B.) Stuttgart 831, Hallberger.

[F.] Hans Schrätzenstaller. Vom tanzenden Knochenmann. Zwei Erzählgn v. Wilhelm Theodor v. Chézy. *Hamm i. W.: Breer & Thiemann [1898].* (87 S.) 1 Bd 8.
— Bibliothek, Kleine. No 23. [98. 8106

Chezy, Wilhelmine Christine von, s. Chezy, Helmina

Chiala, Luigi, cenni storici sui preliminari della guerra del 1866 e sulla battaglia di Custoza. Vol. I. u. II. gr. 8. (XXXV, 638 S. m. 1 Steintaf. in qu. 4. u. 493 S. u. 1 Karte Kpfrst. in gr. Fol.) Roma 1870—1873. Berlin, Mittler & Sohn. n. 15. —

Chiamani, O. Untersuchungen über Bau und Anordnung der Milchröhren unter besonderer Berücksicht. der Guttapercha und Kautschuk liefernden Pflanzen. Mit 1 Taf. 44 S. Bern. These. 1895.

Chiampel, Durich s. Campell, Ulrich.

Chiampel, der engadinische Psalter, hrsg. v. J. Ulrich, s.: Gesellschaft f. romanische Literatur 9. Bd.

Chiapelli, A., u. L. Stein, Ein jüngst bei Pompeji freigelegtes Mosaikbild der Schule von Athen. S.-A. 1898. 10 S. u. 1 Taf. 1.20

Chiapone, M. A., Samml. sehr nützl. deutscher u. italien. Redensarten z. Uebung f. Lernende. 8. Prag 785. Schönfeld. 3 ℊ

Chiappe, G., u. A. Ravano, Styptol, e. neues Mittel in der Frauenheilkunde. Aus dem Ital. übers. v. Mohr. (7 S.) gr. 8. Leipzig 905. B. Konegen. n. 1. —
Sonderabdruck aus: „Der Frauenarzt".

Chiaramonte, Lucio, genannt Varelli, Stifter des Bundes der furchtbaren Rächer des Vaterlandes.
V: *Herrmann, Frdr.* (Ky) Leipzig: Hinrichs 1804.

– Dass., s.a. Chiramonte...

Chiaramonti, Lorenzo, oder Schwärmereyen eines Jünglings. [Roman.] Nürnberg: Riegel 1801. V: *Wagner, Johann Jacob.* (GGr) (Ky) (MGT) (NN)

Chiaramonti, Lorenzo, od. Schwärmereien e. Jünglings (v. Jh. Jak. Wagner I.) 8. Nürnb. 801. Riegel u. W. 1 ₰ 8 ℊ (NB. Erschien 1804 auch unt. Tit.: Ignoranz u. Verderben. Ebd.)

Chiaramonti, Lorenzo, oder der neue Werther. Nürnberg 1804. V: *Bonafont, Carl Philipp.* (Ky)

— od. d. neue Werther, (v. K. Ph. Bonafont). Nürnb. 804. Riegel u. W. 16 ℊ

Chiaraviglio, D., Untersuchungen üb. die Bildungsverhältnisse der oceanischen Salzablagerungen, s.: Hoff, J. H. van't.

Chiari, Briefe an e. Frauenzimmer v. Stande üb. verschied. Gegenst. a. d. Ital. 8. Nürnb. Grattenauer. 788.

Chiari, Hanns

Chiari, H., die pathologische Anatomie im 19. Jahrh. u. ihr Einfluss auf d. äussere Medizin. Vortrag, geh. in der ersten allgem. Sitzg. der 72. Versammlg. deutscher Naturforscher u. Aerzte zu Aachen am 17. IX. 1900. gr. 8. (16 S.) Jena 900. G. Fischer. n. 1. —

Chiari, H., üb. die Genese der sogenannten Atheromcysten der Haut u. d. Unterhautzellengewebes Eine histolog. Studie. [Aus: „Festschrift zur Centennalfeier d. k. k. allgem. Krankenhauses in Prag".] gr. 8. (38 S. m. 3 Taf.) Berlin 891. Fischer's medicin. Buchhandlg. n. 2. —

— s.: Mittheilungen üb. das Koch'sche Mittel aus den medicin. Kliniken der Prager deutschen Universität.

— pathologisch-anatomische Sectionstechnik. gr. 8. (IV, 96 S. m. 28 Holzschn. im Text u. auf 6 Taf.) Berlin 894. Fischer's medicin. Buchh. n. 3. —

Chiari, H., patholugisch-anatom. Sektionstechnik. 2., verb. Aufl. Mit 29 Holzschn. (Fig. 1—13 im Texte, Fig. 14—29 auf Taf. I—VI.) (107 S.) gr. 8. Berlin 907. Fischer's medizin. Buchh. 3. —; geb. 4. —

Chiari, H., üb. Verändergn. d. Kleinhirns, d. Pons u. d. Medulla oblongata in Folge v. congenitaler Hydrocephalie d. Grosshirns [Aus: „Denkschr. d. k. Akademie d. Wiss.] Imp.-4. (48 S. m. 8 Taf.) Wien 895. (C. Gerold's Sohn.) n. 5. 40

Chiari, H., üb. die topographischen Verhältnisse d. Genitales e. inter partum verstorbenen Primipara. Nach e. Gefrierschnitte geschildert. Mit 5 chemilith., nach der Natur gezeichneten Taf. u. 4 Holzschn. im Texte. gr. 4. (14 S.) Wien 885. Toeplitz & Deuticke. cart. n. 6. —

— s.: Zeitschrift f. Heilkunde.

Chiari, J., Carl **Braun** u. J. **Spaeth**, Klinik der Geburtshilfe u. Gynaekologie. (In 2 Liefrgn.) 1. Liefrg. Lex. 8. (S. 1—166 m. eingedr. Holzschn. u. 3 Tab. in qu. gr. 4. u. Fol.) Erlangen 852. Enke. n. $^5/_6$ ₰

Chiari, J., Carl **Braun**, und J. **Spaeth**, Klinik der Geburtshilfe und Gynäkologie. 2. u. 3. (letzte) Liefg. Erlangen 855. Enke. gr. 8. (S. 167—738 m. Holzschn. im Text.) n. 2 ₰ 27 ngr

Chiari, Jos., Handbuch des österreichischen Notariates. 2., umgearb. Aufl. des „österreich. Notariates." gr. 8. (XVI und 314 S.) Wien 852, Manz.
Die 1. Aufl. u. d. T.: Das österr. Notariat. (XII und 256 S.) erschien 1851 ebendas. und kostet * 1 Thlr. 6 Ngr.

Chiari, Jos., das österreichische Notariat. gr. 8. (XII u. 256 S.) Wien 851. n. 1 ₰ 6 ngr

Chiari, Jos., die österreichische Notariats-Ordnung vom 21. Mai 1855 und die kaiserl. Verordnung über das Verfahren zur Einbringung derjenigen Forderungen, welche durch Notariatsact erwiesen sind, mit Rücksicht auf das prakt. Bedürfniß erläutert, mit einem Anhang von Formularien. gr. 8. (IV und 226 S.) Wien 855(56,) Braumüller. *

Chiari, Ottokar

Chiari, O., über die Behandlung des Kehlkopfkrebses, Vortrag, geh. in der Jahresversammlg. d. „American laryngological, rhinological and otological society" am 3. VI. d. J. in Atlantic City. (36 S.) gr. 8. Wien 909. M. Perles. 1. —
Sonderabdruck aus „Wiener med. Wochenschr."

Chiari, O., Erfahrungen auf dem Gebiete der Hals- u. Nasenkrankheiten nach den Ergebnissen d. Ambulatoriums. gr. 8. (84 S.) Wien 887. Deuticke. n. 2. 50

Chiari, Ottok., die Krankheiten der oberen Luftwege. 1. Thl.: die Krankheiten der Nase. gr. 8. (X, 272 S. m. 37 Abbildgn.) Wien 902. F. Deuticke. n. 7. —

Chiari, Ottok., die Krankheiten der oberen Luftwege. II. u. III. Tl. Lex.-8. Wien, F. Deuticke. n. 18. — (Kplt. n. 25. —)
II. Die Krankheiten des Rachens. (X, 250 S. m. 118 Abbildgn., 1 farb. Taf. u. 1 Bl. Erklärgn.) 903. n. 8. —
III. Die Krankheiten des Kehlkopfes u. der Luftröhre. (X, 391 S. m. 265 Abbildgn.) 905. n. 10. —

— s.: Monatsschrift f. Ohrenheilkunde.

Chiari, O., Nasenpolyp, — Tubage d. Kehlkopfes, s.: Sonderabdrücke der deutschen Medizinal-Zeitg.

Chiari, O., üb. Pachydermia laryngis m. besond. Berücksicht. der Plica interarytaenoidea, s.: Sammlung medicinischer Schriften.

Chiari, O., Nasenpolyp, —— Tubage des Kehlkopfes, s. Sonderabdrücke der deutschen Medizinal-Zeitung.

Chiari, Pietro, Collezione completa dei Romanzi. Vol. 1—4. 12. Venezia. 819. (Vienna, Volke). 2 8

FRANZÖSINN, Die, in Italien. (Zahmer Roman aus d. Italien. des *Pietro Chiari.*) 2 Thle. Mit reizender Titelvignette. Leipzig, bey Carl Wilhelm Holle, 1772. 8°. (3 Mk. 50 Pfg., unbeschn., Max Jaeckel, Potsdam, 1910.)
Bibl. J. J. Schwabii II. — Selten!
Orig. (in Görlitz, Biblioth. d. Oberlaus. Gesellsch.): La Francese in Italia. 2 tomi. Venezia 1760. 8°.

— — Merkwürdige Geschichte eines Frauenzimmers, die ihr Glück in der Lotterie gemacht hat, von ihr selbst beschrieben. Aus d. Ital. Bayreuth, bey Lübeck. 1779. 8°.
Cat. Monath II. 1783. p. 87.
— — Dasselbe. Frankfurt und Leipzig 1780. 8°.
Bibl. J. J. Schwabii II. p. 330.

COMÖDIANTINN von Stande, Die, oder Geschichte der Marqvisinn von **, von ihr selbst verfasst. (Verfasst von *Pietro Chiari*, geb. 1708, † 1785.) Aus d. Französ. (3 Thle. in 1 Bde.) Leipzig, bey Joh. Gfr. Dycken, 1756. (Mit Druckersignet.) 8°. (2 Mk. Albert Votsch, München, c. 1885.)
Tit., 3 Bll. Vorr. der Verfasserin, 300 fortlaufend pagin. S. Zahm.
Das Orig. ist italienisch: La Commediante in fortuna, o sia memorie di madama N. N. 2 tomi. Venezia 1755. 8°. (2 Mk. Scheible, c. 1890.) — Vorliegende Uebers. ist nach der französ. Version gemacht (wahrscheinlich von Joh. Jac. Schatz).

LOTTERIESPIELERIN, Die glückliche, oder Geschichte der (!) Fräulein Tolot etc. Nebst den arithmetisch-astronomischen und kabbalistischen Regeln. Aus d. Ital. (des *Pietro Chiari* [1708—85] übersetzt von Joh. Jac. Schatz). Mit Titelkpfr. Augsburg und Memmingen, Stage, 1770. 8°. Zahm. (70 Pfg. Windprecht, Augsburg, Cat. 273; jetzt theurer!)
Orig.: La giuocatrice di lotto, o sia memorie di Madama Tolot, scritte da lei medesima, colle regole, con cui fece al lotto una fortuna considerabile. Venezia 1757. 8°. 228 S. Mit Titelkupfr. u. Titelvign. (3 Mk. 50 Pfg. Scheible, c. 1895.) — Parma 1764. 8°. (2 Mk. 50 Pfg. Kirchhoff & Wigand, c. 1898.)

§ **SANGERINN**, Die schöne, oder lesenswürdige Begebenheiten der Marquisin Justina. Aus d. Wälschen (des Abbé *Pietro Chiari*) übers. 2 Thle. Augsburg u. Leipzig 1770. 8°. (1½ Mk. Scheible, 1872; 2½ Mk. W. Koebner, vor 1885.)
Orig.: La Cantatrice per disgracia, osia le Avventure della marchesa N. N., scritte da lei medesima. Napoli, Fr. di Lieto, 1755. II. 8°. (Vorher: Venezia. Pasinello, 1754. 8°.)
Französ. Uebersetzg.: Adrienne .... 1768. (Gay I, 34). — La Cantatrice par infortune, ou les aventures de Madame de N**** N****, écrites par elle-même (Trad. de l'italien.) 3 vols. Avec 3 frontisp. gr. (n. s.). Paris, Maradan, an VII, (1799.) 8°. I XXIV et 228 pp. 2: 1 f., 212 pp. (ci-incl. p. 205 et suiv. un cat. de romans nouveaux). 3: 1 f., 218 pp. A la fin de „l'avis des traducteurs" du 1er vol., se trouve un poème intit. „les bergeries" (un peu libre).

TÄNZERIN, Die schöne; aus d. Ital. des *Pietro Chiari* (von Joh. Jak. Schatz). 2 Thle. Augsburg und Memmingen 1768. 8°.
Anon.-Lex. IV. p. 146 (nach Meusel) nennt nur den Uebersetzer; Heinsius hat „1788" (?). — Zahm.

§ — — Dasselbe, tit.: Die unter zerschiedenen (sic!) gefährlichen Anfällen jederzeit unverletzt gebliebene Tugend, d. i. merkwürdige Geschichte einer berühmten Tänzerinn und natürlichen Tochter des Herzogs von ***, von ihr selbst beschrieben. Aus d. Wälschen übers. 2 Thle. Mit TKpf. Augspurg u. Leipzig 1769. 8°. 239 u. 236 S. (3 Mk. Kühl, Berlin; 4 Mk. L. Rosenthal, vor 1885.)
Bibl. J. J. Schwabii II. — Im Anon.-Lex. IV. p. 195 (nach Hayn) fehlt Name des Uebersetzers.

— — Auch in der Sammlung: Unterricht und Zeitvertreib für das schöne Geschlecht, in gesammelten Briefen und Erzählungen aus fremden Sprachen. Leipzig, Weidmann, 1765—77. 8°. XXX.
Orig. (in Görlitz, Bibl. d. Oberlaus. Gesellsch. d. Wissensch.; auch in München): La Ballerina onorata, o sia Memorie d'una figlia naturale del Duca N. V. scritte da lei Medesima. 2 tomi. In Venezia 1757. 8°. (Vorher ebd. 1754. 8. II. — 1 Mk. 60 Pfg. Scheible, c. 1888.)

Chiarini, Luigi

Chiarini, L., Fragment d'Astronomie Chaldéenne, découvert dans le Prophète Ezéchiel et éclairci. gr. in-8. (3 B.) Leipsic 831, Weigel.

— s. Talmud de Babylone.

Chiarugi, Giulio, Atlas der Anatomie des Menschen z. Gebrauch f. Künstler. Reproduktion u. Illustration anatom. Präparate v. Arturo Banchi. Zeichnungen v. Frau Ernestina Mack-Orlandini. 1. u. 2. Lfg. (20 z. Tl. farb. Taf. m. 46 S. illustr. Text.) 66,5×49 cm. Florenz 908. Istituto micrografico-italiano. à Lfg. 20. —

Chiarugi, Vincenzo

Chiarugi, Vinc., Abhandl. über den Wahnsinn; aus d. Italien. (v. Fr. Ldw. Kreysig). 3 Thle, mit Kpf. gr. 8. Leipz. 795. Meyer. 2 ₰ 8 ℊ

Chiavacci, Vincenz, aus Alt- u. Neu-Wien. Skizzen aus d. Wiener Volksleben. (V, 226 S.) kl. 8. Stuttgart 910. A. Bonz & Co. 2.—; geb. in Leinw. 3. —

Chiavacci, V., bei uns z' Haus. Genrebilder aus dem Wiener Leben. 1. u. 2. unveränd. Aufl. 8. (IV, 256 S. m. 5 Illustr.) Teschen 888. 889. Prochaska. n. 2. —; geb. n. 2. 80

— bei uns z' Haus. Genrebilder aus dem Wiener Leben. 3. Aufl. 12. (IV, 357 S.) Stuttgart 902. A. Bonz & Co. n. 2. 40; geb. in Leinw. n. 3. 60

Chiavacci, Vinc., Wiener Bilder, s. a. Universal-Bibliothek.

— dasselbe. Illustrirtes Sonntagsblatt. Red.: V. Tichy. 5.—7. Jahrg. 1900—1902. à 52 Nrn. Fol. (à ca. 16 S.) Wien (IX, Frankgasse 1), Verlag „Wiener Bilder". à Jahrg. n.n. 10.—
Früher u. d. Titel: Bilder, Wiener.

Chiavacci's, Vincenz, Wiener Bilder. Illustriertes Familienblatt. Hrsg.: V. Chiavacci u. Karl Groák. Red.: V. Tichy. 8. Jahrg. 1903. 52 Nrn (832 S.) Fol. Wien (III, Linke Bahngasse 5), V. Chiavacci's „Wiener Bilder". n.n. 10.—

— dasselbe. 9.—11. Jahrg. 1904—1906 à 52 Nrn. (872, 1220 u. 1248 S.) Fol. Ebd. à Jahrg. n.n. 12.—

— Eine, die's versteht. Lokal-polit. Standreden d. Frau Sopherl v. Naschmarkt. 12. (VIII, 248 S.) Ebd. 898. Stuttgart: Bonz. n. 2.—; geb. in Leinw. n. 3.—

— Ludwig Ganghofer. Ein Bild seines Lebens u. Schaffens. (152 S. m. 11 Taf.) kl. 8. Stuttgart 905. A. Bonz & Co. Kart. n. 2.—; Luxusausg., geb. in Perg. n. 20.—

Klein-Bürger von Groß-Wien. Ernstes u. Heiteres aus d. Wiener Volksleben von V[incenz] Chiavacci. *Stuttgart: A. Bonz & Co. 1893.* (IV, 327 S.) 8° [F.]
[93. 7444

Chiavacci, V., aus dem Kleinleben der Großstadt, s.a. Bibliothek f. Ost u. West.

Chiavacci, V., aus dem Kleinleben d. Großstadt. Wiener Genrebilder. 2., verm. Aufl. 12. (VIII, 312 S.) Stuttgart 898. A. Bonz & Co. n. 2.50; geb. in Leinw. n. 3.50

CHIAVACCI, Vincenz
Vincenz Chiavacci. Wiener Leut' von gestern und heut'. Wien. 1901. Mohr 16°. 162 S. K 1.80, geb. K 2.40

— Moloch. 12. (29 S.) Wien (IX, Frankgasse 1) 898. Selbstverlag. n. —60

— Seltsame Reisen des Herrn Adabei u. Anderes. (III, 152 S.) 16. Wien 908. K. Mohr. 1.50; geb. 2.—

— Die Frau Sopherl v. Naschmarkt. (Die Weltanschaug. e. „Standels-Person".) (V, 151 S.) 16. Ebd. 911. 1.50; Wien: Mohr. geb. 2.—

— Wiener Typen. Humoristische Bilder aus dem Wiener Leben. 8. (IV, 342 S.) Ebd. 894. n. 3.60; Stuttgart: Bonz. geb. in Leinw. n. 4.80

Chiavacci, Vincenz [Red.], s. Universum.

— der Weltuntergang. E. Phantasie a. d. J. 1900. Ill. v. Emil Ranzenhofer. 12. (V, 93 S.) Stuttgart 897. A. Bonz & Co. n. 1.—; geb. n. 1.80

— Wiener vom Grund. Bilder aus dem Kleinleben der Großstadt. 1. u. 2. unveränd. Aufl. 8. (IV, 209 S.) Ebd. 888. 889. Teschen: Prochaska. n. 2.—; geb. n. 2.80

Wiener vom Grund. Bilder aus d. Kleinleben d. Großstadt. Von V[incenz] Chiavacci. 3. Aufl. *Stuttgart: A. Bonz & Co. 1901.* (XII, 284 S.) 8° [F.]
[93. 6707

— Wiener v. alten Schlag. Heitere u. ernste Bilder a. d. Volksleben d. Kaiserstadt. 8. (VI, 353 S.) Ebd. 895. Stuttgart: Bonz. n. 3.60; geb. in Leinw. n. 4.80

— wo die alten Häuser steh'n. Bilder u. Humoresken aus dem Wiener Volksleben. 8. (IV, 245 S.) Ebd. 889. Teschen: Prochaska. n. 2.—; geb. n. 2.80

— wo die alten Häuser stehn. Bilder u. Humoresken aus dem Wiener Volksleben. 2. Aufl. (IV, 351 S.) 12. Ebd. 903. n. 3.—; geb. in Leinw. n. 4.20
Stuttgart: Bonz.

Chiavacci, Vladimiro, insegnamento pratico celere e facile della lingua inglese. Basato sopra i principi del Prof. F. Ahn e composto secondo il metodo di C. Graeser. Leipzig 857. Giegler. 8. (IV, 108 S.) n. 10 ngr

Chiavacci, Vladim., Insegnamento pratico celere e facile della lingua inglese. Basato sopra i principi del F. Ahn e composto secondo il metodo di Carlo Graeser. 8. (IV und 108 S.) Leipzig 857. [Violet.] *

Chiavenna [Schlagwort]

Chiavenna, s.a. Schweiz. Atlas.

Chiavenna, s.a. Schweiz. Volksatlas.

Chiavenna — Warhaffte Beschreibung defs Veltliner thals, sambt der angräntzenden grafschafft — sonst Cleue genant. Raphael Sadeler, Munchen. 1: 400,000. 1 Bl.

Chiavenna — Panorama di (Cleven) — preso sopra il Castello del Paradiso e Cavirgo. H. Keller de Zurigo disegno dal vero 1816. Rundgemälde. 1 Bl.

Chiaveri, Gaetano. Die Cathol. Kirche in Dresden. Dresden 1740. Fol. (Titel fehlt.)

Chic, le. Journal mensuel. 15. u. 16. Jahrg. 1905 u. 1906. à 12 Hefte. (à ca 12 farb. Taf., 1 Schnittbog. u. 12 S. illustr. Text in deutscher u. französ. Sprache.) Fol. Wien, B. Finkelstein & Bruder. à Jhrg. n. 32.—; halbjährlich n. 17.50; einzelne Hefte. n. 3.25

Chic, le. Journal artistique de la haute mode. Administratenr-gérant: B. Finkelstein. Oktbr. 1910—Septbr. 1911. 12 nrs. (Je 10 farb. Taf., 1 Schnitt u. 12 S. illustr. deutscher u. französ. Text.) 43,5×32,5 cm. Wien, Palais de la mode „Le grand Chic". 36.—; halbjhrl. 19.—; vierteljährl. 10.—; einz. Nrn. 3.50; Ausg. II. (je 6 farb. Taf.) 25.—; halbjährl. 13.—; vierteljährl. 7.—; einz. Nrn. 2.50

— Berliner. Fachjournal f. Damen- u. Kindergarderobe. Hrsg.: Gust. Lyon. Jahrg. 1905 u. 1906 à 12 Hefte. (à ca. 8 S. m. Abbildgn., 1 farb. Taf., u. 1 Schnittmusterbog.) Fol. Berlin, Max Schmidt Modenzeitgn. à Jhrg. n. 7.—; halbjährlich n. 4.—

— Berliner. Fachzeitg. f. Damen- u. Kindergarderobe. Hrsg.: Gust. Lyon. Jahrg. 1907. 12 Hefte. (Febr.-Heft. 8 S. m. Abbildgn., 1 farb. Taf. u. 1 Schnittmusterbog.) 42,5×32 cm. Berlin, G. Lyon 7.—
Erscheint nicht mehr.

Chic, Frankfurter. Mode-Journal. Fachzeitung für Damen- u. Kindercostumes u. Mäntel. Red.: H. Worrings. 1. Jahrg. April—Dezbr. 1901. 9 Nrn. Fol. (à ca. 8 S. m. Abbildgn., Modebild. u. Schnittbogen.) Frankfurt a/M., Worrings Verl. n. 4.50

— dasselbe. 2. Jahrg. 1902. 12 Nrn. Fol. (à ca. 8 S. m. Abbildgn., Modebild. u. Schnittbog.) Ebd. n. 6.—

— Frankfurter. Mode-Journal. Red.: H. Worrings. 3.—7. Jahrg. Oktbr. 1902—Septbr. 1907 à 12 Nrn. (à ca. 8 S. m. Abbildgn., 1 farb. Modebild u. Schnittbog.) Fol. Frankfurt a/M., Worrings. à Jhrg. n. 6.—

— Frankfurter, Fortsetzg., s.: Parisienne, moderne.

— le grand. Journal artistique de la haute mode. 16. année 1906. 12 nrs. (Je 10 farb. Taf., 1 Schnittbog. u. 8 S. illustr. Text.) Fol. Wien, B. Finkelstein & Bruder. n. 48.—

— le grand. Journal artistique de la haute mode. Administrateur-gérant: B. Finkelstein. (Gérant: A. Gruenwald. Oktbr. 1910—Septbr. 1911. 10 nrs. (18 farb. Taf. u. 2 S. deutscher u. französ. Text m. Abbildgn.) 43,5×32,5 cm. Wien, Palais de la mode „Le grand Chic". 60.—; halbjährl. 32.50; einz. Nrn. 7.50

— grand, Parisien. Album de chapeaux. Publication artistique et professionelle spéciale aux modistes. 200 modèles de haute nouveauté, coloriés à l'aquarelle. Red.: A. Bachwitz. Jahrg. 1907. 4 Nrn. (Nr. 1. 17 Taf. u. 18. Text.) 42×32,5 cm. Ebd. 18.—; erh. Pr. 27.—

— de Paris. Jahrg. 1905 u. 1906. à 12 Nrn. (Je 12 S. deutscher u. französ. Text m. Abbildgn. u. 1 Schnittbogen.) Fol. Frankfurt a/M., Mode-Journal-Verlag M. G. Martens. Ausg. I. Jede Nr. m. 6 farb. Taf. n. 31.—; Ausg. II m. 5 farb. u. 1 schwarzen Taf. n. 22.—; Ausg. III m. 4 farb. u. 1 schwarzen Taf. n. 17.—; Ausg. IV m. 3 farb. u. 2 schwarzen Taf. n. 13.—; Ausg. V m. 2 farb. u. 2. schwarzen Taf. n. 10.—; f. Jahresabonnenten 2 Prämien „Blousen-Album" in Farbendr.

Vergl.: Salon de modèles.

— de Paris. Journal mensuel pour modèles de Paris. Jahrg. 1910. 12 Nrn. (Je 8 S. deutscher u. französ. Text m. Abb. u. 1 Schnittbog.) 41,5×32 cm. Frankfurt a/M., Mode-Journal-Verlag M. G. Martens. Ausg. I. Jede Nr. m. 6 farb. Taf. Halbjährl. 11.35; Ausg. II m. 5 farb. u. 1 schwarzen Taf. 9.35; Ausg. III m. 4 farb. u. 2 schwarzen Taf. 7.35

Chic, Pariser. Mode-Journal. Hrsg.: Arnold Bachwitz u. Gust. Fournes. Red.: Jos. Bazzanella. 1. Jahrg. Aug. 1898—Juli 1899. 12 Hfte. (à 10 Taf.) Fol. Wien, Administration d. „Wiener Modezeichner". n. 20.—

Kann auch halbjährlich für n. 12.— u. vierteljährlich für n. 7.— bezogen werden.

Chic parisien. (Wiener Modekunst) [nebst] Suppl. Au chic parisien. (Beilage zur Wiener Modekunst.) Nr. 486—497. Jg. 41. Paris [u. a.] 1939.
Mit Abb. 2°
1. Jg. 1898.

— Parisien. Journal special pour modèles de Paris et Vienne. Hrsg.: Arnold Bachwitz u. Gust. Fournes. Red.: Jos. Bazzanella. 2. u. 3. Jahrg. 1899 u. 1900. à 12 Hfte. Fol. (à ca. 10 Taf. m. à 4 S. französ., engl., russ. u. deutschen Text.) Wien, Administration u. Direction. à Jahrg. n. 25.—

— dasselbe. Hrsg.: Arnold Bachwitz. 4. Jahrg. 1. Quartal. Jan.—März 1901. 3 Hfte. Fol. (à ca. 10 Taf. m. ca. 4 S. französ. u. deutschem Text m. Abbildgn.) Ebd. n. 6.25; einzelne Nrn. n. 2.50

— dasselbe. 2. Quartal. April—Juli 1901. 3 Nrn. Fol. Ebd. n. 7.50; einzelne Nrn. n. 3.—

— 5. Jahrg. Aug. 1901—Juli 1902. 12 Hfte. Fol. (à ca. 10 Taf., Schnittbog. u. ca. 8 S. französ. u. deutscher Text m. Abbildgn.) Ebd. n. 30.—

Chic, Parisien. Journal special pour modèles de Paris et Vienne. Modèles: Toilettes et blouses, robes d'intérieur. Hrsg.: Arnold Bachwitz. 6.—9. Jahrg. Aug. 1903—Juli 1907 à 12 Hefte. (à ca. 12 farb. Taf., 1 Schnittbog. u. 8. S. französ. u. deutscher Text m. Abbildgn.) Fol. Wien, Verlag der Modejournale Chic Parisien usw. à Jhrg. n. 36.—; einzelne Hefte n. 3.50

— Parisien. Journal special pour modèles de Paris et Vienne. Modèles: Toilettes et blouses, robes d'intérieur. Administrateur-gérant: Arnold Bachwitz. 18. Jahrg. Aug. 1910—Juli 1911. 12 Hefte. (147. Heft. 10 farb. Taf., 1 Schnittbog. u. 8 S. illustr. Text in französ. u. deutscher Sprache.) 44×33 cm. Wien, Verlag der Modejournale „Chic Parisien" usw. 36.—; einz. Hefte 3.50

Wiener Chic. VI.—VIII. Jahrgang. B. Finkelstein & Bruder. Wien 1897—1899.
Mit Abb. u. ko[l]. Modebildern. 2°
Erschienen 1891—1913

Chic, Wiener. Mode-Journal. Hrsg.: B. Finkelstein & Bruder. Red.: Karl Mohr. 1.—3. Jahrg. 1892/93, 1893/94, 1894/95. à 12 Nrn. (2 Bog. m. Illustr.) Fol. Wien II., Obere Donaustr. 35, B. Finkelstein & Bruder. à Jahrg. Ausg. I, m. monatlich 6 Taf., n. 30.—; halbjährlich n. 15.75; vierteljährlich n. 8.25; Ausg. II, m. monatlich 4 Taf., n. 21.—; halbjährlich n. 11.—; vierteljährlich n. 6.—; Ausg. III, m. monatlich 2 Taf., n. 14.—; halbjährlich n. 7.50

Chic, Wiener. Mode-Journal. Hrsg.: B. Finkelstein & Bruder. Red.: Karl Mohr. 4.—7. Jahrg. 1895—1898. à 12 Nrn. (à ca. 1¼ Bog. m. Abb.) Fol. Wien, B. Finkelstein & Bruder. Ausg. I., m monatlich 6 Taf., n. 30.—; Ausg. II., m. monatlich 4 Taf., n. 21.—; Ausg. III., m. monatlich 2 Taf., n. 17.—

Die Ausgaben I u. II können auch halbjährl. à n. 15.75, bezw. 11.— und vierteljährl. à 8.25, bezw. 6.—; d. Ausgabe III auch halbjährl. à n. 9.— bezogen werden.

— Wiener. Mode-Journal. Hrsg.: B. Finkelstein & Bruder. Jahrg. 1899—1902. à 12 Nrn. Fol. (à ca. 12 S. deutscher u. französischer Text m. Abbildgn.) Wien, B. Finkelstein & Bruder. Ausg. I., m. monatlich 6 Taf. u. 1 Panoramabild à Jahrg. 30.—; halbjährl. n. 15.75; vierteljährlich n. 8.25; einz. Nrn. n. 3.—; Ausg. II., m. monatl. 4 Taf. à Jahrg. 21.—; halbjährl. n. 11.—; vierteljährlich n. 6.—; einz. Nr. n. 2.60; Ausg. III., m. monatl. 2 Taf. à Jahrg. n. 17.—; halbjährl. n. 9.—; einzelne Nrn. n. 2.—

— Wiener. Mode-Journal. Hrsg.: B. Finkelstein & Bruder. 13.—16. Jahrg. April 1903—März 1907. à 12 Nrn. (à ca. 12 S. deutscher u. französ. Text m. Abbildgn.) Fol. Wien, B. Finkelstein & Bruder. Ausg. I, m. monatlich 6 Taf. u. 1 Panoramabild à Jhrg. n. 30.—; halbjährlich n. 15.75; vierteljährlich n. 8.25; einzelne Nrn. n. 3.—; Ausg. II, m. monatlich 4 Taf. n. 21.—; halbjährlich n. 11.—; vierteljährlich n. 6.—; einzelne Nrn. n. 2.60; Ausg. III, m. monatlich 2 Taf. à Jhrg. n. 17.—; halbjährlich n. 9.—; einzelne Nrn. n. 2.—

— Wiener. Mode-Journal. Red.: B. Finkelstein. Oktbr. 1910—Septbr. 1911. 12 Nrn. (Je 12 S. illustr. deutscher u. französ. Text.) 43,5×32,5 cm. Wien, Palais de la mode „Le grand Chic". Ausg. I m. monatl. 10 farb. Taf. u. 1 Schnitt. 36.—; halbjährl. 19.—; vierteljährl. 10.—; einz. Nrn. 3.50; Ausg. II m. 7. farb. Taf. u. 1 Schnittbog. 25.—; halbjährl. 13.—; vierteljährl. 7.—; einz. Nrn. 2.50; Ausg. III m. 4 farb. Taf. u. 1 Schnittbog. 20.—; halbjährl. 11.—; vierteljährl. 6.—; einz. Nrn. 2.20

Chicago [Sachliches OW]

Chicago. Reiseführer nach u. durch Chicago m. Berücksicht. der columb. Weltausstellg., s. a. Städtebilder u. Landschaften aus aller Welt.

— dasselbe, s. a. Bruckmann's illustr. Reiseführer.

— s. a. Woerl's Reisehandbücher.

Chicago. Reiseführer m. Berücks. der Columb. Weltausstellung. München (1893)

German-American Biographical Publishing Co. Chicago und sein Deutschtum. Chicago, 1901-02.

— u. Ostende u. andere Humoresken, s.: Humoresken, illustr., f. Reise u. Haus.

— u. die Columbische Weltausstellung 1893. Mit Zustimmg. d. Reichs-Kommissars zusammengestellt. 1. u. 2. Taus. gr. 8. (III, 95 S. m. Abbildgn.) Berlin, H. Walther. Kart. n. 1.—

Chicago [Schlagwort]

Chicago. Heinze, Herm., Souvenir Map of the Worlds Columbian exposition at Jackson Park and Midway plaisance Chicago, Ill., U. S. A. Farbendr. 61×61,5 cm. Chicago 893. (Leipzig, J. C. Hinrichs' Sort.) n. n. 1.—

Chicago Abend-Zeitung : 1869? Chicago, IL
Daily, except Sunday. See *Rowell, 1869* [lists also Sunday edition, $ 2.]

Chicago Anzeiger : 1867? Chicago, IL
Edited & published by George F. Gross.

Chicago Courier: 1869 -? Chicago, IL
English German.

Chicago Deutscher Courier : Jan. 24.—Dec. 1897. Chicago, IL
Weekly. See *IFPA List.*

Chicago Gerichtshalle : 1874?—1875? Chicago, IL
Independent weekly. Edited & published by E. Frederick.

Chicago Occident : vol. 1 ?, 1873 -1878?
Jewish weekly, printed in German. Sub-title: A Weekly Journal devoted to General News, Literature, Science, Art and the Interests of Judaism. Edited by M. Hoffman & Julius Silversmith, 1875 -76, by Julius Silversmith, 1877—78; published by Occident Publishing Co., 1875—78.
Chicago, IL

Chicago Revue : 1883 -? Chicago, IL
Edited by DeClerque.

Die Chicago Union : Nov.? 1855—Aug. 16, 1876.
Democratic daily, morning except Sunday. For weekly edition, see Wochenblatt der Chicago Union. For Sunday edition, see Westliche Unterhaltungs-Blätter and Belletristische Zeitung. Continued as National-Demokrat. Circulation: 1870, 3000 (est.); 1875, 6846. Edited & published by Frederick Becker & Schläger, 1861; edited by Edward Roesch, & published by Frederick Becker, 1867 -69; edited by Richard Michaelis, & published by Deuster, 1869—70; edited & published by W. Bellinghausen & Co., 1870 -72; by Hermann Lieb, 1872—76.
Chicago, IL

Wochenblatt der Chicago Union : 1854—1876?
Weekly edition of Die Chicago Union. Title varies: Wöchentliche Chicago Union. Circulation: 1870, 8000 (est.); 1875, 10,508.
Chicago, IL

Chicherio, M. Ein nöthiges Wort von mir und für mich zur Steuer der Wahrheit. 1815.

Chichmanoff, Irène. Etude critique sur les Femmes poètes en France au XIXe siècle. Thèse Phil. Berne. 178 p. 8. Berne, Scheitlin, Spring & Cie., 1910.

Chicoq, Stefan, Rechtsanwalt in Bukarest: Die Staatsmonopole in Rumänien (T. 1: Das Salzmonopol). (Berlin-Wilmersdorf: C. Arnold 1906.) (41 S.) 8° ¶(Der Rest soll später erscheinen.)
Berlin, Phil. Fak., Ref. Wagner, Diss. v. 3. März 1906
[Geb. 15. Febr. 81 Pitesti, Rumänien; Wohnort: Bukarest; Staatsangeh.: Rumänien; Vorbildung: Gymn. Pitesti Reife Juni 98; Studium: Bukarest 6, Leipzig 2, Berlin 4 S.; Rig. 8. Febr. 06.]

Chicot, Humoresken, s.: Sammlung v. besten Werken der Literatur der Gegenwart.

Chicoyneau, François

Chicoyneau, v. d. Pest. a. d. Frz. v. Ringebroig u. Diel. 2 Thle. gr. 8. Stendal. Franzen. 782—90.

Chicoyneau, François. Von der Pest, ihren Ursachen ... A. d. Franz. übersetzt. Stendal 1783. Ü: *Diel, August Friedrich Adrian.* (HS) (MGT)

Chicoyneau, von d. Pest; aus d. Französ. v. J. C. Ringebroig u. A. F. A. Diel. 2 Thle. gr. 8. Stendal 783—90. Franzen u. Gr. 1 ₰ 16 ℊ

Chidduscha R. Akiba Eiger i. e. n. Akiba Eger [Gins] novellae in tractatus talmudicos Baba Mezia, Gittin, Ketubot etc. edidit Benj. Wolf. (In hebräischer Sprache.) Berlin 860. Adolf & Co. Fol. (V, 140 S.) n. 1 ₰ 20 ngr.

Chidduscha ha Ritba al Massechet Joma i. e. R. Jomtob b. Abraham novellae in tractatum talmudicum Joma seu de die expiationis. Ex edit. Constant. 1754 denuo edid. Efraim Herz. (In hebräischer Sprache.) Ebend. 860. 4. (V, 144 S.) n. 1 ₰ 5 ngr; Schreibp. n. 1 ₰ 15 ngr.

Chiemgau [Schlagwort]

Chiemgau. Brunn's Uebersichtskarte vom Chiemgau, Salzkammergut, Hohen u. Niederen Tauern. 1 : 600,000. 35,5×42 cm. Farbdr. München (904). O. Brunn. n. 1. —

Chiemsee [Sachliches OW]

Chiemsee 25 Stunden von München entfernt, hält 27,248 Tagwerk, entworfen vom Obersten von Riedl im Jahre 1807. Gestochen von Johannes Lehmann von Augsburg. 1 : 28,800. 1 Bl.

Chiemsee [Schlagwort]

Chiemsee, s.: Alpen. Artaria.

Chiemsee, s.: Salzkammergut. Wenng, L.

Chiffard, Dictionnaire catéchet. etc. 8. Berl. Lagarde. 784.

Chiffelard,..., Dictionnaire catéchétique à l'usage de la jeunesse etc. 8. Berl. 784. (Köchly). 6 ℊ

* Chifflard Dictionnaire catéchetique etc. 8. Berl, Lagarde. 784.

Chifflet, Jul., kurzgef. Hist. des Tolsonordens d. Ritt. vom guldn. Wlies. m. Anm. fortges. 4. Nürnb. 711.

Chiffre, La, en fleurs. Prologue presenté, sur le theatre de Mr. le Comte de K. ... Königsberg 1780. V: *Keyserling, Charlotte Amalie Reichsgräfin von, geb. Gräfin von Truchsess-Waldburg.* (MGT) (ML)

Chiffres et monogrammes. Zusammengestellt von C F Autenrieth. Königliche Hofkunsthandlung in Stuttgart. (15 T) fol Stuttgart

Chiffrier-Wörterbuch. Hrsg. v. F. R. 8. (V, 100 S.) Berlin (W., Bülowstr. 51). (899). Geo. Friedmann. Geb. in Leinw. n. 4. —

Chiffrirbuch f. Telegramme u. Correspondenzen in Ziffern. 8. (XVI, 10 u. 100 S.) Wien 892. (Leipzig, Literar. Anstalt, A. Schulze.) Geb. n. 5. —

— dasselbe. Ausg. f. Deutschland. 8. (XVII, 100 S.) Berlin 893. Haude & Spener. Geb. in Leinw. n. 4. —

Chiger, Siegm., Ausstellungs-Mißbräuche, deren Ursachen, Folgen u. Verhinderungsmaßregeln. 8. (32 S.) München 895. (M. Kellerer.) n. 1. —

Bericht über die Ausstellung für Krankenpflege zu Berlin 1899 von Siegmund Chiger, Techn. Leiter d. Ausst. *Berlin: O. Seehagen 1900.* (VII, 165 S.) 8° [01. 4794

Chiger, Siegm., Bericht üb. die unter d. Allerhöchsten Protectorate Ihrer Maj. der Kaiserin u. Königin vom 1.—16. X. 1898 in Berlin stattgehabte Ausstellung vom Rothen Kreuz. gr. 8. (IV, 129 S.) Berlin 899. O. Seehagen. n. 2. 50

— praktische Winke f. alle Ausstellungsbetheiligten. 8. (IV, 118 S.) Breslau 896. M. & H. Marcus. n. 2. —

Chiger, Siegm., Zinsentabellen und Usancen im europäischen und überseeischen Wechselhandel. 8. (VIII, 167 S.) Wien 887. Hartleben. geb. 4

Chiger's Reise-Adressbuch u. Führer. Ausg. 1900. 12. (192 S.) Wien (II/3, Krummbaumgasse 2), L. Chiger. n. 1. —

Chijs, Jac. Annaeus van der, commentatio chronologico-historica de Herode magno, Judaeorum rege. Lugduni-Batav. 855. Brill. gr. 4. (XXIX, 72 S.) n. 1 ₰

van der Chijs, P. O., de Munten der voormalige Hertogdommen Braband en Limburg van den vroeste Tijden tot aan de Pacificatie van Gend. Uitgegeven door Teyler's tweede Genootschap. gr. 4. (171 S. u. 36 lith Taf.) Harlem 851. (Leipzig, T. O. Weigel.) n. 8 ₰

Chikane d. Rechtsgelehrten, über die, in wahren Begebenheiten. 8. Quedlinb. 785. Ernst. 5 ℊ

Child, Anna, geb. Francis

Child, Anna, das Buch d. Mutter. (Eine belehr. u. unterhalt. Erziehungsschrift f. sorgs. Mütter. Zugleich e. Beitr. f. d. Gesch. d. geist. Cultur Nordamerika's.) A. d. Engl. übers. gr. 8. (11 B.) Tübingen 833, Osiander.

Child, Anna, das Buch der Mütter. Eine Erziehungsschrift. Nach der 9. Londoner Aufl. aus d. Engl. übersetzt u. allen deutschen Müttern empfohlen von Mor. Petri. (Mit Titelbild.) 12. Bielefeld 841, Velhagen u. Klasing. ¾ ℔

Child, Anna, das Buch der Mutter. Aus dem Engl. übersetzt von C. Berger. 8. Rinteln 842, Bösendahl. (Liter.-artist. Verlags-Institut.) 7/12 ℔

Child, Charles Manning [aus Ypsilanti, U. S. A.]: Ein bisher wenig beachtetes antennales Sinnesorgan der Insekten m. bes. Berücks. d. Culiciden u. Chironomiden ... M. 2 Taf. (Aus: Zeitschr. f. wiss. Zool., Bd. LVIII Heft 3.) Leipzig, W. Engelmann, 1894; 57 S., 2 Taf. 8.
Leipzig, Phil. Fak., Inaug.-Diss. v. [12. Okt.] 1894

Child, Clarence Griffin, John Lyly and Euphuism, s.: Beiträge, Münchener, zur romanischen u. englischen Philologie.

Child, Gilb. W., die Canalisirung der Städte. Vom Standpunkt der neuesten Forschungen. Uebers. u. hrsg. von R. Ruge. Berlin 866. Hirschwald. gr. 8. (IV, 30 S.) n. 8 ngr.

Child, Lydia Maria

Child, L. Maria, Isak T. Hopper. Lebensgeschichte eines amerikanischen Quäkers und seine Beziehungen zur großen Sklavenfrage. Aus dem Engl. übers. von Glob. Fink. Stuttgart 854. Metzler. gr. 8. (VIII, 248 S.) 21 ngr.

Childers, Rob. Caesar, a dictionary of the Pâli language. Part. I. A—Nib. hoch-4. (XII u. S. 1—276.) London 873. Leipzig, Brockhaus' Sort. n. 30. —

Child's Teller, the, an entertaining collect. of amusing Stores by Mrs. Opie, Edgeworth, Aikin, selected for youth by J. Stephens. 12. (3 B.) Baltimore Md. 833, Scheld and Co. (Dresden, Walther.)

Chile [Sachliches OW]

Chile im J. 1883. Angaben üb. das f. den deutschen Auswanderer empfehlenswertheste Land. Aus dem Span. übers. v. H. Polakowsky. 8. (98 S. m. 1 lith. Karte.) Berlin 884. Thormann & Goetsch. n. — 75

Chile [Schlagwort]

Chile. Opitz, C., i H. Polakowsky, mapa de la república de Chile. Dibujado i dado á luz segun los mapas, datos i publicaciones de Aimé Pissis, A. Petermann, C. Martin i otros, i los mapas de la officina hidrográfica de Chile i de los almirantazgos ingles i aleman. 1:2,500,000. Edicion correjido 1891. 186×32,5 cm. 2 Blatt. Farbendr. Santiago. (Frankfurt a/M., C. Jügel's Verl.) n.n. 15. —

Chileck, Johann Sigismund (Lausitz), De mutuo filii familias jam ante sctum Macedonianum invalido. Diss. jur. Präs. Ferdinand August Hommel. Lpz. (A. M. Schede) 15. VIII. 1726. 32 S. (4.80) 5138
Gew.: Gottlieb Ritter (Dresden).

CHILEMONT (ps.), ÆNEAS PEREGRINANS. Oder Der weit-aussehende ARGUS, welcher sowohl durch verschiedene Staats-Moral- u. Historische Ursachen, als Rechts bewährte Gründe, die pro- & contra-lauffende Endzwecke der heutigen Moralisirten Welt in Europa auffrichtig eröffnet, u. seine geheime Gedancken hierüber an Tag leget. In einer Lust-Reise entworffen von —. (Holzsch.-Vign.: Geflügeltes Roß.) Erster, Zweyter, Dritter Ausspann. Rastenburg, bey Maximilian Willhelm (!) Weinreich. 1701. 8°.
Selten cplt.! Enthält politisch-moralische Aufsätze nüchternster Art. Es lag aber nur der „Erste Ausspann" (8 Bll., 313 S.) vor.

Chilian, Erich Gerhard, Referendar in Zwickau (Sachsen): Die Mobiliarvollstreckung des Hypothekengläubigers auf Grund seines dinglichen Rechts. Borna-Leipzig 1908: R. Noske. (VI, 25 S.) 8° [J.]
Leipzig, Jur. Fak., Diss. v. 29. Juni 1908
[Geb. 10. Dez. 83 Zwickau; Wohnort: Zwickau; Staatsangeh.: Sachsen; Vorbildung: Gymn. Zwickau Reife O. 02; Studium: Heidelberg 1, Leipzig 7 S.; Rig. 12. Jan. 07.]

Chilian, Hans: Barbara von Cilli. Borna-Leipzig 1908: Noske. 74 S. 8°
Leipzig, Phil. Diss. v. 10. Okt. 1908, Ref. Seeliger, Brandenburg
[Geb. 18. Okt. 85 Zwickau i. S.; Wohnort: Zwickau; Staatsangeh.: Sachsen; Vorbildung: Gymn. Zwickau Reife O. 05; Studium: Leipzig 6 S.; Rig. 21. Juli 08.] [U 09. 2933

Chilian, Otto, aus Ummerstadt S.-M.: Über die **Beeinflussung** der Vergiftungen mit Nitrobenzol, Dinitrobenzol, Paranitrochlorbenzol und Dinitrochlorbenzol durch Alkohol. *Würzburg 1902: C. J. Becker.* (55 S.) 8°
Würzburg, Med. Diss. v. 1902

Chilianeum. Blätter für katholische Wissenschaft, Kunst u. Leben. Herausg. von J. B. Stamminger. 1—5. Bd. (Jahrg. 1862—64.) à 12 Hefte. (à 2½—3 Bgn.) gr. 8. Würzburg, Stahel. gr. 8. Jeder Bd. n. 1 ℔ 10 ngr.

Chilianeum. Blätter für katholische Wissenschaft, Kunst u. Leben. Hersg. von J. B. Stamminger. 6—9. Bd. Jahrg. 1865 u. 1866. à 24 Hefte (à 2½—3 Bgn.). Würzburg, Stahel. gr. 8. Jeder Bd. n. 1 ℔ 10 ngr.

Chilianeum. Blätter für katholische Wissenschaft, Kunst und Leben. Hrsg. von J. B. Stamminger. Neue Folge. 1. Jahrg. 12 Hefte. (à 5 Bog.) gr. 8. Zürich 868, Woerl. à Heft

Chilias, Dactyliothecae universalis signorum exemplis nitidis redditae, tertia: expressit Ph. D. Lippert ... Lipsiae 1763. V: *Heyne, Christian Gottlob.* (MGT)

Chiliasmus, s. a. Fick, C. J. H.

Chiliasmus, der. Kurze Sätze gegen denselben. [Aus: „Verhandlungen der Synode von Missouri, Ohio u. a. Staaten im Jahre 1857".] 8. (14 S.) St. Louis, Mo. 875. (Dresden, H. J. Naumann.) n. — 25

Chilla, Leo, Fliesen-Motive. Vorlagen f. das Freihandzeichnen an gewerbl. Lehranstalten u. Bürgerschulen. Enth. moderne, niederländ. u. oriental. Fliesenmuster. 1. u. 2. Lfg. gr. Fol. (à 12 farb. Taf. m. 1 Bl. Text.) Wien (902). A. Pichler's Wwe. & Sohn. In Mappe à n. 14.—

Chilla, Leo, Original-Entwürfe f. d. Glas- u. keramische Kunstgewerbe. Vorlagen für das Fachzeichnen a. kunstgewerbl. Fach- u. Fortbildungs-Schulen, sow f. Kunsthandwerker. M. Unterstützg. d. k. k. Ministeriums f. Cultus u. Unterricht. In 4 Lfgn. gr. Fol. (22 Farbendr. m. 1 Bl. Text.) Wien 897. C. Graeser. In Mappe n. 25. —

Chillonius [Pseud.], s.a. Doblhoff, Josef Frh. von

Chillonius, s.: Aus dem „Capua der Geister".

Chillonius, Cancionero. Reiselieder u. Zeitgedichte. [Wasserringe u. Miscellen, neue Folge.] 8. (XI, 204 S.) München 887. Callwey. n. 3. —; geb. n. 4. —

Chillonius (J. v. Doblhoff), Mamsell Espenlaub. Eine japan. Dorfgeschichte. 12. (41 S.) Leipzig (899). R. Baum. Geb. in Leinw. n. 2. —

Chillonius, Frondeurs. Lustspiel in 3 Akten (aus dem Wiener Leben). gr. 8. (93 S.) Leipzig 894. O. Mutze. 1.50

— in der Kreide. Schwank in 1 Akte. gr. 8. (34 S.) Ebd. 894. n. — 50

— durch die Kunst, s.: Theater, neues Wiener.

Chillonius (J. v. Doblhoff), „Wasser-Ringe". Zeitgedichte e. Oesterreichers. März 1893—Juli 1897. 12. (VIII, 66 S.) Zürich 897. Verlags-Magazin. n. — 50

— Zorahayda. Aus dem Sagenkreise der Alhambra. In Versen erzählt. 8. (100 S.) Ebd. 888. n. 2. —

Chimani, s. auch Chymani.

Chimani, Leopold

Chimani, Leop., die kleine ABC-Schule für Knaben u. Mädchen. Mit 126 Kpf. 12. Wien 816. Müller. 1 ℛ 8 ℊ

— heitere Ansichten aus dem Leben guter Menschen. Eine Samml. neuer u. lehrreicher Erzählungen für d. Jugend. Mit 5 fein color. Bildn. gr. 12. Wien 826. Müller. 1 ℛ 12 ℊ

— neue deutsche Aufgaben zum Uebersetzen ins Lateinische. 4 Bdch. 8. Wien 807. 2e A. 814. 3e A. 821. A. Doll. 1 ℛ 16 ℊ

— 250 syntaktische Aufgaben, eingetheilt nach den Regeln d. Wortfügung in d. 2ten Theile d. Anleit. zur latein. Sprache rc. 8. Wien 802. (Doll). 12 ℊ

— 250 syntactische Aufgaben rc. 8. Wien, A. Doll. (auch Liebeskind in Leipz.) 802.

— 330 syntactische Aufgaben rc. 8. Ebend. 804.

— Beispiel u. Lehre, ein Lesebüchlein f. Kinder zur Bildung u. Unterhaltung. Mit 1 Kpf. gr. 12. Wien 823. (Leipz., Fr. Fleischer). 9 ℊ

— Beispiel u. Lehre, ein Lesebüchlein für Kinder zur Bildung u. Unterhaltung. Mit 1 Kpfr. gr. 12. Wien 824. (Leipzig, Fr. Fleischer.)

Chimani, Leopold: Beiträge zur Kenntniß d. östr. Kaiserstaats, s. Chimani: Vaterländ. Unterhaltungen für die Jugend.

Chimani, Leop., das kleine Belvedere, od.: Mignon-Bilder-Gallerie. Eine Darstell. vorzügl. Gemählde d. k. k. Bildersamml. aus d. neuern Zeit. Nebst erklär. Texte u. lehrr. Erzähln. f. d. Jugend. gr. 8. (7¾ B. Nebst e. plast. aufzustell. (col.) Saal u. 18 dazu gehörigen (col.) Gemählden.) Wien 840, Müller.

Chimani, Leopold: Des jungen Staatsbürgers nützl. Beschäftigungen, s. Chimani: Vaterländische Merkwürdigkeiten.

—— Bethe u. arbeite! Eine Samml. neuer Erzähln. lehrr., religiösen u. moral. Inhalts, zunächst f. d. Jugend, aber auch f. Erwachsene, welche nach Glückseligkeit streben. 6 Bdchn. M. 6 Kpfr. gr. 12. (32½ B.) Wien 828, Mausberger. (Leipzig, Hunger.)

A. u. d. Titln.:
Bd. 1. Bethe u. arbeite! u. Gottes Segen wird folgen.
" 2. Hoffe u. vertraue! Gott ist dein Helfer.
" 3. Gott leitet d. Schicksal d. Menschen.
" 4. Dank u. Liebe f. die Wohlthat.
" 5. Die Tage d. Gefahr u. d. Rettung durch Gottes Hülfe.
" 6. Unglück bessert d. Menschen.

—— die beweglichen Bilder mit d. Beschreib. einiger schönen Umgebungen Wiens, der Vergnügungen d. höheren u. niederen Stände, der Volkssitte, u. mit mehr. lehrr. u. unterhalt. Erzählungen. Zum Nutzen u. zur Erheiter. d. Jugend bearbeitet. M. 6 (ill.) Bildern, die sich veränd. lassen. gr. 16. (13¼ B.) Wien 835, Müller.

— bunte Bilder mit lehrreichen u. unterhalt. Erzählungen für gute Mädchen. Mit 12 ill. Kpfr. kl. 8. Wien 833. Bermann u. Sohn. 5/6 ℛ

— Bilder u. Geschichten. Zum Nutzen u. Vergnügen d. Jugend. Mit 6 color. Kpfr. 8. Wien 835. Bermann u. Sohn. 1 ℛ

—— lichte Bilder aus d. Menschenleben, mit ihrer Schattenseite. Eine Samml. lehrr. u. unterhalt. Erzähln. zur Belebung d. moral. Gefühls u. Beförderung echter Humanität f. d. Jugend bearbeitet. M. 1 ill. Kpfr. gr. 8. (9¼ B.) Wien 840, Mausberger. (Leipzig, Hunger.)

— neue Bildergallerie über Gegenstände der Natur, Völker u. Gewerbkunde, mit 145 Bildern. gr. 8. Wien, Haas. 815.

— neue Bildergallerie über Gegenstände d. Natur, Völker- u. Gewerbkunde. Mit 145 Bildern. gr. 8. Wien 816. Haas. (Leipz., Fr. Fleischer). 2 ℛ

—— histor. Bildersaal, od. Darstellungen berühmter Männer u. merkwürd. Begebenheiten aus d. Geschichte aller Völker u. aller Zeiten. Zur Belehr. u. zum Vergnügen d. Jugend bearbeitet. M. 17 ill. u. v. Frz. Stöber gest. Kpfrn. Lex.-8. (10 B.) Wien 837, Sammer.

Chimani, Leop., Biographien berühmter u. verdienter Frauen aller Zeiten u. Nationen. Für d. Jugend bearb. M. 3 ill. Kpfr. 12. (11½ B.) Wien 832, Müller.

—— Biographien ber. u. verdient. Männer aller Zeiten u. Nationen. Für d. Jugend bearb. M. 8 ill. Kpfr. 12. (11 B.) Wien 832, Müller.

— Blumengewinde nützl. u. lehrr. Erzählungen für gute Knaben u. Mädchen. Mit 6 color. Bildern. 12. Wien 820. Müller. 1 ℛ 4 ℊ

— Blüthen u. Früchte aus d. Jugendleben u. dem folgenden Alter, den Kindern z. Beherzigung u. Nachahmung dargeboten. Mit 6 color. Bildern. kl. 8. Wien 830. Bermann u. Sohn. 5/6 ℛ

Chimani, Leop., der Christen-Sclave in Algier u. Jerusalem. Eine Erzähl. f. d. fromm gesinnte Jugend u. f. Erwachsene. Mit ein. Beschreib. der durch d. Wandel Jesu geheiligten Oerter in Palästina. 2., verb. u. verm. Aufl. M. 1 ill. Kpfr. gr. 12. (11⅓ B.) Wien 841, Mausberger. (Leipzig, Hunger.) Thlr.

— Colloquia latino-germanica. Lateinisch-deutsche Gespräche, zur Uebung in d. latein. Umgangssprache. Neue umgearb. Aufl. 8. Wien, Doll d. ält. 814.

— Colloquia latina-german. Latein.-deutsche Gespräche rc. 3e Aufl. 8. Wien 822, Al. Doll.

Chimani, Léop., Coquelicots. Recueil d'histoires instructives et amusantes pour la jeunesse. Trad. en Franç. par P. J. P. 16. (6 B. u. 4 col. Bild.) Vienne 845, Müller.

Chimani, Leopold: Dank und Liebe für die Wohlthat, s. Chimani: Bethe und arbeite.

Chimani, Leopold: Darstellungen aus dem Vaterlande, s. Chimani: Vaterländischer Jugendfreund.

Chimani, Leopold: Edelmuth und Herzensgüte, s. Chimani: Der erzählende Kinderfreund...

— Edelsinn u. Herzensgüte. Eine Sammlung lehrreicher Erzählungen zur Veredlung d. Jugend. Mit 8 color. Bildern. kl. 8. Wien 829. Bermann u. Sohn. 5/6 ℛ

— Ehren- u. Sittenspiegel aus d. alten u. neuen Geschichte, in Lebensschreibb. u. Charakterzügen großer u. tugendh. Männer. Zur Bildung, Ermunter. u. Nachahmung f. d. Jugend dargestellt. Mit 4 fein ill. Kpf. gr. 8. Wien 826. Müller. 1 ℛ 12 ℊ

Chimani, Leopold: Ehrlichkeit und Dienstfertigkeit, s. Chimani: Der erzählende Kinderfreund...

— Erheiterungen. Ein lehrreiches Geschenk f. Knaben u. Mädchen. Mit 1 Kpfr. 8. Wien 824. (Leipzig, Liebeskind.)

— Erheiterungen. Ein lehrreiches Geschenk für Knaben u. Mädchen. Mit 1 Kpf. 8. Wien 824. Pichler. 12 ℊ

Chimani, Leopold. Erheiterungen. Ein lehrreiches Prüfungs-, Weihnachts- und Neujahrsgeschenk für Knaben und Mädchen. II. Aufl. *Wien* 1858. Druck und Verlag von *A. Pichlers Wtw. & S.* 123 S. 1. Bl. 8°.

— — Erholungen für die Jugend. M. 3 Kpf. 8. Wien, Pichler. 816. 1 —

— Erholungen für d. Jugend in freien Stunden. Mit 3 Kpf. 8. Wien 817. Pichler. 16 ℊ

Chimani, Leopold: Ermunterungen zur Tugend und Frömmigkeit, s. Chimani: Religion und Tugend...

Chimani, Leopold: Erzählungen zur Anregung d. religiösen u. sittlichen Gefühles . . . , s. Chimani: Religion und Tugend . . .

— gemüthl. Erzählungen für d. Jugend, zur Veredlung d. Herzens u. Bildung d. moral. Gefühles. Mit 7 ill. Kpf. 8. Wien 817. Müller. 3 ℛ (s. auch Erzählungen.)

— — gemüthl. Erzählungen für die Jugend, zur Veredlung des Herzens und Bildung des moral. Gefühles. Mit 7 ill. Kupf. 8. Wien, Müller. (Leipzig, Enobloch in C.) 817. 3 —

Chimani, Leopold: Erzählungen u. Geschichten aus d. Vaterlande, s. Chimani: Vaterländ. Unterhaltungen für die Jugend.

—— 127 kurze u. anmuthige Erzählungen mit goldenen Sprüchen erläut. Für Knaben u. Mädchen, die nach Tugend u. Weisheit streben. 16. (12 B. u. 8 col. Bild.) Wien 842, Müller.

—— kleine Erzählungen u. Mährchen f. d. Jugend. M. 8 col. Bildern u. ein. Panorama, plast. aufzustellen. gr. 8. (3⅓ B.) Wien 837, Müller.

—— Erzählungen der Mutter. 16. (12 B. u. 8 col. Bild.) Wien 845, Müller.

— Erzählungen u. belehrende Unterhaltungen aus d. Länder- u. Völkerkunde, aus d. Naturgeschichte, Physik u. Technologie. M. Kpf. 8. Wien 809. 2e Aufl. Mit 4 Kpf. 816. Ant. Doll. 16 ℋ (Münch., Giel). Hbg. Pr. 12 ℋ

Chimani, Leopold
Erzählungen und belehrende Unterhaltungen aus der Länder- und Völkerkunde, aus d. Naturgeschichte, Physik und Technologie. Ein Geschenk für die Jugend. Mit 4 Kupfern. 2. Aufl.
Wien: Doll 1816. 215 S. 8°

— Erzählungen u. belehrende Unterhaltungen aus der Länder u. Völkerkunde, aus der Naturgeschichte, Physik u. Technologie. Ein Geschenk für die Jugend. 3e verb. u. verm. Original-Ausg. Mit 4 Kpfr. 8. München 834. Giel. ½ ℛ

—— Vaters Erzählungen. 16. (12½ B. u. 8 ill. Bild.) Wien 845, Müller.

Chimani, Leopold: Vaterländische Erzählungen, s. Chimani: Ausgewählte Jugendschriften.

—— Erzählungsbuch der Großmutter. 16. (12 B. u. 8 col. Bild.) Wien 845, Müller.

—— Großvaters Erzählungsbuch. 16. (13⅛ B. u. 8 col. Bild.) Wien 845, Müller.

—— der guten Knaben u. Mädchen neuestes Erzählungs- u. Bilderbuch. Eine Samml. lehrr. u. unterhalt. Erzähln., f. d. Jugend bearbeitet. M. 6 col. Bild. gr. 8. (6¾ B.) Wien 837, Bermann u. Sohn.

— der guten Kinder Erzählungsstunden im trauten Familienkreise. Ein Buch für Knaben u. Mädchen zur Veredlung d. Herzens rc. 8. Brünn 821, Gastl.

— der guten Kinder Erzählungsstunden im trauten Familienkreise. Ein Buch für Knaben u. Mädchen zur Veredlung d. Herzens rc. Mit 1 Titelkpf. 8. Brünn 831. Gastl. 1 ℛ 6 ℋ

— Eusebia, oder Frauengröße u. weibl. Tugend. Ein Bildungsbuch f. Töchter. 2 Thle, mit 1 Kpf. gr. 8. Wien 824, v. Mösle. 1 ℛ 20 ℋ

— Exercitia et colloquia latino-germanica, Latein.-deutsche Uebungen u. Gespräche rc. 2 Thle. 8. Wien 806. 2e A. 814. 3e A. 821. A. Doll. 1 ℛ

— — idem liber. II Tmi. 8. Lips. Liebeskind. 806.

— d. Feyer kindl. Liebe u. Dankbarkeit, an Familien- u. Schulfesten. Eine Sammlung v. 250 Glückwünschen f. Kinder. Nebst mehreren Prüfungsreden. 12. Wien 824. (Leipz. Fr. Fleischer.)

Chimani, Leop., Vater Feldheim u. seine Kinder. Der gefundene Hase, s. Bibliothek, kleine.

Vater Feldheim und seine Kinder. Der gefundene Hase. 2 Erzählungen f. Kinder von Leopold Chimani. *Hamm i. W.: Breer & Thiemann [1900].* (62 S. 8° [illegible])
— Bibliothek, Kleine. No 43. [illegible]

—— meine Ferien-Reise, von Wien durch d. Land unt. u. ob d. Enns üb. Linz, durch d. k. k. Salz-Kammergut nach Ischl u. Hallstadt, nach Salzburg, Berchtesgaden u. Gastein, u. von da zurück durch e. Theil d. Steyermark. In topograph., geschichtl., naturhistor., techn., biograph. u. pittoresker Beziehung. Im J. 1829. 2 Bdchn. gr. 12. (18¼ B.) Wien 830, Pichler. (Leipzig, Liebeskind.)

— Festgeschenk f. gute Söhne u. Töchter. Eine Samml. lehrreicher Erzähl. u. merkwürd. Begebenheiten z. Erweckung d. religiösen u. moral. Gefühls. Mit 1 Kpfr. 12. Wien 824, v. Mösle.

Chimani, Leop., die schwarze Frau. Eine lehrreiche Erzählung für Kinder u. Kinderfreunde. 12. Wien 834. (Leipz., Friedr. Fleischer.) ¼ ℛ

Chimani, Leopold: Der Freund des Vaterlandes, s. Chimani: Vaterländischer Jugendfreund.

— Gottes weise Fügungen, oder wunderbare Schicksale eines Knaben in Europa u. Amerika. 12. Wien 823, Grund. (Fr. Fleischer in Leipzig.)

Chimani, Leopold: Fürchte Gott und thue recht, s. Chimani: Religion und Tugend . . .

—— Gefahren u. Unglücksfälle aus Unverstand, Unbedachtsamkeit u. Leichtsinn, nebst einigen ermunternden Erzähln. Eine Samml. durchaus wahrer Ereignisse zur Belehr. u. Warnung f. d. Jugend u. f. Erwachsene. M. 1 ill. Kpfr. gr. 12. (7 B.) Wien 838, Mausberger. (Leipzig, Hunger.)

— — Gemählde aus der Natur, Kunst, Völkerkunde und dem Menschenleben. Mit einem erklär. Texte f. die Jugend. 2 Thle. Mit ill. Kupf. 8. Wien, Müller. 816. 4 —

— kl. Geschenk f. gute Kinder. 12. Wien, (Gerold). Mit schwarz. Kpf. 6 ℋ ill. 12 ℋ

Chimani, Leopold. Ein kleines Geschenk für gute Kinder. IX. verb. Aufl. *Wien* 1858. *A. Pichler's W. & S.* 44 S., 8°.

—— Geschichte der Kreuzzüge u. d. Königr. Jerusalem, v. dess. Entsteh. bis zum Untergange. Für d. Jugend u. ihre Freunde lehrr. erzählt. 2 Thle. M. 1 Karte v. Jerusalem. (Fol. u. ill.) gr. 12. (30 B.) Wien 835, Pichler sel. Wwe. (Leipzig, Liebeskind.)

—— Geschichte der Kreuzzüge u. des Königr. Jerusalem von dessen Entstehung bis zum Untergange. Für d. Jugend u. ihre Freunde. 2. Ausg. 2 Thle. gr. 12. (30 B. u. 1 Karte) Wien 843, Pichler's sel. Witwe.

— anmuthige Geschichten für Kinder zur Veredlung d. Herzens. Mit Kpf. gr. 12. Wien 823. (Leipz., Fr. Fleischer). 8 ℋ

— anmuthige Geschichten für Kinder zur Veredlung des Herzens. Mit 1 Kpfr. gr. 12. Wien 824. (Leipz. Fr. Fleischer.)

— s. Geschichten f. d. Jugend.

—— 60 bibl. Geschichten d. alt. u. neuen Testam., m. 60 Kpfr. nach Zeichn. v. J. Ender. gr. 8. (8½ B.) Wien 828, Müller.

— — wahre Geschichten, welche sich in den letzten Tagen zugetragen haben. Mit 1 Kupf. 3te Aufl. 8. (Wien, Gerold in Comm.) 817. — 6

—— angenehmer u. nützlicher Gesellschafter f. d. Jugend in d. freien Stunden. Zur Belehr., Erheiter. u. Warnung gesammelt. M. 1 ill. Kpfr. gr. 12. (7⅓ B.) Wien 837, Mausberger. (Leipzig, Hunger.)

Chimani, Léop., giroflées. Recueil d'histoires amusantes pour la jeunesse. Traduites en français par P. J. P. Orné de 4 gravures (col.) 16. (96 S.) Vienne 847. Muller. ½ ℛ

—— Goldkörner aus den Erfahrungen im Menschenleben, wiedergegeben in wahren Geschichten, welche sich in verschied. Gegenden zugetragen haben. Zur Belehr. u. Warnung f. d. Jugend. 5., umgearb. u. mit 35 neuen Geschichten verm. Aufl. der „Wahren Geschichten". 8. (10 B. u. Ttlkpfr.) Wien 842, Pichler's sel. Witwe.

Chimani, Leopold — Goldkörner aus den Erfahrungen im Menschenleben, wiedergegeben in wahren Geschichten, welche sich in verschiedenen Gegenden zugetragen haben. Zur Belehrung und Warnung für die Jugend von — —. Mit einem Titelbild: Josef II. Kaiser von Oesterreich. Sechste umgearbeitete Auflage der »Wahren Geschichten.« Wien, 1857. Druck und Verlag von A. Pichlers Witwe & Sohn. (IV. 130 S. 8.)

Chimani, Leopold: G o t t leitet das Schicksal der Menschen, s. C h i m a n i : B e t h e und arbeite.

Chimani, Leopold: G o t t rettet die Unschuld . . . , s. C h i m a n i : Der erzählende K i n d e r f r e u n d . . .

Chimani, Leopold: G o t t verläßt jene nicht, die auf ihn vertrauen, s. C h i m a n i : Der erzählende K i n d e r f r e u n d . . .

Chimani, Leopold: G o t t e s f u r c h t aller Weisheit Anfang, s. C h i m a n i : R e l i g i o n und Tugend . . .

— gute Kinder d. Himmels reicher Segen. Eine Gesch. aus uns. Zeit, zur Belehr. f. Aeltern, zur Lehre u. Nachahm. f. Kinder. M. 4 ill. Kpfr. gr. 12. ($7\frac{1}{3}$ B.) Wien 829, Mausberger. (Leipzig, Hunger.)

Chimani, Leopold, Gute Kinder, des Himmels reicher Segen. Mit Porträt und Lebensgeschichte des Verfassers. 8. (XV, 67 S.) Geb. —.50
Weyer a. d. Enns: Red. d. „Volksbibliothekar" 1896.

– Dass., s.a. C h i m a n i : Ausgew. J u g e n d s c h r i f t e n .

— die mächtige Hülfe Gottes in d. Tagen d. Trübsale, d. Noth u. Gefahr. Dargest. in e. lehrr. u. rühr. Geschichte z. Belebung d. religiös. Gefühls, zur Erbauung u. Nachahmung. Mit Ttlkpfr. gr. 8. (14 B.) Wien 829, [Ant. Doll sel. Wtw. u Sohn.]

— die mächtige Hülfe Gottes in den Tagen d. Trübsale, d. Noth u. Gefahr. Dargestellt in e. lehrr. u. rühr. Geschichte, zur Belebung d. religiösen Gefühls, zur Erbauung u. Nachahmung. M. 1 Titelkpf. gr. 8. Wien 829. 18 gr (Münch. 832. Giel). Hbg. Pr. 12 gr

— die mächtige Hilfe Gottes in den Tagen der Trübsale, der Noth u. Gefahr. Dargestellt in einer lehrr. u. rührenden Geschichte zur Beleb. d. religiösen Gefühls, zur Erbauung u. Nachahmung f. Jung u. Alt. 2., Orig.-Aufl. 12. (12 B. u. 1 Kpfr.) Neuburg a. d. D. 843, Prechter.

Chimani, Leopold: H o f f e und vertraue, s. C h i m a n i : B e t h e und arbeite.

— die Jagdlust. Ein unterhalt. Bilderbuch f. d. Jugend. Mit 12 color. Kpf. gr. 8. Wien 821. Müller. 2 ß

— vaterländ. Jugendfreund, ein belehrendes u. unterhaltendes Lesebuch z. Veredelung des Herzens 2c. für die Jugend. 6 Thle. m. K. gr. 8. Wien, Doll d. j. 814.
Die Thle auch einzeln unt. folg. Titeln:
— Darstellungen aus d. Vaterlande.
— Naturmerkwürdigkeiten d. Länder u. Völker d. östr. Kaiserstaats.
— Schilderungen z. Kenntniß d. Vaterlandes.
— Lesebuch f. d. Jugend meines Vaterlandes.
— Unterhaltungen f. d. Jugend.
— d. Freund d. Vaterlandes.

— vaterländ. Jugendfreund. 2r Thl. 2e Aufl. A. u. d. T.: Merkwürdigkeiten d. Länder u. Völker d. österr. Kaiserstaates 2c. gr. 8. Wien 827, Ant. Doll.
(Das ganze Werk, 6 Bände, kostet 3 Rthlr.)

— Jugend-Salon d. Frohsinns, od.: bunte Conversationen munterer Knaben u. Mädchen aus d. gebild. Ständen, mit Anekdoten, Gesellschafts-Spielen u. Räthseln, zur Erheiter. u. Belebung d. Scharfsinnes u. Witzes. Ein empfehl. Taschenbuch z. angenehm. u. nützl. Beschäftig. d. Jugend in d. Erholungsstunden an d. Winterabenden u. zur Erhöhung d. gesellschaftl. Vergnügens durch unschuldige Freude. 6 Bdchn. M. 6 ill. Kpfr. qu. 16. (21 B.) Wien 838, Mausberger. (Leipzig, Hunger.)

Chimani's, Leop., ausgew. Jugendschriften. Unt. Mitwirkg. mehr. Jugendfreunde neu bearb. u. hrsg. v. Ant. Brousil. 1. Bdchn.: Gute Kinder d. Himmels reicher Segen. Neu bearb. v. Ant. Brousil. M. Portr. u. Lebensgeschichte d. Verf. 3. Aufl. 12. (XVI, 68 S.) Winterthur 897. Linz-Urfahr, Verl. d. kathol. Preßvereines. Kart. n. — 85

Chimani's, Leop., ausgewählte Jugendschriften. Unter Mitwirkg. mehrerer Jugendfreunde neu bearb. u. hrsg. v. Ant. Brousil. 1. Bdchn.: Gute Kinder des Himmels reicher Segen. Mit Portr. u. Lebensgeschichte des Verf. 4. Aufl. (XIV, 69 S.) kl. 8. Linz 905. Preßverein. Kart. n. — 85

— dasselbe. 2. Bdchn.: Vaterländ. Erzählgn. Neu bearb. v. Ant. Brousil u. J. Grünwald. 12. (115 S.) Ebd. 897. Kart. n.n. — 85

CHIMANI, Leopold
(F) Tom und Zabi, die treuen Insulaner und Die Schiffbrüchigen. Zwei Erzählungen von Leopold Chimani. Neu bearbeitet von Anton Brousil. Linz-Urfahr. [1900.] Kathol. Pressverein. 8°. 98 S. Cart. K —.80
Leopold Chimani's ausgewählte Jugendschriften. Von mehreren Jugendfreunden neu bearbeitet und herausgegeben. III. Bändchen.

Chimani, Leopold —. Kernsprüche und Weisheitslehren zu Vorschriften und Diktir-Uebungen. Ein Schatzkästlein für junge Leute auf dem Wege durch's Leben. Gesammelt von — —. Wien. 1855. Druck und Verlag von A. Pichler's Wwe. u. Sohn. (68 S. 8.) geh.

— die verlass. Kinder unt. d. Schutze Gottes u. d. Obhut e. frommen u. treuen Dienerinn. Eine relig.-moral. Erzähl. zur Lehre u. Erbauung f. d. Jugend u. Erwachsene. M. 1 Kpfr. gr. 12. ($6\frac{1}{2}$ B.) Wien 828, Grund. (Leipzig, Fr. Fleischer.)

— der erzählende Kinderfreund im Kreise guter u. wißbegier. Söhne u. Töchter. Eine Samml. neuer Erzähln. aus d. Leben u. nach d. Leben gezeichnet. Der Jugend zur Lehre u. Belebung d. moral. Gefühls, d. Erwachsenen zur Beherzigung u. Erbauung. 6 Bdchn. M. 6 Kpfr. gr. 12. ($28\frac{2}{3}$ B.) Wien 831, Mausberger. (Leipzig, Hunger.)
A. u. d. Ttln.:
Bd. 1. Edelmuth u. Herzensgüte.
: 2. Gott verläßt jene nicht, die auf ihn vertrauen.
: 3. Sey fromm, fleißig u. ehrlich u. Gott wird Dir helfen.
: 4. Ehrlichkeit u. Dienstfertigkeit.
: 5. Gott rettet die Unschuld, u. straft das Verbrechen.
: 6. Nächstenliebe u. Wohlthätigkeit.

— Kindergarten mit Blumen, Blüthen u. Früchten. Eine Samml. von 200 kurzen u. anmuthigen Geschichten f. Knaben u. Mädchen. gr. 16. ($14\frac{5}{8}$ B. u. 12 ill. Bild.) Wien 843, Müller.

— Kinderpflichten. 2e verb. Aufl. Mit 1 Kpf. 12. Wien 823. Pichler. 3 gr

— Kinderpflichten. In kurze u. anmuth. Geschichten f. d. liebe Jugend eingekleidet. 2., verb. Aufl. M. 1 Kpfr. 12. (3 B.) Wien 828, Pichler. (Leipzig, Liebeskind.)

Chimani, Leop., Kinderpflichten. In kurze und anmuthige Geschichten für die liebe Jugend eingekleidet. 7. Aufl. 8. (72 S. mit 1 Kpfr.) Wien 860, Pichler's Wwe. und Sohn.

— Kinder-Schauspiele f. d. Familienkreis, welche sich gut lesen u. leicht darstellen lassen. M. 10 col. Kpfr. 8. ($14\frac{1}{2}$ B.) Wien 836, Müller.

— Knabenfreude. Eine Samml. kurzer Geschicht . Zur Belehr. u. Unterhalt. d. Knaben in freyen Stunden. M. 6 col. Bildern. qu. 8. ($4\frac{1}{2}$ B.) Wien 838, Bermann u. Sohn.

— ein Kränzchen v. bunten Bildern mit e. erklär. Texte. Zur Belehrung u. Unterhaltung für wißbegierige Kinder. Mit 12 color. Bildern. kl. 8. Ebd. 833. $\frac{5}{6}$ ß

— der junge Krieger, ein militär. Lesebuch f. die deutsche Jugend. m. 24 Bildern. 8. Wien, Haas. 815.

— — Der junge Krieger. Ein milit. Bilder- und Lesebuch. Mit Kupf. gr. 8. Prag und Wien, Haas. 816. 1 16

— d. junge Krieger, e. militär. Bilder- u. Lesebuch f. d. deutsche Jugend. Mit 24 ill. Bildern. gr. 8. Wien 816. Haas. (Leipz., Fr. Fleischer). 1 rß 20 gr

— das Landleben, oder Lustreise d. Familie Friedheim. Mit 12 ill. Kpf. Wien 822. Müller. 2 rß

— Ritter Landsberg oder die Wunderbaren Wege d. göttl. Fürsehung. Eine Gesch. f. Kinder. Mit 1 Kpfr. 12. Wien 826, Mausberger.

—— Ritter Landsberg, od. die wunderbaren Wege d. göttl. Fürsehung. Eine rühr. Gesch. d. Mittelalters. Lehrr. f. d. Kinder erzählt zur Belebung d. religiös-moral. Gefühls. 2., verb. Aufl. gr. 12. (4 2/3 B. u. col. Ttlkpfr.) Wien 841, Mausberger. (Leipzig, Hunger.)

— Lebensbilder aus d. wirkl. Welt. Zur Belehrung u. Warnung f. d. Jugend. gr. 12. Wien 823. (Leipz., Fr. Fleischer). 8 gr

— Lebensbilder aus d. wirkl. Welt. Zur Belehrung u. Warnung f. d. Jugend. Mit 1 Kpfr. gr. 12. Wien 325. (Leipzig, Fr. Fleischer.) Rthlr.

Chimani, Leop., Lebensbilder aus der wirklichen Welt. Zur Belehrung und Warnung für die Jugend gesammelt. 2. verb. u. verm. Aufl. Wien 864. Gorischek. 8. (60 S. u. 1 Lithogr.) n. 5 ngr.

Chimani, Leopold: Lehre und Erbauung für Kinder ..., s. Chimani: Religion und Tugend ...

— Fürchtegotts Lehren d. Weisheit u. Tugend, in kurzen u. faßl. Erzähll. für d. zarte Jugend, Mit color. Kpf. 8. Wien 818. Gerold. 1 rß 8 gr

Chimani, Leopold: Gute Lehren für fromme Kinder, s. Chimani: Religion und Tugend ...

—— theoret.-pract. Leitfaden f. Lehrer in Kinder-Bewahranstalten. Enthalt. d. Organisation ders. u. d. Gegenstände, welche u. wie sie in ders. vorgenommen werden sollen. Mit e. Gesch. d. Kinder-Bewahranstalten überh., u. d. Hauptvereins f. Kinder-Bewahranstalten in Wien. Zugleich ein nützl. Rathgeber f. Aeltern, Erzieher u. erziehende Schullehrer. 8. (18 B. incl. 14 S. Musikbeil.) Wien 832, (Gerold.) Thlr.

Chimani, Leopold: Lesebuch für die Jugend meines Vaterlandes, s. Chimani: Vaterländischer Jugendfreund.

Chimani, Leopold: Lesestücke zur Kenntniß des Vaterlandes, s. Chimani: Vaterländ. Unterhaltungen für die Jugend.

Chimani, Leopold: Lesestunden für die vaterländ. Jugend, s. Chimani: Vaterländische Merkwürdigkeiten.

Chimani, Leopold: Der frommen Kinder Lesestunden, s. Chimani: Religion und Tugend ...

Chimani, Leopold: Lohn der Tugend und Frömmigkeit, s. Chimani: Religion und Tugend ...

—— Maaßlieben. Erzählungen f. d. Jugend. 16. (5 1/4 B. u. 4 Bild.) Wien 845, Müller. 1/4 Thlr. — col.

—— Mädchenfreude. Eine Samml. kurzer Geschichten. Zur Belehr. u. Unterhalt. d. Mädchen in freyen Stunden. M. 6 col. Bild. qu. 8. (4 3/4 B.) Wien 838, Bermann u. Sohn.

—— Marguerites. Historiettes pour la jeunesse. Trad. en Franç. par P. J. P. 16. (5 1/4 B. u. 4 ill. Bild.) Wien 845, Müller.

— die fromme Königin Mathilde. Eine Gesch. zur Verbreitung d. religiös-moral. Gefühls für fromme Söhne u. Töchter. Mit 1 Kpf. 12. Wien 826. Mausberger. 14 gr

—— die fromme Königinn Mathilde. Eine rühr. Gesch. d. Vorzeit. Zur Verbreit. d. religiös-moral. Gefühls f. fromme Söhne u. Töchter erzählt. 2., verb. Aufl. gr. 12. (4 1/2 B. u. col. Ttlkpfr.) Wien 837, Mausberger. (Leipzig, Hunger.)

Chimani, Leopold: Merkwürdigkeiten a. d. österreich. Kaiserstaate, s. Chimani: Vaterländische Merkwürdigkeiten.

Chimani, Leopold: Merkwürdigkeiten der Länder und Völker des österreichischen Kaiserstaates, s. Chimani Vaterländischer Jugendfreund.

Chimani, Leopold: Merkwürdigkeiten aus dem Vaterlande, s. Chimani: Vaterländische Merkwürdigkeiten.

Chimani, Leop., vaterländ. Merkwürdigkeiten: Biographien berühmter u. ausgezeichn. Männer; Erzähln. aus d. österreich. Geschichte; Schilderungen großer Städte, merkwürd. Völker, der Sitten ꝛc. ders.; Beschreibn. d. Naturwunder u. Naturerscheinn., der Natur- u. Kunst-Producte, wohlthät. u. gemeinnütz. Anstalten, schöner u. edler Handlungen im österreich. Kaiserstaate ꝛc. Ein belehr. u. unterhalt. Lesebuch f. d. Jugend. 6 Thle. 2., verm. Aufl. M. 6 ill. Ttlkpfrn. 8. (91 3/4 B.) Wien 837, Pichler sel. Wwe. (Leipzig, Liebeskind.) à 14 Gr., zusamm. genomm. Thlr.

A. u. d. Ttln.:
Bd. 1. Lesestunden f. d. vaterländ. Jugend.
" 2. Panorama d. oesterreich. Kaiserstaates.
" 3. Sitten- u. Naturgemählde aus d. oesterreich. Kaiserstaate.
" 4. Merkwürdigkeiten aus d. oesterreich. Kaiserstaate.
" 5. Merkwürdigkeiten aus d. Vaterlande. Ein Lesebuch f. Oesterreichs Jugend.
" 6. Des jungen Staatsbürgers nützl. Beschäftigungen in d. Erholungs-Stunden. Ein lehrr. u. unterhalt. Leseb. f. Oesterreichs Jugend.

— die Milchbrüder, oder Gottes Fürsehung ꝛc. 8. Wien 825. Doll. 4 gr

—— die Milchbrüder, od. Gottes allweise, väterl. Fürsehung u. strenge Gerechtigkeit in Leitung uns. Schicksale. Eine religiös-moral. Erzähl. als Lehre u. Beyspiel f. gute Kinder. 2., verb. Aufl. M. ill. Ttlkpfr. gr. 12. (4 2/3 B.) Wien 837, Mausberger. (Leipzig, Hunger.)

—— Mohnblumen. Erzählungen f. d. Jugend. 16. (5 3/4 B. u. 4 Bild.) Wien 845, Müller. 1/4 Thlr. — col.

— Morgengabe in schönen Bildern u. lehrreich. Erzählungg. Mit 6 ill. Kpfr. u. 1 Vignette. qu. 12. Wien 827. Bermann u. Sohn. 2/3 rß

Chimani, Leopold: Nächstenliebe und Wohlthätigkeit, s. Chimani: Der erzählende Kinderfreund ...

— Naturgemälde, Länder- u. Völkermerkwürdigkeit u. Erzählungen aus d. fünf Theilen d. bewohnten Erde. Mit 1 Plan, 5 ill. Hauptansichten d. 5 Welttb. u. mit 83 ill. Bildern von Menschen u. Thieren ꝛc. gr. 8. Wien 827. Müller. 2 rß 6 gr

Chimani, Leopold: Naturmerkwürdigkeiten der Länder und Völker d. östr. Kaiserstaats, s. Chimani: Vaterländischer Jugendfreund.

Chimani, Leopold: Oestreich über alles, s. Chimani: Vaterländ. Unterhaltungen für die Jugend.

Chimani, Leopold: Panorama d. österreich. Kaiserstaates, s. Chimani: Vaterländische Merkwürdigkeiten.

—— les Perce-Neige. Recueil d'historiettes pour l'instruction et l'amusement des enfants, pendant les longues soirées d'hiver. Trad. en franç. par P. J. P. 16. (100 S. und 4 ill. Bilder.) Vienne 847, Müller.

Chimani, Leop., Perlen aus d. Tugendkrone edel u. fromm gesinnt. Menschen. Zur Beherzig. u. Nachahmung d. Jugend dargebothen. gr. 8. (10 1/2 B. u. 4 ill. Kpfr.) Wien 830, Müller.

—— la pervenche. Recueil d'histoires amusantes pour la jeunesse. Trad. en franç. par P. J. P. 16. (88 S. und 4 ill. Bilder.) Vienne 847, Müller.

—— das Portefeuille des Wißbegierigen. Ein Werk f. d. Jugend. Enth.: Sitten u. Trachten verschied. Völker; das Ritterthum; die Stephanskirche zu Wien u. den Dom zu Mailand. M. 24 (col.) Stahlst. Lex.-8. (5 1/2 B.) Wien 841, Müller.

—— die Prüfung durch Unglück, od.: Gott wendet d. Leiden in Freuden. Eine moral.-religiöse Erzähl. f. Jung u. Alt. gr. 12. (6 1/2 B. u. Ttlkpfr.) Wien 830, Mausberger. (Leipzig, Hunger.)

— neues Prüfungsgeschenk, e. Buch z. Belehr. f. Kinder. 8. Wien, Doll. 804.

— neues Prüfungsgeschenk, ein Buch zur Belehrung für Kinder. 8. Wien 804. (Gerold). 9 kr

— recueil des contes moreaux ..., s.a. Chimani. Samml. d. neuesten u. anziehendsten moral. Erzähll. aus französ. Jugend-Schriftstellern.

— Recueil des Contes moreaux etc. Samml. d. neuesten u. anziehensten moral. Erzählungen aus französ. Jugend-Schriftstellern, französisch u. deutsch. gr. 12. Wien 826. (Fr. Fleischer in Leipzig.)

—— Religion u. Tugend, die Leitsterne zur innern Zufriedenheit in dem menschl. Leben u. zum Heile. Eine Samml. neuer Erzähln. lehrr., religiösen u. moral. Inhalts, zunächst f. d. Jugend, aber auch f. Erwachsene, die nach Glückseligkeit streben. 12 Bdchn., m. d. wohlgetroff. Bildn. d. Verf. u. 11 Kpfrn. gr. 12. (59⅓ B.) Wien 828, Mausberger. (Leipzig, Hunger.)

A. u. d. Ttln.:

Bd. 1. Erzählungen zur Anregung d. religiösen u. sittl. Gefühles f. Jung u. Alt.
- 2. Ermunterungen zur Tugend u. Frömmigkeit.
- 3. Gottesfurcht, aller Weisheit Anfang.
- 4. Lehre u. Erbauung f. Kinder, die fromm u. tugendhaft werden wollen.
- 5. Der Weg zur Glückseligkeit.
- 6. Fürchte Gott u. thue recht!
- 7. Gute Lehren f. fromme Kinder.
- 8. Lohn d. Tugend u. Frömmigkeit.
- 9. Schatzkästlein f. d. Leben u. d. Himmel.
- 10. Der Weg zur Gottesfurcht u. Tugend.
- 11. Der frommen Kinder Lesestunden.
- 12. Tugendspiegel f. Kinder, zur Erweckung d. moral.-religiösen Gefühls.

Chimani, Leop., das alte Ritterthum. Eine Samml. rührender Erzählungen aus d. Mittelalter ꝛc. Mit color. Kpf. Wien 821. Müller. 16 kr

— — das alte Ritterthum. Mit color. Kupf. Wien, Müller. (Leipzig, Enobloch in Comm.) 821. — 16

— Ruhestunden. Ein lehrr. Prüfungs-, Weihnachts- u. Neujahrsgeschenk f. Knaben u. Mädchen. Mit 1 K. 8. Wien 822. (Leipzig, Liebeskind.)

— Ruhestunden. Ein lehrr. Prüfungs-, Weihnachts- u. Neujahrsgeschenk für Knaben u. Mädchen. Mit 1 Kpf. 8. Wien 822. Pichler. 12 kr

—— Samenkörner d. Guten u. Nützlichen, gestreuet in die zarten Kinderherzen. Ein neues Bilderbuch f. wißbegier. Knaben u. Mädchen. M. 1 (col.) Ttl.-Vign. u. 6 col. Bild. gr. 8. (6 B.) Wien 840, Bermann u. Sohn.

— Samml. d. neuesten u. anziehendsten moral. Erzählungen. Aus französ. Jugenschriftstellern. Für d. Jugend. In deutscher u. französ. Sprache. gr. 12. Wien 826. Grund. (Leipz., Fr. Fleischer). 8 kr

Chimani, Leopold: Schatzkästlein für das Leben u. d. Himmel, s. Chimani: Religion und Tugend ...

— Schauplatz f. d. jugendl. Alter. Mit Scenen im Zimmer, in d. Stadt, im Walde u. auf d. See, zur bildl. Darstell. v. 34 Erzähll. Mit 12 ill. Kpf. zur Darstell. d. Zimmers ꝛc. u. 48 ill. Bildern v. Menschen u. Thieren. gr. 8. Wien 827. Müller. 2 fl 6 kr

— — Wunderbarer Schauplatz d. Kunstfertigkeiten der Thiere od. unterhalt. Bilder und Erzählungen von ausgezeichneten Thieren. M. K. quer 8. Wien, Haas. 818. 2 16

— die Schiffbrüchigen unter d. Wilden auf Newfounland. Eine lehrreiche u. unterhalt. Geschichte für Kinder. Mit 8 color. Bildern. kl. 8. Wien 828. Bermann u. Sohn. 5/6 fl

Chimani, Leopold: Schilderungen z. Kenntniß d. Vaterlandes, s. Chimani: Vaterländischer Jugendfreund.

— — Schule der Belehrung und Warnung. Eine Samml. wahrer Geschichten fur die Jugend. Mit 1 Kupfer. 8. (Wien, Gerold in Comm.) 817. — 12

— Schule d. Belehrung u. Warnung. Eine Samml. wahrer Geschichten f. d. Jugend. Mit 1 Kpf. 8. Wien 817. 2e A. ... 3e A. 827. Pichler. 12 kr

—— Schule d. Belehrung u. Warnung. Eine Samml. wahrer Geschichten f. d. Jugend. 4., mit 50 neuen Geschichten verm. Aufl. 8. (14 B. u. Ttlkpfr.) Wien 838, Pichler's sel. Wwe. (Leipzig, Liebeskind.)

Chimani, Leopold: Sey fromm, fleißig und ehrlich ..., s. Chimani: Der erzählende Kinderfreund ...

—— die Silberquelle d. Guten u. Schönen. Eine Samml. lehrr. u. unterhalt. Erzähln. f. Knaben u. Mädchen edleren Sinnes. M. 4 col. Bild. 8. (10¼ B.) Wien 833, Müller.

Chimani, Leopold: Sitten- u. Naturgemälde a. d. österreich. Kaiserstaate, s. Chimani: Vaterländische Merkwürdigkeiten.

— Sittengemälde zur Veredlung jugendl. Herzen. Mit 12 ill. Kpf. 12. Wien 817. Müller. 1 fl

— — Sittengemählde zur Veredlung jugendl. Herzen. Mit illum. Kupf. 12. Wien, Müller. (Leipzig, Enobloch in Comm. 817. 1 —

—— bunte Scenerien aus d. Menschenleben. Ein Bilderb. ganz neuer Art, zum Nutzen u. Vergnügen d. Jugend bearbeitet. M. 4 in Kpfr. gest., col. u. bewegl. Darstelln. 8. (11 B.) Wien 836, Müller.

Chimani, Leopold: Die Tage der Gefahr u. d. Rettung durch Gottes Hilfe, s. Chimani: Bethe und arbeite.

— — Wilhelms und Linas Tagsbeschäftigungen und Erholungen. Mit Kupf. 18. Prag und Wien, Haas. 816. 1 —

— Thierkabinet, wunderbares, oder Sammlung merkwürd. Anekdoten aus dem Thierreiche. Mit 6 ill. Kpfr. 8. Wien 818. Bermann u. Sohn. 1 fl

— Toms u. Zabi, die treuen Insulaner. Eine Erzähl. f. d. Jugend. Mit 2 Kpf. 16. Wien 827. Müller. 20 kr

– Dass., s.a. Chimani: Ausgewählte Jugendschriften.

— Vater Traugott im Kreise seiner guten Kinder. Ein religiöses u. moral. Lesebuch zur Veredl. jugendl. Herzen u. Verfeinerung des sittl. Gefühls. 12. Wien 818. Wallishauser. 1 fl 16 kr

— der Tugend die Krone, der Sünde folgt die Strafe. Eine Erzählung f. die Jugend. Mit Kpfrn. 12. Wien 837. Mayer u. Comp. ¼ fl

— die Tugend im Kampfe mit den Wiederwärtigkeiten des Lebens. Für d. Jugend. Mit 1 ill. Kpfr. 8. Wien 840. Pichler. (Leipzig, Liebeskind.(⅔ fl

— die Tugend im Kampfe mit den Widerwärtigkeiten des Lebens, oder: ein frommes, Gott ergebenes Herz geht siegreich u. mit geläuterter Tugend aus den herbsten Prüfungen hervor. Für die Jugend zur Erbauung und Nachahmung in rührenden Beispielen dargestellt, denen auch ermunternde Geschichten beigegeben sind. (Mit illum. Titelkpfr. 8. Wien 841, Pichler's sel. Witwe. (Leipzig, Liebeskind.) ⅔ fl

—— Tugendglanz u. Seelengröße guter Menschen im Handeln, Dulden u. Leiden. Eine Samml. lehrr. u. rühr. Erzähln. f. d. Jugend. M. 1 ill. Kpfr. gr. 12. (9 B.) Wien 839, Mausberger. (Leipzig, Hunger.)

Chimani, Leopold. Katholischer Tugendspiegel für die Jugend, von — —. 8. (290 S. 1 Bl. — 1 Titelholzschnitt und 36 im Text gedruckte Holzschnitte.) Wien. Gedruckt bei Leopold Grund. 1854.
Verlag der Schulbücher-Verschleiß-Administration.

Chimani, Leopold: Tugendspiegel für Kinder . . ., s. Chimani: Religion und Tugend . . .

— Tugendspiegel u. Warnungstafel. Eine Samml. lehrr. u. unterhalt. Geschichten. Zum Geschenk f. fleißige u. gutgesittete Kinder. Mit color. Kpf. 8. Wien 818. Gerold. 1 ℛ 8 gℓ

— latein.-deutsche Uebungen u. Gespräche; ein Vers., d. Anfänger in d. latein. Umgangssprache durch einen natürl. Stufengang zu üben. gr. 8. Insbr. 806. Wagner. 1 ℛ 14 gℓ

Chimani, Leopold: Unglück bessert d. Menschen, s. Chimani: Bethe und arbeite.

Chimani, Leopold: Unterhaltungen für die Jugend, s. Chimani: Vaterländischer Jugendfreund.

— vaterländ. Unterhaltungen f. d. Jugend. Ein belehr. Lesebuch f. d. Jugend. 6 Thle, mit Kpf. gr. 8. Wien 815. Ant. Doll. 4 ℛ Einzeln unt. folg. Titeln: Oesterreich über alles. 16 gℓ Beiträge zur Kenntniß d. österr. Kaiserstaats. 16 gℓ Lesestücke z. Kenntniß d. Vaterlandes. 16 gℓ Erzähll. u. Geschichten aus d. Vaterlande. 16 gℓ Wanderungen auf vaterländ. Gebiete. 16 gℓ Züge u. Gesch. aus d. österr. Kaiserstaate. 16 gℓ

— Unterhaltungen aus der Völkerkunde, Naturg., Physik rc. mit 4 Kupf. 8. Wien, Ant. Doll. 809.

Chimani, Leop., Vertrauen auf Gott u. Rettung. Oder wunderbare Geschichte e. Schiffbruches, e. verunglückten Schiffsgesellschaft, ihres Aufenthaltes auf wüsten Inseln, in d. Urwäldern Florida's, u. ihrer glückl. Wiedervereinigung. Für Jung u. Alt lehrr. erzählt. 2., verb. Aufl. gr. 12. (6 B. u. ill. Titlkpfr.) Wien 837, Mausberger. (Leipzig, Hunger.) Thlr.

— Vorbilder e. frommen Sinnes u. guter Handlungen. Zur Beherzigung u. Nachahmung. 12. ... 833. (Leipzig, Friedr. Fleischer.) 1/4 ℛ

—— der kleine Vorleser. Eine Samml. anmuthiger u. lehrreicher Geschichten f. d. Jugend. gr. 8. (6 1/4 B. u. 1 Kpfr.) Wien 841, Pichlers sel. Wittwe.

Chimani, Leopold, —. Der kleine Vorleser. Eine Sammlung anmuthiger und lehrreicher Geschichten für die Jugend von — —. 3. Auflage. Mit 1 Kupfer. Wien, 1855. Druck und Verlag von A. Pichler's Wtw. und Sohn. (100 S. u. 1 Kupfer. 8)

— Wanderungen durch das jugendliche Alter, in lehrr. Geschichten u. schönen Bildern. Mit 12 ill. Bildern. 12. Wien 825. Bermann u. Sohn. 5/6 ℛ

Chimani, Leopold: Wanderungen auf vaterländ. Gebiete, s. Chimani: Vaterländ. Unterhaltungen für die Jugend.

Chimani, Leopold: Der Weg zur Gottesfurcht und Tugend, s. Chimani: Religion und Tugend . . .

Chimani, Leopold: Der Weg zur Glückseligkeit, s. Chimani: Religion und Tugend . . .

— französ.-deutsches Wörterbuch zu Fenelons Telemaque, mit geograph.-histor. u. mytholog. Erklärungen. 8. Wien 813. Ant. Doll. 16 gℓ

— Wunder d. Schöpfung in d. menschl. Natur. Biographien außerordentl. Menschen. Mit 2 color. Kpf. 12. Wien 821. Müller. 16 gℓ

Chimani, Leopold: Züge u. Gesch. aus d. östr. Kaiserstaate, s. Chimani: Vaterländ. Unterhaltungen für die Jugend.

Chimäre, Die, eines Todschlags aus indirectem Vorsatze. [Kiel 1793.] V: *Christiani, Wilhelm Ernst.* MI.)

Chimären, Die, des Glücks, eine deutsche Geschichte. Leipzig 1776. V: *Behrisch, Hch. Wolfg.* (BGE³, 1/604) (bibl port)

Chimären, die, des Glücks eine deutsche Geschichte, 8. Leipzig, 776. Hertel. 7 Sgl.

Chiminello, Don Francesco, il buon Cristiano provveduto degli esercizi di pietà più necessarii al conseguimento della eterna salute. 32. (478 S. m. 2 Farbendr.) Einsiedeln 878. Benziger. — 70

Chiminello, Franc., Massime eterne di S. Alfonso de' Liguori e giardino di divozione per buoni cristiani. 16. (424 S. mit eingedr. Holzschn. und 1 Chromolithogr.) Einsiedeln 880, Gebr. Benziger.

Chimonius, C. F., Bestia apocalyptica. 8. Berol. Birnstiel. 767.

Chimonius, G. F., wahre Gestalt u. Beschaffenheit des nahe zukünftigen apocalyptischen Thieres mit sieben Häuptern u. zehn Hörnern, sammt seines Namens Zahl 666; wie auch e. Beleuchtung der sieben Siegel, sieben Posaunen u. sieben Zornschalen rc. 4. verb. Aufl. Stuttgart 864. Scheible. 16. (131 S.) 11 ngr.

— Hierosolyma apocalyptica. 8. ibid. 765.

— hohes Lied Salomonis. 8. Ebend. 770.

— Vae apocalypticum. 8. ibid. 767.

Chimpanzé: Le Chimpanzé bleu
① Journal polipique (!) ⑤ 1895—1896 ⑥ in-4° ⑦ irrégulier ⑧ Sainte-Croix ⑩ John Perrin ⑪ John Perrin ⑫ humoristique ⑬ La: C ⑮ Journal polycopié.

Chin, R. M., im Schatten der Penaten. Drama. (In russ. Sprache.) (32 S.) 8. Berlin (908). Bühnen- u. Buchverlag russ. Autoren, J. Ladyschnikow. — 60

China [Sachliches OW]

China, oder Uebersicht der vorzüglichsten geographischen Punkte und Bestandtheile des chinesischen Reiches; nebst einer kurzen Beschreibung der Naturerzeugnisse, der vorzüglichsten Städte und ihrer Merkwürdigkeiten, des Charakters, Gewerbfleißes und Handels rc. des Volkes rc. (Von F. Bischoff-Widderstein.) 2. (Titel-)Ausg. 8. (IV und 215 S. mit 1 lithogr. Karte von China in 4.) Wien (843)59, [Prandel und Ewald.] Thlr. *

China. Handels-Statistik der Vertrags-Häfen. Für die Periode 1863—1872 . . . Shangai 1873. V: *Hart, Robert.* (Kat. d. Bibl. d. dtsch. Reichstages. Berl. 1882.)

China. Handels-Statistik der Vertrags-Häfen f. die Periode 1863—1872. Zusammengestellt f. die oesterreichisch-ungar. Welt-Ausstellg. Wien 1873. Zur Erläuterg. d. internationalen Austausches der Producte. Veröffentlicht auf Veranlassg. d. General-Inspectors der chines. See-Zollverwaltg. 4. (336 S.) Wien 874. Gerold's Sohn in Comm. n. 20. —

China. Von e. früheren Instructeur in der chines. Armee. gr. 8. (80 S.) Leipzig 892. O. Wigand. n. 1. —

China. *Berlin: Ullstein & Co. [1901].* (1 gefalt. Bl.) 8° [Umschlagt.] — Flugbogen. No 1.

China. Schilderungen aus Leben u. Geschichte, Krieg u. Sieg. Ein Denkmal den Streitern u. der Weltpolitik. Hrsg. v. Jos. Kürschner. Mit 80 farb. Kunstblättern, 1 Gedenkblatt, 716 Textillustr. u. 2 Karten. hoch 4. (XL, 548; 444 u. 462 Sp. u. Musikbeilage 7 S.) Leipzig (901). H. Zieger. Geb. in Leinw. 25. —; auch in 82 Lfgn. à — 75

—— und die Chinesen. Land und Volk. Geschildert nach den besten neuen Arbeiten. 2., umgearb. Aufl. mit Stahlst. 12 Lfgn. Lex.-8. (293 S. mit 34 Stahlst. und in Stahl gest. Titel.) Stuttgart 858, Gebr. Scheitlin. à Lfg. * 10 Ngr. *

China, historisch, romantisch, malerisch. Nach Berichten u. Zeichnungen von Mitgliedern der letzten engl. Expedition. Aus d. Engl. 12 Hfte. Lex.-8. (25 B. u. 36 Stahlst. nach Th. Allan.) Karlsruhe 843, 44, Kunstverlag. à * 1/3 Thlr. — Quartausg., chines. Pap. à Thlr. *

China, Japan und die Philippinen — Uebersichtskarte der eröffneten Handelshäfen. Bai von Jedo 500,000, Shanghai 60,000 etc. G. M. 1860.

China, das Land u. seine Bewohner. Aus d. Engl. v. Frdr. Gerstäcker. Illustrirt v. Allanson. 8. (202 S. m eingedr. Holzschn.) Leipzig 847, O. Wigand. 1 ℔

China, das Land und seine Bewohner. Aus dem Engl. von Friedr. Gerstäcker. Illustrirt von Allanson. 8. (202 S. mit eingedr. Holzschn.) Leipzig 848, O. Wigand.

China, Land und Volk. Geschildert nach d. besten neuen Arbeiten. 2. umgearb. Aufl. mit (36) Stahlst. (In 12 Liefgn.) Stuttgart (858). Gebr. Scheitlin. Lex.-8. (293 S.) n. 4 ℔

China u. der Theehandel, s.: Wochenbände, Nr. 26.

— wie es war und wie es ist. Nebst einem Hinblick auf den Thee- und Opium-Handel und einer Beschreibung der fünf Häfen, welche nunmehr dem Britischen Handel geöffnet sind. Aus dem Engl. von A. W. Quedlinburg (855). Ernst. 12. (VII, 111 S.) 10 ngr.

China [Schlagwort]

— s. a. Canton.

China, s. a. Hand- u. Reisekarten. 54.

– s. a. Korea.

– s. a. Kriegsschauplatzkarten.

– s. a. Missionskarten.

– s. a. Seekarten.

China. Bretschneider, E., map of China and the surroundings regions. Compiled from the latest information. To illustrate the author's „History of botanical discoveries in China". 1 : 1,125,000. 4 Blatt à 30 × 35 cm. Farbendr. St. Petersburg 896. (Wien, Artaria & Co. — Berlin, S. Schropp.) n.n. 8. —

— — dasselbe. Supplementary maps: I. Part of northern China. II. The mountains west of Peking. III. Mid China and the Yangtze River. In 2 sheets, A and B. IV. The great rivers of the Canton province. V. Parts of Yunnan province. 6 Blatt à 36 × 48 cm. Farbdr. St. Petersburg 898. (Wien, Artaria & Co.) n.n. 8. — (Hauptwerk u. Suppl.: n.n. 16. —)

China. Bretschneider, E., Map of China and the surrounding regions. Compiled from the latest information. To illustrate the author's „History of botanical discoveries in China". 1 : 1,125,000. 2. thoroughly revised ed. 4 Blatt à 30 × 35 cm. Farbdr. St. Petersburg 900. (Wien, Artaria & Co.) n.n. 8. —

— Freytag's, G., Karte von China. 1 : 10,000,000. 23 × 32 cm. Farbdr. Mit e. erläut. Text u. 4 Abbildgn. gr. 8. (9 S.) Wien 900. G. Freytag & Berndt. n. — 50

— Hassenstein, Bruno, Karte d. Prov. Schan-Tung m. dem deutschen Pachtgebiet v. Kiau-tschou. Hauptsächlich nach japan. u. chines. Quellen entworfen u. gezeichn. 1 : 650,000. 65,5 × 105 cm. Farbdr. Nebst Vorbemerkgn. Imp.-4. (4 S.) Gotha 898. J. Perthes. n. 4. —

China. Hoebel's, Paul, Karte v. China. Gezeichnet u. übers. v. H., Terrainzeichng. v. F. Pilger. 1 : 4,500,000. 64,5 × 68 cm. Farbdr. (Mit 1 Bl. Text.) Lex. 8. Berlin (910). (S. Schropp.) 6. —

— Karte von Ost-China. Hrsg. von der kartograph. Abtheilung der königl. preuss. Landes-Aufnahme. 1 : 1,000,000. Blatt Hankau, Mukden, Nanking, Peking, Tsi nan fu u. Tsingtau. à 47 × 57,5 cm. Kpfrst. u. kolor. Berlin 901. (R. Eisenschmidt.) à n.n. 1. 50

China. Karte von Ost-China. Hrsg. v. der kartograph. Abtheilg. der königl. preuss. Landes-Aufnahme. Bearb. zum Teil nach unveröffentlichtem Material des Frhr. Ferd. v. Richthofen. 1 : 1,000,000. Blatt Amoy. — Dolon nor. — Futschau. — Hsi ngan fu. — Kirin. — Nan tschang fu. — Pyöng yang. — Söul. — Tschang tu fu. — Wladiwostock. — Yi tschang fu. — Yü ling fu. à ca. 47 × 62 cm. Kpfrst. u. kolor. Berlin (903. 904). (R. Eisenschmidt.) à n.n. 1. 50

— Karte v. Ost-China. Hrsg. v. der kartograph. Abteilg. der kgl. preuss. Landes-Aufnahme. 1 : 1,000,000. 4 Blatt. Farbdr. Berlin, (R. Eisenschmidt.) à nn 1. 50
Kwei lin fu. 47 × 62,5 cm. 907. — Mukden. 47 × 52,5 cm. 909. — Peking. 47 × 52,5 cm. 909. — Tschung king fu. 47 × 60,5 cm. 907.

— Krauss, P., Karte v. Ost-China, m. Spezialdarstellgn. der Provv. Tschili u. Schantung, des unteren Peiho-Laufes, sowie Plänen von Peking, Tientsin, Taku, Tsingtau, Schanghai, Kanton u. Hongkong. 57,5 × 83 cm. Farbdr. Leipzig 900. Bibliograph. Institut. n. — 80

— Richthofen, v., Deutschland in Ostasien. Karte d. Prov. Shantung m. d. Kiau-Tschou-Bucht u. den Kohlenfeldern von Po-Shan-Hsiën, sow. den projekt. deutsch. Eisenbahnlinien nach Tsi-Nan-Fu, Po-Shan-Hs. u. I-Tshou-Fu. Situationszeichnung nach d. Originalen d. Verf. u. anderen Quellen v. Rich. Kiepert, 1876; Schrift u. Gebirge vom Verf. 1 : 750,000. [Aus: „R., China".] 2. Aufl. 58 × 76,5 cm. Farbdr. Berlin 898. D. Reimer. n. 1. 50

— Richthofen, Ferd. Frhr. v., Karte des nordöstlichen China. Mit den bestch., im Bau begriffenen u. projektierten Eisenbahnen 1 : 3,000,000. [Aus: „R., China".] Kriegskarte III. 39,5 × 57,5 cm. Farbdr. Berlin 900. D. Reimer. n. 1. —

— — Karte von West-Shantung. Ansatzblatt zu Ost-Shantung (Kiau-Tshau-Bucht). 1 : 750,000. [Aus: „R., China".] Situationszeichng. nach den Originalen des Verf. u. and. Quellen v. Rich. Kiepert, 1876. Schrift u. Gebirge vom Verf. 44,5 × 36 cm. Farbdr. Ebd. 898. n. 1. —

— Scobel, A., politische Karte v. China. Bearb. in der geograph. Anstalt von Velhagen & Klasing in Leipzig. 52,5 × 74 cm. Farbdr. Bielefeld (900). Velhagen & Klasing. — 80

— Scobel, A., Politische Karte v. China. (Umschlag: Politische Karte v. Japan, Korea, China u. der Mandschurei.) Bearb. in der geograph. Anstalt v. Velhagen & Klasing in Leipzig. (Neue [Titel-]Aufl.) 52 × 74 cm. Farbdr. Bielefeld [900.] 904. Velhagen & Klasing. n. 1. —

— **Villaw, R.,** map of northern China, Corea and parts of Japan. Showing the principal cities, routes and rivers from Shanghai to Moukden and Fusan. (Mit engl. u. chines. Nomenklatur.) 63 × 70 cm. Lith. u. kolor. Shangai 894. (Leipzig, K. F. Koehler's Antiqu.) n.n. 4. —

China. Waeber, Ch., map of North Eastern China. 1 : 1,366,000. 4 Blatt à 57×46 cm. Farbendr. St. Petersburg 893. (Hamburg, L. Friederichsen & Co.) n. 18. —

— **Waeber, Ch.,** map of North-Eastern-China. 2. ed. 4 Blatt à 57,5×46 cm. Farbdr. St. Petersburg 900. (Hamburg, L. Friederichsen & Co.) n. 18. —

China-Bote
① Monatsblatt der Allianz-China-Mission. Im Verband der China-Inland-Mission (? Januar 1935—Dezember 1939). Zweimonatsblatt der Philafrikanischen und Allianz-Mission (Januar 1952 cont.) ② Allianz-Missions-Bote (Januar 1952 cont.) ③ Der Philafrikaner (Fusion Januar 1952) ⑤ 1893 (cont.) ⑥ 8° ⑦ Monatsblatt (1893—Dezember), alle 2 Monate (Januar 1952 cont.) ⑧ Wuppertal-Wichlingshausen: Montanus u. Ehrenstein (? Januar 1935—Mai 1941); Großhöchstetten: Jakob (Juni/Juli 1941 cont.) ⑨ Kleiner China-Bote. Monatsblatt für junge Missionsfreunde (? Januar 1938—Dezember 1951, 8°, Monatsblatt); Kleiner Missionsbote für junge Freunde der Philafrikanischen und Allianz-Mission (Januar 1952 cont., 8°, alle 2 Monate) ⑩ Allianz-China-Mission, Wuppertal-Barmen (? 1935—Mai 1941). Allianz-China-Mission, Winterthur (Juni/Juli 1941—Dezember 1951). Philafrikanische und Allianz-Mission (Vereinigung des deutschschweizerischen Zweiges der Mission Philafricaine mit der Allianz-China-Mission) (Januar 1952 con.) ⑪ Missionsleiter K. Zimmermann, Wuppertal-Barmen. J. H. Kurz. Bern (Juni/Juli 1941—März 1948), G. Studer, Thun (April 1941—April 1950), Eugen Schmidt, Winterthur (Mai 1950 cont.), Frau E. Aebi, Zürich (Januar 1952 con.) ⑭ Be: L (1935 cont.).

China-Bote: Kleiner China-Bote
v. China-Bote.

Chinabriefe (letters from John Chinaman), übers. v. H. Molenaar. (III, 39 S.) gr. 8. Leipzig (903). R. Uhlig. n. — 35
Sonderabdruck aus: „Die Religion d. Menschheit".

Chinapolitik und Sozialdemokratie vor dem Reichstag. Reden der Regierungsvertreter und der Abgeordneten Bebel und Singer im Reichstag. Mit einer Einleitung: Die Kaiserreden. 8°. Berlin, Buchh. d. Vorw., 1900. (80 S.)

China, üb. die, oder Fieberrinde, v. C. G. K. 8. Leipzig, Bruder u. Hoffmann. 804.

China, über die, oder e. Fieberrinde, v. C. G. K. 8. Leipz. 804. (Schönian in Elberfeld). 12 gr

China od. Fieber-Rinde, üb. die, rc. Ist Verlag von Büschler in Elberfeld.

China's Fluch u. Segen. (Der Fluch des Opiums. Aus dem chines. Gemeindeleben. Der blinde Tschang. Ein braman. Trauerspiel.) (24 S. m. Abbildgn.) 8. Basel 906. Basler Missionsbuchh. — 10

China's Kriege seit 1840 u. seine heutigen Streitkräfte. Mit 4 Karten in Steindr. u. 4 Skizzen im Text. gr. 8. (V, 98 S.) Berlin 900. E. S. Mittler & Sohn. n. 2. —; geb. in Leinw. n. 2. 50

Chinesen, Darstell. der Gebräuche u. Kleidung derselben s. J. G. Grohmann.

Chinesen in Hamburg! oder Trummer contra Rotteck, s. Crayons des Ilen Schel. I.

Chinesen, die, wie sie sind, s. Reich, das himmlische.

Chinesen-Reigen, 8°.

Chineser, der; oder die Gerechtigkeit des Schicksals. Tragödie. 8. Göttingen, Vossiegel. 774.

Chineser, der, od. die Gerechtigkeit d. Schicksals. 8. Götting. 774. Vandenhöck u. R. 5 gr

Chineser, Der auf Ordre und Kosten seines Kaysers reisende, was er, von dem Zustand... derer Europäischen Land... vor Bericht erstattet. Leipz. 1723 ff. V: *Fassmann, Dav.* (schles)

Chineser, der auf Ordre s. Kaisers reisende. 4 Bde. 4. Leipz. Walther. 727—33.

Chineserspiel, das, mit 180 in Kpf. gestochenen Abbildungen u. 7 geometr. Figuren, deutschem u. französ. Text. 8. Fürth 819. Korn. 16 gr

Chinesische Küste [Schlagwort]

Chinesische Küste, s: Seekarten.

Chinesisches Meer [Schlagwort]

Chinesisches Meer, s.: Seekarten.

Chinin als Prophylaktikum gegen Malariafieber. gr. 8. (23 S.) Waldhof b. Mannheim 889. Boehringer & Söhne. (Leipzig, Hinrichs' Verl.) n. — 60

Chiniquy, Charles, der Beichtstuhl. Autoris. Ausg. v. F. Schlachter. 2. Aufl. 8. (135 S. m. Bildnis.) Frankfurt a/M. 901. (R. Schergens). n. 1. —

— dasselbe. 3. Aufl. 8. (135 S. m. Bildnis.) Biel 902. (Frankfurt a/M., R. Schergens). 1. —; geb. 1. 20

(**Chiniquy,** Charles.) Le père Chiniquy. [Notice autobiographique.] 8., *s. l. n. d.* [1860-61].

Chiniqui, die Ermordung des Präsidenten Abraham Lincoln, s.: Streitschriften, freundschaftliche.

— Fünfzig Jahre in der römischen Kirche. Einzige autoris. [freie] Uebersetzg., hrsg. v. Friedr. v. Schwarzbach. 27 Lfgn. 8. (XVI, 853 S.) Barm. 889,90, Wiemann. à Lfg. — 30; * 9 —; geb. * 12 —

— 40 Jahre in der Kirche Christi. Deutsch v. Geo. Friedrich. 8. (303 S.) Barmen (901). D. B. Wiemann. n. 3. —; geb. 4. 50; auch in 10 Lfgn. à — 30

— der gekreuzigte Jesus u. der bußfertige Schächer, s.: Streitschriften, freundschaftliche.

— der Priester, die Frau u. die Ohrenbeichte. Autoris. [freie]. deutsche Uebersetzg., hrsg. von F. v. Schwarzbach. 10 Lfgn. 8. (LIX, 268 S.) Barmen 889. Wiemann. n. 4. —; geb. n. 5. —

Der Priester, die Frau und die Ohrenbeichte. Von Pater C[harles] Chiniqui. Autor. ⟨freie⟩ deutsche Uebers. nach d. 29. engl. Aufl. hergest. u. hrsg. von Friedrich v. Schwarzbach. 2. Aufl. Volksausg. *Barmen: D. B. Wiemann [1901].* (152 S.) 8° [F.] [01. 1913]

— Dass. Volksausg. 3. Aufl. Ebd. 1901.

Chiniqui, C., der Priester, die Frau u. die Ohrenbeichte. Autoris. (freie) deutsche Uebersetzg., nach der 29. engl. Aufl. hergestellt u. hrsg. von Frdr. v. Schwarzbach. 4. Aufl. Volksausg. (152 S. m. Bildnis.) 8. Barmen (905). D. B. Wiemann. n. 1. —

— der Priester, das Weib u. der Beichtstuhl. Autoris. deutsche Ausg. v. F. Schlachter. 8. (135 S. m. Bildn.) Biel 901. (Frankfurt a/M., R. Schergens.) n. 1. —; geb. 1. 80

— warum ich aus der römischen Kirche austrat, s.: Streitschriften, freundschaftliche.

Chinki. –

— histoire cochinchinoise. gr. 8. Wien 768. Trattner. 6 gr

v. Chinki, ..., e. cochinchinesische Geschichte. 8. Bresl. 770. J. F. Korn. 4 gl.

Chinki, eine cochinchinesische Geschichte, die andern Ländern nützen kann. A. d. Franz. Frankf. u. Leipz. 1770. V: *Coyer, Gabr. Franç.* Ü: *Siber, Franz Freih.* (BGE[2]/605) »Wien 1770«. Ü: *Sonnenfels, Josef von.* (BiblPort)

Chinki. Eine cochinchinesische Geschichte. 8°
Lindau: Otto (auch Dresden: Hilscher) 1770.

Chinki, v., eine chochinchenische Geschichte. Wien 1770. V: *Sider, Fr.* (Mitth. Dr. Ignaz Schwarz-Wien.)

— storia del regno di Conchinchina. 8. Wien 772. Camesina. (Heubner). 9 gl.

Chinki eines Cochinchinesen Geschichte, aus dem Franz. 8. Frankfurt u. Leipzig, 774. 8 fgl.

Chiolich v. Löwensberg, C., neues Befestigungs-System, oder d. Gleichgewicht zwischen dem Angreifer u. Vertheidiger. Mit 24 lithogr. Plänen in gr. qu. Fol. gr. 8. Wien 828. (Schaumburg). 4 Thlr 16 gl.

Chiolich von Löwensberg, C., neues Befestigungs-System od. das Gleichgewicht zwischen d. Angreifer u. Vertheidiger. M. 24 lith. Planen in qu. gr. Fol. gr. 8. (20½ B.) Wien 828, (Schaumburg u. Comp.) Mit neuem Tit. Wien 830, (Tendler.)

CHIOLICH UND LÖWENBERG, HEINRICH HUGO VON: Der Ölbaum des Herrn. Preßburg 1844. o. Dr. VIII, 140, 1 S. - 220 mm

Chiolich-Löwensberg, Herm. v., Anleitung zum Wasserbau. Nach den vorzüglichsten u. neuesten Quellen bearb. 1. Abth. Der Strombau. Stuttgart 864. Hoffmann. gr. 4. (VIII, 133 S. u. 17 lith. Taf. in Fol.) 2 Thlr

v. Chiolich-Löwensberg, Herm., Anleitung zum Wasserbau. Nach den vorzüglichsten u. neuesten Quellen bearb. Stuttgart 865. Hoffmann. gr. 4.
2. Abth.: Stau-Anlagen, Cisternen, Brunnen, artesische Brunnen, Wasserleitungen. (2 Bll., 147 S. u. 32 lith. Taff. in Fol.) 3 Thlr
3. Abth.: Entwässerungen u. Bewässerungen, Kanal- u. Kammerschleussenbau, Fundirungen, Seebau. (276 S. u. 59 lith. Taff. in Fol.) 5 Thlr

Chion

Chionis **Epistolae graece, ad Cdd. Mediceos rec. not. et indicem adj. Jh. Gli. Coberi. 8. Dresd. 765. (W. Nauck; a. Central-Compt. in Leipz.) 12 gl.**

Chion, epistolae graece c versione lat. Coberi. 8. Dresd. (Sommer, Lips.) 767.

Chipiez, Charles, Geschichte der Kunst im Alterthum, s. **Perrot, Georges.**

Chippendale, Thomas

Chippendale, Th., englische Rococomöbel. Facsimiledruck nach d. im J. 1754 in London erschien. Orig.-Werke. [Aus: „Vorbilder f. Kunsttischlerei."] gr. Fol. (18 Taf. m. III S. Text.) Berlin 896. B. Hessling. In Mappe n. 18. —

Chippendale, Th., Vorbilder f. Kunst- u. Möbeltischler im gothischen, chinesischen u. Rococo-Stil. (In 4 Lfgn.) 1. Lfg. gr. Fol. (53 Taf.) Berlin 890. Wasmuth. n. 18. —

Chippendale, Thomas, Vorbilder f. Kunst- u. Möbeltischler im gothischen, chinesischen u. Rococo-Stil. 2.—4. Lfg. gr. Fol. (16, XXVIII S. deutscher u. engl. Text m. 147 Taf.) Berlin 890. Wasmuth. à n. 18. — (kplt.: n. 72. —; geb. n. 75. —)

— s.: Vorbilder d. Kunsttischlerei.

Chippewa Anzeiger: July? 1873? – 1888?
Independent weekly, supported Hayes. Sub-title: Ein Organ für die Interessen des Chippewa-Thales. Suspended: 1883 – 1885? Circulation: 1880, 576. Edited & published by Theodor Friedländer, 1873 – 88.
Eau Claire, WI

Chippewa Thalbote: 1895? – 1900?
Weekly, 1895 – 98; semi-weekly, 1899 – 1900. Independent Democratic, 1895 – 1900. An edition also issued on Monday, 1899 – 1900. Circulation: 1900, 1500. Edited & published by F. W. Gramm, 1895 – 96; edited by F. W. Gramm, 1896; by Theo. Brockmann, 1898 – 1900; published by Thalbote Publishing Co., 1897 – 1900.
Chippewa Falls, WI

Chippewa Volksstimme: 1877? – 1879?
Democratic weekly. Circulation: 1878, 500 (est.). Edited by William Bersch, & published by Bersch & Sitzmann, 1877 – 78, edited & published by William Bersch, 1878 – 79.
Eau Claire, WI

Lucio **Chiramonte,** genannt Varelli, Stifter des Bundes der Furchtbaren und Retter des Vaterlandes; eine venetian. Geschichte. Bd 1—4 mit Kpfrn. Leipzig: Hinrichs 1804. 8°
TB. 178.

– Dass., s.a. Chiaramonte...

Chirbula, Terbal, Seelenkämpfe e. denkenden Menschen. (60 S.) 8. Strassburg 906. J. Singer. n. 1. —

Chirchmair, M., Grammatik f. Ital. z. Erlern. d. deutschen Spr. v. Augsb. Riegers. 783.

Chiridonius Bitter Süss. Der „bezähmte" Sohn der Wildniss.... Zürich 1861 s. [Bürkli, Carl].

Chiris, Réflexions générales sur l'histoire. Wien, Trattner. 758.

Chirion, Guill., die Conversation zwischen Deutschen und Franzosen in 18 Gesprächen. — La conversation des Allemands et des Français en forme de dialogues. 3. Aufl. 16. (III, 32 S.) Erfurt 871, Röhl. [Gestewitz.]

Chirographorum in bibliotheca academica Bonnensi servatorum catalogus. Vol. II. quo libri descripti sunt praeter orientales reliqui composuerunt Ant. Klette et Jos. Staender. gr. 4. (VII, 250 S.) Bonn 876. Weber's Verl. n. 12. —; Index apart (VII u. S. 187—250.) n. 2. 25.
Vol. I. erscheint später.

Chirographorum in bibliotheca academica Bonnensi servatorum catalogus. Vol. II. quo libri descripti sunt praeter orientales relicui. Composuerunt Ant. Klette et Jos. Staender. gr. 4. (VII, 250 S.) Bonnae 876, Weber. *
Index allein (VII, S. 187—250) *
Vol. I. vgl.: Catalogus librorum manuscriptorum orientalium in bibliotheca academica Bonnensi servatorum adornavit Joa. Gildemeister.

Chirol, Valentine, die Lage in Ost-Asien. 2. [Titel-] Aufl. Übers. u. eingel. von J. v. Bojanowski. 8. (VII, 165 S.) Berlin (896). 897. J. Räde. n. 2.80

Chiromantie

— oder Wahrsagerkunst aus d. Händen; nebst e. Wahrsager aus d. Adern rc. Mit Kpf. Leipz. 709. Baumgärtner. 12 gl.

Chiromantie, die, d. i. von den Händen u. Linien, worinnen etlichermaßen zu sehen, wie e. jeder Mensch geartet sein möchte. Veröffentlicht nach alten handschriftl. Aufzeichngn. gr. 8. (48 S. m. 102 Fig.) Berlin 888. (Musterer.) n. — 70

Chiromantie od. d. Kunst, a. d. Hand wahrzusagen. N. d. Schriften d. berühmt. Magier d. Altertums, sow. n. Angaben v. Zigeunern. 12. (48 S. m. 6 Taf.) Mülheim a/R. 898. J. Bagel. n. -- 50

Chiromantie, die, der Alten, od. d. Kunst, aus d. Lineamenten d. Hand wahrzusagen. Nach einer alten Zigeuner-Handschrift bearb. u. hrsg. v. ein. gelehrten Chiromantiker. M. 36 lith. Zeichn. 8. ($2^3/_4$ B.) Cottbus 840, Meyer.

Chiromantie, die neuen astronom. Lehrsätze lehrende, 2 Thle. 8. Kopenh. 764. Pelt. (Leipz., Wienbrack). 12 gr.

Chiron

Chiron. Eine der theoretischen, praktischen literarischen und historischen Bearbeitung der Chirurgie gewidmete Zeitschrift. Hrsg.von Johann Bartholomäus von Siebold. Bd $1/_{1-3}$, $2/_{1-2}$, $3/_1$, gbd.

Nürnberg u.Sulzbach: 1805 - 1812

JB 6.113

Chiron, eine d. theoret.-prakt., literar. u. histor. Bearbeitung d. Chirurgie gewidm. Zeitschrift; herausg. v. J. B. v. Siebold. 3 Bde, 1r u. 2r Bd. à 3 Stcke. Mit 23 Kpft. gr. 8. Sulzb. 805 —13. v. Seidel. (1r u. 2r Bd. à 4 Rthl. 12 gr. 3r Bd. 4 Rthl.) 12 Rthl. Hbg. Pr. 8 Rthl.

Chiron, eine d. theoret. prakt. literar. und historischen Bearbeitung d. Chirurgie gewidmete Zeitschrift. Herausgeg. von B. v. Siebold. III Bdes. 2te Abthlg. M. K. gr. 8. Sulzbach, Seidel. 813. 1 12

— — Dasselbe I. II. III. 1s 2s (oder alle 8 Hefte) im Preise herabgesetzt auf 8 —

Chiron, der moderne, oder neuester Rathgeber für Personen jeden Alters u. Standes zum Behufe ihrer körperl. u. geistigen Bildung. 12. Gräz 834. Kienreich. 1/3 Rthl.

— — neuer, eine Zeitschrift für Chirurgie und Geburtshülfe, in Verbindung mehrerer ausgezeichneter Wundärzte Deutschlands herausgegeben vom Hofrath und Professor Dr. Textor. 1ses Stück, mit 5 Kupfertafeln. gr. 8. Sulzbach, Seidel. 821. 1 8

Chiron, d. neue, eine Zeitschrift f. Wundarzneikunst u. Geburtshülfe. Herausg. v. K. Textor. 1r Bd. 2s u. 3s Stck. u. 2r Bd. 1s u. 2s Stck. Mit Kpfrtaf. gr. 8. Sulzb. 822 —27, v. Seidel. 1r Bd. 1s—3s Stck. 821—24 4 Rthl. 2r Bd. 1s 2s Stück. à 1 Rthlr. 8 gr.

— neuer, eine Zeitschrift für Chirurgie u. Geburtshülfe, in Verbindung mehr. ausgezeichn. Wundärzte Deutschlands herausg. v. Hofr. Textor. 1r Bd. 3 Stcke u. 2r Bd. 1s, 2s Stck. Mit 11 Kpft. gr. 8. Sulzb. 821—27. v. Seidel. (à Stck. 1 Rthl. 8 gr.) 6 Rthl. 16 gr.

Chiron, Mulomedicina, s.: Proben aus der Mulomedicina Chironis.

Chironico, Die Gemeinde, im Bezirk Livinen an den Senat der helvetischen Republik. O. O. [1802]. V: *Koch, Carl.* (Cat. d. Stadtbibl. Zürich. Zürich 1864—97.)

Chirrer, Schullehr..., Resultate d. prakt. Rechenschülers, s. Tolez.

Chirurgia Jamati. Die Chirurgie des Jamerius (?) (XII. Jahrh.). Nach e. Handschrift d. königl. Hof- u. Staatsbibliothek zu München m. Unterstützg. der Gräfin Bose-Stiftg. z. ersten Mal hrsg. v. Pagel. (XVI, 81 S.) gr. 8. Berlin 909. A. Hirschwald. 3. —

Chirurgie des praktischen Arztes, m. Einschluss der Augen-, Ohren- u. Zahnkrankheiten, s.: Handbuch der praktischen Medizin. Erg.-Bd.

Chirurgie, deutsche. Mit zahlreichen Holzschn. u. lith. Taf. Bearb. von Bandl, Bergmann, Billroth etc. Hrsg. von Billroth u. Lücke.
Lfg. 1 Stuttgart: Enke 1879

Inhalt:

Lfg. 1. Haeser, H., Uebersicht der Geschichte der Chirurgie und des chirurgischen Standes. (VI, 51 S.) 879. * M. 1,20.

Lfg. 2. 3. Recklinghausen, F. v., Handbuch der allgemeinen Pathologie des Kreislaufs und der Ernährung. (XLIII, 521 S. mit 17 eingedr. Holzschn.) 883. * M. 14.

» 4. Gussenbauer, Carl, Sephthämie, Pyohämie und Pyo-Sephthämie. (XXXVI, 293 S. mit 4 lithogr. Taf.) 882. * M. 8,40.

Lfg. 5. Tillmanns, H., Erysipelas. (XXIII, 247 S. mit 18 eingedr. Holzschn. und 1 lithogr. Taf.) 880. * M. 7,20.

6. Der Hospitalbrand. Von Rosenbach. (XV, 113 S.) 888. n. 3. 60

» 7. Rose, Edm., Delirium tremens und Delirium traumaticum. (IX, 148 S.) 884. * M. 4.

8. Der Starrkrampf b. Menschen. Von Edm. Rose. (X, 625 S. m. 2 Fig.) 897. n. 18. —

9. Milzbrand u. Rauschbrand, bearb. v. Wilh. Koch. Mit 8 in den Text gedr. Holzschn. u. 2 lith. Taf. (XXIV, 154 S.) 886. n. 4. 80

» 10. Roder, Alb., die Hundswuth. — Lyssa. [Rabies canis. — Hydrophobia.] (XIV, 40 S.) 879. * M. 1,20.

10b. Die Lepra. Von Adf. v. Bergmann. Mit 1 chromolith. u. 6 schwarzen Taf. (XXII, 112 S. m. 6 Bl. Erklärgn.) 897. n. 6. —

» 11. 1. Hälfte. Kaposi, Mor., Pathologie und Therapie der Syphilis. 1. Hälfte. (224 S. mit 10 eingedr. Holzschn.) 881. * M. 5,20.

11. 2. Hälfte: Kaposi, Mor. Pathologie u. Therapie der Syphilis. 2. Hälfte. (VIII, S. 225—496 m. 1 Holzschn. u. 2 farb. Taf.) 891. * 6 80.

11. Lfg. 1. Hälfte. Ebd. 1881. * 5 20.

12. Koch, Wilh. Die Bluterkrankheit in ihren Varianten Scorbut, Purpura simplex, Purpura [Peliosis] rheumatica, Purpura hämorrhagica, Erythema nodosum, Hämophilie, Nabelbluten, Blutschwitzen u. Fettentartung der Neugeborenen. (XXXII, 227 S.) 889. * 8 —.

13. Tuberculose u. Scrophulose. Von Otto Hildebrand. (CLVIII, 292 S.) 902. n. 15. —

» 14. Sonnenburg, E., Verbrennungen und Erfrierungen. (XVI, 116 S. mit 6 eingedr. Holzschn. und 1 Taf. in Farbendr.) 879. * M. 3,60.

» 15. Gussenbauer, Carl, die traumatischen Verletzungen. (XX, 316 S. mit 3 eingedr. Holzschn.) 880. * M. 7.

16. Der Process der Wundheilung m. Einschluss der Transplantation. Von F. Marchand. Mit 108 in d. Text gedr. Abbildgn. (LX, 528 S.) 901. n. 20. —

» 17. Fischer, H., Handbuch der Kriegschirurgie. 2. vollständig umgearb. Aufl. 2 Bde. (LXII, XXVII, 1028 S. mit 170 eingedr. Holzschn. und 32 Tab.) 882. * M. 26.

18. Blutung, Blutstillung, Transfusion, nebst Lufteintritt u. Infusion. Bearb. v. W. Heineke. Mit 14 in den Text gedr. Holzschn. (XXXV, 158 S.) 885. n. 4. 80

» 19. Fischer, Geo., Handbuch der allgemeinen Operations- und Instrumentenlehre. (XXV, 291 S. mit 176 eingedr. Holzschn.) 880. * M. 7.

» 20. Kappeler, O., Anaesthetica. (XVI, 219 S. mit 18 eingedr. Holzschn., 105 Curven in Zinkogr. und 3 lithogr. Taf.) 880. * M. 6.

» 21. Fischer, Ernst, Handbuch der allgemeinen Verbandlehre. (LI, 250 S. mit 206 eingedr. Holzschn.) 884. * M. 7,60.

22. 1. Hälfte. Chirurgie der Geschwülste. 1. Thl.: Allgem. Geschwulstlehre. Bearb. von A. Luecke u. F. Wilh. Zahn. (XXI, 108 S. m. 24 Fig.) 898. n. 5. —

23. Winiwarter, A. v. Die chirurgischen Krankheiten der Haut u. des Zellgewebes. (XXXVIII, 754 S.) 892. * 20 —.

24a. Krankheiten der Lymphgefässe, Lymphdrüsen u. Blutgefässe. Von Frdr. Fischer. Mit 12 in den Text gedr. Abbildgn. (XL. 284 S.) 901. n. 11. 60.

24b. Kolliker, Th. Die Verletzungen u. chirurgischen Erkrankungen der peripherischen Nerven. (XXXII, 120 S.) 890. * 4 80.

» 26. Krönlein, R. U., die Lehre von den Luxationen. (XIII, 121 S. mit 29 eingedr. Holzschn.) 882. * M. 3,20.

» 27. I. Hälfte. Bruns, P., Die allgemeine Lehre von den Knochenbrüchen. 1. Hälfte. (400 S. mit 187 eingedr. Holzschn.) 882. * M. 10.

27. II. Die Lehre v. den Knochenbrüchen v. Paul Bruns. 2. Hälfte. Mit 52 Holzschn. (XLVI u. S. 401—630.) 886. n. 7. — (cplt.: n. 17. —)

28. Die Krankheiten d. Knochen u. Gelenke (ausschliessl. d. Tuberkulose). Von Karl Schuchardt. M. 138 Abb. i. Text u. 2 Taf. in Farbendr. (CXXXVI, 338 S. m. 2 Bl. Erklärgn.) 899. n. 18. —

28a. Die Tuberculose d. Knochen u. Gelenke. Von Fed. Krause. M. 98 Abb. i. Text u. 2 Taf. in Farbendr. (LVI, 288 S. m. 6 Bl. Erklärgn.) 899. n. 13. —

Petersen, H., u. H. Gocht, Amputationen u. Exartikulationen. Künstl. Glieder. Mit 379 Abb. im Text. (LXVI, 552 S.) 907. (Lfg. 29a.) 22.

29 b. Die Resectionen der Knochen u. Gelenke. Geschichte der Resectionen u. der Osteotomie. Anlässe zur Resection. Subperiostalsubcapsuläre Resection. Technik, Verlauf u. Endergebnisse der Gelenkresectionen. Resection in der Continuität. Exstirpation der Knochen. Osteotomie. Von Herm. Lossen. (XLVIII, 338 S. m. 50 Holzschn.) 894. n. 10. —

» 30. Bergmann, E. v., die Lehre von den Kopfverletzungen. (XXXI, 560 S. mit 55 eingedr. Holzschn. und 2 lithogr. Taf.) 880. *ℳ 14,80.

» 31. Heineke, W., die chirurgischen Krankheiten des Kopfes. (XLII, 252 S. mit 34 eingedr. Holzschn.) 882. *ℳ 7.

» 32. Schwartze, H., die chirurgischen Krankheiten des Ohres. 2 Hälften. (XL, 411 S. mit 129 eingedr. Holzschn.) 884,85. *ℳ 11.

33. I. Verletzungen u. chirurgische Krankheiten d. Gesichts. Von Trendelenburg. 1. Hälfte. Mit 30 Holzschn. u. 5 lith. Taf. (194 S.) 886. n. 6. —

Trendelenburg, H., Verletzungen u. chirurgische Krankheiten des Gesichts. 2. Hälfte, I. Tl. Mit 80 Abbildgn. im Text. (S. 195—310.) 908. (Lfg. 33. 2, 1. Tl.) 4.— (1 u. 2, I: 10. —)

Perthes, G., die Verletzgn. u. Krankheiten der Kiefer. Mit 10 Röntgenbildern auf Taf. I—IV u. 168 Abbildgn. im Text. (LVI, 359 S.) 907. (Lfg. 33a.) 16. —

» 34. Fischer, Geo., Krankheiten des Halses. Topographische Anatomie. Angeborene Krankheiten. Unterbindungen. Verletzungen. (XX, 160 S. mit 16 eingedr. Holzschn.) 880. *ℳ 4.

» 35. Koenig, die Krankheiten des unteren Theils der Pharynx und Oesophagus. (XI, 126 S. mit 13 eingedr. Holzschn.) 880. *ℳ 3.

» 36. —— und Riedel, die entzündlichen Processe am Hals und die Geschwülste am Hals. (XXII, 122 S.) 882. *ℳ 3,60.

» 37. Schüller, Max, die Tracheotomie, Laryngotomie und Exstirpation des Kehlkopfes. (XXIV, 228 S. mit 22 eingedr. Holzschn.) 880. *ℳ 5,60.

38. Die Krankheiten d. Schilddrüse. Von A. Frhr. v. Eiselsberg. Mit 54 Abbildgn. im Text u. 3 farb. Taf. (LXIV, 259 S. m. 3 Bl. Erklärgn.) 901. n. 13. 40

40. Die Verletzgn. d. Wirbelsäule u. d. Rückenmarks. Von W. Wagner u. P. Stolper. (XXXII, 564 S. m. 233 Abbildgn.) 898. n. 20. —

» 41. Billroth, Th., die Krankheiten der weiblichen Brustdrüsen. (X, 168 S. mit 35 eingedr. Holzschn. und 8 Taf. in Farbendr.) 880. *ℳ 9,60.

42. Verletzungen u. chirurgische Krankheiten d. Thorax u. seines Inhaltes. Von Riedinger. Mit 70 Holzschn (LII, 300 S.) 888. n. 10. —

43. Die Pleura-Erkrankungen. Von C. Gerhardt. (VI, 90 S. m. 4 Curven.) 892. n. 3. —

» 44. Nussbaum, J. N. Ritter v., die Verletzungen des Unterleibes. (VIII, 176 S. mit 31 eingedr. Holzschn.) 880. *ℳ 4.

45a. Diagnostik der Bauchgeschwülste. Von A. Martin. Mit 26 Abbildgn. im Text. (XVIII, 224 S.) 903. n. 8. —

45b. Ledderhose, G. Die chirurgischen Erkrankungen der Bauchdecken u. die chirurgischen Krankheiten der Milz. (XXX, 194 S. m. 5 Holzschn.) 890. * 6 —.

45c. I. Chirurgie der Leber u. Gallenblase v. C. Langenbuch. 1. Thl. (XXIV, 378 S. m. 19 Abbildgn.) 894. n. 10. —

45c. 2. Hälfte. Chirurgie d. Leber- u. Gallenblase (zusätzl. d. d. Gallenwege). Von C. Langenbruch. 2. Thl. (XXIII, 376 S.) 897. n 12. — (Kplt.: n. 22. —)

45d. Die chirurg. Krankheiten u. d. Verletzgn. d. Pankreas Von W. Körte. M. 18 Abb. (XXIV, 234 S.) 898. n. 9. —

Wölfler, Ant., u. Vikt. Lieblein, die Fremdkörper des Magendarmkanals des Menschen. Mit 10 Abbildgn. im Text. (XLVI. 402 S.) 909. (Lfg. 46b.) 10. —

46c. Die Geschwülste u. die erworbenen Fisteln des Magen-Darmkanals. Von Vikt. Lieblein u. Heinr. Hilgenreiner. Mit 4 Taf. u. 47 Abbildgn. im Texte. (VIII, 623 S.) 905. n. 23. 40

46d. Appendicitis. Von Otto Sprengel. Mit 4 farb. Taf. u. 82 Abbildgn. im Text. (CXVII, 631 S.) 906. n. 26 —

Brunner, Conr., Tuberculose, Aktinomikose, Syphilis des Magen-Darm-Kanals. Mit 4 farb. Taf. u. 82 Abb. im Text. (XL, 360 S.) 907. (Lfg. 46e.) 15. —

46g. Der Ileus. Pathologie u. Klinik des Darmverschlusses. Von M. Wilms. Mit 224 Abbildgn. im Texte. (CXXIV, 503 S.) 906. n. 30. —

47. Die Unterleibsbrüche. Von Benno Schmidt. Mitbearb. u. n. dess. Tode hrsg. v. Geo. B. Schmidt. (LIX, 375 S m. 110 Holzschn.) 896. n. 15. —

48. Die Krankheiten des Mastdarms u. des Afters. Von F Esmarch. Mit 103 Holzschn. u. 8 Taf. (L, 211 S. m. 1 Bl. Erklärgn.) 887. n. 9. —

» 49. Dittel, Leop., die Stricturen der Harnröhre. (XXVII, 258 S. mit 62 eingedr. Holzschn.) 880. *ℳ 7.

50a. Verletzungen u. Krankheiten der männlichen Harnröhre u. d. Penis v. C. Kaufmann. Mit 114 Holzschn. (XXX, 301 S.) 886. n. 8. 40

50b. Die Krankheiten der männlichen Geschlechtsorgane. Von Th. Kocher. Mit 174 in den Text gedr. Fig. (XLVIII 640 S.) 887. n. 17. —

» 51. Grünfeld, Jos., die Endoskopie der Harnröhre und Blase. (XVI, 240 S. mit 22 eingedr. Holzschn. und 3 Taf. in Farbendr.) 881. *ℳ 7.

52. Ultzmann, Rob. Die Krankheiten der Harnblase. Nach d. Verf. Tode hrsg. v. Mor. Schustler. (XXXI, 356 S. m. 182 Holzschn.) 890. * 10 —.

52 b. 1. Hälfte. Die chirurg. Krankheiten der Nieren. Von Küster. 1. Hälfte. M. 63 Fig. i. Text, 4 Taf. in Farbendr. u. 2 Umrisstaf.) (276 S.) 1896. n 12.–

52b. Die Chirurgie der Nieren, der Harnleiter u. der Nebennieren. II. Hälfte. Von Dr. Ernst Küster. Mit 51 Abb. im Text u. 4 Farbentaf. (CXXIII u. S. 275—721.) 902. n. 20. —; (kplt.: n. 32. —)

53. Die Verletzungen u. Krankheiten der Prostata. Begonnen v. Dr. A. Socin, fortgeführt u. vollendet v. Emil Burckhardt. Mit patholog.-anatom. Beitrag v. E. Kaufmann. Mit 3 Taf. u. 153 in den Text gedr. Abb. (LX, 504 S. m. 3 Bl. Erklärgn.) 902. n. 18. —

54. Untersuchung der weiblichen Genitalien u. allgemeine gynäkologische Therapie. Von R. Chrobak. Mit 104 Holzschn. (XXVI, 278 S.) 885. n. 8. —

55. Die Sterilität der Ehe. Entwickelungsfehler d. Uterus. Von P. Müller. Mit 50 Holzschn. (XXII, 300 S.) 885. n. 8. —

56. Die Lageveränderungen u. die Entzündungen der Gebärmutter v. Heinr. Fritsch. Mit 194 Holzschn. (XXXIV, 443 S.) 885. n. 12. —

57. Die Neubildungen d. Uterus. Von A. Gusserow. Mit 51 in den Text gedr. Holzschn. (VII, 262 S.) 886. n. 7.

58. Die Krankheiten der Ovarien. Von Rob. Olshausen. Mit 36 in den Text gedr. Holzschn. (XXXVIII, 469 S.) 886. n. 13. —

59. Die Krankheiten der Tuben, der Ligamente, d. Beckenperitoneum u. d. Beckenbindegewebes, einschliesslich der Extrauterin-Schwangerschaft. Von L. Bandl. Mit 32 in den Text gedr. Holzschn. (XX, 232 S.) 886. n. 6. —

60. Die Krankheiten der Vagina. Von A. Breisky. Mit 37 Holzschn. (XVIII, 205 S.) 886. n. 6. —

61. Die Krankheiten der äusseren weiblichen Genitalien u. die Dammrisse. Von Paul Zweifel. Mit 67 Holzschn. u. 1 lith. Taf. (XVII, 149 S.) 885. n. 4. 60

62. Die Krankheiten der weiblichen Harnröhre u. Blase v. F. Winckel. Mit 68 in den Text eingedr. Holzschn. 2. vielfach verm. Aufl. (XXXI, 230 S.) 885. n. 6. 40

62a. Die Verletzungen u. chirurgischen Krankheiten des Beckens. Von H. Tillmanns. Mit 277 Abbildgn. im Text. (CXXXII, 533 S.) 905. n. 30. —

63a. Die Verletzungen der oberen Extremitäten v. Bernard Bardenheuer. [2 Thle.] 1. Thl. Mit 196 Abbildgn. im Text. (XXVIII, 736 S.) 886. n. 17. —

63b. Die Verletzungen der oberen Extremitäten. Von B. Bardenheuer. 2. Thl. Mit 122 Abbildgn. im Text. (XCI, 542 S.) 888. n. 17. — (1 u. 2.: n. 34. —)

» 64. Vogt, Paul, die chirurgischen Krankheiten der oberen Extremitäten. (XXXV, 292 S. mit 116 eingedr. Holzschn. und 2 Taf. in Farbendr.) 881. *ℳ 8.

» 65. Lossen, Herm., die Verletzungen der unteren Extremitäten. (XXXIV, 245 S. mit 44 eingedr. Holzschn.) 881. *ℳ 6.

66, I. Chirurg. Krankheiten d. unt. Extremitäten. Von Nasse. 1. Hälfte. M. 138 Abb. (354 S.) 1897. n. 12.–

Nasse, D., u. M. v. Brunn, chirurgische Krankheiten d. unteren Extremitäten. II. Hälfte, von v. B. (CCLXV u. S. 355—633 m. 224 Abb.) 910. (Lfg. 66. II. Tl.) 26.— (Vollständig: 38. —)

67. Handbuch d. Unfallerkrankgn. Von C. Thiem. M. 108 Fig. i. Text. (XLII, 900 S.) 1898. n 24.–

Thiem, C., Handbuch d. Unfallerkrankgn. einschliessl. d. Invalidenbegutachtg. Unter Mitwirkg. v. E. Cramer, W. Kühne, A. Passow u. C. Fr. Schmidt bearb. 2., gänzlich umgearb. Aufl. I. Bd. Mit 89 in den Text gedr. Abbildgn. (XLIV, 708 S.) 1909. (Lfg. 67, I. Bd.) 21.–; geb. in Halbfrz. n 23.–

— dasselbe II. Bd., 1. Tl. (L, 746 S. m. 65 Abbildgn.) 910. (Lfg. 67. II. Bd. 1. Tl.) 22.60; geb. in Halbfrz. n 24. 00

—. dasselbe II. Bd., 2. Tl. (L, 710 S. m. 114 Abbildgn.) 910. (Lfg. 67. II. Bd. 2. Tl.) 21.20; Einzelpr. 23.—; geb. in Halbfrz. n 25. —

Chirurgie der Extremitäten. Bearb. von Privatd. Dr. [Moritz] Borchardt in Berlin [u. a.] 2. umgearb. Aufl. Mit 507 Abb. *Stuttgart: F. Enke 1903.* (XII, 1108 S.) 8°
— Handbuch d. praktischen Chirurgie. Bd 4. [03. 26316

Chirurgie der Extremitäten. Bearb. von Prof. Dr. M[oritz] Borchardt in Berlin [u. a.]. 3. umgearb. Aufl. Mit 564 Abb. Stuttgart: F. Enke 1907. (XII, 1136 S.) 8°
— Handbuch d. praktischen Chirurgie. Bd 5. [07. 458

Chirurgie der oberen Extremitäten. Bearb. von Prof. Dr. [Paul Leopold] Friedrich [u. a.]. Mit 249 Abb. *Stuttgart: F. Enke 1901.* (VIII, 408 S.) 4°(8°)
— Handbuch d. praktischen Chirurgie. Bd 4, 1. [01. 6167

Chirurgie der unteren Extremitäten. Bearb. von Privatd. Dr. [Moritz] Borchardt [u. a.]. Mit 319 Abb. *Stuttgart: F. Enke 1901.* (VI, 693 S.) 4°(8°)
— Handbuch d. praktischen Chirurgie. Bd 4, 2. [01. 6168

— des Halses, der Brust, der Wirbelsäule u. des Beckens. Lehre v. den Hernien, bearb. von v. Angerer, P. v. Bruns, v. Eiselsberg, E. Graser, A. Henle, F. Hofmeister, Jordan, H. Kümmell, F. Riedinger, Steinthal, s. a. Handbuch der praktischen Chirurgie. II.

Chirurgie des Halses, der Brust, der Wirbelsäule und des Beckens. Lehre von d. Hernien. Bearb. von O[ttmar] v. Angerer [u. a.]. 2. umgearb. Aufl. Mit 268 Abb. *Stuttgart: F. Enke 1902.* (XII, 1107 S.) 8°
— Handbuch d. praktischen Chirurgie. Bd 2. [04. 4124

— des Kopfes u. der Speiseröhre bearb. von v. Bergmann, v. Hacker, Krause, Krönlein, Kümmel, Küttner, Lexer, Lotheissen, Schlatter, Wiesmann, s. a. Handbuch der praktischen Chirurgie. 1. Bd.

Chirurgie des Kopfes. Bearb. von [Ernst] v. Bergmann [u. a.]. Mit 206 Abb. *Stuttgart: F. Enke (1899–)1900.* (X, 1120 S.) 4°(8°)
— Handbuch d. prakt. Chirurgie. Bd 1. [00. 7660 S

Chirurgie, Spagyrische, oder Wundarzneikunst. 8. Schneeb. 758. Fulde. 4 gr

— des Unterleibes, bearb. von v. Bramann, Rammstedt, Rotter, Schede, Sonnenburg, s.: Handbuch der praktischen Chirurgie. III.

Chirurgie-Mechanik. Mittheilung v. Neuheiten auf dem Gesammtgebiete der Medicin. Chirurgie, Orthopädie, Gymnastik, Verbandstoffe, Bandagen, Operation u. Lagerg. Elektro-Medicin. Bakteriologie, Mikroskopie, Sterilisirg., Desinfection. Krankenpflege. X. Serie. 10 Nrn. gr. 8. (à ca. 12 S. m. Abb.) Berlin (N.W., Thurmstr. 71), H. Heinecke. n.n. 4. —
Vergl. Centralblatt f. Chirurgie-Mechanik.

Chirurgus, d. wohlerfahrne u. versuchte. 8. Glogau 757. Chr. Fr. Günther. 8 gr

Chisciotte, Don, e Sanzio Panza nella Scizia. Poema originale in dialetto siciliano del Giov. Meli. Tradotta in lingua ital. dal M. di Bevilaqua. 2 Tomi. 4. in Vienna, Heubner. 819.

Chisholm, Grace *Emily* [aus London]: Algebraisch-gruppentheoretische Untersuchungen zur sphärischen Trigonometrie ... Göttingen, Druck d. Dieterich'schen Univ.-Buchdr., 1895; 3 Bl., 70 S., 3 Taf. 8.
Göttingen, Phil. Fak., Inaug.-Diss. v. [28. Juni] 1895

Chisholm, Grace, algebraisch-gruppentheoret. Untersuchgn. z. sphär. Trigonometrie. Diss. gr. 8. (68 S. m. Fig. u. 3 Taf.) Göttingen 895. (Vandenhoeck & Ruprecht.) n. 2. —

Chisholm, Louey, s.: Jugendlesebücher, fremdsprachliche illustrierte.

Chifini, G., Viaggio a Roma, s.: Nassano.

Chissin, Chaim. Über die Öffnungsbewegung des Unterkiefers und die Beteiligung der äusseren Pterygoidmuskeln bei derselben. Diss. Med. Bern. [Mit Figuren.] (... erscheint im Archiv für Anatomie und Physiologie. 1906. Anatomische Abteilung.) 29 S. 8. Leipzig, Veit & Comp., 1906.

Chisuk Emuna. Neu herausg. von J. Fischl. Leipzig 857. (C. L. Fritzsche.) 16. (XXIII, 246 S.) n. 24 ngr

Chitil Dr. Claud.: Zur Construction der Finalsätze im Griechischen. 16. Waidhofen a/Th. 99.
Progr

Das Feuerlöschwesen der k. k. Reichshaupt- und Residenzstadt Wien. Nach amtl. Quellen zsgest. von Ingen. Willibald Chitil, Ober-Insp. Th. 1–7. *Wien: W. Braumüller in Comm. 1903.* 2 Bde 8° [04. 2887

Chitil, Willib., das Feuerlöschwesen der k. k. Reichshaupt- u. Residenzstadt Wien. 7 Tle. in 2 Bdn. (151; VII, 52; II, 15; II, 65; II, 24; II, 35 u. IV, 34 S. m. Abbildgn. u. 4 farb. Taf.) gr. 8. Wien 903. 904. (Gerlach & Wiedling.) n.n. 12. —

Chitil, Willib., die Geräthe der Wiener Berufsfeuerwehr. Hrsg. vom Commando der Wiener städt. Feuerwehr. Beschrieben u. in 54 Taf. dargestellt. gr. 8. (162 S.) Mit Atlas. qu. Fol. Wien 893. (W. Braumüller.) n.n. 20. —

Sammlung von Gesetzen, Verordnungen und Vorschriften zum Dienstgebrauche für die Feuerwehr der Stadt Wien. Im dienstl. Auftr. zsgest. u. bearb. von Ingen. Willibald Chitil, Ober-Insp. T. 1–11. *Wien: Wiener Magistrat 1901.* 11 Bde 8° [F.] [04. 1163

ΧΙΤΟΠΑΔΑΣΣΑ ἡ Πάνσα Ταυτρα (Πενταπευχος), συγγραφεῖσα ὑπό τοῦ σοφοῦ Βισγουσαρμανός καί Ψιταχοῦ μυθολογιαι νυκτεριναί, μεταφρασθεῖσαι ἐκ τοῦ Βραχμανικοῦ παρὰ Δημητρίου Γαλανοῦ. Νῦν δὲ πρῶτον ἐκδοθεῖσαι, μετα τῆς ὑπὸ Συμεῶνος Μαγιστρου τοῦ Σήθ γενομένης μεταφράσεως τῆς Πενταπεύχου, ὡ, συμπλήρωμα τοῦ Δ. Γαλανοῦ. Καὶ μετα προλεγομενων καὶ παρατηρήσεων πλουτισθεῖσαι, δαπάνῃ μὲν καὶ μελέτῃ Γεωργίου Κ. Τυπαλδοῦ, ἐπιστασίᾳ, δὲ Γ. Αποστολίδου Κοσμήτου. gr. 8. (IV u. 385 S.) Ἐν Ἀθήναις 851. (Leipzig, T. O. Weigel.) n. 2 ₰

Chittenden, *Jonathan* Brace [A. M., Parker Fellow of Harvard Univ., Instructor in Princeton Coll. aus Milford, Conn., U. S. A.]: ... A presentation of the theory of Hermite's form of Lamé's equation with a determination of the explicit forms in terms of the *p* function for the case *n* equal to three ... Leipzig, Druck v. B. G. Teubner, 1893; 88 S. 8.
Königsberg, Phil. Fak., Inaug.-Diss. v. 21. Aug. 1893

Chiu, Moses, das Reich Gottes u. die Mission. 2. durchgeseh. Aufl. (15 S.) 8. Berlin (909). Buchh. d. Berliner ev. Missionsgesellschaft. — 20

— Untersuchung üb. Zivilisation, Moral u. Evangelium in China. (23 S.) 8. Ebd. (907). — 40

Chiusole, Christoph v., Gaius Grachus. Eine Tragödie in 5 Akten. (VIII, 191 S.) 8. Dresden 905. E. Pierson. n. 2. 50

Chivot u. Duru, Villa Blancmignon, s.: Schönthan, F. v.

Chivot u. Duru, Madame Favart. Komische Oper in 3 Akten. Musik von Jacques Offenbach. Text der Gesänge. 8. (68 S.) Berlin 879. Fürstner. n. — 50

Chivot, H., die Perle der Wäscherinnen, s.: Theater, neues Wiener.

Chiwa [Schlagwort]

Chiwa, s.: Hand- u. Reisekarten. 52.

Chizunoff, Hyppolyt [aus Lougansk, Russland]: Aus dem Zürcher Kinderspital. Beitrag zur Lehre von der Polyneuritis acuta ascendens im Kindesalter. Zürich 1903. 32 S. 8°.
Zürich. Med. Diss. 1902/1903.

Chiżyński, Antonius *(geb. Lipota in Pos. 11. 6. 1839)*: De vi quam quantitas exercet in affinitates chemicas. Vratislaviae (1866). (32 S.) 8°
Breslau, Phil. Diss. v. 19. Febr. 1866

Chizzola, Alfr. de, Anhaltspunkte f. Patrouillen-Uebungen. gr. 8. (131 S.) Wien 896. (L. W. Seidel & Sohn.) n. 2. —

— 50 kleine Aufgaben a. d. Felddienst sammt Gegenstand d. Ausarbeitg. Hiezu Generalkarte 1:200000 Umgebg. v. Olmütz. (Olmütz i. d. Mitte.) 12. (60 S.) Ebd. 896. n. 1.—

— **kriegshist. Wanderungen i. d. eng. u. weit. Umgebg. v. Olmütz, m. Inbegriff d. Train-Ueberfalles b. Domstadtl u. d. Schlacht b. Austerlitz v. J. 1100 n.** Chr. b. 1866. Teschen: Prochaska 1897. VI, 130 S. gr. 8°

Chizzola, Orazio, prose e poesie dei secoli XIII e XIV, scelte ed annotate. (278 S.) 8. Trieste 910. Triest, M. Quidde. Geb. in Leinw. 3. 20

Chlad, H. C., s. Kurs, prakt. sozialer.

Chlad, Heinr., Eltern u. Lehrer, s.: Flugblätter, österreichische.

Chladek, Aegid., († d. 29. Jan. 1806.) über wichtige Gegenstände d. Pastoraltheologie f. kathol. Geistliche. 6 Thle. 8. Prag 801 — 4. Widtmann. 4 ℛ

Chladen, s. a. C h l a d e n i u s

Chladen, s.a. C h l a d n i

Chladen, Benjamin Gottlob

— — **De Xenodochiorum rationibus praecipua quaedam capita complectens.** Diss. jur. Cancell. Daniel v. Superville, Präs. Joh. Gottlieb Gonne. Erlangen (J. F. Becker) 13. V. 1747. 40 Seiten. (4.80) 5140
Widm. v. Präs.

Chladen, Benjamin Gottlob (Wittenberg), **De concursu superioris et inferioris in delicto.** Präs. August Leyser. Wittbg. (Ww. Gerdes) Jan. 1734. 24 S. (4.80) 5139

— **Christian Friedrich** (Wittenberg), **De uxoris jactura dotis si maritum deserit malitiose.** Diss. jur. Präs. Gebhard Christian Bastineller. Wittenberg (Schlomach) 20. III. 1755. 50 S., tlws. dtsch. (5.—) 5145
Gew.: Leopold Nicolaus Frh. v. Ende (Alt-Jesniz).

— **Justus Georg,** Selectas observationes forenses varii argumenti. Diss. jur. Präs. Jo. Balthas. Werner. Wittenberg (Ww. Gerdes) 13. V. 1723. 30 S., tlws. dtsch. (5.—) 5170
Widm. v. Präs.

— — **De successione anomali in feudis praesertim imperii.** Diss. jur. Präs. Gebh. Christian Bastineller. Wittbg. (Ww. Gerdes) 13. III. 1725. 40 S. (5.—) 5171

Chladen, Martin (Präs.), s. B r e u , Johann: De M e t h o d o concionandi Christi.

— **Martin,** Cives academicos ad delectandum et exercendum animum per meditat. nativ. Christi invit. Wittbg. (Ch. Schroeder) 1720. 4 Blatt. (1.80) 5172

Chladenius, s.a. C h l a d e n

Chladenius, s. a. C h l a d n i

Chladenius, C. G. F., s. C h l a d e n i u s , Karl Gottfried Theodor

Chladenius, C. G. Th., s. C h l a d e n i u s , Karl Gottfried Theodor

Chladenius, C. G. F., s. Chladni.

Chladenius, Ernst Martin

— — **Abusum bullae Brabantiae ad illustr. pacis Westphalicae art. IX. § 1 actorum imperii publicorum . . Wittbg. (Schlomach) 24. X. 1748. 44 S. — Ferner: Oratione seculari ipso pacis Westphalicae cent. natali . . recit. pacem Westphalicam plane inter exempla haberi demonstr. 30 S. — Ferner: Carmen seculare vernaculum. Text z. Musik v. Joh. Chph. J a h n.** 4 Bl., ohne Noten. (5.—) 5157

— — **De altaragio ejusque infeudatione fide canonum scriptorum praesertim rei diplomaticae per saturam disserit.** Wittenberg (Schlomach) 1746. 72 S. (5.—) 5154

— — **Ambitum elegantioris jurisprudentiae dimetiendo feudalem provinciam.** Wittbg. (Joh. Joach. Ahlfeld/Schlomach) 10. V. 1747. 65 S. (5.—) 5156
Gew.: Jos. Andr. Grf. Zaluski.

— animadvers. in Schmaussii ius naturae. 4. Helmst. 753.

— **Ernst Martin** (Wittenberg), **Summos in utr. jure honores viris Leonhard Ludw. u. Gottfried Ludwig Mencken ab ill. ictorum ordine in hac acad. gratul. simulque de aequitate praetoria quaedam exponit.** Wittbg. (Eichsfeld) Juli 1737. 15 S. (4.—) 5148

Chladenius, Ernst Martin [Praes.], s. B a s t i n e l l e r , Heinrich Ludwig: De i n s t i t u t i o n e heredis.

— — **Bibliothecae Zalusciae dedicationem.** Wittenberg (Schlomach) 1747. 34 S. (4.—) 5155
Gew.: Chph. Anton Grf. Zzembeck (Gnesen).

CHLADEN, Ern. Mart.: Dissertatio cont. ex doctrina de venatione capita quaedam. - Wittenberg 1767

— — **Debitorum delicatum in contrario fiduciae judicio ex mente Ulpiani.** Präs. Andr. Flor. Rivinus. Wittenberg (Eichsfeld) 29. XI. 1743. 30 Seiten. (4.50) 5153

— — **Diplomata protectoria intelligi salva jurisdictione ordinaria cum legum imperii fundamentalium tum actorum publicorum fide praesertim vero authentica Augustissimorum Caesarum interpretatione.** Wittbg. (Schlomach) 1750. 94 S. (5.—) 5158

— funeralia etc. fol. Erl. Palm. 761.

— — De gente Claudia ejusque meritis in jurisprudentiam. Wittbg. (C. Ch. Dürr) 5. VIII. 1770. 16 S. mit Biogr. v. Joh. Chn. Franck (Wittbg. M.: J. Ch. B. Oberkampf). (3.—) 5161

— — **De gentilitate seu juribus gentilitiis veterum Romanorum.** Wittbg. (E. G. Eichsfeld) 1738. 67 S. (5.—) 5149
Gew.: Chn. Gottlob v. Holtzendorff (Bernstein . .).

Chladenii, E. M., de gentilitate veterum Romanorum liber. Cum numis. Lips. 742. 4. 1 rthl. 12 gr.

— — De jure applicationis. Wittbg. 1776. 24 S. mit Biogr. v. Christian Friedrich Welzke (M.: S. A. F. Schubarth). (3.20) 5164

— — Lectori benev. s. Wittbg. (C. Ch. Dürr) 1767. 16 S. mit Biogr. v. Christian Friedrich Gaudich (Pirna. M.: Ch. D. Wilisch.) (3.20) 5159

— — Lectori benev. s. Wittbg. (Gerdes) 1767. 16 Seiten mit Biogr. v. Friedr. Gottlieb Hessling (Greussen. M.: A. S. Schoeter). (3.—) 5160

— — Lectori benev. s. Wittbg. 1773. 20 S. mit Biogr. v. Gottlieb Wernsdorf (Danzig. M.: J. E. Verpoorten). (3.—) 5162

— — Lectori benev. s. Wittbg. (C. Ch. Dürr) 16. X. 1773. 20 S. mit Biogr. v. Joh. Christoph Lauter (M.: A. M. Hildebrand). (3.—) 5163

Chladenius, E. M, Gentis Zalusciae oracula. Vitembergae 1747. 4.

– Dass., s. a. Chladenius, Johann Martin

— — Pinguedinem remediorum juris exponit et domino Johann Rudolph v. Wolffersdorff gentis suae ornamento discessum ex hac academia jub. Wittenbg. (Bossoegel) April 1740. 24 S. (3.80) 5150

— — De senatusconsulto tacito ex antiquitate Romana. Wittbg. (Schlomach) 1743. 24 S. (3.—) 5151
Gew.: Gottfried Centner (Thorn).

— — Dasselbe. Tl. II. Wittbg. (Schlomach) 1743. 16 S. (2.20) 5152
Gew.: Chn. Friedr. Wagner.

Chladenius, J. E., de stationibus vett. Christianorum. Lips. 1744. 4.

Chladenius, Johann Martin.

Das Blendwerk der natürlichen Religion ... Leipzig 1751. Ü: *Thorschmid, Jul. Chn.* (Ky)

Chladenius, Jh. Mart., († d. 10. Sept. 1759.) das Blendwerk d. natürl. Religion, schrift- u. vernunftmäßig entdeckt. (Aus d. Latein. v. ... Thorschmid). 8. Leipz. 751. Breitkopf u. H. 6 gl

Chladen, J. Mart., De celeritate imprimis cogitandi. Erl. 4°. *Haller*, Bibl. anat. II, 462.

1750

Chladenius, Joh. Mart., Einleit. zu richt. Auslegung vernünft. Reden und Schriften. 8. Leipz. Eurich. 742.

Chladenius, J. M., de eo quod justum est circa apostasiam. Erlang. 1758. f.

— wöchentl. theolog. Ergötzungen u. fortgesetzte Ergötzungen. 755 u. 56.

— — De fortuna bibliothecae D. Augustini in excidio Hipponensi diss. . . Lpz. (Langenheim) 19. XII. 1742. 16 S. (3.80) 5168

— Gedanken v. Wahrscheinlichen. 8. Greifsw. Mylius. 748.

— allgem. Geschichtswissenschaft, worin d. Grund zu e. neuen Einsicht in alle Arten d. Gelahrheit gelegt wird. 8. Leipz. 751. Eurich. 12 gl

— — Haereses grammaticas in academia Oxoniensi a. 1276 damnatas recenset et ad solennem inaugurat. novi professoris Christoph Joseph Suero invitat. Coburg (Gg. Otto) 30. VI. 1745. 16 S. (3.50) 5169

Chladenii, J. M., Institutiones exegeticae regulis, observatt. et exemplis adornatae. Vitemb. 740. 8. 12 gr.

— Jo. Martin (Wittenberg), De jure positivo universali. Diss. philos. Präs. Mich. Heinr. Reinhard. Wittbg. (Gerdes'Erb.) 15. X. 1729. 15 S. (4.80) 5165

— Logica sacra s. introd. in theol. systemat. 8. Cob. Ahl. 745.

— opuscula academica, elogio Urb. Gfr. Siberi aucta. 8. Leipz. 741. Mit neuem Titel: Opuscula acad. varii generis. Vol. I. Vol. II. theologico-historica, philosophica etc. 8. ibid. 750. Eurich. 12 gl

— oracula gentis Zaluskian. 4. Witt. Ahlfeld. 747.

– Dass., s. a. Chladenius, Ernst Martin

Chladenius, J. M., de pacificatore terrae. Erl. 1749. 4.

— nova philosophia definitiva ultra trecentas definitiones emendatas etc. 8. Leipz. 750. Eurich. 6 gl

— kleine Sammlung von heil. Betrachtungen 2c. gr. 8. Ebend. 748.

— — u. (Respond.) Bened. Fried. Nieremberger (Regensburg), De sententiis et libris sententiosis. Lpz. (J. Ch. Langenheim) 22. XII. 1741. 34 S. (5.—) 5166

— wöchentl. bibl. Untersuchungen, welche im J. 1754 u. 55. angestellt worden. 50 Stcke mit Register, oder 2 Bde. gr. 8. Leipz. 755. (Brockhaus). 2 ₰ 16 gl

— — De voluptate ex antiquitate ecclesiastica. Lpz. (Langenheim) 19. XII. 1742. 36 S. (4.50) 5167
Gew.: Otto Wilhelm v. Bodenhausen (Radis).

Chladenius, Karl Gottfried Theodor

— kurze Anweis. für Dorfrichter u. Schöppen zur vernünft. u. zweckmäß. Amtsführung, in Absicht auf kursächs. Unterthanen. 2 Thle. 8. Dresd. 788, 89. 3e verm. Ausg. 8. Leipz. Baumgärtner. 12 gl

Chladenius, C. G. T.: „Anweisung für Dorfrichter und Schöppen, zur zweckmässigen und gesetzlichen Amtsführung in Absicht auf chursächs. Unterthanen", 3. Auflage, Leipzig 1798 (Baumgärtner).

Chladenius, Carl Gfr. Theod., Anweisung f. Dorfrichter, Schöppen u. and. Gemeindevorstände d. Königr. Sachsen, zur zweckmäß. Verwalt. dies. Aemter u. Führung d. dabei vorkomm. Geschäfte. Durchaus verbess. u. vervollständ. v. ein. pract. Juristen. Mit vollständ. Sachregister. 4. Aufl. gr. 12. (16½ B.) Leipzig 839, Baumgärtners Buchh.

Chladenius, Karl Gf. Theod., Beschreib. d. Landschule St. Afra in Meißen. Mit 1 Kpf. 8. Dresd. 783. Beger. 8 gl

— d. vorsichtige Bürger in Stadt- u. Handwerkssachen, in gerichtlichen u. außergerichtl. Händeln. 8. Dresd. 791. 12 gl 2e A. 825. (Leipz., Barth). 20 gl

Chladenius, K. Gf. Thdr.: Die vorsicht. Bürger in Stadt- u. Handwerkssachen, in gerichtl. u. aussergerichtl. Händeln. *Dresd.*, Hilscher. 792. 8. (12 Gr.)

Chladenius, (C. G. Th.) der vorsichtige Bürger in Stadt- u. Handwerks-Sachen in gerichtl. u. außergerichtl. Handeln. 2e Aufl. 8. Dresden 825, Hilscher.

— **Carl Gottfried Theodor** (Hayna/Misn.), Viro Ernst Florent. Friedrich Chladen (Wittenberg) sol. disput. diem gratul. — Praem. disp. de pacto Caudino Romanorum Liv. IX. c. 2. Lpz. (Holl) 1781. 8 S. (3.—) 5141

— — Praemissa disputatiuncula de reformatione imp. Friderico III. circa vigorem juris Romani, ejusque doctores abolendos, adscribi solita. Viro Ernst Flor. Friedrich Chladen doct. utr. jur. honor. gratul. Meissen (Schulz) 12. VI. 1782. 4 Bl. (3.50) 5143

— d. vorsichtige Erbschaftsnehmer, Erblasser u. Vormundschaftsführer, nach d. bestehenden königl. sächs. Gesetzen. 8, Dresd. 818. 2e A. 825. (Leipz., Barth). 14 gr

CHLADENIUS, K. Gf. Thdr.: Der vorsichtige Erbschaftnehmer, Erblasser u. Vormundschaftsführer nach d. königl. sächs. Landesgesetzen. *Dresden*, Hilscher. 818. 8. (12 Gr.)

— der vorsichtige Erbschaftsnehmer, Erblasser u. Vormundschaftsführer, nach d. bestehenden kön. Sächs. Landesgesetzen berathen. 2e Aufl. 8. Dresden 825, Hilscher.

— — De exheredatione liberorum ad alias causas, in nov. CXV. non expressas extendenda. Präs. Friedr. Gottlieb Zoller. Lpz. (Holl) 24. III. 1781. 18 S. (4.—) 5142
Gew.: Ernst Martin Chladen. — Widm. v.: Friedr. Gottlieb Zoller.

— Handbuch f. Dorfrichter in Sachsen. 8. Leipz. Baumgartner. 802.

— s. Handbuch f. Rathsherren.

* Chladenius, C. G. F., Handbuch f. Rathsherren v. deutschen Mittelstädten rc. 8. Neustadt, Wagner. 810.

— Dr. M. Luthers Kraftspruch: wenn man d. Schulen fallen läßt, so nimmt d. Finsterniß d. Verstandes u. des Teufels Werk überhand u. s. w., bei Gelegenheit d. zu Ehren d. 300jähr. Feier d. Kirchenreformation v. J. 1517 am 1. Nov. 1817. zu Großenhain angestellten Schulfeierlichkeit rc. in Betrachtung gezogen. 8. Leipz. 817.

— Materialien zur Großenhainer Stadt-Chronik. 4. 788. Autor. 16 gr

— Materialien z. Großenhainer Stadt-Chronik. 4. Autor. 789.

— — Meletemata super doctrinam juris canonici protestantium de divortio viro Gottlieb Leberecht Spohn (Dortmund) munus capessenti gratul. Dresden (H. W. Harpeter) 20. IX. 1788. 12 Seiten. (3.50) 5144

Chladenius, Karl Gfr. Thdr., über die Nothwendigkeit durch frühzeitigen Schulunterricht Verbrechen u. Strafen mehr als zeither geschehen, vorzubeugen. Eine Petition u. Aufforderung an Deutschlands sachverständige Gelehrte, e. darauf abzweckendes besonderes Schulbuch zu bearb. Zugleich ein provisor. Interim für angehende Schullehrer. gr. 8. Leipzig 835. Hartmann, jetzt Klinkhardt. 5/12 rthl

— chronolog. Repertorium des Rechts d. Zeit nach kursächs. Landes-Gesetz- u. Gerichtsverfassung. 8. Großenhain 802. (Anton in Halle). 16 gr

— Versuch über d. Einrichtung e. Dorfordnung. 8. Leipz. 791. (Brockhaus). 3 gr

Chladenius, C. G. T.: „Versuch über die Einrichtung einer Dorfordnung. Auf Veranlassung der von Sr. Churfürstl. Durchl. zu Sachsen deshalb bekanntgemachten Preisaufgabe", Leipzig 1791 (Heinsius).

— Worte d. innigsten Theilnahme an der 400jähr. Stiftungsfeier d. Universität Leipzig. gr. 8. Neustadt 810. Wagner. 4 gr

Chladenius, M., de abrenuntiatione baptismali. Ibid. 1713. 4.

Chladenius, M., (Viteb. 1703. 4.) Leich, J. H. (Lips. 1743. 4.) de diptychis veterum.

Chladenius, M., de octo emolumentis doctoratus theologici. Viteb. 1723. 4.

Chladenius, M., de epilogo orationis dominicae. Viteb. 1724. 4.

Chladenius, M., de summo gradu tentationum. Viteb. 1723. 4.

— hostes non nisi prostratos in conspectum Servatoris resuscitati admittendos. Ibid. 1733. 4.

Chladenius, M., hostes Servatoris, resurrectionis ejus inepti testes. Erlang. 1730. 4.

Chladenius, M., de Pharisaeis et scribis, in cathedra Mosis sedentibus, audiendis. Viteb. 1718. 4.

Chladenius, M., de poenitentia infantum. Viteb. 1719. 4.

Chladenius, M., de Sanctis fictitiis eorumque canonisatione. Viteb. 1712. 4.

— de significatione vocis τοῦτο in s. coenae verbis. Ibid. 1715. 4.

Chladenius, M., de θεομαχίᾳ ex consilio Gamalielis cavenda. Viteb. 1715. 4.

Chladenius, M., de verbis institutionis s. coenae ex formula judaica non explicandis. Viteb. 1711. 4.

Chladenius, M., resp. D. H. **Longius**, Diss. de visionibus Hildegardis. (Hildeberti et Mechtildis filia.) Witenberg. 4°. 1716

Chladenius, Martin

— verklärter Jesus in Passionsbetr. 8. Leipz. 709.

Chladenius, Mart. Institutiones exegeticae. 8. Vitb. 710.

— institut. homileticae. 8. Gedani. 732.

— institut. passionales. 8. Schneeb. 732.

— institut. theologiae moral. 8. Vitb. 740.

Chladni, s. a. Chladen

Chladni, s.a. Chladenius

Chladni's Leben und Wirken, s. Melde, F.

Chladni, Ernst Florens Friedrich

Chladni E. F. F.: Die Akustik. Leipz. 1802. (20) 310 S. 11 Tvl.

Chladni, (auch Chladenius,) Ernst Flor. Friedr., die Akustik. M. 12 Kpfrt. Neue unveränd. Ausg. (Mit d. Bildn. d. Verf., als Titvign.) gr. 4. (33½ B.) Leipzig 830, Breitkopf u. Härtel.

— **Ernst Florens Friedr.** (Wittenberg), De banno contumaciae. Präs. Joh. Theophil. Seger. Lpz. (Holl) 20. II. 1781. 24 S. (4.50) 5146
Gew. v.: Präs.: Ernst Martin Chladen.

— Beiträge zur prakt. Akustik u. zur Lehre v. Instrumentbau. Mit 5 Taf. gr. 8. Leipz. 821. Breitkopf u. H. 1 rthl 16 gr

Chladni, (E. F.) Beitr. z. prakt. Akustik u. z. Lehre v. Instrumentbau. gr. 8. Leipz. 822, Breitkopf u. H.

— neue Beiträge zur Akustik. Nebst 10 steingedr. Tafeln. 4. Lpz. 817. Breitkopf u. H. 2 rthl 16 gr

— — De charactere ecclesiastico principum. Diss. jur. Lpz. (Jacobäer) 20. VI. 1782. 24 S. (4.50) 5147

— Entdeckung über d. Theorie d. Klanges. Mit 11 Kpf. 4. Leipz. 787. Weidmann. 1 ꝛß 8 𝒦

Chladni E. F. F.: Entdeckungen üb. die Theorie d. Klanges. Leipz. 1787. 77 S. 11 Tvl.

— über Feuermeteore u. über d. mit denselben herabgefallenen Massen. Mit 10 Steindruckt. u. deren Erklärung u. Nachtrag v. K. R. v. Schreibers. gr. 8. Wien 818, 20. Heubner. 5 ꝛß 8 𝒦 Dass. ohne Nachtrag 2 ꝛß 12 𝒦 Den Nachtrag, s. K. R. v. Schreibers.

Chladni, E. F. Über Feuermeteore. Nebst 10 Tafeln und deren Erklärung von C. v. Schreibers. Wien 1819. Alt. fol.

— Ueber Gediegeneisen, und besonders über eine noch unbekannte, im Mailändischen gefundene Gediegeneisenmasse. (Aus den Abhandlungen der k. baier. Akad.) München. 1812. 4.

— über Gediegeneisen rc., e. Abhandl. u. besonders üb. e. noch unbekannte, im Mailänd. gefundene Gediegeneisenmasse. gr. 4. München 814. (Franz). 4 𝒦 (Auch in d. Denkschriften d. Acad. d. W.)

Chladni, oder Chladenius, Er. Flor. Fr., Lehrbuch d. Akustik. M. 12 Kpf. gr. 4. Leipz. 802. N. A. 830. Breitkopf u. H. 4 ꝛß

— über d. Longitudinalschwingungen d. Saiten u. Stäbe. gr. 4. Erf. 796. Keyser. 2 𝒦

Chladni, (E. F. F.,) kurze Uebersicht d. Schall- u. Klanglehre, nebst e. Anhange, die Entwickelung u. Anordnung d. Tonverhältnisse betreffend. gr. 8. Mainz 827, Schotts Söhne. Rthlr.

Chladni, E. F.: „Ueber den Ursprung der von Pallas gefundenen und anderer ihr ähnlicher Eisenmassen, und über einige damit in Verbindung stehende Naturerscheinungen", Riga 1794. — Vorh.: Preuß. Oberbergamt Dortmund — M. I. 77.

— über d. Ursprung d. von Pallas u. A. gefundenen Eisenmassen. 4. Riga 794. Hartknoch in Leipz. 12 𝒦

Chladni, M., de abusu chemiae in rebus sacris. Viteb. 1702. 4.

Chlamtacz, Marcel, die rechtl. Natur d. Uebereignungsart durch Tradition i. römischen Recht. gr. 8. (IX, 205 S.) Leipzig 897. (Lemborg, Gubrynowicz & Schmidt). n. 5. —

Die rechtliche Natur der Uebereignungsart durch Tradition im römischen Recht v. Dr. Marcell Chlamtacz. *Leipzig: F. Wagner 1897.* (IX. 205 S.) 1 Bd 8. [97. 43]

CHLAPOWO CHLAPOWSKI, Alfred von: Die belgische Landwirtschaft im neunzehnten Jahrhundert.- Stuttgart: Union 1900. 59 S.- Vollständig erschienen als: Münchener volkswirtschaftliche Studien. 37. 21.2.1900 - Chr 1899/1900,11; Jv 1899/1900,202
Diss. Ingolst.-Landsh.-Mchn.

Chłapowo-Chłapowski, Alfr. v., Die belgische Landwirtschaft im 19. Jahrhundert. (X, 184 S.) 8° Stuttgart, J. G. Cottas Nachf., 1900. (Münchner volkswirtsch. Studien, 37. Stück.)

Chlapowski, Adam von, Referendar in Hannover: Die Verletzungen des Jagd- und Fischereirechts nach dem deutschen Reichsstrafgesetzbuch. Posen 1907: St. Adalbert-Druckerei. (91 S.) 8°
Leipzig, Jur. Fak., Diss. v. 8. Mai 1907
[Geb. 23. Febr. 81 Warschau; Wohnort: Hannover; Staatsangeh.: Preußen; Vorbildung: St. Matthias-Gymn. Breslau Reife O. 00; Studium: Breslau 3, Berlin 1, München 1, Göttingen 2 S.; Rig. 31. Mai 04.]

Chlapowski, Alfred von Chlapowo: Die belgische Landwirtschaft im neunzehnten Jahrhundert. *Stuttgart 1900: Union.* (59 S.) 8° ¶ [Erschien vollst. als Stück 37 d. Münchener volkswirtschaftl. Studien.]
München, Staatswirtsch. Diss. v. 1900

Chlapowski, B^n Dezydery

Chlapowski, Lettre s. l. événem. milit. en Pologne, s.a. Lettre.

Chlapowski, Général, lettre sur les évènemens militaires en Pologne et en Lithuanie. 8. Berl. 832. Schlesinger. 8 𝒦

Chłapowski, Baron Dezydery, als Ordonnanzoffizier Napoleons in den Kriegen 1806—1813. Erinnerungen. Aus der Umgebg. Bonapartes. Aus dem Poln. übers. v. Casimir v. der Osten-Sacken. (248 S. m. Bildnis.) gr. 8. Berlin 910. K. Siegismund. 3.60; geb. in Leinw. 4.80

Chlapowski, Franz von, Ueber Aphasie. Berlin 1870.

de Chlapowski, Mathias (geb. Jurkowo 4. 3. 1838): De fideicommissaria hereditate restituenda. Berolini (1859) (40 S.) 8°
Berlin, Jur. Diss. v. 4. Aug. 1859

Chłapowski, Siegism. v., Professor Bernhard als Statistiker, (20 S.) gr. 8. Posen 908. (Drukarnia i Księgarnia św. Wojciecha.) — 50

Chlapperläubli. Drei Gedenkblätter zur Feier des 40jährigen Bestehens des Kaufmännischen Vereins Bern und zu Ehren des 19. Zentralfestes (* *Nr. 2 u. 3:* Centralfestes) des Schweizer. Kaufmännischen Vereins am 21./23. Juni 1902. 3 Nrn. [Illustriert.] *zus.* 112 S. 8. [Bern 1902.] per Nr. fr. —. 50
Nr. 1: [Bern, A. Bontoli]; — Nr. 2: [Bern, Neukomm & Zimmermann]; — Nr. 3: [Bern, Harald Jensen]. — [Clichés von Dr H. Balmer, Bern.]
Auch als Anhang II *in:* Kaufmännischer Verein Bern.... 40. Jahresbericht....

Chlebèček, Jos., Entwurf zu einem Museum,
—— Entwurf zu einem Musikpavillon,
—— Plafond,
} s. Studien aus der Special-Schule von Th. R. v. Hansen.

Chlebik, Frz., dialektische Briefe. Berlin 869. Nicolai'sche Verlhdlg. gr. 8. (X, 105 S.) n. 20 ngr.

—— die Frage über die Entstehung der Arten logisch und empirisch beleuchtet. gr. 8. (64 S.) Berlin 873, Denicke's Verlag. *

—— dass. — 2. Abhandlung. gr. 8. (VII, 75 S.) Ebendas. 874. *

— Kraft u. Stoff od. der Dynamismus der Atome aus Hegel'schen Praemissen abgeleitet. gr. 8. (229 S.) Berlin 873. Staude. n. 4. —

—— die Philosophie des Bewussten und die Wahrheit des Unbewussten, in den dialekt. Grundlinien des Freiheits- und Rechtsbegriffes nach Hegel und C. L. Michelet entworfen. gr. 8. (VI, 90 S.) Berlin 870, Loewenstein. [Staude.] *

Chleborad, Frz. Ladislav, bulgarische Grammatik. gr. 8. (VIII, 215 S.) Wien 888, Hölder. *

Chleborad, F. L., der Kampf um den Besitz. gr. 8. (VIII, 207 S.) Wien 885. Manz. n. 4. —

— die Unabhängigkeitserklärung. Eine Antwort auf die bulgar. Frage. gr. 8. (27 S.) Brünn 888. (Winkler.) n. 1. —

Chlebowski: Action des elektrischen Stromes auf einen magnetischen Punkt. 8 S.– Tarnopol, Progr. 1856.

Chlebowski, Ant., De Callimachi hymno in Iovem. Rössel 1879. 4°, 41 S., Progr. d. Gymn.

Chlebus, Johann Wilhelm Rudolf

Chlebus, Wilh., Gedichte. gr. 12. (12⅞ B.) Berlin 812, Challier u. Comp.

Chlebus, J. W. R., Judenthum u. Heidenthum im Verhältnisse zu einander. gr. 8. (11¾ B.) Berlin 816, Th. Enslin.

Chlebus, Joan. Guil. Rud.: Theses theologicae. Berolini (1842) (2 Bl.) 8°

Berlin, Theol. Thes. v. 6. Aug. 1842

—— über das Verhältniß der bischöflichen Kirche von England zu der ursprünglichen apostolischen. gr. 8. (2¼ B.) Berlin 812, Challier u. Comp. *

Chlebus, K. W., († d. 26. Aug. 1820.) für d. Interesse an Homer, in Briefen an seine Schüler. 8. Bresl. 808.

— s. 1) Preußen, d. befreite. 2) Vorschule d. allgem. Sprachenlehre.

Chlebus, Wilhelm, s. a. Chlebus, Johann Wilhelm Rudolf

Chlebus, Guil. (geb. Silberberg in Schles. 15. 1. 1817): De Luciano philosopho. Berolini (1838) (56 S.) 8°

Berlin, Phil. Diss. v. 20. Aug. 1838

Casimir v. **Chłędowski.** Der Hof von Ferrara [Dwór w Ferrarze]. (Autor. Übers. aus d. Poln. von Rosa Schapire.) Mit 30 Vollbild. Berlin: Bard 1910. 545 S. 8° (10. 18,04 3

Chłędowski, Casimir v., der Hof v. Ferrara. (Autoris. Üersetzg. aus d. Poln. v. Rosa Schapire, Titelzeichng. u. Entw. des Orig.-Einbdes. v. Walt. Tiemann.) (546 S. m. 36 Vollbild. u. 1 Stammtaf.) gr. 8. Berlin 910. J. Bard. 15.—; geb. in Leinw. 18.—; Luxusausg. 30.—

Chledowski, Casimir, Siena. 2 Bde. (XVI, 259 S. m. 32 Taf. u. VIII, 271 S. m. 40 Taf.) Lex.-8. Berlin 905. B. Cassirer. à n. 8.—; in 1 Bd. geb. n. 19.—

Chlephell, 's, als Neujahrbüebli i der Sylvesternacht. [zürich 18??] V: *Schweizer, Alexander.* (zuwzür 1912)

Chletas, Meister Kuten, s.: Volks-Bücher, neue.

Chlez, K., Fischer-Geheimnisse, oder Anleit. zu d. Kunst, Fische zu fangen. 2 Hfte. 2s Hft. A. u. d. T.: der erfahrne Fischer. Mit 1 Kpf. 8. Leipz. 824. Centr.-Compt. 12 gr.

v. Chlingensberg, ... s. G. A. Dietl, nachgelass. Briefe.

Chlingensperg, C.

— Colleg. iuris patrii sup. processu summario. 4. ibid. 751.

— Collegia iurisprudentiae libri IV. 8. ibid. 739.

Chlingensperg, C., differentiae potissimae int. Ius Bav. et commune. 4. Ingolst. Krüll. 752.

v. *Chlingensperg*, Herm. Ant. Mar., († d. 27. Febr. 1755.) Collegii juris patrii super processu summario Bavariae et Palatino. 4. Ingolst. 750. Krüll. 16 gr.

Chlingensperger, Hrm. Ant. Mart., Consilior. et respons civilium. II Tmi. fol. Nrnb. Stein. 734.

— Consilior. et responsor. criminal. II Tmi. fol. ibid. 738.

Chlingensperg, Herm. Ant. Maria de: Tractâtus jur., de hoffmarchiali jure. Von der Hoffmarchs-Herrn Nider-Gerichtbahrkeit. Ed. 2. Ingolstadii 1731.

Bayern, das Königreich, in seinen alterthüml., geschichtl., artist. und malerischen Schönheiten, enthaltend in einer Reihe von 180 Stahlstichen (von *Poppel* u. A.) die interessantesten Gegenden, Städte, Kirchen, Klöster, Burgen, Bäder u. sonstige Baudenkmale mit begleitend. Texte (hrsg. von *M. v. Chlingensberg*). 60 Hefte. (in 3 Bdn.). München, Geo. Franz. 1843-46-54. Gr. 8°. Hlzblde. (Mk. 60.)

Stellenw. etw. papierfleckig, wie alle Expl., sonst schön

Chlingensperg auf Berg, Max v., d. röm. Brandgräber b. Reichenhall in Oberbayern. Geöffnet, unters. u. beschrieb. von v. Ch. M. 1 Karte, 22 Taf. Abb. u. 2 Ansichten d. Brandgräber. Imp.-4. (III, 66 S.) Braunschweig 896. F. Vieweg & Sohn. n. 25.—

Chlingensperg-Berg, Max v., das Gräberfeld v. Reichenhall in Oberbayern. Geöffnet, untersucht u. beschrieben. gr. 4. (V, 164 S. m. 1 Karte u. 40 Fundtaf. in unveränderl. Lichtkpfrdr. auf Crayonpapier.) Reichenhall 890. Bühler. n. 40.—

Chlingensperger, s. Chlingensperg

Chlodwig [Pseud.]

s. Alvensleben, L. von

Chlodwig, Glaube, Liebe, Hoffnung. Drei Novellen. 8. (21⅓ B.) Cottbus 812, Meyer.

Chlodwig, Nachtschatten. Gedanken eines lebendig Begrabenen. Skizze. 8. (3¼ B.) Cottbus 841, Meyer.

—— Roswitha. Almanach d. Schönheit u. Tugend geweiht, s. Roswitha.

—— Weltgegenden, s. Weltgegenden.

Chlopinsky, Alex., der forensisch-chemische Nachweis des Pikrotoxins in thierischen Flüssigkeiten und Geweben. Inaugural-Dissertation. gr. 8. (38 S.) Dorpat 883, (Karow.)

Chlore, Le Czarewitz, conte moral ... Berlin 1782. [Deutsch 1782.] V: *Catharina II., Kaiserin von Russland.* (ML)

Chlorinde. Aus den Papieren Don Juans ... Berlin 1796. V: *Grosse, Carl.* (GGr)

Chlorinde, ein Roman in 2 Abtheilungen, aus den Papieren Don Juans von B., von Grosse, mit 1 Kupf. 8. Berlin, 796. Maurer. Auf holländisch Papier, 1 Rthl. 15 gl. Auf Schreibpapier 1 Rthl. 10 gl.

Chlorinde. Nach d. Franz. v. Fanny Tarnow. 2 Bde. 8. (27½ B.) Leipzig 837, Focke.

Chloris austro-hispanica. E collectionibus Willkommianis. a m. Majo 1844 ad finem m. Maji 1845 factis composuit G. Kunze, (Seorsim impressa e Flora v. Diario botanico Ratisbonensi 1846.) 8maj. (92 S.) Ratisbonae 846. (Leipzig, Voss.) Thlr. *

CHLOROS, Nikolaus (Griechenland): Waldverhältnisse Griechenlands.- München 1884. 12.7.1884 - Urk (Titel: De Graeciae rebus saltuariis.); Chr 1884/85,18
Diss. Ingolst.-Landsh.-Mchn.

Chloros, Nik. A., Waldverhältnisse Griechenlands. gr. 8. (45 S.) München 884. (Palm.) n. 1. 50

Chlotar; ein Trauerspiel in 5 Aufzügen. Bremen 1781. V: *Förster, Joh. Georg Just.* (BrMm) (MGT) (Ky)

Chlotar. Trauersp. 8. Bremen, Förster. (a. Müller). 781.

Chludzinsky, W.: Extericurometer, seine Theorie und praktische Anwendung. Nach e. franz. Ms. übers. von Esser. Aus: Journal für Landwirtschaft. Jg. 29. 1881.

CHLUM, Chr.: Ueber Besitz nach Justinian. *Marburg,* (*Cassel,* Krieger's Verlagsh.) 808. (8 Gr.)

Chlum, Chr., der Besitz unter Justinian mit Hinsicht auf das franz. Civilrecht. 8. Gießen 813. (Leipz., Fr. Fleischer.) 1/2 ₰

— d. Besitz unter Justinian, mit Hinsicht auf d. französ. Civilrecht. 8. Gießen 813. Tasché. 12 ℊℊ

Chlum, Chr.: Der Besitz nach dem Justinianischen Rechte, mit Hins. auf das französ. Civilrecht. *Giess.*, Tasché. 813. 8. (12 Gr.)

Chlumecky, Peter Ritter von, eine biographische Skizze. Wien 1879. V: *Chlumecky, Johann Freih. v.* (EB)

Chlumecky, Joh. Ritter v., u. Mart. Wilckens, Festreden zur Eröffnung der k. k. Hochschule f. Bodenkultur zu Wien geh. am 15. Oktober 1872. gr. 8. (24 S.) Wien 872. Braumüller. n. — 80

Chlumecky, J. v., Gewerbeförderung u. Gewerbegesetzgebung. Vortrag. 8⁰. Brünn 1896.

Chlumecky, Joh. Ritter v., Rede über die Schulgesetz-Novelle, geh. in der 307. Sitzg. d. Abgeordnetenhauses am 28. April 1883. gr. 8. (24 S.) Wien 883. (Gerold & Co.) n. — 80

Chlumecky, Leop. Frhr. v., der Finanzplan. Eine Kritik d. neuen Steuervorlagen der österreich. Regierg. im J. 1909. (31 S.) 8. Wien 909. F. Deuticke — 60

Chlumecký, Leop. Frhr. v., die österreich. Handelsmarine u. ihre Ansprüche auf staatl. Unterstützg. Eine Studie. gr. 8. (66 S.) Wien 902. (C. Gerold's Sohn). n. 2. —

Chlumecký, Leopold Frhr v.: Österreich-Ungarn und Italien. D. westbalkan. Problem u. Italiens Kampf um d. Vorherrschaft in d. Adria. 2. Aufl. Leipzig u. Wien 1907. 8° *[1. Aufl. 1906.]*

Chlumecký, Leop. Frhr. v., Osterreich-Ungarn u. Italien. Das westbalkan. Problem u. Italiens Kampf um die Vorherrschaft in der Adria. 1. u. 2. Aufl. (à VII, bezw. VI, 247 S.) 8. Wien 907. F. Deuticke. n. 4. 50

— s.: Rundschau, österreichische.

Chlumecky, Peter Ritter von

Chlumecky, P. R. v., *Archivsdirector und Dr.* **J. Chytil,** *Archivar.* Bericht über das mähr.-ständ. Landes-Archiv dem hochlöbl. mähr.-ständ. Landesausschusse erstattet. Für das Jahr 1857. *Brünn* 1858. *G. Gastl.* 108 S., 2 Bl., 8°. 48 kr.

INHALT. Kurze Geschichte des ständischen Archives (Urkunden, Gedenk- oder Pamatkenbücher. Acten.) — Die Sammlungen des Archives wie sie bis 1855 bestanden. — Die Erwerbungen seit 1855 bis zum heutigen Tage, im Sinne der Archivs-Instruktion ddo. 13. März 1856. — Verfahren bei Vermehrung, Ordnung und Benützung des Archives. — Beilagen.

— und J. Chytil, Bericht über das mähr. ständ. Landes-Archiv dem hochlöbl. mähr. ständ. Landesausschuße erstattet. Für das J. 1857. Brünn 858. (Nitsch u. Große.) gr. 8. (1 Bl., 111 S.) n. 12 ℊℊ

Chlumezky, P. v., die Briefe, Diarien, Landtagscopiarbücher und Amtscorrespondenzen Carl des ältern Herrn v. Zierotin, von Rossitz, Drewohostitz und auf der Burg Prerau, Landeshauptmannes von Mähren, Sr. kaiserl. Majestät Rathes und Kämmerers. Vorgetragen in der Sitzung der histor.-statist. Sektion der k. k. Ackerbaugesellschaft, am 28. Juli 1853. (Aus d. Schriften d. histor.-statist. Sektion abgedr.) (Brünn 854. Nitsch u. Große.) Lex.-8. (42 S.) n. 6 ℊℊ

— G. Ludwig's Chronik von Brünn, s. Ludwig, G.

Chlumecky, P. Ritter v., Darstellung der altständischen Verfassung des Markgrafenth. Mähren. gr. 8. (91 S.) Brünn. Buschak & Irrgang. 60 kr. 1861.

Chlumecky, P. v., einige Dorf-Weisthümer aus Mähren, s. a. Dorf-Weisthümer.

— einige Dorf-Weisthümer (Ban- und Bergteidinge) aus Mähren. (Aus d. Archiv für Kunde österreich. Geschichtsquellen abgedr.) Wien (856). (Brünn, Nitsch u. Grosse.) gr. 8. (112 S.) nn. 25 ℊℊ

Chlumecky, P. v., die Genesis der Corporations-Güter der Bauernschaft u. der Gemeinde-Güter in den mährischen Land-Gemeinden, mit Rücksicht auf deren ältere Verfassung. Brünn 859. Nitsch in Comm. gr. 8. (34 S.) n. 5 ℊℊ

Chlumecky, P. Ritter von: Die Genesis der Corporations-Güter der Bauernschaft und die Gemeinde-Güter in den mährischen Land-Gemeinden, mit Rücks. auf deren ältere Verfassung. 2., unveränd. Aufl. — Brünn: Nitsch & Grosse i. Komm. 1860. 32 S. [1. Aufl. 1859.]

Chlumecky, P. Ritter v. — Die Geschichte des Markgrafthums Mähren und ihre Quellen-Forschung. Von — —. Aus Nr. 57 und 134 der Brünner Zeitung vom 8. März und 11. Juni 1856 besonders abgedruckt. Brünn, 1857. Aus Frz. Gastl's Buchdr. (15 S. 8.)

—— die Regesten der Archive im Markgrafthum Mähren, s. Regesten, die.

Chlumezky, P., über die Theilung der Gemeindhutweiden, mit Rücksicht auf das Markgrafth. Mähren. gr. 8. (53 S. mit 1 Tab. in qu. Fol.) Brünn 848, [Hauptmann.] *

Chlumezky, P. Ritter, über die Theilung der Gemeindhutweiden, mit Rücksicht auf das Markgrafth. Mähren. gr. 8. (53 S. m. 1 Tab. in qu. Fol.) Brünn 848, Wimmer. n. 1/6 ₰

—— das Tobitschauer-Buch, eine Quelle zur Rechtsgeschichte des XV. Jahrhunderts in Mähren. gr. 8. (16 S.) Brünn 858, (Nitsch.) *

Aus der Brünner Zeitung, Jahrg. 1858, besonders abgedruckt.

Chlumecky, Pet. Ritter v., Carl v. Zierotin und seine Zeit. 1564—1615. Lex.-8. (XXIV und 866 S.) Brünn 862, Nitsch. *

Chlumecky, Pet. Ritter v., Carl v. Zierotin u. seine Zeit 1564—1615. 2. oder Beilagen-Bd. [Nach des Verf. Tod hrsg. von der historisch-statist. Section der k. k. mähr.-schles. Gesellschaft zur Beförderung des Ackerbaues, der Natur- u. Landeskunde.] gr. 8. (VII, 352 S.) Brünn 879. Winiker in Comm. n. 4. — (1. u. 2.: n. 12. —)

Chlumský, Friedr. (geb. Cremilov in Böhmen 18. 9. 1845): Ein Fall von Endocarditis chronica. Berlin (1868). (34 S.) 8°

Berlin, Med. Diss. v. 14. März 1868

Chl..p, J., Lehrbuch des Eisenbahn-Transportdienstes, s.: Engelhard, K.

Chlupp Ritter v. Chlonau, Joh. Mor., gemeinfassliche systematische Darstellung der die Verzehrungssteuer vom Biere in Oesterreich-Ungarn betr. Gesetze u. Vorschriften. Mit besonderer Rücksicht auf das praktische Bedürfniss der Industriellen bearbeitet. [Aus dessen Nachlasse.] gr. 8. (IX, 148 S.) Prag 878. (Calve.) n. 2. 60

Chlupp, Joh. Mor., systemat. Handbuch der für die polit. Beamten u. die Gemeinde-Vorstände wichtigen Gefälls-Gesetze u. Vorschriften in den deutschen, böhm. u. galizischen Provinzen des österreich. Kaiserstaates. gr. 8. (XII u. 249 S.) Prag 847, Haase Söhne. 1 1/6 ₰

Chlupp, Dr. Johann Moritz —. Systematisches Handbuch der direkten Steuern im Kaiserthume Oesterreich. Von — —. Gr. 8. (7 Blätter, 214 S. und 29 Formulare.) Prag. Druck von K. Gerżabek. Verlag von Karl André. 1855.

Chlupp, Dr. Johann Moriz — Systematisches Handbuch der direkten Steuern im Kaiserthume Oesterreich. Von — —. Zweite vermehrte Auflage. Prag, 1856. Druck von Kath. Gerzabek. Verlag von Karl André. (8. Bl. S. 247, 29 Formulare. 8.)

Chlupp, Joh. Mor., systematisches Handbuch der direkten Steuern im Kaiserthum Oesterreich. 3. verm. Aufl. Prag 862. André. gr. 8. (XVI, 247 S.) n. 1 ₰ 6 ngr.

Chlupp Ritter v. Chlonau, Joh. Mor., systematisches Handbuch der direkten Steuern in den vom Reichsrathe vertretenen Königreichen und Ländern der österreichisch-ungar. Monarchie. 4. umgeänd. und verm. Aufl. (XII, 219 S.) 1873, und 5. verm. Aufl. gr. 8. (XII, 222 S.) Leipzig 874, Hirschfeld. *

Chlupp Ritter v. Chlonau, Joh. Mor., systematisches Handbuch der direkten Steuern in den vom Reichsrathe vertretenen Königreichen und Ländern der österreichisch-ungarischen Monarchie. Mit einigen Abänderungen und Zusätzen versehen von Alois Ritter v. Machotka. 6. verm. Aufl. gr. 8. (XVI, 248 S.) Leipzig 877, Hirschfeld. *

— systematisches Handbuch der direkten Steuern in den vom Reichsrathe vertretenen Königreichen u. Ländern der österreichisch-ungarischen Monarchie. Mit einigen Abänderungen u. Zusätzen versehen von Alois Ritter v. Machotka. 7. verm. Aufl. gr. 8. (XVI, 246 S.) Leipzig 881. Hirschfeld. n. 5. 60

Chlupp, Ritter v. Chlonau, Joh. Mor., systematisches Handbuch der direkten Steuern in den vom Reichsrathe vertretenen Königreichen u. Ländern der österreichisch-ungarischen Monarchie. Mit einigen Abändergn. u. e. Anh. versehen v. Wilh. Habelsberger. 8. verm. Aufl. gr. 8. (XVI, 351 S.) Leipzig 886. Hirschfeld. n. 6. 40

Chmel, Adm. Mtth., institutiones mathematicae. II Tom. Linz 807. Hasslinger. 2 ₰

Chmel, Georg

CHMEL G [ ]. Abhandlung v. d. Blattwürmerseuche . . . in Galicien 1781 u. 1787. Lemberg 1787.

Chmel, Geo., († 1806.) Abhandl. von d. Blattwürmerseuche unter d. Horn- u. Schafvieh in Gallizien im J. 1786 u. 87. Deutsch u. polnisch. Fol. Lemberg 787.

Chmel, Jak., Apologia orthodoxae cathol. doctrin. de hominis impotentia. 8maj. Prag 787. Widtmann. 16 ℊ

Chmel, I., Apologia orthodoxae cathol. doctrin. de homin. impotentia. 8. maj. Prag, Widtmann. 794.

Chmel, Joseph (Hrsg.), s. A c t e n s t ü c k e u. Briefe zur Geschichte des Hauses Habsburg. . .

Chmel, Jos., A c t e n s t ü c k e und Briefe zur Geschichte d. Hauses Habsburg, s. a. M o n u m e n t a Habsburgica.

C h m e l, Joseph. Actenstücke und Briefe zur Geschichte des Hauses Habsburg im Zeitalter Maximilian's I. Aus Archiven und Bibliotheken gesammelt und mitgetheilt von J' Chmel.... 3 Bände. 8. Wien 1854–1858.

Band 1: 1854. — Band 2: 1855. — Band 3: 1858.

Monumenta Habsburgica. Sammlung von Acten-stücken und Briefen zur Geschichte des Hauses Habsburg in dem Zeitraume von 1473 bis 1576. Hrg. von der histor. Commission der kaiserl. Akademie der Wissenschaften zu Wien. Abtheilung 1: Das Zeitalter Maximilian's I.

Chmel, Joseph, *wirkl. Mitgl. d. k. Akad. der Wissensch. zu Wien.* Actenstücke und Briefe zur Geschichte des Hauses Habsburg im Zeitalter Maximilians I. Aus Archiven und Bibliotheken gesammelt. *Wien* 1858. *K. k. Hof- und Staatsdr.* III. Bd. LII, 799 S. mit chronolog. Repertor., Personen- u. Ortregister u. chronol. Generalregister über die Bde. I—III. 8°.

Auch unter dem Titel: Monumenta Habsburgica. Sammlung von Actenstücken und Briefen zur Geschichte des Hauses Habsburg in dem Zeitraum von 1473 bis 1576. Herausgegeben von der histor. Commission der kais. Akademie der Wissenschaften zu Wien. I. Abtheil.: Das Zeitalter Maximilian's I. Dritter Bd.

— Aktenstücke zur Geschichte des österreichischen römisch-katholischen Kirchenwesens unter Kaiser Leopold II. 1790. Ar. 4. 1 . . . . 2.66
Separatabdruck

Chmel, Joseph (Hrsg.), s. A c t e n s t ü c k e zur Geschichte Croatiens u. Slawoniens in den Jahren 1526 u. 1527.

Chmel, Jos., Actenstücke zur Geschichte Croatiens, s. A r c h i v, Habsburgisches, 2. Bd.

— Kaiser Ferdinands I. Antwort auf einen Ratschlag, den ihm die oberösterreichische Regierung zu Innsbruck vorgelegt hatte. Vom 29. Jänner 1562, aus Prag. Über die Sicherheit Tirols, die politischen und religiösen Zustände Deutschlands im allgemeinen. Ar. 2. 137 . . . .
Separatabdruck

— Die Aufgabe einer Geschichte des österreichischen Kaiserstaates. Vortrag, gehalten in der feierlichen Sitzung der Kaiserlichen Akademie der Wissenschaften am 30. Mai 1857. F. 8. 1857 . . . . —.40
Separatabdruck

— Auszüge aus einer Pergamenthandschrift des XIII. Jahrhunderts, von dem Abte Hermann von Nieder-Altaich begonnen und mehreren seiner Nachfolger fortgesetzt. Ar. 1. Heft 1. 1 . . . . vgr.
Separatabdruck

Chmel, Jos., Beiträge zur Beleuchtung der kirchlichen Zustände Oesterreichs im 15. Jahrhunderte. [Aus dem II. Bd. der Denkschriften der philos.-histor. Cl. der k. Akad. der Wiss. abgedr.] gr. Fol. (78 S.) Wien 851. (Braumüller.) n. 1⅚ ₰

Chmel, Jos. Beiträge zur Geschichte Kaiser Friedrichs III. 4. Linz 1832.

— Beiträge zur Geschichte Königs Ladislaus des Nachgeborenen. Habsburgische Exkurse. 7. Teil. S 28. 473 . . . . —.90
Separatabdruck

— B e i t r ä g e zur Geschichte König Ladislaus des Nachgebornen, Habsburgische Excurse VI. 2. Abth. (Aus d. Sitzungsberichten d. k. Akad. d. W.) Wien 858. Gerold in Comm. gr. 8. (54 S.) n. 8 ngr

Chmel, Jos., Beiträge zur Geschichte Königs Ladislaus des Nachgebornen. (Aus den Sitzungsberichten 1858 d. k. Akad. d. Wiss.) Wien 859. Gerold in Comm. gr. 8. (66 S.) n. 9 ngr

— B e i t r ä g e zur Lösung akademischer Aufgaben. 2 Hefte. (Aus d. Sitzungsberichten d. k. Akad. d. W.) (Wien 853, 54. Gerold.) gr. 8. (55; 85 S.) 1.: n. 8 ngr; 2.: n. 15 ngr

— Bericht über eine Aktensendung des hohen Ministeriums des Innern, rücksichtlich historischer Materialien für die historische Kommission der Kaiserlichen Akademie der Wissenschaften in Wien. S. 1. 26 . . . . vgr.
Separatabdruck

— Bericht über Rudolf K i n k s Bearbeitung des *„Codex Wangianus"*. S. 5. 356 . vgr.
Separatabdruck

Bericht über ein historisches Manuskript: Beiträge zur neueren Geschichte aus unbenützten Handschriften, gesammelt von Matthias K o c h. S. 2. 3 . . . . . . vgr.
Separatabdruck

— B e r i c h t über den Fortgang einiger akademischen Unternehmungen, namentlich der Monumenta Habsburgica. (Aus den Sitzungsberichten d. k. Akad. d. W.) Wien 857. Gerold in Comm. gr. 8. (64 S.) n. 10 ngr

— Bericht über Maximilian F i s c h e r s Werke 1. „Einstige Klöster und Ortschaften im Lande unter der Enns". 2. „Beiträge zu den lateinischen und deutschen Glossarien des Mittelalters süddeutscher Zunge aus den Klosterneuburgischen Archivschriften". S. 2. 221 . . . .
Separatabdruck

— Bericht über die Leistungen des historischen Vereines zu Bamberg, insbesondere über die von demselben herausgegebene Quellensammlung für fränkische Geschichte. S. 3. 184 . . . .
Separatabdruck

Chmel Josef, Dr.: Bericht über historische Literatur und motivierter Antrag auf Zugänglichmachung mehrerer unumgänglich nötiger Geschichtsquellen und Erweiterung der historischen Kommission. S. 3. 407 . . . . K – .30
Separatabdruck

— Bericht über das der Kaiserlichen Akademie der Wissenschaften vorgelegte Werk: „Quellen und Forschungen zur vaterländischen Geschichte, Literatur und Kunst, MDCCCXLIX“. Mit 7 Kunstbeilagen. Wien, Wilhelm Braumüller. 4°. 521 Seiten. S. 3. 281 . . . .
Separatabdruck

— Bericht über eine von ihm in den Monaten April, Mai, Juni und Juli des Jahres 1850 unternommene literarische Reise. 1. Teil. S. 5. 301 . . . . 1.32
— — 2. Teil. S. 5. 591 . . . . 1.80
Separatabdruck

— Bericht über eine von ihm in den Monaten April, Mai, Juni und Juli des Jahres 1850 unternommene literarische Reise. 3. Teil. S. 6. 44 . . . . – .80
Separatabdruck

— Bericht über zwei literarische Reisen, eine kleine im Inlande, eine grosse im Auslande. [Aus den Sitzungsberichten 1851 der kais. Akad. d. Wiss. abgedr.] gr. 8. (28 S.) Ebd. 852. n. 1/6 Thlr

— Über Wurzbachs zweiten Bericht an Se. Excellenz den Herrn Minister des Innern über die Literatur des österreichischen Kaiserstaates im Jahre 1854. S. 19. 163 vgr.
Separatabdruck

— Literarische Berichte über historische Arbeiten auf dem Felde deutscher Geschichte. S. 1. 273 . . . . —.40
Separatabdruck

— Habsburgische Exkurse. 1. Teil. S. 6. 290 . . . . – .66
— — 2. Teil. S. 7. 94 . . . . —.66
Separatabdruck

— Habsburgische Exkurse. 3. Teil. S. 8. 54 . . . . —.80
Separatabdruck

— Habsburgische Exkurse. 4. Teil. S. 9. 254 . . . . – .80
Separatabdruck

— Habsburgische Exkurse. 5. Teil. S. 11. 187 . . . . 1.–
Separatabdruck

— Habsburgische Exkurse. 6. Teil. 1. Abteilung. S. 18. 63 . . . . – .80
Separatabdruck

— Habsburgische Excurse. [Aus den Sitzungsberichten der kais. Akad. d. Wiss. 1851 abgedr.] gr. 8. (42 S.) Ebd. 852. n. 3 ngr. — Fortsetzung. [Aus den Sitzungsberichten 1852 der kais. Akad. der Wiss. abgedr.] Lex. 8. (60 S.) Ebd. 852. n. 8 ngr.

— habsburgische Excurse. (V.) (Aus d. Sitzungsberichten d. k. Akad. d. W.) (Wien 853. Gerold.) gr. 8. (61 S.) n. 10 ngr.

— — VI. (1. Abth.) (Aus d. Sitzungsberichten d. k. Akad. d. W.) (Wien 856. Gerold.) gr. 8. (54 S.) n. 8 ngr.

— Das Formelbuch König Albrechts I. Aus der im geheimen Haus-, Hof- und Staats-Archive aufbewahrten Handschrift. Ar. 2. 211 . . . .
Separatabdruck

—— die österreichischen Freiheitsbriefe. 1. Artikel. Lex.-8. (60 S.) Wien 857, (Gerold's Sohn.) *

—— dass. — 2. Artikel. Lex.-8. (88 S.) (Ebendas.) 858. * *

— Herberstein's Gesandtschaftsreise, s. Archiv, Habsburgisches, 1. Bd.

— Zur Geschichte des österreichischen Freiherrengeschlechtes der Eizinger von Eizing. 1. Teil. Ar. 1. Heft II. 1 . . . . vgr.
Separatabdruck

— Zur Geschichte des österreichischen Freiherrengeschlechtes der Eizinger von Eizing. 2. Teil. Ar. 1. Heft V. 19 . . . . 2.—
Separatabdruck

— Zur Geschichte König Friedrichs des Schönen. Verpfändungen aus den Jahren 1308 bis 1315. Ar. 2. 511 . . . .
Separatabdruck

Chmel, Jos., Geschichte Kais. Friedrichs IV. u. seines Sohnes Maximilian I. 1r Bd. Geschichte K. Friedrichs IV. vor seiner Königswahl. gr. 8. Hamburg 840. Fr. Perthes. n. 3 Thlr

— Geschichte Kaiser Friedrichs IV. und seines Sohnes Maximilian I. 2. Bd. Geschichte K. Friedrich IV. als König (1440—1452). Lex.-8. Hamburg 843, Fr. Perthes. n. 4 Thlr (1. 2.: n. 7 Thlr)

— Zur Geschichte des Königs Matthias (Corvinus) von Ungarn. 11 Dokumente aus den Originalen des Mailänder Archives zusammengestellt (1486—1489). Ar. 1. Heft I. 73 . . . . vgr.
Separatabdruck

— s. Geschichtsforscher, der österreichische.

—— die Handschriften d. k. k. Hofbibliothek in Wien, im Interesse d. Geschichte, besond. d. österreich. verzeichnet u. excerpirt. 1. u. 2. Bd. gr. 8. Wien, Gerold. [1. (48½ B.) 840. 3⅓ Thlr., 2. (44 B.) 841. 3½ Thlr.]

— Handschriften der Sammlung des historischen Vereines für Kärnten in Klagenfurt. Ar. 1. Heft II. 73 . . . . vgr.
Separatabdruck

— Eine Hypothese. S. 5. 986 . . . . —.20
Separatabdruck

— Instruktion Erzherzog Ferdinands von Österreich für seinen Gesandten an Kaiser Karl V., Karl von Burgund, d. d. Stuttgart 13. Juni 1524. Ar. 1. Heft II. 81 . vgr.
Separatabdruck

— Zur Kritik der österreichischen Geschichte. 1. Teil. D 1. I. 219 . . . . vgr.
— — 2. Beiträge zur Beleuchtung der kirchlichen Zustände Österreichs im XV. Jahrhunderte. D 2. I. 315 . . . . 5.50
Separatabdruck

Chmel Josef, Dr.: Über Dr. Andreas von Meillers Manuskript: „Die österreichischen Landesfürsten aus dem Geschlechte der Babenberger, nachgewiesen aus Urkunden und Salbüchern“. S. 2. 11 . . . .
Separatabdruck

Chmel, Jos., Materialien z. österreich. Geschichte. 1. Bd. (1. Hft.) — A. u. d. T.: Beyträge z. Gesch. K. Friedrich d. Vierten. 1. Bd. 1. Hft. gr. 4. (13¼ B.) Linz 832, Fink u. Sohn.

—— Materialien zur österreich. Geschichte. Aus Archiven u. Bibliotheken. 1. Bd. 2. u. 3. Abthl. u. 2. Bd. 2 Abthln. gr. 4. Wien, Rohrmann. [1. 2. (20½ B.) 837. 1¾ Thlr., 3. (27½ B.) 838. 1⅔ Thlr.; 2. 1. (29½ B.) 838. 1⅚ Thlr., 2. (23 B.) 840. 1½ Thlr.]
1. Bd. 1. Abthl. Ebendas. 1832. 14 Gr.

— Mitteilung aus einem Schreiben des Herrn Dr. Franz Beda Dudik aus Stockholm vom 24. Juni 1851. S. 7. 58 . . . . vgr.
Separatabdruck

— Kleinere historische Mitteilungen. I. Abteilung. 1) und 2). Zwei Schreiben des Kaisers Ferdinand I. aus dem Jahre 1561. 3). Friedrich Nausea, Bischof von Wien. S. 1. 317 . . . . —.20
Separatabdruck

— Kleinere historische Mitteilungen. II. Abteilung. 4) Originalurkunden Kaiser Friedrich I. Barbarossa. 5) Urkunde des Matthias Corvinus. 6) Schreiben des Erzherzogs Ferdinand an Papst Klemens VII. über den Bauernkrieg. S. 2. 23 .
— — III. Abteilung. Bernard Pez: „Das Leben und die Visionen der Agnes Blannbekin“. S. 2. 46 . . . . K
— — IV. Abteilung. 7) Matthias Koch, Verzeichnis einiger in auswärtigen Anstalten befindlicher Handschriften zur österreichischen Geschichte. 8) Eine Papierhandschrift des XVI. Jahrhunderts in Folio, 114 Blätter stark, aus dem Herrschaftsarchive des ehemaligen Augustiner-Chorherrenstiftes zu Dürrenstein (Tiernstein) oberhalb Krems. 9) Zwei Handschriften aus dem Archive des Schottenklosters in Wien. 10) Eine große Papierhandschrift aus der Registratur von Hernals. S. 2. 112 .
— — V. Abteilung. 11) Dekret des Kardinals Dietrichstein von 1621. S. 2. 207 . .
Separatabdruck

— Kleinere historische Mitteilungen. VI. Abteilung. 12) Briefe und Aktenstücke zur Geschichte der Vormundschaft Herzog Friedrichs des Älteren von Österreich-Tirol über seinen Vetter Friedrich den Jüngeren, nachmaligen Kaiser. 13) Briefe und Aktenstücke zur Geschichte der ständischen Verhältnisse des Landes unter der Enns während der ersten Jahre der Vormundschaftsführung Kaiser Friedrichs IV. über Ladislaus Posthumus (1441 und 1442). S. 2. 380 . . . .
— — VII. Abteilung. 14) Zur Geschichte des Murtener Friedens 16. Juli 1418. 15) Memorandum, über die Stellung des Hauses Habsburg gegen die Eidgenossen 1469. S. 2. 427 . . . .
Separatabdruck

— Kleinere historische Mitteilungen. VIII. Abteilung. Urkunden und Aktenstücke zur Geschichte Kaiser Albrechts II. (V. als Herzog) aus den Jahren 1413—1439. S. 3. 12 . . . .
Separatabdruck

— Kleinere historische Mitteilungen. IX. Abteilung. 4 Briefe des Hans Ungnad an Kaiser Ferdinand I. und König Maximilian von Böhmen. S. 3. 329 . . . . . .
Kleinere historische Mitteilungen Nr. I. IV—IX in einem Hefte vereinigt . . . .
Separatabdruck

— s. Notizblatt f. österr. Geschichte etc.

— Die Pflege der Geschichte und Statistik in Österreich seit dem Jahre 1848. S. 13. 4 . . . . vgr.
Separatabdruck

— Über die Pflege der Geschichtswissenschaft in Österreich. I. Im Erzherzogtume Österreich und Herzogtume Salzburg. a) Im Lande unter der Enns. Das k. k. Haus-, Hof- und Staatsarchiv. S. 1. 60. 131 . . . . „ —.60
— — II. Die k. k. Hof-Bibliothek. S. 1. 197 . . . . „ —.50
Separatabdruck

— Über die Pflege der Geschichtswissenschaft in Österreich. III. Das k. k. Münz- und Antikenkabinett und die Ambrasersammlung. S. 1. 315 . . . . „ —.40
Separatabdruck

— Über die Pflege der Geschichtswissenschaft in Österreich. IV. Teil. S. 4. 29 . . „ —.30
— — Fortsetzung (V.). Vorerinnerung. S. 4. 122 . . . . „ —.30
Die vorhergehenden Hefte I—V in einem einzigen vereinigt . . . . . . „ 2.—
Separatabdruck

— das Recht des Hauses Habsburg auf Kärnten. (Aus d. Sitzungsberichten d. k. Akad. d. W.) (Wien 856. Gerold.) gr. 8. (18 S.) n. 4 ngr

—— Regesta chronolog.-diplomat. Friderici III. Romanor. Imperatoris. — Auszug a. d. im k. k. geh. Haus-, Hof- u. Staats-Archive zu Wien sich befind. Reichsregistraturbüchern v. J. 1440—1493. Nebst Auszügen aus Original-Urkunden, Manuscripten u. Büchern. 2 Abthln. gr. 4. Wien, Rohrmann. •
Abthl. 1. Vom Jahre 1440—März 1452. (51½ B.) 838. • 4 Thlr.
- 2. Vom Jahre 1452—1493. (73 B.) 840. • 5 Thlr. 16 Gr.

— Regesta chronologico-diplomatica Friderici IV. Romanorum Regis. (Imperatoris III.) Auszug aus den im k. k. geheimen Haus-, Hof- u. Staats-Archive zu Wien sich befindenden Reichsregistraturbüchern v. J. 1440—1493. Nebst Auszügen aus Original-Urkunden, Manuscripten u. Büchern. 1e Abthl. Vom J. 1440 bis März 1452. gr. 4. Ebd. 838. n. 4 rℓ — 2e Abthl. Vom J. 1452 März bis 1493. gr. 4. Ebd. 840. n 5⅔ rℓ

Chmel, Joseph, Regesta chronologico-diplomatica. Frankfurt am Main 1834.

— Regesta chronologico-diplomatica Ruperti, Regis Romanorum. Auszug aus den im k. k. Archive zu Wien sich befindenden Reichsregistraturbüchern vom J. 1400—1410. Mit Benutzung der gedruckten Quellen. gr. 4. Frankfurt a. M. 834. Varrentrapp. 3 rℓ

— zur Streitfrage über den Ursprung des Privilegium Fridericianum majus von 1156. Ein Nachtrag zu dem Aufsatze Versuch einer Begründung meiner Hypothese über den Ursprung des Privilegium majus von 1156. (Aus d. Sitzungsberichten d. k. Akad. d. W.) (Wien 853. Gerold.) gr. 8. (29 S.) n. 5 ngr

— Studien zur Geschichte des 13. Jahrhunderts. (Aus den Sitzungsberichten d. k. Akad. d. W.) Wien 858. Gerold. gr. 8. (56 S.) n. 8 ngr

— Über Dr. Heiders Tiersymbolik. S. 3. 8 . . . .
Separatabdruck

— Ältestes Urbarium der Abtei Seitenstetten 1290—1308. Ar. 1. Heft V. 3 . . . . „ —.40
Separatabdruck

— Urkundliches zur Geschichte Kaiser Friedrichs IV. 1477—1478. Ar. 3. 57 . . . . „
Separatabdruck

— Versuch einer Begründung meiner Hypothese über den Ursprung des Privilegium Majus von 1156. (Aus d. Sitzungsberichten d. k. Akad. d. W.) (Wien 853. Gerold.) gr. 8. (48 S.) n. 8 ngr

Chmel Josef, Dr.: Vortrag über Dr. Emil F. Rößlers für die *„Fontes rerum Austriacarum“* bearbeitete *„Notitia bonorum ecclesiae Frisingensis“* und über das Archiv der akademischen Kommission für Herausgabe österreichischer Geschichtsquellen. S. 1. 50 . . . . vgr.
Separatabdruck

Chmel, Ludmila, sieben Weissagungen, s. Weissagungen.

'Monte Carlo'. Operette in 3 Akten von Carl Lindau u. F. Antony ⟨nach e. Stoffe von Heribert Hülgerth⟩. Musik von Ludwig Roman Chmel. Gesangs-Texte. Leipzig: R. Forberg 1907. (29 S.) 8° [08. 9194

Chmelarz, E., s.: Galerien, Wiener.

Chmelarz, Eduard [Hrsg.], s. Mittheilungen des k. k. österr. Museums für Kunst u. Industrie.

Chmelíček, Bedř., domácí pobožnost Cyrillomethodějská. Olmütz 863. Hatanska. 12. (36 S. u. 1 Holzschn.) 3 ngr

Chmelíček, Jos., cesta do swaté země. Díl 1. Brünn 865. Nitsch in Komm. 8. (VII, 666 S.) n. 1 rℓ

Chmelnicku, Herm.: Über Diuretin. . . . Leipzig-Plagwitz, Druck v. E. Stephan, 1891; 85 S. 8°
Würzburg, Med. Fak., Inaug.-Diss. v. 1891

Chmelnitzky, G. Über vaginale Exstirpation der Fibromyne des Uterus. M. 2 Tabellen. In-8°. 19 S. Bern. These. 1894.

Chmelnizky, Jh., Gedanken über d. Frage: Ob Gott mehr als eine einzige unendliche Grundkraft besitze? 8. Riga 767. Hartknoch in Leipz. 4 gl

Chmelnitzky-Grünberg, Esther, aus Nikolaew (Russland): Ueber Embolia arteriae femoralis. (Aus der medizinischen Universitätsklinik Zürich. Prof. Eichhorst.) Zürich 1909. 34 S. 8°. [8. I. 10.]
Zürich. Univ. Med. Diss. 1909/10.

Chmolnitzky-Grünberg, Esther. Ueber Embolia Arteriae Femoralis. Aus der medizinischen Universitätsklinik Zürich.... Diss. Med. Univ. Zürich. 34 S. 8. Zürich, A. Markwalder, 1909.

Chmiel, Adam, s.: Album studiosorum Universitatis Cracoviensis.

Chmielenski, Constant = Tours, Constant de [Autorname].

Chmielewski, Czeslaw, die Leperditien der obersilurischen Geschiebe des Gouvernements Kowno u. der Prov. Ost- u. Westpreussen. gr. 4. (38 S. m. 2 Taf.) Königsberg 900. (W. Koch.) n. 1. 80
Sonderabdruck aus: „Schriften der physikalisch-ökonom. Gesellschaft zu Königsberg i. Pr.“

Chmielnizky, Bogdan, Kosackenaufstand gegen die Polen, s.: Bibliothek, russische.

Chmielowski, Joannes *(geb. Lublinitz in Schles. 28. 12. 1775)*: De febre nervosa lenta. Vratislaviae (1821). (36 S.) 8°
Breslau, Med. Diss. v. 21. Nov. 1821

Chmielowski, Pet., die organischen Bedingungen der Entstehung d. Willens. Eine physiologisch-psychol. Analyse. 8. (73 S.) Leipzig 874. Matthes. n. 1. 20

Schuhmacherbuch. Ein Lehr- u. Hilfsbuch f. Schuhmacher-Lehrlinge z. Gesellenprüfung. Besonders bearb. f. Zwecke d. Fachschulen von C[arl] Chmielus, Obermeister. Bad Salzbrunn: G. Maske 1905. (XIV, 211 S.) 8° [F.] [05. 453

Chmolmogoroff, S., die vaginale Totalexstirpation des Uterus, s.: Sammlung klinischer Vorträge.

Chnustinus, Henr., ein seer schön und nützlich Spiel von der lieblichen Geburt unsers Herrn Jesu Christi zu Cöln an der Spree gehalten a. 1541. 8. (80 S.) Berlin (861) 62. Herz. *

Chnustinus, Henricus (= Knaust, Heinrich). Ein seer schön und nützlich Spiel von der lieblichen Geburt unsers Herrn Jesu Christi zu Cöln an der Spree gehalten a. 1541. Berlin 1862. H: *Friedländer, Gottlieb.* (EB)

Chochem, der. Humoristisch-satyrisch-chochomisch-kom. Familien-Witzblatt f. heitere Kreise. Hrsg. v. Ant. u. Donat Herrnfeld. Red.: Hugo Pollak. 1. Jahrg. Oktbr.—Dezbr. 1901. 3 Nrn. gr. 4. (à 8 S.) Berlin (Mickisch & Co.) à Nr. —25

— dasselbe. 2. Jahrg. 1902. 3 Nrn. gr. 4. (à ca. 8 S.) Ebd. à Nr. — 25
Erscheint nicht mehr.

Chochmat Schelomi. Berlin 1774.
II: *Wessely, Hartwich.* (MGT)

Chochmes, jüdische, s. Gedichte u. Scherze in jüdischer Mundart.

Chocholousek: Ueber den Zeichnungsunterricht im allgemeinen und an Realschulen insbesondere. 24 S.–Graz OR., Progr. 1860

Chocholoušek, Prok.

— **Harač**, s. Besedy, slovanské.

Chocholoušek, Prok., Jih. Historicko-romantické obrazy z dějin jihoslovanskych. Sešit 1—16. (Konec.) Prag 862–64. Kober 8. (1. Bd.: 480 S.; 2. Bd.: 463 S.; 3. Bd.: 567 S.) Jedes Heft n. 6 ngr.

Chocholoušky, Prok., sebrane spisy. Díl I. Sešit 1—7. gr. 16. (S. 1—278.) Prag 852, (Neureutter.) [1—4. à * 2½, 5—7. à * 3⅓ Ngr. *

Chocolade, Die, oder Erfindung und Wirkung ... derselben. ... Berlin 1817.
V: *Korth, Johann Wilhelm David.* (EngMt) (Engoec) (Ky)

Chocolade, die, oder Erfindung u. Wirkung, so wie d. Einführung u. Zubereitung derselben ꝛc. (v. Dr. Korth). 8. Berl. 817. Sommerbrodt. 9 gr.

Chocolade-Bilderbuch, neues, f. artige Kinder. Mit 16 Farbendr.-Bildern. 12. Stuttgart 888. F. Loewe. In Chocolade-Attrappe. geb. n. 1. 20

Chocolade-Fabrikant, der, 2. Ausg. gr. 16. Kitzingen 812, Köpplinger. ⅛ ℛ

Chocolade-Fabrikant, der, 2. Ausg. gr. 16. (1½ B.) Kitzingen 812, [Nürnberg, Lotzbeck.]

Chocoladefabrikation, die, nach d. neuesten Verbesserungen. 8. (3½ B.) Nürnberg 841, Leuchs u. Comp.

Chocoladenfabrikant, s.a. Chokoladenfabrikant.

— d. aufgedeckte u. uneigennützige, oder Unterr., alle Sorten Chocolade zu verfertigen ꝛc. 8. Kitzingen 820. Gundelach. 4 gr.

Chocoladenfabrikant, d. uneigennützige, oder aufgedeckte Recepte d. engl., span., italien. u. Winter-Chocolade, nebst e. Anweis. d. bequemsten Zubereitung. 8. Berl. 801. (Hasselberg). 6 gr.

Chocoladenfabrikant, der uneigennützige, oder aufgedeckte Rezepte der englischen, spanischen, italienischen und Winter-Chocolade, nebst einer Anweisung der bequemsten Zubereitung. 8. Berlin, Hasselberg. 817. — 6

Choctaw-Beize und Hindoo-Hetze: 1856—?

Campaign paper in the Fremont-Buchanan campaign. Published by Brunck, Held & Co. See Deutsch-Amerikanische Geschichtsblätter, Jan. 1904: Mention is made of no. 8, Oct. 2, 1856. Published by Buffalo Volksfreund. Militantly political.
Buffalo, NY

Chodak, Isaak: Aus d. Univ.-Frauenklinik zu München. Nebennierenblutungen bei Neugeborenen. München 1909: Kastner & Callwey. 29 S. 8°
München, Med. Diss. v. 29. Juli 1909, Ref. Döderlein
[Geb. 1. März 85 Taschkent; Wohnort: Taschkent; Staatsangeh.: Rußland; Vorbildung: Gymn. Taschkent Reife Juni 04; Studium: Wien 8, München 2 S.; Rig. 29. Juli 09.] [U 09. 3296

Chodakowski, Ludwig

Chodakowski L.: Anatomische Untersuchungen üb. die Hautdrüsen einiger Säugethiere. Inaug.-Diss. Dorpat 1871. 52 S. 3 Tvl. 4°.

Chodat, R., voir: *Micheli, M.*

Chodat, Robert

Chodat, R., algues vertes de la Suisse, s.a. Beiträge zur Kryptogamenflora der Schweiz. I. 3.

Chodat, R[obert]. Algues vertes de la Suisse. Pleurococcoïdes-Chroolépoïdes. Avec 264 figures. XIV + 373 p. gr.-8. Berne, K.-J. Wyss, 1902. [fr. 10.—]
Matériaux pour la flore cryptogamique suisse.... Vol. 1, Fascicule 3. (— *A. u. d. T.:* Beiträge zur Kryptogamenflora der Schweiz.... Band 1, Heft 3.)

Chodat, R[obert]. La Biométrie et les méthodes de statistique appliquées à la Botanique. Conférence faite à la 87e Assemblée de la Société Helvétique des Sciences naturelles, à Winterthur. [Extrait de: Verhandlungen der Schweizerischen Naturforschenden Gesellschaft... 1904. 87. Jahresversammlung.] II + 18 p. 8. Winterthur, Vve. J. Kaufmann, 1904.

Chodat, R[obert]. Les dunes lacustres de Scies et des Garides. Etude de géobotanique. Extrait du Bulletin de la Société botanique suisse, Fascicule 12, 1902. [Avec des figures.] II + 44 p. ⟨p. 15—58.⟩ 8. Berne, K. J. Wyss, 1902.

Chodat, R[obert]. Les ferments oxydants. Conférence faite devant l'assemblée générale des membres de la Société suisse de pharmacie réunie à Genève. Extrait du «Journal suisse de Chimie et Pharmacie» [= Schweizerische Wochenschrift für Chemie und Ph'. Jahrg. 43,] 1905, No. 46/48. 12 p. 8. Zurich, Orell Füssli.

— sur trois genres nouveaux de Protoccoidées et sur la florule planktonique d'un étang du Danemark, s.a. Mémoires de l'herbier Boissier Nr. 17.

Sur trois genres nouveaux de protococcoidées et sur la florule planktonique d'un étang du Danemark par R[obert] Chodat. *Genève & Bâle: Georg & Cie 1900.* (10 S.) 8°
— Mémoires de l'Herbier Boissier. No 17, A. [oo. 878]

Chodat, R. Monographia Polygalacearum. 1e partie. Avec 12 planches. Gr. in-4°. 143 p. Genève, Bâle, Lyon, H. Georg. 1891. 10 —
*** Extrait des Mémoires de la Soc. de physique et d'histoire naturelle de Genève. Volume supplém., 1890, Nr. 7.

Chodat, R. Dr. Monographia polygalacearum. 2e prt. Avec 23 pl. 500 p. Gr. in-4°. Genève, Bâle, Lyon, Georg & Co. 1893. 40 —
*** Extrait des Mémoires de la Soc de physique et d'histoire naturelle de Genève. Vol. XXXI. 2e prt. No 2.

Chodat, R[obert]. Johann Müller Argoviensis (1828–[1896. Necrolog und] Schriftenverzeichniss). SA. 8. Berlin 1896.

— et J. **Huber**, recherches expérimentales sur le Pediastrum Boryanum. [Aus: „Berichte d. schweiz. botan. Gesellsch."] gr. 8. (15 S. m. 1 Taf.) Bern 895. K. J. Wyss. n. — 60

Chodat, R[obert]. et Rouge, E[rnest]. La Sycochymase ou le Labferment du Ficus Carica. Par R. Ch' et E. R'. ⟨Institut de Botanique, Université de Genève.⟩ Abdruck aus dem Centralblatt f. Bakteriologie, Parasitenkunde u. Infektionskrankheiten. Abteilung II.... Band 16. 1906. No. 1/3. II+9 p. 8. Jena, Gustav Fischer.

Chodat, R., Tremandraceae, Polygalaceae, s.: Engler, A., u. K. Prantl, d. natürl. Pflanzenfamilien.

Chodaunský, s. Chodounský

Chodecki, Ladislaus (geb. Warschau 22. 3. 1855): Ueber die Hodgkinsche Krankheit (Anaemia lymphatica, Pseudo-leucaemie, malignes Lymphom). Berlin (1880). (27 S.) 8°
Berlin, Med. Diss. v. 20. März 1880

Choderlos de Laclos, s. Laclos, Pierre Ambroise François Choderlos de

Chodin, A., ueber die Abhängigkeit der Farbenempfindungen von der Lichtstärke, s. Sammlung physiolog. Abhandlungen.

Chodin, A., über die chemische Reaction der Netzhaut u. der Sehnerven. [Aus: „Sitzungsber. d. k. Akad. d. Wiss."] Lex.-8. (17 S.) Wien 877. (Gerold's Sohn.) n. — 40

Chodkiewicz, Stanisl., Beitrag zu der Lehre von den Darmeinschiebungen, sowie zu der Lehre von der amyloiden Entartung. Inauguraldissertation. gr. 4. (18 S. m. 2 Steintaf.) Kiel 878. v. Maack in Comm. n. 1. 20

Chodníček, Jos. Die politischen Ansichten des Polybius im Zusammenhange mit Plato und Aristoteles. 59 S. 8. Progr. G. III. Bez. *Wien* 1877.

Chodníček, Josef Über die Gründe der theoretischen Excurse und Bemerkungen des Polybius. 8 (32 S.). Progr. Staatsg. im III. Bezirk *Wien* 1888.

Chodnicek, Jos., Übersicht der gleichzeitigen Ereignisse in Juda u. Israel 775—588 mit Rücksicht auf Damascus in Syrien, Assyrien und Babylon. Oberhollabrunn, 1868, Realgymnas.-Progr.

Chodníček, Jul., die Grundzüge der Combinationen u. der aus ihnen abgeleiteten Reihen u. Determinanten. Kremsier 867. Gusek. gr. 8. (63 S.) n. 10 ngr.

Chodounský, Frz., über die Bedeutung der Spindel bei Werthschätzung des Hopfens den äusseren Eigenschaften nach, s.: Berichte der Versuchsanstalt f. Brauindustrie in Böhmen.

— Beurteilung der Bonität der Gerste, s.: Erben, Thdr.

— Die Bierbrauerei, s.a. Bibliothek der gesamten Technik.

Die Bierbrauerei von Dir. Franz Chodounský. Mit 25 Abb. Hannover: Jänecke [1910]. 253 S. 8°
(Bibliothek d. gesamten Technik. Bd 128.) [n. 11795 7

— Über den Einfluss der Haufenführung u. der Temperatur auf den Keimungsprocess, s.: Berichte der Versuchsanstalt f. Brauindustrie in Böhmen.

— Zur Frage d. Qualität d. böhmischen Gerste, s.: Berichte der Versuchsanstalt f. Brauindustrie in Böhmen.

Chodounský, Frz., der Hopfen, s.: Berichte der Versuchsanstalt f. Brauindustrie in Böhmen.

— Ungarischer Hopfen, s.a. Berichte der Versuchsanstalt f. Brauindustrie in Böhmen.

Chodounský, F., Ungarischer Hopfen. Ein Beitrag zur Wertschätzung des Hopfens den äußeren Eigenschaften nach. [Berichte der Versuchsanstalt für Brauindustrie in Böhmen. 10. Heft.] Lex.-8°. (23 S.) † Prag: Calve 1909. * K 1.50

CHODOUNSKÝ, Franz
Zur Oekonomie in der Brauindustrie. Von Franz Chodounský. Prag. 1900. Verlag des Vereines zur Gründung und Erhaltung der Versuchsanstalt für Brauindustrie in Böhmen. In Comm. Calve. Gr.-8°. 116 S. mit 1 Tafel. K 2.—
Berichte der Versuchsanstalt für Brauindustrie in Böhmen. II. 4.

— über die Werthschätzung d. Hopfens nach dessen äuss. Eigenschaften, s.a. Berichte d. Versuchsanstalt f. Brauindustrie in Böhmen.

CHODAUNSKÝ, Fr.
Über die Werthschätzung des Hopfens. Nach dessen äusseren Eigenschaften. Von Fr. Chodaunský. Prag. 1899. [In Comm.] Calve. Gr.-8°. 27 S. fl. —.40
Berichte der Versuchsanstalt für Brauindustrie in Böhmen. II. 3.

Chodounský, Karl, Erkältung u. Erkältungskrankheiten. (VI. 191 S.) gr. 8. Wien 907. J. Šafář. n. 4. 50

Chodounský, Karl, Erkältung als Krankheitsursache. 2., durch e. Nachtrag ergänzte Ausg. des Werkes „Erkältung u. Erkältungskrankheiten". (VII, 207 S.) gr. 8. Wien 911. J. Šafář. 4. 50

Chodounský, Steph., was e. Detektive üb. Monte-Carlo erzählt. (127 S.) 8. Prag 908. (Berlin-Zehlendorf, R. Eckstein Nachf.) 2. —

Chodowiecki, Albert

Beitrag zur Geschichte der Loge Germania No 8 im O.·. Valparaiso. Gegründet am 16. Juli 1871, feierlich eingesetzt am 2. Mai 1872. Auszug aus dem Protokoll-Buch Nr 1. In der Sitzung vom 17. Mai vorgetragen von Albert Chodowiecki. Nebst einem Anh., Logen-Arbeiten und Vorträge von Brüdern enth. Valparaiso 1877: Germania. 34 S. 8°
Tt. 485.

Kaiser Friedrichs Eintritt im ew[igen] Osten. Dramatisches Gedicht gewidmet dem Br. Georg v. Bischoffshausen von Albert Chodowiecki. Vorgetragen in der Loge Lessing zu Valparaiso. [Leipzig 1889: Findel.] 29 S. 8° [Umschlagtit.]
Schildert eine mrische Arbeit im Jenseits in dramatischer Form.

Vom Reissbrett der ger.·. und v.·. St. Joh.-Loge Lessing im Or.·. Valparaiso. Ein Auszug von Reden, Vorträgen und Arbeiten, welche in der Loge vorgetragen worden. Gesamm. von A[lbert] Chodowiecki. 1879. Umfassend einen Zeitraum von 20 Monaten. Als Ms. gedr. Hamburg [1879]: Altschwager. 43 S. 8°
Tt. 1904.
[Fortges. u. d. Tit.:]

Vom Reissbrett der Joh.-Loge „Lessing" Or.·. Valparaiso, Auswahl von Reden und Vorträgen Johanni 1879 bis 1882. Zsgest. vom Schriftführer der Loge [Albert Chodowiecki]. Leipzig: Findel 1883. 72 S. 8°
Recens: Bh. 26 (1883) S. 93 (J. G. Findel); FZ. 37 (1883) S. 94 (K. Pilz); HL. 16 (1883) S. 1219—1220.
cf. M. 1 (1882—1883) S. 162 (R. Maennel); Z. 18 (1883) S. 40.
Tt. 1905.

Vortrag zur 100. Jahresfeier Kaiser Wilhelms I. in der Loge Lessing [in Valparaiso]. Gehalten von A[lbert] Chodowiecki. Valparaiso [1897]: Peters. 4 Bl. 4° [Umschlagtit.]
Enth. die Lebens-Grundsätze Kaiser Wilhelms, von ihm selbst am Tage seiner Einsegnung verf. u. von Chodowiecki in Verse gebracht.

Loge „Lessing". Vortrag gehalten in der Trauer-Loge, 15. Febr. 1881 zum Andenken an Gotthold Ephr. Lessing von A[lbert] Chodowiecki. [Valparaiso 1881]: Germania. 3 Bl. 8⁰ [Umschlagtit.]
Tt. 1977. Nebst Gedicht zu Lessings Totenfeier von Dankwardt.

Chodowiecki's, Daniel, Biographie und Charakteristik, s. Dohme, R.

Chodowiecki [Dan. Nik.], Auswahl aus des Künstlers schönsten Kupferstichen. 136 Stiche auf 30 Carton-Blättern. Nach den zum Theil sehr seltenen Originalen in Lichtdr. ausgeführt von A. Frisch in Berlin. (2. Aufl.) gr. 4. (1 Bl. Text. (Berlin 884, Mitscher und Röstell. In Leinw.-Mappe *

Chodowiecki. Auswahl aus des Künstlers schönsten Kupferstichen. 135 Stiche auf 30 Carton-Blättern. Nach den zum Theil sehr seltenen Originalen in Lichtdr. ausgeführt von A. Frisch, Berlin. Neue Folge. Fol. (30 Taf. und 1 Bl. Text.) Berlin 885, Mitscher und Röstell. In Leinw.-Mappe *

— Bilder a. d. brandenbg.-preuß. Gesch. Radiergn. Hrsg. v. Geo. Voß. (54 Bl. m. Text a. d. Rückseite u. XIII S. Text.) 13×19,5 cm. Berlin (907). J. Spiro. 4.

Bilder aus der brandenburg.-preußischen Geschichte. Radierungen v. Daniel Chodowiecki. Hrsg. von Prof. Dr. Georg Voss. 4. Aufl. Berlin: Spiro [um 1910]. XIII, S. 54 Taf. quer-8° [11. 9333

Daniel Chodowieckis Handzeichnungen. Ausgewählt sowie mit e. einleit. Studie u. ausführl. Erklärungen versehen von Wolfgang v. Oettingen. Berlin: J. Bard 1907. (51 S., 36 Taf.) 8°
= Handzeichnungen grosser Meister. Bd 1. [07. 8915

Chodowiecki, [Daniel]. Hochzeitsgebräuche verschiedener Nationen, zwölf Kupfer gezeichnet und gestochen von Chodowiecki. Gotha, bey Carl Wilhelm Ettinger 1781.
12 Taf. in Kupferst., 12 Bl. Text 2°.

—— Aus Daniel Chodowieckis Künstlermappe. 98 Facsimiledrucke nach Handzeichnungen im Privatbesitze. Fol. [Berlin 885, Amsler und Ruthardt.] Bonn, E. Strauss' Sortiment. *

Chodowiecki's, Dan., Kupferstiche. Nach dem neuen Catalog des Hrn. Wilhelm Engelmann geordnet und mit Verkaufspreisen versehen. Abdr. aus der 28. Abth. des R. Weigel'schen Kunstcatalogs. Leipzig 857. R. Weigel. gr. 8. (48 S.) n. 10 ngr; Velinp. in gr. 4. n. 12 ngr.

[Chodowiecki, Daniel.] Aus den Kupferstichen Daniel Chodowieckis, m. e. Einleitung v. Severin Rüttgers, (s. a. Hausschatz deutscher Kunst der Vergangenheit.

Aus den Kupferstichen Daniel Chodowieckis. Hrsg. v. Jugendschriften-Ausschuß d. allg. Lehrervereins Düsseldorf. Mit e. Einl. von Severin Rüttgers. Berlin: Fischer & Franke [1908]. (12 S., 42 Bl.) 8° [J.]
= Hausschatz deutscher Kunst d. Vergangenheit. H. 9. [08. 13064

CHODOWIECKI, Dan. — Mode-Thorheiten. 12 characteristische Blättchen, *Chodowiecki* fec. (1 Mk. 20 Pfg., Heberle, Cöln, 740 [c. 1875]; jetzt theurer!)

Chodowiecki und Lichtenberg. Daniel Chodowiecki's Monatskupfer zum 'Göttinger Taschen-Calender' nebst Georg Christoph Lichtenberg's Erklärungen. Mit e. kunst- u. litterargesch. Einl. hrsg. von Dr. Rudolf Focke, Oberbibl. zu Greifswald. 1778–1783. *Leipzig: Dieterich 1901.* (XX, 28 S., XVIII Taf.) 4°(8°) [J.] [01. 10188

—— der Peintre-Graveur, s. Meyer, Ferd.

Chodowiecki et Lichtenberg. Les tailles-douces des mois de Daniel Chodowiecki dans l''Almanac de Goettingue' [Monatskupfer z. Göttinger Taschen-Calender] avec les explications de Georg Christoph Lichtenberg. Publ. avec une introd. hist. sur l'art et la littérature par Rudolf Focke. 1778–1783. *Leipzig: Dieterich 1901.* (XX, 30 S., 18 Taf.) 4°(8°) [01. 11839 7

— von Berlin nach Danzig. Eine Künstlerfahrt im J. 1773. Fcsm.-Drucke nach den in der kgl. Akademie der Künste zu Berlin aufbewahrten Orig.-Zeichngn. Chodowiecki's, nebst kurzen erläut. Notizen nach seinen eigenen Aufzeichngn. gr. 4. (16 S. m. 100 Bl. auf 45 Taf.) Berlin 883. Amsler & Ruthardt. In Leinw.-Mappe. n. 30. —

Chodowiecki, Dan., von Berlin nach Danzig. Eine Künstlerfahrt i. J. 1773. 108 Lichtdr. n. d. Originalen i. d. kgl. Akademie d. Künste i. Berlin. M. erläut. Text u. e. Einführg. von W. v. Oettingen. (2. Ausg.) qu. gr. 8. (X, 100 S.) Berlin (895). Amsler & Ruthardt. Geb. in Segeltuch 20. —

Das radierte Werk von Daniel Chodowiecki fast vollständig in vorzüglichen alten Abdrücken, darunter Ätzdrucke, Probedrucke u. d. großen Seltenheiten; Handzeichnungen, eigenhändige Briefe, insbes. die umfangr. Korrespondenz an d. Gräfin von Solms-Laubach. Versteigerung zu Berlin (d. 27. Okt. 1903). *(Berlin: Amsler & Ruthardt 1903.)* (52 S.) 4°(8°)
Kupferstich-Auktion 69 von Amsler & Ruthardt. [04. 4467

Chodowiecki, M., Zeus. Nach dem Span. des T. M. Fioretti hrsg. 8. (XXXI, 364 S.) Leipzig 876, [Mentzel.] A. Krüger. *

Chodowiecki's, Daniel, Biographie u. Charakteristik, s.: Dohme, R.

Chodowski, Salomo: Observationes criticae in Midrasch Schir Haschirim secundum Cod. Monac. 50 Orient. Halis Saxonum [1877]: o. Dr. 57 S. 8°
Halle-Wittenberg, Phil. Diss. v. [23. Juli 1877]
Geb. Lubraniec (Russland) 10. 3. 1850. V.

Chodschajew (Khodjaeff), Nikita [de Piatigorsk, Russie]: Sur la dialyse des enzymes. Fribourg (Suisse) 1898. 43 p. 8°.
Freiburg. Mathem.-naturw. Diss. 1897/98.

Chodzko, Alex., s. Abentheuer u. Gesänge Körroglou's.

Chodzko, Alex., Polnisch-englisches Wörterbuch. 2 Tle. (III, 536 u. 370 S.) Lex. 8. Berlin (893). Neufeld & Henius. 10.—; geb. 11. 20

Chodzko, L., s. 1) K. Andree, Polen. 2) Brougham.

Chodzko, Olymp, s.: Krasinska, Gräfin Franziska, Tagebuch.

Chodzko's Polen, (übers.) von Andree, s. Andree, Karl.

Chofes Matmonim sive anecdota rabbinica continentia I. R. Scherirae Gaonis epistolam II. Varias R. Salomonis Jizchaki (Raschi) quaestiones. III. Librum Ibn Esrae Chai ben Mekiz correctum illustratum studio R. Wolfii Heidenheim. IV. Fabulas LXX. syriacas. V. Carmen liturgicum R. Isaaci bar Jehuda ibn Giat cum commentario R. Simeonis ben Zemach Duran. Quae omnia e cod. ms. vetusto primum ed. et notis illustravit Berl Goldberg. 8 maj. (6 B.) Berolini 845, Gust. Bethge.

Choffat, Paul

Choffat, P. Etudes géologiques sur la chaîne du Jura. I. Esquisse du callovien et de l'oxfordien dans le Jura occidental et le Jura méridional, suivie d'un supplément aux couches à ammonites acanthicus dans le Jura occidental. In-8⁰. 146 p. av. 1 carte. Genève et Bâle, Georg. 1878.

Choffat, Paul, et de Loriol, P. Matériaux pour l'étude stratigraphique et paléontologique de la Province d'Angola. In-4⁰, 116 p., 8 pl. Genève et Bâle, H. Georg. 1888. 10
*** Forme le N° 2 du tome XXX des „Mémoires de la Société de Physique et d'Histoire natur. de Genève".

Choffat, P., die Paläontologie, deren Methode, Nutzen u. Ziel, s. a. Vorträge, öffentliche, gehalten in der Schweiz.

Choffat, P. Die Paläontologie, deren Methode, Nutzen und Ziel. 8°. Basel, Schweighauser. 1878.
Oeffentliche Vorträge, Bd. IV, Heft 10.

Choffé, F., la papauté aux abois ou le christianisme vengé. Stuttgart 860. Aue in Comm. gr. 8. (47 S.) n. 10 ngr.

Choffin, David Étienne

— abrégé de la vie de divers princes illustres et des grands Capitains etc. 12. Halle 748, 751. II Vols. 12. N. Ed. 769. Waisenh.-B. 16 gr. le même. II Vols. gr. 4. Halle 763 et 64. Nouv. Ed. ... (Laue in Berl.) 3 rthl.

— — le même I. II T. gr. 4. Halle, Curt. (Waisenh.) 763. 64.

Choffin, Dav. Steph., († d.... Jan. 1773.) les amusemens de l'amitié, ou lettres écrites de la Cour vers la fin du regne de Louis XIV. N. A. 8. Halle 770. (Hahn in Hannov.) 12 gr.

— amusemens littérair, ou Magazin de la belle litterature. 8. Brandenb. 772. (Halle, Hendel). 10 gr.

— Amusemens littérair, ou Magazin de la belle Littérat. 8. Brandenb. (Hesseenland in Magdeb.) 772.

Choffin, Dav. Steph., Amusemens littér., tant en prose qu'en vers. T. I. 8. Halle, Hendel. 777. Rthlr.

— amusemens philologiques, ou Mélange agréable de divers pièces concern. l'histoire de personnes célèbres etc. II Tom., avec fig. 8. Halle 749, 50. (Als Anhang oder Suppl.: Dictionnaire abrégé de la fable ou de la mythologie etc. 8. ibid. 750. N. A. unter d. Tit.: Amusemens philologiques etc., av. un Dict. de la fable etc. IV Vols. 8. ibid. 762, 67 et 784. T. I. Ed. VII. 811. 12 gr. T. II. Ed. VI. 787. 10 gr. T. III. Ed. VI. 789. 8 gr. T. IV. Ed. VI. 795. 8 gr. Waisenh.-B. 1 rthl. 14 gr.

— Amusemens philologiques. av. fig. III Tom. 8. Halle, Waisenh. 785–89. (I et II. à 10 gr. III. 8 gr.)

— compendio della vita di diversi Principi illustr. etc. trad. da Cl. Romani. II Tom. 12. Halle 754. Waisenh.-B. 16 gr.

Choffin, Dictionnaire, voyez Dictionnaire.

— Dictionnaire, nouv., de Voyageur, franç. allem. et allem. franç.; oder vollständ. französ.-deutsches Wörterbuch. Neue umgearb. u. verm. Aufl. 2 Bde. gr. 8. Frankf. a. M. 800. Brönner. 3 rthl.

— Dictionnaire portatif franç. allem. et allem. français. II Vols. gr. 8. Halle 759. Waisenh.-B. 1 rthl. 8 gr.

— Grammaires des Dames. II Vols. 8. Halle 756.

– s. Histoire de bons Empereurs.

Choffin, David Etienne. Lobrede auf den Hrn. Prof. Gellert. Aus dem Französischen. Berlin 1770. Ü: *Bertram, Christian August von.* (MGT)

— Lobrede auf Gellert. 4. Berl. 770. Haude u. Sp. 4 gr.

— La Pratique de quelques gallicismes et métaphores.

— pratique de quelques Gallicismes etc. 8. Halle, Curt. 773.

– s. Rabutin: Lettres.

Choffin, D. E., s. K. G. v. *Raumer*, lettres allemandes.

— nouveau recueil de fables en prose et en vers tir. des meilleurs auteurs, accomp. de notes allemandes. 8. Halle 755. N. A. 798. Waisenh.-B. 8 gr.

— recueil de pseaumes et de cantiques spirituels. 8. Halle 755.

— les Vies de grands Capitains greçs et rom. voyez Cornelii Nep.

Choffin, David Stephan, s. Choffin, David Étienne

Choice of the best poetical pieces of the most eminent english poets. Vienna 1783. II: *Retzer, Joseph Fr. Edler von.* (Ky)

— of the best poetical pieces of the most eminent english poets. (Herausg. v. F. J. Retzer.) VI Voll. 8. Wien 783 87. Trattner. 5 rthl.

Choice of Burn's Poems, to which is added a Glossary. gr. 8. Ansb. 831. Dollfuss. 16 gr.

Choice of Burns' Poems, to which is added a Glossary. 1. edit. 831. 16 Gr., a new edit. (Neuer Tit.) gr. 8. (à 11¼ B.) Ansbach 834, Dollfuss.

Choice of poems for infant minds. 8. (V und 138 S.) Bremen 816, Hampe.

Chojecki, E., Alkhadar, s. Biblioteka pisarzy polskich.

Chojecki, Edm., Czechja i Czechjowie przy koncu pierwszéj polowy XIX. stulecia. Tom. I und II. gr. 8. Berlin 847, Schneider und Comp. [Tom. I. (256 S.) * 1 Thlr., II. (271 S.) * 1 Thlr. 5 Ngr.]

— Rewolucjoniści i stronnictwa wsteczne. 8. (357 S.) Berlin 849, Behr. 1⅓ rthl.

Chojeckiego, Edmunda, Gęśla. Wydanie J. N. Bobrowicza. 8. (5 B.) Lipsk 840, Librairie étrangère.

Choimet, N., theoretische u. praktische Elemente d. Maschinen-, Flachs-, sowie auch Hanf- u. Werg-Spinnerei, s.: Schauplatz, neuer, der Künste u. Handwerke. 128. Bd.

Choinanus, Herm Aug., Gedichte. 8. Jena 833. 34. (Bran.) ⅚ rthl.

Cholnanus, Herm. Aug., Gedichte. 8. (15¼ B.) Jena 834, (Bran.)

Ob die Ehe der christlichen Geistlichkeit ansteht. Betrachtungen e. Objectivisten. Von Propst a. D. v. Cholński, Lic. d. Theol. *Posen: Selbstverl.; J. K. Żupański in Comm. 1892.* (60 S.) 8° [Umschlagt.]

Cholński, Lic. v., suprema lex regis voluntas. Ein Wörtchen an die „Hamburger Nachrichten". gr. 8. (16 S.) Posen 891. (J. Leitgeber & Co.) n. — 50

v. Choiseul, Herzog, Denkwürdigkeiten über d. Reise des Königs Ludwig d. XVI. nach Varennes u. über d. Schiffbruch d. Emigrirten bei Calais. Aus d. Französ. mit Anmerkk. 8. Schmalkalden 824. Varnhagen. 15 gr.

Choiseul-Amboise, Étienne-François, Herzog von

— Staatsdenkwürdigkeiten unter Ludwig XV.; aus d. Französ. gr. 8. Bern 790. Haller. 15 gr.

Choiseul-Gouffier, Marie Gabriel Auguste Florens Comte de. Reise durch Griechenland; aus dem Franz. Gotha 1780—82. Ü: *Reichard, Heinrich August Ottocar.* (EngG) (MGT)

— Reise durch Griechenland. Aus dem Französ. von H. A. O. Reichard. Gotha 780. 82. Bd. I. Th. I. II. 8. 1 rthl. (Enth. nur den ersten Theil des Französischen).

v. Choiseul-Gouffier, Gr., Reise durch Griechenland; aus d. Französ. v. H. A. O. Reichard. 1r Bd. in 2 Heften, mit Kpf. 8. Gotha 780—82. Ettinger. 1 ℛ

Choiseul-Meuse, Cecile Comtesse de. Cecilie oder der Zögling der barmherzigen Schwestern. Aus dem Französ. ... Jena 1816. Ü: *Wagner, Gottlob Heinrich Adolph.* (Ky) (MGT) (NN)

v. Choiseul-Meuse, Gräfin Cecilie, od. d. Zögling d. barmherzigen Schwestern; aus d. Französ. (v. Glo. Hnr. Ad. Wagner). 8. Jena, Schmid. 1 ℛ 16 ℊ

— d. Findling; e. Charaktergemälde; aus d. Französ. von Frz. Rittler. 4 Bde. 8. Wien, Härter. 2 ℛ 6 ℊ

Choiseul-Praslin

—— der Herzogin v., Briefe und Empfindungen. Nebst einer biograph. Notiz über die Familie Praslin. Aus dem Franz. — Mit dem Umschlagstitel: die Ermordung der Herzog. v. Choiseul-Praslin. Nach den von dem Pairshofe zu Paris veröffentlichten Briefen und Actenstücken. I. 8. (VIII und 92 S.) Leipzig 847, [Brockhaus.]
Vgl.: Ermordung.

— Briefe u. Tagebuchblätter nebst den Verhören des Herzogs u. der Dem. Deluzy-Desportes. Aktenstücke, wie sie gedruckt unter die Pairs vertheilt worden sind. Aus d. Franz. 8. (118 S.) Leipzig 847, Hartung. 1/2 ℛ

Choiseul-Praslin, Madame la Duchesse de, lettres et impressions, précédées d'une notice biograph. sur la famille de Praslin. Mit dem Umschlagstitel: Assassinat de Madame la Duchesse de Choiseul-Praslin. Lettres et pièces authent. publiées par la Cour des Pairs. I. 8. (92 S.) Leipzig 847, [Brockhaus.]
Vgl: Assassinat.

Choisy, Gaston, für den Frieden. Neues Bündnis. Drei Briefe e. Franzosen an seine Landsleute. Autoris. deutsche Übersetzg. gr. 8. (35 S.) Leipzig 899. Dr. Seele & Co. n. — 80

Choisy le Conin [Pseud.], s. Bayros, Franz von

Choix d'anecdotes, tant anciennes que modernes. V Vols. 18. Paris et Strassb. 804. Levrault. 2 ℛ 12 ℊ

Choix de Chants religieux a deux voix; à l'usage d'une école du dimanche. gr. in-8. Strasbourg 841, Ve. Levrault. 5/12 ℛ

Choix de comédies. Les précieuses ridicules et les femmes savantes par Molière. Avec une notice littéraire et des notes explicatives par E. Perréaz. 2. Aufl. 8. (XX, 144 S.) Schaffhausen 873. Bader. 1. 20

— de comédies pour s'exercer dans la langue française. Tom. I et II. cont. le Théatre de M. de Florian. 8. Lpz. 790. Breitkopf u. H. 1 ℛ

— de quelques Comédies de Molière. 12. Erfurt, Görlin. 794.

— de Comédies nouveaux en vers. 8. Braunschw. Pluchart.

Choix de Comédies nouvelles en vers, propres à être jouées en société. Tome second. 12. Brunsvic, Pluchart. 812.

— de Comédies et Operettes. nouv. Ed. 12. la même. 812.

Choix de Comédies en prose. gr. 8. Brunsv. Pluchart. 813.

Choix des plus jolis contes arabes, tirés des mille et une nuits, par A. Henri. Nouv. Edit. augm. d'un Vocabulaire par J. F. Sanguin. 2 Voll. Mit 2 Kupf. 8. Leips. 825, Cnobloch. Rthlr.
1. Aufl. ebd. 1810.

Choix de Contes et de Récits,
s. Bibliothek gediegener und interessanter französischer Werke.

— de Dialogues françois-allemands, od. auserlesene franz. u. deutsche Gespräche zu Erlangung d. Fertigkeit in beiden Sprachen. 6 Hfte. 8. Dresd. Walther. 814.

— de discours tenus en 1843, à l'occasion du jubilé du règne de Charles XIV. Jean, Roi de Suède et de Norvège. Traduction du Suédois. 8. Stockholm 843. (Fritze.) n. 5/6 ℛ

Choix de fables, s. Auswahl deutscher Fabeln.

— de fables et de contes; traduits de divers auteurs anglais et allemands par Xav. Marmier. 12. Paris et Strassb. 835. Levrault 1/3 ℛ fein Pap. 1/2 ℛ

—— de fables suivies de quelques autres poésies pour l'enfance par Naville et Haas. 16. (8 3/4 B.) Genève 845, Kessmann.

Choix de fleurs. 25 cartes en chromolith. fino avec texte de l'Ecriture. In-32°. Bâle, Spittler. 5 — 1878.

— de lecture française. Ier Cah. (contenant Britannicus et Mithritade; trag. de Racine.) 8. Lübeck... Mit n. Tit. Leipz. 813. Hinrichs. 12 ℊ

Choix de lecture française pour servir de bibliothèque portative, contenant les oeuvres complétes de Mme. Cottin et les oeuvres choisies de Florian, Genlis, La Fontaine et Marmontel. 70 Livr. 16. (403 1/2 B.) Pest 828, 29, Hartleben. à 3 Gr.
Cottin, Mme. de, Oeuvres complétes. 8 Vs. cont. Claire d'Albe, Elisabeth, Mathilde, Amelie, Maunsfeld, Malvine. 828. 3 Thlr.
Florian, de, Oeuvres choisies. 11 Vs. 828. 2 Thlr. 18 Gr.
Es sind darin aufgenommen u. apart zu erhalten:
Don Quichotte de la Manche. 3 Vs. 1 Thlr. 3 Gr. — Fables. 9 Gr. — Gonzalve de Cordove. 2 Vs. 18 Gr. — Galatée, Estelle; deux pastorales. 9 Gr. — Nouvelles. 9 Gr. — Numa Pompilius. 9 Gr. — Théâtres. 2 Vs. 18 Gr.
Genlis, Mme. de, la Duchesse de la Vallière. 829. 12 Gr.
—— le Siège de la Rochelle. 829. 12 Gr.
—— les voeux téméraires. 2 Vs. 829. 21 Gr.
La Fontaine, de, Fables et quelques autres poésies du même auteur. 2 Vs. 1829. 12 Gr.
Marmontel, de, Contes moraux et nouveaux contes moreaux. 6 Vs. 1828. 1 Thlr. 18 Gr.

— de Lectures intéressantes et instructives pour la Jeunesse plus avancée, voyez L. A. Lamotte Cours. Vol. II.

—— du livre des Cent-et-un. Ein franz. Lesebuch für Deutsche. Nebst Erläutern., Erklärungen u. Wörterbuch. gr. 12. (13 B.) Leipzig 833, Baumgärtner.

Choix de mémoires. Tome 5. Précédé des rapports sur les travaux de la société littéraire de l'université catholique de Louvain pendant les années 1847—48 et 1848—49. gr. 8. (XLII u. 282 S.) Louvain 850. Bonn, Marcus. n. 1 1/3 ℛ (Tome 1—5: n. 6 2/3 ℛ)

Choix des mémoires et abrégé de l'histoire de l'académie. Berlin 1767. V: *Formey, Joh. Heinrich Samuel.* (BrMm)

— de principales monuments du cimetière à Munic, f. Auswahl.

—— de morceaux classiq. allem. avec trad. franç., s. Anthologie deutsch. Aufsätze etc.

— de morceaux classiques p. s. à l'étude de la langue et de la litt. franç. 1r Cah. (cont. Britanicus et Mithridate de Racine.) 8. Lübeck, Niemann.

—— nouveau, de morceaux classiques, f. Anthologie, neue, deutscher Aufsätze ꝛc.

Choix de nouvelles modernes, hrsg. v. Bertha Breest, Grube u. J. Wychgram, s.: Prosateurs français.

— dasselbe, hrsg. v. J. Wychgram, s.: Velhagen & Klasing's Sammlung französischer u. englischer Schulausgaben.

Choix de nouvelles modernes, hrsg. v. Adf. Mager, s. a. Graeser's Sammlg. französ. u. engl. Schriftsteller. IV.

Choix de nouvelles modernes. Erzählungen zeitgenössischer französischer Schriftsteller. Mit Anmerkungen herausgegeben von Adolf Mager. Wien. [1899.] Graeser. Gr.-8°. 68 S. fl. —.30

Choix de nouvelles du XIX. siècle, s. Bibliothek gediegener und interessanter französ. Werke.

—— des oeuvres de Dannecker, s. Dannecker.

—— de cent passages bibliques, accompagnés d'applications edifiantes en vers. 12. (2⅙ B.) Strassbourg 844, Levrault'sche Buchh.

— de Peintures antiques empruntées de l'ouvrage du Comte de Caylus tirés à peu d'exemplaires et accompagnées d'explications p. A. de Rode. Cah. 1, 2, 5. gr. fol. Impérial colorié. Weimar, L. Ind. Compt. 805.

— de pensées mêlées etc. publié avec la traduction allemande p. Schulz. 8. Leips. Hartknoch. 796. Vel. Pp.

—— de pièces dramatiques, s. Bibliothek gediegener und interessanter französ. Werke.

— de pièces historiques amusant. et instructives à l'usage de la jeunesse. 8. Frankf. 803. Varrentrapp. 9 gl

— de pièces intéressantes, pour servir de lecture instructive à l'usage de jeunes gens, qui veulent apprendre la langue française. 8. Leipz. 807. (W. Nauck). 20 gl

— de Pièces intéressantes, pour servir de lecture instructive à l'usage des jeunes gens, qui veulent apprendre la langue françoise. 8. Leips. Sommer. 807.

Choix de pièces intéressantes, pour servir de lecture instructive à l'usage des jeunes gens qui veulent apprendre la langue françoise. Nouvelle Edition. 8. Leips. Sommer. 820. — 20

— des meilleures pièces de Mad. Deshoulieres et de l'Abbé Chaulieu. 8. Berl. 777. Rottmann. 12 gl

Choix de pièces de théatre de Berquin. — Auswahl v. Franzöf. Kinder- u. Jugendschauspielen aus Berquin, mit einer deutschen Erklärung der darin vorkommenden Wörter u. Redensarten v. W. L. J. E. Leuchsenring. gr. 8. Carlsr. 823, Braun.

— de poésies allem. IV Tom., s. Mich. *Huber.*

— de poésies française, s. G. K. Plate.

Choix de poésies françaises, s. Bibliothèque française. Tome XII.

— de poésies françaises, s. Bibliothèque franç., par Zoller.

— de Poésies, faisant suite aux secondes lectures français., à l'usage des classes supérieures des écoles primaires. gr. in 12. Paris et Strasb. 833. Levrault. ⅜ ♂

Choix de poésies lyriques, s. Collection d'auteurs français.

—— de poésies à l'usage des maisons d'éducation. 8. (26¼ B.) Berne 838, (Fischer.) *

— de poésies narratives, s. Bibliothek gediegener französ. Werke.

— — de Poésies Polonaises. p. O. 2 Vol. gr. 8. Götting., Vandenhöck et R. in Comm. 816, et 17. (1r Rthlr. 1 2r 20 Gr.) 1 20

— de poésies polonaises. p. O. II Vols. gr. 8. Götting. 817. (Vandenhöck u. R.) 1 ♂ 20 gl

— de prières pour les Adorateurs en esprit et en vérité. traduit par J. P. Brunner. 12, Paris. (Ferstl in Graetz.) 804.

Sohrbp.

—— de Prose et de Poésie, ou Recueil de morceaux tirés de 243 des meilleurs écrivains français. Par P. Fazy. gr. in-12. (34½ B.) Berne 841, Burgdorfer. *

— — de rapports, opinions et discours pronoucés à la Tribune nationale depuis 1789 jusqu'à ce jour. Tom. I à XIII. in 8. Paris. 820. 52 12

— de tableaux de la galérie royale au château de Christiansbourg et de la galérie du Comte de Moltke à Copenhague. — Ausgewählte Bilder aus der königl. Galerie auf Schloss Christiansburg und der gräfl. Moltke'schen Sammlung in Kopenhagen. — Mit erklärendem Text in däuischer, deutscher u. französischer Sprache. 1—6. Liefg. (à 1 lith. Bl.) Kopenhagen (852). (Leipzig, Lorck.) Imp.-Fol. n. 12 ♂ 24 ngl; einzelne Liefgn. à n. 2 ♂ 20 ngl

—— du théâtre français p. P. A. Fédor Possart. I. Vol. — A. u. d. T.: Auswahl franz. Theaterstücke, mit Hinweis. auf d. Grammatiken v. Frings, Hirzel, Beck u. Saigey, nebst krit., grammat. u. psycholog. Anmerkn., zum Schul- u. Privatgebr. 1. Bd. Molière's Avare. gr. 8. (8 B.) Leipzig 831, [Klinkhardt.]

— du Théâtre français par P. A. Fédor Possart. Vol. I — A. u. d. T.: Auswahl franzöf. Theaterstücke mit Hinweisung auf d. Grammatiken v. Frings, Hirzel, Beck u. Saigny, nebst krit., grammat. u. psycholog. Anmerkk. zum Schul- u. Privat-Gebrauch. 1r Bd. Moliere's Avare. gr. 8. Lpz. 831. Sühring. 12 gl

—— du théâtre français à l'usage des écoles, s. a. Corneille, Horace.

Choix du théâtre français. A l'usage des écoles. Vol. I—IV. Leipsic, (Leo.) à Thlr.
Vol. I. Molière, l'avare. Comédie en 5 act. (8 B.) 825.
- II. Corneille, le Cid. Tragédie en 5 act (5½ B.) 825.
- III. Molière, le bourgeois gentilhomme. Coméd. en 5 act. (9 B.
- IV. Racine. Phedre. Tragédie en 5 act. (4½ B.) 827.

— du Théâtre français à l'usage des écoles. 4 Vols. 2. édit. 8. l'Avare. Comédie par Molière. (123 S.) Le Cid. Tragédie par P. Corneille. (83 S.) Le Bourgeois Gentilhomme. Comédie par Molière. (138 S.) Phèdre. Tragédie par Racine. (68 S.) Leipsic (847), Herm. Fritzsche. Einzeln à ⅓ ♂ In 1 Bde. n. ⅔ ♂

— de Théâtre français moderne. Publié par J. Louis: Bayard et P. Duport, Marie Mignot. — C. Bonjour, le protecteur et le mari. — V. Ducange et G. de Pixérécourt, le Jésuite. — A. Dumas, Stockholm, Fontainebleau et Rome. — L. Halévy, le Czar Demetrius. — Samson, la belle mère et le gendre. — Scribe et Mazères, le Charlatanisme. — Scribe et C. Delavigne, l'Héritière. — A. Soumet et L. Belmontet, une fête de Néron. — Wiener, Recueil et explication des mots, le moins usités contenus dans les pièces ci-jointes. 16. Berlin 842, Heymann. n. 1 ℛ

Choke, Ignace, Liebet Euch! Laienepistel an die confessionellen Parteien u. deren Führer in Deutschland. 1. Hft. gr. 8. (6⅛ B.) Sudenburg-Magdeburg 845, Pätz u. Comp. (Kech.) *

— s. Rousseau, J. J., über den Einfluß d. schönen Künste.

—— Warbeck od. die Prätendenten. Histor.-dramatisches Gedicht in 4 Aufzügen. Nach Fr. v. Schiller's hinterlass. Skizze. gr. 8. (8⅛ B.) Sudenburg-Magdeburg 846, Pätz u. Comp. (Kech.)

Chokoladefabrikation, die, s. Chocoladefabrikation.

Chokoladen-Fabrikant, der. ... Kitzingen 840. Köpplingers Buchh. ⅙ ℛ

Cholava: Das Pythagoreische in Platon. 36 S. 8⁰–Krakau St.A. Progr. 1859

* CHOLEM eines Syrers, Historia Anecdota, noch nie publicirte Geschicht-Erzehlung von der Frau Pilatußin, oder Claudia Procula, Cnei Pontii Pilati dazumal Landpfleg- u. Bann-Richters zu Jerusalem Gemahlin, Ankunfft, Tugend-Wandel u. Austritt aus diesem Leben. Aus dem Syrischen ins Lateinische übers. Jerusalem in König Herodis Hoff-Buchdruckerey. 1714. 8⁰. 4 Bog. Rar!
Ohne Angabe d. wahren Druckorts im Frf. u. Lpz. M. M. V., Bl. F. 2a (u. darnach Weller, fing. Dr. I. p. 65).

Choler, A., e Marc-Michel, l'avvocato del diavolo, s. Emporeo drammatico.

Cholera, die, s. Haus-Bibliothek, homöopathische.

— die, e. Volks- u. Kriegslied, Text v. Fulda, Musik v. Naue. 4. Merseb. 831. Weidemann. 2 𝒦

— die. Wie haben wir diese Krankheit anzusehen? ꝛc. 8. Barmen 832. Schmachtenberg u. St. 1 𝒦

—— die, wie haben wir diese Krankheit anzusehen? Wo haben wir ihren Ursprung zu suchen? Wie ihre Aeußerung u. Verbreitung zu betrachten? u. wo findet man ein unfehlbares Präservativ dagegen? (Eine bibl. Betrachtung.) 8. (½ B. u. Titlvign.) M. Gladbach 832, Schmachtenberg u. Comp.

Cholera, die. Guter u. erprobter Rath gegen diesen so gefürchteten Würgengel von e. Nichtarzt, der die Cholera mit einfachen Mitteln an sich selbst curirte, während in seinem Wohnorte von 4000 Seelen gegen 500 von der Krankheit hingerafft wurden. Stuttgart 865. Fischhaber in Comm. 8. (16 S.) n. 2 *ngr.*

Cholera. Wie schützt man sich davor? Wie bekämpft man sie? Die vom Einzelnen zu beachtenden Gesundheitsvorschriften. (Deutsch, französisch u. italienisch.) 12. (12 S.) Bern 884. Wyss. n. — 20

Cholera, die. Ihre Verhütung und Heilung. Von einem erfahrenen Arzte. 2. Aufl. der Schrift: „Der Choleralärm in Europa 1884". 8. (VIII, 168 S.) Hannover 885, Schmorl und v. Seefeld. *

Cholera, die. Belehrung über das Wesen der Cholera. Anweisg. zur Ausführg. d. Desinfection. Rathschläge an prakt. Aerzte wegen Mitwirkg. an sanitären Maaßnahmen. (Erlaß d. Ministers der geistl. pp. Angelegenheiten vom 28. Juli 1892.) gr. 16. (15 S.) Berl. 892. v. Decker. * — 20

— Gegen die asiatische Cholera. Gemeinnützige Schrift f. das deutsche Volk unter Wiedergabe d. im Einvernehmen m. dem Reichsamt d. Innern v. dem königl. preuß. Hrn. Kultusminister ausgegangenen Erlasses v. 28. Juli 1892, nebst Vorwort, Anmerkgn. u. Anh üb. die Behandlg. der Cholerakranken. 1.—3. Aufl. 16. (22 S.) Berlin 892. (Funcke & Naeter.) — 15

— Wie schützt sich der Schiffer vor der Cholera? Ergänzung zu den „Schutzmaßregeln gegen Cholera". Zusammengestellt im kaiserl. Gesundheitsamt. Tab. Fol. Berlin 892. J. Springer. n.n.n. — 5; 10 Exempl. n.n. — 50; 100 Exempl. n.n. 2. —; 1000 Exempl. n.n. 15. —

— die. Verhaltungs-Vorschriften u. Schutzmittel gegen dieselbe. gr. 8. (16 S.) Dresden 892. Hertwig. — 10

— Das Wesen der Cholera m. besonderer Berücksicht. dor durch die Cholera-Epidomie 1892 gewonnenen wissenschaftlichen Resultate. [Fortschritte d. öffentl. Gesundheitspflege, I, 4.] gr. 8. Frankfurt a/M. 892. Jaeger's Verl. n. 1. —
Aetiologie der Cholera v. F. Niemann. Die Lebenseigenschaften der Cholerabacterien v. Schiller. Die persönliche Prophylaxe v. Fr. Dornblüth. Die öffentliche Prophylaxe v. Mart. Kirchner. Die Choleragesetzgebung v. Hanauer. (48 S.)

— Wie schützt man sich vor der Cholera u. wie verhält man sich bei Ausbruch derselben? Gemeinverständlich bearb. v. e. prakt. Arzte. gr. 8. (16 S.) München 892. Münch. Verlags-Institut, G. Braunbeck. — 10

Cholera. Wie schützt man sich davor? Wie bekämpft man sie? Mit deutschem, französischem und italienischem Text. Kl. in-4⁰, 12 S. Bern, K. J. Wyss. 1893. — 25

— die. Ihre Verhütung u. Heilg. durch e. neue Curmethode. Von ***. 12. (24 S.) Graz 893. Verlags-Comptoir „Minerva". n. — 40

Cholera, die asiatische, s.: Hausbibliothek, kl. medicin.

— die asiatische, in Breslau während d. Monate October, November, December 1831, beschrieben von den in den öffentl. Cholera-Hospitälern zu Breslau angestellt gewesenen Ober-Aerzten Prof. Dr. Göppert, Med.-R. Dr. Hancke, Reg.-Arzt Dr. Knispel, Dr. Krumteich, Dr. Pulst, Dr. Remer d. j., Prof. Dr. Seerig, Dr. Seidel, Dr. Wengke. Mit 7 Tabb. u. 1 lithogr. Tafel in Fol. gr. 8. Bresl. 832. Max u. Comp. 1 ℛ 12 𝒦 (13¼ B.)

—— die asiat., in d. Stadt Magdeburg 1831—32. Geschichtl. u. ärztl. dargest. nach amtl. Nachrichten auf höh. Veranlassung. gr. 4. (9¼ B. u. 1 lith. Grundriss v. Magdeburg, in gr. Fol.) Magdeburg 832, Creutz.

— die asiatische, im Großherzogthume Mecklenburg-Schwerin im Jahre 1832. Amtliche Berichte. Redigirt u. herausg. v. H. Spitta. gr. 8. Rostock 833. Stiller. ⅚ ℛ

— die, u. ihre rationelle Behandlung. Uebersetzung aus A. N. Gendrin's Monographie du choléra-morbus épidémique de Paris. Nebst den im Frühjahre 1849 in Paris gehaltenen Vorträgen Gendrin's über die Cholera u. einem Briefe desselben an den Uebersetzer. gr. 8. (64 S.) Köln 849, Du Mont-Schauberg. — 2. wesentlich veränd. Aufl. gr. 8. (64 S.) Ebd. 849. n. 6 𝒦

Cholera, die, i. Bosnion, i. J. 1893. Hrsg. vom bosn. Bureau d. gomeins. Roichs-Finanzministeriums. Lex.-8. (28 S. m. 1 Karte.) Wien 895. A. Holzhausen. n. 2. —

— die, unser Bürgerthum u. die Sozialdemokratie v. ***. gr. 8. (32 S.) Leipzig 892. (E. Thiele.) n. — 20

—— die epidemische, in Stettin. Im J. 1831. Von e. Vereine prakt. Aerzte. (: Behm. Billroth. Braumüller. Kölpin. W. Otto. F. Rhades. Rübner. Schmidt. Steffen.) gr. 8. (12 B.) Stettin 832, Morin.

Cholera, die, u. das Gegenmittel von einem alten Soldaten (Anton Seloḥsemz). 8. (11 S.) Wien 887. (Mayer & Comp.) n. 1. —

Cholera. – Die Cholera in H a m b u r g in ihren Ursachen und Wirkungen. Eine oekonom.-medizin. Untersuchung. 3 Thle. Hamburg: Verl. d. Act.-Ges. „Neue Börsen-Halle" 1893. gr. 4°

I. Von L. v. Halle u. G. Koch. Mit 1 Karte der Stadt Hamburg u. zahlreichen Tab. (V, 92 S.) — II. Verlauf u. Bekämpfung der Epidemie v. Frdr. Wolter. (1. Abth. 29 S.) — III. Die Nothstandspflege. Der Einfluss der Cholera auf Grossindustrie, Gewerbe, Handel u. Schifffahrt. Mit zahlreichen Tab. u. Formularen. (IX, 36; XV u. 34 S.)

Cholera, über die, u. deren Heilung nach der Methode von Prießnitz u. Rauße u. den Vorschriften eines Wasserarztes, der selbst eine Anzahl Cholerakranke behandelte. Lex. S. (12 S.) Schwerin 850, Kürschner (jetzt Hildebrand.) n. 1/12 ℔

Cholera, die, u. ihre schnelle u. sichere Heilung durch die Homöopathie, s.: Haus-Bibliothek, homöopathische.

— Homöopathik u. Medicinalbehörde rc. gr. 8. Leipzig 831. (W. A. Künzel.) 1/6 ℔

—— Homöopathik u. Medicinalbehörde in Berührung. — Thatsächliches, zum Besten d. homöopath. Stiftungsfonds, hrsg. v. d. Leipziger Localverein homöopath. Aerzte. gr. 8. (2 B.) Leipzig 831, Schumann.
Vgl. Cholera morbus.

—— die, u. die Juden. Ein zeitgemäßes Gespräch m. dramat. Abschluß. 12. (40 S.) Berl. 892. Deichen. * — 30

— die, u. die Juden. Ein zeitgemäßes Gespräch m. dramat. Abschluß. 12. (40 S.) Berlin 892. Frankfurt a. O., Th. Heinrich. — 30

— die, deren Kennzeichen, die nöthigen u. bewährt. Heilmittel, so wie d. Vorsichtsmaßregeln dagegen. Hersfeld, Ind.-Cpt. 2 gGr

—— die, deren Kennzeichen, d. nöth. u. bewährt. Heilmittel, so wie d. Vorsichtsmaßregeln dagegen. 8. ... Hersfeld (832). [Coesfeld, Riese.]

Cholera, die, mit dem besten Erfolg bekämpft durch die homöopath. Curart. Nach Auszügen a. d. Schriften v. Hahnemann, Ant. Schmidt u. Bigel, Forster, Quin, Joh. Ad. Schubert, Joh. Jos. Roth. Dargest. v. ein. Freund d. öffentl. Wohls. gr. 8. (6 B.) Bremen 835, Geisler.

Cholera morbus, die, eine allgem. faßl. u. belehr. Abhandl. üb. d. Entstehen u. d. Verbreitung ders., deren Sym(p)tome, wie auch Vorbauungsmaasregeln, um sich beim Ausbruche d. Krankheit geg. dies. zu schützen. Nach d. neuesten Erfahrn. v. e. prakt. Arzte zusammengest. 8. (1 B.) Breslau 831, (Aderholz.) Thlr.

Cholera morbus, die, eine allgem. faßl. u. belehr. Abhandl. rc. 2., verm. Aufl. Nebst e. Anh., worin die wunderwirk. Heilart d. D. Leo zu Warschau, das einzig sichere Hülfsmittel, angeführt ist. 8. (1 B.) Ebds. 831.

—— die, beruhigendere Darstellung ders. f. d. geängstigten Gemüther; nebst Vorsichtsmaßregeln zu ihr. Verhütung, u. Anweis. zu ihr. Behandl. Popul. bearb. v. e. prakt. Arzte. 8. (2¼ B.) Crefeld 831, Schüller.

Cholera morbus, Die, oder kurze Geschichte des Ursprungs und Verlaufs der indischen epidemischen Brechruhr . . . Leipz. 1831. V: *Müller, Moriz.* (call)

—— die, od. kurze Geschichte d. Ursprunges u. Verlaufes d. indischen epidem. Brechruhr, wie sie seit d. J. 1817 geherrscht hat, nebst ihrer Heilart u. d. geg. sie schützenden Vorsichtsmaßregeln, f. gebild. Stände dargest. v. e. prakt. Arzte. gr. 12. (5¼ B.) Leipzig 831, Michelsen.

— morbus, die, oder d. oriental. Brechruhr. Von e. prakt. Arzte. gr. 12. Stuttg. 831. Hoffmann. 9 gGr

—— die, oder oriental. Brechruhr. Von e. prakt. Arzte. gr. 12. (2¼ B.) Stuttgart 831, [Weise.] 9 Gr., brdgs. Pr.

—— die, od. ostind. Brechruhr. Eine f. Jedermann faßl. Zusammenstell. d. Wichtigsten a. d. vorzügl. bisher üb. diese Krankheit erschien. Schriften. gr. 8. (5 B.) Tübingen 831, Laupp.

Cholera, die, nicht ansteckend. — Für Aerzte, so wie zur Beherzig. u. Beruhigung f. alle Die, welche ders. mit Furcht u. Zagen entgeg. sehen. Von e. Arzte, d. längere Zeit in e. Lazareth f. Cholerakranke functionirte. 8. (3 B.) Posen 831, [Heine.]

— orientalis. Extrablatt zum allgem. Repertorium d. medicin. Journalistik. Herausg. v. C. F. Kleinert. Nr. 1—80. Mit 1 Steint. gr. 8. Leipz. 831, 32. Kollmann. (à 1¼ gGr) 5 ℔

—— die, ihre Präservativ-Mittel, ihre Symptome u. ihre Heilung. Nach prakt. Erfahrn. zur Belehr. u. Beruhigung niedergeschrieb. v. ein. poln. Arzte, u. ins Deutsche übertragen v. A. L. Nebst e. Anh. v. Cholera-Anekdoten. gr. 8. (1 B.) Ulm 837, Nübling.

Cholera, Die, im Deutschen Reiche im Herbst 1892 und Winter 1892/93. I. Die Cholera in Hamburg ... bearbeitet von G. Gaffky. Mit 12 Taff. u. Abbildd. im Text. Berlin 1884.
Sieh: Arbeiten a. d. Kais. Gesundheitsamte. Bd. 10, H. 1.

—— die, in Riga im J. 1848. Collectivarbeit, zusammengestellt von C. J. G. Müller. gr. 8. (134 S. mit 1 lith. und ill. Tab. in Fol.) Riga 849, Götschel.
Aus: Beiträge zur Heilkunde prakt. Aerzte zu Riga etc., besonders abgedruckt.

—— die, und ihre Schutzmittel. Darstellung der Kennzeichen und Natur dieser Krankheit, nebst zuverlässiger Belehrung, wie man sich vor ihr schützt und sie rasch und sicher heilt, wenn man von ihr ergriffen ist. Von einem praktischen Arzte. 8. (14 S.) Prag 866, Steinhauser. *

Cholera-Abhandlungen von J. Fayrer, Erni-Greiffenberg, A. Schuster, C. Cramer. München 1889.

Cholera-Archiv, mit Benutzung amtl. Quellen; hrsg. v. J. C. Albers, F. D. Barez, E. Bartels, Wilh. Eck, Ernst Horn, Fr. Klug, Joh. Nep. Rust, W. Wagner. 3 Bde. à 3 Hfte. gr. 8. Berlin 832, 33, Th. Enslin. [1. 2 Thlr., 2. m. 1 Karte. 2 Thlr. 8 Gr., 3. 2 Thlr.]

Cholera-Arzt, der, oder Abwehrung und erste Behandlung der Cholera, in so weit sie dem Nichtarzte überlassen werden kann. Belehrung für Stadt und Land. Von einem Arzte. Hamburg (853). (Vogler.) 12. (24 S.) 4 gGr

Cholera-Blatt. Als Beilage zu d. Schlesischen Blättern v. Fr. Mehwald. Nr. 1—30. 8. Bresl. 831. Aderholz. 1 ℔

Cholerabonbons, in bunten Papieren freundl. geboten v. Moritz B. v. Olschen. (Der Ertrag ist zu e. edlen Zwecke bestimmt, d. Hrsgeb. will, wenn auch nur einen seiner Gläubiger damit befriedigen.) kl. 16. (2 B.) Berlin 832, (Kecht.)

Cholera-, Knall- und andere Bonbons in bunten Papieren geboten. Dresden 1832. V: *Bauschke, Moritz Gustav.* (Nowack, Schles. Schriftst.-Lex. Bresl. 1836—43. I, 10.)

Cholera-Büchlein, das, (zusammengest. a. öffentl. Blättern) worin d. Erklärung d. Wortes Cholera, die Kennzeichen dieser Krankheit, ihre Entstehung u. Ausbreit. u. die geg. diese Krankheit empfohl. besten Schutz- u. Heilmittel enthalten sind. 16. (2¼ B.) Karlsruhe 831, Müller.

Cholera-Epidemie, die, in St. Petersburg 1848, beobachtet im Obuchowschen Hospital. gr. 8. (69 S. mit 1 Tab. in gr. Fol. und 1 Stnt. in Fol.) St. Petersburg 849, Schmitzdorff. (Leipzig, Fr. Fleischer.) **

Die Cholera-Erkrankungen in der Armee 1894. Berlin 1895. 4°. (Aus: Arbeiten a. d. Kais. Gesundheitsamte.)

Cholera-Instruction, verf. über Veranlassung des k. k. Ministeriums des Innern durch den obersten Sanitätsrath, genehmigt und zur Darnachachtung den polit. Landesbehörden bekannt gegeben mit dem Ministerial-Erlasse vom 5. Aug. 1886, Zahl 14067. Fol. (12 S.) Wien 886, Hof- und Staatsdruckerei. *

Cholerakäche, od. zweckmäß. Auswahl v. Speisen, Getränken u. nöthigsten Hausmitteln, sammt deren Zubereitung, zur Verhütung d. Seuche f. Gesunde, z. Heilung f. Kranke u. z. Stärkung f. Genesene, unt. Anleit., Prüf. u. Uebereinstimmung d. kgl. bayr. Polizeiarztes, Hrn D. Senger u. and. kompet. Aerzte. Hrsg. v. d. Verfasserin d. Weilerischen Augsburg. Kochbuches, ächten 11. Thls. 1829. 8. (6¼ B.) München 831, Literar.-Artist.-Anstalt.

Choleralärm, der, in Europa 1884. Ein Wort an Jedermann aus Wissenschaft u. Erfahrg. Historisch-hygiein. Studie üb. die Cholera, ihre Verhütg. u. Heilg. Unter krit. Würdigg. der neuesten Untersuchgn. v. Koch, Pettenkofer, Wigand u. A. 8. (VIII, 168 S.) Hannover 884. 8. (VIII, 168 S.) Hannover 886. Schmorl & v. Seefeld. n. 1. 20

Cholerlehren u. Choleraregeln, kurzgefaßte. [Aus: „Gemeinverständl. Belehrg. über Cholera u. Choleramaßnahmen. Verf. im Auftrage d. k. k. Ministeriums des Innern".] 12. (8 S.) Wien 892. A. Hölder. 10 Stück n. — 60

Niederrhein. Verein für öffentl. Gesundheitspflege. — CHOLERA-REGULATIV. (Ohne bes. Titelblatt. — M. DuMont-Schauberg. Köln.) 8°.

Cholera-Schutz u. Cholera-Behandlung. Von e. Fachmanne. Lex.-8. (19 S.) Wien 873. (Faesy & Frick.) n. — 60

Cholerastoff, die Ermittelung d. Gegenwart desselben u. seine Weiterverbreitung. 8. Merseb. 832. Weidemann. 4 gr

Cholera-Tropfen, Hamburger. Blüthen-Lese v. Curiositäten aus ernster Zeit. gr. 8. (32 S.) Hamburg 892. (Leipzig, Kößling.) n. — 30

Cholera-Volkslied. Nach e. wahren Begebenheit. Breslau 866. Grüson in Comm. 8. (4 S.) 1 ngr

Cholera-Zeitung, hrsg. v. Zitterland. 1831. Oct.—Dec. od. 1. Quart., 1832. Jan.—März, od. 2. Quart. zusamm. 52 Nrn. (Bog.) 4. Aachen, Mayer. à 1 Thlr. 6 Gr.

(—— allgemeine,) Mittheiln. d. Neuesten u. Wissenswürdigsten üb. d. Asiat. Cholera. In Verbind. mit mehr. in- u. ausländ. Gelehrten hrsg. v. Just. Radius. 5 Bde. à 2 Abthln. od. 120 Nrn. (B.) gr. 4. Leipzig 831, 32, Baumgärtner. à Bd. 2 Thlr.

Cholera-Zeitung, Fortsetzung, s. a. Beiträge, wöchentliche, zur medizinischen u. chirurgischen Klinik.

—— dies. (Fortsetz. unt. d. T.:) Wöchentl. Beiträge z. Medicin. u. Chirurg. Klinik, mit vorzügl. Berücksichtigung epidem., endem. u. epizootischer Krankheiten. Hrsg. v. J. Chr. Aug. Clarus u. Justus Radius. 1. u. 2. Bd. à 24 Nrn. (Bog.) Mit Beiln. (Angef. 5. Dec. 1832.) gr. 4. Leipzig 833, Baumgärtner. à Bd. 2 Thlr.

Cholera-Zeitung, Berliner. mit Benutzung amtlicher Quellen ... Berlin 1831 — 32. Red.: *Casper, Joh. Ludwig.* (EngM) (Ky)

— Berliner, mit Benutzung amtl. Quellen; herausg. v. e. Vereine v. Medicinal-Beamten. (Redig. v. Casper.) Nr. 1—36. gr. 4. Berl. 831, 32. Dümmler. 2 ℛ

—— Berliner, mit Benutzung amtl. Quellen; hrsg. v. e. Verein v. Medicinal-Beamten. (Red. v. J. L. Casper.) 36 Nrn. (Bog. Angef. 24 Sept.) gr. 4. Berlin 831, Dümmler.

—— Schlesische, hrsg. v. d. ärztl. Comité f. Schlesien. 3 Folgen, jede v. 12 Nrn., nebst Supplementbog., Regist. u. 2 Steinzeichn. (in Fol.) gr. 4. (37½ B.) Breslau 831, 32, W. G. Korn.

Cholerazimmer, das, mit seinen Vorrathskammern. Ein Verzeichniß d. gebrauchtesten Gegenstände, welche eine sorgsame Hausfrau wohl veranlaßt seyn könnte, für einen Fall d. Noth in diesen Tagen anzuschaffen oder zusammenzustellen. Von einem prakt. Arzte. Fol. Bresl. 831. Hentze. 2 gr

Cholerische, Der. Ein Lustspiel in 5 Aufz. nach The Choleric Man von Cumberland. Mannheim 1785 [1786]. Ü: *Dalberg, Wolfg. Heribert v.* (GGr) (EE) (Ky)

Cholevius, Elise, sachlich geordnete Wörtergruppen f. den engl. Sprachunterricht an höh. Mädchenschulen. 12. (IV, 51 S.) Hannover 901. Norddeutsche Verlagsanstalt O. Goedel. Kart. n. — 60

Cholevius, Elise, sachlich geordnete Wörtergruppen f. den englischen Sprachunterricht an höheren Mädchenschulen. 2., verm. Aufl. (62 S.) kl. 8. Hannover 906. Norddeutsche Verlagsanstalt O. Goedel. Kart. n. — 70

Cholevius, Carl Leo, Geschichte der deutschen Poesie nach ihren antiken Elementen. 1. Thl. Von der christlich-römischen Cultur des Mittelalters bis zu Wieland's französischer Gräcität. Leipzig 854. Brockhaus. gr. 8. (XXVIII, 632 S.) n. 2 ℛ 20 ngr

— — 2. Thl. Von der Feststellung des classischen Ideals durch Winckelmann bis zur Auflösung des Antiken in der eklektischen Poesie der Gegenwart. Ebend. 856. gr. 8. (XII, 629 S.) n. 2 ℛ 20 ngr

Cholevius, Leo

Cholevius, L., praktische Anleitung zur Abfassung deutscher Aufsätze in Briefen an einen jungen Freund. 1.—3. Aufl. 8. (VI, 190 S.) Leipzig 868, 71, 74, Teubner.

Cholevius, L., praktische Anleitung zur Abfassung deutscher Aufsätze, in Briefen an einen jungen Freund. Leipzig 868. Teubner. 8. (IV, 195 S.) 24 ngr

Cholevius, L., praktische Anleitung zur Abfassung deutscher Aufsätze, in Briefen an einen jungen Freund. 4. Aufl. 8. (VI, 194 S.) Leipzig 878. Teubner. 2. 40

Cholevius, L., praktische Anleitung zur Abfassung deutscher Aufsätze, in Briefen an einen jungen Freund. 5. Aufl. 8. (VI, 194 S.) Leipzig 882, Teubner.

Cholevius, L., praktische Anleitung zur Abfassg. deutscher Aufsätze in Briefen an e. jungen Freund. 6. Aufl. 8. (VI, 194 S.) Leipzig 893. B. G. Teubner. n. 2. 40

Cholevius, L., praktische Anleitung zur Abfassung deutscher Aufsätze, neue Aufl., s.: Weise, Osk., praktische Anleitung zum Anfertigen deutscher Aufsätze.

Cholevius, Leo Über den griechischen Epiker Apollonius Rhodius. (T. I.) 16 S. Progr. Kneiph. G. *Königsberg Pr.* 1882.

Cholevius, L., Dispositionen u. Materialien zu deutschen Aufsätzen über Themata für die beiden ersten Klassen höherer Lehranstalten. 1. Bdchn. 860. (XXII, 200 S.) n. 24 ngr — 2. Aufl. 862. (XXIV, 208 S.) n. 24 ngr — 3. verm. u. verb. Aufl. Leipzig 864. Teubner. 8. (XXIV, 328 S.) 1 ℛ 6 ngr

— — 2. Bdchn. 862. (XVI u. 308 S.) — 2. verb. Aufl. Ebend. 864. 8. (XVI, 312 S.) 1 ℛ 6 ngr

Cholevius, L., Dispositionen und Materialien zu 25 deutschen Aufsätzen über Themata für die beiden ersten Klassen höherer Lehranstalten. Besondere Ausg. eines Nachtrages zu dem in 3. Aufl. erschienenen 1. Bdchn. der Sammlung für die Besitzer der älteren Aufl. 8. (122 S.) Leipzig 864, Teubner.

— Dispositionen u. Materialien zu deutschen Aufsätzen über Themata für die beiden ersten Klassen höherer Lehranstalten. 2 Bdchn. Ebend. 8. 2 ℛ 18 ngr.
1. Bdchn.: 4. Aufl. 867. — 5. verb. Aufl. 869. (XXIII, 336 S.) 1 ℛ 6 ngr. — 2. Bdchn.: 3. Aufl. 867. — 4. verb. u. verm. Aufl. 870. (XVI, 388 S.) 1 ℛ 12 ngr.

—— Dispositionen und Materialien zu deutschen Aufsätzen über Themata für die beiden ersten Klassen höherer Lehranstalten. 1. Bdchn. 5.—7. verb. Aufl. 8. (XXIII, 326 S.) Leipzig 869,72,74, Teubner.

—— Dispositionen und Materialien zu 50 deutschen Aufsätzen über Themata für die beiden ersten Klassen höherer Lehranstalten. Besondere Ausg. eines Nachtrages zu dem in 3. Aufl. erschienenen 2. Bdchn. der Sammlung für die Besitzer der älteren Aufl. 8. (82 S.) Leipzig 867, Teubner.

— Dispositionen u. Materialien zu deutschen Aufsätzen üb. Themata f. die beiden ersten Klassen höherer Lehranstalten. 1. Bdchn. 8. verb. Aufl. 8. (XXIII, 326 S.) Ebend. 876. 3. 60

— dasselbe. 2. Bdchn. 6. verb. Aufl. 8. (XVI, 392 S.) Ebend. 876. 4. 20

— Dispositionen u. Materialien zu deutschen Aufsätzen über Themata für die beiden ersten Klassen höherer Lehranstalten. 1. u. 2. Bdchn. 9. u. 7. Aufl. 8. (XXIV, 326 u. XVI, 390 S.) Ebend. 879. 80. à 3. 60

Cholevius, L., Dispositionen u. Materialien zu deutschen Aufsätzen üb. Themata f. die beiden ersten Klassen höherer Lehranstalten. 2. Bdchn. 8. Aufl. 8. (XVI, 390 S.) Leipzig 886. Teubner. 3. 60 (1. u. 2.: 7. 20)

Cholevius, L., Dispositionen u. Materialien zu deutschen Aufsätzen über Themata f. die beiden ersten Klassen höherer Lehranstalten. 1. Bdchn. 10. Aufl. 8. (XXIV, 326 S.) Leipzig 887. Teubner. 3. 60

Cholevius, L., Dispositionen u. Materialien z. deutschen Aufsätzen üb. Themata f. d. beid. ersten Klassen höh. Lehranstalt. 2 Bdchn. in 4 Hftn. Wohlf. [Titel-] Aufl. 8. Leipzig 898. B. G. Teubner. à Hft. n. 1. —
I, 1. 11. Aufl. (XXI, 160 S.) (887.)
I, 2. 11. Aufl. (V u. S. 161—326.) (887.)
II, 1. 9. Aufl. (XIII, 218 S.) (886.)
II, 2. 9. Aufl. (VI u. S. 219—390.) (886.)

— Dispositionen zu deutschen Aufsätzen. 12., völlig umgearb. Aufl. v. O. Weise. 4 Bdchn. 8. Leipzig, B. G. Teubner. 5. —
1. Aufgaben aus der Geschichte, Kulturgeschichte, Erdkunde u. Naturgeschichte. (XV, 164 S.) 907. 1. 40
2. Aufgaben aus dem ästhetischen, sittlichen u. geistigen Gebiete. (XV, 93 S.) 907. 1. —
3. Aufgaben aus der Literatur. (XV, 208 S.) 907. 1. 60
4. Sentenzen u. Sprichwörter. (XV, 104 S.) 907. 1. —

—— aesthetische und historische Einleitung nebst fortlaufender Erläuterung zu Goethe's Hermann und Dorothea. 8. (XXII und 274 S.) Leipzig 863, Teubner.

— aesthetische u. historische Einleitung nebst fortlaufender Erläuterung zu Goethe's Hermann u. Dorothea. 2. verb. Aufl. gr. 8. (XIX, 283 S.) Ebend. 877. 3. 75

— ästhet. u. histor. Einleitung nebst fortlauf. Erläuterg. z Goethes Hermann u. Dorothea. 3., verb. Aufl. v. Ghold. Klee. 8. (XVIII, 252 S.) Ebd. 897. Geb. in Leinw. n. 3. —

Cholevius, P., Epitheta ornantia, quibus utitur Vergilius, cum iis comparata, quibus posteriores Epici latini, maxime quidem Silius, carmina sua distinxerunt. I. Diss. 1865. 57 S. Regimonti Pr.

—— die bedeutendsten deutschen Romane des 17. Jahrh. Ein Beitrag zur Geschichte der deutschen Literatur. gr. 8. (XVI und 408 S.) Leipzig 866, Teubner. *

Cholevius, Leo: Über Herkules' und Valiskas Wundergeschichte von Andreas Heinrich Bucholtz. 16 S. – Königsberg, Kn., P 1864

Cholewa, Erasmus Rudolph (Neumarkt/Schles.), Ueber Exostosen. Diss. chir. Halle (W. Plötz) 5. VI. 1869. 30 S. mit Biogr. (3.50) 5174
Oppon.: Martin Vogel, Bruno Maye.

Cholewa, R.: Herzschwäche u. Nasenleiden. Gemeinverständliche Studie. gr. 8. (16 S. m. 1 Abbildg.) München: Verlag der ärztlichen Rundschau. n. 1.–

Cholewa, R., Herzschwäche u. Nasenleiden. II. Folge. (22 S. m. 1 Abbildg.) gr. 8. München 906. Verlag der ärztl. Rundschau. n. 1. —

— Inhalationen bei Lungen- u. Herzleiden, Asthma etc. gr.8. (31 S.) Friedberg 902. C. Bindernagel. n. 1.—

Cholewa, Schwerhörigkeit, Hörschwindel, Ohrensausen in Folge v. Gefässerkrankungen. Eine Plauderei. III. Folge. (15 S.) 8. Nauheim (907). (München, Verlag der ärztl. Rundschau.) — 75

Cholewa. Ueber die Sondirbarkeit der Stirnhöhlen. gr. 8. (8 S. m. 1 Taf.) Berl. 892, Coblentz. * 1 —
Aus: Monatsschrift f. Ohrenheilkunde, besonders abgedruckt.

Cholewa v. Pawlikowski, Const. Ritter v., 1. Thess. 2, 15. 16. *Hundert Bogen aus mehr als fünfhundert alten u. neuen Büchern über die Juden neben den Christen.* Ein literar.-histor. Beitrag zur Geschichte der Juden seit Christus. . . . . Abth. 1 (einz.). Freiburg i. Br., Herder, 1859. 8°. Eleg. Hfrzb.
LVIII—912 S., 7 Bl. Inh. u. Err. — Vergriffen!

(Chollet, .) Lettre d'un Républicain A ses Compatriotes du Pays-de-Vaud, au sujet de sa séparation du Canton de Berne. ([Par le] Docteur Ch'. Moudon, ce 5 Janvier 1802.) 8. *s. l.*

Chollet, Isaac Henri: De reformandis legibus. 38 S.– Basel, Jur.Diss.v. 22.Mai 1778.

Die Einführung von physiologischer Kochsalzlösung in den Organismus bei grossen Blutverlusten während u. nach d. Geburt. Von S[ergej] S. Cholmogoroff (Moskau). *Leipzig: Breitkopf & Härtel 1896.* (28 S.) 8. — Sammlung Klinischer Vorträge. N. F. No 101. [56. 6375

Cholmondeley, Mary, Diana. f.: Universal-Bibliothek.

Cholmondeley, Mary, Diana Tempest, s. a. Collection of British authors.

Diana Tempest. By Mary Cholmondeley. Copyright ed. In 2 vol. Vol. 1. 2. Leipzig: Tauchnitz 1893. 8°
(Collection of British authors. Tauchnitz Ed. Vol. 2946/7.) [11. 798

— Moth and Rust, together with Geoffrey's wife, and the Pitfall, s. a. Collection of British authors.

Moth and rust, together with Geoffrey's wife and The pitfall. By Mary Cholmondeley. Copyright ed. Leipzig: Tauchnitz 1903. 280 S. 8°
(Collection of British authors. Tauchnitz Ed. Vol. 3633.) [11. 8481

Cholmondeley, Mary, red pottage, s. a. Collection of British authors.

Red pottage. By Marry Cholmondeley. In 2 vols. Vol. 1. 2. Leipzig: B. Tauchnitz 1900. 2 Bde 8°
(Collection of Brit. Authors. Tauchnitz Ed. Vol. 3403/4.) [05. 10134 6

— Prisoners (fast bound in misery and iron), s. a. Collection of British authors.

Prisoners ⟨fast bound in misery and iron⟩. By Mary Cholmondeley. Copyright ed. In 2 vol. Vol. 1. 2. Leipzig: Tauchnitz 1906. 8°
(Collection of British authors. Tauchnitz Ed. Vol. 3922/3.) [12. 8698

Cholmondeley, Mary, the lowest rung together with the hand on the latch, St. Luke's summer and The understudy, s. a. Collection of British authors.

The lowest Rung. Together with The hand on the latch, St. Luke's summer, and The understudy. By Mary Cholmondeley. Copyright ed. Leipzig: Tauchnitz 1908. 254 S. 8°
(Collection of British authors. Tauchnitz Ed. Vol. 4086.)

Cholnoky, Eug. v., das Eis des Balatonsees, s.: **Resultate der wissenschaftlichen Untersuchungen des Balaton.** I, 5.

Die Farbenerscheinungen des Balatonsees. Von Dr. E(ugen) v. **Cholnoky.** Mit 2 Farbentaf. u. 34 Fig. Wien: E. Hölzel in Komm. 1906. (67 S.) 4°(8°)
— **Resultate** d. wissenschaftl. Erforschung d. Balatonsees. Bd 1, T. 5, Sect. 2.

— General-Register, s.: **Mitteilungen, geologische.**

Cholnoky, Eug. v., Limnologie d. Plattensees, s.: **Resultate** d wissenschaftl. Erforschg. d. Plattensees.

Cholodenko (Holodenko), Dav., die teleologische Betrachtg. in der modernen Biologie (Reinke, Driesch, Cossmann), s.a. **Studien,** Berner, zur Philosophie. 68.

Cholodenko Holodenko) David. aus Berditschew (Russland): Die teleologische Betrachtung in der modernen Biologie (Reinke, Driesch, Cossmann). Bern 1909. IV + 63 S. 8°. [25. X. 07.]
Bern, Phil. Diss. 1908/09

Cholodenko, David. Die teleologische Betrachtung in der modernen Biologie ⟨Reinke, Driesch, Cossmann⟩. IV + 63 S. 8. Bern, Scheitlin, Spring & Cie., 1909.
Ausg. A: Diss. Phil. Bern ... von D' Ch' ⟨Holodenko⟩....
Ausg. B: Von Dr. D' Ch' ⟨Holodenko⟩.... (fr. 1.—.) — Berner Studien zur Philosophie und ihrer Geschichte.... Band 68.

Die Coniferen-Läuse Chermes, Feinde der Nadelhölzer. Von Prof. N(ikolaj Aleksandrovič) **Cholodkovsky,** St. Petersburg. Mit 6 Taf. Berlin: R. Friedländer & Sohn 1907. (44 S.) 4°

Cholodkowsky, N., die Embryonalentwicklung von Phyllodromia [Blatta] germanica, s.: **Mémoires** de l'académie impériale des sciences de St.-Pétersbourg.

Cholodniak, Ioa., Carmina sepulcralia latina, collegit Ch. gr. 8. (III, 625 S.) Petropoli 897. (Leipzig, Voss' Sort.) n. 5.—

Cholodniak, Maria, Aurea gemma quae dicitur ad fidem codicis Vitricensis nunc primum edita gr. 8. (II, 179 S.) Ebd. 898. n. 3.—

Katalog der China-Sammlung aus dem Besitze Sr. Excellenz d. Geo.Lt. Nicolai J. Cholodowski [Nikolaj I. **Cholodovskij**], Odessa. Versteigerung zu Köln 1908 durch J. M. Heberle. Köln a/Rh. 1908: M. Dumont Schauberg. (82 S., 22 Taf.) 4°

Chołoniewski, St., Artykuł Nadesłany. Obraz z galeryi życia mego. 2. Wydanie. 8. (VII und 104 S.) Leipzig 856(57,) librairie étrangère.

Chołoniewski, St., Pisma pośmiertne. 2 Tomi. 8. (X und 620 S.) Leipzig 851, Librairie étrangère.

Choloniewski, St., pisma pośmiertne. 2 tomy. Wydanie 2. J. N. Bobrowicza. Lipsk 858. Librairie étrangère. 8. (4 Bl., 336; 3 Bl., 264 S.) 3 ₰

Chomäkoff, A. S., Versuch e. katechetischen Darstellung der Lehre von der Kirche. Aus dem Russischen. Berlin 870. Behr. gr. 8. (39 S.) 12 ngr.

Chömei s.: **Kamo No Chömei.**

Chomel A. F.: Die Fieber u. Pestkrankheiten. Aus d. Franz. v. G. W. Becker. Leipz. 1822. 419 S.

Chomel, A. F., die Fieber u. Pestkrankheiten. Aus d. Französ. v. G. W. Becker. gr. 8. Leipz. 822. Mag. f. Ind. 2 ₰

Chomel, F. A., Vorlesungen üb. Pneumonie, s.a. **Bibliothek v. Vorles. üb. Medizin etc., XXIII. Bd.**

Chomels, A. F., Vorlesungen über Pneumonie, gesammelt u. herausgeg. von F. Sestier. Deutsch bearb. v. Gust. Krupp. gr. 8. Leipzig 841, Kollmann. 2 ₰

— Vorlesungen üb. **Rheumatismus** u. Gicht, s.a. **Bibliothek v. Vorles. üb. Medizin etc., XIII. Bd.**

— über Rheumatismus u. Gicht. Deutsch v. G. Krupp. gr. 8. Leipzig 839. Kollmann. 1¼ ₰, s. auch Bibliothek von Vorlesungen über Medizin No. 56.

— Vorlesungen üb. die **Symptome,** den Verlauf, den Leichenbefund, das Wesen u. die Behandl. d. typhösen Fiebers. Gesammelt u. hrsg. v. J. L. Genest. A. d. Franz. v. Carl Freigang. gr. 8. (21¼ B.) Quedlinburg 838, Basse. Thlr.

— dass. Deutsch von Fr. J. Behrend. gr. 8. Leipzig 836. Kollmann. 2 ₰, s. auch Bibliothek von Vorlesungen über Medizin No. 6. 7. 8. 10.

— Vorlesungen üb. d. **Symptome** etc. der typhös. Krankheit, s. **Bibliothek v. Vorles. üb. Medizin etc., III. Bd.**

Chomel, Jak., Concilii oecumenici sexti vindiciae. II Ptes. 8. Prag 777. Mangold. 22 ℊ

Chomel, P. Noel, das grosse vollständige ökonomische und physikalische **Lexicon.** 8 Bde. s. **Lexicon.**

Chomel, (P. Noel), das große vollständ. ökonom. u. physikal. Lexikon, deutsch herausg. u. vermehrt. 8 Bde. Fol. Leipz. 750. (Frankf. a. M., Varrentrapp). 24 ₰

Chomel, N.: „Physikalisch-öconomisches Lexicon, oder die wahren Mittel, Länder und Staaten glücklich zu machen". Aus dem Französischen. 8 Theile. Leipzig 1750—1759.

Chomiakoff, A. C.

— Versuch einer katechetischen Darstellung der Lehre von der Kirche. Aus dem Russ. gr. 8. (39 S.) Berlin 870, Behr's Buchh.

Chomiakoff, A. C., Werke. (In russ. Sprache.) 2. Thl. Lex.-8. (LI, 410 S.) Berlin 868, (Behr's Buchh.) *

Chompré, P. C., **Dictionnaire** abrégé de la Fable, pour l'intelligence des Poëtes, des Tableaux et des Statues dont les sujets sont tirés de l'Histoire poetique. 2 Vol. 8. Dresden, Walther. (auch Levrault in Strasb.) 800.

— le même, avec un Supplément des apologues et attributs des sujets fabuleux, qui peuvent avoir rapport aux moeurs et à la religion. 12. Basel 770. Schweighäuser. 10 ℊ

— — le même corrigé par M. Millin, II Vol. 8. Paris et Strasb. König. 801.

Chompré, Dictionnaire de la fable. I. Vol. Paris, Herhan. (Leips. Fr. Fleischer.) — 21

Chompre, P. C., Dictionnaire, sur la mythologie. 12. Bern, Typograph. Soc.

— selecta **latini** sermonis exemplar. in usum juv. VI Tom. 8. Ofen, Univers. Buchh.

Chompre, Selecta Latini sermonis exemplaria. Altenb. 756. 6 Part. 8. 2 rthlr. 12 gr. Aug. Vind. 786. 8. 2 rthlr.

— selecta latina sermonis exemplaria. IV Tom. in VI Partibus. 8. Dresd. 756. Walther. 2 ₰ 16 ℊ

***Chompré,* P. C.,** selecta latini sermonis etc. ad usum scholarum, mit Anmerkt. aus d. Französ. (v. J. G. v. Zabuesnig). 6 Thle. 8. Augsb. 776, 77. M. Rieger. 2 ₰

— selecta **latini** sermonis exemplaria scriptoribus probatissimis ad christ. juventutis usum excerpta. VI. Vol. 8. Altenb. (Academ. Buchh. in Jena.) 779.

— — idem liber, ad usum scholarum, mit Anmerkungen. VI Thle. 8. Augsburg, M. Rieger. 786. (18 gr.)

— selecta latini sermonis exemplaria scriptoribus probatissimis ad christ. juventutis usum excerpta. VI Voll. 8. Altenb. 799. (Hennings in Neisse). 3 ₰ id. lib. VI Voll. 8. Wien 781. Trattner. 1 ₰

Chomse, Ferdinandus: De morbis, qui ex urethrae strictura originem trahunt. Halis Saxonum (1863): Orphanotropheum. 30 S. 8°
Halle-Wittenberg, Med. Diss. v. 17. Dez. 1863
Geb. [nach der Exmatrikel: Orle b.] Graudenz 10. 10. 1837. V.

Chomse, O., ein Beitrag zur Casuistik der Lepra in den Ostseeprovinzen Russlands, speciell Kurlands. gr. 8. (VIII, 121 S. mit 1 Illustr. in Lichtdr. und 2 Tab.) Mitau 887, Felsko. *

Chomsft, Kasimir v., Beurtheilung des Trinkwassers vom bakteriologischen Standpunkte aus. [Aus: „Monatsbl. f. öffentl. Gesundheitspfl."] gr. 8. (12 S.) Braunschweig 893. (Basel, B. Schwabe.) n. — 80

Chomsky, Moses, über d. Bedeutung d. Asparagins f. d. thier. Ernährg, s. a. Berichte a. d. physiolog. Laboratorium &c. d. landwirthschaftl. Instituts d. Universität Halle.

Chomsky, Moses [aus Slonim in Russl.]: Ueber die Bedeutung des Asparagins für die thierische Ernährung ... (Erscheint vollst. in: Ber. aus d. physiol. Labor. u. d. Versuchsanst. d. landw. Inst. d. Univ. Halle hrsg. v. J. Kühn, Heft 13.) Halle a. S., *Druck v. J. Pässler, Dresden,* 1895; 29 S., 1 Bl. 4. (8.)
Halle, Phil. Fak., Inaug.-Diss. v. [4. Febr.] 1896

Chon, G. P. F.: Der vollständige V i e h z ü c h t e r und Hausthierarzt . . . Mit Holzschn. VI, 282 S. Ilmenau 1829.

Chondemir, die Geschichte Tabaristan's und der Serbedare. Persisch und deutsch von Bernh. Dorn. Imp.-4. (182 S.) St. Petersburg 850. Leipzig, Voss. Thlr. **
Aus: Mémoires de l'académ. de sciences de St. Pétersbourg, VI. Série. Sciences polit. hist. etc. Tome VIII., besonders abgedruckt.

Chone, H., die Handelsbeziehungen Kaiser Friedrichs II. zu den Seestädten Venedig, Pisa, Genua, s. a. Studien, historische. 32. Hft.

Chone, Heymann, aus Punitz: Die Handelsbeziehungen Kaiser Friedrichs II. zu den Seestädten Venedig, Pisa, Genua. *Berlin 1902: E. Ebering.* (44 S.) 8° ¶(Erscheint vollst. als: Hist. Studien, H. 32.)
Erlangen, Phil. Diss. v. 25. Juli 1900

Deutsche Hagelversicherungs-Gesellschaft für Gärtnereien in Berlin. Ihre Begründung und Entwicklung; ein Rückblick zum 50. Jahresabschluß, 1847—1896, von *O. Choné.* Berlin 1897.

Chone, Paul, Referendar: Die Rechtslage des nachstehenden Pfandgläubigers im römischen, gemeinen und deutschen bürgerlichen Recht. Posen 1909: Decker. IV, 71 S. 8°
Würzburg, Jur. Diss. v. 30. Sept. 1909, Ref. v. Burckhard
[Geb. 27. Nov. 84 Punitz; Wohnort: Posen; Staatsangeh.: Preußen; Vorbildung: Gymn. Lissa Reife O. 04; Studium: Berlin 6 S.; Rig. 14. Juli 09.]
[U 10. 4287

Chonnow, Julius (geb. Brsostowitz in Littauen 17. 7. 1820): De ozaena. Berolini (1849). (32 S.) 8°
Berlin, Med. Diss. v. 3. Apr. 1849

de Choński, Casim. (geb. Kremenez in Wolhynien 12. 4. 1814): De vitio quodam primae formationis interiorem potissimum tubi intestinalis partem et vesicam urinariam spectante. Berolini (1837). (14 S.) 4°
Berlin, Med. Diss. v. 10. Juni 1837

Chop, Alb., über die Grenze zwischen Vorbereitung und Versuch eines Verbrechens nach gemeinem und particulärem deutschem Strafrecht. 8. (VIII und 98 S.) Leipzig 861, Voigt und Günther. *

Chop, Fritz [aus Greussen, Fürstent. Schwarzb.-Sondersh.]: Placenta praevia. „Statistik u. Therapie an d. Hand v. 159 Fällen" ... Berlin, Druck v. E. Ebering, *1897;* 84 S., 1 Bl. 8.
Berlin, Med. Fak., Inaug.-Diss. v. 5. Aug. 1897

Chop, Karl: Professor Schmidtchens A b e n t e u e r, s. R e i s e l e c t ü r e.

Chop, Karl, Poesie und Verbrechen. Eine Glosse in Prosa. Leipzig 854. Brockhaus. 8. (2 Bl., 191 S.) 1 ₰

Chop, Carl, ein Rächer. Kriminalroman. (125 S.) 8. Berlin (905). Norddeutsche Verlags-Anstalt L. Hohenstein & Co. n. 1. —

— **Unterwegs.** Kriminalroman. (91 S.) 8. Ebd. (905). n. 1. —

Chop, K., Professor Schmidtchen's Abenteuer,
—— mein Vetter, der Graf, } s. **Reiselectüre.**

Chop, Max [Wirkl. Name], s. a. C h a r l e s, M. [Pseud.]

Chop, Max (Red.), s. A r m e e - M u s i k - Z e i t u n g, Deutsche.

Joh. Seb. Bach: Matthäus-Passion. Oratorium. Geschichtlich u. musikalisch analysiert, mit zahlr. Notenbeispielen. Von Max **Chop.** Leipzig: Reclam jun. [1900]. 88 S. 8°
(Erläuterungen zu Meisterwerken d. Tonkunst. Bd 15.)
(Universal-Bibliothek. 5063.) [09. 3090

Chop, Max, Bayrouth 1897, s.: Wild, Frdr.

Georges Bizet: Carmen. Oper in 4 Aufz. Geschichtlich, szenisch u. musikal. analysiert, mit zahlr. Notenbeispielen von Max **Chop.** Leipzig: Ph. Reclam jun. [1907]. (111 S.) 8° [J.]
— **Erläuterungen** zu Meisterwerken d. Tonkunst. Bd 11.
(Universal-Bibliothek. 4886.) [07. 2718

Chop, Max, August Bungert, e. deutscher Dichterkomponist. Eine monograph. Studie. (Moderne Musiker.) (100 S. m. Abbildgn.) gr. 8. Leipzig 903. [H. Seemann Nachf.] Berlin, Harmonie. n. 1. —

August Bungert, ein deutscher Dichterkomponist. Eine monogr. Studie von Max **Chop.** 2. Aufl. Leipzig: Seemann 1903. 98 [vielm. 68] S. 8°
(Moderne Musiker. [8.]) [10. 3107 11

— **Georges Bizet's Carmen, s. Universal-Bibliothek.**

Chop, Max (M. Charles), „e. neue Carmen". Studie nach dem Leben. 5. Aufl. 8. (46 S.) Bad Kissingen 890. (Leipzig, Rossberg.) n. 1. —

Chop, Max. „Eine neue Carmen." Studien nach dem Leben. 4. u. 5. Aufl. 8. (46 S.) Bad Kissingen 890,91. (Lpz., Rossberg.) * 1 —

— **Frederik Delius. (Moderne Musiker.)** (58 S. m. 1 Bildnis u. 1 Fksm.) gr. 8. Berlin (907). Harmonie. 1. —

— **Jacques Offenbach's Hoffmanns Erzählungen, s. Universal-Bibliothek.**

— **Ludwig van Beethovens Fidelio, s. a. Universal-Bibliothek.**

Ludwig van Beethovens Fidelio. Oper in 2 Aufz. Geschichtlich, szenisch u. musikalisch analysiert, mit zahlr. Notenbeispielen von Max **Chop.** Leipzig: Reclam jun. [1909]. 112 S. 8°
(Erläuterungen z. Meisterwerken d. Tonkunst. Bd 16.)
(Universal-Bibliothek. 5124.) [09. 11410

Führer durch Dichtung und Musik von August Bungert's 'Kirke', Musiktragödie in 3 Aufz. mit d. Vorspiel 'Polyphemos'. Von Max **Chop.** Leipzig: C. Wild [1898]. (54 S.) 8° [Umschlagt.] [07. 1378

— **Führer durch Franz Liszt's sinfonische Dichtungen.** 1) Les Préludes. 2) Tasso, Lamento e Trionfo. 3) Orpheus. 4) Ce qu'on entend sur le montagne. Mit 44 in den Text gedr. Notenbeispielen. 3. Aufl. gr. 8. (32 S.) Leipzig 894. Rossberg. n. 1. —

— **Führor durch „Odysseus' Hoimkohr",** Musiktrag. v. Aug. Bungort. Mit zahlr. Notonboispiolon. 8. (VIII, 74 S.) Loipzig 897. A. Bungert. n. 1. —
Leipzig: Leede in Komm. [1897].

Georg Friedrich Händel: Der Messias. Geschichtl. u. musikalisch analysiert ... von Max **Chop.** Leipzig: Reclam jun. [1910.] 85 S. 8°
(Erläuterungen zu Meisterwerken d. Tonkunst. Bd 17.)
(Universal-Bibliothek. 5206.) [10. 10730

– Odysseus' H e i m k e h r, s. a. O p e r n f ü h r e r.

'Odysseus' Heimkehr', Musik-Tragödie von August Bungert, textlich u. musikalisch erl. von Max Chop. *Leipzig: H. Seemann Nachf. [1900].* (44 S.) 8° [F.]
= Opernführer. No 13.

– Richard Wagners Fliegender Holländer, s. a. Universal-Bibliothek.

Richard Wagners Fliegender Holländer. Geschichtl., szenisch u. musikal. analysiert, mit zahlr. Notenbeispielen von Max Chop. Leipzig: Ph. Reclam jun. [1905]. (89 S.) 8° [F.]
= Erläuterungen zu Meisterwerken d. Tonkunst. Bd 1.
(Universal-Bibliothek. 4709.)

– Kirke, s. a. Opernführer.

'Kirke.' Musik-Tragödie von August Bungert. Textlich u. musikalisch erl. von Max Chop. *Leipzig: H. Seemann Nachf. [1900].* (45 S.) 8°
= Opernführer. No 14.

– Lohengrin, s. a. Universal-Bibliothek.

Richard Wagners Lohengrin. Romant. Oper in 3 Aufz. Geschichtlich, szenisch u. musikal. analysiert, mit zahlr. Notenbeispielen von Max Chop. Leipzig: Ph. Reclam [1906]. (101 S.) 8° [F.]
= Erläuterungen zu Meisterwerken d. Tonkunst. Bd 3.
(Universal-Bibliothek. 4750.)

Chop, Max, Joh. Seb. Bach's Matthäus-Passion, s. Universal-Bibliothek.

– Die Meistersinger von Nürnberg, s. Universal-Bibliothek.

– Georg Frdr. Händel's Messias, s. Universal-Bibliothek.

– Das Nachtlager in Granada, s. a. Opernführer.

Das Nachtlager in Granada. Oper in 2 Akten. Dichtung nach Fr. Kind von C. v. Braun. Musik von Conradin Kreutzer. Textlich u. musikalisch erl. von Max Chop. *Leipzig: H. Seemann Nachf. [1901].* (27 S.) 8° [F.]
= Opernführer. No 27.

– Nausikaa, s. a. Opernführer.

Nausikaa. Musik-Tragödie von August Bungert. Textlich u. musikalisch erl. von Max Chop. *Leipzig: H. Seemann Nachf. [1900].* (44 S.) 8° [F.]
= Opernführer. No 15.

Jacques Offenbach. Hoffmanns Erzählungen. Phantast. Oper in 3 Aufz. Geschichtlich, szenisch u. musikal. analysiert mit zahlr. Notenbeisp. von Max Chop. Leipzig: Reclam [1908]. 90 S. 8°
(Erläuterungen zu Meisterwerken d. Tonkunst. Bd 14.)
(Universal-Bibliothek. 5036.)

– Parsifal, s. a. Universal-Bibliothek.

Richard Wagners Parsifal. Ein Bühnenweihfestspiel in 3 Aufz. Geschichtl., szenisch u. musikal. analysiert, mit zahlr. Notenbeispielen von Max Chop. Leipzig: Ph. Reclam jun. [1906]. (93 S.) 8° [F.]
= Erläuterungen zu Meisterwerken d. Tonkunst. Bd 9.
(Universal-Bibliothek. 4805.)

– Richard Wagners Rienzi, der Letzte der Tribunen, s. Universal-Bibliothek.

Richard Wagners Rienzi, der Letzte der Tribunen. Große tragische Oper in 5 Aufz. Geschichtlich, szenisch u. musikal. analysiert, mit zahlr. Notenbeispielen von Max Chop. Leipzig: Ph. Reclam jun. [1907]. (127 S.) 8° [F.]
= Erläuterungen zu Meisterwerken d. Tonkunst. Bd 12.
(Universal-Bibliothek. 4942.)

– Der Ring der Nibelungen, s. Universal-Bibliothek.

– Richard Strauß' Salome, s. Universal-Bibliothek.

– Alessandro Stradella u. Martha, s. a. Opernführer.

'Alessandro Stradella' und 'Martha' oder 'Der Markt zu Richmond'. Dichtungen von W. Friedrich. Mus. von Friedrich v. Flotow. Textlich u. musikalisch erl. von Max Chop. *Leipzig: H. Seemann Nachf. [1900].* (35 S.) 8° [F.]
= Opernführer. No 21.

Richard Strauß: Salome. Drama in 1 Aufz. Geschichtlich, szenisch u. musikal. analysiert, mit zahlr. Notenbeispielen von Max Chop. Leipzig: Ph. Reclam jun. [1907]. (95 S.) 8° [F.]
= Erläuterungen zu Meisterwerken d. Tonkunst. Bd 13.
(Universal-Bibliothek. 4955.)

– Ludwig van Beethovens Symphonien, s. a. Universal-Bibliothek.

Ludwig van Beethovens Symphonien. Geschichtlich u. musikalisch analysiert, mit zahlr. Notenbeisp. von Max Chop. (1-3.) Leipzig: Reclam [1910]. 8°
1. Symphonien. Nr 1–3. 2. ... Nr 4–6. 3. ... Nr 7–9.
(Erläuterungen zu Meisterwerken d. Tonkunst. Bd 18–20.)
(Universal-Bibliothek. 5231–33.)

Chop, Max: Tannhäuser, s. Universal-Bibliothek.

'Odysseus' Tod'. Musik-Tragödie von August Bungert, textl. u. musikal. erl. von Max Chop. *Leipzig: H. Seemann Nachf. [1903].* (54 S.) 8° [F.]
= Opernführer. No 76.

– Tristan und Isolde, s. a. Universal-Bibliothek.

Richard Wagners Tristan und Isolde. Handlung in 3 Aufz. Geschichtlich, szenisch u. musikalisch analysiert, mit zahlr. Notenbeispielen von Max Chop. Leipzig: Ph. Reclam jun. [1906]. (92 S.) 8° [F.]
= Erläuterungen zu Meisterwerken d. Tonkunst. Bd 4.
(Universal-Bibliothek. 4768.)

Vademecum für den Konzertsaal von Max Chop. Bd 1. [Mehr nicht erschienen.] Berlin: A. Parrhysius 1904. (236 S.) 8° [F.]
1 = Chop: Richard Wagner.

Vademecum für den Konzertsaal von Max Chop. 3. Aufl. Bd 1. [Mehr nicht erschienen.] Berlin: A. Parrhysius 1904. (230 S.) 8° [F.]
1 = Chop: Richard Wagner.

– **Vademecum f. Wagnerfreunde. Führer durch Rich. Wagner's Tondramen (m. üb. 40 Notenbeispielen). gr. 8. (VII, 494 S) Ebd. 893. n. 8. —; geb. n. 10. —; in 7 einzelnen Hftn. n. 9. 80**

1.	Der fliegende Holländer. (VII, 36 S.)	n. 1. —
2.	Tannhäuser. (III, 43 S.)	n. 1. 20
3.	Lohengrin. (III, 36 S.)	n. 1. —
4.	Die Meistersinger von Nürnberg. (III, 62 S.)	n. 1. 20
5.	Tristan u. Isolde. (III, 61 S.)	n. 1. 20
6.	Der Ring des Nibelungen. (III, 195 S.)	n. 3. —
7.	Parsifal. (III, 62 S.)	n. 1. 20

– vom Rhein zur Adria. Reisestudien u. Skizzen. gr. 8. (VII, 229 S. m. Abb) Leipzig 896. Roßberg. Kart. n. 3. —

Max Chop. Richard Wagner. Berlin: A. Parrhysius 1904. (236 S.) 8° [F.]
= Chop: Vademecum f. d. Konzertsaal. 1.

Max Chop. Richard Wagner. 3. Aufl. Berlin: A. Parrhysius 1904. (236 S.) 8° [F.]
= Chop: Vademecum f. d. Konzertsaal. 1.

Richard Wagner: Die Meistersinger von Nürnberg. Handlung in 3 Aufz. Geschichtl., szenisch u. musikal. analysiert, mit zahlr. Notenbeispielen von Max Chop. Leipzig: Ph. Reclam jun. [1906]. (113 S.) 8° [F.]
= Erläuterungen zu Meisterwerken d. Tonkunst. Bd 10.
(Universal-Bibliothek. 4846.)

Richard Wagner: Der Ring des Nibelungen. Ein Bühnenfestspiel f. 3 Tage u. e. Vorabend. Geschichtl., szenisch u. musikal. analysiert, mit zahlr. Notenbeispielen von Max Chop. [1–4.] Leipzig: Ph. Reclam jun. [1906]. 4 Bde 8° [F.]
[1.] Vorabend: Das Rheingold. [2.] 1. Tag. Die Walküre. Handlung in 3 Aufz.
[3.] 2. Tag. Siegfried. Handlung in 3 Aufz.
[4.] 3. Tag. Götterdämmerung. Handlung in 3 Aufz. u. e. Vorspiel.
= Erläuterungen zu Meisterwerken d. Tonkunst. Bd 5–8.
(Universal-Bibliothek. 4789. 4790. 4803. 4804.)

Chopard, Albert. Bienne. Notice publiée en vue de l'Exposition nationale suisse de Genève en 1896. [Avec 1 vignette.] 8. (Bienne) *s. d.* [1895/96].

Chopart u. Desault, Anleit. zur Kenntniß d. chirurg. Krankheiten u. dabei erforderl. Operationen; aus d. Französ. 2 Bde. gr. 8. Leipz. 783. Weygand. 2 ß 8 K Dass., e. andere Uebersetzung. 2 Bde. gr. 8. Wien 784. Trattner. 1 ß 8 K

Chopart, (François): Anleitung zur Kenntniß aller chirurgischen Krankheiten und der dabey erforderlichen Operationen (Traité des maladies chirurgicales et des opérations qui leur conviennent. Dt.) von (F.) Chopart und (Pierre Joseph) Desault. Bd 1 - 2, gbd.

Frankfurt u.Leipzig: 1784

JB 3.288

— — dasselbe. 2 Bde. gr. 8. Wien, Tendler. 784.

Chopin, Frédéric, s. Gumprecht, Otto, musikalische Lebens- und Charakterbilder.

Chopin, Friedr., s. Liszt, Frz. — Niecks, Friedr. — Przybyszowski, Stanisl. — Schucht, J.

Souvenirs inédits de Frédéric Chopin. Lettres de Chopin à sa famille et de sa famille à lui. Lettres des Wodzinski. Lettres des élèves et des connaissances de Chopin. Correspondance de Mlle Stirling. Mélanges. Recueillis et ann. par Mieczyslaw Karlowicz, trad. par Laure Disière. *Paris, Leipzig: H. Welter 1904.* (224 S.) 4°(8°) [04. 8130]

Chopin's, F., Biographie, s.: Liszt, F.

— Leben u. Werke, s.: Niggli, A.

— Leben, Werke u. Briefe, s.: Karasowski, M.

Chopin's, Friedrich, Lebensbild, s.: Niecks, F.

Chopius, Fr. J. De tributis. 4°. Jenae 1751.

Choppin, Renat.. Monasticon seu de jure Coenobitarum cum variis Documentis Diplomatibus et Privilegiis Monasteriorum. fol. Francof. Varrentrapp. 709.

Chor der Brüder. [Nebst] Chor der Schwestern. Köln o. J.: Du Mont.-Schauberg. 1 Bl. 8⁰ [Kopftit.]
Ohne Noten: „Denen, Brüder, nun ein Glas...“ u. „Ein Lied nun, ihr Schwestern . . .“

Lieder an die Brüder: Chor den Brüdern und Schwestern. o. O. u. J. 1 Bl. 9,3×23 cm. [Kopftit.]
Ohne Noten: „Singet laut beym Saft der Reben.“

Choragende, d. h. die Ordng. der Haupt- u. Nebengottesdienste f. die evangel. Landeskirche im Großherzogtum Sachsen m. den Chorsätzen f. gemischten Chor u. f. dreistimm. Kinderchor. gr. 8. (IV, 64 S.) Weimar 892. H. Böhlau. n.u. — 35

Choral. o. O. u. J. 1 Bl. 8⁰ [Kopftit.]
Ohne Noten: „Bald bricht des neuen Jahres Morgen, . . .“

Allgemeiner Choral am Grabe. [Hamburg: ca 1840.] 1 Bl. 8⁰ [Kopftit.]
Ohne Noten. „So ruh'n nun hienieden...“

Choral u. Liturgie. Dem deutschen Episkopate in Ehrfurcht u. Demuth gewidmet von e. Benediktinermönche des Klosters St. Martin zu Beuron im Donauthal. Schaffhausen 865. Hurter. gr. 8. (VII, 175 S.) 18 ngr.

Choralbuch.

— enthaltend alle zu dem 1778 edirten Gesangbuche d. evangel. Brüdergemeine gehör. Melodien. qu. Fol. 3e Aufl. 819. (Leipz., Kummer). 2 rf

— enthaltend d. Melodien zu d. Samml. auserles. Lieder v. d. erlösenden Liebe u. den Liedern im Schatzkästlein v. J. Gossner. Mit Stereotypen gedr. gr. 4. Leipz. 825. Tauchnitz. 1 rf 16 gr

Choralbuch. qu. gr. 4. (8 B.) Basel 832, Spittler.

Choral-Buch. (9 autogr. S.) 17×27 cm. Neuwied (908). P. Kehrein. — 50

Choralbuch, allgemeines, f. die protestantische Kirche, vierstimmig ausgesetzt von K. G. Umbreit, herausg. von R. Z. Becker. fl. Querfol. Gotha, Becker. 811.

Choralbuch für d. öffentliche u. häusliche Andacht d. Gläubigen. Herausgeg. v. W. H. Veit. Leitmeritz, Pohlig. n. 2⅔ rf

Choralbuch, anhaltisches. Auf Veranlassung des herzogl. hochwürdigsten Consistoriums bearb. u. hrsg. qu. gr. 4. (XIV, 139 S.) Köthen 878. Schulze. n. 6. —

—— f. d. Hrzgth. Braunschweig, s. Kelbe, J. C.

Choralbuch der evangelischen Brüdergemeine. 1893. Lex.-8. (VII, 170 S.) Gnadau 893. Unitäts-Buchh. n. 1. 60; geb. n. 2. 50

— evangelisches. Eine Auswahl der vorzügl. Kirchenmelodien älterer und neuerer Zeit in den ursprüngl. Tönen und Rhythmen für den kirchl. u. Privat-Gebrauch, zunächst aber als Beitrag zu der im Königr. Bayern bevorstehenden Choralbuchs- und Gesangbuchs-Reform in Verbindung mit J. Zahn, G. Herzog, Fr. Güll bearb. u. herausgeg. von W. Ortloph. qu. 4. München 844, Liter.-art. Anstalt. n. 1 rf

Choralbuch zum gottesdienstlichen Gebrauche für die studierende Jugend. Beilage zu dem Erbauungsbuche »Deus lux, laetitia et salus mea«. Prag 1857. H: *Taft, Johann.* (Russell XII, 2, 2021)

Choral-Buch zum Anhaltischen Gesangbuche für Kirche, Schule und Haus. Hrsg. im Auftrage des Herzogl. Consistoriums zu Bernburg. 4. (198 S.) Bernburg 864, (Reiter.) *

[F. u. Ant.] Choralbuch zu dem von S. Eminenz dem ... Kardinal G. Kopp, Fürstbischof v. Breslau pp. approbierten Katholischen Gesang- u. Gebetbuch für die Diöcese Breslau u. d. Delegaturbezirk ... *Breslau: G. P. Aderholz [1898].* (2 Bl., 50 S.) 1 Bd quer-8. [98. 8300]

—— zu dem erneuerten Schaffhauser'schen Gesangbuch. Hrsg. v. F. Vetter. qu. gr. 4. (12¾ lith. B. u. Ttlvign.) Schaffhausen 842, Hurter'sche Buchh. *

— zum evangelischen Gesangbuch f. Ost- u. Westpreussen, bearb. v. e. Kommission der Prov.-Synoden u. hrsg. v. den königl. Konsistorien der Provv. Ost- u. Westpreussen. qu. gr. 4. Königsberg 902. W. Koch. n. 6. 50; geb. in Leinw. n. 8. —

Choralbuch zum evangelischen Gesangbuch für Ost- u. Westpreußen bearb. von e. Kommission d. Provinzialsynoden u. hrsg. von d. Kgl. Konsistorien d. Prov. Ost- u. Westpreußen. 2. durchges. Aufl. *Königsberg: W. Koch 1904.* (XII, 276, 34 S.) quer-8° [04. 3300] 10

— zum evangel. Gesangbuch f. Ost- u. Westpreussen, bearb. v. e. Kommission der Prov.-Synoden u. hrsg. v. den königl. Konsistorien der Provv. Ost- u. Westpreussen. 3., durchgeseh. u. verb. Aufl. (XV, 288 u. 34 S.) 32,5×27,5 cm. Königsberg 909. J. H. Bon's Verl. 6.50; geb. in Halbfrz. 8. —

Choralbuch zum evangelisch-protestantischen Gesangbuche für Kirche u. Haus. (Von J. Heinr. Lützel.) Speier 859. (Landau, Kaußler.) qu. 4. (VIII, 279 S.) n. 5 rf 10 ngr.

— zu dem Gesangbuch f. evang.-reformirte Gemeinden. Hrsg. v. den Consistorien der evang.-reformirten Gemeinden zu Dresden u. Leipzig. gr. 8. (62 S.) Leipzig 887. Dürr'sche Buchh. n. — 40

Choralbuch, zu dem Gesangbuche für die protestantische Gesammt-Gemeinde des Königreichs Baiern, enthaltend: 192 theils alte, theils neue vierstimmige Melodien nebst einem Anhange. gr. 4. (Sulzbach, Seidel in Comm.) 820. 4 12

Choralbuch zum kleinen Gesangbuch f. die evangelische Kirche in Österreich. 12. (VII, 38 S.) Graz (900). (F. Pechel.) Geb. in Leinw. n.n. 1. —

Choral-Buch für das neue Hamburgische Gesangbuch. Hrsg. von Diederich Christian Aumann. Hamburg 1787: G. F. Schniebes. (4), 64, (2) S. quer 8⁰

Choralbuch z. Gesangbuch f. d. Herzogtümer Sachsen-Coburg u. Gotha. qu. gr. 4. (VIII, 81 S.) Gotha 897. E. F. Thienemann. Geb. n.n. 5. —

— vom J. 1897 zum Gesangbuch f. die Herzogtümer Sachsen-Coburg u. Gotha. 2. durchgeseh. Aufl. (VIII, 81 S.) 24×31,5 cm. Gotha 909. E. F. Thienemann. Geb. in Halbldr. nn 4. 50

—— zu den kathol. Gesängen für die öffentliche u. häusl. Andacht der Gläubigen. 1. u. 2. Lfg. qu. gr. Fol. (25 B.) Leitmeritz 845. (Prag, Credner.) pro 3 Lfgn. *

— zu den kathol. Gesängen für die öffentliche u. häusl. Andacht der Gläubigen. 1. u. 2. Liefg. qu. gr. Fol. Leitmeritz 845. (Prag, Haase Söhne.) pro 3 Liefg. n. 2⅔ ℛ︀

Choralbuch für den katholischen Gottesdienst. Nebst einem Anh.: Vorspiele zu den Melodieen der Predigtlieder v. Mor. Brosig. qu. gr. 4. (VIII u. 60 S.) Breslau 850, Leuckart. 1 ℛ︀

[F.] Choralbuch zur Kinderharfe. Liturg.-musik. Handb. f. Leiter, Organisten u. Helfer evangel. Kindergottesdienste '(Sonntagsschulen)'. M. Berücks. sämmtl. Lieder d. Berliner Kinderharfe. Unter Mitw. v. Hermann Trahndorff, Organist a. d. Gethsemane-Kirche zu Berlin, hrsg. v. Komitee f. Förderg d. Sonntagsschulsache in Deutschl. *Berlin: Deutsche Sonntagsschulbuchh. 1895.* (164 S.) 1 Bd 8. 98. 34e9

— f. die evangel.-christl. Kirche des Herzogth. Nassau. qu. 4. gr. (XII u. 180 S.) Wiesbaden 849. (Kreidel.) n. 3 ℛ︀

Choralbuch f. die evangelische Kirche im Großherzogth. Hessen. qu. gr. 4. (XXIX, 136 S.) Darmstadt 888. Waitz. n. 5. —; geb. n.n. 6. 50

— f. die evangelische Kirche im Großherzogth. Hessen. 2. Aufl. qu. gr. 4. (XXIX, 136 S.) Darmstadt 892. L. Waitz. n. 5. —; geb. n.n. 6. 50

Choralbuch für die evangelische Kirche in Württemberg. qu. gr. 4. (36 B.) Stuttgart 844, Metzler'sche Buchh. *

— für die evangelische Kirche in Württemberg. 2. Aufl. Stuttgart 862. Metzler. qu. 4. (XII, 275 S.) n. 3 ℛ︀ 20 ngr.

Choralbuch f. die evangelische Kirche in Württemberg. 3. durchgeseh. Aufl. qu. gr. 4. (XVI, 244 S.) Stuttgart 876. Metzler. n. 10. —

— f. die evangelisch-lutherische Kirche im Fürstent. Schwarzburg-Rudolstadt. Hrsg. v. dem fürstl. Kirchenrat im J. 1902. qu. gr. 4. (XVI, 114. S.) Rudolstadt 902. Müller. n. 6. 75; geb. n. 8. —

Choralbuch f. die evangelisch-protestantische Kirche im Großherzogt. Baden. qu. 4. (X, 142 S.) Lahr 883. Schauenburg. n.n. 6. —; geb. in Leinw. n.n. 8. —: in Ldr. n.n. 9. —

— f. evangel. Kirchen, s. a. B. C. L. Natorp.

Choral-Buch für evangel. Kirchen. Die Choräle krit. bearb. u. geord. v. B. C. L. Natorp, u. Fr. Keßler, vierstimm. gesetzt u. mit Zwischenspielen versehen v. C. H. Rink. (2 Hälften.) 2. verb. u. verm. Aufl. qu. gr. 4. (31½ B.) Essen 836, Bädeker.

— zum Evangelischen Kirchengesangbuch f. den Konsistorialbez. Kassel. Hrsg. v. königl. Konsistorium zu Kassel. qu. gr. 4 (XXVII, 159 S.) Kassel 890. (E. Röttger.) n.n. 2. 50

— z. evangel. Kirchengesangbuch f. d. Consistorialbezirk Cassel. Hrsg. v. königl. Consistorium zu Cassel. 2., verb. Aufl. qu. gr. 4. (XXIX, 159 S.) Cassel 897. (E. Röttger.) Geb. in Halbfrz. n.n. 3. 50

— zum evangelischen Kirchengesangbuch f. den Konsistorialbezirk Kassel. Hrsg. vom königl. Konsistorium zu Kassel. 3., verb. Aufl. (XXX, 157 S.) 22,5×28 cm. Kassel 910. E. Röttger. Geb. in Halbfrz. nn 4. 50

—— kleines, für Schulen, enth. 100 der gebräuchlichsten Choralmelodieen ein- u. zweistimmig. (Mit Noten.) qu. gr. 8. (2¼ B.) Bromberg 835, Hirschberg.

—— dass. mit Ziffern. qu. gr. 8. (2¼ B.) Ebds. 830.

— zum evangelischen Liederbuch u. zum Liederteil des evangel. Hausbuchs f. Deutsche im Ausland. Hrsg. auf Veranlassg. des deutschen evangel. Kirchenausschusses. (VI, 97 S.) 22×27 cm. Berlin 910. E. S. Mittler & Sohn. 3. 50

Choral- u. Liederbuch für evangelische Volks- u. Bürgerschulen, m. besond. Berücksicht. der „Anweisung der kgl. Regierung z. Merseburg vom 1. Decbr. 1886 zur Ausführg. der Allgemeinen Bestimmgn." u. d. „Lesebuchs v. Scharlach u. Haupt" zusammengestellt v. mehreren Lehrern. 2., verm. Aufl. 8. (VI, 112 S.) Quedlinburg 887. Vieweg. n. — 40

Choral- u. Liederbuch f. evangelische Volks- u. Bürgerschulen, m. besond. Berücksicht. der „Anweisg. der königl. Regierg. zu Merseburg vom 1. Dezbr. 1886 zur Ausführg. der Allgemeinen Bestimmgn." u. d. „Lesebuchs v. Scharlach u. Haupt" zusammengestellt von mehreren Lehrern. 3., verm. u. veränd. Aufl. 8. (X, 112 S.) Quedlinburg 893. Ch. F. Vieweg. Geb. n. — 50

Choral- u. Liederbuch f. evang. Volks- u. Bürgerschulen, m. besond. Berücksicht. der „Anweisung der königl. Regierg. zu Merseburg vom 1. XII. 1886 z. Ausführg. der allgem. Bestimmgn." u. des „Lesebuchs v. Scharlach u. Haupt" zusammengest. v. mehr. Lehrern. 4. Aufl. 8. (X, 112 S.) Quedlinburg (901). Gr.-Lichterfelde, Ch. F. Vieweg. Geb. n. — 50

Choral-Buch für die ... Lieder-Sammlung der Dten Evangelischen Gemeinen in N-A ... Publ: Corporation d St. Michaelis- u Zions-Gemeine in Philadelphia. Phila. 1813.

— zu den Melodien geistlicher Lieder, wie solche von den evangelischen Christen Westpreußens bei ihren Gottesdiensten gesungen werden. Nebst e. Anh. zum Gebrauch in Kirche, Schule u. Haus f. Orgel, Pianoforte, Harmonium u. gemischten Chor vierstimmig gesetzt. qu. gr. 4. (IV, 142 S.) Königsberg 898. (Akadem. Buchh. v. Schubert & Seidel.) n. 3. 60

— zum evangelischen Militär-Gesang- u. Gebetbuche. Im Auftrage u. mit Genehmigung des königl. Kriegsministeriums. qu. gr. 4. (VIII, 79 S.) Berlin 894. E. S. Mittler & Sohn. n. 1. 50

— zu dem evangelischen Militär-Gesang- u. Gebetbuch. Neue Ausg. 1908. Auf Veranlassg. u. m. Genehmigg. des königl. Kriegsministeriums. (IX, 110 S.) 22,5×27 cm. Berlin 908. E. S. Mittler & Sohn. Kart. 2. 25

Choralbuch, Neues Hessen-Darmstädtisches, ... Darmstadt 1786. H: *Portmann, Johann Gottlieb.* (Ky) (ML)

— neues, f. d. Orgel u. d. Clavier, zur öffentl. u. Privat-Andacht u. z. Uebung in d. Singschulen. Mit e. Anhange v. Gellerts Liedern. qu. 8. Nürnb. 812. Schneider u. W. 2 ℛ︀ 8 gℛ︀

— für Organisten, zur Begleitung der Choräle auf der Orgel, welche bei dem öffentl. Gottesdienste in d. evangel. Gemeinden namentlich des Kantons St Gallen u. Graubünden gebraucht werden, sammt e. Anleitung zum Gebrauche desselben. qu. 4. Ebd. 828. Chur, Grubenmann. 1½ ℛ︀

—— das, von Jul. Schäffer, für die Prov. Sachsen gearbeitet, und auf der jüngsten Provinzial-Synode von Hrn. Bethge nur in Kürze beurteilt, in eingehend kritischer Beleuchtung von einem alten Organisten. gr. 8. (72 S.) Mühlhausen i. Th. 888, Danner. *

—— in einzelnen Stimmen für Sopran, Alt, Tenor und Baß, enth.: 88 der gebräuchlichsten und 3 rectificirte Choräle. 4 Hefte. 8. (à 36 S.) Meiningen 849, (Blum.) à Heft * 6 Ngr. *

— vierstimmiges, zum Gesangbuch f. die evangelisch-protestantische Kirche d. Großherzogt. Baden f. gemischten Chor u. zum Gebrauch im Hause. Hrsg. vom Vorstand d. Landeskirchengesangvereins. gr. 8. (138 S.) Ebend. 883. cart. n. 1. —; geb. n.n. 1. 20

—— vierstimmiges, zum Gesangbuch für die evangelisch-lutherische Landeskirche des Königreichs Sachsen, hrsg. von dem evangelisch-luther. Landeskonsistorium im Jahre 1883. Kleine Ausg. (Partitur der Stimmen.) 8. (8 S. Text, 123 S. Notenstich.) Leipzig 883, Teubner. geb. in Halbfrz. Grosse Ausg. (Für die Orgel.) geb. in Halbfrz. *

—— dass. — Die einzelnen Stimmen der Choräle: Sopran, Alt, Tenor und Bass. 8. Ebendas. 883. à Stimme * 40 Pf. *

Vgl.: Melodien zu dem Gesangbuch für die evangelisch-luther. Landeskirche des Königr. Sachsen.

— vierstimmiges, zu dem Gesangbuch f. die Landeskirche des Herzogt. Sachsen-Altenburg, hrsg. vom herzogl. sächs. Ministerium, Abteilg. f. Kultusangelegenheiten, im J. 1902. (VIII, 153 S.) qu. gr. 4. Altenburg (Schnuphase). Geb. in Halbfrz. n.n. 2. 50

— dasselbe, Sonderausg. des liturg. Anh. (S. 133—153.) qu. gr. 4. Ebd. n. — 50

—— vierstimmiges, f. Orgel- u. Clavierspieler, od. Melodien zu sämmtl. Liedern d. öffentl. Gesangbuchs d. evangel. Kirche in Württemberg, mit e. sowohl alphabet. als nach Versmaßen geord. Register. Nebst e. Anh., enthalt. e. Auswahl v. d. beliebt. ältern Kirchen-Melodien, v. Vor- u. Nachspielen, u. e. Belehr. üb. Einrichtung d. Orgel u. ihre Behandl. Hrsg. v. C. Kocher, F. Silcher u. J. G. Frech. gr. 4. (21¼ B.) Stuttgart 828, Metzler.

— vierstimmiges, zum Gebrauch in Schulen, wie auch für Singchöre u. Clavierspieler bequem eingerichtet (v. ... Hürxthal). gr. 8. Essen 810. (Bädeker). 1 ₰

Choralbüchlein. 45 Choräle f. konfessionell gemischte Schulen. 2. Aufl. der „40 Choräle" m. method. Anleitg. zur Einübg. derselben. 8. (106 S.) Frauenfeld 899. Huber & Co. Kart. n.n. — 60

[F.] Choralbüchlein des Evangelischen Kirchengesang-Vereins für Deutschland. Ausg. A. Festbüchlein. Dreissig Choralmelodien z. Gebr. b. d. Deutschen Evangel. Kirchenfesten. *Berlin: E. S. Mittler & Sohn 1898.* (26 S.) 1 Bd 8. [98. 7080

[F.] Choralbüchlein des Evangelischen Kirchengesang-Vereins für Deutschland. Ausg. B. Schulbüchlein. Dreiunddreissig Choralmelodien z. Gebr. in den Seminarien u. Schulen. *Berlin: E. S. Mittler & Sohn 1898.* (39 S.) 1 Bd 8. [98. 7081

— f. Schule, Kirche u. Haus. Enth. 100 geistl. Melodien (einschließl. d. 30 n. d. Militär-Melodienbuche einzuüb. Choräle — U. III. A. Nr. 705. U. III. G. I. —) sow. d. Liturgie f. d. evang. Hauptgottesdienst, gr. 8. (32 S.) Breslau 899. F. Hirt. n.n. — 15

Choralbüchlein für Schule, Kirche und Haus. Enth. 100 geistl. Melodien ... sowie d. Liturgie f. d. ev. Hauptgottesdienst. Breslau: F. Hirt 1906. (36 S.) 8° [Umschlagt. F.] [07. 4815

Choralbüchlein f. Schule, Kirche u. Haus. Enth. 100 geistl. Melodien (einschließl. der 30 nach dem Militär-Melodienbuche einzuüb. Choräle — U. III. A. Nr. 705. U. III. G. I.) sowie die Liturgie f. den evangel. Hauptgottesdienst. 2., durchges. Aufl. (36 S.) 8. Breslau 906. F. Hirt. n.n. — 15

Choralbüchlein f. das evangelische Volk. Enth. mehr als 100 der schönsten u. gebräuchlichsten Choräle d. evangel. Kirche, 3stimmig gesetzt. Nebst e. Anh. von 11 zwei-, drei- u. vierstimm. Motetten. 8. (IV, 120 S.) Kaiserswerth 891. Buchh. d. Diakonissen-Anstalt. n. 1. —

Choralbüchlein für Volksschulen. Langensalza (855). Schulbuchhdlg. d. Thür. Lehrervereins. 8. (16 lith. S.) 1½ ngr.

[Choräle.] Trauer-Loge der Provinziallogo von Niedersachsen zu Hamburg. Den 12. März 1867. [Hamburg 1867]: Kümpel. 2 Bl. 8° [Umschlagtit.]
2 Choräle von H. Ney.

Choräle, 30, aus G. Döring's Choralbuch [mit untergelegtem Text] für den Gesangunterricht in höheren u. niederen Schulen. Eingerichtet sowohl zur 3- als 4stimm. Ausführung. Elbing 869. Neumann-Hartmann. 16. (32 S.) 3 ngr.

Choräle, 30, m. untergelegtem Text f. den Gesangunterricht an höheren u. niederen Schulen. Eingerichtet sowohl zur drei- als vierstimm. Ausführg. 2. Aufl. 12. (32 S.) Elbing 890. C. Meißner. Kart. n. — 40

Dreissig Choräle mit untergelegtem Text für den Gesangunterricht in höheren und niederen Schulen. Eingerichtet sowohl zur drei- als vierstimmigen Ausführung. 3. Aufl. *Elbing: C. Meissner 1900.* (32 S.) 8° [Umschlagt. F.] [00. 6318 10

Choräle, dreistimmige, f. Männerchor, zum Gebrauch bei Predigerversammlungen hrsg. v. der Asketischen Gesellschaft Zürich (Predigergesellschaft). Mit e. Anh. vaterländ. Lieder. 2. Aufl. der „26 Kirchenlieder". (VII, 58 S.) kl. 8. Zürich 907. (Buchh. der ev. Gesellschaft). In Leinw. kart. — 90

Choräle, 50 alte, z. Gebr. f. kathol. Volksschulen, Gymnasien, Schullehrer- u. geistl. Seminare u. kirchl. Sängerchöre, mit untergelegten Worten, gesammelt u. 3stimmig bearb. v. e. Elementarlehrer. 1 Hft. gr. 8. (3¾ lith. B.) M. Gladbach 832, Schmachtenberg u. Comp.

Choräle, 50 dreistimm. alte, mit untergelegten Worten, zum Gebr. f. kathol. Volksschulen, etc. u. kirchl. Sänger-Chöre. gr. 8. (3¾ lith. B.) Elberfeld 830, Schmachtenberg.

— 100 einstimmige, d. gebräuchlichsten, f. evangel. Schulen. 8. Barmen 832. Schmachtenberg u. Comp. 4 ₰

—— 100 einstimm., der gebräuchlichsten, f. evangel. Schulen. 8. ... M. Gladbach 832, Schmachtenberg u. Comp.

Choräle, 100 ein- u. mehrstimm., f. d. Kirchen- u. Schulgebr. im Königr. Sachsen, nebst e. Anh. Melodien zur Gottesdienstordng. 5., verb. Aufl. 8. (44 S.) Lengenfeld 898. (C. Anschütz.) n. — 45

Choräle zum Johannisfeste der Provinzial-Loge von Niedersachsen. Hamburg, den 24. Juni 1867. Hamburg 1867., V: *Ney, Heinrich.* (wolfstieg II, 1010)

Choräle zu der von der Provinzial-Loge von Niedersachsen für den Br. Carl Chr[istoph] Klemm gehaltenen Loge. Hamburg, den 7. Jan. 1864. [Hamburg 1864.] V: *Ney, Heinrich.* (wolfstieg I, 840)

Choräle, 29, zum Hamburger Gesangbuch ... Hamb. O. J. V: *Schmahl, Heinrich Christoph Ehrenfried.* (schr)

Choräle, römische, nach dem Graduale romanum und Antiphonarium. Hrsg. von A. C. Hom. 16. (IV und 140 S.) Mainz 855, Janitsch. *

Choräle f. Synagogen-Gemeinden. 12. (80 S.) Neuwied 900. F. Gützkow. Geb. n. 1. —

Choräle für Synagogen-Gemeinden. *Neuwied: J. H. Heuser 1900.* (78 S.) 8° [J.] [oo. 1670 S

Choräle, vierstimmige, zu dem Gesangbuche für die evangelisch-protestantischen Gemeinden der Stadt Frankfurt a. M. Neue, mit den Melodien zu dem Anh. des Gesangbuchs verm. Ausg. qu. 4. (112 S.) Frankfurt a. M. 867, Völcker. *

Choräle, 40, zu dem neuen Gesangbuche des Königr. Sachsen. 8. (12 S.) Leipzig 883, Roßberg'sche Buchh. *

Choräle, die, für die protestantischen Kirchengemeinden im Königr. Bayern vorgeschriebenen. Zum Gebrauch der Gemeindemitgl. in der Kirche, sowie für den Unterricht in der Schule. 1 Lfg. 12 Choräle. 8. (9 S.) Nördlingen 848, Beck'sche Buchh.

—— nebst Vor- u. Nachspielen f. d. evangel.-protestant. Kirche im Großhrzgth. Baden. qu. gr. 4. (37¾ B.) Karlsruhe 837, Groos. *

— zwei- u. dreistimmige, f. die evangel. Schulen u. Vereine in Elsaß-Lothringen. Hrsg. v. d. Straßburger Pastoral-Konferenz u. f. den öffentl. Gebrauch in Kirche u. Schule vom Ober-Konsistorium der Kirche Augsburger Konfession u. vom Oberschulrat f. Elsaß-Lothringen genehmigt. 8. (VII, 71 S.) Straßburg 886. Heitz. cart. n.n — 35

Choralgesang unter d. heil. Meßopfer, nebst andern Melodien. 4. (Landsh., Krüll). 4 K

Choral-Gesänge, s. Cantus chorales.

Choralgesänge. (IV, 28 S.) kl. 8. Trier 903. Paulinus-Druckerei. — 30

Choralgesänge, 112 vierstimmige, der Evangelischen Kirche. Karlsruhe 1826. V: *Gersbach, J.* (Russell VI, 205)

Choral- u. Kirchengesänge, über. Ein Beitrag zur Geschichte d. Tonkunst im 19ten Jahrh. 8. Münch. 814. Giel. 6 K

Choralgesänge, vierstimmige, d. evangel. Kirche, (v. J. Gersbach). 8. Karlsr. 826. Braun. 16 K

Choralgesänge, vierstimmige, der evangel. Kirche. 8. Karlsruhe 827, Braun.

Choralgesänge, 40 vierstimmige, der Evangelischen Kirche. Karlsruhe 1827. V: *Gersbach, J.* (Russell VI, 205)

Choralmelodie(e)n

— 68, zu dem Berliner Gesangbuch. Zum Schulgebrauch. 14. Aufl. gr. 8. (III, 20 S.) Berlin 892. M. Bahn. n.n. — 50

—— 78 ausgewählte, zum Gebrauch für die evangelischen Kirchen und Schulen städt. Patronats in Breslau. Zusammengestellt auf Veranlassung der städt. Schulen-Deputation. 3. Aufl. gr. 8. (16 S.) Breslau 863, Morgenstern. **

Choralmelodien, 78, wie sie in den evangelischen Kirchen Breslau's gesungen werden, für die evangelischen Schulen Breslau's zusammengestellt auf Veranlassung der städtischen Schulen-Deputation. Breslau (857). Graß, Barth u. Co. gr. 8. (2 Bl., 16 S.) n. 1 ngr

Choral-Melodieen, 80, u. die Chöre der Liturgie. Gebräuchlich in der Gnadenkirche zu Hirschberg. gr. 8. (26 S.) Hirschberg 881. Leipzig, Siegismund & Volkening. n. — 15

Choralmelodien, alte, s.: Töpler, M.

—— nach Natorps Choralbuch in Ziffern ausgesetzt, z. Gebr. in d. Schulen u. Kirchen ꝛc., insbes. z. d. Gesangbuche d. untern Grafsch. Wied. qu. 8. (3 B.) Neuwied 834, Lichtfers.

Choral-Melodien, nach Natorps Choralbuch in Ziffern ausgesetzt zum Gebrauch in den Schulen u. Kirchen, insbesond. zu d. Gesangbuche der untern Grafschaft Wied. qu. 8. Neuwied 835. Lichtfers. 1/12 rß

—— 73, als Anhang z. Luthers kl. Katechismus v. Parisius. 8. (1 B.) Leipzig 846, Barth.

Choral-Melodien, evangelische. (Nach Fischer's Choralbuch.) 1. Abthl. 8. (19 lithogr. S.) Langensalza 853, Klinghammer. *

—— 25, der evangelischen Kirche aus dem 16. und 17. Jahrh. in ihrer ursprüngl. Form hrsg. von Imman. Faißt. 2. Aufl. 8. (VIII und 24 S.) Stuttgart 851, Metzler'sche Buchh. *

Die erste Aufl. erschien 1850 bei Ebner und Seubert in Stuttgart.

— 25, der evangel. Kirche aus dem 16. u. 17. Jahrh., in ihrer ursprüngl. Form. Hrsg. v. Imman. Faißt. 8. (VIII u. 24 S.) Stuttgart 850, Ebner & Seubert. 3 ngr — 2. Aufl. 8. (VIII u. 24 S.) Stuttgart 852, Metzler. n. 3 ngr

Choralmelodieen, 50, mit geistlichen Liedern zum Gebrauch für die evangel. Jugend in Schule, im Hause u. Leben. Nebst e. Anh.: Gebete. gr. 16. (4¼ B.) Düsseldorf 840, Schaub'sche Bh.

— 50, mit geistl. Liedern zum Gebrauch f. die evang. Jugend. Nebst einem Anh.: Gebete. 16. (67 S.) Düsseldorf 817, Schaubsche Buchh. 3 ngr

—— die gangbarsten, einstimmig, nach Kühnau. 8. (1 B.) Pasewalk 843, Köhler.

—— die gebräuchlichsten. Ein Hülfsbuch für Kirche und Schule. 8. (16 S.) Guben 852, Berger. mit Anhang (12 S.) *

— die gebräuchlichsten rhythmischen, herausg. für Schulen. Osnabrück 853. Rackhorst. 8. (IV, 16 S.) 1½ ngr

— die gebräuchlichsten rhythmischen, herausg. für Schulen. 2. Aufl. Osnabrück 859. Rackhorst. 8. (IV, 16 S.) 1½ ngr

— die gebräuchlichsten, zunächst für höhere und niedere Schulen, auch zum kirchlichen und häuslichen Gebrauche. Danzig 861. (Anhuth.) 8. (32 S.) n. 6 ngr

—— zu dem Gesang-Buche der Herzogth. Bremen und Verden, in Noten. br. 8. (82 S.) Stade 861, Steudel. **

— zu dem evangelischen Gesangbuch. Auf Veranlassg. der Provinzialsynode vom J. 1884 hrsg. vom königl. Konsistorium der Prov. Brandenburg. 8. (114 u. Anh. 22 S.) Berlin 887. Trowitzsch & Sohn. cart. n. — 60; geb. n. — 80

Choralmelodieen zu d. evang. Gesangbuch. Auf Veranlassg. d. Prov.-Synode v. J. 1884 hrsg. vom kgl. Konsistorium d. Prov. Brandenburg. 5. Aufl. 12. (114 u. geistl. Volkslieder-Melodieen 22 S.) Berlin 897. Trowitzsch & Sohn. Kart. n. — 60

— zu dem evangelischen Gesangbuch. Auf Veranlassg. der Prov.-Synode v. J. 1884 hrsg. vom königl. Konsistorium der Prov. Brandenburg. 7. Aufl. (114 u. geistl. Volkslieder-Melodieen 22 S.) kl. 8. Berlin 905. Trowitzsch & Sohn. Kart. n. — 60

Choralmelodien zu d. evang. Gesangbuch d. Prov. Brandenburg. Für d. Schule ausgew. v. Gesanglehrern Spandaus. 8. Aufl. gr. 8. (28 S.) Spandau 898. Neugebauer. n.n. — 15

Choralmelodien zu dem evangel. Gesangbuch der Prov. Brandenburg. Für die Schule ausgewählt v. Gesanglehrern Spandaus. 9. Aufl. gr. 8. (28 S.) Spandau 902. Neugebauer. n.n. — 15

Choralmelodien zu dem evangelischen Gesangbuch der Prov. Brandenburg. Für die Schule ausgewählt v. Gesanglehrern Spandaus. 10. Aufl. (28 S.) 8. Spandau 905. Neugebauer. n. — 15

Choralmelodien zu dem evangelischen Gesangbuch der Prov Brandenburg. Für die Schule ausgewählt v. Gesanglehrern Spandaus. 11. Aufl. (32 S.) 8. Spandau 910 Neugebauer. nn — 15

— zu dem evangelisch-lutherischen Gesangbuche der hannoverschen Landeskirche. Geordnet nach Unterrichtsstufen. 8. (32 S.) Stade 887. Schaumburg. n. — 20

— zum Gesangbuch für evangelische Gemeinden Schlesiens. 8. (48 S.) Breslau 880. Korn. n.n. — 30

Choral-Melodien zu dem Gesangbuch für die evangel. Kirche in Württemberg, für den Gebrauch in Schulen in Ziffern übertragen v. d. Württemberg. Tonzifferverein. 1. Stimme. (Diskant.) gr. 8. Stuttgart 846. (Beck u. Fr.) n. 4 ngl

— tief. 2. Stimme (Alt) zu 100 zweistimm. Choralen f. Schule u. Haus. 8. (IV u. 27 S.) Ebd. 848, in Comm. n. 2 ngl

— tief. 2. Stimme (Alt) zu 160 dreistimm. Choralen f. Schule u. Haus. 8. (IV u. 48 S.) Ebd. 848, in Comm. n. 2 ngl (cplt. n. 8 ngl)

— die, zum Magdeburger Gesangbuch für evangelische Gemeinden. Im Auftrage des Kreis-Synodal-Vorstands zusammengestellt u. als Manuscript gedruckt. 8. (36 S.) Magdeburg 874. Friese. n.n. — 25

— zu dem Gesangbuch f. die evangelischen Schulen Schleswig-Holsteins. Hrsg. v. den Seminar-Musiklehrern der Provinz. gr. 16. (25 S.) Schleswig 873. Bergas. n. — 20

— zu dem Gesangbuch für die evangelischen Schulen Schleswig-Holsteins. Hrsg. von den Seminar-Musiklehrern der Provinz. 2. Aufl. 16. (25 S.) Schleswig 878. Bergas. n. — 20

Choralmelodien zum wendischen Gesangbuche. Zusammengestellt von Carl Ernst Becker, Carl Aug. Katzer, Carl Friedrich Christian Kirschner, Johann Traugott Michalk. Durchgesehen von CARL EDUARD HERING. ib. 1858. — 8o.

—— nach Hiller, mit Originaltext zum Auswendiglernen im Seminar. 2. Aufl. gr. 8. (10 S.) Plauen 872, Hohmann. *

—148 neue, zu jedem Gesangbuch d. protestant. Kirche, f. d. Orgel eingerichtet. qu. 8. Nürnb., Schneider u. W. 16 gl

Choral-Melodien, 180 der gebräuchlichsten, für den einstimmigen Choralgesang in Schule und Kirche. 4. Aufl. gr. 8. (43 S.) Löwenberg 875, Köhler's Buchh. *

— 130 mit untergelegtem ursprünglichen Text. 5e Aufl. Ebd. 837. 1/12 ₰ Alle 3 Hefte 1/4 ₰

Choral-Melodieen d. evangel.-christl. Kirche d. Hrzgthums Nassau. Zum Gebr. in Kirchen u. Schulen. 8. (3/4 B.) Hadamar 830. [Weilburg, Lanz.]

— 59, nach Hiller, m. Originaltext, zum Auswendiglernen im Seminar. 2. Aufl. gr. 8. (10 S.) Plauen 872. Hohmann. n. — 25

Choral-Melodien, 79 ausgewählte, zum Gebrauch f. die evangel. Kirche u. Schulen städt. Patronats in Breslau. Zusammengestellt auf Veranlassg. der städt. Schul-Deputation. 5. Aufl. gr. 8. (16 S.) Breslau 874. Morgenstern. — 15

— 19 vierstimmige, zu dem Wupperthaler Anhang des evang. Gesangbuches f. Rheinl. u. Westf. (11 S.) 22,5×27 cm. Elberfeld 904. Buchh. des Erziehungs-Vereins. n. 1. —

Choral- u. liturgische Melodien, sämmtliche, d. Choralbuchs v. A. W. Bach m. Anh. f. Schulen. 8. (IV, 72 S.) Berlin 874. G. Reimer. — 30

[Umschlagt.:] [F.] **Choralmelodien** für evangelische Schulen. Nach d. Melodieenb. f. d. evangel. Gemeinden Schlesiens. *Breslau: E. Morgenstern 1898.* (40 S.) 1 Bd 8. [98. 850]

— f. evangelische Schulen. Nach dem Melodienbuche f. die evangel. Gemeinden Schlesiens. 2. unveränd. Aufl. 8. (40 S.) Breslau (901). E. Morgenstern, Verl. n.n. — 15

Choralmelodien für evangelische Schulen. Nach d. Melodienbuche f. d. ev. Gemeinden Schlesiens. 3. Aufl. Mit Anwendung d. neuen Rechtschreibung. Breslau: E. Morgenstern (1904). (40 S.) 8° [Umschlagt. F.] [05. 5781 2

Choralmelodien für evangelische Schulen. Nach d. Melodienbuche f. d. ev. Gemeinden Schlesiens. 4. Aufl. Mit Anwendung d. neuen Rechtschreibung. Breslau: E. Morgenstern [1906]. (40 S.) 8° [Umschlagt. F.] [07. 4067 2

Choralmelodien f. evangelische Schulen. Neu bearb. nach dem schles. Prov.-Gesangbuche. 6. Aufl. (32 S.) 8. Breslau 910. E. Morgenstern, Verl. — 20

—— zum Zerrennerschen Schul-Gesangbuche u. zum Junker'schen bibl. Katechismus. Lith. qu. 8. (2 1/2 B.) Magdeburg 835, Heinrichshofen.

Choralmelodien, 66, nach A. W. Bach. [Text nach dem Berliner Gesangbuch.] Hrsg. v. d. „Pestalozzi-Stiftg." zu Spandau. 8. (20 S.) Spandau 884. Jürgens. n. — 10

Choralmelodieen, 66, nach A. W. Bach hrsg. v. Gesanglehrern Spandaus. [Text nach dem neuen evangel. Gesangbuch der Prov. Brandenburg.] 2., veränd. Aufl. 8. (22 S.) Spandau 888. Jürgens. n.n. — 10

Choralmelodien, sechs und sechzig dreystimmige, ein Beytrag zur Beförderung und Erleichterung des Gesanges in Volksschulen. gr. 4. Breslau, (Barth in Leipz.) 820. — 16

—66 dreistimm., ein Beitrag zur Beförderung u. Erleichterung d. Gesanges in Volksschulen. gr. 4. Bresl. 820. Graß, Barth u. Comp. 16 gl

— 60 der gebräuchlichsten, 2stimmig u. mit 2 Versen Text gesetzt. 16. Leipzig 816, Hermann. 1 1/2 ngl

— 60 der gebräuchlichsten, 2stimmig u. m. 2 Versen Text gesetzt. 16. (60 S.) Leipzig 817, Hermann. 1 1/2 ngl

Choralmelodien, 70, nach A. W. Bach, hrsg. v. Gesanglehrern Spandaus. (Text nach dem neuen evangel. Gesangbuch der Prov. Brandenburg.) 6. Aufl. 8. (24 S.) Spandau 894. C. Jürgens. n.n. — 10

— gesammelt u. in Tonziffern zum vollständ. Herold'schen u. Huser'schen kathol. Gesangbuche treu übersetzt. 8. (IV u. 160 S.) Lippstadt 852, Lange in Comm. n. 6 ngl

—— in Tonziffern-Bezeichnung, mit untergel. Texte z. den neu. Gesangbüchern d. evang. Kirche, nebst e. Anh. kirchl. Responsorien. qu. 8. (11 B.) Neubrandenburg 834, Dümmler.

—— vierstimmige, zu dem „Gesangb. f. d. evang. Kirche in Württemberg" z. Gebr. in Kirchen u. Schulen. gr. 8. (10 1/4 B.) Stuttgart 841, Metzler'sche Buchh. * 7 1/2 Ngr., fein. Pap. *

Choralmelodien, vierstimmige, zu dem Gesangbuch für die evangelische Kirche in Württemberg, zum Gebrauche in Kirchen und Schulen. 9. Aufl. 8. Stuttgart 868, Metzler's Verlag. *

—— vierstimmige, zu dem Gesangbuch für die evangelische Kirche in Württemberg, zum Gebrauch in Kirchen und Schulen. 10.—12. bericht. Ster.-Aufl. 8. (II, 160 S.) Stuttgart 873—84, Metzler'sche Buchh. cart. *

Choralmelodieen, vierstimmige, zu dem Gesangbuch f. die evangel. Kirche in Württemberg, zum Gebrauch in Kirchen u. Schulen. 16. bericht. Ster.-Aufl. 8. (IV, 160 S.) Stuttg. 891, Metzler's Verlag. geb. Außerhalb Württembergs ** — 90

— vierstimmige, zu dem Gesangbuch f. die evangel. Kirche in Württemberg, zum Gebrauch in Kirche, Schule u. Haus. 17., bericht. Aufl. gr. 8. (IV, 166 S.) Stuttgart 894. J. B. Metzler's Verl. Geb. n.n. — 90

— vierstimm., z. d. Gesangbuch f. d. evang. Kirche in Württemberg, z. Gebr. in Kirche, Schule u. Haus. 18. Aufl. gr. 8. (II, 166 S.) Stuttgart 896. J. B. Metzler's Verl Geb. n.n. — 90

Choralmelodien, vierstimmige, zu dem Gesangbuch f. die evangelische Kirche in Württemberg, zum Gebrauch in Kirche; Schule u. Haus. 20. neu durchgeseh. u. verm. Aufl. Besorgt durch K. Fr. Breuninger. (II, 168 S.) gr. 8. Stuttgart 903. J. B. Metzler. Kart. n.n. — 90

— vierstimmige zu dem Gesangbuch f. die evangelische Kirche in Württemberg, zum Gebrauch in Kirche, Schule u. Haus. Besorgt durch K. Fr. Breuninger. 21. Aufl. (II, 168 S.) 8. Stuttgart (907). J. B. Metzler. Kart. nn — 90

—— vierzig, für den Schulunterricht. Anhang zum deutschen Liederschatz von Jul. Schubert. 2. durch die Liturgie verm. Aufl. 8. Breslau 886, Woywod. *

Choral-Melodieen, die vorzügl. u. gebräuchlichsten, d. evangel. Kirche, m. untergelegtem Texte. Für Kirche, Schule u. Haus. 5. Ausg. 8. (4 1/2 B.) Gütersloh 837, Bertelsmann.

Choral-Melodieen in Ziffern nach Natorps Choralbuch, enthalt. d. Melodieen aus d. christl. Gesangbuche f. d. evangelisch luther. Gemeinden im Hrzgth. Berg. 8. (2 B.) Essen 831, Bädeker. Thlr.

— 20 vierstimm., neue, f. Singchöre u. f. d. Orgel, auf einige Lieder im neuen Dresdner Gesangbuche rc., v. J. G. B. 4. Meißen, Goedsche. 6 gr

— 243 einstimmige, in Noten. Nach den Choralmelodienbuche v. Natorp, Keßler u. Rink. 5e Aufl. 8. Güterloh 837. Bertelsmann. 1/12 ß

— 239 einstimmige, in Ziffern. 6e Aufl. Ebd. ... 1/12 ß

— zwei- und dreistimmige, für die evangelischen Schulen Frankreichs. Straßburg 853. Berger-Levrault. 12. (1 Bl., 62 S.) 7 1/2 ngr

— zwei- u. dreistimmige, für die evangelischen Schulen Frankreichs. 2. Aufl. Straßburg 864. Berger-Levrault & Sohn. 12. (62 S.) 6 ngr

— zweistimmige, und geistliche Volkslieder f. Schule u. Haus. Hrsg. v. dem evangel. Kirchengesangverein f. Hessen. 8. (39 S.) Darmstadt 888. Waitz. n.n. — 25

— u. geistl. **Volkslieder, zweistimm.**, f. Schule u. Haus. Hrsg. v. d. evang. Kirchengesangverein f. Hessen. 2. Aufl. 8. (III, 39 S) Darmstadt 895. J. Waitz. u.n. — 25

— 52, in Ziffern. 16. (32 S.) Grimma 847, Verlags-Comptoir. 1 1/2 ngr

Choral-Melodieen-Buch. Mit besonderer Rücksichtnahme auf das christliche Gesangbuch für Schulen von W. Röldeke hergestellt. Lingen 864. Jüngst. 8. (19 S.) nn. 2 1/2 ngr

— allgemeines. Die in der evangelischen Kirche am meisten üblichen Choralmelodien. Im Auftrage der Oberbehörde von einer Commission nach den Quellen bearb. Ausgabe für Schulen. Lüneburg 864. Herold & Wahlstab. 8. (54 S.) n. 2 1/2 ngr

Ausgabe für Lehrer (XVI, 70 S.) 7 1/2 ngr

Choralmelodienbuch für Braunschweig. Zum Gebr. in Elementar- u. Volksschulen. Stereotyp-Ausg. 8. (2 1/8 B.) Braunschweig 845, Vieweg u. Sohn.

— bremisches, enthaltend sämmtliche Melodien zu den beiden hiesigen Gesangbüchern, musikalisch redigirt von C. Reinthaler, herausg. von B. A. Freudenreich u. F. C. Homann. Bremen 861. Valett & Co. gr. 8. (IV, 92 S.) n. 7 1/4 ngr

Choralmelodieenbuch für die evangelische Chorschule f. Königsberg i/Pr., enth. 103 Melodieen v. Chorälen u. geistl. Volksliedern in der in Ost- u. Westpreußen gelt. Form. qu. 8. (45 S.) Königsb. 889. (Gräfe u. Unzer). ** — 40

— dreistimmiges, f. J. C. W. Niemeyer.

Choralmelodien-Buch, einstimmiges, in Ziffern, (v. Chr. H. Rink). 8. Darmst. 825. Heyer. 2 gr

Choral-Melodienbuch, Einstimmiges, in Ziffern für die Schleswig-Holsteinischen Volksschulen. Altona 1836. V: *Mohr, Christian Friedrich.* (A)

Choral-Melodienbuch, einstimmiges, in Ziffern, f. d. schlesw.-holstein. Volksschulen. 8. (5 1/2 B.) Oldenburg. (Dessau 836, Aue.) *

Choralmelodien-Buch zum evangelischen Gesangbuch f. Ost- u. Westpreußen. Hrsg. v. der Kommission zur Ausarbeitg. e. einheitl. Choralbuchs f. Ost- u. Westpreußen. 8. (100 S.) Königsberg 885. Gräfe & Unzer. n. — 80

Choral-Melodienbuch zu dem Schlesw.-Holsteinischen Gesangbuche zum Gebrauche für Schulen in Ziffern bearbeitet. Altona. U. A. [1835]. P.

Choralmelodienbuch f. d. evang. Kirchen u. Schulen d. Prov. Posen. A. Veranlassg. d. Prov.-Synode bearb. u. hrsg. 3., verm. u. verb. Aufl. 8. (62 S.) Posen 895. Diakonissen-Anstalt. n.n.n. — 30

Choral-Melodieenbuch f. die Kirchen u. Schulen der Stadt Burg. Mit Genehmigung des königl. Konsistoriums u. der kgl. Regierung im Auftrage des pädagogischen Vereins hrsg. gr. 8. (VIII, 28 S.) Burg 881. Hopfer. n.n. — 30

Choralmelodieen-Buch zu den 80 Kirchenliedern f. die Schule, ausgewählt vom königl. Provinzial-Schul-Kollegium im Einverständnis m. dem königl. Konsistorium u. den königl. Regiergn. zu Königsberg i/Pr. u. Gumbinnen, nebst 12 geistl. Volksliedern. 8. (32 S.) Königsberg i/Pr. 891. Gräfe & Unzer. n.n. — 25

— f. die Prov. Sachsen. Nach den Beschlüssen der Provinzialsynode. 2. u. 3. Aufl. 8. (VII, 112 S.) Wittenberg 886. 888. Herrosé Verl. n. — 60

Choralmelodienbuch für die Prov. Sachsen. Nach den Beschlüssen der Provinzialsynode. 4. Aufl. 8. (VII, 112 S.) Wittenb. 891, Herrosé. * — 60; geb. ** — 80

f. die Prov. Sachsen. Nach den Beschlüssen der Provinzialsynode. 5. Aufl. gr. 8. (VII, 112 S.) Wittenberg 891. R. Herrosé. n. — 60

— f. d. Prov. Sachsen. N. d. Beschlüssen d. Prov.-Synode. 6. Aufl. 8. (VII, 112 S.) Wittenberg 898. R. Herrosé. n. — 60; geb. n.n. — 80

Choralmelodienbuch f. die Prov. Sachsen. Nach den Beschlüssen der Prov.-Synode. 7. u. 8. Aufl. 8. (à VII, 112 S.) Wittenberg 901. 902. R. Herrosé. n. — 60; geb. n.n. — 80

Choralmelodienbuch f. die Prov. Sachsen. Nach den Beschlüssen der Prov.-Synode. 9. u. 10. Aufl. (à VII, 112 S.) 8. Wittenberg 905. 906. R. Herrosé. n. — 60; geb. n.n. — 80

Choralmelodienbuch für die Provinz Sachsen. Nach d. Beschlüssen d. Provinzialsynode. 11. Aufl. Wittenberg: R. Herrosé 1908. (VII, 112 S.) 8° [F.] (08. 12135

Choralmelodienbuch f. die Prov. Sachsen. Nach den Beschlüssen der Prov.-Synode. 12. Aufl. (VII, 112 S.) 8. Wittenberg 909. R. Herrosé. — 60; geb. n — 80

— dasselbe, Auszug, s.: Schul-Choralbuch f. d. Prov. Sachsen.

— für Schulen und Kirchen, s. Erk, Ludw.

— für Schulen und Kirchen evangel. Bekenntnisses. In Gemeinschaft mit C. Ebeling, R. Lange und Frz. Petreins hrsg. von Ludw. Erk. 8. (IV und 60 S.) Berlin 861, Th. Chr. Fr. Enslin. *

Choral-Requiem ⟨gregorianische Lesart⟩. In moderne Notation umgeschrieben u. mit Orgel-Begleitung vers. Dr. Peter **Wagner**, (Prof., Freiburg i. d. Schw.). *Graz: Styria 1903.* (12 S.) 4° [Umschlagt.] (04. 1010

Choralsätze, vierstimmige, der vornehmsten Meister des 16. u. 17. Jahrhunderts. Ausgewählt u. hrsg. v. Ludw. Erk u. Friedr. Filitz. 1. Thl. 4. (14 B.) Essen 815, Bädeker.

Chor-Amt für die Abgestorbenen. — Officium defunctorum. München 863. Lentner. 32. (120 S.) 4 ngr.

Chor-Amt für die Abgestorbenen. Aus dem römischen Brevier u. Ritual zum Gebrauch für Geistliche, Ordensleute u. Laien. 3. Ausg. 16. (136 S.) München 880. Stahl. n. — 40

Chor-Amt, das kleine, unserer lieben Frau, s. Officium.

Chor-Amt, kleines, oder Tagzeiten zu Ehren Unserer Lieben Frau, s. Officium parvum.

Chor-Amt, kleines, oder Tagzeiten zu Ehren Unserer Lieben Frau. 2. verb. Ausg., mit einer Beigabe von täglichen Gebeten und sonstigen Andachtsübungen. A. u. d. T.: Officium parvum seu Horae canonicae in honorem Beatae Mariae Virginis. (Von W. K. Reischl.) München 854. Lentner. 32. (XCVI, 273 S.) 15 ngr.

— kleines, oder Tagzeiten zu Ehren Unserer Lieben Frau. Mit Beigabe täglicher Gebete u. Andachtsübungen sammt dem Chor-Amte für die Abgestorbenen. — Officium parvum seu horae canonicae in honorem beatae Mariae virginis. (Von W. K. Reischl.) 3. Ausg. 860. (387 S.) 15 ngr. — 4. Aufl. Ebend. 863. 32. (520 S.) 18 ngr.

Chor-Amt, kleines, oder Tagzeiten zu Ehren Unserer Lieben Frau. Mit Beigabe täglicher Gebete u. Andachtsübungen sammt dem Chor-Amte für die Abgestorbenen. 5. Aufl. München 867. Lentner. 32. (519 S. u. 1 Stahlst.) 18 ngr.

— kleines, oder Tagzeiten zu Ehren Unserer Lieben Frau. Mit Beigabe täglicher Gebete u. Andachtsübungen, sammt dem Choramte f. die Abgestorbenen. 6. Aufl. (Deutsch u. lateinisch.) 16. (423 u. 143 S.) Ebend. 880. 1.80

— kleines, oder Tagzeiten zu Ehren Unserer Lieben Frau. Mit Beigabe tägl. Gebete und Andachtsübungen, sammt dem Choramte für die Abgestorbenen. 6. Aufl. (Deutsch und lateinisch.) 16. (423, 143 S.) München 881, Stahl.

CHORASZEWSKI, Joseph (Winty): Über den Vorsitz auf der ersten ökumenischen Synode zu Nicäa.- Gnesen: Lange 1863. 1 Bl., 124 S., 1 Bl.
28.3.1862 - Urk (Titel: Quis praesederit primae oecumenicae synodo Nicaenae.); F 44
Diss. Ingolst.-Landsh.-Mchn.

Chorbuch. Auswahl ernster u. heiterer Kunstgesänge in mehrstimm. Bearbeitg. f. Schulchöre. Hrsg. vom Geraer Begräbniskassenverein f. Lehrer. 1.—3. Tausf. (232 S.) 8. Gera 906. (M. Lange.) Kart. n.n. 1.20

Chor- u. Meßbuch, biblisches, f. alle Tage insbesondere f. Sonn- u. Festtage. Zugleich eine Volksbibel, die, im Anschlusse an die bibl. Geschichts-Lehrbücher, den Kern der Lehr- u. prophet. Schriften d. alten u. neuen Testaments m. vorzügl. Rücksichtnahme auf die sonn- u. festtägl. Episteln u. Evangelien enthält. Eine Beigabe zu allen Bibelgeschichts-Lehrbüchern. 8. (140 S. m. d. Anh.: Erwägungen eines Wanderers durch die Schweiz. 40 S.) Bonn 848, Wittmann in Comm. 1/2 Thlr.

Chor- u. Meß-Buch der kathol. Kirche. Für den Gebrauch der Laien geordnet, übersetzt u. in latein. u. deutschem Text herausgeg. von Wlh. Karl Reischl. Mit 5 Stahlst. 8. München 844, Lentner. 2 1/3 Thlr.

Chöre, die — aus Antigone. 8. Salzburg, Oberer 1852.

Chöre der Gemeine des Herrn. Auswahl der schönsten und leichtesten geistl. Compositionen. 8. (IV und 192 S.) Hamburg 869, Oncken. geb. *

Chöre und Gesänge zu den Lieblingscompositionen des verstorbenen Mozart ... Schleswig 1800. H: *Schumacher, Balthasar Gerhard.* (GGr)

Chöre, die, des Lebens. Roman-Zyklus in 8 Büchern v. Dolorosa. I. Fräulein Don Juan. Ein Roman. Umschlagzeichnung von Raph. Kirchner. (234 S.) 8. Berlin 903. M. Lilienthal. n. 4.—; geb. in Leinw. n. 5.—

Chöre und Reden in der feierlichen Trauerloge zum Andenken des Brs J. F. Zöllner, den 12. Oct. 1804. Voran eine biographische Skizze. [Berlin 1804]: Decker. 44 S. 8° [Umschlagtit.]
Kl. 1424. Gedächtnisrede von S. Chr. G. Küster, Schlussrede von F. Ph. Rosenstiel.

Chöre aus den griechischen Schauspieldichtern übersetzt von Fr. Grillo. 12. Halberstadt (Sommer in Leipzig.) 772.

Eugenia z. gekrönten Löwen: **Chöre** zur Todten-Feyer in der Loge Eugenia zum gekrönten Löwen. Danzig o. J.: Müller. 8 S. 8°. [Umschlagtit.]
Ohne Noten.

Chöre bei der Todten-Feier in der Provinzial-Loge von Mecklenburg zu Rostock am 5. Mai 1883, zum Andenken des verewigten, Allerdurchlauchtigsten Grossherzogs Friedrich Franz II., Mecklenburgs theuren, unvergesslichen Fürsten. [Rostock 1883: Behm's Erben.] 2 Bl. 8° [Umschlagtit.]
8 Liedertexte.

Rönnberg, Christian Jak.: **Chöre**, gesungen in der Trauerloge zum Andenken des Brs. Rönnberg, am 4. April 1835. Hamburg 1835. 4 S. 8°
Kl. 1482.

Wehber-Schuldt, Joh. Friedr. Basilius: **Chöre,** gesungen in der Trauerloge [der Loge Irene zu den 3 Sternen in Rostock] für [Joh. Friedr. Basilius] Wehber-Schuldt am 7ten April 1841, als am Todestage des Verstorbenen. Rostock [1841]: Oeberg. 4 S. 8°. [Umschlagtit.]

Chöre aus den griechischen Trauerspieldichtern. Halberstadt 1772. Ü: *Grillo, Friedrich.* (DegG) (Hoff)

Chöre aus d. griech. Trauerspieldichtern, übers. v. Fr. Grillo. 12. Halberst. 773. (W. Nauck in Leipz.) 3 ℛ

Neander v. Petersheiden, Joachim Friedr. v.: **Chöre** bey der feierlichen Trauerversammlung zum Andenken des verewigten Brs Joachim Friedr. v. Neander [v. Petersheiden] gesungen in der Loge Tempel der Wahrheit zu Rostock den 22.sten Jan. 1818. Rostock [1818]: Adler. 2 Bl. 8° [Umschlagtit.]
Kl. 1447. 4 Lieder ohne Noten.

Chöre aus Bruder Mozarts Zauberflöte. Schleswig 1799. V: *Schumacher, Balth. Gerhard.* (Collin, Anonymer. Kiobenh. 1869.)

Chöre, 20 kirchliche dreistimmige, u. die Liturgie f. die Festzeiten d. Kirchenjahres. Hrsg. v. der Osterwiecker Diözesan-Lehrer-Conferenz-Gesellschaft. 12. (71 S.) Osterwieck 885. Zickfeldt. n. — 25

Als französischer Spion in Deutschland gefangen. Memoiren von Paul Chorenne. Wiesbaden: Westdeutsche Verlagsges. [1910]. 202 S. 8° [11. 9184

BERN. — Der Statt Bern Chorgerichts Satzung vmb Ehsachen, Hürey vnd Ehbruchs-Straff: Anstell- vnd Erhaltung christenlicher Zucht vnd Ehrbarkeit / vnd was zur selben gehörig. Zu Statt vnd Land zu gebrauchen. Bern, G. Sonnleitner, 1667. Kl. fol. (16 frcs. Georg & Co., Basel, 1908.)
— — Dasselbe. Bern, 1743. 4°. Selten! (6 fr. die Vorigen.)
— — Dasselbe. Bern, 1779. 4°. (6 fr. die Vorigen.)

Chorgesang. Zu singen im größeren akademischen Hörsaal nach Endigung der Secular-Rede. Am 3. November 1817. O. O. V: *Kosegarten, Ludwig Theobald.* (Erman & Horn, Bibliogr. d. dtsch. Universitäten. 2. Leipz. u. Berl. 1904.)

Chorgesang. Zu singen im größeren akademischen Hörsaal nach gänzlich beendigter Secularfeyer am sechsten November 1817. O. O. V: *Kosegarten, Ludwig Theobald* (?). (Erman & Horn, Bibliogr. d. dtsch. Universitäten. 2. Leipz. u. Berl. 1904.)

Chorgesang, der. Zeitschrift f. d. gesamten Interessen der Sangeskunst m. besond. Berücksicht. der gemischten Chöre, Männer- u. Frauen-Gesangvereine. Hrsg. v. A. W. Gottschalg. 1. u. 2. Jahrg. 1885/87 à 24 Nrn. (B. m. Musikbeilagen.) Lex.-8. Leipzig, Licht & Meyer. à Jahrg. n. 8. —

Chorgesang, der. Zeitschrift f. die gesamten Interessen der Sangeskunst m. besond. Berücksicht. der gemischten Chöre, Männer- u. Frauen-Gesangvereine. Hrsg. v. A. W. Gottschalg. 3. u. 4. Jahrg. 1887/88. 1888/89. à 24 Nrn. (à 1—1½ B. m. Musikbeilagen.) Lex.-8. Leipzig, Licht. à Jahrg. n. 8. —

— dasselbe. Centralblatt f. Chor- u. Sologesang m. Berücksicht. der Instrumentalmusik. Hrsg. v. A. W. Gottschalg u. G. Kiesewetter. 5. Jahrg. 1889/90. 24 Nrn. (2 B. m. Musikbeilagen.) Lex.-8. Ebd. n. 8. —

— dasselbe. Hrsg.: A. W. Gottschalg, J. G. E. Stehle u. Guenther Kiesewetter. 6. Jahrg. Octbr. 1890—Septbr. 1891. 24 Nrn. (2 B. m. Musikbeilagen.) Lex.-8. Ebd. n. 8. —

Chorgesang, der. Centralblatt f. Instrumentalmusik, Chor- u. Sologesang. Hrsg.: A. W. Gottschalg, J. G. E. Stehle u. Leo Kofler. 7. u. 8. Jahrg. Oktbr. 1891—Septbr. 1893. à 24 Nrn. (2 Bog. m. Musikbeilagen.) Lex.-8. Leipzig, H. Licht. à Jahrg. n. 8. —
Fortsetzung s.: Centralblatt f. Instrumentalmusik, Solo- u. Chorgesang.

Chorgesang, der deutsche. (Früher: vom Ende's „Wegweiser".) Deutsche Gesangvereinszeitg. Wegweiser durch die Chorgesangliteratur. — Ratgeber f. Gesangvereine u. Dirigenten. Offizielles Organ des westdeutschen Sänger- u. Dirigentenverbandes, des mittelrhein. Sängerbundes usw. Red.: Ed. Hoenes u. seit X. 1905: C. Steinhauer. 6.—8. Jahrg. Oktbr. 1904—Septbr. 1907. 12, 24 u. 24 Nrn. (6. u. 7. Jhrg. 140 u. 180 S. u. Musikbeilagen.) Lex.-8. Trier, H. vom Ende. à Jhrg. n. 2. —
Vergl.: Wegweiser durch d. Chorgesangliteratur.

Chorgesang, der deutsche, (früher: vom Ende's „Wegweiser"). Deutsche Gesangvereinszeitg. Wegweiser durch die Chorgesangliteratur. Ratgeber f. Gesangvereine u. Dirigenten. Offizielles Organ des westdeutschen Sänger- u. Dirigentenverbandes, des mittelrhein. Sängerbundes usw. Red.: Albin Klein. 9.—12. Jahrg. Oktbr. 1907—Septbr. 1911. à 12—24 Nrn. (à ca. 12 S.) Lex. 8. Gießen, Klein & Fischer. (Nur direkt.) à Jahrg. 2. —

Chorgesang zum Jahresschlusse. »O Vater, unser Vater! sie die Deinen ...« W. G. O. O. u. J. V: *Gerhard, Wilhelm.* (wolfstieg II, 851)

Chor- und Kirchengesänge für Missionsfeste evangelischer Gemeinden lutherischen Bekenntnisses. qu. gr. 4. (XIII und 65 lithogr. S.) Darmstadt 867, (Würtz.) *

Chor- u. Kirchengesänge für Missionsfeste evangel. Gemeinden luther. Bekenntnisses. Darmstadt 868. Würtz in Comm. qu. 4. (XIII, 65 S.) n. 22 ngr

Chorgesänge, kirchliche, zum Gebrauche bei dem evangelischen Gottesdienste. Hrsg. von J. Heinr. Lützel. (In 8—10 Heften.) 1. Heft: Partitur (8 S.) und 4 Stimmen (à 4 S.) hoch 4. Zweibrücken 856, (Ritter'sche Buchh.)
Partitur
jede Stimme

Chorgesänge, kirchliche, zum Gebrauche bei dem evangel. Gottesdienste. Hrsg. von J. Heinr. Lützel. 2. Heft: Partitur (8 S.) und 4 Stimmen (à 4 S.) hoch 4. Zweibrücken 857, (Ritter'sche Buchh.) [Partitur 5 Ngr.; jede Stimme 1¼ Ngr.]

—— dass. — 3—12. Heft: Partitur. (VIII und S. 17—96.) hoch 4. (Ebendas.) 858—61. à Heft 5 Ngr.
1. Heft. (Ebendas.) 1856. 12 Ngr.

Chor-Gesänge, neue. Eine Sammlung von Psalmen, Lobgesängen u. geistlichen lieblichen Liedern. Zum Gebrauch für christliche Gesang-Vereine. gr. 8. (IV, 96 S.) Hamburg 879. Koch. n. 1.20

[5.] Neue Chor-Gesänge. E. Sammlg v. Psalmen, Lobgesängen u. geistl. liebl. Liedern. Zum Gebr. f. christl. Gesangvereine. 5. Aufl. *Hamburg: J. G. Oncken Nachf. 1893.* (2 Bl., 96 S.) 1 Bd 8. [..] 5450 4

Chor- u. Wettgesänge, neue, bekannter Liedermeister. 11 Hfte. gr. 8. St. Gallen, Zweifel-Weber. n. 7. 90
I. 12 volkstümliche Lieder f. Männerchor. 7. Aufl. (40 S.) 900. n. — 80
II. 12 leichte volkstümliche Lieder f. Männerchor. 7. Aufl. (28 S.) 900. n. — 70
III. 12 leichte volkstümliche Lieder m. Solo- u. Quartettsätzen f. gemischten Chor. 7. Aufl. (39 S.) 900. n. — 70
IV. 12 leichte u. volkstümliche Lieder f. Frauen- u. Töchterchöre. 4. Aufl. (47 S.) 899. n. — 70
V. 12 Männerchor-Lieder f. leichten Volksgesang. (81 S.) 898. n. — 70
VI. 12 neue Männerchor-Lieder f. schwierigen Volksgesang. 2. Aufl. (48 S.) 900. n. — 80
VII. 12 neue leichte Männerchorlieder f. Quartett od. Chor m. mundartlichen Texten. (28 S.) 900. n. — 70
VIII. 12 neue volkstümliche Lieder f. Frauen- u. Töchterchor. (40 S.) 900. n. — 70
IX. 12 neue volkstümliche Lieder f. gemischten Chor. 2. Aufl. (40 S.) 900. n. — 70
X. 12 leichte vaterländische Männerchöre. (32 S.) 900. n. — 70
XI. Lehrerheft. 12 neue volkstümliche Lieder f. Männerchöre, komponiert v. schweizer. Lehrern. (32 S.) 903. n. — 70

Chorgesänge. Neue Chor- und Wettgesänge bekannter Liedermeister. Heft 12: 12 Wettlieder für Männerchöre. Leichter Volksgesang. IV + 32 S. 8. St. Gallen, Zweifel-Weber, 1904. fr. —. 70

Chorgesänge f. höhere Schulen. I. Heft: Gesänge für Schulfeierlichkeiten. Hrsg. v. Otto Kirmse, Ernst Reiße, Theod. Salzmann, Fritz Stang, Heinr. Wahls. (VI, 99 S.) 8. Leipzig 907. Dieterich. Kart. nn — 90

Chorgesangschule für Männerstimmen. Hrsg. von dem musikalischen Comité des pfälz. Sängerbundes. 12. (176 S.) Speyer 872. (Heilbronn, Schmidt.) n.—80

Chorgestühl, das, der Kirche Sant Eusebio in Rom, s. Renaissance, italienische.

Chorheft Nr. 1. Hrsg. vom evangel. Kirchengesangverein f. das Großherzogt. Hessen. (16 S.) gr. 8. Darmstadt 906. C. F. Winter'sche Buchdr. n. — 20

Chorheft Nr. 2. Hrsg. vom evangel. Kirchengesangverein f. das Großherzogt. Hessen. 2. Aufl. (16 S.) gr. 8. Darmstadt 909. C. F. Winter'sche Buchdr. — 20

Chori dramatis autumnalis Bambergae die 20. Sept. a. 1748 exhibiti . . . Wirceburgi 1748. V: *Pfister, Anton.* (Jes)

Choricius Gazaeus

— Achilles u. Polyxena. Zwei Deklamationen d. Ch. herausgeg. v. R. Förster. Gel. 1882. 46 S. 1.20

— Choriciana Miltiadis oratio ed. R. Förster. Pr. 1892. 17 S. 4°.

Choricii Gazaei Orationes declamationes fragmenta. Insunt ineditae Orationes duae. Curante Jo. Fr. Boissonade. 8 maj. (23½ B.) Parisiis 846. (Lipsiae, Brockhaus et Avenarius.)* ;

Choricii duae orationes nuptiales ed. R. Förster. Pr. 1891. 24 S. 4°.

(Johannes) Meursius [d. i. Nicolas Chorier]: Die Gespräche der Aloisia Sigaea (Elegantiae latini sermonis). Deutsche Übertr. von Dr. H[einrich] Conradt. Leipzig: Insel-Verl. 1903. XI, 295 S. 8°

Choerilus

Choerili, Samii, quae supersunt, collegit et illustr., de Choerili Samii aetate, vita et poësi aliisque Choerilis disseruit Aug. Fd. Naekius. Inest de Sardanapali epigramm. disputatio. 8 maj. Leipz. 817. Weidmanns. 1 ₰ 6 g/. Schrbp. 1 ₰ 12 g/.

Chorin [Schlagwort]

Chorim, Kloster, s.: Eberswalde, Kiessling, A.

Chorin, s.: Wanderkarten.

Chorin [Verfasser]

Chorin, Aron

— **Broches Hamosen.** (Kurzes Gebet nach d. Essen.) 8. Wien 826. Ant. Strauß. 6 g/.

Chorin, A., Igereth Elassaph, oder Sendschreiben e. afrikan. Rabbiner an seinen Collegen in Europa. (Prag 826. Enders). 16 g/.

Chorin, Jakob —. Wie kann dem Umsichgreifen der Cholera Einhalt geschehen? Von — —. 8. (10 S.) Prag. Druck von C. W. Medau. 1855.

Chorinsky & Ebergenyi, oder der Giftmord in der neuen Amalienstr. zu München (21. Novbr. 1868). Mit den Bildnissen der *Gräfin Chorinsky*, wie dieselbe aufgefunden wurde, und der *Baronin Ebergenyi* nach einer Photogr. nach dem Leben. München, Joh. Deschler, o. J. 12°. 24 S. Cart.*)

Chorinsky, Carl Graf, der österreichische Executiv-Prozeß. Ein Beitrag zur Geschichte der allgemeinen Gerichts-Ordnung. gr. 8. (VII, 120 S.) Wien 879. Hölder. n. 2.40

— das Notariat u. die Verlassenschaftsabhandlung in Oesterreich. gr. 8. (VIII, 320 S.) Ebend. 877. n. 4.—

Chorinsky, Dr. Carl Graf, Stand der Gesetzgebung und der Kontroverse bezüglich des bäuerlichen Erbrechtes in den im Reichsrate vertretenen Königreichen und Ländern der österr.-ungar. Monarchie. (Schrift. d. Ver. f. Soz.-Pol., Bd. 61.) gr. 8°. Leipzig 1895.

— das Vormundschaftsrecht Oesterreichs vom 16. Jahrhundert bis zum Erscheinen des Josefinischen Gesetzbuches. gr. 8. (XII, 444 S.) Ebend. 878. n. 8.40

Chorinsky, Karl Graf, Der Wucher und der Liberalismus. Graz, 1879, 8°, 94 S., 2. Aufl. (1. Aufl. 1877.)
Recens. Stimmen a. M.-Laach Bd. 18 (1880), S. 455—6.

— der Wucher in Oesterreich. gr. 8. (XIII, 148 S.) Ebend. 877. n. 2.60

— Der Wucher in Oesterreich. gr. 8°. Wien, Hölder. 1877.

Chörlein, die interessantesten, an Nürnbergs mittelalterlichen Gebäuden. 24 (lith.) Abbild. m. erläut. Texte v. Frdr. Mayer. (22 S.) 4. Nürnberg 847, Lotzbeck. 2 ₰

I. Chorlied zum Club der vier Leipziger Logen am 7. Dezember 1898 im Logenhause Elsterstrasse 2. [Leipzig 1898.] 2 Bl. 8°.
„Heut vereint zu froher Stunde" ...

Chorlieder am gemeinsamen Klubabend der fünf vereinigten St. Johannislogen im Or. Leipzig am 16. Sept. 1904. [Leipzig 1904: Vogel.] 3 Bl. 8° [Umschlagtit.]
2 Gesänge ohne Noten. 1. Von O. Marbach: „Sie sind dahin die schönen Mussestunden ..." 2. Allerlei aus der Maurerei von R. B. (Rich. Boost?)

Chorlieder für den Sängertag in der Enge bei Bern, ...30. Juni 1907 [abgehalten vom] Kreis-Verband Bern-Land. 15 S. 8. Bern, Aut. u. Druck C. L. Wehrlin, [1907].

Chorlieder der Bezirksgesangvereine Sissach, Waldenburg und Arlesheim für ihre Sängertage im Jahre 1901. 24 S. 8. Basel, M. Werner-Riehm, 1901.

Chornitzer, Ed., Ideen üb. die Errichtung d. Reichsrathes in Oesterreich. Eine staatswissenschaftl. Abhandlung. 8. (20 S.) Wien 850, Lechner. n. 8 ngr

Chornitzer, Ed., wie erweiset sich die Thätigkeit der National-versammlung in Wien? Eine Frage der Zeit rc. gr. 8. (14 S.) Wien 848, Sallmayer & Co. 2 ngr

Choroba Wilhelm: Sophokles „König Oedipus" in der Uebertragung von Adolf Wilbrandt.
II. 1909 PN 2707 Diss. Wien, Univ. 301

Choeroboscus, s. a. Georgius Choeroboscus.

Choerobosci, Georgii, Dictata in Theodosii Canones, nec non Epimerismi in Psalmos. E codicib. manuscriptis ed. Thomas Gaisford, III Tomi. 8maj. (74 B.) Oxonii 812. (Lipsiae, T. O. Weigel.) *

Choerobosci, G., scholia, s.: Grammatici graeci recogniti et apparatu critico instructi.

Chorographia Andernacensis, oder: Kurze Beschreibung alles dessen, was von Anbeginn der Stadt Andernach, in derselben und ihrer Gegend sich zugetragen hat. O. O. 1786. V: *Vogel, J. P. N. M.* (StBKöln I, 178)

Chorographia Bonnensis, oder Kurze Beschreibung alles dessen, was von Anbeginn der heutigen Churfürstlichen Residenzstadt Bonn in derselben und ihrer Gegend merkwürdiges sich zugetragen. O. O. 1766 bis 1773. V: *Vogel, J. P. N. M.* (StBKöln I, 181)

Chorographia Novisiensis oder historische Abhandlung von dem Ursprunge, Anwachs und heterogenen Zustande der Stadt Neuss. O. O. u. J. [ca. 1776/85]. V: *Vogl.* (Heberle 102/2728) (Auct. Heberle, Januar 1913, Nr. 304) (BiblPort)

Chorographie der Stadt Brül. O. O. 1775. V: *Vogel, J. P. N. M.* (StBKöln I, 181)

Chorographie, La, de Neuss ou dissertation historique de l'origine de l'accrissement et l'état actuel de la ville de Neuss et de ses environs. S. l. s. a. [ca. 1776/85]. V: *Vogel.* (Heberle 102/2728) (BiblPort)

Choronshitzky, J(lia): Aus d. I. med. Klinik d. Univ. München. Zur Lehre von der Pathogenese und dem klinischen Verlauf der multiplen Sklerose des Gehirns und Rückenmarks. München 1910: Ernst. 60 S. 8°
München, Med. Diss. v. 28. Juli 1910, Ref. v. Bauer
[Geb. 19. Aug. 85 Schaulen, Gouv. Kowno; Wohnort: Warschau; Staatsangeh.: Rußland; Vorbildung: II. Petersburger Gymn. Reife Mai 05; Studium: Würzburg 4, München 6 S.; Rig. 28. Juli 10.] [U 10. 3490

Chorower, Chuna. Über die Beweglichkeit von Halogenatomen in organischen Verbindungen. Diss. Phil. [II.] Univ. Zürich. 88 S. 8. Zürich, Gebr. Leemann & Co., 1907.

Chortatzes. – Erophile. Vulgärgriech. Tragödie v. Georgios Chortatzes aus Kreta. Ein Beitrag z. Geschichte d. neugriech. u. italiän. Litteratur v. C. Bursian. Ak. 1870. 88 S. 2 —

Chorte: Über die Güterarrondierungen in den Gemeinden des Illerkreises. München 1814.

Chortet, J. F., über d. Wirkung des Opiums, als unentbehrl. Reiz- u. Heilmittel, nebst einer neuen Theorie d. Natur d. Entzündungen, d. Convulsionen, d. Schlafens u. d. Wachens. Aus d. Französ., mit Anmerkk. v. G. W. Becker. 8. Leipz. 805. Hinrichs. 14 gr

Chorus, Hans von

Chorus, v. Geschichte des 4. niederschles. Infanterie-Regiments Nr. 51. Nach Aufzeichngn. ehemal. Offiziere d. Regiments u. nach Dienstakten zusammengestellt. gr. 8. (IV, 212 S. m. 3 Karten u. Plänen.) Brieg 892, Lebel u. Weigmann. * 3 50

Geschichte des 4. Niederschlesischen Infanterie-Regiments Nr. 51. Nach Aufzeichnungen ehem. Offiziere d. Regts u. nach Dienstakten zsgest. von [Hans] v. Chorus, früher Oberst-Lt. Fortgeführt bis auf d. Gegenwart. Mannschaftsausg. Mit 8 Lichtdruckbild., 1 Kartenskizze u. 1 Pl. Berlin: R. Eisenschmidt 1905. (V, 125 S.) 8° [F.] [05. 15785

Chorus, Johannes [Pseud.], s. a. Becker, Johann [Wirkl. Name]

Chorus, Joh., das Rathhaus zu Aachen u. sein Brand am Petri- u. Pauli-Tage 1883. Mit 5 (autogr.) Abbildgn. 8. (20 S.) Aachen 883. Kaatzer. n. — 40

Chorus, Nic. (Joseph.) (geb. Aachen 17. 3. 1837): De varicocele ejusque curatione nonnulla. Berolini (1862). (32 S.) 8°
Berlin, Med. Diss. v. 26. Juli 1862

Chorvát, Theophil. Über die Widerstandsänderungen der Kohärer mit Nickelfeilicht unter elektrischen und magnetischen Einflüssen. Diss. Phil. [II.] Univ. Zürich. IV + 65 S. 8. Zürich, Berichthaus, 1904.

Chorwächter, der. Eine gemeinverständliche Volkszeitung für Kirchenmusik. Zugleich Organ der schweizerischen Cäcilien-Vereine. Im Auftrage des Comites red. von G. F. Stehle. 5. u. 6. Jahrg. 1880 u. 1881. à 12 Nrn. (½ Bg.) Lex.-8. St. Gallen. (Lindau, Stettner.) à Jahrg. n.n. 1. 60

— dasselbe. 7. Jahrg. 1882. 12 Nrn. (½ Bg.) Lex.-8. St. Gallen. (Regensburg, Seiling.) n.n. 1. 25

Chorwächter, der. Eine gemeinverständl. Volkszeitg. f. Kirchenmusik. Zugleich Organ der schweizer. Cäcilien-Vereine. Im Auftrage d. Comites red. v. G. E. Stehle. 8—11. Jahrg. 1883—1886. à 12 Nrn. (½ B.) Lex.-8. St. Gallen 883. (Regensburg, Seiling.) à Jahrg. n.n. 1. 25

Chorwächter, der. Eine gemeinverständl. Volkszeitung für Kirchenmusik. Zugleich Organ der schweizer. Cäcilien-Vereine. Im Auftrage d. Comité's red. von J. G. E. Stehle. 12.—15. Jahrg. 1887—1890. à 12 Nrn. (½ B.) Lex.-8. St. Gallen. (Regensburg, Seiling.) à Jahrg. n.n. 1. 25

Chorwächter, der. Eine gemeinverständl. Volksschrift f. Kirchenmusik. Zugleich Organ der schweizer. Cäcilien-Vereine. Im Auftrage des Comites red. v. J. G. E. Stehle. 16.—19. Jahrg. 1891—1894. à 12 Nrn. (½ Bog.) Lex.-8. St. Gallen. (Regensburg, Feuchtinger & Gleichauf.) à Jahrg. n.n. 1. 25

Chorwächter, der. Eine gemeinverständl. Volksschrift f. Kirchenmusik. Zugl. Organ d. schweizer. Cäcilien-Vereine. J. Auftrage d. Comites red. v. J. G. E. Stehle. 20.—23. Jahrg. 1895—1898. à 12 Nrn. (à ca. ½ Bog.) Lex.-8. St. Gallen. (Regensburg, Feuchtinger & Gleichauf.) à Jahrg. n.n. 1. 25

Chorwächter, der. Eine gemeinverständl. Volksschrift f. Kirchenmusik. Zugleich Organ der schweizer. Cäcilien-Vereine. Im Auftrag des Komitees red. v. J. G. E. Stehle. 24. u. 25. Jahrg. 1899 u. 1900. à 12 Nrn. Lex.-8. (à ca. 8 S.) Wyl. (Regensburg, Feuchtinger & Gleichauf.) à Jahrg. n.n. 1. 25

— dasselbe, red. v. Frz. Schilt. 26. u. 27. Jahrg. 1901 u. 1902. à 12 Nrn. Lex.-8. (à ca. 8 S.) Solothurn. (Regensburg, Feuchtinger & Gleichauf.) à Jahrg. n.n. 1.25

Chorwächter, der. Eine gemeinverständl. Volksschrift f Kirchenmusik. Zugleich Organ der schweizer. Cäcilienvereine. Red. v. Frz. Schilt u. seit 1905 v. Arnold Walther. 28.—31. Jahrg. 1903—1906. à 12 Nrn. (à ca. 8 S.) Lex.-8. Solothurn. (Regensburg, Feuchtinger & Gleichauf.) à Jhrg. n.n. 1.25

Chorwächter, der. Eine gemeinverständl. Volksschrift für Kirchenmusik. Zugleich Organ der schweizer. Cäcilienvereine. Red. v. Frdr. Frey. 32.—35. Jahrg. 1907—1910. à 12 Nrn. (IV, 120; IV, 112; IV, 120 u. IV, 116 S.) Lex. 8. Solothurn, Buch- u. Kunstdr. Union. Für Deutschland: Regensburg, Feuchtinger & Gleichauf. à Jahrg. nn 1.30

Chorwerke, d. beliebtesten, erläut. 8. (669 S.) Stuttgart 898. Leipzig, H. Seemann Nachf. Geb. in Leinw. n. 5.—

Chorwerke, d. beliebt., erläut. v. Bernh. Scholz, Carl Beyer, F. Gernsheim, Aug. Glück, A. Grüters, Rich. Heuberger, Th. Müller-Reuter, J. Sittard, Fritz Volbach, B. Widmann, m. e. Einleitg. üb. d. Entwickelg. d. diesbezügl. Kunstformen v. A. Pochhammer. 8. (669 S.) Stuttgart 898. J. Schmitt. Geb. in Leinw. n. 5.—

Ⓑ **Chorwerke, d. beliebtesten.** 898. (KBL 29.) Jetzt: Berlin, Schlesinger. Ladenpr. aufgeh.

Chory. A., Emendationum Silianarum specimen. Diss. 1877. 89 S.

Deutsch-Amerikanische Chor-Zeitung: Band 1—3, Oct. 1891—Feb. 1894.
Monthly. Sub-title: Musikal-Monatsschrift für Kirche, Schule und Haus. Quarto, each issue 32 pages. Edited by Rudolph A. Jahn & C. A. Weiss, later by F. Baltzer; published by C. A. Weiss & Co.
Chicago, IL

Chošen-Mišpat. – s. a. Caro, Josef

Chošen-Mišpat oder Civil- und Strafrecht des Judenthums. Zum ersten Mal aus dem Original frei ins Deutsche übersetzt ... von J. de Pavly. St. Ludwig 1893. V: *Caro, Joseph.* (KGBerlin I/66)

Chosłowski, Janusz von, a. Czarnysad: Die Kartoffelpflanze. Untersuchungen über Form- und Gewichtsveränderungen sowie Translokation der Stärke während der Vegetationszeit. Rostock 1906: Adlers Erben. (71 S.) 8°
Rostock, Phil. Fak., Ref. Heinrich, Diss. v. 14. Juli 1906
[Geb. 29. Apr. 81 Lukaszewo, Kr. Koschmin, Prov. Posen; Wohnort: Czarnysad; Staatsangeh.: Preußen; Vorbildung: Gymn. Krotoschin Oberprima-Reife O. 02; Studium: Breslau 4, Rostock 2 S.; Rig. 11. Juli 06.]

Chosłowski, Josephus *(geb. Adolfowo bei Wongrowitz in Pos. 18. 12. 1821)*: De juramenti delationis indole. Vratislaviae (1845). (34 S.) 8°
Breslau, Jur. Diss. v. 17. März 1845

Chosrojeff, Garegin: Aus d. med. Poliklinik in München. Vorst.: May. Beiträge zur Morphologie des normalen und pathologischen Blutes. München 1910: Kastner & Callwey. 39 S. 8° ¶ (Soll m. e. Bluttaf. in e. Zeitschr. ersch.)
München, Med. Diss. v. 7. Juli 1910, Ref. v. Bauer
[Geb. 3./16. Dez. 87 Tiflis; Wohnort: Tiflis; Staatsangeh.: Rußland; Vorbildung: 3. Gymn. Tiflis Reife Mai 05; Studium: Leipzig 4, München 6 S.; Rig. 7. Juli 10.] [U 10. 3491

Chosroes Magnus

Chosroae, Magni, episcopi monophysitici, explicatio precum missae. E lingua armeniaca in latinam versa per P. Vetter. gr. 8. (XI, 64 S.) Freib. i/Br. 880. Herder. n. 1.20

Chostek, Prof. Dr. F., und Dr. R. Kraus, Zur Aetiologie des acuten Gelenkrheumatismus. Abwehr und Erwiderung. Gr.-8. (71 S.) Wien: Deuticke 1898. 1.50

Chota-Nagpora-Mission, die. Kurze Geschichte derselben. Bericht von e. Besuche in Ranchi. Aufruf. Von dem Hülfs-Committé in Calcutta. Berlin 865. Buchhdlg. des Missions-Vereins. 8. (32 S. u. 1 Holzschn.) 1⅓ *ngr.*

Chotiborsky, Caspar, „Jehova! ich liebe das Haus, wo du wohnest, u. den Ort, wo deine Majestät thronet." Der hohe Werth u. die Heiligkeit der kathol. Pfarrkirchen, dargestellt in 2 Predigten. gr. 8. (2 B.) Tirnau 843, Wachter.

CHOTIBORSKY, CASPAR: »Jehova, ich liebe das Haus, wo du wohnest, und den Ort, wo deine Majestät thronet«. P. XXXV. Der hohe Werth und die Heiligkeit der kath. Pfarrkirchen dargestellt in zwei Predigten. Tyrnau 1848: F. Wachter. 32 S. - 8°

Chotimsky, Malka. Ein Fall von tuberkulöser Pseudoleukaemie. Diss. Med. Univ. Zürich. *Kopftitel:* Arbeiten unter Leitung von Privatdocent Dr [Otto] Naegeli, Zürich. 35 S. 8. Zürich, J. J. Meier, 1907.

Chotiner, Abraham: Kritische Beleuchtung der Hallel-Psalmen. Halle [1879]: Schatzky in Breslau. 26 S. 8°
Halle-Wittenberg, Phil. Diss. v. [4. Okt. 1879]
Geb. [Podkamień (Galizien) 15. 11. 1858]. V.
Die geplante Herausgabe der ganzen Arbeit unterblieb.

Chotomski, Bolesław Prawdzii

— o mechanizmie zapisów kupieckich. Ebend. 868. 8. (16 S.) n. 5 *ngr.*

— rzecz o towarzystwach zabezpieczeń od ognia i zabezpieczenia bytu. Thorn 868. (Posen, Zupański.) 8. (28 S. u. 1 Tab. in 4.) n. 15 *ngr.*

Chotomski, Bolesław Prawdzii, rzut oka na kredyt. Leipzig 865. Kasprowicz. gr. 8. (46 S.) n. 10 *ngr.*

CHOTZEN, Fritz: Über die Prognose der Extrauteringravidität und die Bedeutung des Sectionsmaterials für dieselbe.- München: Lehmann 1896. 30 S.- S.-Abdr. aus: Münchener medizinische Wochenschrift. 1896, Nr. 23 u. 24.
20.12.1895 - Chr 1895/96,9; Jv 1895/96,219 (Prom.-Datum: 1896)
Diss. Ingolst.-Landsh.-Mchn.

Chotzen, Mart., Atlas d. Syphilis u. syphilisähnl. Hautkrankheiten f. Studirende u. Aerzte. 4. (73 zum gröss. Tl. farb. Taf. m. Text XII, 161 S.) Hamburg 897—898. L. Voss. geb. in Halb-Saffian: n. 40.—
Erschien auch in 12 Hftn. à n. 3.—.

Chotzen, Mart., Atlas der Syphilis u. syphilisähnlichen Hautkrankheiten f. Studierende u. Aerzte. 2., unveränd. wohlfeile [Titel-]Ausg. (73 z. Tl. farb Taf. m. XII, 161 S. Text.) Lex.-8. Hamburg [898] 906. L. Voss. Geb. in Halbfrz. n. 20.—

— **Gesundheitslehre des Geschlechtslebens.** Vortrag, geh. vor den Offizieren einiger Garnisonen des VI. Armeecorps. 1.—3. Tauf. (Je 50 S.) gr. 8. Breslau 905. Koebner. n. — 60

Chotzen, Martin *(geb. Breslau 13. 3. 1858)*: Resultate von 33 Operationen des Genu valgum nach Ogston. ⟨Aus der Kgl. chirurgischen Klinik zu Breslau.⟩ Breslau (1884). (42 S.) 8°
[Im Buchhandel 1884 bei Köhler in Breslau.]
Breslau, Med. Diss. v. 26. Nov. 1884

Chotzen, Mart., Resultate von 33 Operationen des Genu valgum nach Ogston. [Aus der kgl. chirurg. Klinik zu Breslau.] Inaugural-Dissertation. gr. 8. (42 S.) Breslau 884, (Köhler.) *

Chotzen, Mart., Sexualleben u. Erziehung. Vortrag, geh. im wissenschaftl. Klub zu Wien. (37 S.) 8. Wien 907. W. Braumüller. — 80
Sonderabdr. a. „Monatsbl. d. wissenschaftl. Klub in Wien".

Chotzen, Max: Zur Frage der Fleischersatzmittel. ⟨Aus dem Laboratorium von Dr. Georg Rosenfeld-Breslau.⟩ *Breslau 1897: Grass, Barth & C.* (31 S.) 8°
Breslau, Med. Diss. v. 11. Nov. 1897

Chotzen, Max, Zur Frage d. Fleischersatzmittel. Diss. gr. 8. (31 S.) Breslau 897. (Schletter.) n.n. 1. —

Chouans, die, Schilderungen ihrer Kriege und Helden. 8. Leipz. Schmidt. 807.

Chouans, die, Schilderungen ihrer Kriege u. Helden. 8. Quedlinb. 807. Basse. 1 ℛ 12 𝔤𝔤

Choudens, Paul de: Sanga [Textbuch], s. Lara, Isidore de [Komp.]

Choulant, Ludwig

(L. CHOULANT), Die anatomischen Abbildungen des XV. und XVI. Jahrhunderts. Denkschrift zur Feier des fünfundzwanzigjährigen Bestehens der am 19. September 1818 gestifteten Gesellschaft für Natur- und Heilkunde zu Dresden. Dresden. Gedruckt bei Ernst Blochmann. 4°.

Choulant, Ludw., die anatom. Abbildungen des XV. u. XVI. Jahrhunderts histor. u. biograph. erläut. gr. 4. (3¾ B.) Leipzig 843. (Voss.) *

– s. Aegidius Corboliensis: Carmina medica.

Choulant, Ludw., die Anfänge wissenschaftlicher Naturgeschichte und naturhistorischer Abbildung im christlichen Abendlande. (Gratulationsschrift.) gr. 4. (IV und 40 S.) Dresden 856, (Arnoldische Buchh.) **

Choulant, Ludwig (Übers.):

s.: Angeli d'Imola, Luigi: Der junge Arzt am Krankenbette. (Il Medico giovane al letto dell'ammalato... Edizione terza diretta di Pietro dall'Oste. Dt.) Leipzig: 1823

JB 5.537

Choulant, Ludw., Anleitung zur ärztlichen Praxis. gr. 8. (16¼ B.) Leipzig 836, Voss.

Choulant, Ludwig: Anleitung zur ärztlichen Receptirkunst nebst einem systematischen Grundrisse der Arzneimittellehre. 118 S., gbd.

Leipzig: Voß 1825

JB 1.622

Choulant, Ludw., Anleitung z. ärztl. Receptirkunst. 2., umgearb. u. verm. Aufl. gr. 8. (9½ B.) Leipzig 834, Voss.

—— Anleitung zu dem Studium d. Medicin. gr. 8. (14 B.) Leipzig 829, Voß.

—— Anthropologie, od. Lehre von d. Natur d. Menschen, f. Nichtärzte faßl. dargest. 2 Bdchn. 8. (15½ B.) Dresden 828. [Zittau, Birr u. Nauwerck.] 18 Gr., hrbgs. Pr.

L. Choulant's Anthropol., od. Lehre v. d. Natur d. Menschen f. Nichtärzte fassl. dargest. *Dresd.*, Hilscher. B. 828. 2 Bdch. 8° 18 𝔤𝔤

Choulant, Jh. Ldw., Anthropologie od. Lehre von d. Natur d. Menschen ꝛc. 2 Bdchn. 8. Dresd. 828., jetzt Voß in Leipz. ¾ ℛ

Choulant, Ludw., der Kurort Augustusbad bei Radeberg, historisch, chemisch und medicinisch erläutert und nach seinen gegenwärtigen Einrichtungen beschrieben. 12. (85 S.) Dresden 847, Adler und Dietze. *

— Auswahl von Gutachten medicinisch-forensischen und medicinal-polizeilichen Inhalts. Dresden 853. Türk. gr. 8. (XII, 480 S.) 2 ℛ 15 𝔫𝔤

– s. Bereicherungen für die Geburtshilfe ...

Eb. üb. d. willkürl. Beweg. des Menschen. *Eb.* 834. gr8° 6 𝔤𝔤

—— über d. willkührl. Bewegung des Menschen. Eine Vorles., gehalt. am 28. Febr. 1835. Lex.-8. (2½ B.) Leipzig 835, Voß.

CHOULANT, LUDOVICUS.

Bibliotheca medico-historica sive Catalogus librorum historicorum de re medica et scientia naturali systematicus. Lipsiæ, 1842. pp. x–269, 8vo.

First Supplement: Additamenta ad Lud Choulanti Bibliothecam Medico-Historicam, edidit Julius Rosenbaum. Halis Saxonum, 1842. pp. x–83, 8vo.

Second Supplement: Specimen secundum. Halis Saxonum, 1847. pp. xi–166, 8vo.

— Bibliotheca medico-historica, sive Catalogus librorum historicorum de re medica et scientia naturali systematicus. 8maj. Lipsiae 842, Engelmann. n. 1½ ℛ

Choulant, Ludwig (Übers.):

s.: Brera, Valeriano Luigi: Auswahl von Arzneiformeln der ärztlichen Klinik an der Universität Padua. (Ricettario ad uso dell'instituto clinico di Padova, edito di Pietro dall'Oste. Dt.) Leipzig: 1823
in: Angeli d'Imola, Luigi: Der junge Arzt am Krankenbette. (Il medico giovane al letto dall'ammalato. Edizione terza diretta di P. dall'Oste. Dt.) Übers. von L. Choulant. 1823

JB 5.537

– s. Carmichael, Richard: Über die Skrophelkrankheiten.

– s. David, J.F.: Untersuchungen.

Choulant, Joh. Ludw. (Dresden), Decas pelvium spinarumque deformatarum cum annotationibus nonnullis. Diss. anat.-obstetricia. Lpz., 17. III. 1818. Druck: Hofdruckerei Altenburg. 37 Seiten. (4.50) 5176

— decas Ia et IIa pelvium spinarumque deformatarum, adjectis nonnullis annotationibus. 4. Leipz. 818, 20. Cnobloch. 18 𝔤𝔤

Choulant, J. L., decas 1a et 2a pelvium spinarumque deformatarum, adjectis nonnullis annotationibus. 4. Lipsiae, Cnobloch. 819, 20. (1a 8 Gr. 2a 9 Gr.) — 17

– s. Duncan: Beobachtungen.

— (—) Nähere Erörterung der Verhältnisse der chirurgisch-medicinischen Akademie in Dresden zu dem Medicinalwesen des Königreichs Sachsen. Dresden (Gärtner) (1831). 16 S. (3.80) 5177

– s. Fracastorii Syphilis.

—— Geschichte und Bibliographie der anatomischen Abbildung nach ihrer Beziehung auf anatom. Wissenschaft und bildende Kunst. Nebst einer Auswahl von Illustrationen nach berühmten Künstlern, Hans Holbein, Leonardo da Vinci, Rafael u. A. In 43 Holzschn. und 3 Chromolith. hrsg. von Rud. Weigel. 4. (XXXV und 203 S.) Leipzig 851(52,) R. Weigel. Thlr. *

— Geschichte u. Literatur der älteren Medicin. 1. Thl. — A. u. d. T.: Handbuch der Bücherkunde für die ältere Medicin zur Kenntniß der griechischen, latein. u. arab. Schriften im ärztlichen Fache und zur bibliograph. Unterscheidung ihrer verschied. Ausgaben, Uebersetzungen u. Erläuterungen. 2. durchaus umgearb. u. stark verm. Aufl. gr. 8. Leipzig 841, Voß. n. 2⅔ ℛ

—— Gesetzentwurf, den thier. Magnetismus betreff., in amtl. Auftrage verfaßt. gr. 8. (2 B.) Leipzig 841, Voß. *

Choulant, Ludw., Gutachten und Aufsätze im Gebiete der Staatsarzneikunde. gr. 8. (VIII und 257 S.) Leipzig 847, Voss. *

Choulant, Ludwig: Handbuch der Bücherkunde für die aeltere Medicin zur Kenntniss der griechischen, lateinischen und arabischen Schriften im ärztlichen Fache und zur bibliographischen Unterscheidung ihrer verschiedenen Ausgaben, Uebersetzungen und Erläuterungen. 198 S., gbd.

Leipzig: Voss 1828

JB 496

Ludw. Choulant Handbuch der Bücherkunde für die ältere Medicin, zur Kenntniss der griechischen, lateinischen und arabischen Schriften im ärztlichen Fache und zur bibliographischen Unterscheidung ihrer verschiedenen Ausgaben, Uebersetzungen und Erläuterungen. Leipz. 1828. 8. — *Editio altera plenior et emendatior:* Leipz. 1841. 8. *etiam sub titulo:* Geschichte und Literatur der älteren Medicin. 1. Theil, enthaltend die Bibliographie der gesammten Medicin des griechischen und römischen Alterthumes, der Medicin des Morgenlandes und der abendländischen Medicin des frühern Mittelalters.

— s. a. Heilung, die, der Scrofeln.

(L. CHOULANT), Die Heilung der Scrofeln durch Königshand. Denkschrift zur Feier der funfzigjährigen Amtsführung ihres hochverehrten Mitgliedes des Herrn D. Johann August Wilhelm Hedenus ... Herausgegeben von der Gesellschaft für Natur- und Heilkunde in Dresden. (Dresden.) Am 16. Julius 1833. (Buchdruckerei von Ernst Blochmann.) 4o.

(——) die Heilung d. Scrofeln durch Königshand. Denkschrift z. Feier d. 50jähr. Amtsführ. ihres hochverehrten Mitgliedes d. Hrn. Dr. Johann August Wilhelm Hedenus, Ritter etc. Hrsg. v. d. Gesellsch. f. Natur- u. Heilkunde in Dresden. Am 16. Jul. 1833. gr. 4. (2½ B.) (Leipzig, Voss.)

— s. Holl, Fr., Handbuch d. Petrefactenkunde.

—— histor.-literar. Jahrbuch f. d. deutsche Medicin. 1—3. Jahrg. 1838—40. gr. 16. Leipzig, Voss. [1. J. (7 B.) 838. ⅔ Thlr., 2. (10⅓ B.) 839., 3. (10¾ B.) 840. à 1 Thlr.]

Ludw. Choulant Edward Jenner. Biographie u. Charakteristik. Leipz. 1829. 8. — *Etiam in* Zeitgenossen, 3. Reihe VII. (J. natus 17. Maii 1749, † 26. Jan. 1823.)

— graphische Incunabeln für Naturgeschichte und Medicin. Enthaltend Geschichte u. Bibliographie der ersten naturhistor. und medicin. Drucke des 15. u. 16. Jahrhunderts, welche mit illustrirenden Abbildungen versehen sind. Nebst Nachträgen zu des Verf. Geschichte und Bibliographie der anatom. Abbildung. (Abdr. aus dem Archiv für die zeichnenden Künste.) Leipzig 858. R. Weigel. gr. 8. (XX, 168 S.) n. 1 ℛ 10 ngl

— der Curgast in Franzensbad, od. Belehrung üb. den Gebrauch der Quellen dieses Curortes u die dabei nöthige Lebensweise. 2. verb. u. verm. Aufl. 16. (VIII u. 84 S. m. Holzschn. u. 1 Stahlst.) Leipzig 851, Teubner. n. ⅓ ℛ

— Ludwig Gilberts Leben u. Wirken. Ein biogr. Versuch. (Aus d. Annalen 76r Bd. besond. abgedr.) Mit dessen Portr. gr. 8. Leipz. 824.

Choulant, Ludwig: Lehrbuch der speciellen Pathologie und Therapie des Menschen. Ein Grundriss der praktischen Medicin für akademische Vorlesungen. 754 S., gbd.

Leipzig: Voss 1831

JB 2.498

— Lehrbuch d. speciellen Pathologie u. Therapie d. Menschen. Ein Grundriß der prakt. Medizin für akadem. Vorlesungen. 2e verb. u. verm. Aufl. gr. 8. Leipzig 834. Voß. 3¾ ℛ 3e verm. u. verb. Aufl. Ebd. 838. 3¾ ℛ

Choulant, Ludwig: Lehrbuch der speciellen Pathologie und Therapie des Menschen. Ein Grundriss der praktischen Medicin für akademische Vorlesungen. 3. verm. und verbess. Aufl. 783 S., gbd.

Leipzig: Voss 1838

JB 2.499

—— Lehrbuch d. speciellen Pathologie u. Therapie d. Menschen. Ein Grundriss der innern Klinik für akademische Vorlesungen. 4., umgearb. Aufl. v. Herm. Eberh. Richter. 5 Lfgn. gr. 8. (71 B.) Leipzig 845—47, Voss. *

— Lehrbuch der speciellen Pathologie u. Therapie des Menschen. Ein Grundriß der innern Klinik für akadem. Vorles. 4. umgearb. Aufl. von Herm. Eberh. Richter. 1.—3. Liefg. gr. 8. Ebend. 845, 46. à n. 24 ngl

— Lehrbuch der speciellen Pathologie u. Therapie des Menschen. Ein Grundriss der innern Klinik für akad. Vorlesungen. 4., völlig umgearb. Aufl. von Herm. Eberh. Richter. 4 u. 5. Liefg. gr. 8. (XII S. u. S. 565—1110.) Ebd. 847. 48. 4. Lfg. n. 24 ngl 5. Lfg. n. 1 ℛ 14 ngl (cplt. n. 4⅔ ℛ) — 5. nochmals neu bearb. Aufl. von Herm. Eberhard Richter. 3 Lfgn. gr. 8. (XII u. 1253 S.) Ebd. 852. 53. (1: n. 2 ℛ 2: n. 1⅔ ℛ 3: n. 1⅓ ℛ) n. 5 ℛ

—— Lehrbuch der speciellen Pathologie und Therapie des Menschen. 5., neu bearb. Aufl. von Herm. Eberhard Richter. 1. Lfg. gr. 8. (S. 1—400.) Leipzig 852, Voss. *

—— Lehrbuch der speciellen Pathologie und Therapie des Menschen. 5., neu bearb. Aufl. von Herm. Eberh. Richter. 2. Lfg. gr. 8. (S. 401—800.) Leipzig 852, Voss. *

—— dass. — 3. (letzte) Lfg. A. u. d. T.: Grundriss der inneren Klinik für akadem. Vorlesungen und zum Selbststudium von Herm. Eberh. Richter. 2., neu bearb. Aufl. 3. Lfg. gr. 8. (XII und S. 801—1253.) Ebds. 853. *
1. Lfg. Ebendas. 1852. * 2 Thlr. — Vgl.: Richter, H. E., Grundriss.

— s. Leti Calxidii.

—. Ludwig, De locis Pompejanus ad rem medicam facientibus. Lpz. (L. Voss, Druck: Hirschfeld) 1823. 20 S. u. 1 Abb. (F. F. Löser del.). (4.—) 5178

— de locis Pompejanis ad rem medicam facientibus. Cum 1 tab. lithogr. 4maj. Leipz. 823. Voss. 12 ℋ

Choulant, (L.,) de Locis Pompejanis ad rem medicam facientibus. Cum 1 tab. lithogr. 4maj. Lips. 824, Voss.

– s. Macer floridus.

—— über d. animal. Magnetismus. Eine Vorles. gr. 12. (1⅙ B.) Dresden 840, (Walther'sche Hofbuchh.) *

— über den animalischen Magnetismus. Eine Vorlesung. 2. unveränd. Aufl. gr. 12. Dresden 842, Gillig. n. ⅓ ℛ

—— die Sächs. Medicinal-Gesetze, s. Sammlung.

—— 3. Nachricht üb. die Wirksamkeit der in u. mit d. chirurg.-medicin. Akademie vereinigten Institute. 4. (2½ B.) Dresden 845. (Leipzig, Arnoldische Buchh.) *

– s. Platner, E.: Quaestiones.

— prodromus novae editionis A. Corn. Celsi. Inest apparatus critic. Celsiani, tentamen bibliographicum. 4maj. Leipz. 824. Voss. 1 ℛ

Choulant, Ludwig: Medizinisches Realwörterbuch zum Handgebrauch practischer Aerzte und Wundärzte... Erste Abtheilung: Anatomie und Physiologie. Bd 1 - 8. Leipzig u. Altenburg: 1816 - 1829

s.: Pierer, Johann Friedrich

JB 720

— Rede über d. Einfluß d. Medicin auf d. Kultur d. Menschengeschlechts. gr. 8. Leipz. 824. Voß. 4 ℋ

—— neue Sammlung sächs. Medicinalgesetze, 1. Bd. s. Sammlung.

– s. Scriptores classici de praxi medica. 14.

Choulant, Ludwig (Ed.):

s.: Stahl, Georg Ernst: Theoria medica vera physiologiam et pathologiam tanquam doctrinae medicae partes vere contemplativas...sistens. Tom.1-3. Lipsiae: 1831-1833

JB 1.139/14-16

Choulant, Ludwig: Tafeln zur Geschichte der Medizin nach der Ordnung ihrer Doctrinen. Von den ältesten Zeiten bis zum Schlusse des achtzehnten Jahrhunderts. 54 S., gbd.

Leipzig: Voss 1822

JB 5.866

Choulant, Ludwig: Vorlesung über die Kranioskopie oder Schädellehre, vor einem Kreise gebildeter Nichtärzte gehalten. Nebst einem Anhange: die Gesammtliteratur der Kranioskopie von Gall bis auf unsere Zeiten. 81 S., gbd.

Dresden u.Leipzig: Arnold 1844

JB 4.416

—— drei anthropolog. Vorlesungen. gr. 8. (6½ B.) Leipzig 834, Voß.

— die Vorwelt d. organ. Wesen auf d. Erde, Fr. Holls Petrefactenkunde.

—— die Vorwelt d. organ. Wesen auf d. Erde. Eine Einleit. z. Friedr. Holl's „Handb. d. Petrefactenkunde." 8. ... Dresden 830, [Grimmer.]

—— bescheidene Wünsche ꝛc., s. Wünsche.

Choulant (Hrsg.), s. Zeitschrift, Neue, für Natur- und Heilkunde.

Choulant, Osc., die Hauptergebnisse der mit der europäischen Gradmessung verbundenen Höhenbestimmungen im Königreich Sachsen. Zusammengestellt u. alphabetisch geordnet. Mit e. Vorwort von J. Weisbach. Mit 1 (lith.) Karte (in 4.). Freiberg 870. Engelhardt. 8. (IV, 132 S.) n. 20 ngr.

Choulant, O., Die Hauptergebnisse der mit der Europäischen Gradmessung verbundenen Höhenbestimmungen im Kgr. Sachsen. Nebst Nachtrag 1. 2. Freiberg 1870—72. (D.)

Choulant, O., Die Hauptergebnisse der mit der europ. Gradmessung verbundenen Höhenbestimmungen im Königr. Sachsen. Mit Vorwort von Dr. J. Weisbach u. 1 Karte. Freiberg 1870. lg. 8°. Hiezu Nachträge. 1. Freiberg 1871. lg. 8°. 2. Freiberg 1874. lg. 8°.

Choulant, Osc., erster u. zweiter Nachtrag zu den Hauptergebnissen der m. der europäischen Gradmessung verbundenen Höhenbestimmungen im Königr. Sachsen. Zusammengestellt u. alphabetisch geordnet. 8. (144 u. 121 S.) Freiberg 870. 74. Engelhardt. à n. 2. —; (Hauptwerk u. 1. u. 2. Nachtrag n. 6. —)

Choulant (O.), Markscheidekunst. Siehe: Weisbach.

Choulant, O., s.: Seehöhen hervorrag. Orte im Königr. Sachsen.

Choulatschenko, A. R., de l'action de l'eau de mer sur les mortiers hydrauliques. Communication presentée au congrès international des méthodes d'essai des matériaux de construction, tenu à Paris le 10. VII. 1900. (9 S.) 31,5×23,5 cm. Stuttgart 900. (Freiburg i/B., J. Bielefeld.) 2. —
Sonderabdruck aus „Baumaterialienkde".

Choumara, P. M. Th. Abhandlungen über die Fortification, oder gründliche Untersuchung der Vortheile und Nachtheile der bestehenden Befestigungen, mit vielen neuen und sehr einfachen Mitteln die vorhandenen Plätze mit wenig Kosten zu verbessern und die Belagerungen in die Länge zu ziehen. Deutsch v. B***. [Lt. v. Zastrow.] (VIII. 8, 227) 8. M. 4 Taf. Magdeburg 1837. 4,50.

Choumara, P. M. Theod., Abhandlungen üb. d. Fortification, od. gründl. Untersuch. d. Vortheile u. Nachtheile d. bestehenden Befestigungen, mit vielen neuen, sehr einfachen Mitteln, die vorhand. Plätze mit wenig Kosten zu verbessern u. d. Belagerungen sehr in d. Länge zu ziehen. Deutsch v. B. gr. 8. (14¼ B. u. 4 Stnt.) Magdeburg 837, [Bühler'sche Buchh.]

Chouquet, Gust., histoire de la musique dramatique en France depuis ses origines jusqu'a nos jours. Lex.-8. (XV, 448 S.) Paris 873. Didot & Co. n. 6. 75

— le musée du conservatoire national de musique. Catalogue raisonné des instruments de cette collection. gr. 8. (XI, 145 S.) Ebend. 875. n. 2. —

Choura, Joh., Lehrbuch des Geometralzeichnens für die k. k. Infanterie-Kadeten-Schulen. Im Auftrage des k. k. Reichs-Kriegs-Ministeriums verfaßt. Mit 330 Fig. [Holzschn. im Texte und auf 4 lithogr. Taf.] gr. 8. (V, 193 S.) Wien 875, Seidel und Sohn. *

Choura, Joh., Lehrbuch des Geometralzeichnens für die k. k. Infanterie-Kadeten-Schulen. Im Auftrage d. k. k. Reichs-Kriegs-Ministeriums verf. Mit 330 Fig. [(Holzschn.) im Texte u. auf 4 (lith.) Taf.]. gr. 8. (V, 193 S.) Wien 878. Seidel & Sohn. n. 2. 40

— dasselbe, f. d. k. k. Militär-Realschulen. Im Auftrage d. k. k. Reichs-Kriegs-Ministeriums verf. 1. Bd. Geometrische Formen-, Anschauungs- u. Konstruktionslehre. 1. u. 2. Thl. gr. 8. Ebend. 879. à n. 3. —
1. Geometrische Formen- u. Anschauungslehre in Verbindung mit dem Zeichnen. Mit 185 Fig. im Texte u. 7 Taf. (IV, 108 S.)
2. Geometrische Konstruktionslehre in Verbindung mit der Größenlehre. Mit 173 Fig. im Texte u. 2 Taf. (II u. S. 109—238.)

— dasselbe. 2. Bd. Darstellende Geometrie. 3 Thle. gr. 8. Ebend. 878. 79. à n. 3. —
1. Orthogonale Projektionen von Punkten, Geraden, Ebenen, u. Polyedern. Mit 216 Fig. im Texte u. auf 3 Taf. (III, 166 S.)
2. Orthogonale Projektionen von krummen Linien u. krummen Flächen. Mit 156 Fig. im Texte und auf 2 Taf. (IV u. S. 167—310.)
3. Beleuchtungs-Konstruktionen. Mit 62 Fig. im Texte u. auf 5 (lith.) Taf. (V u. S. 311—424.)

CHOURA, Johann
(F) Lehrbuch der darstellenden Geometrie für die k. u. k. Cadettenschulen und die k. u. k. Militär-Oberrealschule. Von Johann Choura. Mit 393 Figuren. Wien. 1901. [In Comm.] Seidel & Sohn. Gr.-8°. 303 S. Geb. K 8.20

Choura, Joh., Leitfaden für den Unterricht in der darstellenden Geometrie. Parallel- und Central-Perspektive. Kotierte Projektionen. 2 Hefte. gr. 8. Wien 881, Seidel und Sohn. à Heft *M 3,60. *

Inhalt:
Heft 1. Parallel-Perspektive. (IV, S. 1—170 mit 153 in den Text gedr. Fig.)
2. Central-Perspektive. (IV, S. 171—296 mit 132 Fig. im Texte und auf 5 lithogr. Taf.)

— Leitfaden für den Unterricht in der darstellenden Geometrie. Parallel- u. Central-Perspektive. Kotierte Projektionen. 2 Hfte. Mit 185 in den Text gedr. Fig. u. auf 5 (lith.) Taf. gr. 8. (IV, 296 S.) Ebend. 882. n. 7. 20

Choura, Johann, k. und k. Regierungsrath und ordentl. Professor. Leitfaden für den Unterricht in der darstellenden Geometrie. Parallel- und Central-Perspective. Cotierte Projectionen. (Cotierte Ebenen.) Vom k. und k. Reichs-Kriegs-Ministerium als Lehrbuch für die technische Militär-Akademie und als Lehrbehelf für die Militär-Akademie zu Wiener-Neustadt, die Artillerie- und Pionnier-Cadettenschule vorgeschrieben. 2. Aufl. Mit 283 Fig. im Texte und auf 6 Tafeln. 8. Wien 1892.

CHOURA, Johann

(F) Leitfaden für den Unterricht in der darstellenden Geometrie an den k. u. k. Militär-Akademien. Von Johann Choura. Parallel- und Central-Perspective. Cotierte Projectionen. (Cotierte Ebenen.) Mit 276 Figuren im Texte und einer Tafel. Wien. 1900. Seidel & Sohn. Gr.-8°. 246 S. K 4.—

— Leitfaden f. den Unterricht in der darstellenden Geometrie an der k. u. k. Militär-Oberrealschule. gr. 8. (III, 301 S. m. 395 Fig.) Ebd. 898. Geb. in Leinw. n. 4.—

Хоура, Амалія, (Chowra [Fürst Golowin], engl. Schatten,) — Наум Финансовъ, (Chowra, Finanzlehre), s. Благонамѣренный.

Chowanetz, Joseph

—— Antworten auf die am meisten verbreiteten Einwendungen gegen die Ultramontanen, s.a. Haus- und Volksbibliothek.

Chowanetz, Jos., Kurze u. deutliche Antworten auf die am meisten verbreiteten Einwendungen gegen die sog. Ultramontanen. Ein Seitenstück zu Abbé Ségurs Antworten Osnabrück, Fredewest, 1853, 12°, XII, 178 S., 50 Pf. (Bd. 1 aus: Neue kath. Haus- u. Volksbiblioth. zur Befestigung u. Kräftigung d. Glaubens.)

Chowanetz, Jos., (Jul. Chownitz), neue Antworten auf alte u. neue Einwendungen, s.a. Volksbücher, neue katholische.

Chowanetz, Jos., Neue Antworten auf alte u. neue Einwendungen gegen die kath. Kirche, ihre Lehren u. Gebräuche. Ein Seitenstück zu den „Kurzen u. deutlichen Antworten" desselben Verfassers u. ein Doppelstück zu den „Antworten" des Hochw. Herrn Abbé Ségur. Koblenz, Hergt, 1855, 16°, VIII, 120 S., 50 Pf. (Neue kath. Volksbücher. Das. Bd. 2.)

Die gewaltthätige Aufhebung und Ausrottung des Ordens der Tempelherren. Ein Vorbild der Aufhebung des Jesuitenordens und der Vernichtung anderer kirchlichen Vereine und Institute. Nach den wichtigsten Originalquellen und nach den neuesten Forschungen und Enthüllungen in Kürze bearb. von Jos. Chowanetz. Münster: Regensberg 1856. VIII, 161 S. 8⁰

Chownitz, Julian (Feodor), meine Aussöhnung mit der Kirche. Zugleich ein Aufruf an „meine frühere Gemeinde" — die „Deutschkatholiken" von Ulm. Aus den „Kathol. Sonntagsblättern" abgedruckt. gr. 8. Mainz 845, Kirchheim, Schott u. Th. 1/12 ₰

– Beschreibung sämtl. Mönchs- u. Nonnenorden, s. Haus- und Volksbibliothek, Neue katholische.

Chownitz, Julian Feodor, Marie Capelle oder Charles Lafarge's Tod. Roman aus d. neuesten Zeit. 3 Bde. 8. Leipzig 840. Franke. 2 1/3 ₰

Chownitz, Julian Fedor, Marie Capelle od. Charles Lafarge's Tod. Roman aus d. neuesten Zeit. 3 Bde. 8. (32¾ B.) Leipzig 840, [Volgt u. Fernau.]

— der Pesther Charivari, s. Charivari.

—— Cölestine od. der eheliche Verdacht. 2 Thle. Mit 6 Illustrationen (Federzeichnungen v. Gust. Schlick.) 8. (41½ B.) Leipzig 842. [Kößling'sche Buchh.]

—— Das ist der Lauf der Welt! Sittengemälde aus d. Gegenwart. 2 Thle. Mit einem Sendschreiben v. Paul de Kock. 8. (10¾ B.) Mannheim 845, Bensheimer.

—— Edelmann u. Jude. 2 Thle. 8. (28 B.) Leipzig 843, C. L. Fritzsche.

– Einst und Jetzt, s. Haus- und Volksbibliothek, Neue katholische.

— s. Eisenbahn, die, moderne Original-Zeitblätter.

– Der Fels Petri, s.a. Haus- und Volksbibliothek, Neue katholische.

—— Der Fels Petri, oder: Die Wahrheit der kath. Kirche bewiesen durch das Zeugniß ihrer Gegner. Ein mit den unkathol. Theologen vorgenommenes scharfes Examen rc. Nach dem Hauptwerke des berühmten Joh. Nik. Weislinger bearbeitet. Das. 1854, 12°, VIII, 109 S., 50 Pf. (Bd. 6 aus: Neue kath. Haus- u. Volksbibl., s. o.)

—— die Geheimnisse von Wien. 2 Bde. 8. (31⅝ B.) Leipzig 844, Reclam jun.

— —, Julian Feodor (ident. mit vorigem), Die Geheimnisse von Wien. 2 Bde. Ebd. 1844. (Th. 1 zuerst ebd. 1843.) Kl. 8⁰. (2½ Rthl.) (3 Mk. 50 Pfg. Jos. Baer & Co., vor 1885, 3 Kr. Gilhofer & Ranschburg, 1908.)

— — Dasselbe. 2 Bde. Ebd. 1854. 8⁰. (5 Kr. Jos. Grünfeld, Wien, 1906.)

—— Geld u. Herz. Roman. 2 Thle. 8. (30½ B.) Leipzig 842, Wienbrack.

Chownitz, Julian, (Jos. Chowanetz,) kurzgefaßte Geschichte Ungarns von den frühesten bis zu den jetzigen Zeiten. Für den ersten Unterricht. gr. 8. (77 S.) Bamberg 851, Buchner'sche Buchh.
Aus des Verf. Handbuch zur Kenntniß Ungarns besonders abgedruckt.

—— Geschichte der römischen Päpste, s. Volksbücher, neue katholische.

—— Geschichte der ungarischen Revolution in den Jahren 1848 und 1849, mit Rückblicken auf die Bewegung in den österreich. Erbländern. 2 Bde. (6 Lfgn.) Stuttgart 849, Rieger'sche Vrlgsb. [1. (366 S.) 2. (342 S.) à Lfg. 9 Ngr.]

– Geschichte der Schöpfung, s. a. Haus- und Volksbibliothek, Neue katholische.

Chowanetz (Chownitz), Jos., Geschichte der Schöpfung nach der Bibel u. Geologie, oder: Stimmt die hl. Schrift mit der Erdkunde überein? Neisse, Burckhardt, 1858, 16°, VII, 92 S., 80 Pf. (Bdchen 4 aus: Haus- u. Volksbibliothek N. F., das.)
Rec. Wiener Kltztg 1859, S. 181.

Chowanetz, Jos., Geschichte der Schöpfung nach der Bibel und Geologie. Oder: Stimmt die hl. Schrift mit der Erdkunde überein? Wien, Wendelin, 1859, VII, 92 S., 80 Pf. (4. Bdchen aus „Neue kath. Haus- u. Volksbiblioth.")

Chowanetz, Jos. [Julian Chownitz], die Geschichte Ungarns von d. ältesten Zeiten bis zum Tode Franz I. In umfassender Kürze dargestellt. gr. 8. (X u. 213 S.) Hamburg u. Gotha 848, F. & A. Perthes. 1 ₰ 6 ngr

— Handbibliothek für Katholiken aller Stände. Aachen 856. Hensen u. Co. 12.
1. Bdchn.: Geschichtliche Darstellung der Meßliturgie, oder Beschreibung, wie die heil. Messe in allen Jahrhunderten von der Apostel Zeiten bis auf die unseren herab bei den christlichen Völkern des Morgen- und Abendlandes gefeiert wurde und wie sie überall noch gegenwärtig gefeiert wird. Mit vorzugsweiser Berücksichtigung der römischen Meßfeier. Nach den besten Quellen in allgemein faßlicher Weise bearbeitet. (IV, 156 S.) 15 ngr

— Handbuch für Auswanderer nach Ungarn, dann: Siebenbürgen, der serbischen Woiwodschaft, dem Temescher Banate, Slavonien, Croatien, der k. k. Militärgrenze u. dem ungarischen Litorale, in histor.-geogr.-statistischer, in topographischer, ökonomischer, industrieller u. commercieller Beziehung, insbesondere mit einer erschöpfenden Darstellung der ganzen Auswanderungsangelegenheit, und für Auswanderer nach jenen Ländern speciell eingerichtet und verfaßt. 2. (Titel-) Ausg. Bamberg 853. Buchner. 8. (XV, 374 S., 8 Tab. u. 1 lith. Karte in Fol.) 21 ngr

— Handbuch zur Kenntniß Ungarns, ferner Siebenbürgens, der serb. Woiwodschaft, des Temescher Banates, Slavoniens, Croatiens, der k. k. Militairgrenze u. d. ungar. Litorales, in historisch-geographisch-statist., in topograph., ökonom., industrieller u. commercieller Beziehung, insbesondere m. einer erschöpfenden Darstellung der ganzen Auswanderungsangelegenheit, u. f. Auswanderer nach jenen Ländern speziell eingerichtet u. verfaßt. Mit 1 (lith.) Charte (in Fol.) gr. 8. (XVI u. 374 S. m. 8 Tab. in gr. 4. u. Fol.) Bamberg 851. Buchner. 1 1/3 ℛ

— Handbuch aller Concilien, sowohl der allgemeinen als der besonderen. (Nach authent. Quellen.) In übersichtlicher Kürze und in chronologischer Reihenfolge bearb. Aachen 856. Hensen u. Co. 12. (XII, 172 S.) 10 ngr

Chowanetz, Jos., Handbuch aller Concilien, sowohl der allgemeinen als der besonderen. (Nach authent. Quellen.) In übersichtl. Kürze und in chronolog. Reihenfolge bearb. 2. (Titel-) Ausg. 12. (XII und 172 S.) Aachen (856)63, Hensen.

— Hand- und Lehrbuch der allgemeinen Weltgeschichte. Zum Gebrauch für die mittleren und höheren katholischen Lehranstalten und zum Selbstunterricht. Schaffhausen 853. Hurter. gr. 8. (XVI, 328 S. u. 9 S. Tabellen.) 27 ngr

Chowanetz, Jos., Handbuch sämmtlicher Ritterorden sowohl der blühenden, als der erloschenen. Nach den Quellen historisch, pragmatisch, statutarisch und descriptiv, mit den neuesten Daten versehen. gr. 8. (IV, 124 S.) Wien 877, (Steckler und Erben.)

— Haus- und Volksbibliothek rc., s. a. Haus- und Volksbibliothek, neue katholische.

—— neue katholische Haus- und Volksbibliothek zur Befestigung und Kräftigung des Glaubens. 12. Bd. 16. Neisse 855, Burckhardt. (Leipzig, Steinacker.)

Inhalt:

Das Leben und Wirken der großen heil. Väter, Lehrer und Schriftsteller der abend- und morgenländ. Kirche. Oder biograph. Populär-Patrologie. In umfassender Kürze dargestellt. (VIII und 120 S.)

Vgl.: Haus- und Volksbibliothek, neue katholische.

Chowanetz, Jos., neue katholische Haus- und Volksbibliothek. (Neue Folge.) 1—4. Bdchn. gr. 16. Wien 858. 59, [Mayer und Comp.] Subscrpr. à Bdchn. *
Ladenpr. à Bdchn. *

Inhalt:

Bdchn. 1. Einst und Jetzt. Altkatholische Bilder mit modernen Randzeichnungen. (IX und 107 S.)
" 2. Die Wohlthaten der katholischen Kirche! Oder: Was leistet der Katholicismus für die Menschheit und für die Welt? Nach dem Französ. des Pluard frei bearb. von mehreren Katholiken. (VIII und 112 S.)
" 3. Das Buch der arbeitenden Klassen. Nach dem Französ. des Mulsois übers. von Bernh. Thurn, bearb. und hrsg. von J. Chowanetz. (VII und 130 S.)
" 4. Chowanetz, J., Geschichte der Schöpfung nach der Bibel und Geologie. Oder: Stimmt die heil. Schrift mit der Erdkunde überein? (VII und 92 S.)

—— das Herzogslied. gr. 8. (8 B. u. lith. Ttl.) Wien 838, Singer u. Goering. Thlr.

— das Herzogslied. (Mit verziert. lith. Tit.) gr. 8. Wien 840. Singer u. Goering. 2/3 ℛ

— die Inquisition; was und wie sie wirklich war. Eine populär histor.-crit. Darstellung dieser Anstalt in ihrer Gesammtheit. Nach den beiderseitigen Quellenwerken. Aachen 857. Hensen u. Co. 12. (VII, 212 S.) 15 ngr

— die wahre Lage Ungarns. Berichtigung irriger od. reactionärer Nachrichten üb. Personen u. Zustände d. heutigen Ungarns im Allgemeinen, so wie üb. Ludw. Kossuth's Charakter u. Stellung insbesondere. Mit einer Schlußrede an die freien Nationen. gr. 8. (16 S.) Frankfurt a. M. 849, Auffarth. n. 2 ngr

Chowanetz, Jos., Das Landhaus, oder: Vertrauliche Gespräche über den päpstlichen Primat u. Beantwortung der gegen denselben vorgebrachten Einwürfe. Aachen, Hensen, 1857, 12°, V, 218 S., 1,50 Mk.

Chowanetz, Jos., Das Landhaus oder vertrauliche Gespräche über den päpstlichen Primat u. Beantwortung der gegen denselben vorgebrachten Einwürfe. (Teil 4 aus: „Handbibliothek für Katholiken aller Stände" Aachen, Jacobi u. Co., 1869, 12°, 218 S., 1 Mk.

Chownitz, Julian, (Fedor,) aus dem Leben eines Abenteurers. In 2 Theilen. 8. (36 B.) Ulm 845, Nübling.

— Leben und Wirken der heiligen Väter, s. Haus- und Volksbibliothek, neue katholische.

— Lehrbuch der allgemeinen Weltgeschichte für die untern Klassen katholischer Bildungs-Anstalten und zum ersten Selbstunterricht. Köln u. Neuß 853. Schwann. gr. 8. (IV, 221 S.) 15 ngr

—— Leontin. Aus dem modernen Residenzleben. 2 Bde. 8. (29 1/4 B.) Leipzig 842. [O. A. Schulz.]

— Leontin. Aus dem modernen Residenzleben. 2 Bde. 8. Leipzig 842, Taubert. 2 1/2 ℛ

—— moderne Liebe. Roman. gr. 12. (11 1/2 B.) Pesth 840, Kilian u. Comp.

— der Machiavel f. unsere Zeit. Enthaltend: Die Lehre vom christl. [kathol.] u. monarchisch constitutionellen Staate, als einzige Garantie f. Gegenwart u. Zukunft. 8. (X u. 155 S.) Aachen 850, Hensen & Co. 1/3 ℛ

Chowanetz, Joseph, Oesterreichs Mission als katholische Weltmacht und als europäische Völkermonarchie. Schaffhausen, Fr. Hurter, 1850. III, 172 S. 8°.

– Die Missionen der kathol. Kirche, s. Haus- und Volks bibliothek, Neue katholische.

– Die Moral der Reformatoren . . ., s. a. Haus- und Volks bibliothek, Neue katholische.

Chowanetz, Jos., Die Moral der Reformatoren. Wörtlich entnommen den Schriften Luthers, Calvins, Zwinglis rc. Mit harmlosen Glossen begleitet. Erste Probe. Osnabrück, Fredewest, 1853, 12°, XII, 153 S., 50 Pf. (Neue Kath. Haus- u. Volksbiblioth. Bd. 2.)

—— Eugen Neuland, od.: So wird man Minister! Roman. 2 Bde. 8. (28 3/4 B.) Leipzig 841, [Voigt u. Fernau.]

†Chowanetz, J., (Julian Chownitz) Oesterreich u. seine Gegner. gr. 8. (16 1/2 B.) Mainz 846, Kunze.

—— Paolo, eine venezianische Liebe. Aus der neuern Zeit. 8. (10 1/2 B.) Leipzig 843. [Kößling'sche Buchh.]

CHOWNITZ, Julian (d. i. *Joseph Chowanetz*), Moderne Wiener Perspectiven. Leipzig, Phil. Reclam jun., 1843. Kl. 8°. (In Wien, Stadtbibl.) (70 Pfg. Scheible, c. 1875.)

— kurzgefaßte biblische Real- und Verbal-Concordanz, worin die meisten in den Büchern der heil. Schrift zerstreut vorkommenden dogmat. u. moral. u. auch die wichtigsten histor., geograph. u. andern Stellen u. Texte in alphabetisch geordneter Artikulirung u. in sonstiger zweckmäßiger Ein- u. Abtheilung zusammengestellt sind. Zum Handgebrauch für kathol. Priester, Lehrer, Studirende u. Laien herausg. Friedrichshafen 855. (Ulm.) Höchel. gr. 8. (V, 99 S.) 21 ngr

—— kurzgefaßte biblische Real- und Verbal-Concordanz, worin die meisten in den Büchern der heil. Schrift zerstreut vorkommenden dogmat., moral. und auch die wichtigsten histor., geograph. und anderen Stellen und Texte in alphabetisch geordneter Artikulirung und in sonstiger zweckmäß. Ein- und Abtheilung zusammengestellt sind. Zum Handgebrauch für kathol. Priester, Lehrer, Studierende und Laien hrsg. 2. (Titel-)Aufl. gr. 8. (V und 99 S.) Stuttgart (855)65, Koch.

Chowanetz, J., Kurzgefaßte biblische Real- u. Verbal-Konkordanz, worin die meisten in den Büchern der heiligen Schrift zerstreut vorkommenden dogmatischen, moralischen und auch die wichtigsten historischen, geographischen und andere Stellen und Texte in alphabetisch geordneter Artikulierung und in sonst zweckmäßiger Ein- und Abteilung zusammengestellt sind. Zum Handgebrauch für kath. Priester, Lehrer, Studierende u. Laien herausgegeben. Lindau, Stettner, 1871, Neue Ausgabe, gr. 8°, V u. 99 S., 1 Mk.

1. Aufl. 1856, Friedrichshafen, Höchel, 2,10 Mk.

—— Ungarns Recht zum Einbruch in die österreich. und russischen Nachbarländer. Darstellung und Aufruf an die Oesterreicher. gr. 8. (8 S.) Frankfurt a. M. 849, Auffarth. *

—— Ungarns heiliges Recht zum Kampfe gegen Oesterreich und zur Thronentsetzung des Hauses Habsburg-Lothringen. Historisch-staatsrechtlich bewiesen und an die Völker gerichtet. gr. 8. (VI und 10 S.) Frankfurt a. M. 849, Auffarth. *

— das griechisch-russische Schisma. Seine Geschichte und Verfassung, seine Lehre und sein Gottesdienst. Nebst einem Anhange über die Frage: Ob eine dauernde Wiedervereinigung mit der katholischen Kirche möglich, wann und wie sie zu bewerkstelligen sei? Kurz und faßlich bearbeitet. Linnich 854. Duos. 12. (2 Bl., 156 S.) n. 5 ngl

SIGNATUREN aus Schwaben, Baden und vom Rhein .... (von *Joseph Julian Chownitz = Chowanetz*). Regensburg 1847.

Anon.-Lex. IV. p. 85 (nach Thesaurus libror. rei catholicae).

—— Heinrich von Sternfels. Roman aus unserer Zeit. 2 Thle. 8. (31¾ B.) Leipzig 842. [D. A. Schulz.]

— Heinrich von Sternfels. Roman aus unserer Zeit. 2 Thle. 8. Leipzig 842, Taubert. 2⅔ ₰

– Katholische Taschen-Enzyklopädie, s. Haus- und Volksbibliothek, Neue katholische.

– Drei Dutzend Traktätlein, s. a. Haus- und Volksbibliothek, Neue katholische.

—— Drei Dutzend Traktätlein aus der Basler Fabrik. Katholisch abgefertigt. Neisse, Burckhardt, 1856. 16°, 109 S.

Sion 1856, Littbl. S. 302—3.

—— die Verirrten. Eine Phantasie. (Gedicht.) gr. 8. (1 B.) Wien 830, Singer u. Goering.

– Geschichtlicher Wahrheitsspiegel, s. Haus- und Volksbibliothek, Neue katholische.

—— deutsche Wespen. Nr. 1. u. 2. 8. (12 B.) Stuttgart 844. [Becher's Verl.] à -

Chowaniec, F., De enuntiatorum, quae dicuntur, subiecto carentium usu Thucydideo. Pr. 1892. 58 S. 1.50

Chowne, W. D., über Leichenerscheinungen etc., s. Bibliothek von Vorlesgn. üb. Medizin. XXVII. Bd.

Chowne, W. Über diejenigen Leichenerscheingn, welche nicht-patholog. sind, aber dafür gehalten werden können. A. d. Engl. Leipzig 1848.

Chowne, W. D., über diejenigen Leichenerscheinungen, welche nicht pathologisch sind, aber dafür gehalten werden können. Aus d. Engl. v. Dr. Gumbinner. Redig. u. bevorwortet v. Fr. J. Behrend. gr. 8. Leipzig 845, Kollmann. ⅔ ₰

Chownitz, Herr Julian, Gründer u. Geschichtschreiber d. ersten deutsch-kathol. Gemeinde in Schwaben. Beleuchtet von einem Finsterlinge. 8. (1½ B.) Ulm 845. [Adorf, Müller's Buchh.]

Chownitz, Herr Julian, Gründer u. Geschichtschreiber der ersten deutsch-kathol. Gemeinde in Schwaben. Beleuchtet v. einem Finsterlinge. 8. Ulm 845, Seitz. 1¾ ngl

Chownitz, Julian (Pseud.), s. Chowanetz, Joseph

Chrabr, o pismenech Slovanských. Vydal Pavel Jos. Šafařík. gr. 8. (8 S.) Prag 851. (Calve.) n. 3½ ngl

Chramoj, Simcha, a. Kamenetz-Podolsk: Ueber einen sporadischen Fall von Scorbut. München 1906: C. Wolf & Sohn. (28 S.) 8°

München, Med. Fak., Ref. v. Bauer, Diss. v. 10. Dez. 1906

[Geb. 7/20. Okt. 83 Kamenetz-Podolsk, Rußland; Wohnort: Kamenetz; Staatsangeh.: Rußland; Vorbildung: Gymn. Kamenetz-Podolsk Reife Juni 00; Studium: Wien 6, München 4 S.; Rig. 10. Dez. 06.]

Chrapek Johann: Die Erwerbung der polnischen Krone durch das Haus Anjou.

1878 PN 109 Diss. Wien, Univ. 648

Chrapovitsky, L. Russisches Musterbuch gesammelt aus den Gouvernements Tschernigow, Poltawa und Kiew. [Riga 1887.]

Tit., 2 Bl.; 15 Taf. in Aquarellmalerei. 4°

Χρησμοὶ Σιβυλλιακοί. Oracula Sibyllina, textu ad codices manuscriptos recognito, Maianis supplementis aucto; cum Castalionis versione metrica innumeris paene locis emendata, et, ubi opus fuit, suppleta; commentario perpetuo, excursibus et indicibus; curante C. Alexandre. Vol. I. Lex.-8. Parisiis 841, Didot. (Fratr. et soc.) n. 2⅔ ₰

Chrestensen's, N. L., illustr. Handbuch f. Feld- u. Gartenbau. Ausführl. Anleitg. zum rationellen Anbau der landwirthsch. Feldfrüchte sowie der Gemüsearten auf dem Felde, im Garten u. Mistbeet. (159 S. m. Abb.) 8. Erfurt (900). (Leipzig, H. Dege.) n. 1. —

Chrestien, A. J., Jatroleptik, oder über d. Anwendung d. Arzneimittel auf d. Oberfläche d. menschl. Körpers bei innern Krankheiten. Aus d. Französ. v. G. H. E. Bischoff. 1r Thl. gr. 8. Berl. 805. Dunker u. H. 1 ₰ 6 ₰ Hbg. Pr. 16 ß

Chretien A. J.: Über die Impfung d. Blattern nebst einigen Bemerkungen üb. die Kuhpockenimpfung u. einem Anh. praktischer Beobachtungen üb. die Anwendung d. Arzneimittel durch Einreibung. Aus d. Franz. übers., m. Anmerk. u. Zusätzen verm. Berl. 1803. (14) 241 S.

— über d. Impfung d. Blattern, nebst Bemerkk. über Kuhpockenimpfung. Aus d. Französ. 8. Berl. 803. (Reimer). 16 ß

Chretien, A. J., üb. d. Impfung d. Blattern u. Bemerk. üb. Kuhpockenimpfung rc. a. d. Fr. 8. Berl. Unger. 803.

Chrestien, A. J. Uber die jatroleptische Methode ... Göttingen 1813. Ü: *Küster*. (EngM)

— über d. iatrolept. Methode, oder prakt. Beobachtt. über d. Wirksamkeit d. Heilmittel bei Anwend. auf d. Wege d. Hautabsorption rc. Aus d. Französ. gr. 8. Götting. 813. Dieterich. 1 ₰ 16 ß

Chrestin, F. W., General-Register, s.: Zeitschrift, mecklenburgische, f. Rechtspflege u. Rechtswissenschaft.

Chrestin, Friedr., Kritik d. Zeitrichtungen. Gegen Feuerbach, Bruno Bauer rc. u. gegen Uhlich, Wislicenus rc. f. die theure Bibel. gr. 8. (8 B.) Rostock 846, Stiller'sche Hofbuchh. *

Chrestin, Fr., Lobschrift auf d. Christenthum, für gebild. Leser. 8. Wismar 835. Schmidt u. Cossel. (Rostock, Stiller.) 1⅙ ₰

Chrestmann, W. K., Schuß für Schuß das Centrum. Oder unentbehrlicher Rathgeber f. Jäger, Scheibenschützen rc. 12. (1½ B. u. 1 Stnt.) Villingen 843, Förderer.

Chrestomathia Aethiopica edita et glossario explanata ab Augusto Dillmann. Lipsiae 1866.

Chrestomathia biblica. (Französisch, italienisch, deutsch u. englisch.) gr. 4. (199 S.) Bern 883. R. F. Haller-Goldschach. n. 6. 80

Chrestomathia Celsiana. Edidit ac praef. est Ger. Jac. Pool. 8 maj. (7½ B.) Lugd. Batav. et Amstelodami 832, Luchtmans; Sülpke. (Lipsiae, Weigel.)

—— Ciceroniana, od. ausgewählte Stücke aus Cicero's Schriften mit grammat. u. erklär. Anmerkn. u. e. vollständ. Register, v. Fr. K. Kraft. gr. 8. (19½ B.) Hamburg 830, Herold.

Chrestomathia Ciceroniana, od. ausgewählte Stücke aus Cicero's Schriften mit grammatischen u. erklär. Anmerkungen u. e. vollständ. Register, v. Friedr. Karl Kraft. 2., verb. u. verm. Ausg. 8. (21½ B.) Hamburg 844, Herold'sche Buchh. -

— vergl. auch J. M. Geßner.

— graeca. 8. Berl., Rottmann. 6 gr

— graeca sive selecta ad usum praelectionum. 8. Frankf. 778. Gebhardt u. K. 12 gr

Chrestomathia graeca parva captui atqve tironum alacritati magis accommodata. Collegit indicemqve vocabulorum adiecit Nic. Bened. Lange. Altonae. 1781.

— graeca ad usum scholarum. 8maj. Augsb. 784. Rieger. 8 gr

— hebraica, selecta eaque faciliora continens capita vel historica vel poetica librorum vet. Testam. in usum Scholarum edita. Accod. Vocabularium continens totius Chrestomathiae hebraicae vocabula etc. gr. 8. Halae, Curt. 783.

Chrestomathia hebraica, selecta ... Halae 1783. H: *Nachtigall, Johann Carl Christoph.* (Ky)

— hebraica, selecta eaque faciliora continens capita vel historica vel poetica librorum vet. Test., in us. scholar. edita. Acced. Vocabularium cont. totius Chrestomathiae hebraicae vocabula etc. (ed J. K. Cph. Nachtigall). 8maj. Halle 783. (Laue in Berl.) 14 gr

— Hippocratica. Edidit atque praef. est C. Pruys van der Hoeven. 12maj. Hagae-Comitis 825. (Leipz., Weigel). 2 ℛ 18 gr

— historica; Vol. I. — Etiam sub titulo: Diodori lib. IV. et major pars lib. V., ac Pausaniae lib. IV. Cum selectis Wesselingii et Facii animadvers. c. E. Poppo. gr. 8. Berlin 823, Flittner.

— historica. Vol. I. Et. sub tit.: Diodori lib. IV. et major. part. lib. V., ac Pausaniae lib. IV. Cum selectis Wesselingii et Faceii animadvers. c. Er. Poppo. Vol. II. Diodori lib. IV. et maj. partem libri V. Pausaniae libri IV. etc. cum selectis Wesselingii Faceii aliorumque animadvers. cur. E. Poppo. Et. sub tit.: Recentior. graec. histor. inde a pugna, quae apud Mantineam commissa est, usque ad imperat. Hadrianum etc. 8maj. Berl. 823. (Sander). 2 ℛ

— id. lib. Cont. Diodori lib. IV. et maj. partem libri V. Pausanniae libri IV. etc. cum selectis Wesselingii Faccii aliorumque animadvers. cur. E. Poppo. — Etiam sub tit.: Recentior graec. historia indea pugna quae apud Mantineam commissa est, usque ad imperat. Hadrianum etc. 8 maj. Berolini 824, Flittner.

— Iustiniana in usum studiosae juventutis. 8. Würzburg, Rienner. 790.

— Justiniana, in usum studiosae juventutis. 8. Würzb. 790. (Wesché in Frankf.) 9 gr

Chrestomathia Justiniana in usum studiosae juventutis. 8. Hat Göbhardt in Bamberg.

Chrestomathia latina, s. a Eichert, Otto.

Chrestomathia latina. 8maj. Wien 806. Pichler. 1 ℛ

Chrestomathia latina, sive selecta latini sermonis exemplaria ... Münster 1818. V: *Zumkley, Caspar.* (Ky)

— latina in usum auditor. philosoph. anni primi et secundi. (v. Frz. Ficker.) gr. 8. Wien 827, Geistinger.

— latina in usum auditor. philosoph. anni primi et secundi, (v. Frz. Ficker). 8maj. Wien 827. Ed. emend. et auct. 833. (832.) Gerold. 1 ℛ 8 gr

—— latina in usum auditorum philosophiae anni primi et secundi. Edit. emend. et auctior. 8maj. (31½ B.) Viennae 843, Gerold, Verl.

Chrestomathia Latina in usum auditorum philosophiae anni primi et secundi. Editio emendat. et correct. 8. (XX u. 483 S.) Viennae 848, Gerold. 1⅓ ℛ

— latina ex M. Ant. Mureti oper., s. *Selecta* e M. A. Mureti

Chrestomathia latina in usum scholarum boicarum. 8. Landsh. Kopp.

Chrestomathia latina, in usum scholarum boicarum. Monachi 1776. H: *Gerhartinger, Matthäus.* (Ky)

— latina, in usum scholarum boicarum (a M. Gerhartinger). 8. Münch. 776. Storno in Landsh. 6 gr

— Liviana, oder histor. Lesebuch aus Livius Werken; gesammelt für d. obern Klassen d. Gymnasien v. C. W. Snell. 8. Gießen ... 2e Aufl. 825. Heyer. 16 gr

— oratoria, accedunt exempla selectae e poëtis class. 8. Bresl. 777. Gruss, Barth u. C. 10 gr

—— Ovidiana, od. ausgewählte Stücke aus d. Ovidius Gedichten, mit Anmerkn. versehen v. Fr. K. Kraft. 8. (19 B.) Leipzig 829, Dyk.

— id. lib., s. auch Dieffenbinner.

Chrestomathia Patristica Graeca ... Vratislaviae 1742—56. H: *Schindel, Johann Christian.* (BrMm) (Winer) (AarF)

— patristica graeca. VI fasc. 8. Bresl. Korn. 743. 45.

— patristica latina, const. I, cont. I. Chr. Hieronym. ed. T. Büttner. 8. mai. Halae, Hendel. 805.

—— persica ed. et glossario explanavit Frid. Spiegel. 8maj. (22 B.) Lipsiae 846, Engelmann.

Chrestomathia, Petronico-Burmanniana. 8. Florenz. 736.

— Phaedriana, notis illustrata a J. Chr. Hartmann. 8. Altenb. (Academ. Buchh. in Jena.) 779.

— Phaedriana, notis illustrata a J. Chr. Hartmann. 8. Altenb. 779. (Hennings in Neisse). 2 gr

— Platoniana gr. et lat. 8. Zürich, Füssly et Orell. 756.

Chrestomathia Pliniana. Hrsg. und erklärt von L. Urlichs. gr. 8. (XXIV und 412 S.) Berlin 857, Weidmann'sche Buchh. Thlr.

— Poetica, auserlesene Stücke aus Catull, Virgil rc. 8. Leipzig, Böhme. 787.

— poëtica, auserlesene Stücke aus Catull, Virgil, Horaz u. Martial erklärt, mit Register u. Geßners Vorrede; aufs Neue durchgesehen v. J. M. Heinze. 8. Leipz. 787. (Knobloch). 12 gr

— poetica graeco-latina ed. Chr. Seybold. 8. Lemgo 775. Meyer. 8 gr

— poëtica e poetis gen. elegiac. et heroic. decerpta. 12. Rudolst. 769. Klüger. 3 gr

Chrestomathia Polybiana, in usum juventutis edita. Lipsiae 1801. H: *Meinecke*, *Albert Christian*. (Ky)

— polybiana, in us. juventut. edita (ab A. Chr. Meinecke). 8. Leipz. 801. Schwickert. 8 gr

— Quinctiliana, ed. Andres. 8. maj. Bamb. Goebhard. 782.

— Quinctiliana. ed. J. Bon. Adres. 8 maj. Bamb. 782. Wesché in Frankf. 1 rß 4 gr

— Quinctiliana, ed. Blass. m. Anh. gr. 8. Würzb. Rienner. 795.

— Quinctiliana, append. auxit et dilucidavit Laur. Blass. 8 maj. Würzb. 793. (Stahel). 20 gr (Wesché in Frkf.) 1 rß

— — Quinctiliana edit. Blass. Mit Anhang. Hat Göbhardt in Bamberg und der Preis ist 1 —

Chrestomathia Q o r a n i arabica, s. N a l l i n o , C. A.

Chrestomathia, Samaritana maximam Geneseos partem et selecta reliquorum Pentateuchi librorum capita complectens ... Glossario locupletata a Friderico Uhlemanno. Institutionum pars posterior. Lipsiae 1837.

—— Schahnamiana. In usum scholar. edidit annotationibus et Glossario locupleti instruxit Jo. Aug. Vullers. 8 maj. (18 B.) Bonnae 833, Habicht.

— Syriaca, s. A. *Hahn*.

Chrestomathia S y r i a c a , s. K i r s c h , Georg Wilhelm

— Syriaca una cum glossario syriaco latino, s. A. *Oberleitner*.

Chrestomathia Targumica ... edidit Adalbertus Merx. [= Porta linguarum orientalium. Pars VIII.] Berlin 1888.

— Targumico-Chaldaica addito lexico explanata, congesta a Josepho Kaerle. Viennae 1852.

Chrestomathia Tragica ... continens Aeschyli Prometheum, Sophoclis Ajacem, Euripidis Phoenissas ... Gottingae 1762. H: *Eyring*, *Jeremias Nicolaus*. (BrMm)

Chrestomathie des Altdeutschen, s. a. Gerber, F. A. G.

Chrestomathie des Altdeutschen ... von F. A. G. Bruchsal 1834. H: *Gerber*, *Franz Anton*. (Ba)

Chrestomathie, angelsächsische, oder Samml. merkwürd. Stücke aus d. Schriften d. Angelsachsen, e. uralten deutschen Nation, mit beigefügter hochdeutscher Uebersetzung v. Jh. Oelrichs. 4. Bremen 798.

Chrestomathie von Belegstellen zu den Institutionen. (145 S.) 8. Göttingen 874. L. Horstmann. n. — 50

—— aus Cicero u. Livius. Für mittlere Klassen gelehrter Schulen, mit erklär., zu gründl. Vorbereitung u. ächt deutscher Uebersetz. anleit. Bemerkn. begleitet v. W. Bötticher. 2 Hfte. gr. 8. (22 B.) Berlin 838, Reimer.

— Ciceronische, s. a. Friedemann.

Chrestomathie, Ciceronische, f. mittlere Gymnasialclassen, enthalt. kurze Aussprüche, Erzähln., Schildern. etc., zur Vorbereitung auf vollständ. Schriften Cicero's hrsg. v. Friedr. Traug. Friedemann. 2., verm. u. verb. Aufl. 8. (14 B.) Braunschweig 833, G. C. E. Meyer.

Chrestomathie, Deutsche, ein Lesebuch zum Gebrauche der grammatischen Classen ... Neue ... Ausg. Münster 1818. H: *König*, *Jos*. (EB)

— deutsche, z. Bildung d. Geschmacks. gr. 8. Königsb. Unzer. 804.

Chrestomathie, Deutsche, für Jünglinge ... Leipzig 1777. H: *Seybold*, *Daniel Christoph*. (Ky)

— deutsche, für Jünglinge, zur Bildung d. Herzens u. Geschmacks, (v. D. Cph. Seybold). 8. Leipz. 777. 2e A. 786. Hertel. 12 gr

— deutsche u. latein., zum Gebrauch d. 3 ersten Klassen d. Gymnasien (v. Ksp. Zumkley). 8. Münster 778—781. 4e v. J. König umgearb. Aufl. gr. 8. Ebd. 818. Theyssing. 1 rß 4 gr

— Dass., oder Samml. auserles. Stellen zc., zum Gebr. d. 3ten Schule (v. Ksp. Zumkley). 8. Münster 781. (N. A. ?) 791. Aschendorf. 14 gr

— deutsche u. lateinische, z. Gebrauch der untern Classen. 8. Münster, Theißing. 801.

— deutsche u. lat. f. Schulen. 3 Thle. 8. Frankf. u. Leipz. Varrentr. 778—84.

— deutsche, zum Uebersetzen aus d. Deutschen ins Französische. 8. Marb. 798. Krieger. 1 rß

Chrestomathie, Teutsche, zum Übersetzen in das Englische. Nürnberg 1782. H: *Balbach*, *Johann*. (MGT)

— deutsche; z. Uebersetz. ins Franz. 8. Berlin, Sander. 810.

— deutsche, z. Uebers. ins Latein. 8. Berl. Realsch. 795.

— deutsche, zum Uebersetzen ins Latein. 8. Berl. 795. Reimer. 4 gr

—— deutsche, aus d. Werken neuerer deutscher Prosaiker u. Dichter gesammelt u. hrsg. v. E. Schaumann. 1. zur Uebung d. Jugend im Lesen u. Declamiren best. Thl. 8. (17¼ B.) Gießen 828, Heyer, Vater.

—— dies. 2., zum Gebr. in oberen Class. v. Gymnas. best. Thl. 8. (23½ B.) Ebds. 828.

—— der latein. Dichter, s. Beutler, J. G. L.

Chrestomathie aus lateinischen Dichtern, vorzügl. aus Ovidius, hrsg. u. mit e. vollständ. Wortregister begl. v. K. Ferd. Ranke. 8. (8 B.) Quedlinburg 833, Becker. Thlr.

Chrestomathie dramatique, hrsg. v. Paul Bastier, s.: Schulbibliothek französ. u. engl. Prosaschriften.

— française, à l'usage des instituts de Mons. le Prof. Hartung. IIme édit. 8. Berl. 809. Dümmler. 8 gr

Chrestomathie, Französische. s. a. Gruner, Fr.

Chrestomathie, französische, für Real- und gelehrte Schulen. Hrsg. von Fr. Gruner und Wildermuth. In 2 Cursus. 1. Curs. Bearb. von Fr. Gruner. 1. Aufl. (XII und 323 S.) 817. und 2. Aufl. gr. 8. (XVI und 332 S.) Stuttgart 848, Ebner und Seubert. *

—— dass. — 2. Curs. Bearb. von Wildermuth. gr. 8. (XII und 438 S.) Ebds. 847. *

Chrestomathie deutscher Gedichte für Freunde der vaterländischen Dichtkunst ... Köthen 1796—1808. H: *Vetterlein, Ch. F. Rud.* (Gi)

—— zur Geschichte d. deutschen Sprache u. Poesie, für d. obern Klassen d. Gymnas. Hrsg. v. Frz. Budde. 1. Thl.: von Ulphilas bis Haller. gr. 8. (27½ B.) Münster 829, Theissing.

—— dies. 2. Thl.: Dichter neuerer Zeit. gr. 8. (26½ B.) Ebds. 830.

— grammatische, mit e. vorläufigen Unterricht in d. Weise, d. latein. class. Schriftsteller nützlich zu lesen. 8. Bresl. 793. Graß, Barth u. C. 12 gr

—— griechische, s. die zwei ersten Jahres-Curse 2c., s. Feldbausch, Felix Sebast.

—— griechische 2c., s. a. Weckherlin, C. C. F.

— griechische, aus griech. class. Schriftstellern gesammelt v. C. C. F. Weckherlin. 2 Abtheill. gr. 8. Stuttg. 825. 1e Abthl. 2e A. 830. Löflund u. S. à 14 gr 1 rß 4 gr

— historische, aus lateinischen Schriftstellern, f. Gymnasien, s. B. H. Böhme.

— Japanische. 1. Thl.: s.: Wandschirme.

Chrestomathie, indogermanische. Schriftproben u. Lesestücke mit erklärenden glossaren zu Aug. Schleichers compendium d. vergleich. grammatik d. indogermanischen sprachen. Bearb. von H. Ebel, A. Leskien, Johs. Schmidt u. Aug. Schleicher. Nebst zusätzen u. berichtigungen zur 2. aufl. d. compendiums hersg. von Aug. Schleicher. Weimar 869. Böhlau. gr. 8. (VII, 378 S.) n. 2 rß 20 ngr

— italienische 2c., s. a. Werther, C. F., italienisches Lesebuch.

— italien. od. Lesebuch 2c. 8. Leipz. Sommer. 806.

— aus römischen Klassikern, für die mittleren Abtheilungen an Gelehrten-Schulen. Mit 3 Charten der alten Welt. gr. 8. Stuttgart 825, Metzler.

—— aus römischen Classikern, f. d. mittl. Abtheilungen an Gelehrten-Schulen. M. 3 Charten d. alten Welt (in gr. 4.) 2., verb. Aufl. 8. (27¼ B.) Stuttgart 831, Metzler.

— kl. poetische, aus d. Horaz, Catull, Tibull 2c. 8. Lpz., Linke. 6 gr

- — lateinische und deutsche. 4te verb. Aufl. von J. König. 8. Münster, Theissing. 818. 1 4

Chrestomathie, Lateinische, zum Gebrauche der herzoglichen hohen Karlsschule. Stuttgart 1786. H: *Hausleutner, Philipp Wilhelm.* (MGT)

Chrestomathie, Lateinische, für die mittlern Klassen ... von Fr. Gedike. 6. Aufl. Berlin 1842. H: *Burchard, F. W.* (Ky)

—— lateinische, aus C. Plinius' Naturgeschichte, f. Realgymnasien u. d. ersten latein. Classen in höh. Gewerbe- u. Bürgerschulen. Mit J. M. Gesner's abgekürzten Anmerkn. hrsg. v. Fr. Ad. Beck. 8. (12 B.) Hadamar 828. [Weilburg, Lanz.]

— latein. poetische, s. Schwarz.

— moralische, f. Jünglinge u. Jungfrauen, z. Bildung d. Herzens, in Erzählungen 2c. Mit 1 ill. Kpf. 8. Celle 797. 2e Ausg. 827. Schulze. 18 gr

— neue russische, für Deutsche, aus d. besten russ. Schriftstellern gesammelt v. K. Fr. Malsch. gr. 8. Petersb. 815. Briefe. 2 rß

— — neue russische, für Deutsche, aus den besten russ. Schriftstellern gesammelt v. K. F. Malsch. gr. 8. Petersburg. Lübeck, Niemann. 815. 2 —

Chrestomathie, neueste deutsche, z. Uebers. ins Englische. 8. Nürnb. Zeh. 806. Rthlr.

— neueste deutsche, zur Uebung im Uebersetzen ins Französische. 8. Berl. 810. 7e A. 819. Sander. 12 gr

— oratorische. 8. Münst. Aschendorff. 798.

— Petrarchische, italienische, s. a. Petrarchische Chrestomathie.

— petrarchische, italienische, od. Auswahl d. vorzüglichsten Sonetten u. Canzon. aus F. Petrarkas italienischen Gedichten m. deutsch. Uebers. Hamb. Vollmer. Schreibp.

— poetische, nebst e. kurzen Auszuge d. Mythologie. 8. Bresl. 777. Graß, Barth u. C. 12 gr

Chrestomathie, (poetische), oder Muster d. höhern Poesie zum Gebr. d. 4ten u. 5ten Schule (v. Ksp. Zumkley). 8. Münster 781. (N. A.) 805. Aschendorff. 20 gr (vergl. Ksp. Zumkley.)

— poetische, od. Muster d. höh. Poesie. 8. Münster, Aschendorff. 800.

— für Prediger u. Priester. 1r Thl. 8. Sorau 777. Hebold. 9 gr

— oder Samml. auserlesener Stellen in deutsch. u. latein. Sprache, s. oben Chrestomathie, deutsche u. latein., zum Gebrauch d. 3ten Klasse.

Chrestomathie, Vedische, mit Anmerkungen und Glossar von B. Delbrück. Halle 1874.

Chrestomathie, vollständige, s. Winckler.

Chrestomathie aus Xenophon. Mit einem Vorläufer aus Isocrates u. einem poet. Anhange. Bearb. u. mit einem Wörterb. versehen v. K. F. Schnitzer. gr. 8. (12½ B.) Reutlingen 846, Mäcken Sohn.

Chrestomathy

— engl. or Miscellaneous pieces etc. s. Ibbeken.

— german, for traducing into the Englisch. Deutsche Chrestomathie zum Uebersetzen in das Englische 2c. 3te verb. Aufl. 8. Nürnb. Zeh. 812.

— german, for translat. into the english, neueste deutsche Chrestomathie zum Uebersetzen ins Englische, (v. Jh. Balbach) 8. Nürnb. 782. 2e A. 796. 3e A. 814. Zeh. 16 gr (Central-Compt. in Leipz.) 12 gr

Chrétien, le, dans la solitude trad. de l'allem. 8. Stuttg. Löflund. (a. Erhard.) 766.

Chrêtien, Le, dans la solitude traduit de l'allemand. à Berlin 1776. V: *Crugot, Martin.* Ü: *Elisabeth Königin von Preussen.* (MGT) (ML) »Stuttgart« (Ky)

* Chretien, A. J., üb. die Impfung d. Blattern, muß helfen: Chrestien, A. J., 2c.

Chriemhilden Rache, u. d. Klage; zwei Heldengedichte, herausg. v. Bodmer. 4. Zürich 757. Orell. 12 gr

Chriemhildens Rache. Nacherzählt von Gustav Pfarrius. gr. 12. Köln u. Aachen 844, Kohnen. 5/12 rß

Chrinarsetti, Mich., die illustrirten Handwerker. Humoresken. Mit 14 Illustr. (in eingedr. Holzschn.) nach Zeichnungen v. H. Leutemann. 8. (IV u. 106 S.) Neu-Schönfeld 851, Verlags-Expedition. n. 5/12 rß

Christians, Gevatter, landwirtschaftl. Brosamen. E. Buch gemeinverständl. u. anreg. Belehrgn. a. allen Zweigen d. Landwirtschaft. 8. (VI, 152 S.) Neudamm 898. J. Neumann. Kart. n. 1. 20

Chriselius, s. Chryselius.

Chrisman, Oscar: Paidologie. Entwurf zu e. Wissenschaft d. Kindes ... Jena, Druck v. B. Vopelius, 1896; 96 S. 8.
Jena, Phil. Fak., Inaug.-Diss. v. [25. Juli] 1895

Chrismann, Phil. Nerio

Chrismann, Ph. Neri, regula fidei catholicae, et collectio dogmatum credent. 8. Campidon. 792. Typogr. (Koesel). 16 gr.

Chrismann, P. Phil. Ner., Regula fidei catholicae et collectio dogmatum credendorum. Denuo revidit et edidit Phil. Jac. Spindler. 8maj. Aug. Vind. 844 et 846, Fahrmbacher. 1 ₰

Chrismann, Rom.

— gründl. Anleit. zur Rechenkunst. 4. 812.

— Bemerkk. über d. Entwurf eines neuen Rituals, v. e. Gesellsch. kathol. Geistlichen d. Bisth. Constanz. 8. Kempten 810.

Chrismann, Rom., († d. 2. März 1816.) compendium historiae mythologicae usibus scholar. accomm. 8. Ottoburae 794.

— Samml. verschied. Aufsätze, Fabeln u. lehrr. Geschichten, aus d. ältesten u. neuesten Schriftstellern. 8. ... 809.

— kurze Uebersicht d. ganzen christl. kathol. Lehre. 8. ... 815.

Chrismar, Eug. v., Genealogie des Gesammthauses Baden vom 16. Jahrh. bis heute. gr. 8. (XXI, 231 S. m. 2 Tab.) Gotha 892. F. A. Perthes. n. 5. —; geb. n. 6. 50

Chrismar, Eugen von, Spezialarzt f. Hautkrankheiten u. dirigierender Arzt am Ostkrankenhaus zu Berlin: Ueber abnorme Lichen planus-Formen an der Hand eines besonderen Falles. Berlin 1908: Buchdr. Osten. (46 S.) 8°
Leipzig, Med. Fak., Ref. Hoffmann, Diss. v. 7. Juli 1908
[Geb. 9. Jan. 08 Karlsruhe; Wohnort: Charlottenburg; Staatsangeh.: Baden; Vorbildung: Gymn. Lahr Reife Juli 97; Studium: Freiburg i. B. 9 S.; Coll. 16. Juli 08; Approb. 7. Juli 02.]

Chrismar, F. S., Skizzen e. Reise durch Ungarn in d. Türkei. 8. (11½ B.) Pesth 834, Kilian jun.

Chrismar, F. S., Skizzen einer Reise durch Ungarn in die Türkei. Wohlfeile (neue Titel-) Ausg. Pesth (843) 857. G. Kilian. 8. (IV, 175 S.) 8 ngr.

v. Chrismar, Frz. Ant., († d. 19. Jan. 1803.) Beleuchtung u. Nachtrag zu d. v. Sartorischen Staatsgesch. v. Burgau. 8. Augsb. 788.

— s. 1) Gegenversuch. 2) Was ist d. Staat. 3) Was ist d. philosoph. Sekte.

Chrisnach, P., Geschichte der Entwickelung des Feuerlösch- u. Rettungswesens in der civilisirten Welt von den frühesten Zeiten bis zur Gegenwart. 12. (XVI, 396 S.) Ulflingen (899). (München, Ph. L. Jung.) n. 4. —

Chrisnach, P., Uebungs-Buch für die Feuerwehren des Luxemburger Landes-Feuerwehr-Verbandes. Gemäß Beschluß der Abgeordneten-Versammlung des Landes-Feuerwehr-Verbandes vom 5. Septbr. 1886 durch eine Fach-Kommission geprüft und begutachtet. Vom hochlöbl. Landes-Ausschuß des Feuerwehr-Verbandes genehmigt, und als einheitl. Verbands-Uebungsbuch anerkannt. 8. (96 S.) Luxemburg 887, Brück.

Chrisolocosmopophilopax (Pseud.), s. Loen, Joh. Michael von

Christ, d., od. Morgen- u. Abendopfer auf jed. Tag. d. Monats. 8. Mannh. Löffler. 785.

Christ, der. Jahrg. 1843. 26 Numm. (Bog.) gr. 8. Basel. Bahnmaier. n. 1⅓ ₰

— der, eine Zeitschrift. ... Basel, Spittler. à Jahrg.

Christ, der, Red.: Wilh. Iselin. Jahrg. 1863 u. 64. à 24 Nrn. (à 1 Bgn.) Basel, (Balmer & Riehm.) gr. 8. Jeder Jahrg. n. 28 ngr.

Christ, der. Red.: Wilh. Iselin. Jahrg. 1865—1870. à 26 Nrn. (à 1 Bgn.) Basel. (Riehm.) 8. Jeder Jahrg. n. 28 ngr.

Christ, der. Red.: Wilh. Iselin. Jahrg. 1871—1876 à 26 Nrn. (B.) gr. 8. Basel, Riehm. à Jahrg. n. 2. 80

Christ, der. Jahrg. 1875—1877. à Jahrg. 26 Nrn. (Bog.) gr. 8. Basel, Riehm. à Jahrg. *
Nicht weiter erschienen.

Christ, der. Mittheilungen zur Belehrg. u. Erbaug. der freien evangel. Gemeinden u. Gemeinschaften der deutschen Schweiz u. West-Deutschlands. In Verbindg. m. mehreren Freunden aus der Schweiz u. Deutschland hrsg. v. Alex. Fischer. 1. u. 2. Bd. Der „Freien Gemeinde". 14. u. 15. Jahrg. 1892. 1893. à 12 Nrn. (à 1—1½ Bog.) gr. 8. Bern. (Bonn, J. Schergens.) à Jahrg. n. 1. 50
Frühere Jahrge. s. u. d. T.: Gemeinde, die freie.

Christ, der. Sonntagsblatt f. Christen jeden Bekenntnisses zur Förderg. selbstständ. Gotteserkenntnis u. prakt. Nächstenliebe. Hrsg.: Th. v. Wächter. Febr. 1893—Jan. 1894. 52 Nrn. (à ca. 1½ Bog.) gr. 4. Stuttgart, (A. Jung). n. 4. —
s.: Sonntagsblatt f. freien Geistesaustausch.

Christ, Der, in Adersbach, d. i. Christliche Gedanken über das wunderbahre Steingebirge zu Adersbach, entwerfen von einem Schlesischen Nachbarn. Breßlau 1756. 1758. V: *Ulber, Chn Sam.* & *Ernst Leber. Semper.* (Gatterer, Repert. d. mineral. Litt. Giessen 1798—99. I, 69.)

Christ, der, in Adersbach, d. i: christl. Gedanken über d. wunderbaren Steingebirge zu Adersbach im Königreich Böhmen. 4. Bresl. 756. W. G. Korn. 3 gr.

— in Adersbach d. Beschr. dies. Steingebürges in Böhmen. 4. Bresl. 757.

Christ, der, in d. Andacht. Ein Gebeth- u. Erbauungsbuch f. katholische Christen. 8. (16 B.) Füssen 831. (Augsburg, Kollmann.)

Christ, der, in der Andacht. Ein Gebetb. f. Katholiken. Mit e. Anh. christl. Gesänge. 32. (320 Seit.) Dillingen 840, 39, Kulingersche Buchh. 3 Gr., geb. m. Goldschn. u. in Futteral.

—— der, in der Andacht, das ist: Andachten und Gebete zur gnadenreichen Himmelskönigin Maria. 16. (249 S.) Neuhaus 863, Landfraß und Sohn.

— der, in seiner Andacht, oder Samml. d. kräftigsten Gebete f. den Landmann. 12. 792. (Leipz., W. Vogel)....

Christ, der — in seiner Andacht zu Gott. Ein Gebet und Erbauungsbuch für die verschiedenen Lebensverhältnisse eines frommen katholischen Christen. Klagenfurt. Druck und Verlag von Johann Leon. (VI. 263 S. 8.) 1856.

Christ, Der, in seiner Andacht zu Gott. Klgft., Leon, (ca. 1860). 271 S.

— d. andächtige, enth. Morgen- u. Abend- u. a. Gebete u. Lied 2c. 8. Hirschberg, Barth. 803.

— d. Andächtige, enthalt. Morgen- u. Abend- u. a. Gebete u. Lieder. 8. Hirschberg 803. Krahn. 6 ℊ

—— oder Antichrist? 3 Bde. gr. 8. Berl., Germania. * 10 80
1. Gottlieb. Briefe aus Hamburg. Ein Wort zur Vertheidigg. der Kirche gegen die Angriffe v. 7 Läugnern der Gottheit Christi. 3. revid. Aufl. 7 Hefte. (683 S.) 889. à Heft * — 60; * 4 20.
2. —— Der Krach v. Wittenberg. Blicke auf den religiösen Wirrwar der Gegenwart. 7 Hefte. (683 S.) 890. à Heft * — 60; 4 20.
3. Heinrich. Wittenberg u. Rom. I. Die soziale Befähigg. der Kirche in protestant. Beleuchtg. (264 S.) 891. * 2 40.

— od. Antichrist. Beiträge zur Abwehr gegen Angriffe auf die religiöse Wahrheit v. Gottlieb (Tilmann Pesch). 1.—3. Bd. gr. 8. Berlin, Germania. n. 12. 90
1. Briefe aus Hamburg. Ein Wort zur Vertheidigg. der Kirche gegen die Angriffe v. 7 Leugnern der Gottheit Christi. 4., durchgesch. u. verm. Aufl. 12 Lfgn. (III, 900 u. XI S.) 893. 894. n. 6. —; geb. n. 7. 50
2. Der Krach v. Wittenberg. Blicke auf die religiösen Wirren der Gegenwart. 2. Ausg. 9 Lfgn. (686 S.) 893. 894. n. 4. 50; geb. n. 6. —
3. Wittenberg u. Rom. I. Die soziale Befähigg. der Kirche in protestant. Beleuchtg. Von Heinrich. (261 S.) 891. n. 2. 40
s. a. Gottlieb, Christ od. Antichrist.

Christ od. Antichrist. Beiträge z. Abwehr gegen Angriffe a. d. religiöse Wahrheit v. Gottlieb. 3. Bd. Wittenberg u. Rom. 8. Berlin 896. 897. Germania. n. 4. 50; geb. n. 6. — (I.—III.: n. 15. —; geb. n. 19. 50)
I. D. sociale Befähigung d. Kirche i. protestant. Beleuchtg. Von Heinr. Pesch. (240 S.) (891.) Einzelpr. n. 2. 40
II. Ueb. Bibelkenntniß u. Bibellesen in älterer u. neuerer Zeit. Von H. v. Roit. (135 S.) Einzelpr. n. 1. 50
III. D. Protestantismus d. Gegenwart. Geschildert v. e. Protestanten. Von Krogh-Tonning. Aus dem Norweg. übers. v. P. P. (80 S.) Einzelpr. n. 1. —
IV. Drei offene Wunden d. heutigen Protestantismus. Bekenntnißfrage. — Bibelfrage. — Sociale Frage. Von U. Lüttke. (V, 132 S.) Einzelpr. n. 1. 50
Erschien auch in 13 Lfgn. à n. — 50.

— od. Antichrist? Beiträge zur Abwehr gegen Angriffe auf die religiöse Wahrheit. 1. Bd.: Briefe aus Hamburg. Ein Wort zur Vertheidigg. der Kirche gegen die Angriffe v. sieben Leugnern der Gottheit Christi. Von Gottlieb (Tilmann Pesch, S.J.). 5. durchgeseh. Aufl. (XVI, 955 u. XI S.) gr. 8. Berlin 905. Germania. n. 6. —; geb. n. 7. 50

— d. seine Zeit wohl anwendende in gesund. u. krank. Tag. 8. Lemgo. 747.

— d. sich in leibl. Armuth befindende. 8. Magdeb. Scheidhauer. 745.

Christ, Der von seinem Glauben beschämte, in sieben Fastenreden vorgetragen . . . Augsburg 1782. V: *Braunstein, Joachim.* (MGT)

Christ, Ein, besuchet oft und gerne . . . O. O. 17?? V: *Annone, Hieron. d'.* (Cat. d. Stadtbibl. Zürich. Zürich 1864—97.)

— d. betende. 8. Dessau, Gel. Handl. 782.

—— der betende, f. Freunde evangel. Andacht. Mit e. Vorw. v. H. Fr. W. Pätsch. 8. (9 B.) Berlin 829, [Sander.]

Christ, der betende, oder andächtiges Gebetbuch, welches enthält Morgen-, Abend-, Meß-, Beicht- u. Kommuniongebete, wie auch Gebete zur heil. Dreifaltigkeit, zum Namen Jesus, rc., ferner die Bußpsalmen, Vesper- und Completgebete rc., nebst einigen Tagzeiten und Bruderschaften. Münster 855. Aschendorff. 8. (VIII, 407 S. u. 1 Stahlst.) 7½ ngl

—— der betende. Katholisches Gebet- und Erbauungsbuch für Kirche und Haus. 4. Aufl. 1871, und 5. Aufl. 24. (384 S. mit 1 chromolithogr. Taf.) Einsiedeln 872, Gebr. Benziger. Feine Ausg. mit 3 Stahlst. 4. Aufl. 1871, und 5. Aufl.

Christ, der betende. Katholisches Gebet- u. Erbauungsbuch f. Kirche u. Haus. Ausg. Nr. 2 in größerem Druck. 24. (384 S. m. 2 Bildern.) Einsiedeln 883. Benziger. — 50

Christ, der betende. Vollständiges Gebet- u. Andachtsbüchlein f. fromme Katholiken. Von e. Pfarrer der Erzdiözese Köln. 16. (884 S. m. farb. Titel u. 1 Stahlst.) M.-Gladbach (895). A. Riffarth. Geb. in Ldr. m. Goldschn. 1. 20

Christ, d. betende. Kathol. Gebetbuch. Hrsg. v. bischöfl. General-Vikariat in Trier. Ausg. A. (In kl. Schrift.) 16. (VII, 368 S.) Trier 895. Paulinus-Druckerei. n. — 50; geb. in Halbldr. n.n. 1. 10; in Ldr. n.n. 1. 45; m. Goldschn. n.n. 2. 10; in größ. Schrift (368, 368 u. VI S) n. — 85; geb. in Halbldr. n.n. 1. 35; in Ldr. n.n. 1. 75; m. Goldschn. n.n. 2. 30

— dasselbe. Ausg. B. 12. (370 S.) Ebd. 895. — 50; geb. in Halbldr. n.n. 1. 10; in Ldr. n.n. 1. 50; m. Goldschn. n.n. 2. 10

— dasselbe. Ausg. C. 8. (IV, 368 S.) Ebd. 895. n. — 55; geb. in Halbldr. n.n. 1. 25; in Ldr. n.n. 1. 60; m. Goldschn. n.n. 2. 25

Der betende Christ. Kath. Gebet- u. Erbauungsbuch f. Kirche u. Haus. Ausg. No 1. 15. Aufl. *Einsiedeln, Köln: Benziger & Co. [um 1902].* (382 S.) 8° [F.] [03. 19444

Der Betende Christ. Kath. Gebet- u. Erbauungsbuch f. Kirche u. Haus. Ausg. No 2. *Einsiedeln, Köln: Benziger & Co. [um 1902].* (384 S.) 8° [F.] [03. 19445

— der betende, büßende u. sterbende. Von e. Missionair der Gesellschaft Jesu. 3e Aufl. 12. Augsb. 794. Rieger. ⅟₁₂ ngl

Christ, Der betende, am Ende des 18. Jahrhunderts. Köln 1795. V: *Hüffer, Hnr. Gg [Wilhelm].* (Ky)

— d. betende, am Ende d. 18ten Jahrh. 3 Thle. 8. Köln 795—97. Dann unter d. T.: das heidnische Christenthum. 3 Thle. 8. Ebd. 802. 18 ℊ (Aschendorff in Münster). 10 ℊ Dasselbe. 8. Kempten 798. Kösel. 17 ℊ

Christ vor Gott, der im Geiste der Andacht betende. Ein Gebet- u. Erbauungsbuch für Katholiken. Mit 1 Kupf. u. 1 Vign. 8. Augsb. 825, Bäumer.

—— vor Gott, der im Geiste d. Andacht bethende, ein Gebeth- u. Erbauungsbuch f. Katholiken. 2., wohlf. Aufl. M. 1 Kpfr. u. 1 Vign 8. (29½ B.) Augsburg 828, Bäumer. 12 Gr., Schrbp. 16 Gr., Vlnp.

— der im Geiste Jesu betende, e. nützl. Andachtsbüchlein f. d. kathol. Jugend. Mit Schreibschrift. 12. Zweibr. 825. Ritter. 4 ℊ

—— der im Geiste d. kathol. Kirche betende, ein Gebet- u. Erbauungsb. f. fromme Katholiken jedes Standes. gr. 12. (13 B. u. 1 Stndr.) Hanau 835, Edler'sche Buchh. * 10 Gr., m. 4 Stndr. geb. m. Goldschn. u. gepreßt. Deckeln.

Der IM Geiste der katholischen Kirche betende Christ. Ein Gebetbuch für katholische Christen, welche Gott nach dem wahren Sinne der heiligen katholischen Religion verehren wollen, sammt dem heiligen Kreuzweg, und den gebräuchlichsten Kirchen-Liedern. Ungarisch-Altenburg (1850): Franz Matzke, Buchbinder. 4, 249, 3 S. - 8°
- Dass. (Ungarisch-Altenburg) o. J. o. Dr.

Christ, der betende, im Geiste u. in der Wahrheit, nach dem Sinne der kathol. Kirche. 32. (224 S. m. eingedr. Holzschn. u. 1 Stahlst.) Saarlouis 852, Stein. 4 ngl

[F.] Der betende Christ im Geist und in der Wahrheit nach dem Sinne der katholischen Kirche. Enth. Morgen-, Abend-, Mess-, Vesper-, Beicht- u. Communiongebete, verschied. Andachten, d. deutsche Singmesse, d. hh. Stationen. 15. Aufl. . . . *Saarlouis: Hausen & C. [1892].* (223 S.) 1 Bd 8. [98. 4099

— der betende, im Geist u. in der Wahrheit nach dem Sinne der katholischen Kirche. Enth. Morgen-, Abend-, Meß-, Vesper-, Beicht- u. Communiongebete, verschied. Andachten, die deutsche Singmesse, die hh. Stationen. 15. Aufl. 24. (223 S. m. Titelbild.) Saarlouis 892. F. Stein Nachf. — 25

Christ, der **betende**, vor Gott. Ein vollständig. Gebetbuch f. fromme Katholiken. Mit besond. Andacht zu Gott u. den 14 heil. Nothhelfern. Neueste viel verm. Aufl. Mit 1 Holzschnitt. (Mit der Geschichte von Frankenthal u. 1 Steindr.) 12. Bamberg 835. Lachmüller. 5 Gr — 12e verm. Orig.-Ausg. 12. Ebd. 837. 1/6 Thlr

— der zu Gott betende, d. Morgens u. Abends, so wie in allen Vorfällen seines Lebens. Mit e. Anh. u. Titelkpf. N. Aufl. 12. Prenzlau 819. Ragoczy. 10 Gr

— der zu Gott **betende**, des Morgens u. Abends rc. N. Aufl. 12. Prenzlau 819, jetzt Kalbersberg. 5/12 Thlr

— der innig betende, im Tempel des Herrn. Auserlesene Andachtsübungen am Morgen u. Abend, auf jeden Tag d. Woche, in d. heil. Messe rc. Zum Gebr. frommer Katholiken. 12. (VIII u. 388 S. m. 1 Stahlst. u. lithochrom. Titel.) Landshut 848, Thomann. 21 Ngr

— d. betende, am **Morgen** u. Abend. 8. Schleiz, Mauke, 784.

— der betende, am **Morgen** u. Abend, an festl. u. heil. Tagen, u. bei besond. Umständen u. Anliegen. Eine Samml. erwecklicher Gebete u. Gesänge zur Förderung ein. thät. Christenthums. gr. 8. (17 B.) Nürnberg 841, (Winter.)

— der **betende**, nach dem Sinne der katholischen Kirche. 7., verb. Aufl. 16. (192 S.) Münster 854, Aschendorff'sche Buchh.

— der im Tempel gemeinschaftlich betende u. singende. gr. 18. Bamb. 809. Lachmüller. 2 Gr Mit 17 feinen Kpf. 5 Gr

— d. **betrachtende**. s. Wittola.

— der **betrachtende**, in einsamen Stunden d. Andacht. Ein Gebetbuch f. aufgeklärte kathol. Christen. 4., verb. Aufl. 16. (11 B. u. 1 Stndr.) Heilbronn 830, Claß.

— der **betrachtende**, in einsamen Stunden d. Andacht. Ein Gebetbuch für aufgeklärte kathol. Christen. 4e verb. Ausg. (von Ph. J. Brunner's Gebetbuch.) Mit 4 Abbildb. 16. Heilbronn 836. Claß. 1/2 Thlr

— der **betrachtende**, in einsamen Stunden der Andacht. Ein Gebetbuch f. aufgeklärte katholische Christen (von Brunner). 4. Ausg. 16. (4 Steindr. u. 2 Holzschn.) Heilbronn 842, Claß. 1/2 Thlr

— der **betrachtende**, in einsamen Stunden d. Andacht. Ein Gebetb. f. aufgeklärte kathol. Christen (v. Brunner). 4. Ausg. 16. (22 1/2 B., 4 Stnt. u. 2 Holzschn.) Heilbronn 842. [Landherr.]

— der **bewaffnete**, im Kampfe gegen die Lockungen der Welt und die Versuchungen seines eigenen Innern. Von P. Ignatius, Passionist. Aus dem Engl. übersetzt von einem Priester. 18. (432 S. mit 3 Stahlst.) Einsiedeln 870, Gebr. Benziger.

Christ, Der, und Bürger in jedem Alter und in allen Ständen. Wien 1774. V: *Loeper, Ch.* (WRDIAR 1733, Beil. bei Nr. 37) (KY 3/586) (Alm. der Belletristen 1783, S. 133) (BIBLPORT)

Christ, der, in der **Buße**. 8. 783. Hat Göbhardt in Bamberg.

— der, bei d. **Cholera**. (Erbauungsschrift. 2. Aufl.) 8. (2 B.) Berlin 831, (Oehmigke.)

Christ, Der denkende und ermunternde, auf seinem Krankenbette. Augsb. 1795. V: *Harscher, Joh. Evang.* (call)

— d., in d. Einsamkeit, (v. Mt. Crugot). gr. 8. Bresl. 761. 2e A. 769. 3e A. 771. 4e A. 774. N. A. 801. W. G. Korn. 6 Gr

— d., in d. Einsamkeit, (v. K. F. Bahrdt). 2 Thle. 8. Leipz. 764. Gleditsch. (Brockhaus). 1 Thlr (Französ., s. *le Chretien.*)

— d., in d. **Einsamkeit**. 2 Thle. 8. Leipz. Heinsius. 764

— d., in d. Einsamkeit. 8. Würzb. 789. (Wesché in Frankf.) 6 Gr

— der, in seiner **Erhebung** zu Gott. Ein vollständiges Gebet- und Betrachtungsbuch für fromme Katholiken. Crefeld 855. Klein. gr. 16. (433 S. u. 1 Stahlst.) 12 1/2 Ngr

— — Ein vollständiges Gebet- und Betrachtungsbuch für fromme Katholiken. Enthaltend: 15 Morgen- und Abendgebete, 10 Meßandachten, viele Beicht- und Communion-Andachten rc. 2., verm. u. verb. Aufl. Ebend. 32. (577 S. u. 1 Kpfrst.) Crefeld 856, Klein. 12 1/2 Ngr

— d. evangelische, ein Gebetbuch, mit Vorrede v. Fock. 8. Preßb. Weber. 8 Gr

Christ, d. evangel., als Rationalist. 8. Leipz. 827, Hartmann.

— der **evangel.**, als Rationalist. 8. (7 1/2 B.) Oschatz 828, Oldecop. (Leipzig, Lehnhold.)

— d., u. die Ewigkeit rc. 8. Aarau 810. Sauerländer. (Ist d. 7e Bd. d. Stunden d. Andacht). 1 Thlr

— — der, und die **Ewigkeit** rc. 8. Aarau, Sauerländer. 819. (ist der 7te Band d. Stunden d. Andacht.) 1 —

— der, und die **Fastnacht**. Eine kleine Fastnachtsausgabe für Christen (von Jos. Löcherer.) 12. (32 S.) Augsburg 855, Kollmann'sche Buchh.

— der **freie**. Wegweiser f. Freunde des Lichtes, der Wahrheit, des Friedens u. der geist. Freiheit. Schriftleiter: Carl v. Schmidtz. 1. Jahrg. 1902. 12 Nrn. gr. 4. (à ca. 8 S.) Haimhausen b/München. Lorch, C. Rohm. n. 2.40

Christ, der **freie**. Monatsschrift f. e. freies u. individuelles Glaubensleben. Red. von Carl v. Schmidtz. 2. Jahrg. 1903. 12 Nrn. (à ca. 16 S.) gr. 8. Lorch, [K. Rohm]. Ascona, C v. Schmidtz. n. 2.40

— dasselbe. Monatsschrift zur Förderung des Reiches Gottes unter den Gebildeten aller Stände. In Gemeinschaft m. gleichgesinnten Freunden hrsg. von Carl v. Schmidtz-Hofmann. 3. u. 4. Jahrg. 1905 u. 1906. à 12 Nrn. (à ca. 16 S.) gr. 8. Ascona, [C. v. Schmidtz.] Kattowitz, R. Urban-Kalenda. à Jhrg. n. 3.—
Erschien für 1904 u. d. T.: Lebens-Spuren.

— der **freie**. Monatsschrift zur Förderg. des Reiches Gottes unter den Gebildeten aller Stände. In Gemeinschaft m. gleichgesinnten Freunden hrsg. von Frhrn. Carl v. Schmidtz-Hofmann. 5. Jahrg. 1907. 6 Nrn. (à ca. 16 S.) gr. 8. Kattowitz, R. Urban-Kalenda. 1.20
Erscheint nicht mehr.

Christ, Der, und der Freigeist. Eine Streitschrift in Versen ... Hamburg 1789. V: *Döhren, Jacob von.* (GGR) (schr)

Christ, Der, als Fremdling in der Nacht ... Frankfurt und Leipzig 1770. V: *Kritzinger, Friedrich Adolph.* (ML)

Christ, Der, in der Freundschaft. Frankf. 1754. V: *Moser, Friedrich Carl Freiherr von.* (KY) (ML) (stri)

— der, in d. Freundschaft, (v. F. K. v. Moser). 8. Frankf. 754. N. A. 771. Raspe. 8 Gr

Christ, Der frohe singende, zu Hause und auf dem Felde. Ein Volksliederbuch zur häuslichen Erbauung und zur unschuldigen, nützlichen Unterhaltung ... Augsburg 1817. V: *Pöder, Franz.* (MARGR)

— d. frohe singende, zu Hause u. auf d. Felde. Ein Volksliederbuch zur häusl. Erbauung u. zur unschuldigen, nützl. Unterhaltung &c. 2 Thle. 8. Augsb. 817. Doll. (Landsh., Krüll). 13 Kr

— d. fröhliche, in d. Einsamkeit. 8. Frankf. Erhardt. 764.

— d. fröhliche, in d. Einsamkeit. 8. Frankf. 764. (Löflund in Stuttg.) 16 Kr

— d. fromme, e. Gebetb. Bregenz, Brentano. 802.

— d. fromme, e. Gebetbuch mit vielen Bildern. 8. Grätz 802. Ferstl. 8 Kr

— der fromme. Ein Lehr- u. Gebetbuch, welches alle gutgesinnten Christen verstehen, u. die meisten brauchen können. Von einem vieljähr. Seelsorger aus dem Stuhlweißenburger Bisthum in Ungarn. 3. verm. Aufl. gr. 8. (Mit 1 Kpfr.) Wien 845, Mechitaristen-Congreg.-Buchh. 5/6 Thlr

Christ, der fromme. Vollständiges Gebet- u. Andachtsbuch f. kathol. Christen. 24. (XVI, 464 S.) Dülmen 888. Laumann. n. 1. —; geb. n. 1. 50

— dasselbe. 2. Aufl. 24. (XVI, 480 S. m. farb. Titel u. 1 Farbendr.) Ebd. 890. — 75; geb. 1. 20

—— der fromme. Vollständiges Gebet- u. Andachtsbuch f. kathol. Christen. 2. Aufl. 24. (XVI, 480 S. m. farb. Titel u. 1 Farbendr.) Dülmen 891. Laumann. — 75; geb. 1. 20

— der fromme. Vollständiges Gebets- u. Andachtsbuch f. kathol. Christen. 5. Aufl. 32. (XVI, 480 S. m. farb. Titel u. 1 Stahlst.) Dülmen 894. A. Laumann. — 75; geb. von u. — 90 bis u. 20. —

— d. fromme. Vollständ. Gebet- u. Andachtsbuch f. kath. Christen. 9. u. 10. Aufl. 16. (à XVI, 480 S. m. farb. Titel u. 1 Stahlst.) Dülmen 898. A. Laumann. Geb. — 75

Der fromme **Christ**. Gebet- u. Andachtsbuch f. kath. Christen. 11. Aufl. *Dülmen: A. Laumann (1903).* (XVI, 464 S.) 8° [F.] [03. 4089

Der fromme **Christ**. Gebet- u. Andachtsbuch f. kath. Christen. 12. Aufl. Dülmen: A. Laumann (1904). (XVI, 464 S.) 8° [F.] [06. 13300 G

Der fromme **Christ**. Gebet- u. Andachtsbuch f. kath. Christen. 13. Aufl. Dülmen: A. Laumann (1904). (XVI, 464 S.) 8° [F.] [06. 13300 G

— der fromme, in seiner Andacht und im Gefühle der Liebe gegen seinen Schöpfer u. Erlöser. Ein Gebetbuch für wahre Katholiken jeden Standes, in welchem die vortrefflichsten u. heißesten Herzensergießungen frommer Christen gegen Gott in vielfachen der besten gewöhnlichen Andachtsübungen enthalten sind. (Mit 1 Stahlst. u. 2 Lithogr.) 8. Münster 841, Coppenrath'sche Buchh. Ausg. Nr. 1. Maschinen-Papier n. 1/3 Thlr — Nr. 2. fein Velinp. n. 1/2 Thlr — Nr. 3. feinstes Velinp. n. 3/4 Thlr — 2. verb. u. verm. Aufl. 8. Ebend. 842. n. 1/3 Thlr — feines Velinp. n. 1/2 Thlr — ganz feines Velinp. mit 4 Stahlst. n. 3/4 Thlr

— dass. Ein Auszug in 12. Mit 3 Kpf. Ebend. 843. n. 1/4 Thlr — Velinp. 5/12 Thlr — fein Velinp. mit 4 Stahlst. 7/12 Thlr — ders. Ausg. in 8. M. 3 Kpf. Ebend. 844. 1/3 Thlr — Velinp. 1/2 Thlr — fein Velinp. mit 4 Stahlst. 3/4 Thlr — ders. in 8. 845. (N. A.) Nr. 1. 5/12 Thlr — Nr. 2. Mit 1 Stahlst. u. 2 Lithogr. 7/12 Thlr — Nr. 3. Mit 4 Stahlst. 2/3 Thlr — 4. Aufl. Mit 3 Stahlst. 845. Nr. 1. n. 1/3 Thlr — Nr. 2. 1/2 Thlr — Nr. 3. 3/4 Thlr

—— d. fromme, in seiner Andacht u. im Gefühle d. Liebe gegen seinen Schöpfer u. Erlöser. Ein Gebetb. f. wahre Katholiken jed. Standes. 8. (36 B. u. 3 Kpfr.) Münster, Coppenrath'sche Bh.
Ausgabe Nr. 1. 4. Aufl. 845. * 10 Ngr.
" " 2. 3. " 844. 15 Ngr.
" " 3. 2. " 842. 22 1/2 Ngr.

—— dass., im Auszuge mit grobem Druck. 8. (36 1/2 B.) Ebds. 845.
Ausgabe Nr. 1. Mit 1 Stahlst. u. 2 Stnt. 12 1/2 Ngr.
" " 2. Mit 1 Stahlst. u. 2 Stnt. 17 1/2 Ngr.
" " 3. Mit 4 Stahlst. 20 Ngr.

—— dass., im Auszuge. 12. (20 B. u. 3 Kpfr.) Ebds. 843.
Ausgabe Nr. 1. * 7 1/2 Ngr.
" " 2. Velinp. 12 1/2 Ngr.
" " 3. Fein Velinp. u. noch 4 Stahlst. 17 1/2 Ngr.

— der fromme, in seiner Andacht u. im Gefühle der Liebe gegen seinen Schöpfer u. Erlöser. Ein Gebetbuch f. wahre Katholiken jeden Standes, in welchem die vortrefflichsten u. heißesten Herzensergießungen frommer Christen gegen Gott enthalten sind. Taschenausg. 16. (VIII u. 374 S. m. 1 Stahlst.) Münster 850, Coppenrath. n. 1/6 Thlr Velinp. 1/4 Thlr

— der fromme, in seiner Andacht und im Gefühle der Liebe gegen seinen Schöpfer und Erlöser. Ein Gebetbuch für wahre Katholiken jeden Standes &c. 3., stark verm. &c. kl. Octav-Ausg. Münster 855. Coppenrath. 8. (XVI, 464 S.) n. 7 1/2 ngr

— der fromme, in seiner Andacht und im Gefühle der Liebe gegen seinen Schöpfer u. Erlöser. Ein Gebetbuch für wahre Katholiken jeden Standes. 3. Aufl. Münster 861. Coppenrath. 16. (VIII, 376 S. u. 1 Stahlst.) n. 5 ngr

— der fromme, in seiner Andacht zu dem heil. Joseph, dem Nährvater Jesu Christi. Mit einem Anhange: Morgen-, Abend-, Meß-, Beicht- &c. Gebete. Mit Bildern (Holzschn. im Text). Ulm 855. F. Ebner. 8. (97 S. u. 1 Holzschn.) 5 ngr

Der FROMME Christ, welcher Am frohen Morgen, Beim heiligen Meßopfer, und in der Abend-Stunde Bei den täglichen Kirchen-Versammlungen Gott andächtig anbetet. Klausenburg 1823. Gedr. mit königlich Lyceischen Schriften. 425 (2) S. 2 t. - 180 mm

— d., im Gebet, mit Kpf. 18. Köln 808. Rommerskirchen. 6 Kr Velinp. 9 Kr

— der, im Gebete. Ein Unterrichts- u. Gebetbuch für das gesammte christl. Volk. Besond. gezogen aus den Schriften der Versammlung des heiligsten Erlösers. 12. Augsburg 835. M. Rieger's Buchh. (Himmer.) 1/2 Thlr

— der, im Gebete. Ein vollständiges Gebetbuch f. römisch-kathol. Christen. 24. (480 S. m. 1 Stahlst.) Paderborn 881. Junfermann. — 60

— der, im Gebet. Sammlung approbierter Gebete f. kathol. Christen. 24. (288 S. m. farb. Titelbild.) Einsiedeln 893. Benziger & Co. Geb. in Ldr. m. Goldschn. n. 3. —

Christ, der, im Gebet. Sammlung approbierter Gebete f. kathol. Christen. Mit Titelbl. In-24°. 288 S. Einsiedeln, Benziger & Co. Geb. m. G. 1894. 1 —

Der Christ im Gebet. Sammlung approbierter Gebete f. kath. Christen. *Einsiedeln; Köln: Benziger & Co. [um 1902].* (288 S.) 8° [F.]

— d., im Gebet u. in d. Betracht. aller Zeiten. 8. Insbr. 804. Fischer. 8 Kr 2e Aufl., mit 4 Kpf. 8. Wien ... Schalbacher. 10 Kr

Christ, Der, in den Gefahren. Barby 1791. V: *Eugen Friedrich Heinrich, Prinz von Würtemberg.* (MGT) »Bamb.« (KY)

— der, im Geist u. in d. Betrachtung. Ein kathol. Gebetbuch nach Parizeck u. A. Mit 1 Kpf. kl. 24. Köln 832. Mathieux. 5 Kr

— gläubiger! Dies Schriftchen ist f. dich, — zur Beherzigg. u. Befolgg. (Von Frdr. Wilh. Mart. Nickel.) (4 S.) kl. 8.) Neu-Ruppin (893). F. W. Bergemann. — 02

— der, auf Golgatha. Ein Gebetbüchlein für andächtige Verehrer des bittern Leidens u. Sterbens Jesu Christi. Von einem Priester O. S. B. Mit 1 Titelkpfr. (Holzschn.) Regensburg 855. Manz. 24. (202 S.) 5 ngr

Christ, Der, vor Gott … 1. Jahrg. Heft 1-8. Aarau 1817. V: *Veith, Johann Wilhelm.* (MGT)

— d., vor Gott. Ermunterungen zur Tugend u. Gottseligkeit. 1r Jahrg. N. Ausg. u. 2r Jahrg. gr. 8. Aarau 818. Sauerländer. (à 2 ₰) 4 ₰

— — der, vor Gott. Ermunterungen zur Tugend und Gottseligkeit. 1r Jahrg. N. Ausg. und 2r Jahrg. gr. 8. Aarau, Sauerländer. 818, 19. à 2 Rthlr. 4 —

— der, vor Gott, ein evangel. Andachtsbuch auf alle Tage des Jahres. Nach Sturm, Spieker u. A. bearb. von e. evangel. Geistlichen. 4 Hfte. Jan. — Decbr. 8. Wesel 834. (Crefeld, Funke.) 1⅓ ₰

— der, vor Gott. Ein Gebet- u. Andachtsbuch für evangel. Christen, enthltd. Gebete für Morgen- u. Abendandachten, für Fest- u. Feiertage, für Taufe ꝛc. Gesammelt aus den Schriften von Augustinus, Arnd, Bogatzky ꝛc. Mit 1 Stahlst. Mülheim a. d. R. 867. Bagel. 8. (X, 312 S.) n. 27½ ngr.

— der, vor Gott. Ein Gebet- u. Andachtsbuch f. evangel. Christen enth. Gebete f. Morgen- u. Abendandachten, f. Fest- u. Feiertage, f. Taufe, Confirmation u. Abendmahl, sowie f. besondere Zeiten u. Lagen d. Lebens. Gesammelt aus den Schriften v. Augustinus, Arnd, Bogatzky ꝛc. Mit e. Stahlst. 2. Aufl. gr. 16. (X, 328 S.) Mülheim a. R. 872. Bagel. geb. 2. 50; geb. m. Goldschn. 3. —

— der, vor seinem Gott. Ein ernstes Wort d. Liebe an die Wanderer zur Ewigkeit. Von ein. Geistlichen d. Bisthums Augsburg. gr. 12. (3 B.) Neuburg a. d. D. 838, Prechter.

— d. am Gottesacker. Auswahl d. vorzüglichsten Aufsätze, Gesänge u. Lieder. 2e Aufl. gr. 8. München 817. Lentner. 3 ₰

Christ, Der, am Grabe des Heilands. Grätz 1800. V: *Winkler, Matth. Jac.* (Ky)

— d., am Grabe d. Heilandes. 8. Grätz 800. Ferstl. 3 ₰

— der, am Grabe d. Heilandes. mit 1 K. 8. Ebend. 816. -

— d., am Grabe Jesu, seines Erlösers u. Mittlers. 12. Landsh. 819. Storno. 1 ₰

Christ, Der, bey den Gräbern, in vier und zwanzig Poetischen Betrachtungen. Hamburg 1751. V: *Löwen (Löwe), Johann Friedrich.* (GGr) »1753« (ADB).

— bei den Gräbern, in Betrachtungen. gr. 8. Leipz. … 2e Aufl. 776. (Brockhaus). 8 ₰

— d. b. Gräbern in Betr. gr. 8. Leipz. Gleditsch. 776.

— d. gute, oder etliche heilsame Betracht., wodurch e. Christ zu e. guten, frommen Leben mag angetrieben, u. zu e. guten Tode vorbereitet werden; aus d. Französ. übers. (v. Graf M. v Etzdorf). 8. Landsh. 792.

— d. gute, im Gebete f. fromme Katholiken, mit 1 Kpf. 8. Bamb. 808. Lachmüller. 8 ₰ Schrbp. 12 ₰ Mit ill. Kpf. 16 ₰ Dass. 2e Aufl., mit 10 Kpf. gr. 18. Ebd. 808, Ebd. 9 ₰ N. A., mit 5 Kpf. 8. Ebd. 816. 8 ₰ Schrbp. 12 ₰ mit ill. Kpf. 16 ₰ in Taschenform. od. in gr. 18. mit 10 Kpf. 8 ₰ abgekürzt, gr. 18. mit 1 Kpf. 8 ₰ auf Postp. 10 ₰

— —. dasselbe ohne vollständiger Anbetung u. schmerzhaft. Kreuzwege. gr. 18. Ebend. 809.

— der gute, in seinem Wandel und in Erfüllung seiner Pflichten gegen Gott und den Nächsten. Ein nützliches Andenken und ein heilsames Büchlein überhaupt für alle Christen, welche fromm leben und selig sterben wollen. 10. verb. Aufl. 8. (24 S.) Dülmen 880, Laumann'sche Verlagsh.

Christ, der heil'ge, das rechte Weihnachtsbuch für gute Kinder. 8. (9 B. u. 4 ill. Holzschn.) Leipzig 844, Teubner. Thlr. -

— der heil'ge. Das rechte Weihnachtsbuch f. gute Kinder. Mit mehreren (4) color. Holzschn. 2. Aufl. gr. 16. (VIII u. 132 S.) Leipzig 849, Teubner. ½ ₰

— der heilige. Das rechte Weihnachtsbuch für gute Kinder. Mit mehreren (4) color. Holzschn. 3. (Titel-) Aufl. Leipzig (849) 853. Teubner. gr. 16. (VIII, 132 S.) 15 ngr

Ein Christ und ein Held, Oder einige besondere Nachrichten von dem berühmten Königl.-Preussischen General-Feldmarschalle Grafen von Schwerin von Johann Gottlieb Töllner. Frankfurt an der Oder 1758. 8. 88 S.

— — der, im Geiste der Andacht mit Gott vereinigt. Ein Gebetbuch für kathol. Christen. 6te verb. Aufl. 8. Prag, Enders. 816. — 20

Christ, Joh. Frdr., sein Leben u. seine Schriften, s.: Dörffel, E.

Christ ist erschienen. Weihnachts-Erzählungen f. jung u. alt v. Ottilie Wildermuth, L. Ideler, Frida v. Kronoff, G. Lundehn, Erdm. Müller, S. v. Niebelschütz, M. Rüdiger. Mit Bildern v. Hans Kaufmann. (144 S. m. 5 Vollbildern.) 8. Reutlingen (908). Enßlin & Laiblin. Geb. in Leinw. 1. 20

— ist erstanden! Eine Festgabe f. das christl. Haus. 10 Darstellgn. in Wort u. Bild (Lichtdr.) v. Leiden, Auferstehg. u. Himmelfahrt d. Herrn. gr. 4. (VII, 44 S.) München 893. Verlagsanstalt f. Kunst u. Wissenschaft. Geb. in Leinw. m. Goldschn. n. 10. —

Christ ist grosz, s. Schwollmann, Wilh. Alex. 1764.

— der junge, im Gebete. Gebetbuch für die katholische Jugend. 32. (246 S. mit 1 Stnt. und 3 Holzschn.) Einsiedeln 872, Gebr. Benziger.

— der junge, im Gebete. Gebet- u. Andachtsbüchlein f. die kathol. Jugend. 1. u. 2. Aufl. gr. 16. (64 S.) Breslau 894. F. Goerlich. n.n. — 10; geb. in Leinw. n.n. — 20

— dasselbe, s.: Gesang- u. Gebetbüchlein f. die katholische Jugend.

— d. junge, im Gebete. Gebet- u. Andachtsbüchlein f. d. kath. Jugend. Ausg. A. 4. Aufl. (16.—20. Taus.) gr. 16. (72 S.) Breslau 897. F. Goerlich. n. — 10; geb. n. — 20

— der junge, im Gebete. Gebet- u. Andachtsbüchlein f. die kathol. Jugend. Ausg. A. 5. Aufl. (21.—23. Taus.) gr. 16. (72 S. m. Abbildgn.) Breslau (900). F. Goerlich. n. — 10; geb. n. — 20

Der junge Christ im Gebete. Andachtsbüchlein f. d. kath. Jugend. *Einsiedeln, Köln: Benziger & Co. [um 1902].* (239 S.) 8° [F.]

— der junge, im Gebete. Gebets- u. Andachtsbüchlein f. die kathol. Jugend. Ausg. B. 2. Aufl. (178 S.) 16. Breslau (906). F. Goerlich. Geb. n. — 20; in Halbleinw. n. — 25; in Leinw. n. — 30

— der junge, und die Güter des Heils. Hülfs- und Erbauungsbüchlein für Confirmanden. 16. (93 S.) Hamburg 862, Agentur des Rauhen Hauses. cart. *

— der junge, u. die Güter des Heils. Hülfs- u. Erbauungsbüchlein für Confirmanden. 2. Aufl. 16. (95 S.) Hamburg 877. Agentur d. Rauhen Hauses. cart. n. — 60

— der junge, u. die Güter des Heils. Hülfs- u. Erbauungsbüchlein f. Konfirmanden. 3. Aufl. 16. (95 S.) Hamb. 891, Agentur d. Rauhen Hauses. cart. [* 1 20] * — 60

Christ, der katholische — Wochenblatt für Haus und Kirche. Herausg. vom *St. Stefans-Ver.* Verantw. Red. *Ant. Kronperger.* Druck v. *G. Emich.* Erscheint in **Pest**, jeden Donnerst. 1 Bog. in 4°., 2-sp. Pr ä n.-Pr. ½-jähr. 1 fl. — pr. Post 1 fl. 20 kr.

Der KATHOLISCHE Christ. Wochenblatt. Volksblatt für Haus und Kirche. Herausgegeben vom Verein zur Verbreitung guter und wohlfeiler Bücher. Schriftl. Johann Nogal u. Josef Krotky; Joseph Kriegler, Richard Peinlich, Anton Kronperger u. a. Druck bei Johann Herz; Eisenfels u. Emich. Pest 1848-1869. 32 S.

— der katholische, für 1860. Hrsg. durch den St. Stephans-Verein. Redig. von A. Szabóky. 52 Nrn. (à 1 Bog.) 4. Pest, Selbstverlag.

Christ, der katholische. 1861. Herausgegeben durch den St Stephans-Verein. Verantwortlicher Redacteur: Adolf Szabóky. 52 Nrn. 4. (à 1 Bg.) Pest. Selbstverlag. 2 fl. 62 kr.

(2.) Christ, der katholische, für 1862. Herausg. durch den St. Stephans-Verein. Red.: A. Szabóky. 52 Nrn. 4. (à 1 Bg.) Pest. Selbstverlag. 2 fl. 62 kr.

— der katholische, in seiner Andacht. Ein Unterrichts- und Gebetbuch mit der heil. Messe, wie sie der Priester am Altar liest, der Vesperandacht für Sonn- und Festtage. Deutsch und Latein. nach dem röm. Brevier. Nebst den gewöhnlichen Andachtsübungen. 32. (224 S. mit 1 Holzschn.) Saarlouis 855, Stein.

— der katholische, in seiner Andacht. Ein Unterrichts- u. Gebetbuch m. der heil. Messe, wie sie der Priester am Altare liest, der Vesperandacht f. Sonn- u. Festtage, kirchl. Litaneien, Todtenvesper, Seelenmesse &c. Deutsch u. Latein nach dem röm. Brevier. Nebst den gewöhnl. Andachtsübgn. 15. Aufl. 16. (224 S. m. 1 Stahlst. u. farb. Titel.) Saarlouis 883. Stein. — 30

— der katholische, in seiner Andacht. Ein Unterrichts- u. Gebetbuch. Deutsch u. Latein nach dem röm. Brevier. 16. Aufl. 16. (224 S. m. 1 Bild.) Saarlouis 889. Stein. — 24

— der katholische, in seiner Andacht. Ein Unterrichts- u. Gebetbuch m. der hl. Messe, wie sie der Priester am Altare liest, der Vesperandacht f. Sonn- u. Festtage kirchl. Litaneien, Todtenvesper, Seelenmesse &c. Deutsch u. Latein nach dem röm. Brevier. Nebst den gewöhnl. Andachtsübgn. 17. Aufl. 24. (224 S. m. Titelbild.) Saarlouis 892. F. Stein Nachf. — 25

[F.] Der katholische **Christ** in seiner Andacht. E. Unterr.- u. Gebetb. m. d. hl. Messe, wie sie d. Priester am Altare liest, d. Vesper-Andachten f. Sonn- u. Festtage, kirchl. Litaneien, Todtenvesper, Seelenmesse etc. ... Nebst d. gewöhnl. Andachtsübgn. 18. Aufl. ... *Saarlouis: Hausen & C. [1893?].* (224 S.) 1 Bd 8. [98. 4098]

— der katholische, in seiner Andacht. Ein Gebetbuch m. der hl. Messe, wie sie der Priester am Altare liest, der Vesperandacht f. Sonn- u. Feiertage, Litaneien, Totenvesper etc. Deutsch u. Latein nach dem röm. Brevier. 19. Aufl. (224 S. m. Titelbild.) 16. Saarlouis 904. F. Stein Nachf. n. — 30; geb. in Leinw. n. — 45

— der katholische, im Gebete, von Ch***. 8. Augsburg 792. Rieger. ½ gr

— der katholische, in seinem Gebete. Sammlung verschied. Andachtsübungen v. Morgen-, Abend-, Meß-, Vesper-, Beicht- u. Kommuniongebete &c. Gesammelt aus den beliebtesten katholischen Andachtsbüchern. 2. verm. Aufl. 8. (296 S. m. 1 Stahlst.) Innsbruck 851, G. Rauch. 8 ngr

Christ, der katholische, in seinem Gebete. Innsbruck, Rauch 1853. 8.

— der katholische, in seinem Gebete. Sammlung verschiedener Andachtsübungen von Morgen-, Abend-, Meßgebeten &c., Gebete zur allerheil. Dreifaltigkeit, zum allerheil. Altarssakramente &c. Gesammelt aus den beliebtesten kathol. Andachtsbüchern. 4., sehr verm. Aufl. gr. 16. (323 S. mit 1 Stahlst.) Innsbruck 857, C. Rauch.

— d. auf d. Krankenbette, s. Krankenbesuch, Zugabe.

— der, auf dem Kreuzwege, oder sechszehn Kreuzwegandachten. Ein Gebetbuch für andächtige Verehrer des bittern Leidens Christi. Nebst einem Anhange der gewöhnlichen Gebete. Verfaßt u. herausg. von einem Priester der Versammlung des allerheiligsten Erlösers. Münster 857. Aschendorff. 12. (312 S.) n. 8 ngr

Christ, Der, im Kriege und in der Belagerung ... Breslau 1758. V: *Belach, Andreas.* (ML) (LVS)

— d., im Kriege, bei Belagerung &c. 8. Bresl. 758. Seibel. 8 gr

— d., bey gefährl. Kriegszeiten. 8. Frankf. Eßlinger. 760.

— d., bei gefährl. Kriegszeiten. 8. Frankf. 760. (Schäfer). 4 gr

— mein lieber, was zahlst du? Wofür zahlst du? Eine Laienpredigt f. das preuß. evangel. Volk u. auch f. das ganze übrige deutsche evangel. Volk v. H. B. gr. 8. (16 S.) Barmen 889. Wiemann. n. — 10

— mein lieber, was zahlst du? Wofür zahlst du? Eine Laienpredigt f. das preuß. evangel. Volk u. auch f. das ganze übrige deutsche evangel. Volk, nebst e. Beiwort f. die 2. Aufl. v. H. B. gr. 8. (16 S.) Barmen 891. D. B. Wiemann. — 15

Der Christ, Mensch und Officier, oder erneuertes Andenken des seligen Hauptmannes Georg Adam von **Heye** in Rendsburg, nebst einem Anhange und einem Zusatze, v. A. G. J. K. D. O. Schleswig. 1783. 8°.

Christ, Der, als Philosoph. Frankfurt u. Leipzig 1778. V: *Kritzinger, Friedrich Adolph.* (ML)

— d., am Rande d. Grabes, in Liedern. 8. Ulm 770. Bartholomäi. 16 gr

Christ, Der, am Rande des Grabes ... Augsburg 1778. V: *Schubert, Christian Friedrich Daniel.* (schstr S. 242)

— d. rechtschaffene, in seinen tägl. Verrichtungen. 8. Augsb. 794. Doll. 6 gr

— d. redende, oder Beitrr. zur Beförderung d. Christenthums. gr. 8. Berl. 763. Birnstiel. 5 gr

Ein **Christ** im roten Rock. *Friedenau-Berlin: Goßnersche Mission [1901].* (15 S.) 8° [Umschlagt. F.] [05. 7013]

— d. sanftmüthige. 8. Münch. 813. (Fleischmann). 4 gr Mit Kpf. 12 gr

— d. sanftmüthige, m. K. 8. München, Schulbuch-Verlag 813.
ohne K.

Christ, Schwacher, im Pabstthum, frey von dem Vorwurf eines Unchristen. Giessen 1756. V: *Benner, Johann Hermann.* (ML) (Stri)

— d. singende, nach d. Sinne d. kathol. Kirche. 8. Würzb. 802. Stahel. 8 gr 20e A. 8. Fulda 830. Müller. 8 gr Schrbp. 11 gr

— der nach d. Sinne d. kathol. Kirche singende, 20., mit e. Anh. verm. Aufl. 8. (31 B.) Fulda 830, Müller. 8 Gr., Schrbp.

—, der nach dem Sinne der katholischen Kirche singende. Gesang- und Gebetbuch für die Diöcese Fulda. 43.—47. mit einem 2. Anhang verm. Aufl. 8. (VIII, 444, 72 S.) Fulda 874—79, (Maier). geb. **
2. Anhang (64 S.) allein **

Christ, Der Singende, Welcher zum Lobe seines Gottes Uebereinstimmet, Durch Auserlesene Gesänge. Zürich 1723. V: *Ziegler, Johann Rudolph.* (ClZür Forts. III) (Cat. d. Stadtbibl. Zürich. Zürich 1864—97.)

— d., ein Soldat unter d. heidn. Kaisern. 8. Frankf. 764. (Meyer in Braunschw.) 10 gr

Christ, Der, ein Soldat unter den Heidnischen Kaisern ... Frankfurt u. Leipzig 1765. V: *Füssli, Joh. Conrad & Joh. Chph Harenberg.* H: *Harenberg, Joh. Chph.* (AarK)

Christ, Der, am Sonntage; eine moralische Wochenschrift ... Halle 1764-66. V: *Sturm, Christoph Christian* (ML) »& *J. Fr. Rothe*« (Ky)

— d., am Sonntage, eine moral. Wochenschrift, (v. C. C. Sturm u. J. F. Rothe). 4 Thle. gr. 8. Halle 765. (Hahn in Hannov.) 3 rf

— d., am Sonntage, e. moral. Wochenschr. (v. C. C. Sturm.) 4 Thle. gr. 8. Halle, Trampe. (Hahn in Hannov.) 765. (à 18 gr.)

Christ: Der Christ am Sonntag
(5) Ende 18. Jahrhundert (7) Wochenschrift (8) Schaffhausen: David Hurter
(9) BGSZ: 1052, 1053.

— d., in Freud u. Leid Jesum suchende. 8. Berl. Barth. 800.

— d., im Tempel. 8. Hildburgh. 765. Hanisch. 6 gr

Christ, Des Hessischen Theologen schwacher, im Pabstthum frei von dem Vorwurf eines Unchristen. Giessen 1756. (Hdschr. Mitth. von Friedrich Müller, München.)

Christ, der, und der Türke, Brüder aus Ungarn, wahre Geschichte aus den ältern Türkenkriegen, 8. Leipzig, 795. Köhler. 25 sgl.

Christ, der, u. d. Türke, Brüder aus Ungarn. 8. Lpz. Liebeskind. (a. Neureuter in Prag.) 795. — 20

CHRIST, Der, und der Türk, Brüder aus Ungarn. Wahre Geschichte aus den älteren Türkenkriegen. Seitenst. zur unglücklichen Fürstin in Wien. Vom Verfasser derselben. Mit Titelkpf. Prag, bey Albrecht u. Co., u. Leipzig, bey Aug. Glo. Liebeskind. 1795. 8°.
Tit., 1 Bl. Vorw. u. 256 S. — Zahm.

Der Unabhängige Christ: Oct. 1857—July 1858. Allentown, PA
Semi-monthly religious journal. Published by Karl Benno Zander.

—— der unabhängige, Hrsg. und redig. von Carl Benno Zander. 1. Jahrg. Dezbr. 1857 — Novbr. 1858. 24 Nrn. (Bog.) gr. 4. Allentown, Pa. (Philadelphia, Schäfer und Koradi.) *

— d., im Ungewitter, oder Gebete bei e. Donnerwetter. 8. Leipz., Hertel. 6 gr

Christ, Der in dem katholischen Glauben gründlich unterrichtete. Salzburg 1781—86. V: *Mesangni.* (Hr)

— d., in d. kathol. Glauben gründl. unterrichtete. 5 Thle. gr. 8. Salzb. 781—86. Waisenh.-B. 3 rf 12 gr

— d., im Geiste d. Andacht mit Gott vereinigte; e. Gebetbuch für kathol. Christen, mit Kpf. 8. Prag 805. Polt. 12 gr (Joachim in Leipz.) 16 gr 6e Aufl. 8. Prag 816. Enders. 20 gr

— d. im Geist d. Andacht m. Gott vereinigte. m. K. 8. Prag. Polt. 806.

Christ, Der vernünftige. Hamburg 1738. H: *Gadendam, Johann Wilhelm.* (Jacoby, Moral. Wochenschriften. Hamb. 1888.)

— d. vernünftige, e. Jahrg. 2c. 8. Hamb. 739.

— der in seinem Gott versammelte. 8. Bamberg, Dederich. (a. Göbhard.) 791.

—— der, in seiner Vollendung durch die Vereinigung mit Gott. Ein vollständ. Gebet- Beicht- und Communionbuch. Vom Verf. des Christen Pilgerstab auf der Reise in die Ewigkeit (J. Schuster.) 8. (VIII und 408 S. mit 1 Stahlst.) Würzburg 856. [Berlin, Henrich's Verlagsh.] —
Blnp. mit 2 chromolithogr. und 2 Stahlst.

— d. wahre in d. Buße. 8. Würzb. 783. Rienner. (Wesché in Frankf.) 6 gr

Christ. – Der wahre Christ in der Einsamkeit.
Bamberg: Göbhardt. 8°

Christ, Der wahre, in der Einsamkeit. Halle 1761. V: *Sturm, Christoph Heinrich.* (Ky) (ML)

Christ, Der wahre, in der Einsamkeit, verbessert ... Bd. 1. 2. Halle 1763. V: *Bahrdt, Carl Friedrich.* (ML)

— d. wahre in d. Einsamkeit. gr. 8. Halle 763. Renger. 7 gr

— — derselbe. 8. Cöln, Haas. 778.

— d. wahre evangelische, in d. Einsamkeit, unter d. Kreuze Christi. gr. 8. Sorau 764. Hebold. 10 gr

Christ, Der wahre, in gesunden und kranken Tagen ... Regensburg 1828. V: *Reiter, Math. Sim.* (Ky)

—— der wahre, in gesunden u. kranken Tagen; od. Betrachtn. u. Gebete üb. Krankheit, Tod, Unsterblichkeit u. Wiedersehen. (Von M. Reiter.) 8. (9¼ B.) Regensburg 828, Reitmayr.

— d. wahre weise, ein Sonntagsblatt zur Belehrung; herausg. v. P. J. Karrer. 1r, 2r Jahrg. 8. Augsb. 801 u. 2.

(U.-Titel:) Der nach Maria Einsiedeln wallfahrtende katholische Christ. (Text).
Kol.: Zu finden in Einsiedeln, 1861. Ohne Angabe des Druckers. 8 S. n. n., 165 x 95.
Vorh.: Diöz.-B. Rottenburg.

— d. auf d. Wege nach seinem himml. Vaterland. gr. 8. Augsb. 793. Bolling. 16 gr

Christ, Der, in der Welt. Leipzig 1766—68. V: *Ludewig, Christoph Friedrich.* (Ky) (ML)

Christ, d., in d. Welt. 2 Thle. gr. 8. Leipz. 766 u. 68. Müller, 1 ₰ 2 gl

— der, im Weltleben u. seine Unvollkommenheiten. Zur Beherzigg. f. gebildete Christen aller Stände. Hrsg. v. Tilman Pesch, S. J. 16. Aufl. (352 S. m. 1 Bildnis.) kl. 8. Köln (906). J. P. Bachem. Geb. in Leinw. n. 2. —; in Geschenkbd. n. 2. 40

Bisher unter d. Verfassernamen: A. Baudon aufgenommen.

— d., wie er seyn sollte. 8. Augsb. Rieger. 785.

— d., wie er sich an drei letzten Tagen d. Charwoche zur würdigen Osterfeier vorbereitet, nebst Morgen-, Meß-, Beicht- u. Communion-Andachts-Uebungen. gr. 12. Kempt. 823. Kösel. 7 gl

— Wie feierst du deinen Sonntag? Ein Mahn- u. Warnungsruf auf Grund v. Luc. 13, 10—17. 2. Aufl. 8. (16 S.) Stuttgart 882. Buchhandlung der Evangel. Gesellschaft. n. — 4

Christ, Wilh. v., Festschrift zu dessen 60. Geburtstag, s.: Abhandlungen aus dem Gebiete der klassischen Altertums-Wissenschaft.

— der wohlunterrichtete katholische, in seinem Gebete. Ein vollständiges katholisches Unterrichts- u. Gebetbuch. Verfaßt von einem Seelsorgspriester der Diözese Brixen und herausg. von der Marianischen Gesellschaft zur Verbreitung guter Schriften in Innsbruck. 3 Thle. Innsbruck 858—60. Vereinsbuchhandlung. 12. (XXXII, 1502 S.) 1 ₰ 18 ngr

— der wohlunterrichtete katholische, in seinem Gebete. Ein vollständ. kathol. Unterrichts- und Gebetbuch. Verf. von einem Seelsorgspriester der Diözese Brixen. 1. Thl. Für Sonn- und Werktage. 2. Aufl. 12. (VIII und 484 S. mit eingedr. Holzschn.) Innsbruck 863, Vereins-Buchh.

Christ (Hrsg.), s. Arbeiterfreund, Christlicher.

[F.] Christ [Dr.]: Die meteorologische Beobachtungsstation. Wiesbaden, Druck v. R. Bechtold & Co., 1891; S. 76—81; 8°
Geisenheim a. Rh., k. Lehr-A. f. Obst- u. Weinbau (h. Gärtner-Lehr-A.), P 1890 ••

[F.] Christ [Dr.]: Die meteorologische Beobachtungsstation. Wiesbaden, Druck v. R. Bechtold & C., 1893; 80—84 S. 8.
Geisenheim a. Rh., k. Lehr-A. f. Obst- u. Weinbau (h. Gärtner-lehr-A.), P 1893**

Christ, ..., offener Brief an Hrn. Stadtgerichts-Arzt Dr. Emil Bech in Pirna. 8. (32 S.) Waldheim 849. (Leipzig, C. L. Fritzsche.) n. 1/6 ₰

Christ, ..., Einung zur Freiheit durch Zweikampf, in ihrem Erscheinen unter d. Studirenden zu Berlin. gr. 8. Jena 820. Schmid. 9 gl

Christ, Pfarrer, s. Jugendbildner, d. katholische.

Christ, A., das badische Gemeindegesetz, sammt allen darauf Bezug habenden Gesetzen, Verordnungen, allgem. Ministerialentscheidungen u. versuchter Lösung aller bis jetzt entstand. Streitfragen. 2. Aufl. (31 1/4 B.) 844, 1 Thlr. 25 Ngr. u. 3. Aufl. gr. 8. (35 3/4 B.) Karlsruhe 845, Macklot.

— über deutsche Nationalgesetzgebung. Ein Beitrag zur Erzielung gemeinsamer f. ganz Deutschland gültiger Gesetzbücher, u. zur Abschaffung d. römischen u. d. französ. Rechts insbesondere. 2., durchgeseh. Aufl. gr. 8. (10 1/4 B.) Karlsruhe 842, Müller'sche Hofbuchh.

Christ, A., prakt. Rathgeber zur Bienenzucht, oder Anweis. zur Kenntniß, Wartung, Pflege u. Benutzung d. Bienen &c. 8. Quedlinb. 832. Ernst. 12 gl

Christ, A., prakt. Rathgeber zur Bienenzucht, nebst Thomas Nutt's Lüftungs-Bienenzucht. 2e Ausg. 8. Quedlinb. 839. Ernst'sche Buchh. 1/2 ₰ — 3e verb. u. verm. Aufl. 8. Ebd. 840. 1/2 ₰

Christ, A., Rathgeber zur Bienenzucht. Anhang: Thomas Nutt's Lüftungsbienenzucht. Mit 3 lith. Abbild. 3. Ausg. 8. Quedlinburg 842, Ernst'sche Buchh. 1/2 ₰

Christ A. über den gegenwärtigen Stand der Frage der Schutzzölle. 2. A. Frankfurt 1851

Christ, A., die freiwilligen Vereine des Kantons Basel-Stadt, s. Vereine.

Christ, A., die Verwirklichung d. deutschen Nationalgesetzgebg. [Aus der Deutschen Vierteljahrsschrift abgedr.] gr. 8. (IV u. 73 S.) Stuttgart 850, Cotta. 9 ngr

Christ, Adph., praktische Anweisung zur richtigen Verwendung der Wechsel-Stempelmarken. 1. und 2. Aufl. schmal Fol. (1 Bl.) Elberfeld 872, Lucas.

— dasselbe, nach der die früheren Vorschriften abänd. Verordng. vom 11. Juli 1873. 3. Aufl. 8. (14 S.) Ebend. 874. n. — 30

— dass. — nach der die früheren Vorschriften abändernden Verordnung vom 11. Juli 1873. 3. Aufl. 8. (14 S.) Elberfeld 874, (Fröhling.) *

— die Berechnung der Durchschnitts-Verfallzeit und Zinsen im kaufmännischen Verkehr. 8. (10 S.) Elberfeld 872, Lucas. *

Christ, Adph., die Berechnung der Durchschnitts-Verfallzeit und Zinsen im kaufmännischen Verkehr. 2. und 3. Aufl. gr. 8. (10 S.) Elberfeld 874,77, Lucas. *

— die doppelte Buchführung, theoretisch und praktisch, mit zahlreichen Verbesserungen und Control-Einrichtungen, in allen Geschäftszweigen anwendbar, unter besond. Berücksicht. der Actien-Gesellschaften. gr. 8. (X, 118 S.) Elberfeld 874, Lucas.

Christ, Adph., die doppelte Buchführung theoretisch u. praktisch m. zahlreichen Verbesserungen u. Control-Einrichtungen in allen Geschäftszweigen anwendbar, m. besond. Berücksicht. der Actien-Gesellschaften. (2. Aufl.) Nach dem Tode des Verf. neu hrsg. u. durch Hinzufügg. der amerikan. Buchführg. verm. v. Ford. Simon. gr. 8. (XII, 119 S.) Elberfeld 893. S. Lucas. 3. —

Christ, Adph., die einfache Buchführung theoretisch und praktisch, mit vielen Verbesserungen und Vereinfachungen sowie vollständ. Formularen ausführl. dargestellt. 3. und 4. Aufl., vermehrt durch die allgemeine deutsche Wechselordnung. Das Gesetz über die Wechselstempelsteuer. Die neuen Maaße und Gewichte. Die Lehre vom Conto corrente. Die Lehre von der Durchschnitts-Verfallzeit. gr. 8. (XI, 146 S.) Elberfeld 870,72, Lucas. *

— dass. — mit wesentl. Verbesserungen und Vereinfachungen. 5. verm. Aufl. enth. ferner die Erklärung: 1. Das deutsche Münzwesen. 2. Die Wechselstempelsteuer. 3. Das Conto corrente. 4. Die Durchschnitts-Verfallzeit. gr. 8. (XI, 121 S.) Ebendas. 874. *

— die einfache Buchführung theoretisch u. praktisch mit wesentlichen Verbesserungen u. Vereinfachungen. 6. verm. u. verb. Aufl., enth. ferner: 1. Eine Anweisung zur richt. Verwendung der Wechselstempel-Marken. 2. Das deutsche Münzwesen. 3. Das Conto-Corrente. 4. Die Durchschnitts-Verfallzeit. gr. 8. (XII, 125 S.) Ebend. 877. 2. 25

Christ, Ad., William Carey u. seine Mitarbeiter, die Bahnbrecher der Mission in Englisch-Ostindien. Ein Missionsvortrag. Mit Carey's (photothp.) Bildniß. 8. (29 S.) Basel 877. Missionsbuchh. n. — 40; ohne Bild n. — 20

— die Einrichtung und Führung der Arbeiter-Auslohnungs-Listen für Berg- und Hüttenwerke und Fabriken nach einer prakt., eine fortlaufende sichere Zahlen-Controle gewährenden einfachen Methode. gr. 8. (23 S.) Elberfeld 872, Lucas. *

Christ, Adf., die 5 Einsamen auf den Aucklandsinseln. 3. Aufl. 12. (45 S. m. 1 Taf.) Basel 893. (Missionsbuchh.) n. — 25

Christ, Adolf. Die fünf Einsamen auf den Aucklandsinseln (mit zwei Bildern [Tafeln]). 4. Aufl. [Hrg. vom] Verein für Verbreitung christlicher Schriften, Basel .... 46 S. 8. Basel, Verlag christlicher Schriften, 1907.

— u. G. **Bischoff**, Gutachten, betr. obligatorische Krankenversicherung. Im Auftrage d. Staatscollegiums erstattet Ende 1873. Mit e. Anh., enth. die f. das Verständniss dieser Arbeit wicht. Actenstücke u. ein. Nachträgen (in qu. 4.) gr. 8. (IV, 183 S.) Basel 874. Schwabe. n. 3. 20

(Christ, Adolf.) A' Ch', weiland Rathsherr von Basel (1807–1877. [Autobiographische] Hauschronik, Bruchstücke aus Briefen ..., Beilagen. [sowie] Erinnerungen eines Freundes). ‹Als Manuscript gedruckt.› 8. Bern 1884.

(Christ, Ad[olf].) Missionar [Samuel] Hebich vor dem Grossen Rath in Basel. Mit drei Beilagen. 8. Basel (1860).

Christ, Adolf. Philipp Friedrich Hiller, der Liederdichter (1699–1769). 8. Basel 1878.

—— das Conto-corrente mit einheitlichem und wechselndem Zinsfuße nach drei Rechnungsarten. gr. 8. (VIII, 51 S.) Ebendas. 876.

— das Conto-Corrente m. einheitlichem und wechselndem Zinsfusse, nach drei Rechnungsarten u. neuesten Verfahren f. Waaren-, Bank- u. Commissions-Geschäfte. 3., gänzlich neu bearb. Aufl. gr. 8. (66 S.) Ebd. 893. 1. 20

— praktisches Lehrbuch der kaufmännischen Wissenschaften, für Handelsschulen u. zum Selbst-Unterrichte. 1. Heft. Die einfache Buchführung. Siegen 866. (Elberfeld, Reinhardt.) gr. 8. (XI, 146 S.) n. 20 ngr.

—— gegen den Lotterie-Schwindel. Vortrag, gehalten im Allgemeinen Bildungs-Vereine in Elberfeld. gr. 16. (16 S.) Elberfeld 877, (Langewiesche's Buchh.)

— Robert Morrison, der erste evangelische Missionar in China. gr. 8. (18 S. m. Portr. in Lichtdr.) Ebend. 878. n. — 30; ohne Portr. n. — 10

Christ, A., Felix Neff, der Verkündiger d. Evangeliums in den französ. Hochalpen. 8. (30 S.) Basel 873. (Bahnmaier's Verlag.) n. — 35

Christ, Adolf [aus Frankfurt a. Main]: Über Sulfo- und Nitro-Derivate des (2) Bromparacymols ... Freiburg i. Baden, Univ.-Buchdr. v. H. M. Poppen & Sohn, 1887; 36 S. + 1 Bl. 8°
Freiburg i. B., Phil. Fak., Inaug.-Diss. v. 1887

—— der Verkehr mit dem Banquier, ausführlich dargestellt durch Briefe, Wechsel, Buchungs-Formulare zc., nebst einer Anleitung zur Conto-corrente-, Durchschnitts-, Valuta- und Cours-Berechnung. 1. und 2. Aufl. gr. 8. (32 S.) Elberfeld 871, Lucas. *

—— der Verkehr mit dem Banquier, dargestellt durch Wechsel-, Brief- und Conto-corrente-Formulare, die Durchschnitts-Valuta- und Wechselcours-Rechnung, Mittheilungen aus der Praxis des Wechselrechtes, nebst einer Erklärung des deutschen Münzwesens und einer Anweisung zur richt. Verwendung der Wechselstempel-Marken. 3. vollständig umgearb. Aufl. gr. 8. (40 S.) Elberfeld 876, Lucas. *

Christ, Adph., der Verkehr m. dem Banquier, dargestellt durch Wechsel-, Brief- u. Conto-corrente-Formulare, die Durchschnitts-Valuta u. Wechselcours-Rechng., Mittheilgn. aus der Praxis des Wechselrechtes wie e. Erklärg. des deutschen u. österreich. Münzwesens, nebst e. Anweisg. zur richt. Verwendg. der Wechselstempel-Marken. 5. Aufl. Die 4. Aufl. v. Ferd. Simon vollständig umgearb. gr. 8. (40 S.) Elberfeld 893. S. Lucas. n. — 50

—— die allgemeine deutsche Wechsel-Ordnung mit besond. Berücksicht. der im Verkehr bestehenden Usancen und vorkomm. Abweichungen für den prakt. Gebrauch erläut. und mit allen Formularen dargestellt. gr. 8. (32 S.) Elberfeld 871, Lucas. *

— die allgemeine deutsche Wechsel-Ordnung für den praktischen Gebrauch erläutert u. m. allen Formularen dargestellt. 2. Aufl. gr. 8. (31 S.) Elberfeld 878. Lucas. n. — 50

Christ, Adph., die allgemeine deutsche Wechsel-Ordnung, m. Berücksicht. d. österreich. Gesetzes f. den prakt. Gebrauch erläutert u. m. allen Formularen dargestellt. 3. Aufl., besorgt v. Ferd. Simon. gr. 8. (44 S.) Elberfeld 886. Lucas. — 60

Christ, Adolf. William Wilberforce, der Sclavenbefreier (1759–1833). [Mit Porträt-Tafel.] 8. Basel 1877.

Christ, Alfr., Entwurf e. Anleitung f. die Vorsitzenden der Gesellenprüfungskommissionen. (34 S.) 8. Brünn 908. (G. & R. Karafiat). — 50

— Die Gewerbenovelle. Vortrag. Anläßlich der Instruktionskurse f. Genossenschaftsfunktionäre. Hrsg. vom Zentralverband deutschmähr. Gewerbegenossenschaften in Brünn. (51 u. VII S.) 8. Brünn 907. (G. & R. Karafiat. — 50

Christ, (Aloys) Dank- u. Denkbuch f. d. Gnadenjahr 1826, oder Gebete u. Betrachtt. zc. 8. Wien 826, Mausberger. 4 gr. geb.

Christ, Andr., meine ersten Gedichte. (100 S.) 8. Leipzig (Inselstr. 12) 910. Selbstverlag. 1. —

Christ, Andr. Chr., neues Kochbuch zc. 8. Quedlinb. Ernst. 790.

Christ, Ant., das Lob Gottes aus dem Munde der Kinder. Ein Gesang- u. Gebetbüchlein für Kinder. gr. 16. (VI, 85 S. m. 1 Stahlst.) Leutkirch 878. Roth. geb. n.n. — 75

Christ, Ant., das Lob Gottes aus dem Munde der Kinder. Ein Gebetbüchlein für Kinder. Nach dem Tode des Verf. umgearb. und verm. durch A. Ege. 16. (IV, 126 S.) Schwäb. Gmünd 887, J. Roth. geb. **

Christ, Aug., die echten Deutschen. 8. Bresl. 814. Holäufer. 2 gl.

Christ, Augustin Theodor

Christ, *Augusi* Th. Das Aiolosabenteuer in der Odyssee. 8 (S. 3–22). **Progr.** Staats-Oberg *Landskron* 1888.

Christ, *Augustin* Th. Zu Platons Apologie und Kriton. 8 (S. 20 –30). **Progr.** Staats-Oberg. *Prag-Neustadt* (Stephansg.) 1889.

Christ, A. Th. Über die Art und Tendenz der juvenalischen Personenkritik. 23 S. 8. **Progr.** *Landskron* 1881.

Christ, A. Th., die Art u. Tendenz der Juvenalischen Personenkritik. gr. 8. (73 S.) Leipzig 886. Fock. n. — 75

—, Beiträge zur Kritik des Platonischen Laches. 8 (S. 3—24). **Progr.** K. k. deutsches Oberg. der Kleinseite *Prag* 1895.
I. Der Papyrus von Tell Gurob. II. Kritische Bemerkungen.

Christ, *Augustin Theodor* Beiträge zur Kritik des Phaidon. 8 (S. 3—23). **Progr.** K. k. deutsches Oberg. der Kleinseite *Prag* 1894.
I. Der Papyrus von Arsinoe. II. Kritische Bemerkungen.

Christ, Augustin Theodor [Hrsg.], s. Homerus: Ilias.

Christ, Augustin Theodor [Hrsg.], s. Homerus: Odyssee.

Christ, Augustin Theodor [Hrsg.], s. Plato: Apologie des Sokrates.

Christ, Augustin Theodor [Hrsg.], s. Plato: Phaidon.

Christ, Augustin Theodor [Hrsg.], s. Plato: Protagoras.

Christ, Augustin, Schicksal u. Gottheit bei Homer. Eine homer. Studie. gr. 8. (60 S.) Innsbruck 877. Wagner. n. 1. 60

Christ, Augustin Theodor [Hrsg.], s. Tacitus: Annalen.

Christ, Augustin Theodor [Hrsg.], s. Tacitus: Historien.

—— Die Wage des Zeus bei Homer in Θ 68 ff. u. X 208 ff. u. ihr vermeintlicher Bezug auf das Schicksal. Eine homerische Studie. Daselbst 1879, 8°, VII, 45 S., 1,20 Mk. (60 kr.)

Christ, A. T., Die Wage des Zeus bei Homer in Θ, 68 ff. u. 208 ff. u. ihr vermeintlicher Bezug auf das Schicksal. 1880. 45 S. 1.—

Christ, Bernh., Auswahl zweistimmiger Volkslieder mit Original- und untergelegten Texten für die Oberklassen der Volksschule. 8. (48 S.) Wiesbaden 866, Limbarth. *

Christ, Bernh., Auswahl zweistimmiger Volkslieder mit Original- u. untergelegten Texten für die Oberklassen der Volksschulen. 866. — 2. Aufl. Wiesbaden 868. Limbarth. 8. (48 S.) n. 2 ngr.

Christ, Bernh., Auswahl zweistimmiger Volkslieder m. Orig.- u. untergelegten Texten f. die Oberklassen der Volksschule. 3. unveränd. Aufl. 8. (48 S.) Wiesbaden 872. Limbarth. n. — 20

Christ, Bernh., Auswahl zweistimmiger Volkslieder für die Oberklassen der Volksschule. 7. Ster.-Aufl. v. Ph. W. Hölper. 8. (60 S.) Wiesbaden 881. Limbarth. n. — 25

Christ, Bernh., Auswahl zweistimmiger Volkslieder f. die Oberklassen der Volksschule. 10., verb. Aufl. v. Ph. W. Hölper. 8. (56 S.) Wiesbaden 893. Ch. Limbarth. n. — 30

Christ's, E., Goldkörner f. Haus- u. Landwirthe. Vorzüglich bewährte Geheim- u. Hausmittel, womit Felder, Gärten u. Wiesen ohne große Kosten u. Mühe zu bedeutenden Erträgnissen gebracht, alle Arten Dünger bereitet, so wie auch Menschen u. Thiere vor vielen Krankheiten geschützt u. Allen ein sicherer Wohlstand gegründet werden kann. Ein unentbehrl. Hausschatz f. die Bewohner v. Stadt u. Land. 8. (52 S.) Gratz 851. Leipzig, Spamer. n. 5/12 ℛ︎ß

Christ, E., spanische Glaubenshelden. Reformationsbilder. 8. (XI, 312 S.) Basel 886. Spittler. n. 2. —

Christ, E. R., und G. Stoffers, Katechismus des Unfallversicherungs-Gesetzes. Ein Ratgeber in allen Unfallfragen, zur Belehrg. der Versicherten gemeinfaßlich zusammengestellt. 12. (XXVI, 134 S.) Düsseldorf 887. Kraus. cart. n. 1. —

Christ, Ed., Anleitung zum Autographiren. Auf Grund 30jähr. Erfahrgn. zusammengestellt. 3. Aufl., nach dem Tode des Verf. neu hrsg. 12. (15 S.) Neustadt a/H. 893. W. Marnet. n. — 75

Christ, Ed., u. G. Stofferd, Katechismus des Unfall-Versicherungs-Gesetzes. Ein Ratgeber in allen Unfallfragen. Zur Belehrg. d. Versicherten hrsg. 2., verm. u. verb. Aufl., bearb. v. Ed. Christ. 12. (VIII, 102 S.) Düsseldorf 898. J. B. Gerlach & Co. Geb. n. 1. —

— Sigel u. sigelmässige Formen im Gabelsbergerschen System. Auf Grund der Beschlüsse v. 1857, 1874 u. 1879 zusammengestellt. 2., verm. Aufl. 12. (4 S.) Dresden 891. (W. Reuter.) n. — 10

Christ, Ed., Sigel u. sigelmässige Formen im Gabelsbergerschen System. Auf Grund der Beschlüsse v. 1857, 1874 u. 1879 zusammengestellt. Nach den Beschlüssen v. 1895 abgeändert. 12. (4 S.) Dresden (902). W. Reuter. n.n. — 10

— Sigel u. Kürzungsbeispiele f. Gabelsbergersche Stenographen. 5. Aufl. v. Max Trömel, s.: Reuter's Bibliothek f. Gabelsberger-Stenographen.

Christ, Ernst, Kindersegen u. Kindererziehung m. Rücksicht auf den zu reichen Segen u. die Erziehung vor der Geburt. Ein Wort der Belehrg. u. Ermahng. f. junge Eheleute u. Verlobte. gr. 8. (30 S.) Düsseldorf (899). C. Schaffnit. n. — 50

Christ, F., compend. institution. scholasticar. 8. Jena, Cröcker. 726.

Christ, F., gloriosus cultus supremo Numini ejusque Christo N. F. temporibus exhibitus. Jen. 1723. 4.

Christ, F., de Spiritu S. εἴδει περιστερᾶς descendente. Jen. 1727. 4.

Christ, F. St., s. Christ, Stephan

Christ, Fr., die Einrichtung der Kirchenorgel. Ein Handbüchlein zum Gebrauch für Orgelspieler, Kirchenbehörden u. Freunde der Orgel. Auf Grund langjähriger Erfahrungen u. im Einvernehmen m. namh. Orgelbauern bearb. 8. (III, 36 S.) Nördlingen 882. Beck. — 60

Christ, Fr., Entwürfe d. Predigten über d. Sonn- u. Festtags-Episteln. 8. Halle... 2e T. 770. Waisenh.-B. 12 ℊ︎ℊ︎

Christ, Franz: Sortis materia. 28 S.— Basel, Jur.Diss. v. 27. März 1711.

Christ, Franz: Theses juridicae. (Resp.: Simon Roy). 7 S.— Basel, Jur.Diss.v. 19.Nov.1720.

Christ, Frid. (Christian. Guil.) (geb. Neustrelitz 15. 3. 1824): De albuminuria seu morbo Brightii. Berolini (1848). (26 S.) 8°
Berlin, Med. Diss. v. 25. Mai 1848

Christ, Frdr., Charakterologie auf psychologischer Grundlage. (VIII, 72 S.) 8. Leipzig 907. O. Mutze. 2. —

Christ, Fritz, Skizzen zu den Marmorgruppen, aufgef. in der Varieté-Vorstellung d. 7. dtsch. Turnf. zu München, Quer-2°.

Christ, Fritz, appr. Tierarzt zu Wörrstadt (Rheinhessen): Aus dem veterinär-anatomischen Institut zu Gießen. Untersuchungen über die Muskulatur und das elastische Gewebe in der Milchdrüse der Haussäugetiere. Gießen 1905: v. Münchow. (40 S.) 8°
Gießen, Verein. Med. Fak., Ref. Martin, Diss. v. 12. Aug. 1905
[Geb. 14. Aug. 81 Wörrstadt; Wohnort: Wörrstadt; Staatsangeh.: Hessen; Vorbildung: Realgymn. Mainz Reife M. 00; Studium: Gießen 8 S.; Rig. 22. Dez. 04.]

Christ, Fritz [app. Arzt aus Wörrstadt]: Aus d. patholog. Institut zu Giessen. Das Verhalten der Uterusschleimhaut während der Menstruation ... Giessen, C. v. Münchow, Univ.-Dr., 1892; 34 S. 8.
Giessen, Med. Fak., Inaug.-Diss. v. 1892

Christ, G., & Co.: Katalog No 13: Apparate, Geräte, Maschinen für chemische Laboratorien. Berlin 1905

Christ, G., über d. Union der beiden evangel. Kirchen Kurhessens. Ein Gespräch zwischen Pfarrer Alethophiles u. dem Bürger Paläolog. 8. Kassel 837. Garthe. 1/12 ℛ︎ß

Christ, Gallus. Der Verlagsvertrag nach dem Schweizerischen Obligationenrecht, unter Mitberücksichtigung des deutschen Rechts und mit Vorschlägen zur Revision des XIII. Titels des Schweizerischen Obligationenrechts. VIII + 114 S. 8.
Ausg. A: Diss. Staatsw. Univ. Zürich. Zürich, Druck A. Markwalder, 1904.
Ausg. B: Zürich, Komm. E. Speidel, (1905). [fr. 2. 50]

Christ, H. Über den Einfluss der Muskelarbeit auf die Herzthätigkeit. M. 5 Abb. In 8°. 43 S. Basel (Georg & Co.). These. 1894.

[J.] Die Enthaltsamkeit und die Schrift. E. bibl. Studie v. Dr. H. Christ, ... Advokat in Basel ... 3. Aufl. (Vorr.: G[ottlieb] Fischer [Pastor].) *Barmen & Bern: Agentur d. 'Blauen Kreuzes' (1896).* (10 S.) 1 Bd 8. [98. 8393]

Christ, H., d. Enthaltsamkeit u. d. Schrift. Eine bibl. Studie. 4. Aufl. 12. (16 S.) Barmen 898. Elim, Buchh. d. Blauen Kreuzes. — 15

Christ, Hans

Christ, H., Ein Muster-Pfaffe. Lustsp. m. Gesang in 1 Akt. Musik v. Herm. Halle. gr. 8. (22 S.) Berlin 897. A. Hoffmann. — 40

Christ, Hans, die alte Schachtel od. Berliner auf Sommerwohng. Posse in 1 Akt. gr. 8. (24 S.) Berlin 899. A. Hoffmann. — 40

Christ, Heinrich [aus Cassel]: Über die Anwendung enger Röhren zur Bestimmung des specifischen Gewichts der Gase. . . . Marburg, *Druck v. Gebr. Gotthelft, Cassel,* 1890; 2 Bl. + 32 S. + 1 Bl. 8°
Marburg, Phil. Fak., Inaug.-Diss. v. [10. März] 1890

Christ, Heinrich, aus Hohn: 2000 Fälle aus der poliklinischen Tätigkeit der k. Universitäts-Frauenklinik zu Würzburg. *Würzburg 1903: F. Scheiner.* (43 S.) 8°
Würzburg, Med. Diss. v. 1903

Christ, Hermann, s. A l p e n , Unterwaldner, und angrenzende Urner Alpen.

(C h r i s t, H[ermann].) Unterwaldner Alpen und angrenzende Urner Alpen. Itinerar des S. A. C. für 1875. [Mit Titelvignette.] 8. Basel 1875.

C h r i s t, H[ermann]. Die Alpenflora. [SA.] 8. [Bern 1865.]

Christ, H. Kleine Beiträge zur Schweizer-Flora. In-8°. (S. 80—99.) Basel, Genf, Lyon, Comm.-Verlag von H. Georg. 1891. — 60
Für's Ausland Mk. — 60
*** Extrait du „Bulletin de la Société botanique suisse. Livr. 1."

C h r i s t, H[ermann]. Bemerkungen über die Viola-Arten des östlichen Genfersees. [SA.] 8. [Basel 1868.]

Christ, H., üb. afrikan. Bestandtheile i. d. S c h w e i z e r F l o r a. Vortrag, geh. in d. botan. Gesellschaft v. Zürich a. 13. Jan. 1896. [Aus: „Berichte d. schweiz. botan. Gesellschaft".] gr. 8. (48 S.) Bern 896. K. J. Wyss. n. — 60

— B e t u l a Murithii Gaud. [A.: „Berichte d. schweiz. botan. Gesellsch."] gr. 8. (12 S. m. 6 Fig.) Ebd. 895. n. — 60

Die Farnkräuter der Erde. Beschreibende Darst. der Geschlechter u. wichtigeren Arten der Farnpflanzen m. bes. Berücks. der exotischen v. Dr. H. Christ, Basel. M. 292 Abb. *Jena: G. Fischer 1897.* (XII, 388 S.) 1 Bd 8.
[97. 7995 Ro

Die Farnkräuter der Schweiz. Von H. Christ. Mit 28 Textfig. *Bern: K. J. Wyss 1900.* (189 S.) 4°(8°)
— Beiträge z. K r y p t o g a m e n f l o r a d. Schweiz. Bd 1, H. 2. [00. 861

C h r i s t, H[ermann]. La flore de la Suisse et ses origines par H. Ch'. Éd. française traduite par E[douard] Tièche, revue par l'auteur. Ouvrage accompagné de cinq cartes [4 cartes et 1 tableau] en couleurs et de quatre illustrations hors texte. 8. Bâle-Genève-Lyon 1883.

C h r i s t, H[ermann]. La Flore de la Suisse et ses Origines. Édition française traduite par E[douard] Tièche, revue par l'auteur. Ouvrage accompagné de cinq cartes [*i. e.* 4 cartes et 1 tableau] en couleurs et de quatre illustrations hors texte. Nouvelle éd., augmentée d'un Aperçu des récents travaux géobotaniques (concernant la Suisse, [par] H. Ch'). XVI + 572 + *Supplément* 119 p. 8. Bâle-Genève-Lyon, Georg & Cie, 1907. [relié fr. 16. —]
Les p. III—XVI et les 572 p. sont le reste de la 1re éd. de 1883.

Christ, H., les différentes formes de Polystichum aculeatum (L. sub Polypodio), leur groupement et leur dispersion y compris les variétés exotiques. [Aus: „Berichte d. schweiz. botan. Gesellsch."] gr. 8. (28 S.) Bern 893. K. J. Wyss. n. — 60

Les fougères des Alpes maritimes. Par H e r m a n n Christ. *Genève & Bâle: Georg & Cie. 1900.* (X, 32 S.) 8°
(Emile Burnat, Matériaux p. s. à l'hist. de la flore d. Alpes Marit.) [00. 8121

Christ, H., eine Frühlingsfahrt nach den Canarischen Inseln. 8. (VIII, 249 S. mit 26 Ansichten nach Skizzen des Verf.) Basel 886, Georg's Verlag. *
geb. in Leinw. *
geb. in Liebhaberbd. *

C h r i s t, H[ermann]. Die Geographie der Farne. Mit einem Titelbild [Tafel], 129 Abbildungen ⟨meist nach Originalphotographien⟩ im Text und 3 Karten. II + 358 S. gr.-8. Jena, Gustav Fischer, 1910. [M. 12.—]

(C h r i s t, [Hermann].) Charles-Henry Godet. Geb. 16. September 1797, in Neuchâtel. Gest. 16. December 1879 daselbst. SA. 8. [Lausanne 1881.]

Christ, H., ins Innere v. Kamerun. Eine Missionsreise. Nach Mitteilgn. Miss. Autenrieths erzählt. 8. (32 S. m. Abbildgn.) Basel 894. Missionsbuchh. n. — 10

Christ, H., ob dem Kernwald. Schilderungen aus Obwaldens Natur u. Volk. Basel 869. Georg. 16. (205 S.) n. 22½ ngr.

Christ, Herm., M a d a g a s k a r. E. bedrohtes evang. Missionsland. gr. 8. (48 S. m. Abb.) Basel 895. Missionsbuchh. n. — 60

— M a d a g a s k a r einst u. jetzt. 2., veränd. Aufl. 8. (48 S. m. Abb.) Ebd. 896. n. — 15

— M a d a g a s k a r einst u. jetzt. 3. ergänzte Aufl. 8. (46 S. m. Abbildgn.) Basel 900. Missionsbuchh. n. — 15

Christ, H. Am Wasser Mara. Worte e. Laien an Missionsfreunde üb. den offenen Brief von Th. v. Lerber an Pfarrer A. Kinzler. 2. Aufl. In-8°. 38 S. Basel, R. Reich. 1895. — 30

Christ, H. Monographie des Genus Elaphoglossum. Mit 4 Taf. S.-A. a. d. Denkschriften der schweiz. naturforsch. Ges. XXXVI, 1. 1898. 4°. 159 S. Basel, Genève, Lyon. Georg & Co. 1899. 8 —

— Monographie des Genus Elaphoglossum. gr. 4. (III, 159 S. m. Abbildgn. u. 4 Taf.) Zürich 899. (Basel, Georg & Co.) n.n. 6. 40
Sonderabdruck aus: „Neue Denkschr. d. allg. schweiz. Gesellsch. f. d. ges. Naturwiss."

—— über die P f l a n z e n d e c k e des Juragebirgs. Oeffentlicher Vortrag gehalten in Basel den 11. Febr. 1868. gr. 8. (30 S.) Basel 868, Georg. *

Christ, H., das Pflanzenleben der Schweiz. Mit 4 Vegetations-Bildern in Tondr. nach Orig.-Aufnahmen v. C. Jauslin, in Holzschn. ausgeführt v. Buri u. Jeker, 4 Pflanzenzonen-Karten in Farbendr., u. einer Taf. der Höhengrenzen verschiedener Gewächse. 4 Lfgn. gr. 8. (XV, 488 S.) Zürich 879. Schultheß. à n. 3. 60

C h r i s t, H[ermann]. Das Pflanzenleben der Schweiz. Mit vier Vegetations-Bildern [Tafeln] in Tondruck nach Original-Aufnahmen von C[arl] Jauslin, in Holzschnitt ausgeführt von Buri & Jeker, vier Pflanzenzonen-Karten in Farbendruck, und einer Tafel der Höhengrenzen verschiedener Gewächse. 8. Zürich.
[1. Ausg.] 1879. — 2 unveränderte Ausg. 1882.

Christ, H. Le genre rosa. Résultats généraux des travaux de botanique systématique concernant ce genre. Traduit de l'allemand du „Botanisches Centralblatt" 1884, Nos 23, 26, par *Emile Burnat.* In-8°, 56 p. Genève, Bâle et Lyon, H. Georg. 1885. 2 —
*** Tiré à 200 exemplaires.

Christ, H., die Rosen der Schweiz m. Berücksicht. der umlieg. Gebiete Mittel- u. Süd-Europa's. Ein monograph. Versuch. gr. 8. (IV, 219 S.) Basel 873. Georg. n. 4. 80

Christ, H. Die Tagfalter und Sphingiden Teneriffas.

Christ, H. Übersicht der um Basel gefundenen Tagfalter und Sphinges. Basel 1877.

Christ, H[ermann]. Ueber die Verbreitung der Pflanzen der alpinen Region der europäischen Alpenkette. [Mit 1 Tafel.] (N. Denkschr. Schweizer. Ges. für Naturw. Band 22.) 4. (Zürich 1867.)

Christ, J.: B i l d e r aus der Geschichte der christlichen Kirche und Sitte, s. C h r i s t , Paul.

Christ, J., Darstellung der Zither in ihrem Wesen u. ihrer Geschichte m. Portraits e. Anzahl Förderer u. Verbreiter d. Instrumentes, biographischen Notizen etc. etc. gr. 8. (III, 120 S.) Trier 891. P. E. Hoenes. 3. –

Christ, J., De publicis populi Atheniensis rationibus saeculo a. Chr. V. et IV. I. Saeculum quintum. Diss. 1879. 86 S. 1.20

Christ, J.L.: Einige Bemerkungen über Inhalt und Einrichtung eines lateinischen Übungsbuches für die I.und II. Gymnasial-Klasse. 10 S.– Pressburg kth., Progr. 1858.

Christ, Jean, s. C h r i s t , L. Jean

Christ, Johann Alexander

— — (Leipzig), De pacis religiosae constantia et perpetuitate. Dissert. jur. publ. Präs. Gabriel Schweder. Tübing. (Ww. Gg. Heinr. Reis) 4. III. 1707. 92 S. (5.—) 5181

Christ, Johann Friedrich

Christ, J. F., Abhandlungen über die Litteratur und Kunst. Herausg. von Zeune. Leipzig 776. 8. .18 gr.

Christ, Jh. Fr., († d. 3. Aug. 1756.) Abhandl. von d. Literatur u. Kunstwerk, vornehml. d. Alterthums. (Nach d. Verf. Tode) herausg. u. mit Anmerkk. begl. von Jh. K. Zeune. gr. 8. Leipz. 776. Kummer. 18 gr

— — **Alcedonia litterarum 23 philosophiae candidatis qui magistri creantur. Rect. Joh. Christian Hebenstreit, Decan Aug. Friedr. Müller, Procanc. Joh. Chph. Gottsched carmine solemni celebrat. Lpz. (Langenheim) 24. II. 1746. 35 Seiten. (5.—)** 5201

Biographien v.: Chph. Friedr. Geiger (Nürnberg), Joach. Balthas. Wagenseil (Neustettin), Joh. Heinr. Mezner (Plauen/V.), Joh. Ehrenfried Saettler (Herzberg), Chph. Carl Renz (Nürnberg), Sam. Gottlob Donat (Grunau/Görlitz), Joh. Anton Moesler (Leipzig), Joh. Chn. Ernst Heine (Dahme), Joh. Gottlieb Volckelt (Lauban/Schles.), Gg. Heinr. Antast (Sagan), Heinr. Lebrecht Fullmich (Borna), Joh. Chph. Steinmüller (Oelsnitz/Vogtl.), Joh. Adolf Scharff (Leipzig), Joh. Gottlieb Seidel (Leipzig), Joh. Aug. Koeselitz (Wittenberg), Joh. Friedr. Burchardt (Strehla/Misn.), Chn. Gottlieb Lindner (Dresden), Heinr. Theophil Rothe (Dresden), Carl Daniel (Christian?) Krause (Delitzsch), Joh. David Heermann (Görlitz), Chn. Gottlieb Schindler (Grimma), Chn. Gottlieb Istrich (Reichenbach/Laus.), Carl Gottlieb Camenz (Kamenz).

— — **Analecta de sportula clientelari vulgo de taxa feudali. Vom Lehn-Tax u. Schreibschilling.. ad eos qui curiae ad clientelas nobilium supremae in ditione Coburgica praesunt. Halle (J. Ch. Hendel) 1726. 16 S., tlws. dtsch. (4.—) 5183**

– – Ed. nova. Lipsiae 1757.

Johann Friederich Christen A n z e i g e und Auslegung der Monogrammatum, einzeln und verzogenen Anfangsbuchstaben der Nahmen etc. unter welchen berühmte Mahler, Kupferstecher etc. auf ihren Werken sich verborgen haben. Ietzt von neuem genommen.
Leipzig: Fritsch 1747. 8°

— — **Lectionis assiduae bona 21 philosophiae candidatis qui magistri creantur. Decan Aug. Friedr. Müller, Procanc. Chn. Gottlieb Joecher. Leipzig (Langenheim) 13. II. 1744. 36 S. (5.—)** 5195

Biographien v.: Carl Gottfr. Winckler (Leipzig), Carl Ferdin. Hommel (Leipzig), Joh. Chn. Leo (Weissenfels), Joh. Aug. Egenolf (Grimma), Joh. Chn. Grosse (Kirchhain/Laus.), Chph. Heinr. Barth (Annaberg), Chn. Traugott Schubart (Königsbruck/Laus.), Benjamin Groddeck (Danzig), Wilh. Paul Verpoortenn (Coburg), Joh. Hieron. Hetzer (Leipzig), Joh. Benjam. Boehmer (Liegnitz), Joh. Christian Schuchardt (Arnstadt), Joh. Anton Heermann (Eisleben), Chph. Heinr. Roessel (Bayreuth), Joh. Chph. Rhost (Dondorf/Erfurt), Friedr. Aug. Müller (Lützen), Gottlieb Lebrecht Sachse (Eppendorf/Misn.), Carl Chph. Fritsch (Zeitz), Jac. Imman. Waechtler (Jüterbok), Gottlob Benjam. Weinmann (Hirschberg/Schles.), Gg. Dav. Aland (Jüterbok).

— — **Rursus urbis Lipsiae bona 25 philosophiae candidatis qui magistri creantur. Rector Chn. Aug. Crusius, Procanc. Chn. Gottlieb Joecher, Decan Johann Friedrich Mai, carmine solemni declarat. Lpz. (Langenheim) 4. III. 1756. 28 S. (5.—)** 5212

Biograph. v.: Bernhard Sigism. Otto (Sachsendorf), Chn. Gottlob Schumann (Deschnitz/Zeitz), Joh. Sigism. Katschmann (Meineweh), Joh. Gottfried Roeder (Dresden), Enoch Chn. August Otto (Mühltroff/Vogtl.), Joh. Matth. Schroeck (Wien), Joh. David Gottlieb Unzer (Sorbica/Misn.), Dan. Gottlob Rudolph (Löwenberg/Schles.), Gg. Gottfried Zemisch (Leipzig), Joh. August Dathe (Weissenfels), Gottlob Friedr. Lechla (Püchau/Misn.), Joh. Gottlob Tittmann (Gersdorf/Misn.). Chn. Friedr. Vetter (Dresden), Joh. Gotthelf Fritzsch (Pegau), Joh. Friedr. Rehkopf (Leipzig), Heinr. Ernst Pfaff (Langensalza), Joh. Christian Schuberth (Langenau/Laus.), Joh. Wilh. Richter (Wilsdruff), Gg. Chn. Reichel (Mühlhausen/Thür.), Chph. Naumann (Steina/
F. Zwenkau), Joh. Gottfr. Kaempff (Laucha/Th.), Joh. Chn. Krüger (Leipzig), Joh. Heinr. Mehner (Eschefeld/Misn.), Joh. Ernst Hoppe (Leipzig), Joh. Carl Gehler (Görlitz).

— — **Scriptionis bona et rationem 14 philosophiae candidatis qui magistri creantur. Rector Joh. Chn. Hebenstreit, Procanc. Gottfried Heinsius, Decan Joh. Friedr. Mai carmine solemni iterum laudat. Lpz. (Langenheim) 24. II. 1752. 24 S. (5.—)** 5207

Biographien v.: Carl Heinr. Boehn (Breslau), Joh. Gottfr. Kade (Leobinga/Thür.), Heinr. Gottfr. Michaelis (Leutzsch/Lpz.), Chn. Aug. Hanckel (Frankenhausen), Paul Chph. Fritzsch (Zeitz), Carl Gottlob Kuttner (Annaberg), Joh. Christfried Mulert (Burgchemnitz), Joh. Dan. Titius (Konitz/Pr.), Chn. Gotthilf Kiesling (Werdau/Misn.), Polyc. Aug. Leisching (Langensalza), Chn. Heinr. Gottlieb Weber (Schleusingen), Joh. Mich. Schmidt (Meiningen), Joh. Bernh. Rembowski (Breslau), Jac. Friedr. Gering (Leipzig).

Christii, J. F., sive Irmischii Dissertatio, Saturnia carmina, metrum pedis genus. Lips. 754. 4.

— — **Charisia 14 philosophiae candidatis qui magistri creantur. Rect. Christian Gottlieb Joecher, Procanc. Friedr. Menz, Decan Georg Friedr. Richter. Lpz. (Langenheim) 8. II. 1742. 24 Seiten. (5.—)** 5193

Biographien v.: Gottfried Schulz (Aschersleben), Joh. Heinr. Leich (Leipzig), Hieron. Georg Gloeckner (Freiberg), Joh. Gottfried Strauss (Merseburg), Gottl. Lebrecht Niedner (Thalheim/Stolberg-Misn.), Joh. Christ. Messerschmid (Weissenfels), Ahasv. Joh. Biel (Blankenburg/Th.), Conr. Arnold Schmid (Lüneburg), Joh. Andr. Koepping (Grossbothen/Grimma), Gottlieb Robst (Leipzig), Joh. Georg Wagner (Freiberg), Joh. David Müller (Schmalkalden), Joh. Chph. Heine (Rochlitz). Heinr. Gottfr. Tummel (Gräfendorf/Merseburg).

— **Joh. Friedr.,** De consensu bonarum artium certo eruditionis verae quae optimates decet charactere commentationem ad juvenes . . domin. Ludwig Theod. u. Christian Wilhelm Freih. v. Wolzogen u. Neuhaus cum illos vario litterarum genere decenter imbutos ad acad. Frideric. Halensem traduceret. Halle (J. Chn. Hendel) 1726. 16 S. (3.50) 5182

— — Studiorum constantiam 16 philosophiae candidatis qui magistri creantur. Rector Gottfried Heins, Procanc. Joh. Chph. Gottsched, Decan Aug. Friedr. Müller. Lpz. (Langenheim) 12. II. 1750. 24 S. (5.—) 5205
Biographien v.: Joh. Mart. Schmid (Oppurg), Chn. Paul Biemann (Görlitz), Joh. Gottlieb Schmid (Ernstroda/Gotha), Joh. Jac. Ziegenhag (Danzig), Aug. Friedr. Langheinrich (Delitzsch), Joh. David Neuhoff (Brena/Saxo), Chn. Liebner (Osterfeld/Misn.), Joh. Gottfr. Strupp (Weissenfels), Carl Friedr. Hecker (Meuselwitz), Gotthelf Benjam. Guhr (Culm/Oschatz), Friedr. Sig. Witzleben (Querfurt), Chn. Friedr. Seyfert (Volcovicio/Lpz.), Chn. Wilh. Thalemann (Weberstad/Thür.), Mor. Gottfr. Koenig (Rochlitz), Joh. Heinr. Israel Rancke (Wolferoda/Mansfeld), Gg. Chph. Seyfert (Augsburg).

— — Derelicta litterarum in spatiis quaedam praesertim quod ad historiam. Lpz. (Langenheim) 1. V. 1735. 20 S. (4.50) 5189

— — Eleutheria 25 philosophiae candidatis qui magistri creantur. Rector Joh. Christoph Gottsched, Procancellar. Gg. Friedr. Richter, Decan Chn. August Hausen, carmine edicit. Leipzig (Langenheim) 16. II. 1741. 32 S. (5.—) 5192
Biographien v.: Gg. Christian Taubner (Neuhaus/Misn.), Joh. Gottfr. Alberti (Schafstedt/Merseburg), Paul Jacob Marperger (Nürnberg), Chph. Heinr. Trapp (Tieffensee / Saxo), Ernst Friedr. Wernsdorf (Wittenberg), Gg. Christian Trausold (Hamburg), Friedr. Aug. Junius (Leipzig), Chn. Gottfr. Seyler (Nerchau), Joh. Gottlieb Friderici (Leipzig), Joh. Carl Ritter (Leipzig), Joh. Andreas Ungebaur (Poelnitz/Misn.), Ludw. Wilh. Wildenhayn (Schweinitz), Joh. Chph. Kind (Werdau), Joh. Gottlob Burger (Naundorf/Misn.), Pet. Joh. Reinhart (Hof), Gg. Heinr. Goetz (Leipzig), Joh. Friedr. Feig (Lehna/Schles.), Chn. Ludw. Stolte (Langensalza), Chn. Samuel Forbiger (Leipzig), Gottfr. Schütz (Wernigerode), Joh. David Wendler (Neustadt/Orla), Joh. Friedr. Jugler (Wetteburg/Naumburg), Chn. Steyer (Auma), Mart. Theoph. Dittmar (Sprembg.), Joh. Adam Nonne (Icterisusa/Thür.).

— Fabular. veter. Aesopiar. L. 2. C. figg. Lips. 748. 4. Selten. Ibid. 749. 8.

Christ, I. F., Fabularum Veter. Aesopicar. Libri duo. 8. Lips. Breitkopf. 749.

— — Fausto honoris veri omine 13 philosophiae candidatos qui magistri creantur. Rector Ferdin. Aug. Hommel, Procanc. Gg. Phil. Olearius, Decan Aug. Friedr. Müller. Lpz. (Langenheim) 25. II. 1740. 12 Bl. (4.80) 5191
Biographien v.: Joh. Arnold Ballenstad (Wolfenbüttel), Joh. Nicol. Nahr (Toepena/Bayr.), Joh. Bened. Carpzov (Leipzig), Chn. Wilh. Bose (Leipzig), Theod. Lebrecht Pitschel (Tautenburg/Thür.), Ulr. Gottfr. Junius (Leipzig), Joh. Heinr. Schmid (Leipzig), Joh. Jac. Hoefler (Bezenstein/Frk.), Joh. Leonh. Wolff (Konitz/Pr.), Joh. Gottlob Meyer (Leipzig), Theophil Adam (Bertelsdorf / Schles.), Joh. Jac. Maczewski (Thorn), Joh. Gottlieb Ehrlich (Rabenau/Misn.).

— — Gradus ordinum 27 philosophiae candidatis qui magistri creantur. Rector Joh. Friedr. Mai, Decan Joh. Erhard Kapp carmine sol. cel. Lpz. (Langenheim) 16. II. 1747. 36 S. (5.—) 5202
Biographien v.: Chn. Gottfr. Matthesius, Gottfried Achenwall (Elbing), Joh. Friedr. Gebhard (Leipzig), Lor. Albert Beck (Ansbach), Joh. Erdmann Valter (Uffenheim/Frk.), Friedr. Ludw. Boecker (Strelitz/Meckl.), Chn. Ludw. Kirsten (Friedland/Mark), Joh. Andreas Bauer (Leipzig), Friedr. Aug. Schoenemann (Eisleben), Chn. Heinr. Hausotter (Leipzig), Chn. Fürchtegott Leypold (Kyrena / Misn.), Joh. Ludw. Rudorf Rora / Frk.), Chn. Wilhelm Agricola (Besenstadt / Mansfeld), Gottlob Chph. Lang (Bautzen), Chn. Friedr. Stieglitz (Naumburg), Joh. Gottlob Boehme (Wurzen), Chn. Ludw. Hermann (Triptis/Vogtl.), Christoph Himmler (Laucha/Unstr.), Joh. Gottlob Schindler (Laehna/Schles.), Paul Jac. Foertsch (Hayna/Misn.), Adam Gottlieb Thiele (Chemnitz), Theodor Ambrosius Strohbach (Annaburg), Chn. Carl Toberenz (Merseburg), Gg. Friedrich Weber (Schleusingen/Frk.), Joh. Struckmann (Osnabrück), Friedr. Bened. Weber (Weimar), Joh. Mich. Miller (Ulm).

– Historia legis Scatiniae antiquorum Codicum testimoniis emendandis illustrandis passim distincta. Halae Magdeb.: Krebs 1727. 27 S.

— — Imagines musarum e simulacris antiquis. Lpz. (Langenheim) 28. IV. 1739. 12 Bl. (3.50) 5190

— — Hippocratica instituta 14 philosophiae candidatis qui magistri creantur. Rector Joh. Chph. Gottsched, Procanc. Joh. Friedr. Mai. Lpz. (Langenheim) 20. II. 1749. 23 S. (5.—) 5203
Biographien v.: Anton Ernst Klausing (Herford/Westf.), Joh. Georg Richter (Leipzig), Joach. Chn. Freiesleben (Leipzig), Joh. Gottlob Hoffmann (Leipzig), Joh. Gottlob Ternius (Delitzsch), Chn. Friedr. Wechsler (Zvoccavia/Misn.), Andr. Wagner (Leipzig), Imman. Gottschald (Eibenstock), Joh. Friedrich Geisler (Keuschberg a. S.), Gg. Rud. Boehmer (Liegnitz), Chn. Friedr. Kuchler (Leipzig), Gottlieb Sigism. Jaspis (Chemnitz), Carl Aug. Lencke (Auerbach/V.), Balthas. Kahl (Hamburg).

— — Scriptionis laborem 23 philosophiae candidatis qui magistri creantur. Rector Christ. Gottlieb Ludwig, Decan Joh. Erhard Kapp. Leipzig (Langenheim) 25. II. 1751. 32 S. (5.—) 5206
Biographien v.: Chn. Masius (Cammin/Pom.), Joh. Gottfr. Jancke (Bautzen), Joh. Gg. Lebrecht Wilke (Merseburg), Joh. Chn. Regel (Eilenburg), Friedr. Platner (Leipzig), Gg. Theophil Boerner (Leipzig), Gotthelf August Lechla (Leipzig), Heinr. Gottlob Hentsch (Strela/Misn.), Andr. Heinr. Schildbach (Johanngeorgenstadt), Carl Ludwig Bauer (Leipzig), Gottlob Benjamin Durrius (Marienberg/Misn.), Chn. Gottlieb Reinhold (Freiberg), Friedr. Gottlob Hanke (Breslau), David Wipacher (Leipzig), Gg. Heinr. Martin (Tanneberg/Annaberg), Friedr. David Müller (Freiberg), Joh. Aug. Moebius (Mühltroff/Vogtl.), Joh. Chn. Sommer (Plauen/V.), Joh. Gottlieb Wagner (Lauban), Joh. Aug. Koenig (Mittweida), Friedr. Chph. Steinbruck (Leipzig), Joh. Ludw. Wendler (Suhl), Chn. Gotthelf Hauck (Chemnitz).

— — In calamo loquaces 20 philosophiae candidatis qui magistri creantur. Rect. J. Friedr. Mai. Procanc. Aug. Friedr. Müller. Lpz. (Langenheim) 8. III. 1753. 28 S. (5.—) 5208
Biographien v.: J. Friedr. Burscher (Kamenz), Joh. Andr. Dieze (Leipzig), Carl Chrstph. Eberhardt (Arnstadt), Al. Ludw. Ernst Kunhold (Gotha), Rom. Teller (Leipzig), Wilhelm Abr. Teller (Leipzig), Zach. Richter (Leipzig), Carl Aug. Thieme (Teuchern), Paul Jac. Scharno (Leipzig), Gg. Gottlob Kuchelbecker (Linda), Friedr. Wilh. Sonnenkalb (Annaberg), Joh. Aug. Linse (Freiberg), Aug. Sigism. Cnobloch (Liebenwerda), Joh. Zach. Doss (Auerbach/Vogtl.), Ludw. Jac. Heyde (Rudisbronna Francus), Carl Rud. Lencke (Auerbach/V.), Chn. Friedr. Schulz (Torgau), Joh. Sam. Krause (Delitzsch), Joh. Chph. Zimmermann (Rochlitz), Gottlieb Ludw. Stieglitz (Naumburg).

– De Nic. M a c h i a v e l l o libri tres, in quibus de vita et scriptis eius viri . . . diss. Lipsiae et Halae Magdeb. 1731.

— — Magisteria veterum in poculis . . ad memoriae v. c. Joh. Chn. (Mart. f.) Geier. Leipzig (Langenheim) 15. IX. 1745. 12 S. (3.20) 5198

— — Dasselbe. Tl. II. 27. IX. 1749. 8 S. (2.—) 5199

— — Magisterii candidatis s. p. d. Lpz. 1746. 8 Seiten. (1.50) 5200

— Uberior expositio ad eruditos quosd. de moribus, simul de Phaedro ejusque fabulis. Lips. 747. 8.

— de morib. regend. et studior. ratione. 8. Lips. Siegert. 752.

Christii, J. F., comment. de moribus regendis et studiorum ratione in literis discendis. 8. Liegnitz 752. Siegert. 3 gr.

— — De moribus scriptis et imaginibus Ulrici ab Hutten equ. Germ. comment. ad Ludw. Theodor u. Chn. Wilh. Frh. v. Wolzogen u. Neuhauss (Brüder). Halle (J. Ch. Hilliger) 1727. 22 Seiten. (4.50) 5185

— — De murrinis veterum liber singularis in quo antiqua et sepulta non pauca simul scriptorum auctoritates illustr. Lpz. (Langenheim) 4. V. 1743. 56 S. u. 2 Abb. (Schönemann incid.) (5.50) 5194

— Noctes academicae etc. 4 specim. 8. Halae. 728.

C h r i s t i i, J. F., Noctes academicae. Hal. 729. 4 P. 8. 10 gr. Selten.

— — Pro patrimonio poetarum in quo paganitas quaedam fabularum stilique antiqua redolentis accusatur orationes tres accedunt nonnulli in litteras ac doctrinae in varietatem excursus. Lpz. (Langenheim) 1745. 104 S. (6.50) 5196

— — Origines Langobardicae. Halle (J. Chph. Krebs) 1728. 42 Bl. (5.—) 5186

— — De *ΠΕΡΙΑΥΤΟΛΟΓΙΑι* historiae scriptorum. Lpz. (J. Chn. Langenheim) 11. IV. 1731. 12 S. (3.20) 5188

— — De poetica recte intellegenda . . ad renunc. magistrorum . . Lpz. (Langenheim) 8. III. 1753. 16 S. (3.—) 5209
Namen wie bei Nr. 5208.

— — De moribus adolescentiae inter studia litterarum regendis praecepta vetrum salutaria edit, simul ad renunciationem magistrorum. Leipzig (Langenheim) 25. II. 1745. 20 S. mit d. Namen der 26 Magister. (3.—) 5197

C h r i s t i i, J. F., Prolus. de Phaedro ejusq. fabulis. Lips. 746. 4.

— — De rebus Langobardicis ante expeditionem populi in Italiam. Disquis. histor. Lpz. (J. Chn. Langenheim) 26. VIII. 1730. 60 S. (4.80) 5187
Gew.: Heinr. (Heinr. f.) Bünau (Dahlen).

— — De barbariae quibusdam signis ac vestigiis praecavendis utilia litterarum e monumentis promit simul ad orat. memoriae v. c. Joh. Chn. (Mart. f.) Geier. Lpz. (Langenheim) 9. V. 1753. 12 S. (3.20) 5210
Carl Chn. Gerken (Stolpen/Misn.).

Christ, Johann Friedrich.

Super signis e quibus manus agnosci antiquae in gemmis possunt . . . Suabaci 1760. H: *Goetz, Andreas.* (ML) (BrMm)

— — Corrigenda rerum inanium studia 13 philosophiae candidatis qui magistri creantur. Rect. Joh. Gottlieb Sigel, Procanc. Joh. Chph. Gottsched, Decan Aug. Friedr. Müller. Lpz. (Langenheim) 28. II. 1754. 23 S. (5.—) 5211
Biographien v.: Michael Milde (Stargard), Joh. Traug. Schulz (Kittlitz/Laus.), Friedr. Benjam. Gautzsch (Staucha/Misn.), Joh. Adam Hennicke (Sangerhausen), David Mehner (Dresden), Gottlob Chn. Besack (Kolzig/Laus.), Chn. Gottfried Uhlich (Lunau/Misn.), Chn. Heinr. Edlich (Meissen), Carl Friedr. Brucker (Kaufbeuren), Joh. Aug. Müller (Nossen), Chn. Gottlieb Seydlitz (Meerane/Misn.), Joh. Gg. Friedr. Braun (Hohenfeld/Frk.), Chn. Heinr. Müller (Wenigenauma/Neust. a. O.).

— — De studiis litterarum academica ratione moderandis praef. ad renunc. magistrorum. Leipzig (Langenheim) 20. II. 1749. 16 S. (3.50) 5204
Namen wie bei Nr. 5203.

Christ, J. F., Suselicium. Lipsiae 1732. 8.
Ein lateinisches Gedicht über das Bünauische Rittergut Seuselitz, das unter dem veränderten Titel „Villaticum Suselicii nomine antea editum, nunc novum“ in Leipzig 1738, 8, neu erschien.

— Villaticum. Libri III. 8. Lips. Fritsch. 746.

Christ, Johann Gottlob

Christ, J. Gottlob, geistl. Lieder. 8. Leipz. Compt. f. Litt. 770.

Christ, J. St., s. C h r i s t, Stephan

Christ, Jh. Glo., (✝ d. 26. Jan. 1799.) geistl. Lieder. 8. Leipz. 772. Compt. f. Litt. 6 gr.

— neue geistl. Lieder. 8. Dresd. 784. Meinhold.

Christ, Joh. Jakob: De vera g l o r i a, s. W e i s s, Andreas (Praes.)

C h r i s t, Johann Ludwig: „Güldenes A.B.C.-Buch für Bauern, oder das Wesentliche der Landwirthschaft; nebst einigen andern ihnen zu wissen nöthigen Dingen“, Frankfurt a. M. 1787, neue verbesserte Auflage Frankfurt a. M. 1795 (Hermann).

Christ, Jh. Ldw., (✝ d. 18. Nov. 1813.) güldenes ABC f. Bauern, oder d. Wesentl. d. Landwirthschaft. Mit 1 Kpf. 8. Frkf. 787. 2e A. 797. Hermann. 12 gr.

— Anweis. zur nützl. u. angenehmen Bienenzucht, mit Kpf. gr. 8. Frankf. 780. 2e A. 783. 3e A. 798. 4e A. mit 5 Kpft. Leipz. 804. 5e A. v. Fr. Pohl, mit 6 Kpf. 820. Fr. Fleischer. 1 Rthl. 8 gr.

Christ J. L.: Anweisung z. nützlichsten u. angenehmsten Bienenzucht für alle Gegenden . . . 3. sehr verm. u. verb. Aufl. Leipz. 1798. (32) 372 S. 5 Tvl.

Christ, Jh. Ldw., Anweisung zur nützlichsten und angenehmsten Bienenzucht für alle Gegenden. 6. verm. u. verb. Aufl. Herausgeg. von Heinr. Friedr. Oehme. Mit 6 Kupfertaf. Lex.-8. Leipzig 841, Fr. Fleischer. 1¼ Rthl.

— Aufruf an d. Landleute u. Bekanntmachung e. vortreffl. gesunden Kaffee's. 8. Frankf. a. M. 803. Guilhaumann. 1 gr.

— d. Baumgärtner auf d. Dorfe, od. Anweis., auf leichte Art Obstbäume zu erziehen, zu behandeln u. deren Früchte zu benutzen. 8. Frankf. 792. 2e A. 800. 3e A. 804. Hermann. 1 Rthl. Hbg. Pr. 12 gr.

Christ, Joh. Ludw., d. Baumgärtner auf d. Dorfe, od. Anleit., wie d. gemeine Landmann auf d. wohlfeilste u. leichteste Art d. nützlichsten Obstbäume z. Besetzung seiner Gärten erziehen, behandeln u. deren Früchte z. Verbesser. seiner Haushaltung recht benutzen soll. gr. 8. Frankfurt, 1792. 2. Aufl. 1800. 3. Aufl. 1804. (Kettembeil.) — 15

Christ, [Johann] L[udwig]: Beyträge zur Landwirthschaft und Oekonomie. Bekanntmachung einer Traubenmühle, einer Malzdarre, und einer engländischen eisernen Handmühle zum Malzschroten; nebst verschiedenen Behandlungen der Weine, von dem Weinbau, und den Grundsätzen des Bierbrauens: von J.C. Christ [Vielm.: Johann Ludwig Christ]. Mit 3 Kupfertaf. Frankfurt & Leipzig: Fleischer 1782. XVI, 267 S. -- 100*
BJ: 1783. -- Bibliotheca oenologica: 1784. -- Bibliotheca oeconomica: 1783. -- Boehmer 1783. -- Dochnahl: 1783. -- Gatterer: 1783. -- Heinsius: 1783. -- Kayser: 1783.

— Beiträge z. Landwirthschaft u. Oekonomie, Bekanntmach. e. Traubenmühle etc. Mit 3 Kpf. gr. 8. Frankfurt, 1783. (Leipzig, Fleischer.) — 22⅓

Christ, Joh. Ldwg, Beobachtungen über die heisse und trockne Witterung des Sommers 1800, deren Ursache, und Mittel, der weiteren Zunahme des Übels zuvorzukommen. Frankfurt a. M. 1801. 8.

Christ, Joh. Ludw., genaue u. deutl. Beschreib. d. vorzüglichsten Dörrofens mit zirkulirenden Rauchgängen. 8. Ebend. 1789. — 8¼

— Beschreib. d. vorzügl. Dörrofens, mit circulirenden Rauchgängen ꝛc. Mit Kpf. 8. Frankf. 790. Hermann. 2½ gr.

Christ J. L.: Bienencatechismus f. das Landvolk. Frankf. u. Leipz. 1784. 172 S.

— Bienenkatechismus fürs Landvolk, mit 1 Kpf. gr. 8. Frkf. 784. 2e A. 792. 3e A. gr. 8. Leipz. 807. 4e A. 820. Fr. Fleischer. 9 gr.

— s. 1) J. C. Bloß, Gartenkunst. 2) W. Forsyth, üb. d. Krankh.

— allgemeines prakt. Gartenbuch, über d. Küchen- u. Obstgarten, für d. Bürger u. Landmann. 2 Thle. gr. 8. Heilbr. 814. Claß. 18 gr.

—— allgem. prakt. Gartenbuch f. d. Bürger u. Landmann üb. d. Küchen-, Obst- u. Blumengarten. 2., verb. Orig.-Aufl. v. ein. prakt. Gärtner. 3 Hfte. gr. 8. Heilbronn, Claßische Buchh.
Hft. 1. Einleit., Vorkenntn. v. Gartenbau, u. d. Ganze d. Küchengartens. (13¼ B. u. 1 Tab.) 840. 10 Gr.
" 2. Das Ganze d. Obstgartens. (12½ B.) 841. 10 Gr.
" 3. Das Ganze d. Blumengartens. (15 B.) 841. 14 Gr.

— allgem. prakt. Gartenbuch, f. d. Bürger u. Landmann üb. d. Küchen-, Obst- u. Blumengarten. 2 Thle. gr. 8. Heilbronn, 1814. 2. Aufl. 1841. 3. Aufl. v. Ed. Schmidlin. 3 Thle. 1842. (Landherr) 1. 15

Christ, Joh. Ludw., allgemein praktisches Gartenbuch. 3., verb. u. verm. Orig.-Aufl. v. Ed. Schmidlin. 3 Thle. 8. (40½ B. u. 1 Tab.) Heilbronn 842. [Landherr.]

Christ's Gartenbuch f. Bürger u. Landmann. Eine gemeinfaßl. Anleitg. zur Anlage u. Behandlg. d. Hausgartens in Beziehg. auf Gemüsezucht, Obstbau, Weincultur u. Blumenzucht. 4. Aufl. bearb. v. Ed. Lucas. Mit 87 in den Text gedr. (Holzschn.-)Abbildgn., worunter 4 Pläne v. Gärten. gr. 8. (VII, 320 S.) Stuttgart 876. Ulmer. 3. 50

Christ's Gartenbuch für Bürger u. Landmann. Eine gemeinfaßl. Anleitung zur Anlage u. Behandlung des Hausgartens u. zur Cultur der Gemüse, Obstbäume, Reben u. Blumen. 5. Aufl., bearb. von Ed. Lucas. Mit 129 in den Text gedr. Abbildungen, worunter 5 Gartenpläne. gr. 8. (XII, 322 S.) Stuttgart 880. Ulmer cart. n. 4. —

Christ's, [Joh. Ludw.], Gartenbuch für Bürger und Landmann. Neu bearb. von Ed. Lucas. Eine gemeinfaßl. Anleitung zur Anlage und Behandlung des Hausgartens und zur Cultur der Gemüse, Obstbäume, Reben und Blumen. 6. Aufl., durchgesehen und berichtigt von Fr. Lucas. gr. 8. (XII, 322 S. mit 129 in den Text gedr. Abbild., worunter 5 Gartenpläne.) Stuttgart 883, Ulmer. geb. *

Christ's Gartenbuch f. Bürger u. Landmann. Neu bearb. v. Ed. Lucas. Eine gemeinfaßl. Anleitg. zur Anlage u. Behandlg. d. Hausgartens u. zur Cultur der Gemüse, Obstbäume, Reben u. Blumen. 7. Aufl., durchgesehen u. berichtigt v. Fr. Lucas. Mit 129 in den Text gedr. Holzschn., worunter 5 Gartenpläne. gr. 8. (XII, 324 S.) Stuttgart 885. Ulmer. cart. n. 4. —

Christ's Gartenbuch f. Bürger u. Landmann. Neu bearb. v. E. Lucas. Mit e. Anh. üb. Blumenzucht im Zimmer. 8., umgearb. Aufl. v. F. Lucas. Mit 198 in den Text gedr. Abbildgn., worunter 7 Gartenpläne. gr. 8. (XII, 380 S.) Stuttgart 889. Ulmer. geb. n. 4. —

Christ's Gartenbuch f. Bürger u. Landmann. Neu bearb. v. Ed. Lucas. Eine gemeinfaßl. Anleitg. zur Anlage u. Behandlg. d. Hausgartens u. zur Kultur der Gemüse, Obstbäume, Reben u. Blumen. Mit e. Anh. üb. Blumenzucht im Zimmer. 9., verb. Aufl. v. Fr. Lucas. Mit 198 in den Text gedr. Abbildgn., worunter 7 Gartenpläne. gr. 8. (XIV, 391 S.) Stuttgart 892. E. Ulmer. Geb. in Halbleinw. n. 4. —

Christ's Gartenbuch f. Bürger u. Landmann. Neu bearb. v. Ed. Lucas. Eine gemeinfaßl. Anleitg. z. Anlage u. Behandlg. d. Hausgartens u. z. Kultur d. Blumen, Gemüse, Obstbäume u. Reben. M. e. Anh. üb. Blumenzucht im Zimmer. 11., sorgfält. bearb. Aufl. v. Fr. Lucas. Mit 249 in d. Text gedr. Abb., wor. 6 Gartenpläne. gr. 8. (XII, 420 S.) Stuttgart 897. E. Ulmer. Geb. n. 4. —

Christ's, Joh. Ludw., Gartenbuch f. Bürger u. Landmann. Neu bearb. v. Ed. Lucas. Eine gemeinfaßl. Anleitg. zur Anlage u. Behandlg. des Hausgartens u. zur Kultur der Blumen, Gemüse, Obstbäume u. Reben, einschließlich der Blumenzucht im Zimmer. 12., sorgfältigst bearb. Aufl. v. Fr. Lucas. Mit 276 Abbildgn., worunter 5 Gartenpläne. gr. 8. (XII, 444 S.) Stuttgart 901. E. Ulmer. Geb. in Leinw. n. 4. —

Christ (Joh. Ludw.), u. Lucas' Gartenbuch. Eine gemeinfaßl. Anleitg. zur Anlage u. Behandlg. des Hausgartens u. zur Kultur der Blumen, Gemüse, Obstbäume u. Reben, einschließlich der Blumenzucht im Zimmer. 14. sorgfältigst bearb. Aufl. v. Fr. Lucas. Mit 300 Abbildgn. u. 3 farb. Doppeltaf., enth. die tier. u. pflanzl. Schädlinge der Obstbäume u. e. Gartenplan. (XII, 483 S) 8. Stuttgart 906. E. Ulmer. Geb. in Leinw. n. 4. —
13. Aufl. (XII, ..4 S.) 904. geb. n. 4.—.

Christ u. Lucas' Gartenbuch. Eine gemeinfaßl. Anleitg. zur Anlage u. Behandlg. des Hausgartens u. zur Kultur der Blumen, Gemüse, Obstbäume u. Reben einschließlich der Blumenzucht im Zimmer. 16. sorgfältigst bearb. Aufl v. Lucas. Mit 288 Abbildgn. u. 2 farb. Doppeltaf., enth. die tier. u. pflanzl. Schädlinge der Obstbäume. (XII, 477 S.) 8. Stuttgart 910. E. Ulmer. Geb. in Leinw. 4. —

--- Ders.: Ein Geschenk an die Weinländer von Wichtigkeit bestehend in der Anweisung, wie man in Weinbergen Korn oder Roggen bauen könne, ohne Nachtheil des Weinstoks, sondern vielmehr zu seinem Nuzzen; und ein kleines Geschenk an alle Hausväter, oder Bekanntmachung eines Hauspflasters von ausserordentlicher und bewundernswürdiger Heilkraft; Nebst einem Anhang, welcher unter andern einige Zusäzze und landwirtschaftliche Bemerkungen enthält zu dem güldenen A.B.C. für die Bauren etc. an statt der Vermerung und Verbesserung einer zweiten Auflage. Frankfurt a.M.: Hermann 1791. 80 S. -- 16*.29.43. Frei 100
BJ: Christ: Ein Geschenk an die Weinhändler von Wichtigkeit .... -- Bibliotheca oeconomica: Christ: Ein Geschenk an die Weinhändler .... -- Weber: Christ: Ein Geschenk an die Weinhändler ....

— Gesch. unseres Erdkörpers u. dessen Revolutionen durch Vulkane, Erdbeben ꝛc. gr. 8. Frankf. u. Leipz. 785. Jäger. 9 gr.

— Handbuch d. Obstbaumzucht, s. unten von Pflanzung u. Wartung ꝛc.

— Pomologisches theoretisch-praktisches Handwörterbuch ... Leipz. 1802. 431 S. 5 Tvl.

— theoret.-prakt. pomologisches Handwörterbuch. Od. alphabet. Beschreib. desjen., was sowohl z. Obstbaumzucht, als z. Sortenkenntniss, Behandl. u. Benutzung d. Obstes etc. gehört. Mit Kpf. 4. Leipzig, 1802. Voss. 2. 15

— d. Krankheiten, Uebel u. Feinde d. Obstbäume u. ihre Abhülfe. gr. 8. Frankf. 802, Guilhaumann. 1 gr.

Christ J. L.: Die Krankheiten, Uebel u. Feinde d. Obstbäume u. ihre Abhülfe. Nebst Vorschlagen die Obstkultur zu befördern. Frankf. a. M. 1808. 310 S.

— d. Krankheiten, Feinde u. Uebel d. Obstbäume, u. ihre Abhülfe, nebst Vorschlägen d. Obstkultur z. befördern. gr. 8. Frankfurt, 1808. (Leipzig, Gebhardt u. Reisland.) 1. —

Christ J. L.: Vom Mästen d. Rind-, Schweine-, Schaf- u. Federviches. Nebst beigefügten Erziehungsregeln d. Viehes, Behandlung d. Fleisches u. Fettes v. geschlachteten Mastvieh u. andern dahin einschlagenden ökonom. Lehren ... Frankf. a. M. 1790. 292 S.
— — 2. nach d. Verf.s Tode herausg., verb. u. verm. Aufl. Sst. 1818. 192 S.

— vom Mästen d. Rind-, Schwein-, Schaf- u. Federviehes rc. 8. Frankf. 790. Hermann. 16 gl. 2e nach d. Verf. Tode herausg. A. 818. 20 gl. Hbg. Pr. 10 gl.

— — vom Mästen des Rind-, Schweine-, Schaaf- und Federviehes. Nebst beygefügten Regeln zur Erziehung des Viehes, Behandlung des Fleisches und Fettes von geschlachtetem Mastvieh, und andern dahin einschlagenden ökonomischen Lehren für Landwirthe, Hausväter und Hausmütter. 2te nach des Verfassers Tode herausgegebene, verb. und verm. Aufl. gr. 8. Ebendaselbst. 818. — 20

— patriot. Nachricht u. Anweis. zum Tabaksbau. 8. Frankf. 780. 2e A. 798. N. A. 803. Guilhaumann. 10 gl.

Christ J. L.: Patriotische Nachricht u. f. jeden Landmann deutliche Anweisung zu dem einträglichen Tabaksbau, u. zwar d. so genannten asiatischen Tabaks ... Frankf. u. Leipz. 1780. 96 S.
— — Neue [Tit.-] Aufl. Frankf. a. M. 1799. 96 S.

— Naturgeschichte, Klassifikation u. Nomenclatur d. Insecten v. Bienen, Wespen u. Ameisengeschlecht. 4. Frankf. 791. Hermann. 3 Thlr 4 gl. Mit 60 ill. Kpf. 6 Lief. 4. Ebd. 8 Thlr

— v. Pflanzung u. Wartung d. nützlichsten Obstbäume u. ihrer besond. in Kronberg gezogenen Arten u. Sorten, nebst räthlichster Benutzung ihrer Früchte etc. Mit 2 Kpf. 8. Ebend. 1789. 2. Aufl. 2 Thle. 1791 u. 92. (Kettembeil.) 1. 16.

— von Pflanzung u. Wartung d. Obstbäume u. ihrer Arten u. Sorten, nebst Aufbewahrung u. Trocknen d. Früchte rc. 2 Thle, mit 4 Kpf. 8. Frankf. 791 u. 92. Hermann. 1 Thlr 16 gl. Neue umgearb. Aufl. unt. d. T.: Handbuch d. Obstbaumzucht u. d. Obstlehre, mit 4 Kpf. u. Tabb. gr. 8. Ebd. 794. 2e A. 798. 3e A. 804. 4e, nach d. Verf. Tode neu herausg., sehr verb. u. verm. Aufl. Mit 5 Kpf. gr. 8. Ebd. 817. Hermann. 2 Thlr 16 gl. Hbg. Pr. 2 Thlr

Christ J. L.: Handbuch üb. die Obstbaumzucht u. Obstlehre. 2. verm. u. verb. Ausg. Frankf. a. M. 1797. (14) 900 S. 4 Tvl.
— — 3. verb. Ausg. Sst. 1804. (14) 910 S. 5 Tvl.

— Handbuch üb. d. Obstbaumzucht u. Obstlehre. Mit 4 Kpf. u. 1 Tab. gr. 8. (Als 2. Aufl. d. vorhergehenden.) Ebend. 1797. 3. Aufl. 1804. 4. nach d. Verf. Tode hrsg. Aufl. Mit 5 Kpf. Ebend. 1817. (Wien, Sommer) (2. —) — 17⅓

— Beitr. zur 1n Ausg. d. Handb. d. Obstbaumzucht, mit 2 Kpft. gr. 8. Frankf. 802. Guilhaumann. 1 Thlr

— — Beiträge hiezu, z. 1797. Mit 2 Kpf. gr. 8. Frankfurt, 1802. (Leipzig, Gebhardt u. Reisland.) 1. —

Christ J. L.: Plan zu Anlegung eines Obstgartens ... Nebst einer Liste v. mehr als 700 d. edelsten u. nützlichsten Sorten aller Arten Obstes u. Fruchtsträucher ... Leipz. 1797. 2 Bl. Fol. sammenl. i Futteral. P.

— Plan zur Anlegung e. Obstgartens. gr. Fol. Leipz. 797. Voß. 12 gl.

Christ, Jh. Ldw., vollständ. Pomologie, od. systemat. Verzeichniß aller fernbaren Obstsorten. 1r u. 2r Bd., mit 51 Kpf. gr. 8. Frankf. 809. Guilhaumann. 8 Thlr 16 gl. Die 51 Kpf. apart 3 Thlr ill. 15 Thlr 8 gl.

— vollständ. Pomologie, od. systematisches Verzeichniß aller fernbaren Obstsorten. 2r Bd. (enth. Steinobst, Schalen- u. Beerenobst.) gr. 8. Frankfurt am M. Guilhaumann. 813.
Die zu beiden Theilen gehör. 51 ausgemalten Kupf. Dieselben in schwarz. Blättern.

— vollständ. Pomologie, u. zugleich systemat., richtig u. ausführl. beschreib. Verzeichniss d. vornehmsten Sorten d. Kern- u. Steinobstes, Schalen- u. Beerenobstes d. Christ'schen Baumschule z. Kronberg, mit ausgemalten Kupf. d. Obstsorten, theils in Miniatur- u. theils in Naturgrösse. 2 Bde. 1. Bd. Kernobst mit 26 Kpf. 2. Bd. Steinobst, Schalen- u. Beerenobst mit 25 Kpf. gr. 8. Frankfurt, 1809 u. 13. (Leipzig, Gebhardt u. Reisland). 1. Bd. 3. 20. 2. Bd. 2. 10 cplt. 6. — ill. 11. 15. d. Kpf. besond. 2. —

— Regeln v. Fruchtbranntweinbrennen, nebst Kunst, Honigbranntwein zu brennen rc. Mit 1 Kpf. 8. Frankf. 786. Hermann. 10 gl.

— noch ein neuer u. vortrefflicher Stellvertreter d. indischen Kaffees, oder d. Kaffee von d. Erdnuß od. Erdeichel. Mit 1 ill. Kpft. 8. Frankf. 801. Guilhaumann. 6 gl.

— d. neueste u. beste deutsche Stellvertreter des indischen Kaffees, oder d. Kaffee aus Erdmandeln. Mit 2 Kpf. gr. 8. Frankf. 1800. 2e A. 801. Hermann. 8 gl. Nachtrag dazu. 8. Frankf. 803. Guilhaumann. 6 gl.

— — dasselbe. 8. Augsb. Wieaer. 802.

— Unterr. v. d. Landwirthschaft u. Verbesser. d. Feldbaues m. K. 8. Frankf. (Aue. Köthen.) 781.

— Unterricht von d. Landwirthschaft u. Verbess. d. Feldbaues. M. 3 Kpf. 4. Frankf. 781. Varrentrapp. 1 Thlr 14 gl.

Christ, Johann Ludwig: Ueber die Verbesserung des Weinbaues, mit besonderer Rücksicht auf Franken. Würzburg 1814.

— in eigener Erfahrung gegründete Vorschläge, den Feldbau zu verbessern. 8. Frankf. 793. Andreä. 5 gl.

— v. Weinbau, v. Behandlung d. Weins u. dessen Verbesserung etc. Mit 3 Kpf. gr. 8. Ebend. 1793. 2. Aufl. 1799. 3. Aufl. 1800. (Kettembeil). — 12½

— vom Weinbau, v. Behandlung d. Weins u. dessen Verbesserung, desgl. v. Bierbrauen, nach engl. Grundsätzen. Mit 3 Kpf. gr. 8. Frankf. 798. 2e A. ... 3e A. 800. Hermann. 20 gl. Hbg. Pr. 10 gl.

--- Ders.: Vom Weinbau, Behandlung des Weins und dessen Verbesserung, desgleichen vom Bierbrauen, nach englischen Grundsätzen. 2. Aufl. Frankfurt am Mayn: Hermann 1799. XVI, 267 S. -- M 49*
--- Dass. 1. Aufl. Frankfurt a.M. 1793. -- [Zit. nach dem Realkatalog der DSB. 1: verlagert]
Bibliotheca oeconomica: 1. Aufl. 1798. -- Kayser: 1. Aufl. 1798.
--- Dass. 3., verm. u. verb. Aufl. Frankfurt am Mayn: Hermann 1800. XIV, 264 S. -- 17.21*.43. Frei 100*. M 49

— von d. außerordentl. Witterung d. Jahres 1783, in Ansehung d. Höhenrauchs, vom Thermometer u. Barometer. 8. Frankf. 783. Hermann. 4 gl.

— v. d. Witterung d. Jahres 1783. rc. 8. Ebend. 784.

— allgem. theoretisch-pract. Wörterbuch üb. Bienenzucht. 4. Frankf. Eßlinger. 805.

— (u. Wurster), allgem. theoret.-prakt. Wörterbuch über d. Bienen u. Bienenzucht. 4. Frankf. 805. (Schäfer). 4 Thlr 12 gl.

[Christ, Johann Paul.] Die Wolfsjagd. Ein Sittengemälde aus Neuabderra [Chur]. oder Ernst und Scherz. 8. Philadelphia [Chur] 1836.

Christ, Johannes

Christ, Johs., Katholisch! — Katholisch!! Was ist denn, was heißt „Katholisch?" dagegen: „Apostolisch-römische, u. Evangelisch-teutsche Kirche," als möglicher Weg zur brüderl. Vereinig. aller glaubens-ebenbürtigen evangel.-apostolischen Zweigkirchen. 12. (1 B.) Darmstadt 845, Ollweiler.

Christ, Jos., Kriegs-Erinnerungen e. Veteranen v. 1870-71. s. a. Leuchtturmbücherei.

Kriegs-Erinnerungen eines Veteranen von 1870–71. Hrsg. von Dr. Jos. Christ. Trier: Paulinus-Dr. 1910. 203 S. 8°
(Leuchtturm-Bücherei. Bd 2.) (11, 13)46

Anleitung für die Wert- und Rentabilitätsberechnung der Obstkulturen auf neuer Grundlage. Von Prof. Dr. [Karl] Christ, Oberl., u. E. Junge, Obergärtner, Geisenheim. Berlin: P. Parey 1905. (IV, 87 S.) 8° [J.] [04. 905]

Christ, Karl, gesammelte Aufsätze über das rheinische Germanien, topographisch, linguistisch, ethnologisch. I. Die Bodensee- und oberrhein. Gegenden. II. Die Lippe- und Wesergegenden. gr. 8. (64 S.) Heidelberg 886, K. Groos. *

Extra-Beilage zum »Pfälzischen Museum« Nr. 6. — Zur Baugeschichte des Heidelberger Schlosses im Anschluss an des Weinsberger Meistersängers Michel Beheim Lob auf Heidelberg v. J. 1470 von dem in der Heidelberger Universitäts-Bibliothek befindlichen Original der »Reimchronik« kopiert und mit erklärenden Anmerkungen versehen von KARL CHRIST. Heidelberg. 1884. Buchdruckerei von J. Hanselky. 8°.

Christ, Karl, Beiträge zur vergleichenden Anatomie des Laubstengels der Caryophyllinen und Saxifrageen. Diss. Marburg 1887, N. G. Elwertsche Univ.-Buchh. 8°. 83 S. mit einer Taf.

Christ, Karl [aus Langenschwalbach]: Beiträge zur vergleichenden Anatomie des Laubstengels der Caryophyllinen und Saxifrageen .... Marburg, Druck v. Joh. Aug. Koch, 1887; 83 S. u. 1 Taf. 8°

Marburg, Phil. Fak., Inaug.-Diss. v. [24. Dez.] 1887

— das erste Heidelberger Faß u. die damit zusammenhängenden Bauten m. 5 Taf. Abbildgn. Eine Jubiläumsstudie. Nebst e. Anh.: Des Meistersängers Michel Beheim Lob auf Heidelberg, hrsg. u. m. erklär. Anmerkgn. versehen v. dem Verf. 1884. gr. 8. (36 u. 16 S.) Ebend. 886. n. 1. —

Christ, Karl: Das erste Heidelberger Faß und die damit zusammenhängenden Bauten. Mit 5 Taf. Abb. ... Heidelberg: Groos 1886. 36, 16 S. -- 107*

Christ, K., Römische Feldzüge in der Pfalz insbesondere die Befestigungsanlagen des Kaisers Valentinian gegen die Alemanen. Gel. 1888. 28 S. 1.—

Christ, K. Römische Feldzüge in der Pfalz. Mannheim 1888. 8°.

Christ, Carl, mittelalterliche Kriminaljustiz, m. besond. Rücksicht auf Heidelberg u. den Odenwald. Vortrag, geh. im Odenwald-Club zu Heidelberg am 27. IV. 1900. 8. (23 S.) Heidelberg 900. K. Groos. n. — 30

CHRIST, Karl: Das Dorf Mannheim und die Rechte der Pfalzgrafen an Wald, Wasser und Weide der Umgegend. - Mannheim 1891. 64 S.

Christ, Karl, a. Geisenheim im Rheingau: Quellenstudien zu den Dramen Thomas Middletons. Borna-Leipzig 1905: R. Noske. (VIII, 133 S.) 8°

Straßburg, Phil. Fak., Ref. Koeppel, Diss. v. 25. Febr. 1905

[Geb. 16. März 78 Geisenheim a./Rh.; Wohnort: Geisenheim; Staatsangeh.: Preußen; Vorbildung: Wöhlersch. Frankfurt a./M. Reife M. 01; Studium: Straßburg, Bonn, London 4 S.; Rig. 25. Febr. 05.]

Christ, Karl, kurpfälzische Streifzüge durch Kunst u. Geschichte. 1. Hft. (36 S.) 8. Mannheim 904. J. Bensheimer's Verl. n. — 60

Christ, C., Scenen aus der grossen französischen Revolution 1789, s.: Projections-Vorträge, 48. Hft.

Christ, Carl. Topographie und Toponymie des Bodensee's. Von Karl Christ. 8. Lindau 1882.
Heft 1 des Rheinischen Germaniens.

Christ, Carl Ferdinand (Liegnitz), De vigilia et somno. Diss. med. Halle (Bathe) 13. X. 1806. 24 S. (4.—) 5179
Gew.: E. L. Killmann.

Christ, Carl Ludw. [aus Boehl i. Rhpf.]: Studien über die Durchlässigkeit der bekannteren Membranen ... Erlangen, k. b. Hof- u. Univ.-Buchdr. v. F. Junge, 1896; 54 S., 1 Bl. 8.
Erlangen, Phil. Fak., Inaug.-Diss. v. 8. Jan. 1896

Christ, Konstantin

Christ, K., Beleuchtung der neuesten Reformationspredigten u. der antikath. Litteratur überhaupt. Ein Beitrag zur Toleranzgeschichte des 19. Jahrhunderts. Tai. 1844. gr. 8°. 1,15 Mk.

Christ, Konstant., Beleuchtung d. neuesten Reformationspredigten u. der antikathol. Literatur überhaupt. Ein Beitr. zur Toleranzgeschichte des 19. Jahrh. gr. 8. (8 B.) Regensburg 845, Manz. -

Christ, Constantin [aus Rottenburg am Neckar]: Ueber das γ-Aethylcaprodeltalacton und γ-Benzylcaprodeltalacton.... Strassburg, Univ.-Buchdr. v. J. H. Ed. Heitz (Heitz & Mündel), 1889; 17 S. 8°
Strassburg, Math.-Naturw. Fak., Inaug.-Diss. v. 1889

Christ, (L.,) eine Denkschrift über das eidgenöss. Kriegswesen, s. Denkschrift.

Christ, L., Heimatsbilder aus der Schweiz u. aus Amerika. 8. Ragaz, J. D. Hermann. 1873. 3. —

Christ jun., L., zweistimmige Schullieder für die unteren Klassen der Volksschule. Chur 859. Grubenmann. 8. (16 S.) 1 ngr.

Christ jgr., L., zweistimmige Schullieder für die unteren Klassen der Volksschule. 8. (16 S.) Chur 859, [Grell.]

Christ, L., s.: Uebungsaufgaben, für's Rechnen.

Christ, (L.), drei Vorschläge zu Verhütung der Korntheuerungen in Graubünden. Eine Petition an den Hochlöbl. Großen Rath. Lex. 8. (16 S.) Chur 847. (Hitz.) n. 2 ngr

Christ, Leo, a. Falkenstein: Der Substantivsatz mit der Relativpartikel ὡς bei den zehn attischen Rednern. Würzburg 1905: F. Staudenraus. (72 S.) 8°
Erlangen, Phil. Fak., Ref. Römer, Diss. v. 15. Nov. 1905
[Geb. 14. Juli 75 Falkenstein; Wohnort: Kissingen; Staatsangeh.: Bayern; Vorbildung: Neue Gymn. Würzburg Reife Juli 95; Studium: Würzburg 10 S.; Rig. 24. Juli 05.]

Christ, L. Jean (Frau Louise Jeanette Christ-Gutbier), s. a.: Jean-Christ, L.

Christ, L. J., s. a. Gutbier, L.

Christ, L. Jean (Frau Louise Jeanette Christ-Gutbier), Tante Evas Erben. Roman. 8. (350 S.) Leipzig (900). B. List. n. 3. —; geb. n. 4. —

— Napoleon I. Dramatisches Lebensbild in 11 Bildern u. 1 Vorspiel. (11, 286 S.) 8. Berlin 904. Herm. Walther. n. 3. —

Christ (Ludwig). — Arnold von Winkelried. Ein Trauerspiel in fünf Akten. - *Zürich, Orell-Fussli u. C°*, 1821. 2 fl. n. 12. 446 pp. In-16.
Frontispice gravé par *H. Meyer* d'après *J. Lips*.

Christ, M. W., Armen-Seelen-Trost. Andachtsübungen, dem Trostbrunn aus dem bitteren Leiden u. Sterben Jesu Christi zur Erquickg. der armen Seelen im Fegfeuer entnommen. 16. (52 S. m. Titelbild.) Frankfurt a/M. 899. P. Kreuer. n. — 20

Christ, M. W., die unbefleckte Empfängnis Mariä. Jubiläums-Büchlein zur Belehrg. des christl. Volkes u. zur Verehrg. der allerseligsten Jungfrau. (56 S. m. Titelbild.) 16. Frankfurt a/M. 904. P. Kreuer. n. — 20

— Papst Pius X. Nach seinem Leben u. Wirken dem deutschen Volke geschildert. (32 S. m. 1 Bildnis.) 16. Ebd. (904). n. — 15

— der hl. Rosenkranz. Kurze Erklärg. der 15 Geheimnisse des hl. Rosenkranzes. 16. (52 S. m. Titelbild.) Ebd. 899. n. — 20

Christ, M. W., Trostbrunn aus dem bitteren Leiden und Sterben Jesu Christi zur Erquickung der armen Seelen im Fegfeuer. Gebet- u. Andachtsbüchlein für katholische Christen. 16. (III, 96 S.) Frankfurt a/M. 887. Foesser Nachf. n. — 40

— Weihnachtsfeier. Gebete u. Andachtsübgn. zur Verehrg. des Geheimnisses der Menschwerdg. des Sohnes Gottes. 16. (48 S. m. Titelbild.) Ebd. 899. n. — 20

Christ, Melch., Betrachtungen üb. d. Gleichniß vom Weinstocke, Joh. XV., gehalten f. d. Klerus d. breslauer Archipresbyterats während d. heil. Fastenzeit im J. 1838. Hrsg. v. Sauer u. Thiel. 8. (8¼ B.) Breslau 838, Aderholz. Thlr.

— s. Jugendblätter.

Christ, Osc., de ablativo Sallustiano. gr. 8. (101 S.) Jena 883. (Dabis.) n. 1. 60

Christ, Osc., de ablativo Sallustiano. Dissertatio inauguralis. gr. 8. (101 S.) Jena 883, (Deistung's Buchh.) *

[F.] Erinnerungsblatt an den Fürsten Otto von Bismarck. (Vf.: Otto Christ.) *Barmen: Dr. v. D. B. Wiemann [1898].* 2 Bl. 4. [03-3599

Christ, P. F. Joseph [aus Eltville '(Hessen-Nassau)']: Über die Wirkungen alkalischer und saurer Flüssigkeiten in der Blutbahn ... Würzburg, Druck v. F. Fromme, 1894; 26 S. 8.
Würzburg, Med. Fak., Inaug.-Diss. v. 1894

P. Gl. Christ, Verzeichniß der Brandenbg. Münzen bis auf unsere Zeiten, in den Wöchentlichen Onolzbachischen Nachrichrichten von 1740—1741.

Christ, Paul, religiöse Betrachtungen. 8. (IV, 99 S.) St. Gallen 881. Huber & Co. 1. 50

Christ, P., Bilder aus der Geschichte der christlichen Kirche u. Sitte zum Gebrauch f. den evang. Religionsunterricht auf der Stufe der Oberprimar- u. Sekundarschule, sowie zum Selbstunterricht. gr. 8. (VI, 87 S.) St. Gallen 876. Huber & Co. n. 1. —

—— Bilder aus der Geschichte der christlichen Kirche und Sitte zum Gebrauch für den evangelischen Religionsunterricht, sowie zum Selbstunterricht. 2. verb. und verm. Aufl. gr. 8. (IV, 111 S.) Ebendas. 879. *

— Bilder aus der Geschichte der christlichen Kirche u. Sitte zum Gebrauch für den evang. Religionsunterricht, sowie zum Selbstunterricht. 3. Aufl. gr. 8. (IV, 111 S.) Ebend. 881. n. 1. —

Christ, P., Bilder aus der Geschichte der christlichen Kirche u. Sitte zum Gebrauch f. den evang. Religionsunterricht. 4. Aufl. gr. 8. (IV, 112 S.), sowie zum Selbstunterricht. St. Gallen 885. Huber & Co. n. 1. —

Christ, P. Bilder aus der Geschichte der christlichen Kirche und Sitte, zum Gebrauch für den evangel. Religions-Unterricht, sowie zum Selbst-Unterrichte. 5. verb. Aufl. In-8°. IV, 112 S. St. Gallen, Huber & Co. (E. Fehr). 1 —
1890. Geb. 1 20

Christ, P. Bilder aus der Geschichte der christlichen Kirche u. Sitte zum Gebrauch f. den evangel. Religionsunterricht, sowie zum Selbstunterricht. 5. verb. Aufl. 8. (IV, 112 S.) St. Gallen 890, [Huber u. Comp.] Körber. * 1 —; geb. ** 1 20

Christ, Paul. Bilder aus der Geschichte der christlichen Kirche und Sitte zum Gebrauche für den evangelischen Religionsunterricht, sowie zum Selbstunterricht. Sechste verbesserte Auflage. In-8°. VI, 112 S. St. Gallen, Fehr'sche Buchh. 1895. cart. 1 20

Christ, P., Bilder a. d. Geschichte d. christl. Kirche u. Sitte z. Gebrauch f. d. evang. Religionsunterr., sow. z. Selbstunterr. 6., verb. Aufl. 8. (IV, 112 S) St. Gallen 895. Huber & Co. Kart. n.n. 1.20

— P. Bilder aus der Geschichte der christlichen Kirche und Sitte zum Gebrauch für den evangelischen Religionsunterricht sowie zum Selbstunterricht. 7. Aufl. 8°. IV, 112 S. St. Gallen. Fehr'sche Buchhandlung. 1899. Kart. 1 20

Christ, P(aul). Bilder aus der Geschichte der christlichen Kirche und Sitte, zum Gebrauch für den evang. Religionsunterricht, sowie zum Selbstunterricht. 8., verbesserte Aufl. IV + 112 S. 8. St. Gallen, Fehr 1902. [cart. fr. 1.20]

Christ, P(aul). Bilder aus der Geschichte der christlichen Kirche und Sitte, zum Gebrauch für den evang. Religionsunterricht, sowie zum Selbstunterricht. 9. Aufl. IV + 114 S. 8. St. Gallen, Fehr, 1905. [cart. fr. 1. 20]

Christ, P. Gehe hin, mein Volk, in Deine Kammer! oder Was hat uns Gott mit der Influenza zu sagen. Predigt, gehalten den 12. Januar 1890 in Thal (Kt. St. Gallen). In-12°. 15 S. Basel, C. F. Spittler. 1890. — 25

—— Gehe hin, mein Volk, in deine Kammer! oder Was hat uns Gott m. der Influenza zu sagen. Predigt. 12. (15 S.) Basel 890, [Spittler.] Jaeger u. Kober. * — 20

— Grundriß der Ethik. (VIII, 210 S.) gr. 8. Berlin 905. [C. A. Schwetschke & Sohn.] Leipzig, M. Heinsius Nachf. n. 5. 50

— die Konfessionen Augustins u. Rousseaus. Vortrag, geh. am 30. Novbr. 1893. gr. 8. (28 S.) Zürich 894. F. Schultheß. n. — 80

Christ, P[aul]. Korreferat (auf das Referat [von Prof. D. Adolf Schlatter]) über «Christus und Christentum, Person und Prinzip». [SA. aus: Verhandlungen der Schweizerischen Reformierten Prediger-Gesellschaft. 60. Jahresversammlung in Schaffhausen ... 1903.] 14 S. 8. [Schaffhausen, Joh. Bachmann, 1904.]

Christ, Paul, die Lehre vom Gebet nach dem Neuen Testament. Ein Beitrag zur Kenntniss und Würdigung des ursprüngl. Christenthums. Von der Haager Gesellschaft zur Vertheidigung der christl. Religion gekrönte Preisschrift. gr. 8. (III, 198 S.) Leiden 886, Brill. **

— der Pessimismus u. die Sittenlehre. gr. 8. (185 S.) Haarlem 882. (Leipzig, Harrassowitz.) n. 3. 50

— christliche Religionslehre. Leitfaden für den Konfirmandenunterricht. Vom schweizer. Verein für freies Christenthum m. dem 2. Preise gekrönt. Ausg. m. den Bibelstellen nach luther. Uebersetzung. 8. (70 S.) Zürich 876. Schmidt. n. — 50

—— christliche Religionslehre. Leitfaden für den Konfirmandenunterricht. Vom schweizer. Verein für freies Christenthum mit dem zweiten Preise gekrönt. Ausg. A. Mit vorwiegender Berücksichtigung der zürcherischen Uebersetzung in den Bibelstellen. 1. Aufl. (70 S.) 1876; 2. Aufl. 8. (76 S.) Zürich 877, Schmidt. *

— christliche Religionslehre. Leitfaden f. den Konfirmandenunterricht. 3., umgearb. Aufl. 8. (80 S.) Zürich 892. C. Schmidt. Kart. n. — 60

Christ, Paul. Sinnlichkeit und Sittlichkeit. Vortrag, gehalten am 23. November 1903 vor den Herren Studierenden beider zürcherischen Hochschulen ... von Prof. Dr. P' C'. 20 S. 8. Zürich, Albert Müller, 1904. [fr. —. 50].
Druckschriften der akademischen Vereinigung «Ethos», Zürich. Heft 3.

Christ, P[aul]. Weltanschauung und Moral, mit spezieller Berücksichtigung der Forderung einer religionslosen Moral. Referat, gehalten in der Asketischen Gesellschaft den 1. Juli 1903 von Prof. P. C' in Zürich. [Sep.-Abdr. aus: Verhandlungen der Ask' Ges' des Kantons Z' im Jahr 1903.] 27 S. 8. Zürich, Schulthess & Co., [1903].

— die sittliche Weltordnung. Eine v. der Haager Gesellschaft zur Vertheidigg. der christl. Religion gekrönte Preisschrift. gr. 8. (IX, 153 S.) Leiden 894. E. J. Brill. n.n. 2. 50

Christ, Sophie, Aphorismen. Ein Blüthenstrauß v. Lehrsätzen u. Sinnsprüchen. Gesammelt v. S. Ch. 12. (VII, 253 S.) Mainz 892. F. Kirchheim. n. 3. —; geb. in Leinw. m. Goldschn. n. 4. —

Christ, Sophie, s.: Erzählungsbuch.

— eine Gebirgsreise. Oberammergau u. die Königsschlösser. 8. (IV, 136 S.) Ebd. 892. 1. 50

Christ, Sophie, Haus Hasmonai. Historische Erzählg. aus dem Jahrhundert vor Christi Geburt. 8. (531 S.) Mainz 900. F. Kirchheim. n. 4. 80; geb. n. 6. —

— die Sterngucker in, s. Für Herz u. Haus. 7, 8. Bd.

Christ, Sophie, die Sterngucker in. Roman. 12. (528 S.) Amberg 883. Habbel. 2. 70; geb. n. 4. —

Christ, Sophie, orientalische Tagebblätter. Nach der Natur u. Wirklichkeit skizzirt. 8. (IV, 380 S.) Mainz 888. Kirchheim. n. 5. —

—— Taschenbüchlein des guten Tones. Praktische Anleitung über die Formen des Anstandes für die weibl. Jugend. 16. (196 S.) Ebendas. 888. geb. * geb. mit Goldschn. *

— Taschenbüchlein d. guten Tones. Praktische Anleitg. üb. die Formen des Anstandes f. die weibliche Jugend. 3. Aufl. 16. (XII, 196 S.) Ebd. 889. geb. n. 1. 50; m. Goldschn. n. 2. —

Christ, Sophie, Taschenbüchlein d. guten Tones. Prakt. Anleitg. üb. d. Formen d. Anstandes f. d. weibl. Jugend. 6. Aufl. 16. (XII, 196 S.) Mainz 897. F. Kirchheim. Geb. in Leinw. n. 1. 50

— Taschenbüchlein des guten Tones. Praktische Anleitg. üb. die Formen des Anstandes f. die weibl. Jugend. 7. u. 8. Aufl. 16. (à XII, 200 S.) Ebd. 899. 901. Geb. in Leinw. n. 1. 50

— Taschenbüchlein des guten Tones. Praktische Anleitung üb. die Formen des Anstandes f. die weibliche Jugend. 9. Aufl. (XII, 206 S.) 16. Mainz 903. Kirchheim & Co. Geb. in Leinw. n. 1. 50

Christ, Sophie, Taschenbüchlein des guten Tones. Praktische Anleitg. üb. die Formen des Anstandes f. die weibl. Jugend. 11. verm. Aufl. (XII, 252 S.) 16. Mainz 910. Kirchheim & Co. Geb. in Leinw. 1. 50

Christ, S., verworfen und berufen. Eine Erzählung aus der Gegenwart. 8. (139 S.) Mainz 877, Kirchheim.

Christ, Stephan

Christ, J. St., Gespräch zwischen d. Seele und Jesum. 8. Nürnb. Enders.

Christ, J. St., Gespr. d. Seele m. ihr. Heylande. 8. Nürnberg, Grattenauer. 776.

Christ, Stephanus —. Gespräche zwischen der Seele und ihrem Erlöser Jesus Christus ꝛc. Bearbeitet nach — — von Joseph Weiß. 8. (270 S. und 3 Blätter.) Innsbruck. Gedruckt bei A. Witting. 1854.

Christ, Theowart, Heimat. Von der Schönheit u. dem Leben. (91 S.) 8. Leipzig 907. F. Eckardt. 2.— geb. in Leinw. 3. —

Christ, Wilhelm (von)

Christ, W., Die verbalen Abhängigkeitskomposita d. Griechischen. Ak. 1890. 104 S.

Christ, W., Chemische Analysen aus dem Antiquarium. S.-A. 1885. 46 S.

Christ, W., s.: Anthologia Graeca.

Christ, W., Ueb. d. argumentum calculandi des Victorius u. d. Commentar. S.-A. 1868. 58 S.

Christ, W., Der Aetna in der griech. Poesie. Ak. 1888. 50 S.

Christ, Wilh., die Attikusausgabe d. Demosthenes, ein Beitrag zur Textesgeschichte d. Autors. [Mit 1 Taf.] [Aus: „Abhandlgn. d. k. b. Akad. d. Wiss."] gr. 4. (82 S.) München 882. Franz in Comm. n.n. 2. 50

Christ, Wilh., die überlieferte Auswahl theokritischer Gedichte. (S. 381—420.) gr. 8. München 903. (G. Franz' Verl.) n. — 80
Sonderabdruck aus: „Sitzungsber. d. bayer. Akad. d. Wiss."

Christ, Wilh., Avien u. die ältesten Nachrichten über Iberien u. die Westküste Europa's. [Aus d. Abhdlgn. d. k. bayer. Akad. d. Wiss.] München 865. Franz in Comm. 4. (75 S. u. 1 lith. Karte in Fol.) n. 1 ₰

Christ, W., Ueber d. Bedeut. v. Hirmos, Troparion u. Kanon in d. griech. Poesie Mittelalt., erläut. an d. Hand e. Schrift d. Zonaras. S.-A. 1870. 84 S.

Christ, Wilh., von der Bedeutung der Sanskritstudien für die griechische Philologie. Festrede gehalten in der öffentlichen Sitzung der königl. Akademie der Wissenschaften zu München zur Feier ihres 101. Stiftungstages am 28. März 1860. München, (Franz.) 4. (20 S.) n. 8 ngr.

CHRIST, Wilhelm: Beitrag zur Kasuistik der Sternal-Sarcome.- München: Kastner & Lossen 1902. 34 S. 13.2.1902 - Chr 1901/02,25; Jv 1901/02,268
Diss. Ingolst.-Landsh.-Mchn.

Christ, W., Beiträge z. Bestimmung d. attischen und anderer damit zusammenhängend Talente. S.-A. 1862. 47 S.

Christ, W., Beiträge zur Erklärung und Kritik Juvenals. S.-A. 1897. 41 S.

Christ, Wilh., Beiträge zur Geschichte der *Antikensammlungen* Münchens. Mit 3 Taf. (Ausschn. aus den Abhandl. d. k. Akad. d. Wiss. X. Bd. II. Abth.: S. 357—399.) 4°. Cart.

Christ, Dr. Wilh., Beiträge zur Geschichte der Antiken-Sammlungen Münchens. (S.-A. aus d. Abhdlgn. d. k. Akad. d. Wiss.: 1. Cl. X. Bd. II. Abth.) München 1864. Gr. 4°. Pph.
43 S. Lat. Lett. Grosspapier. Mit 3 Kpftaf., gest. von A. Schleich.

—— Beiträge zur Geschichte der Antikensammlungen Münchens. gr. 4. (43 S. mit 3 Kpfrt.) München 864, (Franz.) *
aus: Abhandlungen der k. bayer. Akademie der Wissenschaften, besonders abgedruckt.

— Kritische Beiträge zur Metaphysik des Aristoteles. S.-A. 1885. 18 S.

Christ W., Beiträge zur Metrik der griech. Lyriker u. Dramatiker. Ak. 1869. 56 S

Christ, W. v., Metrische Bemerkungen zu den Cantica des Plautus. S.-A. 1871. 42 S.

— Ueber griechische Bildwerke und Inschriften aus der Sammlung des Herrn Hofratt Dr. Pauli im k. Antiquarium. Ak. 1866. 80 S. u. 2 Taf.

Christ, W., Das carmen de ponderibus et mensuris. S.-A. 1865. 10 S.

Christ, W. v., Zur Chronologie des altgriechischen Epos. S.-A. 1884. 60 S.

Christ, W., Zum Dialekte Pindars. Gel. 1891. 62 S.

— Plutarchs Dialog vom Daimonion des Sokrates. gr. 8. (S. 59—110.) Ebd. 901. n. — 80
Sonderabdruck aus: „Sitzungsber. d. k. bayr. Akad. d. Wiss."

— fastorum Horatianorum epicrisis. gr. 4. (26 S.) München 877. Rieger in Comm. n. 2. —

— Ueber d. Follis u. Denar d. späteren röm. Kaiserzeit. S.-A. 1865. 48 S.

—— und J. Lauth, Führer durch das k. Antiquarium in München. gr. 16. (109 S.) München 870, (Franz'sche Buchh.) *

Christ, W., Führer durch das k. Antiquarium in München, unter Mitwirkg. v. H. Thiersch, K. Dyroff u. L. Curtius. (Amtliche Ausg.) 8. (124 S. m. 7 Taf.) München 901. (A. Buchholz.) n.n. 1. —

— Der Gebrauch der griechischen Partikel τε mit besonderer Bezugnahme auf Hom Ak. 1880. 42 S. 1.

— Gedächtnisrede auf Karl v. Prantl, geh. in der öffentl. Sitzg. der k. b. Akademie der Wissenschaften zu München am 28. März 1889. gr. 4. (53 S.) München 889. (Franz' Verl.) n.n. 1. 50

— Gedächtnissrede auf Leonhard v. Spengel. Geh. in der öffentl. Sitzung der k. b. Akademie der Wissenschaften zu München zur Feier ihres 122. Stiftungstages am 28. März 1881. gr. 4. (61 S.) München 881. (Franz.) n.n. 1. 50

Christ, W., Zu den neuaufgefundenen Gedichten des Bakchylides. S.-A. 1898. 52 S.

Christ, W., Geschichte der griechischen Litteratur bis auf die Zeit Justinian's. Mit 21 Abbildgn. [Handbuch der klassischen Altertums-Wissenschaft, 7. Bd.] Lex.-8. (XI, 664 S.) Nördlingen 888. München, Beck. n. 12. —; geb. n.n. 14. —

Geschichte der griechischen Litteratur bis auf die Zeit Justinians. Von Wilhelm Christ, o. Prof. an d. Univ. München. 3. verm. u. verb. Aufl. M. 28 Abb. *München: C. H. Beck 1898.* (XIII, 944 S., 1 Bl., 9 Portr.-Taf.) 1 Bd 8.
= Handbuch d. klass. Altertums-Wissenschaft. Bd 7. [98. 6078

Geschichte der griechischen Literatur bis auf die Zeit Justinians. Von Wilhelm Christ, Prof., München. 4. rev. Aufl. Mit Anh. v. 43 Porträtdarst. *München: C. H. Beck 1905.* (XII, 996 S.) 4°(8°)
= Handbuch d. klass. Altertums-Wissenschaft. Bd 7. [04. 1480

Christ, Wilh. v., Geschichte der griechischen Litteratur. 5 Aufl., unter Mitwirkg. v. Otto Stählin bearb. v. Wilh Schmidt, s. Handbuch d. klass. Altertumswissenschaft. VII

Christ, Wilh. v., Geschichte der griechischen Litteratur. 5. Aufl. unter Mitwirk. von Otto *Stählin*, bearb. von Wilh. *Schmid*. Tl 1. 2. München 1908. 1909. 8°.
1. Klass. Periode d. griech. Litteratur.
2. Nachklass. Periode d. griech. Litteratur. Hälfte 1. 1909.
(Handbuch d. klass. Altertums-Wissenschaft. Bd 7.)

Grundfragen der melischen Metrik der Griechen. Von W[ilhelm] Christ. *(München: K. Akad. 1902.)* (S. 213–324.) 4°
= Abhandlungen d. philos.-philol. Classe d. Kgl. Bayer. Akad. d. Wiss. Bd 22, Abth. 2, [1.] [04. 1664

Christ, Wilh., Grundfragen der melischen Metrik der Griechen. gr. 4. (S. 211—324.) München 902. (G. Franz' Verl.) n. 4. —
Sonderabdruck aus: „Abhandlgn. d. k. bayer. Akad. d. Wiss."

— Grundzüge der griechischen Lautlehre. Leipzig 859. Teubner. gr. 8. (XII, 296 S.) n. 2 β

Christ, W., Heptás antiquarisch-philologischer Miscellen. Ak. 1900. 52 S. 1.50
Darin u. a.: E. röm. Strasse auf e. Münchener Ziegelstempel. — Die Inschrift d. Volcanaltars — Gewichte v. Tarent. — Solons Münz- u. Gewichtsreform nach Aristoteles. — E. lat. Grabinschrift in lyr. Versen. — Apollodors Mythologie u. d. neugefundene Bacchylides — Pindar u. d. ägypt. Siegerverzeichnis.

— Heptas antiquarisch-philologischer Miscellen. gr. 8. (S. 97—149 m. Abbildgn.) Ebd. 900. n. 1. —
Sonderabdruck aus: „Sitzungsber. d. k. bayer. Akad. d. Wiss."

—— Homer oder Homeriden. gr. 4. (90 S.) (Ebendas.) 884. **
Aus: Abhandlungen der k. bayer. Akademie der Wissenschaften, besonders abgedruckt.

Christ, W., Homer und die Homeriden. 2. revid. Ausg. gr. 8. (115 S.) München 885, (Franz' Verlag.) **

Christ, W., Homer od. Homeriden. 2. rev. Ausg. gr. 8. (115 S.) München 885. Roth. n.n. 2. 70

Christ, W., Horatiana. Ak. 1893. 96 S. 1.25

Christ, W., Zur Inschrift d. Vulcanara in Regensburg. S.-A. O. J. 9 S. u. 1 Taf.

Christ, W., Weickums Inschriftensammlung aus der Türkei. M. Abb. S. A. 1875. 24 S. —.75

— Die Interpolationen bei Homer vom metrischen und sprachlichen Gesichtspunkt beleuchtet. S.-A. 1879. 65 S. 1.20

— Römische Kalenderstudien. S.-A. 1876. 83 S.

Christ, W., Das römische Kalenderwesen. S.-A. O. J. 34 S.

Christ, Wilh., die rhythmische Continuität der griechischen Chorgesänge. 4. (72 S.) München 878, (Franz'sche Buchh.) **
Aus: Abhandlungen der k. bayer. Akademie der Wissenschaften, besonders abgedruckt.

Christ, W., Die Leistungen auf dem Gebiete der alten lat. Grammatik. S. A. 1868. 17 S. —.90

— Metrik der Griechen u. Römer. gr. 8. (XII, 684 S.) Leipzig 874. Teubner. n. 14. —

— Metrik der Griechen u. Römer. 2. Aufl. gr. 8. (VIII, 716 S.) Leipzig 879. Teubner. n. 11. 60

Christ, Wilh., das römische Militärdiplom von Weissenburg. [Aus d. Sitzungsber. d. k. bayer. Akad. d. Wiss.] München 868. Franz in Comm. gr. 8. (39 S.) n. 10 ngr.

— griechische Nachrichten üb. Italien. (S. 59—132.) gr. 8. München 905. (G. Franz' Verl.) n. 1. —

Quaestiones Lucretianae. Scrips. Dr. phil. Guiliel. Christ. — 1855. Ibid. — 2. 3–27. Progr. München.

[J.] Reform des Universitätsunterrichtes. Rede beim Antritte d. Rektorats d. Ludwig-Maximilians-Univ. geh. am 21. Nov. 1891 v. Dr. Wilh. v. Christ. München, kgl. Hof- u. Univ.-Buchdr. v. Dr. C. Wolf & Sohn, 1891; 28 S. 4.

Christ, Wilh. v., Reform d. Universitätsunterrichts. Rede, beim Antritte d. Rektorats der Ludwig-Maximilians-Universität geh. am 21. Novbr. 1891. Lex.-8. (26 S.) München 892. M. Rieger. n. — 60

— Schnitzel aus e. Pindarwerkstätte. Ak. 1895. 31 S.

Christ, Guil. (geb. Geisenheim 2. 8. 1831): Studia in Aristotelis libros metaphysicos collata. Berolini (1853). (30 S.) 8° * Vollst. ersch. Berolini. G. Bethge 1853.
Berlin, Phil. Diss. v. 30. Juli 1853

Christ, Guil., Studia in Aristotelis libros metaphysicos collata. 8maj. (III und 130 S.) Berolini 853, G. Bethge. *

— philologische Studien zu Clemens Alexandrinus. gr. 4. (74 S.) Ebd. 900. n. 3. —
Sonderabdruck aus: „Abhandlgn. d. k. bayer. Akad. d. Wiss."

—— platonische Studien. gr. 4. (60 S.) (Ebendas.) 885. **
aus: Abhandlungen der k. bayer. Akademie der Wissenschaften, besonders abgedruckt.

—— Theilung des Chors im attischen Drama mit Bezug auf die metrische Form der Chorlieder. gr. 4. (70 S.) München 877, (Franz'sche Buchh.) **
Aus: Abhandlungen der k. bayer. Akademie der Wissenschaften, besonders abgedruckt.

— Theilung des Chors im attischen Drama m. Bezug auf die metrische Form der Chorlieder. [Aus: „Abhandlgn. d. k. b. Akad. d. Wiss."] gr. 4. (70 S.) München 878. Franz in Comm. n.n. 2. —

— Das Theater des Polyklet in Epidauros in seiner litterar- und kunsthistor. Bedeutung. Ak. 1894. 52 S.

— W. v., Die Topographie der Troianischen Ebene und die Homerische Frage. S.-A. 1874. 43 S. u. 1 Ktc. 1.50

Christ, W., Ueb. d. angebl. Triodium d. h. Sophronius. S.-A. 1870. 22 S.

—— die metrische Ueberlieferung der pindarischen Oden, ein Beitrag zur Geschichte der Metrik. gr. 4. (64 S.) München 868, (Franz'sche Buchh.) *
Aus: Abhandlungen der k. bayer. Akademie der Wissenschaften, besonders abgedruckt.

—— die Verskunst des Horaz im Lichte der alten Ueberlieferung. gr. 8. (44 S.) München 868, (Franz'sche Buchh.) *
Aus: Sitzungsberichte der k. Akademie der Wissenschaften, besonders abgedruckt.

— sprachliche Verwandtschaft der Gräko-Italer. (S. 151—246.) gr. 8. Ebd. 906. n. 1. 20
2 Sonderabdr. aus: „Sitzungsber. d. bayer. Akad. d. Wiss."

Christ, W. v., Ueber die Werke d. Aristarcheer im Cod. Venet. A. S.-A. 1875. 63 S.

— Wert der überlieferten Kolometrie in den griechischen Dramen. 1871. 48 S.

— Die sachlichen Widersprüche in der Ilias, ein Beitrag zur Lösung der homerischen Frage. S.-A. 1881. 47 S. 1.25

— Die Wiederholungen gleicher und ähnlicher Verse in der Ilias. S.-A. 1880. 42 S. 1.20

Christ am Ende (Resp.): De medicina Christi divina..., s. A l b e r t i, Mich. (Praes.)

Christ am Ende (Resp.): Pr. de venaesectione timidorum, s. A l b e r t i, Mich. (Praes.)

Christ-Socin, H., das Schicksal des Kongo in der Gegenwart u. Zukunft. Eine Gewissensfrage an die Menschheit. Im Auftrage der schweiz. Liga zum Schutz der Eingeborenen im Kongostaat. (88 S.) 8. Basel 908 Helbing & Lichtenhahn. — 60

Christa. Eine Todtenklage. 12. (44 S.) [Bremen 880, Kühtmann und Comp.] Norden, Fischer Nachf. *

Christa, Ed.

Christa, die Erneuerung unseres Volkes. Predigt nach den Attentaten auf Se. Majestät den deutschen Kaiser geh. am hl. Pfingstfeste den 9. Juni 1878. gr. 8. (13 S.) Kaufbeuren 878. Mayr. n. — 30

Christa, Ed., Gedächtnis-Predigt f. Se. Majestät den König Ludwig II. v. Bayern, geh. am 25. Juni 1886. gr. 8. (8 S.) Kaufbeuren 886. Mayr. n. — 20

Christa, Ed., und Johs. Rutz, Luther-Jubiläums-Reden, am 10. und 11. Novbr. 1883 gehalten zu Kaufbeuren. gr. 8. (20 S.) Kaufbeuren 883, Mayr'sche Buchh. *

Christa, E. „Nachruf dem pens. Kgl. Realschulrektor Herrn Adam Buchner, † 8. November 1888, zum ehrenden Gedächtnis gewidmet". pg. 32—34. 8°. J. B. Dorn.
Kaufbeuren, Progr. 1888/89

Christa u. Zech, zwei Predigten in der Kriegszeit gehalten am 7. Aug. 1870, als am allgemeinen Buß- u. Bettage zu Kaufbeuren. Kaufbeuren 870. Mayr. 8. (22 S.) 2 ngr.

Christaline, oder die Wassernixe, eine Geistergeschichte des zwölften Jahrhunderts, als Gegenstück des Petermännchens, 8. Dresden, 795. Richter.

Christaller, Erdm. Gottreich, zwischen Altem u. Neuem. Schauspiel. 8. (II, 58 S.) Schmargendorf-Berlin 901. Ottenhausen, Oberamt Neuenberg. Selbstverlag. n. — 80

Christaller, E. G., Antisexualismus u. Kirche. (8 S.) 8. Jugenheim 904. Suevia-Verlag. n. — 25

Christaller, Erdm. Gottr., die Aristokratie der Schönheit. 1. Die weibl. Rente. 2. Frauenherrschaft (60 S.) 8. Jugenheim 907. Suevia-Verlag. — 80

— Neue Ideen. 1. 8. Ebd. 910. 1.20
Sprechende Bücher. Eine literar. Erfindg. (45 S. m. Bildnis.

— ein kleiner Kulturkampf. Akten u. Erlebtes zu dem satir. Roman „Prostitution des Geistes". (VIII, 59 S.) 8. Ebd. 903. n. 1. —

— Schlimme Pfarrergeschichten. 2 Bde. 8. Ebd 908. à 1.20; in 1 Bd. geb. 3. —
1. Der Kampf gegen die Unsittlichkeit. (1. Benjamin Dalbers Frühling. 2. Benjamin Dalbers Herbst.) (102 S.
2. Die Erbschaft. (Lustspielnovelle.) (88 S.)

— Prostitution des Geistes. Komödie. 8. (III, 121 S.) Ebd. 901. n. 1.20

— dasselbe. Satirischer Roman. 8. (VI, 376 S.) Ebd. 901. n. 3. —; geb. in Leinw. n. 4. —

Christaller, Ernst, über unser Gymnasialwesen, nebst Programm für eine moderne Erziehungsanstalt. 8. (82 S.) Leipzig 884, Friedrich. *

Christaller, Hanna (Frau Hanna Köbele), Alfreds Frauen, s.: Sammlung Franckh. 30. Bd.

Christaller, Hanna (Frau Hanna Köbele), Leibeigen, s.: Meyer's Volksbücher.

Christaller, Helene. Ruths Ehe. Roman. 388 S. 8. Basel, Friedrich Reinhardt, 1910. [fr. 6. 25]
[1. Aufl.] | 2. Aufl.

Christaller, Helene, Gottfried Erdmann u. seine Frau. Roman. 6. [Titel-]Aufl. (345 S.) 8. Basel [908] 910. F. Reinhardt. Geb. in Leinw. 5. —

Christaller, Helene. Frauen. Novellen. IV + 119 S. 8. Jugenheim a. d. Bergstrasse, Suevia-Verlag, 1904 — **Au/druck:* Basel, Friedrich Reinhardt, 1910 —. [M. 2. 40, geb. 3. 20]

Christaller, Helene. Das Gotteskind. [Roman. Mit 2 Vignetten.] 180 S. 8. Basel, Friedr. Reinhardt, [1910]. [fr. 3. —, geb. 4. —]

— Junge Helden, s.: Aufwärts.

— Aus niederen Hütten. Geschichten aus dem Schwarzwald. (III, 161 S.) 8. Heilbronn 908. E. Salzer. 2.—; geb. 3. —

— Kinder u. Helden. Geschichten. Mit Bildern versehen v. zwei kleinen Mädchen. (III, 156 S. m. 14 Farbendr.) 8. Ebd. 909. Geb. in Leinw. 3. —

Christaller, Helene. Magda. Geschichte einer Seele. [Mit 1 Porträt.] IV + 144 S. 8. Jugenheim a. d. Bergstrasse, Suevia-Verlag, 1905 — **Au/druck:* Basel, Friedrich Reinhardt, 1910 —. [M. 2. 40, geb. 3. 20]

— Schiffe im Sturm. (Ins Dunkel hinein. — Helge.) (164 S.) 8. Wismar 909. [H. Bartholdi]. Leipzig, E. Ungleich. Geb. in Leinw. 2. 60

— meine Waldhäuser. Bilder aus e. Dorfe. (Umschlagzeichnung v. Ernst Liebermann. Buchschmuck v. Johanna Raff.) (IV, 147 S.) 8. Heilbronn 906. E. Salzer. n. 2. —; geb. n. 3. —

— Meine Waldhäuser. Bilder aus e. Dorfe. (Den Umschlag zeichnete Ernst Liebermann, den Buchschmuck Johanna Raff.) 2. Aufl. (147 S.) 8. Heilbronn 908. E. Salzer. 2.—; geb. 3. —

Christaller, Helene, Weihnachten in den Bergen. Weihnachtsspiel f. 10 Mädchen u. 8 Knaben f. Schulen u. Sonntagsschulen. 12. (20 S.) Darmstadt 902. J. Waitz. n. — 30

Christaller, Helene. «Wer aber nicht hat ...». Novelle. IV + 140 S. 8. Jugenheim a. d. Bergstrasse, Suevia-Verlag, 1906 — **Au/druck:* Basel, Friedrich Reinhardt, 1910 —. [M. 2. 40, geb. 3. 20]

— Wie die Träumenden ... Tagebuchblätter. (211 S.) 8. Wismar 910. [H. Bartholdi]. Leipzig, E. Ungleich. 2.60; geb. in Leinw. 3. 50

Christaller, J. Gottlieb

Christaller, J. G., a dictionary of the Asante and Fante language called Tshi [Chwee Twi], with a grammatical introduction and appendices on the geography of the Gold Coast and other subjects. gr. 8. (XXVIII, 671 S.) Basel 881. Missions-Buchh. geb. n. 25. —

Christaller, J. G., a grammar of the Asante a. Fante language, called Tshi [Chwee, Twi]: based on the Akuapem dialect, with reference to the other [Akan a. Fante] dialects. gr. 8. (XXIV, 203 S.) Basel 875. Missionsbuchh. geb. n. 10. —

Christaller, J. G., die Sprachen Afrikas. [Aus: „IX. u. X. Jahresber. d. württ. Vereins f. Handelsgeogr."] gr. 8. (59 S.) Stuttgart 892. (Basel, Missionsbuchh.) n. — 80

[F.] Die Töne der Neger-Sprachen und ihre Bezeichnung. Erörtert v. J. G[ottl.] Christaller. *Basel: Missionsbuchh. (1893).* (19 S.) 1 Bd 8.

Christaller, J. G. Tshi songs for children in the schools of the Gold Cost and inland countries, in which Tshi is spoken. In-8°. 48 S. Basel, Missionsbuchh. 1894. geb. — 90

— Twi Mmebusem mpensã-ahansĩa mmoanno. A collection of 3600 Tshi proverbs in use among the negroes of the Gold Coast speaking the Asante and Fante language. Collected, together with their variations, and alphabetically arranged. 8. (XII, 152 S.) Basel 879. Missionsbuchhandlung. n. 3. 20

Christaller, J. G., u. H. Bohner, Übungen in der Akra- oder Ga-Sprache. 1. Tl.: Kurze Sprachlehre von Ch. 2. Tl.: Sätze aus der Umgangssprache d. tägl. Lebens v. B. gr. 8. (103 S.) Basel 890. Missionsbuchhandlg. geb. n. 2. —

Christaller, B., die Ausgabe des Jünglings, s.: Mylius, Otfr.

Christaller, P., Deutsch-Esperanto-Wörterbuch. (XXVI, 516 S.) kl. 8. Berlin (910). Esperanto Verlag Möller & Borel. 4.—; geb. 4. 80

Christaller, s.: Solvo de la problemo de lingvo internacia

Christaller, Th., Fibel für die Volksschulen in Kamerun. 1.—3. Tl. 8. Berlin 888, C. Heymanns Verlag. geb. *

Inhalt:
Tl. 1. Duala. (48 S.) *M 1.—.
" 2. 3. Deutsch. (60 S.) *M 1.—.

Christaller, Th. Fibel für die Volksschulen in Kamerun. 2. verb. u. verm. Aufl. 12. (64 S.) Frankf. a. M. 892. Basel, Missionsbuchh. geb. * 1 —

—— Handbuch der Duala-Sprache. 8. (VIII, 216 S.) Basel 892, Missionsbuchh. geb. * 4 —

Christalnigg, Graf Alfred, Kärnten's röm. Alterthümer in Abbildungen, s. v. Jabornegg-Altenfels.

Christan, Thom., († d. 9. Mai 1800.) Beitrr. zur Gesch. u. Behandl. d. natürl. Pocken. 2 Thle. gr. 8. Wien 781. Ghelen. 16 gr

Christan, Thomas: Kurze Geschichte, und pathologische Schilderung der neuen Epidemie, aus den bisherigen eigenen Beobachtungen dem Wohl des Publikums gewidmet. 24 S., gbd.

Wien: mit v. Ghelenschen Schriften 1782

Christan, Thomas: Fortsetzung der pathologischen Schilderung oder nähere Beleuchtung der neuen Epidemie und ihrer Folgen, aus den bisherigen eigenen Beobachtungen dem Wohl des Publikums gewidmet. 32 S. (S. 25 - 56), gbd.

Wien: mit Schmidtischen Schriften 1782

Christan, Thomas: Fortsetzung der nähern Beleuchtung der neuen Epidemie und ihrer Folgen im Sommer, aus den bisherigen eigenen Beobachtungen dem Wohl des Publikums gewidmet. 28 S. (S. 57 - 84), gbd.

Wien: mit Schmidtischen Schriften 1782

Christan, Th., Observationum medicarum Lib. I. 8. maj. Wien, Gerold. 773. Rthlr.

— physikal.-polit. Tagebuch über d. merkwürd. Umstände u. Folgen d. Eisstoßes, u. d. dadurch verursachten Ueberschwemmung im J. 1784. 12. Wien 784.

— über d. Verhalten in Absicht auf d. Gesundheit d. Truppen in d. flachen, besonders südl. Gegenden von Ungarn. 8. Wien 788.

Christanell, P. Petrus Maria, Kurze Skizze aller Heiligen, Seligen, Diener und Dienerinen Gottes des Namens Antonius, Antoninus und Antonia. 12. (XXIII, 194 S.) Nur fest —.50
Innsbruck: Vereinsbuchh. 1889.

Christann, R. Preußisches Haus-Verwaltungsbuch als Grundlage f. die Steuer-Erklärung, nebst Erläutergn. d. Steuergesetze, zum Schutz gegen Nachbesteuergn., unter Mitwirkg. v. Ginsburg, Otto M. Raetz u. nach den Beschlüssen der Berliner Grundbesitzer-Vereine bearb. Fol. (76 S.) Berl. 892, C. Heymann. geb. 2 50

Christbaum, der. Taschenbuch zum Besten der Mission für Heiden u. Israeliten. 1.—8. Jahrg. Mit Kpfr. 16. Stuttgart 839 - 846. (Becher.) 1.—6. J. à 5/6 ₰ — 7. u. 8. J. à n. 1 ₰

Christbaum. Zum Besten der Mission für Heiden u. Israeliten. 6. Jahrg. 16. (20 B. u. 3 Kpfr.) Stuttgart 844. [Becher's Vrl.]*

—— dass. 7. u. 8. Jahrg. 1845 u. 46. 16. Ebds. [7. (22 B. u. 3 Stahlst.) 8. (25 B. u. 3 Stahlst.) à * 1 Thlr.] *
1—5. Jahrg. . . . ?

Christbaum, der. Parabel. gr. 16. (32 S.) Berlin 851, Brandis in Comm. — 2. Aufl. gr. 16. (32 S. m. 1 col. Lith.) Ebd. 851, in Comm. n. 1/6 ₰

Christbaum, der. Parabel. Mit 4 (lith.) Bildern. Dresden 854. Naumann. 8. (32 S.) n. 5 ngr

— Sinnigen Kinderfreunden zur Erhöhung der Weihnachtsfreude, dargeboten von einem Kinderfreunde. Sagan 867. Schönborn in Comm. 8. (28 S.) 1½ ngr

Christbaum, der. 5. Aufl. Barmen 869. (Buchh. d. ev. Gesellschaft.) 32. (32 S. u. 1 Holzschn.) 1½ ngr

Christbaum, der. 2 Weihnachtsgeschichten für Kinder von Carletto. (Ausgestanzt.) 4. (15 S. m. 16 Illustr. v. Schmidt-Glinz.) Leipzig 889. Schmidt & Günther. cart. n. 1. —

Christbaum, der. Ein Weihnachtsfestspiel f. Kinder. (Von A. Strauß.) 12. (14 S.) Dessau 898. Stuttgart, Holland & Josenhans. n. — 30

Christkinds Christbaum. Ein Weihnachtsmärchen f. art. Kinder, welches auch unartigen nicht schaden kann. 16. (32 S.) Paderborn 894. Bonifacius-Druckerei. n. — 10

Christchens Christbaum. Ein Weihnachtsmärchen f. artige Kinder, welches auch unartigen nicht schaden kann. 2. Aufl. *Paderborn: Bonifacius-Dr. 1896.* (32 S.) 8° [F.]

—— der, für sinnige Freunde (der heil. Christ). Sagan 867. Berlin, Beck. *

— für sinnige Freunde [d. heil. Christ]. Sagan 868. — Berlin, E. Beck. 8. (28 S.) n. 2 ngr

— geistlicher. Eine Sammlung v. größeren u. kleineren Weihnachtsspielen, Krippenliedern u. Gedichten. Geordnet u. mit Melodieen versehen unter Mitwirkung mehrerer Komponisten v. J. N. Ahle. 27.—35. Hft. 12. Donauwörth, L. Auer. n. 2. 85

27. Die hl. drei Könige. Weihnachtsspiel in 3 Aufzügen. Von Val. Eschenlohr. (72 S.) (896.) n. — 40
28. Das Heiligtum der Druiden. Weihnachtsspiel. Von A. Napir. (63 S.) (896.) n. — 40
29. Die Hirten v. Bethlehem. Ein Weihnachtsspiel in 3 Aufzügen u. 4 leb. Bildern f. Schulkinder. Von Karl Otto Metzler. (24 S.) (897.) n. — 20
30. Das Weihnachtsfest im Königshof Quitlinga. Von A. Napir. (40 S.) (897.) n. — 25
31. Unter dem Christbaum. Weihnachtsspiele f. unsere Lieblinge Von Anna v. Gäßler. (48 S.) (897.) n. — 30
32. Sankt Nikolaus. Ein Spiel in 6 Bildern. Von Val. Eschenlohr. (48 S.) (899.) n. — 30
33. Auf der Flucht nach Aegypten. Von A. Bertle. (28 S.) (900.) n. — 30
34. Unter dem Christbaum. Weihnachtsspiele f. unsere Lieblinge. Von Anna v. Gäßler. (78 S.) (902.) n. — 50
35. Das Kind u. sein hl. Schutzengel. 6 leb. Bilder m. Deklamation u. Gesang. Von L. Bernhard. (16 S.) (902.) n. — 20

Hft. 1—26 u. d. T.: Ahle, J. N., geistl. Christbaum. Ebd. 887—893. n. 10. 20.

[F.] Der Christbaum im Heidenlande. E. Weihnachtsmärchen f. fromme Kinder. *Paderborn: Bonifacius-Dr. 1895.* (32 S.) 1 Bd 8. [96. 2186

Christbaum-Kalender für das Gemeinjahr 1862. Miniat.-Ausg. Gratz, Koppitsch. 1861. 40 kr.

(2.) Christbaum-Kalender für das Gemeinjahr 1863. Miniat.-Form. (34 S.) Gratz, Koppitsch. 1862. 35 kr.

Christbaum-Kalender auf d. J. 1892 u. 1893. Mit ernsten u. heiteren Erzählgn. ꝛc. gr. 4. (58; 60 S. m. Illustr. u. je 1 Wandkalender.) Berl., Trowitzsch u. Sohn. à Jahrg. — 50

Christbaum-Kalender auf d. J. 1895. 4. Jahrg. gr. 4. (66 S. m. 1 Wandkalender.) Berlin, Trowitzsch & Sohn. n. — 50

Christbaum-Kalender auf d. J. 1899. 8. Jahrg. gr. 4. (74 S. m. Abb. u. 1 Wandkal.) Berlin, Trowitzsch & Sohn. n. — 50; kart. — 70

Christbaum-Kalender auf d. J. 1900. 9. Jahrg. gr. 4. (82 S. m. Abbildgn. u. 1 Wandkalender.) Berlin, Trowitzsch & Sohn. n. — 40
Fortsetzung s.: Trowitzsch's Christbaum-Kalender.

Christbäumlein, das, oder der Herr vergißt der Verlassenen nicht. Eine Geschichte für große und kleine Kinder. Berlin 860. (Beck.) 8. (24 S.) 1½ ngr.

Christbäumlein, das, oder der Herr vergißt der Verlassenen nicht. Eine Geschichte für große und kleine Kinder. 3. Aufl. 8. (24 S.) Berlin 869, (Beck.) *

Christbaumschmuck mit Figuren und symbolischen Bildern in Gold und Farbendruck auf feinem Carton mit heiligen Sprüchen aus dem Weihnachts-Officium, den Evangelien und Psalmen. (Jede Darstellung im Durchmesser von ca. 8 *cm.*) Zwölf Darstellungen in Schutz-Carton —.50
Wien: St. Norbertus 1897.

Christbaumspiel. Gesellschaftsspiel. Ebds. Ebenso. 1 fl 50 kr. 1885.

Christbescherung, die, s. a. Immergrün.

Christbescherung, Die. [Berlin 1825.] V: *Bernstein, Caroline.* (GGr)

Christblumen, oder die Bergpredigt Christi u. die letzten Reden Christi im Johannes, rhytmisch behandelt v. Karl Buchner. Mit e. Vorrede v. Dr. Ernst Zimmermann. 8. Leipzig 827, Kayser.

Christblumen, oder d. Bergpredigt Christi u. die letzten Reden Christi im Johannes, rhytmisch behandelt v. Karl Buchner. Mit e. Vorrede von Ernst Zimmermann. 8. Leipz. 827. L. Schumann. 8 gl.

Christblumen. Weihnachtsgeschenk f. fromme Kinder. (Mit Titbild.) 16. (5 B.) Reutlingen 834, Fleischhauer u. Spohn.

Christblumen. 1.—5. Bdchn. 8. Barmen, Wupperthaler Traktat-Gesellschaft. Kart. à n. — 70

1. Verloren u. wiedergefunden. Erzählgn. von G. Fischer, M. Nathusius u. Clara Hagen. (70 S. m. 4 Bild.) (896.)
2. Der armen Witwe Weihnachtsreise. Erzählgn. v. G. Fischer, M. Nathusius u. a. (70 S. m. 5 Bild.) (896.)
3. Mutter u. Kind. Erzählgn. v. Cl. Hagen, M. Nathusius u. a. (70 S. m. 4 Bild.) (896.)
4. Heinrichs Weihnachtsgeschenk. Erzählgn. von Cl. Hagen, C. Herbst, Gottl. Fischer u. a. (70 S. m. 4 Bild.) (896.)
5. Drei Monat im Schnee. Erzählgn. v. Cl. Hagen u. Mathilde Roos. M. 4 Bild. (78 S.) (897.)

[F.] Christblumen. Bdch. 1—4. *Barmen: Wupperthaler Traktat-Ges. [1897].* 8. [97. 5730

Christblumen. 6.—13. Bdchn. 12. Barmen, Wupperthaler Traktat-Gesellschaft. Kart. à n. — 70

6. Fröhliche Weihnachten. Erzählungen. Von Clara Hagen, Mathilde Roos u. a. (70 S. m. 4 [1 farb.] Bildern.) (898.)
7. In der Sägemühle. 4 Erzählgn. Mit 4 (1 farb.) Bildern. (68 S.) (899.)
8. Der unsichtbare Gast. Erzählungen v. Mathilde Roos, M. Dahnow u. a. Mit 4 (1 farb.) Bildern. (69 S.) (899.)
9. Treu geführt. Erzählungen. Von Wilh. Wittgen. (79 S. m. Abbildgn. u. 1 Farbdr.) (900.)
10. Mutterliebe. 3 Erzählgn. (77 S. m. Abbildgn. u. 1 Farbdruck.) (900.)
11. An der Krippe. 4 Erzählgn. (70 S. m. 3 [1 farb.] Vollbildern.) (901.)
12. Unnützchen. 3 Erzählgn. (86 S. m. 3 [1 farb.] Vollbildern.) (901.)
13. Hinter der Nebelwand. Eine Erzählg. f. Alt u. Jung. Von M. v. P. (60 S. m. 3 [1 farb.] Vollbildern.) (901.)

Christblumen. 14.—18. Bdchn. kl. 8. Barmen, Wuppertaler Traktat-Gesellschaft. Geb. à n. — 70

14. Lilie, e. schwarze, u. andere Erzählungen. (78 S. m. Abbildgn. u. 1 Farbdr.) (903.)
15. Georg. — Wiedergefunden. 2 Erzählgn. Von Imman. Weitbrecht. (62 S. m. 6 [1 farb.] Vollbildern.) (903.)
16. Um Heimat u. Eigentum. Von Marie Blumner. — Schäfers Margareth. Eine Erzählg. Von Ottilie Wildermuth. (58 S. m. 2 Vollbildern u. 1 Farbdr.) (904.)
17. Zwei Weihnachtsabende. Eine Erzählg. Von Emmy Seifert. Ein Gottesgeschenk. Eine Erzählg. Von Rob. P. G. Wendlandt. (78 S. m. 3 [1 farb.] Vollbildern.) (905.)
18. Verfolgt. — „Es wird ihm nicht unbelohnt bleiben." 2 Erzählungen f. Alt u. Jung v. M. v. P. (75 S. m. 2 Vollbildern.) (906.)

Christblumen. 19.—22. Bdchn. kl. 8. Barmen, Wuppertaler Traktat-Gesellschaft. Geb. à — 70

Dalmer, Helene, im Bachmoserhof. Eine Erzählg. — Wittgen, Wilh., der Küfermeister v. Erbach. Eine geschichtl. Erzählg. (71 S. m. 2 [1 farb.] Taf.) (908). (20. Bdch.)
Dalmer, Helene, der Toni v. Alptal. Erzählung aus den Bergen. — Abelung, Sophie v., mitten in der Not. Mit 3 (2 farb.) (Voll-)Bildern. (76 S.) (907.) (19. Bdch.)
Heimstätte, e. — Durch Erdennacht zur Himmelspracht. 2 Erzählgn. von M. v. P. Mit 3 Bildern. (83 S.) (909.) (21. Bdch.)
Selig sind, die da leidtragen. Erzählung v. Gottl. Fischer u. andere Erzählgn. (83 S. m. 3 Einschaltbildern.) (910.) (22. Bdch.)

Christeinicke, K., die Behandlg. d. Brille, üb. der. Arten u. Anwendg., nebst anderen nützl. Belehrgn. f. Brillenträger. Neu bearb. v. Herm. Kubasch (i/Fa. F. W. Richter, Dresden). 4., verb. u. verm. Aufl. gr. 16. (58 S.) Dresden 898. H. Henkler. n. — 50

Christeinicke, K., über die Conservirung der Brille nebst andern nützlichen Belehrungen für Brillenträger. 2. u. 3. Aufl. Hamburg 870. Grüning. 16. (30 S.) n. 5 ngr.

Christeinicke, K., über die Conservirung der Brille nebst andern nützlichen Belehrungen für Brillenträger. 2. Aufl. 1870, und 3. Aufl. 16. (30 S.) Hamburg 871, Grüning. *

* Christel, od. die schöne Spitzenklöpplerin im Erzgebirge, mit K. 8. Chemnitz, Manke.

CHRISTEL oder die schöne Spitzenklöpplerin im Erzgebirge. Mit 1 Kpf. Chemnitz u. Leipzig, Schröter, o. J. (c. 1805). 8°. (2 Mk. Taussig, Prag, 1904.)
Portr. Christels, Titel u. 204 S. Einiges etwas frei.
— — Dasselbe. Neue Aufl. Chemnitz, Starke, 1818. 8°.
Kayser, Roman-Verz. p. 23.

Christel und Gretchen. Posse in 3 Aufz. Preßburg 1785. Wien 1785. V: *Friedel, Johann.* (GGr)

Christel und Gretchen. Lustsp. von Friedel. 8. Presb. Löwe, 785.

Christel, Nachricht. v. d. Barfüßer- u. Jacobskirche. 8. Augsburg. 753.

HUSAREN, Die preussischen, im französischen Nonnenkloster. Schauspiel in fünf Aufzügen (von *Franz Christel*). Cöthen 1795.
Anon.-Lex. II. p. 306 (nach Goedeke). S. auch Stockmayer, Das deutsche Soldatenstück. Weimar 1898. S. 114.

Christel, Frz., Ofterdingens Lieder. Gedichte. Der Gedichte 3. Lese. 16. (96 S.) Leipzig 892. Literar. Anstalt, A. Schulze. n. 2. —; geb. in Leinw. m. Goldschn. n. 3. —

Christel, Franz, Junge Reiser. 12. (VIII u. 79 S.) Mähr.-Ostrau, Franz Wattolik. 60 kr., eleg. geb. in Goldschnitt 1 fl. 1888.

Christel, Frz., Reliquien. Gedichte. 4. Ausw. 8. (65 S.) Dresden 895. E. Pierson. n. 1. 50; geb. in Celluloid u. Leinw. m. Goldschn. n. 2. 50

Christel, Karl *Ludwig* [aus Greiz]: Beobachtungen an Zangengeburten der Kgl. Universitäts-Frauen-Klinik und -Poliklinik zu Berlin ... Berlin, Buchdr. v. G. Schade, *1891*; 37 S., 1 Bl. 8.
Berlin, Med. Fak., Inaug.-Diss. v. 14. Nov. 1891

Von der Blinddarm-Entzündung, Perityphlitis oder Appendizitis von Dr. [Karl] Christel. Halle a. S.: C. Marhold 1905. (19 S.) 8° [F.]
— Volksbücherei, Medizinische. H. 14. [o.3. 0147 3

Christelbauer, Jos., aus d. Reiche d. Töne, s. a. Pichler's Jugendbücherei.

(F) **Christelbauer**, J., Aus dem Reiche der Töne. [Pichlers Jugendbücherei. Bd. 48.] 8°. (75 S.) geb. K 1.—
Wien: Pichler 1908.

Christelbauer, Josef: Eine Studie über Tonreihen, Tonarten und Tonleitern. S. 21—31. 8. **Progr.** K. k. Staats-Gymn. *Krems* 1903.

Christeller, Bau u. Lebenstätigkeit des menschlichen Körpers. (26 S. m. Abb.) 8. Berlin 908. Buchh. Vorwärts. — 50

Christeler, Dr. A., Kurarzt, Bericht über die Sommersaison 1870 in Bad Heustrich am Niesen. 15 S. 8. Bern, K. J. Wyss. 1871.

Christeller, Dr. A., Bericht über die Sommersaison 1871 im Bad Heustrich. 15 Stn. 8. Bern, Druck v. K. J. Wyss. 1872.

Christeller, Dr. A., Bericht üb. die Sommersaison 1872 im Bad Heustrich am Niesen. 14 Stn. 8. Bern, Allemann. 1873.

Cristeller, A., Bordighora s.: Bruckmann's illustr. Reiseführer.

Christeller, J. G., s. Christaller

Christeller, Paul (geb. Berlin 30. 6. 1858): Ueber Blutdruckmessungen am Menschen unter pathologischen Verhältnissen. Berlin (1880). (45 S.) 8° * Verändert abgedr. in: Zeitschr. f. klinische Medicin Bd 3. 1881.
Berlin, Med. Diss. v. 25. Nov. 1880

Die erste Hilfe bei Unglücksfällen von Dr. med. [Paul] **Christeller**-Berlin. Die Abb. sind dem 'Gesundheitsbüchlein' entnommen. *Berlin: Vorwärts 1903.* (24 S.) 8° [F.]
— Arbeiter-Gesundheits-Bibliothek. H. 1. [o.3. 14788

Christeller, Robert [aus Bern]: Über die elektrolytische Oxydation von Aminen in alkalischer Lösung zu Azokörpern. Zürich 1900. 54 S. 8°.
Basel. Phil. Diss. 1900/1901.

Christemeier, J. W., interessante Gemälde aus d. Geschichte d. Criminal-Rechtspflege. N. d. 3. Aufl. a. d. Holländ. übers. — A. m. d. Umschlags-Ttl.: Criminal-Geschichten. 8. (16 B.) Braunschweig 840, Westermann.

Christen, Die — in Bosnien. Ein Beitrag zur näheren Kenntniß der Verhältnisse der bosnischen Raaja zu den Türken. (Eigens abgedruckt aus der A. A. Zeitung.) 8. (30 pag.) Wien. Druck von Karl Gerold und Sohn, 1853.

Christen, chinesische, s.: Missions-Traktate, rheinische, Nr. 126.

Christen, Die, und das Christenthum . . . St. Gallen 1819. V: *Grob, Adrian.* (Cat. d. Stadtbibl. Zürich. Zürich 1864—97.)

Christen, des, Erden-Wallen, ein Kalender für Zeit und Ewigkeit. Von dem Verf. des christl. Familien-Tempels 2c., nebst 365 Denksprüchen 2c. und einer Morgen-, Abend- und Meßandacht. Mit 1 Stahlst. u. 4 bibl. Abbild. 12. Augsburg 846, Schlosser'sche Buchh. ⅛ ₰

Christen, des, Erden-Wallen, ein Gebetbüchlein für Zeit und Ewigkeit. Von dem Verf. des christl. Familien-Tempels 2c., nebst 365 christl. Denksprüchen auf alle kirchl. Feste und Tage der Heiligen Gottes im Jahr und einer Morgen-, Abend- und Meßandacht. Mit 4 biblischen Abbildungen. 2. (Titel-)Aufl. gr. 12. (72 S. mit 1 Stahlst. und 4 Stnt.) Augsburg 850, Schlosser's Buchh.

— evangelische, was thut noth in dieser Zeit? Zwölf einleitende Sätze zu ernster Beherzigung. 8. Heidelberg 845, K. Winter. n. 1/12 ₰

Christen, des, Feierstunde, durch Gebete und Betrachtungen geheiliget. 16. (224 S.) Paderborn 852, Junfermann'sche Buchh.

Christen, des, Feierstunde durch Gebete und Betrachtungen geheiliget. 2. Aufl. 32. (224 S.) Paderborn 860, Junfermann'sche Buchh.

Christen, evangelischer, Gebetskämmerlein. 24. (141 S.) Rothenburg o/T. 887. J. P. Peter. Geb. n. — 50

Christen, des, Glaubens-Weg. 8. (48 S. mit 1 Stnt.) Riga 858. (Eisleben, Kuhnt'sche Buchh.)

Christen, des, Glaubensweg. 1.—3. Jahrg. 1875—1877. à Jahrg. 12 Hefte. gr. 8. (à IV, 240 S.) Basel, Spittler. à Jahrg. *
Fortsetzung erschien u. d. T.: Der Glaubensbote.

—— des frommen, Haustempel. Ein Gebet- und Erbauungsbuch für gottergebene, gläubige Christenherzen. 2. Aufl. gr. 8. (VI und 359 S. mit 10 Stahlst.) Schneeberg 852, Goedsche'sche Buchh.

— wahrer, geistliche Himmels-Leiter, od. geistreiches Gebetbuch f. alte Leute, darin sich sowohl Morgen- u. Abendsegen als sonstige Gebete f. allerlei Fälle finden. Mit e. Auszug aus „Noos, Gespräche üb. das Alter u. den Tod". Von e. Liebhaber Jesu aus geistreichen Schriften zusammengetragen. Ausg. m. großem Druck. 8. (366 S. m. 1 Holzschn.) Reutlingen 886. Enßlin & Laiblin. — 90; Einbd. n. n. — 40

Christen, wahrer, insonderheit e. gottseligen Simeons u. Hanna geistliche Himmels-Leiter, od. geistreiches Hand- u. Gebet-Buch f. alte Leute; darinnen sowohl Morgen- u. Abend-, als besonders Sonn- u. Festtägliche, auch Beicht-, Communion-, Standes- u. Berufs-, in andern Zeiten, Noth-, Krankheits- u. Todes-Fällen dienl. Gebete enthalten sind; nebst angehängter Historia der Passion. Von e. Liebhaber JEsu aus geistreichen Schriften zusammengetragen u. m. e. Vorrede auch gar deutlich u. m. großem Druck hrsg. Ster.-Ausg. 8. (XII, 360 S. m. 1 Holzschn.) Ducherow 884. (Leipzig, Buchh. d. Vereinshauses.) geb. n.n. — 90

Christen, der, Hoffnung. Eine Sammlg. geistl. Lieder. gr. 8. (21 S.) Königsberg 884. Schubert & Seidel. n. — 50

Christen, die, u. d. Juden, s. Becker, d. Weiße.

Christen, die, und die Juden, oder Richterspruch der Vernunft über das Leben, Dichten und Trachten der Juden. Vom weissen Becker. Frankfurt a. M., Bock. 819. — 10

— des, Morgen- u. Abendsegen auf alle Tage der Woche, nebst dazu gehörigen u. andern Gebeten. Aus der Mitgabe für das ganze Leben: „Täglicher Wandel des Christen," besonders abgedruckt zu allgem. Gebrauche. 16. Nördlingen 841, Beck'sche B. 3 ngr — Partiepr. bei 20 Exempl. n. 1/12 ℛ

—— des, Morgen- und Abendsegen auf alle Tage in der Woche, nebst dazu gehörigen und anderen Gebeten. Aus der Mitgabe für das ganze Leben: „Täglicher Wandel des Christen" (von Chrn. Ernst Carl Göring) abgedr. zu allgemeinem Gebrauche. 3., vielverm. Aufl. 16. (XVI und 231 S.) Nördlingen 854, Beck'sche Buchh. *

—— des, Morgen- und Abendsegen auf alle Tage in der Woche, nebst dazu gehörigen und anderen Gebeten. Aus der Mitgabe für das ganze Leben: „Täglicher Wandel des Christen" abgedr. zu allgem. Gebrauche. 4., vielverm. Aufl. 16. (XXXVI und 307 S.) Nördlingen 858, Beck'sche Buchh. geb. *

—— des, Morgen- und Abendsegen auf alle Tage in der Woche, nebst dazu gehörigen und anderen Gebeten. Aus der Mitgabe für das ganze Leben: „Täglicher Wandel des Christen" abgedruckt zu allgemeinem Gebrauche. 5., vielverm. Aufl. 16. (XLII und 351 S.) Nördlingen 862, Beck'sche Buchh. *

— des, Pflicht bei der Enthaltsamkeits-Sache. 3. verm. Aufl. des ersten Jahresberichts des Enthaltsamkeits-Vereins im Riesengebirge. 8. Berlin 841. (Wolf u. Comp.) 1/24 ℛ

—— frommer, gottgeheiligte Seelen-Weide, s. Seelen-Weide.

—— des, Sonn- und Festtagsfeier, s. Broschüren-Cyclus.

—— des, Tagewerk, durch Gebete und Betrachtungen geheiliget. 1. und 2. Aufl. (VIII und 225 S.) 850. und 3. Aufl. 16. (VIII und 232 S. mit 1 Holzschn.) Paderborn 851, Junfermann'sche Buchh.

Christen, des, Tagewerk durch Gebete und Betrachtungen geheiliget. 4. Aufl. 16. (VIII und 232 S.) Paderborn 861, Junfermann'sche Buchh. Thlr. -

— des, Trost in Kreuz u. Trübsal. Abgedr. aus dem Erbauungsbuche „Eins ist noth." gr. 8. Stuttgart 843, Metzler. 5/12 ℛ

Christen, des evang., Verhalten unt. d. Römisch-Katholischen. Ein Schutz- u. Trutzbüchlein. D. unt. d. Katholiken zerstreut wohn. Evangelischen dargeb. v. zwei rhein. Pfarrern. 2., verb. Aufl. gr. 8. (34 S.) Leipzig 896. Buchh. d. Evang. Bundes v. C. Braun. n. — 20

— des, Waffenrüstung. Aus dem Engl. 8. (368 S.) Cleveland, O. 877. (Philadelphia, Schäfer & Koradi.) geb. n. 4. —

— des, Wandel vor Gott. Eine Sammlg. der vorzüglichsten Gebete f. kathol. Christen. 4. Aufl. 16. (464 S.) Saarlouis 884. Stein. n. 1. —

Christen, des, Wandel vor Gott. Eine Sammlg. der vorzüglichsten Gebete f. kathol. Christen. 5. Aufl. 16. (464 S. m. farb. Titel u. 1 Stahlst.) Saarlouis (899). F. Stein Nachf. — 60; geb. in Leinw. n. — 90

Christen, des, Wandel vor Gott. Eine Sammlung der vorzüglichsten Gebete f. kathol. Christen. 5. Aufl. (464 S. m. farb. Titel u. Titelbild.) 16. Saarlouis (902). F. Stein Nachf. n. — 60; geb. in Leinw. m. Rotschn. n. — 80

Christen, Die Naturalverpflegung der dürftigen Reisenden in der Schweiz. 8°. Zürich 1889.

Christen, Ada [d. i. Christiane von Breden]

—— Aus der Asche. Neue Gedichte. 16. (IX, 87 S.) Hamburg 870, Hoffmann und Campe. *

Auf dem Eisbrecher. Erzählung von A[da] Christen [d. i. Christiane v. Breden]. *Berlin: Schriftenvertriebsanst. 1901.* (16 S.) 8° [F.]
— Kleinkindergarten. No 48. [05. 10639

Christen, Ada, Ella. [illegible] (160 S.) Wien, [illegible] 1869. 2 fl.

Christen, Ada. Gesammelte Gedichte. 16. Hamburg 873, Hoffmann und Campe. geb. *
Inhalt:
Lieder einer Verlorenen. Aus der Asche. Schatten.

Hypnotisiert. Lustspiel in 2 Aufz. von A. Christen. *Berlin: E. Bloch (1898).* (28 S.) 8° [F.]
= Mädchen-Bühne. H. 43. [00. 12649

Der Kanarienvogel. Erzählung von A[da] Christen [d. i. Christiane v. Breden]. Berlin: Schriftenvertriebsanst. 1897. (16 S.) 8° [F.]
= Kleinkindergarten. No 26. [05. 6276

Christen, Ada, aus dem Leben. Skizzen. gr. 16. (198 S.) Leipzig 876, E. J. Günther Nachf. *

— Lieder e. Verlorenen. 1. u. 2. Aufl. Ebend. 869. 16. (VII, 85 S.) 15 ngr.

—— Lieder einer Verlorenen. 1.—3. Aufl. 16. (V, 85 S.) Hamburg 869,71,73, Hoffmann und Campe.

Jungfer Mutter. Eine Wiener Vorstadtgeschichte von Ada Christen [d. i. Christiane v. Breden]. Dresden & Leipzig: Minden [1892]. 272 S. 8° [10. 11019

Christen, Ada, unsere Nachbarn. Neue Skizzen. 8. (223 S.) Dresden 884. Minden. n. 3. 50; geb. n.n. 4. 50

— Meckpeter. Ernas Traum, s.: Kinderfreund, der.

Das Nelkenbeet. Erzählung von A[da] Christen [d. i. Christiane v. Breden]. Berlin: Schriftenvertriebsanst. 1897. (16 S.) 8° [F.]
— Kleinkindergarten. No 27. [05. 6277

Fräulein Pascha. Lustspiel in 2 Aufz. von A. Christen. *Berlin: E. Bloch (1899).* (23 S.) 8° [F.]
— Mädchen-Bühne. H. 52. [00. 12653

Evchens letzte Puppe. Erzählung von A[da] Christen [d. i. Christiane v. Breden]. *Berlin: Schriftenvertriebsanst. 1901.* (16 S.) 8° [F.]
= Kleinkindergarten. No 47. [01. 10638

—— Schatten. Gedichte. 16. (XVI, 96 S.) Hamburg 873, Hoffmann und Campe. *

Christen, Ada, aus der Tiefe. Neue Gedichte. gr. 16. (VIII, 119 S.) Hamburg 878. Hoffmann & Campe Berl. n. 2. —

—— Vom Wege. Skizzen. 16. (151 S.) Hamburg 874, Hoffmann und Campe. *

— A., wie Lottchen nähen lernte, s.: Kinder-Bibliothek, kolorierte.

Christen, A[dolf]. Die Frau im Kampfe wider die Tuberkulose. Vortrag..., gehalten an der Jahresversammlung des Schweizer. Gemeinnützigen Frauenvereins in St. Gallen [den 28. Juni 1905. Sep.-Abdr. aus: Bericht des Sch' G' F' und seiner Sektionen, Schweizerisches Haushaltungs-Blatt..., Jahrg. 8, 1905, № 21 u. 22]. 16 S. 8. [Luzern, H. Keller.]

(Christen, Adolf.) Typhus und Trinkwasser. (Separatabdruck aus dem «Fortbildungsschüler», Jahrg. 25 [1904/05, Nr. 1—3].) 8 S. 8. [Solothurn, C. Gassmann, 1904.]

CHRISTEN, Bernhard
(F) Leben des heiligen Franciscus von Assisi von P. Bernhard Christen. Durch zahlreiche Bilder illustriert. Mit Approbation der römischen Censurbehörden. Innsbruck. 1899. Rauch. Gr.-8°. VIII, 366 S. mit 24 Tafeln. fl. 2.—, geb. fl. 2.60

— dasselbe. 2., verm. u. verb. Aufl. Durch 1 Farbendr. u. 31 andere Bilder illustr. gr. 8. (XI, 476 S.) Ebd. 902. n. 5. —

— vita di San Francesco d'Assisi. Prima versione italiana sulla 2. tedesca, aumentata, migliorata ad illustrata, fatta dal Giov. Cattaneo. gr. 8. (VIII, 456 S.) Ebd. 902. n. 5. —

Christen C.: Dissertatio inaug. sistens de lama observationes nonnullas anatomicas. Tubing. 1827. 22 S. P.

Christen, Christoph Andr(eas): Opium historice, chemice atque pharmacologice investigatum. 316 S., gbd.

Vindobonae: Volke 1820

JB 1.534

Christen, Erwin, stud. jur. a. Itingen (Baselland): Das Baurecht nach dem schweizerischen Zivilgesetzbuche vom 10. Dezember 1907. Borna-Leipzig 1909: Noske. VIII, 145 S. 8°
Leipzig, Jur. Diss. v. 28. April 1909
[Geb. 28. Dez. 85 Liestal, Schweiz; Wohnort: Laufen, Baselland; Staatsangeh.: Schweiz; Vorbildung: Obere Realsch. Basel Reife M. 04, Ergänzungsprüf. Gymn. Basel Juli 06; Studium: Basel 5, Lausanne 1, Leipzig 3 S.; Rig. 28. April 09.] [U 09. 2473

Christen, F. C., Arkona. Histor.-romant. Gemälde aus d. letzt. Hälfte d. 12. Jahrh. 2 Thle. 8, (42¾ B.) Leipzig 835, [Böhme.]

Christen, F. C., Arkona. Histor.-romant. Gemälde aus der letzten Hälfte des 12. Jahrh. 2 Thle. 8. Leipzig 835. Hartmann. 2½ ₰

—— Diana. Wahrheit u. Dichtung. 2 Thle. 8. (29 B.) Hamburg 830, Hoffmann u. Campe.

— Erich. Ein histor. Roman aus d. ersten Hälfte d. 15. Jahrh. 3 Thle. 8. Leipzig 836. Hartmann, jetzt Klinkhardt. 3 ₰

—— Malcolm. Seegemälde a. d. neuern Zeit. 8. (20¼ B.) Hamburg 830, Hoffmann u. Campe.

— Olaf. Histor.-romant. Gemälde aus der letzten Hälfte des 13. Jahrh. 2 Thle. 8. Leipzig 835. Hartmann, jetzt Klinkhardt. 1½ ₰

von Christen, Friedrich [aus Werleshausen]: Abhalten vom Mitbieten bei Versteigerungen ... Göttingen, Druck d. Univ.-Buchdr. v. W. F. Kästner, 1896; 43 S. 8.
Göttingen, Jur. Fak., Inaug.-Diss. v. [18. Apr.] 1896

Christen, J. M., Ave Maria, s. a. Unterhaltungsschriften, lehrreiche.

Christen, J. M., Ave Maria. Ein Kranz von Erzählungen zu Ehren der heiligsten Jungfrau. Regensburg 868. Pustet. 8. (IV, 332 S. u. 1 Stahlst.) 12 ngr.

Christen, J. M., Rechenschaft für den christlichen Glauben. Eine leichtfaßliche Darstellung der Göttlichkeit des Christentums. Trier, Lintz, 1871, gr. 8°, VIII, 367 S., 2,40 Mk.

— Vorbereitung für die erste heilige Communion in Betrachtungen. Trier 868. Lintz. 8. (VIII, 176 S.) 12 ngr.

Christen, Imman., Johannes Schneider. Ein Arbeiterleben aus dem Reiche Gottes. gr. 8. (IV, 165 S. m. Portr. in Lichtdr.) Basel 883. Spittler. n. 1. 20

de Christen, (Ladisl.) Julius (geb. Kenderes in Ungarn 21. 5. 1835): De hepatis carcinomate. Berolini (1862). (31 S.) 8°
Berlin, Med. Diss. v. 12. Dez. 1862

Christen, L[ina], & Christen, P[auline]. Ernst und Scherz. Vermischte Gedichte. Ihrem Familien- und Freundeskreis gewidmet von L. & P. Christen. Neujahr 1903. [Mit Vignetten und illustriertem Umschlag.] IV + 146 S. 8. Liestal, Gebr. Lüdin. [fr. 2.—]

Christen, Paul, siehe a. *Panorama.*

Christen, P. Panorama von Amnisbühl auf dem Beatenberg. Thun, E. Stämpfli. 1891. 1 —

— Panorama vom Faulhorn. Ebd. 1891. 1 25

Christen, Robert. Beiträge zur Pathologie u. Therapie der Harnröhrenstrikturen auf Grund einer Reihe von 400 Fällen. Diss. Med. Basel. [Sep.-Abdr. aus: Centralblatt für die Krankheiten der Harn- und Sexual-Organe. Band 14.] 70 S. 8. Leipzig, Georg Thieme, 1903.

Christen, Thdr., Untersuchgn. üb. d. Dauer d. Sterilisationsprocesses i. gespannten Dampfe bei gegebenen fixen Temperaturen, s. a. Mitteilgn. aus Kliniken u. medicin. Instituten d. Schweiz.

Christen, Th. Untersuchungen über die Dauer des Sterilisationsprozesses im gespannten Dampfe bei gegebenen fixen Temperaturen. In-8°. 48 S. Bern. These. 1895.

Christen, Theophil: Beiträge zur Verwendung des freien Integrationsweges. Greifswald 1897. 35 S. 1 Taf. 8°.
Basel. Phil. Diss. 1897/98.

Christen, Th[eophil]. Untersuchungen über Ascites und Liquor pericardii. Diss. Med. Univ. Zürich. [Mit Figuren.] Sonderabdruck aus dem Zentralblatt für innere Medizin 1905, Nr. 13. *Kopftitel:* Aus dem chemischen Laboratorium der medizin. Klinik in Zürich. Direktor: Prof. Dr. H[ermann] Eichhorst. II + 12 S. 8. (Leipzig, Breitkopf & Härtel.)

Christen, T[raugott]. Neue Belege zu der Geschwindigkeitsparabel 8ter Ordnung. (Sonder-Abdruck) Aus: Zeitschrift für Gewässerkunde. Band 6. Heft 3. II S. + S. 175—186. 8. (Leipzig, S. Hirzel, [1903].)

Christen, T[raugott]. Die Geschiebeführung der Flussläufe. Ein Beitrag zur Dynamik der Sinkstoffe. ([SA. aus:] Zeitschrift für praktische Geologie, Jahrg. 14, Januar 1906.) S. 4—8. 4. [Berlin, J. Springer.]

Christen, T[raugott]. Das Gesetz der Translation des Wassers in regelmässigen Kanälen, Flüssen und Röhren von T. Christen, Oberförster (Zweisimmen). Mit einer lithographierten Tafel [und 1 Tabelle]. VIII + 169 S. gr.-8. Leipzig, Wilhelm Engelmann, 1903. [M. 5.—]

Christen, Walter [prakt. Arzt aus Olten]: Beiträge zur Statistik und operativen Behandlung des Mastdarmkrebses. Tübingen 1900. 80 S. 8°. (S.-A. aus Beiträge zur klinischen Chirurgie. XXVII. Bd.)
Zürich. Med. Diss. 1899/1900.

Christen, Walther. Rede gehalten am Schulfest in Olten den 16. Juli 1905. Separatabdruck aus dem «Oltner Tagblatt». 23 S. 8. Olten, Buchdr. des «Oltner Tagblatt» und «Volksblatt vom Jura», [1905].

Christen, Wolfgang (Bern): Diss. med. inaug. de principio vitali eiusque cura in declinante senectute. Basel 1702.

Christen-Kesselbach, Seb[astian]. Andermatt in der Schweiz.... Kurort für Brustleidende und Lungenkranke. Seine klimatischen und meteorologischen Vorzüge, sowie dessen landschaftliche Umgebung. Geschildert... durch Seb. Ch'-K'... (* *Umschlag*: Meteorologische Statistik über die tägliche Temperatur, 10jähriger Durchschnitt, von Andermatt und Davos und Uebersichts-Plan der Gotthard-Bahn... = Statistique méétéorologique... = Meteorological Statistics...). [Mit 3 Tafeln und 1 graphischen Tabelle.] 8. (Andermatt [1882].)
(*Tabelle u. d. T.:* Meteorologische Statistik über die tägliche... Temperatur von 1868/69, von Davos & Andermatt. Hrg. & bearb.... von Dr. med. [Zeno] Fas-bind in Gersau = Statistique météorologique... = Meteorological Statistics....)

Christen-Kesselbach, Seb[astian]. Andermatt in der Schweiz.... Klimatischer Sommer- & Winter-Kurort für Brustleidende und Lungenkranke.... Seine klimatischen und meteorologischen Vorzüge, sowie dessen landschaftliche Umgebung. Geschildert... durch Seb. Ch'-K'.... [Mit 3 Tafeln, 1 Karte und illustriertem Umschlag.] 8. (Luzern) *o. J.* [1883/86].

Christen-Bote, der, ein kirchl.-religiöses Sonntagsblatt. Herausg. vom Pfarrer Burk. Jahrg. 1832. 52 Numm. schmal gr. 4. Stuttg., Steinkopf. 1 ℛ 8 ℊℓ (1r Jahrg. od. Sept. bis Dec. 1831, unt. d. Titel: christl. Bote aus Schwaben. 4. Ebd. 12 ℊℓ)

Christen-Bote, der, ein Sonntagsblatt, vom Pfarrer Burk. 2r – 10r Jahrg. 1833 – 40. à 52 Numm. gr. 4. Stuttgart, Steinkopf. (2r J. 1 1/3 ℛ, 3r – 10r J. à n. 1 5/12 ℛ)

Christen-Bote, der, e. kirchl.-religiöses Sonntags-Blatt. Hrsg. v. (J. Ch. F.) Burk. 4 – 12. Jahrg. 1835 – 42. à 52 Nrn. (1/2 Bog.) gr. 4. Stuttgart, J. F. Steinkopf. à J. *
1 – 3. Jahrg. 1832 – 34. Ebendas. à * 1 Thlr. 8 Gr. – Der Zusatz: „kirchlich-religiöses" wurde dieser Zeitschr. vom 9. Jahrg. an beigefügt.

Christen-Bote, der, ein kirchlich-religiöses Sonntags-Blatt. Herausgeg. vom Pfarrer Burk in Großbottwar. 11.—16. Jahrg. 1841—1846. à 52 Numm. (Bog.) Schmal gr. 4. Stuttgart, Steinkopf. 11. u. 12. Jahrg. à n. 1 5/12 ℛ — 13.—16. J. à n. 1 1/3 ℛ

Christen-Bote, der. Ein kirchlich-religiöses Sonntagsblatt. Hrsg.: J. C. F. Burk. 17—22. Jahrg. 1847—1852. à 52 Nrn. gr. 4. (à 1/2—1 B.) Stuttgart, J. F. Steinkopf. à Jahrg. n. 1 1/3 ℛ

Christen-Bote, der. Herausgeber: J. C. F. Burk. 23—28. Jahrg. 1853—58. à 52 Nrn. (à 1/2—1 Bgn.) Stuttgart, J. F. Steinkopf. gr. 4. Jeder Jahrg. n. 1 ℛ 10 ngr

Christen-Bote, der. Herausg.: J. C. F. Burk. 29—34. Jahrg. 1859—64. à 52 Nrn. (à 1/2—1 Bgn.) Stuttgart. J. F. Steinkopf. 4. Jeder Jahrg. n. 1 ℛ 10 ℛ

Christen-Bote, der. 35—39. Jahrg. 1865—1869. Herausgbr.: J. C. F. Burk. — 40. Jahrg. 1870. Herausgbr.: K. Kapff. à 52 Nrn. (à 1 Bgn.) Stuttgart, J. F. Steinkopf. 4. Jeder Jahrg. n. 1 ℛ 10 ngr

Christen-Bote, der. Hrsg.: K. Kapff. 41—46. Jahrg. 1871—1876. à 52 Nrn. (B.) gr. 4. Stuttgart, J. F. Steinkopf. à Jahrg. n. 4. —

Christen-Bote, der. Hrsg.: C. Kapff. 47. Jahrg. 1877. 52 Nrn. (B.) gr. 4. Stuttgart, J. F. Steinkopf. n. 4. —

— dasselbe. 48—51. Jahrg. 1878—1881. à 52 Nrn. (B.) gr. 4. Ebend. à Jahrg. 2. 10

— dasselbe. Hrsg.: G. Weitbrecht. 52. Jahrg. 1882. 52 Nrn. (B.) gr. 4. Ebend. 2. 10

Christen-Bote, der. Hrsg.: G. Weitbrecht. 53—56. Jahrg. 1883—1886. à 52 Nrn. (B.) gr. 4. Stuttgart, J. F. Steinkopf. à Jahrg. 2. 10

Christen-Bote, der. Hrsg.: G. Weitbrecht. 57.—60. Jahrg. 1887—1890. à 52 Nrn. (B.) gr. 4. Stuttgart, J. F. Steinkopf. à Jahrg. n. 2. 10

Christen-Bote, der. Hrsg.: G. Weitbrecht. 61.—64. Jahrg. 1891—1894. à 52 Nrn. (Bog.) gr. 4. Stuttgart, J. F. Steinkopf. à Jahrg. n. 2. 10

Christen-Bote, der. Hrsg.: G. Weitbrecht. 65.—68. Jahrg. 1895—1898. à 52 Nrn. (Bog.) gr. 4. Stuttgart, J. F. Steinkopf. à Jahrg. 2. 10

Christen-Bote, der. Hrsg.: G. Weitbrecht. Red.: Fr. Steinkopf. 69.—72. Jahrg. 1899—1902. à 52 Nrn. 4. (à ca. 8 S.) Stuttgart, J. F. Steinkopf. à Jahrg. 2. 10

Christen-Bote, der. Hrsg.: G. Weitbrecht Red.: Fr. Weitbrecht. 73.—76. Jahrg. 1903—1906 à 52 Nrn. (414, 416, 422 u. 414 S.) Ler.-8. Stuttgart, J. F. Steinkopf. à Jhrg. 2. 10

Christen-Bote, der. Hrsg.: G. Weitbrecht. Red.: Fr. Weitbrecht. 77.—80. Jahrg. 1907—1910. à 52 Nrn. (II, 414; II, 416; II, 416 u. II, 416 S.) 30,5×21 cm. Stuttgart, J. F. Steinkopf. à Jhrg. 2. 10

— der. Eine Monatsschrift. Von J. A. L. Müller. 1—3. Jahrg. 1850—1852. à 12 Nrn. 8. (B.) Berlin, Brandis. à Jahrg. 1/2 ℛ

Der Christenbote: Jahrgang 1, 1907 1941?
Monthly. Large quarto, each issue 8 16 pages. Circulation 3000. Sub-title: Monatsblatt für die deutschen-evangelischen Gemeinden in Sta. Catharina und Mittelbrasilien, herausgegeben von der Evangelischen Pastoralkonferenz von Sta. Catharina und der Synode Mittelbrasiliens. Edited by the Rev. Radlach, Schliemann, and many editors of the Synod. Printed by G. Arthur Koehler. Published by H. Decke.
Blumenau

Der Christenbote. Monatsblatt für die dt. ev. Gemeinden in Santa Catharina und Mittelbrasilien. Hrsg. von der Ev. Pastoralkonferenz von Santa Catharina und der Synode Mittelbrasiliens. Jg 1 ff. — Joinville (früher: Blumenau) 1908 ff. 4°

Der Christenbote: 1909 1935? Joinville
Monthly. Circulation 3000. Published by Boehm & Cia.

Amerikanischer Christenbote und Susquebanna Herold: May 1842 -1843?
Weekly.
Williamsport, PA

—— australischer, für die evangelisch-lutherische Kirche in Australien. Hrsg. von Math. Göthe. 2. Jahrg. 1861. 12 Nrn. (Bog.) Fol. Melbourne. (Philadelphia, Schäfer und Koradi.) *

Der Australische **Christenbote** für die evangelisch-lutherische Kirche in Australien. Jg. 43. 44. 1902—03. Melbourne. 4°

— u. Jugend-Freund. Red. v. Brobst. Jahrg. 1852. od. 6. Bd. 26 Nrn. gr. Fol. (à 2 B.) Allentown. (Philadelphia, Schäfer & Koradi.) n. 2 2/3 ℛ

Christen-Bote, uckermärkischer. Volksblatt für innere und äußere Mission. Redakt.: Wagner. 1. Jahrg. Octbr. 1855 — Septbr. 1856. 10 Nrn. (Bog.) 4. Prenzlau, Vincent. Thlr. *

Christen-Buch, das. Ein evangel. Hausschatz. Hrsg. von A. v. Bilfinger, R. Pfleiderer, R. Weitbrecht. (In 25 Lfgn.) 1.—8. Lfg. hoch 4. (1. Tl. S. 1—160, 2. Tl. S. 1—144 u. 3. Tl. S. 1—40 m. je 1 Vollbild.) Stuttgart (901. 902). Buchh. f. Innere Mission. à —40

Christen-Buch, das. Ein evangel. Hausschatz. In 3 Tln. Morgen- u. Abendandachten für alle Tage des Jahres. Predigten auf alle Sonn- u. Festtage. Der christliche Glaube nach Luthers großem Katechismus. Religiöse Gedichte. Der Gemeinde dargeboten von v. Bilfinger, R. Pfleiderer, R. Weitbrecht. 9.—25. (Schluß-)Lfg. (1. Tl. VIII u. S. 161—744, 2. Tl. S. 145—440 u. 3. Tl. S. 41—72 m. 12 Vollbildern.) hoch 4. Stuttgart 902. [Buchh. f. innere Mission.] Chr. Belser. à —40

— dasselbe. 2. Aufl. (VIII, 744, 440 u. 72 S.) hoch 4. Ebd. (903). Geb. in Leinw. n. 12.—

Christen-Buch, das. Ein evangel. Hausschatz. In 3 Tln. Morgen- u. Abendandachten für alle Tage des Jahres. Predigten auf alle Sonn- u. Festtage. Der christl. Glaube nach Luthers großem Katechismus. Religiöse Gedichte. Der Gemeinde dargeboten von v. Bilfinger, R. Pfleiderer, R. Weitbrecht. 7. Aufl. (VIII, 8, 744, 440 u. 72 S. m. 24 Vollbildern.) Lex.-8. Stuttgart (906). Ch. Belser. In 1 Leinw.-Bd. n. 13.—; m. Goldschn. n. 14.—

Christenbuch, das. Ein evangel. Hausschatz. In 3 Tln. Morgen- u. Abendandachten f. alle Tage des Jahres. Predigten auf alle Sonn- u. Festtage. Der christl. Glaube nach Luthers großem Katechismus. Religiöse Gedichte. Der Gemeinde dargeboten von v. Bilfinger, R. Pfleiderer u. R. Weitbrecht. Mit 24 Vollbildern. 2 Bde. 8. Aufl. Lex. 8. Stuttgart (908). Ch. Belser. Geb. in Leinw. 16.—; in 1 Bd. geb. 14.—; m. Goldschn. 16.—

1. Morgen- u. Abendandachten f. alle Tage des Jahres. (XVI, 744 S.) Geb. in Leinw. 9.—
2. Predigten f. alle Sonn- u. Festtage des Jahres. Der christl. Glaube in Auslegn. nach Dr. Mart. Luthers großem Katechismus u. anderen Schriften des Reformators. Anh.: Auswahl religiöser Lieder. (440 u. 72 S.) Geb. in Leinw. 7.—

Christener, Chr[istian]. Die Hieracien der Schweiz. Mit zwei Tafeln. (Progr.) 4. (Bern 1863.)

Christenflinten. Von e. Juden. gr. 8. (21 S.) Friedeberg (Queis) 892. A. Dresler. n. —50

Christenfreude in Lied und Bild. Geistliche Lieder mit Holzschnitten (im Text) nach Zeichnungen von C. Andreae, Lud. Richter und Jul. Schnorr v. Carolsfeld, herausg. und verlegt durch A. Gaber's Atelier für Holzschneidekunst. Leipzig 855. G. Wigand in Comm. Lex.-8. (51 Bl.) n. 1 ₰

Christenfreude in Lied und Bild. Geistliche Lieder mit Holzschn. nach Zeichnungen von Ludw. Richter, Jul. Schnorr v. Carolsfeld und C. Andreae geschn. von Aug. Gaber. 4., verm. Aufl. Lex.-8. (104 S.) Dresden 863, Richter. *

Christenfreude in Lied und Bild. Die schönsten geistl. Lieder mit Holzschn. nach Orig.-Zeichnungen von Ludw. Richter, Jul. Schnorr v. Carolsfeld, Jos. Ritter v. Führich, Osc. Pletsch, A. Strähuber und C. Andreae. 9. reich verm. Aufl. gr. 8. (VIII, 112 S.) Leipzig 884, A. Dürr. geb. mit Goldschn. *

Christenfreude in Lied u. Bild. Die schönsten geistl. Lieder m. Holzschn. nach Orig.-Zeichngn. v. Ludw. Richter, Jul. Schnorr v. Carolsfeld, Jos. Ritter v. Führich, Osc. Pletsch, A. Strähuber u. C. Andreae. 10. Aufl. gr. 8. (VIII, 112 S.) Leipzig 885. A. Dürr. geb. m. Goldschn. n. 4. 50

Christenfreude in Lied u. Bild. Die schönsten geistl. Lieder m. Holzschn. nach Orig.-Zeichngn. v. Ludw. Richter, Jul. Schnorr v. Carolsfeld, Jos. Ritter v. Führich &c. 11. Aufl. gr. 8. (VIII, 112 S.) Leipzig 887. A. Dürr. geb. mit Goldschn. n. 4. 50

Christenfreude in Lied u. Bild. Die schönsten geistl. Lieder m. Holzschn. nach Orig.-Zeichngn. v. Ludw. Richter, Jul. Schnorr v. Carolsfeld, Jos. Ritter v. Führich, Osc. Pletsch, A. Strähuber u. C. Andreae. 12., reich verm. Aufl. Lex.-8. (VIII, 122 S.) Leipzig 891. A. Dürr. Geb. in Leinw. m. Goldschn. n. 4. 50

Christenfreude in Lied u. Bild. D. schönsten geistl. Lieder m. Holzschn. n. Orig.-Zeichngn. v. Ludw. Richter, Jul. Schnorr v. Carolsfeld, Jos. Ritter v. Führich, Osc. Pletsch, A. Strähuber u. C. Andreae. 13. Aufl. gr. 8. (VIII, 122 S.) Leipzig 895. A. Dürr. Geb. in Leinw. m. Goldschn. n. 4. 50

Christenfreuden, s. a. J. J. Rambach.

Christenfreuden zur Erbauung geschrieben. Leipzig 1779. V: *Rambach, Johann Jacob.* (Ky) (Schr)

Christenfreuden, zur Erbauung geschrieben (v. J. J. Rambach). 8. Leipz. 779. 2e A. 784. Weygand. 18 ₰

Christenfreund, der, e. Sonntagsblatt zur häusl. Erbauung u. Belehrung. Jahrg. 1828. 4. Erlangen, Comt. d. Zeitung. (Hilpert.)

Christenfreund. Der Ch'. Ein Abreiss-Kalender für das christliche Haus auf das Jahr ..., mit bibl. Morgen- und Abend-Betrachtungen für jeden Tag und Bibellesezettel. Mit Beiträgen von ... Pfarrer [Carl] Bohnenblust, Bischofszell; ... Pfarrer [Emmanuel] Christen, Genf; ... Pfarrer Dr. [Gottfried] von Fellenberg, Oberbalm; ... Pfarrer H[einrich] Grob, Herbishofen; ... (... u. a. m. ...). [Mit illustriertem Umschlag.] 8. Emmishofen ... . [fr. 1.—]

... auf das J' 1906... . [VI +] 365 doppelseitige Bl. Emm' ‹Kt. Thurgau, Schweiz›, Evangelische Buchh. Carl Hirsch & Joh. Blanke.

... auf das J' 1907... . [XIX +] 365 doppelseitige Bl. Emm' ‹Kanton Thurgau›, Evangelische Buchh' C' H' & Johannes B'.

Ersch. von 1908 ab nicht mehr, resp. ging auf in: Der christliche Hausfreund, verbunden mit «Der Christenfreund». Neukirchen, Kreis Mörs, Buchh. des Erziehungsvereins.

Christengemeinde, die, auf Nilagiri, s. a. Missionstraktate, kleine.

Christengemeinde, die, auf dem Nilagiri. Basel 866. (Berlin, E. Beck.) 32. (32 S. m. Holzschn.) n. ⅔ ngr.

Christengemeinde, die, auf den Nilagiri. 2. Aufl. 16. (16 S.) Basel 880. Missionsbuchhandlung. n. 4.—

Christenglaube im Bunde m. der Naturwissenschaft. Von e. Laien. gr. 8. (III, 76 S.) Braunschweig 891. Schwetschke & Sohn. n. 1.—

Christenherz, d. andächtig betende. 8. Leipz. 754.

— fröhliches, in Psalm. &c. 8. Nürnb. Felsecker. 762.

Christenkinder, glückliche, unglückliche Heidenkinder od. was Christenkinder vor Heidenkindern voraushaben. 16. (16 S. m. Abbildgn.) Basel 892. Missionsbuchh. n. — 4

— dasselbe, s. a. Missions-Traktate, kleine.

[F.] Ein fröhliches Christenleben oder Lebensgeschichte v. Billy Bray. Nach d. Engl. frei bearb. v. A. L. Schettler, Pfarrer in Cleinich ... (Durchges.) 2. Aufl. *Bonn: J. Schergens (1895).* (VIII, 140 S., 1 Bl., 1 Portr.) 1 Bd 8. [96. 185

Christenlehrbuch für kathol. Seelsorger, Katecheten u. Lehrer, (v. G. Socher). 4 Bde. gr. 8. Münch. 795. 2e A. 804. Lentner. 4 ℛ

Christenlehr-Büchlein oder die ersten sechs Glaubens-Wahrheiten den lieben Kleinen in der heil. Geschichte erzählet. 3., unveränd. Aufl. 12. (IV und 80 S.) Bozen 860, Promperger'sche Buchh. geb.

Christenlehr-Büchlein oder die ersten 6 Glaubens-Wahrheiten den lieben Kleinen in der heiligen Geschichte erzählet. 4., unveränd. Aufl. 12. (IV und 80 S.) Bozen 863, Promperger'sche Buchh. geb. *

Christenlehrbüchlein, Katholisches. Ein Auszug aus den kathol. Christenlehren . . . Augsburg 1806. V: *Königsdorfer, Martin.* (Ky) (MGT) (schmal)

Christenlehr- und Wiederholungsbüchlein. 8. (5 Bl.) Wien: Schulbücher-Verschleiß-Administration 1855.

Christenlehre, s. Christuslehre.

Christenlehre, d. i. die Hauptstücke der Lehre d. Heils. Nach den Bekenntnissen der evangelisch-protestant. Kirche f. drei Stufen d. Lehrganges zusammengefaßt. gr. 12. (39 S.) Heidelberg 851, K. Winter. n. n. 1/12 ℛ

— d. ganze, in Betrachtt. über d. Katechismus auf alle Tage, (v. Ans. Sartori). 2 Thle. 8. Augsb. 787. Wolff. 20 𝒦

Christenlehre, die ganze, in Betrachtungen üb. den Katechismus f. jeden Tag d. Jahres. Ein f. Jedermann faßl. Religionsunterricht, der zugleich Seelsorgern hinlängl. Stoff zu Predigten bietet. Verf. v. e. Benediktinermönche der Abtei Ettenheimmünster. Neu hrsg. v. J. Stillbauer. 8. (XX, 243 S.) Mainz 886. Kirchheim. 2. —

Christenlehre in 6 Hauptstücken nach Brenz u. Luther u. Sammlung v. Bibelsprüchen (Spruchbuch) in der Duala-Sprache, Kamerun. 12. (62 S.) Basel 892. (Missionsbuchh.) Geb. n. 1. —

Christenlehre, ihr Kern; Beitrag zur Erzielung d. Catechismus d. Uebereinstimmung. Heidelberg 1827. 8.

Christenlehre, Eine, von Nothtaufen . . . Augsb. 1819. V: *Königsdorfer, Martin.* (schmal)

Christenlehre, eine, von Nothtaufen f. alle christl. Eheleute, die alle ihre Kinder zur heil. Taufe bringen möchten. 8. Landsh. 820. Krüll. 2 𝒦

— u. Prüfungsgeschenk. 8. Grätz 804. Tusch. 10 𝒦

Christenlehre für die zartere Volksjugend. gr. 8. Bern 833. Jenni. 1/12 ℛ — 3e Aufl. unt. d. Tit.: Christuslehre ꝛc. gr. 8. Ebd. 839. 1/8 ℛ

Christenlehren, Katholische, von einem Dorfpfarrer . . . Augsburg 1805. V: *Königsdorfer, Martin.* (MGT)

Christenlehren, kathol., von e. Dorfpfarrer im Bisth. Augsb. ꝛc. 2 Bde. 2e Aufl. gr. 8. (Landsh.) 820. (Krüll). 1 ℛ 16 𝒦

Christenlehren, katholische, von einem Priester der Diözese Trier. gr. 8. (XIII, 452 S.) [Luxemburg 881, Breisdorff.] Trier, Paulinus-Druckerei. [* M 3.] *

Christenlehr-Geschenk f. Verehrer Mariä. 1826. — (Mit d. Umschlagstit.:) Verehrer Mariä. Kurzer Unterr. vom Ursprung u. üb. d. Auslegung u. Weise, d. engl. Gruß u. d. lauretan. Litaney verständlich zu beten. Mit Titkpfr. 12. (1½ B.) Augsburg 833. (Landshut, Manz.)

Christenlehrpredigten, Kurze sonntägliche, zum Unterricht des Landvolks . . . Wien 1794. V: *Härle, Sebast.* (Ky) (MGT)

Christenlehr-Wiederholungsbüchlein

Christenlehr-Wiederhohlungs-Büchlein für den Neifner Joseph aus der Pfarre St. Joseph, Leopoldstadt III. 8 S., gbd., Tab.

Wien: 1837 - 1839)

JB 5.585

Christenlieder. 8. (3¾ B. u. Titvign.) Barmen 841, (Langewiesche.)

Christenlieder. Auswahl evangelischer Gesänge für öffentl. und häusl. Gebrauch. gr. 12. (72 S.) Heidelberg 851(52,) Carl Winter. **

Christenlieder. Auswahl evangelischer Gesänge f. öffentl. u. häusl. Gebrauch. gr. 12. (72 S.) Heidelberg 852, K. Winter. n. n. 1/12 ℛ

Christenlust in Liedern. Bevorw. von Fr. Hommel. Erlangen 861. Deichert. 16. (XIV, 178 S.) n. 12 ngr.

***Christenn*, Jh. Ksp., Diss. inaug. de Nova Lithotomia Guerini. 8maj. Erlang. 804. (Heyder). 4 𝒦**

Christenpflicht. Vollständiges Lehr- u. Gebetbuch f. Katholiken m. Meßandachten f. die Hauptfestzeiten d. kathol. Kirchenjahres. 16. (VII, 480 S. m. e. Stahlst. u. e. lith. u. color. Titelbl.) Einsiedeln 873. Wyß, Eberle & Co. — 80

Ernsthafte Christen-Pflicht, Die; darinnen schöne geistreiche Gebäter . . . Ephrata. 1770.

Christenpflicht, die ernsthafte, enth. schöne geistreiche Gebäte, womit fromme Christen-Herzen zu allen Zeiten und in allen Nöthen sich trösten können. 8. (214 S.) Lancaster 862. (Philadelphia, Schäfer und Koradi.) In Leder geb. *

Christenpflicht, Die uralt-unabänderlich und unauflösliche, die Geistlichkeit zu ehren. O. O. 1777. V: *Ruef, Anton Sebastian.* (ML)

Christen-Schlächtereien, die scheußlichen, am Ende des 19. Jahrh. gr. 8. (16 S. m. 4 Abb.) Wytikon-Zürich 897. G. Schilde. — 15

Christen-Schule, die. Zur Förderung des religiösen Lebens in der Jugend. Herausg. von Jos. A. Zeller. 1—24. Heft u. 3. Bd. 1—4. Heft. Freiburg im Br. 850—55. Wangler. 16. (1. Bd.: 100 S.; 2. Bd.: 176 S.; 3. Bd.: S. 1—58.) Jedes Heft 1/3 ngr.

Christen-Schule, die, oder der Fortschritt des Kindes im religiösen Leben und Erlernung nützlicher Kenntnisse. Vom Verein für christliche Erziehung. 1—23. Heftchen. 16. (1. Bd. 100 S. und 2. Bd. 176 S.) Freiburg im Br. 850—53, Wangler. à Heftchen ⅓ Ngr.
Die Fortsetzung erschien unter dem Titel:

—— die. Zur Förderung des religiösen Lebens in der Jugend. Hrsg. von Jos. A. Zeller. 3. Bd. 1—4. Heft. 16. (S. 1—58.) Ebds. 854—55. à Heft ⅓ Ngr.

Christenschutz nicht Judenschutz. O. O. 1876. V: *Rebbert, Jos.* (Allgem. Ztg. Judenth. XL, 1876 Nr. 40, S. 639.)

Die **Christen-Sclavin** als türkische Fürstin, oder Die Wege der Vorsehung. Eine wahre u. traurige Begebenheit ... Ausgegeben von J. F. B. Oldenburg 1859: Büttner & Winter. 4 Bl., 170 x 112.

Christensen, Jens, der Büchermacher, am Pranger wegen Plagiats und literarischen Diebstahls. Eine Studie von Skaldaspilli. gr. 8. (68 S.) Leipzig 884, Uhlig. *

Christensen, aus dem Leben e. Junggesellen. (160 S.) 8. Frankfurt a/M. 906. Literar. Anstalt. n. 2. — ; geb. n. 3 —

(Christensen.) Project zu einem deutschen Marine- und Handelskanal zwischen der Ostsee und der Elbe, wie auch zu einem Kriegshafen für die deutsche Flotte. Rendsburg 1848. 8°.

Albrecht **Christensen**: Studien über Jean Jacques Rousseau. 26 S. – Flensburg, Progr. 1869.

Christensen, Arth., Recherches sur les Rubâ'iyât de Omar Hayyâm, s.: **Materialien** zu e. Geschichte der Sprachen u. Litteraturen des vorderen Orients. 3. Hft.

Christensen, C. D., s. Christensen, Kaspar Dietrich

Christensen, C. H., s. Christensen, Karl Adolf Heinrich

Christensen, Ernst: Charte der im Winter 1824/25 überschwemmt gewesenen Marschgegend der Herrschaft Breitenburg. (Kopenhagen.) o. J. Farbendruck. 1 Bl. Quer-Fol. 30/59 cm.

CHRISTENSEN, [ERNST JOH. FRIEDR.], Entwässerungs-Regulativ für das Kirchspiel Marne, betreffend die Kattrepler, Neufelder, Helser und Trennenwurther Schlusseinigung. Hamburg. 1838.

Hydrographische Charte des Mielthales. Nach festgelegten Puncten croquirt v. [Ernst Johann Friedrich] **Christensen**. 1849 & 1850. (ca. 1 : 13.500.) Flensburg. o. J. Farbendruck. 4 Bl. Fol. zusammengeklebt a. Leinwand, 112/83 cm.

Christensen, E. J. F. Die Landschaften Norder- und Süderdithmarschen. Heide 1833. 1 Bl. c. L. Ff.

— Die Verbesszeung der Burger-Kudenseer-Niederung, mit Rücksicht auf Entwässerung und Schiffahrt, dargestellt in einem technischen Gutachten. Als Mscpt gedruckt. Hamburg. 1840. (M. 1 Kort).

Christensen H. R.: Zwei neue fluoreszierende Denitrifikationsbakterien. Jena 1903. (5) S. 2 Tvl. (Særtr.). P.

Christensen, Hans, approb. Arzt aus Kiel: Ein **Beitrag** zur Würdigung der conservativen Behandlungsmethode der offenen Hydronephrose. *Kiel 1903: Schmidt & Klaunig.* (18 S.) 8°
Kiel, Med. Diss. v. [14. Mai] 1902

Christensen, Heinr., das Alexanderlied Walters v. Châtillon. (XII, 225 S.) gr. 8. Halle 905. Buchh. des Waisenhauses. n. 6. —

Christensen, Heinr. Die ursprüngliche Bedeutung der patricii. 26 S. Progr. *Husum* 1876.

Christensen, H. Beiträge zur Alexandersage. Hamburg, Wilh.-G., 1883. 39 S. 4. Progr.

Christensen, Heinr., Beiträge zur **Alexandersage**. gr. 4. (39 S.) Hamburg 883. (Nolte.) n.n. 1. 25

Eisenbahn von Glückstadt über Crempe, Itzehoe, Wilster und Meldorf nach Heide. Einladung zur Actienzeichnung. (Bericht und Kostenberechnung v. **Heinrich Christensen** und **Eduard Dietz.**) o. O. (1845.) Fol.

Christensen, Henr. (geb. Apenrade 23. 7. 1849): De fontibus a Cassio Dione in vita Neronis enarranda adhibitis. Berolini (1871). (75 S.) 8°
Berlin, Phil. Diss. v. 9. Aug. 1871

Christensen, H. Geschichtstabelle zur Wiederholung der wichtigsten Zahlen. gr. 8. (7 S.) Bresl. 889, F. Hirt. * — 10
Aus: Christensen, H. Grundriß der Geschichte, 3. Tl., besonders abgedruckt.

— Grundriß der Geschichte f. die oberen Klassen höherer Mädchenschulen und für Lehrerinnen-Seminare. 3 Tle. gr. 8. Ebd. n. 4. 10
1. Das Altertum. Mit 73 Abbildgn. u. 4 Karten im Farbendr. (131 S.) 887. n. 1. 25
2. Das Mittelalter. Ausg. A.: Für evangel. Schulen. Mit 41 Holzschn., 4 Karten in Farbendruck und 2 Ergänzungstafeln, Schriftproben u. e. Urkunde enth. (111 S.) 888. n. 1. 25
3. Die Neuzeit. Ausg. A.: Für evangelische Schulen. Mit 28 Holzschn. u. 6 Karten in Farbendr. (149 S.) 888. n. 1. 60

— dasselbe. Ausg. B. Für konfessionell gemischte Schulen. 2. u. 3. Tl. gr. 8. Ebd. 888. geb. n. 3. 35
2. (111 S.) n. 1. 50. — 3. (149 S.) n. 1. 85.

Christensen, H., Grundriß der Geschichte. 1. Tl. u. 2. Tl. Ausg. A u. B. gr. 8. Leipzig 893. F. Hirt & Sohn. Geb. n. 4. 50
1. Das Altertum. 2. Bearbeitg. (117 S. m. 74 Abbildgn. u. 4 farb. Karten.) n. 1. 50
2. Das Mittelalter. Ausg. A: Für evangel. Schulen. Mit 47 Abbildgn., 2 Schrifttaf. u. 4 farb. Karten. 2. Bearbeitg. (119 S.) n. 1. 50
Ausg. B: Für konfessionell-gemischte Schulen. n. 1. 50

Christensen, H., Grundriß d. Geschichte. 1. Tl.: Das Altertum. 3. Aufl. gr. 8. (117 S. m. 74 Abb. u. 4 farb. Karten.) Leipzig 897. F. Hirt & Sohn. Geb. n. 1. 50

— dasselbe. 2. Tl.: **Das Mittelalter.** Ausg. B: Für konfess. gem. Schulen. Mit 47 Abb., 2 Schrifttafeln u. 3 Karten in Farbendr. 4. Aufl. gr. 8. (119 S.) Ebd. 898. Geb. n. 1. 50

— dasselbe. 3. Tl. Die Neuzeit. Ausg. A u. B. gr. 8. Ebd. geb. à n. 1. 85
A. F. evang. Schulen. M. 33 Abb. u. 6 Karten in Farbendr. 2. Bearbeitg. (143 S.) 895.
B. Für konfess. gem. Schulen. Mit 35 Abb. u. 6 Karten in Farbendr. 4. Aufl. (144 S.) 898.

Christensen, H., Grundriß der Geschichte. 1. Tl.: Das Altertum. 4. Aufl. gr. 8. (128 S. m. 82 Abbildgn. u. 4 farb. Karten.) Leipzig 901. F. Hirt & Sohn. Geb. n. 1. 50

Christensen, H., Grundriß der Geschichte. 3 Tle. gr. 8. Leipzig, F. Hirt & Sohn. Geb. n. 4. 85
1. Das Altertum. Mit e. Bilderanh., enth. 74 Abbildgn. in Schwarzdr., sowie 1 Taf. „Dorisches Gebälk" u. 4 Karten in Farbendr. 5., durchgeseh. Aufl. (128 S.) 905. Geb. n. 1. 50
2. Das Mittelalter. Ausg. A: Für evangel. Schulen. Mit 47 Abbildgn. u. 2 Schrifttaf. in Schwarzdr., sowie 3 Karten in Farbendr. 3. durchgesch. Aufl. (119 S.) 903. Geb. n. 1. 50
Ausg. B: Für konfessionell gemischte Schulen. Mit 49 Abbildgn. in Schwarzdr. u. 3 Karten in Farbendr. 6., durchgeseh. Aufl. (88 S. u. S. 41—72.) 906. Geb. n. 1. 50
3. Die Neuzeit. Ausg. A: Für evangel. Schulen. Mit e. Anh. v. 35 Abbildgn. in Schwarzdr. u. 6 Karten in Farbendr. 3., durchgesch. Aufl. (144 S.) 906. Geb. n. 1. 85
Ausg. B: Für konfessionell gemischte Schulen. Mit e. Anh. v. 35 Abbildgn. in Schwarzdr. u. 6 Karten in Farbendr. 5., durchgeseh. Aufl. (144 S.) 905. Geb. n. 1. 85

Christensen, Heinr., Lehrbuch der Geschichte f. höhere Mädchenschulen. Neubearbeitung in 5 Heften u. 1 Vorstufe. 8. Leipzig, F. Hirt & Sohn. Kart. nn 6. 30
1. Griechische u. römische Geschichte. Mit e., 39 Abbildgn. in Schwarzdr. enth. Bilderanh. u. 4 Karten in Farbendr. (64 u. 24 S.) 909. 1. —
2. Deutsche Geschichte bis zum Ausgang des Mittelalters. Mit 7 Karten im Text, e. Anh. v. 57 Abbildgn. u. 4 Karten in Farbendr. (80 u. 28 S.) 909. Kart. nn 1. 30
3. Erste u. zweite Periode der Neuzeit. Die Zeit der Religionskämpfe u. die Zeit der unumschränkten Fürstengewalt. Brandenburgisch-preuß. Geschichte. Mit 6 Karten im Text, e. Anh. v. 39 Bildern u. 2 Karten in Farbendr. Ausg. A u. B. (Je 88 u. 20 S.) 909. Kart. à nn 1. 30
4. Dritte Periode der Neuzeit. Die Zeit der Umwälzgn. Mit 5 Karten im Text, e. Anh. v. 31 Bildern u. 4 Karten in Farbendr. (84 u. 16 S.) 909. Kart. 1. 40
5. Ausgewählte Abschnitte aus Quellenschriften u. hervorragenden Geschichtswerken nebst e. Einleitung üb. Geschichtsquellen. (IV, 176 S.) 910. nn 1. 30

— dasselbe. Vorstufe. 1. u. 2. Tl. u. 2 Tl., Ausg. A u. B. 8. Ebd. Kart. 4. 25
1. Sagen u. Lebensbilder. Von Wagner u. Sampe. 1. Tl.: Griechische u. röm. Sagen u. Erzählgn. — Deutsche Sagen. — Lebensbilder aus der brandenburgisch-preuß. Geschichte. Mit 94 Bildern.) (IV, 90 S.) 910. Kart. 1. —
2. Dasselbe. 2. Tl.: Lebensbilder aus d. Geschichte d. Altertums. — Lebensbilder aus d. deutsch. Gesch. Mit 16 Bildern. (III, 64 S.) 910. Kart. 1. —; Ausg. A. (Mit Anh.: Hansen: Lebensbilder u. Sagen, bearb. v. Heinr. Michow.) (III, 84 u. 32 S. m. 16 Abb.) 910. 1.25; Vorstufe. Ausg. B. (III, 70 S. m. 13 Abb.) 910. 1. —

— Kleines Lehrbuch d. Geschichte f. die Oberstufe höh. Mädchenschulen u. f. Lehrerinnenseminare. N. d. preuß. Lehrplan v. 31. V. 1894 bearb. (In 3 Hftn.) 1. Hft. 2. Aufl. gr. 8. Ebd. 898. Geb. n. 1. 50
Das Altertum. M. 66 Abb. u. 4 Karten in Farbendr. (111 S.)

— dasselbe. 2. u. 3. Hft. Ausg. A. Für evang. Schulen. 2. Aufl. gr. 8. Ebd. 898. Geb. n. 3. 25
2. V. d. Völkerwanderg. b. z. westfäl. Frieden. Mit 59 Abb. u. 4 Karten in Farbendr. (128 S.) n. 1. 50
3. V. d. Zeit d. großen Kurfürsten b. a. d. Gegenwart. Mit 37 Abb. u. 5 Karten in Farbendr. (120 S.) n.n. 1. 75

— dasselbe. Ausg. B. Für konfess. gem. Schulen. (In 3 Hftn.) 2. u. 3. Hft. gr. 8. Ebd. 895. Geb. n.n. 3. 25
2. V. d. Völkerwanderg. b. z. westfäl. Frieden. M. 59 Abb. u. 4 Karten in Farbendr. (128 S.) n.n. 1. 50
3. V. d. Zeit d. großen Kurfürsten b. a. d. Gegenwart. Mit 37 Abb. u. 5 Karten in Farbendr. (120 S.) n.n. 1. 75

— dasselbe. Ausg. B. Für konfessionell gemischte Schulen. (In 3 Hftn.) 2. u. 3. Hft. gr. 8. Ebd. Geb. n. 3. 25
2. Von der Völkerwanderg. bis z. westfäl. Frieden. 2. Aufl. (88 S. m. 59 Abb. u. 4 Karten in Farbendr.) 899. n. 1. 50
3. Von der Zeit des großen Kurfürsten bis auf die Gegenwart. (120 S. m. 37 Abbildgn. u. 5 farb. Karten.) 901. n.n. 1. 75

— kleines Lehrbuch der Geschichte f. die Oberstufe höh. Mädchenschulen u. f. Lehrerinnenseminare. Nach dem preuß. Lehrplan vom 31. V. 1894 bearb. (In 3 Hftn.) 2. Hft. Von der Völkerwandrg. bis zum westfäl. Frieden. Ausg. A. Für evangel. Schulen. Mit 59 Abbildgn. in Schwarzdr. u. 4 Karten in Farbendr. 3., durchgeseh. Aufl., gedr. in der neuen deutschen Rechtschreibg. gr. 8. (128 S.) Ebd. 902. Geb. n. 1. 50

kleines Lehrbuch der Geschichte f. die Oberstufe höherer Mädchenschulen u. verwandte Anstalten. 3 Tle. gr. 8. Ebd. Geb. n.n. 4. 75
1. Das Altertum. Mit e. Bilderanh., enth. 88 Abbildgn. in Schwarzdr., 1 Taf. „Dorisches Gebälk" u. 4 Karten in Farbendruck. 4., durchgeseh. Aufl. (80 u. 40 S.) 906. Geb. n. 1. 50
2. Von der Völkerwanderg. bis zum westfäl. Frieden. Ausg. A. Für evangel. Schulen. Mit 58 Abbildgn. in Schwarzdr. u. 4 Karten in Farbendr. 4., durchges. Aufl. (88 S. u. S. 41 bis 80.) 907. Geb. n. 1. 50
Ausg. B: Für konfessionell gemischte Schulen. Mit einem Bilderanh., enth. 59 Abbildgn. in Schwarzdr. u. 4 Karten in Farbendr. 3., durchgeseh. Aufl. (128 S.) 905. Geb. n. 1. 50
3. Von der Zeit des großen Kurfürsten bis auf die Gegenwart. Ausg. A. Für evangelische Schulen. Mit 38 Abbildgn. in Schwarzdr. u. 5 Karten in Farbendr. 3., durchgesch. Aufl. gedr. in der neuen deutschen Rechtschreibg. (120 S.) 902. n n. 1. 75
Ausg. B. Für konfessionell gemischte Schulen. Mit e. Bilderanh., enth. 38 Abbildgn. in Schwarzdr. u. 5 Karten in Farbendr. 4., durchgeseh. Aufl. (120 S.) 905. Geb. n.n. 1.75

— Kleines Lehrbuch d. Geschichte f. die Oberstufe höh. Mädchenschulen u. verwandte Anstalten. (In 3 Tln.) 3. Tl.: Von d. Zeit d. Großen Kurfürsten bis auf die Gegenwart. Ausg. A. Für evangel. Schulen. Mit 38 Abb. in Schwarzdr. u. 5 Karten in Farbendr. 4., durchgeseh. Aufl. (96 S. u. S. 81—104.) gr. 8. Ebd. 907. Geb. nn 1.75

—— Leitfaden für den Unterricht in der Geschichte. Mit e. Anh., enth. 75 Holzschn. u. 9 Karten. gr. 8. (254 S.) Lpz. 892, Hirt u. Sohn. geb. * 3 —

— Leitfaden f. d. Unterr. i. d. Geschichte. Mit e. Anh., enth. 75 Abb. u. 9 Karten in Farbendr. 2. Aufl. gr. 8. (254 S.) Ebd. 897. Geb. in Leinw. n. 3. —

— Leitfaden f. den Unterricht in der Geschichte. Mit e. Anh., enth. 81 Abbildgn. u. 9 Karten in Farbendr. 3., durchgeseh. Aufl. in der neuesten amtl. Rechtschreibung. (256 S.) gr. 8. Ebd. 903. Geb. in Leinw. n. 3. —

Christensen, Heinr., s. a. Tagebuch, e., aus d. Belagerungsjahre 1813/14.

Christensen, Heinrich: Ein Tagebuch (von Georg Christian Hönert) aus dem Belagerungsjahr 1813/14. Herausgegeben. Hamburg 1908: Lütcke & Wulff. 55 S. 8°
Hamburg, Wilhelm-G P 1908 (952) [S 08. 57

— Über den Vigintisexvirat u. den Eintritt in den Senat. S. 81—88. Progr. Wi. G. *Hamburg* 1885.

Christensen, H., Ueber den Vigintisexvirat u. den Eintritt in den Senat. Pr. 188 8 S. 4°. —.

Christensen, Jens, Talar ni svenska? Deutsch-schwed. Gesprächbuch. Ein Handbuch der notwendigsten deutsch-schwed. Gespräche, Redensarten und Wörtersammlungen, wie sie im tägl. Leben und auf der Reise gebraucht werden. Nebst einer Sammlung von Lesestücken und einem alphabet. Wörterverzeichnis. 8. (VI, 174 S.) Leipzig 881, C. A. Koch's Verlagsh.

Christensen, J., talar ni Svenska? Schwedisch-deutsches Gesprächbuch. Nebst e. Sammlg. von Lesestücken u. e. alphabetischen Wörterverzeichniß. 2., verb. Aufl. 8. (VI, 154 S.) Leipzig 889. C. A. Koch. 1. 50

Christensen, J., Talar ni svenska?, neu bearb. v. E. v. Schmiterlöw, s.: Koch's Sprachführer. 9. Bd.

—— Esaias Tegnér, der Sänger der Frithiofsage. Eine litterar-histor. Studie. Mit 2 Portraits Tegnérs in Stahlst. 1. und 2. Aufl. 8. (IV, 216 S.) Leipzig 883, Gebr. Senf. *

— Esaias Tegnér, der Sänger der Frithiofsage. Eine litterarhistor. Studie. Mit 2 Portr. Tegnér's in Stahlst. 3. (Titel-)Aufl. 8. (IV, 216 S.) Leipzig 890. Reinboth. n. 1. 50; geb. n. 2. 50

Christensen, Jens L., der moderne Bildungsschwindel in Schule u. Familie, sowie im täglichen Verkehr. gr. 8. (III, 180 S.) Leipzig 885. Elischer. n. 3. —

CHRISTENSEN, Jens L., Der moderne Bildungsschwindel in Haus und Familie, sowie im täglichen Verkehr. Leipzig, eVrlag v. Bernh. Schlicke (Balth. Elischer) 1885. -G. Pätz'sche Buchdruckerei (Otto Hauthal), Naumburg a. S.
Verboten vom L.-G. Wien, 20. Jänner 1885. §§ 516, 303, 122 d.

—— dass. — 2. Aufl., verm. durch einen Nachtrag: enth. eine aktenmäß. Darstellung des wider Autor und Verleger dieser Schrift wegen Verbreitung der letzteren geführten Kriminal-Prozesses. gr. 8. (IV, 223 S.) Leipzig 886, Elischer Nachf. * geb. *

Christensen, J. L., der moderne Bildungsschwindel in Schule u. Familie, sowie im täglichen Verkehr. 3. Aufl. gr. 8. (IV, 180 S.) Leipzig 888. Elischer Nachf. n. 3. —; geb. n. 4. —

— gegen unsere Kolonialpolitik. Ein ruh. Wort in bewegter Zeit. gr. 8. (33 S.) Zürich 885. Verlags-Magazin. n. — 70

Ein Sohn. Roman von F. C. van der Burgh (d. i. Illa Christensen). Autors. Übers. von Mathilde Mann. Mit Ill. von W. Roegge. *Berlin, Eisenach, Leipzig: H. Hillger [1901].* (127 S.) 8° [F.]
= Bücherschatz, Kurschners. No 246. [02. 14398

Christensen, Carl, über einige Farne in O. Swartz' Herbarium. (46 S. m. 13 Abbildgn. u. 5 Taf.) 8. Uppsala 910. Berlin, R. Friedländer & Sohn. nn 3. —
Sonderabdruck aus „Arkiv f. botanik".

Christensen, Carl, Index Filicum sive enumeratio omnium generum specierumque Filicum et Hydropteridum ab anno 1753 ad annum 1905 descriptorum, adjectis synonymis principalibus, area geographica etc. XII Fasc. (LX, 744 S.) gr. 8. Kopenhagen 905. 906. H. Hagerup. n.n. 45. —

Christensen, Karl Adolf Heinrich

Christensen, (C. H.,) Meßaparat z. Untersuchung d. wasseranziehenden Kraft d. Mauerziegel. Beschrieben von seinem Sohne C. A. H. Christensen. Mit 1 Steint. gr. 8. Hamburg 827, Perthes u. B.

Christensen, C. H., die zwei Strom-Coupirungen bei Breitenburg, ausgeführt im Winter 1824 u. 1825, dargest. v. dess. Sohne C. A. H. Christensen. M. 6 Plänen. gr. 8. (27½ B. u. 1 Tab.) Hamburg 827, Perthes u. Besser.

— die zwei Strom-Coupirungen bei Breitenburg, ausgeführt im Winter 1824 u. 25 u. dargestellt von dessen Sohn C. A. H. Christensen. Mit 6 Bl. gr. 8. Hamb. 828, Perthes u. B.

Christensen, Kaspar Dietrich

Christensen, Ksp. Dietr., Beschreib. d. in Schleswig u. Holstein, Hamburg u. Lübeck, zum Theil auch im Königr. Hannover u. Großh. Mecklenburg in d. J. 1802 bis 17. bestraften u. mit Steckbriefen verfolgten Verbrecher. Nach d. Alphabet geordnet. 3 Thle. gr. 8. Kiel 819. (Hamb., Perthes u. B.) 5 ₰ 16 ℊ

CHRISTENSEN, L. D.: Alphab.. Verzeichn. ein. Anzahl v. Räubern, Dieben u. Vagabonden, mit hinzugefügten Signalements ihrer Person u. Angabe ein. Diebsherbergen, entworfen u. d. Aussagen e. zu Kiel in J. 1811 u. 1812 eingezogenen Räuberbande. Nebst e. erläut. Vorber. üb. d. versch. Gatt., Lebensweise u. Sprache dieser Gauner. *Hamb.*, Bohn. 814. 8. (2 Thl. 4 Gr.)

— — alphab. Verzeichniß einer Anzahl von Räubern, Dieben und Vagabonden. gr. 8. 814. Ist jetzt Verlag von Hoffmann und Campe.

Christensen, L. D., s. Christensen, Kaspar Dietrich

Christensen O. T.: Beiträge z. Chemie d. Chromammoniakverbindungen. (4 Særtr. i 1 Vol.). Leipz. 18(80)-92. (83) S.

— Beiträge z. Chemie d. Mangans u. d. Fluors. (4 Særtr. i 1 Vol.). (Leipz.) 1886-87. (72) S.

— Beiträge z. Kenntniss d. Oxyde d. Mangans. (Leipz. 1883). 37 S. (Særtr.). P.

— Einige Reaktionen mit Ammoniak bei niedrigen Temperaturen. (Hamb. u. Leipz. 1893). (7) S. (Særtr.). P.

Christensen P.: Ueber »Stickstoffreie Extraktstoffe« in Oel-Kuchen. Berl. 1907. (22) S. (Særtr.). P.

Christensen, P. W.: Etymologie der dänischen Sprache. Tönning 1853. 8°

Christensen, R., Athens Pnyx. S.-A. 1875. 86 S.

Christensen, Svend, neuer dänisch-norwegischer Sprachführer mit einer kurzen Grammatik und Angabe der Aussprache eines jeden in diesem Buche vorkommenden Wortes. 16. (IV, 127 S.) Wien 887, Brockhausen und Bräuer. geb. *

Christensen, W., Die Vorlagen d. byzantinischen Alexandergedichtes. Akad. 1897. 87 S. 1 20

Christensieg, d., als d. einzige Mittel wid. d. Furcht des Todes, a. d. Nachtged. Youngs, übers. v. Hartm. v. Geusau. 8. Jena. 752.

Christen-Stimme, Die mit Psalmen . . . beschäftigte, oder ein zu denen Kirchen- und Haus-Andachten gerichtetes . . . Gesangbuch . . . Nürnberg 1739. H: *Bezzel, Chph.* (Bibliotheca Norica Williana. Altdorf 1772—78. I, 3, 80.)

Christentaufe, Die, wenn Christus nicht auferstanden ist, ihre ganze Wiedergeburts- und Lebenskraft verlierende, ja zur Taufe über den Todten werdende, ... Hamb. 1761. V: *Kohl, Joh. Pet.* (ML) (schr)

Christent(h)um

Christenthum, das, od. Winke z. Verständniß d. Bibelworte, s. Bibelworte.

Christenthum, Das. Gespräch mit Frau von B. in Hof-Geißmar. 1782. O. O. 1811. V: *Müller, Johs. v.* (GGr) (Cat. d. Stadtbibl. Zürich. Zürich 1864—97.)

Christenthum, Das. Gespräch. 1782. Schaffhausen 1826. V: *Müller, Johannes von.* (GGr)

— über d., Sendschreiben an eine Nichtchristin. gr. 8. Berl. 811. Nicolai. 3 ℊ

Christenthum, üb. das, Sendschreiben an eine Nichtchristin. gr. 8. Berl. Nicolai. 812.

Christenthum. Pr. 1874. 17 S. 4°.

Christentum. (Vom Verf. d.: „Fortschrittsgedanken", der „Studienfreuden" u. d. „Drei Tugenden".) 8. (10 S.) Leipzig 896. [Langenberg & Himly.] Alwin Schmidt. — 30

Christentum, das, v. C. H. Cornill, E. v. Dobschütz, W. Herrmann, W. Staerk, E. Troeltsch, s. a. Wissenschaft u. Bildung.

Das Christentum. Fünf Einzeldarstellungen von C(arl) H(einr.) *Cornill* [u. a.] Leipzig 1908. 8°.
(Wissenschaft u. Bildung, hrsg. von Paul *Herre*. 54)

— das alte u. neue. Eine krit. Beleuchtung d. Werkes: d. Stunden d. Andacht. 2 Hefte. 8. Wien 822. Geistinger. 1 ₰ 16 ℊ (Gerold). Hbg. Pr. 1 ₰

Christenthum, Das alte und neue, oder kritische Beleuchtung der Stunden der Andacht. Wien 1822—24. V: *Frint, Jac.* (Th) (schmal)

Christentdum, das alte u. neue. Eine kritische Beleuchtung des Werkes: Die Stunden der Andacht. 4 Hefte. 8. Wien 822—24, Geistinger.

Christenthum, das „angewandte". „Ernste Gedanken" üb. die geist., staatl. u. wirthschaftl. Fragen der Zeit. Monatsschrift. Im Verein m. hervorrag. Gelehrten geleitet v. Max F. Sebaldt. 1. Jahrg. Octbr. 1891—Septbr. 1892. 12 Hfte. (à ca. 4 Bog.) gr. 8. Berlin-Charlottenburg, Berliner Verlag, M. Sebaldt.
1. Quart. n. 2.50; vom 2. Quart. an à n. 1.80; einzelne Hfte. à n. — 80

Christenthum od. **Atheismus?** Wohin treiben wir? Was können wir dagegen thun? gr. 8. (56 S.) Berlin 893. Vaterländ. Verlags-Anstalt. n. — 50

Christenthum, das, als **Befreier** der Menschheit. [Sep.-Abdr. aus der „Rheinisch-Westfälischen Post" zum Zweck der Massenanwerbung von Mitgliedern f. den Central-Verein für Socialreform.] 1—9. Aufl. gr. 8. (14 S.) Barmen 878. Wiemann. — 10

— oder **Bekenntniß?** Quell- oder Röhrenwasser? Zu Nutz und Frommen des evangel. Volkes. Stimme eines Weimar'schen Geistlichen gegen die Schrift des Superint. Dr. Gabler: „Bekenntniß und Bekenntnißtreue." 8. (III und 136 S.) Gotha 862, Opetz' Verlag.

— u. nicht **Christenheit.** Von J. N. D. Aus dem Franz. übers. 8. (54 S.) Schaffhausen 876. (Elberfeld, Langewiesche.) n. — 40

— **deutsches.** Neue Folge der Bremer Beitr.. Vierteljahrsschrift, unter Mitwirkg. v. Freunden aus Nord- u. Süddeutschland hrsg. v. Jul. Burggraf. 4. Jhrg. Oktbr. 1909—Septbr. 1910. 4 Hfte. (IV, 256 S.) gr. 8. Gießen, A. Töpelmann. 4. 50
Vergl.: Beiträge, Bremer, zum Ausbau u. Umbau d. Kirche.

Christenthum, d., in Deutschland, hist. Vers. 8. Altona, Hammerich. 795.

Christenthum, Das, durch Wahrheit nicht durch Täuschung gegründet. Dessau [Erlangen] 1784. V: *Seiler, Georg Friedrich.* (Fiker) (Ky) (MGT)

— d., durch Wahrheit, nicht d. Täuschung gegründet, (v. G. F. Seiler). 8. Dessau 784. (Göschen in Leipz.) 4 gr. N. A. unt. d. T.: Jesus Christus, d. Wahrheitslehrer, kein Volkstäuscher. 8. Erlang. 787. Palm. 3 gr.

— d., durch Wahrheit, nicht d. Täuschung gegründet. 8. Dessau, Göschen. 785.

— **einiges.** Volksschrift zur Förderg. der Bestrebgn. M. v. Egidy's u. unter dessen Mitwirkg. hrsg. v. Lehmann-Hohenberg. 1. Jahrg. 1892/93. 4 Hfte. (à ca. 6 Bog.) gr. 8. Kiel, Verlag der Volksschrift „Einiges Christenthum". n. 2.—; einzelne Hfte. à n. — 50

— dasselbe. 2. Jahrg. Oktober—Dezbr. 1893. 2 Hfte. (à ca. 6 Bog.) 8. Ebd. à Hft. n. — 50
Hört mit Hft. 6 (2. Jahrg. 2. Hft.) zu erscheinen auf. Als Fortsetzung dazu erscheint: Versöhnung.

— **einiges wahres,** dargelegt f. die Aufrichtigen unter den Gelehrten u. Ungelehrten. gr. 8. (VI, 106 S. m. 1 Abbildg.) Bremen 892. (W. Valett & Co.) n. 1.—

Christenthum, Das entdeckte und das unentdeckte, in Zürich und ein Traum . . . Bern 1843. V: *Bauer, Bruno.* (Cat. d. Stadtbibl. Zürich. Zürich 1864—97.)

— d., enthält keine, übernatürl. geoffenb. 2c. Glaubenslehren. 8. Zerbst, Füchsel. 794.

— das, enthält keine übernatürl. geoffenb. Glaubenslehren. 8. Zerbst 794. (Kummer). 10 gr.

— das erste, in Ostfranken. Vom Verfasser des Armin. gr. 8. Amberg 839. Klöber'sche Buchh. 1/3 Rthlr.

—— das erste, in Ostfranken. Vom Verf. d. Armin. gr. 8. (2½ B.) Amberg 839, [Smith'sche Buchh.]

Christen- u. Kirchenthum, das evangelische, eine Beleuchtung aus d. Standpunkt unserer Zeit. — Sendschreiben eines Nestors an einen Staatsmann zur Begrüßung des Reformationstages den 31. Octbr. gr. 8. (1¾ B.) Berlin 846, Mittler, Verl.*

Christen- u. Kirchenthum, das evangelische. Eine Beleuchtung aus dem Standpunkt unserer Zeit. Sendschreiben eines Nestor's an einen Staatsmann zur Begrüßung des Reformationstages d. 31. Octbr. gr. 8. (27 S.) Berlin 847, Mittler u. Sohn in Comm. n. 1/6 Rthlr.

— das, u. die **Familie,** s.: Flugschriften, katholische, zur Wehr u. Lehr'.

Christenthum, Das, und die Familie. Von Nic. Schl. S. J. Berlin [1893]. V: *Schleiniger, Nicolaus.* (Jes)

— das **freie,** in der Welt. Berichte nach Vorträgen auf dem internationalen Kongreß f. freies Christentum in Boston 1907. Mit e. Schlußwort v. R. Eucken üb. „Die Zukunft d. freien Christentums.". Eingel. u. hrsg. v. Heinr. Weinel. (III, 182 S.) 8. Tübingen 909. J. C. B. Mohr. 3. 60

Christenthum, freies, dargelegt in Predigten und Betrachtungen protestantischer Geistlicher. Hrsg. von Conr. Wilh. Kambli. 6 Hefte. gr. 8. (VIII, 424 S.) Zürich 885, Schmidt.
à Heft *
compl. *M 5.—.; geb. **

— **freies,** dargelegt in Predigten u. Betrachtungen protestantischer Geistlicher. Hrsg. v. Conr. Wilh. Kambli. 6 Hfte. gr. 8. (VIII, 424 S.) Zürich 885. 86. Schmidt. n. 5.—; geb. n. 6. 20

Christentum u. Gegenwart. Evangel. Monatsbl., unter ständ. Mitarb. v. Geyer u. Rittelmeyer hrsg. u. red. v. J. Kern. 1. Jahrg. Febr. 1910—Jan. 1911. 12 Nrn. (124 S.) Lex. 8. Nürnberg. Buchh. d. Vereins f. inn. Mission. 2.—

Christenthum, Das, ohne Geschichte und Einkleidung; . . . Leipz. 1787. V: *Marezoll, Joh. Gottlob.* (Ky) (MGT) (NN)

— das, ohne Geschichte u. Einkleidung, e. Andachtsbuch (v. J. G. Marezoll). 8. Leipz. 787. Weidmann. 12 gr.

Christenthum, für, und Gottesgelahrheit. Eine Opositionsschrift von Prof. Schröter und Dr. Klein. 1r bis 4r Bd. 1s 2s Heft. gr. 8. Jena, Mauke. 817 — 820. Jeder Heft 15 Gr.) 6 21

— u. Gottesgelahrheit, für, eine Opositionsschrift; herausg. v. W. Schröter, Fr. A. Klein u. C. G. Bretschneider. 4r Bd. 3s u. 4s Stück, u. 5r bis 10r Bd. 1s Stck. gr. 8. Jena 821 — 27, Mauke. à

— d. heidnische, am Ende d. 18ten u. zu Anfang d. 19ten Jahrh., s. a. Christ, d. betende, am Ende d. 18ten Jahrh.

— d. heidnische, am Ende d. 18ten u. z. Anf. d. 19ten Jahrh. 4 Thle. 8. Cöln, Fabricius. 802.

Christenthum, Das heidnische, am Ende des 18. und zu Anfang des 19. Jahrhunderts. [Münster i. W.] 1803. V: *Hüffer, Heinrich Georg Wilhelm.* (Cl.zür Forts. III)

——, Evangelium Hoßbach und St. Jacobi. Ein Wort zur Aufklärung von Dunkelmann und Finsterling. gr. 8. (16 S.) Berlin 877, Beck's Verlag. *

Christenthum, Humanität und Freimaurerei. Berlin 1900. V: *Wolfstieg, August.* (wolfstieg II, 114)

Christenthum, das, des 19. Jahrhunderts. Zum Verständniß d. Strauß'schen Grundansichten. In Briefen an e. Dame. 8. (21¼ B.) Braunschweig 839, Westermann.

— d. Jugend, s. a. Cl. Harms.

Christenthum, Das, der Jugend in einem kleinen Katechismus vorgestellt und gepriesen. Kiel u. Leipz. 1814. V: *Harms, Claus.* (MGT)

Katholisches Christentum oder gar keines. Paderborn, Bonif.-Druckerei, 1884, kl. 8°. 10 Pf. (Bonif.-Broich. Jahrg. 15, Heft 11.)

Christenthum, das, keine Wetterfahne. Eine Entgegnung u. Berichtig. auf einen in der magdeburger Zeitung Nr. 167 enthaltenen Artikel über Christenthum u. Kirche. gr. 8. (1½ B.) Magdeburg 844, Falckenberg u. Comp. *

— über, u. Kirche u. ihr Verhältniß zum Staat in Rücksicht auf die Ansichten, welche einige Anhänger des luther. Lehrbegriffs in dieser Beziehung jetzt geltend machen wollen. gr. 8. Leipzig 836. Engelmann. ½ ℛ

—— das, und der Krieg. Eine Predigt, die Leiden der Christen darstellend. Der Ursprung und Bedeutung des Christen-Namens, das Christenthum und der Krieg betrachtet, erläutert und dargestellt. Ebenfalls: Eine kurze Anrede an die Mennoniten-Brüder, welchem beigefügt sind mehrere schöne und passende Lieder. Von einem Diener der Mennoniten-Gemeinschaft. 16. (54 S.) Elkhard, Ind. 868. (Philadelphia, Schäfer und Koradi.) *

Christentum, das, im Lichte der Vernunft u. Erfahrung, geschrieben zur Ehre Gottes v. e. Laien. gr. 8. (IV, 96 S.) Bremen 884. Heinsius. n. 1. 80

Christenthum und Maurerthum. Oder: der Kampf der kirchlichen Reaction gegen das religiöse Bewusstsein der Zeit . . . Sondershausen 1864. V: *Stieber.* (Tt)

—— und Maurerthum. Oder: der Kampf der kirchl. Reaktion gegen das religiöse Bewußtsein der Zeit und gegen den Freimaurerbund. Eine geschichtl. Studie. 8. (VIII und 90 S.) Sondershausen 864, Eupel's Verlag.

Christentum, das moderne. Hrsg.: Thdr. Kappstein. I. Serie. 1.—6. Heft. gr. 8. Berlin, Hüpeden & Merzyn. n. 5. — Einzelpreis n. 5. 60

1. 2. Bedürfen wir des Pfarrers noch? Ergebnis e. Rundfrage, eingeleitet u. zusammengestellt. Von Thdr. Kappstein. (178 S.) 906. n. 1. 60
3. Tierschutz u. Vivisektion. Von Erich Harnack. (108 S.) 906. n. 1. —
4. Dante als Prophet an unsere Zeit. Von Jos. Kohler. (VII, 119 S.) 906. n. 1. —
5. Buddha u. Christus. Religionsgeschichtliche Parallelen. Von Thdr. Kappstein. (VII, 132 S.) 906. n. 1. —
6. Das Märchen u. die Religion. Von Vict. Blüthgen. (VII, 64 S.) 906. n. 1. —

Christenthum, das neue. Briefe an e. Weltbürger, der Wahrheit sucht. Bearb. nach dem Französischen d. Le Boys des Guays. Uebersetzt aus der 3. bericht. u. verm. engl. Ausg. v. L. Tafel. 3. Aufl. 8. (IV, 225 S.) Stuttgart 873. Neukirchliche Buchh. geb. n. 2. —

Christentum u. Papsttum. Sendbote für Piusvereine ꝛc. (Beilage zur Sion) 1867, Nr. 13—7.

— das, u. die Philosophen. Nach Louis Lahure von e. kathol. Priester. (Herausgeg. von dem Vereine zur Verbreitung guter kathol. Bücher.) 1. Liefg. 8. Wien 847 (846), Mechitaristen-Congreg.-Buchh. 8¾ ngr

Christenthum, das, und die Philosophen. Nach Louis Lahure von einem kathol. Priester. (Hrsg. von dem Vereine zur Verbreitung guter kathol. Bücher.) 2 Bde. 8. Wien 847, Mechitaristen-Congregations-Buchh. [1. (VI und 471 S.) 21¾ Ngr., 2. (304 S.) 14 Ngr.] Thlr.

— d. philosophische, des Prof. Steinbarts, freimüthig geprüft von e. prakt. Theologen. gr. 8. Weißenf. 792. Severin. (Leipz., Weygand). 1 ℛ Schrbp. 1 ℛ 4 ℊ

— positives, u. orthodoxer Pietismus. Ein evangel. Zeugnis zum Benderschen Streit. I. Zur Orientirg. II. Randglossen e. Laien zu der Protest-Erklärg. Rhein. Kreis-Synodal-Vorstände wider Prof. Bender in Bonn, m. Zusätzen v. e. Theologen. III. Kritische Gänge u. Resultat. 2. Aufl. gr. 8. (84 S.) Bonn 884. Cohen & Sohn. n. 1. 20

Christenthum, das, u. der Positivismus. Aus dem Französ. von dem Verf. der Schriften: La religion pure et sans tache, De la prière, La religion de la bible, u. m. a. Hamburg 866. W. Oncken. 16. (64 S.) 6 ngr.

— über, Protestantismus und Fortschritt. Ein offnes Sendschreiben an Herrn Prof. Dr. theol. Credner, m. Beziehung auf dessen Schrift: „Die Berechtigung d. protestant. Kirche Deutschlands zum Fortschritt auf den Grund der heiligen Schrift ꝛc." Von e. seiner ehemal. Zuhörer. 8. Frankf. a/M. 846, Brönner. n. ⅓ ℛ

— d. Reinere, s. a. Betr. üb. Religion.

— d. Reinere, (v. A. Riem). 1r—3r Thl. (2r Thl. A. u. d. T.: Fortgesetzte Betrachtt. über d. vornehmsten Wahrheiten d. Religion, von da an, wo Jerusalem still stand.) 3r A. u. d. T.: Supplement zum Werke: Christus u. d. Vernunft). gr. 8. Berl. 789—94. Sander. 2 ℛ 16 ℊ Dess. 4r Thl. (oder 2s Suppl. zu: Christus u. d. Vernunft.) gr. 8. Schlesw. 795. Röhß. (Hammerich in Alt.) 1 ℛ 12 ℊ

Christenthum, Das reinere, oder die Religion der Kinder des Lichts. Berlin 1793—95. V: *Riem, Andreas.* (MGT) »1789—94« (Ky)

Christenthum, Das, und die Religionen des Morgenlandes . . . Wien 1843. V: *Ehrlich, Joh. Nep.* (Th)

Zur Lösung dreier Zeitfragen. Christenthum, „Confessionsloser“ Religionsunterricht, Völkerfriede. Für Erzieher, Religionslehrer, Bildungsvereine, Freimaurer und alle höherstrebenden Menschenfreunde. Prag: Tempsky 1871. XII, 151 S. 8°
Aus: D. neue Zeit. Freie Hefte. 2, 5.
cf. Bh. 14 (1882) S. 297—300.

Christenthum, Das in unsern Opern-Theatris und Comödien-Büchern siechende, und siegende Heidenthum. Canterburg 1728. V: *Fuhrmann, Martin Heinrich.* (Adel)

Christenthum und Socialismus. 2. Aufl. Leipzig 1875. V: *Bebel, August.* (Bibl. d. stat. Bureaus. Dresden 1890.)

— u. Socialismus. Eine religiöse Polemik zwischen Hrn. Kaplan Hohoff in Hüffe u. dem Verf. der Schrift: Die parlamentar. Thätigkeit d. deutschen Reichstags u. der Landtage u. die Socialdemokratie. 2. Aufl. 8. (24 S.) Leipzig 875. Genossenschaftsbuchdr. — 30

—— und Socialismus. Eine religiöse Polemik zwischen Hrn. Kaplan Hohoff in Hüffe und dem Verf. der Schrift: Die parlamentar. Thätigkeit des deutschen Reichstags und der Landtage und die Socialdemokratie. 1. und 2. Aufl. 8. (24 S.) Leipzig 876, Genossenschaftsbuchdruckerei.

– Dass. 3. Aufl. Leipzig: Genoss.-Buchdr. 1878. Hottingen-Zürich 1887. (Socialdemokr. Bibl. XII.)

—— u. Sozialismus. Eine religiöse Polemik zwischen Hrn. Hohoff in Hilffe u. dem Verf. der Schrift: Die parlamentar. Thätigkeit d. deutschen Reichstags u. der Landtage u. die Sozialdemokratie. gr. 8. (16 S.) Berl. 892, Verlag d. Vorwärts, Berliner Volksblatt. * — 10
Aus: Volksstaat, besonders abgedruckt.

Christenthum u. Sozialismus. Eine religiöse Polemik zwischen Kaplan Hohoff in Hüffe u. A. Bebel (dem Verf. der Schrift: Die parlamentar. Thätigkeit des deutschen Reichstags u. d. Landtage u. d. Sozialdemokratie). (Neue Ausg.) gr. 8. (16 S.) Berlin 901. Buchh. Vorwärts. n. — 10

Christenthum, Das, und der christliche Staat . . . Bonn 1849. V: *Bischoff, Ernst.* (Ky)

Christenthum, das, u. der christl. Staat. Eine Herzens-Ergießung v. E. B. gr. 8. (VIII u. 95 S.) Bonn 849, Weber in Comm. n. 12 ngl

Christenthum, das, und das Staatsleben. Hirtenschreiben S. Emin. des hochw. Hrn. Kardinal Fürst-Erzbischofs von Wien (Jos. Othmar Rauscher) vom 9. Febr. 1860. gr. 8. (86 S.) Wien 860, Braumüller's Sortiment. *

— das im hellen Licht d. Wahrheit strahlende. 3 Bde. 8. Grätz 802. Ferstl. 2 ℔ 5 K

— d. thätige, als Religion f. Jedermann. 8. Berl. 778. Lange. 8 K

Christenthum, Das triumphirende. Trauerspiel. Mannheim 1770. V: *Klein, Anton von.* (Ky)

Christenthum, das triumphirende, im großmogulischen Kaiserthum. Trauersp. 8. Mannheim, Löffler. 771.

— das, seine Uebereinstimmung m. Natur u. Vernunft. Von einem Arzte. gr. 8. (VIII u. 114 S.) Frankfurt a. M. 850, Boselli. n. 16 ngl

— das, in Uganda. Ein Versuch, diesen Stoff populär darzustellen, m. Fingerzeigen f. eventuelle Erweiterg. od. andere Anordngn. desselben. [Aus: „Mittheilgn. u. Nachrichten f. die ev. Kirche in Rußland“.] gr. 8. (26 S.) Riga 890. Hoerschelmann. n.n. — 60

Christenthum, Das seinem Namen unähnliche, eine Begräbnissschrift. Zittau 1769. V: *Frühauf, Chn.* (ML)

Christenthum, Das unchristliche; in einem offenhertzigen Send-Schreiben . . . Franckf. 1719. V: *Schütz, Phil. Balth. v.* (Zuwachsverz. d. Bibliotheken in Zürich 1898 ff.)

— unser. Wegweiser in christl. Leben für die confirmirte Jugend, nebst einem Beichtgebete als Anh. 8. (47 S.) Norden 879. Soltau. n. — 30

Christenthum, Unüberwindliches Katholisches, welches der Herr im offenen, als eine Stadt auf dem Berge gesetzt . . . Cölln a. Rh. 1774. V: *Schönenbusch, Hermann.* (So) (Jes)

Das Christentum über die Vernunft, oder: Betrachtungen über das berühmte Buch vom Werte der Gefühle im Christentum. Regensburg, Montag (jetzt Verlagsanst.), 1771, 8°, 1,50 Mk.

—— und Vernunft f. d. Abschaffung d. Todesstrafe. Samml. landständ. Verhandln. d. Königr. Sachsen, nebst anderen wissenschaftl. Mittheiln. v. Großmann, Eisenstuck, (v.) Ammon, Paulus, Abegg, Mehring, Schläger u. a., u. einer Predigt v. Schleiermacher üb. d. Sünde d. Todesstrafe. Mit Bemerkn. v. Grehmann. gr. 8. (19½ B.) Berlin 835, Reimer.

Das wahre Christentum. Paderborn, Bonif.-Dr., 1895, kl. 8°, 10 Pf. (Bonif.-Brosch. Jahrg. 26 Heft 4.)

—— das wahre, nach schrift- u. vernunftmäß. Ansicht, od. der einzig richtige Weg z. Seligkeit. Ein Buch z. Belehr. u. Erbauung f. d. Volk. Hrsg. v. Erich Haurenski zu Gard' Ebré. 8. (12 B.) Neustadt a. d. O. 832, Wagner.

Christenthum, das einzig wahre, s. a. Ludw. Chrstn. Kehr.

Christenthum, Das einzig wahre, oder das reine Christenthum . . . Kreuznach 1829. V: *Kehr, Ludw. Chn.* (Ky)

Christenthum, das einzig wahre, od. d. reine Christenthum, wie uns solches Jesus u. seine Apostel selbst lehrten. Für Gelehrte u. Nicht-Gelehrte, f. Gebildete u. Nicht-Gebildete, f. Glaubende u. Zweifler. 8. (11 B.) Kreuznach 829, Kehr. Thlr.

— vergl. Er. Haurensky.

— das wahre, wie solches nach den Hauptgeboten Jesu Christi in der christl. Kirche u. von jedem Christen erkannt u. kund gegeben werden soll. Nach dem Inhalt der heil. Schrift dargestellt von einem Laien. gr. 8. (28 S.) Cassel 847, Bohné. n. 1/6 ß

— u. **Wissenschaft in der Harmonie der Wahrheit.** Eine Stimme in der Wüste. 8. (VI, 182 S.) Augsburg 892. (Gebr. Reichel.) n. 3. —

— u. **Zeitgeist.** Hefte zu „Glauben u. Wissen". 1.—10. Heft. 8. Stuttgart, M. Kielmann. n. 10. 85; Subskr.-Pr. n. 7. 60

Dennert, E., Darwinistisches Christentum. Eine krit. Untersuchung d. Fr. Naumanns „Briefen über Religion". (III, 41 S.) 904. (Hft. 2.) n. — 90; Subskr.-Pr. n. — 60
Feine, Paul, das Christentum Jesu u. das Christentum der Apostel in ihrer Abgrenzung gegen die Religionsgeschichte. (III, 62 S.) 904. (Hft. 1.) n. 1. 20; Subskr.-Pr. n. — 80
König, Eduard, die babylonische Gefangenschaft der Bibel als beendet erwiesen. (81 S.) 905. (Hft. 5.) n. 1. 20; Subskr.-Pr. n. 1. —
Oels, Fr., der Wodan-Kult, sein Recht u. Unrecht. (80 S.) 905. (Hft. 7.) n. — 60; Subskr.-Pr. n. — 40
Riem, Johs., die Sintflut. Eine ethnographisch-naturwissenschaftl. Untersuchung. (54 S.) 906. (Hft. 9.) n. 1. —; Subskr.-Pr. n. — 70
Steude, Gust., Entwickelung u. Offenbarung. (59 S.) 905. (Hft. 8.) n. 1. 20; Subskr.-Pr. n. — 80
— die christliche Religion u. die Naturwissenschaft. (52 S.) 905. (Hft. 4.) n. 1. —; Subskr.-Pr. n. — 70
Stiegelmann, Ad., das religiöse Leben der Hindus. (41 S.) 905. (Hft. 6.) n. — 75; Subskr.-Pr. n. — 50
Teichmüller, E., religiöses Wissen. Vorurteile dagegen u. ihre Ursachen. (52 S.) 906. (Hft. 10.) n. 1. —; Subskr.-Pr. n. — 70
Weis, L., Kulturgeschichte u. Naturwissenschaft. Eine Zurückweisung der Weltanschauung von Professor Dr. A. Ladenburg. (VII, 115 S.) 904. (Hft. 3.) n. 2. —; Subskr.-Pr. n. 1. 40

— u. **Zeitgeist.** Hefte zu „Glauben u. Wissen". II. Serie. 1—4. Hft. (11—14. Hft.) 8. Stuttgart, M. Kielmann. 5. 40
Dennert, E., der Darwinismus u. sein Einfluß auf d. heutige Volksbewegung. 2. verb. Aufl. (72 S.) 907. (11. Hft.) 1. 20
— Moses od. Darwin? Entgegnung auf Dodel-Ports gleichnam. Schrift. 2. verb. Aufl. (60 S.) 907. (14. Hft.) 1. —
Mayer, Adf., Nietzsche als Denker, Dichter u. — Verderber. (66 S.) 907. (12. Hft.) 1. —
Strehle, F., der metaphys. Monismus. (126 S.) 907. (13. Hft.) 2. —

Christenthumslehre, die, in biblischen Sprüchen. Ein Leitfaden f. d. evangel.-christl. Konfirmanden-Unterricht. gr. 12. (3 B.) Berlin 835, Bethge.

Christenthumslehre, die, in biblischen Sprüchen. Ein Leitfaden f. d. evangel.-christl. Konfirmanden-Unterricht. 3. Aufl. 12. (3⅙ B.) Berlin 843, G. Bethge.

Christenthumslehre, die, in biblischen Sprüchen. Ein Leitfaden für den evangel.-christlichen Konfirmanden-Unterricht. 7. verm. u. verb. Aufl. Berlin 869. E. Beck. 8. (78 S.) n. 4 *ngr.*

Christenthumslehre in biblischen Sprüchen. Ein Leitfaden f. den evangelisch-christl. Konfirmanden-Unterricht. 8. Aufl. 8. (79 S.) Berlin 873. Beck. n. — 40

Christenthumslehre, die, in biblischen Sprüchen. Ein Leitfaden für den evangelisch-christl. Konfirmanden-Unterricht. 9. Aufl. 8. (80 S.) Berlin 881. Deutsche evangel. Buch- u. Tract.-Gesellschaft. geb. n.n. — 50

Christenthums- u. Pilgrims-Pflichten nach der Vorschrift des göttlichen Worts. Basel 864. Spittler. 32. (176 S.) n. 5 *ngr.*

Christenverfolgung auf der Insel Madagascar. Eine Erzählung aus der Heiden-Mission. 8. Basel 841, Spittler u. Comp. 2 *ngl*

Christerbauliches, zwischen Gottlieb Wahrmund und Weltlieb Nahm-Christ . . . von B. P. K. O. O. 17?? V: *Karl, Bernhard Peter.* (Myl)

Christern (Hrsg.), s. Blatt für Arbeiter.

Christern. Carl Krebs, als Mensch, Componist und Dirigent. Hamburg und New-York 1850.

(Christern.) Proclamation an die Bürger von Hamburg. Ein energisches Wort für freie Presse, intellectuelle Hebung der Regierung und allgemeines Anrecht auf die höchste Staats-Würde. Hamburg, Tramburgs Erben 1842. 16 S. 8.

Christern, Adolf [Assistenzarzt der chir. Klinik zu Freiburg i. B.]: Zur Kasuistik der Meningocele spuria traumatica ... (Aus: Beitr. z. klin. Chir. IX. Bd. II. Heft.) Tübingen, H. Laupp, 1892; 2 Bl., 24 S. 8.
Freiburg i. B., Med. Fak., Inaug.-Diss. v. 1892

Christern, Fr., unsern Befreiern u. Rettern! Ein Dank- u. Jubellied der Schleswig-Holsteiner. 2. Aufl. gr. 8. (4 S.) Rendsburg 848, Oberreich. 1/24 ß

Christern, Friedr. Schlegels Lucinde fortgesetzt, s. Schlegel, Friedr.

Christern, Johann Wilhelm [Wirkl. Name], s. a. Rosenberg, Baron von [Pseud.]

Christern, (J. W.), politisches Album, s. Album.

— — Bekenntnisse der schönen Alma, Liebes- und Leidensgeschichte eines öffentlichen Mädchens von hohem Stande (in Hamburg), welches zuerst in einem katholischen Kloster deflorirt wurde. Altona, E. M. Heilbutt, 1862. Kl. 8°. 64 S. (incl. Tit.). (3 Mk. Bielefeld, vor 1885.)

— — Biographien berühmter Hamburgischer Freudenmädchen. Ebd. 1861. (Auch tit.: Die Hamburgische Prostitution, Th. 3.) Mit Bildern. 12°.

—— der Brand von Hamburg im Jahre 1842 v. 5. bis 8. Mai. Ausführliche Darstell. d. Feuersbrunst u. Unglücksfälle, nebst historischen Notizen üb. die abgebrannten Kirchen u. öffentl. Gebäude, nach authentischen Quellen. gr. 12. (3 B.) Hamburg 842, Schuberth u. Comp. * 15 Ngr. — Mit d. Stadtplan in Fol. * -

— — Chronique scandaleuse der Theaterdamen. Ebd. 1863. (Auch tit.: Die Hamburgische Prostitution, Th. 2.) Mit Bildern. 12°. (5 Mk. W. H. Kühl, Berlin, c. 1882; jetzt theurer!)

— — Hamburgs galante Damen bei Lichte besehen. 3. Aufl. Ebd. 1861. 12°. (1 Mk. 50 Pfg. Paul Neubner, 1888; jetzt theurer!)
Zuerst gedr. 1858.

— — Enthüllungen aus dem Leben und Treiben der schönen Auguste Gülther, bekannt unter dem Namen: Harfen-Auguste. Ein Beitrag zu der geheimen Sündengeschichte grosser Städte. Wahrhafte Skizze aus dem Leben einer bekannten Favoritin aus der Schwiegerstrasse in Hamburg. Ebd. 1861. Kl. 8°. 64 S. (10 Mk. Adolf Weigel, 1907.)

—— Napoleons Feldzug nach Rußland, s. Volksbibliothek, 2. Bdchn.

Christern, ..., die Geheimnisse von Hamburg. 2 Bde. 12. Hamburg u. Leipzig 845, Schuberth u. Comp. 2½ ß

Christern, Johann Wilhelm
Die Geheimnisse von Hamburg. Bd. 2.
Hamburg, Leipzig: Schuberth 1845. 168 S. 8°

⊙ Geschichte der freien Stadt Hamburg und ihrer Verfassung, vom Anfang derselben bis auf den heutigen Tag v. [Johann Wilhelm] Christern. Hamburg und Leipzig. 1843. 8°.

—— Geschichte d. freien Stadt Hamburg u. ihrer Verfassung vom Anfang derselben bis auf den heutigen Tag. 2. Aufl. 16. (31½ B.) Hamburg 846, Schuberth u. Comp. *

⊙ Hamburgische Geschichte des neunzehnten Jahrhunderts v. [Johann Wilhelm] **Christern.** Hamburg und Leipzig. 1843. 8°.

— — **Geschichten und Abenteuer aus dem Leben u. Treiben verliebter Hamburger Schenkmamsellen u. Polkamädchen.** Zur Belustigung für Bummler u. Bonvivants, mitgeth. von einem alten Suitier. Neustadt, J. Wagner (Altona), (c. 1860). 12°.

— — **Grisetten- und Loretten-Leben in Hamburg,** und Die Schlupfwinkel der heimlichen Prostitution in Tanzsälen, Polka-Wirthschaften, Bier-Hallen, Weinkellern . . ., nebst einer Probe der darin enthaltenen Declarationen erotischen Inhalts. 12°. Altona, E. M. Heilbutt, 1861. 8°. 64 S. (incl. Titel). (6 Mk. 50 Pfg. Adolf Weigel, 1907.)

Hamburg **und die Hamburger, Portrait's, Zustände und Sitten aus der Gegenwart** (von *Joh. Wilh. Christern*). Leipzig, Julius Koffka. 1847. — *A. E.:* Druck von Sturm und Koppe in Leipzig. 8°. (In Rostock, Landesbibl.) (5 Mk. Adolf Weigel, 1904; 3 Mk. 50 Pfg. J. Taussig, 1904; 6 Mk. Oskar Rauthe, Berlin, 1909.)

IV, 1 Bl. Inh., 221 S. Vergriffen u. selten! 1. Stadt u. Staat. 2. Die Gesellschaft. 3. Das Bürgerleben. 4. Handel u. Wandel. 5. Das junge Hamburg. 6. Die Presse. 7. Die Literaten. 8. Therese (von Bacheracht, geb. v. Struve). 9. Die Professoren des akademischen Gymnasiums. 10. Das Theaterwesen. 11. Die Musik u. ihre Jünger. 12. Das Proletariat und die Prostitution (S. 185—210). — Epilog. (Anon.-Lex. II. p. 253, nach Alberti u. Schröder).

— — **Hamburgs galante Häuser bei Nacht und Nebel.** 10. Aufl. Ebd. 1870. Kl. 8°. 47 S. (6 Mk., unbeschn. im lithogr. Orig.-Umschl., Adolf Weigel, 1907.)

Zuerst gedr. Neubrandenburg 1858. (1 Mk. 50 Pfg. Paul Neubner, 1888; jetzt theurer!) 8. Aufl. Neustadt, J. Wagener (Altona) 1862.

Rosenberg, Baron v. (d. i. *Joh. Wilh. Christern*), **Hulda, die schöne Hannoveranerin.** Selbst-Bekenntnisse einer armen Prostituirten. Neustadt, J. Wagener (Altona, Verlagsbureau), 1859. 8°. 46 S. (4 Mk. 50 Pfg. Adolf Weigel, 1907 u. öfter.)

Christern, (J. W.): „Der neue Judenfresser", Hamburg 1841. — Vorh.: Com. Bibl. Hamburg.

– Schleswig-Holsteinische **Kampflieder**. St. Pauli 1848. 8°

— — **Liebe und Prostitution,** oder Leben und Treiben am Dammthorwall. Ein Genrebild nach dem Leben gezeichnet. Ebd. 1861. Kl. 8°. 64 S. (incl. Tit.). (6 Mk. Adolf Weigel. 1907.)

LIEBES-ABENTEUER der schönen Minna, von ihr selbst aufgesetzt. Hrsg. v. einem ihrer Freunde. (Verfasst von *Joh. Wilh. Christern.*) 4. Aufl. Neustadt (Altona), o. J. (c. 1865). 8°. (4 Mk. A. Bielefeld, 1892.)

Ed. I. ibid. 1858.

Christern, (J. W.,) Franz Lißt. Nach sein. Leben u. Wirken aus authent. Berichten dargestellt. Mit Portr. gr. 12. (2 B.) Hamburg u. Leipzig 841, Schuberth u. Comp. 10 Gr., Prachtausg.

— — **Locken-Malchen** (Amelie von Holm), oder: **Aristokratie und Prostitution.** Lebensschicksale einer sehr bekannten und gesuchten Bewohnerin eines der renommirtesten Bordelle in Hamburg. Ebd. 1861. Kl. 8°. 64 S. (incl. Titel).

— — **Lotte, Die flotte.** Memoiren einer Prostituirten während ihres Aufenthaltes in Hamburg, England und Amerika. Neustadt, J. Wagner (Altona), 1861. 12°. (2 Mk. Paul Neubner. 1888; jetzt theurer!)

Christern, J. W., s. Miniaturbibliothek ausländ. Classiker.

— — **Mysterien, Galante, aus dem Leben und Treiben einer früheren Choristin am Stadttheater,** endlich der Öffentlichkeit übergeben von einem früheren Choristen. Ebd. 1861. 12°.

Verboten vom L.-Ger. Wien, 9. März 1863, § 516. — Dasselbe 3. Aufl. Ebd. 1862. 53 S. (3 Kr. 60 H. A. H. Huber, Salzburg, c. 1907; 6 Mk. Ad. Weigel. 1907.)

— — **Mysterien, Galante, der Hamburger Maitressen, Unterhaltenen, Grisetten und Loretten.** 5. Aufl. Ebd. 1862. 12°.

Zuerst gedr. 1860.

Nebelbilder, Schleswig-holsteinische (von *Joh. Wilh. Christern*). Leipzig 1847.

Anon.-Lex. III. p. 205 (nach Alberti u. Schröder).

CHRISTERN (Joh. Wilh. —, geb. 1809), **Novellen und Skizzen.** Hamburg 1845. 8°.

8 u. 200 S. — R. Zinke's Dresdener März-Auct. 1906, no. 1125.

—— Novellen u. Skizzen. gr. 12. ($8^2/_3$ B.) Hamburg 845, Schuberth u. Comp.

– s. **Pellico**, Silvio: Meine **Gefangenschaft**.

Rosenberg, Baron v. (d. i. *Joh. Wilh. Christern*). **Die falsche Pepita oder Lust- und Seitensprünge einer Tänzerin.** Neustadt (Altona, Prinz), 1862. 16°. (2 Mk. 10 Pfg. L. Rosenthal, 1886.)

ROSENBERG, Baron v. (d. i. *Joh. Wilh. Christern* in Hamburg, 1809—*), **Die Berliner Prostitution.** Nr. 1—10 (soviel erschienen). Mit ziemlich freien lithogr. Titel-Umschlägen. Neustadt J. F. Wagner, o. J. (Altona, Verlagsbureau, 1860 ff.) 12°.

Jede Nr. umfaßt ca. 80 Seiten. — Diese pikanten Heftchen sind längst vergriffen u. sehr gesucht. — Daraus einzeln:

ROSENBERG, No. 1: **Memoiren und galante Abenteuer der Jda Jonas.** Herausgegeben von ihrem ersten Geliebten, Gr. v. H. (Eleg. broch. mit feiner Titelvignette $7^1/_2$ Sgr.)

ROSENBERG, No. 2: **Memoiren und galante Abenteuer einer jungen Frau aus der Demi-Monde.** Fortsetzung der Jda Jonas. Herausgegeben von ihrem ersten Geliebten, Gr. v. H. (Eleg. broch. mit feiner Titelvignette $7^1/_2$ Sgr.)

ROSENBERG, No. 3: **Ida's Tagebücher,** oder Stoß- und Klageseufzer eines Sopha. Fortsetzung von No. 1 und 2 Herausgegeben von ihrem ersten Geliebten, Gr. v. H. (Eleg. broch. mit feiner Titelvignette $7^1/_2$ Sgr.)

„Die Nrn. 2—3 bilden einzeln immer ein für sich abgeschlossenes Ganzes und wurden daher auch stets einzeln abgelassen."

ROSENBERG, No. 4: **Die Königsmauer.** Ein Beitrag zu den galanten Geheimnissen von Berlin. (Eleg. broch. mit feiner Titelvignette $7^1/_2$ Sgr.) 78 S. (7 Mk. 50 Pfg., Adolf Weigel, 1907.)

ROSENBERG, No. 5: **Die Venusgrotte am Goldfischteich** (im Thiergarten), oder: Die Kunst, die Männer auszuziehen. Von Jda und Lottchen. (Eleg. broch. mit feiner Titelvignette $7^1/_2$ Sgr.)

— — Dasselbe. 2. Aufl. Ebd., o. J. 12°. (1 Mk. W. H. Kühl, Berlin c. 1882; jetzt theurer!)

ROSENBERG, No. 6: **Matratzenbälle,** oder Zaubergeschichten am Goldfischteich. (Eleg. broch. mit feiner Titelvignette $7^1/_2$ Sgr.)

Verboten vom L.-G. Wien, 18. Sept. 1863. § 516.

ROSENBERG, No. 7: **Galante Abenteuer des Herrn von Mephisto und des Baron von Pfeifenstiel** unter den Damen der Demi-monde. (Eleg. broch. mit feiner Titelvignette $7^1/_2$ Sgr.)

ROSENBERG, No. 8: **Die lackirte Mausefalle,** oder: Die Kunst, Mädchen zu verführen. (Eleg. broch. mit Titelkupfer und mit Titelvignette $7^1/_2$ Sgr.)

ROSENBERG, No. 9: **Berlin bei Tag und Nacht,** wie es stickt und flickt und weint und lacht. (Mit Titelkupfer und Titelvignette $7^1/_2$ Sgr.) 79 S. (6 Mk. Adolf Weigel, 1907.)

ROSENBERG, No. 10: s. **Na ich sage doch!**

Roſenberg, Baron von (d. i. J. W. Chriſtern). **Die Hamburger Proſtitution.** Dargeſtellt in Biographien, Skizzen und Genrebildern. 2. Auflage. 1860. 12°. 48 S.

ROSENBERG, Baron v. (d. i. *Joh. Wilh. Christern*). Die Hamburgische Prostitution, dargestellt in Biographien, Skizzen und Genrebildern. 3 Thle. 2. Aufl. Neustadt, J. Wagner (Altona), 1860. 12°. (à Bd. 1 Rthl. Fischhaber; jetzt viel theurer!) (Th. 2 apart. 10 Kr. Halm & Goldmann, Wien, 1904.)
Sammlung von 18 stellenweise pikanten Novellen, die seit ca. 1860 einzeln erschienen waren. Jeder Bd. enth. 6 Nrn. (à 1/4 Rthlr. Ldpr.) mit freien lithogr. Titelbildern.

— — Prostitutions- und Bordellgemälde, Hamburger. 4. Aufl. Ebd. 1864. (Auch tit.: Die Hamburgische Prostitution, Th. 1.) Mit Bildern. 12°. (9 Mk. H. Streisand, Berlin, 1906.)
Zuerst gedr. 1861.

Christern, J. W., pudelnärrische Reise nach London im Jahre 1851 zur Industrie-Ausstellung aller Nationen im Glaspalast. Mit einem Reisemarsch. 8. (36 S.) Leipzig 851, Jackowitz. 1/3 ℛ

SCHARFRICHTER, Der Hamburg-Altonaer (von *Joh Wilh. Christern*). Altona 1848.
Anon.-Lex. IV. p. 28 (nach Alberti u. Schröder). -- Rar!

—— Theater. 1. Thl. — A. u. d. T.: Die Literaten. Drama in 3 Aufzügen. — Fortune. Lustspiel in 3 Aufzügen. 8. (9 B.) Hamburg 842, Schuberth u. Comp.

ROSENBERG, Baron v. (d. i. *Joh. Wilh. Christern*), Theresa oder Memoiren und Avanturen einer Pariser Polka- und Kaiserl. Salon-Sängerin. Hrsg. von Madame Eugenie. 2 Bdchn. Mit 2 (etw. freien) Titelbildern. Neustadt. J. Wagener (Altona, Verlags-Bureau), o. J. (186*). 12°. (1/2 Rthl., Fischhaber. Reutl., c. 1870; jetzt bedeutend höher notirt.)

Thérésa (danseuse parisienne, eigentlich Emma Walladon). — Rosenberg, Baron v. (d. i. *Joh. Wilh. Christern*), Theresa oder Memoiren und Avanturen einer Pariser Polka- und Kaiserl. Salon-Sängerin. Hrsg. von Madame Eugenie. 2 Bdchn. Altona, Prinz, o. J. (c. 1865). 12°. Titel, 1 Bl., Facsim., 316 S. (1/2 Rthl. Ed. Fischhaber, Reutl., c. 1870; jetzt viel theurer!)

— — Wanderungen durch Hamburgs dunkle Strassen und Häuser. Ebd. (1860). 12°.

Christern, W., ein Kaufmann. Hamburgisches Sittengemälde. 3 Thle. 8. (430 S.) Altona 855(56,) Verlags-Bureau.

Christern, W., e. Hamburger Kaufmann. Roman aus dem Hamburg. Leben. 2 Bde. 2. Aufl. gr. 8. (424 S.) Hamburg 884. Kramer. 6. —

Christern, Wilh., Bismark u. Napoleon. Motto: Preußens Beruf ist Deutschlands Bestimmung. Ein deutsches Wort an das deutsche Volk. Hamburg 867. Fischer. 8. (16 S.) n. 2 ℳ

Christern, Wilh., medicinische Briefe. Zur Verständigung über Begriff, Werth, und Wesen der neuesten wissenschaftlichen Medicin an das gesammte gebildete Publikum, insbesondere auch an die Medicin studirende Jugend und praktischen Aerzte gerichtet. Altona 862. Verlagsbureau. 8. (VIII, 207 S.) 1 ℛ

Christern, Wilh., Dulon, vor dem Reichs- u. Bundestage in Frankfurt, od. die protestant. Selbstständigkeit in der höchsten Gefahr. Ein Ruf an das ganze noch nicht kathol. Deutschland. 8. (VIII u. 16 S.) Bremen 850, Geisler. 3 ℳ

Christern, Wilh., Dulon, vor dem Reichs- und Bundestage in Frankfurt, oder die protestant. Selbstständigkeit in der höchsten Gefahr. Ein Ruf an das ganze noch nicht kathol. Deutschland. 8. (VIII und 16 S.) Bremen 851, Geisler.

—— systematischer Grundriß der Naturwissenschaft. Für Studirende und alle Freunde der Natur. 1. Abthl.: Die anorganische Natur. br. 8. (VIII und 210 S.) Altona 863, Verlagsbureau.

—— dass. — 2. Abthl.: Die organische Natur. br. 8. (IV und 228 S.) Ebendas. 863.

—— der Proceß der menschlichen Zeugung. Eine physiologisch-krit. Untersuchung. 1. Aufl. 1862. und 2., erweit. und verb. Aufl. 8. (XIV und 65 S.) Altona 863, Verlagsbureau.

—— Hamburgs große St. Michaeliskirche vor 100 Jahren und ihr Baumeister Sonnin. Ein Erinnerungsblatt zur Säcularfeier ihrer am 19. Octbr. 1762 stattgehabten Einweihung. br. 8. (19 S.) Altona 862, Verlagsbureau.

Christern, Wilh., Versuch einer pragmatischen Bildungs- und Entwicklungsgeschichte der Evangelien. gr. 8. (X, 125 S.) Gotha 868, F. A. Perthes. *

Christern, Wilh., die Vorwürfe und Beschuldigungen gegen die Kuhpockenimpfung, vom Standpunkt moderner Wissenschaft aus, für das größere Publicum beleuchtet und widerlegt. gr. 8. (15 S.) Altona 861, Verlagsbureau.

Christfarth --- Die // Heilige // Christfarth /// Das ist: // Ein holdseliges und gantz // liebliches // Gespräch /// Wie sich der fromme heili= //ge Christ mit seinen lieben Ertz= //Engeln und andern Heiligen / gegen // itzt künfftigen Heiligen Christ=Abend / auf // seinem himmlischen Kammer=wagen und gülde= //nen Schlitten herunter zu fahren aufgemacht /// auch wie er allen frommen gehorsamen und gott= //seligen Kinderlein vielerley schöne Christ=Be= //scherungen mitbringen und schencken werde. // Der lieben Jugend zu Nutz und // Dienst aufs neue zum Druck be= //fördert. // Leipzig / 1720. - 47 S.
B. S. I. 12°. 13.

Christfeier, die, zu Lilienthal. Eine Erzähl. f. Christen-Kinder auf Weihnachten. M. 4 Kpfrn. 12. (2½ B.) Stuttgart 835, Belsersche Buchh.

Christ-Feier, liturgische, in Schriftworten und Liedern. Carlsruhe 860. Gutsch. gr. 8. (31 S.) 6 ℳ

Christ-Feier, liturgische, in Schriftworten u. Liedern. Für Schule u. Familie. 5. Aufl. gr. 8. (68 S.) Barmen 874. Klein. n. 1. —

Christ-Feier, liturgische, in Schriftworten u. Liedern. Für Schule u. Familie. 6. überarb. Aufl., in Typendr. die 3. gr. 8. (IV, 64 S.) Barmen 880. Klein. n. 1. —

Christfeier in katholischen Schulen. Eine Festgabe f. Kinder u. deren Erzieher. Heft A. u. B. 1. u. 2. Aufl. gr. 8. Gebweiler 891,92, Boltze. * — 60
A. Für kleine Kinder. 1. Aufl. (16 S.); 2. Aufl. (20 S.) * — 20.
B. Für größere Kinder. 1. Aufl. (40 S.); 2. Aufl. (46 S.) * — 40.

Christfeier in katholischen Schulen. Eine Festgabe f. Kinder u. deren Erzieher. Heft: A. Für kleinere Kinder. 3. Aufl. (32 S. m. Abb.) 8. Gebweiler 906. F. Boltze. n. — 25

— dasselbe. Heft: B. Für größere Kinder. 3. Aufl. (64 S. m. Abb.) 8 Ebd. 906. n. — 40

— dasselbe. Beiheft f. die Hand des Lehrers (zu Heft A u. B). (16 S.) 8. Ebd. 906. n. — 40

Christfeier in Sonntagsschulen. Zusammengestellt in Schriftwort, Gesang u. Deklamation. Von M. v. D. (16 S.) 8. Schwerin (910). F. Bahn. nn — 15

Christfeld, Ernst, Ebba Brahe. Historischer Roman. 8. (219 S.) Leipzig 893. W. Friedrich. n. 3. —; geb. n.n. 4. —

Christfels, Ph. Er., jüdische Fechtschule. 8. Onolzb. u. Schwabach 760. Enderes. 4 ℊ

Christfels, Ph. Ern., alt. u. neues Judenthum ꝛc. 7 Thl. 8. Onolzb. u. Schwabach, Enderes. 735—39.

Christfels, Ph. H. Albr., († d. 28. März 1811.), s. C. C. *Hirsch*, de vita.

Christfels, Philipp Albert, Benevolo lectori s. p. d. Oettingen, 5. IV. 1772. 6 Bl. (3.—) 5213
Verz. d. Foliowerke d. Seminarbibliothek zu Öttingen.

Christfest, das, s. Jugend-Bibliothek.

Christfest, Das. Gnadenheimsuchung und ernste Mahnung Gottes. Allen denen, die nicht die Finsterniß mehr lieben, denn das Licht. Nürnberg 1832. V: *Kraussold, Lorenz.* (Russell VIII, 1292)

Christfest, ein fröhliches. Von der Verf. von „Eine Falle um einen Sonnenstrahl zu fangen". Aus dem Engl. übertragen von Alice Salzbrunn. 8. (32 S.) Leipzig 871, H. Fritzsche's Verlag. [Keßler.]
Aus: Weihnachts-Erinnerungen, besonders abgedruckt.

Christfest, das, Gnadenheimsuchung u. ernste Mahnung Gottes. Allen denen, die nicht d. Finsterniß mehr lieben, denn d. Licht. (Mit Ttlkpfr.) 8. (2¼ B.) Nürnberg 832, Raw.

Christfried, erbaul. Welt u. lehrende Natur od. zufäll. Andacht. v. Feustel. 9. Plauen. 700.

Christgabe, s.a. Sadoc und Mirjam. 1835.

Christgabe. Die Weihnachtsfeier in der Schule. Bearb. u. hrsg. v. mehreren Landschullehrern. 8. (III, 140 S.) Langensalza 891. Schulbuchh. n. 1. 20

Christgabe. D. Weihnachtsfeier i. d. Schule. Bearb. u. hrsg. v. mehr. Landschullehrern. 2. Aufl. 8. (III, 140 S.) Langensalza 899. Schulbuchh. n. 1. 20

Christgau, M. G., Elogia illustrium praesentis aevi scriptorum lucubrationibus. Manip. primus. Frankfurt/O. (J. Chn. Winter) o. J. 32 S. (4.50) 5214

Christgau, Martin Georg

— — Ad orationem valedictoriam de eo quod in conditione scholasticorum magistrorum jucundum est in gymnasio Berolin. — Praem. de injuriis quas litterarum doctores a vulgu accipiunt. Bln. (Rüdiger) 1739. 6 Bl. (3.—) 5216

— **Mart. Georg** (Ansbach), De initiis incrementis et statu hodierno bibliothecae scholasticae in gymnasio Berolinensi dedicatae sched. praem. et ad actum orat. celebr. natalis 164 gymnasii. invit. Berlin (Rüdiger) Dez. 1738. 23 S. mit Namen. (4.50) 5215

— — Memoriam aliquot clarissimorum superiore anno defunctorum 18 lycei nostri cives. — De Jacobi Comitis Purliliarum rebus breviter praefatus. Frankfurt/O. (Alex) Febr. 1742. 10 Bl. mit 18 Namen. (4.—) 5217

Christgau, Mt. Geo., († d. 28. Aug. 1776.) erster Versuch e. ausführl. Abhandl. u. einer überaus seltenen MCCCCLVIII geschriebenen u. durch Mahlerei verschönerten deutschen Bibel. 4. Frankf. a. d. O. (768.)

Christgesänge und Weihnachtsklänge, alte und neue. Für Familie und Schule. Zugleich Ergänzung der „Liturgischen Christ-Feier". gr. 8. (IV, 56 S.) Barmen: Klein 1880. *

Christhold, 240 geistr. Andachten ꝛc. 8. Leipzig, Dyk. 729.

Christhold, der christl. Hausvater, welcher mit seiner Bitte, Gebet, Fürbitte und Danksagung früh und spät kommt ꝛc. In andächtigen Morgen- und Abend-Gebeten. 3te Aufl. 8. Reutlingen. (Leipzig. Hartmann.) 818. — 5

Christhold, ... d. christl. Hausvater, welcher mit seiner Bitte, Gebet, Fürbitte u. Danksagung früh u. spät kommt ꝛc. In andächtigen Morgen- u. Abend-Gebeten. 5e Aufl. 8. Reutling. 818. Macken. 5 gr

Christhold, Gr. (ps.) d. Rationalist kein evangel. Christ; beleuchtet mit Vernunft u. Schrift. Oder: d. Rationalist ein evangel. Christ. Leipz. 828. Glück. 9 gr

Christhold, Gr., Stunden d. Andacht. Für Gebildete. 1. Bd. — A. u. d. T.: Gott in Sich u. in seinen Geschöpfen. Mit 1 Stahlst. gr. 12. (17 B.) Regensburg 840, Montag u. Weiß'sche Buchh.

Christhold, Lucilius Christianus, Notwendige u. gründliche Verteidigung des hochw. Bischofs Arnoldi zu Trier wegen der ihm zum Vorwurf gemachten Ausstellung des hl. Rockes. Leipzig, Wigand, 1845, gr. 8°, 90 Pf.

Christhold, Lucilius Lucianus, nothwendige u. gründliche Vertheidigung des hochw. Bischofs Arnoldi zu Trier wegen der ihm zum Vorwurfe gemachten Ausstellung des heil. Rockes. 2. Aufl. gr. 8. (4½ B.) Leipzig 845, Otto Wigand.

Christi Erdenwallen. 12 Photograv. n. Originalen mod. Meister. 4. München 894. J. Albert.
In Leinw. Mappe 15. —

Christi Versuchung, oder Matth. 4, 1—11. gr. 8. Berlin 841, Wohlgemuth. n. ¼ ₰

Christiaanse, Adr., Specim. hermenevtico-theologicum, exhib vindicias facultatis Apostolis I. C. datae, peregr. loquendi sermonib. 8. maj. Lips. Weidmann. 803.

Christian, Prinz. Roman v. Marie-Madeleine. (219 S.) 8. Leipzig (909). Grethlein & Co. 8.50; geb. in Leinw. 4. 50

Christian von Eisenberg, Herzog, oder das Eisenberger Gespenst, biographische Darstellung, nach den Papieren des Abt Theophylus à St. Maria Lusatiae. [Leipzig 1819.] V: *Naubert, Christiane Benedicte geb. Hebenstreit.* (Schl) (MGT)

Christian der Erste, Erzbischoff zu Maynz . . . Nürnberg u. Sulzbach 1804. V: *Heynig, Joh. Gottlob.* (Ky) (MGT)

Christian d. Erste, Erzbischof v. Mainz, e. der größten Fürsten seines Zeitalters, (v. J. G. Heynig). Mit 1 Kpf. 8. Nürnb. 804. (v. Seidel in Sulzb.) 12 gr

Christian, Herzog von Braunschweig. Trauerspiel von Fr. Furchau. gr. 8. Berlin, Reimer. 817.

Christian der Vierte von Dänemark. Nordische Bilder aus dem 16. u. 17. Jahrhundert. Nach dem Orig. des anonymen Verf. P. P. frei aus dem Dänischen übersetzt von G. F. v. Jenssen-Tusch. 3 Bde. Mit dem Bildnisse des Königs in Stahlst. Hannover 864. C. Rümpler. 8. (698 S.)
3 ₰

Christian der Vierte und sein Hof.
Historischer Roman vom Verf. von: „Niels Juel und seine Zeit," „Peter Tordenskjold" u. A. Aus dem Dän. von Theobald. 2 Bde. 8. (287 S.) Leipzig 864, Kollmann.
*

DÄNEMARK. — Christian der Vierte und sein Hof. Historischer Roman. Aus d. Dänischen. 2 Bde. Leipzig 1865. 8°.
Gmähle's Leihbibl., München, no. 25597—98. — Fehlt im Anon.-Lex.

Christian der Zweite, König. Historischer Roman. Leipzig 1834. Bd. 1-3. V: *Suhr, Agathe von geb. Nielsen.* (Ky) (A)

Christians des Jüngern, Fürst zu Anhalt, Tagebuch: niedergeschrieben in seiner Haft zu Wien, — im Geleite Kaiser Ferdinands II. zur Vermählungsfeier nach Inspruck, — auf dem Reichstage zu Regensburg, — und während seiner Reisen und Rasten in Deutschland, Dänemark und Italien. Nach dem Mscr. der Herzogl. Bibliothek zu Cöthen herausg. von G. Krause. Leipzig 858. Dyk. gr. 8. (XVI, 321 S.) 1 ℛ 27 ngr

Christian IV., König von Dänemark

Christian IV., Kong, egenhændige Breve, Befalninger, og Statsskrivelser til Rigsraadet, udgivne efter Originalerne af C. Molbech. 1. Bds. 1. Hft. 1596—1627. gr. 8. (256 S.) Kiøbenhavn 848. (Gyldendal.) n. 1½ ℛ

Christian V., König von Dänemark

– Articuls-Brief Und Krigs-Berichts-Instruction, Belangende Den Krieg zu Lande etc. etc. Glückstadt. 1714. 8°

(**Christian VI., König v. Dänemark.** Kavallerieexerzierreglement.) Kopenhagen 1741. 8°.

Christian VIII., König von Dänemark

Der "Offene Brief" **Christian VIII.**, beginnend mit den Worten: "Durch vielfache Thatsachen ist es zu Unserer Kenntniss gelangt etc." Schloss Sorgenfrei, den 8ten Julius 1846. 1 Doppelblatt, deutsch und dänisch. Fol.

– in deutscher Sprache. 1 Bl. Fol.

Christians v Lilienfeld Hymnen, Officien, Sequenzen u. Reimgebete, s.: Analecta hymnica medii aevi. XLI.

Christian, Herzog zu Sachsen, Jülich, Cleve und Berg: Hoch-Fürstliche Sachsen-Querfurthische Forst- und Jagd- Ordnung auf Befehl des Fürsten – publiciret. Querfurth: Teutscher 1728. 2°

Christian von Troyes, s. a. Kristian

— Cligès, s.: Bibliothek, romanische.

Christian v. Troyes, Parzival, bearb. v. Emil Engelmann, s.: Parzival.

Li Romans dou Chevalier au Lyon von Crestien von Troies | Chrétien de Troyes | hrsg. von Wilhelm Ludwig Holland. 3. Aufl. Neue, durch e. Glossar von Dr. Alfred Schulze, [Bibl. in Berlin], verm. Ausg. *Berlin: Mayer & Müller 1902.* (XII, 280, 63 S.) 8°

Christian v. Troyes, sämtliche Werke. Nach allen bekannten Handschriften hrsg. v. Wendelin Foerster. 1. Bd. Cligès. Zum ersten Male hrsg. Lex.-8. (LXXVI, 353 S.) Halle 884. Niemeyer. n. 10. —; Ausg. auf Büttenpap. n. 15. —

Christian v. Troyes, sämtliche erhaltene Werke. Nach allen bekannten Handschriften hrsg. von Wendelin Foerster.

2. Bd.: Der Löwenritter [Yvain]. gr. 8. (XLIV, 327 S.) Halle 887, Niemeyer. *
Ausg. auf Büttenpap. *
1. Bd. Ebendas. 1884. * ℳ 9.—; Ausg. auf Büttenpap. * ℳ 15.—.

Christian v. Troyes, sämtliche erhaltene Werke. Nach allen bekannten Handschriften hrsg. v. Wendelin Foerster. 3. Bd.: Erec u. Enide. gr. 8. (LV, 340 S.) Halle a. S. 890, Niemeyer. * 10 —
Ausg. auf Büttenp. * 15 —
1. u. 2. Bd. Ebd. 1884,87. * 18 —. Ausg. auf Büttenpapier * 30 —.

Christian v. Troyes, sämtliche erhaltene Werke. Nach allen bekannten Handschriften hrsg. von Wendelin Foerster. 4. Bd. Der Karrenritter (Lancelot) u. das Wilhelmsleben (Guillaume d'Angleterre). gr. 8. (CLXXXIV, 499 S.) Halle 899. M. Niemeyer. n. 20. —

Christian August, Bischof zu Lübeck

(**Christian August's**, Erwehlten Bischoffs zu Lübeck in Vormundschafft Carl Friederichs, Hertzogen zu Schlesswig-Holstein) Fürstlich Schlesswieg-Hollsteinische Revidirte Holtz-Ordnung. (Geben Gottorff den 14. Novembris 1710.) Schlesswig. 1710. 4°

(–) Hoch-Fürstliches Ober Vormundschafftliches Mandat und Verordnung zu Verhütung des Brandtwein-brennens von Korn und Geträide, Auch Aussfuhr desselben Korns etc. Sub dato Reinbeck den 18. Maji Anno 1709. Schlesswig. (1709.) 4° k.

(–) Hochfürstliches Patent, wegen der Zigäuner, sub dato Gottorp den 14. September) 1709. Schleswig. (1709.) 4°

(–) Hoch-Fürstlich Ober-Vormundschafftliche Renovirte und geschärffete Verordnung wegen Abhaltung der so genannten Ziegäuner. De dato Gottorp den 3. April 1710. Schleswig. (1710.) 4°

(–) Hoch-Fürstliche Verordnung wegen des Gestempelten Papiers. (Gottorp den 28. Decembris 1709.) Schlesswig. 1710. 4° k.

(–) Hoch-Fürstliche Revidirte Verordnung, wegen des Gestempelten Papiers. (Gottorf den 24. April 1710.) o. O. u. J. 4° k.

(–) Hoch-Fürstlich Schlesswig-Holsteinische Verordnung, Wieder die hin und wieder sich befindende Sectarios, auch von frembden Orten einschleichende Fanaticos, und wie sonsten die Erkäntniss der Wahrkeit zur Gottseeligkeit bey denen Gemeinen befordert werden soll. (Sub dato Gottorp, den 22. Junii, 1711.) Schleswig. (1711.) 4° k.

Christian August, Herzog zu Schleswig-Holstein

Christian August Herzog zu Schleswig-Holstein bittet die deutsche Bundesversammlung, "sich dahin zu verwenden, dass ihm seine auf der Insel Alsen und der Halbinsel Sundewitt belegenen Besitzungen sammt den darauf vorgefundenen beweglichen Sachen baldigst zurückgegeben werden." Nienstädten d. 22. Juni 1851. 4°

Ein Brief des Herzogs (**Christian August**) zu Schleswig-Holstein-Sonderburg-Augustenburg vom 2. April 1845, betreffend die Schleswig-Holsteinische Frage. (Abdruck aus der Augsburger Allgemeinen Zeitung Nr. 63 und 64 vom 4. und 5. März dieses Jahres. 1864?) 4°

Hvem er Skyld i Krigen imellem Danmark og Tydskland? Af en Slesviger [d. i. Christian August Herzog von Augustenburg]. Altona. 1849. 8°

(Protest des Herzogs **Christian August** zu Schleswig-Holstein an den Reichsverweser Erzherzog Johann betr. seinen Antheil an der Bewegung in den Herzogthümern und die Erbfolge daselbst. Schleswig. 1849.) Fol.

Christian August, Herzog zu Schleswig-Holstein ꝛc., Versuch e. Beweises, daß d. Wettrennen d. wesentl. Beförderungsmittel d. Pferdezucht, u. zur Verbesser. u. Veredlung ders. unumgänglich nothwendig sind. Mit besond. Berücksichtigung d. Pferdezucht d. Königr. Dänemark u. d. Hrzgthr. Schleswig u. Holstein. 2. Aufl. 8. (5½ B.) Schleswig 829, Taubstummen-Institut. [Leipzig, Hermann u. Langbein.]

Verwahrung des Herzogs Christian August zu Schleswig-Holstein bei der Deutschen Bundesversammlung gegen die Beschuldigung im Patente des Königs von Dänemark vom 10. Mai 1851 "an einem Aufruhr Theil genommen oder denselben gefördert zu haben". Nienstädten den 22. Juni 1851. o. O. (1851.) 4°

Christian Carl Friedrich August, Herzog zu Schleswig-Holstein, Einige Worte über Pferdezucht, in besonderer Beziehung auf Haupt- und Landgestüte. Kiel. 1837. (Zuerst abgedruckt in No. 181 der Hippol. Blätter).

(Christian Friedrich). Schreiben Sr. Königl. Hoh. des Chur-Prinzen von Sachsen, an Ihro Maj. den König von Preussen. Dressden (nebst Antwort. Sedlitz) vom 8. Novbr. 1756. 4.

Christian Ludwig Moritz Graf von Hohenlohe: Das mit Cimbrien sich in Teutschland freuende Hohenloh! Als der Allerdurchlauchtigst, Grosmächtigst und unüberwindlichste König und Herr, Herr Christian VI., König zu Dännemarck ... Allerhöchst Deroselben höchst-erfreuliches Geburts-Fest den 30.11.1734 begiengen ... Oehringen. o. J. 2 Bl. Fol.

Christian, über die Bedeutung u. beste Art der Einrichtung des Kindergottesdienstes. Vortrag, geh. auf der Kreissynode Herborn a. 20. IX. 1899. gr. 8. (20 S.) Dillenburg (899). (Herborn, Buchh. d. nass. Colport.-Vereins.) n. — 25

Christian, Pfarrer, Über die Bedeutung und beste Art der Einrichtung des Kindergottesdienstes. Vortrag. (20 S.) Herborn 1900. Buchh. d. nass. Colportage-Vereins.

Christian, ..., s. Haussecretair, der.

Christian, Ad. Hnr., s. Isokrates Werke.

Christian, A. H., s. Isokrates Werke. — Philostratus Werke. — Xenophon's Werke, 9.—11. Bdchen.

Christian, Aug., drei Jahre 1848. — 1849. — 1850. Ein Festspiel in 7 Bildern, nebst einem Lieder-Anhang, seinen alten Waffenbrüdern gewidmet. 2. Ausg. 8. (64 S.) Altona 888, Reher. *

Christian, Daniel Eusebius, s. Christiani

Christian, Erdmann [Pseud.] , s. a. Stösser, Guido von

Christian, Erdm., a. den Papieren e. schles. Landedelmannes. Erzählgn. (Drei Generationen. E. Dorfgeschichte. Die Bessarabierin. Novelle.) 8. (232 S) Breslau 896. E. Trewendt. n. 3. —; geb. n. 4. —

Christian, Hermann, Referendar: Der Einfluß der Verheiratung einer Geschäftsfrau auf das von ihr betriebene Geschäft. Breslau 1908: Schles. Volkszeitung. 72 S. 8°
Breslau, Jur. Diss. v. 7. Dez. 1908, Ref. Dahn-Meyer
[Geb. 15. Jan. 86 Nimptsch; Wohnort: Nimptsch; Staatsangeh.: Preußen; Vorbildung: Gymn. Neiße Reife O. 05; Studium: Breslau 2, Freiburg i. B. 1, Breslau 3 S.; Rig. 1. Aug. 08.] [U 09. 467

Christian, Johann Gottlieb, s. Christiani

Christian, Carl, aus Berlin: Die Quellen des allgemeinen Teils von Andrew of Wyntowns Orygynale Cronykil of Scotland und das Verhältnis des Chronisten zu seinen Vorlagen. *Halle a. S. 1900: (C. Salewski, Berlin).* (67 S.) 8°
Halle, Phil. Diss. v. 1900

Christian, Leop., († d. 6. April 1805.) Abhandl. vom Zusammenflusse d. Gläubiger, od. Kridaprocesse. gr. 8. Wien 777. Wimmer. 6 ℛ

— Einleit. zur Kenntniß d. Oesterr. Rechte. 1s, 2s Buch. gr. 8. Wien 783

Christian, M., über d. Art Flachs u. Hanf ohne Rösten zu bereiten, nebst Beschreib. e. dazu dienl. Maschine. Aus d. Französ. von v. Lawätz. Mit 6 Kpft. in qu. Fol. gr. 8. Kopenh. 820. Bonnier. (Leipz., Wienbrack). 8 ℛ

Christian, Max, aus Schweidnitz ⟨Schl.⟩, Unterarzt im 2. Nassauischen Inf.-Reg. No 88: Über das gutartige Epitheliom der Haut. *Berlin (1903): G. Schade.* (35 S.) 8°
Berlin, Med. Diss. v. 18. März 1903

Christian, Max, das erste Turnfest der vereinigten Turn-Vereine der Herzogth. Schleswig-Holstein zu Rendsburg am 13. und 14. Juli 1862. gr. 8. (16 S.) Hamburg 863, Falcke.

Christian, Rud., vom Meer u. vom Mädchen. Briefe an e. Schönheit. (33 S.) 16 Mitau 906. Verlag „Kunst u. Leben". n. — 50

Christian, Siegfr., O. S. B., das Wirken des Malers Martin Knoller f. das ehem. Augustiner-Chorherrenstift Gries bei Bozen. Progr. gr. 8. (22 S.) St. Paul (899). (Klagenfurt, F. v. Kleinmayr.) n. 1. —

Christian Siegfried: Das Wirken des Malers Martin Knoller für das ehemalige Augustiner-Chorherrenstift Gries bei Bozen. 19. 14. 23. St. Paul 99--01.
Progr.

Christian, W., unsere zwei Heldenkaiser. Lebensbilder aus Deutschlands jüngster Vergangenheit. Für die Jugend bearb. gr. 8. (108 u. 48 S. m. farb. Bildern.) Fürth 893. G. Löwensohn. Kart. 2. —

– Christoph Kolumbus u. die Entdeckung von Amerika. Nach Irving u. Campe f. die Jugend bearb. Fürth: Löwensohn 1893. 192 S. m. 3 farb. Bildern. 8°

Christian, W, Gullivers Reisen. Nach Jonathan Swift. F. d. Jugend bearb. 8. (120 S. m. 5 Farbendr.) Fürth 897. G. Löwensohn. Geb. 1. —

— Wunderbare Reisen u. Abenteuer des Freiherrn v. Münchhausen. F. d. Jugend bearb. 8. (120 S. m. 4 Farbdr.) Ebd. 897. Geb. — 50

Christian W.: Das Verhalten d. Leukocyten bei der Infektion m. Rotlauf. Diss. Berl. 1910. 38 S. P.

— Allgem. Weltgeschichte m. 122 Ill. i. feinstem Farbendr. 25 Lfgn. Lex.-8. (XXXII, 1362 Sp. m. 25 Taf.) Ebd. 895—898. à — 50

— im dunklen Weltteil. Reisen u. Erlebnisse Emin Paschas, Stanleys u. Wißmanns in Afrika. Für die Jugend geschildert. 8. (72 S. m. 4 farb. Bildern.) Ebd. 893. Kart. — 50

Christiana. Ein christl. Familienbuch z. Erbauung, Belehrung u. Erheiterung. (Seitenstück zum Halleluja.) Mit Musikalien, Kupfer-, Stahl- u. Holzschnitten. 1s—5s Hft. gr. 4. Aachen 837. Wittwe Kaatzer. n. 1 2/3 ℛ

Christiane. – Die gute zweyte Christiane. Eine Geschichte für bürgerliche Mädchen. Von J. G. Essich. Augsburg: Stage 1803. 8°

Christianell, Petrus Maria. Kurze Skizze aller Heiligen, Seligen, Diener u. Dienerinnen Gottes d. Namens Antonius, Antoninus, Antonia. 12. (XXIII, 194 S.) Innsbr. 889, (Vereinsbuchh. u. Buchdruckerei). * 1 —

Christianen's Denkmal, (v. Herm. Gundert), s.: Familienbibliothek, Calwer.

Christiani, zur Feier d. 50jähr. Amtsführung seines hochverehrten Freundes Hrn. Joh. Friedr. Wagner, Director des Johanneums zu Lüneburg, am 24. Mai 1832. 8. (1½ B.) Lüneburg, Herold u. Wahlstab.

Christiani. Offizier-Stammliste der Marine-Infanterie. Kiel 1904. 8°.

— Ordinationsrede, am 2ten Mai 1827, gehalten. gr. 8. Lüneb. 827. Herold u. W. 3 gGr

Christiani, ..., s. Theaterzeitung, Wiener.

Christiani, A., zur Auslegung der Apokalypse. Mit Berücksicht. d. neuen Commentars üb. dieselbe. [Aus: „Mittheilgn. u. Nachrichten ec."] gr. 8. (32 S.) Riga 875. (Brutzer & Co. Verl.) n. — 75

Christiani, A., Bemerkungen zur Auslegung der Apocalypse, mit besond. Rücksicht auf die chiliastische Frage. Riga 869. Bacmeister. (Brutzer & Co.) gr. 8. (30 S.) n. 7½ ngr

Christiani, A., übersichtliche Darstellung des Inhalts der Apocalypse. gr. 8. (150 S.) Dorpat 861, Gläser's Verlag. * .
Aus: Dorpater Zeitschrift für Theologie und Kirche, besonders abgedruckt.

Christiani, A., s.: Dienstalters-Liste d. Veterinäre d. königl. bayer. bezw. deutschen Armee.

Christiani, A. [Bearb.], s. Loewenherz, L.: Bericht über die wissenschaftl. Instrumente ...

Christiani, A., die Marterstraße nach Golgatha. — Es ist vollbracht. — Die erste Osterbotschaft. Drei Predigten gehalten im J. 1855 zu Dorpat. gr. 8. (37 S.) Dorpat 855, (Glaeser's Verlag.) *

Christiani, A., Predigt über die evangelische Freiheit. Auf Grund von Galat. 5. 1—6 am 20. Octbr. 1863 gehalten in der Universitätskirche zu Dorpat. gr. 8. (14 S.) Dorpat 863, Gläser's Verlag. *

—— Predigt im Trauergottesdienste nach dem Ableben Sr. Kaiserl. Hoh., des Großfürsten Thronfolgers Nicolai Alexandrowitsch am 14. April 1865 in der Universitätskirche zu Dorpat gehalten. gr. 8. (12 S.) Dorpat 865, Gläser's Verlag.

Christiani, A., Predigten u. Amtsreden. gr. 8. (II u. 132 S.) Dorpat 852, Glaeser. 24 ngr

— ein Wort über die Judenmission. Riga 868. Bacmeister. (Brutzer & Co.) gr. 8. (42 S.) n. 6 ngr

Christiani, A. J., das Verständnis im Klavierspiel. Eine Darstellg. der dem musikal. Ausdruck zu Grunde lieg. Principien vom Standpunkte d. Pianisten. Aus dem engl. Original vom Verf. selbst ins Deutsche übers. gr. 8. (X, 253 S.) Leipzig 886. Breitkopf & Härtel. n. 6. —

Christiani, Al. Com., Adpendicula ad numismata graeca populorum et urbium a Gesnero repraesentata. Viennae 760. 4. Ibid. 769. 4. 10 gr.

Christiani, A. C., Adpendicula ad numismata graeca popular. et urbium a Gesnero tab. aen. repraesent, 4. Wien 769. Krauss. 10 gGr

Christiani, Alois Graf.

Der Sommertag in vier poëtischen Betrachtungen. Wien 1763. H: *Denis, Joh. Nep. Cosmas Michael.* (Jes)

Christiani, Anna, die Stellung d. Handarbeitsunterrichts in der Schule u. seine Bedeutung f. Schule u. Leben, s.: Sammlung pädagogischer Vorträge.

Christiani, A[rnold], Oberstabsveterinär, Berlin: Die Aetiologie der sporadischen und epidemischen Zerebrospinalmeningitis des Pferdes. (Aus dem pathologischen Institut der Kgl. Tierärztlichen Hochschule zu Berlin. Vorstand: Prof. Schütz.) [Mit zwei Abbildungen im Text.] Berlin 1909. 47 S. und eine Tafel. 8°. S.-A. aus dem Archiv für wissenschaftliche und praktische Tierheilkunde. 1909. Bd. 35. [19. II. 09.]
Bern Vet.-med. Diss. 1908/09.

Christiani, Arn. Frdr., „Ich glaube, darum rede ich". Psalm 116, 10 u. 2. Corinth. 4, 18. Predigten. gr. 8. (VIII, 359 S.) Riga 893. J. Deubner. 4. 50; geb. n. 5. 70

Christiani, Arth., Beiträge zur Electricitätslehre. Ueber irreciproke Leitg. electrischer Ströme, nebst e. Excurse: Das Potential zweier Spiralen. Mit 15 (lith.) Taf. (in qu. gr. 4.) gr. 8. (VIII, 174 S.) Berlin 876. Friedländer & Sohn. n. 6. —

– Ueber absolute Graduirung elektrischer Inductions-Apparate u. üb. elektr. Zeitmessung. Leipzig 1878. 8°

Christiani, Arth. (geb. Fürstenwalde an d. Spree [30. 12.] 1843): De morborum constitutionalium natura nec non cura. Berolini (1867). (32 S.) 8°
Berlin, Med. Diss. v. 2. Apr. 1867

Christiani, Arth., zur Physiologie d. Gehirnes. Mit 2 Taf. gr. 8. (VIII, 176 S.) Berlin 885. O. Enslin. n. 6. —

Christiani, Aug., Geschichte d. Christenthum, s. Geschichte.

Christiani, Aug., Geschichte des Christenthums, oder Schilderung des christl. Glaubens u. Lebens seit Begründung des Christenthums bis auf unsere Zeiten. Ein Handbuch der christl. Kirchengeschichte, für Studirende u. gebild. Leser aller Stände herausg. gr. 8. Quedlinb. 835. Becker'sche B. (Franke.) 1⅓ Thlr

Christiani, B., die Zwickauer Thesen u. die Dresdener Synodalbeschlüsse. Kritische Betrachtgn. z. Erteilg. d. Religionsunterrichts in d. Volksschulen. (30 S.) 8. Leipzig (Peterssteinweg 16) 909. Sturm & Koppe. — 50

Christiani, Bertrand

Christiani, d. mayländisch. Kanzlers, Asyl, od. Gutacht. üb. d. Freystädte, a. d. Ital. 8. Bamb. Dederich. (auch Göbhardt.) 783.

Christiani, des mailänd. Kanzlers, der Asyl, oder Gutachten über d. Freistädte; aus d. Italien. (v. B. Pfeuffer). 8. Bamb. 783. Dederich. 6 gGr

Christiani, Bertrand Conte.

Der Asyl, oder Gutachten über die Freystätte; aus dem Ital. Bamberg 1786. Ü: *Pfeufer, Benignus.* (BB) (MGT) (ML) »1783« (Ky)

Christiani C. H.: Erfahrungen üb. die Fütterung d. Hausthiere, insbes. d. Pferde; mit ... Kartoffeln, mit Kartoffelschlämpe u. Kartoffel-Stärke-Abfall. Potsdam 1832. 22 S. P.

Christiani, C. H., landwirthschaftliche Mittheilungen. 1. Heft. gr. 8. (V und 74 S.) Berlin 856, K. Wiegandt. *

Christiani, C. H., landwirthschaftliche Mittheilungen. 2. Heft. gr. 8. (V und S. 75—160.) Berlin 857, Bosselmann. *
1. Heft. Berlin 1856, Wiegandt. * 12 Ngr.

Christiani, C. W.: Geschichte der dänischen Revolution von 1772 u. der Grafen Struensee und Brandt. Bearb. von – Hamburg 1844. 8°

Christiani, C. W., die dänische Revolution, s. Volks-Bibliothek.

Christiani, Christian

— Anleit. zu e. doppelten Buchhaltung, s. unten Nachr. zu reisen.

Christiani, Chr., (†1803.) vermischte Aufsätze zum Nutzen u. Vergnügen, mit angehängter Phraseologie zum Uebersetzen ins Englische od. Französ. 8. Hannov. 802. Helwing. 20 gr

— Collection de lettres de commerce, quelques lettres de change etc., avec une phraséologie allemande à l'usage des jeunes gens destinés au commerce. 8. Götting. 795. Vandenhöck u. R. 5 gr

— Collection of mercantile lettres to with are added bills of ex change with a sufficient german phraseology for the use of young gentlemen, 8. Hannov. 795. Helwing. 8 gr.

CHRISTIANI, Christian - 1803
Einleitung einer Handlungs-Erdbeschreibung aller vier Welttheile, besonders Europa. Von Christian Christiani.
Hannover: Helwing. 1790. 8, VI, 408 S. 8°.
Staatsbibliothek Bremen

— Einleit. in d. französ. u. engl. Sprache. 8. Hannov. 790. Ritscher. (Hahn). 3 gr

— a short though compleat german grammar for the use of Englishman, that want to learn the german langue. 8. Hannov. 799. Helwing. 9 gr

— Handlungsgeographie. 8. Ebend. 790.

— select lettres, a necessary supplement to the collection of mercantile lettres. 8. Hannov. 795. Helwing. 8 gr

— modelli di lettere di corrispondenza mercantile, cambiali e d'altre polizze, quali d'obligo eguali di ricevuta con una fraseologia in Tedesco, Francese, Inglese ed Olandese, oder von Handlungsbriefen, Wechseln rc. 8. Hannov. 797. Helwing. 10 gr

— Nachricht von d. bequemsten u. wohlfeilsten Art zu reisen; nebst e. kurzen Anleit. zur doppelten Buchhaltung. 8. Götting. 790. Vandenhöck u. R. (Helwing in Hannov.) 7 gr

Christiani, Ch.: „Neueste Art zu reisen, nebst einer kurzen Anleitung zur doppelten Buchhaltung", Hannover 1790 (Helwing).

— neue engl. Sprachlehre. gr. 8. Götting. 799. Deuerlich. 16 gr

— neues kurzgefaßtes Taschenwörterbuch, englisch, deutsch, französisch u. lateinisch. (1r englisch-deutsch. 1 rthl 20 gr 2r deutsch-engl. 1 rthl 16 gr) gr. 8. Lemgo 802—5. Meyer. 3 rthl 12 gr

— Themes on all parts of speach, english fables and stories with a sufficient german and french phraseology for the transaction in either of these languages together with a short though compleat german grammar for the use of Englishmen that want to learn the german language. 8. Hannov. 799. Helwing. 1 rthl 6 gr

— Uebungen in d. engl. Sprache. 8. Hannov. 791. 2e A. 797. Helwing. 1 rthl

— Uebungen in der engl. u. französ. Sprache. 8. Ebend. 797.

— Uebungen in d. italien. u. französ. Sprache, mit grammat. Anmerkk. 8. Götting. 795. Vandenhöck u. R. 20 gr

— Unterr. für d. zu Kaufleuten bestimmten Jünglinge. 4 Thle. 8. Hannov. 788—793. (1r, 2r 2e A. 793.) Helwing. 3 rthl 9 gr 1r Anh. unt. d. T.: auserlesene Handlungsbriefe üb. verschied. Gegenstände. 8. Ebd. 796. 16 gr — 2r Anh., s. Cleminius, Anleit. z. Verfertig. v. Handelsberichten.

— — 2r Anh. v. Cleminius. 8. Ebend. 806.

Christiani, Christoph Johann Rudolf

Christiani, Cph. Jh. Rud., Anleit. zum Nachdenken über d. wichtigsten Angelegenheiten d. Menschen. 8. Hamb. 791. (Campe). 14 gr Deff. 2r Thl. oder Belehr. z. Erlangung e. wahren Glückseligkeit. 792. Ebd., Herold. 20 gr

— Beitrr. zur Beförderung wahrer Weisheit u. Tugend. 4 Stcke. 8. Schleswig 793.

— Beitrr. zur Veredlung d. Menschheit, herausg. aus d. Erziehungs-Institute bei Kopenhagen. 2 Bde, mit Anh. 8. Kopenh. 797. N. A. 800. Schubothe. 3 rthl Anhang apart 6 gr

Christiani, Cph. Jh. Rud., neue Beitr. z. Veredlung d. Menschheit. 1r Bd. 1s u. 2s Stück. 8. Kopenh. 802 u. 3. Schubothe. 1 rthl 4 gr (1s Stck. A. u. d. T.: über d. bisher. u. künft. Verbesserung eines Instituts. 14 gr)

— Bemerkk. über Rafn's Einladung an alle Dänen in Norwegen. 8. Kopenh. 808. Schubothe. 5 gr

Christiani, C. J. R., üb. d. Bestimmung, Würde und Bildung geistl. Lehrer. 8. Flensb. (Christiani, Schlesw.) 789.

— üb. d. Bestimmung, Würde u. Bildung geistl. Lehrer. 8. Flensburg 789. (Hammerich in Alt.) 12 gr

— s. M. G. Birkner, über Preßfreiheit.

Briefe, zur Beförderung eines weitern Nachdenkens, über die zweckmässigste Einrichtung des öffentlichen Gottesdienstes, v. Christoph Johann Rudolph Christiani. Hamburg. 1790. 8°.

— Briefe z. Beförder. e. weit. Nachdenkens, üb. d. Einricht. d. öffentl. Gottesdienstes. 8. Hamb. Bohn. 790.

— ausführlichere Darstellung der wichtigsten Lehren des Christenthums. 1ste Hälfte (die christl. Glaubenslehre.) 8. Kiel, Academ. Buchh. 812.

— ausführl. Darstell. d. wichtigsten Lehren des Christenthums. 1e Hälfte, (d. christl. Glaubenslehre). 8. Kiel 812. Hesse. 10 gr

CHRISTIANI, CHR. JOH. RUD., Kurze Darstellung der wichtigsten Lehren den Christenthums. Eine Beylage zu dem Schlesw.-Holst. Katechismus. Kiel. 1811.

— kurze Darstellung d. wichtigsten Lehren d. Christenthums ein Leitfaden zum Religionsunterricht. 12. Kiel, Academ Buchhandl. 811.

— kurze Darstell. d. wichtigsten Lehren d. Christenthums, e. Leitfaden zum Religionsunterr. 12. Kiel 811. Hesse. 3 gr

— d. Gewißheit unsrer ewigen Fortdauer. 8. Kopenh. 809. Schubothe. 20 gr 2e verb. Ausg. 8. Ebd. 821. 16 gr

Christiani, Ch. J. R., die Gewißheit unsrer ewigen Fortdauer. 2te verb. Aufl. Copenh. Schubothe. 811. -

Christiania, (Chrst. Joh. Rud.,) d. Gewißheit unsrer ewigen Fortdauer 2e wohlf. Aufl. 8. Copenh. 821, Schubothe.

— Grundlinien e. Plans zur Veredlung des Handwerkerstandes. 8. Kopenh. 801. Schubothe. 7 gK

— Nachricht. a. d. Erziehungsinstitut b. Kopenhag. 1s u. 2s Stck. 8. Kopenh. Schubothe. 802. (1s 4 gr., 2s 6 gr.)

Nachrichten aus dem Erziehungsinstitut bey Kopenhagen nebst andern kleinen Aufsätzen. Hrsg. von C[hristoph] J[ohann] R[udolf] **Christiani.** Stück 1. 2. — Kopenhagen u. Leipzig: Schubothe 1803—04. 118 S. 8°

— Predigten. 1r Bd. gr. 8. Lübeck 795. (Niemann u. C.) 21 gK

— über d. bisher. u. künft. Verbesserung meines Erziehungs-Instituts, s. oben Beitrr. 1s Stck.

Christiani, C. J. R., über die bisherige u. künftige Verfassung meines Erziehungsinstituts, Kopenhagen u. Leipzig 1802, 390 S., 8°.

— **Daniel Eusebius (Langensalza), De statutis Salzensibus et successione conjugum juxta ea. Rect. Joh. Joach. Hahn. Präs. Joh. Heinr. Meier. Erfurt (Grosch) 23. IX. 1721. 36 S., tlws. dtsch. (5.—) 5219**
Widm. v.: C. W. Strecker, J. G. Christiani (Bruder), J. C. Pabst (dtsch.).

Christiani, Eugen

Christiani, E., das Amt d. Vormundes, Gegenvormundes, Pflegers, Waisenraths etc. Eine populäre Darstellg. der preuß. Vormundschaftsordng. vom 5. Juli 1875. Unter Berücksicht. der sonst., auf die Stellg. d. Vormundes bezügl. Gesetze u. Verordngn. bearb. u. m. ausführl. Sachregister, e. Abdr. der Vormundschaftsordng. u. Formularen f. Güterverzeichnisse u. Vormundschaftsrechngn. versehen. 8. (VIII, 119 S.) Berlin 875. Guttentag. n. 1. 60

— dasselbe. 2., verm. u. verb. Aufl. 8. (VIII, 141 S.) Ebend. 876. n. 2. —

Christiani, E., das Amt d. Vormundes, Pflegers, Waisenraths in Preußen. Gemeinverständlich dargestellt. Mit Anleitg. zur Aufstellg. v. Vermögensverzeichnissen [Inventaren] u. Vormundschaftsrechngn. 3., umgearb. Aufl. 8. (VIII, 149 S.) Berlin 890. Guttentag. n. 1. 50

Christiani, d. Amt d. Vormundes, Pflegers, Waisenraths. 3. Aufl. Berl. 891.

Christiani, E., Anleitung f. Genossenschafts-Vorstände i. Verkehr m. d. Gerichten. Nebst Mustern f. alle vorkomm. Meldgn., Eingaben etc. u. ausführl. Register. 8. (XII, 106 S.) Berlin 895. H. W. Müller n. 1. 20

Christiani, E.: Gerichtswesen und gerichtliches Verfahren in Preußen nach dem Inkrafttreten der Reichsjustizgesetze. Populär dargest. Düsseldorf 1880.

Christiani, E., Rathgeber in Konkurssachen. Eine Anleitg. f. die Geschäftswelt, wie sie sich in Konkursen ihrer Schuldner zu verhalten hat. Mit prakt. Rathschlägen, Mustern zu Anmeldgn. etc. u. ausführl. Sachregister. 8. (VII, 97 S.) Berlin 892. H. W. Müller. Kart. 1. 50

[A.] Bürgerliches Rechts-Lexikon für das deutsche Volk. Nach d. Bürgerl. Gesetzb. unt. Berücks. d. Handelsgesetzb. u. sonstiger einschlagender Ges. bearb. v. E. **Christiani.** *Berlin: J. J. Heine 1899.* (2 Bl., 406 S.) 1 Bd 8. [99. 2417

Christiani, E., bürgerliches Rechts-Lexikon. Nach dem bürgerl. Gesetzbuch unter Berücksicht. des Handelsgesetzbuches u. sonst. einschlag. Gesetze bearb. 2. verm. Aufl. Lex.-8. (V, 415 S.) Berlin 901. [J. J. Heine.] J. Guttentag. Geb. in Leinw. n. 8. 50
1. Aufl. (IV, 406 S.) Ebd. 899. n. 7. 50; geb. n. 8. 50.

Christiani, E., bürgerl. Rechts-Lexikon. Nach d. bürgerl. Gesetzbuch, dem Handelsgesetzbuch u. sonst. Reichs- u. Landesgesetzen bearb. 3., wesentlich verm. u. verb. Aufl. (VI, 530 S.) Lex. 8. Berlin 908. J. Guttentag. Geb. in Leinw. 11. 20

— d. Reichsgesetz z. Bekämpfg. d. unlaut. Wettbewerbes v. 27. Mai 1896. Gemeinverständl., insbes. f. d. Handels- u. Gewerbestand, erläut. 2. Abdr. gr. 16. (VIII, 66 S.) Berlin 896. F. Vahlen. n. — 80

— Versicherungspflicht u. freier Unterhalt. Ein Beitrag zur Auslegg. d. § 3, Abs. 2 d. Invaliditäts- u. Altersversicherungsgesetzes vom 22. Juni 1889. 8. (40 S.) Ebd. 893. n. 1. —

— wie hat der Schiedsmann sein Amt zu führen? Eine gemeinverständl. Anleitg. Mit Beispielen f. alle beim Schiedsmann vorkomm. Protokolle, Vermerke u. sonst. Niederschriften, Formularen, vollständ. Sachregister u. e. Abdruck der Schiedsmannsordng. 8. (VIII, 100 S.) Ebd. 891. Kart. n. 1. 50

— wie hat der Schiedsmann sein Amt zu führen? Eine gemeinverständl. Anleitg. Mit Beispielen f. alle beim Schiedsmann vorkomm. Protokolle, Vermerke u. sonst. Niederschriften, Formularen, ausführl. Sachregister u. Abdr. der Schiedsmannsordng. 2., verm. u. verb. Aufl. 8. (IV, 116 S.) Berlin 902. H. W. Müller. Kart. n. 1. 50

Wie hat der Schiedsmann sein Amt zu führen? Eine gemeinverständl. Anleitung. Mit Beispielen f. alle beim Schiedsmann vorkommenden Protokolle, Vermerke u. sonstigen Niederschriften, Formularen, ausführl. Sachreg. u. e. Abdr. d. Schiedsmannsordnung. Von E[ugen] Christiani, Amtsger.R. 3., verb. Aufl. Berlin: H. W. Müller 1906. (116 S.) 8° [F.] [07. 9298

Christiani, F. Albr., Iudaei conversi. Judenglaube u Aberglaube, m. K. 8. Leipz. 713.

— kluge, christl. u. vernünftm. Kinderzucht. 8. Bern. 755.

Christiani, Ferdinand [app. Arzt aus Hedersleben, Bez. Magdeburg]: Ein Fall von periostalem Sarkom des Femur mit einer Metastase an einer Klappe der vena femoralis. ... Würzburg, Anton Boegler'sche Buchdr., 1889; 21 S. 8°
Würzburg, Med. Fak., Inaug.-Diss. v. 1889

Christiani, Fr. a St. Ursula, dissert. de conjuge infideli facta fideli. 8. maj. Bamb. Göbhard. 782. Rthlr.

Christiani, Fr. a St. Ursula, Dissert. de conjuge infideli facta fideli. 8maj. Bamb. 782. Wesché in Frankf. 6 gK

Christiani, G. E., s. Christiani, Wilhelm Ernst

Christiani, Hector, s. Cristiani

Christiani, Joh. Fr., Fibel, s.: Hiemesch, Karl Heinr.

— Präparationen f. den ersten Schreib-Leseunterricht, s.: Hiemesch, K. H.

Christiani, Joh. Fr., Fibel, } s.: Hiemesch,
— der erste Schreib-Leseunterricht, } K. H.

— **Johann Gottlieb (Hayn/Thür.), De inspectione cadaverum judiciali. Diss. jur. Rector Chph. Ign. v. Guden. Präs. Ernst Tenzell. Erfurt (Grosch) 25. VI. 1723. 24 S. (4.80) 5222**

Christiani, Johann Wilhelm

Christiani, Jh. Wlh. Anfangsgründe der Staatsrechenkunst. 1. Abth. gr. 8°. Helmstedt, Fleckeisen, 1798.

*. *Joannis Wilhelmi Chriſtiani* Kilonienſis Commentatio qua explicantur Fundamenta Calculi quem ab infinito nominamus et oſtenditur quomodo iis quae tradiderunt *Euclides, Archimedes, Appollonius Pergaeus* innitatur Calculus infiniti in concertatione civium Academiae Georgiae Auguſtae die IV Junii 1792. praemio a Rege M. Britanniae Aug. conſtituto a Philoſophorum ordine ornata. Exemplaria graeca, nocturna verſate manu, verſate diurna. Gottingae, Typis Joann. Chriſtian. Dieterich. 4. 40 S. mit 2 Kupſtafeln. 1792.

Christiani, Jh. Wlh, Comm., qua explicantur fundamenta calculi quem ab infinito nominamus, cum tabulis. 4maj. Götting. 792. Dieterich; auch Vandenhöck u. R. 5 gr

— Diss. inaug. exhibens supplementa ad comment. de fundamentis calculi etc. 4. Kiel 793.

– Dass., s. a. C h r i s t i a n i, Wilhelm Ernst

— Lehre von d. geometr. u. ökonom. Vertheilung d. Felder; nach d. Dän. des Niels Morville, mit e. Vorr. v. Kästner. Mit 1 Kpf. gr. 8. Götting. 793. Vandenhöck u. R. 12 gr

[F.] **Christiani**, Johannes Georg: Über die Waldarbeiterverhältnisse auf dem badischen Schwarzwald in Vergangenheit und Gegenwart ... Karlsruhe, Druck v. F. Gutsch, 1894; 2 Bl., 127 S., 1 Bl. 8.
Heidelberg, Phil. Fak., Inaug.-Diss. v. [26. Jan.] 1894

Christiani, Carl, e. Fall v. Moral insanity. Diss. gr. 8. (31 S.) Königsberg i/Pr. 893. (W. Koch.) n. — 80

Christiani, Carl [pr. Arzt]: Aus d. psychiatr. Universitätsklinik zu Königsberg i. Pr. Ein Fall von Moral insanity ... Königsberg i. Pr., Druck v. M. Liedtke, 1893; 2 Bl., 31 S., 2 Bl. 8.
Königsberg, Med. Fak., Inaug.-Diss. v. 18. März 1893

Chriſtiani, Konr., († d. 22. Dec. 1795.), s. a. Etwas über ꝛc. Apothekerbücher.

[CHRISTIANI, CONR.], Etwas über das neue Londner und andre Apothekerbücher. Hamburg. 1790.

1808–1893. Zur Geschichte des Kolberger Theaters. Ein Gedenkblatt von Max **Christiani**. Kolberg: C. F. Post (1893). (35 S.) 8° [illegible]

Christiani, Otto Konrad [Wirkl. Name], s. a. B o n m a r m o t a [Pseud.]

— Familiennachrr. aus d. Stammarchive zu Hauerwalde ꝛc. Mit 1 Kpf. 8. Weißenf. u. Leipz. 800. Weygand. 20 gr

Chriſtiani, O. C., Familiennachrichten, aus dem Stammarchive z. Hauerwalde, m. K. 8. Weißenfels, Böse. 806.

Chriſtiani, Otto Konr., († d. 25. Nov. 1803.) Cäciliens Flucht nach Berlin; e. Schule für d. Mädchenwelt. Mit 1 Kpf. 8. Braunſchw. 800 Reichard. 1 rß 6 gr

— Eliſas Schweſtern; e. Schule für d. Jünglingswelt. 2 Thle, mit Kpf. 8. Braunſchw. 800. Reichard. 2 rß

Christiani, Theodor, Referendar: Die Treuhand der fränkischen Zeit. *Breslau 1904: Schles. Druckerei-Genossenschaft.* (50 S.) 8°
Breslau, Jur. Diss. v. 20. Mai 1904

Christiani, Therese

Chriſtiani, T., Album-Blätter deutſcher Dichtung, s. a. Album-Blätter.

Chriſtiani, Thereſe, Album Blätter deutſcher Dichtung. Geſammelt für Deutſchlands Frauen. Lüchow 862. Laur. 16. (XVI, 375 S.) 1 rß 15 ngr.

Chriſtiani, Thom., Beytrag z. Geſch. u. Behandl. d. natürl. Pocken. 2 Thle. gr. 8. Wien, Ghelen. 782.

Dorpats erstes Privileg in polnischer Zeit. Von Stadtarchivar T[itus] **Christiani**. Leipzig: Köhler in Komm. 1910. 40 S. 8°
(Verhandlungen d. Gelehrten Estn. Gesellschaft. Bd 22, H. 3.) [10. 13070 B

Chriſtiani, W. Ant. Joſ., gründl. Abhandl. d. gemeinen Brüche in 10 Fragen, ſ. Abhandlung u. ſetze hinzu: (v. W. A. J. Chriſtiani).

Christiani, W. C.

— ſ. H. C. Anderſen, eines Dichters Bazar.

– s. A n d e r s e n, H. C.: O. T. Roman.

Der Goldmacher. Eine Schilderung aus der ersten Hälfte des vorigen Jahrhunderts von C. Hauch. Deutsche, vom Verf. mit 2 neuen Cap. verm. Ausg. Aus dem Dänischen von W. C. **Christiani**. Bd 1. 2. Kiel: Universitäts-Buchh. 1837. 16°
Kl. 4008, TB. 278.

– Dass., s. a. H a u c h, C.: Der G o l d m a c h e r.

Christiani, W C [Übers.]
s. Heiberg, Johann Ludwig: Maria. 1839.

– s. M a r i a . Novelle.

– s. M o n t a n u s d. J.

– s. N o v e l l e n.

R e i s e der Schleswig-Holsteinischen Sänger zum Gesangfeste in Würzburg nebst Beschreibung des Festes v. W. C. C h r i s t i a n i. Hamburg. 1845. 8°

– s. Z a b e r n, W. Eine Autobiographie.

Christiani, Walter (Red.), s. F e i e r a b e n d des Landwirts.

— das O d e r b r u c h. Hiſtoriſche Skizze. 2. Aufl. Wriezen 855. Roeder. 8. (VIII, 68 S.) n. 10 ngr

Chriſtiani, Walter, das Oderbruch. Skizze. 2. verm. Aufl. gr. 16. (III, 96 S.) Freienwalde 872. Fritze. n. 1. —

— landwirthſchaftliche S t u d i e n. 1. Heft: Die Tagelöhner auf dem Lande. gr. 8. (23 S.) Berlin 856(57,) R. Kühn. *

— Landwirthschaftliche Studien. 1. Heft. Die Taglöhner auf dem Lande. 8°. Berlin, R. Kühn, 1857. 2. Heft. Die Accordarbeiten im landwirthschaftl. Gewerbe. 8°. Ebd. 1857.

Chriſtiani, Wilh., 50 Jahre ohne Düngung. gr. 8. (14 S.) Breslau 878, Korn.
Aus: Der Landwirth, beſonders abgedruckt.

Christiani, Wilhelm Arnold, a. Livland: Über das Eindringen von Fremdwortern[!] in die russische Schriftsprache des 17. und 18. Jahrhunderts. (Berlin 1906: P. Stankiewicz.) 107 S.) 8°
Berlin, Phil. Fak., Ref. Brückner, Diss. v. 3. Febr. 1906
[Geb. 26. Nov. 71 Testama, Livland; Wohnort: St. Petersburg; Staatsangeh.: Rußland; Vorbildung: Landesgymn. Fellin Reife Dez. 90; Studium: Dorpat 9, Berlin 3 S.; Rig. 16. Nov. 05.]

Christiani, Wilhelm Ernst

Regiae academiae Kiloniensis prorector procansellarius et senatus orationem sollemnem augustissimi regis natali ... habendam indicunt die 29. Januarii 1780. Praemissa est de a n n o Alberti Suecorum Regis, Ducis Megapolensis, emortuali disputatiunsula (auctore Wilhelmo Ernesto Christiani. Kiliae. 1780). 4⁰

Disputatiuncula exhibens amortualem Regis Christiani I a n n u m diemque, utrumque temporum rationibus mathematicis et diplomatum fide assertum. Von Wilhelm Ernst Christiani. (Kiliae. 1781.) 4⁰

Christiani, Wilhelm Ernst [Praes.], s. B a y , Joachim Albert: U n i c a m tantum esse virtutem ...

[—] Des Prorectors dieser kgl. Universität Einladung zu den am 29. Jenner auf I. K. M. und schon am Tage vorher am 28. Jenner auf I. K. H. des Kronprinzen Gebuhrtsfest öffentl. zu haltenden Reden. Mit beygefügter historischer Betrachtung des Hollsteinischen Wappens. Kiel (1778). 4. P.

[—] Commentariorum Kiloniensium de rebus memorabilibus Libellus I—XX. 12. Cal. Maii 1768. — 6. Non. Jul. 1768. U. St.

CHRISTIANI, WILH. ERNST, De conscribendis novis rerum memorabilium commentariis consilium. Kiliae mense Januarii 1768. P.

— — Disput. inaug. filii Johann Wilhelm Christiani. — Praem. prolusio qua ostenditur, eandem fere in historia, quam in mathesi, vim habere contextum rerum. Kiel (M. F. Bartsch) 1793. 16 S. mit Biogr. (M.: M. D. Mielck.) (3.50) 5224

– De e o , quod divinum est in propagatione evangelii. Kil. 1766. 4⁰

G e d ä c h t n i s r e d e auf Johann Andreas Cramer, am 23. Julius 1788 geh. von Wilhelm Ernst Christiani. Kiel (1788). 8⁰

Christiani, Wilhelm Ernst: Sr. Magnificenz dem Herrn ... [Gedicht zur Rektoratsübernahme auf Johann Friedrich Ackermann, Canzley-Raht u. Professor d. Medizin, 5. Oct. 1768.] — Kiel (1768): Bartsch. 2 Bl. 8°

— Geschichte d. Glaubensreinigung in Deutschland u. in d. Herzogthümern Schlesw. u. Hollstein. 8. Hamburg, Bohn. 773.

— Geschichte d. Glaubensreinigung in Deutschland, u. in d. Herzogth. Schleswig u. Holstein. 8. Hamb. 773. (Campe). 9 K

Wilhelm Ernst Christiani: G e s c h i c h t e der Herzogthümer Schleswig und Hollstein. (1.–5. Zeitraum.) 8⁰.
Th. 1–4. Flensburg und Leipzig. 1775–79.
Register. Mit einer Nachricht von dem Leben und den Schriften des Verfassers hrgg. v. Valentin August Heinze. Kiel. 1797.

– (6. Zeitraum ff.) G e s c h i c h t e der Herzogthümer Schleswig und Hollstein unter dem Oldenburgischen Hause. Th. 1–4. Kiel. (1781–1802.) 8⁰

— Geschichte d. Herzogthümer Schlesw. u. Hollst. 1r bis 4r Theil. gr. 8. Flensb. (Christiani in Schlesw.) 776—79.

— Geschichte d. Herzogth. Schleswig u. Holstein. 4 Thle. gr. 8. Flensb. 776—79. (Hammerich in Alt.) 5 rß 8 K

— Register zur (ältern) Geschichte d. Herzogth. Schleswig u. Holstein, mit e. Nachricht von d. Leben u. d. Schriften ihres Verfassers; herausg. v. W. A. Heinze. gr. 8. Kiel 797. Hesse. (a. Hammerich in Alt.) 1 rß 8 K

Wilhelm Ernst Christiani: G e s c h i c h t e der Herzogthümer Schleswig und Hollstein unter dem Oldenburgischen Hause und im nähern Verhältnisse gegen die Krone Dännemark. 8⁰
Th. 1. Kiel. (1781.)
Th. 2. Kiel, Hamburg und Dessau. 1784.
– Fortges. v. Dietrich Hermann Hegewisch.
Th. 3. Schleswigs und Holsteins Geschichte unter dem Könige Christian IV. und den Herzogen Friedrich II, Philipp, Johann Adolf und Friedrich III oder von 1588 bis 1648. Kiel. 1801.
Th. 4. Schleswigs und Holsteins Geschichte unter den Königen Friedrich III und Christian V und unter den Herzogen Friedrich III und Christian Albrecht oder vom Jahre 1645 bis 1694. ebd. 1802.

— Gesch. d. Herzogth. Schleswig u. Holstein unter d. Oldenburg. Hause im nähern Verhältniße gegen d. Krone Dänemark. 1r u. 2r Thl. gr. 8. Hamb. u. Dessau 784. (Hesse in Kiel). 2 rß 16 K 3r u. 4r Thl. Fortges. v. D. H. Hegewisch. (A. u. d. T.: Hegewisch, Schleswigs u. Holsteins Gesch. v. J. 1588 bis 1694. 1r u. 2r Thl.) gr. 8. Kiel 801 u. 2. Hesse. 4 rß 20 K

Christiani, Wlh. Er., Geschichte der Herzogthümer Schleswig u. Holstein unter d. Oldenburg. Hause. (5r Thl.), fortgesetzt von Pet v. Kobbe. A. u. d. T.: Schleswig-Holstein. Geschichte, vom Tode d. Herzogs Christian Albrecht bis zum Tode Königs Christian VII. (1694 – 1808). gr. 8. Altona 834. Hammerich. 2 rß

— Gesch. d. neuest. Weltbegebenh. v. d. Aachner Frieden 1748 bis auf d. gegenwärt. Zeit. 3 Bde. s. a. Millot's Universalhistorie 10r 11r 12r.

CHRISTIANI, Wilhelm Ernst 1731 - 1793
Geschichte der neuesten Weltbegebenheiten, von 1748 oder von dem Aachner Frieden an, bis auf die gegenwärtige Zeit.
Erster [- Dritter] Band.
Leipzig: Crusius. 1788 [- 1793]. 8⁰.
Zentralbibliothek Zürich

[—] Historia controversiae de processione Spiritus S. a Filio Dei inter theologos Holsatum alterum, alterum Alsatum saeculo superiori agitata. Kiliae Holsat. 1773. 4. P. (Univ. Progr.).

[—] Historia controversiae de processione Spiritus S a Filio, in colloqvio Constantinopol. coram Manuele imperatore Graeco et Henrico Leone duce agitatae. Kiliae Holsat. 1775. 4. P. (Univ.-Progr.).

Antiqua Femariae insulae i n s i g n i a , monumentis historicis et tabularii regii diplomatum fide asserta (scr. Wilhelmus Ernestus Christiani). Kiloniae. 1784. 4⁰ Kiel, Univ.-Schrift.

— Dänemarks stets freye Königskrone ungekränkt in dem Ablauf aller Jahrhunderte. gr. 8. Flensburg. (Christiani in Schleswig.) 779.

Christiani, Wlh. Er., († d. 1. Sept. 1793.) Dänemarks stets freie Königskrone ungekränkt in d. Ablauf aller Jahrhunderte. gr. 8. Flensb. 779. (Hammerich in Alt.) 10 K

Dännemarks stets freye K ö n i g s k r o n e , ungekränkt in dem Ablauf aller Jahrhunderte und durch das schwache Bestreben des Herrn Ludewig von Hess, gezeigt v. Wilhelm Ernst Christiani. Flensburg und Leipzig. 1780. 8⁰

— s. 1) R. W. Lange, statist. Briefe. 2) Lieder f. Dän. Seeleute.

— Disp. philos. de definiendis justis partium philosophiæ practicæ limitibus pars prior. Kilonii. (1764). 4. P.

– De variis natalem Domini celebrandi modis. Kilon. 1775. 4°

G. E. Christiani prolusio illustrans memorabile medii aevi monumentum, quod ad medicinam forensem spectat, Responsum ICtorum Moguntinorum datum in causa illustri, elogii medicorum aliorumque naturae scrutatorum habito respectu. Kilon. 1786. 4. (Responsum de partu legitimo quamvis praecoci gemellorum, quos anno 1433 edidit uxor Gerhardi, principis Slesvicensis et comitis de Holstein, desumtum ex apographo diplomatis membranacei; cfr. Jenaer allgem. Lit. Zeit. 1786. Mai S. 359.)

[—] Nachricht von einer sehr seltnen Ausgabe des Virgils vom ersten Druck. Kiel. 1785. 4. P. (Univ.-Progr.).

[—] Nachrichten von dem Alter und der ursprünglichen Verfassung der Stadt Kiel. 1772. 4. (Univ.-Progr.).

[—] Litterarische Nachrichten von den Ausgaben der gemeinschaftlichen schleswig-holsteinischen Landgerichtsordnung. Kiel. 1773. 4. P. (Univ.-Progr.).

— die Natur d. uneingeschränkten Monarchie, u. d. Dän. insbesondere, u. das Verhältniß d. Preßfreiheit zur uneingeschränkten Monarchie rc. 2 Reden. gr. 8. Kiel 793. Hesse. 1 K

— Quis locus in discendi ordine conveniat mathesi disqv. Kilonii. 1764. 4. P. (Univ-progr. i Anl. af Dav. Herm. Piehls Doktor-disp.).

Rede bei der Einweihung der neuvermehrten Universitätsbibliothek am Geburtsfeste des Königs den 29. Jenner 1785 in dem Kirchensaale des Schlosses zu Kiel gehalten v. Wilhelm Ernst Christiani. Mit vorangeschickter Einleitung von der gegenwärtigen Verfassung der Universität Kiel. Kiel und Dessau. (1785.) 8°

— Rede auf die Wiederherstellung des Fürsten Paul Petrowitz, Kaiserl. Kronprinzen, in der Academie zu Kiel, aus den Blattern. Kiel. 1769. 4. P.

Christiani, Wilhelm Ernst: De variis exeqviarum ritibus apud utriusque ducatus cimbrici nobiles comment., s. Lackmann, Adam Heinrich [Praes.]

Die gute Sache der Dissidenten in Polen. Nach d. Gründen d. natürl. u. allgem. Staats-Rechts u. d. Politik betrachtet von Wilhelm Ernst Christiani. — (Kiel) 1767. 55 S. 8° (4°)

— Die gute Sache der Dissidenten in Polen; nach den Gründen des natürlichen und allgemeinen Staats-Rechts und der Politik betrachtet. U. St. [Kiel]. 1767. 4.—2. vermehrte und verb. Aufl. Nebst einer Rede von dem wahren Begriffe der herrschenden Religion eines Staats. Lpz. 1775.

Christiani, Wilh. Ern., die gute Sache d. Dissidenten in Polen, nach d. Gründen des natürl. u. allgem. Staatsrechts u. d. Politik; nebst e. Rede v. d. herrschenden Religion eines Staats. 8. Leipz. Böhme. 775.

— d. gute Sache d. Dissidenten in Polen, nach d. Gründen d. natürl. u. allgem. Staatsrechts u. deren Politik, 4. o. O. 767. 2e A., nebst e. Rede von d. herrschenden Religion eines Staates. 8. Leipz. 775. (Knobloch). 5 K

— De logicis quibusdam artis criticæ subsidiis programma. Kiliæ. 1764. 4. P.

Christiani, Wlh. Er., s. v. Suhm, Sigur u. Haber.

* Disputatio inauguralis exhibens Supplementa ad commentationem de Fundamentis Calculi quem ab infinito nominamus anno superiori editam, quam praeside ac promotore parente summa pietate colendo *Wilhelmo Ernesto Christiani* Phil. D. Aug. Reg. a Consil. Just. Jur. Nat. Polit. Eloqu. Poëseos et Hist. P. P. O. Reg. Societat. Doctrinar. Hafn. Socio ampl. Philos. ord. h. t. Decano publice defendet Auctor *Joannes Wilhelmus Christiani* Kiloniensis, Kiliae Holsatorum. Litteris Mich. Fried. Bartschii Acad. Typogr. 4. 16 S. und 1 Kupfertafel. 1793.

CHRISTIANI, WILH. ERNST, Disp. philos. de testamentis jure naturali validis. Kilonii. 1758. 4. P. [Resp. Frid. Rud. Sarauw].

— Disp. ethica, qva demonstratur unicam tantum esse virtutem et unicum vitium. Kilonii. 1760. 4. P. [Resp. Joach. Alb. Bay].

Des Prorectors und Senats ... Einladung zu der Rede, welche auf Sr. Königl. Majestät hohes Geburtsfest ... gehalten werden wird am 29. Jan. 1791. Mit beygefügter Untersuchung über das Geburtsjahr Johann Friedrichs, Herzogs zu Schleswig Hollstein etc. [Von Wilhelm Ernst Christiani.] Kiel. (1791.) 4°

[—] Untersuchung der Regierungsfolge der hollsteinischen Fürsten aus dem Billingischen Stamme. Kiel. 1771. 4. P. (Univ.-Progr.).

CHRISTIANI, WILH. ERNST, Untersuchung des Vermählungs- und auch des Sterbetages der Herzogin Christina, Gemahlin Adolfs, Herzogs zu Schleswig Hollstein. Kiel. (1790). P. (U. B.).

Vergleichung der Nachrichten von dänischen Begebenheiten von 1182 bis 1209, welche bey Arnold von Lübeck anzutreffen sind, mit andern Schriftstellern desselben Zeitalters und Berichtigung der dazu gehörigen Zeitrechnung. Eine Preisschrift v. Wilhelm Ernst Christiani. Copenhagen. 1789. 4°

— Wilhelm Ernst, Vestigia doctrinae elegantioris in media aevi barbarie inter Danos Cimbrosque obvia. Prol. qua disp. a candidato Franz Skow (Salling-Viborg/Dänemark). Kiel (M. F. Bartsch) 10. IV. 1776. 8 S. mit Biogr. (M.: D. M. Broendum.) (3.—) 5223

Christiania, Christoph Johann Rudolf, s. Christiani

Christianismus, der, und der Mosaismus als Beitrag zur Frage der bürgerlichen Gleichstellung der Juden, von einem Layen. Auszug aus einem grösseren Manuscript. Altona. 1835. P.

Christiano, F., das weisse Buch. Für die Juden nicht bloß in Hamburg. gr. 8. Kiel 841, Bünsow. 1/8 rf

Christiano, F., das weiße Buch. Für die Juden nicht bloß in Hamburg. gr. 8. (1½ B.) Kiel 844. [Naeck.] Thlr.

Christianović, Aloys, der Katholizismus und die Civilehe. Agram 851. (Wien, Sallmayer u. Co.) gr. 8. (56 S.) n. 8 ngr

Christianowitsch, Alex., Esquisse historique de la musique arabe aux temps anciens avec dessins d'instruments et 40 mélodies notées et harmonisées. Fol. (74 S. mit 3 Stnt.) Köln 863, DuMont-Schauberg'sche Buchh. *

Christian's Auswanderung aus Deutschland. Seine Leiden und Gefahren. Seine Bekehrung und Berufung zum Predigtamt. gr. 16. (132 S.) Cincinnati 856(60). (Philadelphia, Schäfer und Koradi.) geb. *

Christian's mistake, s. Collection of British Authors.

Christians IX. Treueid für Schleswig-Holstein ein Meineid. Eine Studie für den königl. dän. Minister, Geh. Conferenzrath Hall v. F. W. D. 8. (14 S.) Rendsburg 864, Ehlers.

Christian, Friedrich. Vermächtniss an seine lieben Söhne ... 2. Ausg. Straubing 1825. V: *Sailer, Johann Michael.* (Ky)

Christian's, (Fr.) Vermächtniß an seine lieben Söhne, Deutschen Jünglingen in die Hand gegeben, von e. ihrer Freunde. (Bischof, J. M. Sailer.) 2e verb. Ausg. 8. Straubing 825, Schorner.

Christians, Ferdinand Wilhelm, aus Husum: Ueber die sogenannte 'relative Nichtigkeit der Rechtsgeschäfte'. *Erlangen 1899: E. Th. Jacob.* (41 S.) 8° [J.]
Erlangen, Jur. Diss. v. 5. Dez. 1898

Christians, Rud., Leitfaden e. deutschen Stenographie unter Erweiterung bewährter Prinzipien. Enth.: Schulschrift, Korrespondenzschrift u. Debattenschrift. (39 S. m. 32 Schrifttaf.) gr. 8. Hamburg 902. Selbstverlag. n. 1.80

Christians, Rudolf, Landrichter, mit den Geschäften eines Sekretärs u. Hilfsarbeiters im Staatsminist. in Oldenburg beauftragt: Das pignus in re sua des römisch-gemeinen Rechts und das Pfandrecht an eigener beweglicher Sache des Bürgerlichen Gesetzbuchs. Borna-Leipzig 1908: Noske. IX, 63 S. 8°
Leipzig, Jur. Diss. v. 15. Dez. 1908
[Geb. 2. Nov. 79 Christiansburg im Jeverlande; Wohnort: Oldenburg i. Gr.; Staatsangeh.: Oldenburg; Vorbildung: Gymn. Jever Reife O. 98; Studium: Freiburg i. B. 3, Göttingen 3 S.; Rig. 21. Juli 06.] [U 09. 2474

Christians, Wilh., die Arbitrage der Berliner Börse. Ein Vademecum f. Bankiers, nach e. neuen Methode bearb. 16. (118 S.) Berlin 874. Gärtner. geb. n. 3. —

Christians, Wilh., das Bankgeschäft. Eine Anleitung zur pract. Erlernung desselben. 1. und 2. Aufl. 8. (VIII, 79 S.) Berlin 872,73, Gärtner. geb. *

Christians, W., die hypothekarischen Beleihungsgrundsätze der preussischen Landschaften u. ähnlicher Institute, sowie der preussischen, deutschen u. fremdländischen Hypothekenbanken. gr. 8. (XVIII, 170 S.) Berlin 892. (Puttkammer & Mühlbrecht.) n. 1.20

Christians, W. (Hrsg.), s. a. Börsenpapiere, Christians' deutsche.

Christians, Wilh., deutsche Börsenpapiere. Darstellung der Personal- u. Finanz-Verhältnisse der deutschen u. ausländischen Bank-, Versicherungs-, Industrie- u. Eisenbahn-Gesellschaften auf Actien. 1. u. 2. Thl. gr. 8. (XV, 808 S.) Berlin 880. Springer. geb. à n. 7. —

—— Effecten-Kalender für die Berliner Börse. Mai 1872. 16. (35 S.) Berlin, Gärtner. *

— die deutschen Emissionshäuser u. ihre Emissionen in den J. 1886 bis 1891. gr. 8. (XX, 60 S.) Berlin 893. (F. Schneider & Co.) n.n. 5. —

Christians, W., Lohnerhöhung und Spekulationsbeschränkung als Mittel zur Verhütung industrieller Krisen. Ein Beitrag zur sozialen Frage. gr. 8°. Berlin, F. Schneider u. Co., 1893. (20 S.)
[Aus: „Der deutsche Oekonomist".]

—— Mitglieder-Verzeichniss der deutschen Handels- und Gewerbekammern und kaufmännischen Corporationen. gr. 8. (IV, 83 S.) Berlin 879, Springer. *

Christians, W., s. Oekonomist, d. deutsche.

Christians, W., das Rechnen im Bankgeschäft. 4., völlig umgearb. Aufl. gr. 8. (VIII, 144 S.) Berlin 899. Haude & Spener. Geb. in Leinw. n. 6. —

Christians, W., das Rechnen im Bankgeschäft. 5. Aufl. (VIII, 144 S.) gr. 8. Berlin 910. Haude & Spener. Geb. in Leinw. 6. —

— Rechnen u. Usancen im Wechsel-, Geld- u. Effecten-Verkehr. 3. neubearb. Aufl. gr. 8. (VIII, 231 S.) Berlin 881. Gaertner. n. 5. —; geb. n. 6. —

Christians, W. Rechnen und Usancen im Wechsel-, Geld- und Effecten-Verkehr. 3. Auflage. Berlin 1881. — 4. Auflage (Das Rechnen im Bankgeschäft). 1899. — 5. Auflage. 1910.

—— das Rechnen im Wechsel-, Geld- und Effecten-Verkehr. 3 Thle. br. 8. Berlin, Gärtner. geb. in 1 Bd. *
Inhalt:
Thl. 1. Wechsel- und Münz-Rechnung und Arbitrage. Mit einem Anhang: Conto-Corrente-Zinsrechnung. Für Kaufleute und Industrielle, namentlich für Bankiers und in Bankhäusern Angestellte bearb. 1. Aufl. 1870, und 2. Aufl. (VIII, 110 S.) 874. *ℳ 2.
„ 2. Staatspapiere- und Actien-Rechnung und Arbitrage. Für Kaufleute und Industrielle, namentlich für Bankiers und in Bankhäusern Angestellte bearb. (VIII, 135 S.) 871. *ℳ 2.
„ 3. Effecten-Calculationen. Eine Anleitung öffentl. Werthpapiere durch Berechnung zu beurtheilen. Für Kaufleute und Industrielle, namentlich für Banquiers und in Bankhäusern Angestellte. (VI, 71 S.) 871. *ℳ 1,50.

Christians, W., Reform des Genossenschaftswesens und Mobilisirung des Grundbesitzes. Vortrag, gehalten am 7. Febr. 1879 im Verein Berliner Grundbesitzer. gr. 8. (14 S.) Berlin 879, Dörner. *

Christians, W., der Rückgang der Waarenpreise. Gesammelte Aufsätze aus dem Deutschen Oekonomist. gr. 8. (23 S) Berlin 886. Verlag d. deutschen Oekonomist. — 50

Christians, W. Soll die Reichsbank verstaatlicht werden? Berlin 1889.

Der Christian Science Herold. Offizielle Übers. d. Christian Science Zeitschriften. Veröffentl. von The Christian Science Publ. Soc., Boston, Mass. Jg. 1. Boston: The Soc. (1903–04). 8° [J.] [07. 11340]

Christiansen: Anti-Lilie, s. Christiansen, N.

Christiani, Walt., die Accordarbeiten im landwirthschaftlichen Gewerbe. 8. (30 S.) Berlin 855, R. Kühn. *

Christiani, Walter, die Accordarbeiten im landwirthschaftlichen Gewerbe. 2., durch zahlreiche Zusendungen der landwirthschaftl. Vereine Deutschlands stark verm. Aufl. gr. 8. (XII und 131 S.) Berlin 857, R. Kühn.

Christiansen, Arne Einar, s. Christiansen, Einar

Christiansen, Bert, der Fluch der bösen That. Eine Stadtgeschichte aus dem Schwarzwald. 1. und 2. Aufl. 12. (127 S.) Leipzig 882, Böhme. *

Christiansen, Broder, Erkenntnistheorie u. Psychologie des Erkennens. 8. (IV, 48 S.) Hanau 902. Clauss & Feddersen. n. 1.50

Christiansen, Broder, Philosophie d. Kunst. (VIII, 348 S.) 8. Hanau 909. Clauss & Feddersen. 6.—; geb. in Halbperg. n 8.—

— das Urteil bei Descartes. Ein Beitrag z. Vorgeschichte der Erkenntnistheorie. gr. 8. (107 S.) Ebd. 902. n. 2.—

Christiansen, Broder, aus Klixbüll (Schlesw.-Holst.): Das Urteil bei Descartes. *Freiburg i. B. 1902: Ch. Lehmann's Nachf.* (107 S.) 8°
Freiburg i. B., Phil. Diss. v. 1902

CHRISTIANSEN, C., Ueber die Grundsätze, welche bei der Organisation der Behörden, insbesondere die Localbehörden in den Landdistricten in Betracht zu ziehen sind. Schleswig. 1836.

Christiansen, C. F., u. H. Christiansen, s.: Project zu e. Marinekanal rc.

Christiansen, C. J., u. W. Segeberg: Föhr und Umgegend in Wort und Bild. Wyk a. Föhr 1899. 8°

[F.] Rungholt. Nach Halligsagen erz. v. C. P. Christiansen. *Husum: Selbstr.; (Dr. v. J. G. Jebens' Nachf.) 1896.* (2 Bl., 88 S.) 1 Bd 8. [97. 333]

Christiansen, C. P., Tame Tamen v. Sylt. Gedicht. (49 S.) 8. Husum (906). (C. F. Delff.) n. 1.—

Christiansen, Christian

— Absolute Bestimmung d. Emissions- u. Absorptionsvermögens für Wärme. Leipz. 1883. (17) S. (Særtr.). P.

Christiansen, C., Elemente d. theoret. Physik. Deutsch hrsg. v. Joh. Müller. M. e. Vorwort v. E. Wiedemann. gr. 8. (VIII, 458 S. m. 143 Abb.) Leipzig 894. J. A. Barth. n. 10.—

Elemente der theoretischen Physik von Dr. C[hristian] Christiansen, Prof., Kopenhagen, u. Dr. Joh. J. C. Müller, Oberl., Bremen. Mit e. Vorw. von Prof. Dr. E[ilhard] Wiedemann. 2. verb. Aufl. Mit 160 Fig. *Leipzig: J. A. Barth 1903.* (VIII, 532 S.) 8° [03. 7

Christiansen, G., u. Johs. J. C. Müller, Elemente der theoretischen Physik. Mit e. Vorw. v. E. Wiedemann. 3., verb. Aufl. (X, 690 S. m. 164 Fig.) gr. 8. Leipzig 910. J. A. Barth. 13.50; geb. in Leinw. 15.—

Christiansen, C. F., und H. Christiansen, Project zu einem Marinekanal rc., s. Project.

Christiansen, G., s. Christiansen, Christian

Christiansen, Einar, Lotte. Die Geschichte e. jungen Mädchens. (Deutsch v. E. Brausewetter.) 8. (382 S.) Berlin 890. Schorer. n. 4.—

—— Peter Plus, s. Universal-Bibliothek Nr. 2958.

Christiansen, Einar, warum nicht den Anderen! Roman. Deutsch v. Ernst Brausewetter. 12. (382 S.) Berlin (892). Leipzig, B. List. n. 1.50

Christiansen, Hans

Christiansen, H., neue Flachornamente. gr. Fol. (25 farb. Taf. m. 1 Bl. Text.) Altona 892. Gebr. Harz. In Mappe. 7.50

Christiansen, Hans, neue Flachornamente. Neue [Titel-]Ausg. gr. Fol. (25 Bl.) Berlin (892) 898. M. Spielmeyer. In Mappen n. 10.—

Christiansen, Hans, deutsche Tapeten u. Friese. qu. schmal Fol. (15 farb. Bl. m. 3 Bl. Text.) Altona-Ottensen (901). Tapetenfabr. Hansa, Iven & Co. (Nur direkt.) — 50

Christiansen, J.

— u. C. Engler, preuß. Gerichtskostengesetz v. 25. Juni 1895. Gesetz betr. die Gerichtskosten bei Zwangsversteigergn. u. Zwangsverwaltgn. v. Gegenständen d. unbewegl. Vermögens v. 18. Juli 1883. Gebühren-Ordng. f. Notare v. 25. Juni 1895. Erläut. a. d. Begründg., d. Kommissionsberichten, d. Verhandlgn. d. Hauses d. Abgeordneten, sow. d. in Betracht komm. bisher ergang. Entscheidgn. u. s. w. u. f. Gerichte, Notare u. Rechtsanwälte bearb. gr. 4. (IX, 189 S.) Kiel 895. Lipsius & Tischer. n. 5.—; geb. in Halbfrz. n. 6.50

— — preuß. Stempelsteuergesetz v. 31. Juli 1895. Erläut. a. d. Begründg., d. Kommissionsber., d. Verhandlgn. d. Hauses d. Abgeordneten, sow. m. allen noch in Betracht komm., früher ergang. Entscheidgn. verseh. gr. 8. (VI, 188 S.) Ebd. 896. 3.—; geb. 4.—

— — dasselbe. (2. Aufl. m. d. Ausführungsbestimmgn. rc.) gr. 8. (VI, 316 S.) Ebd. 896. 4.—; geb. in Leinw. 5.—

Christiansen II., der Waisenrath. 8. (16 S.) Apenrade 877. (Berlin, C. Heymann's Verlag.) n. — 40

Der Waisenrath. Ein praktischer Leitfaden für den Gemeindewaisenrath bearb. v. J. Christiansen. 2. Aufl. Hadersleben. 1899. 8°

Christiansen, J.: Der Wechselprotest. (Ein Hand- u. Nachschlagebuch f. d. Gerichtsschreibereien d. Amtsgerichte, f. Notare u. Vollziehungsbeamte, sow. f. jeden Geschäftsmann.) M. 5 Anhängen (enth. d. einschläg. Gesetze ...). Apenrade 1897. Königsberg, Akadem. Buchh. v. Schubert & Seidel. 153 S. 8°

[F.] Der Wechselprotest m. 5 Anh. v. J. Christiansen, Amtsgerichtssecret. ... in Hadersleben. *Königsberg i. Pr.: Schubert & Seidel 1898.* (153 S.) 1 Bd 8.
[99. 1600]

Christiansen, Jacobus [Husumensis]: De apicibus et i longis inscriptionum latinarum. . . . Husum, prostat apud C. F. Delff, 1889. 2 Bl. + 61 [1] S. + 1 Bl. 8°
Kiel, Phil. Fak., Inaug.-Diss. v. 11. Okt. 1889

Christiansen, J., de apicibus et i longis inscriptionum latinarum. gr. 8. (61 S.) Husum 889. Delff. n. 1.60

Christiansen, Johannes

Christiansen, J., Institutionen des römischen Rechts, od. erste Einleitung in das Studium d. röm. Privatrechts. gr. 8. (50 B.) Altona 843, Hammerich.

CHRISTIANSEN, J[OHS.], Die Wissenschaft der Römischen Rechtsgeschichte im Grundrisse. 1. Bd. Altona. 1838. (Mere udkom ikke).

Christiansen, J., die Wissenschaft d. röm. Rechtsgeschichte im Grundrisse. 1. Bd. gr. 8. (27³/₄ B.) Altona 838, Hammerich.

Christiansen, Johs. Jos., Brandstifter Treppers Geschichte, s.: Kriminal-Kommissar, der. 3. Bd.

Christiansen, Karl

Christiansen, C., die Absurdität der sogenannten Todesstrafe. (Nachtrag zu des Verf. Schrift: „Ueber Qualität und Quantität der Strafe, mit besond. Beziehung auf die Todesstrafe." Kiel 1865.) gr. 8. (24 S.) Kiel 867, Schröder und Comp. *

Christiansen, C., zur Lehre von der naturalis obligatio und condictio indebiti. Eine civilistische Abhandlung. gr. 8. (9½ B.) Kiel 841, Schwers'sche Buchh. —

Christiansen, C., über Qualität u. Quantität der Strafe. Mit besonderer Beziehung auf die Todesstrafe. Kiel 865. Schröder & Co. gr. 8. (80 S.) n. 15 ngr

Christiansen, C., über erworbene Rechte. Kiel 856. Schröder u. Co. gr. 8. (136 S.) n. 22½ ngr

– Si communis res pignori data sit. Diss. Kiel 1841.

— die rechtliche Unmöglichkeit der Todesstrafe. Halle 868. Buchhdlg. d. Waisenhauses. gr. 8. (31 S.) n. 5 ngr.

Christiansen, C., rechtliche Würdigung der Einzelhaft. Kiel 859. Schröder & Co. gr. 8. (74 S.) n. 15 ngr.

Christiansen, Karl Moritz

– Wider das A n a t h e m a aus St. Johann-Saarbrücken gegen die Geistlichkeit des Herzogsthums Schleswig. Zur Steuer der Wahrheit ein Wort v. –. Flensburg 1857. 8°

Christiansen, Carl Mor., die Einweihung des neuen Kirchhofs der Gemeinde Erfde am Himmelfahrtstage Jesu Christi, den 9. Mai 1861, Betreffendes. Rendsburg 861. Matthiessen. 8. (17 S.) n. 3 ngr.

Christiansen, Carl Mor., Handbuch zur Orientirung über die in der Provinz Schleswig-Holstein in den J. 1865 bis 1871 im Kirchen-, Schul- und Armenwesen edirten Gesetze, Verfügungen und oberlichen Erlasse. Zusammengestellt und mit chronolog., alphabetisch, auch allgemein sachlich geordneten Registern versehen. gr. 8. (XXIX, 178 S.) Garding 872. Altona, Uflacker. *

Christiansen, Carl Mor., Hülfsbuch f. priesterlichen u. pastörlichen Dienst unter d. Deutschen minder kundigen Schweden, evangelisch-lutherischen Geistlichen deutscher Zunge dargeboten. gr. 16. (VIII, 38 S.) Garding 876. Lühr & Dircks in Comm. n. — 30

⊙ Kann ein Lutheraner ohne Gewissensbeschwerung der Union zustimmen? Ein Beitrag zum Verständniß der Unionfrage v. Carl Moritz Christiansen. Altona. 1867. 8°

Christiansen, C. M, kann ein Lutheraner ohne Gewissensbeschwerung der Union zustimmen? Ein Beitrag zum Verständniß der Unionfrage. Altona 868. (Lehmkuhl & Co.) gr. 8. (16 S.) n. 4 ngr.

Vom Herrn und zum Herrn vier Zeugnisse, gepredigt und zu wohlthätigem Zwecke in Druck gegeben v. Carl Moritz Christiansen. Friedrichstadt. 1845. 8°.

Christiansen, N.

Christiansen, ... (Schullehrer), Anti-Lilie oder Rückweis des Collaborators an der Gelehrtenschule in Kiel zum Princip der allgemeinen Menschenvernunft. gr. 8. Oldenburg 842, Fränckel. 1/8 Thlr — N. 2. mit besonderer Berücksichtigung des Referats von — 8 — 8., so wie der Analyse von J. N. Groß. gr. 8. Plön 843. (Kiel, Bünsow.) n. 1/6 Thlr

Christiansen, Anti-Lilie od. Rückweis d. Collaborators an der Gelehrtenschule in Kiel zum Princip d. allgemeinen Menschenvernunft. gr. 8. (1 B.) Oldenburg 842, Fränkel.

—— dass. Nr. 2., mit besond. Berücksichtigung d. Referats von Z-Z., so wie der Analyse von J. N. Groß. gr. 8. (1 1/2 B.) Plön 843. Kiel, [Naeck.] *

— siehe a. Germanikus, Fragmente f. Staatenwohl

Fragmente für Staatenwohl und Völkerglück in Deutschland von Germanikus [d. i.: N. Christiansen]. Altona. 1848. 8°.

Christiansen, [Germanikus], Reorganisation des Schleswig-Holstein. Schulwesens. gr. 8. (32 S.) Altona 848, Lehmkuhl. n. 1/6 Thlr

Christiansen, Olaf, der Holzbaustil. Entwürfe zu Holzarchitekturen in modern-deutschem, norweg., schweizer, russ. u. englisch-amerikan. Stil. Eine Sammlung v. Sommersitzen, Villen, Land- u. Touristenhäusern, Jagdschlössern, Wirtschafts- u. ähnl. Gebäuden. Zum prakt. Gebrauch bearb. gr. 4. (30 Taf. m. 6 S. Text.) Leipzig 899. B. F. Voigt. In Mappe 9. —

(Paul) Christiansens Führer durch die Insel Usedom. Mit 1 Kt. sowie zahlr. Abb. Wolgast: Christiansen (1910). 71 S. 8°

Christiansen's Führer durch die Insel Usedom: Swinemünde, Ahlbeck, Heringsdorf, Neuhof, Bansin, Ückeritz, Kölpinsee, Koserow, Zempin, Zinnowitz, Trassenheide, Karlshagen. Mit 1 Karte d. Insel Usedom u. d. Kreises Greifswald (1: 150,000), sowie zahlr. Abb. (72 S.) 8. Wolgast (910). (F. Cleppien.) — 75

Christiansen, Ulrich Anton

Christiansen, U. A., die Geschichte Husums im Rahmen der Geschichte Schleswig-Holsteins m. vorangehender Beschreibg. Nordfrieslands u. der Sturmfluten in einfachen Darstellungen. 1. Tl. (VI, 178 S. m. Abbildgn. u. 1 farb. Karte.) gr. 8. Husum (903). F. Petersen. n. 2. —; geb. in Leinw. n. 3. —

– Der Husumer H a f e n , die Gründung der deutschen bezw. schleswig-holsteinischen Kriegsflotte und das Kanalprojekt Eckernförde-Husum im Jahre 1848. (Husum 1899.) 8°

Die Eisenbahn Rendsburg—Husum. ⟨Eine Denkschrift⟩ v. Ulrich Anton Christiansen. (Husum. 1903.) 8°

Christiansö [Schlagwort]

Christiansö, s.: Bornholm.

Christianson, s. Bemerkungen, kritische, zur Alt-Katholiken-Stimme des Baron Dirckinck-Holmfeld, betr. Panslavismus, Türkenkrieg rc.

Christianson C. [∋: C. P. H. M. W. af Dirckinck-Holmfeld]: Ueber Forst-Verwaltung, insbes. üb. die Nothwendigkeit d. Bestehens einer ausgedehnten Staats-Forst im dänischen Staate. Hamb. 1834. 94 S.

Christianson, C., über Forst-Verwaltung, insbesondere üb. d. Nothwendigkeit d. Bestehens e. ausgedehnten Staats-Forst im Dänisch. Staate. gr. 8. (6 B.) Hamburg 834, (Schuberth u. Niemeyer.)

Christianson, C.: „Ueber Forstverwaltung, insbesondere über die Nothwendigkeit des Bestehens eines ausgedehnten Staatsforsts im dänischen Staate", Hamburg 1835 (Schubert & Niemeyer).

Christians Preis [Schlagwort]

Christians Preis — Prospect der Vestung — im Herzogthum Holstein. Im Vogel-Perspektiv. 1 Bl.

Christianstadt [Schlagwort]

Christianstadt, s.: Preussen. Messtischblätter.

Christianus Pie Moriens Seu Adjumenta Procurandae Bonae Mortis ... Friburgi Brisg. 1749. V: *Bellecius, Alois.* (Jes)

Christianus simplex d. i. Einfältige Betrachtung der Wissenschafft vnsers christlichen Glaubens ... Wahrenburg [Philadelphia] 1724. V: *Felgenhauer, Paul.* (wr)

Christianus, das Evangelium des Reichs oder Vergangenheit, Gegenwart und Zukunft des Reiches Gottes auf Erden. Nach den neuesten Forschungen zusammengestellt und frei bearb. gr. 8. (XXIV und 1038 S.) Leipzig 859, Brockhaus. geb. 4

— Luther, kein Römling. Ein Wort über d. Verunglimpfungen, welche sich ein kathol. Pfarrer gegen ein königl. Schreiben u. gegen Luther erlaubt hat. gr. 8. Leipz. 826. Reclam. 6 gr

—— der Ursprung der Evangelien. Nach den neuesten Forschungen für das Volk frei bearb. Lex.-8. (VII und 71 S.) Leipzig 860, Brockhaus. *
Aus des Verfassers: Evangelium des Reichs, 2. Aufl. (noch nicht erschienen), besonders abgedruckt.

Christianus (pseud.), s. Was ist's mit den sogenannten Altlutheranern?

Christianus, (Karl Frdr. Grimmert), was thut Noth, um nicht aus e. Freien ein Unfreier zu werden? Zerbst 826. Kummer. 6 gr

Christianus Antiromanus, s. Antiromanus.

Gross-Deutschland. Des Traumes Erfüllung. Von Christianus Augustanus III. *Berlin: C. Berg 1899.* (68 S.) 8° [F. u. Ant.] [99. 9248

Christianus, Justus (psdn.), s. Kirchenbote, der christliche.

Christianus Marianus, Jesus u. Maria in ihrer äußern Gestalt u. Schönheit. Nach gründlichen Quellenforschungen dargestellt. Köln 870. Bachem. 8. (2 Bll., 132 S.) 15 ngr.

Christianus, Orthodorus (psdn.), s. Liederkrone, neueste.

Christianus, Thim., Karl u. sein Oheim, s. Karl.

Christianus, Thimoth., (ps.) Karl u. sein Oheim, oder d. aufrichtige Katholik. 8. Neust. 831. Wagner. 18 gr

Christiany, X., vollständiger, gründl. u. faßl. Unterricht in d. Rechenkunst. 8. (8½ B.) Münster 838, Theissingsche Buchh.

Christiany, Ludw., Eva v. Buttler, die Messaline u. Muckerin als Prototyp der „Seelenbräute". Ein Beitrag zur Kenntniss der Mysterien des Pietismus. Nach authentischen Quellen fürs Volk erzählt. Stuttgart 870. Scheible. 8. (42 S.) 12 ngr.

—— Plaudereien über Kunstinteressen der Gegenwart. br. 8. (40 S.) Berlin 871, Loewenstein. [Staude.] *

Christie, H., der Erd-Magnetismus, s. J. Challis, über den Zustand der analyt. Theorieen der Hydrostatik.

Christie, M[alcolm] Grahame: Studien über das Verhalten der Steinkohlenstickstoff-Verbindungen bei höherer Temperatur in bezug auf deren Konstitution. 1908. 56 S., 1 Taf. 8°
Aachen, Dr.-Ing.-Diss. v. 20. 3. 1908

Christie, Th., s. Briefe, neue, über d. französ. Revolution.

Christie, W[illiam] A[lexander] K[ynoch]. Über die quantitative Bestimmung von Chlor und Kohlensäure nebeneinander und über die Titerstellung von Permanganatlösungen mittelst elektrolytischen Eisens. Diss. Phil. Basel. [Mit Figuren.] 63 S. 8. Zürich, Aschmann & Scheller, 1905.

Christiern und Columbula. Trauerspiel in 5 Akten. Göttingen 1807. V: *Walther, Frdr.* (Ky)

Christiern u. Columbula. Trauersp. in 5 Akten. 8. Göttingen, Dankwärts. 807.

Christin, die, im Gebete vor Gott. Mit 1 Kpf. 12. Münch. 821. Fleischmann. 4 gr

Christin, die, am Grabe ihres Erlösers. 8. (32 S.) Wien 850. (Gerold.) n. ⅓ ₰

Christin und Jüdin, s. Briffault, C., die Geheimnisse Roms im 19. Jahrh.

—— und ihre Kinder. gr. 16. (12 Chromolithogr.) Bremen 868, Verlag des Tractathauses. In Couvert *

Christina od. die verfolgte Familie. Ein Kapitel aus der blut- u. thränenreichen Geschichte der Waldenser. Frei nach dem Engl. d. J. Dillon erzählt v. P. G. J. gr. 16. (116 S. m. 3 Illustr.) Bremen 889. Verlag d. Tractathauses. — 50

Christinaeus, Paul, decisiones in 6 Vol. distributae nunc denuo summo cum studio revisae à I. I. Reinhard cum Repertorio enucleato. Fol. Erfurt, Iungnickel. 755.

Christinchen in tausend Gefahren, oder Mutter und Tochter im Kindbette. Roman in 58 Kapiteln ... Lüneburg 1806. V: *Scheerer, Joachim Gottfried Wilhelm.* (GGr) (Hitzig)

Christinchen in tausend Gefahren, od. Mutter u. Tochter im Kindbette. 8. Läneb. 806. Herold u. W. 1 ₰

Christine, od. Vorzüge d. guten Sitten, von d. Bonton (v. G. K. Böttger). 8. Leipz. 782. Schwickert. 20 gr

Christine oder Vorzug der guten Sitten vor dem Bon Ton. Ein Roman aus dem Englischen. Leipz. 1783. V: *Böttger, Gottfried Conrad.* (Ky) (ML)

Christine oder Vorzüge der guten Sitten vor dem Bon-Ton, entworfen in 4 Büchern, aus dem Engl. 8. Leipzig, 783. Schwickert. 25 sgl.

Christine. Eine holländ. Dorfgeschichte vom Verf. d. „Breederoode" etc. (Is. del Sotto.) gr. 8. (295 S.) Wien 872. Gerold's Sohn in Comm. n. 6. —

Christine Fürstin zur Lippe, geb. Prinzessin zu Solms-Braunfels. Detmold 1884. V: *Koppen, Luise.* (Landesbibl. Detmold. Kat. d. Zugänge 1869—95. Detm. 1896.)

Christine, Fürstin zur Lippe, geb. Prinzessin zu Solms-Braunfels. Ein Lebensbild. gr. 8. (60 S. m. Silhouette-Portr.) Detmold 884. Meyer. — 60

Christine, Die gute, oder eine Geschichte für die Dienstboten. Augsburg 1793. V: *Essich, Johann Gottfried.* (MGT)

— die gute, oder eine Geschichte für Dienstbothen, auch für Eltern und Herrschaften, mit 1 Kupf. 8. Augsburg, 793. Stage. 15 sgl.

— Königin v. Schweden, s. Gallerie merkwürdig. Menschen 48.

Christine, Königin v. Schweden; Biographie, mit Bildn. gr. 8. Chemnitz 823. Starke. 8 gr

[F.] Christine von Schweden. *Berlin: H. Baake [1895].* (48 S.) 1 Bd 8. — Häupter, Gekrönte. No 24. [97. 5315

Christine. – Die unglückliche Christine oder Das traurige Ende der Hochzeitsfeier zu Schwarzenau. Eine neue lehrreiche Geschichte. Reutlingen: Heerbrandt 1829. 46 S. 170x100. Vorh.: StB Ulm.

Christine, Tante, drei Erzählungen aus unsrer Zeit. [1. Anatole. 2. Die beiden Elisen. 3. Eine ereignißreiche Nacht.] 8. (262 S.) Stuttgart 884. Schröter & Meyer. n. 2. —; geb. n.n. 3. 50

Christinen's Mißgriff. Von der Verf. von „John Halifax.", Aus dem Engl. von Sophie Verena. Autoris. Ausg. 2 Bde. 8. (814 S.) Leipzig 865, Günther. *

Christinens Tagebuch, geführt von ihrem Vater Gradberg, zur Bildungsgeschichte f. Mädchen u. Knaben von 4 bis 5 Jahren. Mit 6 lithogr. u. fein ill. Bildern. gr. 16. Wien 824. Armbruster. 1 ₰ schwarz 18 gr ohne Kpf. 8 gr

Christinens Wallfahrt oder die gute Wahl. Aus dem Holländ. übers. gr. 16. (163 S. mit 1 Holzschntaf.) Cleveland, O. 876. (Philadelphia, Schäfer und Koradi.) *

Christinger J.: Die Milchproduktion im Thurgau in ihrem Verhältniss z. Ernährung d. Volkes. [U. St. 1878]. (10) S. 4°.
(Beilage zu Nr. 18 d. »Thurg. Blätter f. Landwirthschaft«).

Christinger, Jak., die ethische Aufgabe der Schule mit besonderer Rücksicht auf d. Zustände der Gegenwart. Referat an die Thurgauische Schulsynode. [Aus: „Schweizer. Ztschr. für Gemeinnützigkeit".] 8. (21 S.) Zürich 880. (Frauenfeld, Huber.) n. — 60

Christinger, J[acob]. Theodor Bibliander (1504–1564). Ein biographisches Denkmal von J[ohann] J[acob] Ch', Professor. [SA.] 4. Frauenfeld [1867].

Christinger, J. J., Theodor Bibliander. Ein biograph. Denkmal. Frauenfeld 867. (Huber.) gr. 4. (24 S.) n. 8 *ngr*

Christinger, Jac., Thomas Bornhauser. Sein Leben, Wirken u. Dichten nach den Urkunden u. nachgelassenen Schriften f. das schweizer. Volk bearb. gr. 8. (VII, 329 S. m. 1 Lichtdr.) Frauenfeld 875. Huber. n. 4. —

Christinger, Jacob. Eröffnungswort an die Versammlung zur Wiederaufrichtung des thurgauischen Tierschutzvereins, gesprochen von Jakob Christinger, Dekan. Frauenfeld, den 1. Dezember 1901. 6 S. 8. [Frauenfeld, Huber & Co., 1902.]

Christinger, J. J. Über nationale Erziehung. 1885.

— Friedrich Herbarts Erziehungslehre u. ihre Fortbildner b. auf d. Gegenwart, n. d. Quellschriften dargest. u. beurteilt. gr. 8. (227 S. m. Bildn.) Zürich 896. F. Schultheß. n. 3. —; kart. n. 3. 20

Christinger, J. Friedrich Herbarts Erziehungslehre und ihre Fortbildner bis auf die Gegenwart nach den Quellschriften dargestellt. Mit dem Portrait Herbarts. Gr. in-8°. V u. 267 S Zürich, F. Schulthess. 1895. brosch. 3 60; cart. 4 —

Christinger, Jakob. Festspiel für die Jahrhundertfeier der Schlacht bei Schwaderloch (den 18. April 1499). Verfasst im Auftr. des Festkomités. Aufzuführen im Sommer 1899. 8°. 68 S. Frauenfeld, Buchdruckerei Huber & Co. 1899. — 50

Christinger, Jacob. Die Förderung der Talente auf der Stufe der Volks- und Mittelschule. Vortrag gehalten in der thurgauischen Schulsynode zu Frauenfeld. In-8°. 38 S. Davos, Hugo Richter. 1896. 1 —

Christinger, J. Die Förderung der Talente auf der Stufe der Volks- u. Mittelschule. Vortrag. 2. verm. u. verbess. Aufl. In-8°. 51 S. Davos, Hugo Richter. 1897. 1 —

— die Gesundheitspflege im Alter der Schulpflichtigkeit, s.: Lötscher, A.

Christinger, J. Neuer Jugend-Psalter. Sammlung v. Gebeten, Liedern u. Sprüchen für Schule und Haus. (Die Lieder mit Noten für Schülerchor.) Kl. in-8°. 171 S. Davos, Hugo Richter. 1897. Brosch. 1 20; cart. 1 50

Christinger, Jac., Mens sana in corpore sano. Pädagogische Vorträge u. Studien. 8. (VIII, 217 S.) Frauenfeld 883. Huber. n. 2. 40

Christinger, Jacob s. Pupikofer, Johann Adam, und Christinger, Jacob.

— die Sage von der Thurbrücke zu Bischofszell, s.: Beiträge, thurgauische, zur vaterländ. Geschichte.

Christinger, Jakob [Red.], s. Zeitschrift, Schweizer., für Gemeinnützigkeit.

Christinger, Johann Jacob s. Christinger, Jacob.

Christinneck, Martin: Drei Fälle von Leukämie. Halle a. S. 1880: Gebauer-Schwetschke. 38 S. 8°
Halle-Wittenberg, Med. Diss. v. 22. Dez. 1880
Geb. Brandenburg a. d. H. 10. 11. 1853. V.

Christinnecke, Johs., Causalität u. Entwicklung in der Metaphysik Augustins. 1. Tl. Diss. gr. 8. (60 S.) Jena 891. (Leipzig, G. Fock.) n. 1. —

Christinnecke, Johannes [aus Gross-Salze]: Causalität und Entwicklung in der Metaphysik Augustins. I. Tl ... Jena, G. Neuenhahn, Univ.-Buchdr., 1891; 60 S. 8.
Jena, Phil. Fak., Inaug.-Diss. v. 1891

Christison, Robert: Abhandlung über die Gifte in Bezug auf gerichtliche Arzneikunde, Physiologie und practische Medicin. (Treatise on poisons in relation to medical jurisprudence, physiology and the practice of physic. Second edition. Dt.) Bd 1 - 2(=Nachträge), gbd., Abb.

Weimar: Landes-Industrie-Comptoir 1831 - 1833

JB 1.241

Christison R.: Abhandlung üb. die Gifte in Bezug auf gerichtliche Arzneikunde, Physiologie u. pract. Medicin. Nach d. 1. u. 2. Aufl. d. engl. Orig.s bearb. Weim. 1831-33. (22) 964 S. 1 Tvl.
— — Nachträge z. 1. Aufl. Nach d. 2. Aufl. d. Orig.s Sst. 1833. 220 S.
(Indb. m. foreg.).

Christison, Rob., über d. Granular-Entartung d. Nieren u. ihre Verbind. mit Wassersucht, Entzündungen u. and. Krankheiten. A. d. Engl. übers. v. Joh. Mayer. Mit Anmerkn. versehen v. Karl Rokitansky. gr. 8. (15 1/4 B.) Wien 841, Gerold.

Christitsch, S. R., s.: Handels- und Gewerbe-Adressbuch Serbiens.

Christius, s. Christ

Christkatholisch, nicht Römisch! oder: Jesuitenspiegel. Stuttgart [Würzburg] 1845. V: *Lommel, Georg.* (Th)

Christkind, das, od. d. Geburt Jesu, gefeiert im Familienkreise. Basel ... Schneider. 1 1/2 *ngr*

Christkind, das, läßt grüßen, s.: O du fröhliche usw. Weihnachtszelt.

Christkind, das, im Schmuck seiner Namen u. m. seinen Weihnachtsgaben. 8. (15 S.) Barmen 882. (Wiemann.) — 15

Christkind, das, die beste Weihnachtsgabe. Ein Wort für die lieben Kinder zum heil. Christfest. 8. (8 S.) Berlin 854, (J. A. Wohlgemuth.)

Christkindchen, s.: O du fröhliche usw. Weihnachtszelt. 12. Heft.

Christkindes, des, Gabe für fromme Kinder. 12. (Mit lith. Titel.) Emmerich 846, Romen. geb. n. 4 *ngr*

Christkindlein, das, und der Christtag. 2 Geschichten für die Jugend. Eine Weihnachtsgabe. 16. (82 S.) Diesdorf 865. (Berlin, Beck.) *

Christkindlein, das, u. der Christtag. Zwei Geschichten für die Jugend. Eine Weihnachtsgabe. Dresden 865. (Berlin, E. Beck.) 16. (32 S.) n. 1 *ngr*

Christkindlein u. sein Knecht Rupprecht. Schöne Weihnachtsmärchen u. Geschichten für gute Kinder. 4. (15 lith. u. color. Bl.) Stuttgart 817, Schmidt u. Spring. 1/2 *rf*

Christkinds Kalender f. die Kleinen. 1903. Hrsg. unter dem Protektorate des schweiz. kath. Erziehungsvereins. 12. (70 S. m. Abbildgn. u. farb. Titelbild.) Einsiedeln, Verlagsanstalt Benziger & Co. n. — 28

Christkind's Kalender f. die Kleinen. 1907. (72 S. m. Abbildgn., 4 Taf. u. farb. Titelbild.) kl. 8. Einsiedeln, Verlagsanstalt Benziger & Co. n. — 28

Christkind's Kalender f. die Kleinen. 1911. (84 S. m. Abb., 4 Taf. u. farb. Titelbild.) kl. 8. Einsiedeln, Verlagsanstalt Benziger & Co. — 30

Christl, Adph., die kathol. Pfarreien u. sonstig. Seelsorgstellen d. gef. Königr. Bayern, in alphabet. Ordnung m. Angabe d. Diözese, d. Kreises, d. Bezirksamtes u. der Post nach d. neuesten authentischen Quellen zusammengestellt. (85 S.) Lex. 8. München 909. J. J. Lentner. 1. 20

Christl, Franz [Dr.]: Die rechtliche Natur der Dotationen der Bischöfe und Domkapitel nach bayerischem Recht. Regensburg, J. Habbel, 1895; 40 S. 8.
Erlangen, Jur. Fak., Inaug.-Diss. v. 1895

Christlehre, biblische, oder die Lehre von dem göttl. Recht u. von der göttl. Gnade, in Fragen aufgestellt u. unmittelbar mit den Worten der heiligen Schrift beantwortet. Zum Gebrauch für Schule u. Haus, zugleich als Hülfsmittel zur nähern Begründung jedes Landeskatechism. Sulzbach 838. v. Seidel. 5/12 ℛ

Christlich, deutsch und frei! Ein Mahnwort an die Abiturienten. Wien 1903 [1905]. V: *Funder, Friedrich.* (EB)

Christlich-Germanisch. Betrachtgn. e. Idealisten aus Anlaß d. kaiserl. Kreuzzuges. 1. u. 2. Aufl. 8. (à 48 S.) Leipzig 898. F. Fleischer, Verl. n n. — 50

Christlich-Germanisch, 3. Aufl., s.: Arjuna, Harold.

„Christlich-sozial“ od. das Christenthum u. die soziale Frage. Von Sincerus. gr. 8. (14 S.) Münch. 889, Ernst. — 15

Christlich-sozial. E. Handb. f. Jedermann ... *Berlin: Vaterländ. Verlags A. 1898.* (59 S.) 1 Bd 8. [illegible]

Christlich-sozial. E. Handbuch f. Jedermann. 3. Aufl. gr. 8. (64 S.) Berlin 898. Vaterländ. Verlagsanstalt. n. — 35

Christlichsozial und Altconservativ. Ein Wort zur Aufklärung ... Bozen 1901. V: *Haidegger, Wendelin.* (Margr)

Christlieb, Theodor, s.: Zum Gedächtniß ꝛc.

Christlieb, A., Naemans Dienstpersonal, s.: Weg, der, göttlicher Zeugnisse. 5. Jhrg. 1. Hft.

Christlieb, A., ein Tag der Seele. (56 S.) kl. 8. Stuttgart (907), Charlottenburg, A. Juncker. 1. 50

— Die Versündigungen gegen den Geist Gottes, s.: Weg, der, göttlicher Zeugnisse. 10. Bd.

— die Verwertung der alttestamentlichen Geschichten zu Gleichnissen f. das innere Leben, s.: Weg, der, göttlicher Zeugnisse. 4. Jhrg. 2. Hft.

Christlieb, Adf., Liebespfeile, abgeschossen nach dem eigensinn. u. oft recht wunderl. Herzen der Jungfrau O. M., die durchaus nicht glauben wollte, daß auch Männer lieben können. (IV, 99 S.) kl. 8. Dresden 904. E. Pierson. n. 2. —; geb. n. 3. —

Christlieb, Alfr., was uns in der Religion Noth thut. Ein Weckruf an die Bekenner Jesu u. an die Bekenner Mose. gr. 8. (51 S.) Berlin 879. Chun. n. 1. —

Christlieb, D., s. a. Christlieb, Fr.

* Christlieb, D., Einleitung in die Amts-Praxis eines Rechnungs-Beamten. Ein Handb. f. angehende Kameral-Beamte. Nach Autenrieths Grundsätzen. 8. Stuttgart, Steinkopf. 805.

* — Einleitung in das würtembergische Rechnungswesen. Ein Handbuch f. angehende Beamte u. Schreiber. Nebst einem Anhang vom militär. Rechnungsstyl. 8. Ebend. 805.

Christlieb, D. A., bete Gott im Geist und in der Wahrheit an! Gebetbuch für alle Tage, sowie für die besondern Zeiten und Fälle des Lebens nach G. A. Neuhofer bearb. gr. 8. (VI und 387 S. mit 1 Titkpfr.) Ulm 817, Gebr. Nübling.

Christlieb, F. (F. Chr. Fauth), s. a.: Fauth, F. Chr.

Christlieb, Dr. H., Handbuch der evangelischen Religionslehre. Zum Gebrauche an höheren Schulen nach den neuesten Lehrplänen bearbeitet. 1. Heft. Das Reich Gottes im alten Testamente. Mit 1 Karte in Farbendruck und 6 Textabbild. Gr.-8. (99 S.) In Lwd. geb. —.85
2. Heft. Das Reich Gottes im neuen Testamente. Mit 1 Karte in Farbendruck u. 10 Textabbildungen. Gr.-8. (74 S.) In Lwd. geb. —.75
3. Heft. Die Kirchengeschichte. Gr.-8. (102 S.) In Lwd. geb. —.75
4. Heft. Glauben- und Sittenlehre. Gr.-8. (73 S.) In Lwd. geb. —.60
Prag: Tempsky 1893.

— Handbuch der evangelischen Religionslehre. Zum Gebrauche an höheren Schulen nach den neuesten Lehrplänen bearb. 2., verb. Aufl. gr. 8. (V, 370 S. m. 15 Textabbildgn. u. 1 farb. Karte.) Leipzig 894. G. Freytag. n. 3. —; geb. in Leinw. n. 3. 50; in 4 Hftn. n. 3. 20; geb. n. 4. 80
1. Kirchenlieder. Luthers kleiner Katechismus u. Sprüche. (VI, 38 S.) n. — 40; geb. n. — 80
2. Das christliche Kirchenjahr. Der christl. Gottesdienst. Das Reich Gottes im Alten Testament. Das Reich Gottes im Neuen Testament. Mit 1 Karte in Farbendr. u. 15 Textabbildgn. (139 S.) n. 1. 20; geb. n. 1. 60
3. Die Kirchengeschichte. (III, 122 S.) n. 1. —; geb. n. 1. 40
4. Glaubens- u. Sittenlehre. (70 S.) n. — 60; geb. n. 1. —

Christlieb, F. (F. Chr. Fauth), Handbuch d. evang. Religionslehre. Z. Gebr. an höh. Schulen n. d. neuesten Lehrplänen bearb. 3. Hft. Ausg. f. Nichtvollanst. gr. 8. (32 S.) Leipzig 896. G. Freytag. Geb. n. — 60

— Handbuch der evangel. Religionslehre. Zum Gebrauche an höh. Schulen nach den neuesten Lehrplänen bearb. 2. Hft. Mit 1 Karte in Farbendr. u. 15 Textabb. 3. verb. Aufl. gr. 8. (140 S.) Leipzig 901. G. Freytag. Geb. n. 1. 60

Christlieb, F. (F. Chr. Fauth), Handbuch der evangelischen Religionslehre. Zum Gebrauche an höheren Schulen nach den neuesten Lehrplänen bearb. 2. u. 3. Heft. gr. 8. Leipzig, G. Freytag. Geb. in Leinw. n. 3. 30
2. Mit 1 Karte in Farbendr. u. 15 Textabbildgn. 4. Aufl. (140 S.) 902. n. 1. 80
3. verb. Aufl. (III. 120 S.) 904. n. 1. 50

Christlieb-Fauth's Handb. d. ev. Religionslehre. Zum Gebrauche an höh. Schulen nach d. neuesten Lehrplänen völlig umgearb. v. Rud. Peters. I. Heft, II. Heft. 2 Hälften u. III. Heft. 8. Leipzig, G. Freytag. — Wien, F. Tempsky. Geb. 5. 90
I. 3. verb. Aufl. (64 S.) 908. Geb. — 90
II, 1. Das Reich Gottes im Alten Testament. Mit 14 Abb. u. 1 farb. Karte „Das hl. Land“. 5. Aufl. (87 S.) 908. Geb. 1. 60
2. Das Reich Gottes im Neuen Testament. 5. Aufl. (65 S. m. 7 Abb. u. 3 [1 farb.] Karten.) 910. Geb. 1. 80
III. Die Kirchengeschichte. 5. Aufl. (130 S.) 908. Geb. 1. 60

Christlieb, Fr., s. a. Christlieb, D.

Christlieb, Fr., († 1816.) Einleitung in d. Amts-Praxis e. Rechnungs-Beamten. Ein Handb. f. angehende Kameral-Beamte. Nach Autenrieths Grundsätzen. 8. Stuttg. 805. Steinkopf. 12 K

— Einleitung in d. würtemberg. Rechnungswesen. Ein Handb. f. angeh. Beamte u. Schreiber. Nebst e. Anhang vom militär. Rechnungsstyl. 8. Stuttg. 805. Steinkopf. 10 K

— s. Real-Inder d. würtemberg. Gesetze.

Christlieb, Fr., Real-Inder d. würtemberg. Gesetze rc. 1r Bd. 8. Gmünd, Ritter. 815.

Postv.

Christlieb, Heinrich

Christlieb, H., Christliche Trostbibel. Eine möglichst vollständige geordnete Sammlung aller Trostworte der hl. Schrift. Regensburg. Manz, jetzt Verl.-Anst., 1833, 8°, 1 Mk.

Christlieb, Hnr., christl. Trostbibel. Eine möglichst vollständ., geordnete Sammlung aller Trosteswortе der heil. Schrift. 12. Würzburg 833. Etlinger. 1/3 ℛ.

Christlieb, J., 84 lehrreiche Geschichten f. Kinder, s.: Curtman, Wilh.

Christlieb, J., für Weihnachtsfeiern. Weihnachtslieder, -Gedichte, -Gespräche u. -Aufführungen unter Mitwirkg. namhafter Autoren hrsg. Neue Ster.-Ausg. 8. (32 S.) Reutlingen (902). Enßlin & Laiblin. — 25

Christlieb, J., zum Weihnachtsfeste. Eine Sammlg. gediegener Prologe, Lieder, Gedichte, Wünsche, Begleitverse zu Geschenken, sowie Aufführgn. f. Weihnachtsfeiern in d. Familie u. im öffentl. Leben. (96 S.) 8. Reutlingen (908). Enßlin & Laiblin. — 50

— Neueste Weihnachtsvorträge. Lieder, Gedichte, Vorträge, Glückwünsche, Zwiegespräche, Aufführgn. u. Festspiele f. e. u. mehr Personen. Zu Weihnachtsfeiern in Kirche, Schule u. Familie. 11—20. Taus. (96 S.) 8. Ebd. (909). — 50

— neueste Weihnachtswünsche, Lieder, Gedichte, Vorträge u. Aufführungen f. Kinder u. Erwachsene, unter Mitwirkung namhafter Autoren hrsg. Anh.: Schütz-Westerfeld, Wilh., Singet dem Herrn. Weihnachtsfestspiel zur Aufführg. in Schule, Kirche u. Haus. Neue Ster.-Ausg. 8. (96 S.) Ebd. (902.) — 50

— Neueste Weihnachtswünsche. Lieder, Gedichte, Vorträge, Aufführgn. f. Kinder u. Erwachsene unter Mitw. namh. Autoren. 32—41. Taus. (96 S.) 8. Ebd. (909). — 50

Christlieb, M., ein Besuch beim Emir, s.: Perlen.

— der Bruder d. Leutnants, s.: Haus-Bibliothek, deutsche.

— der Diamantensucher,
— ehrlich währt am längsten,
— die Eskimos,
— Ritter Hadubrand,
— Pastortöchterleins Irrfahrten,
— Iwan u. der Tiger,
— der Kaiser kommt,
— Karlchen,
— Keiner sieht's,
— der tapfere Mohr,
— das Muttersöhnchen,
— der Papagei,

s.: Perlen.

— die Treue im Kleinen,
— der kleine Trompeter,

s.: Perlen.

— Wozu es gut war, s. Perlen.

Max **Christlieb,** Einleitung zu Blaise Pascal Briefe gegen die Jesuiten (Lettres provinciales). Jena: E. Diederichs 1907. (XXXII S.) 8° [07. 18863 4

Die moderne Kultur und die Aufgabe der evangelischen Mission in Japan. Von Pfarrer Dr. Max **Christlieb.** *Berlin: A. Haack 1899.* (24 S.) 8° [F.]
— Flugschrift d. Allgem. evang.-prot. Missionsvereins. 9. [00. 10588

Christlieb, Max, Politik u. Mission in den Kolonien, s. a. Flugschriften-Reihe des allgem. evang.-protestant. Missionsvereins.

Politik und Mission in den Kolonien. Von Dr. Max **Christlieb.** Heidelberg: Ev. Verlag 1904. (36 S.) 8° [F.] [07. 14590 4

Christlieb, Max, u. Alfr. **Hoffmann,** systemat. Theologie, s.: Jahresbericht, theologischer.

s.: Wegweiser, der.

Christlieb, Otto [pr. Arzt, aus Zarrentin (Mecklenb.)]: Aus d. Syphilido-Klinik zu Würzburg. Ueber Stomatitis und Vulvitis aphthosa ... Würzburg, Druck d. Köhl & Hecker'schen Buchdr., 1895; 34 S. 8.
Würzburg, Med. Fak., Inaug.-Diss. v. 1895

Christlieb, S., s. Christlieb, F.

Christlieb, Thdr., Abschiedsworte an die Gemeinde. gr. 8. (35 S.) Stuttgart 868, Liesching und Comp. *

Christlieb, Thdr., Alles ist euer, oder der Königsblick des Christen über sein unermeßl. Eigenthum hin. 7. deutscher Abdr. 8. (22 S.) Hamburg 882, Evangel. Buchhandlung. *

Christlieb, Thdr., die Auslegung des Namens Gottes auf die Gemeinde oder der Segen des Herrn. Vier Predigten über 1. Mos. 6, 22—27. Ludwigsburg 860. (Basel, Balmer & Riehm.) gr. 8. (80 S.) n. 8 ngr.

Christlieb, Thdr., die Bildung evangelistisch begabter Männer zum Gehilfendienst am Wort und dessen Angliederung an den Organismus der Kirche. Vortrag, auf der allgemeinen kirchl. Konferenz in der Wupperthaler Festwoche am 9. Aug. 1888 zu Barmen gehalten. gr. 8. (52 S.) Kassel 888, Röttger. *
Aus: Kirchliche Monatsschrift, besonders abgedruckt.

—— Deine Zeugnisse sind mein ewiges Erbe. Predigten. Nach seinem Tode gesammelt. 7 Hefte. gr. 8. (VI, 339 S. m. Portr.) Kassel 890, Röttger. à Heft * — 50; * 4 — geb. * 5 —; m. Goldschn. * 5 75

— das Evangelium v. Mara: „Ich bin der Herr, dein Arzt." [2. Mose 15, 22—26.] Neue deutsche Ausg. gr. 8. (20 S.) Elberfeld 877. Buchh. der evang. Gesellschaft. n. — 15

— dasselbe. 4. deutscher Abdr. (Hrsg. von der Niedersächs. Gesellschaft zur Verbreitung christl. Erbauungsschriften.) 8. (24 S.) Neu-Erkerode 877. (Berlin, Beck.) — 15

— dasselbe. [2. Mos. 15, 22—26.] 5. deutscher Abdr. 8. (27 S.) Hamburg 881. Evangel. Buchhandl. n. — 10

—— zur methodistischen Frage in Deutschland. 2. Aufl. 8. (60 S.) [Bonn 882, Schergens.] Gernsbach, Buchh. des christl. Colportage-Vereins.
Aus: Kirchliche Monatsschrift, besonders abgedruckt.

—— zum Gedächtniß des Luther-Jubiläums. Predigt über Hebr. 13, 7—9, gehalten in der neuen Kirche zu Bonn den 11. Nov. 1883. 8. (24 S.) Bonn 883, A. Marcus.

— die religiöse Gleichgültigkeit u. die besten Mittel zu ihrer Bekämpfung. Vortrag, geh. den 3. Septbr. 1884 in Kopenhagen. [Aus: „Kirchl. Monatsschr."] gr. 8. (48 S.) Magdeburg 885. E. Baensch jun. n. — 80
Vergriffen.

—— das Gleichniß vom ungerechten Haushalter oder was sollen wir von den Kindern dieser Welt lernen? Eine Predigt über Luc. 16. 1—12. gr. 16. (24 S.) Ludwigsburg 861, (Riehm.) *

— u. Krummacher, e. Gottesdienst auf der Höhe d. Teutoburger Waldes. Predigt u. Schlußwort bei dem ersten deutsch-nationalen Jünglingsfest am Hermanns-Denkmal bei Detmold am 24. Septbr. 1882. Predigt v. Ch. üb. Matth. 5, V. 13—16. Schlußwort v. Kr. üb. 1. Chron. 13, 8 bis 18. gr. 8. (III, 33 S.) Elberfeld 883. (Buchh. der Evangel. Gesellschaft.) n. — 40

Homiletik. Vorlesungen von Th[eodor] Christlieb. Hrsg. von Th[eodor] Haarbeck. Basel: Jaeger & Kober 1893. (VIII, 356 S.) 8°

— Karl Bernhard Hundeshagen, geheimer Kirchenrath, Professor und Doctor der Theologie in Bern, Heidelberg und Bonn. Eine Lebensskizze. 8. (60 S.) Gotha 873, F. A. Perthes. *
Aus: Deutsche Blätter, besonders abgedruckt.

Christlieb, Theodor (Hrsg.), s. Hundeshagen, Karl Bernhard: Ausgewählte kleinere Schriften u. Abhandlungen.

Christlieb, Thdr., Leben und Lehre des Johannes Scotus Erigena in ihrem Zusammenhang mit der vorhergehenden und unter Angabe ihrer Berührungspuncte mit der neueren Philosophie und Theologie dargestellt. Mit Vorwort von Landerer. gr. 8. (VIII und 472 S.) Gotha 860, Besser. Thlr.

Christlieb, Thdr., die besten Methoden der Bekämpfung d. modernen Unglaubens. Vortrag, geh. bei der Versammlg. der evangel. Allianz in New-York. Neue deutsche Ausg. gr. 8. (70 S.) Gütersloh 874. Bertelsmann. n. 1. —

Christlieb, Th., ärztliche Missionen. Neuer Abdr. 8. (VII, 108 S.) Gütersloh 888, Bertelsmann. *

— Aerztliche Missionen. gr. 8. (VII, 108 S.) Gütersl. 889, Bertelsmann. * 1 50
Neuer, vielfach ergänzter Abdr. aus der „Allg. Missions-Zeitschrift".

— der Missionsberuf des evangelischen Deutschlands nach Idee und Geschichte. Eine vergleichende Studie. gr. 8. (IV, 80 S.) Gütersloh 876, Bertelsmann. *

— der indobritische Opiumhandel u. seine Wirkungen. Eine Ferienstudie. Neue Ausg. (Erweiterter Abdr. aus der „Allg. Missionszeitschr.") gr. 8. (64 S.) Gütersloh 878. Bertelsmann. n. 1. —

— Predigt am 20. S. nach Trin. 1868 zum Antritt des Universitätspredigeramtes in der evang. Kirche zu Bonn gehalten. Bonn 868. A. Marcus. gr. 8. (15 S.) n. 3 ngr.

— Reich Gottes, Gemeinde, Kirche nach biblischem Begriff. Vortrag. 12. (29 S.) Mülheim 882. Buchh. des evangel. Vereinshauses. — 30

— der Segen des Herrn. Predigten über den aaron. Segen 4. Mos. 6, 22—27. 2. Aufl. gr. 8. (V, 97 S.) Bonn 878, A. Marcus. *
1. Aufl. Ludwigsburg und Basel 1860, Riehm. * 80 Pf.

— der gegenwärtige Stand der evangelischen Heidenmission. Eine Weltüberschau. 1. und 2. ergänzte Aufl. gr. 8. (IX, 144 S.) Gütersloh 880, Bertelsmann. *

— der gegenwärtige Stand der evangelischen Heidenmission. Eine Weltüberschau. 4., d. Sep.-Abdr. 2. ergänzte Aufl. gr. 8. (IX, 144 S.) Gütersloh 880. Bertelsmann. n. 1. 60

— Vorwärts im Werke des Herrn! Predigt am Jahresfeste der rhein. Missions-Gesellschaft gehalten in Barmen den 11. Aug. 1869. Barmen 869. Buchh. d. ev. Gesellschaft in Comm. gr. 8. (20 S.) n. 3 ngr.

— Was thut der Christ im Anblick ernster Entscheidungen? Predigt am 17. Juli 1870 in der evang. Kirche zu Bonn gehalten. 1. u. 2. Aufl. Bonn 870. A. Marcus. 8. (23 S.) 3 ngr.

Christlieb, Th., welche Aufgaben stellen Erweckungen den Dienern am Wort u. den einzelnen Gläubigen? Vortrag, geh. im J. 1879 in Düsseldorf. [Aus: „Mitteilgn. d. evangel. Gesellsch. f. Deutschland".] 8. (18 S.) Elberfeld 892. Buchh. d. evangel. Gesellschaft. n. — 20

— s. Zum Gedächtniß ꝛc.

Christlieb, Thdr., moderne Zweifel am christlichen Glauben in Vorträgen für Gebildete. 8 Hefte. gr. 8. Basel 868, Bahnmaier's Verlag. *
Inhalt:
Heft 1—4. Die gegenwärtige Kluft zwischen Bildung und Christenthum. — Vernunft und Offenbarung. — Die neueren nicht biblischen Gottesbegriffe. (V, 44; 78; 92 S.) 866. * ℳ 2.
„ 5. Der biblisch-christliche Gottesbegriff. (116 S.) 867. * 50 Pf.
„ 6. Die moderne Leugnung des Wunders. (III, 93 S.) 867. * 50 Pf.
„ 7. Die modernen wunderscheuen Darstellungen des Lebens Jesu. (IV, 164 S.) 868. * 80 Pf.
„ 8. Die neuere kritische Auffassung des Urchristenthums und die Auferstehungsfrage. (IV, 148 S.) 868. * 80 Pf.

— moderne Zweifel am christlichen Glauben für ernstlich Suchende erörtert. 2. erweit. Aufl. gr. 8. (XVIII, 628 S.) Bonn 868, Marcus. *

— moderne Zweifel am christlichen Glauben für ernstlich Suchende erörtert. 2. erweit. Aufl. Bonn 870. A. Marcus. gr. 8. (XVIII, 628 S.) n. 2 ℛ 20 ngr.

Christlieb, Theophil

Christlieb, Th. *Der kleine Kinderfreund.* Liebliche Geschichten für Kinder von 6 bis 10 Jahren von Theophil Christlieb. Mainz, Scholz, [c. 1845]. 192 S., lithogr. Titel mit handkolor. Vignette, und 7 hübsche handkolor. Lithogr. Kl.-8°. Blauer chromolithogr. Or.-Karton mit Blumenkranz auf beiden Deckeln. 40.—
Sehr hübsch u. graziös illustr. Büchlein. Bibl. Stempel der Prinzessin Maria zu Anhalt a. d. lith. Titel, vereinz. Flecken, Einbandrücken lädiert.

Christlieb, Wilh[elm] Aug[ust]: Die sicherste Vortheile bey dem Acker- Wiesen- Garten- und Weinbau, und überhaupt der gesammten Landwirthschaft, nebst praktischen Vorschlägen, dem übergroßen Holzmangel bey Communen zu steuern, und die Landes-Produkte zur Beförderung der Manufakturen und Fabriken anzubauen. Ulm: Bartholomäi 1768. 360 S. -- 21*
BJ: 1753. -- Simon: Bibliotheca vinaria 1763.

Christlieb, Wlh. Ahd., († d. 11. Juli 1780.) erbaul. Absichten in d. Ewigkeit. gr. 8. Ulm 769. Wohler. 9 gr. Dass. 8. (Salzb., Mayr). 8 gr.

— — dasselbe. 8. Salzburg, Mayr. 766.

— s. a. Beurtheilung, Gründliche, des Zeitpunktes ...

— Beurtheil. d. Zeitpunctes darin wir leben. 5 Thle. 8. Tüb. Cotta. 760.

— Grundveste d. Bengelian. Erklär. d. Offenbar. Jesu. 8. Tüb. Cotta. 768.

— würdiger Communikant. 2 Thle. 8. Stuttg. 756. (Sattler, Hoffmann). 12 gr.

— würdiger Communicant. 2 Thle. 8. Stuttg. Erhard. 766.

— s. Muthmaßung, was von d. türk. Waffen ...

Christlieb, Wilhelm Chr.

Christlieb, W. Chr.: Entwurf e. Belehr. d. Würtemberger üb. ihre wichtigsten Rechte u. Pflichten. *Ulm.* (Nübling.) 834. 8. (10 Gr.)

Christlieb, W. Chr., Entwürfe zur Dienstinstruction f. Staatsdiener, Gemeindevorsteher u. Offizianten. Nebst e. Anh. von gerichtl. u. außergerichtl. Eidesformeln. gr. 8. Ulm 825. Ebner. 1 ℛ 12 gr.

— theoret.-prakt. Handbuch f. Beamte, Ortsvorsteher, Gemeinde- u. Stiftungsräthe, auch Bürgerausschüsse. 5 Bde. gr. 8. Ulm, Ebner. 9 gr.

Christlieb, W. C., die würtemberg. Medicinalverfassung. Eine systemat. Zusammenstellung der gegenwärtig geltenden Medicinalgesetze, Verordnn., Rescripte u. Normalien. Zum Gebr. für Polizeibeamte, Aerzte, Apotheker, Wund-, Heb- u. Thierärzte ꝛc. Mit Wünschen u. Bemerkungen eines ärztl. Vereins. gr. 8. Ulm 834. Nübling. 1 5/12 ℛ

— neuestes Repertorium d. würtemberg. Gesetze u. Verordnn. 3 Bde. gr. 8. Ulm, Ebner. 8 ℛ

— Samml. würtemberg., meistens ungedruckter Normalien, im Departement d. Innern u. d. Finanzen. 1e Lief. gr. 8. Ulm, Ebner. 1 ℛ 12 g

Christlieb, W. Chr., vollständ. alphabet. Sammlung d. gegenwärt. Verfassungs- u. Verwaltungsnormen im Königr. Bayern. Ein belehr. Handbuch f. jed. Staatsbürger. 1—3. Lfg. od. 1—13. Hft. A—Pupillengelder. gr. 8. (138 B.) München (832, Fleischmann); Passau 834, 35, (Pustet.)

Christlieb, W. C., vollständ. alphabet. Samml. der gegenwärt. Verfassungs- u. Verwaltungsnormen im Königr. Bayern. Ein belehrendes Handbuch für jeden Staatsbürger. I. Lfrg. Bog. 1—46, II Lfrg. B. 1—39, III. Lfrg. B. 1—52, IV. Lfrg. B. 23—44, oder 16—17s Hft. gr. 8. Passau 834—35. (Winkler; Pustet.) $11\frac{1}{3}$ ℛ — V Lfrg.: Nachtrag A.—Z. gr. 8. Ebd. 837. $1\frac{1}{2}$ ℛ — VI. Lfrg.: Inh.-Register. gr. 8. Ebd. 837. $\frac{1}{3}$ ℛ (I.—VI. Lfrg. $10\frac{1}{2}$ ℛ) 5 Bde. u. Register, 831—37, ist jetzt der Pr. nur n. 5 ℛ

Christlieb, Wilh. C.: Möglichst vollständige alphabetische Verordnungensammlung für die württembergischen Schullehrer. Gmünd [u. Ulm: Stettin] 1836.

Christlieb, W. C., möglichst vollständ. alphabet. Verordnungensammlung für die Württembergischen Schullehrer beider Confessionen, in 2 Heften, nebst Register. 8. Ulm 841. (Stettin.) $\frac{2}{3}$ ℛ

Christlieb, Wilhelm Chr. [Bearb.], s. Weißer, Johann Friedrich Christoph: Das Recht der Handwerker ...

Christlieb-Fauth, s. Christlieb, F.

CHRISTMILLER, Maximilian August (München): Tentamen methodi oculum aegrotum examinandi.- Monachii: Poessenbacher 1832. 39 S.
30.12.1829 - Urk: F 39
Diss. Ingolst.-Landsh.-Mchn.

Christmann, Dr., Reden über den Text I. Petri II. Kap. 17. V. 8. Ulm, Ebner. 818. — 4

Christmann, A.

Christmann u. H. Baer, Grundzüge d. Kinematik. (VIII, 181 S. m. 161 Fig.) gr. 8. Berlin 910. J. Springer. 4.80; geb. in Leinw. n 5.80

Christmann, Ch., Abhandl. üb. d. Verhältnisse zwisch. dem u. d. Reichsst. Ulm, situirt. Chorherrnstift. zu St. Michael. 4. Augsb. Bürglen. 799.

– Dass., s. a. Christmann, Geo. Ant.

Christmann, Christian Daniel (Rietenau), De efficacia exemplorum. Diss. ethica. Präs. Chph. Friedr. Schott. Tübing. (Sigmund) 29. VIII. 1764. 24 S. (4.50) 5225
Widm. v. Präs.

Christmann. Christian Daniel. Einleitung in die Helvetische Geschichte zum Gebrauche der Jugend. 8. Tübingen 1778.

Christmann, Chr. Dan., († d. 20. Sept. 1783.) Einleit. in d. helvet. Geschichte. 8. Winterth. 779. Steiner. 9 g

— üb. d. allgem. Gesch. d. vornehmst. Orakel. 8. Bern, Haller. 780.

Christmann. Christian Daniel. Ueber die allgemeine Geschichte der vornehmsten Orakel. 2., mit Berichtigungen und Zusäzen vermehrte Ausg. 8. Bern 1780.

— Gesch. d. Klosters Hirschau im Würtemb. 8. Tüb. Heerbrand. 783.

— Geschichte d. Klosters Hirschau im Würtemberg. 8. Tübing. 783. (Osiander), 20 g

— s. Versuch e. Gesch. d. Orakel.

Christmann, Emil, aus Stavenhagen i. M.: Die Bestimmung relativer Mengen assimilierbarer Pflanzennährstoffe im Boden mittels Kohlensäure. *Rostock 1903: C. Boldt.* (69 S.) 8°
Rostock, Phil. Diss. v. [24. März] 1903

Christmann, F. C., u. Pfeffinger, G., Theoretisch-praktische Anleitung des Hau-Stoß-Fechtens und des Schwadronhauens nach einer ganz neuen Methode, n. e. Anh.: Verhalten des Degen- oder Säbelführenden gegen den Bajonettisten, Offenbach a. M. 1838, XII u. 192 S., 10 Taf., 8°.

Christmann, F. C., u. G. Pfeffinger, theoret.-prakt. Anleitung d. Hau-Stoßfechtens u. d. Schwadronhauens, nach e. ganz neuen Methode bearb. Nebst e. Anh.: Verhalten d. Degen- od. Säbelführenden geg. d. Bayonettisten u. Lancier; Vertheidigung als Nothwehr ohne u. mit ein. Naturwaffe geg. Einen mit einer Natur- od. blanken Waffe; u. eine Stoß- u. Batonirschule. gr. 8. (13¼ B. u. 12 Stnt.) Offenbach 838. (Frankfurt, Küchler.) *

Christmann, F. X., († d. 24. Oct. 1819.), s. 1) Fragen u. keine Antwort. 2) Rom's 12 ungleiche Sechser. 3) Wozu bedarf d. kathol. Kirche Bischöfe?

Christmann, Ferdinand [Arzt]: Funchal auf Madeira und sein Clima. (Mit sieben Tabellen und vier graphischen Darstellungen.) ... Altona, Buchdr. v. Hammerich & Lesser, 1889; 16 S. + 1 Bl. u. 11 Tab. 4°
Strassburg, Med. Fak., Inaug.-Diss. v. 1889

Christmann, F., Funchal auf Madeira u. sein Clima. Inaug.-Diss. gr. 4. (16 S. m. 7 Tab. u. 4 graph. Darstellgn.) Zabern i/E. 889. (Mallinckrodt.) n. 4.—

Christmann Fr. Alphabete. (45 T) 4° Frankfurt a. M.

Christmann, F., Australien, — Neuseeland u. die Inseln der Südsee, } s. a. Buch, das neue, der Reisen ꝛc.

Christmann, Fr., Australien. Geschichte der Entdeckung und Kolonisation. Bilder aus dem Leben der Ansiedler in Busch und Stadt. In 2. völlig umgestalteter Aufl. und unter Berücksicht. der neuesten Gewerbe- und Verkehrsverhältnisse bearb. von Rich. Oberländer. gr. 8. (X, 508 S. mit 125 Text-Abbild., 4 Tonbildern und 1 chromolithogr. Karte.) Leipzig 880, Spamer. *

– Die neueste Welt "Australien". Leipzig 1870. 8°

Christmann, Fr., kunstgeschichtliches Musterbuch. Eine Sammlung von Darstellungen aus der Architektur, Sculptur, Malerei und den verschiedenen techn. Künsten und Kunstgewerben. Mit erläut. Text. 1. Bd. 12 Lfgn. qu. gr. 4. (à Lfg. 4 Chromolithogr. in Golddr.) Frankfurt a. M. 876, 77, Dondorf. Subscr.-Pr. à Lfg. * M 2. * compl.

Christmann Fr, kunstgeschichtl. Musterbuch. (28 S 48 T) qufol Frankfurt a. M. (1878)

Christmann, F., Australien, —— Neuseeland und die Inseln der Südsee, } s. Buch, das neue, der Reisen.

Christmann, F., Wandtafeln für die Zeichenschule mit besond. Rücksicht auf Gewerbe und Industrie. 1. Heft. Imp.-Fol. (12 Stnt.) Darmstadt 864, (Koehler's Verlag.) *

Christmann, G. L., s. Christmann, Wilhelm Ludwig

Christmann, Geo., die Zucht u. Haltung d. Schweines, s.: Merkblätter, landwirtschaftliche.

Christmann, Geo. Ant., Abhandl. über d. Verhältnisse zwischen dem u. d. Reichsstadt Ulm, situirt. kathol. Chorherrnstift zu St. Michael u. d. St. Ulm. 4. (Augsb.) 799. Bürglen. 2 ℛ 8 g

— s. *Historia* Friderici.

Christmann, Gli. Fr., s. 1) Linné, Pflanzensystem. 2) *Onomatologia* historiae naturalis.

Christmann, Jh. Fr., († d. 21. Mai 1817.) Alltagsgebete f. Kinder. 8. Stuttg. 811. Steinkopf. 2 g

— d. Christ im Kerker, oder religiöse Betrachtt. u. Gebete f. Gefangene u. zum Tode verurtheilter Missethäter. gr. 8. Tübing. 794. v. Cotta. 12 g

— Elementarbuch d. Tonkunst u. Beitrr. dazu; s. 1) Elementarbuch. 2) Posselt, ..., Beiträge.

Christmann, Johannes, kurzer Lebens-Abriß des um evangel. Christenthum hochverdienten M. Christian Scriver, ehemal. Oberhofpredigers ꝛc. 2. Ausg. 12. (3 B.) Schwäb. Hall 842, Haspel'sche Buchh.

Christmann, Curt, Melanchthons Haltung im schmalkaldischen Kriege, s.a. Studien, historische. 31. Hft.

Christmann, Curt, aus Kienitz a. O.: Melanchthons Haltung im schmalkaldischen Kriege. (T. 1.) *Berlin (1901): E. Ebering.* (34 S.) 8° ¶ [Erschien vollst. 1902 als: Hist. Studien, H. 31.]
Berlin, Phil. Diss. v. 21. Dez. 1901

Melanchthons Haltung im schmalkaldischen Kriege. Von Dr. Curt Christmann. *Berlin: E. Ebering 1902.* (VIII, 160 S.) 8°
= Studien, Historische. H. 31. [illegible] 2

Christmann, Louis, Album d'Alsace et des Vosges. Saverne et environs. gr. 4. (27 Lichtdr.-Taf. mit 2 S. Text.) Strassburg 888, Noiriel. In Mappe *

Christmann, Louis, Album d'Alsace et des Vosges. Saverne et environs. II et III. gr. 4. (33 u. 40 Lichtdr.-Taf. m. 6 S. deutschem u. französ. Text.) Strassburg i/E. 889. 891. J. Noiriel's Bh. (Staat Nachf.). In Mappe. à n. 22. — (1—3.: n. 66. —)

Christmann, Th: Preislisten über landwirthsch. Maschinen. Metz (1897?)

Christmann, Timotheus, Franz Waller oder der Weg zum Altare. Aachen 853. Cremer. 12. (157 S.) 12½ ngr

Christmann, Timoth., Franz Waller oder der Weg zum Altare. 2. Aufl. 12. (154 S.) Aachen 862, Cremer'sche Buchh. -

Christmann, Wlh. Ldw., Apollonius Suevus; s. tractationum problema, nunc demum restit.; accedente censura in Vietam. Cum II tabb. 8maj. Tübing. 821. (Stuttg., Hoffmann). 9 kr

Christmann, G. L., ars cossae promota. 8maj. Francof. Hermann. 814.

— ars Cossica promota. 8maj. Reutling. 813. Maeken. 6 kr

— ars Philosoph. cossic. 8. Stuttg. Metzler. 815.

Christmann, Wlh. Ldw., aetas argentea Cossae. 8maj. Tübing. 819. Laupp. 4 kr

— cabbala algebraica, sive sursolidae aequationis et altiorum resolutio algebraica. 4maj. Stuttg. 827. Frankh. (Brodhag). 1 fl 6 kr

Christmann, G. L. De centro oscillationis per Hugenii regulam analytice investigando tentamen. Tubingae 1799. 4.

Christmann, W. L., Nachricht von der sogenannten romanischen Sprache in Graubündten. gr. 8. Leipzig, Hartmann. 819. Rthlr. — 8

— Nachricht von d. sogenannten romanischen Sprache in Graubündten. gr. 8. Reutling. 819. Maeken. 8 kr

— Philosophia Cossica s. praeparationes ad resolutionem sursolidae. 8. Stuttg. 815. Metzler. 4 kr

— über Tradition u. Schrift, Logos u. Kabbala. gr. 8. Reutling. 825. Maeken. (Tübing., Osiander). 14 kr

— Hellas Untergang u. Palingenesie. Eine histor. Skizze. gr. 8. Reutling. 825. Maeken. (Tübing. Osiander). 10 kr

— Versuch e. Metakritik d. Weltverbesserung, oder e. Wort über Pestalozzi u. Pestalozzismus. 8. Elberf. 812. (Reutl., Maeken). 8 kr

Christmarkt, der, ein unterhalt. A. B. C. u. Lesebüchlein f. lebenslustige Kinder. M. 22 ill. Kpfrn. gr. 12. (2 B.) Nürnberg 834, Bauer u. Raspe.

Christmas, Walt. v., an Bord der Oroya. Malma, s.a. Kürschner's, Jos., Bücherschatz.

An Bord der Oroya. Eine Reiseerinnerung. Malma. Novelle. Von Walter v. Christmas. Mit Ill. von A. v. Schrötter. *Berlin, Eisenach, Leipzig: H. Hillger [1900].* (124 S.) 2° [illegible]
= Bücherschatz, Kürschners. No 204. [illegible]

Christmas, Walt. v., das Recht der Liebe, s.a. Kaufmann's moderne Zehnpfennig-Bibliothek. I. 10.

Das Recht der Liebe [Kaerlighedens Ret]. Roman von Walter v. Christmas. Autor. Uebers. aus d. Dän. von Bernhard Mann. *Nerode: Zehnpfennig-Bibliothek 1903.* (144 S.) 8° [illegible]
— Zehnpfennig-Bibliothek, Kaufmann's moderne [Jg. 1,] Bd 10. [illegible]

Christmas-Dirckinck-Holmfeld, Edward v., Wunder. Ein Handbuch d. spiritist. Thatsachen u. Lehren. Einz. autor. Uebersetzg. a. d. Dän. v. Ernst Brausewetter. gr. 8. (259 S.) Leipzig 896. M. Spohr. n. 4. —

Christmas dream, a. 8. (14 S.) Coblenz 873. Denkert & Groos. n.n. — 75

Christmas posy, a. Stories and sketches of christmas time. By Maarten Maartens, Bret Harte, Harding Davis, and other authors. Für den Schulgebrauch hrsg. v. J. Bube. (164 S.) 8. Leipzig 906. G. Freytag. — Wien, F. Tempsky. Geb. n. 1. 60; Wörterbuch (62 S.) n. — 60
[Freytags Sammlung französischer und englischer Schriftsteller.]

Christmas Stories, s. Collection of British authors.

Christnacht, die. 8. Münch. 800. Lentner. 3 kr

Christnacht, die, Roman von Ludw. v. Germar. 8. Leipzig, Hinrichs. 817.
Bessere Ausgabe.

Christnacht, die. Die heiligen drei Könige. Zwei Weihnachtsspiele mit Vorspiel und Musikbeilagen. 8. (108 S.) Regensburg 872, Manz.

Christnacht, Jenaische, Tragödie. m. K. 4. Jena. 716.

— Sallah's. 5. Aufl. 32. (11 S.) Nonnenweier 870. (Barmen, Klein.) — 15

Christnacht, Die, unter den Schäfern; eine dramatische Idylle. Langensalza 1774. V: *Hagenbruch*, *Paul Georg*. (Ky)

Christnacht, die, unter den Schäfern. 8. Langensalze, Martini. 774.

— die selige. 8. Aufl. 32. (16 S.) Nonnenweier 870. (Barmen, Klein.)

Christnachtfeier

— Eine Festgabe für Kirchen, Schulen und Hausgemeinden. 3. Aufl., mit einer Vesper auf Sylvester Abend. Der liturg. Festfeiern 1. Heft. (Von C. Räthjen.) 8. (24 S.) Neu-Ruppin 860. (Halle, Petersen.) *

Christnachtfeier in der Kreuzkirche zu Neu-Ruppin. Eine Festgabe für Kirchen und Häuser. (Der liturgischen Festfeiern von C. Räthjen 1. Heft.) 2. Aufl. gr. 16. (16 S.) Neu-Ruppin 858. Berlin 859, W. Schultze. *

Christnachtfeier, liturgische, oder: Christmetten-Liturgie. 8. (8 S.) Zwickau 863, Buchh. des Volksschriften-Vereins. *

Christnacht-Mette, heil., das ist besond. Andacht in d. heil. Nacht, sammt d. 3 heil. Messen, v. Wort zu Wort, wie solche v. dem Priester gelesen werden; sammt geistl. Lesung v. d. Geburt Jesu Christi, nebst vorhergeh. Morgen-, wie auch zu Ende folgender Vesper-, Beicht- u. Communion-Gebethen. Mit besond. Fleiße also eingetheilet ꝛc. 2., verb. Aufl. gr. 16. (12 B.) Wien 831, Beck.

Christnacht-Mette, heil., od. besond. Andacht in d. heil. Nacht, mit den drey heil. Messen, von Wort zu Wort, wie sie von d. Priester gelesen werden; sammt e. geistl. Betracht. üb. d. Geburt Jesu Christi, nebst beygefügt. Gebethen u. Liedern. Ein Gebethb. 2c. 3., verb. Aufl. 16. (14½ B.) Wien 838, Beck'sche Universitäts-Buchh.

Christnachtsfeyer, Herrmansdorfische. Görlitz 1768. V: *Köhler, George Friedrich.* (OL)

Christnachts-Liturgie mit einfachen Choralgesängen. Zum Gebrauch in evangel. Landkirchen. Grünberg (854.) Levysohn. 8. (16 S.) n. 3 ngr.

Christnachts- u. Charfreitagsreden an nicht ganz unuaterr. Kinder. 12. (4 B. u. Titlkpfr.) Nürnberg 833, Raw.

Christodora, Katholische Blätter zur Beförderung der Nachahme Jesu Christi. Herausgeg. von mehreren Katholiken. 1. u. 2. Jahrg. 1845 u. 1846 à 52 Numm. (Bog.) oder 12 Hefte. gr. 4. Regensburg 845, 46, Manz. à 1¾ ₰

Christodora. Kathol. Blätter zur Beförderung d. Nachahme Jesu Christi. 3. Jahrg. 1847. 52 Nrn. hoch 4. (à Nr. 1 Bog.) Regensburg, Manz. 1¾ ₰

Christof, Aug., der geschäftliche Krieg. 8. (207 S.) München 891. Verlag des Post-Annoncen-Bureau. n. 1. —

Christof, F r a n z. Rechenaufgaben zum Gebrauche in landwirtschaftlichen Fortbildungscursen, in Volksschulen u. zum Selbstunterrichte. Klgft., Bertschinger, 1901. 77 S.

Christof, Frz., Rechenaufgaben zum Gebrauche in landwirtschaftlichen Fortbildungskursen, in Volksschulen u. zum Selbstunterrichte. 2. Aufl. (IV, 98 S. m. 20 Abbildgn.) gr. 8. Wien 903. F. Deuticke. Kart. n. 1.25

CHRISTOF, M.
Das Bankwesen. Eine volkswirtschaftliche Studie von M. Christof. Klagenfurt. 1900. Heyn. 8°. 143 S. K 1.20

– Dass., s. a. C h r i s t o p h , M.

Christof Peter: Zum Unterricht in der deutschen Grammatik. 27. Kolomea 96. Progr.

Christoff, Alexander [aus Sofia, Bulgar.]: Über die Elektrolyse der Nitrate ... Leipzig, Druck v. O. Leiner, *1896*; 32 S., 1 Bl. 8.
Leipzig, Phil. Fak., Inaug.-Diss. v. [6. Juli] 1896

Christoffel: Der Christoffel
⑤ 13. 2. 1849—15. 5. 1849 ⑥ 4° ⑦ Wochenblatt ⑧ Bern: C. Schaffner ⑫ illustriertes Witzblatt ohne bestimmte Parteiführung ⑬ BGSZ: 973 ⑭ Be: L. S ⑮ Lithographiert erschienen 13. 2. 1849—17. 2. 1849 und 3. 4. 1849—15. 5. 1849; in Buchdruck: 6. 3. 1849—20. 3. 1849.

Christoffel, ..., die Ostseefischerei am Strande von Pommern u. Westpreußen, mit Bezug auf ihre Wichtigkeit in gewerblicher Hinsicht. 8. Cöslin 828. Hendeß. 12 gGr

– Dass. ebd. 1829. [Heinsius]

Christoffel, Elwin Bruno

Christoffel. E. B. Die lineare Abhängigkeit v. Functionen einer einz. Veränderl. 1864. 4.

Christoffel, E. B., gesammelte mathematische Abhandlungen. Unter Mitwirkg. v. A. Krazer u. G. Faber hrsg. v. L. Maurer. 2 Bde. Lex. 8. Leipzig 910. B. G. Teubner. 34. —
1. Mit e. Biographie E. B. Christoffels v. C. F. Geiser u. seinem Bild in Lichtdr. sowie 15 Textfig. (XVI, 382 S.) 18. — — 2. (III, 343 S. m. 18 Fig.) 16. —

— Ueber die Bestimmung der Gestalt einer krummen Oberfläche durch lokale Messungen auf derselben. [Zürich 1865.]

— Beweis des Fundamental-Satzes der Invarianten-Theorie. Zürich 1867.

— Ueber die Dispersion des Lichtes. (Auszug aus dem Monatsber. der kgl. Akad. der W. zu Berlin, 11. Oct. 1861.) Nebst Nachtr.

— Dasselbe Werk. (Aus Poggendorff's Ann.)

— Ueber einige allgemeine Eigenschaften der Minimumsflächen. Zürich 1867.

— Ueber den Einfluss von Realitäts- und Stetigkeits-Bedingungen auf die Lösung gewöhnlicher Differential-Gleichungen. [Zürich 1866.]

Christoffel, Elwin Bruno (geb. Montjoie 10. 11. 1829): De motu permanenti electricitatis in corporibus homogeneis. Berolini (1856). (02 S.) 4°
Berlin, Phil. Diss. v. 12. März 1856

Christoffel. E. B. Observatio arithmetica. 4.

— Sopra un problema proposto da Dirichlet. Berlino 1870.

— Sul problema delle temperature stationarie e la rappresentazione di una data superficie. Zurigo 1867.

Christoffel. E. B. Über die Gaussische Quadratur und eine Verallgemeinerung derselben. 1857. 4.

— Ueber die kleinen Schwingungen eines periodisch eingerichteten Systems materieller Punkte. (Abdr. aus dem „Journ. für die reine und angewandte Mathematik", Bd. 63.) [1861.]

— Ueber ein die Transformation homogener Differential-Ausdrücke zweiten Grades betreffendes Theorem. Berlin 1869.

Christoffel, E. B., allgemeine Theorie der geodätischen Dreiecke. Imp.-4. (57 S.) Berlin 869, (Dümmler's Verlag.) *
Aus: Abhandlungen der k. Akademie der Wissenschaften, besonders abgedruckt.

— Theorie der bilinearen Functionen. Zürich 1867.

— Zur Theorie der einwerthigen Potentiale. [Zürich 1865.]

— Ueber die Transformation ganzer homogener Differential-Ausdrücke. Berlin 1869.

— Ueber die Transformation der homogenen Differential-Ausdrücke zweiten Grades. — 1869.

Christoffel, E. B., Verallgemeinerung einiger Theoreme des Herrn Weierstrass. Zürich 1864.

Christoffel, G., preisgekrönter Lehrgang d. Welthilfssprache Esperanto m. vollständig neuer, systematischer Wortbildungslehre. Zum Gebrauch in Schulen u. Vereinen u. insbes. f. den Selbstunterricht bearb. (XVI, 107 S.) 8. Braunschweig 909. G. Wenzel & Sohn. 1.50

— **Lernolibro** de la natura stenografio Gabelsberger alfarita al Esperanto. (50 S. m. 1 Bildnistaf.) gr. 8. Wolfenbüttel (907). Heckner. nn 1.50

Christoffel, Karl (Hrsg.), s. G e s a n g der Mosel.

C h r i s t o f f e l. R[aget]. Beispiele seligen Sterbens aus der Geschichte der Reformation in der Schweiz. Zusammengestellt von R. Ch', Pfarrer. 8. Basel 1871.

Christoffel, Raget, die doppelte Bekehrung. Bekenntnisse eines in unselbstständiger Jugend zum Katholicismus verleiteten Reformirten. 8. (IV u. 76 S.) Liestal 851. (Basel, Schweighauser.) ⅓ ₰

Christoffel, R., Heinrich Bullinger u. seine Gattin nach ihrem segensreichen Wirken in ihrer Familie, Gemeinde u. gegen verfolgte Glaubensgenossen. 8. (141 S.) Zürich 875. Schultheß. 1. 80

Christoffel, Raget, Charakterbilder aus der Reformationsgeschichte Italiens. Zur Belehrung u. Erbauung der Gemeinde dargestellt. 1. Liefg. Erlangen 865. Deichert. gr. 8. (V, 73 S.) 7½ ngr.

— Gedenkblätter christlicher Bruderliebe u. Glaubenstreue. Aus der Geschichte der evangel. Kirche gesammelt u. hrsg. Elberfeld 866. Friderichs. gr. 8. (VIII, 221 S.) 18 ngr.

Christoffel, Raget, das Heil des Vaterlandes erblüht aus der Kraft d. Glaubens. Worte zunächst an das Schweizervolk gerichtet. gr. 8. (3⅓ B.) Zofingen 812; Zürich, Höhr.

—— Pestalozzi's Leben, s. a. Pestalozzi.

Christoffel, Raget. ([Johann] Heinrich) Pestalozzi's Leben und Ansichten, in einem wortgetreuen Auszuge aus sämmtlichen von Pestalozzi herrührenden Schriften zur Feier von dessen hundertstem Geburtstage dargestellt. [Mit 2 Tafeln.] ([9] Lieferungen.) 4. Zürich 1846 [–1847].

—— Lebens- und Leidensbilder evangelischer Märtyrer Italiens. Aus der Geschichte der Unterdrückung der Reformation in Italien. 8. (VIII, 120 S. mit 1 Holzschntaf.) Bern 869, Mann und Baeschlin. cart.

— Lebens- u. Leidensbilder evangelischer Märtyrer Italiens. Aus der Geschichte der Unterdrückung der Reformation in Italien. Bern 870. Mann & Baeschlin. 8. (VIII, 120 S. u. 1 Holzschn.) n. 10 ngr.

—— Martin Planta, der Vorläufer Pestalozzi's und Fellenberg's. Ein pädagog. Charakterbild aus dem vorigen Jahrh. gr. 16. (67 S.) Bern 865, Heuberger.

—— Wahlsprüche für die Schuljugend. gr. 12. (½ B.) Langenthal 812. (Zürich, Höhr.)

Christoffel, R., die Waldenser und ihre Brüder, s. a. Für den Feierabend.

— die Waldenser u. ihre Brüder. Zwei Bilder aus der Leidensgeschichte der Evangelischen Italiens in der Reformationszeit. 8. (139 S.) Hamburg 873. Agentur d. Rauhen Hauses. n. 1. —

Christoffel, R., die Waldenser u. ihre Brüder. 2 Bilder aus der Leidensgeschichte der Evangelischen Italiens in der Reformationszeit. 2. Aufl. 8. (131 S.) Hamburg 878. Agentur des Rauhen Hauses. n. 1. —

Christoffel, Zeugnisse ev. Wahrh. reform. Predigten, gehalt. beim Religionsgespräch in Bern 1853. Siehe Spörlin und Zwingli.

Christoffel, R., Zeugnisse evangelischer Wahrheit. Neun reformator. Predigten, s. Zeugnisse.

Christoffel, Raget s. Zustände. Luzernerische Z. Briefe eines Luzerners an einen Graubündtner. Bern 1840.

Christoffel, R., Huldreich Zwingli, s. a. Leben u. ausgewählte Schriften der Väter und Begründer der reform. Kirche.

Christoffel, R., Pfarrer in Wintersingen. Huldreich Zwingli. Leben und ausgewählte Schriften. Mit Zwingli's Portrait. (1. Th. aus: „Leben und ausgewählte Schriften der Väter und Begründer der reformirten Kirche". Herausgegeben von Dr. J. W. Baum, Prof. in Strassburg, R. Christoffel, Pfarrer in Wintersingen, Dr. K. R. Hagenbach, Prof. in Basel, K. Pestalozzi, Pfarrer in Zürich, Dr. C. Schmidt. Prof. in Strassburg, Lic. E. Stähelin. Pfarrer in Rheinfelden. Lic. R. Sudhoff, Pfarrer in Frankfurt am Main. Eingeleitet von Dr. K. R. Hagenbach.) 8. Elberfeld 1857.

Christoffel, R(aget). Huldreich Zwingli. Leben und ausgewählte Schriften. Mit Zwingli's Portrait [Tafel]. [2 Theile.] 8. Elberfeld 1837.

([Theil] 1. Lebensbeschreibung. — [Theil] 2. Ausgewählte Schriften.) Leben und ausgewählte Schriften der Väter ... der reformirten Kirche. Theil 1.

– s. Zwingli, Huldreich: Praktische Schriften.

Christoffel, R., Luzernerische Zustände. Briefe eines Luzerners an einen Graubündtner. gr. 8. Bern 841, Fischer. n. ¼ ℔

Christoffers, Johann [pr. Arzt aus Neu-Rönnebeck a. d. W.]: Über einige pathologische Zustände der Röhrenknochen nach akuter infectiöser Osteomyelitis und Periostitis ... Würzburg, P. Scheiner's Buchdr., 1892; 51 S. 8.

Würzburg, Med. Fak., Inaug.-Diss. v. 1892

Christoffers, Wilhelm, über unglückliche Zufälle bei dem Durchbruch abgekapselter peritonitischer Abscesse in den Darm. Diss. Berlin 1887, Mayer & Müller. 8⁰. 31 S.

Christoffers, Wilhelm [aus Berlin]: Ueber unglückliche Zufälle bei dem Durchbruch abgekapselter peritonitischer Abscesse in den Darm .... Berlin, Buchdr. v. Gustav Schade (Otto Francke) (1887); 31 + 1 S. 8⁰.

Berlin, Med. Fak., Inaug.-Diss. v. 23. Jul. 1887.

Christoffersson, Herm., Studia de fabulis Babrianis. gr. 8. (IV, 178 S.) Lund 901. H. Möller. n.n. 3. 50

Christoffersson, Herm., Studia de fontibus fabularum Babrianarum. Commentatio academica. (164 S.) 8. Lund 904. (A. & O. Schedin.) n.n. 3. —

Christofidis, Christodulos a. Leukosia auf Insel Cypern: Ueber die Behandlung größerer Knochendefekte. Berlin (1906): E. Ebering. (82 S.) 8°

Berlin, Med. Fak., Ref. Hildebrand, Diss. v. 4. Aug. 1906

[Geb. 6. Jan. 82 Nicosia auf Cypern; Wohnort: Leukosia; Staatsangeh.: England; Vorbildung: Gymn. Leukosia Reife O. 98; Studium: Athen 2, Leipzig 9, Berlin 1 S.; Coll. 31. Juli 06; Approb. 22. Febr. 06.]

Die Reise der Söhne Giaffers, a. d. Ital. d. Christoforo Armeno übs. durch Johann Wetzel 1583. hrsg. v. Hermann Fischer & Johannes Bolte. *Tübingen: Litt. Ver. in Stuttgart 1895.* (VII, 228 S.) 1 Bd 8.
= Bibliothek d. litt. Vereins in Stuttgart. [Bd] 208. [97. 900

Christologia epistolica, oder Betrachtt. über d. Episteln. 8. Berl. 755. Lange. 10 gr

— evangelica, oder Betrachtt. über d. Evangelien. 8. Berl. 752. Lange. 12 gr

— naturalis, oder Betrachtt. über natürl. Dinge. 8. Berl. 753. Lange. 18 gr

Christologie oder die Resultate der neuesten exegetischen Aufklärungen über den Artikel von der Gottheit Christi. ... Hamburg und Leipzig 1792. V: *Oertel, Eucharius Ferdinand Christian.* (Fiker)

Christomannos, Theodor

Christomannos, Th., die neue Dolomitenstrasse Bozen—Cortina—Toblach u. ihre Nebenlinien. Mit 120 Orig.-Aufnahmen nach d. Natur. (71 S. m. 1 Karte.) Lex. 8. Wien 909. Ch. Reisser's Söhne. Geb. 5. —

— The new Dolomite-road Bozen-Cortina-Toblach and its branches. With 120 orig.-photographs. Published under the auspices of the i. r. ministry of public works. (71 S. m. 1 Karte.) Lex. 8. Ebd. (910). Geb. in Halbleinw. 7. 50

— La nouvelle route des Dolomites Bozen-Cortina-Toblach et ses voies latérales. Avec 120 vues originales d'après nature. Ouvrage publié avec le concours du ministère i. r. des travaux publics. (71 S. m. 1 Karte.) Lex. 8. Ebd. (910). Geb. in Halbleinw. 7. 50

Christomannos, Thdr., die Vintschgau-Bahn Meran—Mals. Buchschmuck u. Umschlag v. Tony Grubhofer. (IV, 67 S.) 8. Innsbruck (906). A. Edlinger. n. — 90

Christomannos, Th., Sulden-Trafoi. Schilderungen aus dem Ortlergebiete. Mit Illustr. nach Originalen v. E. T. Compton, Tony Grubhofer, Wilh. Humer etc. 3. Taus. gr. 4. (VII, 175 S.) Innsbruck. 895. A. Edlinger. n. 6. —; geb. n.n. 7. 50

Christomanos A. C.: Die neuesten vulkanischen Erscheinungen auf Santorin (mit 2 Taf. und 1 Holzschnitt). Nebst einem Anhange, betreffend die chemische Zusammensetzung zweier Arten von Eruptivgesteinen der neuen Erhebung von Prof. A. Schrötter. S. 53. II. 46.

Separatabdruck

– Dass., s. a. Berichte über die ... Erscheinungen ...

Christomanos, Ant. A. u. Edm. Strössner. Beitrag zur Kenntniss der Muskelspindeln. Lex.-8. (19 S. m. 4 Taf.) Wien 891, (Tempsky). * 1 40

Aus: Sitzungsber. d. k. Akad. d. Wiss., besonders abgedruckt.

Christomanos, Dr. Constantin

— d. Achilles-Schloss auf Corfu. Umschlag v. L. Hans Fischer. Illustr. nach m. A. H. Erlaubniss angefert. photograph. Aufn. v. Borri & Figlio in Corfu u. Alois Beer in Klagenfurt. qu. gr. 4. (64 S. m. Abb. u. 13 Taf.) Wien 896. C. Gerold's Sohn. Kart. n. 10. —

Christomanos, Constantin, Die graue Frau. Ein hellenisches Drama. Gr.-8. (75 S.) 1.50
Wien: Konegen 1898.

CHRISTOMANOS, Constantin
(F) Orphische Lieder von Constantin Christomanos. Mit Zeichnungen von Heinrich Lefler. Wien. 1898. Konegen. Schmal-8°. 47 S. fl. 1.50

Christomanos, Constantin, Orphische Lieder. Mit Zeichnungen v. Heinr. Lefler. 2. Ausg. schmal Lex.-8. (47 S.) Wien 899. C. Konegen. n. 2. 50

Christomanos, Constantin (Hrsg.), s. Rundschau, Wiener.

— Tagebuchblätter. 1. Folge. 8. (285 S.) Wien 899. M. Perles. n. 5.—; geb. n. 6. —

Christomanos, Constantin, Tagebuchblätter. 1. Folge. 2. Aufl. 4. 5. Taus. 8. (à 285 S.) Wien 899. M. Perles. n. 5. —; geb. n. 6. —

Christomanos, Const. A. Abendländische Geschlechter im Orient im Anschlusse an du Cange's „Familles d'Outre Mer". 1. Lfg. gr. 8. (VIII S. m. 5 genealog. Tab.) Wien 889, (Gerold's Sohn). * 2 40

Christomenos, s. Christomanos

Christomonos, s. Christomanos

Christoph, Herzog. Erinnerungsgabe bestimmt für den 28. December 1868 ... Stuttgart 1868. H: *Palmer, Chn Dav. Frdr.* (Heyd) (Tübz 16, 28)

Christoph, der arme; od. der glückl. gewordene Bräutigam. Schausp. 8. Prag, Schönfeld. 793.

Christoph, Herzog v. Württemberg. Lebensbild, s. Mosapp, Herm.

Christoph, Herzog von Würtemberg, der Vater, Freund ... seines Volkes. Hamburg 1857. V: *Burdach, F. A. Eduard.* (Ky)

Christoph, Herzog, der Kämpfer. Tragödie v. A. Oehlenschläger. 8. Neuenb. Montag u. W. 811.

Christoph, der kleine Kurrendeknabe, od. der Weihnachtsmarkt, s.: Tannenzweige. 8. Hft.

Christoph und Else lesen in den Abendstunden das Buch Lienhard und Gertrud ... Dessau 1782. V: *Pestalozzi, Heinrich.* (BrMm) (ErschDL) (MGT)

Christoph und Else, lesen in den Abendstunden, das Buch Lienhardt und Gertrud, oder Christoph und Else, mein zweytes Volksbuch, 2 Theile, 8. Dessau, 782. Gel. Handl. 1 Rthl.

Christoph u. Else lesen in den Abendstunden d. Buch: Lienhard u. Gertrud, oder: Christoph u. Else, mein zweites Volksbuch, (v. H. Pestaloz). 2 Bdchen. 8. Zürich 782. Ziegler. 1 Rthl.

Christoph Walter, Novelle. (Von Seeger?) 2 Bdchn. 8. (29½ B.) Stuttgart 835, Hallberger'sche Vrlsh.

Christoph, Herzog v. Wirtemberg, s. a. Briefwechsel.

Briefwechsel des Herzogs Christoph v. Wirtemberg. Im Auftr. d. Komm. f. Landesgesch. hrsg. v. Dr. Viktor Ernst. Bd 1. *Stuttgart: W. Kohlhammer 1899.* 8.

Christoph, s.: Bericht der wissenschaftl. Gesellschaft „Philomathie" in Neisse.

Christoph, Abraham, über Geisteskrankheit als Ehescheidungsgrund vom juristisch-psychiatrischen Standpunkt. Diss. München 1888, A. Buchholz. 8°. 35 S.

CHRISTOPH, Abraham (Ibersheim): Ueber Geisteskrankheit als Ehescheidungsgrund vom juristisch-psychiatrischen Standpunkt.- Wiesbaden: Koch 1888. 1 Bl., 35 S.
16.1.1888 - Chr 1887/88,19; Jv 1887/88,207
Diss. Ingolst.-Landsh.-Mchn.

Christoph, Aug(ust): Der Geographische Apparat des Gymnasiums zu Neisse, neu geordnet und veröffentlicht. *Neisse (1898): F. Bär.* (36 S.) 8° ¶ (Theil 1.)
Neisse, k. kath. G, OP 1898 (206)

Christoph, August Benjamin (Wigandsthal/Laus.), De commotionum animi quarundam effectibus in corpus humanum. Diss. med. Präs. Chn. Friedr. Nuernberger. Wittbg. (C. Ch. Dürr) 21. X. 1794. 20 S. (4.50) 5227

Christoph, O. [Referendar]: Ueber den Besitzverlust an Grundstücken. . . . Göttingen, Druck d. Univ.-Buchdr. v. W. F. Kaestner, 1890; VII, 33 S. 8°
Göttingen, Jur. Fak., Inaug.-Diss. v. [8. Jan.] 1891

Christoph, C., üb. den Besitzverlust an Grundstücken. Diss. gr. 8. (VII, 33 S.) Göttingen 890. (Vandenhoeck & Ruprecht.) n. — 80

Christoph, Franz, a. Osterode a. H.: Die ländlichen Gemeingüter ⟨Allmenden⟩ in Preußen. Jena: G. Fischer 1906. (40 S.) 8° ¶ (Erscheint vollst. als: Abhandlg. d. staatswiss. Seminars Jena Bd 3, H. 2.)
Jena, Phil. Fak., Ref. Pierstorff, Diss. v. 27. Juli 1906
[Geb. 9. Sept. 76 Osterode a. H.; Wohnort: Bremen; Staatsangeh.: Bremen; Vorbildung: Realgymn. Osterode Reife M. 03; Studium: Bonn-Poppelsdorf 4, Berlin 4, Jena 1 S.; Rig. 18. Nov. 05.]

Die ländlichen Gemeingüter ⟨Allmenden⟩ in Preussen. Von Dr. Franz **Christoph.** Jena: G. Fischer 1906. (VI, 118 S.) 8°
— Abhandlungen d. staatswiss. Seminars zu Jena. Bd 3, H. 2.

Über den Einfluss Jean Paul Friedrich Richters auf Thomas de Quincey. — Von Dr. Friedrich Christoph, G.-P. — 1899, Hof, Mintzel'sche Druckerei. — P. 3—36.
Progr. Hof, K. Gymn.

— Friedrich Christian Carl Wilhelm Ernst (Bayreuth), An miles gratuitus in proelio succumbens vocationi divinae convenienter moriatur? Ob ein Volontaire in seinem Beruff stirbt? Diss. philos. Präs. Christoph Andreas Büttner. Halle (J. Ch. Hilliger) Juni 1735. 20 S. (5.—) 5228
Abb. v. Halle.

Maschinenfabrik J. E. Christoph A.-G. in Niesky, Ober-Lausitz. — Berlin: Eckstein [1910]. 16 S. 2° [Kopft.] (Dt. Industrie, dt. Kultur. 8, 1.) **1. 38 A.**

Christoph, Jul. Rhold., d. prakt. Töpfer u. s. Erfahrgn. v. d. Thongrube b. z. fertig montierten Ofen ausschließl. d. Schmelz- u. Emaille-Fabrikation, aber m. bes. Berücksicht. d. i. dieser Industrie vorkomm. Materialien, Brennöfen, Glasuren, Werkzeuge u. Maschinen. 8. (VIII, 99 S.) Weimar 895. Leipzig, B. F. Voigt. 1. 80

Christoph JR, der praktische Töpfer. (99 S) (Schaupl. d. K. 290) Weimar 1895

Christoph, Carl *Wilhelm Julius* [Assistenzarzt d. Prov.-Irren-Heilanst. Owinsk]: Ein Fall von doppelter Communication beider Herzhälften ... Greifswald, Druck v. J. Abel, 1897; 24 S. 8.
Greifswald, Med. Fak., Inaug.-Diss. v. 2. Aug. 1897

Christoph, Karl, Wolfgang Ratkes [Ratichius] pädagogisches Verdienst. Diss. gr. 8. (52 S.) Leipzig 892. (C. F. Fleischer's Sort.) n. 1. —

Christoph, Karl *Heinrich:* Wolfgang Ratkes '(Ratichius)' pädagogisches Verdienst … Leipzig, *Druck v. A. Wiede*, 1892; 1 Bl., 51 S., 1 Bl. 8.
Leipzig, Phil. Fak., Inaug.-Diss. v. [12. Mai] 1892

Christoph, Karl, Wolfgang Ratkes (Ratichius) pädagogisches Verdienst. 2. Aufl. gr. 8. (56 S.) Leipzig 899. [F. Fleischer Verl.] R. Voigtländer. n. 1. —

Christoph, M., das Bankwesen. Eine volkswirtschaftl. Studie. 8. (143 S.) Klagenfurt 900. J. Heyn. n. 1. 20

– Dass., s. a. Christof, M.

Christoph, Osc., Blitzkalkulation. 5, 10, 12 1/2, 15, 16 2/3, 20, 25, 30, 33 1/3, 40 u. 50%. schmal Fol. (46 S.) Berlin (901). (M. Harrwitz.) Geb. n. 2. 50

Christoph, Otto

Christoph, O., siehe a. Wechselordnung, die allgemeine deutsche.

Christoph, Otto, die allgemeine deutsche Wechselordnung aus den Motiven zum Entwurfe einer Wechselordnung für die preuß. Staaten und aus den Protocollen der zur Berathung der allgem. deutschen Wechselordnung in Leipzig abgehalt. Conferenz erläutert und für den prakt. Geschäftsverkehr hrsg. Nebst dem genauen alphabet. Inhaltsverzeichnisse ꝛc., den sämmtl. Ein- und Ausführungsgesetzen ꝛc. 1. Aufl. (XXXIV und 110 S.) 849. 15 Ngr. und 2. Aufl. gr. 8. (XXXVI und 219 S.) Leipzig 851, Thenau.

Christophe, J.-B., Geschichte des Papstthums während des 14. Jahrhunderts. Aus dem Französ. übers. und hrsg. von J. Ign. Ritter. 3 Bde. gr. 8. Paderborn, Schöningh. [1. (VII und 359 S.) 2. (VII und 376 S.) 853., 3. (XV und 376 S.) 854. à * 1 Thlr. 10 Ngr.] *

Christophe, Paul, der Eisen-Beton u. seine Anwendung im Bauwesen. Uebersetzung der 2. Aufl. des Werkes: Le béton armé et ses applications. (XVII, 575 S. m. Abbildgn.) Lex.-8. Berlin 905. Tonindustrie-Zeitg. n. 30. —; geb in Leinw. n. 35. —

Christophelsmeier, Carl, a. Henstorf in Lippe-Detmold: Der vierte August 1789. Kap. 1. (Berlin 1905: G. Schade.) (34 S.) 8° ¶ (Die ganze Arbeit ersch. in Amerika.)
Berlin, Phil. Fak., Ref. Lenz, Hintze, Diss. v. 12. Aug. 1905
[Geb. 18. Mai 72 Henstorf in Lippe-Detmold; Heimatsort: Henstorf; Staatsangeh.: Vereinigte Staaten; Vorbildung: Lincoln, Juli 99 Bach. science; 02 Master of arts; Studium: Paris 1, Heidelberg 1, Berlin 3 S.; Rig. 31. Juli 05.]

Christophil, Himmel auf Erden; s. Himmel.

Christophil, …, herzl. Worte ꝛc., s. Himmel, d., auf Erden.

Christophilos, s. a. Blatt, e., aus der Geschichte des Stundismus in Rußland.

Ein Blatt aus der Geschichte des Stundismus in Rußland. Von **Christophilos**. Mit 3 Ill. *Berlin: Deutsche Orient-Mission 1904.* (20 S.) 8°
— Hefte z. Christlichen Orient. No 6.

Christophilos, s. Hefte zum christlichen Orient.

Russische Klostergefängnisse. Von **Christophilos**. Mit 6 Abb. *Berlin: Deutsche Orient Mission 1905.* (16 S.) 8° [F.]
— Hefte z. Christlichen Orient. No 7. [04. 16160

Christophilus, lebend. Erkenntniß d. Sohnes Gottes ꝛc. 8. Bautzen. 745.

Christophilus (Wetzel), s.: Grundlinien der Versöhnungslehre.

Christophilus, Ernst. Die Lehre v. der unbefleckten Empfängnis der Jungfrau Maria, s. a. Streitschriften, freundschaftliche.

Die Lehre von der unbefleckten Empfängnis der Jungfrau Maria. Für Wahrheit suchende Christen dargest. u. bibl. u. kirchengeschichtl. geprüft von Ernst **Christophilus**. Barmen: D. B. Wiemann [1890]. (15 S.) 8° [F.]
— Streitschriften, Freundschaftliche. No 23. [06. 13034

Christophilus, Gratianus (Pseud.), s. Lucius, Samuel

Christophitus, Joh., Auswahl von Predigten z. Beförderung christl. Wahrheit u. Frömmigkeit. gr. 8. (24 B.) Göttingen 831, Vandenhoeck u. Ruprecht.

Christophine od. die wiedergefundene Enkeltochter. Eine Erzählg. aus dem Leben f. Jung u. Alt. 8. (48 S.) Stuttgart 889. Verlag der Evangel. Gemeinschaft. — 20

Christophor, J., in welcher Zeit leben wir? Zwölf Kapitel üb. die letzten Dinge. Nach den Weissaggn. d. alten u. neuen Testaments. Mit e. Anh., enth. die wichtigsten u. merkwürdigsten Prophezeihgn. u. Visionen aus alter u. neuerer Zeit. 8. (IV, 60 u. 25 S.) Mewe 891. R. Weberstaedt. n.n. 1. —

Die Gedichte (Στίχοι διάφοροι) des **Christophoros Mitylenaios**. Hrsg. von Eduard Kurtz. *Leipzig: A. Neumann 1903.* (XXV, 112 S.) 8° [03. 13630

Christophorus. Monatsblatt aus dem ev.-luther. Diakonissen-Hause in Fürstenwalde a/Spree. Hrsg.: Burgdorf. Juli 1892—Juni 1893. 12 Nrn. (1/4 Bog.) gr. 8. Fürstenwalde, Christophorus-Verlag. n. 1. —

Christophorus. Monatsblatt aus d. ev.-luther. Lazarus-Hause in Fürstenwalde a. Spree. Hrsg.: Burgdorf. Juli 1895 b. Juni 1896. 12 Nrn. (à ca. 4 S.) gr. 8. Fürstenwalde, Christophorus-Verl. n.n. 1. —

Christophorus, der Stelzfuß. Kalender für Jedermann auf die J. 1875—1880 von Hafermann. 1.—6. Jahrg. 8. (112; 144; 164; 164; 177; 183 S. mit eingedr. Holzschn.) Norden, Soltau. à Jahrg. *

Christophorus der Stelzfuß. Kalender für Jedermann auf das J. 1881—1885 von Hafermann. 7.—11. Jahrg. 8. (à Jahrg. ca. 160 S. mit eingedr. Holzschn.) Norden, Soltau's Verlag. à Jahrg. *

Christophorus, der Stelzfuß. Kalender für Jedermann auf die J. 1886 und 1887 von Hafermann. 12. und 13. Jahrg. 8. (156; 55, 111 S. mit Illustr.) Norden, Soltau. à Jahrg. *

—— dass. — auf die J. 1888 und 1889. 14. und 15. Jahrg. 8. (56, 103; 164 S. mit Illustr.) Ebendas. à Jahrg. *

—— der Stelzfuß. Kalender für Jedermann auf d. J. 1890—1893. 16.—19. Jahrg. 8. (60, 107; 60, 106; 40, 121; 60, 182 S. m. Illustr. u. 1 Wandkalender.) Norden, Soltau. à Jahrg. * — 50

— der Stelzfuß. Kalender f. Jedermann auf d. J. 1895. 21. Jahrg. 8. (60 u. 128 S. m. Abbildgn. u. Wandkalender.) Norden, D. Soltau. n. — 50

Christophorus d. Stelzfuß. Kalender f. Jedermann auf d. J. 1899 von Hafermann. 25. Jahrg. 8. (60 u. 116 S. m. Abb. u. Wandkal.) Norden, D. Soltau. n. — 50

Christophorus der Stelzfuß. Kalender f. Jedermann auf d. J. 1903 v. Hafermann. 29. Jahrg. 8. (60 u. 124 S. m. Abbildgn. u. Wandkalender.) Norden, D. Soltau. n. — 50

Christophorus der Stelzfuß. Kalender f. Jedermann auf d. J. 1907 v. Hafermann. 33. Jahrg. (84 u. 127 S. m. Abb. u. Wandkalender.) 8. Norden. D. Soltau. n. — 50

Christophorus der Stelzfuß. Kalender f. Jedermann auf d. J. 1911 v. Hafermann. 37. Jahrg. (86 u. 119 S. m. Abb. u. Wandkalender.) 8. Norden, D. Soltau. — 50

Christophorus Armenius, s.: Christoforo Armeno.

Christophs alte Orgel od. Heim, süß Heim. 2. Aufl. 12. (108 S. m. Bildern.) Berlin 894. Deutsche Sonntagsschulbuchh. (L. Burmeister). — 50

Christoph's alte Orgel od. Heim, süß Heim. 3. Aufl. (112 S.) 8. Berlin 903. Deutsche Sonntagsschul-Buchh. n. — 40

Christophsohn, Johann: Vergleichende Untersuchungen über das Saponin der Wurzel von Gypsophila Struthium, der Wurzel von Saponaria officinalis, der Quillajarinde und der reifen Samen von Agrostemma Githago. Mag. Diss. Dorpat, 1874. 51 S. 8°

Christópulos, Athanasios

Χριστοπούλου, Ἀθανασ., Γραμματικὴ τῆς Αἰολοδωρικῆς ἤτοι τῆς ὁμιλουμένης τωρινῆς τῶν Ἑλλήνων γλώσσας. Βιέννη 805. 8. (165 S.)

Christópulos, Athanasios, d. hellenischen Mirza-Schaffy, Lieder. Nebst einer Auswahl von Liedern u. Gedichten hellen. Zeitgenossen. Im Versmaasse der Orginale übertr. von Aug. Boltz. 12. (XII, 116 S.) Leipzig 880. Friedrich. n. 2. 50; geb. m. Goldschn. n. 3. 50

Christópulos, Athanasios, Lieder. Aus dem Neuhellenischen, nebst e. Auswahl v. Liedern u. Gedichten hellen. Zeitgenossen. Im Versmaasse der Originale übertr. v. Aug. Boltz. (2. verm. Aufl.) 12. (VI, 153 S.) Leipzig 884. Friedrich. n. 2. —; geb. n. 3. —

Ἀθανασίου Χριστοπούλου Λυρικά. Βιέννη 818. 8. (12.) (226 S.)

Χριστος. Ein Dialogen-Cyclus. br. 8. (119 S.) Köln 851, Bollig. n. 2/3 ₰

Christoterpe. Ein Taschenbuch f. christl. Leser auf d. J. 1833. 1r Jahrg. In Verbind. mit Mehrern herausg. v. Alb. Knapp. Mit 2 Kpf. gr. 16. Tübing. (832.) Osiander. 2 ₰

Christoterpe. Ein Taschenbuch f. christl. Leser auf d. Jahr 1833—35. Hrsg. in Verbind. mit mehr. Andern v. Alb. Knapp. (1—3. Jahrg.) gr. 16. Tübingen, Osiander. [833. (24 B. u. 2 Kpfr.), 34. (23 B. u. 4 Kpfr.), 35. (25 B. u. 5 Kpfr.) à 2 Thlr.]

Christoterpe. Ein Taschenb. f. christl. Leser auf d. J. 1836—42. Hrsg. in Verbind. mit mehr. Andern v. Alb. Knapp. 12. Tübingen, Osiander. [836. (24 B. u. 6 Kpfr.), 37. (17½ B. u. 6 Kpfr.), 38. (18 B. u. 6 Kpfr.), 39. (16½ B. u. 6 Kpfr.), 40. (15½ B. u. 7 Kpfr.), 41. (18 B. u. 6 Stahlst.), 42. (19 B. u. 6 Stahlst.) à * 2 Thlr.] *

Christoterpe. Ein Taschenbuch für christliche Leser auf das Jahr ... Hrsg. in Verb. mit mehr. Andern v. Albert Knapp. Mit Kupf. 8°
Tübingen: C. F. Osiander (1837).
(6/) 1838: (1837.) XXIV, 404 S., 2 Bl., 1 Titelkupf., 5 Kupfertaf.

Christoterpe. Ein Taschenbuch für christliche Leser auf d. J. 1843—47. (11—15. Jahrg.) Hrsg. in Verbind. mit mehreren Andern v. Alb. Knapp. 16. Heidelberg, K. Winter. [843. (20½ B. u. 1 Kpfr.) * 1 Thlr. 15 Ngr., 44. u. 45. (à 23 B. u. 2 Kpfr.) 46. (22½ B. u. 2 Kpfr.) 47. (22 B. u. 2 Kpfr.) à * 1 Thlr. 22½ Ngr.] *
Frühere Jahrgg., von denen einige fehlen, à 15 Ngr. im herabges. Pr. Tübingen, Osiander'sche Buchh.

Christoterpe. Ein Taschenbuch für christl. Leser auf die J. 1848—52. (16—20. Jahrg.) Hrsg. von Alb. Knapp. gr. 16. Heidelberg, Carl Winter. [16. (VIII und 403 S.) 17. (VII und 288 S.) 18. (VIII und 331 S.) 19. (V und 344 S.) 20. (IV und 359 S.) à Jahrg. mit 1 Kpfr. à * 1 Thlr. 22½ Ngr.] *

Christoterpe. Ein Taschenbuch für christliche Leser auf das J. 1853. Hrsg. in Verbindung mit mehreren Andern von Albert Knapp. gr. 16. (IV und 315 S. mit 1 Kpfrt.) Heidelberg 852, K. Winter. *

Christoterpe, neue. Ein Jahrbuch, hrsg. von Rud. Kögel, Wilh. Baur und Emil Frommel unter Mitwirkung von Frz. Delitzsch, Nic. Fries, Max Frommel ꝛc. 1. Jahrg. 1880. 1—4. unveränd. Aufl. 8. (X, 325 S.) Bremen, Müller's Verlagsh. * ℳ 4.; geb. * geb. mit Goldschn. ** geb. in Liebhaber-Halbfrz. *

— dasselbe. (2. Jahrg. 1881.) 8. (V, 373 S.) Ebend. 880. n. 4. —; geb. n.n. 5. —; m. Goldschn. n.n. 5. 20; in Liebhaber-Halbfrz. n. 12. —

— dasselbe. (3. Jahrg. 1882.) 8. (V, 404 S.) Ebend. 882. n. 4. —; geb. n.n. 5. —; m. Goldschn. n.n. 5. 20; Liebhaberausgabe in Halbfrzbd. n. 12. —

— dasselbe. (4. Jahrg. 1883.) 8. (V, 370 S.) Ebend. 883. n. 4. —; geb. n.n. 5. —; m. Goldschn. n.n. 5. 20; Liebhaberausgabe in Halbfrzbd. n. 12. —

Christoterpe, neue. Ein Jahrbuch, hrsg. v. Rud. Kögel, Wilh. Baur u. Emil Frommel, unter Mitwirkg. v. Frz. Delitzsch, Nic. Fries, Max Frommel ꝛc. (5—8. Jahrg. 1884—1887.) 8. (à ca. V, 378 S.) Bremen 883—86. Müller. à n. 4. —; geb. à n.n. 5. —; m. Goldschn. à n.n. 5. 20; Liebhaberausg. in Halbfrzbd. à n. 12. —

Christoterpe, neue. Ein Jahrbuch, hrsg. v. R. Kögel, W. Baur u. E. Frommel. 9.—11. Jahrg. 1888—1890. 8. (VII, 378; 363; V, 363 S.) Bremen 887—889. Müller. à Jahrg. n. 4. —; geb. n.n. 5. —; m. Goldschn. n.n. 5. 20; Liebhaber-Ausg. in Halbfrzbd. n. 12. —

Christoterpe, neue. Ein Jahrbuch, hrsg. von R. Kögel, W. Baur u. E. Frommel. 1891. 8. (V, 364 S.) Bremen 890. Müller. n. 4. —; geb. n.n. 5. —; m. Goldschn. n.n. 1. 20

Christoterpe, neue. (1892—1894.) Ein Jahrbuch, hrsg. v. Emil Frommel, Wilh. Baur u. Rud. Kögel. 8. (V, 379; V, 389; V, 380 S.) Bremen, C. Ed. Müller. à n. 4. —; geb. in Leinw. n.n. 5. —; m. Goldschn. n.n. 5. 20; Liebh.-Ausg. geb. in Halbfrz. n. 12. —

— dasselbe. (1895.) 8. (V, 366 S.) Ebd. 895. n. 4. —; geb. in Leinw. n.n. 5. —; m. Goldschn. n.n. 5. 20; Liebh.-Ausg. geb. in Halbfrz. n. 8. —

Christoterpe, neue. (1896—1899.) E. Jahrbuch, hrsg. v. Rud. Kögel, Emil Frommel u. Wilh. Baur. 8. (VIII, 355; VIII, 359; VII, 451; VIII, 437 S.) Bremen 896—899. C. E. Müller. à n. 4.—; geb. in Leinw. n.n. 5.—; m. Goldschn. n.n. 5. 20; Liebhaber-Ausg. geb. in Halbfrz. n. 8. —

Christoterpe, neue. (1900.) Ein Jahrbuch, begründet v. Rud. Kögel, Emil Frommel u. Wilh. Baur. Hrsg. v. Max Vorberg. 8. (VIII, 417 S.) Bremen 900. Halle a/S., C. E. Müller. n. 4. —; geb. in Leinw. n.n. 5. —; m. Goldschn. n.n. 5. 20; Liebhaber-Ausg., geb. in Halbfrz. n. 8. —

— dasselbe. (XXII. Jahrg.) 8. (VI, 450 S.) Halle 901. C. E. Müller. n. 4. —; geb. in Leinw. n.n. 5. —; m. Goldschn. n.n. 5. 20; Liebhaber-Ausg., geb. in Halbfrz. n. 8. —

— dasselbe. (XXIII. u. XXIV. Jahrg.) Ein Jahrbuch, begründet v. Rud. Kögel, Emil Frommel u. Wilh. Baur. In Verbindg. m. S. Keller, Chr. Rogge, L. Weber hrsg. v. Rhard. Mumm. 8. (VI, 450 u. VI, 416 S.) Ebd. 902. à n. 4. —; geb. in Leinw. à n. 5. —; m. Goldschn. à n. 5. 20; Liebhaber-Ausg., geb. in Halbfrz. à n. 8. —

Christoterpe, neue. Ein Jahrbuch, begründet v. Rud. Kögel, Emil Frommel u. Wilh. Baur. Hrsg. v. Rhard. Mumm. XXV—XXVII. Jahrg. (VI, 410; IV, 387 u. IV, 383 S.) 8. Halle 904—906. C. E. Müller. à n. 4. —; geb. n. 5. —; m. Goldschn. n. 5. 20; Liebhaber-Ausg., geb. in Halbfrz. n. 8. —

Christoterpe. Neue Ch'. Ein Jahrbuch.... Hrg. von Adolf Bartels und Otto H[einrich] Frommel. Jahrg. 28. VI + 415 S. 8. Halle a. S., C. Ed. Müller, 1907. ([M. 4.—,] geb. M. 5.— u. 5. 20)

Christoterpe, neue. Ein Jahrbuch, begründ. v. Rud. Kögel, Emil Frommel, u. Wilh. Baur. Hrsg. v. Adf. Bartels u. Otto H. Frommel. 29—32. Jahrg. (VI, 390 S.; VI, 405 S.; V, 357 u. V, 359 S. m. Vollbildern.) 8. Halle 908—11. R. Mühlmann's Verl. à 3.—; geb. 4.—; m. Goldschn. 4.50; Liebh.-Ausg., geb. in Halbfrz. 8. —

Christrosen, Erzähign. f. uns. Jugend. Hrsg. v. Bruno Mehmke. 1. Serie. 6 Hfte. 12. (à 32 S. m. Abb. u. je 1 Farbdr.) Stuttgart (897). (M. Holland.) à n. — 10; in 1 Leinwbd. n. 1. —

Christrosen. Erzählungen f. unsere Jugend. Hrsg. v. Bruno Mehmke. 2.—5. Serie, à 6 Hfte. 12. (à ca. 32 S. m. Abb. u. je 1 Farbdr.) Stuttgart (898—901). (Holland & Josenhans.) à n. —10; in 1 Leinwbd. à Serie n. 1. —

Christrosen. Erzählungen f. unsere Jugend. Hrsg. v. Bruno Wehmke. 6.—10. Serie. à 6 Hefte. (à ca. 32 S. m. Abbildgn. u. je 1 Farbdr.) kl. 8. Stuttgart (903—906). (Holland & Josenhans.) à n. —10; in 1 Leinwbd. à Ser. n. 1.—

Christrosen. Erzählgn. f. unsere Jugend. Hrsg. v. Bruno Wehmke. 11—14. Serie, 6, 6, 5 u. 6 Hefte. (40, 24, 40, 24, 32, 32; 28, 40, 36, 28, 32, 32; 32, 32, 32, 40, 61 u. 32, 36, 34, 32, 40 u. 32 S. m. Abb. u. je 1 Farbdr.) kl. 8. Stuttgart (907—10). (Holland & Josenhans.) à Heft —10 à Serie in je 1 Leinwbd. 1.—

Christs Caffee. 8. Grätz, Ferstl. 803.

Christus.

— Er u. seine Lehre, e. Commentar zu Gumal u. Lina, bestimmt, d. jugendl. Alter d. Resultate e. vernünftigen Denkens über d. Religion d. Christen mitzutheilen, von e. Erpädagogen. (A. u. d. T.: Philalethes. Ueber Jesum u. seine Religion. Mein Vermächtniß an Elisa). 8. Leipz. 802. Joachim. 1 ₰ 8 gr

— v. e. Juden (v. D. Farbstein), s. a. Diskussionen, Zürcher.

Christus von einem Juden. [Zürich 1898.] V: *Farbstein, Dav.* (Ky)

Christus Alles in Allen. Denksprüche aus d. Englischen. 8. (4¾ B.) Basel 843, Schneider. *

Christus, der alte oder der neue?, s. Beiträge, kleine, zur Lösung 2c.

Christus und Antichristus, in populären Dialogen nach Lucian. Von Minucius Felix, dem Jüngeren. Regensburg 853. Manz. 12. (299 S.) 17½ ngr

Christus und Antichristus in populären Dialogen nach Lucian. Von Minucius Felix dem Jüngern. Regensburg, Manz (jetzt Verlagsanst.), 1862, 12°. 2. Aufl., 1.75 Mk.

—— und die zwölf Apostel, s. Schrift, heilige.

Christus und die zwölf Apostel. Eine Gallerie von 13 Stahlstichen zur kathol. Bibel. gr. 8. Nürnberg 836. Stein. 1⅓ ₰

— u. zwölf Apostel. Nach Bertel Thorwaldsen lithogr. Mit Text begleitet von J. P. Silbert (In 4 Lfrgg.) 1e Lfrg., enth. Paulus, Philippus, Andreas. ½ Imp.-Fol. Stuttgart 838. Scheible's Buchh. n. 1⅚ ₰

Christus und zwölf Apostel. Nach Bertel Thorwaldsen lithogr. Mit Text begleitet v. J. P. Silbert. (4 Lfg.) ½ Imp.-Fol. (13 Stnt. u. 13 Bl. Text.) Stuttgart 838, [Scheible, Rieger u. Sattler.] * 6 Thlr. 12 Gr., ill. *

Christus u. die zwölf Apostel nach d. ausgezeichn. Bilderwerken von A. Thorwaldsen und P. Vischer. In 13. Kupferst. von Albert Reindel. Lex.-8. Nürnberg 846, Schrag. n. 1⅓ ₰

Christus unter dem Fürbilde bath qûol ... [O. O. 17??] V: *Susemihl, Johann Melchior.* (ML)

Christus begraben. Ein geistliches Singspiel... Salzb. 1741. V: *Wimmer, Jacob Anton.* (Hr)

„Christus oder Belial?" Die unnütze Frage und Teufels-Vision eines armen Candidaten oder der Krebsgang im Fortschritt. Darmstadt 858. Lange. 8. (15 S.) n. 2 ngr

Christus in Bild u. Wort. E. Festgabe f. d. deutsche Haus. Bilder von Haendler, Plockhorst, Richter, Schönherr, Schwartz. Poetisch begleitet von Otto Schmid-Sonneck. Imp.-4. (10 Taf. m. 10 Bl. Text.) Berlin 896. Haufstaengl's Nachf. Geb. in Leinw. m. Goldschn. 12.—

— od. Buddha, wem wollen wir folgen? Zeitgem. Betrachtgn. üb. christl. u. ind. Theosophie. Von Dryas. 4. (49 S.) Bitterfeld 894. F. E. Baumann. 1.—

Christus nach v. Dannecker's Büste. Zugabe zur Lebensgeschichte Jesu. 8e verb. Aufl. v. J. J. Heß. 8. Zürich 825. Orell. 3 gr

Christus, das Ende des Gesetzes. Bethanien [Nürnberg] 1818. V: *Boos, Martin.* (Wr)

Christus der Fels des Heils und der Stein des Anstossens. Drei Predigten ... Elberfeld 1845. V: *Jaspis, A. S., J. Fr. E. Sander & A. W. Hülsmann.* (Zu)

—— der Fels des Heils u. der Stein d. Anstoßens. Drei Predigten, gehalten von den 3 Predigern der evang.-luther. Gemeinde in Elberfeld. gr. 8. (3¼ B.) Elberfeld 846; Hassel.

Christus filius Dei proprius, per suam e mortuis resurrectionem demonstratus. Jenae 1777-78. V: *Zickler, Fr. Samuel.* (ML)

Christus, der Fisch der freien Geister. Von Siebendrei. (65 S.) 8. Leipzig 908. Modernes Verlagsbureau. 2.—

—— u. der Geist der Wahrheit in d. kathol. Kirche. Zugleich Erwiderung u. Beleucht. der über den Rücktritt des vormal. evang. Pfarrers Karl Haas zur kathol. Kirche — erschienenen protestant. Streitschriften. Von ein. kathol. Laien. gr. 8. (9 B.) Augsburg 845, Rieger'sche Buchh. —

— der Gekreuzigte, meine Liebe u. mein Alles. 8. Berlin 839. (Wohlgemuth.) n. 1/12 ₰

—— der Gekreuzigte, meine Liebe u. mein Alles. 8. (1¼ B.) Berlin 839, (Wolff u. Comp.)

— der Gekreuzigte, meine Liebe u. mein Alles. Neue Aufl. 12. Berlin 843. (Wolff u. Comp.) 2 ngr

Christus, der geschichtliche, und seine Idealität. Alter Wein in neuem Schlauche, dargeboten allen gebildeten Freunden der Religion von einem Veteranen. gr. 8. (XVII, 308 S.) Königsberg 884, Hartung'sche Verlagsdruckerei. *

Christus, der geschichtliche, u. seine Idealität. Alter Wein in neuem Schlauche, dargeboten allen gebildeten Freunden der Religion v. e. Veteranen. gr. 8. (XVII, 307 S.) Königsberg 885. Hartung. n. 3.—

Christus und das Gesetz oder die beiden Ehemänner in Römer 7. 2. Aufl. 8. (30 S.) Elberfeld 878, (Langewiesche's Buchh.) *
1. Aufl. war nicht im Handel.

Christus u. das Gesetz, od. die beiden Ehemänner in Römer 7. 2. Aufl. 8. (30 S.) Elberfeld 890. Faßbender. n. —10

Christus u. d. Gesetz, od. die beiden Ehemänner in Römer 7. (Nach dem Engl. v. C. J.) 3. Aufl. 8. (31 S.) Elberfeld 893. R. Brockhaus (durch F. Faßbender). n. —10

— unser Heil! Ein vollständiges Gebet- und Erbauungsbuch für kathol. Christen, mit einem Anhange auserles. Psalmen und Sprüchen aus Jesus Sirach. Mit 1 Stahlst. 2. sehr verm. u. verb. Aufl. 16. Freiburg (846) 47, Wagner'sche Buchh. ½ ₰

Christus unser Heil! Gebetbuch ... 2. Aufl. Freiburg 1847. V: *Brugger, Jos. Dom. Carl.* (Tb)

Christus unser Heil. Anmuthungen und Gebete vorzüglich für Verehrer des allerheil. Altarssakramentes und für alle eifrigen Christen. Mit 1 Stahlst. Einsiedeln 862. Gebr. Benziger. 12. (420 S.) 12 ngr.

— unser Heil. Der confirmirten Jugend gewidmet. 2., verb. Aufl. 8. (43 S.) Bern 878. R. F. Haller-Goldschach. —25

Christus unsere Heiligung. ([Geistliches Lied:] Heil'ger Jesu, Heil'gungsquelle.... Bearbeitung eines holländischen Gedichtes ... durch Gottfried Arnold, [mit 2 Versen von] Philipp Friedrich Rieger und Philipp David Burk.) [8 S.] 8. Basel, Verein zur Verbreitung christlicher Schriften, [1905]. [fr. —.05]

—— unser guter Hirte. Psalm 23 und andere Bibelsprüche. 8. (26 S. mit Buntdruckbildern von W. J. Webb.) Leipzig 888, Baldamus, Sep.-Cto. geb. *

— unser guter Hirte. Psalm 23 u. andere Bibel-Sprüche. Mit Buntdr.-Bildern v. W. J. Webb. 8. (28 S.) Leipzig 889 Baldamus, Sep.-Cto. cart. m. Goldschn. n. 2. 50

Christus, Der historische, in der alten Welt. Nürnberg 1845. V: *Wörlein, Johann Wolfgang.* (ZU)

—— unser Hohepriester. Eine Predigt v. Missionar Krückeberg aus Bengalen gehalten in Bockede am 22. März 1846. gr. 8. (1 B.) Leipzig 846, Dörffling.

— u. das 19te Jahrhundert. (Ein Gedicht.) gr. 8. Nürnb., Raw. 1 gr

Christus und seine Kirche im Vorbilde und in der Erfüllung. Ein Buch zur Belehrung und Erbauung. Verfaßt von einem kathol. Priester. Hrsg. von Mart. Deutinger. 1. Aufl. 819. 26 Ngr. und 2. Aufl. gr. 8. (IV und 167 S.) Salzburg 850, (Duyle'sche Buchh.)

Christus mein Leben. Kathol. Gebet- u. Erbauungsbuch besonders für fromme Verehrer des heil. Herzens Jesu. Mit 3 Bildern u. vielen Illustrationen. 432 Seiten. 18. Einsiedeln, Gebr. Benziger. 1871. —. 95

— — dasselbe. Feine Ausgabe mit 3 Stahlstichen. 1. 25

Christus, mein Leben. Kath. Gebet- u. Erbauungsbuch f. heilsbegierige Seelen, bes. f. fromme Verehrer d. heiligen Herzens Jesu. *Einsiedeln, Köln: Benziger & Co. [um 1902].* (431 S.) 8° [F.]

Christus, mein Leben, Sterben, mein Gewinn ... 4. Aufl. von Rich. Hauber. Landshut 1839. V: *Rosenlächer, Franz Joseph.* (TH)

— d. Lehrmeister des menschl. Geschlechts. Aus d. Französ. v. Ign. Weitenauer. 8. Salmannsweiler 776.

— der leidende u. der auferstandene, nach den vier Evangelien. Mit Begleitung entsprechender Stellen aus der ganzen heil. Schrift. Basel 869. Schneider in Comm. gr. 8. (IV, 214 S.) n. 20 ngr.

Christus und seine Lernjünger, aus Predigten ... St. Gallen 1783. V: *Vögeli, Johann Ludwig.* (MGT)

— u. sein Lernjünger, aus Predigten vor d. Gemeinen G. u. R. v. J. L. V. u. St. Gallen, Reutiner. (Huber.) 784.

Christus od. — Lutz? Eintracht od. Trenng. v. Kirche u. Staat? Ein kathol. Wort an das kathol. Bayernvolk zur Belehrg. u. Aufklärg. üb. das, was der bayer. Cultusminister vor hat, u. das was die kathol. Kirche lehrt u. will. 8. (24 S.) Regensburg 872. Pustet. — 20

— u. Maria, physiognomisch dargestellt mit Kpf. v. Dunker. 8. Bern 791. Typogr. Soc. 9 gr

Christus und Maria, physiognomisch dargestellt. Zürich 1791. V: *Lavater, Joh. Caspar.* (Volbeding, Index dissertatt. Lips. 1849.)

— unter d. Menschen; e. Gebet- u. Erbauungsbuch, mit Kpf. Prag, Widtmann. 1 rß

— der Mittelpunkt, od.: Warum haben wir uns allein in dem Namen Jesu zu versammeln? 2. Aufl. 8. (23 S.) Elberfeld 889. (Faßbender.) n. — 10

Christus, der Mittelpunkt oder: Warum haben wir uns allein in dem Namen Jesu zu versammeln? 4. Aufl. *Elberfeld: R. Brockhaus 1901.* (23 S.) 8° [F.]
= Schriften z. Erbauung u. Befestigung d. Gläubigen. No 237.

— in Mose u. d. Propheten, wid. d. Wertheim. Uebers. d. 5. B. Mose. 4. Nürnb. 737.

Christus am Oelberge. Oratorium in Musik gesetzt von L. van Beethoven. O. O. u. J. [1815]. V: *Huber, Franz Xaver* (I). (GGR V/338, Nr. 126/6) (BIBLPORT)

Christus, Pastor bonus, in Josepho super frumenta universae terrae Aegypti constituto ... S. l. 1744. V: *Böhm, Martin.* (JES)

— patiens, Tragoedia christiana, quae inscribi solet Χριστὸς πάσχων Gregorio Nazianzeno falso attributa. Rec. J. G. Brambs. 8. (172 S.) Leipzig 885. Teubner. 2. 25

Christus u. sein Reich. Paderborn, Bonif.-Druckerei, 1875, kl. 8°, 60 Pf. (Bonif.-Brosch. Jahrg. 6, Heft 12; Jahrg. 7, Heft 5, 9 u. 12; Jahrg. 8, Heft 9; Jahrg. 9, Heft 2.)

Christus und die Minnende Seele. Zwei spätmittelhochdeutsche mystische Gedichte. Im Anh. e. Prosadisput verwandten Inhaltes. Untersuchungen u. Texte hrsg. von Dr. P. Romuald Banz, Benediktiner. Breslau: M. & H. Marcus 1908. (XVIII, 388 S.) 8°
— Abhandlungen, Germanistische. H. 29.

Christus im alten Testament. Untersuchung über die Vorbilder und Messianische Stellen. Nürnb. 1818. V: *Kanne, Johann Arnold.* (GGR)

Christus im alten Testamente. Pfingstgabe d. evangel. Vereins f. die protestant. Pfalz. 12. (67 S.) Westheim 863. Kaiserslautern, Evangel. Verein, Schriftenniederlage. n. — 20

Christus für uns und in uns, in schrifftmässiger Erklärung der Passions-Geschichte ... Nürnberg 1706. V: *Hartmann, Johann Jacob.* (WILL)

Christus für uns und in uns. Bethanien [Nürnberg] 1818. V: *Boos, Martin.* (WR)

— für uns u. in uns, unsere Gerechtigkeit u. Heiligung. 8. Nürnb. 818. Raw. 4 gr

Christus und die Vernunft ... Teutschland [Braunschweig] 1792. V: *Kiem, Andreas.* (MGT) (WR)

— u. die Vernunft, oder Prüfung d. Wahrheit u. Göttlichkeit der Lehre Jesu Christi, des christl. Lehrbegriffs u. d. symbol. Bücher. 2 Thle. gr. 8. Braunschw. 792. Schulbuchh. 2 ℳ (vergl. Christenthum, d. reinere).

Christus verurtheilt. Cantata. Salzb. 1743. 1749. V: *Wimmer, Jacob Anton.* (Hr)

Christus war Mensch! Grundzüge der „Neuen Lehre". Vom Verf. v. „Jesus der Essäer" etc. 8. (VIII u. 52 S.) Leipzig 850, Kollmann. 1/3 ℳ

Christus, der Weg zu dem Vater ... Leipz. 1820. V: *Wilhelmi, Heinrich.* (Ky) (MGT)

Christus, der Weg zu dem Vater ... Leipzig 1820. V: *Wilhelmi, Carl.* (Ky) (MGT)

Christus, der Weg zu dem Vater. Auch ein Büchlein zu christl. Unterweisung, besonders für Confirmanden. Vom Verf. von Wahl und Führung. 8. Leipzig, Köchly. 820. — 4

— der Weg zum Vater. Auch ein Büchlein zur christl. Unterweisung, besonders für Confirmanden. 2e Aufl. 8. Berlin 824. (Leipzig, Fr. Fleischer) 1/6 ℳ

— d. Weg zum Vater. Auch e. Büchlein z. christl. Unterweisung, besonders f. Confirmanden. 2e Aufl. 8. Leipz. 824. Köchly. 4 gr

— der Weg, die Wahrheit u. das Leben. Ein vollständ. Gebet- u. Erbauungsb. f. Katholiken. Mit e. Vorr. v. Friedr. Ad. Sauer. 3. Aufl. (M. 1 Stahlst.) 8. (20 B.) Arnsberg 841, Ritter'sche Buchh.

— der Weg, die Wahrheit u. das Leben. 30 Predigten, von 30 Predigern Schleswig-Holsteins. Zum wohlbekannten, wohlthät. Zwecke hrsg. v. Carl Wilh. Brodersen. gr. 8. (35 B.) Itzehoe 842. (Kiel, Schwers'sche Buchh.) •

Christus und die Weltgeschichte ... Heidelb. 1823. V: *Kapp, Chn.* (BrMm) (ErGr)

— u. d. Weltgeschichte, oder Sokrates u. d. Wissenschaft; Bruchstück einer Theodicee d. Wirklichkeit, oder Stimme e. Predigers in d. Wüste. gr. 8. Heidelb. 823. Mohr. 1 ℳ 16 gr

Christus und der Widerchrist. O. O. 1747. V: *König, Chn Gottlieb.* (ML)

Christus des Gesetzes Ziel, Erfüllung und Ende. Frankfurt a. M. 1897. V: *Alberts, H.* (Berl)

[J.] Christus mein Ziel. Ablass-Gebetb. f. kath. Christen ... *Dülmen i. W.: A. Laumann (1895).* (XVI, 320 S., 1 Taf.) 1 Bd 8.

— mein Ziel. Ablaß-Gebetbuch f. kathol Christen. 2. Aufl. 16. (XV, 240 S. m. farb. Titel u. 1 Farbdr.) Dülmen 898. A. Laumann. Geb. n. 1. —

— unsere Zuversicht. Gebet- u. Andachtsbuch f. kathol. Christen, von ein. kathol. Pfarrer. 32. (340 Seit.) Aachen 838, Hensen u. Comp.

Christusbilder u. Madonnen. Blüthe u. Frucht aus christlichen Palmenhainen, von L. v. Pyrker, H. Smets, M. Diepenbrock, E. v. Schenck u. A. Ein katholisches Andachtsbuch für in Gott glühende Herzen. 32. (VIII u. 295 S. m. 1 Stahlst.) Grimma 851, Verlags-Comptoir. n. 18 ngr

Christus-Bote. Zeitung f. d. Weltkirche d. Herrn, von Ihm benannt Sein neues Jerusalem. Ein Wochenbl., v. Ludw. Hofaker begonnen zu Wiedergründ. d. Kirche, Wissenschaft u. Leben. Jahrg. 1840. 4 Hfte. (à 13 Nrn. 1/2 Bog.) gr. 4. Tübingen, Zu-Guttenberg, Verlsbuchh. •

Christusgesänge für Christusfreunde. Dillingen 1786. V: *Plazzary, Thaddäus.* (BB) (Ky) (ML) (Jes)

Christusgesänge für Christusfreunde, (v. Th. Plazzary). 8. Dilling. 786. Rosnagel.

Christus-Kalender od. christliches Vergißmeinnicht. Dargereicht v. e. betagten Lehrer. Mit e. Vorwort v. Paul Dorsch. 12. (IV, 216 S. m. farb. Titel u. 1 Stahlst.) Stuttgart 892. H. Zeller. Geb. in Leinw. 1. 10; m. Goldschn. 1. 20

Christuskirche, die evangel., zu Heidelberg. Zum Andenken an ihre Einweihg. am 3. I. 1904. (29 S. m. 5 Taf.) 8. Heidelberg 907. Ev. Verlag. — 30

Christuskirche Karlsruhe. (Festschrift zur Einweihung am 14. X. 1900.) 4. (36 S. m. Abbildgn. u. 2 Taf.) Karlsruhe 900. (G. Braun'sche Hofbuchdr.) n.n. — 50

Christus-Kirche, die neue evangelische, in Wels. Begründet den 23. Mai des J. 1849. Ein dringender Noth- u. Hilferuf an alle glaubensbrüderlichen Herzen nah' u. fern. Nebst einem Beitrage des Hrn. C. v. Heideloff: „über die Kirchen-Baukunst der Evangelischen". gr. 8. (IV u. 92 S. m. 1 Stahlst.) Linz 850. (Leipzig, Hübner.) 1/4 ℳ

Christus-Lehre in Beispielen etc., s. Jugendbibliothek etc.

Christus-Lehre in Beispielen und Gleichnissen. I. Heft: Christenthum. (Mit dem Umschlagstitel: Jugendbibliothek. Ein Lesebuch für die Oberclasse gehobener Volksschulen zusammengestellt von einem Lehrervereine.) 8. (IV und 96 S. mit 1 ill. Stnt.) Langensalza 852, Schulbuchh. des thüringer Lehrer-Vereins. Thlr.

Christuslehre f. d. zartere Volksjugend. 3. Aufl. gr. 8. (2 B.) Bern 839, Jenni Sohn.
Die frühern Aufln. erschienen unt. d. Ttl.: Christenlehre etc.

Christusreligion, s. J. C. Schmidt.

Christus —
Religion, ist sie wohl bald verdrungen? 8. Weimar 777. Hoffmann. 3 gr

— ist sie bald verdrungen? 8. Weim. Hoffmann. 777.

Christus-Sagen. Dichtungen gesammelt u. hrsg. v. F. Brunold. 16. (IV u. 108 S. m. 1 Stahlst.) Erfurt 852, Bartholomäus. 12 ngr

Chrobak, C., s. Chrobak, Rudolf

Chrobak, Rudolf

Chrobak, R., Beiträge zur Geburtshilfe und Gynäkologie. Gr.-8°. 1. Bd. (ill. VIII, 751 S. mit 8 Tafeln.) † K 20 —; 2. Bd. (ill. 265 S. mit 4 Tafeln.) † Wien: Hölder 1903. K 8.—

Chrobak, R., s.: Berichte aus d. 2. geburtsh.-gynäkolog. Klinik i. Wien.

— Caveant. gr. 8. (19 S.) Wien 902. A. Hölder. n. 1.—
Sonderabdruck aus: „Berichte a. d. 2. geburtsh.-gynaekol. Klinik in Wien".

Chrobak, R., üb. das Eindringen v. Jodoform in die Uterussubstanz. [Aus: „Festschrift der Gesellsch. f. Geburtshilfe u. Gynäkol."] gr. 8. (8 S.) Wien 894. A. Hölder. n. — 70

Chrobak, R. Über die vaginale Enukleation der Uterusmyome, s. Sammlung klinischer Vorträge.

— u. A. v. Rosthorn, die Erkrankungen der weibl. Geschlechtsorgane, s. Pathologie u. Therapie, specielle, XX. Bd. I. Thl., 2. Hälfte.

Die Erkrankungen der weiblichen Geschlechtsorgane. Von Hofrath Prof. Dr. R[udolf] **Chrobak** in Wien u. Prof. Dr. A[lfons] v. Rosthorn in Prag. Th. 1, Hälfte 1. *Wien: A. Hölder 1896.* 8.
— **Pathologie, Specielle, u. Therapie.** Bd 20. Th. 1. H. 1.

Die Erkrankungen der weiblichen Geschlechtsorgane. Von Hofrat Prof. Dr. R[udolf] **Chrobak** u. Hofrat Prof. Dr. A[lfons] v. Rosthorn. Mit Abb. T. 1. 2. Wien & Leipzig: Hölder 1900-08. 8°
1. (In 2 Hälften.) (1896–)1900.
2. Die Mißbildungen d. weibl. Geschlechtsorgane. Mit 2 Taf. 1908.
(Spezielle Pathologie u. Therapie. Bd. 20, T. 1. 2.)

— **s.: Festschrift zur Feier des 50jährigen Jubiläums der Gesellschaft f. Geburtshilfe u. Gynäkologie in Berlin.**

Über Retroversio und Retroflexio uteri gravidi von R[udolf] **Chrobak**. Wien. *Leipzig: Breitkopf & Härtel 1904.* (42 S.) 4°(8°)
— **Sammlung klinischer Vorträge.** N. F. No 377.

— üb. d. Unterr. i. d. **Frauenheilkunde.** [A.: „Berichte a. d. Klinik."] gr. 8. (38 S.) Wien 896. A. Hölder. n. — 96; m. Anh. (50 S.) n. 1. 20

Chrobak, R., Untersuchung der weiblich. **Genitalien** u. allgemeine gynäkologische Therapie, s. a. **Chirurgie**, deutsche.

Chrobak, C., die Untersuchung der weiblichen Genitalien und allgemeine gynäkologische Therapie, s. a. **Handbuch** der Frauenkrankheiten.

Chrobak, R[udolf]: Untersuchung der weiblichen Genitalien und allgemeine gynäkologische Therapie. Mit 104 Holzschn. Stuttgart 1885. XXVI, 278 S. (Deutsche Chirurgie. Lfg. 54.)

— s.: Verhandlungen d. deutschen Gesellschaft f. Gynäkologie.

Chrobok, Paul, die ästhetischen Grundgedanken v. Herders Plastik in ihrem Entwicklungsgange. (Diss.) (VIII, 61 S.) 8. Leipzig 906. A. Reitler. n. 1. —

Chrobok, Paul: Die ästhetischen Grundgedanken von Herders Plastik in ihrem Entwicklungsgange. Naumburg a. S. 1906: H. Sieling. (VIII, 61 S.) 8° [F.]
Leipzig, Phil. Fak., Ref. Volkelt, Heinze, Diss. v. 28. Febr. 1906
[Geb. 23. Jan. 73 Myslowitz, O.-Schl.; Wohnort: Myslowitz; Staatsangeh.: Preußen; Vorbildung: Gymn. Oppeln Einj.-Freiw.-Zeugn.; Studium: Darmstadt T.H. 4, Leipzig 9 S.; Rig. 1. Aug. 04.]

Chrodegang, Bischof von Metz

Chrodegangi, S., Metensis episcopi [742—766], regula canonicorum. Aus dem Leidener Codex Vossianus latinus 94 m. Umschrift der tironischen Noten hrsg. v. Wilh. Schmitz. Imp.-4. (VI, 26 S. m. 17 Lichtdr.-Taf.) Hannov. 889, Hahn.
In Mappe * 8 —

Chrometzka, F. Über Azoniumbasen. In-8°. 35 S. Basel. These.

Chrometzka, Friedrich. Über Azoniumbasen. Basel, 1896.

Chromhard, Ios., Compend. juris feudat. civil. matrimonial. et criminal. 8. Erf. 752.

Chroml, Ansicht d. Weichselzopfes. 8. Freiberg, Cratz u. Gerlach. 813.

Chrom-Leder. Fabrikation des Chrom-Leders unter Anwendung von Prenzlau's Chrom-Gerbe-Extract. 2. Aufl. Hamburg (Um 1897)

Chrom-Leder. Die Fabrikation des Chromleders. 4. Aufl. von L. Prenzlau. Hamburg 1907

Chromo-Block-Kalender. Wien: Engel 1890. —.60

Chromo-Block-Kalender für 1898, IV. Jahrgang. Wien: Perles 1897. —.60

Chromy, Edler v. Ruhmfeld, Ansicht d. Weichselzopfes. 8. Frberg 813. Gratz u. Gerlach. 10 gr

Chron, J. H., gründl. u. selbstlehr. Rechenbuch d. Handlung u. Haushalt. 8. Schwer. Bödner. 800.

Chron, Jh. H., gründl. u. selbstlehrendes Rechenbuch d. Handlung u. Haushaltung. 8. Schwerin ... 11e Aufl. 800. 12e Aufl. 811. Stiller. 12 gr

Chron, J. H., gründlich u. selbstlehrendes Rechenbuch, sowohl in Absicht d. Handlung als d. Haushaltung. 12te verbess. Aufl. 8. Rostock, Stiller. 811.

Chronica, s. a. Chronicon

Chronica, s.: Liber chronicorum.

Chronica nach der neuen Zeitrechnung beschrieben im Jahr 1774 ... [Darmstadt 17??] H: *Stockmann, Johann Tobias.* (ML)

Chronica del famoso Cavallero Cid Ruydiez Campeador. Nueva edicion con una introduccion historico-literaria por D. V. A. Huber. gr. Lex.-8. (31½ B.) Marburg 844, Bayrhoffer'sche Univ.-Buchh. *

Chronica, Compendiosa, de principiis, orbu, & progressu Almae Provinciae Tyrolensis fratrum minorum reformatorum, divo Leopoldo sacrae, authentice descripta ... Caupidanum 1753. V: *Enslin, Primus.* (Margr)

Chronica conventus ordinis fratrum minorum ad s. Elisabeth prope Isenacum, hrsg. v. Mich. Bihl, O. f. m., s.: Quellen u. Abhandlungen zur Geschichte der Abtei u. der Diöcese Fulda.

Chronica **domus Sarensis. Aus der Handschrift hrsg. und erläutert von Rich. Roepell. 8maj. (III und 63 S.) Breslau** 854, [Trewendt.] *

Chronica der Stadt Eulenhausen. Hammelburg [1822]. V: *Lang, Carl Hnr. von.* (EB)

— et chronicorum excerpta historiam ordinis Praedicatorum illustrantia ed. Bened. Maria Reichert, s.: Monumenta ordinis fratrum Praedicatorum historica. VII, 1.

— funfzigjährige, von 1803 bis 1850; e. prakt. Zeitbuch u. Geschichtsbibel aller merkwürd. Thaten, Anstalten, Veränderungen in Künsten u. Wissenschaften etc. aller Nationen. 8. Leipz. 803. Weygand. 16 gr

Chronica, inhaltend Historien u. Geschichten, denkwürdige Sachen, so sich vor u. nach Ursprung löblicher Eydgnoßschafft in derselben, sonderlich bei St. Gallen-Zell, Kloster u. Schildt, wie auch bei der löblichen Statt St. Gallen Anfang, Zunemmen u. Erwachsen, ihr mühsamen u. theurer Befreyung, ihrem löblichen Regiment u. bei ihren Eyd- u. Bundsgnossen u. Nachbarn begeben. Aus handschriftl. u. alten gedruckten Chroniken ausgezogen, zusammengestellt u. in altteutscher Sprache hrsg. v. Kaspar Wild. gr. 8. (IV u. 207 S.) St. Gallen 819, Huber & Co. n. ⅔ Thlr

Chronica Hungarorum. Impressa Budae 1473. Typis similibus reimpressa. Die Ofner Chronik. Fcsm.-Ausg. des ersten ungarländ. Druckes nach d. Exemplare d. Bibliothek d. ung. Nationalmuseums. Mit einleit. Studie v. Wilh. Fraknói. Autoris. Übersetzung a. d. Ung. gr. 4. (36 u. 132 fksm. S.) Budapestini 900. Wien, Gilhofer & Ranschburg. n. 20. —

Chronica, Zwei Bücher, des Jahres 1870/71. Humoristische Schilderung des französisch-deutschen Krieges. Hamb. 1871. 72. V: *Möllhausen, Hnr. Gust.* (JStBbH)

Chronika, zwei Bücher, d. J. 1870/71. Humoristische Schildergn. d. französisch-deutschen Krieges. 1. Buch. Von Ems bis Wilhelmshöhe. 5 Lfgn. gr. 8. (248 S.) Hamburg 871. Richter. à n. — 75

— dasselbe. 2. Buch. Von Wilhelmshöhe bis zum Frieden. gr. 8. (164 S.) Ebend. 872. n. 3. —

— dasselbe. 3. Buch. Vom Frankfurter Frieden bis zur Verurtheilg. Bazaine's. Humoristische Schildergn. der J. 1872—1873. gr. 8. (190 S.) Ebend. 874. n. 3. —

Chronica (zween Bücher) des J. 1870 und 71. Humoristische Schilderung des französisch-deutschen Krieges. 1.—3. Buch. gr. 8. Hamburg, Richter. *

Inhalt:
Buch 1. Von Ems bis Wilhelmshöhe. 1. Aufl. in 5 Lfgn. à *75 Pf., und 2. Aufl. (243 S.) 872. *M 3,75.
" 2. Von Wilhelmshöhe bis zum Frieden. 1. und 2. Aufl. (164 S.) 872. *M 3.
" 3. Vom Frankfurter Frieden bis zur Verurtheilung Bazaine's. Humoristische Schilderung der J. 1872—1873. (190 S.) 874. *M 3.

Chronika, zwei Bücher, des J. 1870/71. Humoristische Schilderung des französisch-deutschen Krieges. 2. Aufl. gr. 8. (237 u. 169 S.) Gera 900. C. B. Griesbach. n. 5.—; geb. in Leinw. n. 6.—

Zwei Bücher **Chronica** des Jahres 1870/71. Humorist. Schilderung d. franz.-deutschen Krieges. 2. Aufl. Buch 1. 2. *Gera: C. B. Griesbach 1900.* 2 Bde 8° [F.]
1. Von Ems bis Wilhelmshöhe. 2. Von Wilhelmshöhe bis z. Frieden. [01. 6443

Chronica Johann Adolphs, obersten Feldhauptmanns des Königs Augusti III. in Polen 1745. V: *Richter, Christoph Gottlieb* [?]. (ML)

Chronica fratris Jordani. Ed., notis et commentario illustravit H. Boehmer. (Collection d'études et de documents sur l'histoire religieuse et littéraire du moyenâge.) (LXXXII, 95 S.) gr. 8. Paris 908. W. Fischbacher. 5.60

Chronica der Stadt Kiel, s. Prahl, Friedrich

Chronica der Königin zu Ungarn und von der Schlacht bey Dettingen ... Leipzig 1784. V: *Richter, Christoph Gottlieb.* (ML)

Chronica der gegenwärtigen Kriege der Deutschen ... Frankfurt 1758. V: *Richter, Christoph Gottlob.* (PR)

Chronica, Kurze, des Katholischen Meistervereines Innsbruck. Innsbruck [1900]. V: *Kahr, Simon.* (MARGR)

— d. Magistrats d. Stadt Eulenhausen, nebst 5 Biographien berühmter Kraft-, Drang- u. Kniff-Genies, mit Abbild. derselben u. 1 Titelkpf. An d. Licht d. Welt gestellt durch den Antiquarius Zebedäus Pfauenschwanz, Hammelburg bei A. Eulenspiegel. 8. Nürnb. 822. (Stein). 12 gr

Chronika des Magistrates der Stadt Eulenhausen, nebst fünf Biographieen berühmter Kraft-, Drang- und Kniff-Genies. An das Licht der Welt gestellt durch den Antiquarius Zebedäus Pfauenschwanz. Neu hrsg. von Wald. Jost. Hammelburg bei Ambrosius Eulenspiegel. 8. (128 S.) [München 884.] Leipzig, Unflad. *

Chronica derer Maykäffer zu Leipzig Anno 1848 bis Anno 1849. V: *Volkmann, Adalb. Wilhelm.* (CB)

Chronica minora, collegit et emendavit Carol. Frick. Vol. I. Accedunt Hippolyti Romani praeter canonem paschalem fragmenta chronologica. 8. (CCXXVI, 637 S.) Leipzig 892. B. G. Teubner. n. 6. 80

Chronica minora. P. 1, [1. 2]. 2, [1. 2]. 3, [1. 2]. Parisiis: C. Poussielgue; Lipsiae: O. Harrassowitz 1903–05. 6 Bde 8°
1, [1]. Ed. Ignatius Guidi. 1903. 1, [2]. Interpr. est I. Guidi. 1903.
2, [1]. Ed. E.-W. Brooks. 1904. 2, [2]. Interpr. est J.-B. Chabot. 1904.
3, [1]. Ed. Brooks, Guidi, Chabot. 1905.
3, [2]. Interpr. sunt Brooks, Guidi, Chabot. 1905.
= **Corpus** scriptorum christian. orient. Scriptores syri. Ser. 3, T. 4, P. 1–3. [06. 6486

Chronica minora saec. IV. V. VI. VII. Ed. Theodorus Mommsen. Vol. I—III. (In 8 Fasc.) *Berolini: Ap. Weidmannos 18(91)–98.* 3 Bde 4.
I. Acc. tab. duae. 18(91.)92. (XII, 756 S., 2 Facs.)
II. Acc. tab. duae. 18(93.)94. (3 Bl., 506 S., 2 Facs.)
III. 18(94–)98. (VIII, 728 S., 1 kl. Bl., 1 Tab.)
= **Monumenta** Germaniae historica. Auct. antiquissimi. T. 9. 11. 13. [98. 5470

— Misnensis, das ist Meisßnische Stadt vnd Schloß-Chronica / In welcher ein vollnstendige description der Stadt / vnd des Schloßes / sampt zugehörigen führnehmen Gepäuden / als dem weltberufenen Thum / der Probstei / vnd vieler anderer mehr / So wol der darinnen verwendten / trefflichen Kunst / als auch der mit einuorleibten sonderlichen Historien. Gestellet durch Fridericum Wilhelmum Schulzium, Mag. Churf. Sechs. Historiographen. 8. (19 S.) Dresden 881. Tittmann. n.n. — 50

—— montis sereni, s. a. Auctoris, incerti, chronica montis sereni.

— incerti auctoris, Montis Sereni. Ex cod. Freheriano recens. F. A. Eckstein. Halis Saxon. 856. Buchhandlung des Waisenhauses. gr. 8. (VI, 211 S.) n. 2 M

Chronicon Montis Serein. V: *Lauterberg, Conrad (Plas)* entfällt. V: *Conradus presbyter* (?). (Potthast, Bibliotheca Hist. med. aevi. 2. Aufl. Berlin 1896. I, 279.) (Wattenbach, Deutschlands Geschichtsquellen. 6. Aufl. II, 1894. S. 357.)

Chronica provinciae Helveticae ordinis S. P. N. Francisci Capucinorum. Solothurn 1884. V: *Meier, Pius.* (Cat. d. Stadtbibl. Zürich. Zürich 1864—97.)

Chronica provinciae helveticae ordinis s. patris n. Francisci Capucinorum ex annalibus ejusdem provinciae manuscriptis excerpta. (In 8 fascc.) Fasc. 1—5. Fol. (VIII u. S. 1—406 m. farb. Titel.) Solothurn 884—86. Schwendimann. à n. 3. —

— provinciae helveticae ordinis s. patris n. Francisci Capucinorum ex annalibus ejusdem provinciae manuscriptis excerpta. Fasc. 6—10. (Finis.) Fol. (S. 401—791.) Solothurn 887. Burkard & Fröhlicher. à n. 3. — (cplt.: n. 30. —)

Chronica de rebus Malkastaniensibus, das ist Beschreybung derer fürnehmbsten ... Geschichten, so sich in denen letzten decenniis des lauffenden seculi under denen praven Gesellen des Künstler-Vereynes Malkasten ... zugetragen haben ... gesammblet, erläutert, mit Bildnissen ... gezieret ... Düsseldorf 1873—1912. V: *Camphausen, Wilhelm.* (BERL 1913, S. 507) (ZUWZÜR 20, 1916, I, 47)

Chronica regia Coloniensis, s. a. Scriptores rerum germanicarum.

Chronica regia Coloniensis (Annales maximi Colonienses) cum continuationibus in Monasterio S. Pantaleonis scriptis aliisque historiae Coloniensis monumentis partim ex Monumentis Germaniae historicis recusa. Rec. Georgius Waitz. — Ebd. 1880. XXV,414 S. (Scriptores rerum Germanicarum.)

1:Rw 7642. 12:Germ. g. 346m–23.
300:400.682–B.H.S. 35. 2. 3. 4. 5. 6.
7. 8. 9. 10. 11. 102.
5.409

— des deutsch-französischen Riesenkampfes in den J. 1870 u. 1871 in geläufigen Reimen erzählt v. Versifex. 8. (164 S.) Gotha 871. F. A. Perthes. n. 1. 20

Chronika des deutsch-französischen Riesenkampfes in den J. 1870 und 1871, in humoristischen Reimen erzählt von Versifex. 2. (Titel-)Ausg. 8. (164 S.) Leipzig (871)72, Siegismund und Volkening.

Chronika des deutsch-französischen Riesenkampfes in den Jahren 1870 u. 1871, in humoristischen Reimen erzählt v. Versifex. 2. (Titel-) Ausg. 8. (164 S.) Leipzig 877. Siegismund & Volkening. 1. 20

Chronica, oder Samml. alter u. neuer Nachrr. von d. merkwürdigsten Erdbeben. 8. Wien 764. Trattner. 6 ℔

Chronica der Städte und Flecken ..., s. Prahl, Friedrich

Chronick der Gesellschaft der Mahler, s. Bibliothek älterer Schriftwerke der deutschen Schweiz.

Chronicke, s. Chronik

Chronicle and Brewerytown Herald: 1901–1920

Weekly. Published in English and German. Title varies: Brewerytown Herald, 1901–17. Small folio, each issue 4 pages. Circulation: 1905, 5436; 1920, 3700; always inexpensive, after 1913 issued for free distribution as advertising medium. Edited & published by Bruno Wahl, 1901–11; by William J. Wahl, 1912–20.

Philadelphia, PA

The Jewish Chronicle: 1875–1887

Weekly Jewish paper, published in English and German. Circulation: 1878, 2500 (est.). Edited by Jacob Mayer, & published by D. Binswanger, 1875–76; edited & published by David Binswanger & Co., 1877–87.

Baltimore, MD

Chronicles of the Schönberg-Cotta Family, s. Collection of British Authors.

Chronicles, the, of Waltham; by the author of „The Subaltern," 'The Country Curate" etc. gr. 8. Brüssel 835. (Frankf., Fr. Wilmans.) $1^1/_2$ ₰

— s. auch: Wahlen modern british Authors.

Chronicon, s. a. Chronica

Chronicon, Abbatis Urspergensis. V (bis 1125): *Ekkehard von Aura.* (1126—1225) *Burchard von Ursperg* (*Biberacensis*). (1226—1229) *Conrad von Lichtenau.* (Potthast, Bibl. Hist. med. aevi. 2. Aufl. Berl. 1896. I, 400.)

Chronicon Angliae Petriburgense. Iterum post Sparkium c. cod. msto contulit J. A. Giles. Lond. 845. 8. (Lipsiae, T. O. Weigel.) n. $3^1/_3$ ₰

— seu Annales Wigandi Marburgensis. Primum ediderunt Jo. Voigt et Ed. Comes Raczynski. — Etiam sub titulo: Puscizna po Janie Dlucoszu dziejopisie polskim, to jest: Kronika Wiganda z Marburga, rycerza i kapłana kryżackiego na wezwanie Długosza z rymowanej kroniki niemieckiej na język łacinsky przeł tłomaczona. Na polski język przełożył ją Edw. Hr. Raczynski. Wydania Jana Voigta, i Edwarda Raczynskiego. 4. Poznan 842. Lipsiae et Paris, Brockhaus et Avenarius.) n. 2 ₰

Chronicon, Breve, monasterii beatae Mariae virginis Lambacensis ord. S. Benedict. Lentii 1865. V: *Schmieder, Pius.* (EB)

Chronicon, breve, monasterii beatae Mariae virginis Lambacensis ordinis sancti Benedicti. gr. 8. (56 S.) Linz 865, (Haslinger.) *

Chronicon breve Monasterior. ord. Cisterc. ad S. Crucem, s. Koll, Malach.

Chronicon breve Monast. ord. Cisterc. ad Sanctam Crucem in Austria et ad St. Gotthardum in Ungaria ... Viennae 1834. V: *Koll, Malachias.* (EngG) (Ky) (schmal)

Chronicon breve Monasteriorum ord. Cisterc. ad Sanctam Crucem in Austria et ad St. Gotthardum in Ungaria. Adjecta serie omnium nobilium benefactorum ibidem sepultorum; una cum catalogo religiosorum omnium, qui ab a. 1534 et ultra, usque nunc, ibidem vixerunt, et adhuc vivunt. (Ed. M. Koll.) 8 maj. Wien 834. Beck. $^1/_2$ ₰

Chronicon civile et ecclesiasticum anonymi auctoris, quod ex unico codice Edesseno primo ed. Ignatius Ephraem II Rahmani. (In syr. Sprache.) (VII, 152 S.) gr. 8. Beirut 904. (Leipzig, O. Harrassowitz.) n.n. 10.—

Chronicon Ephratense ... zusammen getragen v Bruder Lamech u Agrippa. Ephrata. Gedruckt. anno 1786.

Chronicon Franckenbergense. V: *Gerstenberger, Wigand* (nat. Franckenbergae). H: *Faust v. Aschaffenburg, Joh. Friedrich.* (Potthast, Bibl. Hist. med. aevi. 2. Aufl. Berlin 1896. I, 506.)

Chronicon Fuchsio-Lupino-Oltardinum s. Annales Hungarici et Transsylvanici, opera et studio Sim. Massae et Marci Fuchsii, nec non Chrn. Lupini et Joan. Oltard concinnati, quibus ex lucubrationibus Andreae Gunesch aliisque mss. fidedignis quaedam adjec. Johs. Ziegler. Edid. Jos. Trausch. Pars I. Complect. annales ann. 990—1630. 4. (VI u. 321 S.) Coronae 847. (Nemeth.) n. $1^1/_3$ ₰

Chronicon Gotwicense, s.a. Bessel, Gottfried von

Chronicon Gotvvicense. V: *Godofredus, Abbas* (*Myl*) entfällt. H: *Bessel, Gottfried* (= *Godofredus Abbas*) & *Fr. Jos. v. Hahn.* (Potthast, Bibliotheca Historica medii aevi. 2. Aufl. Berlin 1896. I, 268.)

Chronicon Gotwicense, s. annales monasterii Gotwicensis. Fol. maj. Bamb. Göbhard, (Stettin in Ulm.) 75 a.

Chronicon Holtzatiae, s. Quellensammlung der Schleswig-H.-L. Gesellschaft für vaterland. Geschichte.

Chronicon Holsatiae rhytmicum ..., s. Dreyer, Johann Karl Heinrich: Monumenta ...

Chronicon Islebiense. Eisleber Stadt-Chronik aus den J. 1520—1738. Nach der Urschrift mit erklärenden Anmerkungen und einem Ortsregister hrsg. von Herm. Grössler und Friedr. Sommer. gr. 8. (VIII, 296 S.) Eisleben 882, (Mähnert's Verlag.) * ℳ 4,50.; geb. *

Chronicon Islebiense. Eisleber Stadt-Chronik aus d. Jahren 1520–1738. Nach d. Urschrift mit erkl. Anm. u. e. Ortsreg. hrsg. von Dr. Hermann Größler, Gymn.Oberl., u. Friedrich Sommer, Rektor a.D., zu Eisleben. [Nebst] Personen-Verz. ... aufgestellt von H. Größler. *Eisleben: Selbstverl. der Hrsg.; O. Mähnert in Komm. 1882–1903.* 2 Bde 8° [Ant. u. F.]
Personen-Verz. = Mansfelder Blätter. Jg. 17, Beil. [04. 6:78

— Lunaelacense juxta ser. abbat. 4. Munch. Lentner. 768.

Chronicon Lunaelacense. Pedeponti 1748. II: *Lidl, Bernhard.* (ED)

Chronicon Sancti Michaelis monasterii in pago Virdunensi. Ex antiquiss. cod. nunc primum integrum edid. Lud. Tross. Hammone 857. (Grote.) gr. 4. (28 S.) n. 12 *ngr*

Chronicon, Novissimum, antiqui monasterii ad S. Petrum Salisburgi ord. S. Benedicti ... August. Vindel. et Oeniponti 1772. V: *Seeauer, Beda von.* (BB) (Hr) (Ky) (Karajan) (Weber)

Chronicon noviss., Monasterii ad St. Petrum Salisburg. ord. S. Benedict. etc. (Edid. B. Seeauer.) Mit 78 Kpf. Fol. Augsb. 772. Wolff. 6 *ℛ*

— Parium ex marmoribus Arundelianis. Griech., übers. u. erläutert v. G. F. Th. Wagner. 8. Götting. 790. Vandenhöck u. R. 10 *gl*

—— Parium graece et latine. Edidit atque adnotationibus illustr. Car. Franc. Chr. Wagner. Pars I et II. 4. Marburgi, Elwert. [I. (10¼ B.) 832. 12 Gr., II. (8¼ B. mit Wagners Bildn.) 833. 16 Gr.]
P. II. ohne d. Bildn. nur 12 Gr.

— Parium, rec. et praefatus est Joa. Flach. Accedunt appendix chronicorum reliquias continens et marmoris specimen partim ex Seldeni apographo partim ex Maassii ectypo descriptum. gr. 8. (XVII, 44 S. m. 2 Taf.) Tübingen 884. Fues. n. 2. 40

Chronicon Paschale, s. a. Corpus scriptor. hist. Byzant.

— Paschale. Ad exemplar Vaticanum recensuit Lud. Dindorfius. II Voll. 8 maj. Bonn 832. Weber. Subscr.-Pr. 6 *ℛ* 4 *gl* Schrbp. 8 *ℛ* 4 *gl* Velinp. 10 *ℛ* Ladenpreis auf Druckp. 8 *ℛ* 8 *gl*

Chronicon Placentinum et chronicon de rebus in Italia gestis historiae stirpis imperatoriae Suevorum illustrandae aptissima. Ad fidem Parisiensis et Londinensis codicum nunc primum recensuit, edidit et praefatione instruxit J. L. A. Huillard-Bréholles. gr. 4. (XLVII und 481 S.) Paris 856(62). (Leipzig, Franck'sche Verlagsbuchh.) *

— Samaritanum, Arabice conscript., s.: Liber Josuae.

— Sampetrinum, s. Geschichtsquellen der Provinz Sachsen.

Chronici Sindelfingensis quae supersunt, ex Mss. Crusianis et Gabeloverianis coll. atque dig. primum ed., annott. illustr. Prof. Car. Fridr. Haug. Praemittuntur nomina eorum, qui in Regia literarum Universitate Tubingensi a MDCCCXXXIII. — IV Doctores philosophiae renuntiati sunt. 4 maj. Tubingae 836. (Stuttgart., Imle et Krauss.) n. 7/12 *ℛ*

Chronici Sindelfingensis quae supersunt, ex mspt. Crusianis et Gabeloverianis collecta atque digesta prim. edid., annotationibus illustr. Car. Fridr. Haug. 4maj. (7¼ B.) Tubingae 836. (Stuttgartiae, Liesching u. Comp.) *

Chronicon Slavicum, s. Laspeyres, Ernst Adolph Theodor

Chronicon universale anonymi Laudunensis. Von 1154 bis zum Schluss (1219), f. akadem. Übgn. hrsg. v. Alex. Cartellieri. Bearb. v. Wolf Stechele. (V, 86 S.) gr. 8. Leipzig 909. Dyk. 2. 50

Chronicon vetus rerum Moguntiacarum. V: *Christianus episcopus Lithuaniae chorepiscopus Moguntinus* (?). (Potthast, Bibl. Hist. med. aevi. 2. Aufl.)

Chronik
v. auch Kronik, Schweizer-Chronik, Zürcher-Chronik.

— dies. e. Journal, (v. K. Jul. Lange). 8. Hamb. 802. Nestler. 1 *ℛ* 4 *gl*

Chronik [Liber memorabilium] pro 1877. 8. (49 S.) Klagenfurt 878. (Bertschinger und Heyn.) *
Nicht weiter erschienen.

Chronik [Liber memorabilium] pro 1877. 8. (49 S.) (Klagenfurt 878. Heyn.) n. 2. —

Chronik der Stadt Aarau. Von der Gründung bis 1840. Aarau, städt. Schulen 1871.
Progr.

Chronik der Stadt Aarau (bis zum Jahre 1820). In-8°, 257 S. Aarau, Druck und Verlag von F. G. Martin (In Comm. bei H. R. Sauerländer's Sort.) 1881. 3 75

Chronik des Abentheuerlichen, Wundervollen u. Seltsamen in den Schicksalen berühmter Reisenden, s. P. Blanchard.

CHRONIK des Abenteuerlichen, Wundervollen u. Seltsamen in den Schicksalen berühmter Reisender. Nach dem Französ. d. *P. Blanchard, Deperthes, Eyries* hrsg. v. Ehrenstein. 3 Bde. Mit Titelkpfrn. Pesth. 1816—17. 8°. (3 Mk. Franz Teubner, Düsseldorf, c. 1898.)

Chronik der Königlichen Akademie der Künste zu Berlin. [1]. 15. Mai 1892–1. Okt. 1893. Berlin 1893: Reichsdr. 8°

Chronik der königl. Akademie der Künste zu Berlin vom 1. X. 1904—1. X. 1905. (91 S.) gr. 8. Berlin 906. E. S. Mittler & Sohn. n. 1. —

Chronik der kgl. Akademie der Künste zu Berlin v. 1. X. 1905 bis 1. X. 1906. (99 S.) gr. 8. Berlin 906. E. S. Mittler & Sohn. 2. —

— dasselbe v. 1. X. 1906 bis 1. X. 1908. (169 S.) gr. 8. Ebd. 908. 3. —

Chronik der K. Akademie zu Münster für das Jahr vom 1. April 1886 bis zum 31. März 1887. Erster Jahrgang Münster 1887, Mitsdörffer. 8°. 15 S.

— dasselbe für das Jahr vom 1. April 1887 bis zum 31. März 1888. Zweiter Jahrgang. Münster 1888, Mitsdörffer. 4°. 15. S.

Chronik der Kgl. Akademie zu Münster für das Jahr vom 1. April 1892 bis zum 31. März 1893. 7. Jg. Münster, Buchdr. v. J. Bredt, 1893; 18 S. 8.

Chronik der Königlichen Akademie zu Münster für das Jahr vom 1. April 1901 bis 31. März 1902. Jg. 16. *Münster 1902: J. Bredt.* (26 S.) 8°

Chronik, Akademische, von Jena ... Cahla u. Jena 1800. V: *Mehlis, Joh. Friedrich Julius.* (Ky) (MGT)

— academ., von Jena; e. Beitrag z. Berichtigung d. Urtheile des Publikums über d. Jenaische Academie, (v. J. F. J. Mehlis). 16 Bdchen. 8. Cahla u. Jena 800.

Chronik der Stadt Aken an der Elbe. Zerbst 1821. V: *Pfeffer, Friedrich Gottfried Carl.* (HHBD IX, 153)

Chronik der (Kgl.) Albertus-Universität zu Königsberg i. Pr. für das Studien- und Etatsjahr 1886/87. Königsberg, Hartungsche Buchdr., 1887; 10 S. 4°

Chronik der Königlichen Albertus-Universität zu Königsberg i. Pr. für das Studienjahr 1901/1902. *Königsberg 1902: Hartung.* (64 S.) 8°

Chronik der Königlichen Albertus-Universität zu Königsberg i. Pr. für das Studienjahr 1902/03. *Königsberg 1903: Hartung.* (59 S.) 8°

Chronik der Königlichen Albertus-Universität zu Königsberg i. Pr. für das Studienjahr 1903/04. Königsberg 1904: Hartung. (71 S.) 8°

Chronik der Königlichen Albertus-Universität zu Köngsberg i. Pr. für das Studienjahr 1904/05. Königsberg 1905: Hartung. (64 S.) 8°

Chronik der Königlichen Albertus-Universität zu Königsberg i. P. für das Studienjahr 1905/06. Königsberg 1906: Hartung. (73 S.) 8°

Chronik der Königlichen Albertus-Universität zu Königsberg i. Pr. für das Studienjahr 1906/07. Königsberg 1907: Hartung. (74 S.) 8°

Chronik der Königlichen Albertus-Universität zu Königsberg i. Pr. für das Studienjahr 1907/08. Königsberg 1908: Hartung. (79 S.) 8°

Chronik der Königlichen Albertus-Universität zu Königsberg i. P. für das Studienjahr 1908/09. Königsberg 1909: Hartung. 75 S. 8° [U 09. 2439

Chronik für Alles. 1. Jahrgang 1870. 24 Nrn. Fol. (à 1/2 Bg.) Nebst Beilage: Volkswirthschaftliche Carricaturen-Zeitung. Verantwortlicher Redacteur, Herausgeber und Verleger: Ernest Fachini. Wien: Administration 1870.

Chronik, allgemeine. Die Geschichte der Gegenwart in tägl. Aufzeichngn., Monats- u. Jahres-Darstellgn. Mit erläut. Anmerkgn., geographischen, statistischen u. sonstigen Beigaben u. m. ausführl. Personen- u. Sachregistern. Hrsg. v. Arnold Perls. Das Jahr 1891. 12 Hfte. gr. 8. (1. Hft. 112 S.) Berlin 891. Seehagen. Vierteljährlich n. 2. 50

Nur Hft. 1 erschien, dann wurde das Unternehmen aus dem Handel gezogen.

Chronik, Allgemeine, der dritten Jubelfeier der deutschen evangelischen Kirche im Jahr 1817. Gotha 1819. II: *Schreiber, Christoph, Valentin Carl Veillodter & W. Henningts.* (Ky)

— allgemeine, der dritten Jubelfeyer der deutschen evangelischen Kirche im Jahr 1817. Herausgeg. von C. Schreiber, V. C. Veillodter und W. Hennings. 1r 2r Bd. 1ste Abthl. Mit Kupf. gr. 4. Gotha, Hennings. 819. 6 8

– Dass., s. a. Chronik der 3. Jubelfeier ...

Chronik, allgemeine katholische — für Stadt und Land. Herausgeg. von *Mart. Huber*, Weltpriest. d. Diözese Brixen. 1858. In 2 Abtheil. *Innsbruck*, 1858. Druck der Vereinsbuchdruckerei des *J. Aufschlager*. 1. Heft : 100 S. 8°.

3 Hefte pr. Post 1 fl. 15 kr.

Ein Theil des Ertrages ist dem Bonifaciusverein gewidmet. Jede Abtheil. besteht aus 3 Heften (1/2 Jhr.)

— allgemeine katholische, für Stadt und Land. Herausg. von Mart. Huber. Jahrg. 1858. 6 Hefte (à 6 Bgn.) Innsbruck, Aufschlager. gr. 8. n. 1 Thlr 18 Ngr

—— allgemeine kirchliche, begründet von K. Matthes, fortgesetzt von H. Schulze. 14.—20. Jahrg. 1867—1873. br. 8. (VI, 174; VI, 174; VI, 182; VIII, 174; VI, 174; IV, 188; IV, 196 S.) Altona [Gotha], Haendcke und Lehmkuhl.

14.—17. Jahrg. à *
18.—20. Jahrg. à *

Jahrg. 1854—72 zusammen * M 8.; frühere Jahrg. à * M 1.

— allgemeine kirchliche, begründet v. K. Matthes, fortgesetzt v. Mor. Herm. Schulze. 17. Jahrg. das J. 1870. br. 8. (VIII, 174 S.) Gotha 871. Haendcke & Lehmkuhl. n. 1. 20

— dasselbe, fortgesetzt v. Aug. Werner. 21. u. 22. Jahrg., die J. 1874 u. 1875. 8. (à ca. XVI, 208 S.) Ebend. à n. 2. —

— allgemeine kirchliche, begründet von K. Matthes, fortgesetzt von Aug. Werner. 23. Jahrg., das Jahr 1876. 8. (VIII, 220 S.) Hamburg u. Baden-Baden, Haendcke & Lehmkuhl. n. 2. —

— dasselbe, fortgesetzt von Frz. Otto Stichart. 24. Jahrg., das Jahr 1877. 8. (VI, 264 S.) Ebend. 878. n. 2. —

— dasselbe. 25. Jahrg., das Jahr 1878. 8. (VI, 258 S.) Ebend. 879. n. 2. —

Chronik, allgem. kirchl., begründet von R. Matthes, fortges. von F. C. Stichart. XXVI. Jahrg. 1879. In-8°, VI und 315 S. Hamburg, Händcke und Lehmkuhl. 1880. 5 35

— dasselbe, fortgesetzt von Herm. Gerlach. 27. Jahrg., das Jahr 1880. gr. 8. (VI, 303 S.) Ebend. 881. n. 4. —

— dasselbe. 28. Jahrg., das Jahr 1881. gr. 8. (VI, 331 S.) Ebend. 882. n. 4. —

— allgemeine kirchliche, begründet v. Karl Matthes, fortgesetzt v. Herm. Gerlach. 29. u. 30. Jahrg., das J. 1882 u. 1883. gr. 8. (à ca. VI, 319 S.) Hamburg 883. 84. Haendcke & Lehmkuhl. à n. 4. —

— dasselbe. 31. u. 32. Jahrg., das J. 1884 u. 1885. gr. 8. (à ca. IV, 324 S.) Dresden 885. 86. Dieckmann. à n. 4. —

— allgemeine kirchliche, begründet von Karl Matthes, fortgesetzt v. H. Gerlach. 33. Jahrg., das J. 1886. gr. 8. (IV, 306 S.) Dresden, Dieckmann. n. 4. —

— dasselbe, fortgesetzt v. F. H. Brandes. 34. Jahrg., das J. 1887. gr. 8. (V, 283 S.) Ebd. n. 4. —

— dasselbe. 35. 36. Jahrg., die J. 1888. 1889. gr. 8. (VI, 393; IV, 398 S.) Ebd. à Jahrg. n. 5. —

— **allgemeine kirchliche, begründet v. Karl Matthes, fortgesetzt v. Frdr. H. Brandes. 37. Jahrg., das J. 1890. gr. 8. (IV, 430 S.) Leipzig 891. Dürr'sche Buchhandlg.** n. 5. —

Erschien nicht weiter.

Chronik, Allgemeine, des Volksschulwesens von Ludwig Wolfram. Jhg. 1—5. 1865—69. — Fortges. von R. Wolfram.' Jhg. 6—8. 1870—72. — Herausg. von L. W. Seyffarth. Jhg. 9—... 1873—74. Altona. — Jhg. 11—12. 1875—76. Altona. — Jhg. 13. 1877. Breslau. — Herausg. ... von L. W. Seyffarth. Neue Folge. Jhg. 1—5. Der ganzen Reihe Jhg. 14—18. 1878—82. Breslau. 8.

[Nicht mehr erschienen.]

—— allgemeine, des Volksschulwesens, von Ludw. Wolfram. 3.—5. Jahrg. 1867—1869. br. 8. (VII, 166; VI, 176; VIII, 154 S.) Altona [Gotha], Haendcke und Lehmkuhl. à Jahrg. *

—— dass. — Fortgesetzt von Rob. Wolfram. 6.—8. Jahrg. 1870—1872. br. 8. (VIII, 168; X, 170; X, 176 S.) Ebendas. 6. Jahrg. *
7. und 8. Jahrg. à *

— allgemeine, d. Volksschulwesens. Hrsg. v. L. W. Seyffarth. 9. Jahrg. 1873. 8. (VIII, 177 S.) Gotha 874. Haendcke & Lehmkuhl. n. 1. 50

— dasselbe. 10. u. 11. Jahrg. 1874. u. 1875. 8. (VIII, 199 u. X, 194 S.) Ebend. 875. 76. à n. 2. —

cf.: Wolfram, F.

— allgemeine, des Volksschulwesens. Hrsg. von L. W. Seyffarth. 1876. 12. Jahrg. 8. (IX, 204 S.) Breslau 877. Morgenstern. n. 2. —

Chronik, allgemeine, des Volksschulwesens. Hrsg. von L. W. Seyffarth. 1877. 13. Jahrg. 8. (X, 164 S.) Breslau 877. Morgenstern. n. 2. —

— dasselbe. 1878. 14. Jahrg. gr. 8. (XVII, 519 S.) Ebend. n. 6. —

— dasselbe. 1879. 15. Jahrg. gr. 8. (XVI, 496 S.) Ebend. 880. n. 6. —

— dasselbe. 1880. Neue Folge 3. Jahrg. [Der ganzen Reihe 16. Jahrg.] gr. 8. (XVI, 480 S.) Ebend. 881. n. 6. —

— dasselbe. 1881. Neue Folge. 4. Jahrg. [Der ganzen Reihe 17. Jahrg.] gr. 8. (XVI, 484 S.) Ebend. 882. n. 6. —

— allgemeine, d. Volksschulwesens. Hrsg. in Verbindg. m. A. Büttner, J. Gerhardt, A. Hummel rc. v. L. W. Seyffarth. 1882. Neue Folge. 5. Jahrg. [Der ganzen Reihe 18. Jahrg.] gr. 8. (XV, 412 S.) Breslau 883. Morgenstern. n. 6. —

Chronik, Allgemeine, der neuesten Weltgeschichte dieser Zeit . . . Zittau 1778. H: *Spieckermann, Adam Jacob.* (ML)

— allgemeine, d. vergangenen u. jetzigen Zeit. 4. Berl. 800. Nauck. 3 ℔

— alte u. n. Pohlnische u. Preuß. v. D. G. Sevler u. Schulz. 4. Erf. Meißner. 762.

Chronik von Altstätten und Umgebung. Heft 1—6. [Illustriert.] je II S. + S. 1—92. 4. Altstätten, ⟨A. Vetter⟩, [1904—1906]. [je Subscr. fr. —. 90, im Buchh. 1. 20]

(Auszüge [aus verschiedenen Quellen, gesammelt] durch † R[einhard] Wehrli, ehedem Reallehrer, [und] Dekan [Georg] Ringger, seinerzeit im «Rheinthaler», Jahrg. 1901 ff. erschienen.)

Heft 1 u. 2. je II S. + S. 1—28. [1904.] — Heft 3—5. je II S. + S. 29—76. [1905.] — Heft 6. II S. + S. 77—92. [1906.]

Chronik von Altstätten und Umgebung. Heft 7. [Illustriert.] II S. + S. 93—108. 4. Altstätten, Buchdr. des «Rheinthaler» ⟨A. Vetter⟩, [1907]. [Subscr. fr. —. 90, im Buchh. 1. 20]

Chronik von Altstätten und Umgebung. Heft 11. [Illustriert.] II S. + S. 157—172. 4. Altstätten, Buchdr. des «Rheinthaler» ⟨A. Vetter⟩, [1909]. [Subscr. fr. —. 90, im Buchh. 1. 20]

Chronik von Altstätten und Umgebung. Heft 12. [Illustriert.] II S. + S. 173—188. 4. Altstätten, Buchdr. des «Rheinthaler» ⟨A. Vetter⟩, [1910]. [Subscr. fr. —. 90, im Buchh. 1. 20]

Chronik von Altstätten und Umgebung. Heft 13. [Illustriert.] II S. + S. 189—204. 4. Altstätten, Buchdr. des «Rheinthaler» ⟨A. Vetter⟩, [1910]. [Subscr. fr. —. 90, im Buchh. 1. 20]

Chronik der Stadt Angermünde. Angermünde 1893. V: *Lösener, Carl Frdr. Ferd.* (Forts.): *Ihlenfeldt, F.* (Berl) (Ky)

— der Stadt Angermünde. (Von F. Ihlenfeldt.) 8. (79 S.) Angermünde 898. C. Windolff. n. 1. —

— d. Bergst. Annaberg. 6 Thle. 4. Schneeb. 747.

— anonyme arabische, Bd. XI, vermuthlich das Buch der Verwandtschaft und Geschichte der Adligen v. Abulhasan ahmed ben jahjā ben gābir ben dāwūd elbelādorī elbagdādī. Aus der arab. Handschrift der königl. Bibliothek zu Berlin Petermann II 633 autographirt und hrsg. von W. Ahlwardt. gr. 8. (XVII, 448 S.) Greifswald 883. (Leipzig, Hinrichs'sche Buchh.) *

Chronik, Appenzeller, s. Walser.

Chronik. Appenzellische Ch' aus den Jahren 1893 und 1894. Trogen 1895 s. [Eugster, Howard, und Ritter, Carl].

Chronik der Grafen des heil. röm. Reichs von und zu Arco genannt Bogen. Graz [Wien] 1886. V: *Arco, Karl Anton Graf.* (Margr)

Chronik der Grafen d. heil. röm. Reichs von u. zu Arco genannt Bogen. gr. 8. (XVI, 240 S.) Graz 886. Wien, Frick. n. 7. 20

Chronik des Academischen Gesangvereins Arion. Festschrift zum 25 jährigen Jubiläum. Leipzig, am 2.—5. August 1874. — Erinnerungsblätter an roth-grün-goldne Tage. (Leipzig 1875.)

Chronik der schweizerischen Artillerie. Zürich, s. a. Pestalozzi, Hans.

Chronik der schweizerischen Artillerie von 1876-78. Siehe a. *Neujahrsblatt* der Feuerwerker - Gesellschaft in Zürich.

Chronik der schweizerischen Artillerie 1876/78—88/91. Zürich [1881—93.] V: *Pestalozzi, Hans.* (Cat. d. Stadtbibl. Zürich. Zürich 1864—97.)

Chronik, Augsburger. 1386—1406. Fortgesetzt bis 1447. [Leipzig 1865.] H: *Frensdorff, Ferd.* (Kat. d. Bibl. d. dtsch. Reichstages. Berl. 1882.)

— ausführl., der Königl. Sächs. Residenzstadt Dresden, seit dem Regierungsantritt d. Königs Anton. Unter Mitwirkung mehrerer Gelehrten u. Geschichtsfreunde herausg. von P. G. Hilscher; s. a. G. Klemm.

Chronik, ausführliche, d. kgl. sächs. Residenzstadt Dresden, seit d. Regierungsantritt d. Königs Anton. Unter Mitwirk. mehr. Gelehrten u. Geschichtsfreunde hrsg. v. P. G. Hilscher. — Chronik d. kgl. sächs. Residenzstadt Dresden. 3. Bd: Die Geschichte Dresdens v. 1827 u. 28. 1—6. (od. 48—53.) Hft. gr. 8. (à 2 B. u. 2 Kpfr.) Dresden 837, 38, Hrsgeb. à * 4 Gr. Thlr. *

Chronik oder kurzer Auszug der merkwürdigsten Begebenheiten des Appenzellerlandes. 1798 s. [Suter, Joseph Anton].

—— Bayerische, s. Turmair's, Johs., sämmtliche Werke.

— der Begebenheiten des J. 1848. Eine kurze Aufzählung der europ. Ereignisse zum Zwecke leichterer Uebersicht derselben. 1—3. Hft. Jan. bis März incl. gr. 8. (58 S.) Berlin 848, G. W. F. Müller. 6 ℔

— von Berlin, oder Berlin. Merkwürdigkeiten, 1r—7r Bd., von Tlantlaquatlapatli (H. W. Seyfried). 8r—12r Thl. von ( ) 8. Berl. 789—92. Schöne. 12 ℔

* **CHRONIK** von Berlin, oder Berlinische (!) Merkwürdigkeiten. Volksblatt. Hrsg. von Tlantlaquatlapatli (d. i. Heinrich Wilhelm Seyfried, geb. 1755, † 1800). 12 Bde. (= 287 Stücke vom 3. Jah. 1789 bis 21. Apr. 1792; soviel ersch.). Mit Titelkpfrn. (meist curiosen Radirungen). Berlin, 1789—93 (!). Bei Petit und Schöne (unter der Stechbahn). 8°. (Dem Dresdener schönen Expl. [Hist. urb. Germ. 1350] fehlen leider einige Nrn. u. Titelbilder. Expll. auch in der Berliner Magistratsbibl. u. der Bibl. des Vereins f. d. Geschichte Berlins.) (150 Mk., cplt. bis auf 1 Kpf., C. G. Boerner, Lpz., Cat. 2. [1905.] no. 138; 100 Mk.: Bd. 1—6, 8—12, mit Kupfern, E. Frensdorff, 1908.)

Bd. 1—4: 1498 S. 5—8: 1506 S. 9—12: 1516 S. Das Titelkpf. zu Bd. 9 gestoch. von J. F. Giegel, das zu 12 nach A. Nachsmann von P. Jacquier.

Cplt. von größter Seltenheit und als Fundgrube für Berliner Kultur- und Lokalgeschichte im Preise steigend und theuer bezahlt!

Chronik der Königl. Haupt- u. Residenz-Stadt Berlin für das Jahr 1837. Bearb. von mehreren Gelehrten u. Geschichtsfreunden u. herausg. von George Gropius. Nr. 1.—12. gr. 4. (Mit Abbildd.) Berlin 838—40. Gropius. (à n. 1/3 ℛ) 4 ℛ — dies. für 1838. Nr. 1. Mit 1 Ansicht. gr. 4. Ebd. 840. 1/3 ℛ

— der Königl. Haupt- und Residenz-Stadt Berlin für das Jahr 1838. Bearb. von mehreren Gelehrten u. Geschichtsfreunden u. herausgeg. v. George Gropius. No. 2—4. gr. 4. (Mit à 1 Steintaf.) Berlin 840, Gropius. à n. 1/3 ℛ

— von Berlin, Potsdam u. Charlottenburg vom Entstehen dieser Städte bis auf die neuesten Zeiten. Nach den besten Quellen bearb. von Aug. Braß. Mit 32 Stahlst., worunter 2 Pläne u. 1 Karte des Preuß. Staates, in Aqua Tinta von J. Hausherr, nach Originalzeichn. von Hennig, Locillot und Schröder. gr. 4. Berlin 842, Hübenthal u. Comp. 5 1/2 ℛ

—— Berlinische, nebst Urkundenbuch, s. „Schriften des Vereins für die Geschichte Berlin's. [„Folio-Schriften".]

Chronik, Berlinische, nebst Urkunden-Buch. Hersg. von dem Verein für die Geschichte Berlins. Jahrg. 1868—1870. (à 20 Bgn.) Mit Steintaff. Berlin, v. Decker. Fol. Jeder Jahrg. 1 ℛ

Chronik, Berlinische, nebst Urkunden-Buch. Hrsg. v. dem Verein f. die Geschichte Berlins. 7—13. Jahrg. 1871—1876. Urkunden-Buch. Fol. (à ca. 20 B. m. Holzschn. u. Steintaf.) Berlin 871. v. Decker. à Jahrg. 3.—

— Berlinische, nebst Urkunden-Buch. Hrsg. von dem Verein für die Geschichte Berlins. 14—16. Lfg. oder Jahrg. 1877—1879. Fol. (à 20 B. m. eingedr. Holzschn. u. Steintaf.) Berlin 877—79. (Mittler & Sohn.) à n. 3.—

— dasselbe. 17. Lfg. oder Jahrg. 1880. Fol. (28 1/2 B.) Ebend. 880. n. 4. 50

— dasselbe. 18. Lfg. oder Jahrg. 1880. II. Fol. (3 1/2 B.) Ebend. 880. n. 1. —

— dasselbe. 19. Lfg. oder Jahrg. 1881. Fol. (3 1/2 B. mit 2 Holzschntaf.) Ebend. 881. n. 1. 50

— dasselbe. 20. Lfg. oder Jahrg. 1882. Fol. (4 B.) Ebend. 882. n. 1. — (1—20.: n. 66. —)

— Berlinische, nebst Urkundenbuch. Hrsg. v. dem Verein f. die Geschichte Berlins. 21. u. 22. Lfg. od. Jahrg. 1883 u. 1884. Fol. Berlin, (Mittler & Sohn). n. 4. 20 (1—22.: n. 70. 20)
21. (8 B. m. 5 Taf.) 883. n. 3. —
22. (6 1/2 B.) 884. n. 1. 20

— dasselbe hrsg. durch E. Fidicin. (1. Bd.) Fol. (244 S.) Ebend. 868—82. n. 6. —

—— von Bern. Kurze Notizen aus der Berner Geschichte, für alle Tage des Jahres zusammengestellt. 8. (IV, 80 S.) Bern 883, Haller-Goldschach.
Aus: Berner Stadtblatt, besonders abgedruckt.

Die **Chronik** des Bernardinerklosters zu Bromberg. Übers. im Auszug nebst Anm. u. verbind. Texte. Vom Oberl. Dr. Erich Schmidt. Bd 1. 2. *Bromberg: Gruenauer 1900–01.* 2 Bde 8° [F.]
[Erschien gleichzeitig als Programm-Abh. d. Bromb. Gymn. 1900/01.] [01. 4046

— des Bickenklosters zu Villingen, s. a. Bibliothek d. litterar. Vereins in Stuttgart. 151.

Chronik des Bickenklosters zu Villingen 1238—1614 ... Tübingen 1881. V: *Ernstin, Juliana.* (EB)

Chronik der Knaben-Erziehungs-Anstalt Borromäum. Graz 1895. V: *Camuzzi, Muc.* (JOANSTYRA)

—— bremer, s. Wagenfeld, Kriegsfahrten.

—— Breslauer stenographische. Organ des schles. Stenographen-Bundes [System Neu-Stolze]. Hrsgbr.: Praktische Stenographen-Gesellschaft zu Breslau. Redact.: Winkler, Langer, Hoffmann. 1. Jahrg. April 1882—März 1883. 12 Nrn. (à Nr. 1/2 autogr. Bog.) gr. 8. Breslau, (Kelsch.) *

—— dass. — Redact.: Adf. Claus. 2. Jahrg. April—Decbr. 1883. 9 Nrn. (à Nr. 1/2 autogr. Bog.) gr. 8. (Ebendas.) *

—— dass. — 3. Jahrg. 1884. 12 Nrn. (à Nr. 1/2 autogr. Bog.) gr. 8. (Ebendas.) *

—— Breslauer stenographische. Organ des schles. Stenographen-Bundes [System Neu-Stolze]. Hrsgbr.: Praktische Stenographen-Gesellschaft zu Breslau. Redact.: Adf. Claus. 4.—6. Jahrg. 1885—1887. à Jahrg. 12 Nrn. (à Nr. 1/2 autogr. Bog.) gr. 8. Breslau, (Kelsch.) à Jahrg. *

—— die, der Landeshauptstadt Brünn. Zusammengestellt v. Gustav Trautenberger. gr. 8. Brünn. (Lpz., Literar. Anstalt, A. Schulze.) [1. Bd. (IV, 226 S.) 891. * 5 —; 2. Bd. in 3 Heften. 1. Heft. (80 S.) 892. * 2 —.] * 7 —

Chronik der Stadt Brüssow. Prenzlau: C. Vincent 1906. (72 S.) 8° [F.] [06. 11670

Chronik. Die Ch' des Weissen Buches im Archive Obwalden s. (W[yss], G[eorg] v[on]).

— die, d. weissen Buches v. Sarnen. [Aeltester Bericht vom Werden u. Wachsen der Eidgenossenschaft.] Neu hrsg. v. Ferd. Vetter. Beilagen. I. Der Bundesbrief v. 1291 in 7 Sprachen. Mit Schriftnachbildg. II. Festgrüsse v. Wilh. Jordan u. Ernst v. Wildenbruch, der schweizer. Rundschau gewidmet auf die Bundesfeier 1891. [Aus: „Schweizer. Rundschau".] gr. 8. (48 S.) Zürich 891. A. Müller's Verl. n. 1. 50

—— des norddeutschen Bundes und des preußischen Staates für das J. 1867. gr. 8. (28 S.) Berlin, v. Decker'sche Geh. Ober-Hofbuchdr.

— des norddeutschen Bundes u. des preußischen Staats für das J. 1868. Berlin 868. v. Decker. gr. 8. (28 S.) 2 1/2 ngr.

Chronik: Bunte Chronik v. Neue Berner Zeitung (III).

— für den Bürger u. Landmann. 8. Köthen 801. Aue. 9 gl.

Chronik der Stadt Crimmitschau vom Jahre 1872—82. [Crimmitschau.] V: *Gersdorf, Wilh. Aug.* (Kat. d. stat. Bureaus. Dresden 1890.)

—— des Erfurtischen Dorfes Dachwig aus dem 17. Jahrh. bearb. und hrsg. von Wilh. Schum. gr. 8. (110 S.) Erfurt 869, Villaret. *
Aus: Mittheilungen des Vereins für Geschichte und Alterthumskunde von Erfurt, besonders abgedruckt.

— d. Section Davos S. A. C. 1886—1896. Hrsg. zur Feier ihres 10jähr. Bestehens. gr. 8. (32 S. m. Vignetten u. 3 Taf.) Davos 896. (H. Richter, Verl.) n.n. 1. —

Chronik, Teutsche. Augsb., Ulm 1774-78. H: *Schubart, Chn Fr. Dan., Joh. Mart. Miller & andere.* (Ky) (ML)
Forts. u. d. T.: Vaterländische Chronik.

Chronik, Deutsche, auf d. Jahr 1775, 1776, 1777, hrsg. von *Chrn. Frdr. Dan. Schubart.* Ulm u. Augsburg. 8°. Frzbde. (aus d. Zeit).
830, 832, 822 S., nebst Reg. bei jedem Bde. — Auf d. Vorsatzbl. zu Bd. 3 steht: „Schubart's letztes Blatt von seiner 1774 angefangenen Chronik — war, ehe er auf den Asperg (sic) geführt wurde — das 7. Stück des 1777. Jahres, und seine letzte öffentl. Arbeit das angehängte Memento mori für Kunstrichter." — Bekanntlich von vielseitigem literar. Interesse!

Chronik, Deutsche. Düsseldorf 1821—23. Red: *Kreutzer, Johann Gottfried.* (KGBerlin II, 2767)

— **deutsche**, Wochenschrift für Belehrung, Unterhaltung u. prakt. Leben. Herausgeg. von Laurian Moris. 1. Jahrg. 1842. 52 Numm. (Bog.) Mit Holzschn. Nebst Beiblatt. gr. Lex.-8. Pforzheim 842, Dennig, Fink u. Comp. 4 ℛ — 2. 3. Jahrg. 1843 1844, à 52 Numm. à 4 ℛ

—— **deutsche**, Wochenschrift f. Belehr., Unterhaltung u. prakt. Leben. Hrsg. v. Laurian Moris. 1—3. Jahrg. 1842—44. à 52 Nrn. (Bog.) Mit Holzschn. Nebst Beiblatt. gr. Lex.-8. Pforzheim. [Stuttgart, Scheible, Rieger u. Sattler.] à 3.

Chronik, Deutsche, 1848. 1849, 1850 und Ergänzungen zu 1848 u. 1849. Berlin 1849—51. V: *Schulz.* (Dn)

— **Deutsche**, für d. J. 1848. gr. Lex. 8. (IV u. 219 S.) Berlin 849, Hayn. 1½ ℛ

— dies., für d. J. 1849. 2 Bde. Die Monate Januar bis Juni, u. Juli bis December. gr. Lex. 8. (1: IV u. 371 S. 2: 470 S.) Ebd. 850. (à Bd. 2½ ℛ) 5 ℛ

—— dass. — für die J. 1848 und 1849. Ergänzungsband. hoch 4. (V und 117 S.) Berlin 851, Förstner.

— dies., für d. J. 1850. 1. Bd.: Die Monate Januar bis Juni. gr. Lex. 8. (IV u. 266 S.) Ebd. 851. 2 ℛ

— dies., für d. J. 1850. 2. Bd.: Die Monate Juli bis Decbr. hoch 4. (IV u. 170 S.) Berlin 851, Förstner. 1⅙ ℛ

Die Deutsche Chronik: Jan. 28, 1898–1910?
Democratic weekly, with motto: Pro bono publico. English edition: WEYAUWEGA CHRONICLE. Merged with APPLETON VOLKSFREUND (Appleton). Circulation: 1900, 500 (est.); 1910, 410. Edited by H. D. Denninger & pub. by F. H. Voshardt, Jan. 28–Apr. 1, 1898; by F. H. Voshardt, Apr. 8, 1898–1906; by Charles F. Crane, 1907–10.
Weyauwega, WI

Deutsche Chronik. Wichtige Gedenktage aus d. Vaterland. Gesch. vom 12. Jh. bis z. Gegenwart. Unter Mitarbeit von ... hrsg. von Dr. phil. Hans Natge-Tempelhof. *Berlin: W. Moeser 1901.* (VIII, 250 S.) 8° [F.] 1901.1184

Deutsche Chronik von Baltimore: 1888?–? Baltimore, MD
Bi-weekly. Published by the Deutsches Literarisches Bureau.

— die, der **Deutschen**. Ein Volksbuch von der Zeit der Reformation bis auf unsere Tage. 1. Hft. 4. (16 S. u. 1 Stahlst.) Weimar 851, Rauschke & Schmidt. 4 *ngl*

Chronik, die, der Deutschen. Ein Volksbuch von der Zeit der Reformation bis auf unsere Tage. 1. Bd. 2—9. Heft. Mit vielen Stahlst. 4. (IV und S. 33—192 mit 5 Stahlst.) Weimar 853, Rauschke und Schmidt. à Heft 4 Ngr.

—— dass. — 2. Bd. Mit vielen Stahlst. 4. (S. 193—384.) Ebds. 853.
1. Bd. 1. Heft. Ebendas. 1851. 4 Ngr.

Chronik, die, der Deutschen. Ein Volksbuch von der Zeit der Reformation bis auf unsere Tage. 1. Bd. 2—9. Heft. u. 2. Bd. Mit vielen (12) Stahlst. Weimar 854. Rauschke u. Schmidt. 4. (1 Bl., S. 17—384.) 2 ℛ 8 *ngl*

Chronik des Turnvereins Döbeln, Döbeln 1897, 52 S., 8°.

—— von **Döbeln** nebst Umgegend. (8 Lfgn.) 1. Thl.: Döbelns Vorzeit. Geschichte der Burg und Stadt, des Amts, Klosters und des erzpriesterl. Sprengels Döbeln von den frühesten Zeiten bis zur Mitte des 16. Jahrh. von C. W. Hingst. 1.—4. Lfg. gr. 8. (III, S. 1—204 mit 1 lithogr. Ansicht Döbelns aus dem J. 1647 in qu. gr. 4.) Döbeln 870, Schmidt. à Lfg. * 75 Pf. *

—— dass. — 2. Thl. (Von W. H. Bilz und C. W. Hingst.) 5.—8. Lfg. gr. 8. (IV, S. 205—532 mit 1 Holzschntaf. in qu. Fol. und 1 lithogr. Plane gr. 4.) Ebendas. 871—72. à Lfg. * 75 Pf. * complet geb. **

Chronik des Hauses Dohna-Carwinden. Görlitz 1905. V: *Dohna-Schlodien, Clara Burggräfin und Gräfin zu.* (Berl)

Chronik des Hauses Dohna-Schlodien. Berlin 1904. V: *Dohna-Schlodien, Clara Burggräfin und Gräfin zu.* (Berl)

—— von **Dresden**, s. Klemm, Gust.

DRESDENER CHRONIK vom 1. Juli bis 31. December 1869 herausgegeben vom Vereine für Geschichte und Topographie Dresdens und seiner Umgebung. Nebst Vereins-Nachrichten.
MITTHEILUNGEN DES VEREINES. Heft 1. Dresden. 1872. Emil Schilling. 8°.

— Düsseldorfer. Red.: C. Kraus. 1. Jahrg. 1888. 52 Nrn. gr. 4. (à Nr. 12—16 S.) Düsseldorf, Kraus. n. 4. —

Chronik. Einsiedlische Ch', Oder Kurze Geschichte Des Fürstlichen Gotteshauses Einsiedlen: Wie auch Der allda sich befindlichen H. Gnaden-Capelle. Neue verbesserte Aufl. [Besorgt von P. Fintan Steinegger und P. Marianus Herzog. Mit 2 Kupfern, wovon 1 Tafel.] (2 Theile.) 8. Einsiedlen 1783.

—— der neuesten kirchl. **Ereignisse.** 1. Bd., die Jahre 1839 u. 1840 enthalt. gr. 8. (13¼ B.) Leipzig 841, Fr. Fleischer.

Chronik von Erling u. Heiligenberg Andechs während des 30jähr. Krieges. Nach dem Mspt. des damaligen Prälaten *Maurus I. Friesenegger.* Mit dessen Portr. u. Facsimile. O. O. u. J. (18**). 8°. Dem Vorsatzbl. am Ende ist eine hübsche Hlzsch.-Ansicht von Andechs aus d. Neuzeit aufgeklebt. Ppb. (aus Roming's Bibl.).
Portr. (Lithogr. m. Facsim.) u. 96 S.

— von **Erling** u. Heiligenberg Andechs während des 30jähr. Krieges. Nach dem Manuscript des damaligen Prälaten Maurus I. Friesenegger. Mit dessen Portrait u. Facsimile. gr. 8. (München 846, Finsterlin.) n. 8 *ngl*

Chronik der Stadt Essen. Hrsg. von der Verwaltung der Stadt Essen. Nebst einem statistischen Anhang. Jg. 1—4 (1904—1907). Essen-Ruhr, 1906—1908.

Chronik der Stadt Essen ... Hrsg. von d. Verwaltung d. Stadt Essen. [1.] Über d. J. 1904. Essen-Ruhr 1906: Thaden & Schmemann. 8° [F.] 107.9720

Chronik der Stadt Essen über das Jahr 1907 ff. nebst e. statist. Anh. Hrsg. von d. Verwalt. d. Stadt Essen. Essen-Ruhr 1908 ff. 8°

—— **europäische**, 1855. Bearb. von mehreren Publizisten. Hrsg. v. A. Buddeus. 1. Bd.: Jan., Febr., März. gr. 8. (IV und 384 S.) Frankfurt a. M. 855, Sauerländer's Verlag. *

—— dass. — 2. Bd.: April, Mai, Juni. gr. 8. (IV und 108 S.) Ebds. 855. *

—— dass. — 3. und 4. Bd.: Juli — Decbr. gr. 8. (IV und 644 S.) Ebds. 855—56. à Bd. * 1 Thlr. 10 Ngr. *

Chronik der Herren von Eyb. Hsg. von O. Schönhuth. [Heilbr. 1860.] V: *Gurkfelder, Wenzesl.* (Hauptkat. d. Univ.-Bibl. Tübingen. F, Nachtr. 10.)

— d. **Familie** ... E. Stamm- u. Merk-Buch f. deutsche Familien. gr. 4. (46 S.) Dessau 896. R. Kahle. Geb. n. 1.20

— dasselbe. Ausg. A. gr. 4. (36 S. m. farb. Titel.) Dessau 897. R. Kahle. Geb. in Leinw. n. 2.—; Ausg. B. 4. (46 S.) Kart. n. 1.—; Ausg. C. 2., verm. u. verb. Aufl. gr. 8. (36 S.) Kart. n. —50

der **Familie** ... (Einband: Familien-Chronik.) (Orig.-Zeichngn. v. Frz. Staffen u. Philipp Schumacher. Einband u. Vorsatzzeichngn. v. Frdr. Schneider.) (80 S.) 4. Berlin (906). [H. Fricke.] Braunschweig, A. Graff. Geb. in Leinw. n. 5.—: Stammbaum zum Eintragen 60,5×65 cm. n. 1.50
2. Aufl., s.: Familien-Chronik.

Chronik der Familie... Mit e. Einleitg. v. Frz. Blanckmeister. (160 S. m. Titelbild u. 1 Stammbaummuster.) Lex.-8. Leipzig (906). A. Strauch. Geb. in Leinw. n. 6. —

Chronik der Feierlichkeiten, welche auf Veranlassung der ... Vermählung ... des Erbgrossherzogs und I. K. H. der Prinzessin Mathilde von Bayern in Bayern u. Hessen Statt fanden. ... Darmst. 1834. V: *Künzel*, *Hnr.* & *Friedr. Metz.* (HS)

—— der Feierlichkeiten, welche auf Veranlassung d. hoh. Vermählung Sr. Hoh. d. Erbgroßherzogs Ludwig v. Hessen mit Ihrer Kgl. Hoh. d. Prinzessin Mathilde v. Bayern in Bayern u. Hessen Statt fanden. Nebst kurzen Lebensumrisser d. Durchl. Hoh. Paares. 8. (15¼ B.) Darmstadt 834, Metz (Heyer's Hofbuchh.)

— der Feierlichkeiten, welche auf Veranlassung der hohen Vermählung Sr. Hoheit des Erbgroßherzogs Ludwig v. Hessen mit Ihrer Königl. Hoheit der Prinz. Mathilde von Bayern in Bayern u. Hessen Statt fanden. Nebst kurz. Lebensumrissen d. Durchl. hohen Paares. 8. Darmstadt 834. Metz. (Jonghaus.) ⅔ ℔

Chronik des deutschen Forstwesens in den Jahren bzw. im Jahr ... (1. Jg. umfaßt die Jahre 1873-1875, die folgenden je 1 Jahr). - Berlin. Jg. 1-14. 1875-1889

Chronik des deutschen Forstwesens in den Jahren 1873—78. Jhg. 1—4. Herausg. von A. Bernhardt.
—— in den Jahren 1879 u. 1880. Begr. von A. Bernhardt, fortges. von F. Sprengel. Jhg. 5—6.
—— in den Jahren 1881—88. Bearb. von W. Weise. Jhg. 7—14. Berlin. 8.

— des deutschen Forstwesens im Jahre 1879 u. 1880. Begründet von Aug. Bernhardt, fortgesetzt von Frdr. Sprengel. 5. u. 6. Jahrg. gr. 8. (VII, 148 u. IV, 130 S.) Berlin, Springer. à n. 2. —

— dasselbe, im Jahre 1881. Bearb. von Wilh. Weise. 7. Jahrg. gr. 8. (IV, 78 S.) Ebend. 882. n. 1. 20
cf.: Bernhardt, A.

— des deutschen Forstwesens im J. 1882—1885. Bearb. v. W. Weise. 8—11. Jahrg. gr. 8. (à ca. IV, 80 S.) Berlin, Springer. à n. 1. 20

—— des deutschen Forstwesens in den J. 1885—1887. Bearb. von W. Weise. 11.—13. Jahrg. gr. 8. (80; 78; 84 S.) Berlin, Springer. à Jahrg. *

—— d. deutschen Forstwesens im J. 1888. Bearb. v. W. Weise. 14. Jahrg. gr. 8. (76 S.) Berl. 889, Springer. * 1 20
Nicht weiter erschienen.

— fortgesetzte, des Johannisthales, mit kurzen Verständigungen über das Kirschfest u. über die Linden. Herausg. von M. Leuschner. gr. Lex.-8. Leipzig 834. Schreck. n. ⅙ ℔

Chronik, Fortgesetzte kleine, der Musse in Riga, s. Chronik, Kleine, der Musse in Riga.

Chronik der Fortschritte und Erfindungen v. Senn-Barbieux' St. Galler Handels-Zeitung.

—— von Frankfurt am Main, s. Jahre.

—— Frankfurter, für Theater und Musik, Kunst, Wissenschaft und Literatur. Redact.: Carl Elbenschütz. 1. Jahrg. April 1864 bis März 1865. 48 Nrn. (Bog.) Fol. Frankfurt a. M., (Boselli's Buchh.) Vierteljährlich *

— die, Fredegars u. der Frankenkönige, die Lebensbeschreibungen des Abtes Columban, der Bischöfe Arnulf u. Leodegar, d. Königin Bathilde, s.: Geschichtschreiber, die, der deutschen Vorzeit.

— d. Stadt Freiwaldau, v. J. 1574 b. z. Hälfte dieses Jahrhunderts, welche besaget, was sich in derselben zutrug, wie Manches beschaffen war, u. ein. ehr. Charakterzeichngn. v. Personen, welche dabei auf d. Bühne d. Zeit spielten. Allen ehrsamen Besuchern d. Alterthums-Ausstellg. gewidm. u. verf. v. e. Greise. gr. 8. (24 S.) Freiwaldau 897. A. Blažek. n. — 35

Chronik der königl. Friedrich-Wilhelms-Universität zu Berlin f. das Rechnungsjahr 1887/88. Jahrg. I. gr. 8. (76 S.) Berlin 888. H. W. Müller. n. — 50

— dasselbe. 1888/89. Jahrg. II. gr. 8. (59 S.) Ebd. 889. n. — 50

— dasselbe. 1889/90. Jahrg. III. gr. 8. (178 S.) Berlin 890. (Amelang.) n. 2. —

— der königl. Friedrich-Wilhelms-Universität zu Berlin für die Rechnungsjahre 1890/91, 1891/92, 1892/93. IV.—VI. Jahrg. gr. 8. Berlin, (Amelang's Sort.). n. 11. —
1890/91. (172 S.) 891. n. 3. —. — 1891/92. (191 S. m. 3 eingedr. Grundrissen.) 892. n. 4. —. — 1892/93. (IV, 169 S.) 894. n. 4. —.

— dasselbe f. d. Rechnungsj. 1893/94. VII. Jahrg. gr. 8. (170 S.) Berlin 894. J. Becker. 3. —

Chronik der königl. Friedrich-Wilhelms-Universität z. Berlin f. d. Rechnungsj. 1894/95, 1895/96 u. 1896/97. VIII.—X. Jahrg. gr. 8. (166, 172, 183 S.) Berlin 895—897. J. Becker. à n. 3. —

— der königl. Friedrich-Wilhelms-Universität zu Berlin f. d. Rechnungsj. 1897/98. XI. Jahrg. gr. 8. (204 S.) Berlin 898. M. Oldenbourg. n. 3. —

Chronik der Rheinischen Friedrich-Wilhelms-Universität zu Bonn.

Zur Feier der Uebergabe des Rectorates und der übrigen akademischen Aemter am 18 Oct. d. J. ... ladet ... ein der z. Rector Dr. Johann August Roderich von Stintzing. — Hierin die **Chronik** der Universität f. d. J. 1875—76. [Jahrg. 1.] Bonn, Univ.-Buchdr. v. C. Georgi 1876. 8 S. 4.

Zur Feier der Uebergabe des Rektorates und der übrigen akademischen Aemter am 18 Oct. d. J. ... ladet ... ein der z. Rektor Dr. Wilhelm Mangold. — Hierin **Chronik** der Universität f. d. J. 1876—77. Jahrg. 2. Bonn, Univ.-Buchdr. v. C. Georgi 1877. 8 S. 4.

Zur Feier der Uebergabe des Rektorates und der übrigen akademischen Aemter am 18 Oct. d. J. ... ladet ... ein der z. Rektor Dr. August Kekulé. — Hierin **Chronik** der Universität f. d. J. 1877—78. Jahrg. 3. Bonn, Univ.-Buchdr. v. C. Georgi 1878. 8 S. 4.

Zur Feier der Uebergabe des Rektorates und der übrigen akademischen Aemter am 18 Oct. 1879 ... ladet ... ein der z. Rektor Dr. Franz Bücheler. — Hierin **Chronik** der Universität f. d. Studienjahr 1878—79. Jahrg. 4. Bonn, Univ.-Buchdr. v. C. Georgi 1879. 8 S. 4.

Zur Feier der Uebergabe des Rektorates und der übrigen akademischen Aemter am 18 Oct. 1880 ... ladet ... ein der z. Prorektor Dr. Franz Bücheler. — Hierin **Chronik** der Universität f. d. Studienjahr 1879/80. Jahrg. 5. Bonn, Univ.-Buchdr. v. C. Georgi 1880. 8 S. 4.

Zur Feier der Uebergabe des Rektorates und der übrigen akademischen Aemter am 18 Oct. 1881 ... ladet ... ein der z. Rektor Dr. Hugo Rühle. — Hierin **Chronik** der Universität f. d. Studienjahr 1880/81. Jahrg. 6. Bonn, Univ.-Buchdr. v. C. Georgi 1881. 8 S. 4.

Zur Feier der Uebergabe des Rektorates und der übrigen akademischen Aemter am 18 Oct. 1882 ... ladet ... ein der z. Rektor Dr. Joh. Friedrich von Schulte. — Hierin **Chronik** der Universität f. d. Studienjahr 1881/82. Jahrg. 7. Bonn, Univ.-Buchdr. v. C. Georgi 1882. 8 S. 4.

Zur Feier der Uebergabe des Rektorates und der übrigen akademischen Aemter am 18 Oct. 1883 ... ladet ... ein für den z. Rektor Dr. Hugo Rühle, Prorektor. — Hierin **Chronik** der Universität f. d. Studienjahr 1882/83. Jahrg. 8. Bonn, Univ.-Buchdr. v. C. Georgi 1883. 9 S. 4.

Zur Feier der Uebergabe des Rektorates und der übrigen akademischen Aemter am 18 Oct. 1884 ... ladet ... ein Dr. Joseph Langen, z. Rektor. — Hierin **Chronik** der Universität f. d. Studienjahr 1883/84. Jahrg. 9. Bonn, Univ.-Buchdr. v. C. Georgi 1884. 10 S. 4.

Zur Feier der Uebergabe d. Rektorates u. d. übrigen akademischen Aemter am 18. Oct. 1885 ... ladet ... ein Rudolph **Clausius**. Hierin **Chronik** der Universität für d. Studienjahr 1884/85. 10. Jahrg. Bonn, Univ.-Buchdr. v. C. Georgi, 1885; 8 S. 4°.

— der rheinischen Friedrich-Wilhelms-Universität zu Bonn f. das Rechnungsjahr 1886/87. Jahrgang 12. Neue Folge Jahrg. 1. gr. 8. (189 S.) Bonn 887. Strauss. n. 3. —

— dasselbe. 1887/88. Jahrg. 13. Neue Folge Jahrg. 2. gr. 8. (148 S.) Ebd. 888. n. 2. 40

— der Rheinischen Friedrich-Wilhelms-Universität zu Bonn f. d. Rechnungsj. 1888/89 u. 1889/90. 14. u. 15. Jahrg. Neue Folge. 3. u. 4. Jahrg. gr. 8. (VI, 108; VI, 110 S.) Bonn, Strauss. à Jahrg. * 2 —
Die Fortsetzung erscheint im Selbstverlage der Universität.

Chronik der rheinischen Friedrich-Wilhelms-Universität zu Bonn für das Rechnungsjahr 1891/92. Hrsg. vom zeit. Rector Eduard **Strasburger**. Jg. 17. Neue Folge Jg. 6. Bonn, Univ.-Buchdr. v. C. Georgi, 1892; V, 89 S. 8.

Chronik der Rheinischen Friedrich-Wilhelms-Universität zu Bonn für das Rechnungsjahr 1898/99. Hrsg. vom zeitigen Rector Karl Koester. Jg. 24. Neue Folge Jg. 13. *Bonn 1899: C. Georgi.* (V, 92 S.) 8°

Chronik der Rheinischen Friedrich-Wilhelms-Universität zu Bonn für das Rechnungsjahr 1899/1900. Hrsg. vom zeitigen Rector Friedrich Sieffert. Jg. 25. Neue Folge Jg. 14. *Bonn 1900: C. Georgi.* (V, 112 S.) 8°

Chronik der Rheinischen Friedrich-Wilhelms-Universität zu Bonn für das Rechnungsjahr 1900/01. Hrsg. vom zeitigen Rector Frh. [Adolf] v. La Valette St. George. Jg. 26. Neue Folge Jg. 15. *Bonn 1901: C. Georgi.* (V, 101 S.) 8°

Chronik der Rheinischen Friedrich-Wilhelms-Universität zu Bonn für das Rechnungsjahr 1901/02. Hrsg. vom zeitigen Rektor Hubert Ludwig. Jg. 27. Neue Folge Jg. 16. *Bonn 1902: C. Georgi.* (V, 112 S.) 8°

Chronik der rheinischen Friedrich-Wilhelms-Universität zu Bonn für das Rechnungsjahr 1902. Hrsg. vom zeitigen Rektor Ernst Zitelmann. Jg. 28. Neue Folge Jg. 17. *Bonn 1903: C. Georgi.* (V, 119 S.) 8°

Chronik der rheinischen Friedrich-Wilhelms-Universität zu Bonn für das Rechnungsjahr 1903. Hrsg. vom zeitigen Rektor Friedrich von Bezold. Jg. 29. Neue Folge Jg. 18. *Bonn 1904: C. Georgi.* (V, 162 S.) 8°

Chronik, der rheinischen Friedrich-Wilhelms-Universität zu Bonn für das Rechnungsjahr 1904. Hrsg. vom zeitigen Rektor Heinrich Schrörs. Jg. 30. Neue Folge Jg. 19. Bonn 1905: C. Georgi. (V, 129 S.) 8°

Chronik der rheinischen Friedrich-Wilhelms-Universität zu Bonn für das Rechnungsjahr 1905. Hrsg. vom zeitigen Rektor Hermann Jacobi. Jg. 31. Neue Folge Jg. 20. Bonn 1906: C. Georgi. (V, 73 S.) 8°

Chronik der Rheinischen Friedrich-Wilhelms-Universität zu Bonn f. d. Rechnungsjahr 1906. Hrsg. vom zeitigen Rektor Eduard Grafe. Jg. 32. N. F. Jg. 21. Bonn 1907: C. Georgi. (V, 75 S.) 8°

Chronik der Rheinischen Friedrich-Wilhelms-Universität zu Bonn für das Rechnungsjahr 1907. Hrsg. v. zeit. Rektor Benno Erdmann. Jg. 33. N. F. Jg. 22. Bonn 1908: C. Georgi. (80 S.) 8°

Chronik der Rheinischen Friedrich-Wilhelms-Universität zu Bonn für das Rechnungsjahr 1908. Hrsg. vom zeitigen Rektor Friedrich Schultze. Jg. 34. N. F. Jg. 23. Bonn: Georgi 1909. V, 90 S. 8° [U 09. 442

Chronik der Rheinischen Friedrich-Wilhelms-Universität zu Bonn für das Rechnungsjahr 1909. Hrsg. vom zeitigen Rektor Georg Loeschcke. Jg. 35. N. F. Jg. 24. Bonn: Georgi 1910. VI, 95 S. 8° [U 10. 441

Chronik der academischen Verbindung »Frisia« 1872—97. Kiel 1897. V: *Hoppe, Adolph.* (Berl)

Chronik der Familie Fugger vom Jahre 1599. Hrsg. u. erl. von Dr. Christian Meyer, Staatsarchivar a. D. Mit 4 Autotyp., 1 Zinkogr. u. 2 Stammtaf. *München: Selbstverl. 1902.* (XXV, 95 S.) 8° [F.] [02. 704

— von Fulda u. dess. Umgebungen v. J. 744 bis u. mit 1838. Hrsg. v. ein. Gesellschaft v. Gelehrten. gr. 8. (12½ B.) Bacha, 839. Schmitt u. Müller. *

CHRONIK europäischer Fürstenhöfe. 6 Bde. Leipzig, o. J. (c. 1900?). 8°. (Mk. 12—.) (6 Mk., einzeln Mk. 1,20, Alfr. Lorentz, Lpz., 1905.)
Bd. I: Liebesaffären d. Gräfin Lichtenau. (Fr. Wilhelm II.) — Bd. 2: Schön Liese v. Possenhofen (Kaiserin Elisabeth). — Bd. 3: Ein Fürstensohn im Liebesbann (König Otto I.). — Bd. 4: Spanisch-korsisches Blut. — Bd. 5: Sultanin Favorite Anysia. — Bd. 6: Eine schöne Sünderin.

Chronik des Ersten Garde-Regiments zu Fuß und dessen Stamm-Truppen 1675–1900. Im Auftr. d. Reg. hrsg. Mit 12 Tafelbild. nach Orig. von C. Röchling u. R. Knötel. *Berlin: M. Oldenbourg 1902.* (31 S.) 4° [F.] [04. 5743

— des Gartenwesens u. Feuilleton der Isis. Organ für Gärtner, Gartenbesitzer, Garten- u. Naturfreunde, belehrend, kritisch u. erzählend. Hrsg. v. Karl Andr. Geyer. 1. u. 2. Jahrg. 1851 u. 1852. à 24 Nrn. gr. 4. (B.) Meißen, Klinkicht & Sohn. à Jahrg. n. 1⅔ Thlr

— des Gartenwesens und Feuilleton der Isis. Organ für Gärtner, Gartenbesitzer, Garten- u. Naturfreunde, belehrend, kritisch und erzählend. Herausg. von Karl Andr. Geyer. 3. Jahrg. 1853. 24 Nrn. (à 1 Bgn.) mit lithogr. Abbildgn. Meißen, Klinkicht u. Sohn. gr. 4. n. 1 Thlr 20 ngr

— der Gegenwart. Monatsrundschau auf dem Gebiete von Staat, Kirche und Gesellschaft für alle Stämme und alle Stände Deutschlands. Herausg. von mehreren Gelehrten unter Red. von Herm. Bischof und Jos. Strobel. 1. Bd. 9 Hefte. Jahrg. 1861. April—Decbr. (à 3 Bgn.) München, (L. Finsterlin.) 8. 1 Thlr 10½ ngr

— der Gegenwart. Monatsrundschau auf dem Gebiete von Staat, Kirche u. Gesellschaft. Herausg. von F. Retzer u. J. Strobel. 2. Bd. (Jahrg. 1865.) 12 Hefte (à 4—6 Bgn.). München, L. Finsterlin. gr. 8. 1 Thlr 24 ngr

— geheime, d. europ. Höfe u. Staaten, vom Ende d. 18ten bis zum ersten Viertel d. 19ten Jahrh. I. II. A. u. d. T.: Canning u. d. Liberalen. 2 Bde. 3 Thlr 15 gGr III u. IV. A. u. d. T.: Villèle u. der Despotismus. 2 Bde. gr. 12. Stuttg. 828. Franckh. (Brodhag). 3 Thlr 18 gGr

Chronik, Geheime, der königlichen Lustschlösser Frankreichs. Aus dem Französ. übersetzt von Ludwig Hain. 8 Bde. Leipzig 1847—1848. V: *Guérin, Eugène Louis.* (BGE II³, 381)

— geheime, der königl. Lustschlösser Frankreichs. Aus d. Franz. v. Ludw. Hain. 4 Bde. 8. (738 S.) Leipzig 847, Literar. Museum. 2⅔ Thlr

— dies. 5—8. Bd. A. u. d. T.: Französische Nächte. Geheime Geschichte des Hoflebens in Frankreich. Aus d. Franz. v. Ludw. Hain. 4 Bde. 8. (702 S.) Ebd. 848. 2⅔ Thlr

Chronik der Stadt und Umgegend von Geldern. Geldern 1897. L. N. Schaffrath. 8°. (812—1863.) Herausgegeben von J. REAL.

— der evangelischen Gemeinde zu Graudenz, zu der am 25. Septbr. 1863 stattfindenden 300jähr. Gedächtnißfeier des Bestehens derselben veröffentlicht. 8. (42 S.) Graudenz 863, G. Röthe. *

Chronik der Wiener evangelischen Gemeinde Augsburger Bekenntnisses vom Zeitpunkte ihrer Entstehung bis auf die Gegenwart. Gr.-8°. (115 S.) Wien: Daberkow 1904. K 1.50

Chronik, Genealogische, des Freiherrlichen Geschlechtes Sinner, Jüngere Linie 1325—1892. V: *Sinner, Maximilian Freih. von.* (BMarsch 582)

Chronik 1833—1908. Schriftgiesserei Genzsch & Heyse in Hamburg. — (Hamburg 1908: Genzsch & Heyse.) 69 S. 8° 8.

Chronik der Georg-Augusts-Universität zu Göttingen für das Etatsjahr 1886—87. Göttingen 1887, Dieterichsche Univ.-Buchh. 4°. 13 S.

— dasselbe für das Etatsjahr 1887—88. Göttingen 1888, Dieterichsche Univ.-Buchh. 4°. 22 S.

Chronik ... für das Rechnungsjahr 1890—91. Göttingen ... 1891: 37 S., 1 Bl. 4°

Chronik der Georg-Augusts-Universität zu Göttingen f. d. Rechnungsj. 1892/93, 1893/94. gr. 8. Göttingen, Dieterich's Verl. à n. — 90
1892/93. (46 S.) 893. — 1893/94. (39 S.) 894.

— d. Georg-Augusts-Universität zu Göttingen f. d Rechnungsj. 1894/95 u. 1895/96. Lex.-8. (46 u. 49 S.) Göttingen 895—896. Dieterich's Verl. à. n.n. — 90

— dasselbe f. d. Rechnungsj. 1896/97 u. 1897/98. Lex.-8. (50 u. 59 S.) Ebd. 897—898. à n. — 80

— der Georg-Augusts-Universität zu Göttingen f. d. Rechnungsjahr 1898—99, 1899—1900, 1900 u. 1901. Lex.-8. (54, 78, 65 u. 78 S.) Göttingen 899-902. Vandenhoeck & Ruprecht. à n. — 30

Chronik der Georg-August-Universität zu Göttingen für das Rechnungsjahr 1901. *Göttingen 1902: Dieterich.* (78 S.) 8°

Chronik der Georg-August-Universität zu Göttingen für das Rechnungsjahr 1902. *Göttingen 1903: Dieterich.* (73 S.) 8°

Chronik der Georg-August-Universität zu Göttingen für das Rechnungsjahr 1903. *Göttingen 1904: Dieterich.* (64 S.) 8°

Chronik der Georg-August-Universität zu Göttingen für das Rechnungsjahr 1904. Göttingen 1905: Dieterich. (61 S.) 8°

Chronik der Georg-August-Universität zu Göttingen für das Rechnungsjahr 1905. Göttingen 1906: Dieterich. (62 S.) 8°

— der Georg-August-Universität zu Göttingen f. d. Rechnungsj. 1902—1905. (73, 64, 62 u. 62 S.) Lex.-8. Göttingen 903—906. Vandenhoeck & Ruprecht. à n. — 30

Chronik der Georg-August-Universität zu Göttingen für das Rechnungsjahr 1906. Göttingen 1907: Dieterich. (68 S.) 8°

Chronik der Georg-August-Universität zu Göttingen für das Rechnungsjahr 1907. Göttingen 1908: Dieterich. (70 S.) 8°

Chronik der Georg-August-Universität zu Göttingen für das Rechnungsjahr 1908. Göttingen 1909: Dieterich. 70 S. 8°
[U 09. 1426

Chronik der Georg-August-Universität zu Göttingen für das Rechnungsjahr 1909. Göttingen 1910: Dieterich. 74 S. 8°
[U 10. 1490

— der Georg-August-Universität zu Göttingen f. d. Rechnungsjahr 1906—1909. (68, 70, 70 u. 74 S.) Lex. 8. Göttingen 907—10. Vandenhoeck & Ruprecht. à — 30

Chronik, eine, oder Geschicht-Büchlein von der sogenannten Mennonisten-Gemeinde. Zum Dienst und Lehre für alle Liebhaber der Wahrheit, durch die Gnade und Segen Gottes. Aus Geschichten, Vorfällen 2c. und aus der heil. Schrift zusammengezogen. 2. Aufl: gr. 16. (439 S.) Lancaster 859. 61. (Philadelphia, Schäfer und Koradi.) geb. *

Chronik oder Geschichte der Stadt Zwickau und der umliegenden Gegend. Zwickau 1800. V: *Merkel, Michael.* (EngG) (Ky) (Pr)

Chronik und Geschichten von der Landwirthschaft, welche sich in Böhmen ... zugetragen haben. Prag 1792. V: *Schönfeld, Joh. Ferd. v.* (MGT) »Wien« (Ky) (GGr) (WBL)

— u. Gesch. d. Landwirthschaft v. Böhmen, (v. J. F. v. Schönfeld). 8. Prag 792. Schönfeld. 4 ℛ

Chronick der Gesellschaft der Mahler, s. a. Bibliothek älterer Schriftwerke der deutschen Schweiz.

Chronik der Gesellschaft der Mahler 1721—22; hsg. von Theodor Vetter. Frauenfeld 1887. B: *Meister, Joh.* (Cat. d. Stadtbibl. Zürich. Zürich 1864—97.)

Chronik der Gewerbeschule zu Karlsruhe 1884. V: *Cathiau, Thomas.* (BaBb)

— von Gibichenstein, s. a. J. C. Hendel.

Chronik von Gibichenstein, Ludwig dem Springer, Halle und der Umgegend ... Halle 1818. V: *Hendel, Johann Chn.* (BrMm) (MGT)

— von Gibichenstein, Ludwig dem Springer, Halle und der Umgegend, nach ihren ältern und neuern Begebenheiten chronologisch entworfen. Zur Würdigung alter und neuer Zeit. Mit Anmerkungen, 3 Kupfrn. und 1 Notenblatt. 8. Halle, Hendel. 818. 1 12

Aus der Chronik der Universitätsbibliothek Gießen. [1.] (1903/04.) (Gießen 1904.) 8° [F.] (05. 916 10

— Gmünder. 1. u. 2. Jahrg. Oktbr. 1907—Sept. 1909. à 24 Nrn. (1. Jahrg. 96 S.) 34,5×24,5 cm. Schwäb. Gmünd, B. Kraus. à Jahrg. un 1. 50

— die goldene, von Hohenschwangau, der Burg d. Welfen, der Hohenstaufen u. der Scheyren, durch Jos. Freiherrn von Hormayr-Hortenburg. (Mit chronolog. und Stammtafeln, vielen Stahlst. u. Steindrücken von Burgen und geschichtl. Stätten, Insiegeln, Grabsteinen, Ebenbildern 2c.) Schmal gr. 4. (Mit 16 Kunst-Bl.) München 842, Franz. n. $4^1/_2$ ℛ — fein Velinp. mit color. Titel n. $5^1/_2$ ℛ — fein Velinp. mit Abdr. auf chin. Pap., color. Tit. u. engl. Einb. n. $6^1/_2$ ℛ

— die goldene, vom Rakoczy (in Kissingen.) — La grande histoire du Rakoczy. — The golden chronicle of Rakoczy (Gezeichnet von L. v. Passauer, lith. v. P. Herwegen.) qu. 4. (11 lith. Bl. u. 10 Bl. Text.) München 849, Finsterlin. n. 2 ℛ

— goldene, der Wettiner. Hrsg. v. A. Mennell. Geplant, gedruckt u. verlegt im Wettiner Jubeljahr 1889. gr. Fol. (22 S. m. 139 Taf. in Lichtdr. u. Photograv.) Leipzig 890. Verlag d. Literar. Gesellschaft, Nachf. geb. mit Goldschn. Subscr.-Preis n.n. 125. —; Ladenpreis n. 200. —; Fürsten-Ausg. n.n. 250. —

—— des Wiener Goethe-Vereins. Hrsgbr. und Redact.: K. J. Schröer. 1. Bd. (1. und 2. Jahrg.) 1886/87. 12 Nrn. gr. 4. (64 S. mit 6 eingedr. Photozinkotypien.) Wien, (Hölder.) *

— des Wiener Goethe-Vereins. Hrsg. u. Red.: K. J. Schröer. 3.—5. Jahrg. 1888—1890. à 12 Nrn. (½ B.) gr. 4. Wien, (Hölder). à Jahrg. n. 4. —

— des Wiener Goethe-Vereins. Hrsg. v. K. J. Schröer. 6.—9. Jahrg. 1891—1894. à 12 Nrn. (Bog.) gr. 4. Wien, (A. Hölder). à Jahrg. n. 4. —

— d. Wiener Goethe-Vereins. Red.: Rud. Payer v. Thurn. 9.—12. Bd. à 12 Nrn. (à ca. ½ Bog.) gr. 4. Wien 895—898. (A. Hölder.) à Bd. n. 4. —

Chronik des Wiener Goethe-Vereins. Red.: Rud. Payer v. Thurn. 13.—16. Bd. 1899—1902 à 12 Nrn. 4. (à ca. 4 S. m. Abb.) Wien (A. Hölder). à Bd. n. 4. —

— des Wiener Goethe-Vereins. Red.: Rud. Payer v. Thurn. 17. Bd. 1903. 12 Nrn. (46 S. m. Abbildgn.) 4. Wien (A. Hölder). n. 4. —

— dasselbe. 18—20. Bd. 1904—1906. à 6 Nrn. (18. u. 19. Bd. 53 u. 61 S.) 4. Ebd. à Bd. n. 4. —

— des Wiener Goethe-Vereins. Red.: Rud. Payer v. Thurn. 21. Bd. 1907/1908. 6 Nrn. (à ca. 8 S.) Lex. 8. Wien (A. Hölder). 4. —

Chronik der Königlichen Universität zu Greifswald für das Jahr v. 15. Mai 1886 bis 15. Mai 1887. Greifswald 1887, Jul. Bindewald. 4°. 13 S.

Chronik der K. Universität zu Greifswald für das Jahr v. 15. Mai 1886 bis 15. Mai 1887. Greifswald, Druck v. F. W. Kunike (1887); 13 S. 4°.

— der königl. Universität Greifswald f. d. J. 1889/90. Hrsg. v. A. Reifferscheid. 4. Jahrg., neue Folge 1. Jahrg. gr. 8. (IV, 64 S.) Greifswald, (Bindewald). n.n. — 80

Chronik der Königlichen Universität Greifswald für das Jahr 1900/1901. Hrsg. vom zeitigen Prorektor Prof. D. Dr. Johannes Haussleiter. Jg. 15. Neue Folge Jg. 12. *Greifswald 1901: J. Abel.* (71 S.) 8°

Chronik der Königlichen Universität Greifswald für das Jahr 1901/1902. Hrsg. vom zeitigen Prorektor Prof. Dr. Rudolf Credner. Jg. 16. Neue Folge Jg. 13. *Greifswald 1902: F. W. Kunike.* (58 S.) 8°

Chronik der Königlichen Universität Greifswald für das Jahr 1902/1903. Hrsg. vom zeitigen Prorektor Prof. Dr. Felix Stoerk. Jg. 17. N.F. Jg. 14. *Greifswald 1903: J. Abel.* (67 S.) 8°

Chronik der Königlichen Universität Greifswald für das Jahr 1903/1904. Hrsg. vom zeitigen Prorektor Geh. Medizinalrat Prof. Dr. Friedrich Loeffler. Jg. 18. N. F. Jg. 15. *Greifswald 1904: J. Abel.* (66 S.) 8°

Chronik der Königlichen Universität Greifswald für das Jahr 1904/1905. Hrsg. vom zeitigen Prorektor Prof. Dr. Franz Schütt. Jg. 19. N. F. Jg. 16. Greifswald 1905: H. Adler. (62 S.) 8°

Chronik der Königlichen Universität Greifswald für das Jahr 1905/1906. Hrsg. vom zeitigen Prorektor Carl Sartorius. Jg. 20. N.F. Jg. 17. Greifswald 1906: F. W. Kunike. (53 S.) 8°

Chronik der Königlichen Universität Greifswald für das Jahr 1906/07. Hrsg. vom Prorektor Carl Sartorius. Jg. 21. N. F. Jg. 18. Greifswald 1907: J. Abel. (63 S.) 8°

Chronik der Königlichen Universität Greifswald für das Jahr 1907/08. Hrsg. vom Prorektor Carl Sartorius. Jg. 22. N. F. Jg. 19. Greifswald 1908: H. Adler. (62 S.) 8°

Chronik der Königlichen Universität Greifswald für das Jahr 1908/09. Hrsg. vom Prorektor Alfred Gercke. Jg. 23. N. F. Jg. 20. Greifswald 1909: Abel. 71 S. 8° [U 09. 1579

Chronik der Königlichen Universität Greifswald für das Jahr 1909/1910. Hrsg. vom Prorektor Georg Frommhold. Jg. 24. N. F. Jg. 21. Greifswald 1910: Abel. 61 S. 8° [U 10. 1651

German Aged Men's and Women's Home (Balt). Chronik d Allg Dten Greisenheimat 1891-1906 und Jahresbericht für 1906. Balt, 1907.

Chronik der Familie Gunkel zu Kassel. Hrsg. von Dr. Philipp Losch. *Kassel 1903: F. Scheel.* (68 S.) 8° [Umschlagt. S.] Erw. Abdr. aus: Hessenland. Jg. 17. 1903. [03. ... 4

Chronik der Familie Güssefeld. Berlin 1901. V: *Güssefeld, Otto Emil.* (Berl)

—— des Landes Hadeln, nebst interessanten Auszügen aus der Geschichte der Aemter Ritzebüttel, Bederkesa u. Neuhaus, des Landes Wursten u. des Landes Kehdingen. Aus Urkunden, besonders aber aus den gesammelten Nachrichten des weil. Actuars Scherder. gr. 8. (43½ B., 1 Charte u. Titlkpfr.) Otterndorf 813. (Hannover, Hahn'sche Hofbuchh.) *

Chronik, Halberstädtische, vom J. 1798 u. 1799. [Halberstadt 1799.] V: *Fischer, Gottlob Nathanael.* (Ml.)

Chronik der Universitaet Halle-Wittenberg vom 12. Juli 1866 bis zum 12. Juli 1872. (Halae 1873: Hendel.) 10 S. 4° [Kopft.]

in: Keil, Heinrich: Audacis ars grammatica. P. 2. Halae (1873).

Halle-Wittenberg, Progr. f. d. Sigismund-, Wolframsdorff- und Marschallsche Stipendium v. 1873. Beigabe.

Chronik der Königlichen vereinigten Friedrichs-Universität Halle-Wittenberg für die Zeit vom 12. Juli 1872 bis 31. December 1873 (bzw. f. d. J. 1874—1884.) Halle (1874—85): Hendel. 12 Bde 4° (Umfang zwischen 18 u. 32 S.)

Halle-Wittenberg, Progr. f. die v. den Stipendiaten der (1872/73. '76. '79. '83:) Kornfailschen, (1872/73. '76. '78. '80. '82. '84.:) Marpergerschen, (1872/84:) Sigismundschen, (1872/84:) v. Wolfframsdorffschen (1872/73. '76. '79. '82:) ungarischen, (1872/84:) v. Marschallschen, (1873. '77. '80. '82—'84:) Thielemannschen Stiftung im J. 1874—84 zu haltenden Reden.

Chronik der Kgl. vereinigten Friedrichs-Universität Halle-Wittenberg für das Universitätsjahr v. 1. Apr. 1892 bis 2. 31. März 1893. Programm f. die v. d. Stipendiaten d. Thielemann'schen, Sigismund'schen, v. Wolframsdorff'schen u. v. Marschall'schen Stiftung im Universitätsj. 1893.1894 zu haltenden Reden. Halle (Saale), Gebauer-Schwetschke'sche Buchdr., 1893; 27 S. 4.

Chronik der Königlichen vereinigten Friedrichs-Universität Halle-Wittenberg für das Universitätsjahr vom 1. April 1897 bis zum 31. März 1898. Programm für die von den Stipendiaten der Marperger'schen, von Wolfframsdorff'schen, von Marschall'schen und Vater'schen Stiftung im Universitätsjahre 1898/1899 zu haltenden Reden. Beigegeben ist die am Geburtstage Seiner Majestät des Kaisers und Königs in der Aula gehaltene lateinische Festrede (Guilelmi Dittenbergeri oratio die XXVII Mensis Ianuarii Anni 1898 in auditorio maximo habita). *Halle (Saale) (1898): Gebauer-Schwetschke.* (33 S.) 4°

Chronik der Königlichen vereinigten Friedrichs-Universität Halle-Wittenberg für das Universitätsjahr vom 1. April 1901 bis zum 31. März 1902. *Halle (Saale) (1902): Waisenhaus.* (80 S.) 8°

Chronik der Königlichen vereinigten Friedrichs-Universität Halle-Wittenberg für das Universitätsjahr vom 1. April 1902 bis zum 31. März 1903. *Halle (Saale) (1903): Waisenhaus.* (85 S.) 8°

Chronik der Königlichen vereinigten Friedrichs-Universität Halle-Wittenberg für das Universitätsjahr vom 1. April 1903 bis zum 31. März 1904. *Halle (Saale) (1904): Waisenhaus.* (72 S.) 8°

Chronik der Königlichen vereinigten Friedrichs-Universität Halle-Wittenberg für das Universitätsjahr vom 1. April 1904 bis zum 31. März 1905. Halle (Saale) (1905): Waisenhaus. (67 S.) 8°

Chronik der Königlichen vereinigten Friedrichs-Universität Halle-Wittenberg für das Universitätsjahr vom 1. April 1905 bis zum 31. März 1906. Halle (Saale) (1906): Waisenhaus. (102 S.) 8°

Chronik der Königlichen vereinigten Friedrichs-Universität Halle-Wittenberg für das Etatsjahr vom 1. April 1906 bis zum 31. März 1907. Hrsg. von Rektor und Senat. Halle (Saale) (1907): Waisenhaus. (95 S.) 8°

Chronik der Königlichen vereinigten Friedrichs-Universität Halle-Wittenberg für das Etatsjahr vom 1. April 1907 bis zum 31. März 1908. Hrsg. von Rektor und Senat. Halle (Saale) (1908): Waisenhaus. (84 S.) 8°

Chronik der Königlichen vereinigten Friedrichs-Universität Halle-Wittenberg für das Etatsjahr vom 1. April 1908 bis zum 31. März 1909. Hrsg. von Rektor und Senat. Halle (Saale) (1909.: Waisenhaus. 82 S. 8° [U 09. 1727

Chronik der Königlichen vereinigten Friedrichs-Universität Halle-Wittenberg für das Etatsjahr vom 1. April 1909 bis zum 31. März 1910. Hrsg. von Rektor und Senat. Halle (Saale) (1910): Waisenhaus. 84 S. 8° [U 10. 1820

Chronik, Hamburgische, für die Freunde ... des Vaterlandes. Hamb. 1803. V: *Curio, Joh. Carl Daniel.* (GGr) (Schr)

— Hamburgische. 8. Hamb. Nestler. 803.

Hannoversche Chronik. Im Auftr. d. Ver. f. Geschichte d. Stadt Hannover hrsg. von Dr. O[tto] Jürgens. Hannover: E. Geibel 1907. (XXVI, 738 S.) 8° [J.]
Aus: Hannoversche Geschichtsblätter.
-- Veröffentlichungen z. niedersächsischen Geschichte. H. 6. [07. 11543]10

— d. Stadt Heidelberg f. d. J. 1893—1896. (I—IV. Jahrg.) J. Auftr. d. Stadtrates bearb. v. Waag. gr. 8. (VII, 64 S. m. 8 Bildn.; III, 65 S. m. 3 Bildn.; III, 66 S.; III, 63 S. m. 6 Bildn.) Heidelberg 895—898. J. Hörning. à n. — 50

— der Stadt Heidelberg f. d. J. 1900. V.—VIII. Jahrg. Im Auftrage des Stadtrates bearb. v. Aug. Thorbecke. gr. 8. (III, 123 S. m. 9 Abbildgn.) Heidelberg, J. Hörning. à Jahrg. n. — 80
5. (V, 114 S. m. Bildnissen.) 898. — 6. (III, 103 S. m. 8 Abb.) 899. — 7. (III, 112 S. m. 6 Abb.) 900. — 8. (III, 123 S. m. 9 Abb.) 901.

— der Stadt Heidelberg f. d. J. 1901—1904. IX. bis XII. Jahrg. Im Auftrage des Stadtrates bearb. v. Aug. Thorbecke. gr. 8. Heidelberg, J. Hörning. n. 3. 60
1901. (III, 146 S. m. 10 Abbildgn.) 902. n. — 80
1902. (III, 152 S. m. 14 Abbildgn.) 904. n. — 80
1903. (III, 175 S. m. 12 Abbildgn.) 905. n. 1. —
1904. (III, 173 S. m. 12 Abbildgn.) 906. n. 1. —

— der Stadt Heidelberg f. d. J. 1905 u. 1906. XIII. u. XIV. Jahrg. Im Auftrage d. Stadtrates bearb. v. Aug. Thorbecke. (III, 183 S. m. 12 Abb. u. III, 215 S. m. 15 Bildn.) gr. 8. Heidelberg 907. 09. J. Hörning. à 1. —

—— die heilige, oder neues Leben und Leiden unsers Herrn Jesu Christi und der seligsten Jungfrau Maria. Ein Hausbuch für christl. Familien. Bearb. nach der heil. Schrift und nach den Werken von N. Avanzin, hl. Bernhard, hl. Bonaventura, N. Pasturel ic. 8 Hefte. 4. (XIII und 753 S. mit 1 Stahlst. und vielen eingedr. Holzschn.-Bildern.) Regensburg 863, Manz. à Heft 7½ Ngr.

Beck, Joh(ann) Nep(omuk): Chronik der Heilquellen von Baden in Oesterreich. Jg. 1 - 2, gbd., Tab.

Wien: typ. Ullrich 1827 - 1828

Chronik des Heinrich Truchsess v. Diessenhoven, s. Beiträge zur Geschichte Böhmens.

Chronik: Helvetische Chronik
Ⓢ 1. 10. 1799—27. 11. 1799 Ⓖ 8° Ⓩ wöchentlich 6× Ⓑ Bern: Gruner & Geßner Ⓗ J. Lüthy, Solothurn, Wernhard Huber, Hofmann Ⓟ frankreich- und regierungsfreundlich Ⓛ BGSZ: 107. 973 Ⓑ Be: St; Lu: Z.

Chronik der Familie Hess. Giessen 1897. V: *Hess, Carl, Arnold Hess & Aug. Hess.* (Berl)

— hessische, mit Gleichzeitigem aus der allgemeinen Geschichte. (Von A. F. C. Vilmar.) Marburg 855. Koch. 4. (2 Bl., 180 S.) n. 1 ₰ 20 ngr

Chronik der Hirschgasse. Mit 25 Bildern. Heidelberg 1910. V: *Lorentzen, Theodor.* (EbertBJb 1, S. 186)

— der Hirschgasse. (IV, 90 S. m. Abb. im Text u. auf 2 Taf.) 8. Heidelberg 910. O. Petters. Geb. 3. —

Chronik der Königlichen Technischen Hochschule zu Berlin 1799—1899. Berlin: Ernst 1899. 268 S., 11 Taf. 4°
Enth.: Eduard Dobbert: Bauakademie, Gewerbeakademie und Technische Hochschule bis 1884. Histor. Skizze. (2. verb. Aufl.)
Alfred G[otthold] Meyer: Die Technische Hochschule von 1884 bis 1899. Auf Grund von Einzelberichten bearb.

Chronik der Technischen Hochschule zu Berlin, 18.—21. Okt. 1899. Berlin 1900. V: *Dobbert, E. & A. G. Meyer.* (PrGbBK 3)

—— der Stadt Hof nach M. Enoch Widmann, Rector d. Schule zu Hof 1596, u. einigen andern ältern Geschichtsschreibern, deren Namen unbekannt sind. Zusammengest. v. Heinr. Wirth. 1. Hft. gr. 8. (6 B.) Hof 843. (Grau.)

— der Stadt Hof nach Enoch Widmann u. einigen anderen älteren Geschichtsschreibern ic. Zusammengestellt v. Heinr. Wirth. 2—8. Hft. [Schluß.] gr. 8. (S. 97—752.) Hof 844—48. (Grau.) à n. 8 ngr (cmplt. n. 2 ₰ 4 ngr)

—— die Hvenische, s. a. Jiriczek, Otto Luitp.

Die Hvenische Chronik in diplomat. Abdruck nach d. Stockholmer Handschrift nebst d. Zeugnissen Vedels u. Stephanius u. d. Hvenischen Volksüberlieferungen hrsg. von Otto Luitpolt Jiriczek. Berlin: Mayer & Müller 1892. (XVII, 39 S.) 8°
— Acta Germanica. Bd 3, H. 2. [92. 9299]

Männerchor «Eintracht» Wädensweil. Chronik und Jahresberichte umfassend den Zeitraum von 1851—1903. [Mit 1 Porträt-Tafel.] 61 S. 8. Wädensweil, A. Stutz, (1903).

Chronik des achtzehnt. Jahrh. 8. Bresl. Gehr. 801.

— d. 19ten Jahrhunderts, s. a. G. G. Bredow.

— des neunzehnten Jahrhunderts, s. a. Venturini, Carl.

Chronik des 19. Jahrhunderts [v. 1801—35]. 33 Bd. 8. Bd. 1—2 von G. G. Bredow, Bd. 3—32 von C. Venturini. 8. Altona u. Leipzig 1808—37. 291,40.

Chronik des neunzehnten Jahrhunderts. (Für die Jahre 1801—1825.) Herausgegeben von G. G. Bredow. Fortgesetzt von Dr. Carl Venturini. (22 Bde.) 8. Altona 1808—1828.
— — Neue Folge. (Für die Jahre 1826—1835.) (10 Bde.) 8. Leipzig 1828—1837.
— 2., neue Folge. (Für die Jahre 1840—1841.) Fortgesetzt durch F. W. Beniken. (2 Bde.) 8. Erfurt 1841—1842.

—— illustrirte. Allgem. Geschichte d. neuesten Zeit. 1. Jahrg. Geschichte des Jahres 1844. schm. 4. (19 B. m. viel. Holzschn.) Leipzig 846, Weber.

— illustrirte. Allgemeine Geschichte der neuesten Zeit. 2. Jahrg. Geschichte des Jahres 1845. gr. 4. (VIII u. 216 S. mit vielen eingedr. Holzschn.) Leipzig 847, Weber. n. 1 1/3 ℛ
— 3. Jahrg. Geschichte des Jahres 1846. gr. 4. (VIII u. 152 S. mit vielen eingedr. Holzschn.) Ebd. 848. n. 1 ℛ

Illustrirte Chronik. Aufzeichnungen aus der Geschichte der Ereignisse, der Länder, Völker, Menschen und Stimmungen der Gegenwart. Mit Abbildungen. Band 1. 1848. Band 3. 1851. Leipzig 1848, 51. 4.

— illustrirte. Aufzeichnungen aus der Geschichte der Ereignisse, der Länder, der Völker, der Menschen u. Stimmungen der Gegenwart. Mit in den Text gedr. Abbildungen, Portraits, Karten, Plänen (in Holzschn.) u. musikalischen Compositionen. 2. Bd. oder Jahrg. 1849. 12 Hfte. gr. 4. (à ca. 4 B.) Ebd. (à Hft. n. 6 ℊ) n. 2 ℛ

Chronik von Böhmen, Illustrirte —. Ein geschichtliches Nationalwerk. Enthaltend den gesammten Schatz vaterländischer Ueberlieferungen, als: National- und Lokal-Sagen, Historien und Legenden, politische, religiöse und kulturhistorische Denkwürdigkeiten, Schilderungen des Hof-, Ritter-, Kloster-, Städte und Volkslebens, der Kriegsführung und Kunstübung der Vorzeit u. s. w. in Verbindung mit den Kirchen-Alterthümern, Gnadenbildern, Baudenkmälern, Monumenten, Kunstschätzen und Kuriositäten des böhmischen Landes und Volkes, namentlich der Hauptstadt Prag. Herausgegeben von einem Vereine vaterländischer Gelehrten und Künstler Prag. 8. Druck und Verlag der C. Vetterl'schen Buchdruckerei. (In zwanglosen Lieferungen.)

Chronik, von Böhmen, Illustrirte. 9. Lief. 8. (S. 511—568.) Prag, Vetterl'sche Buchhandlung (Franke und Steyrer) 1852.

Chronik, illustrirte, von Böhmen. Ein geschichtliches Nationalwerk. Enthaltend den gesammten Schatz vaterländischer Ueberlieferungen ꝛc. Herausgegeben von einem Vereine vaterländischer Gelehrten und Künstler. I. Bd. 10 — 12. Lief. II. Bd. 1. Lief. 8. (S. 569 — 730 mit Titel und Inhalt und 60 S.) Prag 1853. C. Vetterl'sche Druckerei. (Der erste Band mit 1 Tableau, 40 Lithogr. und 30 Holzschn. nunmehr complet.

Chronik, illustrirte, von Böhmen. Ein geschichtliches Nationalwerk u. s. w. II. Band, 2. u. 3. Liefrg. (S. 67—194). 8. Prag, C. Vetterl 1853.

Chronik, illustrirte von Böhmen. Ein geschichtliches Nationalwerk, enthaltend den gesammten Schatz vaterländischer Ueberlieferungen, als: National- und Lokalsagen, Historien und Legenden, politische, religiöse und kulturhistorische Denkwürdigkeiten, Schilderungen des Hof-, Ritter-, Kloster-, Studier- und Volkslebens, der Kriegsführung und Kunstübung der Vorzeit u. s. w., in Verbindung mit den Kirchenalterthümern, Gnadenbildern, Baudenkmälern, Monumenten, Kunstschätzen und Kuriositäten des böhm. Landes und Volkes, namentlich der Hauptstadt Prag, II Band, 4.—7. Lieferung. (S. 195—434.) Prag 1853, Druck und Verlag der C. Vetterl'schen Buchdruckerei.

Chronik, Illustrirte — von Böhmen. Ein geschichtliches Nationalwerk. Enthaltend den gesammten Schatz vaterländischer Ueberlieferungen, als: National- und Lokal-Sagen, Historien und Legenden, politische, religiöse und kulturhistorische Denkwürdigkeiten, Schilderungen des Hof-, Ritter-, Kloster-, Städte- und Volkslebens. der Kriegsführung und Kunstübung der Vorzeit u. s. w., in Verbindung mit den Kirchen-Alterthümern, Gnadenbildern, Baudenkmälern, Monumenten, Kunstschätzen und Kuriositäten des böhmischen Landes und Volkes, namentlich der Hauptstadt Prag. Herausgegeben von einem Vereine vaterländischer Gelehrten und Künstler. 2. Band. 8. und 9. Lieferung. (Von 435 — 546 S.) 8. Prag. Druck und Verlag der C. Vetterl'schen Buchdruckerei. 1853

Chronik, Illustrirte — von Böhmen. Ein geschichtliches Nationalwerk. Enthaltend den gesammten Schatz vaterländischer Ueberlieferungen, als: National- und Lokal-Sagen, Historien und Legenden, politische, religiöse und kulturhistorische Denkwürdigkeiten, Schilderungen des Hof-, Ritter-, Kloster-, Städte und Volkslebens, der Kriegsführung und Kunstübung der Vorzeit u. s. w., in Verbindung mit den Kirchen-Alterthümern, Gnadenbildern, Baudenkmälern, Monumenten, Kunstschätzen und Kuriositäten des böhmischen Landes und Volkes, namentlich der Hauptstadt Prag. Herausgegeben von einem Vereine vaterländischer Gelehrten und Künstler. 2. Band. 10. Lieferung. (S. 547 bis 610.) 8. Prag. Druck und Verlag der C. Vetterl'schen Buchdruckerei. 1854.

Chronik, Illustrirte — von Böhmen. Ein geschichtliches Nationalwerk. Enthaltend den gesammten Schatz vaterländischer Ueberlieferungen, als: National- und Lokal-Sagen, Historien und Legenden, politische, religiöse und kulturhistorische Denkwürdigkeiten, Schilderungen des Hof-, Ritter-, Kloster-, Städte- und Volkslebens, der Kriegsführung und Kunstübung der Vorzeit u. s. w. in Verbindung mit den Kirchen-Alterthümern, Gnadenbildern, Baudenkmälern, Monumenten, Kunstschätzen und Kuriositäten des böhmischen Landes und Volkes, namentlich der Hauptstadt Prag. Herausgegeben von einem Vereine vaterländischer Gelehrten und Künstler. 2. Bd. 11 und 12. Lieferung. (S. 611—726 und 6 Blatt. Vorrede und chronologisch-systematisches Haupt-Register.) 8. Prag. Druck und Verlag der C. Vetterl'schen Buchdruckerei. 1854

— illustrierte, des Buren-Volkes, seiner Leiden u. Kämpfe um Freiheit u. Selbständigkeit. Nebst: Schicksale, Abenteuer u. Erfolge eines jungen Deutschen bei d. Buren. Romant. Novelle. 1.—42. Hft. gr. 8. (S. 1—502 u. 1—366 m. je 1 Vollbild.) Neusalza (900). H. Oeser. à Hft. — 10

—— illustrirte, der Festlichkeiten in Breslau. Vom 11—15. Novbr. 1861. 8. (81 S. mit eingedr. Holzschn.) Breslau (861) 62, Schletter'sche Buchh.

Chronik, illustrirte, der Gegenwart. Aufzeichnungen aus der Geschichte der Ereignisse, der Länder, der Völker, der Menschen und Stimmungen der Gegenwart. Mit in den Text gedr. Abbildungen, Portraits, Karten, Plänen und musikal. Compositionen. 1. und 2. Bd. oder Jahrg. 1848 und 1849 à 12 Hefte. (à ca. 4 Bog. mit Holzschn.) gr. 4. Leipzig, Weber. à Bd. Thlr. *

— illustrirte, der Gegenwart. Aufzeichnungen aus der Geschichte der Ereignisse, der Länder u. Völker, der Menschen u. Stimmungen unserer Zeit. Mit zahlreichen in d. Text eingedr. Abbildungen, Ansichten, Portraits ꝛc. 3. Bd. od. Jahrg. 1851. 12 Hfte. hoch 4. (à ca. 4 B.) Leipzig, Expedition. (Friedlein.) (à n. 6 ℊ; einzelne Hfte. à n. 1/4 ℛ) n. 2 ℛ 12 ℊ

— illustrierte, der sächsisch-thüring. Industrie- u. Gewerbe-Ausstellung Leipzig 1897 unter dem Allerhöchsten Protektorat Sr. Maj. des Königs Albert v. Sachsen. Hrsg. v. dem geschäftsführ. Ausschuss der Ausstellg. hoch 4. (IV, 422 S.) Leipzig 899. (J. C. Hinrichs' Sort.) Geb. in Leinw. n.n. 10.—

Luzerner Chronik: Illustrierte Luzerner Chronik
v. Tagblatt für die Kantone Luzern, Uri, Schwyz, Unter- und Obwalden und Zug.

Chronik, Illustrirte, der Stadt Rottweil mit fünf photographischen Darstellungen. Rottweil 1884. V: *Hartmann, Paul* & *Andere.* (Heyd)

Illustrirte Chronik der Zeit ... Jahrgang 1874—1882. 1884—1887. Stuttgart, Druck und Verlag von Hermann Schönlein.
Mit Abb. 4°
1. Jg. 1872.

— illustrirte, der Zeit. — Jahrbuch der Ereignisse; Blätter zur Unterhaltg. Jahrg. 1872 u. 1873. à 25 Hfte. (ca 24—28 S. m. eingedr. Holzschn.) hoch 4. Stuttgart, Schönlein. à Hft. — 15

Chronik, illustrirte, der Zeit. — Jahrbuch der Ereignisse; Blätter zur Unterhaltg. Jahrg. 1874—1877. à 26 Hfte. (à 3 B. m. eingedr. Holzschn.) hoch. 4. Stuttgart, Schönlein. à Hft. — 20

— illustrirte, der Zeit. Jahrbuch der Ereignisse. Blätter zur Unterhaltung. Jahrg. 1878 - 1883. à 26 Hfte. (2½ B.) m. eingedr. Holzschn. gr. 4. Stuttgart, Schönlein. à Hft. — 20

— illustrirte, der Zeit. Jahrbuch der Ereignisse. Blätter zur Unterhaltg. Jahrg. 1884 u. 1885. à 26 Hfte. (2½ B. m. eingedr. Holzschn.) gr. 4. Stuttgart, Schönlein. à Hft. — 20

— dasselbe. Jahrg. 1886 u. 1887. à 26 Hfte. (4 B. m. eingedr. Holzschn.) gr. 4. Ebend. à Hft. — 25

— illustrirte, der Zeit. Jahrbuch der Ereignisse. Blätter zur Unterhaltg. Jahrg. 1888—1891. à 26 Hfte. (4 B. mit Holzschn.) gr. 4. Stuttgart, [Schönlein's Nachf.] Union. à Hft. — 25

— illustrirte, der Zeit. Jahrbuch der Ereignisse. Blätter zur Unterhaltg. Hrsg. unter Red. v. Paul Kröner. Jahrg. 1892—1895. (Juli 1891—Juni 1895.) à 26 Hfte. (4 Bog.) gr. 4. Stuttgart, Union. à Hft. — 25

— illustr., d. Zeit. Jahrb. d. Ereignisse. Blätter z. Unterhaltg. Hrsg. unt. Red. v. Paul Kröner. Jahrg. 1896—1899. (Juli 1895 b. Juni 1899.) à 28 Hfte. (à 4 Bog.) gr. 4. Stuttgart, Union. à Hft. — 25

— illustrierte, der Zeit, vereinigt m. Gartenlaube. Hrsg. unter Red. v. Paul Kröner. Jahrg. 1900 (Juli—Dezbr. 1899). 14 Hfte. gr. 4. (à ca. 32 S. m. 1 Farbdr.) Stuttgart, Union. à Hft. — 25
Fortsetzung s.: Gartenlaube.

Chronik des k. k. Inft.-Reg. Nr. 26 seit seiner Errichtung 1717 bis Ende 1883. Auszugsweise, zum Gebrauche für den Unterricht in den Mannschafts-Schulen, zusammengestellt. 8. Graz 1887.

Chronik der dritten Jubelfeier der deutschen evangel. Kirche 1817. Erfurt 1817. 4.

– Dass., s. a. Chronik, Allgemeine, der 3. Jubelfeier ...

— d. 3n Jubelfeier d. Reformation in Frankfurt, s. G. Friederich.

Chronik für die Jugend, von 1785—88. Augsburg. H: *Böckh, Christian Gottfried.* (Ky)

— für d. Jugend, von 1785—88. 4 Jahrgg. (herausg. v. C. G. Böckh). 8. Augsb., v. Jenisch u. St. 6 ₰ 6 ℛ Beilage zu 1785 u. 86. 8. Ebd. 12 ℛ

— der Justizgesetze. Hrsg. auf Veranstaltg. d. k. k. Justizministeriums v. der Red. der allg. österr. Gerichtszeitg. Mit e. ausführl. Register. gr. 8. (VIII, 59 S.) Wien 874. Manz. n. — 80

Chronik des Kaiser Ferdinand 4. Dragoner-Regimentes, zusammengestellt aus Anlass des 200jährigen Jubiläums. gr. 8. Wien 1872.

der Haupt- u. Residenzstadt Karlsruhe f. d. J. 1885. Zusammengestellt im Auftrage d. städt. Archivkommission. gr. 8. (III, 94 S.) Karlsruhe 886. Braun. n. 1.50

— dasselbe f. 1886. 1887. II. III. Jahrg. gr. 8. (III, 92; III, 116 S.) Karlsruhe 887. 888. Macklot. à n. 1.50

— der Haupt- u. Residenzstadt Karlsruhe f. die J. 1888—1892. IV.—VIII. Jahrg. Im Auftrage der städt. Archivkommission zusammengestellt. gr. 8. Karlsruhe, Macklot. n. 9.—
1888. (III, 105 S.) 889. n. 1.50
1889. Mit 6 Abbildgn., 6 statist. Beilagen u. e. Register zu Jahrg. I—V. der Chronik. (III, 128 u. XXIV S.) 890. n. 2.50
1890. Mit 7 Abbildgn. u. 4 statist. Beilagen. (III, 120 S.) 891. n. 1.50
1891. Mit 6 Abbildgn. u. 1 Plan. (III, 102 S.) 892. n. 1.50
1892. Mit 7 Abbildgn. (III, 101 S.) 893. n. 2.—

– Dass. f. d. J. 1893 u. 1894. IX. u. X. Jg. 1893. III, 120 S. mit 10 Abb. Ebd. 1894. 1894. III, 90 S. mit 6 Abb. Ebd. 1895.

— dasselbe f. d. J. 1895. XI. Jahrg. gr. 8. (III, 122 u. XXX S. m. 7 Lichtdr.-Taf.) Ebd. 897. n. 3.—

— der Haupt- u. Residenzstadt Karlsruhe f. d. J. 1896—1899. XII—XV. Jahrg. Im Auftr. der städt. Archivkommission bearb. gr. 8. Karlsruhe, Macklot. à n. 2.—; geb. in Leinw. à n. 3.—
XII. (III, 128 S. m. 10 Lichtdr.-Taf.) 898. — XIII. (III, 129 S. m. 9 Lichtdr.-Taf.) 898. — XIV. (III, 118 S. m. 10 Lichtdr.-Taf.) 899. — XV. (III, 135 S. m. 10 Lichtdr.-Taf.) 900.

— dasselbe f. d. J. 1900. XVI. Jahrg. Mit 22 Abbildgn., e. Register zu Jahrg. XII—XVI u. e. Verzeichnis der Abbildgn. in den Jahrgängen V—XVI der Chronik. gr. 8. (III, 132 u. XLIV S.) Ebd. 901. n. 3.50; geb. in Leinw. n. 4.50

— dasselbe f. das J. 1901. XVII. Jahrg. gr. 8. (IV, 117 S. m. 10 Taf.) Ebd. 902. n. 2.—; geb. in Leinw. n. 3.—

— der Haupt- u. Residenzstadt Karlsruhe f. d. J. 1902 bis 1904. XVIII—XX. Jahrg. Im Auftrage der städt. Archivkommission bearb. (IV, 134 S. m. 12 Taf.; IV, 150 S. m. 7 Taf. u. IV, 202 S. m. 9 Taf.) gr. 8. Karlsruhe 903—905. Macklot. à n. 2.—; geb. in Leinw. à n. 3.—

— der Haupt- u. Residenzstadt Karlsruhe f. d. J. 1905—1908. XXI—XXIV. Jhrg. Im Auftrage d. städt. Archivkommission bearb. gr. 8. Karlsruhe, Macklot. 11.—; geb. in Leinw. 15.—
1905. (IV, 221 S. m. 12 Taf.) 906. 2.—; geb. 3.—
1906. (IV, 292 S. m. 11 Taf.) 907. 3.50; geb. 4.50
1907. (IV, 320 S. m. 12 Taf.) 908. 3.50; geb. 4.50
1908. (IV, 270 S. m. 6 Taf.) 909. 2.—; geb. 3.—

Chronik von Cassel, s. Niemeyer.

Chronik der Universität Kiel ... 1826. Kiel. V: *Niemann, Aug.* (schles)

— der Universität zu Kiel. (III.) 854. (51 S.) n. 12 ngr — (IV.) 855. (83 S. u. 3 Tab. in Fol.) n. 20 ngr — V. 856. (73 S. u. 3 lith. Taf.) n. 24 ngr — VI. (Bd.) 857. Kiel. (Akademische Buchhdlg.) 4. (71 S.) n. 15 ngr

— der Universität zu Kiel. 1856—60. gr. 4. Kiel 856—61, (Akademische Buchh.) [1856. (78 S. mit 2 Tab. in qu. gr. Fol. und 3 Stnt. in 4.) * 24 Ngr., 1857. (71 S.) * 15 Ngr., 1858. (109 S. mit 1 Stnt. in Imp.-Fol.) * 15 Ngr., 1859. (116 S.) * 15 Ngr., 1860. (98 S.) * 15 Ngr.] *

— der Universität zu Kiel 1861—66. gr. 4. Kiel 862—67, (Universitäts-Buchh.) [1861. (83 S.) * 11¼ Ngr., 1862. (41 S. mit 4 Stnt.) * 15 Ngr., 1863. (32 S.) * 15 Ngr., 1864. (39 S.) * 12 Ngr., 1865. (38 S. mit 1 Stnt. in Buntdr. in Fol.) * 12 Ngr., 1866. (60 S. mit 2 Stnt. in gr. 4. und Fol.) * 15 Ngr.] *

— der Universität zu Kiel. 1867—1869. gr. 4. (66; 52; 47 S.) Kiel, (Universitäts-Buchh.) à Jahrg. *

— dass. — 1870—1872. gr. 4. (45; 47; 45 S.) Ebendas. à Jahrg. *

— dass. — 1873. 4. (62 S.) Ebendas. *

— der Universität Kiel. Jahrg. 1874—1878. 8. (64; 64; 96; 74; 96 S.) Kiel 875—79, Universitäts-Buchh. à Jahrg. *

— der Universität Kiel. 1879. gr. 4. (80 S.) Kiel 880. Universitäts-Buchhandlung. n. 2. —

— dasselbe. 1881. 4. (49 S.) Ebend. 882. n. 2. —

— der Universität Kiel f. d. J. 5. März 1884/5. gr. 8. (79 S. m. 1 Taf.) Kiel 885. Universitäts-Buchh. n. 1. —

— dass. — für das J. 1886/87. gr. 8. (65 S. mit 1 Taf.) Ebendas. *

— der Universität Kiel f. d. J. 1887/88. gr. 8. (81 S. mit 2 Taf.) Kiel 888. Universitäts-Buchhdlg. n. 2. —

— dasselbe f. d. J. 1888/89. gr. 8. (64 u. XXVII S.) Ebd. 889. n. 1. 35

Chronik der Universität Kiel f. d. J. 1889/90. gr. 8. (55 u. XXVII S.) Kiel 890. Universitäts-Buchhandlg. n. 1. 35

— der Universität Kiel f. d. J. 1890/91, 1891/92, 1892/93, 1893/94. gr. 8. Kiel, Universitäts-Buchh. à n. 1. 35
1890/91. (42, XXVII S.) 892. — 1891/92. (46, XXVII S.) 892. — 1892/93. (43, XXVII S.) 893. — 1893/94. (68, XXVII S.) 894.

— d. Universität Kiel f. d. J. 1894/95. gr. 8. (43 u. XXVII S.) Kiel 895. Universitäts-Buchh. n. 1. 35

— der Universität Kiel f. d. J. 1896/97, 1897/98, 1898/99, u. 1899/1900. gr. 8. (64, XXVII; 54, XXVII; 64, XXVII u. 75, XXVII S.) Kiel 897—900. Universitäts-Buchh. à n. 1. 40

Chronik der Universität Kiel für das Jahr 1898/99. (Nebst Anhang: Rede bei d. Begräbnisfeier für Konsistorialrat Prof. Dr. F. Nitzsch geh. von Prof. Dr. O[tto] Baumgarten am 23. Dez. 1898.) *Kiel: Univ.-Buchh. 1899.* (64, XXVII S.) 8°

Chronik der Universität Kiel für das Jahr 1900/1901. (Nebst Anhang: Gedächtnisrede auf Ivo Bruns, gesprochen bei der akademischen Trauerfeier am 24. Mai 1901 von Alfred Schöne.) *Kiel 1901: Schmidt & Klaunig.* (74, XXVII S.) 8°

Chronik der Universität Kiel für das Jahr 1901/1902. *Kiel: Lipsius & Tischer in Comm. 1902.* (50, XXVII S.) 8°

Chronik der Universität Kiel für das Jahr 1902/1903. *Kiel: Lipsius & Tischer in Komm. 1903.* (72, XXVII S.) 8°

Chronik der Universität Kiel für das Jahr 1903/1904. *Kiel: Lipsius & Tischer in Komm. 1904.* (65, XXVII S.) 8°

Chronik der Universität Kiel für das Jahr 1904/05. Kiel 1905: Lipsius & Tischer. (57, XXVII S.) 8°

Chronik der Universität Kiel für das Jahr 1905/06. Kiel 1906: Lipsius & Tischer in Komm. (75, XXVII S.) 8°

Chronik der Universität Kiel für das Jahr 1906/07. Kiel 1907: Lipsius & Tischer in Komm. (66, XXVII S.) 8°

Chronik der Universität Kiel für das Jahr 1907/08. Kiel: Lipsius & Tischer in Komm. 1908. (78 S.) 8°

Chronik der Universität Kiel für das Jahr 1908/09. Kiel: Lipsius & Tischer in Komm. 1909. 87 S. 8° [U 09. 2351

Chronik der Universität Kiel für das Jahr 1909/10. Kiel: Lipsius & Tischer in Komm. 1910. 94 S. 8° [U 10. 2553

— d. Universität Kiel u. d. Gelehrtenschulen in Schleswig u. Holstein. Nebst einem alphabet. Verzeichniß sämmtl. Studirenden, mit Nachweisung ihrer Wohnung 1826—29. 5 Hefte. 4. Kiel 830. (Univ.-Buchh.) 1 ₰ 10 g Dies. f. d. J. 1830. 4. Ebd. 831. 12 g Für d. J. 1831. 4. Ebd. 832. 14 g

Chronik der Universität Kiel und der Gelehrtenschulen in Schleswig und Holstein ... 1827 [—32]. V: *Niemann, Aug.* (schles)

[S.] Kieler Chronik der Kieler Zeitung 1864—1896. *Kiel: Dr. d. Kieler Zeitg 1897.* (99 S.) 1 Bd 8. [97. 3605

— d. Kinder d. Preußen u. d. Kinder d. Holländer, (v. Jh. Gli. Backhaus). 8. Altona 788. Kaven. 12 g

— v. d. Kindern d. Russen u. Türken. 8. Alt. 789. Kaven. 12 g

Chronik der Kirchen Schlesiens. Schweidnitz 1844. V: *Heyne.* (LVS)

— der Kirchen Schlesiens. Mit Abbildgn. 1. Bd. 1. Hft. 8. (1 B. mit 1 color Abbild. der Sand-Kreuz- u. Domkirche in 4.) Schweidnitz 844. (Weigmann.) *

— der Kirchen Schlesiens, mit Abbildungen. 1. Bd. 2—10. Hft. gr. 8. (S. 17—304 u. 9 lith. u. color. Abbildungen.) Schweidnitz 847. (Weigmann.) à 3 ngr

Chronik, Kleine, von Bayern unter der Regierung des Churfürsten Karl Theodor ... [München] 1816. V: *Reithofer, Dion. Franz v. Paula.* (Ky) (MGT) (AarF)

— kleine, von Baiern, unter d. Regierung des Kurfürsten K. Theodor, von 1777—99, ein nöthiger Anhang zu Westenrieders, Feßmayrs u. Milbillers Werken. 8. Münch. 816. Lentner. 3 g

— kleine, d. Stadt u. Festung Danzig, mit Tabellen. 8. Berl. 807. Littfaß. 8 g

Chronik, kleine, d. 19ten Jahrhunderts, in einer Uebersicht d. Hauptmomente d. Geschichte d. Tages. gr. 8. Wien 811. Kosmograph. Bureau. 1 ₰ 8 g

— die kleine Klosterneuburger. [1322 bis 1428.] — Das Klosterneuburger Todtenbuch. Zugleich Nr. I. u. II. der „Monumenta Claustroneoburgensia." Von H. J. Zeibig. [Aus d. Archiv für österreich. Geschichtsquellen 1851.] Lex. 8. (120 S.) Wien 852. (Braumüller.) n. ⅔ ₰

—— die kleine klosterneuburger. (1322 bis 1428.) — Das klosterneuburger Todtenbuch. Zugleich Nr. I. und II. der „Monumenta Claustroneoburgensia." Von H. J. Zeibig. Lex.-8. (120 S.) Wien 852, (Gerold's Sohn.) *

Chronik, Kleine, der Könige von Dänemark ... Altona 1790. V: *Schütze, Johann Friedrich.* (Ky) (MGT)

Kleine Chronicke der Könige von Dännemark. Eine Handschrift des sechszehnten Jahrhunderts mit historisch-etymologischen Anmerkungen und einer Vorrede [v. Johann Friederich Schütze] begleitet. Altona. 1790. 8°.

— kleine, d. Könige von Dänemark; e. Handschr. d. 16ten Jahrh., mit Anmerkk. u. Vorrede (v. Jh. Fr. Schütze II.) 8. Alt. 790. Hammerich. 5 gr

— kleine, der Kreuzschule. Erinnerungsgabe, den alten Crucianern zum 25jähr. Bestehen d. Kreuzschulgebäudes gewidmet, v. dem Patron u. dem Lehrer-Kollegium der Kreuzschule. gr. 8. (55 S.) Dresden 891. (Warnatz & Lehmann.) n. — 80

Chronik, Kleine, von Leipzig. Th. 1. Leipzig 1776. V: *Schlözer, Aug. Ludwig.* (Ky) (MGT) (Pr)

— kleine, von Leipzig. 1r Thl. bis zum J. 1466. (von A. L. Schlözer). 8. Leipz. 776.

— kleine, von Leipzig. 1015—1887. gr. 8. (16 S.) Leipzig 887. Matthes. n. — 20

Chronik, Kleine, der Musse in Riga ... Riga, 1812. V: *Sonntag, Carl Gottlieb.* (MGT) (R-N)

Chronik, Fortgesetzte kleine, der Musse in Riga ... Riga 1818. V: *Lado, Carl Christian* (oder *Christoph*). (R-N)

Chronik, Kleine, der Reichs-Stadt Nürnberg. Altdorf 1790. V: *Siebenkees, Joh. Christian.* (BrMm) (Ky) (MGT) (Pr)

— kleine, der Reichsstadt Nürnberg. Mit einem (lith.) Plane der Stadt (in Fol.) 8. (388 S.) Nürnberg 818, v. Ebner. —

—— kleine, der Reichsstadt Nürnberg. 2. (Titel-)Ausg. 8. (388 S. und 1 lith. Plan in Fol.) Nürnberg 851, v. Ebner'sche Buchh. *

Chronick (Kleine) für Schweizer, 1795. *O. O. u. J.* (1795) kl. in-8°. – (*Bern, Typographische Gesellschaft.*)
Titre gravé et 20 fig., dont 1 en frontispice, gravés à l'eau-forte et non signés. Cet ouvrage est peut-être de *J. G. Heinzmann.* Voyez ce nom.

Chronik, Kleine, für Schweizer. 1804. V: *Heinzmann, Johann Georg.* (BSCHWL V, 10c S. 55)

—— kleine Strassburger. Denkwürdige Sachen allhier in Strassburg vorgeloffen u. begeben 1424—1615. Aus e. Handschrift der Strassburger Stadtbibliothek hrsg. v. Rud. Reuss. gr. 8. (IX, 39 S.) Strassb. 889, Heitz. * 1 50

— kleine, v. Latoiabu. (v. C. M. Wieland.) 8. Braunschw. 777. Schulbuchhdl.

Chronik, Kleine, von Tittmoning, oder Beschreibung aller Trauer- und Freuden-Geschichten, die sich 1815—24 daselbst ereignet haben ... O. O. [1824.] V: *Obermüller, S.* (Bücher-Samml. d. hist. Ver. v. u. f. Oberbayern. Münch. 1867.)

Chronik, Kleine, von Ulm, die auf den Krieg Bezug habenden Begebenheiten vom 5. Mai 1800 bis auf den 8. Juni betreffend. Ulm 1801. V: *Veesenmeyer, Georg.* (BrMm) (Heyd)

die kleine, der großen Völkerschlacht bei Leipzig im Jahre 1813. Zur 50jähr. Gedächtnißfeier jener verhängnißvollen Octobertage. Mit Blücher's Portr. (in Holzschn.) Leipzig 863. Heutze. (Literar. Institut.) 32. (63 S.) n. 2½ ngr

Chronik der ehemaligen Hochritterl. Maltheser Ordens-Commende ... Klein-Öls ... Breslau 1846. V: *Stehr, Carl.* (Nent)

Chronik d. Communalgarden d. Königr. Sachsen, auf d. J. 1832. Nebst 2 Anhn., enthalt. d. wichtigsten Bestimmungen d. Churfürstl. Hess. Bürgergardengesetzes, u. d. Regulativs f. Errichtung d. Bürgergarde in d. Residenzstadt Altenburg. (Hrsg. v. H. C. F. v. Nostiz-Drzewiecki.) 1. Jahrg. gr. 8. (9 B.) Leipzig 833, Wienbrack. Thlr.

Chronik, Compendiöse, unserer Zeit... Leipzig 1821—23. H: *Roch, Carl Friedrich.* (Ky)

— compendiöse, unserer Zeit, oder Auswahl denkwürdiger Weltbegebenheiten d. Gegenwart; nebst Miszellen. (Herausg. v. K. F. Roch). 1r Jahrg. 4 Bdchen, mit Kpf. gr. 8. Leipz. 821. Mag. f. Ind. 2 rℓ 8 gr 2r Jahrg. f. 1823. Mit 2 Kpft. u. 1 Vign. gr. 8. Ebd. 1 rℓ 12 gr

— d. Könige v. England. 8. Elbing. 785. Hartmann. 6 gr

— des sächsischen Königshauses u. seiner Residenzstadt vom 18. Juni 1853 bis zum 18. Juni 1878. Ihren königl. Majestäten Albert u. Carola von Sachsen zum silbernen Ehejubiläum in Ehrfurcht gewidmet von der königl. Haupt- u. Residenzstadt Dresden. gr. Fol. (V, 402 S. m. Holzschn.-Ornamenten, eingedr. Holzschn. u. Lichtdr.-Bildern.) Dresden 881. Baensch in Comm. geb. m. Goldschn. n.n. 150. —

— des deutsch-französischen Krieges 1870. Mit den Reden, Telegrammen, Handschreiben, Erlassen, Armee-Befehlen, Proklamationen u. Verordnungen Sr. Majestät des Königs von Preußen. Aus dem königl. preuß. Staats-Anzeiger. 1. 2. Liefg. Berlin 870. v. Decker. gr. 8. n. 7½ ngr
Inhalt: 1. Vom 4. Juli bis 19. Aug. (28 S.) n. 5 ngr. 2. Vom 20. Aug. bis 7. Septbr. (16 S.) 2½ ngr

— des deutsch-französischen Krieges 1870—1871. Mit den Reden, Telegrammen, Handschreiben, Erlassen, Armeebefehlen, Proklamationen u. Verordngn. Ihrer Majestäten d. Königs u. der Königin v. Preußen. Aus dem königl. preuß. Staats-Anzeiger. 3. u. 4. (Schluß-)Hft. Vom 8. Septbr. 1870 bis 16. Juli 1871. gr. 8. (431 S.) Berlin 871. v. Decker. n. 3. —; (cplt.: n. 4. 50)

—— des deutsch-französischen Krieges 1870—1871. Mit den Reden, Telegrammen, Handschriften, Erlassen, Armee-Befehlen, Proklamationen und Verordnungen Ihrer Majestäten des Königs und der Königin von Preußen. Aus dem königl. preuß. Staats-Anzeiger. 4 Hefte. 1.—3. Aufl. gr. 8. Berlin 870,71. v. Decker'sche Geh. Ober-Hofbuchdr. *

Inhalt:

Heft 1. Vom 4. Juli bis 19. August. (31 S.) * 50 Pf.
" 2. Vom 20. August bis 7. September. (16 S.) * 25 Pf.
" 3. Vom 8. September bis 6. November 1870. (72 S.) * 75 Pf.
" 4. Vom 7. November 1870 bis 16. Juli 1871. (362 S.) * ℳ 3.

Chronik des deutsch-französischen Krieges 1870—1871. Mit den Reden, Telegrammen, Handschreiben, Erlassen, Armee-Befehlen, Proklamationen und Verordnungen Ihrer Majestäten des Königs und der Königin von Preußen. 4. verb. und verm. Aufl. 2 Thle. gr. 8. Berlin 870,71, v. Decker'sche Geh. Ober-Hofbuchdr. *

Inhalt:

Thl. 1. Vom 4. Juli bis 6. November 1870. (188 S.) * ℳ 1,50.
" 2. Vom 7. November 1870 bis 16. Juli 1871. (452 S.) * ℳ 4.
Aus: Königl. preuß. Staats-Anzeiger, besonders abgedruckt.

— des deutsch-französischen Krieges 1870. Nach den Mittheilgn. d. klg. pr. Staats-Anzeigers bearb. gr. 4. (16 S.) Rastenburg 872. Schlemm. — 20

— v. d. Kriegen d. Abjaba. 5 Büch. 8, 757.

Chronik des deutschen Kriegervereinswesens von 1872 bis Ende 1905. Hrsg. v. Vorstande d. Kyffhäuser-Bundes d. Deutschen Landes-Kriegerverbände. Berlin: Selbstverl. 1908. 160 S. 8°
Aus: Geschäftsbericht d. Kyffhäuserbundes d. Deutschen Landes-Kriegerverbände. 7 u. 8. 10. 6376

— für die bildende Kunst. Geschäfts-Organ für die deutsche Kunstwelt. Jahrg. 1863. 12 Nrn. (à 1 Bgn.) Göttingen, Wigand in Comm. 4. n. 1 ₰

— für vervielfältigende Kunst. Red. v. R. Graul. 1. Jahrg. 1888. 8 Nrn. Fol. (Nr. 1: 5 Bog. m. Illustr. u. 1 Taf.) Wien, Gesellschaft f. vervielfältig. Kunst. n. 4. —

— dasselbe. Schriftleiter: R. Graul. Hrsg.: H. Grasberger. 2. 3. Jahrg. 1889. 1890. à 12 Nrn. Fol. (2 B. m. Illustr.) Ebd. à Jahrg. n. 8. —

— für vervielfältigende Kunst. Schriftleiter: Rich. Graul. Hrsg.: H. Grasberger. 4. Jahrg. 1891. 12 Nrn. (à ca. 2 Bog. m. Illustr.) Fol. Wien, Gesellschaft f. vervielfältigende Kunst. n. 8. —
Erschien nicht weiter.

— der deutsch-nationalen Kunstgewerbe-Ausstellung München 1888. Im Auftrag des Directoriums hrsg. v. P. v. Salvisberg. 15 Hfte. gr. 4. (1. Hft. 24 S. m. Illustr.) München 888. Verlag der Academ. Monatshefte. n.n. 15. —; einzelne Hfte. à n.n. 1. 20

—— der deutsch-nationalen Kunstgewerbe-Ausstellung München 1888. Im Auftrag des Directoriums hrsg. von Paul v. Salvisberg. 16 Hefte. Fol. (à Heft 24 S. mit Illustr.) München, Verlag der Academ. Monatshefte. **
Einzelne Hefte à **

Chronik, R. P. G. W. S. J. Kurtze, von Auf- und Untergang . . ., s. Chronik, Reverendi Patris G. Weyers S. J. Kurtze . . .

— kurze, der Stadt Chemnitz. Vom Entstehen bis zur neuesten Zeit 1136—1887 m. freiem Raum zur Fortführg. bis zum J. 1900. Mit dem color. Stadtwappen v. Chemnitz entworfen v. E. Doepler dem Jüngeren. Ein Gedenkbuch f. jede Chemnitzer Familie. gr. 4. (23 S.) Chemnitz 887. Focke. n. 1. 25

Chronik, Kurze, von Ertingen. Saulgau 1869. V: *Buck, Mich. Rich.* (Heyd)

Kurze Chronik des Jahres 1849, enthaltend alle wichtigen Ereignisse, Kammerbeschlüsse, Verordnungen, Todesfälle u. s. w., welche im Jahre 1849 stattfanden, nach Monat, Tag und Datum geordnet. Berlin, G. Hempel 1850. 31 S. 8.

Immanuel G Luth Ch (Chi). Kurze Chronik . . . 1854-1904. Festschrift. Chicago, 1904.

—— kurze, der Landeskrone bei Görlitz. 8. (1 B.) Görlitz 845, Heinze u. Comp. *

Chronik, Kurze, des Musik-Vereins zu Münster. Münster 1877. V: *Bisping, Max.* (Rass)

— kurze sibirische [die kungurische]. Deutsch v. Frz. Böncken. Lex.-8. (IV, 44 S.) St. Petersburg 883. (Schmitzdorff.) *n. 2. —

Chronik, Kurzgefasste, des eilfhundertjährigen Benediktinerstiftes Kremsmünster auf dessen Jubeljahr 1877. Linz 1877. V: *Dannerbauer, Wolfgang.* (EB)

Chronik des Fleckens Lehe bis zum Jahre 1840. Bremerhaven 1898. V: *Ribbentrop.* (Löwe, Bibliogr. d. Hann. u. Braunschw. Gesch. Hann. 1908. S. 319.)

— Leipziger, während d. Drangsale u. Schrecknisse des im Sommer 1813 erneuerten Kriegs. Nebst Schilderung d. mit Sturm geschehenen Einnahme d. Stadt u. d. Rückzugs d. Franzosen. 8. Leipz. 813. Joachim. 8 ₰

Chronik der Firma A. Leopold, Belitz Nachfolger, Eisenwaren-Handlung, Kiel. Aus Anlaß des 50jähr. Bestehens der Firma in der Familie Leopold d. 20. April 1904. o. O. (1904.) 8°
[Umschlagt.:] 50 Jahre der Firma A. Leopold, Kiel.

Chronik der Firma A. Leopold, Belitz Nachfolger, Eisenwaren-Handlung, Kiel. Aus Anlaß d. 50j. Bestehens d. Firma in d. Familie Leopold den 20ten April 1904. o. O. (1904). (8 Bl., 4 Taf.) 8° [3.] 1. 5. 3,88 8

—— der Stadt Liebenwerda, s. Lichtenberg, C. v.

— die, der Stadt Liebenwerda (v. Karl v. Lichtenberg) Mit 4 Ansichten. gr. 4. Torgau 837. (Leipzig, Hinrichs.) n. 1 1/3 ₰

— der Leipziger Liedertafel. Zur Feier ihres 25jährigen Jubiläums . . . (Leipzig 1867.)

— die Limburger, hrsg. v. Fr. Zurbonsen, s. a. Sammlung, Schwann'sche, geschichtl. Quellenschriften f. d. Unterricht.

—— die Limburger, mit e. Einleitung u. erläut. Anmerkn. Hrsg. v. C. D. Vogel. 2., unveränd. Aufl. 8. (10 B. u. 1 Geschichtstaf.) [Cassel,] 828, (Krieger.)

— d. Limburger, mit e. Einleit. u. erläut. Anmerkk. herausg. v. C. D. Vogel. 2e unveränd. Aufl. 8. Marb. 828. (Krieger). 14 ₰

Chronik des k. k. Linien-Inf.-Reg. Nr. 7 von 1691—1868. Mit Anh. Graz 1869. 298 S.

Chronik des k. k. 7. L.-Inft.-Reg. seit seiner Errichtung 1691 bis Ende Mai 1868. Mit einem Anhange. (Als Manuscript gedruckt.) 8. Graz 1869.

Chronik, Literarische, in Aufsammlung zerstreuter Blätter. Bern 1785—88. V: *Heinzmann, Joh. Georg.* (ErschDL) (Ky) (MGT)

— literarische, in Auffammlung zerstreuter Blätter (von J. G. Heinzmann). 3 Bde. gr. 8. Bern 785—88. Haller. 3 ₰ 12 ₰

Chronik der Loge zur goldnen Mauer in Budissin von Johannis 1851 bis dahin 1853. [Bautzen 1853: Monse.] 16 S. 8° [Kopftit.]

Chronik des Turnvereins Lörrach (Baden), gegr. 2. 4. 1862, Hs. (Jber. 1862—1894), 108 S., 4°.

Chronik, Lübeckische. Lübeck 1842. V: *Köse, Fd.* (EngG)

—— lübeckische. gr. 8. (30 B.) Lübeck 842, Aschenfeldt. *

Chronik der Ludwigs-Maximilians-Universität zu München für das Jahr 1871/72, enthaltend: die 400jährige Stiftungsfeier am 1., 2. u. 3. August 1872, Festrede von Dr. J. v. Döllinger und Verzeichniss der Festtheilnehmer. München 1872. 4°.

Chronik der Ludwig-Maximilians-Universität München für das Jahr 1886/87. Vom 26. Juni 1886 bis 25. Juni 1887. München 1887, A. Buchholz. 4°. 50 S.

— dasselbe für das Jahr 1887/88. Vom 26. Juni 1887 bis 25. Juni 1888. München 1888, A. Buchholz. 4°. 63 S.

[F.] **Chronik** der Ludwig-Maximilians-Universität München für das Jahr 1893/94 '(vom 26. Juni 1893 bis 25. Juni 1894)'. München, kgl. Hof- u. Univ.-Buchdr. v. Dr. C. Wolf & Sohn, 1894; 2 Bl., 59 S. 4.

Chronik der Ludwig-Maximilians-Universität München für das Jahr 1901/1902 (vom 26. Juni 1901 bis 25. Juni 1902). *München 1902: C. Wolf & Sohn.* (79 S.) 4° [F.]

Chronik der Ludwig-Maximilians-Universität München für das Jahr 1902/1903 (vom 26. Juni 1902 bis 26. Juni 1903). *München 1903: C. Wolf & Sohn.* (79 S.) 4° [F.]

Chronik der Ludwig-Maximilians-Universität München für das Jahr 1903/1904 (vom 26. Juni 1903 bis 25. Juni 1904). *München 1904: C. Wolf & Sohn.* (77 S.) 4° [F.]

Chronik der Ludwig-Maximilians-Universität München für das Jahr 1904/1905 (vom 26. Juni 1904 bis 25. Juni 1905). München 1905: C. Wolf & Sohn. (72 S.) 4° [F.]

Chronik der Ludwig-Maximilians-Universität München für das Jahr 1905/1906 (vom 26. Juni 1905 bis 25. Juni 1906). München 1906: C. Wolf. (82 S.) 4° [F.]

Chronik der Ludwig-Maximilians-Universität München für das Jahr 1906/1907 (vom 26. Juni 1906 bis 25. Juni 1907). München 1907: C. Wolf & Sohn. (90 S.) 4° [F.]

Chronik der Ludwig-Maximilians-Universität München für das Jahr 1907/1908 (vom 26. Juni 1907 bis 26. Juni 1908). München 1908: C. Wolf & Sohn. (88 S.) 4° [F.]

Chronik der Ludwig-Maximilians-Universität München für das Jahr 1908/1909 (vom 27. Juni 1908 bis 26. Juni 1909). München 1909: Wolf. 97 S. 4° [U 09. 3546

Chronik der Ludwig-Maximilians-Universität München für das Jahr 1909/1910 (vom 27. Juni 1909 bis 25. Juni 1910). München 1910: Wolf. 95 S. 4° [U 10. 3728

Chronik des Corps Lusatia zu Leipzig 1807 — 1877. Leipzig 1877. V: *Andree, Richard.* (Fabricius, W., Die dtsch. Corps. Berlin 1898. S. 428.)

— der Stadt Mähr.-Schönberg. Von der Gründg. der Stadt bis zum Ende des 19. Jahrh. 1. Thl. Von Karl Umlauff. 2. Thl. Nach Aufzeichngn. v. Frdr. Ritter v. Tersch. gr. 8. (VI, 134; 187 u. VII S. m. 1 Bildnis.) Mähr.-Schönberg 901. J. Emmer. n. 2.50; geb. n. 3.75

— der Hauptstadt Mannheim f. d. J. 1900. 1. Jahrg. Im Auftr. des Stadtrats bearb. v. Frdr. Walter. gr. 8. (VIII, 236 S. m. 12 Taf. u. 6 Bildnissen.) Mannheim 901. Stadtgemeinde (Rechnungskontrolbureau.) (Nur direkt.) Geb. in Leinw. n. 2.—

— der Hauptstadt Mannheim f. d. J. 1901 u. 1902. 2. u. 3. Jahrg. Im Auftrage des Stadtrats bearb. v. Frdr. Walter. (VIII, II, 323 S. m. 16 Taf. u. X, 290 S. m. 12 Taf.) gr. 8. Mannheim 903. 904. (J. Hermann.) Geb. in Leinw. à n. 2.50

Chronik der Kgl. Preussischen Universität Marburg für das Rechnungsjahr 1892/93. VI. Jg. Marburg, Druck d. Univ.-Buchdr. v. I. A. Koch, *1893;* 2 Bl., 75 S. 8.

Chronik der Königlich preussischen Universität Marburg für das Rechnungsjahr 1901/02. Jg. 15. *Marburg (1902): J. A. Koch.* (71 S.) 8°

Chronik der Königlich preußischen Universität Marburg für das Rechnungsjahr 1902/03. Jg. 16. *Marburg (1903): J. A. Koch.* (70 S.) 8°

Chronik der Königlich preußischen Universität Marburg für das Rechnungsjahr 1903/04. Jg. 17. *Marburg (1904): J. A. Koch.* (74 S.) 8°

Chronik der Königlich preußischen Universität Marburg für das Rechnungsjahr 1904/05. Jg. 18. Marburg (1905): J. A. Koch. (79 S.) 8°

Chronik der Königl. Preußischen Universität Marburg für das Rechnungsjahr 1905/06. Jg. 19. Marburg (1906): J. A. Koch. (74 S.) 8°

Chronik der Königl. Preußischen Universität Marburg für **das Rechnungsjahr** 1906. Jg. 20. Marburg (1907): J. A. Koch. (84 S.) 8°

Chronik der Königl. Preussischen Universität Marburg für das Rechnungsjahr 1907. Jg. 21. Marburg (1908): J. A. Koch. (76 S.) 8°

Chronik der Königl. Preussischen Universität Marburg für das Rechnungsjahr 1908. Jg. 22. Marburg (1909): Koch. 88 S. 8° [U 09. 3235

Chronik der Königl. Preussischen Universität Marburg für das Rechnungsjahr 1909. Jg. 23. Marburg (1910): Koch. 91 S. 8° [U 10. 3416

Chronik der Deutschen Mathematiker-Vereinigung. Leipzig (1900)

— d. Mecklenburg. 16 Buch. 4. Rost. 739.

Chronik medizinische

Medicinische Chronik. Hrsg.von Joseph Eyerel und (Matthias) v.Sallaba. Bd 1-4, gbd.

Wien: Meyer und Patzowsky 1793-94

Medicinische Chronik des XIX. Jahrhunderts. Zusammengestellt von Dr. Heinrich Adler und Dr Adolf Kronfeld. Wien. 1900. Perles. 8°. 233 S. K 3.—

Medicinische Chronik des XIX. Jahrhunderts. Zusammengestellt von Dr. Heinrich Adler und Dr. Adolf Kronfeld. 2., mit Nachträgen und Ergänzungen versehene Auflage. Wien. 1901. Perles. 8°. XVI, 223 S. K 3.—

CHRONIK DER STADT MEININGEN von 1676 bis 1834. Herausgegeben von dem Hennebergischen alterthumsforschenden Verein. Theil 1—2. Meiningen 1834—1835. Bei Friedemann Keyssner. 4°.

— die Meissner, von Erbauung der Stadt bis zum Jahre 1588. Nebst e. Anhange. 1r Thl., herausg. von Mor. Grünewald. 2r Thl., herausg. v. Ew. Chr. W. Dietrich. 8. Meissen ... (Klinkicht u. Sohn.) (à 1 ℛ) n. 2 ℛ

— d. Menschheit: e. Zeitschr. a. 1801. 6 Hfte. 8. Frankf. Hennings. 801.

Chronik der Stadt Mewe. Festschrift z. Erinnerung an d. Jubelfeier d. 600jähr. Bestehens d. Stadt. Im Auftr. d. städt. Behörden hrsg. von Dr. Paul Correns. *Graudenz: G. Röthe 1897.* (78 S.) 8° [F.] 10

Eine Mieser Chronik des 18. Jh. Nach Kalenderaufzeichnungen des Mieser Bürgers und Töpfermeisters Anton Mathias Reisser [1717—1804] und anderen zeitgenössischen Quellen hrsg. von Georg Schmidt. — Mies: Selbstverl.; Dvořák i. Komm. 1907. X, 168 S. mit Abb.

Chronik des k. k. I. kärnt. Militär-Veteranen-Vereines zur 25jährigen Jubelfeier am 29. Juni 1895 in Klgft. Klgft., v. Kleinmayr, 1895. 66 S.

Chronik der Stadt Mühlhausen in Thüringen ... hrsg. von Dr. [Reinhard] Jordan, Prof. Bd 1. *Mühlhausen: Danner 1900.* 8° [J.]

—— musikalische, s. Kastner's, E., Wiener musikalische Zeitung.

— musikalische, s.: Zeitung, Wiener musikalische.

— od. Nachr. v. d. merkw. Erdbeben. 8. Frankf. 756.

— d. Frankfurter National-Bühne v. J. 1798, nebst Anh. Frkf., Brenner. (Weißenf., Graffé).

— Nationale, d. Deutschen, herausg. v. Pahl. a. 1803 u. 4 4. Stuttg. Steinkopf, 804. (à 2 Rthlr. 16 gr.)

— neue Berlinische, 1s Quartal. 8. Ebd. 803. Ebd. 6 ℊ

— neue, v. Böhmen, v. J. 1530—1780, nebst Beschreibung d. Städte. gr. 4. Prag 782. Schönfeld. 1 ₰ 16 ℊ

Neue Chronik von Erfurt oder Erzählung alles dessen, was sich vom Jahr 1736 bis zum Jahr 1815 in Erfurt Denkwürdiges ereignete. Hrgg. v. Constantin **Beyer**. Erfurt. (1821.)
—— Nachträge. ebd. 1823. 8°.

Chronik, Neue, der Kais. Kön. V. Östr. Stadt Konstanz. 2. Aufl. Konstanz 1798. V: *Eberlin, Philipp.* (zuwzür 1912)

Chronik, neue kurzgefasste, von Altenötting, worin der Ursprung u. Fortgang der weltberühmten Wallfahrt zu der uralten heil. Kapelle U. L. Frau, nebst einigen merkw. marianischen Wundern u. Gutthaten beschrieb. werden. Mit TKpf. Altenötting 1817, bey Joh. Oetl, im Lädl nächst d. Pfarrkirche. 8°. 100 S., 2 Ill. Ppb.

Chronik, neue u. kurzgefasste, von Altötting, worin der Ursprung u. Fortgang der weltberühmten Wallfahrt in der uralten heil. Kapelle Unserer lieben Frau, nebst einigen merkw. Wundern u. Gebetserhörungen beschrieb. werden. 7. verm. Aufl. Als *Anhang:* Die feierl. Beisetzung des Herzens des Königs *Maximilians II* v. Bayern. Altötting 1865. Bei Jak. Kreutl. Buchhdlr., nächst der Pfarrkirche. Kl. 8°. Ppb.
VII—131 S. Neue Ausg von „Kobold's Gesch. d. uralten heil. Kapelle Unserer Lieben Frau in Altötting", 1709, besorgt vom geistl. Rath Joh. Geo Schmid. (Meist mit Beibehaltung der alten Sprache.)

— neueste, von Dresden. Eine Uebersicht d. merkwürdigsten Ereignisse vom Einzuge d. Franzosen im März bis z. Befreiung d. Stadt im Nov. 1813. Von e. Augenzeugen. Dresd. 814. Beger. (Leipz., Weygand). 12 ℊ

— neueste, von Frankfurt, s. Jahre, vierzig, von Frankfurt a. M.

Chronik, Neueste, von der freien Stadt Frankfurt a. M... Frankfurt a. M. 1834. V: *King, D.* (Ky)

Chronik: Neueste Chronik für die Schweiz
v. Neueste Kronik für die Schweiz.

Chronik der Kirchgemeinde Neumünster. Hrg. von der Gemeinnützigen Gesellschaft von Neumünster. [Mit Illustrationen, 28 Tafeln und 3 Plänen.] 8. Zürich 1889.

Chronik der Kirchgemeinde Neumünster. Hrsg. von der Gemeinnützigen Gesellschaft von Neumünster. – *Zürich. Selbstverlag der Gesellschaft*, 1890. In-8° des XVI 702 SS. 27 illustrations (*gravures, phototypes, héliogravures*).

— von Neunkirchen. Übersicht üb. Ereignisse d. öffentl. Lebens. Blätter f. volkstüml. Orts- u. Heimatkunde. Zwanglose Lokal-Beilage zur Neunkirchener Ztg. Hrsg. u. verantwortlich: Jak. Lehnen. 1. Jahrg. 1909 Nr. 1—3 u. 2. Jahrg. 1910 Nr. 7. (S. 1—24 u. S. 1—67 m. Abb.) gr. 8. Neunkirchen (Bez. Trier), Paulinus-Druckerei. (Nur direkt.) à Nr. - 10

— der Stadt Neusalza v. J. 1891, 1892. 8. Neusalza, H. Oeser. n.n. — 75
1891. (16 S.) 892. n.n. — 25. — 1892. (24 S.) 893. n.n. — 50

— von Neustadt an der Haardt, nebst den umliegenden Orten u. Burgen, mit besond. Berücksichtigung der Weinjahre. Unter Mitwirkung von Andr. Sieber, bearb. von Frdr. Jac. Dochnahl. Mit (3) Abbildgn. (in Kpfrst. u. Holzschn.) u. 1 (lith.) Karte der Römerstraßen (in Fol.). Neustadt a. d. H. 867. Gottschick Witter. Lex.-8. (X, 315 S.) n. 1 ₰ 15 ℊ

Die Neustädter **Chronik**. Hrsg. von Kaufm. H. Besser u. Diakonus R[udolf] Herrmann. 1. Neustadt (Orla): Verein f. Geschichts- u. Heimatpflege 1910. 8°
(Bau-Steine z. Geschichte Neustadts. H. 1.)

Chronik des Niederrheins. Nr. 1–87. Jan. – März 1819. Düsseldorf.

Chronik des katholischen süddeutschen Studentenvereins Normannia in Würzburg. Festgabe ... Würzburg [1886]. V: *Dyroff, Adolph.* (Erman & Horn, Bibliogr. d. dtsch. Universitäten. 2. Leipz. u. Berl. 1904.)

Chronik, Nürnberger. Bis 1434. Fortgesetzt bis 1441. [Leipzig 1862.] H: *Kern, Theodor von.* (Kat. d. Bibl. d. dtsch. Reichtages. Berl. 1882.)

Chronik. Oberländer Ch'... 1866. Ragaz *s.* [Steiger, Otto].

Chronik: Oberrheinische Chronik
⑮ Von Samuel Flick in Basel für 1808, evtl. 1809 geplante Zeitung, deren Publikation vom Kleinen Rat aber nicht bewilligt wurde. — v. Gysin: Zensur u. Pressefreiheit (Basel 1944). S. 54.

— Oberrheinische, älteste bis jetzt bekannte in deutscher Prosa, aus einer gleichzeit. Handschrift zum erstenmal hrsg. v. Frz. Karl Grieshaber. gr. 8. (XVI u. 40 S.) Rastatt 850. (Hanemann.) n. 18 ℊ

Chronik, Die oberrheinische, von Grieshaber. [Solothurn] 1866. V: *Wyss, Georg von.* (Cat. d. Stadtbibl. Zürich. Zürich 1864—97.)

— die Ofner, hrsg. v. Wilh. Fraknói, s. a. Chronica Hungarorum.

Die Ofner Chronik. Facsimile-Ausgabe des ersten ungarländischen Druckes nach dem Exemplare der Bibliothek des ung. Nationalmuseums. Mit einleitender Studie von Wilhelm Fraknói. Autorisirte Übersetzung aus dem Ungarischen. Budapest. 1900. Ranschburg. Wien. Gilhofer & Ranschburg. 4°. 86 S. K 20.—

Chronik des Oeil de Boeuf der innern Gemächer des Schlosses ... von Paris. ... In das Deutsche frei übersetzt von L. v. Alvensleben. Leipzig 1832—37. V: *Touchard-Lafosse, G.* (BGE)

— dasselbe, s. a. Memoiren-Bibliothek.

—— des Oeil de Boeuf d. innern Gemächer d. Schlosses u. d. Gesellschaftssäle v. Paris. — Eine Schilderung d. Sitten u. ihr. Verfalles unt. d. Regierungen Ludwigs XIV., d. Regentschaft Ludwigs XV. u. Ludwigs XVI. Hrsg. durch d. verwitt. Gräfin v. B***. In das Deutsche frei übers. durch L. v. Alvensleben. 1. u. 2. Bd. Regierung Ludwigs XIV. 1. Abschn. 8. (44¾ B.) Leipzig 831, O. Wigand.

—— daſſ. 3. u. 4. Bd. Regierung Ludwigs XIV. 2. Abſchn. 8. (35¼ B.) Ebdſ. 832.

—— daſſ. 5. Bd. Regentſchaft d. Herzogs v. Orleans. 6. Bd. Regierung Ludwig XV. 8. (36 B.) Ebdſ. 832.

—— daſſ. 7. u. 8. Bd. Regierung Ludwigs XV. u. XVI. 8. (50¼ B.) Ebdſ. 832.

—— daſſ. 9. u. 10. Bd. — A. u. d. T.: Pariſer Nächte. Eine Gallerie galanter Abentheuer, geheimer Liebes- u. and. Geſch. d. Pariſer Großen. 1. u. 2. Bd. Das alte Paris. 8. (35¼ B.) Leipzig 834, Sturm. (Literar. Muſeum.)

—— daſſ. 11. u. 12. Bd. — A. u. d. T.: Pariſer Nächte. Eine Gallerie ꝛc. 3. B. Das alte Paris. — 4. Bd. Das neue Paris. 8. (28½ B.) Ebdſ. 834.

—— daſſ. 13. u. 14. Bd. — A. u. d. T.: Pariſer Nächte ꝛc. 5. u. 6. Bd. Das neue Paris. 8. (23¼ B.) Ebdſ. 835.

—— des Oeil de Boeuf d. innern Gemächer d. Schloſſes u. d. Geſellſchaftsſäle v. Paris. Hrsg. durch d. verwitt. Gräfin v. B***. 15—18. Bd. — A. u. d. Titln.: Pariſer Nächte. Eine Gallerie galanter Abentheuer, geheim. Liebes- u. a. Geſchichten. 7—10. Bd. — Funfzig Jahre d. geheim. Geſch. Frankreichs u. d. Hofes v. Verſailles. Maria Antoinette v. Oeſtreich. Louis XVI. Napoleon Bonaparte. Louis XVIII. Charles X. 1—4. Bd. 8. Leipzig, [Schreck.] [15., 16. (36 B.) 836., 17., 18. (32½ B.) 837. à 1 Thlr.]

—— daſſ. — 19. u. 20. Bd. — A. u. d. Titln.: Pariſer Nächte. Eine Gallerie galanter Abentheuer, geheim. Liebes- u. a. Geſchichten d. pariſer Großen. 11. u. 12. Bd. — Funfzig Jahre d. geheim. Geſch. Frankreichs u. d. Hofes v. Verſailles. 5. u. 6. Bd. 8. (28 B.) Leipzig 837, Ph. Reclam jun.
1—8. Bd. Leipzig 831, 32, Otto Wigand. 8 Thlr. 16 Gr.; 9—14. Bd. Leipzig 834, 35, [Schreck.] 6 Thlr.

—— die, d. Oeil de Boeuf. Deutſch v. P. Bornſtein. 5 Bde. 8. Berl. 892, [Fried u. Co.] Wiener. à Bd. 1 —; geb. in 1 Bd. * 5 —
1. u. 2. Memoiren vom Hofe Ludwig XIV. (192; 208 S.)
3. Memoiren aus der Zeit der Regentſchaft Philipps v. Orléans. (141 S.)
4. u. 5. Memoiren vom Hofe Ludwig XV. (160; 176 S.)

— daſſelbe, Titel-Ausg., ſ.: Geheimniſſe, die, v. Verſailles.

— der Stadt Olmütz üb. die J. 1619 u. 1620, ſ.: Schriften der hiſtoriſch-ſtatiſt. Section der k. k. m. ſchl. Geſellſchaft des Ackerbaues ꝛc.

Chronik der Stadt Ortrand. Entworfen von S. Grossenhain 1852. V: *Schreyer.* (EngG) (Ky)

— der Stadt Ortrand. Entworfen v. S. 1. Thl. gr. 8. (52 S.) Großenhain 852, Haſſner. ¼ ß

— österreich., v. den 95 Herrschaften, hrsg. v. Jos. Seemüller. s.: Monumenta Germaniae historica.

Chronik. Ostschweizerische Ch' von 1442–1448 s. (Liebenau, Th[eodor] v[on]).

PALAIS-ROYAL. — Chronik des Palais-Royal. 2 Thle. Leipzig, literar. Museum, 1837. 8⁰. 36¾ Bogen. Selten!

—— des Palais-Royal. 1. u. 2. Bd. — A. u. d. T.: Galanterien u. Liebſchaften d. Gräfin v. Parabère, Favorite d. Herzogs v. Orleans, Regenten v. Frankreich. Eine Sittenſchilderung a. d. 18. Jahrh. 2 Thle. 8. (36¾ B.) Leipzig 837, Ph. Reclam jun.

Chronik, Die Parische, griechisch übers. u. erläut. nebst [Sin. Parr's] Bemerkungen über ihre Achtheit, nach dem Englischen v. O. Fr. Ch. Wagner. Göttingen 1790. II: *Robertson, Joseph.* (Gi)

—— Pariser, der Unterhaltung. 1. Jahrg. 1863. Octbr. bis Decbr. 13 Nrn. (à 2 Bog.) Fol. Freiburg im Br., Wangler.

Chronik eines alten schlesischen Patriziergeschlechts. Wien 1870. 8.

Chronik nebst Personal- und Beamten-Statistik der Loge z. innigen Verein am Riesengebirge Or. Landeshut von der Eröffnung der Loge im Jahre 1820 bis zum Jahre 1895. Zur Erinnerung an ihr 75 jähriges Bestehen zum Stiftungsfeste am 4. Aug. (24. Nov.) 1895 zsgest. o. O. [1895]. 42 S. 4⁰ [Umschlagtit.]
Bericht üb. d. J. 1820—1845 von E. F. Loge, 1845—1870 von O. Kayser, 1870—1895 von J. G. R. Köhler. S. 21—41: Verzeichn. der Mitgl. der Loge von 1820—1895.

— photographische, s.: Atelier, das, d. Photogr.

Chronik der Stadt Pinneberg. Niedergeschrieben von mehreren Einwohnern der Stadt Pinneberg. 1902. 8⁰

Deutscher Pionier-Verein [Toledo]. Chronik des ... sammt einer kurzen Gesch d ersten dten Ansiedler in Toledo u Lucas Co, u der Nekrologe der verstorbenen Mitglieder des Vereins. Coll and wr: P. J. Mettler. Toledo, 1898.

Chronik: Politische Chronik
① Monatsschrift für Staatswissenschaft, politische Literatur, Kultur und Tagesgeschichte ⑤ für 1841 vorgesehen ⑦ Monatsblatt ⑧ Solothurn ⑩ Theodor Scherer ⑪ Theodor Scherer mit Mitarbeitern ⑫ katholisch-konservativ ⑬ Paul Letter: Theodor Scherer I (Einsiedeln 1949), besonders S. 45—47 ⑮ Von Scherer projektierte, aber nicht erschienene Monatsschrift.

— des biſchöflichen Prieſter-Seminars zu Paderborn. Vom Jahre der Gründung 1777 bis zum Jahre 1877. gr.8. (122 S.) Paderborn 877. Bonifacius-Druckerei. n. 1.50

Chronik, R. P. G. W. S. J. Kurtze, von Auf- und Untergang ..., s. Chronik, Reverendi Patris G. Weyers S. J. Kurtze ...

— der Stadt Radolphzell. Ein Beitrag z. Städte-Geſchichte des Mittelalters, des Schwaben-, Bauern-, ſchmalkaldiſchen u. 30jähr. Krieges. Aus handſchriftl. u. andern zuverläſſigen Quellen bearb., nebſt Erläuterungen u. Urkunden. gr.8. Freiburg ... Waizenegger. 1⅓ ß

— von Rapperswil, s. Mittheilungen der antiquar. Gesellschaft in Zürich, VI. Bd. 5. Hft.

Chronik von Rapperswil vom Jahre 1000 bis zum Jahre 1388, nach einer von Mattheus Rikhenman, Presbyter und Burger zu Rapperswil, im Jahre 1670 genommenen Abschrift ... hrg. von Ludwig Ettmüller. [Mit 1 Vignette und 1 Tafel.] (Mittheil. Ant. Ges. Zürich. Band 6. Heft 5.) 4. (Zürich 1849.)

Chronik der Stadt Ratzeburg. hrgg. v. Ludwig Hellwig. Mit Vorwort v. Friedrich Bertheau. Ratzeburg. 1910. 8⁰

— d. Reformations-Jubelfeier in den däniſchen Staaten am 31ſten Oct. u. 1ſten u. 2ten Nov. 1817. Herausg. v. G. P. Peterſen. 8. Kiel. (Hammerich in Altona). 2 ß 8 gl.

⊙ Chronik der Reformationsjubelfeier in den Dänischen Staaten am 31. Oktober, 1. u. 2. November 1817 hrgg. v. Georg Peter Petersen. Kiel. (1819.) 8⁰.
Erschien ursprünglich in der Form von Beiheften zu den Provinzialberichten von 1818.

Chronik der Stadt und Hochstift Regensburg vom Jahre 1430 bis zum Jahr 1496 ... Regensburg 1816. V: *Gemeiner, Carl Theodor.* (EB)

— des deutschen Reichs-Anzeigers und kgl. preuß. Staats-Anzeigers für 1874 und 1875. gr. 8. (52; 96 S.) Berlin (C. Heymann's Verlag.) à Jahrg. **
Nicht weiter erschienen.

— des deutschen Reichs-Anzeigers u. kgl. preuß. Staats-Anzeigers f. 1874. u. 1875. gr. 8. (52 u. 96 S.) Berlin 875. 76. C. Heymann's Verl. in Comm. à n.n. — 50

— rheinische, in Wort u. Bild. I. Jahrg. 1894/95. 1. Hft. gr. 8. (32 S.) Mainz, J. P. Haas. n. — 50

– Dass. 2. u. 3. Heft. S. 33–92 mit 1 Wandkal. Ebd. 1895.

— Rheydter. Geschichte d. Herrschaft u. Stadt Rheydt. 1. u. 2. Bd. u. Beilage z. 2. Bde. gr. 8. Rheydt 897. W. R. Langewiesche. n. 8. 70
1. Geschichte d. Herrschaft Rheydt von Ludw. Schmitz. (XVI, 299 S. m. 16 Bild. u. Beilagen u. 2. Nachtrag z. 2. Bd. S. 481—484 m. 2 Bild.) n. 3. —
2. Geschichte d. Stadt Rheydt. Hrsg. v. Wilh. Strauß. (XIII, 480 S. m. 81 Bild. u. Beilagen.) n. 4. 50
2. Beilage: D. Rathhaus z. Rheydt. (V, 64 S. m. 12 Bild. u. Beilagen.) n. 1. 20

Chronik der Benediktiner-Abtei St. Georgenberg nun Fiecht in Tirol. gr. 8. (352 S. mit 2 Stnt.) Innsbruck 871, Wagner'sche Universitäts-Buchh. *

Chronik der Benediktinerabtei St. Georgenberg. Innsbruck 1874. V: *Pochstaller, Pirmin.* (EB)

— der Benediktiner-Abtei St. Georgenberg nun Fiecht in Tirol. gr. 8. (352 S. m. 2 Steintaf.) Innsbruck 874. Wagner. n. 7. 20

— von Sanct Peter zu Erfurt 1100—1215, s.a. Geschichtschreiber, die, der deutschen Vorzeit.

Chronik von Sanct Peter zu Erfurt, 1100–1215. Uebersetzt von G[eorg] Grandaur. 8. Leipzig 1881.
Die Geschichtschreiber der deutschen Vorzeit. XII. Jahrhundert. Band 4.

Chronik von Sarnen. Sarnen 1895. V: *Küchler, Ant.* (BSchwLk V, 8, 1)

Die Chronik der nordelbischen Sassen, s. Quellensammlung der Schleswig-Holstein-Lauenburgischen Gesellschaft für vaterländische Geschichte. Bd. 3.

— satyrische, von Wien. 1848. Red.: Franck. Illustrationen v. A. Zampis. Nr. 1—16. Fol. (à 1/2 B. lith.) Wien, Neumann. (à 3 1/2 ngr) 1 rß 26 ngr

Chronik der Stadt Schaffhausen. Schaffhausen 1842. V: *Im-Thurn, Eduard & Hans Wilh. Harder.* (Hauptkat. d. Univ.-Bibl. Tübingen. F. S. 141.)

Chronik der Stadt Schaffhausen. Schaffhausen 1844 s. (Im Thurn, Eduard, [und] Harder, H[ans] W[ilhelm]).

— berühmter Schneider. Kurze Lebensschilderungen der vornehmsten Berufsgenossen d. Schneiders, nebst e. Anh., betitelt: die Bedeutg. der Schneider in der Weltgeschichte. 8. (80 S.) Dresden 892. Exped. der Europ. Modenzeitg. n. — 80; geb. n. 1. —

— der Schule in... (Einbd.: Schul-Chronik.) Nach Maßgabe d. Ausschreibens d. kgl. Regierg. zu Hildesheim v. 21. X. 1907. (Amtl. Schulblatt 1907, Nr. 21, S. 154.) (III, 300 S.) 34,5×32,5 cm. Hildesheim 908. H. Helmke. Geb. nn 6. —

— dasselbe. (Ausg. f. Städte.) Nach Maßgabe des Ausschreibens d. kgl. Regierg. zu Hildesheim v. 21. X. 1907 (Amtl. Schulblatt 1907, Nr. 21, S. 154) u. d. Rundverfügg. der kgl. Regierg. zu Hannover v. 30. I. 1905—II. 912—(Amtl. Schulblatt 1905, S. 11). (IV, 300 S.) 34×22,5 cm. Ebd. 908. Geb. nn 6. —

— dasselbe. (Ausg. f. Landschulen.) Nach Maßgabe der Verfüggn. d. kgl. Regierg. in Hildesheim v. 31. X. 1907 (Amtl. Schulblatt 1907, S. 154) u. der kgl. Regierg. in Hannover v. 30. I. 1905 (Amtl. Schulblatt 1905, S. 11). 2. Aufl. (III, 300 S.) 34,5×32,5 cm. Ebd. 909. Geb. nn 6. —

— der Schulen zu Oelsnitz i. Vogtl. Hrsg. v. der Lehrerschaft zu Oelsnitz. gr. 8. (VII, 86 S. m. 11 Taf.) Oelsnitz i/V. 900. (Götze & Thenau). Kart. n.n. 2. —

Chronik, Schwäbische; ein Intelligenzblatt von ganz Schwaben. Stuttgart 1786. H: *Elben, Chn Gottfried.* (MGT)

— Schwäbische. 8. Ulm. Wohler. 786.

Chronik des Dorfes Schwanheim am Main. Hsg. von dem Fortbildungs- und Bürgerverein daselbst. Schwanheim 1888. V: *Kobelt, Wilhelm.* (Russell XVI, I, 3, 4997)

— des Dorfes Schwanheim am Main. (Von W. Kobelt.) Hrsg. v. dem Fortbildungs- u. Bürgerverein daselbst. gr. 8. (83 S.) Schwanheim 888. (Frankfurt a/M., Jügel's Nachf.) n. 1. 20

Chronik, Schweizer, s.a. Schweizer-Chronik.

— Schweizer, v. d. ältern bis auf neuere Zeiten. 3 Bde. m. K. 12. Bern, (Typ. Soc.) 804.

— — dieselbe. 2r u. 3r Bd. (a. unt. d. Tit.: Neuere Geschichte d. Schweizer.) m. K. 12. Ebend. 804.

Chronik, Schweizerische, 1873. Basel 1874. V: *Vögeli, Hans Heinrich.* (Cat. d. Stadtbibl. Zürich. Zürich 1864—97.)

— schweizerische. 1873. Hrsg. v. H. H. Vögeli. gr. 8. (XXXII, 128 S.) Basel 874. Schwabe. n. 2. 50

[Chronik des Orientalischen Seminars in Berlin 1906 1907. 1907/1908.] 8°

Die Chronik der Ševčenko-Gesellschaft der Wissenschaften. N. 1. Lemberg 1900: Dr. d. Ševčenko-Gesellsch. 8° [II. 679

— des preußischen Staates u. des norddeutschen Bundes für das J. 1868. Ebend. 868. gr. 8. (67 S.) n. 2 1/3 ngr.

— des preußischen Staates und des norddeutschen Bundes für das J. 1868. gr. 8. (67 S.) Ebendas. 869. **

Chronik und Stamm der Pfalzgrafen bei Rhein und Herzoge in Bayern 1501. Die älteste gedr. Bayerische Chronik, zugl. d. älteste Druck d. Stadt Landshut in Bayern, in Facs.Dr. hrsg. mit e. Einl. von Dr. Georg Leidinger, Sekr. d. Hof-Bibl. München. [Nebst] Taf. *Strassburg: J. H. E. Heitz 1901–02.* 1 Bd 8°, 1 Bd 4°
— Drucke u. Holzschnitte d. XV. u. XVI. Jahrh. 7. [08. 343

Chronik und Stammbaum der Familie Thorbecke. Gedruckt für die Mitglieder und Freunde der Familie. Mannheim 1894. V: *Thorbecke, Franz & Clara Thorbecke.* (BMarsch 588)

Chronik und Stammbaum der Familie Thorbecke . . . Mannheim 1895. V: *Thorbecke, Clara.* (Berl)

Chronik, statische, der Alkohol-Vergiftung besond. in der preuß. Monarchie. Ein Beiblatt zu d. „ärztl. Volksfreunde" hrsg. v. F. Wilh. G. Kranichfeld. 5—7. Jahrg. 1845—47. à 12 Nrn. (½—1 B.) gr. 8. Berlin, J. A. Wohlgemuth. à J. **
1—4. Jahrg. . . . ?

Chronik, statische, der Alkohol-Vergiftung besond. in d. preuß. Monarchie. Ein Beiblatt zu dem „ärztlichen Volksfreunde" herausgeg von F. Wlh. G. Kranichfeld. 1.—5. Jahrg. ... 6. Jahrg. 12 Numm. (½—1 Bog.) gr. 8. Berlin 846, Wohlgemuth. baar 5/12 ₰

Chronik, statistische, der Alkohol-Vergiftung, besond. in d. preuß. Monarchie, zugleich Beiblatt zu dem „ärztl. Volksfreunde," hrsg. v. Frdr. Wilh. G. Kranichfeld. 7. u. 8. Jahrg. 1847 u. 1848. à 12 Nrn. gr. 8. (B.) Berlin. (J. A. Wohlgemuth.) à Jahrg. n. ⅓ ₰

— die, v. Stederburg, s. a. Geschichtschreiber, die, d. deutschen Vorzeit.

Chronik. Die Ch' (*Innentitel:* Klosterch') von Stederburg. Nach der Ausgabe der Monumenta Germaniae übersetzt von Dr. Eduard Winkelmann.... 8. Berlin 1866.
Die Geschichtschreiber der deutschen Vorzeit. XII. Jahrhundert. Band 11.

Chronik, Die, von Stederburg übers. v. Dr. Eduard Winkelmann... 2. Aufl.... Leipzig [1895]. V: *Gerhardus.* (Berl)

Chronik des befreyten Stifts der regulirten Chorherren zu den Wengen in Ulm . . . Augsburg 1783. V: *Lederer, Joseph.* (MGT) (ML)

Chronik. Die Ch' von der Stiftung der Karthause im Minderen Basel. Basel *s.* (Arnold, Heinrich, [und Carpentarii,] Georg).

— die Stretlinger, s.: Bibliothek älterer Schriftwerke der deutschen Schweiz u. ihres Grenzgebietes.

Chronik. Strübinsche Ch'. 1559–1627 *s.* Strübin, (Heinrich), [und] Strübin, (Hans H[einrich]).

— der kgl. Haupt- u. Residenzstadt Stuttgart 1898—1900. Hrsg. v. Gemeinderat. gr. 8. Stuttgart (Greiner & Pfeiffer). Geb. in Leinw. à n.n. 2. 50
1898. (VIII, 159 S. m. Abb. u. Taf.) 899.
1899. (VIII, 232 S. m. Abb. u. Taf.) 900.
1900. (VIII, 243 S. m. Abb. u. Taf.) (901.)

— der kgl. Haupt- u. Residenzstadt Stuttgart 1901—1904. Hrsg. vom Gemeinderat. (VIII, 193; VII, 230; VIII, 204 u. VIII, 203 S. m. Abbildgn. u. Taf.) gr. 8. Stuttgart 902—905. (Greiner & Pfeiffer.) Geb. in Leinw. à n.n. 2. 50

Chronik der K. Haupt- u Residenzstadt Stuttgart 1905-11. Stuttgart 1908-13

—— der Tagesbegebenheiten. Redig. v. Friedr. Bülau. 1. Jahrg. 1835. 52 Nrn. (Bog.) Imp.-4. Leipzig, Breitkopf u. Härtel. *

Chronik vom Pfarr- und Dekanatsbezirke Thalgau . . . Salzburg 1861. V: *Englmayr, Math.* (Hr)

— Thüringische, alte u. n. 8. Frankf. 729.

—— d. 300jähr. Todesfeier Dr. Martin Luthers, am 18. Febr. 1846, in Frankfurt a. M. Hrsg. v. G. Friedrich. gr. 8. (3 B.) Frankfurt 846, Oehler.

—— Toggenburger, urkundliche Geschichte sämmtlicher katholischen und evangelischen Kirchengemeinden der Landschaft Toggenburg. Aus archival. Quellen gesammelt von Al. Rudiger und H. G. Sulzberger. Bearb. von Fr. Rothenflue. gr. 8. (VII, 398, LXXXII S.) St. Gallen 888, (Hasselbrink.) *

Chronik, Topographische, von Breslau. Breslau 1805—7. H: *Menzel, Carl Adolph.* (BrMm) (EngG) (GGr) (Ky) (LVS)

— topograph.; v. Breslau, (v. K. A. Menzel). 9 Quart. mit Kpf. u. Vign. gr. 4. Bresl. 805—7. Graß, Barth u. C. 6 ₰ Ein Anh. dazu, s. Geschichte d. Belagerung von Breslau.

— topographische, v. Breslau. 9 Quart. m. K. u. Vign. gr. 4. Bresl. Barth. 807. (à 1 Rthlr.)
als Anhang zu dieser: Gesch. der Belager. v. Breslau m. K. gr. 4. Ebend. 808.

—— des Oesterreichischen Touristen-Club. Jahrg. 1886. gr. 8. (132 S. mit 1 Beilage.) Wien 887, (Bretzner und Comp.) *

Chronik des Oesterreichischen Touristen-Club. Jahrg. 1887. gr. 8. (138 S. mit 1 Beilage, 1 Tab.) Wien 888, (Bretzner und Comp.) *

— d. Diöcese Trier. 1r—3r Jahrg. 1830—32. à 4 Hefte. gr. 8. Trier 830—32. Troschel. à 1 ₰ 8 K 4 ₰

Trierische Chronik. Der Gesellsch. f. nützl. Forschungen in Trier gewidmet bei d. Feier ihres 100jähr. Bestehens. H. 1. *Trier: F. Lintz 1901.* 8°
— Archiv. Trierisches. Erg.H. 1.

— Trierische. Hrsg. v. Kentenich, Lager. Neue Folge. 1—3. Jahrg. Oktbr. 1904—Septbr. 1907. à 12 Nrn. (1. u. 2. Jahrg. 192 u. 194 S.) gr. 8. Trier, F. Lintz. à Jhrg. n. 3. —

— trierische. Zeitschr. d. Gesellsch. f. trier. Geschichte u. Denkmalspflege. Hrsg. v. Kentenich u. Lager. Neue Folge. 4.—7. Jahrg. Oktbr. 1907—Septbr. 1911 à 12 Nrn. (4—6. Jahrg.: IV, 192; IV, 194 u. IV, 192 S.) gr. 8. Trier, F. Lintz. à Jahrg. 3. —

Chronik, Tübinger. –
1. I. 1845 – 18. IV. 1945.
Fortges. u. d. T.: Tagblatt, Schwäbisches.

— die Ulmer. Volkszeitung f. Politik, öffentl. Leben, Handel u. Gewerbe. Redig. v. Fenner v. Fenneberg. (16. Jahrg.) 1846. 305 Numm. (½ Bog.) Roy.-4. Ulm, Seitz. n. 2½ ₰

Chronik, Ulmische Teutsche, für das erste Viertel des Jahrs 1778. Ulm 1778—81. H: *Schubart, Christian Friedrich Daniel.* (schstr S. 247)

Chronik der Universität . Bonn 1875 ff., s. Chronik der Rheinischen Friedrich-Wilhelms-Universität zu Bonn.

Chronik der kais. Universität zu Dorpat vom J. 1812. [Riga 1812.] V: *Morgenstern, Carl von.* (R-N)

Chronik der U n i v e r s i t ä t zu Kiel, s. C h r o n i k der Universität K i e l .

—— der königl. Universität zu Breslau für das Rechnungsjahr 1886—1887. gr. 4. (24, 10 S.) Breslau 888, (Köhler.) *

Chronik der Kgl. Universität zu Breslau für das Jahr vom 1. April 1891 bis zum 31. März 1892. Hrsg. v. Rector u. Senat. Jg. 6. Breslau, Druck v. Grafs, Barth & C., 1892; 123 S. 8.

Chronik der Königlichen Universität zu Breslau für das Jahr vom 1. April 1901 bis 31. März 1902. Jg. 16. *Breslau 1902: Grass, Barth & Co.* (134 S.) 8°

Chronik der Königlichen Universität zu Breslau für das Jahr vom 1. April 1902 bis 31. März 1903. Jg. 17. *Breslau 1903: Graß, Barth & Co.* (163 S.) 8°

Chronik der Königlichen Universität zu Breslau für das Jahr vom 1. April 1903 bis 31. März 1904. Jg. 18. *Breslau 1904: Graß, Barth & Co.* (169 S.) 8°

Chronik, der Königlichen Universität zu Breslau für das Jahr vom 1. April 1904 bis 31. März 1905. Jg. 19. Breslau: 1905: Graß, Barth & Co. (140 S.) 8°

Chronik der Königlichen Universität zu Breslau für das Jahr vom 1. April 1905 bis 31. März 1906. Jg. 20. Breslau 1906: Grass, Barth & Co. (165 S.) 8°

Chronik der Königlichen Universität zu Breslau für das Jahr vom 1. April 1906 bis 31. März 1907. Jg. 21. Breslau 1907: Graß, Barth & Co. (204 S.) 8°

Chronik der Königlichen Universität zu Breslau für das Jahr vom 1. April 1907 bis 31. März 1908. Jg. 22. Breslau 1908: E. Winter. (188 S.) 8°

Chronik der Königlichen Universität zu Breslau für das Jahr vom 1. April 1908 bis 31. März 1909. Jg. 23. Breslau 1909: Winter. 171 S. 8° [U 09. 650

Chronik der Königlichen Universität zu Breslau für das Jahr vom 1. April 1909 bis 31. März 1910. Jg. 24. Breslau 1910: Winter. 200 S. 8° [U 10. 656

Chronik der Königlichen U n i v e r s i t ä t zu Greifswald, s. C h r o n i k der Königlichen Universität G r e i f s - w a l d .

Chronik der Königlichen Universität zu Münster. Jg 17 f. d. J. vom 1. April 1902 bis 31. März 1903 ff. Münster 1903 ff. 8°.
17, 1902/03. 1903—21. 1906/07, 1907.
(Fortges. u. d. Tit.):
Chronik der (Königl.) Westfälischen Wilhelms-Universität. Jg. 22 ff. f. d. J. vom 1. April 1907 bis 31. März 1908 ff. Münster i. W. 1908 ff. 8°.
22, 1907/08, 1908—24, 1909/10, 1910.

Chronik der Königlichen Universität zu Münster für das Jahr vom 1. April 1902 bis 31. März 1903. Jg. 17. *Münster 1903: J. Bredt.* (41 S.) 8°

Chronik der Königlichen Universität zu Münster für das Jahr vom 1. April 1903 bis 31. März 1904. Jg. 18. *Münster 1904: J. Bredt.* (38 S.) 8°

Chronik der Königlichen Universität zu Münster für das Jahr vom 1. April 1904 bis 31. März 1905. Jg. 19. Münster 1905: J. Bredt. (35 S.) 8°

Chronik der Königlichen Universität zu Münster für das Jahr vom 1. April 1905 bis 31. März 1906. Jg. 20. Münster 1906: J. Bredt. (35 S.) 8°

Chronik der Königlichen Universität zu Münster für das Jahr vom 1. April 1906 bis 31. März 1907. Jg. 21. Münster 1907: J. Bredt. (35 S.) 8°

Chronik der Westfälischen Wilhelms-Universität zu Münster für das Jahr vom 1. April 1907 bis 31. März 1908. Jg. 22. Münster i. W. 1908: J. Bredt. (45 S.) 8°

Chronik der Königl. Westfälischen Wilhelms-Universität zu Münster für das Jahr vom 1. April 1908 bis 31. März 1909. Jg. 23. N. F. Jg. 1. Münster i. W. 1909: Bredt. 50 S. 8° [U 09. 3639

Chronik der Westfälischen Wilhelms-Universität zu Münster für das Jahr vom 1. April 1909 bis 31. März 1910. Jg. 24. Münster i. W. 1910: Bredt. 52 S. 8° [U 10. 3819

Chronik, Vaterländische.

Stuttgard 1787—91. H: *Schubart, Chn Friedrich Daniel.* (GGr)
Forts. u. d. T.: Vaterlandschronik.
Vorh. u. d. T.: Deutsche Chronik.

— vaterländ. d. Königl. Preuß. Rheinprovinzen u. d. Stadt Kölln insbesondere. Eine Zeitschr. herausgeg. v. J. W. Brewer. 1r u. 2r Jahrg. 1825 u. 26. M. Abbildd. gr 8. Cölln, Herausgeber. à 5 Rthlr.

CHRONIK DES VEREINS FÜR HEIMATHSKUNDE MÜNCHEBERGS und seiner Umgegend. (Jahrg. 1.) Müncheberg (1866). Druck der Buchdruckerei von C. Nickel. 4°.

CHRONIK DES HISTORISCHEN VEREINS FÜR DAS WIRTEMBERGISCHE FRANKEN, herausgegeben von OTTMAR F. H. SCHÖNHUTH. (1851.) Mergentheim 1852. Gedruckt in der Thomm'schen Buchdruckerei. 8°. (1852.)*) Wertheim. 1853. Druck der Müller'schen Buchdruckerei.

CHRONIK DES HISTORISCHEN VEREINES FÜR DAS GROSSHERZOGTHUM HESSEN. Für das Jahr 1844—1845. s. l. & a. 8°.

— der preuß. Verfassungsfrage. 8. (39 S.) Leipzig 847, Brockhaus. 6 ngr

— volkswirtschaftliche, f. d. J. 1898—1901. gr. 8. Jena, G. Fischer. n. 40. —
1898. (274 S.) 899. n. 5. —. — 1899. (436 S.) 900. n. 9. —. 1900. (588 S.) 901. n. 12. —. — 1901. (642 S.) 902. n. 14. — Sonderabdr. aus: „Jahrbb. f. Nationalökonomie u. Statistik".

— volkswirtschaftliche, f. d. J. 1902—1905. gr. 8 Jena, G. Fischer. n. 61. —
1902. (636 S.) 903. n. 14. —. — 1903. (728 S.) 904. n. 15. —. 1904. (978 S.) 905. n. 16. —. — 1905. (858 S.) 906. n. 16. —. Sonderabdr. aus: „Jahrbb. f. Nationalökonomie u. Statistik".

Chronik, volkswirtschaftliche, f. d. J. 1906—1909. Lex. 8. Jena, G. Fischer. 67. —
1906 (907 S.) 907. 16. —. 1907 (902 S.) 908. 16. —. 1908. (952 S.) 909. 17. —. 1909. (1050 S.) 910. 18. —. Sonderabdr. a. „Jahrb. f. Nationalök. u. Statistik".

Chronik, volkswirtschaftliche. 1906-12. Jena 1907-13

—— volkswirthschaftliche, von Oesterreich-Ungarn. Hrsg. von Eman. Blau. 1. Octbr. 1884—1. Octbr. 1885. 1. Jahrg. 8. (XVI, 271 S.) Wien 886, Manz'sche Hof-Verlags- und Universitäts-Buchh. geb. *

— volkswirthschaftliche, v. Oesterreich-Ungarn. 1. Oct. 1885—1. Jänner 1887. Hrsg. v. E. Blau. 2. Jahrg. 8. (XX, 365 S.) Wien 887. Manz. geb. n. 4. —

—— dass. — 3. Jahrg. 1887. 2 Hefte. gr. 8. Ebendas. 887,88. [1. Heft. 1. Jan.—30 Juni. (XV, S. 1—159.); 2. Heft. 1. Juli—31. Decbr. (XXIII, S. 161—271.)] à Heft *M 2.—. *

Chronik, Vorarlbergische,

oder Merkwürdigkeiten des Landes Vorarlberg ... Bregenz am Bodensee 1793. H: *Brentano, Joseph.* (BrMm)

— vorarlbergische, od. Merkw. des Landes Vorarlberg. 4. Bregenz Brentano. (Luzern, Anich.) 793.

Chronik der Loge „Vorwärts" im Or. von M[ünchen]-Gladbach von ihrer Stiftung am 24. Sept. 1845 bis Ende des Jahres 1870. Als Ms. f. d. Br.·. Br.·. gedr. Crefeld [1870]: Kramer & Baum. 47 S. 8° [Umschlagtit.]

Chronik der grossen Wasserfluth die da gewesen ist zu Nürnberg, den 27 und 28sten Tage des Mondes Februar des 1784sten Jahres nach d. Geb. des Messias geschrieben in jüdischer Mundart. Nürnberg o. J. V: *Schmid, Joh. Mich.* (??). (G. A. Will, Von der Ueberschwemmung, S. 5) (BiblPort)

— der christlichen Welt. Red.: Otto Kippenberg u. Erich Förster. 1.—4. Jahrg. 1891—1894. à 52 Nrn. (½ Bog.) gr. 4. Leipzig, F. W. Grunow. à Jahrg. n. 4. —

— der Christlichen Welt. Red.: Otto Kippenberg u. Erich Förster. 5. Jahrg. 1895. 52 Nrn. (à 1 Bog.) gr. 4. Leipzig [F. W. Grunow]. J. C. B. Mohr. à Jahrg. n. 4. —

— dasselbe. 6.—8. Jahrg. 1896—1898. à 52 Nrn. (à ½—1 Bog.) gr. 4. Ebd. à Jahrg. n. 6. —
Kann auch vierteljährlich bezogen werden. — Vom 2. Sem. d. 7. Jahrg. ab von Förster allein redigiert.

— der Christlichen Welt. Hrsg.: Erich Foerster. 9.—12 Jahrg. 1899—1902. à 52 Nrn. gr. 4. (à ca. 8 Sp.) Leipzig. Tübingen, J. C. B. Mohr. à Jahrg. n. 6. —

— der Christlichen Welt. Hrsg.: Frdr. Mich. Schiele. 13—16. Jahrg. 1903—1906. à 52 Nrn. (VIII S. u. 616 Sp.; VIII S. u. 608 Sp.; VIII S. u. 608 Sp. u. VIII S. u. 608 Sp.) 4. Leipzig. Tübingen, J. C. B. Mohr. à Jhrg. n. 6. —
Der 13. Jahrg. ist noch v. Erich Foerster redig.

— der Christlichen Welt. Hrsg.: Fr. Mich. Schiele u. seit 1910: Johs. Kübel. 17—20. Jahrg. 1907—1910 à 52 Nrn. (632, 614, 652 u. 623 S.) gr. 8. Leipzig. Tübingen, J. C. B. Mohr.
1907 u. 08 à 6.—; 1909 u. 1910 à 8. —

—— der neuesten Weltbegebenheiten. 12 Bde. M. 12 Kpfr. 16. (1. Bd. 23¼ B., 2—11. Bd. à 24 B., 12. Bd. 21½ B.) Stuttgart 830—32, [Balz.] à 18 Gr.
Hat mit „Die neue Zeit rc." gleichen Inhalt. — Vgl. dieses.

Chronik der neuesten Weltbegebenheiten. Stuttgart 1831. V: *Seybold, Friedrich.* (GGr X, 210) (Zeitschr. f. Büch. N. F. 15, 1923, 128.)

— d. neuesten Weltbegebenheiten. 1r — 12r Bd. 16. Stuttg. 831—32. Henne. (à 18 gr) 9 Rthl

— d. vornehmsten Weltbegebenheiten d. Jahres 1789. 6 Stücke. 8. Weißenf. 789. Severin. 18 gr (Leipz., Weygand). 12 gr

Die Chronik des Westens: Jan. 1860—1863.
Weekly. Edited & published by Adam & Georg Lieberknecht, 1860; by Georg Lieberknecht, 1860—63.
Rock Island, IL

Chronik, Wetterfelder. Aufzeichnungen eines lutherischen Pfarrers der Wetterau ... Giessen 1882. V: *Hirsch, Johannes.* (EB)

— Wetterfelder. Aufzeichnungen eines luther. Pfarrers der Wetterau, welcher den 30 jähr. Krieg von Anfang bis Ende miterlebt hat, hrsg., erklärt u. erläutert v. Frdr. Graf zu Solms-Laubach u. Wilh. Matthaei. gr. 8. (347 S. m. 1 genealog. Tab. u. 5 Holzschntaf.) Gießen 882. Ricker. n. 8. —

Chronik. – Reverendi Patris G. Weyers S. J. Kurtze Chronik . . .

Chronik, R. P. G. W. S. J. Kurtze, von Auf- und Untergang des ersten Luthrischen Evangelii und der Augspurg. Confession ... Augspurg 1730. V: *Weyer, Gottfried.* (SO)

— der Stadt Wien und ihrer Bürger von den frühesten Zeiten bis auf die Gegenwart. Mit 3 Stahlst. Herausg. von der Red. des österr. Soldatenfreundes. 1 — 3. Liefg. Wien 852. Gerold in Comm. gr. 8. (S. 1—144. u. 1 Stahlst.) Jede Liefg. 7 ngl

Chronik, Wiener. Wien 1785. V: *Guolfinger, Ritter von Steinsberg, Franz Carl & Franz Xaver Huber.* (GGr VII, 349) (Mitth. Dr. Ign. Schwarz-Wien.)

Chronik, Wiener. Historisch-politisch-philosophisch-litterärischen Inhalts. Wien 1785. H: *Rebu, Franz.* (EB)

— Wiener, histor.-polit. Inhalts. 2 Bde. 8. Wien 785. Wucherer. 1 Rthl 8 gr

Chronik, Wiener. 2. Ausgabe. Wien 1902. V: *Globočnik* pl. *Sorodolski, Anton.* (EB)

— Wiener. Von der ältesten Zeit bis auf die Gegenwart. Von A. v. G. 2. durch e. Repertorium verm. Ausg. 8. (III, 138 S.) Wien 902. W. Braumüller. n. 1. 40

Chronik der Burg Wildegg von 1584 bis 1684. Zürich, Brugg 1907—1909 [Effinger, Julie von].

Chronik der Burg Wildegg von 1584 bis 1684. H. 1. Zürich: Orell Füßli [&] Brugg: Effingerhof in Komm. 1907. 4° [J.]
— Wildegg, Burg, u. ihre Bewohner. [3.] [07. 11552]

Chronik der Burg Wildegg von 1584 bis 1684. H. 1–4. Zürich: Orell Füßli in Komm. 1907–09. 356 S. 4°(8°)
1. 2. 1907. 3. 1908. 4. 1909.
(Burg Wildegg u. ihre Bewohner. [3.]) [09. 17049]

— der Burg Wildegg v. 1584 bis 1684. (862 S. m. Abb. u. 2 Taf.) Lex. 8. Zürich 907—909. Art. Institut Orell Füßli. 8. —

Chronik Wilhelms, Hertzogs von Cumberland und Sohn Georgs des II. . . . 1745. Franckfurt und Leipzig. V: *Richter, Christoph Gottlob.* (EB)

Chronik der Westfälischen Wilhelms-Universität zu Münster, s. Chronik der Königlichen Universität zu Münster.

Chronik des Kurfürstenthums und Grossherzogthums Würzburg. Würzburg 1806—10. V: *Andres, Joh. Bonav.* (MGT) »V: *Andres, Joh. Bon. & Jos. Ant. Oegg.* 1806—11« (Ky)

— des Kurfürstenth. u. Großherzogth. Würzburg, (v. Jh. Bon. Andres u. J. A. Oegg). 4. Würzb. 806—11. Bonitas.

— Würzburg., d. letzt. 300 Jahr. v. Ign. Gropp. 2 Thle. Fol. Würzb. 748.

Chronik der Zeit Karls IX. . . . Aus d. Franz. Stuttgart 1829. V: *Merimée, Prosper.* (EE)

—— der Zeit Karls IX. 1572. Vom Verf. d. Theaters d. Clara Gazul. (Merrimée.) A. d. Franz. gr. 8. (20¼ B.) Stuttgart 829, Cotta.

— der neuesten Zeit, s. Geschichte unserer Tage 20r Bd.

— d. neuesten u. wichtigsten Zeitgeschichte, Kunsterfindungen u. Moden; e. Monatsschrift (v. Chr. Gli. May). 1s—7s Stck. Mit Kpf. 4. Zittau 794, 95.

[F.] Chronik von Zeitz und den Dörfern des Zeitzer Kreises nach Urkunden und Akten aus d. Jahren 908 bis 1895 hrsg. v. Ernst Zergiebel (Bd 2 u. 3: Chronik ... u. den Zeitzer Dörfern. E. neue Ausg. der Chroniken v. J(oh. Paul Christian) Philipp, Louis Rothe u. J. Krebs, ausgestattet m. zahlr. eigenen u. fremden Forschgn d. Neuzeit v. E(rnst) Z(ergiebel).) 3 Bde (in 4 Tln m. Sondert.) m. 2 Ansichten v. Zeitz. (Bd I—III.) *Zeitz: W. Ronneburger 1896.* 3 Bde 8.
(I.) ... [Sondert.:] Tl I. Zeitz in der älteren Zeit v. ... Zergiebel u. Geschichte d. Wenden v. H[einr.] Trübenbach. (XIV, 73 S., 2 Taf.)
[Sondert.:] Tl II. Geschichte d. Stifts Naumburg-Zeitz entw. v. Johann Paul Christian Philipp ... 2. unveränd. Aufl. m. Anm. v. ... Z(ergiebel). (278 S.)
(II.) ... [Sondert.:] (Tl) III. Histor. Nachrichten aus d. Gesch. d. Stadt Zeitz. Von L. Rothe, Kreis-Ger.-Rath a. D. zu Zeitz. 2. unveränd. Aufl. m. Anm. v. ... Z(ergiebel) 1892. (481 S.)
(III.) ... [Sondert.:] (Tl) IV. Geschichtl. Mittheilgn üb. d. Stadt Zeitz u. d. Dörfer d. Zeitzer Kreises nebst e. Anh. v. ... Zergiebel 1894. (580, XIV S.) [94. 8318

— Zimmerische, s. a. Bibliothek d. litterar. Vereins in Stuttgart. 91—94.

Zimmerische Chronik, hrsg. v. K. Barack. 4 Bde. Stuttgart 1859. — 2. Aufl. 4 Bde. Freiburg 1882. 8.

—— Zimmerische, hrsg. von Karl Aug. Barack. 2. verb. Aufl. 4 Bde. gr. 8. (VIII, 631; 651; 634; 627 S.) Freiburg i. Br. 881,82, Mohr. Subscr.-Pr. à Bd. *ℳ 15. *
Ladenpr. *
geb. in Ldr. Subscr.-Pr. à Bd. *ℳ 20. *
geb. in Ldr. Ladenpr. *

Chronik der Stadt Zofingen. Zofingen 1811–1812 s. [Frikart, Johann Jacob].

Chronik, Zürcher, s. a. Zürcher-Chronik.

Zürcher Chronik (I)
① Central-Organ für Zürich und Umgebung ⑤ 1. 7. 1877—? ⑥ 4° ⑦ wöchentlich 2× ⑧ Zürich: Zürcher & Furrer ⑩ Friedrich Michel ⑪ der Verleger ⑫ politisch neutral ⑭ Zh: Z (Nr. 1—6).

— der Stadt Zürich, s. a. Adreßbuch-Zeitg., Zürcher.

— der Stadt Zürich, s. a. Wochen-Chronik, Zürcher.

Chronik, 1899er, der Stadt Zürich. Bandausg. der Adressbuch-Ztg. 1. Heft. 1899. Nr. 1—13. Gr. 4°. 100 S. m. Abbildgn. Zürich, Art. Institut Orell Füssli. 2

Chronik, 1899er, der Stadt Zürich. Bandausgabe der Adressbuch-Zeitung. 2. Heft. 1899. Nr. 14—26. Gr. 4°. à 8 S. m. Abbildgn. Zürich. Art. Institut Orell Füssli. 2 —

Chronik, 1899er, der Stadt Zürich. Bandausgabe der Adressbuch-Zeitung. 3. Heft. 1899. No. 27—39. Gr. 4° à 8 S. mit Abbildungen. Zürich, Art. Inst. Orell Füssli. 2

Chronik der Stadt Zürich. Basel 1900 s. a. Dierauer, Johannes.

Chronik der Stadt Zürich. Mit Fortsetzungen. Hrsg. von Johannes Dierauer. *Basel: A. Geering 1900.* (XLVIII, 308 S.) 8°
— Quellen z. Schweizer Geschichte hrsg. v. d. allg. geschichtforsch. Gesellsch. d. Schweiz. Bd 18. [00. 9149

Chronik vom Zürichsee
⑤ 12. 6. 1909—1910 ⑥ 4° ⑦ Wochenblatt ⑧ Horgen: Th. O. Studer-Schläpfer ⑪ G. Hägi ⑫ politisch neutral, heimatkundlich ⑭ Zh: Z.

Chronik, J., Grundriß eines Systems der Gesittung. 8. (32 S.) Berlin 883. (Ihleib.) *

Chronik, J., der russische Staat. 1. u. 2. Aufl. 8. (61 S.) Berlin 882. Ihleib. n. — 50

Chronik, J. L., der Famulus des Sternsehers. Lustspiel in 3 Akten. (Den Bühnen gegenüber Mskr.) 8. (III und 217 S.) Leipzig 856(57,) Hübner.

Chronika, s. Chronica.

Chronikblätter der Nachkommen im Mannesstamm des Broder Mumsen zu Bopslut im Nordstrande. (Hrsg.: Knud Melf Hansen.) Bd 1, Nr. 1. (Detroit, Mich., U. S. A.: Hrsg. 1907.) 8° [F.] [08. 14316 8

Chronikblätter der Nachkommen im Mannesstamm des Broder Mumsen zu Bopslut im Nordstrande. Unter Mitw. v. Adalbert Boysen hrgg. v. Knud Melf Hansen. Bd. 1. Detroit, Mich., U. S. A. 1908—13. 8°

Chronikblätter aus Freiburg's jüngster Vergangenheit zur Eröffnungs-Feier des Saales der Kornhalle Neujahr 1885. gr. 8. (32 S.) Freiburg i. Br. 885, Schmidt-Vogler. *

Chroniken der Stadt Bamberg, nach Th. Knochenhauer neu bearb. v. Ant. Chroust, s. a. Veröffentlichungen der Gesellschaft f. fränkische Geschichte. I.

Chroniken der Stadt Bamberg. Hälfte 1. 2. Leipzig: Quelle & Meyer 1907—10. 4°(8°)
1. Chronik des Bamberger Immunitätenstreites von 1430—1435. Mit e. Urkundenanh. Nach e. Ms. von Th[eodor] Knochenhauer neu bearb. u. hrsg. von Anton Chroust. 1907.
2. Chroniken z. Geschichte d. Bauernkrieges u. d. Markgrafenfehde in Bamberg. Mit e. Urkundenanh. Bearb. u. hrsg. von Anton Chroust. 1910.
(Veröffentlichungen d. Gesellsch. f. Fränk. Geschichte. Reihe 1. Bd 1.) [10. 1369

Chroniken, Basler, hrsg. v. der histor. Gesellschaft in Basel durch Wilh. Vischer u. Alfr. Stern. Unter Mitwirkg. v. Mor. Heyne. 1. Bd. Lex.-8. (XXVI, 591 S. m. 2 Steintaf. in qu. gr. Fol.) Leipzig 872. Hirzel. n. 11. —

Chroniken, Basler, hrsg. von der histor. und antiquar. Gesellschaft in Basel. 2. Bd. Hrsg. durch Wilhelm Vischer und Heinr. Boos. gr. 8. (XIII, 615 S.) Leipzig 880, Hirzel. *
1. Bd. Ebendas. 1872. *ℳ 11.

Chroniken, Basler. Herausgegeben von der Historischen und Antiquarischen Gesellschaft in Basel. 3. Band, herausgeg. von *Wilhelm Vischer.* Gr. in-8°, X u. 685 S. Leipzig, S. Hirzel. 1887.
*** Inhalt: Johannis Knebel capellani ecclesiæ Basiliensis diarium. Hans Knebels des Kaplans am Münster zu Basel Tagebuch. (Fortsetzung des Textes) Juni 1476 bis Juli 1479. Nebst Beilagen.

Chroniken, Basler. Hrsg. von der Histor. und Antiquar. Gesellschaft in Basel. 4. Band. Bearb. von *A. Bernoulli.* Gr. in-8°. VIII, 522 S. Leipzig, S. Hirzel. 1890. Mk. 12 —

Chroniken, Basler. Hrsg. v. d. histor. u. antiquar. Gesellschaft in Basel. 5. Bd. Bearb. v. Aug. Bernoulli. gr. 8. (VI, 606 S.) Leipzig 895. S. Hirzel. n. 16. — (1—5: n. 65. —)

Chroniken, Basler. Hrsg. v. der histor. u. antiquar. Gesellschaft in Basel. 6. Bd. Bearb. v. Aug Bernoulli. gr. 8. (VIII, 597 S.) Leipzig 902. S. Hirzel. n. 18. —
Bd. 1—5. Ebd. 872—895. n. 65. —.

Braunschweigische Chroniken. Bd. I. II. Leipz. 868—80.

— deutsche, aus Böhmen, hrsg. v. L. Schlesinger im Auftrage d. Vereines f. Geschichte der Deutschen in Böhmen. 1. u. 2. Bd. gr. 8. Prag 879. 81. Leipzig, Brockhaus' Sort. in Comm. n. 17. 20
1. Die Chronik der Stadt Elbogen (1471—1504) bearb. v. L. Schlesinger. (XVI, 203 S.) n. 7. 20
2. Simon Hüttel's Chronik der Stadt Trautenau (1484—1601). Bearb. v. L. Schlesinger. (XXV, 435 S.) n. 10. —

Chroniken, deutsche, aus Böhmen. Hrsg. v. L. Schlesinger im Auftrage d. Vereines f. Geschichte der Deutschen in Böhmen. 3. Bd. gr. 8. Prag 884. (Leipzig, Brockhaus' Sort.) n. 10. — (1–3.: n. 27. 20)
Die Chroniken der Stadt Eger. Bearb. v. Heinr. Gradl. (XL, 496 S.)

— deutsche, u. andere Geschichtsbücher des Mittelalters, s.: Monumenta Germaniae historica. III. 2.

DORTMUNDER CHRONIKEN.
I. Des Dominicaners JO. NEDERHOFF Cronica Tremoniensium im Auftrage des historischen Vereins für Dortmund und die Grafschaft Mark herausgegeben von EDUARD ROESE. Dortmund. 1880. Köppen'sche Buchhandlung (Otto Uhlig.) 8°

Chroniken, hamburgische. Für den Verein für hamburgische Geschichte herausg. von J. M. Lappenberg. 1. Heft. Hamburg 852. Perthes-Besser u. Mauke. gr. 8. (S. 1—192.) n. 24 ngr

Chroniken, hamburgische, in niedersächsischer Sprache. Herausg. von J. M. Lappenberg. 2—4. (letztes) Heft. Hamburg 860, 61. Perthes-Besser & Mauke gr. 8. (LVI, S. 193 634.) Jedes Heft n. 24 ngr

Chroniken von Hessen und Waldeck. Bearb. von Hermann Diemar. Bd 1. Marburg: Elwert 1909. 8°
(Veröffentlichungen d. Hist. Kommission f. Hessen u. Waldeck. [6.]) 109. 15814

Chroniken, die, der Stadt Konstanz. 1. Bd. Hrsg. v. Ph. Ruppert. gr. 8. (285 S.) Konstanz 890. (Sartori.) n.n. 6. —

— die, der Stadt Konstanz. A. u. d. T.: Das alte Konstanz in Schrift u. Stift. Von Ph. Ruppert. 2. Tl. gr. 8. (XXXII u. S. 285—505 m. 6 Taf.) Konstanz 892. Ph. Ruppert's Selbstverl. n. 5. —

DIE CHRONIKEN DER STADT MEKKA gesammelt und auf Kosten der Deutschen Morgenländischen Gesellschaft herausgegeben von FERDINAND WÜSTENFELD.
Bd. 1. Leipzig 1858. In Comm. bei F. A. Brockhaus. A. u. d. T.: ... Geschichte und Beschreibung der Stadt Mekka von ABUL-WALÎD MUHAMMED BEN ABDALLAH EL-AZRAKI. Nach den Handschriften zu Berlin, Gotha, Leyden, Paris und Petersburg auf Kosten der Deutschen Morgenländischen Gesellschaft herausgegeben von FERDINAND WÜSTENFELD. ib. 1858. — 8°.
Bd. 2. ib. 1859. — A. u. d. T.: Auszüge aus den Geschichtsbüchern der Stadt Mekka von MUHAMMED EL-FÂKIHÎ, MUHAMMED EL-FÂSÎ und MUHAMMED IBN DHUHEIRA. Nach den Handschriften zu Leyden, Berlin und Gotha auf Kosten der Deutschen Morgenländischen Gesellschaft herausgegeben von FERDINAND WÜSTENFELD. ib. 1859. —
Bd. 3. ib. 1857. — A. u. d. T.: ... Geschichte der Stadt Mekka und ihres Tempels von CUTB ED-DÎN MUHAMMED BEN AHMED EL-NAHRAWÂLI. Nach den Handschriften zu Berlin, Gotha und Leyden auf Kosten der Deutschen Morgenländischen Gesellschaft herausgegeben von FERDINAND WÜSTENFELD. ib. 1857. —
Bd. 4. ib. 1861. — Geschichte der Stadt Mekka nach den Arabischen Chroniken bearbeitet und auf Kosten der Deutschen Morgenländischen Gesellschaft herausgegeben von FERDINAND WÜSTENFELD. Mit einem Plane der Stadt und einer Stammtafel der Scherife von Mekka. ib. 1861. —

— die, der Stadt Mekka gesammelt und auf Kosten der Deutschen Morgenländischen Gesellschaft herausg. von Ferd. Wüstenfeld. Leipzig 857, 58. Brockhaus. gr. 8.
1. Bd: Geschichte und Beschreibung der Stadt Mekka von Abul-Walîd-Muhammed Ben Abdallah-El-Azraki. Nach den Handschriften zu Berlin, Gotha, Leyden, Paris u. Petersburg herausg. 858. (XXIX, 518 S.) n. 4 ℛ
3. Bd.: Geschichte der Stadt Mekka und ihres Tempels von Cutb ed-Dîn Muhammed Ben Ahmed el-Nahrawâli. Nach den Handschriften zu Berlin, Gotha u. Leyden herausg. 857. (XVI, 480 S.) n. 4 ℛ
2. Bd. ist noch nicht erschienen.

die, der Stadt Mekka gesammelt und auf Kosten der Deutschen Morgenländischen Gesellschaft herausg. von Ferd. Wüstenfeld. Leipzig 859, 60. Brockhaus in Comm. gr. 8.
2. Bd.: Auszüge aus den Geschichtsbüchern der Stadt Mekka von Muhammed el-Fâkihî, Muhammed el-Fâsî und Muhammed Ibn Dhuheira. Nach den Handschriften zu Leyden, Berlin u. Gotha herausg. gr. 8. (XXIII, 391 S.) n. 4 ℛ
4. Bd.: Geschichte der Stadt Mekka nach den arabischen Chroniken bearb. (Deutsche Bearbeitung.) Mit 1 (lith.) Plan der Stadt und 1 Stammtaf. der Scherife von Mekka (in 4.) (XIV, 344 S.). n. 2 ℛ

Chroniken, die, des Mittelalters, s.: Geschichtsquellen, Osnabrücker.

Chroniken, die Münsterischen, des Mittelalters, siehe: Geschichtsquellen, die, des Bisthums Münster.

Veröffentlichung des Birkenfelder Vereins für Altertumskunde. CHRONIKEN der Pfarreien der Ämter Birkenfeld und Frauenberg am Ende des 16. und dem Anfang des 17. Jahrhunderts. Aus dem Nachlasse des Superintendenten Friedrich Back herausgegeben von Gymnasialdirektor F. BACK. Birkenfeld 1899. Buchdruckerei W. M. Hoestermann. 8°.

— die, des Klosters Ribnitz, bearb. v. Frdr. Techen, s.a. Geschichtsquellen, mecklenburgische. I.

Die **Chroniken** des Klosters Ribnitz. Bearb. von Friedrich Techen. Schwerin 1909: Bärensprung. 18*, 279 S. 8°
(Mecklenburgische Geschichtsquellen. 1.) 109. 10795

Die **Chroniken** der deutschen Städte vom 14. bis ins 16. Jahrh. Auf Veranlassung . . . Sr. Maj. des Königs von Bayern hrsg. durch d. histor. Comm. bei d. Kgl. Akad. d. Wiss. Bd 1–30. Leipzig: Hirzel 1862–1910.
Die Chroniken der fränkischen Städte.
Bd 1. 2. 3. 10. 11 = Nürnberg Bd 1–5. 1862–74.
Die Chroniken der schwäbischen Städte.
Bd 4. 5. 22. 23. 25. 29 = Augsburg Bd 1–6. 1865–1906.
Die Chroniken der niedersächsischen Städte.
Bd 6. 16 = Braunschweig Bd 1. 2. 1868. 80.
Bd 7, 27 = Magdeburg Bd 1. 2. 1869. 99.
Bd 19. 26. 28. 30 = Lübeck Bd 1–4. 1884–1911.
Die Chroniken der oberrheinischen Städte.
Bd 8. 9 = Strassburg Bd. 1.2. 1870. 71.
Die Chroniken der niederrheinischen Städte.
Bd 12–14 = Cöln Bd 1–3. 1875–77.
Die Chroniken der baierischen Städte.
Bd 15 = Regensburg. Landshut. Mühldorf. München. 1878.
Die Chroniken der mittelrheinischen Städte.
Bd 17. 18 = Mainz Bd 1. 2. 1881. 82.
Die Chroniken der westfälischen u. niederrheinischen Städte.
Bd 20 = Dortmund. Neuß. 1887.
Bd 21 = Soest. 1889.
Bd 24 = Soest u. Duisburg. 1895.

Chroniken, Die, der deutschen Städte vom 14. bis in's 16. Jahrhundert... Leipzig 1862—81. H (1): *Hegel, Carl & Theod. von Kern.* (4. 5): *Frensdorff, Ferd.* (6): *Hänselmann, Ludwig.* (7): *Janicke, Carl.* (8. 9. 10. 11. 16. 17): *Hegel, Carl.* (12. 13. 14): *Cardauns, Herm.* (Kat. d. Bibl. d. dtsch. Reichstages. Berl. 1882.)

Chroniken, die, der deutschen Städte vom 14. bis in's 16. Jahrh. 1.—3. Bd. A. u. d. T.: Die Chroniken der fränkischen Städte. 1.—3. Bd.: Nürnberg. gr. 8. Leipzig, Hirzel. [1. Bd. XLII und 532 S. mit 1 Stat.) 862. * 2 Thlr. 20 Ngr., 2. Bd. (XII und 575 S. mit 1 lithogr. und ill. Karte in qu. Fol.) 863. * 3 Thlr., 3. Bd. (XI und 463 S.) 864. * 2 Thlr. 20 Ngr.] *

Chroniken, die, der deutschen Städte vom 14. bis in's 16. Jahrh. 4. und 5. Bd. A. u. d. T.: Die Chroniken der schwäbischen Städte. Augsburg. 1. und 2. Bd. gr. 8. (L und 424 S., LII und 510 S. mit 1 chromolithogr. Karte in qu. 4.) Ebendas. 865,67. à Bd. * 2 Thlr. 20 Ngr. *

—— die, der deutschen Städte vom 14. bis in's 16. Jahrh. Hrsg. durch die historische Commission bei der königl. Akademie der Wissenschaften in München. 6.—11. Bd. gr. 8. Leipzig, Hirzel. *

Inhalt:
Bd. 6. A. u. d. T.: Die Chroniken der niedersächsischen Städte. Braunschweig. Hrsg. von L. Hänselmann. 1. Bd. (XLIII, 530 S.) 868. *M 8.
" 7. A. u. d. T.: Die Chroniken der niedersächsischen Städte. Magdeburg. Hrsg. von K. Janicke. 1. Bd. (LII, 508 S. mit 1 lithogr. Karte in qu. Fol.) 869. *M 9.
" 8. A. u. d. T.: Die Chroniken der oberrheinischen Städte. Straßburg. Hrsg. von K. Hegel. 1. Bd. (XI, S. 1—498, mit 1 lithogr. und color. Karte des Elsaß im 14. und 15. Jahrh. in Fol.) 870. *M 9.
" 9. —— dass. — 2. Bd. (VII, S. 499—1168, mit 1 lithogr. und color. Plan von Straßburg im J. 1577 in qu. Fol.) 871. *M 11.
" 10. A. u. d. T.: Die Chroniken der fränkischen Städte. Nürnberg. 4. Bd. (VIII, S. 1—440.) 872. *M 9.
" 11. —— dass. — 5. Bd. (X, S. 441—889, mit 1 chromolithogr. Plane Nürnbergs im 15. und 16. Jahrh. in qu. 4.) 874. *M 12.
1.—5. Bd. Ebendas. 1862—67. *M 41.

— dasselbe. 12. u. 13. Bd. A. u. d. T. Die Chroniken der niederrh. Städte. Cöln. 1. u. 2. Bd. gr. 8. (XCIV, 444 u. IX, 640 S.) Ebend. 875. 76. n. 28. — (1—13.: n. 127. —)

— die, der deutschen Städte vom 14. bis ins 16. Jahrh. 14—18. Bd. gr. 8. Leipzig 877—82. Hirzel. n. 68. — (1—18: n. 195. —)
14. Die Chroniken der niederrheinischen Städte. Cöln. 3. Bd. (XII, CCXXVII u. S. 641—1036.) n. 16. —
15. Die Chroniken der baierischen Städte. Regensburg. Landshut. Mühldorf. München. (VIII, 639 S.) n. 15. —
16. Die Chroniken der niedersächsischen Städte. Braunschweig. 2. Bd. (LXIX, 672 S.) n. 16. —
17. 18. Die Chroniken der mittelrheinischen Städte. Mainz. 1. u. 2. Bd. (XXV, 414 u. XVI, 250 u. 258 S.) n. 21. —

— die, der deutschen Städte vom 14. bis ins 16. Jahrh. Auf Veranlassg. Sr. Maj d. Königs v. Bayern hrsg. durch die histor. Commission bei der königl. Akademie der Wissenschaften. 19. Bd. A. u. d. T.: Die Chroniken der niedersächs. Städte. Lübeck. 1. Bd. gr. 8. (XV, 597 S.) Leipzig 884. Hirzel. n. 14. — (1—19.: n. 209. —)

— die, der deutschen Städte vom 14. bis ins 16. Jahrh. 20. u. 21. Bd. Auf Veranlassung Sr. Maj. d. Königs v. Bayern hrsg. durch die histor. Commission bei d kgl. Akademie der Wissenschaften. gr. 8. Ebd. n. 28. — (1—21.: n. 237. —)
20. Die Chroniken der westfälischen u. niederrheinischen Städte. 1. Bd. Dortmund. Neuß. (XXXV, 639 S.) 887. n. 16. —
21. — dasselbe. 2. Bd. Soest. (XLVIII, 431 S.) 889. n. 12. —

— die, der deutschen Städte vom 14. bis ins 16. Jahrh. Auf Veranlassg. Sr. Maj. d. Königs v. Bayern hrsg. durch die histor. Commission bei der königl. Akademie der Wissenschaften. 22. u. 23. Bd. gr. 8. Leipzig, S. Hirzel. à n. 16. — (1—23.: n. 269. —)
22. Die Chroniken der schwäbischen Städte. Augsburg. 3. Bd. (XLIX, 583 S.) 892.
23. — dasselbe. Augsburg. 4. Bd. (VIII, XLVIII, 546 S.) 894.

Chroniken, die, d. deutschen Städte v. 14. b. ins 16. Jahrh. Auf Veranlassg. d. Königs v. Bayern hrsg. durch d. histor. Commission b. d. kgl. Akademie d. Wissenschaften. 24.—25. Bd. gr. 8. Leipzig, S. Hirzel. n. 26. — (1—25: n. 295. —)
24. D. Chroniken d. westfäl. u. niederrheln. Städte. 3. Bd.: Soest u. Duisburg. (CLXXIV, 283 S.) 895. n. 12. — (1—3: n. 40. —)
25. D. Chroniken d. schwäb. Städte. Augsburg. 5. Bd. (VIII, XV. 459 S.) 896. n. 14. — (1—5: n. 62. —)

— die, der deutschen Städte vom 14. bis 16. Jahrh. Auf Veranlassg. Sr. Maj. des Königs v. Bayern hrsg. durch die histor. Commission bei der kgl. Akademie der Wissenschaft. 26.—28. Bd. gr. 8. Leipzig, S. Hirzel. n. 43. —
26. Chroniken, die, der niedersächsischen Städte. Lübeck. 2. Bd. (XXV, 495 S.) 899. n. 16. —
27. Dasselbe. Magdeburg. 2. Bd. (XX, 276 S.) 899. n. 9. —
28. Dasselbe. Lübeck. 3. Bd. (XX, 462 S.) 902. n. 18. — (1—3.: n. 43. —) Bd. 1—25. Ebd. 862—896. n. 295. —.

Chroniken. Die Ch' der deutschen Städte vom 14. bis 16. Jahrhundert. ... hrg. durch die historische Commission bei der Königlichen Akademie der Wissenschaften. Band 29. — *A. u. d. T.:* Die Ch' der schwäbischen Städte. Augsburg. Band 6.... (X. Die Chronik des Augsburger Malers Georg Preu des Älteren. 1512—1537. [Mit] Beilagen [etc. hrg. von] Prof. Dr. Friedr[ich] Roth.) VIII + 110 S. 8. Leipzig, S. Hirzel, 1906. [M. 4.—]

— die, der deutschen Städte vom 14. bis ins 16. Jahrh. Auf Veranlassg. Sr. Maj. des Königs v. Bayern hrsg. durch die histor. Commiss. bei der kgl. Akad. d. Wissensch. 30. Bd. gr. 8. Leipzig, S. Hirzel. 16. —
30. Chroniken, die, der niedersächsischen Städte. Lübeck. 4. Bd. (XLII, 380 S.) 910. 16.— (1—4: 61.—).
1.-30. Bd. Ebd. 862—900. 343.—.

Chroniken deutscher Städte, Nr. 1., s. Hocker, M., Chronik der Stadt Köln.

— niederdeutscher Städte, s.: Bibliothek niederdeutscher Werke.

Die Chroniken der niedersächsischen Städte. Lübeck. Bd. 1–3. (Bearb. u. hrgg. v. Karl Koppmann.) München. 1884. 1899. 1902; Bd. 4. 5, T. 1. 2. (hrgg. v. Friedrich Bruns). ebd. 1910. 1911. 8°

Chroniken, Stralsundische, 2. Thl., s. Memorialbücher.

— Stralsundische, herausg. von Ernst Zober. 3. Thl. Dr. Nicolaus Gentzkow's, weil. Bürgermeisters zu Stralsund, Tagebuch von 1558 bis 1567. (In Auszügen.) Nebst Anhängen, zum erstenmale aus den Handschriften herausgegeben und erläutert. Heft 1. Stralsund 852. Löffler. (Hingst.) gr. 8. (S. 1—128.) n. 15 ngr
1. u. 2. Thl. jetzt Ebend. herabges. Preis n. 2 ß

Chroniken und Tagebücher (Kronstädter u. Burzenländer). (Hrsg.: Julius Groß, Fr[iedr.] Wilhelm Seraphin.) Bd 1. *Brassó: H. Zeidner in Komm. 1903.* 4°(8°)
— Quellen z. Geschichte d. Stadt Brassó. Bd 4. [illegible]

— zwei Kasseler, des 18. Jahrh. Ein Beitrag zur Orts- u. Familiengeschichte, hrsg. v. Philipp Losch. (VI, 178 S.) gr. 8. Cassel 904. E. Vietor. n. 2. 50

[F.] Zwei Stralsundische Chroniken des funfzehnten Jhs. Hrsg. v. Rudolf Baier. M. 2 Facs. Den ... Theilnehmern an d. Jahresversammlgn des 'Hans. Geschichtsver.' u. des 'Ver. f. niederd. Sprachforschg' gewidm. v. d. Altermännern d. Gewandhauses zu Stralsund. *Stralsund: Dr. d. Kgl. Regiergs-Buchdr. 1893.* (XVI, 47 S., 2 Facs.) 1 Bd 8. [illegible]

Chroniken- und Historien-Kalender, Stolpener. 1869. 4. (68 S. mit 2 Stnt.) Stolpen, Schneider. *

Chroniklein, Ein neues feines Schweizorisches, voll auserlesener und schöner Geschichten, die sich in unsrer lieben Eidgenossschaft zugetragen haben. Bern 1795. V: *Heinzmann, Johann Georg.* (BSCHWL V, 5, S. 18)

Chronique d'Einsiedeln ou histoire de l'abbaye princière, de la s. chapelle et du pèlerinage de N.-D. des Hermites... – *Einsiedeln, François de Sales Benziger,* 1787-88, 3 vol. (I, 10 ff., 10 pp., 301 pp.; II, 4 ff., 80 ff., 10 ff.; III, 258 pp. 4 ff.). In-8°.
3 frontispices et 1 portrait gravés sur cuivre.

CHRONIQUE galante. 12 Bde. Leipzig 1837. 8°.
(18 Mk. O. Richter; 24 Mk. Kühl; 30 Mk. Calvary & Co., Berlin, 1898.)

Chronique de la guerre franco-allemande 1870. Avec les discours, télégrammes, lettres, ordonances, ordres à l'armée, proclamations et arrêtés du roi de Prusse et des lettres de la reine de Prusse. [D'après le moniteur royal de Prusse.] Du 4. Juillet au 4. Novembre. gr. 8. (107 S.) Berlin 871. v. Decker. n. 2. —

— pour la jeunesse. Jugendchronik, herausg. vom Prof. Courtin. 1r Jahrg. 1830. Oct.—Dec. gr. 8. Stuttg. 831. Hoffmann. 2 ß 2r Jahrg. (Schluß). Ebd. 831. 18 gr

Chronique pour la jeunesse. — Jugend-Chronik. Hrsg. v. C. Courtin. 1. Jahrg. 1830. Oct.—Dec. 51 Nrn. (½ B.) gr. 8. Stuttgart, [Weise.]

—— dies. 2. Jahrg. 1831. No. 1—13. (½ B.) (Schluß.) Ebds.

Chronique du royaume de Tatajoba, trad. de l'Allem. de Wieland. 2 Bde. Mannheim: Kaufmann o. J.

HEIDELBERG. — Chronique scandaleuse de Heidelberg. Ein Wochenblatt. Erstes bis viertes Stück. Handschrift. 1794/1795. Kl. 8°. Halbfranzband der Zeit. Titel, 57 Bl.

Chronique, la, Scandaleuse, p. serv. à l'Histoire de la génération présente. V Vol. 12. Mainz, Kupferberg. 791.

— — la même Edition. IV Vol. 12. ibid. 787—788.

Chronique scandaleuse des Pariser Hofes. Leipzig 1834. V: *Doris de Bourges, Charles.* (BGE V², 331)

CHRONIQUE scandaleuse des Pariser Hofes seit den Zeiten Ludwigs XIV. Geheime Memoiren zur polit. u. Regentengeschichte des französ. Reiches aus der Periode von 1638 bis auf Louis Philippe I. 12 Thle. Leipzig, literarisches Museum. 1834—37. 8°. (In Berlin nur Th. 1: Qy 698.)

1—2: Chronique scandaleuse des Pariser Hofes etc. VIII—223 S. + VIII—227 S.

3—5: Der Hirschpark, oder das Serail Ludwigs XV.

6—8: Geheime Geschichte der galanten Abenteuer des Kaisers Napoleon und seiner 4 Brüder. (6—8 apart. geles. Expl.: 4 Mk. 50 Pfg. Paul Neubner, Cöln, 1892.)

9—12: Das Kaiserreich. Galante, intriguante Liebes- und Hofgeschichten aus den Jahren 1805—1815.

—— scandaleuse d. Pariser Hofes seit d. Zeiten Ludwigs XIV. Geheime Memoiren zur polit. u. Regentengeschichte d. franz. Reiches aus d. Periode v. 1638 bis auf Louis Philippe I. 1. u. 2. Bd. 8. (29½ B.) Leipzig 834, Literar. Museum.

Chronique scandaleuse d. Pariser Hofes seit d. Zeiten Ludwigs XIV. rc. 3—5. Bd. — A. u. d. T.: Der Hirsch-Park od. d. Serail Louis XV. Eine Gallerie geh. Memoiren d. jungen Mädchen, welche in dems. eingeschlossen waren, um zur Belustigung Louis XV. zu dienen. 3 Bde. 8. (44½ B.) Leipzig 834, Literar. Museum. Thlr.

—— dies. 6—8. Bd. — A. u. d. T.: Geheime Gesch. d. galanten Abentheuer u. Liebesintriguen d. Kaisers Napoleon u. seiner vier Brüder. N. d. 5. Aufl. d. franz. Originals frei bearb. 3 Bde. 8. (49 B.) Ebds. 834.

Chronique scandaleuse des pariser Hofes seit d. Zeiten Ludwigs XIV. Geheime Memoiren zur polit. u. Regentengeschichte d. französ. Reiches aus d. Periode v. 1638 bis Louis Philipp I. 9—12. Bd. — A. u. d. Ttl.: Das Kaiserreich. Galante, intrigante Liebes- u. Hofgeschichten aus d. J. 1805—1815. 4 Bde. 8. (58 B.) Leipzig 837, [Schreck.]

1—8. Bd. Ebendas. 1834. 8 Thlr.

Chronique scandaleuse des Petersburger Hofes seit den Zeiten der Kaiserin Elisabeth. Oder: Geheime Memoiren zur politischen u. Regentengeschichte des Russischen Reichs aus der Periode von 1740 bis zum Tode des Grossfürsten Constantin. Aus dem Nachlasse eines alten Staatsmannes. 2 Thle. Fürth 1832. Fr. Korn'sche Buchhdlg. 8°. (10 Mk. R. Bertling, Dresden; 12 Mk. v. Zahn & Jaensch, ebd., c. 1900.)

I: Titel (mit lat. u. deutschen Lettern), 1 Bl. Inh., 218 S. II: Titel (wie I), III S. Inh., 197 S. — Vergriffen u. sehr gesucht!

CHRONIQUE scandaleuse des Päpstlichen Stuhles. Oder Gallerie gottloser Statthalter Christi auf Erden. 2 Bde. (soviel ersch.). Leipzig, Literar. Museum, 1834—35. 8°.

Enth.: Viennet, J. P. G., Papst Alexander VI. u. sein Sohn der Cardinal Cäsar Borgia, die beiden größten Bösewichter ihrer Zeit. Ein histor. Roman.

1: Doppeltit. u. 260 S. 2: Doppeltit. u. 278 S.

—— scandaleuse d. päpstl. Stuhles. Oder Gallerie gottloser Statthalter Christi auf Erden. 2 Bde. — A. u. d. T.: Papst Alexander VI. u. sein Sohn d. Cardinal Cäsar Borgia, d. beiden größten Bösewichter ihrer Zeit. Ein histor. Roman v. J. P. G. Viennet. 2 Bde. 8. (34½ B.) Leipzig 834, Literar. Mus.

—— scandaleuse d. päpstl. Stuhles. Oder Gallerie gottloser Statthalter Christi auf Erden. 3. Bd. — A. u. d. T.: Die Verbrechen d. Päpste seit Linus d. Nachfolger d. heil. Petrus bis auf Pius VI. 8. (18 B.) Leipzig 835, [Schreck.]

1. u. 2. Bd. Ebendas. 1834. 2 Thlr.

Chronique de la ville d'Aix la Chapelle, depuis son origine jusqu'en 1778 sous le règne de l'Empereur Joseph II. Trad. de l'Allemand par extrait des ouvrages en folio de Jean Noprilo et M. de Meyer, par H. Schmalhausen. 8. Aachen 828. Mayer. 20 gr

Chroniques d'Alsace, s. Code historique et diplomat. de Strasbourg.

Chroniques, les, d'Alsace. I—VI. 8. Colmar, Jung. (Lorber.) **

Inhalt:

I. Stolz's, Hans, Vrsprung vnd Anfang der Statt Gebweyler. Sagen- und Tagebuch eines Bürgers von Gebweiler zur Zeit des Bauernkriegs. Hrsg. von Julien Sée. (92 S.) 871. **M 2.

II. Ausfurliche und grundrichtige Beschreibung von der Stadt Strassburg darinnen klärlich enthalten wo, wie und welcher Gestalt selbige entspringt. Chronique strasbourgeoise de 1672 à 1684 publiée pour la première fois avec un extrait du Mémorial de Roisseissen d'après les manuscrits de la collection Heitz par Rodolphe Reuss. (XIII, 136 S.) 873. **M 2,40.

III. Joner's, Joh., Notanda. Tägliche Notizen eines Stettmeisters von Colmar zur Zeit Ludwigs XIV. (1678—1705). Hrsg. von Jul. Sée. (XI, 124 S.) 873. **M 2,40.

IV. Müller's, Ambros., Stamm- und Zeitbuch. Hauschronik eines Bürgers von Colmar zur Zeit Ludwigs XIV. (1678—1705). Hrsg. von Julien Sée. (XV, 74 S.) 873. **M 2.

V. Beschreibung der Belager- und Einnehmung der Statt Colmar. Hrsg. von Julien Sée. (XVII, 60 S.) 878. **M 1,60.

VI. Hausbuch von Dominicus Schmeltz Bürger von Colmar. Hrsg. von Julien Sée. (XI, 234 S.) 878. **M 3,20.

Chroniques grécoromanes. Inédites ou peu connues publiées avec notes et tables généalogiques par Charles Hopf. gr. 8. (XLVIII, 536 S.) Berlin 873. Weidmann. n. 24. —

Chroniqueur: Le Chroniqueur de l'Erguel

① Feuille d'annonces du Val de St-Imier et des Franches-Montagnes ⑤ 23. 6. 1848—26. 1. 1849 (?) ⑦ hebdomadaire ⑧ St-Imier: J. Scherler ⑪ BGSZ: 1, no. 6355.

Chronis, Panos D., appr. Arzt a. Smyrna ⟨Klein-Asien⟩: Ueber Bromaether ⟨C_2 H_5 Br.⟩ Narkose. (München [1904]: E. Stahl.) (29 S.) 8°

München, Med. Fak., Ref. v. Angerer, Diss. v. 18. Aug. 1904

[Geb. 29. Nov. (13. Dez.) 79 Smyrna; Wohnort: Smyrna; Staatsangeh.: Griechenland; Vorbildung: Gymn. Samos (Fürstentum Samos) Reife Juli 99; Studium: Freiburg i. B. 4, Leipzig 1, München 4 S.; Coll. 26. Juli 04; Approb. 12. Juli 04.]

Chronist, der. Kurzgefaßte Notizen zur Zeitgeschichte, zugleich ein fortlaufendes Supplement zu jedem Konversations-Lexikon. Hrsg. von Karl Siegen. 1. Jahrg. 1885. 4 Hefte. gr. 8. (193 S.) Leipzig, Reißner. à Heft * 75 Pf. *

Nicht weiter erschienen.

Chronisten, Die, des Stiftes Neuchâtel. [Luzern 1895.] V: *Liebenau, Theod. von.* (Zuwachsverz. d. Bibliotheken in Zürich 1898 ff.)

Anonymi **Chronographia** syntomos e codice Matritensi No 121 ⟨nunc 4701⟩ ed. Adolphus Bauer. Lipsiae: Teubner 1909. XIII, 70 S. 8° (Bibliotheca script. Graec. et Rom. Teubneriana.) 09. 13251

Chronographica Imperatori Dicata. Vindobonae 1804. V: *Birkenstok, Joh. Melchior Edler von.* (BIBLPORT)

Chronographie der Geschichte der Heilkunde ... Nürnberg 1812. V: *Wendt, Friedrich von.* (MGT)

Chronologen, e. period. Werk v. Wekhrlin, 12 Bde. 8. Nürnberg, Felsecker. 779—81. (à 18 gr.)

Chronologia. – Anonymi Chronologia syntomos, s. Chronographia...

Chronologia biblica ab Adamo ad Christum juxta vulgatam latino polonicam, Jacobi Wuykii — A. D. 1771 editam, cum omnibus sacri textus demonstrationibus, et adnotationibus chronologicis per Joan Kuczkowski, composita A. D. 1835. 8 maj. (6 B. u. 4 Tab.) Wien 844, Mechitaristen-Congreg.-Buchh. —

Chronologia sacra excerpta ex claris sententiis, solis textibus divini codicis. 8. Augsb. 801. Doll. (Landsh., Krüll). 9 gr

Chronologia sacra ducatus Styriae, pars prima ... Graecii 1715. V: *Pusch, Siegmund.* (schlossar)

Chronologia ducatus Styriae ab anno 1180—1230. Graecii 1720. H: *Pusch, Sigism.* (Hauptkat. d. Univ.-Bibl. Tübingen. F. Nachtr. 12.)

Chronologie

L'Art de vérifier les dates des faits historiques, des chartes, des chroniques, et autres anciens monumens depuis la naissance de Notre Seigneur. Par des religieux bénédictins de la Congrégation de S. Maur [d. i. Maur François Dantine, Urain Durand u. Charles Clémencet]. P. 1. 2. — Paris: Desprez [usw.] 1750.

— [Ausz., deutsch] Allgemeine Chronologie für die Zeiten nach Christi Geburt zur Erläuterung der alten Denkmäler, Chroniken, Urkunden nebst vollständigen chronologischen Tabellen für die ganze Geschichte. Aus d. Franz. (von Johann Kern). Mit Herrn (Chr[istian] Wilh[elm] Franz) Walchs Vorrede. Th. 1. — Leipzig: Weygand 1779. 58,558 S.
1:Pg 4140 [u.] Bibl. Diez 9525. 12:Chrlg. 31. 2. 7. 8.
7.5550

Chronologie, biblische, mit Fortsetzung bis auf unsere Zeit. Ein Ergebniß, wie auch Nachweis der Harmonie aller biblisch-chronolog. Zahlen für Lehrer, Geschichts- u. Bibelfreunde. Lex. 8. (XII u. 82 S.) Tübingen 851, L. F. Fues. n. 1/2 ₰

Chronologie sämmtlicher Hamburger Bühnen, nebst Angabe der meisten Schauspieler, Tänzer und Musiker, welche seit 1230—1846 an denselben engagirt gewesen und gastirt haben. Hamburg 1847. V: *Wollrabe, Ludwig.* (schr) (Uhde, Das Stadttheater zu Hamburg. 1877. S. 315.)

Chronologie des Dreyfus-Handels. 12. (8 S. m. 1 Bildnis.) Bremerhaven 899. [G. Schipper.] v. Vangerow'sche Buchh. n. — 10

Chronologie der Entstehung Goethe'scher Schriften 1765—1832. [Suppl. zu seinen Werken.] gr. 8. (14 S.) München 878. Leipzig, Ehrlich. n. — 60

Chronologie der Entstehung Goethe'scher Schriften 1765—1832. [Suppl. zu seinen Werken.] gr. 8. (14 S.) München 878, Unflad. *

— die, der Genesis [I. Mosis] im Einklang mit der profanen. Nach den Quellen dargestellt v. E. A. gr. 8. (VI, 253 S.) Regensburg 881. Manz. n. 5. —

Chronologie der griechischen Geschichte für den Privat- und Schulgebrauch entworfen. 8. (40 S.) Trier 856, Lintz'sche Buchh.

Chronologie der römischen Geschichte, zunächst f. d. Schulgebr. entworfen. 8. (2 B.) Arnsberg 837, Ritter.

—— der römischen Geschichte für den Privat- und Schulgebrauch entworfen. 2. Aufl. 8. (67 S.) Trier 856, Lintz'sche Buchh. *

Chronologie sämmtl. Päbste von Petrus bis Gregor XVI. Mit Angabe des Antritts u. Todesjahres u. einer lith. u. illum. Abbild. Pabst. Gregor XVI. (Eine Tab.) Augsburg 815, Schlosser. 1/8 ₰

Chronologie d. allgem. Staatsarchivs, worinn. d. Friedensschlüsse, Neutralitäts- u. Stillstandshandll., Vereinigungsverbündnisse, Kriegsdeclarationen u. and. Manifeste, wie auch Garantieen u. Handlungstractaten sammt Vermählungsvergll., Testamenten u. and. öffentl. Abhandll. d. Kaiser, Könige, Herzöge, Fürsten, Republiken u. übrig. Stände sowohl in Europa als and. Theilen d. Welt v. 1536 bis 1703 angezeigt werden. *Hamb.* 704. 8.

Chronologie des deutschen Theaters. [Leipzig] 1775. V: *Schmid, Christian Heinrich.* (AarF)

Chronologie d. deutschen Theaters (v. Chr. H. Schmid). 8. Lpz. 775. Dyck. 16 ₰

Chronotaxis Henscheniana de annis aetateque D. N. Jesu Christi Nati, Baptizati, Mortui ... Tyrnaviae 1754. V: *Pinter, Joseph.* (so) (Jes)

Chrosciel, Gust., u. Joh. Steiner, Anleitung zur Einführung des Lehrplanes f. den Zeichenunterricht vom 12. VI. 1902 in einfache Schulverhältnisse. 4 Hefte. gr. 8. Leipzig 905. Dürr'sche Buchh. n. 2. 10; in 1 Bd. geb. n. 2. —
1. Unterstufe. (35 S. m. 2 Taf.) n. — 60
2. Mittelstufe. (31 S. m. 2 Taf.) n. — 50
3. Oberstufe. (32 S. m. 2 Taf.) n. — 50
4. Linearzeichnen. (26 S. m. 10 Taf.) n. — 50

— u. Joh. Steiner, Anleitg. zur Einführg. d. Lehrplanes f. d. Zeichenunterricht v. 12. VI. 1902 in einfache Schulverhältnisse. 2. Aufl. 4 Hefte. gr. 8. Leipzig 909. Dürr'sche Buchh. 2.70; in 1 Bd. geb. 2. 50
1. Unterstufe. (36 S. m. 2 Taf.) — 70. — 2. Mittelstufe. (31 S. m. 2 Taf.) — 65. — 3. Oberstufe (33 S. m. 2 Taf.) — 65. — 4. Linearzeichnen. (27 S. m. 10 Taf.) — 70.

Chrosciel, Gust., u. Joh. Steiner, Anleitung. Jetzt: Berlin, Union, Zweigniederlassg.

Die Einführung in die dezimale Schreibung der geltenden Maße, Münzen und Gewichte und die Handhabung d. Dezimalbruchrechnung in d. verschiedenen Arten d. Volksschule. Inwieweit ist durch d. Dezimalbruchrechnung e. Beschränkung d. Rechnens mit gemeinen Brüchen möglich u. geboten? Von G[ustav] **Chrosciel**. Langensalza: Beltz 1910. 22 S. 8°
(Zur Volksschulpädagogik. H. 17.) 11. 6199

Kurze Geschichte und gegenwärtiger Stand des Zeichnens an den Preussischen Lehrerseminaren von G. **Chrosciel**, Seminarlehrer. Hannover: Helwing 1907. (28 S.) 8°
Aus: Jahrbuch f. d. Zeichen- u. Kunstunterricht. Bd 3. 07. 10977 7

Chroust, Anton

Auszug des Inhaltes der Schrift: Abraham von Dohna. Sein Leben u. s. Gedicht auf d. Reichstag von 1613 von Anton **Chroust**. München 1896. Zsgest. von Siegmar Gr[af] Dohna. Als Ms. gedr. Berlin 1897: J. Sittenfeld. (VI, 70 S.) 8° [F. u. Ant.]
= **Dohna**, Siegmar Graf: Aufzeichnungen über d. Vergangenheit d. Familie Dohna. Nachtr.-H. No 2. 08. 1969

Chroust, A., Beiträge zur Geschichte Ludwig's d. Bayers u. seiner Zeit. I. Die Romfahrt. 1327—1329. gr. 8. (VIII, 270 S.) Gotha 887. F. A. Perthes. n. 6. —

Chroust, Anton [Bearb.], s. Briefe und Akten zur Geschichte des 30jährigen Krieges. Bd. 9—11.

Chroust, Ant., s.: Chroniken der Stadt Bamberg.

Abraham von Dohna. Sein Leben und sein Gedicht auf den Reichstag von 1613 v. Anton **Chroust**. *München: K. B. Akad. d. Wiss. 1896.* (XII, 388 S., 1 Portr.) 1 Bd 8. 96. 1867

Chroust, Ant., Abraham v. Dohna. S. Leben u. s. Gedicht auf d. Reichstag v. 1613. gr. 8. (XII, 388 S. m. Bildn.) München 896. (G. Franz's Verl.) n. 8. —

Gneisenau in Würzburg. Rede z. Enthüllung e. Gneisenau-Gedenktafel geh. von Anton **Chroust**. Mit e. Bericht über d. dabei veranst. Festakt hrsg. v. Histor. Ver. von Unterfranken u. Aschaffenburg in Würzburg. Würzburg: Stahel in Komm. 1906. (21 S.) 8° [Ʒ.] [07. 3619

Chroust, Ant., s.: Monumenta palaeographica.

— s.: **Studien**, Würzburger, zur Geschichte d. Mittelalters u. der Neuzeit.

Tageno, Ansbert und die Historia Peregrinorum. Drei krit. Untersuchungen z. Gesch. d. Kreuzzuges Friedrichs I. von Dr. Anton **Chroust**, Privatd. in Graz. *Graz: Styria 1892.* (VII, 205 S.) 8° [«. 99»

— **Untersuchungen** üb. die langobardischen Königs- u. Herzogs-Urkunden. gr. 8. (VII, 212 S.) Graz 888. Styria. n. 4. —

Chrschtschonovitsch, Alex., Beiträge zur Kenntniss der feineren Nerven der Vaginalschleimhaut. Lex.-8. (15 S. mit 1 lithogr. Taf. in 4.) Wien 871, (Gerold's Sohn.) *
Aus: Sitzungsberichte der k. Akademie der Wissenschaften, besonders abgedruckt.

Chrschtschonovitsch, Alex., Beiträge zur Kenntniss der feineren Nerven der Vaginalschleimhaut. [Mit e. (lith.) Taf. (in 4.)] [Aus „Sitzungsber. d. k. Akad. d. Wiss."] Lex.-8. (15 S.) Wien 875. (Gerold's Sohn.) n. — 60

Chrudimer [Schlagwort]

Chrudimer — Der — Kreis — Ex Müllerianis aliisque recentiss. subsidiis chorographice etc. ab Homannianis Heredibus emend. 1807. 1 : 190,000. 1 Bl.

Chrudimsky, Ant. Alex., das gesetzliche Pfandrecht des Bestandgebers u. die Art der Geltendmachung desselben. gr. 8. Prag 841. (Calve'sche Buchh.) n. 7/12 ₰

Chrügel, Chiridonius (Pseud.), s. Attenhofer, Eduard

Chruschtschow-Ssokoljnikow, G. A., Moskau ohne Maske, s.: Enthüllungen a. d. russ. Gesellschaft.

Chruscinsky, S. A., Historia chronol. sereniss. Sobiesciorum domus. Rigae 1717. fol.

Chrusen, P. P. [Pseud.], s.a. Uschner, Karl Richard Waldemar

Chrusen, P. P., Schweizer Album-Blätter 1881. 8. (103 S.) Hamburg 882. J. F. Richter. n. 1. 50

Chrusen, P. P. (Karl R. Waldem. Uschner), Andreas-Abend. Singspiel in 3 Aufzügen. (60 S.) gr. 8. Berlin 909. J. Harrwitz Nachf. 1. —

Chrusen, P. P. (Karl Uschner), Bühnenspiele. (Intrigue, e. Komödie. Lösg. durch e. Wunder, Historie.) gr. 8. (61 S.) Berlin 898. J. Harrwitz Nachf. 1. 50

— deutsche **Gedenkblätter**. 8. (78 S.) Berlin 896. F. Dümmler's Verl. n. 1. 20; geb. n. 2. —

— **Genugthuung**. Zeitbild in 3 Aufzgn. gr. 8. (35 S.) Berlin 896. R. Taendler. n. 1. 50

Chrusen, P. P. (Karl R. Wald. Uschner), **Hochsport**. Lustspiel in 2 Akten. (48 S.) 8. Berlin 905. J. Harrwitz Nachf. n. — 60

— **Johanniszauber**. Ein Schelmenspiel. (Landschaftstheater.) (77 S.) 8. Ebd. 904. n. 1. —

Chrusen, zwei Kaiser-Gräber. Ein Weihe-Lied. 12. (82 S.) Heidelberg 888. C. Winter. n. 1. 60

Chrusen, P. P. (Karl R. Wald. Uschner), **Karl XII.** Zeitbild aus dem 18. Jahrh. in 4 Aufzügen. gr. 8. (52 S.) Berlin (896). R. Taendler. n. 1. —

Chrusen, Leute v. heute. Fünf Zeitbilder. gr. 8. (203 S.) Zürich 886. Verlags-Magazin. n. 2. 40

— die **Liebesproben** des Cervantes. Historie. Neue Ausg. (78 S.) 8. Ebd. 905. n. 1. —

— **Prospekte** zu Theaterstücken. (39 S.) 8. Leipzig-Gohlis 908. B. Volger. 1. —; geb. 1. 50

— **Schwindelfrei**. Singspiel in 1 Aufzuge. 8. (40 S.) Oppeln 900. G. Maske. n. 1. —

Chrusen, P. P., Skizzen-Buch in Versen. 8. (107 S.) Hamburg 894. Verlagsanstalt u. Druckerei. n. 2. —

Chrustschoff, K. v., Einiges über den Cerro del Mercado bei Durango in Mexico. gr. 8. (66 S. m. 5 zum Thl. farb. Steintaf.) Würzburg 878. Stuber. n. 5. —

Chrustschoff, K. v., üb. holokrystalline makrovariolithische Gesteine, s.: Mémoires de l'académie impériale des sciences de St.-Pétersbourg.

Chrustschowa, Anna. Ueber das Verhalten des Leberlecithins bei einigen Vergiftungen. Diss. Med. Bern. 27 S. 8. Bern, Unionsdruckerei, 1901.

Chrysal, od. Begebenh. einer Guinee, v. einem Adepten nach d. 7n Engl. Ausgabe. 4 Thle. 8. Leipz. Weygand. 775.

Chrysal oder Begebenheiten einer Guinee. Aus dem Englischen. Leipzig 1775—76. V: *Johnstone, Charles.* Ü: *Engelbrecht, Joh. Andreas.* (Mitth. Prof. Dr. H. Ullrich-Brandenburg a. H.)

CHRYSAL, oder Begebenheiten einer Guinee, nebst verschiedenen Anekdoten von Personen aus allen Ständen in deren Händen sie in Amerika, England, Holland, Deutschland und Portugal gewesen ist. Aus d. Engl. (nach der 7. engl. Ausgabe) übers. (v. Joh. Andreas Engelbrecht). 4 Bde. Leipzig 1775—76. 8°. (2 Rthl. 23 gr.) (8 Mk. Adolf Weigel, 1899:)

Orig.: Chrysal or the adventures of a Guinea, interesting anecdotes. 3 vols. London. (c. 1765.) 8°. (5/6 Rthl. Schmidt, Halle, c. 1870; jetzt theurer!)

Französ. Uebersetzung: Chrisal ou les aventures d'une Guinée, histoire Angloise. A Londres, et se trouve à Paris 1768. 8° XXXVI et 262 pp. (4 Mk. Friedr. Klüber, c. 1905.)

Chrysander, Alitophilus: Aureum saeculum patefactum: oder die eröffnete güldene Zeit, darinnen das von allen längst gewünschte menstruum universale seu materia chaotica sonnenklar entdeckt. 207 S., gbd.

Nürnberg: Zieger 1706

Chrysander, C. W. J., s. Chrysander, Wilhelm Christian Justus

Chrysander, Chr. J., s. Chrysander, Wilhelm Christian Justus

Chrysander, F., die Rechte. Aus dem Schwed. v. E. Vilmar. (80 S.) 8. Leipzig 907. Sächs. Volksschriftenverlag. — 60

Chrysander, Friedr., G. F. Händel. (In 2 Bdn.) 1. Bd. Leipzig 858. Breitkopf u. Härtel. gr. 8. (IX, 496 S.) 2 ₰ 15 ngr

Chrysander, Frdr., G. F. Händel. 2. Bd. Leipzig 860. Breitkopf & Härtel. gr. 8. (V, 482 S.) 2 ₰ 15 ngr

Chrysander, Frdr., G. F. Händel. 3. Bd. 1. Hälfte. Leipzig 867. Breitkopf & Härtel. gr. 8. (2 Bll., S. 1—221.) [Mehr nicht erschienen.] 1 ₰ 6 ngr

Chrysander, Friedrich [Bearb.], s. H ä n d e l , Georg Friedrich: Der M e s s i a s .

— über die Moll-Tonart in den Volksgesängen und über das Oratorium. Zwei Abhandlungen. Schwerin 853. Oertzen u. Schlöpke. gr. 8. (63 S.) n. 10 ngl

— Musik und Theater in Mecklenburg. (Schwerin 1854?)

Chrysander, Frdr., Händel's bibl. Oratorien i. geschichtl. Betrachtg. Ein Vortrag, geh. im Johanneum z. Hamburg am 28. II. 1896. gr. 8. (39 S.) Hamburg 897. O. Meißner's Verl. n. 1. —

Chrysander, Friedrich (Hrsg.), s. V i e r t e l j a h r s - s c h r i f t für Musikwissenschaft.

Chrysander, Friedrich. Lodovico Zacconi als Lehrer des Kunstgesanges. (Sep.-Abdr. aus der Vierteljahrsschr. f. Musik-Wissenschaft. Leipzig 1891.)

Chrysander, Ludwig Johann Christoph: Kurze G e s c h i c h t e des Missethäters Wulf Hinr. Jürnsen, nebst den letzten Worten, die an der Todesstäte, u. nach der Hinrichtung desselben, bei Preetz, den 30. April 1784, geredet worden sind. Kiel (1784).

Chrysander, P. L., de doctoratu Christi tricennarii. Brunsw. 1749. 4.

– Dass., s.a. C h r y s a n d e r , Wilhelm Christian Justus

Chrysander, Rudolph [aus Lauenburg a. E.]: Aus d. medicin. Klinik zu Jena. Ein Fall von Carcinom am Anfange des Oesophagus ... M. 3 Taf. Jena, Univ.-Buchdr. G. Neuenhahn, 1896; 47 S., 1 Bl., 3 Taf. 8.
Jena, Med. Fak., Inaug.-Diss. v. [1. Apr.] 1896

Chrysander, Wilhelm Christian Justus

— Abhandl. von d. Hindernissen d. Liebe gegen Christum. 4. Halle 761. Waisenh.-B. 6 gr

CHRYSANDER (ps.), Theologische Abhandlung von den H i n d e r n i s s e n d e r L i e b e. Halle 1761. 4°.
Ehestands-Almanach II, S. 258. F e h l t in Weller's Lex. Ps.

Chrysander, Wlh. Chr. Just., († d. 10. Dec. 1788.) Abhandl. von d. Fürtrefflichkeit d. Gerechtigkeit Christi. 4. Rinteln 754. 2e Aufl. gr. 8. Braunschw. 758. Schulbuchh. 6 gr

— de actis in sextiduo creatoris. 4. Götting. 774. Vandenhöck u. R. 5 gr

CHRYSANDER, WILH. CHR. JUSTUS, Disq. an Christus vicariis suis actionibus et perpessionibus humanæ suæ naturæ evectionem ad dextiam Dei emeruerit? Kiliæ Holsat. 1771. 4. P. (Progr. til Jo. Adolph Schinmeiers Doktorpromotion).

— d. Auferstehung Jesu Christi, als e. Grundveste d. ganzen christl. Religion. gr. 4. Halle 759. Schulbuchh. in Braunschw. 10 gr

— Betrachtt. v. Sterbe- u. Begräbnißtage Christi. 4. Celle 763. Gsellius. 6 gr

— Betracht. vom Tischgebet d. Heyd. &c. 8. Zelle, Gsellius. 767.

— Betrachtt. von dem bittern Tode Jesu. 4. Wismar 770.

Chrysander, Chr. J., Betracht. v. d. gottsel. Wohlgefall. an d. Geb. Christi. 4. Schwerin, Bödner. 761.

— Betrachtt. von d. gottsel. Wohlgefallen an d. Geburt Christi. 4. Wismar 770. Bödner. 6 gr

— Betrachtt. über d. Wohlthaten Gottes im Reiche d. Gnaden. 1r Thl. 4. Wismar 770. Bödner. 12 gr

— liturg. Bibliothek. 4. Hannov. Richter. 760.

Chrysander, W. Chr. Just., de Julio Caesare tyranno non scelesto. Helmst. 742. 4. (12 S.)

— Concordantiae reales separat. praeposition. graec. in N. T. 4. Helmst. 769. (Weygand in Leipz.) 4 gr

Chrysander, W. C. Iust., Diptycha professor. Theologiae. 4. Wolfenbütt. Meisner. 748. Rthlr.

— Dispositiones über d. Sonn- u. Festtägl. Evangelien aufs ganze Jahr; herausg. v. F. P. Klee. 4. Celle 754. Mit n. Tit. 759.

— de doctoratu Christi tricennario. 4. Braunschw. Schröder. 749.

– Dass., s.a. C h r y s a n d e r , P. L.

— doctr. mor. de Magistratu politico. 4. Helmst. (Weygand in Leipz.) 744.

— d. Ehre Gottes an frommen Alten betrachtet. 4. Rinteln 751. 8 gr

— die Ehre Gottes an frommen Alten. 4. Rinteln. 752.

— Erbauungsstunden auf 4 hohe Feste im Jahr. 8. Zelle Gsellius. 753.

— Erbauungsstunden auf 4 hohe Feste im Jahre. 2 Thle. 8. Celle 754. Gsellius. 1 ß 16 gr Neue Erbauungsst. 4 Stck. 8. Ebd. 760—63. 22 gr Neueste Erbauungsstunden. 4. Rinteln 766. Berth. 5 gr

— neueste Erbauungsstunden. 4. Rinteln, Berth. 765.

– De vera f o r m a et emphasi nominis Jesu. Rinteln 1751. 4°

— Jüdisch-deutsche Grammatik. gr. 4. Wolfenb. u. Leipz. 750.

— Grundlage d. Sonn- u. Festtägl. Predigten über d. Evangelien durchs ganze Jahr. 4. Celle 761. 6 gr

— s. 1) Habakuk. 2) Handbüchlein, geograph.

— Hypomnema de primo scripto Arabico. 4. Helmst. (Weygand in Leips.) 749.

— idea encyclopaediae mathematicae in tabula synoptica, in us. auditor. 4. Rinteln 751.

— Jesus, der Trost Israels in d. Todesnoth; e. Predigt mit Anmerkk. u. Register. gr. 4. Halle 759. Waisenh.-B. 3 gr

— Charfreitagsbetrachtt. v. Geheimn. d. Dornenkrone. 4. Celle 758. N. A. 762. Gsellius. 6 gr

— antiquarisches Kirchen-Lexikon. 1r Bd. 8. Leipz. 775.

— Michaelisbetrachtt. v. Kirchendienst d. Engel. 4. Halle 760. Waisenh.-B. 8 gr

Chrysander, C. W. J., hist. Nachricht von Kirchenorgeln. Rint. 1755. 8.

Wilh. Christ. Just. Chrysandri oratio de desideratis in campo mathematico. Rintel. 4. 1750.

Chrysander, Wilhelm Christian (Goeddekenroda/Halberstadt), Oratio de sortibus. Qua in consessu societatis latinae, quae Halae floret, habita virum Gottlob Ernst Müller (Halle) per quinquennium societatis censorem. Halle (Hendel) 5. IX. 1740. 31 S. (5.—) 5230

— pericul. de primo primor. homin. peccato. 4. Helmst. 743.

— de repraesentat. actionis etc. 4. Helmst. (Weygand in Leips.) 746.

Chrysandri, W. C. J., de vero Samuele post mortem suam cum Saule loquente. Helmst. 749. 4.

— Diatribe de vero Samuele c. Saulo colloq. 4. Helmst.

Chrysander, W. C. J., de sapientia Dei in connubio Josephi ac Mariae mirando. Helmst. 1744. 4.

— allgem. Tisch-Gebet-Buch rc., nebst e. Anh. v. Tisch-Gebet d. Heiden rc. 8. Celle 757. Gsellius. 3 gr

— Trost u. Schrecken in d. großen Wahrheit: Christus ist gen Himmel gefahren. 4. Bremen 751. 2e A. 754. (13 Bog.)

— Vergeltung Gottes an denen, die die Erschein. Christi nicht lieben. 4. Zelle, Gsellius. 760.

— Vergeltung Gottes an denen, die die Erschein. Christi nicht lieben. 4. Celle 761. Gsellius. 8 gr

– De vestitu clericorum nigro. Kiel 1757. 4°

Chrysander, W. C. Just., Warnung vor d. Abwege d. Hölle. 4. Zelle, Gsellius. 762.

— Weihnachtsbetracht. 4. Wismar, Bödner. 761.

— das Wesentl. aus den Sonn- u. Festt.-Predigten rc. 4. Zelle. 759.

— wie man d. Hölle an Jesu verdienen könne? Mit Anmerkk. 4. Celle 768. Gsellius. 6 gr

Chrysant und Daria, oder der unerschütterte Christ. Trauerspiel in fünf Akten. Grätz 1776. V: *Uhlich, Gottfried.* (Ky)

Chrysanth u. Daria; od. d. unerschütterte Christ. Trauersp. 8. Leipz. Barth. 776.

— s. a. Crisanth.

Chrysanthemum, Das. Leipzig [1892]. V: *Heinemann, Frdr. Carl.* (Berl)

v. Chryselius, G., Gedichte u. Epigrammen. 8. Köln 821. Imhoff-Schwarz. 15 gr

Chryselius, Johann Wilhelm

CHRYSELIUS, J. W.: Anweisung holzersparende Oefen zu Stuben-Pfannen-Brat- und Kessel-Feuerungen anzulegen, nach richtigen Grundsätzen und Erfahrungen. - Merseburg 1790. 236 S., 8 Taf. - 2. Aufl. Leipzig 1798. 254 S.

Chryselius, Jh. Wlh., († d. 12. Jan. 1793.) Anweis., holzsparende Oefen zu Stuben, Pfannen, Brat- u. Kesselfeuerungen anzulegen. Mit 9 Kpft. gr. 8. Leipz. 794. 2e (von L. Schneider besorgte) Ausg. 798. Voß. 1 rthl 8 gr

Chrysels, Chr., Nachrr. von den gegenwärt. Koten u. Salzpfannen in England. 8. Leipz. 787. (W. Vogel). 2 gr

Chrysippus

Chrysippi fragmenta logica et physica, s. a. Stoicorum veterum fragmenta. II.

Chrysippi fragmenta moralia, s. a. Stoicorum veterum fragmenta.

Chrysippi fragmenta. (Hrsg.: Hans v. Arnim.) [1. 2.] *Lipsiae: B. G. Teubner 1903.* 2 Bde 8°
[1.] Fragmenta logica et physica.
[2.] Fragmenta moralia. Fragmenta successorum Chrysippi.
— Fragmenta Stoicorum veterum. Vol. 2. 3.

Chrysoberges, Nicephorus

Nicephori Chrysobergae ad Angelos orationes III ed. M. Treu. Pr. 1892. 50 S.

Chrysobullen, Einige ungedruckte, herausgegeben von E. Zachariä von Lingenthal. [= MAP., VII° Série. Tome XLI, No. 4.] St.-Pétersbourg 1893. 4°.

Chrysolii, M. A., de principe liber unus. 8. maj. Neapoli. (Pott et C., Lausanne) 785.

Chrysologus. Eine Monatsschrift für katholische Kanzelberedsamkeit. In Verbindung mit mehreren Geistlichen zunächst aus der Rheinprovinz und Westfalen herausg. von Heinr. Nagelschmitt. 1. Jahrg. 12 Hefte. (à 5 Bgn.) Paderborn 860. Schöningh. gr. 8. n. 1 rthl 18 ngr

— — Mit einer Zugabe: Materialien für Prediger und Katecheten von J. Fuhlrott. 2. u. 3. Jahrg. 1862 u. 63. à 12 Hefte. (à 6 Bgn.) Ebend. gr. 8. Jeder Jahrg. n. 1 rthl 24 ngr

— — Mit einer doppelten Zugabe: 1. Materialien für Prediger und Katecheten von J. Fuhlrott. 2. Abhandlungen u. Aufsätze aus dem Gebiete der Homiletik. 4. u. 5. Jahrg. 1864 u. 65. à 12 Hefte. (à 6 Bgn.) Ebend. gr. 8 Jeder Jahrg. n. 1 rthl 24 ngr

Chrysologus. Eine Monatsschrift für katholische Kanzelberedsamkeit. In Verbindung mit mehreren Geistlichen, zunächst aus der Rheinprovinz u. Westfalen herög. von Heinr. Nagelschmitt. Mit e. Zugabe: Abhandlungen u. Aufsätze aus dem Gebiete der Homiletik u. Katechetik. 5—10. Jahrg. 1865—1870. à 12 Hefte (à ca. 6 Bgn.). Paderborn, Schöningh. gr. 8. Jeder Jahrg. 1 rthl 21 ngr

— dasselbe. Inhaltsverzeichniß zum I—X. Jahrg. gr. 8. (175 S.) Ebend. 872. n. 1. 60

Chrysologus. Eine Monatsschrift f. kathol. Kanzelberedsamkeit. In Verbindg. m. mehreren Geistlichen, zunächst aus der Rheinprovinz u. Westfalen, hrsg. v. Heinr. Nagelschmitt. Mit e. Zugabe: Abhandlgn. u. Aufsätze aus dem Gebiete der Homiletik u. Katechetik. 11—13. Jahrg. à Jahrg. 12 Hfte. gr. 8. (à Hft. 100 S.) Paderborn 872. Schöningh. à Jahrg. 5. 40

— dasselbe. 14—16. Jahrg. 1874—1876. à 12 Hfte. gr. 8. (à Hft. 100 S.) Ebend. à Jahrg. 5. 70

Chrysologus. Eine Monatsschrift für kathol. Kanzelberedtsamkeit. In Verbindung mit mehreren Geistlichen, zunächst aus der Rheinprovinz u. Westphalen, hrsg. von Heinr. Nagelschmitt. Mit einer Zugabe: Abhandlungen u. Aufsätze aus dem Gebiete der Homiletik u. Katechetik. 19. Jahrg. 1879. gr. 8. (VIII, 972 u. Zugabe 5. Bd. S. 369—558.) Paderborn, F. Schöningh. 6. —

— dasselbe. 20—22. Jahrg. 1880—1882. à 12 Hfte. (6 B.) gr. 8. Ebend. à Jahrg. 5. 70

— dasselbe. Inhaltsverzeichniß zum XI—XX. Jahrg. gr. 8. (76 S.) Ebend. 882. n. — 80

Chrysologus. Eine Monatsschrift f. kathol. Kanzelberedsamkeit. In Verbindg. m. mehreren Geistlichen, zunächst aus der Rheinprovinz u. Westphalen, hrsg. v. Heinr. Nagelschmitt. Mit e. Zugabe: Abhandlungen u. Aufsätze aus dem Gebiete der Homiletik u. Katechetik. 23—27. Jahrg. 1883—1887. à 12 Hfte. (6 B.) gr. 8. Paderborn, F. Schöningh. à Jahrg. Subscr.-Pr. 5. 70; Einzelpr. 6. —

Chrysologus. Eine Monatsschrift f. kathol. Kanzelberedsamkeit. In Verbindg. m. mehreren Geistlichen hrsg. v. H. Nagelschmitt. Mit e. Zugabe: Abhandlungen u. Aufsätze aus dem Gebiete der Homiletik und Katechetik. 28.—31. Jahrg. 1888—1891. à 12 Hfte. (6 B.) gr. 8. Paderborn, F. Schöningh. à Jahrg. n. 5. 70

— dasselbe. Inhaltsverzeichnis zum XXI.—XXX. Jahrg. gr. 8. (92 S.) Ebd. 893. n. — 80

Chrysologus. Eine Monatsschrift f. kathol. Kanzelberedsamkeit. Begründet v. Heinr. Nagelschmitt. In Verbindg. m. mehreren Geistlichen hrsg. v. Verlage. Mit e. Zugabe: Abhandlungen u. Aufsätze aus dem Gebiete der Homiletik u. Katechetik. 32.—35. Jahrg. Oktbr. 1891—Septbr. 1895. à 12 Hfte. (5½ Bog.) gr. 8. Paderborn, F. Schöningh. à Jahrg. n. 5. 70

Chrysologus. E. Monatsschrift f. kathol. Kanzelberedsamkeit. Begründ. v. Heinr. Nagelschmitt. In Verbindg. m. mehr. Geistlichen hrsg. v. Verlage. M. e. Zugabe: Abhandlgn. u. Aufsätze a. d. Gebiete d. Homiletik u. Katechetik. 36.—39. Jahrg. Oktbr. 1895 b. Septbr. 1899. à 12 Hfte. (à ca. 6 Bog.) gr. 8. Paderborn, F. Schöningh. à Jahrg. n. 5. 70

Chrysologus. Eine Monatsschrift f. kathol. Kanzelberedsamkeit. Begründet v. Heinr. Nagelschmitt. In Verbindg. m. mehreren Geistlichen hrsg. v. Verlage. Mit e. Zugabe: Abhandlungen u. Aufsätze aus dem Gebiete der Homiletik u. Katechetik. 40.—43. Jahrg. Oktbr. 1899—Septbr. 1903. à 12 Hfte. gr. 8. (40. Jahrg. XI, 1000 u. 475 S.; 41. Jahrg. XI, 964 u. 88 S. u. 42. Jahrg. XI, 948 u. 208 S.) Paderborn, F. Schöningh. à Jahrg. n. 6.—

Jahrg. 40 ist vergriffen.

— dasselbe. XXXI.—XL. Jahrg. Inhaltsverzeichnis. gr. 8. (94 S.) Ebd. 901. n. — 80

Chrysologus. Eine Monatsschrift f. kathol. Kanzelberedsamkeit. Begründet v. Heinr. Nagelschmitt. In Verbindg. m. mehreren Geistlichen hrsg. v. Verlage. Mit e. Zugabe: Abhandlungen u. Aufsätze aus dem Gebiete der Homiletik u. Katechetik. 44.—47. Jahrg. Oktbr. 1903 bis Septbr. 1907. à 12 Hefte. (44.—46. Jahrg. XI, 948 u. 424 S.; XI, 912 u. 104 S. u. XI, 940 u. 96 S.) gr. 8. Paderborn, F. Schöningh. à Jhrg. n. 5. 70

Chrysologus. Eine Monatsschrift f. kathol. Kanzelberedsamkeit. Begründet v. Heinr. Nagelschmitt. In Verbindg. m. mehreren Geistlichen hrsg. v. Verlage. Mit e. Zugabe: Abhandlungen u. Aufsätze aus dem Gebiete der Homiletik u. Katechetik. 48.—50. Jahrg. Oktbr. 1907—Septbr. 1910. à 12 Hefte. (XIV, 940 u. 107 S.; XIII, 932 u. 118 S. u. XIV, 933 u. 112 S.) gr. 8. Paderborn, F. Schöningh. à Jahrg. 5. 70

— dasselbe. 51. Jahrg. Oktbr. 1910—Septbr. 1911. 12 Hefte. (1. Heft. 72 u. 8 S.) gr. 8. Ebd. 6.—

Chrysologus, Petrus

Chrysologus' ausgewählte Reden, s.: Bibliothek der Kirchenväter.

Chrysologi (Divi Petri) Sermones aurei CLXXVI. cum triplici ind. Evangel. et Epistolarum. II Tom. 8. Ofen 770. Univ.-B. 1 ₰ 2 gl

CHRYSOMANDER, eine allegorische und satyrische Geschichte. Berlin u. Quedlinburg 1774. 8°.
Cat. libr. H. G. Franckii, III, Graizae 1784. p. 343.

Chrysomander, eine allegor. Geschichte. 8. Quedlinb. 774. (Ernst). 6 gl

Chrysophil oder der Weg zum Glück. Altenburg 1777. V: *Behrisch (Beris), Heinrich Wolfgang.* (GGr) (Ky)

Chrysophil, od. d. Weg z. Glücke (v. G. W. Berisch). 4 Thle. 8. Altenb. 777. (Hennings in Neiße). 12 gl.

Chrysophil oder der Weg zum Glück, 8. Altenburg, 777. Richter. 15 sgl.

Chrysophiron, (Jh. Cph. v. Wöllner), Reden über e. Pflichten d. Gold- u. Rosenkreuzer alt. Systems. 8. Altona 792. Hammerich. 12 gl

Chrysophirons [d. i. Jos. Friedr. Göhrungs] Reden über einige Pflichten der Gold- und Rosen-Kreuzer alten Systems. Hrsg. ohne Erlaubniss der Obern [u. mit Anmerk. vers. von Friedr. Münter]. München [Altona: Hammerich] 1792. XX, 164 S. 8°
cf. Berlinische Monatsschr. 20 (1792) S. 184 bis 189.
Kl. 2655, Tt. 865. Selten. Enth. die Abhandlung üb. die 3., 5. u. 6. Pflicht u. Auszüge aus der Vorrede.

Chrysoprasberg, Der, (zu Kosenütz bei Nimptsch), ein Gedicht. Breslau 1787. V: *Pohle, Joh. Gottlob.* (GGr VII/425, Nr. 3/3) (BiblPort)

Chrysospathos, Johannes G. [aus Calamata '(Messen.)' Griechenl.]: Zur Statistik und Kenntniss des Carcinoma mammæ utriusque ... Freiburg i. B., Buchdr. H. Epstein, 1895; 76 S., 1 Bl. 8.
Freiburg i. B., Med. Fak., Inaug.-Diss. v. 1895

Chrysostamian: 1882–1884. Chicago, IL
Religious bi-monthly, published in English and German.

Chrysostomo, Polycarpo, Cornelii Debrelii Abhandlungen von Natur und Eigenschaft der Elementen. Hoff 1723.

Chrysostomus, eine religiöse Zeitschrift, herausg. von e. gelehrten Verein. 1s Hft. Juli—Sept. 1825. gr. 8. Dinkelsbühl, Walthr. (Nürnb., Monath u. K.) 10 gl

Chrysostomus. Eine kathol. Monatsschrift, zunächst für Gottseligkeit u. thätiges Christenthum. Im Vereine mit mehrern kathol. Geistlichen herausg. v. Frz. Seraph Häglsperger. 1r-4r Jahrg. 1835—38. Mit 2 Stahlst. u. 1 literar. Anzeiger. gr. 8. Landsh. u. Regensb., Manz. à J. 3⅓ ₰

Chrysostomus, Dio., s. a. Dio Chrysostomus.

Chrysostomus, s. a. Dio Prusaensis.

Chrysostomus, Dio, orationes ex recens. et c. animadv. Reiske. II Vol. 8. maj. Lips. Sommer. 784. Schreibp.

* Chrysostomus, Dio, orationes, ex recens. et c. animadvers. Reiske. II Vol. 8maj. Lips. Sommer. 798. Schreibp.

Chrysostomus, Jo(h)annes

—— s. a. Joannes Chrysostomus.

— drei Bücher von d. Vorsichtigkeit Gottes. Aus d. Griech. übers. (v. A. Rhager). 8. Augsb. 763. 2e A. 770. Wolff. 5 gl

Chrysostomus, des Heiligen, Jh., sechs Bücher vom Christenthume, verdeutscht durch K. F. W. Hasselbach. gr. 8. Stralf. 821. Löffler. 1 ₰

Chrysostomus, des heil. Johannes, weil. Bischofs von Constantinopel, sechs Bücher vom Priesteramte. In treuer Uebers. von Herm. Scholz. gr. 8. (VIII und 111 S.) Magdeburg 847, Falckenberg und Comp. *

Chrysostomus, des heil. Johannes, sechs Bücher vom Priesteramte. In treuer Uebers. v. Herm. Scholz. gr. 8. (VIII u. 111 S.) Magdeburg 850, Falckenberg & Co. n. 1/3 Thlr

Chrysostomus, sechs Bücher vom Priestertum, s. a. Bibliothek theologischer Klassiker.

— sechs Bücher vom Priesterthum; übers. u. mit Anmerkk. erläutert v. J. Ritter. 8. Berl. 821. Voß. 1 Thlr

—— sechs Bücher v. Priesterthume. A. d. Griech. v. Beda Weber. gr. 8. (11½ B.) Innsbruck 833, Wagner. (Landshut, Manz.)

Chrysostomus, des hl. Johs., Büchlein üb. Hoffart u. Kindererziehung, samt e. Blumenlese üb. Jugenderziehg. aus seinen Schriften übers. u. hrsg. v. Seb. Haidacher. (VIII, 134 S. m. Titelbild.) gr. 8. Freiburg i/B. 907. Herder. 2.50

Chrysostomus-Postille. Eine Auswahl des Schönsten aus den Predigten des heil. Chrysostomus. Für Prediger u. z. Privaterbauung. Ausgewählt u. aus dem Grundterte übers. v. C. J. Hefele. gr. 8. (23 B.) Tübingen 845, Laupp'sche Buchh.

Chrysostomus-Postille. Eine Auswahl des Schönsten aus den Predigten des heil. Chrysostomus. Für Prediger u. zur Privaterbauung. Ausgewählt u. aus dem Grundterte übers. v. J. C. Hefele. 2., m. Register versehene Ausg. gr. 8. (XIV u. 520 S.) Tübingen 850, Laupp. 1½ Thlr

Chrysostomus-Postille. 74 Predigten aus den Werken des heil. Chrysostomus für Prediger u. zur Privaterbauung ausgewählt u. aus dem Griech. übers. von Carl Jos. Hefele. 3. vielfach verb. rc. Aufl. Tübingen 857. Laupp. 8. (X, 674 S.) 1 Thlr 12 Ngr

— novae eclogae LII graece, ed. Matthaei. 8maj. Moskau 808. (Breitkopf u. H. in Leipz.) 2 Thlr 12 gGr

Chrysostomus, Joh., Gedanken üb. Fasten u. Gebet, in ausführl. Stellen aus dess. Schriften, a. d. Griech. übers. Vorangeschickt ist e. kurze Lebensgesch. dess. v. N. München. 8. (7 B.) Köln 829, DuMont-Schauberg.

Chrysostomus Geist, od. Sittenlehre für alle Tage des Jahres. 2 Thle. 8. Augsb. Rieger. 781.

Chrysostomus, Johannes, seine pädagog. Grundsätze, dargestellt in ausgew. Kapiteln u. Zitaten aus seinen Homilien üb. die paulin. Briefe, s.: Sammlung der bedeut. pädagog. Schriften aus alter u. neuer Zeit. 31. Bd.

—— τὰ εὑρισκόμενα ἐκπρεπέστατα κτλ. 8maj. (21¼ B.) Ibid. 840. *

Χρυσοστόμου, Ἀρχιεπ. Κωνσταντινοπ., τοῦ ἐν ἁγίοις πατρὸς ἡμῶν Ἰωάννου, τὰ εὑρισκόμενα πάντα. — A. u. d. T.: Sancti patris nostri Joannis Chrysostomi, Archiep. Constant., Opera omnia quae exstant, vel, quae ejus nomine circumferuntur, ad Mss. codd. Gallicanos, Vaticanos, Anglicanos, Germanicosque; nec non ad Savilianam et Frontonianam edit. castigata, innumeris aucta; nova interpretatione ubi opus erat, praefationibus, monitis, notis, variis lectionibus illustr.; nova Sancti Doctoris vita, appendicibus, onomastico et copiosiss. indicibus locupletata. Opera et studio D. Bernardi de Montfaucon. (Graece et Latine.) Edit. Parisina II. emend. et aucta. XIII Tomi in 26 Partes. Lex.-8. Paris 834—40. (Leipz., Voss.) n. 117 Thlr

— ead. Graece et Latine. Ad fidem optimor. libror., praesertim ad edit. D. B. de Montfaucon, prooemiis, notis, variis lect. illustr., nova autoris vita, historia literaria et indic. locupl. Cura Dr. Friedr. Guil. Lomler. Tom. I. Pars 1. sex libros de sacerdotio cont. 4maj. Rudolphopoli 837. Fröbel. (Lipsiae, Engelmann.) n. 11/12 Thlr

— id. liber Graece. Tom. I. Part. 1. 2. 8. ibid. 837, 38. n. 1⅓ Thlr

— ead. Tom. I. Part. 2. Ad Viduam juniorem tractatus et epist. ad Theodorum laps. cont. 4. ibid. 838. (ibid.) n. ⅔ Thlr

— ead. Ad fidem opt. libror., praesertim ad edit. D. B. de Montfaucon, olim monachi ordinis S. Benedicti etc., prooemiis, notis, variis lect. illustr., et historia literaria locupletata. Cura Dr. Frid. Guil. Lomler. Graece et latine. 4. Rudolphopoli 840. (Paderbornae, Wesener.) n. 3 Thlr

Chrysostomus, des heil. Johs., περὶ ἱερωσύνης λόγοι ἕξ. De sacerdotio libri VI. Mit Anmerkungen neu hrsg. von Carl Seltmann. gr. 8. (XV, 215 S.) Paderborn 887, F. Schöningh. *

— Büchlein über Hoffart u. Kindererziehung, s. Chrysostomus: Büchlein...

Chrysostomus, S. Joan., Homilia in ramos palmarum. Slovenice, Latine et Graece cum notis criticis et glossario ed. Franc. Miklosich. Accedunt epimetra duo, ad historiam Serbiae spectantia. Lex.-8. Vindobonae 845, Beck. ¾ Thlr

— homiliae II in usum praelect. rec. J. P. Bauermeister. Götting. 816. Vandenhöck u. R. 6 gGr

— Homiliae XII rarissimae ac elegantissimae. Adjuncta est nobilis illa Homilia pro Eutropio. Cura C. F. Matthaei. 8maj. Augsb 799. Rieger. 5/6 Thlr

—— Homiliae in Matthaeum. Text. ad fidem codicum mss. et version. emend. praecipuam lectionis varietat. adscrip. adnotationibus ubi opus erat et novis indicibus instr. Frid. Field. III Ti. 8maj. (92 B.) Cantabrigiae 839. (Lipsiae, T. O. Weigel.) *

Chrysostomus, Jh., homiliae IV sel. gr. et lat. ed. Chr. Fr. Matthäi. II Voll. 8maj. Meiss. 792. Goedsche. 1 Thlr

— homiliae IV. sel. gr. et lat. ed. Matthaei. II Vol. 8. maj. Meiss. Gödsche. (et Univ. Bhdl. in Ofen) 792.

—— Homiliae V. E cod. mspt. Biblioth. Reg. Dresdensis nunc prim. edid. et lat. redd. Guil. Theod. Maur. Becher. 8maj. (6¾ B.) Lipsiae 839, C. Tauchnitz.

Chrysostomi, J., homiliae V de incomprehensibili, s.: Patrum, sanctorum, opuscula selecta.

— homiliae VII sel. gr. et lat. 8. Tübing. 755. 8 gGr

— homiliae XXI. de statuis ad populum Antiochenum habitae, item homiliae ejusd. IX de poenitentia. 4. Ofen 763. Univ.-B. 1 Thlr 8 gGr

— acht Homilien über die Bildsäulen, aus d. Griech. übers. mit hinzugefügten Parallelstellen u. Anmerkk. von Wilh. Wagner. Nebst e. Anhange von zwei andern ebenfalls mit Parallelstellen u. Noten ausgestatt. Homilien desselben Kirchenvaters. 1e Abthl., die ersten acht Homilien sammt dem commentir. Zubehör enthalt. gr. 8. Wien 838. Mayer u. Comp. 2⅓ Thlr

— auserlesene Homilien. Aus dem Griech. übersetzt und den Predigern wie der Gemeinde dargeboten von Titus Voigtländer. 1. Liefg.: Homilie gegen die Kirchenverächter u. Besucher öffentl. Schauspiele. Mit biograph. Einleitung. Grimma 856. Gebhardt's Sortbdlg. gr. 8. (1 Bl., 25 S.) n. 2½ Ngr

— auserwählte Homilien, übersetzt u. mit e. Einleit. über J. Chrysostomus, den Homileten, mit Vorbemerkk. u. Anmerkk. versehen v. Ph. Mayer. (1e Lief.) gr. 8. Nürnb. 829. Stein. 1 Thlr 8 gGr

—— auserwählte Homilien. Uebers. u. mit e. Einleit. üb. J. Chrysostomus, den Homileten, mit Vorbemerkn. u. Anmerkn. verseh. v. Ph. Mayer. (1. Lfg.) gr. 8. (15½ B.) Nürnberg 830, Stein.

— Homilien in einer Auswahl für Seelsorger u. zur Privaterbauung. Aus d. Grundterte übers. von Jos. Lutz. gr. 8. Tübingen 846, Laupp. 2 Thlr

— Homilien in einer Auswahl für Seelsorger und zur Privaterbauung. Aus dem Grundterte übersetzt von Jos. Lutz. 2. (Titel-) Aufl. Tübingen (846.) 853. Laupp. gr. 8. (XVIII, 659 S.) 1 Thlr 22½ Ngr

—— **Homilien** üb. d. Bildsäulen, a. d. Griech. übers. mit hinzugefügten Parallelstellen u. Anmerkn. v. Fried. Wilh. Wagner. Nebst e. Anh. v. zwei and. ebenfalls mit Parallelstellen u. Noten ausgestatt. Homilien dess. Kirchenvaters. 1. Abthl., die ersten acht Homilien sammt d. commentir. Zubehör enthalt. gr. 8. (44 B.) Wien 838, Mayer u. Comp.

—— **Homilien** üb. d. Briefe d. heil. Paulus. A. d. Griech. übers. v. Wilh. Arnoldi. 1. Bd. 2 Abthln. — A. u. d. T.: Homilien üb. d. 1. Brief an d. Römer. gr. 8. (39½ B.) Trier 831, Troschel.

—— dass. 2. u. 3. Bd. — A. u. d. T.: Homilien üb. d. ersten Brief an d. Korinther. 2 Bde. gr. 8. Ebds. [1. (22 B.) 832. 1 Thlr. 12 G., 2. (24⅛ B.) 833. 1 Thlr. 16 Gr.]

—— dass. 4. Bd. — A. u. d. T.: Homilien üb. d. zweiten Brief an die Korinther. gr. 8. (30 B.) Ebds. 835.
Alle 4 Bde. zusammen genommen nur 4 Thlr. 18 Gr.

—— **Homilien** üb. d. Briefe d. heil. Paulus. A. d. Griech. übers. v. Wilh. Arnoldi. 5. u. 6. Bd. gr. 8. Trier, Troschel.
Bd. 5. enth. d. Brief an d. Galater u. den an d. Epheser. (26⅛ B.) 837. 1 Thlr. 4 Gr.
- 6. enth. d. Brief an d. Philipper u. den an d. Kolosser. (23⅜ B.) 840. 1 Thlr.
1—4. Bd. Ebendas. 1831—35. 4 Thlr. 18 Gr.

—— Homilien über die Briefe des heil. Paulus. Aus dem Griech. übers. von Wilh. Arnoldi. 7. Bd., enth. den 1. und 2. Brief an die Thessalonicher und den Brief an Philemon. Fortgesetzt von De Lorenzi. Mit einem Vorwort des hochw. Bischofs von Trier. gr. 8. (VIII und 253 S.) Trier 849, Troschel.
1—6. Bd. Ebendas. 1831—40. 6 Thlr. 27½ Ngr.

Chrysostomus, des heil. Johannes, Homilien über die Briefe des heil. Paulus. Aus dem Griech. übers. von Wilh. Arnoldi. Fortgesetzt von Ph. de Lorenzi. 8. Bd., enthaltend die zwei Briefe an Thimotheus und den an Titus. gr. 8. (430 S.) Trier 852, Troschel.

Chrysostomus, des heil. Johannes, Homilien über die Briefe des heiligen Paulus. Aus dem Griech. übers. von **W i l h. A r n o l d i**. Fortgesetzt von **A n t. W e b e r**. 9. (letzter) Bd., enthltd. die Homilien über den Brief an die Hebräer. Trier 854. Troschel. 8. (2 Bl., 458 S.) 1 ₰ 7½ ngr

— Homilien über die Briefe des heiligen Paulus. Aus dem Griech. übersetzt von **W i l h. A r n o l d i**. 1. Bd. 2. Aufl. A. u. d. T.: Homilien des rc. über den Brief des heil. Paulus an die Römer. Aus dem Griech. rc. Regensburg 858. Manz. gr. 8. (XII, 623 S.) 3 ₰

—— dass. — 2. Bd. A. u. d. T.: Homilien über den ersten Brief des heil. Paulus an die Korinther. 1. Bd. 2. Aufl. gr. 8. (350 S.) Ebendas. 859.

— Homilien über das Evangelium des heil. Matthäus. Aus dem Griech. übersetzt von **F r z. K n o r s**. 2 Bde. Regensburg 857. Manz. gr. 8. (571; 503 S.) 3 ₰ 12 ngr

— Homilien über das Evangelium des heiligen Matthäus. Aus dem Griech. übersetzt von **A n t. W e b e r**. 2 Bde. Trier 857, 58. Lintz. 8. (XI, 461; IX, 466 S.) 2 ₰ 20 ngr

C h r y s o s t o m u s, Johannes. Des heiligen J' Chr' Homilien über das Evangelium des heiligen Matthäus. Neubearb. und hrg. von Max, Herzog zu Sachsen..., Professor... [in] Freiburg ⟨Schweiz⟩. Band 1. XII + 697 S. 8. Regensburg, Verlagsanstalt vorm. G. J. Manz, 1910. [M. 6.—]

— omnia **O p e r a** quae exstant de Montfaucon. graec. et lat. XIII. Tom. fol. Venet. (Eggenberger in Pest.) 734.

Chrysostomus, Joan., **O p e r a** praestantissima. Graece et lat. Ad fidem opt. libror., praesertim ad edit. B. de Montfaucon, prooemiis, notis, variis lect. illustr., nova autoris vita, histor. literar. et indicibus locupl. Cura Fridr. Guil. Lomler. Tom. I. Ps. 1. et 2. 4maj. Rudolphopoli, Froebel. *
Ps. 1. Cont.: Sex libros de sacerdotio. (11 B.) 837. * 22 Gr.
- 2. - Ad Viduam junior. tractat. et epistolas ad Theodorum lapsum. (9¼ B.) 838. * 16 Gr.

—— id. — Graece. Tom. I. Ps. 1. et 2. 8. Ibid. [1. (7 B.) 837. * ⅓ Thlr., 2. (6 B.) 838. * 11/24 Thlr.] *

—— **O p e r a** praestantissima. Ad fidem opt. libror., praesertim ad edit. B. de Montfaucon, olim monachi ord. S. Benedicti etc., prooemiis, notis, variis lect. illustr., et histor. literar. locupl. Cura Frid. Guil. Lomler. Graece et lat. 4. (33 B.) Rudolphopoli 840. (Paderbornae, Wesener.) *

[**Chrysostomus**, J.], Precatio pro universa ecclesia ex sacra liturgia s. J. **C h r y s o s t o m i** quinquaginta linguis exarata. Curavit P. Gregoris **K a l e m k i a r**. Editio altera. Vindobonae 1893.

— ausgewählte **Predigten** und Reden, s.: **Predigt**, die, der Kirche.

JO. CHRYSOSTOMUS Predigten und kleine Schriften. Aus dem Griechischen übersetzt. Mit Abhandlungen und Anmerkungen begleitet, herausgeg. von J[OH.] A[NDR.] CRAMER. 1—10. Bd. Lpz. 1748—51. (M. Titelbill.).

— **Predigten über Wahrheiten d. christl. Religion, u. kl. Schriften, aus d. Griech., mit Anmerkk. v. J. A. Cramer 11. 10 Thle. 8. Leipz. 748—51. Dyck. 5 ₰ Neue Ausg. durchgeh. verb. v. Bit. Mösl. 10 Bde. 8. Augsb. 772—82. Wolff. 7 ₰ 8 gr**

– Sechs Bücher vom **P r i e s t e r t u m**, s. **C h r y s o s t o m u s**: **B ü c h e r** ...

Chrysostomus, super psalmo quinquagesimo liber primus. Nachbildg. d. 1. Koelner Ausgabe d. Ulrich Zell v. J. MCCCCLXVI. Hrsg. v. d. Stadtbibliothek in Koeln. gr. 8. (XIV S. u. 20 S. in Anboldr.) Köln 896. M. Du Mont-Schauberg. n. 4.—

— **Rede von der Sorgfalt für d. Seligkeit. 8. Berl Birnstiel. 764.**

— Reden über d. Evangelium Johannis; aus d. Griech. übersetzt v. Eul. Schneider. 3 Thle. gr. 8. Augsb. 788 u. 89. Klett; (a. Doll). 2 ₰ 16 gr

— Reden über d. Evangelium d. heil. Matthäus; aus d. Griech. v. J. M. Feder (u. Eul. Schneider). 2 Bde in 4 Abtheill. gr. 8. Augsb. 786—88. Klett; (a. Doll). 3 ₰ 12 gr

C h r y s o s t o m i, J., **H o m i l i a e** V de incomprehensibili, } s. **P a t r u m**, sanctorum, opuscula selecta.
—— de **s a c e r d o t i o** libri VI, }

— de **s a c e r d o t i o** libri VI. graec. et latin. op. Bengel. 8. Stuttg. 725.

— de sacerdotio libri VI graec. et latin. 4. Strigeni 703. (Eggenberger in Pesth). 10 gr

— de sacerdotio libri VI. Praef., notas, et indices c. A. Khager. 8. Augsb. 775.

— **de sacerdotio libri VI. E recens. Jh. Alb. Bengelii. Editio stereotypa. 8maj. Leipz. 825. Tauchnitz. 6 gr Velinp. 9 gr**

— de sacerdotio libri VI. Ex recens. Bengelii cum ejusdem Prolegom., animadverss. integris et indicc. ed. suasque notas adj. Mag. Aenoth. Ed. Leo. 8maj. Leipz. 834. Schumann, jetzt Künzel. 1⅓ ₰

Chrysostomi, Joh., de sacerdotio libri sex. E recencensione Joa. Alb. Bengelii. Edit. stereot. Nova impressio. Leipzig 866. Bredt. gr. 8. (88 S.) 7½ ngr; Velinp. 12 ngr

C h r y s o s t o m i, s. patris nostri Joannis, de sacerdoto libri VI. Juxta ed. pp. congregationis s. Benedicti. gr. 16. (188 S.) Romae 871. (Leipzig, Brockhaus' Sortiment und Antiq.) *

—— de sacerdotio libri sex. Ex recensione Ioannis Alberti Bengelii. Editionis stereotypae C. Tauchnitianae nova impressio. 8. (88 S.) Lipsiae 872, Bredt.

— de sacerdotio libri VI. E recensione J. A. Bengelii. Editionis stereotypae C. Tauchnitianae nova impressio. gr. 8. (88 S.) Leipzig 887. Bredt. 1.—

Chrysostomi, Joa., de sacerdotio libri sex. Ex recensione Joa. Alb. Bengelii. Ed. ster. C. Tauchnitianae nova impressio. gr. 8. (88 S.) Leipzig 900. E. Bredt. 1.—

Chrysostomus' ausgewählte Schriften, s.: Bibliothek der Kirchenväter.

— scientia scientiar. 4. Salzb. Mayr. 736.

— Selecta graece et latine. De edit. novae Consilio praef. est, et annotat. subject. J. van Voorst. Vol. I. gr. 8. Leyd. 827. (Weigel in Leipzig.)

—— selecta. Graece et latine de editionis novae consilio praefatus est, et annotationem subjecit Joan. van Voorst. Vol. II. (Annotatio.) 8 maj. (14½ B.) Lugduni Batav. 830, Luchtmans. (Lipsiae, Weidmann; Weigel.)
Vol. I. Ebendas. 1827. 2 Thlr. 22 Gr.

Chrysostomus Spiritus, s. doctrin. moral. ex ejusdem aureis operibus a Rom. Kögl. 8maj. Augsb. 776. Rieger. 16 gl.

— Dass. deutsch: Geist, oder Sittenlehre für alle Tage d. Jahres, v. R. Kögl. 2 Thle. 8. Ebd. 781. 2 fl.

– Drei Bücher von der Vorsichtigkeit Gottes, s. Chrysostomus: Bücher...

Die Chrysostomus-Jubiläumsfeier 1908. Wien: Mayer & Co. 1908. (IV, 95 S.) 8°
= Studien u. Mitteilungen aus d. kirchengeschichtl. Seminar d. theol. Fakultät der k. k. Univ. in Wien. 1. (08. 18430

Chrysostomus-Postille, s. Chrysostomus, Johannes: Chrysostomus-Postille.

Chryssafis, J. C.: Altgriechisches Diskuswerfen. Übers. v. V. Pimmer. Athen um 1900. 37 S. (deutsch, französ., engl.)

Chrystus pan w obec naszego wieku. Swiadectwo nauki w pomoc prawdzie chrześcijanskiej. Z Francuzkiego P. Roselly de Lorgues. gr. 12. Berlin 843, Behr. n. 1⅔ ngr

Chrzanów [Schlagwort]

Chrzanów, s.: Oesterreich-Ungarn. Spezialkarte.

Chrzanowski, v., s.: Neisser, A., stereoscopischer medicin. Atlas.

Chrzanowski, General, s. Partheigänger-Krieg, über den.

(Chrzanowski,) über d. Partheigänger-Krieg, s. Ueber.

(Chrzanowski, Gen.) Ueber den Partheigängerkrieg. Aus dem Poln. übersetzt von einem preussischen Offizier (IV. 45) 8. Coblenz 1839 1,00. — 8 Berlin 1846.

Chrzanowski, General. Ueber den Partheigänger-Krieg. Eine Skizze. Aus dem Polnischen ins Deutsche übertragen. Berlin, Stuhr 1846. 34 S. 8.

(Chrzanowski.) Über den Partheigänger-Krieg. Aus d. Poln. Koblenz 1839. 8°.
Dass. (Andere Übersetzung.) Elberfeld 1863. 8°.

Chrzanowski, Wyciagi z celniejszych dziet o wyzszej czesci sztuki wojskowej. gr. 8. (32¾ B.) Berlin 844, Behr's Buchh.

Chrzanowski, H. v., s. Chrzanowsky, Heinrich von

CHRZANOWSKI, Ignatius: Christologia s. Cyrilli Hierosolim. — (1857) 64 S. 8° (Handschr.) Wien Diss. 197

Chrzanowski, Jos. v., üb. d. Empyem d. Antrum Highmori. Diss. gr. 8. (28 S.) Königsberg 895. (W. Koch.) n — 80

v. Chrzanowski, Josef [pr. Arzt]: Über das Empyem des Antrum Highmori ... Königsberg i. Pr., Druck v. M. Liedtke, 1895; 2 Bl., 28 S., 2 Bl. 8.
Königsberg, Med. Fak., Inaug.-Diss. v. 24. Jan. 1895

Chrzanowski, Stephan von: Die Haftung der Bürgen nach gemeinem Recht und dem Bürgerlichen Gesetzbuch. *Posen 1903: W. Decker & Co.* (59 S.) 4°(8°)
Rostock, Jur. Diss. v. [5. Apr.] 1903

Chrzanowski, Wieslaw von: Geschwindigkeitsregelung der Dampffördermaschinen. [1910.] 57 S. 4°
Berlin, Dr.-Ing.-Diss. v. 2. 12. 1910

v. Chrzanowsky, siehe: Kriegshandbuch, kleines, für Offiziere.

Chrzanowsky, Heinr. v., die Lohnsysteme der ländlichen Arbeiter, mit besond. Berücksicht. des Grossherzogth. Posen. gr. 8. (V, 81 S.) Posen 877. (Leitgeber & Co.) n. 1.—

Chrzanowski H. v.: Die Lohnsysteme d. ländlichen Arbeiter m. besond. Berücks. d. Grossherzogthums Posen. Diss. (Leipzig). Posen 1877. 81 S.

Chrząszcz, Johs. P., d. hl. Adalbert, Bischof u. Märtyrer. 8. (47 S.) Breslau 897. G. P. Aderholz. — 60

Chrząszcz, Joh., Die apokryphen Evangelien, insbesondere das evangelium secundum Hebraeos. I. Gleiwitz, 1888, Gymnas.-Progr.

Chrząszcz, Joannes [presbyter, in gymn. Glivicensi religionis praeceptor]: De evangelio secundum Hebraeos ... Gliviciis, apud Theodorum Zalowski, 1888; 49 S., 1 Bl. 8°
Breslau, kath.-theol. Fak., Inaug.-Diss. v. 8. Okt. 1888

Geschichte der Städte Peiskretscham und Tost sowie des Toster Kreises in Ober-Schlesien. Bearb. von Dr. Johannes Chrząszcz. Peiskretscham: G. Palla 1900. (299 S.) 8° [F.] (08. 17055 2

Gleiwitz vor 100 Jahren. Vortrag d. Herrn Pfarrer Dr. [Johannes] Chrząszcz geh. 1907 zu Gleiwitz. Nebst Jahresbericht d. 'Oberschles. Museum-Vereins'. Gleiwitz (1907): Feldhuß. 24 S. 8° (09. 1159) 2

Chrząszcz (Chrzonz), Johs., Kirchengeschichte Schlesiens. Für Schule u. Haus. (VIII, 287 S. m. Abbildgn. u. 7 [2 farb.] Taf.) gr. 8. Breslau 908. G. P. Aderholz. 3.50; geb. in Leinw. n 4.50

[F.] Drei schlesische Landesheilige: Der heil. Hyacinth, d. selige Ceslaus u. d. selige Bronislawa. Von Dr. Johannes P. Chrzaszcz, Pfarrer ... M. e. Bilde d. hl. Hyacinth. *Breslau: G. P. Aderholz 1897.* (2 Bl., 96 S., 1 Portr.) 1 Bd 8. (97. 231

Chrząszcz, J., Maria v. Lourdes. Geschichte des Gnadenortes Lourdes mit einer Novene zu Ehren U. L. Frau. gr. 8. (133 S. m. 5 Abbildgn.) Groß-Strehlitz O/S. 890. Wilpert. n. 1. 20

Chrzaszczewski, Stanisl. R. v., der Oder-Weichsel-Dniester-Kanal, s. a. Verbands-Schriften d. deutsch-österr.-ungar. Verbandes f. Binnenschiffahrt. N. F. 10.

Der Oder-Weichsel-Dniestr-Kanal. Von Stanislaus R. v. Chrzaszczewski, Ober-Ing. in Krakau. Mit 1 Kartenskizze. *Berlin: A. Troschel 1901.* (11 S.) 8°
— Deutsch-Oesterr.-Ung. Verband f. Binnenschiffahrt. Verbands-Schriften. N. F. No 10. (01. 9.0)

Chrzelitzer, Wilhelm

Chrzelitzer, ein neues Abführmittel. (3 S.) gr. 8. Leipzig (906.) B. Konegen. 1.
Sonderabdruck aus „Reichs-Medizinal-Anzeiger".

Chrzelitzer, Albarginglyzerinlösung 20%ig zur Behandlung der Gonorrhöe. (1 Bl.) gr. 4. Leipzig 904. B. Konegen. n. 1.—
Sonderabdruck aus: „Reichs-Medizinal-Anzeiger"

Chrzelitzer, Wilhelm [aus Ober-Glogau '(Ob.-Schles.)']: Beitrag zur Lehre des „Ileus" ... Würzburg, Graph. Anst. J. Seelmeyr, 1892; 33 S., 1 Bl. 8.
Würzburg, Med. Fak., Inaug.-Diss. v. 1892

Über unschuldig erworbene Geschlechtskrankheiten. Vortrag von Dr. [Wilhelm] **Chrzelitzer.** Posen: Merzbach 1908. 16 S. 8°
(Veröffentlichungen d. Vereins z. Fürsorge f. kranke Arbeiter zu Posen. H. 10.)
[11. 13839

Der Kampf gegen die Geschlechtskrankheiten. Von Spezialarzt Dr. [Wilhelm] **Chrzelitzer.** *Berlin: Vogel & Kreienbrink 1903.* (14 S.) 8° [F.]
[04. 4394

Chrzescinski: Über den Einfluß des Mondes auf die Erde. 27 S. Lyck, P 1855

Chrześciński, F(redericus) M(ichaelis) R(udolphus) *(geb. Lyck in Ostpr. [13.10.]1819)*: De Paracelso ejusque opinionibus. Vratislaviae (1844). (55 S.) 8°
Breslau, Med. Diss. v. 2. [vielmehr 3.] Okt. 1844

Chrześciński, Car. (Guil. Ern.) (geb. Lyck 19. 10. 1828): De variis quae in rebus ad chirurgiam pertinentibus ex corporis situ assequenda sunt commodis. Berolini (1852). (28 S.) 8°
Berlin, Med. Diss. v. 21. Okt. 1852

Chrzescinski, M. Entwurf der körperlichen Trigonometrie nach heuristischer Methode. 18 S. . . . .
Lyck, P 1827

Chrzescinski, M. Ueber höhere arithmetische Reihen, logarithmische und Kreis-Funktionen. 17 S. . . . .
Lyck, P 1832

Chrzescinski, R., Bau-Unfallversicherungsgesetz, s.: Guttentag's Sammlung deutscher Reichsgesetze.

— Gesamt-Ausgabe der am 1. I. 1900 in Kraft getretenen Reichsgesetze, s.: Hentig, Otto.

Chrzescinski, R., das Reichsgesetz betr. d. Unfallversicherg. d. bei Bauten beschäft. Personen, s.: Guttentag's Sammlg. deutscher Reichsgesetze.

– Dass., s. Mugdan, L.

Chrześciński, Rudolf [prakt. Arzt aus Kolmar in Posen]: Ein bemerkenswerther Fall von Tetanus traumaticus nach Acquisition einer Risswunde in der rechten planta pedis .... Greifswald, Druck v. Julius Abel, 1886; 33 S. 8°.
Greifswald, Med. Fak. Inaug.-Diss. v. 9 Aug. 1886.

Chrzesciński, Rudolf, ein bemerkenswerther Fall von Tetanus traumaticus nach Acquisition einer Risswunde in der rechten planta pedis. Diss. Greifswald 1886, Jul. Bindewald. 8°. 33 S.

Chrzescinski, Werner, Gerichtsrefer.: Der Mäklervertrag des Handelsmäklers. Borna-Leipzig 1909: Noske. IX, 60 S. 8°
Leipzig, Jur. Diss. v. 27. Juli 1909
[Geb. 18. Juli 85 Eitorf; Wohnort: Elberfeld; Staatsangeh.: Preußen; Vorbildung: Gymn. Elberfeld Reife O. 03; Studium: Heidelberg 4, Göttingen 2 S.; Rig. 2. Aug. 06.]
[U 09. 2475

Chrzonz s.: Chrząszcz.

Chsard, E., s. Statistique des vins vaudois.

Chuastuanit, das Bussgebet der Manichäer. Hrsg. u. übers. v. W. Radloff. (VI, 51 S. m. 1 Taf.) gr. 8. St. Petersburg 909. (Leipzig, Voss' Sort.) 3. 10

[Lied.] Den geliebten Schwestern am fünfzigjährigen Stiftungsfeste der Loge „Zur Siegenden Wahrheit" zu Gleiwitz, am 19. April 1863, gewidmet von Chuchul. Gleiwitz [1863]: Neumann. 2 Bl. 8° [Umschlagtit.]
Tt. 2412. Ohne Noten: „Wohlauf noch Ihr Brüder beim perlenden Wein!"

Chuchul, Paul

Chuchul, P., die Amtsanwaltschaft. Geschäfts-Anweisung für Amtsanwälte nach der Strafprozeßordnung vom 1. Febr. 1877, im Anschluß an den Wortlaut amtlicher Verordnungen u. Gesetze gemeinverständlich aufgestellt u. durch Beispiele wie Formulare für den alltägl. Gebrauch handlich gemacht. 8. (389 S.) Kassel 880. Wigand. n. 4. 50: geb. n. 5. —

Chuchul, P., das Bureauwesen der Staatsanwaltschaften bei den Landgerichten. 8. (VI, 136 S.) Kassel 884. (Keßler.) geb. n.n. 2. —

Chuchul, P[aul]: Die Frauen bei der Fürsorge für entlassene Gefangene. — Stuttgart 1887: Kohlhammer. 20 S. 8°
Aus: Die Frau im gemeinnützigen Leben. 2. 1887.

– Die Heranziehung von Frauen zur öffentlichen Armenpflege, s. Osius, R.

—— zum Kampf gegen Landstreicher und Bettler. gr. 8. (48 S.) Kassel 881, Wigand. *

Chuchul, P., das rote Kreuz. Ein die Geschichte, Organisation u. Bedeutg. der Bestrebgn. unter dem roten Kreuz populär besprech. Vortrag, geh. in Lissa i. P. 8. (46 S.) Cassel 891. Gebr. Gotthelft. n. 1. —

Chuchul, P., Das rothe Kreuz. (46 S.) Cassel 1892. Gebr. Gotthelft.

Das Rote Kreuz. Ein die Geschichte, Organisation u. Bedeutung d. Bestrebungen unter d. Roten Kreuz behandelnder Vortrag von P[aul] **Chuchul.** 3. Aufl. Cassel: Gebr. Gotthelft 1905. (45 S.) 8° [F.] [06.14304

— die gerichtliche Polizei. Instructions- u. Formularbuch für Bürgermeister, Amtsvorsteher, Districtskommissare, Gutspolizeiverwalter, Gemeindevorsteher u. andere Polizeibeamte jeder Art bei Bearbeitung v. Strafsachen nach der Strafproceßordnung vom 1. Febr. 1877, auch gemeinverständl. Leitfaden für Alle, die mit der Polizei in Strafsachen zu thun haben. 2. Aufl. 8. (96 S.) Ebend. 880. cart. n. 1. 20: geb. n. 1. 50

— die gerichtliche Polizei der Amtsvorsteher, Bürgermeister, Distriktskommissarien, Gutspolizeiverwalter, Gendarmen, Polizeisergeanten, Förster etc. Gemeinverständlich gearb. Instruktion m. Beispielen u. erprobten Formularen f. Polizeibeamte jeder Art üb. ihre der Strafrechtspflege zu leist. Dienste; Information f. Jeden, der wissen will, was u. wie die Polizei nach der Reichsstrafprozeßordng. v. 1. Febr. 1877 strafrechtlich zu arbeiten hat. 3. Aufl. gr. 8. (VII, 95 S.) Ebd. 891. n. 1. 50; kart. n. 2. —

Chuchul, P., die gerichtliche Polizei der Amtsvorsteher, Bürgermeister, Distriktskommissarien, Gutspolizeiverwalter, Gendarmen, Polizeisergeanten, Förster etc. Gemeinverständlich gearb. Instruktion m. Beispielen u. erprobten Formularen f. Polizeibeamte jeder Art üb. ihre der Strafrechtspflege zu leist. Dienste; Information f. Jeden, der wissen will, was u. wie die Polizei nach der Reichsstrafprozeßordng. vom 1. II. 1877 strafrechtlich zu arbeiten hat. 4. Aufl. gr. 8. (VII, 104 S.) Cassel 899. Gebr. Gotthelft. n. 1. 60; geb. n. 2. —

— die Staatsanwaltschaft b. d. Amts- u. Schöffengerichten. Geschäfts-Anweisg. f. Amts-Anwälte, sow. Arbeits-Anleitg. f. Staatsanwaltschafts-Referendare u. -Assessoren n. d. Strafprozeßordng. v. 1. II. 1877, i. Anschluß a. d. Wortlaut amtl. Verordngn. u. Gesetze gemeinverständl. aufgest. u. durch Beispiele w. Formulare f. d. alltägl. Gebrauch handl. gemacht. 2. Aufl. gr. 8. (8, 237 S.) Cassel 897. Gebr. Gotthelft. n. 4. —

[F.] Die Rentengutsbildung in Preussen. E. wirthschaftl. u. e. soziale Gefahr f. d. Ostprovinzen d. Monarchie v. Chüden, Regiergs- u. Landesökonomierath, Merseburg. *Königsberg i. Pr.: Hartung 1896.* (2 Bl., 106 S.) 1 Bd 8.

Chüden, Fr. W., die Petition der Celler kirchlichen Versammlung vom 22. April 1863, mit ihrem Protest gegen die kirchlichen Symbole, nach ihrer Quelle beleuchtet. Ein Mahnruf aus der luther. Kirche. gr. 8. (99 S.) Hannover 863, Meyer.

Chüden, Carl Nicolaus (Lüneburg), De vesicatoriorum ad exanthemata a nobilioribus partibus avocanda efficaci usu. Diss. med. Präs. Andr. El. Büchner. Halle (Hendel) 25. V. 1758. 32 S. (4.80) 5231
Gew.: Chn. Andr. Cothen, Paul Gottlieb Werlhof. — Dtsch. Widm. v.: Joh. Andr. Wilh. Büchner (Erfurt).

v. Chudiakow, Nicolaus [aus Kiew (Russl.)]: Beitraege zur Kenntniss der intramolekularen Athmung ... Merseburg, Buchdr. v. F. Stollberg. 1894; 1 Bl., 58 S., 1 Bl. 8. Leipzig, Phil. Fak., Inaug.-Diss. v. [21. Mai] 1894

Chudoba, Frz., die Feingehaltskontrole der Staaten Europas, s.: Horzetzky, G.

Chudziński, Anton

Chudzinsky, die polnische Frage in Preußen. Aus dem Poln. übers. v. Ossowski. gr. 8. (32 S.) Berlin 891. E. S. Mittler & Sohn. n. — 60

Staatseinrichtungen des römischen Kaiserreichs in gemeinfaßlicher Darstellung. Von A[nton] Chudziński, Prof. Gütersloh: C. Bertelsmann 1905. (XI, 176 S.) 8° [F.]
= Gymnasial-Bibliothek. H. 39.

Tod und Totenkultus bei den alten Griechen. Von A[nton] Chudzinski, weil. Prof. Gütersloh: C. Bertelsmann 1907. (83 S.) 8° [F.]
= Gymnasial-Bibliothek. H. 44.

— tabellarische Übersicht üb. das Wachstum der Bevölkerung d. Reg.-Bez. Marienwerder in den J. 1867—86. gr. 4. (41 S.) Strasburg W/Pr. 890. (Leipzig, Fock.) n. 1. —

Chudziński, A.: Tabellarische Übersicht über das Wachstum der Bevölkerung des Regierungsbezirks Marienwerder in den Jahren 1867—86. Strasburg W.-Pr., Buchdr. v. A. Fuhrich (1890); 41 S. 4°
Strasburg W.-Pr., k. G, P 1890 (42)

Chudziński, *Anton* Ubi et quo tempore ortus sit hymnus Homeri VII in Dionysum. 4 (9 S.) G. *Strasburg Westpr.* 1886 (41).
Progr.

Chudzińsky, s. Chudziński

Chulin [Talmudtraktat]
s. Hullin.

«Chumm Los Emol»! Fastamtliches Publikationsorgan (*No. 1:* Ch' los e'! Fast-amtlichs P') für üseri Gegend (Bodensee-Toggenburg). Flawil — No. 1 u. Nr. 2. Fasching 1906 u. F' 1907. [*je* Mit Illustrationen.] [*je* 4 S.] fol. [Flawil, Buchdr. Flawil A.-G.] [*je* fr. —. 20]

Chun. Die Real- oder höhere Bürgerschule und die Volkswirthschaft. Wiesbaden, H. B., 1863. 21 S. 4. Progr.

Chun, ..., Reise mit seinen Zöglingen durch einige Gegenden am Main- u. Rheinstrom in d. Bäder Wisbaden u. Schwalbach. 8. Frankf. 791. Pech. 6 K

Chun, A., Materialien zum deutschen Unterricht in Handwerker-Fortbildungsschulen. 8. (95 S.) Berlin 880. Chun. geb. n. — 80

Chun, A., Materialien zum deutschen Unterricht in Handwerker-Fortbildungsschulen. 8. Berlin 878, Klinkhardt. geb. *

Chun, *August* [Rekt.]: Englische Sprechübungen im Anschluss an W. Pfeiffers zwölf Wandbilder. *Diez, 1891;* 18 S. 4°
Diez, RPG, OP 1891 (408) • •

Chun, Gust., über die Berücksichtigung volkswirthschaftlicher Gesichtspunkte im geschichtlich-geograph. Schulunterricht. Ein Vortrag, gehalten in der Versammlung mittelrhein. Lehrer an Realschulen u. verwandten Schulanstalten. Frankfurt a. M. 865. Auffarth. gr. 8. (12 S.) n. 2 ngr.

— die einfachsten Grundsätze der Volkswirthschaftslehre, für den Schul-, Privat- und Selbstunterricht leicht faßlich dargestellt. 1. Heft. gr. 8. (98 S.) Frankfurt a. M. 867, Auffarth. *

Chun, Gust., das Leben des Oberlehrers Philipp Ludwig Chun. Ein Beitrag zur Geschichte des Schulwesens im ehem. Herzogt. Nassau. Mit (Lichtdr.-)Portr. gr. 8. (68 S.) Berlin 881. Deutsche Reichsbuchh. 1. 50

Chun, G., s.: Lesebuch, deutsches, f. Bürgerschulen.

Chun, G., s. a. Lesebuch, deutsches, f. die Schulen d. Großherzogt. Hessen.

— und W. Biermann, deutsches Lesebuch in 4 Teilen für die Schulen des Großherzogt. Hessen. Unter Mitwirkung von J. M. Schäfer, K. Backes und F. J. Fritz hrsg. Ausg. A. Für die vier- und achtklassige Volksschule. 8. Frankfurt a. M. 884, Auffarth. geb. in Leinw. **
Inhalt:
Fibel. Erstes Schuljahr. (IV, 96 S. mit eingedr. Holzschn.) ** 50 Pf.
Tl. 1. Zweites Schuljahr. (VIII, 112 S.) ** 60 Pf.
„ 2. Drittes und viertes Schuljahr. (XII, 212 S.) ** M 1,10.
„ 3. Fünftes und sechstes Schuljahr. (XII, 244 S.) ** M 1,25.
„ 4. Siebentes und achtes Schuljahr. (XIII, 338 S.) ** M 1,50.

— — dass. — 3 Tle. Ausg. B. Für die dreiklassige Volksschule. 8. Ebendas. 884. geb. in Leinw. **
Inhalt:
Fibel. Erstes Schuljahr. (VI, 96 S. mit eingedr. Holzschn.) ** 50 Pf.
Tl. 1. Zweites und drittes Schuljahr. (182 S.) ** M 1.
„ 2. Viertes und fünftes Schuljahr. (228 S.) ** M 1,20.
„ 3. Sechstes, siebentes und achtes Schuljahr. (372 S.) ** M 1,60.

Chun, Gust., und W. Biermann, deutsches Lesebuch in 2 Teilen für die Schulen des Großherzogt. Hessen. Unter Mitwirkung von J. M. Schäfer, K. Backes und F. J. Fritz hrsg. Ausg. C. Für die ein- und zweiklassige Volksschule. 8. Frankfurt a. M. 884, Auffarth. geb. in Leinw. **
Inhalt:
Fibel. Erstes und zweites Schuljahr. (IV, 140 S. mit eingedr. Holzschn.) ** 85 Pf.
Tl. 1. Drittes und viertes Schuljahr. (XII, 212 S.) ** M 1,10.
„ 2. Fünftes, sechstes, siebentes und achtes Schuljahr. (XVI, 464 S.) ** M 2.

— Lesebuch, deutsches, f. Volks- u. Bürgerschulen.

Chun, Karl

Atlantis. Biolog. Studien üb. pelagische Organismen v. Carl Chun. M. 20 Farbentaf. u. 22 Holzschn. (In 4 Lfgn.; Lfg. 4 m. d. Tit.: Festband z. Feier d. fünfzigj. Doktorjubil. ... Rud. Leuckart gew. v. ... Chun & ... Nägele.) *Stuttgart: E. Nägele 18(95.)96.* (2 Bl., v, 260 S., 1 Bl., 20 Taf. m. je 1 Erl.-Bl., 1 Portr.) 1 Bd 4.
— Bibliotheca zoologica. H. 19.

Chun, Carl, üb. den Bau, die Entwickelung u. physiologische Bedeutung der Rectaldrüsen bei den Insekten. Mit 4 (lith.) Taf. [Aus: „Abhandlgn. d. Senckenberg. naturforsch. Ges. in Frankfurt a/M."] gr. 4. (31 S.) Frankfurt a/M. 875. Winter. n. 3. —

— Beiträge z. Kenntniss ost-afrikan. Medusen u. Siphonophoren n. d. Sammlgn. Stuhlmanns, s. a. Mitteilungen a. d. naturhistor. Museum i. Hamburg.

Beiträge zur Kenntniss Ost-Africanischer Medusen und Siphonophoren nach den Sammlungen Dr. Stuhlmann's. Von Carl Chun. Mit 3 Abb. u. 1 Taf. *Hamburg 1896; (Berlin: D. Reimer 1901).* (19 S.) 4°(8°)
Aus: Mitth. aus d. Naturhist. Mus. 13.
— Ergebnisse, Zoolog., einer ... in d. Kustengebiete von Ost-Afrika unternomm. Reise. Bd 2, No 9.

— Die Beziehgn. zwischen d. arkt. u. antarkt. Plankton. gr. 8. (64 S. m. 1 Karte.) Stuttgart 897. E. Nägele. n.n. 2. 80

Chun, Carl, s.: Bibliotheca zoologica.

Chun, Carl, die Cephalopoden, s.a. Ergebnisse, wissenschaftliche, der deutschen Tiefsee-Expedition auf dem Dampfer „Valdivia" 1898—1899.

Die Cephalopoden. Von Carl **Chun**. T. 1. Text. Atlas. Jena: Fischer 1910. 4°
(Wissenschaftliche Ergebnisse d. deutschen Tiefseeexpedition auf d. Dampfer Valdivia 1898–99. Bd. 18, T. 1.) [10. 13832

— u. L. Will, Coelenterata (Hohlthiere), s.: Bronn's, H. G., Klassen- u. Ordnungen des Thier-Reichs. II. 2.

Chun, Carl, die Ctenophoren, s.: Fauna u. Flora des Golfes von Neapel u. der angrenzenden Meeres-Abschnitte.

— d. Ctenophoren d. Plankton-Expedition, } s.: Ergebnisse d. Plankton-Expedition d. Humboldt-Stiftg.
— die Siphonophoren d. Plankton-Expedition, } s.: Ergebnisse d. Plankton-Expedition d. Humboldt-Stiftg.

— Die Erforschung der Antarktis. Rede des antretenden Rektors beim Rektorwechsel an der Universität Leipzig am 31. X. 1907. (23 S.) Lex. 8. Leipzig 907. (A. Edelmann.) — 60

Chun, Carl, s.: Ergebnisse, wissenschaftliche, der deutschen Tiefsee-Expedition.

— s.: Festzug, der historische, anläßlich der Jubelfeier des 500jähr. Bestehens der Universität zu Leipzig.

Chun, Carl, Katechismus der Mikroskopie, s. Weber's, J. J., illustrirte Katechismen.

Chun C.: Katechismus d. Mikroskopie. Leipz. 1885. 138 S. Fig.
(Webers illustrierte Katechismen. Nr. 120).

Chun, Carl, Katechismus der Mikroskopie. Mit 97 in den Text gedr. Abbildgn. 8. (VIII, 138 S.) Leipzig 885. Weber. geb. n. 2. —

— Leitfaden der Mikroskopie, 2. Aufl., s.: Garten, Siegfr.

— das Nervensystem u. die Muskulatur der Rippenquallen. Mit 2 (chromolith.) Taf. [Aus: „Abhandlgn. d. Senckenberg. Gesellsch."] gr. 4. (528.) Frankfurt a/M. 878. Diesterweg. n. 3. —

— Probleme des biologischen Hochschulunterrichts. (8 S.) Lex.-8. Leipzig 906. B. G. Teubner. n. — 80
Sonderabdruck aus: „Natur u. Schule".

Berlin, Die Deutsche Tiefsee-Expedition 1898/99 [Chun, Schott, Sachse], Reiseberichte an das Reichsamt des Innern und an das Reichs-Marine-Amt. Berlin 1899. 8°.

— Sammlung zoolog. Wandtafeln, s.: Leuckart, R.

— die Canarischen Siphonophoren in monographischen Darstellungen. I. II. gr. 4. Frankfurt a/M., (M. Diesterweg). à n. 10. —
I. Stephanophyes superba u. die Familie der Stephanophyiden. [Aus: Abhandlgn. d. Senckenberg. naturforsch. Gesellsch."] (75 S. m. 7 Taf. in Farbendr., 2 in Steindr. u. 7 Bl. Erklärgn.) 891.
II. Die Monophyiden, nebst Bemerkgn. üb. Monophyiden d. pacif. Oceans. [Aus: „Abhandlgn. d. Senckenberg. naturforsch. Gesellsch."] (S. 81–168 m. 5 farb. Taf. u. 5 Bl. Erklärgn.) 892.

Ⓢ — Canar. Siphonophoren. 891. 892. (KBL 27.) Jetzt: Frankf. a/M. (Viktoria-Alle 7), Senckenberg. naturforsch. Gesellsch. Erm. Pr. à nn 6. —

Die Siphonophoren der Plankton-Expedition. Von Carl **Chun**. M. 5 Taf., 3 Kt. u. 2 Fig. im Text. *Kiel & Leipzig: Lipsius & Tischer 1897.* (126 S., 5 Taf., 3 Kt.) 4.
= Ergebnisse der ... 1889 ausgef. Plankton-Expedition d. Humboldt-Stiftung. Bd II. K. b. [97. 3161

– Dass., s.a. Ergebnisse der Plankton-Expedition der Humboldt-Stiftung.

— aus den Tiefen des Weltmeeres. Schilderungen v. der deutschen Tiefsee-Expedition. Mit 6 Chromolith., 8 Heliograv., 31 als Taf. gedr. Vollbildern, 2 Karten u. 390 Abbildgn. im Text. Lex.-8. (VII, 549 S.) Jena 900. G. Fischer. n. 18. —; geb. in Leinw. n.n. 20. —
Erschien auch in 12 Lfgn. à n. 1.50.

Chun, Carl. Aus den Tiefen des Weltmeeres. Schilderungen von der Deutschen Tiefsee-Expedition. Mit 6 Chromolithographien, 8 Heliogravüren, 32 als Tafeln gedruckten Vollbildern, 3 Karten und 482 Abbildungen im Text. 2. umgearb. und stark vermehrte Aufl. X + 592 S. gr.-8. Jena, Gustav Fischer, 1903. [geb. M. 20. 25]

— die pelagische Thierwelt in grösseren Meerestiefen u. ihre Beziehungen zu der Oberflächenfauna, s.: Bibliotheca zoologica.

— s.: Wandtafeln, zoologische.

— zoologische Wandtafeln, s.: Leuckart, Rud.

— Wirbelthiere, s.: Leuckart, Rud.

Chun, Carl, s.: Zoologica.

Chun, Marie Nonnenberg-
s. Nonnenberg-Chun. [10. 733 2

Chung Hui Wang u. A. **Forke**, die Rechtssätze des chinesischen Handels nebst Bemerkungen üb. das Gerichtsverfahren u. das Prozessrecht, s.a. Handelsgesetze, die, des Erdballs.

Die Rechtssätze des chinesischen Handels nebst Bemerkungen über d. Gerichtsverfahren u. d. Prozessrecht. Dargest. von Dr. Chung Hui Wang u. Dr. A[lfred] Forke, Prof. Berlin: v. Decker [1909]. 26 S. 4°(8°)
(Die Handelsgesetze d. Erdballs. Ausg. D. Bd 6, [6.]) [09. 13018

Chungtaidschi, Ssanang, Ssetsen, s. Gesch. d. Ost-Mongolen.

Chuo cha dura cha kora na cha kusoma. '(Ngao kwa Dsana)'. Pokomo-Schreibschr.- u. erste Druckschr.-Fibel. *Neukirchen, Kreis Moers: Stursberg & C. 1897.* (27, 48 S.) 1 Bd 8. [98. 5470

Chuo katutu cha kudsanganya vidsoro na vyuo. '(Ngao kwa Tana)'. Pokomo-Fibel & Leseb. nebst Anh. *Neunkirchen b. Moers 1894.*
in: Chuo cha dura cha kora na cha kusoma. [98. 5471

Chuquet, Arthur

Chuquet, s.: Guerre de 1870/71.

Chuquet, A., La guerre de 1870/71, hrsg. v. A. Mühlan, s.: Bibliothèque française.

— La guerre 1870—71, hrsg. v. K. Quossek, s.: Schulbibliothek, französische u. englische, A 151.

Chuquet, Arth., la guerre de 1870—71, hrsg. v. Léon Wespy, s.a. Prosateurs francais.

La guerre de 1870–71. Par Arthur **Chuquet**. In Auszügen mit Anm. z. Schulgebr. hrsg. von Schulrat Dr. Léon Wespy. Mit 1 Übersichtskarte. Autor. Ausg. [Nebst] Anhang. Bielefeld & Leipzig: Velhagen & Klasing 1907. 2 Bde 8°
= Sammlung, Velhagen & Klasings, franz. u. engl. Schulausgaben. Prosateurs franç. Ausg. B. Lfg 169. [07. 11316 6

Chuquet, A., der Krieg 1870/71. Uebers. v. L. A. Hauff. gr. 8. (VIII, 318 S.) Zittau 895. Berlin, J. Gnadenfeld & Co. n. 3. —

— d. Krieg 1870/71 (La Guerre 1870/71). Autor. Übersetzg. a. d. Franz. v. L. A. Hauff. gr. 8. (VIII, 318 S.) Zittau 895. Pahl. n. 3. —

— die Schlacht b. Gravelotte — d. Schlacht b. Sedan u. d. Gefangennahme Napoleon III., s.: Bibliothek f. Alle.

Chur [Sachl. OW]

Chur. Kleiner Reiseführer mit Karte der Umgebung [und illustriertem Umschlag]. Hrg. von der Verkehrskommission des Stadtvereins = Coire. Guide des voyageurs et Carte des environs de la ville. 8. Chur.
Ausg. A. Editeurs: Le Bureau pour les étrangers, Groupe du Comité central, le Stadtverein. 1896.
Ausg. B [Mit Stadtplan.] Éditeur: La Commission spéciale de la Société pour le développement de la ville. [1899.]

Chur 27° 47'. [Neue Generalkarte von Mittel-Europa 1 : 200.000. Wien.] 1898. Milit.-geographisches Institut. [In Comm. R. Lechner (Wilh. Müller).] 1 Bl. 56·5 × 39 cm. fl. —.60

Chur. [Lithographischer Ueberdruck aus den Blättern IX, X, XIV und XV der Topographischen Karte Dufour.] Massstab 1 : 100000. [Hrg. durch die] Schweizerische Landestopographie, Bern. Ueberdruck 1904. 503/724 mm. 1 Bl. quer-fol. [fr. 2. —, aufgezogen 3. —]

Chur in Bildern. [Album von 76 Ansichten, sammt Wappen der Stadt.] [76 S.] quer-8. Chur ⟨Graubünden⟩, Manatschal Ebner & Cº, [1904]. [geb. fr. 4. —]

Chur in Bildern. (72 S. m. z. Tl. farb. Abbildgn.) qu. kl. 8. Chur (905). (J. Rich.) Geb. in Leinw. n. 4. —

Chur und sein Excursionsgebiet. gr. 8. Chur, in Commiss. bei Gsell. 1871. —. 50.

Chur-Thusis. [Lithographischer Ueberdruck der Blätter 406, 418, 410 und 422 des Topographischen Atlas Siegfried.] Massstab 1 : 50000. [Hrg. durch die] Schweizerische Landestopographie, Bern. Ueberdruck 1905. 493/712 mm. 1 Bl. quer-fol. fr. 2.— [aufgezogen 3. —]

Chur [Schlagwort]

Chur, s.: Europa. Generalkarte.

Chur, s.: Schweiz. Atlas.

Chur, s.: Woerl's Reisehandbücher.

Chur-Bothe: Der Chur-Bothe
⑮ Die Zeitung «Der Thur-Bothe» trug auf den Nr. 17—20, 1843 irrtümlicherweise den Titel «Der Chur-Bothe».

Farben und Malerei von A[rthur] H[erbert] Church, Prof., London. Nach d. 3. Aufl. von 'The chemistry of paints and painting' übers. u. bearb. v. M[argarete] u. W[ilhelm] Ostwald. München: G. D. W. Callwey 1908. (XI, 376 S.) 8°
— Sammlung maltechn. Schriften. Bd 3. [08. 13827 11

Church jun., James E(dward), Reno, Nevada, U. S. A.: Beiträge zur Sprache der Lateinischen Grabinschriften. Th. 1. *München 1901: C. Wolf & Sohn.* (98 S.) 8°
München, Phil. Diss. v. 1901

Church, jun., James E., Beiträge zur Sprache der lateinischen Grabinschriften. 1. Thl. Diss. gr. 8. (99 S.) München 901. A. Buchholz. n. 1. 60

Churchill. – Lady Churchill, oder Die Abenteuer dreyer Brüder. 2 Bde. Leipzig: Comt. f. Lit. 1800. 8°

Churchill, Adele, oder die zwei Bräute. Aus dem Engl. übers. von Fr. L. v. Soltau. Leipzig 1839. V: *Landon, Letitia Elizabeth.* (EE)

Churchill, Lidie, eine Geschichte aus dem Englischen. Leipzig 1793. Ü: *Kühne, Christian Friedr. Gottlob.* (GGr) (MGT)

Churchill, Lidie, oder die Abentheuer dreier Brüder; aus dem Französischen. Leipzig 1800. Ü: *Kühne, Christian Friedrich Gottlob.* (Ky)

Churchill, Lidie, od. d. Abentheuer dreier Brüder; aus d. Französ. (v. C. F. G. Kühne). 2 Bde. 8. Leipz. 800. Compt. f. Literat. 20 ℛ

Churchill, G. C., u. J. Gilbert, die Dolomitberge, s. Gilbert, J.

Churchill, George Bosworth [aus Worcester, Mass., U. S. A.]: Richard III. bis Shakespeare. '(The True Tragedy of Richard III.)' ... (Soll vollst. ersch.) Berlin, Buchdr. v. G. Schade, *1897*; 84 S., 1 Bl. 8.
Berlin, Phil. Fak., Inaug.-Diss. v. 16. Juni 1897

Richard the Third up to Shakespeare. By George B[osworth] Churchill, Assoc. Prof. in Amherst. Coll. *Berlin: Mayer & Müller 1900.* (XIII, 548 S.) 8°
— Palaestra. 10. [00. 8900

J[ames] M[orss] Churchill's (A Treatise on acupuncturation. [Deutsch:]) Abhandlung über die Acupunctur. Aus d. Engl. übers. von J. Wagner mit Vorr. u. Zusätzen hrsg. von J[ohann] B[aptist] Friedreich. Bamberg: Wesché 1824. XVI, 44 S. 8°

Churchill, Sidney J. A., s.: Teppich-Erzeugung im Orient.

Churchill, Winston, Mr. Crewe's career, s. a. Collection of British authors.

Mr. Crewe's Career. By Winston Churchill. Copyright ed. In 2 vol. Vol. 1. 2. Leipzig: Tauchnitz 1908. 8°
(Collection of British authors. Tauchnitz Ed. Vol. 4058/9.) [08. 8795

Church liturgy for evangelical lutheran congregations of the unaltered Augsburg confession. Published by the german evangelical lutheran synod of Missouri, Ohio and other states. Translated from the german. 8. (III, 88 S.) St. Louis, Mo. 881. (Dresden, H. J. Naumann.) n. 5. —

Churfirsten-Säntisgruppe [Schlagwort]

Churfirsten-Säntisgruppe, s.: Alpen. Becker.

Churfürst, s. Kurfürst.

Churfürsten, s. a. Kurfürsten.

Churfürsten u. Fürsten, die neuen u. alten, der Entschädigungsländer als Mitglieder des deutsch. Reichs ꝛc. m. K. 8. Gera, W. Heinsius. 804.

Churfürstentage u. röm. Königswahl. b. Lebzeit. ein. regier. Kaisers. 8. Frankf. Andreä. 764.

Churfürstenthum Hannover, das, unter d. Franzosen in den Jahren 1703, 4 u. 5. und dessen fernere Schicksale, von ein. Augenzeugen. 8. Braunschw. Schulbuchhdl. Rthlr. ,

Churfürstinnen, Die, von Bayern der ... churfürstlichen Braut Maria Anna ... vorgestellet und ... zugeschrieben. Dresden 1747. V: *Götze, Johann Christian.* (Bem I, 1, S. 414)

Chur-Hessen [Schlagwort]

Chur-Hessen — Charte von — oder Nieder- und ein Theil von Ober-Hessen, nebst den Churhessischen Besitzungen in Henneberg vorzüglich nach Malecots und Rosières Zeichnungen im J. 1761. Jetzt aber mit Bemerkungen der neuen Besitzungen, herausgegeben von Homanns Erben zu Nürnberg 1805. 1 : 170,000. 2 Bl.

Churoa, A. L., krit. Darstellung d. Socialtheorie Fourier's. Hrsg. durch Gust. Bacherer. 8. (8½ B.) Braunschweig 840, G. C. E. Meyer sen.

Churoa, A. L., (K. Rochau,) kritische Darstellung der Socialtheorie Fourier's. Herausgeg. v. G. Bacherer. 8. Braunschweig 841, Meyer sen. 2/3 ₰

Chursachsen, s. Kursachsen.

Chursachsen, ein geogr. stat. Lesebuch ꝛc. f. Geographie u. Statist. d. Churfürstenthümer.

— soll es die Königswürde annehmen? 8, Leipz. Ind. Comt.

Chursilchen, Mich. Blätter für Geist und Herz wissbegieriger Unteroffiziere, Gensdarmen und Soldaten. 8 B. 8. Sulzbach 1851. 3,50 3. A. (701) 8. Amberg 1863. 4,00

Chursilchen, Mich., Blätter für Geist und Herz wißbegieriger Unteroffiziere, Gendarmen und Soldaten. 3. Aufl. 8. (XXXI und 701 S. mit 16 Stnt. und 1 lithogr. und ill. Karte in gr. 4.) Amberg 863, Pohl. *

Chursilchen, Mich., militärischer Briefsteller als Anweisung z. Erlernung von schriftlichen Aufsätzen. 8. (6 B.) Amberg 838. [Smith'sche Buchh.]

Chursilchen, Mich., die bayerische Brigade in Griechenland. Ein histor.-fragmentar. Gemälde d. merkwürdigsten Ereignisse während d. Anwesenheit d. kgl. bayer. Truppen auf Hellas. 8. (12¾ B.) Nürnberg 838, Fr. Campe'sche Buchh.

—— geschichtliche Erinnerung an d. Expedition nach Hellas. 8. (7 B.) Amberg 838. [Smith'sche Buchh.]

Chursilchen, Mich., Stunden-Zeiger über die Entfernung aller oberpfälzischen Ortschaften vom Sitze der betreff. königl. Landgerichte, so wie der königl. Gerichtshöfe zu Amberg u. Regensburg. 8. (160 S.) Sulzbach 852, v. Seidel. 1/3 ₰

Chursilchen, Mich., Uebungs-Blätter für Geist und Herz wißbegieriger Unteroffiziere, Gendarmen und Soldaten. 8 Bdchn. 2. Aufl. 8. Sulzbach 851, v. Seidel'sche Buchh. Thlr.
Bdchn. 1. 2. Schriftliche Aufsätze zum Gebrauche in Militär-Schulen. (VIII und 386 S.)
" 3. Fremdwörter-Buch zum Gebrauche in Militär-Schulen. (80 S.)
" 4. 5. Beispiele für den Dienst der königl. Gendarmerie. (XII und 160 S.)
" 6. Geographie und Geschichte. (48 S.)
" 7. Hilfsbeiträge zur Erlernung der Verpflegsliste in allen Waffengattungen. (64 S.)
8. Situations-Plan-Zeichnungs- und kalligraph. Tableaux. Mit einer xylograph. Karte vom Königr. Bayern (in 4.) (13 S. mit 6 Holzschn. und 8 Stnt. in qu. 8.)

Churwalden. Klimatischer Höhenkurort, Ct. Graubünden – Schweiz. 4253 F. ü M. [Illustrierter Führer, mit 2 Karten.] 8. (Aarau 1894.)

Churwalden, Klimatischer Höhenkurort, Ct. Graubünden-Schweiz. 1250 M.ᵘ/M. [Führer, mit Illustrationen und 2 Karten.] II + 63 S. 8. (Aarau & Lausanne, Müller & Trüb, 1901.) [fr. —. 45]

S. 8—63: Geschichtliches *von* Prof. G[eorg] Mayer; Geographisches *von* J[acob] Tarchler, Pfarrer; Klimatisches und Medizinisches *von* Dr. med. Markoff; ... Beilagen *von* Prof. Dr. Chr[istian] G[regor] Brügger.

Churwalden, Luftkurort. Prospect. 1883.

Chusseau, Hans, Kandidat des höheren Schulamts zu Rastenburg: Eduard von Hartmanns Stellung zum psychophysischen Parallelismus. Königsberg i. Pr. 1905: O. Kümmel. (74 S.) 8°
Königsberg, Phil. Fak., Ref. Walter, Diss. v. 25. März 1905
[Geb. 16. Dez. 78 Eydtkuhnen; Wohnort: Rastenburg; Staatsangeh.: Preußen; Vorbildung: Gymn. Tilsit Reife O. 98; Studium: Greifswald 3, Königsberg 7 S.; Rig. 8. März 05.]

Chute (La) du Rhin près de Laufen. – *A Zürich, Orell-Füssli et Cie*, 1819. In-f° en haut, 12 pp. de texte.
2 vues gravées sur cuivre et coloriées par *Hürlimann*.

Chute du Rhin, la, réprésentée par deux feuilles, dessinees d'après nature par J. Wetzel, gravées par J. Hürlimann, coloriées et accompagnées d'un texte. Fol. Zürich 819. Orell. 4 ₰ 12 ⅌.

Chuts
① Culinarisch-pintologisch-gastronomisch-gemeinnütziges Blatt (v. sub 15) ⑤ 1865—1868 (v. sub 15) ⑥ 8° ⑦ unregelmäßig ⑧ Bern: J. Allemann ⑫ Unterhaltungsblatt ⑭ Be: L ⑮ Der Untertitel des Blattes variiert bei jeder Nummer. — Beilage des »Berner Blattes. — Das Blatt erschien möglicherweise noch 1869 und 1870. Ob als Beilage der »Berner Tagespost«, die das »Berner Blatt« fortsetzte?

Chuvin, Mark, a. Odessa: Über das Verhalten der Chloride bei Infektionskrankheiten. Freiburg (Baden) 1906: E. Kuttruff. (39 S.) 8°
Freiburg i. B., Med. Fak., Ref. Bäumler, Diss. v. 1906
[Geb. 15. Sept. 78; Wohnort: Freiburg i. B.; Staatsangeh.: Rußland; Vorbildung: Gymn. Odessa Reife M. 98; Studium: Odessa 6, Berlin 2, Freiburg i. B. 1 S.; Rig. 3. Aug. 06.]

Chuzbedick, W., kein Bischen Risches, s. Gedichte u. Scherze in jüdischer Mundart.

Chvála, A., s. Chwala, August

Chvála, Eman., ein Vierteljahrhundert böhmischer Musik. Separat-Abdruck aus der Zeitschrift „Politik". 8°. (84 S.) Prag, Fr. A. Urbánek. fl. —.80. geb. in Leinwand fl. 1.40. 1887.

Chvegrois Schweizer, Carl Friedrich de (Frankfurt)
Betrachtungen über die Fortschritte und Revolutionen der Philosophie in der römischen Republik.
MS. 17 Bl. 4°
Diss. phil. Giessen 22.12.1823. vorh. Univ.-Archiv.

Chvolson, Daniil Abramovič

Beiträge zur Entwicklungsgeschichte des Judentums von ca. 400 v. Chr. bis ca. 1000 n. Chr. Von D[aniil Abramovič] Chwolson [Chvol'son], Prof. em. Leipzig: Haessel 1910. 03 S. 8° [10.577]

Chwolson, D., die Blutanklage u. sonstige mittelalterliche Beschuldigungen der Juden. Eine histor. Untersuchg. nach den Quellen. Nach der 2., vielfach veränd. u. verb. Ausg. v. 1880 aus dem Russ. übers. u. m. vielen Verbessergn. u. Zusätzen vom Autor versehen. gr. 8. (XV, 362 S.) Frankfurt a/M. 901. J. Kauffmann. n. 2. —

Chwolson, D., corpus inscriptionum hebraicarum, enth. Grabschriften aus der Krim u. andere Grab- u. Inschriften in alter hebr. Quadratschrift, sowie auch Schriftproben aus Handschriften vom IX—XV. Jahrh., gesammelt u. erläutert. Mit 4 photolith. u. 2 phototyp. Taf., nebst einer (autogr.) Schrifttaf. v. Euting. Imp. 4. (XVIII, 528 Sp.) St. Petersburg 882. Leipzig, Brockhaus' Sort. in Comm. n. 20. —

— über d. Datum i. Evangelium Matthäi XXVI, 17: *Τῇ δὲ πρώτῃ τῶν ἀζύμων.* gr. 8. (19 S.) Breslau 893. (Leipzig, Voss' Sort.) n. — 60
Sonderabdruck aus „Monatsschr. f. Geschichte u. Wissensch. d. Judenth."

Über die Frage ob Jesus gelebt hat. Von D[aniil Abramovič] Chwolson [Chvol'son], Prof. em. Leipzig: Haessel 1910. 27 S. 8° [10.5806]

Chwolson, D., syrische Grabinschriften aus Semirjetschie, s.: Mémoires de l'académie impériale des sciences de St.-Petersbourg.

– Dass., s. Grabinschriften ...

Chwolson, D., syrisch-nestorianische Grabinschriften aus Semirjetschie, s.: Mémoires de l'académie impériale des sciences de St.-Pétersbourg.

– Dass., s. Grabinschriften ...

Chwolson, syrisch-nestorianische Grabinschriften aus Semirjetschie. Neue Folge. Hrsg. u. erklärt. Mit 4 phototyp. Taf. gr. 4. (62 S.) St. Petersburg 897. (Leipzig, Voss' Sort.) n. 6. — (1. u. 2.: n. 16. 40)

Chwolson, (A.), 18 hebräische Grabschriften aus der Krim, s. Mémoires de l'acad. imp. des sciences de St.-Pétersbourg. 7. Série, Tome IX. Nr. 7.

— hat es jemals irgend e. Grund gegeben, den Rüsttag d. jüdischen Passahfestes als *πρώτη τῶν ἀζύμων* zu bezeichnen? Erwiderg. geg. L. Grünhut, nebst e. Nachtrag. [Aus: „Zeitschr. f. wissenschaftl. Theol."] gr. 8. (53 S.) Leipzig 895. (Voss' Sort.) n. — 80

Chwolson, D. A., statistische Nachrichten über die orientalische Facultät an der Universität zu St. Petersburg. Mit einem Vorwort von H. L. Fleischer. Leipzig 861. Voss in Comm. gr. 8. (22 S.) n. 6 ngr.

Chwolson, D., das letzte Passamahl Christi u. der Tag seines Todes, nach den in Uebereinstimmung gebrachten Berichten der Synoptiker u. d. Evangelium Johannis, nebst e. Anh.: Das Verhältniss der Pharisäer, Sadducäer u. der Juden überhaupt zu Jesus Christus nach den m. Hilfe rabbin. Quellen erläuterten Berichten der Synoptiker, s. a. Mémoires de l'académie impériale des sciences de St.-Pétersbourg.

Das letzte Passamahl Christi und der Tag seines Todes, nach den in Übereinstimmung gebrachten Berichten der Synoptiker und des Evangelium Johannis. Nebst Schlußwort u. Anh. von D[aniil Abramovic] Chwolson [**Chvol'son**]. Anastat. Neudr. d. Ausg. von 1892 nebst 3 Beil., enth. Erg. u. Verbesserungen d. Verf. Leipzig: H. Haessel 1908. (XI, 190 S.) 4° [08. 4495

Chwolsohn, Dav., die Ssabier und der Ssabismus. 2 Bde. St. Petersburg 856. (Leipzig, Voss.) nn. 5 ℛ 16 ngr.
Inhalt: 1. Bd. Die Entwickelung der Begriffe Ssabier und Ssabismus u. die Geschichte der harrânischen Ssabier oder der syrohellenist. Heiden im nördlichen Mesopotamien u. in Bagdâd zur Zeit des Chalifats. (XXI, 825 S.) — 2. Bd.: Orientalische Quellen zur Geschichte der Ssabier und des Ssabismus (XXXI, 920 S.)

Chwolson, D. A., über Tammûz und die Menschenverehrung bei den alten Babyloniern. Lex.-8. (112 S.) St. Petersburg 860. (Leipzig, Voss.) *.

—— über die Ueberreste der altbabylonischen Literatur in arabischen Uebersetzungen. Imp.-4. (195 S.) St.-Petersburg 859. Leipzig Voss. **
Aus: Mémoires des Savants étrangers, besonders abgedruckt.

Chwolson, D., die Semitischen Völker. Versuch einer Charakteristik. gr. 8. (64 S.) Berlin 872, F. Duncker. *

Chwolson, O., üb. die Abhängigkeit d. Wärmeleitungsfähigkeit v. der Temperatur, s.: Mémoires de l'académie impériale des sciences de St.-Pétersbourg.

Chwolson, O., über die Dämpfung und Schwingungen bei grösseren Amplituden, s. Mémoires de l'académie des sciences de St. Pétersbourg.

Chwolson, O., allgemeine Theorie der magnetischen Dämpfer,
—— die Wechselwirkung zweier Magnete mit Berücksicht. ihrer Querdimensionen,
s. a. Mémoires de l'Académie impériale des sciences de St.-Pétersbourg.

Chwolson, O., Allgemeine Theorie der magnetischen Dämpfer. Imp. 4°. 120 S. St. Petersburg 1880. Leipzig, Voss' Sort. M. 3.30

Chwolson, O., actinometrische Untersuchungen zur Construction e. Pyrheliometers u. e. Actinometers. [Aus: „Repertorium f. Meteorologie".] Imp.-4. (VII, 150 S. m. 3 Holzschn. u. 1 Taf.) St. Petersburg 893. (Leipzig, Voss' Sort.) n. 5. 25

— üb. die Vertheilung der Wärme, s.: Mémoires de l'académie des sciences de St.-Pétersbourg.

Chwolson, O., üb. die Wechselwirkung zweier Magnete m. Berücksicht. ihrer Querdimensionen, s.: Mémoires de l'académie impériale des sciences de St.-Pétersbourg.

— üb. den gegenwärtigen Zustand der Actinometrie, s.: Repertorium f. Meteorologie.

Zwei Fragen an die Mitglieder des deutschen Monistenbundes von O[rest] D[anilovič] Chwolson [**Chvol'son**], Prof., St. Petersburg. Braunschweig: F. Vieweg & Sohn 1908. (31 S.) 8° [08. 4496

Hegel, Haeckel, Kossuth und das zwölfte Gebot. Eine krit. Studie von O[rest] D[anilovič] Chwolson [**Chvol'son**], Prof. zu St. Petersburg. Braunschweig: F. Vieweg & Sohn 1906. (90 S.) 8° [06. 10491 7

Hegel, Haeckel, Kossuth und das zwölfte Gebot. Eine krit. Studie von O[rest] D[anilovič] **Chwolson.** 2. Aufl. Braunschweig: F. Vieweg & Sohn 1908. (90 S.) 8° [08. 11384 7

Chwolson, O. D: **Lehrbuch der Physik. Braunschweig**
Bd 1. **Einleitung. Mechanik. Einige Meßinstrumente und Meßmethoden. Die Lehre von den Gasen, Flüssigkeiten und festen Körpern. Deutsch von H. Pflaum. 1902**
Bd 2. **Lehre vom Schall (Akustik). Lehre von der strahlenden Energie. Deutsch von H. Pflaum. 1904**
Bd 3. **Die Lehre von der Wärme. Deutsch von E. Berg. 1905**
Bd 4. **Die Lehre von der Elektrizität.**
1. Hälfte. Deutsch von H. Pflaum. 1908.
2. Hälfte. Autor. Übers. aus dem Russischen. [1913—]1924

Chwolson, O. D., Lehrbuch der Physik. 1. Bd. Einleitung. — Mechanik. — Einige Messinstrumente u. Messmethoden. — Die Lehre v. den Gasen, Flüssigkeiten u. festen Körpern. Übers. v. H. Pflaum. gr. 8. (XX, 791 S, m. 412 Abbildgn.) Braunschweig 902. F. Vieweg & Sohn. n. 12. —; geb. in Halbfrz. n. 14. —

— Lehrbuch der Physik. Übers. v. H. Pflaum. 2. u. 3. Bd. gr. 8. Ebd. n. 34. —; geb. in Halbfrz. n. 38. —
2. Lehre vom Schall (Akustik). — Lehre v. der strahlenden Energie. Mit 658 Abbildgn. u. 3 Stereoskopbildern. (XXII, 1056 S.) 904. n. 18. —; geb. n. 20. —
3. Die Lehre v. der Wärme. Übers. v. E. Berg. (XI, 988 S. m. 259 Abbildgn.) 905. n. 16. —; geb. in Halbfrz. n. 18. —
Bd. 1. Ebd. 902. n. 12. —; geb. n. 14. —.

— Lehrbuch der Physik. IV. Bd. Die Lehre v. der Elektrizität. Übers. v. H. Pflaum. 1. Hälfte. (XII. 916 S. m. Abbildgn.) gr. 8. Ebd. 908. 16.—; geb. in Halbfrz. 18. —
Bd. 1—3. Ebd. 902—05. 46.—; geb. 52. —

Chvostek, Frz.

Chvostek, F., u. R. Kraus, zur Aetiologie d. acuten Gelenkrheumatismus. Abwehr u. Erwiderg. gr. 8. (71 S.) Wien 898. F. Deuticke. n. 2. 50

Chvostek, F., die Krankheiten der Nebennieren,
— suppurative Leberentzündung; circumscripte Leberentzündung, Leberabszesse,
— über Milztumoren,
— klinische Vorträge über die Krankheiten der Pfortader u. der Lebervenen,
s.: Klinik, Wiener.

Chvostek, Dr. F., Ueber das Wesen der paroxismalen Hämoglobinurie. Gr.-8. (105 S.) 1.50
Wien: Deuticke 1894.

Chwala, Adf., Obl. M. J.: Unser täglich Brot. Ermunternde u. belehr. Worte üb. den öftern u. tägl. Empfang der hl. Kommunion. Dülmen: Laumann 1910. VIII, 64 S. 16°

— Die prakt. Durchführung der öfteren u. täglichen Kommunion, s. a. Seelsorger-Praxis. XXI.

Die praktische Durchführung der öfteren und täglichen Kommunion. Von P. Adolf **Chwala** Obl. M. I. Paderborn: Schöningh 1910. VI, 109 S. 8°
(Seelsorger-Praxis. 21.) [10. 15491

— Die öftere hl. Kommunion. 6 Predigten im Anschluß an die Sonntags-Evangelien der hl. Fastenzeit. (75 S.) 8. Dülmen 908. A. Laumann. 1. —

— Das Manna des Neuen Bundes. Gebete f. die öftere u. tägl. hl. Kommunion nebst Belehrgn. (VII, 264 S. m. Titelbild.) 16. Ebd. (910). Geb. in Leinw. — 75

Chwala, August

Chvála, Aug., d. Opfer d. Industrie u. d. Unfallversicherungs-Anstalten. E. Darlegg., wie die Arbeiter v. den Anstalten benachtheiligt werden u. wie sie sich dagegen wehren können. gr. 8. (24 S.) Wien 896. 1. Wiener Volksbuchh. n. — 10

Chwala, August. Über Thiodiazoverbindungen und deren Zersetzungsprodukte. Diss. Phil. [II.] Univ. Zürich. IV + 64 S. 8. Zürich; Chwala's Druck, Wien, 1905.

Chwala, A., Winke f. die versicherungspflichtigen Arbeiter beim Inslebentreten der Arbeiter-Unfallversicherung. 7. Aufl. 8. (20 S.) Wien 892. (1. Wiener Volksbuchh. J. Brand.) n. — 6

— neue Winke üb. die Entschädigungs-Ansprüche der Arbeiter bei Unfällen. 200 Beispiele bewilligter Renten, wie solche die Verletzten in Niederösterreich bezogen haben, alphabetisch nach Berufen geordnet, nebst e. Einleitg., die wichtigsten Bestimmgn. des Unfall-Versicherungs-Gesetzes enth. 8. (20 S.) Ebd. 891. n. — 6

Chwaliboga, Józefa, zarysy myślenia z wiary. gr. 8. (VIII u. 288 S. m. dem Portr. des Verf.) Posen 846, Stefański. n. 1 ℛ

Chwalla, Adf. Die intellectuelle Ausbildung d. Infanterie-Unterofficiers im Patrouillieren, Orientieren u. Melden sowohl in Ausübg. d. Nachrichten-Dienstes als d. Sicherungs-Dienstes am Marsche, in der Ruhe u. während d. Gefechtes. Hrsg. v. Joh. Wolff. gr. 8. (V, 313 S. m. 15 Taf.) Wien 891, (Seidel u. Sohn). * 4 —

Chwalla, Adf., die intellectuelle Ausbildung d. Infanterie-Unterofficiers im Patroullieren, Orientieren u. Melden sowohl in Ausübung des Nachrichten-Dienstes als d. Sicherungs-Dienstes am Marsche, in der Ruhe u. während d. Gefechtes. Ein Hilfsbuch f. die zur Ausbildg. der Unterofficiere d. k. u. k. Heeres berufenen Organe. Hrsg. v. Joh. Wolff. 2. Aufl. gr. 8. (XVIII, 287 S. m. 15 Taf.) Wien 893. (L. W. Seidel & Sohn.) n. 4. —

— populäre Darstellung der Lehre vom Gefecht in natürlicher u. vernunftgemässer Begründung ihrer Grundsätze u. Regeln. Für die Wirkungssphäre der Oberofficiere d. Activ-Standes u. der Reserve zum Zwecke d. Selbst-Studiums, dann f. den takt. Unterricht an den Cursen der Einjährig-Freiwilligen, sowie zur auszugsweisen Benützg. in den Unterofficiers-Schulen der k. u. k. Fusstruppen bearb. gr. 8. (X, 586 S. m. 17 Taf.) Ebd. 892. n. 6. —

Chwalla, Anton — Kurzgefaßte praktische Anleitung zur nutzenbringenden Seidenraupenzucht mit den bisher bekannten zweckdienlichsten und wohlfeilsten Mitteln. Dem österreichischen Landmanne gewidmet vom Verfasser. Dritte verbesserte Auflage. Wien, 1856. Druck und Verlag von M. Auer. Mit zwei Tafeln. (80 S. 8.)

Chwatal, A. R., italienische Sprüche, gesammelt und übersetzt. 8. (IV, 79 S.) Magdeburg 887. (Faber.) n. 1. 50; Anhang: Üb. d. Aussprache d. Italienischen (8 S.) n. n. — 50

Chwatal, Frdr., Bestimmung der feuerverursachenden Wetterdruck-Unterschiede. (16 S. m. 4 Fig.) Lex.-8. Teplitz-Schönau 906. A. Becker. n. — 60
Sonderabdruck aus: „Der Kohleninteressent."

CHWEKA, J.: Der vollständige Landmann, welcher aus selbst eigener Erfahrung lehrt, wie mit Anbauung und Bedingung der Felder, Verhütung des Brandes im Waizen, Pflanzung der Obstbäume, Aussäung verschiedener wilden Holzarten, Verbesserung der Wiesen, Pferd- und Viehzuchten, Erzielung einer feinen Schaafwolle, den Fischen und Besetzung der Teiche zu verfahren, nebst einem Anhang von vielen nützlichen und bewährten ökonomischen Vortheilen und Kunststücken. - Brünn 1795

Chwicka, J., der vollständ. Landmann. 8. Brünn, Gastl. 795.

Chwiliwizkaja, Paulina: Über die klinische Stellung der Involutionsmelancholie. Emmendingen: Dölter 1908. 34 S. 8°
Freiburg i. B., Med. Diss. v. 1908, Ref. Hoche
[Geb. 26. Okt. 82 Rakow, Gouv. Minsk; Wohnort: Orscha, Gouv. Mohilew; Staatsangeh.: Rußland; Vorbildung: Mädchengymn. Mohilew Abit. für Latein Mai 01; Studium: Freiburg i. B. 6, Leipzig 1, Freiburg i. B. 3 S.; Rig. 2. Juli 08.] [U 09. 910

Chwiliwizki, Jacob. Die Behandlung der Mastitis im Frauenspitale Basel-Stadt. ⟨Direktor: Herr Prof. Dr. [Otto] v(on) Herff.⟩ Diss. Med. Basel. 20 S. 8. Basel, Brin & Cie., 1907.

Chwiliwizki, Michael. Wendung und Extraktion und ihre Ergebnisse für Mutter und Kind im Frauenspital Basel-Stadt. Diss. Med. Basel. 29 S. 8. Basel, Friedrich Reinhardt, 1906.

Chwistek, Gust. (Reinhold. Jac.) (geb. Pless 1822): De prosopalgia. Berolini (1846). (28 S.) 8°
Berlin, Med. Diss. v. 27. Aug. 1846

Chwolles, Abraham: Beitrag zur Kenntnis der Ursache der Spaltung racemischer Verbindungen durch optisch aktive Körper. *Berlin (1898): E. Ebering.* (40 S.) 8°
Berlin, Phil. Diss. v. 9. März 1898

Chwolsohn, Dav., s. Chvolson, Daniil Abramovič

Chwolson, s. Chvolson

Chworostansky, Pauline, [von Woronesch, Russland]: Aus dem pathologischen Institut der Universität Zürich. Ueber das Vorkommen von Knorpel (!) in Geschwülsten. Zür. E. Meyer Dr. 1895. 37 S. 8°.
Zürich, Med. Diss. [v. 3. Dec. 1895].

Chwostow [Übers.], s. Boileau-Despréaux, Nicolas: L'art poétique. 1826.

Chwostow, Graf, Reise zum Flusse Pascha. Aus dem Ruß. 8. St. Petersburg, 819. (Halle, Hemmerde u. Schw.) — 4

Chwostow, Graf, Reise zum Flusse Pascha. Aus d. Russ. 8. St. Petersb. 820. (Halle, Schwetschke u. S.) 4 ℊℊ

– s.a. Reise von Petersburg . . .

Chwostow u. Dawydow, Reise von St. Petersburg durch Sibirien nach Amerika u. zurück, in d. J. 1802—1804. 8. Berlin 813, jetzt Heymann. 1 ℛ

Chwoyka, A., Gesch. d. Habsburg. Oesterr. Hauses. 8. Brünn, Gastl. 4 ℊℊ

— institut. poëticae in compend. redact. 8. ibid. 792. ibid. 4 ℊℊ

Chychas, Nathanael

Chychae Atheniensis, Nathan., de primatu papae. Ex cod. graeco Biblioth. Lugduno-Batavae nunc primum edid. Andronicus K. Demetracopulus. Lex.-8. Leipzig 869. (List & Francke.) Lex.-8. (XVI, 35 S.) n. 20 ℊℊ

Chylak Viktor: Ueber den Ursprung des russischen Staates m. b. B. des Russenangriffes auf Konstantinopel im Jahre 806.
II. 1908 PN 2518 996

Chyle, Frz., der Selbstmord als Speculation des mod. Verbrecherthums. gr. 8. (16 S. m. Bildnis.) Wien 896. (Huber & Lahme.) n. — 60

Chyle, Frz., der Selbstmord als Spekulation des modernen Verbrechertums. 2. Aufl. (32 S.) gr. 8. Wien 908. Huber & Lahme Nachf. 1. —

CHYMANIE Franz. Erklärung des allg. deutschen Lehenrechtes. Wien 1793.

[–] Erklärung des Lehenrechtes, besonders des Longobardischen, welches in Deutschland angenommen ist. Nach Böhmers Principien, u. dem Geiste der öffentl. Vorlesungen an der Wiener hohen Schule. Wien 1794.

– 2. Aufl. [u. d. Tit.]: Erläuterung des langobardischen, teutschen und österreichischen Lehenrechtes. Nach Böhmers Prinzipien, u. den Vorlesungen an der Wiener hohen Schule. Mit 1 Stammbaumtafel. Wien 1817.

Chimani, F., Erläuterung des longobard., deutschen u. österr. Lehnrechts. Nach Böhmer's Principien u. d. Vorlesungen an d. Wiener hohen Schule. Mit 1 Stammtaf. gr. 8. Wien... 2te verb. Aufl. 817. Beck. 3 ℛ

Chymia hydraulica, oder Handgriffe, vermittelst deren man das vegetabil. Salz aus Vegetabilien, Animalien u. Mineralien mit schlechtem Wasser ausziehen kann. 8. 755. (Leipz., Fr. Fleischer). 8 gl.

Chymie, die,. Lustsp. 8. Leipz. Müller. 771.

Chymiker-Brevier d. i. Werden u. Würcken, Frewden u. Leyden des Scheydekünstlers nach denen Worten der heyligen Schrifft. (20 S.) kl. 8. Leipzig (910). (Akadem. Verlagsgesellschaft.) 3. —

Chymiphilus, J. J.: Der wahren chymischen Weisheit O f f e n b a h r u n g , Das ist, Getreue und aufrichtige Entdeckung der Materie, welche genommen werden muß wann man den wahren Weisen-Stein lapidem philosophorum tincturam universalem machen will. o. O. 1720. 219 S. 8°

Chymiste, Vollkommener. Dresden 1705. V: *Lemery, Nic.* Ü: *Tschirnhaus, Ehrenfried Walther von.* (Mitth. Prof. Dr. Reinhardt-Meißen.)

Chys, J. A. van der, Commentatio chronologico-historica de Herode Magno, Judaeorum rege. 4. Lugd. Bat. 855, E. J. Brill.

Bibaçt von Icâra [d. i. Julienne van der **Chys**]. Berlin: Voss [1896]. (44 S.) 8° [J.] [07. 8170

Chys, Julienne v. d. (Icâna), Rawal D e v i. Trauerspiel in 5 Aufzügen. (144 S.) kl. 8. Berlin 906. L. Simion Nf. 2. —

Macars Gedichte und Balladen von Julienne van der **Chys** ⟨Icâra⟩. [Berlin]: L. Simion Nf. 1906. (VIII, 82 S.) 8° [07. 4817

Chys, Julienne van der (Icâra), Jacobäa v. Bayern. Schauspiel in 5 Akten. gr. 8. (79 S.) Berlin (902). Vossische Buchh. n. 2. —

— Soiroooo. 8. (VII, 70 S.) Dresden 901. E. Pierson. n. 1. 50; geb. n. 2. 50

Chys, Julienne van der (Icâra), Vorbei! u. and. Gedichte. 8. (72 S. m. Bildn.) Berlin 898. Vossische Buchh. 1. 80

Chys, P. O. van der, Commentarius geographicus in Arrianum de expeditione Alexandri. C. tab. aeri incisa. 4 maj. (19 B.) Lugduni Batav. 828, Cyfveer. (Lipsiae, Weigel.)
Die Karte apart 1 Thlr. 8 Gr.

Calpurnius Siculus. Chytil, Franz Der Eklogendichter T. Calpurnius Siculus und seine Vorbilder. 8 (S. 3—24).
Progr. K. k. G. *Znaim* 1894.

Chytil, J., und P. R. v. Chlumecky, Bericht über das mähr. ständ. Landes-Archiv, s. Chlumecky, P. R. v.

Chytil, J. — Leitfaden zur Förderung und Erleichterung der Forschung nach Quellen für die vaterländische Geschichte. Von — —. Brünn, 1837. Aus Franz Gastl's Buchdr. (16 S. 8.)

Chytil, Karel

— F. A. Borovský, Bucheinbände vom XVIII. Jahrh. bis in die neueste Zeit. Auswahl aus der im kunstgewerbl. Museum vom 13. IV. bis 10. V. 1903 veranstalteten Ausstellg. v. Bucheinbänden. Über Beschluss des Museal-Curatoriums des kunstgewerbl. Museums der Handels- u. Gewerbekammer in Prag hrsg. 30 Taf. in Licht- u. Farbendr. Mit Text in deutscher u. tschech. Sprache.) (24 S.) 4. Ebd. 904.
In Halbleinw.-Mappe n. 20. —

Chytil, K., Führer durch die Sammlungen des kunstgewerblichen Museums der Handels- u. Gewerbekammer in Prag. (VIII, 128 S. m. Abbildgn., 24 Taf., Titelbild u. 1 Grundriss-Taf.) gr. 8. Prag 909. (F. Řivnáč.) nn 2. —

Chytil, K., u. Fr. Jiřík, Katalog d. Ausstellung v. keram. u. Glasarbeiten böhmischen Ursprungs (Periode circa 1780—1840) des kunstgewerblichen Museums der Handels- u. Gewerbekammer in Prag vom 21. XI. 1907 bis 26. I. 1908. (VII, 189 S. m. 6 Taf.) 8. Prag 908. (F. Řivnáč.) nn 2. —

Chytil, Karl, die Kunst in Prag zur Zeit Rudolf II. Vortrag, geh. im kunstgewerbl. Museum der Handels- u. Gewerbekammer zu Prag am 6. u. 13. III. 1904. (IV, 75 S. m. Abbildgn.) Lex.-8. Prag 904. (F. Řivnáč.) Kart. n. 5. —

Der Prager Venusbrunnen von B. Wurzelbauer. Gesch. eines Kunstwerkes geschildert von Dr. K[arel] **Chytil**. Uebers. aus d. Böhm. Mit 4 Lichtdrucktaf. *Prag: Selbstverl. 1902.* (33 S.) 4° [03. 603

Chytil, K., der Prager Venusbrunnen von B. Wurzelbauer. Geschichte e. Kunstwerkes. Uebersetzg. aus dem Böhm. gr. 4. (33 S. m. 2 Abbildgn. u. 4 Lichtdr.-Taf.) Prag 902. (F. Řivnáč.) n.n. 6. —

Chyträus, Dav., das Kraichgau u. seine Bewohner zur Zeit der Reformation. Oratio. Aus dem Lat. übers. u. erläutert v. Otto Becher. (XI, 162 S. m. 3 Bildnissen.) 8. Karlsruhe 908. J. J. Reiff. 2.50; geb. in Leinw. 3. 50

Chyzer, B., über die im ungar. Tonwarengewerbe vorkommenden Bleivergiftungen, s.: S c h r i f t e n der ungar. Vereinigung f. gesetzl. Arbeiterschutz. 1. Hft.

Chyzer, Kornel

Chyzer, Cornelius, et Ladislaus K u l c z y ń s k i. Araneae Hungariae secundum collectiones a Leone Becker pro parte perscrutatas conscriptae. Tom. I.: Salticoidae, Oxyopoidae, Lycosoidae, Heteropodoidae, Misumenoidae, Euetrioidae, Tetragnathoidae, Uloboroidae, Pholcoidae, Scytodoidae, Urocteoidae, Eresoidae, Dictynoidae. gr. 4. (IV, 170 S. m. 6 Taf.) Budapestini 891. (Berl., Friedländer u. Sohn.) * 10 —
Aus: Denkschr. d. k. ung. Akad. d. Wiss., besonders abgedruckt.

Chyzer, Cornelius, et Ladislaus Kulczyński, Araneae Hungariae secundum collectiones a Leone Becker pro parte perscrutatas conscriptae. Tom. I. Salticoidae, Oxyopoidae, Lycosoidae, Heteropodoidae, Misumenoidae, Euetrioidae, Tetragnathoidae, Uloboroidae, Pholcoidae, Scytodoidae, Urocteoidae, Eresoidae, Dictynoidae. [Aus: „Denkschr. d. k. ung. Akad. d. Wiss."] gr. 4. (IV, 170 S. m. 6 Taf.) Budapest 891. (Verlags-bureau d. Ungar. Akademie d. Wissenschaften.) n. 10. —

— — dasselbe. Tomi II pars. 1. Theridioidae. gr. 4. (III, 151 S. m. 5 Taf.) Ebd. 894. n. 10. —

Chyzer, Kornel, die namhafteren Kurorte und Heilquellen Ungarns und seiner Nebenländer, im Auftrage Sr. Exc. des k. ungar. Ministers für Cultus und Unterricht, Hrn. Dr. Aug. Trefort, beschrieben. gr. 8. (VIII, 231 S. mit 30 phototyp. Taf. und 1 Karte.) Stuttgart 887, Enke. *

Petr. C i a c c o n i u s (Pedro Chacon) de triclinio sive de modo convivandi apud priscos Romanos et de conviviorum apparatu. (Accedit Fulvii U r s i n i appendix et Hieron. M e r c u r i a l i s de accubitus in coena antiquorum origine diss.) Rom. 1588. 8.; Heidelberg 1590. 8.; Amstel. 1664. 12.; ibid. 1689. 12.; Lips. 1758. 12. *Cum figg.* — *Redit in* C. Opuscc. Rom. 1608. 8. *et in* Graevii thesaur. antiqu.

Ciacconii, **Pet., de triclinio s. de modo convivandi apud Romanos priscos, c. fig. 12. Lpz. 758. (W. Vogel). 1 ß**

Siala, Otto, französische Schulgrammatik mit Uebungsstücken. Untere Stufe. gr. 8. (X, 123 S.) Leipzig 872, Teubner.

—— dass. — Mittlere Stufe. gr. 8. (IV, 120 S.) Ebendas. 872.

—— dass. — Obere Stufe. gr. 8. (IV, 188 S.) Ebendas. 872.

Ciala, Otto, französische Schulgrammatik m. Übungsstücken. Untere Stufe. 2. verm. Aufl. gr. 8. (VIII, 156 S.) Leipzig 881. Teubner. 1. 20

Ciala, Otto, französische Schulgrammatik m. Übungs- u. Lesestücken. Mittlere Stufe. 2. Aufl., umgearb. v. H. Bihler. gr. 8. (VII, 200 S.) Leipzig 883. Teubner. n. 1. 60

— dasselbe. Obere Stufe. 2. Aufl., v. H. Bihler. gr. 8. (VI, 180 S.) Ebend. 884. n. 1. 60

— dasselbe. Untere Stufe. 3. Aufl., v. H. Bihler. gr. 8. (VIII, 143 S.) Ebend. 886. n. 1. 20

— dasselbe. Mittlere Stufe. 3. Aufl., v. H. Bihler. gr. 8. (VI, 208 S.) Ebd. 887. n. 1. 60

— dasselbe. Obere Stufe. 3. Aufl., v. H. Bihler. gr. 8. (VI, 177 S.) Ebd. 890. n. 1. 60

Ciala, O., französische Schulgrammatik mit Übungs- und Lesestücken. Untere Stufe. 4. Aufl., v. H. Bihler. gr. 8. (VIII, 152 S.) Leipzig 889. Teubner. 1. 20

Ciala, Otto, französische Schulgrammatik m. Übungs- u. Lesestücken. Mittlere Stufe. 4. Aufl., v. H. Bihler. gr. 8. (VIII, 224 S.) Leipzig 893. B. G. Teubner. n. 1. 60

Ciamician, G. L.

— Über Destillation des Elemiharzes über Zinkstaub. S. 77. II. 441 . . . . vgr.
Separatabdruck

Ciamician, G., über den Einfluss der Dichte u. der Temperatur auf die Spectren v. Dämpfen u. Gasen. [Mit 5 (lith.) Taf.] [Aus: „Sitzungsber. d. k. Akad. d. Wiss."] Lex.-8. (24 S.) Wien 878. (Gerold's Sohn.) n. 2.60

— Über den Einfluß des Druckes und der Temperatur auf die Spektren von Dämpfen und Gasen. S. 77. II. 839 . . . . vgr.
Separatabdruck

— Zur Kenntnis des Aldehydharzes. S. 81. II. 396 . . . . vgr.
Separatabdruck

— über eine Modification der Dampfdichten-Bestimmung, s.: Goldschmiedt, G.

— über die Spectren der chemischen Elemente u. ihrer Verbindungen. [Mit 3 (lith.) Taf.] [Aus: „Sitzungsber. d. k. Akad. d. Wiss."] Lex.-8. (19 S.) Wien 877. (Gerold's Sohn.) n. 2. —

— Studien über Verbindungen aus dem animalischen Theer, s.: Weidel, H.

— Spektroskopische Untersuchungen. Vorläufige Mitteilung. S. 79. II. 8 . . . . . . vgr.
Separatabdruck

— Spektroskopische Untersuchungen. 1. Abhandlung (mit 5 Taf.). S. 82. II. 425 . vgr.
Separatabdruck

— Über Verbindungen aus der Pyrrolreihe. Vorläufige Mitteilung. S. 82. II. 494 . vgr.
Separatabdruck

Ciamician, H. L., über das Verhalten des Ammoniakgummiharzes bei der Destillation über Zinkstaub. [Aus dem Universitätslaboratorium v. Barth. XXV.] [Aus: „Sitzungsber. d. k. Akad. d. Wiss."] Lex.-8. (11 S.) Wien 879. Gerold's Sohn. n.n. — 25

Ciamician G. L.: Über das Verhalten einiger Harze und Harzsäuren bei der Destillation über Zinkstaub. S. 76. II. 365 . . . . — .24
Separatabdruck

Ciamician, G., über das Verhalten einiger Harze u. Harzsäuren bei der Destillation über Zinkstaub. [Aus: „Sitzungsber. d. k. Akad. d. Wiss."] Lex.-8. (11 S.) Wien 877. Gerold's Sohn. n.n. — 25

Ciamician, H. L., s. Ciamician, G. L.

Ciampoli, Domenico, das geheime Duell, s.: Bibliothek der fremden Zungen.

Ciampoli, D., l'epigramma in Italia. Antologia. Vol. 1. 64. (156 S.) Leipzig 888. O. Lenz. — 75; geb. n. 1.25

Ciàmpoli, Domenico, il linguaggio de' fiori. Antologia. 64. (150 S.) Leipzig 882. Lenz. — 75; geb. n. 1. 25

Ciàmpoli, D., Poeti stranieri, s.: Morandi, L.

– Sylvanus, s. National-Bibliothek, Allgemeine.

Ciangulo, Nicola

— Aminta di Tasso. 8. Leipz. Heinsius. 745.

Ciangulo, Nic., († d.... Jan. 1762.) della divina Comedia di Dante Alighieri. 4 Canti cogli annotazioni. 8. Leipz. 753. (Brockhaus). 16 gr.

Cianguli, Nic., la div. Comoed. di Dante Alighieri. 4 Canti. 8. Lips. Gleditsch. 755.

— Dialoghi Italiani et Tedeschi, come si parla adesso communemente in Italia, da J. L. B. Bachenschwanz. 8. Lpz. 757. 4 gr.

— Grammatica linguae Italicae. 8. Lips. Gleditsch. 748.

— Massime politiche del Prencipe etc. 8. Utrecht. 728.

Ciani, Hugo [aus Düsseldorf]: Ueber das Dibenzylchlorphosphin und einige Derivate desselben ... Rostock, Univ.-Buchdr. v. Adler's Erben, 1894; 38 S., 1 Bl. 8.
Rostock, Phil. Fak., Inaug.-Diss. v. [15. Mai] 1894

Ciarcy, J: Beschreibung des allgemeinen Aräometers. Gießen 1793

Ciardini, A., Corrispondenza italiana, s.: Paruffini, B.

– Modo di servirsi del "Piccolo italiano", come pure del "Petit parisien", del "Little Londoner" ecc. Versione dall'originale francese di R. Kron. Karlsruhe (1906); Freiburg i. Br.: J. Bielefeld. 11 S. 8°

Ciasca, P. A., Examen critico-apologeticum super constitutionem dogmaticam de fide catholica ed. in sessione tertia ss. oecumenici concilii Vaticani. gr. 8. (VIII, 271 S.) Romae 872. (Leipzig, Brockhaus' Sortiment und Antiq.) *

Cibaria. Poetisches Kochbuch, gewidmet allen deutschen Frauen u. Jungfrauen. Von Koktor u. Koquinar. 16. Villingen 846, Förderer. 1/6 Thlr

Cib(b)ini, Anton

Cibini, A., Untersuchung über die Bestimmung e. Börse und ihren nützl. und schädl. Einfluß auf den öffentl. Credit. gr. 8. Wien, Heubner. 817. 1 —

Cibbini, Anton: „Untersuchung über die Bestimmung einer Börse und ihren nützlichen und schädlichen Einfluss auf den öffentlichen Credit", Wien 1818 (Heubner). — Vorh.: Com. Bibl. Hamburg.

Cibbini, A.: „Vortrag über die Nothwendigkeit, einigen Colonial-Producten den Eintritt in das österreichische Kaiserthum nur durch die adriatischen Seehäfen zu gestatten", Wien 1816. — Vorh.: Com. Bibl. Hamburg.

— Vortrag über d. Nothwendigkeit, einigen Colonialproducten den Eintritt in d. österreich. Kaiserthum nur durch d. adriatischen Seehäfen zu gestatten. gr. 8. Wien 817. Heubner. 1 Thlr

Ciborovius, Emilie, Gratulationsbüchlein. Sammlg. ernster u. scherzhafter Gelegenheits-Gedichte. 8. (III, 120 S.) Danzig 888. Kafemann. n. 1. —

Cicaden, s. Apel, August

Cicala, Scipio. In vier Bänden. Leipzig 1832. V: *Rehfues, Philipp Joseph von.* (BrMm) (BrVV) (Klüpfel) (GGr)

Cicalek, Theodor [Bearb.], s.a. A t l a s für Handelsschulen.

Cicalek-Rothaug-Zehden-Peucker, Atlas für Handelsschulen. Ausgabe für Akademien und höhere Handelsschulen in 40 Hauptkarten und Plänen und gegen 70 Nebenkarten, Diagrammen, Stadt- und Hafenplänen. 3. Auflage. Wien 1902. Artaria & Komp. Preis, gebunden 7 K 80 h.

Cicalek-Rothaug-Zehden-Peucker, Kleiner Atlas für Handelsschulen. 3. Ausgabe. Wien 1902. Artaria & Comp. Preis, gebunden 2 K 80 h.

Cicalek, Dr. Theodor. Beiträge zur Geschichte des T h e r e s i a n u m s. (1746–1784.) 8. Wien 1872.

Cicalek, Th.: Beiträge zur Geschichte des Theresianums. S. 11 - 70. 8°.– Wien Ther., Progr. 1872.

Kolonial-und Weltverkehrs-Karte. Bearb. von Prof. Dr. Th[eodor] Cicalek u. J. G. R o t h a u g. Maßst. am Äquator 1 : 25,000.000. [In 6 Bl.] Wien: G. Freytag & Berndt [1905]. (1 Kartenbl. in 6 Bl.) [lith.] [kol.] fol. 1463

Cicalek, Theodor: Die Colonien des Deutschen Reiches. ([S.-A.] Jahresbericht der Wiener Handels-Akademie pro 1885.) Wien 1885. 56 S. 8°.

Cicalek, Thdr., Leitfaden der Handels- u. Verkehrs-Geographie, s.: Z e h d e n, Karl.

Cicalek, Thdr., die Seehäfen d. Weltverkehrs, s.: L o h n e r t, Jos. R. v.

Cicalek, Theodor: Der Tabak, dessen Anbau, Verarbeitung und Verbrauch, sowie seine Bedeutung für den Welthandel und die Staatsfinanzen. ([S.-A.] Jahresberichte der Wiener Handels-Akademie pro 1880.) Wien 1880. 76 S. 8°.

Ciccolini, Sophia Marquise A., die Tief-Einathmung, ihre Anwendungsmethode zur Förderung der Gesangskunst, sowie zur Heilung verschiedener Krankheiten, insbesondere der Schwindsucht. gr. 8. (VIII, 64 S. m. 1 Steintaf.) Dresden 880. Pierson. n. 1. 60

Der Untergang der Sklaverei im Altertum [Il tramonto della schiavitù nel mondo antico]. Von Dr. Ettore **Ciccotti**, Prof. Deutsch von O d a O l b e r g. Berlin: Vorwärts 1910. 240 S. 8° 1io. 12104

CICEI, Nikolaus N. (Calaresch/Rumän.): Zur Kenntniss der congenitalen Hüftgelenkluxationen. Mit 3 Abb.- München: Wolf 1884. 36 S.,Taf.
20.5.1884 – Urk (Titel: De luxatione femoris congenita.); Chr 1883/84,14
Diss. Ingolst.-Landsh.-Mchn.

Ciceri, Paul Cäsar, sämmtl. Predigten; aus d. Französ. 6 Thle. 8. Augsb., Veith. 3 Rthlr

Čičerin, Boris: Philosophische F o r s c h u n g e n. A. d. Russ. übers. M. e. Vorw. d. Verf. Heidelberg: O. Petters 1899. X, 536 S. 8°

– Pol'skij i evrejskij v o p r o s y. Otvět na otkrytyja piśma N. K. Rennenkampfa. Berlin: G. Stejnic 1899. 56 S. 8°

Cicero [Sachl. OW]

Cicero. Trauersp. 8. Zurich, Orell. 764.

Cicero pro Domo, das ist Gegenbemerkungen . . . Heidelberg 1805. V: *Trunk, Joh. Jac.* (EB)

Cicero für das schöne Geschlecht, eine Erzählung. Wien 178?. V: *Weidmann, Paul.* (Jahrb. d. Grillp.-Ges. XIII, 25–26.)

Cicero historicus, s. Freund, Wilh.

Cicero, Marcus Tullius, Ein Trauerspiel; Zürich 1764. V: *Bodmer, Johann Jacob.* (GGr) (Ky) (MI.) (Vetter)

Cicero ein grosser Wind-Beutel, Rabulist und Charlatan . . . Halle 1735. V: *Philippi, Johann Ernst.* (GGr) (Waniek, Gottsched. Leipzig 1897 S. 242.)

Cicero [Schlagwort]

— analysis rhetorica orationum. 8 maj. Wien 814. (Gerold). 16 gr. Hbg. Pr. 8 gr.

— commentarius perpet. et plenus in orationem Cicer. pro Marcello. s. B. *Weiske.*

Cicero's 2ten Tuskulan. Dialog, über. 8. Leipz. 796. Köhler. 3 gr.

— clarorum virorum epistolae, quae inter Ciceronis epistolas servatae extant in 1 Vol. redactae et duplici commentario illustr. a B. Weiske. 8. Leipz. 792. Crusius. (W. Vogel). 1 Rthlr

Ciceronis, lectiones variae ex M. S. Ciceronis editt. Oxoniensi et Neapolitana descriptae, s. L e c t i o n e s.

Cicero, Lexicon zu den Reden von, s. M e r g u e t, H.

—— Lexikon zu den Schriften, s. M e r g u e t, H.

Cicero [Verfasser]

Cicero, Marcus Tullius
Der besseren Übersichtlichkeit wegen wurde bei der Ordnung der Schriften Ciceros teilweise besonders verfahren: Unter den in der folgenden Übersicht mit Sternchen markierten Originaltiteln (Einheitssachtiteln) sind alle davon abweichenden Haupttitel derselben Schrift vereinigt, alphabetisch geordnet nach der jeweiligen Titelfassung. Eine Übersicht über die betreffenden Titelvarianten (von denen stets auf die wirkliche Einordnungsstelle verwiesen wird) findet sich bei den einzelnen Originaltiteln.

Übersicht

*Academica
*Actiones in Verrem
Anthologie
Aratea
Auswahl . . .
Briefe . . .
Briefsammlung
*Brutus
*Cato maior de senectute
Cicero in compendio
Parallele Dankreden an das Volk und an den Senat
*Tusculanae disputationes
*De divinatione
Eclogae
Epistola . . .
Epistolae . . .
Erzählungen
Excerpta
De fato
De finibus bonorum et malorum
Gedanken . . .
Geist und Kunst
De optimo genere oratorum
Über das höchste Gut und das höchste Übel
Historia philosophiae antiquae
De institutione oratoria
In P. Vatinium interrogatio
De inventione rhetorica
Laelius de amicitia
*De legibus
Lettres à Atticus
Philosophici libri
Libri qui ad rem publicam et ad philosophiam spectant
Medicus
Über die Natur der Götter
De natura deorum
*De officiis
Opera . . .
Oraisons choisies
Oratio . . .
Orationes . . .
Select orations
Orator ad M. Brutum
De oratore

Orazioni scelte
Paradoxa . . .
Paradoxen . . .
Partitiones oratoriae
Pensées morales
Philosophica omnia
De re publica
Rede . . .
Reden . . .
Der Redner
Vom Redner
Rhetorica
Rhetorica ad Herennium
Rhetorik
Paradoxe Sätze
. . . Schriften
Scripta . . .
Somnium Scipionis
Der Staat
Auserlesene Staats- und freundschaftliche Briefe
Synonyma ad L. Veturium
Topica
Der Traum des Scipio
De virtutibus
Vita
Werke
Über das Wesen der Götter

– Abhandlung, daß ein tugendhafter Mann . . . , s. Cicero: Tusculanae disputationes.

– Abhandlung über die Freundschaft, s. Cicero: Laelius de amicitia.

– Abhandlung von der Gleichgültigkeit gegen den Tod . . . , s. Cicero: Tusculanae disputationes.

– Abhandlung vom Greisenalter, s. Cicero: Cato maior de senectute.

– Abhandlung von der Großmut und Erhabenheit der Seelen, s. Cicero: De officiis.

– Abhandlung über die menschlichen Pflichten, s. Cicero: De officiis.

– Abhandlung vom Redner, s. Cicero: Vom Redner.

– Abhandlung von der Zulänglichkeit der Tugend zur Glückseligkeit, s. Cicero: Tusculanae disputationes.

– Abhandlungen von der Freundschaft und vom Alter, s. Cicero: Laelius de amicitia.

– Abhandlungen über die menschlichen Pflichten, s. Cicero: De officiis.

– Tuskulanische Abhandlungen, s. Cicero: Tusculanae disputationes.

Academica

Übersicht:
Academica
Les livres académiques
Lukullus
Academicae quaestiones
Akademische Untersuchung(en)

Ciceronis, M. Tull., academ. comment. adjuncta disputat. crit. de capite Imo libri IIdi, s. *Ranitz*.

Cicero, Marcus Tullius. Academica ad fidem codicum manuscr. emendata. Coloniae [Basil.] 1748. H: *Huber, Joh. Werner.* (Ebert)

— — Latin et franç. avec des notes par Castillon. Berl. 779. 2 Vol. 8. 1 rthlr. 20 gr.

— academica et de fato liber singularis, ex recens. J. A. Ernestii. 8. Halle 783. Waisenh.-B. 3 Gr.

— academica ex recens. Jh. Davisii cum ejusd. animadvers. et notis var. edidit R. G. Rath. Acced. J. Gruteri et editoris notae. 8. Halle 806. Kümmel. 1 Rthl. 10 Gr. Schrbp. 1 Rthl. 20 Gr. Velinp. 3 Rthl. 16 Gr. (Bildet auch Vol. III. von d. Opera philosophica.)

— academica, seu acad. veter. disputationes de natura et imperio cognitionis humanae. Emend. ad opt. crit. illustr. Fr. Hülsemann. 8 maj. Magdeb. 806. Heinrichshofen. 2 Rthl. 8 Gr. Schrbp. 2 Rthl. 16 Gr.

— academica. Ex scriptis recens collatis editisque libris castigat. et explicat. ed. Jh. A. Goerenz. II Ptes. 8 maj. Leipz. 810. Weidmann. 1 Rthl. 16 Gr. Schrbp. 2 Rthl. Velinp. 3 Rthl. (Bildet auch d. Vol. II. d. Opera philosophica.)

Cicero, Marcus Tullius, Academica. Ex scriptis recens collatis editisque libris castigatius et explicatius ed. J. Aug. Goerenz. 8 maj. Lips. Weidmann. 811.
Franz. Schreibp.
Velinp.

— academicorum libb. II et de finibus bonorum et malorum ad M. Brutum libb. V sec. optim. edit. 8. Manh. 823. Löffler. 14 Gr. (A. u. d. T.: *Ciceronis* Opera. Voll. XVI.)

— academicorum libri II. et de finibus bonor. et malorum libri V. Cum integra var. Victoriana, Lambiniana, Davis., Lallemand., Bremiana, Goerenz. et Schütziana reliquorumque accur. delectu ed. Jh. Ksp. Orellius. Acced. Aur. Augustini adversus academicos libri III. P. Valentiae Tion. crit. in libros de finibus. Lex.-8. Zürich 827. Orell. 1 Rthl. 16 Gr.

— les Livres académiques, traduits et éclaircis par de Castillon. 2 Vol. gr. 8. Berlin, Decker. (Rottmann) 779.

— Lukullus, oder über d. menschl. Erkenntnißvermögen, nebst e. Fragmente. Aus d. Latein. übersetzt v. Pt. Frz. Boost. 8. Frkf. a. M. 800. Eichenberg. 16 Gr.

— academicae quaestiones. 16. Leipz., Tauchnitz. 3 Gr.

— Academicae quaestiones et de fato liber singularis recens. I. A. Ernesti. 8. Halae, Waisenh. 780.

— Academicae questiones, Tusculanae de finibus bonorum et malorum etc. 8. maj. Wien, Tendler. 780.

Cicero, M. T. Academicae quaestiones, Tusculanae . . . Vindobonae 1786. H: *Alter, Franz Carl.* (Ky)

— academicae quaestiones, Tusculanae, de finibus bonorum et malorum et de fato. Ad edit. Gronovii. Acced. var. lect. e codd. Vindobon. (ed. F. C. Alter). 8 maj. Wien 786. Trattner. 16 Gr.

— academ. Untersuchung, übersetzt v. J. G. F. Wetzel. 8. Braunschw. 799. Schulbuchh. 5 Gr. Erklär. Anmerkk. dazu v. demselben. 8. Ebd. 799. 9 Gr. (Auch Encyklopädie d. latein. Classiker. 3e Abthl.)

— Dies., mit einigen Fragmenten. Aus d. Latein. übersetzt u. mit Anmerkk. versehen v. P. F. Boost. 8. Manh. 800. 2e A. 816. Schwan u. G. 1 Rthl. 8 Gr.

– Akademische Untersuchungen, s.a. Sammlung, Neueste, ausgewählter griech. u. röm. Classiker.

Cicero's, M. T., academische Untersuchungen mit einigen Fragmenten. Aus dem Latein. übers. und mit Anmerk. und Abhandl. versehen von F. P. Boost. 2te verm. Aufl. 8. Mannheim, Schwan und Götz. 816.
I 4

— academ. Untersuchungen, 2 Bücher, übersetzt von Geo. Hnr. Moser. 2 Bdchn. 16. Stuttg. 833. Metzler. (à 1/6 Rthl.) 1/3 Rthl.

– Accusatio in C. Verrem, s. Cicero: Actiones in Verrem.

Actiones in Verrem

Übersicht:
Accusatio in C. Verrem
Actiones in Verrem
Anklage gegen C. Verres
Ankläger-Stimmwahl-Rede gegen Q. Caecilius
Anklageschrift gegen C. Verres
Divinatio in Caecilium
In Q. Caecilium oratio de accusatore in Verrem constituendo
Oratio de praetura Siciliensi
(Orationes) Verrinae
Rede gegen Q. Caecilius
Rede gegen . . . Verres
Verrinen

—— Accusationis in Cajum Verrem orationis II. actiones IV. (de suppliciis) et V. (de signis). Durchgesehen und verglichen mit den zur Zeit als beste anerkannten Text-Revisionen. 2 Hefte. gr. 16. (100; 64 S.) Berlin 877, H. R. Mecklenburg. à Heft * 20 Pf. *

— accusationis in Cajum Verrem orationis II. actiones IV. (de suppliciis) et V. (de signis). Durchgesehen u. verglichen m. den zur Zeit als beste anerkannten Text-Revisionen. 6 Hfte. gr. 16. (100 u. 108 S.) Berlin 877. H. R. Mecklenburg. à n. — 20

—— in C. Verrem accusationis libri IV et V. Scholarum in usum ed. Alois. Kornitzer. 12. (127, 121 S. m. je 1 Karte.) Lpz. 889,90, Teubner. cart. à liber * — 90; * 1 80
Liber I.—III. noch nicht erschienen.

— in C. Verrem accusationis libri IV et V. Scholarum in usum ed. A. Kornitzer. 12. (127 u. 121 S. m. je 1 Karte.) Wien 889. 890. Gerold's Sohn. cart. à n. — 90

— in Verrem actionis II libb. II. III. 6 Ngr lib. IV. V. 5 Ngr 16 Leipz., Tauchnitz. 11 Ngr

– Das 4. u. 5. Buch der Anklage gegen C. Verres, s. Bibliothek, Kleine.

— zweite Anklage des C. Verres cap. 1—9., als Probe e. Uebersetzung d. Ciceron. Reden, mit krit. u. erklär. Anmerkk. von L. Bischoff. 4. Wesel 828. Progr.

—— Ankläger-Stimmwahl-Rede gegen Quintus Cäcilius [Divinatio in Q. Caecilium]. Wortgetreu aus dem Latein. übers. von H. R. Mecklenburg. 32. (69 S.) Berlin 878, H. R. Mecklenburg. *

— Anklageschrift gegen C. Verres. 5. Buch. F. d. Schulgebrauch hrsg. v. Herm. Nohl. 2., verb. Aufl. 8. (XV, 94 S.) Leipzig 897. G. Freytag. n. — 70; geb. n. 1. —

Cicero's Anklageschrift gegen C. Verres. V. Buch. Für den Schulgebrauch herausgegeben von Hermann Nohl. 2. verbesserte Auflage. 8. (XV, 94 S.) —.42, geb. —.60
Prag: Tempsky 1897.

— Divinatio in Caecilium, s. a. Bibliothek, kleine. 348.

— in Caecilium, in Verrem Actio I et Action. II libb. 16. Leipz., Tauchnitz. 4 Ngr

—— Divinatio in Q. Caecilium. Für den Schulgebrauch hrsg. von Fr. Richter. gr. 8. (IV, 40 S.) Berlin 870, Ebeling und Plahn. [Leipzig, Teubner.]

— divinatio in Q. Caecilium. Für den Schulgebrauch hrsg. v. Fr. Richter, in 2. Aufl. neu bearb. v. Alfr. Eberhard. gr. 8. (54 S.) Leipzig 884. Teubner. — 45

[M. Tullius] Ciceros Divinatio in Q. Caecilium und IV. Buch der zweiten Rede gegen Verres. Für d. Schulgebr. hrsg. u. mit Einl. u. Namensverz. vers. von Dr. Konrad Rossberg, Prof. in Hildesheim. [Text.] *Münster i. W.: Aschendorff 1899.* 8°
(Aschendorffs Sammlung lat. u. griech. Klassiker.) [60. 366]

— Divinatio in Q. Caecilium u. IV. Buch der zweiten Rede gegen Verres. Für den Schulgebrauch hrsg. u. m. Einleitg. u. Namensverz. vers. v. Konr. Rossberg. (Aschendorffs Sammlg. latein. u. griech. Klassiker.) 8. (XV, 118 S.) Münster 899. Aschendorff. Geb. n. — 90

— divinatio in Q. Caecilium u. IV. Buch der 2. Rede gegen Verres. Kommentar, bearb. v. Konr. Rossberg. (94 S.) 8. Münster 900. Aschendorff. — 80

—— in Q. Caecilium oratio de accusatore in Verrem constituendo, quae divinatio dicitur. Durchgesehen und verglichen mit den zur Zeit als beste anerkannten Text-Revisionen. gr. 16. (38 S.) Berlin 877, H. R. Mecklenburg. *

—— oratio de praetura Siciliensis s. de judiciis, quae est orationum Verrinarum actionis secundae secunda. — Mit neu durchgeseh. und nach den besten Hülfsmitteln bericht. Texte, Einleitung, Uebersicht, krit., sprachl. und sacherläuternden Anmerkungen, Excursen und einem Register. Hrsg. von Friedr. Creuzer und Geo. Heinr. Moser. gr. 8. (XXVIII und 487 S. mit 1 lith. Kärtchen von Sicilien.) Göttingen 847, Dieterichsche Buchh. Thlr. *

— orationes Verrinae, ex recens. et cum animadverss. G. Chr. Harles. Accedunt Q. Asconii Pediani commentationes. II Tom. 8. Erlang. 784 et 85. Palm. 2 Rthlr

— Orationes verrinae, ex recensione I. A. Ernesti. 8 Copenh. Schubothe. 805.

– Orationes Verrinae. Rec. Christianus Godofredus Schütz. Pars 1–2. Lipsiae 1815. 8°

— orationum Verrinarum liber IV. de signis. Cum selecta diversar. lect. notatione in us. scholar. Cur. N. G. Eichhoff. 8maj. Giessen 825. Heyer. 6 Ngr

— Verrinarum libri VII. Ad fid. cod. Mss. recens. C. T. Zumptius. Adjecta est diversitas lectionis Ernestianae 8maj. Berl. 830. Dümmler. 1 Rthlr

—— id. — Ad fidem Cod. manuscriptor. recens. et explicavit C. T. Zumptius. 8 maj. (72¼ B. u. 1 gest. Karte in kl. Fol.) Berolini 831, Dümmler. 6 Thlr. 12 Gr., Schrbp.

—— id. — Accusationis in C. Verrem lib. V. de suppliciis. E novis collatt. Codd. Regii et Leidensis item e Palimpsesto Vaticano et Cod. Sangallensi denuo emend. atque in scholar. us. edid. Io. Casp. Orellius. 8maj. (7¼ B.) Lipsiae 831, Weidmann.

— Rede gegen Q. Caecilius. Für den Schulgebrauch erklärt v. Karl Hachtmann. Ausg. A. Kommentar unterm Text. gr. 8. (VI, 47 S.) Gotha 891. F. A. Perthes. — 45; Ausg. B, Text u. Kommentar getrennt in 2 Hftn. (IV, 18 u. 31 S.) — 45

— Rede geg. Q. Cäcilius u. d. 4. Buch d. Anklageschrift geg. C. Verres. F. d. Schulgebr. hrsg. v. Herm. Nohl. 2., verb. Aufl. 8. (XVIII, 136 S. m. 39 Abb.) Leipzig 897. G. Freytag. n. — 80; geb. n. 1. 10

— Rede gegen Q. Cäcilius u. das 4. Buch der Anklageschrift gegen C. Verres. Für den Schulgebrauch hrsg. v. Herm. Nohl. 3., verb. Aufl. (160 S. m. 36 Abbildgn.) 8. Leipzig 907. G. Freytag. — Wien, F. Tempsky. Geb. 1. 50

— erste Rede gegen den Prätor Verres, neu übersetzt von F. A. v. L. 8. Jena, Academ. Buchhandl. 788.

— erste Rede gegen den Verres, neu übers. v. F. A. v. L. 8. Jena 783. (Hennings in Neisse). 3 Ngr

—— Rede gegen C. Verres. IV. Buch. Für den Schulgebrauch hrsg. von Fr. Richter. gr. 8. (VI und 142 S.) Leipzig 866, Teubner. *

—— zweiter Rede gegen C. Verres fünftes Buch. Für den Schulgebrauch hrsg. von Fr. Richter. gr. 8. (140 S.) Leipzig 868, Teubner. *

— Rede gegen C. Verres. 4. Buch. Für den Schul- u. Privatgebrauch hrsg. v. Fr. Richter. 2. Aufl., bearb. v. Alfr. Eberhard. gr. 8. (180 S.) Leipzig 876. Teubner. 1. 20

— 2. Rede gegen C. Verres 5. Buch. Für den Schul- u. Privatgebrauch hrsg. von Fr. Richter. 2. Aufl., neu bearb. v. Alfr. Eberhard. gr. 8. (152 S.) Leipzig 879. Teubner. 1. 20

Ciceronis, M. Tulli, 4. Rede gegen Verres [v. den Bildwerken]. Nach einem hinterlassenen Heft v. Lehrs übers. v. Otto Pfundtner. Beilagen: Kleinere Beiträge zur Erläuterung der übersetzten Rede. gr. 8. (VI, 96 S.) Königsberg 880. Hartung. n. 1. 50

— 2. Rede gegen Gaius Verres. 4. Abthlg.: Von den Bildwerken. [De signis.] Wortgetreu nach H. R. Mecklenburg's Grundsätzen aus dem Lat. übers. v. G. N. 1. u. 2. Hft. 32. (S. 1—96.) Berlin 885. H. R. Mecklenburg. à n. — 25

— dasselbe. 5. Abtlg.: Ueber die Leibes- u. Lebensstrafen. [De suppliciis.] Wortgetreu nach H. R. Mecklenburg's Grundsätzen aus dem Lat. übers. v. G. N. 1. Hft. 32. (32 S.) Ebend. 885. n. — 25

— dasselbe. 4. Buch. Für den Schul- u. Privatgebrauch hrsg. v. Fr. Richter u. A. Eberhard. 3. Aufl. gr. 8. (162 S.) Leipzig 886. Teubner. 1. 50

— Rede gegen C. Verres. Buch IV u. V. Für den Schulgebrauch erklärt v. K. Hachtmann. Ausg. A. Kommentar unterm Text. gr. 8. Gotha, F. A. Perthes. n. 2. 50; Ausg. B. Text u. Kommentar getrennt in 2 Hftn. n. 2. 50

IV. De signis. Ausg. A. Kommentar unterm Text. (VI, 107 S.) 889. n. 1. 30; Ausg. B. Text u. Kommentar getrennt in 2 Hftn. (IV, 54 u. 53 S.) n. 1. 30.

V. De suppliciis. Ausg. A. Kommentar unterm Text. (VIII, 125 S.) 888. 1. 20; Ausg. B. Text u. Kommentar getrennt in 2 Hftn. (VI, 60 u. 63 S.) 1. 20.

—— 2. Rede gegen Gaius Verres. 4. Abtl.: Von den Bildwerken. [De signis.] Wortgetreu nach H. R. Mecklenburg's Grundsätzen aus dem Lat. übers. v. G. N. 3. Heft. 32. (S. 129—160.) Berl. 890, H. R. Mecklenburg. * — 25

— 2. Rede gegen Gaius Verres. 5. Abtlg.: Ueber die Leibes- u. Lebensstrafen. [De suppliciis.] Wortgetreu nach H. R Mecklenburg's Grundsätzen aus dem Lat. übers. v. G. N. 2.—4 Hft. 32. (S. 65—224.) Berlin 891. H. R. Mecklenburg. à n. — 25

— 4. Rede gegen Verres (v. den Kunsträubereien). Für den Schulgebrauch erklärt v. Mart. Fickelscherer. 8. (XI, 119 S.) Paderborn 894. F. Schöningh. n. 1. —

— Rede gegen C. Verres. Buch IV: De signis. Für den Schulgebrauch erklärt v. Karl Hachtmann. 2., verb. Aufl. Ausg. A. Kommentar unterm Text. gr. 8. (VIII, 110 S.) Gotha 897. F. A. Perthes. n. 1. 30

Rede gegen C. Verres. Buch IV: De signis. Ausg. f. d. Schulgebr. v. Karl Hachtmann. Ausg. B: Text u. Kommentar getrennt in 2 Hftn. 2., verb. Aufl. gr. 8. (VI, 54 u. 54 S.) Gotha 897. F. A. Perthes. n. 1. 30

— 4. u. 5. Rede gegen Verres. Textausgabe f. d. Schulgebr. v. C. F. W. Müller. 8. (VII, 172 S.) Leipzig 898. B. G. Teubner. Kart. n. 1. —

Marcus Tullius] Ciceros v. Buch der zweiten Rede gegen Verres [Actionis in C. Verrem secundae libri v, Ausz.]. Für d. Schulgebr. hrsg. u. mit Einl. u. Namensverzeichnis vers. von Dr. Konrad Roßberg, Prof. zu Hildesheim. [Text.] *Münster i. W.: Aschendorff 1902.* 8°
Aschendorffs Sammlung lat. u. griech. Klassiker.) [02. 6397

— V. Buch der 2. Rede gegen Verres. Für den Schulgebrauch hrsg. u. m. Einleitg. u. Namensverzeichnis versehen v. Konr. Rossberg. (XIV, 94 S.) 8. Münster 902. Aschendorff. Geb. — 80; Kommentar. (98 S.) 903. Geh. — 80

— Rede gegen C. Verres. Buch IV: De signis. Nach Text u. Kommentar getrennte Ausg. (B) f. den Schulgebrauch v. Karl Hachtmann. 3. verb. Aufl. 2 Hefte. (VIII, 54 u. 54 S.) 8. Gotha 904. F. A. Perthes. n. 1. 30

[Marcus Tullius] Cicero. Fünfte Rede gegen Verres. (De suppliciis.) [Orationes in Verrem, Ausz.] Für Schüler erkl. von O[tto] Drenckhahn, Gymn.Dir. Text. Anm. Berlin: Weidmann 1906. 2 Bde 8°
(Griech. u. lat. Schulschriftsteller mit Anm.) [06. 3551

[Marcus Tullius] Ciceros Rede gegen C. Verres. 4. Buch [Orationes in Verrem, Ausz.]. Für d. Schul- u. Privatgebr. erkl. von Fr[iedrich] Richter, [† Oberl. in Rastenburg], u. Alfred Eberhard. In 4. Aufl. bearb. von Hermann Nohl. Leipzig & Berlin: B. G. Teubner 1903. (168 S.) 8° [03. 11658

– Verrinische Reden, s. Sammlung, Neueste, ausgewählter griech. u. röm. Classiker.

[M. Tullius] Ciceros Verrinen [Actiones in C. Verrem]. In Auswahl hrsg. von C[arl] Bardt. Text [&] Kommentar. Leipzig & Berlin: B. G. Teubner 1903–05. 2 Bde 8°
Text. Mit e. Karte von Sicilien. 1903.
Kommentar. Mit 2 Taf. u. 17. Fig. 1905.
(B. G. Teubners Schülerausgaben griech. u. lat. Schriftsteller.) [05. 12991

– Vom Alter, s. Cicero: Cato maior de senectute.

– De amicitia, s. Cicero: Laelius de amicitia.

– Anklage gegen C. Verres, s. Cicero: Actiones in Verrem.

– Ankläger-Stimwahl-Rede gegen Q. Caecilius, s. Cicero: Actiones in Verrem.

– Anklageschrift gegen C. Verres, s. Cicero: Actiones in Verrem.

Ciceronische Anthologie, oder Samml. interessant. Stellen aus d. Schriften d. Cicero für d. mittl. Klassen in gelehrten Schulen v. K. H. Sintenis. 3 Thle. 8. Züllich. 803—12. 2 ß 16 gl (Leipz., Hinrichs). Hbg. Pr. 1 ß 6 gl

Ciceronis Aratea cum variis lectionibus cur. J. C. Orelli. Pr. 1887. 18 S. 4°.

—— Aratea c. variis lectionibus cur. Io. Casp. Orellio. 4maj. (3½ B.) Turici 837, (Hoehr.)

– Pro Archia poeta, s. Cicero: Oratio pro...

– Ars rhetorica, s. Cicero: De inventione rhetorica.

– De arte rhetorica, s. Cicero: Rhetorica ad Herennium.

– Ad Atticum, s. Cicero: Epistolae ad Atticum.

Auswahl aus (M. Tullius) Ciceros Briefen. Für d. Schulgebr. mit sachl. Einl. zu allen Schreiben hrsg. von Dr. Adolf Lange. Mit 4 Fig. [Nebst] Kommentar. *Paderborn: F. Schöningh 1893–1900.* 2 Bde 8°
(Schöninghs Ausgaben lat. u. griech. Klassiker m. Kommentar.) [06. 8353

— Auswahl seiner besten Briefe v. W. Weiske. 8. Braunschw. 796. 2e Aufl. 813. 3e A. 824. Schulbuchh. 18 gl Erklär. Anmerkk. dazu von Demselben. 8. Ebd. 796. 1 ß (Auch Encyklopädie d. latein. Classiker. II. 2.)

– Auswahl aus den Reden, s. Cicero: Reden in Auswahl.

Auswahl aus [M. Tullius] Ciceros philosophischen Schriften. Hrsg. von Dr. Oskar Weißenfels, Prof. in Berlin. Text. Kommentar. Hilfsheft. *Leipzig & Berlin: B. G. Teubner 1903.* 3 Bde 8°
(B. G. Teubners Schülerausgaben griech. u. lat Schriftsteller.) [04. 8170

Cicero, M. Tullius, Auswahl aus Ciceros philosophischen Schriften. Hrsg. v Osk. Weiszenfels. Text. (X, 184 S.) gr. 8. Leipzig 903. B. G. Teubner. Geb. n. 1. 60; Kommentar (100 S.) 903. n. 1. —; Hilfsheft (IV, 67 S.) 903. n. — 60

Auswahl aus [Marcus Tullius] Ciceros philosophischen Schriften, hrsg. von † Dr. Oskar Weissenfels, Prof. in Berlin. 2. Aufl. Text. Kommentar. Leipzig & Berlin: Teubner 1907–09. 8°
Kommentar. Durchges. von Paul Wessner. 1909.
(B. G. Teubners Schülerausgaben griech. u. latein. Schriftsteller.) [11. 7408

— Auswahl aus Ciceros philosophischen Schriften. Hrsg. v. Osk. Weissenfels. Text. 3. Aufl., besorgt v. Paul Wessner. (X, 203 S.) 8. Leipzig 910. B. G. Teubner. Geb. 1.60; Kommentar. 2. Aufl., durchgesehen v. Paul Wessner. (III, 102 S.) 909. 1. —

— dasselbe. Hilfsheft. 2. Aufl., durchgesehen v. Paul Wessner. (IV, 68 S.) 8. Ebd. 909. – 60; m. dem Kommentar in 1 Bd. geb. 1.60

— Auswahl aus den rhetorischen Schriften. Für den Schulgebrauch hrsg. v. Rich. Thiele. (VI, 232 S.) 8. Leipzig 904. G. Freytag. — Wien, F. Tempsky. Geb. in Leinw. n. 1.80

– Von den Bildwerken, s. Cicero: Actiones in Verrem.

— Briefe, s. a. Bibliothek, kleine.

Cicero, Briefe v. Welcke, s. Encyclop. d. lat. Classiker. 2e Abtheil. 2r Thl.

—— Briefe v. Ackermann, s. Uebersetzungsbibliothek griech. u. röm. Klass.

- Briefe übers. v. Ignaz Fehrer. Wagner, Freiburg 1782.

– Dass., s. a. Cicero: Vermischte Briefe.

—— Briefe, übers. v. Moser, s. a. Prosaiker, röm.

— Briefe, übersetzt von Geo. Hnr. Moser. 18—86 Bdchn. 16. Stuttgart 835—40. Metzler. (à 1/6 ₰) 1 1/3 ₰

—— Briefe. Uebers. von K. L. F. Metzger. 1.—4. Lfg. 3. Aufl. 8. (1. Bd. S. 1—176.) Berlin 884,85, Langenscheidt'sche Verlagsb. à Lfg. * 35 Pf. *

— Briefe, Auswahl. Für den Schulgebrauch m. sachl. Einleitgn. zu allen Schreiben hrsg. v. Adf. Lange. 8. (172 S. m. 4 Fig.) Paderborn 893. F. Schöningh. Geb. in Leinw. n. 1.40

[M. Tullius] Ciceros Briefe. Ausw. f. d. Schulgebr. bearb. und erl. v. Dr. Rudolf Franz, Dir. ... zu Wandsbek. Text. Kommentar. *Bielefeld & Leipzig: Velhagen & Klasing 1896.* 2 Bde 8.
[Text.] (XX, 329 S.) Kommentar. (2 Bl., 95 S.)
(Sammlung latein. u. griech. Schulausgaben.) [97. 1296

— Briefe an den Atticus, übers. u. mit Anmerkk. erläutert v. Cl. Rep. Reichard. 4 Bde. gr. 8. Halle 783 u. 84. Waisenh.-B. 3 ₰ 16 gr Hbg. Pr. 2 ₰

—– Briefe an Atticus. Uebers. von G. H. Moser, s. a. Prosaiker, römische.

— Briefe an Atticus. Gespräch über die rednerische Eintheilung. Topik, übersetzt von Moser. 18 u. 26 Bdchn. 16. Stuttgart 838. Metzler. (à 1/6 ₰) 1/3 ₰

— auserlesene (19) Briefe, übers. u. mit philosoph. u. rhetor. Anmerkk. begleitet v. J. C. Gli. Ernesti. 8. Leipz. 789. Weidmann. 14 gr

— ausgewählte Briefe. Herausg. von Frdr. Hofmann. 1. Bdchn. Berlin 860. Weidmann. 8. (IV, 256 S.) 18 ngr.

—— ausgewählte Briefe. Für den Schulgebrauch erklärt von Jos. Frey. gr. 8. (XII und 224 S.) Leipzig 864, Teubner.

Cicero's, M. Tullii, ausgewählte Briefe. Hersg. von Frdr. Hofmann. 1. Bdchn. 2. Aufl. Berlin 865. Weidmann. 8. (IV, 266 S.) 18 ngr.

— ausgewählte Briefe. Für den Schulgebrauch erklärt v. Jos. Frey. 2. verb. Aufl. gr. 8. (VIII, 230 S.) Leipzig 873. Teubner. 2. 25

— dasselbe. Hrsg. v. Frdr. Hofmann. 1. Bdchn. 3. Aufl. gr. 8. (IV, 268 S.) Berlin 874. Weidmann. 2. 25

—— ausgewählte Briefe, erklärt von Friedr. Hofmann. 2. Bdchn., bearb. von Geo. Andresen. 8. (IV, 226 S.) Berlin 878, Weidmann'sche Buchh.
1. Bdchn. Ebendas. 1874. ℳ 2,25.

—— dass. — Erklärt von Friedr. Hofmann. 1. Bdchn. 4. Aufl. 1880. ℳ 2,25.; 5. Aufl. gr. 8. (IV, 255 S.) Berlin 884, Weidmann'sche Buchh.
2. Bdchn. Ebendas. 1878. ℳ 2,25.

—— ausgewählte Briefe. Für den Schulgebrauch erklärt von Jos. Frey. 3. Aufl. gr. 8. (VIII, 239 S.) Leipzig 881, Teubner.

— dasselbe. Für den Schulgebrauch erklärt von Jos. Frey. 3. Aufl. gr. 8. (VIII, 239 S.) Leipzig 882. Teubner. 2. 25

— ausgewählte Briefe. Erklärt v. Frdr. Hofmann. 1. u. 2. Bdchn. 8. Berlin, Weidmann. 4. 50
1. 5. Aufl. (IV, 255 S.) 884. n. 2. 40
2. 2. Aufl. Bearb. v. Geo. Andresen. (VI, 227 S.) 885. 2. 10

— ausgewählte Briefe. Für den Schulgebrauch erklärt v. J. Frey. 4. Aufl. gr. 8. (VIII, 254 S.) Leipzig 888. Teubner. 2. 25

— ausgewählte Briefe. Erklärt v. Frdr. Hofmann. 1. Bdchn. 6. Aufl., besorgt v. Karl Lehmann. gr. 8. (VI, 272 S.) Berlin 892. Weidmann. 2. 70

— dasselbe. Für den Schulgebrauch hrsg. v. Hans Luthmer. 8. (XXII, 122 S. m. 6 Abbildgn.) Leipzig 893. G. Freytag. n. —90; geb. n.n. 1. 20

— dasselbe. Für den Schulgebrauch erklärt v. Jos. Frey. 5. Aufl. gr. 8. (VIII, 256 S.) Leipzig 893. B. G. Teubner. 2. 25

— dasselbe. 2. Bdchn., bearb. von Geo. Andresen. 3. Aufl. gr. 8. (VI, 229 S.) Ebd. 895. 2. 10

Ausgewählte Briefe v. M. Tullius Cicero. Erkl. v. Friedrich Hofmann. 7. Aufl., bes. v. Wilhelm Sternkopf (a. d. Umschl.: F. Sternkopf). Bdch. 1. *Berlin: Weidmann 1898.* (VIII, 305 S.) 1 Bd 8.
(Sammlung griech. u. lat. Schriftsteller m. deutschen Anm.) [98. 6279

Ausgewählte Briefe Ciceros. Für d. Schulgebr. erkl. von Prof. Dr. Karl Schirmer, Dir. in Magdeburg. *Paderborn: F. Schöningh 1900.* (XV, 191 S.) 8°
(Schöninghs Ausgaben lat. u. griech. Klassiker.) [00. 1983

— ausgewählte Briefe. Für den Schulgebrauch erklärt v. Jos. Frey. 6. Aufl. Text u. Anmerkgn. gr. 8. (VIII, 166 u. 130 S.) Leipzig 901. B. G. Teubner. n. 2. 20; geb. n. 3. —

— Ausgewählte Briefe, hrsg. von Emil Gschwind, s. a. Meisterwerke der Griechen u. Römer in kommentierten Ausgaben. V.

Ausgewählte Briefe [Epistolae] [Marcus Tullius] Ciceros. Hrsg. u. erkl. von Emil Gschwind. [1. 2.] Leipzig & Berlin: B. G. Teubner 1903. 2 Bde 8°
[1.] Einl. u. Textheft. [2.] Kommentar u. Verzeichnis d. Eigennamen u. Abb.
= Meisterwerke d. Griechen u. Römer. 5. [03. 4132 II

— ausgewählte Briefe. Für den Schulgebrauch bearb. u. hrsg. v. Herm. Leppermann. 2 Tle. 8. Münster 905. Aschendorff. 2. 35
I. Text m. Einleitung u. Verzeichnis der Eigennamen. (LVIII, 136 S.) Geb. 1.25. — II. Kommentar. (135 S.) 1. 10

— ausgewählte Briefe Ciceros u. seiner Zeitgenossen. Zur Einführg. in das Verständnis des Zeitalters Ciceros. Hrsg. v. Frdr. Aly. 1.—4., verb. Aufl. gr. 8. (VIII, 167 S.) Berlin 892—894. R. Gaertner. n. 1. 60; geb. in Leinw. n.n. 2. —

— ausgewählte Briefe Ciceros u. seiner Zeitgenossen. Zur Einführg. in das Verständnis des Zeitalters Ciceros. Hrsg. v. Frdr. Aly. 5. Aufl. gr. 8. (VIII, 167 S.) Berlin 897. [R. Gaertner.] Weidmann. n. 1. 60; geb. in Leinw. n.n. 2. —; Anmerkgn. f. den Schulgebrauch (III, 59 S.) Kart. 1. —

— Ausgewählte Briefe Ciceros u. seiner Zeitgenossen. Anmerkungen f. den Schulgebrauch. Von Frdr. Aly. 2. verb. Aufl. (61 S.) 8. Berlin 905. Weidmann. Kart. n. 1. —

— Ausgewählte Briefe Ciceros u. seiner Zeitgenossen. Zur Einführung in das Verständnis des Zeitalters Ciceros. Hrsg. v. Frdr. Aly. Einleitung u. Text. 7. Aufl. (VIII, 167 S.) 8. Berlin 908. Weidmann. Geb. 1. 80

— s. Briefe, ausgewählte, aus Ciceronischer Zeit.

Cicero, M. Tullius, s. a. Briefe Ciceros u. seiner Zeitgenossen.

Briefe [Marcus Tullius] Ciceros u. seiner Zeitgenossen. Von Dr. Otto Eduard Schmidt, Prof. in Meissen. Heft 1. *Leipzig: B. G. Teubner 1901.* 8° [m. 968]

— Briefe an gute Freunde, deutsch, mit latein. Noten. 8. Wien, Blumauer. 759.

— gesammelte Briefe von unterschied. Staats- u. vertrauten Personen, übers. v. Chr. Tob. Damm. 4 Thle. 8. Berl. 737—47. N. A. (neuer Titel?) 770. Haude u. Sp. 2 ʁß 4 ℊ

Cicero, M. T. Kleinere Briefe, übersetzt ... Leipzig 1792. Ü: *Motz, Johann Friedrich Wilhelm.* (Ky) (MGT)

— kleinere Briefe, übers. u. mit erklär. Anmerkk. begleitet (v. J. F. W. Motz). 2 Thle. 8. Leipz. 792. Schwickert. 16 ℊ

— sämmtliche Briefe, s. a. Sammlung, neueste, ausgewählter griech. u. röm. Classiker.

— sämmtl. Briefe, übers. v. Cph. Mt. Wieland. 7 Bde. (7r Bd. vollendet v. J. D. Gräter). gr. 8. Zürich 808—21. 15 ʁß

— sämmtl. Briefe, übersetzt u. erläut. von C. M. Wieland. 7 Bde. (6r u. 7r Bd. von Gräter übersetzt) mit Vignetten. gr. 8. Zürich 808—21. (Leipzig, Fr. Fleischer.) 12 ʁß, einzelne Bde. jeder $2^1/_3$ ʁß

— sämmtl. Briefe, übers. u. erläutert v. C. M. Wieland. 6 Bde. gr. 8. Zürich, Geßner. 808—11. (I. II. 5 Thlr. 16 gr., III. 2 Thlr. 6 gr., IV. 2 Thlr. 9 gr.) Schreibp. (I. II. 4 Thlr. 12 gr., III. 2 Thlr. 12 gr., IV. 2 Thlr. 16 gr.)

— sämmtl. Briefe, übers. u. erläutert v. C. M. Wieland. 5r Bd. gr. 8. Zürich, Geßner. 812. Schreibp.

— — sämmtliche Briefe übersetzt und erläutert von C. M. Wieland. Vollendet und zum Druck befördert von J. D. Gräter. 6r Bd. gr. 8. Zürich, Geßner. 819. 2 3

— sämmtliche Briefe übersetzt und erläutert von C. M. Wieland. 7r u. letzter Band, vollendet v. J. D. Gräter. gr. 8. Zürich 822, Geßner. 2 Rthlr. 7 Bde, 808—22

— dies., übersetzt u. erläut. von C. M. Wieland. N. Ausg. in 12 Bdn. (1e Lfrg.) 1r—3r Bd. 16. Leipzig 840, 41. Fr. Fleischer. 1r—6r Bd. n. 2 ʁß

— sämmtliche Briefe übers. u. erläutert v. C. M. Wieland. Neue Ausg. in 12 Bdn. (2. Liefg. oder) 4. bis 6. Bd. 16. Leipzig 841, Fr. Fleischer. 1.—6.: n. 2 ʁß

— dass. (3. Liefg. oder) 7. bis 12. Bd. 16. Ebend. 841. n. 2 ʁß

— Briefe von unterschiedenen Staats- u. vertrauten Personen v. Damm. 4 Thle. 8. Berlin, Haude. 770.

– Vermischte Briefe

— — dieselb. 8 Bde. 8. Freyburg. (Kaulfuß in Wien) 781.

Cicero, M. T. Probe einer neuen Übersetzung von [seinen] vermischten Briefen ... Frankf. a. M. 1781. Ü: *Borhek, Aug. Chn.* (Degen)

Cicero, M. T. Vermischte Briefe neu übersetzt ... Frankfurt a. M. 1782—89. Ü: *Borheck, August Chn.* (MGT)

— vermischte Briefe. Neu übers. v. A. Chr. Borheck. 5 Bde. 8. Frankf. a. M. 781—89. (1r Bd. N. A. 801.) Hermann. 3 ʁß 14 ℊ Hbg. Pr. 1 ʁß 20 ℊ (s. auch Samml. d. neuesten deutschen Uebersetz. röm. Prosaiker. 4e Abtheil.)

— vermischte Briefe, übers. von Ign. Felner. 8 Bde. 8. Frburg 782. Wagner. 3 ʁß 12 ℊ

— vollst. Briefsamml. übers. v. Thospann, s. a. Uebersetzungs-Bibliothek.

— vollständ. Briefsammlung, ins Deutsche übers. mit Anmerkk. v. J. A. L. Thospann u. E. W. Eckermann. 1s—3s Bdchen. 16. Prenzl. 827—31. Ragoczy. 1 ʁß 8 ℊ

— vollständ. Briefsammlung. Uebersetzt u. durch histor. Einleitungen erläut. von Er. Wlh. Eckermann. 4s—10s Bdchn. 16. Prenzlau 834. Ragoczy. à $^1/_6$ ʁß

Brutus

Übersicht:
Brutus (orator)
Brutus de claris oratoribus
De claris oratoribus dialogus / liber qui dicitur Brutus

—— Brutus. Emend. H. Meyerus, s. Bibliotheca scriptor. lat.

Cicero's Brutus, u. d. Redner, übers. v. Mebold, Cato d. Aeltere, u. Lälius, übers. v. Pabl, s. Prosaiker, röm.

— Brutus, s. a. Sammlung, neueste, ausgewählter griech. u. röm. Klass.

— dasselbe. s. a. Bibliothek, kleine.

— Brutus, s. de claris oratoribus. 16. Leipz., Tauchnitz. 3 ℊ

— Brutus, sive liber de claris oratoribus, ad Trebatium Topica de partit. orat., ex recens. J. A. Ernestii. 8. Halle 783. Ed. n. 827. Waisenh.-B. 6 ℊ

Cicero, M. Tull., Brutus, oder kurze Charakteristik d. griech. u. röm. Redner, übers. von J. L. H. Woller. gr. 8. Hamb. 787. (Campe). 11 ℊ

— Brutus, od. kurze Charakteristik d. griech. u. röm. Redner, übers. v. J. L. H. Woller. gr. 8. Hamb. Hoffmann. 787.

— Perpetua annotat. illustr. J. C. Wetzel. Praemittitur J. G. Schneideri epist. crit. ad E. T. Langerum. 8. Halle 793. Waisenh.-B. 14 ℊ

— Brutus orator. Quinctiliani de instit. oratoria, Horatii ep. ad Pisones, in us. juvent. acad. 8. Wien 793. Blumauer. 1 ʁß

— Brutus Orator. von J. C. F. Wetzel, s. a. Encyclopädie der lat. Classiker 2e Abth. in Theils 2r Bd.

— Brutus, übersetzt von J. C. F. Wetzel. 8. Braunschw. 795. Schulbuchh. 6 ℊ Erklär. Anmerkk. dazu v. Demselben. 8. Ebd. 795. 1 ʁß (Auch Encyklop. d. latein. Class. 2e Abthl. u. 8r Thl.)

— Brutus perpetua annotat. illustr. Jh. Chr. Fr. Wetzel. Verbor. locupletissimum indicem adj. A. O. Linsdorf. 8. Kopenh. 804. Bonnier. 20 ggr

— in usum juventutis editus notisque illustratus. 8. Kopenh. 812. Bonnier. 7 ggr

— Brutus, Orator, Topica, oratoriae partitiones et de opt. genere oratorum. Ed. C. G. Schütz. 8. Leipz. 815. Er. Fleischer. 16 ggr (Opera 3r Bd.)

— Dass., übers. v. Karl Wilh. v. Hauff. gr. 8. Ulm 810. Wohler. 12 ggr

— Brutus, sive liber de claris Oratoribus, ad M. Brutum orator. ad Trebatium Topica de partitione, orat. Diologus ex rec. J. A. Ernesti. Neue Ausg. 8. Halle 827, Waisenhausbuchhdl.

— Brutus, oder von d. berühmten Rednern; übers. v. G. A. Mebold. 12. Stuttg. 2e Aufl. 827. Metzler. 4 ggr

— Brutus. 8maj. Monachii 841, libr. scholarum Regia. (Ratisbonae, Manz.) 1/4 Thlr

— Brutus sive de claris oratoribus liber. Recensuit, emendavit, interpretatus est Fr. Ellendt. Praemittitur brevis eloquentiae romanae usque ad Caesarum aetatem historia. 8maj. Regimontii Pruss. 844, fratr. Borntraeger. n. 2 1/6 Thlr

—— Brutus. Für den Schulgebrauch erklärt v. Karl Wilh. Piderit. 3. Aufl., besorgt v. Wilh. Friedrich. gr. 8. (IV, 306 S.) Lpz. 889, Teubner. 2 25

[Marcus Tullius] Ciceros Brutus. Erkl. von Otto Jahn. 5. Aufl. bearb. von Wilhelm Kroll. Berlin: Weidmann 1908. (236 S.) 8°
(Sammlung griech. u. lat. Schriftsteller mit deutschen Anm.) (08. 9116

—— Brutus de claris oratoribus. Erklärt von O. Jahn, s. a. Sammlung griech. und latein. Schriftsteller.

— Brutus de claris oratoribus. Erklaert v. Otto Jahn. (Sammlung Griechischer u. Latein. Schriftsteller mit Deutschen Anmerkgn.) gr. 8. (XII u. 160 S.) Leipzig 849, Weidmann. 1/3 Thlr

—— Brutus de claris oratoribus. Erklärt von Otto Jahn. 2. Aufl. gr. 8. (XVIII und 167 S.) Berlin 856, Weidmannsche Buchh. Thlr.

Brutus de claris oratoribus. Für den Schulgebrauch erklärt von Karl Wilh. Piderit. Leipzig 862. Teubner. 8. (IV, 282 S.) 22 1/2 ngr

— Brutus de claris oratoribus. Erklärt von O. Jahn. 3. Aufl. Berlin 865. Weidmann. 8. (189 S.) 13 ngr

—— Brutus de claris oratoribus. Für den Schulgebrauch erklärt von Karl Wilh. Piderit. 2. Aufl. (IV, 296 S.) Leipzig 875, Teubner.

Ciceronis, M. Tulli, Brutus de claris oratoribus, erklärt von Otto Jahn. 4. Aufl., bearb. von Alfr. Eberhard. gr. 8. (208 S.) Berlin 877. Weidmann. 1. 80

—. Brutus de claris oratoribus. Rec. Th. Stangl. 8. (XXVI, 98 S.) Leipzig 886. Freytag. n. — 80

— de claris oratoribus dialogus qui dicitur Brutus, recens. et illustr. C. G. Schütz. 12maj. Leipz. 808. Göschen. 16 ggr

— de claris oratoribus verborum, completissimum indicem addidit A. O. Lindorf. 8maj. Hafniae, Bonnier (in Comm.) 814.

— de claris oratoribus liber qui dicitur Brutus. Cum notis J. A. Ernestii aliorumque interpret. selectis ed. suasque notas adjec. Fr. Ellendt. Praefixa est succincta eloquentiae rom. usque ad Caesares historia. 8maj. Königsb. 825. Bornträger. 2 Thlr Fein engl. Drckp. 2 Thlr 8 ggr Velinp. 3 Thlr 18 ggr

— de claris oratoribus liber qui dicitur Brutus, scholar. in usum editus studio et cura L. J. Billerbeckii. Acc. index verbor. histor. et geograph. explicator. 8. Hannov. 828. Hahn. 4 ggr

—— de claris orator. liber qui dicitur Brutus. Zum Gebr. in Schulen neu durchges. u. mit d. nothwend. Wort- u. Sacherklärn. ausgestattet v. L. J. Billerbeck. gr. 8. (10 B.) Hannover 828, Hahn.

— de claris oratoribus liber qui dicitur Brutus. Für den Schulgebrauch erläut. von Reinhard Stern. gr. 8. Hamm 837. Schultz. 1 1/3 Thlr

— de claris oratoribus liber qui dicitur Brutus. Maxime ex Codd. Reg. Parisiensi Duobus Gudd. Dresdensi recens. cum annotatione critica et Commentario ed. Car. Peter. Adjecti sunt excursus max. partem grammatici. 8maj. Lipsiae 839. W. Vogel. 1 1/4 Thlr

—— de claris oratoribus liber qui dicitur Brutus. Mit fortlauf. Commentar hrsg. v. K. G. Kuniss. 8maj. (25 B.) Lipsiae 843, Kollmann.

– An Brutus über das höchste Gut ..., s. Cicero: Über das höchste Gut ...

– In Caecilium, s. Cicero: Actiones in Verrem.

– Pro M. Caelio, s. Cicero: Oratio pro ...

— Catilina, s. Salust, Catilina et Jugurtha.

Cato maior de senectute

Übersicht:
Vom Alter
Cato [auch: Kato] (über das Alter)
Cato der Ältere . . .
Cato maior . . .
Dialog über das höhere Alter
Vom Greisenalter
(Ad T. Pomponium Atticum) de senectute

Cicero, M. T. Vom Alter, übersetzt. Freiberg 1779—80. Ü: *Hübler, Daniel Gotthilf Joseph.* (Ky)

— vom Alter, übers. (v. D. G. J. Hübler). 4. Frberg 779, 80.

· üb. das Alter, s. a. Schneidewin, Max.

[Marcus Tullius] **Cicero** (Cato maior sive de senectute [lat. u. deutsch]) und Jacob Grimm (Rede) über das Alter. Hrsg. von Max Schneidewin. Hamburg: Verlagsanst. u. Dr. A.G. 1893. 108 S. 8°
(11. 1743) 11

Cato, s. Sammlung griech. und röm. Classiker.

Cicero, M. T. Kato oder über das Alter, aus dem Lateinischen des ..... übersetzt und mit Anmerkungen versehen von Dr. F. S. G. Sack, k. preuss. erstem Hofprediger, Oberconsistorial- und Kirchenrath. 8. Berlin 1808.

Cicero, Marc. Tull., Cato, od. über das Alter; a. d. Lat. mit Anmerk. v. F. S. G. Sack. 8. Berlin, Dieterici. 808. Rthlr. -

— Dass., oder über d. Alter. Aus d. Latein., mit Anmerkk. v. F. S. G. Sack. 8. Berl. 808. Mittler. 8 ggr 2e unveränd. Aufl. 8. Ebd. 824. 10 ggr

— Dass., über d. Alter u. d. Unsterblichkeit d. Seele, treu übersetzt u. mit eignen Zusätzen vermehrt v. Jh. Gfr. v. Wehrn. 8. Gött. 819. Dieterich. 6 ggr

— — über das Alter und die Unsterblichkeit der Seele, treu übersetzt und mit eignen Zusätzen vermehrt von Joh. Gottfr. v. Wehrn. 8. Göttingen, Dieterich. 819. — 6

— Kato od. üb. d. Alter. Aus d. Lat. übers. u. mit Anmerkk. versehen v. F. S. G. Sack. 2e unveränd. Aufl. 8. Berlin 825, Mittler.

— Cato u. Lälius, übers. v. C. W. Eckermann. 16. Prenzlau 829. Ragoczy. 4 gr

——, Cato über d. Alter. Deutsch hrsg. mit angefügten Bemerkn. üb. Eigenthümlichkeiten d. höhern Alters v. Karl Gtfr. Bauer, ein. im 76. Lebens- u. 55. Amts-Jahre stehenden Alten. gr. 8. (5½ B.) Leipzig 841, Hinrichs'sche Buchh.

— Cato d. Ältere. s. a. Bibliothek, kleine.

—— u. Lälius, übers. von Jacobs, s. Classiker, griech. u. römische.

— dasselbe. s. a. Schul-Texte, griechische u. lateinische. Nr. 78.

—— Cato der Aeltere, s. a. Universal-Bibliothek Nr. 803.

— Cato der ältere, od. vom hohen Alter. 8. Leipz. Hilscher. (s. Comt. f. Litt.)

— Cato d. Aeltere, od. Unterred. vom hohen Alter. Aus d. Latein. übersetzt. 8. Berl. 755. Voß. 2 gr

— Dass., übersetzt von Jh. Fr. Wagner. 8. Ulm 770. (Breitkopf u. H. in Leipz.) 5 gr

— Dass., übers. u. mit Anmerkk. versehen v. J. B. Schmitt. gr. 8. Würzb. 786. N. A. 791. Stahel. 3 gr

— Dass., u. von d. Freundschaft, neu übersetzt u. mit Anmerkk. erläutert v. Jh. H. Hildebrand. gr. 8. Lpz. 791. Schwickert. 6 gr

Cicero, M. T. Cato der Ältere, oder vom Alter, übersetzt und erläutert. Halle 1793. Ü: *Motz, Joh. Friedr. Wilh.* (Ky) (AarF)

— Dass., oder v. Alter, übersetzt u. erläutert (v. J. F. W. Motz). 8. Halle 793. Gebauer. 9 gr

— Dass. ins Deutsche übersetzt, mit Anmerkk. v. J. G. A. K. 8. Leipz. 798. Hilscher. 6 gr

— Dass., oder Dialog über d. Alter. Aus d. Latein., mit e. Einleit. u. d. nöthigen Anmerkk. v. C. A. G. Schreiber. 8. Halle 799. Hendel. 10 gr

— Cato der Aeltere oder Gespräch vom Greisenalter, Lälius oder Gespräch von der Freundschaft und Paradoxien. Übers. und erläutert von Friedr. Carl Wolff. Altona. 1805.

— Cato der ältere, od. Gespräch vom Greisenalter, Lälius od. Gespräch v. d. Freundschaft u. Paradoxien, übers. u. erläutert v. F. C. Wolff. 8. Altona, Hammerich, 805.

— Dass., od. Abhandl. vom Greisenalter, übers. v. E. F. Chr. Oertel. 8. Ansb. 820. Gassert. 4 gr Dass. deutsch u. latein. 8 gr

— Cato d. Aeltere, oder v. Greisenalter, u. Lälius od. v. d. Freundschaft; übers. v. W. M. Pahl. 12. Stuttg. 827. Metzler. 4 gr

— Cato d. Aeltere, od. Abhandl. vom Greisenalter, übers. u. mit e. Einleit. u. erklär. Anmerkk. begleit. v. J. Hoffa. 8. Cassel 830. Krieger. 12 gr

—— Cato der Aeltere, od. Abhandl. v. Greisenalter. Uebers. u. mit e. Einleit. u. erklär. Anmerkn. begl. v. J. Hoffa. 8. (9½ B.) Marburg 830. [Kassel,] Krieger.

— Cato der Aeltere, oder Abhandlung vom Greisenalter. Uebersetzt u. mit einer Einleitung und erklär. Anmerkungen begleitet von J. Hoffa. 2. Ausg. 8. Kassel 841, Krieger's Verlagsb. ½ Thlr

Cato der Aeltere vom Greisenalter. Lateinisch mit deutscher Uebersetzung, Einleitung und erläuternden Anmerkungen. Leipzig 860. Engelmann. 8. (98 S.) 7½ ngr

— Cato der Aeltere oder: Vom Greisenalter. Wortgetreu in's Deutsche übers. u. durch kurze Anmerkungen erläutert. Aachen 865. Kneuertz. 8. (46 S.) 4 ngr

— Cato der Ältere, od. Gespräch üb. das Greisenalter an Titus Pomponius Atticus. Wortgetreu aus dem Lat. übers. v. H. R. Mecklenburg. 1. Hft. 32. (32 S.) Berlin 886. H. R. Mecklenburg. n. — 25

— Cato der Ältere, od. Gespräch über das Greisenalter an Titus Pomponius Atticus. Wortgetreu aus dem Lat. übers. v. H. R. Mecklenburg. 2. Hft 32. (S. 49—80.) Berlin 887. H. R. Mecklenburg. n. — 25

— Cato maj. de senectute, Laelius de amicitia et paradoxa. 16. Leipz., Tauchnitz. 3 gr

— Cato major, Laelius, paradoxa et somnium Scipionis. 8. Nürnb. ... Ed. II. 787.

— Cato major, Laelius seu de senectute et amicitia dialogi et paradoxa, perpetua annotatt. excursu et indicibus illustr. J. C. F. Wetzel. 8 maj. Liegn. 792. 16 gr Ed. altera 808. Siegert. 20 gr Mit n. Titel Leipz. 817. Edit. nova emendat. a Dr. Klein. 8 maj. Leipz. 828. Barth. 20 gr

— Cato major de senectute et amicitia. 8. Würzb. 792. Stahel. 3 gr

Cicero, M. T. Cato major seu de senectute ad T. Pomp. Atticum; ... Leipzig 1797. H: *Büchling, Johann David.* (Gi)

— id. lib., seu de senectute ad T. Pomponium Atticum, mit erklär. Anmerkk. f. Schulen u. Gymnasien bearb. von J. D. Büchling. 8. Leipz. 797. Schwickert. 7 gr 2e A. 825. 8 gr

— id. lib., Laelius, paradoxa, ad fidem optim. Edit. in us. juventut. ed. Jh. Mich. Feder. 8. Nürnb. 798. (Eichhorn). 8 gr

— Cato major, Laelius, Paradoxa, ad fidem optim. Ed. in usum juvent. ed. Mich. Feder. 8. Nrnbg. Grattenauer. 798.

— id. lib., et somnium Scipionis, graece et lat. in einem hier u. da berichtigten Texte u. durch Parallelstellen erläutert v. Jh. Adm. Götz. 8. Nürnb. 801. Bauer u. M. 1 Thlr

— id. lib., seu de senectute, Laelius de amicitia, paradoxa etc. 8. Nürnb. 807. Riegel u. W. 4 gr

— id. lib., et Laelius sive de amicitia, edit. in us. scholar. 8. Kopenh. 810. Schubothe. 6 gr

— Cato major, Laelius, paradoxa et somnium Scipionis in us. scholar. 8. Lübeck 810. Niemann et Comp. 8 gr 8. Leipz. 812. Ed. n. (c. Richter). 817 et 823. Hinrichs. 8 gr

— Cato major, Laelius, Paradoxa et Somnium Scipionis in usum Scholarum. 8. Lips. Hinrichs. 813.

— Cato major, Laelius, paradoxa ad fidem optim. ed. in usum juvent. denuo edit. Mich. Feder. Edit. IIda. 8. Hannov. 818. Hahn. 6 gr

— Cato major s. de senectute et paradoxa, recens. et scholiis Jak. Facciolati suisque animadv. instr. ab Aug. Gernhard. 8. Leipz. 819. Er. Fleischer. 1 Thlr 16 gr Schrbp 2 Thlr

— Cato major, sive dialogus de senectute. In usum schol. edidit E. F. Chr. Oertel. 8. Ansb. 820. Gassert. 3 gr Dass. deutsch u. latein. Ebd. 8 gr

— Cato maj. seu de senectute. 12. Manh. ... Ed. II. 822. Löffler. 3 gr

— Cato maj. et de amicitia libri. 12. Trier 822. Lintz. 3 gr

— id. lib. Laelius, Paradoxa et Somnium Scipionis, in us. schol. Ed. IIda., corr. 8. Lipsiae 823, Hinrichs.

Cicero, M. T. Cato major, von J. C. Büchling. 2. Ausgabe. 1824. H: *Schluttig, K. W.* (Ky)

— id. lib. ad T. Pomponium Atticum. Mit erklär. Anm. bearb. 2te sehr verb. u. verm. Ausg. 8. Leipz. 825, Schwickert.

— id. lib. Zum Gebrauch f. Schulen neu durchgesehen u. mit den nothwendigsten Wort- u. Sacherklärr. ausgestattet v. L. J. Billerbeck. gr. 8. Hannov. 826. Hahn. 6 ℊ

— id. lib. seu ab senectute et amicicia dialogi et paradoxa, perpet. annotat. et excurs. illustr. J. C. F. Wetzel. Edit. nova emendat a Dr. Klein. gr. 8. Leipzig 827, Barth.

— Cato major seu de senectute, Laelius sive de amicitia et paradoxa ad Marc. Brutum. Scholar. in usum edid. L. J. Billerbeck. Acced. index verborum historicor. et geograph. explicator. 8maj. Hannov. 829. Hahn. 4 ℊ

—— id. seu de Senectute dialogus. Ad cod. Mss., magnam partem nunc primum collator. et editor. tum vet. tum recentior. denuo consultar. fidem recensuit, variantes lect. omnes enotavit et selectis Gernhardi alior. annotat. addidit suas Fr. Vilelmus Otto. Acced. duo excursus. 8 maj. (19 B.) Lipsiae 829, [Hartmann.] 1 Thlr. 8 Gr., Schrbp.

— Cato major seu de senectute dialogus. Ad cod. Mss., magnam partem nunc primum collator. et editor. tum vet. tum recentior. denuo consultar. fidem recensuit, variantes lect. omnes enotavit et selectis Gernhardi alior. annotat. addidit suas Fr. Wlh. Otto. Accedunt duo excursus. 8maj. Lpz. 830. (Hartmann). 1 ß 8 ℊ Schrbp. 2 ß

— Cato major, Laelius et paradoxa. Editio ad opt. libr. fidem in usum scholar. curata. 12maj. Leipz. 830. Teubner. 4 ℊ Engl. P. 6 ℊ

— Cato major seu de senectute et Laelius sive de amicitia. Mit Anmerkk. v. Jh. Bapt. Mayer. gr. 8. Kempt. 831. Kösel. 20 ℊ

— Cato major sive de senectute dialogus. Recens. R. Klotz. Acced. annotationes criticae. 8. Leipz. 831. Schwickert. 12 ℊ

— Cato major, somnium Scip., Laelius et paradoxa, ex graecis interpret. Th. Gazae, M. Planudis, D. Petavii, A. Turnebi. Acced. incerti script. rhetor. ad Herennium III. interpret. graeca, recens. et annotat. instrux. P. C. Hess. 8maj. Halle 833. (832.) Schwetschke u. S. 1 ß 8 ℊ

Ciceronis, M. Tull., Cato major, sive de senectute. Ad edit. Orellianam castigavit, annotation. illustr. et in usum scholarum edidit J. J. de Gelder. 8maj. Leyd. 832 Cyfveer. (Leipz., Weidmann). 22 ℊ

—— id. seu de Senectute ex recens. Gernhardi. Selectam lectionis variet. subjecit, notulas puerili institutioni accomm. nec non indicem historicum addid. Io. Bapt. Hutter. 8 maj. (6¼ B.) Monachii 832, Lindauer.

—— id. Somnium Scipionis, Laelius et Paradoxa ex graecis interpretat. Th. Gazae, Max. Planudis, Dion. Petavii, Adr. Turnebi. Acced. incerti scriptoris rhetoricor. ad Herennium III., 16—24. interpret. graeca. Ad fidem codd. et. edd. recens. et annotationibus instr. Ph. Car. Hess. 8 maj. (12 B.) Halae 833, Schwetschke et fil.

——, Cato major et Laelius, sive de senectute et de amicitia dialogi. Rec. et praefat. est Jo. Nicolaus Madvig. 8maj. (6¼ B.) Hauniae 835, libr. Gyldendal. *

— Cato Major sive de senectute. Mit deutschen Wort- und Sacherklärungen von Billerbeck. 2e Aufl. gr. 8. Hannover 837. Hahn. ⅓ ß

——, Cato major seu de senectute. Mit deutsch. Wort- u. Sacherklärn. v. L. J. Billerbeck. 3., verm. u. verb. Aufl. gr. 8. (8⅓ B.) Hannover 837, Hahn'sche Hofbuchh.

— Cato Maior et Laelius sive de senectute et de amicitia dialogi. Ad optim. libr. fidem scholarum in usum edidit Carol. Fr. Süpfle. 8. Mannhemii 841, Bassermann. n. ⅙ ß

— Cato major et Laelius. — Et. s. titulo: Cato major sive de senectute dialogus. — Laelius sive de amicitia dialogus. 8maj. Monachii 841, libr. scholarum Regia. (Ratisbonae, Manz.) ⅙ ß

—— Cato Maior et Laelius sive de senectute et de amicitia dialogi. Ad optim. libr. fidem scholarum in usum ed. Carol. Frid. Süpfle. 8. (4⅞ B.) Mannhemii 845, Bassermann. *

— Cato major sive de senectute dialogus. Sprachlich und sachlich erläutert von Gust. Tischer. gr. 8. (VIII u. 184 S.) Halle 847, Buchh. des Waisenhauses. $^{7}/_{12}$ ß

— Cato major et Laelius sive de senectute et de amicitia dialogi. Ad. optimor libror. fidem scholarum in usum ed. Car. Frid. Süpfle. Edit. nova. 8. (VI u. 64 S.) Mannhemii 849, Bassermann. 4 ngr

— Cato major de senectute et Laelius de amicitia. Ad optima exemplaria recognovit et in usum scholarum ed. Geo. Aenoth. Koch. Editio stereot. [Bibliotheca classica Latina XIV.] 8. (55 S.) Lipsiae 851, Ph. Reclam jun. n. $^{1}/_{12}$ ß

— Cato major sive de senectute dialogus. Erklärt v. Jul. Sommerbrodt. (Sammlung Griechischer u. Latein. Schriftsteller mit Deutschen Anmerkgn.) gr. 8. (XII u. 59 S.) Leipzig 851, Weidmann. 6 ngr

—— Cato major sive de senectute liber. Codd. mss. duobus suis collatis recensuit, commentatus est tum criticos tum philologice Henr. Alanus. 8. (VI und 106 S.) Dublinii 852. (London, Williams und Norgate.) *

—— Cato major s. de senectute dialogus. Erklärt von C. W. Nauck. gr. 8. (XV und 53 S.) Berlin 854, Jonas'sche Sortimentsh.

— Cato maior sive de senectute dialogus. Erklärt von C. W. Nauck. Berlin 855. Jonas' Sorthdlg. 8. (XV, 53 S.) 6 ngr

—— Cato major s. de senectute dialogus. Erklärt von Jul. Sommerbrodt. 2. Aufl. gr. 8. (70 S.) Berlin 855, Weidmannsche Buchh.

—— Cato major sive de senectute dialogus. Erklärt von Jul. Sommerbrodt. 3. Aufl. gr. 8. (72 S.) Berlin 858, Weidmann'sche Buchh.

—— Cato major sive de senectute, Laelius sive de amicitia, et epistolae selectae. Recensuit G. Long. 16. (112 S.) New-York 861. (Philadelphia, Schäfer und Koradi.) geb. *

Cato major de senectute. Erklärt von Jul. Sommerbrodt. 1. Aufl. Berlin 862. Weidmann. 8. (74 S.) 6 ngr

— Cato major de senectute. Für den Schulgebrauch erklärt von Gust. Lahmeyer. 2., vielfach verb. Aufl. Leipzig 866. Teubner. 8. (VIII, 64 S.) n. 5 ngr

— — Erklärt von Jul. Sommerbrodt. 5. Aufl. 866. — 6. Aufl. Berlin 869. Weidmann. 8. (80 S.) 6 ngr

—— dass. — Für den Schulgebrauch erklärt von Carl Meissner. gr. 8. (78 S.) Berlin 870, Ebeling und Plahn. [Leipzig, Teubner.] (* 60 Pf.)

—— dass. — und Somnium Scipionis. Für den Schulgebrauch erklärt von Carl Meissner. gr. 8. (IV, 109 S.) [Ebendas.] 870. (* 90 Pf.)

— Cato Major de senectute Für den Schulgebrauch erklärt v. Gust. Lahmeyer. 3. Aufl. gr. 8. (VII, 68 S.) Leipzig 872. Teubner. n. — 50

— idem liber. Erklärt v. Jul. Sommmerbrodt. 7. Aufl. gr. 8. (84 S.) Berlin 878. Weidmann. — 75

— Cato major de senectute liber ad T. Pomponium Atticum. Durchgesehen u. verglichen mit den zur Zeit als beste anerkannten Text-Revisionen. 2 Hfte. gr. 16. (51 S.) Berlin 877. H. R. Mecklenburg. à n. — 20

Ciceronis, M. Tullii, Cato major de senectute. Erklärt von Jul. Sommerbrodt. 8. Aufl. gr. 8. (84 S.) Berlin 877, Weidmann'sche Buchh.

— dasselbe. Für den Schulgebrauch erklärt von Gust. Lahmeyer. 4. Aufl. gr. 8. (VIII, 73 S.) Leipzig 877. Teubner. — 60

— Cato maior. Vom Greisenalter. Uebers. von Raph. Kühner. 2 Lfgn. 2. Aufl. 12. (69 S.) [Stuttgart 878, Nübling's Verlag.] Berlin, Langenscheidt'sche Verlagsb. à Lfg. * 35 Pf. *

— dasselbe. Erklärt von Jul. Sommerbrodt. 9. Aufl. gr. 8. (84 S.) Berlin 881. Weidmann. — 75

— Cato maior sive de senectute dialogus. Schulausg. 8. (IV, 64 S.) Halle 883. Buchh. d. Waisenh. n. — 60

— dass. — Erklärt von Jul. Sommerbrodt. 10. Aufl. gr. 8. (84 S.) Berlin 885, Weidmann'sche Buchh.

— dasselbe. Für den Schulgebrauch erklärt v. Carl Meissner. 2. umgearb. Aufl. gr. 8. (IV, 64 S.) Leipzig 885. Teubner. — 60

— dasselbe. Für den Schulgebrauch erklärt von C. Meissner. 3., verb. Aufl. gr. 8. (IV, 67 S.) Leipzig 888. Teubner. — 60

— dasselbe. Scholarum in usum ed. A. Kornitzer. 8. (III, 56 S.) Wien 888. Gerold's Sohn. cart. n. — 60

— dasselbe. Erklärt von J. Sommerbrodt. 11. Aufl. gr. 8. (87 S.) Berlin 889. Weidmann. — 75

— Cato major de senectute. Für den Schulgebrauch erklärt v. H. Anz. Ausg. A. Kommentar unterm Text. gr. 8. (IV, 66 S.) Gotha 889. F. A. Perthes. — 90; Ausg. B. Text und Kommentar getrennt in 2 Hftn. (27 u. 38 S.) — 90

— dasselbe et Laelius de amicitia. Scholarum in usum rec. R. Novák. 8. (77 S.) Prag 889. A. Storch Sohn. n.n. — 72

— Cato maior de senectute. Scholarum in usum ed. Alois. Kornitzer. Ed. II. aucta atque correctior. 12. (IV, 80 S.) Ebd. 892. Kart. n. — 60

— dasselbe. Für den Schulgebrauch hrsg. v. Thdr. Schiche. 2., verb. Aufl. 8. (XVIII, 42 S.) Leipzig 893. G. Freytag. n. — 40; geb. n. — 70

M. Tullii Ciceronis Cato major de senectute. Erkl. v. Julius Sommerbrodt. 12. Aufl. *Berlin: Weidmann 1896.* (88 S.) 1 Bd 8.
(Sammlung griech. u. lat. Schriftsteller m. dtsch. Anm.) [96. 9081

— dasselbe. F. d. Schulgebr. erklärt v. Heinr. Anz. 2., verb. Aufl. Ausg. A: Kommentar unt. Text. gr. 8. (IV, 59 S.) Gotha 897. F. A. Perthes. — 90; Ausg. B: Text u. Kommentar getrennt in 2 Hftn. (IV, 27 u. 31 S.) — 90

— Cato major de senectute. Für den Schulgebrauch erklärt v. Carl Meissner. 4. verb. Aufl. gr. 8. (III, 67 S.) Leipzig 898. B. G. Teubner. — 60

— dasselbe. Nach Text u. Kommentar getrennte Ausg. (B) f. den Schulgebrauch v. Heinr. Anz. 3. verb. Aufl. 2 Hfte. gr. 8. (IV, 27 u. 31 S.) Gotha 902. F. A. Perthes. — 90

[Marcus Tullius] Cicero's Cato major de senectute. Für d. Schulgebr. hrsg. von Dr. Paul Verres, Oberl. zu Recklinghausen. 1. 2. *Münster i. W.: Aschendorff 1902.* 2 Bde 8°
1. Text. 2. Kommentar.
(Aschendorffs Sammlung lat. u. griech. Klassiker.) [03. 3259

— dasselbe. Für den Schulgebrauch hrsg. v. Paul Verres. 2 Tle. Münster, Aschendorff 902. n. 1. 05
I. Text nebst Einleitung u. Verzeichnis der Eigennamen. (XII, 44 S.) Geb. in Leinw. n. — 65
II. Kommentar. (28 S.) n. — 40

M[arci] Tullii Ciceronis Cato maior de senectute. Hrsg. von Dr. Oskar Weißenfels, Prof. in Berlin. Text. Kommentar. *Leipzig & Berlin: B. G. Teubner 1903.* 2 Bde 8°
(B. G. Teubners Schülerausgaben griech. u. lat. Schriftsteller.) [03. 14710

— Cato maior de senectute. Hrsg. v. Osk. Weiszenfels. Text u. Kommentar. (IV, 46 u. 43 S.) gr. 8. Leipzig 903. B. G. Teubner. à n. — 50

[Marcus Tullius] Ciceros Cato major über das Alter. Für Schüler erkl. von O[tto] Drenckhahn, Gymn.Dir. Text. Anmerkungen. Berlin: Weidmann 1905. 2 Bde 8°
(Griech. u. lat. Schulschriftsteller mit Anm.) [05. 4999

M[arci] Tulli Ciceronis Cato major de senectute. Für d. Schulgebr. erkl. von Dr. Carl Meissner. 5. Aufl. bearb. von Dr. Gustav Landgraf, Rektor. Leipzig & Berlin: B. G. Teubner 1907. (80 S.) 8°
(Teubner's Schulausgaben griech. u. lat. Klassiker mit Anm.) [07. 8837

— dasselbe. Nach Text u. Kommentar getrennte Ausg. (B) f. den Schulgebrauch v. Heinr. Anz. 4. Aufl. 2 Hefte. (IV, 27 u. 34 S.) 8. Gotha 909. F. A. Perthes. 1.—; geb. 1. 30

— dasselbe. Hrsg. v. Osk. Weissenfels. 2. Aufl., durchgesehen v. Paul Wessner. Text. (46 S.) 8. Leipzig 909. B. G. Teubner. Geb. — 60

— Dialog üb. das höhere Alter, a. d. Lat. v. Schreiber. 8. Wien, Pichler. 800.

— Dialog über d. höhere Alter u. von den besten Gesetzen, übers. v. J. M. Heinze. gr. 8. Wien 828.

— vom Greisenalter u. von der Freundschaft, verdeutscht u. erläut. von Karl Roth. gr. 8. Landshut 833. Thomann. 3/8 rtl.

— ad T. Pomponium Atticum de senectute liber qui inscribitur Cato major. Für den Schulgebrauch erklärt von Gust. Lahmeyer. Leipzig 857. Teubner. gr. 8. (VII, 54 S.) n. 5 ngr.

— the de senectute, de amicitia, paradoxa and somnium Scipionis, and the life of Atticus by Cornelius Nepos, with english notes, critical and explanatory by Charles Anthon. gr. 12. (IX und 349 S.) New York 859. (Philadelphia, Schäfer und Koradi.) geb. *

— De senectute liber, zum Uebersetzen ins Latein. f. Sekunda bearb. v. P. Doetsch. Pr. 1885. 19 S. 4°. 1.—

— Chrestomathie, s. Fr. T. Friedemann, auch Chrestomathie.

– In P. Clodium et Curionem, s. Cicero: Oratio in...

– Pro A. Cluentio Avito, s. Cicero: Oratio pro...

— in compendio. Seu definitiones et sententiae de Deo ac religione, de rerum natura et mundo etc. ex universis M. T. Ciceronis operibus collecta ac in systema redactae ab E. Th. Hohler. 8. Wien 825. Volke. 20 gl.

— parallele Dankreden an d. Volk u. an d. Senat. Nach e. ganz berichtigten Texte ins Deutsche übers. u. mit e. Commentar zur Bildung d. Kritikers, Auslegers u. Redners versehen v. Benj. Weiske. (Mit latein. Texte). gr. 8. Leipz. 800. Fr. Fleischer. 14 gl. Holländ. P. 20 gl.

– Orationum Tullianarum decas, s. Cicero: Orationes. 1857.

– Pro rege Deiotaro, s. Cicero: Oratio pro...

– Dialog über das höhere Alter, s. Cicero: Cato maior de senectute.

– Ad Quintum fratrem dialogi III de oratore, s. Cicero: De oratore.

– De claris oratoribus d i a l o g u s , s. C i c e r o : B r u t u s .

– De senectute d i a l o g u s , s. C i c e r o : C a t o maior de senectute.

– Tuskulanische D i s p u t a t i o n e n , s. C i c e r o : Tusculanae d i s p u t a t i o n e s .

Tusculanae disputationes

Übersicht:
Abhandlung, daß ein tugendhafter Mann . . .
Abhandlung von der Gleichgültigkeit gegen den Tod . . .
Abhandlung von der Zulänglichkeit der Tugend zur Glückseligkeit
Tuskulanische Abhandlungen
Tuskulanische Disputationen
Tusculanae disputationes
Tusculan disputations
Gespräche in Tuskulum
Tusculanae quaestiones
Tusculanen
Tuskulanische Unterredungen
Tuskulanische Untersuchungen
Von der Verachtung des Todes

— 5te Tuskulan. Abhandl., daß ein tugendhafter Mann sich in Alles finden rc. 8. München 782. (Fleischmann). 12 gr

— 5te Tusculanische Abhandlung, daß ein tugendhafter Mann in sich alles finde rc. 8. München, Strobl. 782.

— Abhandl. von d. Gleichgültigkeit gegen d. Tod u. von d. Pflicht, den Schmerz zu ertragen. (Tusk. 1s, 2s Buch). 8. Leipz. 801. Linke. 12 gr

— Abhandlung über die Zulänglichkeit der Tugend zur Glückseligkeit, eine v. d. Tusculanischen Untersuchungen, verdeutscht mit Anmerk. u. Vorerinnerung. begleitet v. Chr. Fr. Böhmer. 8. Altenb. (Academ. Buchhdl. in Jena) 797.

— Abhandl. über d. Zulänglichkeit d. Tugend zur Glückseligkeit, eine von d. Tuskulan. Untersuchungen. Verdeutscht mit Anmerkk. u. Vorerinnerung begleitet v. Chr. Fr. Böhme. 8. Altenb. 797. (Hennings in Neisse). 8 gr

— Tusculanische Abhandl. 5 Bücher, lateinisch u. deutsch v. Weinzierl. m. K. gr. 8. Münch. Lentner. 803.

— *Prolog zur ersten Tusc. Disp.* Kritisch philologisch erläutert von C. F. Becher. Progr. I. II. Liegnitz 817. 20. 8. (Pars I. 48 S. II. 68 S.)

— Tuskulan. Disputationen, übers. v. C. W. Eckermann. 1s—3s Bdchen. 16. Prenzl. 830. Ragoczy. 12 gr

— Tusculanarum disputationum ex rec. Ernestii. 12. Halle 759. id. lib. ex nova recens. Ernestiana emendatior. 8. Halle 811. 820. Waisenh.-B. 6 gr Ed. nova. Cum divers. lect. Wolfianae et locis script. graecor. a Tullio versis. 8. ibid. 825. 8 gr

— acced. libellus varr. lectt. 12. Leipz. 759 Löper.

— Tusculanarum disputationum libri V, ex recens. Fr. Aug. Wolff. Accedit diversit. lectionis Ernestianae. 8. Lpz. 792. Ed. II. 807. 16 gr Schrbp. 1 ₰ 4 gr Ed. III. 825. W. Vogel. 18 gr Schrbp. 1 ₰ 6 gr

— id. lib., secund. text. Wolfianum edidit, comment. perpet. illustr. J. G. C. Neide. 8maj. Jena 798. Frommann. 14 gr denuo ed. et illustr. Raph. Kühner. 8 maj. ibid. 829. 1 ₰ 12 gr Weiss P. 2 ₰

— id. lib., ad opt. edit. recudi cur. et select. lect. var. adj. M. A. Koel. 8maj. Würzb. 798. Mit Jahrz. 808. Hahn in Hannov. 9 gr

— cum commentario Jh. Davisii edidit Rud. G. Rath. Acced. Rich. Bentleii emendationes et editores praefatio critica. 8 maj. Halle 805. Kümmel. 2 ₰ 4 gr Schrbp. 2 ₰ 20 gr Velinp. 4 ₰ (Bildet auch e. Theil d. Opera philosophica.)

— id. lib., lateinisch u. deutsch v. X. Weinzierl. Mit 1 Kpf. gr. 8. Münch. 806. Lentner. 2 ₰

— Tusculanarum disputationum libri V. ex recens. F. A. Wolff. Secundis curis emendationes Accedit diversit. Lectionis Ernestianae. 8. Lips. Crusius (Vogel) 807—16. Schrbp.

— Tusculanarum disputationum libri V. Ad optimas edit. curavit et selectam lection. varietatem adjecit A. M. Koel. gr. 8. Würzb. Köl (Hahn in Hannov.) 808.

— Tusculanarum disp. libri V. 8. Manh. 823. Ed. II. 825. Löffler. 9 gr

— id. lib. libri V. Ex recens. Ernestiana. Cum divers. lect. Wolfianae et locis script. graecor. a Tullio versis. 8. Halae 825. libr. Orphanotr.

— id. lib. Ex recens. Fr. A. Wolfii. Tert. cur. emend. Acced. divers. lect. Ernest. 8 maj. Lips. 825, W. Vogel.

— Tusculanarum disputat. ad Brutum libri V. 8. Mannhemii 825, Loeffler.

— id. lib. ad opt. edit. et select. variet. adj. A. M. Koel. gr. 8. Hannover 827, Hahn.

— Tusculanarum disputationum libri V. Zum Gebrauch für Schulen neu durchgesehen u. mit den nothwend. Wort- u. Sacherklärr. ausgestattet v. L. J. Billerbeck. gr. 8. Hannov. 828. Hahn. 21 gr

— id. lib., scholarum in usum editi studio et cura J. Billerbeck. Acced. index verbor. histor. et geograph. explicator. 8maj. ibid. 828. ibid. 6 gr

—— id. — Ad fidem potiss. cod. Regii denuo collati, Gryphiani et Bernensis c. integra variet. Victoriana, Manutiana, Lambiniana, Davisiana, Lallemandiana, Ernestiana, Wolfiana et Schuetziana reliquaeque accurato delectu recogn. Jo. Casp. Orellius. Acced. Paradoxa. Fr. Fabricii adnotationes. R. Bentleii emendat. cur. sec. auctae. Jo. Jac. Reiske libellus variant. lect. Jo. Jac. Hottingeri spicilegium. F. A. Wolfii scholar. excerpta c. additam. editoris et selecta variet. codd. Duisburg. Gud. sec. Rehdingeriani. Vindob. utriusque. Lex.-8. (27½ B.) Turici 829, Orellii, Fueslini et Soc.

— Tusculanae disputationes. Ad opt. libror. fidem emendatae et in usum scholar. editae. 12maj. Leipz. 830. Teubner. 7 gr Engl. P. 10 gr

— Tusculanarum disputationum libri V, ex Orellii recens. ed. et illustr. Raphaël Kühner. Edit. II. auct. et emend. 8maj. Jena 835. Frommann. 1¾ ₰

— disputationes Tusculanae. Ex emendatione Reinh. Klotz. Accedit Index nominum. 8maj. Lpz. 835 Schwickert. 5/12 ₰

— disputationes Tusculanae. Kritisch bericht. u. erläutert von Reinh. Klotz. gr. 8. Leipzig 835. Schwickert. 2½ ₰

— Tusculanarum disputationum libri V., cum Commentario Jo. Davisii, R. Bentleii emendatt., Lallemanni animadverss. integris, reliquorum interpretum select. Ad Codd. Mss. recens. collatorum editionumque vett. fidem denuo recognovit, aliorum ineditam suamque annotationem, excursus et indices adj. Geo. Henr. Moser. III Tomi. 8maj. Hannov. 836. Hahn. 6⅓ ₰ (T. I. 2⅓ ₰ T. II 1⅚ ₰ T. III. 2 ₰)

— disputationum Tusculanarum ad M. Brutum libri V ad optimas ed. collati. Mit deutschen Wort- und Sacherklärungen, als: philosoph. u. mytholog. Beziehungen, histor. u. biograph. Notizen, stets vergleichenden Hindeutungen auf verschied. Codices u. ihre Varianten, besond. grammat. Anmerkk. nebst e. ausführl. citirenden Register. Zum Nutzen u. Gebrauch d. studirenden Jugend von Jgn. Seibt. Mit Titelkpfr. 8. Prag 836. v. Mayregg. 1⅔ ₰

— Tusculanarum disputationum libri quinque. Ex Hauniensibus codicum regii et Pithoeani collationibus recognovit Paulus Hagerup Tregder. 8maj. Hauniae 841, Reitzel. ⅞ ₰

— Disputationes Tusculanae. 8maj. München 841. (Regensburg, Manz.) n. 5/12 ℛ

— Tusculanarum Disputationum libri V. Ad optim. libr. fidem scholarum in usum edidit Car. Frid. Süpfle. 8. Mannhemii 845, Bassermann. n. 3/8 ℛ

—— Tusculanarum Disputationum libri V. Recognovit et explanavit Raphaël Kühner. Edit. III. auctior et emend. 8maj. (32 1/2 B.) Jenae 846, Frommann.

— Tusculanarum disputationum libri V. Recogn. et explanavit Raph. Kühner. Edit. III. auct. et emend. 8. (XXII u. 497 S.) Jenae 847, Frommann. 1 5/6 ℛ

— dies. Explan. Raph. Kühner. Edit. minor. gr. 8. (358 S.) Ebd. 847. 1 1/4 ℛ

— Tusculanarum disputationum libri quinque. Ad optimor. libror. fidem scholar. in usum ed. Car. Frid. Süpfle. Edit. nova. 8. (IV u. 177 S.) Mannhemii 849, Bassermann. 9 ngℓ

— Tusculanarum disputationum ad M. Brutum libri V. Erklärt v. Gust. Tischer. (Sammlung Griech. u. Latein. Schriftsteller m. Deutschen Anmerkungen.) gr. 8. (XIV u. 282 S.) Leipzig 850, Weidmann. 18 ngℓ

— Tusculanarum disputationum libri V. Recognovit et explanavit Raph. Kuehner. Editio IV. auctior et emendatior. Jenae 853. Frommann. gr. 8. (XXIV, 526 S.) 1 ℛ 25 ngℓ

— Tusculanarum disputationum libri V. Erläutert von Geo. Aenotheus Koch. 2 Hefte. Hannover 854, 57. Hahn. gr. 8. (VIII, 147 S.; 1 Bl., 150 S.) 1.: 12 1/2 ngℓ; 2.: 10 ngℓ

—— Tusculanarum disputationum ad M. Brutum libri V. Erklärt von Gust. Tischer. 2. Aufl. gr. 8. (XVI und 283 S.) Leipzig 854. [Berlin,] Weidmannsche Buchh.

—— disputationes Tusculanae. Ex emendatione Reinholdi Klotz. Editio II. Accedit index nominum. 8maj. (XIV und 185 S.) Lipsiae 855(56,) Schwickert.

— disputationes Tusculanae. Ex emendatione Rhld. Klotz. Editio II. Accedit index nominum. Lipsiae 856. Schwickert. gr. 8. (XIV, 185 S.) 18 ngℓ

—— Tusculanarum disputationum libri V. Erläutert von Geo. Aenoth. Koch. 2. Heft. Lib. III—V. gr. 8. (150 S.) Hannover 857, Hahn'sche Hofbuchh.
Heft 1. Lib. I et II. Ebendas. 1854. 12 1/2 Ngr.

—— Tusculanarum disputationum ad M. Brutum libri V. Erklärt von Gust. Tischer. 3. Aufl. gr. 8. (XII und 286 S.) Berlin 858, Weidmann'sche Buchh.

— Tusculanarum disputationum ad M. Brutum libri V. Erklärt von Gust. Tischer. 4. Aufl. besorgt von Gust. Sorof. Berlin 863. Weidmann. 8. (XXVI, 303 S.) 20 ngℓ

— Tusculanarum disputationum libri V. Emendatiores edidit novam conlationem optimi codicis Gudiani et commentarios criticos adjecit Mauric. Seyffertus. Leipzig 864. Holtze. gr. 8. (XX, 330 S.) n. 2 ℛ

— Tusculanarum disputationum libri V. Für den Schulgebrauch erklärt von Otto Heine. Leipzig 864. Teubner. 8. (XXIV, 264 S.) 18 ngℓ

—— Tusculanarum disputationum ad M. Brutum libri V. Erklärt von Gust. Tischer. 4. Aufl. 1868. und 5. Aufl. besorgt von Gust. Sorof. gr. 8. (XXIV und 288 S.) Berlin 868, Weidmann'sche Buchh.

— idem liber. Erklaert v. Gustav Tischler. 6. Aufl. besorgt v. Gust. Sorof. gr. 8. (XXIV, 307 S.) Berlin 872. Weidmann. 2. 25

— idem liber. Für den Schulgebrauch erklärt v. Carl Meissner. gr. 8. (XX, 313 S.) Leipzig 872. Harrassowitz. n. 2. —

—— Tusculanarum disputationum libri V. Für den Schulgebrauch erklärt von Otto Heine. 2. verb. Aufl. gr. 8. (XXIV, 270 S.) Leipzig 873, Teubner.

— idem liber Recognovit et explanavit Raph. Kühner. Editio 5. auctior et emendatior. gr. 8. (XXIV, 568 S.) Hannover 874. Hahn. n. 8. —

— dasselbe. Erklärt von Gust. Tischer. 1. Bdchn. Buch 1 u. II. 7. Aufl., besorgt von Gust. Sorof. gr. 8. (XXII, 133 S.) Berlin 878. Weidmann. 1. 20

— dasselbe. 2. Bdchn. Buch III bis V. 7. Aufl. von Gust. Sorof. gr. 8. (172 S.) Ebend. 878. 1. 50

—— dass. — Für den Schulgebrauch erklärt von Otto Heine. 2 Hefte. 3. verb. Aufl. gr. 8. Leipzig 881, Teubner. [1. Heft: Libri I et II. (XXV, 106 S.) ℳ 1,20.; 2. Heft: Libri III—V. (160 S.) ℳ 1,50.]

—— Tusculanarum disputationum libri V. Für den Schulgebrauch erklärt von L. W. Hasper. 1. Bdchn.: Buch I und II. Ausg. A. mit untergesetzten Anmerkungen. gr. 8. (IV, 114 S.) Gotha 883, F. A. Perthes.

—— dass. — Ausg. B. Anmerkungen in besond. Heft. gr. 8. (IV, 64; 48 S.) Ebendas. 883.

— Tusculanarum disputationum libri quinque. Recensuit L. W. Hasper. Partic. I. (Text-Ausg. III. Bändchen.) 8. (64 S.) Ebds. 24 kr.
— — Erklärt von Dr. L. W. Hasper. I. Bändchen. Buch 1. und 2. (Schulausgaben griech. u. lat. Classiker A, 10.) 8. (IV u. 114 S.) Ebds. 72 kr.
1884.

—— dass. — Erklärt von Gust. Tischer. 1. Bdchn.: Buch I und II. 8. Aufl., besorgt von Gust. Sorof. gr. 8. (153 S.) Berlin 884, Weidmann'sche Buchh.

—— Tusculanarum disputationum libri V. Für den Schulgebrauch erklärt von L. W. Hasper. 2. Bdchn.: Buch III bis V. Ausg. a. Kommentar unterm Text. gr. 8. (159 S.) Gotha 885, F. A. Perthes.

—— dass. — Ausg. b. Text und Kommentar in 2 Heften. gr. 8. (93; 65 S.) Ebendas. 885.
1. Bdchn. Ebendas. 1883. ℳ 1.20.

— Tusculanarum disputationum ad M. Brutum libri V. Erklärt v. G. Tischer. 2. Bdchn. Buch III—V. 8. Aufl., besorgt v. G. Sorof. gr. 8. (172 S.) Berlin 887. Weidmann. 1. 50

—— Tusculanarum disputationum libri V. Für den Schulgebrauch erklärt v. Otto Heine. 1. Heft: Libri I et II. 4. verb. Aufl. gr. 8. (XXIV, 107 S.) Lpz. 892, Teubner. 1 20

— Tusculanarum disputationum libri V. F. d. Schulgebr. erklärt v. Otto Heine. 2. Hft.: Libri III—V. 4., verb. Aufl. gr. 8 (164 S.) Ebd. 896. 1. 65

— Tusculanarum disputationum ad M. Brutum libri quinque. Erklärt von Gust. Fischer. 1. Bdchn. Buch I u. II. 9. Aufl, besorgt v. Frdr. Gust. Sorof. 8. (157 S.) Berlin 899. Weidmann. 1. 80

— Tusculanarum disputationum libri quinque. Für den Schulgebrauch erklärt v. Geo. Ammon. Ausg. A. (Kommentar unterm Text.) II. Bdchn. Buch III, IV, V. (IV. 205 S.) 8. Gotha 904. F. A. Perthes. n. 1. 20

— dasselbe. Nach Text u. Kommentar getrennte Ausg. (B). 2 Bdchn. in je 2 Abtlgn. 8. Ebd. 905. n. 2. 70; geb. n. 3. 30
I. Buch I u. II. (68 u. 96 S.) n. 1. 20; geb. n. 1. 50
II. Buch III, IV, V. (IV, 96 u. 107 S.) n. 1. 50; geb. n. 1. 80

— Tusculanarum disputationum libri quinque. Für den Schulgebrauch hrsg. v. Thdr. Schiche. 2., verb. Aufl. (194 S.) 8. Leipzig 907. G. Freytag. — Wien, F. Tempsky. Geb. 1. 80

— dasselbe, libri I., II., V., hrsg. v. Emil Gschwind, s.: Sammlung griech. u. röm. Klassiker.

— Tusculan disputations. With english notes, critical and explanatory. By Charles Anthon. gr. 12. (XIV und 398 S. mit Portr. in Kpfrst.) New York 860. (Philadelphia, Schäfer und Koradi.) geb. *

— Gespräche im Tusculum, s. a. Universal-Bibliothek.

Gespräche in Tuskulum [Disputationes Tusculanae] von Marcus Tullius Cicero. Aus d. Lat. mit Einl. u. Erl. von Friedrich Spiro. Leipzig: Reclam [1908]. 310 S. 8°
(Universal-Bibliothek. 5027–5029.)

Ciceronis, M. Tull., Tusculanae quaestiones. 16. Leipz., Tauchnitz. 6 gr.

— Tusculanae quaestiones. 12. Berl. Nicolai. 745.

Cicero, M. T. Quaestiones Tusculanae, accedit libellus variantium lectionum. Lips. 1759. H: *Reiske, Joh. Jac.* (Ebert)

— quaestiones tusculanae libri V. lingua germanica, latinaque auctore Xav. Weinzierl. gr 8. Münch. Lentner. 805.

— Tusculanarum quaestionum libri V. ex recensione I. A. Ernesti. 8. Halae, Waisenh. 810.

— — Cura F. X. Schönbergeri. Vienn. 810. 8. 21 gr.

— Tusculanarum quaestionum ad M. Brutum libri V. cura F. X. Schönberger. 8 maj. Wien 815. Geistinger. (Gerold). 21 gr. Hbg. Pr. 12 gr. Schrbp. 16 gr. Velinp. 20 gr. Dass. mit gegenüberstehender deutscher Uebersetzung. gr. 8. Ebd. 815. 1 Rthl. 8 gr.

— — Tusculanarum quaestionum ad M. Brutum libri V. Cur. F. X. Schönberger. 8maj. Vindob. (Lips. W. Vogel). 820. — 21

— — Tusculanarum quaestionum libri V. ex nova recensione Ernestiana. Editio emendatior, 8. Halle, Waisenhaus-Buchh. 821. — 6

Cicero, M. Tullius, Tuskulanen, s. a. Bibliothek, kleine.

— Tusculanen, s. a. Volksbibliothek, deutsche, d. griech. u. röm. Classiker.

— Tusculanen, verdeutscht von Kühner, s. a. Sammlung, neueste, ausgewählter griech. u. röm. Classiker.

— Tusculanen. Uebers. und erklärt von Raph. Kühner. 6 Lfgn. 3. verb. Aufl., besorgt von Rud. Kühner. 8. (VIII, 261 S.) [Stuttgart 877—82, Werther.] Berlin, Langenscheidt'sche Verlagsb. à Lfg. * 35 Pf. *

— Tuskulan. Unterredungen, übers. v. Fr. Hnr. Kern. 3 Bdchen. 12. Stuttg. 3e A. 827. Metzler. à 4 gr. 12 gr.

— tusculanische Unterredungen an Marcus Brutus. 5 Bücher. Lateinisch mit deutscher Uebersetzung, Einleitung und erläuternden Anmerkungen. 2 Bdchn. Leipzig 861. Engelmann. 8. 1 Rthl. 7½ ngr.
Inhalt: 1. Bdchn. Erstes und zweites Buch. (156 S.) 15 ngr.
— 2. Bdchn. Drittes bis fünftes Buch. (260 S.) 22½ ngr.

— 1s Buch Tuskulan. Untersuchungen u. Verachtung d. Todes, übersetzt von Hnr. Fr. Dietz. 8. Magdeb. 780. Scheidhauer. (v. Schütz). 8 gr.

Cicero, M. T. Tusculanische Untersuchungen an M. Brutus . . . Heilbronn 1794. H: *Huber, Joh. Jos. von.* (Ky) (MGT)

— Tuskulan. Untersuchungen in 5 Büchern, mit kurzen Anmerkk. herausg. v. J. J. v. H(uber). 8. Heilbronn 795. Claß. 1 Rthl.

— Tusculanische Untersuchungen, übers. u. m. erklärenden Anmerk. begl. v. F. D. Büchling. 8. Halle, Hendel. 799.

— 5 Bücher Tusculanischer Untersuchungen, oder d. philosoph. Abhandll. desselben; übers. v. H. D. A. Sonne. gr. 8. Altona 824. Hammerich. 1 Rthl. 12 gr.

— 1. u. 5. Buch der Tusculanischen Untersuchungen, zum Uebersetzen ins Lateinische bearb. von Aug. Uppenkamp. Konitz 870. Wollsdorf in Comm. 4. (24 S.) n. 8 ngr.

— erstes und fünftes Buch der Tusculanischen Untersuchungen, zum Uebersetzen ins Lateinische bearb. von Aug. Uppenkamp. 4. (24 S.) Konitz 874, (Wollsdorf.) *

— von d. Verachtung d. Todes. 1s Tusk. Gespräch, übers. v. A. E. G. Krehl. gr. 8. Hannov. 819. Hahn. 9 gr.

– Tusculan disputations, s. Cicero: Tusculanae disputationes.

– Divinatio in Caecilium, s. Cicero: Actiones in Verrem.

– Von der Divination, s. Cicero: De divinatione

De divinatione

Übersicht:
Von der Divination
De divinatione
Von der Vorhersehung
Von der Weissagung

— Bücher von d. Divination; aus d. Latein. v. J. J. Hottinger. 8. Zürich 789. Orell. 12 gr.

— über d. Divination, übers. v. C. W. Eckermann. 1s, 2s Bdchen. 16. Prenzlau 828. Ragoczy. 8 gr.

— Bücher von d. Divination u. d. Schrift v. Schicksal. In's Deutsche übertr. v. Friedr. Jacobs. Lex.-8. (10⅛ B.) Leipzig 841, Focke.

— Bücher von der Divination, im Auszuge, s. Von.

— Dass. im Auszuge, s. Wahrsagungen, von.

— de divinatione et de fato. 16. Leipz., Tauchnitz. 4 gr.

— de divinatione libri II. ex recens. I. A. Ernesti. 8. Halae, Waisenh. Bchhdl. 761.

— de divinatione libb. II. ex recens. J. A. Ernestii. 8. Halle 776. Waisenh.-B. 6 gr.

— de divinatione, libri II. ex recens. et cum not. I. I. Hottinger. c. fig. gr. 8. Lips. Crusius. (Vogel) 793. Fein Pap.

— de divinatione et de fato ex rec. J. Davisii cum ejusd. animadv. et notis varior. una cum Hadr. Turnebi commentario in libr. de fato ed Rud. G. Rath. Acced. Jani Gruteri et editoris notae. 8 maj. Halle 807. Kümmel. 1 Rthl. 12 gr. Schrbp. 1 Rthl. 22 gr. Velinp. 2 Rthl. 20 gr.

— id. lib., libb. II. et de fato libb. V. sec. opt. edita. 12. Manh. 823. Löffler. 8 gr.

— de Divinatione lib. II. et de Fato lib. I. sec. opt. edita. 8. Mannheim 824, Löffler.

— de divinatione et de fato libri, cum omnium eruditor. annotationibus, quas Jo. Davisii editio ultima habet. Text. denuo ad fidem complurium codd. Msst., edd. vett. aliorumque adjumentorum recogn. Fr. Creuzer et C. Th. Kayseri suasque animadvers. addid. G. H. Moser. 8 maj. Frankf. 828. Brönner. 5 Rthl. 18 gr. Velinp. 7 Rthl. Hbg. Pr. 3 Rthl. Velinp. 4 Rthl.

— de divinatione libb. II. Ad libr. Mss., partim nondum adhibitorum, fidem emend., aliorum suisque animadvers. illustr. ab A. O. L. Giese. 8 maj. Leipz. 829. Lehnhold. 1 Rthl. 16 gr. Schrbp. 2 Rthl. 16 gr.

— de **Divinatione** libri duo, et de fato liber singularis ad optimas editt. collati. Mit deutschen Wort- u. Sacherklärr. u. besond. grammat. Anmerkk. zum Gebrauch der studirenden Jugend von Ign. Seibt. 8. Prag 834. Eggenberger. 3/4 Rthlr.

— zwei Bücher von d. Vorhersehung. Aus d. Latein. übers. gr. 8. Leipz. 784. Schwickert. 12 gGr.

– Zwei Bücher von der **Weissagung**, s.a. **Sammlung**, Neueste, ausgewählter griech. u. röm. Classiker.

– – (s. auch Samml. d. neuesten Uebersetzungen röm. Classiker. 18e Abtheil.)

— von d. Weissagung u. vom Schicksale; aus d. Latein. v. J. F. v. Meyer. 8. Frankf. a. M. 807. Hermann. 18 gGr. Hbg. Pr. 9 gGr.

Cicero, M. Tull., von d. Weissagung u. vom Schicksal; übers. v. G. H. Moser. 2 Bdchen. 12. Stuttg. 828. Metzler. 8 gGr.

Ciceronis eclogae vom Abt Olivet zusammengetragen u. mit Anmerkk. erläutert v. Jh. Geo. Altmann. 8. Zürich 758. Orell. 8 gGr. N. Ausg. mit Anmerkk. erläutert (v. J. J. Hottinger). 8. Ebd. 783. 16 gGr. Von Neuem mit Anmerkk. erläutert v. J. J. Hottinger. 2e hin u. wieder verb. Aufl. Mit Zusätzen d. Herausgebers. 8. Ebd. 820. 1 Rthlr. 4 gGr. Dann unter d. T.: Eclogae quas ab Jos. Oliveto descriptas in us. scholar. secundis curis interpret. ab Jh. Jak. Hottinger suscepit, recogn. suisque juvent. erudiendae commentariis et indice instr. Jh. Jak. Ochsner. Edit. altera multis part. aucta et emendata. 8. ibid. 827, 28. Orell. 1 Rthlr. 8 gGr.

—— **Eclogae**, quas ab Jos. Oliveto descriptas in us. scholar. secundis curis interpret. ab Jo. Jac. Hottingero, suscepit, recogn., suis juvent. erudiendae commentariis et indice instr. Jo. Jac. Ochsnerus. Edit. II. multis part. aucta et emend. — A. u. d. T.: Eclogae, gesammelt v. d'Olivet, u. z. Gebr. d. Schulen v. neuem mit Anmerkn. erläut. v. J. J. Hottinger. 3. Aufl. Mit neuen Zusätzen u. Verbesserungen d. Hrsgeb. gr. 8. (32 B.) Zürich 827, 28, Orell, Füssli u. Comp.

—— ad L. Lucceium Historiarum Scriptorem **Epistola** celebratissima separatim ed. et commentariis instructa a Car. Henr. Frotscher. 8maj. (2⅝ B.) Annabergae 838. (Freiberg, Reimmann.)

– **Epistola** I. l. I. ad Quintum fratrem, s. **Cicero**: **Epistolae** ad Quintum fratrem.

Cicero, Marcus Tullius: **Epistolae**

— — **epistolae**, curavit Lünemann. Pars I — III etc. vide **Bibliotheca Romana** classica Tom. IV.–VI.

Ciceronis, M. Tull., epistolarum libri IV, a Jh. Sturm olim collecti, nunc longe emendat. et auct. a C. Junker. 8. Cob. 743. Ed. n. 753. 3 gGr. Ed. n. cum select. quibusdam Plinian. epistol. (ed. G. C. Harles). 8. Cob. 779. (Riemann). 8 gGr.

Cicero, M. T. Epistolarum libri IV … Coburgi 1779. Editio nova. H: *Harles, Gottlieb Christoph.* (Ky) (MGT)

— **Epistolarum** libri IV. a Ioh. Sturm cum select. quibusdam epistol. Plinian. 8. Coburg, Ahl. 779.

— et clarorum virorum epistolae XII et VI libris comprehensae. Adhibita multorum locorum correctione scriptorum pariter atque editorum librorum praesidio castigatus ed. Jh. Aloys. Martini-Laguna. I Vol. in II Part. Mit 1 Kpf. 4. Leipz. 794 et 804. Göschen. Mit grösserer Schrift Schrbp. 3 Rthlr. 8 gGr. Velinp. 10 Rthlr. 6 gGr. Mit klein. Schrift in 8. 1 Rthlr. Velinp. 5 Rthlr. Blosser Text für Schulen. 1 Rthlr.

— et Clarorum Virorum **Epistolae** decem et sex libris comprehensae. Adhibita multorum locorum correctione scriptorum pariter atque editorum librorum praesidio castigatus ed. Ioh. Aloys. Martini-Laguna. Vol. I. P. I. II. 4. Lips. Göschen. 804. mit größerer Schrift auf geglätt. Velinpap. (Vol. I. P. I. 6 Thlr. 6 gr. Vol. I. P. II. 4 Thlr.)

— *et clarorum viror. Epistolae.* Castigav. J. A. Martini Laguna. Lips. 804. Tom. I. 8. 1 rthl. Mehr ist noch nicht erschienen.
— — — Ad optim. edd. Manhem. 811. 2 Tom. 8. 18 gr.
— — — Ex rec. J. A. Ernesti. Ed. nov. Hal. 814. 8. 8 gr.
— — — Ad. optim. edd. ed. Lünemann. Götting. 820. Vol. I. 8.

— et clarorum virorum **Epistolae**. Vol. I. Sect. I. A. u. d. T.: Briefe des M. T. Cicero u. mehrerer seiner Zeitgenossen. Herausg. von Andr. Thospann. 1r Bd. 1e Lfrg. gr. 8. Leipz. 833. Lauffer. 1 Rthlr.

—— **Epistolae**. Recognovit Albert Sadolinus Wesenberg. 2 vol. 8. Leipzig, Teubner. à Vol. ℳ 3.

Inhalt:

Vol. 1. Insunt epistolarum ad familiares libri XVI., ad Quintum fratrem libri II., Q. Tullii Ciceronis de petitione consulatus ad M. fratrem liber. 872. (V, 663 S.)

» 2. Insunt epistolarum ad Atticum libri XVI. ad S. M. Brutum libri II., epistola ad Octavianum. 873. (IV, 659 S.)

— **epistularum** libri XVI, edidit Ludw. **Mendelssohn**. Accedunt tabulae chronologicae ab Aem. Koernero et O. E. Schmidtio confectae. gr. 8. (XXXIII, 460 S.) Leipzig 893. B. G. Teubner. n. 12.—

Marci Tullii Ciceronis Epistolae. Recogn. Albertus Sadolinus Wesenberg. Ed. ster. [Neudr.] Vol. 1. 2. Lipsiae: Teubner 1894. 8°
(Bibliotheca scriptorum Graec. et Rom. Teubneriana.) A 12. 3223 II

Cicero, M. Tullius, epistulae. Recognovit brevique adnotatione critica instruxit Ludov. Claude Purser. 3 voll. 8. Oxford, Clarendon Press. n.n. 15.50

I. Epistulae ad familiares. (X, 532 S.) (901.) n.n. 5.—

II. Epistulae ad Atticum. 2 partes. (XVIII, 612 S.) (903.) n.n. 8.—

III. Epistulae ad Quintum fratrem, commentariolum petitionis, epistulae ad M. Brutum, Pseudociceronis epistula ad Octavianum, fragmenta epistularum. (VIII, 172 S.) (902.) n.n. 2.50

— epistolarum ad Atticum lib. I—XVI. III Tom. 16. Lpz., Tauchnitz. 18 gGr.

— **Epistolarum** ad Atticum libri XVI. 2 Tmi. 8. Basel, Schweighäuser. 780.

— epistolae ad Atticum libri XVI. II Tom. 8. Basel 781. Schweighäuser. 1 Rthlr.

—— **epistolarum** ad T. Pomponium Atticum libri XVI. Recensuit et adnotatione illustravit J. C. G. Boot. 2 Vol. gr. 8. Amstelodami 865, 66. (Leipzig, F. Fleischer.) [Vol. I. (XVI und 332 S.) * 2 Thlr. 15 Ngr., Vol. II. (VI und 410 S.) * 2 Thlr. 25 Ngr.] *

— **epistolarum** ad T. Pomponium Atticum libri XVI. Recensuit et adnotatione illustravit I. C. G. Boot. Ed. altera. gr. 8. (XXIV, 764 S.) Amsterdam 886. Joh. Müller. n. 17.—

— **Epistolae** ad Atticum, ad Quintum fratrem et ad M. Brutum ex recens. I. A. Ernesti. 8. Halae, Waisenh. Buchhandl. 780.

— epistolae ad Atticum, ad Quintum fratrem et ad M. Brutum, ex recens. J. A. Ernestii. 8. Halle 783. Waisenhaus-B. 14 gGr.

— epistolae ad Atticum, ad Quint. fratrem, ad M. Brutum et quae vulgo ad familiares dicuntur temporis ordine dispositae cura F. X. Schönberger. IV Tom. 8maj. Wien, 813—24. Geistinger, (Gerold). 4 Rthlr. Hbg. Pr. 2 Rthlr.

— **Epistolae** ad Atticum etc. cur. F. X. Schönberger. Tom. IV. gr. 8. Wien 825, Geistinger.

— Dass., mit gegenüberstehender deutscher Uebersetzung v. C. M. Wieland. 12 Bde. gr. 8. Wien 813—24. Geistinger. 12 ꝛꝭß

— epistolae ad Atticum. Mit gegenüberstеh. Uebersetzung v. Wieland. 12 Bde., ist der 10e — 12e Bd. die Uebersetzung von Gräter.

— Epistolae ad Atticum, ad Quintum fratrem et quae vulgo ad familiares dicuntur temporis ordine dispositae, recensuit selectisque superior. interpret. suisque annotat. illustr. C. G. Schütz. 4 Vol. gr. 8. Halae, Hemmerde et Schw. 809—11. (I. II. III. à 1 Thlr. 8 gr. IV. 1 Thlr. 12 gr.)

— — ad Atticum, ad Quintum fratrem et quae vulgo ad familiares dicuntur, temporis ordine dispositas recensuit selectisque superior. interpret. suisque annotat. illustr. C. G. Schütz. V. VI. et ult. 8maj. Halae, Hemmerde et Schwetschke. 811—12. (Vus 1 Rthlr. 8 gr. VIus 1 Rthlr. 18 gr.)

Ciceronis Epistolae ad Atticum, ad Q. fratrem et quae vulgo ad familiares dicuntur, temporis ordine dispositae. Ad optim. edd. fidem edid. Lünemann. Goetting. 820. 21. 4 Part. 8. 2 rthl. 18 gr.

— epistolae ad Atticum Quintum fratrem, ad familiares temporis ordine dispositae a G. H. Lünemann. IV Voll. 8. Götting. 820, 21. Deuerlich. 2 ꝛꝭß Schrbp. 2 ꝛꝭß 16 ℊℊ

—— Epistolae ad Atticum, ad Quint. Fratrem et quae vulgo ad familiar. dicuntur temporis ord. dispositae. — Zum Gebr. in Schulen m. d. nothwendigsten Wort- u. Sacherklärn. ausgestattet v. Jul. Billerbeck. 4 Thle. gr. 8. (126¼ B.) Hannover 835, 36, Hahn'sche Hofbuchh. [1. 1¼ Thlr., 2. 1 Thlr., 3. u. 4. à ⅚ Thlr.]

M. Tulli Ciceronis ad M. Brutum et M. Bruti ad M. Tullium Ciceronem Epistularum liber 9. [Epistolae ad M. Brutum, Ausz.] Rec. H[åkan] Sjögren. (Gotoburgi: Eranos; Lipsiae: Harrassowitz) 1910. 60 S. 8°
(Collectio scriptorum veterum Upsaliensis. [4.]) [11. 1709] 3

– Epistolae ad diversos, s. Cicero: Epistolae ad familiares.

—— exsulis epistolae. In usum scholarum semestrium ed. Bernardus Thiersch. 8. (7 B.) Tremoniae 841, Krueger.

– Epistolae ad familiares, s.a. Cicero: Selectae quaedam epistolae ad suos.

— epistolarum ad diversos s. familiares lib. I—XVI. III T. Leipz, Tauchnitz. 16 ℊℊ

– – Libri XVIII. Augsburg: Wolff 1701. 12°

— — cum notis. 12. Basel, Turneysen. 701.

— epistolarum ad diversos (familiares vulgo vocant) libri XVI. cum notis Chr. Cellarii. 8. Leipz. 708. Ed. III. aucta et emend. Gli. Cortii. 8. ibid. 722. Ed. n. 771. (Brockhaus). 10 ℊℊ

— Epistolae ad divers. vulgo Familiares, opere I. A. Bengeli. 8. Stuttg. Erhard. 719.

Cicero: M. Tullii Ciceronis epistolae ad diversos vulgo familiares. Recognitae et iis instructae rebus quae ad interpretationem imitationemque pertinent. Opera Johannis Alberti Bengelii (mit 2 Landkarten). – Stutgardiae: Mezler 1719. 1052 S.

— — idem lib. cum notis I. A. Bengel. 8. maj. Stuttg. Metzler. (ot. Löfflund) 719.

— epistolae ad familiares, oder Briefe, die er an unterschied. gute Freunde abgeschicket — in d. reine deutsche Sprache übers. (v. Leonh. Eph. Rühl). 8. Halle 722. N. Ausg. 724. 729. 760. Renger. 20 ℊℊ

— — cum observationibus critico-antiquar. Ioh. Nicol. Funccii. 8. Frankf. Hermann. (Brönner, Gebhardt.) 759.

— — idem lib. cum notis ad modum Minellii. 12. Lips. Weidmann. 759.

– Epistolarum ad diversos l. 16 Christophorus Cellarius rec. Ed. 3 studio Gottlieb Cortii. Ed. nova. Lipsiae 1749. 8°

— notis perpet. ad modum J. Minellii illustratae. 12. Lpz. ... Ed. VI. 756. Weidmann. 12 ℊℊ

— epistolarum ad familiares libri XVI. praefixis ad singulas fere epistolas argumentis. 8. Augsb. 757. Wolff. 8 ℊℊ

— — mit deutschen Noten v. Rühl. 8. Halle, Renger. 764.

— epistolarum familiarium libri IV. In us. scholarum. 8. Augsb. 764. Wolff. 3 ℊℊ

Cicero, Marc. Tull., Epistolae ad familiares Libri IV. 8. Augsb. Wolff. 770. Rthlr.

— ad codd. accuratissime emendatae. 12. Halle 771. Waisenh.-Buchh.

— Epistolae ad Familiares, cum notis Chr. Cellarii, edit. aucta studio G. Cortii. 8. Leips. Gleditsch. 771.

— — sive diversos ex nova recens. I. A. Ernesti adjunct. lect. Gruterianis. 8. Halae, Waisenh. Buchhdl. 774.

— id. lib., ad fidem codd. Mss. emendat. II Tom. 8. Basel 780. Schweighäuser. 1 ꝛꝭß

— epistolae ad familiares cum notis criticis Tr. Fr. Benedict. II Voll. 8. Leipz. 790—95. Weidmann. 2 ꝛꝭß 12 ℊℊ Schrbp. 3 ꝛꝭß 12 ℊℊ

— id. lib., et ad Marc. Brutum, nach d. Zeitfolge geordn., mit Einleit. u. Anmerkk, zum Schulgebr. von A. Chr. Borheck. 2 Thle in 4 Abtheill. 8. Lemgo 794—96. Meyer. 2 ꝛꝭß 20 ꝛꝭß

— epistolae ad diversos. Recens., vita Ciceronis praemissa, praefat. sing. libb. praepos., argum., tab. epistolar. chronolog. et indd. histor. in us. scholarum illustr. J. C. F. Wetzel. 8maj. Liegn. 794. Siegert. 1 ꝛꝭß 16 ℊℊ Ed. n. 8maj. Leipz. 822. Weigel. 1 ꝛꝭß 16 ℊℊ Hbg. Pr. 9 ℊℊ

— ad familiares, cum interpretatione et notis Phil. Quartier. II Tom. Ed. nov. et emendata. 8. Ofen 807. Univ.-B. 2 ꝛꝭß 6 ℊℊ

— epistolae ad familiares. 8. Nürnb. 808. Riegel u. W. 9 ℊℊ

— — ad familiares, quae supersunt omnes secundum optimas novissimasque Editiones. II Vol. 8. Mannh. Löffler. 811.

— epistolae ad familiares. II Voll. 8. Manh. 811. Löffler. 18 ℊℊ (A. u. d. T.: Ciceronis Opera. T. XI et XII.)

— Epistolae ad Familiares, libri XVI. ex rec. J. A. Ernesti in usum Scholarum. Edit. nova. 8. Halae, Waysenhausbuchh. 814.

— — Epistolae ad familiares sive diversos, ex recensione J. A. Ernesti. Editio nova. 8. Halle, Waisenhaus-Buchh. 821. — 8

— Epistolae ad diversos. Recens. vita Cic. praem. praef. sing. libb. praepos. argum. tab. epistol. chronolog. et indd. hist. illustr. J. C. F. Wetzel. gr. 8. Leipz. 822, Weigel. Rthlr.

— Epistolae ad familiares sive diversos. Ex recens. J. A. Ernesti. In us. schol. Edit. Nova. 8. Halle 826, Waisenhausbuchhdl.

—— epistolae mutuae. s. Rufus, M. C.

— epistolae quae exstant omnes, ex recens. Gronovii, cura J. A. Ernestii. 8. Halle 757. Waisenh.-B. 1 ꝛꝭß

— id. lib., V Voll. 8. Manh. 808—811. Löffler. 1 ꝛꝭß 20 ℊℊ Postp. 2 ꝛꝭß 18 ℊℊ (A. u. d. T.: Cicer. Opera Vol. XI—XV.)

— epistolae quae exst. omnes ad Atticum, ad Quintum fratrem et quae vulgo ad familiares dicuntur ordine chronologico dispositae. Recens. select. superior. interpret. et suis animadv. illustr. a G. Schütz. VI T. 8maj. Halle 809—13. Schwetschke u. S. 8 ℔ 8 gr Schrbp. 12 ℔ Engl. P. 14 ℔ Velinp. 18 ℔

Ciceronis, *Epistolae omnes* ordine chronologico dispositae. Cum notis ed. C. G. Schütz. Hal. 809-12. 6Tom. 8. 8 rthl. 8 gr.

— epistolae ad Quintum fratrem. 16. Leipz., Tauchnitz. 3 gr

— epistola prima libri I, ad Quintum fratrem et de natura deorum libri II. c. 39—67., in us. scholar. cum animadv. nonnullis Karl Ldw. Baueri. 8. Lauban 765. Wirthgen.

— epistola I libri I. ad Quintum fratrem, et de natura deorum libri II. cap. 39—47. In us. scholar, cum animadverss. nonnullis edita a G. L. Bauero. 8. Bresl. 782. W. G. Korn. 2 gr

— epistolarum ad Quintum fratrem libri III. Recogn., selectam lectionum varietat. adjecit et perpetua adnotat. scholar. in usum illustr. J. Hoffa. 8maj. Heidelberg 843, Mohr. 5/6 ℔

— Epistolae ad Quintum fratrem et ad Brutum cum notis variorum. 8. Hag. Com. 725.

— Epistolae selectae, cum Plinianis infra subjunctis cum notis germ. et phrasibus a I. S. Ungenad. 8. Breslau. 741.

— Epistolae selectae libri III. ed. I. Sturm. quibus accessit quartus a I. Bittner ex recens. Chr. Daum. 8. Lips. Dyk. 741.

— Epistolae selectae, libri III. edit. Ioh. Sturm, Burmann et Hartnaccio. 8. Hamburg. 748.

— Epistolae selectae, ex edit. Iunker. 8. Coburg. 754.

— epistolae selectae, cum praef. Fr. Er. Harwen. 8. Augsb. 766.

— epistolae selectae ex recens. J. G. Graevii, nebst einigen Hülfsmitteln, d. Briefe d. Cicero zu verstehen, von Mart. Fr. Sörgel. 12. Lemgo 770. Meyer. 12 gr

— epistolae selectae, mit deutschen Noten. 12. Halle 6e Aufl. 771. Renger. 6 gr

— — idem lib. mit deutsch. Noten. 12. Halle, Renger. 772.

— epistolae select. Plinii, Manutii et Mureti, cura Melch. Junii. Praemittitur instructio practica ex probatissimis auct. C. F. Gellerto et J. C. Stockhausen, c. B. G. Schäfler. 8. Augsb. 777. M. Riegers. 12 gr

— id. lib., in us. stud. juvent. adornatae. 12. Halle ... Ed. IV. 781. Ed. VI. 8. ibid. 823. Waisenh.-B. 2 gr

— Epistolae selectae, cum animadversionibus F. A. Stroth, in usum Scholarum. 8. Berlin, Nicolai. 784.

— id. lib., ex recens. Graevii aliorumque. 12. Nürnb. 784. Ed. n. 790, 800 et 808. Riegel u. W. 3 gr

Cicero, M. T. Epistolarum selectarum Libri IV ... Berlin 1790. H: *Poppe, Johann Friedrich.* (Ky) (MGT)

— id. lib., libri IV. Nach d. Zeitfolge geordnet u. mit kurzen Einleitt., erklär. Anmerkk. u. e. vollständ. Sachregister versehen, zum Gebrauch in Schulen (v. J. F. Poppe). 8. Berl. 790. 2e A. 804. (Nauck). 10 gr

— Plinii, Manutii et Mureti epistolae selectae, s. a. Epistolae ex Plinio etc.

— Plinii, Manutii et Mureti Epistolae selectae c. M. Iunii a C. F. Gellert et I. C. Stockhausen. 8. Augsb. M. Riegers. 798.

— Epistolae selectae. 8. Halae, Waisenh. Bchhdl. 802.

— Epistolarum selectarum, libri IV. Nach der Zeitfolge geordnet u. mit kurzen Einleitungen, erklärenden Anmerk. u. ein. vollständ. Sachregister versehen, zum Gebr. der Schulen v. J. F. Poppe. 8. Berlin, Acad. Buchh. 804.

— Epistolarum selectarum Libr. IV. Nach d. Zeitfolge geordnet mit kurzen Einleit., Anmerkk. u. Sachregister v. J. F. Poppe. Zum Schulgebr. 2e Aufl. 8. Berlin 804. (Nauck.)

— id. lib., ex recens. Graevii aliorumque. 8. Pesth 807. Eggenberger. 8 gr

— epistolae selectae, quas in usum lect. ed. B. A. Pflanz. 8maj. Rotweil 831. Herder. 16 gr

Ciceronis, M. Tullii, Epistolae selectae CXC. Für d. Schulgebrauch bearb., mit histor. Einleitungen u. erklär. Anmerkk. vers. v. Karl Fr. Süpfle. gr. 8. Karlsr. 836. Groos. 1 1/4 ℔

—— epistolae selectae. Für d. Schulgebr. bearb., mit hist. Einleit. u. erklär. Anmerkungen versehen v. Karl Fr. Süpfle. 2., verb. Aufl. gr. 8. (25 B.) Karlsruhe 845, Groos.

Ciceronis, Marci Tullii, epistolae selectae. Für den Schulgebrauch bearb., m. historischen Einleitungen u. erklärenden Anmerkungen versehen v. Karl Frdr. Süpfle. 3. sehr verb. Aufl. gr. 8. (XVI u. 436 S.) Heidelberg 849, Groos. 1 ℔ 8 ngr

— epistolae selectae. Ex Reinhld. Klotzii recensione scholarum in usum edid. Rud. Dietsch. 2 partes. Lipsiae 854. Teubner. 8. (XXVIII, 151; 1 Bl., 256 S.) I.: 9 ngr; II.: 15 ngr

-- Epistulae selectae. F. d. Schulgebr. erklärt v. P. Dettweiler. 2., verb. Aufl. gr. 8. (XII, 228 S.) Ebd. 898. 2.25

— epistulae selectae. Für den Schulgebrauch erklärt v. P. Dettweiler. Ausg. A. Kommentar unterm Text. 3. Aufl. gr. 8. (X, 230 S.) Gotha 901. F. A. Perthes. 2.25; Ausg. B. Text u. Kommentar getrennt in 2 Hftn. (X, 98 u. IV, 128 S.) 2.25

— epistulae selectae. Nach Text u. Kommentar getrennte Ausg. (B) f. den Schulgebrauch v. P. Dettweiler. 4. Aufl. 2 Hefte. (X, 98 u. IV, 143 S.) 8. Gotha 905. F. A. Perthes. n. 2.25; geb. n. 2.55

M[arci] Tullii Ciceronis Epistolae selectae ex Reinholdi Klotzii rec. ed. Rudolfus Dietsch. Ed. ster. P. 1. 2. Lipsiae: Teubner 1908-11. 8°
1. 1911. 2. 1908.
(Bibliotheca scriptorum Graec. et Rom. Teubneriana.) A. 11

— Epistolae selectae CXC, s. Cicero: Epistolae selectae. 1836.

— epistolae selectae temporis ordine dispositae cur. S. N. J. Bloch. 8. Kopenh. 818. Schubothe. 1 ℔ 6 gr

— —. epistolae selectae temporis ordine dispos. atque ad fidem edit. opt. expressae, cur. S. N. I. Bloch. 8. Havniae, Schubothe. 819. 1 6

— — epistolae selectae ac temporum ordine dispositae. In usum schol. edidit A. Matthiae. 8maj. Lipsiae, W. Vogel. 816. 1 6

— id. lib. in us. stud. juvent. adornatae. Edit. VI. 8. Halle 823. Waisenhausbuchhdl.

— Epistolae selectae ac temporum ordine dispositae. In us. scholar. edid. A. Matthiae. Ed. II. aucta et emend. 8 maj. Lips. 825. W. Vogel.

—- Epistolae selectae ac temporum ordine dispositae. In us. scholar. edid. Aug. Matthiae. Edit. III. aucta et emend. 8 maj. (25 B.) Lipsiae 829, Vogel.

— epistolae selectae ac temporum ordine dispositae. In usum scholarum ed. Aug. Matthiae. Quartum ed., textum ex Orellii recensione constituit, notas auxit F. H. Müller. gr. 8. (VIII u. 366 S.) Lipsiae 849, Vogel. 1⅓ ℛ

— epistolae selectae temporum ordine compositae. Für den Schulgebrauch mit Einleitungen u. erklärenden Anmerkungen versehen von Karl Friedr. Süpfle. 4. umgearb. Aufl. Karlsruhe 856. Groos. gr. 8. (XII, 392 S.) n. 1 ℛ 3 ngr.

—— epistolae selectae temporum ordine compositae. Für den Schulgebrauch mit Einleitungen und erklärenden Anmerkungen versehen von Carl Friedr. Süpfle. 5., verb. Aufl. gr. 8. (XII und 398 S.) Carlsruhe 861, Groos. *

— epistolae selectae temporum ordine compositae. Für den Schulgebrauch mit Einleitungen u. erklär. Anmerkungen versehen von K. Fr. Süpfle. 6. verb. Aufl. Karlsruhe 866. Groos. gr. 8. (X, 405 S.) n. 1 ℛ 3 ngr.

— epistolae selectae temporum ordine compositae. Für den Schulgebrauch m. Einleitgn. u. erklär. Anmrkgn. versehen v. Karl Frdr. Süpfle. 7. verb. Aufl. gr. 8. (XII, 404 S.) Karlsruhe 873. Groos. n. 3.30

—— Epistulae selectae temporum ordine compositae. Für den Schulgebrauch mit Einleitungen und erklär. Anmerkungen versehen von Karl Friedr. Süpfle. 8. Aufl., umgearb. und verb. von Ernst Boeckel. gr. 8. (X, 421 S.) Karlsruhe 880, Groos. *

—— Epistolae selectae temporum ordine compositae. Für den Schulgebrauch mit Einleitungen und erklär. Anmerkungen versehen von K. F. Süpfle. 9. Aufl. umgearb. und verb. von Ernst Boeckel. gr. 8. (X, 486 S.) Karlsruhe 885, Groos.

— epistulae selectae temporum ordine compositae. Für den Schulgebrauch m. Einleitgn. u. erklär. Anmerkgn. versehen v. Karl Frdr. Süpfle. 10. Aufl., umgearb. u. verb. v. Ernst Boeckel. gr. 8. (X, 506 S.) Karlsruhe 893. Ch. Th. Groos. n. 3. 40; geb. in Halbldr. n.n. 3. 70

— epistulae selectae temporum ordine compositae. Für den Schulgebrauch m. Einleitgn. u. erklär. Anmerkgn. versehen v. Karl Frdr. Süpfle. 11. umgearb. u. verb. Aufl. v. Ernst Boeckel. (LXIV, 408 S. m. 1 Taf.) 8. Heidelberg 908. C. Winter. Verl. Geb. 2. 50

—— selectae quaedam epistolae ad suos, od. Auswahl Cicero'scher Familienbriefe m. erklär. Noten. Zum Gebr. f. d. mittl. Gymnasialkl. u. Realschulen zusammengest. v. F. Minsberg. 8. (12 B.) Glogau 839, Prausnitz.

Cicero's Erzählungen, gesammelt v. Mart. Fr. Sörgel. 8. Lemgo 768. N. A. 780. Meyer. 9 ℊ

— potiora quaedam, alibi nondum excerpta de natura deorum II. 39—60. epistola I. 1 ad 2 fratrem, oratio pro Murena: Acad. quest. I. 8—12. de finibus bonorum et malorum I. 6. 7. auct. ad Herenn. IV. 50. 51. in scholarum us. separatim edita et not. passim illustrata a C. L. Bauer. 8. Bresl. 783. W. G. Korn. 3 ℊ

— liber de Fato, ex recensione I. H. Bremi. gr. 8. Lips. Crusius. (Vogel.) 795.

— de finibus bonorum et malorum. 16. Leipz., Tauchnitz. 6 ℊ

— — idem liber. 12. Halae, Nicolai. 746.

— de finibus bonorum et malorum libri V. 8. Halle 758. Ed. n. 775. Waisenh.-B. 4 ℊ

— de finibus bonorum et malorum et de fato; accedit varietas lectt. e codd. Vindob. ed. Frz. K. Alter. 8. Wien 786.

— — Cura J. H. Bremi. Tigur. 798. Tom. I. 8. 16 gr. Weiter ist nichts erschienen.

— id. lib., ex recens. et c. notis Jh. Hnr. Bremi. Vol. I. 8maj. Zürich 798. Gessner. 18 ℊ

— id. lib., libros V ex recens. Jh. Davisii cum ejusd. animadverss. et notis integris P. Victorii, P. Manucii, J. Camerarii, Dion. Lambini ac Fulv. Ursini ed. Rud. Gtth. Rath. Acced. Gruteri notae ex Palatinis codd. et editoris emendat. ad libros priores duos. 8maj. Halle 804. Kümmel. 1 ℛ 18 ℊ Schrbp. 2 ℛ 8 ℊ Velinp. 3 ℛ (Auch in dess. Opera philosoph.)

— id. lib., ex scriptis recens collatis editisque libris castigatius et explicat. ed. Jh. Aug. Goerenz. 8maj. Leipz. 813. Weidmann. 2 ℛ 18 ℊ Schrbp. 3 ℛ 8 ℊ Velinp. 5 ℛ (Bildet auch der Opera philosoph. Vol. II.)

— de finibus bonorum et malorum libri V. Mit deutschen Wort- u. Sacherklärungen versehen v. Billerbeck. gr. 8. Hannov. 827. Hahn. 18 ℊ

— de finibus bonorum et malorum libri V. Cum selectis Goerenzii annotationibus, quibus suas subjunxit Fr. Wilelm. Otto. Additi sunt excursus XII de variis rebus grammaticis. 8maj. Leipz. 831. Lehnhold. 1 ℛ 16 ℊ

— de finibus bonorum et malorum libri V ad opt. edit. collati. Mit deutschen Wort- u. Sacherklärr. u. grammat. Anmerkk. zum Gebr. d. Schulen v. Ign. Seibt. 8. Prag 832. Enders. 20 ℊ

Cicero, M. Tull., de finibus bonor. et malor. lib. V. Rec. et enarrauit Io. Nicol. Madvigius. 8maj. (61 B.) Hauniae 839, libr. Gyldendal. Thlr. *

—— id. — Ex rec. Io. Nicol. Maduigi. 8maj. (12 B.) Hauniae 839, libr. Gyldendal. *

— de finibus bonorum et malorum. 8maj. München 841. (Regensb., Manz.) n. ⅜ ℛ

—— de finibus bonorum et malorum libri V. Recensuit Henr. Alanus. 8. (III und 279 S.) Dublinii 856. (London, Williams und Norgate.) *

— de finibus bonorum et malorum libri quinque. Jo. Nicol. Madvigus recens. et emend. Editio II, emendata. Kopenhagen 869. — Leipzig, T. O. Weigel in Comm. gr. 8. (LXIX, 868 S.) n. 7 ℛ 15 ngr.

—— de finibus bonorum et malorum libri quinque. Erklaert von Dagob. Boeckel. 1. Bdchn. Buch 1 und 2. gr. 8. (IV, 121 S.) Berlin 872, Weidmann'sche Buchh.

— idem libri. Für den Schulgebrauch erklärt v. Hugo Holstein. gr. 8. (XI, 284 S.) Leipzig 874. Teubner. 2.70

—— de finibus bonorum et malorum libri V. D. Jo. Nic. Madvigius rec. et enarravit. Edit III. emendata. Lex.-8. (LXXII, 869 S.) Hauniae 876. (Leipzig, T. O. Weigel.) *

— de finibus bonorum et malorum libri V. Ed. Geyza Némethy. 8. (180 S.) Budapest 891. R. Lampel. n. 1. 20

—— s. Freund's Schülerbibliothek.

– Von der Freundschaft, s. Cicero: Laelius de amicitia.

Cicero's auserles. Gedanken, in latein., französ., italien. u. deutscher Sprache, zur Bildung der Jugend. gr. 8. Wien 816. Schrämbl. 18 ℊ

— Gedanken über den Geist des Naturrechts. a. d. Lat. von Chr. W. Wehrn. 8. Jena, Acad. Buchhandl. 768.

— Gedanken über d. Geist d. Naturrechts, v. Chr. W. Wehre. 8. Jena 788. (Hennings in Neisse). 3 gr

– Gedanken von der Kunst des Menschen, die Gemüter zu gewinnen, s. Cicero: De officiis.

Cicero's Geist u. Kunst, eine Samml. d. geistreichsten, vollendetsten u. gemeinnützigsten Stücke aus d. Ciceronianischen Schriften, übers. u. herausg. v. J. C. G. Ernesti. 5 Bde. 8. Lpz. Fritsch. 799—802.

— Geist u. Kunst, e. Samml. d. geistreichsten rc. Stücke aus d. Ciceronischen Schriften, übers. u. herausg. v. J. C. G. Ernesti. 3 Bde. 8. Leipz. 799—802. (Hahn). 4 rß

— libri de optimo genere oratorum, ad Trebatium topica, oratoriae partitiones, ad Marcum Brutum orator. Cum commentario perpet. juventuti studiosae elaborato ed. C. H. Saalfrank. 8. Regensb. 822. (Augsb., Kollmann.) 1/3 rß

— de opt. genere orator., ad Trebatium topica. orat. partitt. cum commentario ed. G. H. Saalfrank. Vol. I. 8. Regensb. 823. Pustet. 8 gr (Heyder in Erlang.) 12 gr

— Libellus de optimo genere oratorum. Rec. E. Hedicke. Pr. 1889. 8 S. 4°.

– Über die Gesetze, s. Cicero: De legibus.

– Von den Gesetzen, s. Cicero: De legibus.

– Gespräch über das Greisenalter, s. Cicero: Cato maior de senectute.

– Gespräche von den besten Gesetzen, s. Cicero: De legibus.

– Drei Gespräche von dem Redner, s. Cicero: Vom Redner.

– Gespräche in Tuskulum, s. Cicero: Tusculanae disputationes.

– Gespräche von dem Wesen der Götter, s. Cicero: Über das Wesen der Götter.

– Vom Greisenalter, s. Cicero: Cato maior de senectute.

— 5 Bücher üb. das höchste Gut u. Uebel, s. a. Bibliothek, philosophische

— fünf Bücher vom höchsten Gut u. Uebel, s. a. Collection Spemann.

— fünf Bücher von dem höchsten Gute und Uebel, s. a. Sammlung griech. u. röm. Classiker.

— an Brutus, üb. das höchste Gut u. über das höchste Uebel a. d. Lat. von C. G. Tilling. 8. Bresl. W. G. Korn. 789.

— über d. höchste Gut u. d. höchste Uebel, in 5 Büchern. Aus d. Latein. übers. v. Karl Vikt. Hauff. gr. 8. Tübing. 822. Osiander. 1 rß

— über d. höchste Gut, übers. v. E. W. Eckermann. 1s, 2s Bdchen. 16. Prenzl. 828. Ragoczy. 8 gr

— fünf Bücher v. höchsten Gut u. Uebel. Uebers. v. G. C. Kern. 1s u. 2s Bdchn. 16. Stuttg. 836, 37. Metzler. (à 1/6 rß) 1/3 rß

— Bücher v. höchsten Gut u. höchsten Uebel. In's Deutsche übertr. v. Joh. Gust. Droysen. Lex.-8. (12 B.) Leipzig 841, Focke.

– Ad Herennium, s. Cicero: Rhetorica ad Herennium.

Ciceronis historia philosophiae antiquae, ex omnibus illius scriptis collegit, disposuit aliorumque auctor cum latinor. tum graecor. locis et illustr. et amplificavit Fr. Gedike. 8 maj. Berl. 781. Ed. II. 801. Ed. III. 814. Mylius. 1 rß

— historia philosophiae antiquae ed. D. F. Gedicke. Edit. tertia emend. 8 maj. Berolini, Mylius. 815.

– De imperio Cn. Pompei, s. Cicero: Oratio de ...

Cicero, M. T. De institut. orat. liber X ... Lipsiae 1769. H: *Ernesti, August Wilhelm.* (Gi)

Cicero, M. T. In P. Vatinium interrogatio ... Specimen codicum Turricensium et Einsidlensium. Turici 1835. H: *Orelli, J. C.* (AarK)

Cicero, Marcus Tullius: De inventione rhetorica

— de inventione. Ed. stereotypa. 16. Leipz., Tauchnitz. 5 gr

— Rhetoricorum, seu de inventione rhetorica libri II. ex recens. I. A. Ernesti. 8. Halae, Waisenh. 780.

— rhetoricorum seu de inventione rhetorica libri II., ex recens. J. A. Ernestii. 8. Halle 783. Waisenh.-B. 3 gr

—— Artis rhetoricae libri II. Rec. Andr. Weidner. gr. 8. (LII, 149 S.) Berlin 878, Weidmann'sche Buchh. *

—— Rhetoricae libri II, qui sunt de inventione rhetorica. Recognovit Guil. Friedrich. (Opera. No. 2.) 8. (120 S.) Leipzig 884, Teubner.

– Kato, s. Cicero: Cato maior de senectute.

Laelius de amicitia

Übersicht:
Abhandlungen von der Freundschaft und vom Alter
De amicitia
Von der Freundschaft
Laelius . . . [verschiedene lateinische Titelversionen]
Lälius . . . [verschiedene deutsche Titelversionen]

—— Abhandlungen v. d. Freundschaft u. v. Alter, Paradoxien d. Stoiker u. Traum d. Scipio, übers. v. Fr. K. v. Strombeck. Lex.-8. (15½ B.) Braunschweig 827, [Vieweg.]

Cicero, M. T. De amicitia dialogi ... Altorfi 1772. H: *Schwarz, Georg Christoph.* (ML)

—— de amicitia liber qui inscribitur Laelius. Für den Schulgebrauch erklärt von Gust. Lahmeyer. gr. 8. (VII und 54 S.) Leipzig 862, Teubner.

— von der Freundschaft, übers. u. erläutert. 8. Halle, Gebauer. 791.

— üb. die Freundschaft, a. d. Lat. v. Schreiber. 8. Wien Pichler. 800.

— Versuch e. neuen Uebersetzung d. Cicero von d. Freundschaft, mit histor.-philolog. Erläuterungen v. P. C. G. Andreä. 8. Jena ... 2e Aufl. 826.

— Laelius s. de amicitia, Cato major s. de senectute ad fid. codd. Mss. emendati. 8. Basel 779.

Cicero, M. T. Laelius sive de amicitia . . . Leipzig 1797. H: *Büchling, Johann David.* 2. Ausg. Leipzig 18?? H: *Höpfner, Joh. Georg Christian.* 3. Aufl. Leipzig 1829. H: *Klotz, Reinhold.* (Ky)

— Laelius sive de amicitia dialogus ad T. Pomponium Atticum. Mit erklär. Anmerkk. f. Schulen bearbeitet (v. J. D. Büchling). 8. Leipz. 797. Schwickert. 7 gr 2e Aufl. 8. Ebd. 822. 3e (v. R. Klotz) nach d. vorhand. Hülfsmitteln verb. Aufl. 829. 8 gr

— Laelius et Cato major, sive de amicitia et de senectute. 8. Basel 804. Schweighäuser. 5 gr

— de amicitia, de senectute et de officiis nec non paradoxa et somnium Scipionis edidit atque illustr. Cph. Rommel. 8maj. Krakau 813. Typis universit.

— Laelius sive de amicitia. In usum scholarum ed. E. Fr. Chr. Oertel. 8. Ansb. 821. Gassert. 3 gr id. lib., od. philos. Abhandl. über d. Freundschaft, latein. u. deutsch v. C. F. Chr. Oertel. 8. Ebd. 821. 8 gr Blos deutsch 4 gr

— id. lib. Ed. nova. 12. Manh. 822. Löffler. 3 gr

— Laelius, sive de amicitia dialogus ad T. Pompon. Atticum, mit erläut. Anmerkk. f. Schüler u. Gymnasien bearb. 2e Aufl. 8. Leipzig 823, Schwickert.

— id. lib., recens. et scholiis Jacobi Facciolati suisque animadverss. instr. A. G. Gernhard. 8maj. Leipz. 825. Fr. Fleischer. 1 ℛ 12 gr

— id. lib. dialogus ad T. Pomponium Atticum. Zum Gebrauch f. Schulen neu besorgt, u. mit deutschen Wort- u. Sacherklär. versehen v. Dr. H. L. J. Billerbeck. gr 8. Hannover 826, Hahn.

—— Laelius seu de amicitia dialogus. Recens. et annotat. perpetua instruxit Car. Beier. 12 maj. (10½ B.) Lipsiae 828, Teubner. 18 Gr., Engl. Pap.

—— id. — In us. scholar. brevi annotat. critica instrux. C. Beierus. 12 maj. (2½ B.) Lipsiae 828, Teubner. 5 Gr., Engl. Pap.

—— id. — Mit deutschen Wort- u. Sacherklärn. v. L. J. Billerbeck. Neue Aufl. gr. 8. (7 B.) Hannover 829, Hahn.

—— id. — Mit erklär. Anmerkn. f. Schulen u. Gymnas. bearb. 3., nach d. vorhand. Hülfsmitteln durchgängig verb. Aufl. (v. R. Klotz.) 8. (9½ B.) Leipzig 829, Schwickert.

— Laelius sive de amicitia dialogus. Ex recens. Orellii denuo recognitu. Selectam lectionis var. subjec., notas puerili institutioni accomm., nec non indices histor. et notarum addidit Jh. Bpt. Hutter. 8maj. Augsb. 833. (832.) Kollmann. 12 gr

— Laelius sive de amicitia dialogus, emend. Reinh. Klotz. Acced. annott. critic. 8maj. Leipz. 833. Baumgärtner. 1¼ ℛ

— Laelius sive de amicitia dialogus, ex recens. Reinh. Klotz. 12 maj. Leipzig 833. Baumgärtner. ⅙ ℛ

— Laelius sive de amicitia dialogus. Ad edit. Orellianam castigavit, annotat. illustr. et in usum scholarum ed. J. J. de Gelder. 8 maj. Leyden 834. Cyfveer. (Leipzig, Weidmann; Weigel.) 1⅛ ℛ

— Laelius sive de amicitia dialogus ad T. Pomp. Atticum. Mit deutschen Sacherklärr. von Billerbeck. 2e Aufl. gr. 8. Hannover 837. Hahn. ¼ ℛ

— Laelius sive de amicitia dialogus. Mit einem Commentar zum Privatgebrauche für reifere Gymnasialschüler u. angehende Philologen bearb. von Moritz Seyffert. 1. u. 2. Hälfte. gr. 8. Brandenburg 844, 45, Müller. (à 1½ ℛ) 3 ℛ

— Laelius sive de amicitia dialogus. [Abdr. d. Textes zu dem Seyffertschen Commentar.] gr. 8. (30 S.) Brandenburg 849. Müller. ⅛ ℛ

— Laelius de amicitia. Zum Gebrauche f. die mittleren Klassen der Gelehrtenschulen erläutert v. Geo. Aenoth. Koch. 4. durchaus umgearb. Aufl. der früheren Billerbeck'schen Ausg. gr. 8. (X u. 102 S.) Hannover 852, Hahn. 8 ngr

— Laelius sive de amicitia dialogus. Erklärt v. C. W. Nauck. (Sammlung Griechischer u. Latein. Schriftsteller mit Deutschen Anmerkgn.) gr. 8. (X u. 68 S.) Leipzig 852, Weidmann. 6 ngr

—— Laelius sive de amicitia liber. Codd. mss. tribus suis collatis recensuit Henr. Alanus. 8. (III und 80 S.) Dublinii 853. (London, Williams und Norgate.) *

—— Laelius s. de amicitia dialogus. Erklärt von C. W. Nauck. 1. Aufl. (IX und 68 S.) 1852. und 2. Aufl. gr. 8. (77 S.) Berlin 855, Weidmannsche Buchh.

— Laelius sive de amicitia dialogus. Erklärt von C. W. Nauck. 2. Aufl. 855. (77 S.) — 3. Aufl. Berlin 858. Weidmann. 8. (74 S.) 6 ngr

—— Laelius de amicitia. Erklärt von C. W. Nauck. 4. Aufl. 1863. und 5. Aufl. gr. 8. (77 S.) Berlin 867, Weidmann'sche Buchh.

— — Erklärt von C. W. Nauck. 5. Aufl. 867. — 6. Aufl. Berlin 870. Weidmann. 8. (78 S.) 6 ngr

—— Laelius de amicitia. Für den Schulgebrauch erklärt von Gust. Lahmeyer. 2. vielfach verb. Aufl. gr. 8. (VIII, 62 S.) Berlin 870, Ebeling und Plahn. [Leipzig, Teubner.]

— idem liber. Erklärt v. C. W. Nauck. 7. Aufl. gr. 8. (77 S.) Berlin 875. Weidmann. — 75

— Laelius de amicitia. Für den Schulgebrauch erklärt v. Gust. Lahmeyer. 3. verb. Aufl. gr. 8. (VIII, 63 S.) Leipzig 875. Teubner. — 60

—— Laelius de amicitia dialogus. Mit einem Commentar zum Privatgebrauche für reifere Gymnasialschüler und angehende Philologen bearb. von Mor. Seyffert. 2. Aufl., besorgt von C. F. W. Müller. gr. 8. (XII, 589 S.) Leipzig 876, Holtze. *

—— Laelius de amicitia liber ad T. Pomponium Atticum. Durchgesehen und verglichen mit den zur Zeit als beste anerkannten Text-Revisionen. 2 Hefte. gr. 16. (55 S.) Berlin 877, H. R. Mecklenburg. à Heft * 20 Pf. *

— dasselbe. Erklärt von C. W. Nauck. 8. Aufl. gr. 8. (VIII, 72 S.) Berlin 879. Weidmann. — 75

— dasselbe. Für den Schulgebrauch erklärt von Gust. Lahmeyer. 4. Aufl. gr. 8. (VIII, 68 S.) Leipzig 881. Teubner. — 60

— Laelius de amicitia. Erklärt v. C. W. Nauck. 9. Aufl. gr. 8. (79 S.) Berlin 884. Weidmann. — 75

—— dass. — Für den Schulgebrauch erklärt von A. Strelitz. Ausg. A. Kommentar unterm Text. gr. 8. (87 S.) Gotha 884, F. A. Perthes. *

—— dass. — Ausg. B. Text und Kommentar getrennt in 2 Heften. gr. 8. (29; 58 S.) Ebendas. 884. *

— dasselbe. Erklärt v. Jul. Sommerbrodt. 10. Aufl. gr. 8. (84 S.) Berlin 885. Weidmann. — 75

— dasselbe. Für den Schulgebrauch erklärt von C. Meissner. gr. 8. (III, 70 S.) Leipzig 887. Teubner. — 60

— Laelius de amicitia. Scholarum in usum ed. A. Kornitzer. 8. (III, 55 S.) Wien 888. Gerold's Sohn. cart. n. — 60

— Laelius de amicitia. Für den Schulgebrauch hrsg. v. Thdr. Schiche. 2., verb. Aufl. 8. (XX, 42 S.) Leipzig 894. G. Freytag. n. — 40; geb. n. — 70

M. Tulli Ciceronis Laelius de amicitia. Erkl. v. C[arl] W[ilh.] Nauck. 10. Aufl., bes. v. Theodor Schiche. *Berlin: Weidmann 1897.* (IV, 82 S.) 1 Bd 8. [97. 1997]

— dasselbe. Für den Schulgebrauch erklärt v. Carl Meissner. 2. verb. Aufl. gr. 8. (IV, 70 S.) Leipzig 898. B. G. Teubner. — 75

— Laelius de amicitia. Für den Schulgebrauch erklärt v. A. Strelitz. Ausg. A. Kommentar unterm Text. 2. verb. Aufl. gr. 8. (IV, 81 S.) Gotha 899. F. A. Perthes. n. 1. —

— dasselbe. Ausg. B. Text u. Kommentar getrennt in 2 Hftn. gr. 8. (IV, 29 u. 51 S.) Ebd. 899. n. 1. —

(Marcus Tullius) Cicero's Laelius de amicitia. Für d. Schulgebr. hrsg. von Dr. Paul Verres, Oberl. Text nebst Einl. u. Verz. d. Eigennamen. Kommentar. Münster i. W.: Aschendorff 1904. 2 Bde 8° (Aschendorffs Sammlung lat. u. griech. Klassiker.) [05. 484]

— Laelius de amicita. Für den Schulgebrauch hrsg. v. Paul Verres. 2 Tle. 8. Münster 904. Aschendorff. 1. 15
I. Text nebst Einleitung u. Verzeichnis der Eigennamen. (XII. 44 S.) Geb. — 65. — II. Kommentar. (40 S.) — 50

— dasselbe. Für den Schulgebrauch hrsg. v. Thdr. Schiche. 2. verb. Aufl., 3. unveränd. Abdr. (XX, 42 S.) 8. Wien 905. F. Tempsky. — Leipzig, G. Freytag. n. — 70

— Laelius de amicitia. Scholarum in usum ed. Alois. Kornitzer. Ed. IV correctior. (III, 56 S.) kl. 8. Wien 906. C. Gerold's Sohn. Kart. n. — 60

—— aliquot loci ex eod. libro etc., s. Tophoff, Theod.

— Laelius üb. die Freundschaft an Titus Pomponius Atticus, s. a. Bibliothek, kleine.

—— dass. — Uebersetzt von Fr. Jacobs, s. Classiker, griechische und römische.

Lälius, s. a. Sammlung griech. u. röm. Classiker.

—— Lälius, s. a. Universal-Bibliothek Nr. 868.

— Lälius von d. Freundschaft, übers. v. Jh. Geo. Küster. 8. Bützow 774. Bödner. 3 gl

Cicero, M. T. Lälius, oder Unterredung von der Freundschaft . . . Altona 1780. Ü: *Walterstern, Anton Heinrich Freih. von.* (Ky) (MGT)

— Dass., mit Anmerkk. (v. A. H. v. Walterstern.) 8. (Bremen) 780. Förster. 4 gl

— Lälius, drey Bücher von den besten Gesetzen, übersetzt a. d. Lat. u. m. Anm. vers. von J. M. Heinze. 8. Leipz. Barth. 787.

— Dass., aus d. Latein. mit Anmerkk. v. J. B. Schmitt. 8. Würzb. 787. Stahel. 3 gl

— Lälius, od. Gespräch üb. die Freundschaft, aus dem. Lat. mit Anmerkungen von J. B. Schmitt. gr. 8. Würzburg, Stabel. 792.

Cicero, M. T. Lälius oder von der Freundschaft, übersetzt... Halle 1793. Ü: *Motz, Johann Friedrich Wilhelm.* (Ky)

— Dass., oder von d. Freundschaft, übersetzt u. erläutert (v. J. F. W. Motz). 8. Halle 793. Gebauer. 6 gl

— Dass., Dialog von d. Freundschaft, übersetzt u. mit e. Einleit. u. Anmerkk. versehen v. J. A. Ehring. 8. Dortmund 797. (Wundermann in Hamm). 10 gl

— Dass., mit erklär. Anmerkk. übersetzt v. Rom. Ad. Hedwig. 8. Leipz. 798. Barth. 16 gl

— Lälius, oder Abhandl. über d. Freundschaft, übersetzt u. mit Einleit. u. erläut. Anmerkk. versehen v. C. A. G. Schreiber. 8. Halle 799. Hendel. 10 gl 2e Aufl. umgearb. v. G. F. W. Große. gr. 8. Ebd. 827. 10 gl

— Lälius über die Freundschaft, übersetzt von Sack. gr. 8. Berl. Dunker u. Humblot. 810.

— Dass., aus d. Latein., mit Anmerkk. v. F. S. G. Gf. Sack. gr. 8. Berl. 811. Dunker u. H. 9 gl

— Lälius, oder Abhandl. über d. Freundschaft Mit Einleit. Anmerkk. v. C. A. G. Schreiber. 2e Aufl. von G. F. W. Große. gr. 8. Halle 827. Hendel.

—— Laelius, od. Gespräch v. d. Freundschaft. Mit deutsch. Uebersetz. u. Anmerkn. f. d. Schule. 8. (9 B.) Amberg 838, Schmidt.

—— Laelius von der Freundschaft. Lateinisch mit deutscher Uebersetzung, Einleitung und erläuternden Anmerkungen. 8. (101 S.) Leipzig 854, Engelmann.

—— Laelius oder Von der Freundschaft. Uebers. von Raph. Kühner. 2 Lfgn. 3. Aufl. 12. (75 S.) [Stuttgart 879, Rübling's Verlag.] Berlin, Langenscheidt'sche Verlagsb. à Lfg. * 35 Pf. *

— Lälius od. Gespräch üb. die Freundschaft an Titus Pomponius Atticus. Wortgetreu nach H. R. Mecklenburgs Grundsätzen übers. u. eingehend erläutert von G. R. 1. u. 2. Hft. 32. (96 S.) Berlin 886. H. R. Mecklenburg. à n. — 25

— Lälius, od. Gespräch üb. die Freundschaft an Titus Pomponius Atticus. Wortgetreu nach H. R. Mecklenburgs Grundsätzen aus dem Lat. übers. v. G. R. 3. (Schluß-) Hft. 32. (S. 129—168.) Berlin 891. H. R. Mecklenburg. n. - 25 (kplt.: n. — 75)

– Pro lege Manilia, s. Cicero: Oratio pro . . .

De legibus

Übersicht:
Über die Gesetze
Von den Gesetzen
Gespräche von den besten Gesetzen
De legibus
Über die Prinzipien und den Geist der Gesetze

— 3 Bücher üb. die Gesetze, s. a. Sammlung, neueste, ausgewählter griech. u. röm. Classiker.

Cicero, M. Tull., über d. Gesetze; übers. v. K. A. F. Seeger. 18 Bdchen. 12. Stuttg. 828. Metzler. 4 gl

— drei Bücher von den Gesetzen. Aus d. Latein. übers. u. mit Anmerkk. versehen v. J. M. Heinze. 8. Dessau 783. N. Titel. Götting. 788. (Barth in Leipz.) 12 gl

— 3 Bücher von den Gesetzen von Heinze. 8. Gött. Vandenhök. 788.

— Anfang e. Uebersetzung d. Gespräche d. Cicero von d. besten Gesetzen, v. Jh. Mich. Heinze. Ein Progr. 4. Weimar 782.

— de legibus. 16. Leipz., Tauchnitz. 3 gl

— de legibus ex recens. I. A. Ernesti 8. Halae, Waisenh. Buchhandl. 792.

— de legibus, ex recens. J. A. Ernestii. 8. Halle 793. Waisenhaus-B. 2 gl

— de lege liber, sive de legibus liber primus, recens. et annotat. auxit Jh. Fr. Wagner, 8. Hannov. 795. Hahn. 10 gl

— de legibus libri III. Recens. J. A. Goerenz, adjuncta est diversitas lectionis Ernestianae. 8. Leipz. 796. Schwickert. 6 gl

— de legibus libri III ed. J. F. Wagner. 8 maj. Gö tting. 804. Dieterich. 5 gl. Schrbp. 8 gl Velinp. 12 gl Hbg.-Pr. 4 gl Schrbp. 6 gl Velinp. 8 gl id. lib c. comment. 19 gl Schrbp. 1 rf 2 gl Velinp. 1 rf 14 gl Hbg. Pr. 12 gl Schrbp. 18 gl Velinp. 1 rf 2 gl Der Commentar apart: 14 gl Schrbp. 18 gl Velinp. 1 rf 2 gl Hbg. Pr. 8 gl Schrbp. 12 gl Velinp. 18 gl

— ex recens. Jh. Davisii et cum ejusd. commentario ed. Rud. G. Rath. 8 maj. Halle 809. Kümmel. 2 rf 8 gl Schrbp. 3 rf Velinp. 4 rf (Bildet auch Vol. V. d. Opera philosoph.)

— de legibus libri III ex scriptis recens collatis editisque libris castig. et explic. ed. Jh. Aug. Goerenz. 8 maj. Lpz. 809. Weidmann. 1 rf 8 gl Schrbp. 1 rf 16 gl Velinp. 2 rf 16 gl (Bildet auch Vol. I. d. Opera philosophica).

— de legibus, ex recens. Ernestiana. 8. Kopenh. 811. Schubothe. 6 gl

— id. lib. 12. Manh. Ed. II. 822. Löffler. 5 gl

— de legibus libri III, cum Ad. Turnebi commentario, apologia et omnium eruditor. notis, quas J. Davisii edit. ult. habet. Text. denuo recens. suasque animadverss. adj. G. H. Moser. Accced. copiae crit. ex codd. Mss. nondum antea collatis, itemque annotat. ineditae P. Victorii, J. G. Graevii, D. Wyttenbachii et aliorum. Apparatum cod. et ineditor. congessit suasque notas addidit Fr. Creuzer 8 maj. Frankf 824. Brönner. 3 rf 8 gl Velinp. 5 rf Hbg Pr. 2 rf Velinp. 2 rf 16 gl

— id. lib. sive de legibus liber I. Recens. et annot. auxit J. F. Wagner. gr. 8. Hannover 827. Hahn.

— de Legibus libri tres. Recensuit varietate lectionis et annotatione instruxit Iohannes Bakius. 8 maj. Lugduni Batavorum 842, Luchtmans. n. $4^3/_4$ rf

— de legibus libri tres. Recensuit scripturae discrepantia instruxit enarravit C. F. Feldhuegelius. Vol. I. Prolegomena et verba scriptoris cum scripturae discrepantia continens. gr. 8. (LII u. 144 S.) Cizae 852, Webel. n. 1 rf

— de legibus libri III. Recens. scripturae discrepantiae instr. enarravit C. F. Feldhuegelius. Vol. II. Commentarium continens. Cizae 853. Webel. gr. 8. (1 Bl., 340 S.) n. 1 rf 25 ngl

— de legibus libri. Ex recognitione Joh. Vahleni. gr. 8. (VII, 167 S.) Berlin 871. Vahlen. n. 3. —

— de legibus libri tres. Erklärt von Adf. du Mesnil. gr. 8. (VIII, 272 S.) Leipzig 879. Teubner. 3. 90

— De legibus libri I cap. 21 et 22 interpret. Schaefer. Pr. 1881. 13 S. 4°.

— de legibus libri ex recognitione Joh. Vahleni iterum editi. gr. 8. (XXIV, 208 S.) Berlin 883. Vahlen. n. 4. —

— über die Principien u. den Geist der Gesetze im nächsten Bezug auf die alten Gesetze der Römer, a. d. Lat. nach einem berichtigten Text übersetzt; nebst einer kritischen Einleitung u. historisch philosophischen Bemerkungen von F. Hülsemann. 8. Leipz. Schwickert. 802.

— Über die Leibes- und Lebensstrafen, s. Cicero: Actiones in Verrem.

— lettres à Atticus avec les remarques et le texte latin de Graevius, par l'Abbé Mongault. IV Tom. gr. 12. Leipz. 773. (W. Vogel). 2 rf 12 gl

— philosophicorum librorum P. I. in se contin. Laelium sive de amicitia dialogum. Ex recens. J. G. Graevii. Curavit indicemque adj. J. G. Lenz. 8 maj. Hildburgh. 778. (E. Fleischer in Leipz.) 8 gl

— Philosophicorum librorum p. I. in se continens Laelium sive de amicitia dialogum, ex recens. I. G. Graevii curavit indicemque adjecit I. G. Lenz. gr. 8. Hildburghaus. Hanisch. 778.

— libri qui ad rem publicam et ad philosophiam spectant, scholarum in usum ed. Thdr. Schiche. Vol. IX et X. 8. Leipzig, Freytag. n. 1. 30

IX. Cato major de senectute. Laelius de amicitia. (VIII, 60 S.) 884. n. — 50

X. De officiis libri III. (XII, 110 S.) 885. n. — 80

— libri qui ad rem publicam et ad philosophiam spectant. Scholarum in usum ed. Th. Schiche. Vol. V et IX. 8. Wien u. Prag 888. Tempsky. — Leipzig, Freytag. n. 1. 70

V. Tusculanarum disputationum libri V. (XIII, 173 S.) n. 1. 20

IX. Cato maior de senectute. Laelius de amicitia. Ed. II. correctior. (VIII, 60 S.) n. — 50

— Pro Q. Ligario, s. Cicero: Oratio pro ...

— Les livres académiques, s. Cicero: Academica.

— Lukullus, s. Cicero: Academica.

— Pro M. Marcello, s. Cicero: Oratio pro ...

— Medicus, h. e. selectos e M. T. Ciceronis Oper. locos, vel omnino medicos etc. ad. Mich. Birkholz. 8. maj. Lips. Bauer. 806.

Ciceronis Medicus h. e. selectos e M. T. Ciceronis operibus locos vel omnino medicos, vel facillime ad res disciplinasque medicas transferendos in literar. medicar. cultorum usum congessit, indice locuplet. instruxit et praefatus est Ad. Mich. Birckholz. 8 maj. Leipz. 807. Ed. II. (blos n. Titel) 812. Andrä. 1 rf 8 gl

— Medicus, h. e. selectos e. M. T. Ciceronis operibus locos, vel omnino medicos, vel facillime ad res disciplinasque medicas transferendos in literar. med. cult. usum congessit, indice locupletiss. instruxit. A. M. Birkholz. Edit. nova. 8 maj. Lips. Bauer. 812.

— Pro T. Annio Milone, s. Cicero: Oratio pro ...

— Pro L. Murena, s. Cicero: Oratio pro ...

— 3 Bücher üb. die Natur der Götter, s. a. Bibliothek, philosophische.

— von d. Natur d. Götter. a. d. Lat. von Meyer. s. Sammlung der neuesten Uebersetzung. der römischen Classiker 17te Abtheil.

— v. d. Natur d. Götter, übers. v. Eckermann, s. Uebersetzungsbibliothek.

— über d. Natur d. Götter, übersetzt von E. W. Eckermann. 16. Prenzl. 827. Ragoczy. 4 gl

Cicero, M. Tull., von der Natur d. Götter. A. d. Latein. übers. u. mit Anmerkn. begl. v. Joh. Fr. v. Meyer. 2., neu bearb. Ausg. gr. 8. (15½ B.) Frankfurt a. M. 832, Varrentrapp. 20 Gr., Schrbp. Thlr.

— de natura deorum. 16. Leipz., Tauchnitz. 5 gl

Cicero, Marc. Tull., de natura Deorum. 12. Berol. 744. Wädt.

— de natura deorum libri III, ex recens. Ernestii. 8. Halle 757. Ed. nova 776. Ex nova recens. Ernestiana, adjectis lectionibus Gruterianis. 8. Halle 827. Waisenh.-B. 5 ℊ

— — id. liber, libri III. ex recensione I. A. Ernesti. 8. Hal. Waisenh. Buchh. 770.

— id. lib., ex recens. Ernestiana, in us. scholar. ed. F. A. Wiedeburg. 8. Helmst. 794. Ed. nova 811. Fleckeisen. 18 ℊ

— id. lib., ex recens. Ernestiana et cum notis perpet. ed. Chr. Vikt. Kindervater. 8maj. Leipz. 796 Bahn. 1 ₰

— — id. liber, ex recensione Ernestiana et cum notis perpetuis Chr. V. Kindervater. gr. 8. Lips. Fritsch. 796.

— — Mit Anmerk. von Wetzel. Braunschw. 799. 2 Th. 8. 21 gr.

Cicero, M. T. De natura deorum. Nurimbergae 1807. H: *Gronove, Joh. Fr.* (Ky)

— id. lib. (ex rec. Gronovii). 12. Nürnb. 807. Riegel u. W. 5 ℊ

Cicero, M. T. De natura Deorum L. IV ... Berol. 1811. H: *Cludius, Herm. Heinr.* (MGT)

— id. lib., liber IV. E pervetusto codice Mss. membranaceo nunc primum edidit P. Seraphinus (H. H. Cludius), ord. Fr. Minor. 8maj. Bonn 811. (Dümmler in Berl.) 12 ℊ

— — *Liber IV.* E pervet. cod. Ms. nunc primum edid. P. Seraphinus. Bonon. 811. 8. 12 gr. (Eigentl. Berlin bei Hitzig. Verf. ist Cludius in Hildesheim.)

— de Natura Deorum libri III, ex recensione Ernestiana in usum schol. editi a F. A. Wiedeburg. 8. Helmst. Fleckeisen. 811.

— id. lib., ad codd. Mss, partim nunc prim. adhibitor. fid. recens. et emend. Ldw. Fr. Heindorf. (Der Index v. Karl Fr. Ad. Beier.) 8 maj. Leipz. 815. Weigel. 1 ₰ 16 ℊ Schrbp. 2 ₰ 4 ℊ Velinp. 4 ₰

— id. lib., libri III, ex rec. J. A. Ernestii et cum omnium eruditorum notis, quas J. Davisii edit. ult. habet. Accedit apparatus crit. ex XX cod. Mss. digestus a G. H. Moser. Copias criticas congessit, Dan. Wyttenbachii selecta scholar. suasque animadvers. adj. Fr. Creuzer. 8 maj. Leipz. 818 Hahn. 3 ₰ 12 ℊ

— id. lib., libri III, ex rec. Jh. Davisii c. not. integris P. Manutii etc. 8. Halle ... Ed. n cur. et recentior. editorum observationibus auxit C. G. Schütz. 8. ibid. 820. Kümmel. 2 ₰ 12 ℊ Schrbp. 3 ₰ 8 ℊ Velinp. 4 ₰ 12 ℊ (Bildet auch d. VI Bd. d. Opera philosoph.)

— — libri III de natura Deorum. Ex recens. J. A. Ernesti et cum omnium eruditorum notis, quas J. Davisii edit. ult. habet. Accedit apparatus criticus ex XX. cod. mss. digestus a G. H. Mosero. Copias criticas congessit, D. Wyttenbachii selecta scholarum, suasque animadversiones adjecit Fr. Creuzer. 8maj. Leipzig, Hahn. 820. 5 12

— id. lib., ad fid. codd. Mss. correct., cum var. lect. delectu et not. ex Creuzeri suisque ed. selectis, in us. literar. stud. ed. Dr. Moser. 8maj. Leipz. 821. Hahn. 18 ℊ

— de natura deorum ad Brutum libri III. 12. Manh. ... Ed. nova 823. Löffler. 9 ℊ

—— de natura Deorum lib. III. Ex nova recens. Ernestiniana, adjunctis lectionibus Gruterianis. 8. (9 B.) Halae 827, libr. Orphanotrophei.

— de natura deorum liber I et II. (usque ad cap. 41.) Ad opt. libror. fid. recens. et in lect. usum ed. Fr. Ast. 8maj. Münch. 829. Weber. 8 ℊ

— de Natura deorum ad M. Brutum libri III. ad optimas edit. collati. Mit deutschen Wort- u. Sacherklärr. u. besond. grammat. Anmerkk. zum Gebrauche der studir. Jugend von Kan. Selbt. 8. Prag 834. Enzenberger. $^3/_4$ ₰

— de natura Deorum libri III. Accedunt notae Anglicae. Cura C. K. Dillaway. II Tomi. 12. (294 S.) Philadelphiae 846. (Schäfer & Koradi.) n. 1 $^1/_2$ ₰

— de natura deorum libri III. Erklärt v. G. F. Schoemann. (Sammlg. Griechischer u. Lateinischer Schriftsteller m. Deutschen Anmerkungen.) gr. 8. (IV u. 236 S.) Leipzig 850, Weidmann. $^1/_2$ ₰

— de natura deorum libri III. Erklärt von G. F. Schömann. 2. Aufl. Berlin 857. Weidmann. 8. (IV, 241 S.) 16 ℊ

— de natura deorum libri III. Erklärt von G. F. Schoemann. 3. verb. Aufl. Berlin 865. Weidmann. 8. (IV, 268 S.) 18 ngr.

— de natura deorum libri III. Erklärt v. G. F. Schoemann. 4. verb. Aufl. gr. 8. (IV, 276 S.) Berlin 876. Weidmann. 2. 40

— de natura deorum libri III. Für den Schulgebrauch erklärt v. A. Goethe. gr. 8. (IV, 242 S.) Leipzig 887. Teubner. 2. 40

De officiis

Übersicht:
Abhandlung von der Großmut und Erhabenheit der Seelen
Abhandlung(en) über die menschlichen Pflichten
Gedanken von der Kunst des Menschen, die Gemüter zu gewinnen
De officiis
Von der menschlichen Pflicht
Von den Pflichten

— Abhandl. von d. Großmuth u. Erhabenheit d. Seelen, aus d. ersten Buche von d. Pflichten übers. v. J. D. Overbeck. Fol. Lübeck 763.

— Abhandll. über d. menschl. Pflichten. Aus d. Latein. übers. von Chr. Garve. 4 Bde. gr. 8. Bresl. 783. N. A. 787. 3e A. 788. 4e A. 792. 5e A. (N. Titel) 806. 6e A. 819. Ebd. 2 ₰ W. G. Korn. 2 ₰ Schrbp. 3 ₰

CICERO Marcus Tullius. Abhandlung über d. menschlichen Pflichten. A. d. Latein. v. – Garve. Wien 1787.

— Abhandlung über die menschl. Pflichten in III Büchern, a. d. Lat. von Garve. 8. Wien, Pichler. (Sammer). 800.

Cicero, Marcus Tullius. Abhandlung über die menschlichen Pflichten. in 3 Büchern. Aus dem Lateinischen übersetzt von Christian Garve. 8. Breslau 1801.

— — Abhandlungen über die menschlichen Pflichten in drey Büchern, aus dem Lat. übersetzt von Chr. Garve. 6ste Ausgabe. gr. 8. Breslau, W. G. Korn. 819. 2 —
Schreibp. 3 —

Cicero, M. Tull., Gedanken von d. Kunst d. Menschen, d. Gemüther zu gewinnen; aus d. zweiten Buche von d. Pflichten übers. v. J. D. Overbeck. Fol. Lübeck 764.

— de officiis libri tres. Zum Gebrauch für Schulen mit den nothwendigsten Wort- u. Sacherklärr. ausgestattet von Ldw. Jul. Billerbeck. Aufs neue herausg. v. Gottl. Christ. Crusius. 2e verb. Aufl. gr. 8. Hannover... Hahn'sche Hofbuchh. $^7/_{12}$ ₰

— id. lib. et de senectute, amicitia, paradoxa, et somnium Scipionis. Cum phraseolog. germ. 8. Leipz. (List in Berl.) 10 gl

— — — de Senectute, Amicitia etc. Lips. Sommer.

— de officiis. 16. Leipz., Tauchnitz. 4 gl

— — — cum notis. Weinreich. 8. Coburg. 720.

— — — cum Catone majore, Laelio paradoxis et somnio Scipionis. 12. Lips. 741.

— — — mit deutschen Noten. 12. Halle, Renger. 747.

Cicero, M. T. De officiis libri tres. Coloniae 1748. H: *Huber, J. G.* (Wr)

— de officiis cum notis perpetuis. 12. Leipz. 751. 4 gl

— id. lib., libri III, ex recens. J. G. Graevii aliorumque. 12. Nürnb. 759. Ed. n. 786 et 803. Riegel u. W. 4 gl

— — — cum notis ad modum Minelli. 12. Lips. Weidmann. 773.

— de officiis libri III, et de petitione consulatus libellus. 12. Lemgo 773. Meyer. 4 gl

Cicero, M. T. De officiis libri III mit deutschen Anmerkungen ... Augsburg 1774. Ü: *Schäfer, J. N.* (Ky)

— id. lib., libri III, mit deutschen Anmerkk. erläut., zum Gebr. d. latein. Schüler (v. J. N. Schäfler). 8. Augsb. 774. Rieger. 12 gl

— id. liber et de senectute, amicitia, ejusdem paradoxa et somnium Scipionis, mit deutschen Noten. 12. Nürnb. 774. Sammer in Wien. 13 gl

— id. lib. cum notis ad modum Minelli. 12. Leipz. 776. Weidmann. 6 gl

— id. lib. Accedunt libri de amicitia et de senectute ad fidem codicum Mss. emendati. 8. Basel 779. Schweighäuser. 12 gl

— id. lib. ad solam priscorum exemplar. fidem recens., adject. Jak. Mch. Heusinger, et suis adnotatt. explicat. editurus erat Jak. Fr. Heusinger; ed. cum praef. Konr. Heusinger. 8 maj. Braunschw. 783. Schulbuchh. 2 ꝛf Ed. II. 8. ibid. 820. Reichard. (Fr. Fleischer in Leipz.) 1 ꝛf 12 gl

— — — ad solam priscorum exemplarium fidem recensuit, adjectisque I. M. Heusinger et suis adnotationibus explicationes editurus erat I. F. Heusinger. 8. Braunschw. Schulbuchhandl. 784.

in gr. 8. 783.

Ciceronis, M. Tull., de officiis, ex rec. Jh. M. et J. Fr. Heusingeri, patrui majoris et patris sui animadverss. scholar. usibus accomm. 8. Wolfenb. 784. 16 gl

— id. liber. 8. Manh. 787. Edit. II. ibid. 822. Löffler. 6 gl

Cicero, M. T. De officiis libri III ... Lipsiae 1790. H: *Jördens, Carl Heinrich.* (MGT) (OL) (NN)

— — — cum delectu commentar. in juventutis gratiam. 8. Lips. Gräff. 790.

— id. lib., cum delectu commentar. in juventutis gratiam (a K. H. Jördens). 8. Leipz. 790. (Wienbrack). 1 ꝛf

— id. liber. 8. Würzb. 790. Stahel. 5 gl

— id. lib. ex recens. Heusingeriorum. Cato major, paradoxa, Laelius, somnium Scipionis ex rec. J. A. Ernestii. 12. Utrecht 794. Altheer.

— — — in usum juventutis editi a M. Feder. 8. Bamberg, Göbhard. 796.

— id. lib. ad fidem opt. editt. in usum german. juventutis denuo edidit Mch. Feder. 8. Würzb. 796. Ed. II. 824. (Wesché in Frankf.) 9 gl

— — Mit erklär. Anmerk. von Büchling. Leipz. 797. 8. 7 gr.

— — — ad Marcum filium libri III. 8. Wien, Camesina. 797.

— id. lib., ad Marcum filium libri III. 8. Würzb. et Wien 797. (Heubner). 5 gl

— id. lib., in usum juvent. edidit notisque illustr. S. Monrad. 8. Kopenh. 798. Schubothe. 1 ꝛf

— de Officiis, libri III. recensuit notatisque et indicibus ornavit Fr. Glo. Born. gr. 8. Lips. Böhme. 799.

— id. lib., notulis atque indicibus ornavit Fr. Glo. Born. 8maj. Leipz. 799. (Cnobloch). 1 ꝛf 8 gl

— — idem liber, mit einem Deutschen Commentar, blos für Schulen bearbeitet von J. F. Degen. 8. Berlin. (Academ. Buchhandl.). 800.

— id. lib. Mit deutschem Commentar für Schulen bearb. von Jh. Fr. Degen. 8. Berl. 800. 1 ꝛf 2e Aufl. 8. Ebd. 820. 3e A. 825. Boike. 1 ꝛf 4 gl

— id. lib., descriptionem ad facil. eorum intelligentiam in brevi conspectu posuit R. G. Rath. 4. Halle 803. Kümmel. 14 gl

— — — 12. Nürnb. Riegel et W. 803.

— — — 8. ibid. 800.

— id. lib. 12. Halle 804. Ed. n. 811. Ex nova recens. Ernestiana adjunctis lectionn. Gruterianis. 8. ibid. 822. Waisenh.-B. 6 gl

— id. lib., recens. et scholiis Jak. Facciolati, suisque animadverss. instr. Aug. Gerhard. 8 maj. Leipz. 811. Er. Fleischer. 2 ꝛf 4 gl Schrbp. 2 ꝛf 12 gl

— id. lib., in usum juvent. 8. Kopenhag. 812. Bonnier 7 gl

— id. lib. ed. Cph. Hommel, s. oben *Laelius*. 1813.

— de Officiis libri III. ex recensione Ernesti. 8 Hafniae, Bonnier. (in Comm.) 814.

— — ex nova recens. Ernestiana adjunctis loction. Gruterianis. Ed. nova. 8. Halae, libr. orphanotr. 819. — 6

— — — — Mit deutschem Commentar v. J. F. Degen. 2te A. 8. Leipzig, Liebeskind. 819. 1 4

Cicero, M. T. De Officiis libri III. ... Braunschweig 1820. H: *Heusinger, Conrad.* (ErchDL) »Brunsvigae 1783« (BrMm)

— — ex recens. J. M. et J. F. Heusingerorum, scholar. usui accommod. C. Heusinger. Edit. IIa. 8. Brunsvigae, Reichard. (Lips., Fr. Fleischer.) 820. 1 12

— id. lib., libri III, ad probatiss. quorumque exemplar. fid. emend. et cum commentariis ed. Karl Beier. II Tom 8maj. Leipz. 820 u. 21. Steinacker. 4 ℛ 8 ℊℊ Schrbp. 5 ℛ 12 ℊℊ

— id. lib. Ex nova rec. Ernestiana adjunctis lection. Gruterianis. 8. Halle 822, Waisenhausbuchhdl.

— id. lib. 2c ꝛ. 8. Mannheim 822, Löffler.

— id. lib. libri III. Ad fid. opt. edit. in us. Germanicae juvent. stud. sapient. operam dantis denuo edid. M. Feder. Editio nova. 8. Bamberg 824. Wesche in Frankf.

— id. lib. Ad opt. libr. fidem edit., cum brevi notatione critica a Wlh. Olshausen. 8. Schleswig 824. Taubst.-Inst. (Cnobloch in Leipz.) 6 ℊℊ

— de officiis libri III. Mit e. deutschen Commentar, besonders für Schulen, bearb. v. J. Fr. Degen. 3e Aufg. 8. Berlin 825, Volcke.

— id. lib., libri III, in usum scholar. ed. J. Billerbeck. (Textum.) 8maj. Hann. 827. Hahn. 4 ℊℊ id. lib. Zum Schulgebr., mit Wort- u. Sacherklärr. v. J. Billerbeck. gr. 8. Ebd. 827. 14 ℊℊ

— id. lib., libri III, cum notis philolog., histor., geograph., in us. scholar. ed. ab J. Seibt. 8. Prag 827. Kronberger u. W. 1 ℛ 2 ℊℊ

— de officiis libri III. Ad opt. libror. fidem emendati et in usum scholar. editi. 12maj. Leipz. 830. Teubner. 5 ℊℊ Engl. P. 8 ℊℊ

— de Officiis libri tres. Ad meliorum exemplar. fidem recens. et subjunctis Facciolati suisque scholiis ed. Olavus Bredberg. 8maj. Holmiae 830. (Lips., W. Vogel.) n. 1/2 ℛ

— de officiis libri tres. Recens. Rud. Stuerenburg. Acced. Commentationes. 8maj. Leipz. 834. Baumgärtner. 1 1/6 ℛ

— de officiis libri tres. Mit einem deutschen Commentar, besonders für Schulen bearb. von J. F. Degen. 3e von neuem durchges. Aufl. 8. Berlin 835. Veit u. Comp. 1 1/6 ℛ

— de officiis libri tres. Ad optimor. libror. fidem in usum scholarum editi. 16. Stuttgart 835. Erhard. 1/6 ℛ

— de officiis libri tres. Cum selectis Jo. Mich. et Jac. Frid. Heusingerorum suisque notis scholarum in usum edid. Car. Timoth. Zumptius. 8. Brunsvigae 837. Vieweg. 5/6 ℛ

— de officiis libri tres. Ad solam priscorum exemplarium fidem recens. adjectisque Jo. Mich. Heusingeri et suis adnott. explicatiores editurus erat Jac. Frid. Heusinger. Edit. a Conr. Heusingero, Jac. Fr. filio, curatam repetivit suisque animadvv. auxit Car. Timoth. Zumptius. 8maj. Brunsvigae 838. Vieweg. 3 1/2 ℛ

—— de officiis lib. III. Zum Gebr. f. Schulen mit d. nothwendigsten Wort- u. Sach-Erklärn. ausgestattet v. Ludw. Jul. Billerbeck. Aufs neue hrsg. v. Gottl. Christ. Crusius. 2., verb. Aufl. gr. 8. (17 B.) Hannover 839, Hahn'sche Hofb.

Ciceronis, M. Tullii, de officiis libri tres. 8maj. Monachii 839. Libr. scholarum Regiæ. (Hof, Grau; Regensb., Manz.) n. 1/6 ℛ

Cicero, M. Tull., de officiis libri III. recens. Rud. Stuerenburg. Accedit commentarius. 8maj. (12 B.) Lipsiae 843, Reichenbachii Fr. Thlr.

— de officiis libri III. Ad optim. libr. fidem scholarum in usum edidit Car. Fr. Süpfle. 8. Mannhemii 844, Bassermann. n. 1/3 ℛ

— de officiis libri III. recens. Rud. Stuerenburg. Accedit commentarius. 8maj. Lipsiae 845, Reichenbachii Fr. 1 ℛ

—— de officiis libri tres. — Mit einem deutschen Commentar besond. für Schulen bearb. von Joh. Friedr. Degen. Gänzlich umgearb. von Ed. Bonnell. 4. Ausg. gr. 8. (X und 306 S.) Berlin 848, Veit und Comp.

— de officiis libri tres. Cum selectis Jo. Mich. et Jac. Frid. Heusingerorum suisque notis scholarum in usum iterum ed. Car. Timoth. Zumptius. 8. (XIV u. 216 S.) Brunsvigae 849, Vieweg & filius. 2/3 ℛ

— de officiis libri III. Ad optimor. libror. fidem scholar. in usum ed. Car. Frid. Süpfle. Edit. nova. 8. (XII u. 122 S.) Mannhemii 849, Bassermann. 1/3 ℛ

— de officiis libri tres. — Mit e. Deutschen Commentar besond. f. Schulen bearb. v. Joh. Frdr. Degen. Gänzlich umgearb. v. Ed. Bonnell. 4. Ausg. gr. 8. (X u. 306 S.) Berlin 850, Veit & Co. 1 ℛ 6 ngr

— de officiis ad Marcum filium libri III. Erklärt v. G. Fr. Unger. (Sammlung Griechischer u. Latein. Schriftsteller mit Deutschen Anmerkgn.) gr. 8. (167 S.) Leipzig 852, Weidmann. 12 ngr

— de officiis libri tres. Zum Schulgebrauche herausg. von Johs. v. Gruber. Leipzig 856. Teubner. gr. 8. (IV, 183 S.) 12 ngr

— de officiis ad Marcum filium libri tres. Erklärt von Otto Heine. Berlin 857. Weidmann. 8. (223 S.) 14 ngr

—— de officiis libri tres. With english notes, chiefly selected and translated from the editions of Zumpt and Bonnell by Thom. A. Thacher. 12. (VI und 194 S.) New-York 857. (Philadelphia, Schäfer und Koradl.) geb. *

—— de officiis libri III. With marginal analysis and an english commentary. 1. american edition, corrected and enlarged by Charles Anthon. gr. 12. (V und 815 S.) New York 860. (Philadelphia, Schäfer und Koradl.) geb. *

—— de officiis libri III. Accedunt in usum juventutis notae quaedam anglice scriptae. Ex editione Valpiana. Item, Cato major seu de senectute, et Laelius sive de amicitia. 18. (287 S.) Philadelphia 860(62), (Schäfer und Koradl.) geb. *

— de officiis ad Marcum filium libri tres. Erklärt von Otto Heine. 2. verb. Aufl. Berlin 861. Weidmann. 8. (IV, 254 S.) 15 ngr.

— de officiis ad Marcum filium libri III. Erklärt von O. Heine. 3. verb. Aufl. Berlin 866. Weidmann. 8. (252 S.) 15 ngr.

— de officiis libri III. Zum Schulgebrauche hersg. von Johs. v. Gruber. 2. durchgehends verb. Aufl. Leipzig 866. Teubner. 8. (VI, 183 S.) 12 ngr.

— de officiis ad Marcum filium libri tres. Erklaert v. Otto Heine. 4. verb. Aufl. gr. 8. (250 S.) Berlin 871. Weidmann. 1. 50

— de officiis libri tres. Zum Schulgebrauch hrsg. von Johs. v. Gruber. 3. durchgehends verb. Aufl. gr. 8. (IV, 195 S.) Leipzig 874. Teubner. 1. 50

— de officiis ad Marcum filium libri III. Erklärt von Otto Heine. 5. verb. Aufl. gr. 8. (252 S.) Berlin 878. Weidmann. 2. 25

— de officiis libri III. Für den Schulgebrauch erklärt von C. F. W. Müller. gr. 8. (XVI, 215 S.) Leipzig 882. Teubner. 2. 25

— de officiis ad Marcum Filium libri tres. Erklärt v. Otto Heine. 6. verb. Aufl. gr. 8. (245 S.) Berlin 885. Weidmann. 2. 25

Cicero, M. Tullius, de officiis libri tres. Scholarum in usum ed. Alois. Kornitzer. 8. (210 S.) Wien 888, Gerold's Sohn. *

— dasselbe. Scholarum in usum ed. A. Kornitzer. 8. (III, 210 S.) Wien 889. Gerold's Sohn. n. 1. 10

— de officiis libri tres. Für den Schulgebrauch erklärt v. P. Dettweiler. Kommentar unterm Text. gr. 8. (VIII, 227 S.) Gotha 890. F. A. Perthes. 2. 25; Text u. Kommentar getrennt in 2 Hftn. (VIII, 108 u. 116 S.) 2. 25

— de officiis libri III. Ed. Joannes Csengeri. 8. (131 S.) Budapest 891. R. Lampel. n. — 96

— dasselbe. Scholarum in usum iterum edidit Alois. Kornitzer. 12. (III, 213 S.) Wien 894. C. Gerold's Sohn. Kart. n. 1. 20

— de officiis libri III. F. d. Schulgebr. hrsg. v. Thdr. Schiche. 2., verb. Aufl. 8. (XXV, 166 S.) Leipzig 896. G. Freytag. n. — 90; geb. n. 1. 20

— de officiis libri tres. Für den Schulgebrauch erklärt v. P. Dettweiler. 2. verb. Aufl. Ausg. A. Kommentar unterm Text. (VIII, 233 S.) 8. Gotha 903. F. A. Perthes. n. 2. 25; Ausg. B. Text u. Kommentar getrennt in 2 Heften. (VIII, 108 u. 120 S.) n. 2. 25

— 3 Bücher von der menschl. Pflicht, mit Anmerk. u. d. Leben des Cicero erläut. von J. A. Hoffmann, mit Gottscheds Vorrede. 8. Hamb. Bohn. 742.

Marcus Tullius Cicero [:] Drey Bücher von der Menschlichen Pflicht Aus dem Lateinischen übersetzt; Mit Anmerkungen und Des Cicero Leben erläutert von Johann Adolph Hofmann. Aufs neue sorgfältig übersehen und mit einer Vorrede begleitet von JOHANN CHRISTOPH GOTTSCHEDEN. Hamburg, J. C. Bohn, 1758. 8°. 25 Bl. 544 S.; 8 Bl. 398 S. 7 Bl. Etwas fleckiger Pgtbd. d. Z.

Schweiger II, 229. Zweite Gottsched'sche Ausgabe: sie beginnt noch mit der Widmungsvorrede an Hermann Samuel Reimarus von Gottsched vom J. 1742, in der er berichtet, warum er „die Hofmannische Schreibart von unzähligen falschen Wortfügungen und niedersächsischen Redensarten gesäubert" habe.

— die 3 Bücher v. d. Pflichten, s. a. Bibliothek, kleine.

— drei Bücher von den Pflichten, s. a. Sammlung griech. u. röm. Classiker.

—— drei Bücher über die Pflichten an seinen Sohn Marcus. übers. von Friedr. Richter, s. Universal-Bibliothek Nr. 1889 und 1890.

— von den Pflichten, ins Deutsche übersetzt, mit C. Gottschlings latein. Noten. 12. Halle, Renger. 729.

— drei Bücher von den Pflichten. Aus d. Latein. übers. u. mit Anmerkk. erläutert v. Jh. Mich. Heinze. 8. Lemgo 770. Meyer. 10 Gr.

— die 6 ersten Capitel des ersten Buchs von den Pflichten, ins Deutsche übersetzt von J. M. Schröder. 8. Coburg, Ahl. 780.

— die 6 ersten Kapitel d. ersten Buches v. d. Pflichten, ins Deutsche übers. v. J. M. Schröder. 8. Coburg 780. (Riemann). 2 Gr.

— von d. Pflichten; aus d. Urschrift übersetzt, mit philolog.-krit. Anmerkk. v. J. J. Hottinger. 2 Thle. 8. Zürich 800. Ziegler. 1 Rthl. 16 Gr. 2e Ausg. v. J. H. Bremi. 2 Thle. 8. Ebd. 826. 1 Rthl. 12 Gr.

— — von den Pflichten, aus der Urschrift übersetzt mit philologisch critischen Anmerkungen von J. J. Hottinger. 2te Ausg. durchges. v. J. H. Bremi. gr. 8. Zürich, Ziegler u. S. 820. I. 12

— drei Bücher von d. Pflichten, übers. u. erläutert von K. L. Chr. Hauff. 8. München 822. Fleischmann. 1 Rthl. 4 Gr.

— von d. Pflichten, übers. v. C. W. Eckermann. 1s, 2s Bdchen. 16. Prenzl. 831. Ragoczy. 8 Gr.

— drei Bücher von den Pflichten. Uebersetzt von G. G. Uebelen. 1s u. 2s Bdchn. 16. Stuttgart 834. Metzler. à 1/3 Rthl.

—— Bücher von d. Pflichten. In's Deutsche übertr. v. Aug. Wilh. Zumpt. Lex.-8. (9 1/2 B.) Leipzig 841, Focke.

—— 1. Buch über die Pflichten zum Uebersetzen ins Lateinische bearb. von Aug. Uppenkamp. 4. (17 S.) Conitz 868, (Wollsdorf.) *

—— drei Bücher von den Pflichten. Uebers. von Raph. Kühner. 5 Lfgn. 2. Aufl. 12. (249 S.) [Stuttgart 873, Hoffmann'sche Verlagsb.] Berlin, Langenscheidt'sche Verlagsb. à Lfg. * 35 Pf. *

— Opera, s. Cicero: Opera omnia.

— Opera epistolica ad Exemplar Londinense edita. 8. Berol. Haude. 747.

— Opera omnia in XI Vol. distributa cum notis variorum Verburgi. 8. Amstelod. 724.

— opera, recens. J. Gronovii c. J. A. Ernesti. VI Voll. 8maj. Leipz. 737—39. Ed. II. IV Voll. in VI Ptes. 8maj Halle 757. 7 Rthl. 12 Gr. Ed. III. ex rec. J. A. Ernesti, cum ejusd. notis et clave Ciceron. V Voll. in VIII Ptes. 8maj. ibid. 774—77. 10 Rthl. Ed. n. ex rec. J. A. Ernesti cum var. lect. Gruterian. et clave Ciceron. V Voll. ibid. 776, 77 6 Rthl. 12 Gr. Ed. nova ex recens. J. A. Ernesti cum varietate lectionis Gruterianae et clave Ciceroniana. V Tom. 8. Halle 820—24, Waisenh.-B. 7 Rthl. (Tom. V. apart. A. u. d. T.: Cicero de re publica quae supersunt et sex orationum partes etc. Ad edit. italas cum integris Angelo Maji annot. dissertat. indicibusque recusa. Accedunt III tabb. aen. 8. 824. 2 Rthl. 8 Gr.) ad id. lib., praef. et notae apart II Voll. 8. ibid. 806, 7. 3 Rthl. 12 Gr. Suppl. ad ejusd. opera: Lectiones var. editt. Oxoniensi et Neapolit. descriptae. Prs. I. II. Vol. I. 8. ibid. 825, 27. 4 Rthl. 12 Gr.

— — Cum clave Ciceroniana ed. J. A. Ernesti. Lips. 737. 6 Vol. 8. Halae 758. 6 Vol. 8. Die dritte Ausg. siehe hernach.

— — Opera omnia, cum delectu commentariorum in usum Delphini auctore. I. Olivet. 9 Vol. 4. Geneve. 746.

Ciceronis, M. Tull., opera ex edit. Jos. Oliveti adject. ad oratorias partitiones nunc primum annotatt. Jak. Facciolati. IX Voll. 4maj. Patav. 753. Typis Seminarii.

— opera cum delectu commentarior. in us. Delph. ed. J. Olivet. Ed. III. IX Voll. 4maj. Genev. 758. Cramer. 34 Rthl.

— — Ex rec. J. A. Ernesti cum ejusdem notis et clave Ciceroniana. Halis 774-77. 5 Vol. (7 P.) 8. 8 rthlr. 8 gr.

— Opera. VIII Voll. 8. Würzb. 776.

Cicero, Marc. Tull., Opera omnia. IV Vol. ex recens. I. A. Ernesti cum varietate lectionis Gruterianae et clave Ciceroniana. 8. Hal. Waisenh. Buchh. 776—77. Rthlr.

Cicero, M. T. Opera ad optimas editiones collata . . . vita ex Plutarchi Graeco Latine reddita . . . Editio accurata. Biponti 1780—87. Ü: (vita) *Croll, Johann Philipp.* (BrMm)

— opera omnia ad optimas editt. coll. Praem. vita ex Plutarcho graeco latine reddita, cum notitia literaria. Accedunt indd. stud. Soc. Bipont. Editio accurata. XIII Voll. gr. 8. Bipont. 780—87. Treuttel u. W. in Strassb. 9 ℛ 8 ℊ Schrbp. 10 ℛ 20 ℊ.

— opera secund. opt. noviss. editt. XX Voll. 8. Manh. 783—87. Löffler. 8 ℛ Postp. 12 ℛ

— id. lib., ad opt. libr. recens. animadvers. crit. instrux. indices et Leg. Ciceronian. adj. Chr. Dan. Beck. IV Voll. 8. Lpz. 795—807. Schwickert. 6 ℛ 8 ℊ Hbg. Pr. 4 ℛ 6 ℊ

— opera. Mit deutscher Uebersetzung. XVI Voll. 8. Wien 802.

— — Cura Schaefer. Lips. 814-20. 9 T. 12. Noch nicht vollendet.

— opera omnia. Text. accurate recognovit, potiorem lectionis diversitatem adnotavit, indices rerum et verborum copiosissimos adj. Chr. Gfr. Schütz. XX Tom. 8 Leipz: 814—23. Er. Fleischer. 23 ℛ 12 ℊ

— Opera, quae supersunt omnia ac deperditorum fragmenta. Recognovit potiorum lectionis diversitatem adnotavit, indices rerum ac verborum copiosissimos adjecit Chr. Gottfr. Schütz. Tom. I. opera rhetorica, etiam sub titulo:
Rhetoricorum seu de inventione Rhetorica libri duo, Praemittuntur incerti auctoris Rhetoricorum ad C. Herennium libri quatuor. 8. Lipsiae, Gerh. Fleischer. 814.

— — ed. Schütz. Tom. II. de Oratore. 8. ibidem. 814.

— — ab eod. Tom. III. Brutus s. de claris oratoribus. Orator. Topica. Partit. orat. de opt. genere orator. 8. ibid. 815.

— — — Tom. IV. orat. pro Quintio, Roscio Amerino, Roscio Comedo, Divinatio in Caecilium. 8. ibid. 815.

— — — Tom. V. P. I. II. Orationes Verrinae I—IV. accedunt Asconii et anonymi veteris interpretis in duas priores orat. notae. 8. ibid. 815.

— — — Tom. VI. orationes pro Fontejo, Caecina, lege Manilia, Cluentio etc. 8. ibid. 815.

— — — Tom. VII. Orationes in Catilinam, pro Murena, Flacco, Sulla, Archia Poeta, Plancio. 8. ibid. 815.

— — Tom. VIII. P. 1. 2. 3. orationes variae. 8. ibid. 815.

— — T. IX. X. epistolae ad Familiares. 8. ibid. 816.

— — Tom. XI et XII. epistolae ad Atticum et. Q. Fratrem. 8. ibid. 816.

Cicero, M. T., Opera quae supersunt omnia ac deperditoum fragmenta. Recognovit, potiorem lectionis diversitatem adnotavit, indices rerum ac verborum copiosissimos adjecit Chr. Gottfr. Schütz. Tom. XIII — XX. 8. Lipsiae, G. Fleischer. 816 — 821. Rthlr. 11 4
Tom. XIII. academicorum libri II. et de finibus bonorum et malorum libri V. 8. Ibid. 816. — 20
Tom. XIV. Tusculanarum disputationum libri V. Paradoxa ad M. Brutum. 8. Ibid. 816. — 16
Tom. XV. De Natura Deorum, de divinatione, de fato. 8. Ibid. 816. — 20
Tom. XVI. p. I. Libri de legibus, de officiis, de senectute, de amicitia. 8. Ibid. 817. 1 —
Tom. XVI. p. II. fragmenta operum deperditorum. Accedadnotationes. 8. Ibid. 817. — 16
Tom. XVII. Lexicon Ciceronianum, sive indices rerum et verborum. Tom. I. 8. Ibid. 817. 1 —
Tom. XVIII. p. I. Lexicon Ciceronianum. Tom. I. p. I. 8. Ibid. 818. 1 —
Tom. XVIII. p. II. XIX. p. 1. 2. 3. Lexicon Ciceronianum. Tom. II. p. II. Tom. III. p. 1. 2. 3. 8. Ibid. 819 et 20. 4 4
(XVIII. p. 2. 20 Gr. XIX. p. 1. Rthlr. 1. XIX. p. 2. Rthlr. 1. XIX. p. 3. Rthlr. 1 8 Gr.)
Tom. XX. Lexicon Ciceronianum. Tom. IV. 8. 821. 1 —

— opera ad opt. libror. fid. accurate edita. Ed. stereotypa XII Voll. 16. Leipz. 815. Ed. n. X Voll. 821 et 828. Tauchnitz. 6 ℛ 16 ℊ Fein P. 11 ℛ

— — ad. optim. libr. fidem accur. edit. Tom. I—III. cont. Rhetorica. Tom. I—III. 12. Lipsiae, Tauchnitz. 815.
Schreibp.

— — Tom. IV. cont. Orationes pro Quinto, pro Roscio Amerino, pro Roscio Commedo, in Caecilium et in Verrem. 12. ibid. 816. —
Schreibp.

— — Opera omnia. Tom. I — XII. editio stereotyp. 12. Lips. Tauchnitz. 6 18
Fein Pap. 9 18
(T. I. Rhetoricorum ad Herennium libri IV. de Inventione Rhetorica libri duo. 10 u. 16 Gr. T. II. de Oratore libri tres. 10 u. 16 Gr. T. III. Brutus. Orator. Topica. Partitiones oratoriae. De optimo genere oratorum. 10 u. 16 Gr. T. IV. Oratio pro Quintio, pro Sex. Roscio Amerino, pro Q. Roscio Comoedo. In Q. Caecilium divinatio. Orationes in Verrem. 18 Gr. u. 1 Rthlr. T. V. Oratio pro M. Fonteio, pro A. Caecina, pro lege Manilia, pro A. Cluentio, de lege agraria contra Rullum, pro Rabirio, Orationes IV in Catilinam. Oratio pro Murena. 12 Gr. u. 18 Gr. T. VI. Oratio pro Flacco, pro Sulla, pro Archia poeta, ad Quirites post reditum, p. redit. in Senatu, pro domo sua ad Pontifices. De Haruspicum responsis, pro Plancio, pro Sextio, in Vatinium, pro Coelio, de provinciis consularibus, pro Cornelio Balbo. 14 Gr. u. 20 Gr. T. VII. Oratio in Pisonem, pro Milone, pro Rabirio Postumo, pro Marcello, pro Ligario, pro Rege Deiotaro, Orationes Philippicae XIV. 14 u. 20 Gr. T. VIII. Epistolae ad diversos et ad Quintum fratrem. 18 Gr. u. 1 Rthlr. T. IX. Epistolae ad Atticum. 16 u. 22 Gr. T. X. Epistola ad Brutum. Academicae quaestion. De finibus bonor. et malorum. Tusculanarum quaestionum Lib. I. II. 14 u. 20 Gr. T. XI. Tusculanarum quaestion. Libr. III — V. de Natura deorum. De Divinatione. De Fato. 14 u. 20 Gr. T. XII. De legibus. De officiis. Cato major. Laelius. Paradoxa. De Petitione consulatus. Fragmenta. 12 u. 18 Gr.)

— — Opera omnia ex recens. J. A. Ernesti, ed. nova. V Tomi. 8. Halae, lib. orphanotr. 820. 5 —
— — Clavis Ciceroniana sive indices rerum et verborum philolog. crit. in opera Ciceronis. Edit. nova. 8. Ibid. 818. 2 —

— id. lib. ex recens. J. A. Ernesti. Tom. V. et ultimus. Edit. nova. 8. Halae 824, Orphanotr. (Alle 5 Bände, 820—24) kosten jetzt

— Opera. Ex recens. Jo. A. Ernestii, stud. recogn. ed. C. Fr. A. Nobbe. 10 Voll. Edit. stereotypa. 16. Leipzig 821, Tauchnitz. 6 Rthlr. 16 gr. fein Pap. Rthlr.

— id. lib. in 1 Vol. comprehensa. gr. 4. Ibid. 827.

— id. lib. quae supersunt omnia secund. opt. novissimasque editiones Vol. XVI — XX. Philosophica omnia V. Tomi et alt. emend. 8. Mannheim 823, Löffler.
(Tom. I — XX. auf Schreibp. 8 Rthlr. Postp. 12 Rthlr.)

— opera, quae supersunt omnia ac deperditorum fragmenta, recogn. et singulis libris ad optimam quamque recens. cast., cum variet. Lambiniana 1566, Graevio, Garatoniana, Ernestiana, Beckiana, Schütziana, ac praestantiss. cujusque libri edit. integra, reliq. vero accur. delectu brevique adnotat. critica edid. Jh. Ksp Orellius. IV Voll. in VII Part. Lex.-8. Zürich 826—30. Orell. 13 ℛ 8 ℊ Schrbp. 20 ℛ

—— Opera quae supersunt omnia ac deperditorum fragmenta etc. edid. Io. Casp. Orellius. Vol. V. Pars I et II. — E. s. t.: M. T. Ciceronis Scholiastae C. Marius Victorinus, Rufinus, C. Jul. Victor, Boëthius, Favon. Eulogius, Ascon. Pedianus, Scholia Bobiensia, Scholiasta Gronovianus. Edider. I. C. Orellius et Io. Georg Baiterus. II Ps. Lex.-8. (53 B.) Turici 833, Orellii, Fueslini et Soc. 4 Thlr., Schrbp.
Vol. I—IV. od. VII Pts. Ebendas. 1826—31. 18 Thlr. 8 Gr., Schrbp. 20 Thlr.

Cicero, M. Tull., Opera quae supersunt omnia ac deperditor. fragmenta, recogn. et singulis libris ad optimam quamque recension. castigatis etc. ed. Io. Casp. Orellius. Vol. VI—VIII. — E. s. t.: Onomasticon Tullianum, cont. M. Tulli Ciceronis vitam, histor. litterar., indicem geograph. et histor., indicem legum et formular., indicem graecolatin., fastos consulares. Curaverunt Io. Casp. Orellius et Io. Geo. Baiterus. III Pts. Lex.-8. (116 B.) Turici 836—38, Orellii, Fueslini et Soc. . 9 Thlr., Schrbpap.
Vol. I—V. Ebendas. 1826—33. 17 Thlr. 8 Gr., Schrbpap. 25 Thlr.

Ciceronis, Opera, quae supers. omnia apparatu, indic., variet. lect. notis tabulisque aen. illustr. Tom. II. A. u. d. T.: Ciceronis Epistolae ad familiares, ad Atticum, ad ej. fratrem. etc. cur. Fr. Bentivoglio. Vol. I. M. 1 Charte. gr. 8. Mayland 826. (Weigel in Leipz.)

Ciceronis, M. Tull. Opera quae supersunt omnia apparatu indicibus variet. lect. notis tabulisque aen. illustr. Tom. III. — E. s. t.: Cic. Epistolae ad Familiares ad Atticum ad Q. Fratrem item quae vulgo Ciceronis et M. Bruti invicem feruntur temporum ord. dispositae ad opt. edit. et Mss. Cod. praesert. Ambrosianos coll. var. lect. et select. interpret. notis novisque auctae cur. Fr. Bentivoglio. Tom. II. 8 maj. (84 B.) Mediolani 827. (Lipsiae, Weigel.)

—— id. — Tom. IV. — E. s. t.: Cic. Epistolae etc. Vol. III. 8 maj. (38 B.) Ibid. 828.

—— id. — Tom. V. — E. s. t.: Cic. Epistolae etc. Vol. IV. 8 maj. (45¼ B.) Ibid. 829.
Tom. II. Ebendas. 1826. 8 Thlr. 12 Gr. — Tom. I. wird zuletzt erscheinen.

— id. lib. variae lectiones librorum aliquot, ex codice Erfurtensi annotatae ab E. Wundero. Accessit, praef. diligent. codicis descript. mentasque Cicero scriptorum interpretat. continens. gr. 8. Leipz. 827; Hartmann.

— opera uno volum. comprehensa. Ex recens. Jo. Aug. Ernestii, stud. recogn. ed. Karl Fr. Aug. Nobbe. Mit 1 Kpf. 4maj. Leipz. 828. Tauchnitz. 7 ß 12 gr

— opera omnia, ed. L. Tence Vol. I—III. 8. Brüssel 829. (Leipz., Barth). 3 ß (vergl. Scriptorum.)

— opera omnia ex rec. Orelli. Edit. superba. X Lieff. Fol Hildburgh. et Neu-York 830 et seq. Bibliogr. Inst. 10 ß

— omnia Opera. De Oratore libri tres quos suis variorumque notis illustravit A. Durand. Lex.-8. Leipzig 836. Barth. 1⅙ ß (Vergl. Bibliotheca nova Scriptorum latinorum Vol. II.)

— omnia Opera. Orationes suis variorumque notis illustr. J. Mangeart. Vol. I. Lex.-8. Leipzig 838. Barth. 1⅙ ß (Vergl. Bibliotheca nova Scriptorum latin. Vol. XXIX.)

Ciceronis, M. Tullii, opera, quae supersunt omnia ex recens. Jo. Casp. Orellii. Edit. II. emend. Curaverunt Jo. Casp. Orellius et Jo. Geo. Baiterus, (IV Vol.) Vol. I. et III. Lex.-8. Turici 845, Orell, Füssli et soc. 8.-Pr. à n. 2⅔ ß

Ciceronis, M. Tullii, opera quae supersunt omnia ex recensione Jo. Casp. Orellii. Editio altera emendatior. Opus morte Orellii interruptum continuaverunt J. G. Baiterus et Car. Halmius. Vol. II. (2 Part.) Et. s. t.: M. Tullii Ciceronis orationes. Ad codd. ex magna parte primum aut iterum collatus emendaverunt J. G. Baiterus et Car. Halmius. 2 Part. 8maj. (XXVI und 1459 S.) Turici 854—56, Orell, Füssli et soc. *
Editio II. Vol. I. et III. Ibid. 1845. à Vol. * 2 Thlr. 20 Ngr.

—— dass. — ex recensione Jo. Casp. Orellii. Editio II. emendatior. Opus morte Orellii interruptum continuaverunt J. G. Baiterus et Car. Halmius. Vol. IV. Et. s. t.: M. Tullii Ciceronis libri qui ad philosophiam et ad rem publicam spectant. Ex libris manu scriptis partim primum partim iterum excussis emendaverunt J. G. Baiterus et Car. Halmius. gr. Lex.-8. (926 S.) Zürich 861, Orell, Füssli und Comp. Thlr. *
2. Aufl. Vol. 1—3. Ebendas. 1845—56. * 11 Thlr. 18 Ngr.

—— opera quae supersunt omnia ex recensione Jo. Casp. Orellii. Editio II. emendatior. Opus morte Orellii interruptum continuaverunt J. G. Baiterus et Car. Halmius. Vol. IV. Pars 2. Et. s. t.: M. Tullii Ciceronis libri qui ad philosophiam et ad rem publicam spectant. Ex libris manu scriptis partim primum partim iterum excussis emendaverunt J. G. Baiterus et Car. Halmius. Pars. 2. gr. Lex.-8. (VII und S. 927—1064.) Zürich 863, Orell, Füssli und Comp. *
Vol. I—IV. Pars 1. Ebendas. 1845—61. * 15 Thlr. 14 Ngr.

—— ead. Edid. Car. Frid. Aug. Nobbe. Nova editio stereot. 35 Nrn. 16. Lipsiae 847, C. Tauchnitz.

Nr. 1. Rhetorica ad Herennium. (136 S.) 6 Ngr.
- 2. De inventione rhetorica. (138 S.) 6 Ngr.
- 3. De oratore. (259 S.) 10 Ngr.
- 4. Brutus de claris oratoribus. (106 S.) 5 Ngr.
- 5. Orator. (79 S.) 4 Ngr.
- 6. Topica, oratoriae partitiones, de optimo genere oratorum. (81 S.) 4 Ngr.
- 7. Orationes pro P. Quintio, S. Roscio Amerino et S. Roscio comoedo. (114 S.) 5 Ngr.
- 8. In Caecilium divinatio. In Verrem actio I. et actionis II. lib. I. (116 S.) 5 Ngr.
- 9. In Verrem actionis II. lib. II. et III. (191 S.) 7 Ngr.
- 10. In Verrem actionis II. lib. IV et V. (157 S.) 6 Ngr.
- 11. Orationes pro Fonteio, pro Caecina et pro lege Manilia. (94 S.) 4 Ngr.
- 12. Orationes pro Cluentio et de lege agraria. I. II. III. (152 S.) 6 Ngr.
- 13. Orationes pro C. Rabirio, in Catilinam IV et pro Murena. (119 S.) 4 Ngr.
14. Orationes pro Sulla, pro Archia poeta et pro Flacco. (102 S.) 4 Ngr.
- 15. Orationes post reditum in senatu, ad Quirites, pro domo, de haruspicum responsis. (128 S.) 5 Ngr.
- 16. Orationes pro Sestio, in Vatinium, pro Caelio, de provinciis consularibus. (151 S.) 5 Ngr.
- 17. Orationes pro Balbo, in Pisonem, pro Plancio, pro Rabirio. (143 S.) 6 Ngr.
- 18. Orationes pro Milone, pro Marcello, pro Ligario, pro Deiotaro. (96 S.) 4 Ngr.
- 19. Orationes Philippicae XIV. (233 S.) 9 Ngr.
- 20. Epistolarum ad diversos lib. I—IV. (115 S.) 5 Ngr.
- 21. Epistolarum ad diversos lib. V—X. (218 S.) 7 Ngr.
- 22. Epistolarum ad diversos lib. XI—XVI. (205 S.) 7 Ngr.
- 23. Epistolae ad Quintum fratrem. (82 S.) 4 Ngr.
- 24. Epistolarum ad Atticum lib. I—VI. (202 S.) 8 Ngr.
- 25. Epistolarum ad Atticum lib. VII—XI. (181 S.) 8 Ngr.
- 26. Epistolarum ad Atticum lib. XII—XVI. (234 S.) 9 Ngr.
- 27. Academica. (98 S.) 5 Ngr.
- 28. De finibus bonorum et malorum. (205 S.) 8 Ngr.
- 29. Tusculanae disputationes. (209 S.) 6 Ngr.
- 30. De natura deorum. (159 S.) 5 Ngr.
- 31. De divinatione. De fato. (143 S.) 5 Ngr.
- 32. De republica. (121 S.) 4 Ngr.
- 33. De legibus. (81 S.) 4 Ngr.
- 34. De officiis. (146 S.) 5 Ngr.
- 35. Cato maior de senectute. Laelius de amicitia. Paradoxa. (94 S.) 4 Ngr.

Ciceronis, M. Tullii, opera omnia uno Vol. comprehensa curis secundis emendatiora et adnott. indicibusque auctiora ed. Car. Frid. Aug. Nobbe. 11 Fasc. 4maj. (XV und 1400 S. mit 1 Stahlst.) Lipsiae 848—50, C. Tauchnitz.

Ciceronis, Marci Tullii, opera. Cato major de senectute. Laelius de amicitia et paradoxa. Ad optima exemplaria recognovit H. P. [Bibliotheca classica Latina VI.] 8. (48 S.) Brunae 849, Winiker. 3 ngr

—— opera omnia adjectis indicibus et adnotatione iterum ed. Car. Frid. Aug. Nobbe. Nova editio stereot. 11 Voll. 16. Lipsiae 849—50, C. Tauchnitz.
Vlnp.

Vol. I. Annales Ciceroniani. Libri ad Herennium et de inventione. (252 S.)
II. De oratore. Brutus. Orator. Topica. Partitiones oratoriae. De optimo genere oratorum. (536 S.)
III. Orationes pro Quinctio, pro Roscio Amerino, Roscio comoedo. Divinatio in Caecilium. Orationes Verrinae. (591 S.)
IV. Orationes pro Fonteio, Caecina, lege Manilia, Cluentio, contra Rullum, pro Rabirio, in Catilinam, pro Murena, Sulla, Archia, Valer. Flacco, post reditum, pro domo, de haruspicum responsis. (604 S.)
V. Orationes pro Sestio, in Vatinium, pro Caelio, de provinciis consularibus, pro Balbo, in Pisonem, pro Plancio, Rabirio, Milone, Marcello, Ligario, Deiotaro et Philippicae. (633 S.)
Vol. VI. Epistolae ad diversos et ad Quintum fratrem. (626 S.)
VII. Epistolae ad Atticum et ad Brutum, cum ep. ad Octavium. (630 S.)
VIII. Academica. De finibus bonorum et malorum. Tusculanae disputationes. (518 S.)
IX. De natura deorum. De divinatione. De fato. De republica. De legibus. (511 S.)
X. De officiis. Cato major. Laelius. Paradoxa. Oratio de pace, graece. Fragmenta. (587 S.)

XI. Indices operum Ciceronianorum confecti cura et studio C. F. A. Nobbe. (266 S.)
Vol. I. à 12 Ngr., Vlnp. à 18 Ngr. — Vol. II–X. à 20 Ngr., Vlnp. à 1 Thlr.

Ciceronis, M. T., opera quae supersunt omnia edid. J. G. Baiter et C. L. Kayser. Edit. stereot. VII Voll. Leipzig 860–64. B. Tauchnitz. 8. 3 ℛ 27 ngr.; Prachtausg. in gr. 8. 9 ℛ 22½ ngr.

Vol. I. II. Opera rhetorica ex optimis libris manuscr. recens. C. L. Kayser. I.: (L, 208 S.) 12 ngr.; Prachtausgabe 1 ℛ; II.: (XXVIII, 396 S.) 18 ngr.; Prachtausgabe 1 ℛ 15 ngr.

Vol. III–V.: Orationes recogn. C. L. Kayser. 3 voll. (XXV, 426 S.; XLII, 450 S.; XLII, 473 S.) Jeder Bd. 18 ngr.; Prachtausg. 1 ℛ 15 ngr.

Vol. VI. VII.: Opera philosophica et politica recogn. J. G. Baiter. 2 voll. (XXXII, 403 S.; XXIV, 292 S.) I.: 18 ngr.; Prachtausg. 1 ℛ 15 ngr.; II.: 15 ngr.; Prachtausg. 1 ℛ 7½ ngr.

Hieraus einzeln in Nrn.:

Nr. 1. Cornificii rhetoricorum ad C. Herennium libri IV. (102 S.) 6 ngr.
Nr. 2. Rhetoricorum libri duo qui sunt de inventione rhetorica. (106 S.) 6 ngr.
Nr. 3. De oratore ad Quintum fratrem libri III. (196 S.) 9 ngr.
Nr. 4. De claris oratoribus liber qui dicitur Brutus. (80 S.) 5 ngr.
Nr. 5. Ad M. Brutum orator. (60 S.) 4 ngr.
Nr. 6. De optimo genere oratorum, partitiones oratoriae, topica. (60 S.) 4 ngr.
Nr. 7. Orationes pro P. Quinctio, pro Sex. Roscio Amerino, pro Q. Roscio Comoedo. (84 S.) 5 ngr.
Nr. 8. Divinatio in Q. Caecilium, actio in C. Verrem prima. (51 S.) 4 ngr.
Nr. 9. Actionis in C. Verrem secundae sive accusationis libri I–V. (308 S.) 12 ngr.
Nr. 10. Orationes pro M. Tullio, pro M. Fontejo, pro A. Caecina, de imperio Cn. Pompeji. (80 S.) 3¾ ngr.
Nr. 11. Orationes pro A. Cluentio, de lege agraria III, pro C. Rabirio. (121 S.) 6 ngr.
Nr. 12. Orationes in L. Catilinam IV, pro L. Murena, pro L. Flacco. (110 S.) 5 ngr.
Nr. 13. Orationes pro P. Sulla, pro A. Licinio Archia poeta. (10 S.) 3¾ ngr.
Nr. 14. Orationes post reditum in senatu et post reditum ad Quirites habitae, de domo sua, de haruspicum responso. (96 S.) 5 ngr.
Nr. 15. Orationes pro P. Sestio, in P. Vatinium, pro M. Caelio. (96 S.) 3¾ ngr.
Nr. 16. Orationes de provinciis consularibus, pro L. Cornelio Balbo, in L. Calpurnium Pisonem, pro Cn. Plancio, pro M. Aemilio Scauro, pro C. Rabirio postumo. (136 S.) 5 ngr.
Nr. 17. Orationes pro T. Annio Milone, pro M. Marcello, pro Q. Ligario, pro rege Dejotaro. (66 S.) 3¾ ngr.
Nr. 18. Orationes in M. Antonium Philippicae XIV. (175 S.) 7½ ngr.
Nr. 19. Academicorum quae supersunt. (82 S.) 4½ ngr.
Nr. 20. De finibus bonorum et malorum libri V. (160 S.) 7½ ngr.
Nr. 21. Tusculanarum disputationum libri V. (161 S.) 6 ngr.
Nr. 22. De deorum natura libri III. (122 S.) 5 ngr.
Nr. 23. De divinatione libri II, de fato liber. (112 S.) 5 ngr.
Nr. 24. Cato major de senectute, Laelius de amicitia. (58 S.) 3¾ ngr.

— opera quae supersunt omnia edid. J. G. Baiter, C. L. Kayser. Edit. stereot. Leipzig 865–69. B. Tauchnitz. 8.

Vol. VIII.: Opera philosophica et politica. Recogn. J. G. Baiter. Vol. III. (XXXVI, 312 S.) 15 ngr.; Prachtausg. in gr. 8. 1 ℛ 7½ ngr.

Vol. IX. X.: Epistolae. Ex codd. Medicis denuo a se excussis recens. J. G. Baiter. 2 voll. (LXXVIII, 490 S.; CXXIV, 468 S.) Jeder Bd. 18 ngr.; Prachtausg. in gr. 8. à 1 ℛ 15 ngr.

Vol. XI.: Orationum fragmenta et orationes suppositiciae edid. C. L. Kayser. — Ceterorum librorum fragmenta; index nominum; index librorum Tullianorum compos. J. G. Baiter. [IX, 562 S.) 18 ngr.; Prachtausg. in gr. 8. 1 ℛ 15 ngr.; [compl. I–XI: 6 ℛ 6 ngr.; Prachtausg. 15 ℛ 15 ngr.]

Einzeln: Nr. 25. De officiis ad Marcum filium libri III, paradoxa Stoicorum, Timaeus. (144 S.) 5 ngr.
Nr. 26. De re publica sex librorum reliquiae. (104 S.) 4½ ngr.
Nr. 27. De legibus libri III. (64 S.) 4½ ngr.
Nr. 28–31. Epistolarum ad familiares libri XVI. (414 S.) Jede Nr. 5 ngr.
Nr. 32. Epistolae ad Quintum fratrem. Q. Ciceronis de petitione consulatus ad M. fratrem liber. (76 S.) 3 ngr.
Nr. 33–36. Epistolarum ad Atticum libri XVI. (432 S.) Jede Nr. 5 ngr.
Nr. 37. Epistolarum ad Brutum libri II. Epistolae ad Octavium. (36 S.) 3 ngr.

— — adjectis indicibus et adnotatione iterum edidit C. F. A. Nobbe. Nova edit. stereot. C. Tauchnitiana. Nova impressio. XI voll. Leipzig 1866–69. Holtze. 16. (5850 S.) 6 ℛ 24 ngr.
Einzeln: Vol. I, XI: à 12 ngr.; II–X: à 20 ngr.

—— Opera omnia, adiectis indicibus et adnotatione iterum edidit C. F. A. Nobbe. Nova edit. ster. C. Tauchnitiana. Nova impressio. 11 vol. 16. Leipzig 866–73, Holtze.

Inhalt:

Vol. I. Annales Ciceroniani. Libri ad Herennium et de inventione. ℳ 1,50.
» II. De oratore. Brutus. Orator. Topica. Partitiones oratoriae. De optimo genere oratorum. ℳ 2,25.
Vol. III. Orationes pro Quinctio, pro Roscio Amerino, pro Roscio Comoedo, Divinatio in Caecilium, Verrinae. ℳ 2,25.
» IV. Orationes pro Fonteio, Caecina, lege Manilia, Cluentio, contra Rullum, pro Rabirio, in Catilinam, pro Murena, Sulla, Archia, Valerio Flacco, post reditum, pro domo, de Haruspicum responsis. ℳ 2,25.
» V. Orationes pro Sestio, in Vatinium, pro Caelio, de provinciis consularibus, pro Balbo, in Pisonem, pro Plancio, Rabirio, Milone, Marcello, Ligario, Deiotaro, Philippicae. ℳ 2,25.
» VI. Epistolae ad diversos et ad Quintum fratrem. ℳ 2,25.
» VII. Epistolae ad Atticum et ad Brutum, cum epist. ad Octavium. ℳ 2,25.
» VIII. Academica. De finibus bonorum et malorum. Tusculanae Disputationes. ℳ 2,25.
» IX. De natura deorum. De divinatione. De fato. De republica. De legibus. ℳ 2,25.
» X. De officiis. Cato maior. Laelius. Paradoxa. Oratio de pace, graece. Fragmenta. ℳ 2,25.
» XI. 1) Index scriptorum Ciceronianorum, numeris perpetuis signatorum. 2) Index legum a Cicerone memoratarum: a) Index legum nomina continens. b) Index rerum legibus constitutarum. 3) Index geographicus et historicus. ℳ 1,50.

Ausgabe in 35 Abtheilungen:

Nr. 1. Rhetorica ad Herennium, praemissis Annalibus Ciceronianis. 66 Pf.
» 2. De inventione. 60 Pf.
» 3. De oratore. ℳ 1,20.
» 4. Brutus sive de claris oratoribus. 60 Pf.
» 5. Orator. 45 Pf.
» 6. Topica, partitiones, de optimo genere oratorum. 45 Pf.
» 7. Orationes pro Quinctio, pro S. Roscio Amerino, pro S. Roscio Comoedo. 60 Pf.
» 8. In Caecilium, in Verrem actio I, actionis II. lib. I. 60 Pf.
» 9. In Verrem actionis II. lib. II et III. 75 Pf.
» 10. In Verrem actionis II. lib. IV (de signis) et V. (de suppliciis). 66 Pf.
» 11. Orationes pro Fonteio, pro Caecina, pro lege Manilia (de imperio Cn. Pompeii). 45 Pf.
» 12. Orationes pro Cluentio et de lege agraria, I, II, III. 66 Pf.
» 13. Orationes pro C. Rabirio, in Catilinam IV, pro Murena. 45 Pf.
» 14. Orationes pro Sulla, pro Archia poeta, pro Flacco. 45 Pf.
» 15. Orationes post reditum in Senatu, ad Quirites, pro domo, de Haruspicum responsis. 60 Pf.
» 16. Orationes pro Sestio, in Vatinium, pro Caelio, de provinciis consularibus. 60 Pf.
» 17. Orationes pro Balbo, in Pisonem, pro Plancio, pro Rabirio Postumo. 60 Pf.
» 18. Orationes pro Milone, pro Marcello, pro Ligario, pro Deiotaro. 45 Pf.
» 19. Orationes Philippicae XIV. 90 Pf.
» 20. Epistolarum ad diversos lib. I–IV. 60 Pf.
» 21. Epistolarum ad diversos lib. V–X. 75 Pf.
» 22. Epistolarum ad diversos lib. XI–XVI. 75 Pf.
» 23. Epistolae ad Quintum fratrem. 45 Pf.
» 24. Epistolarum ad Atticum lib. I–VI. 90 Pf.
» 25. Epistolarum ad Atticum lib. VII–XI. 90 Pf.
» 26. Epistolarum ad Atticum lib. XII–XVI. 90 Pf.
» 27. Academica. 45 Pf.
» 28. De finibus bonorum et malorum. 90 Pf.
» 29. Tusculanae Disputationes. 75 Pf.
» 30. De natura deorum. 60 Pf.
» 31. De divinatione. De fato. 60 Pf.
» 32. De republica. 45 Pf.
» 33. De legibus. 45 Pf.
» 34. De officiis. 60 Pf.
» 35. Cato maior de senectute. Laelius de amicitia. Paradoxa. 45 Pf.

Ciceronis, M. Tullii, opera omnia e recens. C. F. A. Nobbe secunda anni 1850 adnotationibus indicibusque adjectis uno volumine comprehensa. Editio C. Tauchnitii stereot. novis chartis impressa. Leipzig 869. Holtze. 4. (XV, 1460 S.) 7 ₰ 15 ngr

— opera, recognovit C. F. W. Müller. Nr. 7. 8. 9ᵃ. 9ᵇ. 29—37. 8. Ebend. 881. 8. 10
7. Orationes pro P. Quinctio, pro Sex. Roscio Amerino, pro Q. Roscio Comoedo. (99 S.) — 60
8. Divinatio in Q. Caecilium, actio in C. Verrem prima. (43 S.) — 45
9a. Actionis in C. Verrem secundae sive accusationis libri I—III. (224 S.) — 90
9b. Actionis in C. Verrem secundae sive accusationis libri IV, V. (136 S.) — 45
29. Academicorum ad M. Varronem libri II. (90 S.) — 60
30. De finibus bonorum et malorum libri V. (185 S.) — 90
31. Tusculanarum disputationum libri V. (191 S.) — 75
32. De natura deorum libri III. (142 S.) — 60
33. De divinatione libri II, libri de fato quae manserunt. (128 S.) — 60
34. Librorum de re publica V quae supersunt. (109 S.) — 60
35. De legibus libri III. (71 S.) — 60
36. De officiis libri III. (130 S.) — 60
37. Cato major de senectute, Laelius de amicitia, paradoxa. (83 S.) — 45

Ciceronis, M. Tullii, opera omnia, adiectis indicibus et adnotatione iterum ed. Car. Frid. Aug. Nobbe. Nova ed. ster. C. Tauchnitiana. Tom. I et VI. Nova impressio. 16. Leipzig, O. Holtze's Nachf. 3. 75
I. Annales Ciceroniani. Libri ad Herennium et de inventione. (XXVIII, 282 S.) 898. 1. 50
VI. Epistolae ad diversos et ad Quintum fratrem. (626 S.) (898.) 2. 25

— Opera philosophica ad Exemplar Londinense edita (c. Jh. Pt. Millero). IV Ptes. 8. Berl. 745. Ed. II. 772. Haude u. Sp. 1 ₰ 12 ₰

— Opera philosophica ed. Miller. 4 Tom. 8. Berlin, jetzt Thome. 1/2 ₰

Ciceronis, *Opera philosophica.*
— — — Ex rec. Graevii cum variis lectt. et notis ed. Lenz. Hilburgh. 778. Vol. I. 8. 8 gr. (Enthält den Laelius. Mehr ist nicht erschienen.)
— — — Ad optim. edd. Vienn. 791. 2 Vol. 8. 2 rthl. 16 gr.

— Opera philosophica in usum juventutis academicae. II Voll. 8maj. Wien 791. Beck. 2 ₰ 16 gr 800 et 803. ibid. Ilbg. Pr. 2 ₰

— Opera philosophica in usum juventutis academicae. 2 Vol. Vien. Wappler et Beck. 791.

— id. lib., ex recens. Jo. Davisii, et cum ejus commentario edidit R. G. Rath. VI Voll. 8maj. Halle 803—19. Kümmel. 11 ₰ 16 gr Schrbp. 15 ₰ 6 gr Velinp. 22 ₰ 8 gr

— — — Ex rec. Davisii cum ejus commentario suisque notis ed. Rath. Halae 804-19. 6 Tom. 8. 10 rthl. 10 gr. (T. I. de finibus. 1 rthl. 18 gr. II. Tusc. disp. 2 rthl. 4 gr. III. Academica. 1 rthl. 10 gr. IV. de divinatione et fato. 1 rthl. 12 gr. V. de legibus. 2 rthl. 8 gr. VI. de natura deor. ex rec. Davisii cum ejus et alior. notis ed. C. G. Schütz. 2 rthl. 12 gr.)

— — philosophica. ex recens. J. A. Ernesti III Tomi. 16. Roterodami. (Lips. Breitkopf et Härtel.) 804.

— Opera philosopica ex recens. J. A. Ernestii. III Tom. 12. Rotterd. 804. (Leipz., Weigel). 2 ₰ 12 gr. gr. Pap. 4 ₰

— Opera philosophica ex recensione Io. Davisii, et cum ejus commentario edidit R. G. Rath. T. I. sive de finibus bonorum et malorum. libri V. gr. 8. Halae, Kümmel. 804.

— — idem lib. T. II. sive tusculanarum disputationum. libri V. gr. 8. ibid. 805.

— — idem liber T. III. sive Academica. gr. 8. ibid. 806.

— — — T. IV. sive libri de Divinatione et de fato. gr. 8. ibid. 807.

— — — T. V. sive de legibus. libri III. gr. 8. ibid. 808.

Ciceronis, M. Tull., Opera philosophica, ex scriptis recens. collatis editisque libris castigatius etc. ed. J. A. Goerenz. III Voll. 8 maj. Leipz. 809—13. Weidmann. 5 ₰ 18 gr Schrbp. 7 ₰ Velinp. 10 ₰ 16 gr

— — — Rec. et anim. illustravit Görenz. Lips. 809-14. 3 Tom. 8. 5 rthlr. 13 gr. (T. I. de legibus. 1 rthlr. 8 gr. T. II. P. I. II. Academica. 1 rthl. 8 gr. T. III. de finibus. 2 rthl. 8 gr.)

— id. lib., quae supersunt omnia secund. opt. novissimasque editt. V Tom. ed. alt. emend. 12. Manh. 823. Löffler. 2 ₰ 13 gr Postp. 3 ₰ 20 gr (A. u. d. T.: *Ciceronis* Opera T. XVI—XX.)

— Opera philosophica. Cato major, Laelius, Paradoxa et Somnium Scipionis cum notis philolog. histor. geograph. atque antiquit. spectant. ad nexaque germanico-latina phraseologia ex his opusculis collecta, in us. scholar. edita ab J. Seibt. Vol. I. 8. Pragae 824. (Calve.)

— id. lib. Vol. II. de Officiis, cum not. philolog., histor. geogr. etc. ed. J. Seibt. gr. 8. Prag 827. Kronberger u. W.

— id. lib. Vol. III. de finibus bonorum et malorum, cum not. philolog. histor. geogr. etc. ed. J. Seibt. gr. 8. 827. ibid.

— Opera philosophica. Cato major, Laelius, paradoxa et somnium Scipionis cum notis philolog. histor. geograph. atque antiquit. spectant. adnexaque germanico-latina phraseologia ex his opusculis collecta, in us. scholar. ed. ab J. Seibt. II Voll. 8. Prag 825, 27. (Calve; u. Haase Söhne). 2 ₰ 6 gr Neureutter das. 1 ₰ 12 gr

Cicero, M. T. Opera Rhetorica et Orationes . . . Berolini 1748. H: *Miller, Joh. Peter.* (BrMm)

— Opera rhetorica, ad Exemplar Londinense edita. 8. Berol. Haude. 748.

— Opera rhetorica ex edit. Olivet. gr. 8. Wien. (Tendler). 761.

— Opera rhetoria ex edit. Olivet. 8maj. Wien 761. Trattner. 1 ₰

— Opera rhetorica seu Institutiones artis eloquentiae forensis opera et sumptu cultoris disciplinae Ciceronianae Jos. Greyssing. II Tom. 8maj. Nürnb. 782. Ed. II. 808. Stein. 1 ₰ 8 gr

— Opera rhetorica, recensuit et illustravit Ch. G. Schütz. Vol. I. P. I. II. Incerti Auctoris Rhetoricorum ad Herennium libri IV. et Ciceronis Rhetoricorum. libri II. 8. Lips. Göschen. 804. Kleine Ausgabe 2 Bde, nämlich der erste Band des Textes u. der erste Band der Noten auf Velinp. Druckp.

— — idem liber, Vol. II. P. I. II. 8. ibid. 806. Velinp. Druckp.

— — — Vol. III. P. I. II. 8. ibid. 808. Velinp. Druckp.

— Opera rhetorica minora, cum not. I. C. F. Wetzel. 8. maj. Liegnitz. Siegert. 807.

— Oraisons choisies, trad. p. d'Olivier et Wailly av. le latin à côté. IV Tom. 12. Paris. (Tourneysen, Basel). 787.

— — le même lat. et franc. II. Tom. 12. ibid.

Cicero, Marcus Tullius: Oratio . . ., s.a. Cicero: Orationes . . .

– Oratio . . ., s.a. Cicero: Rede . . .

— oratio pro Archia poëta, cum carminibus Archiae gr. et lat. Novis curis emendat. ad opt. editt. recensita. Acced. var. lect. et interpret. commentar. perpet. studio Hnr. Cph. Fr. Hülsemann. 8 maj. Lemgo 800. Meyer. 18 gl

— id. lib., latein. u. deutsch, mit krit. u. erklär. Anmerkk. v. G. Chr. G. Wiß. 8. Leipz. 814. Engelmann. 14 gl

Cicero, M. T. Quae vulgo fertur oratio pro Archia poeta . . . Lipsiae 1818. H: *Schröter, Carl Aug. Wilh.* (Gi) (R-N)

Cicero, M. T. Oratio pro Archia poeta . . . Lipsiae 1818. H: *Schröder, Carl Aug. Wilh.* (Ebert) (Ky)

— id. lib., recens., suas observationes adj. M. C. B. (angebl. v. Criminalr. Schröder in Dorpat). 8 maj. Leipz. 818. (Hinrichs). 12 gl

— — quae vulgo fertur, Oratio pro Aulo Licinio Archia poeta; recensuit, suas observationes adjecit M. C. B. 8 maj. Lips., Weygand. 818. — 12

Ciceronis pro Archia poeta oratiuncula. Ad formam voluminis Romani e rec. Schützii denuo impressa. Chemnit. 820. f. 6 gr.

— pro A. Licinio, Archia poëta, Antiocheno, oratiuncula; ad formam volum. Romani e recens. Schützii denuo impressa. Fol. Chemnitz 821. Kretzschmar. 6 gl

— oratio pro A. Licinio, Archia poëta. Cui accomm. praecepta et specimen eloquent. exter. P. Francius, in usum stud. juvent. denuo ed. C. Levezow. 8 maj. Berl. 823. Nauck in Leipz. 16 gl Schrbp. 1 ₰ Velinp. 1 ₰ 4 gl

— oratio pro A. Licinio, Archia poëta. Recens. Rud. Störenburg. Acced. annotationes. 8 maj. Leipz. 832. Baumgärtner. 18 gl

—— Oratio pro A. Licinio Archia poëta. Recens. Rud. Stuerenburg. Acced. Annotationes. 8 maj. ($13^{1}/_{2}$ B.) Lipsiae 834, Baumgaertner.

—— Oratio pro A. Licinio Archia poeta. Mit Anmerkn. v. Rud. Stürenburg. gr. 8. ($14^{1}/_{4}$ B.) Leipzig 839, Baumgärtners Buchh.

—— pro A. Licinio Archia Poeta oratio ad judices. Durchgesehen und verglichen mit den zur Zeit als beste anerkannten Text-Revisionen. gr. 16. (20 S.) Berlin 877, H. R. Mecklenburg. *

– In Q. Caecilium oratio de accusatore in Verrem constituendo, s. Cicero: Actiones in Verrem.

—— pro M. Caelio oratio ad judices. Ad optimos codices denuo collatos in usum academicae juventutis recognovit I. C. Vollgraff. Accessit appendix critica. gr. 8. (XV, 96 S.) Leiden 887, Brill. **

— oratio pro M. Caelio. Recensuit atque interpretatus est Iacobus van Wageningen. (XXXIV, 119 S.) gr. 8. Groningen 908. P. Noordhoff. 3. —

– Oratio in Catilinam, s. Cicero: Orationes in Catilinam.

— in P. Clodium et Curionem orationis fragmenta concinnavit Karl Beier, s. a. K. Fr. Ad. *Beier.*

— In P. Clodium et Curionem orationis fragmenta concinnavit C. Beier. Pr. 18[illegible] VI, 48 S. 1.

— oratio pro A. Cluentio Avito. Ad fidem codd. Florent. et Monacensium, nunc primum collatorum, addita alior. Mss. aliunde notarum et veter. edit. varietate recens. et crit. adnotatione instruxit Jo. Classen. 8 maj. Bonn 831. Weber. 1 ₰ 4 gl

Ciceronis, M. Tullii, oratio pro rege Deiotaro. Recogn. et potiorem script. diversit. adj. Car. Henr. Frotscher. Acced. integr. script. Leidensis Codicis. 8. Leipz. 835. Voss. $^{1}/_{6}$ ₰

— oratio pro rege Deiotaro. Ad fidem codd. Guelferbytan., Monacens. et Parisiensis 11, nuper collatorum, adjecta aliorum manu scriptorum aliunde notorum et veterum exemplarium varietate, recens. et critica adnotatione instr. Aug. Fd. Soldan. 8 maj. Hanau 836. Edler. $1^{1}/_{3}$ ₰

—— pro rege Dejotaro oratio ad C. J. Caesarem. Durchgesehen und verglichen mit den zur Zeit als beste anerkannten Text-Revisionen. gr. 16. (28 S.) Berlin 877, H. R. Mecklenburg. *

– Oratio de imperio Cn. Pompei, s.a. Cicero: Oratio de lege Manilia.

— oratio de imperio Cn. Pompei. Ad optimor. codicum fidem emend. et interpret. et aliorum et suis explanavit C. Benecke. 8 maj. Leipzig 834. Köhler. $1^{1}/_{2}$ ₰

— oratio de imperio Cn. Pompeii s. pro lege Manilia. Mit vollständiger Einleitung, kritischen und erklärenden Anmerkungen hrsg. von G. W. Goßrau. 8. (VII und 183 S.) Quedlinburg 834, Franke. Thlr.

Ciceronis, M. Tullii, de imperio Cn. Pompeji ad Quirites oratio. Durchgesehen und verglichen mit den zur Zeit als beste anerkannten Text-Revisionen. 2 Hefte. gr. 16. (40 S.) Berlin 877, H. R. Mecklenburg. à Heft * 20 Pf. *

Cicero, oratio de imperio Cn. Pompei. Scholarum in usum ed. A. Kornitzer. 12. (55 S.) Wien 889. Gerold's Sohn. cart. n. — 60

— oratio de imperio Cn. Pompei. Scholarum in usum ed. Alois. Kornitzer. Ed. II. correctior. 12. (55 S.) Wien 898. C. Gerold's Sohn. Kart. n. — 60

CICERO, Marcus Tullius
M. Tulli Ciceronis oratio de imperio Cn. Pompei. Scholarum in usum tertium edidit Aloisius Kornitzer. (M. Tulli Ciceronis orationes selectae.) Vindobonae. 1899. Gerold's Sohn. 16°. 54 S. Cart. fl. —.30

— Oratio de imperio Cn. Pompei. Scholarum in usum quartum ed. Alois. Kornitzer. (Orationes selectae.) (V, 54 S.) kl. 8. Wien 906. C. Gerold's Sohn. Kart. n. — 60

– Oratio pro lege Manilia, s.a. Cicero: Oratio de imperio Cn. Pompei.

—— id. — pro lege Manilia, pro T. Annio Milone, pro Q. Ligario, pro rege Deiotaro. Ad opt. libror. fid. in usum scholar. editae. 12 maj. ($4^{1}/_{4}$ B.) Lipsiae 830, [Teubner.] 5 Gr., Engl. Pap.

—— id. — pro lege Manilia, in L. Catilinam, pro A. Licinio Archia poeta, pro T. Annio Milone. Mit histor., antiquar. u. grammat. Anmerkn. z. Schulgebr., v. F. J. Reuter. gr. 8. (13 B.) Augsburg 831, Kollmann.

Cicero's Pro lege Manilia od. de imperio Cn. Pompeji, s. a. Bibliothek griech. u. röm. Klassiker in wortgetreuen deutschen Uebersetzgn.

M. T[ullius] Cicero. Pro lege Manilia od. de imperio Cn. Pompeji. Wortgetreu übs. Halberstadt: A. Bangs [1898]. (51 S.) 1 Bd 8. — Bibliothek griechischer u. röm. Klassiker. [No] 46.

— oratio pro Q. Ligario. Ad fidem Codd. Guelferbyt., Monac., Vindobon. nuper collatorum, adjecta librorum mss. aliunde notorum varietate, recens. atque interpretat. et aliorum et suis explan. Aug. Ferd. Soldan. 8maj. Hanoviae 839. König. 1 ꝑ

—— pro Q. Ligario oratio apud C. J. Caesarem. Durchgesehen und verglichen mit den zur Zeit als beste anerkannten Text-Revisionen. gr. 16. (20 S.) Berlin 877, H. R. Mecklenburg. *

— quae vulgo fertur, Oratio pro Marcello. Recognov. et commentario perpetuo illustrav. F. A. Wolfius. 8 maj. Berlin 802. (Leipzig, Fr. Fleischer.) (Kngl. Med.-Druckp. 1/2 ꝑ, kl. Vel. 2/3 ꝑ, gr. Vel. 5/6 ꝑ), ordin. Druckp. 1/3 ꝑ

— oratio quae vulgo fertur pro Marcello. Recogn. et commentario perpet. illustr. Fr. Aug. Wolff. 8 maj. Berl. 802. Lagarde. (Köchly). 8 gl Engl. P. 12 gl klein Velp. 16 gl gr. Velp. 20 gl

Ciceronis, M. Tull., oratio pro M. Marcello νοθείας suspicione a Fr. Aug. Wolfio nuper injecta liberare conatus est Olaus Wormius. 8maj. Kopenh. 804. Brummer. 12 gl

— oration. pro Marcello, ed. J. D. G. Seebode. Prs I. textum continens. 8maj. Braunschw. 815. (Götting., Vandenhöck u. R.) 4 gl

— — oratio pro M. Marcello ed. J. D. G. Seebode. Pars I. text. continens. 8maj. (Göttingen, Vandenhök u. R. in Comm.) 817. — 4

— pro Marco Claudio Marcello oratio. Durchgesehen u. verglichen mit den zur Zeit als beste anerkannten Text-Revisionen. gr. 16. (23 S.) Ebend. 877. n. — 20

— oratio pro M. Marcello. Für den Schulgebrauch erklärt v. F. Thümen. Ausg. A. Kommentar unterm Text. (28 S.) gr. 8. Gotha 904. F. A. Perthes. n. — 40; Ausg. B. Text u. Kommentar getrennt in 2 Heften. (9 u. 19 S.) n. — 40

— Oratio pro T. Annio Milone

— oratio pro A. Milone. Cum annotat. et vers. italica Gasp. Garatonii. gr. 8. Bonn 817. (Volke in Wien). 4 ꝑ (Weigel in Leipz.) 2 ꝑ 16 gl

— oratio pro T. Annio Milone redintegrata et ad optimor., cod. fidem emendata. Cum integro commentario Casp. Garatonii selectisque Feratii Peyronii et alior. adnotat., quibus suas addid. J. Casp. Orellius. 8 maj. Lips. 826, G. Fleischer.

— oratio pro T. Annio Milone. Ad codicis olim Erfurtensis nunc Berolinensis exemplar lithogr. opere quam accuratiss. describendam curav. annotationibus orthogr. et crit. atque compendiorum indice copiosiss. instrux. Guil. Freundius. (8 lithogr. B.) 4maj. Vratislaviae 838. Aderholz. 1 1/6 ꝑ

— pro T. Annio Milone oratio ad judices. Durchgesehen u. verglichen mit den zur Zeit als beste anerkannten Text-Revisionen. 2 Hfte. gr. 16. (75 S.) Ebend. 877. à n. — 20

—— oratio pro L. Murena. Recensuit et explicavit Aug. Wilh. Zumptius. 8. (LII und 192 S.) Berlin 859, Dümmler's Verlag. *

— pro L. Murena oratio. Scholarum in usum ed. Alois. Kornitzer. 12. (VI, 79 S.) Wien 891. C. Gerold's Sohn. Kart. n. — 80

— Oratio Philippica, s. Cicero: Orationes Philippicae.

— oratio pro Plancio, in us. scholar. cur. Aug. Mathiae. 8maj. Altenb. 815. Schnuphase. 4 gl

— Oratio pro Plancio. 8maj. Altenb. 824, Schnuphase.

— oratio pro Cn. Plancio ex opt. codd. fide emendata. Cum integro comment. G. A. Garatonii select. scholiastae Ambrosiani reliquor. interpret. adnotatt. quibus suas addid. Jh. Ksp. Orellius. 8 maj. Leipz. 825. Er. Fleischer. 2 ꝑ

—— id. — pro Plancio, Milone, Ligario et pro rege Dejotaro. Text. recens. et subjecta lect. variet. notis crit. instrux. G. G. Wernsdorf. 8 maj. (17 1/2 B.) Jenae 828, Frommann.

—— id. — sine notis. 8 maj. (11 1/4 B.) Ibid. 828.

— oratio pro Cn. Plancio ad optumor. cod. fidem emend. et interpretat. tum aliorum tum suis explan. Ed. Wunder. 4maj. Leipz. 830—33. Hartmann. 4 ꝑ Velp. 5 ꝑ 8 gl

—— id. — pro Cn. Plancio, pro P. Sextio, pro Marcello, in M. Antonium Philippica secunda. Ad opt. libr. fid. emendatae et in us. scholar. editae. 12 maj. (6 B.) Lipsiae 850, [Teubner.] 6 Gr., Engl. Pap.

— pro Cn. Plancio oratio. Durchgesehen u. verglichen mit den zur Zeit als beste anerkannten Text-Revisionen. 2 Hfto. 16. (67 S.) Ebend. 878. à n. — 20

— pro Plancio oratio. Für den Schulgebrauch erklärt v. L. Reinhardt. Ausg. A. (Kommentar unterm Text.) gr. 8. (V, 73 S.) Gotha 902. F. A. Perthes. n. 1.—; Ausg. B. (Text u. Kommentar getrennt in 2 Hftn.) (V, 35 u. 39 S.) n. 1.—

— Oratio de praetura Siciliensi, s. Cicero: Actiones in Verrem.

—— (id.) — de provinciis consularibus oratio e codd. emendata edit Io. Casp. Orellius. 4 maj. (4 1/2 B.) Turici 833, Orellii, Fueslini et Soc.

— oratio post reditum in senatu. Cum notis J. Marklandi, J. M. Gesneri, T. A. Wolfii, P. Manutii, Garratonii, aliorum edid. et ab injectis suspicionibus defendit Jo. Aug. Savels. 8maj. Köln 830. P. Schmitz. 18 gl

— oratio post reditum in senatu. Recensuit, scripturae varietatem adjecit, prolegomenis instruxit, annotationibus et superiorum interpretum et suis explanavit, defendit Henr. Wagner. Lipsiae 857. Dyk. gr. 8. (74 S.) 15 ngr

—— id. — pro Q. Roscio Comoedo orationem juridice exposuit N. München. 8 maj. (4 B.) Coloniae 829, DuMont-Schauberg.

—— pro Quinto Roscio comoedo orationem edid., commentar., adnotationibus illustr. Car. Ad. Schmidt. 8maj. (4 1/2 B.) Lipsiae 839, libr. Serig.

— Oratio pro Sexto Roscio Amerino

— pro Roscio Amerino, s. a. Bibliothek, kleine.

— Oratio pro Sexto Roscio Amerino, Rede zur Vertheidigung des Sextus Roscius aus Amerika, übersetzt u. mit erläuternden Anmerkungen begleitet von H. R. Matthäi nebst vorgedrucktem Original. 8. Schleswig, Röhß. (Christiani). 799.

— oratio pro Sexto Roscio Amerino. Rede zur Vertheidigung des Sext. Roscius aus Ameria, übersetzt u. mit erklär. Anmerkk. begleitet v. H. R. Mathäi. Latein. u. deutsch. 8. Schleswig 799. Röhß. (Hammerich in Alt.) 12 gl

—— id. — pro S. Roscio Amerino, pro lege Manilia, IV. in L. Catilinam, pro L. Murena, A. Licinio Archia poeta, T. Annio Milone, M. Marcello, Q. Ligario et pro rege Deiotaro. Ad fid. opt. edit. recogn. in us. scholar. edid. A. Moebius. 8 maj. (12 B.) Hannoverae 829, Hahn.

—— id. — VII pro Sexto Roscio, pro lege Manilia, IV in Catilinam, pro Murena. In us. scholar. edid. Aug. Matthiae. Edit. III. aucta et emend. 8 maj. (16½ B.) Lipsiae 831, Vogel.

—— id. — pro S. Roscio Amerino, in C. Verrem actio prima, pro P. Sulla, pro Q. Ligario, pro rege Dejotaro, et Philippica sec. — Mit grammat., krit., histor. u. antiquarischen Anmerkn. z. Schul- u. Privatgebr. v. F. I. Reuter. gr. 8. (23¼ B.) Augsburg 832, Kollmann.

—— id. — pro S. Roscio, pro lege Manilia, in Catilinam, pro Archia poeta, pro Milone, pro Marcello, pro Ligario, pro Deiotaro, pro Murena ex Codd. Reg. Bavaricis atque Parisinis nunc primum collatis, ceterisque recens. et explicavit Io. Bapt. Steinmetz. Adjecta est variet. lectionis Ernestianae. 8 maj. (34¾ B.) Moguntiaci 832, Kupferberg.

— pro Sexto Roscio Amerino oratio. Recens., emend., scripturae variet., veterem scholiastam, selectas variorum annott. suasque adj. Wilh. Büchner. 8. Leipzig 835. Gebr. Reichenbach. 1⅓ ₰

— Oratio pro Sex. Roscio Amerino emend. et in usum lectionum ed. ab J. C. Orelli. Pr. 1837. 47 S. 4°. 1.50

Cicero, M. Tull., Oratio pro Sex. Roscio Amerino denuo emend. et in us. lect. editâ ab Io. Casp. Orellio. 4maj. (7⅓ B.) Turici 837, (Höhr.) Thlr.

— pro Sexto Roscio Amerino oratio. Edidit W. G. Gossrau. Quedlinburgi 853. Franke. 8. (1 Bl., IV, 112 S.) 12 ngr

— pro Sexto Roscio Amerino oratio. Durchgesehen u. verglichen mit den zur Zeit als beste anerkannten Text-Revisionen. 3 Hfte. gr. 16. (79 S.) Berlin 877. H. R. Mecklenburg. à n. — 20

— pro Sex. Roscio Amerino oratio, scholarum in usum ed. A. Kornitzer. 8. (V, 72 S.) Wien 888. Gerold's Sohn. n. — 60

— pro Sex. Roscio Amerino oratio. Scholarum in usum iterum ed. Alois. Kornitzer. 12. (V, 72 S.) Wien 893. C. Gerold's Sohn. Kart. n. — 70

— pro Sex. Roscio Amerino oratio. Scholarum in usum tertium ed. Alois. Kornitzer. (Orationes selectae.) (V, 72 S.) kl. 8. Wien 906. C. Gerold's Sohn. Kart. n. — 70

—— id. — pro M. Caelio Rufo et pro P. Sestio. E. Codd. nunc primum collatis denuo emendatae. Cum annotationibus in us. scholar. edid. Io. Casp. Orellius. 8 maj. (15½ B.) Turici 832, [Siegfried.]

— oratio pro D. Sextio. In usum scholar, cum comment. edita ab O. M. Müller. gr. 8. Cöslin 827. Hendess. 20 ℊ

—— id. — pro Publ. Sextio et pro lege Manilia. Für Schulen bearb. v. J. K. W. Lotzbeck. gr. 8. (12 B.) Baireuth 829, Grau.

— Pro P. Sestio oratio ed. ab J. C. Orelli. Gel. 1885. 40 S. 4°.

— pro P. Sestio oratio. Cum variet. Ascensianae II. et III., Hervagianae, Naugerianae, Ernestianae et Madvigii emendatt. in usum lectionum tertium ed. Jo. Casp. Orellius. 4maj. Heidelb. 835. Winter. 5/12 ₰

Ciceronis, M. Tulli, pro Publio Sestio oratio ad judices. Durchgesehen u. verglichen mit den zur Zeit als beste anerkannten Text-Revisionen. 2 Hfte. gr. 16. (99 S.) Berlin 877. H. R. Mecklenburg. à n. — 20

— pro P. Sestio oratio. In usum scholarum edidit R. Bouterweck (Text-Ausg. IX. Bändchen.) 8. (53 S.) Ebds. 24 kr. 1884.

Ciceroni's M. Tulli oratio pro Sestio. Scholarum in usum edidit Aloisius Komitzer. 8. (127 S.) Cart. Wien: Gerold 1890. —.45

– Oratio pro P. Cornelio Sulla, s.a. Cicero: Orationes pro P. Sulla . . .

—— id. — pro P. Sulla. — Doctiss. interpretum Commentaria, s. a. Frotscher, C. H.

— oratio pro P. Sulla. Recogn. et potiorem lect. diversit. adjec. K. H. Frotscher. 8. Lpz. 831. Baumgärtner. 6 ℊ

— orationem pro Sulla, doctissimor. interpret. commentaria. Post Gaspar. Garatonium denuo edidit, integras Ernestii, selectas Beckii, Schützii, Wolfii, Mathiae suasque annotat. adj. K. H. Frotscher. 8maj. Lpz. 832. Göschen. 18 ℊ Schrbp. 1 ₰ 8 ℊ Velinp. 1 ₰ 8 ℊ

— pro Publio Cornelio Sulla oratio ad judices. Durchgesehen u. verglichen mit den zur Zeit als beste anerkannten Text-Revisionen. 2 Hfte. gr. 16. (55 S.) Ebend. 877. à n. — 20

—— oratio pro P. Sulla, pro A. Licinio Archia poeta. Scholarum in usum ed. Alois. Kornitzer. 8. (VI, 90 S.) Ebd. 889. * — 80

— oratio pro P. Sulla, pro A. Licinio Archia poeta. Scholarum in usum iterum ed. Alois. Kornitzer. 12. (VI, 90 S.) Ebd. 893. Kart. n. — 80

— Oratio pro P. Cornelio Sulla. Für den Schulgebrauch erklärt v. F. Thümen. Ausg. A. (Kommentar unterm Text.) (III, 77 S.) gr. 8. Gotha 903. F. A. Perthes. n. 1. 20; Ausg. B (Text u. Kommentar getrennt in 2 Heften.) (III, 28 u. 50 S.) n. 1. 20

—— id. — pro Tullio, in Clodium, pro Scauro, pro Flacco ex membranis Palimpsestis in lucem revocatas et antiqui scholiastae reliquias edid. et legum literarumque cupidae juventuti pariter explanavit, E. C. d'Engelbronner. 8 maj. (25¼ B.) Roterodami 830, Allartl. (Lipsiae, Weidmann.)

— oratio pro M. Tullio Fragmenta. Cum supplementis viror. doctor. brevique adnot. et indice latinit. in usum scholar. recudenda cur. Kr. Jul. Richter. 12maj. Nürnberg 834. Riedel. ¼ ₰

—— Orationes illustr. J. Mangeart, s. Bibliotheca nova scriptor. lat.

— — sex Orationum editio altera ad cod. ambros. diligenter pertractata, emendata, atque aucta cent. circiter locis: cum Descriptione Tullianorum codicum CXLIX, vita Ciceronis, ejusd. Imagine, et duob. codic. speciminibus, aliisque pluribus additamentis. Accedunt Commentat. de editionibus principibus mediolanensib. Ciceronis Frontonis. Un. vol. in 8maj. edebat Angel. Majus. (Ibid.) 4 —
in Charta majori. 6 —
In Charta Vel. 15 —

— orationes. Cum commentariis patrum S. J. perpetuis. III Voll. 8. Augsb. 762.

— — Ex rec. J. A. Ernesti. Hal. 780. 3 Vol. 8. 1 rthl. 12 gr. Ib. 815. 3 Tom. 8. 2 rthl.

— Orationes. Superiorum interpretum commentariis suisque adnotationibus explanavit Carolus Halm. Vol. I. Pars I. E. s. t.: M. Tullii Ciceronis oratio pro P. Sulla. 8maj. Lipsiae 845, Koehler. 24 ngl

— eaed. Vol. I. Prs. II. Et. s. t.: Oratio pro P. Sestio. 8maj. ibid. 846. 1½ ℔

— eaed. Vol. I. Prs. III. Et. s. t.: In P. Vatinium testem interrogatio. 8maj. ibid. 846. ½ ℔

— orationes. Cum commentariis editae consilio atque studio Car. Halm. Vol. II. Pars I. A. u. d. T.: Oratio pro A. Caecina. Recens., scripturae variet. adjecit, prolegomenis instrux., annotat. cum superiorum interpretum tum suis explan. Car. Ad. Jordan. gr. 8. (X u. 304 S.) Lipsiae 847, Köhler. (A. Winter.) 1½ ℔

— dies. Vol. II. Pars 2. A. u. d. T.: Oratio de imperio Gnei Pompei. Commentario crit. instr. et annotatt. superiorum interpretum suisque explanav. Car. Halm. gr. 8. (VI u. 224 S.) Ebd. 848. 1 ℔ (I, 1—3. II, 1 u. 2: 5 ℔ 9 ngl)

— Orationum Tullianarum decas. Scholarum in usum recogn. Gust. Linkerus. Vol. I. Pars II. Invectivarum in L. Catilinam libri III. Vindobonae 857. Gerold. 8. (1 Bl., 56 S.) n. 4 ngl
Vol. I. Pars I. ist noch nicht erschienen.

— orationes. Vol. VI. Pro Milone, pro Marcello, pro Ligario, pro rege Deiotaro, Philippicae I—XIV. Recognovit brevique adnotatione critica instruxit Alb. Curtis Clark. 8. (XVIII, 321 S.) Oxford (901). Clarendon Press. n. 2. 50; geb. n. 3. —
Vol. I—V. sind noch nicht erschienen.

— orationes. Pro Sex. Roscio, de imperio Cn. Pompei, pro Cluentio, in Catilinam, pro Murena, pro Caelio. Recognovit brevique adnotatione critica instruxit Alb. Curtis Clark. (XIV, 334 S.) 8. Oxford (905). Clarendon Press. n.n. 2.50

— orationes. Divinatio in Q. Caecilium. In C. Verrem. Recognovit brevique adnotatione critica instruxit Gulielm. Peterson. (XX, 464 S.) 8. Oxford (907). Clarendon Press. 3.50

Cicero, M. Tullius, orationes. Pro P. Quinctio. Pro Q. Roscio Comoedo. Pro A. Caecina. De lege agraria contra Rullum. Pro C. Rabirio perduellionis reo. Pro L. Flacco. In L. Pisonem. Pro C. Rabirio postumo. Recognovit brevique adnotatione critica instruxt Albert. Curtis Clark. (XVI, 319 S.) 8. Oxford (909.) Clarendon Press. 2.75

— orationes pro Archia poëta, pro Plancio et pro Sextio. 16. Leipz., Tauchnitz. 4 gl

— orationes pro Caelio, de provinciis consull. pro Balbo in Pisonem. 16. Leipz., Tauchnitz. Ed. stereot. 4 gl

— orationes pro Caelio Rufo et pro P. Sestio e codd. nunc primum collatis denuo emendatae. Cum annotatt. in us. scholar. ed. ab Jh. Ksp. Orellio. 8maj. Zürich 832. Gessner. 1 ℔

– Orationes in Catilinam

— in L. Catilinam oratio prima. Des M. T. Cicero erste Rede wider L. Catilina. In e. hin u. wider verbess. Texte u. e. neuen Uebersetzung, nebst krit. Anmerkk. u. e. erklär. Commentare (v. K. Morgenstern). gr. 8. Halle u. Leipz. 796. Reineke. 10 gl

— orationes IV in Catilinam, collatio edition. opt. L. Möller. 8. Kopenh. 803. Ed. n. 812. Bonnier. 6 gl

— Orationes IV. in Catilinam ed. Möller. 8. Coppenh. Bonnier. (Hinrichs in Leips. in Commiss.). 803.

— orationes IV in Catilinam, scholar. suarum causa recognovit C. M. (Karl Morgenstern). 8. Dorpat 804. (Kummer in Leipz.) 12 gl

— oratio secunda in L. Catilinam, (zweite Rede wider L. Catilina, übersetzt nebst verbess. latein. Text, krit. Anmerkk. u. e. erklär. Commentar v. F. T. G. Holzapfel. 8. Oldenb. 807. Schulz. 12 gl

— Orationes IV. in Catilinam, ed. Möller. 8. Hafn. Bonnier. (Hinrichs in Lips. in Comm.) 812.

— . — — Zum Schulgebrauch von K. Funk. Magd. 813. f. 4gr. Ist in Landchartenformat zum Aufrollen.

— orationes IV in Catilinam, cum notis in usum scholar. edid. Ernest. Antonius. 8. Leipz. 827. Hinrichs. 6 gl

— orationes IV in Lucium Catilinam. Mit erklär. u. krit. Anmerkk. v. C. Benecke. gr. 8. Leipz. 827. Klein. 1 ℔ 8 gl Schrbp. 2 ℔

—— (id.) — quae fertur oratio IV. in Catilinam. Recognovit, commentar. instruxit, a Cicerone abiudicavit E. A. I. Ahrens. 8 maj. (14 B.) Coburgi 832, Sinner.

— Orationes IV. in Luc. Catilinam. Ad opt. libror. fidem recogn., potiorem lectionis divers. annotav., et Bohemice reddidit atque interpretatus est Sim. Car. Machácek. 8maj. Prag 834. Kronberger et Weber. ½ ℔

—— in L. Sergium Catilinam oratio I—IV. Durchgesehen und verglichen mit den zur Zeit als beste anerkannten Text-Revisionen. 4 Hefte. gr. 16. (23; 20; 20; 20 S.) Ebendas. 877. à Heft * 20 Pf. *

— M. Tullii, orationes in L. Sergium Catilinam. In usum scholarum edidit C. Hachtmann. (Text-Ausg. griech. und lat. Classiker. VI. Bändchen.) 8. (39 S.) Ebds. 24 kr. 1884.

— in L. Catilinam orationes IV. Scholarum in usum ed. Rob. Novák. gr. 8. (48 S.) Prag 885. (Kytka.) n. — 32

—— dass. — Scholarum in usum ed. Rob. Novák. gr. 8. (48 S.) Prag 885, (Srdce.) *

— in L. Catilinam orationes IV, scholarum in usum ed. A. Kornitzer. 8. (XVIII, 74 S.) Wien 888. Gerold's Sohn. cart. n. — 70

— in L. Catilinam orationes IV. Scholarum in usum tertium ed. Alois. Kornitzer. 12. (XVIII, 78 S.) Wien 893. C. Gerold's Sohn. Kart. n. — 70

CICERO, Marcus Tullius
M. Tulli Ciceronis in L. Catilinam orationes quatuor. Scholarum in usum quintum edidit Aloisius Kornitzer. (M. Tulli Ciceronis orationes selectae.) Vindobonae. 1899. Gerold's Sohn. 16°. 78 S. Cart. fl. —.35

— in L. Catilinam orationes quattuor. Scholarum in usum sextum ed. Alois. Kornitzer. (Orationes selectae.) (XVIII, 78 S.) kl. 8. Wien 906. C. Gerold's Sohn. Kart. n. — 70

Ciceronis, Marci Tullii, orationes IV in L. Catilinam et oratio pro L. Murena. Ad optima exemplaria recognovit et in usum scholarum ed. Geo. Aenoth. Koch. Editio stereot. [Bibliotheca classica Latina XI.] 8. (74 S.) Lipsiae 851, Ph. Reclam jun. n. 1/12 ℔

— orationes in Catilinam IV, pro Murena, pro Archia poëta. Ad opt. libror. fidem in usum scholar. editae. 12maj Leipz. 830. Teubner. 5 gl Engl. P. 8 gl

Ciceronis, M. Tull. Orationes in L. Catilinam IV et pro P. Sulla. Ex recens. Orelliana cum sel. lect. diversit. edit. max. recentiorum et praemiss. argumentis Paulli Manutii. In us. schol. cur. Jo. Ph. Krebsius. 12 maj. (7 B.) Giessae 828, Heyer, pater. Thlr.

Cicero, M. T., Trium Orationum, in Clodium et Curionem, de Aere alieno Milonis, de Rege Alexandrino fragmenta inedita, item ad tres praedictas orationes et ad alias Tullianas quatuor editas comment. antiqu. ineditus qui videtur Asconii Pediani, scholia insuper antiqua et inedita quae videntur excerpta a commentario deperdito ejusdem Asconii Pediani ad alias rursus quat. Ciceronis edit. orationes. Omnia ex antiquissimis Mss. cum criticis notis edebat Angel. Majus. 8maj. Mediolani. (Viennae, Volke). 814. Rthlr. 2 —

— orationes pro Cluentio et de lege agraria I. II. III. 16. Leipz., Tauchnitz. 4 Ngr

— orationes pro Dejotaro, pro S. Roscio, pro Plancio. Ad optima exemplaria recognovit et in usum scholarum ed. Geo. Aenoth. Koch. Editio stereot. [Bibliotheca classica Latina XIII.] 8. (88 S.) Ebd. 851. n. 1/12 Thlr

— orationes pro Flacco et pro Sulla. 16. Leipz., Tauchnitz. 3 Ngr

— orationes pro Fontejo, pro Caecina, pro lege Manilia. 16. Leipz., Tauchnitz. 3 Ngr

— orationum pro M. Fonteio et pro C. Rabirio Fragmenta, T. Livii lib. XCI. Fragm. Plenius et emend. L. Senecae Fragmenta ex membranis Bibliothecae Vaticanae edita a B. G. Niebuhrio. (Wohlf. Ausg.) Lex.-8. Rom 820. (Leipzig, Hinrichs.) n. 1/2 Thlr

— — orationum pro M. Fonteio et pro C. Rabirio fragmenta. T. Livii lib. XCI. Fragmentum plenius et emendatius. L. Senecae fragmenta ex membranis bibliothecae Vaticanae edita a B. G. Niebuhrio. C. F. gr. 8. Romae. (Berlin, Reimer). 820. — 18

— orationes tres de lege agraria contra P. Servilium Rullum tr. pl. In usum scholarum recensuit J. L. Ussing. gr. 8. (XII u. 50 S.) Havniae 850, Gyldendal. n. 8 Ngr

— orationes tres de lege agraria. Recensuit et explicavit Aug. Wilh. Zumptius. Berlin 861. Dümmler's Verlhdlg. gr. 8. (XXXVI, 220 S.) n. 25 ngr

— orationes pro lege Manilia, in L. Catilinam, pro A. Licinio, Archia poeta, pro T. Ann. Milone. Mit histor., antiquar. u. grammat. Anmerkk. zum Schulgebrauch v. Fr. Jos. Reuter. gr. 8. Augsb. 832. Kollmann. 18 Ngr

— orationes pro lege Manilia, pro Milone, pro Ligario, pro Dejotaro. Ad opt. libr. fid. in us. scholar. editae. 12maj. Leipz. 830. Teubner. 5 Ngr Engl. P. 8 Ngr

— Orationes tres pro M. Marcello Quinto Ligario, rego Deiotario emendatae a Ch. A. Heumann recognitae a Io. M. Heusinger. 8. Eisenach. 749.

— *Orationes tres* (pro Marcello, Ligario, Deiotaro). Cum annot. Heumanni. Duae (pro Roscio Amer. et Philippica sec.) Cum notis ed. Hensinger. Isen. 749. 8. 9 gr.

— orationes pro T. Annio Milone, pro Q. Ligario, pro rege Deiotaro, scholarum in usum ed. A. Kornitzer. 8. (VI, 116 S.) Ebd. 888. n. — 80

— orationes pro T. Annio Milone, pro Q. Ligario, pro rege Deiotaro. Scholarum in usum ed. Rob. Novák. 8. (VIII, 69 S.) Prag 892. A. Storch Sohn. n. — 80

— — Orationes pro T. Annio Milone, pro Q. Ligario, pro rege Deiotaro. Schorum in usum edidit Aloisius Kornitzer. Editio altera correctior. 8. (120 S.) Cart. — 45
Wien: Gerold 1894.

— orationes pro Milone, pro Marcello, pro Ligario. Ad optima exemplaria recognovit et in usum scholarum ed. Geo. Aenoth. Koch. Editio stereot. [Bibliotheca classica Latina XII.] 8. (61 S.) Ebend. 851. n. 1/12 Thlr

— Orationes pro T. Annio Milone, pro M. Marcello, pro Q. Ligario et pro Rege Deiotaro, cum not. Abramii, Manutii, Heumanni, ac select. al. recens. atque cdd. J. A. Otto, easdem denuo recens. atque ed. C. F. Otto. Pars III. Editio tertia, auct, atque emend. 8. Magdeb. 822, Heinrichshofen.

— orationes pro Milone, pro Rabirio, pro Marcello, pro Ligario et pro Dejotaro. 16. Leipz., Tauchnitz. 4 Ngr

— pro L. Murena et pro P. Sulla orationes. Scholarum in usum ed. Rob. Novák. gr. 8. (IV, 76 S.) Prag 894. A. Storch Sohn. n. — 80

Cicero, Marc. Tull., Orationes omnes ex recensione I. A. Ernesti. 5 Tomi. 8. Halae, Waisenh. Buchhandlung. 780. Rthlr.

— orationes, quae supers. omnes. VII Voll. 12. Manh. 808 Ed. II. ... Löffler. 2 Thlr 8 Ngr Postp. 3 Thlr 12 Ngr

— — omnes, ex recensione J. A. Ernesti. III Tomi. Edit. II. 8. Halae, Waisenhausbuchh. 815.

— orationes Philippicae XIV. 16. Leipz., Tauchnitz. 8 Ngr

Cicero, Marc. Tull., Orationes in M. Anton. Philippicae XIV. recensuit et indices adjecit I. F. Stübel. 8. Lips. 738.

— oratio Philippica secunda, nebst deutscher Uebersetzung von G. G. Wernsdorf. gr. 8. Leipz. 815. Er. Fleischer. 20 Ngr

— orationes Philippicae in M. Antonium. Text. ad cod. Vatic. aliorumque librorum opt. fidem castigavit, notis var. edid. Graevian. aliorumque interpretat. et indices adj. Greg. Gttl. Wernsdorf. II Tom. 8maj. Leipz. 821 et 22. Er. Fleischer. 7 Thlr 20 Ngr

— orationes Philippicae in M. Antonium. Textum ad fid. cod. vatic. castig. et potiore lection. varietate subnotata in us. scholar. edid. Gr. G. Wernsdorf. 8 maj. Lips. 825, Hartmann.

— id. lib. Textum ad fid. cod. vatic. castig. et potiore lect. varietate subnotata in us. scholar. edid. Gr. G. Wernsdorf. 8maj. Leipz. 825. (Lehnhold). 1 Thlr

— id. lib. Accurate emendatus e cod. Vatican. c. integra variet. edit. Mureti, Faerni, Lambini, Graevii, Ernestii, Schützii et Wernsdorfii reliquaque selecta ed. J. Ksp. Orellius. Acced. epistolae post Caesaris interitum scriptae, cum var. lectt. Lex.-8. Zürich 827. Orell. 1 Thlr 8 Ngr

—— in M. Antonium oratio Philippica II.

—— id. — annotat. in us. scholar. illustr. ab H. A. Guil. Winkler. 8. (11 B.) Marburgi 829. [Cassellae,] Krieger.

— in M. Antonium oratio Philippica II. Ad opt. libror. fidem emendata et in usum scholarum separatim ed. ab Car. Henr. Frotschero. 8maj. Leipz. 833. Reclam. 1/3 Thlr

— quae fertur Philippica quarta. Explicav. et Ciceroni derogavit Aug. Krause. 8maj. Berolini 839. Heymann. 1/4 Thlr

—— in M. Antonium Philippica I. oratio. Durchgesehen und verglichen mit den zur Zeit als beste anerkannten Text-Revisionen. 16. (30 S.) Berlin 878, H. R. Mecklenburg. *

— dasselbe. Philippica II. oratio. 2 Hfte. 16. (67 S.) Ebend. 878. à n. — 20

— dasselbe. Philippica XIV. oratio. 16. (24 S.) Ebend. 878. n. — 20

Cicero, in M. Antonium oratio Philippica secunda. Scholarum in usum ed. A. Kornitzer. 12. (77 S.) Wien 889. Gerold's Sohn. cart. n. — 70

— orationes pro Plancio, pro Milone, Ligario et pro rege Dejotaro. Text. recens. et subjecta lect. variet. notis criticis instrux. G. G. Wernsdorf. 8maj. Jena 828. Frommann. 1 ꝛf 6 ꝗ id. lib. sine notis. 8mai. ibid. 14 ꝗ

— orationes pro Cn. Plancio, pro P. Sextio, pro Marcello, in M. Antonium Philippica II. Ad opt. libr. fidem emend. et in usum scholar. editae. 12maj. Leipz. 831. Teubner u. Claudius. 6 ꝗ Engl. P. 10 ꝗ

— — quae vulgo feruntur Orationes quatuor. Recognov. atque animadversiones integras Jer. Marklandi et J. M. Gesneri suasque adj. Fried. Aug. Wolfius. 8maj. Berlin 801. (Leipzig, Fr. Fleischer.) (Auf engl. Med. $2\frac{1}{2}$ ꝛf, kl. Vel. 4 ꝛf, gr. Vel. 5 ꝛf), ord. Druckp. $1\frac{1}{3}$ ꝛf

— quae vulgo feruntur orationes IV. I. Post reditum in senatu. II. Ad Quirites post reditum. III. Pro domo sua ad pontifices. IV. De haruspicum responsis. Recogn., animadverss. integras J. Marklandi et J. M. Gesneri suasque adj. F. Aug. Wolf. 8maj. Berl. 801. (Köchly). 1 ꝛf 8 ꝗ Engl. P. 2 ꝛf 12 ꝗ Velinp. 4 ꝛf gr. Velp. mit breitem Rande 5 ꝛf

— quae vulgo feruntur Orationes IV. I. Post reditum in Senatu. II. Ad Quirites post reditum. III. Pro Domo sua ad Pontifices. IV. De Haruspicum responsis, ad optimos libros recognovit atque animadversiones integras Ieram. Marklandi et I. M. Gesner, suasque Fr. A. Wolff. gr. 8. Berol. Lagarde. 801.

Engl. Pap.
kleines Velinp.
grosses Velinp.

— orationes XIV. Praemissa Ciceronis vita in usum gymnasiorum edid. select. lectionum varietatum textui subjunxit indicem nominum addid. Ferd. Schultz. 8. ($20\frac{1}{2}$ B.) Arnsbergae 843, Ritter.

— orationes XIV. Praemissa Ciceronis vita in usum gymnasiorum edid. selectam lectionum varietatem textui subjunxit indicem nominum addid. Ferd. Schultz. Edit. II. Paderbornae 858. Schöningh. gr. 8. (XV, 310 S.) n. 20 ꝗ

— orationes pro Quintio, S. Roscio Amerino et S. Roscio Commodo. 16. Leipz., Tauchnitz. 4 ꝗ

— orationes pro Rabirio, in Catilinam quattuor, pro Murena. 16. Leipz., Tauchnitz. 4 ꝗ

— orationes post reditum in senatu, ad Quirites, pro domo, et de Haruspicum responsis. 16. Leipz., Tauchnitz. 4 ꝗ

— orationes pro S. Roscio Amerino, in C. Verrem actio prima, pro P. Sulla, pro Q. Ligario, pro rege Dejotaro et Philippica II. Mit grammat., krit., histor. u. antiquar. Anmerkk. zum Schul- u. Privatgebrauche v. Fr. Jos. Reuter. gr. 8. Augsb. 832. Kollmann. 1 ꝛf

— Orationes pro Sexto Roscio Amerino et in Catilinam IV. cum notis Hotomanni, Abrami, Mureti, Manutii, Graevii ac selectis aliorum recens. atque ed. I. A. Otto. P. I. 8. Magdeb. Heinrichshofen. 800.

— — idem liber P. II. Orationes pro lege manilia, pro A. Licinio, Archia poëta, ad Quirites post reditum in senatu, cum notis Hotomanni etc. 8. ibid. 801.

— — idem liber P. III. Orationes pro T. Annio Milone, pro M. Marcello, pro Q. Ligario et pro rege Deiotaro cum notis Hotomanni etc. 8. ibid. 801. Rthlr.

— orationes pro Roscio Amerino et in Catilinarum IV. c. not. Hotomanni, Mureti, Manutii graevii ac selectis alior. recens. atque edit. J. A. Otto. Pars I — III. 30 Aufl. 8. Magdeb. 821 — 22, Heinrichshofen. (P. 1. 18 gr. P. 2. 14 gr. P. 3. 1 Rthlr.)

— orationes pro S. Roscio, pro lege Manilia, in Catilinam, pro Archia poëta, pro Milone, pro Marcello, pro Ligario, pro Dejotaro, pro Murena ex codic. regis Bavar. atque Paris. nunc primum collatis, recens. et explic. Jh. Bapt. Steinmetz. 8maj. Mainz 832. Kupferberg. 1 ꝛf 12 ꝗ

— Orationes pro S. Roscio, pro lege Manilia, in Catilinam, pro Archia poeta, pro Milone, pro Marcello, pro Ligario, pro Deiotaro, pro Murena. Textum diligentissimo studio recens. Jo. Bap. Steinmetz. In usum scholarum maxime superiorum accomod. P. J. Böklin. 8. Christianstadt 836.

— orationes VII pro S. Roscio, pro lege Manilia, in Catilinam et pro Murena. In usum scholar. edid. et illustr. A. Mathiae. 8maj. Leipz. 818. 8maj. Leipz. 819. Ed. II. auct. et emend. 826. 22 ꝗ Ed. III. 830. W. Vogel. 1 ꝛf 6 ꝗ

— orationes pro Sexto Roscio Amerino, pro lege Manilia, IV in L. Catilinam, pro L. Murena, A. Licinio Archia poëta, T. Annio Milone, M. Marcello, Q. Ligario et pro rege Dejotaro. Ad fidem opt. edit. recogn. in usum scholar. ed. A. Moebius. 8maj. Hannov. 829. Hahn. 8 ꝗ

— orationes pro S. Roscio Amerino, pro lege Manilia, IV in L. Catilinam, pro L. Murena, pro A. Licinio Archia poeta, pro T. Annio Milone, pro M. Marcello, pro Q. Ligario et pro rege Deiotaro. Ad fidem optimar. editionum recognitas in usum scholarum ed. Aut. Moebius. Editio nova et emendatior. gr. 8. (VI u. 167 S.) Hannoverae 852, Hahn. $\frac{1}{3}$ ꝛf

— Orationes pro M. C. Rufo et pro Sestio e codd. nunc primum collatis denuo emend. Cum annotat. in usum schol. ed. J. C. Orellius. 8 maj. Zürich 832. (Leipzig, Fr. Fleischer.) $\frac{1}{2}$ ꝛf

— — Orationum partes ineditae pro Scauro, Tullio, Invenit A. Majus, cum emendat. suis et comment. denuo edid. A. G. Cramerus et C. F. Heinrichius, cum specimine charact. Cod. Ambros. 4. Kiliae, librar. Acad. 817. 1 8

Ciceronis, M. Tull., oration. pro Scauro, pro Tullio, et in Clodium fragmenta inedita, pro Cluentio, Coelio, Caecina variantes lect. orat. pro T. A. Milone a lacunis restitutam ex membran. Palimpsestis biblioth. R. Taurin. Athenaei ed. et cum Ambrosianis parium orat. fragment. comp. A. Peyron. Mit 1 Kpft. 4. Stuttg. 824. v. Cotta. 4 ꝛf

— Orationum pro Scauro, pro Tullio, et in Clodium, fragmenta inedita pro Cluentio, Caelio, Caecina etc. variantes lect. orat. pro T. A. Milone a locunis restitutam et membranis Palimpsestis bibliothecae v. Taurin. Athenaei edid. et cum Ambrosianis parium orationum fragmentis compos. A. Peyron. Idem praefat. est de bibl. Bobiensi cujus inventar. anno 1461 confectam edid. atque illustr. 4. Stuttgart 825, Cotta.

— trium orationum pro Scauro, pro Tullio, pro Flacco partes ineditae, cum antiquo scholiaste item inedito, ad orationem pro Scauro, invenit, recensuit notisque illustravit Angelus Maius. c. tab. 8maj. Francof. Herrmann. 815.

— oration. pro Scauro, pro Tullio, pro Flacco partis ineditae c. schol. ad orat. pro Scauro it. ineditis. Invenit, recens., notis illustr. Ang. Majus. Cum emendatt. et comment. denuo ediderunt A. G. Cramer et C. F. Heinrich. 4. Kiel 816. Hesse. 1 ꝛf 8 ꝗ Schrbp. 2 ꝛf

— trium orationum pro Scauro, pro Tullio, pro Flacco partes ineditae, cum antiquo scholiaste item ined. ad orationem pro Scauro. Inven. recens. notis illustr. A. Majus. 8maj. Leipzig 816. Dörffling. $\frac{5}{12}$ ꝛf

— orationes XIV selectae; mit deutschen Noten. 12. Halle 751. Renger. 12 ꝗ

— id. lib., cum Cellarii argumentis. 8. Leipz. 752. et Jena 764. (Cnobloch). 10 ꝗ

— orationes selectae. Cum Christoph. Cellarii argumentis rhetor. artific., et verbor., rerum ac rituum interpret. atque his nona editione auctoribus. 8. Leipz. (752.) (Listin Berl.) 16 gr.

— Orationes selectae, ad exemplar probatissimorum codicum expressae, cum Chr. Cellarii argumentis, rhetorico artificio et verborum, rerum ac rituum interpretationibus, atque his nova editione auctoribus. 8. Lips. Sommer, (et. Böhme. 752.

— orationes XII selectae c. not. ad modum Minellii. 12. Leipz. 761. Weidmann. 6 gr.

— selectae orationes, mit deutschen Anmerkk. von Just. Konr. Mensching. 8. Lemgo 766. Meyer. 10 gr.

— oratt. select. c. not. E. a Zurck. 8. Traj. ad Rhen. 773. (Utrecht, Altheer).

— Orationes selectae ac studio C. Wahlii. III Tom. 8. Ofen. Univ. Buchhandl. 775.

— oratt. selectae, ex recens. J. G. Graevii, cum notis Hotomanni, Abramii, Mureti, Manutii, Heumanni, Graevii ac aliorum select. recens. atque ed. Jh. Andr. Otto. Prs. I. II. 8. Magdeb. 777. Ed. II. 800, 801. 2 rthl. 16 gr. denuo recens. atque ed. C. F. Otto. III Voll. Edit. III. auct. atque emend. 8. ibid. 821 et 22. Heinrichshofen. 2 rthl. 8 gr. (Vol. I. oratt. pro Sext. Roscio Amerino et in Catilinam IV. 18 gr. Vol. II. oratt. pro lege Manilia, pro A. Licinio, Archia poëta. 14 gr. Vol. III. oratt. pro T. Ann. Milone, pro Marcello, pro Ligario etc. 1 rthl.)

— orationes selectae cum animadverss. in us. scholar. ed. Hnr. Braun. 8. Münch. 779. Storno in Landsh. 5 gr.

— Orationes XIV. select. mit deutsch. Noten. 12. Nürnberg. 781.

— — — 8. Basel, Schweighäuser. 785.

— oratt. selectae IX, scholiis adornavit Jh. Ksp. Müller. 8. Mainz... Ed. II. 787. Kupferberg. 6 gr.

— oratt. selectae c. notis Ed. a Zurck ed. J. Ad. Nodell. 8. Leyd. 792.

— Orationes selectae ad exempl. probatissimorum codicum editio altra auctior et emendatior. 8. Debrecini. (Eggenberger in Pest). 796.

— oratt. XIV. selectae, mit histor. Einleit. u. d. wichtigsten Anmerkk. berühmter Ausleger, von Benj. Fr. Schmieder. 8. Halle 801. Hemmerde u. S. 21 gr. 2e v. Fr. Schmieder besorgte Aufl. 821. Ebd. 1 rthl.

— id. lib., argumentis praemissis, not. substractis et ind. illustr. Jh. Chr. Fr. Wetzel. 8. Halle 801. Ed. II. 820. Hendel. 1 rthl.

— XIV select. orationum liber ex recens. J. A. Ernestii. Ed. n. 804. Ed. XVI. 8. Halle 828. Waisenhaus-Buchh. 6 gr.

– Orationes XII selectae

— id. lib., ad opt. editt. collat., tironum institut. accommodat. ed. J. J. Bellermanni. 8. Erfurt 806. Keyser. 14 gr.

— orationes VIII selectae pro Caecina, Cluentio, de lege agraria orat. II., pro Plancio, Coelio, Balbo, Rabirio, Philipp. I. Animadv. in us. scholar. illustratae a Benj. Weiske. 8mai. Leipz. 806. Schwickert. 1 rthl. 4 gr.

— Orationes selectae, ed. Graevii. 12. Nürnb. Riegel et W. 806.

— orationes XIII selectae, pro Roscio Amerino, pro lege Manilia, in Catilinam, pro Archia, post reditum in senatu, ad Quirites post reditum etc., novis animadverss. in us. scholar. illustratae a B. Weiske. 8maj. Leipz. 807. Schwickert. 1 rthl. 12 gr.

Cicero, Marcus Tullius, Orationes selectae ad optimas editiones collatae cum Notis S. N. I. Bloch. P. I 8. Hafniae, Schubothe. 811. Rthlr.

— oratt. selectae. Universitat. Cracoviens. auctoritate cur. Cph. Rommel. 8maj. Krakau 811. Typis acad.

— — XIV selectae ex recens. Ernesti. Edit. nova. 8. Halae, Waisenhausbuchhandl. 812.

— orationes XII selectae pro Roscio Amerino, in L. Catilinam, pro Archia poëta, pro lege Manilia etc. Des M. T. Cicero auserles. Reden, mit histor.-krit. u. erklär. Anmerkk. für studir. Jünglinge u. Freunde d. röm. Literatur, von A. Möbius. 2 Thle. 8. Hannov. 810—22. 1 rthl. 16 gr. 1r Bd. 2e Aufl. 826. 3e Aufl. 831. 16 gr. 2r Bd. 822. 2e A. 828. 1 rthl. 4 gr. gr. 8. Hannov., Hahn. 1 rthl. 20 gr.

— — orationes selectae XIV. argumentis praemissis notis substratis et indice nom. adjecto illustr. J. C. F. Wetzel. Ed. IIda et revisa. med. 8. Halae, Hendel 819. 1 —

— — orationes XIV. sel. Ed. nova. 8. Halle, Waisenh. Buchh. 819. — 6

— — selectarum Orationum liber ex rec. J. G. Graevii, al. q. Ed. nova. 8min. Nürnb. Riegel et W. 819. — 8

— — orationes XIV. selectae. Mit histor. Einleitungen und Anmerkungen berühmter Ausleger, v. B. F. Schmieder. 2te verb. Abthl. von F. Schmieder. 8. Halle, Hemmerde u. Schw. 821. 1 —

— oratt. selectae ex recens. J. G. Graevii. 12. Nürnb. 824. Riegel u. W. 8 gr.

— orationes selectae cum analysi rhetorica, commentario et annotationibus. VI Tom. 8maj. Wien 824—25. Geistinger. (Gerold). 6 rthl. Hbg Pr. 3 rthl. Schrbp. 3 rthl. 12 gr. Mit deutscher Uebersetzung v. F. C. Wolff. 12 Thle. 8. Ebd. 824—27. 12 rthl.

— orationes selectae cum analysi rhetorica commentario et adnotationibus T. I — XII. mit zur Seite stehenden deutschen Uebersetz. gr. 8. Wien 824—27, Geistinger, Landshut, Krüll.

— id. lib. T. IV. s. auch Epistolae ad Atticum.

— Orationes XIV. select. orationum liber, ex recens. Ernesti. Editio XV. 8. Halae 826, Waisenhaus.

—— (id.) — XIV select. Orat. lib. ex recens. Ernesti. Edit. XVI. 8. (18 B.) Halae 828, lib. Orphanotrophei.

Ciceronis, M. Tull. Orationes XII selectae etc. — 2. Bd. — A. u. d. T.: Orationes pro lege Manilia, Q. Ligario, rege Deiotaro, M. Marcello, L. Murena et T. Annio Milone. — Reden f. d. Manil. Bill, f. Q. Ligarius, d. König Deiotarus, M. Marcellus, L. Murena u. T. Annius Milo. Mit histor., krit. u. erklär. Anmerkn. 2., sehr verm. Aufl. (31 B.) 828. 1 Thlr. 4 Gr., 3., verm. u. ber. A. (32 B.) gr. 8. Hannover 833, Hahn. Thlr.

— oratt. selectae XII. Recognovit et emend. J. N. Madvig. 8. Kopenh. 831. Brummer.

Ciceronis, M. Tull., orationes selectae. Text. recogn. et perpetua, eademque tironum usibus praesertim accomm., annotat. illustr. S. N. J. Bloch. Vol. I. Et. s. tit.: Ciceronis orationes pro S. Roscio Amerino, pro lege Manilia, in Catilinam quatuor. Acced. excursus critici. 8 Kopenh. 829. Schubothe. 1 rthl. 16 gr.

—— id. — XII selectae etc. — Des M. T. Cicero 12 auserles. Reden, m. Anmerkn. f. studir. Jünglinge u. Freunde d. röm. Lit. v. A. Möbius. 1. Bd. — A. u. d. T.: Orationes pro Sexto Roscio Amerino, in L. Catilinam et pro A. Licinio Archia poëta. — Reden f. Sext. Roscius a. Ameria, wider L. Sergius Catilina u. f. d. Dichter A. Licinius Archias. Mit histor., krit. u. erklär. Anmerkn. 3., verm. u. bericht. Aufl. gr. 8. (20 B.) Hannover 831, Hahn.

— selectarum Orationum liber. Edit. XVII. 8. Halle 833. Waisenhaus-Buchh. 1/3 rthl.

Cicero, M. T. Orationes selectae XIII. Halle [1833]. Ed. 18a. auct. & emend. Halae 1840. H: *Eckstein, Friedrich August.* (Gi) »Editio 19. emendatior. Halis 1849« (Ky)

— Orationes XII. selectae etc. Des M. T. Cicero auserles. Reden, mit Anmerkk. für studir. Jünglinge u. Freunde der röm. Literatur, von Ant. Möbius. 2r Bd. A. u. d. T.: Orationes pro lege Manilia, Q. Ligario, rege Deiotaro, M. Marcello, L. Murena et T. Annio Milone. Reden für die Manil. Bill, für Q. Ligarius, den König Dejotarus, M. Marcellus, L. Murena u. T. Annius Milo. Mit histor., krit. u. erklär. Anmerkk. 3e verm. u. bericht. Aufl. gr. 8. Hannover 833. Hahn. 1 1/3 ℛ (1r Bd. 2/3 ℛ)

— Orationes select. Krit. berichtigt u. mit Anmerkk. begleitet von C. Benecke. 1r Bd. A. u. d. T.: M. T. Ciceronis Orationes pro Q. Ligario, pro rege Deiotaro, pro Archia poeta. 8 maj. Leipzig 836. Köhler. 3/4 ℛ

— Orationes select. XV. In C. Verrem liber IV. Pro A. Caecina, pro lege Manilia, pro C. Rabirio. In Catilinam IV. Pro P. Sulla, pro Q. Ligario, pro rege Deiotaro. Philipp. I. II. XIV. Pro Archia. Recogn. et emend. partim ex Codd. nunc primum collatis Jo. Casp. Orellius. Lex.-8. Turici 836. Schulthess. 1 1/6 ℛ

— Orationes selectae XVII. Pro Sex. Roscio Amerino. In C. Verrem Actio I. Actionis II. liber IV. V. De imperio Cn. Pompeii. In L. Catilinam IV. Pro Archia. Pro T. Annio Milone. Pro M. Marcello. Pro Q. Ligario. Pro rege Deiotaro. In M. Antonium Philippica I. IV. XIV. Nach den besten neuesten Hülfsmitteln für den Schulgebrauch bearb. u. mit histor. Einleitungen versehen von Karl Fr. Süpfle. (Mit einer Zugabe meist krit. Anmerkk.) gr. 8. Karlsr. 837. Groos. 1 ℛ

— Orationes selectae XVIII. Tom. I. Et. s. tit.: Orationes selectae IX. Pro S. Roscio Amerino, pro lege Manilia. In Catilinam I. Pro L. Murena, pro S. Sulla, pro Archia P., pro T. Annio Milone, pro Q. Ligario, pro rege Deiotaro. 8 maj. Monachii 839. Libr. scholarum Regiae. (Hof u. Wunsiedel, Grau; Regensburg, Manz.) n. 1/3 ℛ

Ciceronis, M. Tullii, orationes selectae XVIII. Tom. II. Et. s. t.: Ciceronis Orationes selectae IX. In Q. Caecilium. D. in C. Verrem de signis. Pro A. Cluentio Avito. Pro L. Flacco. Pro Cn. Plancio. Pro P. Sestio. In M. Antonium Philippicae I. II. XIV. 8 maj. München 840. (Regensburg, Manz.) n. 7/12 ℛ

—— Orationes selectae XIII. Edit. 18. auct. et emend. (Ed. F. A. Eckstein.) 8. (27 B.) Halae 840, libr. Orphanotrophei.

— Orationes selectae duodecim. Iterum recensuit et praefationem criticam novam adiunxit Jo. Nicol. Madvig. 8. Hauniae 841. (libr. Gyldendal.) n. 5/6 ℛ

—— orationes selectae. Mit histor., krit. u. erklär. Anmerkungen v. Anton Möbius, für den Schulgebr. neu bearb. v. Gottl. Christ. Crusius. 1—6. Hft. 4. Aufl. gr. 8. (10 B.) Hannover, Hahn'sche Hofbuchh. à

Hft. 1. Oratio pro Sexto Roscio Amerino und p. A. Licinio Archia Poeta. 842.
2. Orationes IV in L. Catilinam. 842.
3. Oratio de imperio Pompeii s. pro Lege Manilia u. pro Q. Ligario. 846.
4. Oratio pro rege Deiotaro, pro M. Marcello u. post reditum in senatu. 846.
5. Oratio pro L. Murena. 846.
6. Oratio pro T. Annio Milone. 846.

— orationes selectae duodecim. Alteram suam recensionem recogn. Jo. Nicol. Madvig. 8. (VIII u. 246 S.) Havniae 848. (Leipzig, T. O. Weigel.) n. 2/3 ℛ

— orationes selectae XIII. (Edid. F. A. Eckstein.) Editio XIX. emendatior. 8. (XII u. 412 S.) Halis 849, libr. orphanotrophei. 1/2 ℛ

— orationes selectae. Mit histor., krit. u. erklär. Anmerkungen von Ant. Möbius, f. den Schulgebrauch neu bearb. von Gottl. Chr. Crusius. 1. u. 2. Hft. 5. Aufl. gr. 8. 1. Orat. pro Sexto Roscio Amerino u. p. A. Licinio Archia Poeta. (IV u. 98 S.) 2. Orationes IV in L. Catilinam. (95 S.) Hannover 851, Hahn. (à 1/3 ℛ) 2/3 ℛ

— orationes selectae XVI. Pro Sex. Roscio Amerino. In Q. Caecilium Divinatio. In C. Verrem liber IV. De imperio Cn. Pompeii sive pro lege Manilia. In L. Catilinam orationes IV. Pro Archia Poeta. Pro T. Annio Milone. Pro M. Marcello. Pro Q. Ligario. Pro rege Deiotaro. In M. Antonium Philippicae I. IV. XIV. Catilinariis pro appendice additae sunt Caesaris et Catonis apud Sallustium orationes. Für den Schulgebrauch mit Einleitungen versehen von Karl Friedr. Süpfle. Karlsruhe 853. Groos. Lex.-8. (VIII, 288 S.) n. 22 ngr

—— orationes selectae XVI. Catilinariis pro appendice additae sunt Caesaris et Catonis apud Sallustium orationes. Für den Schulgebrauch mit Einleitungen versehen von Carl Friedr. Süpfle. 2., umgearb. Aufl. gr. 8. (VIII und 288 S.) Karlsruhe 853, Groos. *

— orationes selectae XIX. Recognovit Rhld. Klotz. Praemissa sunt memorabilia vitae Ciceronis per annos digesta. Lipsiae 853. Teubner. 8. (XXIV, 470 S.) 15 ngr

— orationes selectae XII. Quartum recognovit et praefatus est Jo. Nicol. Madvig. Copenhagen 858. (Berlin, Calvary & Co.) 12. (XXXI, 228 S.) n. 1 ℛ 10 ngr

— orationes selectae. Mit historischen, kritischen und erklärenden Anmerkungen von Ant. Möbius, für den Schulgebrauch bearb. von Gottl. Christ. Crusius. 6. Heft. Oratio pro T. Annio Milone. 5. verb. Aufl. Hannover 861. Hahn. gr. 8. (127 S.) 10 ngr

—— orationes selectae duodecim. Quartum recognovit et praefatus est Jo. Nicol. Madvig. 12. (XXXI und 228 S.) Kopenhagen 858(61). (Berlin, Calvary und Comp.) **

— orationes selectae scholarum in usum ed. Franc. Pauly. Part. I. Oratio pro Roscio Amerino, pro Sulla, pro Archia poeta. Prag 861. Bellmann. 8. (103 S.) n. 6 ngr

Ciceronis, M. Tullii, Orationes selectae in usum scholarum edidit Franc. Pauly. Pars. III.: Oratio pro Milone, pro Q. Ligario, pro rege deiotario. 8. (79 S.) Prag, Bellmann. 1861.

Ciceronis, M. Tullii, Orationes selectae. Scholarum in usum edidit Franciscus Pauly. Part. I—V. Editio altera. 8. Prag 862, Bellmann's Verlag. à Pars 6 Ngr.

Inhalt:

Pars 1. Oratio pro Roscio Amerino, pro Sulla, pro Archia poeta. (109 S.)
» 2. Oratio de imperio Gnaei Pompei, orationes Philippicae. I. et II. (93 S.)
» 3. Oratio pro Milone, pro Q. Ligario, pro rege Deiotaro. (83 S.)
» 4. Oratio pro Marcello et accusationis in Verrem. lib. III. (86 S.)
» 5. Invectivarum in L. Catilinam libri IV. (59 S.)

Ciceronis, M. Tullii, orationes selectae XVIII. Ex recogn. C. Halmii. 2 partes. Berlin 868. Weidmann. 8. Jeder Thl. 9 ngr

Pars I: Orationes pro S. Roscio Amerino, in Q. Caecilium, in Verrem libri IV. et V. etc. cont. (203 S.)

Pars II: Orationes pro L. Murena, pro P. Sulla, pro Archia poeta etc. cont. (203 S.)

— orationes selectae XIV. Edid. XX. emendatior, quam post editiones Ernestii, Seyfferti, Ecksteinii cur. O. Heine. Halle 868. Buchh. des Waisenhauses. 8. (VIII, 367 S.) n. 18 ngr

Einzeln: 1. Heft: Pro S. Roscio Amerino. Pro lege Manilia. (VIII, 62 S.) n. 5 ngr

2. Heft: Orationes Catilinariae quattuor. Pro Licinio Archia poeta. Pro L. Murena. (S. 63—152.) n. 5 ngr

3. Heft: Pro T. Annio Milone. Pro P. Sestio. Pro Q. Ligario. Pro rege Deiotaro. (S. 153—272.) n. 6 ngr

4. Heft: Accusationis in Verrem liber IV. Oratio Philippica II. in M. Antonium. (S. 273—367.) n. 5 ngr

orationes selectae. Scholarum in usum edid. Fr. Pauly. Editio II. Prag 868. Bellmann. 8. (436 S.) n. 12 ngr

—— Orationes selectae XXI. Recognovit Rhold. Klotz. 2 Partes. Editio altera emendatior. 8. Leipzig 869, Teubner. (ℳ 1,35.)

Inhalt:

Pars 1. Orationes pro Sex. Roscio Amerino, in Qu. Caecilium, L. Verrem lib. IIII. et V., pro lege Manilia, in Catilinam quattuor, proin Murena. (III, 283 S.) (60 Pf.) 75 Pf.

» 2. Orationes pro P. Sulla, pro A. Licinio Archia poëta, pro P. Sestio, pro Cn. Plancio, pro T. Annio Milone, pro M. Marcello, pro Q. Ligario, pro rege Deiotaro, orationes Philippicae I. II. XIV. (III, 270 S.) 75 Pf.

—— Orationes selectae XIV. Edit. 20. emendatior, quam post editiones Ernestii, Seyfferti, Ecksteinii curavit Otto Heine. 8. (VIII, 367 S.) Halle 870, Buchh. des Waisenhauses. *

Ausg. in 4 Heften *

Inhalt:

Heft 1. Pro S. Roscio Amerino. Pro lege Manilia s. de imperio Cn. Pompei. (VIII, 63 S.) * 50 Pf.

Heft 2. Orationes Catilinariae quattuor. Pro A. Licinio Archia poëta. Pro L. Murena. (S. 63–152.) * 50 Pf.

» 3. Pro T. Annio Milone cum Q. Asconii Pediani argumento. Pro P. Sestio. Pro Q. Ligario. Pro rege Deiotaro. (S. 153–272.) * 60 Pf.

» 4. Accusationis in Verrem liber IV. Oratio Philippica II in M. Antonium. (S. 273–367.) * 50 Pf.

— orationes selectae XVIII. In usum scholarum edid. indices et memorabilia vitae Ciceronis adjecerunt A. Eberhard et W. Hirschfelder. 8. (XIX, 668 S.) Leipzig 874. Teubner. n. 2. —

— orationes selectae XIX. In usum scholarum edd., indices et memorabilia vitae Ciceronis adiecerunt A. Eberhard et W. Hirschfelder. Ed. II. 8. (XIX, 690 S.) Leipzig 879. Teubner. n. 2. —

— orationes selectae XIV. Ed. 21. emendatior, quam post editiones Ernestii, Seyfferti, Eckstenii cur. Otto Heine. Pars I. Pro S. Roscio Amerino. Pro lege Manilia. 8. (VIII, 66 S.) Halle 883. Buchhandlung des Waisenhauses. n. — 60

— orationes selectae XIV. Ed. XXI. emendatior, quam post editiones Ernestii, Seyfferti, Eckstenii curavit Otto Heine. 8. (VIII, 396 S.) Halle 883. Buchh. d. Waisenhauses. n. 2. 40

— dasselbe. Scholarum in usum ed. Herm. Nohl. Vol. I—III. 8. Leipzig, Freytag. n. 1. 60

I. Oratio pro Sex. Roscio Amerino. (VIII, 40 S.) 884. n. — 30

II. In Q. Caecilium divinatio. In C. Verrem accusationis lib. IV. V. (XIV, 134 S.) 885. n. — 80

III. De imperio Cn. Pompei oratio. In L. Catilinam orationes IV. (XVI, 65 S.) 886. n. — 50

— orationes selectae, scholarum in usum ed. H. Nohl. Vol. III—V. 8. Wien u. Prag, Tempsky. — Leipzig, Freytag. n. 1. 80

III. De imperio Cn. Pompei oratio. In L. Catilinam orationes IV. Ed. II. correctior. (XIII, 65 S.) 888. n. — 50

IV. Pro L. Murena, pro P. Sulla, pro A. Licinio Archia orationes. Ed. major. (XVI, 106 S.) 889. n. — 80

- dasselbe. Ed. minor. (91 S.) 889. n. — 50

V. Pro T. Annio Milone, pro Q. Ligario, pro rege Deiotaro orationes. (XIV, 60 S.) 888. n. — 50

— orationes selectae XVIII. Ex recognitione C. Halmii. Pars 1. Orationes pro S. Roscio Amerino, in Q. Caecilium, in Verrem lib. IV et V, de imperio Cn. Pompei, in L. Catilinam continens. gr. 8. (204 S.) Berlin 887. Weidmann. n. 1. —

—— Orationes selectae XXI ex editione C. F. W. Muelleri seorsum expressae. 2 partes. 8. Lps. 889, Teubner. à pars — 75; 1 50

I. Orationes pro S. Roscio Amerino, in Q. Caecilium, in Verrem lib. IV et V, pro lege Manilia s. de imperio Cn. Pompei, in L. Catilinam, pro L. Murena. (320 S.)

II. Orationes pro P. Sulla, pro A. Licinio Archia poeta, pro P. Sestio, pro Cn. Plancio, pro T. Annio Milone, pro M. Marcello, pro Q. Ligario, pro rege Deiotaro, orationes Philippicae I, II, XIV. (314 S.)

— orationes selectae XIII. Ed. Steph. Dávid. 8. (269 S.) Budapest 890. R. Lampel. n. 1. 60

Ciceronis, M. Tullii, orationes selectae. Scholarum in usum ed. H. Nohl. Vol. VI. Philippicarum libri I, II, III. Ed. minor. 8. (77 S.) Prag 891. Tempsky. — Leipzig, Freytag. n. — 50

— orationes selectae. Scholarum in usum ed. H. Nohl. Vol. VI. Philippicarum libri I, II., III. Ed. major. 8. (XII, 87 S.) Prag 891. Tempsky. — Leipzig, Freytag. n. — 80 (IV et VI.: n. 1. 60)

Von I—III u. V erschien keine ed. major.

— orationes selectae XIV. Ed. XXII. emendatior, quam post ed. Ernestii, Seyfferti, Eckstenii curavit Otto Heine. Pars I. Pro S. Roscio Amerino. Pro lege Manilia. 8. (VIII, 67 S.) Halle a/S. 893. Buchh. d. Waisenhauses. n. — 60

— orationes selectae XIV. Ed. XXII. emendatior, quam post editiones Ernestii, Seyfferti, Eckstenii curavit Otto Heine. Part. II. 8. Halle 895. Buchh. des Waisenhauses. n. — 60

Orationes Catilinariae IV. Pro Licinio Archia poeta. Pro L. Murena. (S. 69—160.)

— dasselbe. Scholarum in usum edidit Alois. Kornitzer. Orationes pro T. Annio Milone, pro Q. Ligario, pro rege Deiotaro. Ed. II. correctior. 12. (VI, 120 S.) Wien 894. C. Gerold's Sohn. Kart. n. — 90

— orationes selectae XVIII. Ex recognitione Caroli Halmii. Ed. alteram curavit G. Laubmann. Pars II. Orationes pro L. Murena, pro P. Sulla, pro Archia poeta, pro P. Sestio, pro T. Milone, pro Q. Ligario, pro rege Deiotaro, in M. Antonium I. II. continens. 8. (206 S.) Berlin 899. Weidmann. 1. 80

M[arci] Tulli Ciceronis orationes selectae 21. Ex ed. C[arl] F[riedrich] W[ilhelm] Muelleri seorsum expressae. P. 1. Ed. ster. Lipsiae: B. G. Teubner 1900. 8°
(Bibliotheca script. graec. et rom. Teubneriana.) 1ᵉˡ. 5340

— dasselbe. XIV. Ed. XXI. prima emendatior, quam post editiones Ernesti, Seyfferti, Eckstenii curavit Otto Heine. Part. III. Pro T. Annio Milone. Pro P. Sestio. Pro Q. Ligario. Pro rege Deiotaro. 8. (S. 165—294.) Halle 902. Buchh. d. Waisenhauses. n. — 60

M[arci] Tullii Ciceronis Orationes selectae 19. Ed., indices et memorabilia vitae Ciceronis adiecerunt A[lfred] Eberhard et W[ilhelm] Hirschfelder. 2. ed. ster. Lipsiae: Teubner 1903. XIX, 690 S. 8°
(Bibliotheca scriptorum Graec. et Rom. Teubneriana.) A 11. 4937 II

[Cicero, Marcus Tullius]: M. Tullii Ciceronis Orationes selectae 19. In usum scholarum ediderunt indices et memorabilia vitae Ciceronis adiecerunt A. *Eberhard* et W. *Hirschfelder*. 2. ed. Lipsiae 1907. 8°

— orationes selectae XXI. Ex editione C. F. W. Muelleri seorsum expressae. Pars II. Orationes pro P. Sulla, pro A. Licinio Archia poeta, pro P. Sestio, pro Cn. Plancio, pro T. Annio Milone, pro M. Marcello, pro Q. Ligario, pro rege Deiotaro. orationes Philippicae I, II, XIV. Ed. ster. (314 S.) kl. 8. Leipzig 907. B. G. Teubner. —90; geb. 1. 20

– Orationes selectae XII (resp. XVIII, XIV, XV), s. Cicero: Orationes selectae.

— Orationes XII. selectae pro Roscio Amerino, in L. Catilinam, pro Archia poëta, pro lege Manilia etc. — Des M. T. Cicero auserles. Reden mit hist. krit. u. erklär. Anmerkk. f. studir. Jünglinge u. Freunde d. röm. Liter, v. F. Möbius. 1r Bd. 2e Aufl. 825 12 gr. 2r Bd. 822 1 Rthlr. 4 gr. gr. 8. Hannover, Hahn.

– Orationes selectae XVI (resp. XVII, XIII, XIX, XXI), s. Cicero: Orationes selectae.

— *Orationes selectiores* (pro Archia, in Catilinam, post reditum, pro lege Manilia, pro Milone). Cum notis ed. C. A. Heumann. Isenac. 735. 8. 9 gr.

— orationes pro Publ. Sextio et pro lege Manilia. Für Schulen bearbeitet v. J. K. W. Lobbeck. gr. 8. Bayr. 829. Grau. 12 gr.

– Orationes pro P. Sulla, s.a. Cicero: Oratio pro P. Cornelio Sulla.

— orationes pro P. Sulla, pro A. Licinio Archia poeta. Tertium edidit Alois. Kornitzer. 12. (VI, 90 S.) Wien 894. C. Gerold's Sohn. Kart. n. — 80

CICERO, Marcus Tullius
M. Tulli Ciceronis orationes pro P. Sulla, pro A. Licinio Archia poeta. Scholarum in usum quartum edidit Aloisius Kornitzer. (M. Tulli Ciceronis orationes selectae.) Vindobonae. 1899. Gerold's Sohn. 16°. 90 S. Cart. fl. —.40

— orationes pro P. Sulla, pro lege Manilia, pro Archia poeta. Ad optima exemplaria recognovit et in usum scholarum ed. Geo. Aenoth. Koch. Editio stereot. [Bibliotheca classica Latina X.] 8. (62 S.) Lipsiae 851, Ph. Reclam jun. n. 1/12 ₰

—— id. — VI pro Sulla, pro Sextio, pro Milone, pro Archia P., pro Ligario et pro rege Dejotaro. In us. scholar. edid. Aug. Matthiae. 8 maj. (25½ B.) Lipsiae 830, Vogel.

– Orationes Tullianae, s. Cicero: Orationes. 1857.

— Orationum pro Tullio, in Clodium, pro Scauro, pro Flacco fragmenta inedita ex membranis palimpsestis bibl. M. Taurin. Athen. eruta, et cum Ambros. earumdem orationum fragm. conjuncta ad H. Peyrone. Cum hujus integris, cum superior. editor. selectis et cum suis annotat. tum emendat. tum auct. separatim edid. Car. Beier. Cum specim. cod. A. Ambros. et Taurinensis lithographis. 8 maj. Lips. 825, Teubner. 2 Rthlr. Fein Papier

— orationum pro Tullio, in Clodium, pro Scauro, pro Flacco, ex membranis Palimpsestis in lucem revocatas et antiqui scholiastae reliquias edid. et legum literarumque cupidae juventuti pariter explanavit E. C. Engelbronner. 8 maj. Rotterdam 830. (Leipz., Weidmann). 2 ₰ 20 ℊ

– Orationes in Verrem, s. Cicero: Actiones in Verrem.

– Orationes Verrinae, s. Cicero: Actiones in Verrem.

— select orations: with notes, for the use of schools and colleges. By E. A. Johnson. gr. 12. (459 S.) New-York 850. (Philadelphia, Schäfer & Koradi.) n. 1⅔ ₰

—— select orations. With english notes, critical and explanatory, and historical, geographical and legal indexes. By Charles Anthon. A new edition, with improvements. 8. (XXXIX und 518 S. mit Portr. in Kpfrst.) New York 859. (Philadelphia, Schäfer und Koradi.) geb. *

– Pro Archia poeta oratiuncula, s. Cicero: Oratio pro Archia poeta.

— ad M. Brutum orator., ex recens. Ernestii cum emendat. et animadvers. Gl. B. Schirach. 8. Halle 766. Ed. nov. 820. Waisenh.-B. 8 ℊ

— ex recens. J. A. Ernestii in us. scholar. (ed. J. G. H. Richter). 8. Leipz. 809. Ed. II. (blos n. Titel) 816. Ed. III. 825. Hinrichs. 6 ℊ

– ad Marcum Brutum Orator. ex recens. I. A. Ernesti. 8 Leipz. Richter. 809.

— ad exemplar. Bipontinum in us. scholar. diligenter expressus. 8. Wilna 809.

— Orator ad M. Brutum, ex recens. J. A. Ernestii. 8. Kopenh. 815. Schubothe. 7 ℊ

— ad Marcum Brutum Orator. Ex recens. J. A. Ernesti edit. II. 8. Lips. Hinrichs. 815.

— — ad Brutum Orator e. Ernesti. 8. Havniae, Schubothe. 816. — 7

— — idem liber. ed. J. G. H. Richter. 8. Lips., Hinrichs. 816. — 6

— ad Marcum Brutum Orator. Ex recens. J. A. Ernesti. In usum schol. Editio III. 8. Lips. 825, Hinrichs.

— id. lib. ex tribus codicibus denuo recens. H Meyero s. Addita est integra et codicum et editionum lect. var. epistola critica C. H. Frotscher. gr. 8. Leipzig 827, Hartmann.

— ad Marcum Brutum orator. E tribus codic. denuo recens. Hnr. Meyer. Addita est integra et codic. et edition. lect. var. Acced. epist. crit. Karl H. Frotscheri. 8 maj. Leipz. 827. (Lehnhold). 18 ℊ Schrbp. 1 ₰ 8 ℊ

—— ad Marcum Brutum orator. — Zum Gebr. f. Schulen neu durchges. u. mit d. nothwend. Wort- u. Sacherklärungen ausgestattet v. L. J. Billerbeck. gr. 8. (10 B.) Hannover 829, Hahn.

— Orator Brutus Topica de optimo genere oratorum cum annotationibus Karl Beieri et editoris. Ope Codd. Sangall. Einsiedl. Reg. Erlang. Viteberg. edd. vett. denuo recens. Jo. Ksp. Orellius. Praemittitur epistola crit. ad Jo. Nic. Madvigium, v. c. 8maj. Zürich 830. Orell. 4 ₰

—— ad Marc. Brutum Orator. Rec. et c. brevi adnotat ed. Franc. Goeller. 8maj. (11 B.) Lipsiae 838, Cnobloch.

—— ad Marc. Brutum Orator. rec. et illustr. Franc. Goeller. Accessit discrepantia scripturae in edit. Rom. principe et tribus mss. Guelferbytan. 8maj. (31 B.) Lipsiae 838, Cnobloch.

— ad M. Brutum Orator. Eine krit. u. erklärende Schulausg. von Carl Peter u. Glob. Weller. Nebst einer Einleitung, zwei Indices u. e. vollständ. Collation zweier Wolfenbüttler Handschriften. gr. 8. Leipzig 838. W. Vogel. 1½ ₰

— Orator. Erklärt v. Otto Jahn. Anhang: De optimo genere oratorum. (Sammlung Griechischer u. Latein. Schriftsteller mit Deutschen Anmerkgn.) gr. 8. (XXXII u. 141 S.) Leipzig 851, Weidmann. 12 ℊ

—— Orator. Erklärt von Otto Jahn. Anh.: De optumo genere oratorum. 2. Aufl. gr. 8. (171 S.) Berlin 859, Weidmann'sche Buchh.

—— Orator ad Marcum Brutum. Für den Schulgebrauch erklärt von Karl Wilh. Piderit. gr. 8. (IV und 211 S.) Leipzig 865, Teubner.

—— Orator. Erklaert von Otto Jahn. [Anhang: De optumo genere oratorum.] 3. Aufl. gr. 8. (III, 167 S.) Berlin 869, Weidmann'sche Buchh. (ℳ 1,20.)

— Orator ad M. Brutum. Für den Schulgebrauch erklärt v. Karl Wilh. Piderit. 2. vielfach verb. Aufl. gr. 8. (IV, 203 S.) Leipzig 876. Teubner. n. 2. —

— ad M. Brutum orator. Rec. F. Heerdegen. gr. 8. (XXXVIII, 86 S.) Leipzig 884. Teubner. n. 3. 20

—— orator ad M. Brutum. Rec. Th. Stangl. 8. (XIV, 68 S.) Leipzig 885, Freytag.

— de oratore. 16. Leipz., Tauchnitz. 8 ℊ

— de Oratore libri III. ex recensione I. A. Ernesti. 8. Hal Waisenh. Buchh. 772.

— de oratore animadvers. interpretum excerpsit suasque adj. Gli. Cph. Harles. 8. Nürnb. 776. Felsecker. 1 ₰

— de oratore libri III. 8. Basel 794. Schweighäuser. 18 ℊ

— — Mit Anmerkungen von Wetzel. Braunschw. 794. 95. 2 Theile. 8. 1 rthlr. 10 gr.

— id. lib., ac notis allor. et suis instrux. Esaias Budai. 8. St. Debrezin 795. Szigethy. (Eggenberger in Pesth). 12 ℊ

— de Oratore, Libri III. c. Graevii. 12. Nürnb. Riegel et W. 803.

— id. lib., ex recens. J. A. Ernestii. 12. Leyd. 804. Luchtmans. 16 ℊ

— — ex recensione J. A. Ernesti. 16. Lips. Breitkopf et H. 804.

— id. lib., ex recens. Jh. Aug. Ernestii. 16. Rotterdam 804. (Weigel in Leipz.) 1 ₰ 4 ℊ id. lib. 8. ibid. 1 ₰ 20 ℊ

— id. lib., recens. C. G. Schütz. 12 maj. Leipz. 805. Göschen. 14 gr

— de oratore dialogi III. 8. Manh. ... Ed. II. 809. Löffler 12 gr (A. u. d. T.: Ciceronis Opera T. II.)

— id. lib., ed. C. G. Schütz. 8. Leipz. 814. Er. Fleischer. 20 gr (Ist d. obigen Opera Vol. II.)

— — lib. III. ex recensione. J. A. Ernesti. Edit. nova. Halae, Waisenhausbuchh. 815.

— ad Quintum Fratrem, Dialogi III. de Oratore. Cum integris notis Zach. Pearce, edidit et alior. interpret. animadvers. excerpsit suasque adjecit Gottl. Christoph. Harles. 8 maj. Lips. Weidmann. 815.
Schreibp.
Velinp.

— — Cum aliorum suisq. anim. ed. Harles. Norib. 776. 8. 1 rthl. Ed. multo auctior. Lips. 816. 8. 2 rthl. 12 gr.

— id. lib., cum integris notis Zach. Pearce, ed. et alior. interpretum animadvers. excerpsit suasque adj. Gttl. Cph. Harless. 8 maj. Lpz. 816. Weidmann. 2 rthl 12 gr Schrbp. 3 rthl Velinp. 7 rthl 8 gr

— id. lib., recens., illustr., aliorum suasque animadverss. adj. O. M. Müller. 8 maj. Züllich. 819. (Bornträger in Königsb.) 3 rthl 8 gr Schrbp. 4 rthl (Leske in Darmst.) Hbg. Pr. 1 rthl 16 gr

— — de Oratore libri III. Ex rec. J. A. Ernesti. Editio nova. 8. Halle, Waisenhaus, 820. — 8

— de oratore ad Quintum fratrem libri III. rec. Harless. 8 maj. Upsal 821. (Berl., Reimer). 20 gr

— id. lib., ex recens. J. A. Ernestii. Ed. nova. 8. Halle 823. Waisenh.-B. 8 gr

— id. lib., ad opt. libror. fidem editi cum brevi notatione critica a Wlh Olshauseno. 8. Schlesw. 825. Taubst.-Institut. (Cnobloch in Leipz.) 12 gr

—— id. — Zum Gebr. f. Schulen neu durchgesch. u. mit d. nothwend. Wort- u. Sacherklärn. ausgest. v. L. J. Billerbeck. gr. 8. (26 B.) Hannover 828, Hahn.

—— id. — Scholar. in us. editi studio et cur. L. J. Billerbeckii. Acced. index verbor. histor. et geograph. expl. 8 maj. (14 B.) Hannoverae 828, Hahn.

—— de oratore lib. III. Edid. et illustr. Rud. I. F. Henrichsen. 8 maj. (30½ B.) Havniae 830, Gyldendal.

—— id. — Ad opt. libr. fid. emend. et in us. scholar. edit. 12 maj. (9 B.) Lipsiae 830, [Teubner.] 9 Gr., Engl. Pap.

— de Oratore libri tres. Ad Quintum fratrem. Kritisch bericht. u. mit Commentar herausg. v. Karl Glo. Kuniß. gr. 8. Leipzig 836. Köhler. 3 rthl

— de oratore libri tres. Ad optimor. libror. fidem iterum editi ab Ottone Maur. Muellero. 8 maj. Berolini 837. Dümmler. ¾ rthl

— de oratore libri III. Zum Gebrauch für Schulen neu durchgesehen u. mit den nothwend. Wort- u. Sach-Erklärungen ausgestattet v. Ludw. Jul. Billerbeck. 2e verb. Aufl. gr. 8. Hannover 839. Hahnsche Hofbuchh. ⅞ rthl

— de oratore libri tres. Recens., emendav. interpretatus est Frid. Ellendt. II Vol. 8 maj. Königsb. 840. Gebr. Bornträger n. 6 rthl

—— de Oratore lib. III. Scholar. in us. brevi annotat. explicuit Fridr. Ellendt. 8 maj. (22½ B.) Islebiae 841, Reichardt.

— de Oratore libri tres. 8 maj. Monachii 841, libr. scholarum Regia. (Ratisbonae, Manz.) n. 13¾ ngr

—— de oratore. Für den Schulgebrauch erklärt von Carl Wilh. Piderit. 3 Hefte. gr. 8. Leipzig 859, Teubner. à Heft 12 Ngr.

Inhalt:
Heft 1. Einleitung und I. Buch. (LXIV und S. 1—92.)
» 2. II. Buch. (S. 93—214.)
» 3. III. Buch und erklärende Indices. (S. 215—375.)

—— de oratore. Für den Schulgebrauch erklärt von Karl Wilh. Piderit. 2. Aufl. gr. 8. (LVI und 398 S.) Leipzig 862, Teubner.

Auch in 3 Heften à 12 Ngr. ausgegeben:
1. Heft. Einleitung und I. Buch.
2. » II. Buch.
3. » III. Buch und erklärende Indices.

—— de oratore libros III. rec. Joh. Bake. gr. 8. (XVI und 400 S.) Amsterdam 863, F. Müller. *

—— de oratore. Für den Schulgebrauch erklärt von Karl Wilh. Piderit. 3. Aufl. (VI, 466 S.) 1868. M 3,60., und 4. Aufl. gr. 8. (VIII, 510 S.) Leipzig 873, Teubner.

Auch in 3 Heften à M 1,50.:
Heft 1. Einleitung und I. Buch.
» 2. II. Buch.
» 3. III. Buch und erklärende Indices.

— de oratore libri III. Erklärt v. Gust. Sorof. 1—3. Bd. Buch 1—3. gr. 8. (L, 154, X, 212 u. 195 S.) Berlin 875. Weidmann. à 1. 80

— de oratore. Für den Schulgebrauch erklärt von Karl Wilh. Piderit. 5. Aufl. besorgt von Thdr. Adler. gr. 8. (X, 548 S.) Ebend. 878. 4. 50

— dasselbe. Erklärt v. Gust. Sorof. 1. Bd. Buch I. 2. Aufl. gr. 8. (VIII, 202 S.) Berlin 882. Weidmann. 1. 80

— de oratore. Für den Schulgebrauch erklärt v. Karl Wilh. Piderit. 6. Aufl., besorgt v. O. Harnecker, 1. Hft.: Buch I. gr. 8. (XII, 216 S.) Leipzig 886. Teubner. 1. 80

— de oratore. Für den Schulgebrauch erklärt von K. W. Piderit. 6. Aufl., besorgt v. O. Harnecker. 2. Hft.: Buch II. gr. 8. (S. 217 - 395.) Leipzig 889. Teubner. 1. 50

— dasselbe. 6. Aufl., besorgt v. O. Harnecker. 3. Hft. III. Buch. Mit den erklär. Indices u. e. Register zu den Anmerkgn. gr. 8. (S. 397—616.) Ebd. 890. 1. 50; Indices u. Register ap. (S. 522—616.) — 45 (cplt.: 4. 80)

—— dass. — liber I. Für den Schulgebrauch erklärt von Remig. Stölzle. 1. Bdchn. Ausg. a. Kommentar unter dem Text. gr. 8. (VI, 119 S.) Gotha 887, F. A. Perthes.

—— dass. — Ausg. b. Text und Kommentar getrennt in 2 Heften. gr. 8. (IV, 55; 63 S.) Ebendas. 887.

— de oratore libri III. Recensuit Th. Stangl. 8. (232 S.) Prag 893. F. Tempsky. — Leipzig, G. Freytag. n. 1. 25

— De claris oratoribus, s. Cicero: Brutus.

—— Orazioni scelte. Col commento di Carlo Halm. Fasc. I.: M. Tulli Ciceronis oratio de imperio Gnaei Pompei. (Pro lege Manilia.) gr. 8. (VI und 78 S.) Vienna 855 (56,) Gerold figlio. *

— orazioni scelte. Col commento di Car. Halm. Fasc. I. A. u. d. T.: M. Tulli Ciceronis oratio de imperio Gnaei Pompei. (Pro lege Manilia.) (Herausg. von Rod. Ab. Pichler.) Vienna 856. Gerold. 8. (VI, 78 S.) n. 8 ngr

— — Fasc. II. A. u. d. T.: M. Tulli Ciceronis oratio pro Sexto Roscio Amerino. Col commento etc. (Herausg. von N. Repich.) Ebend. 856. 8. (3 Bl., 82 S.) n. 8 ngr

Cicero, M. T. Paradoxa ad fidem codicum msc. emendata. Coloniae [Basileae] 1748. V: *Huber, Joh. Werner.* (Cat. d. Stadtbibl. Zürich. Zürich 1864—97.)

— Paradoxa, übersetzt v. J. D. Overbeck. 1e u. 2e Probe. Fol. Lübeck 760, 61.

—— Paradoxa graece versa et explicata ab Io. Morisoto. Acced. variae lectiones duor. cod. Guelferbyt. Paradoxa cont. Edid. Guil. Ferd. Wensch. 8maj. (5¼ B.) Halae 840, libr. Orphanotrophei.

—— Paradoxa. Ad Codd. Mss. partim recens. collatorum editionumque veterum fidem recognovit, prolegomena, excerptas scholarum Wyttenbachii, annotationem veterum et recentiorum interpr. sel. suamque, excursum et indicem rerum verborumque adj. C. H. Moser. 8maj. (26 B.) Gottingae 846, libr. Dieterich.

— Paradoxa ad M. Brutum, von J. D. Büchling. 8. Berl Lange. 797.

— paradoxa ad M. Brutum; mit histor. Einleit. u. Anmerkk. f. Schulen, v. J. D. Büchling. 8. Berl. 797. (Reimer). 14 gr

— paradoxa ad M. Brutum. Ed. II. 12. Manh. 824. Löffler. 3 gr

Ciceronis, (M. T.,) Paradoxa ad M. Brutum. Recens. et animadvers. instrux. Dr. H. J. Borgero. 8maj. Lugd. Bat. 826, Luchtmans. (Lips., Weigel.)

—— dass. — Für den Schulgebrauch erklärt v. Heinr. Ans. Ausg. A. Kommentar unterm Text. gr. 8. (III, 88 S.) Gotha 890, F. A. Perthes. — 60; Ausg. B. Text u. Kommentar getrennt in 2 Heften. (III, 15; 22 S.) — 60

— Paradoxa ad M. Brutum. Erklärt v. Max Schneider. gr. 8. (84 S.) Leipzig 891. B. Tauchnitz. n. 1.—

— Paradoxa ad M. Brutum Somnium Scipionis et Timaeus seu de universo, fragmentum. sec. opt. edit. 8. Mannh. 824. Löffler.

— paradoxa stoicorum. Academicorum reliquiae cum Lucullo. Timaeus. De natura deorum. De divinatione. De fato. Ed. Otto Plasberg. Fasc. I. (IV, 196 S.) Lex. 8. Ebd. 908. 8.—

— paradoxa, Platonici, Timaei reliqua; de legibus libri III et de petitione consulatus liber. 8. Basel 783. Schweighäuser. 9 gr

– Paradoxa und Traum des Scipio, s.a. Cicero: Paradoxe Sätze.

— Paradoxa u. Traum d. Scipio; aus d. Latein. übers. u. mit Anmerkk. begleitet (v. K. H. Jördens). 8. Berl. 791. (Hahn in Hannov.) 12 gr

— Paradoxa u. Traum des Scipio, a. d. Lat. übers. u. m. Anmerk. begleit. 8. Berl. Matzdorf. (Hahn in Hannov.) 791.

— Paradoxen, aus d. Latein. u. mit erklär. Anmerkk. begleitet (v. J. F. W. Motz). 8. Leipz. 793. Schwickert. 5 gr

— Dass., übers., mit erläut. Inhalts-Anzeigen u. erklär. Anmerkk. v. Eph. A. Gli. Schreiber. gr. 8. Halle 799. Hendel. 8 gr

— — dieselben von Schreiber übers. 8. Wien. Bichler. 800.

— Paradoxen, oder auffallende Begebenheiten, nebst Traum d. Scipio, übers. u. mit nöthigen Anmerkk. begl. v. Jak. Gaupp. 8. Glogau 811. Neue Güthersche B. 6 gr

—— Paradoxen der Stoiker an M. Brutus, s. Sammlung griech. und röm. Classiker.

Cicero, M. T. Paradoxen und Traum des Scipio; aus dem Lateinischen übersetzt ... Berlin 1791. Ü: *Jördens, Carl Heinrich.* (KY) (MGT) (OL) (NN) »Leipzig 1793. Ü: *Motz, Johann Friedr. Wilhelm*« (MGT)

— Paradoxen nebst dem Traum d. Scipio v. J. Gaupp. 8. Glog. Günther. 811.

— partitiones Oratoriae, ex Edit. F. G. Hauptmann. 8. Lips Iunius. (Gleditsch) 741.

—— partitiones oratoriae. Für den Schulgebrauch erklärt von Karl Wilh. Piderit. gr. 8. (IV und 96 S.) Leipzig 867, Teubner. *

— Pensées morales. 8. Dresd. 786. Walther. 6 gr

– Von der menschlichen Pflicht, s. Cicero: De officiis.

– Von den Pflichten, s. Cicero: De officiis.

— Philosophica omnia, ex scriptis recens. collatis editisque libris castigatis ed. I. A. Goerenz, Vol. I. de Legibus libros III. continens. gr. 8. Lips. Weidmann. 809.
Schreibp.
Velinp.

— idem liber Vol. II. Academica; gr. 8. ibid. 810.
Schreibp.
Velinp.

— Philosophica omnia, ex scriptis recens collatis editisque libris castigatius etc. ed. J. A. Goerenz. Vol. III. de Finibus bonorum et malorum lib. V. 8maj. Lips. Weidmann. 813.
Schreibp.
Velinp.

– Pro Cn. Plancio, s. Cicero: Oratio pro...

—— Präparationen, s. Freund's Schüler-Bibliothek.

– Über die Prinzipien und den Geist der Gesetze, s. Cicero: De legibus.

– De provinciis consularibus, s. Cicero: Oratio de...

– Academicae quaestiones, s. Cicero: Academica.

– Tusculanae quaestiones, s. Cicero: Tusculanae disputationes.

Ciceronis, M. Tull., de republica libri, in his somnium Scipionis. 16. Leipz., Tauchnitz. 4 gr

— id. lib. ex rec. Ernesti, s. Cicero Opera ed. Ernesti Tom. 5.

— de republica que supers. edente Angelo Majo. (C. notis.) Acced. III tabb. aen. 4maj. Romae in collegio urbano 822. apud Burliaeum. (Leipz., Weigel). 30 ℛ

— id. lib., größtes 4-Form. Bloßer Text. Ebd. 822. Ebd. Mit breiten Rande. 16 ℛ

— de republica quae supersunt edente Ang. Majo. gr. 8. Stuttg. 822. v. Cotta. 2 ℛ Schrbp. 2 ℛ 16 gr

— id. lib. libror. VI., quae supersunt, ex emendat. C. F. Heinrichii, et compend. in us. praelect. acad. et gymnas. 8maj. Bonnae 823, Marcus.

Cicero, M. T. De republica quae supersunt... Heidelbergae 1823. H: *Bähr, Johann Christian Felix.* (KY)

— de republica quae supersunt, ad edit. romanam praelect. in us. accur. expr. (ed. J. C. F. Bähr). 12. Heidelb. 823. Groos. 10 gr.

— fragmenta librorum de republica e cod. Vaticano ab Ang. Majo edita cum nonnullis orationum partibus et in eas commentariis nunc primum ab eod. editis. Recogn. Chr. Gf. Schütz. 8. Leipz. 823. Er. Fleischer. 20 gr. (Bildet auch d. 3e Abthl. d. 16. Bdes d. Opera ed. Schütz.)

— id. lib., quae in codice Vaticano supersunt. Cum Ang. Maji praef. integra, schol. et adnotatt. select. etc. Rec. et complur. in locis emend. Fr. Steinacker. Acced. epist. God. Hermanni. (Cum 1 tab. lithogr.) 8maj. Lpz. 823. Hartknoch. 1 Rthlr. 4 gr. Schrbp. 1 Rthlr. 8 gr.

— id. lib. (cum. not.) 8maj. Rom 823. (Weigel in Leipz.) 5 Rthlr. 12 gr.

— id. lib. edente Ang. Majo. gr. 8. Stuttg. 823, Cotta. 2 Rthlr. Schreibpap.

— de re publica Tom. I et II. — A. u. d. T.: die Republik des Cicero, nach e. ungedruckten Texte, welcher neuerlich entdeckt u. erläutert wurde von Hrn. Mai. Mit e. histor. Abhandl. von Hrn. Villemain. Ins Deutsche übertragen von J. M. Pierre. 2 Thle. 8. Fulda 824 u. 25, Müller. à 1 Rthlr.

— de re publica Tom. I et II. A. u. d. T.: die Republik des Cicero, nach e. ungedruckten Texte, welcher neuerlich entdeckt u. erläutert wurde von Hrn. Mai. Mit e. histor. Abhandl. von Hrn. Villemain. Ins Deutsche übertragen v. J. M. Pierre. 2 Thle. 8. Fulda 824 u. 25. Roos. 2 Rthlr.

— id. lib., quae in codice vaticano supersunt. Cum Ang. Maji praes. integra schol. et adnotat. select. etc. recens. et compl. in locis emend. F. Steinacker. Acced. epist. God. Hermanni. 8 maj. Lips. 824, Hartknoch. 1 Rthlr. 4 gr. Schreibpap.

— de re publica quae supersunt et sex orationum partes, cum antiquo interprete ad Tullianas septem orationes, quib. acced. scholia minora vet. cod. CXLIX. descriptio palimpsestor., specimina. Ad edit. italas cum integris A. Maji annotat. dissertat. indicibusque recusa. 8. Ibid. 824.

— id. lib., varietat. lect. ex edit. prima sumptam subjecit notulas Maji aliorumque selectas nec non suas cur. indice nom. propr. addidit, emend. loca tentavit Jh. Fr. Karl Lehner. Acced. varr. lectt. in somnium Scipionis nondum vulgatae. 8maj. Sulzb. 824. v. Seidel. 9 gr.

— id. lib. notitia cod. Sarmatici facta. Illustr. quantumque fieri potuit restituti a Guil. Münnich. 8 maj. Goetting. 825, Rosenbusch. (Lauffer in Leipz.)

— de republica libri ab A. Majo nuper reperti et editi cum ejusdem praefatione et commentariis. Textum denuo recogn., fragmenta pridem cognita et somnium Scipionis ad codd. Mss. et edd. vett. fidem correxit, versionem somnii graecam emend., edid. et indice auxit G. H. Moser. Accedit Fr. Creuzeri annotatio. Cum specimine cod. Vat. Palimpsesti lithographo. 8maj. Frankf. 826. Brönner. 4 Rthlr. 18 gr. Velinp. 6 Rthlr. Hbg. Pr. 2 Rthlr. 16 gr. Velinp. 3 Rthlr.

—— id. — cur. Zell, s. a. Auctores class., Vol. I.

— id. lib. Acced. var. lect. delect. cum singulorum librorum argumentis; curavit Carol. Zell. 8. Stuttgard. 827, Hoffmann.

— de republica librorum reliquia. Ex emendat. Karl Fr. Heinrich. Editio, commentar. in us. praelect. academ. et gymnas. Acced. Fr. Nic. Kleinii in somnium Scipionis appendicula. 8maj. Bonn 828. Marcus. 1 Rthlr. (NB. Dass. als Compendium v. Heinrich bearb. Ebd, 823. 12 gr.)

— de re publica, cur. Karl Zell. Stuttg. 828. Hoffmann. 9 gr. (A. u. d. T.: Auct. class. lat.)

— de re publica librorum fragmenta recens. et adnotatione crit. instrux. Frid. Osannus. gr. 8. (XXVI u. 511 S.) Gottingae 847, Dieterich. n. 2⅔ Rthlr.

Cicero, Marcus Tullius: Rede..., s.a. Cicero: Oratio...

– Rede..., s.a. Cicero: Reden...

– Rede wider den Antonius, s. Cicero: Philippische Reden. 1773.

– Rede gegen Marcus Antonius, s. Cicero: Philippische Reden. 1905.

– Rede f. Archias, s. a. Sammlung, Neueste, ausgewählter griech. u. röm. Classiker.

– Dass., s.a. Bibliothek, Kleine.

– Rede zur Verteidigung des Aulus Licinius Archias. Aus d. Lat. von J. D. Overbeck. Lübeck 1766. 2°

— Rede für den Dichter Archias, mit Anmerk. 8. Frankf. Hermann. (Gräff in Leipz.) 780

Cicero, M. Tull., Rede für d. Dichter Archias, mit Anmerkk. 8. Frankf. a. M. 780. (Wienbrack in Leipz.) 3 gr.

— Rede f. d. Dichter Archias, aus d. Latein. übersetzt mit Anmerk. v. C. Ch. Weiß. Lat. u. Deutsch. 8. Leipz. Engelmann. 814.

— Rede für d. Archias, übers. v. D. G. Herzog. 8. Bernb. 825. gedr. bei Gröning.

Cicero, Rede für Archias, übers. u. erkl. von C. W. Nauck. Pr. 1844. 88 S. 4°.

— Rede f. den Dichter Archias. Für den Schulgebrauch hrsg. v. Fr. Richter. gr. 8. (III, 26 S.) Leipzig 872. Teubner. — 45

— Vertheidigungsrede für den Dichter Aulus Licinius Archias. Wortgetreu aus dem Lateinischen übersetzt von H. R. Mecklenburg. 32. (45 S.) Berlin 877. H. R. Mecklenburg. n. — 25

—— Rede für den Dichter Archias. Für den Schul- und Privatgebrauch hrsg. von Fr. Richter. 2. umgearb. Aufl. von Alfr. Eberhard. gr. 8. (80 S.) Leipzig 878, Teubner.

—— Rede über den Dichter Aulus Licinius Archias. Uebers. von W. Binder. 2. Aufl. 12. (31 S.) [Stuttgart 880, Nübling's Verlag.] Berlin, Langenscheidt'sche Verlagsh. *

—— dass. — Für den Schul- und Privatgebrauch hrsg. von Friedr. Richter und Alfr. Eberhard. 3. Aufl. gr. 8. (36 S.) Leipzig 884, Teubner.

—— Rede für den Dichter A. Licinius Archias. Für den Schulgebrauch erklärt von Jul. Strenge. Ausg. a. Kommentar unterm Text. gr. 8. (VI, 41 S.) Ebendas. 888.

—— dass. — Ausg. b. Text und Kommentar getrennt in 2 Heften. gr. 8. (IV, 10; 32 S.) Ebendas. 888.

— Rede f. den Dichter Archias. Für den Schulgebrauch hrsg. v. Herm. Nohl. 2., verb. Aufl. 8. (V, 21 S.) Leipzig 894. G. Freytag. Kart. n. — 40

— dasselbe. Für den Schul- u. Privatgebrauch erklärt v. Frdr. Richter u. Alfr. Eberhard. In 4. Aufl. bearb. v. Herm. Nohl. gr. 8. (40 S.) Leipzig 894. B. G. Teubner. — 45

— Rede f. d. Dichter A. Licinius Archias. Für den Schulgebr. erklärt v. Jul. Strenge. 2., verb. Aufl. Ausg. A. Kommentar unt. Text. gr. 8. (V, 42 S.) Gotha 895. F. A. Perthes. — 60; Ausg. B., Text u. Kommentar getrennt in 2 Hftn. (V, 10 u. 32 S.) — 60

— dasselbe. Textausg. f. den Schulgebr. v. C. F. W. Müller. 8. (21 S.) Leipzig 897. B. G. Teubner. Geb. n. — 40

— Rede f. den Dichter Archias. Für d. Schulgebrauch hrsg. v. Herm. Nohl. 2. unveränd. Abdr. der 2., verb. Aufl. 8. (V,21 S.) Leipzig 901. G. Freytag. Geb. n. — 40

— Rede für den Dichter A. Licinius Archias. Nach Text u. Kommentar getrennte Ausg. (B) f. den Schulgebrauch v. Jul. Strenge. 2 Abtlgn. 3. verb. Aufl. (VI, 10 u. 27 S.) gr. 8. Gotha 903. F. A. Perthes. n. — 60

— dasselbe. Für den Schulgebrauch hrsg. v. Herm. Nohl. 3. Aufl. (V, 21 S.) 8. Leipzig 903. G. Freytag. n. — 40

[Marcus Tullius] Cicero. Rede für den Dichter Archias [Oratio pro Archia poeta]. Für d. Schul- u. Privatgebr. erkl. von Friedrich Richter, [Oberl. in Rastenburg], u. Alfred Eberhard. 5. Aufl., bearb. von Hermann Nohl. Leipzig & Berlin: B. G. Teubner 1905. (39 S.) 8° (Teubner's Schulausgaben griech. u. lat. Klassiker mit Anm.)

— Rede f. den Dichter A. Licinius Archias. Nach Text u. Kommentar getrennte Ausg. (B) f. den Schulgebrauch v. Jul. Strenge. 4., verb. Aufl. 2 Tle. (VI, 10 u. 26 S.) 8. Gotha 909. F. A. Perthes. — 60

– Rede gegen Quintus Caecilius, s. Cicero: Actiones in Verrem.

– Rede gegen Catilina, s. Cicero: Reden gegen Catilina.

— Rede f. Aulus Cluentius Avitus, s.: Sammlung, neueste, ausgewählter griech. u. röm. Klassiker.

— Rede für den König Dejotarus von Galatien. Wortgetreu aus dem Lat. übers. von H. R. Mecklenburg. 32. (46 S.) Ebend. 877. n. — 25

—— Rede für den König Deiotarus. Uebers. von W. Binder. 2. Aufl. 12. (85 S.) [Stuttgart 880, Rübling's Verlag.] Berlin, Langenscheidt'sche Verlagsh. *

—— Rede für den König Deiotarus. Für den Schulgebrauch erklärt v. Jul. Strenge. Ausg. A. Kommentar unterm Text. gr. 8. (IV, 42 S.) Ebd. 890. — 60; Ausg. B. Text u. Kommentar getrennt in 2 Heften. (IV, 12, 30 S.) — 60

— Rede f. den König Deiotarus. Nach Text u. Kommentar getrennte Ausg. (B.) f. den Schulgebrauch v. Jul. Strenge. 2., verb. Aufl. 2 Hfte. gr. 8. (VI, 12 u. 30 S.) Gotha 901. F. A. Perthes. — 60

— dasselbe, s. a. Bibliothek, kleine.

– Dass., s.a. Sammlung, Neueste, ausgewählter griechischer u. römischer Classiker.

—— Rede für L. Flaccus. Erklärt von Adf. du Mesnil. gr. 8. (VI, 235 S.) Leipzig 883, Teubner.

—— Rede für das Manilische Gesetz. Wortgetreu aus dem Lateinischen übersetzt von H. R. Mecklenburg. 2 Hefte. 32. (78 S.) Berlin 874, H. R. Mecklenburg. à Heft * 25 Pf. *

— Rede f. das Manilische Gesetz. Wortgetreu aus dem Lat. übers. v. H. R. Mecklenburg. 2 Hfte. 32. (78 S.) Berlin 875. H. R. Mecklenburg. à n. — 25

– Dass., s.a. Cicero: Rede über den Oberbefehl des Cn. Pompeius.

– Rede f. sein Haus, s. Sammlung, Neueste, ausgewählter griech. u. röm. Classiker.

– Rede über das Imperium des Cn. Pompeius, s. Cicero: Rede über den Oberbefehl des Cn. Pompeius.

— Rede für Ligarius, übers. u. mit exeget.-krit. Bemerkungen begleitet von H. Kraz. Stuttgart 869. (Tübingen, Fues.) 4. (18 S.) n. 10 ngr.

—— Rede für Quintus Ligarius. Gehalten vor Gajus Julius Cäsar. Uebersetzt von H. R. Mecklenburg. 32. (30 S.) Berlin 874, H. R. Mecklenburg. *

— Rede f. Quintus Ligarius. Geh. vor Gajus Jul. Cäsar. Uebers. von H. R. Mecklenburg. 32. (30 S.) Ebend. 877. n. — 25

— Rede f. Quintus Ligarius. Für den Schulgebrauch erklärt v. J. Strenge. Kommentar unterm Text. gr. 8. (VIII, 37 S.) Gotha 888. F. A. Perthes. — 70; Text u. Kommentar getrennt in 2 Hftn. (VI, 10 u. 26 S.) — 60

— Rede f. Quintus Ligarius. Nach Text u. Kommentar getrennte Ausg. (B) f. den Schulgebrauch v. Jul. Strenge. 2., verb. Aufl. 2 Hfte. gr. 8. (VI, 10 u. 27 S.) Gotha 902. F. A. Perthes. — 60

— dasselbe, } s. a. Bibliothek, kleine.
— Rede f. Marcellus, }

— Rede für d. Markus Marcellus, übers. v. J. D. Overbeck. Fol. Lübeck 763.

— Rede f. Marcus Claudius Marcellus. Wortgetreu aus dem Lat. übers. v. H. R. Mecklenburg. 32. (82 S.) Berlin 885. H. R. Mecklenburg. n. — 25

—— Rede für Marcellus und Ligarius. Uebers. von W. Binder. 2. Aufl. 12. (47 S.) Ebendas. 880. *

— Rede pro Milone, s. a. Bibliothek, kleine.

– Rede f. den Titus Annius Milo, s. a. Sammlung, Neueste, ausgewählter griech. u. röm. Classiker.

Cicero, M. T. Rede für den T. A. Milo, übersetzt . . . Halle 1794. Ü: *Motz, Joh. Friedrich Wilhelm; nicht Gipser, Joh. Carl Joseph.* (Ky) (MGT)

— Rede für d. T. A. Milo, übersetzt u. erläutert (v. J. F. W. Motz oder A. K. A. Gipser?) 8. Halle 794. Hendel. 8 gr.

—— Rede f. d. Titus Annius Milo übers. v. Friedr. Wilh. Bosing. 2. Aufl. 8. (5¼ B.) Kassel 829, (N. Tit. 834,) Luckhardt.

— Rede für d. Milo, übersetzt u. mit e. histor. Einleitung, einer Erläuterung des Inhalts d. Rede, so wie mit krit.-chronolog. u. erklär. Anmerkk. versehen v. J. P. Brewer. 8. Düsseld. 830. Schreiner. 12 gr.

— Rede für den Titus Annius Milo, übers. v. Fr. Wlh. Bosing. 2e Aufl. 8. Kassel 834. Luckhardt. ⅓ ß

— Rede für T. Annius Milo mit Einleitung u. Commentar v. Ed. Osenbrüggen. gr. 8. Hamburg 841, Perthes-Besser u. Mauke. ¾ ß

— Rede für Milo übers. v. Strodtbeck. Pr. 1852. 28 S. 4°.

—— Rede pro Milone, übers. von Strodtbeck. gr. 4. (30 S.) Ulm 852. (Tübingen, Fues' Sortimentsb.)

— Rede pro Milone in's Griechische übersetzt von Birkler. Stuttgart 860. (Tübingen, Fues' Sortbhdlg.) 4. (2 Bl., 29 S.) n. 10 ngr.

—— Rede für T. Annius Milo. Für den Schulgebrauch hrsg. von Fr. Richter. gr. 8. (IV und 100 S.) Leipzig 864, Teubner.

—— Rede für T. Annius Milo. Mit Einleitung und Commentar von Ed. Osenbrueggen. Neu bearb. von Hans Wirz. gr. 8. (IX, 140 S.) Hamburg [Leipzig] 872, W. Mauke. *

— Rede f. Annius Milo. Für den Schulgebrauch hrsg. v. Fr. Richter. 2. verb. Aufl. gr. 8. (IV, 91 S.) Leipzig 874. Teubner. — 90

— Rede f. T. Annius Milo. Wortgetreu aus dem Lat. übers. von H. R. Mecklenburg. 3 Hfte. 32. (120 S.) Ebend. 877. à n. — 25

—— Rede für T. Annius Milo. Für den Schul- und Privatgebrauch erklärt von Friedr. Richter. In 3. Aufl. neu bearb. von Alfr. Eberhard. gr. 8. (112 S.) Leipzig 881, Teubner.

– Rede f. T. Annius Milo. Für den Schul- u. Privatgebrauch erklärt v. Friedrich Richter. In 3. Aufl. neu bearb. v. Alfred Eberhard. gr. 8. (112 S.) Leipzig 882. Teubner. — 90

—— Rede für T. Annius Milo. Für den Schulgebrauch erklärt von R. Bouterwek. Ausg. a. Kommentar unterm Text. gr. 8. (III, 90 S.) Gotha 887, F. A. Perthes.

—— dass. — Ausg. b. Text und Kommentar getrennt in 2 Heften. gr. 8. (III, 41; 48 S.) Ebendas. 887.

— Rede f. T. Annius Milo. Für den Schul- u. Privatgebrauch erklärt v. Frdr. Richter u. Alfr. Eberhard. In 4. Aufl. bearb. v. Herm. Nohl. gr. 8. (110 S.) Leipzig 892. B. G. Teubner. n. 1. —

— dasselbe. Für den Schulgebrauch hrsg. v. Herm. Nohl. 2., verb. Aufl. Mit e. Plan des Forum Romanum. 8. (VIII, 59 S.) Leipzig 894. G. Freytag. Kart. n. — 60

Cicero's Rede für T. Annius Milo. Für den Schulgebrauch herausgegeben von Hermann Nohl. 2. verbesserte Auflage. Mit einem Plan des forum Romanum. 8. (VIII, 59 S.) In Lnwd. gebunden —.40
Prag: Tempsky 1894.

— dasselbe. Textausg. f. d. Schulgebrauch v. C. F. W. Müller. 8. (V, 50 S.) Leipzig 896. B. G. Teubner. Kart. n. — 55

— Rede f. T. Annius Milo. F. d. Schulgebrauch erklärt v. R. Bouterwek. 2., verb. Aufl. Ausg A: Kommentar unt. Text. gr. 8. (IV, 80 S.) Gotha 897. F. A. Perthes. 1.20; Ausg. B: Text u. Kommentar getrennt in 2 Hftn. (IV, 32 u. 46 S.) 1.20

— Rede f. T. Annius Milo. Für den Schulgebrauch hrsg. u. m. Einleitg. u. Namensverzeichnis versehen v. Konr. Rossberg. (Aschendorffs Sammlg. latein. u. griech. Klassiker.) 8. (XXI, 53 S.) Münster 899. Aschendorff. Geb. n. — 75

— Rede f. T. Annius Milo. Nach Text u. Kommentar getrennte Ausg. (B) f. den Schulgebrauch v. R. Bouterwerk. 3., verb. Aufl. v. Frz. Luterbacher. 2 Hefte. (IV, 32 u. 52 S.) 8. Gotha 907. F. A. Perthes. 1.20

[Marcus Tullius] **Ciceros** Rede für T. Annius Milo [Oratio pro T. Annio Milone]. Für d. Schul- u. Privatgebr. erkl. von Friedrich Richter, [† Oberl. in Rastenburg], u. Alfred Eberhard, in 5. Aufl. bearb. von Hermann Nohl. Leipzig & Berlin: B.G. Teubner 1907. (118 S.) 8° (08. 31

– Rede f. L. Murena, s. a. Sammlung, Neueste, ausgewählter griech. u. röm. Classiker.

— dasselbe, s. a. Bibliothek, kleine.

— Rede für L. Murena. Für den Schulgebrauch hersg. von Herm. Adf. Koch. Leipzig 866. Teubner. 8. (55 S.) 6 ngr.

— Rede f. L. Murena. Für den Schulgebrauch hrsg. v. Herm. Adf. Koch. In 2. Aufl. umgearb. v. G. Landgraf. gr. 8. (IV, 79 S.) Leipzig 885. Teubner. — 90

— Rede f. L. Murena. Für den Schulgebrauch erklärt v. Jul. Strenge. Ausg. A. Kommentar unterm Text. gr. 8. (VI, 73 S.) Gotha 892. F. A. Perthes. — 75; Ausg. B. Text u. Kommentar getrennt in 2 Hftn. (VI, 32 u. 42 S.) — 75

— Rede f. L. Murena. Für den Schulgebrauch hrsg. v. Herm. Nohl. 2., verb. Aufl. 8. (VIII, 59 S.) Leipzig 899. G. Freytag. n. — 40; geb. n. — 70

CICERO
Ciceros Rede für L. Murena. Für den Schulgebrauch herausgegeben von Hermann Nohl. 2. verbesserte Auflage. Wien und Prag. 1899. Tempsky. 8°. VI, 59 S. fl. — 25, geb. fl. —.45

(M[arcus] Tullius) **Ciceros** Rede für Murena (Oratio pro L. Murena). Für Schüler erkl. von O[tto] Drenckhahn, Gymn.Dir. Text u. Anm. *Berlin: Weidmann 1903.* 2 Bde 8°
(Griech. u. lat. Schulschriftsteller mit Anm.) (03. 3319

— Rede f. Murena. Für Schüler erklärt v. O. Drenckhahn. Text u. Anmerkgn. (III, 44 u. 36 S.) 8. Berlin 903. Weidmann. Geb. in Leinw. u. geh. n. 1. —

– Rede über den Oberbefehl des Cn. Pompeius, s.a. Cicero: Rede für das Manilische Gesetz.

— Rede de imperio Cn. Pompei, s. a. Schul-Texte, griechische u. lateinische, Nr. 30.

—— Rede über das Imperium des Cn. Pompejus. Für den Schulgebrauch hrsg. von Fr. Richter. gr. 8. (IV, 61 S.) Leipzig 871. Teubner. (50 Pf.)

— Rede üb. das Imperium d. Cn. Pompeius. Für den Schul- u. Privatgebrauch hrsg. v. Fr. Richter. 2. umgearb. Aufl. v. Alfr. Eberhard. gr. 8. (66 S.) Leipzig 876. Teubner. — 60

—— Rede über des Gnaeus Pompejus Oberbefehl oder über den Manilischen Gesetzvorschlag. Uebers. von Johs. Siebelis. 2 Lfgn. 3. Aufl. 12. (64 S.) [Stuttgart 881, Nübling's Verlag.] Berlin, Langenscheidt'sche Verlagsh. à Lfg. * 35 Pf. *

— dasselbe. Für den Schul- u. Privatgebrauch hrsg. v. Fr. Richter. 3. umgearb. Aufl. v. Alfr. Eberhard. gr. 8. (76 S.) Leipzig 883. Teubner. — 60

—— Rede über das Imperium des Cn. Pompeius. Für den Schulgebrauch erklärt von A. Deuerling. Ausg. A. Kommentar unterm Text. gr. 8. (IV, 65 S.) Gotha 884, F. A. Perthes.

—— dass. — Ausg. B. Text und Kommentar getrennt in 2 Heften. gr. 8. (IV, 21; 43 S.) Ebendas. 884.

— Rede de imperio Cn. Pompei, nach pädagog. Gesichtspunkten erklärt v. F. Thümen. gr. 8. (VIII, 140 S.) Berlin 890. Gaertner. n. 1.40

— Rede üb. das Imperium d. Cn. Pompeius. Für den Schul- u. Privatgebrauch erklärt v. Fr. Richter u. A. Eberhard. 4., umgearb. Aufl. gr. 8. (80 S.) Leipzig 890. Teubner. — 60

— Rede f. den Oberbefehl des Cn. Pompejus. Für den Schulgebrauch hrsg. v. Herm. Nohl. 2., verb. Aufl. 8. (X, 42 S.) Leipzig 894. G. Freytag. Kart. n. — 60

— Rede üb. d. Imperium d. Cn. Pompeius. F. d. Schulgebr. erklärt v. A. Deuerling. 4., verb. Aufl. Ausg. A: Kommentar unt. Text. gr. 8. (IV, 56 S.) Gotha 896. F. A. Perthes. n. — 80

— Rede üb. d. Oberbefehl des Cn. Pompeius. Textausg. f. d. Schulgebr. v. C. F. W. Müller. 8. (V, 36 S.) Leipzig 896. B. G. Teubner. Kart n. — 50

Ciceronis, M. Rede de imperio Cn. Pompei, nach pädagog. Gesichtspunkten erklärt v. F. Thümen.
2., durchgeseh. u. verm. Aufl. Berlin: Gaertner 1898. XII, 149 S. 8°

— Rede üb. das Imperium des Cn. Pompeius. Für d. Schulgebrauch erklärt v. A. Deuerling. 5., durchgeseh. Aufl. Ausg. A. Kommentar unterm Text. gr. 8. (VII, 57 S.) Gotha 898. F. A. Perthes. n. — 80

— dasselbe. Ausg. B. Text u. Kommentar getrennt in 2 Hftn. 6., bericht. Aufl. gr. 8. (VI, 21 u. 36 S.) Ebd. 901. — 80

CICERO
(F) Ciceros Rede für den Oberbefehl des Gn. Pompeius. Für den Schulgebrauch herausgegeben von Hermann Nohl. 2., unveränderter Abdruck der 2. Auflage. Wien und Prag. 1901. Tempsky. 8°. IX, 42 S. Geb. K —.80

— dasselbe. Für den Schulgebrauch hrsg. v. Herm. Nohl. 2., unveränd. Abdr. der 2. Aufl. 8. (X, 42 S.) Leipzig 901. G. Freytag. Geb. n. — 60

— dasselbe. Für den Schul- u. Privatgebrauch erklärt v. Fr. Richter u. Alfr. Eberhard. 5. umgearb. Aufl. gr. 8. (105 S.) Leipzig 901. B. G. Teubner. — 75; geb. n. 1.20

(Marcus Tullius) Ciceros Rede über den Oberbefehl des Pompejus (Oratio de imperio Cn. Pompei ad Quirites). Für Schüler erkl. von O[tto] Drenckhahn, Gymn.Dir. Text [nebst] Einl. u. Erl. *Berlin: Weidmann 1902.* 2 Bde 8°
(Griech. u. lat. Schulschriftsteller mit Anm.) [01. 1901

— Rede üb. d. Oberbefehl d. Pompejus. Für Schüler erklärt v. O. Drenckhahn. 2 Tle. gr. 8. (31 u. 26 S.) Berlin 902. Weidmann. Geb. in Leinw. u. geh. n. — 80

— Rede üb. den Oberbefehl des Cn. Pompeius. Textausg. f. den Schulgebrauch v. C. F. W. Müller. (V, 36 S.) 8. Leipzig 905. B. G. Teubner. Kart. n. — 50

— dasselbe. Für d. Schulgebrauch hrsg. v. Herm. Nohl. 3. Aufl. (54 S.) 8. Wien 905. F. Tempsky. — Leipzig, G. Freytag. n. — 60

— Rede üb. das Imperium des Cn. Pompeius. Nach Text u. Kommentar getrennte Ausg. (B) f. den Schulgebrauch v. A. Deuerling. 7., bericht. Aufl. 2 Hefte. (VI, 21 u. 38 S.) 8. Gotha 906. F. A. Perthes. n. — 80

— Philippische Rede, s. Cicero: Philippische Reden.

— Rede gegen Lucius Piso, s. Sammlung, Neueste, ausgewählter griech. u. röm. Classiker.

— Rede f. Cn. Plancius, f.a.Bibliothek, kleine.

— Rede für Cn. Plancius, s. a. Sammlung, Neueste, ausgewählter griech. u. röm. Classiker.

— Rede für Cn. Plancius. Für den Schulgebrauch erklärt von Ernst Köpke. Leipzig 856. Teubner. gr. 8. (VIII, 114 S.) 9 ngr

Cicero's, M. T., Rede f. Cn. Plancius. Für den Schulgebrauch erklärt v. Ernst Köpke. 2. Aufl. gr. 8. (IV, 109 S.) Leipzig 873. Teubner. 1. 20

— Rede f. Cn. Plancius. Für den Schulgebrauch erklärt v. E. Köpke. In 3. Aufl. neu bearb. v. G. Landgraf. gr. 8. (VI, 122 S.) Leipzig 888. Teubner. 1. 20

— Rede f. Cn. Plancius. Für den Schulgebrauch hrsg. v. Herm. Nohl. 8. (VIII, 64 S.) Ebd. 902. n. — 60

Ciceros Rede für Cn. Plancius. Herausg. H. Nohl. 8°. (VIII, 63 S.) Prag: Tempsky 1902.

— Rede f. Cn. Plancius. Für den Schulgebrauch hrsg. u. m. Einleitg. u. Namensverzeichnis versehen v. Konr. Rossberg. (XVI, 58 S.) 8. Münster 903. Aschendorff. Geb. — 75; Kommentar. (75 S.) Geb. — 75

— Rede de provinciis consularibus. Deutsch v. E. Müller. Pr. 1889. 18 S. 4°.

— Rede f. Cajus Rabirus Postumus, s. Sammlung Neueste, ausgewählter griech. u. röm. Classiker.

— Rede für Sex. Roscius Amerinus. Berlin 1731, s. Damm, Christian Tobias.

— Rede für Sextus Roscius aus Ameria. Mit Einleitung u. Commentar v. Ed. Osenbrüggen. 8. (11⅛ B.) Braunschweig 844, Vieweg u. Sohn.

— Rede für Sex. Roscius. Für den Schulgebrauch hrsg. von Fr. Richter. gr. 8. (VI und 88 S.) Leipzig 864, Teubner.

— dass. — Uebers. von Joh. Siebelis. 2 Lfgn. 2. Aufl. 12. (87 S.) [Stuttgart 873, Hoffmann'sche Verlagsb.] Berlin, Langenscheidt'sche Verlagsb. à Lfg. * 35 Pf. *

— Rede für Sextus Roscius Amerinus. Wortgetreu aus dem Lateinischen übers. unter H. R. Mecklenburg's Anleitung von F. B. 3 Hefte. 32. (134 S.) Berlin 874, H. R. Mecklenburg. à Heft * 25 Pf. *

— Rede f. S. R. Amerinus. Wortgetreu aus dem Lat. übers. v. H. R. Mecklenburg. 3 Hfte. 32. (134 S.) Berlin 875. H. R. Mecklenburg. à n. — 25

— Rede f. Sex. Roscius. Für den Schulgebrauch hrsg. v. Frdr. Richter. 2. Aufl. durchgesehen v. Alfr. Fleckeisen. gr. 8. (92 S.) Ebend. 877. — 90

— Rede für Sex. Roscius aus Ameria. Mit den Testimonia veterum und dem Scholiasta Gronovianus hrsg. und erklärt von Gust. Landgraf. 2 Hälften. gr. 8. Erlangen, Deichert. *

Inhalt:

Hälfte 1. Text mit den Testimonia veterum und dem Scholiasta Gronovianus. (S. 1—118.) 882. *ℳ 2.
» 2. Kommentar. (S. 119—427.) 884. *ℳ 4.

— Rede f. Sex. Roscius aus Ameria. Für den Schulgebrauch erklärt v. G. Landgraf. gr. 8. (IV, 104 S.) Gotha 882. F. A. Perthes. n. 1. —

Cicero, Rede f. Sex. Roscius. F. d. Schulgebrauch hrsg. v. F. Richter. 3. Aufl., durchgesehen v. A. Fleckeisen. gr. 8. (IV, 90 S.) Leipzig 889. Teubner. — 90

[Marcus Tullius] Ciceros Rede für Sex. Roscius aus Ameria [Oratio pro Roscio Amerino]. Für d. Schulgebr. erkl. von Dr. G[ustav] Landgraf, Prof. 3., verb. Aufl. Gotha: F. A. Perthes 1897. (VIII, 102 S.) 8°
(Bibliotheca Gothana.) [05. 8019 10

— Rede f. Sex. Roscius aus Ameria. Nach Text u. Kommentar getrennte Ausg. (B.) f. d. Schulgebrauch v. G. Landgraf. 2 Hfte. 3., verb. Aufl. gr. 8. (VI, 40 u. 61 S.) Gotha 897. F. A. Perthes. n. 1. —

— dasselbe. F. d. Schulgebr. hrsg. v. Herm. Nohl. 2., verb. Aufl. 8. (VIII, 58 S.) Leipzig 897. G. Freytag. n. — 50; geb. n. — 80

(M. Tullius) Ciceros Rede für Sex. Roscius aus Ameria. F. d. Schulgebr. hrsg. u. m. Einl. u. Namensverz. vers. v. Dr. Konrad Rossberg, Prof. . . . zu Hildesheim. (Text.) *Münster i. W.: Aschendorff 1897.* 8.
(Aschendorffs Sammlung lat. u. griech. Klassiker) [98. 8603

— dasselbe. F. d. Schulgebr. hrsg. u. m. Einleitg. u. Namensverzeichn. vers. v. Konr. Rossberg. 8. (XX, 60 S.) Münster 897. Aschendorff. Geb. n. — 75

Cicero's Rede für den Sex. Roscius aus Amerika. Für den Schulgebrauch. Herausgegeben von Hermann Nohl. 2. verbesserte Auflage. 8. (VIII. 58 S.) —.30, geb. —.50
Prag: Tempsky 1897.

— Rede f. Sex. Roscius aus Ameria. Kommentar, bearb. v. Konr. Rossberg. (72 S.) 8. Münster 898. Aschendorff. — 70 (Text u. Kommentar: 1.45)

— dasselbe. Nach Text u. Kommentar getrennte Ausg. (B) für den Schulgebrauch v. G. Landgraf. 2 Hefte. 4., verb. Aufl. (VI, 39 u. 60 S.) gr. 8. Gotha 903. F. A. Perthes. n. 1.—

(M[arcus] Tullius) Ciceros Rede für den Sex. Roscius aus Ameria [Oratio pro Roscio Amerino]. Textausg. f. d. Schulgebr. von Gustav Landgraf. Leipzig & Berlin: B. G. Teubner 1905. (IV, 55 S.) 8°
(Bibliotheca Teubneriana. Schultexte.) [05. 1060]

[Marcus Tullius] Ciceros Rede für Sex. Roscius [Oratio pro Sex. Roscio Amerino]. Für d. Schulgebr. hrsg. von Friedrich Richter, [† Oberl. in Rastenburg], u. Alfred Fleckeisen. 4. Aufl. Bearb. von Georg Ammon. Mit 1 Kärtchen. Leipzig & Berlin: B. G. Teubner 1906. (VI, 106 S.) 8° [07. 4069]

Cicero's, M. Tullius, Rede f. Sex. Roscius aus Ameria. Nach Text u. Kommentar getrennte Ausg. (B) f. den Schulgebrauch v. G. Landgraf. 5., verb. Aufl. 2 Hefte. (VI, 39 u. 65 S.) 8. Gotha 909. F. A. Perthes. 1.—

– Rede f. Marcus Cölius Rufus, s. Sammlung, Neueste, ausgewählter griech. u. röm. Classiker.

— *Rede an den Senat nach seiner Rückkehr.* Mit einem Commentar versehen von F. C. Frenzel. Progr. I. Soest. 801. 8. (Enthält die ersten 8 Kapitel.)

– Rede im Senate u. an das Volk, s. Sammlung, Neueste, ausgewählter griech. u. röm. Classiker.

– Rede f. Publius Sestius, s. a. Sammlung, Neueste, ausgewählter griech. u. röm. Classiker.

— dasselbe, s. a. Bibliothek, kleine.

Cicero's Rede für Publ. Sestius. Erklärt von *Karl Halm.* Leipzig, Weidmann, 1853. 8°. Cart., unbeschn., m. Gebrauchssp.
VI S., 1 Bl., 127 S. — Cicero's ausgewählte Reden. Erkl. v. Halm. Bdchn. 4.

—— Rede für P. Sestius. Für den Schulgebrauch hrsg. von Herm. Adf. Koch. gr. 8. (VI und 83 S.) Leipzig 868, Teubner.

—— Rede für den Publ. Sestius. Wortgetreu aus dem Lateinischen übersetzt von H. R. Mecklenburg. 2 Hefte. 32. (128 S.) Berlin 874, H. R. Mecklenburg. à Heft * 25 Pf. *

— dasselbe. Wortgetreu aus dem Lat. übers. von H. R. Mecklenburg. 2 Hfte. 32. (128 S.) Berlin 877. H. R. Mecklenburg. à n. — 25

— Rede f. P. Sestius. Für den Schulgebrauch hrsg. v. Herm. Adf. Koch. 2. Aufl., besorgt v. Alfr. Eberhard. gr. 8. (92 S.) Leipzig 877. Teubner. n. 1. —

— Rede für Publius Sestius. Für den Schulgebrauch erklärt v. R. Bouterwek. Ausg. A. m. untergesetzten Anmerkgn. gr. 8. (VI, 154 S.) Gotha 888. F. A. Perthes. 1. 50; Ausg. B. m. besond. Anmerkungenheft (VI, 53 u. 97 S.) 1. 50

Cicero's Rede für Publius Sestius. Für den Schulgebrauch erklärt von Dr. R. Bouterwek. (Comm.-Schulausgabe griech. und lat. Classiker. 19. Bändchen.) 8. (IV u. 154 S.) Wien, Carl Graeser. 90 kr. 1884.

— Rede f. Publius Sestius. Wortgetreu aus dem Lat. übersetzt v. H. R. Mecklenburg. 1. Hft. 32. (64 S.) Berlin 893. H. R. Mecklenburg. n. — 25

— Rede f. Publius Sestius. F. d. Schulgebr. erklärt v. R. Bouterwek. 2., verb. Aufl. Ausg. A: Kommentar unt. Text. gr. 8. (VI, 144 S.) Gotha 894. F. A. Perthes. 1. 50; Ausg. B: Text u. Kommentar getrennt in 2 Hftn. (VI, 53 u. 89 S) 1. 50

— dasselbe. F. d. Schulgebrauch hrsg. v. Hermann Nohl. 8. (XI, 89 S.) Leipzig 897. G. Freytag. n. — 70; geb. n. 1. —

Cicero's Rede für P. Sestius. Für den Schulgebrauch herausgegeben von Hermann Nohl. 8. (XI, 89 S) .40
Prag: Tempsky 1898.

[Marcus Tullius] Ciceros Rede für P. Sestius [Oratio pro P. Sestio]. Für d. Schulgebr. hrsg. u. mit Einl. u. Namensverzeichnis vers. von Dr. Konrad Roßberg, Prof. zu Hildesheim. [Text u.] Kommentar. *Münster i. W.: Aschendorff 1902.* 2 Bde 8°
(Aschendorffs Sammlung lat. u. griech. Klassiker.) [03. 6598]

— Rede f. P. Sestius. Für den Schulgebrauch hrsg. u. m. Einleitg. u. Namensverzeichnis verseh. v. Konr. Rossberg. 8. (XVI, 86 S.) Münster 902. Aschendorff. Geb. in Leinw. n. — 80

— Rede f. P. Sestius. Kommentar, bearb. v. Konr. Rossberg. (91 S.) 8. Münster 902. Aschendorff. — 80

[Marcus Tullius] Ciceros Rede für Sestius [Oratio pro P. Sestio]. Für Schüler erkl. von O[tto] Drenckhahn, Gymn.-Dir. Text [u.] Anm. *Berlin: Weidmann 1904.* 2 Bde 8°
(Griech. u. lat. Schulschriftsteller mit Anm.) [04. 7910]

— Rede f. Sestius. Für Schüler erklärt v. O. Drenckhahn. (III, 71 u. 71 S.) gr. 8. Berlin 904. Weidmann. Geb. in Leinw. u. geh. n. 1. 40

– Rede f. Sulla, s. a. Sammlung, Neueste, ausgewählter griech. u. röm. Classiker.

— dasselbe, s. a. Bibliothek, kleine.

—— Rede für P. Sulla. Für den Schulgebrauch hrsg. von Fr. Richter. gr. 8. (IV, 64 S.) Leipzig 869, Teubner. (50 Pf.)

— Rede f. P. Sulla. Für den Schulgebrauch hrsg. v. Fr. Richter. In 2. Aufl. neu bearb. v. G. Landgraf. gr. 8. (IV, 72 S.) Leipzig 885. Teubner. — 75

CICERO
Ciceros Rede für P. Sulla. Für den Schulgebrauch herausgegeben von Hermann Nohl. 2. verbesserte Auflage. Wien und Prag. 1899. Tempsky. 8°. VII, 49 S. fl. —.25, geb. fl. —.45

– Rede gegen ... Verres, s. Cicero: Actiones in Verrem.

– Rede zur Verteidigung des Aulus Licinius Archias, s. Cicero: Rede für den Dichter Archias.

— Reden, übersetzt v. Jh. Eph. Bremer. 1r u. 2r Bd. 8 Magdeb. u. Köthen 775, 76. Creutz. 1r Bd. 8 gr 2r Bd....

— Reden, aus d. Latein. übers. u. mit Anmerkk. versehen v. J. B. Schmitt. 8 Thle. gr. 8. Würzb. 788—94. Stahel. 5 rß 8 gr

— Dies., neu übers. u. mit Anmerkk. erläutert. 1r Bd. Rede für d. Sextus Roscius u. Quinctius Liparius. 8. Halle 796. (Reinecke). 12 gr

— Reden, neu übers. u. mit Anmerkungen erläutert. 1r Bd. enthält die Rede für den Sextus Roscius u. Quinctius Liparius. 8. Halle; Ruff. 796.

—— Reden, übers. von v. Osiander, s. a. Prosaiker, röm.

— Reden; übers. v. C. N. Osiander. 1s, 2s Bdchen. 16. Stuttg. 832. Metzler. 8 gr

— Reden, übersetzt von C. N. Osiander. 1s—23s Bdchn. 16. Stuttgart 833—38. Metzler. (à 1/6 rß) 3 5/6 rß

— einige Reden, übers. v. J. F. Coldorf. 8. Hamb. Bleditsch. 841.

— Reden. Lateinisch mit deutscher Uebersetzung, Einleitungen und erklärenden Anmerkungen versehen. 1—4. Bdchn. 8. Leipzig, Engelmann. 1

Inhalt:

Bdchn. 1. Reden gegen Luc. Serg. Catilina. Lateinisch mit deutscher Uebersetzung von Ed. Jenicke. (IV und 151 S.) 858. 15 Ngr.
" 2. Rede für Publius Cornelius Sulla. Lateinisch mit deutscher Uebersetzung, Einleitung und erklärenden Anmerkungen versehen von Ed. Jenicke. (IV und 92 S.) 858. * 10 Ngr.
" 3. Reden für den Dichter Archias und den König Dejotarus. Lateinisch mit deutscher Uebersetzung, Einleitung und erklärenden Anmerkungen versehen von Ed. Jenicke. (V und 94 S.) 859. * 10 Ngr.
" 4. Reden für Marcus Marcellus und Quintus Ligarius. Lateinisch mit deutscher Uebersetzung rc. von Ed. Jenicke. (84 S.) 860. * 7½ Ngr.

— Reden. Auswahl. f. d. Schulgebr. bearb. u. erläutert v. J. H. Schmalz. 1.—5. Hft. Text u. Kommentar. gr. 8. Bielefeld, Velhagen & Klasing. n. 7. 20

1. Rede gegen Quintus Cäcilius. Rede üb. d. Oberbefehl d. Gnäus Pompejus. Text. (XVI, 64 S. m. farb. Karte.) 894. n. — 80; Kommentar (52 S.) 895. — 60
2. 4 Reden gegen Lucius Sergius Katilina. Text. (XIV, 67 S.) 894. n. — 80; Kommentar (63 S.) 896. n. — 75
3. Rede f. d. Dichter Archias. Rede f. Quintus Ligarius. Text. (XIV, 37 S.) 894. — 60; Kommentar (36 S.) 895. — 60
4. Rede f. Sextus Roscius aus Ameria. Text. (XV, 64 S.) 897. n. — 80; Kommentar (61 S.) 897. geb. — 75
5. 4. u. 5. Rede geg. Verres. Rede f. Murena Text. (XIV, 228 S.) 898. 1. 50

Ein Kommentar ist zu d. 5. Hfte. nicht erschienen.

— Reden. Auswahl f. den Schulgebrauch bearb. von J. H. Schmalz. 6. Hft.: Die Rede f. Sestius. — Die Rede f. Milo. — Die 1. u. 2. Philippische Rede. 8. (XVI, 205 S.) Bielefeld 898. Velhagen & Klasing. Kart. 1. 50

— Reden. Auswahl für den Schulgebrauch, bearb. u. erläutert von J. H. Schmalz. 1. Heft: Text u. Kommentar u. 2. Heft: Kommentar. 8. Bielefeld, Velhagen & Klasing. Geb. n. 2. 40

1. Die Rede gegen Quintus Cäcilius. Die Rede üb. den Oberbefehl des Gnäus Pompejus. Text. Mit 1 Karte. (XVI, 64 S.) 904. Geb. n. — 80; Kommentar. (52 S.) 905. n. — 70
2. Die 4 Reden gegen Lucius Sergius Katilina. (63 S.) 904. n. — 90

— Reden. Auswahl f. den Schulgebrauch, bearb. u. erläutert v. J. H. Schmalz. 1. Heft: Die Rede gegen Quintus Cäcilius. Die Rede üb. den Oberbefehl des Gnäus Pompejus. Text. Mit 1 Karte. (Neudr.) (XVI, 64 S.) 8. Bielefeld 907. Velhagen & Klasing. Geb. — 90

— 3 Reden üb. das Ackergesetz, s.: Sammlung, neueste, ausgewählter griech. u. röm. Classiker.

Cicero, M. T. Reden für den Dichter Archias . . . übersetzt . . . Halle, 1794. Ü: *Motz, Joh. Friedr. Wilh.* (Ky) (MGT)

— Reden f. d. Dichter Archias, für M. Marcellus Zurückberufung, für d. Erhaltung d. Manilischen Gesetzes, nebst d. zweiten Philippin. Rede, übersetzt u. mit erklär. Anmerkk. begl. (v. J. F. W. Mos). 8. Leipz. 794. Schwickert. 12 ℊ

— Reden für den Archias, Milo u. gegen den Catalina. Ins Deutsche übersetzt, mit Einleit. u. Erläuterungen versehen v. Geo. Fr. Wlh. Große. gr. 8. Halle 818, auch Jahrz. 821. Hendel. 1 ℛ

— — Reden für den Archias, Milo, und gegen den Catilina. Ins Deutsche übersetzt, mit vorausgeschickten Einleitungen und Erläuterungen versehen von Dr. Geo. Friedr. Wilh. Große. gr. 8. Halle, Hendel. 820. 1 —

— Reden f. d. Dichter Archias, T. Ann. Milo u. Q. Ligarius, übersetzt nebst beigedruckt. verbess. latein. Text, krit. Anmerkk., erklär. Commentar, erläut. u. beurtheil. Sachbemerkk. v. K. G. Schelle. 3 Bde. gr. 8. Leipz. 797—803. (Knobloch). 4 ℛ 4 ℊ

— Reden zur Vertheidigung des Dichters A. Licin. Archias, T. Ann. Milo u. Q. Ligarius, übersetzt nebst beigedruckten verbesserten Latein. Text, kritischen Anmerkungen, erklärendem Commentar, erläuterndem und beurtheilenden Sachbemerkungen von K. G. Schelle. 5 Bde. gr. 8. Leipz. Martini. 797—803. (I. 1 Thlr. II. 1 Thlr. 16 gr. III. 1 Thlr. 12 gr.).

— 14 auserles. Reden, nebst e. Zugabe Livianischer Reden u. e. Anh. dreier Briefe's herausg. v. Jh. Mch. Heinze. gr. 8. Lemgo 787. Meyer. 1 ℛ 4 ℊ

— auserlesene Reden v. F. W. Döring, s. a. Encyclopädie d. latein. Classiker, 2. Abthl. 1. Thl. 1. Bd.

— auserles. Reden, v. F. W. Döring. 8. Braunschw. 797. 2e A. 833. Schulbuchh. 6 ℊ Erklär. Anmerkk. dazu, von Dems. 8. Ebd. 797. 18 ℊ (Auch Encyklop. d. latein. Classiker. 3r Thl.)

— Auserlesene Reden übers. und erläutert von FRIEDR. CARL WOLFF. 1—5. Bd. Altona. 1805—19. — 2. sehr verb. Aufl. 1. Bd. Sm. St. 1829.

— auserles. Reden, übersezt u. erläutert v. F. C. Wolff. 5 Bde. gr. 8. Altona 805—19. Hammerich. 9 ℛ 4 ℊ 1r Bd. 2e verb. Aufl. gr. 8. Ebd. 829. 1 ℛ 16 ℊ

— neue Samml. auserles. Reden, übers. u. erläut. v. F. C. Wolff. 1r Bd. A. u. d. T.: M. T. Cicero, Reden für d. Publ. Quintius, den Schauspieler C. Roscius, den Marcus Fontejus, den Aul. Cäcina u. über d. Ackergesetz gegen den Volkstribun Publ. Serv. Rullus. gr. 8. Altona 823. Hammerich. 2 ℛ 2r Bd. A. u. d. T.: des M. T. Cicero Reden für den Caj. Rabirius, den Luc. Flaccus u. den Publ. Sextius. gr. 8. Ebd. 824. 1 ℛ 16 ℊ

— auserlesene Reden, übers. u. erläut. v. Fr. C. Wolff. 1. Bd., welcher d. Reden f. d. Sext. Roscius a. Ameria, f. d. Manil. Bill, geg. Lucius Sergius Catilina u. f. d. Dichter Aulus Licinius Archias enthält. 2., sehr verb. Aufl. gr. 8. (33½ B.) Altona 829, Hammerich.

2—5. Bd. 1807, 17, 19. 7 Thlr. 12 Gr. — „Neue Samml. auserl. Reden etc. v. Fr. C. Wolff." 1. u. 2. Bd. Ebendas. 1823, 24. 3 Thlr. 16 Gr.

— auserlesene Reden. In neuer wortgetreuer Uebersetz. u. durch Einleitn. u. Anmerkn. erläut. 3 Bde. 8. (19¼ B.) Breslau 837, Max u. Komp.

Bd. 1. Die Rede für den Sext. Roscius v. Ameria u. die vier Reden geg. Luc. Catilina.
" 2. Die Reden f. d. Dichter Archias, f. d. manilischen Gesetzvorschlag, f. d. Quint. Ligarius, f. d. König Dejotarus, f. d. Marcus Marcellus.
" 3. Die Rede f. d. Luc. Murena u. die Rede f. d. Tit. Annius Milo.

Cicero, M. Tullius, auserlesene Reden. In neuer wortgetreuer Uebersetzung u. durch Einleitungen u. Anmerkungen erläutert. 3 Bde. 2. Aufl. Breslau 853. Max u. Co. 8. Jeder Bd. 5 ℊ

1. Bd.: Die Rede für den Sextus Roscius von Ameria u. die vier Reden gegen Lucius Catilina. (109 S.)
2. Bd.: Die Reden für den Dichter Archias, für den Manilischen Gesetzvorschlag, für den Quintus Ligarius, für den König Dejotarus, für den Marcus Marcellus. (94 S.)
3. Bd.: Die Rede für den Lucius Murena und die Rede für den Titus Annius Milo. (97 S.)

— auserlesene Reden. In neuer wortgetreuer Uebersetzung und durch Einleitungen und Anmerkungen erläutert. 3. Aufl. (In 3 Bdn.) 1. und 2. Bd. 8. (203 S.) Breslau 868, Max und Comp. [Stuttgart, Heitz.] à Bd. 50 Pf.

Inhalt:

Bdchn. 1. Die Rede für den Sextus Roscius von Ameria und die vier Reden gegen Lucius Catilina.
2. Die Reden für den Dichter Archias, für den Manilischen Gesetzvorschlag, für den Quintius Ligarius, für den König Dejotarus, für den Marcus Marcellus.

3. Heft. 2. Aufl. [Ebendas.] 1853. 50 Pf.

— auserlesene Reden. In neuer wortgetreuer Uebersetzung und durch Einleitungen und Anmerkungen erläutert. 3. (Schluß-)Bd.: Die Rede für den Lucius Murena und die Rede für den Titus Annius Milo. 3. Aufl. 8. (96 S.) Stuttgart 876, Heitz. *

1. und 2. Bd. Ebendas. 1868. à Bd. * 50 Pf.

— auserwählte Reden. Hrsg. v. Reinho. Klotz. gr. 8. (18 B.) Leipzig 838, Barth.

— ausgewählte Reden, übersetzt von Wendt, s. Classiker des Alterthums.

— dasselbe, s. a. Collection Spemann.

Cicero's ausgewählte Reden, s. a. Sammlung griech. u. röm. Classiker.

—— dass. — Aus dem Latein. von M. Oberbreyer, s. Universal-Bibliothek Nr. 1148, 1170 und 1237.

—— dass. — Uebers. von Max Oberbreyer, s. Universal-Bibliothek Nr. 1268.

— ausgewählte Reden. Erklärt v. Karl Halm. 2. Bdchn. A. u. d. T.: Cicero's Rede gegen Q. Caecilius u. der Anklagerede gegen C. Verres 4. u. 5. Buch. Mit e. Karte v. Sicilien (in Stahlst.) (Sammlung Griechischer u. Latein. Schriftsteller mit Deutschen Anmerkgn.) gr. 8. (VI u. 254 S.) Leipzig 852, Weidmann. 18 ngr.

—— ausgewählte Reden. Erklärt von Carl Halm. 3. Bdchn. A. u. d. T.: Cicero's Reden gegen L. Sergius Catilina und für P. Cornelius Sulla. gr. 8. (177 S.) Leipzig 851, Weidmann'sche Buchh.

— dies. 5. Bdchn. A. u. d. T.: Cicero's Reden für T. Annius Milo, für Q. Ligarius u. für den König Dejotarus. (Sammlung Griech. u. Latein. Schriftsteller m. Deutschen Anmerkungen.) gr. 8. (VI u. 152 S.) Ebd. 850. 1/3 ₰ (2. 3. u. 5; 1 1/3 ₰) (Bd. 1 u. 4 sind noch nicht erschienen.)

— ausgewählte Reden. Erklärt von Karl Halm. Berlin 856. Weidmann. 8.
1. Bdchn.: Ciceros Reden für Sex. Roscius aus Ameria u. über das Imperium des Cn. Pompejus. 854. (VIII, 164 S.) — 2. Aufl. 856. (VIII, 168 S.) 10 ngr.
2. Bdchn.: Ciceros Reden gegen Q. Caecilius und der Anklagerede gegen C. Verres 4. u. 5. Buch. Mit 1 Karte von Sicilien (in Stahlst.). 855. (VI, 252 S.) 18 ngr.
3. Bdchn.: Ciceros Reden gegen L. Sergius Catilina für P. Cornelius Sulla u. für den Dichter Archias. 2. Aufl. 853. (VIII, 204 S.) — 3. Aufl. 856. (208 S.) 12 ngr.
4. Bdchn.: Ciceros Rede für Publius Sestius. 853. (VI, 127 S.) — 2. Aufl. 856. (132 S.) 10 ngr.
5. Bdchn.: Ciceros Reden für T. Annius Milo, für Q. Ligarius u. für den König Dejotarus. 2. Aufl. 853. — 3. Aufl. 857. (VI, 152 S.) 10 ngr.
6. Bdchn.: Ciceros erste und zweite Philippische Rede. 856. (127 S.) — 2. Aufl. 858. (128 S.) 10 ngr.

— ausgewählte Reden. Erklärt von Karl Halm. Berlin, Weidmann. 8.
1. Bdchn.: Reden für Sex. Roscius aus Ameria und über das Imperium des Cn. Pompejus. 3. Aufl. 858. — 4. vielfach verb. Aufl. 863. (VIII, 170 S.) n. 10 ngr.
2. Bdchn.: Rede gegen Q. Caecilius und der Anklagerede gegen C. Verres 4. u. 5. Buch. Mit 1 Karte von Sicilien (in Stahlst.). (VI, 247 S.) 3. Aufl. 859. 4. vielfach verb. Aufl. 863. (IV, 250 S.) 18 ngr.
3. Bdchn.: Reden gegen L. Sergius Catilina, für P. Cornelius Sulla und für den Dichter Archias. 4. Aufl. 859. — 5. verb. Aufl. 863. (VI, 198 S.) 13 ngr.
4. Bdchn.: Die Rede für Publius Sestius. 3., vielfach verb. Aufl. 862. (135 S.) n. 10 ngr.
5. Bdchn.: Die Reden für T. Annius Milo, für Q. Ligarius und für den König Dejotarus. 4. Aufl. 860. (154 S.) n. 10 ngr.
6. Bdchn.: Erste und zweite Philippische Rede. 3., verb. Aufl. 864. (128 S.) n. 10 ngr.

— ausgewählte Reden. Erklärt von K. Halm. Berlin 865, 66. Weidmann. 8.
5. Bdchn.: Reden f. T. Annius Milo, f. Q. Ligarius u. f. den König Dejotarus. 5. vielfach verb. Aufl. (VI, 153 S.) 10 ngr.
7. Bdchn.: Rede für L. Murena. (91 S.) 6 ngr.

— ausgewählte Reden. Erklärt von K. Halm. Ebend. 8. n. 1 ₰ 11 ngr.
1. Bdchn.: Reden f. Sex. Roscius aus Ameria u. über das Imperium d. Cn. Pompejus. 5. Aufl. 867. — 6. verb. Aufl. 870. (168 S.) 10 ngr.
2. Bdchn.: Rede gegen Q. Caecilius u. der Anklagerede gegen C. Verres IV. u. V. Buch. Mit 1 Karte von Sicilien (in Stahlst.). 5. verb. Aufl. 867. (II, 250 S.) 18 ngr.
3. Bdchn.: Reden gegen L. Sergius Catilina, f. P. Cornelius Sulla u. für den Dichter Archias. 6. Aufl. 867. — 7. verb. Aufl. 870. (197 S.) 12 ngr.
5. Bdchn.: Reden f. T. Annius Milo, f. Q. Ligarius u. f. den König Dejotarus. 6. verb. Aufl. 870. (VI, 144 S.) 9 ngr.
6. Bdchn.: Erste u. zweite Philippische Rede. 4. verb. Aufl. 870. (128 S.) 9 ngr.

— ausgewählte Reden. Erklärt v. Karl Halm. 1—7. Bdchn. 8. Berlin 873. 75. Weidmann. 9. 30
1. Reden f. Sex. Roscius aus Ameria u. üb. das Imperium d. Cn. Pompejus. 7. verb. Aufl. (168 S.) 1. 20
2. Die Rede gegen Q. Caecilius u. die Anklagerede gegen C. Verres. 4. u. 5. Buch. Mit 1 Karte (Kpfrst.) v. H. Kiepert. 6. verb. Aufl. (244 S.) 2. 25
3. Die Reden gegen L. Sergius Catilina, f. P. Cornelius Sulla u. f. den Dichter Archias. 9. verb. Aufl. (188 S.) 1. 50
4. Die Rede f. Publius Sestius. 4. vielfach verb. Aufl. (132 S.) 1. 20
5. Die Reden f. T. Annius Milo, für Q. Ligarius u. für den König Deiotarus. 7. verb. Aufl. (VI, 139 S.) 1. 20
6 Die 1. u. 2. Philippische Rede. 5., vielfach verb. Aufl. (122 S.) 1. 20
7. Rede f. L. Murena. 2., vielfach verb. Aufl. (92 S.) — 75

—— vierzehn ausgewählte Reden. Nach Ferd. Schultz' 2. Ausg. unter Zugrundelegung des Orelli-Halm'schen Textes. 2 Thle. gr. 8. Paderborn, F. Schöningh. *
Inhalt:
Thl. 1. Die vier Reden gegen Catilina. (63 S.) 878. * 55 Pf.
» 2. Die Reden pro lege Manilia und pro Archia poeta. (49 S.) 879. * 45 Pf.

—— ausgewählte Reden. Erklärt von Karl Halm. 7 Bdchn. gr. 8. Berlin, Weidmann'sche Buchh.
Inhalt:
Bdchn. 1. Die Reden für Sex. Roscius aus Ameria und über das Imperium des Cn. Pompejus. 9. verb. Aufl. (VIII, 157 S.) 881. ℳ 1,20.
» 2 Die Rede gegen Q. Caecilius und der Anklagerede gegen C. Verres 4. und 5. Buch. Mit 1 Karte von Sicilien (in Kpfrst.) 8. verb. Aufl. (VI, 241 S.) 882. ℳ 2,25.
» 3. Die Reden gegen L. Sergius Catilina und für den Dichter Archias. 11. verb. Aufl. (V, 126 S.) 882. ℳ 1,20.
» 4. Die Rede für Publius Sestius. 5. verb. Aufl. (VI, 131 S.) 880. ℳ 1,20.
» 5. Die Reden für T. Annius Milo, für Q. Ligarius und für den König Deiotarus. 9. verb. Aufl., besorgt von G. Laubmann. (VI, 144 S.) 885. ℳ 1,20.
» 6. Die erste und zweite philippische Rede. 6. verb. Aufl. (124 S.) 881. ℳ 1,20.
» 7. Die Reden für L. Murena und für P. Sulla. 4. verb. Aufl., besorgt von G. Laubmann. (VII, 139 S.) 883. ℳ 1,20.

—— ausgewählte Reden. Erklärt von Karl Halm. 1.—6. Bd. gr. 8. Berlin, Weidmann'sche Buchh.
Inhalt:
Bd. 1. Die Reden für Sex. Roscius aus Ameria und über das Imperium des Cn. Pompeius. 10. verb. Aufl. (VIII, 160 S.) 886. ℳ 1.20.
» 2. Die Rede gegen Q. Caecilius und die Anklagerede gegen C. Verres. 4. und 5. Buch. 9. Aufl., besorgt von G. Laubmann. (VI, 211 S. mit 1 Karte von Sicilien.) 887. ℳ 2.25.
» 3. Die Reden gegen L. Sergius Catilina und für den Dichter Archias. 12. verb. Aufl., besorgt von G. Laubmann. (VI, 128 S.) 886. ℳ 1.20.
» 4. Die Rede für Publius Sestius. 6. verb. Aufl., besorgt von G. Laubmann. (VI, 123 S.) 887. ℳ 1.20.
» 5. Die Reden für T. Annius Milo, für Q. Ligarius und für den König Deiotarus. 9. verb. Aufl., besorgt von G. Laubmann. (VI, 144 S.) 887. ℳ 1.20.
» 6. Die 1. und 2. philippische Rede. 7. verb. Aufl., besorgt von G. Laubmann. (128 S.) 887. ℳ 1.20.
7. Bd. Ebendas. 1883. ℳ 1.20.

—— ausgewählte Reden. Erklärt v. Karl Halm. 3. Bd.: Die Reden gegen L. Sergius Catilina und für den Dichter Archias. 13. umgearb. Aufl., besorgt v. G. Laubmann. gr. 8. (V, 140 S.) Berl. 891, Weidmann. 1 20
1., 2., 4.—7. Bd. Ebd. 1883—87. 8 25.

Cicero's, M. Tullius, ausgewählte Reden. Erklärt v. Karl Halm. 7. Bd. Reden f. L. Murena u. f. P. Sulla. 5., umgearb. Aufl., besorgt v. G. Laubmann. gr. 8. (147 S.) Berlin 893. Weidmann. n. 1. 40

— ausgew. Reden. Erklärt v. Karl Halm. 1. Bd. gr. 8. Berlin 896. Weidmann. 1. 50
D. Reden f. Sex. Roscius aus Ameria u. üb. das Imperium des Cn. Pompeius. 11., umgearb. Aufl., besorgt v. G. Laubmann. (163 S.)

Cicero, M. Tullius, ausgewählte Reden. Erklärt v. Karl Halm. 2., 3. u. 5. Bd. gr. 8. Berlin, Weidmann. n. 4. 95

2. Die Rede gegen Q. Caecilius u. die Anklagerede gegen C. Verres. 4. u. 5. Buch. 10., umgearb. Aufl., besorgt v. G. Laubmann. M. e. Karte v. Sicilien. (262 S.) 900. n. 2. 40
3. Die Reden gegen L. Sergius Catilina u. f. den Dichter Archias. 14., verb. Aufl., besorgt v. G. Laubmann. (V, 142 S.) 900. 1. 20
5. Die Reden f. T. Annius Milo, f. Q. Ligarius u. f. den König Deiotarus. 10., verb. Aufl., besorgt v. G. Laubmann. (152 S.) 899. 1. 85

— **ausgewählte Reden.** Erklärt v. Karl Halm. 6. Bd. 8. Berlin 905. Weidmann. n. 1. 20

Die 1. u. 2. Philippische Rede. 8. umgearb. Aufl., besorgt v. G. Laubmann. (188 S.)

Ciceros Ausgewählte Reden. Erkl. von Karl Halm. 12. Aufl. besorgt von Wilh. Sternkopf. Bd 1. Berlin: Weidmann 1910. 8°
(Sammlung griech. u. lat. Schriftsteller m. deutschen Anm.) 10. 13408

— Ausgewählte Reden. Erklärt v. Karl Halm. 1. Bd. Die Reden f. Sex. Roscius aus Ameria u. üb. das Imperium des Cn. Pompeius. 12. Aufl., besorgt v. Wilh. Sternkopf. (VIII, 173 S.) 8. Berlin 910. Weidmann. 1. 60

— **Reden in Auswahl.** I. gr. 8. Leipzig 895. B. G. Teubner. Kart. n. 1. 10

Rede üb. den Oberbefehl d. Cn. Pompeius u. die Catilinar. Reden. Hrsg. v. Carl Stegmann. Text. (III, 97 S. m. Bildnis, 2 farb. Karten u. 1 Plan.)

— dasselbe. Hilfsheft. gr. 8. (IV, 118 S. m. Abb.) Ebd. 896. Geb. n. 1. 10; Kommentar (78 S.) Geb. n. — 80; in 1 Bd. geb. n. 1. 60

— **dasselbe. II. Die Rede f. S. Roscius aus Ameria u. die Rede f. den Dichter Archias.** Hrsg. von Hugo Hänsel. Text. gr. 8. (III, 70 S.) Ebd. 899. Geb. n. — 80; Kommentar m. Einleitg. (38 S.) n. — 60

Auswahl aus den Reden [Orationes] des M[arcus] Tullius Cicero. Hrsg. von Dr. Carl Stegmann, Prof. zu Norden. 3. Aufl. 1. *Leipzig & Berlin: B. G. Teubner 1901.* 8°
(B. G. Teubner's Schülerausgaben griech. u. lat. Schriftsteller.) 04. 4800

— **Auswahl aus den Reden.** I. Die Rede über den Oberbefehl des Cn. Pompeius u. die katilinar. Reden. Hrsg. v. Carl Stegmann. Text. 3. Aufl. gr. 8. (IV, 97 S. m. Bildnis u. 2 farb. Karten.) Leipzig 901. B. G. Teubner. Geb. n. 1. 10; Hilfsheft. 2. Aufl. (IV, 118 S. m. Abbildgn.) 900. Geb. n. 1. 10

Auswahl aus den Reden [Orationes] des M[arcus] Tullius Cicero. Hrsg. von Prof. Dr. Carl Stegmann, Dir., Norden. 4. Aufl. Text. *Leipzig & Berlin: B. G. Teubner 1904.* 8°
(B. G. Teubner's Schülerausgaben griech. u. lat. Schriftsteller.) [illegible]

— **Auswahl aus den Reden.** I. Die Rede üb. den Oberbefehl des Cn. Pompeius u. die katilinar Reden. Hrsg. v. Carl Stegmann. Text. 4. Aufl. (IV, 97 S. m. Bildnis u. 2 farb. Kart.) gr. 8. Leipzig 904. B. G. Teubner. Kart. n. 1. 10

— **dasselbe. Text B. 4. Aufl.** (XXXVII, 97 S. m. Bildnis u. 2 farb. Karten.) gr. 8. Ebd. 904. Kart. n. 1. 85

— dasselbe. II. Die Rede f. Sex. Roscius aus Ameria u. die Rede f. den Dichter Archias. Hrsg. v. Hugo Hänsel. Text. 2. Aufl. (III, 72 S.) 8. Ebd. 907. Geb. — 80; Kommentar m. Einleitg. 2. Aufl. (47 S.) 909. Geb. — 60

— **dasselbe. III. Die Reden für Q. Ligarius u. für den König Deiotarus.** Hrsg. v. Carl Stegmann. Text. (36 S.) 8. Ebd. 906. Kart. n. — 60

— dasselbe. III. Die Reden f. Q. Ligarius u. f. den König Deiotarus. Hrsg. v. Carl Stegmann. Kommentar. (46 S.) 8. Ebd. 907. — 60

Auswahl aus den Reden des M[arcus] Tullius Cicero. Hrsg. von Prof. Dr. Carl Stegmann. 1. Text. 5. Aufl. Leipzig & Berlin: B. G. Teubner 1908. 8°
(B. G. Teubner's Schülerausgaben griech. u. lat. Schriftsteller.) 08. 8491

— **Auswahl aus den Reden.** I. Die Rede üb. den Oberbefehl des Cn. Pompeius u. die katilinar. Reden. Text. 5. Aufl. (IV, 97 S. m. Bildnis u. 2 farb. Karten.) 8. Leipzig, B. G. Teubner. Kart. 1. 10; Text B. 5. Aufl. (XL, 97 S. m. Bildnis u. 2 farb. Karten.) 908. Kart. 1. 35

— **dasselbe. Hilfsheft.** 8. Aufl. (IV, 122 S. m. Abbildgn.) 8. Ebd. 907. Kart. 1. 20

– Dass. Hrsg. von Carl Stegmann. Kommentar. 5. Aufl. Ebd. 1910. 83 S. 8°

— Reden für d. Manilische Bill u. den Dichter A. Licinius Archias. Uebersetzt von J. C. W. Froböse. gr. 8. Hannover 824, Helwing.

— Reden für d. Manilische Bill u. den Dichter A. Licinius Archias. Uebersetzt von J. C. W. Froböse. gr. 8. Hannov. 826. Helwing. 6 ggr

-- Reden f. Auleus Cäcina, s.: Sammlung, neueste, ausgewählter griech. u. röm. Classiker.

– Vier Reden gegen Catilina, s. a. Sammlung, Neueste, ausgewählter griech. u. röm. Classiker.

— 1.—4. Rede geg. Catilina, s. a. Bibliothek griech. u. röm. Klassiker in wortgetreuen deutschen Uebersetzgn.

— dasselbe, s. a. Bibliothek, kleine.

— 4 Catilinar. Reden, übers. v. C. L. Neuffer, s. Sallust, Werke.

— dasselbe, s. a. Schul-Texte, griechische u. lateinische. Nr. 36.

— erste Rede gegen den Lucius Sergius Catilina, übers. v. J. D. Overbeck. Fol. Lübeck 769.

— zweite Rede gegen den L. S. Catilina, übers. v. J. D. Overbeck. Fol. Lübeck 770.

— Reden, erste Rede wider Catilina, übers. v. J. Chr. Bremer. 8. Magdeb. 772. N. A. 773, 75. Creutz. 8 ggr

— erste Rede wider den Catilina, von Bremer. 8. Magdeb. Zapf. 774.

— Catilinar. Reden, übers. u. mit histor. Einleitt. u. erklär. Anmerkk. begl. v. J. D. Büchling. 8. Stendal 794. 2e Aufl. (blos neuer Titel) 805. Franzen u. Gr. 12 ggr

— erste Rede wider den Catilina von Morgenstern. gr. 8. Halle u. Leipz. Ruff. 796.

— erste Rede wider Catilina, für d. Schulgebrauch v. K. Funk. Landkartenform. Magdeb. 814. Heinrichshofen. 4 ggr

— vier Katilinarische Reden, von Carl Heinr. Joerdens. 8. Görl. Anton. 815.

Schreibp.

— 4 Catilinar. Reden, übers. v. Karl Hnr. Jördens. 8. Görlitz 816. Anton in Halle. 16 ggr Schrbp. 20 ggr

— — eine Staatsrede gegen L. Catilina, neu übers. v. Fr. Neuscher. 8. Leipzig, Fr. Fleischer. 821. — 12

— 4 Staatsreden gegen Catilina, neu übersetzt v. Fr. Neuscher. gr. 8. Leipz. 821. Fr. Fleischer. 12 ggr Schrbp. 16 ggr

— Reden gegen L. S. Catilina. Uebers. v. J. Chr. W. Froböse. gr. 8. Götting. 824. Vandenhöck u. R. 8 ggr

— erste bis vierte Rede gegen L. S. Catilina, übers. v. F. W. Bosing. gr. 8. Hersf. 830 u. ff. Industr.-Compt. 9 ggr Jede Rede auch einzeln à 4 ggr (Marb., Garthe).

— vier Reden gegen L. Sergius Catilina, in's Deutsche übersetzt u. mit einer histor. Einleitung versehen von Ernst Wissseler. gr. 12. Wesel 837. Becker'sche Buchh. 5/12 ℛ︎

—— Reden gegen Catilina für gebildete Laien sowie zum Schul- und Privatstudium übers. und mit Anmerkungen, Inhaltsübersichten und einer Einleitung versehen von Carl Ed. Putsche. gr. 16. (VI und 110 S.) Jena 867, Mauke's Verlag. *

— Reden gegen L. Catilina. Für den Schulgebrauch herasg. von Fr. Richter. Leipzig 869. Teubner. 8. (IV, 100 S.) 9 ngr.

—— erste Rede gegen Lucius Sergius Catilina. Wortgetreu in das Deutsche übers. von H. R. Mecklenburg. 32. (45 S.) Berlin 874, H. R. Mecklenburg. *

— Reden gegen L. Catilina. Für den Schulgebrauch hrsg. v. Fr. Richter. 2. Aufl. gr. 8. (IV, 100 S.) Leipzig 874. Teubner. n. 1. —

— erste Rede gegen Lucius Sergius Catilina. Wortgetreu in das Deutsche übers. v. H. R. Mecklenburg. 32. (45 S.) Berlin 875. H. R. Mecklenburg. n. — 25

— 2. Rede gegen Lucius Sergius Catilina. Wortgetreu aus dem Lat. übers. von H. R. Mecklenburg. 32. (S. 49—80.) Berlin 877. H. R. Mecklenburg. n. — 25

— 3. Rede gegen Lucius Sergius Catilina. 2 Hfte. 32. (S. 81—118.) Ebend. 877. à n. — 25

— 4. Rede gegen Lucius Sergius Catilina. 32. (S. 121 — 160.) Ebend. 877. n. — 25

—— Catilinarische Reden. Für den Schulgebrauch hrsg. von Fr. Richter. 3. Aufl., bearb. von Alfr. Eberhard. gr. 8. (116 S.) Leipzig 878, Teubner. *

—— Catilinarische Reden. Für den Schulgebrauch hrsg. von Friedr. Richter. 4. Aufl., bearb. von Alfr. Eberhard. gr. 8. (120 S.) Leipzig 882, Teubner. *

—— Reden gegen L. Sergius Catilina. Für den Schulgebrauch erklärt von Karl Hachtmann. Ausg. A. mit untergesetzten Anmerkungen. gr. 8. (IV, 75 S.) Gotha 883, F. A. Perthes. *

—— dass. — Ausg. B. mit besond. Anmerkungen-Heft. gr. 8. (IV, 39; 36 S.) Ebendas. 883. *

— Reden gegen L. Sergius Catilina. Für den Schulgebrauch erklärt v. Karl Hachtmann. 2. Aufl. Ausg. A. m. untergesetzten Anmerkgn. gr. 8. (IV, 75 S.) Gotha 886. F. A. Perthes. n. 1. —; Ausg. B. m. besond. Anmerkungen-Heft (IV, 39 u. 36 S.) n. 1. —

—— Catilinarische Reden. Für den Schulgebrauch hrsg. von Fr. Richter und Alfr. Eberhard. 5. Aufl. gr. 8. (189 S.) Leipzig 888, Teubner. *

— Reden gegen L. Catilina u. seine Genossen. Für den Schulgebrauch hrsg. v. Herm. Nohl. 2., verb. Aufl. 8. (XVIII, 62 S. m. Bildnis.) Leipzig 893. G. Freytag. n. — 40; geb. n.n. — 70

— Reden geg. L. Sergius Catilina. F. d. Schulgebr. erkl. v. Karl Hachtmann. 5., verb. Aufl. Ausg. A: Kommentar unt. Text. gr. 8. (VIII, 79 S.) Gotha 896. F. A. Perthes. n. 1. —

— Catilinarische Reden. Textausg. f. d. Schulgebr. v. C. F. W. Müller. 8. (VI, 60 S.) Leipzig 896. B. G. Teubner. Kart. n. — 55

— dasselbe. F. d. Schulgebr. hrsg. v. Fr. Richter u. Alfr. Eberhard. 6. Aufl. gr. 8. (160 S.) Ebd. 897. n. 1. —

— dasselbe u. seine Genossen. Für d. Schulgebrauch hrsg. v. Herm. Nohl. 3. erweit. Aufl. 8. (XVIII, 69 S. m. Titelbild.) Wien 897. F. Tempsky. n. — 50

M. T[ullius] Cicero. 1. u. 2. Rede gegen Catilina. Wortgetreu übs. *Halberstadt: A. Bunge [1898].* (50 S.) 1 Bd 8.
= Bibliothek griechischer u. röm. Klassiker. [No] 47. [98. 899 Ha

M. T[ullius] Cicero. 3. u. 4. Rede gegen Catilina. Wortgetreu übs. *Halberstadt: A. Bunge [1898].* (48 S.) 1 Bd 8.
= Bibliothek griechischer u. röm. Klassiker. [No] 48. [98. 899 Ha

Cicero's Reden gegen Catilina und seine Genossen. Für den Schulgebrauch herausgegeben von Hermann Nohl 3. erweiterte Auflage. Mit einem Titelbilde. 8. (XVIII, 69 S.) —.30 Geb. —.50
Prag: Tempsky 1898.

— Reden gegen L. Sergius Catilina. Für den Schulgebrauch erklärt v. Karl Hachtmann. 6., sorgfältig durchgeseh. Aufl. Ausg. A.: Kommentar unt. Text. gr. 8. (VIII, 79 S.) Gotha 899. F. A. Perthes. n. 1.—

— Catilinarische Reden. Für den Schulgebrauch hrsg. u. m. Einleitg. u. Namensverzeichnis versehen v. Mart. Mertens. (Aschendorffs Sammlg. latein. u. griech. Klassiker.) 8. (XVI, 64 S.) Münster 899. Aschendorff. Geb. n. — 75

— dasselbe. Ausg. B. 2. Hfte. 7., sorgfältig durchgeseh. Aufl. gr. 8. (IV, 40 u. 38 S.) Ebd. 902. n. 1.—

— Reden gegen L. Catilina u. seine Genossen. Für den Schulgebrauch hrsg. v. Herm. Nohl. 2. unveränd. Abdr. der 3., erweit. Aufl. (XVIII, 69 S. m. Bildnis.) 8. Leipzig 902. G. Freytag. Geb. n. 1. —

— Catilinarische Reden. Textausg. für den Schulgebrauch v. C. F. W. Müller. (VI, 60 S.) 8. Leipzig 905. B. G. Teubner. Kart. n. — 55

— Catilinarische Reden. Für den Schulgebrauch hrsg. u. m. Einleitg. u. Namensverzeichnis versehen v. Mart. Mertens. 2. verb. Aufl. (XVI, 64 S.) 8. Münster 905. Aschendorff. Geb. —75; Kommentar. (56 S.) 906. Geh. — 65

— Rede gegen L. Sergius Catilina. Nach Text u. Kommentar getrennte Ausg. (B) f. den Schulgebrauch v. Karl Wachtmann. 8., sorgfältig durchgeseh. Aufl. 2 Hefte. (III, 40 u. 42 S.) 8. Gotha 906. F. A. Perthes. 1.—; geb. n 1. 30

— Reden gegen L. Catilina u. seine Genossen. Für den Schulgebrauch hrsg. v. Herm. Nohl. 3., unveränd. Abdr. der 3., erweit. Aufl. (XVIII, 69 S. m. Bildnis.) 8. Leipzig 906. G. Freytag. — Wien, F. Tempsky. Geb. 1. —

— Reden gegen Catilina. Für Schüler erklärt v. O. Drenckhahn. Text m. Einleitg. u. Erläutergn. (III, 56 u. 82 S.) 8. Berlin 909. Weidmann. Geb. u. geh. 1. 40

— Catilinarische Reden, s. Cicero: Reden gegen Catilina.

— Uebersetzung einiger seiner großen Reden, mit Einleit. u. Anmerkk. v. J. L. H. Woller. gr. 8. Hamb. 786. (Campe). 1 ℛ︎

— Uebersetzung einiger seiner großen Reden, mit Einleitung u. Anmerkungen von J. L. H. Woller. gr. 8. Hamb. Hoffmann. 786.

— Reden de imperio Cn. Pompei. s. Cicero: Reden über den Oberbefehl des Cn. Pompeius.

— — für Q. Ligarius und für den König Deiotarus. Für den Schulgebrauch herausgegeben von Hermann Nohl. 2. verbesserte Auflage. 8. (51 S.) In Lnwd. geb. —.35
Prag: Tempsky 1894.

— Reden f. Q. Ligarius u. f. den König Dejotarus. Für den Schulgebrauch hrsg. v. Herm. Nohl. 2., verb. Aufl. 8. (52 S.) Ebd. 894. Kart. n. — 60

[M. Tullius] Ciceros Reden für Q. Ligarius und für den König Dejotarus. F. d. Schulgebr. hrsg. u. m. Einl. u. Namensverz. vers. v. Dr. Konrad Rossberg, Prof. ... zu Hildesheim. [Nebst] Kommentar. *Münster: Aschendorff 1898.* 2 Bde 8.
Reden. (XXV, 36 S.) Kommentar f. Schundauer bearb. (51 S.)
(Aschendorff's Sammlung lat. u. griech. Klassiker.) [99. 1695

— Reden für Q. Ligarius u. f. den König Dejotarus. Für den Schulgebrauch hrsg. von Herm. Nohl. 2. unveränd. Abdr. der 2. Aufl. (52 S.) 8. Leipzig 902. G. Freytag. n. — 60

– Reden f. Marcellus u. Ligarius, s.a. Sammlung, Neueste, ausgewählter griech. u. röm. Classiker.

—2 Reden für den Marcellus u. Ligarius. 4. Lübeck 796. (Niemann). 8 gl

Cicero's, M. Tulii, Reden für M. Marcellus, für Q. Ligarius u. für den König Dejotarus. Für den Schulgebrauch hersg. von Fr. Richter. Leipzig 870. Teubner. 8. (IV, 79 S.) 6 ngr.

—— Reden für M. Marcellus, für Q. Ligarius und für den König Deiotarus. Für den Schulgebrauch hrsg. von Fr. Richter. gr. 8. (IV, 79 S.) Leipzig 874, Teubner. (60 Pf.)

— Reden für M. Marcellus, für Q. Ligarius u. für den König Deiotarus. Für den Schulgebrauch hrsg. von Fr. Richter. 2. Aufl., bearb. von Alfr. Eberhard. gr. 8. (83 S.) Ebend. 877. — 90

— Reden f. M. Marcellus, f. Q. Ligarius u. f. d. König Deiotarus. Für den Schul- u. Privatgebrauch hrsg. v. Fr. Richter u. Alfr. Eberhard. 3. Aufl. gr. 8. (96 S.) Ebend. 886. — 90

— Reden für M. Marcellus, f. Q. Ligarius u. f. den König Deiotarus. Für den Schul- u. Privatgebrauch hrsg. v. Fr. Richter u. Alfr. Eberhard. 4. Aufl. (113 S.) gr. 8. Leipzig 904. B. G. Teubner. n. 1.20; geb. n. 1.70

— Reden: 1) für d. M. Marcellus; 2) f. d. Milo; 3) f. d. Archias; 4) f. d. Ligarius; 5) f. d. Manilische Gesetz. Aus d. Latein. übers. v. Jh. Jak. v. Knauer. 8. Laibach 779.

(M. Tullius) Ciceros Reden für T. Annius Milo, für Q. Ligarius und für den König Deiotarus. Erklärt v. Karl Halm. 10. verb. Aufl. bes. v. G[eorg] Laubmann. *Berlin: Weidmann 1899.* (2 Bl., 152 S.) 1 Bd 8.
= Cicero, M. T.: Ausgew. Reden. Bd 5.
(Sammlung griech. u. lat. Schriftsteller m. deutschen Anm.)

—— Reden für Lucius Murena und über die Consularprovinzen. Erklärt von Gust. Tischer. gr. 8. (VI und 133 S.) Berlin 861, Weidmann'sche Buchh. *

– Reden über den Oberbefehl des Cn. Pompeius, s.a. Cicero: Reden für die Manilische Bill.

(Marcus Tullius) Ciceros Reden de imperio Cn. Pompei (pro lege Manilia) und pro Archia poëta. Nach Dr. Ferdinand Schultz' Ausg. 2., völlig umgearb. u. verm. Aufl. besorgt v. Dr. Adolf Lange. *Paderborn: F. Schöningh 1898.* (92 S.) 1 Bd 8.
(Schöninghs Ausgaben lat. u. griech. Klassiker m. Komm.) [98. 1960

Cicero's Reden de imperio Cn. Pompei (pro lege Manilia) u. pro Archia poëta. Nach Ferd. Schultz' Ausg. 2, völlig umgearb. u. verm. Aufl., besorgt v. Adf. Lange. 8. (92 S.) Paderborn 898. F. Schöningh. n. — 80

[Marcus Tullius] Ciceros Reden über den Oberbefehl des Cn. Pompejus und für L. Murena. Für d. Schulgebr. hrsg. u. mit Einl. u. Namensverz. versehen von Dr. Konrad Rossberg, Prof. zu Hildesheim. *Münster i. W.: Aschendorff 1901.* (XXII, 90 S.) 8°
(Aschendorff's Sammlung lat. u. griech. Klassiker.) [01. 10753

— dasselbe. Kommentar, bearb. v. Konr. Rossberg. 8. (96 S.) Ebd. 901. n. — 80

– Philippische Reden, s.a. Sammlung, Neueste, ausgewählter griech. u. röm. Classiker.

—— 1. und 2. Philippische Rede, s. Universal-Bibliothek Nr. 2233.

— d. 9te u. 11te Rede wider den Antonius; übers. v. J. Wissing. 8. ... 773.

Cicero, M. T. IX. und XI. Philippische Rede ins Deutsche übersetzt. Prag 1773. Ü: *Noe, Franz.* (Jes)

—— zweite Philippische Rede, übers. v. H. A. W. Winckler. 8. (6¼ B.) Marburg 828. [Kassel,] Krieger.

—— erste und zweite Philippische Rede. Für den Schulgebrauch hrsg. von Herm. Adf. Koch. gr. 8. (III, 77 S.) Leipzig 870, Teubner. (60 Pf.)

— 1. u. 2. Philippische Rede. Für den Schulgebrauch hrsg. von Herm. Adf. Koch. 2. Aufl., neu bearb. v. Alfr. Eberhard. gr. 8. (108 S.) Leipzig 878. Teubner. — 90

Cicero's erste philippische Rede [übersetzt und Bemerkungen zu Cic. pro Flacc.] von J. Chr. Fr. Campe. 13 S. *Greifenberg Po.* 1879. Progr.

— 1., 4. u. 14. philippische Rede. Für den Schulgebrauch hrsg. v. Ernst Rhard. Gast. gr. 8. (IV, 60 S.) Leipzig 891. B. G. Teubner. — 60

— 1., 2. u. 7. Rede gegen Marcus Antonius. Für den Schulgebrauch erklärt v. Jul. Strenge. Ausg. A m. Kommentar unterm Text. gr. 8. (VIII, 102 S.) Gotha 893. F. A. Perthes. 1.20; Ausg. B. Text u. Kommentar getrennt in 2 Hftn. (VIII, 54 u. 48 S.) 1.20

— philippische Reden. I., II., III., VII. Buch. Für d. Schulgebr. hrsg. v. Herm. Nohl. 8. (XII, 113 S. m. 1 Abb.) Leipzig 895. G. Freytag. n. — 60; geb. n. 1. —

— 1. u. 2. Philippische Rede. Für den Schulgebrauch hrsg. v. Herm. Adf. Koch u. Alfr. Eberhard. 3. Aufl. gr. 8. (136 S.) Leipzig 899. B. G. Teubner. 1.20

— 1., 2. u. 7. Rede gegen Marcus Antonius. Nach Text u. Kommentar getrennte Ausg. (B) f. den Schulgebrauch v. Jul. Strenge. 2. verb. Aufl. 2 Hefte. (VI, 52 u. 56 S.) 8. Gotha 905. F. A. Perthes. n. 1.20

— Philippische Reden. I., II., III. u. VII. Für den Schulgebrauch hrsg. u. erklärt v. Jos. Bach. 2 Tle. 8. Münster 909. Aschendorff. 1.60
I. Text. (XXVIII, 104 S.) 909. Geb. — 90
II. Kommentar. (38 S.) 910. — 70

— Reden für d. S. Roscius v. Ameria, für die Manilische Bill, für den Dichter Archias u. nach d. Rückkehr an die Quiriten. Uebersetzt v. E. G. F. Krause. 8. Stuttgart 827, Löfflund.

(M. Tullius) Ciceros Reden für Sex. Roscius aus Ameria und über das Imperium des Cn. Pompeius. Erkl. v. Karl Halm. 11., umgearb. Aufl. besorgt v. G[eorg] Laubmann. *Berlin: Weidmann 1896.* (2 Bl., 168 S.) 1 Bd 8.
= Cicero, M. T.: Ausgew. Reden. Bd 1.
(Sammlung griech. u. lat. Schriftsteller m. deutschen Anm.) [96. 6363

—2 Reden für d. Roscius u. Ligarius, übers. u. mit Anmerkk. erläutert v. Chr. Tob. Damm. 8. Berl. 759. Haude u. Sp. 4 gl

——, sämmtl. Reden. Krit. bericht. u. erläut. v. Reinho. Klotz. 3 Bde. gr. 8. Leipzig, Barth. [1. (48 B.) 835. 4 Thlr., 2. (56¼ B.) 837. 4½ Thlr., 3. (72 B.) 839. 5½ Thlr.]

— 6 Reden, von C. A. Heumann verdeutscht. 8. Eisenach. 735.

– Dass., s.a. Heumann, Christoph August

[Marcus Tullius] Ciceros Reden [Orationes] für P. Sulla und für den Dichter A. Licinius Archias. Für d. Schulgebr. hrsg. u. mit Einl. u. Namenverzeichnis versehen von Dr. Heinrich Reumont, Oberl. [Nebst] Kommentar. Münster i. W.: Aschendorff 1905. 2 Bde 8° (Aschendorffs Sammlung latein. u. griech. Klassiker.) [nd. 3550

— Reden für P. Sulla u. für den Dichter A. Licinius Archias. Für den Schulgebrauch hrsg. u. m. Einleitg. u. Namenverzeichnis versehen von Heinr. Reumont. (XXI, 66 S.) 8. Münster 905. Aschendorff.
Geb. n. — 75: Kommentar (52 S.) 906. n. — 60

– Verrinische Reden, s. Cicero: Actiones in Verrem.

– Vierzehn ausgewählte Reden, s. Cicero: Ausgewählte Reden. 1878–79.

Cicero, Marcus Tullius: Der Redner [Orator ad M. Brutum]

— der Redner. Aus d. Latein. von J. P. Brewer. Düsseldorf ... Schaub. ⅔ ₰

— Redner, d. Brutus zugeeignet, übers. v. J. H. L. Woller. gr. 8. Hamb. 787. (Campe). 9 gl

Cicero, M. T. Redner an Brutus übers. Ulm 1816. Ü: *Hauff, Carl Victor von.* (ErschDL) (Gi) (MGT)

— — Redner an M. Brutus, übers. v. Decan M. C. Vict. Hauff. gr. 8. Ulm, Wohler. 816. — 12

— d. Redner, e. Zuschrift an M. Brutus. Aus d. Latein. mit einigen Anmerkk. v. P. Brewer. 8. Elberf. 824. Schaub. 16 gl

— d. Redner u. von d. besten Rednergattung, übers. v. C. A. Mebold. 12. Stuttg. 827. Metzler. 4 gl

Cicero, Marcus Tullius: Vom Redner [De oratore]

— Vom Redner, s.a. Bibliothek, kleine.

— vom Redner; übers. von J. F. K. Dilthey. 2 Bdchen. 12. Stuttg., Metzler. 8 gl

— 3 Gespräche von dem Redner, a. d. Latein. mit Anmerk. erläut. v. J. M. Heinze. 8. Lpz. Weidmann. 762.

— 3 Gespräche von d. Redner. Aus d. Latein. u. mit Anmerkk. erläutert v. Jh. Mch. Heinze. 8. Leipz. 762. Weygand. 16 gl

—— vom Redner, v. Joh. Chrstn. Friedr. Wetzel, s.a. Encyclopädie d. lat. Classiker, 2. Abthl. 3. Thl.

— Abhandl. v. Redner; übers. v. J. C. F. Wetzel, 8. Braunschw. 794. Schulbuchh. 14 gl Erklär. Anmerkk. dazu v. J. C. F. Wetzel. 8. Ebd. 795. 1 ₰ 4 gl (Auch Encyklopädie d. latein. Classiker. 1r Thl. 1r Bd.)

— Von dem Redner. Drei Gespräche. Uebers. und erläutert von Fried. Carl Wolff. Altona. (Halle). 1801. — 2. gantz von neuem gearbeitete Aufl. Sm. St. 1830.

— Dass., übers. u. mit Anmerkk. v. C. F. Wolff. gr. 8. Altona 801. 2e A. 830. Hammerich. 1 ₰ 20 gl

—— von dem Redner. Drei Gespräche. Uebers. u. erläut. v. Fr. C. Wolff. 2., ganz von neuem gearb. Aufl. gr. 8. (35 B.) Altona 830, Hammerich.

— drei Bücher vom Redner, übersetzt von J. F. K. Dilthey. 3s Bdchn. 16. Stuttgart 833. Metzler. ⅙ ₰

— vom Redner in 3 Büchern. Zum Gebrauch auf Schulen, mit Anmerkk. versehen u. herausg. von Jh. Chr. Fr. Wetzel. 2e, besonders nach Orelli's Text berichtigte Ausg. (A. u. d. T.: Encyclopädie der latein. Classiker. 2e Abthl. 1r Thl. 1r Bd.) 8. Braunschweig 834. Schulbuchh. 7/12 ₰

— drei Bücher vom Redner, verdeutscht von Kühner, s.a. Sammlung, neueste, ausgewählter griech. u. röm. Classiker.

Cicero's drei Bücher vom Redner. Übersetzt und erklärt von Dr. Raphael Kühner. 8. Berlin (zirka 1860).

—— drei Bücher vom Redner. Uebers. von Raph. Kühner. 8 Lfgn. 2. Aufl. 12. (366 S.) [Stuttgart 873, Hoffmann'sche Verlagsh.] Berlin, Langenscheidt'sche Verlagsh.
à Lfg. * 35 Pf. *

– De republica, s. Cicero: De re publica.

– Rhetorica, s.a. Cicero: De inventione rhetorica.

— Rhetorica seu institutiones artis eloquentiae forensis opera et sumptu cultoris disciplinae Ciceronianae I. Greysing. II Tom. gr. 8. Nürnb. Stein. 808.

— rhetorica, recognovit brevique adnotatione critica instruxit A. S. Wilkins. 2 tomi. 8. Oxford, Clarendon-Press. n.n. 5.50
1. Libri de oratore tres. (X, 258 S.) (901.) n.n. 2.50
2. Brutus, orator, de optimo genere oratorum, partitiones oratoriae, topica. (VIII, 267 S.) (903.) n.n. 3.—

— rhetorica ad Herennium. 16. Leipz., Tauchnitz. 5 gl

— ad Herennium libri VI, s.a. Auctoris, incerti, de ratione dicendi ad C. Herennium libri IV.

— rhetor. ad Herennium libri IV. et de inventione libri II. Cum integris Dionys. Lambini, Fulv. Ursini, Jani Gruteri, Jak. Gronovii et excerptis alior. not. var. et inedit. animadvers. Jh. Geo. Graevii et F. Oudendorp. Cur. Pt. Burmann II. 8. Leyd. 761. (Luchtmanns). 1 ₰ 16 gl

—— Rhetoricorum ad Herennium lib. IV. — Ejusd. de Inventione rhetorica lib. II. Edit. Graevio-Burmannianam in Germania repetendam cur. suasque notas adjec. Fr. Lindemannus. 8 maj. (48½ B.) Lipsiae 828, Hinrichs. 5 Thlr. 20 Gr., Postp.

—— id. — Ex recens. Graeviana in us. scholar. editi (Fr. Lindemann). 8 maj. (12½ B.) Lipsiae 829, Hinrichs.

—— ad C. Herennium libri IV de arte rhetorica. Recognovit Guil. Friedrich. (Opera. Nr. 1.) 8. (116 S.) Leipzig 884, Teubner.

—— Rhetorik, an Herennius. Uebers. v. Walz, s. Prosaiker, römische.

—— Rhetorik, s.a. Sammlung, neueste, ausgewählter griech. und röm. Classiker.

—— Rhetorik, übers. v. Moser, s.a. Prosaiker, röm.

Cicero's, M. T., Rhetorik, übersetzt v. G. H. Moser. 1s u. 2s Bdchn. 16. Stuttgart 837. Metzler. (à ⅙ ₰) ⅓ ₰

– Pro Q. Roscio comoedo, s. Cicero: Oratio pro ...

– Pro Sexto Roscio Amerino, s. Cicero: Oratio pro ...

– Pro M. Caelio Rufo, s. Cicero: Oratio pro ...

– Neue Sammlung auserlesener Reden, s. Cicero: Auserlesene Reden.

— paradore Säße, dem M. Brutus gewidmet, u. Sciplos Traum, a. d. Lat. übers. m. Anm. von J. B. Schmitt. gr. 8 Würzb. Klenner. 787.

— — paradore Säße dem M. Brutus gewidmet 2c. übers. von J. B. Schmidt. Hat Gobhardt in Bamberg.

— Paradore Säße u. Scipios Traum, aus d. Latein. übers. u. mit Anmerkk. versehen v. J. B. Schmitt. gr. 8. Würzb. 787. (Wesche in Frankf.) 3 Thlr

— ausgewählte Schriften, s. Classiker des Alterthums.

—— philosophische Schriften, s. a. Hirzel, Rud.

— philosophische Schriften. Auswahl f. die Schule, nebst e. Einleitg. in die Schriftstellerei Ciceros u. in die alte Philosophie v. O. Weißenfels. 8. (VIII, 570 S. m. Titelbild.) Leipzig 891. B. G. Teubner. n. 2. —

— dasselbe in 7 Hftn. 8. Ebd. 891. Kart. 3. 30
1. Einleitung in die Schriftstellerei Ciceros u. in die alte Philosophie. (VIII, 121 S. m. Titelbild.) — 90
2. De officiis libri III. (S. 122—266.) — 60
3. Cato maior de senectute. (S. 267—304.) — 30
4. Laelius de amicitia. (S. 305—344.) — 30
5. Tusculanarum disputationum libri V. Auswahl. (S. 345—464.) — 60
6. De natura deorum libri III. u. De finibus bonorum et malorum I, 9—21. (S. 465—529.) — 30
7. De re publica. (S. 530—570.) — 30

— aus Ciceros philosophischen Schriften. Auswahl f. Schulen. Von Thdr. Schiche. (IV, 236 S.) 8. Leipzig 903. G. Freytag. Geb. in Leinw. n. 1. 80

[Marcus Tullius] Ciceros philosophische Schriften. Auswahl f. d. Schulgebr., bearb. u. erl. von Prof. Dr. P[aul] v. Boltenstern, Dir. zu Treptow a. R. H. 1. *Bielefeld & Leipzig: Velhagen & Klasing 1904.* 8°
(Sammlung latein. u. griech. Schulausgaben.) [04. 1310

— philosophische Schriften. Auswahl f. den Schulgebrauch, bearb. u. erläutert von P. v. Boltenstern. 1. Heft; Die Tuskulanischen Gespräche. Buch I u. V. Text. (XXII, 135 S.) gr. 8. Bielefeld 904. Velhagen & Klasing. Geb. in Leinw. n. 1. 40; Kommentar. (93 S.) 8. 904. geb. n. 1. —

— desselbe. 2. Heft: Cato maior de senectute. Text. (XI, 66 S.) 8. Ebd. 905. Geb. n. — 70; Kommentar. (49 S.) n. — 70

(M. Tullius) Ciceros philosophische Schriften. Für d. Schulgebr. ausgew. u. bearb. von Dr. Paul Verres. Bdch. 1, 1. 2; 2, 1. 2. Münster i. W.: Aschendorff 1905–07. 8°
(Aschendorffs Sammlung lat. u. griech. Klassiker.) [09. 17844 0

— Philosophische Schriften. Für den Schulgebrauch ausgewählt u. bearb. v. Paul Verres. 1. Bdchn. I. u. 2. Bdchn. I u. II. 8. Münster, Aschendorff. 3. 70
1. I. Text nebst Einleitung u. Verzeichnis der Eigennamen. (LXII, 150 S.) 905. Geb. 1. 30
2. I. Text nebst Einleitung u. Verzeichnis der Eigennamen. (LXXI, 188 S.) 907. Geb. 1. 60
II. Kommentar. (104 S.) 907. — 80

— philosophische Schriften in einer Auswahl für Gymnasien. 1—3. Bd. Für Schüler erklärt v. Carl Tücking. gr. 8. Paderborn 878. 79. F. Schöningh. n. 3. 35
1. Cato major sive de senectute dialogus. (XIV, 52 S.) n. — 75
2. Laelius sive de amicitia dialogus. (VIII, 67 S.) n. — 80
3. De officiis libri III. (204 S.) n. 1. 80

— rhetorische Schriften. Auswahl f. die Schule, nebst Einleitg. u. Vorbemerkgn. v. O. Weißenfels. 8. (VIII, 356 S.) Ebd. 893. n. 1. 80; in 3 Hftn. kart. n. 2. 60
1. Einleitung in die rhetorischen Schriften Ciceros, nebst e. Abriß der Rhetorik v. O. Weißenfels. (122 S.) n. 1. —
2. De Oratore u. Brutus. Ausgewählt, m. Vorbemerkgn. u. Analysen, v. O. W. (S. 123—266.) n. 1. —
3. Orator. Vollständiger Text, nebst Analyse, v. O. W. (S. 267—356.) n. — 60

[Marcus Tullius] Ciceros rhetorische Schriften. Für d. Schulgebr. ausgew. u. bearb. von Dr. Paul Verres, Oberl. zu Recklinghausen. 1. 2. *Münster i. W.: Aschendorff 1902.* 2 Bde 8°
1. Text mit Einl. u. Verzeichnis d. Eigennamen. 2. Kommentar.
(Aschendorffs Sammlung lat. u. griech. Klassiker.) [03. 6399

— rhetorische Schriften. Für d. Schulgebrauch ausgewählt u. bearb. v. Paul Verres. 2 Tle. 8. Münster 902. Aschendorff. n. 1. 85
I. Text m. Einleitg. u. Verzeichn. d. Eigennamen. (XXVIII, 128 S.) Geb. in Leinw. n. 1. 10
II. Kommentar. (74 S.) n. — 75

[Marcus Tullius] Ciceros rhetorische Schriften. Auswahl f. d. Schulgebr. bearb. u. erl. von Prof. Dr. Wilhelm Reeb, Oberl. zu Mainz. Text. Kommentar. Bielefeld & Leipzig: Velhagen & Klasing 1904. 2 Bde 8°
(Sammlung lat. u. griech. Schulausgaben.) [05. 1980

— rhetorische Schriften. Auswahl f. den Schulgebrauch, bearb. u. erläutert v. Wilh. Reeb. Text. (XV, 226 S.) 8. Bielefeld 904. Velhagen & Klasing. Geb. n. 1. 80; Kommentar. (80 S.) 905. Geb. n. — 90

— scripta quae manserunt omnia. Recognovit Reinh. Klotz. (Bibliotheca scriptorum Graec. et Rom. Teubneriana.) Partis I. vol. I. cont. libros IV ad C. Herennium et libros II de inventione. 8. (XXXVIII u. 207 S.) Lipsiae 851, Teubner. 12 Ngr — Partis I. vol. II. cont. libros de oratore IV, Brutum, oratorem, topica, de partitione oratoria dialogum, de optimo genere oratorum prooemium. 8. (XVI u. 399 S.) Ebd. 851. 18 Ngr — Partis II. vol. I. cont. orationes pro P. Quinctio, pro S. Roscio Amerino, pro Q. Roscio comoedo, divinationem in Q. Caecilium, actionem in C. Verrem. 8. (XXIV u. 440 S.) Ebd. 852. 18 Ngr — Partis II. vol. II. cont. orationes pro M. Tullio quae manserunt, orationes pro M. Fonteio, pro A. Caecina, de imperio Cn. Pompeji, pro A. Cluento Avito, de lege agraria III, pro C. Rabirio perduellionis reo, in L. Catilinam IV, pro L. Murena, pro L. Flacco, pro P. Sulla, pro Archia poeta, post reditum in Senatu, post reditum ad Quirites, de domo sua, de haruspicum responso. 8. (XXVI u. 468 S.) Ebd. 852. 18 Ngr (I, 1. 2. II, 1. 2: 2 Thlr 6 Ngr)
Hieraus einzeln:
— [opera. Nr. 1:] Rhetoricorum ad C. Herennium libri IV. 8. (102 S.) Ebd. 851. 6 Ngr
— [opera. Nr. 2:] Rhetoricorum libri duo qui sunt de inventione rhetorica, 8. (105 S.) Ebd. 851. 6 Ngr
— [opera Nr. 3:] De oratore libri III. 8. (198 S.) Ebd. 851. 9 Ngr
— [opera. Nr. 4:] De claris oratoribus liber qui dicitur Brutus. 8. (80 S.) Ebd. 851. 1/6 Thlr
— [opera. Nr. 5:] Ad M. Brutum orator. 8. (60 S.) Ebd. 851. 1/8 Thlr
— [opera. Nr. 6:] Topica, partitiones oratoriae, de optium genere oratorum. 8. (61 S.) Ebd. 851. 3 Ngr
— [opera. Nr. 7:] Orationes pro P. Quinctio, pro S. Roscio Amerino, pro Q. Roscio comoedo. 8. (86 S.) Ebd. 852. 1/6 Thlr
— [opera. Nr. 8:] Divinatio in Q. Caecilium, actio in C. Verrem I. 8. (36 S.) Ebd. 852. 1/8 Thlr
— [opera. Nr. 9:] Actionis in C. Verrem II. s. accusationis libri I—V. 8. (318 S.) Ebd. 852. 12 Ngr
— [opera. Nr. 10:] Orationes pro M. Tullio, pro M. Fontejo, pro A. Caecina, de imperio Cn. Pompeji. 8. (80 S.) Ebd. 852. 1/8 Thlr
— [opera. Nr. 11:] Orationes pro A. Cluentio Avito, de lege agraria tres, pro C. Rabirio perduellionis reo. 8. (128 S.) Ebd. 852. 6 Ngr
— [opera. Nr. 12:] Orationes in L. Catilinam quattuor, pro L. Murena, pro L. Flacco. 8. (114 S.) Ebd. 852. 1/6 Thlr
— [opera. Nr. 13:] Orationes pro P. Sulla, pro A. Licinio Archia poëta. 8. (42 S.) Ebd. 852. 1/8 Thlr
— [opera. Nr. 14:] Orationes post reditum in Senatu et post reditum ad Quirites habitae, de domo sua, de haruspicum responso. 8. (98 S.) Ebd. 852. 1/6 Thlr

Ciceronis, M. Tullii, scripta quae manserunt omnia. Recogn. Reinhld. Klotz. Partis II. Vol. III. cont. orationes pro P. Sestio, in P. Vatinium, pro M. Caelio, de provinciis consularibus, pro L. Cornelio Balbo, in L. Calpurnium Pisonem, pro Cn. Plancio, pro C. Rabirio Postumo, pro T. Annio Milone, pro M. Marcello, pro Q. Ligario, pro rege Deiotaro, in M. Antonium Philippicas XIV. Lipsiae 853. Teubner. 8. (XXIV, 479 S.) 18 ngr; Velinp. 27 ngr

Hieraus einzeln:

— (Opera Nr. 15.) Orationes pro P. Sestio, in P. Vatinium, pro M. Caelio. (1 Bl., 98 S.) 5 ngr

— (Opera Nr. 16.) Orationes de provinciis consularibus, pro L. Cornelio Balbo, in L. Calpurnium Pisonem, pro Cn. Plancio, pro C. Rabirio Postumo. (1 Bl., S. 99—224.) 5 ngr

— (Opera Nr. 17.) Orationes pro T. Annio Milone, pro M. Marcello, pro Q. Ligario, pro rege Deiotaro. (1 Bl., S. 225—298.) 3¾ ngr

— (Opera Nr. 18.) Orationes in M. Antonium Philippicae XIV. (1 Bl., S. 299—479.) 7½ ngr

— — Partis III. Vol. I. cont M. Ciceronis epistolarum ad familiares libros XVI, ejusdem Ciceronis epistolarum ad Q. fratrem libros III, Q. Ciceronis de petitione consulatus ad M. fratrem librum, ejusdem versus quosdam de signis XII. et epigramma de amore feminarum. Lipsiae 853. Teubner. 8. (XXXVIII, 512 S.) 18 ngr; Velinp. 27 ngr

Hieraus einzeln:

— (Opera Nr. 19.) Epistolarum ad familiares libri I—IV. (1 Bl., 92 S.) 5 ngr

— (Opera Nr. 20.) Epistolarum ad familiares libri V—VIII. (1 Bl., S. 93—200.) 5 ngr

— (Opera Nr. 21.) Epistolarum ad familiares libri IX—XII. (1 Bl., S. 201—324.) 5 ngr

— (Opera Nr. 22.) Epistolarum ad familiares libri XIII—XVI. (1 Bl., S. 325—432.) 5 ngr

— (Opera Nr. 23.) Epistolae ad Quintum fratrem, Q. Ciceronis de petitione consulatus ad M. fratrem liber, ejusdem versus quidam de signis XII, ejusdem, ut fertur, epigramma de amore feminarum. (1 Bl., S. 433—512.) 5 ngr

— — Partis III. Vol. II. continens epistolarum ad Atticum libros XVI, epistolarum ad M. Brutum libros II, Pseudociceronis epistolam ad Octavium. Lipsiae 854. Teubner. 8. (XLVIII, 504 S.) 18 ngr; Velinp. 27 ngr

Hieraus einzeln:

— (Opera Nr. 24—27.) Epistolarum ad Atticum libri I—IV. (1 Bl., S. 1—114.); libri V—VIII. (1 Bl., S. 115—226.); libri IX—XII. (1 Bl., S. 227—348.); libri XIII—XVI. (1 Bl., S. 349—460.) Jede Nr. 5 ngr

— (Opera Nr. 28.) Epistolarum ad Brutum libri II. Epistola ad Octavium. (1 Bl., S. 461—504.) 5 ngr

— — Partis IV. Vol. I. continens Academicorum ad M. Varronem librum I, Academicorum priorum librum II, qui inscribitur Lucullus, de finibus bonorum et malorum libros V, Tusculanarum disput. libros V. Lipsiae 854. Teubner. 8. (XXIV, 408 S.) 18 ngr; Velinp. 27 ngr

Hieraus einzeln:

— (Opera Nr. 29.) Academicorum ad M. Varronem libri II. (1 Bl., 76 S.) 4½ ngr

— (Opera Nr. 30.) De finibus bonorum et malorum libri V. (1 Bl., S. 77—240.) 7½ ngr

— (Opera Nr. 31.) Tusculanarum disputat. libri V. (1 Bl., S. 241—408.) 6 ngr

— — Partis IV. Vol. II. continens de natura deorum libros III, de divinatione libros II, libri de fato quae manserunt, librorum de re publica VI quae manserunt, de legibus libros III; — Vol. III. cont. de officiis libros III, Cato major de senectute, Laelius de amicitia, paradoxa. Lipsiae 855. Teubner. 8. (XXXVI, 404; XVI, 432 S.) Jeder Bd. 18 ngr; Velinp. 27 ngr

Hieraus einzeln:

— (Opera Nr. 32.) De natura Deorum libri III. (1 Bl., S. 1—126.) 5 ngr

— (Opera Nr. 33.) De divinatione libri II; libri de fato quae manserunt. (1 Bl., S. 127—240.) 5 ngr

— (Opera Nr. 34.) Librorum de re publica VI quae supersunt. (1 Bl., S. 241—340.) 4½ ngr

— (Opera Nr. 35.) De legibus libri III. (1 Bl., S. 341—404.) 4½ ngr

— (Opera Nr. 36.) De officiis libri III. (1 Bl., S. 1—116.) 5 ngr

— (Opera Nr. 37.) Cato major de senectute, Laelius de amicitia. paradoxa. (1 Bl., S. 117—190.) 3¾ ngr

Ciceronis, M. Tullii, scripta quae manserunt omnia. Recogn. Reinhld. Klotz. Pars V. continens indices. Lipsiae 856. Teubner. 8. (1 Bl., 457 S.) 18 ngr; Velinp. 27 ngr

— **scripta quae manserunt omnia. Recognovit Reinh. Klotz. Editio II. emendatior. Pars I. (Scripta rhetorica.) 2 Vol. et Pars II. (Orationes.) Vol. 1—3. 8. Leipzig 863—67, Teubner.**

Inhalt:

Pars I. Vol. 1. Libri IV ad C. Herennium et libri II de inventione. (XL und 207 S.) 12 Ngr.

» I. » 2. Libri de oratore III, Brutus, Orator, Topica, de partitione oratoria dialogus, de optimo genere oratorum prooemium. (XXII und 399 S.) 18 Ngr.

» II. » 1. Orationes pro P. Quinctio, pro Sex. Roscio Amerino, pro Q. Roscio Comoedo, divinatio in Q. Caecilium, actio in C. Verrem prima, actionis in C. Verrem secundae sive accusationis libri V. (XLII und 440 S.) 18 Ngr.

» II. » 2. Orationes pro M. Tullio quae manserunt, orationes pro M. Fonteio, pro A. Caecina, de imperio Cn. Pompeji etc. (LXXXXII und 463 S.) 18 Ngr.

» II. » 3. Orationes pro P. Sestio, in P. Vatinium, pro M. Caelio, de provinciis consularibus etc. (L und 478 S.) 18 Ngr.

— Scripta quae mansuerunt omnia. Recognovit Reinholdus Klotz. Pars III. (Epistolae.) 2 vol., Pars IV. (Scripta philosophica.) 3 vol. et Pars V. 8. Leipzig, Teubner. à Vol. (ℳ 1,80.) ℳ 2,10.

Inhalt:

Pars III. Vol. 1. Continens M. Ciceronis epistolarum ad familiares libros sedecim, eiusdem Ciceronis epistolarum ad Q. fratrem libros tres, Q. Ciceronis de petitione consulatus ad M. fratrem librum, eiusdem versus quosdam de signis XII. et epigramma de amore feminarum. Recognovit Alb. Sadolinus Wesenberg. (V, 664 S.) 873.

» III. » 2. Continens epistolarum ad Atticum libros sedecim, epistolarum ad M. Brutum libros duos, pseudo-ciceronis epistolam ad Octavium. Editio altera emendatior. (LXXV, 504 S.) 870.

» IV. » 1. Continens academicorum ad M. Varronem librum primum, academicorum priorum librum secundum, qui inscribitur Lucullus, de finibus bonorum et malorum libros quinque, Tusculanarum disputationum libros quinque. (XXIV, 408 S.) 872.

Vol. IV. » 2. Continens de natura deorum libros tres, de divinatione libros duos, libri de fato quae manserunt, librorum de re publica sex quae manserunt de legibus libros tres. (XXXVI, 404 S.) 874.

» IV. » 3. Continens libros de officiis tres, Catonem maiorem de senectute librum, Laelium de amicitia librum, paradoxa, orationem de pace a Cassio Dione graece servatam, fragmenta scriptorum Ciceronianorum, in his orationem pro M. Aemilio Scauro, Timaeum de universo librum, Aratea, tum scripta supposititia, orationem ad populum et equites Romanos ante quam iret in exsilium, Pseudosallustii in M. Tullium Ciceronem declamationem, Pseudociceronis in C. Sallustium Crispum responsionem, incerti auctoris consolationem. (XVI, 432 S.) 871.

» V. Continens Indices. (457 S.) 872.

Pars I, vol. 1. (ℳ 1,20.) ℳ 1,35., vol. 2, et Pars II, 3 vol. à (ℳ 1,80.) ℳ 2,10. Ebendas. 1863—67.

Ausgabe in 37 Abtheilungen:

Nr. 1. Rhetorica ad Herennium. 75 Pf.
» 2. De inventione. 75 Pf.
» 3. De oratore. ℳ 1.
» 4. Brutus. 60 Pf.
» 5. Orator. 45 Pf.
» 6. Topica, partitiones et de optimo genere oratorum. 45 Pf.
» 7. Orationes pro P. Quinctio, pro Sex. Roscio Amerino, pro Q. Roscio Comoedo. 60 Pf.
» 8. Divinatio in Q. Caecilium, actio in C. Verrem prima. 45 Pf.
» 9ª. Actionis in C. Verrem secundae sive accusationis lib. I—III. 90 Pf.
» 9ᵇ. Actionis in C. Verrem secundae sive accusationis lib. IV. V. 45 Pf.
» 10. Orationes pro M. Tullio, pro M. Fonteio, pro A. Caecina, de imperio Cn. Pompeii (pro lege Manilia). 45 Pf.
» 11. Orationes pro A. Cluentio Avito, de lege agraria tres, pro C. Rabirio perduellionis reo. 75 Pf.
» 12. Orationes in L. Catilinam, pro L. Murena, pro L. Flacco. 60 Pf.
» 13. Orationes pro P. Sulla, pro A. Licinio Archia poëta. 45 Pf.
» 14. Orationes post reditum in senatu et post reditum ad Quirites habitae de domo sua, de haruspicum responso. 60 Pf.
» 15. Orationes pro P. Sestio, in P. Vatinium, pro M. Caelio. 60 Pf.
» 16. Orationes de provinciis consularibus, pro L. Cornelio Balbo, in L. Calpurnium Pisonem, pro Cn. Plancio, pro Rabirio Postumo. 60 Pf.
» 17. Orationes pro T. Annio Milone, pro M. Marcello, pro Q. Ligario, pro rege Deiotaro. 45 Pf.
» 18. Orationes in M. Antonium Philippicae XIV. 90 Pf.
» 19. Epistolarum ad familiares libri I—IV. 60 Pf.
» 20. Epistolarum ad familiares libri V—VIII. 60 Pf.
» 21. Epistolarum ad familiares libri IX—XII. 60 Pf.

» 22. Epistolarum ad familiares libri XIII—XVI. 60 Pf.
» 23. Epistolae ad Quintum fratrem, Q. Ciceronis de petitione consulatus ad M. fratrem liber, eiusdem versus quidam de signis XII, eiusdem, ut fertur, epigramma de amore feminarum. 45 Pf.]
» 24. Epistolarum ad Atticum libri I–IV. 60 Pf.
» 25. Epistolarum ad Atticum libri V–VIII. 60 Pf.
» 26. Epistolarum ad Atticum libri IX–XII. 60 Pf.
» 27. Epistolarum ad Atticum libri XIII–XVI. 60 Pf.
» 28. Epistolarum ad Brutum libri duo et epistola ad Octavium. 60 Pf.
» 29. Academicorum ad M. Varronem libri duo. 60 Pf.
» 30. De finibus bonorum et malorum libri quinque. 90 Pf.
» 31. Tusculanarum disputationum libri quinque. 75 S.
» 32. De natura deorum libri tres. 60 Pf.
» 33. De divinatione libri duo, libri de fato quae manserunt. 60 Pf.
» 34. De re publica librorum sex quae supersunt. 60 Pf.
» 35. De legibus libri tres. 60 Pf.
» 36. De officiis ad Marcum filium libri tres. 60 Pf.
» 37. Cato maior de senectute, Laelius de amicitia, Paradoxa. 45 Pf.

—— Scripta quae manserunt omnia, recognovit C. F. W. Mueller. Partis IV. Vol. I—III. 8. Leipzig, Teubner. à Bd. ℳ 2,10.

Inhalt:

Pars IV. Vol. I. Continens Academica, de finibus bonorum et malorum libros, Tusculanas disputationes. (XLVI, 466 S.) 878.
» IV. » II. Continens libros de natura deorum, de divinatione, de fato, de re publica, de legibus. (XLVIII, 450 S.) 878.
» IV. » III. Continens libros de officiis, Catonem maiorem de senectute, Laelium de amicitia, Paradoxa, Timaeum, fragmenta. (LXI, 434 S.) 879.

Pars I–III noch nicht erschienen.

Ciceronis, M. Tulli, scripta quae manserunt omnia, recognovit C. F. W. Müller. Partis II vol. 1., continens orationes pro Quinctio, pro S. Roscio Amerino, pro Q. Roscio Comoedo, div. in Q. Caecilium, in C. Verrem. 8. (CX, 499 S.) Leipzig 880. Teubner. 2. 10

Ciceronis, M. Tullii, Scripta quae manserunt omnia. Recognovit C. F. W. Mueller. Pars I, Vol. I et Pars II, Vol. I. 8. Leipzig, Teubner.

Inhalt:

Pars I. Opera rhetorica, recognovit Guil. Friedrich. Vol. I. Continens libros ad C. Herennium et de inventione. Memorabilia vitae Ciceronis per annos digesta praescripta sunt. (CXXV, 236 S.) 884. ℳ 1,35.
» II. Vol. I. Continens orationes pro Quinctio, pro S. Roscio Amerino, pro Q. Roscio Comoedo, div. in Q. Caecilium, in C. Verrem. (CX, 499 S.) 880. ℳ 2,10.

Pars IV, Vol. I–III. Ebendas. 1878,79. ℳ 6,30.

Aus „Scripta" erschienen 1881 in einzelnen Abtheilungen:

Abthl. 7. Orationes pro P. Quinctio, pro Sex. Roscio Amerino, pro Q. Roscio Comoedo. (99 S.) 60 Pf.
» 8. Divinatio in Q. Caecilium, actio in C. Verrem prima. (43 S.) 45 Pf.
» 9a. Actionis in C. Verrem secundae sive accusationis libri I–III. (224 S.) 90 Pf.
» 9b. —— dass. — libri IV et V. (136 S.) 45 Pf.
» 29. Academicorum ad M. Varronem libri II. (90 S.) 60 Pf.

Abthl. 30. De finibus bonorum et malorum libri V. (185 S.) 90 Pf.
» 31. Tusculanarum disputationum libri V. (191 S.) 75 Pf.
» 32. De natura deorum libri III. (142 S.) 60 Pf.
» 33. De divinatione libri II, libri de fato quae manserunt. (128 S.) 60 Pf.
» 34. Librorum de re publica V quae supersunt. (109 S.) 60 Pf.
» 35. De legibus libri III. (71 S.) 60 Pf.
» 36. De officiis libri III. (130 S.) 60 Pf.
» 37. Cato major de senectute. Laelius de amicitia, paradoxa. (83 S.) 45 Pf.

Ciceronis, M. Tullii, scripta quae manserunt omnia. Recognovit C. F. W. Mueller. Pars I. Opera rhetorica, recognovit Guil. Friedrich. Vol. I. continens libros ad C. Herennium et de inventione. Memorabilia vitae Ciceronis per annos digesta praescripta sunt. 8. (CXXV. 236 S.) Leipzig 884. Teubner. 1. 35

— dasselbe. Partis II vol. II. Orationes. 8. (CXXXIV, 541 S.) Ebend. 885. n. 2. 85

— dasselbe. Partis II vol. III. Orationes. 8. (CXXIX, 569 S.) Ebend. 886. 2. 10 (I, 1. II, 1—3. et IV, 1—3.: 13. 95)

— dasselbe. Einzelausg. Nr. 10—18. 8. Ebend. 885. 86. 5. 40

10. Orationes pro M. Tullio, pro M. Fonteio, pro A. Caecina de imperio Cn. Pompeii [pro lege Manilia]. (99 S.) — 45
11. Orationes pro A. Cluentio Avito, de lege agraria tres, pro C. Rabirio perduellionis reo. (S. 100—247.) — 75
12. Orationes in L. Catilinam IV, pro L. Murena. (S. 248—338.) — 60
13. Orationes pro P. Sulla, pro A. Licinio Archia poëta, pro L. Flacco. (S. 339—428.) — 45
14. Orationes post reditum in senatu et post reditum ad Quirites habitae, de domo sua, de haruspicum responso. (S. 429—541.) — 60
15. Orationes pro P. Sestio, in P. Vatinium, pro M. Caelio. (113 S.) — 60
16. Orationes de provinciis consularibus, pro L. Cornelio Balbo, in L. Calpurnium Pisonem, pro Cn. Plancio, pro M. Aemilio Scauro, pro C. Rabirio Postumo. (S. 114—273.) — 60
17. Orationes pro T. Annio Milone, pro M. Marcello, pro Q. Ligario, pro rege Deiotario. (S. 274—358.) — 45
18. Orationes in M. Antonium Philippicae XIV. (S. 359—569.) — 90

Ciceronis, M. Tullii, scripta quae manserunt omnia. Recognovit C. F. W. Mueller. Pars I. Opera rhetorica, recognovit Gulielmus Friedrich. Vol. II continens de oratore libros, Brutum, oratorem, de optimo genere oratorum, partitiones oratorias, topica. 8. (LXXVIII, 449 S.) Leipzig 891. B. G. Teubner. 2. 10

M[arci] Tulli Ciceronis scripta quae manserunt omnia. Recogn. C[arl] F[riedr.] W[ilh.] Mueller. Ed. ster. [Neue Ausg.] P. 1, Vol. 1. *Lipsiae: B. G. Teubner 1893.* 8°
(Bibliotheca script. graec. et rom. Teubneriana.) [illegible]

Ciceronis, M. Tulli, scripta quae manserunt omnia. Recogn. C. F. W. Mueller. Partis III, vol. I. u. II. 8. Leipzig, B. G. Teubner. 7. 80 (kplt. 21. 75)

1. Continens epistularum ad familiares, quae dicuntur, libros XVI, epistularum ad Q. fratrem libros III, Q. Ciceronis de petitione ad M. fratrem epistulam, eiusdem versus quosdam de signis XII. (LXXXVIII, 578 S.) 896. 3. 60
2. Continens epistularum ad Atticum libros sedecim, epistularum ad M. Brutum libros duos, Pseudociceronis epistulam ad Octavium. (CLIX, 565 S.) 898. 4. 20

— scripta rhetorica minora; recogn. argument. notis et indice illustr. ab Jh. Chr. Fr. Wetzel. II Voll, 8 maj. Liegnitz 808. Siegert. 2 ₰ 8 gl 8 maj. Leipz. 823, Hinrichs. 1 ₰ 16 gl

– (Ad T. Pomponium Atticum) de senectute, s. Cicero: Cato maior de senectute.

– Pro P. Sestio, s. Cicero: Oratio pro...

– De signis, s. Cicero: Actiones in Verrem.

— somnium Scipionis, mit e. histor. Einleit. u. erläut. Anmerkk. zum Gebr. in Schulen v. J. D. Büchling. 8. Leipz. 800. Schwickert. 7 gl

— Specimen novae editionis Somnii Scipionis e. l. VI Cic. de rep. in Graecum conversi a Maximo Planude a P. C. Hess. 1880. Siehe unter Planudes.

Cicero, Marcus Tullius: Somnium Scipionis (gr.). Konitz 1840, s.a. Brüggemann, F.

— Somnium Scipionis Graece expr. Rec. add. Latinis F. Brüggemann. Pr. 1840. 28 S. 4°. 1.—

Cicero, M. Tullius, Somnium Scipionis. Für den Schulgebrauch erklärt von Carl Meissner. gr. 8. (IV, 31 S.) Berlin 869, Ebeling und Plahn. [Leipzig, Teubner.] (* 50 Pf.)

—— Somnium Scipionis. Für den Schulgebrauch erklärt von Carl Meissner. 2. zum Theil umgearb. Aufl. gr. 8. (IV, 35 S.) Leipzig 878, Teubner.

—— somnium Scipionis. Für den Schulgebrauch erklärt von Carl Meissner. 3. verb. Aufl. gr. 8. (IV, 38 S.) Leipzig 886, Teubner.

— somnium Scipionis. Für den Schulgebrauch erklärt v. H. Anz. Ausg. A. Kommentar unterm Text. gr. 8. (III, 22 S.) Gotha 890. F. A. Perthes. — 30; Ausg. B. Text u. Kommentar getrennt in 2 Hftn. (III, 7 u. 15 S.) — 30

— somnium Scipionis. F. d. Schulgebr. erklärt von Carl Meissner. 4., verb. Aufl. gr. 8. (IV, 32 S.) Leipzig 897. B. G. Teubner. – 45

— somnium Scipionis. Für den Schulgebrauch erklärt v. Carl Meissner. 5. Aufl., bearb. v. Gust. Landgraf. (IV, 32 S.) 8. Leipzig 908. B. G. Teubner. — 50; kart. — 80

CICERO, M. T., Der Staat, übers. und mit Anmerkungen versehen von [JOH. DETL.] FRIEDR. v. KOBBE. Göttingen. 1824.

— d. Staat, übers. u. mit Anmerkk. versehen v. Fr. v. Kobbe. gr. 8. Götting. 824. Vandenhöck u. R. 16 gGr

— vom Staat, übers. v. G. H. Moser. 2 Bdchen. 12. Stuttg. 828. Metzler. 8 gGr

Cicero, M. Tull., auserlesene Staats- u. freundschaftl. Briefe, mit Imitationes u. latein. Notis. 8. Halle... Neue Aufl. 760. Renger. 5 gGr

– Staatsrede(n) gegen Catilina, s. Cicero: Reden gegen Catilina. 1821.

– Pro P. Cornelio Sulla, s. Cicero: Oratio pro...

– Supplementum Ciceronianum, s. Cicero: De virtutibus.

– De suppliciis, s. Cicero: Actiones in Verrem.

—— (quae vulgo feruntur) synonyma ad L. Veturium. Secundum editiones romanas denuo excudi curavit Guil. Leon. Mahne. 8maj. (X und 90 S.) Lugduni Bat. 850. Brill. **

— Topica, partitiones et de optimo genere oratt. 16. Lpz., Tauchnitz. 2 gGr

—— der Traum Scipio's, s. a. Universal-Bibliothek Nr. 1827.

— Traum d. Scipio, aus d. Latein. mit Anmerkk. v. G. W. Meier. 8. Nürnb. 770. Schneider u. W. 8 gGr

— Traum d. Scipio, a. d. Lat. m. Bemerkk. v. G. W. Meier. 8. Nürnb. Weigel. 790.

– Pro M. Tullio, s. Cicero: Oratio pro...

– Tusculanen, s. Cicero: Tusculanae disputationes.

– Tuskulanische Unterredungen, s. Cicero: Tusculanae disputationes.

– Akademische Untersuchung, s. Cicero: Academica.

– Akademische Untersuchungen, s. Cicero: Academica.

– Tuskulanische Untersuchungen, s. Cicero: Tusculanae disputationes.

– Von der Verachtung des Todes, s. Cicero: Tusculanae disputationes.

– Verrinae, s. Cicero: Actiones in Verrem.

– Verrinen, s. Cicero: Actiones in Verrem.

– Verteidigungsrede für den Dichter Aulus Licinius Archias, s. Cicero: Rede für den Dichter Archias.

Supplementum Ciceronianum. M[arci] Tullii **Ciceronis** de virtutibus libri fragmenta coll. Hermannus Knoellinger. Praemissa sunt excerpta ex Antonii de la Sale [La Salle] operibus et commentationes. Lipsiae: B. G. Teubner 1908. (V, 90 S.) 8° (08. 11,9)

— Vita, ex ipsius scriptis excerpsit et ad consulum seriem digessit Meierotto. 8. Berlin, Unger. 783.

Schreibp.

– Von der Vorhersehung, s. Cicero: De divinatione.

– Von der Weissagung, s. Cicero: De divinatione.

— Werke, übers. v. Kern u. A., s. unter d. einzelnen Titeln.

— Werke, übers. v. Mehrern. 16. Prenzlau, s. unter den einzelnen Titeln.

— Werke. Stuttgart, s. unter den einzelnen Titeln.

—— Werke, s. a. Bibliothek, Langenscheidt'sche, sämmtl. griech. u. röm. Klassiker.

—— dass. — Präparationen, s. Freund's, W. Schüler-Bibliothek.

Cicero's Werke s. a. Prosaiker, römische, in neuen Uebersetzungen.

—— dies. übers. v. Mehreren, s. a. Uebersetzungsbibl. griech. u. röm. Klassiker, IV. Abthl.

M. Tullius Cicero's Werke, übersetzt von J. Andr. L. Thospann und Ernst Wilhelm Eckermann. 21 Bde. Prenzlau 1827–1829. 8°.

— Werke. 1.—68. u. 77.—79. Bdchn. (1.—3. Tuskulanische Unterredungen, übers. v. F. H. Kern. — 4. Brutus, übers. v. C. A. Mebold. — 5. Cato d. ältere oder vom Greisenalter, übers. v. W. M. Pahl. — 6. Der Redner, übers. v. C. A. Mebold. — 7. Von der Weissagung, übers. v. G. H. Moser. — 8. Vom Schicksal, übers. von demselb. — 9. u. 10. Vom Staat, übers. v. demselb. — 11. Ueber die Gesetze, übers. v. K. A. F. Steger. — 12. u. 13. Ueber d. Wesen d. Gottheit, übers. v. G. H. Moser. — 14.—16. Vom Redner, übers. v. J. F. K. Dilthey. — 17. u. 18. Akadem. Untersuchungen, übers. v. G. H. Moser. — 19. u. 20. Von den Pflichten, übers. v. G. G. Uebelen. — 21. u. 22. Vom höchsten Gut u. Uebel, übers. v. G. Chr. Kern. — 23. u. 24. Rhetorik, übers. v. G. H. Moser. — 25. Gespräch über die rednerische Eintheilung u. Topik, übers. v. demselben. — 26. Rhetorik an Herennius, übers. v. Chr. Walz. — 27.—50. u. 77.—79. Reden, übers. v. C. N. v. Osiander. — 51.—68. Briefe 1.—17. Bdchn., übers. von G. H. Moser.) 16. Stuttgart 846, Metzler. Subscr.-Pr. à 1/6 Thlr

— Werke. 46—51. u. 125. Lfg. 8. Stuttgart 832. Werther. à n. — 35

46—51. Tusculanen. Uebers. u. erklärt v. Raph. Kühner. 3. verb. Aufl., besorgt v. Rud. Kühner. (VIII, 261 S.)

125. Verrinische Reden. Deutsch v. W. Binder. 9. Lfg. 2. Aufl. (48 S.)

— Werke. 1. 3. 4. 6—9. 76—79. 101. 102. 126. 137 u. 138. Lfg. Berlin 885. 86. Langenscheidt. à n. — 35

1. 3. 4. 6—9. Sämmtliche Briefe, übers. v. K. L. F. Mezger. 1. 3. 4. 6—9. Lfg. 2. u. 3. Aufl. (1. Bdchn. VIII u. S. 1—32 u. 80—176, u. 2. Bdchn. S. 1—166.)

76. Rede üb. Gnäus Pompejus' Oberbefehl u. üb. den Manilischen Gesetzvorschlag. Verdeutscht v. Johs. Siebelis. 2. Lfg. 4. Aufl. (S. 33—64.)

77—79. Die Philippinischen Reden. Uebers. v. G. Christ. Fr. Bähr. 1—3. Lfg. 2. Aufl. (S. 1—147.)

101. 102. Vier Reden gegen Lucius Sergius Catilina. Uebers. v. Wilh. Binder. 1. u. 2. Lfg. 2. Aufl. (S. 1—96.)

126. Vermischte Reden. Uebers. v. Wilh. Binder. 11. Lfg. 2. Aufl. (S. 49—95.)

137. 138. Rede f. Titus Aninus Milo. Deutsch v. H. Köchly. 1. u. 2. Lfg. 2. Aufl. (XXVIII u. S. 1—60.)

— dasselbe. 33., 47., 73.—75., 103., 116., 125., 127., 139. Lfg. 8. Berlin 888—890. Langenscheidt. à Lfg. n. — 35

33. Drei Bücher vom Redner. Uebers. v. R. Kühner. 2. Lfg. 3. Aufl. (S. 49—80.)

47. Tusculanen. Uebers. u. erklärt v. R. Kühner. 2. Lfg. 5. Aufl. (S. 33—80.)

73. Rede für Sextius Roscius aus Ameria. Verdeutscht von J. Siebelis. 1. Lfg. 2. Aufl. (11. Bd. S. 1—48.)

74. — dasselbe. 2. Lfg. 3. Aufl. (S. 49—87.)

75. Rede über Gnäus Pompejus Oberbefehl od. über den Manilischen Gesetzvorschlag. Verdeutscht v. J. Siebelis. 1. Lfg. 4. Aufl. (32 S.)

103. Vier Reden gegen Lucius Sergius Catilina. Uebers. v. W. Binder. 3. Lfg. 2. Aufl. (13. Bd. S. 97—128.)

116. Verrinische Reden. Uebers. v. W. Binder. 1. Lfg. 2. Aufl. (13. Bd. S. 1—48.)

125. Zweite Rede gegen Verres. Uebers. v. W. Binder. 10. Lfg. 3. Aufl. (S. 1—48.)

127. Verrinische Reden. Uebers. v. W. Binder. 12. Lfg. 2. Aufl. (6. Bdchn. S. 1—48.)

139. Rede für Cnejus Plancius. Uebers. v. W. Binder. 1. Lfg. 2. Aufl. (15. Bd. S. 1—48.)

— Werke. 34., 48., 69., 70., 78., 95., 102., 126., 128., 133.—136. Lfg. 8. Berlin, Langenscheidt. à n. — 35

34. Drei Bücher vom Redner. Übers. v. Raph. Kühner. 3. Lfg. 3. Aufl. (S. 81—128.) 892.

48. Tuskulanen. Übers. u. erklärt v. Raph. Kühner. 3. Lfg. 4. Aufl. (S. 81—128.) 892.

69. Drei Bücher v. den Pflichten. Übers. u. erklärt v. Raph. Kühner. 2. Lfg. 3. Aufl. Rev. v. Rud. Kühner (S. 49 bis 96.) 894.

70. Rede üb. Gnäus Pompejus' Oberbefehl od. üb. den Manilischen Gesetzvorschlag. Verdeutscht v. Johs. Siebelis. 2. Lfg. 5. Aufl. (Reden, 2. Bdchn. S. 33—64.) 894.

78. Die Philippischen Reden. Übers. v. J. Ch. F. Bähr. 2. Lfg. 3. Aufl. (S. 49—96.) 894.

95. Rede f. den Dichter Archias. Übers. v. Wilh. Binder. 3. Aufl. Rev. v. H. Uhle. (32 S.) 894.

102. Vier Reden gegen Lucius Sergius Catilina. Übers. v. Wilh. Binder. 2. Lfg. 3. Aufl. (13. Bd. S. 49—96.) 894.

126. Verrinische Reden. Übers. v. Wilh. Binder. 11. Lfg. 3. Aufl. (5. Bd. S. 49—95.) 893.

128. — dasselbe. 13. Lfg. 2. Aufl. (6. Bd. S. 49—103.) 892.

133—136. Rede f. Publius Sestius. Deutsch v. H. Köchly. 2. bis 5. Lfg. 2. Aufl. Rev. v. H. Uhle. (S. XLIX—LXXII u. 1—124.) 892—894.

Cicero's, M. Tullius, Werke. 1., 3., 10.—13., 32., 50., 51., 68., 75., 77., 98, 101. u. 141. Lfg. 8. Berlin, Langenscheidt. à n. — 35

1. Sämmtl. Briefe, übers. v. K. L. F. Mezger. 1. Lfg. 3. Aufl. (1. Bd. VIII u. S. 1—32.) 898.

3. Dasselbe. 3. Lfg. 3. Aufl. (1. Bd. S. 81—128.) 895.

10.—13. Dasselbe. 10.—13. Lfg. 2. Aufl. Rev. v. H. Uhle. (2. Bd. S. 97—136; 3. Bd. S. 1—96 u. 4. Bd. S. 1—48.) 896—898.

32. Drei Bücher v. Redner. Übers. v. Raph. Kühner. 1. Lfg. 3. Aufl. Rev. v. Rud. Kühner. (IV u. S. 1—48.) 896—898.

50.—51. Tuskulanen. Übers. u. erklärt. v. Raph. Kühner. 4.—5. Lfg. 4. Aufl. Rev. v. Rud. Kühner. (S. 177—262.) 897.

68. Drei Bücher v. d. Pflichten. Übers. u. erklärt von Raph. Kühner. 1. Lfg. 3. Aufl. Rev. v. Rud. Kühner. (VII u. S. 1—48.) 898.

75. Rede üb. Gnäus Pompejus' Oberbefehl od. üb. d. Manilischen Gesetzvorschlag. Verdeutscht v. Johs. Siebelis. 1. Lfg. 5. Aufl. (S. 1—32.) 897.

77. D. Philippischen Reden. Übers. v. J. Christ. u. F. Bähr. 1. Lfg. 3. Aufl. (S. 1—48.) 897.

98. Rede f. M. Marcellus u. Q. Ligarius. Übers. v. Wilh. Binder. 3. Aufl. Rev. v. H. Uhle. (47 S.) 897.

101. Vier Reden gegen Lucius Sergius Catilina. Übers. u. erklärt v. Wilh. Binder. 1. Lfg. 3. Aufl. (S. 1—48.) 898.

141. Drei Reden gegen d. Volkstribun Publius Servilius Rullus üb. d. Ackergesetz. Übers. v. Wilh. Binder. 1. Lfg. 2. Aufl. (48 S.)

— Werke. 2., 15.—18., 35., 38., 48., 50., 51., 70., 91., 92., 95., 126., 127., 133., 134., 137., 138. u. 140. Lfg. 8. Berlin, Langenscheidt's Verl. à n. — 35

2. Sämtliche Briefe, übers. v. K. L. F. Mezger. 2. Lfg. 3. Aufl. Rev. v. H. Uhle. (1. Bd. S. 33—80.) (899.)

15. dasselbe. 15. Lfg. 2. Aufl. Rev. v. H. Uhle. (2. Bd. S. 97—144.) (899.)

16. dasselbe. 16. Lfg. 2. Aufl. Rev. v. H. Uhle. (2. Bd. S. 145—192.) (901.)

17. dasselbe. 17. Lfg. 2. Aufl. Rev. v. H. Uhle. (2. Bd. S. 193—247.) (901.)

18. dasselbe. 18. Lfg. 2. Aufl. Rev. v. H. Uhle. (3. Bd. S. 1—48.) (901.)

35. 38. Drei Bücher vom Redner. Übers. v. Raph. Kühner. 4. u. 7. Lfg. 3. Aufl. Rev. v. Rud. Kühner. (S. 129—176 u. 273—320.) (899.)

48. Tusculanen. Übers. u. erklärt v. Raph. Kühner. 3. Lfg. 5. Aufl. (S. 81—128.) (901.)

50. dasselbe. 5. Lfg. 5. Aufl. (S. 177—324.) (900.)

51. dasselbe. 6. Lfg. 5. Aufl. (S. 225—262.) (901.)

70. Drei Bücher v. den Pflichten. Übers. u. erklärt v. Raph. Kühner. 3. Lfg. 3. Aufl. Rev. v. Rud. Kühner. (S. 97—144.) (899.)

91. 92. Rede f. Murena. Übers. v. G. Wendt. 2 Lfgn. 2. Aufl., rev. v. Uhle. (60 S.) (900.)

95. Rede f. den Dichter Archias. Übers. v. Wilh. Binder. 4. Aufl. (32 S.) (901.)

126. Verrinische Reden. Übers. v. Wilh. Binder. 11. Lfg. 5. Aufl. (S. 49—95.) (901.)

127. dasselbe. 12. Lfg. 3. Aufl. (48 S.) (899.)

133. Rede f. Publius Sestius. Deutsch v. H. Köchly. 2. Lfg. 3. Aufl. (XLIX—LXXII u. S. 1—16.) (901).

134. dasselbe. 3. Lfg. 3. Aufl. (S. 17—64.) (899.)

137. Rede f. Titus Annius Milo. Deutsch v. H. Köchly. 1. Lfg. 3. Aufl. (15. Bd. XXVIII u. S. 1—16.) (899.)

138. dasselbe. 2. Lfg. 3. Aufl. (15. Bd. S. 17—64.) (901.)

140. Rede f. Cnejus Plancius. Übers. v. Wilh. Binder. 2. Lfg. 2. Aufl. Rev. v. H. Uhle. (15. Bd. S. 49—74.) (901.)

Cicero's, M. Tullius, Werke. 5., 12., 18.—23., 36., 37., 39.—42., 44., 45., 47., 50., 51., 63., 65., 66., 71., 78., 91., 92., 94., 98., 102., 116., 125., 128., 130., 157. u. 160. Lfg. 8. Berlin-Schöneberg, Langenscheidt's Verl. à n. — 35

5. Sämtliche Briefe. Übers. v. K. L. F. Mezger. 5. Lfg. 4. Aufl. (1. Bd. S. 177—221.) (906.)

12. Dasselbe. 12. Lfg. 3. Aufl. (2. Bd. S. 97—136.) (905.)

18. Dasselbe. 18. Lfg. 3. Aufl. (5. Bd. S. 1—48.) (906.)

19.—23. Dasselbe. 19.—23. Lfg. 2. Aufl., rev. v. H. Uhle. (3. Bd. S. 49—276.) (904.)

36. 37. 39. Drei Bücher vom Redner. Übers. u. erklärt v. Raph. Kühner. 5., 6. u. 8. Lfg. 3. Aufl. (S. 177—272 u. 321—360.) (903. 904.)

40—42. 44. 45. Fünf Bücher vom höchsten Gut u. Übel. Übers. u. erklärt v. Raph. Kühner. 1.—3., 5. u. 6. Lfg. 2. Aufl. (IV u. S. 1—144 u. 193—300.) (904.)

47. Tusculanen. Übers. u. erklärt v. Raph. Kühner. 2. Lfg. 7. Aufl. (S. 33—80.) (904.)

50. 51. Dasselbe. 5. u. 6. Lfg. 6. Aufl. (S. 177—262.) 904. 905.)

63. Cato od. Von dem Greisenalter an Titus Pomponius Atticus. Übers. u. erklärt v. Raph. Kühner. 1. Lfg. 4. Aufl. (S. 1 bis 32.) (906.)

65. 66. Lälius od. Von der Freundschaft. (An Titus Pomponius Atticus.) Übers. u. erklärt v. Raph. Kühner. 1. u. 2. Lfg. 4. Aufl. Rev. v. H. Uhle. (S. 1—76.) (905.)

71. 3 Bücher v. den Pflichten. Übers. u. erklärt v. Raph. Kühner. 4. Lfg. 3. Aufl. (S. 145—192.) (905.)

78. Die Philippischen Reden. Übers. v. J. Ch. F. Bähr. 2. Lfg. 4. Aufl. (S. 49—96.) (906.)

91. 92. Rede f. Lucius Murena. Übers. v. G. Wendt. 1. u. 2. Lfg. 3. Aufl. (60 S.) (906.)

94. Rede f. Publius Sulla. Übers. v. Wilh. Binder. 2. Lfg. 2. Aufl. (S. 33—56.) (906.)

98. Reden f. Marcus Marcellus u. Quintus Ligarius. Übers. v. Wilh. Binder. 4. Aufl. (47 S.) (906.)

102. Vier Reden gegen Lucius Sergius Catilina. Übers. v. Wilh. Binder. 2. Lfg. 5. Aufl. (S. 49—196.) (903.)

116. Verrinische Reden. Übers. v. Wilh. Binder. 1. Lfg. 3. Aufl. (13. Bd. S. 1—48.) (905.)

125. Dasselbe. 10. Lfg. 5. Aufl. (S. 1—48.) (903.)

128. Dasselbe. 13. Lfg. 3. Aufl. (6. Bd. S. 49—103.) (904.)

130. Brutus od. Von berühmten Rednern. Übers. v. Wilh. Binder. 2. Lfg. 2. Aufl. (S. 49—96.) (905.)

157. Rede f. Marcus Cälius Rufus. Übers. v. Wilh. Binder. 2. Aufl. Rev. v. H. Uhle. (53 S.) (904.)

160. Rede f. Cajus Rabirius Postumus. Übers. v. Wilh. Binder. 2. Aufl. (29 S.) (906.)

Cicero's, M. Tullius, Werke. 2. 4. 7. 10. 11. 13—17. 19. 20. 28—31. 33. 35. 50. 54. 56. 58. 64. 67—70. 74. 90. 95. 96. 99. 100. 102—104. 117. 129. 131. 134. 140. 141. 143—145. 155. 156 u. 159. Lfg. 8. Berlin-Schöneberg (907—10.) Langenscheidt's Verl. à Lfg. — 35

2. 4. 7. 10. 11. Sämtliche Briefe. Übers. v. K. L. F. Mezger. 2. 4. 7. 10. u. 11. Lfg. 4. Aufl. (1. Bd. S. 33—80, 129—176; 2. Bd. S. 49—96 u. 3. Bd. S. 1—96.)

13—17. 19. 20. Dasselbe. 13—17. 19. u. 20. Lfg. 3. Aufl. (4. Bd. S. 1—247 u. S. 49—144.)

28—31. Dasselbe. 28—31. Lfg. 2. Aufl. (4. Bd. S. 1—141.)

33. 35. Drei Bücher vom Redner. Übers. v. Raph. Kühner. 2. u. 4. Lfg. 4. Aufl. (S. 49—80 u. 129—176.)

50. Tusculanen. Übers. u. erklärt v. Raph. Kühner. 5. Lfg. 7. Aufl. (S. 177—224.)

54. 56. 58. Drei Bücher vom Wesen der Götter (de natura deorum). Übers. u. erklärt v. Raph. Kühner. 3. Lfg. 3. Aufl. 5. u. 7. Lfg. 2. Aufl. (S. 91—128; 177—224 u. 273—314.)

64. Cato od. Von dem Greisenalter an Titus Pomponius Atticus. Übers. u. erklärt v. Raph. Kühner. 2. Lfg. 4. Aufl. (S. 33—69.)

67. Paradoxe der Stoiker an Marcus Brutus. Übers. u. erklärt v. Raph. Kühner. 2. Aufl. Durchgesehen v. C. A. Bauer. (S. 1—42.)

68—70. Drei Bücher v. den Pflichten. Übers. u. erklärt v. Raph. Kühner. 1—3. Lfg. 4. Aufl. (VII u. S. 1—144.)

74. Rede f. Sextus Roscius aus Ameria. Verdeutscht v. Johs. Siebelius. 2. Lfg. 4. Aufl. (11. Bd. S. 49—87.)

90. Sämtliche Briefe. Übers. v. K. L. F. Mezger. 35. Lfg. 2. Aufl. (4. Bd. S. 145—203.)

95. Rede f. den Dichter Aulus Licinius Archias. Übers. v. Wilh. Binder. 5. Aufl. (32 S.)

96. Rede f. sein Haus. Übers. v. Wilh. Binder. 1. Lfg. 2. Aufl. (10. Bd. S. 1—48.)

99. Rede f. den König Deiotarus. Deutsch v. W. Binder. 4. Lfg. 4. Aufl. (S. 1—35.)

100. Reden nach seiner Rückkehr im Senate u. vor dem Volke. Übers. v. W. Binder. 3. Aufl. (S. 1—52.)

102. 103. 4 Reden gegen Lucius Sergius Catilina. Übers. v. Wilh. Binder. 2. Lfg. 6. Aufl. u. 3. Lfg. 4. Aufl. (S. 49—128.)

104. Der Redner. Deutsch v. Jul. Sommerbrodt. 1. Lfg. (VI u. S. 1—64.)

117. Verrinische Reden. Übers. v. W. Binder. 2. Lfg. 2. Aufl. u. 12. Lfg. 4. Aufl. (13. Bd. S. 49—80 u. 6. Bd. S. 1—48.)

129. 131. Brutus od. v. den berühmten Rednern. Übers. v. W. Binder. 1. Lfg. 3. Aufl. u. 3. Lfg. 2. Aufl. (S. 1—48. u. S. 96—148.)

133. 134. Rede f. Publius Sestius. Deutsch v. H. Köchly. 2. u. 3. Lfg. 4. Aufl. (4. Bd. XLIX—LXXII u. S. 1—64.)

140. Rede f. Cnejus Plancius. Übers. v. Wilh. Binder. 2. Lfg. 3. Aufl. (15. Bd. S. 49—74.)

141. Drei Reden gegen den Volkstribun Publius Servilius Rullus üb. das Ackergesetz. Übers. v. Wilh. Binder. 1. Lfg. 3. Aufl. (S. 1—48.)

143—145. 3 Bücher üb. die Gesetze. Übers. v. Wilh. Binder. 1—3. Lfg. 2. Aufl. (S. 1—114.)

155. 156. Akademische Untersuchungen. Übers. v. Wilh. Binder. 2. u. 3. Lfg. 2. Aufl. (S. 49—120.)

159. Rede gegen Lucius Piso. Übers. v. Wilh. Binder. 2. Aufl. (S. 33—71.)

— sämmtl. Werke. In deutschen Uebertragungen, unter Mitwirkung von Fr. K. von Strombeck, Fr. Jacobs, J. G. Droysen, A. W. Zumpt, A. Westermann u. A. m. herausg. von Reinhold Klotz. 1r Bd. 1s — 6s u. 2r Bd. 1s — 4s Hft. (Mit Stahlstich.) Lex.-8. Leipzig 839, 40. Focke. (à 2/3 ℛ) 6 2/3 ℛ

— sämmtliche Werke. In deutsch. Uebertragungen herausgeg. von Reinhold Klotz. 2. Bd. 5. u. 6. Heft. (Seite 449 bis 710. Schluß.) Lex.-8. Leipzig 841, Focke. 1 1/3 ℛ (1. u. 2.: 8 ℛ) — Hieraus sind abgedruckt: Bücher von der Divination u. die Schrift vom Schicksal. Ins Deutsche übertragen von Fr. Jacobs. Lex.-8. Ebend. 1 ℛ — Bücher vom höchsten Gut und höchsten Uebel. Ins Deutsche übertragen von Jh. Gust. Droysen. Lex.-8. Ebend. 1 1/4 ℛ — Bücher von den Pflichten. Ins Deutsche übertragen von Aug. Wlh. Zumpt. Lex.-8. Ebend. 1 ℛ

— Ueber das Wesen der Götter, s. a. Bibliothek, kleine.

— drei Bücher vom Wesen der Götter, s. a. Sammlung griech. u. röm. Classiker.

Cicero, M. T. Drey Bücher von dem Wesen und den Eigenschaften der Götter ... aus dem Lateinischen ... Leipz. 1739. V: *Winkler, Joh. Heinr.* (Degen)

Cicero, M. T. Gespräche über das Wesen der Götter in 3 Büchern. Aus dem Lat. Zürich 1787. H: *Kindermann, C. V.* (Mitth. Fr. Müller-Kiel.)

— Gespräche von d. Wesen d. Götter in drei Büchern. Aus d. Latein. (v. Chr. Vikt. Kindervater). 8. Zürich 787. Orell. 14 gr

Cicero, M. T. Gespräche über das Wesen der Götter, in drey Büchern, aus dem Lateinischen übersetzt. Zürich 1787—91. Ü: *Kindervater, Christian Victor.* (ErschDl.) (Ky) (MGT) (AarK)

— — desselben 2r u. 3r Theil. s. a. Chr. V. Kindervater, philosoph. u. philolog. Abhandlungen über Cicero de Natura Deorum. 2 Theile.

— Dass., übers. v. J. C. F. Wetzel. 8. Braunschw. 799. Schulbuchh. 7 gr Erklär. Anmerkk. dazu v. Demselben. 8. Ebd. 799 14 gr (Auch Encyklopädie d. latein. Classiker. 3e Abthl.)

— Dass., übers. von J. F. v. Meyer II. 8. Frankf. a. M. 806. Hermannsche B. 20 gr 2e verb. Aufl. gr. 8. Ebd. 832. Barrentrapp. 20 gr Schrbp. 1 ℛ (vergl. Samml. d. neuesten Uebersetz. röm. Classiker.)

—— vom Wesen d. Götter. A. d. Latein. übers. u. mit Anmerkn. erläut. v. Chr. Fr. Michaelis. gr. 12. (18 B.) München 829, Fleischmann.

— über d. Wesen d. Gottheit, übers. v. G. H. Moser. 2 Bdchen. 12. Stuttg. 829. Metzler. 8 gr

—— Bücher von d. Wesen d. Götter. In's Deutsche übertr. v. Joh. Fr. Schröder. Lex.-8. (10 3/4 B.) Leipzig 841, Focke.

Cicero, Quintus, an seinen Bruder M. T. Cicero, über d. Bewerbung um d. Consulat; von J. A. Götz. 8. Nürnb. 824. Monath u. K. 6 gr

Cicero, Quintus, commentariolum de petitione consulatus ad M. T. fratrem, cum animadv. Chr. G. Schwarz, ed. Bhrd. Fr. Hummel. 8. Nurnb. 791. Raw. 3 gr

—— **de petitione consulatus ad M. Tullium Fratrem liber. Recogn., selectam lection. variet. adjecit et perpetua adnotat. illustr. Hoffa. 8. (5 1/4 B.) Lipsiae 837, Schwickert.**

Q. Ciceronis Commentariolum petitionis examin. et ex Buecheleri recensione passim emend. ed. A. Knesner. Pr. 1872. 42 S. 4°. 1.25

Ciceronis, Quinti, Reliquiae. Recognovit Franc. Buecheler. gr. 8. (70 S.) Leipzig 869, Teubner. *

Cicerone. Kartographisches Kursbuch mit Reisebeschreibung in 25 Abthlgn. für Deutschland und Oesterreich. 5. Abthl. für Berlin und Umgegend, mit 1 Lokalkärtchen und 1 Eisenbahnkarte von Europa. Sommer-Fahrplan nach officiellen Quellen. gr. 4. (30 S.) Wiesbaden 880, Expedition. In 12. gebrochen
Nicht weiter erschienen.

Cicerone, der. Halbmonatsschrift f. die Interessen des Kunstforschers u. Sammlers. Hrsg.: Geo. Biermann. Red.: Herm. Uhde-Bernays. 1. Jahrg. 1909. 24 Hefte. (VIII, 784 S. m. Abb.) Lex. 8. Leipzig, Klinkhardt & Biermann. 16. —

— **dasselbe.** Red.: Herm. Voss. 2. Jahrg. 1910. 24 Hefte. (XVI, 864 S. m. Abbildgn. u. 1 farb. Taf.) Lex. 8. Ebd. 20.—; m. d. Monatsheften f. Kunstwissenschaft 18. —

Cicerone, der, s. Burckhardt, Jac.

Cicerone der Gemäldegallerie in Wien. [Kunsthistorisches Hofmuseum.] Kritisch beschreib. Führer. Mit dem Bildnisse der „Justina". 8. (XXIII, 442 S.) Wien 892. C. Daberkow. Kart. n. 2. 40

Cicerone, der kleine allwissende, in Berlin u. Potsdam. Unentbehrl. Rathgeber f. Fremde, die in beiden Städten u. deren Umgebungen nicht mehr als Alles zu sehen gesonnen sind. 16. (2 B. u. 1 Stahlst.) Graudenz 812. [Leipzig, Glück's Separat-Conto.]

Cicerone, der kleine nürnberger, oder unentbehrlicher Führer durch Nürnberg. 32. (32 S.) Nürnberg 853, v. Ebner'sche Buchh. [Verlags-Conto.]
mit lithogr. Plan in Fol.

Moderner Cicerone. [1.] *Stuttgart, Berlin, Leipzig: Union [1902].* 8°

Cicerone in und um Neapel, nach Romanelli, Marzallo, del Rè etc. An Ort und Stelle (im Jahre 1824) bereichert und berichtigt von J. R. Mit Steindrücken. (3 Bde.) 8. Brünn 1828.

Cicerone in u. um Neapel nach Romanelli, Marzullo, del Rè, Paolini, Vasi rc. An Ort u. Stelle (im J. 1824) bereich. u. berichtigt v. J. K. 3 Bde. M. 5 Karten u. Grundriß u. 2 Stndr. 8. (53 B. u. 1 Tab.) Leipzig 829, (Brockhaus.)

Cicerone, le nouveau, dans la ville de Berne et dans ses plus proches environs. Aperçu des curiosités, accompagné de notices à l'usage des voyageurs étrangers, qui se proposent de faire un séjour plus ou moins long dans la ville fédérale. Avec 1 vue (lith.) depuis le „Schänzli." Bern 865. Blom. 8. (31 S.) n. 5 *ngr*

Cicérone, le nouveau, dans la ville de Berne et dans ses plus proches environs. Aperçu des curiosités, accompagné de notices à l'usage des voyageurs étrangers, qui se proposent de faire un séjour plus ou moins long dans la ville fédérale. 8. (31 S. avec une vue lithogr. depuis le „Schänzli.") Bern 865, [Fiala.] *

— **der poetische.** Städte u. Länder in der Dichtg. Hrsg. v. Ign. Jeżower. I. Venedig. (XX, 183 S.) kl. 8. Berlin 908. B. Behr's Verl. 3.—; geb. 4. —

Cicerone, vollständiger, für Dresden und Teplitzreisende während der Sommersaison 1860. Dresden 860. Zeh in Comm. gr. 4. (6 S. m. Holzschn.) n. 2 *ngr*

Wiener Cicerone. Illustrierter Fremdenführer durch Wien und Umgebung 12. Aufl. 8°. (VII, 280 S. mit Stadtplan) Wien: Dorn 1903. geb. K 2. –

Wiener Cicerone. Illustrierter Fremdenführer durch Wien und Umgebung. 14. Aufl. 1905. 8°. (VII, 248, VI S.) geb. K 3. – Wien: Volkswirtschaftl. Verl. Dorn 1905.

Cicerone, Wiener. Illustrierter Fremden-Führer durch Wien u. Umgebung. XV. Aufl. Red. v. Frz. Höllrigl. (VII, 262 S. m. Abbildgn.) kl. 8. Wien 906. Volkswirtschaftl. Verlag A. Dorn. Geb. in Leinw. n. 1. 70

Wiener Cicerone. Illustrierter Fremdenführer durch Wien und Umgebung. XVII. Jahrg. 8°. (VII, 264 S.) geb. K 2.—
Wien: Dorn 1908.

— **Wiener.** Illustrierter Fremdenführer durch Wien u. Umgebg. 19. Jahrg. Bearb. v. Frz. Höllrigl. (VII, 265 S. m. 1 farb. Plan.) kl. 8. Wien 910. 11. Volkswirtschaftl. Verlag A. Dorn. Geb. in Leinw. 1. 70

Ciceros, s. C i c e r o [Schlagwort]

Cichocki, Boleslaw, approb. Arzt aus Bruß, Kreis Konitz W/Pr.: Ueber die Indikationen zur chirurgischen Behandlung des Ulcus ventriculi und seiner Folgezustände. *Leipzig 1904: B. Georgi.* (24 S.) 8°
Leipzig, Med. Diss. v. (10. Juli) 1904

Cichocki, Casimir. (Simplicius) (geb. Tuchel 2. 3. 1819): De historia et natura plicae Polonicae. Berolini (1845). (30 S.) 8°
Berlin, Med. Diss. v. 11. Jan. 1845

Handzeichnungssammlung Eduard **Cichorius.** Berühmte Ludwig Richter-Sammlung. Deutsche Künstler d. 19. Jhs. Leipzig: C. G. Boerner 1908. (IV, 56 S.) 4°
(Boerner: Auktion 70.) [08. 3798]

Cichorius, Conr., Altertümer v. Hierapolis, s.: H u m a n n , Carl.

C i c h o r i u s , C., Die Chronologie des Pisistratus. S.-A. 1894. 14 S.

Cichorius, Conr., die römischen Denkmäler in der Dobrudscha. Ein Erklärungsversuch. (42 S.) gr. 8. Berlin 904. Weidmann. n. 1. —

Cichorius, C., Zur Deutung von Catulls Phaselusgedicht. S.-A. 1903. 16 S. 1.20

C i c h o r i u s , C o n r a d u s , de fastis consularibus antiquissimis. Diss. Leipzig 1887. 8°. S. 173—262.
Sonder-Abdruck aus: Leipziger Studien zur classischen Philologie, hrsg. von Otto Ribbeck. IX. Band 2. Heft. Leipzig 1887. S. Hirzel.

Cichorius, C., Inschriften aus Kleinasien. S. A. 1889. 14 S.

—— über Varros libri de scaenicis originibus, s. C o m m e n t a t i o n e s Philologae quibus Ottoni Ribbeckio congratulantur Discipuli Lipsienses.

Cichorius, C o n r a d : D. Reliefs d. Denkmals v. Adamklissi. *Leipzig 1897.* in: Beiträge, Philologisch-histor., C. W a c h s m u t h z. 60. Geburtstage überreicht. [97. 3344]

— die Reliefs d. T r a i a n s s ä u l e . Hrsg. u. histor. erklärt. Gedruckt m. Unterstützg. d. kgl. sächs. Ministeriums d. Cultus u. öffentl. Unterr. 1. Tafelbd.: D. Reliefs d. 1. dakischen Krieges, gr. Fol. (57 Taf. in Heliograv., in Mappe.) Nebst 2. Textbd. Commentar dazu. gr. 8. (VI, 372 S. m. Abb. u. 1 farb. Karte.) Berlin 896. G. Reimer. n. 54. —; Textbd. allein n. 6. —

Cichorius, Conr., die Reliefs der Traianssäule. Hrsg. u. historisch erklärt. Gedruckt m. Unterstützg. des königl. sächs. Ministeriums des Cultus u. öff. Unterrichts. II. Tafelbd. Die Reliefs des 2. dakischen Krieges. qu. Fol. (56 Taf. in Heliograv. in Mappe.) Nebst 3. Textbd. Commentar dazu. gr. 8. (409 S. m. Abbildgn. u. 1 farb. Karte.) Berlin 900. G. Reimer. n. 66. —; Textbd. allein n. 18. —

Cichorius, C., Rom u. Mytilene. Habilitationsschrift. gr. 8. (67 S. m. 1 Taf.) Leipzig 888. (Teubner.) n. 2. —

Cichorius, C., Römische Staatsurkunden aus dem Archive des Asklepiostempels zu Mytilene. Ak. 1889. 29 S. 1.25

Cichorius, Conr., s.: **Studien**, Breslauer, zur Geschichte.

— s.: **Untersuchungen, historische.**

Untersuchungen zu Lucilius. Von Conrad **Cichorius.** Berlin: Weidmann 1908. (IX, 364 S.) 8° [08. 9749]

v. **Cichorius,** Edw. Emil., († d. 15. März 1829.), s. Chailles, geistl. Reden.

CICHOWSKI, Vinzenz (Baszkow/Posen): Das alttestamentliche Pascha in seinem Verhältnisse zum Opfer Christi.- München: Weiss 1849. 32 S.
28.7.1849 - Urk (Titel: De paschate v. t. prototypo sacrificii Christi.); F 44
Diss.Ingolst.-Landsh.-Mchn.

Cichra, Emma, gesammelte Erzählungen f. Mütter, Kindergärtnerinnen u. Erzieherinnen. gr. 8. (X, 155 S.) Prag 892. F. Tempsky. — Leipzig, G. Freytag. Kart. n. 1. 40

Cicenius, das Lied v. der Geburt. Ein heiterer Sang. 8. (30 S.) Berlin 895. H. Steinitz' Verl. n. 1. —

Cid. – Der Cid, s.a. C o r n e i l l e , Pierre

— — dass. von Matth. v. Collin, s. Collin, Dramat. Dichtungen. 1r.

Cid. Tragödie, a. d. Franz. von C. G. Kleffel. 8. Rostock, Stiller. 797.

Cid, Der, eine Tragödie in fünf Aufzügen. A. d. Franz. Rostock 1807. V: *Corneille, Pierre.* Ü: *Kleffel, Gustav.* (GGr)

Cid, Trauersp. in 5 Aufz. nach Corneille, v. A. Niemeyer. 8. Cöthen, Aue. 810.

— der, Trauersp. nach Corneille von Benzel-Sternau. 8. Gotha, Becker. 819.

Cid, der, übertr. v. F. M. D u t t e n h o f e r , s.a. C l a s s i k e r d. In- u. Auslandes, 7. Bd.

— der, ein Romanzenkranz. Im Versmaaße d. Urschrift aus dem Span. vollständig übers. v. F. M. Duttenhofer. 8. Stuttg. 833. (Beck u. Fränkel.) 1 ℛ — 2e verb. Aufl. 8. Ebd. 837. 1 ℛ

Cid, der, ein Romanzen-Kranz. Im Versmaase d. Urschrift a. d. Span. vollständ. übers. v. F. M. Duttenhofer. 8. (15¼ B. u. Titvign.) Stuttgart 833, Löflund.

—— der, ein Romanzen-Kranz. Im Versmaase d. Urschrift aus d. Span. übers. v. F. M. Duttenhofer. 2., verb. Aufl. 8. (15¼ B.) Stuttgart 837, Beck u. Fraenkel.

Cid, der, ein Romanzenkranz. Erste vollständige Uebertragung, welche, außer den bisher in Deutschland bekannten 78 Gedichten, durch Aufnahme weiterer 76, nach der Duran'schen Sammlung, nun sämmtliche vorhandene Cid-Romanzen gibt, v. F. M. Duttenhofer. gr. 8. (26⅓ B. u. 1 Stahlst.) Leipzig 842, Gebr. Schumann.

Cid, Poema del. Nach der einzigen Madrider Handschrift mit Einleitung, Anmerkungen und Glossar neu hrsg. von Karl Vollmöller. 1. Thl.: Text. gr. 8. (95 S.) Halle 879, Niemeyer. *

Cid, Romancero del, public. por A. Keller. (M. 1 Stahlst.) 8. (24 B.) Stuttgart 840, Liesching y Comp.

Cid, Kalliplastie. Studien üb. die Schönheit der Gesichtszüge und die Mittel zu deren Vervollkommnung. Nach dem Franz. 8. (197 S.) Leipzig 847, Gerhard. 18 ngr

C i e c h o m s k i , Leon. Die Absorptionsspektren einiger verflüssigter Gase im Ultraviolett. Diss. Math.-Naturw. Freiburg, Schweiz. [Mit Figuren und 1 Tafel.] 88 S. 8. Freiburg ⟨Schweiz⟩, St. Paulus-Druckerei, 1910.

Ciencia, la, médica alemana y ciensias auxiliares. Revista mensual científica y literaria de los más recientes progresos, inventos, descubrimientos, tratamientos terapéuticos, de actualidades, novedades, expediciones, etc. en general de todos los conocimientos útiles científicos de la medicina en Alemania, destinada á los servicios de los intereses profesionales, consu suplemento: „Autores médicos españoles y latino-americanos". Red.: Sánchez y Rosal Hermanos y R. Jenisch. I. año Novbr. 1908—Oktbr. 1909. 12 Nrn. (à ca. 16 S.) Lex. 8. Berlin (Kurfürstenstr. 42), Dr. Sanchez y Rosal. 16. —
Nicht im Buchhandel.

Cienfuegos, Máximo (geb. Santiago de Chile 22. 4. 1852): Ueber die senilen Veränderungen des menschlichen Auges. Berlin (1880). (20 S.) 8°
Berlin, Med. Diss. v. 26. Juni 1880

Cienfuegos, N. A. de, las Hermanas generosas, s. Bühnenstücke, span., 2. Bdchn.

Cienkowski, L., zur Morphologie der Bacterien, s.a Mémoires de l'académie impériale des sciences de St. Pétersbourg.

CIENKOWSKI (L.). Zur Morphologie d. Bacterien. Petersb. 1877. 4°.

Cierpanowski, C. Das System der feuersicheren Bedachung. 1877.

Cieplik, Leo. Zur Geologie des nordöstlichen Teiles des Brunnen-Massivs. [Mit Figuren und 2 Tafeln.] 8.
Ausg. A: II p. + p. 39–75. Fribourg ⟨Suisse⟩, Fragnière Frères, 1905. fr. 3. —. Mémoires de la Société fribourgeoise des Sciences naturelles.... Géologie et Géographie. V(ol). 4, F(asc). 2....
Ausg. B: Diss. Math.-Naturw. Freiburg in der Schweiz. (Sonderabdruck aus den Mitteilungen der naturforschenden Gesellschaft in Freiburg ⟨Schweiz⟩. Geologie und Geographie. Band 4, Heft 2.) 45 S. Freiburg ⟨Schweiz⟩, Gebrüder Fragnière, 1905.

Cierjacks, Cäs., Kämpfe u. Spiele. Ein Buch f. Knaben. Bilder u. Buchschmuck v. César Klein. (74 S.) 8. Köln (907). H. & F. Schaffstein. Kart. 3. —

Ciese, Daniel Christoph (Rostock), De excubiis. Dissertat. jur. Präs. Ernst Joh. Fried. Mantzel. Rostock (J. J. Adler) März 1735. 36 S. (5.—) 5237

Ciesielski, Franz, approb. Arzt aus Berlin: Klinische Untersuchungen über Euguform. *Leipzig 1901: B. Georgi.* (30 S.) 8°
Leipzig, Med. Diss. v. (20. Jan.) 1901

Ciesielski, Theophil *(geb. Grabow in Pos. 13.11.1847)*: Untersuchungen über die Abwärtskrümmung der Wurzel. Breslau 1871. (36 S.) 8° *(Aus: Beiträge z. Biologie d. Pflanzen hrsg. v. F. Cohn. Bd 1, H. 2 1872.) [Im Buchhandel 1871 bei Maruschke & Berendt in Breslau.]*
Breslau, Phil. Diss. v. 14. [vielmehr 18.] Juli 1871

Ciesielski, Theophil, Untersuchungen über die Abwärtskrümmung der Wurzel. Inaugural-Dissertation. gr. 8. (38 S.) Breslau 871, (Maruschke und Berendt.)

Ciesius, Paul, manuale exceptionum forensium. 12. Rostock. 726.

CIESLAR, Adolf
(F) Ueber Anbauversuche mit fremdländischen Holzarten in Oesterreich. Von Dr. Adolf Cieslar. Mittheilung der k. k. forstlichen Versuchsanstalt in Mariabrunn. Separatabdruck aus dem „Centralblatt für das gesammte Forstwesen" 1901. Wien. 1901. Frick. Gr.-8°. 55 S. K 1.—

Cieslar, Adf., Bewässerungsversuche im Walde. (Mitteilung der k. k. forstl. Versuchsanstalt in Mariabrunn.) (19 S. m. Abbildgn.) gr. 8. Wien 905. W. Frick. n. 1. —

— einiges über die Rolle des Lichtes im Walde, s.a Mitteilungen aus dem forstlichen Versuchswesen Österreichs. 30. Hft.

CIESLAR, Adolf: Einiges über die Rolle des Lichtes im Walde. - Wien 1904. VII, 105 S. (Mitt. forstl. Versuchswes. Österreich H. 30)

Cieslar, Adf., die Erblichkeit d. Zuwachsvermögens bei den Waldbäumen. Mittheilg. d. k. k. forstl. Versuchsanst. in Mariabrunn. [Aus: „Centralbl. f. d. ges. Forstwesen".] gr. 8. (24 S. m. 9 Fig.) Wien 895. W. Frick. n. — 80

Cieslar A.: [Die Hausschwammcalamität]. (Wien 1900). 5 S. (Særtr.). 4°.

— über d. Ligningehalt einiger Nadelhölzer, s.a. Mitteilungen a. d. forstl. Versuchswesen Österreichs.

CIESLAR, Adolf: Über den Ligningehalt einiger Nadelhölzer. - Wien 1897. 40 S. - (Mitt. a. d. forstl. Versuchswes. Österreichs H. 23)

Cieslar, Adf., die Naturwissenschaften im waldbaulichen Unterrichte. [Aus: „Land- u. forstwirthschaftl. Unterrichts-Zeitg."] gr. 8. (18 S.) Wien 891. (W. Frick.) n. — 80

CIESLAR, Adolf
(F) Neues aus dem Gebiete der forstlichen Zuchtwahl. Ein wissenschaftlicher Beitrag zum Waldbau und zum Forstculturwesen insbesondere. Von Dr. Adolf Cieslar. Mittheilung der k. k. forstlichen Versuchsanstalt in Mariabrunn. (Separatabdruck aus dem „Centralblatte für das gesammte Forstwesen", Jahrgang 1899.) Wien 1899. Frick. Gr.-8°. 44 S. fl. —.60

— die Pflanzzeit in ihrem Einfluss auf die Entwickelung der Fichte u. Weissföhre, s.a. Mittheilungen aus dem forstlichen Versuchswesen Österreichs.

Cieslar, Dr. Adolf, Mittheilungen aus dem forstl. Versuchswesen Oesterreichs. Herausgegeben von der k. k. forstlichen Versuchsanstalt in Mariabrunn. Der ganzen Folge XIV. Heft. Die Pflanzzeit in ihrem Einfluss auf die Entwicklung der Fichte und Weissföhre. Mit 9 photolithograph. Tafeln. Kl.-4. (72 S.) Wien: Frick 1892. 1.20

— Waldbauliche Studien über die Lärche. (Mitteilung der k. k. forstl. Versuchsanstalt in Mariabrunn.) (27 S.) gr. 8. Wien 904. W. Frick. n. 1. —
Sonderabdruck aus: „Zentralblatt f. das gesamte Forstwesen".

CIESLAR, Adolf: Untersuchungen über den Einfluss des Lichtes auf die Keimung der Samen. - Wien 1882. 67 S., m. Tab. (Hdschr.) - Diss. - (Forsch. a. d. Geb. d. Agrikulturphysik Bd. 6, 1883)

Cieslar, Adf., s.: Zentralblatt f. das gesamte Forstwesen.

— die Zuchtwahl in der Forstwirthschaft. [Aus: „Centralbl. f. d. ges. Forstwesen".] (Internationaler land- u. forstwirthschaftl. Congreß zu Wien 1890, Hft. 51.) gr. 8. (9 S.) Wien 890. (W. Frick.) n. — 80

CIESLAR, Adolf u. H. REUSS: Die Zuchtwahl in der Forstwirthschaft. - Wien 1890. 9. u. 5 S. - (2 Ref. v. internat. land- u. forstwirthsch. Congress zu Wien)

Cieślewicz, Jacob: Thesen an Stelle der später zu veröffentlichenden Dissertation: De Eclampsia. (Nebst Lebenslauf.) Halle (1870): Plötz. 2 Bl. 8°
Halle-Wittenberg, Med. Thesen v. 29. Juli 1870

Cieślewicz, Jacob: Verletzungen des Foetus durch den Geburtshelfer. Halle [1872]: Plötz. 46 S. 8°
Halle-Wittenberg, Med. Diss., nachgeliefert von dem am 29. Juli 1870 auf Thesen promovierten Verf.
Geb. Strzelno (Posen) 16. 7. 1846. V.
Verf. erlebte die diamantene Diplomerneuerung 1930 in Strzelno (Polen).

Cieszkowski, Aug. Graf v., Antrag zu Gunsten der Klein-Kinder-Bewahranstalten als Grundlage der Volkserziehung. Beitrag zur Bestimmung und Feststellung der Aufgabe des Staats in Beziehung auf Volkswohlstand und Cultur. gr. 8°. Berlin, Moeser, 1855. (XI, 53 S.)

Cieszkowski, Aug., du crédit et de la circulation. 2. Edition. gr. 8. (407 S.) Paris 847. (Berlin, Schneider und Comp.) *

Cieszkowski, Aug. v., Gott u. Palingenesie. I., kritischer Thl. gr. 8. (7¼ B.) Berlin 842, Schröder's Verl.

Cieszkowski, Aug. v., Prolegomena zur Historiosophie. gr. 8. (10 B.) Berlin 838, Veit u. Comp. *

Cieszkowski, Graf Aug., Prolegomena zur Historiosophie. 2. Aufl. (VIII, 152 S.) gr. 8. Posen 908. J. Leitgeber & Co. 2. 40

— zur Verbesserung d. Lage d. Arbeiter auf dem Lande. Ein Vortrag geh. in der 2. General-Versammlung des landwirthschaftl. Prov.-Vereins f. die Mark Brandenburg u. die Niederlausitz am 17. Mai 1845. gr. 8. (1¼ B.) Berlin 846, Schröder's Verl. *

Cieszynski, T., der polnische Apotheker. Polnisch-latein. Wörterbuch, enth. die in poln. Gegenden gebräuchl. volksthüml. Namen der Arzneikörper, nebst Hülfstabellen. 16. (III, 133 S.) Leipzig 880, E. Günther's Verlag. *

Cieszýnski, T., der polnische Apotheker. Polnisch-lateinisches Wörterbuch, nebst Verzeichnis der wichtigsten in den Apotheken vorkomm. Ausdrücke, der Signaturen u. e. Auswahl v. Gesprächen in poln. u. deutscher Sprache. 2., verm. Aufl., bearb. v. J. Jasinski. (VI, 160 S.) kl. 8. Leipzig 909. J. A. Barth. 2. 80

Cigale, M., Znanstvena terminologija ect. (Deutsch-slovenische wissenschaftl. Terminologie) 8. (171 S.) Laibach, *Ign. v. Kleinmayer & Ferd. Bamberg 1 fl. 1883.

Cigale, M., deutsch-slovenisches Wörterbuch. 2 Bde. gr. 8. (2012 S.) Laibach 860, Lercher.

Cigaren und Tabak, Wein und Weiber, wie sie sind, s. Curiosa et Jocosa.

Cigaren und Tabak. Wein und Weiber, wie sie sind. Von einem modernen Epikurier. Nach dem Englischen. Stuttgart: Scheible 1856. 130 S. (Curiosa et jocosa, antiquaria ac nova. 3.) -- 24*

Cigaretten-Industrie. Central-Organ f. d. gesamte internat. Cigaretten- u. Cigaretten-Tabak-Fabrikation u. Handel ... Hrsg. von Martin Boerner. Jg. 1, No 1. 2. Jg. 2, No 1–7. [Mehr nicht erschienen.] Halle: M. Boerner 1902–03. 2 Bde 2° [Kopft. J.]

Cigaretten-Zeitung, internationale. Central-Organ f. d. ges. Cigaretten-Industrie u. d. damit verw. Branchen. Hrsg. u. Red.: Arth. Bruchhold. 1. Jahrg. 1897. No. 1—3. (p. I. Qu.) (Bog.) gr. 4. Dresden (R. Jäger). n. 1. 50
Weiter nicht erschienen.

Cigarren-Fabrikant, d. wohlerfahrne Bremer, oder gründl. prakt. Anweis. zur Verfert. von mehr als 25 verschied. Sorten Cigarren, auf d. neuesten Erfahrr. gegründet. 8. Chemnitz 824. Kretschmar. 12 gGr.

Cigarren- u. Streichzündhölzer-Fabrikant, der wohlerfahrene. Praktische, auf langjähr. Erfahrgn. gestützte Anleitung zur vortheilhaftesten Fabrikation der Cigarren u. Streichzündhölzer. Von einem alten Cigarrenfabrikanten. Mit vielen Abbldgn. (in eingedr. Holzschn.) 8. (159 S.) Ulm 851, Fr. Ebner (jetzt: Adorf, Müller.) ½ ℛ

Cigler, Janez, deteljica ali življenje treh kranjskih bratov francoskih soldatov. Klagenfurt 863. (Leon.) 8. (2 Bl., 115 S.) nn. 10 ngr.

Cigler, J a n e z. Deteljica ali življenje treh kranjskih bratov francoskih vojakov. 2. natisek. V Celovcu, St. Hermagoras-Druck., 1894. 91 S. — 3. natisek. 1901. 92 S. (1. Aufl. 1863 in Slov. Večernice 7.)

Cigler, J a n e z. Kortonica, koroška deklica. V Celovcu, typ. Blaznik in Laibach, 1866. 80 S. — 2. natisek. V Celovcu, St. Hermagoras-Druck., 1893. 63 S. — 3. natisek. 1901. 64 S.

Cigler, J a n e z. Shivlenje S. Heme, brumne koroshke grofine. (V Celovcu), Leon, 1839. 70 S.

Cigna, Giov. Frc., Sull' uso dell' electricità nella medicina e sulla irritabilità Halleriana. Tur. 8°.
1757

Cigoi, Alois, O. S. B., der heilige Joseph. Ein Erbauungs- u. Andachtsbuch, nach Quellen bearb. Hrsg. v. der St. Josefs-Bücherbruderschaft zu Klagenfurt. (VIII, 280 S. m. Abbildgn. u. Titelbild.) gr. 16. Klagenfurt 896. Buch- u. Kunsth. des St. Josef-Vereines.
Geb. in Leinw. n.n. — 84

— das Leben Jesu. 4 Bde. 4. Ebd. à n. 1. 50; geb. in Halbleinw. à n. 2. —; in Leinw. à n. 2. 10; à n. 2. 70; in Prachtbd. à n. 3. 20
1. Wahrheit der Evangelien. Palästina, das Heimatland Jesu. Kindheitsgeschichte Jesu. (VIII, 216 S. m. Abbildgn.) 903.
2. Nächste Vorbereitg. auf das öffentl. Leben Jesu. Das erste u. das zweite Jahr seines öffentl. Wandels. (VIII, 248 S. m. Abbildgn.) 904.
3. Die letzte Hälfte des 2. Jahres u. das 3. Jahr des öffentl. Wandels Jesu bis zur Segnung der Kinder auf der letzten Reise nach Jerusalem. (VIII, 238 S. m. Abbildgn.) 905.
4. Die letzte Hälfte des 2. Jahres u. das 3. Jahr des öffentl. Wandels Jesu. Die Leidens- u. Verklärungsgeschichte. (VIII, 232 S. m. Abbildgn.) 906.

CIGOI, Alois (Gojace): Historisch-chronologische Schwierigkeiten im zweiten Makkabäerbuche.- Klagenfurt: Leon 1868. 4 Bl., 72 S., 1 Bl.
25.7.1868 - Urk (Titel: Difficultates historico-chronologicae in secundo libro Maccabaeorum.); F 44; Chr 1868/69,12
Diss. Ingolst.-Landsh.-Mchn.

Cigoi, Aloys, die Unauflösbarkeit der christlichen Ehe u. die Ehescheidung nach Schrift u. Tradition. Eine historisch-krit. Erörterg. von der apostol. Zeit bis auf die Gegenwart. Hrsg. unter dem Protektorat der Leo-Gesellschaft. gr. 8. (XVI, 248 S.) Paderborn 895. F. Schöningh. n. 5. 60

Cigoi, Alois, O. S. B., d. sociale Wirken d. kathol. Kirche i. d. Diöcese Gurk (Herzogth. Kärnten), s.: **Wirken**, d. sociale, d. kathol. Kirche in Oesterreich.

Cihac, A. de, dictionnaire d'étymologie daco-romane. Éléments latins comparés avec les autres langues romanes. Frankfurt a. M. 870. L. St. Goar. gr. 8. (XII, 332 S.) n. 2 ℛ

Cihac, A. de, Dictionnaire d'étymologie daco-romane. Éléments slaves, magyars, turcs, grecs-moderne et albanais. gr. 8. (XXV, 816 S.) Frankfurt a. M. 877, Lud. St. Goar. *

Cihac, A. de, dictionnaire d'étymologie daco-romane. Éléments slaves, magyars, turcs, grecs-modernes et albanais. gr. 8. (XXV, 816 S.) Frankfurt a/M. 879. Lud. St. Goar. n. 20. —

Cihlar M.: Der synthetische Isopropylacetaldehyd und seine Kondensationsprodukte S. 112. IIb. '08 . . . . VIII.
Separatabdruck

Cihlarz Frz. v. P. Alphabetischer Auszug aus dem allg. Oesterr. Strafgesetze und aus der Preßordnung vom 27. Mai 1852. 8. Oedenburg, Karl Roemwalter 1852.

CIKOVIĆ, Ludovicus: Sanationes miraculosae a Christo Domino patratae per hypnotismum explicari nequeunt. — (1900) 125 S. 4° (Handschr.)
Wien Diss. 819

Cilano, Georg Christian Maternus von

v. Cilano, Geo. Chr. Mat., († d. 9. Juli 1773.) ausführl. Abhandl. d. röm. Alterthümer in Ordnung gebracht u. herausg. v. Geo. Chr. Adler. 4 Thle, mit Kpf. 8. Hamb. 775 u. 76. (Campe). 4 ₰ 12 ℊ

— Diss. phys. de caussis grandinum nocturnis horis decidentium. Altonæ. 1755. 4. P. (Skoleprogr.).

— Diss. phys. de causis lucis borealis quæ in terris circulo polariarctico proximis crebro adparere solent. Altona. 1743. 4. [Resp. Sam. Val. Posselt].

— Diss. phys. de terræ concussionibus A° 1739 in Anglia observatis. (Altonaviæ). 1741. 4. P. [Resp. Joach. Pieter].

— Diss. med. de corruptelis artem medicam hodie depravantibus. Altonæ. 1740. 4. P. [Resp. Henr. Frid. Delius].

Cilano, G. C. Maternus v., Orationibus gymnasio Christianeo ultimum vale dicturorum. Altona (Burmester) 28. III. 1749. 20 S. mit Namen. (—.80) 5238
De anniversaria Romanorum februatione.

— De historia vitæ magistra. Altonæ. 1757. 4. P. (Skoleprogr.).

Geo. Chr. Maternus de Cilano progr. de incrementis anatomiae. Altona 1740. 4.

— De lavatione Matris deum apud Romanos anniversaria. Altonæ. (1763). 4. P. (Skoleprogr.).

— s. Livius: röm. Geschichte.

— De Saturnalium origine et celebrandi ritu apud Romanos. Altonæ. (1759). 4. P. (Skoleprogr.).

— Thesium anatomicarum pentas. Altonæ. 1740. Fol. (1 Blad).

Cilano, Geo. Chr. Maternus de, Programma de præstantia philosophiæ naturalis ex amplissimo ejus objecto æstimanda. Altonaviæ. 1739. 4. P.

— Prolusio de modo furtum quærendi apud Athenienses et Romanos et apud hos tam ante latam legem Arbutiam quam post illam. Altonæ. 1769. 4. P. (Skoleprogr.).

— s. Sangutelli, Antonius. 1756.

— Theses ex antiquitatibus depromtæ. Altona. 1752. 1754. 1756. 1757. 1759. 1761. 1763. 1765. 1767. 1769. 4. (Skoleprogr.).

— — Orationibus Christianeo academico ultimum vale dicturorum. Altona (Burmester) 5. IV. 1754. 24 S. mit Namen. (1.—) 5239
De aqua virgine ingenti aedilitatis opere Marci Agrippae.

— Programma oder Einladungs-Schrift von dem Wachsthum der Anatomie. Altona. [1740]. 4. P.

Adrienne Lecouvreur. Oper in 4 Akten nach L. Scribe u. E. Legouvé von A[rturo] Colaut[t]i. Musik von Francesco **Cilèa**. [Textbuch.] Deutsch von Fritz Werner. Berlin, Köln, Leipzig: Ahn copyr. 1902. 71 S. 8°
(Ahns Operntext-Bibliothek. Nr 92 [vielm. 97].) [11. 11385

Adrienne Lecouvreur. Oper in 4 Akten nach L. Scribe u. E. Legouvé von A[rturo] Colauti [Colautti]. Musik von Francesco **Cilèa**. Deutsch von Fritz Werner. *Berlin, Köln, Leipzig: A. Ahn [1904].* (71 S.) 8°
— Operntext-Bibliothek, Ahns. No 92. [04. 7330

Cilenšek M.: Bau und Thätigkeit der Foraminiferen und riffbildenden Korallen. 21. Leoben 79.
Progr.

Cilenšek, Martin. Naše škodljive rastline v podobi in besedi. V Celovcu, St. Hermagoras-Druck., 1892. 768 S.

Cilia, Gelasius de

— Blumengarten, e. vollständ. Gebetbuch, mit Kpf. gr. 8. Augsb. 766. (Wolf). 22 ℊ

— geistl. Krankenhülfe zum ewigen Leben. 8. Augsb. 764. Rieger. 8 ℊ

Cilia, Gelasius di, himmlische Seelenlust. Katholisches Gebet- u. Erbauungsbuch. Neu bearb. v. A. Maier. 16. (432 S. m. 3 Steintaf.) Einsiedeln 875. Benziger. — 80

— himml. Seelenmagnet, oder vollständ. Gebetbuch. Mit Kpf. gr. 8. Augsb.... N. A. 800. Wolff. 1 ₰

de Cilia, Gelasii, locupletissimus Thesaurus sacrarum benedictionum. 8. Augsb. Ed. X. 782. Rieger. 16 ℊ

Ciliax, Jac. C., Handbuch d. Riemers, s. a. Schauplatz, neuer, d. Künste u. Handwerker. 64. Bd.

Ciliax, Jac. C., vollständ. Handbuch des Riemers u. Sattlers. Mit e. Anhange, die Militärsättel u. wichtigen Erfindungen u. Verbesserungen an den Reitsätteln betreffend. Nach d. Franz. des Lebrun u. vielen andern Hülfsmitteln bearb. Mit 83 Figuren auf 13 Steintaf. 8. Ilmenau 834. Voigt. 1¼ ₰ — 2e v. C. Meißner u. H. Kluge umgearb. Aufl. Mit 280 Fig. auf 4 Steintaf. 8. Ebd. 837. 1¼ ₰ Vgl. Schauplatz der Künste u. Handw. 64r Bd.

Ciliax Jak C, vollständiges Handbuch des Sattlers und Riemers. 6. Auflage von L Reineck. Mit Atlas. (Schauplatz der Künste u H. 64) Weimar 1863

Ciliax, Thdr. Jac., die Tischlerkunst, s. Schauplatz, neuer, der Künste u. H. 5. Bd.

Cilli, d. Graf v., e. Begebenh. d. Vorzeit, v. J. v. Kalchberg, 2 Thle. Cilli u. Grätz, Simon. (Kaulfuß in Wien.) 792. 93. (à 20 gr.) Rthlr. 1 16
— — Fortsetz. desselb. s. Erbstreit u. Uebergabe ꝛc.

Cilli, die Grafen von, eine Begebenheit der Vorzeit, von J. von Kalchberg, 2 Theile mit Kupf. 8. Grätz, 792/93. Miller. 1 Rthl. 20. sgl.

Cilli 1867—1892. Fünfundzwanzig Jahre selbständigen Gemeindewesens. Cilli 1892. V: *Fürstbauer, Thomas.* (Berl) (JoanStyrA)

Cilli 1867—1892. 25 Jahre selbständ. Gemeindewesens. gr. 8. (143 S.) Cilli 892. (J. Rakusch durch M. Perles in Wien.) n. 2. —

Cilli [Schlagwort]

Cilli. Die fossile Kohle in der Umgebung von Cilli. 24 S.– Cilli, Progr. 1861.

Cilli. Plan von Cilli u. seiner nächsten Umgebung. 1:5760. Lith. qu. Fol. Cilli 887. Drexel. n. — 60

— Umgebungskarte von Cilli. 1:75,000. Hrsg. v. k. k. militär-geograph. Institut in Wien. Mit Bezeichng. der markirten Wege. gr. Fol. Wien 887. (Leohner's Sort.) n. 2. 40

Cilli, J. L. — Neuestes Lesespiel für die Jugend, wodurch nicht nur die kleinsten Kinder, sondern selbst Erwachsene auf die leichteste und angenehmste Art und in der erstaunlich kurzen Zeit von drei Wochen die Buchstaben kennen und lesen lernen. Auch ein unterhaltendes Spiel für Jedermann, der bereits lesen kann. Verfaßt und nach damit erzielten glänzenden Resultaten herausgegeben von — —. Mit 2 lithogr. Blättern, auf Leinwand gespannt, dazu eine gedruckte Erklärung. 2 Würfel und 5 gefärbte Gläser. 8. (14 S.) Gratz. Druck von A. Leykam's Erben. Bei Josef Franz Kaiser. 1855.

Cilli's, Schäfer Thom., Haustierarzt auf dem Lande. Ein Rat- u. Hilfsbüchlein f. alle Viehbesitzer. Genaue Anleitg. z. Selbstheilg. der am häufigsten vorkomm. Krankheiten bei dem Rindvieh, den Pferden, den Schweinen, den Schafen, den Ziegen. Nebst Angabe, wie diese Tiere aufzuziehen, zu warten u. zu füttern sind, m. Anleitg., wie deren Krankheiten zu erkennen sind. 3. Aufl. 8. (184 S.) Regensburg 900. E. Stahl. n. 1.—

Ⓑ **Cilli, Th., Haustierarzt. 900.** Jetzt: Berlin, Heilbrunn & Co.

Cilly, Armin, das Gebet des Herrn erklärt. Berlin 860. Bergemann. 16. (21 S.) n. 2½ ngr.

—— Worte der göttlichen Wahrheit. 1. und 2. Bdchn. br. 8. (164 S.) Berlin 860, Bergemann. [1. Bdchn. * 5 Ngr.; 2. Bdchn. * 7½ Ngr.) —

Cima, G. P., vesperae de communi beatae Mariae Virginis. 5 Stimmen. gr. 4. (à 8 S.) Regensburg 874. Pustet. n. — 80

Cimarolus, J. B., geistl. u. heilsame Sauerbrunnencur. 8 Nürnb. 735.

Cimarosa, Barbarini, od. Freiheitsdrang u. Gewissensqual, (von Th. F. K. Arnold). 2 Thle. 8. Altenb. 802. Petersen, 1 ₰ 16 gr

Cimarosa, Barbarina, oder Freyheitsdrang und Gewissensqual, ein Spiegel menschlicher Leidenschaften. Altenburg 1803. V: *Arnold*, *Theodor Ferdin. Cajetan.* (BGE) (MGT) »1802« (Ky)

Cimarosa, Dom.; seine kurze Biographie u. Darstellung seiner Werke. 8. Erfurt 810. Müller. (Leipz., Weygand). 4 gr

Cimarosa, Domenico, s. kurze Biographie und ästhetische Darstellung seiner Werke, Seitenst. z. Jos. Haydn. 8. Erfurt, Müller, 8ro.

Cimarosa, Domenico

Cimarosa, heimliche Ehe, s.a. Breitkopf & Härtel's Textbibliothek. 211.

Cimarosa, D., die heimliche Ehe, s.a. Mode's, G., Operntextbibliothek.

Die heimliche Ehe. Kom. Oper in 2 Akten von Domenico Cimarosa. Text d. Gesänge. *Leipzig: Breitkopf & Härtel [1898].* (31 S.) 8° [5.]
= Textbibliothek, Breitkopf & Härtels. No 349.

Cimbal, Walter, Arzt: Aus d. Pathol. Institut d. Universität Breslau. Beiträge zur Lehre von den Geschwülsten im 4. Ventrikel. *Breslau 1901: (G. Reimer in Berlin).* (29 S.) 8° ¶ (Aus: Virchow's Archiv f. pathol. Anat. u. Physiol., Bd 166, 1901.)
Breslau, Med. Diss. v. [4. Jan.] 1902

Cimbal, W., Taschenbuch zur Untersuchung nervöser u.psychischer Krankheiten u. krankheitsverdächtiger Zustände. Eine Anleitg. f. Mediziner u. Juristen insbes. f. beamtete Ärzte. (XII, 170 S. m. 4 Abbildgn.) kl. 8. Berlin 909. J. Springer. Geb. in Leinw. 8. 60

Cimbern u. Teutonen, die, als Vorkämpfer deutscher Größe. Hrsg. vom Verein „Deutsche Geschichte" in Wien. gr. 8. (7 S.) Wien 892. (Lesk & Schwidernoch.) n. — 10

Cimbria. Zeitschrift des Verbandes Schlesw.-Holstein. Thierschutzvereine. Begr. v. Wilibald Wulff. Jg. 1 ff. 1882 ff. Schleswig. 4°

Cimelii numismata Caesarei regii Austr. Vindobon. quorum rariora iconismis, cetera catalogis exhibita, 2 Tom. fol. Wien. Trattner. 755.

Cimelii **numismata Caesarei regii Austr. Vindobon. quorum rariora iconismis, cetera catalogis exhibita. II Tom. Fol. Wien 756. Trattner. 17 ₰ 8 gr**

Cimino, G. T., zwei Frauen, s.: Lese-Cabinet, neues belletristisches.

Cimino, H[Ugo], aus Neapel: Über Pharynxcarcinom. *Freiburg i. B. 1903: Ch. Lehmann's Nachf.* (30 S.) 8°
Freiburg i. B., Med. Diss. v. 1903

Cimrhanzl: Zur Physiognomie der pyrenäischen Halbinsel. 16 S. 8°–Olmütz OR., Progr. 1867

Ciname, griech. Liebesgeschichte. 8. Halle 796. Renger. 7 gr

Fabiola und Agnes. Drama in 4 Akten. Aus d. Ital. des A. **Cinci** übers. von Dr. B. M. Bergervoort. (3. Aufl.) *Paderborn: B. Kleine [1901].* (46 S.) 8° [F.]
— Theater, Kleines. H. 302.

Cincinnati und sein Deutschtum: Ein Geschichte der Geschichte der Entwicklung Cincinnatis und seines Deutschtums, Mit biographischen Skizzen und Illustrationen. Cincinnati: Queen City Pub. Co., 1901.

Cincinnati Anzeiger: Nov. 4, 1880—Oct. 21, 1901.
Daily, evening except Sunday. Republican, 1880—86; Independent, 1887—1901. For weekly edition, see WÖCHENTLICHER CINCINNATI ANZEIGER. For Sunday edition, see SONNTAGSBLATT DES CINCINNATI ANZEIGER. Circulation: 1885, 4300; 1890, 7800; 1900, 7000. Edited & published by Raberg & Paetow, 1880—81; by Emil Paetow & Co., 1881—1900; by Anzeiger Publishing Co., 1901.
Cincinnati, OH

Wöchentlicher Cincinnati Anzeiger: Nov. 1880—Oct. 1901.
Weekly edition of CINCINNATI ANZEIGER. Circulation: 1885, 3800; 1890, 4500; 1900, 4000.
Cincinnati, OH

Cincinnati Arbeiter Abendzeitung: 1850?—1852?
Daily. United with ARBEITER-UNION. Supported Socialist Labor Party. Edited by Dr. Johannes Peyer, & published by the Arbeiterverein.
Cincinnati, OH

Cincinnati Arbeiterblatt: Sept. 1877—1887?
Daily, evening except Sunday. Follows TÄGLICHE ABEND-PRESSE. One-cent daily. Edited & published by Cincinnatier Freie Presse Kompagnie.
Cincinnati, OH

Cincinnati Bau-Vereins Anzeiger: Band 1, no. 1—12, Mar. 1, 1878—Feb. 1, 1879?
Monthly. Published in interests of members of the Verein, the editorial work conducted by the President and Secretary; lists building laws of Ohio; reports of the Verein; some stories printed, as Gerstäcker's "Die Regulatoren in Arkansas." Large quarto, no. 1 - 4, each 4 pages; no. 5—12, each 8 pages. Published by the Cincinnati Bau-Vereins Anzeiger Compagnie.
Cincinnati, OH

Cincinnati Courier : Nov. 1, 1869 Mar. 12, 1874.

Daily, except Sunday. Published for the "freisinniger Theil der republikanischen Partei." Title varies: Täglicher Cincinnati Courier, Dec. 6, 1869 Mar. 12, 1874. For weekly edition, see Wochenblatt des Cincinnati Courier. For Sunday edition, see Sonntagsblatt des Cincinnati Courier.
Circulation: 1871, 3500; 1873, 5800; 1874, 5000 (est.). Edited by August Becker [political editor], Charles F. Johnson, Philipp Strobel, Theodor Schmidt & Victor Zeis [managing editor], Nov. 1--5, 1869; edited by August Necker & Victor Zeis, Nov. 6, 1869--1872; by Georg Franz Eichenlaub; by Philipp Rappaport; by Wolfgang Schoenle, 1872—1874?; by C. A. Honthumb. Published by Cincinnati Courier Co. [Moritz Jacobi].
Cincinnati, OH

Wochenblatt des Cincinnati Courier : Nov.? 1869—Mar. 1874.

Weekly edition of Cincinnati Courier. Circulation: 1873, 6400.
Cincinnati, OH

Cincinnati Demokrat : Nov. 18, 1845—Feb. 1846.

Daily? Democratic. Followed by Die Locomotive (Louisville, Ky.). Edited by Dr. Wilhelm Albers, & published by W. Albers & Co. (Heinrich Rödter?).
Cincinnati, OH

Cincinnati Dreimalwöchentlicher Volksfreund :

Tri-weekly edition of Cincinnati Volksfreund.
Advertised in daily edition, Jahrgang 33, Oct. 1882/Oct. 1883.
Cincinnati, OH

Cincinnati Industrie Zeitung : 1872.

Issued weekly in preparation for and during Industrie-Ausstellung, which ended Oct. 5, 1872.
Cincinnati, OH

Cincinnati Kikeriki : 1872—1884?

Humorous weekly. Sub-title: Wochenblatt für Humor und Satyre. Title varies: Der Kikeriki. Folio, each issue 4 pages. Circulation: 1877, 4000 (est.); 1880, 3500. Edited & published by Carl Friedrich Lang, 1872—83.
Cincinnati, OH

Cincinnati Kladderadatsch : 1874?

Humorous weekly. Large quarto, each issue 8 pages. Edited & published by C. H. Austerlitz.
Cincinnati, OH

Der Cincinnati Schalk : 1882?—1884?

Humorous weekly. Folio, each issue 8 pages.
Cincinnati, OH

Cincinnati Sonntagspost : 1877?—1880?

Sunday edition of Täglicher Abendpost. Title varies: Sonntags-Chronik. Circulation: 1880, 7000.
Cincinnati, OH

Cincinnati South-West : 1877?—1900?

Weekly journal, published in English and German, in interests of liquor trade. Dated also at Louisville, Ky. Circulation: 1890, 5500 [for both Cincinnati & Louisville editions]; 1895, 6200. Title varies?: Weekly Arena, 1895.
Edited by J. B. Chadwick, 1887—1888; by George W. Wood, 1889—1890; by Thorp Burton, 1890—91; by H. van Nes & C. Hartmann, 1892—1893; by H. van Nes, 1893—95.
Published by South-West Publishing Co., 1887—95.
Cincinnati, OH

The Cincinnati Sun : vol. 1, no. 1—52?, Dec. 16, 1869—Dec. 1870?

Weekly. Published in English and German. Contains 4 pages, of which pages 2—3 in German, with sub-title: Gewidmet Kaufleuten, Fabrikanten, Handwerkern, und dem Publikum im Allgemeinen. Title of German section: Die "Cincinnati Sun". Circulation: 1870, 6365 (est.). Edited & published by P. Satmar & Co.
Cincinnati, OH

Cincinnati Tageblatt : July 22, 1895—Oct. 17, 1896.

Labor daily. Sub-title: Den Interessen des Lohn-Arbeitenden Volkes gewidmet. Official Organ of Deutscher Gewerkschaftsrath. Published by Cincinnati Co-operative Labor Press Association.
Cincinnati, OH

Cincinnati Tägliche Morgen-Post : 1877—1878?

Daily, morning except Sunday, edition of Täglicher Abendpost. Title varies slightly. Circulation: 1878, 2500 (est.).
Cincinnati, OH

Cincinnati Turnfestführer 1864? ? Cincinnati, OH

Cincinnati Union : Cincinnati, OH

Weekly edition of Die Union.
OCIWHi: July 11, 1866.

Cincinnati Volksbote : 1879?— ?

Religious monthly.
Cincinnati, OH

Cincinnati Volksfreund : Oct. 12, 1850—June 11, 1908.

Democratic daily, morning except Sunday. Issue for Oct. 12, 1850 is "Probenummer." Title varies slightly. Absorbed Die Königin des Westens. For weekly edition, see Cincinnati Wöchentlicher Volksfreund. For tri-weekly edition, see Cincinnati Dreimalwöchentlicher Volksfreund. For Sunday edition, see Sonntagsmorgen. For supplement, see Demokratisches Campagne-Blatt.
Circulation: 1870, 5500 (est.); 1880, 6000; 1890, 6000; 1900, 9000; 1905, 10,000. Edited & published by Joseph Anton Hemann, Oct. 12, 1850—July 1863 [with M. Werner, Oct. 12—Nov. 1850; by Johann B. Jeup & Co., July 1863—1869; by Volksfreund Publishing Co., 1870—71; by Limberg & Thilly, 1872; by Limberg & Heinrich Haacke, 1873—79; by Heinrich Haacke, 1880—1908. Other editors: Emil Rothe, Aug. 1869—1872; Dr. Karl Lauenstein, 1863?—Apr. 1866; Heinrich von Martels, 1850—1859?; 1864—1868?; Karl von Schmidt-Bürgeler, 186?—1879? Local editor: Wilhelm Merk, 1880?—1886.
Cincinnati, OH

Sonntagsblatt des Cincinnati Volksfreund :

Established 1869 as Sunday paper by H. Haache.
Cincinnati, OH

Cincinnati Volkskalender : 1865?—1908?

Edited by von Martels, & published by Limberg & Haacke.
Cincinnati, OH

Cincinnati Wöchentliche Post : 1877? -1880? Cincinnati, OH

Weekly edition of Täglicher Abendpost. Circulation: 1880, 6700.

Cincinnati Wöchentlicher Volksfreund : Mar. 3, 1853—1908?

Weekly edition of Cincinnati Volksfreund. Circulation: 1870, 16,000; 1880, 16,000; 1890, 12,000; 1900, 12,000; 1905, 15,000.
Cincinnati, OH

Cincinnati Zeitung : 1886—Oct. 20? 1901.

Union labor daily, evening except Sunday. For Sunday edition, see Sonntagsblatt der Cincinnati Zeitung. Circulation: 1890, 7500; 1900, 6000. Edited by Ernest A. Weier, 1886—87; by F. Detmers, 1888—89; published by Zeitung Publishing Co., 1886—89; edited & published by Jacob Willig, 1890—95; published by Cincinnati Zeitung Publishing Co., 1896—1901.
Cincinnati, OH

Sonntagsblatt der Cincinnati Zeitung : 1887?—1901.

Sunday edition of Cincinnati Zeitung. Circulation: 1890, 8000; 1900, 7500.
Cincinnati, OH

Cinibork, Jan J., Sortiment der Zukunft. Ein System der Lager- u. Abrechnungsarbeiten des Sortimenters im Laufe des Jahres u. zur Ostermesse, nach welchem das Umstürzen des Lagers erspart u. e. vielseit. Kontrolle des Geschäftsganges erzielt wird. Als Ergebnis seiner mehrjähr. Versuche dargestellt. (31 S. m. 5 Beilagen.) gr. 8. Berlin 906. P. Schober.
Geb. n. 4.50

Cink, Alois W., Veilchen, gepflückt im Frühlinge meines Lebens. Gedichte, Erzähln., Humoresken u. Aphorismen. gr. 12. (8 B.) Prag, Leitmeritz u. Teplitz 840, Medau.

Cinna; oder die Gütigkeit des Augusts. Trauersp. 8. Wien. 750.

CINNAME; eine griechische Liebesgeschichte. Halle: Renger 1796. 8°. Zahm. (1 Mk. Scheible, c. 1880.)

Cinnamus, Io., Epitome rerum ab Io. et Alex. Comnenis gestarum. Ad fid. cod. Vaticani rec. Aug. Meineke. — Nicephori Bryennii comment. Rec. Aug. Meineke. 8maj. (43¾ B.) Bonnae 836, Weber. * 3⅓ Thlr., Schrbp. * 4⅓ Thlr., Vlnp. *

Cinnenius. — Die Steinschrift "Cinnenius" in Olten, s. Brosi, Joh. B.

Cinthelia, ou une sur dix mille. IV vol. Paris (Leipzig: Sommer) 1799. 8°

Ciocci, Raffaele, Ungerechtigkeiten u. Grausamkeiten der röm. Kirche im 19. Jahrh. Erzählung. 2. Aufl. gr. 8. (7¼ B.) Altenburg 845. (Pierer.) Thlr.

Ciofano, Carl, prakt. Trommel- u. Pfeiferschule, od. Vorschrift z. Anlern. u. Ausbildung d. Tambours u. Querpfeifer. Nebst 6 lith. Abbild. (auf 2 Bl.) 16. (1½ B. u. 2½ lith. B.: 89 Stückchen f. Querpfeifer.) Ilmenau 833, Voigt.

Ciolina, Adolf, approb. Arzt aus Zweibrücken: Ueber Hygrome in der Kniekehle. St. Ingbert 1904: F. X. Demetz. (45 S.) 8°
Erlangen, Med. Fak., Ref. Graser, Diss. v. 30. Juli 1903
[Geb. Zweibrücken; Staatsangeh.: Bayern.]

Clonca, Joan S. St., practische Grammatik der rumänischen Sprache [nach Ahn's Methode]. 8. (126 S.) Bucarest 880. Degenmann. n. 1. 60

Clonca, I., practische Grammatik der rumänischen Sprache [nach Dr. Ahn's Methode]. 1. und 2. Aufl. 8. (126 S.) Bucarest 880,81, Degenmann. *

Clonca, I., practische Grammatik der romänischen Sprache f. den Schul- u. Selbstunterricht. 3. verb. u. verm. Aufl. 8. (III, 183 S.) Bucarest 885. Degenmann. n.n. 2. —

Cionca, I., praktische Grammatik der romänischen Sprache f. den Schul- u. Selbstunterricht. 4., verm. Aufl. 8. (192 S.) Bukarest 888. Degenmann. n. 2. —

Clonca, J., praktische Grammatik der romänischen Sprache f. den Schul- u. Selbstunterricht. 5., verm. Aufl. gr. 8. (280 S.) Bucarest 892. Socecu & Co. n.n. 2. —

Clotta, J., der Suez-Canal u. seine Beziehungen zu den Handelsverhältnissen Ungarns. Bericht an die Handels- u. Gewerbekammer zu Pest-Ofen. Pest 870. Aigner. gr. 8. (48 S.) n. 10 ngr.

Clotta, Natalie v., vom Markte d. Lebens. Roman. 8. (337 S.) Wien 887. F. Beck. n. 2. —

Ciotta, Natalie v., Metamorphosen. Roman in 2 Bdn. gr. 8. (224 u. 192 S.) Budapest 878. (Zilahy.) n. 4. 80

Clotti, G. B., Vorlagen f. Nadelarbeiten. 1591. gr. 4. (18 Bl. in Fksm.-Druck m. 1 Bl. Text.) Berlin 891. E. Wasmuth. In Leinw. kart. n. 5. —

Cipäianu, George: Die Einführung der Zuckerrübenzüchtung und des Zuckerrübensamenbaues in Rumänien. Liebertwolkwitz 1909: Zeugner. 94 S. 8°
Leipzig, Phil. Diss. v. 21. Juni 1909, Ref. Kirchner, Bücher
[Geb. 4. Nov. 78 Chimitelnic, Siebenbürgen; Wohnort: Tiganesti; Staatsangeh.: Rumänien; Vorbildung: Gymn. Blasendorf Reife Juni 94; Studium: Leipzig 6 S.; Rig. 3, 4. März 08.] [U 09. 2934

Cipariu, Tim., Acte si fragmente latine romanesci, s. Acte si fragmente.

Cipariu, Timoth., annales gymnasii gr. catholici majoris Blasiensis pro anno scholast. 1855. Blasii 855. (Viennae, Sintenis.) 4. (1 Bl., 21 S.) nn. 10 ngr

Cipariu, Timoteu Compendiu de Gramateca limbei romane de — —. Blasiu. Cu tipariulu sem. Diecesanu. 1855. (104 S. 8.) (Compendium der Grammatik der romanischen Sprache. Blasendorf. Diözesandruckerei 1855.) (Romanisch.)

— compendiu de gramatec'a limbei romane. Blasiu 855. (Wien, Sintenis.) gr. 8. (104 S.) n. 16 ngr

Cipariu: Consignatio monetarum nummorumque gymnasii huius, aliorumque. 4 S.–Blasendorf, Progr. 1857

— elemente de limb'a romana dupa dialecte si monumente vechi. Blasiu 854. (Wien, Sintenis.) gr. 8. (VIII, 200 S.) n. 1 ℛ

Cipariu: Inscriptio Latina ex tabulis ceratis ineditis novissime Abrudi in Transilvania erutis.
Fragmentum tabulae ceratae.–Blasendorf, Progr. 1855, 1857, 1858

Cipariu, Timoth., istori'a santa seau Biblica a Testamentului Vechiu si Nou pentru inceputori. Blasiu 855. (Wien, Sintenis.) 8. (80 S.) nn. 13 ngr

Cipariu, T. De latinitate linguae valachicae. Blasendorf, O. G., 1855. Progr.

Cipariu: De nomine Valachorum gentili.–Blasendorf, Progr. 1857

—— Portarea de buna cuvenentia intre omeni. (Biblioteca de mana. Partea I. Vol. I.) 12. (35 S.) Blasiu 855. (Viennae, Sintenis.) **

Cipariu, T. De lo literaria Valachorum. Blasendorf, O. G., 1858. Progr.

—— Scienti'a s. scripture. 8. (VI und 242 S.) Blasiu 854. (Sintenis.) **

Cipele, G., e Dr. C. Bortolotti, Piano di Construzioni Rurali pei distretti dell' interno della Dalmazia. I. Foglio. (mit 4 S. Text) gr. 8. geb. 30 kr. Wien: Frick 1882.

Cipollini, Gaetano, d. kleine Haydn. Kom. Oper in 1 Akte v. Antonio Cipollini. Deutsch v. Otto Eisenschitz. Musik v. G. C. Textbuch. 8. (21 S.) Berlin 894. E. Bote & G. Bock. n. — 50

Cipollini, Giovanni, (ps.) Dankschreiben an den Hrn. Verf. des Sendschreibens an*** über d. dermal. Zustand d. Theaters in Berlin, im Anfange d. J. 1832. Aus d. italien. Manuscript übers. v. Ad. Schecke. 8. Leipz. u. Baltimore (832.) (Berl., Vereinsbuchh.) 4 gr

Cipollini, Giovanni, Dank-Schreiben an d. Hrn. Verf. d. Sendschreibens an *** üb. d. dermal. Zustand d. Theaters in Berlin im Anfange d. J. 1832. A. d. Ital. Mspte. übers. v. Adolf Schecke. 8. (2½ B. u. Titvign.) Berlin 832, (Vereins-Buchhandlung.)

Cippi Gorlicenses oder das Gedächtniss der Gelehrten und Geehrten ... Görlitz [1729—36]. V: *Luther, Johann Christoph.* (Nent)

Cipriani, ..., Anweis. zum Zeichnen, nach Bartolozzi gestochen v. P. W. Schwarz. 2 Hefte. qu. Fol. Frankf. 798 u. 99. Jäger. 2 ℛ 16 gr

Cipriani, Amilcare, An die Herren Delegirten des Marxisten-Congresses von Zürich (9. August 1893). Flugblatt.

Cipriani, **Jos. Lor.,** riflessioni sopra il commercio antico et attuoso stato di Aquileja. 8. Wien 786.

Ciprianus, s. Cyprianus

Cipser: Q. Horatius Flaccus. Ein Beitrag zur Charakteristik dieses Dichters. 16 S. – Stanislau, Progr. 1855.

Circe, a modern, s.: Collection of British authors.

Circe und Ulysses. Eine Oper in 3 Acten ... Hamb. 1786. V: *Hess, Jonas Ludwig von.* (Ky) (Schr)

Circulair, s.a. Circulär.

Circulair. Den Mitgliedern des antiquarisch-historischen Vereins für Nahe und Hunsrücken. Datirt: Kreuznach, im October 1857. Enthält: (1.) Bericht über die Sammlung des Vereins erstattet bei der Generalversammlung desselben am 9. Septr. 1857. (Ohne bes. Titelblatt.) 4°.

Circulair (über das Bürgerwehrgesetz.) — Namens des 14. Bataillons der Bürgerwehr: Thiele, Major. 1 Bl. Fol.
Flugblatt. Berlin, 28. Okt. 1848.

Chef d'arme de l'infanterie. Circulaire ... concernant la convocation aux exercices militaires de l'infanterie en 1901. (1901 janvier 15.) 24 p. 4. ([Berne,] Jent & Co., 1901.)

Chef d'arme de l'infanterie. Circulaire ... concernant la convocation aux exercices militaires de l'infanterie en 1902. (1902 janvier 14.) 25 p. 4. ([Berne,] Jent & Co., 2. 1902.)

Chef d'arme de l'infanterie. Circulaire ... sur la convocation aux exercices militaires de l'infanterie en 1903. (1903 janvier 13.) 26 p. 4. ([Berne,] H. Jent, 2. 1903.)

Mariage des Allemands en Suisse et des Suisses en Allemagne. Circulaire du Conseil-exécutif ([du canton de] Berne). (Du 26 octobre 1901.) 11 p. 8.

Circulair (d a s s die Zahlungs- und Generallisten von den Chausseebeamten dem Hebungsamte jedesmal in duplo zuzustellen sind und dass es den obrigkeitlichen Behörden obliegen soll, die von ihnen erkannten Brüchen und Strafgelder zu erheben und an die Chausseegeldhebestellen abzuliefern. Gottorf. 1843.) Fol.

Circulair betr. den Generalextract über die ordinairen und ausserordentlichen Gefälle für das Jahr 1849 etc. Zweites Departement unter der Landesverwaltung für das Herzogthum Schleswig den 24. Dec. 1849. Lithographie. 2 Bl. Fol. geb. in 4°.

Circulair (der Landesverwaltung) betreffend die Beitreibung der rückständigen Steuern. Flensburg, den 8. September 1849. Lithographie. 2 Bl. Fol. geb. in 4°.

Circulair (der Landesverwaltung) an sämmtliche Hebungsbeamte im Herzogthum Schleswig betreffend die Centralkasse. (Deutsch und dänisch.) Flensburg, den 27. August 1849. 1 Bl. 4°.

Circulair des Königl. Schleswigschen O b e r g e r i c h t s an sämmtliche gerichtliche Behörden des Herzogthums Schleswig, betreffend den Todtenschein für solche Ausländer, die ohne Hinterlassung von Leibeserben gestorben sind. Gottorf, den 30. September 1845. 1 Bl. Fol.

Mecklenburg–Schwerin. P o s t d i r e k t i o n.
Circulaire ... Nr. 1–18.–1843–47.

Circulair der provisorischen Regierung, dass alle Behörden alle Eingaben an sie als Dienstsache zu übersenden haben. Rendsburg den 25. März 1848. 1 Bl. 4°.

Circulair (der provis. Regierung) über die Organisation der ihr obliegenden Geschäfte. Rendsburg, den 25. März 1848. 1 Bl. Fol.

Circulair der Königl. Schleswig-Holsteinischen R e g i e r u n g an die Behörden, über die bestehenden Armendistricte und die auf das Armenwesen sich beziehenden Verhältnisse in diesen Districten genaue Uebersicht und Auskunft zu ertheilen. Gottorf, den 6. December 1834. 2 Bl. Fol.

Circulair der Königl. Schleswig-Holsteinischen R e g i e r u n g an sämmtliche obrigkeitliche Behörden des Herzogthums Holstein, betreffend die Ertheilung von Auswanderungsscheinen an solche Personen, die nach dem Königreich Sachsen auswandern wollen. Gottorf, den 3. December 1845. Fol.

Circulair der Schleswig-Holsteinischen R e g i e r u n g , betreffend die Ergreifung von Maassregeln wider die Krätze und die Syphilis. Gottorf, den 19. Februar 1849. Fol.

Circulair der Königlichen Schleswig-Holsteinischen Regierung auf Gottorff an die Polizeibehörden, über politische Versammlungen etc. zu berichten. Gottorff, den 8. Sept. 1846. 1 Bl. Fol. geb. in 4° k.

Circulair der Schleswig-Holsteinischen Regierung an sämmtliche Obrigkeiten in den Herzogthümern Schleswig-Holstein, die auf die Aufrechthaltung der öffentlichen Sicherheit und Ordnung gerichteten Bemühungen der Landeseinwohner zu unterstützen. Gottorff, den 28. März 1848. 1 Bl. 4°.

Circulair der Königl. Schleswig-Holsteinischen Regierung an die Obrigkeiten der Herzogthümer Schleswig und Holstein, dass nach Verfügung des Königs (Christian VIII.) vom 13. September die für die Ertheilung von Concessionen zur Eingehung von Ehen zwischen den Katholiken und Lutheranern bisher übliche Gebühr in Zukunft gänzlich wegfallen solle. Gottorff, den 3. October 1843. 1 Bl. Fol.

Circulair an die Herren Vorsitzenden der konservativ-konstitutionellen Kreis-Vereine. 1 Bl. Fol.
Flugblatt, Berlin, 6. Juni 1849.

C i r c u l a i r e à tous les États confédérés ([concernant les interventions fédérales qui ont eu lieu à partir de 1815. Publiée par] Les Avoyer et Conseil d'Etat du Canton de Lucerne, Directoire fédéral ...). Lucerne, le 5 Juin 1844. [E.] fol. *s. l.*

Circulaire an sämtliche H. W. u. S. E. W. Freymaurer-Logen. [Unterz.:] Das Altschottische Directorium der grossen National-Mutter-Loge zu den 3 Weltkugeln. [Dat.:] Berlin den 30sten August 1811. 2 Bl. 8°.

Circulaire du Gr. Orient de France du 5 avril 1781, annonçant, qu'il a rejetté le projet de bienfaisance, basé sur une opération de finances, proposé par la Loge provinciale „de la Vraie Espérance" de Friedrichstein 1781. 2 S. 4°
cf. Liersch, A.: D. Frmrei i. Neuwied. 1899 S. 34—41.
Betr. die Witwenkasse u. Unterstützungsbank der Schottenloge zur wahren Hoffnung zu Friedrichstein.
[Liersch, A.: D. Frmrei i. Neuwied. 1899 S 41 (Fussnote 1)]

(**Circulaire.** Verfügungen etc. der provisorischen Regierung vom 27. März bis 29. Dez. 1848 betr. die Postverwaltung in Schleswig-Holstein.) Fol. u. 4°. geb. in Fol.

Circulaires de la direction générale de la comptabilité publique aux trésoriers-payeurs généraux, receveurs des finances payeurs et préfets. Du 15. Juin 1859. au 18. Mars 1871. Fol. (574 S.) Paris 873. Berger-Levrault & Co. n. 20. —

Circulaires de la Loge de Théodore au bon conseil à Munich, conten. des réflexions critiques, relatives aux ordonnances de l'électeur de Bavière contre les sociétés secrètes, trad. de l'allemand. o. O. 1784. 8 S. 4°
Deutsch in: Bassus, Th. F. M. Frh. v.: Vorstellung denen hohen Standeshäuptern d. Erl. Republik Graubünden. 1788 S. 74—84. Kl. 3217.
[Thory: Acta. 1 (1815) S. 371.]

Circular, s.a. C i r c u l a r e.

Circular, s.a. C i r k u l a r.

Circular. Liebe Handwerksgenossen und Brüder! — Der Vorstand des Central-Handwerker-Innungs-Vereins. 1 Bl. 4.
Flugblatt. Berlin, 6. Dez. 1849.

Circular. Königsberg i. Pr., im Februar 1877. (Enthält: 1) Das Protokoll der Sitzung der am 4. Juni pr. in Marienburg abgehaltenen General-Versammlung des Provinzial-Vereins; 2) Das Protokoll der ausserordentlichen Sitzung am nächstfolgenden Tage; 3) Einige Notizen über die Ausführung der übrigen Theile des Programms der vorjährigen Sitzung.) (Ohne bes. Titelblatt. Königsberg i. Pr. Druck von L. Prange & Co.) 8°.

Circular (die Begründung von Bezirks-Darlehns-Kassen betr.). An die geehrten Bewohner des 40. (Wilhelms-Platz) Bezirks — das provisorische Comité. Druck von G. Reimer. 2 Bl. 4.
Flugblatt. Berlin, 3. Aug. 1848.

Circular an die B e z i r k s k o m m i s s a r i e n . . . , s. C i r c u l a r e . . . betr. das spezielle V e r f a h r e n . . .

Heilquellen-Gesellschaft von St. Moritz. Circular zu Bilanz pr. 1870. 5 S. 4. 1871.

Heilquellen-Gesellschaft von St. Moritz. Circular zur Bilanz pr. 31. Dez. 1871. 5 Stn. 4. 1872.

Heilquellen-Gesellschaft von St. Moritz. Circular zur Bilanz am 31. Dez. 1873. 5 Stn. 4. 1874.

Circular 7 der Gefängniss-Gesellschaft zu Halle a. S. gr. 8. Halle 888. (Fricke's Sort.) n. — 20
Organisation der Fürsorge f. die Familien Detinirter u. die Entlassenen in der Prov. Sachsen u. dem Herzogthum Anhalt. (9 S.)

Circular des Generalrats der Belgischen Arbeiterpartei betreffs des internationalen Arbeitercongresses zu Brüssel 1891. (Deutsch, französisch, englisch.) fol. Brüssel, 15. Dec. 1890.

Preußen. Astronomisches Recheninstitut, Berlin-Dahlem. Circular zum Berliner astronomischen J a h r b u c h . Nr. 1–335.–1873–91.

Circular und Katalog der Mennonitischen Fortbildungsschule zu Halstead: Nos. 1 97, 1884/85 1892/93.
Organ of „Die Allgemeine Conferenz der Mennoniten von Nord-Amerika."
Halstead, KS

Circular an die s. e. w. verbundenen Logen [des Hamburger Engbundes]. [Hamburg 1815.] 8 S. 8° [Kopftit.]
Selten. Betr. Errichtung der Wesselhöftschen Geheimdruckerei in Jena für den Engbund. 103.

(**Circular**, den Grafen Luckner betreffend.) Hochverehrter Bundes-Bruder! — Der Treubund für König und Vaterland. Druck von Fuchs u. Jansen. 1 Bl. 4.
Flugblatt. Berlin, 25. Dez. 1849.

Circular an die Mitglieder des Schöneberger Schutzverbandes. — Der Vorstand des Schöneberger Schutzverbandes. Druck von E. Hänel. 1 Bl. Fol.
Flugblatt. Berlin, 18. April 1848.

Circular an sämmtliche Provinzial- und Local-Handwerker-Innungs-Vereine — Der Vorstand des Central-Gewerbe-Innungs-Vereins. Druck von G. Bernstein. 2 Bl. 4.
Flugblatt. Berlin, 13. Dez. 1849.

Circular der gemeinsamen R e g i e r u n g an sämmtliche Ortsobrigkeiten in den Herzogthümern Schleswig-Holstein, betreffend die Ermittelung der Kriegskosten. Gottorf, den 20. Februar 1849. 2 Bl. Fol.

Circular der Schweiz. Rentenanstalt an die Versicherten. Zürich, April 1885.

Circular an sämmtliche St. Andreas- und St. Johannis-Logen der Gr. Landes-Loge der Freimaurer von Deutschland. [Dat.:] Berlin 1861. 2 Bl. 4° [Kopftit.]
Tt. 1226. Bitte um Beiträge zur Errichtung einer Stiftung zur Unterstützung bedürftiger unverheirateter Töchter von Brrn zu Ehren des Br K. F. v. Selasinsky.

C i r c u l a r an sämmtliche hohe [eidgenössische]Stände. ([Erlassen von] Bürgermeister und Kleiner Rath des Kantons Basel.... Basel den 23 April 1832. [Mit] Beilagen.) fol. *o. O.*

Circular (die Wahlen in Alt-Schöneberg betr.). Nach dem bereits publicirten Wahlgesetz — v. Albrecht, Landrath des Teltower Kreises. 1 Bl. Fol.
Flugblatt. Berlin, 13. April 1848.

Circulär, s.a. C i r c u l a i r .

Circulär (der Schleswig-Holsteinischen R e g i e r u n g) an sämmtliche Behörden der Herzogthümer Schleswig-Holstein, alle von der sogenannten „Königlichen Immediat-Commission zur gemeinsamen Regierung der Herzogthümer Schleswig und Holstein" zu Sonderburg eingehenden Schreiben sofort an die Schleswig-Holsteinische Regierung zu senden. Gottorf, den 28. September 1848. 1 Bl. 4°

Circulär (der Schleswig-Holsteinischen R e g i e r u n g) an sämmtliche Polizeibehörden, gegen die Verbreitung eines Druckblattes, betitelt: „Katechismus für deutsche Soldaten, Freiburg 1848, während des Bombardements", einzuschreiten. Gottorf, den 12. October 1848. 1 Bl. 4°

Circular-Brief [der Loge zum Kompass in Gotha] an die Freimaurer-Logen. Enthaltend Vorschläge zu festerer Knüpfung eines auf durchgängige Gleichheit und Freyheit gegründeteh Bundes zwischen allen deutschen Logen der symbolischen Gnade. Germanien [Weimar] 1788—1790. V: *Bode, Johann Joachim Christoph.* [Wolfstieg I, 738)

Circular-Brief an die S. E. Freim. Logen ... Germanien [Weimar] im 9. Monat 1790. V: *Bode, Johann Joachim Christoph.* (Tt)

Circularbrief an ... die Pfarrherren ... im Canton Bern. O. O. [18??]. V: *Baggesen, Carl.* (Zuwachsverz. d. Bibl. in Zürich 1898 ff.)

Circulare, s.a. C i r c u l a r .

Circulare. Collegen! Holzarbeiter! Flugschrift vom Ausschuss der Holzarbeiter-Gewerkschaft für Tirol und Voralberg. s. l. s. a.

Circulare vom 13. März 1862 wegen Abänderung, beziehungsweise Vervollständigung einzelner Bestimmungen des Erlasses vom 24. August v. J., betr. die Organisation des Vermessungswesens bei Ausführung der G r u n d s t e u e r g e s e t z e v. 21. Mai v. J. 1862. Berlin, Decker. 1862. (1/4 Bog.)

Circulare vom 12. Oktbr. 1862 (No. IVa. 4142), betr. die Aufstellung der Kreisübersichten und die Zusammenstellung der Reinertragssummen behufs Berechnung der G r u n d s t e u e r hauptsummen für die Gemeindeverbände und selbstständigen Gutsbezirke. Berlin, Decker. 1862. (3 Bog.)

Circulare zu dem Erlaß vom 24. August 1861. (Vom 24. August 1861). Berlin, Decker. 1861. (2 Bog.)

Circulare des Deutschen Fischerei-Vereins in den Jahren 1870—81. Berlin. 4.

Deutscher Fischerei-Verein, Circulare des Vereins in den Jahren 1871–88. Berlin 1872–89.

Berlin, Deutscher Fischerei-Verein, Circulare des Vereins vom Jahre 1889, 1890, 91, 92. Berlin.

C i r c u l a r e des hochw. Generaladministrator d. Erzdiöcese Posen in Betreff des Apostaten Czerski. 8. (1/4 B.) Marienburg 845, Dermann.
Aus: Kathol. Wochenblatt besond. abgedruckt.

Circulare an sämmtliche G e n e r a l - I n s p e k t e u r s der Kgl. Preuß. Armee, die Werbung betreffend. Berlin 1787. 4°

Circulare des Hochw. General-Kapitels an die Hoch und sehr Ehrw. vier Haupt-Provinz-Kapiteln, und im Wege der Gesetze an sämmtliche Ordens-Stellen, die Exclusion des Ephraim Jos. Hirschel, vel Hirschfeld betreffend. [Dat.:] ⸸⅞ Δ 1749. [Hamburg: 1790.] XIV, 25 S. 2⁰ [Kopftit.]
Kl. 2703.

Circulare E. 2241, vom 12. Juni 1840 an sämmtliche Länder- und Militär Gränz-General-Commanden nebst Muster zur Verfassung der Magazins-Rechnung über Gelder und Montur. 4. Wien 1840.

Circulare der k. k. Landesregierung in dem Erzherzogthume Österreich unter der Enns. Wegen des Eintrittes unobligater Combattans in die k. k. Armee-Körper; wegen Engagirung von Freywilligen und wegen Obligaten ex propriis. (Donation Liechtenstein.) Fol. Wien 1838.

Circulare einiger Neuerungssüchtigen Baier. Landstände, mit unpartheiischen Anmerkk. gr. 8. Landsh. 801. Krüll. 6 ℛ

Circulare [der Loge zu den drei Sternen] an die Freymaurer-Logen. [Dat.:] Rostock 1805. 2 Bl. 4⁰ [Kopftit.]
Abgedr. in: Polick, A. F.: Beiträge z. Gesch. d. Frmrei in Meckleuburg. 2 (1854) S. 67—74.
Wiederlegung des im Mrischen Taschenbuch 1804—1805, S. 222—227 der Loge gemachten Vorwurfs, eine Winkelloge zu sein.

Sr. Königl. Majestät in Preussen an alle Dero Höchst- und Mit-Stände des Reichs abgelassenes Circulare. (Unterz.: Berlin d. 2. Oct. 1756 Friederich.) 1756. 4. (8 S.)

Circulare, Sr. Koenigl. Majestät in Preußen an alle Dero Höchste und Hohe Mit Stände des Reichs abgelassenes. 1756. V: *Vette, Chn Rudolph von.* (Preuss. Staatsschriften. III. Berlin 1892. S. 198.)

Schleswig-Holstein. Bureau für das Postwesen.
Circulare der Postverwaltung ... – 1844 –64.

Circulare an sämmtliche Regierungen u. Ober-Landes-Justiz-Collegia. Berlin: Decker.
[1.] Berlin, den 19. Merz 1782.
[2.] Zur Erl. einiger Vorschriften der Prozeß-Ordnung. Berlin, den 20. Sept. 1783.
[3.] Berlin, den 12. April 1785.
[4.] Berlin, den 1. May 1786.

„Circulare an sämtliche Regierungen und Ober-Landes-Justiz-Collegia vom 19. März 1782, betreffend die preussische Prozessordnung", o. O. und J. — Vorh.: Preuß. Oberbergamt Dortmund — J. p. 49.

Circulare an sämmtliche Regierungen und Ober-Landes-Justitz-Collegia. 1. Wegen der bey Zuziehung der Justitz-Commissarien, u. bey deren Belohnung zu beobachtenden Grundsätze. 2. Wegen des Verfahrens, bey Einforderung, Berechnung u. Rückzahlung der Vorschüsse. Den 1. May 1784. Berlin: Decker 1784.

Circulare an die hochlöblichen Stände der Eydgenossenschaft [erlassen vom Stand Appenzell-Innerrhoden]. (Appenzell den 8ten May 1811.) 4. *o. O.*

Circulare an sämmtliche hohe [eidgenössische] Stande. [Erlassen von] Bürgermeister und Rath des Kantons Basel.... (Basel, den 9 April 1832. [Mit Beilagen.]) fol. *o. O.*

Circulare vom 13. Oktober 1862 (No. IVa. 4115), betr. das spezielle Verfahren bei Ermittelung des Flächeninhalts der Liegenschaften, insbesondere den Gebrauch des Amslerschen Polarplanimeters. Berlin, Decker. 1862. gr. 8 (5¼ Bog.)

Circular an die Bezirk-kommissarien betreff. Ermittelung des Flächeninhalts der Liegenschaften, insbesondere den Gebrauch des Anslerschen Polarplanimeters. Berlin 1862.

Circularnote des Kopenhagener Cabinets vom November 1857 (in Bezug auf die Sonderangelegenheiten des Herzogthums Holstein). o. O. (1859.) 4⁰

Circular-Rescript Ihrer Churf. Durchlaucht in Bayern an Dero bey Teutschen und auswärtigen Höffen subsistirende Ministros. München 1745. 4⁰.

Das von Seiner Königlichen Majestät in Preussen an dero Ministros erlassene — — — Circular-Rescript d. d. Berlin d. 18. Sept. 1756. (Cölln.) fol.

Circular-Rescript der Kaiserl. Königl. General-Militär-Gränz-Direction an die fünf Gränz-General-Commanden. Die von Seiner Majestät huldreichst genehmigte neue Organisation der Civil-Verwaltung in der Croatischen, Slavonischen und Banatischen Gränze, dann die Rechnungs-Kanzleyen, den Stand, und die Gebühr sämmtlicher Gränztruppen betreffend. (Donation Liechtenstein.) Fol. Wien 1808.

Circular-Rescript der Röm. Kaiserin Königin in Böhmen — — — an Dero auswärtige Ministers. (Nebst Sr. Königl. Maj. in Pr. Beantwortung.) 1756. 4.

Kayserlich-Königliches Circular-Rescript d. d. den 20 Sept. 1756. Cölln am Rhein (gedr. nach dem Wiener Exemplar). fol.

Kayserl.-Königl. Circular-Rescript de dato d. 20. Septemb. 1756. (Mit Beilagen.) (Wien.) 4.

Circular-Rescript Sr. Königl. Majestät in Preußen an Dero Ministers an auswärtigen Höfen d. d. Berlin den 18. Octobr 1756 in Antwort auf dasjenige, so die Kayserin Königin unter dem 20. Sept. ejusd. an die Ihrige erlassen hat. Berlin 1756. V: *Vette, Christian Rudolph von.* B: *Podewils, Heinrich Graf von & Carl Wilhelm Graf Finck von Finckenstein.* (Preuss. Staatsschriften. III. Berlin 1892. S. 424.)

Circular-Rescript, Koenigl. Preußisches, de dato den 5. Oct. 1756. V: *Vette, Christian Rudolph von.* (Preuss. Staatsschriften. III. Berlin 1892. S. 198.)

Königl. Preussisches Circular-Rescript. de dato den 15. Octobr. 1756. 4. (2 Bl.)

Königl. Preussisches Circular-Rescript d. d. den 4. October 1756. Nebst Pro Memoria. Nach dem gedr. Exemplar. (Cölln.) fol.

Circular-Rescript, so Ihro Kaiserl. Majest. an Dero Ministros an auswärtigen Höfen ergehen lassen. (Nebst Beilagen.) Wien 1756.) 4.

Circular-Rescript So Ihro Königl. Maj. in Preussen an Dero Ministros ergehen lassen, betreffend die, von denen Oesterreichischen Krieges-Völckern und deren Alliirten in verschiedenen Königlichen Provintzien wieder alle Krieges-Raison ausgeübte Gewaltthaten. Berlin 1760. fol. (28 S.)

[Fingierter Titel:] **Circular-Rescript** betreffend S u s p e n s i o n aller Prozesse gegen die auf den Feld-Etat gesetzte [!] Militair-Personen usw. Berlin den 21. September 1806. Publicirt Magdeburg den 30. September 1806. o. O. u. J. Fol.

C i r c u l a r - R e s c r i p t e an den Hofkriegsrath, an sämmtliche General-Commanden und die dem Hofkriegsrath unterstehenden Hauptämter. (Betreffend administrative Angelegenheiten.) (Donation Liechtenstein.) Fol. Wien 1801–1804.

Circular-Schreiben. Gotha d. 1ten Juny 1791. [Weimar 1791: Bode.] 39 S. 2° [Kopftit.]
Sehr selten. Auszüge der Antworten der deutschen Logen mit prüfenden, erl. u. rechtfertigenden Anm. seitens der Kommittierten der Loge zum Kompass, Gotha auf J. J. Ch. Bodes „Circular-Brief" 1790.

Circularschreiben. An die Mitglieder und die besuchenden Brüder der Freimaurer-Logen in Dresden. [Unterz.:] Der Verwaltungs-Ausschuss des Sterbe-Cassen-Vereins der hiesigen Fr. Mr. Logen. [Dat.:] Dresden, den 15. Aug. 1849. 2 Bl. 8° [Kopftit.]
Aufforderung, dem Verein beizutreten.

Circular-Schreiben d. General-Auditoriats betr. die durch Einführg. d. Militär-Strafgesetzbuchs f. das deutsche Reich bedingten Modifikationen der preuß. Militär-Strafgerichtsordng. gr. 8. (10 S.) Berlin 872. v. Decker. n. — 20

Circular-Schreiben an die Creditoren in der Sache, den über die Handlung unter der Firma Gebr. Benecke ... eröffneten Concurs betreffend. Berlin 1826. V: *Marchand, C. W.* (KGBerlin I, 1618)

C i r c u l a r - S c h r e i b e n I. Röm.-Kais. Maj. an Dero Ministres den Türkischen Frieden betreffend. (8 Bl.) 4. Wien 1739.

Circular Schreiben der Vereinigten Reformierten Prediger in Pennsylvanien an dasige sämtliche nach Gottes Wort Reformirte Gemeinen; Darin sie kürzlich darlegen, wie der Große Jehova die von Sr. Ehrw. Michael Slatter, V. D. M. an unsere Hochw. Christl. Kirchenväter übernommene Commissions zu ihrer Rettung und Hülfe, in Gnaden gesegnet: Wie solches von sothanen Gemeinen solle gebührend erkannt, mit Danksagung angenommen, und recht gebraucht, ja, zum Lobe Gottes und dem Heil ihrer unsterblichen Seelen angewandt werden. ***Zu allgemeiner Nachricht herausgegeben von*** **Georg Michael Weiß, Joh. Phil. Leydich, Jacob Lischy.** ***Lancaster, Pa.: H. Müller und S. Holland 1752. 14 S.***

Circular-Verfügung, betreffend die schleunige A b b ü s s u n g erkannter Gefängnisstrafen. d. d. Glückstadt, den 13. November 1854. Glückstadt. (1854.) 4°

Circular-Verfügung vom 31. März 1852, betr. die Ausfertigung von Schürf-Erlaubniß-Scheinen u. Muthungen auf die dem Berg-Regalangehörigen Mineralien. 2. Nachtrag zu der Schrift: „Das neue Bergrecht." 8. (16 S.) Essen 852, Bädeker. 1½ ngr

Circularverfügung der Schleswig-Holsteinischen R e g i e r u n g an sämmtliche Obrigkeiten der Herzogthümer Schleswig und Holstein, betreffend die Zeit, binnen welcher Dienstboten durch fortgesetzten Aufenthalt in einer Commüne Heimathsrechte erwerben. Gottorf, den 23. Mai 1839. 1 Bl. Fol.

C i r c u l a r - V e r o r d n u n g des Armee-Ober-Commando vom 27. Juli 1855, Sect. 3., Abth. 1, Nr. 2464, betreffend die definitive Einführung der bisher provisorisch in Wirksamkeit stehenden Belehrung zur S t a n d e s - und V e r p f l e g s - V e r r e c h n u n g sämmtlicher Particular-Rechnungsleger der k. k. Armee mit den dafür nothwendig erkannten Modificationen. 4. Wien 1855.

Circular-Verordnung das Heirathen d. Offiz. u. d. Legitimation d. unehel. Kinder betr. Berlin 1798. 4°

C i r c u l a r v e r o r d n u n g über die künftig bei Regiments- und Corps-commando Uebergaben hinsichtlich der, zur B e k l e i d u n g, B e w a f f n u n g und A u s r ü s t u n g gehörigen, ärarischen Güter zu beobachtende Modalität. Fol. Wien 1844.

Generaldirektion der österreichischen Staatsbahnen.
Circular-Verordnungen und N o r m a l - E r l ä s s e .
1-7. – 1891–1895.

Circuli superioris Saxoniae pars meridionalis sive ducatus, electoratus et principatus ducum Saxoniae. 1734. 1 Bl. c. K. v.

Circulus Suevicus. M. Hailler sculp. S. l. & a. V: *Reichelt, Julius.* (Heyd

Circumcision, Die, der Israeliten beleuchtet vom ärztlichen und humanen Standpunkte . . . Wien 1874. V: *Levit, Eugen.* (EB)

Circumcision, die, der Israeliten, beleuchtet vom ärztl. u. humanen Standpunkte v. e. alten Arzte. gr. 8. (23 S.) Wien 874. Gerold's Sohn in Comm. n. 1. —

Circumscriptions-Bulle, päpstliche, für d. neuen Bisthümer d. Königreichs Baiern. Latein. u. deutsch. gr. 8. Augsb. 821. Doll. (Landsh., Krüll). 4 gl.

Circus der höheren Reitkunst oder Vorführung der Rennspiele verschied. Zeiten und Völker. Mit 16 (lith. und) ill. Bildern. qu. 4. Nürnberg 849, Renner und Comp. Thlr.

Ciré, Emil, approb. Arzt aus Hofbieber: Aus d. Universitäts-Augenklinik in Giessen. Beitrag zur Casuistik der Verletzungen der Orbita. *Giessen 1901: v. Münchow.* (40 S.) 8°
Giessen, Med. Diss. v. 1901

CIRIACI, Wilhelm: Zur Phosphornekrose.- München: Ernst 1897. 44 S.
14.5.1897 - Chr 1896/97,21; Jv 1896/97,230
Diss.Ingolst.-Landsh.-Mchn.

Ciriacy, Ludwig Friedrich von

— s.a. **Beitr. zur Kenntniß v. Neapel.**

(v. Ciriaci, L. F.) Beiträge zur nähern Kenntnis von Neapel in militärischer Beziehung u. Geschichte der neapolitanischen Kriege bis auf die neueste Zeit. 8. Berlin 1821. 4,00.

v. Ciriacy, L. F., der Belagerungskrieg des königl. preuß. zweiten Armeekorps an d. Sambre u. in den Ardennen, unter Anführung Sr. königl. Hoheit d. Prinzen August v. Preußen im K. 1815. Nebst e. Abhandl. über d. Einschließung fester Plätze. Mit vielen Beilagen u. 2 Plänen. gr. 8. Berl. 818. Mittler. 2 ß 12 gl
284 S.

v. Cirlacy. Betrachtungen der möglichen Operationen beim Kriege gegen die Türken. 8. Berlin 1828.

– Geschichte des Kriegswesens, s. Handbibliothek für Offiziere.

Cirlacy, F. v., Oestreichs u. Rußlands Kriegstheater in d. europ. Türkei. 8. (5¼ B.) Berlin 828, Herbig.

Cirlacy, F. v., Kriegswesen d. Alterthums, s. a.: Handbibliothek f. Officiere, I. Bd. 1. Abthl.

v. Cirlacy, F. Das Kriegswesen des Alterthums. (VIII. 435) 12. Berlin 1828. 4,00.

— histor.-statist.-militär. Tabelle d. Brandenburg.-Preuß. Staats unter den Regenten vom Kurfürsten Friedrich I. bis auf d. jetzige Zeit. Berl. 825. Mittler. 4 gr

Ciriacy, [Ludwig] F[riedrich] von. Chronologische Übersicht der Geschichte des Preußischen Heers, dessen Stärke, Verfassung und Kriege seit den letzten Kurfürsten von Brandenburg bis auf die jetzigen Zeiten mit vielen erläuternden Zusätzen ... Berlin und Posen, bei Ernst Siegfried Mittler ... 1820.
XII + 478 S., 1 Bl.; 1 Tabelle u. 2 Taf. in Kupferst. 8°.

— Versuch e. militär. Beschreib. d. osmanischen Reichs, in besond. Darstell. seines Kriegswesens, u. d. topogr.-militär. Beschaffenheit seiner europ. Provinzen. Mit 1 Karte. gr. 8. Berl. 824. Reimer. 2 rß 294 S.

Cirian, Francis Wolf-, s. Wolf-Cirian

Cirić Ivan: Das Buch des Propheten Habakuk. H. 1908 PN 2511 Diss. Wien, Univ. 2901

Eugen Tschirikow [Evgenij Nikolaevič Čirikov]. Erzählungen. Deutsch von Maximilian Schick. Berlin: J. Ladyschnikov [1906]. (212 S.) 8°. [F.] [06. 10709

[Russ.] Evgenij [Nikolaevič] Čirikov. Evrei. P'esa v 4 dějstv. (Die Juden. Drama von E. Tschirikow.) München: Marchlewski (Berlin: Ladyschnikow) [1904]. 128 S. 8° [09. 8767

[Ant. u. Russ.] Rote Flammen. Dramat. Phantasie von E. Tschirikow. Evgenij [Nikolaevič] Čirikov. Krasnye ogni. Dramatičeskaja fantazija. P'esa v 3 dějstvijach. Berlin: J. Ladyschnikow 1907. (54 S.) 8° [07. 3010

[Ant. u. Russ.] Die Legende des alten Schlosses. Dramat. Phantasie von E. Tschirikow. Evgenij [Nikolaevič] Čirikov. Legenda starago zamka. Dramatičeskaja fantazija v 4 dějstvijach. Berlin: J. Ladyschnikow 1907. (79 S.) 8° [07. 3013

[Ant. u. Russ.] Die Muschiks. Szenen aus d. Bauernleben von Eugen Tschirikoff. Evgenij [Nikolaevič] Čirikov. Mužiki ⟨Kartiny derevenskoj žizni. P'esa v 4 dějstv.⟩ Stuttgart: Dietz 1900. 107 S. 8° [11. 12467

[Russ.] Evgenij [Nikolaevič] Čirikov. Na porukach. München: Marchlewski [1904]. 72 S. 8°
[Auf Bürgschaft.]
(Novosti russkoj literatury.) [09. 19437

[Ant. u. Russ.] Rebellen. Novelle von Eugen Tschirikow. Evgenij [Nikolaevič] Čirikov: Mjatežniki. Pověst. Stuttgart: Dietz 1900. 110 S. 8° [11. 12468

[Ant. u. Russ.] Auf der Schwelle des Lebens. Novelle von Eugen Tschirikow. Evgenij [Nikolaevič] Čirikov. Na porog ê žizni. Berlin: J. Ladyschnikow [1908]. (53 S.) 8° [08. 18805, 11

Cirill, od. der Kampf zwischen Natur u. Religion. Ein Trauersp. in 2 Aufz. für die Jugend, 8. Salzb. Mayr, 814.

Cirillo, Domen., Bem. üb. d. vener. Krankh. Deutsch v. Dachne 288 S. Lpz. 8°.

1790

Cirillo, Dom., prakt. Bemerkk. über d. venerischen Krankheiten, nebst e. ausführl. Anweis., dieselben durch Sublimateinreibungen gründl. zu heilen. Aus d. Italien. übers. u. mit Zusätzen u. Anmerkk. verm. v. J. G. Dähne. 8. Leipz. 790. Weygand. 1 rß

Cirillo, Domenico: Praktische Bemerkungen über die venerischen Krankheiten, nebst einer ausführlichen Anweisung, dieselbe durch Sublimateinreibungen gründlich zu heilen. (Osservazioni pratiche intorno alla lue venerea. Dt.) Übers. und mit Zusätzen und Anmerkungen vermehrt von J(ohann) G(ottlieb) Dähne. 495 S., gbd.

Wien: typ. v. Trattnern 1791

Cirillo, prakt. Bemerk. über die vener. Krankheiten, nebst einer ausführl. Anweisung, dieselbe durch Sublimateinreibungen gründlich zu heilen, a. d. Ital. v. Dahne. 8. Wien, Trattner (Tendler). 791.

Zur Entwickelung des Wirbelthierauges. Ueber d. Entwickelg d. Capsula perilenticularis v. G[iuseppe] Cirincione. M. 9 lith. Taf. *Leipzig: Veit & C. 1898.* (24 S., 9 Taf.) 1 Bd 2.(4.) [98. 8158

Cirincione, G., die Cysten der Conjunctiva, s.: Beiträge zur Augenheilkunde. 55. Hft.

Ciringar, Jarnej, zgodovina svete vère v podobah starega zakona. Izdalo družtvo sv. Mohora. Klagenfurt. 853. Leon in Comm. gr. 8. (1 Bl., 80 S.) 5 ngr; mit 36 Kpfrst. 24 ngr

Ciris, epyllion pseudovergilianum. Ed., adnotationibus exegeticis et criticis instruxit Geyza Némethy. (Editiones criticae scriptorum graecorum et romanorum a collegio philologico classico academiae litterarum hungaricae publici iuris factae.) (159 S.) 8. Budapest 909. Verlagsbureau der ungar. Akademie der Wissenschaften. 3.

Cirkel, Jakob Vinzenz

Cirkel, (J. V.,) Gedichte. Mit Uebersetzungen v. W. Scott's Feld von Waterloo u. Byron's Parisina ꝛc. 8. Münster 825, Coppenrath.

Cirkel, Jak. Vz., Gedichte. Mit Uebersetzungen v. W. Scott's Feld von Waterloo u. Byron's Parisina ꝛc. 8. Münster 826. Coppenrath. 12 gr

Cirkel, Jak. Vinz., Hilborn. Eine Erzähl. Mit e. Anh. lyr. Gedichte. 8. (10 B.) Münster 830, (Regensberg.)

– Dass., s.a. Hilborn.

[Autogr.] Cirkel-Correspondenz. Hamburg. No. 117—147. [Hamburg 1839—1867.] 2° [Kopftit.]
No. 117. 24, 30, 33, 19, 16, 10, 9 S. [1839]; 118. 15, 16, 4, 10, 8, 47, 12, 12, 8, 6, 2 S. [1840]; 119. 6, 142 S. [1841]; 120. 8, 153 S. [1842]; 121. 8, 179, 3 S. [1843]; 122 a. b. [Nebst Beil. 1844].
a. 13 S.; b. 128 S.; [Beil.] 35 S.
123. VI, 127 S. 2 Abb. [1845]; 124 a. b. [1845 bis 1846].
a. 100 S. [1845]; b. III, 88 S. 2 Taf. [1846]; 125. IX, 159 S. [1847]; 126. XII, 131 S. [1848]; 127. 104 S. [1849]; 128. 84 S. 1 Abb. [1850]; 129. 107 S. [1851]; 130. 83 S. [1852]; 131. 85 S. [1853]; 132. 100 S. [1853]; 133. 91 S. [1854]; 134. 118 S. [1855]; 135. 8 S. [1855]; 136. [Nebst Beil. 1. 2. 1856].
136. 60 S.; [Beil. 1.] 8 S., [2.] 40 S.
137. VII, 82 S. [1857]; 138. VIII, 83 S. [1858]; 139. XIV, 11, 67 S. [1859]; 140. IV, 18, 100 S. [1860]; 141. IV, 13, 100 S. [1861]; 142. IV, 15, 107 S. [1862]; 143. III, 15, 93 S. [1863]; 144. II, 10, 92 S. [1864]; 145. VI, 11, 85 S. [1865]; 146. III, 95 S. [1866]; 147. IV, 91 S. [1867].
cf. L. 23 (1864) S. 116—118 (G. Merkel); 28 (1871) S. 51—60.

Cirkelflächen-Berechnung, oder Quadratur der Cirkel, mit beygefügten Figuren, entworfen von *Christian de H***. Amsterdam verlegt von Röder. 2 B. 8. 1 Kupf. 1791

Cirkler, Alexander A. [pr. Arzt aus Minneapolis Minn. (V. St. v. N.-A.)']: Ueber die manuelle Lösung der Placenta .. Berlin, Buchdr. v. G. Schade, *1893*; 30 S., 1 Bl. 8.
Berlin, Med. Fak., Inaug.-Diss. v. 30. Juni 1893

Cirkular, s.a. Circular.

Cirkular: Berathungsgegenstände der hohen Landesgemeinde von Uri auf Sonntag den 7. Mai 1871. 4 Stn. 8.

Cirkular vom 28. Aug. 1885 d. kgl. preuß. Ministers d. Innern betr. Anweisung f. die Polizei- u. Gemeindebehörden zur Mitwirkung bei Ausübung der militairischen Kontrole. (Ministerialblatt f. d. ges. innere Verwaltg. Jahrg. 1885 S. 203 u. ff.) gr. 8. (8 S.) Berlin 886. Puttkammer & Mühlbrecht. n. — 10

Zwei Cirkulare der s. w. Loge zur gekrönten Hoffnung in Wien an G. Ditmer in Regensburg. [Dat.:] Wien 3. VII. 5785.
in: Strobl, K. W.: Bausteine z. Tempel „Humanitas". 1885 S. 18–24.

Cirkular-Rescript, Achtes, Seiner königlichen Hoheit des Kriegsministers Erzherzogs Carl an den kaiserl. auch kaiserl. königl. Hofkriegsrath und die sämmtlichen demselben untergeordneten Behörden. Das Militär-Pupillar- und Curatelswesen betreffend. Vom 16. December 1804. (Donation Liechtenstein.)
Fol. Wien 1804.

Cirkular-Verfügung des königlich preußischen Ministers der geistlichen, Unterrichts- u. Medizinal-Angelegenheiten vom 31. März 1882 u. die zu derselben gehörigen Lehrpläne für die höheren Schulen. [Aus: „Deutsche Schulgesetz-Sammlung".] gr. 8. (54 S.) Berlin 882. Weller. n. — 50

Post- und Telegraphendirektion für Steiermark und Kärnten. Cirkularverordnungen. 1.–1894– (?).

Cirkular-Verordnungen [der Post- und Telegraphendirektion Tirol] ... – 1895–1901 (?).

Cirkus, der. Eine Erzählg. f. Knaben. Aus dem Engl. 16. (95 S.) Cleveland 871. (Philadelphia, Schäfer & Koradi.) geb. n. 1. —

Cirkus, d. grösste, d. Welt. 4. (14 S. m. 24 farb. Bild.) Konstanz u. Emmishofen 895. C. Hirsch. 1. 20; Leinen-Ausg. 2. 40

Cirkus, der, u. die Cirkuswelt. Von Signor Domino. 8. (238 S.) Berlin 888. S. Fischer. n. 3. 50; geb. n. 5. —

Cirkus-Streiche. (Bilderbuch.) gr. 4. (6 farb. Taf. m. 5 S. Text.) Düsseldorf 895. A. Bagel. 1. —; auf Pappe 1. 50

CIRO, Don, oder der Priester als Räuberhauptmann. Räubergemälde aus den ersten Jahren des 19. Jahrhundert. Löbau, Breyer, 1853. 8°. (¼ Rthl.)
Citirt Büchting.

Ciro in Babilonia; Dramma per Musica in 2 Atti. 8. Vienna, Wallishauser. 817.

Ciron, Innocent (Tolosanae), **Observationes juris canonici in quinque libros digestas. Recens. et dissert. de utilitate ex historia atque antiquitatibus sacris in jurisprud. eccles. studio capienda praem. Jo. Salom. Brunnquell. (1645.) Jena u. Lpz. (Jo. Friedr. Ritter) 1726. 12 Bl., 138 S., 3 Bl. (6.80) 5240**
Gew.: Ernst Salomon Cyprianus, Joh. Bapt. Ciron.

Cironi, Piero, die nationale Presse in Italien von 1828 –1860 und die Kunst der Rebellen. Aus dem Italien. übersetzt und mit einem Vor- und Nachwort von Ludmilla Assing. Leipzig 863. Brockhaus. gr. 8. (XVIII, 155 S.) n. 24 ngr.

Cirot, G.: Le midi de la France, s. Collection Teubner.

Cirque américain. gr. 4. (14 farb. Taf.) Fürth 894. (Leipzig, W. Opetz.) 1. —

Cirsovius, Leopold Iwan

Cirsovius, L. J., Choralfreund. Die gebräuchlichsten Choräle mit Vor- u. Zwischenspielen für Orgel u. Pianoforte, sowie zum vierstimm. Gesang. Lübeck 865. (Schleswig, Schulbuchhdlg.) Lex.-8. (128 S.) n. 1 ℛ 22½ ngr.

Cirsovius, L. J., Choralfreund. Eine Sammlung von 84 der gebräuchlichsten u. beliebtesten Choräle mit Vor- u. Zwischenspielen für Orgel, Harmonium u. Pianoforte, sowie zum vierstimmigen Gesang für gemischten Chor. 2., verm. u. verb. Aufl. Lex.-8. (160 S.) Segeberg 877. Meier. n. 4. —; geb. n. 5. —

Cirsovius, L. J., die gebräuchlichsten Choralmelodien zum „Allgemeinen schlesw.-holst. Gesangbuch" nebst Anh. I.: Die 7 Melodien d. „Gesangbuchs f. die evangel. Schulen Schleswig-Holsteins" von K. F. Th. Schneider, welche Apels Melodienbuch nicht enthält. f. Kirche, Schule u. Haus. Nach Auswahl v. Predigern u. Lehrern in Schleswig-Holstein. gr. 16. (32 S.) Leipzig 874. Mentzel. n. — 30

— die gebräuchlichsten Choralmelodien zum „Allgemeinen schlesw.-holst. Gesangbuch" nebst Anh. II: die 7 Melodien des „Gesangbuchs für die evangel. Schulen Schleswig-Holsteins" von K. F. Th. Schneider, welche Apels Melodienbuch nicht enthält, für Kirche, Schule u. Haus. Nach Auswahl von Predigern u. Lehrern in Schleswig-Holstein dargeboten. 8. (32 S.) Ebend. 877. n. — 20

Die gebräuchlichsten Choralmelodien für Kirche, Schule und Haus. Zum Besten der Schullehrer-Wittwen und Waisen hrgg. v. Leopold Iwan **Cirsovius**. H. 1–2. 2. Aufl. Segeberg. o. J. [nach 1864]. 8°.

—— die gebräuchlichsten Choralmelodien für Kirche, Schule und Haus. 2. Aufl. 8. (32 S.) Schleswig 868, Schulbuchh. [Bergas.] *

Lebensbild der Orgelbaumeister **Marcussen** & Sohn nebst Verzeichn. der v. 1848—91 gelieferten Orgeln . . . von L[eopold] I[van] Cirsovius. — Kiel: Selbstverl. 1891. 47 S. 8°

—— Liedersträußchen. Die beliebtesten Volkslieder zum ein-, zwei- und dreistimm. Gesang für Schule, Haus und Leben, nach Auswahl von Lehrern in Schleswig-Holstein und dem Fürstenth. Lübeck. 2 Hefte. 8. (à 16 S.) Kiel 866. (Schleswig, Schulbuchh.) à Heft * 1 Ngr. *

-- Liedersträußchen. 2 Hfte. Die beliebtesten Volkslieder zum ein-, zwei- u. dreistimmigen Gesang für Schule, Haus u. Leben, nach Auswahl von Lehrern in Schleswig-Holstein. 2. Aufl. 8. (à 16 S.) Ebend. 876. n. — 20

Nachrichten über die Familie **Cirsovius**, teils mündliche Überlieferungen, teils aus Kirchenbüchern, teils aus einer alten Familien-Bibel (v. Leopold Iwan Cirsovius). Kiel. 1888. 8°.

Nachrichten über Pronstorf, die Pronstorfer Kirche, die Herren Kirchenpatrone, . . . dargeboten v. **L. J. Cirsovius.** Segeberg. (Kiel.) 1880. 8°

—— Orgel-Dispositionen von Orgeln in Schleswig-Holstein, theils aus eigener Anschauung, theils entnommen aus Briefen befreundeter Collegen, und deren Urtheil über die einzelnen Werke [wo solches mitgetheilt], alphabetisch geordnet nach den Erbauern derselben, nebst einer zusammengefaßten kurzen Beschreibung der besten bekannten Orgeln. Ein Beitrag zur Orgelkunde und zur Benutzung bei vorkommenden Orgelbauten der Herren Kirchenvisitatoren, Kirchenvorständen, Predigern, Organisten und Orgelfreunden. gr. 8. (16 S.) Kiel 872. (Leipzig, Mentzel's Verlag.) **

Cirsovius, L. J., Präludien zu den gebräuchlichsten und beliebtesten Chorälen von anerkannten Meistern [zugleich als Anhang zum „Choralfreund"]. gr. 8. (159 S.) Segeberg 880, Meier.

geb.

Ciryllus, Burkhard (Pseud.), s.a. Stettner, Johann Friedrich

Ciryllus, Burkh., (Psdn.), Anastasia u. Phalanthus schreckl. Schicksale in d. Gefangenschaft d. Osmanen, e. Geschichte aus dem jetzigen Freiheitskampfe d. Neugriechen. Mit 1 Kpf. 8. Nürnb. 823. Zeh. 1 ₰ 8 gr

— Gorando Gorandini, d. kühne Räuberhauptmann; e. romant. Gesch. unsers Jahrhund. 2 Thle. Mit 2 Kpf. 8. Nürnb. 823. Zeh. 2 ₰ 8 gr

Cirylius, B., Kaspar d. Thoringer, od. blut. Kampf geg. Gewalt u. Unrecht. Ritterroman. 8. (13 B.) Nürnberg 831, Zeh.

— Graf Meinolf v. Wildenforst od. d. grauen Mannes wunderbares Wirken auf d. Burgen seiner Freunde. 8. Nürnb. 824, 825. Zeh. 3 ₰

— Moranzo, furchtbares Oberhaupt kühner span. Räuber auf. d. Lande u. zur See. Eine romant. Geschichte unsers Jahrh. 2 Bde. Mit 2 Kpf. 8. Nürnb. 825. Zeh. 2 ₰ 4 gr

Cisař, Ferd., Einblicke in das Leben der Reformierten in Mähren, s.: Festschriften f. Gustav-Adolf-Vereine. Nr. 58.

Ciseri, Antonio. [Zürich 1899.] V: *Hardmeyer, Jakob.* (Berl) (Zuwachsverz. d. Bibliotheken in Zürich 1898 ff., 7.)

Cisiojanus-Kalender 1886. Dichtung von Friedr. Goedecke. gr. 4. (32 S. mit Ornamenten und Fig.) Berlin 885. (Leipzig, Mylius.)
Nicht weiter erschienen.

CISIUS, JOACH. CPH., Disp. inaug. jur. de furto denuo iterato s. tertium patrato. Kiliæ. 1707. 4. P. [Præs. Sam. Reyher].

Ciskiewicz, Th. v.: Über die Gärung des schleimsauren Ammoniaks. Riga. 1879.

Cismontanus, s.: Zur Lage der Katholiken im Herzogt. Braunschweig.

Cisnerio, Garcia, Exercitatorium spirituale cum directorio horarum canonicarum, et: Formula orationis et meditationis. Auctore Ludov. Barbo, Editio nova. 8. (XVI und 304 S. mit 1 Stahlst.) Ratisbonae 856, Manz.

Cisrhenanien unter d. Franken, besond. in Hinsicht auf d. Pfalz, bis auf Buonaparte. 2 Thle. 8. Marb. 801 u. 2. Krieger. 1 ₰

Cissides und Paches in drey Gesängen . . . Berlin 1759. V: *Kleist, Ewald Christian von.* (GGr) (ML)

Cist, Charles. Cincinnati in 1841. Cinci, 1841.

(F) **Cist**, O., Die Empfindliche. Charakterstück für Mädchen in 3 Akten. (Christliche Schul- und Vereinsbühne. Bd. 106.) 8°. (31 S.) K —.40
Linz: Verl.-Bh.d.Preßvereins 1910.

Cistercienser-Abtei Altenberg bei Cöln, die, mit histor. Erläuterung. Hrsg. v. d. lithograph. Anstalt v. Corn. Schimmel in Münster. gr. Fol. (15 lith. Bl., 2½ B. Text u. lith. Ttlbl.) Münster 832, (Theissing.)

—— dass. mit den beiden Grabmälern in Golddruck.

Cistercienser-Chronik. Redig. v. Gregor Müller. 1.—4. Jahrg. 1889—92. 1. Jahrg. 10 Hefte. (à Heft 8 S.); 2. Jahrg. 12 Hefte. (à Heft 16 S.); 3. u. 4. Jahrg. à Jahrg. 12 Hefte. (à Heft 32 S.) gr. 8. Bregenz, (Teutsch). 1. u. 2. Jahrg. à ** 2 —
3. u. 4. Jahrg. à ** 4 —

Cistercienser-Chronik. Red. v. Gregor Müller. 4.—6. Jahrg. März 1892—Febr. 1895. à 12 Hfte. (à 1—2 Bog.) gr. 8. Bregenz, J. N. Teutsch.
à Jahrg. n. 4. —

Cistercienser-Chronik. Red. v. P. Greg. Müller. 7. Jahrg. 1895. 12 Hfte. (à ca. 2 Bog. m. Abb.) gr. 8. Bregenz, J. N. Teutsch. n. 4. —

Cistercienser-Chronik. Hrsg. v. den Cisterciensern in der Mehrerau. Red. von Greg. Müller. 11.—14. Jahrg. 1899—1902. à 12 Hfte. Lex.-8. (à ca. 32 S. m. Abb.) Bregenz (J. N. Teutsch). à Jahrg. n.n. 5.—

Cisterzienser-Chronik. Hrsg. v. den Cisterciensern in der Mehrerau. Red. v. Greg. Müller. 15.—18. Jahrg. 1903—1906 à 12 Hefte. (1906: IV, 384 S.) Lex.-8. Bregenz (J. N. Teutsch). à Jhrg. n. 5. 40

Cistercienser-Chronik. Hrsg. v. den Cisterciensern in Mehrerau. Red. v. Greg. Müller. 19.—22. Jahrg. 1907—1910. à 12 Nrn. (IV, 384; IV, 384; IV, 376 u. IV, 384 S.) Lex. 8. Bregenz (J. N. Teutsch). à Jhrg. 5. 50

Cisternes-Courtiras, Anne Gabriele de Mise de Poilloüe de Saint-Mars [Wirkl. Name]
s. Dash, Ctesse [Pseud.]

Ciszewski, Stanislaus: Künstliche Verwandtschaft bei den Südslaven . . . (Enth. nur Cap. 1. — Erscheint vollst.) Leipzig, Verl. d. Vfs, 1897; 3 Bl., III, 114 S. 8.
Leipzig, Phil. Fak., Inaug.-Diss. v. [7. Juli] 1897

Ciszewski, Stanisl., künstl. Verwandtschaft bei d. Südslaven. Diss. gr. 8. (III, 114 S.) Leipzig 897. (Krakau, G. Gebethner & Co.) n.n. 3. —

Čítací kniha, česká, pro první a druhou gymnasiální třídu. (Od Celakowského.) Díl 1. gr. 12. (VIII und 364 S.) Prag 851, Calve'sche Vrlgsh.

—— dass. — Díl 3. gr. 8. (VIII und 550 S.) Ebds. 851.

Čítací kniha, česká, pro třídy vyššího gymnasium. (Od. F. L. Celakovského.) 2. Vydání. gr. 8. (VIII und 604 S.) Prag 852, [Tempsky.]

Citabelle, die, von Antwerpen. Eine treue Darstell. d. merkw. u. interessant. Begebenheiten, welche sich bei d. franz. Belagerungsarmee, u. b. d. heldenmüth. Vertheidigung d. holländ. Besatzung ereignet. Nach d. best. Quellen bearb. Nebst e. Rückblick auf d. belg. Revolution u. ihre nächsten Folgen, so wie e. Uebersicht d. früheren Belagerungen Antwerpens u. d. Citadelle. Mit d. Biographien u. Portraits d. Gen. Chassé u. d. Marsch. Gerards, u. 2 Plänen (wovon d. e. in Fol.) gr. 8. (2¼ B.) Offenbach 833. (Frankfurt a. M. 833, Jügel.)

Čítanka, druhá — a mluvnice pro katolické školy v císařství Rakouském. V *Vídni* 1857. Od c. kr. nakladatelstva *školních knih.* 328 S. 2 Bl. 8°.
Preis 28 kr.
(Zweites Sprach- und Lesebuch für katholische Schulen im österr. Kaiserthume. *Wien* 1857. Im *k. k. Schulbücher-Verlage.*)

Njemačka čitanka za pučke učioni. Prvi dio. Wien 1895. K. k. Schulbücherverlag. (Min.-Erl. v. 18. Februar 1895, Z. 2302.) Geb. —.25

Čitanka a počatky mluvnice i pravopisu pro prvni třidu katolických škol v cisařstvi Rakouském. 8. (128 S. 1 Bl.) Ve Vidni. Tiskem L. Grunda. 1853. (Lesebuch und Anfangsgründe der Sprachlehre und Rechtschreibung für die erste Klasse der katholischen Schulen im Kaiserthume Oesterreich.) Kostet gebunden in Leinwandrücken 12 kr. CM.

Čitanka, prva jezykoslovna, za srbska narodna ucilišta u austrijskom Carstvu. (8. 174 S.) U Becu. Pecatano kod Leop. Grunda. 1854. (Erstes Lesebuch für die serbischen Volksschulen im Kaiserthume Oesterreich.) Gebunden in Leinwandrücken 15 kr. C. M.

Čitanka za drugij razred srbskich narodnich ucilišta y Austrijskom Carstvu. 8. (250 S.) U Becu. Pecatano kod Leopolda Grunda. 1854 (Lesebuch für die zweite Klasse in den serbischen Volksschulen im Kaiserthume Oesterreich.) Gebunden in Leinwandrücken 21 kr. C. M.

Čitanka za drugi razred višjih puckih ucionah. 8. (230 S.) U Becu Pecatano kod L. Grunda. 1854. (Lesebuch für die zweite Abtheilung der höheren Realschulen.) Kostet gebunden in Leinwandrücken 20 kr. C. M.

Peričić, J., Danilo, P., Dević, J., Krilčić, A., und Zglav, M., Prva čitanka (Početnica) za opće pučke škole. (Erstes Lesebuch für allgemeine Volksschulen. Wien 1895. K. k. Schulbücher-Verlag. (Min.-Erl. vom 12. Juni 1895. Z. 13754.) Geb. —.36

— — Druga čitanka za opće pučke škole. S obzirom na novi pravopis promijenjen otisak teksta od godine 1891. Wien 1895. K. k. Schulbücher-Verlag. (Min.-Erl. vom 6. Juni 1895, Z. 12930.) Geb. —.50

— — Treća čitanka za opće pučke škole. S obzirom na novi pravopis promijenjen otisak teksta od godine 1892. Wien 1895. K. k. Schulbücher-Verlag. (Min.-Erl. vom 14. Juni 1895, Z. 14162.) Geb. —.60

Citanka, Slovenska. Sestavil in izdal J. Sket. V Celovcu. St. Hermagoras-Druck., 1889. I. kl.: 2. popravljena izdaja. 1896. — 3. izdaja. 1904. — 4. popr. izd. Sket & Wester 1910. — II. kl.: 1891. — 2. izd. 1901. — 3. izd. Sket & Wester. 1911. — III. kl.: 1892. — 2. izd. 1906. — IV. kl.: 1893. — V. & VI. kl.: v.: Berilo, Slovensko. — VII. & VIII. kl.: v.: Čitanka, Slovenska slovstvena.

Citanka, Slovenska slovstvena, za sedmi in osmi razred srednjih šol. Sestavil J. Sket. Na Dunaju, St. Hermagoras-Druck. in Klgft., 1893. 423 S. (2. Aufl. 1906 in Wien.)

Čitanka, slovnicka, za pervi razred katolickih učionah u carevini austrianskoj 8 (206 S.) U Becu, Tiskom L. Grunda 1853. (Grammatisches Lesebuch für die erste Klasse der katholischen Schulen im Kaiserthume Oesterreich.) Gebunden in Leinwandrücken 18 kr. C. M.

Čitanka pro druhou třidu městskych a venkovských škol. 8. (180 S.) Ve Vidni. Tiskem L. Grunda. 1854. (Lesebuch für die zweite Klasse der Stadt- und Dorfschulen.) Prodava se nevázaná za 11 kr. stř. Vázaná na hřbetě u plátně 15 kr. stř.

Čitanka pro třeti třidu městských škol v císařství Rakouském. 8. (236 S. 1 Bl.) Ve Vidni Tiskem L. Grunda. 1854. (Lesebuch für die dritte Klasse der Stadtschulen im österr. Kaiserthume.) Gebunden in Leinwand 20 kr.

Citaten-Lexikon. Als Angedenken an das goldene Regierungs-Jubiläum Sr. Apostolischen Majestät, Kaiser und König Franz Josef I. für das in Sophia von Neuem zu erbauende Missionshaus, sowie zum Bau einer Votivkapelle als stete Erinnerung an Ihre Majestät Kaiserin und Königin Elisabeth. Herausgegeben von Johann Bapt. Mich. v. Dvorzsák. Budapest. [1899. In Comm. Robicsek.] 8°. 549 S. fl. 2.—

Citatenschatz. Geflügelte Worte, Sprichwörter u. Sentenzen. Auf Grund v. Zeuschner's internationalem Citatenschatz vollständig neu bearb. v. H. Nehry. 8. (V, 655 S.) Leipzig 889. Grunow. geb. in Satin m. Goldschn. n. 6. 50; in Ldr. od. Atlas n.n. 11. 50

Citatenschatz, deutscher. 32. (111 S.) Berlin 895. F. Huldschinsky. Geb. in Karton n. 1.—

— aus dem Sulchan-Arukh, s.: Flugschriften-Sammlung.

Citatio ad videndum et audiendum, se declarari in poenam Banni Imperii et privari omnibus feudis, Juribus . . . in Sachen den . . . Königl. Preussischen . . Einfall . . betreffend. in specie Fiscalis Imperialis Aulicus contra den König in Preussen als Churfürsten zu Brandenburg. Wien den 22. Augusti 1757. Wien, Prag und Triest 1757. 4. (48 S.)

Citation édictale ([contre] Joseph Antoine Rengguer de la Lime.... 23 Avril 1791) s. Edictal-Citation ([gegen] Joseph Anton Rengger von der Leimen.... 23 Aprill 1791...).

Citez, la, de Jherusalem, s.: Descriptiones terrae sanctae.

Cithara Lutheri zum Katechismus, s. Spangenberg.

Cither-Schule. Leichtfaßliche, theoretisch-prakt. Anleitung die Schlagzither in kurzer Zeit spielen zu lernen. Enthaltend 45 methodisch-fortschreit. Uebungsstücke: Ländler, Schnadahüpfeln rc. sowie 7 Musikstücke f. 2 Cithern. Mit einer, die Besaitung der Cither, die richtige Haltung der Hände des Spielenden, erläut. Kpfrtaf. (in qu. 4.) Für Musiklehrer, Anfänger u. zum Selbst-Unterrichte (von C. Weingart). 8. (79 S.) München 849, Kaiser. 21 ngr

Cither-Schule. Leichtfaßliche, theoretisch-praktische Anleitung die Schlagzither in kurzer Zeit spielen zu lernen. Enthaltend methodisch-fortschreitende Uebungsstücke: Ländler, Schnadahüpfeln, Walzer rc. sowie 7 Musikstücke für 2 Cithern. Mit einer, die Besaitung der Cither, die richtige Haltung der Hände des Spielenden, erläuternde Kpfrt. (in qu. 4.) Für Musiklehrer, Anfänger und zum Selbst-Unterrichte. 2., verb. und durch einen Anhang oberbayer. Volkslieder mit Singweisen verm. Aufl. 8. (80 S.) München 853, Kaiser.

Cither-Schule. Leichtfaßliche, theoret.-prakt. Anleitung die Schlagcither in kurzer Zeit spielen zu lernen rc. Mit einer, die Besaitung der Cither, die richtige Haltung der Hände des Spielenden erläuternden Kpfrtaf. (in 4.) Für Musiklehrer, Anfänger u. zum Selbst-Unterrichte. 2. Aufl. (853.) 18 ngr — 3. Aufl. München (858.) Kaiser. 8. (80 S.) 20 ngr

Cither-Schule. Leichtfaßliche, theor.-prakt. Anleitung die Schlagcither in kurzer Zeit spielen zu lernen. Enthaltend methodisch-fortschreitende Uebungsstücke: Ländler, Schnadahüpfeln, Walzer u. s. w. sowie 7 Musikstücke für 2 Cithern. Mit einer, die Besaitung der Cither, die richtige Haltung der Hände des Spielenden erläuternde Kpfrt. Für Musiklehrer, Anfänger und zum Selbstunterrichte. 3. Aufl. gr. 8. (80 S. und 1 Stut. in qu. 4.) München 859, Kaiser. *

Cither-Schule. Leichtfaßliche, theoretisch-praktische Anleitung die Schlagzitter in kurzer Zeit spielen zu lernen. Mit einer, die Besaitung der Cither, die richtige Haltung der Hände der Spielenden erläuternden Kpfrtaf. (in 4.) Für Musiklehrer, Anfänger u. zum Selbst-Unterrichte. 4. verb. Aufl. München 865. Kaiser. gr. 8. (80 S.) n. 20 ngr

Cities and landscapes from all parts of the world. Nº 1 and 2. In-8º. Zürich, Cäsar Schmidt. 1886. à — 60

Citisen of the world. Leips. ~~Grieshammer.~~

Cito. Sämtl. Eisenbahn-Fahrpreise ab Halle a. S. Zusammenstellung d. Preise der in Halle a. S. vorrätigen Fahrkarten ... Mit Preistabelle f. Gepäckfracht. Nach amtl. Material. Halle a. S.: Hohmann 1908. (51 S.) 4° 1908. 3709 3

Cito, Antonio. Christliche Wahrheiten des Evangelii ... Wien 1759. Ü: *Kurzböck, Joseph Edler von.* (ML)

Cito, Ant., christl. Wahrheiten d. Evangelii. 8. Wien, Kurzböck. 781.

Cito-Fahrrad-Werke: Jll. Preisliste. Köln-Klettenberg 1897

le Citoyen. 8. Berl. 755. 10 ℊ

— **français,** ou mémoires historiques, politiques, physiques etc. 8. Bern 785. Typogr. Soc. 16 ℊ

Citramontanus, s.: Katholizismus, der, als Prinzip des Rückschritts.

Citron, Albert [app. Arzt aus Berlin]: Versuche zur quantitativen Bestimmung des Peptons im Harn ... Berlin, Druck: G. Chasté, 1894; 31 S. 8.
Erlangen, Med. Fak., Inaug.-Diss. v. 16. Febr. 1894

Citron, Ernst, aus Berlin: Aus d. Zool. Institut d. Universität Rostock. Beiträge zur Kenntnis des feineren Baues von Syncoryne Sarsii Lov. Hierzu 2 Taf. *Berlin: Nicolai 1902.* (31 S.) 8° ¶ (Aus: Archiv f. Naturgesch., 1902.)
Rostock, Phil. Diss. v. [20. Okt.] 1901

Citron, Heinrich [aus Berlin]: Ueber Mucin im Harn .... Berlin, Buchdr. v. Georg Chasté (1880); 26 + 3 S. 8°.
Berlin. Med. Fak., Inaug.-Diss. v. 21. Jan. 1880.

Citron, Jul., klinische Bakteriologie, Protozoologie u. Immuno-Diagnostik, s.: Brugsch, Thdr., u. Alfr. Schittenhelm, Lehrbuch klinischer Untersuchungsmethoden.

– Die Methoden der Immunodiagnostik und Immunotherapie und ihre praktische Verwertung. Leipzig: Thieme 1910. VIII, 232 S. mit 27 Abb., 8 Kurven u. 2 farb. Taf. Lex. – 8º

Citron, Julius Bernhard, pract. Arzt aus Berlin: Kalkwasser und Kalkmilch als Desinfectionsmittel. *Freiburg i. B. 1902: H. Epstein.* (75, III S.) 8°
Freiburg i. B., Med. Diss. v. 1902

Citronenkur, die. Ein Heilmittel gegen akute u. chron. Gicht (Podagra, Chiragra x.) Mit briefl. Nachrichten mehrerer durch diese Kur geheilter Leidenden. 27. Aufl. gr. 8. (46 S.) Leipzig 897. A. H. Payne. n. 1.—

Citronenkur, die. Ein Heilmittel gegen akute u. chron. Gicht (Podagra, Chiragra x.) u. Gallenstein. Mit briefl. Nachrichten mehrer. durch diese Kur geheilter Leidenden. (35. [Umschlag-]Aufl.) gr. 8. (58 S.) Leipzig (900). A. H. Payne. n. 1.—

Der Citronenwald. Ein Original Lustspiel in 4 Akten von Sievers. Leipzig: Weigel 1809. 8º

Cittavecchia [Schlagwort]

Cittavecchia, Hafen, s.: Adriatisches Meer.

Ciuntu, Stefan, der Zwangsvergleich im Konkurs. Diss. gr. 8. (96 S.) Berlin 892. Expod. der Immaterialgüter. n. 1.20

Ciuntu, Stefan: Der Zwangsvergleich im Konkurs ... Berlin, Druck v. O. v. Holten, 1892; 96 S., 1 Bl. 8.
Berlin, Jur. Fak., Inaug.-Diss. v. 30. Mai 1892

Civan, Königs in Bungo, Reisen u. Begebenheiten. 8. Wittenb. 791. Kühne. 1 ℛ 4 ℊ

Civiale, (Jean): Über die medicinische Behandlung und Verhütung des Steines und Grieses; nebst einer Abhandlung über die Steine aus Cystin. (Du Traitement médical et préservatif de la pierre et de la gravelle, avec un mémoire sur les calculs de cystine. Dt.) Hrsg. und mit einleitenden und erläuternden Bemerkungen versehen von L(eon) Hollstein. 482 S., gbd.

Berlin: Hayn 1840

Civiale, (Jean): Nachträgliche Bemerkungen zu der Lithotritie. In Form eines Briefes an den Herrn Ritter von Kern... (Lettres sur la lithotritie, ou broiement de la pierre dans la vessie; première lettre à M. le chevalier Vincent de Kern. Dt.) 84 S., gbd., 1 Taf.

Berlin: Enslin 1828

Civiale, Jean, Handbuch der Lithotritie. Aus dem Franz. von G. Krupp. Nebst 1 lith. Taf. (in gr. Fol.) gr. 8. (418 S.) Leipzig 847, Kollmann. 2 ℛ

— Die Krankheiten des Blasenhalses und der Prostata. (Maladies du col de la vessie et de la prostate. Dt.) Übers. von Siegmund Frankenberg und Sanson Landmann. 356 S., gbd., 5 Taf.

Leipzig: Hartknoch 1843
(Civiale, (J.): Die Krankheiten der Harn- und Geschlechtsorgane. (Traité pratique sur les maladies des organes génito-urinaires. Dt.) Bd 2)

Civiale, (Jean): Die Krankheiten des Blasenkörpers. (Maladies du corps de la vessie. Dt.) Übers. von Siegmund Frankenberg und Sanson Landmann. 359 S., gbd.

Leipzig: Hartknoch 1844
(Civiale, (J.): Die Krankheiten der Harn- und Geschlechtsorgane. (Traité pratique sur les maladies des organes génito-urinaires. Dt.) Bd 3)

Civiale, (Jean): Die Krankheiten der Harn- und Geschlechtsorgane. (Traité pratique sur les maladies des organes génito-urinaires. Dt.) Übers. von Siegmund Frankenberg und Sanson Landmann.

Leipzig: Hartknoch 1843 - 1844
Bd 1: Die Krankheiten der Harnröhre. (Maladies de l'urètre. Dt.) 2...Aufl. 1843
Bd 2: Die Krankheiten des Blasenhalses und der Prostata. (Maladies du col de la vessie et de la prostate. Dt.) 1843
Bd 3: Die Krankheiten des Blasenkörpers. (Maladies du corps de la vessie. Dt.) 1844

Civiale, (Jean,) die Krankheiten der Harn- u. Geschlechtsorgane praktisch dargestellt. Deutsch bearb. von Siegm. Frankenberg u. Samson Landmann. 3 Thle. gr. 8. Leipzig, Hartknoch.
Inhalt:
Thl. 1. Die Krankheiten der Harnröhre. 2., verm. Aufl. (31½ B. u. 3 Taf. Abbild.) 843. 2 Thlr. 22½ Ngr.
2. Die Krankheiten des Blasenhalses u. der Prostata. (23 B. u. 5 Taf. Abbild.) 843. 2 Thlr.
3. Die Krankheiten des Blasenkörpers. 2., verm. Aufl. (23 B.) 844. 2 Thlr.

Civiale, (Jean): Die Krankheiten der Harnröhre. (Maladies de l'urètre. Dt.) Übers. von Siegmund Frankenberg und Sanson Landmann. 2. bedeutend verm. Aufl. 496 S., gbd., 3 Taf.

Leipzig: Hartknoch 1843
(Civiale, (J.): Die Krankheiten der Harn- und Geschlechtsorgane. (Traité pratique sur les maladies des organes génito-urinaires. Dt.) Bd 1)

Civiale, Dr., über d. Lithotritie od. d. Zermalmung d. Blasensteine innerhalb d. Harnröhre. Aus d. Französ. übers. v. Karl Jul. W. P. Remer. Mit 5 Steindr. gr. 8. Bresl. 827. Max u. C. XVI, 308 S.

Civiale, über die Lithotritie od. die Zerstückelung d. Harnsteine in der Blase selbst, a. d. Französ. v. Ed. Ad. Gräfe. (Aus Gräfe u. v. Walters Journal abgedr.) gr. 8. Berl. 827, Reimer.

—— über die Steinkrankheit, od. Untersuchungen üb. d. Bildung, d. physikal. u. chem. Eigenschaften, d. Ursachen, Symptome u. patholog. Wirkungen d. Harnsteine u. des Grieses. A. d. Franz. v. J. G. Schnackenberg. 1. u. 2. Lfg. gr. 8. (à $8^1/_4$ B.) Cassel 839, Fischer. à

Civiale, (Jean,) chirurg. Therapeutik d. Steinkrankheit. A. d. Franz. frei übers. u. mit e. Anh. vers. v. Ed. Ad. Graefe. M. 4 Taf. Abbildn. gr. 8. (34 B. incl. 1 Tab.) Berlin 837, [Klemann.] Thlr.

— chirurg. Therapeutik der Steinkrankheit. Aus d. Franz. frei übers. u. mit e. Anhange versehen von Ed. Ad. Gräfe. Mit 4 Taf. Abbildd. u. 1 Tabelle. gr. 8. Berlin 837. Zesch. $2^7/_8$ ℛ

— Therapeutik der Steinkrankheit. Berlin 837, jetzt: Leipzig, Michelsen.

Civil . . . s. a.: Zivil . . .

Civil-Adreßkalender f. d. Werra-Departement u. Westphalen. 8. Marburg, Krieger. 8 gg.

Civilbau, der. Eine Sammlung von Entwürfen zu Privat-Wohngebäuden für Stadt u. Land. In Grundrissen, Façaden, Profilen u. Details für Architekten, Maurer- u. Zimmermeister. 2. Bd. 4–8. Lfg. Fol. (à 6 Steintaf. m. 1 Bl. Text.) Berlin 877—79. Nicolai's Verl. à n. 6. — (1—8. Lfg.: n. 48. —)
Vgl. Kämmerling, H.

Civilbau, der. Eine Sammlg. v. Entwürfen zu Privat-Wohngebäuden f. Stadt u. Land in Grundrissen, Façaden, Profilen u. Details f. Architekten, Maurer- u. Zimmermeister. 2. Bd. 9. Lfg. Fol. (6 zinkogr. Taf. m. 1 Bl. Text.) Berlin 884. Nicolai's Verl. n. 6. —

Civilbeamten-Gesetze, die, d. Deutschen Reichs. Text-Ausg. m. Sachregister. 12. (V, 136 S.) Berlin 887. v. Decker. cart. n. 1. 50

Die Civil- u. Militärbefehlshaber in Esthland. 1704—1855. 8. Dorpat 1855.

Civilbevölkerung, Die, des Regierungsbezirks Breslau. O. O. [1856]. V: *Bergius, Carl Jul.* (CBH)

Civil-Codex. Dresden 1809. H: *Globig, Hans Ernst von.* (Ky)

Civil-Codex, d., für d. Königr. Polen. Erstes Buch, nebst d. übr. Civil-Gesetzen d. Reichstages vom Jahre 1825. Uebers. u. unter Bemerkk. d. entsprech. Artikel d. französ. Civil-Codex, mit erläut. Anmerkk. versehen v. C. G. Falz. Lex.-8. Bresl. 826. Gosohorsky. 18 gr

Civil-Diener-Wittwen-Ordnung, weltl. Badensche, vom 28. Juni 1810. Mit spätern Modifikationen u. gesetzl. Bestimmungen. gr. 8. Karlsr. 810. Müller. 4 gr

Civil-Ehe, die. Ein Wort aus dem Volke an das Volk. Mit 2 Illustrationen. 4. Aufl. 11. 8. (32 S.) Wien, Hummel's Verlags-Exped. 1867. 20 kr.

Civilehe, die, in ihrer Berührung m. der kirchlichen Ehe. gr. 8. (104 S.) Regensburg 875. Manz. 1. —

— die obligatorische. Ein Wort zur Verständigg. v. e. evangel. Geistlichen. 8. (30 S.) Greifswald 873. Bamberg. n. — 50

Civil-Ehe, die obligatorische, in ihrem Verhältniß zu der Kirche und dem kirchlichen Leben unserer Gemeinden. Ein Zeugniß aus der Kirche für die Civil-Ehe. Berlin 862. Rauh. gr. 8. (44 S.) n. $7^1/_2$ ngr.

— u. kirchliche Pflichten. Ein Wort der Ermahng. zur Wachsamkeit u. Treue an alle luther. Christen, zunächst der sächs. Landeskirche, v. e. sächs. Geistlichen. 8. (15 S.) Zwickau 875. Döhner in Comm. — 15

Civilehe, Die, und der Reichskanzler. Mit einem Anhange enthaltend die Reden des Verfassers und des Reichskanzlers im Abgeordnetenhause am 17. Dez. 1873. Berlin 1874. V: *Gerlach, Ernst Ludwig von.* (Stadtbibl. Frankf. a. M. Kat. der Neueren Bestände.)

— die, u. der Reichskanzler. Vom Verf. der Rundschauen u. v.: Kaiser u. Papst. Mit e. Anh.: enth. die Rede d. Verf. u. d. Reichskanzlers im Abgeordnetenhause am 17. Decbr. 1873. gr. 8. (55 S.) Berlin 874. v. Muyden. n. 1. 20

Civil-Ehe-Gesetz, das. Reichsgesetz vom 6. Febr. 1875, betr. die Beurkundg. d. Personenstandes u. die Eheschließg. Mit Gebührentarif. Nach den amtl. Motiven u. Reichstagsverhandlgn. erläutert. Mit e. ausführl. Sachregister. 8. (140 S.) Leipzig 875. Roßberg. n. 1. —

Civilehegesetz. (20 S) (Gareis, Reichsgesetze 297) Giessen (1901)

— das neue. Deutsches Reichs-Gesetz üb. die Beurkundg. d. Personenstandes u. die Eheschließg. vom 6. Febr. 1875. 16. (32 S.) Stuttgart 876. Levy & Müller. — 40

Civil-Ehe-Gesetz, Das neue. Deutsches Reichs-Gesetz üb. d. Beurkundung des Personenstandes und der Eheschliessung vom 6. Februar 1875. (32 S.) Stuttgart 1877. Levy u. M.

— das neue preußische. Gesetz üb. die Beurkundg. d. Personenstandes u. die Form der Eheschließg. 16. (16 S.) Potsdam 874. Rentel. — 15

— das, f. das deutsche Reich. Reichsgesetz üb. die Beurkundg. d. Personenstandes u. die Eheschließg. gr. 16. (16 S.) Potsdam 875. Rentel. — 15

Civiletat, Grossh. hess. . . . 1812. H: *Scriba, Joh. Gg.* (Hessische Biographien, hgbn. von Herman Haupt. Darmstadt 1918. I, 77)

Civil-Etat, großherz.-hessischer, mit angehängtem Amts- u. Ortsregister, für d. J. 1812. gr. 8. Darmst. 812. Heyer, a. Leske. 1 ℛ 12 gr Ders. f. d. J. 1819 u. 20, mit drei in alphabet. Ordnung abgefaßten Registern ꝛc. Nebst Anh. gr. 8. Darmst., (Heyer, auch Leske). 1 ℛ 16 gr

Civil-, Kirchen- u. Militair-Etat des eidgenöss. Cantos St. Gallen für d. Jahr 1840. 8. St. Gallen, Scheitlin u. Zollikofer. $^1/_4$ ℛ

Civil-, Kirchen- u. Militair-Etat d. eidgenossischen Standes St. Gallen, für das Jahr 1844. gr. 8. St. Gallen 845. (Scheitlin u. Zollikofer.) $^1/_4$ ℛ

Civil-, Militär- und Kirchen-Etat des eidgenöss. Standes St. Gallen, für das Amtsjahr 1850/51. gr. 8. (III und 100 S.) St. Gallen 850, Scheitlin und Zollikofer.

—— dass. — des schweizer. Standes St. Gallen für das Amtsjahr 1851/52. gr. 8. (III und 108 S.) Ebds. 851.

Civil-, Militär- und Kirchen-Etat des schweizerischen Standes St. Gallen für das Amtsjahr $18^{53}/_{54}$. — $18^{54}/_{55}$. — $18^{55}/_{56}$. — $18^{56}/_{57}$. St. Gallen, Scheitlin und Zollikofer. 8. (à 110 S.) Jeder Jahrg. n. 10 ngr

Civil-, Militär- und Kirchen-Etat des schweizerischen Standes St. Gallen für das Amtsjahr 1859/60. — 1861/62. St. Gallen, Scheitlin & Zollikofer. gr. 8. (124; 128 S.) Jeder Jahrg. 15 ngr.

Civil-, Militär- u. Kirchen-Etat d. schweizerischen Standes St. Gallen. Juli 1876. 8. (118 S.) St. Gallen 876. (Scheitlin & Zollikofer.) n.n. 1. 20

Civil-, Militär- und Kirchen-Etat des schweizerischen Standes St. Gallen. Juli 1881. In-8⁰, St. Gallen, Zollikofer'sche Buchdruckerei.

Civil-, Militär- u. Kirchen-Etat des schweizerischen Standes St. Gallen. Juli 1892. 8. (120 S.) St. Gallen 892, (Buich u. Comp.). * 1 —

Civil-Gerichtskosten-Gesetze, die, nebst den einschlägigen Verordnungen und Verfügungen im Bezirk des ehemaligen Appellationsgerichtshofes zu Cöln in ihrer heutigen Geltung. Zum prakt. Gebrauche für Justizbeamte zusammengestellt und mit Anmerkungen versehen von J. H. gr. 8. (III, 27 S.) Berlin 886, Nauck und Comp. *
Aus: Bureau-Blatt für gerichtliche Beamte, besonders abgedruckt.

Civilgesetzbuch. Allgem. bürgerl. Gesetzbuch f. d. Kanton Aargau. 4 Thle. m. Nachträgen. Neue Ausgabe. Aarau 857.

Civilgesetzbuch. Bündnerisches Privatrecht (Civilgesetzb.) v. 1. 9. 1862. Chur 862.

Civil-Gesezbuch für d. Canton Bern. 1r Thl. Personen-Recht. Mit Anmerkk. v. S. L. Snell. 2e Aufl. Mit 1 Verwandtschaftstafel. gr. 8. Bern 834. Walthard. 2 ℛ

Civilgesetzbuch für den Kt. Bern. Neue A. Bern 1835—36.

Civil-Gesezbuch für d. Stadt u. Republik Bern. 1r Theil. Personen-Recht. Mit Anmerkk. v. S. L. Schnell. gr. 8. Bern 825, Walthard.

— dess. 2r Thl. Sachenrecht. gr. 8. Ebend. 827.

Civil-Gesetzbuch f. d. Stadt u. Republik Bern. 1. u. 2. Thl. 1. u. 2. Hauptstück. Mit Anmerkungen v. S. L. Schnell. gr. 8. Bern 826—34, Walthard. (Leipzig, Schmidt.)
1. Thl. Personenrecht. 1. Aufl. ... 826. 1 Thlr. 20 Gr., 2. A. (22 B. u. 1 Stnt. Verwandtschaftstaf.) 834. 2 Thlr.
2. " Sachen-Recht. 1. Hptst. Dingliche Rechte. (22½ B.) 827. 1 Thlr. 20 Gr. — 2. Hptst. Persönliche Rechte. (29¾ B.) 831. 2 Thlr. 6 Gr.

—— dass. 1. Thl. u. 2. Thl. 1 Hptst. Ohne Anmerkn. gr. 8. (19¾ B. u. Verwandtschaftstaf.) Ebds. 825, 27. à 16 Gr.

— d. Franzosen, übers. v. Lassaulx, s. a. *Napoléon*, Code.

Civil-Gesetzbuch d. Franzosen, übers. v. Lassaulx, 5 Bde. gr. 8. Coblenz, Pauli u. Comp. Rthlr.

Civilgesetzbuch d. Königr. Italien. Uebers. v. Leone Roncali. 8. (XVI, 414 S.) Wien 885. Hölder. n. 6. —

Civilgesetzbuch, das rheinische, in seiner heutigen Gestalt. 8. (IV, 493 S.) Düsseldorf 884, Schwann'sche Verlagsh. *
geb. *

Civilgesetzbuch, rheinisches, nebst den dasselbe ergänzenden oder abändernden Gesetzen. Rev. Uebersetzung. 16. (527 S.) Düsseldorf 877. Schwann. cart. 3. 50; geb. n. 4. —

Civil-Gesetzbuch des linken Rheinufers, sammt d. Inh. der seit der Verkündigung erschienenen bezügl. Senatus-Consulte, Gesetze, Decrete, Gutachten des Staatsraths, ministerielle Rundschreiben u. Entscheidungen, Urtheile des Cassationshofes u. der Appellhöfe, mit Hinweis. auf die das Civilgesetzbuch erklärenden u. abändernden Artikel der übrigen Gesetzbücher u. Anführung einiger Parallelen aus den preuss. u. badischen Landrechten. Verdeutscht u. zusammengetragen v. *A. A. Haas*. 1r — 3r Bd. *Bonn*, (Marcus.) 823—26. gr. 4. (8 Thl. 12 Gr.)

Schweizerisches **Civilgesetzbuch**. Vorentwurf d. Eidgenöss. Justiz- u. Polizei-Depart. [Nebst] Erläuterungen z. Vorentwurf. H. 1—3. (Verf.: Prof. Dr. Eugen Huber.) Bern: Schmid & Francke (Erl.: Buchdr. Büchler & Co.) 1900—02. 4 Bde 8°
Vorentwurf. (Nachw.: Prof. Dr. Eugen Huber.) 1900.
Erläuterungen. H. 1. Einleitung. Personen- u. Familienrecht. 1901. 2. Das Erbrecht. 1901. 3. Das Sachenrecht. 1902. [07. 9663

Civilgesetzbuch, schweizerisches. Vorentwurf des eidgenöss. Justiz- u. Polizei-Departements. gr. 8. (309 S.) Bern 900. (A. Francke.) n. 2. —

— dasselbe. Erläuterungen zum Vorentwurf des eidgenöss. Justiz- u. Polizeidepartements. Hft. 1—3. gr. 8. Ebd. n. 6. —
1. Einleitung. Personen- u. Familienrecht. (Von Eug. Huber.) (IV, 306 S.) 901. n. 2. —
2. Das Erbrecht. (Von Eug. Huber.) (III, 152 S.) 901. n. 1. —
3. Das Sachenrecht. (Von Eug. Huber.) (IV, 425 S.) 902. n. 3. —

Civilgesetzbuch. Schweizerisches Civilgesetzbuch. Anträge und Anregungen zum Vorentwurf vom 15. November 1900 eingereicht von Sektionen des Schweizerischen Handels- und Industrie-Vereins. Zusammengestellt vom Vorort. 4 Teile. 8. Zürich, Berichthaus.
Teil 1: Personen- und Familienrecht. VIII + 41 S. 1901.
Teil 2: Nachtrag zum Familienrecht. Erbrecht. IV + 22 S. 1902.
Teil 3: Des Gesetzbuchs Vierter Teil. Sachenrecht.... Nachträge zum Familienrecht und zum Erbrecht. IV + 29 S. 1902.
Teil 4 ⟨letzter⟩: Des Gesetzbuchs Vierter Teil. Das Sachenrecht ⟨Schluss⟩.... Des Gesetzbuchs Fünfter Teil. Das Obligationenrecht: Drei Fragen des Vororts.... Nachträge zu den früher behandelten Teilen des Sachenrechts. IV + 63 S. 1903.

Civilgesetzbuch. Schweizerisches C'. Expertenkommission. [Protokoll der Sitzungen.] 4 Bände. fol. (Autogr. Druck: H. Kümmerly & Frey, Bern.)
Band 1 & 2. (1901 Oktober 7 — 1902 März 22.) II + 756 S.
Band 3 & 4. (1902 November 8 — 1903 Mai 2.) II + 467 S.

Civilgesetzbuch, Schweizerisches, vom 10. Dezember 1907. Mit Inhaltsverzeichnis und alphabetischem Sachregister. XXVI + 265 S. 8. Bern, Stämpfli & Cie. 1908 geb. fr. 3.
— Dasselbe. Mit Inhaltsverzeichnis und ausführlichem alphabetischem Sachregister. [Mit 1 Porträt-Tafel.] XXVI + 324 S. 8. Bern, K. J. Wyss. 1908

Civilgesetzbuch f. den Kanton Solothurn. 1. Thl. Familienrecht. 1. Hauptstück. Personenrecht. Mit Anmerkungen von J. B. Reinert. Lex.-8. Soloth. 842, Jent u. Gaßmann. 2 ℛ

Civilgesetzbuch für den Kt. Solothurn, nebst Civil-Prozessordnung. Solothurn 1855.

Civilgesetzbuch für den Kt. Wallis. 1843 u. 1854.

Civil- u. Civilprozessgesetze, bernische. 8. Aufl. der Sammlg. v. Niggeler & Vogt. Bearb. v. Zeerleder u. A. Reichel. 2 Bde. 8. Bern, W. Goepper. Geb. in Leinw. n. 17. —
1. Civilgesetze. Bearb. v. A. Zeerleder. (XII, 867 S.) 893. n. 10. —
2. Prozessrecht. Bearb. v. A. Reichel. (VII, 551 S.) 892. n. 7. —
Die 7. Aufl., s. Niggeler, N. u. E. Vogt.

Civilgesetzgebung, die neue, des Großherzogth. Baden. Vollständige Sammlung der wichtigsten Gesetze und Verordnungen über Civilrecht, Handelsrecht, Organisation und Prozeßrecht. 9 Lfgn. 8. (XXVI und 1261 S.) Mannheim 865, 66, Bensheimer. à Lfg. * 10 Ngr. *

Civilingenieur, Der. Zeitschrift für das Ingenieurwesen. Herausgegeben von **G. Zeuner**, zuletzt von E. **Hartig** und A. **Frühling**. (Angefangen als: Der Ingenieur). Neue Folge Band 1—42 (1854—1896). Freiberg, später Leipzig. 4.

Civilingenieur, der. Zeitschrift für das Ingenieurwesen. Unter besonderer Mitwirkung von Jul. Weisbach und C. R. Bornemann herausg. von Gust. Zeuner. Neue Folge. 1—3. Bd. à 8 Hefte (à 4 Bgn. mit 3—4 lith. Taf. u. Holzschn. im Text). Freiberg 853—55. Engelhardt. gr. 4. Jeder Bd. n. 7 ℛ 10 ngr

— — Unter besonderer Mitwirkung ꝛc. herausg. von K. R. Bornemann. Mit Beilage: Literatur- u. Notizblatt. Neue Folge. 5. u. 6. Bd. à 8 Hefte (à 4 Bgn. mit Holzschn. im Text u. 3—4 lith. Taf. in Fol.) Ebend. 858. gr. 4. Jeder Bd. n. 7 ℛ 10 ngr

Civilingenieur, der. Zeitschrift für das Ingenieurwesen. Unter besonderer Mitwirkung von Jul. Weisbach, Gust. Zeuner, B. Tauberth, A. Hallbauer und F. Nowotny herausg. von K. R. Bornemann. Neue Folge. 5—10. Bd. à 8 Hefte (à 8—10 Bgn. u. lith. Taf. in Fol.). Leipzig, Felix. gr. 4. Jeder Jahrg. n. 7 ℛ 10 ngr

Civilingenieur, der. Zeitschrift für das Ingenieurwesen. Unter besond. Mitwirkung von Jul. Weisbach, Gust. Zeuner, B. Tauberth, A. Hallbauer u. F. Nowotny hersg. von K. R. Bornemann. Neue Folge. 11—16. Bd. à 8 Hefte (à 5 Bgn. mit lith. Taff.). Leipzig, Felix. gr. 4. Jeder Jahrg. n. 7 ₰ 10 ngr.

Civilingenieur, der. Zeitschrift f. das Ingenieurwesen. Unter besond. Mitwirkg. v. Jul. Weißbach, Gust. Zeuner, A. Hallbauer u. F. Nowotny hrsg. v. K. R. Bornemann. Neue Folge. 17. u. 18. Bd. à 8 Hfte. gr. 4. (à Hft. 80 Sp. m. Steintaf. in qu. Fol.) Leipzig 871. 72. Felix. à Bd. n. 22. —

— dasselbe. Neue Folge. 19. Bd. od. Jahrg. 1873. 8 Hfte. gr. 4. (à Hft. 40 S. m. 4 Steintaf. in qu. Fol.) Ebend. n. 24. —

— dasselbe. Neue Folge. 20. Bd. od. Jahrg. 1874. 8 Hfte. gr. 4. (à Hft. 78 S. m. 5 Steintaf. in qu. Fol.) Ebend. n. 30. —

— dasselbe. Generalregister zu Bd. 1—20 [1854 bis 1874]. gr. 4. (27 S.) Ebend. 875. n. 2. —

— dasselbe, hrsg. v. E. Hartig. Neue Folge. 22. Bd. od. Jahrg. 1876. 8 Hfte. gr. 4. (5 B. m. Steintaf. in qu. Fol.) Ebend. n. 30. —

Civilingenieur, der. Unter Mitwirkung von W. Fränkel, L. Lewicki, O. C. Mohr etc. hrsg. von E. Hartig. Neue Folge. 23—28. Bd. oder Jahrg. 1877—1882. à 8 Hfte. (5 B. m. Steintaf.) gr. 4. Leipzig, Felix. à Jahrg. n. 30. —

Civilingenieur, der. Unter Mitwirkg. von W. Fränkel, L. Lewicki, P. C. Mohr etc. hrsg. v. E. Hartig. Neue Folge. 29—32. Bd. od. Jahrg. 1883—1886. à 8 Hfte. (à 4—5 B. m. Steintaf.) gr. 4. Leipzig, Felix. à Jahrg. n. 30. —

— dasselbe. General-Register zum 21—30. Bd. [1875—1884.] Bearb. v. G. H. Judenfeind-Hülsse. hoch 4. (11 S.) Ebend. 885. n.n. 1. 50

Civilingenieur, der. Organ d. sächs. Ingenieur- u. Architekten-Vereins. Unter Mitwirkg. e. Redactions-Commission hrsg. v. E. Hartig. Neue Folge. 33.—36. Bd. od. Jahrg. 1887—1890. à 8 Hfte. (à 4—6 B. m. Steintaf.) gr. 4. Leipzig, Felix. à Jahrg. n. 30. —

Civilingenieur, der. Organ d. sächs. Ingenieur- u. Architekten-Vereins. Unter Mitwirkg. e. Red.-Kommission hrsg. v. E. Hartig. Jahrg. 1891—1894. [Der neuen Folge 37.—40. Bd.] à 8 Hfte. (à 4—6 Bog. m. Steintaf.) gr. 4. Leipzig, A. Felix. à Jahrg. n. 30. —

Civilingenieur, der. Organ d. sächs. Ingenieur- u. Architekten-Vereins. Unt. Mitwirkung e. Red.-Kommission hrsg. v. E. Hartig u. A. Frühling. Jahrg. 1895 u. 1896. [D. n. F. 41. u. 42. Bd.] à 8 Hfte. (à ca. 100 Sp. m. Taf.) gr. 4. Leipzig, A. Felix. à Jahrg. n. 30. —

Erscheint nicht mehr.

Civilis, Amaranthus [Pseud.], s. Beer, Johann

Civilis, Just., Bilder d. Kriegs, s. a. Bilder.

Civilis, J. Bilder des Kriegs v. J. 1813. Leipzig 1831. 102 S.

Civilis, Justus, (ps.) Bilder des Kriegs v. J. 1813 8. Lpz. 831. L. Schumann. 12 gr.

Civilisation, Die, und der wirthschaftliche Fortschritt. Einleitung zu dem offiziellen Ausstellungsberichte. Herausgegeben durch das k. k. österreichische Central-Comité. Wien 1869. V: *Neumann-Spallart, Franz Xaver Ritter von.* (EB)

Civilisation und Kanalisation; demokratisches Quodlibet eines zürcherischen Weltbürgers. Zürich 1871. V: *Weber, Georg.*

Civilisation u. Weltfriede. Impressionen zu e. Lehre v. Glückseligkeit u. Erkenntnis. Von Anthropos. (III, 253 S.) 8. Dresden 903. E. Pierson. n. 4.—; geb. n. 5.—

Civilité, La, moderne, Oder die Höflichkeit Der Heutigen Welt. Übersetzt von Menantes [= Christian Friedr. Hunold]. Hamb. 1705. V: *Courtin, Ant. de.* (Milchs)

Civil- und Militär-Jurisdictionsnorm, s. a. Gesetze, österreichische.

Civil- u. Militär-Jurisdictionsnorm, die. Die Geschäftsordnung für die Gerichtsstellen. Die allgemeine Gerichtsordnung. Die besonderen Arten des Verfahrens in Streitsachen, die Gesetze über das Bagatell- u. Mahnverfahren, sammt den Ausführungsverordnungen. Die Concurs-Ordnung vom 25. Decbr. 1868, sammt allen ergänzenden u. erläuternden Verordnungen, u. den grundsätzlichen Entscheidungen des obersten Gerichtshofes. [8., verm. u. vervollständ. Aufl.] 8. (XII, 675 S.) Wien 879. Manz. n. 5. —; geb. n. 6. —

Civil-Jurisdictions-Norm, die, vom 20. November 1852, für Oesterreich unter und ob der Enns, Salzburg, Steiermark, Kärnthen und Krain, Görz u. Gradiska, Istrien ꝛc. Erläutert von einem praktischen Juristen. Nebst einem Anhang über die lombardisch-venetianische und dalmatinische Jurisdictions-Norm. Wien 853. Tendler u. Co. 16. (2 Bl., 115 S.) n. 10 ngr.

Civil-Kalender pro 1898. 12. (102 S.) —.25 Hermannstadt: Krafft 1897.

Bayern's permanente Civilliste, eine landständische Verhandlung im J. 1834. München. gedr. bey J. G. Fleischmann. 12⁰. XII—179 S. Orig.-Ppb. m. Goldschn., in Etui.

Civilliste, Des Königs, im Lande der verfehlten Gelegenheiten. Müssige Betrachtungen eines a. D. München [1885]. V: *Weymann, Carl.* (H. Hayn, Thesaurus librorum Ph. Pfister. München 1883) (Hdschr. Mitth. von Friedrich Müller, München.) (BiblPort)

Civilordnung, Salzburgische. 4. Salzburg, Mayr. 789.

Civil-Pensions-Reglement, das k. Preuß., vom 30. April 1825. Mit Allegirung der dass. erläut. Allerh. Cabinetsordres ꝛc. Zusammengestellt resp. erläutert durch Frdr. Bechstein. gr. 8. (88 S.) Eilenburg 847, (Offenhauer.) n. 1/3 ₰

Civilprozeß, der, im Großherzogth. Baden. Zugleich bad. Selbstanwalt oder Anleitung zur Selbstbesorgung aller Rechtsgeschäfte ohne Anwalt. Nebst einem Anh., enth. die Vorschriften über die Gerichtskosten, über die Gebühren der Rechtsanwälte, der Gerichtsvollzieher, Zeugen u. Sachverständigen, sodann das Dienstbotengesetz, das Wechselrecht, sowie ein Verzeichniß sämmtlicher Gerichtssitze des deutschen Reiches. gr. 8. (VIII, 370 u. XXXIV S.) Tauberbischofsheim 879. Lang. n. 4. —

Civilprozeß, der, im Großherzogth. Baden. Zugleich bad. Selbstanwalt oder Anleitung zur Selbstbesorgung aller Rechtsgeschäfte ohne Anwalt. Nebst einem Anhang ꝛc. 2. Aufl. 8. (IX, 269, 242 S.) Tauberbischofsheim 880, Lang. * *

Civilprocefz gegen Vonhof. Ein Buch f. Gerichtsvollzieher v. e. Pfälzer (H. Schultz.) 8. (VIII, 168 S.) Speyer 870. Neidhard in Comm. n. 1. 75

Civilproceß, der Wurmb-Jambers'sche, u. der hiermit in Verbindung stehende fiscalische Criminal-Proceß gegen die Herren Jambers, Wurmb, Hocker u. Meldau in punkto erlassener, verfaßter u. verbreiteter Pasquille gegen das höchstpreisliche Obergericht u. verschiedene Mitglieder d. hochweisen hamburger Senats. (2 Abthlgn.) 8. Altona 844, Heilbutt. [1. (1 B.) * 12½ Ngr., 2. (2 B.) * 6½ Ngr.] *-

Civilprocessgesetz, Das neueste Preussische, vom 21. Juli 1846. Seine Stellung zur Prozessordnung vom Jahre 1793 und zum gemeinen Deutschen Prozesse. Berlin 1846. V: *Goetze, August Wilhelm.* (KGBerlin I, 1602)

Civilprozeßgesetz, das neueste Preußische, v. 21. Juli 1846. Seine Stellung zur Prozeßordnung v. J. 1793 u. zum gem. deutschen Prozesse. gr. 8. Berlin 846, Besser. n. ½ ℛ

Civilprozeßgesetze. Gerichtsorganisationsgesetz, Gewerbegerichtsgesetz, s.: Gesetze, d. österr., Handausg.

Civilprocess-Gesetze, Die bayer., vom 22. Juli 1819 und 17. Nov. 1837 in ihrer Anwendung bei dem Einzelnrichter-Amte nach dem Gerichts-Verfassungs-Gesetze vom 11. Juli 1856 ... München 1860. H: *Kitt, Heinrich.* (Schz)

Civilproceß-Gesetze, die bayerischen, vom 22. Juli 1819 u. 17. November 1837 in ihrer Anwendung bei dem Einzelnrichter Amte nach dem Gerichts Verfassungs-Gesetze vom 1. Juli 1856 mit vielen Erläuterungen aus der Praxis und einem alphabetischen Sach-Register. München 860. Franz. gr. 8. (XVI, 136 S.) 18 ngr.

Civilprozeß-Gesetze, die bayerischen, vom 22. Juli 1819 und 17. Novbr. 1887 in ihrer Anwendung bei dem Einzelnrichter-Amte. 2., mit dem Gerichtsverfassungs-Gesetze vom 10. Nov. 1861 verm. Aufl. mit vielen Erläuterungen aus der Praxis und einem alphabet. Sach-Register. gr. 8. (XVI und 152 S.) München 862, Franz.

Die neuen Civilprocess-Gesetze. Gesetz v. 1. Aug. 1895, R.G.B. Nr. 110 betr. d. Einführung d. Gesetzes über d. Ausübung d. Gerichtsbarkeit u. d. Zuständigkeit d. ordentl. Gerichte in bürg. Rechtssachen ⟨Jurisdictionsnorm⟩. Gesetz v. 1. Aug. 1895, R.G.B. Nr. 111 über d. Ausübung d. Gerichtsbarkeit ... Gesetz v. 1. Aug. 1895, R.G.B. Nr. 112 betr. d. Einführung d. Gesetzes über d. gerichtl. Verfahren in bürgerl. Rechtsstreitigkeiten ⟨Civilprocessordnung⟩. Gesetz v. 1. Aug. 1895, R.G.B. Nr. 113 über d. gerichtl. Verfahren ... *Wien: Manz 1895.* (VI, 258 S.) 8° [J.]
— Gesetz-Ausgabe, Manz'sche. No 55. [96. 10244] 10

— die neuen. 12. Wien 895. Manz. n. 1.80
Gesetz v. 1. Aug. 1895, R. G. B. Nr. 110, betr. d. Einführg. d. Gesetzes üb. d. Ausübg. d. Gerichtsbarkeit u. d. Zuständigkeit d. ordentl. Gerichte i. bürgerl. Rechtssachen (Jurisdictionsnorm). Gesetz v. 1. Aug. 1895, R. G. B. Nr. 111, üb. d. Ausübg. d. Gerichtsbarkeit u. d. Zuständigkeit d. ordentl. Gerichte i. bürgerl. Rechtssachen (Jurisdictionsnorm). Gesetz v. 1. Aug. 1895, R. G. B. Nr. 112, betr. d. Einführg. d. Gesetzes üb. d. gerichtl. Verfahren i. bürgerl. Rechtsstreitigkeiten (Civilprozeßordng.). Gesetz vom 1. Aug. 1895, R. G. B. Nr. 113, üb. d. gerichtl. Verfahren in bürgerl. Rechtsstreitigkeiten (Civilprozeßordng.). (VI, 258 S.)

— dasselbe. II. Thl. 12. Ebd. 896. n. 1. 20; geb. in Leinw. n. 1. 80
Gesetz v. 27. Mai 1896, Nr. 29 R. G. B., betr. d. Einführg. d. Gesetzes üb. d. Executions- u. Sicherungsverfahren. Gesetz v. 27. Mai 1896, Nr. 30 R. G. B., üb. d. Executions- u. Sicherungsverfahren (Executionsordng.) (VIII, 184 S.)

— dasselbe. III. Thl. 12. Ebd. 896. n. — 60 (I.—III.: n. 3. 60)
Gesetz v. 27. Novbr. 1896, Nr. 217 R. G. B., womit Vorschriften üb. d. Besetzg., inn. Einrichtg. u. Geschäftsordng. d. Gerichte erlassen werden (Gerichtsorganisationsgesetz). Gesetz v. 27. Novbr. 1896, Nr. 218 R. G. B., betr. d. Einführg. v. Gewerbegerichten u. d. Gerichtsbarkeit i. Streitigkeiten aus d. gewerbl. Arbeits-, Lehr- u. Lohnverhältnisse. (IV, 56 S.)

Die österreichischen Civilprocessgesetze. M. Erläut. v. Dr. Carl v. Fürstl, k. k. Landesgerichtsr. Bd [1.] u. *Wien: M. Perles 1898. 99.* 2 Bde 8. [1.] 1898 (IV, 1050 S.) u. Executionsordng 1899. (1 Bl., 820 S.) [99. 5460]

Civilprocessgesetze des Deutschen Reichs und des Königreichs Bayern. Erlangen 1895. V: *Hellwig, Conr.* (Kat. d. Bibl. d. Reichs-Justizamts. 2. Ausg. Berl. 1897.)

Civilprocessgesetze des deutschen Reichs u. d. Königr. Bayern. Erlangen: Mencke 1895. III, 475 S. 8°

Civilprozeß-Gesetzgebung, s.a. Handbibliothek, Leipziger Jurist.

Civilprozessgesetzgebung. Gerichtsverfassungsgesetz, Civilprozessordng., Konkursordng., Anfechtungsges., Zwangsversteigerungsgesetz. Textausg. Leipzig 899.

Civil-Proceß-Gesetzgebung, neue, des Großherzogth. Hessen, mit den Motiven der großherzogl. Gesetz-Redaktions-Commission. Herausg. v. P. J. Floret. 1ste Abthl. Die Ordnung des gewöhnl. Verfahrens bey den Land- und Stadtgerichten. gr. 8. Darmstadt, Leske. — 18
Weiß Druckp. — 20
— — 2te Abthl. Die Ordnung d. gewöhnl. Verfahrens bey den Mittelgerichten enthaltend. gr. 8. Ebendas. — 22
Weiß Druckp. 1 4

Neue Civil-Processgesetzgeb. d. Grossh. Hessen, hrsg. v. Pt. Jos. Floret. *Darmst.*, Heyer. 819—20. 2 Hfte. 8. (1 Thl. 15 Gr.)

[J.] Die neue österreichische Civilprocessgesetzgebung. Text-Ausgabe, unter Einfügg d. unberührt bleibenden ält. Vorschriften, m. Bezeichng d. zshäng. Stellen, Verweisgn auf d. Entwürfe u. e. Sachreg. v. Dr. Emil Schrutka Edlem v. Rechtenstamm, k. k. o. ö. Prof. ... an d. Univ. Wien. 2. Aufl. Ergänzt durch d. Gerichtsorganisationsgesetz, d. Gewerbegerichtsordng ... v. Dr. Joseph Eckstein, Adv. in Prag. [Nebst] Ergänzungsband. *Wien & Prag: F. Tempsky 1898.* 2 Bde 8.
Civilprocessgesetzgebg. (X S., 1 Bl., 1463 S.)
Ergänzgsbd enth. d. Advocatentarif, d. Gebührenverordngn u. d. Erläut. d. Justizminist. zu d. Civilprocessgesetzen. (2 Bl., 258 S.) [98. 4403]

Civil-Prozeßordnung, offizielle Uebersetzung f. das Großherzogthum Berg. gr 8. Düsseldorf. (Levrault in Strasburg in Comm.) 812. -

— dieselbe mit dem Originaltext zur Seite. gr. 8. Ebend. 812.

Civilprozeßordnung. Gesetz v. 1. Aug. 1895 üb. d. gerichtl. Verfahren in bürgerl. Rechtsstreitigkeiten u. Jurisdictionsnorm. Gesetz v. 1. Aug. 1895 üb. d. Ausübg. d. Gerichtsbarkeit u. d. Zuständigkeit d. ordentl. Gerichte i. bürgerl. Rechtssachen. Sammt d. Einführungs-Gesetzen. Wien: Hof- u. Staatsdruckerei 1895. 131 S. 4°

Dass., s.a. Gesetze u. Verordnungen, Österreichische.

[J.] Civilprocessordnung. Gesetz v. 1. Aug. 1895 üb. d. gerichtl. Verf. in bürgerl. Rechtsstreitigktn '(Civilprocessordng)' sammt Einführgsges. *Wien: K. k. Hof- u. Staatsdr. 1896.* (1 Bl., VII, 410 S.) 1 Bd 8.
— Handausgabe d. österr. Gesetze u. Verordngn. H. 111. [96. 4591]

Civilprozeßordnung. Neue Fassung nach dem im Reichs-Justizamt festgestellten Entwurfe. (Berlin 1897.) fol.

Civilprozeßordnung für den Kanton Aargau. Entwurf d. Gesetzgebungskommission. Vom Nov. 1897. Brugg 1897: Effingerhof. 94 S. 4°(8°) [99. 1314]

Civilprozessordnung für den Kanton Aargau vom 12. März 1901. ([Mit] Vorwort des Regierungsrates [vom] 15. März 1901.) IV + 92 S. 8. [Brugg, «Effingerhof».]
Vorlage zur aargauischen Volksabstimmung am 28. April 1901.

Civilprozessordnung für den Kanton Aargau. Vom 12. März 1900; nebst Gesetz über Aufstellung und Verfahren der Friedensrichter. Vom 22. Christmonat 1852. Neue Ausgabe vom 5. November 1901, und Tarif über die Entschädigung der Gerichtsbeamten, Zeugen, Sachverständigen und Parteien, sowie der Anwälte, Notare und Geschäftsagenten in bürgerlichen Streitsachen. Vom 5. November 1901. II + 131 S. 8. Brugg, «Effingerhof», 1901. [fr. 1. —]

Civilprozess-Ordnung für den Kanton Aargau. Vom 12. März 1900. Textausgabe mit ausführlichem Sachregister. Separatabdruck aus der Taschenausgabe der gebräuchlichsten Gesetze für den Kanton Aargau. Hrg. von Dr. G[ustav] Schneider.... II + 122 S. 8. Aarau, Emil Wirz, 1902. [fr. 1.20]

Civil-Process-Ordnung f. Bosnien u. die Hercegovina. gr. 8. (192 S. m. Formularen.) Wien 883. Hof- u. Staatsdruckerei. n. 1. 60

Civilprocessordnung, deutsche, vom 30/1. 77.

Mit Erläuterungen von:

Becker. Berlin.	2	40	**Pemsel.** Erlgn. 879.
v. Biberstein. Berlin 881.	6	—	**Peters.** Berlin 888.
Blochmann. Handlexikon. Jena 879.	1	80	**Petersen.** 2. Aufl. 2 Bde. Lahn 883.
Bödiker. Hannover.	2	50	**Puchelt.** 2 Bde. Lpzg.
Bülow. 2. Aufl. Hann. 882.	12	—	**Reincke.** 2. Aufl. 1./5. Lief. Berlin 890—92.
Eckstein, Formularb. 2. Aufl. Lpzg. 879.	2	50	**Reinecke.** 3. Aufl. Hann. 884.
Endemann. 3 Bde. Berl. 880.	30	—	**Rintelen.** Berlin 891.
Enderlein. Würzbg.	6	50	**Sarway.** Berlin 879.
Förster. 2 Bde. Grünb. 888.	24	—	**Schmidt.** Berlin 878.
Gaupp. 2. Aufl. Freibg. 890—92.	35	—	**Schröder.** Augsbg.
Hahn. Materialien. 2. Aufl. 2 Bde. Berl. 881. (34. —)	14	—	**Schrötter.** Düsseldorf 887.
Hartmann. Berlin 878.	7	50	**Seuffert.** 5. Aufl. Münch. 890.
Hegler. Stuttg.	2	70	— kl. Ausg 5. Aufl. „ 888.
Hellmann, N. Ausg. 3 Thle. Erlgn. 887. (36. 60)	20	—	**Siebenhaar.** Lpzg. 878.
Hölinghaus. 2. Aufl. Berlin.	4	50	**Struckmann u. Koch.** 5. Aufl. Berlin 887.
Kah. Mannh. 883.	10	—	**Sydow.** 5. Aufl. Berlin 891.
Kayser. Berlin 880.	4	50	**Uebel.** 2 Bde. Bmbg. 878.
Kleiner. 3 Bde. Wzbg. 878—82. (39. 20)	12	—	**Wernecke.** Lpzg. 882.
Kräwell. Lpzg. 879.	4	20	**Wilmowski u. Levy.** 6. Aufl. Berl. 891.
			— Handausg. 2. Aufl. Berl. 889.

Systemat. Darstellungen von:

v. Bar. Civilprocessrecht. 5. Aufl. Lpzg. 890.	2	40	**Keubler**, Repetit. Schwerin.
— Systematik. Breslau.	2	—	**Lincke.** Lpzg. 889.
Bender, Repetitor. 6. Aufl. Cassel 886.	3	—	**Melle.** Lexik. 2. Aufl. Hmbg. 879.
Bolgiano. Stuttg. 879.	9	—	**Mewes.** Breslau 881.
Bresy, Repetit. 2 Thle. Lpzg.	3	—	**Mittell**, Ltfdn. Tauberbischofsh. 888.
— übersichtl. Darstllg. „	3	—	**Planck.** I. II. 1. Münch. 887—91.
Caesar. Halle 880.	3	—	**Rapp.** II. Aufl. Lpzp. 891.
Crea. 2. Aufl. Berlin 889.	2	—	**Remelé.** Köln.
Ernst, Examinat. Lpzg. 890.	1	80	**Rintelen.** 3 Bde. Bresl. 883. (45. —)
Fitting. 7. Aufl. Berl. 890.	8	—	**Schelling.** Erlang. 880.
— Vorträge. Berlin 879.	2	—	**Schmidt**, Repet. Lpzg. 881.
Hellmann, Civilprocessrecht. München 886.	16	—	**Wach.** I. Lpzg. 885.
Hesse. Berlin 883.	3	75	**Warmuth.** I. Strsbg. 881.
			Wernz. 2. Aufl. Ndlg. 879.

Civilprozeßordnung, die, nebst Einführungsgesetz u. dem Gesetz, betr. die Anfechtung von Rechtshandlungen außerhalb des Konkursverfahrens. Mit Inhaltsangaben über die einzelnen Paragraphen u. einem vollständ. Sachregister, bearb. von einem Justizbeamten. 2. Aufl. 8. (IV, 295 S.) Leipzig 880. Roßberg. cart. n. 1. 50

Civilprozeß-Ordnung vom 30. Jan. 1877, nebst Einführungs-Gesetz, den preuß. Gesetzen, betr.: Ausführung der deutschen Civilprozeß-Ordnung und Zwangsvollstreckung gegen Beneficial-Erben, sowie den reichsgesetzl. Vorschriften über Revision in bürgerl. Rechtsstreitigkeiten. 1. und 2. Ausg. Mit vergleichender Paragraphen-Uebersicht und ausführl. Sachregister. 8. (XI, 268 S.) Berlin 877,82, Kortkampf. cart. *
—— dass. — Mit Einleitung von Becker. 1. und 2. Ausg. 8. (XXXVIII, 268 S.) Ebendas. 877,82. geb. *

— u. Einführungsgesetz zur Civilprozeßordnung. Vom 30. Jan. 1877. Mit Parallelstellen u. ausführl. Sachregister. gr. 8. (IV, 224 S.) Berlin 877. v. Decker. cart. 2. 50

— dasselbe. Mit Inhaltsangaben über die einzelnen Paragraphen u. e. vollständ. Sachregister, bearb. v. e. Justizbeamten. 8. (IV, 286 S.) Leipzig 877. Roßberg. cart. n. 1. 50

— dasselbe. 8. (VII, 464 S.) Ebend. 879. n. 2. 80

— dasselbe. Mit Einleitung von Becker. 2. Ausg. 8. (XXXVIII, 268 S.) Ebend. 882. cart. n. 1. 60; geb. n. 2. —

Civilprozeßordnung mit Einführungsgesetz. Vom 17. Mai 1898. Mit Anm. u. Sachreg. Giessen: Roth (1898). (Deutsche Reichsgesetze in Einzel-Abdrucken. Hrsg. von Gareis. Nr. 227/234.)

Civilprozessordnung nebst dem Einführungsgesetze in der Fassung nach dem Gesetz vom 17. V. 1898 u. das Einführungsgesetz zu dem Gesetze betr. Aenderg. der Civilprozessordng. vom 18. V. 1898. Textausg. m. alphabet. Sachregister (u. e. vergleich. Zusammenstellg. der Paragraphenfolge der alten u. neuen Civilprozessordng.). 12. (VIII, 362 S.) Breslau, Preuss & Jünger. 1900 Geb. in Leinw. 2. 50.

Civilprozeßordnung nebst d. Einführungsgesetze in neuer Fassung. Handausg. mit Erl. auf Grund des v. 1. Jan. 1900 ab geltenden Reichsrechts von Hugo Freudenthal. *München: C. H. Beck 1900.* (XI, 801 S.) 8° [F.] [o3. nnb 6

[F.] **Civilprozessordnung** mit Einführungsgesetzen, Nebengesetzen u. Ergänzungen. In der Fassung des Gesetzes v. 17. Mai 1898. Unter bes. Berücks. d. Entscheidgn d. Reichsgerichts hrsg. m. Anm. v. R. Sydow, Dir. im Reichs-Postamt, & L[ouis] Busch, Kammergerichtsrath. 8. verm. Aufl. *Berlin: J. Guttentag 1898.* (XIV, 626 S.) 1 Bd 8.
— **Sammlung**, Guttentag'sche, Deutscher Reichsgesetze. No 11a. [98. 11364

— nebst d. zugehör. Einführungsgesetzen unt. Gegenüberstellg. d. bisherigen u. d. neuen Fassung. Sonderausg. a. d. Hahn'schen Materialien z. Civilprozeßordnung. Bd. VIII. M. ausführl. Inhaltsverz. u. Sachreg. gr. 8. (IV, 298 S.) Berlin 898. R. v. Decker. Kart. 1. 50

— u. Executionsverfahren. G.-A. 1868: LIV, 1881: LIX. LX. u. hierauf bezügl. Ministerial-Einführungs-Verordnungen: I. Ueber das Verfahren in Wechsel-Angelegenheiten. II. Ueber das Handels-Verfahren. III. Ueber Vormundschafts-Angelegenheiten. IV. Ueber Einführung d. G.-A. über das Executions-Verfahren. V. Ueber Einführung der G.-A. 1881: LIX., LX. in der Militärgrenze. gr. 8. (IV, 341 S.) Budapest 882. Ráth. n. 5. 60

[F.] Die Civilprozessordnung in der am 1. Jan. 1900 in Kraft tretenden Fassung nebst d. Einfuhrgsges. '(in der durch Ges. v. 17. Mai 1898 abgeänderten Fassg)'. Z. Gebr. f. d. Praxis u. d. Studium erlaut. v. Dr. Ernst Neukamp, Landgerichtsr. in Göttingen. T1 1. *Gottingen: Vandenhoeck & Ruprecht 1899.* 8. [o. 5306

— **in der vom 1. I. 1900 an geltenden Fassung, nebst dem Einführungsgesetze, sowie die einschläg. badischen Landesgesetze u. Verordnungen. Textausg. m. alphabet. Sachregister. 8. (VII, 371 S.) Karlsruhe 900. [K. Scherer.] Weinheim. F. Ackermann. n. 3.—; geb. in Leinw. n.n. 3. 50**

Civilprozeßordnung in d. Fassung d. Bekanntmachung v. 20. Mai 1898 u. d. Gesetze v. 5. Jun. 1905 u. 1. Jun. 1909 nebst d. Einführungsgesetz. Handausg. mit Erl. u. e. Anh. enth.: d. Gerichtsverfassungsgesetz ⟨auszugsweise⟩, d. Einführungs- u. d. Aenderungsgesetze, sowie d. Kostengesetze ⟨auszugsweise⟩ u. d. Haager Abkommen nebst d. Ausführungsgesetz. Von Geh. Just.R. Hugo Freudenthal, Oberlandesger.R. 3., umgearb. u. verm. Aufl. (In 2 T.) München: C. H. Beck 1910. XVI, 1064 S. 8° [10. 5316

[F.] **Civilprocessordnung** mit Gerichtsverfassungsgesetz u. Einführgsgesetzen. In d. Fassg der auf Grund des Ges. v. 17. Mai 1898 erfolgten Bekanntmachg v. 20. Mai 1898. Text-Ausg. m. Sachreg. *Berlin: J. Guttentag 1898.* (494 S.) 1 Bd 8.
(Reichs-Justizgesetze. Text-Ausg. m. Anm.) [98. 10045

— u. **Gerichtsverfassungsgesetz** nebst d. Einführungsgesetzen in d. Fassg. d. Bekanntmachg. v. 20. V. 1898 unt. Hervorhebg. d. Aendergn. Textausgabe m. Sachreg. u. e. vergleich. Zusammenstellg. d. alten u. neuen Paragraphenzahlen. gr. 16. (XV, 445 S.) Berlin 898. F. Vahlen. Geb. in Leinw. n. 2. —

— **nebst dem Gerichtsverfassungsgesetze u. den Einführungsgesetzen zu beiden Gesetzen. In der Fassung nach den Gesetzen vom 17. V. 1898 u. der Bekanntmachung des Reichskanzlers vom 20. V. 1898. Textausg. m. alphabet. Sachregister u. e. vergleich. Zusammenstellg. der Paragraphenfolge der Civilprozeßordng. vom 30. I. 1877 m. der neuen Numerirg. 2. Abdr. 12. (XXXII, 392 S.) München 900. C. H. Beck. Geb. in Leinw. 2. —**

Civilprozeßordnung nebst dem Gerichtsverfassungsgesetze u. den Einführungsgesetzen zu beiden Gesetzen. Unter Berücksicht. der Gesetze vom 5. VI. 1905, betr. Abändergn. der CPO. u. des G.V.G. Mit e. Anh., enth. das Gerichtskostengesetz, die Gebührenordng. f. Zeugen u. Sachverständige, die Rechtsanwaltsordng. u. die Gebührenordng. f. Rechtsanwälte. Textausg. m. alphabet. Sachregister. 5. Aufl. (X, 471 S.) kl. 8. München 906. C. H. Beck. Geb. in Leinw. n. 2. —

Dass. 7. Aufl. Ebd. 1909.

[F.] **Civilprozessordnung** mit Gerichtsverfassungsgesetz, Einführungsgesetzen, Nebengesetzen u. Ergänzgn. Text-Ausg. m. Anm. u. Sachreg. v. R[einhold] Sydow. 7. verm. Aufl. *Berlin: J. Guttentag 1896.* (xxu, 641 S.) 1 Bd 8.
= **Sammlung**, Guttentag'sche, Deutscher Reichsgesetze. No 11. [96. 7903

— nebst Gerichtsverfassungsgesetz für das Deutsche Reich. Text-Ausg. mit Register. 16. (65 u. 303 S.) Berlin 877. Guttentag. cart. n. 1. 60

— u. Gerichtsverfassungsgesetz f. d. Deutsche Reich nebst d. zugehör. Einführungsgesetzen je in alter u. neuer Fassg. Vergleich. Textausg. m. alphabet. Sachreg. (Einband: Schweitzer's alte u. neue Civilprozeßordng.) 12. (XI, 491 S.) München 898. J. Schweitzer Verl. Geb. in Leinw. 3. —

— dasselbe u. Konkursordnung nebst Einführungsgesetz vom 10. Febr. 1877. (Schwabacher Notizbuch-Ausg.) gr. 16. (165 u. 52 S.) Leipzig 877. Hirth. geb. n. 1. 50; Min.-Ausg. 32. (X, 294 S.) geb. n. 1. 20

Civilprocessordnung, Hessen-Darmstädtische, vom Jahre 1724 . . . Darmstadt 1830. H: *Bopp, Philipp.* II (der Supplemente): *Rühl, Georg.* (EngJ) (IIS) (Ky)

— Hessen-Darmstädtische, vom J. 1724 u. peinl. Gerichtsordnung 1726 ꝛc. Mit Supplementen. Neue, die spätern Verordnn., Ausschreiben u. sonstige Normative in Bezug auf den Civilproceß berücksichtigende Aufl., (v. Ph. Bopp u. G. Rühl). gr. 8. Darmst. 830. Leske. 1 ℛ 4 g𝔤

Civil-Prozeß-Ordnung, Hessen-Darmstädtische, vom Jahre 1724, und Peinliche Gerichts-Ordnung vom Jahre 1726 mit Supplementen. — Nachträge. Herausg. von Phil. Bopp. 1s u. 2s Hft. gr. 8. Darmst. 838. Leske. (1s H. n. 7/12 ℛ 2s H. n. 1/2 ℛ) 1 1/12 ℛ

Civilproceßordnung, Die, und Jurisdictions-Norm vom 1. August 1895, sammt Einführungs-Gesetzen und den in Geltung verbliebenen bezüglichen Gesetzen und Verordnungen. Mit Erläuterungen aus den Materialien und durch Verweisung auf im Zusammenhange stehende Bestimmungen und einem ausführlichen Register von Dr. Hugo Schauer. 3. durchgesehene und ergänzte Auflage. 8. (XVI, 966 S.) 3.—, in Lnwd. geb. Wien: Manz 1898

— **u. Konkursordnung.** Text-Ausg. in d. Redaktion von 1898. Nebst d. zugehör. Bestimmgn. d. Gerichtsverfassungsgesetzes u. e. ausführl. Sachreg. gr. 8. (VIII, 398 S.) Berlin 898. C. Heymann's Verl. Geb. in Leinw. n. 3. —

Civilprozeßordnung, Konkursordnung, nebst Gebührenordnung für Rechtsanwälte, Gerichtskosten- und Gerichtsverfassungsgesetz. Textausg. mit ausf. Sachreg. Unter Berücks. d. Novellen bis z. 1. Juni 1909. Berlin: Heymann 1909. XII, 457 S. 8° [10. 1836

Civilprozeßordnung, Konkursordnung, nebst Gebührenordnung f. Rechtsanwälte, Gerichtskosten- u. Gerichtsverfassungsgesetz. Textausg. m. ausführl. Sachreg. Unter Berücks. d. Novellen bis z. 1. Juni 1909. [Nebst] Nachtrag. Berlin: A. Nauck 1909. XII, 457, 0 S. 8° [10. 14583

— u. Konkurs-Ordnung für das deutsche Reich. Nebst ausführl. Sachregister. 8. (149 u. 83 S.) Tauberbischofsheim 881. Lang. n. 1. —

Civil-Prozeß-Ordnung, provisorische, für Ungarn, Kroatien, Slavonien, die Serbische Woiwodschaft und das Temeser Banat. Mit alphabetischen Register. 8. (206 u. 106 S.) Wien, k. k. Hof- und Staatsdruckerei 1852.

Civil-Proceß-Ordnung, provisorische, für Ungarn, Croatien, Slavonien, die Serbische Wojwodschaft, das Temeser Banat und für Siebenbürgen. Mit Anmerkungen und Formularien versehen von Joh. Qualbert Wlk. 2. Aufl. Teschen 853. Prochaska. Lex.-8. (1 Bl., 316, 243 S.) 2 ℛ 7 1/2 g𝔤

Civilprozeßordnung f. das Deutsche Reich, s. a. Handbibliothek, Leipziger jurist.

Civilprozeßordnung f. das Deutsche Reich, s. a. Stahel's Sammlung deutscher Reichsgesetze u. bayerischer Gesetze.

Civilprozeß-Ordnung, die, für das deutsche Reich vom 30. Jan. 1877. Text-Ausg. mit Sachregister. 1.—3. Aufl. 8. (238 S.) Berlin 877, C. Heymann's Verlag. cart. *

—— dass. — Mit Parallelstellen und ausführl. Sachregister. gr. 8. (IV, 224 S.) Berlin 877, v. Decker's Verlag. cart.

— dasselbe. Text-Ausg. mit Sachregister. gr. 8. (V, 210 S.) Darmstadt 877. Jonghaus. n. 1. 20

— dasselbe. Text-Ausg. mit Sach-Register. gr. 8. (V, 230 S.) Lahr 877. Schauenburg. n. 1. 50

—— dass. — Mit Inhaltsangaben über die einzelnen Paragraphen und einem vollständ. Sachregister, bearb. von einem Justizbeamten. 8. (IV, 286 S.) Leipzig 877, Roßberg'sche Buchh. cart. *

Civilprozeßordnung, die, für das Deutsche Reich. Amtl. Ausg. Mit Sachregister. 2. Abdr. gr. 8. (242 S.) Berlin 878, G. Reimer. *

—— dass. — Nebst dem Einführungs-Gesetz vom 30. Jan. 1877. Amtl. Ausg. Mit Sach-Register. gr. 16. (310 S.) Berlin 879, G. Reimer. *

—— dass. — Mit Inhaltsangaben und zahlreichen Parallelstellen zu den einzelnen Paragraphen, sowie einem vollständigen Sachregister. 8. (VII, 464 S.) Ebendas. 879. *

Civilprozeßordnung für das Deutsche Reich vom 30. Jan. 1877 nebst Einführungsgesetz. Textausg. mit Anm. u. den einschlägigen Teilen d. Gerichtsverfassungsgesetzes von Lothar Seuffert. 6. verm. Aufl. *München: C. H. Beck 1895.* (VII, 347 S.) 8° [F.] [illegible] 6

Civilprocessordnung f. d. deut. Reich v. 20. 5. 98 m. Einführ.-Ges.

Textausgaben:

Beck. München 898.	2 —	**Preuss & Jünger.** Breslau 900.	
Bruer & Co. Berlin 898.	2 50	**Rossberg.** Leipzig 899.	
Decker. Berlin 899.	1 50	**Scherer.** Karlsruhe 900.	
Guttentag. Berlin 898.	2 —	**Schweitzer.** München 899.	
Heymann. Berlin 898.	3 —	**Vahlen.** Berlin 898.	

Mit Erläuterungen von:

Brogsitter. Düsseldorf 900.
Delius. 7. Aufl. Lpzg. 899.
Fitting. 10. Aufl. Berlin 900.
Freudenthal. München 899.
Gareis. Giessen 899.
— m. Konkursordng. Giessen 899.
Gaupp. 3. Aufl. 2 Bde. Freiburg 898.
— 4. Aufl. (in 27 Lfgn.) 900.
Neukamp. 3 Theile. Göttingen 900.
Pannier. 3. Aufl. Lpzg. 899.
Peters. 3. Aufl. Berlin 899.
Petersen. 4. Aufl. Lahr 899. I. 1/2. II. 1.
Reincke. 4. Aufl. Berlin 900
Seuffert. 6. Auflage. München 894.
— Kommentar. 7. Aufl. München 895.
Struckmann u. Koch. 7. Aufl. Berlin 900.
Sydow u. Busch. 8. Aufl. Berlin 898.
Wilmowski u. Levy. 7. Aufl. Berlin 895.
— — Handausg. 3. Aufl. Berlin 894.

— f. d. Deutsche Reich. N. d. Bekanntmachg. d. Reichskanzlers v. 20. V. 1898 u. Einführungsgesetze. Ausgabe m. Anmerkgn. u. d. amtl. Gesetzesmaterialien u. f. d. prakt. Anwendg. i. tägl. Geschäftsleben bestimmten Formularen, Eingaben, Klagen ꝛc. ꝛc. F. d. prakt. Gebrauch u. amtl. Quellen bearb. u. hrsg. v. d. Red. d. Reichsgesetzbuches f. Industrie, Handel u. Gewerbe. gr. 8 (X, 174, Formulare 93 u. Reg. 16 S.) Berlin 898. Bruer & Co. Geb. n. 2. 50

Die **Civilprozessordnung** für das Deutsche Reich. (In der Fassung des Gesetzes vom 17. Mai 1898.) Mit d. Entscheidungen d. Reichsgerichts u. d. einschlagenden reichsrechtl. Bestimmungen. Nebst e. das Gerichtsverfassungsgesetz u. die Kostengesetze enthaltenden Anhange. Von W[ilhelm] Peters, weil. Landger.R. Neu bearb. von K. Elsner v. Gronow, Amtsrichter. 3., verm. Aufl. *Berlin: H. W. Müller 1899.* (XI, 657 S.) 8° [F.]

[F.] Die **Civilprozessordnung** für das Deutsche Reich. Erl. v. Prof. Dr. L[udwig] Gaupp. 4. Aufl. Auf d. Grundlage des am 1. Jan. 1900 in Kraft tretenden Rechtes neu bearb. v. Prof. Dr. Friedrich Stein ... Lfg 1. *Freiburg i. B., Leipzig & Tübingen: J. C. B. Mohr 1899.* 8.

Die **Civilprozessordnung** für das Deutsche Reich. Erl. von Prof. Dr. L[udwig] Gaupp. 5. Aufl. bearb. von Prof. Dr. Friedrich Stein. Bd 1. 2. *Tübingen & Leipzig: J. C. B. Mohr 1901–02.* 2 Bde 8° [F.] 6

Die **Civilprozeßordnung** für das Deutsche Reich. Auf. d. Grundlage d. Kommentars von L[udw.] Gaupp erl. von Friedrich Stein. 6. u. 7. Aufl. Mit e. Zusammenstellung d. neuesten Rechtsprechung von Dr. [Otto] Warneyer, Amtsrichter. Bd 1. 2. *Tübingen & Leipzig: J. C. B. Mohr 19(03–)04.* 2 Bde 8° [F.] 6

Die **Civilprozeßordnung** für das Deutsche Reich. Auf d. Grundlage d: Kommentars von L[udwig] Gaupp erl. v. Friedrich Stein. 8. u. 9., neu bearb. Aufl. Halbbd 1. Tübingen: J. C. B. Mohr 1906. 4°(8°) [F.]

Die **Civilprozeßordnung** für das Deutsche Reich nebst den auf den Civilprozeß bezügl. Bestimmungen des Gerichtsverfassungsgesetzes u. den Einführungsgesetzen. Erl. von Dr. L[udwig] Gaupp. Bd 1. 2. (In 11 Lfgen.) [Nebst] Anh. 1–7. *Freiburg i. B.: J. C. B. Mohr 18(89–)97.* 9 Bde 8°

1. 2. gänzl. umgearb. Aufl. 18(89–)90.
2. 2. gänzl. umgearb. Aufl. 18(91–)92.

Anh. 1 — Schierlinger, Franz: Die auf d. Civilprozeß bezügl. Normen d. bayer. Landesrechts. 1893.
2 — Gaupp, L[udwig]: Die ... Normen d. württemb. Landesrechts. 1893.
3 — Betzinger, Bernhard: Die ... Normen d. bad. Landesrechts. 1895.
4 — Cretschmar, [Kornelius]: Die ... Normen d. rhein-preuß. Landesrechts. 1895.
5 — Reitzenstein, [Herm.]: Die ... Normen d. preuß. Landesrechts. Für d. Gebiet d. allgem. Landrechts ... 1896.
6 — Michaëlis, Richard: Die ... Normen d. elsaß-lothring. Landesrechts. 1896.
7 — Grengel, Franz: Die ... Normen d. kgl. sächs. Landesrechts. 1897.

Die **Civilprozessordnung** für das **Deutsche Reich** nebst den auf den Civilprozess bezüglichen Bestimmungen des Gerichtsverfassungsgesetzes und den Einführungsgesetzen. In d. Fassung vom 20. Mai 1898. Unter Mitw. von K. Rasch, Landger.R., u. Dr. P[eter] Koll, Landrichter, hrsg. von Dr. J[ohannes] Struckmann, Wirkl. Geh. Ober-JustizR., u. Dr. R[ichard] Koch, Wirkl. Geh. R. 7. völlig umgearb. Aufl. *Berlin: J. Guttentag 1900.* (XLII, 1367 S.) 8° [F.]

Die **Civilprozessordnung** für das **Deutsche Reich** nebst den auf den Civilprozess bezügl. Bestimmungen d. Gerichtsverfassungsgesetzes u. den Einführungsgesetzen. In d. Fassung v. 20. Mai 1898. Kommentar von weil. Dr. J[ohannes] Struckmann, Oberlandesger.Präs., u. Dr. R[ichard] Koch, Präs. d. Reichsbank-Dir. unter Mitw. von K. Rasch, Oberlandesger.R., Dr. P[eter] Koll, Landger.R., Dr. G[ust.] Struckmann, Amtsrichter. 8. umgearb. Aufl. Bd 1. 2. *Berlin: J. Guttentag 1901.* 2 Bde 8° [F.]

Die **Civilprozessordnung** für das **Deutsche Reich** nebst Einführungsgesetz. Für d. prakt. Gebr. erl. von Dr. Julius Petersen, Reichsger.R. 3. vollst. umgearb. Aufl. Bd 1. [Mehr nicht erschienen.] *Lahr: M. Schauenburg 1898.* (LXXXVII, 868 S.) 8°

Die **Civilprozessordnung** für das **Deutsche Reich** in der Fassung des Gesetzes v. 17. Mai 1898 nebst d. Einführungsgesetzen. Für d. prakt. Gebr. erl. von Dr. Julius Petersen, Reichsger.R. in Leipzig. Unter Mitw. von Dr. Ernst Anger, Landrichter in Leipzig. 4. vollst. umgearb. Aufl. Bd 1. 2. (In 8 Lfgn.) *Lahr: M. Schauenburg 1899–1901.* 2 Bde 8°

Die **Civilprozeßordnung** für das Deutsche Reich in der Fassung des Gesetzes v. 17. Mai 1898 nebst d. Einführungsgesetzen. Für d. prakt. Gebr. erl. von Julius Petersen, Reichsger.R. a. D. 5. Aufl. Bearb. von Ernst Remelé [u.] Ernst Anger. Bd 1. 2. [Nebst] Anh. Lahr: Schauenburg 1904–10. 8°

Anh. [u. d. T.:] Die durch d. Gesetz v. 1. Juni 1909 abgeänderten Bestimmungen d. Gerichtsverfassungsgesetzes ... Für d. prakt. Gebr. erl. von E(rnst) Remelé.

—— die, nebst Gerichtsverfassungsgesetz für das Deutsche Reich. Text-Ausg. mit Register. 16. (65 und 303 S.) Berlin 877, Guttentag. cart. *

— f. d. Deutsche Reich, nebst d. Gerichtsverfassungsgesetze u. d. Einführungsgesetzen z. beiden Gesetzen. In d. Fassg. u. d. Gesetzen v. 17. V. 1898, betr. Aendergn. d. Gerichtsverfassungsgesetzes u. d. Civilprozeßordng., u. d. Einführungsgesetze z. letzt. Gesetze, in fortlauf. Nummernfolge d. Paragraphen laut Bekanntmachg. v. 20. V. 1898. Textausg. m. alphabet. Sachreg. u. e. vergleich. Zusammenstellg. d. Paragraphenfolge d. Civilprozeßordnung v. 30. I. 1877 m. d. neuen Nummerirg. gr. 16. (XXX, 392 S.) München 898. C. H. Beck. Geb. in Leinw. 2. —

—— dass. — und Konkursordnung nebst Einführungsgesetz vom 10. Febr. 1877. (Schwabacher Notiz-Ausg.) gr. 16. (165 und 52 S.) Leipzig 877, Hirth. geb. *

—— dass. — Min.-Ausg. 32. (X, 294 S.) Ebendas. 877. geb. *

Civilprozessordnung f. d. Kanton Zug v. 15/10. 63. Amtl. Zug 863.

Civilprozess-Tabelle für Gerichte u. Anwälte. Supplement zur bayerischen Civilprozessordnung. Würzburg 870. Stahel. gr. Fol. n. 8 *ngr.*

Civil- u. Strafprozeß-Verfahren. Gerichtsverfassung. Beschlagnahme d. Arbeits- od. Dienstlohnes. Aufhebung der Schuldhaft. Hrsg. v. der Red. d. Reichs-Gesetzbuches. gr. 8. (202 S.) Berlin 887. Hamburg, Bruer & Co. geb. n. 3. 50

Civilprocess-Verfahren, Das Preussische, nach der Verordnung vom 1. Juni 1833 und den späteren Gesetzen . . . Berlin 1856. H: *Goder.* (schz)

Civilprozeß-Verfahren, das preußische, nach der Verordnung vom 1. Juni 1833 u. den späteren Gesetzen. Sammlung aller den Civilprozeß einschließlich des Exekutions- und Subhastations-Verfahrens betreffenden Gesetze und Verordnungen vom J. 1833—55 mit Beifügung der Ergänzungen und Erläuterungen. Berlin 856. Decker. gr. 8. (VIII, 298 S.) 1 *Thlr* 6 *ngr*

Civil-Quartierliste, Metzer, s. a. Beamten-Wohnungsliste.

„Civil-Quartierliste", Metzer. Nachweis der bei den Reichs- Landes- u. Kommunalbehörden in Metz angestellten Ober- u. Subalternbeamten m. Wohnungsangabe. Nr. 1. Neujahr 1889; Nr. 2 Neujahr 1890; Nr. 3. März 1892. gr. 8. (à Ausg. 17 S.) Metz Deutsche Buchh. à Ausg. * — 50

Civilrecht d. poln. Nation, herausg. v. Ostrowski. gr. 8. Berl. 802. (Leipz., Wienbrack). 4 *Thlr* 4 *gr*

Civil- und Strafrecht, Das ungarische, nach den Beschlüssen der Judex-Curial-Conferenz. Wien 1861. V: *Dauscher, Anton.* (WFM)

Civil- und Strafrecht, das ungarische, nach den Beschlüssen der Judex-Curial-Conferenz. Von A. D. gr. 8. (VIII und 280 S.) Wien 861, F. Manz.

Civilrechtsfälle für den akademischen Gebrauch. 1. Heft. München 1881. V: *Seuffert, Ernst August von.* (Centr XIX. 327)

Civil-Rechtssprüche, auserlesene, s. a. Tafel.

Civil-Rechtssprüche, auserlesene, der höheren Gerichtsstellen in Würtemberg. Herausg. v. Chr. Fr. Aug. Tafel. 1r Bd. 1s Hft. gr. 8 Heilbronn 835. Drechsler. 2/3 *Thlr*

Civil-Rechtssprüche, auserlesene, der höheren Gerichtsstellen in Würtemberg. Herausgeg. von Chr. Fr. A. Tafel. 1. Bd. 2. Heft. 8. Oehringen 842. (Leipzig, Jackowitz.) n. 1/2 *Thlr* (1. 2.: n. 1 1/6 *Thlr*)

Civil-Rechtssprüche, auserlesene, der höheren Gerichtsstellen in Württemberg. Hrsg. von Chrn. Friedr. Aug. Tafel. 2. Bd. 3 Hefte. gr. 8. (XIV und 444 S.) Stuttgart 854—56, Lindemann. (à Heft * 18 Ngr.) *
1. Bd. Ebendas. 1845. * 1 Thlr. 5 Ngr.

Civil-Rechtssprüche, auserlesene, der höheren Gerichtsstellen in Würtemberg. Hrsg. von Chrn. Friedr. Aug. Tafel. Fortgesetzt von Thdr. Tafel. 3. Bd. 3 Hefte. gr. 8. (XII und 876 S.) Stuttgart 857. 58, Lindemann. à Heft * 18 Ngr. *

Civil-Rechtssprüche, auserlesene, der höheren Gerichtsstellen in Würtemberg. Gesammelt von Thdr. Tafel und Hopfengärtner. 4. Bd. 3 Hefte. gr. 8. (XXIV und 884 S.) Stuttgart 859—61, Lindemann. à Heft * 18 Ngr. Thlr. *
1. und 2. Bd. Ebendas. 1845—56. * 2 Thlr. 29 Ngr.

Civil-Rechtssprüche, auserlesene, der höheren Gerichtsstellen in Württemberg. Hrsg. von Thdr. Tafel und Hopfengärtner. 5. und 6. Bd. à Bd. 3 Hefte. gr. 8. (5. Bd. XIX und 866 S., 6. Bd. XIV und 860 S.) Stuttgart 862—66, Lindemann. à Heft * 18 Ngr. *
1.—4. Bd. Ebendas. 1845—61. * 6 Thlr. 17 Ngr.

Civilstaatsdiener-Gesetz, das, und die hierauf bezügl. Gesetze und Verordnungen. 8. (96 S.) Dresden 864, Meinhold und Söhne.

Civilstaatsdiener-Gesetz, das, u. die hierauf bezüglichen Gesetze u. Verordnungen. 8. (87 S.) Dresden 876. Meinhold & Söhne. n. — 80

Civilstaatsdienergesetze. — Die Königl. Sächsischen Gesetze und Verordnungen über die Verhältnisse der Civilstaatsdiener. 4. Aufl. Mit Erltgn. Leipzig 897.

Civilstaatsdienergesetze d. Königr. Sachsen, s.: Meinhold's jurist. Handbibliothek.

Civilstands-Gesetz, deutsches, mit seinen wesentlichen Bestimmungen und Erläuterungen. Zum Handgebrauche der Standesbeamten und des Publikums. Hrsg. von einem preuß. Standesbeamten. gr. 8. (22 S.) Berlin 875, C. Heymann's Verlag. *

— das neue, u. die Kirche. Ein Wort der Aufklärg. an die christl. Gemeinden. gr. 8. (16 S.) Breslau 874. Trewendt & Granier. — 25

Civilstands-Gesetze, die, in der Kgl. preuß. Rhein-Provinz, s.: Philippi.

Die Civilstands-Gesetze in der königl. preuß. Rhein-Provinz. Zusammengest. von F. Philippi. (Neue Titel-Ausg.) Aachen [Düsseldorf:] Schulz 1849. XIV, 296 S. 8°

Civilstands-Gesetze, die, in der königl. preuß. Rhein-Provinz, zusammengestellt von Philippi. 2. Aufl. gr. 8. (XVI und 291 S.) Elberfeld 855, Bädeker'sche Buchh. *

Civiltà cattolica. Deutsche Ausg. 1.—3. Jgg. 1855—57. Münster. B & H: *Brühl, Johann August Moritz.* (Rassmann 1866, 49)

Civiltà cattolica. Deutsche Ausgabe. Bearbeitet und herausgegeben von einem Kreise katholischer Gelehrten. Münster, Coppenrath, 1855—1857, 8°. 3 Jahrgänge, 954, 950, 958 S., à 10 Mk.
An der deutschen Bearbeitung beteiligten sich Fr. Hülskamp, A. Robling u. a.

Civiltà cattolica. Deutsche Ausg. Bearb. und hrsg. von einem Kreise kathol. Gelehrten. 3. Jahrg. 1857. 10 Lfgn. gr. 8. (1. Lfg. 96 S.) Münster, Coppenrath'sche Buchh. *
Ist nicht fortgesetzt worden.

Preussische Civil-Uniformen 30 colorirte Kupfertafeln. Potsdam und Küstrin 1787. 8°.

Preußische Civil-Uniformen Potsdam und Küstrin. bey Carl Christian Horvath und Ferdinand Oehmigke (II. Heft: Potsdam bey Carl Christian Horvath) 1787—1788
2 Hefte. 8°
I 1787: Tit., 6 Taf. in kol. Kupferst.
II 1788: Tit., 1 Bl., 6 Taf. in kol. Kupferst.

Civil-Uniformen, preußische, enthaltend 32 illuminirte Blätter. 8. Potsdam, Horvath. 804.

Civil- und Militär-Unterrichtswesen, Unser, mit besonderer Rücksicht auf die Lehrmethode ... Wien 1870. V: *Raab, Jos. Ritt. v.* (KA)

Civil- u. Militär-Unterrichtswesen, unser, mit besond. Rücksicht auf die Lehrmethode. Von einem Truppenofficier. Wien 870. Braumüller. gr. 8. (VIII, 52 S.) n. 10 ngr.

Civil-Verantwortlichkeit, die, der Transportführer, mit besonderer Berücksichtigung der heutigen Transport-Anstalten und ihres Verhältnisses zum Handels- und Gewerbestande. Red. im Büreau des Handels- u. Gewerbe-Vereins für Rheinland und Westphalen. Düsseldorf 859. Schaub. gr. 8. (15 S.) n. 4 ngr.

Civil- u. Militair-Verfassung, die, des Deutschen Bundes. 8. (93 S.) Berlin 850, Hempel. n. 1/4 ₰

Civil- und Militair-Verfassung, die, des deutschen Bundes. Neue (Titel-)Ausg. 8. (93 S.) Berlin (850)59, Hempel. * -

Civilversorgung, die, d. deutschen Unteroffiziers u. Soldaten, s.: Eisenschmidt's Büchersammlung.

Civil-Waisen-Versorgungsanstalt (Die) zu Potsdam, für die Städte Berlin, Potsdam und den Potsdamer Regierungsbezirk, ihr Zweck, ihre Einrichtung, ihr gegenwärtiger Zustand und ihre Statuten. (Von W. von Türck.) gr. 8°. Potsdam, 1826. Neue Ausg. 1827. Riegel

Civil-Waisen-Versorgungs-Anstalt, Die, zu Potsdam ... Potsdam 1827. V: *Türk, Wilhelm von.* (Ky) (Wa)

Civis Germanus sum. Von e. Juden deutscher Nation. 1. Tl. gr. 8. (24 S.) Berlin 891. Wilhelmi. n. — 50

Civis Romanus. Orbis litterarum romanarum nec non commercio epistulari latino adiumentum. Editor: W. Lommatzsch. Annus II. Juli 1902—Juni 1903. 12 Nrn. gr. 4. (à ca. 4 S.) Limbach i/Sachs., W. Lommatzsch. (Nur direkt.) Postfrei n.n. 3. 60

– Annus III et IV. Juli 1903 – Juni 1905. Bis 1.X.1903 Limbach, danach Bremerhaven: Lommatzsch. II, 68 u. 126 S. m. Abb.

Civis Romanus. Orbis litterarum romanarum nec non commercio epistulari latino adiumentum. Editor: W. Lommatzsch. Annus V. 1906. 12 Nrn. (II, 76 S. m. Abbildgn.) gr. 4. Bremerhaven (Rotenbergstr. 35). W. Lommatzsch. Postfrei n.n. 4. —

Civis Romanus. Menstruus ad linguam latinam nostrae aetatis rationibus adaptandam commentarius. Red.: Valdemarus Lommatzsch. Annus VI et VII. 1907 et 1908. à 12 Nrn. (à ca. 16 S.) Lex. 8. Bremerhaven, W. Lommatzsch. à Jhrg. nn 4. —
Fortsetzung s.: Scriptor latinus.

Civis, s.: Edelsten, die, d. Nation!

Ein Griff ins Wespennest. Etwas aus d. roten Lager in Kassel von Civis [d. i. Karl Kreiss]. Kassel: Wigand (1904). (55 S.) 8° [F.] [08. 1300]

Civis Germanus, der preuss. Osten, siehe Schattenbilder.

Civitavecchia [Schlagwort]

Civitavecchia, s.: Europa, Generalkarte.

Čižek, Alois, Leitfaden der Kirchengeschichte. (155 S.) 8. Graz 904. U. Moser. Geb. in Leinw. n. 1. 40

— Katholische Liturgik. (VI, 110 S.) 8. Ebd. 904. Geb. in Leinw. n. 1.—

Cižek, Alois, katholische Liturgik f. Bürgerschulen u. verwandte Lehranstalten. 2. verb. u. illustr. Aufl. (VI, 101 S.) 8. Graz 911. U. Moser. Geb. 1.30

Cižek, K., Vorsatz mittels Wasserspülung vom Tage aus am Dreifaltigkeitsschachte in Polnisch-Ostrau. Wien, 1903. 4 S. mit 1 Taf.

Claar, Emil, vom Baum der Erkenntnis. Gedichte. (IV, 202 S.) 8. Stuttgart 909. J. G. Cotta Nachf. Geb. in Leinw. 4.—

Claar, Emil, Gedichte. Leipzig 868. Leiner. 8. (176 S.) n. 20 ngr; geb. n. 1 ℳ

Claar, Emil, Gedichte. 8. (VIII, 144 S.) Berlin 886. Freund & Jeckel. n. 2.—; geb. n. 3.—

Claar, Emil, neue Gedichte. 8. (VIII, 196 S.) Stuttgart 894. J. G. Cotta Nachf. Geb. in Leinw. n. 4.—

— auf den Knieen, s.: Bibliothek, neue, f. das deutsche Theater.

Claar, Emil, Königsleid. Drama in 5 Acten. 8. (VI, 152 S.) Dresden 895. H. Minden. n. 2.—

— Weltliche Legenden. Gedichte. 8. (VIII, 199 S.) Stuttgart 899. J. G. Cotta Nachf. Geb. in Leinw. n. 4.—

Festveranstaltung zum Besten der Wohlfahrtskasse der vereinigten Freimaurerloge zu Frankfurt a. M. Sonntag, den 8. Febr. 1903. Prolog. Von Emil Claar. [Frankfurt a. M. 1903: Mahlau & Waldschmidt.] 2 Bl. 8° [Kopftit.] „Der Lenz ersteht in tausendfachen Farben", ...

Claar, Emil, Prolog zu der am 16. Jan. 1876 im deutschen königl. Landestheater stattgefundenen Matinée. 4. (8 S.) Prag 876. (Kosmack & Neugebauer.) n.n. 1.30

[Rede des Br Emil Claar nach seiner Aufnahme in der Loge zur aufgehenden Morgenröthe i. Or. Frankfurt a. M. Frankfurt a. M. 1880: Mahlau & Waldschmidt.] 2 Bl. 8°
Abgedr. in: FZ. 34 (1880) S. 133–134.
Toast auf die Frmrei.

— die Schwestern. Schauspiel in 4 Aufzügen. 8. (VIII, 142 S.) Frankfurt a/M. 892. Mahlau & Waldschmidt. n. 3.—

— Shelley. Trauerspiel in 5 Aufzügen. gr. 8. (95 S.) Wien 876. Rosner. n. 3.—

— Simson u. Delia, s.: Bloch's, E., Theater-Correspondenz.

Claar, Max, d. Entwicklg. d. venetian. Verfassg. v. d. Einsetzg. b. z. Schliessg. d. grossen Rates (1172—1297), s.a. Abhandlungen, historische.

Claar, Maximilian: Die Entwicklung der venetianischen Verfassung von der Einsetzung bis zur Schliessung des grossen Rates '(1172—1297)'... München, H. Lüneburg, 1895; 58 S., 1 Bl. 8.
München, Phil. Fak., Inaug.-Diss. v. 1895

Claaß, H., Schulandachten. Kurze Betrachtungen über die Evangelien d. Kirchenjahres u. freie Texte. 8. (IV, 60 S.) Danzig 882. Saunier's Buchh. n. — 60

Claaß, H., Schulgesangbuch. Für vierstimm. Gesang eingerichtet von G. Jankewitz. gr. 8. (IV, 121 S.) Danzig 878, Saunier's Buchh. geb. *

Claasen, H.: über den Schutz des Gläubigers im römischen Recht gegen Verkürzungshandlungen seines Schuldners. 1879.
Diss. Deutz.

Claass, Heinrich

Rathgeber für geschlechtskranke Männer. Ich helfe Dir! Verf. nach Grundsätzen d. Naturheilmethode. (Verf.: H[einr.] Claaß.) *(Königsberg i. Pr.: H. Claaß) 1902.* (30 S.) 8° [F.] [04. 6076 10

Claass, Herm. Zur Orientierung im neutestamentlichen Kanon. 28 S. Progr. Rg. Joh. *Danzig* 1876.

Claass, Otto Herrm.

Katalog von Modernen Gemälden aus Handzeichnungen der Sammlung Otto Herrm. Claass zu Königsberg i. Pr. Versteig. zu Köln 1900 durch d. M. Heberle (H. Lempertz' Söhne). *Köln 1900: M. Dumont Schauberg.* (16 S.) 4° [00. 4033 5

Claassen, Gertrud Kühl-
s. Kühl-Claassen. [11. 14758

Claassen, H., kurzer Ueberblick über die Zuckerindustrie Deutschlands. gr. 8. (IV, 81 S. mit 22 Abbild. im Text und 2 eingefügten Taf.) Nienburg a. S. 888. (Bernburg, Schmelzer's Hofbuchh.) *ℳ 3.50.; geb. *

Die Zuckerfabrikation von Dr. H. Claaßen u. Dr. W[ilhelm] Bartz. Mit 79 Abb. Leipzig & Berlin: B. G. Teubner 1905. (X, 270 S.) 8°
— Zuckerindustrie, Die. 1.
Teubners Handbücher f. Handel u. Gewerbe.) [05. 10536

Claassen, H., die Zucker-Fabrikation m. besond. Berücksicht. d. Betriebes. gr. 8. (IV, VII, 335 S.) Magdeburg 901. Schallehn & Wollbrück. Geb. in Leinw. n. 15.—

Claassen, H., die Zucker-Fabrikation m. besond. Berücksicht. des Betriebes. 2. Aufl. (IV, VII, 376 S.) gr. 8. Magdeburg 904. Schallehn & Wollbrück. Geb. in Leinw. n. 15.—

Claasen, H., die Zucker-Fabrikation m. besond. Berücksicht. des Betriebes. 3. Aufl. (IV, VIII, 328 S.) gr. 8. Magdeburg 908. Schallehn & Wollbrück. Geb. in Leinw. 15.—

Claassen, Herm., über die Pentahalogenverbindungen d. Resorcins u. Orcins. Inaugural-Dissertation. gr. 8. (40 S.) Göttingen 878. (Vandenhoeck & Ruprecht.) n.—80

Claassen, Johannes
Pseudonyme: Claravallensis, Johs.
Clarissa, J.

—— s. Baader's, Frz. v., Gedanken über Staat u. Gesellsch. rc.

—— s. Böhme, Jakob.

Clarissa, J., Dante. Sein Leben und seine Liebe im christl. und deutschen Lichte. Mit Dantes (lithogr.) Bildnis nach Giotto. 8. (VII, 184 S.) Gütersloh 882, Bertelsmann *

—— der Dom, der Kirchenbau und die Geisteskirche. Den Christgläubigen aller Bekenntnisse gewidmet. Mit der inneren Ansicht des Doms zu Köln (Holzschntaf.) 8. (XII, 250 S.) Ebendas. 880. *

Claassen, Johs., Anna Elisabeth, Freiin v. Droste-Hülshoff, Leben und ausgewählte Dichtungen. Ein Denkmal. Mit dem Bildnis der Dichterin und 8 Landschaftsbildern. 2. verb. und verm. Aufl. 8. (X, 608 S.) Gütersloh 883, Bertelsmann. *
geb. *

Claassen, Johs., d. Evangelium n. St. Johannes. Einleitg. 1. Kapitel, erläut. durch C. 8. (IV, 202 S.) Stuttgart 897. J. F. Steinkopf. Kart. n. 2.40

Claassen, Johs. Die 6 Giftbäume im deutschen Felde u. der Lebensbaum. 2. (Titel-)Ausg. 8. (92 S.) Gütersloh 892, Bertelsmann. * 1 —
Die 1. Ausg. erschien ohne Angabe d. Verf.

— Johann Michael Hahn, e. schwäb. Gotteszeuge. gr. 8. (14 S. m. 1 Abb.) Frankfurt a/M. 897. (J. Schergens.) — 15

—— s. J. G. Hamann's Leben.

— Heimatsstimmen in erles. Liedern. 8. (71 S.) Baden-Baden 897. Christl. Kolportage-Verein. n. — 40

— Himmelsschlüssel. Lieder, f. Jungfrauen erlesen. 16. (56 S.) Basel 894. Jaeger & Kober. n. — 25

[F.] Die Kräfte und die Elemente in Natur, Geist und Leben ... Durch Johannes Claassen. *Gütersloh: C. Bertelsmann 1897.* (VI S., 1 Bl., 207 S.) 1 Bd 8.
— Claassen, J.: Schöpfungsspiegel. [Bd] II. [97. 6353]

—— Gotthold Ephraim Lessings Leben und ausgewählte Werke im Lichte der christlichen Wahrheit. 2 Bde. 8. Ebendas. 881. *

Inhalt:
Bd. 1. Das Leben. (XIX, 264 S.) * M 3.
„ 2. Theologie und Philosophie. (XVI, 528 S.) * M 5.

Leidensblumen. Stimmen d. Geduld u. d. Trostes in erlesenen Dichtungen. Durch Johannes Claassen. Basel: Jaeger & Kober 1896. (IV, 130 S.) 8° [F.] [97. 8671]

[F.] Das Licht und die Farben in Natur, Geist und Leben ... Durch Johannes Claassen. *Gütersloh: C. Bertelsmann 1896.* (VI S., 1 Bl., 112 S.) 1 Bd 8.
— Claassen, Johannes: Schöpfungsspiegel. [Bd] I. [96. 8391]

—— siebenfältige Naturbetrachtung. Ein Vortrag. 8. (46 S.) Münster 884, Brunn's Buchdruckerei.

[F.] Die Pflanzenwelt in Natur, Geist und Leben ... Durch Johannes Claassen. Hälfte 1. *Gütersloh: C. Bertelsmann 1897.* 8.
— Claassen, J.: Schöpfungsspiegel. [Bd] IV. [97. 6354]

Claassen, Johs., Philosophie der Freiheit. Eine Weltanschauung im Lichte der christl. Wahrheit. 2. beinahe unveränd. Ausg. 8. (326 S.) Gütersloh 887, Bertelsmann. *

Claassen, Johs., v. Poesie im Lichte d. christl. Wahrheit. (I. Die Nibelungensage u. d. Nibelungenlied. II. Die Gralsage u. das Parzivallied.) [Aus: „Beweis des Glaubens".] gr. 8. (82 S.) Gütersloh 898. C. Bertelsmann. n. 1. 20

—— Reinheit — Einheit! oder die drei Grundgestalten der Kirche Christi, ihre Entartung und ihre Heilung. Mit Anhang: 77 Sätze von der Kirche. gr. 8. (192 S.) Stuttgart 887, J. F. Steinkopf. *

— s.: Saint-Martin, Ludw. v.

Claassen, Johs., die Schöpfung im Lichte des Wortes. Grundlinien zum „Schöpfungsspiegel". Nebst 100 Sätzen aus J. Böhme, Fr. Baader u. L. v. St. Martin. (95 S.) gr. 8. Gütersloh 904. C. Bertelsmann. n. 1.20; geb. n. 1.80

— Schöpfungsharfe. Stimmen der Natur in erlesenen Dichtgn., gesammelt u. gesichtet v. J. C. 12. (463 S.) Stuttgart 893. J. F. Steinkopf. Geb. in Leinw. n. 3. 50

— Schöpfungsspiegel od. d. Natur i. Lichte d. Wortes. I., II. u. IV. gr. 8. Ebd. n. 7. 70; geb. n. 9. 60
I. D. Licht u. d. Farben in Natur, Geist u. Leben. (VII, 112 S.) 896. n. 1. 60; geb. n. 2. —
II. D. Kräfte u. d. Elemente in Natur, Geist u. Leben. (VII, 207 S.) 897. n. 2. 20; geb. n. 2. 80
IV. D. Pflanzenwelt in Natur, Geist u. Leben. 1. Hälfte. (VIII, 328 S.) 897. n. 4. — ; geb. n. 4. 50
Band 3 ist noch nicht erschienen.

Claassen, Johs., Schöpfungsspiegel od. die Natur im Lichte des Wortes. III. u. V. gr. 8. Gütersloh 899. C. Bertelsmann. n. 4. 30; geb. n. 5. 40
III. Die Sterne u. die Erde in Natur, Geist u. Leben. (VII, 211 S.) n. 2. 30; geb. n. 2. 90
V. Die Pflanzenwelt in Natur, Geist u. Leben. 2. Hälfte. (VII, 147 S.) n. 2. — ; geb. n. 2. 50

Clarissa, J. [d. i. Johannes **Claassen**]: Von der weiblichen Seele. Freundesworte an die Jungfrauen daheim u. in d. Fremde. — Kaiserswerth a. Rh.: Diakonissen-Anst. 1889.- 64 S. 8°.

Claassen, Johs., die sieben Sendschreiben der Offenbarung St. Johannis u. die Kirchengeschichte, s. a. Urban's christl. Volksbücher.

—— Die sieben Sendschreiben der Offenbarung S. Johannis u. die Kirchengeschichte. gr. 8. (VIII, 70 S.) Stuttg. 889, J. F. Steinkopf. * 1 —

— d. 7 Sendschreiben d. Offenbarung St. Johannis u. d. Kirchengeschichte. 2. Aufl. 12. (77 S. m. 6 Taf.) Frankfurt a/M. 898. J. Schergens. — 50

— die 7 Sendschreiben d. Offenbarung St. Johannis u. d. Kirchengeschichte. 2. Aufl. 12. (77 S. m. 6 Taf.) Frankfurt a/M. 898. Striegau, R. Urban. — 50

Die sieben Sendschreiben der Offenbarung St. Johannis und die Kirchengeschichte. Durch Johannes **Claassen**. 3. Aufl. (Hrsg.: Ernst Lohmann.) Striegau: Th. Urban 1907. (59 S.) 8° [F.]
— **Volksbücher**, Urbans Christliche. No 14. [07. 11788]

Die Sterne und die Erde in Natur, Geist und Leben. Durch Johannes Claassen. *Gütersloh: C. Bertelsmann 1899.* (VI, 211 S.) 8° [F.]
— Claassen: Schöpfungsspiegel. 3. [illegible]

Claravallensis, Johs. [J. Claassen]. Die falschmünzerische Theologie Albrecht Ritschls u. die christliche Wahrheit. Allen Christgläubigen gewidmet. gr. 8. (200 S.) Gütersloh 891, Bertelsmann. * 2 40

— Union, Toleranz, Allianz u. Bruderliebe. An der südwestl. deutschen ev. Allianz-Konferenz am 9. April 1894 in Frankfurt a/M. vorgetragen. 12. (45 S.) Gernsbach 894. Christl. Kolportage-Verein. n. — 30

Claassen, Johs., über das Verhältniß des Staates zum Erziehungswesen. 8. (112 S.) Gütersloh 866, Bertelsmann. *
Aus: Evangelisches Schulblatt, besonders abgedruckt.

— was ist Wahrheit? Vorgetragen am 30. Jan. 1893 im Museum zu Tübingen. [Aus: „Evangel. Schulbl."] gr. 8. (30 S.) Gütersloh 893. C. Bertelsmann. n. — 60

—— Das verlorne Wort. Ein Vortrag. gr. 8. (48 S.) Gütersloh 891, Bertelsmann. * — 60
Aus: Evang. Schulblatt, mit Beilagen aus Franz Baader u. Saint-Martin, besonders abgedruckt.

Claaßen, Ria, d. Frauenphantom d. Mannes, s. a. Diskussionen, Zürcher.

CLAASSEN, Ria (in München, d. i. Frau *Ria Schmujlow-Claaßen*, geb. zu Tilsit 12. Oct. 1870), Das Frauenphantom des Mannes. 4°. 8 Seiten. (12 Mk. Edm. Meyer, Berlin, Anz. XI, ca. 1905.) Vergriffen!
Zürcher Diskußionen. Flugschriften aus dem Gesamtgebiet des modernen Lebens. Nr. IV.

Claassen, Ria: Das Frauenphantom des Mannes. — (Zürich: Verl. d. Zürcher Diskussionen 1898.) 8 S. 4° (Zürcher Diskussionen. Jg. 1. No 4.)

Claassen, Walter, aus Tilsit i. Ostpr.: **Die Agrarpolitik Zürichs im Zeitalter der Reformation.** *Weimar 1899: E. Felber.* (XII, 92 S.) 8° ¶ [Erschien vollst. als H. 4 d. Socialgeschichtl. Forschungen.]
Jena, Phil. Diss. v. (10. Febr.) 1899

Schweizer Bauernpolitik im Zeitalter Ulrich Zwinglis v. Walter Claassen. *Weimar: E. Felber 1899.* (XIII, 168 S., 6 Bl. Tab.) 1 Bd 8.
= Forschungen, Socialgeschichtliche. Ergänzgshefte z. Zeitschr. f. Social- u. Wirthschaftsgesch. H. IV.

Claassen, Walt., die soziale Berufsgliederung des deutschen Volkes nach Nahrungsquellen u. Familien, s.a. **Forschungen, staats- u. sozialwissenschaftliche. XVIII. 1.**

Die soziale Berufsgliederung des deutschen Volkes nach Nahrungsquellen und Familien. Krit. Bearb. d. dtsch. Berufszählungen von 1882 u. 1895. Von Dr. Walter **Claaßen.** *Leipzig: Duncker & Humblot 1904.* (XV, 164 S.) 8°
— **Forschungen.** Staats- u. sozialwissenschaftl. Bd 23, H. 1.

Claaßen, Walt., die deutsche Landwirtschaft, s.a **Aus Natur u. Geisteswelt.**

Die deutsche Landwirtschaft. Von Dr. Walter **Claaßen.** Mit 15 Abb. u. 1 Karte. Leipzig: B. G. Teubner 1908. (VI, 117 S.) 8° [F.]
— **Natur,** Aus, u. Geisteswelt. Bdch. 215.

Claass, Max, Apotheker aus Königsberg i. Pr.: **Ueber die Einwirkung von Phenoxylessigsäurechlorid au[f] Acetessigester und Homologe.** *Rostock 1902: C. Hinstorff.* (71 S.) 8°
Rostock, Phil. Diss. v. [30. Juni] 1902

Clacius, Ge., Consilia medica. Ueb. gantz besondere, schwere, auch rare Casus, in verschiedenen, langwierigen u. gefährlichen Kranckheiten, Hectica u. Schwindsucht, meistens von Standes-Persohnen und sensiblo Temperamento abgefasset. Welchen beygefüget ein u. andere nützliche Cautelen, auch Anmerck. üb. jeden Casum wie die Curen methodico vollendet. 88 S. Frkf. u. Lpz. 1739. 4°.

Clacius, G., observationes chirurgico-practicae. 8. Hannov. Helwing. 718.

— **dasselbe deutsch.** 8. Ebend. 718.

Cladel, Foley Normand, Nouvelles choisies, hrsg. v. Adf. **Kressner,** s.: **Schulbibliothek,** französ. u. engl.

Cladel, Léon. Révanche. Episode aus den Tagen der Commune. Aus dem Französ. mit einem Vorwort von W. Liebknecht. 8°. Zürich, Herter. 1880.

Cläden, Georg

Historische Abhandlung von den bey der Stadt Flensburg belegenen Kirchen-Hölzungen, mit dem archivarischen und diplomatischen Beweis, daß der Grund und Boden derselben der Kirchen St. Mariä in etlichen hundert Jahren eigenthümlich zugehöret. Entworfen v. **Georg Cläden.** Flensburg. 1773. 8°

Claeden, Georg: M o n u m e n t a Flensburgensia etc. v. Georg Claeden. Bd. 1. Flensburg. (1768.) 4° k.
Stimmt Seite für Seite mit der Ausgabe in Fol., ausgenommen die Bogenzählung.

Cläden, Geo., († 1781.) Monumenta Flensburgiensia. 1r Bd. 5 Stcke u. 2r Bd. 16 Stck. 4. Flensb. 765—73.

Clagenfurt, die Haupt-Stadt des Herzogthums Kärnthen im Grundriß und Prospect herausgegeben von Math. Seutter etc. in Augspurg. 1 : 3000. 1 Bl.

Clages, Hubert *Otto* [aus Kalwellen in O.-Pr.]: Der Blankvers in Thomson's Season's und Young's Night Thoughts ... Halle a. S., Buchdr. C. Colbatzky, 1892; 37 S. 8.
Halle, Phil. Fak., Inaug.-Diss. v. [6. Sept.] 1892

Claimer, P. R. v., k. k. Major, Zusammenstellung jener theoretischen und praktischen Hilfsmittel, welche bei der Ausbildung der Mannschaft im Schützenwesen mit Nutzen in Anwendung zu bringen sind. gr. 8. (III. 36 S.) Wien, Hof- und Staatsdruckerei. 1861. 24 kr.

Claincailleur, le, franç. allem. et all. fr. ou nomenclature de soute sorte de claincaillerie, s. **Wörterbuch,** kleines französisch-deutsches. 2c.

Clair, D. Baronesse v. St., Gesch. 8. Bresl.: Korn 1775.

Clair, St., der Eiländer, s. **Saint-Clair.**

v. Clair, G. A., († 1779.), s. 1) **Quincy,** Ausz. d. Kriegsgesch. 2) **Vauban,** Abhandl.

Clair, Karl, S. J., Ludwig Milleriot, S. J. Nach der 15. französ. Aufl. übers. v. Matthias Gruber, S. J. (100 S.) kl. 8. Warnsdorf (910). A. Opitz. — 40

Clair, Karl, Petrus Olivaint, Priester der Gesellschaft Jesu. Mit besond. Gutheißung des Verf. übers. von St. Dosenbach. 8. (IV, 370 S.) Mainz 879, Kirchheim.

Clair, Karl, Petrus Olivaint, Priester der Gesellschaft Jesu. Mit besonderer Gutheißung des Verfassers übers. von St. Dosenbach, S. J. 8. (IV, 370 S.) Mainz 880. Kirchheim. 3 50

Clair-Tisdall, W. St., modern Persian conversation-grammar. With reading lessons, English-Persian vocabulary and Persian letters. (Method Gaspey-Otto-Sauer.) gr. 8. (IX, 318 u. 80 S.) Heidelberg 902. J. Groos. Geb. in Leinw. n. 10.—; key. (908.) Kart. n. 2.—

Clairac, Louis André de la Mamie de. Abhandlung von der Befestigungskunst im Felde; aus dem Franz.... Breslau 1755. Ü: *Gröben, Georg Dietrich von der.* (Ky) (ML)

— Abhandlung von der Befestigungskunst im Felde. Nach der Pariser Ausg. 1749 übs. 2c. Mit Pl. Breslau 1755. 262 S. 4°

Clairac de la Mamie, Abhandl. von d. Befestigungskunst im Felde. Aus d. Französ. Mit Anmerkk. u. 37 Kpft. gr. 4. Bresl. ... 2e A. 776. W. G. Korn. 2 ℛ 8 gl

de Clairac, L. A. Abhandlung von der Befestigungskunst im Felde. Uebers. mit Anmerk. 4. M. 36 Taf. Breslau 1755. — Uebers. von v. d. Gröben 4. Berlin 1804.

Clairau(l)t, Alexis Claude

Des Herrn *Clairaut*, der Königl. Französ. u. Königl. Preuss. Akademien der Wissenschaften, der Königl. Gesellschaften zu London, Upsal und Edinburg, und der Akademie des Instituts zu Bologna Mitglieds, Anfangsgründe der Algebra. Aus dem Französ. übersetzt von *C. Mylius.* Berlin, verlegts Christoph Gottlieb Nicolai. 8. 354 Seit. (18 gr.) 1752

— zweyte Auflage mit Zusätzen vermehrt von *G. H. Tempelhoff.* Berl. 8. 428 S. n. 2 Taf. m. Fig. 1778

Clairaut, ..., Anfangsgründe d. Algebra. Aus d. Französ. v. C. Mylius. 8. Berl. ..., 2e A. 778. mit Zusätzen verm. von G. F. v. Tempelhoff. 8. (Kummer in Leipz.) 1 ℛ

— **Anfangsgründe d. Geometrie;** aus d. Französ. v. F. J. Bierling. 5e Aufl. (herausg. v. Jh. Reimers). 8. Hamb. 790. Herold. (Leipz., Centr.-Compt.) (Voß in Berl.) 10 gl

— **Théorie de Comètes.** 4. Leipz. 755. Hartknoch. 6 gl

Clairbrook, R., die Kunst, die englische Sprache in kürzester Zeit sich anzueignen, s.a. **Kunst, die, der Polyglottie.**

Clairbrook, R., die Kunst, die englische Sprache in kürzester Zeit und in Bezug auf Verständniss, Conversation und Schriftsprache durch Selbstunterricht sich anzueignen. Mit zahlreichen Uebungs-Aufgaben, Wörtersammlung, Gesprächen und einer kleinen Chrestomathie, nebst einem vollständigen Wörterbuche zu den in der Chrestomathie enthaltenen Lesestücken. Zweite Auflage. (Bibliothek der Sprachenkunde II.) 8°. VIII, 180 S. Wien, Hartleben. geb. fl. 1.10 1886.

Clairbrook, R., Die Kunst, die englische Sprache in kürzester Zeit und in Bezug auf Verständniß, Conversation und Schriftsprache durch Selbstunterricht sich anzueignen. Mit zahlreichen Uebungsaufgaben, Wörter-Sammlung, Gesprächen und einer kleinen Chrestomathie, nebst einem vollständigen Wörterbuche zu den in der Chrestomathie enthaltenen Lesestücken. Dritte Auflage. 8. (VIII, 183 S.) Geb. (Bibliothek der Sprachenkunde. Bd. 1. 3. Aufl.) Ebda. 1889 1.10

Clairbrook, R., Die Kunst, die englische Sprache in kurzer Zeit und in Bezug auf Verständniß, Conversation und Schriftsprache durch Selbst-Unterricht sich anzueignen. Mit zahlreichen Uebungs-Aufgaben, Wörter-Sammlung, Gesprächen und einer kleinen Chrestomathie, nebst einem vollständigen Wörterbuche zu den in der Chrestomathie enthaltenen Lesestücken. Vierte Auflage. 8. (VIII, 183 S.) Gebunden (Bibliothek der Sprachenkunde. Erster Theil. 4. Auflage) Wien: Hartleben 1891 1.10

Clairbrook, R., Die Kunst, die englische Sprache in kürzester Zeit und in Bezug auf Verständniß, Conversation und Schriftsprache durch Selbstunterricht sich anzueignen. Mit zahlreichen Uebungsaufgaben, Wörtersammlung, Gesprächen und einer kleinen Chrestomathie, nebst einem vollständigen Wörterbuche zu den in der Chrestomathie enthaltenen Lesestücken. 5. Aufl. 8. (VIII, 183 S.) Geb. (Bibliothek der Sprachenkunde. 1. Theil. 5. Auflage) Wien: Hartleben 1895 1.10

CLAIRBOOK, R.

(F) Die Kunst, die englische Sprache in kürzester Zeit und in Bezug auf Verständniss, Conversation und Schriftsprache durch Selbstunterricht sich anzueignen. Mit zahlreichen Uebungs-Aufgaben, Wörter-Sammlung, Gesprächen und einer kleinen Chrestomathie nebst einem vollständigen Wörterbuche zu den in der Chrestomathie enthaltenen Lesestücken von R. Clairbook. 6. Auflage Wien. Pest. Leipzig. [1900.] Hartleben. 8°. VIII, 183 S. K 2.20

Clairbrook, R., Die Kunst, die englische Sprache in kürzester Zeit in bezug auf Verständnis, Konversation und Schriftsprache durch Selbstunterricht sich anzueignen. 7. Aufl. [Die Kunst der Polyglottie. 1. Teil.] 8°. (VIII, 183 S.) geb. K 2.20
Wien: Hartleben 1906

Claire. Tante Cl' s. (Aubert,) Claire.

Claire, W.

Coranna. Eine Indianergeschichte. Zeichnungen von Max Slevogt zu einer Erzählung von W. Claire. Berlin P. Cassirer [1909]. 66 S. 4° [09. 6871]

Claire, W., Coranna. Eine Indianergeschichte. Zeichngn. v. Max Slevogt zu e. Erzählg. v. C. (Luxus-Ausg.) (66 S.) 31×24,5 cm. Berlin (910). P. Cassirer. Geb. in Ldr. 30 —

— dasselbe, s.: Slevogt, Max.

Clairemont, Jean, das Buch der neuesten Erfindungen, m. Orig.-Beiträgen v. Ferd. Braun, Mart. Hönig, Frank Kirchbach u. a., sowie ersten deutschen Großindustriellen u. a. Fachmännern hrsg. Mit 600 Abbildgn. u. Kunstbeilagen. (XII, 600 S.) gr. 8. Berlin 905. W. Herlet. Geb. in Leinw. n. 4. —

CLAIREVOIX, Georges de, Hinter den Coulissen. Erlebnisse und Betrachtungen eines Ex-Cisterzienser-Mönches. (Aus d. Französ.) Paris 1868. Gr. 8. (1 Mk. Frz. Teubner, 1898.) 40 S. (incl. 2 Bll. Tit. u. Vorw.). Enth. einige pikante Anekdoten.

— — Dasselbe. Zürich 1869. Gr. 8°. 40 S. (1 Mk. Rich. Bertling, 1907.)

de Clairevoie, Georges, Erlebnisse u. Betrachtungen eines Ex-Cisterzienser-Mönches. 2. Aufl. Zürich 869. Schabelitz. 8. (40 S.) 7½ ngr.

—— Sack und Strick, oder das Strafgericht über Rom. 16. (22 S.) Zürich 869, Schabelitz'sche Buchh. *

Clairin, P., De Haruspicibus apud Romanos. Gel. 1880. 89 S.

Clairmont, Antonia, erste Schritte zur Erlernung der engl. Sprache für Kinder von 6 bis 10 Jahren. gr. 8. Wien 845, Braumüller u. Seidel. n. ½ ₰

Clairmont, C., Oeuvres poétiques. III Volumes. gr. in-8. Paris 844, Renouard et Co. Carlsruhe, Bielefeld. n. 4 ₰

Clairmont, Jean [Pseud.], s. Häntzschel-Clairmont, Walter

Clairmont, Karl Gaulus, reine Grundlehre d. engl. Sprache, mit e. Ersten Lesebuche, nach d. Interlinear-Methode bearb., wodurch d. Wörterbuch dem Anfänger ganz entbehrl. wird. gr. 8. (11¼ B.) Wien 831, Gerold.

Clairmont, Karl Gaulis, reine Grundlehre d. engl. Sprache, mit ein. Ersten Lesebuche, die vorzügl. syntakt. Eigenthümlichkeiten mit gehör. Betonung d. Wörter enthalt., u. nach d. Interlinear-Methode bearb., wodurch d. Wörterbuch d. Anfänger ganz entbehrl. wird. 2., verb. u. verm. Aufl. (12¼ B.) 837., u. 3., verb. u. sehr verm. Aufl. gr. 8. (16¾ B.) Wien 841, Gerold. à

Clairmont, Carl Gaulis, reine Grundlehre der englischen Sprache, die Aussprache nach der ganz neuen tonograph. Methode sehr erleichtert; mit einem ersten Lesebuche rc. 4., verb. Aufl. gr. 8. (16½ B.) Wien 846, Braumüller u. Seidel. *

Clairmont, Carl Gaulis, reine Grundlehre der englischen Sprache, die Aussprache nach der ganz neuen tonograph. Methode sehr erleichtert; mit einem ersten Lesebuche, die dazu gehörigen Zeichen, Betonungen und Bindezeichen enth., und nach der Interlinear-Methode bearb., wodurch das Wörterbuch dem Anfänger ganz entbehrlich wird. 5. Aufl. Lex.-8. (VI und 256 S.) Wien 850, Seidel. *

Clairmont's, Carl Gaulis, reine Grundlehre der englischen Sprache mit einem ersten Lesebuche nach der Interlinear-Methode. Redig. und hrsg. von James Lewis. 6. Aufl. gr. 8. (VIII und 168 S.) Wien 861, Seidel und Sohn. *

—— reine Grundlehre der englischen Sprache mit einem ersten Lesebuche nach der Interlinear-Methode. Redig. und hrsg. von Ralph Reginald Lewis. 7. Aufl. gr. 8. (VIII, 192 S.) Wien 869, Seidel und Sohn. *

—— Handbuch engl. Gespräche, die gebräuchlichsten Ausdrücke der Umgangs-Sprache, mit Bezug auf die Gewohnheiten, Eigenheiten, Sitten u. Verfassungen Englands, eine Erklärung d. engl. Pairie u. ein Capitel über die See-Ausdrücke enthaltend. gr. 8. (22⅞ B.) Wien 841, Braumüller u. Seidel. *

—— Handbuch englischer Gespräche, die gebräuchlichsten Ausdrücke der Umgangssprache, mit Bezug auf die Gewohnheiten, Eigenheiten, Sitten und Verfassungen Englands, eine Erklärung der engl. Pairie und einem Capitel über die See-Ausdrücke enthaltend. 2., umgearb. Aufl. br. 8. (VIII und 311 S.) Wien 851, (Seidel.) *

—— Handbuch englischer Gespräche, die gebräuchlichsten Ausdrücke der Umgangssprache, mit Bezug auf die Gewohnheiten, Eigenheiten, Sitten und Verfassungen Englands, einer Erklärung der engl. Pairie und einem Capitel über die See-Ausdrücke enthaltend. 2., umgearb. Aufl. (Neue [Titel-]Ausg.) br. 8. (VIII und 311 S.) Wien (851)59, Braumüller's Verlags-Conto. 4

Clairmont, Carl Gaulis, Handbuch englischer Gespräche, enth. die gebräuchlichsten Ausdrücke der Umgangssprache mit Bezug auf die Eigenthümlichkeiten und Sitten der englischen Nation. 3. Aufl. gr. 8. (VIII, 228 S.) Wien 869, Braumüller. *

—— poetisches Lesebuch f. Anfänger; od. eine stufenweise fortschreitende Sammlung der interessantesten Dichtungen in der engl. Sprache, mit den leichtesten Stücken, der Fassungskraft eines Kindes angemessen beginnend, u. mit den erhabendsten Schöpfungen eines Spencer, Shakespeare u. Milton endigend. A. u. d. T.: First poetical Reading-Book, being a progressive Collection of the most interesting pieces in verse in the english language etc. 12. (16½ B.) Wien 845, Braumüller u. Seidel. *

—— poetisches Lesebuch für Anfänger; eine stufenweise fortschreitende Sammlung der interessantesten Dichtungen in der engl. Sprache; mit den leichtesten Stücken beginnend, und mit den erhabensten Schöpfungen eines Spenser, Shakspeare und Milton endigend, so wie mit einer deutschen Uebersetzung der schwierigsten Wörter auf jeder Seite versehen. gr. 12. (XXXV und 354 S.) Wien 851, Seidel. *

—— zweites englisches Lesebuch, eine stufenweis fortschreitende Sammlung gewählter Stücke in Prosa, aus den populärsten Schriftstellern des gegenwärt. und vorigen Jahrh.; mit gehöriger Angabe der betonten Sylben nebst einer Uebersetzung der minder bekannten Wörter am Fuße jeder Seite versehen. Lex.-8. (X und 381 S.) Wien 847(51,) Seidel. *

Clairmont, Karl Gaulis, zweites Lesebuch zur Erlernung d. engl. Sprache, besonders zum Selbstunterricht geeignet. gr. 8. Wien 833. (832.) Gerold. 2 ₰

—— zweites Lesebuch z. Erlernung d. engl. Sprache, besond. z. Selbstunterr. geeignet, mit e. genauen, analyt., deutschen Uebersetz. n. d. Interlinear-Methode, wodurch d. Wörterbuch dem Anfänger ganz entbehrl. wird, u. mit Betonung d. Wörter bearb. gr. 8. (27½ B.) Wien 833, Gerold.

– s. Lewis, James.

—— vollständ. englische Sprachlehre, die Syntaxis in 30 Lectionen eingetheilt, durch Beispiele erläutert, von einer stufenweisen Reihe von Uebungen, mit genauer Betonung d. vorkommenden engl. Wörter begleitet, u. mit ein. separirten Schlüssel versehen, wodurch jeder Schüler seine Fehler, ohne Hülfe eines Lehrers, selbst ausbessern kann. 2., verb. u. verm. Aufl. gr. 8. (21 B.) Wien 844, Braumüller u. Seidel. * 1 Thlr. 12½ Ngr.; — ohne Schlüssel *

—— vollständige englische Sprachlehre, die Syntaxis in 30 Lectionen eingetheilt, durch Beispiele erläut., von einer stufenweisen Reihe von Uebungen mit genauer Betonung der vorkomm. engl. Wörter begleitet und mit einem separaten Schlüssel versehen. 3., verb. Aufl. gr. 8. (XIV, 369 und 79 S.) Wien 848, Braumüller. * 1

Clairmont, Carl Gaulis, vollständige englische Sprachlehre. Eingetheilt in 30 Lectionen, durch Beispiele erläutert, von einer stufenweisen Reihe von Uebungen mit genauer Betonung der vorkommenden engl. Wörter begleitet, und mit einem Schlüssel versehen wodurch jeder Schüler seine Fehler, ohne Hülfe eines Lehrers, selbst ausbessern kann. 4. Aufl. 1854., 5. Aufl. 1855. und 6., verb. Aufl. gr. 8. (XII und 415 S.) Wien 856, Braumüller. * 1

—— vollständige englische Sprachlehre. Eingetheilt in 30 Lectionen, durch Beispiele erläutert, von einer stufenweisen Reihe von Uebungen mit genauer Betonung der vorkommenden engl. Wörter begleitet und mit einem Schlüssel versehen, wodurch jeder Schüler seine Fehler, ohne Hülfe eines Lehrers selbst ausbessern kann. 8., verb. Aufl., revid., vermehrt und corrigirt von Ch. G. Kearn. gr. 8. (XII und 415 S.) Wien 858, Braumüller's Verlags-Conto. geb. *

Clairmont, Karl Gaulis, vollständige englische Sprachlehre. Eingetheilt in 30 Lectionen, durch Beispiele erläutert, von einer stufenweisen Reihe von Uebungen mit genauer Betonung der vorkommenden engl. Wörter begleitet und mit einem Schlüssel versehen, wodurch jeder Schüler seine Fehler, ohne Hilfe eines Lehrers, selbst ausbessern kann. 10. Aufl. gr. 8. (XII und 415 S.) Wien 864, Braumüller. *

—— vollständige englische Sprachlehre. Eingetheilt in 30 Lectionen durch Beispiele erläut. von einer stufenweisen Reihe von Uebungen, mit genauer Betonung der vorkommenden engl. Wörter begleitet und mit einem Schlüssel versehen, wodurch jeder Schüler seine Fehler, ohne Hilfe eines Lehrers, selbst ausbessern kann. 11. Aufl. gr. 8. (XII, 115 S.) Wien 871, Braumüller. *

Clairmont, K. G., vollständige englische Sprachlehre in 30 Lectionen, durch Beispiele erläutert. Mit einer stufenweisen Reihe von Uebungen und genauer Betonung der vorkommenden englischen Wörter. 12. Aufl. gr. 8. (XII, 415 S.) Wien 879, Braumüller. *

Clairmont, Karl Gaules, vollständige englische Sprachlehre in dreißig Lectionen, durch Beispiele erläutert. Mit einer stufenweisen Reihe von Uebungen u. genauer Betonung der vorkommenden engl. Wörter. 12. Aufl. gr. 8. (X, 414 S.) Wien 880. Braumüller. n. 4. —

— Syntaxis der engl. Sprache, in 30 Lectionen eingetheilt, durch Beispiele erläutert, von einer stufenweisen Reihe von Uebungen mit genauer Betonung der vorkomm. engl. Wörter begleitet, u. mit e. separirten Schlüssel versehen, vorzüglich für d. Selbstunterricht bearbeitet. gr. 8. Wien 838. v. Mösle's Witwe u. Braumüller. n. 1⅓ ₰

— Schlüssel zu den Uebungen in Clairmonts Syntaxis der engl. Sprache, wodurch jeder Schüler seine Fehler ohne Hülfe eines Lehrers ausbessern kann. gr. 8. Wien 838. v. Mösle's Witwe u. Braumüller. n. ½ ₰

CLAIRMONT, WALTER C. Zum Studien der Ketone. Basel, 1894.

Clairmont, W. C. Zum Studium der Ketone. In-8°. 63 S. Basel (Georg & Co.). These. 1895

Clairmont, Walter Häntzschel-, s. Häntzschel-Clairmont.

Clairon, Charles. Rostock 1791. V: *Kellner, Georg Chph.* (Adel) (MGT)

Clairon, Hippolyte (= Legris de Latude, Claire Josèphe Hippolyte). Betrachtungen über sich selbst und die dram. Kunst. Aus einer franz. Hs. übersetzt. Zürich 1798. Ü: *Meister, Jac. Hnr.* (EE) 1798—99. Ü: *Bürkli, Joh.* (Cat. d. Stadtbibl. Zürich. Zürich 1864—97.)

Clairon, Hippol., Betrachtt. über sich selbst u. die dramat. Kunst. 2 Thle. 8. Zürich 798 u. 99. Orell. 1 ₰ 20 ℋ Velinp. 3 ₰

CLAIRVILLE und Adelheid von St. Alban. Eine französ. Anecdote. (Drast. Vignette, unsign.) Breslau, Brieg u. Leipzig, bey Chrn. Frdr. Gutsch. 1783. 8°. 189 S. (2 Mk. 30 Pfg., Frdr. Klüber, c. 1905.) (Leipzig. Sommer).
— — Dasselbe. Ebd. 1807. 8°.

[Clairville. Joseph-Philippe de.] Entomologie helvétique ou Catalogue des insectes de la Suisse, rangés d'après une nouvelle méthode. Avec [1 tableau,] descriptions et figures [48 planches et 1 vignette]. 2 vol. Zuric. — *A. u. d. T.:* Helvetische Entomologie, oder Verzeichniss der schweizerischen Insekten, nach einer neuen Methode geordnet. Mit Beschreibungen und Abbildungen. 2 Theile. 8. Zürich.
Vol. = Theil 1: 1798. — Vol. = Theil 2: 1806.

Clairville (de). — Entomologie helvétique ou Catalogue des insectes de la Suisse, rangés d'après une nouvelle méthode [en français et en allemand], avec descriptions et figures. – *Zürich, Orell-Fussli* et Cie, 1798-1806. 2 vol. In-8°.
Vol. I. : vignette de titre et 16 pl. gravées par *J. Rudolf Schellenberg*.
Vol. II : 32 pl. dont 6 gravées par *F. Hegi* et 25 par *Joh. Ulrich Schellenberg*.

[Clairville (de) et Sulzer (J.-H.).] — Genres de mouches diptères représentés en XLII pl. projetées et dessinées par *J. R. Schellenberg* et expliquées par deux amateurs de l'entomologie (en français et en allemand). – *Zürich*, 1803. In-8°.
Figures coloriées, 12 pl. dessinées et gravées par *J. R. Schellenberg*.

[Clairville, Joseph-Philippe de.] Manuel d'herborisation en Suisse et en Valais, redigé selon le système de Linné, corrigé par ses propres principes. Avec l'indication d'un nouveau système derivé également des principes de ce grand Maître. Par l'Auteur de l'Entomologie helvétique. [Avec 1 tableau.] 8. Winterthour 1811.

Clairville, Louis François Nicolaie de

— u. **Laurencin**, der galante Abbé, s.: Bühnen-Repertoir, Nr. 127.

— und Dumanoir, vier Advokaten, s. Bühnen-Repertoir.

— et **Thiboust**, la corde sensible, s. Répertoire du Théâtre français.

Clairville, die Dorf-Communisten, s.: Theater des Auslandes, Nr. 28.

Clairville, die Eselshaut, s.: Wanderburck.

— et J. Cordier, les grenouilles qui demandent un roi, s. Répertoire du théâtre Français à Berlin, Nr. 354.

— — et A. de Beauplan, les grenouilles qui demandent un roi, s. Théâtre Français publié par C. Schütz. X. série. Livr. 12.

Clairville, Dumanoir et **Guillard**, Clarisse Harlowe, s.: Répertoire du théâtre Français à Berlin, Nr. 81.

— kleine Leiden des menschl. Lebens, s.: Bühnen-Repertoir, Nr. 140.

— die Memoiren zweier Neuvermählten, s.: Theater, das, des Auslandes, 20. Liefrg.

Clairville, ..., les petites misères de la vie humaine, s. Répertoire du Théâtre franç. 2. Série. No. 48. 49.

Clairville, „Mördergrube!" s. Theater des Auslandes.

— et **J. Cordier**, la propriété c'est le vol, s.: Répertoire du théâtre Français à Berlin, Nr. 353. — Théâtre Franç. par Schütz. X. série. 6. livr.

— u. **Damarin**, Satan, oder der Teufel in Paris. — Der räthselhafte Besuch. — Des Räthsels Lösung, s. Bühnen Repertoir, Bd. XIV.

— Nur ein Silbergroschen, s. Theater, das, des Auslandes.

— die Theilung der Güter, s.: Bühnen-Repertoir, Nr. 144.

Clairvoyants, Die, od. Dialogen u. Erzählungen aus dem Reiche der Schlafenden. 8. Ellwang: Gasner. (Füchsel in Zerbst.) 1804.

(Clais, Carl von.) Biographie des Joh(annes) Sebastian von Clais (1742–1809). 8. Winterthur 1866.

Claise, Studie üb. d. Art d. Baues u. Betriebes d. belg. Vicinalbahnen, s.: Rigaux.

Claisen, Franciscvs (geb. am 20 Jan. 1847 in Köln): De schola confessionali ivre Borvssico probata ... Bonnae, typ. Trappianis (1870). 53 S., 1 Bl. 8.
Bonn, Jur. Fak., Diss. v. 15 Juni 1870

Claisen, Ludwig (geb. am 14 Jan. 1851 in Köln): Beiträge zur Kenntniss des Mesityloxyds und des Phorons ... Bonn, Druck v. C. Georgi 1874. 31 S., 1 Bl. 8.
Bonn, Phil. Fak., Diss. v. 6 Febr. 1875

Claisen, Ludwig [Dr.]: Ueber die Condensationen der Aldehyde mit Phenolen und aromatischen Aminen .... München, Druck v. Wilh. Keller in Giessen, 1887; 1 Bl. + 14 S. 8°.
München, Phil. Fak., Hab.-Schr. v. 1887.

Claisen, Ludwig, über die Condensationen der Aldehyde mit Phenolen und aromatischen Aminen. Hab.-Schr. München 1887, A. Buchholz. 8°. 14 S.

Untersuchungen über die Oxymethylenderivate der Ketone. Eine Festgabe zur Feier des zweihundertjährigen Bestehens der Univ. Halle-Wittenberg am 2. Aug. 1894. Gewidmet von der Kgl. Technischen Hochschule zu Aachen. Auf Wunsch des Rectors u. Senats dargeboten von L[udwig] **Claisen**. 1894. 59 S. 4° ¶ Auch in: J. Liebig's Annalen d. Chemie. Bd 281.

Claiton, s. Clayton.

Claitze, des Grafen von, Begebenheiten. 8. Magdeburg 1743.

Clajus, C., (Lips. 1697; rec. 1746. 4.) Eisfeld, A. C., (Nordh. 1760. 4.) de die parasceves.

Clajus, Gabriel David (Halberstadt), De administratoribus bonorum ecclesiasticorum. Von Kirchen-Vorstehern. Disp. jur. eccles. Präs. Just. Henning Böhmer. Halle, Sept. 1702. (Grunert) 1730. 56 S., tlws. dtsch. (5.—) 5248

— — Dasselbe. Halle (J. F. Grunert) 1742. (5.—) 5249

Clajus, Hermann

Clajus, H., kurze Geschichte des ehemaligen Bistums u. späteren weltl. Fürstentums Halberstadt. gr. 8. (165 S.) Osterwieck 901. A. W. Zickfeldt. n. 1.20

— u. C. Wenzel, biblische Geschichten, ausgewählt u. m. Bibelsprüchen u. Liederstrophen erläutert. gr. 8. (II, 128 S.) Ebend. 883. geb. n. — 60

Clajus, H., deutsche Sprachlehre f. einf. Schulverhältn. M. Übungsaufgaben u. e. Wörterverz. z. Rechtschreibg. gr. 8. (33 S.) Osterwieck 896. A. W. Zickfeld. n.n. — 15

Clajus, H., Wiederholungsbuch für evangelische Volksschüler. [Geographie, Geschichte, Naturgeschichte, Naturlehre, Sprachlehre und Raumlehre.] 1. Aufl. (120 S.) 1880; 2. verb. und durch ein Wörterverzeichnis zur Rechtschreibung verm. Aufl. (124 S.) 1881. ** 50 Pf.; 3. Aufl. (129 S.) 1881. ** 70 Pf.; 4. und 5. Aufl. gr. 8. (129 S.) Osterwieck 882,84, Zickfeldt. cart. **

Clajus, H., Wiederholungsbuch für evangelische Volksschüler. [Geographie, Geschichte, Naturgeschichte, Naturlehre, Sprachlehre, Raumlehre und ein Wörterverzeichnis zur Rechtschreibung.] 6. Aufl. gr. 8. (128 S.) Osterwieck 886, Zickfeld. cart. *

Wiederholungsbuch für evangelische Volksschüler von H. Clajus. Neu bearb. u. hrsg. von M[oritz] Thurm u. F[riedrich] Witt. 9. Aufl. *Osterwieck/Harz: A. W. Zickfeldt 1901.* (VIII, 294 S.) 8° [A.] [illegible]

Clajus, Herm., aus alter u. neuer Zeit vom Dorfe Rohrsheim u. der Domäne Westerburg im Kreise Halberstadt. (140 S.) gr. 8. Osterwieck 907. A. W. Zickfeldt. 2.—

Clajus, Johann Gottlob

— — De indole dicasteriorum. Diss. jur. Präs. Joh. Heinr. Albinus. Wittbg. (Hake) 30. XII. 1737. 28 S. (4.50) 5251
Gew.: Bernhard v. Zech (Schmorca, Salsitz).

— **Johann Gottlob** (Annaberg), De justo perduellium supplicio indicta caussa. Disp. jur. Präs. Aug. Leyser. Wittbg. (Hake) Mai 1735. 16 S. (4.50) 5250

Clajus, Johs., deutsche Grammatik, s.: Grammatiken, ältere deutsche, in Neudrucken.

Clam, Dupaty, Theorie u. Praktik d. Reitkunst, s. Dupaty.

de Clam, Comitis Karl, Diss. de origine Caesarearum capitulationum. 8maj. Wien 781. Trattner. 4 gl.

Clam-Martinitz, Karl Joh. Nep. Gabriel Graf von

— — Von der Kriegskunst überhaupt, in 11 Abtheilungen. (Dürfte aus der Feder des FML. Clam-Martinitz des Autors „Der Vorlesungen aus dem Gebiete der Kriegskunst, Wien 1823" stammen. Vergleiche §. 3 Versammlungs-Märsche.) 8. (Wien circa 1823.)

Clam-Martinitz, Graf. Vorlesungen aus dem Gebiete der Kriegskunst. 8. Wien 1823.

Clamann, Fritz [Referendar]: Der Untergang der Servituten durch Verjährung nach heutigem gemeinen Rechte ... Greifswald, Druck v. F. W. Kunike, 1895; 41 S. 8.
Greifswald, Jur. Fak., Inaug.-Diss. v. 1895

Clamann, *Johannes* Martin *Ehrenfried* [aus Zühlsdorf Kr. Arnswalde Nmk.]: Beobachtung der Veränderungen im Blute nach Zusatz von Dinatriumphosphat und die Verwendung dieses Salzes bei Transfusionsexperimenten ... Greifswald, Druck v. J. Abel, 1896; 51 S. 8.
Greifswald, Med. Fak., Inaug.-Diss. v. 14. Juli 1896

Clamengis, Nic. de, liber de studio theologico, s. Aurora.

Clamer, Balth.: Compend. jur. tam civ. quam feud., oder: Kurzer Ausz. d. gem. Lehn- u. Kaiserrechts. Frcf. 644. 8. — *Clamerus* redivivus et *Scheplizius* enucleatus s. comp. jur. etc. Frcf. 708. 8.

Clamurel, L. R., Erzähln. f. d. Jugend, s. Schleßler, S. W.

Clana, Heinr. v. der, protestantische Polemik gegen die katholische Kirche. Populäre Skizzen u. Studien. gr. 8. (VII, 168 S.) Freiburg i/Br. 874. Herder. n. 1. 50

Clan-Albin. Ein schottisches Nationalgemälde von W. Scott. A. d. Engl. v. L. v. Wedell. 2 Bde. 8. Berlin: Voß 1821.

Clanner, Jo. Gottfried (Zeuda/Saxo), De peccato silentii. Exercit. moralis. Präs. Martin Hasse. Wittbg. (G. Gaeberdt) 10. IV. 1726. 28 Seiten. (5.—) 5252
Gew.: Jo. Balthas. Werner.

Clant, Anton, scriptuonum biblicarum dissertatio prima de labro tabernaculi ejusque nido aereo, 4. Gröningen. (F. C. W. Vogel in Lpz.) 753.

Clanvowe, Thomas, s. Boke, The, of Cupide.

Claparede, ..., s. a. Betracht. über d. Wunderwerke rc.

Claparede, D. Betrachtungen über die Wunderwerke des Evangeliums ... aus dem Französischen ... Zürich 1771. Ü: *Gesner*, *Caspar*. (Ky) (MGT)

Claparède, A. René Ed., s. Claparède, René Edouard

de Claparède, Alfr.: De vindicatione personarum. Berolini (1865). (44 S.) 8°
Berlin, Jur. Diss. v. 11. Aug. 1865

Claparède, Alfr. de, de vindicatione personarum. Dissertatio inauguralis. gr. 8. (44 S.) Berlin 865, (Calvary und Comp.) *

Claparède, Arthur de. Annuaire universel des Sociétés de géographie. 1892—1893. In-12. 71 p. Genève et Bâle, H. Georg. 1892. 2 —

Claparède, A. de. Champéry, le val d'Illiez et Morgins. Histoire et description. 2e éd. revue et augm. In 8°. 195 p. Genève, Bâle, Lyon, H. Georg. 1890 2 50
Pour l'étranger Mk. 2 40

Claparède, Arthur de. La constitution et les lois constitutionnelles de la République et Canton de Genève, réunies, coordonnées et mises en regard de la constitution fédérale. In-8°, 132 p. Genève et Bâle, H. Georg. 1888 3 —

Claparède, A. de. A travers le monde. De ci, de là. In-12°. X, 419 p. Genève et Bâle, Georg & Co. 1893 3 50

Claparède, Edouard

Claparède, Ed. Anatomie und Entwicklungsgeschichte der Neritina fluviatilis. 1857.

Claparède, Ed., les Annélides chétopodes du golfe de Naples. Supplément accompagné de 14 planches (chromolithogr.). gr. 4. (VI, 178 S.) Basel 871, Georg. **

–u. Mecznikow E.: Beiträge z. Kenntniss d. Entwickelungsgeschichte d. Chaetopoden. Leipz. 1868. 43 S. 6 Tvl. (Særtr.). P.

Claparède, Ed. Zur Morphologie der zusammengesetzten Augen bei den Arthropoden. 1850?

—— **Recherches sur la structure des annélides sédentaires. Avec un portrait (Stnt.) et 15 planches chromolithogr. gr. 4. (XXVIII, 199 S.) Basel 873, Georg.** **

Claparède, Ed. Remarques à propos de l'ouvrage de A. R. Wallace sur la théorie de la sélection naturelle. 1870.

Claparède, Ed., über Tierpsychologie, s.: Edinger, Ludw.

Claparede, H., üb. d. Wunderwerke des Evangeliums. Zür. 1771. 8.

Claparède, H[ugo] de. Beiträge zur Lehre vom Leistungsverzuge, mit besonderer Berücksichtigung des Bürgerlichen Gesetzbuchs und des Schweizerischen Obligationenrechts. Teil 1. VIII + 166 S. 8. Genf, Henry Kündig, 1903. [fr. 4. —]

Claparède, Joan. Ludov. Renatus Anton, s. Claparède, René Edouard

Claparède, René Edouard

Claparède, A. René Ed., Beiträge zur Anatomie und Entwicklungsgeschichte der Seebryozoen. gr. 8. (II, 38 S. mit 3 Taf.) Leipzig 870, Engelmann.

Claparède, A. René Ed., Beobachtungen über Anatomie und Entwicklungsgeschichte wirbelloser Thiere an der Küste der Normandie angestellt. Fol. (VIII und 120 S. mit 18 zum Theil ill. Kpfrt.) Leipzig 863, Engelmann. cart. *

Claparède, (Joan. Ludov.) Renatus (Anton.) Eduard. (geb. Genf 24. 4. 1832): Cyclostomatis elegantis anatome. Berolini: E. Kuehn (1857). (26 S.) 4°
Berlin, Med. Diss. v. 1. Aug. 1857

Claparede, Renatus Ed., cyclostomatis elegantis anatome. Dissert. inaug. Accedunt 2 tabulae aeneae. Berolini 858. E. Kühn. gr. 4. (26 S.) 1 ₰

Clapeyron, E., üb. die bewegende Kraft der Wärme. Deutsch hrsg. v. Rud. Mewes. gr. 8. (48 S.) Berlin 893. A. Friedländer's Buchdr. n. 1. 60

Clapeyron, E., üb. d. beweg. Kraft d. Wärme. Dtsch. hrsg. v. Rud. Mewes. (Neue [Titel-]Ausg.) gr. 8. (48 S. m. Fig) Berlin (893) 896. Fischer's technolog. Verl. n. 1. 50

Clapier de Colongue, Wolfgang: Ueber die Wirkungen der Eheanfechtung nach dem Rechte des Bürgerlichen Gesetzbuches für das Deutsche Reich. Dorpat 1910: Mattiesen. 87 S. 8°
Freiburg i. B., Rechts- u. staatsw. Diss. v. 1910, Ref. Merkel
[Geb. 18. Febr. 85 Fellin, Livland; Wohnort: Berlin; Staatsangeh.: Rußland; Vorbildung: Annen-Schule Petersburg Reife 03; Studium: Freiburg i. B. 1, Leipzig 2, Berlin 4 S.; Rig. 20. Dez. 09.] [U 10. 930

Claepius, Friedrich Daniel (Cöthen/Anhalt), De rebus creditis et de processu executivo. Diss. jur. sist. singularia juris Anhaltini. Präs. Simon Pet. Gasser. Halle (J. F. Grunert) 9. VIII. 1743. 44 Seiten, z. Tl. dtsch. (5.—) 5242
Widm. v.: Präs., J. A. Lobethan, Jo. Gottlob Claepius (Cöthen), dtsche. Widm. v.: Leop. Ludw. Claepius (Dessau), Joh. Friedr. Albrecht, Joh. Friedr. Schleker, Gottfr. Lebrecht Claepius (Cöthen).

Claepius, Heinr., Anna's Reise von Berlin nach Frankfurt a. M.; am Mittel-Rhein; zurück über Cassel und durch einen Theil von Thüringen. Eine Jugendschrift zur Belehrung und Unterhaltung für Kinder von 8 bis 15 Jahren. 8. (VII und 160 S. mit 5 schw. und ill. Stnt.) Berlin 855, Hasselberg'sche Buchh. (Geelhaar.) *

Claepius

— **Leopold Ludwig** (Dessau), De eo quod justum est secundum observantiam Cothoniensem circa jus gabellarum. Diss. jur. ad tit. XIV. ord. prov. Anh. Präs. Carl Gottlieb Knorr. Halle (J. F. Grunert) 28. III. 1747. 80 S., tlws. dtsch. (6.—) 5243
Widm. v.: Präs., Fried. Dan. Claepius, L. G. Bieler (Cöthen, dtsch.), G. L. Claepius, Carl Theod. Frensdorff, Heinr. Gottlieb Splitthusen (deutsch).

Clapp, Edwin J.: Die Rheinschiffahrt. Ihre Entwicklung, die Grundlagen ihrer jetzigen Blüte und ihr Güterverkehr im Jahre 1907. (Berlin 1910: G. Schade.) 82 S. 8°
Berlin, Phil. Diss. v. 9. März 1910, Ref. v. Schmoller
[Geb. 9. Sept. 81 Hudson Wisc.; Wohnort: Wilmersdorf-Berlin; Staatsangeh.: Vereinigte Staaten; Vorbildung: Gymn. St. Paul, Minnesota Reife O. 00, Yale Univ. New Haven B. A. 04; Studium: Berlin 3, Leipzig 1, Berlin 1 S.; Rig. 24. Febr. 10.] [U 10. 138

Clapperton, Hugh

Clapperton, Entdeckungsreisen rc., s.a. Denham.

— u. Denham, Entdeckungsreise in d. nördl. u. mittl. Afrika. Aus d. Engl. gr. 8. Jena 826. Bran. 1 ℛß 12 ℊ

Clapperton's, ..., zweite Reise in d. Innere v. Afrika; nebst d. Tagebuche seines Bedienten, R. Landers. Aus d. Engl. gr. 8. Jena 829. Bran. 1 ℛß 6 ℊ

— Reisen in Afrika rc., s. Bibliothek d. neuen Reisebeschreibb. 43r Thl.

Clapperton, Hugh: Tagebuch der zweiten Reise in's Innere von Africa, nebst dem Tagebuche des Richard Lander. Aus dem Englischen. Weimar 1830. VI. 442 S., 2 Krt. 8°.

—— dass. s. Bibliothek, neue, d. wicht. Reisebeschreib., 55. Bd.

Claproth, Johann Christian

— — De computo legitimae secundum personas. Diss. jur. Götting. (A. Vandenhoek) 16. IX. 1739. 54 S. (5.—) 5256
Gew.: Gerl. Ad. v. Münchhausen (Strausfurt).

— — Diatribe de stipendiis familiae. Göttingen. Neudr.: Giessen (Joh. Jac. Braun) 1770. 6 Bl. mit Liter., 60 S. u. 46 S. dtsch. Anh.: Acta judic. in Sachen d. stud. juris Georg Henrich Hinübers entgegen Herrn M. Flüggen, Predig. bey d. St. Jacobi- u. Georgen-Kirchen . . d. alten Stadt Hannover . . (6.50) 5257

Claprothius, [Joh. Chr.]: D i s q u i s i t i o : An testamenta sint juris naturalis? ob rei ipsius dignitatem in eruditorum linguam translata a Ge. Ern. Buck. Bückeburgi (1750).

Claproth, J. C.: Grundriss d. Rechts d. Natur. *Gott.* **749. 8.**

Claproth, Joh. Christian (Osterode/Harz), De definiendis justis scientiarum philosophicarum limitibus. Diss. phil. prior. Präs. Samuel Christian Hollmann. Götting. (J. F. Hager) 21. VII. 1736. 38 S. (5.—) 5255

Claproth, J. Ch.: Opuscc. jurid. *Gött.*, **Bossiegel. 780. 4.**

Claproth, Joh. Chr.: S a m m l u n g juristisch-philosophisch- und critischer Abhandlungen. Stück 1–4. Göttingen 1742–47.

– – 2. Aufl. Stück 1–4. Stück 5 ergänzt u. hrsg. von Just. Claproth. Bremen 1757.

Claproth, Justus, († d. 10. Febr. 1805.) Abhandl. von den Mitteln, wodurch e. durch Krieg entkräft. Staate wieder geholfen werden kann. 8. Götting. 758. Vandenhöck u. R. 3 ℊ

Eb.: Abh. v. Testamenten, Codicillen, Vermächtnn. u. Fideicommissen; od. d. Jurispr. heurem. 3r Th. *Eb.* (782.) 792. 8. (1 Thl. 21 Gr.)

Claproth, Just.: Das Bild e. angehend. Richters. *Gött.*, **Vandenhöck. 782. 8. (3 Gr.)**

Claproth, Just.: Einleit. in d. ordentl. bürgerl. Process; z. Gebr. d. prakt. Vorless. *Gött.*, **Vandenhöck. (1—2e A. 779—80. 786—87.) 3e A. 795. 2 Thle. gr. 8. (3 Thl.) Register.** *Eb.* **790. gr. 8. 4e A. v. F. Cp. Willich. 817. 2 Thle. gr. 8. (3 Thl. 8 Gr.)**

Claproth, J., Einleitung in d. ordentl. bürgerl. Prozeß. 4te Aufl. von F. C. Willich. 2 Thle. gr. 8. Göttingen, Vandenhöck u. R. 816.

Claproth, Just.: E i n l e i t u n g in sämtliche summarische Processe zum Gebrauch der practischen Vorlesungen. 2. Aufl. Göttingen 1785.

Claproth, J.: Einleitung in sämmtl. summar. Processe. 4e verm. Aufl. v. Ch. Fr. Willich. *Götting.*, **Vandenhoeck u. Rupr. (757-787.) 808. gr. 8. (2 Thl. 20 Gr.)**

— ohnmaßgebl. Entwurf e. Gesetzbuchs, welches d. Proceßordnung, vom Privatrecht d. Recht d. Personen u. von d. Polizeiordn. das Dorfrecht in sich hält. 4. Frankf. 773. Brönner. 3 ℛß Dessen 1ste Fortsetz., enthalt. d. Criminalrecht. 4. Ebd. 774. 20 ℊ Dess. 2te Forts., enth. d. dingl. Recht. 4. Ebd. 776. 20 ℊ Dass. bei Gebhardt u. K. das. 5 ℛß 4 ℊ

— ohnmaßgebl. Entwurf e. Gesetzbuchs, welcher d. Proceßordnung, v. Privatrecht das Recht d. Personen u. v. d. Policeyordnung das Dorfrecht in sich hält. 4. Frkft. Hermann, (auch Gebhardt u.K.) 773.

— Erfindung, aus gedrucktem Papier wiederum neues Papier zu machen, u. d. Druckerfarbe völlig herauszuwaschen. 8. Götting. 774. Vandenhöck u. R. 1 ℊ

— Grundsätze: 1) von Verfertigung u. Abnahme d. Rechnungen; 2) von Rescripten u. Berichten; 3) von Memorialen u. Resolutionen; 4) von Einrichtung d. Registraturen. gr. 8. Götting. 762 u. 69. 3e A. 783. 4e A. 789. Vandenhöck u. R. 1 ℛß

C l a p r o t h, Justus: „Grundsätze I. Von Verfertigung und Abnahme der Rechnungen; II. Von Rescripten und Berichten; III. Von Memoriallen und Resolutionen; IV. Von Einrichtung und Erhaltung derer Gerichts- und anderer Registraturen", Göttingen 1762 (Vandenhöck). — 2. verm. Auflage ebenda 1769, vorh. Com. Bibl. Hamburg, Büch. der Industrie- und Handelskammer Leipzig. — 3. verm. Auflage Göttingen 1784 (Vandenhöck).

Claproth, Just.: Grundsätze v. Verfertig. d. Relationen a. Gerichtsacten, m. nöth. Mustern; nebst e. Vorr. v. d. Verhältn. d. Theorie n. Ausüb. d. Rechtsgelehrsamk. *Gött.*, **Vandenhöck. (1—3e A. 756—78.) 4e A. 789. gr. 8. (1 Thl. 20 Gr.)**

C l a p r o t h, Justus: „Haushaltungsregister über Einnahme und Ausgabe", Göttingen 1782 (Vandenhöck).

Claproth, Just.: De interventione libellus. *Gottingae*, **Vandenhoeck et Ruprecht. 762. 8. (2 Gr.)**

— — De interventione libellus. Göttingen (Abrah. Vandenhoeck's Wwe.) 1763. 46 S. (4.80) 5260

Claprothus, Just.: J u r i s p r u d e n t i a hermeneutica. Ed. 2. Gottingae.
P. 1. sectionem generalem et materiam pactorum complectens. 1773.
P. 2. materiam contractuum complectens. 1774.

— jurisprudentiae heurematicae II Ptes. 8 maj. Gōtting. 762, 65. Ed. II. 773 u. 74. Vandenhöck u. R. 1 ℛ 4 𝒢
Dass. deutsch, s. unten: Rechtswissenschaft.

Claproth, Just.: Primae lineae jurisprud. extrajudic. theoret. pract. *Göttingen*, Vandenhöck. (759. 766.) 3e A. deutsch unt. d. Tit.: theoret. prakt. Rechtswiss. von freywill. Gerichtshandlung. (m. Reg. v. F. Cp. Willich.) *Eb.* 789. gr. 8. (1 Thl. 6 Gr.)

— — (Kassel), De non-usu decreti D. Marci et poena privationis in viam facti statutae ad. 1. 13. d. quodmetus causa et 1. 7. c. unde vi. Diss. jur. Gött. (A. H. Schultz) 2. IV. 1757. 34 S. (4.80) 5259

Claproth, J.: „Von dem Nutzen eines gesetzlichen Fruchtpreises", Leipzig 1772 (Schwickert).

— von dem Nutzen eines gesetzl. Fruchtpreises. 4. Leipz. 773. Schwickert. 4 𝒢

— Justus, De poena rei contumacis non respondentis secundum jus electorale Brunsv. Luneb., speciatim de poena confessi et convicti. Observ. jur. Götting. (V. Bossigel) 1756. 22 S. (4.80) 5258

Claproth, Just.: (Jurisprud. heuremat.) Rechtswissensch. v. richtig. u. vorsicht. Eingeh. der Verträge u. Contracte. *Göttingen*, Vandenhöck. (1—3e A. 765. 774. 786.), 4e A. 797—98. 2 Thle. 8. (1 Thl. 8 Gr.)

— Rechtswissenschaft von richtiger u. vorsichtiger Eingehung d. Verträge u. Contracte (jurisprudentia heurematica). 2 Thle. gr. 8. Götting. 786. 3e A. 789. 4e A. 797. Vandenhöck u. R. 2 ℛ 8 𝒢 Dess. 3r Thl., oder Abhandl. v. Testamenten, Codicillen, Vermächtnissen u. Fideicommissen. gr. 8. Ebd. 782. 2e A. 797. 1 ℛ 12 𝒢

— theoret.-prakt. Rechtswissenschaft von freiwilligen Gerichtsverhandlungen. (3e Aufl. d. jurisprudentia extrajudicialis.) gr. 8. Götting. 789. Vandenhöck u. R. 1 ℛ 6 𝒢

— die Sache d. unglückl. Montbailly, s. a. Sache.

— die Sache d. unglückl. Montbailly u. dessen Ehefrau. a. d. Frz. übers. u. m. Anmerkungen über d. Verfahren begleitet. gr. 8. Ebend. 774.

— Samml. verschied. gerichtl. vollständ. Acten zum Gebr. prakt. Vorlesungen. Fol. Götting. 773. 2e A. 790. Vandenhöck u. R. 3 ℛ 20 𝒢 1r bis 3r Nachtrag. Fol. 790—92. Ebd. 2 ℛ 12 𝒢

Claproth, Just.: Unterr. f. Vormünder. *Gött.*, Vandenhöck. 772. 8. (3 Gr.)

Claproth, Just.: Kurze Vorstellung v. dem Lauf des Processes, nebst den Entwürfen und nöthigen Formularen. *Gött.*, (Vandenhöck.) 757. 8. 2. verm. Aufl. *ebend.* 766. 8. 3. verbess. u. sehr verm. Ausg. u. d. T.: Kurze Vorstellung des Processes. 1 Thl. Von dem ordentl. Civilprocesse. *Ebend.* 776. 8. (14 Gr.) — *Ebend.* 777—785. 8. — Nach des Vfs. Tode herausg. v. F. Cph. Willich. 793. 8. (2 Thl. 8 Gr.)

— kurze Vorstellung von d. Laufe d. Processes. 8. Götting. 757. 2e u. 3e A. 766, 76. 2r Thl. unt. d. T.: Einleit. in sämmtl. summar. Processe. 8. Ebd. 777. 2e A. 785. 3e A. 793. 4e A. verm. v. Fr. Chr. Willich. gr. 8. Ebd. 808. Vandenhöck u. R. 2 ℛ 20 𝒢

— Vortrag in e. nach d. Ableben Kaiser Leopold II. zwischen Lutheranern u. Reformirten entstand. Rechtsgange vorgewalteten Frage: Ob das Trauergeläute bei d. Absterben d. Kaisers denen Eingepfarrten oder allen Unterthanen obliege? mit Anmerkk. v. J. P. Roos. gr. 8. Frankf. 795. Andreä. 6 𝒢

Claproth, Just.: Vorträge u. Entscheidd. gerichtlich verhand. Rechtsfälle; nebst e. Vorrede, welche d. Prüf. d. H. *v. Fahnenberg's* Vortr. an d. vollen Rath d. K. R. Kammerger. üb. d. Abkürz. d. Relat. enth. *Götting.*, Vandenhöck. 794. gr. 8. (1 Thl. 12 Gr.) 2r Th. 796. (1 Thl. 12 Gr.)

— s. Aufstand d. Rechtsgelahrtheit in England.

Claproth, M. H. s. Klaproth.

Clar, Leopold Auenbrugger der Erfinder der Percussion des Brustkorbes, geb. zu Graz 1722, gest. zu Wien 1809 und sein Inventum novum. Nach den besten zugängl. Quellen gewürdigt. gr. 8. (VIII und 69 S. mit 1 lithogr. Portr.) Graz 867, Leuschner und Lubensky. *

Clar, Prof. Dokt. — Klinische Ergebnisse des k. k. Findelhauses zu Gratz, im Schuljahre 1851 —1852 von — —. Aus J. B. Wallishausser's k. k. Hoftheater-Druckerei. (28 S. 8.)

Gebr. Clar... Basel. Feine Flaschenweine - Champagner - Dessertweine - Liqueure - Syrupe. Preis-Courant Nr. 101, Dezember 1901. IV + 8 S. 8. Basel, H. Krusi.

Gebr. Clar, Comestibles-Versandt-Geschäft, Basel. Preis-Courant No. 9. IV + 20 S. 8. Basel, Kreis, ([19]02).

Clar, Albert [wirkl. Name], s.a. W a l t e r , Carl [Pseud.]

Clar, A., die Sozialdemokratie, s.a. Zeitfragen des christl. Volkslebens. 259. Hft.

Clar, A[lbert], Die Sozialdemokratie. E. Darstell. ihres Wesens, ihrer Ziele u. ihrer Gefährlichkeit. Stuttgart 1909. 8°.

Die Sozialdemokratie. Eine Darstellung ihres Wesens, ihrer Ziele u. ihrer Gefährlichkeit von A. Clar. Stuttgart: Belser 1909. 50 S. 8° (Zeitfragen d. christlichen Volkslebens. Bd 34, H. 3.)

Clar, Albert: Systematische Ü b e r s i c h t der in Deutschland erschienenen bemerkenswerthen Schriften über Staats- und Rechtswissenschaften mit besonderer Berücksichtigung der Erscheinungen welche sich auf den Preussischen Staat und das deutsche Reich beziehen. Zusamg. v. Albert Clar. Lager-Catalog der Schwers'schen Buchhandlung. Kiel. (Breslau.) o. J. 8°.

Clar, Ant. Aug.: Abhandl. vom Beweise, wobei nicht nur das gemeine Recht, sondern auch Churfürstl. Braunschweig-Lüneburgische Gerichtsordnungen z. Grunde gesetzt werden. *Göttingen.* 757. 4.

— Abhandl. v. Beweise, wobei nicht nur d. gemeine Recht, sondern auch d. Braunschweig.-Lüneburg. Gerichtsordnung zu Grunde gelegt. 4. Halle 757. Schulbuchh. in Braunschw. 4 𝒢

Clar, Ant. Aug., Abhandl. von d. Klage, wobei nicht nur d. gemeine Recht, sondern auch d. Kurfürstl. Braunschw.-Lüneburg. Gerichtsordnn. zum Grunde gesetzt werden. 4. Götting. 756. Vandenhöck u. R. 3 𝒢

— kurze Abhandl. von d. gerichtl. Praxis, u. wie diese Fertigkeit zu erlangen. 8. Götting. 775. Vandenhöck u. R. 1 𝒢

Clar, Ant. Aug.: C o m m e n t a t i o ad constitutiones Brunsvico-Luneburgico-Calenbergicas de 1620. 1712. 1733. et 1739. qua de confirmatione et productione contractuum diss. (Göttingen.)

Clar, Fr., Anno 1724. Zur Charakteristik der polnischen Herrschaft. Bromberg 862. Roskowski. 8. (249 S.) n. 1 ℛ

Clar, Hermine, das ABC des Hauswesens. Praktische Winke u. Ratschläge f. Frauen u. Töchter. 1.—20. Taus. (147 S.) kl. 8. Stuttgart (904). Schwabacher. Kart. n. 1.—

Clar, Johann Conrad (Minden), De eo quod fit in continenti. Disp. jur. Präs. Heinr. Bodin. Halle (Chn. Henckel) Nov. 1699. 40 Bl. (5.50) 5261

— — Dasselbe. 1715. 40 Bl. (5.50) 5262

Clar, Conr., Boden, Wasser und Luft von Gleichenberg in Steiermark. Eine balneolog. Skizze. gr. 8. (31 S. mit 2 geolog. [chromolithogr.] Karten.) Graz 881, Leuschner und Lubensky. *

Clar, Conr., die Entwickelung der österr. Curorte in d. letzten 50 Jahren, s.: Ludwig, Ernst.

Clar, Conr., der Curort Gleichenberg in Steiermark. Eine Skizze zur Orientirung für Curgäste. (Braumüller's Bade-Bibliothek Nr. 8.) 8. (III, 54 S. mit 1 Karte der Eisenbahnverbindungen, der nächsten Umgebung und 1 Situationsplane.) Wien 886, Braumüller. *

Clar, Conr., der klimatische Curort Gleichenberg in Steiermark u. seine Heilquellen. Eine balneolog. Skizze. (Neue Aufl.) 12. (72 S. m. Plan u. Grundriss.) Wien 893. (R. Lechner's Sort.) n. 1. 20

Clar, Conr., aerztliche Nachrichten aus Gleichenberg. I. Sommer 1870—1872. gr. 8. (47 S.) Graz 873, Leuschner und Lubensky.

—— Taschenbuch für Curgäste in Gleichenberg. Mit einem Titelbilde des Curortes in Lichtdr., Situationsplan, Umgebungskarte, Strassennetz und Eisenbahnkarte (lithogr.). 12. (60 S.) Wien 880. (Ebendas.) geb. *

Clar, Conr., Vorlesungen üb. Balneologie, geh. an der Wiener Universität. Bearb. u. hrsg. v. Emil Epstein. (VIII, 211 S. m. 38 Abbildgn. u. 3 farb. Taf.) 8. Wien 907. F. Deuticke. 5. —

— die **Winterstationen** im alpinen Mittelmeergebiete m. e. Anh. üb. Algier. Eine klimatolog. Studie. gr. 8. (VIII, 168 S. m. 23 Abbildgn.) Wien 894. F. Deuticke. n. 5. —

Clar, Matthias: De Agesilao vere Xenophonteo. (Th. I.) Aachen, Druck v. F. N. Palm, *1891;* S. 8–18; 4°
Aachen, Kaiser-Karls-G, P 1891 (417)

Clar, Matthias, Direktor: Bericht über die Einführung des Direktors. Boppard 1905: O. Maisel. (S. 3—16.) 4°
Boppard, G i. E. P 1905 (511)

Clar, Matthias, Direktor: Bericht über die Einweihung des neuen Gymnasialgebäudes. Boppard 1906: O. Maisel. (S. 3—21.) 4°
Boppard, G P 1906 (534)

Clar, M[atthias], Dir.: Schulreden (1. bei Gelegenheit seiner Einführung als Direktor; 2. bei der zweihundertjährigen Jubiläums-Feier des preußischen Königtums). *Linz a. Rh. (1902): C. A. Schulze.* (S. 3—13.) 4°
Linz a. Rh., k. PG, P 1902 (507)

Claer, Eberhard de: Geschichte der Schützengesellschaft und Bruderschaft z. hl. Sebastianus zu Bonn von den ältesten Zeiten bis zum Schlusse der Befreiungskriege. Bonn, 1873, 34 S.

Clara, od. der Triumph der ersten Liebe. Schausp. 8. Zerbst: Füchsel. 1794.

Clara, od. das Licht im Hüttchen, e. Roman v. C. (Charl. v. Ahlefeld). 8. Quedlinb. 825. Basse. 1 ₰

Clara oder die Gefahren der Unschuld . . . Augsburg 1842. V: *Schmidt, Johann Christoph.* (Ky)

CLARA. Nach dem Magdalenenstift. Hamburg, o. J. (c. 1870). 12°. (1 Mk. Gust. Klötzsch, Lpz., 1885.)

Clara von Alben, aus dem Französ. von A. G. Meissner. Prag 1800. V: *Cottin, Sophie.* (GGr)

Clara von Bourg, eine wahre Geschichte . . . Frankf. a. M. 1798. V: *Bandemer, Sus. von geb. von Franklin.* (schl) (NN)

Clara u. Emmeline, od. d. mütterl. Segen, v. d. Frau Helena (a. d. Engl. v. C. F. Weiße.) 8. Lpz: Weidmann 1789.

– v. Hoheneichen. Ritterschausp. in 4 Akten von Spieß. 8. Prag: Neureutter. 1792.

Clara von Synau. Ein Trauerspiel in 5 Aufz. Dorpat 1797. V: *Nielsen, Christian Heinrich.* (Ky) (GGr) (R-N)

Clara, das gerächte Mädchenherz, od. die bekämpfte Liebe e. muthigen Grafentochter. 8. (64 S.) Reutlingen 883. Bardtenschlager. — 25

Clara u. **Max.** Erzählungen u. Mährchen zur Unterhaltung der Jugend mit (6 lith. u.) color. Bildern. 16. (218 S.) Neu-Ruppin 818. (Leipzig, Thomas.) ⅚ ₰

Clara v. Wallburg, (von Joh. Friederike Lohmann). 2 Thle. 8. Leipz. 796. Rabenhorst. 2 ₰ 8 gl

Clara, Edgar, Fortunée. 8. (390 S.) Paris 881. (Wien, Steckler.) n. 3. 50

Clara, F., Gedichte. Mit Vorwort von Ritter. Zu Gunsten der Anstalt für rhachit. Kinder in Aegeri. 16. (142 S.) Zürich 886, Höhr. *
Vergriffen.

Clarae, der isere Mann uf der Usstellung zo Paris. Anno 1900. 12. (VI, 39 S.) Strassburg (900). J. Noiriel. n. — 75

Claramont, *Scipionis de conjectandis cujusque moribus et latitantibus animi affectibus libri decem cura H. Conringii.* 8. Lugdun. 704.

Claravallensis, Joh. [J. Claassen], s. Claassen, Joh.

Claraz, George: Beiträge zur geognostischen und physikalischen Kenntnis...
s. Heusser, J. Ch.

Clärchen, s.a. **Klärchen.**

Clärchens Geständnisse; e. Seitenstück zu Röschens Geheimnissen (v. Gust. Schilling.) 3 Bde. 8. Freyberg: Craz u. G. 1799.

Clärchens Geständnisse, v. Gustav Schilling. 2te Aufl. 8. Dresd. Arnold. 815.

Clarck, Emil, was bietet die Stenographie dem Kaufmann bezw. dem kaufmännischen Beamten? 2. Aufl. (11 S.) 16. Wolfenbüttel 907. Heckner. nn — 10

— Wie verwende ich die Stenographie in meiner amtlichen u. privaten Tätigkeit? Mit besond. Berücksicht. des Gabelsbergerschen Systems. (11 S.) 8. Ebd. 903. nn — 10

Clare und Emmeline, oder der mütterliche Segen, von der Verf. der Luise, aus dem Engl. 8. Leipzig, 789. Weidmanns. 23 sgl.

Clare, Pt., vermischte medicin.-chirurgische Abhandlungen, nebst Cruikshank's Brief üb. d. Einsaugung d. thier. Körpers; aus d. Engl., mit Kpf. 8. Leipz. 782. Weygand. 20 gl

Clare, Woldem., Experimenta de excretione acidi sulfurici per urinam. Dissertatio inauguralis. 8maj. (35 S.) Dorpati Liv. 854. (Mitaviae, libr. Reyher.)

Claren, J., über die erloschene erste Erdsonne od. die Quelle des Polarlichtes. Ergänzung zu dem im gleichen Verlag erschienenen „Kommen u. Gehen der Welten". (20 S.) 8. Leipzig (910). Buchh. G. Fock. 1. 50

Das Kommen und Gehen der Welten. Von Dir. J. **Claren.** 2., verm. u. verb. Aufl. [Nebst] Beil. [&] Erg. (Leipzig: Fock; Beil.: Lage i. Lippe: Bruder 1909)10. 8°
Beil. Der Weltmagnetismus. 1910
Erg. Ueber d. erloschene erste Erdsonne oder d. Quelle d. Polarlichtes. 1910.
A 12. 5740 II

Der Weltmagnetismus. Von Dir. J. **Claren.** Lage i. Lippe 1910: Bruder. 8 S. 8°
(Claren: Das Kommen u. Gehen d. Welten. Beil.) A 12. 5727 II

Claren, Ludwig (geb. am 25 Sept. 1856 in Zülpich): Ueber Tabaks-Amblyopie . . . Bonn, Univ.-Buchdr. v. C. Georgi (1878). 2 Bl. 8.
¶ Nur Titelbl., Vita u. Thesen.
Bonn, Med. Fak., Thes. v. 10 Aug. 1878

Clarenbach, Adolph, der Reformator des bergischen Landes, und Luthers Lied von zween Märtyrern. 8. (32 S.) Barmen 866. (Berlin, Beck.)

Clarenbach, Ad., Articuli doctrinæ publice privatimque ab se traditæ, ducentis abhinc annis Germanico idiomate conscripti. Præm. est Clarenbachii ad Senatum Lennepensem epistola. Kiliæ. 1727. 4. P.

Clarenbach, Alexand. (geb. Hückeswagen im Rheinl. 27. 9. 1830): De sputis. Berolini (1855). (30 S.) 8°
Berlin, Med. Diss. v. 15. Aug. 1855

Clarenbach's, Adolph, u. Peter Fleisstebens Märtyrthum, wie dies. am 28. Sept. 1529 zu Cöln verbrannt sind. 8. (5 B.) Schwelm 829, Scherz.

Clarenbach's, Ad., u. Peter Fleissteden's Märtyrthum, wie dieselben am 28. Sept. 1529 zu Cöln verbrannt sind. 2. Aufl. gr. 8. Schwelm 845, Scherz. 4 nℊ

CLARENBURG, N., (ps.), Der Herr der Nacht oder Geheimnisse von Paris. Roman aus d. Gegenwart. Heft 1—35, und Fortsetzung: Maria und Magdalena, histor. Roman aus d. Gegenwart. Heft 36—45. Druck und Verlag v. R. H. Dietrich in Dresden. (Identisch mit: Der Liebling Oesterreichs".)
Verboten v. K.-G. Neutitschein, 19. Februar 1889. § 64.

Clarenburg, Werner

[Umschlagt.:] Die Beichte einer Unglücklichen oder Die Lasterhöhlen v. Monaco. Sensations-Roman a. d. Gegenwart v. Werner Clarenburg. (In 50 Heften.) *Berlin: A. Weichert [1896].* (1200 S., 50 Taf., 2 Bl. Facs.) 1 Bd 8. [96. 7904

Clarence oder eine Erzählung aus unserer Zeit, s.: Bibliothek, Europäische, 501 — 503. Bd.

Clarendon, Edward Hyde

Clarendon, history of the civil Wars in England. XII Vol. gr. 8. Basel, Thurneisen, (a. Tourneisen, Cassel et Paris.)

— Life of, V Vol. gr. 8. ibid.

Clarendons, Sir Roger, natürlichen Sohns Eduards, Prinzen von Wallis, mit dem Beynahmen der schwarze Prinz, Leben und Denkwürdigkeiten, nebst Anekdoten von mehrern vornehmen Personen dieses Jahrhunderts, in zwey Theilen, 8. Daselbst, 795. Weygand. 1 Rthl. 5 sgl.

Clarens, Paul, Irrlichter. (Verse u. Lieder.) 12. Dresden 833. Grimmer. 1/6 ℛ

Clarens, Paul, Irrlichter. (Verse u. Lieder.) 12. (2 B.) Dresden 834, Grimmer.

Clarenz, Pet. Thaddaeus (Grossenlangheim), De vera indole pacti constituti possessorii contractibus emtionis venditionis frequenttissime adjecti. Diss. jur. Würzburg (F. E. Nitribitt) 21. III. 1816. 74 S. (4.80) **5264**

[Claret, Charles Pierre, Comte de **Fleurieu d'Évieux**]: Die neueste Reise um die Welt in den Jahren 1790, 1791 und 1792 von Etienne Marchand. [Deutsch von J. C. Hinrichs.] Mit Portrait, zwei Charten und Kupfer. Bd. 1. 2. Leipzig [1802]. 2 Bde. XXXVI, 273 S., 1 Tf.; (II). 220 S. 8°.

Claretie, Jules, das Auge des Toten, s.: Engelhorn's allgem. Romanbibliothek. 15. Jahrg. 12. Bd.

— Brichanteau, der Mime. Aus dem Franz. übers. v. Leop. Rosenzweig. 8. (313 S.) Stuttgart 902. Deutsche Verlags-Anstalt. n. 2. 50; geb. n. 3. 50

Claretie, Jules, Brichanteau, der Mime. Aus dem Franz. übers. v. Leop. Rosenzweig. 2. Aufl. (313 S.) 8. Stuttgart 902. Deutsche Verlags-Anstalt. n. 2. 50; geb. n. 3. 50

—— Ehre, s. a. Bibliothek interessanter Romane.

Ehre. Roman von Jules Claretie. *Erfurt: F. Bartholomäus [1899].* (234 S.) 8° [F.]
= Bibliothek interessanter Romane. 2. [00. 4018

— d. leere Haus, s.: Fischer's Romanbiblioth. 2. u. 3. Bd.

Claretie, Jules, Candidat. Roman in 2 Bdn. 8. (250 u. 237 S.) Mannheim 892. J. Bensheimer's Verl. n. 6. —

— d. Mädchen v. Navarra, s.: Massenot, J.

— s.: Maîtres conteurs.

— d. Million, s.: Sammlung mod. Belletristik in- u. ausländ. Autoren.

Claretie, Jules, der Herr Minister. Pariser Roman. Einzig autorisirte Uebersetzung nach der 50. Aufl. des Originals von Arth. Röhl. 2 Bde. 8. (VI, 215; 249 S.) Dresden 883, Minden. *
geb. in 1 Bd. **

Claretie, Jules, Jean Mornas, s.: Engelhorn's allgemeine Roman-Bibliothek.

Jules Claretie. Noris. Autor. Uebertr. von Arthur Roehl. *Stuttgart, Berlin, Leipzig: Union [1901].* (224 S.) 8° [F.]
= Romane, Moderne, aller Nationen. 22. [01. 13090

— Pierrille. Für d. Schulgebrauch hrsg. v. Thdr. Engwer. I. Tl.: Einleitg. u. Text. II. Tl.: Anmerkgn. u. Wörterverz. 8. (X, 206 S.) Leipzig 897. G. Freytag. Geb. in Leinw. n. 1. 60; Ausg. f. Mädchenschul. n. 1. 60

Claretie, Jules, Pierrille. Für den Schulgeherausgegeben von Dr. Theodor Engwer. I. Theil: Einleitung und Text. II. Theil: Anmerkungen und Wörter-Verzeichniss. 8. (206 S.) Geb. Prag: Tempsky 1897

— s.: Prosateurs modernes.

— am Rande des Schafottes. (Ehre.) Kriminal-Roman. (Neue Aufl.) (208 S.) 8. Gotha (905). Verlagsanstalt u. Druckerei (H. Bartholomäus). n. 1. —

Claretie, d'Hérrison, Sarcey: Le siège de Paris., s. Auteurs francais. VI.

— im Staub der Bretter. Roman aus d. Pariser Künstler- u. Bühnenleben. Autoris. deutsche Uebersetzg. v. A. Roehl. 8. (368 S.) Mannheim 890. Bensheimer's Verl. n. 5. —

— im Staub der Bretter. Roman aus dem Pariser Künstler- u. Bühnenleben. Autoris. deutsche Uebersetzg. v. Arth. Roehl. 2. (Titel-)Aufl. 8. (368 S.) Mannheim 891. J. Bensheimer's Verl. n. 3. —

Claretie, Jules, d. Cigarette u. andere Geschichten, s.: Engelhorn's Romanbibliothek.

Claretie, Jul., Fürst Zilah. Roman. Autoris. Uebersetzung von A. Roehl. 8. (310 S.) Mannheim 888, Bensheimer's Verlag. *

Clarette, Jules. Fürst Zilah. Roman. Autoris. Uebersetzg. v. Arth. Roehl. 2. (Titel-)Aufl. 8. (310 S.) Mannh. 890, Bensheimer's Verlag. * 2 50

Clarfeld, Theodor [app. Arzt aus Hemer i. Westf.]: Aus d. kgl. Augenklinik zu Kiel. Ueber Exenteratio bulbi ... Kiel, Druck v. L. Handorff, 1894; 25 S., 1 Bl. 8.
Kiel, Med. Fak. Inaug.-Diss. v. [11. Mai] 1894

Clari, Aurore v., u. Fräulein v. R. 2 Thle. 8. Halle: Hendel 1804.

Clári saga, hrsg. v. Gust. Cederschiöld, s.: Saga-Bibliothek, altnordische. 12. Hft.

Claridges Guide along the Danube, Turkey, and Greece etc. 12. London, Black et Armstrong. 2 1/2 ℛ

Clarinde; oder die Folgen einer übereilten Liebe. 4. Dresden 1707.

Clarinette, oder die fahrenden Sänger, s. Volksbibliothek, norddeutsche.

CLARINETTE oder Die fahrende Sängerin. Ein Seitenstück zur Cerisette des Paul de Kock (s. d.). 2 Thle. Altona, Verlags-Bureau, 1860. 8°. (4 Kr. Halm & Goldmann; 3 Mk. Scheible, der, „die fahrenden Sänger" hat.)
Zahmes deutsches Original.

Claring, ..., Maler-Sänge. (Mit Titelbild.) 16. München 842, Palm's Hof-Buchh. n. 2/3 ℛ

Claring, Maler-Sänge. 2., stark verm. Aufl. gr. 16. (III und 227 S.) München 863, Grubert. *

Clarins, Honorina, e. Erzähl. aus d. amerikan. Unabhängigkeitskriege, (v. Albr. Eph. Kayser). 2 Thle. 8. Regensb. 793. Montag u. W. 1 ℛ 16 ℊ

– dasselbe, s.a. Clarius.

Clarion, J. D. M., patholog.-therapeut. Manual, od. vollständ. Inbegriff der prakt. Medicin nach physiolog. Grundsätzen und nach d. Lehren u. Ansichten der berühmt. neuern Aerzte Frankreichs, als Hand- u. Hilfsbuch für stete prakt. Benutzung und augenblickl. Belehrung. Nach d. Franz. bearb. u. mit nöthigen Abänderungen u. Zusätzen versehen von Karl Th. Alex. Venus. gr. 8. Ilmenau (u. Weimar) 834. Voigt. 2 ℛ

Claris et Laris, II Romans de, s. XVIII. Bd. 1. Abthl. S. 158: Bibliothek des litterar. Vereins in Stuttgart. Bd. 169.

Clarissa, s.a. Richardson.

Clarissa aus dem Englischen übersetzt. Th. 1—4. Göttingen 1748—49. V: *Richardson, Thomas.* Ü: *Michaelis, Johann David.* (ML)

Clarissa. Trauersp. von Steffen. 8. Zelle: Gsellius 1765.

– oder das unbekannte Dienstmädchen. Eine komische Oper. Musik von Uber. 4. Breslau: Meyer 1771.

– oder das unbekannte Dienstmädchen. Singsp. 8. Leipzig: Hilscher 1771.

Clarissa, ein bürgerliches Trauerspiel in 3 Akten. Celle 1775. V: *Steffens, Johann Heinrich.* (Ky)

Clarissa, neu verdeutscht von L. T. Kosegarten, 8 Theile in 16 Abtheilungen mit 24 Kupf. von Chodowiecki, 8. Leipzig, 796. Gräff. 16 Rthl.

Clarissa. Aus dunkeln Häusern Belgiens. Nach dem Franz. Mit e. Einleitg. v. Otto Henne am Rhyn. 8. (XXIV, 104 S.) Berlin 892. H. Lüstenöder. n. 1.60

— dasselbe. 2. Aufl. 8. (XXXI, 106 S.) Ebd. 892. n. 1.20

Clarissa. Aus dunkeln Häusern Belgiens. N. d. französ. Original v. Alexis Splingard. M. e. Einleitg. v. Otto Henne am Rhyn. 4. Aufl. 8. (XXXVI, 100 S.) Leipzig 897. H. Beyer. n. 1.20

Clarissa. Aus dunkeln Häusern Belgiens. Nach dem französ. Original v. Alexis Splingard. Mit e. Einleitg. v. Otto Henne am Rhyn. 5. Aufl. 8. (XXXVI, 100 S.) Leipzig (901). [H. Beyer.] H. Hedewig Nachf. 1.20

Clarissa. Aus dunkeln Häusern Belgiens. Nach dem französ. Original v. Alexis Splingard. Mit e. Einleitg. v. Otto Henne am Rhyn. 6. Aufl. (XXXVI, 100 S.) 8. Leipzig (904). H. Hedewig's Nachf. n. 1.20

CLARISSA. Aus dunklen Häusern Belgiens. Nach dem französischen Original von A. Splingard. Mit einer Einleitung von Otto Henne am Rhyn. 6. Aufl. Leipzig (ca. 1905). Kl. 8°. XXXVI, 100 S.

Clarissa Harlowe, History of, by Richardson. VIII Vol. gr. 8. Basel: Thurneysen 1792. 93.

Clarissa, J. [Pseud.], s. Claassen, Johannes.

Clarisse. –

– od. d. Geschichte eines jungen Frauenzimmers, a. d. Engl. d. Richardson. 16 Bände. 8. Wien u. Mannheim: Schwan u. G. (Herrmann, Frankfurt.)

Clarisse; Geschichte e. vornehmen Frauenzimmers. 8 Thle. 8. Götting. 768—70. Vandenhöck u. R. 4 ß

Clarisse in Berlin, oder Geschichte der Albertine von Seelhorst; ein Lesebuch für deutsche Mädchen, von Fr. Schulz. 5 Thle. 8. Berlin: Wever. (Sander.) 1797.

– Harlowe, histoire de, par Richardson. VII. Vol. voyez Lettres Angloises etc.

– Harlowe, histoire de, nouvelle traduction de Mr. le Tourneur, av. fig. de Chodowiecky. X Vol. 8. Winterthur: Steiner 1787.

– le même en XIV Vol. avec fig. de Schellenberg. 12. ibid.

• **Clarisse, Harlowe. Eine Geschichte aus d. Engl. 16 Bde. mit K. 8. Leipz. Sommer. 790.**

– Harlowe. Eine Geschichte a. d. Engl. d. Richardson. 16 Bde. 8. Mannheim: Löffler. (Sommer in Lpz.) 1790. 91.

– dasselbe neu verdeutscht von L. Th. Kosegarten, m. 24 K. 16 Bde. 8. Lpz.: Gräff 1796.

– die neue. Eine wahrhafte Geschichte, aus dem Französisch. d. Frau v. Beaumont. 2 Thle. 8. Lpz.: Schneider. (Linke.) 1778.

– la nouvelle, par Mad. de Beaumont. II Vol. gr. 12. Lpz.: Weidmann 1767.

– Viskomti, die schönste u. unglückl. Frau ihres Zeitalters. Begebenheit aus dem 16. Jahrhundert m. 1 K. 8. Dresd.: Arnold 1805.

Clarisse, J., Encyclopaediae theologicae epitome. Futuris theologis scripsit. 8maj. Leyd. 832. Luchtmans. (Leipz., Weigel; Weidmann). 5 ß 8 ℊ

Clarisse, Jo., Encyclopaediae theologicae epitome, perpetua annot., literaria potissimum, illustrata. Futuris Theologis scripsit. Edit. II. auctior. 8maj. Lugduni Batav. 835. Luchtmans. (Lipsiae, Procl. Weigel; libr. Weidmann.) n. 6 ß

—— Prologus, quo scholas theolog., praesertim apologeticas, A. 1840 ad 1841 habendas, auspicaturus, Jo. Henrici van der Palm, nuper placide pieque defuncti, exemplum auditoribus, futuris theolog. ad immitandum proposuit. 8maj. (2 B.) Lugduni Bat. 841, S. et J. Luchtmans. (Lipsiae, T. O. Weigel.) •

Clarisse, Th. A., commentatio de Athenagorae vita, scriptis et doctrina, praemio ornata. 4maj. Leyd. (Leipz., Weidmann). 1 ß 14 ℊ

Clarisse, W. C. L., Ad Thucydideam belli Peloponnesii epocham annotatio. Diss. 1838 188 S. 4°.

Clarisse, W. C. L., (anonym) Explicatur Inscriptionum Graecarum par. 8maj (Lugd. Bat. 840. Luchtmans.) n. 7 ℊ

Clarisse, W. C. L., de duabus Inscriptionibus Graecis. 8. ibid. 841. n. 1/4 ß

Clarius, Honorine, eine Geschichte aus d. Amerikan. Unabhängigkeitskriege. Regensburg 1793. V: *Nougaret, Pierre Jean Baptist.* Ü: *Kayser, Albr. Chph.* (Max Harrwitz-Berlin. Katalog Nr. 101 b, S. 35.)

– dasselbe, s.a. Clarins.

Clark, Felicia Butz, der Krüppel v. Nürnberg. In freier Bearbeitung v. Frdr. Munz. (282 S. m. 18 Abbildgn.) 8. Konstanz (903). C. Hirsch. Geb. in Leinw. n. 3.—

Clark, Fräulein Johanne, die lebendig begrabene! oder: die Gestaendnisse eines Selbstmoerders. gr. 8. (31 S. mit 3 Holzschn.) Cincinnati 855. (Philadelphia, Schäfer und Koradi.) •

Clark, Alfr., the finding of Lot's wife, s.a. Collection of British authors.

The Finding of Lot's wife. By Alfred **Clark.** Copyright ed. Leipzig: Tauchnitz 1896. 287 S. 8°
(Collection of British authors. Tauchnitz Ed. Vol. 3152.)

Clark, Bracy

Clark, B., Hippodonomia, od. d. wahre Bau, die Naturgesetze u. Einrichtung d. Pferde-Fusses; u. Potophthora, od. d. durch angestellte Versuche erwiesene schädl. Behandl. d. bisher gewöhnl. Hufeisen, nebst Vorschlägen zu e., durch vielfält. Erfahrn. bewährt gefund. neuen Beschlags-Methode. M. 21 lith. Taf. N. d. 2. Aufl. a. d. Engl. übers. gr. 4. (21 B.) Frankfurt a. M. 832, Sauerländer.

Clark, Bracy, der Bau u. d. Verrichtungen d. Pferde-Hufes. Nebst e. durch Erfahr. bewährt gefund. neuen Beschlags-Methode. A. d. Engl. d. 2. Aufl., v. F. L. Rhode. 2., verm. Aufl. M. 22 lith. Taf. gr. 4. (22 3/4 B.) Frankfurt a. M. 836, Sauerländer.

Clark, D. Kinnair, C. J., die Strassenbahnen, deren Anlage u. Betrieb, einschliesslich e. fassl. Geschichte der bedeutendsten Systeme u. eingeh. Untersuchung der verschiedenen Arten v. Zugkraft, als: Pferdekraft, Dampf, Heisswasser u. comprimirte Luft, sowie einer Beschreibung der verschiedenartigen Betriebsmaterialien u. Aufstellung der Anlage- u. Betriebskosten, mit specieller Bezugnahme auf die Strassenbahnen in Grossbritannien. Autoris. deutsche Ausg., durch Beifügung der neuesten Verbesserungen, sowie der wichtigsten Strassenbahn-Anlagen Deutschlands erweitert, hrsg. v. W. H. Uhland. [2 Bde.] Mit vielen Holzschn. u. 21 Taf. in Photolith. gr. 4. (200 S.) Leipzig 879. 80. Baumgärtner. n. 30. —

Clark, D. Kinnair, die Strassenbahnen, deren Anlage und Betrieb, einschliesslich einer fassl. Geschichte der bedeutendsten Systeme und eingehender Untersuchung der verschiedenen Arten von Zugkraft, als: Pferdekraft, Dampf, Heisswasser und comprimirte Luft, sowie einer Beschreibung der verschiedenart. Betriebsmaterialien und Aufstellung der Anlage und Betriebskosten, mit specieller Bezugnahme auf die Strassenbahnen in Grossbritannien. Autoris. deutsche Ausg., durch Beifügung der neuesten Verbesserungen, sowie der wichtigsten Strassenbahn-Anlagen Deutschlands erweitert, hrsg. von W. H. Uhland. Neue wohlf. (Titel-)Ausg. gr. 4. (VIII, 200 S. mit 168 Holzschn. und 21 Taf. in Photolithogr.) [Leipzig (1880)886, Baumgärtner.] Dresden, Kühtmann.

Clark, Francis Edward

Eine gottgewollte Bewegung. Jugend-Bund f. Entschiedenes Christentum. (Verf.: P. Dr. **Clark**.) *Kassel 1896: E. Röttger.* (16 S.) 8° [F.] [96. 9706

Eine weltumfassende Bewegung'. Jahresbericht von P. Dr. **Clark** auf d. 16. internat. Konferenz d. Jugendbundes f. entschiedenes Christentum. Ins Deutsche übertragen. Anh.: 'Was Gott zusammengefügt hat.' *Bielefeld: F. Blecher [ca. 1897].* (16 S.) 8° [F.] [00. 1600

Clark, F. E., „Eine weltumfassende Bewegung". Jahresbericht, auf der XVI. internat. Konferenz des Jugendbundes für entschiedenes Christentum. Ins Deutsche übertr. Anh.: „Was Gott zusammengefügt hat". 12. (16 S.) Bielefeld (900). Berlin-Friedrichshagen, Jugendbund-Verlag F. Blecher. — 10

Erhöht die Fahne! oder Die Verpflichtung in d. Gebets-Versammlung. Von Pastor Dr. F[rancis] E. **Clark**. *Berlin-Friedrichshagen: Hilfspred. F. Blecher [1901].* (11 S.) 8° [F.] [00. 3434

— erhöht die Fahne! od. Die Verpflichtg. in der Gebets-Versammlg. 16. (12 S.) Friedrichshagen-Berlin (901). (Jugendbund-Verlag F. Blecher.) — 05

Der Jugend-Bund f. Entschiedenes Christentum. Eine gottgewollte Bewegung von P. D. D. Fr[ank] E. **Clark**. Mit mehreren Anh. 2. Aufl. Friedrichshagen bei Berlin: Jugendbund 1900. (16 S.) 8° [F. u. Ant.] [08.16855

Jugend-Gebetsversammlungen in Theorie und Praxis [Young people's Prayer-meetings in theory and praxis] von Pastor D. F(rancis) E. **Clark**. (Hrsg.: Friedrich Blecher.) *Friedrichshagen bei Berlin: Hilfspred. Blecher [1902].* (113 S.) 8° [F.] [02 3750

— s.a. Kinder-Bund f. entschiedenes Christentum.

Kinderbund für Entschiedenes Christentum. Verfassung und hilfreiche Winke. (Verf.: F[rancis] E. **Clark**.) Übers. von M. M. *Bielefeld: Hilfspred. Blecher [1901].* (44 S.) 8° [F.] [02. 3047

Resultate des Jugendbundes in aller Welt wie sie sich seit 22 Jahren bewährt haben. Von P[astor] Fr(ancis) E[dward] **Clark**. Friedrichshagen b. Berlin: Jugendbund-Verl. 1905. (14 S.) 8° [05. 14571

Clark, Frank: Darstellung und Kritik der Lehrerausbildung und des Lehrerstandes Schottlands in neuerer Zeit. Weida i. Th. 1909: Thomas & Hubert. 113 S. 8°

Jena, Phil. Diss. v. 7. März 1910, Ref. Rein

[Geb. 18. Sept. 82 Glasgow; Wohnort: Glasgow; Staatsangeh.: Großbritannien; Vorbildung: High School Glasgow M. A. O. 05; Studium: Glasgow 5, Jena 4 S.; Rig. 13. Nov. 09.] [U 10. 2331

Clark, Frederic Horace

Die Klassizität des Musizierens 3 Schönheits-Idyllen von Leo St. Damian [d. i. Frederic Horace **Clark**]. (Berlin [1907]: Schnürpel; [Selbstverl.].) 15 S. 8° [Umschlagt.] [09. 9613

Clark, Frederic Horace, Liszts Offenbarung. Schlüssel zur Freiheit des Individuums. (Buchschmuck v. Chr. F. Morawe.) (XV, 320 u. 8 S.) 8. Berlin-Gr.-Lichterfelde 907. Ch. F. Vieweg. 7.50; geb. 9. —

Pianistenharmonie. Frederic Horace **Clark**. Berlin 1885–1910. (Berlin-Halensee: Clark 1910.) 112 S. 8° [11. 1907

Clark, J. The epochs of languages in general and of the English tongue especially. Diss. Göttingen 1866. 34 S.

Clark, J. B., s.: Arbeiten, staatswissenschaftliche.

Clark, James

Clark, James, Abhandlung von Verhütung der Pferdekrankheiten, welche ihren Grund in fehlerhafter Beschaffenheit der Ställe, des Futters, des Wassers, der Luft und der Bewegung haben; nebst einigen Bemerkungen über den chirurg. und mediz. Teil der Rossarzneikunde. Aus d. Engl. 8. Wien 790. Schaumburg & Co. M. 2.50

Clark, J. Von Verhütung der Pferdekrankheiten ... aus dem Englischen. Wien 1790. Ü: *Eschenbach, Chn Ghold.* (MGT)

— Anmerkungen von dem Hufbeschlage der Pferde und von d. Krankheiten an den Füssen der Pferde. Aus d. Engl. gr. 8. Leipzig 777. Weidmann. M. 1.25

Clark, J., der Einfluß d. Clima's auf d. Verhinderung u. Heilung chron. Krankheiten, insbesond. d. Brust- u. Verdauungsorgane, enthalt. e. Schilderung dersen. Orte in England u. Südeuropa, welche v. Patienten vorzüglich besucht werden, e. Vergleichung ders. in Ansehung ihres heilsamen Einflusses bei besond. Krankheiten, u. allgem. Verhaltungsregeln f. Patienten, welche außer Landes reisen od. wohnen. A. d. Engl. gr. 8. (16¼ B.) Weimar 830, Landes-Ind.-Compt.

—— dass. — Nachtrag. N. d. 2. Ausg. d. engl. Orig. bearb. gr. 8. (6¼ B. u. 1 Tab.) Ebds. 831.

— v. Krankheiten d. Pferde, d. aus schlechter Behandlung in Ansehung d. Futters, Wassers, der Arbeit, der Ställe xc. entstehen; a. d. Engl. gr. 8, Wien, Schaumburg. (Stahel, Würzburg). 790.

Clark, James, die Lungenschwindsucht; nebst e. Untersuch. üb. Ursachen, Wesen, Verhütung u. Behandl. tuberculöser u. skrophulöser Krankheiten im Allgemeinen. A. d. Engl. Mit Zusätzen u. Bemerkn. v. Aug. Vetter. gr. 8. (25 B.) Leipzig 836, Otto Wigand.

—— dass. übers. a. d. Engl. Mit Anmerkn. u. Zusätzen hrsg. v. Herm. Stannius. 1. u. 2. Hft. gr. 8. (10 u. 10¼ B.) Berlin 836, Bethge. à 14 Gr.

— über Südeuropa in climat. Hinsicht. Ein Rathgeber für Aerzte u. Kranke. Frei nach d. Engl., mit Zusätzen u. Beilagen von Chr. A. Fischer. Nebst Bemerkk. über Climate u. climat. Einflüsse aus d. Gesichtspunkte d. Gesundheitserhaltung u. d. Heilkunde, als Einleit. von Dr. Harleß. 8. Hamm 826. Wundermann. 18 gl.

Clark, J(ames), B. Sc., a. Osmotherley ⟨England⟩: Beiträge zur Morphologie der Commelinaceen. München 1904: V. Höfling. (33 S.) 8° ¶ Aus: Flora od. Allg. Bot. Zeitung 1904 Bd 93, H. IV.

München, Phil. Fak., Ref. Goebel, Diss. v. 18. Aug. 1904

[Geb. 13. Nov. 75 Osmotherley, England; Wohnort: Birmingham; Staatsangeh.: England; Vorbildung: Viktoria-Univ. Leeds; Studium: Viktoria-Univ. Leeds 6, München 3 S.; Rig. 20. Mai 04.]

Clark, John, s.a. Clark, John S.

CLARK, JOHN. On Amido-Valerianic Acid, and a new acid belonging to the Glycolic Acid series. Göttingen, 1866.

Clark, J. Beobachtungen über Krankheiten auf langen Reisen, a. d. Engl. Kopenh. 1778. Ü: *Salholt, Eiler.* (Collin, Anonymer. Kiobenh. 1869.) vgl.a. Clarke, John.

Clark, üb. die epidemischen Krankheiten d. Kindbetterinnen welche 1787. 88. herschten. a. d. Engl. 8. Marburg, Krieger.
vgl. auch Clarke, John.

Clark, John S.

— Mary Dana Hicks, Walt. S. Perry, Prang's kurzer Lehrgang im Formstudium u. Zeichnen. Ein Handbuch f. den Lehrer. Ins Deutsche übers. v. Herm. Lukas. Einzig autoris. Übersetzg. f. Deutschland u. Österreich. 4. (217 S. m. Fig.) Nebst 5 Zeichenhftn. qu. gr. 8. (à 32 S.) Leipa (899). J. Künstner. n. 3. —; geb. n. 3.45

Das Studium typischer Formen und dessen Wichtigkeit in der Erziehung v. John S. Clark, in Boston. *Bonn, Berlin, Leipzig: F. Soennecken [1898].* (35 S.) 8.
— Sammlung pädagogischer Vorträge. Bd XI. H. 2. [98. 3267

Clark, John, s.: Über den Gebrauch v. Modellen.

Clark, Robert H., a. Toronto ⟨Canada⟩: Über die Farbveränderungen von konstitutiv unveränderlicher und veränderlicher Verbindungen durch Lösungsmittel und durch Salzbildung. Weida i. Th. 1909: Thomas & Hubert. 80 S. 8°
Leipzig, Phil. Diss. v. 26. März 1909, Ref. Hantzsch, Beckmann
[Geb. 4. Juni 82 Blyth, Canada; Wohnort: Georgetown, Ontario; Staatsangeh.: Großbritannien; Vorbildung: Univ. of Toronto B. A. Juni 05; Studium: Toronto 2, Leipzig 5 S.; Rig. 19. Jan. 09.] [U 09. 2935

Clark, Samuel, Engl. Theol. u. Philosoph 1675–1729, s. Clarke.

Clark, Sam., das Erbtheil d. Christen. Eine Sammlung von Verheißungen der Schrift. In 2 Thln. Mit einem Anh., den künftigen Zustand der Kirche betr. Mit einem Vorwort von W. Hoffmann. 2. (Titel-)Aufl. 32. (XX und 442 S.) Basel (852)63, Riehm. 6 Ngr.; geb.

Clark, Sam., das Erbtheil des Christen d. i. eine Sammlung von den Verheißungen der Schrift. In 2 Thln. Mit einem Anhang, den künftigen Zustand der Kirche betreffend. Mit einem Vorwort von W. Hoffmann. 32. (XXI und 442 S.) Stuttgart 853. [Kornthal,] Paulus.

Clark, Sam., das Erbtheil des Christen. Eine Sammlung von Verheißungen der Schrift. In 2 Thln. Mit einem Anhang, den künftigen Zustand der Kirche betr. Mit einem Vorwort von W. Hoffmann. 2. Aufl. Basel 863. Balmer & Riehm. 32. (XX, 422 S.) 6 ngr.; geb. 9 ngr.

Clark, T. Edwards, Fichtelit. A fossil carbo-hydrogen found in the Fichtelgebirge of North-Bavaria. Inaugural dissertation. gr. 8. (32 S.) Heidelberg 857. (Göttingen, Vandenhoek und Ruprecht's Verlagsh.) **

Clark, W. S. On Metallic Meteorites. An Inaugur.-Dissert. Göttingen. 1852. 8.

Clark, Walter J., aus Dulwich, Surrey: **Byron** und die romantische Poesie in Frankreich. *Leipzig 1901: Pöschel & Trepte.* (103 S.) 8°
Leipzig, Phil. Diss. v. [16. Sept.] 1901

Clark, William B., über die geologischen Verhältnisse der Gegend nordwestlich vom Achen-See mit besonderer Berücksichtigung der Bivalven und Gasteropoden des unteren Lias. Diss. München 1887, A. Buchholz. 8°. 45 S. mit 3 Taf.

Clark, William B. [aus Brattleboro Vt. U. S. A.]: Über die geologischen Verhältnisse der Gegend nordwestlich vom Achen-See mit besonderer Berücksichtigung der Bivalven und Gasteropoden des unteren Lias .... München, Druck v. H. Kutzner, 1887; 45 + 1 S. + 1 Bl. u. 3 Taf. 8°.
München, Phil. Fak., Inaug. Diss. v. 1887.

Clark, William Lawrence

The commercial and maritime Law ⟨incl. the law on bills and notes and bankruptcy⟩ of the United States of America. Das Handels-, Wechsel-, Konkurs- u. Seerecht d. Vereinigten Staaten von Amerika. Hrsg. u. bearb. von Prof. William Lawrence **Clark** unter Mitw. von ... Ins Deutsche übers. von e. Anzahl deutscher Juristen ... [1.] Berlin: v. Decker [1910]. 4°(8°)
(Die Handelsgesetze d. Erdballs. Ausg. D. Bd 1, [1.]) [10. 17514

Clark, William Lawrence, Jos. Walker **Magrath,** Donald J. **Kiser,** Henry H. **Skyles,** das Handels-, Wechsel-, Konkurs- u. Seerecht der Vereinigten Staaten v. Amerika, s. a. Handelsgesetze, die, des Erdballs.

Clark-Steiniger, Frederic, die Lehre des einheitlichen Kunstmittels beim Clavierspiel. Eine Kritik der Claviermethoden. gr. 8. (49 S. mit 24 Abbild.) Berlin 885, Raabe und Plothow. *

Clarke, Ruth, oder das wohlangewandte Pfund. Eine wahre Geschichte. 12. Basel 835. Schneider. 2½ gGr.

***Clarke*, ..., coup-d'oeil sur la force et l'opulence de la grande Bretagne. 8. (Berl.) 802. Sommerbrodt. 16 gGr.**

Clarke, (Mad. Lattimore), Olesia od. Polen; aus d. Engl. 4 Thle. 8. Stuttg. 827. (Brodhag). 2 Thlr. 12 gGr.

Clarke, (Mad. L.,) Olesia oder Polen; aus d. Engl. 4 Thle. 8. Stuttg. 827, Frankh.

Clarke, C. Purdon, s.: Teppich-Erzeugung im Orient.

Clarke, Ch. Ch., die 100 Wunder d. Welt u. d. 3 Naturreiche. Aus d. Engl. nach d. 12n Ausg. übers. v. G. H. Haumann. 2e verb. u. abgekürzte Aufl. Mit 6 Kpft. gr. 8. Ilmenau 824. 3e A. 830. Voigt. 2 Thlr. 12 gGr.

Clarke, Ch. Ch., die 100 Wunder d. Welt u. d. drei Naturreiche, nach d. besten u. neuesten Quellen beschrieben u. durch Abbild. versinnlicht. N. d. 8. Aufl. d. engl. Urschrift übers. v. G. H. Haumann. M. 6 Kpfrt. 3., verb., abgekürzte u. wohlf. Ausg. gr. 8. (38 B.) Ilmenau 831, Voigt.

Clarke, C. C., die Hundert Wunder d. Welt und der drei Naturreiche. Nach den besten u. neuesten Quellen beschrieben u. durch Abbildd. versinnlicht. Nach d. 8n Aufl. d. engl. Urschrift übers. v. Gust. Heinr. Haumann. Mit 6 Kpfr. 4e durch L. v. Alvensleben verm. u. verb. Aufl. gr. 8. Weimar 840. Voigt. 2½ Thlr.

Clarke, Charles, s. Fisch-Koch-Buch.

Clarke, *Charles* H.: Fielding und der deutsche Sturm und Drang ... Freiburg i. B., C. A. Wagner's Univ.-Buchdr., 1897; 2 Bl., 100 S. 8.
Freiburg i. B., Phil. Fak., Inaug.-Diss. v. 1897

Clarke, Charles Mansfield: Beobachtungen über die Krankheiten des Weibes, welche von Ausflüssen begleitet sind. (Observations on those diseases of females which are attended by discharges... Dt.) Übers. von P(hilipp Cornelius) Heineken. Th.1 mit...Anmerkungen begleitet von J(ohann) Heineken. Th.1 - 2, gbd.

Hannover: Hahn 1818 - 1823

Clarke, Ed. Briefe, die spanische Nation betreffend. Lübeck 1765. Ü: *Langer, Carl Heinrich.* (MGT)

Clarke, Ed., Briefe, d. spanische Nation betreffend. 8. Lübeck 765. Donatius. 10 gGr.

— Briefe von d. gegenwärt. Zustande d. Königreichs Spanien, geschrieben zu Madrid in d. J. 1760 u. 61., ins Deutsche übersetzt v. Jh. Tob. Köhler, nebst e. Anh. von d. Schafzucht u. ausnehmenden Feinheit d. Wolle in Spanien. 8. Lemgo 765. Meyer. 12 gGr.

Clarke, Edward Daniel

Clarke's, E. D., Reise durch Rußland u. d. Tartarei, s. n. Bibl. d. Reisebeschreibb. 13r Thl.

Clarke, E. D.: Tagebuch einer Entdeckungsreise durch Nordamerika, s. Bibliothek, Neue, der Reisebeschreibungen. 2.

Clarke: Tagebuch einer Entdeckungs-Reise durch Nordamerika, s. Lewis, Meriwether.

Clarke, F. W., u. W. F. Hillebrand, einige Prinzipien der petrograph.-chem. Forschung, s.: Hillebrand, F. W., prakt. Anleitung z. Analyse der Silikatgesteine.

Clarke, G.: Entschieden vorwärts! Ratschläge f. Christen, die nicht zurückfallen wollen. Berecht. deutsche Ausg. (61 S.) kl. 8. Chemnitz: G. Koezle 1909. Kart. –50

Clarke, H., vor sich selber gerettet, s.: Kinder-Bibliothek, kolorierte.

Clarke (J. M.), Die Fauna des Iberger Kalkes. (N. Jahrb. f. Mineralogie. Beil. Bd. 3.) (Ohne Druckort und -Jahr.) 8.

Clarke, M. Die Fauna des Iberger Kalkes. Abdruck. Stuttgart, 1884.

Clarke, John, Beobachtt. über d. Krankheiten auf langen Reisen nach heißen Gegenden, u. besonders über d. Krankheiten, die in Ostindien herrschen; aus d. Engl. gr. 4. Kopenh.... N. A. 798. Schubothe. 14 gGr. vgl. auch Clark.

— Versuch über d. epidem. Krankheit d. Kindbetterinnen, welche in d. J. 1787 u. 88. herrschte. Aus d. Engl. übers. v. G. W. Chr. Consbruch. 8. Marb. 792. Krieger. 8 gGr. vgl. auch Clark.

Clarke, John H., s.: Jahrbuch, internat. homöopath.

Clarke, Joseph T.

Expedition of the Archaeological Institute of America. Investigations at Assos. Drawings and photographs of the buildings and objects discovered during the excavations of 1881–1882–1883. By Joseph T. **Clarke**, Francis H. Bacon, Robert Koldewey. Ed. with explanatory notes by Francis H. Bacon. (P. 1.) *London: B. Quaritch; Leipzig: K. W. Hiersemann 1902.* gr. 2° [02. 14745

Clarke, M., s. Clarke, J. M.

Clarke, Marcus, deportirt auf Lebenszeit. Aus dem Engl. Autoris. Ausg. 3 Bde. 8. (VI, 176; 176 u. 180 S.) Berlin 877. Janke. 4. 50

Clarke, Rich. F., S. J., d. kostbare Blut. Kurze Betrachtgn. f. d. Monat Juli. N. d. 15. Tauf. d. engl. Ausg. m. bes. Einwilligg. d. Catholic Truth Society in's Deutsche übertr. v. e. Förderin d. St. Petrus Claver-Sodalität f. d. afrikan. Missionen. gr. 16. (44 S.) Salzburg 896. A. Pustet. — 30

Clarke, Rich. Lourdes u. seine Wunder. Autoris. Uebersetzg. v. Baronesse Leni Giovanelli. 16. (176 S. m. 9 Illustr.) Einsiedeln 890, Benziger u. Comp. geb. 1 20

Clarke, Rich. F., S. J., Maria Maienkönigin. Betrachtungen f. alle Tage des Maienmonats. Nach dem Engl. zum Gebrauch in Erziehungsanstalten u. zum Privatgebrauch frei bearb. v. Schwester M. Xaveria. Nebst den übl. Gebeten. (126 S. m. farb. Titelbild.) 16. Dülmen 910). A. Laumann. Geb. in Leinw. — 60

Die Schule der Demut. Kurze Betrachtungen f. alle Tage d. Monats von R. F. Clarke, S. J. Autor. Übers. aus d. Engl. von J. H. Mit e. Vorw. von Dr. W[ilhelm] Cramer, Weihbischof. *Dülmen: A. Laumann 1900.* (59 S.) 8° [F.] [01. 4147

Clarke, Richard F. Sternenkranz. Kurze Betrachtungen für die zwölf Monate des Jahres. Zum Gebrauch in Erziehungs-Anstalten und zum Privatgebrauch. Nach der englischen Originalausgabe des P. R' F. Clarke, S. J., frei bearb. von einer Schwester des hl. Karl Borromäus. [Mit Illustrationen und 4 Tafeln.] 896 S. 8. Einsiedeln *etc.*, Benziger & Co. A. G., 1901. [geb. fr. 2.50 *bis* 6.—]

Clarke, Rich. F., S. J., Weg zum Himmel. Kurze Betrachtgn. f. die 12 Monate des Jahres. Zum Gebrauche f. kathol. Lehrerinnen auch aus dem Ordensstande. Nach der engl. Orig.-Ausg. frei bearb. v. e. Schwester vom hl. Karl Borromäus. (VIII, 984 S. m. Titelbild.) 16. Dülmen 904. A. Laumann. Geb. in Leinw. n. 3.—

— Weg zum Himmel. Kurze Betrachtgn. f. die 12 Monate des Jahres. Zum Gebrauche f. kathol. Lehrerinnen. Nach der engl. Orig.-Ausg. frei bearb. v. Schwester M. Xaveria. 2. Aufl. (VIII, 998 S. m. Titelbild.) 16. Ebd. (910). Geb. in Leinw. 3.—

Clarke, Rob., Christias, poëma heroicum. Brugis 670. 8. Aug. Vind. 708. 8.

Clarke, Rob., Christiados libri XVII. Editio nova curante Aloysio Cassiano Walthierer. gr. 8. (XVI und 401 S.) Ingolstadii 855, Attenkover Wwe. *

Clarke, Samuel

— Abhandl. von d. Dasein u. den Eigenschaften Gottes; aus d. Engl. 8. Braunschw. 756. Schröder. 1 ℛ 4 gr

Clarke, Samuel, Auszug aus [seinen] geistlichen Reden. Eisenach 1756. H: *Trier, Johann Paul.* (ML)

Clark, Sam., demonstratio de existentia Dei. 4. Altorf. 713.

— Paraphrase d. vier Evangelisten; aus d. Engl. 3 Bde. 4. Berl. 763. Orell in Zürich. 2 ℛ 20 gr Dasselbe aus d. Engl. v. Fr. Er. Wilmsen. 3 Bde. 4. Frankf. 763. Hermann. 1 ℛ 14 gr Dass., e. and. Uebersetzung. 3 Thle. 4. Marb. 762 u. 63. Krieger. 1 ℛ 8 gr

— geistliche Reden. a. d. Engl. v. Wenzky, nebst Benj. Hoadly Lebensbeschreibung des Verfassers. 10 Thle. 8. Ebend 744 — 48.

— Reden von den Leiden Jesu Christi; aus d. Engl. 8. Leipz.... 2e A. 757. (W. Vogel). 2 gr

Clark, Sam., Schriftlehre von d. Dreieinigkeit; aus d. Engl. mit Semmlers Vorrede. gr. 8. Zürich 774. Orell. 1 ℛ 8 gr

Clarke, Thomas: Über die Einwirkung von Natriummalonsäuremethylester auf Dichloroxalsäuremethylester. Synthese der Methylocitronensäure. *Bonn 1898: C. Georgi.* (36 S.) 8°
Bonn, Phil. Diss. v. 29. Juli 1898

Clarke, W., s. Clarke, E. D.

Clarkson, Th., s. A. Falconbridge, Bemerkk.

Clarkson, Thomas: Nachtheilige Folgen des Sclavenhandels für England von der politischen Seite betrachtet. [Nach: Thomas Clarkson, Essay on the impolicy of the African slave trade. London 1788.]
in: Beiträge zur Völker- und Länderkunde. Th. 12. S. 79—246. Leipzig 1790. 8°

Clarkson, Thom., Schandthaten der civilisirten Menschheit oder Greuel der Sclaverei. Nordamerikanische Gemälde. Stuttgart 866. Fischhaber. 16. (115 S.) 12 ngr

— Sclaven und Sclavenhandel oder Tom in England. 2 Thle. in 1 Bd. 3. (Titel-)Aufl. 32. (225 S.) Leipzig 855, O. Wigand.

Clarkson, Thom., Onkel Tom in England. Fortsetzung von Onkel Tom's Hütte. 2 Thle. Leipzig 853. O. Wigand. gr. 16. (180, 194 S.) 1 ℛ 15 ngr

— — 2 Thle. 2. Aufl. Ebend. 853. 16. (110; 115 S) n. 10 ngr

Clarmann, ..., s. 1) Geschichte d. St. Würzburg. 2) Herb. Jonas.

Clarmann, Julius, Formenschatz der Stenographie nach Faulmann's System. 8 Tafeln. Herausgegeben vom Oesterreichischen Faulmann-Stenographen-Vereine in Wien. Quer-8. 8 Blatt in Umschlag Wien: Bermann & Altmann 1889

Clarmann, Jul. Sammlung v. Wortbeispielen. Ein Hilfsmittel zur Uebg. bei der Erlerng. der Stenographie nach Faulmann's System im Anschluss an E. Kramsall's Lehr- u. Lesebuch der Stenographie. gr. 8. (15 S.) Wien 889, Seidel u. Sohn. * — 50

Clarmund, Ad., historia ecclesiastica, nebst dem Leben derer vornehmsten Kirchenscribenten. 8. Wittenb. 708.

Clarmund, Ad., Vitae clarissimorum in re literaria virorum, oder Lebensbeschreibungen etlicher hauptgelehrten Männer. Wittenb. 704-22. 12 Th. 8. 2 rthl.

Clarner, Friedr., amerikanischer Garten-Freund. Ein Handbuch für deutsche Bauern, Gärtner, Winzer, Blumen- und Garten-Freunde. Enthaltend eine vollkommene Beschreibung und Anleitung zur Erziehung aller Gemüse-, Obst- und über tausend Blumenarten rc. 8. (545 S.) Philadelphia 860, (Schäfer und Koradi.) geb. *

Clarner, Friedrich. Anisches Gartenbuch, oder prakt Handbuch zum Gemüse- Obst- und Weinbau ... 2d ed. Phila, 1866; 7th ed, Phila, 1877.

Clarner, Friedr., amerikanisches Garten-Buch oder prakt. Handbuch zum Gemüse-, Obst- und Weinbau, sowie Zeichnungen über den Schnitt der Weinreben, und gründl. Anleitung zur Blumenzucht, mit genauer Berücksichtigung der amerikan. Verhältnisse. 3. Aufl. 8. (545 S. mit Abbild. in eingedr. Holzschn.) Philadelphia 867, Schäfer und Koradi. geb.

Clarner, Friedr., amerikanisches Garten-Buch oder prakt. Handbuch zum Gemüse-, Obst- und Weinbau, sowie Zeichnungen über den Schnitt der Weinreben und gründl. Anleitung zur Blumenzucht, mit genauer Berücksicht. der amerikan. Verhältnisse. 6. Aufl. 8. (545 S. mit Abbild. in eingedr. Holzschn.) Philadelphia 874, Schaefer und Koradi. geb.

Claroarroyo, Don Rafael, der beredte spanische Sprachmeister. Gründliche und leichtfaßliche Anleitung, die span. Sprache in 13 Lectionen ohne Hilfe eines Lehrers gut verstehen, schreiben und sprechen zu lernen. Nebst vielen Gesprächen, Sprichwörtern, Redensarten, Briefen, Lesestücken und einem span. Wörterbuche. 3. von Don Carlos Herrera bedeutend verm. und verb. Aufl. 16. (III, 144 S.) Brünn 882, F. Karafiat's Verlag.

Clarus, die rationelle Ernährung f. Gesunde u. Kranke. Mit 1 Farbentaf. üb. die Zusammensetzg. unserer Speisen u. Getränke. gr. 8. (16 S.) Stuttgart 889. Weisert. n. — 60

Clarus, Sectionsgeschichte des Fürsten von Schwarzenberg. (Aus Hufelands Journ. der prakt. Heilk. besonders abgedr.) 8. Berlin, Reimer. 820.

Clarus, Amalia, (Charl. Amal. Eleon. Curtius), die Flucht aus d. Vaterhause. 8. Leipz. 815. Joachim. 20 gr

— Franziska, od. die Verkettung d. Schicksals. 8. Leipz. 814. Joachim. 14 gr

— Fritz u. Lottchen. 8. Meißen 815. Goedsche. 20 gr

— s. 1) Hyacinthen. 2) Kleeblätter. 3) W. Willmar, Abendunterhaltungen.

Clarus, Amalie (Hrsg.), s. A b e n d u n t e r h a l t u n g e n f. Damen.

Clarus, Aug., Questiones de partibus pseudorganicis actione organismi morbosa natis, observatione anatomico pathologica. Lpz. (Klaubarth) 29. VI. 1805. 26 S. (4.50) 5266

— **Christian Benjamin,** Viro . . Carl August Beyer (Pastor z. Eutritzsch) felicissimum matrimonium gratulatur sodalitas philobiblica. Lpz. (Langenheim) o. J. 12 S. (4.—) 5268

— — u. **Conrad Gottlob Anton** (Lauban), De cultu dei in Aegypto ad lef. XIX, 18. sequ. Lpz. (Langenheim) 26. VII. 1769. 44 S. (1.—) 5269
Gew.: Carl Gottlob Bose (Schleinitz), Otto Wilh. v. Brincken (Gr.-Treben).

Clarus, E., Kriegserinnerungen eines deutschen Officiers, s. †Barth, E.

Clarus, Fr. Ant., Erinnerung an d. dritte Säcularfeier d. Reformationsfestes in d. evangel. Stadtkirche zu Bamberg, so wie in den dahin gehörigen beiden Capitulardistrikten Bamberg u. Michelau. 8. Bamb. 817. Kunz. 6 gl.

Clarus, C. A., Erinnerung an die dritte Säcularfeyer des Reformationsfestes in der evangel. Stadtkirche zu Bamberg, so wie in den dahin gehörigen beyden Capitulardistricten Bamberg und Michelau. 8. Bamberg, Kunz. 818. —

Barthalos; József: Első Ferentz Austriai Császár és Apostoli Magyar Király Ő Felsége' halálának gyász-Innepén tartatott egyházi Beszéd, a'helv. vallástételü n. Győri gyülekezetben, ... által Aprilis 5-kén 1835. — [Győr 1835]: Streibig. 40 S. 8° [Rede, die Josef Barthalos anlässlich der Trauerfeier für seine Majestät Franz I. von Oesterreich, Apostolischen König von Ungarn, in der Versammlung der helvetischen Kirchengemeinde in Raab am 5. April 1835 gehalten hat.] 300:460.032-B.
12.704

— die Gerechtigkeit Gottes geht durch d. Weltgeschichte. Predigt am 17. April 1814. 8. Bamb. 814. Kunz. 2 gl.

— Ritual für d. Kirchengemeine d. protest. Stadtkirche zu Bamberg. 8. Bamb. 814. Lachmüller. 4 gl.

— der Trauergottesdienst in d. protest. Pfarrkirche zu Bamberg d. 28. Oct. 1825. gr. 8. Bamb., Drausnick. 2 gl.

Clarus, Fridolin, flotte Burschen. Lustspiel in 3 Aufzügen. 12. (48 S.) Paderborn 893. Bonifacius-Druckerei. — 30

Clarus, Fridolin, Abbé Colmar, s.a. Vereins-Theater, katholisches.

Abbé Colmar. Ein Priesterleben während d. franz. Revolution. Hist. Lebensbild in 2 Abth. u. 5 Bild. von Dr. Fridolin **Clarus**. *Duisburg: J. Hoffmann 1895.* (64 S.) 8° [F.]
— Vereins-Theater, Katholisches. [Bdch. 45.] [w. 318.

— **der Distanzritt.** Große Posse m. Gesang in 2 Aufzügen. 12. (39 S.) Ebd. 893. — 30

– Der M a n n im Monde, s.a. V e r e i n s - T h e a t e r, Katholisches.

Der Mann im Monde. Lustsp. in 5 Aufz. von Dr. Fridolin **Clarus**. *Duisburg: J. Hoffmann 1893.* (36 S.) 8° [F.]
— Vereins-Theater, Katholisches. Bdch. 37. [w. 317.

Clarus, Heinrich, Hausarzt an Dr. Weickers Lungenheilanst.: Zur Behandlung der Kehlkopftuberkulose in der Volksheilstätte. Würzburg: Kabitzsch 1909. 30 S. 8° ¶(Aus: Beiträge z. Klinik d. Tuberkul. Bd 15, H. 2.)
Leipzig, Med. Diss. v. 15. Nov. 1909, Ref. Curschmann
[Geb. 26. Dez 78 Grimma; Wohnort: Görbersdorf; Staatsangeh.: Sachsen; Vorbildung: Furstensch. Grimma Reife O. 98; Studium: Leipzig 1, Freiburg i. B. 1, Leipzig 2, Munchen 2, Leipzig 6 S.; Coll. 15. Dez. 09; Approb. 2. April 04.] [U 10. 2952

Clarus, Herm., der Hochverräter. Drama in 5 Aufzügen. (80 S.) 8. Leipzig (906). M. Spohr. n. 1.50

Clarus, Hermann, approb. Arzt aus Nürnberg: **Metastasen bei** Mammacarcinom. *Erlangen 1900: E. Th. Jacob.* (35 S.) 8°
Erlangen, Med. Diss. v. 11. Juni 1900

— **Hermann Moritz** (Leipzig) Ectopiae cordis doctrina observationibus illustrata. Diss. med. Lpz. (Staritz) 2. V. 1839. 60 S. mit Liter. (4.80) 5271
Gew.: Carl August Kuhl, Joh. Christ. Aug. u. Ernst Anton Clarus.

Clarus, Herm. Maurit., Ectopiae cordis doctrina observationibus illustrata. 4maj. Lipsiae 839. (Voss.) n. 1/2 ₰

Clarus, Johann Christian August

— — Adversaria clinica I. Medendi ratio in febribus nervosis. Lpz. (Staritz) 2. V. 1839. 15 S. mit Biogr. v. Herm. Moritz Clarus (Leipzig. M.: J. F. A. Traeger.) (3.—) 5278

— — **Adversaria clinica II.** De crisibus translatis agi pergitur. Lpz. (Staritz) 1840. 15 S. (3.—) 5280
Biogr. v.: Rich. Bonitz (Lengenfeld. M.: C. Arnold), Otto Graf (Hartha. M.: E. C. Bautzmann), Joh. Heinr. Otto (Reinsdorf. M.: A. R. Meier).

— — **Adversaria clinica part. III.** De enterohelcosi spec. I. Lpz. (Staritz) 25. V. 1841. 15 S. mit Biogr. v. Carl Albert Meyer (Geithain. M.: H. A. Hertel). (3.—) 5282

— — Adversaria clinica part. IV. De enterohelcosi spec. II. Lpz. (Staritz) 5. VIII. 1841. 15 S. mit Biogr. v. Herm. Jul. Clarus (Leipzig. M.: F. A. Traeger.) (3.—) 5283

— — Adversaria clinica part. V. De enterohelcosi spec. III. Lpz. (Staritz) 17. VIII. 1841. 16 S. mit Biogr. v. Rob. Emil Doering (Leipzig. M.: A. W. Hoffmann.) (3.—) 5284

— — Adversariorum clinicorum part. VI. De enterohelcosi spec. IV. Lpz. (Staritz) 20. XI. 1841. 15 S. (3.—) 5285
Biogr. v.: Friedr. Wilh. Jahn (Pegau. M.: D. H. Geissler), Carl Oscar Steinhaeuser (Geilsdorf/Vogtl. M.: A. R. Rennebaum).

— — Adversariorum clinicorum part. VII. Foetus extra uterum concepti et per abscessum abdominis, salva matre, expulsi historia, cum epicrisi. Lpz. (Staritz) 17. XII. 1841. 16 S. mit Biogr. v. Carl Buerkner (Dessau. M.: L. Ch. Neumann.) (3.—) 5286

— — Adversariorum clinicorum part. VIII. De narcosi typhosa spec. I. Lpz. (Wilh. Staritz) 9. IX. 1842. 16 S. mit Biogr. v. Carl Gust. Leop. Kluge (Goessnitz. M.: J. Heilmann). (3.—) 5287

— — **Adversariorum clinicorum part IX.** De narcosi typhosa spec. II. Lpz. (Staritz) 17. II. 1843. 16 S. (3.—) 5288
Biogr. v.: Jul. Jonath. Schuster (Oelsnitz/Vogtl. M.: L. Ch. Haas), O. Koenigsdoerfer (Tautendorf. M.: J. E. Querner), Clot. Mor. Mueller (Leipzig. M.: J. R. C. Neuss).

— — **Adversariorum clinicorum part. X.** Camphorae et vini usus in typho. Lpz. (Staritz) 9. V. 1843. 12 S. mit Biogr. v. Rob. Wilh. Schulze (Leipzig. M.: Ch. W. Judenfeind). (3.—) 5289

— — Adversariorum clinicorum part. XI. Constitutio epidemica anni 1839 spec. I. Lpz. (Wilh. Staritz) 27. X. 1843. 15 S. (3.—) 5290
Biogr. v.: Jul. Hermann Rietschel (Pulsnitz. M.: E. A. Graichen), Aug. Ottomar Zinssmann (M.: A. W. Weck), Carl Theodor Fuellkruss (Grimma. M.: J. F. Pezold), Carl Moritz Mueller (Leisnig. M.: F. W. Hofmann).

— — **Adversariorum clinicorum part. XII. Constitutionis epidemicae anni 1839 spec. II. (Apoplexiae, cum gastromalacia conjunctae et ventriculi ac diaphragmatis diruptione spontanea terminatae, historia). Lpz. (Staritz) 2. I. 1844. 11 S. mit Biogr. v. Gust. Adolph May (Sebnitz. M.: Ch. S. Strohbach). (3.—)** 5291

— — Adversariorum clinicorum part. XIII. Constitutionis epidemicae anni 1839 spec. III. Lpz. (Staritz) 30. IV. 1844. 15 S. (3.—) 5292
Biogr. v. Carl Franz Dominicus v. Villers (Leipzig. M.: M. L. D. Bassenge), Carl Eduard Belot (Regla b. Habana/Cuba. M.: A. Fernandez).

— — Adversariorum clinicorum part. XIV. Constitutionis epidemicae anni 1840 spec. I. Lpz. (Staritz) 5. VII. 1844. 15 S. (3.—) 5293
Biogr. v.: Ottmar Ludw. Goepel (Leipzig. M.: E. Fuessel), Ferdin. Const. Leonhardi (Dresden. M.: A. Fleck).

— — Adversariorum clinicorum part. XV. De constitutione epidemica anni 1840 spec. II. Lpz. (Staritz) 1. XI. 1844. 16 S. (3.—) 5294
Biogr. v.: Jul. Andr. Brueckmann (Dresden. M.: S. Lipsius), Aug. Wilh. Mascher (Rueckmarsdorf. M.: A. Herbst), Carl Jul. Chemin-Petit (Leipzig. M.: S. C. E. M. Hinselmann).

— — **Adversariorum clinicorum part. XVI. De constitutione epidemica anni 1840 spec. III. Lpz. (Wilh. Staritz) 28. III. 1845. 16 S. (3.—)** 5295
Biogr. v.: Carl Emil Schlosshauer (Hainichen. M.: E. Kuechenmeister), Emil Ferdin. Philippi (Dresden. M.: E. Bassenge), Carl Aug. Hille (Marklissa. M.: C. Armbrecht).

— — **Adversariorum clinicorum part. XVIII. De constitutione epidemica anni 1840 spec. V. Lpz. (Staritz) 7. IV. 1846. 13 S. (3.—)** 5296
Biogr. v.: Jul. Ed. Weidner (Berggieshuebel. M.: Ch. F. Meyer), Friedr. Aug. Ludw. Reichenbach (Dresden. M.: F. C. Cl. Wagner), Ernst Adolph Jul. Schmidt (Bulleritz b. Kamenz. M.: E. Seyfried), Carl Rich. Loessner (Niederlichtenau. M.: A. F. W. Hering), Carl Timotheus Kempte (Crimmitschau. M.: F. Foerster), Carl Ernst Reich (Leipzig. M.: A. Heinick).

Clarus, Johann Christian August: Adversaria clinica. 158 S., gbd.

Leipzig: Voss 1846

—s.a. Annalen d. klin. Instituts.

Clarus, J. C. A., Annalen des klinischen Instituts in Leipzig. Ir Bd. 1ste u. 2te Abtheil. u. IIr Bd. gr. 8. Lpz. Kühn. 810—13. (Ir 1ste Abthl. 21 gr. 2te 1 Rthlr. 12 gr. IIr 1 Rthlr.)

— — Ansichten eines Vereins praktischer Aerzte in Leipzig über die Verbreitung der asiatischen Cholera auf doppeltem Wege. Dargestellt u. m. e. diätetischen Haustafel f. d. Cholerazeit hrsg. Lpz. (Gerh. Fleischer, i. Commiss. b. A. Frohberger) 1831. 28 S. m. Namen d. Ärzte. (4.50) 5276

Clarus, Johann Christian August: Beiträge zur Erkenntniss und Beurtheilung zweifelhafter Seelenzustände. 332 S., gbd.

Leipzig: Fleischer 1828

Clarus, J(ohann)Chr(istian)A(ugust) (Hrsg.)

s.: Beiträge zur praktischen Heilkunde mit vorzüglicher Berücksichtigung der medicinischen Geographie...
Bd 1-4. Leipzig: 1834-37

—— Beiträge zur Klinik, s. Cholera-Zeitung.

— — u. **Carl Aug. Peissel** (Bautzen), Scholae methodicae et Brunonianae consensus. Com. prima. Lpz. (Klaubarth) 28. VIII. 1799. 30 S. (4.—) 5273
Gew.: Ernst Benj. Gottlieb Hebenstreit u. Chn. Benj. Clarus

— s. de Grandmont, Bericht.

— s. G. de Grandmont, über die Erfindung der patent. Staubbad-Apparats v. J. A. Schneider.

— d. Krampf, in patholog.-therapeut. Hinsicht. 1r Thl. gr. 8. Leipz. 822. Er. Fleischer. 2 Rthlr

— s. **Kuhl**, Carl Aug., Opuscula academica.

— — De omenti laceratione et mesenterii chordapso. Comment. prior Lpz. (Adolf Frohberger in Commission) 22. V. 1830. 22 S. (3.50) 5275

—— die Lehrmethode in der medicinischen Klinik am Jakobsspitale zu Leipzig. 4. (5½ B.) Leipzig 840, Voß. *

Clarus, Jh. Chr. Aug., Memoria Christ. Martini Kochii. Oratio. 8maj. Lipsiae 837. W. Vogel. 1/8 Rthlr

— **Joh. Chn. Aug.,** Momenta quaedam historica de methodicae scholae principibus. Lpz. (Klaubarth) 27. VIII. 1799. 15 S. (3.50) 5272
Gew.: Chn. Friedr. Schwaegrichen, Ernst Benj. Gottlieb Hebenstreit.

— **Johann Christian August** (Coburg), De zoochemiae notione et usu praemissa potiorum de natura materiae opinionum expositione. Lpz. (Klaubarth) 10. III. 1801. 32 S. (4.80) 5274

— — u. **Heinr. Ferd. Ehrenberg** (Frankenberg), De omento lacerato et mesenterii chordapso. Comment. posterior. Lpz. (Adolf Frohberger in Commission) 27. IX. 1833. 56 S. (4.—) 5277
Tl. I s.: Clarus, J. Ch. A: De omenti laceratione...

Clarus, Jh. Chr. Aug., Oratio ad munus rectoris academici auspicandum habita d. 31. Oct. an. 1839. Praefatus est Godofr. Hermannus. Lex.-8. Lipsiae 840. Voss. n. 1/6 Rthlr

— — Panegyrin medicam. — Inest Caroli Augusti Kuhlii laudatio. Lpz. (Staritz) 19. III. 1841. 24 S. mit Bibliographie u. Biographie Kuhl's (M.: Ch. S. Ungebauer.) (4.—) 5281
Ferner Biogr. v.: Heinr. Otto Leop. Schneider (Kuehnhaida. M.: E. Leopold), Hugo Sonnenkalb (Leipzig. M.: C. Stoeltzel).

— s. Samml. k. russ. Verordnn. üb. d. Cholera.

— Sectionsgeschichte des Fürsten von Schwarzenberg. (Aus Hufelands Journ. besond. abgedr.) 8. Berl. 820. Reimer. 3 gr.

—— tabellar. Uebersicht d. zum wissenschaftl. Studium d. Heilkunde nöthigen Vorlesungen. Im Namen u. Auftrage d. Vereins f. Vervollkommnung d. medizin. Unterr. entworfen u. mit Bemerkn. begl. gr. 8. (6¾ B. u. 1 Tab. in qu. Fol.) Leipzig 831, G. Fleischer. (Frohberger.) Kummer. L

Clarus, J. C. A. (Hrsg.), s. Wenck, Carl Friedrich: Die Criminal-Procedur ...

— d. Zurechnungsfähigkeit des Mörders J. C. Woyzeck, nach Grundsätzen d. Staatsarzneikunde actenmäßig erwiesen. 8. Lpz. 824. Er. Fleischer. 8 gr.

Clarus, Jul., Handbuch der speciellen Arzneimittellehre nach physiologisch-chemischen Grundlagen für die ärztl. Praxis bearb. 1. Hälfte und 2. Hälfte 1. Abthl. gr. 8. (S. 1—475.) Leipzig 851(52,) O. Wigand. *

Clarus, Jul., Handbuch der speciellen Arzneimittellehre nach physiologisch-chemischen Grundlagen für die ärztliche Praxis bearb. 2. Hälfte. 2. Abthl. gr. 8. (S. 477—935.) Leipzig 852, O. Wigand. *
1. Hälfte und 2. Hälfte 1. Abthl. Ebendas. 1851—52. * 2 Thlr. 15 Ngr.

—— **dass. — 2., umgearb. und verm. Aufl. gr. 8. (VIII und 1275 S.) Ebds. 855(56).** *

Clarus, Jul., Handbuch der speciellen Arzneimittellehre, nach physiolog.-chem. Grundlagen für die ärztliche Praxis bearb. 3., verm. und völlig umgearb. Aufl. gr. 8. (VIII und 1205 S.) Leipzig 860, O. Wigand. *

— **Julius,** Therapiae idiotismi primae lineae. Lpz. (Wilh. Staritz) 13. IV. 1818. 19 S. (4.—) 5297

— die körperliche Pflege u. Erziehung des weibl. Geschlechts vom physiolog. u. patholog. Standpunkte. gr. 16. (XVI u. 292 S. m. 4 lith. Taf.) Leipzig 850, Leiner. n. 2 ₰

Clarus, Jul., die physikalische Untersuchung des Herzens im gesunden und kranken Zustande. gr. 8. Leipzig 845, Voß. n. 2/3 ₰

Clarus

— **Hermann Julius** (Leipzig), De pulsatione abdominali imprimis epigastrica. Diss. med. Lpz. (Staritz) 5. VIII. 1841. 38 S. (4.50) 5270
Gew.: Ernst Aug. Carus, Carl Theoph. Hander.

— **Carl Christian** (Merseburg), De judicio principum electorum amicabili ad foedus principum electorum novissimum an. 1558 cap. II. illustr. Spec. jur. publ. Lpz. (Sommer) 21. II. 1788. 22 Seiten, z. Tl. dtsch. (4.80) 5267
Gew.: Adolf Heinrich Bose (Oberfranckleben . .), Friedr. Adolf v. Burgsdorff.

Clarus, Ludwig [Pseud.], s. Volk, Wilhelm Gustav Werner

Clarus, Ludw., die **Auswanderung** der protestantisch-gesinnten Salzburger in den J. 1731 und 1732. gr. 8. (IV und 608 S.) Innsbruck 864, Vereins-Buchh.

Die Bibel kein Lesebuch für jedermann, nach Nikolas le Maire's Sanctuarium profanis occlusum. Vom Verf. der Schrift: „Die Berliner Gewerbeausstellung und die Ausstellung des hl. Rockes in Trier" (Ludwig Clarus). Münster, Regensberg. 1845. 8°, 6½ Bg., 1 Mk.

Caupolican. Eine katholische Erzählung aus der neuen Welt. 2 Bde. Schaffhausen 859. Hurter. 8. (XXIV, 679 S.) 2 ₰ 3 ngr

Clarus, Ldw., Darstellung der spanischen Literatur im Mittelalter. Mit einer Vorrede v. Jos. v. Görres. 2 Bde. gr. 8. Mainz 846, Kirchheim, Schott u. Thielmann. 4 ₰

Clarus, Ludw., Geschichte des Lebens, der Reliquien u. des Cultus der heil. Geschwister Magdalena, Martha u. Lazarus u. der übrigen Heiligen, welche das Christenthum zuerst in Frankreich verkündigt haben. Nebst den Beweisen, daß Maria Magdalena, Maria v. Bethanien u. die Sünderin beim Lucas ein u. dieselbe Person sind. Nach Originalquellen bearb. Mit Abbildungen (Holzschn.) gr. 8. (412 S.) Regensburg 852, Manz. 1½ ₰

Clarus, Ludw., Geschichte der Schandsäule, s. Manzoni, Aless., die Verlobten.

Clarus, Ludwig (Wilhelm Volk aus Halberstadt, Konvertit seit 1855).
—— Geständnisse eines im Protestantismus aufgewachsenen Christen über religiöse Erziehung u. Bildung. Mainz, Kirchh., 1846, 8°, 328 S., 1 Mk. (anonym).

Clarus, Ludw., das Tridentinische Glaubensbekenntniß, durch die heil. Schrift, die Vernunft u. die Geschichte nachgewiesen u. erläutert. 2 Bde. Schaffhausen 855, 66. Hurter. gr. 8. (395; 484 S.) 2 ₰ 21 ngr

—— **das Tridentinische Glaubensbekenntniß**, durch die heil. Schrift, die Vernunft und die Geschichte nachgewiesen und erläutert. 2 Bde. gr. 8. Schaffhausen 865,66, Hurter'sche Buchh. [1. Bd. (395 S.) 1 Thlr. 6 Ngr., 2. Bd. (484 S.) 1 Thlr. 15 Ngr.]

—— Glaubenslehrjahre eines im Protestantismus erzogenen Christen. Münster, Regensberg, 1852, gr. 8°, XVIII, 642 S., 6 Mk. (anonym).

—— **die Grundzüge der christlichen Mystik im Leben des heil. Einsiedlers Antonius dargestellt und erläutert**. gr. 8. (VIII und 422 S.) Münster 858, Coppenrath'sche Buchh.

Clarus, Ludw., Eine litterarische Hasenjagd oder Methode, wie ein gewissenhafter Polemiker wider die kath. Kirche Heiligenbilder zurecht macht. Paderborn, Junfermann, 1866, 8°, 124 S., 1 Mk.
Ist Kritik der um 10 Jahre ältern Schrift: „Franz v. Assisi, ein Heiligenbild von Karl Hase". [Leipz., Breitkopf u. Härtel, 1856, 8°, XV, 202 S., 3 Mk.]

— das Leben der heiligen Brigitta. Neu bearb. u. herausgegeben. Mit 1 Stahlst. Regensburg 856. Manz. 8. (240 S.) 22½ ngr

Clarus, Ludw., **Leben des heil. Franz v. Sales, Stifters des Ordens von der Heimsuchung Mariens, der heil. Johanna Franzisca v. Chantal und ihrer ersten Ordensschwestern.** 1—5. Bd. gr. 8. Schaffhausen 860. 61, Hurter'sche Buchh. Thlr.
Inhalt:
Bd. 1., 2. Leben des heil. Franz v. Sales. 2 Bde. (VIII und 849 S.) 2 Thlr. 12 Ngr.
„ 3. Leben der heil. Johanna Franziska v. Chantal. (X und 630 S.) 2 Thlr.
„ 4., 5. Leben der ersten Mütter und Schwestern des Ordens von der Heimsuchung Mariens. 2 Bde. (VIII und 1015 S.) (1. Bd. 1 Thlr. 12 Ngr., 2. Bd. 1 Thlr. 18 Ngr.) 3 Thlr.

Clarus, Ludw., Leben des heil. Franz von Sales, Stifters des Ordens von der Heimsuchung Mariens, der heil. Johanna Franziska von Chantal und ihrer ersten Ordensschwestern. 1. und 2. Bd.: Leben des heil. Franz von Sales. 2 Bde. 2. Aufl. gr. 8. (416; 448 S.) Regensburg 887, Verlags-Anstalt. à Bd. ℳ 3.60.

Clarus, Ludw., Leben d. heil. Franz v. Sales, Stifters d. Ordens v. der Heimsuchung Mariens, der heil. Johanna Franziska v. Chantal u. ihrer ersten Ordensschwestern. 3 Bde. gr. 8. Regensburg 891, Nationale Verlags-Anstalt. 6. — (1—3.: 13. 20)
Leben der heiligen Johanna Franciska v. Chantal. 2. Aufl. (XII, 654 S.)

Clarus, Ludwig, Aus dem Leben eines Konvertiten. Schaffh., Hurter (jetzt Regensb., Verlagsanst.), 1859, 8°, 222 S., 1 Mk.
Die Konvertitin (Frau Volk) hatte ihre innern relig. Erlebnisse in einem Tagebuche aufgezeichnet, welches später nach ihrem Tode (1858) von ihrem Gatten vervollständigt u. herausgeg. wurde. Kath. Littztg 1859, S. 283.

—— Leben und Offenbarungen der heil. Brigitta, s. Sammlung der vorzüglichsten mystischen Schriften.

Clarus, Ludw., die Lehre von der Verehrung der Heiligen erläutert. Nach dem Tode des Verf. hrsg. von Frz. Xav. Schulte. gr. 8. (V, 256 S.) Trier 870, Linz' Verlag.

—— **die heilige Mathilde, ihr Gemahl Heinrich I. und ihre Söhne Otto I., Heinrich und Bruno. Ein Stück deutscher Geschichte.** gr. 8. (VI und 809 S.) Münster 867, (Theissing'sche Buchh.) *

—— **das Passionsspiel zu Ober-Ammergau.** 2., umgearb. und verb. Aufl. gr. 8. (164 S. mit 1 Stahlst.) München 860, Lentner'sche Buchh.

Clarus, Ludw. (W. G. W. Volk), Ein protest. Pastor u. ein zum Katholicismus konvertierter Laie. Innsbruck, Aufschlager, 1857, gr. 8°, 112 S., 1 Mk.
Über das Buch s. Clarus, Simeon S. 414 f.

—— **ein protestantischer Pastor und ein zum Katholicismus convertirter Laie.** gr. 8. (112 S.) Innsbruck 857, [Vereinsbuchdruckerei.] *

— s. Petrarch's, Frz., Bekenntnisse.

(Clarus, Ludw.) Der Freiherr von Sandau auf dem Richtplatze einer unbefangenen Kritik. Leipzig (Wigand) 1839, gr. 8°, 2,25 Mk.

(Clarus, Ludw.) Dasselbe. 2. Teil. Auch u. d. T.: Anti-Bretschneider. Merkwürdige Nachrichten vom Selbstmordversuche eines bereits gerichteten Delinquenten, oder: Litterarische Variationen auf das Thema: O si tacuisses! Von dem Doppelgänger des Verfassers des Freih. v. Sandau auf dem Richtplatze. München (Regensb., Manz) 1840, gr. 8°, 2,25 Mk.
Beide Schriften gegen Bretschneider, s. o. S. 669. Vgl. Rosenthal, Konvertitenbilder 2c. I, 3, 132.

— Schweden Sonst u. Jetzt. Geschildert in Briefen auf einer Reise. 2 Thle. gr. 8. (VI u. 822 S.) Mainz 848, Kirchheim & Schott. 2⅔ ₰

—— **Simeon.** Wanderungen und Heimkehr eines christl. Forschers. 3 Bde. gr. 8. (1. Bd. VII und 485 S., 2. Bd. VIII und 451 S., 3. Bd. VII und 464 S.) Schaffhausen 862, Hurter'sche Buchh. à Bd. 1 Thlr. 12 Ngr.

—— **Herzog Wilhelm von Aquitanien, ein Großer der Welt, ein Heiliger der Kirche und ein Held der Sage und Dichtung.** gr. 8. (XXIV und 368 S.) Münster 865, Theissing'sche Buchh.

—— die **Zusammenkunft** gläubiger Protestanten und Katholiken zu Erfurt im Herbste 1860 und deren Verlauf. Eine auf eigene Theilnahme und sämmtl. bekannt gewordene Quellen gegründete Darstellung und Mahnung zur Fortsetzung des Werkes. 8. (134 S.) Paderborn 867, Junfermann'sche Buchh. *

Clarus, Ludw., Die Zusammenkunft gläubiger Protestanten u. Katholiken zu Erfurt im Herbste 1860 u. deren Verlauf (vgl. o. S. 781). Eine auf eigene Teilnahme u. sämtliche bekanntgewordene Quellen gegründete Darstellung u. Mahnung zur Fortsetzung des Werkes. Paderborn, Junfermann, 1868, kl. 8°, 184 S., 1,20 Mk.

'Im Münchner Bräu.' Parodistisches Tanzbild aus d. bayr. Volksleben in 1 Aufz. von Franz Golinelli. Musik von Max Clarus. [Textbuch.] Leipzig: Breitkopf & Härtel 1908. 8 S. 8°
(Breitkopf & Härtels Musikbücher. Abt. 1. Nr 389.) [09. 8632

Clarus, Max. Des großen Königs Rekrut, s. Meves, Wilh.

Clarus, Rudolf, Medizinalprakt.: Beiträge zu den Erkrankungen des Central-Nervensystems bei der perniciösen Anaemie. Leipzig 1909: Georgi. 47 S. 8°
Leipzig, Med. Diss. v. 7. Mai 1909, Ref. Curschmann
[Geb. 9. April 83 Leipzig; Wohnort: Leipzig; Staatsangeh.: Sachsen; Vorbildung: Thomassch. Leipzig Reife O. 03; Studium: Leipzig 5. Freiburg i. B. 1, Leipzig 4 S.; Coll. 11. Mai 09.] [U 09. 2766

Clary oder die belohnte Rückkehr zur Tugend. 8. Lpz.: Barth.

Clary. Schausp. 8. Frankf.: Andreä 1770.

Clary, ou le retour à la vertu; hist. angl. par d'Arnaud. 8 Frkft. Gebhardt u. K. 771.

– oder die belohnte Wiederkehr zur Tugend. Eine engl. Gesch. 8. Hanau: Schulz 1771.

v. Clary u. Aldringen, Graf Leop., († d. 23. Nov. 1800.) Plutarchus redivivus, s. comparatio virorum illustrium Plutarchi methodo scripta. Fol. Wien 755. Ed. II. cum vers. germ. autoris. Fol. Prag 765. Dass. auch deutsch

— tentamen historicum de titulo Imperatoris Romani, qui Carolo M. etiam ex pacto cum graecis Imperator. accessisse vulgo creditur. 4. Wien 753.

Clas, G., die naturkundlichen Bilder. Ein Lesebuch, für die evangelischen Volksschulen Württembergs sachlich erläutert u. erweitert. Ein Handbuch für die Lehrer. Stuttgart 857. E. Hallberger. gr. 8. (VIII, 363 S.) n. 1 Thlr 10 Ngr

Clas, G., die geognostischen Verhältnisse und Bodenarten Württembergs in ihrer Beziehung zur Landwirthschaft. Für Ackerbauschulen, ländl. Fortbildungsschulen, Ortsbibliotheken rc. bearb. gr. 8. (64 S.) Ravensburg [Stuttgart] 869, Ulmer. *

Claes, Ferdinand (geb. am 28 Juli 1854 in Köln): Ueber die Veränderlichkeit der Lage der Absorptionsstreifen ... Bonn, Druck v. F. Krüger (1877). 33 S., 1 Bl. 8. ¶ Wieder abgedr. in Poggendorffs Ann. d. Phys. u. Chem. N. F. III 1878 S. 389–414.
Bonn, Phil. Fak., Diss. v. 2 Aug. 1877

Claes, Heinrich, Referendar: Der § 3 des Handelsgesetzbuches vom 10. Mai 1897. Borna-Leipzig 1910: Noske. IX, 77 S. 8°
Leipzig, Jur. Diss. v. 22. März 1910
[Geb. 13. Jan. 85 Eschweiler b. Aachen; Wohnort: Eschweiler; Staatsangeh.: Preußen; Vorbildung: Kaiser-Karls-Gymn. Aachen Reife O. 03; Studium: Münster 2, München 1, Berlin 1, Bonn 3 S.; Rig. 4. Aug. 06.] [U 10. 2676

Claes, Joh., das dies irae oder Betrachtungen über die wichtigsten Heilswahrheiten. Nach der durch den ehrwürd. Wilh. Molitor Lic. d. h. h. Gottesgelehrtheit rc. 1642 besorgten verb. und verm. Ausg. der Pastoral-Werke des ehrwürd. Jacobi Marchantii und den Kirchenvätern; bearb. und hrsg. gr. 8. (VI und 512 S.) Linnich 854, Quos. *

Claes, P. Chr., principia theologiae dogmaticae, in usum fratrum theolog. ord. S. Francisci. II Tom. 8. Münster 781: Aschendorff. 1 Thlr 8 Gr

— — idem liber II Tom. 8. Augsbg. Wolff. 781

Claes, Woldemar (geb. Mühlhausen in Thür. 20. 3. 1845): Die Diphtherie in Mühlhausen in Thüringen während der Jahre 1865-1868, eine statistisch-epidemiologische Scizze nach den Journal-Notizen des Dr. med. Osc. Groos, pract. Arzt zu Mühlhausen. Mühlhausen in Th.: Commissionsverl. d. Heinrichshofen'schen Buchhandl. 1870. (47 S.) 8°
Berlin, Med. Diss. v. 2. Mai 1870
[Verf. wurde laut Diplom und Fakultäts-Album am 4. Mai 1870 promoviert.]

Clasen, A. Gegen die Cholera-Gefahr! Einige Worte, auf Veranlassg. d. Vereins f. öffentl. Gesundheitspflege an die Bewohner Hamburgs gerichtet. Unveränd. Abdr. gr. 8. (16 S.) Hamb. 892, Kriebel. * -- 50

Clasen, Alexander Hieronymus (Lübeck), De autoritate juris canonici. Diss. jur. Präs. Wilh. Hieronymus Bruckner. Jena (Werther) Sept. 1702. 32 S. (4.80) 5298
Gew.: Hieron. v. Dorne.

Clasen, B. Die Aufgabe der evangelischen Schule gegen Rom. gr. 8. (22 S.) Halle a. S. 889, Strien. * — 50

Clasen, B. J.

—— die elementare Arithmetik in ihrer wissenschaftlichen Begründung und praktischen Anwendung. 12. (VII und 280 S.) Luxemburg 865, Brück. *

Clasen, B. J., Lehrbuch der elementaren Algebra. 8. (IV und 151 S.) Luxemburg 868, Brück.

(Clasen C.): Vergleichung d. in den Herzogthümern Schleswig, Holstein ... bisher gebräuchlichen Getraide-Maassen mit dem ... daselbst ... einzuführenden seeländischen Maasse. U. St. 1769. 103 S. Fol.

Clasen, C. P., der hochs. Erzbischof v. Cyrra Hr. Nikolaus Adames, 1. Bischof v. Luxemburg. Leichenrede, geh. bei dessen Seelenamte in Diekirch am 7. März 1887. gr. 8. (31 S.) Luxemburg 887. Schemburger. n. — 50

Clasen, Christian

[F.] Die kulturelle Entwicklung des neuen deutschen Reiches. Rede, geh. am Tage der Sedanfeier 1895 in d. Aula d. kgl. Gymnas. zu Glückstadt von Dr. [Christian] Clasen ... *Glückstadt: E. Fabricius 1895.* (19 S.) 1 Bd 8. [96. 986

Clasen, Christian [Dr.]: Die Geschichtswissenschaft. Limburg a. d. Lahn, Druck v. Gebr. Goerlach, 1891; 20 S. 4°
Hadamar, k. G, P 1891 (381)

Clasen, *Christian* [Dr.]: Timoleon, e. histor. Untersuchg. Glückstadt, Druck v. J. J. Augustin, 1896; 33 S. 4.
Glückstadt, k. G. OP 1896 (283)

Clasen, Chrn., historisch-kritische Untersuchungen über Timaios von Tauromenion. gr. 8. (97 S.) Kiel 883, Lipsius und Tischer. *

Clasen, Christian Peter

— De dicto Salomonis Cohol V. 8 regem colendum velut magnum incolarum emolumentum proponentis. Tychopoli. 1765. 4. P. (Skoloprogr. fra Rendsborg.)

CLASEN, CHR. PT., Quædam Horatii loca ex oda 5 libri 4 explicat et illustrat CHR. PT. CLASEN. U. St. 1764. 4. P. (Skoleprogr. fra Rendsborg.)

Clasen, Christianus Petrus: Sacra secularia ... [Rede zur Jubelfeier d. 300jähr. Regierung des oldenburg. Hauses auf Friedrich V., König von Dänemark, 29. Oct. 1749.] — Gluickstadii (1749): Babst. 14 Bl. 4° (2°)

Clasen, Chr. P. sacra secularis memoriae Oldenburgicae domus per tris secula conservata. fol. Hamb. 750.

CLASEN, Dan.: Commentar. in const. crim. Caroli V. cura et stud. J. Andr. MINNERI. *Helmst.* 684. 4. *Lips.* 718. 4.

Clasen, E., s.a. Clasen, F. E.

Clasen, E., s.: Rezent, das.

Clasen, E., s.: Schreiber, E. Cl

Clasen, F. E., gesamm. Aufsätze üb. Haarpflege u. Hautkrankheiten. 8. (III, 63 S.) Frankfurt a/M. 896, J. Alt. n 1. 20

Clasen, E., gesammelte Aufsätze üb. Haarpflege u. Haarkrankheiten. (Neue Ausg.) 12. (67 S.) Frankfurt a/M. 901. J. Alt. n.n. 1. 50

Clasen, F. E., Bewegungsspiele im Freien, s.a. Hausbücher.

— Bewegungsspiele im Freien, s.a. Kinderbibliothek.

Clasen, F. E., Bewegungsspiele im Freien zur Gesundung des Körpers und Erfrischung des Geistes, m. Abb., 1., u. 2. verm. Aufl., Stuttgart 1882 u. 1897, 16° u. 8°. 2 Bde.

Clasen, F. E, kalte Füße u. kalter Fußschweiß als Ursache zahlreicher chron. Erkältungskrankheiten gr. 8. (127 S.) Frankfurt a/M. 896. J. Alt. n. 2. —

Clasen, F. E., die Gesichtshaare u. der Bartwuchs der Frauen u. ihre Heilung. 12. (41 S. m. 10 Abbildgn.) Frankfurt a/M. 893. J. Alt. n. 1. 20

—— der Gesundheitsfreund, s. Hausbücher.

Clasen, F. E., s.: Hausfreund. ärztlicher.

Clasen, F. E., die Haut und das Haar. Ihre Pflege und ihre kosmet. Erkrankungen. 8. (IV, 366 S.) Stuttgart 866, Gundert. *ℳ 4.—.; geb. *
—— dass. — 2. verb. Aufl., vermehrt durch einen Abschnitt über die Pflege der Zähne von Wilh. Sachs. 8. (VIII, 388 S.) Ebendas. 887. *ℳ 4.—.; geb. *

Clasen, F. E. Die Haut u. das Haar. Ihre Pflege u. ihre kosmet. Erkrankgn. Nebst e. Anh. üb. die Pflege der Zähne v. Wilh. Sachs. 3. u. 4., m. der 3. gleichlaut. Aufl. 8. (VIII, 376 S.) Stuttg. 890,92, Gundert. * 4 —; geb. in Leinw. * 5 —

– Kosmetik, s.a. Taschenbibliothek, allgemeine. 7

Classn, E: Kosmetik. München (1904)

Clasen, E., was kann ich thun gegen den Haarausfall? Die naturgemäße Pflege u. die Krankheiten des Haares; gemeinverständlich dargestellt. (188 S.) 8. Frankfurt a/M. (902). K. Alt. n. 2. 60

Clasen, Ferd. (geb. Paderborn 5. 10. 1819): De dolorum parturientium metastasi. Berolini (1845). (20 S.) 8°
Berlin, Med. Diss. v. 7. Juli 1845

Clasen, Ferdinand *Hubert* [aus Bonn]: Aus d. anatom. Institut zu Bonn. Ueber die Muskel [!] und Nerven des proximalen Abschnittes der vorderen Extremität der Katze ... Bonn, Druck v. E. Heydorn, *1894*; 35 S. 8.
Bonn, Med. Fak., Inaug.-Diss. v. [10. Febr.] 1894

Die Muskeln und Nerven des proximalen Abschnittes der vorderen Extremität der Katze. Von Ferd. Clasen, cand. med. M. 4 Taf. ... Aus d. anatom. Inst. zu Bonn ... *Halle: In Comm. bei W. Engelmann in Leipzig; Dr. v. E. Blochmann & Sohn in Dresden 1895.* (177—211 S., 4 Taf.) 4.
= Acta, Nova, Academiae Caes. Leopoldino-Carolinae Germ. naturae curiosorum. T. 64. No 4. [97. 6027

Die Muskeln und Nerven des proximalen Abschnittes der vorderen Extremität des Kaninchens v. Dr. F[erd.] Clasen, Assist. d. anat. Inst. zu Bonn. M. 4 Taf.Nr. XXVI—XXIX. Aus d. anatom. Inst. zu Bonn ... *Halle: Dr. v. E. Karras; Leipzig: In Comm. b. W. Engelmann 1897.* (421—447 S., 4 Taf.) 4.
= Acta, Nova, Academiae Caes. Leop. Carol. Germ. nat. curiosorum. T. 69. Nr. 3. [98. 3718 Ko

Clasen, Franz [app. Arzt aus Eslohe]: Aus d. patholog. Institut zu Giessen. Ein Fall von Pneumopericardium nebst e. Beitr. z. Pathogenese d. Pericarditis ... Giessen, grossh. Hof- u. Univ.-Dr. C. v. Münchow, 1895; 31 S. 8.
Giessen, Med. Fak., Inaug.-Diss. v. 1895

Clasen, Friedrich Der Materialismus und die Erkenntnistheorie. 22 S. Progr. *Burg* 1880.

CLASEN, H. C., Rede bey der ersten Beerdigung auf dem neuen Begräbniszplatze bey Meldorf. Friedrichsstadt. 1811. P.

Clasen, Hans, Prof. Dr.: Über Schillers psychologische Anschauungen. Flensburg 1907: J. B. Meyer. (S. 3—30.) 4° [F.]
Flensburg, OR u. Landwirtschafts-S OP 1907 (360)

Gustav Glogaus System der Philosophie. Dargest. von Haus Clasen, Oberl. in Flensburg. (Berlin) 1901: (C. H. Müller). (72 S.) 8°
Aus: Zeitschrift f. Philosophie u. philos. Kritik.
— Jahrbüchlein d. Gustav-Glogau-Gesellschaft. 3. [03. 13875

[Clasen, Hans, Oberl. an d. Oberrealsch. in Flensburg]: Thesen. *o. O. (1902).* (2 Bl.) 8° [F.]
Kiel, Phil. Thes. v. [7. Aug.] 1902

Clasen, Hellm., die Probstei in Wort u. Bild. Illustrationen von Herm. Stuhr. gr. 4. (160 S. m. 13 Taf.) Schönberg i/Holst. 898. (Kiel, E. Marquardsen.) Geb. in Leinw. n. 7. —

Clasen, J. D.: Der Löwe in Flensburg. Zur Erinnerung an die Befreiung Schleswig-Holsteins von dänischer Zwing-Herrschaft, im Monat Februar 1864. Allen Schleswig-Holsteinern und Allen, die ein Herz für Schleswig-Holstein haben, Gewidmet v. J. D. Clasen in Eckernförde. Altona. 1864. 8°.

CLASEN, J[OACH.] F[RIEDR.], Freimüthige Gedanken über die verkehrten Religionsansichten der Pietisten oder Frömmler in unserem Zeitalter. Itzehoe. 1839. (Altona: Aue)

Clasen, J. Fr., freimüthige Gedanken üb. d. verkehrten Religionsansichten d. Pietisten u. Frömmler in uns. Zeitalter. gr. 8. (3½ B.) Itzehoe 839. (Dessau, Aue.) *

CLASEN, J. F.: Gesetzkatechism. f. d. Stadt- u. Landschulen in d. Herzogthh. Schleswig u. Holstein. *Alt.*, Hammerich. 805. 8. (4 Gr.)

Clasen, Jh. Fr., Gesetzkatechismus für Stadt- u. Landschulen in d. Holsteinischen. 8. Altona 806. (Hammerich). 4 gr.

—— die christl. Grund- u. Glaubenslehren d. Orthodoxen u. Rationalisten, od. d. Blind- u. Denkgläubigen in d. evangel.-protestant. Kirche. Kurz u. deutl. unt. einander gestellt f. Gebildete jed. Standes. 1. u. 2. Aufl. Lex.-8. (à 7¾ B.) Itzehoe 841, 42. (Hamburg, Schuberth u. Comp.) Thlr. à *

Katechesationen [!] verschiedenen Inhalts, zum Gebrauch für Jugendlehrer v. Joachim Friedrich Clasen. Glückstadt. 1804. 8°

— Katechisationen verschiedenen Inhalts. 8. Ebd. 805. (Ebd.) 14 gr.

Eine kurze Uebersicht der Geschichte von Schleswig-Holstein und deren Verhältniss zum Königreiche Dänemark v. Joachim Friedrich Clasen. Tönning. 1843. 8°.

Clasen, Johann Friedrich, s. Clasen, Joachim Friedrich

Clasen

— Carl Ludw. Aug. (Eldenburg/Prignitz), De existentia dei atque creatione ex nihilo ex contingentia in mundo totius mundi atque indole elementorum demonstrata, ordine quarta: de contingentia motus. Diss. philos. Präs. Daniel Straehler. Halle (J. Chn. Hendel) Aug. 1727. 58 Seiten. (5.--) 5299
Gew.: Simon Victor Hünicke, Ludwig Gause. — Widm. v. Präs.

Clasen, Carl Prosper, der heilige Geist u. seine Wirkungen in dem heiligen Sacramente der Firmung. 4 Predigten. gr. 8. (72 S.) Dülmen 882. Laumann. n. — 60

Clasen, Carl Prosper, der hochsel. Erzbischof von Cyrra Herr Nikolaus Adames, erster Bischof von Luxemburg. Leichenrede, gehalten bei dessen Seelenamte in Diekirch am 7. März 1887. gr. 8. (31 S.) Luxemburg 887, Schamburger. *

Clasen, L., Lagerscenen, gesammelt auf d. Mannöver zu Salzkotten im Herbste 1836. Ein humorist. Versuch. gr. 8. Düsseld. 837. Schreiner. n. 1/12 ℳ

Clasen, Lorenz

Clasen, Lor., Erlebtes und Verwebtes. Aus der Schreibmappe eines Malers. 8. (IV, 362 S.) Leipzig 887, Peterson.

Clasen, Lor. Erlebtes u. Verwebtes. Aus der Schreibmappe e. Malers. 2. (Titel-)Aufl. 8. (IV, 362 S.) [Lpz. 889, König.] Niemes, Bienert. * 2 —; geb. * 3 —

Clasen, Lavrentivs (geb. am 25 Febr. 1843 in Bonn): De rhachitide et osteomalacia … Bonnae, typ. expr. P. Nevsser 1866. 2 Bl., 30 S., 1 Bl. 8.
Bonn, Med. Fak., Diss. v. 23 Juni 1866

Clasen, Ludwig

Clasen, die Aufgabe der evangelischen Schule gegen Rom. gr. 8. (22 S.) Halle a/S. 889. Strien. n. — 50

— die soziale Frage auf der Kanzel. Eine zeitgemäße Untersuchg. 8. (46 S.) Halle a/S. 892. E. Strien. n. — 60

Clasen, L., der evangelisch-christliche Glaube. Ein prakt. Beitrag zur Reform des Konfirmandenunterrichts. gr. 8. (XII, 84 S.) Tübingen 901. J. C. B. Mohr. n. 1. 40

Die Christliche Heilsgewissheit. E. systemat. Darstellg d. Mittelpunkts evangel. Heilsverständnisses v. L[udwig] Clasen. *Halle a. S.: Strien 1897.* (VIII, 240 S.) 1 Bd 8. [97. 7718 H.

Clasen, L., protestantische Jesuiten. Eine Berichtigung. 8. (76 S.) Halle 872, Fricke.
Vgl.: Kritik der jetzt geltenden kirchlichen Verfassungsgrundsätze.

Clasen, L., das ungleiche Maß und die wahren Ziele evangelischer Kirchenpolitik. gr. 8. (V, 59 S.) Halle 888, Strien. *

— z. Verständigg. üb. d. Glaubensbegriff, s.: Hefte zur „Christlichen Welt".

Clasen, L., wie dünket euch um Christus? Wes Sohn ist er?, s.: Hefte zur „Christlichen Welt".

Clasen, L., zurück zu Luther! Kritische Richtlinien f. die Aufgaben der Gegenwart. (121 S.) gr. 8. Halle 904. E. Strien. n. 2. —

Clasen, Matth.: Erste Gründe des Kölnischen Schreinspraxis, mit Mustern und einer Untersuchung über das Alter der Kölnischen Schreinen. Köln 1782.

Clasen, N: Catalog von Schlachterei-Werkzeugen, Laden-Einrichtungen und Maschinen. Hamburg (1903)

Clasen, R., u. H. Bach, Aufgabensammlung im Anschluß an Herchers Lehrbuch der Geometrie. 3 Hfte. gr. 8. Leipzig 897. B. List. n.n. 2. 10; Einbde. à n.n. — 30
1. Lehraufgabe von Quarta bis Untersecunda. (III, 32 S. m. Fig.) n. — 80
2. 3. Lehraufgabe d. Obersecunda u. Prima. (38 u. 29 S.) n.n. 1. 30

— — dasselbe. 2. verm. Ausg. im Anschluß an d. 5. Ausg. A v. Herchers Lehrbuch. 3 Hfte. gr. 8. Ebd. n. 2. 30; geb. n.n. 3. —
1. Planimetrie. 1. Tl. (III, 32 S. m. Fig.) 902. n. — 80; geb. n.n. 1. 10
2. 3. Planimetrie. 2. Tl. u. ebene Trigonometrie. — Stereometrie u. Grundlehren v. den Kegelschnitten. (40 u. 44 S.) 902. n. 1. 50; geb. n.n. 1. 90

— u. H. Bach, Aufgabensammlung im Anschluß an Hercher's Lehrbuch der Geometrie. 3 Hefte. Ausg. A f. Gymnasien u. Progymnasien. gr. 8. Altenburg, H. A. Pierer. n. 2. 30; geb. n. 3. —
I. Planimetrie. 1. Tl. 3. Aufl. (32 S. m. Fig.) Leipzig 903. n. — 80; geb. n. 1. 10
II. III. Planimetrie 2. Tl. u. ebene Trigonometrie. — Stereometrie u. Grundlehren v. den Kegelschnitten. 3. Aufl. (40 u. 44 S. m. Fig.) 906. n. 1. 50; geb. n. 1. 90

— — dasselbe. Ausg. B f. realist. Lehranstalten. gr. 8. Ebd. n. 2. 30; geb. n. 3. —
I. Planimetrie. 2. verm. Ausg. im Anschluß an die 5. Ausg. B v. Herchers Lehrbuch. (III, 54 S. m. Fig.) Leipzig 903. n. — 80; geb. n. 1. 10
II, III. Erweiterung der Planimetrie u. der ebenen Trigonometrie. 2. verm. Ausg. im Anschluß an die 5. Ausg. B v. Herchers Lehrbuch. — Stereometrie u. Grundlehren v. den Kegelschnitten. 3. Aufl. (28 u. 44 S. m. Fig.) Leipzig 903. 906. n. 1. 50; geb. n. 1. 90

Clasen, R., Lehrbuch der Arithmetik u. Algebra, s.: Hercher, B.

— Lehrbuch der Geometrie, s.: Hercher, B.

Clasen, Robert Über die durch Kreise mit gemeinsamem Schnittpunkte erzeugten Gebilde. 14 8. Progr. *Holzminden* 1878.

CLASEN, GUIL. CHR., De adhibenda trepanatione in vulneribus capitis diss. inaug. Kiliæ. 1826. 4. P.

Clasen-Schmidt, Mathilde, s. a.: Wildenfels, Curt v.

Clasen-Schmid, Mathilde, künstliche Blumen aus verschiedenem Material, als: aus Stoffen, Papier, Gold, Silber, Wolle, Chenille, Perlen, Band, Federn, Haaren, Muscheln, Fischschuppen, Wachs und Leder naturgetreu herzustellen. Nebst einem Anhang über Blumen- und Farben-Symbolik. Ein Handbuch für Blumenarbeiterinnen, Modistinnen und Dilettantinnen. Nach französ. Quellen bearb. und ergänzt. 8. (VIII, 472 S. mit 370 in den Text gedr. Holzschn.-Illustr. und 1 chromolithogr. Titelbl.) Leipzig 886, Hoffmann und Ohnstein. * geb. *

Clasen-Schmid, Mathilde (C. v. Wildenfels), Jean Collin. Roman. (205 S.) 8. Leipzig-Möckern (904). C. Mehler. n. 2. —: erm. Pr. n. 1. 50: geb. n. 2. —

Clasen-Schmid, Mathilde (C. v. Wildenfels), Jean Collin. Roman. 3. [Titel-]Aufl. (205 S.) 8. Leipzig [904] 910. Leipzig. Verlags- u. Kommissions-Buchh. 2. 50

Clasen-Schmidt, Mathilde (Red.), s. Couturière, La, parisienne.

— Gesammelte Erzählungen, s.: Leipzig, das literarische.

Clasen-Schmid, Mathilde, das Frauencostüm in praktischer, conventioneller u. ästhetischer Beziehung. 14 Capitel üb. die Hauptmomente der weibl. Bekleidg. Mit 24 in den Text gedr. Holzschn. gr. 8. (VII, 151 S.) Leipzig 888 Hoffmann & Ohnstein. n. 2. —; geb. n. 3. —

— Gedichte. (154 S. m. Bildnis.) kl. 8. Ebd. (904). n. 1. —; geb. in Leinw. n. 1. 50

Clasen-Schmid, Mathilde, Genrebilder u. Skizzen. 8. (220 S.) Leipzig 890. Laudien n. 3. —

— Genrebilder u. Skizzen. 2. (Titel-)Aufl. 8. (220 S.) Leipzig 892. R. Claußner. 1. —

Clasen-Schmid, Mathilde, Handbuch für Frauenarbeiten. Eine Anweisung in der Anfertigung der verschiedenen Arten der Stickerei, Strickerei, Häkelei, Passementerie 2c., sowie in der Verfertigung von Kleidern u. Confectionen. Illustr. m. 350 in den Text gedruckten Holzschn. Aus dem Franz. 8. (VI, 264 S.) Leipzig 879. Hoffmann & Ohnstein. n. 3. —

— Handbuch für Frauenarbeiten. Eine Anweisg. in der Anfertigg. der verschiedenen Arten in der Stickerei, Strickerei, Häkelei, Passementerie 2c., sowie in der Verfertigg. v. Kleidern u. Confectionen. Illustrirt m. 397 in den Text gedr. Holzschn. 2., verm. u. verb. Aufl. gr. 8. (VI, 282 S.) Ebend. 883. n. 3. —; geb. n. 4.

— Handbuch f. Frauenarbeiten. Eine Anweisg. in der Anfertigg. der verschiedenen Arten der Stickerei, Strickerei, Häkelei, Passementerie ꝛc., sowie in der Verfertigg. v. Kleidern u. Confectionen. 3., verm. u. verb. Aufl. 8. (VIII, 308 S. m. 420 Holzschn.) Leipzig 889. Hoffmann & Ohnstein. n. 3. —; geb. n. 4. —

Clasen-Schmid, M., Handbuch f. Frauenarbeiten. 4 Bde. Stuttgart 1880. J. G. Cotta Nachf. Geb.

— Kinderlieder. Kindliche Wünsche. Vermischte Gedichte. Rätsel. (V, 62 S.) 8. Leipzig, Leipziger Verlags- u. Kommissionsbuchh. nn — 75

— aus russischen Kreisen. Roman. 4. Aufl. (348 S.) 8. Ebd. (905). n. 2. 50; geb. in Leinw. n. 3. —

— Die bürgerliche Küche. Gesammelt u. hrsg. auf Grund langjähr. Erfahrg. (143 S.) 8. Leipzig (909). Teutonia-Verlag. Geb. in Leinw. 2. —

— Lehrbuch f. Maßnehmen, Zuschneiden u. Anfertigen von Damenkleidern. gr. 8. (40 S. m. 25 Abbildgn.) Leipzig 894. B. Ehrlich. n. 1. 50

— Leona. Roman aus russ. Kreisen. 6. [Titel-]Aufl. (348 S.) 8. Leipzig [905] (910). Leipziger-Verlags- und Kommissions-Buchh. 3. —

— Musterbuch für Frauenarbeiten. Mit erklär. Text. 4 Bde. 4. Ebend. 881. n. 7. —; in 1 Bd. geb. n.n. 8. 50

1. Canevas-Stickerei. Strickerei. Häkelarbeit. Stickerei in Weiß u. Bunt. (IV, 194 S.) n. 4. —
2. Tüllstickerei u. Spitzenarbeiten. Durchziehen in Tüll u. Filet. Knüpfarbeit [Macramé]. Franzen u. Quasten. Papier- u. Wollblumen. (132 S. m. 140 eingedr. Holzschn.) 3. —

— Musterbuch f. Frauenarbeiten m. erklärendem Text. 2., verm. u. verb. Aufl. 1. Bd.: Canevas-Stickerei — Strickerei — Häkelarbeit — Stickerei in Weiß u. Bunt. Illustrirt m. 200 in den Text gedr. Holzschn. Lex.-8. (211 S.) Ebend. 887. geb. n. 4. —

— Musterbuch f. Frauenarbeiten mit erklärendem Text. 2., verm. u. verb. Aufl. 2. Bd. Tüllstickerei, Spitzen u. Guipüren — Durchziehen in Tüll u. Filet — Knüpfarbeit — Franzen u. Quasten. Lex.-8. (179 S. m. 190 Holzschn.) Ebd. 890. geb. n. 4. — (1. 2.: n. 8. —)

— Musterbuch f. Frauenarbeiten m. erklärendem Text. 3., verm. u. verb. Aufl. 1. Bd. Canevas-Stickerei — Strickerei — Häkelarbeit — Stickerei in Weiß u. Bunt. gr. 8. (237 S. m. 230 Holzschn.) Leipzig 893. Hoffmann & Ohnstein. Geb. n. 4. —

Clasen-Schmid, Mathilde (Red.), s. Revue des modes Parisiennes.

— Schicksalswege. Roman. (192 S.) gr. 8. Ebd. (903). n. 2. —; erm. Pr. n. 1. 50; geb. n. 2. —

— Schicksals-Wege. Roman. 3. [Titel-]Aufl. (193 S.) 8. Ebd. [903] (910). 1. 50

Clasen-Schmid, Mathilde. Neues System des Zuschneidens der Damenkleider auf Grundlage des Dreiecks ... Methode Vaillant ... In's Deutsche übertragen von Mathilde Clasen-Schmid. Leipzig, Verlag von Hoffmann & Ohnstein [1830]. [Umschlagtit.]
28 S. m. 41 Holzschn. 8°.

Claesen Ch, Decorationsmotive. Stukkatur, Steinarbeit, Malerei, Tischlerarbeit. (119 T) fol Lüttich

Claesen, Joseph. Alte kunstvolle Spitzen auf der Ausstellung zu Brussel 1884 ... Berlin. Ch. Claesen & Cie ... [1884]
Tit.; 30 Taf. gr 2°.

Claesen, Jos. Alte kunstvolle Spitzen auf der Ausstellung zu Brüssel 1884. 30 Taf. (in Lichtdr.). Fol. Berl. 890, [Claesen u. Comp.], Hessling u. Spielmeyer. In Mappe * 40 —

Clasing, I. C., de unctione sacra typico umbratili s. Urim et Thummim. 4. Lemgoviae. Meyer. 717.

Clason, Ernst, a. Bonn: Die Pensionsverhältnisse deutscher Fürsten mit fremden Mächten. Bonn 1905: C. Georgi. (75 S.) 8°
Bonn, Phil. Fak., Ref. v. Bezold, Diss. v. 16. Mai 1905
[Geb. 1. Okt. 80 in Argentinien; Heimatsort: Bonn; Staatsangeh.: Preußen; Vorbildung: städt. Gymn. Bonn Reife 99; Studium: Bonn 5, Leipzig 2, Bonn 4 S.; Rig. 18. Jan. 05.]

Clason, Octavius

—— de Taciti annalium aetate quaestiones geographicas ad mare rubrum et Aegyptum maxime pertinentes. gr. 8. (58 S.) Rostock 871, Kuhn. [Werther's Verlag.] *

Clason, Octav., Cassius Dio LII. 20, zur Frage über die leges annales der römischen Kaiserzeit. gr. 8. (40 S.) Breslau 870, Mälzer. [Gera, Reisewitz' Verlag.] *

Clason, Octavivs (geb. am 26 Dez. 1843 in Hamburg): De Symmachi Epistvlarvm codice Parisino. Spec. privs ... Bonnae, typ. C. Georgi (1867). 2 Bl., 43 S., 1 Bl. 8. ¶ Erschien vollständig in dems. J. bei Marcus in Bonn m. d. Zusatz: Una eiusdem codicis collationem edidit.
Bonn, Phil. Fak., Diss. v. 8 [nach d. Akten v. 10] Aug. 1867

— de Symmachi epistularum codice Parisino scripsit et una ejusdem codicis collationem edidit. Bonn 867. A. Marcus. gr. 8. (III, 108 S.) n. 20 ngr.

—— Deutschland und die Kaiseridee. Eine historisch-polit. Untersuchung. gr. 8. (14 S.) Bonn 870, Marcus. *

—— kritische Erörterungen über den römischen Staat. I.—III. gr. 8. Rostock, Kuhn. [Werther's Verlag.] *

Inhalt:

I. Zur Frage über die Zusammensetzung der Curien und ihrer Comitien. (VI, S. 1—70.) 871. * ℳ 1,20.
II. Zur Frage über das Wesen der Tribus und Tribusversammlungen der älteren Republik — über das Wesen und die Zusammensetzung des Senats — über den Entwickelungsgang des plebeischen Staatsrechts. (IV, S. 71—166.) 872. ℳ 1,50.
III. Zur Frage über die Entstehung des römischen Staatswesens und über das Wesen des römischen Königthums. (V, S. 167—210.) 872. 75 Pf.

—— römische Geschichte, s. a. Schwegler, A.

— römische Geschichte. [Fortsetzung v. A. Schwegler's römischer Geschichte.] 1. Bd. Vom gallischen Brande Roms bis zum ersten Samniter-Kriege. gr. 8. (XXVIII, 428 S.) Berlin 873. Calvary & Co. n. 9. —
cf.: Schwegler's, A., römische Geschichte.

Clason, Octav., römische Geschichte vom ersten Samniterkriege bis zum Untergang des Alexander von Epirus. 2. Bd. Als Fortsetzung von A. Schwegler's römischer Geschichte. (5. Bd.) gr. 8. (XII, 372 S.) Halle 876, Buchh. des Waisenhauses. *
1. Bd. Berlin 1873. Calvary und Comp. * ℳ 9.

—— vor mehr als 2000 Jahren. Eine polit. und sociale Parallele als öffentl. Vortrag gehalten in der Aula der großherzogl. Landes-Universität zu Rostock am 20. Novbr. 1871. 8. (23 S.) Rostock 871, Kuhn. [Werther's Verlag.] *

— vor mehr als 2000 Jahren. Eine polit. u. sociale Parallele als öffentl. Vortrag geh. in der Aula der großherzogl. Landes-Universität zu Rostock am 20. Novbr. 1871. 8. (23 S.) Rostock 872. Werther. n. — 40

—— Plutarch und Tacitus. Eine Quellenuntersuchung. gr. 8. (73 S.) Berlin [Leipzig] 870, Heinersdorff.

—— eine Sallust-Handschrift aus der Rostocker Universitäts-Bibliothek. Eine Festschrift. gr. 8. (65 S.) Leipzig 874, Teubner. *
Aus: Jahrbücher für classische Philologie, besonders abgedruckt.

—— Tacitus und Sueton eine vergleichende Untersuchung mit Rücksicht auf die beiderseitigen Quellen nebst zwei Beilagen: 1. über die Abhandlung Th. Momsen's: „Cornelius Tacitus und Cluvius Rufus“, 2. über die Schrift L. Freytag's: „Tiberius und Tacitus“. gr. 8. (VIII, 134 S.) Breslau 870, Mälzer. [Gera, Reisewitz' Verlag.] *

Claß, ..., s. G. Konr. Rieger, Leichenpredigten.

Class, Chr. Henr. Thr., Diss. cardialgiae naturam ac modolam sistens. 45 pp. Hal. 4°.
1790

Claß, D. F., (F. C. Touchy), d. Hausvater als sein eigner Vieharzt, od. wie e. Landwirth sein Rind-, Pferd-, Schaaf-, Schwein- u. Federvieh ohne Zuthun Anderer selbst heilen kann. Mit 1 Kpf. 8. Leipz. 788. N. Aufl. 2 Thle. 790—93. Hertel. 2 ⅓ß

Claß, Gustav

Claß, G., über die modernen Alpenreisen, s.a. Sammlung von Vorträgen.

Class, Gustav: Ueber die modernen Alpenreisen. (Sammlung von Vorträgen. Herausgegeben von W. Frommel und Friedr. Pfaff. IV. 6.) Heidelberg 1880. 30 S. 8°.

Class, G., über die Frage nach dem ethischen Werth d. Wissenschaft. Akademische Antrittsvorlesung. gr. 8. (16 S.) Erlangen 879. Deichert. — 30

Class, G., Ideale u. Güter. Untersuchungen zur Ethik. gr. 8. (VII, 188 S.) Erlangen 886. Deichert. n. 3. —

Class, Gust., die Realität der Gottesidee. (V, 94 S.) gr. 8. München 904. C. H. Beck. n. 2. —

Claß, G., über Fichtes Reden an die deutsche Nation, 15 S., 8°.

Class, G., Untersuchgn. z. Phänomenologie u. Ontologie d. menschl. Geistes. gr. 8. (VIII, 238 S.) Leipzig 896. A. Deichert Nachf. n. 4. —

Class, Gust., die metaphysischen Voraussetzungen des Leibnitzschen Determinismus. gr. 8. (VII, 127 S.) Tübingen 874, Laupp'sche Buchh. *

Class, Gust., die metaphysischen Voraussetzungen des Leibnis'schen Determinismus. gr. 8. Tübingen 874. Freiburg i. Br., Mohr. *

Claß, Heinrich [wirkl. Name] s.a.
Einhart [Pseud.] A 12. 12510

Die Bilanz des neuen Kurses. Vortrag von Rechtsanw. [Heinrich] Claß. in Mainz geh. auf d. alldeutschen Verbandstag 1903. *Berlin: Alldeutscher Verband 1903.* (42 S.) 8° [F.]
— Flugschriften d. Alldeutschen Verbandes. H. 16. [03. 20830

Claß, Heinrich: Die Bilanz d. neuen Kurses. 51.—55. Taus. 1909
s. Claß: Reinertrag d. Reichspolitik seit 1890. [09. 6203

Class, Heinrich: Deutsche Geschichte von Einhart (d. i. Heinrich Class). Mit 24 Vollbild. u. 1 bunten Kte d. deutsch. Siedlungsgebiets in Mitteleuropa. 4. Aufl. Leipzig 1912. 8° *[1. Aufl. 1909.]*

Deutsche Geschichte von Einhart [d. i. Heinrich Claß]. Mit 24 Vollbild. u. 1 Kt. 3., wiederum verb. u. verm. Aufl. Leipzig: Dieterich 1910. XVI, 426 S. 8° A 12. 12029

Claß, Heinrich (Hrsg.), s. Jahre, Zwanzig, alldeutscher Arbeit und Kämpfe.

Marokko verloren? Ein Mahnruf in letzter Stunde von Rechtsanw. [Heinrich] Claß-Mainz. *München: J. F. Lehmann 1904.* (16 S.) 8° [F.]
= Flugschriften d. Alldeutschen Verbandes. H. 17. [04. 7181

Claß, Heinrich, u. Graf Ernst zu Reventlow, Reinertrag d. Reichspolitik seit 1890. 51—55. Taus. v.: „Die Bilanz des neuen Kurses", erweit. u. verm. Aufl. (86 S.) 8. Berlin 909. K. Curtius. — 80

Class, Hermann: Auffassung und Darstellung der Tierwelt im französischen Roman de Renart. Tübingen 1910: Schnürlen. XIV, 133 S. 8°
Tübingen, Phil. Diss. v. 11. Mai 1910, Ref. Voretzsch
[Geb. 22. Febr. 86 Westernbach; Wohnort: Ulm a. D.; Staatsangeh.: Württemberg; Vorbildung. Realgymn. Ulm Reife M. 05; Stadium: Tübingen 1, München 1, Grenoble 1, London 1, Tübingen 5 S.; Coll. 24. Febr. 10.] [U 10. 4174

Class, J., the guide to the english language, s. Lyon, Charl.

Classe (An die beherrschte) in Oesterreich. Flugblatt. s. l. s. a.

Classen, Die gefährlichen, Wiens. Darstellung ihres Entstehens, ihrer Verbindungen, ihrer Taktik, ihrer Sitten und Gewohnheiten und ihrer Sprache. Mit belehrenden Winken über Gaunerkniffe und einem Wörterbuche der Gaunersprache. Wien 1851. V: *Fröhlich, Rudolph.* (ABJP) (EngJ) (Ky)

Classen, d. Nothwendigkeit weiträum. Bebauung b. Stadterweiterogn.. s.: Adickes.

Classen, A.

CLASSEN, Ueber Arbeiterwohnungen, mit Rücksicht auf die Häuser der Gemeinnützigen Baugesellschaft auf der Kleinen Veddel bei Hamburg. Vortrag in dem Verein für öffentliche Gesundheitspflege. Hamburg. s. a. Druck von Carl Reese. 8°.

Hygieinische Reiseeindrücke aus Schweden. (Aus einem Vortrag von A. CLASSEN in dem Verein für öffentliche Gesundheitspflege in Hamburg.) (Ohne bes. Titelblatt. Hamburg. Druck der Actien-Gesellschaft »Neue Börsen-Halle«.) fol.

Ueber Staub und Krankheiten. Vortrag des Dr. med. CLASSEN in der Versammlung des Vereins für öffentl. Gesundheitspflege in Hamburg am 16. Dezember 1882. (Ohne bes. Titelblatt. Hamburg. Druck von Carl Reese Nachf.) 8°.

Classen, A., Uebungen f. gute Kommunionkinder u. Solche, die es bleiben wollen. 2., verm. Aufl. 12. (23 S.) Trier 888. Grach. — 15

(Separat-Abdruck aus dem »Hamburgischen Correspondenten«.) Das diätetische Verhalten bei ansteckenden Krankheiten. (Vortrag von A. CLÁSSEN im Verein für öffentliche Gesundheitspflege in Hamburg.) (Ohne bes. Titelblatt. — Druck der Actien-Gesellschaft »Neue Börsen-Halle«, Hamburg.) fol.

Classen, Alex., quantitative chemische Analyse durch Electrolyse. Nach eigenen Methoden. 2. gänzlich umgearb. und verm. Aufl. gr. 8. (IX, 180 S. mit 41 Holzschn. und 1 lithogr. Taf.) Berlin 885, Springer. *

Classen, Alex. Quantitative chemische Analyse durch Elektrolyse. Nach eigenen Methoden. 3. verm. u. verb. Aufl. gr. 8. (XI, 212 S. m. 43 Holzschn. u. 1 lithogr. Taf.) Berl. 892, Springer. geb. in Leinw. * 6 —

Quantitative Analyse durch Elektrolyse. Von Dr. Alexander Classen ... Prof. ... a. d. Kgl. Techn. Hochschule, Aachen. 4. umgearb. Aufl. Unter Mitw. v. Dr. Walther Löb, Privatdoc. ..., Aachen. M. 74 Textabb. u. 6 Taf. *Berlin: J. Springer 1897.* (VIII, 249 S., 7 Taf.) 1 Bd 8. [97. 2522

Classen, Alex., quantitative Analyse durch Elektrolyse. 5. Aufl. in durchaus neuer Bearbeitg. Unter Mitwirkg. v. H. Cloeren. (XII, 336 S. m. 54 Abbildgn. u 2 Taf.) 8. Berlin 908. J. Springer. Geb. in Leinw. 10. —

Classen, Alex., quantitative Analyse auf electrolytischem Wege. Für Unterrichtslaboratorien, Chemiker und Hüttenmänner. Nach eigenen Methoden. gr. 8. (52 S. mit in den Text gedr. Holzschn.) [Aachen, 882, Mayer]. Berlin, Springer. *

— Bemerkungen zu den Abhandlungen d. Hrn. F. Rüdorff, quantitative chemische Analyse durch Elektrolyse betr. [Aus: „Zeitschr. f. anorgan. Chemie".] gr. 8. (11 S.) Hamburg 893. L. Voss. n. — 60

Classen, Alex., Grundriss der analytischen Chemie. 2 Thle. gr. 8. Stuttgart 873. 75. Enke. n. 9. 50
1. Qualitative Analyse m. besond. Berücksichtg. der Nachweisg. organ. Verbindgn. (VIII, 210 S.) n. 3. 50
2. Quantitative Analyse in Beispielen. Zum Gebrauche f. Unterrichtslaboratorien, f. Chemiker u. Hüttenmänner. Mit in den Text gedr. Holzschn. (VI, 311 S.) n. 6. —

Classen, Alex., Grundriss der analytischen Chemie. 1. Thl. Qualitative Analyse mit besond. Berücksicht. der Nachweisung organ. Verbindungen. gr. 8. (VIII, 210 S.) Bonn 873, Marcus. *

Classen, Alex., Grundriss der analytischen Chemie. 2. gänzlich umgearb. Aufl. 2 Thle. gr. 8. Stuttgart 879, Enke. *

Inhalt:

Thl. 1. Grundriss der qualitativen chemischen Analyse unorganischer und organischer Substanzen. (IX, 206 S.) ℳ 4.

» 2. Grundriss der quantitativen chemischen Analyse in Beispielen. (VIII, 341 S. mit 45 in den Text gedr. Holzschn.) ℳ 6,50.

Handbuch der qualitativen chemischen Analyse anorganischer und organischer Verbindungen v. Dr. Alexander Classen ... 5. verm. u. verb. Aufl. M. 1 Spectraltaf. *Stuttgart: F. Enke 1896.* (XII, 242 S., 1 Taf.) 1 Bd 8.

— Classen, A.: Handbuch d. analyt. Chemie. Th. 1. (96. 9300 t

Handbuch der qualitativen chemischen Analyse anorganischer und organischer Verbindungen. Von Prof. Dr. A[lexander] Classen, Aachen. 6. umgearb. u. verm. Aufl. Mit 1 Spektraltaf. Stuttgart: Enke 1906. XIII, 341 S. 8°

(Classen: Handbuch d. analytischen Chemie. T. 1.) A 13. 5848

—— Handbuch der analytischen Chemie. 3. verb. und verm. Aufl. 2 Thle. gr. 8. Stuttgart 885, Enke. *

Inhalt:

Thl. 1. Qualitative Analyse. (XII, 223 S.) * ℳ 4.—.

» 2. Quantitative Analyse. (X, 411 S. mit 73 in den Text gedr. Holzschn.) * ℳ 8.—.

—— Handbuch der analytischen Chemie. 2 Thle. gr. 8. Stuttg., Enke. * 15 —

1. Qualitative Analyse. 4. verm. u. verb. Aufl. Mit 1 Spectraltaf. (XII, 232 S.) 889. * 6 —.

2. Handbuch der quantitativen chemischen Analyse in Beispielen. 4. verm. u. verb. Aufl. (X, 434 S. m. 75 Holzschn.) 891. * 9 —.

— Handbuch d. analyt. Chemie. I. Thl. Handbuch d. qualitat. chem. Analyse anorgan. u. organ. Verbindgn. 5., verm u. verb. Aufl. M. 1 Spectraltaf. gr. 8. (XII, 242 S.) Stuttgart 896. F. Enke. n. 6. —

Classen, Alex., Handbuch der analytischen Chemie. 2. Thl. Handbuch der quantitativen Analyse in Beispielen. 5. umgearb. u. verm. Aufl. gr. 8. (X, 488 S. m. 86 Holzschn.) Stuttgart 900. F. Enke. n. 10. 80

Thl. 1. Ebd. 896. n. 6. —.

Classen, A., Handbuch der analytischen Chemie. I. Tl. Handbuch der qualitativen chem. Analyse anorgan. u. organ. Verbindgn. 6. umgearb. verm. Aufl. Mit 1 (farb.) Spektraltaf. (XIII, 341 S.) gr. 8. Stuttgart 906. F. Enke. n. 8. —; geb. in Leinw. n. 9. —

Classen. A.: 1. Sonnenscheins Handbuch der gerichtlichen Chemie neu bearbeitet. 2. Aufl. Berlin. 1881.

— ausführl. Lehrbuch d. Chemie, s.: Roscoe-Schorlemmer.

— Kurzes Lehrbuch d. Chemie, s.: Roscoe, Henry E.

— kurzes Lehrbuch der Chemie, s.: Roscoe-Schorlemmer.

— Lehrbuch der chemisch-analyt. Titrirmethode, s.: Mohr, Frdr.

— über e. neue quantitative analytische Methode v. vielfacher Anwendbarkeit. [Aus: „Zeitschr. f. analyt. Chemie“.] gr. 8. (29 S.) Wiesbaden 879. Kreidel. n. 1. —

—— über eine neue Methode zur Trennung des Eisenoxyds und der Thonerde von Mangan. gr. 8. (16 S.) Wiesbaden 879, Kreidel's Verlag. *

— ausgewählte Methoden der analytischen Chemie. 1. Bd. Unter Mitwirkg. v. H. Cloeren. Mit 78 Abbildgn. u. 1 Spectraltafel. gr. 8. (XX, 940 S.) Braunschweig 901. F. Vieweg & Sohn. Geb. in Leinw. n. 20. —

— ausgewählte Methoden der analytischen Chemie. 2. (Schluss-)Bd. Unter Mitwirkg. v. H. Cloeren. Mit 133 Abbildgn. u. 2 Spectraltaf. (XVI, 831 S.) gr. 8. Braunschweig 903. F. Vieweg & Sohn. Geb. in Leinw. n. 20. —

Bd. I. Ebd. 901. n. 20. —.

— Neuergn. i. d. quantitat. Analyse durch Elektrolyse, s.a. Encyklopädie d. Elektrochemie.

CLASSEN, ALEXANDER.

Neuerungen in der quantitativen Analyse durch Elektrolyse (Encyclopädie der Elektro-Chemie. Band III). Halle, 1895. 8vo. Ill.

—— Tabellen zur qualitativen Analyse. Im Anschlusse an den Grundriss der analyt. Chemie, 1. Thl., qualitative Analyse. gr. 8. (6 Tab. in gr. 8., qu. gr. 4 und qu. Fol.) Stuttgart 876, Enke. cart. *

—— Tabellen zur qualitativen Analyse. Im Anschlusse an das Handbuch der analyt. Chemie. 1. Thl.: Qualitative Analyse. 2. verb. Aufl. gr. 8. (7 Tab. mit 1 S. Text.) Ebendas. 888. geb. *

Classen, Aug., gesammelte Abhandlungen über physiologische Optik. gr. 8. (VII, 173 S.) Berlin 868, Hirschwald. *

Classen, Aug., über den Einfluß Kants auf die Theorie der Sinneswahrnehmung und die Sicherheit ihrer Ergebnisse. gr. 8. (XI, 275 S.) Leipzig 886, Grunow. *

Classen, Aug., Entwurf einer Psychologie der Licht- und Farbenempfindung, s. Sammlung physiologischer Abhandlungen.

Classen, Aug., zur Physiologie d. Gesichtssinnes, s.a. Sammlung physiologischer Abhandlungen.

—— Physiologie des Gesichtssinnes zum ersten Mal begründet auf Kant's Theorie der Erfahrung. gr. 8. (XIX, 202 S.) Braunschweig 876, Vieweg und Sohn. *

Classen, Aug., über das Schlussverfahren des Sehactes. gr. 8. (VI und 76 S.) Rostock 863, Leopold's Universitäts-Buchh. *

Classen, Aug., Untersuchung über die Histologie der Hornhaut. Habilitations-Schrift. Rostock 858. Stiller. gr. 8. (38 S.) n. 6 ngr.

Classen, Aug., wie orientiren wir uns im Raum durch den Gesichtssinn, s.: Sammlung physiologischer Abhandlungen.

Classen, Frz., verbindender Text zu Maria von Arndts Liedern aus F. W. Webers „Dreizehnlinden“. Zunächst für gesellige Kreise zusammengestellt. 1. und 2. Aufl. gr. 8. (32 S.) Paderborn 881, Schöningh's Sortiment. *

Classen, Frz., verbindender Text zu Maria v. Arndt's Liedern aus F. W. Weber's, „Dreizehnlinden“. Zunächst für gesellige Kreise zusammengestellt. 3. Aufl. gr. 8. (32 S.) Paderborn 888, Esser. *

Classen, Franz Joseph, Dr., aus Heinsberg i. Rheinland: Ein Beitrag zur Casuistik der primären Nierensarkome im kindlichen Lebensalter. *Würzburg: F. Scheiner 1897.* (23 S.) 8°

Würzburg, Med. Diss. v. 1897

Classen, G. Aug., das Auge und seine Krankheiten für Gebildete aller Stände dargestellt. 8. (89 S. mit Abbild. in eingedr. Holzschn.) Hamburg 874, Richter. *

CLASSEN, GEO., Disp. theol. de miraculis, Henr. Cornel. Agrippæ, Bechero et Fleetwodo imprimis opposita. Rostochii. 1707. 4. P. — Nunc recusa. Sm. St. 1719. 4. P. [Præs. Henr. Asc. Engelken].

Classen, Georgius Augustus *(geb. Lübeck 13. 1. 1835)*: De medicis primorum medii aevi seculorum. Vratislaviae (1856). (40 S.) 8°

Breslau, Med. Diss. v. 15. März 1856

Classen, Hugo, Gutachten üb. die drohende Verunreinigung des Rheinstroms. Leipzig 899. F. Leineweber. n. 1.—
Sonderabdruck aus: „Gesundheit".

— neue Untersuchungen üb. die Grenzen u. hydrometrischen Werte der Selbstreinigung fliessender Gewässer. Vortrag, geh. im internationalen Verein für Reinhaltung der Flüsse, des Bodens u. der Luft in Leipzig am 5. XI. 1898. gr. 8. (26 S. m. 1 Tab.) Ebd. 899. n 1.—
Sonderabdruck aus: „Gesundheit".

Classen, J., Die Kubaner Ansiedlung. 74 S. Echoverlag Steinbach, Canada

Claſſen, J., Baupolizeigeſetz der Stadt Hamburg vom 3. VI. 1882, ſ.: Olshauſen, O.

Classen, Johs., die Anwendung der Mechanik auf Vorgänge des Lebens. (Nach e. Vortrage, geh. im naturwissenschaftl. Verein zu Hamburg) Lex.-8. (18 S.) Hamburg 901. (L. Gräfe & Sillem.) n. 1.—
Sonderabdruck aus: „Jahrb. d. hamburg. wiss. Anst."

Classen, Johs., meine Bedenken gegen den Monismus. Vortrag, geh. im Hamburger Monistenbund. (30 S.) gr. 8. Hamburg 909. C. Boysen. —80

Bemerkungen über den gegenwärtigen Stand der niederdeutschen Sprache v. Johannes Classen. Lübeck. 1836. 8°

Classen, J., Beobachtungen üb. den homerischen Sprachgebrauch. 4 Tle. Pr. 1854—1857. 26. 27. 39. 38 S. 4°. à 2.—

Classen, Joh., Beobachtungen über den Homerischen Sprachgebrauch. Frankfurt a. M. 867. Winter. gr. 8. (2 Bll., 231 S.) n. 1 *ℳ* 10 *ngr.*

Classen, Joh., Beobachtungen über den Homerischen Sprachgebrauch. Neue (Titel-)Ausg. gr. 8. (III, 231 S.) Frankfurt a/M. (1867) 879. Winter. n. 3. —

Classen, Johannes [Assist. am phys. Staatslaborat. zu Hamburg]: Beobachtungen über die spezifische Wärme des flüssigen Schwefels.... (Aus: Jahrb. d. Hamburg. Wiss. Anstalten. VI.) Hamburg, gedr. bei Lütcke & Wulff, E. H. Senats Buchdr., 1889; 28 S. n. 2 Taf. 8°
Jena, Phil. Fak., Inaug.-Diss. v. 1889

Classen, J., Beobachtungen üb. die spezifische Wärme d. flüssigen Schwefels. Mit 2 Taf. Abbildgn. [Aus: „Jahrb. d. Hamburg. wiss. Anstalten".] Lex.-8. (28 S.) Hamburg 889. (Gräfe.) n. 1. 20

Classen, Johs., über die Beziehungen Melanchthons zu Frankfurt a. M. Nebst einem Nachtrag von G. E. Steitz. Zur Erinnerung an den 300jähr. Todestag Melanchthons den 19. April 1860. Frankfurt a. M. 860. Brönner. 4. (40 S.) n. 10 *ngr.*

Claſſen, das Entropiegeſetz od. der 2. Hauptſatz der Wärmelehre, s.a. Zeitfragen, naturwiſſenſchaftliche. 8. Hft.

Das Entropiegesetz oder der zweite Hauptsatz der Wärmelehre. Von [Johannes] Classen. Godesberg: Naturw. Verl. 1910. 30 S. 8°
(Naturwiss. Zeitfragen. H. 8.) [10. 6137 5

Classen, Johs., naturwissenschaftliche Erkenntnis u. der Glaube an Gott. Vortrag, geh. im Hamburger Protestantenverein. (32 S.) gr. 8. Hamburg 903. C. Boysen. n. —80

—— Gedächtnisschrift, s.a. Schultess, F.

Johannes Classen. Gedächtnisschrift der Gelehrtenschule des Johanneums. *Hamburg 1892: Lütcke & Wulff.* (45 S.) 4°(8°) [02. 9700

—— zur Geschichte des Wortes Natur. Festschrift der Dr. Senckenberg. Stiftung zu Frankfurt a. M. an dem Tage ihres 100jähr. Bestandes, den 18. Aug. 1863, Namens des Lehrer-Collegiums des Gymnasiums gewidmet. Lex.-8. (36 S.) Frankfurt a. M. 863, Sauerländer's Verlag.

— über die Grenzen des Naturerkennens. (Nach e. Vortrag, geh. im naturwissenschaftl. Verein in Hamburg.) (17 S. m. 1 Fig.) Lex.-8. Hamburg 906. (L. Gräfe & Sillem.) n. —80
Sonderabdruck aus: „Jahrb. d. hamburg. wiss. Anstalten".

—— die ehemalige Handelsakademie des Prof. J. G. Büsch und die Zukunft des akademischen Gymnasiums in Hamburg. gr. 8. (IX und 112 S.) Hamburg 865, Mauke Söhne. *

—— Herodotus. Lebensabriss. Abweichungen seines ionischen Dialekts vom attischen. 8. (24 S.) Jena 862, Frommann.
Aus: Jacobs Attika, 8. Aufl., besonders abgedruckt.

—— Herodotus. Lebensabriss. Abweichungen seines ionischen Dialekts vom attischen. 2. Aufl. 8. (24 S.) Jena 876, F. Frommann.
Aus: Jacobs', Friedr., Attika, 10. Aufl., besonders abgedruckt.

Claſſen, Johs., Friedrich Jacob, Director des Catharineums in Lübeck in ſeinem Leben und Wirken dargeſtellt. Nebſt Mittheilungen aus ſeinen ungedruckten poetiſchen u. proſaiſchen Nachlaß u. ſeinem Bildniß in Kpfrſt. Jena 855. Frommann. gr. 8. (VI, 223 S.) n. 1 *ℳ* 15 *ngr.*

—— s. Jacob's, Friedr., Elementarbuch der griechischen Sprache.

Claſſen, Joh., der ſchnelle Calculator in Manufaktur-Waaren-Geſchäften. Ein prakt. Hülfsb. f. Manufaktur-Waaren-Handlungen u. Fabrikanten d. Inlandes. 8. (6¼ B.) Siegen 845, Friedrich'ſche Brlsbchh. *

Claſſen, Joh., der ſchnelle Calculator in Manufactur-Waaren-Geſchäften. Ein pract. Hülfsbuch für Manufactur-Waaren-Handlungen und Fabrikanten. Nach der Praxis und den beſten Quellen bearb. Neue (Titel-)Ausg. 12. (IV und 94 S.) Wiesbaden 855, Friedrich's Brlgsh.

Claſſen, Joh., der ſchnelle Calculator in Manufactur-Waaren. Reductions-Tabellen verſchiedener Ellenmaaße und Münzfuße, Cours- und Conto-Current-Berechnungen ꝛc. (Neue Aufl.) Köln 863. W. Greven. 8. (94 S.) 12 *ngr.*

Ueber das Leben und die Schriften des Dichters Johann Laurenberg v. J[ohannes] Classen. Lübeck. 1841. 8°

— grammatisches Lesebuch zur Einübung der lateinischen Formenlehre. (Abdr. aus dem Latein. Elementarbuche 1. Bdchn. 15. Aufl.) Jena 857. Frommann. 8. (78 S.) 3 *ngr.*

— Jacob Micyllus, Rector zu Frankfurt und Profeſſor zu Heidelberg von 1524 bis 1558, als Schulmann, Dichter und Gelehrter dargeſtellt. Frankfurt a. M. 858. Verlag f. Kunſt u. Wiſſenſchaft. gr. 8. (VIII, 316 S.) n. 2 *ℳ*

—— Jacob Micyllus, Rector zu Frankfurt und Profeſſor zu Heidelberg von 1524 bis 1558, als Schulmann, Dichter und Gelehrter dargeſtellt. gr. 8. (VIII und 316 S.) Frankfurt a. M. 859, Verlag für Kunſt und Wiſſenſchaft. *

Classen, J, Mitteil. von e. Besuch in Olympia. S.-A. 1880. 15 S. u. 1 K. —.75

— Naturwissenschaft u. Monismus. (36 S.) gr. 8. Ebd. 908. 1.—

— Eine Neubestimmung der Ladung zur Masse der Elektronen in den Kathodenstrahlen. (20 S. m. 3 Abbildgn. u. 1 Taf.) Lex. 8. Hamburg 908. (L. Gräfe & Sillem.) 1.—
Sonderabdr. aus „Mitteilgn. a. d. physik. Staatslaborat".

—— Barthold Georg Niebuhr. Eine Gedächtnisschrift zu seinem 100jähr. Geburtstage, den 27. Aug. 1876. gr. 8. (IX, 181 S.) Gotha 876, F. A. Perthes. *
Mit Photographie *

— mathematische Optik, s.a. Sammlung Schubert. 40.

Mathematische Optik von Dr. J[ohannes] Classen, Assist. Mit 52 Fig. Leipzig: Göschen 1901. X, 207 S. 8°
(Sammlung Schubert. 40.) [10. 12439 4

Classen, Ioannes ⟨geb. am 21 Nov. 1805 in Hamburg⟩. De grammaticae Graecae primordiis . . . [Bonnae], (typ. C. F. Thormanni 1829). 1 Bl., 85, VI S. 8. ¶ Erschien zugleich selbständig in Komm. bei Weber in Bonn.
Bonn, Phil. Fak., Diss. v. 2 Sept. 1829

Classen, Johs., die Prinzipien d. Mechanik b. Boltzmann u. Hertz. [Aus: „Jahrb. d. hamburg. wissenschaftl. Anstalten"] Lex.-8. (13 S.) Hamburg 898. (L. Gräfe & Sillem.) n. 1.—

— Rede über einige Gründe, welche sich dem Fortschreiten der Schüler am häufigsten entgegenstellen, und Ansprache an die Abiturienten, gehalten bei der Progressionsfeier des Gymnasiums am 14. März 1856. Frankfurt a. M. 856. Hermann. gr. 8. (24 S.) 3 ngl

— und O. Ribbeck, über die Rede des Königs Oedipus, s. Ribbeck, O.

— Reduktions-Tabelle der Cölner-Elle in Berliner-Elle von 6 Pf. bis 10 Thlr. schmal gr. 8. (8 Taf.) Siegen 845, Friedrich'sche Brlsbuchh. *

Classen, Johannes, zur Statistik und Aetiologie der Neuralgie. Diss. Kiel 1886, Haeselersche Sort.-Buchh 8°. 22 S.

Classen, Johannes [approb. Arzt aus Jever]: Zur Statistik und Aetiologie der Neuralgie .... Kiel, Druck v. Schmidt & Klaunig, 1886; 22 + 2 S. 8°.
Kiel, Med. Fak., Inaug.-Diss. v. 12. Aug. 1886.

Classen, J., Symbolae criticae: 3 Tle. I. Ad Thucyd. et Herodotum. II. Ad Taciti Hist. III. Ad Taciti Hist. et Agricolam. Pr. 1859/1868 u. 1866. 16, 24 u. 16 S. 4°.

— **Theorie der Elektrizität u. des Magnetismus,** s.a. **Sammlung Schubert, 41. 42.**

Theorie der Elektrizität und des Magnetismus. Von Dr. J[ohann] **Classen.** Mit Fig. Bd 1. 2. Leipzig: Göschen 1903–04. 8°
1. Elektrostatik u. Elektrokinetik. 1903.
2. Magnetismus u. Elektromagnetismus. 1904.
(Sammlung Schubert. 51. 52.) [11. 7773 6

— **Untersuchungen üb. den durch Luxferprismenfenster zu erreichenden Helligkeitsgewinn, nach im physikal. Staatslaboratorium zu Hamburg ausgeführten Beobachtgn. gr. 8. (15 S. m. 2 Tab. u. 6 Taf.) Hamburg 901. (Verlagsanstalt u. Druckerei.) n. 1.50**

Classen, J[ohannes]. Vorlesungen über moderne Naturphilosophen ⟨Du Bois-Reymond, F. A. Lange, Haeckel, Ostwald, Mach, Helmholtz, Boltzmann, Poincaré und Kant⟩. VIII + 180 S. 8. Hamburg, C. Boysen, 1908. [M. 3.50]

— **zwölf Vorlesungen üb. die Natur des Lichtes. (X, 249 S. m. 61 Fig.) 8. Leipzig, 905. G. J. Göschen.** Geb. in Leinw. n. 4.—

Classen, Joseph

CLASSEN, Joseph (Aachen): Angio-Fibrom der Netzhaut bei einem Haemophilen.- München: Ernst 1884. 24 S.
27.3.1884 - Urk (Titel: De fibromate retinae in haemophilo.); Chr 1883/84,14
Diss. Ingolst.-Landsh.-Mchn.

Der letzte Condé. (Ludwig Anton Heinrich Herzog von Enghien ⟨1772–1804⟩.) Eine geschichtl. Skizze von P. Joseph **Classen** Obl. M. J. Hamm i. W.: Breer & Thiemann 1906. (33 S.) 8° [Umschlagt. J.]
= **Broschüren,** Frankfurter zeitgemässe. Bd 25, H. 10. [06. 9187

— **Jesus in uns, s.: Drusbickt.**

Classen, Jos., Obl. M. J., Jungfrau, treu zu Jesus. Lehr- u. Gebetbüchlein f. kath. Jungfrauen. (192 S. m. 1 Stahlst.) 12,5×7,5 cm. Kevelaer (908). Butzon & Bercker. Geb. in Leinw. — 75

— **Königin, ohne Makel der Erbsünde empfangen, bitte für uns! Ein Lehr- u. Gebetbüchlein zur Verehrg. der unbefleckten Empfängnis der allerseligsten Jungfrau u. Gottesmutter Maria. Zur Erinnerg. an die 50. Wiederkehr der Verkündigg. des Glaubenssatzes. (8. XII. 1854 —8. XII. 1904.) (144 S. m. farb. Titel u. farb. Titelbild.) 16. Kevelaer (904). Butzon & Bercker.** Geb. in Leinw. n. — 50

Classen, Jos., O. M. I., Marienblumen, s.: Aus Fremde u. Heimat.

Classen, Julius Wilhelm, s. Classen, Wilhelm

Classen, Karl

Classen C. die Anwendung des neuen Mass-, Gewichts- und Münzsystems auf die Flächen- u Körperberechnung für die Volksschule bearbeitet. Mit 8 Körpermodellen, 2 Plänen und 2 Zeichnungen. Nürnberg 1875

Classen, Carl, Anwendung des metrischen Systems auf den Getreidehandel und auf die Handelsberichte. Abhandlung zur Erläuterung und weiteren Begründung des von demselben Verf. für verschiedene Geldwährungen nach metr. Maß und Gewicht bearb. Getreidepreisrechners. gr. 8. (46 S.) Ansbach 871, Brügel und Sohn. *

Classen, C.: Der mittelfränkische Boden. Ansbach 1871.

Classen, K(arl): Bücher-Verzeichnis der Lehrer-Bibliothek. T. 1. Wesel 1907: C. Kühler. (83 S.) 8°
Wesel, k. G u. R OP 1907 (591)

Classen, Karl: Bücher-Verzeichnis der Lehrer-Bibliothek. T. 2. Wesel 1908: Kühler. V, 189 S. 8° [Forts. d. P-Beil. 1907.]
Wesel, k. G u. R P 1908 (618) [S 08. 58

Classen: Denkschrift betreffend die Ursachen und Folgen der jähen Überschwemmungen und die Mittel zu deren Beseitigung. Ansbach 1876.

. Classen, Denkschrift betreffend die Ursachen und Folgen der jähen Überschwemmungen und die Mittel zu deren Beseitigung. Ansbach 1878

Classen, Denkschrift über den rechnerischen Zusammenhang zwischen Qualitätsgewicht und Preis im Getreidegeschäft. Ein Beitrag zur Begründung der Maßnahmen des königl. preuß. Handelsministeriums, betr. das Usancen-Wesen der Getreidebörsen. gr. 8. (25 S.) Ansbach 888, Brügel und Sohn.

Classen, Karl [app. Arzt aus Hamburg]: **Ueber einen Fall von** primärer Tuberkulose der Iris und des Ciliarkörpers. . . . Hamburg, Druck d. Verlagsanst. u. Druckerei A.-G. (vorm. J. F. Richter), 1889; 46 S. + 1 Bl. 8°
Freiburg i. B., Med. Fak., Inaug.-Diss. v. 1889

— Getreidepreis-Rechner nach metrischem Maß und Gewicht in süddeutscher Währung für Waizen, Roggen, Gerste, Hafer, Dinkel und Kern in 138 Taf. bearb. 8. (IX, 147 S. und 1 Tab. in qu. Fol.) Ansbach 871, Brügel und Sohn. *
— dass. — in Thaler-Währung für Waizen, Roggen, Gerste und Hafer in 150 Taf. bearb. 16. (XI, 159 S. mit 1 Tab. in Fol.) Ebendas. 871. *

Classen, Car. (geb. Düren 31. 5. 1841): De ileo. Berolini (1865). (32 S.) 8°
Berlin, Med. Diss. v. 20. Juli 1865

Classen, [Carl], Material zu dem Entwurfe eines Tabaksteuergesetzes. Mit besond. Berücksicht. der Interessen der Landwirthschaft, der Industrie und des Handels zusammengestellt. 8. (19 S.) Ansbach 878, Brügel und Sohn. *

Classen, Material zu dem Entwurfe eines Tabaksteuergesetzes für das Deutsche Reich. Ansbach 1879

Classen, Karl Moritz [Dr.]: Über das Leben und die Schriften Byrhtferðs, eines angelsächsischen Gelehrten und Schriftstellers um das Jahr 1000. [= Inaug.-Diss. v. Leipzig 1896.] Dresden, Druck v. B. G. Teubner, 1896; 3–39 S. 4.
Dresden-Altstadt, Annen-S '(RG)', OP 1896 (503)

Classen, Mathias, a. Waldenrath: Die konfessionelle und politische Bewegung in der Reichsstadt Aachen zu Anfang des siebzehnten Jahrhunderts. Aachen 1906: H. Kaatzer. (162 S.) 8° ¶(Aus: Zeitschrift d. Aachener Geschichtsvereins Bd 28.)
Würzburg, Phil. Fak., Ref. Chroust, Diss. v. 21. Nov. 1906
[Geb. 9. Dez. 80 Waldenrath; Wohnort: Hinsbeck; Staatsangeh.: Preußen; Vorbildung: Gymn. Kempen Reife O. 02; Studium: Bonn 2, Würzburg 5 S.; Rig. 24. Nov. 05.]

Claſſen, N. J., prakt. Handbuch f. Pfarrer u. Kirchenverwalter ꝛc. gr. 8. Köln 811. (Du Mont-Schauberg). 20 K

Claſſen, N. J., prakt. Handbuch f. Pfarrer u. Kirchenverwalter ꝛc. gr. 8. Cöln, Keil. 811. Rthlr.

Classen, W., Führer durch die Lehr- und Erziehungs-Anstalten Deutschlands für Angehörige der besseren Gesellschaftskreise. Jhg. 1891/92. Berlin o. J. 6 . . . (0.)

Classen, Walther F.

— Chriſtus heute als unſer Zeitgenoſſe. 1.—3. unveränd. Abdr. (4. Tauſ.) (à VII, 78 S.) kl. 8. München 905. C. H. Beck. Kart. n. 1.—

Claſſen, Walth., bibliſche Geſchichte nach der neueren Forſchung f. Lehrer u. Eltern. 1. Tl: Leben Jeſu. (VII, 91 S.) gr. 8. Hamburg 906. C. Boyſen. n. 1.40; geb. in Leinw. n. 1.80

Claſſen, Walth. F., bibliſche Geſchichte nach d. neueren Forſchung f. Lehrer u. Eltern. 2. u. 3. Tl. gr. 8. Hamburg, C. Boyſen. 3.—; geb. 3.90 (Kplt.: erm. Pr. 4.—; geb. 4.60)
2. Altes Teſtament. (VIII, 146 S.) 907. 2.—; geb. 2.50
3. Das Urchriſtentum. (III, 65 S.) 908. 1.—; geb. 1.40

Classen, W. F., Grossstadtheimat. Beobachtungen zur Naturgeschichte des Grossstadtvolks. (224 S.) 8. Hamburg 906. Gutenberg-Verlag Dr. E. Schultze. n. 3.—; geb. n. 4.—

Claſſen, Walth., der geſchichtliche Jeſus v. Nazareth. 8. (32 S.) Heidelberg (902). Ev. Verlag. n. —25

Claſſen, Walth. F., die drei Krauters. Volksſtück in 2 Aufzügen. (29 S.) 8. Hamburg 907. C. Boyſen. —60

— Kreuz u. Amboß. Roman aus der Gegenwart. 8. (III, 329 S.) Hamburg 903. C. Boyſen. n. 3.—; geb. in Leinw. n. 4.—

— Die Notwendigkeit religiöſer Diskuſſionsabende. Vortrag, geh. auf der Konferenz liberaler Theologen in Hamburg. (15 S.) gr. 8. Hamburg 910. C. Boyſen. —25

— Fritjof Reimarus. 5 Tage im Leben der Großſtadtleute. 2. Aufl. (VIII, 140 S.) 8. Ebd. 910. 2.50; geb. in Leinw. 3.50

— sociales Rittertum in England. Ein Reisebericht. 8. (53 S.) Ebd. 900. n. —60

— die Söhne des Apoſtels. Hiſtoriſche Novelle aus Hamburgs früheſten Tagen. 8. (92 S.) Ebd. 900. n. 1.50; geb. in Leinw. n. 2.25

— Die Söhne des Apoſtels. Hiſtor. Novelle aus Hamburgs früheſten Tagen. 2. durchgeſeh. Aufl. (92 S.) 8. Ebd. 908. Geb. in Leinw. 1.50

Suchen wir einen neuen Gott? Von Walther F. **Classen**. Tübingen: J. C. B. Mohr 1907. (51 S.) 8° [F.]
— **Lebensfragen.** 22. 07. 15406

— Die Verſchwörung bei Krakehlſen & Co. Eine luſt. Kontorgeſchichte in 2 Aufzügen. (23 S.) 8. Hamburg 909. C. Boyſen. —60

— Vom Lehrjungen zum Staatsbürger. Zur Naturgeſchichte unſerer heranwachſ. Jugend. (114 S.) 8. Hamburg 909. Gutenberg-Verlag. 1.60; geb. 2.25

Neue Wege zur Jugendpflege. Von W(alther) **Classen**-Hamburg u. Pfarrer lic. Dr. [Georg] Hollmann-Charlottenburg. Beil.: Prakt. Winke u. Vorschläge z. Einrichtung von Jugendvereinen u. Literatur. Halle a. S.: Gebauer-Schwetschke 1908. (64 S.) 8° [F.]
— **Kampf** u. Arbeit d. freien Christentums in Deutschland. H. 6. 08. 8492 3

Classen, (Julius) Wilh. (geb. Mainz 28. 6. 1861): Zur Casuistik der Kropfexstirpation. Berlin (1885). (32 S.) 8°
Berlin, Med. Diss. v. 17. Jan. 1885

Classen-Kehren, Berta, s. Kehren, Berta Classen-

Irrgänge der Liebe. Roman von Dagmar **Classen** Smidt. Mit 3 Vollbild. Berlin: A. Weichert [1904]. (96 S.) 8° [F.]
— **Wochen-Bibliothek,** A. Weichert's. Bd 167. 05. 5300

Claessen. **Denkschrift über die dem preußischen Landtage vorgelegten Gesetzentwürfe, betr. den Geschäftsverkehr der Versicherungsansalten. 1869.**

Claessen: Über vergleichende Geographie. 11 S.– Düren, Progr. 1869.

Claeſſen, C., ſ.: Kalender f. Kornbrenner u. Preßhefefabrikanten.

Claeſſen, G. A., ſ. Jak. Wagner, die kathol. Schuljugend.

Claeſſen, H., die Krankheiten der Bauchſpeicheldrüſe. Nach der Erfahrung kritiſch bearbeitet. gr. 8. Köln 842, Du Mont-Schauberg. 1⅔ ℳ

Claeſſen, H., die Krankheiten d. Bauchſpeicheldrüſe. Nach der Erfahrung kritiſch bearb. gr. 8. (23½ B.) Köln 845, Du Mont-Schauberg.

Claeſſen, H., Wahres u. Falſches in d. ſogen. Waſſerheilkunde. Ein Wort d. Verſtändigung an Aerzte u. gebild. Laien. 8. (8 B.) Köln 840, Du Mont-Schauberg.

Claessen, Heinrich: Ueber die Enucleation der Uterusmyome . . . . Bonn, Univ.-Buchdr. v. C. Georgi, 1886; 40 S. 8°.
Bonn, Med. Fak., Inaug.-Diss. v. 21. Jul. 1886

Claessen, Heinrich, über die Enucleation der Uterusmyome. Diss. Bonn 1886, Emil Strauss. 8°. 40 S.

Cläſſen, Hnr. Bernh., nützl. Hülfsberechnungen nach allen Münzfußen, wo d. Reichsthaler 24 Gr. gilt ꝛc. 4. Münſter 796. Coppenrath. 14 gl.

Claessen, Heinrich Joseph (Erclinlac/Rhld.), De statu febrium nervoso atque putrido. Dissert. pathol. Bln. (Nietack) 30. IX. 1837. 68 S. mit Biogr. (M.: F. Korschilgen.) (4.50) 5246
Oppon.: J. V. Schoeller, R. Hasenclever, P. L. Pauls. — Gew.: Friedr. Nasse.

Claeſſen, J. M., ſ. Th. v. Kempis, vier Bücher v. d. Nachfolge Chriſti.

Claessen, Joseph: Aus d. chirurg. Klinik zu Bonn. Ueber die nicht puerperalen Urinfisteln des Weibes. . . . Bonn, Buchdr. Jos. Bach Wwe., 1889: 85 + 1 S. + 1 Bl. 8°
Bonn, Med. Fak., Inaug.-Diss. v. 29. Jul. 1889

Claessen, Conrad [aus Aachen]: Ueber einige unsymmetrische secundäre aromatische Hydrazine mit ungesättigten Alkoholradikalen. . . . Aachen, Druck v. C. H. Georgi, 1890; 33 S. 8°
Rostock, Phil. Fak., Inaug.-Diss. v. 26. Jun. 1890

Claessen, Levin ⟨geb. am 6 Dez. 1843 in Düren⟩: Ueber Schultergelenkentzündung . . . Bonn, Druck v. C. Georgi 1869. 29 S., 1 Bl. 8.
Bonn, Med. Fak., Diss. v. 27 Juli 1869

Claessen, S. D., de opere Dei miraculoso in sanctis redivivis demonstrato. Fcft. ad V. 1726. 4.

Classenkampf. Sociale Fragen und Antworten. 1. Heft. 8°. Bremen, Nordd. Volksschr.-Verl. A. G., s. a.

Classes generales geographiae, s.a. Sestini.

Classes generales geographiae numismaticae. Lipsiae 1797. V: *Sestini, A. Domen.* (EB)

Classicismus oder Materialismus ... Leipzig 1886. V: *Flach, Hans.* (Kürschners Litt.-Kalender 15.)

Classicorum latinorum nova editio, cum notis et commentariis, Vol. Ium, etiam sub titulo: C. C. Sallustii Opera. 8maj. Brixae. (Viennae, Volke, et Berol. Nicolai.) 819.

— — eorumd. Vol. II. III et IVum, etiam sub titulo: P. Virgilii Opera, ad novissimam Heynii editionem exacta cum notis selectis, III Vol. 8maj. Mediolani. (Ibid.) 820.

— — eorumd. Vol. V. VI et VII, etiam sub titulo: C. Julii Caesaris itemque Auli Hirtii, quae extant omnia, recensita et illustrata cura et studio J. B. Ciaui. III Vol. 8maj. Ibid. 820. (Ibid.)

— — eorumd. Vol. VIII et IX., etiam sub titulo: P. Terentii Afri Comoediae, lectissimis ad not. illust. curante ac recensente C. Al. Rossio. Vol. I. et II. 8maj. Ibid. 820. (Ibid.)

Classics, engl., s.a. *Pocket* Edition.

Classics, English. Pocket edit. 16 Vol. in 12. Zwickau, Gebr. Schumann. 818 — 820. à 10 Gr.
(Vol. 1. Childe Harold by L. Byron. — Vol. 2. the Giaour. — Bride of Abydos, by L. Byron. Vol. 3. the Corsair — Lara by Byron. — Vol. 4. Ode to Napuleon — poems — Hebrew — Melodies by Byron. — Vol. 5. the Siege of Corinth — Parisina — Poems. by Byron. — Vol. 6. ps. 1-2. Prisoner of chillon. — Manfred — Poems by Byron. — Vol. 7. 8. W. Scott, the Lay of the Last minstrel — Vol. 9-11. L. Byron, Childe Harold — the Vampyre. — Mazeppa. Vol. 12. 13. W. Scott, the Lady of the Lake. — Vol. 14. 15. R. Southey, Poems part 1 et 2. — Vol. 16. L. Byron. Don Juan.)

Classics, the, of painting. A collection of the most celebrated works of the italian early and high-renaissance. With explanatory text by P. F. Kroll, with the co-operation of O. Eisemann and F. Rober. Translated from the german by E. d'Esterre-Keeling. Edited by J. Leonard Corning. 34 parts. Fol. (à 2 Bl. in Lichtdr. mit Text 156 S.) Stuttgart 879. 80. Neff. à n. 2. 50; cplt. geb. n. 105. —

Classicus, Julius

Classikus, Julius, Die Fahnenjunker in Trier. Trier, Ritter, 1832, gr. 8°.
Dagegen erschien: Beleuchtung der Schrift von J. Classikus: Die Fahnenjunker, herausgegeben von F. X. Blunde, unter Mitwirkung von Scholl, Rosenbaum u. Boner. Trier, Gall, 1832, gr. 8°.

Classicus, Jul., die Fahnenjunker in Trier. gr. 8. (3⅛ B.) Zweibrücken 832, Ritter.
Vgl. Beleuchtung, Deckel.

—— die Keuschheits-Wächter. gr. 8. (3¾ B.) Zweibrücken 832, Ritter.

CLASSICUS, Julius (ps.), Das Urtheil der alten und neuen Welt über den Cölibat der Priester beleuchtet und mit Anmerkungen begleitet. Zweibrücken (Trier, Gall in Commiss.) 1832. Gr. 8°. 2½ Bog. Selten!
A. G. Schmidt, Gallerie etc.

Classification bibliographique décimale. Tables générales refondues, établies en vue de la publication du Répertoire Bibliographique Universel. Édition française publiée avec le concours du Bureau bibliographique de Paris. 8. Bruxelles ... — Paris ... — Zürich ..., Institut international de Bibliographie, 1899—1905. (*cpl.* souscr. fr. 25. —; *par fasc.* fr. 1. — à 4. —)

Institut International de Bibliographie, Publication N° 25. Indice bibliographique ⟨025. 4⟩.

Fascicule N° 1: Exposé et règles de la Classification décimale. [Nouvelle éd.] IV + 82 p. 1905. (fr. 1. —)
Fascicule N° 1 [1re éd.] *et* N° 2 *v. Bulletin 1903, p. 544.*
Fascicule N° 2a *v. Bulletin 1904, p. 426.*
Fascicule N° 3—14 *v. Bulletin 1903, p. 544.*
Fascicule N° 15—20 *et* N° 21—30 *v. Bull' 1904, p. 234 et 426.*
Fascicule N° 31 *et* N° 32 *v. Bull' 1905, p. 62.*
Fascicule N° 33: Tables des divisions ⟨67 + 68 + 69⟩ Industries diverses. Professions et métiers divers. Construction. [IV + 114 p.] 1905. (fr. 3. —)

Classification bibliographique décimale. Tables générales refondues, établies en vue de la publication du Répertoire Bibliographique Universel. Édition française, publiée avec le concours du Bureau bibliographique de Paris. 8. Bruxelles ... = Paris ... = Zurich ..., Institut international de Bibliogr'. (cpl. souscr. fr. 25. —)

Institut International de Bibliographie, Publication N° 25. Indice bibliographique ⟨025. 4⟩.

Fascicule N° 15: Tables de la division ⟨9⟩ Histoire, Géographie, Biographie, Généalogie. [IV + 100 p.] 1903.
Fascicule N° 16: Résumé des tables. Tables générales méthodiques abrégées. Index alphabétique général abrégé. [IV + IV + 42 p.] 1903.
Fascicule N° 17: Tables de la division ⟨0⟩ Généralités: Bibliographie, Bibliothéconomie, Sociétés savantes, etc. [IV + 52 p.] 1903.
Fascicule 18: T' de la division ⟨3⟩ Sciences sociales: Statistique. Economie politique. Enseignement. Assistance. Folklore. [IV + 67 p.] 1904.
Fascicule 19: T' de la division ⟨1⟩ Philosophie. Questions morales. [IV + 24 p.] 1904.
Fascicule 20: T' de la division ⟨63⟩ Agriculture. Agronomie. Sciences agricoles. [IV + 46 p.] 1904.

Classificaton bibliographique décimale. Tables générales refondues... Édition française.... 8. Bruxelles ... = Paris ... = Zurich..., Institut international de Bibliographie, 1904. ([*cpl.* souscr. fr. 25. —,] *par fasc.* à 1. — *et* 2. —)

Institut International de Bibliographie, Publication N° 25. Indice bibliographique ⟨025. 4⟩.

Fascicule N° 2a: Tables auxiliaires de Subdivisions communes à toutes les rubriques de la Classification. [IV + 83 p.]
Fascicule N° 21: Table de la division ⟨2⟩ Sciences religieuses. [IV + 67 p.]
Fascicule N° 22: Tables des divisions ⟨4 + 8⟩ Philologie et Littérature. [IV + 46 p.]
Fascicule N° 23: T' des div' ⟨355 + 623⟩ Sciences militaires. [IV + 41 p.]
Fascicule N° 24: T' des div' ⟨51 + 52⟩ Mathématiques et Astronomie. [IV + 20 p.]
Fascicule N° 25: T' des div' ⟨548 + 549 + 55⟩ Minéralogie. Cristallographie. Géologie. [IV + 22 p.]
Fascicule N° 26: T' des div' ⟨56 + 57 + 58 + 59⟩ Sciences biologiques. Paléontologie. Anthropologie. Botanique. Zoologie. [IV + 79 p.]
Fascicule N° 27: Table de la division ⟨611⟩ Anatomie. [IV + 31 p.]
Fascicule N° 28: Tables des divisions ⟨613 + 614⟩ Hygiène privée et Hygiène publique. [IV + 22 p.]
Fascicule N° 29: Table de la division ⟨7⟩ Beaux-Arts: Architecture. Sculpture. Peinture. Gravure. Musique. [IV + 87 p.]
Fascicule N° 30: Tables des divisions ⟨64 + 65⟩ Sciences appliquées diverses: Economie domestique. Sténographie. Imprimerie et édition. Transports. Comptabilité. [IV + 28 p.]

Fasc. 31. Table de la division [62] Sciences de l'ingénieur. 1904
Fasc. 32. Tables des divisions [54+66] Sciences chimiques. 1904
Fascicule N° 34: Index alphabétique général. IV + 340 p. 1905. (fr. 3. —)
Fascicule N° 35: Organisation. Travaux. Méthodes. [Avec des figures et 5 planches.] IV + 176 p. 1905. (fr. 2. —) — *Porte le nouveau titre général de l'ouvrage:* Manuel du Répertoire Bibliographique Universel.... 1905. Inst' Int' de Bibl', Publ' N° 63.

Classification des éléments employés à la préparation des mortiers. gr. 8. (12 S.) Zürich 883, (Schmidt). *

Classification. – Die Classification und Rückversicherung in der kantonalen Gebäudeversicherung. Zürich 1883. Verfasser: Stüssi, Heinrich.

Classifications-System d. Gartennelke. Mit 22 ill. Abb. (Aus d. Gartenzeitung.) Fol. Leipzig, 1835. Köhler. — 5

Classifikations-System der Gartennelke. Dargestellt auf e. großen Tableau, mit 22 Abbildd. u. erläut. Texte. Fol. Neuwied 835. Lichtfers. 1/3 ₰ ill. 1 ₰

Classificatonstarif vom 26. Novbr. 1864. (Endgültig festgesetzt.) 1864. Berlin, Decker. (3¼ Bg.)

Classifications-Tarife d. jochweisen Reinerträge f. d. im Reichsrathe vertret. Königreiche u. Länder nach d. Beschlüssen d. Central-Commission f. d. Revision d. Grundsteuer-Catasters. gr. 4. (IV, 173 S.) Wien 897. (Hof- u. Staatsdruckerei.) n. 4. —

Classiker s. a.: Klassiker.

Classiker des Alterthums. Eine Auswahl der bedeutendsten Schriftsteller der Griechen und Römer in neubearb. Uebersetzungen. 1—74. Lfg. Stuttgart 853—56, Metzler'sche Buchh. à Lfg. 4 Ngr.

Inhalt:

Lfg. 1. **Lucian's** ausgewählte Schriften, übers. von Aug. Pauly. (S. 1—144.)

„ 2. **Livius, Titus**, römische Geschichte, übers. von K. C. F. Klaiber. (1. Bd. Buch I—VI. S. 1—128.)

„ 3., 6., 9. **Aeschyles** Tragödien, verdeutscht von Johs. Minckwitz. (378 S.)

„ 4., 8., 12. **Livius, Titus**, römische Geschichte, übers. von C. F. Klaiber. (1. Bd. S. 129—414 und 2. Bd. Buch VI—XXI. S. 1—96.)

„ 5. **Lucian's** ausgewählte Schriften, übers. von Aug. Pauly. (S. 145—272.)

„ 7. **Virgilius Maro, P.**, Gedichte, im Versmaß der Urschrift übers. 1. Abthl.: Die Idyllen und das Gedicht vom Landbau, von C. N. v. Osiander. (S. 1—128.)

„ 10. **Homer's** Ilias, im Versmaß der Urschrift übers. von E. Wiedasch. (S. 1—128.)

„ 11., 13. **Sophokles**, Tragödien, verdeutscht von Johs. Minckwitz. (S. 1—256.)

„ 14., 20. **Xenophon's** von Athen ausgewählte Schriften. 1. Abthl.: Die Kyropädie, übers. von Chrn. Walz. (S. 1—287.)

„ 15., 19. **Cicero, M. Tullius**, ausgewählte Schriften. 1. Abthl.: Leben des Cicero und Auswahl aus seinen Briefen, nach der Uebersetzung von G. H. Moser und H. Dörner. (S. 1—256.)

„ 16. **Lucian's** ausgewählte Schriften, übers. von Aug. Pauly; ausgewählt und überarb. von W. S. Teuffel. (III und S. 273—416.)

„ 17. **Cicero, M. Tullius**, ausgewählte Schriften. 4. Abthl.: Auserlesene philosoph. Schriften. I. Ueber das höchste Gut und Uebel, übers. von Glob. Chrn. Kern. Neue umgearb. Ausg., besorgt von Ferd. Baur. (S. 1—128.)

„ 18. **Homer's** Ilias, im Versmaß der Urschrift übers. von E. Wiedasch. (S. 129—256.)

„ 21., 23. **Cicero, M. Tullius**, ausgewählte Schriften. 4. Abthl.: Auserlesene philosoph. Schriften. I. Ueber das höchste Gut und Uebel, übers. von Glob. Chrn. Kern. Neu umgearb. Ausg., besorgt von Ferd. Baur. (S. 129—256.) II. Die tusculanischen Unterredungen, übers. von Friedr. Heinr. Kern. Neue umgearb. Ausg., besorgt von Ferd. Baur. (S. 1—128.)

„ 22. **Aristophanes**, ausgewählte Komödien, im Versmaß der Urschrift übers. von C. A. Schnitzer u. A. (S. 1—128.)

Lfg. 24., 32. **Terentius, Publius**, ausgewählte Lustspiele, im Versmaß der Urschrift übers. von Thdr. Benfey. (279 S.)

„ 25. **Platon's** ausgewählte Schriften in deutscher Uebersetzung. 3. Abthl.: Die Staatsverfassung, übers. von W. S. Teuffel. (S. 1—128.)

„ 26., 31. **Cicero, M. Tullius**, ausgewählte Schriften. 1. Abthl.: Leben des Cicero und Auswahl aus seinen Briefen, nach der Uebersetzung von G. H. Moser und H. Dörner. (S. 257—512.)

„ 27. **Homer's** Ilias, im Versmaß der Urschrift übers. von E. Wiedasch. (S. 257—384.)

„ 28. **Isokrates**, ausgewählte Schriften, übers. von A. H. Christian. (152 S.)

„ 29. **Caesar, C. Julius**, Denkwürdigkeiten des gallischen und des Bürgerkriegs, übers. von A. Baumstark. (S. 1—96.)

„ 30. **Sophocles**, Tragödien, verdeutscht von Johs. Minckwitz. (S. 257—384.)

„ 33. **Cicero, M. Tullius**, ausgewählte Schriften. 4. Abthl.: Auserlesene philosoph. Schriften. II. Die tusculanischen Unterredungen, übers. von Friedr. Heinr. Kern. Neu umgearb. Ausg., besorgt von Ferd. Baur. (S. 129—256.)

„ 34. **Demosthenes**, ausgewählte Reden. 2. Abthl.: Die philosoph. Staatsreden, die olynth. und philipp., die für den Frieden, und die chersonit., übers. von L. Döderlein. (92 S.)

„ 35., 36. **Caesar, C. Julius**, Denkwürdigkeiten des gallischen und des Bürgerkriegs, übers. von A. Baumstark. (S. 97—352.)

„ 37. **Cicero, M. Tullius**, ausgewählte Schriften. 1. Abthl.: Leben des Cicero und Auswahl aus seinen Briefen, nach der Uebersetzung von G. H. Moser und H. Dörner. (S. 513—632.)

„ 38—40. **Herodotos**, Geschichte, deutsch von Adf. Schöll. Unter Theilnahme des Verf. neu durchgesch. von Reinh. Köhler. (2. Bd. 338 S. und 3. Bd. S. 1—46.)

„ 41., 50. Ausgewählte Gedichte der römischen Elegiker, im Versmaß der Urschrift übersetzt. I. **Catullus**, übers. von W. S. Teuffel und W. A. B. Hertzberg. II. **Tibullus**, von W. S. Teuffel. III. **Propertius**, von W. A. B. Hertzberg. IV. **Ovid's** Liebeselegieen, von W. A. B. Hertzberg. (288 S.)

„ 42., 43., 44. **Cicero, M. Tullius**, ausgewählte Schriften. 4. Abthl.: Auserlesene philosoph. Schriften. II. Die tusculanischen Unterredungen übers. von Friedr. Heinr. Kern. Neu umgearb. Ausg., besorgt von Ferd. Baur. III. Die Paradoxen, übers. von Ferd. Baur. IV. Ueber das Wesen der Götter, übers. von Geo. Heinr. v. Moser. V. Cato der Aeltere oder vom Greisenalter, übers. von Wilh. Matth. Pahl. VI. Laelius oder von der Freundschaft, von Wilh. Matth. Pahl. (S. 257—640.)

„ 45. **Homer's** Ilias, im Versmaß der Urschrift übers. von E. Wiedasch. (S. 385—507.)

„ 46. **Sophokles**, Tragödien, verdeutscht von Johs. Minckwitz. (S. 385—491; Schluß.)

„ 47., 48., 52., 53. **Herodotos**, Geschichte, deutsch von Adf. Schöll. Unter Theilnahme des Verf. neu durchges. von Reinh. Köhler. (1. Bd. 272 S. und 3. Bd. S. 47—302.)

„ 49. **Caesar, C. Julius**, Denkwürdigkeiten des gallischen und des Bürgerkriegs, übers. von A. Baumstark. (S. 353—488; Schluß.)

„ 51. **Lysias**, ausgewählte Reden, übers. von Ferd. Baur. (S. 1—112.)

„ 54. **Livius, Titus**, römische Geschichte, übers. von C. F. Klaiber. (6. Bd. S. 1—128.)

„ 55., 57. **Lysias**, ausgewählte Reden, übers. von Ferd. Baur. (S. 113—406; Schluß.)

„ 56. **Herodotos**, Geschichte, deutsch von Adf. Schöll. Unter Theilnahme des Verf. neu durchges. von Reinh. Köhler. (3. Bd. S. 303—448; Schluß.)

„ 58. **Demosthenes**, ausgewählte Reden. 1. Abthl.: Die Rede für Ktesiphon wegen der Bekränzung, mit vorausgeschickter Einleitung zu Demosthenes, übers. von R. Rauchenstein. (S. 1—152.)

„ 59. **Livius, Titus**, römische Geschichte, übers. von C. F. Klaiber. (2. Bd. S. 97—224.)

„ 60., 61. **Xenophon's** ausgewählte Schriften. 2. Abthl.: Sieben Bücher griechische Geschichte, übers. von J. F. C. Campe. (S. 1—192.)

„ 62. **Cicero, M. Tullius**, ausgewählte Schriften. 4. Abthl.: Auserlesene philosoph. Schriften. VII. Ueber die Pflichten, übers. von G. G. v. Uebelen. Neue umgearb. Ausg., besorgt von Ferd. Baur. (S. 641—768.)

„ 63. **Xenophon's** ausgewählte Schriften. 2. Abthl.: Sieben Bücher griech. Geschichte, übers. von J. F. C. Campe. (S. 193—303.)

„ 64., 66., 69. **Livius, Titus**, römische Geschichte, übers. von C. F. Klaiber. (5. Bd. S. 1—128 und 6. Bd. S. 129—416.)

Lfg. 65., 73. **Thukydides**, Geschichte, übers. von J. F. C. Campe. (1. Bd. S. 1—256.)

„ 67. **Cicero, M. Tullius**, ausgewählte Schriften. 4. Abthl.: Auserlesene philosoph. Schriften. VII. Ueber die Pflichten, übers. von G. G. v. Uebelen. Neue umgearb. Ausg., besorgt von Ferd. Baur. (S. 769—844.)

„ 68. **Aristophanes**, ausgewählte Komödien, im Versmaß der Urschrift übers. von C. A. Schnitzer u. A. (S. 129—256.)

„ 70. **Horatius Flaccus, Q.**, Gedichte, in den Versmaßen der Urschrift übers. und erläutert. 2. Abthl.: Die Satiren und Briefe von Wilh. Ernst Weber und Wilh. Sigm. Teuffel. (S. 1—128.)

„ 71. **Homer's** Odyssee, im Versmaß der Urschrift übers. von E. Wiedasch. (S. 1—128.)

„ 72. **Virgilius Maro, P.**, Gedichte, im Versmaß der Urschrift übers. 1. Abthl.: Die Idyllen und das Gedicht vom Landbau, von C. N. v. Osiander. (S. 129—152.) und 2. Abthl.: Kleinere Gedichte, welche dem Virgil zugeschrieben werden, übers. und erläutert von W. Hertzberg. (S. 1—104.)

„ 74. **Tacitus', P. Cornel.**, Werke. 2. Abthl.: Die Jahrbücher, übers. von G. F. Strodtbeck. (S. 1—128.)

Classiker des Alterthums. Eine Auswahl der bedeutendsten Schriftsteller der Griechen und Römer in neubearb. Uebersetzungen. 75—150. (Schluß-)Lfg. gr. 16. Stuttgart 857—61, Metzler'sche Buchh. Verlags-Conto. à Lfg. 4 Ngr.

Inhalt:

Lfg. 75. **Xenophon's** ausgewählte Schriften. 3. Abthl.: Feldzug d. jüngeren Kyros, übers. von Friedr. Carl Hertlein. (S. 1—128.)

„ 76. **Thukydides** Geschichte, übers. von J. F. C. Campe. (1. Bd. S. 257—372.)

„ 77. **Virgilius Maro, P.**, Gedichte, im Versmaß der Urschrift übers. 3. Abthl.: Die Aeneide, übers. von W. Hertzberg. (S. 1—100.)

„ 78., 80. **Livius, Titus**, römische Geschichte, übers. von C. F. Klaiber. (5. Bd. S. 129—327.)

„ 79., 87. **Thukydides** Geschichte, übers. von J. F. C. Campe. (2. Bd. S. 1—240.)

„ 81. **Tacitus', P. Cornel.**, Werke. 3. Abthl.: Geschichtsbücher (Historien). Auf Grundlage von H. Gutmann's Uebersetzung neu bearb. von Ferd. Baur. (S. 1—128.)

„ 82. **Xenophon's** ausgewählte Schriften. 4. Abthl.: Erinnerungen an Sokrates, übers. von Chrph. Eberh. Finckh. (168 S.)

„ 83. **Virgilius Maro, P.**, Gedichte, im Versmaß der Urschrift übers. 3. Abthl.: Die Aeneide, übers. von W. Hertzberg. (S. 101—228.)

„ 84. **Homer's** Odyssee, im Versmaß der Urschrift übers. von E. Wiedasch. (S. 129—224.)

„ 85. **Tacitus', P. Cornel.**, Werke. 2. Abthl.: Die Jahrbücher, übers. von G. F. Strodtbeck. (S. 129—256.)

„ 86. **Xenophon's** ausgewählte Schriften. 3. Abthl.: Feldzug d. jüngeren Kyros, übers. von Friedr. Carl Hertlein. (S. 129—248.)

„ 88. **Tacitus', P. Cornel.**, Werke. 3. Abthl.: Geschichtsbücher (Historien). Auf Grundlage von H. Gutmann's Uebersetzung neu bearb. von Ferd. Baur. (S. 129—294.)

„ 89. **Thukydides** Geschichte, übers. von J. F. C. Campe. (2. Bd. S. 241—352. Schluß.)

Lfg. 90. **Horatius Flaccus, Q.**, Gedichte, in den Versmaßen der Urschrift übers. und erläutert. 2. Abthl.: Die Satiren und Briefe von Wilh. Ernst Weber und Wilh. Sigm. Teuffel. (S. 129—224.)

„ 91. **Platon's** ausgewählte Schriften in deutscher Uebersetzung. 3. Abthl.: Die Staatsverfassung, übers. von Wilh. Sigm. Teuffel. (S. 129—256.)

„ 92. **Sallustius Crispus, C.**, Bücher über die Catilinarische Verschwörung und über den Jugurthinischen Krieg, nebst ausgewählten Bruchstücken aus den Historien, übers. von Rud. Dietsch. (S. 1—96.)

„ 93. **Platon's** ausgewählte Schriften in deutscher Uebersetzung. 3. Abthl.: Die Staatsverfassung, übers. von Wilh. Sigm. Teuffel und W. Wiegand. (S. 257—453.)

„ 94. **Sallustius Crispus, C.**, Bücher über die Catilinarische Verschwörung und über den Jugurthinischen Krieg, nebst ausgewählten Bruchstücken aus den Historien, übers. von Rud. Dietsch. (S. 97—207.)

„ 95. **Persius Flaccus, A.**, Satiren. Einleitung, Uebersetzung und Erklärung von Wilh. Sigm. Teuffel. (104 S.)

„ 96., 97. **Cicero, M. Tullius**, ausgewählte Schriften. 2. Abthl.: Ausgewählte Reden, übers. von Gust. Wendt. 1. und 2. Lfg. (S. 1—256.)

„ 98. **Aristophanes**, ausgewählte Komödien, im Versmaß der Urschrift übers. von C. A. Schnitzer u. A. 3. (Schluß-)Lfg. (S. 257—440.)

„ 99. Aeschines' Rede gegen Ktesiphon, übers. von J. H. Bremi. Neu überarb. und mit vorausgeschickter Einleitung von R. Rauchenstein. (120 S.)

„ 100. Cicero, M. Tullius, ausgewählte Schriften. 2. Abthl.: Ausgewählte Reden, übers. von Gust. Wendt. 3. Lfg. (1. Hälfte S. 257—358.)

„ 101., 102. Virgilius Maro, P., Gedichte, im Versmaß der Urschrift übers. 3. Abthl.: Die Aeneide, übers. von W. Hertzberg. (XVIII und S. 229—474.)

„ 103. Theokritos, Idyllen, übers. und erläutert von Friedr. Zimmermann. (184 S.)

„ 104. Livius, Titus, römische Geschichte, übers. von C. F. Klaiber. (3. Bd. S. 225—352.)

„ 105. Tacitus', P. Cornel., Werke. 1. Abthl.: Die kleineren Schriften, nebst allgemeiner Einleitung. Auf Grundlage von H. Gutmann's Uebersetzung neu bearb. von Wilh. Sigm. Teuffel. (1. Bd. S. 1—96.)

„ 106. Plutarchos, ausgewählte Biographieen. Uebersetzt von J. G. Klaiber. (S. 1—128.)

„ 107—109. Cicero M. Tullius, ausgewählte Schriften. 3. Abthl.: Ausgewählte rhetor. Schriften. I. Drei Bücher vom Redner, übers. von J. F. C. Dilthey, umgearb. von Ferd. Baur. (333 S.) II. Brutus, von den berühmten Rednern. Auf Grundlage von C. A. Mebold's Uebersetzung neu bearb. von Wilh. Sigm. Teuffel. (S. 1—48.)

„ 110. Platon's ausgewählte Schriften in deutscher Uebersetzung. 1. Abthl.: Platon's Leben. Gastmahl. Apologie. Kriton. Phaidon. Von L. Georgii und Fr. Susemihl. (S. 1—128.)

„ 111., 112. Cornelius Nepos, Leben ausgezeichneter Feldherren, nebst ausgewählten Bruchstücken, übers. von Joh. Oehlinger. Neue, umgearb. Ausg., besorgt von R. Stern. (207 S. mit 2 Tab. in qu. 4.)

113., 116., 118., 120. Aristoteles, ausgewählte Schriften. Die Poetik. übers. von Chrn. Walz. 2. Aufl. besorgt von Carl Zell. Die Politik, übers. von C. F. Schnitzer. (480 S.)

„ 114. Plutarchos, ausgewählte Biographieen. Uebersetzt von J. G. Klaiber und J. F. C. Campe. (S. 129—333. Schluß.)

„ 115., 119. Livius, Titus, römische Geschichte, übers. von C. F. Klaiber. Neue, umgearb. Ausg. besorgt von Wilh. Sigm. Teuffel. (3. Bd. S. 353—430, 3. Bd. S. 1—48 und 4. Bd. S. 1—128.)

„ 117. Horatius Flaccus, Q., Gedichte, in den Versmaßen der Urschrift übers. und erläutert. 2. Abthl.: Die Satiren und Briefe von Wilh. Ernst Weber und Wilh. Sigm. Teuffel. (S. 225—331. Schluß.)

„ 121. Die griechischen Lyriker oder Elegiker, Jambographen und Meliker. Ausgewählte Proben, im Versmaß der Urschrift übers. und durch Einleitungen und Anmerkungen erläutert von G. Thudichum. (S. 1—128.)

„ 122—124. Platon's ausgewählte Schriften in deutscher Uebersetzung. 2. Abthl.: Phaidros. Protagoras. Gorgias. Von L. Georgii, Fr. Susemihl und J. Deuschle. (367 S.)

„ 125. Die griechischen Lyriker und Elegiker, Jambographen und Meliker. Ausgewählte Proben, im Versmaß der Urschrift übers. und durch Einleitungen und Anmerkungen erläutert von G. Thudichum. (S. 129—256.)

„ 126. Livius, Titus, römische Geschichte, übers. von C. F. Klaiber. Neue, umgearb. Ausg. besorgt von Wilh. Sigm. Teuffel (4. Bd. S. 129—256.)

„ 127., 128. Platon's ausgewählte Schriften in deutscher Uebersetzung. 1. Abthl.: Platon's Leben. Gastmahl. Apologie. Kriton. Phaidon. Von L. Georgii und Fr. Susemihl. (S. 129—356.)

„ 129. Tacitus', P. Cornel., Werke. 1. Abthl.: Die kleineren Schriften, nebst allgemeiner Einleitung. Auf Grundlage von H. Gutmann's Uebersetzung neu bearb. von Wilh. Sigm. Teuffel. (1. Bd. S. 97—189. Schluß.)

Lfg. 130., 131. Horatius Flaccus, Q., Gedichte, in den Versmaßen der Urschrift übers. und erläutert. 1. Abthl.: Die Oden und Epoden von Gust. Ludwig. Mit einer Uebersicht über die lyrischen Maße des Horaz von Wilh. Sigm. Teuffel. (199 S.)

„ 132. Cicero, M. Tullius, ausgewählte Schriften. 2. Abthl.: Ausgewählte Reden, übers. von Gust. Wendt. 4. Lfg. (2. Hälfte. S. 359—486.)

„ 133., 136. —— dass. — übers. von Demselben. 5. und 6. Lfg. (2. Hälfte. S. 487—675. Schluß.)

„ 134. Homer's Odyssee, im Versmaß der Urschrift übers. von E. Wiedasch. (S. 225—403. Schluß.)

„ 135. Die griechischen Lyriker und Elegiker, Jambographen und Meliker. Ausgewählte Proben, im Versmaß der Urschrift übers. und durch Einleitungen und Anmerkungen erläutert von G. Thudichum. (S. 257—459. Schluß.)

„ 137. Tacitus', P. Cornel., Werke. 2. Abthl.: Die Jahrbücher, übers. von G. F. Strodtbeck. (S. 257—384.)

„ 138. Livius, Titus, römische Geschichte, übers. von C. F. Klaiber. Neue, umgearb. Ausg., besorgt von Wilh. Sigm. Teuffel. (4. Bd. S. 257—420. Schluß.)

„ 139—142. —— dass. — übers. von Denselben. (3. Bd. S. 49—452.)

„ 143. Cicero, M. Tullius, ausgewählte Schriften. 3. Abthl.: Ausgewählte rhetor. Schriften. II. Brutus, von den berühmten Rednern. Auf Grundlage von C. A. Mebold's Uebersetzung neu bearb. von Wilh. Sigm. Teuffel. (S. 49—155.) III. Der Redner, übers. von Wilh. Sigm. Teuffel. (S. 1—20.)

„ 144. Hesiod's Werke, übers. von Heinr. Gebhardt. (111 S.)

„ 145., 147., 149. Plautus, T. Maccius, ausgewählte Komödien, im Versmaß der Urschrift übers. von W. A. B. Hertzberg. (XLVII und 376 S.)

„ 146. Tacitus', P. Cornel., Werke. 2. Abthl.: Die Jahrbücher, übers. von G. F. Strodtbeck. (S. 385—532. Schluß.)

„ 148. Euripides, ausgewählte Tragödien, im Versmaß der Urschrift übers. von Gust. Ludwig. (164 S.)

„ 150. Cicero, M. Tullius, ausgewählte Schriften. 3. Abthl.: Ausgewählte rhetor. Schriften. III. Der Redner, übers. von Wilh. Sigm. Teuffel. (S. 21—106. Schluß.)

1—74. Lfg. Ebendas. 1853—56. 9 Thlr. 26 Ngr.

Alphabetische Uebersicht der in der vorstehenden Sammlung enthaltenen Schriftsteller, 1—150. Lfg.

Classiker des Alterthums. Eine Auswahl der bedeutendsten Schriftsteller der Griechen und Römer in neu bearb. Uebersetzungen. 53 Bde. gr. 16. Stuttgart, Metzler's Verlag.

Subscr.-Pr. bei Abnahme der ganzen Sammlung Ladenpr.

Inhalt:

Bd. 1. Aeschines' Rede gegen Ktesiphon, übers. von J. H. Bremi. Neu überarb. und mit vorausgeschickter Einleitung von R. Rauchenstein. (120 S.) 859. 6 Ngr.

„ 2. Aeschylos' Tragödien verdeutscht von Johs. Minckwitz. (378 S.) 853. 20 Ngr.

„ 3. Aristophanes, ausgewählte Komödien, enth. die Ritter; die Wolken; die Vögel; die Frösche. Im Versmaß der Urschrift übers. von C. F. Schnitzer und W. S. Teuffel. (440 S.) 854. 25 Ngr.

„ 4. Aristoteles, ausgewählte Schriften, enth. die Poetik; die Politik. Uebers. von C. F. Schnitzer, Chr. Walz und K. Zell. (480 S.) 859. 25 Ngr.

„ 5. Caesar, Caj. Jul., Denkwürdigkeiten des Gallischen und des Bürgerkriegs, übers. von A. Baumstark. (438 S.) 854. 20 Ngr.

Bd. 6—10. Cicero, M. Tullius, ausgewählte Schriften. (6. Bd.) 1. Abthl. Leben des Cicero und Auswahl aus seinen Briefen, nach der Uebersetzung von G. H. Moser und H. Dörner. (632 S.) 854. 25 Ngr.

—— dass. — (7. Bd.) 2. Abthl. Ausgewählte Reden, übers. von Gust. Wendt. Für Sextus Roscius aus Ameria. Gegen Caecilius. Gegen Verres IV. und V. Für den Oberbefehl des Pompejus. Gegen Catilina I—IV. Für Sulla, Archias, Sestius, Milo, Ligarius, Dejotarus. Zweite philippische Rede. (675 S.) 859,60. 25 Ngr.

—— dass. — (8. Bd.) 3. Abthl. Ausgewählte rhetorische Schriften. Drei Bücher vom Redner, übers. von J. F. C. Dilthey, umgearb. von Ferd. Baur. Brutus, von den berühmten Rednern. Auf Grundlage von C. A. Mebold's Uebersetzung neu bearb. von W. S. Teuffel. Der Redner, übers. von W. S. Teuffel. (394 S.) 858—61. 25 Ngr.

—— dass. — (9. Bd.) 4. Abthl. Auserlesene philosophische Schriften. 1. Bd. Ueber das höchste Gut und Uebel; die Tusculanischen Unterredungen, übers. von G. C. Kern und F. H. Kern. Neue, umgearb. Ausg. besorgt von Ferd. Baur. (538 S.) 854. 20 Ngr.

—— dass. — (10. Bd.) 4. Abthl. 2. Bd. Die Paradoxen; über das Wesen der Götter; Cato der Aeltere oder vom Greisenalter; Laelius oder von der Freundschaft; über die Pflichten, übers. von Ferd. Baur, G. H. Moser, W. M. Pahl und G. G. Uebelen. (362 S.) 855. 20 Ngr.

„ 11. Cornelius Nepos, Leben ausgezeichneter Feldherren, nebst ausgewählten Bruchstücken, übers. von Joh. Oehlinger. Neue, umgearb. Ausg., besorgt von R. Stern. (212 S.) 859. 7½ Ngr.

„ 12. Demosthenes, ausgewählte Reden, enth. die Rede für Ktesiphon wegen der Bekränzung; die olynth. und philipp. Reden; die Rede über den Frieden; die chersonit. Rede. Uebers. von R. Rauchenstein und L. Döderlein. (344 S.) 854—56. 12 Ngr.

„ 13. Ausgewählte Gedichte der römischen Elegiker, enth. Catullus, Tibullus, Propertius und Ovid's Liebeselegien. Im Versmaß der Urschrift übers. von W. A. B. Hertzberg und W. S. Teuffel. (288 S.) 855. 15 Ngr.

„ 14. Euripides, ausgewählte Tragödien, im Versmaß der Urschrift übers. von G. Ludwig. (164 S.) 861. 7½ Ngr.

„ 15—17. Herodotos, Geschichte, deutsch von Adf. Schöll. Unter Theilnahme des Uebers. neu durchgesehen von Rhold. Köhler. 1. Bd. Einleitung und Buch I. und II. (272 S.) 855. 12 Ngr.

—— dass. — 2. Bd. Buch III—VI. (338 S.) 855. 15 Ngr.

—— dass. — 3. Bd. Buch VII—IX. (438 S.) 855. 18 Ngr.

» 18. Hesiod's Werke, übers. von Heinr. Gebhardt. (111 S.) 861. 5 Ngr.

» 19. Homer's Ilias, im Versmaß der Urschrift übers. von E. Wiedasch. (307 S.) 853. 18 Ngr.

» 20. —— Odyssee, im Versmaß der Urschrift übers. von E. Wiedasch. (403 S.) 856. 18 Ngr.

» 21. 22. Horatius Flaccus, Q., Gedichte, in dem Versmaße der Urschrift übers. und erläutert. 1. Abthl. Die Oden und Epoden, von Gust. Ludwig. (199 S.) 860. 7½ Ngr.

—— dass. — 2. Abthl. Die Satiren und Briefe von W. S. Teuffel und W. E. Weber. (331 S.) 859. 12½ Ngr.

» 23. Isokrates, ausgewählte Schriften, übers. von A. H. Christian. (152 S.) 854. 7½ Ngr.

» 24—29. Titus Livius' römische Geschichte übers. von C. F. Klaiber. Umgearb. von W. S. Teuffel. 6 Bde. (2459 S.) 861. à Bd. 16 Ngr.

» 30. Lucian, ausgewählte Schriften, übers. von Aug. Pauly; ausgewählt und überarb. von W. S. Teuffel. (416 S.) 854. 25 Ngr.

» 31. Die griechischen Lyriker oder Elegiker, Jambographen und Meliker. Ausgewählte Proben, im Versmaß der Urschrift übers. und durch Einleitungen und Anmerkungen erläutert von G. Thudichum. (459 S.) 859. 25 Ngr.

» 32. Die erhaltenen Reden des Lysias, übers., erläutert und mit Einleitung versehen von Ferd. Baur. (406 S.) 856. 18 Ngr.

» 33. Die Satiren des A. Persius Flaccus. Einleitung, Uebersetzung und Erklärung von W. S. Teuffel. (104 S.) 857. 7½ Ngr.

» 34—36. Platon's ausgewählte Schriften in deutscher Uebersetzung. (34. Bd.) 1. Abthl. Platon's Leben. Gastmahl. Apologie. Kriton. Phaidon. Von L. Georgii und Fr. Susemihl. (356 S.) 859. 18 Ngr.

—— dass. — (35. Bd.) 2. Abthl. Phaidros. Protagoras. Gorgias. Von L. Georgii, Fr. Susemihl und J. Deuschle. (366 S.) 859. 18 Ngr.

—— dass. — (36. Bd.) 3. Abthl. Die Staatsverfassung übers. von W. S. Teuffel und W. Wiegand. (453 S.) 857. 18 Ngr.

» 37. Plautus, T. Maccius, ausgewählte Komödien, im Versmaß der Urschrift übers. von W. A. B. Hertzberg. (XLVII und 376 S.) 861. 25 Ngr.

Bd. 38. Plutarch, ausgewählte Biographieen. Uebers. von J. G. Klaiber und J. F. C. Campe. (333 S.) 859. 15 Ngr.

» 39. C. Sallustius Crispus Bücher über die Catilinarische Verschwörung und über den Jugurthinischen Krieg, nebst ausgewählten Bruchstücken aus den Historien, übers. von Rud. Dietsch. (207 S.) 858. 10 Ngr.

» 40. Sophokles, Tragödien, verdeutscht von Johs. Minckwitz. (491 S.) 853. 25 Ngr.

» 41—43. Tacitus, P. Cornelius, Werke. (41. Bd.) 1. Abthl. Die kleineren Schriften, nebst allgem. Einleitung. Auf Grundlage von H. Gutmann's Uebersetzung neu bearb. von W. S. Teuffel. (189 S.) 858. 7 Ngr.

—— dass. — (42. Bd.) 2. Abthl. Die Jahrbücher, übers. von G. F. Strodtbeck. (532 S.) 856. 20 Ngr.

—— dass. — (43. Bd.) 3. Abthl. Geschichtsbücher (Historien). Auf Grundlage von H. Gutmann's Uebersetzung neu bearb. von Ferd. Baur. (294 S.) 857. 12 Ngr.

» 44. Terentius, Publius, ausgewählte Lustspiele, im Versmaß der Urschrift übers. von Thdr. Benfey. (279 S.) 854. 12 Ngr.

» 45. Theokritos, Idyllen, übers. und erläutert von Friedr. Zimmermann. (184 S.) 859. 10 Ngr.

» 46. 47. Thukydides, Geschichte, übers. von J. F. C. Campe. 2 Bde. (724 S.) 856,57. à Bd. 15 Ngr.

» 48. 49. P. Virgilius Maro, Gedichte, im Versmaß der Urschrift übers. (48. Bd.) 1. Abthl. Die Idyllen und das Gedicht vom Landbau, von C. N. v. Osiander. 2. Abthl. Kleinere Gedichte, welche dem Virgil zugeschrieben werden, übers. und erläutert von W. A. B. Hertzberg. (284 S.) 853,56. 10 Ngr.

—— dass. — (49. Bd.) 3. Abthl. Aeneis. Uebers. nebst Einleitungen und Anmerkungen von W. A. B. Hertzberg. (XVIII und 474 S.) 859. 18 Ngr.

» 50—53. Xenophon's ausgewählte Schriften. (50. Bd.) 1. Abthl. Die Kyropädie, übers. von Chrn. Walz. (287 S.) 854. 12 Ngr.

—— dass. — (51. Bd.) 2. Abthl. 7 Bücher Griechische Geschichte, übers. von J. F. C. Campe. (303 S.) 856. 12 Ngr.

—— dass. — (52. Bd.) 3. Abthl. Feldzug des jüngeren Kyros (Anabasis), übers. von Friedr. Karl Hertlein. (248 S.) 857. 12 Ngr.

—— dass. — (53. Bd.) 4. Abthl. Erinnerungen an Sokrates (Memorabilien), übers. von Chph. Eberh. Finckh. (168 S.) 857. 6 Ngr.

Vgl. XIII. Bd. 1. Abthl. S. 191, 192.

—— deutsche. 1—205. Lfg. gr. 16. Stuttgart 853—56, Cotta'sche Buchh. Leipzig, Göschen'sche Vrlgsh. à Lfg. 4 Ngr. Thlr. *

Inhalt:

Goethe's sämmtliche Werke in 40 Bdn. Vollständige neugeordnete Ausg. [Bd. 1., 2. (XVIII und 685 S.) 3. (350 S.) 4—6. (XXII und 1084 S.) 7—10. (XII und 1446 S.) 11., 12. (517 S.) 13—17. (1749 S.) 18., 19. (756 S.) 20—22. (VI und 962 S.) 23. (V und 404 S.) 24—27. (XIV und 1473 S. mit 1 Musikbeil. in qu. 4.) 28. (XVI und S. 1—256.)] (Lfg. 1. 5. 9. 13. 17. 21. 25. 29. 36. 37. 41. 45. 49. 53. 56. 57. 64. 65. 72. 73. 84. 85. 92. 93. 100. 101. 104. 105. 108. 109. 112. 113. 116. 117. 120. 121. 140. 141. 144. 145. 148. 149. 152. 153. 156. 157. 172. 173. 176. 177. 180. 181. 184. 185. 188. 189. 192. 193. 196. 197. 200. 201. 204. 205.)

Wieland's, C. M., sämmtliche Werke. [Bd. 1., 2. (XII und 334 S.) 3. (312 S.) 4., 5. (508 S.) 6. (VIII und 336 S.) 7. (XVI und 235 S.) 8. (280 S.) 9., 10. (XV und 638 S.) 11—13. (XIV und 924 S.) 14—20. (LXXX und 2434 S.) 21. (IX und 341 S.) 22., 23. (III und 811 S.) 24. (III und 375 S.) 25. (XVI und S. 1—208.)] (Lfg. 2. 6. 10. 14. 18. 22. 26. 30. 34. 38. 42. 46. 50. 94. 95. 98. 99. 102. 103. 138. 139. 142. 143. 146. 147. 150. 151. 154. 155. 158. 159. 162. 163. 166. 167. 170. 171. 174. 175. 190. 191. 194. 195. 198. 199. 202. 203.)

Schiller's sämmtliche Werke in 12 Bdn. [Bd. 1., 2. (XLVI und 899 S.) 3. (431 S.) 4—6. (1343 S.) 7—9. (VII und 1280 S.)] (Lfg. 3. 7. 11. 15. 19. 23. 27. 80. 81. 88. 89. 96. 97. 160. 161. 164. 165. 168. 169.)

Lessing's, G. E., gesammelte Werke. Neue rechtmäß. Ausg. [Bd. 1. (XII und 372 S.) 2. (365 S.) 3. (213 S.) 4. (III und 361 S.) 5. (III und 587 S.) 6. (III und 341 S.) 7., 8. (III und 628 S.)] (Lfg. 4. 8. 12. 16. 20. 24. 86. 87. 90. 91. 106. 107. 110. 111. 114. 134. 135. 178. 179. 182. 183. 186. 187.)

Thümmel's, A. M. v., sämmtliche Werke. [Bd. 1—4. (1091 S.) 5—7. (583 S.) 8. (V und 213 S.)] (Lfg. 28. 32. 36. 40. 44. 48. 52. 58. 59. 66. 67. 74.)

Platen, Aug. v., gesammelte Werke. 5 Bde. [Bd. 1., 2. (LXXVI und 535 S.) 3., 4. (VI und 782 S.) 5. (III und 280 S.)] (Lfg. 31. 35. 39. 43. 47. 51. 60. 61. 68. 69. 76. 77.)

Klopstock's sämmtliche Werke. [Bd. 1—3. (LXIX und 874 S.) 4. (XIV und 424 S.) 5., 6. (751 S.) 7., 8. (X und 603 S.) 9. (448 S.) 10. (VI und 494 S.)] (Lfg. 54. 55. 62. 63. 70. 71. 75. 78. 79. 82. 83. 115. 118. 119. 122. 123. 126. 127. 130. 131.)

Pyrker's, Joh. Ladislav, sämmtliche Werke. Neue durchaus verbesserte Aufl. [Bd. 1—3. (1195 S.)] (Lfg. 124. 125. 128. 129. 133. 136. 137.)

Vgl.: Gallerie. — Illustrationen. — Titelkupfer.

Classiker, deutsche. 208—300. Lfg. gr. 16. Stuttgart 857. 58, Cotta'sche Buchh. Leipzig, Göschen'sche Verlagsh. à Lfg. 4 Ngr. Thlr.

Inhalt:

Goethe's (Joh. Wolfg. v.) sämmtliche Werke in 40 Bdn. Vollständig neu geordnete Ausg. [Bd. 29. (VIII und 474 S.) 30. (III und 480 S.) 31. (IV und 446 S. mit 2 Tab. in qu. gr. 4. und qu. Fol.) 32. (VIII und 459 S. mit 1 Tab. in qu. gr. 8.) 33—35. (XII und 1177 S.) 36. (VI und 446 S.) 37—40. (XXXVII und 1638 S.)] (Lfg. 208. 209. 212. 213. 216. 217. 244. 245. 248. 249. 252. 253. 256. 257. 260. 261. 264. 265. 268. 269. 272. 273. 276. 277. 280. 281. 284. 285. 288. 289. 292. 293. 296. 297. 299. 300.)

Lenau, Nicolaus, Gedichte. [Bd. 1. (VIII und 406 S.) 2. (VIII und 470 S. nebst Nachlaß XVI und 154 S.)] (Lfg. 220. 221. 224. 225. 228. 229. 275. 278. 279. 282.)

Lessing's, G(otth.) E(phr.), gesammelte Werke. Neue rechtmäßige Aufl. [Bd. 9. (III und 425 S.) 10. (III und 376 S.)] (Lfg. 210. 211. 214. 215. 262. 263. 266.)

Schiller's (Friedr. v.) sämmtliche Werke in 12 Bdn. [Bd. 10—12. (XIII und 1837 S.) Suppl. 4 Bde. (XXIX und 1645 S.)] (Lfg. 232. 233. 236. 237. 240. 241. 283. 286. 287. 290. 291. 294. 295. 298.)

Wieland's, C(hrph.) M(artin), sämmtliche Werke. [Bd. 26—28. (XIII und S. 209—1658.) 29—32. (XX und 1896 S.) 33—36. (XXIV und 1560 S.)] (Lfg. 206. 207. 218. 219. 222. 226. 227. 230. 231. 234. 235. 238. 239. 242. 243. 246. 247. 250. 251. 254. 255. 258. 259. 267. 270. 271. 274.)

Lfg. 1—205. Ebendas. 1853—56. 27 Thlr. 10 Ngr.

Diese erste Serie trägt den Umschlagstitel „Deutsche Classiker". Auf dem innern Umschlag ist dieselbe aber als „Volksbibliothek deutscher Classiker" bezeichnet.

Die zweite und dritte Serie tragen den Umschlagstitel „Deutsche Volksbibliothek". Vgl. diese.

—— deutsche, Gallerie hierzu, s. Gallerie zur Cotta-Göschen'schen Volks-Bibliothek.

—— deutsche, ergänzt durch W. Hauff's sämmtliche Werke, s. Hauff, W.

—— deutsche, ergänzt durch C. v. Rotteck's allgemeine Geschichte, s. Rotteck.

Classiker, deutsche. In stenograf. Correspondenzschrift nach Gabelsberger's System und den Beschlüssen des deutschen Gabelsberger-Stenographenbundes übertr. von Karl Faulmann. Goethe's Werke. 1. Bd.: Ausgewählte Gedichte, Götz v. Berlichingen, Egmont. 8. (IV, 344 S.) Wien 875, Bermann und Altmann. *

—— deutsche, des Mittelalters. Mit Wort- und Sacherklärungen hrsg. von Frz. Pfeiffer. 1.—5. Bd. 8. Leipzig, Brockhaus. à Bd. *
geb. à Bd. *

Inhalt:

Bd. 1. Walther von der Vogelweide. Hrsg. von Frz. Pfeiffer. 1. Aufl. 1864. und 2. Aufl. (LXII und 338 S.) 866.

» 2. Kudrun. Hrsg. von Karl Bartsch. 1. Aufl. 1865. und 2. Aufl. (XXVI und 357 S.) 867.

» 3. Das Nibelungenlied. Hrsg. von Karl Bartsch. (XXVI und 456 S.) 866.

» 4. Hartmann v. Aue. Hrsg. von Fedor Bech. 1. Thl. Êrec der Wunderære. (XX und 352 S.) 867.

» 5. —— dass. — 2. Thl. Lieder. 1. und 2. Büchlein. Grêgorjus. Der arme Heinrich. (XVII und 352 S.) 867.

Classiker, deutsche, des Mittelalters. Mit Wort- und Sacherklärungen. Begründet von Frz. Pfeifer. 12 Bde. 8. Leipzig, Brockhaus. à Bd. (ℳ 3.) *
geb. à Bd. (ℳ 4.) *

Inhalt:

Bd. 1. Walther von der Vogelweide. Hrsg. von Frz. Pfeiffer. 3. und 4. Aufl. Hrsg. von Karl Bartsch. (LXIV, 344 S.) 870,73.

» 2. Kudrun. Hrsg. von Karl Bartsch. 3. Aufl. (XXVIII, 357 S.) 873.

» 3. Das Nibelungenlied. Hrsg. von Karl Bartsch. 2.—4. Aufl. (XXVI, 420 S.) 869,72,75.

» 4. Hartmann v. Aue. Hrsg. von Fedor Bech. 1. Thl.: Êrec der Wunderære. 2. Aufl. (XX, 356 S.) 873.

» 5. —— dass. — 2. Thl.: Lieder. Erstes Büchlein. Zweites Büchlein. Grêgorijus. Der arme Heinrich. 2. Aufl. (XII, 360 S.) 873.

» 6. —— dass. — 3. Thl.: Iwein, oder der Ritter mit dem Löwen. 1. und 2. Aufl. (XVI, 303 S.) 869,73.

» 7. 8. Gottfried's von Strassburg Tristan. Hrsg. von Rhold. Bechstein. 1. Thl. 1. und 2. Aufl. (XLIX, 328 S.) 869,73, und 2. Thl. (V, 366 S.) 870.

» 9—11. Wolfram's von Eschenbach Parzival und Titurel. Hrsg. von Karl Bartsch. 3 Thle. (XXXVII, 362; IV, 314; III, 318 S. mit 1 Tab. in qu. 4.) 872.

» 12. Erzählungen und Schwänke. Hrsg. von Hans Lambel. (XV, 358 S.) 872.

Vgl.: Dichtungen, deutsche, des Mittelalters.

Classiker, deutsche, des Mittelalters. Mit Wort- und Sacherklärungen. Begründet von Frz. Pfeiffer. 1., 3., 9.—11. Bd. 8. Leipzig, Brockhaus. à Bd. *
geb. in Leinw. à Bd. *
Inhalt:
Bd. 1. Walther von der Vogelweide. Hrsg. von Frz. Pfeiffer 5. Aufl., hrsg. von Karl Bartsch. (LXIV, 344 S.) 877.
» 3. Das Nibelungenlied. Hrsg. von Karl Bartsch. 5. Aufl (XXVI, 420 S.) 879.
» 9—11. Wolfram's von Eschenbach Parzival und Titurel. Hrsg von Karl Bartsch. 3 Thle. 2. Aufl. (XXXVI, 362; 314; 318 S. mit 1 Tab. in qu. gr. 4.) 875—77.

Classiker, deutsche, des Mittelalters. Mit Wort- und Sacherklärungen. Begründet von Frz. Pfeiffer. 1., 2. und 12. Bd. Leipzig, Brockhaus. à Bd. *
geb. à Bd. **
Inhalt:
Bd. 1. Walther von der Vogelweide. Hrsg. von Frz. Pfeiffer. 6. Aufl., hrsg. von Karl Bartsch. (LXIV, 344 S.) 880.
» 2. Kudrun. Hrsg. von Karl Bartsch. 4. Aufl. (XXVIII, 357 S.) 880.
» 12. Erzählungen und Schwänke. Hrsg. von Hans Lambel. 2. Aufl. (XV, 374 S.) 883.

Classiker, deutsche, des Mittelalters. Mit Wort- und Sacherklärungen. Begründet von Frz. Pfeiffer. 3. und 6. Bd. 8. Leipzig, Brockhaus. à Bd. *ℳ 3.50.; geb. **
Inhalt:
Bd. 3. Das Nibelungenlied. Hrsg. von Karl Bartsch. 6. Aufl. (XXVI, 420 S.) 886.
» 6. Hartmann v. Aue. Hrsg. von Fed. Bech. 3. Thl.: Iwein, oder der Ritter mit dem Löwen. 3. Aufl. (XIX, 304 S.) 888.

Classiker, deutsche, d. Mittelalters. Mit Wort- u. Sacherklärgn. Begründet v. F. Pfeiffer. 5., 7. u. 8. Bd. 8. Lpz., Brockhaus. à Bd. * 3 50; geb. ** 4 50
5. Hartmann v. Aue. Hrsg. v. Fedor Bech. 2. Thl.: Lieder. Die Klage. Büchlein. Grêgorjus. Der arme Heinrich. 3. Aufl. (V, 367 S.) 891.
7. 8. Gottfried's v. Strassburg Tristan. Hrsg. v. Rhold. Bechstein. 2 Theile. 3. Aufl. (LIII, 341; V, 378 S.) 890,91.
1.—4., 6., 9.—12. Bd. Ebd. 1875—88. à Bd. * 3 50; geb. ** 4 50.

Classiker, deutsche, d. Mittelalters. Mit Wort- u. Sacherklärgn. Begründet v. Frz. Pfeiffer. 4., 5. u. 8. Bd. 8. Leipzig, F. A. Brockhaus. à n. 3. 50;
geb. n.n. 4. 50
4. Hartmann v. Aue. Hrsg. v. Fed. Bech. 1. Thl. Êrec der Wunderaere. 3. Aufl. (XXIV, 356 S.) 893.
5. — dasselbe. 2. Thl. Lieder. Die Klage. Büchlein. Grêgorjus. Der arme Heinrich. 3. Aufl. (V, 367 S.) 891.
8. Gottfried's v. Strassburg Tristan. Hrsg. v. Rhold. Bechstein. 2. Thl. 3. Aufl. (V, 378 S.) 891.

— deutsche, des Mittelalters. Mit Wort- u. Sacherklärgn. Begründet v. Frz. Pfeiffer. 6. Bd. 8. Leipzig 902. F. A. Brockhaus. n. 3. 50; geb. n.n. 4. 50
Hartmann v. Aue. Hrsg. v. Fed. Bech. 3. Thl. Iwein, od. der Ritter m. dem Löwen. 4. Aufl. (XIX, 304 S.)

Classiker, deutsche, für den Schulgebrauch. [Orthographie und Druck nach den für die österreich. Schulen geltenden Vorschriften.] Hrsg. von J. Pölzl. 1.—9. Bdchn. gr. 8. Wien, Hölder. *
Inhalt:
Bdchn. 1. Goethe, J. W. v., Hermann und Dorothea. (IV, 60 S.) 883. * 48 Pf.
» 2. Schiller, Friedr. v., Wilhelm Tell. Ein Schauspiel. (IV, 106 S. mit 1 lithogr. Karte.) 883. * 60 Pf.
» 3. Lessing, G. E., Minna von Barnhelm oder das Soldatenglück. Ein Lustspiel in 5 Aufzügen. (V, 84 S.) 883. * 60 Pf.
» 4. Schiller, Friedr. v., Wallenstein. Ein dramat. Gedicht. (VI, 253 S.) 884. *ℳ 1,20.
» 5. Goethe, J. W. v., Iphigenie auf Tauris. Ein Schauspiel. (IV, 65 S.) 884. * 48 Pf.
» 6. Schiller, Friedr. v., Maria Stuart. Ein Trauerspiel. (IV, 130 S.) 884. * 60 Pf.
» 7. Lessing, G. E., Laokoon. (IV, 99 S. mit 1 Abbild.) 884. * 48 Pf.
» 8. Schiller, Friedr. v., Die Jungfrau von Orleans. Eine romant. Tragödie. (V, 120 S.) 884. * 64 Pf.
» 9. Lessing, G. E., Nathan der Weise. Ein dramat. Gedicht in 5 Aufzügen. (IV, 134 S.) 885. * 72 Pf.
Fortges. u. d. Titel: Classiker für den Schulgebrauch.

Classiker, deutsche, in stenographischer Uebertragung. (Beilage der österreichischen Blätter für Stenographie. II. Band. 24 Nrn. 12. à 1 Bg.) Wien, Ferd. Klemm. 1869 2 fl.

Classiker, französische. Neue correcte u. wohlfeilste Ausg. Deutsch u. mit Anmerk. begleitet v. A. Ellisen. — Montesquieu, Geist d. Gesetze. 1.—12. Thl. 16. Leipzig 843, 44. O. Wigand. à n. 4 ngl

— dies. George Sand's sämmtl. Werke. Mit einer krit. Einleitung von Arn. Ruge. 1.—4. Thl. A. u. d. T.: Der Handwerker. Deutsch von L. Meyer. 4 Thle. 16. Ebend. 843. à n. 4 ngl

— dies. 5. 6. Thl. Simon. Deutsch v. Edw. Eichler. 2 Thle. 16. Ebend. 843. à n. 4 ngl

— dies. 7.—15. Thl. Consuelo. Deutsch v. G. Julius. 9 Thle. 16. Ebend. 843. à n. 4 ngl

— dies. 16.—18. Thl. Horam. Deutsch v. L. Meyer. 3 Thle. 16. Ebend. 843. à n. 4 ngl

— dies. 19. u. 20. Thl. André. Deutsch v. L. Eichler. 2 Thle. 16. Ebend. 843. à n. 4 ngl

— dies. 21. Thl. Pauline. Deutsch v. L. Meyer. 16. Ebend. 843. n. 4 ngl

— dies. 22. Thl. Leone Leoni. Deutsch von L. Eichler. 16. Ebend. 843. n. 4 ngl

— dies. 23. u. 24. Thl. Die letzte Albini. Deutsch v. L. Meyer. 2 Thle. 16. Ebend. 843. à n. 4 ngl

— dies. 25.—27. Thl. Indiana. Deutsch v. L. Meyer. 3 Thle. 16. Ebend. 843. à n. 4 ngl

— dies. 28.—30. Thl. Spiridion. Deutsch v. L. Meyer. 3 Thle. 16. Ebend. 843. à n. 4 ngl

— dies. 31. u. 32. Thl. Der Corsar. Deutsch v. L. Meyer. 2 Thle. 16. Ebend. 844. à n. 4 ngl

— dies. 33.—40. Thl. Die Gräfin von Rudolstadt. Deutsch v. L. Meyer. 8 Thle. 16. Ebend. 844. 1.—7. à n. 4 ngl 8. n. 6 ngl

— dies. 41.—44. Thl. Mauprat. Deutsch v. L. Meyer. 4 Thle. 16. Ebend. 844. à n. 4 ngl

— dies. 45.—48. Thl. Briefe eines Reisenden. Deutsch v. L. Meyer. 4 Thle. 16. Ebend. 844. à n. 4 ngl

— dies. 49. u. 50. Thl. Die Mosaikarbeiter. Deutsch v. L. Meyer. 2 Thle. 16. Ebend. 844. à n. 4 ngl

— dies. 51.—56. Thl. Lelia. Deutsch v. Wlh. Jordan. 6 Thle. 16. Ebend. 844. à n. 4 ngl

— dies. 57.—60. Thl. Jaques. Deutsch v. L. Meyer. 4 Thle. 16. Ebend. 844. à n. 4 ngl

— dies. 61.—63. Thl. Valentine. Deutsch von L. Meyer. 3 Thle. 16. Ebend. 844. à n. 4 ngl

— dies. 64. u. 65. Thl. Der Geheimsecretair. Deutsch von L. Meyer. 2 Thle. 16. Ebend. 844. à n. 4 ngl

— dies. 66.—69. Thl. Johanna. Deutsch von L. Meyer. 4 Thle. 16. Ebend. 844. à n. 4 ngl

— dies. 70. u. 71. Thl. Isidora. Tagebuch eines Einsiedlers in Paris. Deutsch v. L. Meyer. 2 Thle. 16. Ebend. 845. à n. 4 ngl

— dies. 72.—77. Thl. Der Müller von Angibault. Deutsch v. Wlh. Jordan. 6 Thle. 16. Ebend. 845. à n. 4 ngl

— dies. 78.—85. Thl. Der Aristokrat u. d. Industrielle. Deutsch v. Wlh. Jordan. 10 Bdchen. 16. Ebend. 846. à n. 4 ngl

— dies. 86. u. 87. Thl. Eine Landidylle. Deutsch v. Wlh. Jordan. 2 Thle. 16. Ebend. 846. à n. 4 ngl

— dies. Jean Jacques Rousseau's Bekenntnisse. Deutsch v. G. Julius. 9 Thle. 16. Ebend. 843. à n. 4 ngl

Classiker, französische. Neue correcte und wohlfeilste Ausg. 10. Thl. J. J. Rousseau, über den Gesellschaftsvertrag, oder Grundzüge des Staatsrechts. Deutsch v. A. Marr. 16. Leipzig 843, O. Wigand. n. 4 ngl

— dies. 11.—22. Thl. Die neue Heloise. Deutsch v. G. Julius. 12 Thle. 16. Ebend. 844. à n. 4 ngl

— dies. 23.—30. Thl. Emil, oder über die Erziehung. Deutsch v. A. Gresse. 8 Thle. 16. Ebend. 844. à n. 4 ngl

— dies. 31. Thl. Abhandlung über die politische Oeconomie. Deutsch v. Ellissen. 16. Ebend. 845. n. 4 ngl

— dies. Léon. Gallois, Geschichte der Spanischen Inquisition. Deutsch von L. Eichler. 2 Thle. 16. Ebend. 843. à n. 4 ngl

— dies. Voltaire's Werke in zeitgemäßer Auswahl. 1.—6. Thl. Deutsch v. A. Ellissen. 1. u. 2. Thl. Kandid oder die beste Welt. 2 Thle. 16. Ebend. 844. à n. 4 ngl

— dies. 3. u. 4. Thl. Zadig oder das Geschick. Eine morgenländische Geschichte. 2 Thle. 16. Ebend. 844. à n. 4 ngl

— dies. 5. u. 6. Thl. Der Hurone. 2 Thle. 16. Ebend. 844. à n. 4 ngl

— dies. 7. u. 8. Thl. Die Prinzessin von Babylon. — Amabed's Briefe. — Die Ohren des Grafen Chesterfield u. der Kapellan Goodmann. 2 Thle. Deutsch v. A. Ellisen. 16. Ebend. 844. à n. 4 ngl

— dies. 9.—12. Thl. Kleine Schriften haus- u. staatswirthschaftl. Inhalts, aus seinen sämmtl. Werken ausgezogen u. mit Condorcet's krit. Bemerk. herausgeg. von A. Ellisen. 3 Thle. 16. Ebend. 845. à n. 4 ngl

— dies. A. Thiers' sämmtl. histor. Werke. Deutsch v. Wlh. Jordan. 1.—20. Thl. Geschichte der französ. Revolution. 20 Thle. 16. Ebend. 844, 45. à n. 4 ngl

— dies. 21.—40. Thl. Geschichte des Consulats u. Kaiserreichs. 20 Thle. 16. Ebend. 845, 46. à n. 4 ngl

Classiker, französische. A. Thiers' sämmtl. histor. Werke. 41—53. Thl. Geschichte des Konsulats und Kaiserreichs. 21—33. Thl. 16. (2013 S.) Leipzig 847—50, O. Wigand. [Thl. 41—48. à 5 Ngr., 49. 10 Ngr., 50—52. 20 Ngr., 53. 10 Ngr.]

Vgl. 10. Bd. 1. Abthl. S. 159.

(Classiker, französische.) A. Thiers sämmtliche historische Werke. 54—60. Thl. A. u. d. T.: Geschichte des Konsulats und Kaiserreichs. 34—40. Thl. gr. 16. Leipzig, O. Wigand. [54. (182 S.) 852. 10 Ngr., 55., 56. (555 S.) 853. 25 Ngr., 57—59. (575 S.) 856. 1 Thlr., 60. (281 S.) 856. 10 Ngr.]

Vgl. 11. Bd. 1. Abthl. S. 177.

—— französische. (Neue Ausg.) 1. Abthl.: Rousseau's Werke. (10 Bde. oder 24 Lfgn.) 16. Leipzig 854, O. Wigand. à Lfg. * 4 Ngr. *

Inhalt:

Lfg. 1—9. Bekenntnisse. 9 Thle. (XV und 1161 S.)
" 10. Der Gesellschaftsvertrag. Abhandlung über die polit. Oekonomie. (X und 214 S.)
" 11—18. Die neue Heloise. 4 Thle. [Thl. 1. (XLVIII und 232 S.) 2—4. (947 S.)]
" 19—24. Emil oder über die Erziehung. 4 Thle. (900 S.)

Classiker, französische. 2. Abthl.: Montesquieu's Werke. (Neue Titel-Ausg.) 1—12. Lfg. 16. Leipzig 854, O. Wigand. à Lfg. * 4 Ngr. Thlr. *

Inhalt:

Der Geist der Gesetze. Deutsch und mit Anmerkungen begleitet von Adf. Ellissen. 12 Thle. (1597 S.)

—— dass. — 3. Abthl.: Thiers' Werke. (Neue Titel-Ausg.) 1—15. Lfg. 16. Ebds. 854. à Lfg. * 4 Ngr. *

Inhalt:

Geschichte der französ. Revolution. Deutsch von Wilh. Jordan. 20 Thle. (VII und 2086 S.)

—— dass. — 4. Abthl.: Voltaire's Werke in zeitgemäßer Auswahl. Deutsch mit Einleitung und Anmerkungen von Adf. Ellissen. (Neue Titel-Ausg.) 5 Thle. (oder 9 Lfgn.) 16. (XXI und 1220 S.) Ebds. 854. à Lfg. * 4 Ngr. *

(—— französische.) A. Thiers' sämmtliche historische Werke. 61—78. Thl. A. u. d. T.: Geschichte des Konsulats und Kaiserreichs. 41—53. Thl. gr. 16. Leipzig, O. Wigand. [61. und 62. Thl. (403 S.) 857., 63—66. (1034 S.) 857., 67—70. (1192 S.) 858., 71—78. (936 S.) 860. 61—63. 65—68. 71. und 73. à 10 Ngr., 64. 69. 72. à 20 Ngr., 70. 15 Ngr.] Thlr.

Vgl. 12. Bd. 1. Abthl. S. 184.

—— französische. A. Thiers' sämmtliche historische Werke. 74.—79. Thl. A. u. d. T.: Geschichte des Konsulats und Kaiserreichs. 54.—59. (Schluß-)Thl. gr. 16. (1491 S.) Leipzig 863, O. Wigand.

Vgl. XIII. Bd. 1. Abthl. S. 192. — 1.—79. Thl. 19 Thlr. 25 Ngr.

—— griechische u. lateinische, m. gemischtem Text. Unter Mitwirkg. v. Fachgenossen f. den Schulgebrauch hrsg. v. G. Leue. 1. Bd. 1. Heft: Homer's Odyssee m. Abschnitten der Übersetzung v. J. H. Voß. 1. Bd. 1. Heft. Gesang I—IV. gr. 8. (X, 98 S.) Wolfenb. 889, Zwißler. — 60

—— griechische und römische, in deutscher Uebersetzung mit erläuternden Anmerkungen. 1.—5. Bdchn. 16. Pest 869. Lampel. *

Inhalt:

Bdchn. 1. Cicero's, M. Tullius, Lälius. Von der Freundschaft. An Titus Pomponius Atticus. Uebersetzt und erklärt von Friedr. Jacobs. 2. verb. Aufl. (67 S.) * 40 Pf.
" 2. —— Cato der Aeltere über das Greisenalter an Titus Pomponius Atticus. Uebersetzt und erklärt von Friedr. Jacobs. 2. verb. Aufl. (72 S.) * 40 Pf.
" 3. 4. Cornelius Nepos übersetzt von Ant. Hampel. 1. Bdchn. (S. 1—112.) * 60 Pf.; 2. Bdchn. (S. 113—231.) * 50 Pf.
" 5. Cäsar's, Cajus Julius, Denkwürdigkeiten über den Gallischen Krieg. Uebersetzt und erklärt von Gust. Heinrich. 1. Bdchn. (112 S.) * 50 Pf.

—— des In- und Auslandes. 1—42. Bd. gr. 16. Berlin 852—56, Hofmann und Comp. *

Inhalt:

Bd. 1—5. Cervantes Saavedra, Miguel de, Leben und Thaten des scharfsinnigen Edlen Don Quixote v. la Mancha, übers. von Ludw. Tieck. 2 Thle. 3., verb. Aufl. [Thl. 1. (XXXII und 571 S.) 2. (XVI und 623 S.)] * 20 Ngr.
" 6. Reineke Fuchs. Uebertr. von D. W. Soltau. (XVI und 231 S.) * 5 Ngr.
" 7. Der Cid. Ein Romanzenkranz. In der Form der Urschrift übertr. von F. M. Duttenhofer. Neue durchges. Cabinetsausg. (XI und 268 S.) * 5 Ngr.
" 8. Goldsmith, Oliver, der Landprediger von Wakefield. Eine Erzählung. Uebers. von Ernst Susemihl. Mit Illustr. (in Holzschn.) von Ludw. Richter. Ster.-Ausg. (III und 212 S.) * 5 Ngr.
" 9. Yorick's empfindsame Reise durch Frankreich und Italien. (141 S.) * 3 Ngr.
" 10., 11. Hoffmann's, E. T. A., ausgewählte Novellen. 2 Thle. (477 S.) * 10 Ngr.
" 12. Engel, J. J., Herr Lorenz Stark. Ein Charaktergemälde. Ster.-Ausg. (138 S.) * 3 Ngr.
" 13. —— der Philosoph für die Welt. (IV und 240 S.) * 5 Ngr.
" 14. Töpffer, Rud., genfer Novellen. Vollständige deutsche Ausg. in 3 Bdn. (420 S.) * 9 Ngr.
" 15—17. Arnim, Ludw. Achim v., ausgewählte Novellen. 3 Thle. (630 S.) * 15 Ngr.
" 18—25. Gaudy's, Frz. v., poetische und prosaische Werke. Neue Ausg. Hrsg. von Arth. Müller. 8 Bde. (XXXII und 1715 S.) * 1 Thlr. 10 Ngr.
" 26., 27. Tasso's, Torquato, befreites Jerusalem. Uebers. von Duttenhofer. Neue umgearb. Ausg. 2 Bde. (553 S.) * 12 Ngr.
" 28., 29. Das Nibelungenlied. Aus dem Mittelhochdeutschen übertr. von M. Ant. Niendorf. 2 Bde. (375 S. mit 20 Illustr. von Holbein in eingedr. Holzschn.) * 12 Ngr.
" 30. Béranger's Lieder. Uebertr. von Silbergleit. (176 S.) * 5 Ngr.
" 31. Tegnér's, Esaias, Frithjof-Sage, aus dem Schwed. übertr. von M. Ant. Niendorf. (138 S.) * 4 Ngr.
" 32. St. Pierre, Bernardin de, Paul und Virginie. Ein Roman aus der Südsee. Als Anhang die kleine Erzählung: Die indische Bananenhütte. Deutsch von Gfried. v. Leinburg. (VIII und 176 S.) * 5 Ngr.
" 33. Hertz, Henrik, König René's Tochter. Lyrisches Drama. (85 S.) — Andersen, H. C., Bilderbuch ohne Bilder. (42 S.) * 5 Ngr.
" 34. Groth, Klaus, Quickborn. Gedichte aus dem Volksleben. Aus ditmarscher Mundart übertr. von A. v. Winterfeld. (IV und 244 S.) — Groth, Klaus, Erzählungen; übertr. von A. v. Winterfeld. (95 S.) * 5 Ngr.
" 35—38. Le Sage, Geschichte des Gil Blas von Santillana. Aus dem Französ. Uebers. von D. Barrasch. 4 Bde. (XVI und 831 S.) * 20 Ngr.
" 39—42. Sterne, Lor., Tristram Shandy's Leben und Meinungen. Aus dem Engl. von G. N. Bärmann. 4 Bde. (677 S.) * 20 Ngr.

Vgl.: Klassiker.

—— des In- und Auslandes. 43—65. Bd. gr. 16. Berlin 857—61, Hofmann und Comp.

Inhalt:

Bd. 43., 44. Le Sage, der hinkende Teufel. Aus dem Französ. Uebersetzt von D. Barrasch. 2 Thle. (in 1 Bd.) (V und 263 S.) * 8 Ngr.
" 45—48. Immermann, Carl, Münchhausen. Eine Geschichte in Arabesken. 4 Thle. (in 2 Bdn.) (XX und 782 S.) * 1 Thlr., geb. * 1 Thlr. 15 Ngr., mit Goldschn. * 1 Thlr. 20 Ngr.; feine Ausg. * 1 Thlr. 15 Ngr., geb. * 2 Thlr., mit Goldschn. * 2 Thlr. 5 Ngr.
" 49., 50. Hoffmann, E. T. A., Lebens-Ansichten des Katers Murr nebst fragmentarischer Biographie des Kapellmeisters Johannes Kreisler in zufälligen Makulaturblättern. 2 Bde. 3. Aufl. 2. Abdr. (VIII und 455 S.) * 10 Ngr.
" 51. —— Klein Zaches genannt Zinnober. Ein Märchen. (108 S.) * 4 Ngr.
" 52. Longfellow, Henry Wadsworth, das Lied von Hiawatha. Aus dem Engl. Uebers. von Heinr. Schultz. (183 S.) * 6 Ngr.
53. Marvel, Ik., Träumereien eines Junggesellen oder ein Buch des Herzens. Aus dem Engl. von Ch....... (VIII und 200 S.) * 6 Ngr.
54. Puschkin, A., und M. Lermontow, Dichtungen. Deutsch von Thdr. Opitz. (XII und 129 S.) * 5 Ngr.

- 55. Petöfi's, Alex., Dichtungen. Nach dem Ungr., in eigenen wie fremden Uebersetzungen gesammelt von K. M. Kertbeny. (XIV und 138 S.) 6 Ngr.
- 56. Burns, Rob., Lieder und Balladen. Aus dem Engl., schott. Mundart von A. v. Winterfeld. Ster.-Ausg. (XIX und 147 S.) 6 Ngr.
- 57—59. Boccaccio, das Dekameron. Von D. W. Soltau. 3 Thle. (XXXIV und 699 S.) 27 Ngr.
- 60—62. Manzoni, Alessandro, die Verlobten. Uebersetzt von Dan. Leßmann. 3 Thle. (534 S.) 22½ Ngr.
- 63. Homer's Odyssee. Im Versmaße der Urschrift übers. von Carl Uschner. (354 S.) 12 Ngr.
- 64. —— Ilias. Im Versmaße der Urschrift übers. von Carl Uschner (VII und 464 S.) 15 Ngr.
- 65. Oehlenschläger, Adam, Correggio. Trauerspiel in 5 Aufzügen. (132 S.) 6 Ngr.

1—42. Bd. Ebendas. 1852—56. 7 Thlr. 8 Ngr.

—— des In- und Auslandes. 66.—76. Bd. gr. 16. Berlin 865, Hofmann und Comp. 3 Thlr. 8 Ngr.; geb. geb. mit Goldschn. 5

Inhalt:

- Bd. 66. 67. Immermann, Karl, die Epigonen. Familien-Memoiren in 9 Büchern. 2 Bde. (593 S.) 27 Ngr.; geb. 1 Thlr. 5 Ngr.; geb. mit Goldschn. 1 Thlr. 10 Ngr.
- 68. —— Andreas Hofer der Sandwirth von Passeyer. Ein Trauerspiel. (III und 104 S.) 6 Ngr.; geb. 10 Ngr.; geb. mit Goldschn. 12½ Ngr.
- 69—76. Lord Byron's sämmtliche Werke. Deutsch nebst einleit. Vorwort über die Byron'sche Dichtung von Alex. Neidhardt. 8 Bde. (XXIV und 2306 S.) 2 Thlr.; geb. in 4 Bdn. 3 Thlr.; geb. mit Goldschn. 3 Thlr. 20 Ngr.

1.—65. Bd. Ebendas. 1852—61. 12 Thlr. 21½ Ngr.

—— des In- und Auslandes. 77. Bd.: Shakespeare's kleinere Dichtungen. Deutsch von Alex. Neidhardt. gr. 16. (XIV, 217 S.) Berlin 870, Hofmann und Comp. 75 Pf.; geb. geb. mit Goldschn.

1.—76. Bd. Ebendas. 1852—65. * ℳ 47,45.

Classiker, italienische, 1—7. Lfg. — A. u. d. T.: Boccaccio's sämmtl. Romane u. Novellen. Zum ersten Mal vollständig übers. v. W. Röder. 1—3. Bd. 16. (23, 16 u. 20½ B.) Stuttgart 840, 41, [Griesinger'sche Buchh.] à L. 7½ Gr.

— die, der Römer und Griechen. Strenge Auswahl, mit 5 Stahlst. 4.—8. Bd. A. u. d. T.: Titus Livius' Römische Geschichte. Uebersetzt von Dr. Oertel. Vollständig in 8 Bden. 16. Stuttgart 840, 41, Rieger u. Comp. à ⅜ ℛ︁

— dies. 9.—11. Bd. A. u. d. T.: Des Quintus Horatius Flaccus Oden, Satiren u. Briefe. Uebers. v. Dr. Ernesti. 3 Bde. Mit 3 Stahlst. 16. Ebend. 841. à ⅜ ℛ︁

— dies. 12. Bd. A. u. d. T.: Cajus Sallustius Crispus' Werke. Uebers. von Hnr. Ruckgaber. (Verschwörung des Catilina.) Mit 1 Stahlst. 16. Ebend. 841. à ⅜ ℛ︁

—— für den Schulgebrauch. [Orthographie und Druck nach den für die österreich. Schulen geltenden Vorschriften.] Hrsg. von J. Pölzl. Nr. 10—17. gr. 8. Wien, Hölder. *

Inhalt:

- Nr. 10. Shakespeare, Julius Cäsar. Trauerspiel. Übers. von Aug. Wilh. v. Schlegel. (V, 76 S.) 885. * 48 Pf.
- 11. Goethe, Egmont. Ein Trauerspiel in 5 Aufzügen. (V, 80 S.) 885. * 48 Pf.
- 12. Schiller, die Braut von Messina oder die feindlichen Brüder. Ein Trauerspiel mit Chören. (XIV, 86 S.) 885. * 56 Pf.
- 13. —— über naive und sentimentalische Dichtung. Mit Einleitung und Anmerkungen von Karl Tumlirz. (X, 100 S.) 886. * 64 Pf.
- 14. Lessing, Emilia Galotti. Ein Trauerspiel. Mit Einleitung und Anmerkungen von Raim. Dundaczek. (VIII, 78 S.) 886. * 52 Pf.
- 15. Goethe, Götz v. Berlichingen mit der eisernen Hand. Ein Schauspiel. Hrsg. von W. Toischer. (X, 100 S.) 886. * 64 Pf.
- 16. Herder, der Cid. Nach span. Romanzen. Mit Einleitung und Anmerkungen von Hans Lambel. (VIII, 130 S.) 886. * 72 Pf.
- 17. Klopstock's Oden. [In Auswahl.] Mit Einleitung und Anmerkungen von Chrph. Würfl. (XIV, 144 S.) 887. * 90 Pf.

Vorh.u.d.Titel: Classiker, deutsche, für den Schulgebrauch.

Heft 25–29, s.a. Classiker-Ausgaben, Hölder's.

Classiker, wissenschaftliche, in Facsimile-Drucken. VIII. Bd. gr. 8. Berlin 894. Mayer & Müller. n. 1.50

Rein analyt. Beweis d. Lehrsatzes, daß zw. je zwey Werthen, d. e. entgegengesetztes Resultat gewähren, wenigstens e. reelle Wurzel d. Gleichung liege; v. Bernard Bolzano fr. d. Abhandlgn. d. k. Gesellschaft d. Wissenschaften. Prag (817). (60 S.)

Die ersten 7 Bde. sind nur als Einzeltitel erschienen:

1. Lobatschowsky, Nicol., geometrische Untersuchungen z. Theorie d. Parallellinien, s.: Bd. XXVI d. Bücherlex.
2. Bolzano, Bernard, Paradoxien d. Unendlichen, hrsg. aus dem schriftlichen Nachlasse des Verfassers v. F. Prihonsky, s.: Bd. XXV d. Bücherlex.
3. Green, George, an essay on the application of mathematical analysis to the theories of electricity and magnetism., s.: Bd. XXV d. Bücherlex.
4. u. 5. Scheele, Carl Wilhelm, sämmtliche physische und chemische Werke, nach d. Tode d. Verfassers gesammelt und in deutscher Sprache hrsg. von J. F. Hermbstädt. 2 Bde., s.: Bd. XXVIII d. Bücherlex.
6. Gilbert, de magnete magneticisque corporibus et de magno magnete tellure physiologia nova, s.: Bd. XXVII d. Bücherlex.
7. Sprengel, Christian Conrad, das entdeckte Geheimniss der Natur im Bau und in der Befruchtung der Blumen, s.: Bd. XXVIII d. Bücherlex.

—— die, aller Zeiten und Nationen. Geschichte ihres Lebens, Charakteristik ihrer Schriften und auserlesene Stücke aus ihren Meisterwerken. Nebst vollständ. Geschichte der einzelnen Literaturen. Im Verein mit mehreren Gelehrten hrsg. von Adf. Wolff. 1—27. Lfg. gr. Lex.-8. [1. Thl. (VIII und 620 S.) und 2. Thl. (VII und 899 S.) mit eingedr. Holzschn.] Berlin 859—61, Hempel. à Lfg. * 10 Ngr. *

Vgl.: Klassiker.

—— die, aller Zeiten und Nationen. Geschichte ihres Lebens, erläut. Charakteristik ihrer Schriften und auserlesene Stücke aus ihren Meisterwerken. Nebst vollständ. Geschichte der einzelnen Literaturen. Im Vereine mit mehreren Gelehrten hrsg. von Adf. Wolff. 28.—38. (Schluß-)Lfg. Lex.-8. (3. Bd. VIII und 608 S. mit eingedr. Holzschn.) Berlin 865—67, Hempel. à Lfg. * 10 Ngr. *

1.—27. Lfg. Ebendas. 1859—61. * 9 Thlr.

Classiker, die, aller Zeiten und Nationen. Geschichte ihres Lebens, Charakteristik ihrer Schriften und auserlesene Stücke aus ihren Meisterwerken. Nebst vollständ. Geschichte der einzelnen Literaturen. Im Verein mit mehreren Gelehrten begründet von Adf. Wolff. 39.—76. Lfg. Lex.-8. (4. Bd. VIII, 683 S.; 5. Bd. 859 S.; 6. Bd. VII, 504 S.; 7. Bd. S. 1—24.) Berlin 869—75, Hempel. à Lfg. * ℳ 1. *

1.—3. Bd. Ebendas. 1859—67. * ℳ 38.

—— die, aller Zeiten und Nationen. Geschichte ihres Lebens, Charakteristik ihrer Schriften und auserlesene Stücke aus ihren Meisterwerken. Nebst Geschichte der einzelnen Literaturen. Im Verein mit mehreren Gelehrten begründet von Adf. Wolff. 77.—96. (Schluß-)Lfg. Lex.-8. Berlin 875—77, Hempel. [5. Bd. 2. Abthl. (VIII, S. 25—688.); 5. Bd. 3. Abthl. (VIII, 262 S.)] à Lfg. * ℳ 1. *

1.—76. Lfg. Ebendas. 1859—75. à * ℳ 1.

Classiker-Ausgabe, [illegible] 1. [illegible] Wien, [illegible] 1868.

Hölder's Classiker-Ausgaben für den Schulgebrauch. Heft 25—26. Inhalt: Wieland's „Oberon". Ein episches Gedicht. Mit Einleitung und Anmerkungen von Wilh. Swoboda. 8. (XII, 199 S.) Wien: Hölder 1890. —.50

s.a. Heft 1–9 unter dem Titel: Classiker, Deutsche, für den Schulgebrauch.

s.a. Heft 10–17 unter dem Titel: Classiker für den Schulgebrauch.

Hölder's Classiker-Ausgaben für den Schulgebrauch. Heft 27. Inh.: William Shakespeare, Coriolanus. Trauerspiel. Mit Einleitung und Anmerkungen von Ludwig Wyplel. 8. (XII, 115 S.) —.25 Wien: Hölder 1891.

Hölder's Classiker-Ausgaben für den Schulgebrauch. Heft 28—29. Inhalt: Göthe's Gedichte, ausgewählt und erläutert von Prof. Dr. W. Toischer. 8. (VII, 143 S.) Wien: Hölder 1892. —.40

Goldene Classiker-Bibel. Pracht-Ausstattung. Kathol. Ausgabe in 75 Lieferungen. Mit 127 Chromo-Vollbildern. 67. bis 70. Lieferung. Quart à 1.20

Evangel. Ausg. 67.—70. Lieferung. 4. à 1.20

— — Billige Ausstattung in 72 Lieferungen. Kathol. Ausgabe. Mit 31 Chromo- und 61 Tondruck-Vollbildern. 67. bis 70. Lieferung. Quart à —.60

Evangel. Ausg 67.—70. Lieferung. 4. à —.60
Wien: Herzig 1896.

Classiker-Journal, illustrirtes. Die Meisterwerke der deutschen Dichtung. Hrsg. Herm. Weichelt. 1. Jahrg. 1872. 52 Nrn. (3 B. m. 2 Holzschntaf.) 16. Hannover. Leipzig 871. Hartknoch in Comm. 6. —

Classiker-Journal, illustrirtes. Die Meisterwerke der deutschen Dichtung. Hrsgbr.: Herm. Weichelt. (1. Jahrg.) 21 Nrn. (à 3 Bog. mit Holzschntaf.) 16. Hannover 872. (Leipzig, Hartknoch.) *

Classikus, Julius, s. Classicus.

Classingius, J. G., s. Clasing, J. C.

Classiques, les, de la peinture. Renaissance italienne [1420—1540]. Collection des oeuvres les plus célèbres des maitres italiens. Avec texte explicatif publié par P. F. Kroll, avec le concours des Conservateurs O. Eisenmann et F. Rober. Traduit [sur l'original allemand] par G. Dubray. Impression photographique de M. Rommel à Stuttgart. 34 livrs. Fol. (à 2 Bl. in Lichtdr. mit Text 152 S.) Stuttgart 879. 80. Neff. à n. 2. 50; cplt. geb. n. 105. —

Clater, Francis

Clater, F., die Abrichtung u. Dressur des Hundes, insbesondere des Luxus-, Gebrauchs-, Kriegs-, Polizei- u. Sanitätshundes. Die beste Methode, Hunde stubenrein zu erziehen, ihnen allerhand Kunststücke beizubringen, sowie alle Unarten abzugewöhnen. (IV, 68 S.) 8. Leipzig (910). Ernst. — 75

Clater, Francis, d. Hauspferdearzt, oder d. Kunst, seine Pferde selbst zu heilen; aus d. Engl. nach d. 2n Ausgabe ins Französ. übers. v. P. L. Prétot u. frei ins Deutsche übertragen v. G. v. Tennecker. 8. Ilmenau 823. Voigt. 1 ℔

Clater, Fr., der Hunde-Arzt und das Dressiren seiner Hunde für Hundebesitzer, Jäger und Jagdliebhaber. Enthaltend Anweisung über Erziehung, Krankheiten der Hunde, ihre Erkenntniß und sichere Heilung, Racenkenntniß und Abrichtung. Neu bearb. von A. v. Rabenau. 2. verb. Aufl. 8. (VIII, 126 S.) Quedlinburg 881, Ernst'sche Buchh.

—— dass. — Nebst 22 Beispielen über die Klugheit der Hunde. Für Hundebesitzer, Jäger und Jagdliebhaber. Enthält Belehrungen über die Krankheiten der Hunde, deren Erkenntniß und sichere Heilung, über Racenkenntniß, Erziehung und Abrichtung. Neu bearb. von A. v. Rabenau. 3. verb. Aufl. 8. (VIII, 157 S.) Ebendas. 883.

Clater, Fr., der Hunde-Arzt und das Dressiren der Hunde. Nebst 22 Beispielen von der Klugheit der Hunde. Für Hundebesitzer, Jäger und Jagdliebhaber. Enthaltend Belehrungen über die Krankheiten der Hunde, deren Erkenntniß und sichere Heilung, über Racenkenntniß, Erziehung und Abrichtung. Neu bearb. von A. v. Rabenau. 4. verb. Aufl. 8. (VIII, 157 S.) Quedlinburg 886, Ernst'sche Buchh.

Clater, Fr. Der Hunde-Arzt u. das Dressiren der Hunde. Neu bearb. v. A. v. Rabenau. 5. verb. Aufl. 8. (VIII, 158 S.) Halberst. 889, Ernst. 1 50

Clater, Fr., der Hunde-Arzt u. das Dressiren der Hunde. Nebst 22 Beispielen üb. die Klugheit der Hunde. Für Hundebesitzer, Jäger u. Jagdliebhaber. Enth. Belehrgn. üb. die Krankheiten der Hunde, deren Erkenntnis u. sichere Heilg., üb. Rassenkenntnis, Erziehg. u. Abrichtg. Neu bearb. von A. v. Rabenau. 6., verb. Aufl. 8. (VIII, 168 S.) Halberstadt 893. Ernst. 1. 50

Clater, F., der Hunde-Arzt, nebst e. Anh., enth. die wichtigsten Hunderassen sowie die Erziehg. u. die Dressur des Hundes. 8. verb. u. verm. Aufl. 8. (VIII, 182 S.) Leipzig (902). Ernst. 1. 50
7. Aufl. (VIII. 186 S.) Ebd. 899. n. 1. 50.

Clater, F., der Hunde-Arzt, nebst e. Anh., enth. die wichtigsten Hunderassen sowie die Erziehg. u. die Dressur des Hundes. 9. verb. u. verm. Aufl. (VIII, 184 S.) 8. Leipzig (905). Ernst. 1. 50

— Der Hunde-Arzt, nebst Anh.: Die Hunderassen, sowie die Erziehg. u. Dressur des Luxus-, Gebrauchs-, Kriegs-, Polizei- u. Sanitätshundes. 10. verb. u. verm. Aufl. (VIII, 236 S.) 8. Ebd. (909). 2. —

Clater, Francis, der Jäger als Arzt seiner Hunde. Eine vollständige Anleitung für Thierärzte, Jäger, Jagdliebhaber u. jeden Besitzer von Hunden, den Krankheiten dieser Thiere vorzubeugen und die zum Ausbruch gekomm. auf die leichteste, sicherste u. wenig kostspielige Weise zu heilen. Nach der 25. Aufl. des engl. Originals. Mit 6 Abbildd. 16. Leipzig 837. Belgische B. ½ ℔

Clater, Frz., der Jäger als Arzt seiner Hunde. Eine vollständ. Anleit. f. Thierärzte, Jäger, Jagdliebhaber u. jeden Besitzer v. Hunden, d. Krankheiten dies. Thiere vorzubeugen u. die zum Ausbruch gekomm. auf d. leichteste, sicherste u. wenigst kostspiel. Weise zu heilen. N. d. 25. Aufl. d. engl. Orig. 16. (10 B. u. 6 Abbild. auf farb. Pap.) Leipzig 837, [Melzer.]

Clater, Frz., der Jäger als Arzt seiner Hunde. Eine vollständige Anleitung für Thierärzte, Jäger, Jagdliebhaber, den Krankheiten dieser Thiere vorzubeugen und die zum Ausbruch gekommenen auf die sicherste Weise zu heilen. Nach der 25. Aufl. des engl. Orig. Mit einem Anhang über die Erziehung und Abrichtung der Hunde. 8. (XVI und 148 S.) Quedlinburg 856, Ernst'sche Buchh.

—— und Sohn, die vorherrschendsten Krankheiten d. Hundes, deren Entsteh. u. d. Art sie zu heilen; n. d. 2. Ausg. hrsg. v. J. C. F. Lentin. A. d. Engl. 8. (5 B.) Weimar 834, Tanz.

Clater, Francis, Pferde-Hausarzt, n. d. 25. Orig.-Ausg. hrsg. v. J. C. F. Lentin. Nebst e. Veterinär-Pharmacopoe als Anhang. A. d. Engl. gr. 8. (15 B.) Weimar 834, Tanz.

Claubart, Christoph Karl: Kurtzer Bericht der ophthalmologia oder Augen-Cur, benebenst derselben auch etlicher mehr andern innerlichen und äusserlichen Kranckheiten ihrer wahren Genesung . . . o. O. 1707. 4 Bl. 8°

Claud, Anna, Backfischlieder u. Allerlei. (IX, 117 S. m. Bilder.) 8. Dresden (907). E. Pierson. 1.50; geb. n 2.50

Claud-Saar, Anna. Kaiserin Elisabeth auf Kap Martin. Mit vielen Autotypien nach photographischen Aufnahmen von Giletta, Fabbio, Degand, Buisson, Richard in Nizza, Cannes, Mentone [und 1 Porträt-Tafel]. 64 S. 8. Zürich, Caesar Schmidt, 1902. [fr. 2. —]

Claud-Saar, Anna, der närrische Hiasl. Volksstück in 3 Acten m. Musik u. Tanz. (59 S.) 8. Wien 904. P. Kneppler. n. 2. —

Claud-Saar, Anna. Wien-Nizza. 3 Novellen. Mit dem Bildnis der Verfasserin. IV + 136 S. 8. Zürich, Caesar Schmidt, 1901. [fr. 2. 50]

Claude, Johann. Der Lohn der Gläubigen und Bestrafung der Abtrünnigen . . . Oettingen 1714. 1722. V: *Gressel, Johann Georg.* (MI.)

Claude der Colporteur. Eine Erzählung. Mit 1 (lith.) Illustr. Hamburg 863. Oncken. 12. (IV, 214 S.) n. 20 ngr.

de Claude's Anfangsgründe der Physik. Mit 100 in den Text gedr. Holzschn. München 856. Kaiser. gr. 8. (VI, 287 S.) n. 1 ℛ 12 ngr

Claude, (Dr.,) Bemerkk. üb. d. v. Hrn. Prof. Thiersch vorgeschlagene Organisation d. gelehrten Schulen mit besond. Rücksicht auf Bayern. gr. 8. München 826, Lindauer.

Dirnentum und Sittenpolizei. Interessante Enthüllungen nach d. Memoiren d. Chefs d. Pariser Kriminalpolizei Monsieur **Claude**. Hrsg. u. bearb. von Burghard Aßmus. 1.–3. Taus. Berlin: R. Jacobsthal [1905]. (192 S.) 8° [F.]
—**Claude**: Pariser Polizeigeheimnisse. Bd 1 [Mémoires, Ausz., deutsch]. [06. 1068

Falschmünzer und Kupplerinnen. Interessante Enthüllungen nach d. Memoiren d. Chefs d. Kriminalpolizei M. **Claude**. 1.–3. Taus. Berlin: R. Jacobsthal [1905]. (192 S.) 8° [F.]
—**Claude**: Pariser Polizeigeheimnisse. Bd 2 [Mémoires, Ausz., deutsch]. [06. 1069

Geheimnisse der Tuilerien. Interessante Enthüllungen nach d. Memoiren d. Chefs d. Pariser Kriminalpolizei Monsieur **Claude**. 1.–3. Taus. Berlin: R. Jacobsthal [1905]. (188 S.) 8° [F.]
—**Claude**: Pariser Polizeigeheimnisse. Bd 3 [Mémoires, Ausz., deutsch]. [06. 1070

Hochstaplerinnen und Giftmischer. Interessante Enthüllungen nach d. Memoiren d. Chefs d. Pariser Kriminalpolizei Monsieur **Claude**. 1.–3. Taus. Berlin: R. Jacobsthal [1905]. (190 S.) 8° [F.]
—**Claude**: Pariser Polizeigeheimnisse. Bd 4 [Mémoires, Ausz., deutsch]. [06. 1071

Kaschemmen und Spielklubs. Interessante Enthüllungen nach d. Memoiren d. Chefs d. Pariser Kriminalpolizei Monsieur **Claude**. 1.–3. Taus. Berlin: R. Jacobsthal [1905]. (192 S.) 8° [F.]
—**Claude**: Pariser Polizeigeheimnisse. Bd 5 [Mémoires, Ausz., deutsch]. [06. 1072

Pariser Polizeigeheimnisse. Interessante Enthüllungen nach d. Memoiren d. Chefs d. Kriminalpolizei Monsieur **Claude** [Mémoires, Ausz.]. Hrsg. von Burghard Aßmus. 1.–3. Taus. Bd 1–5. (Berlin: R. Jacobsthal [1905].) 5 Bde 8° [F.]
1 — Dirnentum u. Sittenpolizei. 2 — Falschmünzer u. Kupplerinnen.
3 — Geheimnisse d. Tuilerien. 4 — Hochstaplerinnen u. Giftmischer.
5 — Kaschemmen u. Spielklubs.
[06. 1067

Claude, A., la Pharmacie normale. gr. in-8. Mulhouse, février 836. (Freiburg, Waizenegger.) n. 3/4 ℛ

Claude, G., l'Electricité pour tout le monde, deutsche Bearbeitg., s.: Ostwald, Wa., Schule der Elektrizität.

Claude, Pt., Bemerkk. über d. v. Hrn. Prof. Thiersch vorgeschlagene Organisation d. gelehrten Schulen, mit besond. Rücksicht auf Baiern. gr. 8. Münch. 826. J. Lindauer. 6 kr

Claude, Pt. und Paul Lemoine:

— — Grammaire. — Supplément, s. Abrégé de grammaire française.

— u. P. Lemoine, theoret.-prakt. Grammatik d. französ. Sprache f. d. öffentl. u. Privatunterricht, bestehend in e. deutschen Curse für d. niedern, u. e. französ. für d. höhern Klassen, mit zweckmäß. Aufgaben u. e. Anh. von Lese- u. Gedächtnißübungen. gr. 8. Münch. 830. (Finsterlin). 1 ℛ 2e Aufl. von Lemoine u. Becherer durchgesehen. Lex.-8. Kempt. 833. (832.) Dannheimer. 21 kr

Claude, P., und Paul Lemoine, theoret.-prakt. Grammatik der franz. Sprache, für den öffentl. u. Privat-Unterricht. 3e verb. Aufl. gr. 8. Kempten 838. Dannheimer. 7/8 ℛ

Claude, P., u. Paul Lemoine, theoretisch-pract. Grammatik der französ. Sprache, für den öffentl. u. Privat-Unterricht. 4. verb. u. verm. Aufl. gr. 8. Kempten 842, Dannheimer. 7/8 ℛ

Claude, P., und P. Lemoine, theoretisch-practische Grammatik der französischen Sprache für den öffentlichen und Privat-Unterricht bestehend in einem deutschen Curse für die niedern und einem französischen für die höhern Classen mit vielen zweckmäßigen Aufgaben, einem Anhange von Lese- u. Gedächtniß-Uebungen und einem alphabetischen Wortregister. 6., verb. u. verm. Aufl. Kempten 853. Dannheimer. gr. 8. (VIII, 476 S.) 27 ngr

Claude, P., u. Paul Lemoine, theoretisch-praktische Grammatik der französischen Sprache für den öffentlichen u. Privat-Unterricht. 7. verb. Aufl. Kempten 865. Dannheimer. gr. 8. (IV, 203 S.) 18 ngr

Claude, P., u. Paul Lemoine, theoretisch-praktische Grammatik der französ. Sprache f. den öffentlichen u. Privat-Unterricht. 1. (deutscher) Cursus. 8. verb. Aufl. gr. 8. (IV, 203 S.) Kempten 871. Dannheimer. 1. 80

— u. Jos. v. Maffei, theoret.-prakt. italien. Sprachlehre. gr. 8. Münch. 825. Finsterlin. (Mayr in Salzb.) 1 ℛ 8 kr

Claudel, J., das Maurerhandwerk, s. a. Schauplatz der Künste ꝛc.

Claudel J. u. L. Laroque, das Maurerhandwerk in seinem ganzen Umfange theoretisch und praktisch abgehandelt. Ein Handbuch für Architekten, Maurer, Steinhauer, Bauführer, Unternehmer, Handwerksschulen etc. Nach dem Französ. für deutsche Zustände frei bearbeitet von W. Hertel, Bauinspektor in Naumburg. In 2 Theilen. I. Theil: die Lehre von der Lagerung, den chemischen und physikalischen Eigenschaften der, dem Maurer wichtigen Gebirgsarten u. Gesteine, in scientifischer und praktischer Beziehung, nebst deren zweckmässiger Anwendung; künstliche Steine; Luft- u. hydraulische Mörtel, Bètons etc., Maschinen, Geräthe, Werkzeuge etc. Mit 10 Quarttafeln. 8. Weimar, Voigt. 1860. 1 Rth. 15 Sgr. II. Theil: Form- und Verbindungslehre, enthaltend: die Construction der Rüstungen; Baugründe und Fundamente: Verband der Mauern und deren statische Beziehungen; Freimauern; Lehre und Bau der Gewölbe: Anlage und Ausbau von Gebäuden; Veranschlagung; polizeiliche Vorschriften etc. Mit 7 Foliotaf. 8. Ebendas. 1860. 1 Rth. 5 Sgr.
Jeder Theil bildet ein selbständiges Ganze und wird einzeln verkauft.

Claudel J und L Laroque, das Maurerhandwerk. 2 Teile. (Schauplatz der Künste und Handwerke 243-44) Weimar 1860

Claudel, J: Vademecum für den Ingenieur u. Baumeister.

Claudel, Paul, Mittagswende. Deutsch v. Frz. Blei. (Autoris. Übersetzg. aus d. französ. Mskr.) (III, 66 S.) gr. 8. München 908. H. v. Weber. 3.50; Luxusausg., geb. in Halbperg. 12. —

— Der Tausch. Deutsch v. Frz. Blei. (114 S.) 8. München 910. Hyperion-Verlag. 3.—; geb. 4.—; Luxus-Ausg. 12. —

Clauder, C. D., de forma anni Hebraeorum mosaico-prophetica. Viteb. 1716. 4.

Clauder, Christian Ernst: Gorgonea Metamorphosis, sive Mirabilis calculi humani historia, cum iudicio eiusdem & fig. lapidis. Excutitur in praef. nova, de methodo subueniendi submersis laryngotomia, hypothesis, Chemnitii: Stoessel 1728. 32 S. 8°

Clauder, C. Ern., praxis medico-legalis, oder 25 Casus m. Cautaten und Anmerkungen. 4. Altenb. 736.

Clauder, E. Coup d'œil des méthodes employées dans l'enseignement de la langue française. Wiesbaden, Pädagog., 1853. 8 S. 4. Progr.

Clauder, G. Z., praes. Fr. Hoffmann, De haemorrhagia cerebri. 33 pp. Hal. 4°. 1730

Clauder, Gabr(iel) Friedr(ich) (Übers.):

s.: Heister, Lorenz: Compendium anatomicum, d.i. kurtzer Begriff derjenigen Kunst, welche von denen Theilen des menschlichen Cörpers, und anderer Thiere, nebst deroselben künstlichen Zerlegung handelt. (Compendium anatomicum... Editio quarta. Dt.) Nürnberg: 1736

Clauder, Gabr(iel) Fried(rich) (Übers.):

s.: Heister, Lorenz: Compendium anatomicum, d.i. kurtzer Begriff derjenigen Kunst, welche von denen Theilen des menschlichen Cörpers, und anderer Thiere, nebst derselben künstlichen Zerlegung handelt. (Compendium anatomicum... Editio quinta. Dt.) Nürnberg: 1756

Clauder, Gabriel Friedrich (Übers.):

s.: Heister, Lorenz: Compendium anatomicum, das ist kurzer Begriff derjenigen Kunst, welche von den Theilen des menschlichen Körpers, und anderer Thiere, nebst derselben künstlichen Zerlegung handelt. (Compendium anatomicum... Editio novissima. Dt.) Nürnberg: 1771

Schediasma de tinctura universali, vulgo lapis philosophorum dicta, cum Petri Johannis Fabri manuscripto, res alchymicorum obscuras extraordinaria perspicuitate explanante, nec non D. Adami Gottlob Berlichii dissertatione de medicina universali, quin et D. Emanuelis Koenigii epistola de elixirio sophorum, ejusque observationibus de modo exaltationis et vitrificatione metallorum revisum et hinc inde auctum, promisso simul blati Clauderi vitæ curriculo sistit D. Gabriel Frid. Clauderus Nepos. Norimbergæ, 1736. pp. [vii]-304-[xlviii], 4to. 13 folding tables.

Clauder, Gabr., Schediasma de tinctura universali vulgo lapis philosophorum dicta. 4. Norimb. Enderes. 736.

— **Heinrich Carl** (Merseburg), De mortibus repentinis senioribus annis parcius imputandis. Diss. med. Präs. Georg August Langguth. Wittbg. (C. Chn. Dürr) 15. III. 1771. 32 S. (5.—) 5305
Gew.: Joh. Christoph Clauder.

Clauder

— **Joachim Christoph** (Halberstadt), De sententiis paritoriis in camera imperiali usitatis. Diss. jur. Giessen (E. H. Lammers) Mai 1731. 32 Seiten. (4.80) 5307

Clauder, Joh. Daniel

[Lied.] Den verehrungswürdigen Mitgliedern der von der Loge Archimedes zu den drey Reissbretern in Altenburg gestifteten Deputations-Loge zu Gera am Tage der Weyhe gewidmet von J[oh.] D[aniel] **Clauder** u. a. den 18ten Dec. 1803. [Altenburg 1803.] 2 Bl. 8⁰ [Umschlagtit.]
Ohne Noten: „Heil Euch, Brüder! sie schlug — schlug die erwartete . . .“ 193.

Clauder, Jul. Aug.

— informator juris theoretico-practicus. 4. ibid. 714.

Clauder, Jul. Aug.: Unterweisung zum Rechten, aus der Theorie zur Praxin. A. u. d. T.: Informator juris theoretico-practicus. *Altenburg.* 714. 4.

Clauder, Carl Friedrich, De sanguine stagnante. Diss. med. Präs. Aug. Quirin Rivinus. Lpz. (I. Titius) 28. III. 1721. 22 S. (4.80) 5303
Gew.: Jo. Gottfr. Reinhard (Neukirchen), Jo. Chn. Clauder (Zschechwitz), Gabr. Friedrich Clauder.

Clauder, Salomon August

Clauder, S. A., casus dubii jur. com. decisi. 4. ibid. 741.

Clauderus, Sal. Aug.: Inquisitum ex vario crimine defensum etc. in usum praxeos sistit C. *Altenb.* 709. 4.

— inquisitus ex vario crimine defensus, et modus acta inquisitionalia extrahendi. 4. ibid. 715.

— — De eo quod justum est in aresto forensis, s. extranei. Diss. jur. Präs. Nic. Chph. Lyncker (Kötschau u. Fluhrstädt). Jena (Werther) Mai 1686. 28 S. (5.—) 5313
Widm. v.: Präs., Gabr. Chn. Ern., Friedr. Wilh. u. Joh. Chn. Clauder, Jac. Crell (Roda).

— — Dasselbe. Germanis: Von dem was einem jeden von Arrestbeschlagungen zu wissen nöthig. Jena (J. B. Heller) 1743. 40 S., o. Wid. (4.80) 5314

— — Dasselbe. 1754. (4.80)

Claudi, Jac. Reinh., Initia disputationis de feudo emtitio auspiciis principis. Präs. Carl Heinr. Geisler. Marburg (Bayrhofer) 21. XI. 1782. 56 S., z. Tl. dtsch. (4.80) 5317

Claudi, Marie, Gedichte. (77 S.) 8. Celle 907. Schulze. Geb. in Leinw. m. Goldschn. 2. —

Lieder und Sprüche ... von Marie Claudi. Celle: Schulze 1909. 96 S. 8°
(Claudi: Gedichte. T. 2.) [eg. 11616 7]

— **Marcus August** (Frankfurt/M.), De recognitione instrumentorum per testes et comparationem literarum. Diss. jur. Präs. Johann Friedrich Wahl. Göttingen (J. F. Hager) 22. IV. 1750. 88 Seiten. (5.50) 5318

Claudia. Dramatische Dichtg. in 1 Akt. — Fährmann Nolsen. Schauspiel in 3 Akten (6 Aufzügen). Von Emugin. (VI, 8 u. II, 50 S.) 8. Leipzig (Tauchaerstr. 62) 907. O. Weißert. 1. —

CLAUDIA. Eine Geschichte aus dem alten Rom. (Moderne Philosophie, Bd. VII.) 8°. 52 S. (Um 1910.)

Claudia, M., Erzählungen, s.: Jugendleben.

Claudianus, Claudius

Claudiani, Claudii, carmina, s. a. Monumenta Germaniae historica.

Claudiani, Claudii, Carmina. 2 vol. Recensuit Ludov. Jeep. gr. 8. Leipzig, Teubner.

Inhalt:
Vol. I. Carmina I—XXIV. (LXXXII, 265 S.) 876. n. M. 5,40.
» II. Carmina XXV—XXXVII et carmina minora. Accedunt nonnulla aliorum carmina quae in mss. Claudiani leguntur. (CLX, 259 S.) 879. n. M. 12.

Claudiani, Claudii, carmina. Recognovit Jul. Koch. 8. (LXI, 346 S.) Leipzig 893. B. G. Teubner. n. 3. 60

Claudianus: Claudianus.

— Ad membran. fidem castigata. Cum notis integris M. A. Delrii, St. Claverii et Th. Dempsteri auctorib. Nic. Heinsii et inedit. Pt. Burmanni. Acced. sylloge varr. lectt. etc. cum curis secundis Nic. Heinsii et annott. Pt. Burmanni II. Cum indd. II Tom. 4. Amsterd. 760. Arkstée. 5 ₰ 12 gl (Weigel in Leipz.) 9 ₰

— Ad opt. edit. collata. Praemittitur notitia literaria studiis societat. Bipont. Editio accurata. 8maj. Zweibr. 784. (Treuttel u. W. in Strassb.) 16 gl

Claudiani, Claud., ex edit. Bipontina I., ad optim. lect. ut ad exemplar Burmannianum, nova edit. exacta; c. notitia litterar. et chronolog.-histor., nec non indice adnotat. explente. 8 maj. (34 B.) Argentorati 829, Treuttel et Würtz.

Claudianus, Claudius, Dichtungen, übersetzt von Geo. Frhr. v. Wedekind. gr. 8. (XIII, 384 S.) Darmstadt 868, Jonghaus'sche Hofbuchh.

Claudien, l' Enlèvement de Proserpine, poëme, traduit en prose françoise, avec un discours sur ce Poëte et des remarques par Mr. de Merian. 8. Berlin, Himburg. 777.

— l'enlèvement de Proserpine, poëme, traduit en prose française, avec un discours sur ce poète et des remarques, par Mr. de Mérian. 8. Berl. 777. (Reimer). 18 gl

— — *Claudians* Entführung der Proserpina, erster Gesang, metrisch übersetzt von Schultze. Brandenburg 1821. 8°. (In Berlin: Wd 8726.)

— Gedicht wider den Rufinus, in deutsche Verse übersetzt, nebst einigen Sinngedichten v. Myriander (J. K. Niedermayer). 8. Nürnb. 756. 2e Aufl. ohne d. Sinngedichte 760. Endters. 5 gl

— Dass., übersetzt u. erläutert v. J. F. Ratschky, mit d. latein. Text zur Seite. gr. 8. Wien 801. Schaumburg. 14 gl

— opera cum observ. Walchii, 12. Lips. Gletitsch. 715.

Claudiani, Claud., Opera quae extant varietate lectionis et perpetua adnotatione illustrata a J. M. Gesnero. Acced. index uberrimus. II Ptes. 8 maj. Leipz. 758. (Hahn). 2 ₰ 16 gl

Claudiani Opera illustr. E. Doullay. Vol. I. et II. Lex.-8. Leipzig 837, 38. Barth. 2⅓ ₰ (Vgl. Bibliotheca nova Scriptorum latinorum. Vol. XVI. et XIX.)

Claudiani, Cl., in Probini et Olybrii fratrum consulatum panegyris. In Rufinum libri duo cum variis lectionibus. 4. (6 B.) Turici 843. (Höhr.)

—— in Probini et Olybrii fratrum consulatum panegyris. In Rufinum libri duo. Recens. Jo. Caspar Orellius. 4. (6¾ B.) Turici 845, Orell, Füsli et Soc.

Claudianus, Cl., Poëmata cum lectionis varietate et animadversionibus perpetuis I. M. Gessner. gr. 8. Lpz. Fritsch. (Hahns V. H.) 758.

Claudiani, (Claudii,) selecta poemata. Ad usum lect. academ. ed. 8 maj. Havniae 821, Schubothe.

— — Der Proserpinen-Raub. (übers. Von K. F. Kretschmann. Zittau 1797. 8°. (In Berlin: an Wd 8145.)

— quae extant recens. perpet. illustr. G. L. König. 8maj. Götting. 808. Dieterich. 2 ₰ 6 gl Schrbp. 3 ₰ 16 gl Velinp. 4 ₰ 16 gl Hbg.-Pr. 1 ₰ 12 gl Schrbp. 2 ₰ 12 gl Velinp. 3 ₰ 3 gl (A. u. d. T.: Script. class. rom. P. VIII.)

Claudiani, Cl., raptus Proserpinae rec. Ludov. Jeep. gr. 8. (XXV, 59 S.) Turin 874, Loescher. *

Claudianus, Cl. Raub der Proserpina; ein Gedicht in 3 Büchern. Hamburg 1784. Ü: *Schütze, Joh. Friedr.* (Ky) (MGT) Ü: *Schütze, Chn Heinr.* (Degen)

— Raub d. Proserpina; e. Gedicht, (übers. v. Chr. Hnr. Schütze). 8. Hamb. 784. Bohn. 3 gl

— Raub d. Proserpina, e. Gesang, metrisch übers. mit e. Anmerkk. v. Jh. Dn. v. Bordelius. gr. 8. Hamb. 811.

— — *Claudians* Raub der Proserpina, erster Gesang, metrisch übersetzt mit einigen Anmerk. von Joh. Dan. v. Bordelius aus Curland .... als Manuscript für Freunde. Hamburg, gedr. bei Schniebes 1811. Gr. 8°. (In Berlin Wd 8720.) 51 S. Rarl

Claudiani carminum graecorum reliquiae, s.: Eudociae Augustae carminum graecorum reliquiae.

Claudianus Mamertus

Claudiani Mamerti opera, s. Corpus scriptorum ecclesiasticorum latinorum.

Claudicus, A., ein Gespräch am Kachelofen oder des deutschen Reichskanzlers ideale Steuerdoctrin. 8. (28 S.) Zürich 876, Verlags-Magazin.

Claudine oder die treue Gattin, eine wahre Geschichte. Leipzig 1802. V: *Neuenhagen, Wilhelmine Henriette Dorothea geb. Wenzel.* (schl)

CLAUDINE, der üppige Backfisch .... (c. 1870). (50 xr. Halm, Wien, 1872, Cat. 5.)

Claudine von Villa Bella. Schausp. mit Gesang von Goethe. 8. Berlin: Mylius 1776.

– – dasselbe. 8. Leipzig: Göschen 1788.

– Lustsp. in 3 Akt. a. d. Franz. Wien: Pichler 1806.

Claudio, Z. v., zur Petrarca-Jubelfeier. Franz und Edda. Ein Liederkranz. gr. 16. (64 S.) Leipzig 874, Mayer.

Clauditz, Heinrich

Handbuch für Desinfektoren. In amtl. Auftr. zsgest. von Kreisassistenzarzt Dr. [Heinrich] Clauditz. Trier: A. Sonnenburg 1907. (75 S.) 8° [G] [07. 1161]

Clauditz, *Hermann* [app. Arzt, aus Moritzberg '(Hannover)']: Zwei Fälle von Carcinoma oesophagi mit Durchbruch in Trachea und Bronchus resp. in das periösophageale Bindegewebe ... Göttingen, Druck d. Dieterichschen Univ.-Buchdr., 1897; 36 S. 8.
Göttingen, Med. Fak., Inaug.-Diss. v. [6. März] 1897

Clauditz, H., zwei Fälle v. Carcinoma oesophagi m. Durchbruch in Trachea u. Bronchus resp. i. d. periösophageale Bindegewebe. Diss. gr. 8. (36 S.) Göttingen 897. (Vandenhoeck & Ruprecht.) n. 1. 20

Clauditz, Josef. Blattanatomie canarischer Gewächse, mit Berücksichtigung von Standort und Klima. Diss. Phil. Basel. [Mit 1 Tafel.] 66 S. 8. Hildesheim, August Lax, 1902.

Claudius, Appius; Trauerspiel. Winterthur 1867. V: *Forrer, J.* (Cat. d. Stadtbibl. Zürich. Zürich 1864—97.)

Claudius, Appius. Trauerspiel in 5 Aufzügen von F. Als Mscr. gedr. Winterthur 867. (Steiner.) 8. (112 S.) n. 12 ngr.

Claudius Civilis; oder der Sieg Bataos über die Römer. Schausp. 8. Amsterdam: Jülicher 1791.

Claudius', Matth., Biographie, s.: Herbst, W.

— Lebensbild, s.: Meyer, A.

— Vortrag über denselben, s.: Gerok, K.

Claudius

Claudii Imperatoris Oratio super civitate Gallis danda. Ed. Car. Zell. 4 maj. (4¼ B.) Friburgi Brisigav. 833, fr. Groos.

Claudii Imperatoris Oratio super civitate Gallis danda. Edid. Car. Zell. 4maj. Freiburg 834. Gebr. Groos. ⅓ ₰

Claudius. Die Bibel als ein Menschenwerk betrachtet. Umrisse zu einer Geschichte derselben, in Briefen an seine Freunde. Paris und Leipzig, J. Renouard und Comp. 1841. 204 S. 8.

Claudius, Andreas Christian

Das Merkwürdige in dem Leben des weiland Christian Detlev Claudius [gest. Aug. 1756], Seniors des Flensburgischen Consistorii etc. besungen v. dessen Sohne Andreas Christian Claudius. Lübeck o. J. [1756?] 4° k.

Claudius, C. F. Selbst-Biographie. Berlin 1834. 8°.
— Angeb.: Claudius: Ausführliche Nachricht meiner Luftreisen. 2. Aufl. Berlin 1834.

Claudius, C. G., s. Claudius, Geotg Karl

CLAUDIUS, CHR. DETL., Diss. inaug. de morbis qvorum curatio cum periculo suscipitur. Gottingæ. 1773. 4. P.

Claudius

— Christian Gottlieb (Zschopa/Misn.), De divina linguae origine dixit. Memoriam B. Herrmann v. Wolframsdorf. Wittbg (J. Ch. Tschidrich) 4. IX. 1777. 16 S. (4.—) 5320
Gew.: Jos. Grf. v. Bolza (Komanos ..), Gg. Reinhard Grf. v. Wallwitz (Schweickershayn ..), Carl Ferdin. Lindemann, Friedr. Wilh. Ferber.

Claudius, F. G., neueste vollständ. theoret.-prakt. Anleitung z. Whistspiele, od. Gesetze, Regeln, Feinheiten u. Eigenthümlichkeiten d. beliebten u. allgem. verbreit. Whistspieles. Ein Rathgeb. f. Kenner u. Leitf. f. Anfänger, die hierin d. vollständ. Unterr. erhalten, durch 12 lehrr. Musterspe. anschaul. gemacht; nebst e. Erklär. aller im Whist übl. Ausdrücke rc. u. e. Uebers. d. Klein-Whist- u. Bostonspieles. 2., bedeutend bereich. rc. Aufl. 16. (11 B.) Wien 833, Tendler.

—— das Buch d. Geschichten. Eine Samml. v. Erzähln., histor. Charakterzügen, Begebenheiten, Märchen, Sagen u. Legenden. Der Jugend z. Unterhalt. u. Belehrung bearb. 16. (10 B. u. 6 Kpfr.) Wien 834, Tendler.

— s. Preciosa.

—— Welt und Ton, s. Martin, A.

CLAUDIUS, Fr. (ps.), Ferdinand Urians Abentheur. Ränke u. Schwänke. Germanien (Hamburg, Vollmer) 1798. 8°. (6 Mk. 40 Pfg. Taussig, 1904; 8 Mk. 50 Pfg. Max Harrwitz, 1891.)

2 Bll. (2tes leer) u. 220 SS. (120 ist Druckf.) Sehr freier Roman mit folg. Titel-Motto: „Je nomme un chat un chat et Rollet un Fripon!" — Fehlt in Weller's Lex. Ps.

Claudius, Fr. Matthias

Claudius, M., physiologische Bemerkungen über das Gehörorgan der Cetaceen und das Labyrinth der Säugethiere. gr. 8. (85 S.) Kiel 858, [Homann.] *

Claudius, M., physiologische Bemerkungen über das Gehörorgan der Cetaceen und das Labyrinth der Säugethiere. Kiel 858. Schwers. gr. 8. (35 S.) n. 10 ngr

—— die Entwicklung der herzlosen Missgeburten. gr. 8 (52 S.) Kiel 859, [Homann.] *

Claudius, M., die Entwicklung der herzlosen Missgeburten. Kiel 859. Schwers. gr. 8. (52 S.) n. 12 ngr

Claudius, M., das Gehörlabyrinth von Dinotherium giganteum nebst Bemerkungen über den Werth der Labyrinthformen für die Systematik der Säugethiere. gr. 4. (12 S. mit 1 Stnt. Abbild.) Cassel 864, Fischer. *

Claudius, das Gehörorgan, s. Vorträge, öffentliche.

—— das Gehörorgan von Rhytina Stelleri, s.a. **Mémoires de l'acad. impér. des sciences de St. Pétersbourg. VII. Série, Tome XI. Nr. 5.**

— das Gehörorgan von Rhytina Stelleri. Mit 2 (lith.) Taff. [Aus d. Mémoires de l'Acad. Impér. des Sciences de St. Pétersbourg.] St. Pétersbourg 867. — Leipzig, Voss. gr. 4. (15 S.) n. 12 ngr

Claudius, Fr. M., das Leben der Sprache. gr. 8. (18 S.) Marburg 867, Elwert'sche Universitäts-Buchh.

Aus: Schriften der Gesellschaft zur Beförderung der gesammten Naturwissenschaften zu Marburg, besonders abgedruckt.

Claudius, Franz

[Ant. u. F.] Vom Rhein! Schloss Stolzenfels. Bornhofen u. s. Burgen. St. Goar u. Rheinfels. Loreley u. Anderes. Poet. Bilder v. Fr[anz] Claudius. *Boppard a. Rh.: J. C. W. Krugs Nachf. [1896].* (45 S., 1 Bl.) 1 Bd 8. [56. 7667]

Claudius, Fr., vom Rhein! Schloß Stolzenfels. Bornhofen u. s. Burgen. St. Goar u. Rheinfels. Loreley u. Anderes. Poetische Bilder. 8. (47 S. m. Bild.) Boppard 896. J. C. W. Krug's Nachf. n.n. — 75

Claudius, Friedr., neues und reichhaltiges Fremdwörter-Buch. Eine Erklärung der in deutscher Schrift und Umgangssprache vorkommenden fremden Wörter und Redensarten. Mit genauer Angabe der Aussprache. Ein nützl. Handbüchlein für Jedermann. 16. (272 S.) Leipzig 857, Reymann.

Claudius, G. Ch., entdecktes Heiligthum der Schwärmer. 8. Zittau, Schöps. 756.

Claudius, Georg Karl

Claudius, G. K., das Abendstündchen, od. kleine Erzählungen z. Bildung d. Herzens f. gute Kinder, mit 8 K. 8. Leipz. Hinrichs 813. schwarz illum. Velinp.

Claudius, (C. G.,) das Abendstündchen od. kleine Erzählungen zur Bildung des Herzens für gute Kinder. 2e Aufl. Mit 4 illum. Kupf. 8. Leipzig 823, Hinrichs.

Claudius, Geo. Karl, († d. 20. Nov. 1815.) das Abendstündchen, oder kl. Erzähll. zur Bildung d. Herzens für gute Kinder. Mit Kpft. 8. Leipz. 813. 2e Aufl. mit 4 ill. Kpf. 824. Hinrichs. 1 rthl 8 gr

G. K. **Claudius**: kurze Anweis. z. wahren feinen Lebensart f. Jüngll. *Lpz.*, Böhme. 800. 8° 14 gr

— kurze Anweis. zur wahren feinen Lebensart, nebst d. nöthigen Regeln d. höhern Etiquette u. d. Wohlverhaltens in Gesellschaften. Für Jünglinge. 8. Leipz. 800. (Knobloch). 14 gr

— Anweisung Pfänderspiele geschmackvoller einzurichten. 8. Leipzig, Kleefeld. (Bauer.) 798.

— Anweis., die Pfänderspiele geschmackvoller einzurichten. 8. Lpz. 811. Andrä. 4 gr

— kleine Beschäftigungen für Kinder. 8. Leipz. 791. (Knobloch). 10 gr

— Bilder d. Anstandes, s.a. unten: Erste Bildung d. Kinder. 2r Thl.

Claudius, G. C., Bilder des Anstandes und der feinen Lebensart. Neue Aufl. Mit Kupf. 12. Leipzig, literar. Centralcompt. 819. Rthlr.

Eb. erste Bild. d. Kinder f. d. gesell. Umgang. *Lpz.*, Joachim. (799-800.) 801. 8° 2 Bdch. à 20 gr

— erste Bildung d. Kinder für den geselligen Umgang. 2 Thle. mit Kpf. 12. Leipz.... 2e A. 801. Joachim. 1 rthl 16 gr (2r Thl. A. u. d. T.: Bilder des Anstandes u. d. feinen Lebensart. N. A. Mit Kpf. 14 gr ill. 18 gr)

— Briefe aus d. weibl. Leben u. dessen Geschäftskreise. gr. 8. Leipz. Böhme. 811.

— nützl., auf alle fast erdenkl. Fälle, nach d. Erfordernissen d. gegenwärt. Zeitalters eingerichtete Briefe, nebst e. Anweis. zum Briefschreiben. 8. Leipz.... 7e Aufl. A. u. d. T.: allgem. Briefsteller 2c. 8. Ebd. 803. 8e von M. Klette herausg. Aufl. oder d. nützl. Briefe 2c. 15e A. 8. Ebd. 825. Wienbrack. 18 gr

— u. Klette, nützl., auf alle fast erdenkliche Fälle, nach den Erfordernissen des gegenwärt. Zeitalters eingerichtete Briefe, nebst e. Anweis. zum Briefschreiben 2c. 15e neu bearb. Aufl.
F A. u. d. T.: Claudius, allgem. Briefsteller 2c. 9e Aufl. 8. Leipz. 825, Wienbrack.

— allgemeiner Briefsteller, nebst einer kurzen Anweisung zu den nöthigsten schriftl. Aufsätzen für das gemeine bürgerliche Geschäftsleben, ein Handbuch zum Selbstunterricht für die mittlern u. niedern Stände. 8. Lpz. Gräff. 808.

— — Anhang hierzu, unt. d. Tit. Anleitung zur Abfassung aller Arten öffentlichen Anzeigen sowohl aus dem häuslichen als dem bürgerlichen Geschäftsleben. 8. Lpz. Tauchnitz. 810.

— allgem. Briefsteller f. das gemeine bürgerliche Geschäftsleben. 6te verb. Aufl. 8. Leipz. Gräff. 816.

— allgemeiner Briefsteller, nebst einer kurzen Anweisung zu den nöthigsten schriftl. Aufsätzen. — Auch unter dem Titel: nützliche Briefe auf alle fast erdenkliche Fälle. 13te Aufl. 8. Leipzig, Wienbrak. 818.

Claudius, Geo. Karl, allgemeiner Briefsteller f. das bürgerliche Geschäftsleben. Ein Handbuch z. Selbstunterricht. 16e Aufl., gänzlich umgearb. u. verb. von A. A. R. Gutbier. (1r Stereotyp-Abdruck.) 8. Leipzig 838. Wienbrack. 5/6 rthl 2r Stereot.-Abdr. 839. 5/6 rthl

Claudius, G. C., allgemeiner Briefsteller für das bürgerliche Geschäftsleben. Neu durchges. u. verb. v. A. A. R. Gutbier. 19. Aufl. od. 3. Stereotyp-Abdr. der 16. Aufl. 1. u. 2. Liefg. kl. 8. Leipzig 846, Wienbrack. 3 ngr

Claudius, G. C., allgem. Briefsteller für das bürgerliche Geschäftsleben. Ein Handbuch zum Selbstunterricht. Neu durchgesehen u. verb. v. A. A. R. Gutbier. 20. Aufl. 8. (XX u. 558 S.) Leipzig 847, Wienbrack. 18 ngr

Claudius, G. C., allgemeiner Briefsteller für das bürgerliche Geschäftsleben. Ein Handbuch zum Selbstunterricht. Neu durchgesehen und verb. von A. A. R. Gutbier. 21. Aufl. oder 5., Ster.-Abdr. der 16. Aufl. 8. (XX und 558 S.) Leipzig 854, Wengler.

Claudius, G. C., allgemeiner Briefsteller für das bürgerliche Geschäftsleben, enth.: Vorübungen zum Briefschreiben, Anweisung zum Briefschreiben rc. Ein Handbuch zum Selbstunterricht. Neu durchgesch. von A. A. R. Gutbier. 21. Aufl. 16. (XX, 558 S.) Philadelphia 869, (Schäfer.) cart. *

– s.a. Eduard, der Zögling der Natur.

– Eduard

— —, der Zögling der Natur; ein Familiengemählde (von *Georg Carl Claudius*). Leipzig 1801—4.
Anon.-Lex. II. p. 3 (nach Kayser u. Meusel).

— s. Erz. Ehrenberg.

— s. Ermunterungen z. Beförderung.

— s.a. Ernst u. Laune, in Aufsätzen rc.

ERNST und Laune. Eine periodische Schrift (von Georg Karl Claudius). 3 Bde. Mit Kpfrn. Wien, Berlin und Hamburg (Leipzig, Beygang) 1788—90. 8°.
Stück II, S. 75—80: Alexander u. Phryne im Reich der Schatten. Nach Fontenelle. — Anon.-Lex. II. p. 54 (nach Weller, Kayser, Meusel).

— s. Erzählt. vom Herausgeber d. Leipziger Frauenzimmer-Kalenders.

— kleine Erzählungen aus d. Kinderwelt zur ersten Bildung des Verstandes u. Herzens. 4 Bdchen. 8. Leipz. 805—7.

– s.a. Familienscenen.

FAMILIENSCENEN des Grafen von Ortenburg.... (von *Georg Carl Claudius*, 1757—1815). Leipzig 1797. 8°.
Anon.-Lex. II. p. 88 (nach Kayser).

— Fibel oder ABC-Buch für d. ersten häusl. Unterricht zur Erleichterung des Lesenlernens, nebst e. kurzen u. leichten u. deutl. Anweis. für Mütter u. Privatlehrer. Mit 6 ill. Kpf. gr. 8. Lpz. 802. 2e Aufl. mit 13 ill. Kpf. 807. Schiegg. (Cnobloch). 1 rthl

— s. Fortunens Reise.

— s.a. Frauenzimmerbibliothek.

— Frauenzimmerbibliothek. 8. Lpz. Schwickert. 785.

— s. Joh. Freeland.

— Gedächtnißübungen für den Privatunterricht der Kinder von 6 bis 12 Jahren als auch für die untersten Klassen der Landschulen, nebst einer kurzen Anleitung wie man frühzeitig das Gedächtniß der Kinder üben u. stärken soll. 2 Thle. 8. Lpz. Böhme. 806. (1r 12 gr., 2r 6 gr.)

Claudius, Geo. Karl, Gedächtnißübungen für d. Privatunterricht d. Kinder von 6—12 Jahren, als auch f. d. untersten Klassen d. Landschulen, nebst e. kurzen Anleit., wie man frühzeitig d. Gedächtniß d. Kinder üben u. stärken soll. 2 Thle. 8. Leipz. 806. Cnobloch. 18 gr

– s.a. Gemälde aus der Gallerie d. 18n Jahrhunderts.

– Gemälde

— — aus der Gallerie des 18. Jahrhunderts. Von dem Verfasser des Laubthalers (von *Georg Carl Claudius*). Leipzig 1794. 8°. 230 S. Ziemlich zahm.
Anon.-Lex. II. p. 172 (nach Kayser u. Meusel).

— s. Genius, neue Erzähl.

– s.a. Geschichte Ewald v. Tringenberg.

– Geschichte

— — Ewalds von Tringenberg (von *Georg Carl Claudius*, 1757—1815). 4 Bde. Leipzig, Cnobloch, 1794—95. 8°.
Mit d. Namen d. Verf. bei Kayser p. 23; Goedeke V, 479, 22, 3 hat „Trimberg" u. „Leipzig 1795 ff."

— Geschichte Ewalds v. Tringenberg u. seiner Freunde. 4 Bde. 8. Leipz. 795, 96. Cnobloch. 2 rthl 12 gr

CLAUDIUS, G. C. *Sechzig kleine Geschichten* und unterhaltende Gespräche für Kinder, die lesen können, und nun auch denken lernen wollen. Von G. C. Claudius. Zweyter Theil ... Mit vier Kupfern [v. G. Boettger u. C. Schule]. Hamburg, B. G. Hoffmann, 1803. VIII, 270 SS. 2 Bll. Kl.-8°. Etw. bestoß. illustr. Or.-Karton 25.—
Nicht bei Goedeke. Mit schönen Bildern. Ein Kupfer leicht beschäd., sonst gutes Ex.

— 60 kleine Geschichten für Kinder, die gern lesen lernen u. sich selbst üben wollen. 2 Bdchn. 3e verb. Aufl. Mit illum. Kpfrn. 8. Hamburg 824, Campe. Rthlr.

— 60 kleine Geschichten f. Kinder, die gern lesen lernen u. sich selbst üben wollen. 2 Bdchen. Mit 8 ill. Kpf. 8. Hamb. ... 2e A. 803. 3e A. 825. Campe. 2 rthl

Claudius, G. C., großes Gratulations-Buch. Eine vollständ. Sammlung von Gedichten und Briefen zur Gratulation bei Neujahrs-, Geburtstags-, Namenstagen rc. Mit einem Anhang: Die Sprache der Blumen und Farben. 8. Aufl., vollständ. umgearb. und verm. von C. J. Cramer. gr. 8. (IV, 414 S.) Ulm 876, Ebner'sche Buchh. cart.

Claudius, G. C., großes Gratulationsbuch. Eine vollständ. Sammlg. v. Gedichten u. Briefen zur Gratulation bei Neujahrs-, Geburts-, Namens-, Hochzeits-, Weihnachts- u. anderen festl. Tagen, ferner v. Polter-Abend-, Sylvester-, Liebes-, Abschieds- u. Trostgedichten, Trinksprüchen, Stammbuchaufsätzen, Grabschriften rc. Mit e. Anh.: Die Sprache der Blumen u. Farben. 12. Aufl., vollständig umgearb. u. verm. v. C. J. Cramer. gr. 8. (IV, 414 S.) Ulm 890. J. Ebner. 2.40; kart. n. 2.70

— s. Handbuch f. Bürger.

— Ludwig Hellmann, e. Schrift für d. Jugend. 8. Leipz. (179..) (W. Rauck). 3 gr

— Ludwig Hellmann, eine Schrift f. die Jugend. 8. Lpz. Sommer.

– s. Jacobs Reisebüchlein.

– s.a. Justus, Graf v. Ortenburg.

JUSTUS, Graf v. Ortenburg. Ein Gemälde menschlicher Glückseligkeit. Als Gegenstück zu Salzmanns Carl v. Carlsberg. (Von Gg. C. Claudius.) 4 Theile. Tübingen 1786/1793. Mit 2 Frontispizen und 4 Titelvignetten.

— s. Kalender, Leipz., f. Frauenzimmer.

— Kinderalmanach auf d. J. 1799 u. 1800, mit Vignetten. 12. Leipz. 798, 99. Magazin f. Litt. 14 gr

— d. Kinderbesuch, oder d. Betragen d. Kinder in Gesellschaften. N. Aufl., mit Kpf. 12. Leipz. 819. Literar. Central-C. 8 gr

— neue Kinderbibliothek. 1r Thl. 8. Heilbron 803. Class. 16 gr

— kleine leichte u. angenehme Kinderspiele zu geselliger Unterhaltung. Ein Taschenbuch f. Kinder d. gebild. Stände auf d. J. 1811. Mit Kpf. 8. Leipz. 811. Hinrichs. 20 gr (vergl. oben Karls u. Emiliens Spielstunden. 3r Bd.)

— neue Kinderspiele. 8. Lpz. Böhme. 799.

— neue Kinderspiele. 8. Leipz. 799. (Cnobloch). 1 rthl

— Kindertheater. 8. Frkft. Brönner. 782.

— s.a. Kinderwelt, kleine.

— kleine Kinderwelt, od. neues Lesebuch zur ersten Bildung des gesunden Menschenverstandes, für das Alter von 6 bis 8 Jahren. 2 Bde. 8. Lpz. Schlegg. 806.

Claudius, Georg Karl, über d. Kunst sich beliebt u. angenehm zu machen. 3 Thle. 8. Lpz. Böhme. 797 — 800. (I. u. II. à 20 gr.. III. 1 Rthlr. 8 gr.)

— über d. Kunst, sich beliebt u. angenehm zu machen. 3 Thle. 8. Leipz. 797—800. (Cnobloch). 3 Thlr.

– s.a. Laubthaler, Der.

LAUBTHALER, Der, ein (ziemlich zahmes) Sittengemälde unsrer Zeit (von *Georg Carl Claudius*, 1757—1815). 3 Bdchn. Mit Titelvignetten. Leipzig, bey Joh. Gottlob Hamann. 1789, 90, 92. 8°. Cplt. selten!
Anon.-Lex. III. p. 11 (nach Kayser u. Meusel).

— s.a. Leipzig, e. Handbuch.

LEIPZIG, ein Handbuch für Reisende .... (von *Georg Carl Claudius*). Leipzig 1792.
Anon.-Lex. III. p. 44 (nach Kayser u. Meusel).

— Lieder f. Kinder, mit Melodien. 2 Thle. qu. Fol. Frankf. a. M. 780, 85. Brönner. 1 Thlr. 8 Gr.

— Nachspiele, zum Behuf d. deutsch. Theaters. 8. Frkft. Brönner. 783.

— Nahrung f. Geist u. Herz, für Kinder von 5 bis 10 Jahren. Mit 6 Kpf. 8. Posen 805. u. neuer Abdr. 808. Kühn. (Leipz., Central-Compt.) 1 Thlr. 21 Gr.

— Peter der Große. 3 Thle. 8. Riga, Meinshausen. (Müller, Lpz.) 798 — 800.

Claudius, G. K. Peter der Grosse. 3 Bde. 8. Riga u. Leipzig 1798 - 1800. — 3 Bde. 8. m. K. St. Petersburg 1805. — 3 Bde. 8. Riga, Leipzig 1818.

Claudius, G[eorg] K[arl]. Philosophie der Toilette ... Leipzig, bey J. G. Graffe 1800.
Tit., VIII + 262 S. 8°.
In Dialogform geschrieben.

— Philosophie der Toilette 1r Thl. 8. Leipzig, Hinrichs, (Graffé in Weissenfels.) 800.

— der Rathgeber bei den vorzüglichsten Geschäfts- u. Handelsangelegenheiten für Manufacturisten, Handelsleute, Krämer u. alle, welche Handlungsgeschäfte betreiben; insbesondere aber für diejenigen, welche die Handlung erlernen wollen, in Verbindung einiger sachverständigen u. erfahrnen Kaufleute herausgegeben. 8. Leipz. Gräff. 805.
Schreibp.

Claudius, G. C.: „Der Rathgeber bei den vorzüglichsten Geschäfts- und Handelsangelegenheiten für Manufacturisten, Handelsleute ....", 2 Teile in 2 Bänden, Leipzig 1805 (Wienbrack); 2. Auflage, umgearbeitet und verbessert von T. D. Friedleben, ebenda 1821. — Beide vorh.: Com. Bibl. Hamburg.

— d. Rathgeber bei den vorzügl. Geschäfts- u. Handelsangelegenheiten, für Manufakturisten, Handelsleute, Krämer, u. Alle, welche Handlungsgeschäfte betreiben. 8. Leipz. 805. 2e von S. Friedleben bes. Aufl. 822. Wienbrack. 2 Thlr.

Claudius, G. K., kleine Romane u. Erzähll. 8. Leipz. 801. (Cnobloch). 1 Thlr.

— kleine Romane, historische Erzählungen, Anekdoten und Lebensbeschreibungen merkwürdiger Personen. 8. Lpz. Böhme. 806.

— kl. Romane, histor. Erzähll., Anekdoten u. Lebensbeschreibb. merkwürd. Personen. 8. Leipz. 806. Cnobloch. 1 Thlr. 12 Gr.

— kl. Romane u. Erzähll. f. d. Jugend. 8. Leipz. 801. Schiegg. (Cnobloch). 1 Thlr.

— Samml. vollständ., zweckmäßig-angenehmer u. unterhalt. Spiele f. größere u. kl. Zirkel. 12. Riga ... 2e A. 824. Meinshausen. 12 Gr.

— Karls u. Emiliens vergnügte Spielstunden, oder neue Kinderspiele. 3 Bde, mit 12 Kpf. 8. Leipz. 804. Hinrichs. 2 Thlr. (Der 3e Bd. A. u. d. T.: kl. leichte u. angenehme Spielstunden rc. Mit 4 Kpf. 20 Gr.)

— tägl. Taschenbuch für Kinder, mit Vignetten. 12. Leipz. 799. Müller. (Joachim). 12 Gr.

— s.a. Taschenbuch f. Verdauung.

– Taschenbuch

— — für das Verdauungsgeschäft von 1785 (von *Georg Carl Claudius*.) Mit Titelvign., weiteren 3 reizenden satyr. Vignetten u. 1 Silhouette. Gedruckt zu Spashausen (so!) (Leipzig, Cnobloch). 8°. 168 S. (8 Mk. 50 Pfg. Taussig, Prag, 1906. Rar! (Im British Museum; auch in Warmbrunn, Reichsgräfl. v. Schaffgotsch'sche Majoratsbibl.)
Weller, fing. Dr., hat untrichtig: „die Verdauungsgeschäfte; Anon.-Lex. IV. p. 152 (nach Kayser u. dem Cat. genannten Museums.)

— Taschengratulant, s. Laritia. 2s Hft.

— neuer Taschengratulant f. d. elegante Welt, oder Menschen von gutem Ton rc. Neue Aufl. 12. Leipz. 823. Centr. Compt.

— s. Titularbuch, neues deutsches.

— neuestes Toilettengeschenk, (siehe Toilettengeschenk.

—— neuester großer Universal-Briefsteller für Geschäft und Familie, für den Privat- und Amtsverkehr, für Personen jeden Standes in allen Fällen des Lebens. Ein vollständ. Muster- und Formularbuch von Briefen, Eingaben, Gesuchen rc. Nebst einer deutschen Sprachlehre und einem Fremdwörterbuche. 12. Aufl. Vollständig umgearb. und sehr verm. von C. J. Cramer. gr. 8. (VIII, 448 S.) Ebendas. 876. cart.

— kleine Unterhaltungen, ein Weihnachtsgeschenk für Kinder. 2 Thle. 8. Leipzig, Böhme. 780—83. (1r 10 gr., 2r 16 gr.)

— kl. Unterhaltungen, e. Weihnachtsgeschenk für Kinder. 2 Thle. 8. Leipz. 780—83. Cnobloch. 1 Thlr. 2 Gr. (Ist e. verm. u. verb. Ausg. fr. Beschäftigungen rc.)

— neue Unterhaltungen für Kinder. 3 Thle, mit Kpf. 8. Hamb. 793—800. (Campe). 2 Thlr. 8 Gr.

— d. Verschönerungskunst an d. Toilette; e. prakt. Anweis. f. d. schöne Geschlecht. Mit Kpf. 8. Leipz. 800.

— Versuch e. Anleit. z. Abfassung aller Arten öffentl. Anzeigen, sowohl aus d. häusl. als dem bürgerl. Geschäftsleben. Ein Anhang zum Briefsteller. 8. Leipz. 810. Tauchnitz. 20 Gr.

– s. Warbeck.

— s. Wegweiser d. Leipzig.

— s. Jakob West.

— neues Wochenblatt für Kinder u. Kinderfreunde. 1r Thl. 8. Leipz. Crusius (Vogel.) 789.

— nützl. u. angenehme Zeitverkürzungen f. Kinder, durch prakt. Darstellung erleichtert. 8. Leipz. 798. 2e A. 811. Andrä. 1 Thlr.

— nützliche u. angenehme Zeitverkürzungen für Kinder, durch praktische Darstellung erleichtert. 8. Leipzig, Bauer. 809.

— s. Zollikofer, e. Denkmal.

Claudius, Gerh., Erik Jensen od.: Das „Recht auf Arbeit" Sozialer Roman. (X, 389 S.) 8. Dresden 910. E. Pierson. 3.50; geb. n 4.50

Claudius

— **Gottfried Christoph,** Auctoritates praepostere in re literaria usurpatas. Präs. Jo. Wilh. Berger. Wittbg. (Creusig) 1720. 38 S. (5.—) 5321
Resp. v. Tl. II (ab S. 31): Christian Gottfried Wessel.

Claudius, Heinr. Ritter v., das allgemeine moralisch-religiöse Gesetzbuch und Andachtsbuch oder 100 Gebote zur Richtschnur für alle jene Erdbewohner, die auf den Namen „Mensch" Anspruch machen. 1. und 2. Abthl. 8. Preßburg 879, Heckenast's Nachf. [1. Abthl. (III, S. 1—154.); 2. Abthl. (S. 155—294.)] à Abthl. * M 1,20. *

Claudius, Heinr. Ritter v., das allgemeine moralisch-religiöse Gesetzbuch und Andachtsbuch oder 100 Gebote zur Richtschnur für alle jene Erdbewohner, die auf den Namen „Mensch" Anspruch machen. 3. und 4. (Schluß-)Abthl. 8. Preßburg 880, Heckenast's Nachf. [3. Abthl. (S. 295—462.); 4. Abthl. (S. 463—650.) à Abthl. *ℳ 1,20.] *
1. und 2. Abthl. Ebendas. 1879. à *ℳ 1,20.

Claudius, Hermann

Claudius, Herm. Ueber die Berechnung der Wärme in Elektrisch-Lichtleitungen f. Praktiker. gr. 8. (13 S.) Wien 889, Spielhagen u. Schurich. * — 80
Aus: Zeitschrift f. Elektrotechnik, besonders abgedruckt.

Claudius, Herm., Rathschläge für Deutsche, welche sich in Ungarn anzusiedeln gedenken. Nebst Abdruck des Colonisirungsgesetzes vom 23. Dezember 1858. 8. (XII und 101 S.) Leipzig 861, Hübner. Thlr. *

Claudius, J. Die Ausrüstung des Infanteristen zum Marsche. Mit 1 Taf. Koblenz 1841. 202 S.

Claudius, J. D., ausführl. u. auf mehrjähr. Erfahr. gegründ. Belehrung üb. d. Anbau d. weißen Zucker-Runkelrübe z. Fabrikation d. Zuckers. 8. (4 B.) Hanau 836, Edler.

Claudius, Johann Peter Gotthilf

Confirmationsrede geh. am 2. Ostertage 1837 in der Kirche zu Sonderburg v. J[ohann] P[eter] G[otthilf] **Claudius.** Sonderburg. 1837. 8⁰

Claudius, Carl, statist. Beschreibung der kathol. geistl. Pfründen im Regier.-Bez. Oberbayern. München, Selbstverlag d. Vf., 1870. Gr. 4⁰. 2 Bll., 90 S. Ppb.

Claudius, Karl, prophetischer Bilderkalender für das deutsche Volk auf 1847, unter Zugrundlegung der franz. prophet. Almanache. gr. 16. (IV u. 204 S.) Ulm, Seitz (jetzt: Adorf, Müller.) n. ⅛ ℞

Claudius, Karl, s. Kuhn, Conr., neuestes Fremdwörterbuch. — dess. allgem. deutscher Haussecretair.

– s. Marianens Schäferstunden.

MARIANENS Schäferstunden. Ein Gemälde aus der wirklichen Welt (von *Carl Claudius*). Rostock u. Leipzig, Stiller, 1800. 8⁰.
Nur dem Titel nach erotisch. Portr. M's, 2 Bll., 246 SS. — Zuerst gedr. ibid. 1796.
§ — — Dasselbe mit d. Titel: Marianens Jugendjahre, eine Erziehungsgeschichte unserer Tage. Stockholm im Verlage der Societäts-Buchhandlung (ebd.) 1809. 8⁰. 246 S.

Claudius, Clementine, die Sprache der Blumen oder Dolmetscher für Liebe und Freundschaft. gr. 16. (IV und 112 S.) Gera 848. [Leipzig, Schäfer.]

Claudius, Clementine, die Sprache der Blumen oder Dolmetscher für Liebe und Freundschaft. 2. Aufl. gr. 16. (VI und 112 S.) Leipzig 855, Berger. (Schäfer.)

Claudius, M.

* — Geschichte Sethos, König von Aegypten, aus d. Franz. 2 Bde. 8. Leipz. Sommer. 793.

Claudius, Marie, „Der neue Hut" u. „Großmutters Geburtstag". 2 Aufführgn. f. Jungfrauen-Vereine. 12. (22 S.) Dessau 901. Buchh. des ev. Vereinshauses. n. —40

Claudius, Marie, klein, aber mein, s.: Epheuranken ums Mädchenstübchen 14. Bd.

Claudius, Mart., Arm u. Reich, s.: Familien-Bibliothek.

—— der Bettler, s. Volks-Bibliothek, christliche.

—— Hedwig Birk und der Bettler. Zwei Erzählungen. 2. Aufl. Mit 3 (chromolithogr.) Illustr. von Rud. Geißler. 8. (143 S.) Ebendas. 879. cart.

— Hedwig Birk u. der Bettler. 2 Erzählungen. 2. Aufl. Mit 3 (chromolith.) Illustr. v. Rud. Geißler. 8. (143 S.) Glogau 880. Flemming. cart. 1. 50

— Blüthe u. Frucht, s.: Familien-Bibliothek.

Claudius, M. *Der Räuber Daneil* und Das muthige Hannchen, eine Sage aus dem Harze. Toni oder Das verlorene Kind. Schwester Ursula. Die Savoyardenknaben. Vier Erzählungen für die Jugend von Martin Claudius... Mit [4] fein illuminirten Bildern [= getönte Lithogr. nach G. Bartsch]. Berlin, L. Rauh (c. 1850). 2 Bl. u. SS. 132—392. 8⁰. Prächt. Or.-Prägeband aus hellbraunem Karton m. reichen Ornamentaufl. in Gold u. Blau. 24.—
Nicht bei R. Selbständ. erschienener Band v. Claudius' Erzählungen. — Wenige Fleckchen, der hübsche Einband unbedeut. benutzt.

—— der Räuber Daneil und das muthige Hannchen, eine Sage aus dem Harze. Toni oder Das verlorne Kind. Schwester Ursula. Die Savoyardenknaben. Vier Erzählungen für die Jugend. Mit Bildern. 8. (164 S. mit 4 ill. Stnt.) Berlin 852, Rauh.

Claudius, Mart., [Rosa Petzel], der beste Dienst, s. Volks-Bibliothek, christliche.

—— Erzählungen für die Jugend. 1. Bd. Mit Bildern. 8. (292 S. mit 8 ill. Stnt.) Berlin 852, Rauh.

Claudius, Mart. [Rosa Petzel], kleine Erzählungen. 16. (III und 87 S. mit 8 Stnt. in Tondr.) Glogau 860, Flemming's Verlag. *

—— kleine Erzählungen. 2. Aufl. br. 8. (III und 104 S. mit 6 lithogr. und ill. Bildern von R. Geißler und L. Venus.) Glogau 867, Flemming. cart. –

—— kleine Erzählungen. 2. Bdchn. Mit 6 (chromolithogr.) Bildern von L. Venus. br. 8. (V, 114 S.) Glogau 870, Flemming. geb.
1. Bdchn. Ebendas. 1867. ℳ 2,25.

†Claudius, Martin, [Rosa Petzel], kleine Erzählungen. 2 Bdchn. 8. Glogau 888, Flemming. [1. Bdchn. 3. Aufl. (118 S. mit 4 Bildern.); 2. Bdchn. 2. Aufl. (96 S. mit 4 Bildern.)] à Bdchn. ℳ 1.50.

§Claudius, Mart. [Rosa Petzel]. Kleine Erzählungen. 2 Bdchn. Mit je 4 (farb.) Bildern. 12. Glogau 891, Flemming. [1. Bdchn. 4. Aufl. (124 S.); 2. Bdchn. 3. Aufl. (102 S.)] à Bdchn. 1 50; 3 —

—— die Fahrt nach der Robbeninsel, s. Volks-Bibliothek, christliche.

— das todte Fischlein. Ein Märchen für liebe Kinder. 16. (27 S.) Berlin 852, J. A. Wohlgemuth. 3 ℳ

—— Marie Friedberg oder die Macht der Versuchung, eine Geschichte aus dem Volke, für Junge und Alte erzählt. 12. (193 S.) Berlin 852, J. A. Wohlgemuth.

Claudius, Mart., Marie Friedberg oder die Macht der Versuchung, eine Geschichte aus dem Volke, für Junge und Alte erzählt. Berlin 853. Rauh. 12. (193 S.) 15 ℳ

—— das Häuschen am See, oder wenn die Noth am größten, ist Gottes Hülfe am nächsten. Eine Erzählung für die christliche Jugend. 12. (111 S.) Berlin 853, J. A. Wohlgemuth. *

—— das Häuschen am See, oder Wenn die Noth am größten, ist Gottes Hülfe am nächsten. Eine Erzählung für die christl. Jugend. 2. Aufl. 16. (183 S. mit 1 Stnt.) Berlin 864, J. A. Wohlgemuth. cart. *

—— s. Humoristen, deutsche, aus alter und neuer Zeit.
Vgl.: Gerok, Karl.

—— das arme Kind oder Des Herrn Rath ist wunderbar, aber er führt es herrlich hinaus. Eine Erzählung für die Jugend. Mit Bildern. 8. (128 S. mit 4 ill. Stnt.) Berlin 852, Rauh.

†Claudius, Mart. [Rosa Petzel], das Kind der Sorgen. Treue im Kleinen. Zwei Erzählungen für die Jugend. Mit 3 (chromolithogr.) Bildern von Jul. Scholz. 8. (119 S.) Glogau 876, Flemming. cart.

—— für kleine Mädchen, welche lesen gelernt haben. 1. Bdchn. Mit 4 (chromolithogr.) Illustr. v. H. Bürkner. 16. (III, 128 S.) Glogau 872, Flemming. geb. *

—— dass. — 2. Bdchn. Mit 4 (chromolithogr.) Illustr. von H. Bürkner. gr. 16. (III, 168 S.) Ebendas. 873. geb.

— für kleine Mädchen, welche lesen gelernt haben. 1. Bdchn. Mit 4 (chromolith.) Illustr. v. H. Bürkner. 16. (III, 128 S.) Ebend. 876. geb. n. 1. —

—— für kleine Mädchen, welche lesen gelernt haben. 1. und 2. Bdchn. Mit je 4 (chromolithogr.) Bildern von H. Bürkner. 2. Aufl. 12. (135; 148 S.) Glogau 883, Flemming. cart. à Bdchn. *M* 1,20.

—— Mädchenbilder für junge Leserinnen. 1. Bdchn.: Hedwig Birk. Erzählung. 16. (94 S. mit 4 lithogr. Illustr. von Rud. Geißler.) Glogau 861, Flemming's Verlag. *

Mädchenbilder für junge Leserinnen. 2 Bdchn. Glogau 862, 63. Flemming. 16. Jedes Bdchn. n. 10 *ngr.*
Inhalt: 1. Bdchn. Hedwig Birk. Erzählung. Mit 4 (lith.) Illustr. von Rud. Geißler. (94 S.) — 2. Bdchn. Häusliche Sorgen, häusliches Glück und der Bettler. Zwei Erzählungen. Mit 4 (lith.) Illustr. von Rud. Geisler. (2 Bl., 176 S.)

—— die schönsten Märchen aus 1001 Nacht. Für die Jugend bearb. 1. Sammlung. Mit 8 color. Bildern, gezeichnet von L. Burger. 17. und 18. Aufl. 8. (285 S.) Dresden 880,81, Kaufmann's Verlag. geb. *

—— dass. — Auswahl. Kleine Ausg. der „schönsten Märchen aus 1001 Nacht". Mit 4 color. Bildern, gezeichnet von L. Burger. 1. und 2. Aufl. 8. (145 S.) Ebendas. 880,81. geb. *

Claudius, Mart. (M. Petzel), die schönsten Märchen aus 1001 Nacht. Für die Jugend bearb. 1. Auswahl. Mit zahlr. Bildern, gezeichnet v. L. Burger. 18. vollst. verb. Aufl. (97.—100. Taus.) Jubiläums-Ausg. 8. (VIII, 172 S.) Leipzig (900). Dresden, G. A. Kaufmann's Verl. Geb. n. 2.—; m. der neuen Auswahl in 1 Bd. n. 3. —

— dasselbe. Neue Auswahl. Mit zahlr. Bildern, gezeichnet v. L. Burger. 18. vollst. verb. Aufl. (97. bis 100. Tauf.) Jubiläums-Ausg. 8. (III, 159 S.) Ebd. (900). Geb. n. 2.—; m. der 1. Auswahl in 1 Bd. n. 3. —

—— Mährchenschatz aus Tausend und eine Nacht. Für die Jugend. 1.—3. Aufl. gr. 8. (286 S. mit 8 ill. Stnt.) Berlin 862—65, Rauh. cart.

—— Tausend und eine Nacht. Für die Jugend bearb. 8. (288 S.) Berlin 852, Rauh. mit 8 Holzschn.

—— Tausend und eine Nacht. Für die Jugend. 3—5. Aufl. 8. (288 S. mit 8 ill. Bildern in Holzschn.) Berlin 860, Rauh.
Feine Ausg. in gr. 8. mit 8 lithogr. und ill. Bildern.

— Tausend und eine Nacht. 6.—8. Aufl. gr. 8. (288 S. mit 8 lithogr. und ill. Bildern.) Berlin 862,63, Rauh. cart.

—— dass. — 9. Aufl. 1863. und 10. Aufl. 8. (288 S. mit 8 ill. Holzschntaf.) Ebendas. 865. cart.

—— dass. — 11. Aufl. gr. 8. (288 S. mit 8 ill. Stnt.) Ebendas. 865. cart.

—— Tausend und eine Nacht. Für die Jugend. Mit color. Bildern. 12.—16. Aufl. 8. (285 S.) Berlin 868—74, Rauh. geb.

—— dass. — Neue Auswahl. Mit (8) Bildern in Farbendr., gezeichnet von L. Burger, Holzschn. der xylograph. Anstalt von F. A. Brockhaus, Farbendr. von Kerskes und Hohmann. 8.—10. Aufl. 8. (286 S.) Ebendas. 873,74. geb.

— Auswahl aus 1001 Nacht für die Jugend. Kleine Ausg. der „schönsten Märchen aus 1001 Nacht" [in 2 Sammlungen]. Mit 4 color. Bildern, gezeichnet von L. Burger. 8. (145 S.) Dresden 880. Kaufmann's Verl. cart. n. 1. 50

—— Auswahl aus 1001 Nacht für die Jugend. Kleine Ausg. der „schönsten Märchen aus 1001 Nacht" [in 2 Sammlungen]. Mit 4 color. Bildern, gezeichnet von L. Burger. 3. Aufl. 8. (145 S.) Ebendas. 884. geb. *

—— Richard's Noah-Kasten. Sieben Thiergeschichten für Kinder von 6—12 Jahren. br. 8. (III und 196 S. mit 6 ill. Stnt.) Berlin 860, Winckelmann und Söhne.

—— Rheinsagen, s.a. Jugendbibliothek, neue illustrirte.

—— Rheinsagen, der reiferen Jugend erzählt. Mit Bildern. 2. Aufl. 8. (VI, 185 S.) Lpz. 892, Hirt u. Sohn. cart. 2 50

— Rheinsagen, der reiferen Jugend erzählt. Mit viel. Bildern v. E. Römer u. L. Venus. 3. Aufl. 8. (185 S.) Leipzig (900). F. Hirt & Sohn. 2. —; geb. 2. 50

— ein Samenkorn, s.: Volks-Bibliothek, christliche.

—— häusliche Sorgen, häusliches Glück. Eine Erzählung. 2. Aufl. Mit 3 (chromolithogr.) Illustr. von Rud. Geißler. 8. (125 S.) Glogau 879, Flemming. cart.

— häusliche Sorgen, häusliches Glück. Eine Erzählung. 2. Aufl. Mit 3 (chromolith.) Illustrationen von Rudolf Geißler. 8. (125 S.) Glogau 880. Flemming. cart. 1. 50

†Claudius, Mart. [Rosa Petzel], Bertha's Tagebuch. Die Rechenstunde. Das Suchen des Glücks. Drei Erzählungen für die Jugend. Mit 3 (chromolithogr.) Bildern von H. Bürkner. 8. (118 S.) Glogau 876, Flemming. cart.

—— trachtet nach dem, was droben ist, s. Schillingsbücher.

—— des Vaters Segen, s.a. Köhler's illustrierte Jugendbibliothek.

— des Vaters Segen bauet den Kindern Häuser. Eine Geschichte für das christliche Volk. Mit Benutzung d. Engl.: Die Auswanderer nach Canada. Zwickau 854. Verlagsbuchhdlg. d. Volksschriften-Vereins. 8. (198 S.) n. 10 *ngr.*

Claudius, Mart., das Blümchen Wunderhold. Erzählungen für kleine und große Kinder. br. 8. (146 S. mit 6 Illustr. auf ill. Holzschntaf. von Heinr. Stelzner.) Glogau 863, Flemming. cart.

— das Blümchen Wunderhold. Erzählungen für kleine u. große Kinder. Mit 3 (chromolith.) Bildern v. Heinr. Stelzner. 2. Aufl. 8. (108 S.) Ebend. 879. cart. 1. 50

Claudius, Matth., (†d. 2. Januar 1815.) d. heil. Abendmahl, s. Abendmahl.

[CLAUDIUS, MATTH.], Asmus omnia sua secum portans, oder sämmtliche Werke des Wandsbecker Bothen. 1—2. Th. Hamburg. U. A. (M. Tvl. og Illustr.). — Sm. St. 1775. (M. Tvl.). — 1—5. Th. Sm. St. 1775—[89]. (3—5. Th. u. A.) (M. Tvl. og Illustr.). — 1—4. Th. Breszlau. U. A. — 5—7. Th. Hamburg. U. A. — Zugaben zu den sämmtlichen Werken des Wandsbecker Bothen oder 8. Th. Altona. 1812. — 1—7. Th. Hamburg. U. A.

—— Auswahl aus den Werken des Wandsbecker Boten. Hrsg. und mit einer Biographie versehen von K. Trompetter. 12. (XI, 494 S. mit 10 [Holzschn.-]Abbild.) Gütersloh 882, Bertelsmann. * geb. *

Claudius, Matth., Auswahl aus seinen Werken, zusammengestellt u. eingeleitet v. Karl Gerok. Mit Portr. v. Matthias Claudius. 3. Aufl. 8. (XLIII, 225 S.) Ebd. 903. Geb. in Leinw. n. 4. —

Matthias **Claudius**, Bei den Demütigen ist Weisheit. Auszüge aus s. Schriften, nebst ausgewählten Gedichten. Hrsg. von Hans Thun. 1.–5. Taus. Düsseldorf & Leipzig: K. R. Langewiesche [1905]. (208 S.) 8°
= Worte, Lebende, u. Werke. Bd 7. [05. 6518

— auch e. Beitrag über d. neue Politik, s.a. Asmus.

[CLAUDIUS, MATTH.], Auch ein Beitrag über die neue Politik. Herausgeg. von Asmus. U. St. o. A. [Hamburg. 1794].

Claudius, Matthias: Auch ein Beytrag über die Neue Politick; hrgg. v. Asmus. Hamburg. 1795. 8°

Claudius, Matth., der Waudsbecker Bote. Blütenkranz aus seinen Werken, s.a. Bibliothek der Gesamt-Litteratur des In- und Auslandes.

—— der Wandsbecker Bote. Auswahl aus seinen Werken, eingeleitet von Karl Gerok. Mit (Holzschn.-)Port. von Matthias Claudius. 8. (XLIII, 225 S.) Ebendas. 882. geb. *

Claudius, Matthias, der Wandsbecker Bote. Auswahl aus seinen Werken, zusammengestellt u. eingeleitet v. Karl Gerok. 2. Aufl. 8. (XLIII, 225 S. m. Portr.) Gotha 889, F. A. Perthes. geb. * 2 —

—— dass. — s. Meyer's Volksbücher.

— der Bettler, s.: Volks-Bibliothek, christliche.

Claudius, Matth., Briefe an Andres. Berlin 873. Osnabrück, Meinders. cart. *

— Briefe an Andres. 16. (120 S.) Bielefeld 873. Güllker & Co. n. 1. —

— dasselbe. gr. 8. (XVI, 110 S. m. eingedr. Holzschn. u. 4 Holzschntaf.) Gotha 873. F. A. Perthes. — 90

—— Briefe an seinen lieben Andres über den Herrn Christum. 8. (52 S.) Basel 870 (Bahnmaier's Verlag.) *

Claudius, Matthias, s.: Goldkörner christl. Wahrheit u. Lebensweisheit.

— Gott hilft! Erzählg. 12. (16 S.) Berlin 895. Deutsche evang. Buch- u. Tractat-Gesellschaft. n.n. — 05

Der Küster Christen Ahrendt [d. i.: Matthias Claudius] in der Gegend von Husum an seinen Pastor; betreffend die Einführung der Speciesmünze in den Herzogthümern Schleswig und Holstein. Husum. 1788. 8°.

— einfältiger Hausvaterbericht über d. christl. Religion an seine Kinder. 8. Hamb. (804.) Fr. Perthes. 8 gr

Claudius, Matth., einfältiger Hausvaterbericht üb. christliche Religion. 12. (24 S.) Leipzig 893. Verl. der Akadem. Buchh. (W. Faber). — 10

—— s. Irrthümer u. Wahrheit.

Ungedruckte Jugendbriefe des Wandsbecker Boten (Matthias Claudius). Mitgeteilt v. Carl Redlich. Hamburg. 1881. 4°

Ein Lied nach dem Frieden 1779. [Unterzeichnet: (Wandsbeck im Junius. Asmus) d. i.: Matthias Claudius.] o. O. 2 Bl. 8°

An den Nachbar mit Rath: „Sendschreiben an den Grafen Friedrich von Reventlow." Von einem Holsteiner [d. i.: Matthias Claudius]. Aus dem Plattdeutschen ins Hochdeutsche übersetzt von einem Freunde alter deutscher Art. [Hamburg.] 1805. 8°.

— Urians Nachricht von d. neuen Aufklärung, s.a. Urian.

Herrn Urians [d. i.: Matthias Claudius] Nachricht von der neuen Aufklärung, nebst Antwort. Germanien [d. i.: Essen]. 1797. 8°.

[—], Urians Nachricht von der neuen Aufklärung nebst einigen andern Kleinigkeiten. Von dem Wandsbecker Bothen. Hamburg. 1797. P.

— s.: National-Litteratur, deutsche.

Claudius, Matth., Predigt e. Laienbruders zum Neujahr 1814. 8. Lübeck. (Leipz., Rein; a. Perthes u. B. in Hamb.) 4 gr

Claudius, M., Predigt eines Laienbruders zu Neujahr 1814. 8. Lübeck, Michelsen. (Rein u. Comp. in Leipz. in Comm.)

— s. Ramsay, Reisen d. Cyrus.

— s.a. Recensionen, zwei.

ASMUS [ↄ: MATTH. CLAUDIUS], Zwey Recensionen etc. in Sachen der Herren Lessing, M. Mendelssohn und Jacobi. Hamburg. 1786. P.

— Ruth, s.: Verein f. Verbreitung guter Schriften, Basel. Nr. 46.

— humoristische Schriften, s.: Klassiker deutschen Humors.

— an meinen Sohn H., s.a. Sohn.

An meinen Sohn H— [v. Matthias Claudius]. Hamburg. 1799. 8°.

Claudius, Matth., s.a. Tändeleien u. Erzählu.

TANDELEYEN und Erzählungen (von *Matthias Claudius*). Jena 1763.
Anon.-Lex. IV. p. 146 (nach Goedeke, Meusel, Kayser. Kordes).

[—], Wandsbeck, eine Art von Romanze, von Asmus pro tempore Botho daselbst. Mit einer Zuschrift an den Kaiser von Japan. U. St. 1773. P.

Claudius, Matth., Werke, s.a. Asmus omnia sua secum portans.

Matthias Claudius Werke. Bd. 1 3. Hamburg. 1819. 8°.
A. u. d. T.: Asmus omnia sua secum portans, oder Sämmtliche Werke des Wandsbecker Bothen. (Mit Kupfern, z. T. nach Chodowiecki.) Th. 1 7. Wandsbeck. 1774—1802. Beym Verfasser. 8°.
—— (Bd. 4:) Zugabe zu den Sämmtlichen Werken des Wandsbecker Bothen oder Th. 8. Wandsbeck. 1812. 8°.

— von u. mit dem ungenannten Verf. d. Bemerkk. über Callisens Schrift von d. Aufklärung. 8. Hamb. 795. Campe. 12 gr (A. u. d. T.: Anh. zum 5ten Thl. d. Wandsbecker Boten).

[—] Anhang zum 5. Th. der sämmtlichen Werke des Wandsbecker-Bothen. Sonst: Von und mit dem ungenannten Verfasser der Bemerkungen über Callisens Versuch den Werth der Aufklährung unsrer Zeit betreffend. Hamburg. U. A. [1796].

Claudius, Matth., Werke. Neue Aufl. in 4 Bänden. Mit Kupfern. gr. 8. Hamburg, Perthes und B. 820. Velinpap.

Claudius, Matthias, Werke. 4 Bände. 4. Aufl. — A. u. d. T.: Asmus omnia sua secum portans, od. sämmtl. Werke d. Wandsbecker Bothen. 7 Theile. Nebst Zugabe, od. 8. Thl. Wandsbeck, beym Verf. 1774—1812. gr. 8. (75 B. u. viele Kpfr., Stndr., Vign. u. Holzschn.) Hamburg 829, Fr. Perthes.

Claudius, Matth., Werke. 4 Bde. 5. Aufl. — A. u. d. T.: Asmus omnia sua Secum portans, od.: Sämmtl. Werke d. Wandsbecker Bothen. 8 Thle. Wandsbeck 1774—1812. Mit Kpfrn. rc. 8. (75 ½ B.) Hamburg 838, Fr. Perthes. *

Matthias Claudius' Werke. Original-Ausg. 7. wohlfeile Aufl. mit vielen Holzschnitten u. Kupferstichen nach Chodowiecki. Bd. 1—4. Hamburg u. Gotha. 1844. 8°
Neudruck mit den Titelblättern der Erstausgabe:
Asmus omnia sua secum portans oder Sämmtliche Werke des Wandsbecker Bothen (Matthias Claudius). Th. 1—7. Wandsbeck. 1774—1803. 8°
—— Th. 8 [u. d. T.:] Zugabe zu den sämmtlichen Werken des Wandsbecker Bothen oder Th. 8. ebd. 1812. 8°

Claudius, Matthias: Werke. Neue, vollständige Ausg. 8 Theile im 7 Bänden mit vielen Abbildungen. Bd. 1–6. Wien. 1844. 8°.
A. u.d.T.: Asmus omnia sua Secum portans, oder: Sämmtliche Werke des Wandsbecker Boten. Th. 1–7. Wandsbeck. Beim Verfasser. 1774–1802. 8°.
In dieser Ausg. ist der 8. Theil: „Zugabe zu den sämmtlichen Werken" nicht erschienen.

Claudius, Matthias, Werke. Orig.-Ausg. 2 Bde. 8. Aufl., mit vielen Holzschn. (im Text) u. (12) Kpfrstn. nach Chodowiecki. Gotha 865. F. A. Perthes. 8. (LXII, 797 S.) n. 1 ₰ 18 ngr.

Claudius, Matthias, Werke. 2 Bde. Orig.-Ausg. 9. Aufl. mit vielen Holzschn. und Kpfrst. nach Chodowiecki. Revidirt und mit einer Nachlese verm. von C. Redlich. gr. 8. (XL, 443; XLII, 460 S.) Gotha 871, F. A. Perthes. Nachlese apart (XIV, 112 S.) *

Claudius, Matth., Werke. 10. [Ster.-]Aufl., revid. mit Anmerkungen und einer Nachlese verm. von C. Redlich. Mit vielen (eingedr.) Holzschn. und Kpfrst. nach Chodowiecki. Orig.-Ausg. 2 Bde. 8. (XII, 508; X, 509 S.) Gotha 879, F. A. Perthes. à Bd. * ℳ 2,40. *

Vgl.: Herbst, W. — Meyer, A.

Claudius, Matthias, Werke. 11. [Ster.-]Aufl., rev., mit Anmerkungen u. einer Nachlese verm. von C. Redlich. Mit vielen Holzschn. u. Kupferst. nach Chodowiecki. 2 Bde. 8. (XII, 508 u. X, 509 S.) Gotha 881. F. A. Perthes. n. 4.80; geb. n. 6.—

Claudius', Matthias, Werke. 12. [Ster.-]Aufl., rev., m. Anmerkgn. u. e. Nachlese verm. v. C. Redlich. Mit vielen (eingedr.) Holzschn. u. Kpfrst. nach Chodowiecki. 2 Bde. 8. (XII, 508 u. X, 509 S) Gotha 882. F. A. Perthes. n. 4. 80; in 1 Bd. geb. n. 6. —

Claudius, Matth., Werke. A. u. d. T.: Asmus omnia sua secum portans od. Sämmtliche Werke des Wandsbecker Boten. Orig.-Ausg. Rev., m. Anmerkgn. u. e. Nachlese vermehrt v. C. Redlich. 13. Aufl. Mit vielen Holzschn. nach Kpfrst. nach Chodowiecki. 2 Bde. gr. 8. (XII, 508 u X, 509 S.) Gotha 902. F. A. Perthes. n. 8. —; geb. n. 10. –

Claudius', Matthias, Werke. Chronologisch geordnet, m. Angabe der ursprüngl. Lesarten, e. biograph. Einleitg. u. erklär. Anmerkgn. hrsg. v. Geo. Behrmann. Als Beigaben: 2 Bildnisse, 2 Schattenrisse, 11 Abbildgn. u. e. Brief als Handschriftprobe. (LXXVIII, 735 S.) 8. Leipzig (907). Hesse & Becker Verl. 1.50; geb. in Leinw. 2.—; feine Ausg., geb. in Halbfrz. 3.—; Luxusausg., geb. in Liebhaber-Halbfrz. 4. —

— Ausgewählte Werke, s.: Bibliothek deutscher Klassiker.

Claudius, Matth., ausgewählte Werke, s.: Meyer's Volksbücher.

Claudius, Matthias, ausgewählte Werke, s. Universal-Bibliothek Nr. 1691—1695.

— Fenelon's Werke, religiösen Inhalts 3 Thle. s. Fenelon.

Claudius, Matthias, sämtliche Werke. A. u. d. T.: Asmus omnia sua secum portans od. Sämtliche Werke des Wandsbecker Boten. Orig.-Ausg. Rev., m. Anmerkgn. u. e. Nachlese vermehrt v. C. Redlich. 14. Aufl. Mit vielen Holzschn. nach Kpfrst. nach Chodowiecki. 2 Bde. (XII, 508 u. X, 509 S.) 8. Gotha 907. F. A. Perthes. n. 6. —; geb. n. 8. —

Claudius, O. Karl, Nachtviolen. Poetische Versuche. 8. Zittau 818. (Schöps). 20 gr

Claudius, Otto: Beitrag zur Kenntnis schwefelhaltiger Derivate der Ketosäuren. *Greifswald 1901: H. Adler.* (34 S.) 8°
Greifswald, Phil. Diss. v. 24. Mai 1901

Claudius, Otto, s.: Solo-Quartette.

Claudius, Rich.

—— s. a. Brief-Marken-Album.

Claudius, Rich., Brief-Marken-Album. Leipzig 863. Dürr'sche Buchhdlg. qu. 4. (127 S.) cart. n. 12 ngr; geb. n. 16 ngr; in engl. Einb. n. 20 ngr u. n. 27 ngr

Claudius, Rich., Briefmarken-Album. 1.—7., umgearb. und bericht. Aufl. qu. 4. (148 S.) Leipzig 864—67, Dürr'sche Buchh. cart. 15 Ngr.; geb. * - in engl. Einb. 22½ Ngr. und

Claudius, Rich., Brief-Marken-Album. 5—9. Aufl. 865—68. — Vollständig umgearb. u. berichtigt von Alw. Zschiesche. 10. Aufl. 868. — 11. Aufl. Leipzig 870. Dürr'sche Buchhdlg. gr. 4. (151 S.) Ausg. 0. 18 ngr; Ausg. I. 22½ ngr; II. 1 ₰; III. 1 ₰ 20 ngr; IV. 3 ₰; V. 5 ₰.

Claudius, W [III.]

s. Bürstenbinder, Elisabeth: E. Werners gesammelte Romane und Novellen. Bd 8. 1896.

Claudius, Wilh., Fritzchens merkw. Abenteuer, s.: Jäde, H.

Claudius, Wilh., das Kind und seine kleine Welt. 32 Orig.-Zeichnungen mit Versen von Johs. Trojan. gr. 4. (32 Chromolithogr. mit eingedr. Text.) Dresden 883, Meinhold und Söhne. geb. *

Claudius, Wilh., das Kind und seine kleine Welt. 32 Orig.-Zeichnungen, mit Versen von Johs. Trojan. 2. Aufl. gr. 4. Dresden 885, Meinhold und Söhne. geb. *

Claudius, W., das Kind u. seine kleine Welt. Auswahl 2 Halbbde. à 16 (chromolith.) Orig.-Zeichngn. v. W. Cl m. Versen v. J. Trojan. 2. Aufl. gr. 4. Dresden 887 Meinhold & Söhne. geb. à 3. —

—— Kinderlust. Alte Reime — neue Bilder. 32 Orig.-Zeichnungen in Farben. gr. 4. Ebendas. 887. geb. *

Claudius, W., goldene Kindertage. (13 S. auf Pappe m. farb. Abbildgn.) Lex.-8. Eßlingen (905). J. F. Schreiber. Geb. n. 3. —

Claudius, Wilh., Elisab. Voigt u. Karl Wagner, für uns. Kleinen. 15 farb. Orig.-Zeichngn. m. Versen v. Johs. Trojan, Jul. Schmidt u. A. hoch 4. (15 Bl.) Dresden 898. C. C. Meinhold & Söhne. Geb. 2. —

— — — **für uns. Lieblinge. 15 farb. Orig.-Zeichngn. m. Versen v. Johs. Trojan, Jul. Schmidt u. A. hoch 4. (15 Bl.) Ebd. 898. Geb. 2. —**

—— im Sonnenschein. 18 Farbendr.-Bilder mit (eingedr.) Versen von Johs. Trojan. Auswahl aus: „Das Kind und seine kleine Welt". gr. 8. Ebendas. 884. geb. *

—— Spiel und Leben. Bilderbuch für Kinder. Original-Zeichnungen mit Versen von Johs. Trojan. gr. 4. (24 Chromolithogr. mit eingedr. Text.) Ebendas. 883. geb. *

—— Spiel und Leben. Auswahl. Bilderbuch für Kinder. Orig.-Zeichnungen von W. Cl. mit Versen von Johs. Trojan. gr. 4. (16 Chromolithogr.) Ebendas. 887. geb.

— **Elisab. Voigt u. Karl Wagner, frohe Stunden. 15 farb. Orig.-Zeichngn. m. Versen v. Johs. Trojan, Jul. Schmidt u. A. gr. 4. (15 Bl.) Dresden (899). C. C. Meinhold & Söhne. Geb. 2. —**

— — — **lustiges Volk. 15 farb. Orig.-Zeichngn. m. Versen v. Johs. Trojan, Jul. Schmidt u. A. hoch 4. (15 Bl.) Ebd. 898. Geb. 2. —**

—— kleine Welt. 18 Farbendr.-Bilder, mit Versen von Johs. Trojan. Auswahl aus „Das Kind und seine kleine Welt" und „Spiel und Leben". 4. Ebendas. 885. geb. *

— wie's am Tage geht von früh bis spät. 48 Orig.-Zeichngn. in Farben m. Versen v. Jul. Lohmeyer. gr. 4. (32 S. m. eingedr. Illustr. u. 16 Chromolith.) Ebend. 884. geb. n. 5. —

—— und Aug. Stein, Willkommen. Ein Bilderbuch zur Lust und Lehre für artige Kinder. Mit 35 Orig.-Zeichnungen von W. C., Geschichten und Gedichte von A. St. gr. 4. (44 S.) Ebendas. 887. geb. *

Claue, P.: Das kirchliche Leben der evangelischen Kirchen in Thüringen, s. Drews, Paul: Evangelische Kirchenkunde. H. 5.

Clauel, Franz (Helveto-Aquilaeensis), De jure dotis in concursu creditorum. Diss. jur. Präs. Christian Gmelin. Tübing. (Fues) Okt. 1789. 36 Seiten. (4.80) Widm. v. Präs. 5322

Clauen, A., nova schola antiquis et novis bonis artibus et literis dicata etc. 4. Hannov. Helwing. 734.

v. Clauer, ..., († ... 179..), s. Kreuzzug gegen d. Franken.

Clauer, Aug., prakt. Anleitung auf e. neue, von and. abweich. Manier einfachen, conzentr. u. Doppel-Essig in wenigen Stunden nach d. Schnellbereitungsmethode, eben so auch fuselfreyen Kartoffel- u. a. Branntwein mittelst e. neuen wohlfeilen Einricht., dann Hefen, Liqueure u. Würzen zu bereiten; nebst Angabe d. fehlerhaft gebrannten Weingeist d. Fusel zu benehm. u. einigen Vortheilen beym Malzen d. Früchte, Färben d. Essigs u. Weingeistes u. Zermahlen d. Kartoffeln rc. M. 6 Stnzeichn. 8. (4½ B.) Heilbronn 834, Claß.

Clauer, Balth. Jo. Dav. (Frankft./M.), De usufructu conjugum pactitio. Diatr. jur. Präs. Johann Friedrich Wahl. Götting. (o. J.) 67 S. (5.—) 5323

Clauer, B. I. D., diatriba inauguralis de usufructu conjugum. 4. maj. Francof. 759.

Clauer, Jh. Ph.

Clauer J. Ph.: Patriotischer Vorschlag für die Vermehrung u. Unterhaltung d. kurpfälz. Schäfereien nach landw. Grundsätzen entworfen. Mannh. 1786. 44 S. P.

Clauer, Jh. Ph., patriot. Vorschlag für d. Vermehrung d. Kurpfälz. Schäfereien. gr. 8. Manh. 786. Schwan u. G. 3 gl.

Clauer

— Carl Gottlieb Daniel (Schleusingen), Super decis. Saxon. el. XXI. d. a. 1746. Diss. jur. Präs. Heinr. Gottfr. Bauer. Lpz. (Langenheim) 30. IX. 1777. 8 S. (3.50) 5324
Gew.: Chn. Heinr. Gottlieb Weber (Leipzig).

— — (Dresden), De infanticidio a matribus in recens natos infantes commisso et quibusdam ejus impediendi remediis. Diss. jur. Präs. Johann Pet. Bucher. Rinteln (Ant. Heinr. Boesendahl) 27. X. 1785. 39 S. (4.80) 5325
Gew.: Joh. Gotthelf Martin (Dresden).

— Carl Sigism. (Dresden), De fructibus in trebellianicam imputandis. Diss. jur. Präs. Joh. Balth. Werner. Wittenbg. (Gerde's Wwe.) 12. XII. 1716. 40 S., z. Tl. dtsch. (5.—) 5326

Clauert, Der werckliche Hans: Das ist: Seltsame Historien, die recht kurtzweilig und lustig zu lesen sind ... O. O. u. J. [17??] V: *Krüger, Barthol.* (Bz) (GGr)

Clauert, Hans: (U.-Titel:) Der Märkische Eulenspiegel. das ist: Seltsame und kurzweilige Geschichten von Hans Clauert in Trebbin. Leipzig: O. Wigand. o. J. (1847). 51 S. (= Volksbücher, 39).

Clauren, Liebe u. Irrthum. 8. Nordhausen 827, Landgraf.

— Liebe und Irrthum. 8. 1827. Jetzt Dörffling in Leipzig. 1 rß

Clauren, der bedrängte Liebhaber auf d. Reise. 8. (14 B.) Nordhausen 828, Fürst.

Clauren, das Verlobungs-Hotel, s.: Wermann, J.

Clauren, A., ist: G. Jördens.

Clauren, A., (Psdn.) Amor's Bild; Dorchen, die Entführte, uud: die unglückl. Entdeckung. Drei Erzähll. Mit 1 Kpf. 16. Leipz. 826. Centr.-Compt. 1 rß

— Lottchens gefährl. Nacht, u. d. Prinz incognito. Zwei Erzähll. 12. Leipz. 826. Centr.-Compt. 16 gl

Clauren, H., Familientheater, s. 9. Bd. Familientheater.

Clauren, (Heinrich,) der Luftballon, oder die Hundstage in Schilda. Ein glück- u. jammervolles Schau-, Lust- u. Thränenspiel in beliebigen Akten rc. 8. Leipz. 827, Taubert.

—— Vergißmeinnicht. Ein Taschenbuch f. 1829—34. 16. Leipzig, Lco. [829. (28¼ B. u. 7 Kpfr.); 830. (39 B u. 8 Kpfr.- u. Stahlst.); 831. (26¼ B. u. 8 Kpfr.- u. Stahlst.); 8 32/33. (33½ B. u. 7 Kpfr.); 834. (31½ B. u. 8 Kpfr.) à Jahrg. 2 Thlr. 8 Gr.]

—— dass. f. 1835, s. Vergißmeinnicht.

Clauren, H., (I.) . . . . . . Carl Gtli. Sam. Heun.

Clauren, Heinrich

Meine Ausflucht in die Welt. Eine Erzählung von H.Clauren [d.i.Karl Heun]. Bd.chen 1.2.
Dresden: Hilscher 1817. 8°

Clauren, Hnr., (Karl Heun), meine Ausflucht in die Welt; e. Erzählung. 2 Bdchen. Mit 1 Kpf. 8. Dresd. 817. 2e A. 822. (Meyer in Braunschw.) 2 rß

— meine Ausflucht in die Welt. Eine Erzählung. 2e Auflage. 2 Bdchen. Mit 1 Kupf. 8. Dresden 822, Hilscher.

Clauren, H., (Karl Gli. Sam. Heun), kurze Bemerkk. auf langen Berufswegen während d. Aufenthalts d. alliirten Truppen in Frankreich. 8. (Leipz. 814. Cnobloch). 12 gl

– Der Bräutigam aus Mexiko, s.a. Universal-Bibliothek. Nr. 2127.

Clauren, (H., u. Carl Heun,) der Bräutigam aus Mexico; Schausp. in 5 Abtheilungen. 8. Dresd. 824, Arnold.

— die Gräfin Cherubim. 2 Thle. 8. Dresden 824, Arnold.

† Clauren, H., (Carl Gtli. Sam. Heun,) Ernst u. Scherz. 1. Bdchn. 8. (17½ B.) Berlin 834, Hayn.

Clauren, Heinrich

Erzählungen von H.Clauren [d.i. Karl Heun]. Bd.3-6.
Dresden: Hilscher 1819 - 182o. 8°

3.4. 1819.
5.6. 182o.

— Erzählungen. 6 Bdchen. 2e Aufl. 8. Dresd. 822—24. (Gerold in Wien). 5 rß Hbg. Pr. 2 rß

Clauren, H., (Carl Heun,) Erzählungen. 1s Bdchn. 2e Aufl. Erste u. letzte Liebe. — Prüfung. — Die graue Stube. — Das Kriegs- u. peinliche Recht. — Der Wehrmann. — Der Wurstball. 8. Dresden 822, Hilscher.

— dies. 2s Bdchn. 2e Aufl. Der Leibmedicus. 8. Ebd. 822, Ebend.

— dies. 3s Bdchn. 2e Aufl. Die Launen der Liebe. — Die graue Stube, Forts. — Der Wanderer im Sande. 8. Ebd. 824, Ebd.

— das Gasthaus zur goldnen Sonne; Lustsp. in 4 Aufz. 8. Weimar 823, Hoffmann.

— die Großmutter u. d. Generalbevollmächtigte. 8. Dresden 824, Arnold.

— des Lebens höchstes ist die Liebe. 2 Thle. 8. Dresden 822, Arnold.

— der Liebe reinstes Opfer. 8. Dresden 821. Arnold. 18 gl

— Liesli u. Elsi; zwei Schweizergeschichten. 8. Dresd. 821, Arnold. 1 rß 8 gl

– Mimili, s.a. Universal-Bibliothek. Nr. 2055.

— Mimili. Eine Erzählung. 4e Aufl. Mit Bildniß. 16. Dresd. 824, Hilscher. Velinp. geb. 1 Rthl. 4 gr., brosch. 1 Rthl. — Weiß Druckp.

— Mimili. Eine Erzählung. 12. Dresden 824. Jetzt Schulze in Celle. 1 ₰ Velinp. 1 1/6 ₰

— Mimili; e. Erzählung. (In poln. Sprache). Mit 1 Kpf. 8. Lemb. 830. Piller. (Leich. in Leipz.) 16 gr

— das Pfänderspiel. 8. Dresd. 820. 2e Aufl. 825. Arnold. 1 ₰ 6 gr

Clauren, Heinrich

Scherz und Ernst von H.Clauren [d.i. Karl Heun]. Th.(Bd.) 1.2.4. 6 - 8.
Dresden: Arnold 1818 - 1821. 8°

1. (Titelbl. fehlt).
2. 1818.
4. 1819.
6. 1820.
7. 1821.
8. (Titelbl. fehlt).

— Scherz u. Ernst. 1e Samml. 10 Bde. 1r u. 2r Thl. enthält: 1) die Klosterkirche. 2) Die schöne Diana. 3) Das Blutbeil. 4) Gemeinheit u. Großmuth. 5) Das Raubschloß. 6) Die Reise aus den Lager. 7) Der Giftmord. 8) Verfehlte Liebe. 2 Rthl. — 3r u. 4r Thl. enthält: 1) Der Grünmantel v. Venedig. 2) Ein Scherz u. tausend Folgen. 3) Der kleine Galeerensclave. 4) Hunderttausend Thaler. 5) Der selige Papiermüller. 6) Sagen a. d. Zeit d. Völkerkrieges. 7) Kleinigkeiten. 2 Rthl. — 5r u. 6r Thl. enthält: 1) drei Tage aus meinem Leben. 2) Unterirdische Liebe. 3) Kilians Tagebuch. 4) Das Liebesvermächtniß. 2 Rthl. — 7r u. 8r Thl. enthält: 1) Die Rutschparthie. 2) Leidenschaft u. Liebe. 3) Die Kartoffeln in der Schale. 5) Jella, das Kroatenkind. 2 Rthl. — 9r u. 10 Thl enthält: das Mädchen a. d. Fliedermühle. 2 Rthl. — 8. Dresd. 822—24, Arnold.

— dessen 2e Samml. 10 Bde. 1r Thl. enthält des Vaters Sünde d. Mutter Fluch. 1 Rthl. — 2r Thl. enthält: die Fraueninsel. 1 Rthl. — 3r Thl. enthält: der Blutschatz. 1 Rthl. 16 gr. — Das Dijonröschen. 1 Rthl. 6 gr. — 5r u. 6r Thl. das Christpüppchen. 2 Thle. 2 Rthl. 6 gr. 7r u. 8r Thl. enth.: 1) die Großmutter; 2) der General-Bevollmächtigte. 1 Rthl. 15 gr. — 9r u. 10r Thl. enthält die Gräfin Cherubim. 2 Thle. 1 Rthl. 18 gr. 8. Ebd. 824, Ebd.

— dessen 3te Sammlung. 10 Bändchen. — Auch u. d. Titeln: 1s—3s Bdchn. Der Fastnachts-Ball. 2 Rthl. 18 gr. 4s Bdchn. Die Gränzcommission u. das arme Kind. 1 Rthl. — 5s Bdchn. Rangsucht u. Wahnglaube. 1 Rthl. — 6s Bdchn. Das Pfänderspiel. 1 Rthl. 6 gr. — 7s Bdchn. Der Liebe reinstes-Opfer. 18 gr. — 8s Bdchn. Das Schlachtschwert. 18 gr. — 9s u. 10s Bdchn. Des Lebenshöchstes ist die Liebe. 8. Dresd. 825, Arnold, Rthlr.

Clauren, H., (Carl Heun,) Scherz u. Ernst. 4e Sammlung. 10 Bändchen. — Auch unter den Titeln: 1r — 3r Bd. Leopoldine u. Molly. 2 Thle. — Makk. 2 Rthl. 18 gr. — 4r u. 5r Bd. — A. u. d. Titeln: Wilhelms Tage d. Kindheit, und: Munter ist die Hauptsache. — Die Versuchung. 1 Rthl. 12 gr — 6r u. 7r Bd. — A. u. d. T.: Lieschen. 2 Thle. 2 Rthl. — 8r Bd. Das Vatererbe. 1 Rthl. 8 gr. — 9r u. 10r Bd. Das Mädchen a. d. Fliedermühle. 2 Thle. 2 Rthl. — 8. Dresd. 822—27, Arnold.

—— Scherz u. Ernst. 4. Sammlung, 9. u. 10. Bd. — A. u. d. T.: der Friedhof. 2 Thle. 8. (22½ B.) Dresden 828, Arnold.
1—4. Samml. Ebendas. 1823—28., drbas. Pr. à 7 Thlr. 12 Gr.

Clauren, Heinrich

Schriften von H.Clauren [d.i. Karl Heun]. Bd.61. 64.74.78.
Stuttgart: Macklot 1828 - 1829. 8°

61. Lieschen. 1828.
64. Der Friedhof zu Wüstenbrück. 1828.
74. Das alte Schloß zu Marienlinde. - Die Kriegslist. 1829.
78. Tornisterlieschen. (Forts.). 1829.

† Clauren, H., (Carl Glieb. Sam. Heun.) gesammelte Schriften. 25 Bdchn. 8. Leipzig 851, Arnoldische Buchh. à Bdchn. 12 Ngr.

Bdchn. 1., 2. Die Gräfin Cherubim. 2 Thle. (333 S.)
„ 3. Des Vaters Sünde, der Mutter Fluch. (203 S.)
„ 4. Die Fraueninsel. (178 S.)
„ 5., 6. Das Christpüppchen. 2 Thle. (458 S.)
„ 7. Die Großmutter. (152 S.)
„ 8. Der Generalbevollmächtigte. (135 S.)
„ 9. Der Blutschatz. (250 S.)
„ 10. Das Dijonröschen. (253 S.)
„ 11—13. Der Fastnachtball. 3 Thle. (515 S.)
„ 14. Die Grenz-Kommission. Das arme Kind. (173 S.)
„ 15. Liesli und Elsi. (163 S.)
„ 16. Makk. (240 S.)
„ 17. Wilhelms Tage der Kindheit. Munter ist die Hauptsache. (130 S.)
„ 18. Die Versuchung. (134 S.)
„ 19., 20. Lieschen. 2 Thle. (399 S.)
„ 21. Das Vatererbe. (261 S.)
„ 22., 23. Der Friedhof. 2 Thle. (357 S.)
„ 24., 25. Leopoldine und Molly. 2 Thle. (299 S.)

— der Sylvesterabend, u. der Doppelschuß. Zwei Erzähll. 8. Dresd. 825. (Gerold in Wien). 1 ₰ 12 gr Hdg. Pr. 1 ₰

— der Sylvesterabend, u. der Doppelschuß. Zwei Erzähll. 8. Dresden 825, Hilscher.

— die Versuchung, s. dessen Scherz u. Ernst. 4e Samml. 4 u. 5s Bdchn.

— Wilhelms Tage der Kindheit u. munter ist die Hauptsache, s. Ebendas.

— das Vogelschießen. Lustspiel in 5 Aufzügen. 8. Dresd. 822, Arnold.

– Der Wollmarkt, s.a. Universal-Bibliothek. Nr. 2086.

— der Wollmarkt, oder das Hotel de Wiboug. Lustspiel in 4 Aufz. 8. Dresd. u. Leipz. 826, Arnold.

Clauren, H., (II.) . . . . . Wilh. Hauff.

Clauren, H., (W. Hauff), d. Mann im Monde, od. d. Zug d. Herzens, ist des Schicksals Stimme. 2 Thle. 8. Stuttg. 825. (Brodhag). 3 ₰

Clauren, (H.,) d. Mann im Mond, od. d. Zug d. Herzens, ist des Schicksals Stimme. 2 Thle. 8. Stuttg. 825, Frankh.

Clauren, H., (III.) . . . . . Geo. Carl Herloßsohn.

— Emmi, oder d. Mensch denkt, Gott lenkt. 2 Thle. 8. Leipz. 826, Wienbrack.

— Emmi, od. der Mensch denkt, Gott lenkt. 2 Thle. 8. Leipz. 827. Wienbrack. 1 ₰ 16 gr

Clauren, Hnr., (Geo. Karl Herloßsohn), Vielliebchen. Forts. der im Taschenbuche Vergißmeinnicht v. Jahre 1825 abgebroch. Erzählung. 8. Leipz. 827. Krappe. 1 ₰ 4 gr

Clauren, Heinrich, (C. Herloßsohn,) Vielliebchen. Fortsetz. der im Taschenbuch Vergißmeinnicht vom Jahre 1825 abgebrochenen Erzählung. 8. Leipz. 827, Taubert.

Clauren, H. (Pseud.), s.a. Niedmann, Carl Christian Friedrich

Clauren, H., (C. Niedmann), d. Fastnachts-Ball. 4r—6r Thl. A. u. d. T.: Das Geheimniß der braunen Stube. Fortsetzung d. Erzählung: Der Fastnachts-Ball, v. Hnr. Clauren. 1r—3r. Bd. 8. Wolfenbüttel 826. Verlags-Compt. 3 ₰

Clauren, H., (C. Niedmann,) der Fastnachts-Ball. 4r—6r Thl. — A. u. d. T.: Das Geheimniß der braunen Stube. Fortsetzung der Erzählung: Der Fastnacht-Ball v. H. Clauren. 1r—3r Bd. 8. Wolfenbüttel 827, Verlags-Compt.

Clauren, Heinrich [Pseud.], s. Clauren, H. [Pseud.]

Clauren, Henriette (Pseud.), s.a. Grimmert, Carl Friedrich

Clauren, (Henriette,) die Familie Clauren, oder nichts als Clauren! Original-Posse in 2 Akten, nebst Prolog u. Epilog. 8. Zerbst 827, Kummer.

CLAUREN! Original-Posse in 2 Acten, nebst Prolog und Epilog. Zerbst 1827. 8°. 72 S. S. (2 Mk. 50 Pfg. der Vorige, 1888.)

Clauren, Die Familie, oder nichts als Clauren! Orig.-Posse in 2 Acten nebst Prolog und Epilog. Zerbst 1827. V: *Grimmert, Carl Fr.* (GGr)

Clauren d. jüng., J., ... L. K. E. Seidler.

Clauren d. jüng., J., Erzählungen in H. Claurens Manier. 8. (12 B.) Quedlinburg 829, Basse.

Clauren der Jüng., die Nacht in Berlin, s. Nacht, die, in Berlin.

Claus, der Bauer. Ein Meklenburger Fastnachtsspiel aus der Reformationszeit übertr. von Alb. Freybe. 8. (VIII, 38 S.) Gütersloh 879, Bertelsmann. *

– dasselbe, s.a. C l a w s bur.

Claus, Leitfaden f. den Hypothekengläubiger im Zwangsversteigerungs- u. Zwangsverwaltungsverfahren, s.: Handbibliothek, juristische.

Claus. Die geographische Verbreitung der französischen Sprache. gr. 8. (21 S.) Tüb. 890, Fues. * — 80
Aus: Korrespondenz-Blatt f. d. Gelehrten- u. Realschulen, besonders abgedruckt.

Claus, A., Blinkfeuer, s.: Spiel u. Arbeit.

Claus, Adph., über Acrolein und Acrylsäure. Inaugural-Dissertation. gr. 8. (30 S.) Göttingen 862, (Vandenhoeck und Ruprecht's Verlag.) *

Claus (A.) und Gehler (Chr. Paul), Die Behandlung der Farbenlehre beim Unterrichte in gewerblichen Schulen. Dresden. 8.

Claus, A., theoretische Betrachtungen u. deren Anwendung zur Systematik der organischen Chemie. Freiburg i. Br. 866. (Diernfellner.) gr. 8. (271 S.) n. 1 ꝛß 10 ngr

—— theoretische Betrachtungen und deren Anwendung zur Systematik der organischen Chemie. gr. 8. (271 S.) Freiburg im Br. 866, (Trömer's Universitäts-Buchh.) *

Die Entwickelung der Schrift seit 100 Jahren. Vortrag geh. von Prof. [Adolf] Claus-Magdeburg in Aschersleben 1907. Magdeburg (1907): Sorgler. 12 S. 8° [Umschlagt.]
Aus: Stenogr. Lehrerzeitung. [illegible]

Claus, Adph., die Grundzüge der modernen Theorie in der organischen Chemie. gr. 8. (VIII, 119 S.) Freiburg i. Br. 871, (Schmidt's Buchh.) *
Aus: Festschrift zur Feier des 50jähr. Jubiläums der naturforschenden Gesellschaft zu Freiburg i. Br., besonders abgedruckt.

Claus, Adf., stenographisches Lesebuch f. Anfänger in der Stolze'schen Kurzschrift zum Gebrauch in Fortbildungskursen u. beim Selbstunterricht. 1—5. Lfg. gr. 8. Unterstufe 72 S. u. Oberstufe S. 1—48. Breslau 885. 86. Kelsch. à n. — 60

Claus, A., stenographisches Lesebuch f. Anfänger in der Stolze'schen Kurzschrift zum Gebrauch in Fortbildungskursen u. bei Selbstunterricht. 6. (Schluss-) Lfg. gr. 8. (Oberstufe IV u. S. 49—72.) Breslau 887. Kelsch. n. — 60
(cplt. 2 Tle.: à n. 1. 80; in 1 Bd. n. 3. 60)

Claus, Adf., Methodik der Farbenlehre f. den Zeichenunterricht. gr. 8. (III, 88 S.) Berlin 893. F. Ashelm. n.n. 2. —

Claus, Adolfus *(geb. Breslau 20. 8. 1855)*: De Dianae antiquissima apud Graecos natura. Vratislaviae: L. Koehler 1881. (105 S.) 8° *[Buchausg. ebenda.]*
Breslau, Phil. Diss. v. 23. März 1881

CLAUS, ADOLPH.
Methodische Reactionstabellen behufs chemischer qualitativ-analytischer Untersuchungen zum Gebrauch für Mediciner und Pharmaceuten. Dorpat, 1862. Six tables in a cover, in quarto.

– dasselbe, s.a. C l a u s , Carl Ernst.

Claus, Adf. Stenographische Unterrichtstafeln zur Erlernung d. Stolze'schen Systems m. eigenen Verbesserungen. gr. 8. (8 S.) Breslau 889, Köhler. — 30

Claus, Albert, von Unterstrass [Kt. Zürich]: Ueber spontane Darmperforationen. Zür. Zürcher u. Furrer Dr. 1856. 1 Bl., 46 S., 1 Bl. 8°.
Zürich, Med. Diss. v. 6. Aug. 1856.

Claus, Ant., Exercitationes theatrales. 8. Augsb. 755. Wolff. 8 ꝁ

Claus, Anton, S. J. Tragoediae ludis autumnalibus datae. Augsburg, A. M. Heiß für F. A. Strötter, 1741. 8°. 333 S. Goldgepreßter Ldbd. d. Z. Rücken etwas berieben, Kanten bestoßen, das Gold nachgedunkelt, Goldschnitt.
De B.-S. II. 1204. Die erste Veröffentlichung des Dichters (geb. 1691 zu Kempten, gest. 1754 als Prof. der Rhetorik zu Dillingen), der wohl der begabteste der letzten Jesuitendramatiker-Generation genannt werden darf. Seine formgewandten latein. Dramen zeichnen sich auch durch ihre Themenwahl aus. Diese Sammlung enthält die 5 Tragödien: Publius Cornelius Scipio sui victor, Stilico, Themistocles, Potasius rex Arymae. Jedem Stuck folgen ein paar Seiten „Observationes" über die Charaktere und i. Darstellung.

— Trauerspiele, nebst kritischen Anmerkungen. 8. Augsb. Rieger. 776.

Claus, Bernh., Übungsstoff u. Lehrstoff der Sprachlehre. Für die Volksschule bearb.. (39 S.) 8. Leipzig 906. Dürr'sche Buchh. n. — 60

Claus, [Bruno], Rektor Dr.: Beschreibung der Einweihung des Neubaues. Gmünd 1905: M. Ritter. (S. 3—14.) 4°
Gmünd, k. RG P 1905 (717a)

Claus, Bruno (Frankfurt), Pertussis epidemica anno 1835 Bonnae observata. Diss. med. Bln. (Nietack) 18. II. 1837. 63 S. mit Biogr. (M.: S. Roehm) u. Krankengesch. (4.50) 5328
Oppon.: Chn. Ringens, Friedr. Bausch, Rich. Hasenclever. — Gew.: Friedr. Nasse.

Claus, C., Leitfaden für den ersten Unterricht in der Planimetrie. 8. (IV und 44 S.) Lübeck 860, Dittmer'sche Buchh. *

Claus, C. (I), Leitfaden für den ersten Unterricht in der Planimetrie. 2. Aufl. 8. (IV und 44 S.) Lübeck 865, Dittmer'sche Buchh. * 8 Ngr.; geb. und durchschossen *

Claus, C., Reise in d. Steppen d. südl. Rußlands, s. Fr. Goebel.

Claus, Ed., Predigten e. Nicht-Theologen üb. auf Tatsachen beruhende, überzeugungstreue Weltanschauung, insbesondere üb. Glauben u. Wissen, üb. Wahrheit u. Unsterblichkeit. 1. Lfg. (32 S.) 8. Leipzig 906. O. Mutze. n. — 30

Claus, Ed., Predigten e. Nicht-Theologen. Auf Tatsachen beruh. Weltanschaug., insbesondere über Glauben u. Wissen, üb. Wahrheit u. Unsterblichkeit. 2.—9. Lfg. (1. Bd. S. 33—288.) 8. Leipzig 907. O. Mutze. à — 30
(1. Bd. kplt.: 2. 60)

Claus, Eduard, über die Lokalisation und geographische Verbreitung der Aktinomykose beim Rind in Bayern. Aus d. patholog. Institute zu München. Diss. München 1887, A. Buchholz. 8°. 13 S.

Claus, Eduard [approb. Arzt aus Grebenstein (Prov. Hessen-Nassau)]: Ueber die Lokalisation und geographische Verbreitung der Aktinomykose beim Rind in Bayern. Aus d. patholog. Institute zu München . . . . Leipzig, Druck v. J. B. Hirschfeld, 1887; 13 S. 8°
München, Med. Fak., Inaug.-Diss. v. 1887

Claus, Über die Lokalisation u. geographische Verbreitung der Aktinomykose beim Rind in Bayern. S.-A. Diss. Leipzig 87. Vogel.

Claus, Erich, Kammergerichts-Ref. aus Berlin: Der Einfluß der Rechtshängigkeit auf Privatrechte nach heutigem Reichsrecht. *Berlin 1903: G. Schade.* (62 S.) 8°
Erlangen, Jur. Diss. v. 28. Okt. 1902

Claus, Ernst, prakt. Arzt aus Tiegenhof (West-Preussen): Beitrag zu den angeborenen Hemmungsbildungen der Vorhofscheidewand des Herzens. *Würzburg 1899: Bonitas-Bauer.* (24 S.) 8°
Würzburg, Med. Diss. v. 1899

— **Eusebius Clemens Friedrich** (Sebnitz), Nonnulla de odontolitho. Diss. odont. Präs. Otto Bernhard Kuehn. Lpz. (L. Schnauss) 22. VIII. 1860. 24 S. mit Biogr. (M.: J. Ch. Streubel). (3.50) 5329
Oppon.: F. Hering, G. Klare, A. Hering. — Gew.: Carl Eduard Hering.

Das Fürsorgeerziehungsgesetz vom 2. Juli 1900 und seine Bedeutung für die Schule. Von F. Claus, Hauptlehrer in Schonnebeck. *Bielefeld: A. Helmich (1902).* (15 S.) 8° [F.]
— Abhandlungen, Pädagogische. N. F. Bd 7, H. 4.

Polizeiverordnungen und sonstige polizeiliche Bestimmungen für den Stadt- und Landkreis Hanau im Zusammenhang m. wichtigen gesetzl. Vorschriften. Zsgest. von Fr. Claus, Polizei-Sekr. Hanau: Waisenhaus (1909). X, 532 S. 8°

Claus, Franz

Claus, F., die Grundsätze des Kirchenrechts der evang. Landeskirchen der Herzogt. Sachsen-Coburg u. Gotha, s.: Strenge, Karl Frdr. v.

Claus, Friedr., Johannes Crocius, ein Beitrag zur Geschichte der evangelischen Kirche und Theologie des 17. Jahrh. Cassel 858. C. Luckhardt. gr. 8. (VII, 95 S.) n. 10 ngr

Claus, Friedr. Aug., Abhandlung üb. die Aster hinsichtlich gefüllter Floren. 12. (1/3 B.) Erfurt 842, Hennings u. Hopf.

—— Abhandlung über die Enthülsung der hartschaligen Saamen der Acatien, Cäsalpinen, Proteen rc. in 16 bis 24 Stunden ohne Nachtheil d. Keime hervorzubringen. 12. (3/4 B.) Erfurt 842, Hennings u. Hopf.

—— Abhandlung üb. die Cacteen u. deren Veredlung, nebst der Behandlung hinsichtlich d. Blumen selbst. 12. (1 B.) Erfurt 842, Hennings u. Hopf.

—— Abhandlung üb. eine besondere Vegetation d. Gewächse durch den Guß. 12. (1/4 B.) Erfurt 842, Hennings u. Hopf.

—— Abhandlung, wie alte Weinstücke zu benutzen, daß damit viele junge Stöcke erzielt werden. 12. (1/6 B.) Erfurt 842, Hennings u. Hopf.

—— Abhandlung, wie Rosen, Herbst- u. Winterlevkoyen, Lack, Nelken u. a. Gewächse in trocknen Kellern ohne Töpfe gut zu durchwintern sind. Ferner wie Kraut, Wirsing rc. z. Saamenbau vortheihaft u. mit wenig Kosten ebenfalls daselbst durchwintert werden. Nach eigner Erfindung. 12. (1 2/3 B.) Erfurt 842, Hennings u. Hopf.

Claus, Fr. A., der neue Levkojengärtner, oder gemein verständl. Anweis., auf d. zweckmäß. Art d. Sommer-, Herbst- u. Winter-Levkojen zu erziehen. 8. Erfurt 825. Maring. (Otto). 9 K

Claus, Friedr. Aug., der neue Levkojengärtner rc. 2., wohlf. Ausg. 8. (8 B.) Erfurt 834, Otto.

—— prakt. Rathgeber üb. d. Obst- u. Gemüsebau f. den Landmann. Nebst ein. Anh. üb. den Anbau d. Nelken durch den Saamen, daß man gesunde u. kraftvolle Stöcke erzielt u. schöne Blumen bekommt. 12. (1 B.) Erfurt 843, Hennings u. Hopf.

—— prakt. Rathgeber üb. den Weinbau auf Bergen u. in Gärten an Spalieren. 12. (5 B.) Erfurt 843, Hennings u. Hopf.

—— wie werden die gefüllten Dahlien od. Georginen behandelt, daß man sich im kalten Clima die schönsten Floren davon versprechen kann und wie erzielt man reife Saamen, die die schönsten Spielarten liefern? 12. (3 B.) Erfurt 842, Hennings u. Hopf.

Claus, Fritz

— ein donnernd Hoch der schönen Pfalz am Rhein! Rede, geh. beim VI. Stiftungs-Feste gelegentlich der Bannerweihe im Vereine der Rheinpfälzer bei der Abend-Festversammlg. am 9. X. 1904 im Gürzenich in Köln. (15 S. m. Bildnis.) kl. 8. Ebd. (904). n.n. — 30

Claus, Fritz, fröhlich Pfalz, Gott erhalt's. Gedichte u. Sagen. 2. Aufl. 8. (XIII, 239 S.) Zweibrücken (901). H. Klein. 3. —; geb. in Leinw. n. 3. 50

Claus, Fritz. Gedichte u. Sagen. 2. Bdchn. 12. (VIII, 137 S.) Speyer 889, Jäger. geb. m. Goldschn. * 3 —
Das 1. Bdchn. kam nicht in den Handel.

Claus, Fritz (Joh. Mart. Jäger), der Herr im Haus. Lustspiel in 1 Aufzug. (51 S.) kl. 8. Zweibrücken (904.) (Speyer. Jäger.) n. — 60

—— Maria-Rosenberg. 8. (41 S.) Ebd. 889. geb. m. G. * 1 20

— die Martyrer. Dramatisches Gedicht in 5 Aufzügen. (V. 115 S. m. Bildn.) kl. 8. Ebd. 904. n. 1. 50; geb. n. 2. —

Claus, Fritz, Pietro, der Wilderer, s.: Theater, kleines.

— Ztick Veit, s. Theater, kleines.

— Der Wucherer, s. Theater, kleines.

Claus, G. A., s.: Vorträge, apologetische.

Claus, H., die Heilung der sozialen Uebel des 19. Jahrh. oder Geheimnisse des ehelichen Lebens. [Ein Wort für Jedermann.] 8. (51 S.) Leipzig 880, Besser.

Claus, Hans [aus Berlin]: Ichthyosis congenita ... Berlin, Buchdr. v. G. Schade, *1897;* 34 S., 1 Bl., 2 Taf. 8.
Berlin, Med. Fak., Inaug.-Diss. v. 6. Aug. 1897

Claus, Heinrich, a. Walddorf am Kottmar (Sächs. Oberlausitz): Ein Beitrag zur Wasserwirtschaft und ihrer Bedeutung für die Land- und Volkswirtschaft. Plauen i. V. [1905]: M. Wieprecht. (105 S.) 8° [F.]
Leipzig, Phil. Fak., Ref. Bücher u. Strecker, Diss. v. 10. Jan. 1905
[Geb. 6. Juli 80 Walddorf; Wohnort: Zittau; Staatsangeh.: Sachsen; Vorbildung: Höh. Landwirtschaftsch. Döbeln Reife O. 98; Studium: Leipzig 8 S.; Rig. 18. Juli 04.]

Claus, Herm., Sinnliches u. Uebersinnliches. Kurzgefaßte volkstüml. Darstellg. unsres eigentl. Wesens auf Grund der neuesten Forschgn. 8. (37 S.) Leipzig (902). O. Mutze. n. — 50

Claus, Herm., 25 Thesen üb. Menschentum nach Körper, Seele u. Geist. Ein Beitrag zur Erlösg. des Menschen v. Aberglauben u. Unwissenheit üb. sich selbst. 8. (29 S.) Leipzig 894. O. Mutze. n. — 40

Claus, J. D., d. Rath Gottes zur Beseligung d. Menschen, wie ihn eigentlich die heil. Schrift enthält, wenn sie m. Ernst, Wahrheitsliebe u. ohne Vorurtheil aufgefaßt u. aus ihr selbst erklärt wird. 8. Frankfurt a/M. 846, Brönner. n. 1/2 rf

Claus, Joh. Geo., Forschungen, Erfahrungen u. Rechtsfälle f. Philosophie d. Rechts u. d. Rechtspflege. gr. 8. (14 1/2 B.) Frankfurt a. M. 837, Andräische Buchh.

— **Johann Georg** (Frankfurt/M.), De natura delictorum. Diss. jur. Jena (Goepferdt) Juli 1794. 44 S. (4.80) 5330

Claus, Dr., der unerledigte Rechtsfall des Grafen Hallberg, eine auf die ehemal. Abtey Schussenried reichsgesetzlich radicirte ewige Rente betreff., durch Abdruck eines allerunterthän. deßfalls. Vortrags an Sr. Maj. den König v. Würtemberg, zugleich als Anregung zur Erörterung d. Frage von entsprech. Einrichtung der Gerichts-Verfassungen teutscher Bundesländer in Bezug auf die zum Bundeszweck erhobene Gewährleistung eines allgem. Rechtsstandes. gr. 8. Frankfurt a. M. 834. Andreä. 1 rf

— de temps et l'espace, dans leurs rapports avec les sciences morales et politiques. Trad. de l'allemand sous les auspices d'une Société littéraire, et présenté à l'Institut de France, Académie des sciences morales et politiques. gr. in-8. Paris 840. (Francfort, Varrentrapp.) n. 2/3 ß

Claus

— **Johann Gottlob**, Ad audiendas orationes in lyceo. — Praem. disput. de aliquo messiac vaticinio. Zwickau (Hoefer) 1779. 16 S. (3.50) 5331

— — Ad lustrationem juventutis scholasticam .. Prolus. de juventute exemplis regunda. Zwickau (Hoefer) April 1789. 10 S. mit Namen. (3.50) 5332

Claus, Joh. Heinr., einige Bemerkungen üb. d. Art u. Weise d. Production e. schönen u. wünschenswerthen Kammwolle bei Züchtung d. edelsten u. veredelten Schaafheerden; zunächst f. meine lieben Landsleute u. alle and. deutsche Schaafzüchter zur belieb. Anwend. aufgestellt. M. 1 lith. Zeichn. (in qu. Fol.) gr. 8. (3 B.) Meißen 832, (Klinkicht u. Sohn.)

Claus, Jh. Hnr., über die Cultur der Schaafe u. Production der edelsten Wolle. Mit d. Portrait d. Verfassers u. 3 lithogr. Abbildd. gr. 8. Meißen 836. Klinkicht u. Sohn. 3/4 ß

—— Stammlisten f. Schaafheerden. Ein unentbehrl. Leitfaden f. alle Diejen., welche e. zweckmäß. Züchtung ihrer edlen u. veredelten Heerden beabsicht. (Mit Abbild.) gr. Fol. (3½ B.) Meißen (833), Klinkicht u. Sohn.

Claus, Jh. Lev. Fr., (†...) Bemerkk. zu Einrichtung vortheilhafter Malzbarren. 8. Erf. 776.

— kurzer Beweis aus Wechmar, daß d. aus ältern Zeiten u. Verfass. auf d. jetzige Nachkommenschaft übergegang. Schäferei rc. höchst schädlich sind rc. 8. Erf. 793.

— etwas von d. Nützlich- u. Nothwendigkeit, d. Einführung rc. e. allgem. Lehrbuchs f. Oekonomen. 8. Erf. (778.)

Claus, Jh. Lev. Fr. Gedanken über die Frage: Ob die Verpachtung der Domänen besser als die Verwaltung derselben sei? 8°. Erfurt 1776.

— Versuch, d. Lokale in Wechmar u. ähnl. Orten zur höchsten Landeskultur zu benutzen. 8. Erf. 791.

Claus, Johs., Christkindleins Heimat. Weihnachtsfestspiel f. die Schule. (Textbuch.) (16 S.) gr. 8. Schwarzenberg (907). M. Helmert. p — 25; Klavierauszug. (21 u. 1 S.) 34,5×27 cm. 2.50

Claus, J[ohannes] P[aul], Assistenzarzt am Sanatorium Beelitz d. Landes-Versicherungs-Anstalt Berlin: Über kontinuierlichen Magensaftfluss ⟨Reichmannsche Krankheit⟩ bei Arbeitern. Berlin 1907: G. Schade. (33 S.) 8°
Jena, Med. Fak., Ref. Stintzing, Diss. v. 27. Febr. 1907
[Geb. 2. Juli 75 Mittweida; Wohnort: Berlin; Staatsangeh.: Sachsen; Vorbildung: Gymn. Zwickau Reife O. 96; Studium: Leipzig 2, München 5, Kiel 3 S.; Coll. 8. Dez. 06; Approb. 20. Juni 04.]

Claus, Jos. Ign, († d. 25. Juli 1775.) conjectura prognostica qua ex signat. prodromis probatur, mundum ad interitum propendere. 8. Augsb. 767. Wolff. 8 ꝁ

— der rc. Gastprediger, oder Predigten an d. Festtagen Christi, Mariä u. and. Heiligen. Fol. Augsb. 752. 2e A. Ebd. 767. Wolff. 2 ß

— manuductio ad Barciae excitatorem christianum, seu sermones missionales ad dominicas et festa per annum reducti et applicati. II Tom. Fol. Augsb. 766. Wolff. 2 ß

— s. de Barzia manuductio.

— spicilegium catechetico-concionatorium seu conspectus exegetici pro dominicis et festis. IV Tom. Fol. Augsb. 774. Wolff. 5 ß

— spicilegium concionatorium seu conspectus morales pro cathedra, pro dominicis et festis. IV Partes. Fol. Augsb. 768. Wolff. 6 ß 20 ꝁ

— spicilegium universale sacro-profanum in X libros et III Ptes dispartitum, indice concionatorio auctum. Fol. Augsb. 762. Wolff. 4 ß 4 ꝁ

Claus, Jul. Ebhd. Volkm., (†...) Anleit. zum Probiren u. Münzen. 8. Stolberg 753. Hilscher. 6 ꝁ

Claus, J. E. V., Anleitung zum Probiren und Münzen. 8. Stollberg, Hilscher. 754.

Claus, K. E. Rich. [aus Thalheim]: Über verschiedene Derivate des Cumarins. . . . Strassburg, Univ.-Buchdr. v. J. H. Ed. Heitz (Heitz & Mündel), 1889; 25 S. 8°
Strassburg, Math.-Naturw. Fak., Inaug.-Diss. v. 1889

Claus, Karl, s.a. C l a u s , Karl Ernst.

Claus, Carl, Agalmopsis utricularia. Eine neue Syphonophore des Mittelmeeres. gr. 8. (4 S. mit 1 lithogr. Taf.) Wien 879, Hölder. *
Aus: Arbeiten aus dem zoologischen Institute der Universität Wien, besonders abgedruckt.

Claus, C., die **Antennen der Pontelliden** u. das Gestaltungsgesetz der männlichen Greifantenne. [Aus: „Sitzungsber. d. k. Akad. d. Wiss."] Lex.-8. (19 S.) Wien 892. (F. Tempsky.) n. — 40

Claus, Carl, über Apseudes Latreillii Edw. und die Tanaiden. gr. 8. (14 S. mit 2 [lithogr.] Taf.) Wien 881, Hölder. *

Claus, C., üb. Apseudes Latreillii Edw. u. die Tanaiden. II. [Aus: „Arbeiten aus dem zoolog. Institute d. Univ. Wien".] gr. 8. (82 S. m. 7 Taf.) Wien 887. Hölder. n. 12. — (1. u. 2.: n. 16. —)

—— über Aequorea Forskalea Esch. als Aequoride des adriatischen Meeres, zugleich eine Kritik von E. Haeckel's Aequoridensystem. gr. 8. (30 S.) Ebendas. 881. *

—— s.a. Arbeiten aus dem zoologischen Institute der Universität Wien u. der zoologischen Station in Triest.
Die mit * bezeichneten Schriften sind aus: Arbeiten aus dem zoologischen Institute d. Universität Wien, besonders abgedruckt.

—— s.a. Arbeiten aus dem zoolog. Institute der Universität Wien.

Claus, Dr. C., Arbeiten aus dem zoologischen Institute der Universität Wien und der zoologischen Station in Triest. Tom. IV. 3. Heft. Mit 11 Tafeln u. 2 Holzschnitten. gr. 8. (45 S) geh. 8 fl. 80 kr. Wien: Hölder 1882

Claus, Carl, über den Bau und die Entwickelung parasitischer Crustaceen. gr. 4. (34 S. mit 2 Stnt.) Cassel 858, Fischer. *

— über die sogenannten **Bauchwirbel** am integumentalen Skelet der Copepoden u. die medianen Zwischenplatten der Ruderfusspaare. [Aus: „Arbeiten aus d. zool. Institute d. Univ. Wien".] gr. 8. (16 S. m. 3 Taf.) Wien 893. A. Hölder. n. 7.20

—— **Beiträge zur Kenntniss der Entomostraken. 1. Heft: Ueber Saphirinen. — Ueber die Familie der Peltidien. — Amymone Satyrus. — Ueber Estherien, insbesond. Estheria Mexicana. gr. 4. (28 S. mit 4 Stnt.) Marburg 860, Elwert'sche Universitäts-Buchh.**

—— Beiträge zur Kenntniss der Geryonopsiden- und Eucopiden-Entwicklung. gr. 8. (32 S. mit 4 [lithogr.] Taf.) Ebendas. 881. *
Vorstehende sechs Schriften sind aus: Arbeiten aus dem zoologischen Institute der Universität Wien, besonders abgedruckt.

—— Beiträge zur Kenntniss der Ostracoden. I. Entwicklungsgeschichte von Cypris. gr. 8. (16 S. mit 2 Kpfrt. in hoch 4.) Marburg 868, (Elwert'sche Verlagsh.) *
Vorstehende drei Schriften sind aus: Schriften der Gesellschaft zur Beförderung der gesammten Naturwissenschaften zu Marburg, besonders abgedruckt.

— Beiträge zur Kenntniss der Süsswasser-Ostracoden. [Aus: „Arbeiten d. zoolog. Instituts".] gr. 8. (70 S. m. 3 Holzschn. u. 12 Taf.) Ebd. 892. n. 27. —

— Beiträge z Kenntniss d. Süsswasser-Ostracoden. II. [Aus: „Arbeiten d. zoolog. Instituts".] gr. 8. (32 S. m. 5 Taf) Wien 895. A. Hölder. n. 12. —
(I u. II.: n. 39. —)

—— neue Beiträge zur Kenntniss der Copepoden, unter besonderer Berücksichtigung der Triester Fauna. gr. 8. (20 S. mit 3 [lithogr.] Taf.) Ebendas. 881. *

—— neue Beiträge zur Kenntniss parasitischer Copepoden, nebst Bemerkungen über das System derselben. gr. 8. (34 S. mit 3 lithogr. Taf. in qu. gr. 4.) Leipzig 876, Engelmann. *
Aus: Zeitschrift für wissenschaftliche Zoologie, besonders abgedruckt.

— neue Beiträge zur Morphologie der Crustaceen. Mit 7 (lith.) Taf. gr. 8. (108 S.) Ebend. 885. n. 12. —

—— Beiträge zur vergleichenden Osteologie der Vertebraten. Lex.-8. (34 S. mit 3 lithogr. Taf. in qu. 4.) Wien 876, (Gerold's Sohn.) *
Aus: Sitzungsberichte der k. Akademie der Wissenschaften, besonders abgedruckt.

— Bemerkungen üb. marine Ostracoden aus den Familien der Cypridinen u. Halocypriden. [Aus: „Arbeiten d. zoolog. Instituts der Univ. Wien".] gr. 8. (6 S.) Wien 888. Hölder. n. 1. —

— Bemerkgn. üb. Podalion mira Hudson. [A.: „Arbeiten d. zoolog. Instituts".] gr. 8. (4 S.) Ebd. 895. n. — 60

—— Beobachtungen über Lernaeocera, Peniculus und Lernaea. Ein Beitrag zur Naturgeschichte der Lernaeen. gr. 4. (VI, 32 S. mit 4 lithogr. Taf.) Marburg 868, (Elwert'sche Verlagsh.) *

— neue Beobachtungen üb. die Organisation u. Entwicklung v. Cyclops. Ein Beitrag zur Systematik d. Cyclopiden. [Aus: „Arbeiten aus d. zool. Institut d. Univ. Wien".] gr. 8. (47 S. m. 1 Holzschn. u. 7 Taf.) Ebd. 893. n. 16. 80

—— Beobachtungen über die Organisation und Fortpflanzung von Leptodera appendiculata. gr. 4. (24 S. mit 3 Taf. in Kpfrst.) Marburg 869, (Elwert'sche Verlagsh.) *

*Claus, C. Zur morphologischen u. phylogenet. Beurthlg. d. Bandwurmkörpers. gr. 8. (16 S.) Wien 889, Hölder. * — 80

*Claus, C. Zur Beurtheilung d. Organismus der Siphonophoren u. deren phylogenetischer Ableitung. Eine Kritik v. E. Haeckel's sog. Medusom-Theorie. gr. 8. (16 S.) Wien 889, Hölder. * — 80

—— der Bienenstaat, s.a. Sammlung gemeinverständlicher wissenschaftlicher Vorträge.

Claus C. der Bienenstaat. (Sammlg gemeinverst. wissensch. Vortr. 179) Berlin 1873

Claus: Claus.

Claus, Hofrath Dr. Carl, vormals Professor d. Zoologie u. vergl. Anatomie an der Universität zu Wien. * 2. I. 35 zu Kassel, † 18. I. 99 in Wien. Bis 1873 Autobiographie, vollendet von v. Alth. Hrsg. vom Verein f. Naturkunde zu Kassel. Mit dem Bildniss Claus' u. e. chronolog. Verzeichniss seiner Publikationen. gr. 8. (35 S.) Marburg 899. N. G. Elwert's Verl. n. 1. —

Claus, Carl, die frei lebenden Copepoden mit besond. Berücksichtigung der Fauna Deutschlands, der Nordsee und des Mittelmeeres. gr. 4. (X und 230 S. mit 37 Stnt.) Leipzig 863, Engelmann. *

— über neue od. wenig bekannte halbparasitische Copepoden, insbesondere der Lichomolgiden- u. Ascomyzontiden-Gruppe. [Aus: „Arbeiten aus d. zoolog. Institute d. Univ. Wien".] gr. 8. (44 S. m. 7 Taf.) Ebd. 889. n. 16. —

—— die Copepoden-Fauna von Nizza, s. Schriften der Gesellschaft zur Beförderung der gesammten Naturwissenschaften zu Marburg.

— Copepodenstudien. 1. Hft. Peltidien. Imp.-4. (IV, 37 S. m. 9 Taf. u. 9 Bl. Erklärgn.) Ebd. 889. n. 28. —

—— über Deïopea kaloktenota Chun als Ctenophore der Adria. Nebst Bemerkungen über die Architektonik der Rippenquallen. gr. 8. (14 S. mit 1 Taf.) Ebendas. 886. *
Vorstehende fünf Schriften sind aus: Arbeiten aus dem zoologischen Institute der Universität Wien, besonders abgedruckt.

— Eingeweidewürmer des Menschen, s.: Sammlung medicinischer Abhandlungen.

Claus, Carl (I.), über die Entwickelung, Organisation und systematische Stellung der Arguliden. gr. 8. (68 S. mit 5 lithogr. Taf. in qu. gr. 4.) Leipzig 875, Engelmann. *
Aus: Zeitschrift für Zoologie, besonders abgedruckt.

— über die Entwicklung d. Scyphostoma v. Cotylorhiza, Aurelia u. Chrysaora, sowie üb. die systemat. Stellg. der Scyphomedusen. 1. u. 2. Thl. [Aus: „Arbeiten d. zoolog. Instituts".] gr. 8. (70 S. m. 3 Taf.) Wien 892. A. Hölder. n. 19. 20
1. (44 S. m. 3 Taf.) 890. n. 8. —. — 2. (70 S. m. 3 Taf.) 892. n. 11. 20.

— über die Entwicklung u. das System der Pontelliden. Zugleich e. Beitrag zur Nomenclaturfrage. [Aus: „Arbeiten aus d. zool. Institut d. Univ. Wien."] gr. 8. (50 S. m. 5 Taf.) Ebd. 893. n. 12. —

—— die Ephyren von Cotylorhiza und Rhizostoma und deren Entwicklung zu achtarmigen Medusen. gr. 8. (10 S. mit 2 [lithogr.] Taf.) Ebendas. 883. *

— Zoologische Ergebnisse der Tiefsee-Expedition im östlichen Mittelmeere auf S. M. Schiff „Pola": 3. Die Halocypriden und ihre Entwicklungsstadien. Gesammelt 1890, 1891, 1892, 1893 (mit 3 Taf.). Siehe I. Abt.: Berichte der Kommission für Erforschung des östlichen Mittelmeers, 3. Reihe.
Separatabdruck

—— über Euplectella Aspergillum [R. Owen]. Ein Beitrag zur Naturgeschichte der Kieselschwämme. gr. 4. (28 S. mit 1 photogr. und 3 Kpfrt.) Marburg 868, Elwert'sche Verlagsh. cart. *

— die Gattungen u. Arten d. mediterranen u. atlantischen Halocypriden, nebst Bemerkgn. üb. die Organisation derselben. [Aus: „Arbeiten d. zoolog. Instituts".] gr. 8. (33 S.) Ebd. 890. n. 1. 60

—— die Gattungen und Arten der Platyscelliden in systematischer Uebersicht. gr. 8. (52 S.) Ebendas. 879. *
Vorstehende zwei Schriften sind aus: Arbeiten aus dem zoologischen Institute der Universität Wien, besonders abgedruckt.

— Generationswechsel und Parthenogenesis im Thierreich. Ein bei Gelegenheit der Habilitation gehaltener Vortrag. Marburg 858. Elwert. gr. 8. (24 S.) 4 ngr

— über Goniopelte gracilis, e. neue Peltidie. [Aus: „Arbeiten d. Wiener zoolog. Instituts".] gr. 8. (12 S. m. 2 Taf.) Ebd. 891. n. 6. —

—— über die Grenze des thierischen und pflanzlichen Lebens. gr. 4. (23 S.) Leipzig 863, Engelmann.

—— Grundzüge der Zoologie zum Gebrauche an Universitäten und höhern Lehranstalten. Leitfaden zur Einführung in das wissenschaftl. Studium der Zoologie. 2 Abthlgn. gr. 8. Marburg 866,67, Elwert'sche Universitäts-Buchh. [1. Abthl. (VIII und S. 1—356 S.) 1 Thlr. 20 Ngr., 2. Abthl. 1. Lfg. (S. 357—592.) 1 Thlr., 2. Lfg. (S. 593—840.) 1 Thlr.]

— Grundzüge der Zoologie zum Gebrauche an Universitäten u. höhern Lehranstalten. Leitfaden zur Einführung in das wissenschaftliche Studium der Zoologie. Ebend. 1868. gr. 8. (VIII, 840 S.) 3 ⅓ 20 ngr.

— Grundzüge der Zoologie. Zum Gebrauche an Universitäten u. höheren Lehranstalten sowie zum Selbststudium. 2. verm. Aufl. gr. 8. (XII, 1170 S.) Marburg 873. Elwert's Verl. n. 15. —

—— Grundzüge der Zoologie. Zum Gebrauche an Universitäten und höheren Lehranstalten, sowie zum Selbststudium. 2. Aufl. 1871—73, und 3. durchaus umgearb. und verb. Aufl. 4 Lfgn. gr. 8. (XII, 1170 S.) Marburg 874, Elwert'sche Verlagsh. *

Claus, Carl, Grundzüge der Zoologie. Zum Gebrauche an Universitäten und höheren Lehranstalten, sowie zum Selbststudium. 3. durchaus umgearb. und verb. Aufl. gr. 8. (XII, 1254 S.) Marburg 876, Elwert'sche Verlagsh. *

—— dass. — Zum wissenschaftl. Gebrauche. 4. durchaus umgearb. und verb. Aufl. 1. Bd. 1. und 2. Lfg. gr. 8. Ebendas. 879. [1. Lfg. (S. 1—304.) * ℳ 4,50.; 2. Lfg. (S. 305—512.) * ℳ 3,20.] *

—— Grundzüge der Zoologie. Zum wissenschaftl. Gebrauche. 4. durchaus umgearb. und verb. Aufl. 1. Bd. 3. (Schluss-)Lfg. gr. 8. (VII, S. 513—821.) Marburg 880, Elwert'sche Verlagsh. *
1. und 2. Lfg. Ebendas. 1879. * ℳ 7,70.

Claus, Carl, Grundzüge der Zoologie. 4. durchaus umgearb. und verb. Aufl. 2. Bd. 2 Lfgn. gr. 8. Marburg, Elwert'sche Verlagsh. [1. Lfg. (S. 1—272.) 881.; 2. Lfg. (IV, S. 273—522.) 882.] à Lfg. * ℳ 4. *
Preis des compl. Werkes (2 Bde.) *

—— Grundzüge der allgemeinen Zoologie. gr. 8. (VIII, 153 S.) Ebendas. 878. *
Aus: Grundzüge der Zoologie, besonders abgedruckt.

—— über Halistemma Tergestinum n. sp., nebst Bemerkungen über den feinern Bau der Physophoriden. gr. 8. (56 S. mit 5 lithogr. Taf.) Wien 878, Hölder. *
Aus: Arbeiten aus dem zoologischen Institute der Universität Wien, besonders abgedruckt.

— die Halocypriden d. atlantischen Oceans u. Mittelmeers. Hrsg. m. Unterstützg. der. kais. Akademie d. Wissenschaften. Fol. (IV, 83 S. m. 26 lith. Taf. u. 26 Bl. Erklärgn.) Ebd. 891. n. 60. —

Claus, Carl (II.), die Irvingianer. Mit Rücksicht auf deren Hauptschrift: „Licht zur Abendzeit" für die Gemeinde dargestellt. gr. 8. (32 S.) Mitau 874, Behre's Verlag. *

—— zur Kenntniss des Baues und der Entwickelung von Branchipus stagnalis und Apus cancriformis. gr. 4. (44 S. mit 8 Stnt.) Göttingen 873, Dieterich'sche Buchh. *
Aus: Abhandlungen der k. Gesellschaft der Wissenschaften zu Göttingen, besonders abgedruckt.

—— zur Kenntniss des Baues und der Organisation der Polyphemiden. Imp.-4. (24 S. mit 7 lithogr. Taf.) (Ebendas. 877.) *
Vorstehende zwei Schriften sind aus: Denkschriften der k. Akademie der Wissenschaften, besonders abgedruckt.

—— zur Kenntniss der Kreislaufsorgane der Schizopoden und Decapoden. gr. 8. (48 S. mit 9 [lithogr.] Taf.) Ebendas. 884. *

—— über die Classification der Medusen, mit Rücksicht auf die Stellung der sog. Peromedusen, der Periphylliden und Pericolpiden. gr. 8. (14 S. mit 4 Zinkogr.) Ebendas. 886. *

—— die Kreislaufsorgane und Blutbewegung der Stomatopoden. gr. 8. (14 S. mit 3 [lithogr.] Taf.) Ebendas. 883. *
Vorstehende drei Schriften sind aus: Arbeiten aus dem zoologischen Institute der Universität Wien, besonders abgedruckt.

—— Lamarck als Begründer der Descendenzlehre. Vortrag, gehalten im Wissenschaftl. Club in Wien am 2. Jan. 1888. gr. 8. (35 S.) Ebendas. 888. *

—— die Cypris-ähnliche Larve [Puppe] der Cirripedien und ihre Verwandlung in das festsitzende Thier. Ein Beitrag zur Morphologie der Rankenfuessler. gr. 4. (17 S. mit 2 Kpfrt.) Marburg 869, Elwert'sche Verlagsh. *
Aus: Schriften der Gesellschaft zur Beförderung der gesammten Naturwissenschaften zu Marburg, besonders abgedruckt.

—— kleines Lehrbuch der Zoologie. 1. Hälfte. gr. 8. (324 S.) Ebendas. 879. *

—— kleines Lehrbuch der Zoologie. 2. Hälfte. gr. 8. (VIII, S. 325—892.) Ebendas. 880. *
1. Hälfte. Ebendas. 1879. * ℳ 4.

-- kleines Lehrbuch der Zoologie. gr. 8. (VIII, 892 S.) Marburg 880. Elwert's Verl. n. 9. 50

—— Lehrbuch der Zoologie. 2. umgearb. Aufl. gr. 8. (XI, 857 S. mit 706 Holzschn.) Ebendas. 883. *

— Lehrbuch der Zoologie. 3. umgearb. u. verm. Aufl. Mit 762 Holzschn. gr. 8. (XI, 828 S.) Marburg 885. Elwert's Verl. n. 18. —

— Lehrbuch der Zoologie. 4., verm. Aufl. Mit 792 Holzschn. Lex.-8. (XII, 886 S.) Marburg 887. Elwert's Verl. n. 18. —; geb. n. 19. 60

Claus, C., Lehrbuch der Zoologie. 5., umgearb. u. verm. Aufl. gr. 8. (XII, 958 u. XX S. m. 869 Holzschn.) Marburg i/H. 891. Elwert's Verl. 18. —; geb. 19. 60
Preis ermässigt auf n. 11. —; geb. n. 12. 60.

Lehrbuch der Zoologie v. Prof. Dr. C[arl] Claus in Wien. 6. umgearb. Aufl. M. 889 Holzschn. *Marburg: N. G. Elwert 1897.* (XI, 966 S.) 1 Bd 8.
[illegible]

Lehrbuch der Zoologie begründet von C(arl [Friedrich Wilhelm]) Claus. Neubearb. von Dr. Karl Grobben, Prof., Wien. ⟨7. neubearb. Aufl. d. Lehrbuches von C. Claus.⟩ Mit 966 Fig. Marburg i. H.: N. G. Elwert 1905. (X, 955 S.) 8°
[illegible]

— Lehrbuch der Zoologie. Begründet v. C. Neubearb. v. Karl Grobben. 2., umgearb. Aufl. (8. neubearb. Aufl. des Lehrbuches v. C. Claus.) (XII, 1001 S. m. 993 Fig.) Lex. 8. Marburg 909. N. G. Elwert's Verl. 18.—; geb. 20. —

Claus-Grobben. Lehrbuch der Zoologie. Begr. von C(arl) Claus, neubearb. von Dr. Karl Grobben, Prof. in Wien. 2. umgearb. Aufl. ⟨8. neubearb. Aufl. d. Lehrb. von C. Claus.⟩ Mit 993 Fig. Marburg: Elwert 1910. XII, 1001 S. 8°
[illegible]

— üb. Lernaeascus Nematoxys Cls. u. die Familie der Philichthyden. [Aus: „Arbeiten aus d. zoolog. Institute d. Univ. Wien".] gr. 8. (35 S. m. 4 Taf.) Wien 887. Hölder. n. 6. —

— Prof. E. Ray Lankester's Artikel Limulus an Arachnid u. die auf denselben gegründeten Prätensionen u. Anschuldigungen. gr. 8. (16 S.) Ebend. 886. n. 1. —

Claus, C., Schlusswort zu Prof. E. Ray Lankester's Artikel Limulus an Arachnid und die auf denselben gegründeten Prätensionen und Anschuldigungen. gr. 8. (6 S.) Wien 887, Hölder. *

Claus, Carl, Localfloren der Wolgagegenden, s.: Beiträge zur Pflanzenkunde des Russ. Reiches, 8. Liefrg.

— üb. d. Maxillarfüsse d. Copepoden u. d. morpholog. Deutg. d. Cirripedien-Gliedmassen. [Aus: „Arbeiten d. zoolog Instituts".] gr. 8. (16 S. m. 1 Taf.) Wien 895. A. Hölder. n. 2. 80

— das Medianauge der Crustaceen. [Aus: „Arbeiten d. Wiener zoolog. Instit."] gr. 8. (42 S. m. 4 Taf.) Wien 891. A. Hölder. n. 11. 20

—— die Metamorphose der Squilliden. gr. 4. (55 S. mit 8 lithogr. Taf.) Göttingen 871, Dieterich'sche Buchh. *
Aus: Abhandlungen der k. Gesellschaft der Wissenschaften zu Göttingen, besonders abgedruckt.

— über die Gattung Miracia Dana m. besond. Berücksicht. ihres Augen-Baues. [Aus: „Arbeiten d. Wiener zoolog. Instit."] gr. 8. (18 S. m. 3 Taf.) Ebd. 891. n. 8.40

—— über die Organisation und systematische Stellung der Gattung Seison Gr. gr. 4. (14 S. mit 2 lithogr. Taf.) Wien 876, (Braumüller. — Leipzig, Brockhaus' Sortiment und Antiq.) *
Aus: Festschrift der k. k. zoologisch-botanischen Gesellschaft in Wien, besonders abgedruckt.

—— über den Organismus der Nebaliden und die systematische Stellung der Leptostraken. gr. 8. (148 S. mit 15 Taf.) Ebendas. 888. *
Vorstehende vier Schriften sind aus: Arbeiten aus dem zoologischen Institute der Universität Wien, besonders adgedruckt.

—— der Organismus der Phronimiden. gr. 8. (88 S. mit 8 lithogr. Taf.) Wien 879, Hölder.

—— die Platyscelliden. Imp.-4. (77 S. mit 26 lithogr. Taf. und 26 Bl. Erklärungen.) Ebendas. 887. *

—— die Schalendrüse der Copepoden. Lex.-8. (5 S. mit 1 lithogr. Taf.) Wien 876, (Gerold's Sohn.) *
Aus: Sitzungsberichte der k. Akademie der Wissenschaften, besonders abgedruckt.

Claus, C., Schleppmonopol u. Selbstfahrer auf dem Rhein-Weserkanal, s.a. Schriften des Verbandes dtsch. Diplom-Ingenieure.

Schleppmonopol und Selbstfahrer auf dem Rhein-Weserkanal. Eine Kritik d. Monopolbestrebungen v. Standpunkt d. modernen Technik. Von Dr.-Ing. C. Claus. Mit 27 Abb. Berlin: Krayn 1910. 70 S. 8°
(Schriften d. Verbandes Deutscher Dipl.-Ingenieure. 6.) A 13. 5029

—— Schriften zoologischen Inhalts. 1. Heft. Fol. (38 S. mit 4 lithogr. Taf.) Wien 874, Manz. geb. *

— Studien über Polypen und Quallen der Adria: 1. Acalephen (Discomedusen). 2. Über die Organisation und Metamorphose der Acalephengattungen *Aurelia, Chrysaora, Discomedusa* und *Rhizostoma*. 3. Acalephen und Hydroimedusen (mit 11 Taf.). D. 38 I. 1. . . . . 7.00
...druck

—— Studien über Polypen und Quallen der Adria. I. Acalephen [Discomedusen]. Imp.4. (64 S. mit 11 lithogr. Taf.) Wien 877, (Gerold's Sohn.) *

—— über die Gattungen Temora und Temorella, nebst den zugehörigen Arten. Lex.-8. (12 S. mit 2 [lithogr.] Taf.) Wien 881, (Gerold's Sohn). *
Aus: Sitzungsberichte der k. Akademie der Wissenschaften, besonders abgedruckt.

—— über die Trichine. Ein Vortrag, gehalten im Vereine zur Verbreitung naturwissenschaftl. Kenntnisse in Wien am 6. Decbr. 1876. 8. (42 S. mit 2 Stnt. in qu. 4.) Wien 877, (Braumüller.) **

—— die Typenlehre in E. Haeckel's sogen. Gastraea-Theorie. gr. 8. (30 S.) Wien 874, Manz. *

Der Umschlagverkehr in Baumaterialien auf den Berliner Wasserstrassen u. die Zweckmässigkeit der Verwendung mechan. Entladevorrichtungen f. den Ziegeltransport s.a. Schriften des Verbandes deutscher Diplom-Ingenieure.

Claus, Carl: Der Umschlagverkehr in Baumaterialien auf den Berliner Wasserstraßen und die Zweckmäßigkeit der Verwendung mechanischer Entladevorrichtungen für den Ziegeltransport. Berlin: Krayn [1910]. 71 S., 1 Taf. 8° ¶ Auch als: Schriften d. Verbandes Deutscher Diplom-Ingenieure. 2; Ausz. in: Technik u. Wirtschaft. Jg. 3.
Berlin, Dr.-Ing.-Diss. v. 17. 12. 1909

— Untersuchungen über Charybdea marsupialis. Mit 5 (lith.) Taf. (in 4.). gr. 8. (56 S.) Wien 878. Hölder. n. 8.40

— Untersuchungen zur Erforschung der genealogischen Grundlage d. Crustaceen-Systems. Ein Beitrag zur Descendenzlehre. Mit 19 (lith.) Taf. u. 25 (eingedr.) Holzschn. Imp.-4. (VIII, 124 S.) Wien 876. Gerold's Sohn. n. 40. —

— Untersuchungen üb. die Organisation u. Entwicklung der Medusen. Mit 9 Holzst. u. 20 (lith.) Taf. gr. 4. (IV, 96 S.) Prag 883. Tempsky. — Leipzig, Freytag. n. 20. —

—— Untersuchungen über die Organisation und Entwickelung von Branchipus und Artemia, nebst vergleichenden Bemerkungen über andere Phyllopoden. gr. 8. (104 S. mit 12 Taf.) Ebendas. 886. *
Aus: Arbeiten aus dem zoologischen Institute der Universität Wien, besonders abgedruckt.

—— über das Verhältniss von Monophyes zu den Diphyiden, sowie über den phylogenetischen Entwickelungsgang der Siphonophoren. gr. 8. (14 S.) Wien 883, Hölder. *

— zur Wahrung der Ergebnisse meiner Untersuchungen über Charybdea als Abwehr gegen den Haeckelismus. [Aus: „Arbeiten des zoologischen Instituts zu Wien".] gr. 8. (14 S.) Ebend. 881. n. —80

—— zur Wahrung der Ergebnisse meiner Untersuchungen über Charybdea als Abwehr gegen den Haeckelismus. gr. 8. (14 S.) Ebendas. 882. *

—— über die Werthschätzung der natürlichen Zuchtwahl als Erklärungsprincip. Vortrag, gehalten im wissenschaftl. Club am 5. und 9. April 1888. gr. 8. (42 S.) Wien 888, Hölder. *

— üb. d. Wiederbelebg. i. Schlamme eingetrockn. Copepoden u. Copepoden-Eier. Zugl. e. Beitrag z. Kenntniss von Mikrocyclops diaphanus (Fisch) = Minutus (Cls.). [Aus: „Arbeiten d. zoolog. Instituts".] gr. 8. (12 S. m. 2 Taf.) Ebd. 895. n. 4.80

Claus, Carl Ernst

Beiträge zur Chemie der Platinmetalle. Festschrift zur Jubelfeier des 50 jährigen Bestehens der Universität Kasan. Dorpat, 1854. 8vo.

Claus, Carl, Beiträge zur Chemie der Platinmetalle. Festschrift zur Jubelfeier des 50jähr. Bestehens der Universität Kasan. gr. 8. (104 S.) Dorpat 854, (Glaeser's Verlag.) *

CLAUS, C.
Fragment einer Monographie des Platins und der Platinmetalle, 1865–1883. [Bibliographie des Platins und der Platinmetalle.] St. Petersburg, 1883. pp. 62, 8vo.

Claus, C., Fragmente einer Monographie des Platins und der Platinmetalle. 1865—1883. gr. 8. (V, 92 S.) St. Petersburg 883. (Leipzig, Voss' Sortiment.)

CLAUS, CARL ERNST.
Grundzüge der analytischen Phyto-Chemie. Dorpat, 1837. 8vo.

Claus, C. (II.), methodische Reactions-Tabellen behufs chemischer qualitativ-analytischer Untersuchungen zum Gebrauch für Mediciner und Pharmaceuten. Fol. (10 Blatt.) Dorpat 862, Gläser's Verlag. In Couvert *

– dasselbe, s.a. Claus, Adolph.

Claus. Carl Joseph (geb. Niederorschel in Thür. 2. 6. 1836): De capitis humeri resectione cum novae methodi a Langenbeckio adhibitae descriptione. Berolini (1861). (32 S.) 8°
Berlin, Med. Diss. v. 5. Aug. 1861

Claus, Claus, Gedichte. gr. 8. (VIII und 112 S. mit 4 lithogr. Originalzeichnungen von Oskar Dreßler.) Schaffhausen 854, Brodtmann'sche Buchh.

Claus, L., und J. M. Fink, Beiträge zur Volks-Schulkunde von Württemberg, s. Fink, J. M.

Die Gewöhnung an Unfallfolgen als Besserung im Sinne der Unfallversicherungsgesetze ... Eine Zusammenstellung von Entscheidungen d. obersten Spruchbehörden ... bearb. von L. **Claus**. Hrsg. v. Vorstande d. Sektion 1 d. Nordwestl. Eisen- u. Stahl-Berufsgenossenschaft, Hannover 4. vollst. neu bearb. Aufl. (Hannover: Göhmann) 1910. 421 S. 8° [11. 3031 7

Claus, Martin, aus Cassel: Ueber die **Einwirkung** von Brom auf Dioxytolylphenylmethan und Dioxyditolylmethan. *Marburg 1901: Köster & Schell.* (54 S.) 8°
Marburg, Phil. Diss. v. [14. Aug.] 1901

Claus, Max, approb Arzt aus Loitsche: Aus d. Hygien. Institut zu Rostock. **Untersuchungen** über die Bevölkerungs- und Wohnungsdichtigkeit der Stadt Rostock i. M. *Bonn: E. Strauss 1900.* (S. 85—112.) 8° ¶ Aus: Centralblatt f. allgem. Gesundheitspflege, Jg. 19.
Rostock, Med. Diss. v. [9. Mai] 1900

Claus, Max, Zinsen-Berechnung von 1 Sgr. bis 10,000 Thlr. zu 3, 3½, 4, 4½ und 5% von 1 Tag bis zu 1 Jahr in Silbergroschen ꝛc. qu. gr. 8. (42 S.) Neuwied 866, Heuser.

Claus, Max, neue Zinsen-Berechnung von 1 Mark bis 10,000 Mark zu 3, 3⅓, 3½, 4, 4½, 5 und 6% von 1 Tag bis zu 1 Jahr für Kaufleute, Geschäftsmänner und Private. 16. (IV, 56 S.) Neuwied 877, Heuser'sche Buchh.

Claus, Max, neue Zinsen-Berechnung von 1 Mark bis 10,000 Mark zu 3, 3⅓, 3½, 4, 4½, 5 und 6% von 1 Tag bis zu einem Jahr für Kaufleute, Geschäftsmänner und Private. 2.—8. Aufl. 16. (IV, 56 S.) [Neuwied 878—80, Heuser's Verlag.] Leipzig, O. Weigel.

Claus, Max. Neue Zinsen-Berechnung v. 1—10000 Mark, Gulden, Franken ꝛc. zu 3, 3⅓, 3½, 4, 4½, 5 u. 6% von 1 Tag bis zu 1 Jahr f. Bankiers, Kaufleute, Beamte, Geschäftsmänner u. Private. 9. Aufl. 12. (III, 56 S.) Lpz. 889, O. Weigel. * — 60

Claus, Nicolo. Albulapass. (Schmetterling und Jäger). In-8⁰. Mailand, Druck von L. Bortolotti & Cie. 1881.

Claus, Nicolò, neue theoretisch-praktische Grammatik der italienischen Sprache für den Schul- und Selbstunterricht. gr. 8. (VIII, 258 S.) Leipzig 874, Brockhaus. *

Claus, Nicolò, neue theoretisch-praktische Grammatik der italienischen Sprache für den Schul- und Selbstunterricht. 2. Aufl. 8. (VIII, 258 S.) Leipzig 877, Brockhaus. *

Claus, Nicolò, neue theoretisch-praktische Grammatik der italienischen Sprache für den Schul- und Selbstunterricht. 3. verb. Aufl. 8. (VIII, 258 S.) Leipzig 886, Brockhaus. *

Claus, Nicolò, neue theoretisch-praktische Grammatik der italienischen Sprache für den Schul- u. Selbstunterricht. 4., verb. Aufl. 8. (VIII, 258 S.) Leipzig 894. F. A. Brockhaus. n. 2. -

—— **Hektor. Nach pädagog. Grundsätzen für die Jugend erzählt. Mit Illustr. (2 Steint.) von W. Schäfer. 8. (III, 128 S.) Berlin 875, Winckelmann und Söhne.** cart.

—— Sunto della letteratura tedesca. Grundriss der deutschen Literatur mit italien. Noten. 16. (128 S.) Mailand 871, Mues und Comp. [Briola und Bocconi.]

Claus, Nicolò, Wir sind Brüder. Gedichte italien. Zeitgenossen mit deutscher Uebersetzung, nebst einem Anhang deutscher Verse von demselben mit italien. Uebersetzungen von verschiedenen italien. Dichtern. 8. (162 S.) Mailand 880. (Stuttgart, Roth.) *

Claus, Dr. O. Spezialkarte des Schingústromes. 1:500000. Gotha 1880. 1 Bl. c. L. Ff.

Claus, Oskar, a. Neundorf: Die historisch-politischen Anschauungen Thomas Abbts. Gotha 1905: F. A. Perthes. (IV, 78 S.) 8° ¶ [Aus: Geschichtliche Untersuchungen Bd 3, H. 2.]
Leipzig, Phil. Fak., Ref. Lamprecht, Brandenburg. Diss. v. 11. Nov. 1905
[Geb. 13. Aug. 81 Neundorf, Sachsen-Meiningen; Wohnort: Hildburghausen; Staatsangeh.: Sachsen-Meiningen; Vorbildung: Gymn. Hildburghausen Reife O. 00; Studium: Leipzig 3, Jena 1, Leipzig 5 S.; Rig. 20. Juni 05.]

Thomas Abbts historisch-politische Anschauungen. Von Oskar **Claus**. Gotha: F. A. Perthes 1906. (78 S.) 8°
— **Untersuchungen**, Geschichtliche. Bd. 3, H. 2. 1-6. 1993

CLAUS, OTTO. Der Lahnphosphorit. Beiträge zur Beurtheilung desselben als Düngemittel. (Jena) Eisfeld, 1875.

Claus, P., s. Frauen-Zeitung.

Claus, Paul: Die Ethik John Ruskins. Marburg 1908: Hesse & Becker, Leipzig. 88 S. 8° ¶ (Aus: Die neueren Sprachen. Bd 16.)
Marburg, Phil. Diss. v. 16. Sept. 1908, Ref. Viëtor
[Geb. 3. Aug. 84 Bochum; Wohnort: Marburg; Staatsangeh.: Preußen; Vorbildung: Oberrealsch. Bochum Reife O. 04, Erg.Prüf. Realgymn. Berlin Nov. 06; Studium: Münster 1, Berlin 5, Marburg 2 S.; Rig. 3. Juni 08.]
[U 09. 3168

Claus, Paul, Leitfaden des Skat-Spieles nebst einer ausführl. Tab. für die Berechnung der Spiele (in qu. Fol.) 1.—3. verm. und verb. Aufl. 8. (V, 50 S.) Berlin 872,74, Peiser's Verlag. *

—— dass. — mit einem Anhang „Der Vier-Skat". 4. Aufl. 8. (55 S. mit 1 Tab. in Fol.) Ebendas. 875.

Claus, Paul, Leitfaden des Skat-Spieles, nebst einer ausführl. Tabelle für die Berechnung der Spiele und einem Anhang: „Der Vier-Skat". 5. Aufl. 8. (55 S.) Berlin 879, Peiser Verlag. *

Claus, Paul, Leitfaden des Skat-Spieles, nebst einer ausführl. Tabelle für die Berechnung der Spiele und einem Anhang „Der Vier-Skat". 6. Aufl. 8. (55 S.) Berlin 885, W. Peiser Verlag. *

Claus, Reinhold: Über Abkömmlinge der β-Oxy-cumarin-α-karbonsäure und des β-Oxy-cumarin sowie über den Aufbau der Ortho-acetoxy-phenylglyoxylsäure. Bonn: Georgi 1909. 140 S. 8°
Bonn, Phil. Diss. v. 14. Aug. 1909, Ref. Anschütz
[Geb. 28. Nov. 74 Cöln; Wohnort: Bonn; Staatsangeh.: Preußen; Vorbildung: Marzellen-Gymn. Cöln Reife f. Unterprima M. 93; Studium: Bonn 10 S.; Rig. 19. Mai 09.]
[U 09. 387

Claus, Robert, über den allgemeinsten Ausdruck innerer Potentialkräfte, deren Potential von der Zeit, den Coordinaten, den Geschwindigkeiten und Beschleunigungen abhängt. Diss. Halle 1887, Lippertsche Buchh. 4°. 21 S.

Claus, Robert [Oberlehrer a. d. Realsch. Leisnig i. S.]: Über den allgemeinsten Ausdruck innerer Potentialkräfte, deren Potential von der Zeit, den Coordinaten, den Geschwindigkeiten und Beschleunigungen abhangt .... Halle a. S., Buchdr. v. Herrm. Ulrich, Leisnig, 1887: 1 Bl. | 21 S. | 1 Bl. 4°
Halle, Phil. Fak., Inaug.-Diss. v. [26. Nov.] 1887

Claus, Robert Über Potentialkräfte. 4 (21 S.).
Progr. Rsch. u. Prg. *Leisnig* 1888 (537).

Das russische Bankwesen Von Rudolf **Claus** Leipzig: Duncker & Humblot 1908. (XV, 162 S.) 8°
— **Forschungen**, Staats- u. sozialwissenschaftliche. H. 131. 08. 6711

Claus, Rudolf, a. Hünfeld: Die Entwickelung des Bankwesens in Russland ⟨Kap. 1 u. 2⟩. (Altenburg) 1907 (Pierer). (56 S.) 8° ¶ (Erscheint vollst. u. d. T.: Das russische Bankwesen.)
Heidelberg, Phil. Fak., Ref. Rathgen, Diss. v. 3. Jan. 1908
[Geb. 11. Dez. 80 Hünfeld (Hessen-Nassau); Wohnort: Oberellen (Thüringen); Staatsangeh.: Preußen; Vorbildung: Realgymn. Eisenach Reife O. 00; Studium: Leipzig, Berlin, Heidelberg; Rig. 18. Juli 05.]

Von Bengel bis Burk. Bilder aus d. christl. Leben Württembergs. Von W. Claus. Hrsg. v. Calwer Verlagsverein. Mit 4 Portr. 2. verb. u. verm. Aufl. Calw & Stuttgart: Vereinsbuchh. 1000. (200 S.) 8° [F.]
= Väter, Württembergische. Bd 1.

Von Brastberger bis Dann. Bilder aus d. christl. Leben Württembergs. Von W. Claus. Hrsg. v. Calwer Verlagsverein. Mit 5 Bild. 2. durchges. Aufl. Calw & Stuttgart: Vereinsbuchh. 1905. (330 S.) 8° [F.]
= Väter, Württembergische. Bd 2.

Claus, W., englische Elementargrammatik nebst Lese- u. Uebungsstücken. Leipzig 870. Teubner. gr. 8. (XVI, 394 S.) n. 24 ngr.

Claus, W., württembergische Väter. 1. und 2. Bd. 8. Calw, Vereinsbuchhandlung. à Bd. *M 1.50. * geb. à Bd. *M 2.—. *
Inhalt:
Bd. 1. Von Bengel bis Burk. Bilder aus dem christl. Leben Württembergs. (327 S. mit 4 Portr.) 887.
" 2. Von Brastberger bis Hofacker. Bilder aus dem christl. Leben Württembergs. (429 S. mit 4 Portr.) 888.

— Werner Jacob (Möckern/Magdeburg), Diss. de Germanico Caesare Tiberii F. Augusti nep. Präs. Christoph Cellarius. Halle (Salfeld) Okt. 1704. 20 S. (4.80) 5332
Gew.: Carl v. Diescau.

Claus, Wilh. Annagraitle; Kätherle Ruckwid v. Mägerkingen, s. Brosamen.

Claus, Giulielmus [!]. Als die Inaug.-Schrift vertretend wurde angenommen des Verf. Druckschrift: De Aulularia Plauti fabula iisque scriptoribus, qui eam imitati sunt. Sedini 1862: Herrcke-Lebeling. 73 S. 8°
[Halle-Wittenberg, Phil. Diss. v. 2. Aug. 1862]
Geb. [Charlottenburg b. Berlin 12. 9. 1821]
Im Buchhandel Stettin: Nagel 1862. 74 S. 8°

Claus, Wilh., de Aulularia Plauti fabula iisque scriptoribus, qui eam imitati sunt. gr. 8. (74 S.) Stettin 862, (Nagel.)

—— Byron und die Frauen. Vortrag, gehalten am 10. Jan. 1862 in der Aula des Gymnasiums zu Stettin und am 5. März im Concertsaal des K. Schauspielhauses zu Berlin. Lex.-8. (32 S.) Berlin 862, Th. Enslin.

Claus, W., Ludwig Krapf, weil. Missionar in Ostafrika. Ein Lebensbild aus unsern Tagen. Mit Krapfs (photolithogr.) Bild. 8. (VI, 244 S.) Basel 882, Spittler. *

—— Leben und Wirken des Georg Müller in Bristol, nach den besten Quellen dargestellt. 3. gänzlich umgearb. Ausg. Mit den (eingedr. Holzschn.-)Bildern der 5 Waisenhäuser. 8. (VIII, 208 S.) Ebendas. 881. *
1. Aufl. (1869) nicht im Handel; 2. Aufl. 1875.

—— Leben u. Wirken d. Georg Müller in Bristol. 4. Aufl. Mit den Bildern der 5 Waisenhäuser. 8. (VIII, 298 S.) Basel 891, [Spittler.] Jaeger u. Kober. * 1 60; geb. in Leinw. * 2 80

Claus, W, Leben und Wirken des Georg Müller in Bristol. Nach den besten Quellen dargestellt. 4. Aufl. Mit den Bildern der fünf Waisenhäuser. 8°. 308 S. Basel. Kober, C. F. Spittlers Nachf. 1899 2 —; geb. 3 —

—— Lebensanschauungen u. Grundsätze d. Georg Müller in Bristol. 8. (86 S.) Ebd. 891. * — 20

Claus, Wilhelm, über das maligne Lymphom (sog. Pseudoleukämie) mit besonderer Berücksichtigung auf die Kombination mit Tuberkulose. Diss. Marburg 1888, N. G. Elwertsche Univ.-Buchh. 8°. 38 S.

Claus, Wilhelm [prakt. Arzt aus Wipperhain, Kreis Hersfeld]: Über das maligne Lymphom (sog. Pseudoleukämie) mit besonderer Berücksichtigung auf die Kombination mit Tuberkulose ... Marburg, Druck v. Georg Schirling, 1888; 38 S. + 1 Bl. 8°
Marburg, Med. Fak., Inaug.-Diss. v. [22. Jun.] 1888

Claus, W. Ueber die Menächmen des Plautus und ihre Nachbildung, besonders durch Shakspere. Stettin, Fr. Wilh.-Schule. 1861. 48 S. 4. Progr.

de Clausans, Man., s.: Ruinen, die, meines Klosters.

Clausberg, Amalie v., Schloß Bucha. Roman. Leipzig 853. Brockhaus. 8. (1 Bl., IV, 370 S.) 1 ß 24 ngr

Clausberg, Amalie v., Chrysalion. Ein Märchen aus Thüringen. 16. (78 S. mit 1 Abbild. in Holzschn.) Weimar 854, Kühn. *

—— ein dunkler Faden. Familiengeschichte. 8. (III und 289 S.) Leipzig 856(57,) Kollmann.

—— Nach Jahren, s. Original-Bibliothek, neue belletristische.

Clausberg, Amalie v., Kampf bringt Frieden. Roman in 2 Bdn. 8. (580 S.) Leipzig 858, Kollmann.

Clausberg, Christlieb von

Kurzgefaſste Erklärung des eigentlichen Inhalts der Multiplication, Diviſion, Regula detri, Duplex, Multiplex oder Conjointe und der gemeinen Probe, nebſt einer kurzen Anweiſung zur Ausfindung gemeiner Univerſalregeln in Wechſelarbitragen, wobey zugleich verſchiedene Anmerkungen über die neulich allhier herausgekommene Charteque eines unbenannten Authoris, unter dem Titul: Erſter Theil abgeſtatteter Relation mercurii etc. wie auch die Solution der in gemeldter Relation enthaltenen zwo Aufgaben, deutlich und gründlich fürgeſtellet von *C. von Clausberg.* Hamburg, 8. 6 Bog. 1 Kupf. (4 gr.) 1731

Clausberg, Christlieb von: Gespräche in dem Reiche der Wahrheit, zwischen einem Dänen, Lüneburger und einigen Hamburgern, die von dieser Stadt im Jahre 1726. eingeführten Müntz-Neuerungen, etc.etc. betr. Wobey zugleich der wahre Grund des Müntz-Wesens und der Valvation etc. dargeleget wird. o.O. 1735. 4° k.

Clausberg, C. von: „Licht und Recht der Kaufmannschaft, bestehende in ausgerechneten, sowohl auf Wechsel- und Waarenhandel, nach allen vorfallenden Wechsel-Coursen und Preisen sammt ihrer erforderlichen Spesen gerichteten, als auch sonst .... sehr nützlichen .... Tabellen ...", 3 Teile, Danzig 1724 bis 1726. fol. — Vorh.: Com. Bibl. Hamburg.

1731. *Chriſtlieb von Clausberg's* Demonſtrative Rechenkunſt. Leipz. 8. 4 Alph. 3 Bog.
1749. — 2te verbeſſerte Aufl. 8.
1762. — 3te Aufl.
1772. * — 4te Aufl. gr. 8. 4 Alph. 5 Bog. Leipz. Breitkopf. (2 Rthlr. 12 gr.)

Clausberg, C. von: „Demonstrative Rechenkunst, Oder Wissenschaft, gründlich und kurz zu rechnen, Worinnen gemeine und andere kaufmännische Rechnungsarten .... nebst einer Beschreibung europäischer Münzen, Wechselarten und Usancen ....", Leipzig 1732. — 2. Auflage, „In vier Theilen abgefasset und mit einer Vorrede von Christian Aug. Hausen", 2 Bände, Leipzig 1748, vorh.: Bücherei der Industrie- und Handelskammer Leipzig. — 5. Auflage, 4 Bde., Leipzig 1795, vorh.: Bücherei der Industrie- und Handelskammer Leipzig.

v. Clausberg, Chrstl., († d. 6. Juni 1751.) demonstrative Rechenkunst, oder Wissenschaft, gründl. u. kurz zu rechnen, mit e. Vorrede v. Chr. Aug. Hausen. 8. Leipz. 732. 2e A. 749. 3e A. 762. 4e A. 772. 5e A., in welcher d. Beschreibung d. europ. Münzen u. Wechselarten bis auf gegenwärtige Zeit fortgesetzt ist. 4 Thle. gr. 8. Ebd. 795. Breitkopf u. H. 2 ß 12 gl

— Universalregeln der Leipziger Wechsel-Negotien, bei steigenden u. fallenden Coursen. 8. Leipz. Böhme. 781.

— Universalregeln d. Leipziger Wechsel-Negotien, bei steigenden u. fallenden Coursen. 8. Leipz. 781. (Cnobloch). 8 gl

Clausel de Chaussergue, Anklage gegen den Herzog von Decazes, ein Beitrag zur Kenntniß d. Standes d. Partheien in Frankreich. (Aus d. Miszellen d. a. Lit. besond. abgedr.) 8. Jena 820. Bran. 15 gℓ

Clauselpeters, Advocaten in Schöpsenhausen, jurist. Praxis ꝛc. (A. u. d. T.: Der verdorbene Advocat). 8. Leip. 804. Gräffé. (Schmidt). 1 ℛ 4 gℓ

Clausen, Briefsammlung, s.: Demme.

Clausen, schemat. Darstellg. d. verschied. Fruchtfolgen. 106×119 cm. Farbendr. Nebst: Textheft. gr. 8. (13 S.) Stuttgart 897. E. Ulmer. n. 6. —; auf Leinw. m. Stäben n.n. 9. —

Clausen, Münzcabinet, 4 Stck. 4. Hamburg.

Clausen, Taschenbuch d. dtschn. Handelskorrespondenz, s.: Bitterling.

Clausen, A., Quellen-Lesebuch zur neueren Psychologie u. Pädagogik, s.: Barucha, J.

Clausen, A.: Der Verpfründungsvertrag nach dem Gesetzes-Entwurf betreffend Ergänzung des schweiz. Z. G. B. durch Anfügung des Obligationenrechtes. Basel 1908. IV + 68 S. 8°.
Freiburg i. Schw. Jur. Diss. 1907/08.

Clausen, B., die Dreieinigkeit Gottes, s. Zur 400jähr. Lutherfeier.

—— Gerettet. 1. Bdchn. Drei wahre Geschichten, nach den Mittheilungen eines alten Mannes erzählt. 12. (62 S.) Breklum 883, Christl. Buchhandlung. cart. *

Clausen, B., Honnigdröppen. 12. (92 S.) Kropp 885, Buchh. „Eben-Ezer". *

Kabelluftbahnen als zeitgemässe Abraum- und Beschickungsanlagen für das Hoch-, Tief- und Wasserbauwesen. Hrsg. von Ing. B. Clausen. Dortmund: Selbstverl. 1908. 15 S. 8° A 12.9907

Kabelluftbahnen als zeitgemässe Abraum- und Beschickungsanlagen für d. Hoch-, Tief- u. Wasserbauwesen ... Hrsg. von Ing. B[ernhard] Clausen. 2. Aufl. Dortmund: Selbstverl. 1909. 15 S. 8° A 14.30493

Clausen, Bernh., Laub u. Knospen. Gedichte. 16. (119 S.) Bredstedt 877. Christliche Buchhandlung. cart. n. — 90

Claussen, Bernh., 9 Predigten üb. das Vater Unser. gr. 8. (68 S.) Bredstedt 876. christl. Buchh. n. 1. —

Clausen, C., die Alpwirtschaft im Ober-Wallis, s.: Strüby, A.

Clausen, C. H., über d. theolog. Partheigeist. Ein Beitr. zur Geschichte d. theolog. Polemik im 19ten Jahrh. Aus d. Dän. übers. v. Prediger H. C. Wolf. gr. 8. Neustadt 832. Wagner. 12 gℓ

Clausen, Chr., (†...) Versuche. Unterrichts in den Hauptwahrheiten d. christl. Religion. 8. Flensb. 791. Korte. 6 gℓ

Clausen, Emil Theod.

Clausen, Aem. Theod., de Synesio philosopho, Libyae Pentapoleos metropolita. Comment. 8. (15½ B. u. 1¼ B. Tab. in gr. 4.) Hafniae 831, (Reitzel.)

Clausen, Ernst (Claus Zehren), freimütige Bekenntnisse. Mahnwort u. Warnungsruf f. das gebildete Deutschland. 8. (159 S.) Berlin 899. F. Fontane & Co. n. 2. —; geb. n. 3. —

Clausen, Ernst (Claus Zehren), der Ehe-Ring. Novellen. 8. (V, 292 S.) Berlin 897. F. Fontane & Co. n. 3. 50; geb. n.n. 5. —

Wir Freimaurer im Zeitalter der Technik. Von Ernst Clausen. Leipzig 1910: Zechel. 16 S. 8° [Umschlagtit.]
Aus: MitthVdF. 1909—1910 S. 85—100.
Üb. Aufgabe u. Bedeutung d. Frmrei f. d. Jetztzeit u. Wirkung d. Zeitalters d. Technik auf d. harmon. Ausgestaltung d. Einzelpersönlichkeit. 215.

— Christophs Grosseltern, s.: Schumann's stenograph. Lesestoffsammlg.

— ums Heimrecht. Ein Schauspiel in 3 Aufzügen. 8. (128 S.) Berlin 902. H. Costenoble. n. 2. —

Clausen, Ernst (Claus Zehren), Henny Hurrah! s.a. Bücher, die, des deutschen Hauses.

[F.] Henny Hurrah! Roman v. Ernst Clausen '(Claus Zehren)'. *Berlin: F. Fontane & C. 1898.* (2 Bl., 302 S.) 1 Bd 8. [98. 20140

Ernst Clausen (Claus Zehren). Henny Hurrah! Roman. Ill. von Knut Hansen. Berlin: Buchverlag fürs Deutsche Haus 1909. 303 S. 8°
(Die Bücher d. Deutschen Hauses. Bd 73.) [09. 11314

[F.] Judas. Roman v. Ernst Clausen. *Berlin: F. Fontane & C. 1896.* (2 B., 178 S. 1 Bd 8.
(Fontane's 2-Mark-Bücher.) [96. 470

Clausen, Ernst (Cl. Zehren), zwischen Lachen u. Weinen. Novellen. (III, 207 S.) gr. 8. Eisenach (903). Leipzig, Thüring. Verlags-Anstalt. n. 2. —; geb. n. 3. —

— die Männerwage. Lustspiel in 3 Aufzügen. (124 S.) 8. Ebd. 903. n. 2. —; geb. n. 3. —

Die Presse als Werkzeug für Verbreitung und Erkenntnis des feimaurerischen Humanitätsgedankens. Vortrag. Von [Ernst] Clausen. [Berlin 1910: Legal.] 10 S. 8° [Kopftit.]
Aus: H. 21 (1910) Nr 24.
Abgedr. in: Bh. 53 (1910) S. 268—270, 276 bis 279. L. G. Rat Fischer, Gera.

Die Presse als Werkzeug für Verbreitung und Erkenntnis des freimaurerischen Humanitätsgedankens. Vortrag bei der Bezirksversammlung in Delitzsch von E[rnst] Clausen. Leipzig: Zechel 1910.] 9 S. 8° [Kopftit.]
Aus: L. 33 (1900) S. 145—153.

— am Schwungrad der Zeit. Roman. 8. (285 S.) Jena (901). Berlin, H. Costenoble. n. 3. —

— moderne Seelen. Satirische Posse in 3 Aufzügen u. 1 Vorspiel. (106 S.) 8. Ebd. 903. n. 2. —; geb. in Leinw. n. 3. —

Stillgestanden! Ein Wort an d. deutsche Offizier-Corps u. ein Beitrag zu dessen Entwickelung während d. letzten 30 Jahre. Von Ernst Clausen, Hauptm. a. D. (1.–3. Taus.) *Eisenach & Leipzig: Thüring. Verl.-Anst. [1903].* (47 S.) 4°(8°) [03. 20089

— s.: Wartburgstimmen.

Wie kann und soll sich die Freimaurerei die Beachtung und Achtung der Mitwelt sichern? Vortrag von [Ernst] Clausen. Gehalten bei der Bezirksversammlung des Vereins deutscher Freimaurer in Dresden am 30. Jan. 1910. [o. O. 1910.] 16 S. 8° [Kopftit.]
Aus: H. 21 1910 Nr 11. 140.

Clausen, F., Ueb. e. Abschnitt aus der Ars Grammatica des Charisius. Pr. 1873. 33 S. 4°. 2.—

Clausen, F., De Horatii epist. I. 19. Diss. 1848. 32 S. 4.50

Clausen, F., De Horatii epist. I, 19. Diss. 1868. 82 S.

Clausen, F., zum lateinischen Unterrichte in der Secunda des Gymnasiums. gr. 4. (24 S.) Berlin 884, Gaertner's Verlag. *

Clausen, Fr., u. O. v. Bronk, neue Erscheinungen auf dem Gebiete der Physik. gr. 8. (40 S. m. 33 Abbildgn.) Berlin (N.4, Chausseestr. 3) (900). Clausen & v. Bronk. —60

Clausen, Fr. De scholiis veteribus in aves Aristophanis compositis. Kiliae 1881.

CLAUSEN, Franz Xaver (Brig): De cretinismo. (Titel nach der Urkunde)
15.1.1829 - Urk; F 59
Diss. Ingolst.-Landsh.-Mchn.

Der Ostermorgen nach der Schrift, eine exegetische Abhandlung v. [Friedrich Otto] Clausen. Ploen. 1856. 4°. Gymn.-Progr.

Clausen, Friedr. Otto, Predigt üb. I. Cor. 13, 13. zufolge der Anordnung der Tilemann-Müller'schen Stiftung am Sonntage Invocavit d. J. geh. gr. 8. (1 B.) Kiel 846, Akadem. Buchh.*

Clausen, Friedrich Wilhelm, aus Cismar i. Schlesw.-Holst., Referendar am Amtsgerichte zu Bremen: **Inwieweit schliessen gegen die Forderung bestehende Einreden die Verjährung aus nach gemeinem Rechte und nach B. G.-Buche?** *Gotha 1902: F. A. Perthes.* (VIII, 54 S.) 8°
Erlangen, Jur. Diss. v. 2. Juli 1901

Clausen, G. C., s. *Calpurnius.*

Clausen, H.V.: Nordslesvig 1863–93. Den nationale stilling på landet. (Særtryk af „ Sønderjydske Aarbøger ".) Flensborg. 1894. 8°.

Clausen, Hans, Versuch e. Vertheidigung d. Deckerschen Methodik gegen e. von J. C. Schütt herausg. Beurtheilung derselben. 8. Augustenburg 821.

Clausen, Heinrich [Assist. am landwirthsch.-physiol. Laborat. in Jena]: Beiträge zur Kenntniss der Athmung der Gewächse und des pflanzlichen Stoffwechsels. . . . (Aus: Landwirthsch. Jahrb. 1890.) Berlin, Verl. v. P. Parey, 1890; 40 S., 2 Taf. 8°
Jena, Phil. Fak., Inaug.-Diss. v. 1890

[F.] Landmanns Buchführung. Leichtfassliche Anleitg mit durchgeführtem Jahresbeispiel. Von Dr. H[einrich] Clausen, Direktor ... in Heide. *Berlin: P. Parey 1897.* (IV S., 1 Bl., 104 S.) 1 Bd 8.
(Landwirtschaftliche Unterrichtsbücher [No 26].) [illegible]

Clausen, H., Landmanns Buchführung. Leichtfaßliche Anleitg. mit durchgeführtem Jahresbeispiel. (Landwirtschaftliche Unterrichtsbücher.) 2. verb. Aufl. (116 S.) 8. Berlin 904. P. Parey. Geb. in Leinw. n. 1.20

Die Dörrfleckenkrankheit des Hafers. [Verf.: Heinrich] Clausen. Sonderabdruck aus den „Mitteilungen der Deutschen Landwirtschafts-Gesellschaft". Jg. 1910, Stück 44. [Berlin.] 1910. 4° [Umschlagt.]

Der Einfluss des Kalimangels auf Sandboden v. H. Clausen. Beilage zum Programm der Landw. Schule in Heide in Holstein, 17. Schuljahr. (Heide. 1906.) 8°

Futter-Ersatzzahlen. Ein Nachschlagebuch f. d. prakt. Landwirt bei d. Auswahl d. Futtermittel. Von Dr. H[einrich] **Clausen**, Dir. in Heide. *Lunden: Selbstverl. 1899.* (64 S.) 8° [F.] [illegible]

Clausen, H., Futter-Ersatzzahlen. Ein Nachschlagebuch f. den prakt. Landwirt bei der Auswahl der Futtermittel. 2. verm. Aufl. (70 S.) 8. Berlin 903. P. Parey. Kart. n. 1.

Clausen, H., Inventarien-Verzeichnis f. den Landwirt zur jährlichen Ermittlung d. Reinvermögens. Ein Hilfsbuch bei der Feststellg. des steuerpflicht. Einkommens. Fol. (32 S.) Heide 893. Berlin, P. Parey. Kart. n. 1.50

Clausen, Heinrich: John K n o x , der Reformator Schottlands (von H[einrich] Clausen). (Kiel. 1895.) 8° Sonderabdruck aus: Der Evangelische Gemeindebote. 1895.

Eine Kritik über den Werth der Körpermessungen an Rindern. Von Dir. Dr. [Heinrich] **Clausen**-Heide. Hrsg. vom Vorst. d. Landwirthschaftskammer. *Kiel 1902: Vollbehr & Riepen.* (61 S.) 4°(8°) [F.]
— **Arbeiten d. Landwirtschaftskammer f. d. Prov. Schleswig-Holstein.** H. 7. [illegible]

Clausen, Heinrich: R e d e , am Sarge des Geheimen Kommerzienrats August Sartori, geboren zu Lübeck den 16. Juni 1837, gestorben zu Kiel den 15. Oktober 1903, gehalten am 19. Oktober 1903 v. Pastor Heinrich Clausen. (Kiel. 1903.) 8°.

Clausen, H., Resultate v. Feldversuchen. Bericht üb. Versuchsanstellgn. an der landwirtschaftl. Schule in Heide, Holstein. 8. (182 S.) Schöneberg-Berlin 900. [F. Telge.] Berlin, Deutsche Tageszeitung. n. 1.50

Clausen, H[einrich]: Die Resultate der Tannendüngungsversuche in den Kreisforsten Norderdithmarschens. Heide (1909): Riechert. 11 S. 8° ¶ [Ersch. auch in: Vereinsblatt d. Heidekulturvereins f. Schlesw.-Holst., u. in: Fühlings landw. Ztg. Jg. 58.]
Heide, LWS P 1909 **

Die St. Jürgenskirche. Ihre Erbauung u. Einweihung. Im Auftr. d. Kirchenbauvereins zsgest. von H[einrich] **Clausen**, Pastor. Kiel 1904: L. Handorff. (36 S.) 8° [F.] [illegible]

Clausen, H.: Specifische W i r k u n g der Phosphorsäure auf Haferpflanzen, gewachsen auf einem schwarzen anmoorigen Sandboden v. [H.] Clausen. Besonders abgedruckt aus: Journal für Landwirtschaft. Berlin. 1905. 8°.

Clausen, [Hennig] (Stadtbaumstr.): Beschreibung des Schulhauses. S. 25—27, 2 Taf. 4.
Kgl. Realschule i. E. (nebst städt. Vorschule) *Apenrade* 1906 (355).
Progr.

Clausen, Henrik Georg

Clausen, H. G., Hoffnungen d. Christen unter den jetzigen Christenverfolgungen; e. Predigt. Aus d. Dän. 8. Altona 822. Hammerich. 4 gr

Clausen, H. G., Predigt, gehalten in Kopenhagen am Reformationsfeste 1804. a. d. Dän. v. C. T. C. 8. Kiel, Academ. Buchhandlung.

— Predigt am Reformationsfeste in Kopenhagen gehalten 1804. Aus d. Dän. übers. v. C. T. E. 8. Kiel 815. Hesse. 3 gr

— Predigten, herausgegeben in Beziehung auf d. Jubelfeier d. Reformation im J. 1817. Aus d. Dän. gr. 8. Altona 818. Hammerich. 1 ₰ 4 gr

— Rede, über Anstellung der Juden. 8. Altona, Bechtold. 810.

Clausen, Henrik Georg.
Die neuesten Religionsbegebenheiten . . . Kiel 1806. Ü: *Eckermann, Carl Theodor.* (MGT) (NN)

Clausen, Henrik Nikolai Theologe

— apologetae ecclesiae christianae ante-Theodosiani, Platonis ejusque philosophiae arbitri disquisitio philosophico-theologica. 8. (Kopenh. 817. Gyldendal). 1 ℛ︎ 8 Gr.

Clausen, H. N., Aurelius Augustinus Hippon. Sacrae Scripturae Interpres. 8 maj. (18 B.) Hauniae 827. (Berolini, Nicolai.)

— s. Bulla reformationis Pauli Papae tertii.

Claussen, H. N., Fortolkning af de 3 förste Evangelier. 1. Hft. gr. 8. (192 S.) Kopenhagen 847, Reitzel. n. 23½ Ngr.

— det Nye Testaments Hermeneutik. stor 8. Kjöbenhavn 840. (Reitzel.) 3 ℛ︎

—— Kirchenverfassung, Lehre u. Ritus d. Katholicismus u. Protestantismus. A. d. Dän. v. G. Fries. 3 Bde. gr. 8. (59¾ B.) Neustadt a. d. O. 828, 29, Wagner. à 1 Thlr. 6 Gr., 3 Thlr. 18 Gr., hrbgs. Pr.

—— üb. d. theolog. Parteigeist. Ein Beitr. z. Gesch. d. theolog. Polemik im 19. Jahrh. A. d. Dän. übers. v. H. E. Wolf. gr. 8. (7 B.) Neustadt a. d. O. 832, Wagner.

—— quatuor Evangeliorum tabulae synopticae. Juxta rationes temporis quoad fieri potuit, composuit, annotat. et perpetua sectionum singularum collatione instr. 8 maj. (13 B.) Hauniae 829, (Reitzel.)

Clausen, H. N., og J. F. Schouw, ved Thronstiftet 1848. 8. (100 S.) Kjøbenhavn 848, Gyldendal. n. ½ ℛ︎

Clausen, Henr. Nicol., populäre Vorträge üb. d. Reformation, als Einleit. zum dritten Jubiläum d. evangel. Kirche in Dänemark, gehalten in d. reform. Kirche in Kopenhagen. Angehängt: Des Verf. Rede am 2. Tage d. Jubelfeier im Festsaale d. Universität. Unter Anleit. d. Verf. a. d. Dän. übers. v. G. F. v. Jenssen. gr. 8. (23⅛ B.) Leipzig 837, Rein'sche Buchh.

Clausen, J. Blicher-, s. B l i c h e r – Clausen, J.

Clausen, J. Ch. H. Pindaros der Lyriker. (Einleitung.) 6 S. . . . . . .

Progr. Elberfeld 1834

Clausen, J. H. Ch. Ueb. d. Nibelungenlied. Mit einer Karte (enth. d. Geogr. des Gedichts). (Handelt v. Zeit, Umfang u. Charakt. dess.) 16 S.

Progr. Elberfeld 1841

Clausen: Theologumena Pindari Lyrici. P.I. 13 S.–Elberfeld G. Progr. 1854

CLAUSEN, Jac., Nonnulla de angina membranacea. Diss. inaug. Kiliae. 1838. 4. P.

Clausen, Johann

Clausen, Jh., Diss. inaug. (theol.) continens introductiones in epistolam Jacobi. 4. Götting. 800. Dieterich. 4 Gr.

— dogmat. de descensu Jesu Christi ad inferos, historiam biblicam atque eccles. 8. Altona 801. Hammerich. 6 Gr.

Clausen, J., Eberhards-Clausen, Kloster- u. Wallfahrtsort. (XV, 180 S. m. Abbildgn.) 8. Trier (908). (Kunst- u. Verlagsanstalt Schaar u. Dathe.) 1.50

Clausen, Joh. [Lic. theol. Dechant in Simmern]: Papst Honorius III. '(1216—1227)'. E. Monographie. 1. Th. [Erschien vollst. 1895 im gl. Verl.] Bonn, Hauptmann'sche Buchdr., 1895; 1 Bl., 64 S. 8.

Münster, Kath.-theol. Fak., Inaug.-Diss. v. [4. Juli] 1895

Clausen, Joh. Wilhelm, s. C l a u s s e n .

Die Marienburg bei Alf an der Mosel von Dr. J[ohannes] Clausen. Pfr. *Trier: Schaar & Dathe in Komm. [1903].* (67 S.) 8° [F.] 03. 8827

Clausen, John, u. Chr. Schüttler, die Buchführung des Handwerks, m. besond. Berücksicht. der Einkommensteuer-Selbsteinschätzung u. Kalkulation, zum Gebrauche für Lehrer an Meisterkursen, Fachschulen u. gewerbl. Fortbildungsschulen, sowie zum Selbstunterrichte für Handwerker. (VI, 112 S.) gr. 8. Leipzig 904. B. G. Teubner. Geb. n. 1.80

— — Geschäftsgänge f. die gewerbliche Buchführung zum Gebrauche in Meisterkursen, Fach- u. Fortbildungsschulen. 1.—4. Heft. (Je 7 S.) gr. 8. Ebd. 904. à n. — 15

1. Einmonatlicher Geschäftsgang e. Schlossergeschäfts. — 2. Dasselbe e. Tischlergeschäfts. — 3. Dasselbe e. Schneidergeschäfts. — 4. Dasselbe e. Schuhmachergeschäfts.

Clausen, Carl Conrad, Apotheker, Hamburg: Ueber Eigenschaften des Chloral-Hydrates und -Alkoholates in Erweiterung der Mauch'schen Studie (1898) und unter Beiziehung der entsprechenden Bromverbindungen. Mülhausen 1907: E. Meininger. (191 S.) 8°

Straßburg, Math.-naturwiss. Fak., Ref. Schär, Diss. v. 29. Juli 1907

[Geb. 31. Jan. 79 Cismar (Rotenhuse) in Holstein; Wohnort: Straßburg i. E.; Staatsangeh.: Preußen; Vorbildung: Kaufm. Realsch. Lübeck, Realgymn. Altona Reife f. Obersekunda M. 97; Studium: Kiel 3, Straßburg 5 S.]

Clausen, Lorenz, s. C l a u s s e n .

Clausen, N.: Abschiedspredigt . . . , s. C l a u s s e n , Nicolaus

Clausen, Otto [approb. Arzt aus Glückstadt]: Ein Fall von sympathischer Ophthalmie trotz Resection des Opticus . . . . Kiel, Druck v. Schmidt & Klaunig, 1886; 20 S. + 2 Bl. 8°.

Kiel, Med. Fak., Inaug.-Diss. v. 16. Apr. 1886.

Clausen, Otto, ein Fall von sympathischer Ophthalmie trotz Resection des Opticus. Inaugural-Dissertation. gr. 8. (20 S.) Kiel 886, (Lipsius und Tischer.) *

Clausen, Paul, Referendar: Ein Beitrag zur Erläuterung der §§ 364 Abs. 2 und 607 Abs. 2 B.G.B. unter Berücksichtigung der Novationslehre. Erlangen 1908: Jacob. VI, 96 S. 8°

Erlangen, Jur. Diss. v. 2. Okt. 1908, Ref. Siber

[Geb. 20. Nov. 85 Hamburg; Wohnort: Hamburg; Staatsangeh.: Hamburg; Vorbildung: Johanneum Hamburg Reife M. 04; Studium: Freiburg i. B. 1, Erlangen 4, Münster 1 S.; Rig. 5. Juni 08.] [U 09. 669

Grundriß der Trichinenschau. Leitfaden f. d. Unterr. in d. Ausbildung d. Trichinenschauer nebst d. preuß. gesetzl. Bestimmungen von [Paul Lohmann] Clausen, Schlachthof-Dir., Hagen i. W. Berlin: R. Schoetz 1905. (55 S.) 8° [F.] 06. 60

Clausen, Th., Ueber Interpolation. 1829.

— Ueber Centrifugal-Pendel-Uhren. 1829.

Clausen, W., s.: B e i t r ä g e zur Trachom-Forschung.

— Untersuchungen üb. die Entstehung u. die Entwickelung des Trachoms. s.: F r o s c h.

Clausen, Wilhelm: (Aus d. Augen-Klinik zu Jena.) Ein Beitrag zur Kenntnis der Explosionsverletzungen des Auges durch Dynamit und Pulver. *Jena 1903: A. Kämpfe.* (62 S.) 8°

Jena, Med. Diss. v. (28. Mai) 1903

Clausen, Wilhelm *Peter Adolf* [Tychopolitanus]: De Dionis Chrysostomi Bithynicis quae vocantur orationibus quaestiones . . . Kiliae, ex offic. H. Fiencke, 1895; 2 Bl., 74 S., 1 Bl. 8.

Kiel, Phil. Fak., Inaug.-Diss. v. [17. Sept.] 1895

Predigten v. Wilhelm Gottfried Clausen. Ploen. 1856. 8°.

Clausen, W. G., ein vollständiger Jahrgang Predigten über die Sonn- u. Festtagsevangelien des Kirchenjahrs, nebst einer Bußtags-, Eides-, Reformations- u. Erndtepredigt über freie Texte, für die häusliche Erbauung und das kirchliche Vorlesen herausg. Ploen 858. (Altona, Mentzel.) gr. 8. (XXIV, 610 S.) n. 2 ℛ︎ 20 Ngr.

Clausens, Peter, Geschichte, von A. Freyh. v. Knigge, 3 Theile, zweyte verb. Aufl. 8 Frankf. 794. Andreä. 2 Rthl.

Clauser Robert: Zur Kenntnis der Eugenolglycolsäure. S. 110. Hb. 23 . . . . vgr.
Separatabdruck

Clauser, Robert: I. Zur Kenntnis des Semicarbazones und Amidoguanidones des Benzophenons. II. Über die Einwirkung von Semicarbazid, Amidoguanidin und Bromphenylhydrazin auf γ Ketoncarbonsäuren. *Wien 1898: C. Gerold's Sohn.* (37 S.) 8°

Giessen, Phil. Diss. v. 1898

Clausewitz'. Carl v., Leben, s.: Schwarz, K.

General Carl von Clausewitz. Lebenslauf u. Nachwirken. Berlin: F. Dümmler 1906. (28 S.) 8° [F.]

Clausewitz, Bened. Gottlob, s. Clauswitz, Benedikt Gottlob

Clausewitz, G. von

Clausewitz, v.: D. Krankenträger-Kompagnie d. preuß. Heeres. 1857.

Clausewitz, G. v., der Traindienst für die Preußische Armee mit besonderer Rücksicht auf die Krankenträger-Kompagnie. Mit 4 lith. Taf. (in 8. u. 4.) Berlin 858. Voß. 8. (XIV, 130 S.) n. 20 ngr

v. Clausewitz, H., aus dem Tagebuche e. preuß. Jägeroffiziers, s.a. Aus dem Feldzuge von 1866.

Clausewitz, H.: Aus dem Tagebuch eines preuss. Jägeroffiziers, s.a. Goeben.

v. Clausewitz, H. Aus dem Tagebuche e. preuss. Jägeroff. insbes. über das Gefecht bei Hühnerwasser u. die Kämpfe des Stollbergschen Corps. (III. 29.) 8. Darmstadt 1868. 0.75.

Clausewitz, Karl von

Clausewitz, Carl v., Briefe an Marie von Clausewitz geb. Gräfin Brühl. gr. 8. (66 S.) Berlin 876, Mittler und Sohn. *
Aus: Zeitschrift für preußische Geschichte und Landeskunde, besonders abgedruckt.
Vgl. Meerheimb, F. v. — Schwartz, K.

— s.a. Feldzug v. 1813.

(Clausewitz, C. v.) Der Feldzug von 1813 bis zum Waffenstillstand. (Glatz) 1813. 8°.
Dass. Andere Ausg.

Clausewitz, Carl v., der Feldzug 1812 in Rußland u. die Befreiungskriege von 1813—15. Hinterlassenes Werk. 3. durchgeseh. Aufl. Mit e. Biographie, enth. e. Würdigg. durch Graf v. Schliessen. (494 S. m. Bildnis.) gr. 8. Berlin 906. F. Dümmler's Verl. n. 6.—; geb. in Leinw. n. 7.50; in Halbfrz. n. 10.—

Clausewitz, Carl v., der Feldzug von 1796 in Italien. Die Feldzüge von 1799 in Italien und der Schweiz. 2. Aufl. 3 Bde. oder 12 Lfgn. (Hinterlassene Werke über Krieg und Kriegführung. 13—24. Lfg.) gr. 8, Berlin 858,59, Dümmler's Verlagsh. [1. Bd. (VI und 297 S.) 2. (468 S. mit 1 chromolithogr. Karte in Imp.-Fol.) 3. (XVIII und 339 S.) à Lfg. * 10 Ngr.] *
Vgl. 13. Bd. 1. Abthl. S. 185.

v. Clausewitz, C. Vom Kriege. [Hinterl. Werke. I—III.] 3 Bde. (XLII. 1213) 8. Berlin 1832—34. 20,00. — 2. Aufl. 3 Bde. (1034) 8 ib 1857. 12,00. — Die Lehre vom Kriege. 4. Aufl. 3 Thle. (XXIV. 1036) 8. ib. 1880. 6,00.

Clausewitz, Carl v., vom Kriege. Hinterlassenes Werk. 2. Aufl. 3 Thle. gr. 8. (XXXVI und 1034 S.) Berlin 853, Dümmler's Verlag. [1. Thl. * 2 Thlr. 5 Ngr.; 2. und 3. Thl. * 4 Thlr. 15 Ngr.] *

—— vom Kriege. Hinterlassenes Werk. 2. Aufl. Unveränd. (Titel-)Abdr. 12 Lfgn. gr. 8. Berlin 857, Dümmler's Verlagsh. [1. Bd. (XXIV und 318 S.) 2. und 3. (XII und 716 S.) à Lfg. * 10 Ngr.] *

Clausewitz, Carl v., vom Kriege. Hinterlassenes Werk. 4. Aufl. 3 Thle. 12. (XVI, 318; IV, 389; IV, 329 S.) Berlin 880, Dümmler's Verlagsh. à Thl. *M 1,50. * geb. in Leinw. à Thl. *M 2. *

Vom Kriege. Hinterlassenes Werk d. Generals Carl v. Clausewitz. 5. durchges. Aufl. Mit e. Einführung v. Generaloberst Grafen [Alfred] v. Schlieffen. Berlin: F. Dümmler 1905. (XVI, 804 S.) 8° [F.]

Clausewitz, Carl v., vom Kriege. Hinterlassenes Werk. 6. durchgeseh. Aufl. Mit e. Einführg. von Graf v. Schlieffen, Exc. (XVI, 804 S. m. Bildnis.) gr. 8. Berlin 911. F. Dümmler's Verl. 7.—; geb. in Leinw. 8.50; in Halbldr. 10.—

— dasselbe, s.a. Klassiker, militärische, des In- und Auslandes.

v. Clausewitz. Über das Leben und den Charakter von Scharnhorst. 8. Hamburg 1832.

—— die Lehre vom Kriege, s.a. Klassiker, militärische, des In- und Auslandes.

v. Clausewitz, C. Die Lehre vom Kriege. Erl. u. m. Anm. versehen durch W. v. Scherff. [Militär. Klassiker des In- und Auslandes I—V.] (XVIII. 610) 8. Berlin 1880. 6,00.

— Nachrichten üb. Preußen in seiner großen Katastrophe, s.a. Einzelschriften, kriegsgeschichtliche. II. 10.

(Carl) v. Clausewitz. Nachrichten über Preußen in seiner großen Katastrophe. 2. verb. Aufl. Mit 2 Kt. Berlin: Mittler 1908. v, 150 S. 8° (Kriegsgeschichtliche Einzelschriften. H. 10.)

Clausewitz, C. v. Hinterlassene Werke über Krieg und Kriegführung. Bd 1—10. Berlin 1832—37. 8°. — 1—3. Vom Kriege 1832—34. — 4. Der Feldzug 1796 in Italien. 1833. — 5. u. 6. Die Feldzüge 1799 in Italien und der Schweiz. 1833—34. — 7. Der Feldzug 1812 in Rußland, Feldzug 1813 bis zum Waffenstillstand und Feldzug 1814 in Frankreich. 1835. — 8. Der Feldzug 1815 in Frankreich. 1835. — 9. Strategische Beleuchtung mehrerer Feldzüge von Gustav Adolph, Turenne, Luxemburg und andere historische Materialien zur Strategie. 1837. — 10. Strategische Beleuchtung mehrerer Feldzüge von Sobiesky, Münich, Friedrich d. Gr. und Herzog Carl Wilhelm Ferdinand v. Braunschweig. 1837.
Dass. 2. Aufl. Bd 7—10. 1862—63.
Dass. 3. Aufl. Bd 1—3. 1867—69.
Dass. 5. Aufl. Bd. 1—3. 1905.

Clausewitz, Carl v., hinterlass. Werke üb. Krieg u. Kriegführung. 1—3. Bd. — A. u. d. T.: Vom Kriege. 3 Thle. (Mit e. Vorr. v. d. Gemahlin d. Verf.: Marie v. Clausewitz, geb. Gräfin Brühl.) gr. 8. Berlin, Dümmler. [1. 832. 2 Thlr. 4 Gr., 2. 833. 2 Thlr. 8 Gr., zus. (54 B.), 3. (24⅓ B.) 834. 2 Thlr. 4 Gr.]

—— dies. 4. Bd. — A. u. d. T.: Der Feldzug v. 1796 in Italien. gr. 8. (22½ B. u. 1 lith. Karte gr. Fol.) Ebds. 833.

—— dies. 5. u. 6. Bd. — A. u. d. Tit.: Die Feldzüge v. 1799 in Italien u. d. Schweiz. 2 Thle. gr. 8. Ebds. [5. (35 B.) 833. 3 Thlr. 4 Gr., 6. (25¼ B.) 834. 2 Thlr. 16 Gr.]

—— dies. 7. Bd. — A. u. d. T.: Der Feldzug v. 1812 in Rußland, d. Feldzug v. 1813 bis zum Waffenstillstand u. d. Feldzug v. 1814 in Frankreich. gr. 8. (30⅛ B., 1 Karte u. 1 Tab. in Fol.) Ebds. 835.

Clausewitz, Carl v., hinterlassene Werke üb. Krieg u. Kriegführung. 8—10. Bd. gr. 8. Berlin, Dümmler.
A. u. d. Titln.:
Bd. 8. Der Feldzug v. 1815—35. (14¾ B.) 835. 1 Thlr. 8 Gr.
" 9. Strategische Beleuchtung mehr. Feldzüge v. Gustav Adolph, Turenne, Luxemburg u. a. histor. Materialien zur Strategie. (19 B.) 837. 1 Thlr. 16 Gr.
" 10. Strategische Beleuchtung mehr. Feldzüge v. Sobiesky, Münich, Friedrich d. Gr. u. dem Herzog Carl Wilhelm Ferdinand v. Braunschweig u. and. histor. Materialien zur Strategie. (23½ B.) 837. 2 Thlr.
1—7. Bd. Ebendas. 1832—35. 17 Thlr. 16 Gr.

Clausewitz, Carl v., hinterlassene Werke über Krieg und Kriegführung. 4-6. Bd. A. u. d. T.: Der Feldzug von 1796 in Italien. Die Feldzüge von 1799 in Italien und der Schweiz. 2. Aufl. In 3 Thln. Ebend. 858. gr. 8. (VI, 297 S.; XI, 463 S. u. 1 lith. Karte in Fol.; XI, 339 S.) n. 4 ß

Clausewitz, Carl v., hinterlassene Werke über Krieg und Kriegführung. 2. Aufl. 25.—36. (Schluß-)Lfg. (Kriegsgeschichtliche Schriften.) gr. 8. (7. Bd. XII und 404 S. und 8.—10. Bd. XXXIV und 725 S. mit 1 Tab. und 1 lithogr. Karte in Imp.-Fol.) Berlin 862,63, Dümmler's Verlag. à Lfg. * 10 Ngr. *
Vgl. XIII. Bd. 1. Abthl. S. 193.

—— dass. — 1. und 2. Bd.: Vom Kriege. 3. Aufl. (In 3 Thln.) 1. und 2. Thl. gr. 8. (XVI und 292 S., XII und 360 S.) Ebendas. 867. à Bd. * 1 Thlr. 10 Ngr. *

Clausewitz, General Carl v., hinterlassene Werke über Krieg und Kriegführung. 3. (Schluß-)Bd.: Vom Kriege. 3. Thl. 3. Aufl. gr. 8. (295 S. mit dem Bildniß des Verf. in Stahlst.) Berlin 870, Dümmler's Verlag. *
1. und 2. Thl. Ebendas. 1867. *M 8.

Clausewitz', Carl v., hinterlassene Werke üb. Krieg u. Kriegführung. Neue Aufl. 4. Bd. Der Feldzug v. 1796 in Italien. 3. Aufl. gr. 8. (288 S. m. 1 Karte u. 5 Plänen.) Berl. 889, Dümmler. * 6 —
1.—3. Bd. Ebd. 1867—70. * 12 —.

v. Clausewitz, Marie, s. K. v. Clausewitz, hinterlass. Werke.

Clausing, Frdr., Karl **Ruhlfes** u. Christian **Schüttler**, Rechenbuch f. gewerbl. Fortbildungsschulen. Ausg. f. Bauhandwerker. (III, 100 S.) 8. Leipzig 909. Quelle & Meyer. 1. —

— — — dasselbe. Ausg. f. Fleischer. (95 S.) 8. Ebd. 910. 1. —

— — — dasselbe. Ausg. f. Metallarbeiter. (115 S.) 8. Ebd. 910. 1. 20

Clausing, J., u. J. C. **Hilgers**, kurzer Leitfaden zum Unterricht im Deutschen nebst Uebungsbeispielen f. Handelsschüler u. zum Selbstunterricht. (32 S.) gr. 8. Barmen 907. (H. Klein's Buchh.) nn — 50

Clausing, I. G., Ius publicum Romanorum, id est Arcanorum status rei publicae Romanae fasciculi IV. 8. Lemgo, Meyer. 726—37. (I et IV. à 12 gr. II. 16 gr. III. 14 gr.)

Der Protestantismus in der Vergangenheit, Gegenwart und Zukunft ... v. Joseph **Clausing**. Tl 1. *Hagen: H. Risel & C. [1894].* 8. [ga. 5514

Clausing, Jos., der Streit um die Kartause vor Straßburgs Toren 1587—1602, s.a. Beiträge, Straßburger, zur neueren Geschichte.

Clausing, Joseph, a. Duisburg: Der Streit um die Kartause vor Straßburgs Toren 1587—1602. T. 1. Straßburg 1905: Druck des „Elsäßer". (36 S.) 8° [**A.**] ¶(Ersch. vollst. i. Verlage v. B. Herder in Straßburg i. E.)
Straßburg, Phil. Fak., Ref. Meinecke, Spahn, Diss. v. 5. Dez. 1903
[Geb. 31. Juli 79 Rheine, Westfalen; Wohnort: Waune; Staatsangeh.: Preußen; Vorbildung: Gymn. Recklinghausen Reife O. 99; Studium: Freiburg i. B. 1, Berlin 3, Caen 1, Straßburg 3 S.; Rig. 5. Dez. 03.]

Der Streit um die Kartause vor Straßburgs Toren 1587—1602. Ein Beitrag z. Geschichte d. franz.-elsäss. Politik um d. Wende d. 16. Jhs. Von Dr. Joseph **Clausing**. Straßburg i. E.: Herder 1906. 71 S. 8°
[Ein T. erschien als Inaug.-Diss. Strassburg 1905.]
(Straßburger Beiträge z. neueren Geschichte. Bd 1, H. 1.) [o. 8400

Clausius, Albert [aus Pütt (Pommern)]: **Beiträge zur Kenntnis des 2, 7-Dioxynaphtalins. . . .** Marburg, Buchdr. Fr. Sömmering, 1890; 33 + 1 S. 8°
Marburg, Phil. Fak., Inaug.-Diss. v. [8. Sept.] 1889

Clausius, Alfr., neue dramatische Wirkungen auf Grund e. neuen Bühnenform. gr. 8. (8 S. m. 1 Abbildg.) München 891. Münchener Kunst- u. Verlags-Anstalt Dr. E. Albert & Co. n. — 50

Clausius, C. E. G., Gedächtnißpredigt auf Friedrich Wilhelm III. am 19. Juli 1840. 8. Berlin 840. Wohlgemuth. n. 1/8 ₰

Clausius, C. E. G., vortheilhafte Methode beim Unterricht in d. Kalligraphie, im Zeichnen, Lesen u. Briefstyl rc. Mit 54 Briefblättern, nebst e. Schema z. Schreibunterricht. 8. Frkf. a. d. O. 806. (Sander in Berl.) 1 ₰ (a. Köhler in Lpz. mit Jahrz. 1818.)

Clausius, C. C. G., vortheilhafte Methode beym Unterricht in der Kalligraphie, im Zeichnen, Lesen und Briefstyl. 8. 806. Ist jetzt Verlag von Flittner in Berlin.

Clausius, C. E. G., Rede zur feierl. Begründung d. Denkmals d. in d. Befreiungsschlachten 1813, 14, 15 geblieb. Pommern, gehalten am 3. Aug. 1829 auf d. Gollenberge bei Cöslin. 8. (1 B.) Cöslin 830, Hendeß.

— Rede zur feierl. Begründung d. Denkmals der in d. Befreiungsschlachten 1813, 14, 15 gebliebenen Pommern, gehalten am 3ten Aug. 1829 auf d. Gollenberge bei Cöslin. gr. 8. Cöslin 831. Hendeß. 4 Gr

Clausius, John [Referendar, aus Bonn]: **Das Merkmal der Macht im Begriff des subjektiven Rechts. . . .** Bonn, Univ.-Buchdr. v. Carl Georgi, 1890; 47 + 1 S. 8°
Bonn, Jur. Fak., Inaug.-Diss. v. 10. Mai 1890

Clausius, Rudolf

Clausius, R., Abhandlungen über die mechanische Wärmetheorie. 2 Abthlgn. Mit in den Text eingedr. Holzst. Braunschweig 864, 67. Vieweg & S. gr. 8. (XVIII, 362 S.; XII, 352 S.) n. 3 ₰

— Ueber die von Grove beobachtete Abhängigkeit des galvanischen Glühens von der Natur des umgebenden Gases. (Aus Poggendorff's Annalen, Bd. LXXXVII.)

Clausius, R. Ueber die Ableitung eines neuen electrodynamischen Grundgesetzes. 4.

Clausius, R., Ueber die Anordnung der Elektricität auf einer einzelnen sehr dünnen Platte und auf den beiden Belegungen einer Franklin'schen Tafel. (Poggendorff's Ann., Bd. LXXXVI.)

— Ueber die Anwendung einer von mir aufgestellten mechanischen Gleichung auf die Bewegung eines materiellen Punktes um ein festes Anziehungs-Centrum und zweier materiellen Punkte umeinander. (Nachr. von der kgl. Ges. der Wissensch. und der G.-A.-Univers. zu Göttingen. 24. Mai 1871, No. 8.)

Clausius, R. Ueber die Anwendung des elektrodynamischen Potentials. 1880.

Clausius, R., Ueber die Anwendung des Satzes von der Aequivalenz der Verwandlungen auf die innere Arbeit. (Vorgetr. in der Züricher naturf. Ges. am 27. Jan. 1862.) (Aus Poggendorff's Ann., Bd. CXVI.)

— Ueber die Anwendung der mechanischen Wärmetheorie auf die Dampfmaschine. (Aus Poggendorff's Ann., Bd. XCVII.)

— Ueber die Anwendung der mechanischen Wärmetheorie auf die thermoelektrischen Erscheinungen. (Fortsetzung des im 87. Bde. dieser Ann. enthaltenen Aufsatzes „über die bei einem stationären elektr. Strome in dem Leiter gethane Arbeit und erzeugte Wärme".) (Aus Poggendorff's Ann., Bd. XC.)

— Ueber das mechanische Aequivalent einer elektrischen Entladung und die dabei stattfindende Erwärmung des Leitungsdrahtes. (Poggend. Ann., Bd. LXXXVI.)

— Ueber die bei einem stationären elektrischen Strome in dem Leiter gethane Arbeit und erzeugte Wärme. (Aus Poggendorff's Ann., Bd. LXXXVII.)

— Ueber die Art der Bewegung, welche wir Wärme nennen. (Aus Poggendorff's Ann., Bd. C.)

Clausius, R. Ueber die Art der Bewegung welche wir Wärme nennen. 1857.

— Ueber die von Gauss angeregte neue Auffassung der elektro-dynamischen Erscheinungen. (Aus Poggendorff's Annal., Bd. CXXXV.)

Clausius, R. Ueber das Bekanntwerden der Schriften Rob. Mayers.

Clausius, R. Bemerkungen über die mechanische Wärmetheorie. 1858.

— Ueber die Bestimmung der Energie und Entropie eines Körpers. (Aus der Zeitschr. für Mathem. und Physik. XI, 1.) 1865.

Clausius, R. Ueber die theoretische Bestimmung des Dampfdruckes und der Volumina des Dampfes und der Flüssigkeit. 2 Abhandl.

— Ueber die Beziehungen zwischen den bei Centralbewegungen vorkommenden characteristischen Grössen. 1872.

Clausius, R. Ueber die Electricitätsleitung in Elektrolyten. 1857.

— Ueber die Elektricitäts-Leitung in Elektrolyten. (Aus Poggendorff's Ann., Band CI.)

Clausius, R., über die Energievorräthe der Natur und ihre Verwerthung zum Nutzen der Menschheit. gr. 8. (26 S.) Bonn 885, Cohen und Sohn. *

— Ueber die blaue Farbe des Himmels und die Morgen- und Abendröthe. (Aus: Poggendorff's Annalen, Band LXXVI.)

— Ueber eine veränderte Form des zweiten Hauptsatzes der mechanischen Wärmetheorie. (Aus Poggendorff's Ann., Bd. XCIII.)

— Ueber verschiedene für die Anwendung bequeme Formen der Hauptgleichungen der mechanischen Wärmetheorie. (Vorgetr. in der naturf. Ges. zu Zürich den 24. April 1865.) (Aus Poggendorff's Ann., Bd. CXXV.)

— Ueber verschiedene Formen des Virials. (Gedr. in der Leipziger Vereins-Buchdr.) [1870.]

Clausius, R. Ueber verschiedene Formen des Virials. und über Behandlung der pondero- und elektromagnetischen Kräfte. 6.

Clausius, R. Ueber ein neues Grundgesetz der Elektrodynamik. 1875.

— Ueber einen Grundsatz der mechanischen Wärmetheorie. (Vorgetr. am 25. Aug. in der zu Samaden abgehalt. Versamml. der schweizer. naturf. Ges.) (Aus Poggendorff's Ann., Bd. CXX.)

Clausius, R. Ueber einen Grundsatz der mechanischen Wärmetheorie. 1863.

—— über den 2. Hauptsatz der mechanischen Wärmetheorie. Ein Vortrag, gehalten in einer allgemeinen Sitzung der 41. Versammlung deutscher Naturforscher und Aerzte zu Frankfurt a. M. am 23. Septbr. 1867. gr. 8. (17 S.) Braunschweig 867, Vieweg und Sohn. *

Clausius, R., Dr., Ueber die Intensität des durch die Atmosphäre reflectirten Sonnenlichts. (Fortsetzung des Aufsatzes: „Ueber die Lichtzerstreuung in der Atmosphäre".) (Besonders abgedruckt aus Crelle's „Journal für die reine u. angewandte Mathem.", Bd. XXXVI.) Berlin 1847.

— Ueber die Concentration von Wärme- und Lichtstrahlen und die Grenzen ihrer Wirkung. (Vorgetr. in der Züricher naturf. Ges. am 22. Juni 1863.)

Clausius, R., üb. d. bewegende Kraft d. Wärme, s.a. **Ostwald's, W., Klassiker d. exakten Wissenschaften.**

Ueber die bewegende Kraft der Wärme und die Gesetze, welche sich daraus für die Wärmelehre selbst ableiten lassen. Von R[udolf] **Clausius.** '(1850.)' Hrsg. von Dr. Max Planck, Prof. ... a. d. Univ. Berlin. M. 4 Textfig. *Leipzig: W. Engelmann 1898.* (55 S.) 1 Bd 8.
= **Klassiker,** Ostwald's, d. exakten Wissenschaften. No 99.

— Ueber die mittlere Länge der Wege, welche bei der Molecularbewegung gasförmiger Körper von den einzelnen Molecülen zurückgelegt werden; nebst einigen anderen Bemerkungen über die mechanische Wärmetheorie. (Aus Poggendorff's Ann., Bd. CV.)

Clausius, R., die Lichterscheinungen der Atmosphäre, s.: Beiträge zur meteorolog. Optik, 4. Hft.

Clausius, R., Dr., Die Licht-Erscheinungen der Atmosphäre. (Beiträge zur meteorologischen Optik und zu verwandten Wissenschaften von Johann August Grunert. I. Theil, I. Heft.) Leipzig 1850.

— Ueber die Lichtzerstreuung in der Atmosphäre. (Besonders abgedruckt aus Crelle's „Journal für die reine und angewandte Mathematik", Band XXXIV.) Berlin.

Clausius, R., über die verschiedenen Maassysteme zur Messung electrischer und magnetischer Grössen. gr. 8. (24 S.) Leipzig 882, Barth.
Aus: Annalen der Physik und Chemie, besonders abgedruckt.

Clausius R.: Über die Molekularbewegungen in gasförmigen Körpern. S. 46. H. 408. vgr. Separatabdruck

Clausius, Rudolphus Iulius Emanuel: Ueber die Natur derjenigen Bestandtheile der Erdatmosphäre, durch welche die Lichtreflexion in derselben bewirkt wird.
Halle-Wittenberg. Phil. Diss. v. 15. Juli 1848
Geb. [Köslin 2. 1. 1822]
Ms. fehlt. — Ersch. in: Annalen der Physik u. Chemie. Bd 76. Leipzig 1849. S. 161—188. — Der Drd. hatte mit eingereicht 2 Druckschriften: Ueber die Lichtzerstreuung in der Atmosphäre. Aus: Journal f. d. reine u. angewandte Mathematik. Bd 34. Berlin 1847. S. 122—147 und: Ueber die Intensität des durch die Atmosphäre reflectirten Sonnenlichts. Ebda Bd 36. 1848. S. 185—215. Ein Auszug aus diesen beiden Aufsätzen stand in: Annalen d. Physik u. Chemie. Bd 72. Leipzig 1847. S. 294—314.

— Ueber die Natur des Ozon. (Vorgetr. in der naturf. Ges. zu Zürich, den 8. März 1858.)

— Notiz über den Einfluss des Druckes auf das Gefrieren der Flüssigkeiten. [1850.]

Clausius, R., die Potentialfunction und das Potential. Ein Beitrag zur mathemat. Physik. gr. 8. (VIII und 108 S.) Leipzig 859, Barth. Thlr. *

—— die Potentialfunction und das Potential. Ein Beitrag zur mathemat. Physik. 2., verm. Aufl. Lex.-8. (VI und 120 S.) Leipzig 867, J. A. Barth. *

Clausius, R., die Potentialfunction und das Potential. Ein Beitrag zur mathemat. Physik. 3. verm. Aufl. gr. 8. (X, 178 S.) Leipzig 877, Barth. *

—— die Potentialfunction und das Potential. Ein Beitrag zur mathemat. Physik. 4. verm. Aufl. gr. 8. (X, 178 S.) Leipzig 885, Barth. *

— Ueber einen auf die Wärme anwendbaren mechanischen Satz. (Vorgetr. in der Niederrhein. Ges. für Natur- und Heilk. am 13. Juni 1870.

— Ueber den Satz vom mittleren Ergal und seine Anwendung auf die Molecularbewegung der Gase. (Vorgetr. in der Niederrhein. Ges. für Natur- und Heilk. am 9. Nov. 1874.)

— Ueber einen neuen mechanischen Satz in Bezug auf stationäre Bewegungen. (Vorgetr. in der Niederrhein. Ges. für Natur- und Heilk. am 16. Juni 1873.)

— Ueber den Unterschied zwischen activem und gewöhnlichem Sauerstoffe. (Vorgetr. in der Züricher naturf. Ges. am 19. Oct. 1863.) (Aus Poggendorff's Ann., Bd. CXXI.)

Clausius, R., Ueber die Veränderungen, welche in den bisherigen gebräuchlichen Formeln für das Gleichgewicht und die Bewegung elastischer fester Körper durch neuere Beobachtungen nothwendig geworden sind. (Aus Poggendorff's Ann., Bd. LXXVI.)

— Ueber das Verhalten des Dampfes bei der Ausdehnung unter verschiedenen Umständen. 1850.

Clausius, R. Verhalten des elektrodynamischen Grundgesetzes zum Princip von der Erhaltung der Energie. 1876.

Clausius, R. Verhalten der Kohlensäure in Bezug auf Druck, Volumen und Temperatur. 1879.

— Ueber das Vorhandensein von Dampfbläschen in der Atmosphäre und ihren Einfluss auf die Lichtreflexion und die Farben derselben. Aus: Poggendorff's Annalen, Band LXXXVIII.)

Clausius, R. Ueber die Wärmeleitung gasförmiger Körper. 1861.

— Ueber die Wärmeleitung gasförmiger Körper. (Aus Poggendorff's Ann., Bd. CXV.)

—— die mechanische Wärmetheorie. 2. umgearb. und vervollständ. Aufl. des u. d. T.: „Abhandlungen über die mechanische Wärmetheorie" erschienenen Buches. 1. und 2. Bd. gr. 8. Braunschweig, Vieweg und Sohn. *
Inhalt:
Bd. 1. Entwickelung der Theorie, soweit sie sich aus den beiden Hauptsätzen ableiten lässt, nebst Anwendungen. (XVI, 488 S. mit in den Text eingedr. Holzschn.) 876. *ℳ 8.
„ 2. Die mechanische Behandlung der Electricität. (XII, 352 S.) 879. *ℳ 6,40.

—— die mechanische Wärmetheorie. 1. Bd.: Entwickelung der Theorie, soweit sie sich aus den beiden Hauptsätzen ableiten lässt, nebst Anwendungen. 3. umgearb. und vervollständ. Aufl. gr. 8. (XVI, 403 S. mit in den Text eingedr. Holzst.) Braunschweig 887, Vieweg und Sohn. *
2. Bd. Ebendas. 1879. *ℳ 6.40.

Clausius, R. Die mechanische Wärmetheorie. 2. umgearb. u. vervollständ. Aufl. d. „Abhandlgn. üb. die mechan. Wärmetheorie". 3. Bd.: Entwickelung der besond. Vorstellgn. v. d. Natur d. Wärme als e. Art d. Bewegg. A. u. d. T.: Die kinetische Theorie d. Gase. Hrsg. v. Max Planck u. Carl Pulfrich. 2 Lfgn. gr. 8. Braunschw., Vieweg u. Sohn. [1. Lfg. (S. 1—48.) 889. * 1 20; 2. Lfg. (XVI, S. 49—264.) 891. * 6 80.] * 8 —
1. Bd. Ebd. 1887; 2. Bd. Ebd. 1879. * 14 40.

—— über das Wesen der Wärme, s. Vorträge, akademische.

— Ueber die Zurückführung des zweiten Hauptsatzes der mechanischen Wärmetheorie auf allgem. mechan. Principien. (Vorgetr. in der Niederrhein. Ges. für Natur- und Heilk., am 7. Nov. 1870.)

—— über den Zusammenhang zwischen den grossen Agentien der Natur. gr. 8. (27 S.) Bonn 885, Cohen und Sohn. *

— Ueber den theoretischen Zusammenhang zweier empirisch aufgestellter Gesetze über die Spannung und die latente Wärme verschiedener Dämpfe. 1850.

Clausius, Sabine (S. Kyn), Auge um Auge. Novelle aus e. deutschen Seestadt. (154 S.) 8. Köln (905). J. P. Bachem. n. 2.—; geb. n. 2.80

Die Gemblows. Novelle von S[abine] **Clausius.** Köln: J. P. Bachem [1905]. (202 S.) 8° [F.]

Clausius, Sabine, im Himmelreich, s.a. Kürschner's Bücherschatz.

Im Himmelreich. Roman von Sabine **Clausius.** Mit Ill. von W. Roegge. Berlin, Leipzig: H. Hillger [1907]. (95 S.) 8° [F.]
= **Bücherschatz,** Kürschners. No 554.

— Jeder seines Glückes Schmied, s.a. Kürschners, Jos. Bücherschatz.

Jeder seines Glückes Schmied. Roman von Sabine **Clausius** (S. Kyn). Mit Ill. von A. Lewin. Berlin, Eisenach, Leipzig: H. Hillger [1904]. (110 S.) 8° [F.]
= **Bücherschatz,** Kürschners. No 430.

— Recht u. Pflicht. Vil-Sieben, s.: Engelin's Roman- u. Novellenschatz 66. Bd.

— die Schatzsucherin. Eine gute Partie, s.a. Engelin's Roman- u. Novellenschatz. 59. Bd.

— Vivat sequens, s.a. Vobach's illustr. Roman-Bibliothek. V, 4. 5.

Vivat sequens. Ein Roman aus d. Großstadt. Von Sabine **Clausius.** Ill. von M. Baraseudts. Bd 1. 2. Berlin, Leipzig, Wien: Vobach (1908). 8°
(Vobachs Illustrierte Roman-Bibliothek. Ser. 5, Bd 4. 5.)

Clausner, Georg (Nürnberg), De polymathia philosophica sive necessaria connexione partium philosophiae. Disput. Präs. Jac. Wilh. Feuerlin. Altdorf (Magn. Dan. Meyer) 22. VI. 1718. 20 S. (4.80) 5333

Clausnitzer, Eduard, volkswirtschaftliche Belehrungen f. Lehrerseminare. (IV, 65 S.) gr. 8. Halle 910. H. Schroedel. — 80

Clausnitzer, Eduard, Bibelkunde, s.: Postel, Emil.

— s.: Jahresschau, pädagogische, üb. das Volksschulwesen.

Kindergottesdienst und Schule. Von Dr. Eduard **Clausnitzer**. Seminarl. in Berlin. *Bielefeld: A. Helmich [1900].* (12 S.) 8° [F.]
= Abhandlungen. Pädagogische. N. F. Bd 5, H. 8. [01. 3318

— deutsches Lesebuch f. Lehrerinnenseminarien Lehrerseminare u. Präparandenanstalten, s.: Heydtmann, Rob.

Staats- und Volkswirtschaftslehre. Ein Handbuch f. Lehrer u. Lehrerbildungs-Anstalten. Von Dr. Eduard **Clausnitzer**, Sem.Oberl. Halle: H. Schroedel 1906. (XII, 355 S.) 8° [F.] [06. 13904 3

Staats- u. Volkswirtschaftslehre. Von Dr. Eduard **Clausnitzer**, Sem.-Dir. 2. verb. Aufl. Halle a. S.: Schroedel 1910. XII, 367 S. 8° [10. 10492

Staats- und Volkswirtschaftslehre als Weiterbildungsfach zur 2. Lehrer-Prüfung. Von Dr. E[duard] **Clausnitzer**, Sem.Dir. Berlin: Gerdes & Hödel 1910. 10 S. 8°
(Zur Fortbildung d. Lehrers. H. 24.) [10. 12191

— dasselbe als Weiterbildungsfach zur 2. Lehrerprüfung, s.a. Zur Fortbildung des Lehrers.

[F.] **Clausnitzer**, Eduard: Die märkischen Stände unter Johann Sigismund ... Halle a. S., Druck v. Wischan & Wettengel, 1895; 82 S., 1 Bl. 8.
Leipzig, Phil. Fak., Inaug.-Diss. v. [5. Juli] 1895

— s.: Übungsstoff für den Rechenunterricht in Vorschulen.

Die Volksschulpädagogik Friedrichs des Grossen und der preussischen Unterrichtsverwaltung seiner Zeit. Von Eduard **Clausnitzer**, Lehrer in Berlin. *Halle a. S.: H. Schroedel 1902.* (VII, 168 S.) 8° [F.]
= Klassiker, Die pädagogischen. Bd 7. [02. 0703 3

— das Volksschulwesen u. das Lehrerbildungswesen im Deutschen Reich, s.: Giżycki, P. v.

Clausnitzer, Ernst F. A.

Clausnitzer, Er. F. A., Aufstellung eines neuen geschichtl. Kirchenjahres. 8. Wittenb. u. Leipz. 817. Reclam. 9 gr

— Gottesdienst, Kirchenverfassung u. Geistlichkeit d. bischöfl. engl. Kirche u. Volksthümlichkeit d. Erziehung in England. 8. Berl. 817. Maurersche B. 10 gr

— Grundgesetze (Statuten) kirchlicher Sängerchöre, die Errichtung derselben in Städten und Dörfern zu erleichtern und einzuleiten. Nebst einem Anhange über Schulfestfeyern. 8. Leipzig, Hartmann. 820.

— Grundgesetze (Statuten) kirchl. Sängerchöre, d. Errichtung derselben in Städten u. Dörfern zu erleichtern u. einzuleiten. Nebst e. Anh. über Schulfestfeiern. 8. Leipz. 820. (Lehnhold). 6 gr

— welche Verpflichtungen legt uns d. diesjährige außerordentl. Erndte auf? Eine Predigt. 8. Neust. 824. Wagner. 3 gr

Clausnitzer, H., die ersten Grundlagen z. Buchführung. I. Tl. (39 S.) gr. 8. Elbing 908. H. Clausnitzer. — 75

Die ersten Grundlagen zur Buchführung. Von H. **Clausnitzer**. T. 1. Elbing: [C. Meissner] 1908. 8° [08. 11110 10

Claunitzer, Hans

Einige Betrachtungen über den Einfluss der Königlichen Kunst auf das Leben des Maurers, auf das Leben des Profanen und auf die Menschheit im allgemeinen. Ein Vortrag für vorurteilsfreie Männer von H[ans] **Clausnitzer.** Elbing: Selbstverl. 1909. 30 S. 8° [Umschlagtit.]
Die Frmrei ist ein Hilligenlei. 140.

Maurerlieb' und Maurertreue. Eine Johannisfestgabe von Hans **Clausnitzer.** Pr. Holland: Weberstaedt [ca 1899]. 75 S. 8°
Enth. 5 Gedichte, 2 Lieder ohne Noten, 2 Reden bei festl. Gelegenheiten. 214.

Clausnitzer, Carl Christian (Schirmitiens. Misn.), Disquisitio philos. contra scepticorum praetextum a dissensionibus eruditorum sectio prior. Präs. Chn. Friedr. Scheibner. Wittenbg. (C. Chn. Dürr) Sept. 1765. 22 S. (4.80) 5334

Clausnitzer, Karl Gottlob

— Abhandl. von d. ehehinderl. Verwandtschaft, nach kursächs. Rechten. 8. Wittenb. 772. N. A. 789. Kühne. 3 gr

— Predigten von d. Erhöhung Jesu, mit Jh. Ad. Schlegels Vorrede. 8. Leipz. 753. Dyck. 4 gr

Clausnitzer, Karl Glo., († d. 22. Oct. 1788.) Untersuchung d. Frage, welche Erklärung d. Ehegesetze Mosis für d. Gewissen das Sicherste sei? gr. 8. Leipz. 773. Schwickert. 6 gr

– dasselbe, s.a. Clausnitzer, M. C. G.

— Versuch e. Einleit. in d. Religions- u. Kirchengeschichte f. Stadt- u. Dorfschulen. 8. Leipz. 775. (Aue in Altona). 3 gr

— Versuch einer Einleitung in die Religions- und Kirchengeschichte für Stadt- u. Dorfschulen. 8. Leipz. Jacobäer. 775.

Clausnitzer, Leopold

Clausnitzer, L., Geschichte d. preußischen Unterrichtsgesetzes. Mit besond. Berücksicht. der Volksschule. Mit 3 Tab. gr. 8. (VIII, 279 S.) Berlin 876. Nicolai's Verl. n. 2. 25

Clausnitzer, L. Geschichte d. preuß. Unterrichtsgesetzes. Mit besond. Berücksicht. der Volksschule. 1. Aufl. (VIII, 339 S.) 891; 2. wesentlich verm., bis auf die neueste Zeit fortgeführte Aufl. gr. 8. (VIII, 319 S.) Berl. 892, E. Goldschmidt. * 3 60

dasselbe. 3., bis auf die neueste Zeit fortgeführte Aufl. gr. 8. (VIII, 339 S.) Ebd. 892. n. 3. 60

Geschichte des Preußischen Unterrichtsgesetzes. Mit besond. Berücks. d. Volksschule von L[eopold] **Clausnitzer**. Bis auf d. neueste Zeit fortgeführt von H[ermann] Rosin. 4. Aufl. (T. 1. 2 in 1 Bd.) Hamburg: H. Grand 1908. (XII, 339, 90 S.) 8° [F.] [08. 638

Clausnitzer, L., Geschichte d. preußischen Unterrichtsgesetzes. Mit besond. Berücksicht. der Volksschule. Bis auf die neueste Zeit fortgeführt v. H. Rosin. 2 Tle. gr. 8. Hamburg 909. H. Grand. 7.—; in 1 Bd. geb. 8.—
1. Bis 1892. Von C. 5. Aufl. (XII, 339 S.) 4.—
2. Von 1892—1909. v. R. 2. Aufl. (XI, 164 S.) 3.—

Clausnitzer, L., Geschichte d. preuß. Unterrichtsgesetzes. Jetzt: Spandau, Hopf'sche Verlagsbuchdruckerei.

Clausnitzer, Leopold, cand. rev. min. aus Friedrichsfelde b. Berlin: Die Hirtenbilder in der altchristlichen Kunst. *Halle a. S. 1901: Wischan & Burkhardt.* (XIII, 110 S.) 8°
Erlangen, Phil. Diss. v. 27. Juli 1903

Leopold **Clausnitzer**. Ausgewählte Reden, Aufsätze und Gedichte. Als Gedenkbuch zum Besten e. Clausnitzer-Stiftung hrsg. unter Mitw. d. 'Geschäftsführenden Ausschusses d. deutschen Lehrervereins'. Mit 2 Bildn. u. 1 Musikbeilage. Leipzig & Berlin: B. G. Teubner 1906. (VI, 266 S.) 8° [F.] [06. 10540

Leopold **Clausnitzer**. Ausgewählte Reden, Aufsätze und Gedichte. Als Gedenkbuch ... hrsg. von d. Familie unter Mitw. d. 'Geschäftsführenden Ausschusses d. Deutschen Lehrervereins'. Mit 2 Bildn. u. 1 Musikbeilage. 2. unveränd. Abdr. Leipzig & Berlin: B. G. Teubner 1907. (VI, 266 S.) 8° [F.] [07. 7305

CLAUSNITZER, M. C. G., Untersuchung der Frage: welche Erklärung der Ehegesetze Mosis für das Gewissen die sicherste sey. Leipzig 1772.
Ehestandsalmanach I. p. 257 (ohne Formatsangabe).

– dasselbe, s.a. Clausnitzer, Karl Gottlob.

Clausnitzer, Maria, Gedichte. Leipzig 858. Hunger. 16. (X, 230 S.) n. 20 ngr

Clausnitzer-Hennes, Marie, neue Gedichte. 1. u. 2. Aufl. Mainz 861. (Leipzig, Hunger.) 16. (XII, 292 S. u. Portr. in Stahlst.) n. 1 ℛ 20 ngr.

Clausnizer, Adolf Heinrich, a. Sigmaringen: Aus d. med. Klinik zu Tübingen. Zur Kenntnis der Superazidität und Supersekretion. Borna-Leipzig 1907: R. Noske. (21 S.) 8°
Tübingen, Med. Fak., Ref. Romberg, Diss. v. 22. Febr. 1908
[Geb. 27. Sept. 81 Sigmaringen; Wohnort: Ludwigsburg; Staatsangeh.: Württemberg; Vorbildung: Gymn. Ludwigsburg Reife M. 01; Studium: Tübingen 4, Leipzig 3, Erlangen 1, Halle 2 S.; Coll. 1. Aug. 07; Approb. 14. Febr. 08.]

CLAUSNIZER, FRIEDRICH. Ueber einige Schwefeloxychloride. Tübingen, 1878.

Clausnizer, Th(eodor): Aus d. Tübinger Univ.-Augenklinik. Hat das einäugige Sehen einen schädigenden Einfluss auf das Auge? Tübingen 1908: Laupp. 33 S. 8°
Tübingen, Med. Diss. v. 12. Juli 1909, Ref. Schleich
[Geb. 1. März 84 Geislingen a. St.; Wohnort: Tübingen; Staatsangeh.: Württemberg; Vorbildung: Eberhard-Ludwigs-Gymn. Stuttgart Reife Sommer 02; Studium: Tübingen 3, Berlin 1, Tübingen 6 S.; Coll. 4. Nov. 08; Approb. 1. Juli 09.] [U 09. 3928

Clauson-Kaas, Adolf von

Clausson-Kaas, A., die Arbeitsschule neben der Lernschule u. der häusliche Gewerbfleiß. [Aus: „Arbeiterfreund".] gr. 8. (25 S.) Berlin 876. Simion. n. — 50

Clauson v. Kaas, A., über Arbeitsschulen und Förderung des Hausfleißes. 1. Heft. Bevorwortet von B. Brons, B. van der Laan und Th. Naydt. Nebst Unterrichtsvorlagen. gr. 8. (VIII, 62 S. mit 1 Stnt.) Bremen 881, Nordwestdeutscher Volksschriften-Verlag. *

—— die Einführung des Handfertigkeits-Unterrichts an landwirthschaftlichen Schulen. Vortrag, gehalten in der Oekonom. Gesellschaft im Königr. Sachsen, Dresden, am 5. Jan. 1883. gr. 8. (17 S.) Dresden 883, Schönfeld's Verlagsh. *

Clauß, s.: Friedensfest, das, im Gotteshause.

Clauß s.: Schneider, Wilh.

Clauß, C., Charakterbilder aus der Kunstgeschichte, s. Becker, K. W.

Clauss, C., s. Nagler, G. K., die Monogrammisten.

Clauß, C., evangelisches Predigtbuch, s. Predigtbuch.

Clauss C. die Tag und Nachtstunden mit den Sockelbildern a. d. Renaissancezeit Rafael Sanzio's. (12 Bl Farbendruck mit Text) grfol in Mappe. Wandsbeck

Clauss, Christian Friedrich Wilhelm (Zahna/Saxo). Disquisitionem potiorum inflammationis theoriarum. Diss. med. Präs. Christian Heinrich Theodor Schreger. Wittbg. (Ch. H. Graessler) 23. II. 1811. 27 S. (4.50) 5335
Gew.: Andr. Traugott Frh. v. Biedermann, Mich. Heinr. Reinhard.

Clauss, Emil [app. Arzt aus Pforzheim]: Über Schwangerschaft kompliziert mit Cervixcarcinom. . . . Tübingen, Druck v. Heinrich Laupp jr., 1890; 28 S. 8°
Tübingen, Med. Fak., Inaug.-Diss. v. 1890

Claus, Ernst Stephan

Ein Jahrhundert Baumwollfeinspinnerei. 1809—1909. E. J. Clauss Nachf., Plaue bei Flöha. (Verf.: Ernst Stephan Clauß.) [Nebst] Nachtr. — Leipzig (1909): Tenkler. quer-8° Nachtr. [u. d. T.:] Bilder vom Festzug u. von den Festgeschenken d. 100jähr. Bestehens d. Spinnerei Plaue am 5. Juni 1909.

Clauss, Erich, aus Ornshagen: Über p-Toluyl-p-Benzoesäure und p,p-Benzophenondikarbonsäure. *Greifswald 1900: H. Adler.* (33 S.) 8°
Greifswald, Phil. Diss. v. 12. März 1900

Clauss, Fel., s.: Lexikon des Arbeitsrechts.

Clauss, Fel., Wassergas-Erzeugung in kontinuierlichem Betriebe, nebst e. Anh.: Ueber die notwend. Verluste beim Dellwikprozess. gr. 8. (88 S.) Berlin 900. M. Krayn. n. 1. 50

Clauss, Franz Otto

Clauß, Frz. Otto, die wahren Anarchisten im preußischen Staate od. aktenmäß. Darstellg. e. militärgerichtl. Dramas. 2 Tle. 1. u. 2. Aufl. [1.–5. Tausend.] gr. 8. (110 u. 104 S.) Stuttgart 891. R. Lutz. à n. 1. 20

—— Der Kampf gegen die Sozialdemokratie in der Armee, s. Schriften zur deutschen Heeresreform.

Lichtwaffen zu Schutz und Trutz wider die Finsterniss des antichristlichen Zeitgeistes v. Otto Franz **Clauss**, Hauptm. a. D. Th. 1 [einziger]. *Steglitz: J. C. Kienast 1893.* (31 S.) 8° [F.] [93. 8758

Clauß, Frdr., Memminger Chronik, umfassend die Jahre 1826—1892, hrsg. u. erläutert v. Frdr. Döderlein. Beilagen: 5 Taf. Siegel, 2 Taf. Münzen, 6 Taf. Wasserzeichen in Zinkogr.; 1 Lichtdr. u. 17 Autotypien. gr. 8. (VII, 354 S.) Memmingen 894. B. Hartnig. Geb. in Leinw. n. 6. —

Clauß, G. W., Nordamerikanische Schnell-Schreibemethode in 84 Vorlegeblättern. Nebst gründlicher Anweisung zu deren Gebrauch in Sonntags- u. Bürgerschulen rc., zugleich als Vorbildungsmittel für den Zeichnenunterricht. Herausg. im Auftrage des Handwerkervereins zu Chemnitz zur Einführung in dessen Sonntagsschule. Mit 1 Abbild. qu. gr. 8. Chemnitz 839. Expedition des Gewerbeblattes. (Binder.) 1 ß

Clauß, G. W., nordamerikan. Schnell-Schreibmethode in 84 Vorlegeblättern. Nebst gründl. Anweis. zu deren Gebr. in Sonntags- u. Bürgerschulen rc., zugleich als Vorbildungsmittel f. d. Zeichnenunterricht. Hrsg. im Auftrage d. Handwerkervereins zu Chemnitz zur Einführ. in dess. Sonntagsschule. M. 1 Abbild. qu. gr. 8. (3/4 B. Text.) Chemnitz 839. [Leipzig, Binder.]

Clauß, G. W., Nordamerikanische Schnell-Schreibmethode in 84 Vorlegeblättern. Nebst gründl. Anweisung zu deren Gebrauch in Sonntags- und Bürgerschulen rc., auch zum Selbstunterricht, sowie zugleich als Vorbildungsmittel für den Zeichnenunterricht. 2. Ausg. qu. 1/2 4. Leipzig 842, Binder. (Bamberg.) 1/2 ß

Clauß, H., österreichische u. salzburgische Emigranten in der Grafsch. Oettingen. (V, 84 S.) gr. 8. Nördlingen 909. C. H. Beck. 1. 20

Clauss, Hermann [app. Arzt aus Offenburg (Baden)]: Ueber die Tuberculose des Penis. . . . Freiburg i. Baden, Univ.-Buchdr. v. H. M. Poppen & Sohn, 1889; 29 S. + 1 Bl. 8°
Freiburg i. B., Med. Fak., Inaug.-Diss. v. 1889

Clauss, Hugo. Beiträge zur Lehre der Nierenerkrankungen des Hundes. Aus der Klinik für kleine Haustiere der Kgl. Tierärztlichen Hochschule zu Stuttgart .... Diss. Vet.-Med. Bern. IV + 73 S. 8. Stuttgart, Richard Enzig, 1910.

Clauss, J. C., de precibus ex natura cognitis. Lips. 1712. 4.

[F.] **Clauss,** Immanuel [Dr. d. Staatswiss.]: Die Lehre von den Staatsdienstbarkeiten histor.-dogmat. entwickelt. Tübingen, H. Laupp, 1894; VII, 229 S. 8.
Tübingen, Staatswiss. Fak., Inaug.-Diss. v. 1894
(Nicht für den Austausch)

Clauß, Joh. Heinr., über d. Cultur d. Schafe u. Production d. edelsten Wolle. Mit d. Portr. d. Verf. u. 3 lith. Abbild. gr. 8. (8 1/4 B.) Meißen 836, Klinkicht u. Sohn.

Clauss, Johannes [aus Ravolzhausen (Hessen-Nassau)]: Bacteriologische Untersuchungen der Milch im Winter 1888/89 in Würzburg mit besonderer Berücksichtigung der Milchsäure bildenden Bacterien. . . . Würzburg, Becker's Univ.-Buchdr., 1889; 38 S. 8°
Würzburg, Med. Fak., Inaug.-Diss. v. 1889

Clauss, Jos. M. B., Holz- u. Metallschnitte des 15. Jahrh. aus den Stadtbibliotheken zu Colmar u. Schlettstadt im Elsass, s.a. Einblattdrucke des 15. Jahrh.

Holz- und Metallschnitte des fünfzehnten Jahrhunderts aus den Stadtbibliotheken zu Colmar und Schlettstadt im Elsass von Jos. M. B. **Clauss**, Stadtbibl. 10 Abb. Strassburg: Heitz 1909. 9 S. 2°(4°)
(Einblattdrucke d. 15. Jahrhunderts. [15.]) 100. 9269

Clauss, Jos. M. B., Rabat u. Chorrock. Ein Beitrag zur Geschichte des geistl. Kostüms. (29 S. m. 2 Taf.) gr. 8. Strassburg 904. F. X. Le Roux & Co. n. — 80
Sonderabdruck aus: Strassbg. Diözesanbl.“

— Elsässische Städtebilder. 1.—3. Hft. kl. 8. Zabern, A. Fuchs. nn 1. 25
1. Molsheim. Bischöfl. Amt. Landkapitel. Kreis, Kanton u. Stadt. (29 S.) 906. nn — 25
2. Mülhausen. Kreis. Kanton, Dekanat u. Stadt (70 S.) 907. — 50
3. Oberehnheim. Landkapitel, Kanton u. Stadt. — Odilienberg. Berg u. Kloster. 2. verb. u. verm. Aufl. (53 S.) 909. 50

Clauß, Joseph M. B.: Historisch-topographisches Wörterbuch des Elsaß. Lfg. 1—16. Zabern: Fuchs 1895—1914. 1024 S.

Clauss, Jos. M. B., historisch-topograph. Wörterbuch des Elsass. (In ca. 10 Lfgn.) 1.—4. Lfg. gr. 8. (V u. S. 1—192.) Zabern 895—897. A. Fuchs. à n. 1. —

Clauss, Jos. M. B., historisch-topographisches Wörterbuch des Elsass. 5.—8. Lfg. gr. 8. (S. 257—512.) Zabern (898—901). A. Fuchs. à n. 1. —

— historisch-topographisches Wörterbuch des Elsass. 9.—11. Lfg. (S. 513—704.) Lex.-8. Zabern 903—906. A. Fuchs. à n. 1. —

— Historisch-topographisches Wörterbuch d. Elsass. 12.—14. Lfg. (S. 705—896.) Lex. 8. Ebd. (907—10). à 1. —

Clauß, K. W., die deutsche Rechtschreibung für Jedermann, insbesondere für den Gewerbs- und Landmann, für gewerbl. und landwirthschaftl. Unterrichtsanstalten und Sonntagsschulen, sowie auch für Volksschulen. 1. Thl.: Regeln der Rechtschreibung. br. 8. (28 S.) Dresden 871, Heinrich. *

Clauß, K. W., Selbsthilfe bei Umrechnungen aus dem alten sächsischen in das neue norddeutsche Maß u. Gewicht u. aus dem neuen in das alte. Nebst e. kurzen, leicht faßl. Anleitg. zur Dezimalbruch-Rechnung. 4. verb. Aufl., versehen m. den vom Verbande deutscher Architekten vorgeschlag. Abkürzgn. gr. 8. (32 S.) Dresden 871. (Naumann.) n. — 20

Clauß, Carl, praktische Düngerlehre. Ein kurzer Abriß des chemisch-physiologischen Theils des rationellen Feldbaues auf wissenschaftlicher u. wirthschaftlicher Grundlage. Zugleich erläuternder Text zur graph. Düngungstaf. d. Verf. Nürnberg 868. v. Ebner. gr. 8. (X, 52 S.) n. 9 ngr.

Clauss, C.: Düngungstafel in graphischer Darstellung. Chromolith. gr. Fol. Ebd. 1867.

—— Düngungstafel in graphischer Darstellung. Chromolithogr. gr. Fol. Nürnberg 868, v. Ebner'sche Buchh.

Clauss, Carl, s. Meisterwerke, die, der Dresdner Galerie.

Clauß, Conr. Herm., Blätter der Erinnerung. Vier Predigten. Leipzig 859. Bredt. 8. (61 S.) 7½ ngr.

—— Christian III., König von Dänemark und Norwegen, Herzog in Schleswig, Holstein &c., Graf von Oldenburg &c. Ein biograph. Beitrag zur Geschichte des 16. Jahrh., insbesondere der Kirchenreformation. Zum Säcularandenken an den 1. Januar 1559, den Todestag Christians III. gr. 8. (VIII und 150 S.) Dessau 859, Baumgarten und Comp.

Clauss, Conr. Herm., Georg III. der Fromme Fürst zu Anhalt, Graf zu Ascanien, Herr zu Zerbst und Bernburg, Dompropst zu Magdeburg und Meissen. Ein biograph. Abriss. Zur Erinnerung an den 17. Octbr. 1553. gr. 4. (58 S.) Zwickau 853, (Richter'sche Buchh.) Thlr. *

—— Weihestunden des häuslichen Lebens. Gebetbuch. Mit einem Anhang. 8. (VII und 151 S.) Zwickau 853, [Thieme.] *

Clauß, Conr. Herm., von dem Werthe des hebräischen Unterrichts für das Gymnasium. Schulrede. gr. 8. (24 S.) Dresden 851, Naumann. *

Clauß, L., Beiträge zur Kritik u. Exegese d. Psalmen. gr. 8. Berl. 831. Reimer. 2 ℳ 12 ₰

Clauss, Ludwig [pr. Arzt aus Gnesen]: Ein Fall von Sirenenbildung aus der Königsberger Frauenklinik '(m. Tafeln)' ... Königsberg i. Pr., Druck v. M. Liedtke, 1896; 2 Bl., 17 S., 3 Bl., 2 Taf. 8.
Königsberg, Med. Fak., Inaug.-Diss. v. 21. Febr. 1896

Clauss, Ludw., e. Fall v. Sirenenbildung aus der Königsberger Frauenklinik. Diss. gr. 8. (19 S. m. 2 Taf.) Königsberg 896. (W. Koch.) n. 1. —

Clauß, P. W., Sammlung der v. der vormal. kgl. Amtshauptmannsch. Dresden, sowie v. der königl. Amtshauptmannsch. Dresden-Altstadt erlass. Bekanntmachgn. I. Bd., die J. 1874 bis m. 1891 betr. 8. (268 S.) Dresden 892. (C. Weiske.) n. 4. —

Clauß, Sammlg. d. v. d. kgl. Amtshauptmannsch. Dresden-Altstadt erlass. Bekanntmachgn. II. Bd., die J. 1892 bis m. 1895 betr. gr. 8. (120 S.) Potschappel 897. (Dresden, C. Weiske.) n. 2. — (I. u. II.: n. 6. —)

Clauss, Wilhelm

Clauss, W., und E. Heusinger v. Waldegg, Abbildung und Beschreibung der Locomotive, s. Heusinger v. Waldegg, E.

Clauß, Wilh., 1894. Das goldene Jubeljahr d. Großen Carnevals-Gesellschaft in Köln. Festbericht. gr. 8. (204 S. m. Abb.) Köln 895. Ph. Gehly. Geb. in Halbleinw. n. 2. —

Clauss, W., über die Anlage, Ausrüstung u. den Betrieb v. normalspurigen Secundärbahnen. Unter spezieller Berücksicht. der Linie Braunschweig-Gifhorn bearb. Mit 4 (lith.) Blatt Zeichnungen u. 6 Anlagen. gr. 8. (VII, 78 S.) Braunschweig 877. (Bruhn's Sort.) n. 4. —

Clauss, Wilhelm [Hrsg.], s. Die Stadt Braunschweig in hygienischer Beziehung.

Clauss, Wilh. Die Stadt Braunschweig in hygienischer Beziehung, s. Blasius, Rud.

Clauß, Wilh., unsere Große, wie sie ward u. war. Eine geschichtl. Skizze der Großen Carnevals-Gesellschaft zu Köln, zu ihrem goldenen Jubeljahre gewidmet. 8. (64 S.) Köln 894. J. G. Schmitz. n. — 50

— us unse Lotterbove-Johre. Erzählungen in köln. Mundart. 1. u. 2. Bd. 12. Köln 894. J. P. Bachem. Kart. à n. 1. 50
1. Der Sellspenner. Unse Student. (IV, 212 S.)
2. Achzehnhundertsibbenzig. Et Kreegsjohr en Kinderauge. (IV, 164 S.)

Clauss, Wilhelm, Rechtspraktikant: Der Staatsbeamte als Abgeordneter in der Verfassungsentwicklung der deutschen Staaten. Allgemeine Gesichtspunkte und Gestaltung bis zum Jahr 1820. Karlsruhe i. B. 1906: G. Braun. (80 S.) 8° ¶(Erscheint vollst. als „Freiburger Abhandlungen aus dem Gebiet des öffentlichen Rechts“ H. 9.)
Freiburg i. B., rechts- u. staatsw. Fak., Ref. R. Schmidt, Diss. v. 1906
[Geb. 12. April 82 Meßkirch (Amt Meßkirch, Baden); Wohnort: Freiburg i. B.; Staatsangeh.: Baden; Vorbildung: Gymn. Mannheim, Offenburg Reife M. 99; Studium: Heidelberg 1, München 1, Freiburg i. B. 5 S.; Rig. 11. Juli 04.]

Clauß, W., das Wasserwerk der Stadt Braunschweig, nebst Angaben über Bau, Betrieb und die verschiedenen Methoden von Wasserleitungen für Städte ꝛc. Fol. (115 S. mit 5 Taf. lithogr. Zeichnungen in qu. gr. und Imp.-Fol., und mehreren in den Text gedr. Holzschn.) Hannover 869, Schmorl und v. Seefeld. *

—— ueber Weichenthürme und verwandte Sicherheits-Vorrichtungen für Eisenbahnen. Unter specieller Beschreibung der auf den Braunschweigischen und andern Linien getroffenen Einrichtungen. Mit 12 (chromolithogr.) Taf. Zeichnungen, Instructionen etc. (in gr. Fol.). Lex.-8. (IV, 87 S.) Braunschweig 878, Wagner. *

Claussen: Dispositionen zu deutschen Themen. 18 S. – Rastenburg, Progr. 1855.

Claussen, s.: Entwurf e. Normallehrplans f. Handelsrealsch.

Claussen, Chevalier, der Flachsbau, seine nationale Bedeutung u. Vortheile nebst Anweisungen zur Bereitung v. Flachsbaumwolle u. zur Cultur des Flachses. Aus d. Engl. gr. 8. (54 S.) Braunschweig 851, Vieweg & Sohn. n. 1/3 ℛ︎

— die Flachs-Bewegung, ihre nationale Wichtigkeit u. Vortheile, mit Anleitungen zur Bereitung der Flachs-Wolle u. der Cultur des Flachses. Nach der 2. Ausg., London 1851, aus d. Engl. übers. Veranlaßt u. mit einem Vorworte versehen v. Karl Schmutz. gr. 8. (VIII u. 48 S.) Linz 851. Leipzig, Hübner in Comm. 8 ngℊ

Ostseebad Gravenstein (v. Claussen. Gravenstein. 1885.) 2 Bl. 8°.

Claußen, (Kirchenrath,) Todtenfeier in Folge des Heimgangs der verewigten Großherzogin Cäcilie von Oldenburg im Schullehrer-Seminar am 3. Febr. u. in der Armenschule am 8. desselb. Mon. gr. 8. Oldenburg 844. (Stalling.) 1/12 ℛ︎

Claussen, Traits caractéristiques de l'histoire de Russie. 8. Paris et Strasb. Treuttel et W.

Claußen, A., 7 Siebengestirne. Der Matrose u. sein Findling. 8. (76 u. 23 S.) Leipzig 895. Verl. d. akadem. Buchh. (W. Faber). n. 1. —

— nach der goldenen Stadt. Erzählung. Mit e. Nachwort v. W. Faber. gr. 8. (102 S.) Ebd. 893. n. 1. —

— dasselbe, s.a. Schriften des Institutum Judaicum in Leipzig.

Claussen, Anna

Claussen, A., Simeon der Jude, s.: Familien-Bibliothek.

Claußen, Anna, Magdalena Steffens. Eine Erzählung f. das Volk. gr. 16. (148 S.) Basel 879. Spittler. n. — 80

Claußen, Ant. Mart., mein Abschied vom Seminar. Voran eine kurze Geschichte der Anstalt in den beiden letzten Jahrzehnden. gr. 8. (41 S.) Oldenburg 851, Stalling. n. 1/6 ℛ︎

Claussen, Ant. Mart., die biblische Geschichte oder das Reich Gottes auf Erden in einem kurzgefaßten Ueberblick der Menschengeschichte auf biblischer Grundlage. Ein Büchlein für Schule und Haus zur Belehrung und Unterhaltung. Oldenburg 855. Stalling. 8. (X, 141 S.) 7 1/2 ngℊ

Claußen, Ant. Mart., s. Lehrplan, kurzgefaßter, f. Volksschulen.

Claussen, (Frid. Guil.) Armin. (geb. Brühl bei Cöln a. Rh. 24. 8. 1813):
De asphyxia. Berolini (1865). (32 S.) 8°
Berlin, Med. Diss. v. 9. Aug. 1865

Claussen, August Peter Lorenz

Claußen, A. P. L., methodische Anleitung zum Unterricht im Rechnen. Für Lehrer u. Seminaristen bearb. gr. 8. (304 S.) Potsdam 885. Stein. n. 3. —

Claussen, A. P. L., die trigonometrische Auflösung der quadratischen u. kubischen Gleichungen. gr. 8. (64 S.) Schleswig 880. Bergas. n. 1. 20

— kleine Geographie der Prov. Pommern. Anhang zu der kleinen Geographie f. Volks- u. Mittelschulen. 8. (14 S.) Bütow 882. (Leipzig, Siegismund & Volkening.) n. — 10

Claussen, A. P. L., kleine Geographie für Volks- und Mittelschulen. Ein Wiederholungsbuch für Schüler. 8. (67 S.) Eckernförde 878, Heldt. geb. *

— Geographie der Prov. Schleswig-Holstein. Anhang zu der kleinen Geographie f. Volks- u. Mittelschulen. 8. (16 S.) Eckernförde 880. Heldt. n. — 20

Claussen, A. P. L., das Heldengeschlecht der Hohenzollern im Frieden, Kampf u. Sieg. Gedicht. gr. 8. (31 S. m. 7 Bildnissen.) Berlin 892. A. Granisch. n.n. — 75

Claussen, A. P. L., Kopfrechenschule. Eine Sammlung von methodisch geordneten Kopfrechenaufgaben. 2 Thle. gr. 8. Schleswig 881, Bergas. *

Inhalt:

Thl. 1. Für die mittleren Klassen der Volks- und Mittelschulen. (V, 72 S.) *ℳ 1,20.
" 2. Für die Oberklassen der Volks- und Mittelschulen, für Präparandenanstalten und Seminarien. (VI, 183 S.) *ℳ 3.

Claußen, A. P. L., Kopfrechenschule. E. Sammlg. v. method. geordn. Kopfrechenaufgaben. II. Tl. F. d. Oberklassen d. Volks- u. Mittelschulen, f. Präparanden-Anst. u. Seminarien. 2. Aufl. gr. 8. (VII, 163 S.) Schleswig 899. J. Bergas. Kart. n. 3. —

— Lehrbuch der Arithmetik u. Algebra, nebst vielen Übungsaufgaben. Für Lehrerseminarien u. höhere Bürgerschulen, sowie f. den Selbstunterricht bearb. gr. 8. (VIII, 240 S.) Potsdam 884. Stein. n. 2. 40

— Lehrbuch der mathematischen Geographie. Für Seminarien, Real- u. Volksschulen, sowie zum Selbstunterricht bearb. Mit 34 in den Text eingedr. Fig. (in Holzschn.). gr. 8. (IV, 74 S.) Leipzig 878. Knapp. cart. n. 2. —

— Lehrbuch der Physik, nebst Anleitg. zum Experimentieren. Für Präparandenanstalten, höhere Knaben- u. Mädchenschulen, sowie f. Stadtschulen u. mehrklass. Volksschulen bearb. Mit 140 in den Text eingedr. Holzschn. gr. 8. (IV, 124 S.) Ebend. 883. n. 1. 60

— die Logarithmen u. ihre Anwendung. Sammlung v. Aufgaben aus der Zinseszins- u. Rentenrechnung, sowie aus der ebenen u. sphär. Trigonometrie. Für die oberen Classen der höheren Lehranstalten bearb. Mit 54 in den Text gedr. (Holzschn.-)Fig. gr. 8. (III, 232 S.) Ebend. 878. n. 4. —

— Logarithmentafeln, sowie Resultate zu den Beispielen u. Aufgaben d. Lehrbuchs der Arithmetik u. Algebra. gr. 8. (47 S.) Ebend. 884. n. — 60

Claussen, Bernh., neun Predigten über das Vater-Unser. gr. 8. (68 S.) [Bredstedt.] Breklum 876, Christliche Buchh. *

Claußen, (Hans Hermann) Bruno, Rechtskandidat: Die Beendigung des mittelbaren Eigenbesitzes nach Bürgerlichem Gesetzbuch mit Rückblick auf römischrechtliche Grundsätze. Borna-Leipzig 1906: R. Noske. (VIII, 49 S.) 8°
Heidelberg, Jur. Fak., Ref. Buhl, Diss. v. 15. Dez. 1906
[Geb. 26. Jan. 80 Heide i. Holst.; Wohnort: Kiel; Staatsangeh.: Preußen; Vorbildung: Gymn. Meldorf i. Holst. Reife M. 01; Studium: Tübingen 4, Berlin 1, Kiel 3 S.; Rig. 9. Aug. 06.]

Claußen, Bruno, a. Itzehoe, Referendar am Amtsgericht in Heide: Der Rechtsfall der l. 62 D. pro socio 17,2 im gemeinen Recht und im Recht des Bürgerlichen Gesetzbuchs. Borna-Leipzig 1906: R. Noske. (X, 36 S.) 8°
Erlangen, Jur. Fak., Ref. Siber, Diss. v. 4. Okt. 1906
[Geb. 15. Febr. 84 Itzehoe; Wohnort: Heide; Staatsangeh.: Preußen; Vorbildung: Gymn. Ratzeburg Reife O. 02; Studium: Grenoble 1, Tübingen 3, Berlin 1, Kiel 2 S.; Rig. 6. Juli 06.]

Claussen, C. F., Versuch eines naturgemäßen Lehrganges im elementarischen Rechnen mit einleitenden Erläuterungen. Kiel 858. Schröder u. Co. 12. (52 S.) 3 3/4 ngℊ

Claußen, D., Sprachstoffe f. Mittelklassen. Eine Sammlg. v. Merksätzen, Aufgaben u. Übgn. zum Erlernen des richtigen Sprechens u. Schreibens. Für Schüler der Mittelklassen nach unterrichtl. Erfahrgn. zusammengestellt. Neue Rechtschreibg. (82 S.) gr. 8. Oldenburg (903). A. Littmann. n.n. — 15

Claussen, E., die stat. Berechng. d. Fabrikschornsteine. Allgem. verständl. dargest. f. Prüfgs.-Behörden u. Fabrikanten. gr. 8. (III, 68 S. m. Fig., 2 Taf. u. 1 Formular 4 S. in Fol.) Lüneburg 897. (Herold & Wahlstab.) n. 3. —

Claussen, E., die statische Berechnung der Fabrikschornsteine. Auf Grund amtl. Materials allgemeinverständlich dargestellt u. f. den prakt. Gebrauch bearb. 2. völlig umgearb. Aufl. gr. 8. (IV, 79 S. m. Fig. u. 1 Taf.) Lüneburg 901. H. König. n.n. 3. —

Claussen, E., s.: Handbuch der praktischen Gewerbehygiene.

Claussen, E. Die Kleinmotoren u. die Kraftübertragung v. e. Centralen, ihre wirtschaftl. Bedeutg. f. das Kleingewerbe, ihre Konstruktion u. Kosten. Für Gewerbetreibende u. s. w. allgemein verständlich dargestellt. gr. 8. (VIII, 160 S. m. 76 Abbildgn. u. 1 Taf.) Berl. 891, Siemens. * 3 —; geb. * 3 60

Die Kleinmotoren, ihre wirtschaftliche Bedeutung für das Kleingewerbe, ihre Konstruktion und Kosten. Allgemein verständl. dargest. von E. Claussen, Gewerberat. 2. umgearb. u. verm. Aufl. Mit 82 Abb. *Berlin: G. Siemens 1903.* (144 S.) 8° [F.]

Claussen, E., die Kleinmotoren, ihre wirtschaftl. Bedeutung f. Gewerbe u. Landwirtschaft, ihre Konstruktion u. Kosten. Allgemein verständlich dargestellt. 3. umgearb. u. verm. Aufl. (IV, 199 S. m. 99 Abb.) 8. Berlin 908. G. Siemens. Geb. 3. —

— Statik u. Festigkeitslehre in ihrer Anwendung auf Baukonstruktionen, analytisch u. graphisch behandelt. Mit 285 Fig. u. zahlreichen prakt. Beispielen. gr. 8. (VII, 285 S.) Berlin 893. R. Oppenheim. n. 7. 50; geb. n. 8. 50

Claussen, Emil: M u s e n k r a n z . Neun Bücher Gedichte v. Emil Claussen. Schleswig. 1848. 8°

Claussen, F., die rechnerische Behandlung der sozialpolitischen Gesetze nach dem neuesten Stande d. Gesetzgebung. 1. Invalidenversicherung. — 2. Krankenversicherung. — 3. Unfallversicherung. 1.—6. Taus. (à 13 S.) gr. 8. Leipzig 904. F. Hirt & Sohn. n.n. — 10

Claussen, F., Beispiele u. Aufgaben f. den Unterricht im kaufmänn. Rechnen, s.: Findeisen, C. F.

Claussen, F., die Bremerhavener Hafen- u. Dock-Anlagen, s.: Rudloff, R.

Claußen, F., Leitfaden d. Planimetrie. gr. 8. (79 S. m. 109 Fig.) Leipzig 898. F. Hirt & Sohn. Kart. n. 1.—

— Leitfaden der Planimetrie, nebst e. kurzen Anleitg. zu trigonometr. u. stereometr. Berechngn. 2., erweit. Aufl. (92 S. m. 120 Fig.) 8. Leipzig 905. F. Hirt & Sohn. Kart n. 1. —

Claußen, F., Kaufmännisches Rechnen. Leipzig, 1907. 46 S.

Claussen, Friedrich [aus Kannemoor (Holstein)]: Kritische Darstellung der Lehren Berkeley's über Mathematik und Naturwissenschaften. . . . Halle a. S., Druck v. Ehrhardt Karras, 1889; 36 S. + 1 Bl. 8°

Halle, Phil. Fak., Inaug.-Diss. v. [12. Jan.] 1889

Frmr. Ver. „Eintracht" Blankenese. Was ist der Mensch? Letzter Vortrag unseres Br. Friedr. Claussen, gehalten am 27. Mai 1906. Blankenese [1906]: Kröger. 12 S. 8° [Umschlagtit.]
Beigefügt ein Nachruf in Versen an Claussen von H. F.

Claussen, Frid. Guil. Armin, s. C l a u s s e n , Armin

Die Sparkasse in B r e m e n , ihre Einrichtungen, ihr Werden und Wachsthum bis zum 75. Jahre ihres Bestehens. Von G. H. Claussen. — Bremen 1900: Guthe. 28 S. 38 A.

Clavssen, G[eorgius] Leonardvs Aemilivs (geb. 1821 auf Südenseehof Rgbz. Schleswig): Qvaestiones Herodeae. Specimen I [un.]. De Triopa atqve Erysichthone. De Diana Vpi. De Panathenaicis ab Herode Attico editis . . . Bonnae, form. F. P. Lechneri 1847. 3 Bl., 48 S., 1 Bl. 8.

Bonn, Phil. Fak., Diss. v. 5 Febr. 1847

CLAUSZEN, H[ANS] C[HR.], Noget om Præstegaardenes Indløsning og Vedligeholdelse udi Hertugdømmene Slesvig, Holsten og Tørninglehn, med et par Bemærkninger angaaende Præstegaarden udi Nordbye Sogn paa Fanøe. Haderslev. 1836. P.

Claußen, Hans Hermann Bruno, s. C l a u ß e n , Bruno

Claussen, Hans Reimer

Claussen, H. R., die Anschuldigungen, die Haft u. das Strafverfahren wider den Schullehrer Davids zu Haßmoor, als Verfasser mehrerer Artikel in der demokrat. Zeitung „das Volk" beleuchtet. gr. 8. (42 S.) Kiel 850, Schröder & Co. n. 1/3 ₰

– An das Königl. Holsteinische Obergericht zu Glückstadt. E x c e p t i o n s s c h r i f t für Rath und Bürgerschaft der Stadt Kiel, Beklagte wider die Litzenbrüder Köpke, Vollbier, Krayenhagen und Repenning, Kläger,
wegen verlangter Gewährung der zum Litzenbruderdienst angeblich gehörigen Rechte und wegen begehrter Enschädigung(!)
Kiel, den 1. Sept. 1847. Hans Reimer Claussen, Verf. Kiel. (1847.) Fol.

—— der Preßproceß wider Dr. Rauch in Kiel, Mitglied der schleswig-holstein. Landesversammlung beleuchtet. gr. 8. (40 S.) Kiel 850, Schröder und Comp. *

Claussen, H. R., Supplicationsschrift an das Königl. Schleswig-Holstein-Lauenburg. Oberappellationsgericht zu Kiel für Frz. Emil Werner Chassot v. Florencourt aus Braunschweig wegen Theilnahme an Studentenverbindungen, s. w. d. a. gr. 8. Kiel 844. (Bünsow.) 2/3 ₰

Claussen, H. R., Supplikationsschrift an das k. schleswig.-holstein-lauenburg. Oberappellationsgericht zu Kiel f. Frz. Emil Werner Chassot v. Florencourt aus Braunschweig wegen Theilnahme an Studentenverbindungen, s. w. d. a. gr. 8. (3 1/8 B.) Kiel 844. (Naeck.)

– Rechtfertigung des Verfassers der Neumünster'schen im Jahre 1846 an die holsteinische Ständeversammlung in Folge des offenen den 8. Juli 1846 erlassenen Briefes des Königs von Dänemark gerichteten Adresse. (1.) V e r t h e i d i g u n g s - s c h r i f t für Carl Lorentzen in Kiel fiscalisch Angeklagten wider den Justizrath und Obersachwalter Raben in Altona von Amtswegen Ankläger, betreffend vermeintliche in der gedachten Adresse gefundene Verbrechen der Majestätsbeleidigung und Anreizung zur Widersetzlichkeit. Von Hans Reimer Claussen. Kiel. 1847. 8°

—— 2. Vertheidigungsschrift für den Dr. der Phil. Carl Lorentzen in Kiel, hauptsächl. wegen Anschuldigung von Majestätsbeleidigung und öffentlicher Injurie, jetzt um Aufhebung der vom holstein. Obercriminalgericht den 11. März 1847 erkannten einjähr. Festungsstrafe. Eingereicht an das königl. schleswig-holstein-lauenb. Ob.-Appell.-Gericht den 14. Juni 1847. gr. 8. (38 S.) Kiel 847, Schröder und Comp. *

– V e r t h e i d i g u n g s s c h r i f t für den Herrn Dr. phil. Carl Lorentzen in Kiel, betreffend verschiedene incriminirte Aeusserungen in einem von dem Herrn Lorentzen im Jahre 1845 geschriebenen Vorwort zu den Dänischen, Holsteinischen und Lauenburgischen, die staatsrechtlichen Verhältnisse der Herzogthümer Schleswig, Holstein und Lauenburg zu Dänemark betreffenden Adressen. Von Hans Reimer Claussen. Kiel. 1846. 8°.

— Vertheidigungsschrift für den Herrn Dr. phil. Carl Lorentzen in Kiel, betreff. verschiedene incriminirte Aeußerungen in einem von Lorentzen im J. 1845 geschrieb. Vorwort zu den dänisch., holstein. und lauenburg., die staatsrechtl. Verhältnisse der Herzogth. Schleswig, Holstein und Lauenburg zu Dänemark betr. Adr. gr. 8. (46 S.) Kiel 847, Schröder u. Comp. *

– (Das Verbot der Volksversammlungen in Kiel und Nortorf.) An das königliche Obergericht zu Glückstadt. Vertheidigungsschrift für den Eisenbahndirector, Deputirten etc. Theodor Olshausen in Kiel fiskalisch Angeklagten wider den Justizrath und Obersachwalter Raben in Altona von Amtswegen Ankläger, wegen vermeintlich strafbarer, zur Widersetzlichkeit gegen die Staatsregierung aufreizender Vorschläge und Äusserungen etc. Von Hans Reimer Claussen. Kiel. 1847. 8°

— an die hohe obergerichtl. Untersuchungs-Commission. Vorstellung und Bitte für den Eisenbahndirektor und Worthalter der 32 Männer, Theodor Olshausen zu Kiel, um Aufhebung der wider ihn eingeleit. Untersuchung so wie der gegen ihn verhängten Haft rc. gr. 8. (14 S.) Kiel 846, [Maack's Verlag.]

— an die hohe obergerichtliche Untersuchungs-Commission. Vorstellung u. Bitte für d. Eisenbahndir. u. Worthalter der 32 Männer, Theodor Olshausen zu Kiel, um Aufhebung der wider ihn eingeleit. Untersuchung so wie der gegen ihn verhängten Haft rc. gr. 8. Kiel 846, Univers.-Buchh. 3/8 ℛ

— Zuchthausstrafe wegen Beleidigungen des Königs v. Preußen vom Holstein. Obercriminalgericht wider den Literaten Otto Koch in Altona erkannt. Ein Strafrechtsfall beleuchtet. gr. 8. (15 S.) Hamburg 850, Volksbuchh. in St. Pauli. 3 ngr

Claußen, Heinr., Ditmarschens Freiheit. Ep. Erzählg. 8. (III, 228 S.) Altona 898. Schlüter. n. 3. —; geb. n. 4. —

CLAUSSEN, HENR., Genius hujus aestatis epidemicus, Kiliae observatus, observationibus illustratus. Diss. inaug. Kiliae. 1830. P.

Claussen, Heinr., d. Haftg. d. Erbon f. d. Nachlassverbindlichkeiten n. d. bürgorl. Gosotzbucho f. d. Deutsche Reich. Diss. gr. 8. (34 S.) Altona 896. (Leipzig, G. Fock.) n. 1. —

Claussen, Heinrich [Referendar in Blankenese bei Altona]: Die Haftung des Erben für die Nachlassverbindlichkeiten nach dem bürgerlichen Gesetzbuche für das Deutsche Reich ... Altona, Druck v. H. W. Köbner & C., 1896; 35 S. 8.
Erlangen, Jur. Fak., Inaug.-Diss. v. [25. Juli] 1896

Claussen, Hnr. Fr. Chr., s. 1) *Recueil* de tous les traites. 2) Handlungen, große u. gute.

CLAUSSEN, Henr. Fréd. Chrét.: Recueil de tous les traités, conventions, mémoires et notes, conclus et publiés par la couronne de Dannemarc depuis l'avènement au trône jusqu'à l'époque actuelle, ou de l'année 1766 jusqu'en 1794. *Berlin.* 796. 8. (1 Thl. 12 Gr.)

CLAUSSEN, HENR. FRID. CHRIST., De ultimis suppliciis in homicidii reos jure constituendis disp. Chilonii. 1796. 4. P.

Claussen, J., die Arbeiter-Versicherung d. Deutschen Reichs, s.: Saggau, Chr.

— das zwölfteilige Maß. Tabelle in Farbendr. 49,5 × 107,5 cm. Altona 893. F. L. Mattig. n. 1. 50; auf Leinw. m. Stäben n.n. 3. —

Claußen, J., Rechenschule, s.: Saggau, Chr.

Claussen, J., Stephanus nach Apostel-Geschichte, 6 und 7. 8. (55 S.) Flensburg 867, (Herzbruch.)

Claussen, J. S. De nota, quae vocatur hyphen sive subunio. 23 S.
Progr. Rastenburg 1840

Clausßen, Joh., u. E. Bruhn, aus dem Bilderschatz des Sonntagsboten I. Lebensbilder. (Einbd.: Schleswig-holsteinische Charakterbilder.) (86 S. m. Bildnissen.) Lex.-8. Bordesholm 902. (Glückstadt, M. Hansen.) Geb. in Leinw. n. 3. 50

Claußen, Johannes: Ein Brief Samuel Pufendorfs. Nach dem Original in der Bibliothek des Christianeums veröffentlicht von J. C. S. 117—119. 8.
In: Festschrift der 48. Versammlung deutscher Philologen u. Schulmänner in Hamburg dargebracht v. d. Lehrerkolleg. des Progr. Kgl. Christianeums *Altona* 1905 (zu 1906. 340).

Claussen, Johannes [Hrsg.], s. Caselius, Joh.: 36 (39) Briefe. . . , geschr. zu Rostock 1589.

Claussen, Joh. [Hrsg.], s. Kalender des schleswig-holsteinischen Sonntagsboten.

Clausſen, Johannes [Prof. Dr.]: Nachrichten über die Bibliothek nebst Verzeichnis ihrer Drucke aus dem 15. Jahrhundert. Altona, Druck v. P. Meyer, *1897;* 3—14 S. 4.
Altona, k. Christianeum, P 1897 (284)

Clausßen, Joh., Namen- u. Sachregister, s.: Jensen, H. N. A., schleswig-holsteinische Kirchengeschichte.

Claussen, Johs. D. D., Quaestiones Quintilianae. gr. 8. (68 S.) Leipzig 873, Teubner. *
Aus: Jahrbuch für classische Philologie, besonders abgedruckt.

Claußen, J., Stoffe aus der Sprachlehre. 2. Aufl. (8 S.) 8. Altona 907. Schlüter. n. — 05

Clausſen, Joh., Zerstreuung der theologischen Bedenken des Hrn. P. Hansen in Archangel in Sachen des Diak. Lühr. Eine Entgegnung. gr. 8. (47 S.) Hamburg 882, Oemler.

Claussen, Io[annes] Guilielmus: Denuo edendae Accursianae glossae specimen. Halae [1827]: Grunert. XXVI, 91 S. 8°
Halle-Wittenberg. Jur. Diss. v. [2. Juni 1827]
Geb. [Hamburg 26. 6. 1804]
Im Buchhandel Halle: Schwetschke 1828.
Verf. erlebte als Advokat in Hamburg 1877 das Jubeldiplom und 1887 das 60-jährige Dr.-Jubiläum.

Claußen, Curt, Referendar in Bremerhaven: Die Festsetzung des Berge- und Hilfslohns durch das Strandamt und das Verfahren vor demselben. Borna-Leipzig 1906: R. Noske. (VIII, 42 S.) 8° [J.]
Leipzig, Jur. Fak., Diss. v. 19. Nov. 1906
[Geb. 17. Dez. 82 Bremerhaven; Wohnort: Bremerhaven; Staatsangeh.: Bremen; Vorbildung: Gymn. Bremerhaven Reife O. 03; Studium: Jena 3, München 1, Göttingen 2 S.; Rig. 6. Juli 06.]

Claussen L.: Hypothese, wornach der Magnet u. seine Wirkungen sich sehr begreiflich erklären lassen; nebst einer Beschreib., wie Compasse zu machen sind, um in den Polarländern richtig zu zeigen. Flensb. 1804. 78 S. 1 Tvl.

Claussen, Lor., prakt. Anweis. zum Mühlenbau, worin deutl. u. gründl. gelehrt wird, wie Mehl-, Malz- u. Grützmühlen, sie mögen nun durch Wasser, Wind oder Pferde in Bewegung gesetzt werden sollen — auf d. Vortheilhafteste einzurichten sind. Nebst e. Beschreib. zweier Maschinen zur Reinigung d. Korns. Eine belohnte Preisschr. Mit 10 Kpft. gr. 4. Lpz. 792. Weidmann. 1 ℛ 20 gr Daraus besond. abgedr.: Beschreib. zweier Maschinen zur Reinigung d. Korns. Mit 1 Kpft. gr. 4. Ebd. 792. 4 gr

Beschreibung zweier Maschinen zur Reinigung des Korns; von *Lr. Clausen.* Leipz. in der Weidmannischen Buchhandlung. 4. (4 gr.) (ist besonders aus dem vorigen grössern Werke abgedruckt worden.) 1792

— **Lorenz** (Kopenhagen), **De medicamentis ut menstruum agentibus ad leges chymicas. Aetiologiae chymicae diss. quinta. Präs. Jo. Ernst Hebenstreit. Lpz. (Langenheim) 11. XII. 1756. (S. 87 bis 124.) (5.—)** 5338

— — De intestini duodeni situ et nexu. Disp. med. Lpz. (Breitkopf) 21. X. 1757. 36 S. u. 2 Abb. (G. C. Reichel del., C. B. Glassbach sc.) (5.—) 5339
Gew.: Johann Ludwig v. Holstein (Lethren), Joh. Hartw. Ernst Frh. v. Bernstorf.

Claussen, Laur. Chr.

Claussen, L. Chr., praes. Go. Erh. Hamberger, De tremore. 32 pp. Jen. 4°. 1 7 5 4

CLAUSSEN, LAUR. CHR. (autor), Diss. med. inaug. de tumore. Jenæ 1754. 4. P. [Praes. Georg Erh. Hamberger].

Claussen, L[ouis]. Über Kolibakterien-Septikämie bei Hühnern als Transportkrankheit. Diss. Vet.-Med. Bern. Mit 4 Abbildungen [auf 1 Tafel]. *Kopftitel:* Aus der bakteriologischen Station des Hamburgischen Veterinärwesens. 30 S. 8. Berlin, Richard Schoetz. 1907.

CLAUSSEN, NICOLAUS, Abschiedspredigt über Colosser 2. 6—7. in der Schloszkirche zu Grafenstein gehalten. Flensburg. 1786. P. (U. B.).

— Abschiedspredigt üb. Col. II. v. 6. 7. gr. 8. Ebend. 788.

Clausen, N., Antrittspredigt über Apostelgeschichte 26. v. 17. 18. gr. 8. Flensburg, Korte. 783.

Claussen, Otto [aus Oldesloe]: Beiträge zur Kenntniss aromatischer Methylketone .... Freiburg i. B., Druck d. Fr. Wagner'schen Buchdr., 1887; 39 S. 8°.
Freiburg i. B., Phil. Fak., Inaug.-Diss. v. 1887.

Claussen, P. F., der vollkommene Briefsteller für alle Fälle des häuslichen und Geschäfts-Lebens. Nach den neuesten Anforderungen bearb. 6., stark verm. Aufl. 16. (IV und 156 S.) Hamburg 864, B. S. Berendsohn. cart.

Claussen, P. F., der kleine Haus-Secretair. Ein prakt. Briefsteller für alle Fälle des Lebens. 32. Hamburg 842, Berendsohn. n. 1/6 ₰ — 2. Aufl. 32. Ebend. 846. n. 1/6 ₰

Claussen, P. F., der kleine Haus-Secretair. Ein prakt. Briefsteller f. alle Stände u. f. alle Fälle des Lebens. 1. Aufl. 844 u. 2. Aufl. 32. (à 144 S.) Hamburg 846, Berendsohn. à *

Claussen, P. F., der kleine Haus-Secretair. Ein prakt. Volksbriefsteller für alle Stände u. für alle Fälle d. Lebens. 4. Aufl. 32. (VIII u. 136 S.) Hamburg 851, Berendsohn. n. 1/6 ₰

Claussen, Peter, aus Sahrensdorf: Ueber die Durchlässigkeit der Tracheïdenwände für atmosphärische Luft. *München 1901: V. Höfling.* (52 S.) 8° ¶ Aus: Flora od. Allgem. Botan. Zeitung, 1901, Bd 88, H. 3.
Berlin, Phil. Diss. v. 31. Juli 1901

; [Ersatz] Claußen, Peter: Zur Entwickelungsgeschichte der Ascomyceten. Boudiera. Mit 3 lithogr. Tafeln. Leipzig 1905: Breitkopf & Härtel. (27 S.) 4° ¶[Aus: Botan. Zeitung, Jg. 63.]
Freiburg i. B., Phil. Hab.-Schr. v. 1905

P. Claußen, Zur Entwickelungsgeschichte der Ascomyceten Boudiera. Mit 3 Taf. Leipzig: A. Felix 1905. (27 S.) 4°
— Zeitung, Botanische. Jg. 63, Abt. 1, H. 1/2. fol. 1018

Pflanzenphysiologische Versuche und Demonstrationen für die Schule. Von Dr. P[eter] Claußen, Freiburg i. B. Mit 44 Textabb. Leipzig & Berlin: B. G. Teubner 1904. (31 S.) 4°(8°)
— Sammlung naturwissenschaftl.-pädag. Abhandlungen. Bd 1, H. 7. fol. 1049

Pflanzenphysiologische Versuche und Demonstrationen für die Schule von Dr. P[eter] Claussen. Mit 43 Textabb. 2. Aufl. Leipzig & Berlin: Teubner 1910. 33 S. 4°(8°)
(Sammlung naturwissenschaftl.-pädag. Abhandlungen. Bd 1, H. 7) fo. 11943

Claussen, Th.: De prolapsu intestini recti. Dissertatio inauguralis medica auctore –. Kiliae. 1854. 4°.

Claußen, Theodor, cand. phil. aus Altona: Die griechischen Wörter im Französischen. (T. 1.) *Erlangen 1903: Junge & Sohn.* (113 S.) 8° ¶ Erscheint demnächst vollst. in: Roman. Forschungen.¶
Kiel, Phil. Diss. v. [6. Aug.] 1904

Claussen, Thdr., die griechischen Wörter im Französischen. (1. Tl.) (114 S.) Lex.-8. Erlangen 904. F. Junge. n. 3. --
Sonderabdruck aus: „Roman. Forschgn."

Claussen, Wilhelm: Das J a g d g i g e r l in der Sommerfrische. Schwank in 1 Akt v. Wilhelm Claussen. Burg i./D. o. J. 8°.

Claussen, Willy, bacc. iur., Referendar: Die Schiffsmiete. Borna-Leipzig 1910: Noske. VIII, 59 S. 8°
Leipzig, Jur. Diss. v. 24. Febr. 1910
[Geb. 19. Jan. 82 Hamburg; Wohnort: Hamburg; Staatsangeh.: Hamburg; Vorbildung: Gymn. Friedland i. M. Reife M. 02; Studium: Berlin 1, Grenoble 1, München 2, Leipzig 4 S.; Rig. 16. Juli 06.] [U 10. 2677

Claussenius H, Chicago-Illinois. Jahres- und Handelsbericht für 1867. Chicago 1868

Claußner, Paul: I. Über Oxydation der Xylole und des Mesitylens sowie einige Derivate derselben. II. Zur Kenntnis der Oxalessigsäure und verwandter Verbindungen. [1907.] 45 S. 8° ¶ Vgl. Berichte d. Deutschen Chem. Gesellschaft. Jg. 40.
Danzig, Dr.-Ing.-Diss. v. 23. 7. 1907

Claußner, Rob.

Claußner, R., uns. Dichter in Wort u. Bild, s.a. T e tz n e r, F.

Claußner, Rob., unsere Dichter in Wort u. Bild. 1.—3. Bd. 8. Leipzig, R. Claußner. 7. —; geb. m. Goldschn. n. 10. —
1. (234 S. m. Portraits.) 891. n. 2. —; geb. n. 3. —
2. (280 S. m. Portraits.) 892. n. 2. —; geb. n. 3. —
3. (192 S. m. Portraits.) 894. n. 3. —; geb. n. 4. —

Claussnitzer, Hugo William, prakt. Arzt in Forchheim i. S.: Über haemorrhagische Meningitis bei Scharlach. *Leipzig: G. Fock 1900.* (17 S.) 8°
Leipzig, Med. Diss. v. [2.] Febr. 1900

Clausson-Kaas, Adolf von, s. C l a u s o n - Kaas.

Clausthal [Schlagwort]

Clausthal, s.: Geologische Karten. Langsdorff, W.

Clausthaler, Franz [wirkl. Name]
s. Wichmann, Franz [Pseud.]

Claustro, Franciscus a [Pseud.], s. B e e r, Johann

Clauswitz [Hrsg.], s. E n t s c h e i d u n g e n des Königlichen Geheimen Ober-Tribunals.

Clauswitz, Benedikt Gottlob

Clauswitz, B. G., de analogia pentecostes V. et N. T. Hal. 1741. 4.

Clauswitz, B. G., *δυσνόητα*, quae harmoniam resurrectionis Christi circumstant. Hal. 1737. 4.

— — Fundamentum ecclesiae evangelicae unicum, clarum, infallibile. Disp. theol. Präs. Joh. Cyprianus. Lpz. (Andr. Mart. Schede) 5. XI. 1717. 40 S. (5.—) 5342

— Gedächtnißpredigt und Lebenslauf d. Frau J. H. Francken. Fol. Halle, Waisenhaus. 745.

Clauswitz, Benedict Gottlob (Wiedric. Misnic.), *ΤΑ ΤΟΥ ΕΠΙΚΤΗΤΟΥ ΥΠΕΡΣΟΦΑ ΚΑΙ ΑΣΟΦΑ*, in iis, quae ad deum pertinent. Exercit. acad. Präs. Ludw. Christian Crell. Lpz. (I. Titius) 28. I. 1711. 43 S. (5.—) 5341
Gew. (v. Präs.): Heinr. Pipping.

Clauswitz, B. G., autographorum biblicorum jactura rei christ. et innoxia et utilis. Hal. 1743. 4.

Bened. Gottlob Clausewitz de Luca Evangelista medico, ad epist. ad Coloss. 4. v. 14. Hal. 1740. 4.

Clauswitz, B. G., de mortuis tempore resurrectionis Christi resuscitatis. Hal. 1741. 4.

— — Quaestionem an homines omnes et singuli ad studium logicae artificialis obligentur? Diss. philos. Lpz. (Imm. Titius) 3. XII. 1718. 24 S. (4.50) 5343

Clauswitz, B. G., syntagma doctrinae de fide in Iesu Chr. dissert. in dogmat. XIII in acad. Ital. expos. 4. Halae, Hendel.

— Vernunft u. Schrift in ihrer Ordnung in den wichtigsten Lehren unsers Glaubens. 8. Dresden. 752.

Clauswitz, Dan. Gli., († d. 9. April 1803.) vernünftige Vorstellungen an d. Verächter d. Christenthums wegen d. ungegründ. Ursachen dieser Verachtung. 2 Thle. gr. 8. Halle 780 u. 81. Gebauer. 1 ₰

CLAUSWITZ, G. v., Darstellung des Buchen-Hochwaldbetriebes mit besonderer Rücksicht auf die in den Forsten Nord-Deutschlands eingeführte Bewirthschaftung der Buchen-Waldungen. (Gedruckt als Manuscript). Hamburg. 1828. P.

— Joh. Paul (Magdeburg), Diss. jur. observ. quasdam circa mutuum continens. Präs. Fried. Gottlieb Zoller. Lpz. (Jacobäer) 10. XII. 1778. 30 S., z. Tl. dtsch. (4.80) 5344

Clauswitz, Paul

Clauswitz, P., zu einigen, angebl. v. Hrn. v. Bismarck-Schönhausen herrühr. Artikeln d. Kreuzzeitung a. d. J. 1848, s.: Schriften d. Vereins f. d. Geschichte Berlins.

Die Pläne von Berlin und die Entwicklung des Weichbildes. Festschr. z. Feier d. silb. Hochzeit I. M. d. Kaisers Wilhelm u. d. Kaiserin Auguste Viktoria hrsg. v. Ver. f. d. Gesch. Berlins, bearb. von P[aul] Clauswitz, Stadtarchivar. Berlin: E. S. Mittler & Sohn 1906. (VI, 135 S.) 8° [J.]

Die Städteordnung von 1808 und die Stadt Berlin. Festschrift z. 100jähr. Gedenkfeier d. Einführung d. Städteordnung. Im Auftr. d. Magistrats hrsg. von Dr. P[aul] Clauswitz, Stadtarchivar. Mit 6 Vollbild. u. 2 Pl. Berlin: J. Springer 1908. (IX, 264 S.) 4°(8°) [J.]

Clauswitz, P., kritische Uebersicht üb. die Literatur zur Geschichte Berlins, s.: Schriften des Vereins f. die Geschichte Berlins.

Clauswitz, S. A., Sensationum theoria physica geometrice demonstrata. 24 pp. Hal. 4°.
1752

Clauzel, Bertrand

Clauzel, Maréchal, Explications. 8. (8 B.) Nuremberg 837, F. Campe.

—— des Marschall, Rechtfertigungen. A. d. Franz. M. 3 Plänen. gr. 8. (11 B.) Berlin 837, Förstner.

Clavareau, A., s. le Tombeau.

Clavat [Schlagwort]

Clavat, Klippe, s.: Adriatisches Meer.

Clavel, des principes de Géometrie pratique à la portée de la jeunesse, av. fig. Lausanne, Pott. 804.

Clavel, Anna (Hrsg.), s. Aubert, Claire: Fragments de journal et lettres de Tante Claire.

Clavel, Georges Antoine David: De retractu gentilitio.(Resp.: Joh. Heinrich Streiff). 26 S.–
Basel, Jur. Diss. v. 21. Dez. 1756.

Clavel, Gilb., s.: Monatsschrift, mitteleuropäische.

Clavel, Pierre François David : De in integrum restitutione minorum. 14 S.–
Basel, Jur. Diss. v. 20. April 1747.

Clavell, Frz. Xav., († d. 4. Aug. 1793.), s.a. Briefe über d. Eroberung v. Corsika.

(Clavell, F. X.) Freimüthige Briefe über die von der Krone Frankreich gemachte Eroberung der Insel Corsica. 8. Frankfurt 1770.

Clavenau, D., accessit posthumo, continens vitam et regulam s. Benedicti, 2 Ptes. 4. Salzburg, Mayr. 720.

Claver, der hl. Petrus, Apostel der Negersclaven, s.: Flugschriften, katholische, zur Wehr u. Lehr'.

Claver, St. Petrus, S. J. Eine Lebensskizze. (21 S.) 16. Rom (904). Salzburg, St. Petrus Claver-Sodalität. — 15

CLAVICULA. – Salomonis oder Schlussel d. höchsten Weisheit. Mahler, Preßburg 1789. s.a. Heinicke Samuel.

Clavier u. Clavierspiel, das, sowie Mitteilungen u. Ratschläge f. Ankauf u. Instandhaltung der Clavierinstrumente. Entnommen aus Mitteilgn. Fachkundiger u. eigenen Erfahrgn. d. Verf. 12. (60 S.) Dresden 892. (O. Damm.) n.n. 1. —

Clavier u. Clavierspiel, das, sowie Mitteilgn. u. Ratschläge f. Ankauf u. Instandhaltg. d. Clavier-Instrumente. Hrsg. v. e. Fachkundigen. 12. (60 S.) Dresden 898. E. Weiske. u. — 50

CLAVIER DU PLESSIS. Mytho-Hermetisches Archiv. Ein periodisches Werk. Aus dem französischen. Erster Band. Gotha bey Carl Wilhelm Ettinger, 1780. pp. 160–32, 16mo.

Clavierschule, od. Anweisung zum Clavierspielen, f. Lehrer u. Lernende, neue verm. u. verb. Aufl. 4. Halle, Hemmerde u. Schw.

— Auszug aus derselben, die Notenbeispiele. 2te Aufl. gr. 8. Ebend.

— oder Anweis. zum Clavierspielen, f. Lehrer u. Lernende, neue verm. u. verb. Aufl. 4. Halle, Schwetschke u. S. 3 ₰ Auszug aus derselben, d. Notenbeispiele. 2e Aufl. gr. 8. Ebd. 20 gr

Clavierschule, neue, für Anfänger, (v. G. Ch. Kellner). ... Verm. Aufl. ...

Clavierschule, Neue, für Anfänger. 179? V: *Kellner, Gg Chph.* (KY) (MGT)

Clavierstunden für Kinder, denen Eltern oder Erzieher, ohne selbst Musik zu verstehen, Unterricht geben wollen. 2 Thle. 8. Oldenb. 804. Schulze. 1 ₰ 12 gr

Clavier-Tabelle. Lithograph. gr. Fol. ... 836. (Leipzig, Fischer u. Fuchs.) 1/6 ₰

— oder tabellar. Uebersicht der ersten Erfordernisse beim Clavierspielen. Roy.-Fol. Quedlinb. 833. Basse. 5 gr

Clavier-Tabelle od. tabellar. Uebersicht d. ersten Erfordernisse beim Clavierſp. gr. Fol. Quedlinburg 843, Basse. 6 1/4 ngr

Clavigero, F. X., Geschichte von Mexico, aus span. u. merican. Geschichtschreibern, Handschriften u. Gemälden d. Indianer zusammengetragen u. durch Karten u. Kupferstiche erläutert, nebst einigen krit. Abhandll. über d. Beschaffenheit d. Landes, d. Thiere u. Einwohner von Mexico. Aus d. Italien. durch den Ritter Karl Cullen ins Engl., u. aus diesem ins Deutsche übers. 2 Bde, mit Kpf. u. Karten. gr. 8. Leipz. 789—90. Schwickert. 3 ₰ 18 gr

Clavigo. Tragödie von Göthe. Leipz.: Weygand. 1774. 8°

– dasselbe. Leipzig: Göschen. 1787. 8°

Clavigo's wahre Gesch., a. d. Franz. d. v. Beaumarchais. Hamb.: Herold. 1774. 8°

de Claville, ..., Traité du vrai mérite de l'homme considéré dans toutes les âges et dans toutes les conditions. II Vols. 12. Frankf. 755. Varrentrapp. 20 gr

— von dem wahren Verdienste bei e. jeden Alter u. in allen Ständen d. Menschen; aus d. Französ. 2 Thle. 8. Greifsw. 756. (Mylius in Berl.) 12 gr

Clavis

—rem herbariam addiscendi absque praeceptore, seu enchiridion ad excursiones botanicas in agro Ticinensi. II Tom. 8. Ticini 824.(Steiner in Winterthur). 2 ß 8 gGr

Clavis capitum selectorum . . . Halae 1783. V: *Feldhahn, Fr. Ldw.* (KY) (MGT)

Clavis capitum selectorum e scriptor. graecis in usum juventut. excerptorum (F. Feldhahn). 8 maj. Halle 783. Waisenh.-B. 6 gGr

Clavis linguarum semiticarum, ed. Herm. L. Strack. Pars I et III. kl. 8. München, C. H. Beck.
Geb. in Leinw. 14. —
Margolis, Max L., Lehrb. d. aramäischen Sprache d. babylonischen Talmuds. Grammatik, Chrestomathie u. Wörterb. Deutsch. Ausg. (XVI, 99 u. 184 S.) 910. (III. Bd.) Geb. in Leinw. 10. —: engl. Ausg. (XVI, 99 u. 184 S.) Geb. in Leinw. 10. —
Strack, Herm. L., hebräische Grammatik m. Übungsb. 9., sorgfältig verb. u. verm. Aufl. (XII, 152 u. 128 S.) 907. (I. Bd.) Geb. in Leinw. 4. —
Pars II u. d. T.: Ungnad, A., babylonisch-assyrische Grammatik. Ebd. 906. 3. 50

— philolog., über Gedicke's griech. Lesebuch. Nach d. Folge d. Lesestücke eingerichtet, mit den nöthigsten Anmerkk. versehen, u. mit Hinweisung auf d. Hallischen u. Trendelenburg. Sprachlehren abgefaßt für Lehrer u. Lernende. 8. Leipz. 803. Schwickert. 16 gGr

Clavis Talmudica auctore Rabbi Nissim Ben Jacob Cairovanensi seculo XI. florente auctoritate et scriptis clarissimo. Opus adhuc incognitum nunc primum e cod. vetusto et rariss. membranaceo augustiss. bibliothecae Palatinae Viennensis ed. et introductione notisque instrux. J. Goldenthal. (Hebräisch.) gr. 8. (126 S.) Vindobonae 847. (Gerold.) n. 2 ß

Die harmonische Verhältniss, wonach alle reguläre Vierecke geometrice erwiesen und in einem Cirkel beschrieben werden als den Grund der widerrechtlich und verrufenen arithmetischen Quadratur des Cirkels untersuchet und erweiset zum Vorschmack *Andreas Clavius* in Celle des Herz. Lüneburg. Frankf. u. Leipz. 72 S.
1755

Clavius, Jh. Andr., harmonische Verhältnisse, wonach alle reguläre Vierecke geometrice erwiesen werden; mit Kpf. 8. Celle 755. Gsellius. 3 gGr

Clavuot, Andreas, bacc. iur. a. Zernez (Graubünden): Der Gründungshergang bei der Simultangründung der Aktiengesellschaft nach dem Handelsgesetzbuch für das Deutsche Reich vom 10. Mai 1897. Borna-Leipzig 1905: R. Noske. (VI, 82 S.) 8°
Leipzig, Jur. Fak., Diss. v. 4. Sept. 1905
[Geb. 16. Febr. 79 Zernez; Wohnort: Zernez; Staatsangeh.: Schweiz; Vorbildung: Kantonssch. Chur Reife Juli 99; Studium: Bern, Berlin, Leipzig; Rig. 26. Mai 03.]

Clawiter, praktische Regeln beim Reiten. 12. (82 S. mit 4 Stnt.) Bonn 861, [Cohen und Sohn.] *

Clawiter, Wassertrense mit steifen Zügeln, einfaches doch sicheres Hülfsmittel, stätische Pferde thätig zu machen. (M. 4 lith. Abbild.) gr. 8. (½ B.) Cöln 831, DuMont-Schauberg.

Clawiter, Prem.-Lieut., ..., Wassertrensen mit steifen Zügeln, einfaches, doch sicheres Hülfsmittel, stätische Pferde thätig zu machen. (Mit 4 lithogr. Abbild.) gr. 8. Köln 831. DuMont-Schauberg). 6 gGr

Claws Bur, s.a. Denkmäler niederdeutscher Sprache.

Claws bur; ein niederdeutsches Fastnachtsspiel . . . Greifswald 1850. V: *Bado.* (GGr)

— — Dasselbe (neuer Abdr. des niederdeutsch. Orig.). CLAWS BUR ein niederdeutsches Fastnachtsspiel hrsg. von Albert Hoefer. Greifswald. 1850. 8°. (Doppeltitel.) (1524.) (In Berlin: Yc 1526, Bd. 1.)
Joh. Saur's Frf. M. M. V. 1606. E 1 b.
XX—116 S. (Denkmäler niederd. Sprache und Literatur, nach alten Drucken und Handschriften . . . . Bd. 1.)
Maltzahn, p. 175 no. 1069: Abdruck nach dem einzigen noch erhaltenen, in der Berliner Bibl. befindl. Druck von 1524.

— — Dasselbe, hochdeutsch s.a. Der Bauer Claus. Ein Meklenburger Fastnachtsspiel aus der Reformationszeit, übertragen von Albert Freybe. Gütersloh 1879. 8°. VIII-38 S.
S. auch Goedeke II, 335, 29.

Clay, Alb. T.

Clay, A. T., Business documents of Murashû, s.: Hilprecht, H. v., the Babylonian expedition of the University of Pennsylvania.

Clay, Alb. T., Business documents of Murashû Sons of Nippur.— Documents from the templearchives of Nippur, s.: Expedition, the Babylonian, of the University of Pennsylvania.

— u. Osk. Thiergen, über den Kanal. Ein Führer durch England u. die engl. Sprache. Mit Plänen v. London u. seiner Umgebg., e. Karte v. England u. e. Münztaf. — Across the channel. (VIII, 276 S.) 8. Leipzig 907. [E. Haberland.] Berlin-Schöneberg, Mentor-Verlag.
Geb. in Leinw. 3. 50

— Legal and commercial transactions, dated in the Assyrian, Neo-babylonian and Persian periods chiefly from Nippur, s.: Expedition, the Babylon., of the Univerist. of Pennsylvania.

Clay, Alex., M. A., s.: Haberland's Unterrichtsbriefe. Englisch.

Clay, Bertha M., um welchen Preis, s.: Berlepsch, Lina Freifrau v., Romanbibliothek.

Clay, Berta M., zwischen ihnen die Welt, s.: Berlepsch, Lina Freifrau v., Romanbibl. 55. Bd.

Clay, H. Alex., and G. Schirmer. Lord Macaulay's essay on Madame d'Arblay abridged, with explanatory notes. 8°. 78 p. Zurich, F. Schulthess.
1899 1 —; cart. 1 40

Clay, H. Alex., M. A., and Gust. Schirmer, English poems to be learnt by heart. For use in schools. 8. (VI, 50 S.) Zürich 896. F. Schulthess. n. 1. —;
kart. n. 1. 20

Clay, H. Alexander, siehe: *Yung, Emil.*

Der Clay County Demokrat: 1877—1879?
Democratic weekly. Circulation: 1878, 600 (estimated). Edited & published by John J. Nuber.
Brazil, IN

Clay County Deutsche Zeitung: 1875—1877?
Democratic weekly. Supported Tilden. Place of publication varies: Brazil, Ind.? Circulation: 1876, 500 (estimated). Edited & published by Simon Husch & H. Dausen, 1875—76; by Simon Husch, 1877.
Bowling Green, IN

Clayton, *George* Christopher [aus Liverpool '(Engl.)']: Ueber die Synthese der Dihydroglyoxaline ... Heidelberg, Univ.-Buchdr. v. J. Hörning, 1894; 29 S. 8.
Heidelberg, Naturw.-math. Fak., Inaug.-Diss. v. [17. Jan.] 1895

Clayton, H. [Hrsg.], s. Zeichnungen von Plänen für Thonröhren-, Ziegel- u. Backsteinfabriken.

Clayton, Rob., Tagereisen von Groß-Cairo nach d. Berg Sinai u. wieder zurück. Aus d. Engl. übers. v. J. Ph. Cassel. Mit Kpf. 8. Hannov. 754. Helwing. 6 gGr

— unpartheiische Untersuchung, welche d. Person, d. Amt u. d. Zeit d. Messias betrifft. 8. Leipz. 754. Weidmann. 8 gGr

Clayton & Shuttleworth: Jll. Catalog von Locomobilen usw. Lincoln, England (1897?)

Clé, H. N. La, Dissertatio theolog. de Jesu Christi instituendi methodo hominum ingenia excolente. 8maj. (11¼ B.) Groningae 835. (Lipsiae, libr. Weidmann.) •

Cleander, Cabinet der durchl. Secretariatkunst in auserlesenen Staatsbriefen. 8. Jena. 733.

Cleander, D. F.: Erörterung einiger Fragen, was von der ietzigen Seuche der Pestilentz zu halten, und was dawieder zu gebrauchen sey? Wobey ein astralischer Magnet, als ein Universal Praeservativ, eusserlich nicht nur wieder die Pest, sondern auch andere ansteckende gifftige Kranckheiten beständig zu gebrauchen, recommendiret wird. . . . entworffen von D. F. Cleandern (Cleander) Berlin: Rüdiger 1714. 103 S.

Cleanthes

— Gesang auf den höchsten Gott, griech. u. deutsch v. H. H. Cludius. 8. Götting. 786. Dieterich. 5 gr

Cleanthis, Hymnus in Jovem. Graece. Hymne à Jupiter Trad. par M. de Bougainville. Goth. 781. 4. 2 gr.

Cleanthes. Hymnus . . . Strassburg 1781. V: *Blessig*, *Joh. Lorenz.* (Ky)

Cleanthes, hymnus, griech. nach Brunk u. französ. nach v. Bougainville, (v. J. L. Blessig.) 8. Straßb. 781.

Cleanthis Hymnus in Jovem. Latine vertit et illustravit A. C. H. Weiſs. Rotenb. 783. 4.

CLEANTHIS Hymnvs in Jovem — Graece edidit notis illvstravit et viro clarissimo Heydenreich ... amicorvm qvorvndam nomine gratvlatvs est FRIDERICVS GVILIELMVS STVRZ. Lipsiae 1785. Ex officina Sommeria. 4°.

— hymnus in Jovem, gr. ed. notisque illustr. F. W. Sturz. 4. Leipz. 785. (Steinacker).

CLEANTHIS in Jovem hymnus, qvem denuo recognitum typis repetendum curavit CHR. PETERSEN. Kiliæ. 1825. P.

Cleanthis hymnum in Jovem graece ed. et notis illustr. Frid. Guil. Sturz. Edit. novam auct. cur. I. F. L. T. Merzdorf. 8. (4¾ B.) Lipsiae 835, Friese.

— poetische Ueberreste, griech. u. deutsch v. G. C. F. Mohnike. 16 Bdchen. 8. Greifsw. 814. Mauritius. 16 gr

Cleary, A. Castle, die Silbenanalyse als sprachliches Lehr- und Lern-Mittel. Ein Beitrag zur Reform der Lexicographie. In ihrer Anwendung auf das Deutsche mit Belegen aus andern europäischen Sprachen dargestellt von J. Th. Dunn. gr. 8. (III, 48 S.) London 877, Siegle. *

Clebauer, J., s. Clebaur, Jh. F.

Clebaur, Jh. F., († d. 20. Oct. 1824.) Unterricht in d. bürgerl. Rechnenkunst f. Schulen. 8. Erf. 798. Hennings in Gotha. 10 gr

Clebauer, J., Unterricht in d. bürgerl. Rechnenkunst f. Schulen. 3e Aufl. 8. Gotha 834. Hennings. 5/12 ₰

Clebsch, Alfred. Versuch e. Darlegg. u. Würdigg. seiner wissenschaftl. Leistgn. v. einigen seiner Freunde. gr. 8. (55 S.) Leipzig 873. Teubner. n. 1. 20

Clebsch [Hrsg.], s. Jacobi, C.: Vorlesgn. üb. Dynamik.

Clebsch, K. Fr., gemeinnützige Blätter f. Gewerbtreibende, f. Blätter.

Clebsch, Alfred

Clebsch, A., über die Abbildung e. Classe von Flächen 5. Ordnung. [Aus den Abhdlgn. d. k. Ges. d. Wiss.] Göttingen 870. Dieterich. 4. (64 S.) n. 24 ngr.

Clebsch, Alfr., s.: Annalen, mathematische.

— — Ueber die partiellen Differentialgleichungen, welchen die absol. Invarianten binärer Formen bei höh. Transform. genügen. (Aus d. 15. Bd. d. Abh. d. kgl. Ges. d. Wiss. zu Göttingen.) Gött. 1870. 4°.

Clebsch, Alfr., über die partiellen Differentialgleichungen, welchen die absoluten Invarianten binärer Formen bei höheren Transformationen genügen. [Aus „Abhandlgn. d. k. Ges. d. Wiss. zu Göttingen."] gr. 4. (35 S.) Göttingen 871. Dieterich's Verl. n. 1. 60

—— die Elementar-Mechanik nach Vorträgen, gehalten an der Polytechn. Schule zu Carlsruhe 1858—59. 4 Hefte. 4. (155 autograph. S. mit Fig.) Carlsruhe, [Bielefeld's Hofbuchh.] *

—— über eine Fundamentalaufgabe der Invariantentheorie. gr. 4. (62 S.) Göttingen 872, Dieterich'sche Buchh. *
Vorstehende drei Schriften sind aus: Abhandlungen der k. Gesellschaft der Wissenschaften zu Göttingen, besonders abgedruckt.

—— zum Gedächtniss an Jul. Plücker. gr. 4. (40 S.) Göttingen 871, Dieterich'sche Buchh. *
Aus: Abhandlungen der k. Gesellschaft der Wissenschaften zu Göttingen, besonders abgedruckt.

Clebsch, Alfr., Zum Gedächtniss an Jul. Plücker. (Aus d. Abh. d. kgl. Ges. d. Wiss. z. Gött.) Göttingen 1872. 4°.

—— Analytische Mechanik nach Vorträgen, gehalten an der Polytechn. Schule in Carlsruhe 1858—59. 2 Hefte. 4. (103 autograph. S. mit Fig.) Carlsruhe, [Bielefeld's Hofbuchh.] *

Clebsch, R. F. A.: De motu ellipsoidis in fluido incompressibili viribus quibuslibet impulsi. 1854. 4°.
Diss. Königsberg.

Clebsch, Alfr., Prinzipien der mathematischen Optik. Hrsg. von Aug. Kurz. gr. 8. (II, 54 S.) Augsburg 887, Rieger'sche Buchh. *
Aus: Blätter für das bayerische Realschulwesen, besonders abgedruckt.

Clebsch, A., Theorie der Elasticität fester Körper. gr. 8. (XII und 424 S.) Leipzig 862, Teubner. *

— Theorie der binären algebraischen Formen. gr. 8. (XIII, 468 S.) Leipzig 872. Teubner. n. 11. —

—— zur Theorie der binären Formen 6. Ordnung und zur Dreitheilung der hyperelliptischen Functionen. gr. 4. (59 S.) Göttingen 869, Dieterich'sche Buchh. *
Aus: Abhandlungen der k. Gesellschaft der Wissenschaften zu Göttingen, besonders abgedruckt.

—— und P. Gordan, Theorie der Abel'schen Functionen. gr. 8. (XIII und 333 S.) Leipzig 866, Teubner. *

— u. P. Gordan, Theorie der Abel'schen Functionen. Leipzig 868. Teubner. gr. 8. (XIII, 333 S.) n. 2 ₰ 12 ngr.

Clebsch, Alfred. Versuch einer Darlegung und Würdigung seiner wissenschaftl. Leistungen von einigen seiner Freunde. gr. 8. (55 S.) Leipzig 873, Teubner. *

Clebsch, Alfr., Vorlesungen über Geometrie. Bearb. und hrsg. von Ferd. Lindemann. Mit einem Vorwort von Fel. Klein. 1. Bd. 2 Thle. gr. 8. Leipzig, Teubner. [1. Thl. (S. 1—496 mit eingedr. Holzschn.) 875. * ℳ 11,20.; 2. Thl. (XII, S. 497—1050 mit eingedr. Holzschn.) 876. * ℳ 12,80.] *

Clebsch, Alfr., Vorlesungen über Geometrie. Bearb. u. hrsg. v. Ferd. Lindemann. Mit einem Vorworte v. Fel. Klein. 1. Bd. 2. Thl. gr. 8. (XII u. S. 497—1050 m. eingedr. Holzschn.) Leipzig 876. Teubner. n. 12. 80 (1. Bd. cplt.: n. 24. —)

Clebsch, Alfr., Vorlesungen üb. Geometrie, unter besond. Benutzg. der Vorträge v. A. C. bearb. v. Ferd. Lindemann. 2. Bd. 1. Thl. gr. 8. Leipzig 891. B. G. Teubner. n. 12. — (I u. II, 1.: n. 36. —)
Die Flächen 1. u. 2. Ordnung od. Klasse u. der lineare Complex. (VIII, 650 S. m. Fig.)

— Vorlesungen üb. Geometrie, m. besond. Benutzg. der Vorträge v. C. bearb. u. hrsg. v. Ferd. Lindemann. 2., verb. Aufl. I. Bds. 1. Tl. 1. Lfg. (S. 1—480 m. Fig.) gr. 8. Leipzig 906. B. G. Teubner. n. 16. —

— Vorlesungen üb. Geometrie, m. besond. Benutzg. d. Vorträge v. C. bearb. u. hrsg. v. Ferd. Lindemann. 2., verm. Aufl. I. Bds. 1. Tl. 2. Lfg. (S. 481—768.) gr. 8. Leipzig 910. B. G. Teubner. 9.—(1 u. 2: 25.—)

Clebsch, E. [aus Göttingen]: Über Herzerkrankungen bei Diphtherie . . . . Göttingen, Druck d. Univ.-Buchdr. v. W. Fr. Kästner, 1887; 18 S. 8°
Göttingen, Med. Fak., Inaug.-Diss. v. 20. Jul. 1887

Clebsch, E., über Herzerkrankungen bei Diphtherie. Inaugural-Dissertation. gr. 8. (18 S.) Göttingen 887, (Vandenhoeck und Ruprecht.) *

Clebsch, Ernst Friedrich Leopold

Clebsch, E. F. L. (Colberg/Pom.), De haemorrhagia uteri in parturientibus et puerperis. Diss. med. Bln. (J. F. Starck) 2. V. 1825. 32 S. mit Biogr. (M.: Schubert). (4.50) 5346
Oppon.: G. Braune, F. Krause, G. Wernher. — Gew.: I. F. L. Clebsch (Vater).

Clebsch, Rudolf Friedrich Alfred, s. Clebsch, Alfred

Clecner, D., allgemeines Liederbuch für Geistbekenner, enth.: Gesänge f. Experimental-Séancen, sowie f. die übl. gesell. Versammlgn. (gewöhnl. Vereinssitzgn. 2c.), Ausflüge u. sonst. ernste u. fröhliche Anlässe. Mit e. Anh.: Cirkel-Gebete. 8. (77 S.) Zürich 900. C. Schmidt. n. 1. —

Clecner, D., s.a. *Universal-Spiritist.*

Clecner, D., Universal-Spiritist f. d. Abonnenten d. Zeitschrift „Der Spiritist" in Zürich. 1. Tl. 12. (213 S.) Zürich 898. (C. Schmidt.) n. 2. 40

— Universal-Spiritist f. die Abonnenten der Zeitschrift „Der Spiritist" in Zürich. II. Tl. 8. (249 S.) Ebd. 899. n. 3. —
Tl. I. Ebd. 898. n. 2. 40.

Clecner, D. Der Verpflanzungsgeist. 20 neueste Entdeckungen. Die Kunst, jung und frisch zu bleiben, nie krank zu sein und ein Leben von mehreren 100 Jahren zu erreichen. 1. Teil. Wissenschaftl. f. Gelehrte u. Laien leicht verständl. hochinteressante Abhandlungen. 12°. IV, 208 S. Zürich, Selbstverlag. 1900 2 50

Cledonii ars grammatica, s. Grammatici latini.

Cleef, Uebersicht der brandenburgisch-preussischen Geschichte. Autogr. Tabelle in Imp.-Fol. Köln 876, (Römke und Comp.)

van Cleef, Franciscus Ludovicus [Ohianus]: De attractionis in enuntiationibus relativis usu Platonico . . . Bonnae, typ. Caroli Georgi univ. typogr., 1880; 54 S. + 1 Bl. 8°
Bonn, Phil. Fak., Inaug.-Diss. v. 2. Aug. 1880

Cleef, Henny van. Die israelitische Küche. gr. 8. (332; XVI S.) Berl. 891, [Fried u. Comp.] Wiener. * 4 —; geb. * 5 —

Cleef, Henny van, die israelitische Küche. Kochbuch f. d. israelit. Haus. 8. Aufl. gr. 8. (340 u. XVI S.) Leipzig 898. M. W. Kaufmann. Geb. in Leinw. n. 5. —

Cleef, Henny van, die israelitische Küche. Kochbuch f. d. isrealit. Haus. 5. Aufl. (XVI, 344 S.) gr. 8. Leipzig (910). M. W. Kaufmann. Geb. in Leinw. 5. —

Ordinarius senior facult. jur. Lips. summos in jure honores candidato **Johann Aug. Cleemann** (Chemnitz). — Thema de transactione in criminibus, intuitu reip. nullius pretrii. Lpz. (Langenheim) 9. IX. 1769. 16 S. mit Biogr. (M.: Ch. D. Placnckner.) (3.20) 5359
(Verf.: Traug. Thomasius.)

Ordinarius senior facult. jur. Lips. inaug. audit. Petrini noviter exstructi simulque summos in utr. jure honores candidato Joh. Friedr. Cleemann. Lpz. (Breitkopf) 23. IX. 1773. 20 S. mit Biogr. (M.: Ch. D. Placnckner.) (3.20) 5362
(Verf.: A. F. Sigism. Green.)

Cleemann, Agn. Dor., († 180..) jugendl. Proben in gebund. u. ungebund. Rede. 8. Schwerin 795.

Cleemann, Andreas Christian

— — A sola verborum convenientia ad ipsam rerum consensionem stoicos codici sacro conciliaturis non esse argumentandum evincit. Meissen (Loewe) 18. VI. 1748. 15 S. (3.50) 5351
Jo. Chph. Kayser (Höffgen. Misn.), Joh. Andr. u. Jo. Gg. Vogtlaender (Hohenbussen/Misn.), Jo. Gottfr. Kretzschmar (Wehlen).

— — Pluches Galli historiam coeli a quibusdam objectionibus, ad orationes . . Meissen, 3. X. 1752. Dresden (Joh. Wilh. Harpeter). 6 Bl. (2.—) 5355
Joh. Christoph Teichmann (Polenz), Christoph Daniel Gunther (Zscheyla), Ernst Gottfr. Zeibig (Meissen), Friedr. v. Zehmen.

Cleemann, A. C., de incommoda quorundam locorum N. T. interpretatione ex historia philosophica. Dresd. 1751. 4.

Cleemann, A. C., de Luciano, christ. veritatis teste. Dresd. 1753. 4.

— — De necessitate *ΘΕΙΟΥ ΤΙΝΟΣ ΛΟΓΟΥ* ex sententia Socraticorum. Meissen (Loewe) 12. VII. 1746. 16 S. (3.40) 5350
Joh. Chn. Wirthgen.

— — **De perversa humanae felicitatis notione praecipua decori a cynicis neglecti ratione. Meissen (Loewe) 24. V. 1743. 8 S. (2.80) 5349**
J. Seb. v. Zehmen, Fried. Aug. u. Chn. Gotth. Burger (Meissen), J. Friedr. Steltzner (Graeberiensis).

— — Quantum intersit inter amorem erga inimicos stoicum et christianum. Meissen, 27. II. 1749. Dresden (Harpeter). 8 S. (2.20) 5352
Carl Ferd. Richter (Guben), Carl Chph. v. Zehmen.

— — Tentamina quaedam recentiorum philosophorum hypotheses suas sacrarum litterarum auctoritate confirmantium. Meissen, 9. III. 1750. Dresden (Harpeter). 12 S. (2.80) 5353
Carl Chph. v. Zehmen, Ernst Gottfr. Zeibig (Meissen).

— — **Tentaminibus recentiorum philosophorum auctoritate sacri codicis hypotheses suas confirmantium nuper expositis quaedam addit. et orationes in Franciscaneo Misenensi. 12. V. 1750. Dresden (Harpeter). 12 S. (3.—) 5354**
Jul. Leberecht Altenau (Staucha), Jo. Gg. Vogtlaender (Hohenbussen), Christlieb Bautzmann (Cursch), Jo. Gottlob Samson (Nickern).

Cleemann, A. C., de trinitate Senecae. Dresd. 1719. 4.

Cleemann, Andreas Christian (Guben), De Joannis Fabri episcopi Viennensis adversarii Lutheri vita et scriptis. Präs. Carl Ernst Kettner (Danzig). Lpz. (Breitkopf) 23. X. 1737. 48 S., tlws. dtsch. (5.50) 5348
Gew. (v. Präs): Carl Ernst Kettner (Vater).

— **Christian Gottfried** (Chemnitz), De masticatione mortuorum in tumulis. Diss. hist.-crit. Präs. Michael Ranfft (Gossa/Misn.) Lpz. (Breitkopf) 27. IX. 1725. 28 S. (5.—) 5356

Cleemann, Fr. Jh. Cph., († d. 26. Dec. 1825.) histor. u. hauptsächl. genealog.-biograph. Archiv-Lexikon d. Geistlichkeit u. Kirchen in Mecklenburg rc. 1r Cursus A—Z (geht nur bis zum Buchstaben J.) Fol. Parchim 819.

— Chronik u. Urkunden d. Stadt Parchim. Mit 4 Abbildd. 8. Parchim 825.

— Repertorium universale, als Lexikon rein histor.-archivalischer Momente d. lutherisch-christl. Gemeinde, Kirche u. Geistlichkeit zu Mecklenburg. 1e Samml. A—Z. Fol. Parchim 809. (Berl., Petsch). 1 ₰ 21 ℊℊ

Cleemann, J. F. C., Repertorium universale, als Lexicon rein historisch-archivalischer Momente d. lutherisch-christl. Gemeinde, Kirche u. Geistlichkeit zu Mecklenburg. 1ste Sammlung. Fol. Berlin, Petsch u. Winkler. (in Comm.) 812.

— Syllabus Parchimensium, oder biographisches Verzeichniß d. Parchimschen Superintendenten u. sämmtl. geistl. u. kirchl. Beamten, als Anh. zum A. d. Archival-Lexikons. Fol. Parchim 809. (Berl., Petsch). 1 ₰ 3 ℊℊ

— Syllabus Parchimensium, od. biographisches Verzeichniß d. Parchimschen Superintendenten u. sämmtlicher geistl. u. kirchl. Beamten, als Anhang zum A. des Archival-Lexicons. Fol. Ebend. (in Comm.) 812.

Cleemann, Fr. Jh. Cph., Syllabus Parchimensium, fortgesetzt als Syllabus Circularium, oder biograph. Verzeichniß d. Seniorum, Praepositorum, Pastorum u. sämmtl. geistl. u. kirchl. Beamten, als Eingang zum B. des Archival-Lexikons. Fol. Ebd. 810. 3 ₰ 9 ℊℊ

— Syllabus Parchimensium, fortgesetzt als Syllabus Circularium, od. biograph. Verzeichniß der Seniorum Praeposit. Pastorum, u. sämmtl. geistl. u. kirchl. Beamten, als Eingang zum B. des Archival-Lexicons. Fol. Ebend. 812.

— Verzeichniß u. Vergleichung d. Choralmelodien zu d. Mecklenburg. Landes-Gesangbuche. 8. Parchim 1e u. 2e Aufl. 818.

Cleemann, J. F. C., s. Cleemann, Fr. Jh. Cph.

Cleemann, Jo. Gottfr. (Chemnitz), Pacem in cordibus fidelium *BPABEYOYΣAN* ex Coloss. III. 15. Disput. theol. Präs. Gottlieb Wernsdorf. Wittbg. (Wwe. Gerdes) 14. XII. 1725. 54 Seiten. (5.—) 5363

— **Johann August** (Chemnitz), Miscella argumenta juris civilis praesertim decemviralis. Präs. Joh. Theophil Seger. Lpz. (Langenheim) 24. XI. 1768. 24 S. (4.80) 5357
Gew.: Traug. Plaenckner. — Widm. v. Präs.

— — Super Ludovici IV. imperatoris constitutione de majestate imperii R. G. Lpz. (Langenheim) 24. VIII. 1769. 36 S. (4.80) 5358

Cleemann, Johann Friedrich

— — De adventu juris canonici in Germaniam. Disp. jur. Präs. Carl Ferdinand Hommel. Lpz. (Breitkopf) 23. IX. 1773. 31 S. (4.80) 5361

Cleemann Joh. Friedrich (Chemnitz), De reciproca cohaeredum substitutione. Disp. jur. civ. Präs. Joh. Aug. Cleemann. Lpz. (Langenheim) 22. XI. 1770. 38 S. (4.80) 5360

Cleeve, Lucas, Anglo-Americans. (VII, 308 S.) 8. London u. Leipzig 903. T. F. Unwin. n. 1.50

— the children of endurance, s.: Unwin's library. Vol. 32.

— the man in the street. (305 S.) 8. London u. Leipzig 903. T. F. Unwin. n. 1.50

Cleeves, G., Dingley Manor, s. Dingley Manor.

— die Tontine oder die Goldsucher in Australien. 2 Bde. Erfurt (854.) Bartholomäus. 8. (168, 153 S.) 1 ₰ 20 ℊℊ

Clef, la, d'amors, s. Bibliotheca normannica.

Clef, la, magique ou le sire de barbe-bleue. 8. (5 S. mit 6 Chromolithogr.) Leipzig 873, Verlagsbuchh. für Jugendlitteratur. *

la Clef du 20. Mars, ou indication de la véritable cause qui doit être assignée aux évènemens de cette journée. 8. Düsseld. 819. (Schreiner). 3 ℊℊ

Clefeld, Ernst, Komödie! Drama in 5 Aufzügen. 12. (120 S.) Zittau 893. W. Sunder (durch Pahl). n. 1.—

Clefeld, Ernst, die philosoph. Vagabund, s.a. Memoirenbibliothek.

Der philosophierende Vagabund. Lebensbeichte e. Wanderkomödianten. Von Ernst **Clefeld**. Mit Einl. von Dr. Rudolf Lothar. Stuttgart: Lutz [1910]. XIII, 330 S. 8°
(Memoirenbibliothek. Ser. 3, Bd 11.) A 12. 359

Cleff, Frdr., die Erschütterung e. physikal. Dogmas. Die physikal. Möglichkeit d. andauernden Erzeugg. mechan. Arbeit auf Kosten d. im niedersten Temperaturniveau befindl. ird. Wärme, ohne Kohle u. andere Brennstoffe. (61 S.) u. 2. verb. Aufl. (33 S.) 8. Elberfeld 908. B. Hartmann. 1.80

Ernst Friedrich **Ball**. Ein Lebensbild aus d. niederrheinischen Pietismus z. Gedächtnis an s. 100jähr. Geburtstag. Von Pastor **Robert Cleff** in Hörstgen. *Neukirchen (Kr. Moers): Buchh. d. Erziehungsver. 1900.* (32 S.) 8° [F.] [01. 7304 B]

Cleff, W., Die Bekämpfung der Stein- und Kohlenfallgefahr im Saarrevier. Berlin, 1905. 15 S. mit 9 Abb.

Cleff, Wilh., Taschenbuch d. Pilze. Enth. eine genaue Beschreibg. d. wicht. eßbaren u. schädl. Arten nebst Anleitg. z. Zubereitg. v. über 40 Pilzgerichten. (VI, 123 S. m. 46 farb. Taf.) kl. 8. Eßlingen (909). J. F. Schreiber. 2.50

Cleffel, J. A., de expurgatione altaris. Viteb. 1718. 4.

Cleffel, J. A., de interpretatione N. T. ex scriptoribus profanis. Viteb. 1722. 4.

Cleffel, Jo. Sigf. [wirkl. Name]. s. Hieronymus a Sancta Fide [Pseud.]

Cleffel, Ioh. Chr., antiquitates Germanorum potissimum septentrionalium. 8. Copenhag. 733.

Cleffel, Joh. Chrn, Antiquitates Germanorum potissimum septentrionalium, quibus multa ad rem sacram et domesticam spectantia explicantur. Francofurti et Lipsiae 1733. 8.

Cleffel, Johann Christoph: Bey dem hoch-erfreulichen Hochzeit-Feste ... [Hochzeitsgedicht auf Matthias Valentiner, Kaufmann, und Catharina Dorothea von Eßmarck, 27. Nov. 1732.] — Flensburg [1732]: Vogel. 2 Bl. 4°

Cleffel, Johann Christoph, Programma de scholis veterum Germanorum. Tönning 1737. Flensburg (Chph. Vogel). 8 S. (3.50) 5305
Gerhard Joh. Diederichsen (Lübeck).

Cleffmann, Otto, aus Höntrop, Gerichts-Assessor am Amtsgericht Wattenscheid: Kann das in Unkenntnis der Aufrechnungsbefugnis Gezahlte zurückgefordert werden? *Wattenscheid 1903: C. Busch.* (49 S.) 8°
Erlangen, Jur. Diss. v. 11. Nov. 1903

Clegg u. **Samuda,** s. Erläuterungen zur atmosphär. Eisenbahn von Dublin 2c.

Clegg, James, s.: Directory, the international, of second-hand booksellers and bibliophile's manual.

Cleghorn, George: Beobachtungen über die epidemischen Krankheiten, die vom Jahre 1744 bis 1749 in Minorca geherrschet... (Observations on the epidemical diseases in Minorca from the year 1744 to 1749. Dt.) Übers.von Johann Christian Gottlieb Ackermann. 282 S., gbd.

Gotha: Ettinger 1776

Cleghorn, Geo., Beobachtt. über d. epidem. Krankheiten, die in den Jahren 1744 bis 1749 in Minorka geherrscht haben; aus d. Engl. (v. J. C. G. Ackermann). gr. 8. Gotha 777. Ettinger. 16 ℳ

Clein, F., die fünf Sinne, s.: Meister, alte.

Cleinow, George, Beiträge zur Lage der Hausindustrie in Tula. gr. 8°. Leipzig, Duncker u. Humblot, 1904. (Staats- u. socialwissensch Forschungen, Bd. 22, Heft 4.)

Cleinow, zur Frage d. Militär-Strafverfahrens in Deutschland u. Oesterreich-Ungarn. gr. 8. (56 S.) Berlin 894. R. Eisenschmidt. n. 1. —

Cleinow, Geo., z. Frage d. Militär-Strafverfahrens i. Deutschland u. Oesterr.-Ungarn. 2., verb. u. verm. Aufl. gr. 8. (63 S.) Berlin 895. R. Eisenschmidt. n. 1. —

Aus Rußlands Not und Hoffen von George Cleinow. Berlin: C. A. Schwetschke & Sohn 1906. (VII, 318 S.) 8° (06. 10038

Cleinow, George, aus Russlands Not u. Hoffen. 2. Bd. (Verfassungskämpfe.) (VIII, 315 S.) 8. Berlin 907. [C. A. Schwetschke & Sohn.] Leipzig, F. W. Grunow. 5.—; geb. 6. —

Aus Russlands Not und Hoffen. Von George Cleinow. Neue Ausg. Bd 1. 2. Leipzig: Grunow 1909. 8°
2. Verfassungskämpfe. A12.5713 II

Die Zukunft Polens von George Cleinow. Bd 1. Leipzig: F. W. Grunow 1908. 4°(8°) (08. 9419

— Die Zukunft Polens. I. Bd. Wirtschaft. (X, 293 S.) Lex. 8. Leipzig 909. F. W. Grunow. 8.—; geb. 10.—

§ **ABENTEUER** eines Frauenzimmers von Vergnügen. (Aus d. Engl. des *John Cleland*). 2 Thle. London 1782. 8°. Ungemein selten!

Cleland, John: Frauenzimmer,

— —, Das, im Irrgarten der Venus herumtaumelnde. (Auszug aus *Cleland's* „Fanny Hill".) Mit Kpfrn. O. O. 1763. 8°. 52 S. (In Wien, Stadtbibl.: Secr. A 45.)
Grosse Seltenheit! Cat. Meissner II.

— Dasselbe. S. auch Frauenzimmer, das, von Vergnügen; Freudenmädchen, das; Heimlichkeiten, Entdeckte, einer .... Maitresse; Romane, Priapische.

— Frauenzimmer,
§ — —, Das, von Vergnügen. (Aus d. Engl. des *John Cleland*). O. O. 1788. 8°.
Grosse Seltenheit! Uebersetzung von „The girl of pleasure".
— — Dasselbe, in: Priapische Romane (s. d.). Bd. 1. Mit erot. Kpfrn. u. Titelvign. Rom, bei Seraph Cazzovulva (Berlin, Himburg) 1791. 8°. Aeusserst selten!
— — Dasselbe. 3 Bde. Boston. Bei Reginald Chesterfield (Altona, Verlagsbureau), o. J. (1863). 16°. Vergriffen u. selten!
S. 1—199, 200—320, 321—407 (cplt.). — Verboten vom L.-G. Prag, 10. September 1885. § 516.

§ **HEIMLICHKEITEN,** Entdeckte, einer zuletzt glücklich gewordenen Maitresse. (Aus dem Engl. des *John Cleland.*) Haag (Görlitz, Pollmann) 1765. 8°.
Grosse Seltenheit! „Libellus valde obscoenus" sagt davon die Bibliotheca Feuerlini, II. Norimb. 1803. p. 287. War auch in J. Pauli's in Berlin Oster-Mess-Cat. von 1765 angezeigt.
Erste deutsche Uebersetzung von Cleland's „memoirs of a woman of pleasure". 2 vols. London 1749. 8°. (In München.)

Cleland, John, die Memoiren der Fanny Hill. (Übers. v. Erich Feldhammer.) 2 Bde. (198 u. 205 S. m. 6 Taf.) kl. 8. Paphos im J. der Cythere 906. Wien, C. W. Stern. n. 30. —

Cleland, J., d. Memoiren der Fanny Hill. Im Deutschen Reiche verboten.

FANNY'S Unschuld oder Erlebnisse einer Landschönen. (Aus d. Engl. des *John Cleland,* 1709—89.) Chicago. Gedr. auf Kosten guter Freunde, o. J. (c. 1884). 12°. 144 S. (8 Mk. Hugo Streisand, Berlin, 1908.)
Neue Uebersetzung des berühmten Buches „the girl of pleasure", eines der lüsternsten Romane, die je geschrieben wurden.
— — Dasselbe, titulo: Fanny's Unschuld oder Londoner Bordell-Leben. (3 Mk., eine böhmische Firma, 1901.)
Schlechte, stark verkürzte Uebertragung.

FANNY'S Unschuld oder Londoner Bordell-Leben. (Miserable, stark verkürzte Uebersetzung von *John Cleland's* „Memoirs of a Woman of Pleasure".) Amsterdam (Chemnitzer Schundausgabe), im Jahre 1888 (19**). 12°. 84 S.

Clelia und Sinibald. Eine Legende aus dem 12ten Jahrh. Weimar 1784. V: *Wieland, Christoph Martin.* (EE) (GGr)

Clemandot, J. S., Fabrikation d. Zuckers aus Runkelrüben. Betrachtn. üb. d. Wirkungsart d. dießfällig angewend. Klärmittel, u. Beantwortung d. Frage: ob Krystallisirgefäße od. Zuckerhutformen in d. Anwend. d. Vorzug verdienen. A. d. Franz. frey übers. u. mit Anmerkn. versehen v. J. Seiß. Begl. mit e. Vorrede v. P. T. Meißner. gr. 8. (3½ B.) Wien 831, Gerold.

Clemanges, Nicolaus v., als Verfasser der Schrift: de corrupta ecclesiae statu, s. Schuberth, G.

Clémanges, Mathieu Nicolas de

Clemangis, N., de diebus festis et sabbato; ed. v. d. Hardt. Helmst. 1703. 8.

Clemann, Andreas Christian, s. Cleemann.

Clemann, Gottfried

— zu Gott sehende Augen. 12, Ebend. 707.

— andächtiger Beter. 12. Ebend. 715.

Clemann, Gottfr., andächtiger Soldat in einem Gebetbuch. 12. Chemnitz. 745.

Clemann, Joh. Chr., Versuch einer regelmäßigen Beugung der deutschen Reimwörter. 8. Wismar. 749.

Clemen, A.

— Erinnerungen an Sicilien, s.: Aufsätze u. Vorträge aus verschiedenen Wissensgebieten.

Clemen, A., drei Predigten. gr. 8. (31 S.) Braunschweig 874. G. C. E. Meyer. n. — 50

Clemen, Adele, Feldblumen. 16. (V, 96 S.) Strehlen 882. Gemeinhardt. geb. m. Goldschn. n. 1. 50

Clemen, Adolf

Clemen, A., tägliche Andachten. Kleinere Ausg. von „Für's Haus". 2 Thle. 12. Wolfenbüttel 887, Zwißler. à Bd. geb. in 1 Bd. *

Inhalt:
Bd. 1. Der Festtheil. (III, 417 S.)
" 2. Festlose Zeit. (422 S.)

Clemen, A. Tägliche Andachten. Kleinere Ausg. v. „Fürs Haus". 2. durchgeseh. Aufl. 2 Thle. 12. Wolfenb. 890, Zwißler. à Thl. — 75, 1 50; geb. in 1 Bd. * 2 —; geb. m. Goldschn. 3 —
1. Festliche Zeit. (IV, 417 S.) — 2. Festlose Zeit. (422 S.)

Clemen, A., tägliche Andachten. Kleinere Ausg. v. „Für's Haus". 6.—10. Taus. 2 Tle. in 1 Bd. 12. (IV, 417 u. 422 S.) Wolfenbüttel 893. J. Zwißler. Geb. in Leinw. n. 2. —; m. Goldschn. 3. —

Clemen, A.: Tägl. Andachten. Kleinere Ausg. v. „Für's Haus". 16. – 22. Taus. 2 Thle. J. Zwißler. 1898. 12⁰
1. Festliche Zeit. (IV, 417 S.) – 2. Festlose Zeit. (422 S.)

Clemen, Adf., tägliche Andachten. Kleinere Ausg. v. „Für's Haus". 23.—28. Taus. 2 Thle. 12. (IV, 417 u. 422 S.) Wolfenbüttel (900). J. Zwißler. In 1 Leinwbd. n. 2. —; m. Goldschn. 3. —

Clemen, A., tägliche Bibelandachten. Kleinere Ausg. v. „Bleibe in Gottes Wort". (747 S.) kl. 8. Wolfenbüttel 910. J. Zwißler. 1.50; geb. in Leinw. 2.25; m. Goldschn. 3.—

Clemen, A., bleibe in Gottes Wort. Tägliche Andachten. 2 Tle. gr. 8. Wolfenbüttel 905. J. Zwißler. n. 5. —; in 1 Halbfrz.-Bd. n. 6. —; in 1 Leinw.-Bd. m. Goldschn. n. 7. 50
1. Festliche Zeit. (VIII, 814 S.) — 2. Festlose Zeit. (328 S.)

— Festpredigt am 25jähr. Sedantage, geh. i. d. St. Magnikirche zu Braunschweig. 8. (15 S.) Braunschweig 895. (H. Wollermann.) n.n. — 25

— unsere Gemeinschaft am Evangelium. Predigten. gr. 8. (VIII, 512 S.) Ebd. 901. n. 5. —; geb. in Leinw. n. 6. —; m. Goldschn. n. 7. —

Clemen, A., für's Haus. Tägliche Andachten. 2 Thle. gr. 8. (VI, 448; 456 S.) Wolfenbüttel 882, Zwißler. à Thl. ℳ 3. geb. à Thl. * ℳ 4,50. *

Clemen, A., für's Haus. Tägliche Andachten. 2 Thle. 2. Aufl. Lex.-8. Wolfenbüttel, Zwißler. à 3. —; geb. m. Goldschn. à n. 4. 50; in 1 Bd. geb. n. 8. —
1. Festzeit. (VI, 417 S.) 885.
2. Festlose Zeit. (424 S.) 886.

— Für's Haus. Tägl. Andachten. 2 Thle. 3. Aufl. gr. 8. Wolfenbüttel 896. J. Zwißler. à n. 2. —; geb. in Leinw. m. Goldschn. à n. 4. —; in 1 Halbfrzbd. n. 5. —; in 1 Leinwbd. m. Goldschn. n. 6. —
1. Festzeit. (VII, 417 S.) — 2. Festlose Zeit. (424 S.)

— zur Konfirmation. E. Mitgabe. 8. (VII, 104 S.) Ebd. 894. Geb. n. 1. —; in Leinw. m. Goldschn. n. 2. —

— von der Konfirmation. Predigt, am 26. II. 1899 zu St. Magni geh. gr. 8. (8 S.) Braunschweig 899. J. Neumeyer. n. — 20

—— Predigt, zum Trauergottesdienst für Kaiser Wilhelm am 18. März 1888 zu St. Magni gehalten. gr. 8. (12 S.) Braunschweig 888, Wollermann. **

– Letzte Worte zum Abschied v. seiner lieben St. Magni-Gemeinde. (Braunschweig: J. Neumeyer 1908. 8 S. 8⁰

Clemen, Aug., Abriß d. evang. Glaubenslehre. Für evang. Gymnasien bearb. gr. 8. (120 S.) Leipzig 897. Dürr'sche Buchh. n.n. 2. —

– Abriß d. Kirchengeschichte. F. evang. Gymnasien bearb. Ebd. Zwißler 1897. (IV, 113 S.) 8⁰
M. Abriß d. Glaubenslehre in 1 Bd.

Clemen, Aug., e. andern Grund kann niemand legen außer dem, der gelegt ist, welcher ist Jesus Christus. Predigt am 325 jähr. Stiftungsfeste der Fürsten- u. Landesschule zu Grimma den 14. Septbr. 1875 in der Klosterkirche daselbst geh. gr. 8. (16 S.) Grimma 875. Gensel. — 30

Clemen, (August), Prof. Lic. Dr.: [**Ansprache** beim Begräbnis des Rektors Prof. Dr. Kurt Gehlert, gestorben am 1. April 1899.] *Grimma 1900: F. Bode.* (S. 22—24.) 4°
Grimma, Fürsten- u. Landes-S, P 1900 (576)

Clemen, *Christian August Julius: Bericht über die innere Restauration und die Wiederweihe der mit der Fürstenschule verbundenen Klosterkirche.* 4 (S. 24—26).
Progr. Fürsten- u. Landessch. *Grimma* 1899

Clemen, August [Prof. Lic. theol. Dr.]: *Rector Prof. Dr. Kurt Bernhardi, gest. am 17. Oct. 1892.* Grimma, Druck v. J. Schiertz, 1893; 17—21 S. 4.
Grimma, Fürsten- u. Landes-S, P 1893 (537)

Clemen, *Christian August Julius: Ecce für die im vergangenen Kirchenjahre verstorbenen ehemaligen Schüler der Anstalt.* 4 (S. 22—23). **Progr.** Fürsten- u. Landessch. *Grimma* 1899

— Einführg. i. d. Heilsgeschichte d. alten u. neuen Testaments. Für höh. Schulen bearb. gr. 8. (138 S.) Ebd. 896. Kart. n.n. 2. —

Der Gebrauch des Alten Testamentes in den neutestamentlichen Schriften. Von Dr. **August Clemen,** ... Prof. ... zu Grimma. *Gütersloh: C. Bertelsmann 1895.* (IV, 252 S.) 1 Bd 8. [96. 1367

Clemen, Aug. Ueber den Gebrauch d. Alten Testaments im Neuen Testamente u. speciell in den Reden Jesu. gr. 4. (18 S.) Grimma 891, (Gensel). * 1 —
Aus: Einladungsschrift z. Einweihung d. neuen Gebäudes d. Fürsten- u. Landesschule zu Grimma, besonders abgedruckt.

— der **Gebrauch** d. Alten Testamentes im Neuen Testamente a) in den Reden Jesu (Fortsetzung), b) bei den Evangelisten. Progr. gr. 4. (39 S.) Ebd. 893. n. 1. 60

Clemen, August [Prof. Lic. theol. Dr.]: Der Gebrauch des Alten Testamentes im Neuen Testamente: a) in den Reden Jesu '(Forts.)' b) bei den Evangelisten. (Forts. d. Festschr. 1891.) Grimma, Druck v. J. Schiertz, 1893; 1—39 S. 4.
Grimma, Fürsten- u. Landes-S, P 1893 (537)

Clemen, Aug., Predigten an den Stiftungsfesten der Fürsten- u. Landesschule zu Grimma 1868—1877. gr. 8. (V, 152 S.) Leipzig 878. Hinrichs' Verl. n. 3. —; geb. n. 4. —

—, *Rede bei dem Begräbnisse des am 17. Okt. 1892 verstorbenen Rektor Dr. Curt Bernhardi.* 4 (S. 18—20 der Schuln.).
Progr. Fürsten- u. Landessch. *Grimma* 1893 (537).

Clemen, August [stellv. Rekt. Prof. Lic. Dr.]: *Rede bei der Trauerfeier für Prof. Dr. Carl Julius Rössler, gest. d. 6. März 1891.* Grimma, Druck v. F. Bodo, 1891; S. 28—30; 4°
Grimma, Fürsten- u. Landes-S, P 1891 (584)

Clemen, August [stellv. Rekt. Prof. Lic. Dr.]: *Rede bei der Trauerfeier für den Rektor Prof. Dr. Karl Schnelle, gest. d. 18. Dez. 1890.* Grimma, Druck v. F. Bode, 1891; S. 25—28; 4°
Grimma, Fürsten- u. Landes-S, P 1891 (531)

Clemen, Aug., die heilige Schrift, das Kleinod der evangelischen Kirche und Schule, Dein Lebensbuch! Predigt, am 335jähr. Stiftungsfeste der Fürstenschule zu Grimma den 14. Septbr. 1885 gehalten in der Klosterkirche zu St. Augustin daselbst. gr. 8. (15 S.) Grimma 885, (Gensel.)

Clemen, wie läßt eine deutsche Bildungsstätte unseres Volkes Ruhm und Ehre ihre höchste Freude sein? Predigt am Stiftungsfeste der Fürstenschule zu Grimma den 14. Septbr. 1870 gehalten. 8. (14 S.) Grimma 870, Gensel. **

Clemen, Aug. Die Wunderberichte über Elia und Elisa in den Büchern der Könige. Eine hermeneutisch-apologetische Studie. 12 S.
Progr. Fürst. *Grimma* 1877.

— die Wunderberichte über Elia u. Elisa in den Büchern der Könige. Eine hermeneutisch-apologet. Studie. gr. 4. (42 S.) Grimma 877. (Gensel.) n. 1. —

Clemen, *August* St. Pauli Zuruf an die Schule zu St. Augustin in ihrem neuen Hause. Predigt beim Weihefeste der Fürstenschule zu Grimma den 23. September 1891 in der Klosterkirche daselbst gehalten. 8 (13 S.).
Fürsten- und Landessch. *Grimma* 1891.
Nicht im Tauschverkehr.
Progr.

Clemen, C., s.: Lehrer-Adresse, Kurhess.

-- u. H. Gräfe, deutsches Lesebuch, s.: Gräfe, H.

Clemen, Christian August Julius, s. Clemen, August

Klemen, Emil, der Rechtsfreund f. d. Gesllgelz. s.: Welcker, Heinr.

— Gustav (Schmalkalden), De judice vices partium et advocati supplente. Diss. jur. Rector Phil. Wilh. Grf. v. Boineburg. Präs. Joh. Philipp Streit. Erfurt (J. H. Grosch) 16. VII. 1712. 24 S. (5.—) 5367

Clemen, H., Beiträge zur lippischen Kirchengeschichte. 8. (389 S.) Lemgo 860. (Halle, Fricke.)

Clemen, H., die Einführung der Reformation zu Lemgo und in den übrigen lippischen Landen nach Herm. Hamelmann nebst Nachrichten über Hamelmanns Leben und Wirken. 2. Aufl. (Lemgo, 847.) 858. Herford, Menckhoff. (2 Bl., 127 S.) n. 12½ ngl

— s. Elementarbuch d. Engl. Sprache.

Clemen, H., Elementarbuch d. franz. Sprache. gr. 8. (11¼ B.) Lemgo 843, Meyer'sche Hofbuchh. *

—— Handbuch der alten Geschichte. gr. 8. (328 S.) Halle 859, Fricke.

Clemen, H., s. Kennedy, sämmtl. Werke.

Clemen. Ossian und seine Welt. Lemgo, G., 1854. 84 S. 4.
Progr.

Clemen, H., Rom, Germanen und Christentum. Ein Beitrag zur Beantwortung der Frage: Wie hat sich die evangel. Kirche zur römischen zu stellen? gr. 8. (89 S.) Lemgo und Detmold 865, Meyer'sche Hofbuchh. *

Clemen, Helena [wirkl. Name] s. Davidis, Henriette [Pseud.]

— Joh. Adam (Schmalkalden), De possessione non transeunte. Diss. jur. Präs. Jo. Phil. Slevogt. Jena (Müller) März 1707. 36 S. (5.—) 5368
Gew.: Joh. Casp. Clemen.

Clemen, Johannes, aus Döbeln i. Sachs.: Beitrag zur Kenntnis des α-Methylketols. *(Halle) 1899: (C. A. Kaemmerer & Co.).* (57 S.) 8°
Rostock, Phil. Diss. v. [29. Apr.] 1899

Clemen, Julius [app. Arzt aus Grimma]: Beitrag zur Lehre von der Schädeltuberkulose ... Göttingen, Druck d. Dieterich'schen Univ.-Buchdr., 1892; 56 S. 8.
Göttingen, Med. Fak., Inaug.-Diss. v. [25. Juni] 1892

Clemen, Jul., Beitrag zur Lehre v. der Schädeltuberkulose. Diss. gr. 8. (56 S.) Göttingen 892. (Vandenhoeck & Ruprecht.) n. 1. 20

Clemen, Carl, die Apostelgeschichte im Lichte der neueren text-, quellen- u. historisch-kritischen Forschungen. Ferienkurs-Vorträge. (V, 61 S.) 8. Gießen 905. A. Töpelmann. n. 1. 30

Clemen, Carl: Die religionsphilosophische Bedeutung des stoisch-christlichen Eudämonismus in Justins Apologie. Studien und Vorarbeiten ... Leipzig, J. C. Hinrichs'sche Buchh., 1890; VIII + 158 S. 8°
Leipzig, Phil. Fak., Inaug.-Diss. v. 1. Aug. 1890

Clemen, Carl, die Chronologie der paulinischen Briefe, aufs Neue untersucht. gr. 8. (VIII, 293 S.) Halle a/S. 893. M. Niemeyer. n. 6. —

— die Einheitlichkeit der paulinischen Briefe, an der Hand der bisher m. bezug auf sie aufgestellten Interpolations- u. Compilationshypothesen geprüft. gr. 8. (VIII, 183 S.) Göttingen 894. Vandenhoeck & Ruprecht. n. 4. 80

— die Entstehung des Neuen Testaments, s.a. Sammlung Göschen.

Die Entstehung des Neuen Testaments von Prof. Lic. Dr. Carl **Clemen**. Leipzig: G. J. Göschen 1906. (167 S.) 8° [F.]
(Sammlung Göschen. 285.) [07. 1743 5

Clemen, Carl, die Entwicklung der christl. Religion innerhalb d. Neuen Testaments, s.a. Sammlung Göschen.

Die Entwicklung der christlichen Religion innerhalb des Neuen Testaments von Prof. Lic. Dr. Carl **Clemen**. Leipzig: Göschen 1908. 136 S. 8°
(Sammlung Göschen. 388.) A 12. 1285 11

Religionsgeschichtliche Erklärung des Neuen Testaments. Die Abhängigkeit d. ältesten Christentums von nichtjüd. u. philos. Systemen zusammenfassend untersucht von Prof. Lic Dr. Carl **Clemen**. Mit 12 Abb. auf 2 Taf. Gießen: A. Töpelmann 1909. (VIII, 301 S.) 8° [F.] [08. 16698

Schleiermachers Glaubenslehre in ihrer Bedeutung für Vergangenheit und Zukunft. Von Prof. Lic. Dr. Carl **Clemen**, Privatd., Bonn. *Gießen: J. Ricker 1905.* (X, 132 S.) 8° [04. 15293

Clemen, Carl, die Grundgedanken d. paulinischen Theologie m. besond. Rücksicht auf Kaftan u. Wrede unters. (24 S.) gr. 8. Tübingen 907. J. C. B. Mohr. 1. —
Sonderabdr. aus „Theol. Arb. a. d. rhein. wiss. Prediger-Ver."

— s.: Himmelfahrt, die, des Mose.

Clemen, Carl, die christliche Lehre v. d. Sünde. Untersuchg. z. systemat. Theologie. 1. Tl. D. bibl. Lehre. gr. 8. (VI, 272 S.) Göttingen 897. Vandenhoeck & Ruprecht. n. 6. —

Die religionsgeschichtliche Methode in der Theologie. Von Prof. Lic. Dr. Carl Clemen, Privatd., Bonn. *Gießen: J. Ricker 1904.* (39 S.) 8° [3]
Erw. Antrittsvorlesung, geh. an d. Univ. zu Bonn.

— die religionsgeschichtliche Methode in der Theologie. (III, 39 S.) 8. Giessen 904. A. Töpelmann. n. — 80

Clemen, Carl, „Niedergefahren zu den Toten". Ein Beitrag zur Würdigg. des Apostolikums. gr. 8. (VIII, 240 S.) Giessen 900. J. Ricker. n. 5. —

— Paulus. Sein Leben u. Wirken. 2 Tle. gr. 8. Ebd. 904. n. 13. —; Einbde. je n.n. 1. —; in 1 Halbfrz.-Bd. n.n. 15.50
1. Untersuchung. (VIII, 416 S.) n. 8. —
2. Darstellung. Mit 1 Karte der Missionsreisen d. Apostels. (VIII, 339 S.) n. 5. —

Predigt und biblischer Text. Eine Untersuchung z. Homiletik von Prof. Lic. Dr. Carl Clemen, Bonn. Gieszen: A. Töpelmann 1906. (88 S.) 8°

Clemen, Carl *Christian* [Dr. phil., Cand. rev. min.]: Prolegomena zur Chronologie der Paulinischen Briefe ... (Aus des Vfs „Chronologie d. paulin. Briefe", Halle 1893.) Halle a. S., Druck v. E. Karras, 1892; 2 Bl., 57 S., 1 Bl. 8.
Halle, Theol. Fak., Hab.-Schr. v. 28. Okt. 1892

— Quellenbuch zur praktischen Theologie, zunächst z. Gebrauch in akadem. Vorlesungen u. Übungen hrsg. 1. Tl. Quellen z. Lehre v. Gottesdienst (Liturgik). (VIII, 190 S.) gr. 8. Gießen 910. A. Töpelmann. 4. —; geb. 4.50

— dasselbe, zum Gebrauch in theologischen Vorlesungen u. Übungen, Lehrer- u. Lehrerinnenseminaren sowie f. Pädagogen u. Behörden hrsg. 2. Tl. Quellen z. Lehre v. Religionsunterricht (Katechetik). (IV, 89 S.) gr. 8. Ebd. 910. 2.40; geb. 2.80

— dasselbe, zum Gebrauch in theologischen u. kirchenrechtl. Vorlesungen u. Übungen sowie f. Geistl. u. Behörden hrsg. 3. Tl. Quellen zur Lehre v. d. Kirchenverfassg. (Kybernetik). (IV, 172 S.) gr. 8. Ebd. 910. 4. —; geb. 4.50

— Zur Reform d. prakt. Theologie, s.a. Studien z. prakt. Theol.

Zur Reform der praktischen Theologie von Prof. Lic. Dr. Carl Clemen, Privatd. Gießen: A. Töpelmann 1907. (80 S.) 8°
= Studien z. prakt. Theologie. Bd 1, H. 1.

— Der Religions- u. Moralunterricht in den Vereinigten Staaten v. Nordamerika, s.a. Studien z. prakt. Theologie. III, 2.

Der Religions- und Moralunterricht in den Vereinigten Staaten von Nordamerika. Von Prof. D. Dr. Carl Clemen, Privatd., Bonn. Gießen: Töpelmann 1909. 54 S. 8°
(Studien z. prakt. Theologie. Bd 3, H. 2.)

[J.] Der Ursprung des heiligen Abendmahls. Von Lic. Dr. Carl Clemen, Privatdoz. in Halle. 1. Taus. *Leipzig: J. C. B. Mohr 1898.* (30 S.) 1 Bd 8.
= Hefte z. 'Christlichen Welt'. No 37.

Clemen, Karl Friedrich Wilhelm

Clemen, Karl Fr. Wlh., Abhandll. aus d. Gebiete d. Volksschulwesens. 1s Heft. gr. 8. Rinteln 831. Osterwald. 6 gGr (A. u. d. T.: über d. Volksschulwesen in Kurhessen ꝛc.)

— philosoph. Duplik gegen den Hrn. Prof. Richter „vorläufige Replik an Vigil. Nationalis." Zugleich als Beitrag zur Verständigung über d. streitigen Punkte in Sachen d. Rationalismus. gr. 8. Leipz. 828. Kollmann. 12 gGr

Clemen, Carl Friedr. Wilh., Einleitung in die Bibel für Schule u. Haus. gr. 8. (7 B.) Cassel 844, Bohné. *
Aus dess. Hülfskenntnisse ꝛc., besond. abgedruckt.

Clemen, Karl Fr. Wlh., Fibel für den Unterricht im Schreiben u. Lesen der deutschen u. latein. Handschrift. 8. Cassel 845. (jetzt Luckhardt.) n. 2 ngl

Clemen, Carl Friedr. Wilh., Fibel für den Unterricht im Schreiben und Lesen der deutschen und lateinischen Sprache. (Zunächst als Anhang zu des Verf. neuem ABC- u. Lesebuch.) 2. verb. Aufl. Cassel 856. J. G. Luckhardt. 8. (1 Bl., u. 21 lith. S.) $2^1/_2$ ngl

— Geographie von Palästina u. jüdische Alterthumskunde nebst ein. kurzen Abriß üb. d. christl. Kirchenjahr. Ein Hülfsb. beim Religionsunterricht in Schulen. gr. 8. ($6^1/_2$ B.) Cassel 844, Bohné. *
Besonderer Abdruck aus Nachstehendem.

— Grundzüge der christlichen Kirchengeschichte für Schule und Haus. Leipzig 853. Baumgärtner. 8. (XX, 376 S.) 1 ₰

— Hülfskenntnisse für den christl. Religionsunterricht. Ein Leitfaden für Schulen. gr. 8. Cassel 844, Bohné. n. $^1/_2$ ₰ — Daraus apart: Einleitung in die Bibel für Schule und Haus. gr. 8. Ebend. 844. n. $^1/_3$ ₰ — Geographie von Palästina und jüdische Alterthumskunde nebst einem kurzen Abriß über das christl. Kirchenjahr. Ein Hülfsbuch beim Religionsunterricht in Schulen. gr. 8. Ebend. 844. n. $8^3/_4$ ngl

— und Chr. Roth, Leitfaden zum Unterricht in der Weltgeschichte. gr. 8. (VII und 186 S.) Cassel 859. (Göttingen, Wigand.) *

— und Chr. Röth, Leitfaden zum Unterricht in der Weltgeschichte. 2. (Titel-)Aufl. gr. 8. (V und 186 S.) Göttingen (859)63, Wigand. *

— deutsches Lesebuch für Bürgerschulen u. untere Classen höherer Lehranstalten. gr. 8. ($18^1/_2$ B.) Cassel 843, Bohné.

— dass. 2., verb. u. verm. Aufl. 2 Thle. gr. 8. Ebds. 846. [1. ($20^3/_4$ B.) * 20 Ngr., 2. ($17^1/_2$ B.) * 18 Ngr.] *

— deutsches Lesebuch für Bürgerschulen und untere Classen höherer Lehranstalten. 1. Thl. 3., verb. und verm. Aufl. gr. 8. (XVI und 318 S.) Cassel 856(57), Bohné'sche Buchh. *

Clemen, Carl Friedr. Wilh., deutsches Lesebuch für Bürgerschulen und untere Classen höherer Lehranstalten. 2. Thl. 2., verb. und verm. Aufl. gr. 8. (XV und 320 S.) Cassel 863, Krieger'sche Buchh. * 18 Ngr.; geb. *

Clemen, Carl Friedr. Wilh., deutsches Lesebuch für Bürgerschulen und untere Classen höherer Lehranstalten. Neu bearb. von Geo. Davin und Carl Wilh. Peter. 1. Thl. 1. und 2. Stufe. 5., verb. und verm. Aufl. gr. 8. Cassel 872, Freyschmidt. [1. Stufe. (XVI, 192 S.) * ℳ 1,5.; 2. Stufe. (XI, 244 S.) * ℳ 1,35.] geb. *

— dass. — 1. und 2. Thl. 6. verb. und verm. Aufl. gr. 8. (XVI, 218; XII, 220 S.) Ebendas. 875. à Thl. * ℳ 1,25. *

Clemen, Carl Friedr. Wilh., deutsches Lesebuch für Bürgerschulen und untere Klassen höherer Lehranstalten. Nach Maßgabe der allgemeinen Bestimmungen vom 15. Oktbr. 1872 neu bearb. von Geo. Davin und Carl Wilh. Peter. 3 Thle. gr. 8. Kassel, Freyschmidt. [1. Thl. 7. Aufl. (XV, 218 S.) 879.; 2. Thl. 7. Aufl. (XII, 220 S.) 879.; 3. Thl. 3. und 4. verb. und verm. Aufl. (VIII, 232 S.) 872,79.] à Thl. * ℳ 1,25. *

— deutsches Lesebuch für Bürgerschulen und höhere Lehranstalten. Im Anschluß an den dritten Teil des Lesebuches hrsg. von Geo. Davin und Carl Wilh. Peter. 4. Tl. 2. verb. und verm. Aufl. gr. 8. (VIII, 248 S.) Ebendas. 880. geb. *

Clemen, Carl Friedr. Wilh., deutsches Lesebuch für Bürgerschulen und untere Klassen höherer Lehranstalten. Neu bearb. von Geo. Davin und Carl Wilh. Peter. 1. und 2. Tl. 8. verb. und verm. Aufl. gr. 8. (XVI, 224; X, 224 S.) Kassel 883,84, Freyschmidt. geb. à Tl. **M 1,50.

—— deutsches Lesebuch für Bürgerschulen und höhere Lehranstalten. Neu bearb. von Geo. Davin und Carl Wilh. Peter. 3. und 4. Tl. gr. 8. Ebendas. [3 Tl. 5. und 6. verb. Aufl. (VIII, 231 S.) 885,88. *M 1.25.; geb. **M 1.50.; 4. Tl. 3. verb. Aufl. (VIII, 252 S.) 884. *M 1.35.; geb. **M 1.60.] *
geb. *
2. Tl. Ebendas. 1883,84. geb. **M 1.50.: 5. Tl., s. Davin, G., und C. W. Peter.

Clemen, Carl Frdr. Wilh., deutsches Lesebuch f. Bürgerschulen u. untere Klassen höherer Lehranstalten. Neu bearb. v. Geo. Davin u. Carl Wilh. Peter. 1—4. Tl. gr. 8. Kassel, Freyschmidt. geb. n.n. 6.10
1. 9. Aufl. (XVII, 246 S.) 886. n.n. 1.50. — 2. 8. Aufl. (X, 224 S.) 884. n.n. 1.50. — 3. 5 Aufl. (VIII, 231 S.) 885. n.n. 1.50. — 4. 3. Aufl. (VIII, 252 S.) 885. n.n. 1.60.

— dasselbe, 5. Tl., s.: Davin, G., u. C. W. Peter.

Clemen, K. F. W., deutsches Lesebuch f. Bürgerschulen u. untere Klassen höherer Lehranstalten. Neu bearb. v. G. Davin u. C. W. Peter. 1. 3. Tl. gr. 8. Cassel, Freyschmidt. à n. 1.25; geb. n. 1.50
1. 10., verb. Aufl. (VIII, 216 S.) 889.
3. 6., verb. Aufl. (VIII, 231 S.) 888.

Clemen, Carl Frdr. Wilh., deutsches Lesebuch f. Bürgerschulen u. höhere Lehranstalten. Im Anschluß an die Lesebücher v. C. F. W. C. hrsg. v. Geo. Davin u. Carl Wilh. Peter. 1. u. 5. Tl. gr. 8. Cassel 894. A. Freyschmidt. Geb. in Halbleinw. n. 3.75
1. 11., verb. Aufl. (VIII, 216 S.) Geb. n. 1.50
5. 3., verb. Aufl. (XII, 363 S.) n. 2. —; geb. n. 2.25

Deutsches Lesebuch für Bürgerschulen und untere Klassen höherer Lehranstalten von Carl Friedr. Wilh. Clemen. Neu bearb. von Georg Davin u. Carl Wilhelm Peter. 12. verb. Aufl. T. 1. Cassel: A. Freyschmidt 1900. 8° [F.]

Clemen, C. Fr. Wilh., deutsches Lesebuch f. Bürgerschulen u. höh. Lehranstalten. Im Anschluß an den 3. Tl. des Lesebuches hrsg. v. G. Davin u. C. W. Peter. 4. Tl. 5., verb. Aufl. gr. 8. (VIII, 252 S.) Cassel 901. A. Freyschmidt. Geb. n.n. 1.80

— d. erste Leseschüler, oder Elementarbuch zum Lesenlernen, in Verbindung mit einer, besonders zu habenden, ausführl. Anweis. für d. Lehrer. 8. Leipz. 826. Baumgärtner. 2 gl

— Anweis. hierüber für d. Lehrer. 8. Ebend. 826.

— Anweis. hierüber für d. Lehrer. 8. Ebd. 827. 6 gl

—— der erste Leseschüler oder Elementarbuch zum Lesenlernen, in Verbindung mit einer, besonders zu habenden, ausführlichen Anweisung für den Lehrer. 2., verb. und sehr verm. Aufl. 8. (64 S.) Leipzig 852, Baumgärtners Buchh.

Clemen, Carl Friedr. Wilh., der zweite Leseschüler, od. Uebungsb. f. d. zweite Stufe d. Leseunterrichtes. 8. (7 B.) Rinteln 839, [Bösendahl.]

Clemen, Karl Fr. Wlh., der zweite Leseschüler, oder Uebungsbuch für die zweite Stufe des Leseunterrichtes. 8. Rinteln 839. Literarisch-artist. Verlags-Institut. 1/12 rß

— d. Offenbarung Gottes im menschl. Gemüthe. Drei Predigten. gr. 8. Rinteln 823. Osterwald. 6 gl

—— die Offenbarung Gottes im menschl. Gemüthe. Drei Predigten. gr. 8. (3 B.) Rinteln 829, Osterwald.

— s. 1) Pädagogus. 2) Rationalis, Vigilant.

Rationalism. u. Supernaturalism. u. s. w. v. *Vigil. Rationalis* (K. F. W. **Clemen**). *Lpz.*, Baumgärtner.-B. 827. gr8° 16gl

—— die Rationalisten sind doch Christen. Ein Sendschr. an d. Verf. d. Schrift: „Der Rationalist kein evangel. Christ." gr. 8. (12 B.) Altenburg 829, (Leipzig, Lehnhold.)

—— Rede an d. Confirmanden bei ihr. Entlass. aus d. Bürgerschule zu Rinteln. gr. 8. (1 B.) Rinteln 831, Osterwald.

— Schulreden nebst e. Abhandl. über Schulfeierlichkeiten als Einleitung. gr. 8. Cassel 813, Hotop. 2/3 rß

Clemen, Carl Friedr. Wilh., acht Schulreden. gr. 8. (VIII und 71 S.) Göttingen 861, Wigand. *

— s. Zeitung, pädagogische.

Clemen, Otto (Hrsg.), s. Absag oder Fehdschrift Lucifers an Luthers.

Clemen, Otto, Beiträge zur Reformationsgeschichte aus Büchern u. Handschriften der Zwickauer Ratsschulbibliothek. 1. u. 2. Hft. gr. 8. Berlin, C. A. Schwetschke & Sohn. n. 6.40
1. (IV, 83 S.) 900. n. 2.40. — 2. (IV, 147 S.) 902. n. 4. —

Clemen, Otto, Beiträge zur Reformationsgeschichte aus Büchern u. Handschriften der Zwickauer Ratsschulbibliothek. 3. Hft. (IV, 115 S.) gr. 8. Berlin 903. [C. A. Schwetschke & Sohn] Leipzig, M. Heinsius Nachf. n. 3.20 (Vollständig: n. 9.60)

— s.: Bernhardi, Joh., aus Feldkirch, e. Brief.

— Buchdruck u. Buchhandel u. die Lutherische Reformation. (12 S.) 8. Halle 904. Leipzig, R. Haupt. n.n. 1. —
Sonderabdruck aus: „Antiquariats-Katal. 2: Das Zeitalter der Reformation."

Clemen, Otto, Alexius Chrosner, Herzog Georgs v. Sachsen ev. Hofprediger. (III, 70 S.) gr. 8. Leipzig 907. M. Heinsius Nachf. 2. —

Der Dialogus bilinguium ac trilinguium von Otto Clemen, Lic. Dr., in Zwickau. Berlin: C. A. Schwetschke & Sohn 1904. (S. 355—364.) 8°
= Archiv f. Reformationsgeschichte. Jg. 1, H. 4, [3.]

Zur Einführung der Reformation in Weimar von Otto Clemen, Lic. Dr., in Zwickau. Berlin: C. A. Schwetschke & Sohn 1905. (S. 180—189.) 8°
= Archiv f. Reformationsgeschichte. Jg. 2, H. 2, [3.]

— s.: Emser, Hieron., Briefe an d. Fürstin Margarete v. Anhalt.

— s.: Flugschriften aus d. ersten Jahren d. Reformation.

— s.: Frag u. Antwort v. zweien Brüdern, was f. e. seltsames Tier zu Nürnberg gewesen.

Clemen, Otto, s.: Gespräch, e., zwischen vier Personen, wie sie e. Gezänk haben v. der Wallfahrt in Grimmental.

— s.: Gesprächbüchlein v. e. Bauern, Belial usw.

Johann Pupper von Goch. Von Lic. Dr. Otto Clemen. *Leipzig: Duncker & Humblot 1896.* (X, 290 S.) 8.
= Studien, Leipziger, aus d. Gebiet d. Geschichte. Bd 2. H. 3.

Clemen, Otto [Hrsg.], s. Haushaltungsbüchlein.

— s.: Helt's, Geo., Briefwechsel.

Clemen, Otto. Eine Leipziger Kleiderordnung von 1506.
S. 305—320. 8°.
Aus: [Neues Archiv f. sächsische Geschichte und Altertumskunde. Dresden 1907.]

Clemen, Otto *Constantin:* Das Leben Johann Puppers von Goch ... (Erscheint vollst. als Heft 1 d. 3. Bds von: Leipz. Stud. aus d. Geb. d. Gesch.) Leipzig, Duncker & Humblot, 1896; 1 Bl., 39 S., 1 Bl. 8.
Leipzig, Phil. Fak., Inaug.-Diss. v. [24. März] 1896

— s.: Melanchthon, Supplementa Melanchthoniani.

— s.: Sendbrief, ein, v. e. jungen Studenten zu Wittenberg an seine Eltern im Schwabenland usw.

Clemen, Otto [Hrsg.], s. Stanberger, Balthasar: Dialogus zwischen Petro und einem Bauern.

Die Lutherisch Strebkatz von Otto **Clemen,** Lic. Dr., in Zwickau. Berlin: C. A. Schwetschke & Sohn 1904. (S. 78–93.) 8°
— **Archiv** f. Reformationsgeschichte. Jg. 2, H. 1, [3.] [illegible]

— s.: Unterredung, ein, vom Glauben usw.

Clemen, Otto Constantin, s. Clemen, Otto

Schloss Burg an der Wupper, seine Geschichte u. seine Bedeutung. Von Prof. Dr. Paul **Clemen.** *(Düsseldorf [1900]: L. Schwann.)* (7 Bl.) gr. 2° [F.] [illegible]

Schloß Burg an der Wupper. Hrsg. vom Schloßbauverein. (Verf.: Prof. Dr. Paul **Clemen** u. Dr. Heribert Reiners.) Mit 1 Taf. u. 28 Textill. Düsseldorf: Schwann 1910. 52 S. 8° [illegible]

Clemen, Paul: Tiroler Burgen. (Aus: „Mittheilgn. der k. k. Central-Commission zur Erforschg. u. Erhaltg. der Kunst- u. histor. Denkmale"](IV, 141 S. m. Abbildgn.) Wien: (W. Braumüller.) 1894. 8°

Clemen, Paul, die Denkmalspflege in Frankreich. [Aus: „Zeitschr. f. Bauwesen".] Lex.-8. (III, 134 S.) Berlin 898. W. Ernst & Sohn. n. 3. —

— d. Denkmalspflege in der Rheinprovinz. gr. 8. (X, 75 S.) Düsseldorf 896. L. Schwann. n. 1. —

Clemen, Paul, das Kaiser-Friedrich-Museum zu Berlin. Erläutert in Gemeinschaft mit Adph. Goldschmidt, Ludw. Justi u. Paul Schubring. (60 S. m. Abbildgn. u. 7 [5 farb.] Taf.) 4. Leipzig 904. E. A. Seemann. Geb. n. 8. —
Sonderabdruck aus: „Zeitschr. f. bildende Kunst."

— die rheinische u. die westfälische Kunst auf der kunsthistorischen Ausstellung zu Düsseldorf 1902. (47 S. m. Abbildgn. u. 5 [1 farb.] Taf.) Fol. Ebd. 903. Kart. n. 4. —
Erweiterter Sonderabdruck aus: „Ztschr. f. bild. Kunst."

Die Kunstdenkmäler der Städte Barmen, Elberfeld, Remscheid, und der Kreise Lennep, Mettmann, Solingen. Im Auftr. d. Provinzialverb. d. Rheinprov. hrsg. von Paul **Clemen.** Mit 5 Taf. u. 65 Abb. Düsseldorf: L. Schwann 1894. (VI, 134 S.) 4°(8°)
— **Kunstdenkmäler,** Die, d. Rheinprovinz. Bd 3, 2. [illegible]

Die Kunstdenkmäler des Kreises Bergheim. Im Auftr. d. Provinzialverbandes d. Rheinprovinz in Verbindg m. Ernst Polaczek bearb. v. Paul Clemen. M. 10 Taf. u. 82 Abb. im Text. *Düsseldorf: L. Schwann 1899.* (VI, 168 S., 1 Bl., 10 Taf.) 1 Bd 4.(8.)
— Kunstdenkmäler d. Rheinprovinz. Bd 4. (II.) III. [illegible]

Die Kunstdenkmäler der Stadt und des Kreises Bonn ... bearb. von Paul **Clemen.** Mit 29 Taf. u. 267 Abb. Düsseldorf: L. Schwann 1905. (VII, 403 S.) 4°(8°)
— **Kunstdenkmäler,** Die, d. Rheinprovinz. Bd 5, 3. [illegible]

Die Kunstdenkmäler der Stadt Duisburg und der Kreise Mülheim a. d. Ruhr und Ruhrort. Im Auftr. d. Provinzialverb. d. Rheinprov. hrsg. von Paul **Clemen.** Mit 3 Taf. u. 28 Abb. Düsseldorf: L. Schwann 1893. (VI, 85 S.) 4°(8°)
— **Kunstdenkmäler,** Die, d. Rheinprovinz. Bd 2, 2. [illegible]

Die Kunstdenkmäler der Stadt und des Kreises Düsseldorf. Im Auftr. d. Provinzialverb. d. Rheinprov. hrsg. von Paul **Clemen.** Mit 8 Taf. u. 77 Abb. Düsseldorf: L. Schwann 1894. (VI, 172 S.) 4°(8°)
— **Kunstdenkmäler,** Die, d. Rheinprovinz. Bd 3, 1. [illegible]

Die Kunstdenkmäler der Stadt und des Kreises Essen. Im Auftr. d. Provinzialverb. d. Rheinprov. hrsg. von Paul **Clemen.** Mit 4 Taf. u. 47 Abb. Düsseldorf: L. Schwann 1893. (VI, 120 S.) 4°(8°)
— **Kunstdenkmäler,** Die, d. Rheinprovinz. Bd 2, 3. [illegible]

Die Kunstdenkmäler des Kreises Euskirchen. Im Auftr. d. Provinzialverbandes d. Rheinprov. in Verbind. mit Edmund Renard bearb. von Paul **Clemen.** M. 14 Taf. & 120 Abb. im Text. *Düsseldorf: L. Schwann 1900.* (VII, 265 S.) 8°
— **Kunstdenkmäler** d. Rheinprovinz. Bd 4, 4. [illegible]

Die Kunstdenkmäler des Kreises Geldern. Im Auftr. d. Provinzialverb. d. Rheinprov. hrsg. von Paul **Clemen.** Mit 6 Taf. u. 39 Abb. Düsseldorf: L. Schwann 1891. (II, 113 S.) 4°(8°)
— **Kunstdenkmäler,** Die, d. Rheinprovinz. Bd 1, 2. [illegible]

Die Kunstdenkmäler der Städte und Kreise Gladbach und Krefeld. Im Auftr. d. Provinzialverb. d. Rheinprov. hrsg. von Paul **Clemen.** Mit 12 Taf. u. 74 Abb. Düsseldorf: L. Schwann 1896. (VI, 167 S.) 4°(8°)
— **Kunstdenkmäler,** Die, d. Rheinprovinz. Bd 3, 4. [illegible]

Die Kunstdenkmäler des Kreises Grevenbroich im Auftr. d. Provinzialverb. d. Rheinprov. hrsg. von Paul **Clemen.** Mit 5 Taf. u. 36 Abb. Düsseldorf: L. Schwann 1897. (VI, 106 S.) 4°(8°)
— **Kunstdenkmäler,** Die, d. Rheinprovinz. Bd 3, 5. [illegible]

Die Kunstdenkmäler des Kreises Kempen. Im Auftr. d. Provinzialverb. d. Rheinprov. hrsg. von Paul **Clemen.** Mit 4 Taf. u. 59 Abb. Düsseldorf: L. Schwann 1891. (XIV, 137 S.) 4°(8°)
— **Kunstdenkmäler,** Die, d. Rheinprovinz. Bd 1, 1. [illegible]

– Die Kunstdenkmäler des Kreises Kleve. Im Auftr. d. Provinzialverb. d. Rheinprov. hrsg. von Paul Clemen. Mit 7 Taf. u. 85 Abb. Düsseld.: L. Schwann 1892. (VI, 180 S.) 4° (8°).
Kunstdenkmäler, Die, d. Rheinprovinz. Bd 1, 4.

Die Kunstdenkmäler des Landkreises Köln. Im Auftr. d. Provinzialverbandes d. Rheinprov. in Verbindg m. Ernst Polaczek bearb. v. Paul **Clemen.** M. 16 Taf. u. 89 Abb. im Text. *Düsseldorf: L. Schwann 1897.* (VI, 205 S., 1 Bl., 16 Taf.) 1 Bd 4.(8.)
— **Clemen,** P.: Die Kunstdenkmäler d. Rheinprovinz. Bd 4. (II.) I. [illegible]

Die Kunstdenkmäler der Stadt Köln ... hrsg. von Paul **Clemen.** Bd 1, Abt. 1. Düsseldorf: L. Schwann 1906. 4°(8°)
— **Kunstdenkmäler,** Die, d. Rheinprovinz. Bd 6. [illegible]

Die Kunstdenkmäler des Kreises Moers. Im Auftr. d. Provinzialverb. d. Rheinprov. hrsg. von Paul **Clemen.** Mit 8 Taf. u. 67 Abb. Düsseldorf: L. Schwann 1892. (VI, 170 S.) 4°(8°)
— **Kunstdenkmäler,** Die, d. Rheinprovinz. Bd 1, 3. [illegible]

Die Kunstdenkmäler des Kreises Mülheim am Rhein. Im Auftr. d. Provinzialverb. d. Rheinprov. in Verbind. mit Edmund Renard bearb. von Paul **Clemen.** Mit 12 Taf. u. 92 Abb. *Düsseldorf: L. Schwann 1901.* (VI, 160 S.) 4°(8°)
— **Kunstdenkmäler** d. Rheinprovinz. Bd 5, 2. [illegible]

Die Kunstdenkmäler des Kreises Neuss. Im Auftr. d. Provinzialverb. d. Rheinprov. hrsg. von Paul **Clemen.** Mit 7 Taf. u. 67 Abb. Düsseldorf: L. Schwann 1895. (VI, 127 S.) 4°(8°)
— **Kunstdenkmäler,** Die, d. Rheinprovinz. Bd 3, 3. [illegible]

Die Kunstdenkmäler des Kreises Rees. Im Auftr. d. Provinzialverb. d. Rheinprov. hrsg. von Paul **Clemen.** Mit 6 Taf. u. 75 Abb. Düsseldorf: L. Schwann 1892. (VI, 158 S.) 4°(8°)
— **Kunstdenkmäler,** Die, d. Rheinprovinz. Bd 2, 1. [illegible]

Clemen, Paul, s.a. **Kunstdenkmäler, die, der Rheinprovinz.**

— die Kunstdenkmäler der Rheinprovinz. Im Auftrage d. Provinzialverbandes der Rheinprovinz hrsg. 1. Bd. 4 Hfte. 4. Düsseldorf, L. Schwann. n.n. 17. —; geb. in Leinw. n.n. 21. —

1. Die Kunstdenkmäler d. Kreises Kempen. (XIV, 137 S. m. 4 Taf. u. 59 Textabbildgn.) 891. n.n. 3. 50; geb. n.n. 4. 50
2. Die Kunstdenkmäler d. Kreises Geldern. (II, 113 S. m. 6 Taf. u. 39 Textabbildgn.) 891. n.n. 3. —; geb. n.n. 1. –
3. Die Kunstdenkmäler d. Kreises Moers. (VI, 170 S. m. 8 Taf. u. 67 Textabbildgn.) 892. n.n. 5. —; geb. n.n. 6. —
4. Die Kunstdenkmäler d. Kreises Kleve. (VI, 180 S. m. 7 Taf. u. 85 Abbildgn.) 892. n.n. 5. 50; geb. n.n. 6. 50

— dasselbe. 2. Bd. 3 Hfte. 4. Ebd. n.n. 13. 50; geb. in Leinw. n.n. 16. 50

1. Die Kunstdenkmäler d. Kreises Rees. (VI, 158 S. m. 75 Abbildgn. u. 6 Taf.) 892. n.n. 6. —; geb. n.n. 7. —
2. Die Kunstdenkmäler der Stadt Duisburg u. der Kreise Mülheim a. d. Ruhr u. Ruhrort. (VI, 85 S. m. 28 Abbildgn. u. 3 Taf.) 893. n.n. 3. —; geb. n.n. 4. —
3. Stadt u. Kreis Essen. (VI, 120 S. m. 47 Abbildgn. u. 4 Taf.) 893. n.n. 4. 50; geb. n.n. 5. 50

— dasselbe. 3. Bd. 1. u. 2. Hft. Lex.-8. Ebd. n.n. 11.—; geb. in Leinw. n.n. 13. —
1. Stadt u. Kreis Düsseldorf. (VI, 173 S. m. 77 Abbildgn. u. 8 Taf.) 894. n.n. 6. —; geb. n.n. 7. —
2. Die Städte Barmen, Elberfeld, Remscheid u. die Kreise Lennep, Mettmann, Solingen. (VI, 134 S. m. 65 Abbildgn. u. 5 Taf.) 894. n.n. 5. —; geb. n.n. 6. —

— d. Kunstdenkmäler d. Rheinprovinz, i. Auftr. d. Prov.-Verbandes hrsg. 3. Bd. 3.—5. Hft. Lex.-8. Ebd. n. 13. 50; geb. n.n. 16. 50
3. Der Kreis Neus. (VI u. S. 309—435 m. 67 Abb. u. 7 Taf.) 895. n. 4. 50; geb. n.n. 5. 50
4. D. Städte u. Kreise Gladbach u. Krefeld. (VI u. S. 437—603 m. 74 Abb. u. 12 Taf.) 896. n. 6. —; geb. n.n. 7. —
5. Kreis Grevenbroich. (VI, 106 S. m. 36 Abb. u. 5 Taf.) 897. n. 3. —; geb. n.n 4 —

— dasselbe. 4. Bd. 1. u. 2. Hft. Lex.-8. Ebd. n. 11.—; geb. n. 13. — (I—IV, 2.: n. 66. —)
1. Landkreis Köln, in Verbindg. m. Ernst Polaczek bearb. (VI, 205 S. m. 89 Abb. u. 16 Taf.) 897. n. 6. —; geb. n.n 7. —
2. Kreis Rheinbach. Von Ernst Polaczek. M. 10 Taf. u. 70 Abb. im Text. (VIII, 172 S.) 898. n. 5. —; geb. n.n. 6. —

— u. Eduard **Firmenich-Richartz**, Meisterwerke westdeutscher Malerei u. andere hervorragende Gemälde alter Meister aus Privatbesitz auf der kunsthistorischen Ausstellung zu Düsseldorf 1904. (XXVIII, 42 S. m. Abbildgn. u. 90 Lichtdr.-Taf.) Fol. München 905. Verlagsanstalt F. Bruckmann. Kart. n. 100. —

Merowingische und Karolingische Plastik v. Paul Clemen. *Bonn: Univ.-Buchdr. v. C. Georgi 1892.* (3 Bl., 146 S.) 1 Bd 4.(8.) [illegible] 5

Clemen, Paul: Die Porträtdarstellungen Karls des Grossen. Erster Theil. . . . (Aus: Zeitschr. d. Aachener Geschichtsver. Bd. XI.) Aachen, Verl. d. Cremer'schen Buchh., 1889; 1 Bl. 4 87 S. 8°
Strassburg, Phil. Fak., Inaug.-Diss. v. 1889

—— Die Portraitdarstellungen Karls d. Grossen. gr. 8. (VIII, 233 S. m. 17 Abbildgn.) Aachen 890, Cremer. * 6 —
Aus: Zeitschrift d. Aachener Geschichtsvereins, besonders abgedruckt.

— **John Ruskin.** gr. 4. (33 S. m. 8 Bildnis-Taf.) Leipzig 900. E. A. Seemann. Kart. n. 3. —
Sonderabdruck aus: „Zeitschr. f. bild. Kunst".

– Sammlung deutscher Kunstwerke, Brüssel 1910. Ausgew. u. eingeleitet von Paul Clemen. (Amtl. Katalog. Hrsg. v. Reichskommissar.) Siegburg: Deutsche Photograv. A. G. 1910. XXVI S., 77 Taf. 4°

— Schutz d. Grabdenkmäler u. Friedhöfe, s.: Flugschrift. 49., des Dürer-Bundes zur ästhetischen Kultur.

Die romanischen Wandmalereien der Rheinlande von Paul Clemen. Tafelbd. Düsseldorf: L. Schwann 1905. 2°
= **Publikationen** d. Gesellschaft f. Rhein. Geschichtskunde. 25. [illegible] 3

Clemen, R. E., Flora von Düsseldorf, s. Aeß, Karl Cäsar

Clemen, R. E., s.: Flora von Düsseldorf.

— s.: Kleemann, C. H.

Clemen, R. E., Muster-Zeichnungen zu Blumengärten und Blumenplätzen in 44 Zeichnungen auf 30 lith. Taf. (in Lex.-8. u. gr. 4.), nebst Anweisung dieselben anzulegen und zu unterhalten. Glogau 853. Flemming. Lex.-8. (16 S.) 22½ ngr

Clemen, R. E., Muster-Zeichnungen zu Blumengärten und Blumenplätzen in 44 Zeichnungen auf 30 lithogr. Taf. (wovon 29 in Buntdr. in gr. 8 und 4.) nebst Anweisung dieselben anzulegen und zu unterhalten. 2. Aufl. gr. 8. (16 S.) Glogau 862, Flemming.

Clemen, Robert. Gedichte. Columbus, 1850.

Clemen, Rob., Gedichte. Columbus, Ohio 867. (Cincinnati, Theobald.) 16. (99 S.) 15 ngr

--Gesch der Inquisition in Spanien. Cinci. 1849; Columbus, 1850.

Clemen, Rob., Geschichte der Inquisition in Spanien. 1. Bd. gr. 8. (XVI u. 400 S.) Columbus 850. (Philadelphia, Schäfer & Koradi.) n. 3 ₰

Ursprung, Entwickelung und Bedeutung der geheimen Gesellschaften. Von Rob. Clemen. Columbus 1860. 136 S. 8°
Recens: T. 6 (1860) S. 79—80 (E. Röhr), abgedr. in: Bh. 3 (1860) S. 302.
[L. 20 (1861) S. 348.]

Clemen, Rob., Ursprung, Entwicklung und Bedeutung der geheimen Gesellschaften. gr. 8. (136 S.) Columbus 860. (Philadelphia, Schäfer und Koradi.) *

Clemen, W., Gedichte. Bielefeld 853. Velhagen u. Klasing. 16. (180 S.) 20 ngr

Clemen, Wilh., Aus Hessen. Gedichte. 12. (33 S.) Kassel 851, Raabé & Co. 6 ngr

Clemence; aus d. Französ. d. Verf. d. „Zenobia." 3 Thle. 8. Halle 803. Renger. 2 ₰ 12 gr

Clemenceau, s.: Zukunftsstaats-Debatten, die, im französischen Parlament.

Clemenceau, Georges, Glauben od. Wissen? Mit e. Vorwort v. Emil Rey. Autoris. deutsche Übersetzg. (Bibliothek d. Aufklärg.) (29 S.) Frankfurt a/M. 908. Neuer Frankfurter Verlag. — 50

Clemens [Sachliches OW], s. a. Clementis

Clemens August od. katholische Stimme am Rhein. Hrsg. unter Mitwirkung mehrerer Geistlichen. 1. Jahrg. 1818. Mai —Decbr. 70 Nrn. gr. 4. (½ B.) Neuß, v. Nomberg-Velsen. n. 1⅓ ₰

Clemens August, der große Bekenner u. Martyrer uns. Zeit. Ein Wort d. Trostes, gegründet auf d. Gesch. wie auf d. Verheissungen Christi, u. gerichtet an alle durch die Ereignisse in Köln bekümmerten Seelen. gr. 8. (3½ B.) Augsburg 838, Kollmann'sche Buchh.

Clemens, August, Der Erzbischof, von Köln. Sendschreiben zur Rechtfertigung gegen H. v. Gagern. O. O. [18??] V: *Lieber, Moritz.* (Th)

—— August, Erzbischof v. Köln. Ein Sendschreiben an d. Frhrn. v. Gagern zur friedl. Rechtfertig. d. hochwürd. Prälaten. gr. 8. (5½ B.) Frankfurt a. M. 838, (Varrentrapp.) *

Clemens August, der Erzbischof ... verhaftet und abgeführt auf die Festung Minden. Eine politische Deduktionsschrift. Augsburg 1837. V: *Moy, Ernst von.* [?] (Th)

—— August, Erzbischof v. Köln, d. 20. Nov. 1837 nach nicht ganz zweijähr. Amtsverwalt. verhaftet u. abgeführt auf die Festung Minden. — Darstellung d. Ereignisses u. Prüfung d. Beschuldigungen. gr. 8. (6½ B.) Augsburg 837, Kreuzer.

Clemens August, Erzbischof v. Cöln, d. 20. Nov. 1837, nach nicht ganz 2jähriger Amtsverwaltung verhaftet u. abgeführt auf die Festung Minden. Darstellung d. Ereignisses u. Prüfung d. Beschuldigungen. *Augsb.*, Kreutzer. (Volkmar in *Lpz.*) 838. gr. 8. (10 Gr.)

Clemens August, Erzbischof zu Köln, gegen die Anklagen der Königl. Preussischen Regierung vertheidigt . . . Regensburg 1838. V: *Rintel, Carl Gustav Nicolaus.* (BrMm) (EngJ) (Th)

— August, Erzbischof zu Köln, geg. d. Anklagen d. kgl. preuß. Regierung vertheid. von e. Protestanten. gr. 8. (5½ B.) Regensburg 838, Manz.

Clemens-August, Freiherr v. Droste zu Vischering. Nach den zuverlässigsten Quellen treu u. wahr geschildert v. M. Nebst ein. Anh.: Interessante Charakterzüge u. einige bisher ungedruckte Gedichte d. Verstorbenen. 8. (3½ B. u. C's. Portr.) Xanten 845. (Wesel, Bagel.) Thlr.

Clemens-August, Frhr. v. Droste zu Vischering, (Erzbischof von Köln.) 8. (Mit Vign. d. Portr. darstellend.) Bonn 846. (Wittmann.) 1 ngl

Clemens, Der Pater, oder der Jesuit als Beichtvater. Eine engl. Novelle. Deutsch . . . von Fr. Gleich. Frankf. 1827. V: *Kennedy, Grace.* (BrMm) (EE)

Clemens, der Pater, oder der Jesuit als Beichtvater. Eine engl. Novelle. Deutsch nach der 4ten Aufl. d. Originales v. Fr. Gleich. 8. Frankf. 827 Schäfer.

Clemens XIV. s.a. Pius VII. und Clemens XIV.

Clemens XIV. Seine Briefe und seine Zeit. Berlin 1847. V: *Reumont, Alfred von.* (BrMm) (Zu) (Ky)

Clemens XIV. Ein Lebens- und Charakterbild. gr. 8. (X und 101 S.) Leipzig 847, Brockhaus. *

Clemens der Vierzehnte. Ein Lebens- u. Charakterbild. gr. 8. (X u. 101 S.) Leipzig 849, Brockhaus. n. 12 ngl

Clemens XIV. und die Aufhebung der Gesellschaft Jesu. Augsburg 1854. V: *Reinerding, Franz Heinrich.* (EB)

Clemens der Vierzehnte und die Aufhebung der Gesellschaft Jesu. Eine krit. Beleuchtung von Dr. Augustin Theiner's Geschichte des Pontificats Clemens XIV. (2 Bde. Paris 1853.) gr. 8. (IV und 351 S.) Augsburg 854, Kollmann'sche Buchh.

— und die Jesuiten. Nach dem Werke: „Geschichte des Pontificats Clemens' XIV nach unedirten Staatsschriften aus dem geheimen Archive des Vaticans von Prof. Dr. Augustin Theiner" 2c. Herausg. von Jos. Burkard Leu. Luzern 853. Kaiser. gr. 8. (VIII, 140 S.) 16 ngl

Clemens [Persönlicher Name]

Clemens Alexandrinus, hrsg. v. Otto Stählin, s.a. Schriftsteller, die griechischen christlichen, der ersten drei Jahrhunderte. 12. u. 15. Bd.

Clemens Alexandrinus. Hrsg. im Auftr. d. Kirchenväter-Comm. d. Kgl. preuß. Akad. d. Wiss. von Dr. Otto Stählin. Bd 1. Leipzig: J.C. Hinrichs 1905. 8°
— = Schriftsteller, Die griechischen christl., d. ersten 3 Jh.. Bd 1 2. [05-1176

§ * CLEMENS Alexandrinus, D. M. (ps.), Der Keusch- und Tugend-Edlen Weiber Erb-Lob . . . (Gedicht in 30 Strophen, in: *Bassi* [= Passi], Giuseppe, All-erdenckliche warhaffte Weiber-Mängel . . . . Cölln, Peter Marteau [Augsburg, Walther], 1705 (in Berlin u. München); rep. ibid. 1722 (in München). 8°.

Clementis Alexandrini, Titi Flavii, Hymnus in Christum Salvatorem. Graece et latine. — Severi Sancti Endelechii, Rhetoris et poëtae christiani. Carmen bucolicum de mortibus boum. Latine et germanice. Ed., vertit, illustr. Fd. Piper. 8maj. Gotting. 835 Deuerlich. 5/6 ngl

—— libellum etc., s. Κλήμεντος.

— Opera, s. *Opera* polem. patr. T. IV—VI.

— *Operum supplem.* Gr et lat. ed Th. Ittigius. Lips. 700. 8. 8gr.

Clemens Alexandrinus. Opera graece et latine. Herbipoli 1778—79. H: *Oberthür, Franz.* (HofF)

— — Gr. et lat. (Ed. Oberthür.) Herbipol. 780. 3 Vol. 8.

— Opera omnia. Ed. R. Klotz. Vol. I—III. 12maj. Leipz. 831, 32. Schwickert. 2 ngl 18 gl Schrbp. 3 ngl 16 gl (s. a. *Bibl.* sacra patrum eccles. Graecorum Prs. III)

— liber, quis dives salutem consequi possit, perpetuo commentario illustratus a Carolo Segaario. Graece et latine. 8maj. Utr. 816. (Leipz., Weidmann). 1 ngl 9 gl

Clementis Alexandrini Liber, quis dives salutem consequi possit, perpetuo commentario illustratus a Carolo Segaario. Graeco et Latine. 8maj. Traj. ad Rhenum. 817. (Lipsiae, libr. Weidmannia in c.)

Clementis Alexandrini liber quis dives salvetur, s.a. Bibliotheca patrum ecclesiasticorum.

Clemens Alexandrinus, quis dives salvetur, s.a. Sammlung ausgewählter kirchen- u. dogmengeschichtlicher Quellenschriften.

Clemens Alexandrinus, quis dives salvetur. Hrsg. v. Otto Stählin. [Text aus: „Clemens, Werke". Hrsg. v. Staehlin. 3. Bd.] (48 S.) gr. 8. Leipzig 908. J. C. Hinrichs' Verl. 1. —

Clemens' v. Alexandrien ausgewählte Schriften, s.: Bibliothek der Kirchenväter.

Κλήμεντος Ἀλεξάνδρεως λόγος τίς ὁ σωζόμενος πλούσιος. Clementis Alexandrini libellus quis dives salvetur, in us. scholarum cur. H. Olshausen. 8. Königsb. 831. Bon. 10 gl

[F.] Welcher Reiche wird selig? Aus d. Griechischen d. Clemens Alexandrinus übs. v. Guido Topf. *Barmen: D. B. Wiemann [1896].* (40 S.) 1 Bd 8. [98- 3350

Clemens Papa

Clemens IV., Papst, Bulle zur Aufhebung d. Jesuitenordens, s.: Aktenstücke, kirchliche.

(Clemens.) — Clementis Papae VIII. decretales quae vulgo nuncupantur liber VII. decretalium Clementis VIII. primum edid. annotat. crit. et histor. instr. constitutionibus recentioribus sub titulis competentibus insertis auxit. Fr. Sentis. Freiburg im B. 870. Herder. gr. 8. (XXXVII, 194 S.) n. 1 ngl 10 ngl

Des Pabsts Clemens XI. berühmte Bulle, welche . . . , die Bulle Unigenitus pflegt genannt zu werden, nebst e. kurzen histor. Einl. Braunschweig 1753.

Clementis XI. Papae Constitutio Unigenitus theologice propugnata. fol. Augsb. Wolff. 720—25. Rthlr.

— Opera graeca ex latina, ex Editione Heinsii et Sylburgii. fol. Wittenberg, Zimmermann.

— Opera omnia cum fig. fol. Colon. Haas.

— Pontificis Maximi Opera omnia, in quibus continentur I. ejus Orationes Consistoriales II. Homiliae III. Epistolae et Brevia selectiora IV. Bullarium Secundum, Exempla Romana fideliter repetitu. Accedit Vita Clementis XI. a Praesule quodam Romano perscripta. fol. Francf. (Weidmann in Leipz.) 728.

Clemens XII., Papst, an d. protestant. Sachsen im J. 1742. — Die Bulle Sedes Apostolica, pia mater mit d. dazu gehör. Actenstücken neu hrsg., verdeutscht u. beleuchtet. Ein Beitr. zu Beurtheil. d. Mißverhältnisses zwischen d. Curie zu Rom u. in d. Kirche, v. Aem. L. Richter. gr. 12. (3¼ B.) Leipzig 831, (Kayser.)

Clemens XII., Papst, an d. protestant. Sachsen im Jahre 1742. Die Bulle Sedes Apostolica, pia mater mit den dazu gehörigen Actenstücken neu herausg., verdeutscht u. beleuchtet. Ein Beitrag zur Beurtheilung d. Mißverhältnisses zwischen d. Curie zu Rom u. in d. Kirche, von L. Richter. gr. 12. Leipz. 831. Wolbrecht. 12 ℳ

Clemens XIV., s.a. Ganganelli.

Papst Clemens' XIV. Aufhebungsbreve des Jesuitenordens [Dominus ac redemptor noster] und das Jesuitengesetz [Gesetz betr. d. Orden d. Ges. Jesu] von 1872. 3. neubearb. Aufl. von Dr. Karl Fey. *Leipzig: C. Braun 1903.* (40 S.) 8° [F.]
— Aktenstücke, Kirchliche. No 1.

— Breve betr. die Aufhebung des Jesuiten-Ordens. Nach dem latein. Urdruck u. in deutscher Übersetzg. hrsg. u. m. e. Einleitung versehen v. J. K. F. Knaake. (XVI, 46 S. m. Bildnis.) gr. 8. Leipzig 903. [R. Wöpke.] Göttingen, Vandenhoeck & Ruprecht. n. 1. 20

Clemens XIV. Breve de extinctione ord. Soc. Jesu. 4. Münch. 773. (Manh., Schwan u. G.) 3 ℳ Dass. aus d. Latein. übers. von (A. Zaupser). 4. Ebd. 773. (Salzb., Mayr). 2 ℳ

— Breve an d. Bischöfe in Baiern wegen Verminderung d. Feiertage; mit histor. Anmerkk. v. A. Zaupser. 8. Münch. 773. Frib.

Briefe
— Des Papst Clemens XIV. (Ganganelli). Leipzig 1777; 5 Bde. 8.

— s. merkwürd. Briefe Clemens XIV., Gregor VII. u. Luther.

Clemens XIV

—— und Carlo Bertinazzi. Bis jetzt ungedruckter Briefwechsel. A. d. Franz. übers. v. F. A. Rüder. 8. (8½ B.) Leipzig 830, Kummer.

Clemens XIV., Bulle vom 21. Juli 1773 zur Aufhebung d. Jesuitenordens, s.: Aktenstücke, kirchliche.

Clementis XIV. Pont. max. epistolae et brevia selectiora ac nonnulla alia acta pontificatum ejus illustrantia quae ex secretioribus tabulariis Vaticanis depromsit et nunc primum edidit Augustinus Theinerus. Lex. 8. (VI u. 403 S.) Parisiis 852, F. Didot fratres. n. 1½ ℳ

Clemens XIV. Gedanken u. Urtheile üb. d. wichtigsten Gegenstände d. Lebens. Nebst d. von dems. erlass. Breven u. Circularschreiben, die Aufhebung d. Jesuitenordens betreff. Ein Weihgeschenk z. Geburtstage dies. u. jedes neuen Papstes, dargebracht v. Schröder. gr. 12. (8½ B.) Leipzig 829, Wienbrack.

—s. Gregor VII

Clemens Romanus

Clemens v. Rom, (des heiligen,) Brief an d. Korinther u. d. heil. Polykarpus Brief an d. Philipper. Aus d. Griech. übers. u. mit d. nöthigen Anmerkk. versehen. Nebst den Lebensbeschreibungen beider Heiligen, v. Ed. Herzog. gr. 8. Breslau 825, Max u. C.

— Briefe
— — des Clem. Roman. Ignatius, Polykarpus an Diognet rc. Uebers. (von G. Waitzmann). gr. 8. Kempten 1821, Kösel. 20 ggr. — 1 fl. 30 kr.

Clemens v. Rom, (d. Heiligen), Briefe an d. Korinther u. d. heil. Polykarpus Brief an d. Philipper. Aus d. Griech. übers. u. mit d. nöthigen Anmerkk. versehen. Nebst d. Lebensbeschreibungen beider Heiligen, v. Ed. Herzog. gr. 8. Bresl. 825. Max u. C. 20 ℳ

Clemens von Rom, (des heil.,) zwei Briefe an die Jungfrauen. Aus den Syrischen mit Anmerkk. u. 2 Beilagen v. P. Zingerle. gr. 8. Wien 827, Schmidt (Kummer in Leipz.)

Bruchstücke des ersten Clemensbriefes. Nach d. achmimischen Papyrus d. Strassburger Univ.- u. Landesbibliothek m. bibl. Texten derselben Hs. hrsg. u. übers. von Friedrich Rösch. Mit 1 Lichtdr.-Taf. Strassburg i. E.: Schlesier & Schweikhardt 1910. XXVIII, 184 S. 4°

Der erste Clemensbrief. Untersucht u. hrsg. von Lic. Rudolf Knopf. *Leipzig: J. C. Hinrichs 1899.* (194 S.) 8°
— Texte u. Untersuchungen z. Geschichte d. altchristl. Literatur. Bd 20. H. 1.

Der erste Clemensbrief (Clemens Romanus: Epistola ad Corinthios prior) in altkoptischer Übersetzung. Untersucht u. hrsg. von [Lic. Dr.] Carl Schmidt, [Priv. Doz., Berlin]. Mit Lichtdr.-Faks. d. Hs. Leipzig: J. C. Hinrichs 1908. (159 S.) 8°
— Texte u. Untersuchungen z. Geschichte d. altchristl. Literatur. Bd 32, H. 1.

— epistola ad Corinth., s.a. C. F. *Hornemann*, scripta.

— Epistola I. ad Corinthios. Cum disquisitione critica ed. Conr. Eberthus. Fuld. 780, 8. 4 gr.

—— —— ad Corinthios epistula Constant. Tischendorfii ex apotypomate consultata photographica codicis Alexandrini effigie non neglecta editorum αὐτοπτῶν auctoritate funditus recensuit commentarium maxime criticum interpretationem Junii et Cotelerii latinam emendatiorem prolegomena indices nominum verborum locorum addidit J. C. M. Laurent. Insunt et altera quam ferunt Clementis epistula et fragmenta. gr. 8. (XXXVIII, 154 S.) Leipzig 870, Hinrichs' Verlag.
—— —— dass. — Edit. 2 immutata. (Titel-Aufl.) gr. 8. (XXXVIII, 154 S.) Ebendas. (870)73.

— ad Corinthios epistula Constant. Tischendorfii ex apotypomate consultata photographica codicis Alexandrini effigie non neglecta editorum αὐτοπτῶν auctoritate funditus recensuit commentarium maxime criticum interpretationem Junii et Cotelerii latinam emendatiorem prolegomena indices nominum verborum locorum addidit J. C. M. Laurent. Insunt et altera quam ferunt Clementis epistula et fragmenta. Ed. 2 immutata. gr. 8. (XXXVIII, 154 S.) Leipzig 876. Hinrichs' Verl. n. 3. —

— epistolae, s.a. Codex N. T.

— Ignatii et Polycarpi, Epistolae atq. duor. posterior. martyria. Gr. et lat. c. notis var. edid. J. L. Frey. Basil. 742. 8.

Clementis Romani epistulae. Ad ipsius codicis Alexandrini fidem ac modum repetitis curis ed. Constant. de Tischendorf. Accedit tabula (lapide incisa). Imp.-4. (XX, 44 S.) Leipzig 873, Hinrichs' Verlag. geb.

Clementis Romani epistulae. Edidit, commentario critico et adnotationibus instruxit, Mosis assumptionis quae supersunt collecta et illustrata addidit, omnia emendata iterum edit. Adolphus Hilgenfeld. gr. 8. (XLIX, 135 S.) Leipzig 876, T. O. Weigel.
—— dass. — s.a. Barnabae Epistula.

— idem liber. Ad ipsius codicis Alexandrini fidem ac modum repetitis curis ed. Constant. de Tischendorf. Accedit tabula (lapide incisa.) Imp.-4. (XX, 44 S.) Leipzig 873. Hinrichs' Verl. geb. n. 9. —

Clementis Romani, s. patris nostri, epistolae binae de virginitate, syriace, quas ad fidem cod. msc. Amstelodamensis, additis notis criticis, philolog., theol., et nova interpretatione latina, edid. Joan. Thdr. Beelen. Accedunt fragmenta nonnulla exegetici argumenti ex eodem cod. nunc primum edita et latine reddita. Lovanii 856. (Bonn, Marcus.) 4. (XCIX, 329 S.) n. 4 ℳ

Clemens Romanus, Sanctus, ad Corinthios epistulae versio latina antiquissima, s.: Aneodota Maredsolana.

Clemens Romanus, Epistolae ad Corinthios. — Epistolae de virginitate, s.: Bibliotheca sanctorum patrum series I.

Clementis Romani ad Corinthios quae dicuntur epistulae, s.: Patrum apostolicorum opera.

Clementis Romani quae feruntur homiliae. Textum recogn. versionem Latin. Cotelerii repetivit passim emendatam, selectis Cotelerii, Davisii, Clerici atque suas annotationes addidit, indices adjunx. Alb. Schwegler. gr. 8. (IV u. 480 S.) Stuttgartiae 847, Becher. 2 *ß*

— quae feruntur homiliae viginti nunc primum integrae. Textum ad Cod. Ottobonianum constituit, versionem Cotelerii passim correxit eamque absolvit, selectas virorum doctorum notas suasque subjunxit Alb. Rud. Max. Dressel. Gottingae 853. Dieterich. Lex.-8. (VIII, 430 S. u. 1 lith. Facsimile.) n. 2 *ß* 20 *ngl*

Clementis Romani, S., S. Ignatii, S. Polycarpi, Patrum Apostolicorum, quae supersunt. Accedunt S. Ignatii et S. Polycarpi Martyria. Ad fidem codd. recens., adnot. variorum et suis illustr., indicibus instrux. Gulielm. Jacobson, A. M. II Tomi. 8maj. Oxonii 838. (Lipsiae, T. O. Weigel.) n. 8 *ß*

— Recognitiones, cur. Gersdorf, s. **Bibliotheca** patrum ecclesiasticorum. Vol I.

—— **Romani recognitiones syriace. Paul. Anton. de Lagarde edidit. gr. Lex.-8. (VIII und 167 S.) Leipzig 861, Brockhaus' Sortiment und Antiquarium.** * *

Die ächten Schriften des Clemens von Rom, des Ignaz und Polykarp, nebst der ächten Martyrgeschichte der zwei letzten. Übers. m. Anm. von K. Unterkircher. Innsbr. 819. 8.

Clemens Sanctus, s. Clemens Romanus

Clemens August Erzbischof von Köln

Fürstliche Stifft-Hildesheimische Hoff-Gerichts-Ordnung des Hochw. Durchl. Fürsten ... Clement Augusten, Ertz-Bischoffen zu Cölln, ... Bischoffen zu Hildesheim. Hildesheim 1730.

Clemens Wenceslaus, Erzb. u. Kurfürst von Trier 2c., Beweise der wahren Kirche. In 2 Teilen. Nach einer englischen Umarbeitung Regensburg, Manz (jetzt Verlagsanst.), 1843, 12°, VIII, 268 S., 2,25 Mk.
Recens. (Tüb.) Theol. Quartalschr. 1843, S. 343 (Steck).

Clemens [Familienname]

Clemens, Mellin und Rosenthal, der Dom zu Magdeburg, s.a. **Dom, der, zu Magdeburg.**

Clemens, ..., Mellin, ... u. Rosenthal, ..., der Dom zu Magdeburg. Lief. I. u. II. Imper.-Fol. Magdeb. 831, 32. Creutz. Pr.-Pr. (à Lief. 2 *ß*) 4 *ß*

Clemens, Mellin u. Rosenthal, der Dom zu Magdeburg. Lfg. I—III. gr. Imp.-Fol. (à 6 lith. Bl.) Magdeburg 831, 35, Creutz. à Lfg. 2 Thlr. 12 Gr.

Clemens, Mellin, Rosenthal und Münnich: Der Dom zu Magdeburg. 4 Lief. Magdeburg. 1831 – 1838. Imp. Fol.

Clemens, Mellin u. Rosenthal: Der Dom zu Magdeburg. (1852.) Fol.

Clemens: Die linearen Gleichungen. 12 S. – Progr. Tilsit 1855.

Clemens, Methoden u. Bedeutung d. Nachweises v. Blut im Stuhle. Nach e. Vortrage, geh. v. d. freien Vereinigg. f. innere Medizin im Königr. Sachsen, Zwickau, Mai 1907. (4 S.) 8. Leipzig 908. B. Konegen. 1. —
Sonderabdruck aus „Reichs-Medizinal-Anzeiger".

Clemens, A., Goethe's Aristokratismus. Ein psycholog. Versuch. 8. (32 S.) Frankfurt a. M. 851, (Heyder &) Zimmer. ⅙ *ß*

Clemens, A., allgem. Betrachtt. über d. climat. Einflüsse u. Versuch e. allgem. Charakteristik d. Gebirgsgegenden u. ihrer Bewohner. gr. 8. Frankf. a. M. 820. Hermann. 12 *gK* (A. u. d. T.: anthropolog. Fragmente. 1s Bdchen.)

— s. 1) P. Bland, Untersuchungen. 2) E. Darwin, d. Tempel d. Natur.

Clemens, A.: Neues Elementarbuch ..., s. Clemens, Pt. Ant.

Clemens, A., das Ferngefühl nach Zeit und Raum betrachtet. Frankfurt a. M. 857. Hedler. (Mainz, Kirchheim.) 8. (VIII, 68 S.) 14 *ngl*

– s. Gosse: Über die Heilung d. Cholera.

——, Goethe als Naturforscher. Eine Skizze. gr. 8. (2½ B.) Frankfurt a. M. 841, Küchler. *

Clemens, A.: Jesus unser Trost u. Leben, s. Clemens, Karl

—— die Luftpumpe als Mittel zur Reposition sowohl neu entstand. als wieder ausgetret. Leistenbrüche. M. 1 lith. Abbild. gr. 8. (2½ B.) Frankfurt a. M. 840, Varrentrapp.

Clemens*, A., Diss. sistens tunicae corneae et humoris aquei monographiam physiologico-pathologicam. Cum 1 tab. aen. 4maj. Götting. 816. (Frankf. a. M., Streng). 10 *gK

Clemens, A., die Revolutionen in ihrem Einflusse auf Körper, Geist u. Gemüth der Völker dargestellt. Frankfurt a. M. 857. (Mainz, Kirchheim.) 8. (XXIII, 113 S.) n. 14 *ngl*

—— Schiller im Verhältniß zu Goethe und zur Gegenwart betrachtet. 8. (VIII und 42 S.) Frankfurt a. M. 857. (Mainz, Kirchheim.) *

—— die Sinnestäuschungen. Eine psycholog. Betrachtung. br. 8. (62 S.) Frankfurt a. M. 858. (Mainz, Kirchheim.) *

—— Vorträge vermischten Inhaltes, gehalten im Museum zu Frankfurt a. M. gr. 12. (13 B.) Frankfurt a. M. 837, Varrentrapp.

Clemens, A(loys): Beobachtungen über die weiße schmerzhafte Schenkelgeschwulst der Kindbetterinnen. 34 S., gbd.

Frankfurt am Main: Varrentrapp 1837

Der Genius der Menschheit. Der ger.·. u. vollk.·. St.·. Johannis □ zum Frankfurter Adler [in Frankfurt a. M.] bei Einweihung ihres neuen Tempels am 28. Aug. 1836 dargebracht vom Br.·. A[lois] **Clemens.** [Frankfurt a. M. 1836: Hauch.] 8 S. 4⁰ [Umschlagtit.]
Üb. das Beherrschen der Erde durch die Menschen u. üb. die Kunst des sich vervollkommnens.

Die Sterne des Maurers. Der ger.·. u. vollk.·. St.·. Johannis □ zur aufgehenden Morgenröthe [in Frankfurt a. M.] bei Einweihung ihres neuen Tempels, am 25. Oct. 1835 dargebracht vom Br.·. A[lois] **Clemens.** [Frankfurt a. M. 1835: Hauch.] 3 Bl. 8⁰ [Umschlagtit.]
Gedicht: „Drei Sterne sind es, die dem Maurer blinken, ..."

Worte nach der ausgebrachten Gesundheit unsers Hochw. General-Grossmeisters Landgrafen Carl, gesprochen vom Br.·. [Alois] Clemens, zur Geburtsfeyer des Grossmeisters [d. i. Joh. Peter v. Leonhardi] und zum Stiftungsfeste der ger.·. u. vollk.·. St.·. Johannis □ Carl zum aufgehenden Lichte [in Frankfurt a. M.] den 21. Dec. 1823. [Frankfurt a. M. 1823.] 2 Bl. 8° [Umschlagtit.]

Clemens, Andreas

Clemens, A., wallachische Sprachlehre f. Deutsche, nebst e. kleinen wallachisch-deutschen u. deutsch-wallachischen Wörterbuche. 2 Thle. gr. 8. Herrmannst. 823. Thierry. 2 ß

Clemens, Andr., walachische Sprachlehre, nebst ein. walachisch-deutschen u. deutsch-walach. Handwörterbuche. 2., verb. Ausg. gr. 8. (21 1/2 B. u. 2 Tab.) Hermannstadt 836, Thierrysche Bh.

—— kleines walachisch-deutsches u. deutsch-walach. Wörterbuch. 2., verb. Ausg. gr. 8. (27 3/4 B.) Hermannstadt 837, Thierrysche Buchh.

Clemens, Augustus (Car.) (geb. Kempfeld im Rheinl. 26. 11. 1830): De morbo ex affectione cordis, struma et exophthalmo composito. Berolini (1855). (31 S.) 8°
Berlin, Med. Diss. v. 24. Aug. 1855

Clemens, Benj. Gottlieb (Herzberg), De criterio religionis christianae primario. Prolus acad. comment. crit.-theolog. Lpz. (Langenheim) 18. IV. 1752. 36 S. (5.—) 5371

Clemens, Benj. Gli., († 1772.) Isagoge critico-dogmat. generalis in theologiam universam acroamaticam. 4. Wismar 753. Berger. 1 ß 8 Sgr

Clemens, Bernh. Märchen aus 1001 Nacht, s. a. Volksschriften.

Clemens, Bernh., Märchen aus 1001 Nacht. 8. (190 S. m. Abbildgn.) Leipzig 892. R. Werther. Kart. n. 1. 20

— dasselbe. Volksausg. 12. (64 u. 128 S. m. 4 Bildern.) Ebd. 893. Kart. n. 1. —

Clemens, Ch. Fr., der Catarrh des Thränenkanals und des mittleren Ohrs und seine Heilung, vorzüglich durch örtliche Mittel, mit besond. Berücksichtigung der zu diesem Zwecke von Hrn. Prof. Dr. Rau in Bern, erfundenen Katheter. Inaugural-Dissertation. gr. 8. (32 S.) Bern 852, Dalp'sche Buchh. Thlr. *

Clemens, Chr. K., Aufgaben u. Entwürfe zu deutschen Stylübungen für die höhern Bürgerschulen der Schweiz. gr. 12. (4 2/3 B.) Zürich 844, Höhr.

Clemens, Chr. K., zum Namenstag. Ein Festgeschenk für die katholische Jugend. Mit 1 Stahlst. 24. (VI u. 282 S.) Mainz 847, Kupferberg. 22 ngl

Die Freimaurerei als Beruf. Lehrlingsinstruktion. (System der Gr. Loge von Hamburg.) Vortrag [von Eberh. Clemens] gehalten in der Loge „Emanuel" [in Hamburg] am 12. Sept. 1907. [Hamburg 1908.] 12 S. 8° [Kopftit.]

Unser grosses Licht in der Zugluft des Modernismus. (System der Grossen Loge von Hamburg.) Vortrag, gehalten am 12. März 1908 in der Loge „Emanuel" [in Hamburg. Von Eberh. Clemens.] [Hamburg 1908.] 11 S. 8° [Kopftit.]

Unser § 9. Aus einem Unterrichts-Vortrage in der Loge „Emanuel" [in] Hamburg, den 8. Febr. 1906. [Unterz.:] Eberh. Clemens. [Hamburg 1906: Rademacher.] 20 S. 8° [Kopftit.]
Betr. die Quelle u. Grundlage der Arbeitsweise der Hamburger Grlogen.

Lehrbuch der Gabelsbergerschen Stenographie von Prof. Dr. Emil **Clemens**, Reg.R. in Dresden. (20. Taus.) *Wolfenbüttel: Heckner 1902.* (IX, 118 S.) 8° [04. 2100 6

Clemens, Emil, Lehrbuch der Gabelsbergerschen Stenographie. Autographie v. Adf. Schöttner. (Umschlag: 30. Taus.) (VIII, 99 S.) gr. 8. Wolfenbüttel 903. Heckner. n. 1. 20; geb. n. 1. 50; Schlüssel (IV, 65 S.) n.n. — 75

Lehrbuch der Gabelsbergerschen Stenographie von Prof. Dr. Emil **Clemens**, Reg.R., Dresden. Autographie von Adolf Schöttner. (2. Aufl.) *Wolfenbüttel: Heckner 1903.* (VII, 99 S.) 8° [04. 2014 9

— dasselbe. Sonderabdruck des Redeschriftteils. (16 S.) gr. 8. Ebd. 903. n. n. — 80

Clemens, Emil, Lehrb. d. Gabelsbergerschen Stenogr. Autogr. v. Adf. Schöttner. (Umschlag: 107. Taus.) (VIII, 99 S.) 8. Wolfenbüttel (910). Heckner. 1. 20

Clemens, Emil, de Catulli periodis. Dissertatio inauguralis. gr. 8. (61 S.) Guelferbyti 885. (Göttingen, Vandenhoeck und Ruprecht.) *

Clemens, E., die Stenographie u. d. Schule. Hrsg. v. Braunschweig-Hannoverschen Stenographen-Verbande. gr. 8. (68 S.) Braunschweig 895. (J. H. Meyer.) n. — 80

Clemens, Ernst, zur Friedenstheologie. Ein Baustein. gr. 8 (VII, 110 S.) Gotha 872. F. A. Perthes. n. 2. —

Clemens, Ernst, aus Magdeburg: Schopenhauer und Spinoza. *Leipzig 1899: (R. Zacharias, Magdeburg-Neustadt).* (72 S.) 8°
Leipzig, Phil. Diss. v. [17. Okt.] 1899

Clemens, F. A., Grundriß d. Naturlehre, nach ihrem gegenwärt. Zustande f. d. obern Classen d. Gymnasien u. a. höh. Lehranstalten. 1. u. 2. Bdchn. gr. 8. Königsberg 839, Gebr. Bornträger.
Bdchn. 1. Physik d. wägbaren Stoffe. (7 1/4 B. u. 2 Taf.) 12 Gr.
" 2. —— d. unwägbaren Stoffe. (12 B. u. 4 Taf.) 18 Gr.

Clemens, F. A. Ueber die Methode der kleinsten Quadrate. 28 S.
Progr. Tilsit 1840

Clemens, F. M. T., das Rechtsverfahren in Nachlaßangelegenheiten ꝛc. Ein Handbuch für Richter, Actuarien, Calculatoren ꝛc. u. ein Leitfaden für Privatpersonen. 1e—5e Lfrg. gr. 8. Breslau 836. Richter. 1 2/3 ß Nachher u. d. T.: Das gerichtliche Verfahren in Nachlaß-Angelegenheiten und die Rechtsverhältnisse des Erbschaftlichen Miteigenthums, systematisch nach Preuß. Gesetzen mit Beachtung der neuern Verordnungen zusammengestellt. gr. 8. Berlin 839. Richtersche Buchh. 2 1/4 ß

Clemens, F. M. T., das gerichtl. Verfahren in Nachlaß-Angelegenheiten u. d. Rechtsverhältnisse d. erbschaftl. Miteigenthums, systemat. nach preuß. Gesetzen mit Beachtung d. neuern Verordnn. zusammengest. Ein Handb. f. Richter, Aktuarien ꝛc., u. e. Hülfsbuch f. Privatpersonen in Erbschaftssachen. gr. 8. (27 1/2 B.) Berlin 839, Richtersche Buchh.
Erschien vorher u. d. T.: Das Rechtsverfahren in Nachlaß-Angelegenheiten ꝛc. 5 Lfgn. Breslau 836, Ebendas. 1 Thlr. 16 Gr.

Clemens, F. W. T.: Das Rechtsverfahren in Nachlassangelegenheiten u. d. Rechtsverhältn. d. erbschaftlichen Miteigenthums, systematisch nach preussischen Gesetzen mit Beachtung der neuern Verordnungen zusammengestellt. 1e — 5e Liefr. *Breslau*, Richter. 836. gr. 8. (1 Thl. 16 Gr.)

Clemens, Frz., kleiner Kalendermann. Enth.: die Namen des evangelischen und des katholischen Kalenders, geschichtliche Begebenheiten auf jeden Tag im Jahre, Sprüchwörter ꝛc., sowie einen 300jährigen Kalender, nämlich auf das Jahr 1701—2000. Ein nützliches u. unterhaltendes Handbuch für Jedermann. Nordhausen 864. Büchting. 12. (123 S.) 10 *ngr.*

Clemens, Frz., kleiner Kalendermann. Enth.: die Namen des evangel. und des kathol. Kalenders, geschichtl. Begebenheiten auf jeden Tag im Jahre, Sprüchwörter ꝛc., sowie einem 300jähr. Kalender, nämlich auf die J. 1701—2000. Ein nützl. und unterhalt. Handbuch für Jedermann. 12. (123 S.) Nordhausen 865, Büchting.

Clemens, Franz Jakob

Clemens, F(rz.) J(ac.), die Abweichung der Günther'schen Speculation von der kathol. Kirchenlehre, bewiesen durch den Hrn. Domcapit. und Prof. Dr. Baltzer in seiner Schrift: Neue theolog. Briefe an Dr. Anton Günther ꝛc. I. Serie. Breslau 853. Eine Replik. I. (Heft.) gr. 12. (V und 73 S.) Köln 853, Bachem. *

Clemens, F. J., Giordano Bruno u. Nicolaus v. Cusa. Eine philosoph. Abhandl. gr. 8. Bonn 846, Wittmann. n. 1 *ℛ︁*

Clemens, F. J., Giordano Bruno u. Nicolaus v. Cusa. Eine philosoph. Abhandlung. gr. 8. (IV u. 254 S.) Bonn 847, Wittmann. n. 1 *ℛ︁*

— offene Darlegung des Widerspruchs der Günther'schen Speculation mit der kathol. Kirchenlehre durch Hrn. Prof. Dr. Knoodt in seiner Schrift: Günther und Clemens. Eine Replik. I. gr. 12. (XII und 103 S.) Köln 853, Bachem. *

Clemens, Franc. Jac. (geb. Coblenz 4. 10. 1815): De philosophia Anaxagorae Clazomenii. Berolini (1839). (75 S.) 8°
Berlin, Phil. Diss. v. 19. Aug. 1839

Fr. Jac. Clemens de philosophia Anaxagorae Clazom., dissert. inaug. *Berl.*, Burmeister & Stange. 839. gr 8° 8 *gl*

Clemens, F. J., der heil. Rock zu Trier u. die protest. Kritik. Zur Würdigung der Schrift: Der heil. Rock zu Trier u. die 20 andern h. ungenähten Röcke. Eine histor. Untersuchung v. J. Gildemeister u. H. v. Sybel. 2. Aufl. gr. 8. (7½ B.) Coblenz 845, Blum. *

Clemens, Franc. Jacob., De Scholasticorum sententia, philosophiam esse theologiae ancillam, commentatio. Münster, Aschendorff. 1856, gr. 4°. 84 S., 2,20 Mk.

— die speculative Theologie A. Günther's und die katholische Kirchenlehre. Köln 853. Bachem. 8. (IX, 185 S.) n. 20 *ngr.*

Clemens, F. J., über das Verhältniß der Philosophie zur Theologie. Ein Wort der Rechtfertigung gegen die Kritik des Hrn. Prof. Dr. J. Kuhn. gr. 8. (40 S.) Mainz 860, Kirchheim.
Aus: Der Katholik, besonders abgedruckt.

Clemens, Fr. Jak., Die Wahrheit in dem von Herrn Prof. Dr. Joh von Kuhn in Tübingen angeregten Streite über Philosophie und Theologie. Münster, Theissing. 1860, gr. 8°. VI. 150 S., 1,60 Mk.
Antwort auf die Kuhnsche Streitschrift s. o. . Kath. Litztg 1860, S. 307—9. Katholik 1860, Bd. 2 S. 380—1. Dagegen richtete sich:

Clemens, Friedrich [Pseud.]. s. a. Gericke, Joh. Friedr.

Clemens, Friedrich (Pseud.). s. a. Gerke, Friedrich Clemens

† Clemens, Friedr., (Joh. Friedr. Gerke,) das Allbuch, s. Allbuch.

Clemens, Fr. (Hrsg.), s. Anthologie aus den Poesieen d. Sophie Albrecht.

† Clemens, Friedr., (Joh. Friedr. Gerke,) Argos, der Argonaut. Eine Zeitschrift, s. Argos.

— das entschleierte Bild zu Saïs. Drei Blicke in die Tiefe. 8. (17½ B.) Hamburg 837, Hoffmann u. Campe.

— das Buch der Verkündigung, s. Allbuch, das:

— hamburgische Chronik, s. Volksbibliothek.

† Clemens, Friedr., (Joh. Friedr. Gerke,) Diversion eines Christen im Freiheits-Kampf d. Juden. gr. 8. (1 B.) Altona 835, Hammerich. Thlr.

— Enghien Herzog v. Bourbon. Tragödie in 5 Akt. 8. (12 B.) Altona 839, Hammerich.

Clemens, Fr., das fünfte Evangelium oder das Urevangelium der Essäer. Bearb. und hrsg. gr. 8. (VI, 153 S.) Berlin 879, Mrose. *

Das fünfte Evangelium oder das Urevangelium der Essâer. Bearb. u. hrsg. von Fr. Clemens. Crossen a. d. O.: Mrose 1879. 153 S. 8°. 1.

— der Excentrische. 8. (11 B.) Hamburg 835, Hoffmann u. Campe.

F. Clemens: endl. u. vollend. Friedenschluss zw. Vernunft u. Christenth., durch Nachweis. d. absol. Identität beider, nebst Grundzügen z. Definition d. reinen Vern. nach originalen Principien. *Hamb.*, Vogel. 846. gr 12° 16 *gl*

— Hamburg's Gedenkbuch; eine Chronik seiner Schicksale u. Begebenheiten vom Ursprung der Stadt bis zur letzten Feuersbrunst und Wiedererbauung. Mit histor. Abbild. 25 Liefg. gr. 8. Hamburg 842—44, Berendsohn. (à n. $1/6$ *ℛ︁*) n. 5 *ℛ︁* — ohne Abbild. n. $2\frac{1}{2}$ *ℛ︁*

— Geschichte der Jesuiten. Volksthüml. bearb. 16. (6 B. u. 1 Stnt.) Hamburg 845, Berendsohn.

Clemens, Fr., Jesus der Nazarener. Des Weisesten der Weisen Leben, Lehre und natürl. Ende. Nach neueren histor. Quellen bearb. und dem deutschen Volke gewidmet. 8. (II und 283 S.) Hamburg 867. (Berlin, Grieben.) *

— dass. — Der Wirklichkeit nacherzählt und dem deutschen Volke gewidmet. 2., verb. Aufl. 12 Lfgn. gr. 8. (1. Bd. IV und 808 S., 2. Bd. III und 811 S.) Ebendas. 868. à Lfg. 5 Ngr.

Clemens, Fr., Jesus der Nazarener. 5. verb. Aufl. 2 Bde. in 14 Lfgn. gr. 8. Berlin 874, Grieben. à Lfg. 50 Pf.
Inhalt:
Nr. 1. Des Weisesten der Weisen Leben, Lehre und natürliches Ende. Der Wirklichkeit nacherzählt. (308 S.)
„ 2. Der ideale Christus. Enthüllungen der christlichen Mysterien und demgemäßer Friedensschluß zwischen Vernunft und Christenthum oder die Weltversöhnung. (311 S.)

— der Juden Sache ist unsere Sache. Zweite Diversion im Kampfe für Recht u. Wahrheit. 8. (1 B.) Hamburg 843, Berendsohn. *

— Katechismus der Vernunft- u. Natur-Religion nach dem Verständniß des Lebens u. der Lehre Jesu v. Nazareth. Mit Belagstellen deutscher Dichter ausgestattet. gr. 8. (IV, 223 S.) Berlin 876. Driesner. n. 2. —

— dass. — 2. Aufl. gr. 8. (IV, 223 S.) Berlin 876. Grieben.

Clemens, Fr., Katechismus der Vernunft- und Natur-Religion nach dem Verständniß des Lebens und der Lehre Jesu von Nazareth. Mit Belagstellen deutscher Dichter ausgestattet. 3. Aufl. gr. 8. (IV, 223 S.) Berlin 883, (H. R. Mecklenburg.)

Clemens, Fr., Katechismus der Vernunft- u. Natur-Religion nach dem Verständniß d. Lebens u. der Lehre Jesu v. Nazareth. Mit Belagstellen deutscher Dichter ausgestattet. 3. Aufl. gr. 8. (IV, 223 S.) Berlin 883. Rinn. 1.50

Clemens, Friedr., natürl. Klänge d. Herzens an d. Gottheit, in Morgen- u. Abend-Gesängen f. gute Menschen aller Confessionen. gr. 12. (12½ B.) Altona 833, Hammerich.

—— Leben Dr. Martin Luther's, s. Volks-Bibliothek, wohlfeilste, 1. Bdchn.

—— Leben Muhammed's, s. Volksbibliothek, wohlfeilste, 21. Bdchn.

—— Leben Napoleon Bonaparte's, s.a. Volks-Bibliothek, wohlfeilste, 12., 13., 15—17. Bdchn.

Clemens-Gercke, Frdr. Leben Napoleon Buonapartes. 3 Bde. (23 B.) 16. Hamburg 1840. 0,75.

—— Leben Napoleon Bonaparte's. Erste Periode. Von seiner Geburt bis zum Kaiserthum. (M. 8 grav. Abbild.) 16. (8 B.) Hamburg 841, Berendsohn. *

—— das große Lied von den Jesuiten, für deutsche Männer gedichtet. gr. 8. (4⅝ B.) Hamburg 845, Vogel.

— der Logosit. Schriften für die Legitimität der Vernunft. Als Begleiter des Allbuchs in Heften herausgeg. 1. 2. Heft. 8. Hamburg 844, 45, Vogel. à n. ⅙ ℛ

—— das Manifest der Vernunft; eine Stimme der Zeit in Briefen an eine schöne Mystikerin. 8. (17¼ B.) Altona 836, Hammerich.

— das Manifest der Vernunft. Diversionen e. Veteranen im Freiheitskampfe der Geister. Eine Stimme der Zeit in Briefen an e. schöne Mystikerin. 2. gänzlich umgearb. Aufl. Ebend. 870. 8. (238 S.) n. 1 ℛ 10 ngr

—— das Manifest der Vernunft. Diversionen eines Veteranen im Freiheitskampfe der Geister. Eine Stimme der Zeit in Briefen an eine schöne Mystikerin. 2. gänzlich umgearb. Aufl. 1870. *M. 4., und 3. Aufl. 8. (238 S.) Berlin 874, Grieben. *

—— Vetter Michel. Ein Capriccio. gr. 12. (15 B.) Altona 839, Hammerich.

—— bei Nacht u. Nebel. Roman. 8. (21 B.) Güstrow 837, [Opitz u. Comp.]

—— der Narren-König und sein Hof. Ein lustige Volks-Comödie in 3 Aufzügen. In gemüthl. Knittelreime gefaßt. 16. (173 S.) Hamburg 864, Nestler und Melle. *

Clemens, Fr., Naturgeschichte des innern Erdballs oder die Urwelt. Für die Jugend. Mit zahlreichen Abbildungen. 1. Lfg. 8. (S. 1—64. mit 1 Stnt.) Hamburg 856, O. Meißner.

Clemens, Fr., Naturgeschichte des innern Erdballes oder die Urwelt. Für die Jugend. 2—5. Lfg. (Schluß.) (S. 65—300 mit lithogr. Titel und 28 Stnt.) Hamburg 857, O. Meißner. à Lfg. 6 Ngr.
1. Lfg. Ebendas. 1856. 6 Ngr.

—— ernste u. heitere Proben meiner Dichtung. (Von d. Verf. selbst mit Hülfe e. improvisirten kleinen Handpresse gedruckt.) 16. (9 B.) Hamburg 835. (Altona, Hammerich.)

—— mein Spaziergang durch Hamburg. Poleographische Genre-Bilder. 8. (19½ B.) Altona 838, Hammerich.

— Zeus. Der Hellenen mythiches Gedicht, nach den Hauptmomenten episch gebildet. (12. Werk.). Altona. 1840.

— Zeus. Der Helenen mythisches Gedicht, nach den Hauptmomenten episch gebildet. (12. Werk.) gr. 8. Altona 841, Hammerich. n. 1¾ ℛ

Clemens, Friedrich Carl Paul, s. Clemens, Paul

Clemens, Frdr. Wilh., Untersuchungen über die Wirkung des Aethers u. Chloroforms auf Menschen, Thiere u. Pflanzen. Inauguraldissertation, vorgelegt der medicin. Fakultät der Universität Bern. gr. 4. (VI u. 30 S. m. 1 lith. Taf. in Fol.) Bern 850. (Dalp.) n. 24 ngr

Clemens, Gabriele, Röschen. Eine wahre Geschichte. Ihren jungen Freundinnen erzählt. 8. (IV, 172 S.) Hamburg 886. Agentur d. Rauhen Hauses. geb. n. 2. 50

Clemens, Gf., († d. 23. März 1776.), s. v. Zinzendorf, Reden über d. Evangelisten.

Clemens, H. [app. Arzt aus Dortmund]: Ueber Brucheinklemmungen im Foramen obturatorium. . . . Jena, Druck v. G. Neuenhahn, 1889; 32 S. 8°
Jena, Med. Fak., Inaug.-Diss. v. [23. Jan.] 1889

Clemens, H. G., Dissertatio de labro aeneo a Mose etc. 8. Groeningae. (Vogel in Leipz.) 732.

Clemens, Hanna, s.: Klemm, Johanna.

Clemens, Hans, approb. Arzt aus Berlin: Beitrag zur Kasuistik des embolischen Verschlusses großer Äste der Lungenarterie. *Berlin (1904): G. Schade.* (30 S.) 8°
Berlin, Med. Diss. v. 5. Juli 1904

Clemens, Heinrich [Gerichts-Ass. zu Köln]: Der Einfluss der Unfallversicherungsgesetzgebung auf die privatrechtliche Haftpflicht im Geltungsgebiet des rheinisch-französischen Rechts. . . . Köln, Druck v. Albert Ahn, 1889; VIII + 62 S. 8°
Freiburg i. B., Jur. Fak., Inaug.-Diss. v. 1889

Clemens, Heinr., Herz Jesu, meine Liebe. Gebetbuch z. Verehrg. d. allerheil. Herzens Jesu bei d. vorzügl. Andachtsübgn. d. kathol. Christen, e. reichen Schatz versch. Ablaßgebete enth., nebst viel. Gebeten d. Heiligen. 2. Aufl. (672 S. m. 1 Stahlst.) 16. Kevelaer (908). Butzon & Bercker. Geb. in Leinw. 1. 65

Clemens, *Paul Ewald Felix* Hugo [aus Sorau N. L.]: Bestimmung der Länge von Windsor N.-S.-Wales '(Tebbut's Sternwarte)' aus Sternbedeckungen 1864 bis 1870 ... Göttingen, Druck d. Dieterich'schen Univ.-Buchdr., 1896; 70 S., 1 Bl. 4.
Göttingen, Phil. Fak., Inaug.-Diss. v. [4. Nov.] 1896

Die neben dem Bürgerlichen Gesetzbuche in dem bisherigen Geltungsbereiche des Rheinischen Rechts geltenden Gesetze privatrechtlichen Inhalts unter Angabe d. Abänderungen u. Ergänzungen hrsg. von Hyacinth Clemens, Amtsrichter. *Köln: Hübscher & Teufel 1900.* (XIV, 464 S.) 8° [J.] [00. 793]

Clemens, J., Mustang Gray, s. Bibliothek, amerikanische.

Clemens, J. A., Darstell. u. Beschreib. d. Versuche d. Vice-Admirals v. Chapmann in Karlskrona, zu Bestimmung d. Widerstandes flüssiger unbegränzter Massen; nebst e. neuen Theorie d. Stoßes d. verschied. Flüssigkeiten. Mit 2 Kpf. gr. 8. Berl. 797. Belitz. 14 gr

Clemens, J. F., praes. Depré, De melancholia hysterica. 24 pp. Erf. 4°. 1727

Clemens, Joannes Henricus ⟨geb. am 1 Dez. 1827 in Köln⟩: De tumore lienis deque morbis in quibus iste observatur ... Bonnae, typ. C. Krüger 1852. 29 S., 1 Bl. 8.
Bonn, Med. Fak., Diss. v. 9 Aug. 1852

Clemens, Just., Strafrecht u. Politik. Kriminalpolit. Gedanken e. alten Richters. gr. 8. (VI, 103 S.) Berlin 898 O. Liebmann. n. 1. 60

Clemens, Carl, Frühlingsblumen. Eine Gabe des Herzens als Liederkranz f. Kinder. 8. (IV u. 112 S.) Zittau 848, Pahl in Comm. n. ⅓ ℛ

Clemens, K., Jesus unser Trost und Leben. Unterrichts- und Gebetbuch für kathol. Christen. Besonders für Diejenigen, welche die Gnaden der heil. Mission treu bewahren wollen. 2. verm. u. verb. Aufl. Saarlouis 857. Stein. 12. (621 S. u. 1 Stahlst.) 12 ngr; Velinp. mit lith. Titel 15 ngr

Clemens, K., C. Ss. R., Jesus unser Trost u. Leben. Unterrichts- u. Gebetbuch f. kathol. Christen, besond. f. diejenigen, welche die Gnaden der hl. Mission treu bewahren wollen. 6. verb. Aufl. 16. (V, 561 S. m. farb. Titel u. 1 Stahlst.) Saarlouis 899. F. Stein Nachf. 1.25; geb. in Leinw. n. 1.35

Clemens, K.; C. Ss. R., Jesus, unser Trost u. uns. Seelenspeise. Unterrichts- u. Gebetbuch m. kurzgef. Erläuterg. d. Dekretes üb. d. öftere u. tägl. Kommunion sowie Beicht- u. Kommunionandachten. Neubearb. v. J. A. Krebs, C. Ss. R. 7. verb. Aufl. (XXIV, 561 S. m. Titelb.) 16. Saarlouis 909. F. Stein Nachf. Geb. in Leinw. 1.40

Clemens, K., das Kindlein von Bethlehem. Ausführl. Betrachtungen über die Menschwerdung des ewigen Wortes und über die heil. Geheimnisse der Kindheit unseres Herrn und Heilandes Jesu Christi. 8. (XVI, 832 S.) Mainz 885, Kirchheim. *M 6.—; geb. *

Clemens, K., die Lehre des Gekreuzigten. Betrachtungen über das bittere Leiden unseres Herrn und Heilandes Jesu Christi. gr. 8. (XXIV, 760 S.) Mainz 877, Kirchheim.

Clemens, K., die Lehre des Gekreuzigten. Betrachtungen über das bittere Leiden unseres Herrn u. Heilandes Jesu Christi gr. 8. (XXIV, 760 S.) Mainz 878. Kirchheim. 6. —

Clemens, K., die Liebe des Gekreuzigten. Betrachtungen über das bittere Leiden unseres Herrn und Heilandes Jesu Christi. 2. verb. Aufl. gr. 8. (XXXI, 760 S.) Mainz 884, Kirchheim.

Clemens, Karl, die Liebe d. Gekreuzigten. Betrachtungen über das bittere Leiden unseres Herrn u. Heilandes Jesu Christi. 3. Aufl. gr. 8. (XXXI, 760 S.) Mainz 893. Fr. Kirchheim. 6. —

—— der Oybin. Eine Dichtung. Zittau 848, (Pahl.) *

—— die Pest der schlechten Bücher. Sechs Vorträge. Nebst einem Anhange: Die Lehre der kathol. Kirche über das Lesen der heil. Schrift. 8. (VIII und 128 S.) Mainz 859, Kirchheim. *

Clemens, K., C. Ss. R., die Pest der schlechten Bücher. 6 Vorträge. Nebst e. Anh.: Die Lehre der kathol. Kirche üb. das Lesen der hl. Schrift. 2., verb. Aufl. Hrsg. v. G. Pletl. (VIII, 123 S.) 8. Fulda 906. Fuldaer Actiendruckerei. n. 1. —

Clemens, Carl, der Redemptorist, s. Ratte, Frz.

Die heilige Cäcilia. Ein dramat. Spiel in 2 Th. von L. Clemens. (Neue Ausg.) *(Düsseldorf: W. Deiters) [1903]*. (114 S.) 8° [F.]
1. Cäcilia's Vermählung. 2. Cäcilia's Martyrtod.
= Dramen u. Deklamationen f. kath. Jungfrauen-Vereine. H. 2. [04-176]

Charitas. Dramat. Scenen aus d. Klosterleben z. Zeit d. Reformation in Nürnberg von L. Clemens. (Neue Ausg.) *(Düsseldorf: W. Deiters [1903].)* (41 S.) 8° [F.]
= Dramen u. Deklamationen f. kath. Jungfrauen-Vereine. H. 1. [04-176]

Clemens, L., s.: Dramen u. Deklamationen f. katholische Jungfrauen-Vereine.

Die frommen Frauen in der Nacht der Auferstehung. Ein Osterspiel von L. Clemens. Neue Ausg. *Düsseldorf: W. Deiters [1903]*. (S. 107–147.) 8° [Umschlagt. F.]
= Dramen u. Deklamationen f. kath. Jungfrauen-Vereine. H. 9. [04-177]

Clemens, L., die Geburt, das bittere Leiden u. die Auferstehung Jesu, s.: Dramen u. Declamationen f. kathol. Jungfrauen-Vereine rc.

Das ersehnte Himmelslicht. Ein Weihnachtsspiel von L. Clemens. Neue Ausg. *Düsseldorf: W. Deiters [1903]*. (32 S.) 8° [Umschlagt. F.]
= Dramen u. Deklamationen f. kath. Jungfrauen-Vereine. H. 7. [04-176]

Das edle Weib des ungerechten Richters. Ein Passionsspiel von L. Clemens. Neue Ausg. *Düsseldorf: W. Deiters [1903]*. (S. 35–104.) 8° [Umschlagt. F.]
— Dramen u. Deklamationen f. kath. Jungfrauen-Vereine. H. 8. [04-177]

Clemens, Lambert (geb. Cöln a. Rh. 21. 8. 1857): Ueber Iritis gonorrhoica, sowie über den Zusammenhang von Iritis und Keratitis mit Erkrankungen der serösen Höhlen. Berlin (1882). (32 S.) 8°
Berlin, Med. Diss. v. 16. Febr. 1882

Clemens, M., Handbuch für Mäkler, Kommissionäre od. Agenten u. Lieferanten. Zum Nachschlagen üb. ihre nach Preuß. Gesetzen besteh. Rechte u. Obliegenheiten. gr. 8. (VI u. 58 S.) Breslau 848, F. Aderholz. 1/4 rf

Clemens, O. L. Die Offenbarung Johannes und ihre Erfüllung. Berlin 1848. 24 S. 8.

Clemens, P., s.: Pathologie, die chemische, der Tuberculose.

Clemens, Paul

Clemens, *Friedrich Carl* Paul [aus Gutenberg, (Saalkreis)]: Über die Anwendung der Tarnier'schen Achsenzugzange. . . . Halle a. S., Hofbuchdr. v. C. A. Kaemmerer & Co., 1891; 44 S., 1 Bl. 8°
Halle, Med. Fak., Inaug.-Diss. v. 9. Jul. 1891

Clemens, P[aul], Dr., I. Assist. d. med. Klinik: Die Diazoreactionen des Harns. *Naumburg a. S. 1899: Lippert & Co.* (56 S.) 8°
Freiburg i. B., Med. Hab.-Schr. v. 1899

Clemens, Paul [cand. med. aus Landsberg a. W.]: Die äusseren Kiemen der Wirbeltiere ... [Aus: Anat. Hefte, Abt. I Bd 5.] Wiesbaden, J. F. Bergmann, 1894; 107 S. 8.
Freiburg i. B., Med. Fak., Inaug.-Diss. v. 1894

Clemens, Paul Ewald Felix Hugo, s. Clemens, Hugo

Clemens, Pt. Ant.

Clemens, A., neues Elementarbuch für Bürgerschulen 1te Abtheilung, Anleit. z. Lesen. 8. Cöln, Rommerskirchen. 805.

Clemens, Pt. Ant., neues Elementarbuch für Bürgerschulen. 1e u. 2e Abtheil. (1e Abtheil. Anleit. zum Lesen. 3 ggr 2e Abtheil. Stoff zu Denkübungen für d. Jugend. 4 ggr) 8. Köln 800, 7. Rommerskirchen. 7 ggr

— s. Rochow, Kinderfreund.

Clemens, Petrus Iosephus (geb. 1819 in Köln): De Homeri clipeo Achilleo ... Bonnae, form. C. Georgii 1844. 1 Bl., 30 S., 2 Bl., 1 Taf. 8.
Bonn, Phil. Fak., Diss. v. 13 Juli 1844

Clemens, R.: Jesus, unser Trost u. uns. Seelenspeise, s. Clemens, Karl

Clemens, Richard (Hrsg.), s. Ascensio: Die Himmelfahrt des Sehers Jesaias.

Clemens, Rich., das Buch der Christen. Oder das neue Testament nach den Resultaten der neuesten wissenschaftlich-kritischen Forschungen, insbesondere der tübing. theolog. Schule, betrachtet. Für gebildete Leser aller Stände. gr. 8. (III und 163 S.) Bernburg 852, Gröning'sche Buchh. *

— Jesus v. Nazareth, od. das Evangelium u. die evangelische Geschichte im Geiste u. Bewußtsein der Gegenwart. Zugleich zum ergänzenden Verständniß der beiden Schriften: „Wichtige histor. Enthüllungen üb. die wirkl. Ereignisse der Geburt u. Jugend Jesu." [Leipzig, 1849.] 32. (201 S.) Stuttgart 850, Scheible. 11 ngr

— Die Offenbarungen der Propheten Henoch, Esra und Jesaia im Jahrhunderte des Heils. Ein Anhang zur Bibel ... In deutscher Uebertragung herausgegeben von Richard Clemens. Theil 1—3. Stuttgart 1850.

— die sibyllinischen Orakel, s.: Bibliothek der Zauber-, Geheimniß- u. Offenbarungs-Bücher, 11 u. 12. Abthl.

—— Schlüssel zum Verständniß der Natur des Himmelreiches. Gemeinfaßliche Auslegung des ewigen Evangeliums nach seinem wesentl. Inhalte. 32. (218 S.) Stuttgart 850, Scheible.
Vorstehendes bildet zugleich Fortsetzung und Schluß des Buches: „Jesus von Nazareth oder das Evangelium und die evangel. Geschichte im Geiste und Bewußtseyn der Gegenwart."

Clemens, Rob., Sammlung v. Entscheidungen zum Handels-Gesetzbuche, s.: A d l e r, Leop.

Klemens, Rob., s.: S a m m l u n g handelsrechtl. Entscheidungen.

— **Rob. Balth.** (Erfurt), De aetate, et insignioribus eius in civili et ecclesiastico jure effectibus. Diss. jur. Rect. Herm. Paul Juch. Erfurt (Hering) 18. V. 1736. 62 S. (5.—) 5372

Clemens, Samuel Langhorne [wirkl. Name], s. T w a i n, Mark [Pseud.]

C l e m e n s, Thdr., meine Behandlung der Krankheiten der Harnröhre und der Blase mit Salben-Bougies und Electricität. 8. (30 S.) Frankfurt a. M. 874, Auffarth. *

Clemens, Thdr., üb. d. Chininbehandlg. d. K e u c h h u s t o n s v. Mastdarm aus. [Aus: „Allg. med. Central-Zeitg."] gr. 8. (2 S.) Berlin 895. O. Coblentz. n. 1. —

Clemens, Thdr., die Electricität als Heilmittel. Ein Wort zur Aufklärung u. zum Verständniss electr. Kuren u. electr. Heilapparate. gr. 8. (93 S.) Frankfurt a/M. 881. Auffarth. n. 2. 40

C l e m e n s, Thdr., die Electricität als Heilmittel. Ein Wort zur Aufklärung und zum Verständniss elektr. Kuren und elektr. Heilapparate. gr. 8. (93 S.) Frankfurt a. M. 882, Auffarth. *

C l e m e n s, Thdr., über die Heilwirkungen der Elektricität und deren erfolgreiche methodische Anwendung in verschiedenen Krankheiten. 1.—9. Lfg. gr. 8. (S. 1—608.) Frankfurt a. M. 876—79, Auffarth. à Lfg. * ℳ 2. *

—— über die Heilwirkungen der Electricität und deren erfolgreiche methodische Anwendung in verschiedenen Krankheiten. 10.—12. (Schluss-)Lfg. gr. 8. (VI, S. 609—752 mit 10 Lichtdr.-Taf.) Ebendas. 880. à Lfg. * ℳ 2. *
1.—9. Lfg. Ebendas. 1876—79. à * ℳ 2.

—— dass. — Neue (Titel-)Ausg. gr. 8. (VI, 752 S. mit 10 Lichtdr.-Taf.) Ebendas. 884. cart. *

Clemens, Thdr., epikritischer Nachtrag einiger noch weniger bekannten Heilmittel gegen Cholera, nebst e. metallotherapeut. Empfehlung der Kupferplatte bei Cholera-Epidemien. [Aus: „Allg. med. Centralzeitg."] gr. 8. (10 S.) Berlin 893. O. Coblentz. n. 1. —

Clemens, W.: Die S e k t e der Therapeuten. 20 S. – Königsberg, Fr. Coll., Progr. 1869.

C l e m e n s, W. Die Therapeuten. Pr. 1869. 20 S. 4°.

Clemens, Wilhelm

C l e m e n s, W., De Essenorum moribus et institutis. Diss. 1865. 81 S.

C l e m e n s, Guilelm., de Essenorum moribus et institutis. Dissertatio. gr. 8. (32 S.) Königsberg 868, (Akademische Buchh. von Schubert und Seidel.) *

Clemens-Czibulka, Conrad [pract. Arzt aus Szepes-Várallya]: Die Schultze'schen Schwingungen zur Wiederbelebung tief scheintodt geborener Kinder . . . . Jena, *Druck v. B. Engau,* 1886; 32 S. 8°.
Jena, Med. Fak., Inaug. Diss. v. 8. Jan. 1886.

C l e m e n s - C z i b u l k a, die Schultze'schen Schwingungen zur Wiederbelebung tief scheintodt geborener Kinder. Diss. Jena 1886, G. Neuenhahn. 8°. 32 S.

v. Clemens=Millwitz, Geo., († d. ... April 1797.) zufällige Gedanken v. Archiven, deren Nutzen u. Einrichtung. 8. Eisen. 774.

Clemens Millwitz, Georg von, Theses ex universo jure. Diss. jur. Präs. Adam Ignaz Turin. Erfurt (Nonn) 5. VI. 1772. 10 Bl. (4.50) 5373
Gew.: Franz Urban v. Molitor. — Widm. v.: Präs., Jo. Justin Weismantel, C. A. Frh. v. Sierstorpff, Joh. Frz. Frh. v. Lincker u. Lützenwick, Anselm Gordon Scotus, Mart. Ramp (Floersheim/Main).

Clemens-Milwitz, W. v. Geognostische Karte vom nördlichen Deutschland, mit besonderer Beziehung auf den preussischen Staat. Berlin. 1835. Folio.

Clemens-Simon, Reform im Prinzip der Arbeit, des Lohnes, der Strafe und der Frauenfrage. 8°. Wien 1848.

Clement, Maria, oder die Glocke um Mitternacht. Leipzig 1800. V: *Spiess, Chn. Hch.* (BGE*, VII/388) (KY 8/133 »Olmütz 1800«) (GGR V/508, Nr. 9/36) (WBL 36/161) (BiblPort)

Clément de Rome, s. C l e m e n s Romanus

Clement Augusten, Ertz-Bischoffen zu Cölln, s. C l e m e n s August, Erzbischof von Köln

Clement (Mitarb.), s. A b e n t e u e r zur See.

— Elévations de l'ame à Dieu. 8. Wien 763. Trattner. 9 gl

C l e m e n t, Exercices et prières pour remplir saintement les principaux devoirs du C h r i s t i a n i s m e. IV Part. gr. 8 Wien, Tendler. 773.

Clement, ..., Exercices et prières pour remplir saintement les principaux devoirs du Christianisme. IV Vols. gr. 8. Wien 773. Trattner. 1 rß 8 gl

Clément et **Dennery,** Noémie, siehe: R é p e r t o i r e du théâtre Français, Nr. 326. — T h é â t r e Français publ. par C. S c h ü t z, IX. série, Livr. 11.

Clement, Abt, ..., sämmtl. Predigten; aus d. Französ. v. J. v. Nichtenburg. 10 Thle. 8. Augsb. 775, 76. Wolff. 5 rß

Clément, siehe: T e s t a m e n t, neuestes.

Clément, Uebungen der Seele, um sich zu den Sakramenten der Buße und des Altars vorzubereiten. Aus dem Französ. übers. von C. Fallner. 8. (VIII und 246 S.) Innsbruck 863, Wagner'sche Universitäts-Buchh. *

Clement, A.: Das G o t t t h u m, eine göttliche Botschaft für jedes insbesondere für das Zürcherische Volk und seine hohe Regierung. Zürich 1866. 8°

– Zürcherische H e r r e n - und Volks z e i t u n g. Organ für sociale, politische und religiöse Reformen. No. 1. Zürich, Dec. 1866.

Clément, A., die Weltlehre des Gottthums d. h. System Gottes der irdischen Weltordnung. Vermittler und Lenker der Menschheit, durch welchen schon auf Erden die Glückseligkeit für Alle ohne Ausnahme möglich ist. Das Letzte u. Gute, welches werden u. bleiben soll ꝛc. 3 Thle. Zürich 860. Meyer & Zeller. Lex.-8. (XXXII, 600 S.) n. 2 rß 20 ngr.

Clement, Alois, Gardinenpredigten u. Ehestandsscenen. Zu Nutz u. Frommen geplagter Ehemänner u. Solcher, die es werden wollen. 16. (127 S.) Leipzig 874. G. Schulze. n. 1. —

Clément, Bertha

— auf der Eisscholle, s.: H o s i a n n a Nr. 3.

Clément, Bertha, Engelsfittiche. s.: G r ü ß G o t t.

— e r b l ü h t an e. Stamm. Erzählung f. junge Mädchen. Mit 4 Vollbildern v. H. Herrfurth. (804 S.) 8. Stuttgart (904). G. Weise. Geb. in Leinw. 4. 50

Clément, Bertha, seine kleine F r a u. Erzählung f. erwachs. Mädchen. gr. 8. (302 S. m. Titelbild.) Stuttgart 894. G. Weise. Geb. in Leinw. 4. 50

— seine kleine Frau. Erzählg. f. erwachs. Mädchen. 3. Aufl. gr. 8. (302 S. m. 1 Autotypie.) Stuttgart 896. G. Weise. Geb. in Leinw. 4. 50; in Celluloid 6. —

Clément, Bertha, seine kleine Frau. Erzählung f. junge Mädchen. 6. Aufl. (273 S. m. Titelbild.) 8. Stuttgart (909). G. Weise. Geb. in Leinw. 4. 50

— s.: Frühlings-Blüten.

— ein Fürstenkind. Erzählung f. junge Mädchen. 8. (320 S.) Schwerin 901. F. Bahn. Geb. in Leinw. n. 3. —

— der Geigersepp u. sein Enkel, s.: Trewendt's Jugendbibliothek.

— Großvater u. Enkel, s.: Grüß Gott Nr. 26.

— Schuster's Hanna, s.: Hosianna. Nr. 4.

— die Heimchen. Eine Erzählung f. junge Mädchen. Mit 27 Abbildgn. v. Curt Liebich. (III, 300 S.) 8. Stuttgart (906). Union. Geb. in Leinw. 4. 50

Die Heimchen. Eine Erzählung f. junge Mädchen von Berta Clément. Mit 27 Abb. von Curt Liebich. 3. Aufl. Stuttgart, Berlin, Leipzig: Union [1906]. (300 S.) 8° [F.] [07. 636

Clément, Bertha, die Heimchen. Eine Erzählg. f. junge Mädchen. Mit 27 Abb. v. Curt Liebich. 5. Aufl. (III, 300 S.) 8. Stuttg. (908). Union. Geb. in Leinw. m. Goldschn. 4. 50

— Prinzeß Ilse. Erzählung f. erwachs. Mädchen. Mit 4 Illustr. 8. (279 S.) Stuttgart 897. G. Weise. Geb. in Leinw. 4. 50: in Celluloid 6 —

— Prinzeß Ilse. Erzählg. f. junge Mädchen. 6. Aufl. (272 S. m. 4 Vollbild.) 8. Stuttgart (909). G. Weise. Geb. in Leinw. 4. 50

— Jung-Deutschland, s.a. Trewendt's Jugendbibliothek. N. F. 55.

Jung-Deutschland. Erzählung f. d. Jugend von Bertha Clement. Mit Titelb. *Breslau: E. Trewendt [1900].* (109 S.) 8° [F.]
— Jugendbibliothek. Trewendt's. N. F. Bd 55. [00. 381

— Jungfer Hochhinaus. Eine Erzählg. f. junge Mädchen. Mit 4 farb. Bildern v. Paul Hey. 8. (176 S.) Nürnberg (902). Th. Stroefer. Geb. in Leinw. 3. —

— Jörge Just. Eine Erzählg. aus den Harzer Bergen. 2. Taus. (281 S.) 8. Berlin 910. M. Warneck. 2.80; geb. in Leinw. 3. 60

— die treuen Kameraden, s.: Grüß Gott Nr. 25.

— f. brave Kinder. M. lust. Reimen u. Verschen. gr. 4. (26 S. m. z. Tl. farb. Bild.) Nürnberg 896. Th. Stroefer. Kart. 2. —

Kinderfüße. Erzählung von Bertha Clément. Gütersloh: C. Bertelsmann [1905]. (15 S.) 8° [F.]
— Schneeflocken. 50. [05. 15179

— glückliche Kinderzeit. Ein Bilderbuch m. Versen. gr. 4. (27 S.) Ebd. (901). Geb. 2. —

— Mutters Kleeblatt. Eine Erzählung f. junge Mädchen. (226 S. m. 4 Vollbildern.) 8. Stuttgart (905). G. Weise. Geb. in Leinw. 3. —

— der silberne Kreuzbund. Erzählg. f. junge Mädchen. M. 4 Bild. v. A. Groh. 8. (278 S.) Stuttgart 897. G. Weise. Geb. in Leinw. 3. —: in Celluloid 4. 50

— der silberne Kreuzbund. 3 Bde. 8. Stuttgart (900). G. Weise. Geb. in Leinw., in Futteral 10. —
1. Der silberne Kreuzbund. Erzählung f. junge Mädchen. Mit 4 Bildern v. A. Groh. 3. Aufl. (278 S.)
2. Komteß Wally. Neues vom „Silbernen Kreuzbund". Erzählung f. junge Mädchen. Mit 4 Bildern v. A. Groh. 3. Aufl. (257 S.)
3. Die Rosenkette. Erzählung f. junge Mädchen (zugleich Fortsetzg. v. „Komteß Wally"). Mit 4 Bildern v. A. Groh. 2. Aufl. (304 S.)

— Der silberne Kreuzbund. Erzählg. f. junge Mädchen. Mit 4 Bildern v. A. Groh. 11—12. Taus. (278 S.) kl. 8. Stuttgart (908). G. Weise. Geb. in Leinw. 3. —

— im Lande d. Sonne. Roman. 8. (320 S.) Schwerin 896. F. Bahn. n. 4.: geb. n. 5. —

Berta Clément. Lebensziele. 3. Aufl. Stuttgart, Berlin, Leipzig: Union [1907]. (356 S.) 8° [F.]
— Kränzchen-Bibliothek. [12.] [08. 3191

— Lebensziele. (Kränzchen-Bibliothek.) 6. Aufl. (VII, 356 S. m. Abbild. u. Titelbild.) kl. 8. Stuttgart (910). Union. Geb. in Leinw. 3. —

Bertha Clement. Libelle. 3. Aufl. *Stuttgart, Berlin, Leipzig: Union [1901].* (326 S.) 8° [F.]
— Kränzchen-Bibliothek. 5. [01. 10741

Bertha Clement. Libelle. 1. 2. *Stuttgart, Berlin, Leipzig: Union [1901—02].* 2 Bde 8° [F.]
[1.] 3. Aufl. (2.) Lenz- u. Brautzeit. 4. Aufl.
— Kränzchen-Bibliothek. [5. 6.] [02. [illegible]

— Libelle. Lenz- u. Brautzeit. (Kränzchen-Bibliothek.) 2. Aufl. 8. (V, 324 S. m. Abbildgn.) Stuttgart (902). Union. Geb. in Leinw. 3. —

— dasselbe. Lenz- u. Brautzeit. (Kränzchen-Bibliothek.) 8. Aufl. (V, 324 S. m. Abbild. u. Titelbild.) kl. 8. Ebd. (909). Geb. in Leinw. 3. —

— Libelle. (Einbd.: Backfischzeit.) (Kränzchen-Bibliothek.) 10. Aufl. (V, 326 S. m. Abb. u. 1 Taf.) kl. 8. Ebd. (910). Geb. in Leinw. 3. —

— dasselbe, s.a. Kränzchen-Bibliothek. 5. Bd.

— die Linde am Aabersee, s.: Grüß Gott. 11. Hft.

— Liselotte. Erzählg. f. 12—14jähr. Mädchen, m. 4 Tondruck-Bildern v. Marie Hohneck. (219 S.) 8. Stuttgart 907. G. Weise. Geb. in Leinw. 3. —

— Nachbarskinder. Erzählung f. Kinder von 8—10 Jahren, m. 4 Tondr.-Bildern v. M. Hohneck. (191 S.) 8. Ebd. (906). Geb. in Leinw. 3. —

Clément, Bertha, nur unser Fräulein. Eine Erzählg. f. heranwachs. Mädchen. 8. (189 S. m. 1 Farbdr.) Nürnberg (900). Th. Stroefer. Geb. in Leinw. 2. —

— der kleine Patriot, s.: Grüß Gott. 29. Hft.

— Die nächste Pflicht. Eine Erzählg. f. junge Mädchen. Mit 1 (farb.) Titelbild v. O. Herrfurth. (105 S.) 8. Ebd. (910). Geb. in Leinw. 2. 40

— Hauptmanns Puck. Erzählg. f. Mädchen v. 12—14 Jahren. M. 4 Vollbild. v. Rich. Gutschmidt. 2. [Titel-] Aufl. 8. (210 S.) Stuttgart (898). G. Weise. Geb. in Leinw. 3. —: in Celluloid 4. 50

— Hauptmanns Puck. Erzählg. f. Mädchen v. 12—14 Jahren. Mit 4 Vollbildern v. Rich. Gutschmidt. 9. Aufl. (204 S.) 8. Ebd. (909). Geb. in Leinw. 3. —

— d. Nebenhäusel, s.a. Trewendt's Jugendbibliothek.

[F.] Das Rebenhäusel. Erzählg f. d. Jugend v. B. Clement. M. Titelb. *Breslau: E. Trewendt [1896?].* (134 S., 1 Taf.) 1 Bd 8.
— Jugendbibliothek, Trewendt's. N. F. Bd 44. [96. 66

— die Reise in die Welt. Illustriert v. E. St. Hardy. (20 S. m. 8 farb. Taf.) qu. Lex.-8. Nürnberg (904.) Th. Stroefer. Kart. 4. —

— die Rose v. Jericho. Erzählung f. junge Mädchen. gr. 8. (288 S. m. 4 Illustr.) Stuttgart (899). G. Weise. Geb. in Leinw. 4. 50

— im Rosenhause. Eine Erzählg. f. d. junge Mädchenwelt. M. 4 farb. Illustr. v. Carl Voß. 4. (160 S.) Nürnberg 898. Th. Stroefer. Geb in Leinw. 3. —

— die Rosenkette. Erzählung f. junge Mädchen (zugleich Fortsetzg. v. „Komteß Wally"). Mit 4 Bildern v. A. Groh. 8. (304 S.) Ebd. (899). Geb. in Leinw. 3. —

— Die Rosenkette. Erzählg. f. junge Mädchen (zugleich Fortsetzg. v. „Komteß Wally"). Mit 4 Bild. v. A. Groh. 9—10. Tauf. (304 S.) kl. 8. Ebd. (908). Geb. in Leinw. 3. —

Die St. Nikolaus-Gabe. Von Berta Clément. Gütersloh: C. Bertelsmann [1907]. (16 S.) 8° [Umschlagt. F.]
— Schneeflocken. 58. [07. 14183

— in den Savannen. Eine Erzählg. f. die junge Mädchenwelt. (Fortsetzung v. „Im Rosenhause".) Mit 4 farb. Illustr. v. Carl Voß. gr. 8. (164 S.) Nürnberg (900). Th. Stroefer. Geb. in Leinw. 3. —

— im Schwalbenneste. Erzählung f. junge Mädchen. Mit 4 Bildern v. R. Gutschmidt. 8. (276 S.) Stuttgart 902. G. Weise. Geb. in Leinw. 4. 50

— Das Siebengestirn. (Kränzchen-Bibliothek.) (V, 308 S. m. Abbild. u. Titelbild.) kl. 8. Stuttgart (910). Union. Geb. in Leinw. 3. —

— Sonnentage. Erzählung f. jüngere Kinder. Mit 4 Tondr.-Bildern v. M. Flashar. (III, 210 S.) 8. Stuttgart (909). G. Weise. Geb. in Leinw. 3. —

— Stranddistel. Erzählg. f. junge Mädchen. gr. 8. (271 S. m. 1 Bild) Stuttgart 896. G. Weise. Geb in Leinw. 4. 50: in Celluloid 6 —

— Stranddistel. Erzählg. f. junge Mädchen. 4. Aufl. (271 S. m. 1 Vollbild.) 8. Ebd. (910). Geb. in Leinw. 4. 50

— Tage des Glücks. Erzählung f. Mädchen von 10 bis 12 Jahren. 8. (V, 212 S. m. 4 Farbendr.) Stuttgart 893. G. Weise. Geb. in Leinw. 3. —

— sonnige Tage, wonnige Stunden. Ein Bilderbuch m. Erzählgn. u. Versen. (66 S. m. z. Tl. farb. Abbildgn.) gr. 4. Nürnberg (903). Th. Stroefer. Kart. 6. —

Clément, Bertha, Amtsrichters Töchter. Erzählung f. junge Mädchen. Mit 4 Vollbild. v. O. Herrfurth. (308 S.) gr. 8. Stuttgart 903. G. Weise. Geb. in Leinw. 4. 50

— deutsche Treue, s. a. Trewendt's Jugendbibliothek. N. F. 59.

Deutsche Treue. Erzählung f. d. Jugend von Bertha Clement. Mit Titelbild. *Berlin: E. Trewendt [1903].* (134 S.) 8° [F.]
(Trewendt's Jugendbibliothek. 128 [— N. F. 59].) [04. 1470

— die Turmschwalbe. Erzählung f. junge Mädchen. Mit 4 Bildern u. dem Portr. der Verf. 8. (285 S.) Ebd. (900). Geb. in Leinw. 4. 50

— auf dem Ulmenhofe. f.: Grüß Gott. 28. Hft.

— Unika. Erzählg. f. junge Mädchen. M. 4 Bild. v. Karl Spindler. 8. (294 S.) Ebd. 898. Geb. in Leinw. 4. 50

Von Engeln behütet. Erzählung von Bertha Clément. *Gütersloh: C. Bertelsmann [1904].* (16 S.) 8° [Umschlagt. F.]
— Schneeflocken. 45. [04. 18,29

— Die Waldkinder. Eine Erzählg. f. jüngere Kinder. Mit 4 Tondr.-Bildern v. M. Flashar. (III, 191 S.) 8. Ebd. (010). Geb. in Leinw. 3. —

— Komteß Wally. Neues v. „Silbernen Kreuzbund". Erzählg. f. junge Mädchen. M. 4 Bild. v. A. Groß. 8. (257 S.) Ebd. 898. Geb. in Leinw. 3. —

— Komteß Wally. Neues v. „Silbernen Kreuzbund". Erzählg. f. junge Mädchen, m. 4 Bildern v. A. Groh. 13—15. Tauf. (257 S.) kl. 8. Ebd. (908). Geb. in Leinw. 3. —

— Weihnachtsüberraschungen, f.: Grüß Gott. 12. Hft.

Clément, Bertha, der Kinder Welt in Wort u. Bild. gr. 4. (66 S. m. z. Tl. farb. Abbildgn.) Nürnberg (902). Th. Stroefer. Geb. 6. —

— Fräulein Wildfang u. andere Erzählungen f. junge Mädchen. Mit Titelbild. (183 S.) 8. Berlin (909). Verlag Jugendhort. Geb. 4. —

Clément, Bertha, f.: Willkommen.

— Junker Wolf. Erzählung aus dem 13. Jahrh. f. die reifere Jugend. (202 S. m. 4 Farbdr.) gr. 8. Stuttgart (903). G. Weise. Geb. in Leinw. 3. 50

— goldene Zeiten, s. a. Kool, A.

— goldene Zeiten. Erzählung f. junge Mädchen. Mit 4 Bildern v. R. Gutschmidt. gr. 8. (302 S.) Ebd. (901). Geb. in Leinw 4. 50

Clement, Bohn, s. Clement, Knut Jungbohn

Clement, C., das württembergische Rechnungs-, Etats- und Cassenwesen. Handbuch für Rechnungs- und Cassen-, Controle-, Revisions- und Abhör-Beamte, sowie höhere und niedere Candidaten des Justiz-, Verwaltungs-, Finanz-, Forst-, Post- rc. Faches. 2. Aufl. gr. 8. (VI, 118 S.) Stuttgart 878, Metzler'sche Buchh., Verlag. *

Clement, Ch., Aperçu général de la constitution géologique et de la richesse minérale du Luxembourg; étendue, nature, composition et usage des gîtes ferrifères de la partie méridionale de cette contrée, avec la déscription, la distinction et la détermination de la teneur et de la composition de tous les minérais de fer employés dans l'industrie, avec 7 planches lithogr. (in gr. 4. und Fol.) gr. 8. (XI und 151 S.) Luxemburg 864, Brück.

Clément, Charles. Michel-Ange, Léonard de Vinci, Raphael avec une étude sur l'art en Italie avant le XVIe siècle et des Catalogues raisonnés historiques et bibliographiques. Leipzig und Paris 1861. 8°.

Clément, Charles, Michel-Ange, Léonard de Vinci, Raphael, avec une étude sur l'art en Italie avant le XVI. siècle et des catalogues raisonnés historiques et bibliographiques. gr. 12. (403 S.) Leipzig 861, A. Dürr. *

Clement, C., Michelangelo rc., s. Becker, A. W., Kunst und Künstler.

Clement, Christoph

Clément, C. Versuch über die reitende Artillerie. Aus dem Franz. von J. G. v. Hoyer. 8. Dresden 1812.

Clement, Christoph, Escadrons-Chef der Artillerie Sr. Majestät des Königs von Italien. Der Versuch über die reitende Artillerie. Aus dem Französischen von J. G. Hoyer, königl. sächsischer Oberstlieut. etc. Mit 1 Kupfertafel. 112 S. 8. Dresden 1813.

Clement, Chr., Versuch üb. die reitende Artillerie. Aus dem Franz. v. J. G. Hoyer. Mit 1 Kupfert. gr. 8. Dresd. Arnold. 813.

Clement, Chr., Versuch üb. d. reitende Artillerie. Aus d. Französ. v. J. G. Hoyer. Neue Aufl., mit 1 Kpft. gr. 8. Dresd. 821. Arnold. 15 gr.

Clement, Dav.

Clement, Bibliothèque curieuse; ou catalogue raisonné des livres difficiles à trouver, IX Tom. 4. Leips. Gleditsch. 750—60.

Clement, Dav., († d. 10. Jan. 1760.) Bibliothèque curieuse historique et critique, ou catalogue raisonné des livres difficiles à trouver. Vol. I—IX. A — Hes. gr. 4. Götting. (Leipz.) 750—56. (Brockhaus). 27 ℛ

— Bibliothèque curieuse historique et critique. III Vols. gr. 4. Hannov. 752. Hahn. 2 ℛ

— Wiens Buchdruckergeschichte vom J. 1482–1560. Wien 782. 4. 4 rthl. Nachtrag. Wien. 793. 4. 13 gr.

— specimen bibliothecae Hispano-Majansianae, sive idea catalogi crit. operum scriptor. Hispanorum etc. 4. Hannov. 753. 12 gr.

— Annalium typographicor. Maittairii Supplementum. Vienn. 789. 2 P. 4. 6 rthl. 16 gr.

Clément, E. Des tremblements consécutifs aux maladies aigues. In-8°. 31 p. Bâle, Georg. 1 — 1878.

Clement, Edmund

Clement, Edm., englisch-deutsche Konversation. Gespräche und idiomat. Redensarten. 2. verm. Aufl. 8. (III, 98 S.) Hamburg 888, (Boysen.) geb. *

Clement, Edm., englisch-deutsche Konversation. Gespräche u. idiomat. Redensarten. 3., unveränd. Aufl. 8. (III, 99 S.) Hamburg 894. (C. Boysen, Verl.) Geb. in Leinw. n. 2. —

Clement, Edm., englisch-deutsche Konversation. Gespräche u. idiomat. Redensarten. 4. verb. Aufl. 8. (V, 97 S.) Hamburg 902. C. Boysen. n. 1. 60; geb. in Leinw. n. 2. —

Clement, Emil, Virginia. Erzählung. 8. (96 S.) Berlin 900. Schriftenvertriebsanstalt. n. — 80; geb. in Leinw. 1. 20

Clement, F.: Die Real- und Fachbildung der Frauen. Berlin 1867. Schul-/Univ.-Schrift

Clement, F., zur Reform d. landwirthschaftlichen Credits u. seiner Institute. Beitrag u. Kritik. Lex.-8. (53 S.) Berlin 883. Burmester & Stempell. n. — 75

Clément, Félix, Carmina e poetis christianis excerpta ad usum scholarum ed., et permultas interpretationes, cum notis gallicis quae ad diversa carminum genera vitamque poetarum pertinent, adjecit. 12maj. (XIX und 504 S.) Parisiis 854. (Lipsiae, Gerhard.) *

Clément, Dom Franç., lettres inedites et 17 lettres à Gerbert. s.: Correspondants. les. de Grandidier.

Clement, Frz., die Grundlagen der deutschen Dichtung. Betrachtungen e. Katholiken üb. die Bedinggn. e. gesunden Litteratur-Entwicklg. (VII, 199 S.) gr. 8. München 904. R. Abt. n. 2. —

CLEMENT, Franz Anton (Schweiz): De tinea capitis.- Landishuti: Storno 1822. 40 S., 4 Bl. 15.7.1822 - Pr 393; F 58
Diss. Ingolst.-Landsh.-Mchn.

Clement, G., Erörterung üb. die Einrichtg. v. Gefängnislehrkursen. s.: Mittermaier. W.

Clement, Georg [aus Güstrow, Assistenzarzt II. Cl. im Inf.-Rgt. No. 137 in Hagenau i. E.]: '(Aus d. patholog. Institut zu Rostock.)' Ueber seltnere Arten der Combination von Krebs und Tuberculose ... (Aus: Virchow's Arch. f. path. Anat. u. Physiol. u. f. klin. Med., Bd 139. 1895.) Berlin, *G. Reimer*, 1895; 26 S. 8.
Rostock, Med. Fak., Inaug.-Diss. v. [14. Jan.] 1895

– Methodischer Schulatlas der österr. Monarchie in 37 Blättern, für den Schulgebrauch und zum Selbststudium, entworfen und gezeichnet vom k. k. Oberlieutenant Georg von Clement. Hermannstadt, S. Filtsch's Buchhandlung in Comm. 1863.

Clément, Gustave. Contribution à l'étude de la chirurgie des voies biliaires. Thèse Méd. Lausanne. *Kopftitel:* Université de Lausanne, Service de M. le Prof. Dr C[ésar] Roux. 141 p. 8. Fribourg, Impr. de l'Œuvre de Saint-Paul, [1903].

Clement, J., das Kosten ersparende Feldbausystem. Ein Leitfaden für Landwirthe beim Einrichten von Gutswirthschaften. gr. 4. (26 S. mit 4 Stnt. in Fol.) Erfurt 875. (Halle, Buchh. des Waisenhauses.) *

— die Mergel-Kultur und deren hohe Bedeutung für die Landwirthschaft als Beitrag zur Wirthschaftsorganisationsfrage. gr. 8. (24 S.) Ebendas. 876. *

Clement, Jo. Friedr., Sententiam de obligatione ex pacto sponsalitio. Quod vulgo Ja-Wort vocatur. Diss. jur. Präs. Jo. Balth. Werner. Wittenberg (Gerdes' Wwe.) 29. XI. 1726. 48 S., z. Tl. dtsch. (5.—) 5374

Clement, John Kay, a. Sunbury, Pennsylvania: Ueber die Bildung des Ozons bei hohen Temperaturen. Göttingen 1904: Dieterich. (50 S.) 8°
Göttingen, Phil. Fak., Ref. Nernst, Diss. v. 3. Sept. 1904
[Geb. 5. Nov. 80 Sunbury, Pennsylv.; Wohnort: Sunbury; Staatsangeh.: Ver. St.; Vorbildung: High School Sunbury Reife 96; Studium: Hartford, Conn. Trinity College 2, Göttingen 5 S., Rig. 25. Juli 04.]

Clement, Julius, aus Münster i. W.: Die Bestimmung der für die Pflanzen aufnehmbaren Nährstoffe des Bodens. *Münster i. W. 1904: Westfäl. Vereinsdruckerei.* (48 S.) 8°
Munster, Phil. Diss. v. (10. Juni) 1904

Clement, Jul., landwirthschaftliche Briefe aus dem Maschinen-Depot in Erfurt. I. Bewährte Methode zur Vertilgg. d. Hederichs, als e. wirksames Mittel zur Hebg. d. National-Reichthums u. zur Erleichterg. der Steuerzahlg., durch 30jähr. Erfahrg. begründet. gr. 8. (35 S.) Erfurt 871. (Halle, Reichardt.) n. — 75

Clement, Jul., Ertragssteigerung der Landgüter. Vorträge für Bauernvereine. 2. Aufl. 8. (64 S.) Leipzig 884, M. Schäfer. *
1. Aufl. war nicht im Handel.

Clement, Karl: C. Plinii Secundi in naturali historia orationis cum eiusdem auctoris praeceptis grammaticis comparatis. Phil. Diss. Prag 1882 – 1886.

Clement, Knut Jungbohn

— s. Aiken, P. F., Darstellung d. Constitution.

Clement, Bohn, erklärende Einleitung zur Geschichte Dänemarks, besond. z. Gesch. d. dän. Heldenalters u. seines letzten Helden. gr. 8. (9 B.) Hamburg 839, (Herold'sche Buchh.) *

— über d. dänischen Reichs-Symbole Elephant u. Danebrog, e. paar bisher unbekannte aber nothwend. Materialien zu e. gründl. Nachweis. d. Ursprunges d. dän. Staats-Orden. gr. 8. (2 B.) Kopenhagen 840, (Höst.) *

– Die dänischen Enclaven im Herzogthum Schleswig und ihre gewaltsame Entstehung auf nicht dänischem Boden. Von Knut Jongbohn Clement. Altona. 1864. 8°.

Clement, K. J., Forschungen üb das Recht der Salischen Franken vor u. in der Königszeit, s.a. Bibliothek f. Wissenschaft u. Literatur.

Clement, Knut Jungbohn: Forschungen über das Recht der Salischen Franken vor und in der Königszeit. Lex Salica u. Malbergische Glossen. Nachgelassenes Werk. Hrsg. u. mit e. Vorw. vers. von Heinr. Zoepfl. Berlin 1876.
(Bibliothek für Wiss. u. Literatur. Bd 3. Staats- u. rechtsw. Abth. Bd 1.)

Clement, Knut Jungbohn, Forschungen über das Recht der Salischen Franken vor u. in der Königszeit. Lex Salica u. Malbergische Glossen. Erläuterungen, nebst erstem Versuch einer vollständ. hoch-deutschen Uebersetzung. Nachgelassenes Werk. Hrsg. u. m. einem Vorworte u. Register versehen v. Heinr. Zoepfl. 2. (Titel-) Ausg. gr. 8. (XXIV, 468 S.) Berlin 879. Th. Hofmann. n. 10. —

Clement, K. J., der Franzos u. seine Sprache. gr. 8. (IV u. 146 S.) Frankfurt a. M. 848, Brönner. n. 2/3 ß

Clement, Knut Jungbohn: Der Lappenkorb v. Gabe Schneider aus Westfrisland, mit Zuthaten aus Nord-Frisland. Bearb. u. hrgg. v. –. Mit einem illuminirten Titelbilde: ein Mädchen in alter Brauttracht auf Sylt vorstellend und vier Abbildungen. Leipzig. (1846.) 8°.

Clement, K. J., die Lebens- und Leidensgeschichte der Frisen, insbesond. der Frisen nördlich von der Elbe. 8. Kiel 845, Bünsow. n. 1/2 ß

Clement, K. J., die Lebens- u. Leidensgeschichte d. Friesen, insbesond. der Friesen nördlich von der Elbe. 8. (9 3/4 B.) Kiel 845. [Naeck.] *

Clement, Dr. ..., Knut Jungbohn, die Lex Salica u. die Text-Glossen in der Salischen Gesetzsammlung, germanisch nicht keltisch mit Beziehung auf die Schrift von H. Leo: die malbergische Glosse rc. — Ein Versuch. gr. 8. Mannheim 843, Bassermann. 3/4 ß

Clement, K. J., die Lombardei und ihre eiserne Krone. gr. 8. (16 S.) Hamburg 866. (Leipzig, Hinrichs' Sortiment.) **

— die geeignetsten Mittel zur Besserung der schleswig-holstein. Landeszustände u. zur Abwehr einer einseitigen u. volksfeindlichen Staatsverfassung. gr. 8. (24 S.) Altona 848. (Hamburg, Nestler & Melle.) n. 6 ngr

Clement, K. J., die deutsche Namenswelt. Nachgelassenes Werk. Hrsg. von C. Clement. 8. (L, 128 S.) Hamburg 887, (Boysen.) *

Clement, C. J., das große Nordlicht in der Nacht zum 29. Aug. 1859 und die Telegraphenverwirrung in Nordamerica und Europa. gr. 8. (III und 121 S.) Hamburg 860, Perthes-Besser und Mauke.

Clement, Knut Jungbohn: Schleswig-Holsteins Rechte und rechtmässiger Landesherr v. –. Altona. 1864. 8°.

— Reise durch Frisland, Holland u. Deutschland im Sommer 1845. gr. 8. (300 S.) Kiel 847, Schröder & Co. n. 1 1/2 ß

—— Reisen in Irland, oder Irland in histor., statist., polit. u. socialer Beziehung. gr. 8. (29 1/2 B.) Kiel 845. [Naeck.] *

Clement, Knut Jungbohn: Schleswig jetzt. Leztes Wort v. –. Hamburg. 1867. 8°.

—— Schleswig, das urheimische Land des nicht dänischen Volks der Angeln und Frisen und Englands Mutterland, wie es war und ward. Eine historisch-ethnolog. Denk- und Beweisschrift. gr. 8. (III und 367 S.) Hamburg 862. (Altona, Hestermann.) *

—— Schleswig, das Urheim der Angeln und Frisen, nach vierhundertjährigem mit Holstein unter dänischer Herrschaft getheilten Leben und Leiden nun Deutschland wieder einverleibt. gr. 8. (366 S.) Altona 867, (Lehmkuhl und Comp.) **
2. Ausg.

— die dänische Schriftsprache u. die nordschleswigsche Volkssprache, als zwei in Natur u. Ursprung von einander sehr verschiedene, wenn auch mindestens zur Hälfte aus deutschen Sprachelementen bestehende Mundarten. Hamburg 869. J. F. Richter. 8. (55 S.) n. 5 ngr

Clement, Knut Jungbohn: Die schleswig-holsteinischen Seekanal-Projecte beleuchtet v. –. Hamburg. 1865. 8°.

— Shakespeare's Sturm. Historisch beleuchtet. gr. 8. Leipzig 846, Engelmann. 3/4 ß

—— die Unabhängigkeits-Erklärung der 13 vereinigten Staaten von Amerika, s.a. Unabhängigkeits-Erklärung.

Clement, Dr. K. J. Die Unabhängigkeits-Erklärung der dreizehn Vereinigten Staaten von Amerika, durch ihre 56 Vertreter auf dem Continental-Congress zu Philadelphia am 4. Juli 1776. 8. Frankfurt am Main 1848.

—— über d. Ursprung d. Theudisken. gr. 8. (4 B.) Altona 836. [Dessau,] Aue.

— das wahre Verhältnis d. süderjütschen Nationalität u. Sprache z. deutschen u. frisischen im Herzogth. Schleswig. Eine histor. u. ethnograph. Beleuchtung d. 6. Hefts der anti-schleswig-holstein. Fragmente. gr. 8. (VI u. 121 S.) Hamburg 849, Perthes-Besser & Mauke. 18 ngr

Clement, Knut Jungbohn B.: Erklärendes Vorwort zur Geschichte der Nordgermanischen Welt an die germanischgesinnte Jugend v. –. Kiel. 1842. 8°.

— s.: Weissagung, der Frisin Hertje.

—— die nordgerman. Welt od. uns. geschichtl. Anfänge. Eine Einleit. zur Universalgeschichte. gr. 8. (21 B.) Kopenhagen 840, (Höst.) *

Clement, Knut Jungbohn (Red.), s. Das Weltmeer.

– Der Zustand der Nordseeküste Schleswig-Holsteins hinsichtlich ihrer Dünen und Seewehren, Leuchtfeuern, Baaken und Seemarken, Fahrwasser und Häfen, Halgen und Inselmarschen, Navigationsschulen, Specialkarten, Strandvögte und Rettungsmittel in Seenoth, dargestellt v. Knut Jongbohn Clement. Kiel. 1865. 8°.

—— der Zustand der Nordseeküste Schleswig-Holsteins hinsichtlich ihrer Dünen und Seewehren, Leuchtfeuern, Baaken und Seemarken rc. 8. (VI und 57 S.) Kiel 865, Schwers'sche Buchh.

Clement, Lothar, anonyme Briefe, s. Bloch's, Ed., Theater-Korrespondenz.

—— der Flibustier oder Seelenspiele. Lustspiel in 5 Akten. Bearb. und für die Bühne eingerichtet von Jocza Savits. 8. (III, 119 S.) Leipzig 886, Breitkopf und Härtel. *
geb. *

—— um Kopf und Herz. Lustspiel in 4 Akten. Bearb. und für die Bühne eingerichtet von Jocza Savits. 8. (III, 97 S.) Ebendas. 886. *

Clement, Loth., König Ludwig XI. von Frankreich. Trauerspiel in 5 Akten. 8. (105 S. mit 1 Musikbeilage.) Leipzig 882, Breitkopf und Härtel. *
geb. *

[F.] Die Nachbarn. Schausp. in 5 Akten v. Lothar Clement. 2. Aufl. Leipzig: O. Mutze [1895]. (82 S.) 1 Bd 8. [96. 1896

Clement, Loth., d. Postkarte, s.a. Bloch's, Ed., Theater-Korrespondenz.

[F.] Die Postkarte. Lustsp. in 1 Aufz. v. Lothar Clement. *Leipzig: O. Mutze [1896].* 1 Bd 8.
— Theater-Korrespondenz, Eduard Blochs. No 291.

— die Prüfung, s.a. Bloch's, E., Theater-Korrespondenz.

Clement, Loth., eine lustige Studentenzeit od.: Anonyme Briefe, s.a. Bloch's, Ed., Theater-Korrespondenz.

Eine lustige Studentenzeit oder: Anonyme Briefe. Lustspiel in 1 Akt von Lothar Clement. 2. Aufl. *Berlin: E. Bloch [1901].* (32 S.) 8° [F.]
— Theater-Korrespondenz, Eduard Blochs. No 220. 11

Clement, Loth., die vier Temperamente. Lustspiel in 5 Akten. 8. (III, 165 S.) Leipzig 883. Breitkopf & Härtel. n. 3. —

Clément, M. A. Le charbon métastatique chez l'homme. In-8°. 29 p. Berne. Thèse. 1897.

Clément, O., über die Bildung eines Landesschatzes, basirt auf Erb und Allversicherung. Ein Beitrag zur praktischen Lösung der socialen Fragen: Wie gelangen wir zur Steuereinheit u. dadurch möglicher Handelsfreiheit? Wie kann der Realkredit bei Aufhebung der Wuchergesetze versichert u. auf mäßigen Zinsfuß gebracht werden? Wie gewinnen wir überhaupt die Gemüthlichkeit in Handel u. Wandel? Berlin 861. Sandrog & Co. gr. 8. (26 S. u. 1 Tab. in Fol.) n. 6 *ngr.*

Clement, O., s.: Verzeichnis der Hamburger Schiffe.

Clément, Paul, Heilung der Taubheit, oder: einfachste und sicherste Behandlung und Heilung aller Krankheiten des Gehörs, und namentlich der Taubheit, der Schwerhörigkeit, des Ohrensausens und des Ohrenflusses. Mit 7 Abbildgn. (auf 1 lith. Taf.) Hamburg 854. W. S. Berendsohn. 8. (2 Bl., 68 S.) 7½ *ngr.*

Les Fri-Maçons. Hyperdrame. [Von Vincent d. i. Clément de Genève.] Londres: T[onson] 1740. IV, 87 S. 8°
°[Dasselbe.] Brunswic: 1740. 8°

Das Geheimniss der Freymäurer, in einem Schauspiel eröfnet. [!] [Von Clément de Genève.] Und aus d Franz. übers. Frankfurt u. Leipzig: 1741. 110 S. 8°
[Dasselbe.] Ebendas. 1742. 109 S. 8°
Recens: Frmr-Bibliothek. 1 (1778) S. 93—94; 2. Aufl. 1782 S. 93—94; 3. Aufl. 1792 S. 93 bis 94.
Kl. 4014. Selten.

Die geheime Gesellschaft oder Die Freymäurer. Eine Komödie in einem Acte. [Von Vincent, d. i. Clément de Genève.] So gut als aus d. Franz. Berlin: Wever 1787. 64 S. 8°
cf. BZC. 37 (1908) S. 192.
Kl. 4030. Selten.

Clemente Alessandrino, s. Clemens Alexandrinus

Clemente, (D. S. R.,) Versuch üb. d. Varietäten d. Weinstocks in Andalusien. Aus d. Franz. des H. M. de Caumels ins Deutsche übers. v. A. A. Freyh. v. Mascon. 2 Abtheill. mit Kupf. u Tab. gr. 8. Grätz 821, Ferstl. Ist der Preis

Clemente, Sim. Roxas, Versuch üb. d. Varietäten d. Weinstocks in Andalusien. Aus d. Franz. d. M. de Caumels v. Ant. Alb. Frhrn. v. Mascon. 2. Abth. Mit 1 Kpf. u. 1 Tab. 8. Grätz, 1821. Ferstl. 1. —

CLEMENTI, Laura, die schöne Venezianerin. Ein Gemälde menschlicher Leidenschaften. 2 Thle. Mit 1 Titelkpfr. Leipzig 1802. 8°. (3 Mk. Isaak St. Goar, Frf. a. M., 1909.)

Clementi, A. (Pseud. für H. Leher): Max Emanuels Leibregiment. Zum 40. Jubiläum Sr. Kgl. Hoheit des Prinzen Ludwig als Inhaber des Kgl. Bayer. 10.Inf.-Reg. Mit Abb. München 1907. 12 S. 4°.

Clementi, A.: Max Emanuel in Tirol. (1703.) Eine Zentenarerinnerung. Mit Abb. u. 1 Portr. München 1904. 4°. (Aus "Das Bayerland".)

Clementi, A. Die Schlacht von Pirmasens 1793. (München 1893.) 2°. (Aus: Bayerland.)

Clementi, Muz., Einleitung in d. Kunst das Pianofort zu spielen. Leipz. Bureau de Musique.

Clementi, Muz., Einleit. in d. Kunst, d. Pianoforte zu spielen. Leipz., Peters. 2 ♩ 16 *gr* Dass. französisch. Ebd. 2 ♩ 16 *gr*

Clementi, M[uzio]. Nouvelle édition des Préludes et Exercices dans tous les tons majeurs et mineurs de M. C', 1752—1832. Revus et doigtés par C(arl) Eschmann-Dumur. Adoptés à l'Institut de Musique de Lausanne. 69 p. 4. Leipzig, Ernst Eulenburg, 1904. [M. 1. 80]
12° Degré du Guide du Jeune Pianiste de C(arl) Eschmann-Dumur.

Clementina. Trauersp. a. d. Franz. Hamb.: Buchenröder. 1774. 8°

Clementina. Beiträge zur Beleuchtung der Cölnischen Kirchen-Angelegenheit. A. u. d. T.: Ein Bedenken gegen d. Inhalt d. Flugschrift: „Die Frevel d. Revolution" v. e. antirevolutionären Katholiken in Rheinpreussen. Geschrieben im März 1838. *Frkf.*, Osterrieth. 838. gr. 8. (9 Gr.)

Clementina hersg. von P. de Lagarde. Leipzig 865. Brockhaus. Lex.-8. (XXXI, 200 S.) n. 2 *af* 20 *ngr.*

Clementinorum epitomae duae. Altera edita correctior. Inedita altera nunc primum integra ex codicibus Romanis et excerptis Tischendorfianis cura Alb. Rud. Max. Dressel. Accedunt Frid. Wieseleri adnotationes criticae ad Clementis Romani quae feruntur homilias. gr. 8. (IX, 344 S.) Leipzig (854)73, Hinrichs' Verlag. *

Clementinorum Epitomae duae, altera edita correctior, inedita altera nunc primum integra ex codd. romanis et excerptis Tischendorfianis cura Alb. Rud. Max. Dressel. Accedunt Frider. Wieseleri adnotationes criticae ad Clementis Romani quae feruntur homilias. gr. 8. (IX und 344 S.) Leipzig 859, Hinrich'sche Verlagsh. *

Clementina von Porretta. Ein Trauerspiel. Zürich 1760. V: *Wieland, Christoph Martin.* (EE) (GGr) (Mn)

Clementine oder das Testament, ein Drama in fünf Aufzügen. Wien 1771. V: *Gebler, Tobias Phil. Freih. von.* (ML) (GGr)

Clementine; Trauerspiel, aus dem Franz. Hamburg 1774. Ü: *Wittenberg, Alb.* (Ky)

CLEMENTINE, ein Roman. 2 Thle. Dresden, Gerlach, 1804. 8°. (2 Rthl.)

Clementine, od. mein Wonneleben am Friedrichsbrunnen, von J. G. D. Schmiedtgen. Neue wohlf. Ausg. 8. Leipz. Enobloch. 813.

Clementine. gr. 12. (11 B.) Leipzig 842, Brockhaus.

Clementine. Leipzig 1843. V: *Lewald-Stahr, Fanny.* (BrVV)

Clementine von Aubigny, dramat. Gedicht in 4 Aufz. von F. E. Weidmann. 8. Wien. Wallishauser. 816.

Clementine von Entragues oder die Belagerung der Stadt Aubigny; ein Schauspiel. Hildesheim 1779. V: *Fischer, Johann Heinrich.* (Ky) (MGT)

Clementine, Die neue, oder Briefe der Henriette von Beoville ... Weimar 1782. V: *Léonard, Nic. Germain.* Ü: *Froriep, Amalie Henr. Sophie.* (Ky) (ML) (Mitth. Dr. Rosenbaum-Prag.)

Clementine, die neue, od. Briefe d. Henriette v. Berville; aus d. Französ. (v. Amal. Henr. Sophie Froriep). 8. Weimar 782. Hoffmann. 14 gl

Clementini, Ant., Manuale di architettura civile ad uso degli artisti, periti e proprietarj. 3. ediz. 1861. und 4. ediz. con 4 tav. (lithogr. in qu. Fol.) 8. (148 S.) Triest 865, Coen. *

—— Manuale di aritmetica teorico-pratica elementare e commerciale. Con appendici. 5. ediz. 8. (180 S.) Triest 862, Coen. *

Clementini, Ant., Manuale di geometria teorico-pratica. 2. Ediz. 8. (156 S. mit 2 Kpfrt. in qu. Fol.) Triest 861, Coen. *

—— Manuale di meccanica teorico-pratica ad uso degli artisti, professionisti, proprietarj etc. 2. Ediz. 8. (190 S. mit in den Text gedr. Figuren.) Triest 861, Coen. *

—— Manuale di meccanica teorico-pratica ad uso degli artisti, professionisti, proprietarj ecc. 3.. ediz. con le fig. disegnate dall' autore ed intercalate nel testo, e con una raccolta di problemi meccanici. 8. (199 S.) Triest 865, Coen. *

—— Manuale ristretto di pedagogia ovvero raccolta dei più importanti precetti per ben istruire ed educare i giovanetti che percorrono gli studj primitivi. 8. (72 S.) Triest 863, Coen. *

Clementis, Sancti, primi Mettensis episcopi, vita, translatio ac miracula. Quae ed. Heinr. Volbert. Sauerland. gr. 8. (44 S.) Trier 896. Paulinus-Druckerei. n. 1.—

CLEMENTIS, LADISLAUS: O süsser Jesu, stärke uns! Zusammengestellt von Ladislaus Clementis, Oberlehrer und Chordirigent in Buda-Eörs. Budapest 1900: Stephaneum. 456 S. - 140 mm
- Dass. Budapest [2]1912: Stephaneum. 464 S. - 140 mm
- Dass. Budapest [3]1924: Stephaneum. 479 S. - 140 mm
- Dass. Budapest [4]1944: Stephaneum. 494 S. - 140 mm

Clements, Julius Morgan [B.-A., aus Tuscaloosa, Alabama, U. S. A.]: Die Gesteine des Duppauer Gebirges in Nord-Böhmen. . . . (Aus: Jahrb. d. k. k. geol. Reichsanst. 1890. 40. Bd. 1. H.) Wien, Alfred Hölder, k. u. k. Hof- u. Univ.-Buchh., 1890; 2 Bl. + S. 317—350. 8°
Leipzig, Phil. Fak., Inaug.-Diss. v. 22. Jul. 1890

Clementsen, A., prakt. Aufgaben f. d. Rechnen im Buchgewerbe, s.: Gewerbetreibende, der rechnende.

Mutter! Ihr Lob – ihre Freude – ihr Leid. Aus d. Weltliteratur gesammelt u. hrsg. von Dr. Heinrich **Clementz.** Mit 5 Kunstdruckbild. Köln: J. P. Bachem [1904]. (443 S.) 8° [F.] (04. 6

Mutter! Ihr Lob, ihre Freude, ihr Leid. Aus d. Weltlitteratur gesammelt u. hrsg. von Heinrich Clementz. 2. durchges. u. verm. Aufl. Mit 6 Bild. Köln: Bachem (1907). 432 S. 8° (09. 7496 B

Clementz, Heinrich (geb. am 21 Jan. 1859 in Köln): Aus d. pathol. Institut zu Bonn. — Ueber das Schleimgewebe in Parotisgeschwülsten ... Mit 4 Textfiguren. Bonn, Univ.-Buchdr. v. C. Georgi 1882. 41 S., 1 Bl. 8.
Bonn, Med. Fak., Diss. v. 13 März 1882

Schlesiens Bau und Bild, mit besond. Berücks. d. Geologie, Wirtschaftsgeogr. u. Volkskunde. Eine Landeskunde f. Schule, Haus u. Studium von B[runo] **Clemenz.** Mit 116 Abb., 8 Kärtchen u. Skizzen, sowie 15 geol. Taf. Glogau: C. Flemming 1907. (XIV, 234 S.) 8° [F.] (08. 3849

Clemenz, Bruno, die Beobachtg. u. Berücksichtg. d. Eigenart der Schüler, s.a. Magazin, pädagogisches.

Clemenz, Bruno: Die Beobachtung und Berücksichtigung der Eigenart der Schüler. Von – . Langensalza: Beyer 1907. 40 S. 8°. (Pädagogisches Magazin. H. 307)

Clemenz, Bruno, Geschichte der Domschule zu Breslau. gr. 8. (26 S.) Liegnitz 900. (Breslau, G. P. Aderholz. — G. C. Bürkner.) n.n. —50

— Geschichtswissenschaft u. Geschichts-Unterricht in Deutschland bis zum Anfang des 20. Jahrh. 8. (46 S.) Donauwörth 902. L. Auer. n. —50

— Die Gröditzburg einst u. jetzt. Ein illustr. Führer u. e. Gedenkschrift. (46 S.) 8. Kattowitz (908). Phönix-Verlag. 1.—

Clemenz, Bruno, Heimatskunde des Stadt- u. des Landkreises Liegnitz. In begründend-vergleich. Weise dargestellt. (44 S.) 8. Glogau 906. Berlin, C. Flemming. n.—20

— Der Humor im Deutschunterricht, s.a. Magazin, pädagog.

– Der Humor im Deutschunterricht. Von Bruno Clemenz. Langensalza: Beyer 1908. 13 S. 8°. (Pädagogisches Magazin. H. 344.)

— die vernünftige Kindererziehung, s.: Wissen, eigenes.

— Kolonialidee u. Schule, s.a. Magazin, pädagogisches.

– Kolonialidee und Schule. Welche Bedeutung haben die deutschen Kolonialbestrebungen f. d. Vaterland, u. in welcher Weise sind diese Bestrebungen auch in d. Volksschule zu fördern? Von Bruno Clemenz. 2. Aufl. Langensalza: Beyer 1907. 44 S. 8° (Pädagogisches Magazin. H. 296.)

Lehrbuch der Methodik des geographischen Unterrichts nebst e. Anh.: Die Vorbereitung auf d. Mittelschullehrerexamen in d. Erdkunde zum Gebr. an Lehrerbildungsanst.... von Br[uno] **Clemens.** Breslau: M. Woywod 1906. (VIII, 246 S.) 8° [F.] (07. 4071 2

— Lehrbuch der Methodik des geograph. Unterrichts, nebst e. Anh.: Die Vorbereitg. auf das Mittelschullehrerexamen in der Erdkunde. Mit 12 (farb.) Kartenbeilagen u. Skizzen. Zum Gebrauch an Lehrerbildungsanstalten u. zum Selbststudium. 2. umgearb. u. bedeutend erweit. Aufl.) (XVI, 328 S.) gr. 8. Breslau (909). M. Woywod. Geb. in Leinw. 4.50

— der seminarisch gebildete Lehrer, s.: Beruf, mein künftig.

— **Logik,** s.: **Bibliothek, kleine.**

— Naturdenkmalpflege u. Schule. (23 S. m. Abb.) 8. Kattowitz 909. Phönix-Verlag. 1.—

— Die Realienbuchfrage, s.a. Magazin, pädagogisches.

Die Realienbuchfrage. Von Bruno **Clemenz,** Rektor. Langensalza: Beyer 1910. 25 S. 8°
(Pädagogisches Magazin. H. 412.) (11. 9548

— Riesengrund m. d. Schneekoppe, s.: Bilder aus Schlesien.

— dasselbe, s.: Pfeiffer, Rhold.

— Der Breslauer Ring m. d. Rathaus, s.: Pfeiffer, Rhold.

Clemenz, Bruno (Hrsg.), s. Schlesien.

Wandern und Schauen in der Heimat. Dorf-, Stadt- u. Landschaftsbilder aus Schlesien. Von B[runo] **Clemenz.** Mit 19 Abb. u. 6 Kärtchen. Liegnitz: Krumbhaar (1910). 280 S. 8° (11. 3430

Clemenz, Eduard

Clemenz, E., anatomische u. kritische Untersuchungen üb. die sog. weissen Infarcte der Placenta u. üb. den sog. weissen Deciduaring. Inaug.-Diss. gr. 8. (157 S.) Dorpat 889. (Karow.) n. 3. —

Clemenz, K., Reduktionstabellen, enthaltend: Verwandlung schweizer. Maasse und Gewichte in neue (französ.) Maasse und Gewichte und umgekehrt. 15 Stn. 8. Frauenfeld, Selbstverlag d. Verf. (Druck v. J. Huber). 1871. —. 25

Clemenza, La, di Tito. Dramma Per Musica. Vienna d'Austria [1753]. V: *Metastasio, Pietro.* (biblrort)

Cleminius, Johann Georg

Cleminius, Jh. Geo., († d. ... Dec. 1808.) kurze, jedoch gründl. Anleit. zum doppelten Buchhalten, mit Schemas aller auf Comptoiren vorkommenden Büchern. 4. Gotha 805. Ettinger. 1 rß 8 gl

— Anleit. zur Verfertigung von Handelsberichten, in 17 von den vorzügl. Handelsplätzen genommenen Beispielen, enthaltend: Darstell. d. deutschen Buchhalterei u. Abhandl. von d. Wechselreiterei durch Beispiele erläutert. (A. u. d. T.: 2r Anhang zu Christiani's Unterr. f. d. zu Kaufleuten bestimmten Jünglinge.) 8. Hannov. 806. Helwing. 16 gl

— s. 1) Briefsteller, Frankfurter.

— a Collection of original english Merchants-Lettres, with german Notes. (A. u. u. T.: Samml. engl. Original-Handlungsbriefe, mit deutschen Anmerkk.) 4 Thle. 8. Erlang. 798—805. Palm. 2 rß 16 gl

— Euler introduction to mercantile Correspondence and Bockkoeping. s. Euler.

Cleminius, Jh. Geo., Frankreich, in Hinsicht auf seinen Handel, seine Fabriken, Manufakturen u. Gewerbe betrachtet, e. Handb. für Kaufleute u. Geschäftsmänner, welche nach diesem Lande handeln, oder dasselbe kennen lernen wollen. 8. Coblenz 808. Pauli. 20 gl

– s. Th. Friedleben.

— deutsche Handlungsbriefe mit französ. u. engl. Anmerkk. 8. Würzb. 804. Stahel. 16 gl

— allgem. besond. Frankf. Handlungsbriefsteller, (auch unter dem Titel: Anleit. z. kaufm. Briefwechsel), s. a. Handlungsbriefsteller.

— allgem. französ. Handlungsbriefsteller, welcher alle im Handel u. auf Comptoiren vorkommende Briefgattungen, Rechnungen, Wechsel-Anweisungen u. Vollmachten, u. überhaupt Muster üb. alle Aufgaben in französ. Sprache enthält. 8. Hildesh. 808. Gerstenberg. 1 rß 4 gl

— prakt. Comptoirübungen für Jünglinge, welche sich d. Handlung widmen wollen, (mit französ. u. engl. Phraseologie). 1s Heft, den Handel v. Triest mit Nürnberg enthaltend. 8. 805. 12 gl 2s Hft. A. u. d. T.: neuer Hamburger prakt. Handelscorrespondent für Jünglinge, welche sich d. Handlung widmen u. d. Geschäfte in Hamburg nach allen Theilen kennen lernen wollen. 8. 805. 1 rß 3s Hft. A. u. d. T.: St. Petersburgischer Handels-Correspondent, oder Einleit. zum kaufmänn. Briefwechsel in anhaltender Hinsicht auf d. Handelsgeschäfte von St. Petersburg in 25 Geschäftsdarstellungen rc. 8. 806. 1 rß 20 gl Erlang., Palm. 3 rß 8 gl

– s. Correspondent, d. Triester.

— engl. Lesebuch für Kaufleute, mit deutschen Anmerkk. (A. u. d. T.: Lectures intended for the use of young Merchants, with german notes.) 2 Thle. 8. Erlang. 805 u. 6. Palm. 1 rß 18 gl

— kleines französ. Lesebuch, für Anfänger u. Geübtere, enthalt.: französ. u. deutsche Aufsätze. 8. Königsb. 806. (Leipz., Kummer). 16 gl

— K. franz. Lesebuch für Anfänger u. Grübler, enthaltend: franz. u. deutsche Aufsätze. 8. Königsb. Nicolovius. 806.

Cleminius, J. Geo., merkant. termin. Taschenwörterbuch, od. Wörterbuch derim Land- u. Seehandel und bey der Schifffahrt vorkommenden Ausdrücke, mit Angaben der franz. u. engl. Termen. 8. Götting. Dankwerts. 807. Rthlr.

Cleminius, J. G.: „Merkantilisch-terminologisches Taschenwörterbuch ...., mit Angabe der französischen und englischen Termen", Göttingen 1807 (Vandenhöck & R.). — Vorh.: Com. Bibl. Hamburg.

— Taschenwörterbuch d. Produkten- u. Waarenkunde, od. alphab. Beschreib. d. Natur- u. Kunstprodukte rc., die im Handel vorkommen. 1r Thl. 4. Lemgo 806. Meyer. 2 rß

– s. P. de Vernon: Grammaire française.

— Vorübungen, s. Vorübungen.

— Eulers Vorübungen zu Comptoirgeschäften 2 Theile. s. Euler.

— d. Waarenpreiszettel d. vornehmsten europ. Handelsplätze, erklärt u. berechnet, mit histor.-geograph.-statist. Nachrr. von den angeführten Handelsplätzen. 1r Thl. gr. 8. Hamb. 806. Wetzel. 2 rß 12 gl

Clemm, Wilh., Nekrolog, s.: Schiller, H.

Clemm, August (Giessen)
Ueber Chinasäure.
[In: Liebigs Annalen der Chemie Bd 110 (1859), S. 345-359.]
Diss. phil. Giessen 20.8.1859. vorh. 26.

Clemm, August [aus Ludwigshafen a/Rhein]: Über einige neue Derivate der m-Oxybenzoësäure. ... Berlin, Druck v. M. Oldenbourg. 1891; 29 S., 1 Bl. 8°
Berlin, Phil. Fak., Inaug.-Diss. v. 25. Apr. 1891

Clemm, Fr. R., ausführl. Beschreib. d. verschied. Arten von Canarienvögel, mit Kpf. 8. Leipz. 802. Richter. 16 gl

Clemm, Friedrich, aus Herbstein (Hessen), Unterarzt im 1. Westpr. Feldart.-Reg. No 35: Ein Beitrag zur Lehre von den Antimonvergiftungen. *Berlin (1904): G. Schade.* (31 S.) 8°
Berlin, Med. Diss. v. 20. Jan. 1904

[Kopft.:] **Clemm,** Georg [Dr.]: Uhlands Trauerspiel „Ernst, Herzog von Schwaben" als dramatische Anfangslektüre im Gymnasium. 1. Tl. *Giessen, W. Keller'sche Druckerei, 1895;* 24 S. 4.
Giessen, grossh. G, OP 1895 (655)

Clemm, Georg (Lich)
De breviloquentiae Tacitae quibusdam generibus. Praemissa est commentatio critica de figuris grammaticis et rhetoricis quae vocantur brachylogia, aposiopesis, ellipsis, zeugma.
Leipzig: Teubner 1881. 158 S.
Dr. phil. Giessen 23.6.1884.

Clemm, G. Quaestiuncula tacitea. S. 129—135. 8.
Progr. G. *Giessen 1885.

Clemm, Hans [aus Ludwigshafen a. Rh.]: Über die Hydrazide u. Azide der Glutar- u. Korksäure und über das 1,6 Diaminohexan ... Kiel, Druck v. P. Peters, 1896; 44 S., 2 Bl. 8.
Kiel, Phil. Fak., Inaug.-Diss. v. [18. Dez] 1896

Clemm, Heinrich Wilhelm

Clemm, Hnr. Wilh., († d. 27. Juli 1775.) amoenitates academicae. III Ptes cum indice. 8. Tübing. 754—58. v. Cotta. 6 gl

— novae amoenitates literariae. IV Fasc. 8maj. Stuttg. 762—64. Metzler. 1 ₰ 8 gl

— Betrachtt. über d. Absichten d. Religion. 3 Bde. 8. Heilbr. 753—760. Glaß. 2 ₰ Beitrr. dazu. 8. Ebd. 761. 1 gl

— moral. Betrachtt. 8. Stuttg. 761. Metzler. 12 gl

— schriftmäß. Betrachtt. über d. Tod d. Menschen. gr. 8. Stuttg. 761. Metzler. 5 gl

Clemm, H. W., 52 Betracht. üb. d. Absichten d. Religion. 5 Bde. 8. Heilbronn, Eckebrecht (Glaß) 760.

— vollständ. Einleit. in d. Religion u. gesammte Theologie. 7 Bde, à 4 Stücke, nebst Register. 4. Tübing. 761—73. v. Cotta. 14 ₰

— Examen temporum mediorum, secundum principia astronomica et chronolog. C. fig. 8. Berl. 752. Haude u Sp. 8 gl

— schriftmäß. Gedanken von d. Kräften d. menschl. Seele. 8. Heilbronn 760. (Glaß). 6 gl

Clemm, W., Schriftmäßige Gedanken v. d. Kräften der menschl. Seele. 1761. 8°.
1761

Erste Gründe aller mathematischen Wissenschaften, herausgegeben von M. *Heinr. Wilh. Clemm.* Stuttgart, bey Metzler. 8. 580 S. 1759.

— erste Gründe d. mathemat. Wissenschaften. 2 Thle, mit Kpf. 8. Stuttg. 759. 2e A. 769. Metzler. 20 gl

Mathematisches Lehrbuch oder vollständiger Auszug aller sowohl zur reinen als angewandten Mathematik gehörigen Wissenschaften, nebst einem kurzen Plan der Naturgeschichte und Experimentalphysik, herausgegeben von *Heinr. Wilh. Clemm.* Stuttgart, b. Mezler. 8. 2 Theile. 1764.
Die Arithmetik und Geometrie 448 S. X Taf. m. Fig. Die angewandte Mathematik 336 S. XII Taf. Der Anhang 64 S. 8. 2 Kupf.

— mathemat. Lehrbuch, od. Auszug aller mathemat. Wissenschaften. 2 Thle, mit Kpf. 8. Stuttg. 764. 2e A. 768. N. A. 777. Metzler. 1 ₰ 12 gl Dass., 2 Thle, mit Kpf. 8. Wien 768. Trattner. 1 ₰ 16 gl

— — dasselbe 2 Thle. m. K. 8. Wien, Tendler. 786.

Lettre sur quelques paradoxes du calcul analytique adressée à Monsieur *Euler*, Professeur et directeur de l'académie royale des sciences de Berlin etc. Par *H. G. Clemm.* A Tubingue, chez Jean Christoff Löffler. 8. 36 Seit. 1752

— l'observatoire de Tubingue mis en parallèle avec celui de Berlin etc. 8. Tübing. 752.

— opuscula varii argumenti. 4. Tübing. 767. v. Cotta. 8 gl

— principia cogitandi, quae in us. auditorii sui conscripsit. 8. Stuttg. 759. Metzler. 7 gl

— neueste Samml. v. Predigten. 8. Tüb. 773.

— Samml. einiger Sonn- u. Festtags-Predigten. 2 Thle. 8. Stuttg. 766—68. Metzler. 12 gl

— Samml. einiger Sonn- u. Festtags-Predigten. 2 Thle. 8. Stuttg. Metzler. 766—69.

Clemm, Hnr. Wilh., theolog. Untersuch. d. Fr.: Ob d. heil. Schrift A. T. dunkel u. zweideutig wäre, wenn d. hebr. Punkte kein göttl. Ansehen hätten? Nebst e. Erklär. d. Spruchs Christi Matth. 5, 18. rc. 8. Tübing. 753.

— Versuch e. krit. Geschichte d. hebr. Sprache. Mit e. Vorrede v. Pfaff. 8. Heilbr. 753. (Glaß). 6 gl

— Versuch einer kritischen Geschichte der hebr. Sprache. 8. Heilbronn, Eckebrecht. 754.

— C. Clemmii vita descripta. 4. Heilbr. 767.

Clemm, J. C., veritas rel. chr. ex implementis vaticiniorum. Tubing. 1742. 4.

— Johann Conrad (Kirchgönsa/Nassau), De augmento culpae. Disp. jur. Präs. Heinr. Hildebrand. Altdorf (J. W. Kohles) März 1701. 30 S. (5.—) 5377

Clemm, Conrad. Ueber die der Pikrinsäure und dem Dinitrophenol entsprechenden Haloid-Verbindungen und einige Derivate derselben. Leipzig, 1870.

Clemm, W., s. Clemm, Heinrich Wilhelm

Clemm, Walth. Nic., die Gallensteinkrankheit, ihre Häufigkeit, ihre Entstehung, Verhütung u. Heilung durch innere Behandlung. (90 S.) gr. 8. Berlin 903. G. Klemm. n. 1.—

— das Magengeschwür, s.: Abhandlungen, Würzburger, aus dem Gesamtgebiet der praktischen Medizin. V. 5. 6.

Clemm, Walther Nic., approb. Arzt aus Heidelberg: Das Piorkowskische Verfahren zum Nachweise von Typhusbazillen mittels Harngelatine. *Giessen 1900: v. Münchow.* (54 S.) 8°
Giessen, Med. Diss. v. 1900

Clemm, Wilhelm

Clemm, W., De anaglyphis quibusdam Romanis. Pr. 1875. 8 S. 4°.

Clemm, Wilh., über Aufgabe und Stellung der classischen Philologie insbesondere ihr Verhältniss zur vergleichenden Sprachwissenschaft. Academische Antrittsrede gehalten in der grossen Aula zu Giessen am 4. Novbr. 1871. gr. 8. (IV, 54 S.) Giessen 872, Ricker. *

Clemm, W., Krit. Beiträge z. Lehre v. Digamma i. Anschl. an dessen Wiederherstellungsversuch bei Hesiod. S.-A. 1876. 50 S. 1.25

Clemm, Wilh., de compositis graecis quae a verbis incipiunt. Dissert. inaug. Giessen 867. Ricker. gr. 8. (X, 173 S.) n. 21 ngr.

Clemm, W., Miscellanea critica. Pr. 1879. 15 S. 4°.

Clemm, W., Quaestiones Hesiodeae I. Pr. 1877. 21 S. 4°.

Clemm, Wilhelm: Über die Verkieselung von Kalksteinen, insbesondere diejenige des Muschelkalks im badischen Oberlande. Freiburg i. B.: Speyer & Kaerner 1909. 51 S. 8°
Freiburg i. B., Phil. Diss. v. 1909, Ref. Gattermann
[Geb. 16. Juli 83 Mannheim; Wohnort: Mannheim; Staatsangeh.: Baden; Vorbildung: Gymn. Mannheim Reife Juli 00; Studium: Heidelberg 10, Freiburg i. B. 4 S.; Rig. 30. Okt. 08.] [U 10. 1034

Clenardi, ..., nova grammatica graeca. 12. Catal. (Levrault in Strassb.) 8 gl

Cleomedes

Cleomedis, circularis Doctrinae de sublimibus libri II. Recensuit, interpret. latina instruxit commentarium Roberti Balforei, suasque animadversiones addidit Jan. Bake. 8maj. Lugd. Batavorum, Luchtmanns. 820. (Lips., Weigel).

Cleomedis de motu circulari corporum caelestium libri duo, ad novorum codicum fidem ed. et latina interpretatione instruxit Herm. Ziegler. 8. (VI, 257 S.) Lpz. 891, Teubner. 2 70

— κυκλικης θεωρίας μετεώρων βιβλία δύο. Ex recens. Jani Bakii cum potiori scripturae discrepantia et annotat. ed. K. Chr. Gli. Schmidt. 8maj. Leipz. 832. Hartmann. 18 gl.

Cleon. Ein christliches Lebensbild aus dem 3. Jahrhundert. Aus d. Engl. übertr. von Marg. Schauffler. Hamburg 870. J. G. Oncken. 8. (111 S.) 12 ngr.

Cleon und Elvire; Zwey Trauerspiele, aus dem Englischen. Zittau u. Leipzig 1764. Ü: *Herzog, Chn August.* (Ky) (MGT)

Cleon und Elvire. Zwey Trauersp. Zittau: Schöps. 1764. 8°

CLEONE, Die getreue, in einigen Liebes-Avanturen . . . (c. 1700?). 12°.
So kurz erwähnt ohne Orts- u. Jahrsang. m. mehr. Romanen aus dem Anfange des 18. Jh. in d. Bibl. Kielmans-Egg. I. Hamb. 1718. p. 901.

Cleopatra, s.a. Kleopatra.

Cleopatra oder die gerettete Unschuld und das gebesserte Laster. Leipzig, o. J. 8°. (1½ Rthl. Scheible.)
In der Art der Bücher für das Volk gedruckt.

Cleopatra; ein Monodram, von Danzi komponirt. S. l. [17??] V: *Neumann, Leopold.* (MGT)

Cleopatra. Ein musicalisches Trauerspiel. Hamb. 1704. V: *Feustking, Frdr. Chn.* (schr)

Cler, Albert, der Musikfreund, s. Franzosen, die, d. neuest. Zeit.

Clerc, s.a. *Leclerc.*

Clerc, le, Abrégé des études de l'homme fait en faveur de l'homme à former. II Vol. 8. Paris, (Sommer, Leipz.)

— Abrégé des études de l'homme à former. II Vol. 8. Bern, Soc. Typ.

— histoire de la Russie. VI Vol. av. cart. et plan. 4. ibid, 783 et 787.

— Untersuchung d. Unglaubens. 8. Halle, Gebauer. 747.

— — dasselbe nebst 2 Briefen. 8. Halle. Hemmerde. 747.

Clerc, A.: Die vereinfachte Medizin ..., s. Clerc, G. A.

Clerc, Ar. Suecici, de scriptionibus et figuris aeneis color. illustrat. 4. maj. Upsal, Swoderus. 757.

Clerc's, Eduard, Formularbuch für Notare, eine Uebersetzung der in den Titeln I—XII des 1. Thls. von Ed. Clerc's Manuel théorique et pratique et formulaire général et complet du notariat enth. Formularien unter besond. Berücksicht. des gegenwärtigen Rechtszustandes von Elsass-Lothringen. Hrsg. durch zwei elsaess. Landgerichtsraethe. 2 Bde. gr. 8. (862 S.) Colmar 873, Barth. *

Clerc, G. A., Grundzüge der specifischen Homöopathie od. vereinfachte Anwendung der Homöopathie, aus dem Franz. übers. von B. v. G. (229 S. m. 2 Taf.) kl. 8. Motiers-Travers (903). Basel, Georg & Co. n.n. 2.—

Clerc, A., die vereinfachte Medizin od. die complexe Homöopathie. Aus dem Franz. übers. durch B. v. G. 8. (324 S.) Basel 892. Georg & Co. n.n. 3. 20 •

Clerc, J., le Spectacle de la Vie humaine, ou Leçons de sagesse exprimées avec art en 103 Tableaux en taille-douce avec explications 4. Francf. 755.

Clerc, Joh., vollkommene Chirurgie oder Wundarzney. 8. Dresd. Walther. 711.

Clerc, Nic. Gabr. Le, Versuch, theoretischer und praktischer, über die ansteckenden Viehseuchen. Aus dem Franz. übers. von F. J. G. Gericke. Braunschweig 12.

Clerc, (Nicolas Gabriel): Philosophisch-praktisches Werk über die Arzneykunst. Hrsg. von Johann Hermann Pfingsten. Bd 1 - 4, gbd.

Breslau: Korn 1786 - 1787

Clerc, P., Beschreib. einer allgem. Himmelskarte, a. d. Frz. gr. 4. Nürnb. Hanse. 778.

Seb. le Clerc Abhandlung von der Geometrie, zum Gebrauch der Künstler. Augsburg, Klett. gr. 8. 1764. (1 Rthlr. 8 gr.)

— Abhandlung der Civilbaukunst. mit Anmerk. u. einem Anhange von dem Tryglyphen, vermehrt v. M. Kraft, mit 181 K. 2 Bde. 4. Ebend. 796.

— Anfangsgründe der Zeichenkunst. 4. Lpz. Joachim. 805.

— Briefe einiger holländ. Gelehrten über Simons Geschichte des A. Test. 2 Bde. 8. Zürich, Orell, Füßli u. C. 779.

Clerc, Seb. v., allgem. Lehrbuch der Zeichenkunst, oder Anweisung der Anfangsgründe zur gründlichen und leichten Erlernung der Zeichenkunst mit 46 Tabellen. 8. Augsburg, Witralen. 805. Rthlr.

Clerc, Seb. de, Traité d'Architecture, avec des Remarques et des Observations, avec figur. 4. Nürnb. Schneider et W. 782.

Clerc, Jules, les Vacances de Noël, ou les jeunes chasseurs. Mit 3 Steindr. 12. Paris et Strasbourg 837. Levrault. 5/12 ₰ Velinp. color. ½ ₰

— les Vacances de Pâques, ou les jeunes pêcheurs. Mit Titelbild u. Titelvign. 12. Paris et Strasbourg 837. Levrault. geb. 5/12 ₰ Fein Papier u. color. ½ ₰

Planc.·. des trav.·. de l'installation de la r.·. L.·. de St. Jean, sous le titre distinctif de La Persévérance à l'O.·. de Lauterbourg; du 15e jour du 11e mois, de l'an de la V.·. L.·. 5806. [Unterz.:] J[acques] Clérence. Landau 1807: Georges. 26 S. 8° KB.

Cleric, Georg Franz von. Der rechtswidrige Vorteil im Strafrecht und sein Verhältnis zur allgemeinen Rechts- und Pflichtwidrigkeit. Diss. Staatsw. Univ. Zürich. 414 S. 8. Zürich, Gebr. Leemann & Co., 1910.

Cleric, P[eter] v[on]. Der Kampf zwischen den Eidgenossen und König Franz I. von Frankreich um Mailand 1515; Schlacht bei Marignano. Zusammengestellt und bearb. von P. v. C.... Mit einer Karte, zwei Oleaten und vier Situations-Krokis [auf 1 Tafel]. Sonderabdruck aus der «Schweiz. Monatschrift für Offiziere aller Waffen» [Jahrg. 17, 1905, № 10—12]. II + 71 S. 8. Frauenfeld, Huber & Co.

Clericalismus, der, e. Feind d. Volkswohls u. kein Freund d. Religion. Mahnruf e. liberalen Katholiken an d. deutsche Volk. Mit Begleitw. v. K. Pröll. 8. (30 S.) Berl. 892, (Steinitz Verl.). * — 60

Clericalismus, Der, in seiner Stellung zur Gesellschaft der Jetztzeit. Klagenfurt 1897. V: *Jahne, Ludwig.* (EB)

Clericalismus, der, in s. Stellung z. Gesellschaft u. z. d. polit. Parteien d. Jetztzeit. Dem Kärtner Landtag gewidmet v. e. Freigesinnten. [Aus: „Kärntner Wochenblatt."] gr. 8. (41 S.) Klagenfurt 897. (F. Heyn.) — 60

Clericatus, Johann. Betrachtung vom Glück und Unglück in Lotterien. 8°. Hamb., Wiering, 1716.

Auf Befehl des Kaisers. Komische Oper in 3 Akten u. 4 Bild. nach Paul Ferrier von Peter Karr. Musik von Justin Clerice. [Berlin, Köln, Leipzig: A. Ahn 1904.] (35 S.) 8°
— Operntext-Bibliothek, Ahns. No 96. [04. 3769

Clericus devotus. Orationes, meditationes et lectiones sacrae ad usum sacerdotum ac clericorum. Accedit extractum ex rituali romano. Ed. II. recognita et aucta. (XV, 572 S.) 16. Friburgi Brisgoviae (910). Freiburg i/B., Herder. Geb. in Kunstdr. 2.40; in Bockldr. m. Goldschn. 3. 20
1. Aufl. (XII, 488 S.) 910. Geb. 2.90 u. 3.80.

Clericus, Ahnentafel des weiland Landesdirector F. W. C. v. Kröcher auf Vinzelberg, † 1861. 1862. fol.

Clericus, s.: Liederhandschrift, die große Heidelberger.

Der Modernisteneid. Ein Appell an deutsche Priester. Von Clericus Germanicus. Augsburg: Lampart 1910. 24 S. 8° [11. 10117 5

Der hl. Karl Borromäus und das Rundschreiben Pius' X. v. 20. Mai 1910. Zur Aufklärung d. kath. Volkes. Von Clericus Rhenanus. 2. bis 5. Aufl. Mainz: Kirchheim 1910. 88 S. 8° [10. 11084

Clericus, Frdr., Erinnerungsblätter an die Romfahrt im Juni 1871. 16. (108 S.) Mainz 872. Kirchheim. — 75

Clericus, Friedr., zehn Gebote katholischer Kindererziehung. Ein Volksbüchlein für kathol. Eltern. 1. Aufl. 1864. und 2. Aufl. 8. (VIII und 289 S.) Mainz 866, Kirchheim.

—— zehn Gebote katholischer Kindererziehung. Ein Volksbüchlein für kathol. Eltern. 3. Aufl. 8. (VIII, 339 S.) Mainz 870, Kirchheim.

Clericus, Frdr., zehn Gebote katholischer Kindererziehung. Ein Volksbüchlein für kathol. Eltern. 4. Aufl. 8. (VIII, 239 S.) Mainz 877. Kirchheim. 1. 50

Clericus, Friedr. Zehn Gebote katholischer Kindererziehung. Ein Lehr- u. Mahnbüchlein f. kathol. Eltern. 5. Aufl. 12. (VIII, 239 S.) Mainz 889, Kirchheim. 1 50

— Predigten für die auf die Freitage der Fastenzeit fallenden Feste des Gebetes, des Leidens, der heil. Dornenkrone, des heil. Leichentuches des Herrn, der sieben Schmerzen Maria's ꝛc. Paderborn 865. Schöningh. 8. (81 S.) 7½ ngr.

—— die Standeswahl. Ein Volksbüchlein für christliche Jünglinge und Jungfrauen und für Eltern, welche erwachsene Kinder haben. 1. Aufl. 1863. und 2. Aufl. gr. 16. (VIII und 181 S.) Mainz 867, Kirchheim.

— die, Standeswahl. Ein Volksbüchlein für christl. Jünglinge u. für Eltern, welche erwachsene Kinder haben. 3. Aufl. 12. (VIII, 181 S.) Ebend. 881. — 75

Clericus, Johannes

Clerici, Ars critica. Amst. 699. 700. 3 Tom. 8. Acc. Epistolae criticae. Lips. 713. 4 Part. 8. Amst. 730. 3 Part. 8. 1 rthl. 20 gr. Lugd. B. 778. 3 Tom. 8. 2 rthl. 12 gr.

Clerici, Jh., ars critica, in qua ad studia linguarum latin. gr. et hebr. etc. III Voll. 8. Amsterd. 777, 3 ℛ

— commentarius in Moïs Prophétae libros V. c. praef. Pfaff et vita Auctoris. fol. Tübing. (Eßlinger in Frankf.) 733.

Clericus, Ioh., Commentarius in V libros Mosis et libros historicos Veter. Test. 3 Tom. fol. Tübing. (Gebhardt et K., auch Hermann in Frft.) 733.

-- Comment. in libr. hist. V. T. Tüb. 1735. 3 vol. fol.

— compendium historiae universalis, ab. initio mundi ad tempora Caroli magni, auctum a C. G. Ioechero. gr. 8. Hannov. Helwing. 744.

Clerici, J., Compendium historiae. Auxit C. G. Jöcher. Lips. 744. 8. 8 gr.

Hn. Joh. Clerici Gedancken Von der Wahren und Falschen Rede-Kunst Ihres Nutzens wegen Aus dem Frantzösischen (!) ins Teutsche übersetzet Und mit einigen Anmerckungen erläutert. Altenburg, Bey Johann Ludwig Richtern. 1722.

— historia ecclesiastica, duorum priorum a Christo nato seculorum. 4. Amsterd. 716.

Clericus, J., s.: Joseph in Ägypten.

Clericus, Johs., Joseph in Ägypten od. die verfolgte Unschuld in ihrem Triumphe. Schauspiel in 5 Aufzügen. 3., verb. Aufl. 12. (56 S.) Paderborn 895. Bonifacius-Druckerei. — 45

Clericus, Johs., Joseph in Ägypten od. Die verfolgte Unschuld in ihrem Triumphe. Schauspiel in 5 Aufzügen. 4. verb. Aufl. (63 S.) kl. 8. Paderborn 909. Bonifacius-Druckerei. — 45

— Leben u. Schriften des Engländers John Locke. 8. Halle 754. Kümmel. 2 ℛ

Clericus, J. Johannis Clerici Unpartheyische Lebens-Beschreibung einiger Kirchen-Väter und Ketzer, Namentlich Justini Martyris, Clementis Alexandrini, Originis, Cypriani, Prudentii, Gregorii Nazianzeni, Eusebii, Pelagii und Celestii, Aus dessen Bibliotheque Universelle Ins Teutsche übersetzt, Und nebst einer Vorrede ... THOMASII ... ans Licht gestellet. Halle, Neue Buchhandlung, 1721. 8°. 16 Bl. 794 S. 17 Bl. Lnbd. d. 19. Jh.
Erste deutsche Ausgabe.

Titi Livii Patavini Historiarum Libri qui supersunt ex editione et cum notis Ioannis Clerici. T.(1)-3. Lipsiae. 1735. 8°.

— opera philosophica, edit. a G. T. Iaenichen. 8. Nordh. Gross. 726.

— nov. Testam. vide Testamentum.

Clericus, Josephus, Reflexionen üb. das Priester- u. Seelsorgsleben, insbesondere in den ersteren Jahren. 12. (VIII, 103 S.) Münster 894. H. Schöningh. n. 1. 20

Clericus, Jos. Hub., Geschichten aus dem Volk. Ausgewählte Erzählungen. 2 Bdchn. gr. 8. (IV, 197; 200 S.) St. Gallen 870. Sonderegger. à Bdchn.

Clericus, Joseph. Hubert., Heimchen am katholischen Herde. 1. und 2. Bdchn. A. u. d. T.: Studentenleben. Ein Seelengemälde voll Dunkel und Licht. 2 Abthlgn. 8. (542 S.) Köln und Neuß 859, Schwann'sche Verlagsh.

Clericus, Perlen im Sande, s. Trösteinsamkeit, kathol.

—— Schildereien, s. Schildereien.

Clericus, J., Schildereien aus dem Pfarrleben, s. Trösteinsamkeit, katholische.

Clericus, Curt [app. Arzt aus Baerenwinkel bei Stargard in Pomm.]: Ueber den Einfluss der Alkalescens [!] des Nährmediums auf das Wachsthum der Bakterien ... Rostock, C. Boldt'sche Hof-Buchdr., 1894; 28 S., 1 Tab. 8.
Rostock, Med. Fak., Inaug.-Diss. v. [14. März] 1894

Clericus, L., amtlich todtgeschwiegen. Eine Geschichte aus der Gegenwart. 8. (77 S.) Leipzig 888. Freund. n. 1. —

Clericus, Ludwig

Clericus, Ludovicus [Autorname] = Schönemann, Ludwig.

Clericus, L., schwarz-weiße Bilder. Geschichte Altpreußens in 7 herald. Silhouetten. gr. 4. (7 Holzschntaf. und 1 Bl. Text.) Berlin 883, Hermann. In Mappe *

Clericus, Ludw., berliner Fremden-Bilder. 1. und 2. Bdchn. gr. 16. Berlin 860, Schlingmann. [1. Bdchn. (III und 122 S. mit 1 Holzschnt.) * 10 Ngr., 2. Bdchn. (III und 91 S. mit 1 Holzschnt.) * 7½ Ngr.] * —

Clericus, Ludw., Gewerbe- u. Kunstgewerbe i. d. Heraldik, s.: Winkel, G. O.

Clericus, L. (Red.), s. Graveur-Zeitung.

— eine Hans Waldmann-Reliquie. Historischer Beitrag zur Schweizer Geschichte. Mit 1 Taf. Abbildungen (in Lichtdr.). gr. 8. (26 S.) Dresden 879. v. Grumbkow. n. 1. —

— Rococo. Entwürfe f. die graph. Künste u. das Kleingewerbe. 1. Lfg. 15 Taf. Handzeichngn., davon 4 in Farben, nebst erläut. Text. gr. 4. (2 Bl. Text.) Frankfurt a/M. 886. Rommel. n. 8. —

Clericus, Ludw. Europäische Staats-Wappen als Vorlagen f. Canevas-Stickerei. Kunstblätter in Farbendr., nebst erläut. Text. 1.—10. Lfg. qu. gr. 4. (à Lfg. 1 farb. Taf. u. 1 Textbl.) Dresd. 890, v. Grumbkow. à Lfg. * 1 50; * 15 —
1. Deutsches Reich. — 2. Preußen. — 3. Oesterreich-Ungarn. — 4. Bayern. — 5. Sachsen. — 6. Württemberg. — 7. Baden. — 8. England. — 9. Rußland. — 10. Italien.

Ⓑ Clericus, L., europ. Staatswappen. 12 Hefte. 890. (KVL 25.) Jetzt: Dresden-Blasewitz, E. Leonhardt. Erm. Pr. ℳ — 75

– Städtewappen, s. Hefner, Otto Titan von

—— Städtewappen, s. Siebmacher's, J., grosses und allgemeines Wappenbuch.

Clericus, L., die Städtewappen des Herzogth. Magdeburg. Ein herald. Nachklang des 4. Juni 1880 m. krit. Bemerkungen u. unmaßgebl. Winken für hohe städtische Obrigkeiten, freundlich gesinnte Kunsthandwerker u. andere Leute, so an denen Wappen ihr Gefallen haben. gr. 8. (38 S.) Magdeburg 880. Friese. — 80

—— und R. v. Grumbkow, Vorlagen für Wappen-Stickerei auf Canevas. 4. (13 Taf. in 20-farb. Druck mit 22 S. Text.) Dresden 888, v. Grumbkow, Hof-Verlag. In Mappe *

— u. R. v. Grumbkow, Vorlagen f. Wappen-Stickerei auf Canevas. Eine Sammlg. v. fert. Stickmustern herald. Figuren u. ganzer Wappen f. belieb. Zusammenstellgn. 13 Taf. in 20fachem Farbendr., nebst erläut. Text. gr. 4. (22 S.) Ebd. 889. n. 15. —

(Clericus, L[udovicus].) Eine Waldmann-Reliquie. Mit Abbildung [1 Tafel]. [SA.] 8. [Dresden 1879.]

Clericus, L., Das Wappen des Deutschen Kaisers u. die Deutschen Reichsfarben. Mit 1 Abbild. Berlin 1871. 8.

— das Wappen der Stadt Magdeburg. gr. 4. (19 S. m. chromolith. Titel u. Steintaf.) Magdeburg 884. Wennhacke & Zincke.) n. 5. —

Clericus, M., Olier, der Stifter von St. Sulpiz, s. Handbücher für das priesterliche Leben.

Die Pflege der Kinderstimme und der Stimmwechsel von P. Clericus, Gesanglehrer. o. O.: Selbstverl.; [Berlin-Gr. Lichterfelde: Ch. F. Vieweg] 1906. (24 S.) 8° [Ant. u. F.] [07. 1008

Clerisei, Die, hat vermög ihrer Einsetzung das Recht, Gesetze zu geben. Wien 1787. V: *Cäsar, Aqu. Julius.* (KY 1/419) (WBL II/229) (BiblPort)

Clerk s.a. Beamte, Berliner.

Berliner Beamte von Clerk. 2. Aufl. Berlin & Leipzig: H. Seemann Nachf. [1008]. (83 S.) 8° [F.]
= Großstadt-Dokumente. Bd 43. [08. 14973

Clerk, Berliner Beamte. 2. Aufl. Berlin u. Leipzig 1909. 8°.
(Grossstadt-Dokumente hrsg. von Hans Ostwald. Bd 43.)

Clerk, Peter. Beschreibung einer neuen leichtfertigen Art, die venerischen Krankheiten durch den Gebrauch des Quecksilbers zu heilen. Aus dem Englischen. Leipzig 1781. Ü: *Ebeling, Johann Dietrich Philipp Christian.* (ML)

Clerke, A. M., Geschichte der Astronomie während d. 19. Jahrh. Gemeinfasslich dargestellt. Autoris. deutsche Ausg. v. H. Maser. gr. 8. (XV, 540 S.) Berlin 888. Springer. n. 10. —

Clerke, A. M.: Geschichte der Astronomie während des neunzehnten Jahrhunderts. Deutsch von H. Maser. Berlin 1889

Clermont und Amalie, oder die unverhofften Entdeckungen. Ein Schauspiel in drey Aufzügen. Leipzig 1776. V: *Dietrich, Johann Friedrich.* (GGr) (Ky)

Clermont und Amalie; oder die unverhofften Entdeckungen. Schausp. Leipz.: Böhme. 1776. 8°.

Clermont, Louise v., a. d. Französ. d. Frau v. Genlis. Dresd.: Beger; 1806. 8°

– Madamigella di, novella storica tradotta in italiano, da Constantini. Berl.: Dunker et H. 1803. 8°

– dasselbe. Berl. (Levrault in Strasb.) 1801. 8°

Clermont, s.a. Adele.

L'Arithmétique militaire ou l'Arithmétique pratique de l'ingénieur et de l'officier, divisée en trois parties, Ouvrage également néceſſaire aux officiers, aux Ingénieurs et aux commençans, par Mr. *Clermont.* Strasb. 1695.

— * ſec. édit. augmentée. Francfort. Jean R. Doulnecker. 12. 258 S. 8 Bl. 1707.

— troiſ. édit. corrigée et beaucoup augmentée. à Paris, chez Pierre Witte et Didot. 4. 1733.

La Géométrie pratique de l'ingénieur par Mr. *Clermont.* avec fig. Francfort. 4. 1707.

— Seconde édition corrigée. Strasb. chez Jean Ren. Doulſecker. 4. 1724.

Clermont, August von

— moralische Erzählungen für die weibl. Jugend. gr. 8. Carlsruhe 837. Müller. ½ ß

Clermont, Aug. v., moral. Erzählungen f. d. weibl. Jugend. gr. 8. (5½ B.) Carlsruhe 838, Müller'sche Hofbuchh.

v. Clermont, Aug., Sammlung engl. Original-Handlungsbriefe, welche in einem vollständ. Curse alle im Handel vorkommenden Gegenstände umfassen, sowohl zum Uebersetzen aus dem Englischen ins Deutsche, als zur Uebung in der engl. Handelscorrespondenz, nebst beigefügter Worterklärung u. kl. englisch-deutschen Wörterbuch. 8. Freiburg 837. Fr. Wagner. 5/8 ℛ

Clermont, G. de, et A. Helfferich, Fueros francos, s. Helfferich, A.

Clermont, B., praktische Anweisung zur Fabrikation der feinsten französischen u. italienischen Liqueurs, nebst 46 Recepten, wie solche in Bordeaux bereitet werden. 16. Leipzig 851, R. O. Schulze. Versiegelt. baar n. 2 ℛ

Clermont, Theodor Christian (Aachen), De legibus privatis in Germania observandis. Exercit. acad. Götting. (G. L. Schulz) 12. V. 1753. 112 Seiten. (6.50) 5384

Clermont-Tonnere, Comte, s. *Constitution* française,

Clero Hungariae ob rem religionis strenue gestam . . . S. l. 1791. V: *Bányai, Mich.* (Pk)

Clerus, der, u. seine Aufgabe gegenüber der Tagespresse. Conferenz-Vortrag e. Priesters der Diöcese Mainz. gr. 8. (23 S.) Mainz 870. Kirchheim. — 30

Clerus, der bayerische. I. Seine Ausbildg. in Lyceum u. Seminar. gr. 8. (32 S.) München 899. A. Schupp. n. — 50

Der bayerische Clerus. 2. Aufl. 1. *München 1899: A. Schupp.* 8° [ ]

Clerus, Der deutsche, und die Wissenschaft. 1. u. 2. Aufl. Freiburg i. Br. 1864. V: *Niedermayer, Andreas.* (Kn) (Gla I/2, 628) (Kat. Herder 1801—95)

Clerus, der katholische, mit Einschluß der Religiosen. Von einer Gesellschaft Gelehrten. In 4 Bdn. Mit 309 Abbildd. (Neue Ausg.) gr. 8. Augsburg 839, 40. 3 ℛ

Clerus, der kathol., mit Einschluß d. Religiosen. Von e. Gesellschaft Gelehrten. 1. Bd. M. 55 Abbild. (Neue Ausg.) gr. 8. (6¾ B.) Augsburg 839, Schlosser.

Clerus, der katholische, mit Einschluß der Religiosen. Von einer Gesellschaft Gelehrten. 1. Bd. 2. Aufl. Mit 53 Abbild. gr. 8. Augsburg 844, Schlosser. 1/2 ℛ — 2.—4. Bd. (1. Aufl.) Mit 254 Abbild. gr. 8. Ebend. 844. 1½ ℛ

Clerus, Der Katholische, gegenüber der Presse des Dr. J. A. Schöpf. München 1862. V: *Kluge, Carl August.* (Hr)

Clerus, der katholische, gegenüber der Presse des Dr. J. A. Schöpf. Von einem kathol. Priester. gr. 8. (41 S.) München 862, (Lentner'sche Buchh.) *

—— Kirche und Staat gegenüber der Prostitution. Kritische Beleuchtung der Kammerverhandlung vom 13. März 1868 über den Artikel 221 des bayer. Strafgesetzbuches nebst einem Anhang über die Argumentation des Herrn freiresign. Universitäts-prof. Dr. philos. et theol. Heinr. W. J. Thiersch gegen Herrn Dr. Friedr. Wilh. Müller. gr. 8. (38 S.) Erlangen [Stuttgart] 868, Enke. (* 60 Pf.) *

Clerus-Kalender, katholischer, Fromme's, Oesterreich-Ungarns. 1883. V. Jahrg. Redig. v. Berthold A. Egger (Chorherr von Klosterneuburg). Mit Benützung amtlicher Quellen. Taschenformat. (VIII, 159 S. u. 1 Notizblatt) in Leinw. geb. 1 fl. 50 kr. Wien: Fromme 1882.

Clerus-Kalender, katholischer, Fromme's, Oesterreich-Ungarns. 1884. VI. Jahrg. Redig. v. Berthold A. Egger. Taschenformat. (313 S. mit Notizbl.) Wien, Carl Fromme. In Leinwand gebd. 1 fl. 50 kr. 1883.

Cleruskalender, kathol., Fromme's Oesterreich-Ungarns. 1885. VII. Jahrg. Redig. v. Berthold A. Egger. Mit Benützung amtl. Quellen. Taschenf. (335 S. mit Notizblatt.) Wien, Carl Fromme. In Leinw. geb. 1 fl. 50 kr. 1884.

Clerus-Kalender, katholischer, Fromme's, Oesterreich-Ungarns. 1886. VIII Jahrg. Red. v. Berthold A. Egger. Taschenformat. (343 S. mit Notizbl.) Wien, Carl Fromme. In Lwd. geb. 1 fl 50 kr. 1885.

Clery, H., s. Clêry, Jean Bapt. Antoine

Clêry, Jean Bapt. Antoine

Clery, M., die Gefangenschaft König Ludwig's XVI. v. Frankreich im Temple, s.: Familien-Bibliothek.

Clery, Journal de ce qui s'est passé à la tour du Temple pendant la captivité de Louis XVI. avec grav. 8. London (Tourneysen, Cassel.) 798.

Clery, H., Journal de ce qui s'est passé à la tour du Temple pendant la captivité de Louis XVI. Avec grav. gr. 8. Wien 798. (auch mit d. Jahrz. 812.) Gerold. 20 gr

— Tagebuch d. Gefangenschaft Ludwig XVI. u. seiner Familie im Tempelthurm; aus d. Französ., mit Kpf. 8. Hamb. 798. (Campe). 16 gr Dass., e. andere Uebers. u. d. T.: Tagebuch d. Vorfälle im Tempelthurm 2c. gr. 8. Wien 812. Gerold. 1 ℛ

— — eine andere Uebersetzung desselben, m. K. 8. Hamburg, Mutzenbecher, (auch Villaume.) 798.

Clery, H. Tagebuch über die Vorfälle im Tempelthurme während der Gefangenschaft Ludwig XVI. ... A. d. Franz. London [Hamburg] 1798. H: *Mariala* [?] (Wr)

Clery, H., Tagebuch üb. die Vorfälle im Tempelthurme, während d. Gefangenschaft Ludwigs XVI. 8. Wien, Gerold. 812.

Cléry, Tagebuch üb. die Vorgänge im Turm des Temple während der Gefangenschaft Ludwig XVI., Königs von Frankreich. Uebertr. v. Ludw. Kochler. Nebst e. Bericht üb. die letzten Stunden dieses Königs, v. seinem Beichtvater, dem Abbé Edgeworth de Firmont. u. wicht. Mitteilgn. üb. die vier Gefangenen, welche Ludwig XVI. überlebt haben. Mit Illustr. u. Faksm.-Beilagen. (VIII, 207 S.) gr. 8. Leipzig 907. H. Schmidt & C. Günther. n. 3. 60; geb. n. 4. 60

Clery, M., s. Clêry, Jean Bapt. Antoine

Cles Hildebrand Freiherr von und Swoboda Friedrich: Kinematographische Aufnahme von Geschützprojektilen während der Bewegung bei Tageslicht. Bestimmung der Lage des Geschosses im Raume nahe der Mündung und nahe dem Ziele; Messen der Anfangs- und Endgeschwindigkeit; Messen des Abgangs- und Einfallswinkels; Phasen während des Austrittes des Geschosses aus der Mündung (mit 3 Taf. und 2 Textfiguren). S. 123. IIa. 757 . . . . 1.10
Separatabdruck

Clesca, C. Ueber die Hamilton-Jacotot'sche Methode. Augsburg, kath. St. A., 1833. 4 S. 4. Progr

Balde's Leben und Schriften. Von Frz. Carl Fedr. Clesca, G. P. — 1842. Ebd. — S. 3—18.
Progr. Neuburg.

Clesca, K. (Hrsg.), s. Gymnasialblätter.

Attila nach einem Gesandtschafts-Bericht von Priscus mit kritischen Bemerkungen von Carl Clesca, G. P. — 1836. Ebend. — S. III—XII.
Progr. Neuburg.

Clesca, Carl (k. Prof.), das Gymnasium illustre od. die pfalzgräfl. Neuburgische Landesschule zu Lauingen vom J. 1561—1616. (Progr.) Neuburg, gedr. bei Jos. Rindfleisch 1848. 4°. XXXII S. Beilad.

Programm [uber die Hamilton-Jakotot'sche Methode] verfaßt v. Prof. Carl Clesca. — 1833. Augsburg, Yanter. — S. 1—4.
Progr. Augsburg

Clesius, J. J., s. Clesius, Jak.

Clesius, Jak., Abhandl. über d. Kuhpocken u. deren natürl. u. wirksame Einimpfung. Mit 3 Tabellen. 8. Cobl. 806. Hölscher. 4 gr

— Anleit., bestäubte Insekten zu sammeln, f. diejenigen, welche erst zu sammeln anfangen. 3 Thle, mit 12 Kpf. 8. Cobl., (Hergt). 15 gr

Clesius, J. J., Anleitung bestäubte Insecten zu sammeln f. diejenigen, welche erst zu sammeln anfangen, m. 12 K. 8. Coblenz, Huber. (Hadamar, neue Gelehrte Buchh.)

— Beschreib. d. medicin. Blutigels, dessen Kennzeichen, Sitten rc. Mit 2 Kpf. 8. Hadamar 811. Hergt. 10 gr

Clesius, J., Beschreib. des mediz. Blutigels, dessen Kennzeichen, Sitten rc. m. 2 K. 8. Hadamar, neue Gelehrt. Buchh. 811.

— Epistel an d. Central-Societät d. Schutzpockenimpfung zu Paris, über d. Vortheile d. Schutzpocken, wenn man dieselben mit Schorf oder Kruste einimpft. 8. Hadamar 812. Hergt. 8 gr

CLESIUS, J. Etwas für Eheleute über Entstehung und Verhütung der Mißgeburten. Nebst Darstellung einer seltenen in Coblenz tod zur Welt gekommenen Mißgeburt. Mit einem Kupfer. Hadamar 1812. 8°.

— etwas f. Eheleute über Entstehung u. Verhütung d. Mißgeburten rc. Mit 1 Kpf. 8. Cobl. 812. Hergt. 10 gr

— etwas über d. Quelle, den Sitz, d. Eigenthümlichkeiten u. Heilmethode d. Keuch- u. blauen Hustens d. Kinder. 8. Cobl. 813. (Lanz in Weilb.) 8 gr

Clesius, J., Gedanken über eine vielleicht noch wenig bemerkte Belebungsart der Geschöpfe, nebst Abbildung. 12. Gelehrte-Buchhandlung. 818.

— Gedanken über eine vielleicht noch wenig bemerkte Belebungsart d. Geschöpfe, nebst 1 Abbild. 12. Cobl. 818. Hergt. 5 gr

Clesius J.: Das Johanniswürmchen ... als neu entdeckte Ursach d. Maucke, nebst ihrer Entstehung, Beschreibung, Heilart u. Verhütung. Neuwied 1821. 32 S. 1 Tvl. (1 Tvl. mgl.). P.

Clesius, (Jakob,) d. Johanniswürmchen. Ein Wort an Gutsbesitzer, Thierärzte, Oekonomen u. s. w. M. 2 Steint. 8. Neuwied 821, Lichtfers u. F. (Guilhaumann in Fr.)

— üb. d. Vortheile d. Schutzpocken, wenn man dieselbe im Schorfe od. in d. Kruste einimpft, mit 1 Kupf. 8. Ebend. 812.

Cless, Alfr., s.a. Martin, A.

Cleß, Alfr., theoret. Anarchismus. gr. 8. (127 S.) Monterey, Cal. 898. (Zürich, Verlags-Magazin.) 4. —

Das Ideal der Menschheit. Nach C[arl] Chr[istian] Fr[iedr.] Krause's Schrift „Das Urbild der Menschheit" von Alfred Cless. Stuttgart: Krabbe 1881. XXIII, 99 S. 8°

cf. Conrad, M. G.: Flammen! 1882 S.

Cless, Alfr., der individualistische Communismus. 8. (45 S.) Wien 892. M. Breitenstein. n. 1. —

—— Die Künstler v. Friedrich Schiller, an der Hand d. Textes gemeinverständlich erläutert. 12. (89 S.) Stuttg. 889, Bonz u. Comp. * 2 —; geb. * 3 —

die Menschwerdung. gr. 8. (32 S.) Stuttgart 890. Metzler's Sort. n. 1. —

— an das Volk. 8. (25 S.) Weimar 890. Weissbach. n. — 60; geb. n. — 80

— üb. das Wesen der Strafe. Vortrag. gr. 8. (21 S.) Horb 888. Christian. — 60

— e. Zukunftsbild der Menschheit. gr. 8. (20 S.) Zürich 893. Verlags-Magazin. n. — 70

Cleß, Alfr. Mart., die Aufgabe des Staates gegenüber dem Verbrecherthume nach den Grundsätzen des Materialismus. In gemeinverständl. Darstellung. Mit einem Vorwort von Ludw. Büchner. gr. 8. (VIII, 75 S.) Zürich 875, Schmidt. *

Cleß, Dav. Fr., († d. 10. Aug. 1810.) Versuch e. kirchl.-polit. Landes- u. Kulturgeschichte v. Würtemberg. 2 Thle in 3 Büchern. gr. 8. Tübing. u. Stuttg. 806—8, Metzler. 6 ₰ 4 gr

Cleß, David Friedrich: Versuch einer kirchlich-politischen Landes- und Cultur-Geschichte von Würtenberg bis zur Reformation in zween Theilen. Th. 2, Abth. 2, 880 S., 75 S., gbd., Abb.

Gmünd: typ. Ritter
Stuttgart: Metzler } 1808

Cleß, David Jonathan

— d. wahre Lehre des heil. Apostels Pauli vom Gesetz, aus d. Briefe an d. Römer vorgetragen. 8. Stuttg. 777. 2e A. 779. (Osiander). 9 gr

— allgem. geistl. Magazin von Wörtern u. Redensarten, deren richtige Erklärung zum thätigen Christenthum nützlich u. nöthig ist. 6 Thle. 8. Tübing. 779—81. (Osiander). 4 ₰ 8 gr

— erstes Pastoralschreiben e. neuen Superintendenten an seine Amtsbrüder. 4. Tübing. 781. (Osiander). 1 gr

— Predigten zum Antritte u. Abschiede in Wildberg u. Calw. 8. Tübing. 781.

— zwei Predigten bei außerordentl. Gelegenheiten gehalten. 8. Tübing. 779. (Osiander). 3 gr

– dass. s. a. Cleß, Eberhard Friedrich

Cless, D. J., de traditionum non scriptarum speciebus et valore. Tub. 1751. 4.

Cleß, D. J., Versuch über den eigentlichen neu-testamentlichen Begriff des Glaubens u. dessen richtige Bestimmung und Uebereinstimmung mit dem Lehrbegriff der evangel. Kirche, zum Gebrauch unserer Zeiten. 8. Tübing. Heerbrand. 779.

Cleß, Dav. Jonath., († d. 6. März 1803.) Versuch üb. d. neutestamentl. Begriff d. Glaubens. 8. Tübing. 779. (Osiander). 20 gr

— **Eberhard Friedrich** (Stuttgart), Examen theoriae domini Robineti, philosophi Amstelodamensis de physica spirituum. Präs. Gottfr. Ploucquet. Tüb. (Sigmund) 4. IX. 1765. 16 S. (4.50) 5387

— 2 Predigten, bei außerordentl. Gelegenheiten gehalten. 8. Ebend. 779.

– dass. s. a. Cleß, David Jonathan

Cleß, Ebhrd. Fr., zwei Predigten, gehalten bei d. wiederholten Ueberschwemmung in Wangen. 4. Tübing. 789. (Osiander). 3 gr

Cless, Ernst [approb. Arzt aus Stuttgart]: Ueber die diätetische Behandlung des Diabetes mellitus .... (Aus d. Deutsch. Med. Wochenschr. 1887) Berlin u. Leipzig, Verl. v. Georg Thieme, 1887; 43 S. 8°

Tübingen, Med. Fak., Inaug.-Diss. v. 1887

Cleß, F., Grundzüge zum Entwurf einer neuen Verfassung f. die evangel. Kirche in Württemberg. gr. 8. (28 S.) Giengen 849. (Nördlingen, Beck.) 4 ngr

Cleß, F., die Sonntags-Feier in Württemberg, ihr Ursprung, Bestimmung, Bedeutung, Zerfall und Gesetzgebung. Eine kirchenrechtlich-kirchengeschichtliche Abhandlung, zunächst für Theologen aber auch Gebildete aus den weltlichen Ständen. 12. (120 S.) Giengen 852. (Nördlingen, Beck'sche Buchh.)

Cleß, G. M. de, s. C l e ß , Gust.

Cleß, Geo., medicinische Blumenlese aus Shakespeare zu eigener u. seiner Collegen Kurzweil gesammelt. Stuttgart 865. Cotta. 8. (XV, 96 S.) 12 ngr

Cleß, Georg, Geschichte d. Schleimfieber-Epidemieen Stuttgarts von 1783—1836, mit besond. Berücksichtigung der Epidemie v. 1835—1836. Mit e. Vorrede v. Dr. Ferd. v. Gmelin. gr. 8. Stuttgart 837. Beck u. Fränkel. 7/12 ß

Cless, G., Impfung und Pocken in Württemberg. Aus amtl. Quellen bearb. gr. 8. (VI, 130 S.) Stuttgart 871, Schweizerbart'sche Verlagsh. *

Cless, G., über Luft im Blute in pathologischer Beziehung. Stuttgart 854. Ebner u. Seubert. gr. 8. (3 Bl., 72 S.) 12 ngr

Cless, G. (Hrsg.), s. M i t t h e i l u n g e n des Württembergischen ärztlichen Vereins.

Cleß, Geo., medicinische Statistik der innerlichen Abtheilung des Catharinen-Hospitales zu Stuttgart in seinem ersten Decennium 1828—38. Mit 1 Lithogr. u. 7 Tab. gr. 4. Stuttgart 841, Ebner u. Seubert. 1 1/4 ß

Cless, Geo., die württembergische ärztliche Unterstützungskasse. Mit einer Gratisbeilage: Medicinischer Fasching. gr. 8. (VII, 47 S.) Stuttgart 878, Schweizerbart'sche Verlagsh. *

Cleß, Gust., u. Gust. Schübler, Versuch e. medicin. Topographie von Stuttgart. Mit 1 Steindr. u. Tabellen. gr. 8. Stuttg. 815. Sattler. (Hoffmann). 1 ß

Cleß, Hnr. Dan., († d. 5. März 1820.), s. Gedanken über d. Abstellung.

Cless, Hch. Dav. Comitum Eberhardi et Ulrici fratrum historia. 8. Stuttgart 1783.

— Heinr. Dav. (Stuttgart), Meletemata philosophica de existentia entis infiniti e consideratione existentis materiae declaranda. Präs. Gottfr. Ploucquet. Tübing. (Schramm) Oktob. 1761. 16 S. (4.50) 5388

Cless, Karl

— — Sacra natilitia regis Württembergiae Guilielmi a gymnasio. — Quaeritur de coloniis Judaeorum in Aegyptum terrasque cum Aegypto conjunctas post Mosen deductis, part. I. Stuttgart (Gebr. Mäntler) 27. IX. 1832. 50 S. (5.—) 5386
Gottlob Chph. Jon. Hoffmann (Leomontanus), Carl Gerok (Vaihingen), Aug. Becher (Stuttg.), Gg. Cless (Stuttgart). — Handschr. Widm. an Prof. Oslander.

Cless, Carl (Danzig), De medicamentorum mercurialium usu in cancro. Diss. med.-chir. Präs. Andr. Elias Büchner. Halle (Hendel) 18. I. 1755. 48 S. (5.—) 5385

Cleß, Marie, u. Johanna Huber, unser täglich Brot. 300 erprobte Orig.-Rezepte f. Sonn- u. Werktage. (In Brotform ausgestanzt.) schmal Fol. (64 S.) Stuttgart 897. Levy & Müller. Kart. n. 1. —

Cleß, Osc. Staat u. Familie im Lichte d. künftigen deutschen bürgerlichen Gesetzbuches. Gemeinverständl. dargestellt. 8. (38 S.) Stuttg. 890, Fink. * — 40

CLESS, WILHELM JEREMIAS JACOB: Drittes Jubel-Fest der Buchdrucker-Kunst ... sammt einer Vorrede ... Georg Conrad Riegers. – Gotha 1740.

Cleß, Wlh. Jerem. Jak., zwölf heil. Reden. 8. Stuttg. 752. Metzler. 4 K

Cleß, Wlh. Jerem. Jak., († 175..) getreuer Wegweiser f. arme Maleficanten im Gefängnisse. 8. Frkf. 753. Metzler in St. 12 K

Clessin, Oscar [Dr. med., app. Arzt]: Ueber die giftige Wirkung der Magnesium-Salze.... Würzburg, Druck d. k. b. Hof-Buchdr. v. Bonitas-Bauer, *1891*; 21 S. 8°
Würzburg, Med. Fak., Inaug.-Diss. v. 1891

Clessin, Stephan

Clessin, S., Ancylea, — Anodonta, s.: Martini u. Chemnitz, systemat. Conchylien-Cabinet.

— die Gattung Anodonta, s.: Küster, H. C.

– C h a m a , s. M a r t i n i u. Chemnitz: Systemat. Conchylien-Cabinet.

Die Familie Chitonidae. Bearb. von S[tephan] Clessin. *Nürnberg: Bauer & Raspe 19(03–)04.* (135 S.) 4°
— Martini, Friedr. Heinr. Wilh.: Systemat. Conchylien-Cabinet. Neu hrsg. Bd 6, Abth. 4. [04. 15476

Clessin, S., d. Familie Dentaliidae, s.a. Martini & Chemnitz, systemat. Conchylien-Cabinet.

Die Familie Dentaliidae. Bearb. von S. Clessin. *Nürnberg: Bauer & Raspe 1896.* (48 S., 11 Taf.) 4°
— Martini, Friedr. Heinr. Wilh.: Syst. Conchylien-Cabinet. Neu hrsg. Bd 6, Abth. 5. [illegible]

Clessin, S., deutsche Excursions-Mollusken-Fauna. (In 4 Lfgn.) 1. u. 2. Lfg. 8. (288 S. m. eingedr. Holzschn.) Nürnberg 876. Bauer & Raspe. à n. 2. 50

Clessin, S., deutsche Excursions-Mollusken-Fauna. 3. u. 4. (Schluss-) Lfg. 8. (IV, u. S. 289—581 m. eingedr. Holzschn.) Nürnberg 877. Bauer & Raspe. à n. 2. 50

Clessin, S., deutsche Excursions-Mollusken-Fauna. 2. Aufl. 8. (V, 658 S. m. eingedr. Fig.) Nürnberg 884. 85. Bauer & Raspe. n. 12. —

Clessin, S., die Familie der Ancylinen, s.: Martini u. Chemnitz, systematisches Conchylien-Cabinet. I, 6.

Clessin, S., die Familie der Aplysiidae, s.a. Martini u. Chemnitz, system. Conchylien-Cabinet. I. 8.

Die Familie der Aplysiidae. Von S. Clessin. *Nürnberg: Bauer & Raspe 1899.* (58 S., 14 Taf.) 4°
— Martini, Friedr. Heinr. Wilh.: Syst. Conchylien-Cabinet. Neu hrsg. Bd 1, Abth. 8. [illegible]

— die Familie der Carditaceen. — Die Familie der Chamiden. — Die Familie der Cycladeen, s.: Martini u. Chemnitz, systematisches Conchylien-Cabinet. X, 1., VIII, 5. u. IX, 3.

Die Familie der Eulimidae. Von S[tephan] Clessin. *Nürnberg: Bauer & Raspe (1899–)1902.* (273 S.) 4°
— Martini, Friedr. Heinr. Wilh.: Systemat. Conchylien-Cabinet. Neu hrsg. Bd 1, Abth. 28. [04. 15474

— die Familie der Limnaeiden. — Die Familie der Mytilidae, s.: Küster, H. C.

– die F a m i l i e d. Scalariidae, s. a. M a r t i n i & Chemnitz: Systemat. Conchylien-Cabinet.

Die Familie der Scalariidae. Von S. Clessin. *Nürnberg: Bauer & Raspe 1897.* (76 S., 18 Taf.) 4°
— Martini, Friedr. Heinr. Wilh.: Syst. Conchylien-Cabinet. Neu hrsg. Bd 2, Abth. 13. [illegible]

– die Familie Gastrochaenidae, s. a. Martini & Chemnitz: Systemat. Conchylien-Cabinet.

Die Familie Gastrochaenidae. Bearb. von S[tephan] **Clessin.** Nürnberg: Bauer & Raspe 1895. (57 S., 21 Taf.) 4°
— **Martini**, Friedr. Heinr. Wilh.: Systemat. Conchylien-Cabinet. Bd 11, Abt. 4°. [06. 11907

– Die Familie Malleaceae, s. Küster, H. C.

— die **Mollusken-Fauna Mitteleuropa's.** II. Thl. A. u. d. T.: Die Mollusken-Fauna Oesterreich-Ungarns u. der Schweiz. 5 Lfgn. 8. (II, 858 S. m. eingedr. Illustr.) Nürnberg 887—890. Bauer & Raspe. à Lfg. n. 3.— (I. u. II.: n. 27.—)
I. Thl., s.: Clessin, S., deutsche Excursions-Mollusken-Fauna. 1884.

Clessin (S.), Die Moränenlandschaft der bairischen Hochebene. (Sep.-Abdr. a. d. Zeitschr. d. Deutschen und Oesterreichischen Alpen-Vereins.) (Ohne Druckort und -Jahr.) 8.

— **Mythilacea,** s. **Martini u. Chemnitz, systemat. Conchylien-Cabinet.**

—— s. **Pfeiffer, Louis, malakozoologische Blätter.** — **Pfeiffer, Louis, Nomenclator Heliceorum viventium.**

— die **Familie Pholadea,** s.a. **Martini u. Chemnitz, systematisches Conchylien-Cabinet. XI, 4**

Die Familie Pholadea. Bearb. von S[tephan] **Clessin.** Nürnberg: Bauer & Raspe 1898. (88 S., 21 Taf.) 4°
— **Martini**, Friedr. Heinr. Wilh.: Systemat. Conchylien-Cabinet. Neu hrsg. Bd 11, Abt. 4. [06. 11906

– Physa u. Planorbis, s. Martini u. Chemnitz: Systemat. Conchylien-Cabinet.

– Solenacea, s. Martini u. Chemnitz: Systemat. Conchylien-Cabinet.

Die Familie Vermitidae. Bearb. von S[tephan] **Clessin.** *Nürnberg: Bauer & Raspe 1904.* (124 S.) 4°
— **Martini**, Friedr. Heinr. Wilh.: Systemat. Conchylien-Cabinet. Neu hrsg. Bd 6, Abth. 6. [04. 13477

Cleßler, K.: Aus großer Zeit. – Erinnerungen eines deutschen Feldapothekers des Jahres 1870/71. Stuttgart 1895. 40 S.

Clet, Der selige Märtyrer Franz Regis, Missionspriester vom heiligen Vincenz v. Paul ... Wien 1901. V: *Ertl, Franz.* (EB)

Clettenberg u. Rhoda, Friedr. Aug. von, De jure asseccurationis, Vom Assorantz-Recht. / Diss. jur. Präs. Melch. Dethm. Grollmann. Giessen (Joh. Reinh. Vulpius) 15. III. 1708. 72 S. (5.50) 5389
Widm. v.: Gg. Ludw. Handwerck (Giessen), W. F. C. Setels, Joh. Gg. Söhnlein (Frankfurt/M., dtsch.), W. Kloz (Frkft./M.), M. Lamberti (Jülich), Gg. Jac. Hoefft (Hamburg, dtsch.), Lud. Ad. v. Syvertes, P. C. v. Ruland (Frkft./M.) G. A. Ingram (dtsch.).

– dass. s. a. Grolmann, Melch. Dethmar (Praes.)

Cleve [Sachliches OW]

Ueber Cleve. In Briefen an einen Freund aus den Jahren 1811 und 1814, von *J. A. K.* Frankf. 1822. 8°. (In Düsseldorf, Kgl. Landesbibl.) Selten!

Cleve, über, an einen Freund, aus d. Jahren 1811 u. 14. gr. 8. Frankf. 822. Hermannsche B. 1 ₰

German-An Biog Co. Cleve u sein Dtum. Cleve, 1897-98.

Cleve [Schlagwort]

Cleve, s.a. Deutschland. Karte. (Abt. Preussen.)

— s. a.: **Deutschland**, Uebersichtskarte.

Cleve, s. a. Rheinprovinz, Liebenow, W.

Cleve — Charte vom Herzogthum — worauf zugleich das Fürstenthum Meurs nebst dem Königl. Preuss. Antheil des Herzogthums Geldern zu sehen ist. Nürnberg bey den Homannischen Erben 1777. 1: 250,000. 1 Bl.

Cleve, Kreis. Karte des Kreises Cleve im Reg.-Bez. Düsseldorf. Hrsg. v. der kartograph. Abtheilg. der königl. preuss. Landesaufnahme 1899. Aufgenommen 1892/95. 1 : 100,000. 58×59 cm. Kpfrst. u. kolor. Berlin (R. Eisenschmidt). n.n. 2.—

Cleve, Oberförsterei, s.: Forstkarten.

Cleve, Geldern, Meurs etc. — Special Charte von den Westphaelschen Provinzen — nebst den angränzenden Ländern nach den besten Zeichnungen genau zusammengetragen von D. F. Sotzmann Geheimen Kriegs Secretair und Geograph etc. zu Berlin 1788. Gest. von Carl Jaeck 1790. 1 : 300,000. 1 Bl.

Cleve [Verfasser]

Die Diatomeen von **Astrid Cleve.** *Stockholm 1900: P. A. Norstedt & söner.* (25 S.) 8°
— Beiträge z. Flora d. Bären-Insel. 1.
— **Handlingar,** K. Svenska Vetenskaps-Akademiens. Bihang. Bd 26, Afd. 3, No 10. [03. 11009

Zum Pflanzenleben in nordschwedischen Hochgebirgen. Einige ökolog. u. phänolog. Beiträge von **Astrid Cleve.** Mit 5 Taf. *Stockholm 1901: P. A. Norstedt & söner.* (105 S.) 8°
— Meddelanden från Stockholms Högskola. No 209.
— **Handlingar,** K. Svenska Vetenskaps-Akademiens. Bihang. Bd 26, Afd. 3, No 15. [03. 11034

Cleve, August (Hannover), De laudationibus funebribus sive parentalibus. Präs. Justus Christoph Böhmer. Helmstedt (Gg. W. Hamm) 28. III. 1705. 24 S. (5.—) 5390

-- **Bernhard van** (Bocholt/Westf.), De haemorrhagiis. Diss. med. Bln. (Nietack) 28. XI. 1833. 52 S. mit Biogr. (M.: C. Wehmhoff.) (4.50) 5391
Oppon.: Jos. Bierbaum, Christ. Huemmeler, Carl Rave. — Gew.: Ber. Wehmhoff.

Cleve, Friedrich Karl, s. Cleve, Karl

Cleve, G. L., die Sprache in der wir geboren sind. Eine Anleitg. zum Studium u. Gebrauch des Volksdialekts f. die Kirche u. ihre Diener. 8. (32 S.) Berlin 902. [Meyer & Wunder.] Deutscher Verlag. n. — 50

Cleve, H. B. H., s. Cleve, H. B. X.

Cleve, H. B. X. (Hirsch Jerachim). Der Geist des Rabbinismus, oder: Mein Übertritt vom Juden- zum Christentume. Münster, Coppenrath, 1823, gr. 8°.

Cleve, H. W. X., d. Geist d. Rabbinismus, oder mein Uebertritt vom Juden- zum Christenthume. gr. 8. Münster 824. Coppenrath. 8 ₰

Cleve, Heinr. Bernh. Xav., Soria. Enthaltend: 1. Messianische Stellen aus dem Talmud und übersetzt ins Deutsche. 2. Das jüdische Religionssystem. 3. Übersetzungen der vornehmsten und wichtigsten Gebete der Juden. 4. Der babylonische Mager-Orden. Köln, 1822.

— Soria. Enthalt. Messian. Stellen aus d. Talmud u. s. w. 8. Köln 823. Schmidt. 1 ₰

Cleve, J. G. F., Selbstlehren d. practica arithmetica, oder gründl. abgefaßte Regeln, allerhand arithmet. Aufgaben auf e. leichte Art aufzulösen. 8. Hannov. 795. Hahn. 12 ₰

[Ant. u. ℑ.] **Cleve, Karl**: Nicolais feyner kleyner Almanach. E. Beitr. z. Geschichte d. Würdigg d. Volksliedes. Schwedt a. O., Druck v. F. Freyhoff, 1895; 48 S. 4.
Schwedt a. O., st. Hohenzollern-G, P 1895 (86)

Cleve, Karl: Ein Beitrag zur Behandlung von Goethes Gedicht Mahomets Gesang in unsern höhern Schulen. Schwedt a. O. (1908): Freyhoff. 18 S. 8°
Schwedt a. O., st. Hohenzollern-G OP 1908 (101) [S 08. 59

Cleve, Karl, Prof.: Die sozialen Pflichten unserer Schüler. Rede zur Feier des Geburtstages Sr. Majestät des Kaisers am 27. Januar 1904. Schwedt a. O. 1904: F. Freyhoff. (15 S.) 8° [ℑ.]
Schwedt a. O., st. Hohenzollern-G OP 1904 (05)

Cleve, Karl: Schulandachten über das Gebet des Herrn. *Schwedt a. O. 1898: F. Freyhoff.* (31 S.) 8° [ℑ.]
Schwedt a. O., st. Hohenzollern-G. OP 1898 (85)

Cleve, Otto, approb. Arzt aus Düsseldorf: Über Fetthals. *Freiburg i. B. 1902: Ch. Lehmann's Nachf.* (25 S.) 8°
Freiburg i. B., Med. Diss. v. 1902

Cleve, P. T., und A. Grunow, Beiträge zur Kenntniss der arctischen Diatomeen. Mit 7 (lithogr.) Taf. gr. 4. (121 S. mit 7 Bl. Taf.-Erklärungen.) Stockholm 880. (Upsala, Akadem. Buchhandlung. Berlin, Friedländer und Sohn.) *

Cleve, P. T., u. A. Jentzsch, über einige diluviale u. alluviale Diatomeenschichten Norddeutschlands. [Aus: „Schriften d. physik.-ökonom. Gesellsch. zu Königsberg".] gr. 4. (42 S.) Königsberg 881. (Koch.) n. 2. —

Cleve (P. T.) und Jentzsch (A.), Ueber einige diluviale und alluviale Diatomeenschichten Norddeutschlands. (Sep.-Abdr. aus: Schriften der physikalisch-ökonomischen Gesellschaft zu Königsberg. Bd. 22.) Königsberg i. Pr. 1882. 4. Ebd.

Cleveland, s. a. W e l t w e i s e , D. engl.

Cleveland; oder der irrende Philosoph. Schausp. v. Steffen. Zelle: Gsellius 1765. 8°

Cleveland natürlicher Sohn Cromwell's. Von ihm selbst geschrieben und frei ins Deutsche übertragen von St. Nelly . . . Leipzig 1832. V: *Prévôt d'Exiles, Antoine François.* Ü: *Stricker, Caroline.* (BrVV)

Cleveland, natürl. Sohn Cromwell's. Von ihm selbst geschrieben, u. frei ins Deutsche übertr. v. St. Nelly. 8 Thle. Mit e. Einleit. v. Carl Aug. Böttiger. gr. 12. (28¼ B.) Leipzig 832, Brockhaus.

Cleveland Columbia : Jan. 1873—1879?
Tri-weekly, 1873—74; daily, evening except Sunday, 1875; tri-weekly, 1876; daily, morning except Sunday, 1877—79. For weekly edition, see CLEVELAND COLUMBIA: WOCHENBLATT. For Sunday edition, see SONNTAGSBLATT DER COLUMBIA. Circulation: 1875, 1200; 1878, 800. Edited & published by Joseph Kilian, 1873; by F. X. Kleber, 1874; edited by F. Donner, 1875—79?; published by Columbia Publishing & Printing Co., 1875—77; by Cleveland Columbia Printing Co., 1878; by Lemann & Beck, 1878—79.
Cleveland, OH

Cleveland Columbia : Wochenblatt : 1873—1875?
Weekly edition of CLEVELAND COLUMBIA. Circulation: 1875, 2352.
Cleveland, OH

Cleveland Correspondent : Sept. 14, 1908—1914?
Weekly. Republican, 1808—10; Independent, 1911—14. Circulation: 1911, 4230; 1914, 1634. Edited by Albert Stockvis, & published by Cleveland Correspondent Publishing Co., 1908—10; edited & published by Albert Stockvis, 1911—14.
Cleveland, OH

Cleveland Courier : 1856.
Short duration. Edited by Georg Arnold. Published by Kaufmann & Co., Strongly Democratic.
Cleveland, OH

Wochenblatt des Clevelander Anzeiger : 1871—Sept. 1893.
Weekly edition of CLEVELAND ANZEIGER. Title varies: 1) WOCHENBLATT DES CLEVELANDER ANZEIGER, 1871—76?; 2) CLEVELANDER ANZEIGER: WOCHEN-AUSGABE, 1877—1891?; 3) CLEVELANDER ANZEIGER UND DEUTSCHE PRESSE; WOCHEN-AUSGABE, 1891—93. United with weekly edition of WÄCHTER AM ERIE, to form WÄCHTER UND ANZEIGER: WOCHEN-AUSGABE. Circulation: 1875, 900; 1885, 3257; 1890, 4200.
Cleveland, OH

Cleveland Germania : Jg. 1—18, no. 15, June 1846—1853?
Weekly. Established as a Democratic paper; Whig in 1852; in 1853 again Democratic. Sub-title: Ein demokratisches Wochenblatt der Politik, Neuigkeiten, Landwirtschaft, Unterhaltung und Belehrung, Kunst und Wissenschaft, Handel und Gewerbe gewidmet. Edited & published by Eduard Hessenmüller & Ludwig von Wangelin, 1846—1850; by Ludwig von Wangelin, 1850—51?; by Ludwig von Wangelin & Heinrich J. Nothnagel, 1852—53.
Cleveland, OH

Cleveland Germania : 1869?—1872?
Semi-weekly, 1870—71; tri-weekly, 1872. For weekly edition, see WÖCHENTLICHE CLEVELAND GERMANIA. Circulation: 1871, 2500. Edited & published by Heinrich Gentz, 1879—81; edited by Dr. M. von Lerchenau, & published by J. M. Biermann, 1872.
Cleveland, OH

Wöchentliche Cleveland Germania : 1870?—1872?
Weekly edition of CLEVELAND GERMANIA. Circulation: 1871, 2800.
Cleveland, OH

Cleveland Post : 1886?—1888? **Cleveland, OH**
Independent weekly. Edited by C. F. Thiele.

Sonntagsblatt der Cleveland Post : Feb. 1, 1880—?
Cleveland, OH

Cleven, Karl. Die Haarkur. gr. 8. (61 S.) Berl. 891, [Fried u. Comp.], Steinitz Verlag. * 2 —

Cleven, Karl, die Haarkur. 3. u. 4. Taus. gr. 8. (76 S.) Berlin 893. H. Steinitz' Verl. n. 2. —

Cleven, Karl, Haarpflege u. Haarkrankheiten. 5. umgearb. Aufl. v. desselben Verf. Buch „Die Haarkur". (78 S.) 8. Berlin (905). H. Steinitz. n. 1. 50

— die V e r j ü n g u n g s - K u r. Mit besond. Berücksicht. der Injections-Methode v. Brown-Séquard in Paris. gr. 8. (III, 56 S.) Berlin 890. Fried & Co. n. 2. —

Clever, Aug., Gedichte. Mainz 854. Kupferberg. 16. (IV, 220 S.) 24 ngr.

Clever, August [aus Werden a. d. Ruhr]: Zur Kenntnis der Verbindungen des Selens mit Arsen und Phosphor ... München, Druck v. V. Höfling,- 1896; 59 S. 8.
München, Phil. Fak., Inaug.-Diss. v. 1896

Clever, Eugen: U n t e r s u c h u n g e n über die unmerkliche Wasserverdunstung des menschlichen Körpers. Eine Selbstbeobachtung. Diss. Dorp. 46 pp. mit zwei lithographirten Tafeln. 1864.

Clever, Leopold [aus Carlsruhe]: Die Phenyl-Benzoyl-o-Benzoësäure und ihre Derivate. . . . Freiburg i. Baden, Univ.-Buchdr. v. H. M. Poppen & Sohn, 1889; 58 S. 8°
Freiburg i. B., Phil. Fak., Inaug.-Diss. v. 1889

Clever, W., unser Kronprinz als Hauptmann u. Kompagnie-Chef d. 2. Kompagnie d. 1. Garde-Regiments z. F. (1903—1905). Im Auftrage Sr. kaiserl. Hoheit des Kronprinzen hrsg. (64 S. m. 13 Taf.) gr. 8. Berlin (908). A. Schall. Geb. 1. 50

Cleves, die Prinzessin von, ein Seitenstück zur Zaide von Fr. Schulz, 8. Berlin, 790. Fr. Vieweg. 1 Rthl.
Auch unter dem Titel:
Schulz, Fr. gesammlete Romane, 2r Theil.

Cleves-Symmes, Haven [pr. Arzt aus Berlin]: Untersuchungen über die aus der Luft sich absetzenden Keime. '(Aus d. Kgl. chirurg. Univ.-Klinik d. Herrn Geheimr. v. Bergmann.)' ... Berlin, gedr. bei L. Schumacher, *1892*; 30 S. 8.
Berlin, Med. Fak., Inaug.-Diss. v. 10. Aug. 1892

Clevisch, Anton. Über die Bildung des Mikronucleus bei Ichthyophthirius multifiliis. ⟨Fouquet.⟩ Diss. Vet.-Med. Bern. [Mit 2 Tafeln.] *Kopftitel:* Aus dem zoologischen Institut der Universität München. 20 S. 8. München, Dr. C. Wolf & Sohn, 1904.

Clevisch, Anton: E i n r i c h t u n g und Betrieb von Säuglingsmilchanstalten, s. K ü h n a u , Max

Clevisch, A., die Versorgung der Städte mit Milch. (VIII, 96 S. m. 4 Taf.) 8. Hannover 909. M. & H. Schaper. Geb. in Leinw. 3. —

Clewberg, N. Chr., De harmonia linguae Latinae et Suio-Gothicae I. Diss. 1771. 82 S. 4⁰. 1.20

Clewing, C. Ueber Verbindungen der Pyrotraubensäure mit den Sulfiten der Alkalien und alkalischen Erden. Ein Beitrag zur Lösung der Frage nach der chemischen Constitution der Brenztraubensäure. Leipzig, 1878.

Educational legislation and administration of the colonial governments. By Elsie W. Clews. *New York: The Macmillan Co.; Berlin: Mayer & Müller 1899.* (IX, 8–524 S.) 8°
— Columbia University contributions to philosophy, psychology and education. Vol. 6, No 1–4. [01. 9921

Cleymann, ..., s. Wechsel-Duplikate.

(Cleynmann): „Ueber Wechselduplicate, Wechselabschriften und einige verwandte Gegenstände; ein Beytrag zur Erläuterung des Wechselrechts", Frankfurt a. M. 1807 (Varrentrapp & Wenner). — Vorh.: Bücherei der Industrie- und Handelskammer Leipzig.

(Cleynmann, C. F.): „Materialien für Münzgesetzgebung und dabei entstehende Erörterungen. Staatsmännern und Rechtsgelehrten zur Beherzigung", Frankfurt a. M. 1822. — Vorh.: Preußische Staatsbibliothek Berlin, Com. Bibl. Hamburg, Büch. der Industrie- und Handelskammer Leipzig.

Cleynmann, C. F.: „Nachweisung einer der neueren auffallendsten Münzvalvations-Divergenzen", Frankfurt a. M. 1821.

(Cleynmann, F. C.): „Ueber das Münzwesen", Frankfurt am Main 1802.

Cleynmann, F. C.: „Zusammenstellung einzelner Abhandlungen, welche das Münzwesen betreffen", Frankfurt a. M. 1811.

Cleynmann, Karl

— s. Bibliothek f. Prediger u. Schulmänner.

Cleynmann, K., Gott mein Alles, meine Freude, mein Trost; Andachtsbuch f. gebildete Christen. 8. Wien, Gerold. 814.
Velinp.

Cleynmann, Karl, Gott mein Alles, meine Freude, mein Trost. Ein Andachtsbuch f. gebildete Christen. 3e verb. Aufl. 12. Wien 821. Wallishauser. 1 Rthlr. 4 gr. Schrbp. 1 Rthlr. 12 gr. Velinp. 2 Rthlr.

Cleynmann, Carl, Gott, mein Alles, meine Freude, mein Trost! Ein Andachtsb. f. gebild. Christen. 4. Orig.-Ausg. gr. 12. (16½ B. u. Titlkpfr.) Wien 835, Wallishausser. 1⅓ Thlr., Vlnp.

Cleynmann, Carl, Gott mein Alles, meine Freude, mein Trost! Andachtsbuch für gebildete Christen. 5. Aufl. Wien 854. Wallishausser. 8. (1 Bl., 410 S.) 1 Rthlr. 10 ngr.

— Herzensergießungen vor Gott, oder Empfindungen u. Wünsche eines guten Patrioten. Ein Gebet. 8. Wien 814. Gerold. 2 gr.

— kommet herein! od. Ruf d. Kirche an ihre Kinder; e. Predigt. 8. Wien 815. Gerold. 4 gr.

— d. Krieg vor dem Richterstuhle d. Vernunft u. Religion; e. Predigt. 8. Wien 814. Gerold. 6 gr.

— Predigten. Aus dess. hinterlass. Handschriften gewählt, durchges. u. hrsg. v. Joh. Kollár. 8. (24½ B.) Wien 835, Wallishausser.

— Predigten in den Jahren 1813 u. 14. im Bethause d. evangel. Christen helvet. Confession zu Wien gehalten. 2 Bde. 8. Wien 814. (Gerold). 2 Rthlr. 12 gr. Wallishauser. 2 Rthlr. 16 gr.

— Religionsvorträge. 2 Thle. 8. Wien 802 u. 3. Schaumburg. 1 Rthlr. 12 gr. (A. u. d. T.: Passionsbetrachtt.)

— erster Unterricht im Christenthum für d. noch unerwachsene Jugend. gr. 8. Wien 805. (Schaumburg). 12 gr.

Clias, P. H., Anfangsgründe der Gymnastik oder Turnkunst, Bern 1816, IV u. 167 S., 7 Taf.

Clias, P. H., Anfangsgründe der Gymnastik oder Turnkunst. gr. 8. Bern, Burgdorfer. 817. (Leipzig, Schmidt).

— Kalisthenie, oder Uebungen zur Schönheit u. Kraft f. Mädchen. Mit Vorwort von A. Meckel. Mit 38 Umrißfiguren. gr. 8. Bern 829. Jenni. (Frankf., Streng). 1 Rthlr.

Cliché-Katalog, s. a. Clichés-Katalog.

— [II.—VI. Abtl.] Fol. Lpz., G. Wigand. * 8 65
II. 1. Nachtrag. Nr. 1614—1900. (72 S. Abbildgn.) 876. * 2 —.
III. 2. Nachtrag. Nr. 1901—2188. (36 S. Abbildgn.) 879. * 1 35.
IV. 3. Nachtrag. Nr. 2189—2285. (28 S. Abbildgn.) 886. * 1 35.
V. 4. Nachtrag. Nr. 2286—2386. (24 S. Abbildgn.) 888. * 1 35.
VI. 5. Nachtrag. [Ludw. Richter.] Nr. 2387—2778. (46 S. Abbildgn.) * 2 60.
I. Abtl. Ebd. 1866. * 4 —.

Cliche-Catalog. Nach Orig.-Zeichnungen v. Ludw. Richter A. Strähuber, Fr. Pocci u. A. Fol. (30 Holzschntaf. Basel 880. Riehm. n.n. 1. —

Cliché-Katalog. gr. 4. (56 S. m. eingedr. Holzschn.) Berlin 885. Simion. 3. —

— Verzeichniss v. Holzschnitten aus dem Verlage v. T. O. Weigel Nachfolger in Leipzig. 1. Heft: Kunstwissenschaft. Fol. (III, 38 S. m. Holzschn.) Lpz. 890, Weigel Nachf. * 2 70

Cliché-Katalog. hoch 4. (IV, 52 S. m. Abbildgn.) Berlin 891. Simion. 3. —

— Verzeichniss der aus dem Verlage v. Max Babenzien in Rathenow abzugebenden Bleiabgüsse. Fol. (36 S. m. Abbildgn.) Rathenow 892. M. Babenzien. n. 2. 70

Cliché-Katalog. gr. 4. (IV S. u. 60 S. Abbildgn.) Berlin (902). W. Müller. n. 4. —

— der Buchhandlung L. Auer in Donauwörth. 1. Lfg. Imp.-4. (24 S. m. eingedr. Holzschn.) Donauwörth 884. Auer. n.n. 1. —

Cliché-Katalog der Gebr. Benziger in Einsiedeln. I. Nachtrag, enthaltend humoristische Rebusse. In-4⁰, 100 S. Einsiedeln, Benziger. 1880. 2 50

— von Ferd. Hirt und Sohn in Leipzig. 1. und 2. Lfg. Fol. Leipzig, Hirt und Sohn. à Lfg. ** M 3. **
Inhalt:
Lfg. 1. Genrebilder für Jung und Alt, Silhouetten, Initialen, Porträts und histor. Scenen, Darstellungen aus dem Leben A. H. Francke's, Ansichten aus dem schles. Riesengebirge, naturgeschichtl. Illustrationen, Land und Leute in Südafrika. (80 S. mit eingedr. Holzschn.) 881.
Lfg. 2. Illustrationen, die nur für die deutsche Sprache verwandt werden dürfen. Vignetten, Genre- und Landschaftsbilder aus Nah und Fern. (64 S. mit eingedr. Holzschn.) 884.

Cliché-Lieferant, der. Fachzeitschrift f. graph. Anstalten, Zinkätzereien, Buchdruckereien, Zeitungsverleger. Red.: O. Eysler. 1. Jahrg. 1899. 12 Nrn. gr. 4. (à ca. 12 S. m. Abbildgn.) Berlin, Dr. Eysler & Co. n. 2. —

Cliché-Markt, der. Organ f. Cliché-Handel- u. Illustrationswesen. N. F. d. buchgewerbl. Mitteilungen. Red.: B. Schönfelder. 8.—10. Jahrg. 1896—1898. à ca. 26 Nrn. (à ca. 4 S. m. Abb.) gr. 4. Leipzig, Schäfer & Schönfelder. à Jahrg. n. 2. 40
Kann auch vierteljährlich bezogen werden.

Cliché-Markt, der. Organ f. Cliché-Handel u. Illustrationswesen. Neue Folge der buchgewerbl. Mitteilgn. Red.: B. Schönfelder. 11.—13. Jahrg. 1899—1901. à ca. 26 Nrn. gr. 4. (à ca. 4 S. m. Abbildgn.) Leipzig, Schäfer & Schönfelder. à Jahrg. n.n. 2.40
Fortsetzung s.: Klischee-Markt, der.

Clichés-Katalog, s. a. Cliché-Katalog.

Clichés-Catalog. Fol. (1313 Holzschn. auf 78 Blatt.) Leipzig 866, G. Wigand. *

Clichés-Katalog. [II.—VI. Abtlg.] Fol. Leipzig, G. Wigand. n. 8. 65 (I—VI: n. 12. 65)
II. 1. Nachtrag. Nr. 1614—1900. (73 S. Abbildgn.) 876. n. 2. —
III. 2. Nachtrag. Nr. 1901—2188. (36 S. Abbildgn.) 879. n. 1. 85
IV. 3. Nachtrag. Nr. 2189—2285. (28 S. Abbildgn.) 886. n. 1. 85
V. 4. Nachtrag. Nr. 2286—2386. (24 S. Abbildgn.) 888. n. 1. 35
VI. 5. Nachtrag. [Ludw. Richter.] Nr. 2387—2778. (46 S. Abbildgn.) 891. n. 2. 60

Clichés-Catalog. Verzeichniss der Holzschnitte aus dem Verlage von Alph. Dürr in Leipzig, von welchen Galvano's [Kupferniederschläge] abgegeben werden. Mit Preisverzeichniss. Fol. (88 S.) Leipzig 878, A. Dürr.

Clichés-Catalog. Verzeichniss der Holzschnitte aus dem Verlage v. G. D. Bädeker in Essen, v. welchen Galvano's [Kupferniederschläge] abgegeben werden. Fol. (116 S. m. eingedr. Holzschn.) Essen 880. Bädeker. n.n. 3. —

—— Verzeichnis der Holzschnitte aus dem Verlag von Alphons Dürr in Leipzig, von welchen Galvanos [Kupferniederschläge] abgegeben werden. 2. Abtl. Fol. (S. 89—160 mit eingedr. Holzschn.) Leipzig 881, A. Dürr.
1. Abtl. Ebendas. 1878. ℳ 3.

—— Verzeichniss der Holzschnitte aus dem Verlage von Alphons Dürr in Leipzig, von welchen Galvanos [Kupferniederschläge] abgegeben werden. 3. und 4. Abtl. Fol. (S. 161—308.) Leipzig 885,87, A. Dürr. à Abtl. **ℳ 2.—. **
1. und 2. Abtl. Ebendas. 1878,81. à **ℳ 3.—.

Clichés-Katalog. Verzeichniss v. Holzschnitten aus dem Verlage v. T. O. Weigel Nachfolger [Chr. Herm. Tauchnitz] in Leipzig. 1. Hft. Kunstwissenschaft. Zusammengestellt v. Jul. Vogel. Fol. (III, 38 S. m. Holzschn.) Leipzig 890. T. O. Weigel Nachf. n. 2. —

— der Gebr. Carl & Nicolaus Benziger in Einsiedeln [Schweiz]. 1. Nachtrag: Humoristische Bilder u. Rebusse. hoch 4. (99 S. m. eingedr. Holzschn.) Einsiedeln 880. Benziger. n.n. 2. —

Clichés-Katalog d. Verlagsanstalt Benziger & Co., A.-G., in Einsiedeln, Schweiz. Vollst. m. sämtl. Abdrücken begleit. Auswahl-Verzeichn. d. Buchdruck-Clichés, v. welcher bei obgen. Firma Kupferniederschläge (Galvanos) bezogen werden können. 1. Bd.: Ornamente u. Bilder relig. Inhaltes. gr. Fol. (60 u. 672 S.) Einsiedeln 897. Verlagsanstalt Benziger & Co. Geb. n. 54. —

Clichés-Katalog des Daheim. 1.—4. Bd. gr. 4. (IV, 120; VI, 240 S., 95 Bl. u. VI, 240 S.) Leipzig (894—901). Daheim-Expedition. Kart. à n. 6. 75

— von Ferd. Hirt & Sohn in Leipzig. 1. u. 2. Lfg. Fol. Leipzig, Hirt & Sohn. à n.n. 3. —
1. Genrebilder f. Jung u. Alt, Silhouetten, Initialen, Porträts u. historische Scenen, Darstellungen aus dem Leben A. H. Franckes, Ansichten aus dem schlesischen Riesengebirge, naturgeschichtliche Illustrationen, Land u. Leute in Südafrika. (80 S. m. eingedr. Holzschn.) 881.
2. Illustrationen, die nur f. die deutsche Sprache verwandt werden dürfen. Vignetten, Genre- u. Landschaftsbilder aus Nah u. Fern. (64 S. m. eingedr. Holzschn.) 884.

Clichés-Verzeichniss. Proben der Holzschnitt-Illustrationen von F. A. Brockhaus. 15 Lfgn. Fol. (à 24 Holzschntaf.) Leipzig 870—73, Brockhaus. à Lfg. * 50 Pf. * cart. *

Cliché-Verzeichniß. Proben der Holzschnitt-Illustrationen von F. A. Brockhaus in Leipzig, in Bleiabgüssen und Kupferniederschlägen zu beziehen. 2. Bd. 1. Lfg. Fol. (24 Holzschntaf.) Leipzig 877, Brockhaus. *
1. Bd. Ebendas. 1870—73. *ℳ 7,50.

Clichés-Verzeichniss. Proben der Holzschnitt-Illustr. v. F. A. Brockhaus in Leipzig, in Bleiabgüssen u. Kupferniederschlägen zu beziehen. 2. Bd. 2. u. 3. Lfg. Fol. (S. 25—72.) Leipzig 886. Brockhaus. à n. — 50

Clichés-Verzeichniss. Proben der Holzschnitt-Illustr. v. F. A. Brockhaus in Leipzig, in Bleiabgüssen u. Kupferniederschlägen zu beziehen. 2. Bd. 4. u. 5. Lfg. Fol. (S. 73—120.) Lpz. 889, Brockhaus. à Lfg. * — 50; * 1 —
1. Bd. (15 Lfgn.) u. 2. Bd. 1.—3. Lfg. Ebd. 1870—86. * 9 —.

Clichés-Verzeichniss. Proben der Holzschnitt-Illustr. v. F. A. Brockhaus in Leipzig, in Bleiabgüssen u. Kupferniederschlägen zu beziehen. 2. Bd. 4. u. 5. Lfg. Fol. (S. 73—120.) Leipzig 890. Brockhaus. à n. — 50

Clichés-Verzeichnis v. A. Pichler's Witwe & Sohn, Fortsetzg., s.a. Klischees-Verzeichnis.

Clichés-Verzeichnis v. A. Pichler's Witwe & Sohn, Buchhandlg. in Wien. 1. Thl.: Naturgeschichte. Fol. (64 S. m. Bild.) Wien 897. A. Pichler's Wwe. & Sohn. n. 2. 80

Cliens eucharisticus, ad cultum S. S. Sacramenti eruditus. 12. Augsb. Wolf. 758.

Cliens Marianus gratioso compendio per actiones diurnas . . . Tyrnaviae 1777. V: *Zachar, Andreas.* (Jes)

Cliens Marianus gratioso compendio p. salut. relatis exercitia procedens. 12. Ofen 806. Univ.-B. 6 ℛ

Cliffe, Arth., Elementarbuch d. engl. Sprache, s.: Gräfenberg, S.

— Lehrbuch der engl. Sprache f. höhere Mädchenschulen, Studienanstalten u. Lyceen unter Mitwirkg. v. W. Ellmer, C. A. Hinstorff, Fr. Kraemer u. A. H. Sander. 2 Tle. 8. Frankfurt a/M. 910. M. Diesterweg. Geb. 4. —
1. Elementarbuch. (X, 177 S.) Geb. 1. 80
2. Übungsbuch I. (3. Klasse.) (IX, 220 S. m. Abb., 2 farb. Taf. u. 1 farb. Plan.) Geb. 2. 20

— u. A. Schmitz, Lehrbuch der engl. Sprache f. Mittelschulen u. verwandte Anstalten. Nach den Bestimmgn. üb. die Neuordng. des Mittelschulwesens in Preußen vom 3. II. 1910 bearb. Mit vielen Illustr., 1 Münztaf., 1 (farb.) Karte v. England u. 1 (farb.) Plan v. London. (X, 296 S.) 8. Ebd. 910. Geb. in Leinw. 2. 60

Clifford, Henry, s. Scott, W., ausgewählte Romane. — Swift, J., Gulliver's Voyage to Lilliput.

Clifford, Juno. Eine Erzählung, s. Bibliothek, amerikanische.

Clifford, Paul, s.a. Paul.

Clifford, Paul, s.a. Bulwer, comp. W. Vol. VII. — Uebers., bess. sämmtl. W. (Stuttgart, Metzler.) 24—30. Bdchn., (Zwickau, Gebr. Schumann.) 17—20. Thl. u. einzeln.

Clifford, Paul. Aus dem Engl. übers. von C. Richard. Aachen 1830. V: *Bulwer, Edward Lytton.* (EE)

'Muß ich mich taufen lassen?' Von Dr. John **Clifford** in London. Kassel: Verlagshaus d. deutschen Baptisten (1908). (12 S.) 8° [ʒ.] 105. 10165 4

Clifford, Lucy

Clifford, W. K. Aunt Anne.
s.a. Collection of British authors.

Aunt Anne. By Mrs. W[illiam] K[ingdon] Clifford [d. i. Lucy **Clifford**]. Copyright ed. In 2 vol. Vol. 1. 2. Leipzig: Tauchnitz 1892. 8°
(Collection of British authors. Tauchnitz Ed. Vol. 2857/8.) [11. 7917

— Tante Anna, s.: Engelhorn's Romanbibliothek.

– Mrs. Keith's Crime, s. a. Collection of British authors.

Mrs. Keith's Crime. A record. By Mrs. W[illiam] K[ingdon] Clifford [d. i. Lucy **Clifford**]. Copyright ed. Leipzig: Tauchnitz 1893. 326 S. 8°
(Collection of British authors. Tauchnitz Ed. Vol. 2913.) [11. 7959

Clifford, W. K., the flash of summor, s. a. **Collection of British authors.**

A Flash of summer. The story of a simple woman's life. By Mrs. W[illiam] K[ingdon] Clifford [d. i. Lucy **Clifford**]. Copyright ed. Leipzig: Tauchnitz 1896. 286 S. 8°
(Collection of British authors. Tauchnitz Ed. Vol. 3168.) [11. 8139

Clifford, Mrs. W. K., the getting well of Dorothy, s. a. **Collection of British authors.**

The Getting well of Dorothy. By Mrs. W[illiam] K[ingdon] Clifford d. i. Lucy **Clifford**]. Copyright ed. Leipzig: Tauchnitz 1907. 279 S. 8°
(Collection of British authors. Tauchnitz Ed. Vol. 3967.) [11. 5783

– love-letters of a worldly woman, s. a. Collection of British authors.

Love-Letters of a worldly woman. By Mrs. W[illiam] K[ingdon] Clifford [d. i. Lucy **Clifford**. Copyright ed. Leipzig: Tauchnitz 1892. 278 S. 8°
(Collection of British authors. Tauchnitz Ed. Vol. 2803.) [11. 7871

Clifford, William Kingdon, von der Natur der Dinge an sich. Aus dem Engl. übers. u. hrsg. v. Hans Kleinpoter. Mit e. Einleitg. des Hrsg. üb. Clifford's Leben u. Wirken. (48 S.) gr. 8. Leipzig 903. J. A. Barth. n. 1.20

– a wild proxy, s. a. Collection of British authors.

A wild Proxy. By Mrs. W[illiam] K[ingdon] Clifford [d. i. Lucy **Clifford**]. Copyright ed. Leipzig: Tauchnitz 1893. 272 S. 8°
(Collection of British authors. Tauchnitz Ed. Vol. 2930.) [11. 7969

Clifford, Mrs. W. K., ein sonderbarer Stellvertreter, s.: Engelhorn's allgem. Romanbibliothek. 16. Jahrg. 19. Bd.

— **Mere stories,** s. a. **Collection of British authors.**

Mere Stories. By Mrs. W[illiam] K[ingdon] Clifford [d. i. Lucy **Clifford**]. Copyright ed. Leipzig: Tauchnitz 1909. 254 S. 8°
(Collection of British authors. Tauchnitz Ed. Vol. 4146.) [11. 1865

– the last touches, and other stories, s. a. Collection of British authors.

The last Touches, and other stories. By Mrs. W[illiam] K[ingdon] Clifford [d. i. Lucy **Clifford**]. Copyright ed. Leipzig: Tauchnitz 1893. 278 S. 8°
(Collection of British authors. Tauchnitz Ed. Vol. 2880.) [11. 7931

Clifford, William K., Wahrhaftigkeit. (The Ethics of Belief.) Autoris. Übersetzg. v. Lily v. Gizycki. Mit e. Vorwort v. Geo. v. Gizycki. gr. 8. (VI, 34 S.) Berlin 893. F. Dümmler's Verl. n. — 60

— **Wahrhaftigkeit.** (The ethics of belief.) Autoris. Übersetzg v. Lily v. Gizycki. Mit e. Vorwort v. Geo. v. Gizycki. (2. Aufl.) (Bibliothek der Aufklärg.) (47 S.) 8. Frankfurt a/M. (905). Neuer Frankfurter Verlag. n. — 60

— **The modern way,** s. a. **Collection of British authors.**

The modern Way. (Eight examples). By Mrs. W[illiam] K[ingdon] Clifford [d. i. Lucy **Clifford**]. Copyright ed. Leipzig: Tauchnitz 1907. 279 S. 8°
(Collection of British authors. Tauchnitz Ed. Vol. 3945. [11. 8704

— **a woman alone,** s. a. **Collection of British authors.**

A Woman alone. Three stories. By Mrs. W[illiam] K[ingdon] Clifford [d. i. Lucy **Clifford**]. Copyright ed. Leipzig: Tauchnitz 1901. 272 S. 8°
(Collection of British authors. Tauchnitz Ed. Vol. 3525.) [11. 8197

– woodside farm, s. a. Collection of British authors.

Woodside Farm. By Mrs. W[illiam] K[ingdon] Clifford [d. i. Lucy **Clifford**]. Copyright ed. Leipzig: Tauchnitz 1902. 303 S. 8°
(Collection of British authors. Tauchnitz Ed. Vol. 3584.) [11. 8441

Clifford, W., Versuch im Denken über das Abendmahl. 8. Altona. 765.

Clifford, William Kingdon, s. a. Clifford, Lucy

Prof. William Kingdon **Clifford** ... Ueber die Ziele und Werkzeuge des wissenschaftlichen Denkens. '(E. Vortrag geh. in e. Sitzg der British Associat.)' Deutsche autoris. Ausg. v. Georg Schmidt, kgl. preuss. Premierlt. i. R., u. Dr. Ludwig Silberstein, Assist. ... in Lemberg. *München: (Dr. v. B. Heller; Berlin: Speyer & Peters) 1896.* (1 Bl., 28 S., 1 Bl., 1 Portr.) 1 Bd 8. [96. 9086

Clifton, Anleitung zur Erlernung der englisch-deutschen Umgangssprache, s.: Ebeling.

Clima, Marie, Haushaltungskunde. Ein Lehr- und Lesebuch für Lehrerinnen-Bildungsanstalten und höhere Töchterschulen. 1. Aufl. 8. (VIII, 132 S.) 1870, und 2. verb. Aufl. gr. 8. (VIII, 108 S.) Wien 872, Pichler's Wwe. und Sohn. *

—— dass. — 3. verb. Aufl. gr. 8. (VI, 96 S.) Ebendas. 874. *

Clima, Marie, Haushaltungskunde. Ein Lehr- und Lesebuch für Lehrerinnen-Bildungsanstalten und höhere Töchterschulen. 4. verb. Aufl. gr. 8. (VIII, 108 S.) Wien 876, Pichler's Wwe. und Sohn.

Clima, Marie, Haushaltungskunde. Ein Lehr- und Lesebuch für Lehrerinnen-Bildungsanstalten und höhere Töchterschulen. 5. verb. Aufl. gr. 8. (VIII, 136 S.) Wien 880, Pichler's Wwe. und Sohn. *

Clima, Marie, Haushaltungskunde. Ein Lehr- und Lesebuch für Lehrerinnen-Bildungsanstalten und höhere Töchterschulen. 6. verb. Aufl. gr. 8. (VIII, 130 S.) Wien 886, Pichler's Wwe. und Sohn. *

Clima, Marie, Haushaltungskunde. Ein Lehr- u. Lesebuch für Lehrerinnen-Bildungsanstalten und höhere Töchterschulen, 7., verbesserte Auflage. 8. (138 S.) Wien: Pichler 1891. —.50

Clima, Marie, Haushaltungskunde. Ein Lehr- u. Lesebuch f. m. Volksschulen verbund. spec. Lehrcurse u. f. Fortbildungscurse f. Mädchen. 8., verb. Aufl. gr. 8. (IV, 137 S.) Wien 895. A. Pichler's Wwe. & Sohn. Geb. in Leinw. n. 1.40

CLIMA, Marie
(F) Haushaltungskunde. Ein Lehr- und Lesebuch für mit Volksschulen verbundene specielle Lehrcurse und für Fortbildungscurse für Mädchen. Von Maria Clima. 9. Auflage. Unveränderter Abdruck der mit Erlass des hohen k. k. Ministeriums für Cultus und Unterricht vom 23. November 1895, Z. 22909, für mit Volksschulen verbundene specielle Lehrcurse und für Fortbildungscurse für Mädchen für zulässig erklärten 8., verbesserten Auflage. Wien. 1899. Pichlers W. & S. 8°. 137 S. Geb. fl. —.70

Clima, Marie, Haushaltungskunde. Ein Lehr- u. Lesebuch f. m. Volksschulen verbundene spezielle Lehrkurse u. f. Fortbildungskurse f. Mädchen. 10. Aufl. Nach der neuen Rechtschreibg. bericht., sonst im wesentlichen unveränd. Abdr. der 8., verb. Aufl. (IV, 144 S.) 8. Wien 904. A. Pichler's Wwe. & Sohn. Geb. in Leinw. n. 1.40

Clima, Marie, Haushaltungskunde. Ein Lehr- u. Lesebuch f. m. Volksschulen verbundene spezielle Lehrkurse u. f. Fortbildungsschulen f. Mädchen. 11. Aufl. Unveränd. Abdr. der 10. Aufl. (IV, 144 S.) 8. Wien 908. A. Pichler's Wwe. & Sohn. Geb. 1.40

Climacus, Johannes

Climacus, J., die Leiter zum Paradiese, s.a. Leitsterne auf der Bahn des Heils.

Climacus, Johannes. Die Leiter zum Paradiese, oder: Vorschriften, wodurch eifrige Seelen zur christlichen Vollkommenheit geleitet werden. Aus dem griechischen Urtexte. Nebst seinen übrigen Schriften . . . Regensburg 1834. Ü: *Handwercher, Franz Sales.* (Russell IX, 577)

Climat. (Wetterprognosen f. alle Theile der Nord-Halbkugel der Erde.) Haupt-Red.: N. Demtschinsky. (In russ., französ., engl. u. deutscher Sprache.) Tom. III. 12 Nrn. qu. hoch 4. (à ca. 28 S.) St. Petersburg. (Wien, L. Rosner.) n. 16.—; einzelne Nrn. 1.50

le Clincailleur, s. Wörterbuch kurzer Waaren.

Clincailleur, Le, françois allemand . . . Nürnberg 1792. V: *Ebermeyer.* (Merk)

Clinch, J(ohn) Aldous, aus London: Ueber einige anorganische Kolloide und Metallacetylacetonate. *Göttingen 1904: Dieterich.* (55 S.) 8°
Göttingen, Phil. Diss. v. [25. Juli] 1904

Clinch, J. Aldous, über einige anorganische Kolloide u. Metallacetylacetonate. Diss. (55 S.) gr. 8. Göttingen 904. (Vandenhoeck & Ruprecht.) n. 1.20

Clinge, Franz

— — Antwort an Theodorum Candidum wegen des Cluvers famense Charteque. Berlin 701. 8. mit Kpf.

Clingi(o), Francisc(o), richtiger Wegweiser zur Erforschung der verborgenen Heimlichkeiten der Natur, von —. Berlin 701. 8.

Clingenau, J. C. K. v., der wahre Held, ein Gedicht. 8. Breslau, G. Korn. 767.

v. Clingenau, Jos. Chr., (†) der wahre Held; e. Gedicht. 8. Bresl. 767. W. G. Korn. 4 K

Clingestein, Heinrich: Ueber Menthadiëne. Ein Beitr. z. Ermittlung d. Konstitution auf optischem Wege. Heidelberg 1908: K. Rössler. 58 S. 8°
Heidelberg, Naturw.-math. Diss. v. 4. Nov. 1908, Ref. Curtius
[Geb. 2. Febr. 78 Zeitz; Wohnort: Heidelberg; Staatsangeh.: Preußen; Vorbildung: Gymn. Zeitz Reife O. 97; Studium: Leipzig 4, München 2, Berlin 3, Erlangen 2, Heidelberg 8 S.; Rig. 14. Juli 08.] [U 09. 2038

Clingestein, Karl, Beschreibung der Einweihungsfeier des neuen Seminargebäudes u. einer neuen Klasse d. Dr. Luthersschule in Eisleben am 25. Nov. 1842, nebst den dabei gehaltenen Reden u. einem Vorbericht. 8. Eisleben 843. (Reichardt.) $^1/_4$ ℳ

Clingestein, Otto, a. Zeitz (Prov. Sachsen): Zur Symptomatologie der Ponserkrankungen. Würzburg 1908: F. Staudenraus. (35 S., 12 Tab.) 8°
Würzburg, Med. Fak., Ref. Rieger, Diss. v. 4. Aug. 1908
[Geb. 6. Nov. 72 Zeitz; Wohnort: Würzburg; Staatsangeh.: Preußen; Vorbildung: Gymn. Rudolstadt Reife Okt. 91; Studium: Jena 2, Leipzig 2, Freiburg i. B. 1, Würzburg 14 S.; Coll. 26. Febr. 08; Approb. 11. Jan. 08.]

Clinker Humphrey, s. Klinker.

Clint, Alfr., Anleitung zur Landschaftsmalerei in Oel nach der Natur. Autoris. Uebersetzg. aus dem Engl. v. O. Straßner. 8. (VII, 46 S.) Stuttgart 902. P. Neff Verl. n. —75

Clinton, Lord, die Geheimnisse der Angel- u. Netzfischerei. Aus dem Engl. übers. v. Jak. Ernst v. Reider. 8. (XX u. 92 S.) Jüterbog 849, Colditz. $^1/_2$ ℳ

Clinton, Henr., fasti Hellenici civil. et litterar. Graecor. res ab Ol. LV. ad CXXIV. explicantes. Ex altera Anglici exemplaris edit. conversi a C. G. Kruegero. 4 maj. (68 B.) Lipsiae 830, Vogel. 6 Thlr., Vlnp.

Clinton, Esq. M. A., Henry Fines, Fasti Romani, The civil and literary chronology of Rome and Constantinople from the death of Augustus to the death of Justin II. Vol. I. Tables. gr. 4. Oxford 845. (Leipzig, T. O. Weigel.) n. $17^5/_6$ ℳ

Clinton Anzeiger: 1898?–1920?
Semi-weekly, 1898–1918; tri-weekly, 1919–20. Democratic, 1898–1903; Independent, 1904–14; Independent Republican, 1915–18; Independent, 1919–20. Circulation: 1900, 1105 (est.); 1910, 1516. Title varies: Clinton Journal, 1919–20. Edited & published by Johannes F. Feddersen, 1898–99; by P. A. Domann & M. Henningsen, 1900; by P. A. Domann & C. J. Clausen, 1901–02; by P. A. Domann & Heinsen, 1903–06; by Heinsen & August Burzlaff, 1907–09; by August Burzlaff, 1910–20.
Clinton, IA

Clinton County Correspondent: 1899?–1900? Wheatland, IA
Weekly. Edited & published by J. F. Feddersen.

Clinton County Pionier: Feb. 4, 1874–Apr. 1878
Democratic weekly. Supported Tilden. Circulation: 1875, 1232. Edited & published by Johannes Schuster, Hardin Case & George E. Doying, 1874–76; by Johannes Schuster & Hardin Case, 1876–77; by Hardin Case 1877; by F. Hildebrandt, 1878.
Carlyle, IL

Clinton County Wochenblatt: 1884?–1890?
Democratic weekly. Date-line: Lyons, Iowa. Circulation: 1890, 623. Edited & published by Greisen & Peterson, 1884–86; by S. H. Greisen, 1887–90.
Clinton, IA

Clinton County Wochenblatt: 1885–? Lyons, IA
Weekly. Published by Greisen & Co.

Clio d. i. Gnostologia in baccalauri. Die Allwisserey in einer Schaf-Lorbeer . . . Abel [Halle] 1700. V: *Zeidler, Johann Gtfr.* (Wr)

Clio. Eine Reihe welthistor. Scenen. Mit XVII Kpfr. gr. 8. Wien 833. Sammer. 1 ℳ

Clio, ein unterhalt. Würfelspiel f. jüng. Freunde u. Freundinnen d. Geschichte. 8. (2 B. u. 3 Tab. auf Schreibpap.) Stralsund 836, Löfflersche Buchh.

Clio cantans. Festlieder d. Hist. Gesellsch. f. d. Netzedistrikt zu Bromberg. (Deutsche Gesellschaft f. Kunst u. Wiss., Abt. f. Gesch.) von 1880 bis 1905. Mit Zeichn. von G. Suhr. Bromberg: Deutsche Gesellsch. 1905. (119 S.) 8° [Ant. u. J.] 05. 14078

Clio's Curiositäten-Cabinet, herausg. von Franz Gräffer. m. 1 K. 8. Wien, Gerold. 814.

Clio-Thalia, od. Beleuchtung der Darstellungen auf der Bresl. Bühne, v. Friederike Unzelmann. 8. Bresl. Barth. (Siegert in Liegnitz.) 802.

Clio-Thalia, oder Beleuchtung d. Darstellungen auf d. Breslauer Bühne, von Friederike Unzelmann. 8. Bresl. u. Liegn. 801. (Holäufer). 6 K

Clip . . . . Christn. Leop. Jul. Pulvermacher.

Clip, die Macht d. Gewissens. Drama in 1 Akte. 8. (3 B.) Breslau 832, Schulz u. Comp.

Clipearius, Conrads v. Mure, Teutonicum. [Solothurn 1880.] V: *Liebenau, Theod. v.* (Zuwachsverz. d. Bibliotheken in Zürich 1898 ff., 8.)

CLISANDER (ps.), Einleitung zu der Welt-Weisheit oder Philosophie eines galanten Frauenzimmers. Leipzig, J. C. Cörner, 1720. 8°. (1 fr. 75 cts. Hanke, Zürich, Cat. 94.)
M. M. V. 1719. E 2a; Weller, Lex. Ps. p. 119.

Clisch, J., de corporum mortuorum in vitam reditu, rationi non repugnante sed optime congruente. Dresd. 732. 4.

Clitarchi sententiae, s.: Gnomica.

Clito, Prinz, der Verfolgte, oder der Bruderkrieg. Ein historisch-romantisches Gemälde. Quedlinburg 1826. V: *Müller, Heinrich.* (GGr VI, 402, 67) (Zeitschr. f. Büch. 1923, S. 82)

Clito, Prinz, d. Verfolgte, oder der Bruderkrieg. Ein histor.-romat. Gemälde vom Verf. d. „Albert v. Reinstein." 3 Thle. 8. Quedl. 826, Basse.

Clivia, Leonardus, O. Cap., Regel-Büchlein f. die in der Welt lebenden Mitglieder des 3. Ordens des seraphischen Vaters Franziskus. 10., verm. Aufl. 1. Ausg. in kleinem Druck. (696 S. m. 4 Lichtdr. u. 1 Stahlst.) 16. Einsiedeln (910). Verlagsanstalt Benziger & Co. Geb. in Leinw. 1. 60

Clobes, Wilhelm

Allweg Hoch Zollern! Vaterländ. Bühnendichtung in 1 Akt von Wilhelm Clobes. *Minden i. W.: W. Köhler [1897].* (29 S.) 8° [F.]
— Theater-Bibliothek, Köhlers, f. Vereine. [9.] (ca. 9420

Clobes, Wilh., allweg Hoch Zollern! Vaterländische Bühnendichtg. in 1 Akt (8 Abteilgn.) 8. (29 S.) Minden (898). W. Köhler. — 75

Clobes, Wilh., Rudolf Presber, e. rheinisches Dichterleben. Biographisch-literarische Studie. (VII, 189 S. m. Abb. u. 5 Taf.) 8. Berlin (910). Concordia. 2.—; geb. 3. —

CLOCCI, R., Ungerechtigkeiten u. Grausamkeiten der römischen Kirche im 19. Jahrhundert. Erzählung. Deutsch v. B. Gäbler. 2. Aufl. Altenburg 1845. 8°. (1 Mk. Max Jaeckel, Potsdam, 1910.)

Cloche: La cloche
v. Kolokol

Cloche, la, funèbre de la politique européenne p. Schubart, trad. de l'allemand. 8. Bern. Sociét. Typogr. 800.

Clobb, Edward, die Kindheit der Welt. Ein einfacher Bericht über die Menschen in vorgeschichtl. Zeit. Autoris. deutsche Ausg. 16. (IV, 172 S.) Bremen 876, Nordwestdeutscher Volksschriften-Verlag. *

Clodie, Eduard, Anleitung zur künstl. Fischzucht u. Teichwirtschaft. Zum Selbstunterricht sowie f. Lehrer u. Teilnehmer an Fischerei-Kursen bearb. (79 S.) 8. Berlin 908. P. Parey. Kart. p 1. 50

Clodig, Ant., de ordine et temporibus, quibus Horatius singulas satiras composuerit commentatio. Lex.-8. (44 S.) Tergesti 867. (Görz, Sochar.)

Clodig, Ant., de ordine et temporibus, quibus Horatius singulas satiras composuerit commentatio. Görz 868. Sochar. gr. 8. (44 S.) 8 ngr.

Clodius, Arminius: Fasti Ionici. Halis Saxonum 1882: Ploetz. 33 S., 1 Taf. 8°
Halle-Wittenberg, Phil. Diss. v. [6. Nov.] 1882
Geb. Bremen [3. 3.] 1854. V.
Verf. erlebte die nachträgliche Diplomerneuerung 1933 als Lyzealdirektor in Bremen.

Clodius, Balduinus. Officina Chymica, das ist künstliche spagyrische Zubereitung der animalischen ... Medicamenten ... Oppenheim 1620. H: *Burggrav, Joh. Ernst.* (BrMm) »Franckfurt 1733. H: *Fitzer, Wilhelm*« (BrMm)

Clodius, C. C., de numorum ebraeorum inscriptionibus Samaritanis. Helmst. 1712. 4.

Clodius, Christian (Neustadt/Misn.), De ambidextris. Diss. phys.-ethica. Präs. Samuel Grosser. Görlitz (Mich. u. Jac. Zipper) 2. X. 1716. 12 Bl. (4.80) 5396

— — Praemisse epistola ad florent. societatem Teutonicam Lipsiensem, cum versione graeco-germanica eclogae Virgilii II. ad actum valedictionis. Annaberg (Aug. Val. Fris) 6. IV. 1736. 6 Bl. mit Namen. (1.—) 5397

— — Erotemata quaedam urbem, scholam, et bibliothecam Zwickauiensem attinentia, ad actu publico sub discessum viri Joh. Friedr. Matthaei (Dresden) . . Zwickau (Höfer) 8. IV. 1768. 19 S. (4.—) 5400
Chn. Gottw. Heyden (Hirschfelde/Misn.).

— — Lycei Zwickauiensis inspectores longe gravissimos et, qui bonis litteris favent, omnes ad actum valedict. invit. Zwickau (J. F. Hoefer) 3. V. 1755. 16 S. mit Namen. (3.50) 5399
[Praem.: de numophylacio Zwickauiensi.]

— — De origine, et incrementis bibliothecae Zwickauiensis. Zwickau (J. F. Hoefer) 7. V. 1751. 8 Bl. (3.50) 5398
Frdr. Wilh. u. Joh. Paul v. Vockel (Dresden), Friedr. Leop. Schedlich (Josefstadt/Misn.), Joh. Gottlob Maltz (Zwickau), Joh. Gottlieb Engellmann, Joh. Gottlieb Spitzner (Rhensdorff/Misn.), Joh. Andr. Brischmann (Zwickau), Dietr. Heinr. Gottschaldt (Eybenstock), Joh. Gottlob Pegenau (Dresden), Chn. Aug. Clodius (Annaberg).

Clodius, Christian: Schediasma de Instituto Societatis Philoteutonicae-Poeticae Lipsiae, (1722)., s. Deutsche Gesellschaft.

Clodius, Christian August

Clodius, Chr. Aug., (†d. 30. Nov. 1784.) Dissertationes et Carmina. 8. Leipz. 787. Weidmann. 1 rthl 12 gr

— — Super Quinctiliani judicio de sublimitate Homeri exercitationem orationi solemni. Lpz. (Langenheim) 24. XII. 1764. 70 S. (5.—) 5403

— Gedichte auf die Huldigung des Churfürsten zu Sachsen. 8. Leipz. Crusius (Vogel.). 769.

— — Genethliacon Mariae Augustae. Lpz., Sept. 1782. 6 Bl. mit 2 Vign. (Geyser f.) (3.80) 5407

— — u. **Johann Jacob Frh. v. Uckermann** (Thür.), Harmonides. Diss. de necessitudine litterarum et philosophiae pars prior. Lpz. (Loeper) 6. III. 1779. 59 S. (4.80) 5405

— — Dasselbe. II. 10. III. 1779. 27 S. (2.—) 5406

— Odeum, 6 Stcke. 8. Leipz. 784. Auctor. 1 rthl 12 gr

— — Oratio aditialis. Lpz. (Langenheim) 23. XII. 1764. 26 S. (4.50) 5402

— — Oratio in memoriam divi Jablonovii in consessu societatis scientiarum. 23. XII. 1777. 23 S. (3.80) 5404

— Christian August u. Ernst Platner (Leipzig), Praesidia eloquentiae Romanae. Disput. philos. Lpz. (Langenheim) 10. VII. 1762. 40 S. (4.80) 5401

— Reden am Friedrichstage zum Polleuct u. z. Cannt. gr. 4 Leipz. Crusius (Vogel.). 767—68.

— neue vermischte Schriften. 6 Thle, mit Vign. (5r u. 6r Thl., herausg. v. Julie Fr. Henr. Clodius.) gr. 8. Leipz. 780—87. (Graffé). 6 ℛ 12 gl

— Versuche aus d. Litt. u. Moral. 4 Stcke. gr. 8. Leipz. 767—69. Breitkopf u. H. 1 ℛ 8 gl

Clodius, C. A., Versuche aus der Litteratur und Moral. Leipzig 767. 4 Stücke. 8. (Der Verf. hat sich auf dem Titel nicht genannt, aber unter der Vorrede.)

Clodius, Christian August Heinrich

— — Apologia Hobbesii sive de bello omnium contra omnes tollendo. Lpz. (C. Tauchnitz) 15. VI. 1811. 21 S. (3.50) 5412

— — u. (Respond.) Wilhelm Ferdinand Steinacker (Leipzig), Apologia Ulpiani sive de notione juris gentium a jure naturali accurate distinguendi. Diss. philos. Lpz. (C. Tauchnitz) 12. VI. 1811. 26 S. (4.50) 5411

— s. J. F. H. Clodius, Ed. Montrefeuil.

— — De philosophiae conceptu quem Kantius cosmicum appellat a scholastico ad stabiliendam encyclopaediam disciplinarum philosophicarum accuratius separando. Lpz. (Staritz) 1826. 21 S. (4.50) 5419

— — u. Joh. Aug. Heinroth (Lpz.), De carminis heroici dignitate philosophica et morali. Lpz. (Klaubarth) 6. VI. 1795. 40 S. (4.80) 5409
Gew.: Christ. Gotthelf Frhr. v. Gutschmid (Kleinwolmsdorf).

— — De Aeschyli Danaidibus dissertatio. Scripta creationi 27 philos. doctorum et ll. aa. mag. Rector Gottfried Hermann, Procanc. Wilh. Traugott Krug. Lpz. (Staritz) 17. II. 1820. 30 Seiten. (4.20) 5416
Biogr. v.: Mor. Hugo Carl Kruse, Carl Wilh. Richter, Friedr. Maxim. Oertel, Joh. Gottfr. Hoppe, Const. Mich. F. Kumas, Chn. Heinr. Vent, Chn. Aug. Ackermann, Friedr. Grimm, Joh. Gottlob Aug. Voigtlaender, Adolph Chn. Kretzschmar, Joh. Carl Ballandt, Ernst Dienegott Thomas, Friedr. Wilh. Schubert, Chn. Aug. Baehr, Imman. Friedr. Emil Sander, Albert Forbiger, Heinr. Mor. Chalybaeus, Just. Wilh. Mart. Radius, Joh. Carl Aug. Kleinlein, Carl Leberecht Scheibe, Carl Mor. Fischer, Chn. Carl Balbach, Friedr. Junge, Friedr. Traug. Krausse, Gust. Wilh. Ahner, Ed. Reinhold Lange, Chph. Sigism. Stroebel.

— Christian August Heinrich (Leipzig), De Licinio Rufino jurisconsulto dissert. Präs. Josia Ludw. Ernst Püttmann. Lpz. (Klaubarth) 22. XI. 1791. 28 S. (4.50) 5408
Gew.: Carl Wilh. Müller. — Widm. v. Präs.

— s.a. Entwurf e. Poetik.

— Entwurf einer systematischen Poetik nebst Collektaneen zu ihrer Ausführung. 2 Thle. Leipz. Breitk. u. H.

CLODIUS, Chrn. Heinr. Aug. (Dr. u. o. Prof. d. Philos. zu Leipzig, geb. 21. Sept. 1772 in Altenburg, † 30. März 1836 zu Leipzig), Eros u. Psyche. Ein (nachgelass. zahmes) Gedicht in 12 Gesängen (den Freunden des verewigten Dichters gewidm. [hrsg.] von Wilh. Crusius). Mit hübschem (unsign.) Titelbild. Leipzig, Druck v. J. B. Hirschfeld. 1838. Lex.-8°. (2 Rthl.) (3 Mk. 50 Pfg., Expl. im Orig.-Ppbd., Carl Uebelen, München, 1892.)
2 Bll., X—492 S. (jede mit Einfassung). Lat. Lett. Nur in kleiner Aufl. gedruckt, daher nicht häufig.

Clodius, Chr. Hnr. Aug., Eros u. Psyche. Ein Gedicht in 12 Gesängen. (Den Freunden d. verewigten Dichters gewidmet v. Wlh. Crusius. Mit Titelbd.) Lex.-8. Leipz. 838. (W. Vogel.) 2 ℛ

— — Orationem aditialem. — Excursus in Gellium ad Noct. Att. L XV c. XI de scientia et philosophia. Lpz. (Tauchnitz) 29. X. 1800. 16 S. (4.50) 5410

Clodius C. A. H., s.a. Fedor, od. d. Mensch

FEDOR, der Mensch unter Bürgern. Bruchstücke aus dem Leben eines *** Offiziers (Roman von *Chrn. Aug. Heinr. Clodius*, 1772—1836). 2 Bde. Leipzig 1802. 8°. Zahm.
Vf. nennt sich in der Vorrede. — Goedeke VII, 284, 43, 8.
— — Dasselbe. 2. Aufl. Mit 1 Titelkpf. von Schnorr. Ebd. 1815. 8°. (4 Mk. Südd. Antiqu., 1907.)

Clodius, Chr. Aug. Hnr., Gedichte. 8. Leipz. 794. (Brockhaus). 16 gl Schrbp. 20 gl

— Gedichte. 8. Leipz. (Gleditsch.) 794.

— von Gott in d. Natur, in d. Menschengeschichte u. im Bewußtsein. 1r Bd. 1e u. 2e u. 2r Bd. 1e Abtheil. gr. 8. Leipz. 818—19. Göschen. 3 ℛ 18 gl 2r Thl. 2e Hauptabtheil. A. u. d. T.: Christus in d. Vernunft, oder Gott in d. Geschichte u. im Bewußtsein. 1r Thl. Gott in d. Geschichte. gr. 8. Leipz. 820. Reclam. 2 ℛ 2r Thl. 3e u. letzte Hauptabtheil. A. u. d. T.: Christus u. d. Vernunft, oder Gott in d. Geschichte u. im Bewußtsein. (1r Abschnitt). gr. 8. Ebd. 822. 4 ℛ 12 gl

— Grundriß d. allgem. Religionslehre. gr. 8. Leipz. 808. Tauchnitz. 2 ℛ

— — Ad orationem memoriae Ernestiae. — De jure naturali in artem redigendo. Lpz. (Breitkopf & Haertel) 11. IX. 1817. 12 S. (3.20) 5414

— s. Klopstock's Nachlaß.

— s. Lafontaine, Fabeln.

Clodius, Christian August Heinrich: De animi et idearum obscurarum Natura, s. Cäsar, Karl Adolf

— — De philosophia morum a philosophia morali accuratius separanda. Lpz. (Staritz) 1835. 16 S. (3.20) 5421

Clodius, C. A. H., s.: Seume, J. G., mein Leben.

— s. Seume, Spaziergang.

— Stammtafel aller philosoph. Hauptansichten aus d. Bewußtsein, als Beil. zu dess. Christus u. d. Vernunft. Fol. Leipz. 822, Reclam.

— Stammtafel aller philosoph. Hauptansichten aus d. Bewußtsein, als Beilage zu dessen Christus u. d. Vernunft. Fol. Leipz. 823. Reclam. 4 gl

— — De virtutibus quas cardinales appellant. Diss. Lpz. (Breitkopf & Haertel) 1815. 22 Seiten. (3.50) 5413

— — De virtutibus, quas cardinales appellant. Comment. secunda. Excursus in Galeni libellum: quod mores animi corporis temperamenta sequantur. Lpz. (Breitkopf & Härtel) 17. II. 1820. (Philos. doctorum. creationem.) 13 S. (3.50) 5417
Joh. Gottlob Behringer. — Namen wie Nr. 5416.

— — De virtutibus quas cardinales appellant. Comment. tertia. De ratione quae virtuti cum religione intercedit sive de ethicotheologia. Lpz. (Staritz) 1820. 19 S. (3.50) 5415

— — De virtutibus quas cardinales appellant. Comment. quarta: de virtutibus exemplaribus seu divinis. Lpz. (Staritz) 12. IX. 1825. (Ad orat. memor. Ernestiae). 28 S. (3.80) 5418

— — De virtutibus quas cardinales appellant. Comment. sexta: de functionibus animi in conscientia hominis religiosa a se invicem disjungendis inprimis de ratione. Lpz. (Staritz) 11. IX. 1829. (Nova conscientiae humanae quae recta ratio vocatur Analysis. Qua ad orat. memor. Ernestiae.) 25 S. (4.—) 5420

Clodius, Christ. Heinr. Aug., s. Clodius, Christian August Heinrich

Clodius, G.

— s.: Brot des Lebens.

Clodius, Gustav

Clodius, G., 2. ornithologischer Bericht üb. Mecklenburg f. d. J. 1904. (S. 121 144.) 8. Güstrow 905. (Opitz & Co.) — 50
Sonderabdruck aus: „Archiv d. Ver. d. Freunde d. Naturgesch. in Meckl." — Vom 1. Bericht ist ein Sonderabdruck nicht erschienen.

Clodius, G., der weisse Storch in Mecklenburg, s.: Wüstnei, C.

— die Vögel d. Grossherzogth. Mecklenburg, s.: Wüstnei, C.

Clodius, H., aus der Sagenwelt der Alten, s.: Schönke, K.A.

Clodius, Mens, Ioh., primae lineae bibliothecae lusoriae 8. maj. Lips. Langenheim. 761.

Clodius, Hnr. Jonath., († d. 4. Aug. 1767.) primae lineae bibliothecae lusoriae. 8maj. Leipz. 761. Langenheim. 4 gl

— s. Nachricht v. d. Bibliothek in Dresden.

Clodius, [Hermann]: Geschichte der städtischen Höheren Mädchenschule zu Rastenburg 1821 bis 1909. Rastenburg (1909): Lauter. S. 3—19. 8°
Rastenburg, st. HM P 1909 [228] [S 09. 59

Clodii, J. C., Dissertationes et carmina. Lips. 787. 8. 1 rthl.

Clodius

(— J. G.), Schediasma de jureconsulto philologo sive de studio juris et linguarum jungendo. Wittenberg (J. L. Meisel) 20. I. 1713. 12 Bl. (4.80) 5424
Gew.: Joh. Clodius (Haynensis, Vater).

Clodius, Johann Christian

Clodius, Johann Christian: Excerptum liturgiae Syriacae septimanae Passionis Domini Nostri Jesu Christi. Editum ac notis illustratum a Johanne Christiano Clodio. Lipsiae 1720.

— Lexicon hebraicum selectum in quo voces rariores et obscurae codicis hebraei biblici illustrantur in supplementum Lexici Gussetiani et aliorum quorundam adornatum, gr. 8 Lips. (Walther in Dresden.) 744.

— compendiosum Lexicon latino-turcico-germanicum. 8 Lips. 730.

Clodius, J. C., de nominibus Christi et Mariae arabicis. Lips. 1724. 4.

Clodius, J. Chr. Tarichi sejah, h. e.: Chronicon peregrinantis seu historia ultimi belli Persarum cum Aghwanis gesti. 4. Lipsiae. 1731. 0,75.

— chronicon peregrinantis sive historia ultimi belli Persarum cum Aghwanis gesti ex codice turcico versa. 4. ibid. Gleditsch. 731.

Clodius, Joh. Christ., Theoria & praxis linguae Arabicae h. e. grammatica Arabica .. [s. Schnurrer, Bibl. Arab., no. 95]. Lipsiae 1729.

Clodius, Ioh. Chr., theoria et praxis linguae arabicae. 4. Lips. (Frommann in Jena.) 729.

Clodius, Josef, a. Lohne in Oldenburg: Die Wellenlängen des Elementes Chrom im elektrischen Flammenbogen. Oldenburg i. Gr. [1907]: G. Stalling. (34 S.) 8°
Bonn, Phil. Fak., Ref. Kayser, Diss. v. 5. März 1907
[Geb. 16. Apr. 77 Lohne in Oldenburg; Wohnort: Lohne; Staatsangeh.: Oldenburg; Vorbildung: Gymn. Vechta in Oldenburg Reife M. 96; Studium: München 1, Freiburg i. B. 1, Münster 4, Leipzig 1, Bonn 5 S.; Rig. 19. Dez. 06.]

Clodius, Julie Frieder. Henr., († d. 3. März 1805.), s. Carter, auch Chr. Aug. Clodius, Schriften.

— Eduard Montrefeuil, nach ihrem Tode von ihrem Sohne C. A. H. Clodius herausgegeben. 8. Leipz. 806.

Clodius, O., gegen die Berufung im Strafverfahren. Praktische Bedenken. gr. 8. (16 S.) Altona 894. J. Harder, Verl. n. — 40

Clodius, W. A.

HYMENAEEN, Die, an der Mulda (!). Eine Ode .... (von *W. A. Clodius*). Leipzig 1779. 9
Anon.-Lex. II. p. 307 (nach W. v. Maltzahn). — Rar!

Clodoaldus. Ein Lebhafter Spiegel Göttlicher Vorsichtigkeit ... O. O. 1725. V: *Mensingh, Joh.* (Jes)

CLODOMIRE, oder der Schiffbruch, eine Heldengeschichte. Frankfurt und Leipzig 1775. 8°. Selten! (1/3 Rthl.)
Bibl. J. J. Schwabii II; fehlt in Kayser's Rom.-Verz.

von Cloedt, Ernst [aus Dorsten (Westf.)]: Über Metalltrennungen in alkalischer Lösung durch Wasserstoffsuperoxyd, unter teilweiser Anwendung von Druck ... Dorsten, Buchdr. v. M. J. Reichartz, 1896; 30 S., 1 Bl. 8.
Heidelberg, Naturw.-math. Fak., Inaug.-Diss. v. [10. März] 1896

CLODWIG (d. i. *Ludw. v. Alvensleben*, 1800—68) Der strafende Burggeist oder der Verfall der Harzbergwerke. Geschichtlicher (z. Th. pikanter) Roman aus der Zeit Kaiser Heinrichs IV. Mit Titelbild. Meissen u. Pest, bei F. W. Goedsche u. O. Wigand. 1830. (2. Tit: Histor. Orig.-Romane aus Deutschlands Helden- u. Ritterzeiten. Hrsg. v. G. F. Horvath [d. i. Ewald Chrn. Vict. Dietrich]. Bd. 4.) 8°. 208 SS.

†Clodwig, (L. Heucke.) Glaube, Liebe u. Hoffnung. (...B.) gr. 8. Cottbus 842. [Leipzig, Berger's Buchh.]

— — Der Rachegeist, oder die Strafe des Brudermordes. Ein Roman (mit einigen Schäferscenen). Meissen, bei Friedr. Wilh. Goedsche. 1830. 8°.
2 Bll. u. 312 SS. (2 1/2 Mk., Leihbiblex., Kühl, Berlin, c. 1882; jetzt theurer!)

Clodwig, der Rachegeist, od. d. Strafe d. Brudermörders. 8. (20 B.) Meißen 830. [Leipzig, Vetter u. Rostosky.]

v. Clodwig, Germ., (Lud. Gttfr. Mogen), Gedanken von d. Reichen älterer Zeit. 8. Halle 765. 4 gl

Cloëtta, Viktor, bacc. jur.: Das Lombardgeschäft. Leipzig: Gerhardt 1910. 58 S. 8°
Leipzig, Jur. Diss. v. 13. Juli 1910
[Geb. 12. Juni 80 Bergün; Wohnort: St.-Moritz-Dorf; Staatsangeh.: Schweiz; Vorbildung: Gymn. Chur Reife Juli 02; Studium: Lausanne 3, Leipzig 12 S.; Rig. 26. Juni 09.] [U 10. 2678

Cloëtta, Wilhelm

Cloetta, W., Beiträge zur Litteraturgeschichte d. Mittelalters u. der Renaissance. I. Komödie u. Tragödie im Mittelalter. gr. 8. (XI, 167 S.) Halle a/S. 890. Niemeyer. n. 4. —

Cloetta, Wilh. Beiträge zur Litteraturgeschichte d. Mittelalters u. der Renaissance. I. u. II. gr. 8. Halle a. S., Niemeyer. * 10 —
I. Komödie u. Tragödie im Mittelalter. (XI, 167 S.) 890. * 4 —.
II. Die Anfänge der Renaissancetragödie. (IX, 244 S.) 892. * 6 —.

Cloëtta, Wilh., die Entstehung der Moniage Guillaume. gr. 8. (22 S.) Halle 902. M. Niemeyer. n. — 80
Sonderabdruck aus: „Beiträge z. roman. u. engl. Philol. Festschrift f. W. Foerster".

Cloetta, Wilh., Poème moral. Altfranzösisches Gedicht aus den ersten Jahren d. XIII. Jahrh., nach allen bekannten Handschriften zum ersten Male vollständig hrsg. [Aus: „Roman. Forschgn."] gr. 8. (X, 268 S.) Erlangen 886. Deichert. n. 8. —

Cloetta, Wilh., die enfances Vivien, s.: Studien, roman.

Cloison, la; ou beaucoup de peine pour rien. Comed. en 1Act et en Prosa p. Belen. Braunschweig: Pluchart.

Cloos, Hans: Tafel- und Kettenland im Basler Jura und ihre tektonischen Beziehungen nebst Beiträgen zur Kenntnis des Tertiärs. Stuttgart: Schweizerbart 1910. S. 97—232. 8° ¶ (Aus: Neues Jahrb. f. Mineral., Geol. u. Paläontol. Beil.-Bd 30.)
Freiburg i. B., Phil. Diss. v. 12. Juli 1910, Ref. Deecke
[Geb. 8. Nov. 85 Magdeburg; Wohnort: Cöln; Staatsangeh.: Preußen; Vorbildung: Gymn. i. d. Kreuzgasse Cöln Reife O. 05; Studium: Bonn 2, Jena 1, Freiburg i. B. 6 S.; Rig. 16. Juli 09.] [U 10. 1035

[F.] Aus dem Dorfleben. Humorist. Dichtg v. Wilhelm **Cloos** ... *Cleve: Comm.-Verl. d. Buchh. L. A. Knipping; Dr. v. A. Knipping Siegen i. W. (1898).* (40 S.) 1 Bd 8. [98. 6310

Cloos, Wilh. Twee Liesste. Een Vertellzel in ons Goch'se Modertaal. Gedecht. gr. 8. (7 S.) Goch 890. (Cleve, Knipping.) * — 20

— das versunkene Schloß. [Sage aus dem Clever Lande.] Gedicht. gr. 8. (11 S.) Goch 889. (Cleve, Knipping.) n.n. — 25

Cloos, W., in de Sommer. Een Gedecht in ons Goch'se Modertaal. 8. (4 S.) Cleve 878, (Knipping.)

—— een Vertellzel van den alden Dokter Rademaker en van en mooij Stökske dat öm met 'nen Bu'r passirt es. In ons Goch'se Modertaal gedecht. gr. 8. (24 S.) (Ebendas.) 878. *

—— in de Wenter. Een Gedecht in ons Goch'se Modertaal. 8. (4 S.) (Ebendas.) 878.

Cloppenburg [Schlagwort]

Cloppenburg, s.: Deutschland. Karte (Abt. Preussen). —

Cloppenburg, s.: Deutschland. Übersichtskarte.

– s. Preußen. Meßtischblätter.

Cloquet, Hippolyte

— Icones anatomicae etc., s. *Icones*.

Cloquet, H., Osphresiologie, oder Lehre von d. Gerüchen, von d. Geruchssinne u. d. Geruchsorgane u. von deren Krankheiten. 8. Weimar 824. Ind.-Compt. 2 fl 12 Kr

Cloquet, J(ules) H(ippolyte): Über die Gicht und den Rheumatismus von J.H.Cloquet und C(harles François Simon) Giraudy. Aus dem Französischen bearb. von C(hristian Heinrich) G(ottlieb) Köchy. 70 S. (S. 93 - 162), gbd.

Ilmenau: Voigt 1826
in: Cadet de Vaux, A(ntoine) A(lexis): Neue Heilmethode der Gicht und des Rheumatismus... Übers. von C.(H.) G.Köchy. 2.verm. Aufl. 1826

Cloeren, H., quantitative Analyse durch Elektrolyse, s.: Classen, Alex.

Cloeren, H. Gleichgewichtsbedingungen e. zwischen zwei festen Punkten gespannten Phosphorbronzedrahtes. Uebers. vom Verf. nach dem „Extrait du Bulletin de la Société Belge d'Electriciens de Janvier 1888". gr. 8. (20 S. m. Fig. u. 1 Tab.) Brux. 888. (Braunschw., Schwetschke u. Sohn.) * 1 —

Cloeren, H., ausgewählte Methoden der analytischen Chemie, s.: Classen, A.

Clorer, A., Breisach. Seine Vergangenheit und Gegenwart. Ein geschichtl. Ueberblick nebst Beschreibung der Stadt mit 16 Illustr. Mit einem Vorwort von H. Langer. 8. (56 S.) Breisach 883. (Freiburg i. Br., Stoll und Bader. cart.

Cloricius Gazacus, s. Choricius Gazaeus

Clorinde. Eine Tragödie in 5 Akt. v. H. Löst. gr. 8. Berl. Realschulbuchh. 811.

Cloris und Tirsis in einem Sing- und Schäffer-Spiel fürgestellet auf dem Hamburgischen Schau-Platz im Jahr 1719. [Hamburg.] V: *Conti, Fr. B.* (Antiqu. Seidel, Wien, Anzeiger 5, 1922, Nr. 1021) (Hdschr. Mitth. von G. Herzfeld, Berlin.)

Clorius, das Charakterbild der Königin Luise. Vortrag, in Neubrandenburg am 19. VII. 1910 geh. (31 S.) gr. 8. Neubrandenburg 910. (C. Brünslow.) — 50

Clos, la, biographische Nachrichten. s. Jetzt Flittner in Berlin.

la Clos, der gefährliche Umgang; e. freie Uebersetzung der Liaisons dangereuses. 2 Thle. 8. Frankf. a. d. O. 798 u. 99. (Sander in Berl.) 2 fl 18 Kr

Clos, Adolph [aus Rheydt Rheinpreussen]: Ueber die Carbonsäuren der Benzilhydrazone ... Ludwigshafen a. Rh., Buchdr. v. Weiss & Hameier, 1893; 44 S. 8.
Heidelberg, Naturw.-math. Fak., Inaug.-Diss. v. [27. Juli] 1893

CLOS, Choderlos de la, s. Laclos.

Clos, Eduard Maria

Kreuz und Grab Jesu. Kritische Untersuchg d. Berichte üb. d. Kreuzauffindg v. Dr. Eduard Maria **Clos**, Pfarrer ... (Hrsg.: Simon Schmid, Pfarrer.) *Kempten: J. Kösel 1898.* (VI, 644 S.) 1 Bd 8. [97. 7998

CLOS, Gottfried: Ein Fall von Compressions-Myelitis infolge eines Myxo-Sarkoms der Wirbelsäure (!).- München: Kastner & Lossen 1900. 32 S.
12.7.1900 – Chr 1900/01,18; Jv 1900/01,234
Diss. Ingolst.-Landsh.-Mchn.

Clos, H. W., Anleitung zur Fabrikation für Transformation der Stutzer u. Infanteriegewehre kleinen u. großen Kalibers nach System Amsler. Winterthur 867. Bleuler, Hausheer & Co. 8. (16 S.) 3 ngr.

Close, J. B., neues Taschen-Wörterbuch der deutschen u. engl. Sprache. Enth. die gebräuchl. tägl. u. kaufmänn. Wörter, nebst e. Verzeichniss v. Tauf- u. geograph. Namen, sowie e. Vergleichungstabelle v. engl., amerikan., deutschen u. französ. Münzen, Massen u. Gewichten etc. 24. (VIII, 565 S.) London (901). S. Low, Marston & Co. Geb. in Leinw. n. 1. 60

Close, Karl Freiherr von, s. Closen.

Closen, Karl Frh. von

v. Closen, Frhr., die Armee als militärische Bildungsanstalt der Nation m. besond. Rücksicht auf Bayern. Lex. 8. (VIII u. 187 S. m. 4 Tab. in gr. 4.) München 850, Palm. n. 5/6 fl

— — Nachtrag u. d. T.: Die preuß. Landwehr, was daran getadelt wurde, was davon in Bayern anwendbar. Mit Tab. München 1855. 168 S.

— dass. Zusätze m. Rücksicht auf den neusten Erfahrungen über das preuß. Landwehrsystem — u. die üb. jene Schrift erschienenen Kritiken. Lex. 8 (S. 188—243.) Ebd. 851. n 1/4 fl

— Bemerkungen üb. die von der deutschen Nationalversammlg angenommenen §§ 2 u. 3 des Verfassungs-Entwurfs m. besond. Rücksicht auf d. Verhältniß von Oesterreich zu Deutschland. gr. 8. (72 S.) Frankfurt a. M. 848, Sauerländer 1/4 fl

Closen, v., die preußische Landwehr, was daran getadelt wurde, was davon in Bayern anwendbar. Nachtrag zur Schrift: Die Armee als militär. Bildungs-Anstalt der Nation. gr. 8. (IV und S. 245—412 mit 2 Tab. in 4. und gr. 4.) München 855, Palm's Hofbuchh.
Das Hauptwerk erschien 1850—51, ebendas. und kostet * 1 Thlr. 5 Ngr.

Closen, Karl Frhr. von: Rede gehalten bei Eröffnung der landwirthsch. Erziehungsanstalt in Gern am 4. XI. 1825. München 1825.

v. Closen, K.: Krit. Zusammenstell. der baier. Landes-Kulturgesetze. *München*, Finsterlin. 818. 8. (1 Thl. 12 Gr.)

Close, K. Freiherr von: „Kritische Zusammenstellung der baierischen Landesculturgesetze", München 1818 (Hübschmann)

Closen, K. v., kritische Zusammenstellung der bair. Lands-Kulturgesetze. 8. München, Thienemann. 818.

Closener, Fritsche

Closener, Strassburgische Chronik, s.a. Bibliothek des litterar. Vereins in Stuttgart. 1.

Closener, Fritsche. Strassburgische Chronik. ([Hrg. von] A[dam] W[alther] Strobel [und] Albert Schott.) 8. Stuttgart 1842.
[Bibliothek des Literarischen Vereins in Stuttgart. Publication 1.]

Closener, Fritsche, Strassburgische Chronik, s. Bibliothek des litterarischen Vereins in Stuttgart.

Closmann, J. H., Heiligkeit, die Zierde d. Reichs Messiä. Eine Jubelpredigt, mit Vign. Fol. Kopenh. 789. Schubothe. 12 ℊℊ

Closmann, Karl [Dr. jur., Rechtspracticant in München]: Die Kindstötung historisch-dogmatisch dargestellt. Erlangen, *Druck v. B. Heller, München*, 1889; 40 S. 8°
Erlangen, Jur. Fak., Inaug.-Diss. v. 1889

Closs A, Initiale und Verzierungen für Buchdruck und Kalligraphie. Gezeichnet von A Gnauth u A. (17 T) fol Stuttgart (1877)

Closs, Aug., Victor, Sext. Aurelius.

Closs, G. A., württembergische Wein-Chronik oder Angabe der Preise nebst der Quantität u. Qualität des jeweiligen Weinprodukts vom 9. Jahrhundert an bis auf das laufende Jahr. Stuttgart 857. Quack. 8. (31 S.) 2 ngr.

Closs, G. Aug., mythologische, histor. u. geograph. Anmerkk. zu Schiller's Gedichten. gr. 8. Stuttgart 836. Brodhag. 1/3 ℛ

Closs, G. Aug., mytholog., histor. u. geograph. Anmerkn. zu Schiller's Gedichten. gr. 8. (4½ B.) Stuttgart 836, [Scheible, Rieger u. Sattler.]

— s. Eusebius, Kirchengeschichte.

Closs, Gust., und Otto Frölicher, Rhododendron. Bilder aus den Schweizer Alpen. Mit Illustr. von G. Roux. Beschreibender Text von H. A. Berlepsch. 1. und 2. Aufl. 8 Lfgn. Fol. (100 S. mit 48 eingedr. Holzschn. und 24 Photograph.) München und Berlin 872,73, Bruckmann's Verlag. à Lfg. ℳ 6.; complet geb. mit Goldschn.

Closs, Gust., und Otto Fröl**i**cher, Rhododendron. Bilder aus den Schweizer Alpen. 2. Aufl. München und Berlin 873. Gera, Griesbach's Verlag. geb. mit Goldschn.

—— —— Lake and Mountain Scenery from the Swiss Alps. Twenty-four photographs from original oil-paintings, and forty-eight woodcuts by G. Roux. With text by T. G. Bonney. Grösse: IV. Fol. (148 S.) London 874. München, Bruckmann's Verlag. geb. mit Goldschn.

Closs, G., s. Villeggiatura.

Closs, Gustav Adolf

Fridericus Rex. Zwölf Monatsbilder von G[ustav] Adolf Cloß. Hrsg. von Dr. Ed[ward] Rose. [Neurode: Neuroder Verl.-Anst. 1909.] 13 Taf., 12 Erl.-Bl. 4°

Closs, Hugo, approb. Arzt aus Aalen: Aus d. Kgl. Universitäts-Frauenklinik Tübingen. 38 Fälle von Placenta praevia an der Tübinger Universitätsfrauenklinik in den Jahren 1895—1901 beobachtet. *Tübingen: F. Pietzcker 1901.* (38 S.) 8°
Tübingen, Med. Diss. v. 1901

Clossius, Johann Friedrich

— s. Appollonii Carmen.

— carmen de Cortice Peruviano, remedio variolarum prophylactico, valde limitando. 4. Leyd. 767.

— s. A. C. Celsus, de tuenda.

— epigrammatum in Μάγειρον, medicum Francofortanum, Decas I. l. 8. (1787.)

Clossius, Jh. Fr., († d. ... Juni 1787.) Diss. (praes. G. F. Sigwart) de gonorrhoea virulenta sine contagio nota. 4. Tübing. 764.

Clossius, Johann Friedrich.

Neue Heilart der Kinderpocken ... A. d. Lat übers. ... Ulm 1769. Ü: *Faulhaber, Albrecht Friedrich.* (MI.)

Closs, Johann Friedrich: [Nova variolis medendi Methodus. Deutsch:] Neue Heilart der Kinderpocken, nebst einem Versuch vermischter Beobachtungen zur Erläuterung der Arzneywissenschaft (Vermischte Beobachtungen zur Erläuterung der Arzneykunst). Aus dem lat. übers., mit einigen Anm. Ulm: Bartholomäi 1769. 94 S. 8°

— neue Heilart d. Kinderpocken, nebst e. Versuche vermischter Beobachtt. 8. Ulm 769. (Mayr in Salzb.) 3 ℊℊ

— s. Hippocratis Aphorismi.

— Dav. Macbride, introductio.

— nova variolis medendi methodus. 8. Amst. Schreuter. 767.

— s. God. Plouquet, Commentationes.

— nova variolis medendi ratio. Cum specimine observat. miscellarum rem medicam illustrantium. 8. Amsterd. 766. Schreuter. 8 ℊℊ

— s. Jan. Fr. Solisons.

— specimen observationum criticarum in A. C. Celsum. 4. Traj. ad Rhen. 768.

Clossius, Carl Friedrich.

Clossius, Karl Fr., († d. 10. Mai 1797.) Abhandl. über d. Durchbohrung d. Brustbeins. Aus d. Latein. (v. J. G. Krämer). 8. Marb. 799. Krieger. 5 ℊℊ

Closs, Karl Friedrich: [De Perforatione ossis pectoralis. Deutsch:] Abhandlung über die Durchbohrung des Brustbeins. Von Carl Friedr[ich] Clossius [Closs]. Übers. nebst e. kurzen Anh. von J[ohann] G[eorg] Kraemer. Marburg: Neue akadem. Buchh. 1799. 72 S. 8°

— — u. (Resp.) Johann Caspar Camerer (Sindelfingen), Analecta quaedam ad methodum lithotomiae Celsianam. Diss. anat.-chir. Tübing. (Balz) Aug. 1792. 28 S. (4.50) 5430

Closs, K. Fr., Anm. üb. d. Lehre v. d. Empfindlichkeit u. Reizbarkeit der Theile. Tüb. 8°.

— Anmerkungen über die Lehre von der Empfindlichkeit und Reizbarkeit der Theile. 8. Tübing. Heerbrand. 795.

— Anmerkk. über d. Lehre von d. Empfindlichkeit u. Reizbarkeit d. Theile. 8. Tübing. 795. (Osiander). 5 ℊℊ

— viro illustri Ern. God. Baldinger — in grati animi tesseram. (Eine latein. Ode.) Marb. 789.

— s. Beleuchtung, vorläufige, des gegen Dr. Clossius

— s. Catalogus bibl. qua usus est J. Fr. Clossius.

— über d. Enthauptung. 8. Tübing. 797. (Osiander). 3 ℊℊ

— Hippocratis jusjurandum, carmine elegiaco expressum. Marburg. Cattor. 8. 789.

Clossius, Karl Fridrich: Über die Krankheiten der Knochen. 366 S., gbd.

Tübingen: Heerbrandt 1798

— über d. Krankheiten d. Knochen. 8. Tübing. 798. (Osiander). 1 ℛ

Clossius, Karl Fri(e)drich: Über die Lustseuche. 430 S., gbd.

Tübingen: Heerbrandt 1797

— über d. Lustseuche. 8. Tübing. 797. 2e A. 799. (Osiander). 1 ℛ 4 ℊℊ

Closs, Karl Friedrich: Carl Fridrich Clossius [Closs] über die Lustseuche. 2., verb. Aufl. Tübingen: Heerbrandt 1799. XVIII, 429 S. 8°

— s. J. B. Palletta, Beobacht.

— Diss. de perforatione ossis pectoralis. 8. Tübing. 795.

— Diss. de resorpto et suppresso pure. 8. Tübing. 798.

— s. D. C. Rüdiger, über d. Rettungsmittel ꝛc.

— s. S. Th. Sömmerring, Corporis humani.

Closs, Carl Friedrich, Tractatus de ductoribus cultri litholomi sulcatis. Marburg 1792. 123 Seiten. (1.80) Krieger. 5429
Gew.: C. C. Siebold.

— s. Vertheidigung d. vorläuf. Beleuchtung.

Closs, Oscar [app. Arzt aus Schwäbisch-Hall]: Über die thrombophlebitische Form des Puerperalfiebers ... Tübingen, F. Pietzcker, 1895; 28 S., 2 Bl. Taf. 8.
Tübingen, Med. Fak., Inaug.-Diss. v. 1895

Kepler und Newton und das Problem der Gravitation in der Kantischen, Schellingschen und Hegelschen Naturphilosophie. Von Otto **Closs**, Dr. phil. Heidelberg: C. Winter 1908. (IV, 121 S.) 8° [F.] [08. 17484

Closs, Otto: Das Problem der Gravitation in Schellings und Hegels Jenaer Zeit. Heidelberg: C. Winter 1908. (IV, 43 S.) 8° [F.] ¶ (Erscheint vollst. u. d. T.: „Kepler u. Newton u. d. Problem d. Gravitation in d. Kantischen, Schellingschen und Hegelschen Naturphilosophie.)

Heidelberg, Phil. Fak., Ref. Windelband, Diss. v. 7. Juli 1908

[Geb. 18. Aug. 82 Heilbronn; Wohnort: Heidelberg; Staatsangeh.: Württemberg; Vorbildung: Gymn. Heilbronn Reife M. 01; Studium: Heidelberg 3, Kiel 2, Berlin 5, Heidelberg 2 S.; Rig. 24. Febr. 08.]

Clossius, Walther Friedrich

— — kleine Beyträge z. geschichtl. und natürl. Kenntniß d. Fürstenthums Lippe. Ebendas. 816.

CLOSSIUS, W. F.: Comment. jur. lit. sist. codd. quorund. Mscr. Digesti vet. Stuttg. et Tubing. descriptionem accur. eorumdemq. comparationem; c. praef. Ed. SCHRADERI. *Weimar*, Industrie-C. 818. gr. 8. (2 Thl.)

— Commentatio jurid.-liter. sistens codicum quorundam mscrptrum digestis veteris, Stuttgartiensium et Tubingensis accuratiorem descriptionem eorundemque et inter se, et cum Florentina, Vulgata aliorumque codicum lectionibus comparationem. Cum praef. E. Schröderi. 8maj. Weim. 818. (Ind.-Compt.) 2 ₰

Clossius, Walth. Fr., Diss. sistens specimen descriptionis codicum mscrptum digesti veteris Stuttgartiensium et Tübingensis, cum Florentina, Vulgata, aliisque codicibus collatorum. 8. Tübing. 817.

Clossii, (Walth. Friedr.,) Fragmentum codicis Theodosiani, s. Theodosiani.

— Hermeneutik des röm. Rechts, u. Einleitung in d. corpus juris civilis im Grundrisse. Mit e. Chrestomathie v. Quellen. 8. Riga u. Dorpat 829. (Leipz., Barth). 1 ₰ 6 ℊ

CLOSSIUS, Walth. F.: Hermeneutik d. Röm. Rechts u. Einleit. in d. corp. jur. civ. im Grundrisse. Mit e. Chrestomath. v. Quellen. *Lpz.* Barth. 831. gr. 8. (1 Thl. 6 Gr.)

— de vetustis nonnullis membranis, in bibliothecis rossicis aliisque vicinis extantibus promulsis. Fol. Dorpat 827.

— s. Prodomus Corporis juris civilis.

— s. Theodosiani codicis.

v. Clossen-Haidenburg, Frhr. K. Fd., s. Zusammenstell. krit.

Closset

Motivirend-erläuternde Bemerkungen zu meinem Antrage, betreffend die Phosphorbehandlung der Rachitis nach Kassowitz, von CLOSSET. (Ohne bes. Titelblatt. — Druck: R. L. Friderichs & Co. Elberfeld. 1886.) 8°.

Closset, Georg Albert (Elberfeld), Quaedam de praecipuis morbis qui post operationem cataractae oriri possunt. Diss. ophthalm. Bln. (Jordan) 5. X. 1830. 28 S. mit Biogr. (M.: Ph. Bouhier.) (4.20) 5431
Oppon.: H. Glumm, C. Coblenz, J. Dünzer.

Closset, Car. Frid. Christianus (geb. Kettwig im Rheinl. 2. 8. 1837): De parasitis tractus intestinalis. Berolini (1860). (32 S.) 8°
Berlin, Med. Diss. v. 4. Aug. 1860

Cloßmann, A. v., die Alpenbahnen als Transitverkehrslinien und ihr Einfluß auf die Verkehrswege von Schaffhausen. Vortrag, gehalten am 2. Febr. 1866 im Großrathssaale von Schaffhausen. gr. 8. (24 S.) Schaffhausen 866, Brodtmann'sche Buchh.

de Clossmann, A. La vallée des Dappes et son importance militaire. 8. av. 1 carte. Berne 1858.

Clossmann, August v.

Clossmann, A. v., die Savoyer Frage vom europäischen Standpunkte. Politisch-militärische Beleuchtung. Bern 860. (Blom.) gr. 8. (43 S.) n. 8 ngr.

Clößner, Karl, Luise, Preußens große Königin. Bilder aus ihrem Leben als Gedenkblätter zu ihrem Todestag (19. VII. 1910). (80 S. m. Abbildgn.) 8. Duisburg (910). K. Clößner. nn — 30

Luise, Preußens große Königin. Bilder aus ihrem Leben als Gedenkblätter zu ihrem Todestag (19. Juli 1910). Von Karl **Clößner**, Rektor. Duisburg: Dietrich & Hermann [1910]. 80 S. 8° [10. 4109

Clößner, Karl, Preußen u. das deutsche Reich zu Anfang u. zu Ende d. 19. Jahrh., s.a. Für die Schule aus d. Schule.

Preussen und das deutsche Reich zu Anfang und zu Ende des 19. Jahrhunderts. Vortrag, geh. im J. 1899 von Karl **Clössner**, Lehrer in Koblenz. *Neuwied & Leipzig: Heuser [1899].* (16 S.) 8° [F.]
= Schule, Für die, aus d. Schule. II. 80. [00. 5527 b

Closson, Ernest. Edvard Grieg et la musique scandinave. (Extrait du Guide musical.) Paris-Bruxelles-Leipzig 1892.

Closter, s. Kloster.

Closter, C. E., Gedichte. gr. 12. (9⅛ B.) Nürnberg 841, Stein.

Closter, Ed., fahre fort Zion! Der dreifache Gottesgrund unserer Missionsarbeit. Predigt über Jesaja 49, 8—18 gehalten am Missionsfeste in Nürnberg den 14. Juni 1864 in der Kirche zu St. Lorenzen. gr. 8. (21 S.) Nürnberg 864, Raw'sche Buchh.

Closter, Ed., der Gemein-Gottesdienst und das Kirchenbuch. Eine Erbauungsarbeit. 1. Abthl. A. u. d. T.: Vom allgemeinen Kirchengebete und von der allgemeinen Beichte. Ein Wort der Lehre und Erbauung. gr. 8. (XV und 196 S.) Leipzig 853, Dörffling und Franke. Thlr. *

Closter, Ed., der Glaubenssieg des cananäischen Weibes oder mit welchem Glauben müssen wir nach dem Heile ringen, wenn wir's gewinnen wollen. Predigt über Matth. 15, 21—28 gehalten zu Dresden am Sonntage Reminiscere. gr. 8. (31 S.) Leipzig 853, Dörffling und Franke. *

—— Missionspredigt über Sacharjah 2, 1—13. am Tage der 36. Stiftungsfeier des sächs. Haupt-Missions-Vereins zu Dresden gehalten. gr. 8. (23 S.) Dresden 855, Naumann.

—— und C. F. A. Kahnis, zwei Missionsreden, s. Kahnis.

Closter, Ed., Nordseeklänge. Leipzig 864. Kummer. 8. (XVI, 304 S.) n. 1 ₰ 10 ngr.

—— Trauer- und Gedächtnißpredigt über Spr. Sal. Cap. 20, V. 28: „Fromm und wahrhaftig sein behüten den König und sein Thron bestehet durch Frömmigkeit". Zu Ehren unsers uns plötzlich entrissenen, geliebten Landesherrn, weil. Sr. Maj. Hrn. Friedrich August, König von Sachsen, gehalten Sonnabends den 2. Septbr. 1854 zu Rötha. gr. 8. (18 S.) Leipzig 854, Dörffling und Franke. *

Closter, Friedrich Lorenz von Jemgumer: Museum Closterianum sive Catalogus rerum tam arte factarum, quam naturalium, tam exoticarum, quam domesticarum, ex triplici naturae regno, quas Fridericus Laurentius von Jemgumer Closter. . . . paravit atque coll. Halae Suev. 1746. 60 S. 8°

Closterfrau, die vollkommene, welche unter der Regel des Erzvaters Benedicti streitet, 4. Constanz. 753.

Closterhalfen, Balthasar (geb. am 20 Juni 1852 in Neuss): Anwendung der Jacobi-Hamilton'schen Methode auf die Bewegung eines Punktes, der von zwei festen Centren angezogen wird und gezwungen ist, auf einer Kugel zu bleiben . . . Bonn, Druck v. C. Georgi 1874. 15 S. 4.
Bonn, Phil. Fak., Diss. v. 10 Jan. 1874

Closterhalfen, Balthasar Zur Behandlung der Kubatur der Kugel und einzelner Kugelstücke. 8 S. **Progr.** G. *Duisburg* 1879.

CLOSTERLIEBE, Die flüchtige. (Aus d. Französ.) Hannover, Helwing, 1749. 8°.

— — Dasselbe, tit.: Die entflohene Closterliebe. Delitzsch, Vogelgsang, 1749. 8°.
Beide seltene Ausgaben im Cat. Monath II. Nürnb. 1783. p. 622 angezeigt.

Clostermeier, Chrn. Glieb., s. Clostermeyer, Christian Gottlieb.

Clostermeyer, Christian Gottlieb

— s. 1) Auszug aus d. Lippeschen Landesgesetzen. 2) kl. Beiträge z. Kenntniß d. Fürstenthums Lippe.

Clostermeyer, Chr. Gli., krit. Beleuchtung der von Seiten der Landstände d. Fürstenth. Lippe d. deutschen Bundesversamml. übergeb. Druckschrift unter d. T.: Darstell. der in d. Lippe-Detmoldschen Landen besteh. landständ. Verfassung. Fol. Lemgo 818. Meyer. 1 ℛ 12 ℊ Schrbp. 1 ℛ 20 ℊ

Clostermeyer, Chr. Gli., d. Eggersterstein im Fürstenthum Lippe. gr. 8. Lemgo 824. Meyer. 12 ℊ

Clostermeier, Chrn. Glieb., der Eggesterstein im Fürstenthum Lippe. Eine naturhistor. u. geschichtl. Monographie. 2., m. Verbessergn., Nachträgen u. Urkunden verm. Aufl. v. Ernst Helwing. gr. 8. (XVI u. 120 S.) Lemgo 848, Meyer. 1/2 ℛ

— wo Herrmann den Varus schlug; drei verschied., durch d. neuesten Untersuchungen über diesen Gegenstand veranlaßte Aufsätze. gr. 8. Lemgo 822. Meyer. 1 ℛ 4 ℊ (283 Seiten).

Clostermeyer, Georg Erasmus (Regensburg), Mendaciorum poenas. Exercit. circ. Präs. Joh. Georg Fichtner. Altdorf (M. D. Meyer) März 1721. 28 Seiten, tlws. dtsch. (5.—) 5432
Widm. v.: Präs., Paul Wachau (Nürnberg), J. A. Laubenter, M. C. H. Pfaffreutter (dtsch.), M. Roesner (Nürnberg, dtsch.), J. J. Fuchs (Regensburg, dtsch.), J. J. Lehner (dtsch.).

Clostermeyer, (Petr. Henr.) Guil. (geb. Falkendieck bei Herford): De tussi convulsiva. Berolini (1841). (27 S.) 8°
Berlin, Med. Diss. v. 13. Sept. 1841

Clöter, Hört ihr Kinder, das Himmelreich wird bald kommen! 8. Basel, Spittler. 1871 —. 15

Clöter, Ch. Mor. Ad., Entwurf e. Schulordnung, nebst Sittenspiegel u. Schul-Gesetzen für die protest. deutschen Schulen des Schulen-Distriktes Leipheim in Baiern entworfen. 8. (Mit 2 Tabb.) Ulm 838. (Wohler.) 1/8 ℛ

—— Sittenspiegel u. Schul-Gesetze f. deutsche Schulkinder &c. 8. Ulm 838, (Wohler'sche Buchh.)

Clöter, Chrph., Auflösung der geheimen Zahl 666 in der Offenbarung St. Johannes, oder: einzig richtiger Schlüssel zum Verständniß der jetzigen Weltereignisse und der Napoleon. Herrschaft. 8. (82 S.) Augsburg 860. (Lindau, Stettner.)

Clöter, Christph., Auflösung der geheimen Zahl 666 in der Offenbarung St. Johannis Kap. 13. V. 18 als Schlüssel zum Verständniß der jetzigen Weltereignisse und des Napoleonismus. 3. Aufl. gr. 8. (48 S.) Leipzig 874, C. A. Koch. *

Clöter, Chrph., Auflösung der Zahl des Gegenchristus 666 in der Offenbarung Johannes Kap. 13, nebst einer leichtverständl. Erklärung des ganzen Buches, als Schlüssel zum Verständniß der jetzigen Weltlage, durch (eingedr. Holzschn.) Bilder erläut. 4.—6. Aufl. 8. (IV, 62 S.) Weiltingen 879—84. (Leipzig, C. A. Koch's Verlagsh.) *

Clöter, Chr., der Baum des Lebens mitten im Garten oder das Mahl der Danksagung als Mittelpunkt des christl. Glaubens und Lebens und des Herrn Versöhnungstod als Zugang zum Baum des Lebens dargestellt. gr. 8. (80 S.) Leipzig 875, C. A. Koch's Verlagsh. *
Aus: Brüderbote, besonders abgedruckt.

—— die sieben Bundesschließungen Gottes mit der Menschheit und der Israel Gottes, nebst einer erklärenden Lith., als summar. Inhalt der heil. Schrift und Grundlage des Glaubens an das kommende Königreich Jesu Christi. 8. (102 S.) (Ebendas.) 881. cart.

Clöter, Chrph., das ewige Evangelium vom kommenden Weltreich des Messias. Die Lehren der allgemeinen apostol. Kirche aus dem Zusammenhange der Evangelien und der Episteln des Kirchenjahres gezogen, in Betrachtungen über die sonn- und festtägl. Evangelien und Episteln nebst einer gemeinfaßl. Deutung der Offenbarung des heil. Johannes. Lex.-8. (XVI und 298 S.) Augsburg 861. Nürnberg, Raw'sche Buchh. *

—— das ewige Evangelium vom kommenden Königreich Jesu Christi. Die Lehren der allgemeinen apostol. Kirche aus dem Zusammenhange der Evangelien und der Episteln des Kirchenjahres gezogen in eine Perikopen-Harmonie über die sonn- und festtägl. Evangelien und Episteln, nebst einer gemeinfaßl. Erklärung der Offenbarung des heil. Johannes. 2., ganz umgearb. Aufl. gr. 8. (XXXII, 336 S.) Ansbach 872. (Leipzig, Hartmann.) *

—— das ewige Evangelium vom kommenden Königreich Jesu Christi. Die Lehren der allgemeinen apostol. Kirche, aus dem Zusammenhange des Evangeliums und der Epistel eines jeden Sonntags gezogen in einer Perikopen-Harmonie über die sonn- und festtägl. Evangelien und Episteln. 3. Aufl. gr. 8. (XXX, 336 S.) (Ebendas.) 884. [illegible] ℳ 2,50.; geb. [illegible]

Clöter, Chrph., Eine Heerde unter Einem Hirten im Königr. Jesu auf Erden vor dem jüngsten Tag. Biblische Weissagungen erläutert in kirchl. Betrachtungen vom XXII. Sonntag nach Trin. bis zur Epiphanienzeit. 1—3. (Titel-)Aufl. gr. 8. (160 S. mit 5 Stnt., wovon 3 in Buntdr., in Fol. und qu. Fol.) Stuttgart (859)60, Schaber. Thlr. *

—— Eine Heerde unter Einem Hirten im Königreich Jesu auf Erden. Biblische Weissagungen, erläutert in kirchl. Betrachtungen vom XXII. Sonntag nach Trinitatis bis zur Epiphanienzeit. 4. Aufl. 8. (VIII, 152 S. mit 5 lithogr. Taf. auf 1 Bl. in gr. Fol.) Stuttgart 877, (Schaber'sche Buchh.) *

Cloeter, E., die Beförderung des Blutumlaufs durch Cloeter's allgemeine innere Massage zur Heilung u. Verhütung v. Krankheiten. (Hämokinetische Therapie.) Mit e. Zustimmungs-Erklärg. v. Bilfinger. Grössere Ausg. gr. 8. (50 S.) Würzburg (901). Selbstverlag. 1.20

Cloeter, E., die Beförderung des Blutumlaufs durch Cloeter's allgemeine innere Massage zur Heilung u. Verhütung v. Krankheiten. (Hämokinetische Therapie.) Mit e. Vorworte v. A. Kühner u. e. Zustimmungs-Erklärg. v. Bilfinger. 3. verm. Aufl. (46 S.) 8. Würzburg (905). Pappenheim (Bayern), E. Cloeter. (Nur direkt.) n. 1.20

Cloeter, E., e. neue Art „Massage". Sichere Selbsthilfe b. Gesundheitsstörgn. gr. 8. (14 S.) Würzburg 896. Selbstverl. — 50

Clöter, Florian, Erinnerungen eines alten Mannes aus der Zeit der Wiedererweckung der deutschen Turnkunst 1817—1818, m. d. Bildn. Jahns, Hof 1878, 34 S., 8°.

Clöter's, Florian, Kochofen. gr. 4. (1 B. u. 1 Steintaf. in qu. 1/2 gr. Fol.) München 838.; Hof u. Wunsiedel, Grau. 1/4 ℛ

— das Trocknen u. Dörren mit erhitzter Luft, nach e. eigenthüml. u. erprobten Weise, wo durch wenig Aufwand an Brennstoff bei völliger Feuersicherheit ein schnelles u. bequemes Trocknen erreicht wird. Mit 10 lith. Taf. gr. 8. Hof 837. Grau. n. 2/3 ℛ

Cloeter, Florian, wie soll man neue Brot-Backöfen erbauen u. alte verbessern? Mit 1 Zeichn. 8. München 843. (Fleischmann.) n. 1/4 ℛ

Cloeter, H. Fr. Fl. (Pfarrer) „Einige Worte über den Lehrgang in technischen Schulen". pg. 11—16. 4°. Bayreuth, F. C. Birner[illegible]
Wunsiedel, Progr. 1836/37

Cloeter, J. F., De particula ἄν disputatio. Pr. 1844. 10 S. 4°.

Cloeter, J. F., De educatione ab antiquitatis scriptoribus, quos dicunt, classicis repetunda. Pr. 1831. 7 S. 4°. —.50

Disputatio, qua de particula ἄν agitur. Scrips. Cloeter, [illegible]. — 1844. B., Hoereth. - S. 3—9.
Progr. Bayreuth

Clotilde oder die Taufe, s. Gnaden, die, des Christenthums.

Cloetta, Arnold, von Zürich: Diffusionsversuche durch Membranen mit zwei Salzen. Zür. E. Kiesling Dr. 1851. 28 S., 2 Bl., 1 Taf. 8°.
Zürich, Med. Diss. [v. 29. Nov. 1851].

Cloetta, Arn., Diffusionsversuche durch Membranen mit zwei Salzen. Inauguraldissertation. gr. 8. (29 S. mit 1 Stnt. in gr. 4.) Zürich 851, (Meyer und Zeller.) *

Cloetta, A., Grundzüge der Arzneiverordnungslehre. 8. (VIII, 114 S.) Freiburg i. Br. 883, Mohr. geb.

Cloetta, A., Lehrbuch der Arzneimittellehre, nebst Anleitung zu Arzneiverordnungen. gr. 8. (XI, 332 S.) Freiburg i. Br. 881. Mohr. n. 6.—

—— Lehrbuch der Arzneimittellehre und Arzneiverordnungslehre. 2. verm. und verb. Aufl. gr. 8. (XII, 379 S.) Ebendas. 883.

Cloetta, A., Lehrbuch der Arzneimittellehre und Arzneiverordnungslehre. 3. verm. und verb. Aufl. gr. 8. (XIV, 382 S.) Freiburg i. Br. 885, Mohr. *

—— dass. — 4. umgearb. Aufl., hrsg. von Wilh. Filehne. gr. 8. (XII, 383 S.) Ebendas. 887. *

Cloetta's, A., Lehrbuch der Arzneimittellehre u. Arzneiverordnungslehre. 5. umgearb., und 6. Aufl., hrsg. von Wilh. Filehne. gr. 8. (XII, 364 S.) Freib. i. Br. 889, J. C. B. Mohr. geb. * 7 —
—— dass. — 7. unter Berücksicht. d. 3. Ausg. d. Arzneibuchs f. das Deutsche Reich umgearb. Aufl. Hrsg. v. Wilh. Filehne. gr. 8. (XII, 358 S.) Ebd. 890. * 6 —

Cloetta's, A., Lehrbuch der Arzneimittellehre u. Arzneiverordnungslehre. 7., unter Berücksicht. der 3. Ausg. d. Arzneibuchs f. das Deutsche Reich umgearb. Aufl. Hrsg. v. Wilh. Filehne. gr. 8. (XII, 358 S.) Freiburg i/B. 891. J. C. B. Mohr. n. 6. —; geb. in Leinw. n. 7. —

Cloetta, A.: Lehrbuch der Arzneimittellehre und Arzneiverordnungslehre. 7. umgearb. Aufl. hrsg. von Wilhelm Filehne. Freiburg i. B. 1892. XII, 358 S.

— dasselbe. 8., verb. u. verm. Aufl., hrsg. v. Wilh. Filehne. gr. 8. (XII, 371 S.) Ebd. 893. n. 6. —; geb. in Leinw. n. 7. —

Cloetta's, A., Lehrbuch d. Arzneimittellehre u. Arzneiverordnungslehre. 9., wesentl. verb. u. verm. Aufl. Unt. Zugrundelegg. d. Arzneibuches f. d. Deutsche Reich (3. Ausg. u. Nachtrag 1895), sow. d. Editio III d. Pharmacopoea Helvetica hrsg. v. Wilh. Filehne. gr. 8. (XII, 356 S.) Freiburg i/B. 896. J. C. B. Mohr. n. 6. —; geb. n.n. 7. —

Cloetta's, A., Lehrbuch d. Arzneimittellehre u. Arzneiverordnungslehre. 10., theilw. völlig neubearb. Aufl. Unter Zugrundelegg. des Arzneibuchs f. das Deutsche Reich. (4. Ausg.) sowie der Editio III der Pharmacopoea Helvetica hrsg. v. Wilh. Filehne. gr. 8. (XII, 421 S.) Tübingen 901. J. C. B. Mohr. n. 6. 50; geb. n.n. 7. 50

Cloetta, M[ax]. med. pract., [von] Zürich: '(Aus dem anatomischen Institut in Zürich.)'. Beiträge zur mikroskopischen Anatomie des Vogeldarmes. Hierbei eine Tafel. S. A. aus: Archiv f. mikroskop. Anatomie. Bd 41 (S. 88—119). Bonn F. Cohen 1893. 2 Bl., 32 S., 1 Taf. 8°.
Zürich. Med. Diss. [v. 25. Febr. 1893].

Cloetta, M[ax]. Ueber die Kumulativwirkung der Digitalis. (Nach einem Vortrag gehalten in der Gesellschaft der Aerzte in Zürich.) Separatabdruck aus der Münchener medizinischen Wochenschrift, [Jahrg. 53,] No. 47, 1906. II + 8 S. 8. ⟨München, J. F. Lehmann.⟩

Cloetta, M. [Dr. med. aus Zürich]: Ueber die Uroprotsäure, einen neuen Bestandteil des Harnes. Leipzig 1898. 11 S. 8°. (S. A. aus dem „Archiv für experimentelle Pathologie und Pharmakologie", Bd. XL.)
Zürich. Med. Habil.-Schr. 1897/98.

Cloetta, M[ax]. Ueber die Ursache der Angewöhnung an Arsenik. (Von) M. C' in Zürich. Sonderabdruck aus dem Archiv für experim(ent). Pathologie u. Pharmakologie, Band 54. III S. + S. 196—205. 8. Leipzig, F. C. W. Vogel, 1906.

Cloetta, M[ax], und Fischer, H[eya] F. Ueber das Verhalten des Digitoxins im Organismus. (Von) M. C' und H. F. F' in Zürich. Sonderabdruck aus dem Archiv für experim(ent). Pathologie u. Pharmakologie, Band 54. III S. + S. 294—313. 8. Leipzig, F. C. W. Vogel, 1906.

Cloetta, Viktor, s. Cloëtta.

Cloetta, Wilhelm, s. Cloëtta.

Clotten, F. E., Süd- und Südost-Afrika. Ein Beitrag zum Handel und der Politik dieser Länder. gr. 8. (28 S.) Liverpool 885. (Gera, Genschel.) *

Clotten, [Franz Josef]: Saar- und Mosel-Weinbau-Karte für den Regierungsbezirk Trier. Angefertigt 1868 unter der Leitung des Steuerrath [Franz Josef] Clotten. Gez. durch [Adam Georg] Dienz. Maßstab 1:50 000. 4., veränd. Aufl. Trier: Lintz 1906. 127,5 x 35 cm [Lithogr. kol.] -- 121
--- Dass. 2. Aufl. Ebd. 1890. [Zit. nach Georg: Schlagwortkatalog]

Clotten, M., s.a. **M.-Clotten.**

Clotten, M., China u. Japan. gr. 8. (VIII, 146 S. m. Ill.) Leipzig 898. W. Friedrich. n. 3. —

Clottenus, Ananias, thymiama devotionis. Sive devotissimae selectissimaeque preces et exercitia saecularibus atque religiosis accommodatissimae. Novam et auct. edit. cur. Mich. Sintzel. 16. (17½ B. u. 1 Kpfr.) Landishuti 813, libr. Thomann. -

Clottu, Bernard [médicin-chirurgien, ancien assistant à l'hôpital Jenner]: Contribution à l'étude de la cure radicale des hernies chez l'enfant. Neuchâtel 1902. 55 S. 8°.
Bern. Med. Diss. 1901/1902.

Clottu, E., u. Th. Hansing, Französ. Lesebuch f. die mittleren Klassen höherer Lehranstalten. gr. 8. (VIII u. 328 S.) Lüneburg 849, Engel. 5/6 ₰

de la Clotùre, Lepeck, prakt. Anleit. f. Aerzte, Beobachtt. nach hippokrat. Grundsätzen anzustellen; aus d. Französ. u. mit nützl. Anmerkk. versehen. gr. 8. Leipz. 785. Weygand. 1 ₰ 20 ₰

— Samml. v. Beobachtt. über d. epidem. Krankheiten d. J. 1763—77. Aus d. Französ. gr. 8. Altenb. 788. Hennings in Neisse. 1 ₰ 12 ₰

— Sammlung von Beobachtungen über die epidemischen Krankheiten der Jahre 1763—77, a. d. Franz. gr. 8. Altenburg, Richter. (Acad. Buchhandl. in Jena.) 788.

— medicin. Topographie d. Normandie; aus d. Französ. v. Chr. Hnr. Schreyer 1., mit e. Vorrede v. J. C. G. Ackermann. gr. 8. Stendal 794. Franzen u. Gr. 1 ₰ 8 ₰

Clotz, Heinr., Gedächtnißrede auf d. am 24. Juni 1832 verstorb. Großhrzgl. Hess. Hofpred. D. Ernst Zimmermann, gehalt. am 6. Aug. 8. (1 B.) Darmstadt, Leske.

Clou, le, de la mode. Journal special pour modèles parisiennes. 1. année. März—Novbr. 1901. 9 Nrn. gr. Fol. (à ca. 4 S. Text in deutscher u. französ. Sprache m. Abbildgn. u. farb Modebildern.) Leipzig, Hoffmann & Ohnstein. n. 18. —
Mehr nicht erschienen.

Clou, R., s. Mouthon-Affaire.

Cloud, Red., s.: Grenzpanorama.

Cloud, Red, Captain [Pseud.], s. Lay, Max

Clouet, ..., Mémoires sur diverses espèces des plantes propres à servir de fourrage aux bestiaux. gr. 4. Erfurt 780. Keyser. 7 ₰

Clougoud, Anas, Liebesgeschichten, s. Liebesgeschichten.

Clouston, T[homas] S. Die Gesundheitspflege des Geistes von Prof. T. S. C'. (Aus dem Englischen übersetzt von Dr. [Richard] Dietze.) Mit Vorwort, Anmerkungen, und einem neuen Kapitel versehen von Prof. Aug(ust[e]) Forel (Yvorne, Schweiz). 1.—5. Tausend. (Einbanddecke von E[ugen] Orlowskj in München.) VIII + 328 S. 8. München, Ernst Reinhardt, 1908. [geb. M. 2. 80]

Clouth, F. M.

Clouth, M. Kalender für Messkunde auf 1887. Trier 1886. 12.

Clouth's Kalender f. Messkunde a. d. J. 1898. 25. Jahrg. (1. Thl.) 12. (XVI, 16 S., Schreibkalender u. 88 S. m. 8 Taf.) Trier. F. Lintz. n. 1. 40; geb. in Leinw. n. 2. —; in Ldr. n. 2. 60
Der 2. Tl. ist für 1898 nicht erschienen.

Clouth, F. M., Sammlung von geometrischen Aufgaben für die Geometer-Prüfung und Praxis. gr. 8. (IV, 40 S. mit eingedr. Fig.) Trier 879, (Lintz'sche Buchh.) *

Clouth, F. M., Tables pour le calcul des coordonnées goniométriques. 3. éd. revue et corrigée. (VIII, 201 S.) Lex.-8. Halle (906). L. Nebert. n. 7. —

Clouth, F. M., Tafeln zur Berechnung goniometrischer Coordinaten. Tables pour le calcul des coordonnés goniométriques. Lex.-8. (XII, 201 S.) Mayen 871. (Halle, Nebert.) Schreibp. *

— Tafeln zur Berechnung goniometrischer Coordinaten. 3., neu bearb. Aufl. (VIII, 201 S.) Lex.-8. Ebd. (906). Geb. in Leinw. n. 7. 50; u. durchsch. n. 9. —

Clouth, Franz

Clouth, Frz., Gummi, Guttapercha u. Balata, ihr Ursprung u. Vorkommen, ihre Gewinnung, Verarbeitg. u. Verwendung. Mit 45 Abbildgn., Karten u. graph. Darstellgn. gr. 8. (VIII, 232 S.) Leipzig 899. B. F. Voigt. 7. 50; geb. 9. -

Clouth, F., die Kautschuk-Industrie, s.a. Schauplatz, neuer, der Künste und Handwerke.

Clouth, F: Die Kautschuk-Industrie oder Gummi und Gutta-Percha. Weimar 1879

Clouth, F: Preisliste über Gummifabrikate zu technischen Zwecken. Cöln 1884

Clovth, Carolvs (geb. am 13 Apr. 1841 in Bonn): De casibvs qvibvsdam morborvm laryngis laryngoscopia observatis ... Bonnae, form. F. Krvegeri (1866). 31 S., 2 Bl. 8.
Bonn, Med. Fak., Diss. v. 15 März 1866

Hausbuch von M[ax] Clouth. *Magdeburg: Heinrichshofen [1901].* (103 S.) 8° [F.]

— Wirthschaftsbuch. Beigabe zum Hausbuche. gr. 8. (56 S.) Ebd. (901). n. — 80

Clowes, G(eorge) H(enry) A(lexander), aus London: Über Formaldehyd- oder Methylen-Derivate der Säuren der Zuckergruppe und über die quantitative Bestimmung der Methylen-Gruppen in den Formaldehyd-Condensations-Produkten. *Göttingen 1899: E. A. Huth.* (63 S.) 8°
Göttingen, Phil. Diss. v. [16. Sept.] 1899

Clowes, G. H. A., über Formaldehyd- od. Methylen-Derivate der Säuren der Zuckergruppe u. üb. die quantitative Bestimmg. der Methylen-Gruppen in den Formaldehyd-Condensations-Produkten. Diss. gr. 8. (68 S.) Göttingen 899. (Vandenhoeck & Ruprecht). n. 1. 50

Clowes, J., Erklärung des Katechismus d. evangel. Kirche in England, für d. Jugend. Aus d. Engl. 8. Tübing. 825. Osiander. 6 gr.

Clowes, John, Predigten, s. Sammlung auserles. christl. Predigten.

Clowes, Johs., Predigten üb. das Gleichniß v. den zehn Jungfrauen, u. üb. einige andere wichtige Gegenstände des christl. Lebens u. der christl. Lehre, gehalt. zu Manchester. Aus dem 1828 zu Manchester erschienen. Engl. Original übers. 2 Hälften gr. 8. (198 u. 181 S.) Tübingen 851. 52, Verlags-Expedition. (1: n. 1/2 Thlr 2: n. 13 ngr) n. 28 ngr

Clown-Scherze. 4. (24 S. m. farb. Abbildgn.) München (901). Braun & Schneider. n. 1. —

CLUB, Der, der Demi-Vierges. Ein Beitrag zur Geschichte der modernen Erotik. Aus dem Französischen übertragen von Heinrich Conrad. 1907. 1000 Expl. 2 Bde. 112 + 142 S. 8°. [B. III, 584.]

Der demokratische Club gegen den Berliner Magistrat. Druck von W. Fähndrich. 1 Bl. Fol.
Flugblatt. Berlin. 27. Juni 1848.

Club (Der demokratische) an das Volk von Berlin. Fol. Berlin 1848

Der Club der Frauen an seine Mitschwestern. Erster Bericht. Druck von J. Fetsch. 1 Bl. Fol.
Flugblatt. Berlin. 8. Juli 1848.

Der constitutionelle Club erklärt sich gegen Wrangel: — Druck von Marquardt u. Steinthal. 1 Bl. Fol.
Flugblatt. Berlin. 21. Sept. 1848.

Club, der politische, in Berlin und die Versammlung im Mielentz'schen Saale am 28. März 1848. gr. 8. (8 S.) Berlin 848, (Geelhaar.)

Club, Der, der vorwitzigen Weiber in 4 Akten, nach Goldoni. Königsberg 1809. V: *Nicolay, Ludw. Hnr. v.* (Ky)

Clubb, s.a. Klubb.

Clubb, Der; od. die vorwitzigen Weiber. Lustsp. in 4 Akten nach Goldoni. 8. Königsb.: Nicolovius 1809.

Club-Blatt Nr. 1–5. Druck von E. Krause.
Flugblatt. Berlin. 30. April 1848.

Club-Blatt. Organ des Berliner Politischen Clubs. Nr. 1 vom 18. April 1848. Druck von Marquardt u. Steinthal.
Flugblatt. Berlin. 30. April 1848.

Club-Blatt. Nr. 1. (Von G. Jung.) 1 Bl. in gr. 4. Berlin 848, (Schneider und Comp.) *

Clubflaggen deutscher Yacht-Clubs. Rennflaggen deutscher Yachten. Internationale Signalflaggen und Lootsen-Signale. Als Beigabe zum Ruder- und Segel-Almanach 1886/87. 16. (18 Chromolithogr.) Berlin 886, Verlag des „Wassersport" (C. Otto). *M 1.—; auf 1 Taf. *

Clubgesellschaft, Die, voll heterogener Charaktere, Erklärung einer Zeichnung nach Chodowiecki. Hannover 1798. V: *Wagner, G. L.* (Ky)

Clubgesellschaft der voll. heterogenen Charaktere. 8. Hannover, Hahn. 798.

Club- u. Arbeitskalender der des Sonnenbundes. o. O. u. J. 1 Bl. 8°. 21.

Die Clubs und Volksversammlungen Berlins bis zum Lindenclub hinab oder vielmehr hinauf. Eine Topographie der berliner Freiheitsbestrebungen seit dem 18. März 1848. Berlin, A. Gury 1848. 34 S. 8.

Club-Zeitung, constitutionelle. Hrsg. von dem constitution. Club zu Berlin. Redakt.: Rob. Prutz. 1. Jahrg. 1848. 22. April — Decbr. 73 Nrn. (Bog.) gr. 4. Berlin 848, Behr's Buchh. *

Cludius, Andr.: Tr. de jure sequestrationis. Acc. tr. Jacobi de Arena et Frc. Curtii. *Coburg.* 700. 8.

Cludius, Andr., Tract. de jure sequestrationis. 8. Coburg, Ahl. 701. Rthlr.

— Tract. de rebus quotidianis. 8. ibid. 700.

Cludius, G. E., ich habe euch getragen auf Adlersflügeln und habe euch zu mir gebracht. 2. Mos. 19, 4. Predigt am Friedensfeste, am 11. Novbr. 1866. gr. 8. (10 S.) Berlin 866, Beck. *

Cludius, C. Ed., der Plan von Goethe's Faust, erläutert. 8. (VII, 167 S.) Bremen 887, Müller's Verlagsh. *
geb. **

Cludius, C. F., Goethe's Faust als Apologie des Christenthums. 16. (36 S.) Berlin 868, Prochnow's Selbstverlag.

Cludius, H. C. J., Bemerkungen zu Zumpt's latein. Grammatik. Pr. 1818. 23 S. 4°.

Cludius, H. G., Predigt am Friedensfeste d. 24. Juni 1814 gehalten. 8. Hannov. 814. Hahn. 3 gr.

Cludius, H. G. J. De authentia secundae orationis Catilin. 48 S. . .
Progr. Lyk 1826

Cludius, H.G.J. Ejusd. Part. II. (Zusätze.) 12 S. . . . .
Progr. Lyk 1840

Cludius, H. G. J. Rede am 3. Aug. 1833. (Lob des Königs.) 10 S. . . .
Progr. Lyk 1835

Cludius, H. G. J. Observat. grammatic. partic. I. (Ueber Temp. und Modi, hauptf. in der latein. Sprache.) 13 S. . . . . . .
Progr. Lyk 1830

Cludius, H. G. J., Observationes grammaticae II. Pr. 1810. 12 S. 4°.

Cludius, Heimart

Die evangelische Volks- und Schülerbibliothek. Ein Musterverzeichnis von solchen Jugend- u. Volksschriften, welche in erster Linie von Ministerien ... empfohlen sind. Hrsg. von Heimart Cludius [&] Karl Cludius. [illegible] verb. u. bed. verm. Aufl. (Berlin: Cludius) [illegible] VII, [illegible] S. 8°

Die evangelische Volks- und Schülerbibliothek. Ein Musterverzeichnis von solchen Jugend- u. Volksschriften, welche ... von Ministerien ... f. ev. Volksschulbibliotheken ... empfohlen sind. Hrsg. von Heimart Cludius, Pfarrer, [&] Karl Cludius, Buchh. 4. verb. u. bedeutend verm. Aufl. (Berlin: Cludius & Gans) 1903. (XVI, 176, [illegible] S.) 8° [illegible]

Die evangelische Volks- und Schülerbibliothek. Ein Musterverzeichnis von solchen Jugend- und Volksschriften, welche von Ministerien ... f. evang. Schul-, Volks- u. Kreisbibliotheken ... empfohlen sind. Hrsg. von Heimart Cludius, Pfarrer, [&] Karl Cludius, Buchh. [illegible] Aufl. (Berlin: Cludius & Gans) 1907. XVI, 1[illegible] S. 8°

Cludius, Herm. Heimart, Abriß d. Vortragskunst. 8. Hildesh. 810. Gerstenberg. 12 gr.

— Betracht. über d. gesammten Lehren d. Religion. 4 Thle. 8. Bremen 783–87. Förster. 3 Thlr

— von der bei den Niederdeutschen freyen Bauern möglichen und nützlichen Bildung, und von den Mitteln, sie zu befördern, gezeigt in einem Beispiele des Dorfs Großen-Laffer, im Fürstenthum Hildesheim. gr. 8. Magdeb. Keil. (Heinrichshofen.) 805.

— s. Cicero, de natura deorum.

— bibl.-prakt. Elementarbuch d. Religion. 8. Hildesh. u. Leipz. 786. (Hahn in Hannov.) 6 gl.

— Diss. theolog., philosoph. sistens expositionem et defensionem dogmat. orthodoxi de trinitate. 4. Gütting. 788. (Hahn in Hannov.) 7 gl.

— Kleanths Gesang, s. *Cleanthes.*

— Kleanths Gesang. s. Kleanth.

Cludius, Grundriß der körperl. Beredsamkeit, s. Grundriß.

— Perimede, oder Hippias u. Agathons Klugheitslehren. 2 Spruchgedichte nebst einem Anhange. 4. Gotha, Ettinger. 803.

Velinp.

— s. Plato, d. neue.

— Muhammeds Religion, aus d. Koran dargelegt, erläutert u. beurtheilt. gr. 8. Altona 809. Hammerich. 2 Thlr 12 gl.

— Söder, Landsitz des Grafen Moritz v. Brabeck; e. moral. Gedicht. 4. Hildesh. 805. (Hamb., Aug. Campe)... (vergl. S. Roland.)

— zwei Spruchgedichte, nebst e. Anhange. 4. Gotha 803. Ettinger. 12 gl. Velinp. 20 gl.

CLUDIUS, H. H., Uransichten des Christenthums und Untersuchungen über einige Bücher des Neuen Testaments. Altona. 1808.

— Uransichten des Christenthums. gr. 8. Altona 808. Hammerich. 1 Thlr 12 gl.

— s. Vellejus Paterculus.

— Wahrheiten d. christl. Religion, insbesond. zur Widerlegung d. Juden rc. 8. Bremen 782. Förster. 16 gl.

— Wahrheiten der christl. Religion. 8. Bremen, Förster. (Müller) 782.

— poet. Werke. 1r Bd. 8. Hannov. 786. Hahn. (Hammerich in Altona). 14 gl.

— poetische Werke, 1r Bd. 8. Ebend. 787

— **Johann Carl** (Rhein/Opr.), Über die Behandlung der Pseudarthrosen. Diss. med.-chir. Bln. (H. S. Hermann) 20. VIII. 1889. 65 S. mit Biogr. (3.80) . 5434
Oppon.: M. Schönberg, A. Hormann, J. Thiele.

Cludius, Johannes Carl [aus Rhein (Ostpreussen)]: Über die Behandlung der Pseudarthrosen. . . . Berlin, Druck v. H. S. Hermann (1889); 63 + 1 S. + 1 Bl. 8°
Berlin, Med. Fak., Inaug.-Diss. v. 20. Aug. 1889

Cludius, *Ottomar* Vom Frieden zu Aachen bis zum Neutralitätsvertrag von Westminster. Beiträge zur Politik dieser Zeit. (1748—1756.) (Umschlagtitel: ... Westminster.) 4 (18 S.).
Progr. Rg. auf d. Burg *Königsberg i. Pr.* 1888 (19).

Clug, Christian August (Wittenberg), De aeternitate mundi temere asserta. Diss. philos. Präs. Georg Matth. Bose. Wittbg. (Schlomach) 16. X. 1755. 30 S. (4.80) 5439
Widm. v. Präs.

Clug, Christian Gottlieb

— Anmerkungen über Reinbecks Gedanken von der Unsterblichkeit der Seele, 2 Thle. 8. Ebend. 740. 41.

Clugius, Chr. Gottl., baptismo Adami qua simul argumentum de tunicis pelliceis primorum hominum uberius enarratur etc. 4. Vitteb. 747.

— distribe de scriptis Io. Lyseri ad polygamiam. 4. ibid. 748.

— — (Wittenberg), De elegantia dictionis poeticae in membris humanis affectuum loco positis. Comment. I. Präs. Joh. Friedr. Hiller. Wittbg. (J. Ch. Tzschiedrich) 16. IX. 1766. 24 S. (4.50) 5441
Gew.: Sam. Chn. Hollmann, Jo. Chn. Wernsdorf, Herm. Sam. Reimar, Gottlieb Wernsdorf, Heinr. Aug. Zeibich. — Tl. II s. Pezold, S. F. Tl. III s. Wernsdorf, G.

— **Christian Gottlieb** (Nerchau), *ΤΟ ΣΕΜΝΟΝ* in oratione Corn. Taciti ad Plin. L. II. ep. XI ex hermogenis disciplina expensum. Präs. Jo. Wilh. Berger. Wittbg. (Schroeder) März 1725. 36 S. (5.—) 5440
Respond. v. Tl. II (ab S. 25): Jo. Heinr. Rudel (Tottleben/Thür.).

— singularia theologiae Carpovianae in loco de creatione candide eruta et amico discussa. II. Part. 4. ibid. 738. 39.

— — De verbis Paulinis ad Hebr. II. 2. *Ο ΔΙ ΑΓΓΕΛΩΝ ΛΑΛΗΘΕΙΣ ΛΟΓΟΣ* ad legem Sinaiticam quam dicunt angelorum ministerio latam male revocatis adjecto vari s. s. loca interpretandi tentamine. Comment. crit.-exeget. Präs. Mich. Weber. Wittbg., 11. VI. Meissen (Klinkicht) 1802. 60 S. (4.80) 5442

— — Dasselbe. O. Präs. Meissen (C. Fr. Wilh. Erbstein) 1802. 60 S. (4.80) 5443

Clug

— **Johann Friedrich** (Wittenberg), De tautologiis in oratione vitiosis. Präs. Christian Crusius. Wittenbg. (Schlomach) 12. II. 1760. 40 S. (4.80) 5444
Tl. II s. Pabst, J. A.

Cluge, C. G., de ritu interrogandi infantes de fide ante ipsam aquae divinae affusionem. Viteb. 1731. 4.

CLUGE, C. G., De scriptis J. Leyseri ad tuendam svadendamque polygamiam. Vitembergae 1748. 4°. (1 Mk. 50 Pfg. Stargardt, Berlin, 1894.)

[CLUNY, Alexander]
Reisen durch Amerika, oder Beobachtungen über den gegenwärtigen Zustand, Cultur und Handel der brittischen Colonien in Amerika, deren Aus- und Einfuhr mit Großbrittannien, und Uebersicht der Einkünfte, welche letzteres daraus zieht.
Von einem erfahrnen Kaufmann in Briefen an den Grafen von Chatam gerichtet.
Aus dem Englischen.
Nebst einem Abriß von Nord-Amerika, und der Republik der dreyzehn vereinigten Staaten [von Joseph Mandrillon].
Aus dem Französischen.
Leipzig: Schneider. 1783. 240 S. 8°.
Sächsische Landesbibliothek Dresden
Übers. v. The American Traveller, London 1769 [Tl. 1] bzw. Le Voyageur Américain, 1782.
Franz. Ausg. Leipzig: H. Merkus, 1783 u. Amsterdam-Hamburg:
J. G. Virchaux, 1783 [beide Frankfurt-Leipziger Meßkatalog, Ostermesse 1783, S. 643] konnten nicht gefunden werden.
Ostermesse 1783, S. 590. Sabin 69142. Palmer.
Joseph Mandrillon, 1743-1794

Clüsener, Rembert (Lippe/Westf.), De jure aggratiandi principis evangelici in causis homicidii. Dissert. jur. Präs. Christian Thomasius. Halle (Salfeld) 22. VI. 1707. 50 S. (5.—) 5435
Widm. v.: Präs. (dtsch.), Just. Henning Böhmer, Joh. Arnold Beck (dtsch.).

— — Dasselbe. 1709. (5.—) 5436

— — Dasselbe. 1714. (5.—) 5437

— — Dasselbe. O. Drucker 1720. (5.—) 5438

Clusius, Alfred, Arzt: Aus d. chirurg. Klinik zu Breslau. Ein Beitrag zur Casuistik der kryptogenetischen Septicopyämie. *Breslau 1901: R. Nischkowsky.* (38 S.) 8°
Breslau, Med. Diss. v. 25. Juni 1901

Clusii, Car., et Conr. Gesneri, Epistolae ineditae. Ex Archetypis ed., adnotatiunculas adspersit, nec non praef. est L. Chr. Treviranus. 8 maj. (4¼ B.) Lipsiae 831, Voss.

Clusii Atrebatis, Caroli, icones fungorum in Pannoniis observatorum sive codex Clusii Lugduno-Batavensis cum commentariis mycologicis in gratiam rei herbariae cultorum. Cura et sumptibus Gy. de Istvánffi. (10 Fasc.) Fasc. I. gr. Fol. (8 farb. Taf. m. 8 S. illustr. Text.) Budapest 898. (Berlin, R. Friedländer & Sohn). Subskr.-Pr. n.n. 14. —

Clusius, Carl August (Zerbst/Anh.), De jure statuum imperii, dandae civitatis. Disp. jur. publ. Präs. Christian Thomasius. Halle (Chph. Salfeld) 3. VI. 1696. 26 Bl., tlws. dtsch. (5.—) 5445

— — Dasselbe. 1715. (5.—) 5446

— — Dasselbe. Halle (Ch. Salfeld's Wwe.) 1731. (5.—) 5447

Cluß, Adolf

Die Alkoholfrage vom physiologischen, sozialen und wirtschaftlichen Standpunkte. Von Dr. Adolf **Cluß**, Prof. Berlin: P. Parey 1906. (VI, 206 S.) 8° [F.] [07. 10487 II

Cluß, Adf., die Apfelweinbereitung. Ein leichtfaßl. Leitfaden f. die Praxis sowie f. den Unterricht an landwirtschaftl. Lehranstalten. gr. 8. (VII, 136 S. m. 37 Abb.) Stuttgart 901. E. Ulmer. n. 1. 50

— die Apfelweinbereitung vom wirthschaftlichen u. technischen Standpunkt. Vortrag, geh. in der am 16. V. 1899 zu Halle a. Saale stattgehabten Sitzg. des Verbandes der Obst- u. Gartenbauvereine im Bezirke der Landwirthschaftskammer f. d. Prov. Sachsen. Hrsg. auf Veranlassung der Landwirthschaftskammer f. die Prov. Sachsen. gr. 8. (16 S.) Halle 900. O. Thiele. n. — 50

Cluss, Adf., Bier u. Wein als berechtigte Nahrungs- u. Genussmittel. Nach seinem grösseren Werke „Die Alkoholfrage vom physiolog., sozialen u. wirtschaftl. Standpunkt" gemeinverständlich bearb. 50. Taus. (16 S.) 8. Wien (XIX 1, Hochschulstr. 17), 907. Prof. Dr. A. Cluss. n — 50

Cluss, Adolf: Bier und Wein als berechtigte Nahrungs- und Genußmittel. Nach seinem grösseren Werke 'Die Alkoholfrage vom physiologischen, sozialen und wirtschaftlichen Standpunkt' gemeinverständlich bearb. Berlin: Friedl 1907. 16 S. -- F 1*

— Brennerei, s.a. Bibliothek der gesamten Landwirtschaft.

Brennerei. Von Ad. **Cluss**. Mit 43 Abb. Hannover: Jänecke 1908. IX, 100 S. 8°
(Bibliothek d. gesamten Landwirtschaft. Bd 38.)
(Jäneckes Bibliotkeken. Reihe B.) [09. 11013 7

— s.: Kalender f. Kornbrenner u. Preßhefefabrikanten.

— die Kartoffeltrocknerei u. ihre Bedeutung f. die Landwirtschaft in Gegenwart u. Zukunft. Nach e. Vortrag, geh. bei den Unterrichtskursen f. prakt. Landwirte an der k. k. Hochschule f. Bodenkultur in Wien 1906. (67 S.) 8. Wien 906. C. Gerold's Sohn. n. 1. —
Sonderabdruck aus: „Wiener landw. Ztg."

[F.] **Cluss,** Adolf [Dr.]: Die Reinzuchthefe und die Anwendung der Antiseptika, speciell der Fluorverbindungen, in der Brennerei. E. krit. Studie im Anschl. an des Vfs frühere Arbeit üb. d. Werth u. d. Wirkg v. Antisepticis z. Förderg u. Sicherg d. Gährg ... Halle a. S., *Druck v. Gebr. Unger in Berlin*, 1893; 37 S. 8.
Halle, Phil. Fak., Hab.-Schr. v. 17. Mai 1893

Cluss, Fritz, approb. Arzt aus Ulm: Ueber Myiasis interna et externa. *Tübingen 1902: G. Schnürlen.* (45 S.) 8°
Tübingen, Med. Diss. v. 1902

Cluss, Fritz, üb. Myiasis interna et externa. Diss. gr. 8. (45 S.) Tübingen 902. (F. Pietzcker). n.n. 1. —

Cluss, Karl: Ueber Dauererfolge der operativen Behandlung der traumatischen Jackson'schen Epilepsie. Tübingen 1910: Laupp. 34 S. 8° ¶ (Aus: Beiträge z. klin. Chirurgie. Bd 66, H. 2.)
Tübingen, Med. Diss. v. 17. März 1910, Ref. v. Bruns
[Geb. 25. Mai 83 Ludwigsburg; Wohnort: Tübingen; Staatsangeh.: Württemberg; Vorbildung: Gymn. Ludwigsburg Reife M. 01; Studium: Tübingen 5, München 1, Berlin 2, Tübingen 2 S.; Coll. 2. März 10; Approb. 3. Jan. 08.]
[U 10. 4152

Clußmann, Rud. Wilh., die Campaner. Ein Trauersp. in 5 Aufz. gr. 8. (11¾ B.) Naumburg 835. (Zeiß, Webel.) *

— Pistis od. Gott u. Welt. Ein geistl. Lied. 1. Abthl. 8. (6¼ B.) Naumburg 835. (Zeiß, Webel.) *

Clute-Simon, Frz., Ulrich v. Württemberg, s.: Dilettanten-Bühne, katholische.

Clutterbuck, H., über Blutentziehungen in Krankheiten, s. Bibliothek v. Vorlesung. üb. Medizin, XIV. Bd.

Clüver, D., Vindiciae artis memoriae. 8 pp. Hamb. 4°. 1705

Cluever, Detlev: G e o l o g i a sive Philosophemata de genesi ac structura globi terreni. Oder: Natürliche Wissenschaft von Erschaffung und Bereitung der Erd-Kugel ... Von Dethlevo Cluvero [Cluever]. Hamburg: Liebezeit 1700. 272 S.

Clüver, J., die Bendersche Lutherrede und ihre Gegner. gr. 8. (104 S.) Bonn 885, Cohen und Sohn. *
Vgl.: Bender, Wilh., Reformation und Kirchentum.

Clüver, Philipp

Clüver, Philipp, der Begründer d. histor. Länderkunde. Von J. Partsch, s. Abhandlungen, geographische. 5. Bd. 1. Heft.

— geograph. und histor. Beschreibung des ganzen Weltkreises, m. K. 8. Nürnb. 733.

Cluverus, P., introductio in geographiam veterem et novam cum augm. I. Bunonis, c. fig. 4. Wolfenb. 704.

Clytemnestra. Tragedie en 5 Act. p. Fonzet. 8. Paris: (König à Strasb.) 1809.

Clytie; ein Taschenbuch f. 1816. Mit Kpf. Manh. 815. Löffler. 1 fl 8 xr

Cnapius, Gregor
(eig. Knapski)

Cnapius, Gr., thesaurus, polono-latina-germanicus, a Kollacz. II Tom. 4. Warschau 778—80. Gröll. 2 fl 16 xr

Cnoblach, J.A.: De χειμαζόμενοις s. hiemantibus. – Viteb. 1708.

Cnoblach, M. J. A., De mysteriis Samothracum ad Apollonium Rhodium 1, 916 sqq. Diss. 1707. 14 S. 4°.

Cnoblauch, A. H., s. Höllenmaschine.

Cnobloch, Johann Christian August, Quatenus typothetae vel bibliopolae injuriarum socii habendi sint? Diss. jur. criminalis. Präs. Jac. Friedr. Kees. (Lpz.) 8. X. 1801. Zerbst (Joh. Wilh. Kramer). 16 S. (4.—) 5450

Cnopf, C. F. And., Abhandlung vom Anfang, Fortgang und Ende des jüdischen Reichs, m. Kupf. 8. Nürnberg, Monath. 768.

– dasselbe, s.a. C n o p f , Matth. Friedr.

Cnopf, Er. Fr. Aug., († d. 3. Apr. 1789.) Abschiedspredigt am Palmsonntage 1784 in d. Schloßkirche in Nürnberg gehalten. 8. Nürnb., Stein. 2 xr

— Predigt, am Sonntag Reminiscere, nach einer großen Ueberschwemmung gehalten. 8. Ebend. 784.

— das christl. Verhalten gegen Unglückliche, in e. Predigten vorgestellt. 8. Nürnb. 782. Stein. 4 xr

Cnopf, Matth. Friedrich

– dasselbe, s.a. C n o p f , Er. Fr. Aug.

— Abhandl. vom Anfang, Fortgang u. Ende d. jüdischen Reichs. Mit 1 Karte. 8. (Nürnb.) 769. Monath u. K. 6 xr

— s. J. M. Franz, Abbild. d. Erdbodens.

Cnopf, M. F. Mappa geographica exhibens principatum Brandenburgico-Onolsbacensem Nürnberg 1763. 1 Bl. c. K.

—**Mappa geographica territorii Norimbergensis.** Nürnb. 764. Homann.

Cnopf, M. F. Principatus Brandenburgico-Culmbacensis. Nürnberg 1763. 1 Bl. c. K.

Cnopf, Matth. Frdr., Kurzgefasstes nach seinen würklich existirenden Reichs- und Creis-Ständen, auch übrigen Reichsgliedern erläutertes Römisches Reich, sowohl in Deutschland als Italien als ein Directorium einer künftig zu verbessernden und zuverlässigen Staatsgeographie vom Römischen Reich, nebst Anführung der neuesten und richtigsten Land-Charten. Frankfurt & Leipzig 1764. kl. 4. . . . (D.)

Cnopf, Matth. Fr., († d. 11. Nov. 1771.) kurzgefaßtes, nach seinen wirklich existirenden Reichs- u. Kreisständen, auch übrigen Reichsgliedern erläuterndes römisches Reich. 4. (Nürnb.) 764. Felssecker. 6 gr.

Cnopf, Rudolf Th. [aus Nurnberg, Assistenzarzt an d. internen Abteil. d. städt. Krankenhauses zu Nürnberg]: Diazoreaktion und Lungenphthise. Untersuchungen aus dem Nürnberger städtischen Krankenhause. . . . Nurnberg, Druck v. J. L. Stich, 1887; 2 Bl. + 43 S. 8°
Würzburg, Med. Fak., Inaug.-Diss. v. 1887

Cnopf, Rudolf Th., Diazoreaktion und Lungenphthise. Untersuchungen aus dem Nürnberger städtischen Krankenhause. Diss. Würzburg 1887, Stahelsche Univ.-Buchh. 8°. 43 S.

Cnutonis regis gesta, s. Scriptores rerum germanicarum.

Cnutsen, C., die Unsterblichkeit. Ein Versuch. 8. Kiel 825. Univers.-Buchh. 12 gr.

Cnyrim, A., das Bäckergewerbe, s. Schauplatz, neuer, der Künste u. Handwerke.

Cnyrim, A.: Das Bäckergewerbe der Neuzeit, s. a. Schauplatz, Neuer, der Künste und Handwerke.

Cnyrim, A., das Bäckergewerbe der Neuzeit. Enth. das Wissenswerteste üb. Bäckerei von ihrem Ursprung an bis auf den heutigen Tag. Über Getreide, Mahlen, Backen, Hefe u. Gärung rc. Nebst e. großen Auswahl v. Rezepten d. Leb- u. Honigkuchenbäckerei, Hefen- od. Butterbäckerei rc. 5., verm. Aufl., hrsg. v. L. Jost. Mit e. Atlas v. 16 Foliotaf. u. 82 in den Text eingedr. Abbildgn. gr. 8. (XVI, 364 S.) Weimar 887. B. F. Voigt. 6. 75

Cnyrim, A., das Bäckergewerbe d. Neuzeit. Eine ausführl. Darstellg. des gesamten modernen Bäckereibetriebes nebst e. Anh.: Die Buchführg. f. Bäcker. 6. verm. u. verb. Aufl. Hrsg. v. L. Jost. Mit zahlr. Textabbildgn. u. e. Atlas v. 11 Taf. (in Fol.) gr. 8. (XII, 322 S.) Leipzig 899. B. F. Voigt. 6. 75

Cnyrim, A., das Einmachen der Früchte und Beeren, sowie die Gewinnung der Frucht- u. Beerensäfte, der Gelées, Kompots u. Marmeladen nach den neuesten Verfahren. Für Konditoren, Delikatessenhandlungen u. Hausfrauen. Weimar 860. Voigt. 8. (XII, 138 S.) 15 ngr.

— die Conservirung der Nahrungsmittel, s. a. Schauplatz, neuer, der Künste u. Handwerke.

Cnyrim, A.: Die Conservirung d. Nahrungsmittel u. zwar des Fleisches, Herstellung d. Fleischextractes, d. kondensirten Milch, d. Eierkonserven, d. komprimirten Gemüse etc. 2. Aufl. 1878.

Cnyrim, A: Die Conservirung der Nahrungsmittel. 2. Aufl. der Schrift »Das Einmachen der Früchte und Beeren«. Weimar 1879

Cnyrim, A., die Konservierung der Nahrungsmittel u. zwar des Fleisches, der Fische u. Gemüse, des Obstes u. der Beeren, ferner die Herstellg. des Fleischextraktes, der kondensierten Milch u. der Eierpräserven, die Bereitg. der Fruchtgelees, Marmeladen u. Fruchtsäfte. 3. vollständig neu bearb. u. erweit. Aufl. (IV, 155 S.) gr. 8. Leipzig 903. B. F. Voigt. n. 2. 50

Cnyrim, Adolf, Referendar: Die zurückgesetzten Forderungen im Nachlasskonkurs, unter besonderer Berücksichtigung des Prioritäts-Verfahrens. *Bonn 1901: C. Georgi.* (68 S.) 8°
Marburg, Jur. Diss. v. [11. Juni] 1901

Cnyrim, Adph., die Verantwortlichkeitsfrage. Staatsrechtlich u. polit. beleuchtet. gr. 8. (13 S.) Frankfurt a. M. 848, Hermann. n. 4 ngr

Cnyrim, Dr. jur. Adolph, Mitglied der National-Versammlung, aus Kurhessen, Die Verantwortlichkeitsfrage. Staatsrechtlich und politisch beleuchtet. Frankfurt a. M., F. E. Suchsland, 1848. 13 S. 8°.

Cnyrim, C. F., Gedichte. 8. Marb. Krieger. 813.

Cnyrim, E., De res personasve transportandi obligatione, quam cum posta contrahimus. Diss. Marb. 1854.

Cnyrim, E., Sprichwörter, sprichwörtliche Redensarten u. Sentenzen bei den provenzal. Lyrikern, s. a. Ausgaben u. Abhandlungen aus dem Gebiete der romanischen Philologie.

Cnyrim, Eugen [aus Holzhausen, Kreis Hofgeismar]: Sprichwörter, sprichwörtliche Redensarten und Sentenzen bei den provenzalischen Lyrikern . . . . Marburg, Univ.-Buchdr. (R. Friedrich). 1887; 2 Bl. + 56 S. 8°.
Marburg, Phil. Fak., Inaug.-Diss. v. [13. Jun.] 1887.

Cnyrim, H., Gedichte. 8. Cassel 811. 2e Aufl. 8. Marb. 813. Krieger. 8 gr.

Cnyrim, Vict., ethische Forderungen im Geschlechtsleben. Der männl. Jugend gewidmet. (71 S.) gr. 8. Frankfurt a/M. 903. J. Alt. n. — 60

Kolibri 360 GmbH
Ferdinand-Jühlke-Straße 7
99095 Erfurt, Deutschland
produktsicherheit@kolibri360.de